JN447971

Periodic Table of the Elements

- MAIN GROUP METALS
- TRANSITION METALS
- METALLOIDS
- NONMETALS

Uranium
92 — Atomic number
U — Symbol
238.0289 — Atomic weight

	1A (1)	2A (2)	3B (3)	4B (4)	5B (5)	6B (6)	7B (7)	8B (8)	8B (9)	8B (10)	1B (11)	2B (12)	3A (13)	4A (14)	5A (15)	6A (16)	7A (17)	8A (18)
1	Hydrogen 1 H 1.0079																	Helium 2 He 4.0026
2	Lithium 3 Li 6.941	Beryllium 4 Be 9.0122											Boron 5 B 10.811	Carbon 6 C 12.011	Nitrogen 7 N 14.0067	Oxygen 8 O 15.9994	Fluorine 9 F 18.9984	Neon 10 Ne 20.1797
3	Sodium 11 Na 22.9898	Magnesium 12 Mg 24.3050											Aluminum 13 Al 26.9815	Silicon 14 Si 28.0855	Phosphorus 15 P 30.9738	Sulfur 16 S 32.066	Chlorine 17 Cl 35.4527	Argon 18 Ar 39.948
4	Potassium 19 K 39.0983	Calcium 20 Ca 40.078	Scandium 21 Sc 44.9559	Titanium 22 Ti 47.867	Vanadium 23 V 50.9415	Chromium 24 Cr 51.9961	Manganese 25 Mn 54.9380	Iron 26 Fe 55.845	Cobalt 27 Co 58.9332	Nickel 28 Ni 58.6934	Copper 29 Cu 63.546	Zinc 30 Zn 65.38	Gallium 31 Ga 69.723	Germanium 32 Ge 72.61	Arsenic 33 As 74.9216	Selenium 34 Se 78.96	Bromine 35 Br 79.904	Krypton 36 Kr 83.80
5	Rubidium 37 Rb 85.4678	Strontium 38 Sr 87.62	Yttrium 39 Y 88.9059	Zirconium 40 Zr 91.224	Niobium 41 Nb 92.9064	Molybdenum 42 Mo 95.96	Technetium 43 Tc (97.907)	Ruthenium 44 Ru 101.07	Rhodium 45 Rh 102.9055	Palladium 46 Pd 106.42	Silver 47 Ag 107.8682	Cadmium 48 Cd 112.411	Indium 49 In 114.818	Tin 50 Sn 118.710	Antimony 51 Sb 121.760	Tellurium 52 Te 127.60	Iodine 53 I 126.9045	Xenon 54 Xe 131.29
6	Cesium 55 Cs 132.9055	Barium 56 Ba 137.327	Lanthanum 57 La 138.9055	Hafnium 72 Hf 178.49	Tantalum 73 Ta 180.9479	Tungsten 74 W 183.84	Rhenium 75 Re 186.207	Osmium 76 Os 190.23	Iridium 77 Ir 192.22	Platinum 78 Pt 195.084	Gold 79 Au 196.9666	Mercury 80 Hg 200.59	Thallium 81 Tl 204.3833	Lead 82 Pb 207.2	Bismuth 83 Bi 208.9804	Polonium 84 Po (208.98)	Astatine 85 At (209.99)	Radon 86 Rn (222.02)
7	Francium 87 Fr (223.02)	Radium 88 Ra (226.0254)	Actinium 89 Ac (227.0278)	Rutherfordium 104 Rf (267)	Dubnium 105 Db (268)	Seaborgium 106 Sg (271)	Bohrium 107 Bh (272)	Hassium 108 Hs (270)	Meitnerium 109 Mt (276)	Darmstadtium 110 Ds (281)	Roentgenium 111 Rg (280)	Copernicium 112 Cn (285)	Ununtrium 113 Uut Discovered 2004	Ununquadium 114 Uuq Discovered 1999	Ununpentium 115 Uup Discovered 2004	Ununhexium 116 Uuh Discovered 1999	Ununseptium 117 Uus Discovered 2010	Ununoctium 118 Uuo Discovered 2002

Lanthanides	Cerium 58 Ce 140.116	Praseodymium 59 Pr 140.9076	Neodymium 60 Nd 144.242	Promethium 61 Pm (144.91)	Samarium 62 Sm 150.36	Europium 63 Eu 151.964	Gadolinium 64 Gd 157.25	Terbium 65 Tb 158.9254	Dysprosium 66 Dy 162.50	Holmium 67 Ho 164.9303	Erbium 68 Er 167.26	Thulium 69 Tm 168.9342	Ytterbium 70 Yb 173.054	Lutetium 71 Lu 174.9668
Actinides	Thorium 90 Th 232.0381	Protactinium 91 Pa 231.0359	Uranium 92 U 238.0289	Neptunium 93 Np (237.0482)	Plutonium 94 Pu (244.664)	Americium 95 Am (243.061)	Curium 96 Cm (247.07)	Berkelium 97 Bk (247.07)	Californium 98 Cf (251.08)	Einsteinium 99 Es (252.08)	Fermium 100 Fm (257.10)	Mendelevium 101 Md (258.10)	Nobelium 102 No (259.10)	Lawrencium 103 Lr (262.11)

Note: Atomic masses are 2007 IUPAC values (up to four decimal places). Numbers in parentheses are atomic masses or mass numbers of the most stable isotope of an element.

Standard Colors for Atoms in Molecular Models

carbon atoms

hydrogen atoms

oxygen atoms

nitrogen atoms

chlorine atoms

Chemistry & Chemical Reactivity

John C Kotz·Paul M. Treichel
John Townsend·David Treichel 원저

9th edition

일반화학교재편찬위원회

Andover • Melbourne • Mexico City • Stamford, CT • Toronto • Hong Kong • New Delhi • Seoul • Singapore • Tokyo

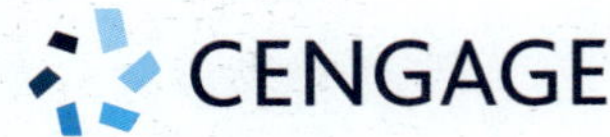

Chemistry & Chemical Reactivity, 9th Edition

John C. Kotz
Paul M. Treichel
John Townsend
David Treichel

ISBN-13: 979-11-5971-047-6

Cengage Learning Korea Ltd.
14F YTN Newsquare 76 Sangamsan-ro
Mapo-gu Seoul 03926 Korea
Tel: (82) 2 330 7000
Fax: (82) 2 330 7001

Cengage Learning is a leading provider of customized learning solutions with office locations around the globe, including Singapore, the United Kingdom, Australia, Mexico, Brazil, and Japan. Locate your local office at: **www.cengage.com**

Cengage Learning products are represented in Canada by Nelson Education, Ltd.

To learn more about Cengage Learning Solutions, visit **www.cengageasia.com**

Printed in Korea
Print Number: 02 Print Year: 2021

머리말

이 책의 초판은 30년이 넘는 오래 전에 탄생하였다. 그 이후 8판이 인쇄되었고 전 세계에서 100만 명이 넘는 학생들이 화학 공부를 시작할 때 이 책을 사용하였다. 오랜 세월, 많은 판을 거듭하여도 화학의 원리, 화학 원소들과 화합물들의 반응성, 화학의 응용에 대한 넓은 조망을 제공한다는 우리의 목표는 동일하게 유지되었다. 이러한 목표를 달성하기 위하여 실험실과 자연에서 화학자들이 관찰한 화학적, 물리적 변화들의 관찰들과 이러한 변화를 원자와 분자 수준에서 살펴보는 방법 사이의 밀접한 관계를 보여주려고 노력하였다.

우리는 화학이 생생한 역사를 가지고 있을 뿐만 아니라 매년 중요하고 새로운 발전이 일어나고 있다는 역동성의 감을 전달하고자 노력하였다. 더구나 우리 주위의 세계에 대한 화학적 관점에 대한 통찰력을 제공하였다. 실제로 이 책의 주요 목표는 우리 학생들이 화학적 소양을 가진 시민으로서 행동하는 데 필요한 도구를 제공하는 것이다. 화학적 세계를 익힌다는 것은 기초 수학과 생물학을 이해하는 만큼 중요하고, 역사, 음악과 문학을 음미하는 것만큼 중요하다. 예를 들어, 학생들은 우리 경제와 일상생활에서 중요한 많은 물질에 대한 본질을 알아야만 한다. 더구나 그들은 우리의 환경을 이해하는 데 얼마나 화학이 중요한지를 알아야 한다. 이러한 관점에서 성장하는 화학의 분야 중 하나는 이전 판과 이번 판 전반에 걸쳐 강조한 "녹색" 또는 "지속가능한" 화학이다.

© Cengage Learning/Charles D. Winters

Sulfur burns in pure oxygen with a brilliant blue flame.

이전 판을 회고하여 보면, 어떻게 책이 변화하여 왔는지를 알 수 있다. 내용에 있어서 많은 새롭고 놀라운 추가가 있었고, 여기에 더하여 정보를 교환하는 기술에 있어서 괄목할만한 진보가 있었고 우리는 이러한 새로운 발전을 이용하여 왔다. 이 책을 학생들이 사용하기 좋게 만들고자 하는 욕망은 개별적인 새로운 장을 준비하는 힘이 되었다. 지난 2개의 판에서 화학을 현대적으로 활용하는 새로운 기술과 현존하는 기술과의 향상된 조화를 기술하는 새로운 방법과 문제풀이에 있어 새로운 접근법을 소개하였다.

"화학과 화학적 반응성"의 독자

이 책(인쇄물과 디지털 출판물 형태 모두)은 화학, 생물학, 공학, 지질학, 물리학 또는 관련 분야 등을 가리지 않고 과학을 좀 더 깊게 공부하는 데 흥미를 가진 학생들을 대상으로 설계되었다. 우리는 이 책을 사용하는 과목의 학생들은 대수학과 일반 과학 분야의 지식이 어느 정도 준비된 것으로 가정한다. 화학에 대한 기초 지식이 있다면 부정할 필요 없이 도움이 되겠지만 화학을 미리 배웠다고 가정하지도 않았고 또한 요구되지도 않는다.

"화학과 화학적 반응성"에 대한 철학과 접근법

초판 이래로 몇 개의 주요한 그러나 서로 독립적이지는 않은 목표를 가지고 있다. 첫 번째는 학생들이 즐겨 읽을 수 있고, 오늘날 대학 과정의 전형적인 형태와 조직으로 화학과 화학의 원리를 적절한 열정의 수준으로 제공하는 책을 집필하는 것이다. 두 번째는 원소들, 화합물들과 반응들의 성질을 소개함으로써 화학의 유용성과 중요성을 전달하기를 원한다는 것이다.

미국화학회는 교육자들에게 "화학"을 개론적 화학과목에 다시 도입할 것을 촉구하고 있다. 따라서 다음과 같이 함으로써 가능한 빨리 그리고 자주 원소, 화합물, 반응들을 기술하고자 노력하여 왔다는 점에서 마음속 깊이 동의하고 있다.

- **원소와 화합물의 성질에 대한 자료**를 예제와 학습문제(특히 "화학 원리 응용"의 문제)에 가능한 빨리 도입하고 상대적 화학 상황을 이용하여 새로운 원리를 도입.
- 원소와 흔한 화합물, 화학 반응, 흔한 실험실 조작과 산업 공정들의 수많은 사진을 이용.
- 각 장을 병원의 구리 표면, 흔한 음식의 에너지, 자동차 배터리의 리튬과 같은 최신의 화학을 논의.
- 실용 화학에 집중된 수많은 "사례 연구와 화학 원리 응용" 학습문제를 이용.

© Cengage Learning/Charles D. Winters
A fireworks sparkler.

일반 편제

많은 판들 내내 본 책(화학과 화학 반응성)은 화학 반응성과 결합과 분자 구조라는 2개의 광범위한 주제를 가지고 있다. 반응성 원리에 대한 장들은 화학 반응으로 하여금 반응물을 생성물로 변환하는 데 성공적일 수 있는 요인들을 소개하고 있다. 이러한 주제 아래 반응의 일반적인 종류, 반응에 수반되는 에너지와 반응의 속도에 영향을 미치는 요인들에 대한 논의하였다. 지난 수십 년간에 걸쳐 화학과 분자생물학에서의 엄청난 진보에 대한 한 가지 이유는 분자 구조의 이해였다. 결합과 분자 구조에 대한 이 책의 부분은 이러한 발전을 이해하는 토대가 될 것이다. DNA와 같은 생물학적으로 중요한 분자의 구조적 면을 이해하는 데 특별한 관심을 두었다.

장 편제의 가변성

현재 출판된 일반 화학 교재를 보면 대부분 교육자에 의해 사용되는 주제들의 일반적 순서가 있음을 알 수 있다. 일부 작은 변화를 제외하고는 우리도 이러한 순서를 따랐다. 그러나 이 사실이 이 교재의 장들을 다른 순서로 사용할 수 없다는 것은 아니다. 가능한 가변적으로 활용할 수 있도록 이 교재를 저술하였다. 한 예로 기체의 거동(10장)을 다루는 가변성이다. 이 장은 논리적으로 이 주제들과 잘 맞으므로 때문에 액체, 고체와 용액에 관한 장들(10~13장)과 인접하여 배치하였다. 그러나 이 장은 이 교재의 처음 4장을 다룬 다음에도 쉽게 읽고 이해할 수 있다.

비슷하게 원자와 분자 구조에 관한 장들(6~9장)은 원자 우선 접근방법의 관점에서 양론과 흔한 반응에 대한 장들(3, 4장)에 앞서 사용할 수 있다. 이러한 접근을 보다 용이하게 하려고 1장에서 에너지와 에너지 단위에 대한 서론을 기술하였다.

또한 화학 평형에 관한 장들(15~17장)은 용액과 분자동역학에 관한 장들(13, 14장)에 앞서 다룰 수도 있다.

이 교재의 주제 순서는 일반화학 과정에서 보통 포함되는 일반화학 실험에서 요구되는 배경 지식을 가능한 빨리 도입하도록 고안되었다. 이러한 이유로 화학 및 물리적 성질, 흔한 반응 종류와 양론에 관한 장들이 이 교재에 먼저 배치되었다. 추가적으로 화학을 공부하는데 있어 에너지를 이해하는 것이 중요하기 때문에 에너지와 이들의 단위는 1장에서 소개되었고 열화학은 5장에서 소개되었다.

이 책의 부의 편제와 목적

1부: 화학의 기본 도구

1부에서는 화학의 기본 개념과 방법이 소개되었다. 1장에서는 주요 용어를 정의하고 마지막 절에서는 단위와 수학적 방법을 간략히 살펴보았다. 2장은 원자, 분자와 이온, 화학에서 가장 중요한 조직화된 체계인 주기율표를 소개하였다. 3장에서는 화학적 활동의 원리를 논의하기 시작한다. 화학 반응식을 쓰는 것이 여기서 다루어지고 평형에 대한 간단한 소개가 있다. 그리고 4장에서는 화학 반응에서 정확한 양적 정보를 얻어내기 위해 화학자들이 사용하는 수리적 방법을 기술한다. 5장은 화학 과정에서 포함되는 에너지에 대한 서론이다.

2부: 원자와 분자

원자 내 전자 배치에 관한 현재 이론이 6장과 7장에 제시되었다. 이 논의는 주기율표에서 원소의 배열과 주기적 성질과 밀접하게 연계되어 있다. 8장에서는 화학적 결합과 이 결합의 성질에 대한 세부적 내용을 논의한다. 추가적으로 간단한 분자의 3차원적 구조를 유도하는 방법을 제시한다. 마지막으로 9장에서는 화학 결합의 주요 이론들을 보다 자세하게 살펴본다.

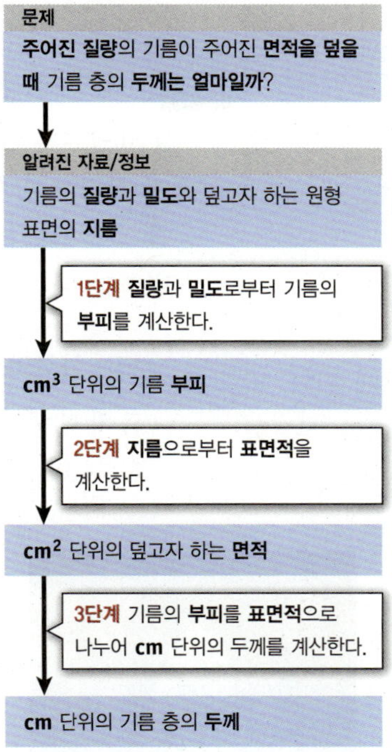

3부: 물질의 상태

물질의 3가지 상태－기체, 액체, 고체－의 거동이 10~12장에서 기술된다. 액체와 고체의 논의는 11장에서의 분자 간 힘의 기술을 통해 기체와 연결된다. 11장에서는 액체와 고체 물을 보다 중점적으로 살펴본다. 13장에서는 용액, 기체의 혼합물, 액체와 고체의 성질들을 기술한다.

4부: 화학 반응의 조절

이 부분에서는 반응성의 원리를 전적으로 다루게 된다. 14장은 화학 과정의 속도와 이 속도를 조절하는 요인들을 조사하게 된다. 다음에는 15~17장으로 넘어가서 화학 평형을 기술한다. 15장에서 평형의 서론을 살펴보고 수용액에서의 산과 염기를 포함하는 반응(16, 17장)을 중점적으로 살펴보고 난용성 염이 생성되는 반응(17장)을 기술한다. 화학 평형과 열역학에 대한 논의를 연계하기 위하여 18장에서 엔트로피와 자유 에너지를 살펴보게 된다. 이 부분의 마지막 주제로 19장에서 전자 이동을 포함하는 화학 반응과 전기화학적 전지에서 이 반응들의 이용을 기술한다.

예제 5의 **전략도**

문제
주어진 질량의 기름이 주어진 **면적을 덮을 때** 기름 층의 **두께는 얼마일까?**

↓

알려진 자료/정보
기름의 **질량**과 **밀도**와 덮고자 하는 원형 표면의 **지름**

↓ **1단계** **질량**과 **밀도**로부터 기름의 **부피**를 계산한다.

cm^3 단위의 기름 **부피**

↓ **2단계** **지름**으로부터 **표면적**을 계산한다.

cm^2 단위의 덮고자 하는 **면적**

↓ **3단계** 기름의 **부피**를 **표면적**으로 나누어 cm 단위의 두께를 계산한다.

cm 단위의 기름 층의 **두께**

5부: 원소들의 화학

이 교재 전반에 걸쳐 다양한 원소의 화학이 기술되지만 5부에서는 이 주제가 보다 체계적으로 다루어진다. 20장에서는 핵화학을 전반적으로 살펴보게 된다.

이 책의 특징

몇 년 전에 지금은 회계사인 저자 중 한 사람의 학생이 우리와 흥미로운 의견을 공유할 기회가 있었다. 그가 말하기를 일반화학은 가장 어려웠던 과목 중의 하나였지만 문제를 해결하는 방법을 알려주었기 때문에 그가 택한 과목 중에서 가장 유익한 과목이었다고 하였다. 이러한 의견에 대하여 우리는 고맙게 생각하였다. 많은 학생들에게 일반화학의 목표는 학생들에게 화학을 가르치는 것뿐만 아니라 비판적 사고와 문제해결 능력을 배우도록 도와주는 것이라고 항상 생각하고 있다. 이 책의 많은 특징은 이러한 목표를 달성하고자 하는 것이다.

문제해결 접근법: 편제와 전략도

풀어보는 연습문제는 각 장의 주요한 부분이다. 풀이의 논리를 따라가는 데 있어 학생들을 더욱 잘 도와주기 위해 이 문제들은 다음 개요에서 요약한 바와 같이 체계화하였다.

문제 문제의 지문이다.

알고 있는 사실 주어진 정보를 개괄적으로 기술한다.

전략 목표를 고려하여 가용한 정보를 정리하고 해법에 이르는 길을 살펴보기 시작한다.

풀이 논리적 그리고 수학적 단계를 통하여 해답을 얻는다.

고려사항 해답이 타당한지와 해답이 무엇을 의미하는지를 질문한다.

유제 학생들로 하여금 풀이를 시도할 유사 문제이다. 이 문제에 대한 해답은 부록 N에 수록되어 있다.

많은 학생들에게 시각적 전략도는 문제 풀이에 있어 유익한 도구가 될 수 있다. 이 책에는 예제와 동반되는 약 60개의 전략도가 있다.

확인문제: 간단한 복습 문제

8판에서 거의 매 절마다 선다형 확인문제를 추가하였고, 이것들은 상당한 호응을 받았다. 학생들은 이러한 간단한 문제를 풀어봄으로써 절을 이해하였는지 여부를 확인할 수 있다. 이 문제에 대한 답은 부록 N에 수록되어 있다.

학습 목표 복습

각 장의 학습 목표는 각 장의 첫 번째 쪽에 나열하였다. 이 판에서는 학생들이 당면하는 주요 과제를 포함하도록 체계화 하였다.

- 이 장에서 이해할 필요가 있는 것이 무엇인가?
- 해야 할 필요가 있는 것은 무엇인가?
- 이 장에서 기억할 필요가 있는 자료는 무엇인가?

목표는 장의 마지막 쪽에서 다시 되짚어 보게 된다. 각 목표는 보다 자세히 주어지고, 학생들이 이러한 목표를 달성하였는지 여부를 확인할 수 있게 도와주는 특정한 장 말 학습문제가 나열되어 있다.

장 말 학습문제

각 장에는 50~150여 개의 학습문제가 있다(그리고 홀수번 문제의 해답은 부록 N에 수록되어 있다). 이 문제들은 다음과 같이 몇 개의 집단으로 나누었다.

실전문제 이 문제들은 문제에서 다루는 주제에 의하여 집단화하였다.
일반문제 문제의 종류에 대한 기준이 없다.
실험관련 문제 장의 내용에 대한 실험에서 대면할 수 있는 문제들이다.
요약 및 개념문제 이 문제들은 현재 장과 앞의 장들에서 나왔던 개념을 이용한다.

© Cengage Learning/Charles D. Winters
Corundum crystal (Al_2O_3).

학습문제는 OWL 온라인 웹 학습시스템에서도 활용된다. OWL 시스템은 교재의 거의 2,200개의 학습문제 중 1900개 정도가 포함된다.

마지막으로 일부 문제는 작은 붉은 삼각형(▲)으로 표시하였음을 주목하라. 이것은 다른 문제들보다 도전적인 의미를 갖는다.

추가 자료

8판에서와 마찬가지로 심층 학습(관련 내용에 대한 보다 심층적 고려)과 문제해결 주요사항이라는 제목의 추가 자료가 있다. 많은 수의 사례 연구가 추가 또는 수정되었고, 일부는 "녹색" 또는 지속가능한 화학을 기술한다.

9판에서 새로운 내용

이 절에서는 8판으로부터 9판으로 넘어 오면서 "새로운 사실"에 대한 상당한 변화를 개략적으로 기술하였다. 추가적으로 새로운 사진과 새로운 그림을 만들었고 전체에 걸쳐 지속적으로 문장을 향상시키려고 노력하였다. 다음의 장별 기술은 이 교재의 8판에서 9판으로의 특정한 변화를 나타낸다.

1장. 화학의 기본 개념

- 금에 대한 서론적 이야기를 재기술하였다.
- 화학적 및 물리적 성질에 대한 그림을 완전히 재구성하였다.

2장. 원자, 분자, 이온

- 주사투과현미경을 이용하여 "원자를 관찰"하는 것에 대한 새로운 서론적 이야기가 있다.
- 새로운 2쪽에 걸친 "주요 실험들 – 원자 구성 성분의 특성을 어떻게 알게 되었는가?"가 추가되었다. 이것은 7판과 8판의 화학의 역사에 대한 내용으로부터의 주요 내용을 포함한다.
- 8판에서 수화 화합물에 대한 절을 심층 분석으로 변환하였다.

3장. 화학 반응

- 새로운 심층 학습 자료 "반응 종류의 또 다른 분류"가 추가되었다. 우리가 제안한 분류 개략도는 선행(Advanced Placement, AP) 화학에서 사용하는 것과 약간 다르다. 따라서 이 내용은 우리의 분류를 AP의 명명법과 연계하는 것이다.

4장. 화학량론: 화학 반응에 대한 정량적 정보

- 양론 문제를 푸는 입문 과정이 학생들로 하여금 이 매우 중요한 주제를 보다 잘 따라오도록 도와주기 위하여 새로운 방법으로 제시되었다.

5장. 반응성의 원리: 에너지와 화학 반응

- 일에 대하여 보다 자세하게 열역학 제1법칙의 범위를

확장하였다. 이 과정에서 심층 학습, 새로운 예제와 학습문제를 개편하였다.

- 세계 에너지 사용량에 대한 최신 자료를 사용하였고, 심층 학습에서 에탄올 휘발유에 대한 최신 정보를 수록하였다.

6장. 원자 구조

- 전하결합 소자(charge coupled device)에 대한 새로운 서론적 이야기를 추가하였다.
- 플랑크 법칙을 사용하는 새로운 예제가 추가되었다.
- 일광 화상, 태양광선 차단제와 자외선 복사에 대한 새로운 심층 학습이 추가되었다.
- 반자성과 상자성에 대한 정보를 7장으로 이동하였다.

7장. 원자 구조와 주기성

- 광전자 분광기에 대한 추가적 내용이 새로운 심층 학습에 포함되었고 2개의 새로운 학습문제(17~18)가 추가되었다.

8장. 결합과 분자 구조

- "화학 결합의 삼각 관점"이라는 새로운 심층 학습 자료가 추가되었다. 이 자료에서 입문 과정에서 주요한 개념인 결합 모형의 연속성을 보여주는 반 아르겔–케탈라르 도표를 소개하였다.
- 전자점 구조를 그리는 데 포함되는 단계를 보다 잘 보여주기 위하여 전자점 구소에 대한 서론을 변경하였고, 새로운 예시를 추가하였다.
- 유기 분자의 루이스 구조를 그리는 것에 대하여 새로운 하위 절(section)을 추가하였다.

9장. 화학 결합과 분자 구조: 궤도함수 혼성과 분자 궤도함수

- 화학자들은 결합에서 *d* 궤도함수의 중요성을 다시 생각하고 있다. 9장에서 언급한 바와 같이 "현재 연구에 의하면 초원자가 분자에서 *d* 궤도함수의 참여에 대한 증거가 거의 없음을 보여주고 있다." 이러한 결론은 화학계에서 광범위하게 받아들여지고 있고, PF_5와 SF_6와 같은 화합물에서의 결합에 대한 논의에 녹아들어가 있다.
- 광전자 분광기에 대한 화학원리의 응용 문제는 그대로 두었다.

10장. 기체와 기체의 성질

- 실제 기체의 거동에 대한 새로운 논의(10.8절)가 추가되었다.
- 새로운 사례 연구 자료인 "메테인 미스테리"가 추가되었다.
- 새로운 심층 학습 자료인 "표면화학과 초고진공 시스템의 필요성"이 추가되었다.

11장. 분자 간 힘과 액체

- 2011년 순수 및 응용 화학 연합(IUPAC)에서 수소 결합의 개념을 재정의하였다. IUPAC의 관점을 도입하였고, 수소 결합에 대한 논의를 확장시켰다.
- 초임계 CO_2에 대한 심층 학습은 완전히 다시 기술하였다.

12장. 고체 화학

- 표지 사진의 주제인 옥에 대한 새로운 서론적 이야기가 추가되었다.
- 그래핀에 대한 사례 연구는 이 중요한 새로운 영역의 연구와 발전을 반영하기 위하여 완전히 다시 기술하였다.
- 상변화에 대한 절(12.6절)에서 "상변화에 근거한 컴퓨터용 새로운 메모리"에 대한 심층 학습 자료가 추가되었다.

13장. 용액과 용액의 거동

- "혼수상태와 잠수병"에 대한 새로운 장 서론이 추가되었다.
- "결정 성장"에 대한 새로운 심층 학습 자료가 추가되었다. 이것은 학생들이 슈퍼마켓에서 구입한 알럼(황산알루미늄산포타슘)으로 할 수 있는 시도인 거대 결정 성장에 대한 것이다.

14장. 화학 반응 속도론: 화학 반응 속도

- "반응 속도 법칙, 속도상수와 반응양론"에 관한 심층 학습 자료가 추가되었다.
- 결합 에너지를 동역학 인자와 연계하는 "결합 에너지

에 대한 고찰"에 관한 심층 학습 자료가 추가되었다.

- 반응 메커니즘을 다루는 14.6절에서 몇 가지 변화가 있었다. 많은 학생들은 유기화학 과정을 수강하므로 "유기 이분자 치환 반응"을 다루는 새로운 심층학습 자료가 추가되었다. 연쇄 반응에 대한 새로운 하위 절(section)이 추가되었다.

© Cengage Learning/Charles D. Winters

Sulfur-containing minerals.

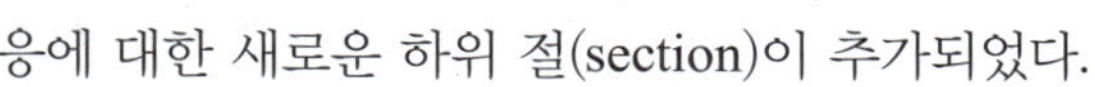

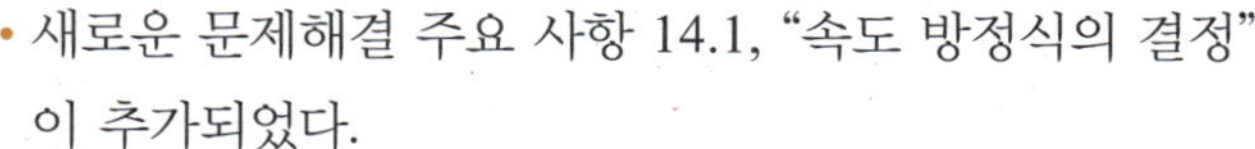

- 새로운 문제해결 주요 사항 14.1, "속도 방정식의 결정"이 추가되었다.

15장. 화학 반응성의 원리: 화학 평형

- "코발트(II) 이온의 수용액에서의 평형"에 대한 서론적 이야기를 다시 기술하였다.

16장. 화학 반응성의 원리: 산과 염기 화학

- "알칼로이드와 독신"에 대한 새로운 서론적 이야기가 추가되었다.

17장. 화학 반응성의 원리: 수용액 평형의 다른 측면들

- "천연 산"에 대한 서론적 이야기를 다시 기술하였다.
- 완충 용액 계산에서 헨더슨-하셀발흐 방정식을 사용하는 것을 더욱 강조하였다.

18장. 화학적 반응성의 원리: 엔트로피와 자유 에너지

- 수소에 대한 서론적 이야기를 다시 기술하였다.
- 깁스 자유 에너지(18.6)에 대한 주요한 절은 "화학교육지"에서 퀼리즈(J. Quilez)가 발표한 자유 에너지의 설명을 반영하기 위하여 주의 깊게 조사하였다. ("1학년 대학 화학 교재에서의 깁스 자유 에너지 오류", *Journal of Chemical Education*, vol. 89, 87-93, 2012)
- 한 과정에 대한 깁스 자유 에너지 변화를 계산하는 것에 대한 새로운 예제(18.9)를 비표준 조건에서 제시하였다. 이러한 문제를 통하여 $\Delta_r G$와 $\Delta_r G^\circ$의 차이를 명확하게 하였다.

19장. 화학 반응성의 원리: 전자 이동 반응

- 리튬 이온 전지에 대한 새로운 서론적 이야기를 추가하였다.

20장. 핵화학

- 이 장을 개정하면서 핵화학에서의 새로운 최신 발견을 포함하였고 가장 최근의 원소들을 소개하였다.

대체 판

이 교재(화학과 화학 반응성, 9판)의 축소 저가판(paperbound version)에서는 장 말 학습문제가 없고, 이것은 이 교재의 온라인 숙제와 학습 시스템인 OWL에서 배정할 수 있다. OWLv2와 MindTap Reader eBook에 대한 접근은 혼합판(Hybrid version)에 포함되어 있다. MindTap Reader는 이 교재의 무삭제판으로 모든 장 말 학습문제와 문제 세트가 포함되어 있다.

추가 자료

이 교재에 대한 학생용과 강사용 자료에 대한 정보를 얻으려면 http://www.cengage.com/chemistry/kotz/CACR9e를 방문하라.

화학의 개념 다지기

미국화학회 시험 연구소는 75년 이상을 대학수준의 화학 과정 평가 시험을 출제하여 왔다. 2012년 연구소는 화학교육지에 화학에서의 "개념 다지기(Anchoring concepts)" 또는 "핵심 아이디어(Big ideas)"에 대한 논문을 발표하였다. 목적은 대학의 강사들이 화학의 자세한 내용의 지도를 가지도록 하여 교육이 미국화학회 시험의 내용과 잘 맞도록 하고자 하는 것이다. ACS 지도는 "개념 다지기"로 시작하여 "이해를 지속함"으로 갈라지고 더 세부적인 영역으로 계속하여 분화하게 된다.

우리들은 이러한 아이디어가 화학 강사와 학생 모두에게 유익하다고 믿고, 이 서문에 포함해야 할 정도로 중요하다고 생각한다.

선행과정(AP) 시험의 출판사인 대학 위원회(College Board)는 최근에 동일한 아이디어를 따라 AP 화학 교육과정을 재설계하였다. 이러한 교육과정은 "핵심 아이디어"와 "이해를 지속함"에 근거하고 있다. 후자는 다시 "필수 지식(Essential knowledge)"과 "과학 실습(Science practice)"로 분화하고 궁극적으로는 "학습 목표(Learning objectives)"에 이르게 된다.

본 교재(화학과 화학 반응성)의 현재 판은 대학 위원회 교육과정의 기준 대부분에 맞는 내용을 포함하고 있으며 동시에 시험 연구소의 "개념 다지기"에 근거를 두고 있다고 확신한다.

미국화학회 시험(TEST) 연구소의 개념 다지기

1. 원자(1, 2, 6, 7장)

원자는 화학의 기본 구성 요소이다. 1, 2장은 원자의 기본 조성과 원자 구조를 정의하는 고전적인 실험들을 기술한다. 원자의 전자 구조는 양자수와 원자 궤도함수가 소개되는 6장에서 자세히 기술한다. 이 장의 뒤에 나오는 7장에서는 전자배치, 궤도함수 에너지 준위 그램과 원소들의 화학적, 물리적 성질의 주기적 경향을 분석한다. 쿨롱 법칙은 이러한 많은 논의에 있어서 명시적 또는 내포된 원리임을 강조하고자 한다.

2. 결합(8, 9, 12장)

원자 구조에 대한 논의에 이어 공유결합에 대한 2개 장이 이어진다. 분자 구조가 8장에서 먼저 다루어진다. 이 장에서는 루이스 구조로 시작하여 VSEPR 지침을 이용하여 전자 및 분자 구조를 결정하는 것으로 넘어가게 된다. 원자가 결합 이론의 세부적 논의와 혼성의 소개가 9장에서 다루어지며, 정성적 수준의 분자 궤도함수 이론이 뒤를 잇게 된다. 이온 화합물과 반도체에서의 결합이 고체에 대한 장(12장)에서 다루어진다.

3. 구조와 기능(11, 12, 16장)

구조와 기능과의 가장 명확한 관계는 생화학에서 나타나지만 본 번역판에서는 여러 가지 이유로 생략하였다. 그러나 구조–기능 관계는 이 교재 전반에서 발견할 수 있다. 예를 들면, 11장의 얼음과 물의 성질, 12장의 이온 화합물의 격자 에너지와 물리적 성질, 16장의 산의 세기와 구조와의 관계를 고려하여라.

4. 분자 간 상호작용(10, 11장)

11장은 쿨롱(정전기적) 인력에 근거하고 있는 이온–쌍극자, 쌍극자–쌍극자와 런던 힘을 소개하고 특별히 신경을 쓴 수소결합과 같은 주제에 특히 집중하였다. 또한 실제 기체(10장)에서의 분자 간 인력의 중요성을 강조하였다.

5. 반응(3, 4, 16, 17, 19장)

화학 반응성은 이 교재의 주요한 주제이다. 화학은 광범위한 화학 반응들로 구성되어 있다. 반응의 종류와 화학 평형의 원리가 3장에 소개되었고 반응의 정량적 관점(화학량론)이 4장에서 다루어졌다. 브뢴스테드–로우리의 산–염기 반응과 침전 반응의 심층적 분석이 16, 17장에서 제공되었고 전기화학에 관한 장(19장)에서는 산화환원 반응이 심층적으로 분석되었다.

6. 에너지와 열역학 (1, 5~8, 12~13, 18장)

에너지는 화학 전반에 걸친 주제이므로 1장에서 기본적인 배경 정보가 포함되어 있다. 열화학과 열역학 제1법칙(열과 일)이 5장에 제시되었다. 이 장에서 소개된 것은 비열, 내부 에너지, 엔탈피, 열량계를 포함하는 실험들과 같은 주요한 주제이다. 에너지는 6장에서 원자 구조, 7장에서 전자부착 엔탈피와 이온화 에너지, 8장에서 결합 에너지를 논의할 때 다시 언급되었다. 12장에서 고체, 13장에서 용액을 논의할 때도 이 주제는 중요하다.

열역학 제2, 제3법칙은 18장에서 다루어졌으며, 이 과정에서 평형과 연계된 엔트로피(앞의 13장에서 용액을 살펴볼 때 간단히 언급하였음)와 자유 에너지를 볼 수 있다.

7. 동역학(14장)

14장은 화학 동역학에 집중하고 있다. 여기서 반응 속도, 속도 법칙이 의미하는 것을 정의하고 실험 자료로부터 속도 법칙이 결정되는 예제들을 보여주고 있다. 활성화 에너지도 이 장에서 다루어진다.

8. 평형(3, 15~19장)

3장에서 평형을 처음 언급하면서 모든 반응은 자발적으로 평형을 향해 진행된다고 지적하였고, 생성물 선호와 반응물 선호라는 용어를 정의하였다. 이러한 주제는 연속적인 3개 장에서 심층적으로 다루어진다. 15장은 평형 원리의 서론이다. 용액과 기체 상 평형을 평형상수를 이용하여 기술한다. 또한 평형인 계에 외부 요인이 어떻게 영향을 미치는가에 대한 직관적 감을 제공하는 르샤틀리에 원리도 이 장에서 소개된다. 16과 17장에서는 수용액에서 특정한 종류의 평형, 즉 산–염기와 용해도 평형이 기술되고, 마지막으로 18장에서는 평형을 열역학 함수 깁스 자유 에너지와 연계한다. 19장에서는 화학 평형을 연구하는 수단으로서 전위차계 측정을 소개한다.

9. 실험, 측정과 자료(책 전반에 걸친 대부분의 장)

화학은 실험 결과에 근거를 두고 정립되었기 때문에 이 주제에 대한 정보가 이 교재 전반에서 나타남을 인식하는 것은 중요하다. 아래에 몇 가지만 언급한다.

- 2장에서의 원자 구조를 결정하는 고전적인 실험들
- 5장에서 열량계
- 분자의 구조와 조성, 원자의 에너지 준위를 정의하기 위한 질량분석기(3장)와 광전자분광기(7, 9장)와 같은 실험 기술의 활용
- 10장에서의 기체 법칙의 발전
- 14장에서의 반응속도의 측정
- 19장에서의 볼타 전지의 전기화학적 퍼텐셜의 측정

장 말의 학습문제에 실험에서 나타날 수 있고, 장에서 기술된 자료를 사용하게 될 실험 관련 문제가 있다. 흥미롭고 중요한 실험을 근거로 만들어진 화학원리 응용에서의 문제와 장 말 문제들도 간과하지 않기 바란다.

10. 시각화(책 전반에 걸쳐 나타남)

시각 정보를 이용하는 학생들은 이 교재가 흥미롭다는 것을 발견할 수 있다. 그림은 개념을 도시하는 데 사용되었고 각 장에 이러한 예들이 풍부하다. 이러한 사실들을 보다 쉽게 해석할 수 있고 풍부한 정보를 주도록 많은 그림들을 다시 그렸다. 전형적인 예는 전자기 복사, 총괄 성질, 침전의 용해, 반응 메커니즘, 화학 평형, 원자 궤도함수와 많은 분자 궤도함수들의 시각화 자료들이다.

추가 자료

K. Murphy, T. Holme, A. Zenisky, H. Caruthers, and K. Knaus, *Journal of Chemical Education*, volume 89, pages 715–720, 2012.

T. Holme and K. Murphy, *ibid.*, volume 89, 721–723, 2012.

차례

2부 ▶ 원자와 분자의 구조

3부 ▶ 물질의 상태

5부 ▶ 원소와 관련 화합물의 화학

© Cengage Learning/Charles Winters

아리조나의 오래된 광산 폐가의 금 채굴 광부가 사용한 저울.

01장 화학의 기본 개념

학습 개요

금! 화학을 처음 시작하는 학생들은 화학에 대하여 잘 모른다고 말한다. 하지만 우리의 생활 속에는 화학과 밀접한 것들이 많으며, 적어도 원소 중의 하나인 금에 대하여 일부는 알고 있을 것이다.

금은 수천 년 동안 고귀하게 여겨졌으며, 희귀한 원소 중 하나이다. 인류는 금을 차지하기 위해 전쟁을 치러왔고 또한 금을 캐기 위해 인간을 노예로 삼아왔다. 금은 전 세계에서 생산되며, 바다에도 천만 톤 이상이 함유되어 있을 것으로 추정된다.

금은 흔한 투자 대상이지만, 대부분이 보석이나 치과재료에 사용되고 있다. 또한 조각상에 금박을 입히기도 한다. 건축에서도 금이 사용되는데, 러시아 상트페테부르크(St. Petersburg)에 있는 성 이삭(St. Isaac) 대성당의 돔이 220파운드의 금으로 덮여 있는 것이 대표적 예라 할 수 있다.

학습 목표

다음 목표들의 핵심인 학습문제는 "학습 목표 복습"을 참조하시오.

- 과학에서 적용되는 기본 개념인 가설, 법칙, 이론을 이해
- 분자운동론의 기본 개념을 이해
- 거시적, 미시적, 상징적 화학의 관점을 이해
- 에너지 변화를 포함하는 과정과 화학의 연구에서 이들이 적용되는 방법을 이해
- 물질을 분류
- 물리적 성질과 변화, 그리고 화학적 성질과 변화를 확인
- 화학 구성단위인 원소, 원자, 화합물, 분자들의 특성을 기억
- 흔한 일련의 물리적, 화학적 성질을 기억
- 녹색화학의 원리를 기억

다음은 금에 대해 알려진 사실들이다.

- 독일어에서 금의 명칭은 영어와 같다. 그러나 스페인어에서는 oro이고, 프랑스어에서는 l'or이다. 금의 화학기호는 Au이며, 금의 라틴명인 aurum에서 유래되었다.
- 보석에서 사용되는 대부분의 금은 순금이 아니다. 대신 금을 다른 금속과 혼합하여 강도를 보강하고 색을 변화시킨다(이것은 장식품을 좀 싸게 한다). 보석에서 금의 양은 장식품에 각인된 표시로 확인할 수 있다. 순금은 24캐럿(24 K)이고, 18캐럿(18 K) 표식은 무게로 금의 18/24만큼 사용되고 9 K 금은 9/24만큼 사용되었음을 의미한다.
- 금은 얇게 펼칠 수 있으며, 이는 두들겨서 모양을 만들 수 있음을 의미한다. 금박막은 약 500개 정도의 원자 두께에 해당하는 0.000127 mm 정도까지 얇게 만들 수 있다.
- 금은 공기, 물 그리고 대부분의 화학물질에 영향을 받지 않는다. 이것이 금이 변색되지 않는 이유이다. 예외적으로 금은 염산과 질산의 혼합물인 왕수(aqua regia, 라틴어로 왕의 물이라는 의미)에 녹는다.
- 금은 가장 좋은 전기 전도체 중의 하나이므로 전기 회로 구성 시 "최상급 기준(gold standard)"이 된다.

장 서론과 관련된 학습문제. 각 장에는 서론적 내용과 관련된 학습문제가 1개 이상이 있을 것이다(1장 학습문제 22).

화학 공부를 시작할 때 여러분들은 이미 화학을 알고 있다는 사실을 깨닫도록 교수들은 격려하고 있다. 철, 알루미늄, 구리, 산소와 같은 원소 또는 물과 이산화탄소와 같은 화합물에 대해 무엇을 알고 있는가? 이 책을 통하여 이러한 물질들과 다른 흥미롭고 유용한 많은 화학물질에 대하여 다양한 사실을 알려줄 것이다.

1991년 알프스를 등반하던 등산객이 스위스와 이탈리아 국경지대에서 보존 상태가 양호한 신원미상의 시체를 발견했다. 처음에는 최근에 죽은 사람의 시신으로 생각되었으나 과학자들이 검시한 결과, 시체는 5300년 전에 살았던 사람으로 사망 당시 약 46세 정도였을 것으로 추정되었고, 외치(Ötzi Iceman)로 알려지게 되었다. 자연이 만든 가장 오래된 미라인 냉동인간의 발견으로 세계 곳곳의 화학자, 생물학자, 인류학자, 고생물학자 등이 모이게 되었고, 과학적 연구를 통해서 놀라운

(a) 냉동인간은 거의 약 5300년 동안 알프스 빙산 속에 묻혀 자연에서 냉동되어 미라가 되었다.

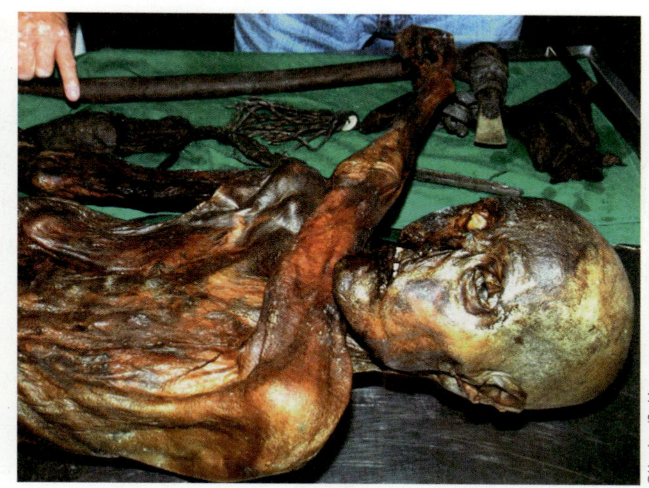

(b) 냉동인간의 몸은 현재 이탈리아 볼차노(Bolzano) 남티롤(South Tyrol) 고고학 박물관에 안치되어 있다.

냉동인간 외치. 외치라는 이름은 냉동인간이 발견된 지역인 오스트리아와 이탈리아 국경 근처의 외치(Ötzi) 계곡에서 유래되었다.

사실들이 밝혀졌다. 냉동인간 연구를 통해서 알게 된 사실들은 아래와 같다.

- 일부 연구자들은 냉동인간의 소화기관에서 음식 잔류물을 검사하였는데, 곡물과 함께 도정 때 사용된 돌에서 나온 것으로 보이는 운모의 작은 조각이 발견되었다. 운모 조각은 알프스 남부의 작은 지역에 분포하는 것으로 분석되었고, 이로부터 냉동인간이 죽기 전 어디에서 살았는지 유추할 수 있었다. 또한 위의 동물 털을 분석하여 그가 마지막으로 먹은 것은 알프스 산악염소(ibex) 고기임이 확인되었다.
- 냉동인간의 머리카락에서는 고농도의 구리와 비소가 검출되었다. 이러한 발견은 냉동인간의 도끼가 거의 순수한 구리로 되어 있다는 사실과 더불어 냉동인간이 구리의 제련과 관련된 일을 하였다는 결론에 도달하게 되었다.
- 1개의 손톱이 보존되었고, 과학자들은 손톱의 외형으로부터 그가 죽기 6개월 이내에 3번 질병으로 고통받았으며, 마지막 질병은 2주 동안 지속되었음도 알 수 있었다. 마지막으로 치아의 최근 형상은 심한 치주 질환과 충치가 있었음을 보여주고 있다.
- 호주의 과학자들은 그의 돌칼, 화살, 외투에서 혈액 시료를 채취하여 오래된 DNA를 연구하는 방법으로 분석한 결과 혈액이 네 명의 다른 사람들 것이란 것도 밝혔다. 사실 한 화살촉에서 나온 혈액은 다른 두 사람의 것이었는데 아마도 냉동인간은 그 화살로 한 사람을 살해하고 화살을 빼내어 다른 사람을 죽이는 데 다시 사용한 것으로 보인다.

냉동인간의 삶과 생활 환경을 규명하는 데 과학수사에서 사용되는 다양한 현대 법의학 기술을 사용하였다. 여러분은 화학과 화학적 원리를 공부하면서 과학의 여러 분야가 화학을 기초로 하고 있으며, 어떤 과학 분야에서도 화학 지식이 매우 유용하다는 것을 분명히 인식하게 될 것이다.

1.1 화학과 화학적 방법

진사

수은 방울

그림 1.1 진사와 수은. 진사(황화수은(II))를 공기 중에서 가열하면 주황색의 산화수은(II)으로 변하며, 이것을 더 가열하면 원소 수은과 산소 기체로 분해된다.

화학은 물질의 변화에 관한 학문이다. 과거의 화학은 나무나 기름이 타고, 포도 주스가 포도주로 변하고, 붉은색의 광물질인 진사를 가열하면 금속 광택의 수은으로 변하는 것과 같이 자연의 물질이 다른 물질로 변하는 것에 한정되었다(그림 1.1). 중요한 것은 구조가 정확히 밝혀지지 않은 물질을 필요한 형태로 변환하기 위한 방법 찾기와 왜 그런 변화가 일어나는지를 설명하는 것이었다. 화학은 여전히 변화의 학문이지만 현대의 화학자들은 자연물질이든 인공물질이든 물질의 변화와 그 변화에 대한 이해에 더욱 초점을 맞추고 있다(그림 1.2). 현대 화학은 서로 상호작용하는 원자와 분자의 미시 세계를 관찰할 수 있게 되었고, 특정 화학 반응이 일어날지를 예측할 수 있을 정도로 진보되었다.

화학자들에게 화학은 매우 매력적이겠지만 화학을 새로이 공부하는 학생들에게 화학을 공부하는 이유를 묻는다면 대답은 다양할 것이다. 그러나 분명한 것은 화학이 현대 사회를 살아가는 데 뿐만 아니라 생물학, 지질학, 재료과학, 의학, 물리학, 그리고 공학 등 다른 여러 학문 분야를 공부하는 근본적 토대를 제공한다는 것이다. 또한 화학은 특히 선진국 경제에 중요한 역할을 하며, 화학과 화학자들은 우리의 일상 생활에 여러 방식으로 연관되어 있다. 부가적으로 화학은 통해 여러분들은 화학자들이 어떻게 세계를 생각하고, 문제를 해결하는지를 학습하게 될 것이다. 화학에서 배운 지식과 기술은 빠르게 변화하고 고도로 발전해가는 과학기술 사회에 대한 이해의 폭을 넓혀주고, 여러분들의 빠른 적응을 도와줄 것이다.

가설, 법칙, 이론

과학자들은 스스로의 의문에 답을 찾거나, 다른 사람들이 답을 찾기 원하거나, 또

그림 1.2 화합물의 형성. 소듐 금속(Na)과 황색의 염소 기체(Cl_2)를 합하면 염화소듐이 만들어진다.

는 모두에게 도움이 되는 새로운 것을 발견하기 위해 연구를 한다. 냉동인간이 발견되었을 때 과학자들은 "그는 어디에서 살던 사람이었을까?"와 같은 많은 질문을 하였고 그 해답을 찾아내었다. 냉동인간은 지금의 오스트리아와 이탈리아 국경지대에서 살던 사람이었다. 물에 존재하는 산소의 형태가 장소에 따라 조금씩 다르기 때문에 냉동인간의 몸에 있는 산소를 시험하게 되면 그가 살던 곳을 예측할 수 있다. 즉 과학자들은 **가설**(hypothesis)을 세우고 실험 관찰을 통해서 잠정적인 설명이나 예측을 하게 된다.

하나 또는 그 이상의 가설을 세운 후에 과학자들은 가설을 지지 또는 배제할 수 있도록 실험설계를 하고 시행한다. 화학에서는 통상적으로 이 과정에서 정성적 정보와 정량적 정보가 모두 필요하다. **정량적**(quantitative) 정보는 수치로 나타낼 수 있는 화학물질의 녹는 온도, 질량 등을 말한다(그림 1.3). **정성적**(qualitative) 정보는 물질의 색, 물리적 외형 등 수치와 관계없는 정보들을 말한다.

냉동인간의 경우 과학자들은 그의 몸, 옷, 무기에서 많은 양의 정성적, 정량적 정보들을 수집할 수 있었다. 정보들 중에는 치아와 뼈에서 얻어진 최근 정보들도 있다. 그의 몸 여러 부분에 있는 산소 동위원소로부터 냉동인간이 현재 이탈리아의 제한된 지역 물을 마시고 살았다는 것이 밝혀졌고, 비로소 냉동인간의 삶의 터전에 대한 의문이 풀릴 수 있었다.

냉동인간의 고향을 밝혀내기 위한 산소 동위원소 분석은 물속의 산소 동위원소가 고도에 따라 예측 가능하게 변한다는 사실을 알아냈기 때문에 가능한 것이었다. 즉 위치에 따라 동위원소 조성이 변화한다는 것이 과학 법칙인 것이다. 오랜 기간 여러 과학자들의 정밀한 실험적 검증을 거친 후에 하나의 가설이 법칙이 된다. 법칙은 동일한 조건하에서 같은 결과를 나타내는 간결한 수사적 표현이나 수식으로 표현된다.

과학의 법칙은 우리가 어떤 새로운 조건의 환경을 만들었을 때 무슨 일이 일어날 수 있는지를 예측 가능하게 해주는 기본이 된다. 예를 들어 화학원소인 소듐을 물과 접촉시키면 격렬한 반응이 일어나고 새로운 물질이 만들어진다는 사실을 경험을 통해 알고 있고(그림 1.4), 새로이 만들어진 물질의 질량은 반응한 소듐과 물의 질량과 정확히 같다는 사실을 알고 있다. 즉 **질량은 화학반응 전후에 보존된다.**

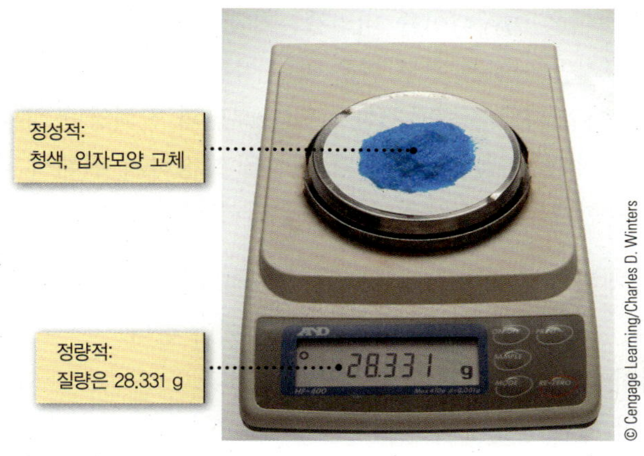

그림 1.3 **정성적 관찰과 정량적 관찰.** 실험실 저울 위의 화합물의 질량 측정.

© Cengage Learning/Charles D. Winters

그림 1.4 금속성 원소 소듐과 물의 반응.

충분한 반복실험에서 재현되고 실험결과가 법칙이나 규칙으로 일반화되면 관찰된 사실을 설명하는 이론이 될 수 있다. 하나의 **이론**은 일련의 관찰된 사실을 설명하는 통합된 원리이며, 법칙들이 이론의 기본이 된다. 또한 이론이 실험적으로 증명할 새로운 가설을 만들어내기도 한다.

일반사람들은 이론을 추측이나 아직 확인되지 않은 아이디어를 말할 때 사용하기도 한다. 그러나 과학자에게 이론은 매우 신중하게 결정되고 재현될 수 있는 증거에 기초한 결과이다. 물론 새로운 사실이 밝혀지면 이론도 변할 수 있지만, 이론은 어느 주어진 시점에서 자연 세계에 대한 우리의 이해를 나타내는 시금석이다.

과학의 목표

화학을 포함한 과학은 여러 목표를 가진다. 이들 중 두 가지는 **예측**과 **통제**이다. 우리는 어떤 주어진 환경에서 무슨 일이 일어날 수 있는지 예측하기를 원하기 때문에 실험을 해서 일반성을 찾는다. 또한 화학 반응의 과정을 통제하는 방법을 찾아내고 싶어 한다.

또 다른 두 가지의 목표는 **이해**하고 **설명**하는 것이다. 예를 들어 소듐과 같은 원소가 물과 격렬히 반응한다는 것을 알고 있다. 왜 이런 반응이 일어나는지 이해하고 설명하기 위해 이 책 전체에 걸쳐 얻어진 화학적 개념의 배경이 필요하다.

과학에서의 진퇴양난과 정직성

여러분이 과학에서의 연구는 실험을 하고 정보를 모으고 결론을 이끌어내는 간단한 과정이라 생각할 수 있다. 그러나 연구는 그리 쉽지 않다. 장애물과 실패는 다반사이며 때론 결론을 낼 수조차 없는 경우도 있다. 실험은 때로 오히려 불확실성을 가중시키고 모순된 자료를 생산하기도 한다. 예를 들어 여러분이 두 실험 결과의 직접적 연관성을 기대하며 실험을 했다고 가정하자. 여러분이 여섯 조합의 실험 결과를 얻었고, 그래프를 그렸을 때 4개의 조합은 그래프에서 직선으로 나타나고 2개의 조합은 직선에서 아주 동떨어진 공간에 놓이게 되었다. 여러분은 마지막 2개의 조합을 무시해버리고 4개의 조합으로 결론을 내겠는가? 아니면 새로운 과학적 원리에 기여할 수도 있는 결과를 위해 실험을 더해서 더 많은 자료를 얻어 낼 것인가? 아니면 동떨어진 2개의 결과 조합은 애초에 여러분 가정의 오류에서 비롯된 것이므로 지난 일년 동안의 연구하여온 아이디어를 버리겠는가? 과학자들은 이 상황에서 객관성을 유지할 의무가 있지만 이것은 결코 쉬운 일이 아니다.

과학자도 인간이고 다른 사람들처럼 도덕적 부담과 진퇴양난 상황에 놓일 수 있다는 사실을 기억해야만 한다. 과학에서의 진실을 보장하기 위해서 과학적 행위를 이끄는 다음의 단순한 원칙들이 세월이 흐름에 따라 나타났다.

- 실험 결과는 재현될 수 있어야 된다. 그리고 결과는 과학저널에 다른 사람들이 재현할 수 있을 정도로 자세히 기술하여 보고하여야 한다.
- 결론은 합리적이어야 하고 편향되지 말아야 한다.
- 공적은 적정한 사람에게 주어져야 한다.

1.2 지속 가능성과 녹색화학

세계 인구는 약 72억 명이며 매달 7백만 명씩 늘어나고 있다. 추가 인구는 거주지, 식량, 의료지원이 필요하며, 물과 에너지 같은 자원의 고갈을 가중시킨다. 또한 생활과 일을 하면서 부산물을 만들어내고 결과적으로 우리의 지구 환경에 영향을 준다. 많은 과학자, 정책입안자, 정치인들의 관심이 '지속가능한 발전'에 맞춰지고 있는 이유이다.

화학자이며 전직 화학회사 경영자였던 제임스 쿠수마노(James Cusumano)는 "한 편에서 사회, 정부, 산업에서는 더 많은 가치를 창출하고, 일자리를 만들며, 생활을 더욱 윤택하게 하려고 하고, 다른 한 편에서 규제론자, 환경론자, 시민들은 후손의 몫을 보존하면서 세계 경제와 환경의 수요를 맞추는 **지속가능한 발전을 요구**한다"고 말한다. 모든 나라들이 서로 충돌할 수밖에 없는 이 같은 목표를 어떻게 해결할 수 있는지 고민 중이다. 이런 상황은 쿠수마노가 위의 주장을 **화학교육 저널**에 기고했던 1995년보다 더욱 현실화되고 있다.

최소한 선진국에서의 기대수명 연장과 삶의 질이 크게 개선된 데에는 과학의 진보 영향이 지대했다. 그러나 우리는 그 대가를 환경에 지불하고 있다. 대기에는 산화질소와 산화황과 같은 오염 기체가 늘어나고, 지구의 여러 지역에서는 산성비가 내리며, 폐기약품이 물 공급원을 오염시켰다. 화학자들은 진퇴양난의 상황에 대한 해답을 찾으려는 연구를 해오고 있으며, 해답 중의 하나가 **녹색화학**을 실천하는 것이다.

녹색화학 개념이 생겨난 지는 20년 이상 되었으며 현재 오염의 정도를 낮추는 새로운 시도들이 지속되고 있다. 이 책을 덮을 때가 되면 여러분은 전부는 아니지만 대부분의 녹색화학 원리들을 이해하게 될 것이다.

심층 학습 | 녹색화학의 원리

폴 아나스타스(Paul Anastas)와 존 워너(John Warner)는 그 들의 저서인 "녹색화학: 이론과 실제" (Oxford, 1998)에서 녹색화학의 원리에 대해 아래와 같이 설명하였다. 여러분은 화학이나 화학 반응성에 대해 학습할 때 이들 원리들을 생각하고, 어떻게 적용할 수 있는지 생각하게 될 것이다.

©Charles Winters

- 오염물질이 만들어진 후 처리하는 것보다 만들지 않는 것이 더 낫다.
- 새로운 의약품이나 화학제품이 생산될 때 많은 공정을 거치게 되므로 합성 방법은 최종 생산제품에 사용된 모든 물질이 최대한 포함되도록 설계한다.
- 합성방법은 인간의 건강과 환경에 독성이 없거나 최소의 물질을 사용하여 만들어지도록 설계되어야 한다.
- 화학제품은 독성을 최소화하더라도 기능적으로 효능을 유지하도록 설계한다.
- 에너지 사용이 환경과 경제에 미치는 영향을 인식하고 최소화 한다. 합성은 상온, 상압에서 수행한다.
- 원료물질은 기술적으로나 경제적으로 유용할 때 재생 가능해야 한다.
- 화학제품은 사용 후에 환경에 오래 잔류하지 않고, 위험한 물질로 분해되지 않도록 설계되어야 한다.
- 화학공정에 사용되는 물질은 유출, 폭발, 화재와 같은 화학적 사고 가능성이 최소화되도록 선택한다.

1.3 물질의 분류

이 장은 화학자들이 어떻게 과학, 특히 물질에 대해 이해하고 있는가를 논의하는 것으로 시작한다. 물질의 분류를 알아보고 원소, 원자, 화합물, 분자에 대한 기본 개념을 학습하고 이들의 조합으로 이루어진 물질의 특성에 대해 학습하게 될 것이다.

물질의 상태와 분자운동론

물질의 성질 중 쉽게 알 수 있는 것은 **상태**(state), 즉 기체, 액체, 또는 고체인가 하는 것이다(그림 1.5). 고체는 일정한 모양과 온도와 압력의 변화에 따라 거의 변함이 없는 물질 상태로 일정한 부피를 가진다. 고체와 마찬가지로 액체도 일정한 부피를 가지는 반면 유체이다. 액체는 일정한 모양이 없이 용기의 모양에 의해 결정된다. 기체 또한 유체이지만 기체의 부피는 액체의 부피에 비해 온도나 압력의 영향을 더 많이 받는다.

충분히 낮은 온도에서 모든 물질은 고체 상태이다. 온도가 증가함에 따라 고체는 녹아서 액체가 되며 충분히 높은 온도에서는 액체가 증발하여 기체가 된다. 상태가 변화함에 따라 부피도 변화한다. 일정 질량의 물질이 녹으면 부피는 조금 증가하고(물은 예외) 증발하면 부피는 크게 증가한다.

물질의 분자운동론(kinetic-molecular theory of matter)은 고체, 액체, 기체의 성질을 이해하는 데 유용하다. 이 이론에 의하면 모든 물질은 극히 작은 입자(원자, 분자 또는 이온)로 구성되며, 이 입자는 일정한 운동을 한다.

고체

브로민 고체와 액체

기체

브로민 액체와 기체

액체

Photos: © Cengage Learning/Charles D. Winters

그림 1.5 물질의 상태 – 고체, 액체, 기체. 브로민 원소는 실온 근처에서 세 가지 상태로 존재할 수 있다.

- 고체에서 입자들은 서로 가까이 뭉쳐 있으며, 규칙적인 배열을 한다. 입자는 평균 위치에서 앞뒤로 진동하지만 아주 드물게 고체 내 입자가 이웃한 입자와 위치를 바꾸어 새로운 입자들과 새롭게 배열을 형성하기도 한다.
- 액체를 구성하는 원자나 분자의 배열은 불규칙하다. 액체와 기체는 입자들이 특정 위치에 한정되어 있지 않고 서로 지나칠 수 있어서 유체이다.
- 보통의 조건에서 기체 입자는 서로 멀리 떨어져 있다. 기체 분자는 이웃 분자에 의한 영향이 없어 매우 빠르게 움직인다. 기체 분자는 빠르게 움직이며 용기 벽에 또는 서로 충돌한다. 이러한 무작위 운동으로 인하여 용기는 기체 분자로 가득 차게 되어 용기의 부피가 기체의 부피이다.
- 모든 상태에서 입자 사이에 알짜 인력이 있으며, 일반적으로 기체에서는 작고 액체와 고체에서는 크다. 이 힘들은 물질의 성질을 결정함에 있어 상당한 역할을 한다.

분자운동론에서 중요한 점은 온도가 높을수록 입자는 더 빠르게 운동한다는 것이다. 입자의 **운동 에너지**(kinetic energy)는 입자 간의 인력을 극복하는 데 작용한다. 고체는 온도가 증가하면, 진동이 빨라지고, 규칙적으로 배열된 위치에서 벗어날 수 있을 정도의 온도에서 녹아서 액체가 된다. 온도가 더욱 증가하면 입자의 운동은 훨씬 빨라져 이웃 분자의 인력을 이기고 이탈하여 결국은 기체 상태가 된다. **온도가 증가할수록 원자나 분자의 운동은 더욱더 빨라진다**는 사실은 향후 학습에서 유용한 일반적인 규칙이다.

거시 또는 입자 수준에서의 물질

기체, 액체, 고체의 특성은 도구의 힘을 빌리지 않은 인간의 감각으로도 관찰된다. 이러한 특성은 관찰하고, 측정하고, 다룰 수 있는 정도의 물질 시료를 이용하여 결정할 수 있다. 예를 들면 어떤 시료를 이용하여 물질의 색, 물에 녹는지, 전기를 통하는지 또는 산소와 반응하는지를 결정한다. 이와 같은 관찰은 화학의 **거시**(macroscopic) 세계에서 흔히 일어난다(그림 1.6). 이것이 실험과 관찰의 세계이다.

이제 볼 수 없는 화학의 세계인 원자, 분자, 이온의 수준으로 가자. 물질을 한 움큼 집어 나누고 또 나누자. 그러면 육안으로 볼 수 있는 시점을 지나고 광학현미경으로 볼 수 있는 시점도 지날 것이다. 결국 모든 물질을 구성하는 개개의 입자 수준에 도달하게 되는데 이는 원자와 분자의 **미립자**(submicroscopic or particulate) 세계이다(그림 1.5와 1.6).

화학자는 입자 수준에서의 물질 구조에 관심을 가진다. 원자, 분자, 이온은 보이지 않는다. 그래서 화학자들은 원자의 모양과 분자를 형성하기 위해 어떻게 서로 조합되는지를 상상하였다. 그들은 원자나 분자를 나타내는 모형을 창안하였고(그림 1.5와 1.6)—원자를 작은 구로 나타냈음—이 모형을 사용하여 거시 세계에서 관찰된 내용을 설명하였다.

화학자들은 관찰 가능한 거시적 수준에서 실험을 해왔지만 상상만이 가능한 미립자 수준의 화학을 생각하였다. 그들의 관찰은 연관된 원소와 화합물을 표시하는 식(물은 H_2O, 암모니아는 NH_3), 관련된 원소와 화합물을 나타내는 그림으로 기술하였다. 사실 화학 학습의 목표 중의 하나가 화학기호, 미립자, 그리고 거시 세계를 연결하는 것이다.

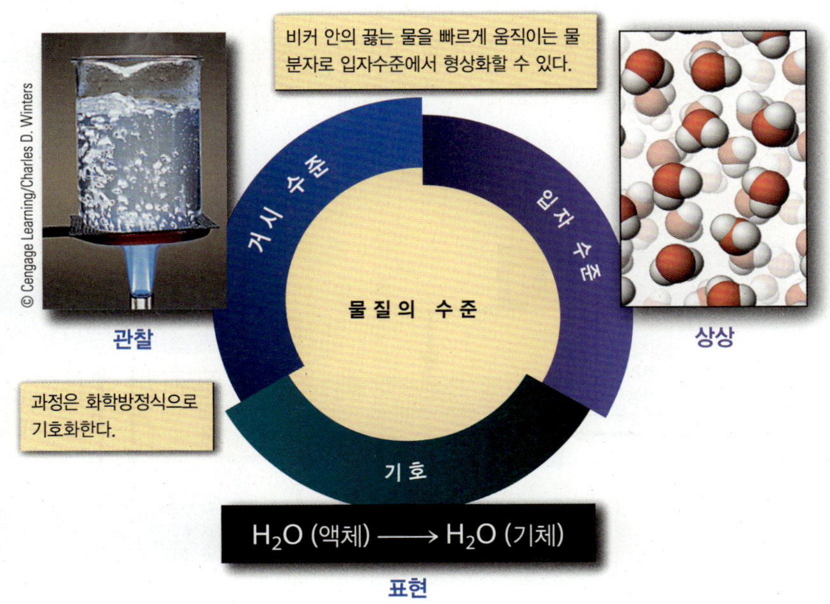

그림 1.6 **물질의 수준.** 거시적 수준에서 물질의 물리적, 화학적 변화과정을 관찰할 수 있다. 이 과정을 설명 또는 도시하기 위해서 과학자들을 원자나 분자 입자 수준에서 무엇이 일어났는지를 상상하고 관찰 결과를 기호로 표시한다.

순물질

한 잔의 음용수를 볼 때 화학자들은 액체를 생각한다. 이 액체는 순수한 화합물인 물일 수 있다. 다시 말해 이 액체는 녹은 물질과 물의 균일 혼합물, 즉 **용액**(solution)이기도 하다. 물질은 순물질과 혼합물로 나눌 수 있다(그림 1.7).

순물질은 일련의 독특한 특성을 가지고 있다. 예를 들면 순수한 물은 무색, 무취이다. 물이라고 정확히 확정하려면 순수한 물의 성질과 주의 깊게 비교해 보아야 한다. 녹는점과 끓는점은 순물질 물 여부를 판단하는 성질들이다. 대기압에서 어떤 물질의 어는점이 0 ℃이고 끓는점이 100 ℃라면 이 물질은 물이 확실하다. 어떤 다른 물질도 정확히 이 온도에서 녹고, 끓지 않는다.

순물질의 두 번째 특성은 보통의 온도에서 물리적 방법에 의해 둘 이상의 다른 화학종들로 분리되지 않는다는 것이다. 만약 분리된다면 이 시료는 혼합물이다.

혼합물 : 균일과 불균일

혼합물은 물리적 방법으로 분리될 수 있는 두 가지 이상의 순물질로 구성된다. 고르지 않은 모양을 가진 물질은 육안으로도 **불균일**(heterogeneous) 혼합물임을 알 수 있다(그림 1.8). 그러나 균일한 것처럼 보이나 자세히 시험해 보면 그렇지 않은 불균일 혼합물도 있다. 예를 들면 우유는 육안으로 보면 균일한 것처럼 보이지만 확대해 보면 액체 내에 지방과 단백질 입자들이 퍼져 있다. 불균일 혼합물 내에서 각 부분의 성질은 서로 다르다.

균일(homogeneous) 혼합물은 두 종류 이상의 물질들이 같은 상으로 섞여 있다(그림 1.8). 균일 혼합물 내에서 각 부분의 성질은 모두 같으며 아무리 배율을 확대하여도 광학현미경으로도 구분할 수 없다. 균일 혼합물을 용액이라고도 한다. 예를 들면 공기(대부분 질소와 산소 기체의 혼합물), 휘발유(탄소와 수소 화합물인 탄화수소의 혼합물), 그리고 뚜껑을 열지 않은 탄산음료 등이 있다.

혼합물의 각 성분이 분리되었을 때 각 성분은 **정제되었다**(purified)고 한다. 한 번의 정제로 완전히 분리되는 경우는 거의 없으며 반복 정제 과정을 통해 순물질을 분리할 수 있다. 예를 들면 물속의 흙은 여과에 의해 분리된다(그림 1.9). 혼합물을 여

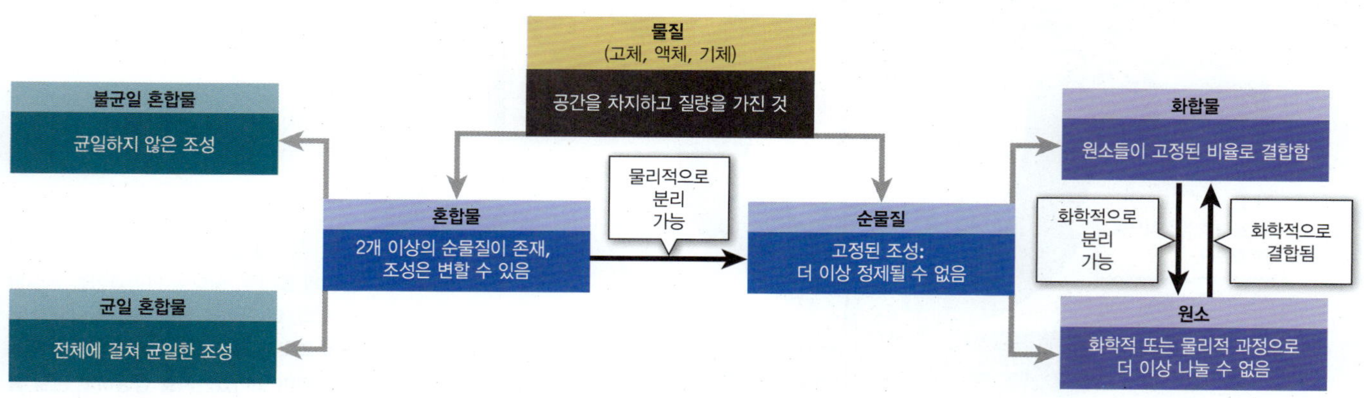

그림 1.7 **물질의 분류.**

하얀 소금 덩어리와 푸른 황산구리의 개별 입자들은 육안으로 명백히 볼 수 있다.

불균일 혼합물

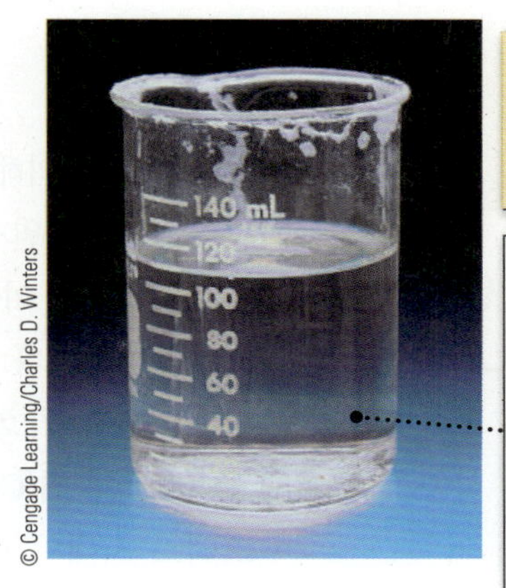

균일 혼합물

소금물. 모형은 소금이 물에서 독립적이며 전하를 가진 입자(이온)로 된 것을 나타낸 것이며 광학 현미경으로도 보이지 않는다.

그림 1.8 불균일과 균일 혼합물.

과하면 대부분의 입자는 제거된다. 물을 여러 번 여과하면 점점 고순도의 물이 된다. 정화 과정에서 정화 정도는 투명도로 측정된다. 완전히 맑은 물이 되면 흙 입자는 완전히 제거된 것으로 간주한다.

1.3절 확인문제

확인문제. 각 장의 거의 모든 절의 마지막에 이해를 확인하기 위해 객관식 문제가 주어진다. 이 문제의 답은 부록 N에 있다.

1. 다음 중 어느 것이 순물질인가?

(a) 드라이 아이스(고체 CO_2) (b) 9K 금

(c) 건조한 공기 (d) 피

2. 다음 중 어느 것이 순물질의 특성이 아닌가?

(a) 전체에 걸쳐 균일한 조성 (b) 일정한 녹는점

(c) 다른 2개의 순물질로 분리될 수 있다.

흙과 물의 불균일 혼합물

혼합물을 거름종이를 통하여 부으면 커다란 흙 입자는 걸러지고 물은 통과한다.

거름종이를 통과한 물은 혼합물보다 훨씬 순수하다.

그림 1.9 여과에 의한 불균일 혼합물의 정제.

1.4 원소

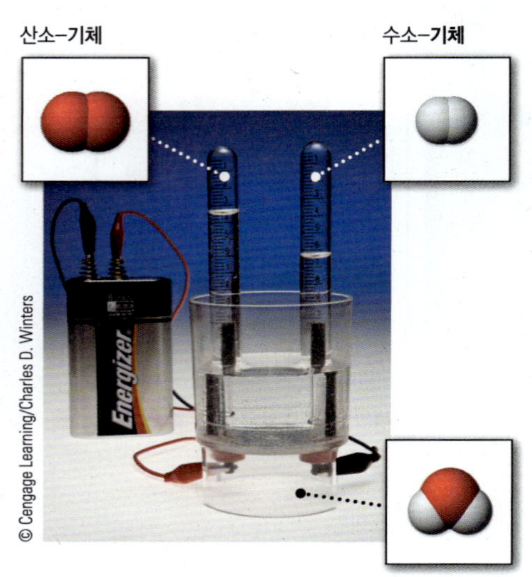

물은 전류에 의해서 수소 기체와 산소 기체로 분해될 수 있다. 산소와 수소 같이 한 가지 원자로 구성된 물질을 **원소**(element)라 한다. 현재 알려진 원소는 118종이다. 이들 중 약 90종이–몇 가지가 그림 1.10에 표시되어 있음–자연에서 발견된다. 나머지는 과학자들에 의해서 인공적으로 만들어진다. 각 원소의 이름과 기호는 이 책의 앞과 뒤의 표에 수록되어 있다. 탄소(C), 황(S), 철(Fe), 구리(Cu), 은(Ag), 주석(Sn), 금(Au), 수은(Hg), 납(Pb) 등은 초기 그리스 시대와 로마 시대와 고대 중국, 아랍, 그리고 중세 유럽의 연금술사들에게 알려졌다. 그러나 다른 원소 대부분은–알루미늄(Al), 규소(Si), 아이오딘(I), 헬륨(He)–18, 19세기까지 알려지지 않았다. 또한 20세기와 21세기 과학자들은 자연에 존재하지 않는 원소, 테크네튬(Tc), 플루토늄(Pu), 아메리슘(Am)과 같은 원소를 만들어냈다.

이 책 앞표지 내부에 원소의 기호와 기타 정보들이 수록되어 있는 표를 **주기율표**(periodic table)라 한다. 주기율표에 대한 자세한 설명은 2장에서 다룰 것이다.

원자(atom)는 원소 고유의 화학적 성질을 지닌 최소 입자이다. 현대 화학은 원자 수준에서 자연에 대한 이해와 탐구에 기초하고 있다.

1.4절 확인문제

이 책의 앞장 안에 있는 주기율표를 이용하여 다음 질문에 답하시오.

1. 다음에서 소듐의 기호는?

(a) S (b) Na (c) So (d) Sm

2. 다음에서 Si에 해당하는 원소는?

(a) 은 (b) 황 (c) 셀레늄 (d) 규소

그림 1.10 원소. 실온에서의 색과 상태로 화학 원소를 구별할 수 있다.

1.5 화합물

2개 이상의 서로 다른 원소들의 **화학 결합**(chemical bond)으로 이루어진 설탕, 소금, 물과 같은 순물질을 **화합물**(chemical compound)이라 한다. 알려진 원소는 118종이지만 이들 원소로 만들어진 화합물은 무수히 많다. 6500만 개 이상의 화합물이 알려져 있으며 매년 수천 개 이상이 추가되고 있다.

원소가 화합물을 이루게 되면 색, 경도, 녹는점 등 원소 원래의 성질은 화합물의 성질로 바뀐다. 두 가지 원소로 구성된 식용 소금(염화소듐)에 대해 생각해 보자(그림 1.2).

- 소듐은 광택이 있는 금속이며 물과 격렬히 반응한다. 그리고 고체 상태에서의 소듐은 원자들이 매우 조밀하게 쌓여 있는 구조로 되어 있다.
- 염소는 연한 노란색 기체로 독특하고 질식성의 냄새가 나며 폐와 조직에 강력한 자극제이다. 원소는 Cl_2 단위로 분자를 구성하며 염소 원자 2개가 서로 단단히 결합되어 있다.
- 소금(NaCl)이라 불리는 이온 화합물인 염화소듐은 무색의 결정성 고체이며, 소듐 이온과 염화 이온이 서로 단단히 결합된 것이다. 성질은 구성 원소의 성질과는 전혀 다르다.

접시에 있는 물질은 철 조각과 황의 **혼합물**이다. 철은 자석을 이용하여 쉽게 제거된다.

황철광은 철과 황으로 구성된 **화합물**이다. 자연에서 황철광은 황금색 육면체로 흔히 발견된다.

원소의 혼합물과 두 가지 이상의 원소들로 구성된 화합물을 구분하는 것은 중요하다. 순수한 금속 철과 노란 황 분말은 다양한 비율로 섞일 수 있다. 그러나 화합물인 황철광은 조성에 변화가 없다. 황철광은 철 또는 황, 그리고 이들 혼합물과는 다른 독특한 성질을 나타낼 뿐 아니라 일정한 무게 조성 백분율(Fe 46.55 %, S 53.45 %)을 가진다. 그래서 혼합물과 화합물 사이에는 두 가지의 중요한 차이점이 있다. 화합물은 구성 원소와는 다른 특성과 결합 원소들의 일정한 무게 백분율을 가진다.

일정 성분비의 법칙. 화합물은 항상 일정한 질량비를 가지고 있다는 진술은 화학의 기본 원리로 "일정 성분비의 법칙" 또는 "일정한 조성의 법칙"으로 불리고 있다.

소금과 같은 몇 가지 화합물은 전하를 띈 원자나 원자단, 즉 **이온**(ion)으로 구성되어 있다(▸2장). 물이나 설탕 같은 다른 화합물은 자신의 조성과 화학적 특성을 지닌 가장 작고 분리될 수 있는 단위인 **분자**(molecule)로 이루어져 있다.

화합물의 조성은 화학식으로 표시할 수 있다. 예를 들면 물의 화학식은 H_2O인데 H는 수소의 원소 기호이고 아래첨자 '2'는 수소 원자가 물 한 분자에 2개 있다는 의미이다. 산소의 원소기호에는 아래 첨자가 없는데 이는 물 한 분자에 산소 원자가 1개 있다는 의미이다.

분자의 조성과 구조는 모형으로 설명되기도 한다. 그림 1.11은 일부 흔한 분자의 이름, 화학식, 구조 모형을 보여준다.

심층 학습 원소의 이름과 기호

몇몇 원소의 이름에는 재미있는 유래가 있다. 많은 원소들은 라틴 또는 그리스어에 어원을 두고 있는 이름과 기호를 가진다. 예를 들면 헬륨(He)의 어원은 "태양"이란 의미를 가진 그리스어 helios이며, 납의 기호인 Pb는 "무거운"이란 뜻을 가진 라틴어 plumbum에서 인용되었다. 최근에 발견된 원소들은 발견된 장소나 의미를 가지는 장소에 따라 이름이 붙여진 것이 있다. 예를 들면 아메리슘(Am), 캘리포늄(Cf), 스칸듐(Sc), 유로퓸(Eu), 프랑슘(Fr), 폴로늄(Po) 등이 있다. 몇몇은 발견한 사람이나 유명 과학자의 이름에서 따오기도 했다. 여기에는 퀴륨(Cm), 아인슈타늄(Es), 페르뮴(Fm), 멘델레븀(Md), 노벨륨(No), 시보귬(Sg), 마이트너륨(Mt) 등이 있다. 가장 최근에 명명된 원소 112번은 2010년에 공식화된 코페르니슘(Cn)이다. 과학혁명의 시조라 할 수 있는 니콜라스 코페르니쿠스(1473~1543)를 기리기 위해 제정되었다. 그는 최초로 지구와 다른 행성이 태양을 돌고 있다고 제안하였다. 일부 사람들은 그의 업적이 과학 혁명의 시발점이라고도 한다.

코페르니쿠스(Nicolaus Copernicus) (1473~1543). 가장 최근에 명명된 원소 112번은 코페르니쿠스를 기리기 위해 명명되었다.

원소 우라늄, 넵튜늄, 플루토늄의 기원이 무엇이라고 생각하는가? 원소 기호를 쓸 때 원소기호의 첫 글자(두 번째 글자는 아님)는 대문자임을 주목하라. 예를 들어, 코발트는 Co로 표기하고, co 또는 CO로 표기하지 않는다. co라는 표기는 화학적 의미가 없지만 CO는 일산화탄소라는 화합물을 나타낸다. 원소의 이름은 문장의 앞부분을 제외하고는 보통 대문자로 표기하지 않음도 주목하라. 원소의 이름, 성질과 용도에 대하여 더 많은 것을 배우고자 하면 다음 사이트를 참고하시오.

- www.ptable.com
- www.chemeddl.org
- www.periodictable.com
- www.periodicvideos.com

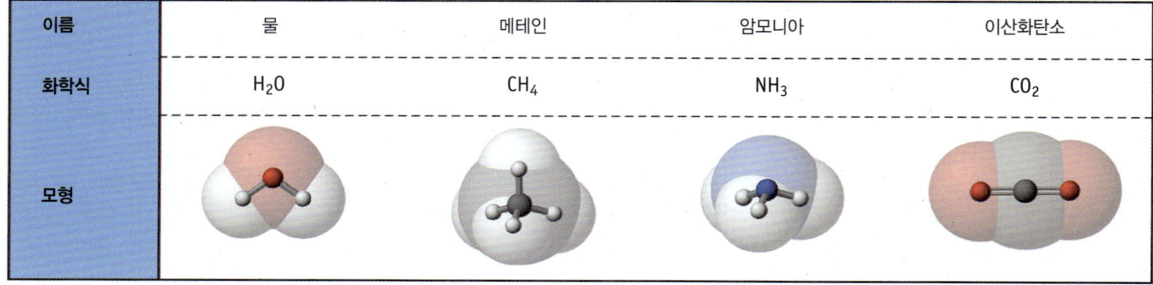

이름	물	메테인	암모니아	이산화탄소
화학식	H_2O	CH_4	NH_3	CO_2
모형				

그림 1.11 일부 흔한 분자 화합물의 이름, 화학식 및 모형. 일반적으로 C 원자는 회색, H 원자는 흰색, N 원자는 푸른색 그리고 O 원자는 붉은색으로 표시한다.

1.5절 확인문제

1. 다음에서 원소가 아닌 것은?
   (a) 수소 (b) 리튬 (c) 철 (d) 물 (e) 은

2. 다음에서 화합물이 아닌 것은?
   (a) 소금 (b) 물 (c) 포타슘 (d) 설탕 (e) 알코올

1.6 물리적 성질

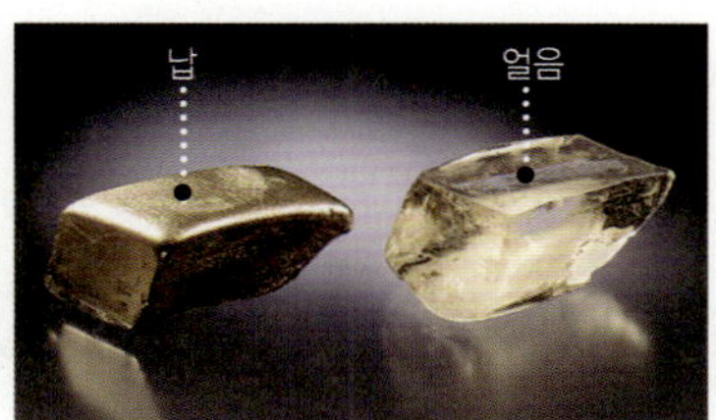

여러분은 친구들을 키, 몸무게, 눈과 머리카락의 색 등과 같은 외모로 알아볼 것이다. 화학 물질에도 동일하게 적용된다. 같은 크기의 얼음 덩어리와 납 덩어리의 차이점을 겉모습(하나는 맑고, 무색이며 다른 하나는 광택이 나는 금속이다)과 아울러 무게로도 말할 수 있다. 물질의 조성 변화 없이 관찰되고 측정될 수 있는 성질을 **물리적 성질**(physical property)이라 한다. 그림 1.10에 있는 원소들은 색, 외양, 상태(고체, 액체, 기체) 등에 있어 분명히 다르다. 물리적 성질의 차이로 인하여 물질을 분류하고 확인할 수 있다. 화학자가 일반적으로 사용하는 물리적 성질을 표 1.1에 수록하였다.

물체의 질량과 부피의 비로 나타내는 **밀도**(density)는 물질을 확인하는 데 유용한 물리적 성질이다.

$$\text{밀도} = \frac{\text{질량}}{\text{부피}} \tag{1.1}$$

밀도의 단위. 과학에서의 십진 단위 체계는 국제단위체계라 부르며 보통 SI 단위로 언급된다. 질량의 SI 단위는 킬로그램이고 길이의 SI 단위는 미터이다. 따라서 밀도의 SI 단위는 kg/m^3이다. 화학에서 보다 흔히 사용되는 단위는 g/cm^3이다. kg/m^3에서 g/cm^3로 환산하기 위해서는 1000으로 나누어야 한다.

예를 들면 여러분은 같은 크기의 얼음 덩어리와 납 덩어리의 차이점을 쉽게 말할 수 있다. 납의 밀도는 11.35 g/cm^3으로 고밀도이며 얼음의 밀도는 0.917 g/cm^3보다 조금 작다. 16.0 cm^3의 얼음은 14.7 g이며, 같은 부피의 납은 182 g이다.

온도 척도. 과학자들은 온도 측정에 섭씨(°C)와 켈빈 척도(K)를 사용한다.

온도(temperature)는 물질의 성질 값에 영향을 미친다. 밀도가 중요한 예이다. 물의 밀도는 온도에 따라 조금 변하지만 환경에 미치는 영향은 크다(표 1.2). 예를 들면 호수의 물이 냉각되면 밀도는 커지고 밀도가 큰 물은 아래로 내려간다(그림 1.12). 이런 현상은 물의 온도가 3.98 °C가 될 때까지 계속되며, 이 온도에서 물의 밀도는 최대(0.999973 g/cm^3)가 된다. 온도가 더 내려가면 물의 밀도는 약간 감소하게 되어 3.98 °C 물의 상층부로 상승하게 된다. 물은 0 °C 이하로 냉각되면 고체 얼음이 생성된다. 물은 우주에 존재하는 물질들 중에 가장 독특한 성질을 가지고 있다. 얼음의

표 1.1 물리적 성질

성질	물질을 구분하기 위해 사용하는 성질
색	물질의 색이 있는가, 없는가? 무슨 색이며 얼마나 짙은가?
물질의 상태	고체, 액체, 기체? 고체라면 입자의 모양은?
녹는점	고체가 몇 도에서 녹는가?
끓는점	액체가 몇 도에서 끓는가?
밀도	물질의 밀도(단위 부피당 질량)는 얼마인가?
용해도	일정부피의 물 또는 다른 용매에 용해되는 물질의 질량은?
전기전도도	물질이 전기를 통하는가?
펴짐성(전성)	고체가 잘 펴지는가?
뽑힘성(연성)	고체가 선으로 잘 뽑히는가?
점성도	액체가 쉽게 흐르는가?

표 1.2 물 밀도의 온도 의존성

온도(°C)	물의 밀도(g/cm^3)
0(얼음)	0.917
0(물)	0.99984
2	0.99994
4	0.99997
10	0.99970
25	0.99707
100	0.95836

물통의 오른쪽에는 얼음을, 왼쪽에는 푸른 물감을 넣었다.

얼음 아래의 물은 냉각되고 주위의 물 보다 밀도가 커져 아래로 향한다. 이렇게 형성된 대류 현상은 물감의 이동을 통해 확인된다.

그림 1.12 **물리적 성질의 온도 의존성.** 물과 다른 물질은 온도에 따라 밀도의 변한다.

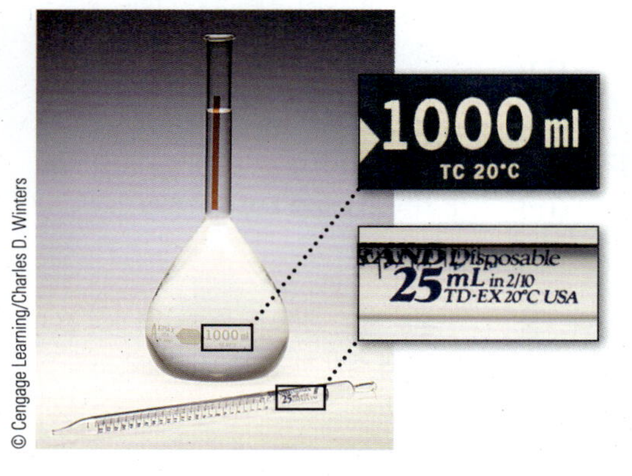

그림 1.13 **밀도의 온도 의존성.** 물과 다른 물질은 온도에 따라 밀도가 변하므로 실험 기구는 특정 온도에서 보정한다.

밀도는 물의 밀도보다 훨씬 작다. 그래서 얼음은 물에 뜬다.

주어진 질량의 액체 부피는 온도에 따라 변하기 때문에 밀도도 변하게 된다. 이것이 용액의 정확한 부피 측정하는 데 사용되는 부피 측정용 유리 기구의 보정 온도를 꼭 표시해야 하는 이유이다(그림 1.13).

크기 성질과 세기 성질

크기 성질(extensive property)은 물질의 양에 의존한다. 그림 1.10에 있는 원소의 질량과 부피, 또는 휘발유가 연소할 때 열로 전환된 에너지의 양은 크기 성질이다.

반면에 **세기 성질**(intensive property)은 물질의 양에 의존하지 않는 성질이다. 작은 얼음 덩어리나 빙산이나 모두 0 °C에서 녹는다.

한 물체의 질량과 부피는 존재 시료량에 의존하기 때문에 크기 성질인데, 흥미롭게도 질량과 부피의 비로 나타내는 밀도는 세기 성질이다. 예를 들어 순금의 금박이든 금반지이든 밀도(20 °C에서 19.3 g/cm^3)는 같다.

세기 성질은 물질을 확인할 때 유용한 성질이다. 물질의 녹는 온도(녹는점)는 고체를 확인할 때 상용되는 성질이다(그림 1.14).

그림 1.14 **화합물을 구별하기 위해 이용하는 물리적 성질.**

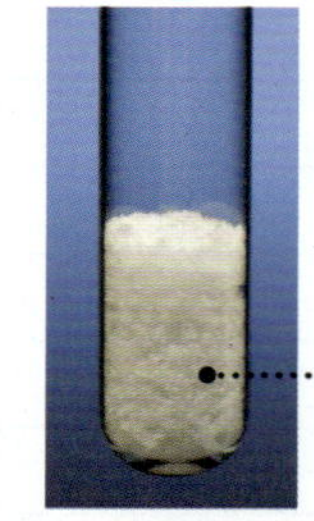

실온에서 흰색 고체인 나프탈렌은 80.2 °C에서 녹고, 따라서 물의 끓는점에서 녹는다.

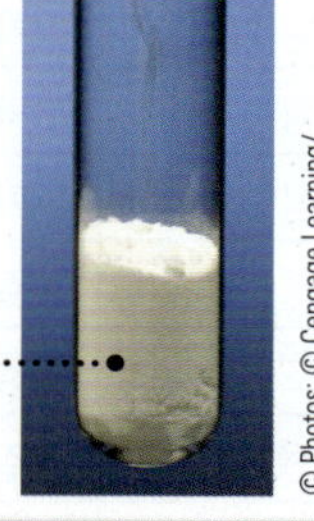

실온에서 흰색 고체인 아스피린은 135 °C에서 녹고 따라서 물의 끓는점에서 고체로 남아 있다.

1.6절 확인문제

1. 다음에서 물리적 성질이 아닌 것은?
   (a) 액화질소가 −196 ℃에서 끓는다.
   (b) 설탕이 물에 녹는다.
   (c) 휘발유가 공기 중에서 탄다.
   (d) 금이 1064 ℃에서 녹는다.
   (e) 구리화합물은 청색이다.

2. 폴리프로필렌(PP) 밧줄 조각이 물에 떠 있는 반면에 테레프탈레이트(TP) 수지는 물에 잠긴다. 밀도가 증가하는 순으로 올바른 것은?
   (a) 물 < PP < TP
   (b) PP < 물 < TP
   (c) PP < TP < 물
   (d) TP < PP < 물
   (e) TP < 물 < PP

3. 다음에서 수은의 크기 성질은(그림 1.10)?
   (a) 광택나는 표면
   (b) 234.22 K에서 녹는다.
   (c) 밀도가 13.6 g/ cm^3
   (d) 부피가 13.6 cm^3

1.7 물리적 변화와 화학적 변화

물리적 성질의 변화를 **물리적 변화**(physical change)라 한다. 물질은 상태, 크기, 또는 모양이 변하는 물리적 변화가 일어나는 동안 물질의 동질성은 변하지 않으며, 새로운 화학 물질이 생성되지 않는다. 물리적 변화의 전후에 존재하는 입자(원자, 분자, 이온)는 같다. 물리적 변화의 예는 고체의 녹는 현상(그림 1.14) 또는 액체의 기화(그림 1.15)이다. 각 경우에 변화의 전후에 같은 분자가 존재한다. 화학적 정체성은 변하지 않는다.

수소 기체(H_2)의 밀도는 작아서 수소 기체를 채운 풍선은 공기 중에서 뜬다. 그러나 촛불을 풍선에 가까이 가져간다고 가정하자. 열에 의해 풍선이 터질 때 수소는 공기 중의 산소(O_2)와 결합한다. 즉 촛불의 열이 화학 반응을 유발하여(그림 1.15) 물(H_2O)을 생성했다. 이 반응이 1개 이상의 물질[**반응물**(reactant)]이 1개 이상의 다른 물질[**생성물**(product)]로 변환되는 **화학적 변화**(chemical change)의 예이다.

입자적 수준에서의 화학적 변화가 물 분자를 생성하는 수소와 산소 분자의 반응으로 그림 1.15에 도시되어 있다. 화학식을 이용하여 변화를 나타내는 것을 **화학 반응식**(chemical equation)이라 한다. 이것은 왼쪽에 있는 물질(반응물)이 오른쪽에 있는 물질(생성물)을 생성함을 보여준다. 이 반응식이 보여주듯이 H 4개 원자와 2개 O 원자가 반응 전과 후에 있었으나 반응 전의 분자는 반응 후의 분자와는 다르다.

화학적 성질(chemical property)은 때때로 어떤 물질이 다른 물질과 화학적 변화를 일으킬 수 있는지 여부와 방법을 알려준다. 예를 들어 수소 기체의 화학적 성질 중의 하나는 산소 기체와 격렬히 반응하는 것이다.

물리적 변화 • 변화 전후에 같은 물질이 존재한다.

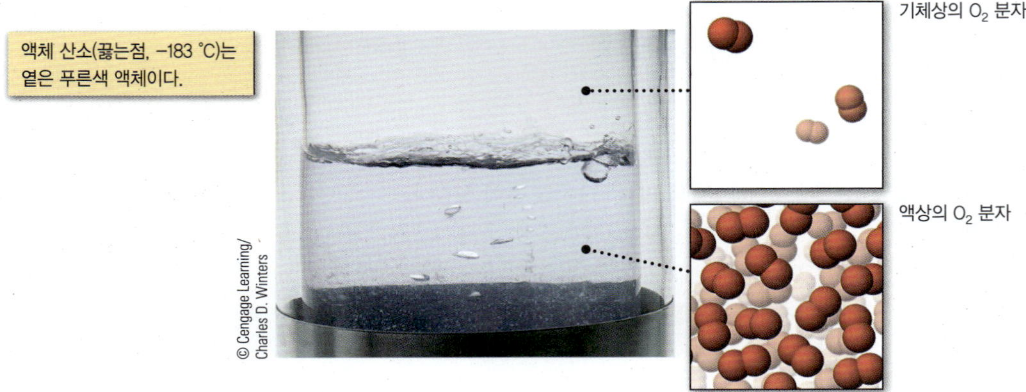

기호적이며 입자적 관점 • O_2와 H_2의 반응

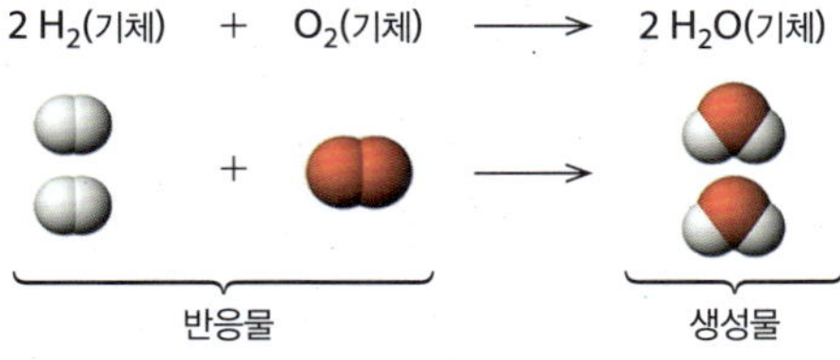

화학적 변화 • 1개 이상의 물질(반응물)은 1개 이상의 다른 물질(생성물)로 변환된다.

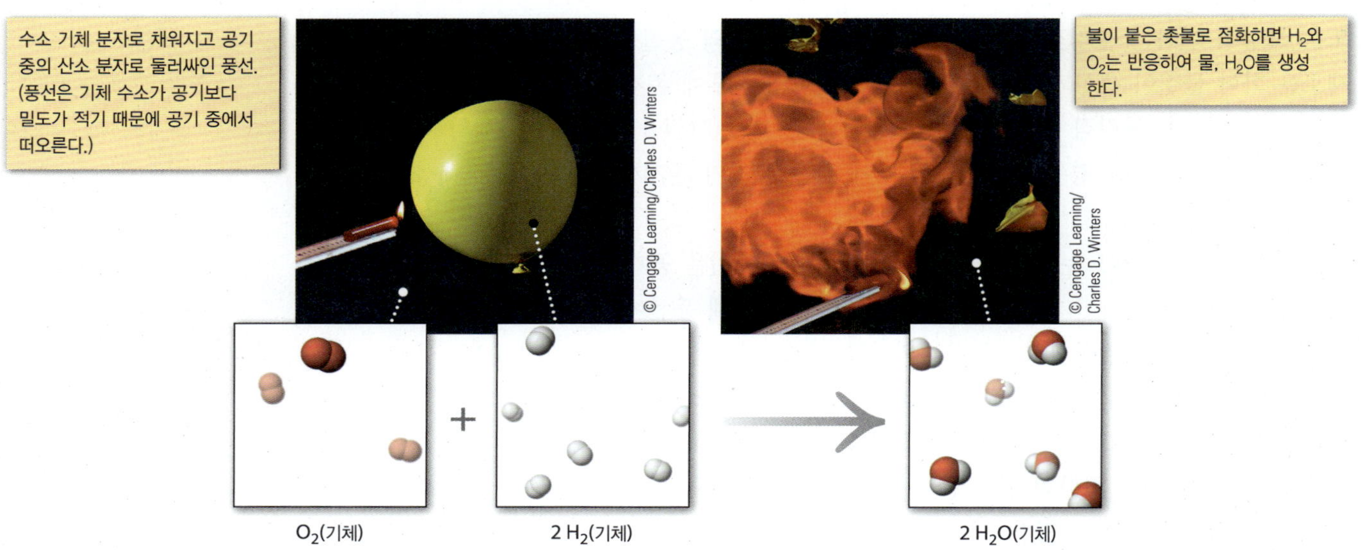

그림 1.15 물리적 · 화학적 변화.

1.7절 확인문제

1. 산으로 캠핑을 가서 차를 마시기 위해 주전자의 물을 장작불로 끓이려 한다. 다음에서 화학적 변화에 해당하는 것은?
   (a) 물이 끓는다.
   (b) 캠프파이어 장작이 탄다.
   (c) 차가 더운 물에 녹는다.
   (d) 주전자가 과열되어 녹는다.

1.8 에너지: 기본 원리

많은 화학적, 물리적 변화를 유발하는 핵심요인인 에너지는 일을 할 수 있는 능력으로 정의된다. 등산장비를 가지고 산을 오르는 것은 중력에 대해 일을 하는 것이다. 이 일을 할 수 있게 하는 에너지는 먹은 음식으로부터 온다. 음식은 화학 에너지를 만들어낸다. 에너지는 화합물에 저장되며 우리 몸에서 대사 작용이 일어날 때 화학반응에 의해 화합물에서 방출된다. 화학반응은 거의 모든 경우에 에너지를 방출하거나 흡수한다.

에너지의 단위. 화학에서 에너지는 주울(J)의 단위로 측정된다. 에너지 단위를 포함하는 계산은 5장을 참조하시오.

에너지는 운동 에너지와 퍼텐셜 에너지로 나누어진다. **운동 에너지**(kinetic energy)는 운동과 관계된 에너지로 다음과 같은 것들이 있다.

- 원자, 분자, 이온의 입자 수준에서의 운동(**열 에너지**). 모든 물질은 열 에너지를 가진다.
- 움직이는 테니스공이나 자동차와 같은 거시적 물체의 운동(**기계적 에너지**)
- 전도체에서 전자의 움직임(**전기적 에너지**)
- 소리의 전달에서 분자 간 공간의 압축과 팽창(**음파 에너지**)

퍼텐셜 에너지(potential energy)는 물체의 위치 또는 상태와 관계된 에너지로 다음과 같은 것들이 있다.

- 바닥을 튄 공이 가진 에너지와 물레방아 위에 있는 물의 에너지(**중력 에너지**) (그림 1.16a)
- 잡아 늘린 스프링에 저장된 에너지
- 연료에 저장된 에너지(**화학 에너지**)(그림 1.16b). 거의 모든 화학반응에서는 화학 에너지의 변화가 동반된다.

© Cengage Learning/Charles D. Winters

(a) 퍼텐셜 에너지가 기계적 에너지로 전환된다.

© US Navy/Handout/digital/Corbis

(b) 연료와 산소의 **화학 퍼텐셜 에너지**는 제트엔진에서 열과 기계적 에너지로 전환된다.

© Andriano/Shutterstock.com

(c) 정전기적 에너지가 빛과 열 에너지로 전환된다.

그림 1.16 에너지와 에너지 보존.

• 두 전하의 분리와 관계된 에너지(**정전기적 에너지**)(그림 1.16c)

퍼텐셜 에너지와 운동 에너지는 상호 전환될 수 있다. 예를 들어 폭포 위 물의 퍼텐셜 에너지는 물이 떨어지면서 차츰 운동 에너지로 변한다. 또한 운동 에너지도 퍼텐셜 에너지로 변할 수 있다. 떨어지는 물이 터빈을 돌려서 전기를 만들고 전기를 이용하여 물을 전기분해하여 H_2와 O_2로 분리할 수 있다. 수소 기체는 열과 빛을 내거나 전기를 생산할 수 있는 화학적 퍼텐셜 에너지를 포함한다.

에너지 보존

다이빙 보드에 서 있다면 물 위의 위치에 해당하는 퍼텐셜 에너지를 가진다. 점프를 하면 퍼텐셜 에너지는 운동 에너지로 바뀐다(그림 1.17). 다이빙하는 동안 중력은 몸을 가속시켜 떨어지는 속도는 더욱 빨라진다. 퍼텐셜 에너지는 감소하고 운동 에너지는 증가한다. 몸이 물에 닿는 순간 속도는 급격히 감소하고 몸의 운동 에너지는 물로 전해져 물을 밀어낼 것이다. 결국은 몸은 물 위에 뜨고 물은 원래대로 돌아온다. 자세히 설명한다면 밀려갔던 물 분자들이 다시 몸이 입수해서 생긴 빈 공간으로 빠르게 움직이며 물 분자의 운동 에너지가 상승하게 된다.

일련의 에너지 전환 과정은 **에너지는 생성되지도 소멸되지도 않는다**는 **에너지 보존법칙**(law of conservation of energy)을 설명한다. 달리 말하자면 **우주의 에너지는 변하지 않는다**는 것이다. 에너지 보존법칙은 전환되는 에너지 양이 측정되고 총 에너지 함량이 사건의 전후에 같다라는 많은 실험 결과를 요약하고 있다.

수소와 산소가 반응하여 물을 생성하는 화학 반응의 경우에 에너지 보존 법칙을 적용해 보자(그림 1.15). 이 반응에서 반응물인 수소와 산소는 일정량의 에너지를 포함한다. 반응이 일어나면 이 에너지의 일부가 주위로 방출된다. 반응 전의 에너지 합과 반응 후의 에너지 합을 더해보면 반응 전후가 같다는 것을 알 수 있고, 에너지는 단지 재분배되었음을 알 수 있다. 우주의 총 에너지는 일정하게 유지된다. 즉 에너지는 보존된 것이다.

그림 1.17 에너지 보존 법칙.

사례 연구 | 바닷속의 CO_2

지난 200년 동안 대양은 거의 5500억 톤의 이산화탄소, 즉 같은 기간 동안 인류가 생성한 이산화탄소의 3분의 1을 흡수했다. 이 양은 하루 약 2200만 톤에 달하는 양이다. 이것은 해양화학에 대한 이산화탄소의 영향을 연구한 국립해양기상국 피리(R. A. Feely) 박사의 말이다.

대양의 이산화탄소에 해양학자들의 관심과 우려가 많은데 이는 바닷물의 pH, 즉 산성도와 밀접한 연관이 있기 때문이다. 바닷물의 산성도는 산호, 성게, 플랑크톤과 같은 해양 생물의 성장에 영향을 줄 수 있다.

최근 연구에서는 고농도의 이산화탄소는 성게의 가시를 크게 손상시키고 주황색 흰동가리돔의 치어가 집을 찾는 능력을 잃게 하는 것으로 밝혀졌고, 바닷물의 칼슘, 구리, 망가니즈, 철 농도도 pH에 따라 크게 영향을 받을 수 있다.

마지막으로 대양의 산성화 역사에 대한 최근 연구에서 "현재의 CO_2 배출(주로 화석연료) 속도는 지난 3억 년의 지구 역사에서 유래를 찾기가 어려운 대양의 복합적이고 커다란 지질화학적 변화를 일으키고 있고, 이는 해양 생태계 변화가 미지의 영역으로 들어가고 있을 가능성을 제기하고 있다"는 진술로 끝을 맺고 있다. 이러한 중대한 문제는 나중에 보다 자세히 논의하게 될 것이다.

흰동가리돔(Clown fish). 흰동가리돔의 치어는 고농도의 바닷속 CO_2에 영향을 받는다.

문제

1. CO_2에 대하여 많은 내용이 언급되고 있다. 이 화합물의 이름은?
2. 이 기사에서 언급한 4개의 금속에 대한 화학기호를 쓰시오.
3. 여기서 언급된 4개 금속 중에서 어느 것이 가장 밀도가 높은가? 가장 밀도가 낮은 것은? (이 정보를 확인하려면 www.ptable.com과 같은 인터넷 도구를 사용하시오.)
4. 흰동가리돔의 척추, 산호 그리고 단세포 플랑크톤은 모두 화합물 $CaCO_3$를 바탕으로 자라게 된다. 이 화합물에 포함된 원소들은 무엇인가? 이들의 원소 이름을 알고 있는가?

이 문제들에 대한 답은 부록 N에 수록되어 있다.

참고문헌

"균형이 무너진 해양: 대기의 CO_2를 흡수하여 산성화되면서 해양 화학이 변하고 있다." Rachel Petkewich, *Chemical and Engineering News*, February 23, 2009, 56쪽.

"해양 산성화의 지질학적 기록", B. Hönisch and others, *Science*, March 2, 2012, 1058쪽.

1.8절 확인문제

1. 다음에서 열 에너지가 가장 많은 것은?

(a) 0 °C 얼음물 1.0 g　(b) 25 °C 물 1.0 g

(c) 100 °C 물 1.0 g　(d) 100 °C 수증기 1.0 g

2. 다음에서 잘못된 설명은?

(a) H_2와 O_2 혼합물은 H_2O 보다 낮은 화학적 위치 에너지를 가진다.

(b) H_2를 2개의 H 원자로 나누는 데 에너지가 필요하다.

(c) 30 °C의 물은 같은 양의 20 °C의 물보다 많은 양의 열 에너지를 가진다.

에펠탑(Paris, France).

1.9 화학에서의 수학

지수 또는 과학적 표기

1889년 건립된 에펠탑은 파리에서 가장 높은 건축물이다. 이것은 프랑스 혁명 100주년을 기념하기 위하여 프랑스 건축가인 에펠(Gustave Eiffel)이 설계한 것이다. 순전히 철로만 건립된 탑은 81층 빌딩의 높이와 같다. 1909년에 해체될 예정이었으나 파리의 상징으로 아직도 자리를 지키고 있다. 구조에 대한 일부 정보를 다음 표에 수집하였다.

에펠탑 특성	정량적 정보
높이	324미터(m)
철의 질량	6.6×10^3킬로그램(kg)
철의 부피	7.5입방미터(m^3)
철 부품의 수	1.8×10^4개
연간 방문객의 수	6.6×10^6명

탑에 대한 일부 자료는 **고정**(fixed) **표기법**(324미터)으로 표현되었으나, 다른 자료는 **지수** 또는 **과학적 표기법**으로 표현되었다. (6.6×10^3킬로그램) 과학적 표기법은 매우 크거나 매우 작은 수를 간략하고 계산을 간단히 하는 일관된 형태로 제시하는 한 방법이다. 이러한 편의성 때문에 과학적 표기법은 과학에서 널리 사용된다.

과학적 표기법에서 임의의 수는 2개 수의 곱으로 표현된다: $N \times 10^n$. N은 **숫자 항**이고 1에서 9.9999.... 2번째 수, 10^n은 **지수 항**으로 10의 정수 거듭제곱수(멱수)로 표현된다. 예를 들면, 1234는 과학적 표기법으로 1.234×10^3 또는 1.234 곱하기 10의 3승으로 쓴다.

$$1234 = 1.234 \times 10^1 \times 10^1 \times 10^1 = 1.234 \times 10^3$$

역으로, 0.01234와 같이 1보다 작은 수는 1.234×10^{-2}으로 쓴다. 이 표기법은 1.234를 10으로 2번 나누어 0.01234를 얻게 됨을 알려주고 있다.

$$0.01234 = \frac{1.234}{10^1 \times 10^1} = 1.234 \times 10^{-1} \times 10^{-1} = 1.234 \times 10^{-2}$$

수를 과학적 표기법으로 변환할 때, 수가 1보다 크면 지수 n은 양이고, 수가 1보다 작으면 지수 n은 음이다. n의 값은 과학적 표기법의 수를 얻기 위해 소수점이 이동하여야 할 자리수가 된다.

$$1\,2\,3\,4\,5. = 1.2345 \times 10^4$$

(a) 소수점은 왼쪽으로 4자리 이동한다. 따라서 n은 양수이고 4와 같다.

$$0.0\,0\,1\,2 = 1.2 \times 10^{-3}$$

(b) 소수점은 오른쪽으로 3자리 이동한다. 따라서 n은 음수이고 3과 같다.

만약 과학적 표기법의 수를 고정 표기법을 사용하는 수로 변환하고자 하면(즉, 10의 멱수를 사용하지 않고), 순서는 반대가 된다.

$$6.273 \times 10^2 = 627.3$$

(a) 소수점은 n이 양이고 2와 같으므로 오른쪽으로 2자리 움직인다.

$$006.273 \times 10^{-3} = 0.006273$$

(b) 소수점은 n이 음이고 3과 같으므로 왼쪽으로 3자리 이동한다.

화학에서 가끔 수학적 조작에서 지수 표기법인 수를 이용하여야만 할 수도 있을 것이다. 다음의 5가지 조작은 중요하다.

- **과학적 표기법에서 표기된 수를 더하고 빼기**
  2개의 수를 더하고 뺄 때, 먼저 이 수들을 10의 같은 멱수를 가지도록 변환한다. 그리고 숫자 항을 적절하게 더하거나 뺀다.

$$(1.234 \times 10^{-3}) + (5.623 \times 10^{-2}) = (0.1234 \times 10^{-2}) + (5.623 \times 10^{-2})$$
$$= 5.746 \times 10^{-2}$$

- **과학적 표기법에서 표기된 수를 곱하기**
  숫자 항은 일반 곱셈과 같이 곱하고 지수는 더한다. 결과는 소수점 왼쪽에 0이 아닌 하나의 숫자를 가지도록 숫자 항을 표시한다.

$$(6.0 \times 10^{23}) \times (2.0 \times 10^{-2}) = (6.0)(2.0 \times 10^{23-2}) = 12 \times 10^{21} = 1.2 \times 10^{22}$$

- **과학적 표기법에서 표기된 수를 나누기**
  숫자 항은 일반 나누기와 같이 나누고 지수는 뺀다. 계수는 숫자 항에서 소수점 왼쪽에 0이 아닌 하나의 숫자를 가지도록 표시한다.

$$\frac{7.60 \times 10^3}{1.23 \times 10^2} = \frac{7.60}{1.23} \times 10^{3-2} = 6.18 \times 10^1$$

- **과학적 표기법에서 표기된 수의 거듭제곱**
  지수 표기법에서 수에 거듭제곱을 할 때 숫자 항은 일반적 거듭제곱처럼 처리한다. 지수 항은 멱수로 표시된 수를 곱한다.

$$(5.28 \times 10^3)^2 = (5.28)^2 \times 10^{3\times2} = 27.9 \times 10^6 = 2.79 \times 10^7$$

- **과학적 표기법에서 표기된 수의 제곱근**
  전자계산기를 사용하지 않는다면, 수는 먼저 지수를 제곱근에 의해 정확히 나누어지는 형태로 만들어야 한다. 예를 들면, 제곱근의 경우 지수는 2로 나누어져야 한다. 숫자 항의 제곱근은 일반적인 경우로 얻어지고, 지수는 원하는 제곱근으로 나누게 된다.

지구와 식물 세포의 비교 – 10의 지수

지구 = 폭 12,760,000미터
= 12.76백만 미터
= 1.276×10^7미터

식물 세포 = 폭 0.00001276미터
= 12.76백만분의 1미터
= 1.276×10^{-5}미터

$$\sqrt{3.6 \times 10^7} = \sqrt{36 \times 10^6} = \sqrt{36} \times \sqrt{10^6} = 6.0 \times 10^3$$

유효숫자

대부분의 실험에서 여러 종류의 측정이 시행되어야만 하고 몇 개는 다른 것보다 훨씬 정밀하게 측정된다. 실험 자료로부터 계산된 결과는 계산에 사용된 가장 덜 정밀한 정보보다 더 정밀할 수 없다는 것은 상식이다. 이것이 유효숫자 규칙이 적용되는 이유이다.

유효숫자는 정확히 알고 있는 자리 수와 정확하지 않은 한 자리 수를 가진 측정된 양의 자리 수이다.

그림 1.18 표준 실험실 저울과 유효숫자. 이러한 저울은 물체의 질량을 밀리그램까지 결정할 수 있다. 따라서 물체는 13.456 g (13456 mg, 5개의 유효숫자), 0.123 g (123 mg, 3개의 유효숫자) 또는 0.072 g (72 mg, 2개 유효숫자)을 가진다.

유효숫자의 결정

그림 1.18에 도시된 것과 같은 표준 실험 저울의 접시에 새 10센트 미국 동전을 올려놓았고, 질량이 2.265 g으로 관찰되었다고 가정하자. 이 수는 4개 모두 관찰된 것이기 때문에 4개의 유효숫자 또는 자리 수(digit)를 가진다. 그러나 저울의 눈금이 약간 변하여 2.264, 2.265, 2.266의 질량을 주고 질량 2.265가 가장 많이 관찰되었기 때문에 경험으로부터 배운 것은 마지막 자리 수(5)는 약간 불확실하다. 따라서 4개의 자리 수(2.265) 중에서 마지막(5)은 불확실하다. 일반적으로 과학적 측정을 반영하는 수에서 오른쪽으로 마지막 자리 수는 부정확하다. 달리 말하면, 마지막 유효자리 수에 대하여 ±1의 오차를 할당하는 것이 흔한 일이다.

여러분이 금속 조각의 밀도를 계산하고자 한다고 가정하자(그림 1.19). 질량과 크기는 표준 실험실적 기술로 결정되었다. 대부분 이러한 자료는 소수점 오른쪽으로 2자리를 갖지만 서로 다른 수의 유효숫자를 가진다.

측정	수집된 자료	유효숫자
금속의 질량	13.56 g	4
길이	6.45 cm	3
너비	2.50 cm	3
두께	3.1 mm = 0.31 cm	2

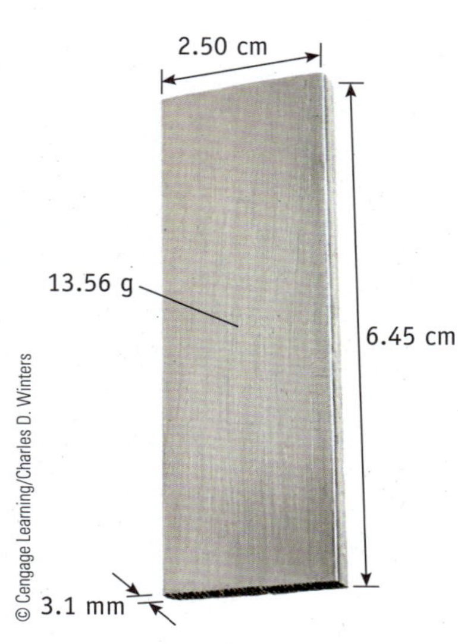

그림 1.19 금속의 밀도를 결정하기 위해 사용된 자료.

0.31 cm 양은 2개 유효숫자를 가진다. 0.31의 3은 정확한 값이지만 1은 불확실하다. 말하자면 금속 조각의 두께는 0.30 cm 정도로 작거나 0.32 cm 정도로 크다. 조각의 너비 경우에는 2.50 cm로, 2.5는 확실하지만 마지막 0은 불확실하다. 2.50에는 3개의 유효숫자가 있다.

문제에서 숫자를 읽을 때 또는 실험실에서 자료를 수집할 때(그림 1.20), 어떤 자리 수가 유효한지 어떻게 결정하는가?

먼저 그 수가 정확한 수인가 아니면 측정된 양인가? 만약 그것이 정확한 수라면 유효숫자의 수를 우려할 필요가 없다. 예를 들면, 1 m는 정확히 100 cm이다. 우리는 소수점 뒤에 원하는 만큼 많은 수의 0을 더할 수 있으며, 그러한 표현도 참인 것은 변함이 없다. 계산에서 이 수를 이용하는 것은 답에서 보고할 수 있는 유효숫자

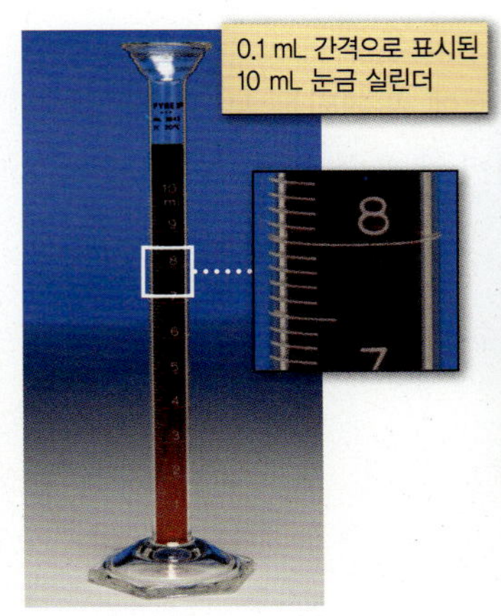

10 mL 눈금 실린더가 0.1 mL 간격으로 표시되어 있다. 내용물은 0.01 mL까지 추정하게 된다. 그러나 눈금 실린더는 정밀한 유리기구가 아니다. 여러분이 부피를 읽을 때 2개 이상의 유효숫자를 기대하지 못한다.

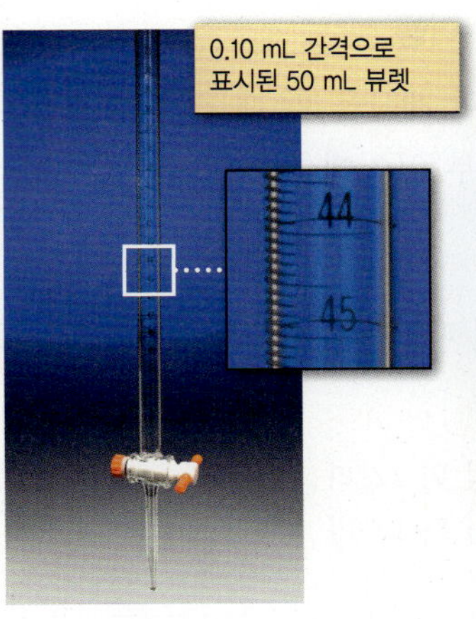

50 mL 뷰렛이 0.10 mL 간격으로 표시되어 있으나 보다 높은 정밀도 (0.01 mL)로 읽을 수 있다.

부피 플라스크는 목에 있는 표선까지 채우도록 되어 있다. 250 mL 플라스크에서 부피는 0.1 mL까지 알려져 있기 때문에 표선까지 채웠을 때 250.0 ±0.1 mL를 담을 수 있다.

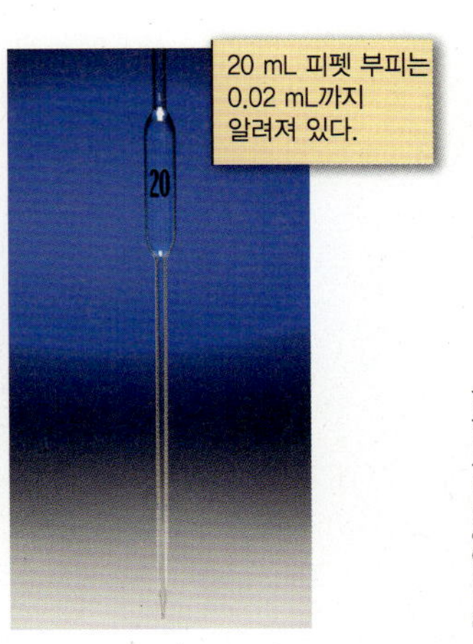

피펫은 목에 있는 표선까지 채우게 되는 부피 플라스크와 같다. 20 mL 피펫에서 부피는 0.02 mL까지 알려져 있다.

그림 1.20 유리기구와 유효숫자.

수에 영향을 주지 않는다.

그러나 만약 그 수가 측정된 값이라면 유효숫자를 고려하여야만 한다. 위의 자료에서 유효숫자의 수는 명백하지만 0.31과 2.50은 예외의 가능성이 있다. 0은 유효숫자인가?

1. **다른 2개의 유효 자리 수 사이의 0은 유효숫자이다.** 예를 들면 103의 0은 유효숫자이다.
2. **0이 아닌 수의 오른쪽 0과 소수점 오른쪽의 0은 모두 유효숫자이다.** 예를 들면 2.50 cm에서 0은 유효숫자이다.
3. **자리수를 표시하는 0은 유효숫자가 아니다.** 이 규칙에 맞는 2종류의 수가 있다.
   (a) 첫 번째는 첫 번째 0이 아닌 자리 수 앞에 오는 0으로 표시하는 자리 수가 있다. 예를 들면, 0.0013에서 1과 3만이 유효숫자이고, 0은 유효숫자가 아니다. 이 수는 2개 유효숫자를 가진다.
   (b) 두 번째는 수의 크기를 표시하기 위해 반드시 있어야 하는 뒤에 오는 0을 가진 수이다. 예를 들면, 13,000의 0은 유효숫자일 수도 아닐 수도 있다. 이것은 이 수가 측정된 것인지 아닌지에 달려있다. 이러한 수와 관련된 혼란을 피하기 위하여 본문에서는 뒤에 오는 0이 마지막 0의 오른쪽에 소수점을 가졌을 때는 유효숫자라 가정한다. 따라서 13,000은 오직 2개의 유효숫자를 가지지만 13,000.은 5개를 가진다. 뒤에 0을 가지는 수를 쓸 때 모호함을 피하는 가장 좋은 방법은 과학적 표기법을 사용하는 것이다. 예를 들어 1.300×10^4은 4개의 유효숫자를 의미하며, 1.3×10^4은 2개를 의미한다.

0과 흔한 실험실에서의 실수들
학생들이 저울 위 화학물질의 질량을 알고자 하나 뒤에 나오는 0을 쓰지 않는 것을 보곤 한다. 예를 들면, 만약 질량이 2.340 g이면 마지막 0은 유효숫자이고 측정값의 부분으로 보고되어야 한다. 실제로 저울의 눈금은 4가 확실하다고 할 때 2.34 g이라는 수는 단지 3개의 유효숫자를 가지고 4는 불확실함을 의미한다.

계산에서 유효숫자의 이용

측정된 양을 이용하여 계산을 할 때 결과가 계산 과정에 포함되는 모든 측정의 정밀함을 반영하도록 일부 규칙에 따라야 한다. 본문에서 유효숫자 계산에 사용하는 규칙은 다음과 같다.

규칙 1. 수를 더하고 뺄 때, 답의 소수점 뒤의 수는 소수점 뒤에 가장 작은 자리수를 가진 수와 같아야 한다.

0.12	소수점 뒤 2자리
+ 1.9	소수점 뒤 1자리
+10.925	소수점 뒤 3자리
12.945	소수점 뒤 3자리

1.9는 소수점 뒤 오직 1자리를 가지기 때문에 합은 소수점 뒤 1자리를 가지는 12.9로 보고되어야 한다.

규칙 2. 곱하기 또는 나누기에서 답의 유효숫자의 수는 가장 적은 유효숫자를 가진 양에 의하여 결정된다.

$$\frac{0.01208}{0.0236} = 0.512 \text{ 또는 과학적 표기법으로 } 5.12 \times 10^{-1}$$

0.0236은 3개 유효숫자만을 가지고 0.01208은 4개를 가지기 때문에 답은 3개 유효숫자를 가져야만 한다.

규칙 3. 수를 반올림할 때, 유지해야 하는 마지막 자리는 다음 자리 수가 5 이상이면 1만큼 증가한다.

전체 수	3개의 유효숫자로 반올림한 수
12.696	12.7
16.349	16.3
18.35	18.4
18.351	18.4

이제 이 규칙들을 그림 1.19의 금속 조각의 밀도를 계산하는 데 적용하여 보자.

$$\text{길이} \times \text{너비} \times \text{두께} = \text{부피}$$

$$6.45 \text{ cm} \times 2.50 \text{ cm} \times 0.31 \text{ cm} = 5.0 \text{ cm}^3$$

$$\text{밀도} = \text{질량(g)} / \text{부피(cm}^3) = 13.56 \text{ g} / 5.0 \text{ cm}^3 = 2.7 \text{ g/cm}^3$$

계산된 결과는 사용한 가장 덜 정밀한 자료보다 더 정밀할 수는 없고, 여기서 두께는 2개의 유효숫자만을 가지기 때문에 계산된 밀도는 2개의 유효숫자를 가진다.

유효숫자와 계산에 있어서 마지막 말은 다음과 같다. 문제를 풀고자 할 때 계산기에 허용된 모든 자리수를 이용하여 계산을 하고 계산의 마지막에서 반올림을 한다. 계산 중간에 반올림을 하면 오차가 발생할 수 있다.

예제 1.1 유효숫자 이용

문제 본문의 뒤에서 하게 될 계산의 예(▶10장)가 다음과 같다.

$$\text{기체의 부피 (L)} = \frac{(0.120)(0.08206)(273.15 + 23)}{(230/760.0)}$$

유효숫자의 정확한 수에 맞는 최종 답을 계산하시오.

알고 있는 사실 사실 방정식의 각 수의 유효숫자 개수를 결정하는 규칙을 알고 있다.

전략 먼저 각 수가 나타내고 있는 유효숫자의 개수를 결정하고 규칙 1–3을 적용하시오.

풀이

수	유효숫자 수	참조
0.120	3	뒤의 0은 유효숫자이다.
0.08206	4	소수점 바로 오른쪽의 처음 0은 유효숫자가 아니다.
273.15 + 23 = 296	3	23은 소수점이 없고 합도 소수점이 없다.
230/760.0 = 0.30	2	230의 마지막 0은 유효숫자가 아니므로 2개 유효숫자를 가진다. 반면에 760.0에는 소수점이 있어 4개 유효숫자를 가진다. 계수는 오직 2개 유효숫자만 가질 것이다.

곱하기와 나누기를 하면 9.6363... L를 얻게 된다. 그러나 분석에 따르면 한 숫자가 2개만의 유효숫자를 가지고 있다. 따라서 기체의 부피를 2개의 유효숫자를 가지는 수인 9.6 L로 보고하여야 한다.

고려사항 유효숫자와 관련하여 실수를 하기 쉽기 때문에 2개의 수를 더하거나 뺄 때 특히 조심하여야 한다.

유제 다음 계산의 결과는 무엇인가?

$$x = \frac{(110.7 - 64)}{(0.056)(0.00216)}$$

1.9절 확인문제

1. 2.33×10^3에서 유효숫자는 몇 개인가?
(a) 1 (b) 2 (c) 3 (d) 4

2. 200에서 유효숫자는 몇 개인가?
(a) 1 (b) 2 (c) 3

3. 10.26 g과 0.063 g의 합은 얼마인가?
(a) 10.323 g (b) 10.32 g (c) 10.3 g (d) 10. g

4. 10.26 cm와 0.063 cm의 곱의 얼마인가?
(a) 0.6464 cm^2 (b) 0.646 cm^2 (c) 0.65 cm^2 (d) 0.6 cm^2

학습 목표 복습

여러분은 이 장의 학습을 마쳤다. 이제 학습 목표를 달성했는지 점검해 보자. 특히 다음과 같은 것을 할 수 있어야 한다.

- 가설, 법칙, 이론 사이의 차이점을 이해한다(1.1절).
  a. 가설, 법칙, 이론이 세워지는 차이를 인식한다.
- 분자운동론의 기초 개념을 이해한다(1.3절).
- 화학의 관점: 거시적, 미시적, 기호적(1.3절)
  a. 거시적 수준과 입자적 수준에서 물질을 나타내는 중요성을 인식한다(1.3절).
- 에너지 변화를 포함하는 과정과 화학연구에서 적용 방법을 이해한다(1.8절).
  a. 퍼텐셜 에너지와 운동 에너지의 종류를 확인한다(1.8절).
  b. 에너지 보존 법칙을 인식하고 적용한다(1.8절).

- 물질의 분류(1.3절)
  a. 물질의 상이한 상태를 구별하고(고체, 기체, 액체), 그들의 특징들을 이해한다.
  b. 순물질과 혼합물, 균일 혼합물과 불균일 혼합물의 차이점을 이해한다.
- 물리적, 화학적 성질들과 변화를 확인한다(1.5~1.7절).
  a. 물질의 일반적인 물리적 성질들을 나열한다.
  b. 보통 물질들의 여러 가지 물리적, 화학적 성질들을 확인한다.
  c. 물질의 부피와 질량과 관련된 밀도를 이해한다.
  d. 화학적 변화와 물리적 변화의 차이를 설명한다.
  e. 세기성질과 크기성질 사이의 차이점을 이해하고 그 예들을 제시한다.

- 화학 구성 요소의 특성: 원소, 원자, 화합물과 분자들(1.4절)
  a. 각 원소들의 기호나 이름을 확인한다.
  b. 원자, 원소, 분자, 화합물들의 용어를 정확히 사용한다.
- 일반적인 물리적, 화학적 성질을 나열한다(1.5와 1.6절).
- 녹색 화학의 원리를 이해한다(1.2절).

주요 식

식 1.1(15쪽) 밀도: 화학에서 밀도의 일반적 단위는 g/cm^3이고, 지질학이나 해양학에서는 kg/m^3을 사용한다.

$$\text{밀도} = \frac{\text{질량}}{\text{부피}}$$

실전문제

물질: 원소, 원자, 화합물과 분자들

1. 다음 원소들의 이름을 적으시오.

(a) C (b) K (c) Cl
(d) P (e) Mg (f) Ni

2. 다음 원소들의 기호를 적으시오.

(a) 바륨 (b) 타이타늄 (c) 크로뮴
(d) 납 (e) 비소 (f) 아연

3. 다음 각 쌍 중에서 어느 것이 원소이고 어느 것이 화합물인지 말하시오.

(a) Na, NaCl (b) 설탕, 탄소 (c) 금, 염화 금

물리적 성질과 화학적 성질

4. 각 문제에서 밑줄 친 성질들이 물리적 성질인지 화학적 성질인지를 말하시오.

(a) 원소 브로민의 정상적 색은 <u>다홍색</u>이다.
(b) 철은 물이나 공기 중에서 <u>녹이 슨다</u>.
(c) 수소는 공기 중에서 연소시키면 <u>폭발한다</u>(그림 1.15).
(d) 금속 타이타늄의 <u>밀도</u>는 4.5g/cm^{3}이다.
(e) 금속 주석은 505 K에서 <u>녹는다</u>.
(f) 식물 색소인 클로로필은 <u>초록색</u>이다.

5. 화합물 또는 원소의 기술 중 어느 부분이 물리적 성질을, 어느 부분이 화학적 성질을 언급하고 있는가?

(a) 무색의 액체 에탄올은 공기 중에서 연소한다.
(b) 빛나는 금속 알루미늄은 다홍색 브로민과 쉽게 반응한다.

에너지

6. 다음 보기에서 운동 에너지와 퍼텐셜 에너지를 구분하시오.

(a) 열 에너지 (b) 중력
(c) 화학 에너지 (d) 정전기적 에너지

일반문제

다음 문제들은 절의 종류나 위치를 명시하지 않았다. 이 문제들은 여러 가지 개념이 조합되어 있을 수도 있다.

7. 터키옥(turquoise) 조각은 청록색의 고체이다. 밀도는 2.65 g/cm^{3}이고 질량은 2.5 g이다.

(a) 관찰 중에서 어느 것이 정성적, 또는 정량적인가?
(b) 어느 것이 크기 성질이고 어느 것이 세기 성질인가?
(c) 이 터키옥 조각의 부피는 얼마인가?

8. 다음 아래의 관찰 결과 중에서 화학적 성질은 무엇인가?

(a) 설탕은 물에 녹는다.
(b) 물은 100 ℃에서 끓는다.
(c) 자외선은 오존을 산소 분자로 바꾼다.
(d) 얼음은 물보다 밀도가 낮다.

9. 형석(fluorite)은 칼슘과 플루오린을 포함하며 파랑색, 자주색, 초록색, 노란색을 포함하는 여러 가지 색을 낸다.

광물 형석, 플루오린화칼슘.

(a) 포함된 원소들의 기호는?
(b) 사진에 있는 형석 결정을 어떻게 표현할 수 있는가? 그리고 결정 내부의 입자(이온)들의 배열을 예측하여 설명하시오.

10. NaCl을 물에 녹인 용액이 있다. 이 2개 화합물을 분리할 수 있는 방법을 기술하시오.

11. 다음에서 물리적 변화와 화학적 변화를 구분하시오.

(a) 드라이아이스(고체 CO_2)가 승화한다.

(b) 온도가 상승하면 수은의 밀도가 감소한다.

(c) 천연가스가 탈 때 열 에너지가 방출된다.

(d) NaCl이 물에 녹는다.

12. 그림 1.2에서 소금 조각과 그 내부 구조를 확인하였다. 무엇이 거시적 관점이고, 무엇이 입자적 관점인가? 거시적 관점과 입자적 관점은 어떻게 연관되어 있는가?

13. 사염화탄소(CCl_4)는 밀도가 1.58 g/cm^{3}인 액체 화합물이다. 밀도가 1.37 g/cm^{3}인 페트병과 밀도가 2.70 g/cm^{3}인 알루미늄 조각을 사염화탄소(CCl_4)에 넣으면 이들은 뜨는가 아니면 가라앉을 것인가?

14. 다음 각 물질을 원소, 화합물 또는 혼합물로 분류하시오.

(a) 은 (b) 탄산수

(c) 텅스텐 (d) 아스피린

15. 헥세인(C_6H_{14}, 밀도 = 0.766 g/cm^3), 과플루오린화헥세인(C_6F_{14}, 밀도 = 1.669 g/cm^3)과 물은 서로 섞이지 않는다. 각각의 액체 10 mL씩을 하나의 눈금실린더에 넣고 고밀도 폴리에틸렌(HDPE, 밀도 = 0.97 g/cm^3), 염화폴리비닐(PVC, 밀도 = 1.36 g/cm^3), 테플론(teflon, 밀도 = 2.3 g/cm^3) 조각을 넣었다. 이들 플라스틱 조각들은 이들 액체에 녹지 않는다. 어떤 일이 일어나는가?

16. 어떤 물질의 밀도와 액체의 밀도를 알고 있다면 그 물질이 뜨는지 가라앉는지 설명할 수 있다. 폴리에틸렌(HDPE, 밀도 = 0.97 g/cm^3)은 아래의 액체들 중 어떤 것에서 뜨는가? (HDPE는 이들 액체에 녹지 않는다).

성분	밀도(g/cm^3)	성질, 용도
에틸렌 글라이콜	1.1088	부동액의 주요 성분
물	0.9997	
에탄올	0.7893	알코올 음료에서 알코올
메탄올	0.7914	유독성; 연료관이 어는 것을 방지하기 위해 넣는 휘발유 첨가제
아세트산	1.0492	식초의 성분
글리세롤	1.2613	가정용품에서 흔히 사용되는 용매

17. 유리병 안의 우유를 냉장고의 냉동실에 밤새 두었다. 아침에 얼은 우유 덩어리가 병에서 튀어나와 있다. 이 관찰을 설명하시오.

유리병 안의 얼은 우유 덩어리.

18. 당뇨병은 소변의 밀도를 변화시키기 때문에 당뇨병의 진단에 소변 밀도가 활용될 수 있다. 당뇨병은 많은 당분 또는 물을 배출한다. 각각의 경우에 소변의 밀도는 어떻게 변하는가?

19. 다음 사진은 K가 물과 반응해서, 수소 가스와 KOH 용액을 생성하는 것을 보여준다.

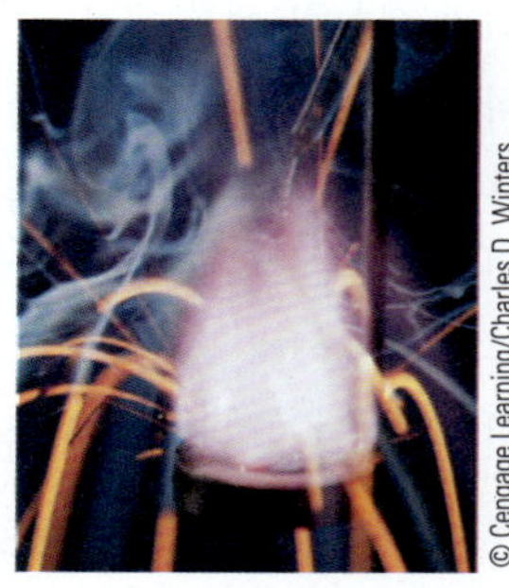

K가 물과 반응하여 수소 기체와 KOH를 생성한다.

(a) 반응에 관여한 물질의 상태는 어떠한가?

(b) 관찰된 변화는 물리적 변화인가 화학적 변화인가?

(c) 이 반응에서 반응물과 생성물은 무엇인가?

(d) 이 반응과 관련해서 어떤 정성적인 관찰이 가능한가?

20. 4개의 풍선에 밀도가 각기 다른 가스가 채워져 있다. 헬륨, $d = 0.164$ g/L; 네온, $d = 0.825$ g/L; 아르곤, $d = 1.633$ g/L; 크립톤, $d = 4.425$ g/L. 건조한 공기의

밀도가 1.12 g/L라면 공기 중으로 떠오르는 풍선은 어느 것인가?

21. 다음 사진은 아이오딘 원소로 용액을 만들기 위해 에탄올에 녹이는 과정이다. 이것은 물리적 변화인가 화학적 변화인가?

에탄올에서 녹고 있는 아이오딘 원소.

22. 몇 년 전 오스트리아 빈에서 젊은 화학자가 결혼 예물의 금이 얼마나 영구적인지 확인하기를 원하였다. 반지는 18캐럿 금(18캐럿 금은 75 % 금과 나머지는 구리와 은을 포함) 결혼 일주일 후 그는 반지를 주의 깊게 세척을 하고 질량을 측정해보니 5.58387 g이었다. 그 이후로 그는 매주 반지의 질량을 측정하였다. 1년이 지난 후에 일상적 착용만으로 반지의 금은 6.15 mg이나 없어졌다. 그는 가장 손실이 큰 활동이 모래사장에서 휴가를 보낼 때와 정원을 가꾸는 일을 할 때임을 알게 되었다.

(a) 18캐럿 금을 구성하는 원소들의 기호는 무엇인가?

(b) 금은 1064 ℃에서 녹는다. 이 온도는 켈빈으로 얼마인가?

(c) 금의 밀도는 19.3 g/cm^{3}이다. 인터넷(www.ptable.com)의 주기율표를 이용하여 금이 알려진 원소 중에서 가장 밀도가 큰 지를 확인하시오. 만약 금이 아니라면 가장 밀도가 큰 것은 무엇인가? [수소(H)와 우라늄(U) 사이의 원소만 고려하시오.]

(d) 결혼반지가 18캐럿 금이고 질량이 5.58 g이라면 결혼반지에 함유된 금의 질량은 얼마인가?

(e) 미국에서 5천 6백만 쌍의 결혼한 부부가 있으며 모두 18캐럿 금반지를 가지고 있다고 가정하시오. 일년에 각 반지에서 6.15 mg의 질량 손실이 있다고 하면 연간 이들 모든 금반지에서 소실되는 금의 양을 g으로 산출하시오. 그리고 금이 트로이 온스 당 \$1620이면(1트로이 온스 = 31.1 g) 손실되는 금의 값어치는 얼마인가?

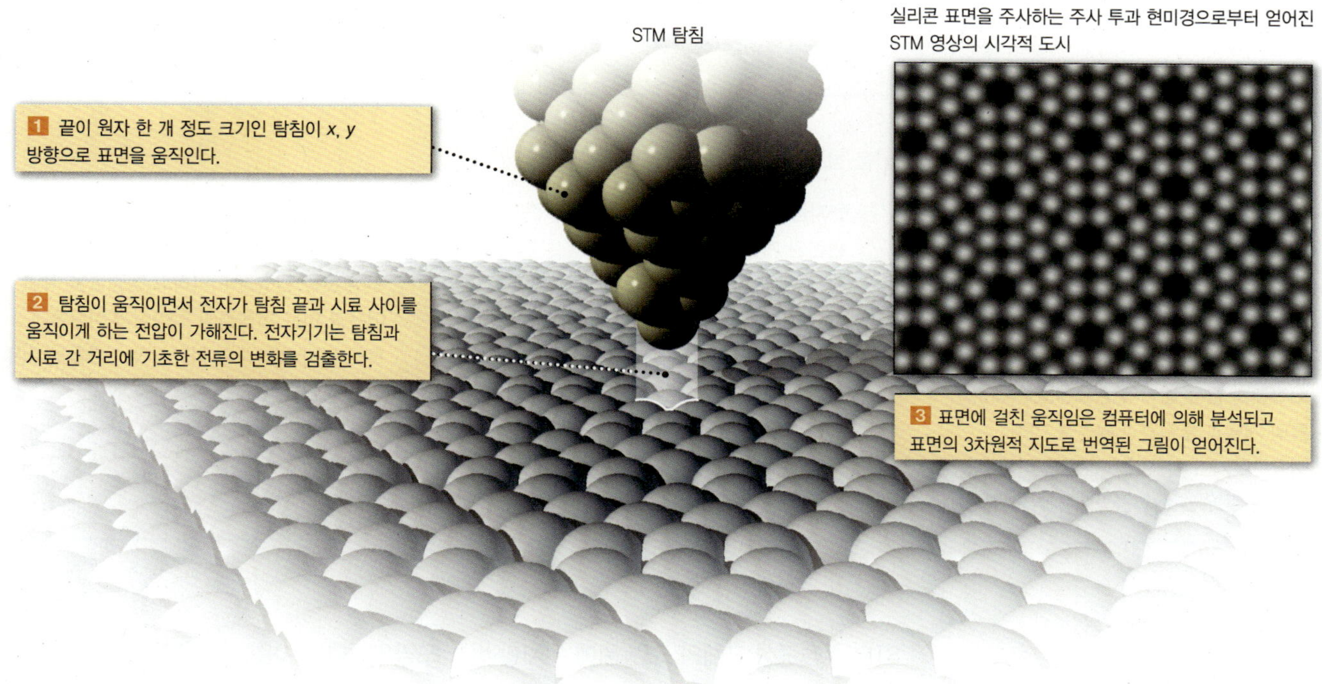

표면의 실리콘 원자 시료.

02장 원자, 분자, 이온

학습 개요

원자의 "직접 관찰" 1장에서 다음과 같은 사고 실험을 기술하였다. "거시적 물질의 시료를 택하여 나누고 계속 나누어 맨 눈으로 볼 수 있는 지점을 지나고 광학 현미경을 이용하여 볼 수 있는 지점을 지나게 하자." 결국에는 모든 물질을 구성하는 개별적 입자인 원자 수준에 도달하게 될 것이다." 그러나 이 궁극적인 입자를 '관찰'할 수 있을까? 이것이 오랜 세월동안 간직하였던 과학자들의 목표였다.

전통적인 의미로 원자를 '관찰'하는 것은 시각적 과정을 의미한다. 물체에 의해 반사되거나 방출된 빛이 눈에 도달한다. 그러나 이러한 과정은 원자와 같이 작은 입자에서는 가능하지 않다. 그렇다면 원자를 볼 수 있는 다른 방법이 있을까? **주사 투과 현미경**(scanning tunneling microscope) 또는 STM이라는 기기를 이용하면 답은 "그렇다"이다.

학습 목표

다음 목표들의 핵심인 학습문제는 "학습 목표 복습"을 참조하시오.

- 원자들의 조성과 구조(양성자, 중성자, 전자), 원자번호, 질량수와 같은 용어를 이해
- 원자 질량의 다양한 표시: 원자 질량, 원자량 (상대적 원자 질량)과 상호 관계를 이해
- 동위원소의 조성을 이해
- 화학에서 쿨롱 법칙의 중요성을 이해
- 몰의 개념과 몰질량과 응용을 이해
- 질량분석기가 사용되는 방법을 이해(동위원소 존재비, 동위원소 질량과 분자식을 결정)
- 원자량, 동위원소 질량과 동위원소 존재비와 관련된 계산의 수행
- 질량, 몰과 입자의 수를 포함하는 계산의 수행
- 이온과 분자 화합물의 화학식을 해석하고 예상하며 기재함을 수행
- 실험 자료로부터 실험식과 분자식, 화합물의 조성의 결정을 수행
- 주기율표의 용어(족, 주기)와 주기율에 주어진 정보를 사용하는 법을 기억
- 일부 흔한 원소를 기억하고 성질들을 확인
- 이온과 이온 화합물의 화학식과 이름들과 흔한 분자 화합물의 화학식과 이름들을 기억
- 이온 화합물의 흔한 성질들을 기억

STM은 전도성 고체의 표면 위에 위치한 바늘 모양의 탐침을 이용한다. 탐침이 표면에 아주 가까이 가면 탐침에서 표면으로 전류가 흐르게 된다. 전류는 탐침 끝과 표면의 원자 간 거리에 의존한다. 탐침을 표면에서 움직이면서 전류의 변화를 측정한다. 이 자료를 시각적으로 도시하여 고체 표면의 원자의 지도를 제공하게 된다.

이 과정은 엄청나게 정교한 실험이다. 이것이 제대로 작동하기 위해 바늘의 끝은 매우 작아야(이상적으로는 크기가 원자 한 개 정도) 하고 탐침은 표면에서 한 개 원자 정도만 떨어져야 한다. 성공적으로 진행되면 실험은 개별 원자를 나타내는 고체 표면의 그림을 제공하게 된다.

화학 원소들은 별로부터 만들어지며, 이러한 원소들로부터 외계에서 물과 암모니아와 같은 분자들이 만들어진다. 이런 간단한 분자들과 DNA나 헤모글로빈과 같은 훨씬 더 복잡한 분자들이 지구에서 발견되었다. 현대 화학의 모든 분야와 새롭게 성장하는 분자생물학을 이해하기 위해서 우리는 화학 원소들의 본질과 분자들의 구조와 특성을 이해해야만 한다. 이 장에서는 화학의 구성 요소인 원소들과 이들이 형성하는 화합물의 탐구로 시작한다.

2.1 원자 구조 - 양성자, 전자, 중성자

1990년경 영국에서 톰슨(John Joseph Thomson, 1856~1940)과 러더퍼드(Ernest Rutherford, 1871~1937)와 같은 과학자들에 의해 수행된 일련의 실험들은 원자의 모형을 정립시켰고, 여전히 현대 원자론의 기초가 되고 있다. 전기적으로 양성인 양성자, 전기적으로 음성인 전자, 수소 원자의 한 종류를 제외하고는 모든 원자에 존재하는 전기적으로 중성인 중성자 등 이 3개의 원자보다 작은 입자가 모여 모든 원자를 만든다. 원자 모형은 보다 무거운 양성자와 중성자가 아주 작은 핵에 위치하고, 이 핵은 모든 양전하와 대부분의 원자 질량을 차지한다(그림 2.1). 양성자나 중성자보다 훨씬 더 작은 전자는 핵을 둘러싸고, 대부분의 부피를 차지하고 있다. 중성인

원자에서 전자의 수는 양성자의 수와 동일하다.

원소와 분자의 화학적 성질은 대체로 원자에 있는 전자에 의해 결정된다. 6장과 7장에서 더 자세히 전자의 배열과 이들이 어떻게 원자의 성질에 영향을 주는지 살펴볼 것이다. 그러나 이 장에서는 원자의 조성이 원자 질량, 화합물의 질량과 어떻게 관계되어 있는지를 먼저 알아볼 것이다. 이는 우리가 뒤에 나오는 장에서 화학 반응의 정량적인 면을 고려할 때 매우 중요한 정보가 된다.

그림 2.1 원자의 구조. 이 그림은 실제 척도로 그리지 않았다. 만일 핵을 여기에 그린 크기로 그리면 전자구름은 약 200 m로 확대되어야 한다. 원자는 대부분 빈 공간이다. 이 그림에서 전자들은 핵 주위에 "구름"처럼 묘사되고 있다. 이것이 전자를 핵 주위의 궤도를 돌고 있는 입자로 보는 전통적인 관점보다 더 정확한 원자의 모양이다(6장).

2.2 원자번호와 원자 질량

원자번호

동일 원소의 모든 원자는 핵 내에 같은 양성자 수를 갖고 있다. 수소는 핵 내에 1개의 양성자를 지닌 가장 간단한 원소이다. 모든 헬륨 원자에는 양성자가 2개, 모든 리튬 원자에는 3개, 모든 베릴륨 원자에는 4개의 양성자가 각각 존재한다. 핵 내에 있는 양성자의 개수가 바로 **원자번호**(atomic number)이며, 일반적으로 기호 ***Z***로 표시된다.

현재까지 알려진 원소들은 이 책의 앞표지 안쪽에 있는 주기율표와 뒤표지의 안쪽에 있는 목록에 나열되어 있다. 주기율표에 있는 각 원소의 상자 위쪽에 존재하는 정수가 원자번호이다. 예를 들어 구리 원자(Cu)는 원자번호가 29이고, 따라서 핵은 29개의 양성자를 가진다. 우라늄(U) 원자는 92개의 양성자를 가지고, $Z = 92$이다.

구리
29 ········ 원자번호
Cu ······ 원소기호

상대 원자 질량과 원자 질량 단위

프랑스의 위대한 화학자인 라부아지에(Antoine Laurent Lavoisier, 1743~1794)의 정량적인 업적으로 인해 화학은 중세 연금술로부터 현대적인 학문 분야로 변화하기 시작했다(▸3.1절). 18세기와 19세기의 화학자들은 원소들이 어떻게 결합하는지 이해하기 위해 노력하였으며 지식 축적을 목적으로 한 정량적 연구에 더욱 매진하게 되었다. 예를 들면 한 원소의 얼마만한 양이 다른 원소와 결합하는가 같은 것이다. 이 연구를 기반으로 그들이 생성한 물질이 일정한 조성을 갖는다는 것을 알게 되었고 새로운 물질을 생성하기 위해 결합하는 원소들의 상대 질량에 대해 규정하게 되었다. 19세기 초에 돌턴(John Dalton, 1766~1844)은 원자를 포함한 원소들의 조합과 원자 질량의 상대적 크기를 제안하였다. 간단하게 돌턴은 질량 1의 수소를 그 척도의 기본으로 삼았다.

원자 구조의 이해의 발전에 대한 역사적 관점. 원자의 현대적 관점의 발전에 관련된 중요한 실험과 과학자들의 간략한 역사가 2장 46~47쪽에 소개되어 있다.

원자 질량의 척도는 1800년부터 변해왔지만 19세기 화학자들과 같이 오늘날 우리는 여전히 탄소를 표준으로 하여 **상대** 질량을 사용하고 있다. 핵 내에 6개의 양성자와 6개의 중성자를 가진 탄소 원자의 질량에 정확히 12를 부여한다. 화학적, 물리적 실험으로부터 우리는 8개의 양성자와 8개의 중성자를 가진 산소 원자가 탄소 원자의 질량에 1.33291배이므로 상대적 질량이 15.9949임을 알 수 있다. 다른 원소의 원자 질량도 비슷한 방법으로 할당한다.

표 2.1 아원자 입자의 성질*

입자	질량: 그램	질량: 원자 질량 단위	전하	표기
전자	9.109383×10^{-28}	0.0005485799	1−	$_{-1}^{0}e$ 또는 e^-
양성자	1.672622×10^{-24}	1.007276	1+	$_{1}^{1}p$ 또는 p^+
중성자	1.674927×10^{-24}	1.008665	0	$_{0}^{1}n$ 또는 n

* 이 값과 이 외에 책 내에 있는 값들은 National Institute of Standards and Technology의 웹사이트(http://physics.nist.gov/cuu/Constants/index.html)에서 발췌함.

기본적인 원자 입자의 질량은 보통 **원자 질량 단위**(atomic mass unit, u)로 나타낸다. **원자 질량 단위 1 u는 6개의 양성자와 6개의 중성자를 지닌 탄소 원자 질량의 1/12이다.** 그러므로 탄소 원자 하나의 질량은 정확히 12 u이다. 원자 질량 단위를 다음 변환계수를 이용하여 다른 단위로 바꿀 수 있다(1원자 질량 단위 (u) = 1.661×10^{-24} g).

질량수

원자는 얼마나 작은가? 일반적인 원자의 반경은 30~300 pm(3×10^{-11} m~3×10^{-10} m) 사이이다. 엄청나게 작은 원자의 크기를 실감하기 위해서 1 cm^3에 대서양의 물을 티스푼으로 센 수의 3배 정도의 원자가 있다고 생각해보시오.

양성자와 중성자의 질량은 1 u에 매우 근접한 반면에 전자의 질량은 이것의 약 1/2000에 불과하기 때문에(표 2.1 참조) 원자의 대략적인 질량은 중성자와 양성자의 수를 알고 있다면 추정할 수 있다. 한 원자에서 양성자와 중성자 수의 합을 **질량수**(mass number)라 하며 기호 A로 표시한다.

$$A = \text{질량수} = \text{양성자 수} + \text{중성자 수}$$

예를 들어 핵 내에 양성자 11개와 중성자 12개를 가진 소듐 원자는 23의 질량수를 갖는다(A = 11 p + 12 n). 우라늄의 가장 기본 원자는 양성자 92개와 중성자 146개를 가지며, 질량수(A)는 238이다. 이러한 정보를 보통 다음과 같이 표기한다.

$$\text{질량수} \rightarrow {}^{A}_{Z}X \leftarrow \text{원소기호}, \quad \text{원자번호} \rightarrow Z$$

아래 첨자 Z는 원자번호를 의미하기 때문에 꼭 표시하지 않아도 된다. 예를 들어 앞서 언급된 원자는 ${}^{23}_{11}Na$이나 ${}^{238}_{92}U$로 표기하거나 혹은 단순히 ${}^{23}Na$이나 ${}^{238}U$로도 표기할 수 있다. 다른 표현으로는 '소듐−23'이나 '우라늄−238'로 표현할 수 있다.

예제 2.1 원자의 조성

문제 중성자가 16개인 인 원자의 조성은 어떻게 되는가? 질량수는 어떻게 되는가? 원자의 표기는 어떻게 되는가? 원자의 실제 질량이 30.9738 u라면 g 단위로는 얼마인가? 마지막으로 질량수가 12인 탄소 원자의 질량과 인 원자의 질량은 어떤 관계가 있는가?

알고 있는 사실 원소의 이름과 중성자의 수를 알아야 한다. 또한 실제 질량을 알아야 탄소−12와의 질량 관계를 결정할 수 있다.

전략 인의 표기는 P로 한다. 그리고 주기율표상에서 이 원소의 원자번호(양성자 수와 동일함)를 찾을 수 있다. 질량수는 양성자 수와 중성자 수의 합이다. g 단위의 원자의 질량은 원자 질량 단위의 질량으로부터 변환계수인 $1\ u = 1.661 \times 10^{-24}$ g을 이용하여 얻을 수 있다. ^{12}C와 비교한 P의 상대 질량은 원자 질량 단위로 ^{12}C 원자의 질량인 12.0000 u로 P 원자의 질량을 나누어 결정할 수 있다.

풀이 인 원자는 양성자 15개를 가지고 있고, 전기적으로 중성이기 때문에 전자 또한 15개를 가지고 있다. 16개의 중성자를 가진 인 원자의 질량수는 31이다.

$$\text{질량수} = \text{양성자 수} + \text{중성자 수} = 15 + 16 = 31$$

이 원자의 정확한 표현은 $^{31}_{15}P$ 이다.

$$^{31}P \text{ 원자의 질량} = (30.9738\ u) \times (1.661 \times 10^{-24}\ g/u) = 5.145 \times 10^{-23}\ g$$

^{12}C 원자 질량에 대한 ^{31}P의 상대적 질량은 30.9738/12.0000 = 2.58115 이다.

고려사항 인의 원자번호가 탄소보다 크므로 상대 질량이 12보다 클 것이라 예측할 수 있다.

유제

1. 중성자 30개를 가진 철 원자의 질량수는 얼마인가?
2. 32개의 중성자를 가진 니켈 원자의 질량은 59.930788 u이다. g 단위 질량은 얼마인가?
3. ^{64}Z 원자에 포함된 양성자, 중성자, 전자 수는 몇 개인가?

2.2절 확인문제

1. 망가니즈 원자의 질량은 54.9380 u이다. 한 원자 내에 몇 개의 중성자가 포함되어 있는가?
   (a) 25 (b) 30 (c) 29 (d) 55
2. 12개의 중성자를 포함하는 어느 원자의 질량수가 23이다. 이 원소는 무엇인가?
   (a) C (b) Mg (c) Na (d) Cl

2.3 동위원소

자연에 존재하는 원소들 중에는 몇 원소(예를 들면 알루미늄, 플루오린, 인)만이 모든 원소가 동일한 질량을 지니고 있다. 대부분의 원소들은 자연계에서 서로 다른 질량의 원소가 섞여서 존재한다. 예를 들면, 붕소는 질량수 10 u(^{10}B)와 11 u(^{11}B)의 2가지 원소가 존재한다. 주석은 자연계에 모두 10개의 서로 다른 질량수가 존재할 수 있다. 이렇게 원자번호가 동일하나 질량수가 다른 원자들을 **동위원소**(isotope)라 한다.

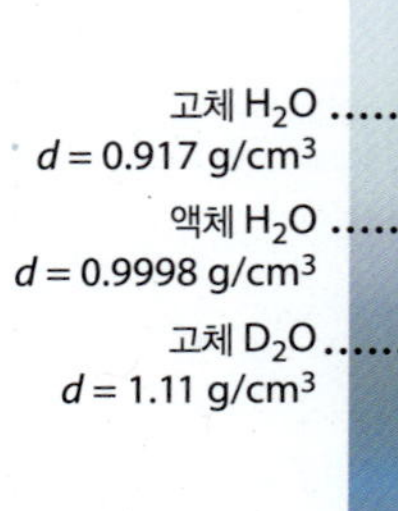

그림 2.2 **'중수'로 만든 얼음.** 일반적인 수소(^1_1H)로 만들어진 얼음(d = 0.917 g/cm³, 0 ℃)은 액체 H_2O(d = 0.997 g/cm³, 25 ℃)에 비하여 밀도가 낮기 때문에 물 위에 뜨게 된다. (물만이 유일하게 이러한 현상을 보인다. 다른 모든 고체 물질은 액체 상태의 물질에 가라앉는다.) 같은 원리로, '중수 얼음(D_2O)'도 '중수'에서는 뜬다. 그러나 중수 얼음(D_2O)은 경수(H_2O)에 비해서는 밀도가 높아 가라앉게 된다.

동일 원소의 원자들은 양성자의 수가 항상 동일하다. 동위원소들이 다른 질량수를 가지려면 반드시 중성자 수가 달라야 한다. ^{10}B(Z = 5)의 핵에는 중성자 수가 5이며, ^{11}B에는 6개의 중성자가 있다.

동위원소는 질량수를 이용하여 표현하기도 한다(예를 들면 ^{238}U는 우라늄-238). 독특하게도, 수소의 경우에는 서로 다른 이름과 원소기호를 사용하기도 한다. 일반적인 ^1_1H을 **프로튬**(protium) 혹은 '수소'라고 부른다면, ^2_1H는 **듀테륨**(deuterium) 또는 '중수소(원소기호 D)'라고 부르며, ^3_1H는 **트리튬**(tritium) 혹은 '삼중수소(원소기호 T)'라고 부른다.

어떤 화합물에서 원소의 동위원소를 서로 치환하면 재미있는 효과가 나타나기도 한다(그림 2.2). 특히, 수소를 중수소로 치환하는 경우(중수소 무게가 2배가 되기 때문에) 이러한 효과는 더욱 두드러진다.

동위원소 질량과 질량 결손. 원자의 실제 질량은 언제나 원자를 구성하는 입자의 질량의 합보다 작다. 이는 질량 결손이라 하며 20장에서 그 이유에 대해 다룰 것이다.

동위원소 존재비

우리 주위의 물 시료는 거의 대부분 H_2O로 이루어져 있는데, 물 분자 중 일부분은 ^1H 대신에 ^2H로 되어 있다. 지구 상에 존재하는 수소 중의 99.985 %는 ^1H 원자이다. 즉, ^1H 원자의 존재비 백분율은 99.985 %가 된다.

$$\text{존재비 백분율} = \frac{\text{주어진 동위원소 원자 개수}}{\text{해당 원소 모든 동위원소 원자의 총 개수}} \times 100\ \% \tag{2.1}$$

자연계에 존재하는 수소 원자 중 나머지는 중수소이며, 0.015 %에 해당한다. 방사성 원소인 삼중수소(^3H)는 자연적으로 존재하지는 않는다.

붕소의 2개의 동위원소를 생각해 보자. 붕소-10의 존재비는 19.91 %이며 붕소-11의 존재비는 80.09 %이다. 만일 10,000개의 천연 시료를 취한다면, 그중 붕소-10은 1991개 붕소-11은 8009개가 될 것이다.

원자 질량과 동위원소 존재비 구하기

동위원소의 질량과 존재비 백분율은 질량분석기(그림 2.3)를 이용하여 실험적으로 구할 수 있다. 어떤 원소가 기체 상태로 분석기의 진공실 안으로 도입되면, 시료의 분자 또는 원자가 전하 입자(**이온**)로 변환된다. 이러한 이온 광선이 자기장 하에 놓이게 되면 이온의 경로가 굽어지고, 그 정도는 분자량에 따라 다르게 된다. 즉, 작은 분자량 이온의 굽어짐이 크고 큰 분자량 이온의 굽어짐이 작다. 이렇게 분리된 이온들은 분자량 크기대로 검출기에 의하여 검출된다. 초기에는 검출기로 광학 필름을 이용하였으나 현재는 전류를 이용하고 있다. 광학 필름 상의 검은 점의 크기 혹은 측정된 전류의 양은 특정 질량의 이온 수에 비례하고 결과적으로 이온의 존재비에 비례하게 된다. 또한, 특정 이온의 질량 대 전하의 비(m/e)가 검출기에 의하여 검출된다. 분광기 안에 있는 대부분의 이온의 전하가 +1이기 때문에, 이 비율을 이용하여 질량값을 구할 수 있다. 현재 질량분석기를 이용하면 동위원소의 분자량을 최대 소수점 아래 9자리까지 측정할 수 있다.

질량이 정확하게 12 u로 정의된 탄소-12를 제외하고 동위원소들은 정수 값을 가

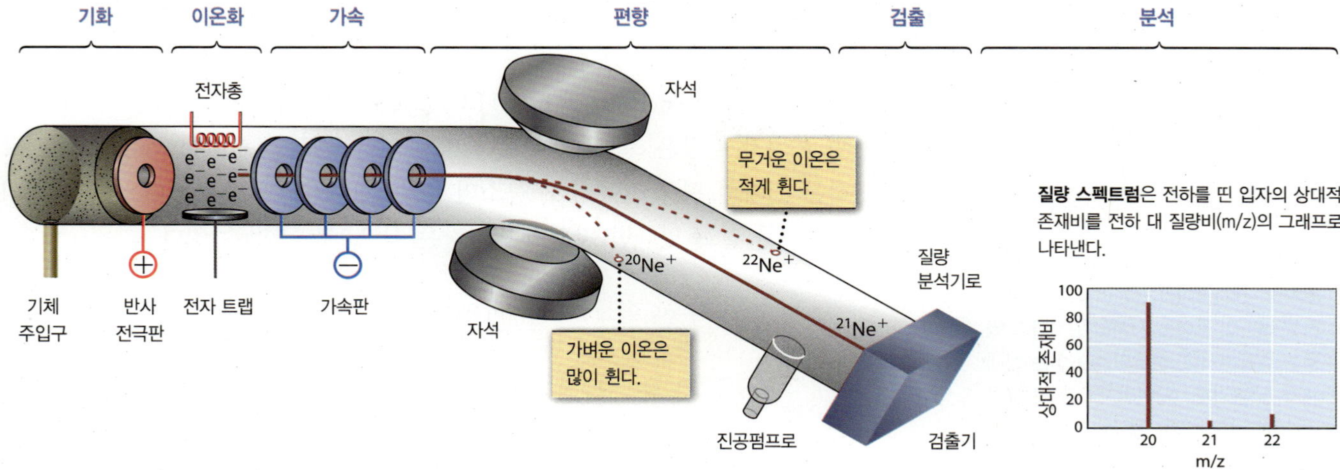

시료가 기체 상태로 이온화실 안으로 도입된다. 그 안에서 고에너지 전자가 조사되면 시료의 원자 혹은 분자에서 전자들이 이탈하게 된다.
생성된 양전하 입자들은 일련의 음으로 하전된 가속판에 의해 가속되어 분석실로 유입된다.

분석실에는 자기장이 전하 입자의 광선과 수직방향으로 놓여 있다. 자기장은 전하 입자를 휘게 한다. 휜 곡선의 곡률은 입자의 질량 및 전하에 따라 결정되며 자기장의 전압과 세기에 따라 가속화되기도 한다.

$^{21}Ne^{+}$ 입자가 검출기를 향하는 반면, 질량이 작거나 큰 $^{20}Ne^{+}$ 및 $^{22}Ne^{+}$는 곡률이 크거나 작아져서 검출기에 검출되지 않고 있다.

자기장을 변화시키면 다른 질량의 전하입자를 검출기로 검출할 수 있으며 해당되는 질량 스펙트럼이 얻어진다.

그림 2.3 질량 분석기. 질량 분석기는 다른 질량의 이온을 분리하며 기체 시료를 이온화시킨다. 이 분석기는 연구자가 각 이온의 정확한 질량을 결정할 수 있도록 해주며, 분석하는 이온이 개별적인 원자, 분자, 분자의 조각으로 구성되어있는지를 알 수 있도록 해준다.

질 수 없다. 하지만 동위원소의 질량은 항상 그 질량수에 매우 근접한 값을 가진다. 예를 들어 5개의 양성자와 6개의 중성자를 가진 붕소-11(^{11}B)의 질량은 11.0093 u이며 26개의 양성자와 32개의 중성자를 가진 철-58(^{58}Fe)의 질량은 57.9333 u이다.

2.3절 확인문제

1. 은(Ag)는 중성자 60개를 가진 동위원소(백분율 존재비 = 51.839 %)와 중성자 62개를 갖는 두 가지의 동위원소를 가진다. 62개의 중성자를 가진 동위원소의 원소 기호는 무엇이며 그 존재비 백분율은 얼마인가?

   (a) $^{107}_{47}Ag$, 51.839 %　　(b) $^{107}_{47}Ag$, 48.161 %

   (c) $^{109}_{47}Ag$, 51.839 %　　(d) $^{109}_{47}Ag$, 48.161 %

2. 천연으로 산출되는 아르곤 시료는 ^{36}Ar 2696개 원자, ^{38}Ar 504개 원자, ^{40}Ar 7.968×10^{5}개 원자를 가진다. 가장 풍부한 동위원소의 존재비 백분율은 얼마인가?

   (a) 99.60 %　　(b) 95.08 %

   (c) 71.35 %　　(d) 99.92 %

2.4 원자량

자연계의 붕소는 질량 10.0129 u와 11.0093 u로 구성되어 있기 때문에, 시료 중 붕소의 평균 원자 질량은 그 사이의 값이 될 것이다. **원자량**(atomic weight)은 시료를 구성하는 원자의 평균 질량이다. 붕소인 경우, 원자량은 10.811이다. 동위원소의 질량과 존재비를 알고 있다면 원소의 원자량은 식 2.2로 구할 수 있다.

원자량. 원자량이라는 용어를 계속 사용하겠지만 이 용어는 서서히 밀려나고 있음을 주목하시오. 선호되는 용어는 상대 원자 질량(기호, A_r)이며, ^{12}C 원자 질량의 1/12에 대한 평균 질량의 비로 정의된다. 상대 원자 질량은 비율이기 때문에 단위가 없다.

$$\text{원자량} = \left(\frac{\text{동위원소 1의 존재비 백분율}}{100}\right)(\text{동위원소 1의 질량}) + \left(\frac{\text{동위원소 2의 존재비 백분율}}{100}\right)(\text{동위원소 2의 질량}) + \cdots \quad (2.2)$$

2개의 동위원소(^{10}B, 존재비 19.91 %; ^{11}B, 존재비 80.09 %)를 갖고 있는 붕소의 경우,

$$\text{원자량} = \left(\frac{19.91}{100}\right) \times 10.0129 + \left(\frac{80.09}{100}\right) \times 11.0093 = 10.811$$

임을 알 수 있다.

식 2.2는 각 동위원소의 존재비가 고려된 원자의 평균값을 제공한다. 표 2.2의 자료에서 나타난 바와 같이, **원소의 원자량은 항상 가장 존재비가 큰 동위원소의 질량과 더욱 근접하게 된다.**

안정한 상태의 원소 원자량은 이 책의 표지 안쪽에 있는 주기율표에 숫자로 표시되어 있다. 주기율표에는 각 원소의 원자번호, 원소기호, 원자량이 표시되어 있다. 불안정한 방사성 원소의 경우, 원자 질량 혹은 가장 안전한 동위원소의 질량수가 괄호로 표시되어 있다.

예제 2.2 동위원소 존재비를 이용한 원자량 계산하기

문제 자연계에서 브로민은 2개의 동위원소가 있다. 하나는 질량 78.918338 u(존재비 50.69 %)이며, 다른 하나는 80.916291 u(존재비 49.31 %)이다. 브로민의 원자량을 계산하시오.

알고 있는 사실 두 동위원소 각각의 질량과 존재비를 알아야 한다.

전략 원소의 원자량은 각 동위원소의 존재비에 의한 평균값이다. 원자량을 계산하기 위해 각 동위원소의 질량과 존재비 백분율을 100으로 나눈 값을 곱해야 한다(식 2.2).

풀이

브로민의 원자량 = (50.69/100)(78.918338) + (49.31/100)(80.916291) = 79.90u

고려사항 주어진 정보를 통해 원자량에 대해 빠르게 추측해 볼 수 있다. 질량수가 79

표 2.2 동위원소 존재비 및 원자량

원소	기호	원자량	질량수	동위원소 질량	자연계 존재비(%)
수소	H	1.00794	1	1.0078	99.985
	D*		2	2.0141	0.015
	T†		3	3.0161	0
브로민	B	10.811	10	10.0129	19.91
			11	11.0093	80.09
네온	Ne	20.1797	20	19.9924	90.48
			21	20.9938	0.27
			22	21.9914	9.25
마그네슘	Mg	24.3050	24	23.9850	78.99
			25	24.9858	10.00
			26	25.9826	11.01

* D = 중수소(deuterium); † T = 삼중수소(tritium), 방사성(radioactive).

와 81인 두 동위원소가 대략적으로 같은 존재비로 있다. 이를 통해 우리는 평균 질량이 약 80으로 두 질량수의 중간 값이라고 생각할 수 있다. 계산을 통해 이 추측이 옳다는 것을 증명할 수 있다.

유제 주어진 정보를 통해 염소의 원자량이 35.45임을 확인하시오.

^{35}Cl 질량 = 34.96885 u; 존재비 백분율 = 75.77 %

^{37}Cl 질량 = 36.96590 u; 존재비 백분율 = 24.23 %

원소 브로민. 브로민은 실온에서 짙은 다홍색인 휘발성 액체이다. 2개의 브로민 원자가 화학적으로 결합한 Br_2 분자로 구성되어 있다. 자연적으로 산출되는 브로민 원자들은 2개의 안정한 동위원소가 있다. ^{79}Br(존재비 50.69 %)와 ^{81}Br(존재비 49.31 %)

예제 2.3 동위원소 존재비 계산하기

문제 안티모니(Sb)는 120.904 u의 ^{121}Sb와 122.904 u의 ^{123}Sb로 두 가지 안정한 상태의 동위원소를 가진다. 이 동위원소들의 상대적 존재비는 얼마인가?

알고 있는 사실 원소의 두 동위원소의 질량과 평균 질량, 즉 원자량인 121.760 u을 알아야 한다(주기율표 참조).

전략 원자량이 123보다 121에 가깝기 때문에 더 가벼운 동위원소인 ^{121}Sb가 더 높은 존재비로 존재할 것을 예상할 수 있다. 존재비를 계산하기 위해서 상대적인 양을 알아야 한다. 아래의 표현을 쓸 수 있다(존재비 분율은 동위원소의 존재비 백분율을 100으로 나눈 값이다).

원자량 = 121.760

= (^{121}Sb 존재비 분율)(120.904) + (^{123}Sb 존재비 분율)(122.904)

또는

$$121.760 = x(120.904) + y(122.904)$$

준금속 안티모니의 시료. 이 원소는 2개의 안정한 동위원소 ^{121}Sb와 ^{123}Sb를 가진다.

여기서 x = ^{121}Sb 존재비 분율이고 y = ^{123}Sb 존재비 분율이다. 동위원소 존재비 분율의 합은 반드시 1이 되어야 하기 때문에 $x + y = 1$이며, x와 y에 대한 방정식으로 해답을 구할 수 있다.

풀이 y = ^{123}Sb 존재비 분율 = $1 - x$이기 때문에 y를 치환할 수 있다.

$$121.760 = x(120.904) + (1 - x)(122.904)$$

식을 풀어보면

$$121.760 = 120.904x + 122.904 - 122.904x$$

가 되며 최종적으로 x에 대해 해를 구하면

$$121.760 - 122.904 = (120.904 - 122.904)x$$
$$x = 0.5720$$

가 된다.

^{121}Sb의 존재비 분율은 0.5720이 되며 이는 57.20 %의 존재비 가 된다. 이는 또한 ^{123}Sb의 존재비가 42.80 % 가 됨을 의미한다.

고려사항 결과를 통해 처음 추측했던 두 동위원소 중 가벼운 동위원소의 존재비가 더 높을 것임을 확인할 수 있다.

유제 네온은 세 가지의 안정한 동위원소를 가지는데 그중 하나는 존재비가 적다. 나머지 두 동위원소의 존재비는 얼마인가?

^{20}Ne, 질량 = 19.992435; 존재비 백분율 = ?
^{21}Ne, 질량 = 20.993843; 존재비 백분율 = 0.27 %
^{22}Ne, 질량 = 21.991383; 존재비 백분율 = ?

2.4절 확인문제

1. ^{63}Cu와 ^{65}Cu 중 어느 동위원소가 더 많은 존재하는가?
   (a) ^{63}Cu (b) ^{65}Cu

2. 다음 중 갈륨의 두 안정한 동위원소(^{69}Ga과 ^{71}Ga) 중 하나인 ^{71}Ga의 존재비에 근접한 수치는 어느 것인가?
   (a) 20 % (b) 40 % (c) 60 % (d) 70 %

3. 원소 X는 4개의 안정한 동위원소를 가진다. ^{204}X(질량 203.97 u, 1.4 %), ^{206}X(질량 205.97 u, 24.1 %), ^{207}X (질량 206.98 u, 22.1 %)와 ^{208}X(질량 207.98 u, 52.4 %). 이 자료로부터 원자량을 계산하여 원소를 확인하시오.
   (a) Tl (b) Pb (c) Bi (d) Po

사례 연구 동위원소의 이용: 알프스의 냉동인간, 외치(Ötzi)

1991년 오스트리아와 이탈리아의 경계에 있는 알프스 산맥에서 46세 정도로 보이는 보존상태가 양호한 남성 조난객이 발견되었다. '냉동인간'이라 불리며 약 5200년 전에 살던 사람이다(◀1장). 무엇보다도 산소, 스트론튬, 납과 아르곤의 동위원소를 이용한 연구가 과학자들로 하여금 그의 삶을 예측하는 데 있어 도움이 되었다.

산소의 동위원소 ^{18}O는 어디서 태어나고 자라왔는지, 위도와 고도에 대한 정보를 제공한다. 치아나 뼈와 같은 생체무기질 속의 산소는 주로 섭취하는 물로부터 유래한다. 중요한 요인은 얼마나 해안에서 먼 내륙에서 유래하였는지, 고도는 어떠한지에 따라 달라지는 물속의 ^{18}O ($H_2{}^{18}O$)의 양의 변화이다. 비구름은 내륙으로 이동하여 ^{18}O로 이루어진 물이 $H_2{}^{16}O$ 이전에 "강하"한다. 알프스의 북측에 있는 호수와 강은 알프스 남측에 있는 호수와 강에 비해 ^{18}O의 함유량이 낮다고 알려져 있다. 북측의 강수는 더 차고 먼 곳의 대서양으로부터 유래한다. 남측의 강수는 따뜻하고 가까운 지중해로부터 온다. 냉동인간의 치아와 뼈의 ^{18}O의 함유량은 상대적으로 높았으며 알프스의 남쪽연안의 특성을 나타냈다. 그는 분명히 그 지역에서 태어나고 자라왔을 것이다.

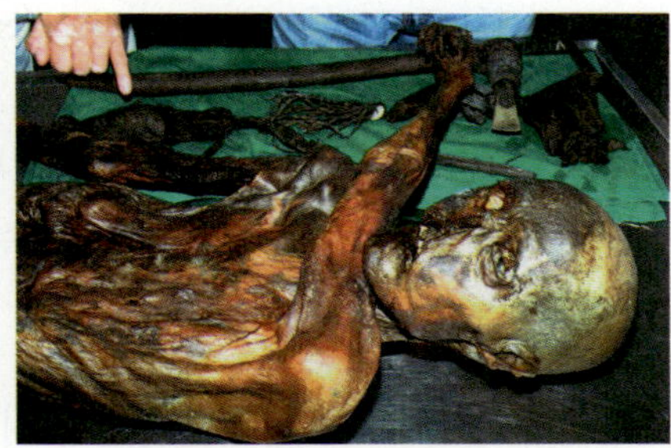

냉동인간, 외치(Ötzi). 약 5000년 전 북이탈리아에 살았던 남자의 미라로 보존상태가 양호하다.

무거운 원소들의 동위원소의 상대적 존재비도 또한 지역마다 약간씩 다르며 다른 무기질에 혼합되어 있다. 칼슘과 함께 2A족에 속하는 스트론튬은 치아와 뼈에 포함되어 있다. 냉동인간의 치아와 뼈에 있는 스트론튬 동위원소의 비율($^{87}Sr/^{86}Sr$)과 납 동위원소의 비율($^{206}Pb/^{204}Pb$)은 알프스 남쪽의 이탈리아의 좁은 지역의 토양의 특성을 나타내며 이는 그가 태어난 곳과 일생을 지낸 곳을 더욱 명확하게 해준다.

조사관은 냉동인간의 장에 있는 음식 잔여물들도 조사하였다. 비록 미량의 곡물, 낟알밖에 발견하지 못하였지만 곡물을 갈기 위해 사용한 돌에서부터 떨어져 나왔다고 여겨지는 작은 운모 조각도 함께 있었다. 이는 곡식을 먹을 때 함께 섭취했을 것이다. ^{40}Ar과 ^{39}Ar의 아르곤 동위원소를 이용하여 이 조각을 분석하여 그 특징이 알프스의 남쪽 지역의 운모와 비슷한 특징을 갖는 것을 알아냈으며 그의 말년에 살았던 곳을 밝혀냈다.

많은 동위원소 연구의 전체적인 결과는 북이탈리아의 메라노(Merano)에서 서쪽으로 10~20 km 정도 떨어진 좁은 지역에 수 천 년 전에 냉동인간이 살았다는 것을 나타낸다. 자세한 동위원소 연구에 대해 알고 싶다면 다음을 참고하시오. W. Müller, et al., *Science*, Volume 302, October 31, 2003, pp. 862~866.

문제

1. ^{18}O 원자에는 몇 개의 중성자가 있는가? 납의 두 가지 동위원소는?
2. 산소에는 안정한 3개의 동위원소가 있다(^{16}O 질량 15.9949 u, 99.763 %, ^{17}O, 질량 16.9991 u, 0.0375 %, ^{18}O, 질량 17.9991, 0.1995 %). 이 자료를 이용하여 산소의 원자량을 계산하시오.

이 문제에 대한 해답은 부록 N에서 확인할 수 있다.

2.5 주기율표

현대 화학에서 원소의 주기율표는 가장 유용한 도구 중 하나이다. 그 안에 풍부한 정보가 있을 뿐 아니라, 화학에서 여러 가지 아이디어를 도출할 때 이용될 수 있다. 우리는 주기율표에 포함된 특징과 용어 등을 잘 알 필요가 있다.

주기율표의 특징

주기율표의 중요한 특징은 다음과 같다.

- 주기율표의 세로축은 **그룹**(group) 혹은 **족**(family)이라고 부르며 물리적, 화학적

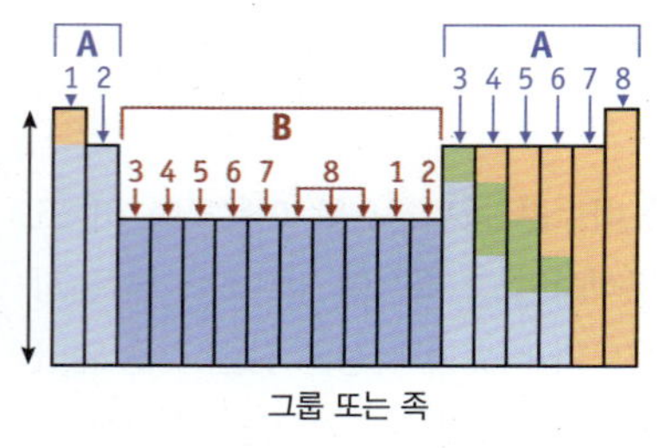

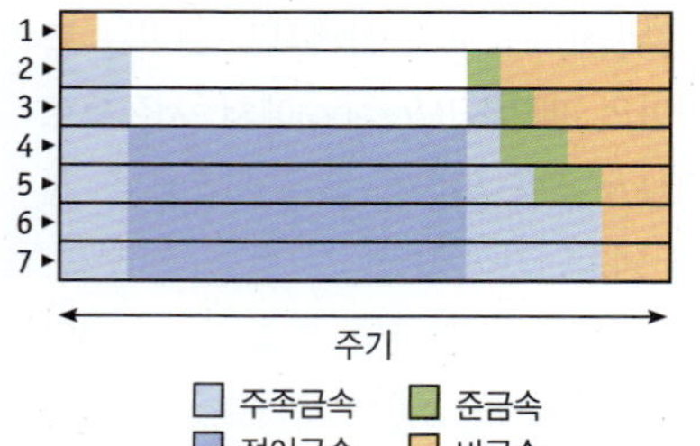

그림 2.4 주기율표에서 족과 주기. 미국에서 가장 보다 많이 사용되는 체계에서는 주족원소들을 1A~8A로, 전이원소들을 1B~8B로 표시한다. 다른 방법으로 왼쪽에서 오른쪽으로 1에서 18까지 번호를 부여하기도 한다. 후자의 방법은 미국 이외의 지역에서 일반적으로 사용된다.

성질이 유사한 원소가 나열되어 있다. 족에는 1족에서 8족으로 크게 나뉘어져 있으며, 숫자 뒤에 A 혹은 B로 다시 구별할 수 있다. A족은 **주족원소**(main group element), B족은 **전이원소**(transition element)이다. 지구상 다른 지역에서는 그룹을 1~18로 표시하고 있다.

- 주기율표의 가로축을 **주기**(period)라고 부르며, 수소와 헬륨이 포함된 주기가 1주기가 된다. 예를 들면, 소듐(Na)은 1A족이며 3주기에 맨 앞에 위치해 있다. 수은(Hg)은 2B족이며 6주기에 위치한다.

주기율표는 원소의 성질에 따라 몇 가지 영역으로 나눌 수 있다. 이 책의 표지 안(그림 2.4)쪽에 주어진 주기율표에서, **금속**은 보라색으로 표시되어 있으며, 비금속은 노란색, **준금속**(metalloid)은 초록색으로 나타나 있다. 같은 주기의 원소들은 왼쪽에서 오른쪽으로 가면서 금속성이 감소하며, 준금속은 금속과 비금속의 경계선에 존재한다. 그림 2.5에 118개 원소 중 몇 가지 원소가 나타나 있다.

일상생활에서 여러 가지 **금속**(metal)의 성질에 대해 우리는 익히 잘 알고 있다. 금속들은 고체이며(수은 제외), 전도성이 있으며, 일반적으로 연성이 있으며(선으로 뽑을 수 있음), 전성이 있고(판으로 펼 수 있음), 또한 합금(금속을 서로 혼합)을 생성할 수 있다. 철(Fe)과 알루미늄(Al)은 연성과 전성, 그리고 비교적 저렴한 가격 때문에 자동차 부품으로 사용한다. 구리(Cu)는 다른 금속보다 전도성이 크기 때문에 전선으로 이용된다.

비금속(nonmetal)은 주기율표상의 B와 Te를 잇는 대각선의 오른편에 위치하는데, 여러 가지 다양한 특성을 갖고 있다. 몇 가지 고체(탄소, 황, 인, 아이오딘)가 있다. 실온에서 다섯 원소(수소, 산소, 질소, 플루오린, 염소)는 기체로 존재한다. 비금속 중 하나인 브로민은 실온에서 액체로 존재한다. 흑연 상태인 탄소를 제외하고는 비금속 원소들은 전도성이 없으며, 이것이 금속과 구별되는 중요한 특성이다.

실리콘-준금속. 6개의 원소만이 일반적으로 준금속으로 분류된다. 이 사진은 인쇄된 전자회로를 담고 있는 기판을 포함하여 다양한 형태의 고체 실리콘을 보여준다.

붕소(B)와 텔루륨(Te)을 잇는 대각선에 근접한 원소들은 금속과 비금속으로 구별이 어렵다. 이러한 원소를 **준금속**(metalloid 혹은 semimetal)이라고 한다(그림 2.5). 준금속으로 구별되는 원소들이 모호한 경우도 있다. 준금속은 일반적으로 금속의 물리적 성질을 갖고 있지만 비금속의 화학적 성질을 갖는 물질로 정의하고 있다. 오직 B, Si, Ge, As, Sb, Te가 이러한 유형의 원소에 해당한다. 예를 들면 안티모니(Sb)는 금속들과 같이 전도성이 있지만, 화학적으로는 비금속이며 5A족 원소인 인(P)과 같은 성질을 지니고 있다.

주기율표와 화학 원소의 개요

가장 왼쪽 끝에 위치한 수소를 제외한 **1A족**(Group 1A) 원소들은 **알칼리 금속**(alkali metal)이라고 알려져 있다. 알칼리라는 단어는 아랍어에서 유래되었다. 고대 아랍 화학자들은 알칼리(al-qali)라 부르는 특정한 식물의 재가 미끈거리고 피부를 부식시키는 수용액을 만들게 되는 것을 발견하였다. 이 재들은 알칼리(염기성) 용액을 생성하는 1A족 원소들의 화합물을 포함하고 있다.

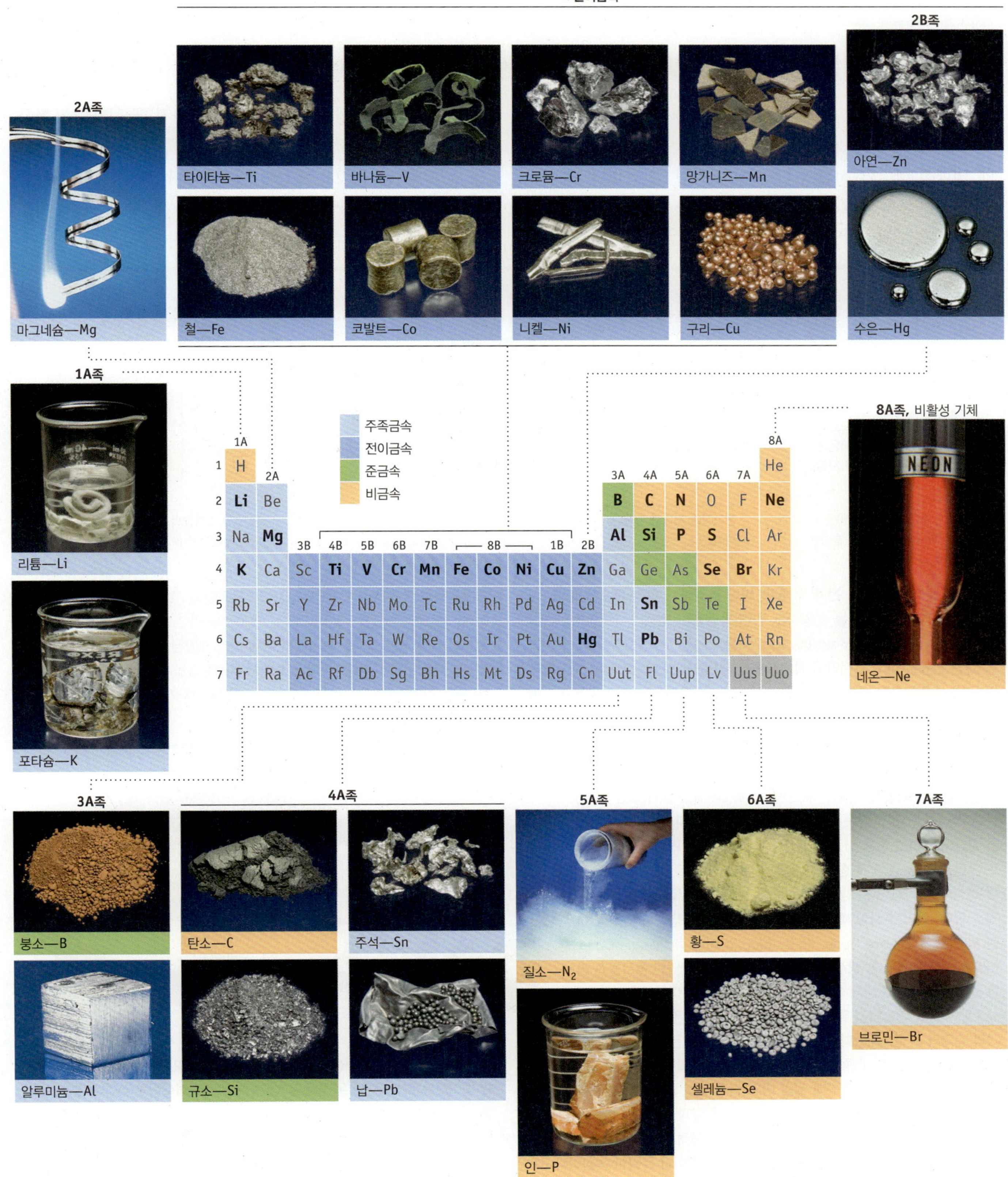

	1A	2A	3B	4B	5B	6B	7B	8B	8B	8B	1B	2B	3A	4A	5A	6A	7A	8A
1	H																	He
2	Li	Be											B	C	N	O	F	Ne
3	Na	Mg											Al	Si	P	S	Cl	Ar
4	K	Ca	Sc	Ti	V	Cr	Mn	Fe	Co	Ni	Cu	Zn	Ga	Ge	As	Se	Br	Kr
5	Rb	Sr	Y	Zr	Nb	Mo	Tc	Ru	Rh	Pd	Ag	Cd	In	Sn	Sb	Te	I	Xe
6	Cs	Ba	La	Hf	Ta	W	Re	Os	Ir	Pt	Au	Hg	Tl	Pb	Bi	Po	At	Rn
7	Fr	Ra	Ac	Rf	Db	Sg	Bh	Hs	Mt	Ds	Rg	Cn	Uut	Fl	Uup	Lv	Uus	Uuo

그림 2.5 118개의 알려진 원소들 중 일부.

주요 실험들

원자와 구성성분의 특성을 어떻게 알게 되었는가?

원자가 물질의 구성 요소라는 개념은 1800년대 초 영국의 화학자 돌턴(John Dalton)에 의해 정상 궤도에 올려졌으나 원자에 대해서 상당한 시간 동안 거의 알려진 바가 없다. 돌턴은 현재 우리가 알고 있는 것과 차이가 있는 원자는 "고체의 질량이 있으며, 단단하여 뚫고 들어갈 수 없으며 움직이는 입자"로 제안하였다. 양성자, 중성자, 전자를 가진 핵 원자를 포함하는 현대 모형에 근접하기 위해서는 1800년대 후반과 1900년대 초반에 독창적인 실험들이 필요하였다. 이 절에서 이러한 실험들의 주요 개념을 기술하고자 한다.

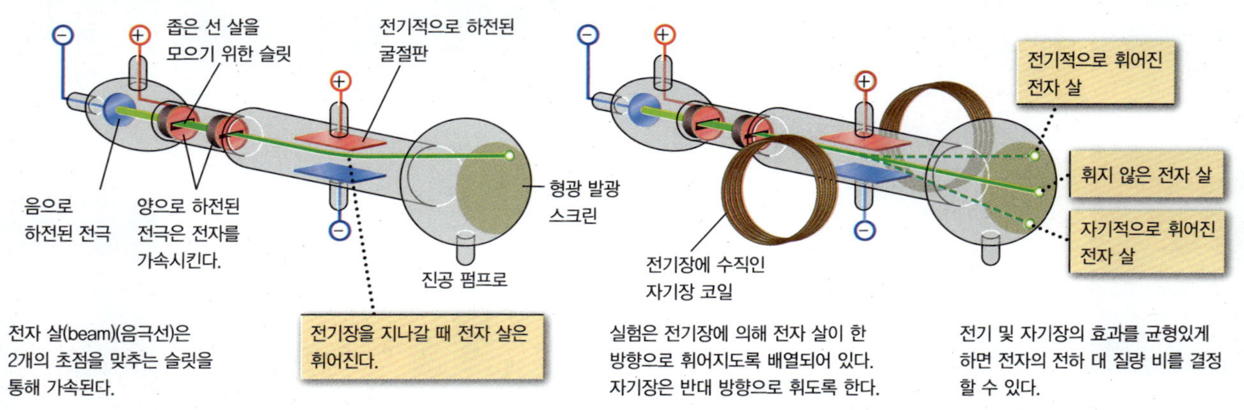

그림 1. 음극선. 전자의 전하 대 질량 비를 측정하기 위한 톰슨의 실험. 19세기 후반부에 음극선관을 포함하는 일련의 실험이 있었다. 1869년 크룩스(William Crookes, 1832~1919)에 의해 처음 기술된 음극선관은 2개의 전극을 가진 진공관이다. 고전압이 가해지면 입자(음극선)는 음으로 하전된 전극(음극)에서 양극으로 흐른다. 이 입자들은 전기 및 자기장에 의해 휘어지고 이러한 효과를 균형있게 만들면 전하 대 질량 비(e/m)를 결정하는 것이 가능하게 된다. 1897년 영국 캠브리지 대학의 톰슨(J. J. Thomson, 1856~1940)은 이 입자들이 수소 원자 질량의 약 1/2000 정도라고 보고하였다. 이 입자들은 전기의 가장 작은 입자를 기술하기 위해 이미 개발된 용어인 전자로 알려지게 되었다. 톰슨은 전자가 음극의 원자에서 유래되었을 것으로 추론하였고 현재는 틀린 것으로 밝혀진, 원자는 음으로 하전된 전자가 박혀 있으며 양으로 하전된 물질이 균일한 구의 모형으로 생각하였다.

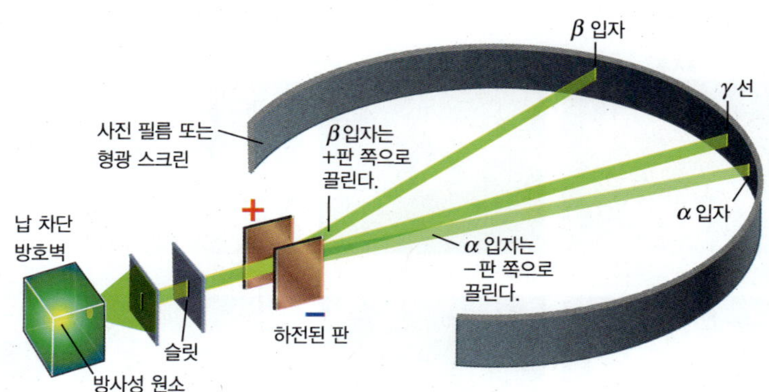

그림 2. 방사선. 원자가 더 작은 입자로 구성되었다는 증거가 방사선의 발견으로 추론되었다. 1896년 베크렐(Henri Becquerel, 1852~1908)은 우라늄이 보이지 않는 광선을 방출하여 노출되지 않은 사진 건판을 감광되게 하는 것을 발견하였다. 좀 더 자세한 연구 결과 피치 블렌드(흔한 우라늄 광석)가 함유하고 있는 우라늄만으로 설명할 수 있는 것 이상의 보이지 않는 광선을 방출하는 물질을 함유하고 있음을 알게 되었다. 이러한 사실 때문에 파리의 오래된 작업장에서 연구를 하던 피에르 큐리(Pierre Curie, 1859~1906)와 마리 큐리(Marie Curie, 1867~1934)는 우라늄 광석에서 전에 알려져 있지 않았던 폴로늄과 라듐 원소를 추출하고 정제하였다. 방사선은 큐리가 보이지 않는 광선의 새로운 현상을 기술하기 위해 발명한 용어이고 이들은 방사가 원자 붕괴의 결과라고 결론지었다. 방사성 물질로부터 방출된 방사의 확인이 곧이어 뒤를 이었다. 세 종류의 방사가 관찰되었고 알파, 베타, 감마라는 이름표가 주어졌다. 전하 대 질량 비의 연구 결과 알파선은 헬륨 핵(He^{2+})이고 베타 선은 전자임이 밝혀졌다. 감마선은 질량과 전하를 가지고 있지 않다. 이들은 현재 전자기 방사의 고에너지 형태로 알려져 있다.

마리 큐리는 2개의 노벨상을 수상한 몇 안되는 사람이자 유일한 여성이다. 그녀는 폴란드에서 태어났으나 파리에서 수학하고 연구를 수행하였다. 1903년 그녀는 베크렐과 남편인 피에르와 방사선의 발견으로 노벨 물리학상을 공동 수상하였다. 1911년 그녀는 라듐과 폴로늄(후자는 모국인 폴란드에서 유래되었다)이라는 2개의 새로운 원소를 발견하여 노벨 화학상을 수상하였다. 방사능의 단위(큐리, Ci)와 원소(큐륨, Cm) 하나의 이름은 그녀를 기려 명명되었다. 1906년 사고로 사망한 피에르도 자기현상에 대한 연구로 유명하였다. 그들의 딸 중의 하나인 이레느(Irène)는 졸리(Frédèric Joliot)와 결혼하였고 그들은 1935년 인공 방사능의 발견으로 노벨화학상을 공동 수상하였다.

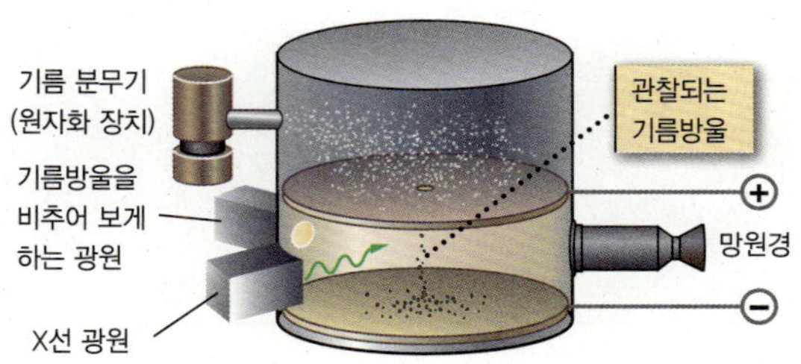

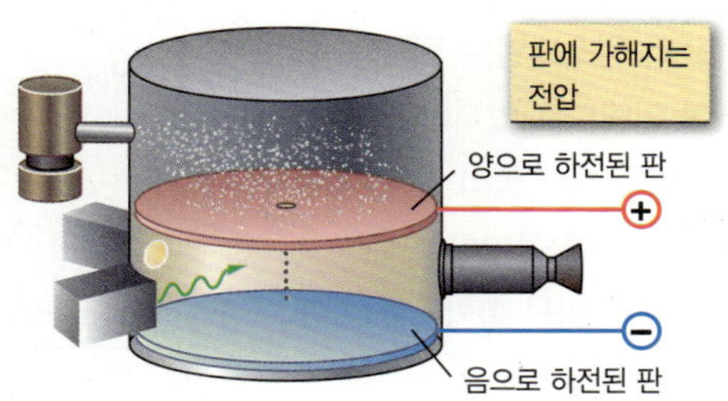

미세한 기름방울 안개를 상자 안에 도입한다.

기름방울은 중력에 의해 하나씩 차례로 아래 상자로 떨어진다.

아래 상자의 기체 분자는 X-선에 의해 이온화(전자와 양으로 하전된 부분으로 분리)한다. 전자는 기름방울에 붙게 되는데 일부 방울은 하나의 전자, 일부는 2개 등이 붙게 된다.

이러한 음으로 하전된 방울은 중력에 의해 계속하여 떨어지게 된다.

주의 깊게 판의 전압을 조정함으로써 방울에 가해지는 중력을 음으로 하전된 방울이 +로 하전된 판으로 끌림으로써 정확하게 균형이 맞게 된다.

이러한 힘의 분석을 통해 전자의 전하값을 얻게 된다.

그림 3. 전자 전하를 결정하기 위한 밀리칸의 실험. 음극선 실험은 하전된 입자의 전하 대 질량 비를 측정하도록 하였지만 전하 또는 질량을 개별적으로 측정하지는 못하였다. 1908년 캘리포니아 공대의 미국 물리학자 밀리칸(Robert Millikan, 1868~1953)은 전자의 전하를 측정하는 실험을 수행하였다. 실험에서 작은 기름방울을 상자 안에 분사하였고 X선을 쪼여 -전하를 가지도록 하였다. 방울은 중력 힘이 전기장으로 균형을 이룬다면 공기 중에 떠 있도록 할 수 있다. 그리고 방울에 가해지는 힘의 분석으로부터 전하를 계산할 수 있다. 밀리칸은 전자의 전하가 1.592×10^{-19} 쿨롱(C)으로 결정하였는데, 이는 오늘날 인정되는 값인 1.602×10^{-19} C과 큰 차이가 없다. 밀리칸은 이것이 근본적인 전하의 단위라고 옳게 추정하였다. 이 값과 톰슨에 의해 결정된 전하 대 질량 비를 알면 전자의 질량을 계산할 수 있다.

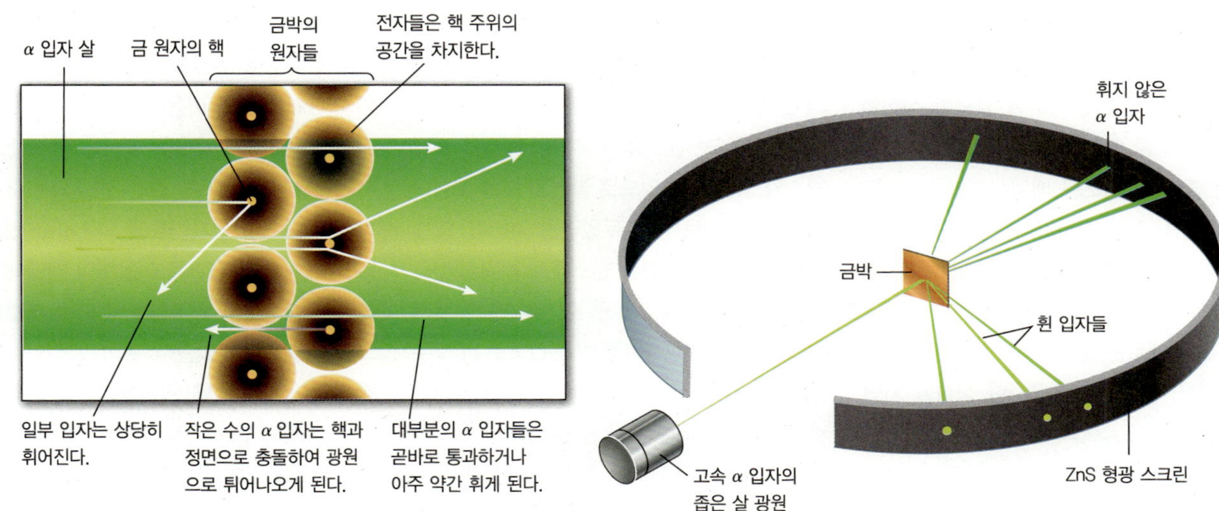

그림 4. 원자의 구조를 결정하기 위한 러더퍼드의 실험. 비록 원자가 보다 작은 입자들로 구성되어 있음이 인지되었다고 하더라도 어떻게 이 입자들이 함께 결합되어 있는지가 분명하지 않았다. 러더퍼드(Ernest Rutherford, 1871~1937)의 실험은 오늘날 우리가 인정하는 모형을 확립하게 하였다. 1910년경 러더퍼드와 그의 제자-가이거(Hans Geiger, 1882~1945)와 마르스든(Ernest Marsden, 1889~1970)-들은 얇은 금박을 α 입자로 조사하였다. 거의 모든 입자들은 아무것도 없는 것처럼 금박을 직선으로 통과하였다. 그러나 일부 α 입자는 옆으로 휘어졌고 일부는 반대로 튀어나오기까지 하였다. 이 실험은 금 원자가 중앙의 작은 원자핵을 가진 거의 빈 공간으로 되어 있음을 증명하였다. 원자핵 주위를 전자가 둘러싸고 있으며 원자의 대부분의 부피가 이것 때문에 나타난다. 러더퍼드는 원자의 중심 핵이 전체 부피의 1/10000 정도만 차지하고 있는 것으로 계산하였다. 그는 또한 금의 원자핵이 약 100 단위의 양 전하를 가지고 있으며 약 10^{-12} cm의 반지름을 가지고 있는 것으로 추산하였다(현재 알려진 값은 전하가 +79, 반지름이 10^{-13} cm이다).

원자 구조 그림의 마지막 조각은 10여 년간 알려지지 않았다. 한동안 핵에 무엇인가 다른 것이 있어야 하며 그것은 원소의 질량을 설명할 수 있는 무거운 입자여야 한다고 알려졌다. 1932년 영국 물리학자 채드윅(James Chadwick, 1891~1974)은 알려지지 않았던 입자를 발견하였다. 이 입자는 현재 중성자로 알려져 있으며 전하를 가지지 않고 질량이 1.675×10^{-24} g으로 양성자 질량보다 약간 크다.

심층 학습 멘델레예프와 주기율표

현재 주기율표의 원소배열은 원자의 구조에 근거하여 이해되고 있지만, 처음에는 원소들의 여러 가지 물리적, 화학적 성질들의 실험 관찰에 근거하여 개발되었으며 18~19세기 많은 화학자들의 아이디어의 결과물이다.

1869년 러시아의 상트 페테르부르그(St. Petersburg) 대학에서 멘델레예프(Dmitri Ivanovitch Mendeleev, 1834~1907)는 화학 교과서를 집필하는 중에 원소의 성질들에 관하여 곰곰이 생각하고 있었다. 원소들의 물리적, 화학적 성질을 연구하는 중 그는 원소를 원자 질량 순으로 나열하였을 때 유사한 성질의 원소가 규칙적으로 나타난다는 사실을 알았다.

그는 원소의 **주기성**(periodicity), 즉 원소 성질의 주기적 반복을 관찰한 것이다.

TABELLE II.

REIHEN	GRUPPE I. — R^2O	GRUPPE II. — RO	GRUPPE III. — R^2O^3	GRUPPE IV. RH^4 RO^2	GRUPPE V. RH^3 R^2O^5	GRUPPE VI. RH^2 RO^3	GRUPPE VII. RH R^2O^7	GRUPPE VIII. — RO^4
1	H=1							
2	Li=7	Be=9,4	B=11	C=12	N=14	O=16	F=19	
3	Na=23	Mg=24	Al=27,3	Si=28	P=31	S=32	Cl=35,5	
4	K=39	Ca=40	— =44	Ti=48	V=51	Cr=52	Mn=55	Fe=56, Co=59, Ni=59, Cu=63.
5	(Cu=63)	Zn=65	— =68	— =72	As=75	Se=78	Br=80	
6	Rb=85	Sr=87	?Yt=88	Zr=90	Nb=94	Mo=96	— =100	Ru=104, Rh=104, Pd=106, Ag=108.
7	(Ag=108)	Cd=112	In=113	Sn=118	Sb=122	Te=125	J=127	
8	Cs=133	Ba=137	?Di=138	?Ce=140	—	—	—	— — — —
9	(—)	—	—	—	—	—	—	
10	—	—	?Er=178	?La=180	Ta=182	W=184	—	Os=195, Ir=197, Pt=198, Au=199.
11	(Au=199)	Hg=200	Tl=204	Pb=207	Bi=208	—	—	
12	—	—	—	Th=231	—	U=240	—	— — — —

Photos: © Cengage Learning/Charles D. Winters

아직 발견되지 않은 원소들을 위한 공간을 남겨 둔 멘델레예프 주기율표의 원본.

멘델레예프는 당시 알려진 원소들을 원자 질량 순으로 한 줄로 배열함으로써 표로 정리하였다. 어떤 원소에 대하여 유사한 성질의 원소가 이미 줄 안에 배열되었을 경우, 그는 새로운 줄에 이 원소를 배치하였다. 예를 들면 Li, Be, B, C, N, O 및 F가 한 줄에 배열되었을 경우의 소듐(Na)을 생각하여 보자. 소듐은 Li과 성질이 유사하기 때문에 멘델레예프는 Na를 새로운 줄에 배열하였다. 이렇게 하여, 같은 세로축에는 유사한 성질을 지닌 Li, Na, K가 배치되게 된다.

John C. Kotz

멘델레예프의 동상과 주기율표. 이 동상과 벽화는 러시아의 상트페테르부르크 도량형 기관에 있다.

멘델레예프 주기율표의 중요한 특징이며 그의 천재성을 나타내는 사실은 세로축의 위, 아래에 위치하는 원소들과 유사한 성질을 지닌 원소가 없을 경우 앞으로 발견될 것을 예상하여 빈 공간으로 남겨 두었다는 것이다. 그는 이 빈 공간이 미발견된 원소들로 채워질 것으로 추론하였다. 예를 들면, 현재 4A족인 실리콘(Si)과 주석(Sn) 사이를 빈 공간으로 남겨 두었다. 그 후, 1886년 게르마늄(Ge)의 발견으로 멘델레예프의 예측은 증명되었다.

멘델레예프의 표에서는 원소들이 질량 순서대로 배열되었다. 그러나 현재 주기율표를 살펴보면 몇 가지 원소에서(예를 들면, Ni 및 Co, Ar 및 K, Te 및 I) 질량 순서가 바뀌어야 한다. 그 당시 멘델레예프는 질량 측정이 부정확하다고 가정하였다. 그러나 실제로는, 그의 배열 순서는 틀리지 않았으며, 단지 원소 성질이 질량 순서에 의존한다는 그의 가정이 옳지 않았다는 것이 밝혀졌다.

1913년 러더포드의 실험실에서 연구하던 젊은 과학자 모즐리(1887~1915)는 멘델레예프의 가정을 수정하였다. 모즐리는 음극선관 내에서 전자를 이용하여 금속에 조사하는 실험을 통하여 방출되는 X선을 관찰하였다. 자료를 분석하던 중, 그는 방출되는 X선의 파장이 원소의 **원자번호**에 의존하고 있음을 알아내었다. 이 결과를 이용하여 멘델레예프 표에서 원소들을 원자번호 순으로 배열하면 그동안 불일치되었던 부분이 교정되어짐을 알 수 있었다. 현재, **화학주기율의 법칙**(law of chemical periodicity)은 "원소의 성질은 원자번호의 주기적 함수"로 표현되고 있다.

주기율표에 대하여 더 알고 싶으면, 다음을 참조하시오.

- J. Emsley: 자연의 구성 요소들－원소들의 완벽 길잡이(*An A~Z Guide to the Elements*), New York, Oxford University Press, 2001.
- E. Scerri, 주기율표, New York, Oxford University Press, 2007.

그림 2.6 **알칼리 금속의 성질.**

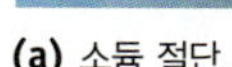
(a) 소듐 절단.

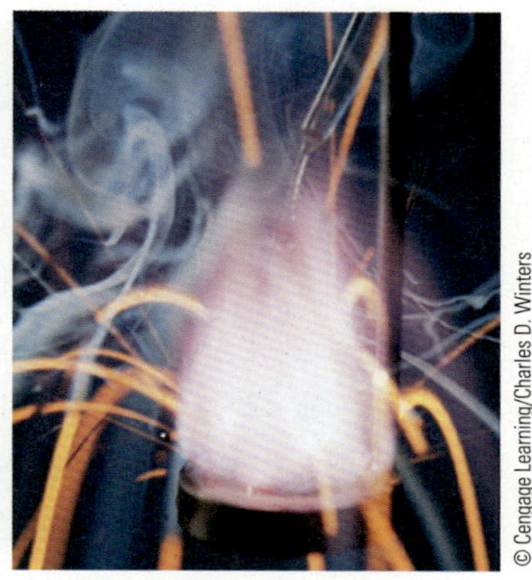

(b) 포타슘과 물과의 반응.

모든 알칼리 금속들은 실온에서 고체이며 반응성을 가진다. 예를 들어 물과 반응하게 되면 수소와 알칼리성 수용액을 만들어낸다(그림 2.6). 이 원소들의 반응성 때문에 알칼리 금속은 자연계에서 단일물질로 존재하지 못하며 NaCl과 같은 결합된 화합물의 형태로만 발견된다(▸그림 1.2).

주기율표의 두 번째 족인 **2A족**(Group 2A) 원소들 또한 모두 자연에서 화합물로만 존재하는 금속이다. 베릴륨(Be)을 제외한 2A족 원소들은 물과 반응하여 알칼리 용액을 생성하며, 석회(CaO)와 같은 대부분의 산화물도 알칼리 용액을 생성한다. 그래서 이들 원소들을 **알칼리 토금속**(alkaline earth metal)이라 부른다. 지표를 구성하는 원소들 중에서 마그네슘(Mg)과 칼슘(Ca)은 각각 일곱 번째와 다섯 번째로 많은 양을 차지한다(표 2.3). 치아와 뼈를 구성하는 중요한 원소들 중 하나인 칼슘은 자연적으로 광대한 석회석 퇴적물에서 발견된다. 탄산칼슘($CaCO_3$)은 석회석, 산호, 조개껍데기, 대리석, 분필 등을 구성하는 주요한 성분이다. 가장 무거운 알칼리 토금속 원소인 라듐(Ra)은 방사능 물질이어서 일부 암의 방사선 치료에 이용되기도 한다.

상업적으로 매우 중요한 원소인 알루미늄은 **3A족**(Group 3A)에 속한다(그림 2.5). 알루미늄과 3A족에 속한 다른 세 가지 원소(갈륨, 인듐, 탈륨)는 금속인 반면, 붕소(B)는 준금속이다. 알루미늄(Al)은 지각에 질량비로 8.2%가 포함되어 가장 풍부한 금속이다. 이보다 더 많은 양을 차지하는 원소는 비금속인 산소와 준금속인 규소뿐이다. 당연하게도 점토나 광물질의 형태로 결합되어 흔히 발견된다. 붕소는 청소제, 소독제, 금속 가공 시 융제로 사용하는 광물질인 붕사의 형태로 발견된다. 준금속으로서 붕소는 3A족의 다른 금속 원소들과는 다른 화학적 성질을 갖는다. 그렇지만 모두 BCl_3와 $AlCl_3$처럼 유사한 화학식을 갖는 화합물을 형성하기 때문에 같은 족(3A)에 속하는 원소로 분류된다.

붕소를 제외하고 지금까지 언급된 원소들은 모두 금속이었다. 그러나 **4A족**(Group 4A)부터 점점 비금속을 포함하기 시작한다. 4A족은 1개의 비금속인 탄소(C), 실리콘(Si)과 게르마늄(Ge)으로 2개의 준금속과 주석(Sn)과 납(Pb)으로 2개의 금속을 포

표 2.3 지구 지각에 포함된 대표적인 10개 원소

순위	원소	함유량(ppm)*
1	산소	474,000
2	규소	277,000
3	알루미늄	82,000
4	철	41,000
5	칼슘	41,000
6	소듐	23,000
7	마그네슘	23,000
8	포타슘	21,000
9	타이타늄	5,600
10	수소	1,520

*ppm = parts per million = g per 1000 kg.

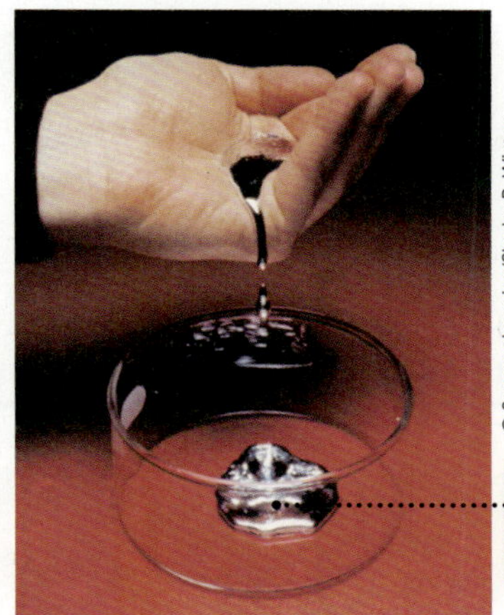

액체 갈륨. 브로민과 수은은 실내 조건에서 액체인 원소들이다. 갈륨과 세슘은 실온보다 약간 높은 온도에서 녹는다.

주기율표에서 수소의 자리 결정하기. 수소의 위치는 어디인가? 수소는 알칼리 금속이 아님이 명확하지만 주기율표에서 주로 1A족에 놓여진다. 그러나 알칼리 금속과 마찬가지로 반응에서 1+ 이온을 형성한다. 이러한 이유로 H를 1A족에 배열하게 된다.

함한다(그림 2.5 참조). 비금속에서 금속에 이르는 원소들의 이런 변화 때문에 다른 족에 속한 원소들에 비해서 4A족 원소들은 좀 더 다양한 성질을 나타낸다. 하지만 이들 원소들은 서로 유사함도 가진다. 예를 들어 이들 원소들은 CO_2, SiO_2, GeO_2, PbO_2와 같이 유사한 화학식을 가진 화합물을 형성한다.

비금속 화학의 아주 흥미로운 면 중의 하나는 특정 원소가 여러 다양하고 독특한 형태와 각각의 성질을 갖는 **동소체**(allotrope)를 형성한다는 것이다. 탄소에는 다양한 동소체가 존재하는데, 그중 가장 잘 알려진 것은 흑연과 다이아몬드이다(◀그림 2.7 왼쪽). 흑연에서 탄소 원자들의 편평한 판은 서로 약하게 끌어당겨 한 층이 다른 층 위에서 쉽게 미끌어질 수 있기 때문에, 흑연은 연하고 좋은 윤활제이며 또한 연필심으로도 쓰인다[연필 '심(lead)'은 원소 납(lead, Pb)이 아니고 점토와 흑연의 복합 물질이며, 글을 쓸 때 흑연의 자국을 남기는 것이다].

다이아몬드에서 각 탄소 원자는 정사면체의 꼭짓점 위치에서 다른 4개의 탄소 원자와 결합하며, 이러한 결합 형태는 고체의 전 영역에 걸쳐 확장된다(◀그림 2.7 중간). 이러한 구조 때문에 다이아몬드는 아주 강하며 흑연보다 더 큰 밀도(다이아몬드의 밀도는 3.51 g/cm^{3}인 반면 흑연의 밀도는 2.22 g/cm^{3}이다)를 가지며 화학적 반응성이 작다. 다이아몬드는 강도가 매우 클 뿐만 아니라 아주 좋은 열 전도체이므로 금속이나 암석을 자르는 도구에 사용되기도 한다.

1980년대 후반, 산소가 극히 부족한 상태에서 탄소를 포함하는 물질을 태웠을 때 얻어지는 검은 그을음 중의 한 성분으로서 또 다른 형태의 탄소 동소체가 발견되었다. 이 물질은 60개의 탄소 원자가 구 형태의 '새장' 모양으로 서로 연결되어 있는 분자이다(◀그림 2.7 오른쪽). 이 분자의 표면은 여러 개의 오각형과 육각형이 서로 이어져 있으며 마치 속이 빈 축구공과 흡사하다는 것을 알 수 있다. 이 모양은 미국의

(a) 흑연. 흑연은 탄소 원자들로 이루어진 여러 개의 편평한 판으로 이루어져 있다.

(b) 다이아몬드. 다이아몬드에서 탄소 원자들은 육각형의 고리로 배열되어 있지만 고리는 동일 평면상에 없다.

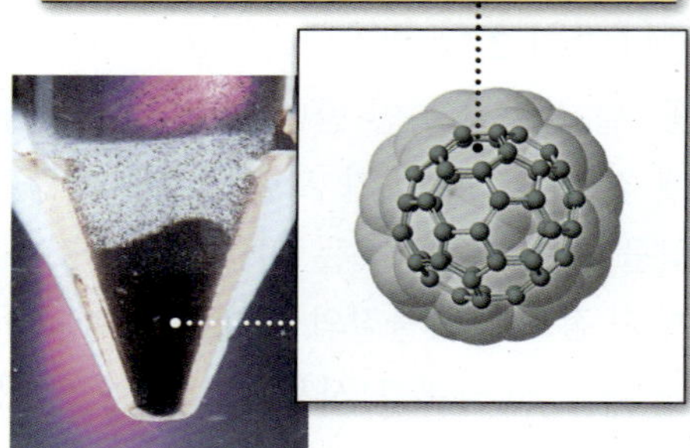

(c) 버키볼. 벅민스터플러렌(buckminsterfullerene)이라 불리는 집단의 일원인 C_{60}은 탄소의 동소체이다. 60개의 탄소 원자가 속이 비어 있는 축구공과 흡사한 구형의 새장 형태를 갖는다. C_{60}을 화학자들은 종종 '버키볼(buckyball)'이라고도 부른다. C_{60}은 검은 분말이고 사진에서 예각의 유리관의 끝부분에 보여지고 있다.

그림 2.7 탄소의 동소체.

철학자이며 건축가인 버크민스터 풀러(R. Buckminster Fuller)가 이전에 고안한 돔 건축물의 지붕 형태와 같다. 그래서 새롭게 발견된 이 탄소 동소체를 공식적으로 버크민스터풀러렌(buckminsterfullerene)이라 부르며, 종종 '버키볼(buckyball)'로 간단하게 말하기도 한다.

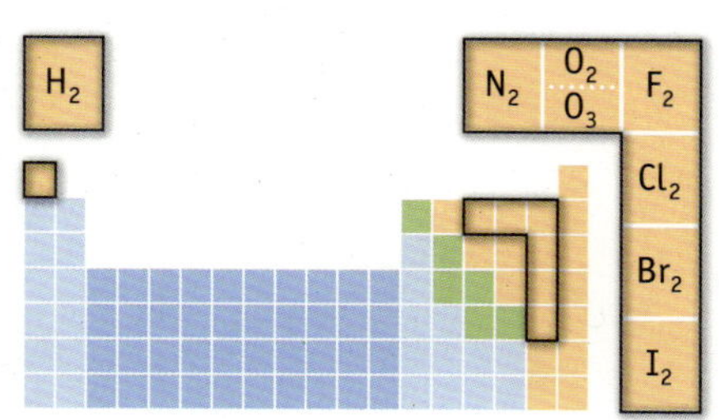

그림 2.8 규소 화합물. 일반적으로 점토, 모래, 보석 등은 규소와 산소의 화합물로 구성된다. 이 그림은 투명 무색의 석영과 자수정이 모래판 위에 함께 놓여 있는 것으로, 모두가 산화규소(SiO_2)로 되어 있으며 불순물에 따라 서로 다른 색을 띠게 된다.

규소 산화물은 점토와 수정, 자석영과 같은 아름다운 보석 등 많은 광물의 기본이 되는 물질이다(그림 2.7c). 주석과 납은 광석에서 쉽게 제련할 수 있기에 수 세기 전부터 알려져 있었다. 주석은 구리와 합금되어 고대에 농기구나 무기로 사용되었던 청동을 만든다. 납은 독성을 띠는 유해한 원소임에도 불구하고 수도관이나 페인트에 널리 사용되어져 왔다.

5A족(Group 5A)의 질소는 N_2의 형태로 자연계에 존재하며(그림 2.8) 지구 대기의 3/4 정도를 차지한다. 또한 질소는 클로로필, 단백질, DNA와 같은 생화학적으로 중요한 물질에 함유되어 있는 원소이다. 과학자들은 대기의 질소로부터 화합물을 만들어내는 소위 '질소 고정법'을 찾아왔다. 자연계에서는 원핵생물로부터 쉽게 이러한 반응이 가능하지만, 실험실이나 공장에서는 질소를 다른 원소와 반응시키기 위해서, 이를테면 높은 온도와 같은 극단적인 조건이 주어져야 한다. 예를 들면 N_2와 H_2를 반응시켜 화학비료로 널리 사용되는 암모니아(NH_3)를 만들 수 있다.

인 또한 생명 현상에 필수적인 원소이다. 인은 치아와 뼈, 그리고 DNA의 중요한 구성 성분이다. 공기 중에서 산소(O_2)와 반응하여 어두운 곳에서도 밝게 빛나기 때문에, 인(phosphorus)은 '빛을 가지고 있는'이라는 뜻의 그리스어로부터 그 이름이 파생되었다. 인에는 몇 가지의 동소체가 있는데, 그중에서도 백린(그림 2.5)과 적린이 상업적으로 이용되는 중요한 동소체이다. 백린은 공기 중에서 자발적으로 발화하기 때문에, 보통 물속에 보관된다. 백린이 공기와 반응하면 P_4O_{10}을 생성하며 다시 이 물질이 물과 반응하여 청량음료와 같은 식품에 사용되는 화합물인 인산(H_3PO_4)을 만든다. 성냥 머리에 있는 붉은 색의 염소산포타슘과 성냥갑의 마찰판에 있는 적린이 약간 포함된 혼합물이 마찰되면 발화한다.

4A족 원소와 마찬가지로 5A족 원소들도 비금속(N, P), 준금속(As, Sb) 및 금속(Bi)을 포함함을 알 수 있다. 서로 다른 성질을 갖지만, 이 원소들 또한 N_2O_5, P_4O_{10}, As_2O_5와 같은 유사한 형태의 화합물을 만들어낸다.

6A족(Group 6A)의 가장 위에는 지구 대기의 20 % 정도를 차지하며 대부분의 다른 원소들과 쉽게 반응하는 산소가 위치한다. 산소는 다른 물질들과 결합하는 반응을 통하여 지구 상의 대부분의 생명에게 원동력이 되는 에너지를 공급한다.

황은 오래 전부터 유황 또는 '불타는 돌'과 같은 원소 형태로 알려져 왔다(그림 2.9). 황, 셀레늄, 텔루륨은 종종 구리를 의미하는 그리스어인 **칼코스**(khalkos)로부터 유래한 이름인 **칼코젠**(chalcogen) 원소라고도 부르는데, 이는 대부분의 구리 광석에는 이들 원소들이 포함되어 있기 때문이다. 이 원소들을 포함하는 화합물은 대개 냄새가 지독하고 독성이 있긴 하지만, 황과 셀레늄은 특히 식단에 없어서는 안 될 성분이다. 황산(H_2SO_4)은 황 원소를 포함하는 아주 중요한 화합물로서 현재까지 다른 어떤 화합물보다 훨씬 많은 양이 제조되고 있다.

그림 2.9 황. 가장 보편적인 황의 동소체는 8개의 황 원자가 왕관 모양을 갖는 형태이다.

5A족에서와 같이 6A족에서도 2주기와 3주기 원소는 서로 다른 구조를 가진다. 산소도 질소와 같은 이원자 분자이다(그림 2.8 참조). 그러나 질소와는 다르게 산소 원소에는 오존(O_3)이라는 삼원자 분자인 동소체가 존재한다. 노란 고체 상태로 자연계에 존재하는 황 또한 여러 개의 동소체가 있다. 가장 일반적인 것은 황 원자 8개가 왕관 모양의 고리 형태를 갖는 동소체이다(그림 2.9).

6A족의 방사능 원소인 폴로늄은 1898년에 퀴리 부부가 우라늄 광석으로부터 적은 양을 분리하여 찾았는데, 이 원소의 이름은 퀴리 부인의 조국인 폴란드의 이름을 따서 명명되었다.

6A족 원소들도 다양한 성질을 보인다. 산소와 황, 셀레늄이 비금속이며 텔루륨은 준금속, 폴로늄은 금속이다. 그렇지만 이 족은 화학적 유사성을 가지고 있다. 산소와 결합하면 SO_2, SeO_2, TeO_2을 형성하며 소듐과 결합하면 Na_2O, Na_2S, Na_2Se, Na_2Te를 형성한다.

특별한 족 이름. 몇 개의 족은 일반적으로 널리 쓰이는 이름이 있다.
1A족: 알칼리 금속
2A족: 알칼리 토금속
7A족: 할로젠
8A족: 비활성 기체

주기율표에서 가장 오른쪽에 위치한 두 족은 모두 비금속 원소를 포함한다. **7A족**(Group 7A) 원소(플루오린, 염소, 브로민, 아이오딘, 그리고 방사성인 아스타틴)들은 모두 비금속이며 이원자 분자로 존재한다(그림 2.9). 실온에서 플루오린(F_2)와 염소(Cl_2)는 기체이며 브로민(Br_2)은 액체로 존재하고 아이오딘(I_2)은 고체이지만 브로민과 아이오딘 증기는 액체와 고체상 위에서 선명하게 보인다(그림 2.10).

7A족 원소들은 반응성이 아주 커서 이들 원소들은 모두 알칼리 금속과 격렬하게 반응하여 식염(NaCl)과 같은 염을 만든다(◂그림 1.2). 이 족의 이름인 **할로젠**(halogen)은 그리스어로 '염'을 의미하는 *hals*와 '형성하는'을 의미하는 *genes*로부터 온 것이다.

8A족(Group 8A) 원소인 헬륨, 네온, 아르곤, 크립톤, 제논, 그리고 방사성인 라돈은 매우 반응성이 작다. 이 원소들은 모두 기체이며, 아르곤은 건조공기의 0.9 %를 차지하는 세 번째로 많은 기체임에도 불구하고 지표나 대기에 거의 존재하지 않는다. 이 때문에 이 원소들은 19세기 말까지도 발견되지 않았다(◂87쪽). 이 족의 관용명은 **비활성 기체**(noble gases)이며 반응성이 일반적으로 결여된 것을 나타낸다.

그림 2.10 **할로젠들, 브로민과 아이오딘.**

우주에서 수소 다음으로 많이 존재하는 헬륨은 1868년에 태양의 스펙트럼을 분석하는 과정에서 태양에 존재함이 확인되었으며, 1895년이 되어서야 지구에서 발견되었다. 헬륨은 현재 광범위하게 사용되고 있으며 현재 세계 수요는 매년 약 1700억 리터에 달하고 있다. 헬륨의 가장 큰 사용처는 병원의 MRI나 연구 기관의 핵자기 공명장치에서 발견할 수 있는 자석을 냉각하는 것이다(그림 2.11). 이 자석은 극단적인 저온에서 전기의 초전도체가 되기 때문에 액체 헬륨으로 4 K까지 냉각할 필요가 있다. 이렇게 되면 예를 들어 몸의 영상을 생성하기에 필요한 높은 자기장을 생성할 수 있다. 추가적으로 헬륨 기체는 기상 풍선(그리고 파티의 풍선)을 채우는 데 사용되며, 반도체 산업에서도 사용된다. 미국이 대부분의 헬륨을 공급하지만 주기적으로 경제 및 연구에 영향을 주는 부족 현상이 나타난다.

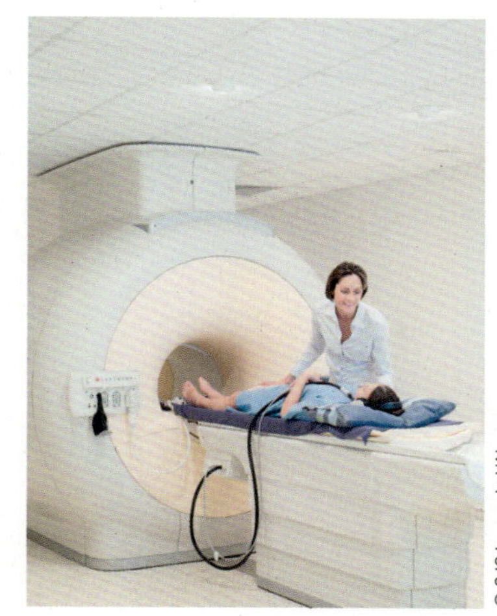

그림 2.11 **비활성 기체와 MRI 장치.** 이 장치의 자석은 필요한 고 자기장을 생성할 수 있게 하기 위해 액체 헬륨으로 4 K까지 냉각할 필요가 있다. 이것이 이 비활성 기체의 가장 큰 용도이다.

2A족과 3A족 사이에 넓게 펼쳐진 일련의 원소들을 **전이원소**(transition element)라고 한다. 이 원소들은 주기율표의 중앙에 4주기에서 7주기에 이르는 B족(1B~8B)을 채운다. 이들은 모두 금속(그림 2.5)이며, 전이원소 중 13개의 원소는 지각을 대표하는 30개 원소에 포함된다. 대부분의 전이원소는 자연적으로 다른 원소들과 결합된 형태로 존재하는데 일부 구리(Cu), 은(Ag), 금(Au), 백금(Pt)과 같은 일부 원소는 자연계에서 순수한 원소 상태로 발견되기도 한다.

거의 모든 전이원소들은 상업적으로 아주 유용하다. 철, 타이타늄, 크로뮴, 구리는 건축구조물에, 타이타늄과 크로뮴은 페인트에, 백금과 로듐은 자동차 배기관의 촉매 변환기, 구리, 니켈, 아연은 동전에 이용되며, 망가니즈, 니켈, 카드뮴, 수은은 배터리 등에 이용된다.

주기율표의 하단에는 **란타넘족** 원소(란타넘($Z = 57$)에서 하프늄($Z = 72$)에 이르는 원소 계열)와 **악티늄족** 원소[악티늄($Z = 89$)에서 러더포듐($Z = 104$)에 이르는 원소 계열]들이 있다.

란타넘족은 보통 **희토류 원소**(rare earth elements)라고 불린다(그림 2.12). 실제로는 이들은 희귀하지는 않지만 지질학적으로 광범위하게 분산되어 있다. 희토류를 함유하는 광물을 채굴하는 것이 어려움에도 불구하고 이들은 상업적으로 매우 중요하

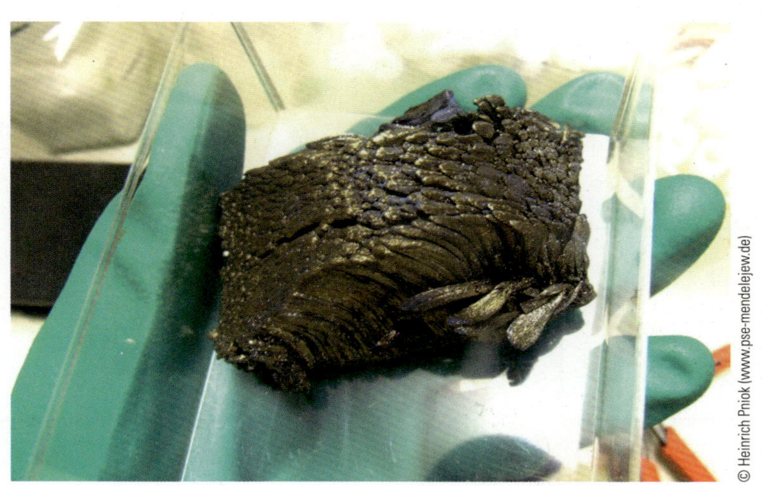

그림 2.12 **희토류 원소 유로퓸의 시료.** 이 원소는 가장 희귀한 란타넘족 원소들 중의 하나이지만 지구상 존재비는 주석과 우라늄과 비슷하며, 비소보다는 훨씬 풍부하다.

다. 이들은 자석(네오다이뮴), LCD 스크린, 하이브리드 자동차 배터리, 유리 연마 등에 사용된다. 희토류 원소들을 함유하는 광물은 현재 대부분 중국에서 채굴되고 있고 세계적인 공급 부족에 대한 우려가 있다.

2.5절 확인문제

1. 다음 원소 중 준금속은 무엇인가?

(a) Ge (b) S (c) Be (d) Al

2. 3주기의 4족에 해당하는 원소의 원소기호는 무엇인가?

(a) Si (b) Sc (c) V (d) Sn

3. 지각에 가장 풍부한 원소는 무엇인가?

(a) Fe (b) C (c) O (d) N

4. 흑연, 다이아몬드 및 버키볼 등 다른 형태로 존재하는 원소에 주어진 용어는?

(a) 동위원소 (b) 이성질체 (c) 동소체 (d) 비금속

2.6 분자, 화합물, 화학식

분자란 설탕이나 물과 같은 순물질을 계속 쪼개어도 그 물질의 조성과 화학적 성질이 유지되는 식별 가능한 가장 작은 단위를 말한다. 두 종류 이상의 원소들이 결합하여 분자가 되고, 같은 분자들이 모여 순물질이 된다. 그림 2.13에서 황 분자, S_8는 산소 분자, O_2와 결합하여 이산화황, SO_2 화합물 분자를 생성한다.

$$S_8(s) + 8\ O_2(g) \rightarrow 8\ SO_2(g)$$

황 + 산소 → 이산화황

지면에 이러한 화학적 변화(화학 반응)를 나타내기 위해서 각 원소와 화합물들의 조성을 기호나 화학식으로 표현한다. 여기서 SO_2 한 분자는 S 원자 1개와 O 원자 2개

그림 2.13 **원소 황과 산소가 반응하여 이산화황을 생성.**

이름	분자식	축소 구조식	구조식	분자 모형
에탄올	C_2H_6O	CH_3CH_2OH	H H | | H—C—C—O—H | | H H	
다이메틸에테르	C_2H_6O	CH_3OCH_3	H H | | H—C—O—C—H | | H H	

그림 2.14 **분자식을 표현하는 네 가지 방법.** 여기에 나타낸 두 종류의 분자는 같은 분자식을 갖는다. 그러나 분자식, 구조식 또는 분자 모형을 표시해보면 확실히 이들 분자들은 서로 다르다는 것을 알 수 있다.

분자 모형에서 원자들의 표준 색상. 여기 게재된 색상은 이 책에서 분자 모형에 사용하며, 일반적으로 화학자들이 사용한다.

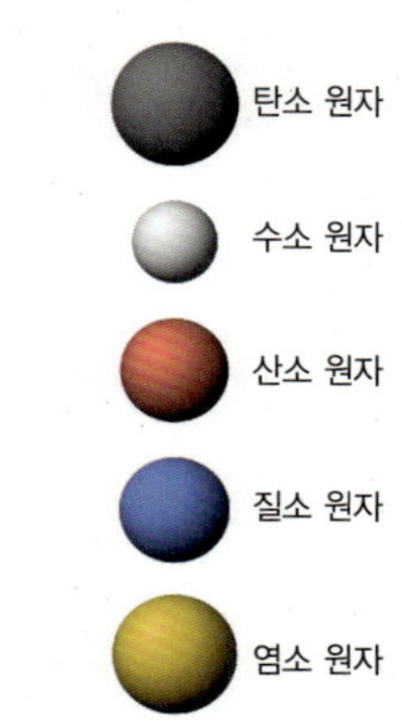

로 이루어져 있다.

화학식

화합물의 화학식을 표현하는 데는 한 가지 이상의 방법들이 사용된다. 예를 들어, 에탄올(또 에틸알코올이라고도 부름)의 화학식은 C_2H_6O와 같이 표현할 수 있다(그림 2.14). 이 **분자식**(molecular formula)은 탄소 2개, 수소 6개, 산소 1개로 구성된 에탄올 분자의 조성을 나타내지만 구조적인 정보는 제공하지 않는다. 그러나 원자가 어떻게 연결되고 어떻게 공간을 채우느냐에 관한 구조 정보는 분자들이 다른 분자들과 어떻게 상호작용하고 있는가를 알려주기 때문에 화학적으로 중요하다.

구조 정보를 제공하기 위해서 **축소 구조식**(condensed formula)이 필요하다. 이 식은 특정 원자들이 함께 무리 짓는 방식을 알려준다. 예를 들면 에탄올의 축소 구조식인 CH_3CH_2OH(그림 2.14)는 그 분자가 OH, CH_3 및 CH_2의 세 가지 원자단으로 이루어져 있다는 사실을 알려준다. 또한, 화학식을 CH_3CH_2OH과 같이 나타내므로 이 화합물이 다이메틸에테르(CH_3OCH_3)와 서로 다르다는 것을 알려준다. 다이메틸에테르는 에탄올과 같은 분자식을 갖지만 그 구조와 특성은 다르다.

에탄올과 다이메틸에테르가 다른 분자라는 사실은 그들의 **구조식**(structural formula)을 확인하면 보다 분명해진다(그림 2.14). 이러한 형태의 화학식은 보다 높은 수준의 자세한 구조를 알려주는데, 이를 통해 모든 원자들이 분자 내부에서 어떻게 결합하고 있는가를 알 수 있다. 원자 사이의 선은 분자 내부에서 원자들을 연결하는 화학결합을 나타낸다(▸8장).

화학식 작성. 탄소(C)와 수소(H) 및 다른 원소로 구성된 유기화합물의 분자식을 작성할 때에는 관례적으로 C가 첫 번째, 그 후에 H, 마지막으로 다른 원소들을 알파벳 순서로 작성한다. 예를 들어 플라스틱을 만드는 아크릴로나이트릴(acrylonitrile)의 경우에 구조식은 CH_2CHCN이다. 이 물질의 분자식은 C_3H_3N이 된다.

분자 모형

예술이 아름다운 것처럼 분자 구조는 아름답다. 예를 들어 얼음의 잘 알려진 특징 두 가지는 배경에 깔린 분자구조와 연관되어 있다(그림 2.15). 첫 번째는 얼음 결정의 모양으로 거시적 얼음 결정의 육각 대칭성은 6개의 변을 가지는 수소와 산소로 구성된 고리의 형태가 미립자 수준에서 나타나는 것이다. 두 번째는 고체일 때의 밀

얼음은 물 분자들에 의해 형성된 육각 고리들로 구성된다. 육각 고리에서 각 변은 2개의 산소 원자와 1개의 수소 원자로 이루어져 있다.

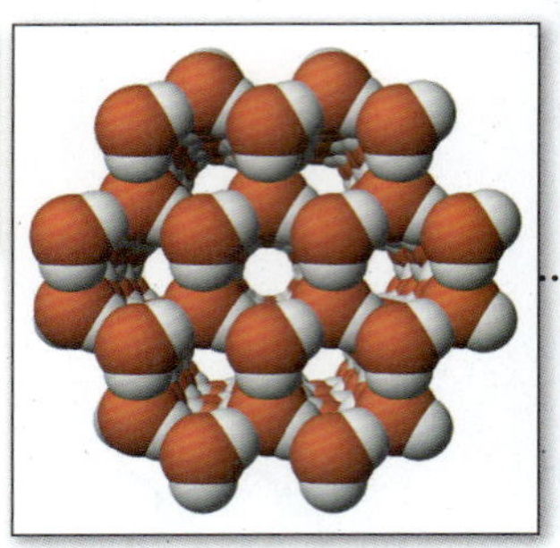

눈송이의 육각 고리 구조는 얼음의 바탕이 되는 분자 구조가 반영된 것이다.

Mehau Kulyk/Science Photo Library/
Science Source

그림 2.15 **얼음.** 얼음의 바탕 구조를 반영한 눈송이의 육각고리 구조.

도가 액체일 때 밀도에 비하여 작다는 물의 특이한 성질이다. 얼음의 작은 밀도는 지구 기후에서 중대한 결과를 가져오며 물 분자가 얼음에서 치밀하게 채워지지 않는다는 사실에서 기인한다.

분자는 3차원 구조를 가지므로 지면상에 그 형태를 나타내기가 쉽지 않다. 그러나 2차원 상에 3차원 구조를 표현할 수 있게 하는 방법이 개발되었다. 이때 단순 투시도법이 종종 사용된다(그림 2.16).

분자 모형은 구조를 시각화하는 데 매우 유용하다. 이러한 모형은 원자들이 서로 어떻게 연결되었는지와 분자 전체의 3차원적 구조를 보여주는 것이 용이하다. **공–막대 모형**(ball-and-stick model)에서 다른 색으로 표시된 공들은 원자를 나타내고 막대는 원자들을 연결하는 결합을 나타낸다. 이 모형을 보면 원자들이 서로 어떻게 연결되어 있는지를 확인하기가 쉽다. 분자는 **공간 채움 모형**(space-filling model)으로도 표현할 수 있다. 이들 모형은 분자 내에서 원자 사이의 거리 및 원자의 상대적 크기를 보다 잘 반영하기 때문에 보다 사실적이다. 공간 채움 모형의 단점은 원자들이 시야에서 가려질 수 있다는 점이다.

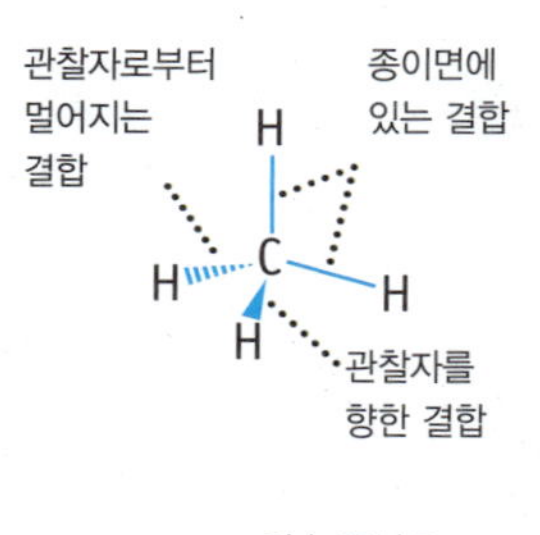

단순 투시도

© Cengage Learning/Charles D. Winters

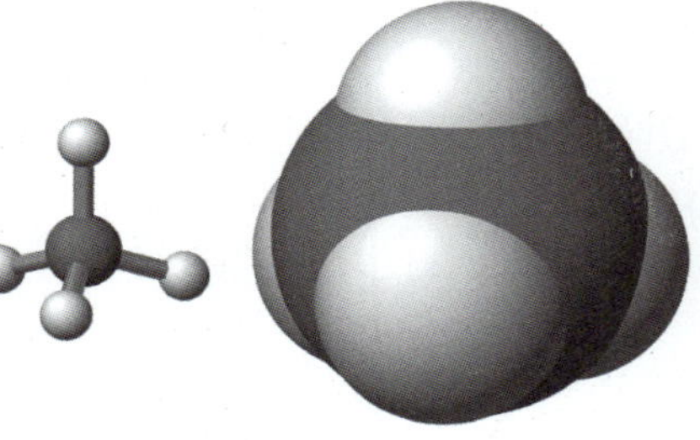

플라스틱 모형

공–막대 모형

공간 채움 모형

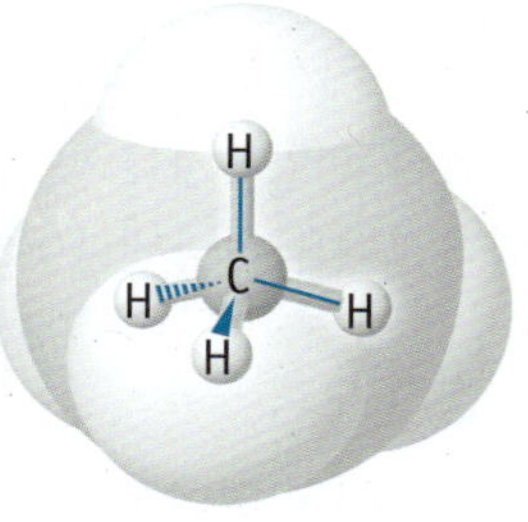

동일 분자를 나타내는 모든 시각화 기술을 동시에 표현

그림 2.16 **메테인(CH_4) 분자를 표현하는 방법.**

2.6절 확인문제

1. 다음은 중요 아미노산이자 많은 생명체의 구성 요소인 시스테인의 분자 모형과 구조식이다. 시스테인의 분자식은 무엇인가?

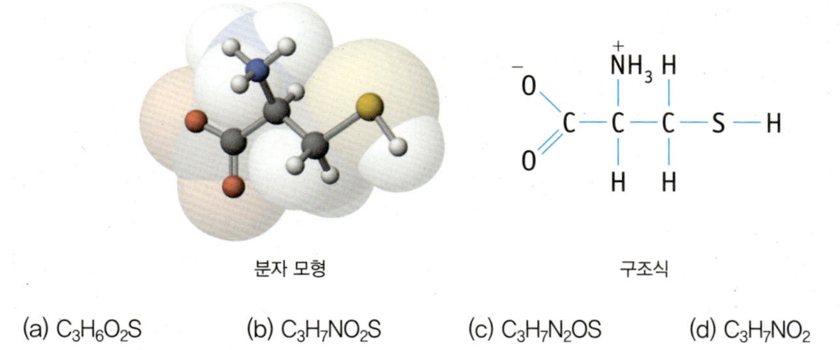

(a) $C_3H_6O_2S$ (b) $C_3H_7NO_2S$ (c) $C_3H_7N_2OS$ (d) $C_3H_7NO_2$

2.7 이온 화합물: 화학식, 이름, 성질

이 장에서 지금까지 언급한 화합물들은 **분자 화합물**(molecular compound)들이다. 즉, 미립자 수준에서 볼 때 개별적인 분자로 구성된 화합물들이다. **이온 화합물**(ionic compound)들은 이와는 다른 화합물들의 집단을 구성하고 있다. 그들은 이온이나 원자, 또는 양전하나 음전하를 띤 원자들의 집단으로 구성되어 있다. 친숙한 많은 화합물들이 이온을 구성하고 있다(그림 2.17). 식용 소금(염화소듐, NaCl)과 석회(CaO)는 이온 화합물이다. 이온 화합물을 인식하고, 이 화합물의 화학식을 쓰기 위해서는 흔한 이온들의 화학식과 전하량을 알고 있어야 하며, 이온의 이름과 그들이 형성하는 화합물들을 명명할 수 있어야 한다.

이온

이온 화합물은 양 또는 음 전하를 가진 원자 또는 원자 집단인 이온으로 구성되어

그림 2.17 **몇 가지 흔한 이온 화합물.**

관용명	이름	화학식	포함 이온
방해석(calcite)	탄산칼슘	$CaCO_3$	Ca^{2+}, CO_3^{2-}
형석(fluorite)	플루오린화칼슘	CaF_2	Ca^{2+}, F^-
석고(gypsum)	황산칼슘 이수화물	$CaSO_4 \cdot 2\ H_2O$	Ca^{2+}, SO_4^{2-}
적철광(hematite)	산화철(Ⅲ)	Fe_2O_3	Fe^{3+}, O^{2-}
웅황(orpiment, 雄黃)	황화비소	As_2S_3	As^{3+}, S^{2-}

있다. 많은 원소들의 원자들은 전자를 얻거나 잃어 단원자 이온을 생성하고 흔히 보는 이온들은 그림 2.18에 게재하였다. 원자가 전자를 얻기 쉬운지 잃기 쉬운지를 어떻게 알 수 있는가? 이것은 원소가 금속 또는 비금속인지에 달려 있다.

- 금속은 일반적으로 1개 이상의 전자를 잃는다.
- 비금속은 자주 1개 이상의 전자를 얻는다.

단원자 양이온

화학 반응에 의해 원자의 전자가 다른 원자로 이동하여 원자가 전자를 잃는다면 원자는 원자핵의 양성자가 갖는 전하보다 적은 전자를 갖게 된다. 그 결과가 양전하를 갖는 **양이온**(cation)이 된다(그림 2.18). 예를 들어 1A족 원소인 리튬이 1개 전자를 잃는다면 Li^+ 이온이 생성된다.

$$\text{Li 원자} \rightarrow e^- + Li^+ \text{ 양이온}$$

(양성자 3개와 전자 3개)　　(양성자 3개와 전자 2개)

2A족 원소는 반응에서 2개의 전자를 잃게 된다.

> **이온식 작성.** 하나의 이온의 화학식을 작성할 때에는 이온의 전하도 **반드시** 포함하여 작성한다.

$$\text{Ca 원자} \rightarrow 2\,e^- + Ca^{2+} \text{ 양이온}$$

(양성자 20개와 전자 20개)　　(양성자 20개와 전자 18개)

3A족 원소는 반응에서 3개의 전자를 잃게 된다.

$$\text{Al 원자} \rightarrow 3\,e^- + Al^{3+} \text{ 양이온}$$

(양성자 13개와 전자 13개)　　(양성자 13개와 전자 10개)

1A족에서 3A족까지의 원소들의 반응에서 얻거나 잃는 전자의 수를 어떻게 예상할 수 있는가?

- 1A~3A족 금속은 1개 이상의 전자를 잃어 금속의 족 번호와 같은 전하를 가지는 양이온을 생성한다.
- 양이온에서 남는 전자의 개수는 주기율표에서 앞에 위치한 비활성 기체 원자에서의 전자수와 동일하다.

전이금속(B족 원소)도 양이온을 형성하지만 A족 금속과는 다르게 행동 방식을 쉽

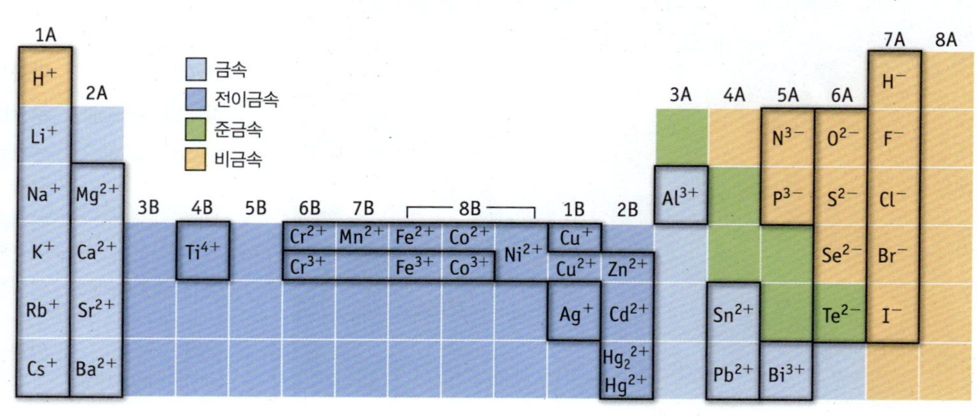

그림 2.18 몇 가지 흔한 단원자 양이온과 음이온의 전하. 일반적으로 금속들은 양이온을 형성하고 비금속들은 음이온을 형성한다(외곽선으로 묶여진 영역은 같은 전하를 갖는 이온들이다).
주의: 전이금속(일부 주족 금속)은 여러 개의 전하를 가지는 양이온을 형성함을 아는 것은 중요하다. 예는 다음과 같다. Cr^{2+}와 Cr^{3+}, Fe^{2+}와 Fe^{3+}, Cu^+와 Cu^{2+}. 이미 설명한 바와 같이 이름에 이러한 점이 반영되어야 한다.

게 예측할 수 없다. 추가적으로 전이금속은 보통 여러 개의 다른 이온을 형성한다. 예를 들어, 철은 반응에서 Fe^{2+} 또는 Fe^{3+} 이온을 형성한다. 실제로 2+와 3+ 이온의 생성은 많은 전이금속의 전형적인 현상이다(그림 2.18).

Fe 원자 → 3 e^- + Fe^{3+} 양이온
(양성자 26개와 전자 26개) (양성자 26개와 전자 23개)

단원자 음이온

비금속은 음으로 하전된 이온을 생성하기 위해 전자를 얻을 수 있다. 만약 한 원자가 1개 이상의 전자를 얻으면, 양성자보다 1개 이상 음으로 하전된 전자를 더 가지게 된다(그림 2.18). 음으로 하전된 이온을 음이온이라 한다. 예를 들어 산소 원자는 반응에서 2개의 전자를 얻어 화학식이 O^{2-}인 이온을 생성한다.

O 원자 + 2 e^- → O^{2-} 음이온
(양성자 8개와 전자 8개) (양성자 8개와 전자 10개)

염소 원자는 1개의 전자를 얻어 Cl^-를 생성한다.

Cl 원자 + e^- → Cl^- 음이온
(양성자 17개와 전자 17개) (양성자 17개와 전자 18개)

비금속에서 음이온의 생성과 관련하여 적어도 2개의 일반적 관찰 결과를 아래와 같이 정리할 수 있다.

- 5A~7A족 비금속은 족 번호에서 8을 뺀 것과 같은 전하를 가지는 음이온을 형성한다.
- 음이온의 전자의 수는 주기율표에서 뒤따라 나오는 비활성 기체 원자가 가지는 전

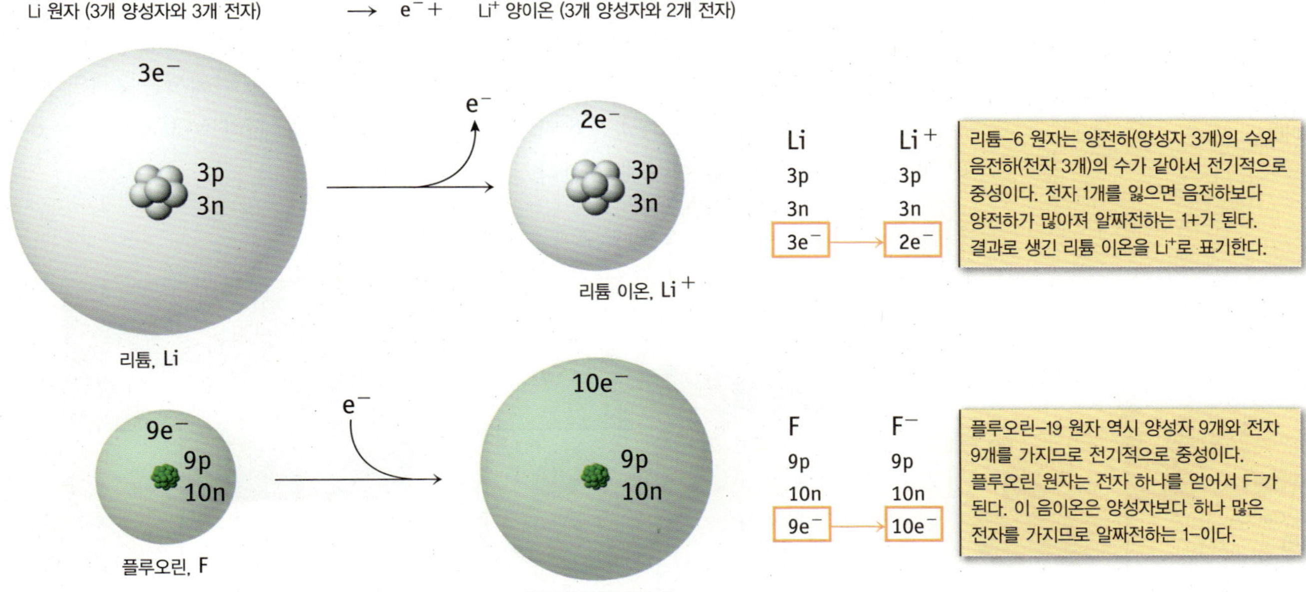

그림 2.19 이온.

자의 수와 동일하다.

그림 2.18에서 수소는 두 곳에서 보이고 있는 것에 주목하시오. 수소는 만나는 다른 원자에 따라 전자를 얻거나 잃을 수 있다.

전자 잃음: H (양성자 1개, 전자 1개) → H^+ (양성자 1개, 전자 0개) + e^-

전자 얻음: H (양성자 1개, 전자 1개) + e^- → H^- (양성자 1개, 전자 2개)

마지막으로 비활성 기체는 화학 반응에서 단원자 양이온을 거의 형성하지 않고 단원자 음이온을 절대로 형성하지 않는다.

다원자 이온

다원자 이온은 2개 이상의 원자로 구성되고, 그 집합체가 전하를 갖는다(그림 2.20과 표 2.4). 예를 들어, 흔한 다원자 이온인 탄산 이온(CO_3^{2-})은 탄소와 산소 원자로 구성된다. 이 이온은 1개의 탄소와 3개의 산소 원자의 원자핵들의 총 양성자 수(30)보다 2개 많은 전자(32)를 갖기 때문에 2−의 음전하를 갖는다.

흔한 다원자 양이온으로 NH_4^+(암모늄 이온)이 있다. 이 경우 4개의 수소가 질소 원자를 둘러싸고 이온은 1+의 전하를 갖는다. 이 이온은 10개의 전자를 갖지만 질소와 수소 원자의 핵에는 총 11개의 양성자가 있다(질소에서 7개, 수소에서 1개씩).

이온 화합물의 화학식

화합물은 전기적으로 중성이며, 이는 알짜 전하가 없다는 것을 의미한다. 따라서 이온 화합물은 양전하와 음전하의 균형을 맞출 수 있도록 양이온과 음이온의 수가 결정된다. 염화소듐에서 소듐 이온은 1+ 전하(Na^+)를 갖고 염화 이온은 1−의 전하(Cl^-)를 갖는다. 이들 이온은 반드시 1:1의 비율을 유지하고 화학식은 NaCl이다.

루비, Al_2O_3. 루비라 불리는 보석은 대부분 Al^{3+} 이온과 O^{2-} 이온으로 구성되며 미량의 Cr^{3+} 이온을 포함한다. 이 보석의 색을 결정하는 것은 크로뮴(III) 이온이다.

보석 루비는 주로 알루미늄 이온(Al^{3+})과 산소 이온(O^{2-})으로 구성된다. 색은 크로뮴 이온(Cr^{3+})으로부터 유래된다. 여기서 이온들은 절댓값이 다른 양전하와 음전하를 갖는다. 화합물이 같은 수의 양전하와 음전하를 갖게 하기 위해서는 2개의 Al^{3+} 이온[전체 전하 = 2 ×(3+) = 6+], 3개의 O^{2-}이온[전체 전하 = 3 × (2−) = 6−]과 결합하여 Al_2O_3을 형성해야 한다.

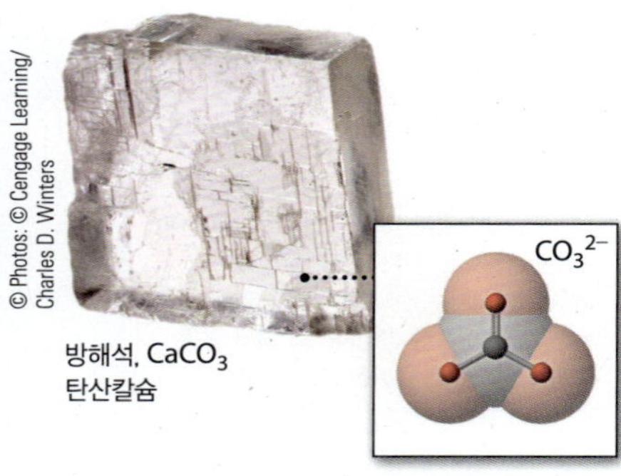

방해석, $CaCO_3$
탄산칼슘

인회석, $Ca_5F(PO_4)_3$
플루오린화인산칼슘

청천석, $SrSO_4$
황산스트론튬

그림 2.20 다원자 이온을 함유한 흔한 이온 화합물.

표 2.4 몇 가지 일반적인 다원자이온의 화학식과 이름

화학식	이름	화학식	이름
양이온: +이온			
NH_4^+	암모늄 이온		
음이온: −이온			
4A족 원소		**7A족 원소**	
CN^-	사이안화 이온	ClO^-	하이포아염소산 이온
$CH_3CO_2^-$	아세트산 이온	ClO_2^-	아염소산 이온
CO_3^{2-}	탄산 이온	ClO_3^-	염소산 이온
HCO_3^-	탄산수소 이온(또는 중탄산 이온)	ClO_4^-	과염소산 이온
$C_2O_4^{2-}$	옥살산 이온		
5A족 원소		**전이금속**	
NO_2^-	아질산 이온	CrO_4^{2-}	크로뮴산 이온
NO_3^-	질산 이온	$Cr_2O_7^{2-}$	중크로뮴산 이온
PO_4^{3-}	인산 이온	MnO_4^-	과망가니즈산 이온
HPO_4^{2-}	인산수소 이온		
$H_2PO_4^-$	인산이수소 이온		
6A족 원소			
OH^-	수산화 이온		
SO_3^{2-}	아황산 이온		
SO_4^{2-}	황산 이온		
HSO_4^-	황산수소 이온(또는 중황산 이온)		

칼슘은 2A족의 금속이고 2+의 전하를 갖는 양이온을 형성한다. 칼슘은 다양한 음이온과 결합하여 다음의 표에 나오는 것과 같은 이온 화합물들을 형성한다.

화합물	결합 이온	화합물의 전체 전하
$CaCl_2$	$Ca^{2+} + 2\ Cl^-$	$(2+) + 2 \times (1-) = 0$
$CaCO_3$	$Ca^{2+} + CO_3^{2-}$	$(2+) + (2-) = 0$
$Ca_3(PO_4)_2$	$3\ Ca^{2+} + 2\ PO_4^{3-}$	$3 \times (2+) + 2 \times (3-) = 0$

화학식을 쓸 때에는 보통 **양이온 기호를 앞에 쓰고, 음이온 기호를 뒤에 쓴다.** 또한 $Ca_3(PO_4)_2$에서처럼 1개 이상의 다원자 이온이 있을 때에는 괄호를 사용하는 것에 주의해야 한다(하지만 $CaCO_3$와 같은 1개의 다원자 이온이 존재할 경우에는 사용하지 않는다).

예제 2.4 이온 화합물의 화학식

문제 다음 각각의 이온 화합물에 대하여 존재하는 이온의 화학식을 쓰고 상대적인 수를 구하시오. (a) Li_2CO_3 (b) $Fe_2(SO_4)_3$

알고 있는 사실 이온 화합물의 화학식을 알고, 단원자 이온의 전하를 예측할 수 있으며(그림 2.18) 다원자 이온에 대해서도 화학식과 전하를 예측할 수 있다(표 2.4).

전략 화합물의 화학식은 양이온과 음이온으로 분리된다. 분리하기 위해서 일반적인 이온의 전하와 조성을 기억하고 있어야 한다.

풀이

(a) Li_2CO_3는 2개의 리튬 이온(Li^+)과 1개의 탄산 이온(CO_3^{2-})으로 구성된다. 리튬은 1A족 원소로 화합물 내에서 항상 1+의 전하를 갖는다. 2개의 1+ 전하는 탄산 이온의 음전하와 균형을 이루므로 탄산은 2−의 전하를 가져야 한다.

(b) $Fe_2(SO_4)_3$은 2개의 철 이온(Fe^{3+})과 3개의 황산 이온을 갖는다. 이것을 알기 위해서는 황산 이온이 2− 전하를 갖는 것을 기억해야 한다. 3개의 황산 이온(전체 전하 6−)이 존재하므로 2개의 철 이온은 전체 전하 6+를 갖는다. 이것은 각각의 철 이온의 전하가 3+일 때에만 가능하다.

고려사항 한 이온의 화학식은 그 구성과 그 전하값을 포함한다는 것을 기억해야 한다. 이온 화합물의 화학식은 언제나 양이온이 음이온 앞에 오며 전하는 쓰지 않는다.

유제 다음 이온 화합물들을 구성하는 이온의 종류와 그 개수를 나타내시오. NaF, $Cu(NO_3)_2$, $NaCH_3CO_2$.

예제 2.5 이온 화합물의 화학식

문제 알루미늄 양이온과 다음 각각의 음이온으로 생성되는 이온 화합물을 쓰시오. (a) 플루오린화 이온 (b) 황화 이온 (c) 질산 이온

알고 있는 사실 단원자 이온의 예상 전하(그림 2.18)를 포함한 이름과 다원자 이온의 이름(표 2.4)을 알아야 한다.

전략 먼저 알루미늄 양이온의 화학식과 각각의 음이온의 화학식을 결정한다. 알루미늄과 각각의 음이온이 전기적으로 중성이 되는 화합물로 결합시킨다.

풀이 알루미늄 양이온은 Al이 3A족 금속이므로 3+ 전하를 갖는다.

(a) 플루오린은 7A족 비금속 원소이다. 플루오린화 이온의 전하는 1−이다(7 − 8 = 1−). 그러므로 1개의 Al^{3+}에 3개의 F^-가 결합하게 된다. 이 화합물의 화학식은 AlF_3 이다.

(b) 황은 6A족 비금속이고 2− 음이온을 형성한다. 그러므로 2개의 Al^{3+} 이온[전체 전하 (6+) = 2 × (3+)]과 3개의 S^{2-} 이온[전체 전하 (6−) = 3 × (2−)]가 결합한다. 따라서 화합물은 Al_2S_3 이다.

(c) 질산 이온은 화학식이 NO_3^-이다(표 2.4). 그 답은 AlF_3의 경우와 비슷하다. 화합물의 화학식은 $Al(NO_3)_3$ 이다. 여기에서는 NO_3을 괄호에 표기하여 3개의 다원자 NO_3^- 이온이 포함되어 있음을 나타낸다.

고려사항 여러분이 하는 대부분의 일반적인 실수는 이온의 정확한 전하를 모르기 때문에 일어나는 것이다.

유제

(a) 양이온 Na^+와 Ba^{2+}, 음이온 S^{2-}와 PO_4^{3-} 사이에 만들어질 수 있는 모든 중성 이온 화합물들의 화학식을 쓰시오.

(b) 전이금속인 철은 2+와 3+의 이온 형태를 가진다. 두 가지 철 이온과 염화 이온으로 만들어지는 화합물을 쓰시오.

이온의 이름

양이온의 명명법

NH_4^+와 같은 몇 가지 예외를 제외하면 이 책에 수록된 양이온들은 금속 이온들이다. 양이온은 다음 규칙에 의해 명명한다.

1. 단원자 양이온(즉, 금속 양이온)에 대해서는 금속의 이름에 '양이온'을 붙이는 것을 그 이름으로 한다. 예를 들어, Al^{3+}은 알루미늄 양이온이라고 명명한다.
2. 전이금속들과 같이 특수한 경우에는 금속은 한 가지 이상의 양이온을 만든다. 이 경우 이온의 전하는 이온의 이름 뒤에 표기하는데 괄호 속에 로마숫자로 표기한다. 예를 들어 Co^{2+}는 코발트(II) 양이온이라 하고 Co^{3+}는 코발트(III) 양이온이라 한다.

여러 개의 전하를 가지는 원소들. 특히 전이금속에서는 이러한 경우가 많다. 그러나 주석 (Sn^{2+}, Sn^{4+}), 납(Pb^{2+}, Pb^{4+})과 같은 일부 전형금속에서도 나타난다. 여러 개의 전하가 가능한 다른 경우와 전이금속의 경우에는 이온 전하를 로마자로 표기하는 것이 관례적이다.

마지막으로 여러분은 이 책 또는 실험실에서 암모늄 양이온(NH_4^+)을 자주 대할 것이다. 암모늄 이온을 암모니아(NH_3)와 혼동하지 말아야 한다. 암모니아는 전하를 갖지 않고, 암모늄 이온에 비해 수소 1개가 적다.

음이온의 명명법

음이온에는 단일 원자로 이루어진 **단원자** 이온과 몇 개의 원자로 이루어진 **다원자** 이온 두 가지 종류가 있다.

1. 단원자 음이온은 그 원래의 비금속 원소명의 어근에 '–화'를 붙여서 명명한다(그림 2.21). 7A족 할로겐 원소들의 음이온은 플루오린화, 염화, 브로민화, 아이오딘화 이온이라 명명하고 그들을 **할로젠화 이온**(halide ion)이라 한다.
2. 다원자 음이온은 매우 흔한데, 특히 산소를 포함하는 **산소산 음이온**(oxoaninon)이 많다. 가장 흔한 산소산 음이온의 이름들이 표 2.4에 수록되어 있다. 비록 이들 대부분은 쉽게 익힐 수 있지만 몇 가지 지침이 도움이 된다. 예를 들어 다음 이온들을 생각해 보자.

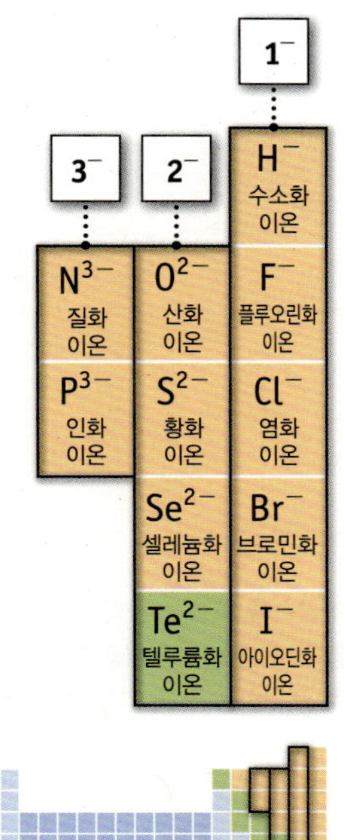

그림 2.21 몇 가지 흔한 단원자 이온의 이름과 전하.

NO_3^-는 질산 이온이고 NO_2^-는 아질산 이온이다.

SO_4^{2-}는 황산 이온이고 SO_3^{2-}는 아황산 이온이다.

산소 원자를 갖는 산소산 음이온은 어미에 '–산'을 붙이고, 산소 원자의 수가 적은 경우에는 어두에 '아–'를 붙인다. 2개 이상의 산소산 음이온들을 연속으로 부를 경우에는 가장 산소를 많이 갖는 것은 이름 앞에 '과–'와 어미에 '–산'을 붙인다. 산소를 가장 적게 갖는 이온은 이름 앞에 '하이포아–'를 붙인다. 이와 같은 명명법의 좋은 예는 염소를 포함하는 산소산 음이온들이다.

		산소 비율이 증가 ↑
ClO_4^-	과염소산 이온	과 . . . 산
ClO_3^-	염소산 이온	. . . 산
ClO_2^-	아염소산 이온	아 . . . 산
ClO^-	하이포아염소산 이온	하이포아 . . . 산

수소를 포함하는 산소산 음이온의 경우에는 이름 뒤에 '수소'라 붙여서 명명한다. 화합물에 2개의 수소 이온이 있다면 '이수소'라고 한다. 많은 수소를 포함하는 산소산 음이온들은 사용하는 관용명(common name)을 갖기도 한다. 예를 들어 탄산수소(HCO_3^-)는 중탄산 이온이라 부르기도 한다.

이온	계통명	관용명
HPO_4^{2-}	인산수소 이온	
$H_2PO_4^-$	인산이수소 이온	
HCO_3^-	탄산수소 이온	중탄산 이온
HSO_4^-	황산수소 이온	중황산 이온
HSO_3^-	아황산수소 이온	중아황산 이온

이온 화합물의 이름

이온 화합물들의 이름은 양이온과 음이온의 이름으로 만들어진다. 이때 음이온의 이름을 먼저 쓰고, 양이온의 이름을 그 뒤에 쓴다. 만일 타이타늄과 같은 원소가 1개 이상의 전하를 가지고 양이온이 된다면 그 전하는 로마숫자로 표기한다. 이온 화합물들의 이름에 대한 예를 아래에 나타내었다.

전이금속을 포함하는 화합물의 명명. 화합물의 이름에 전이금속의 전하를 로마자로 표기하는 것을 명심하시오.

이온 화합물	포함 이온	이름
$CaBr_2$	Ca^{2+}와 2 Br^-	브로민화칼슘
$NaHSO_4$	Na^+와 HSO_4^-	황산수소소듐
$(NH_4)_2CO_3$	2 NH_4^+와 CO_3^{2-}	탄산암모늄
$Mg(OH)_2$	Mg^{2+}와 2 OH^-	수산화마그네슘
$TiCl_2$	Ti^{2+}와 2 Cl^-	염화타이타늄(Ⅱ)
Co_2O_3	2 Co^{3+}와 3 O^{2-}	산화코발트(Ⅲ)

문제해결 주요사항 2.1 이온과 이온 화합물의 화학식

이온 화합물의 화학식을 작성하는 것을 연습하기 위해서는 대부분의 일반적인 이온에 대한 전하와 이온식을 알아야 한다. 단원자 이온의 전하는 대개 주기율표 내의 위치로부터 정해지지만 다원자 이온의 이온식과 전하는 단순히 기억해야만 한다. 일반적으로 많이 쓰이는 질산 이온, 황산 이온, 탄산 이온, 인산 이온, 아세트산 이온은 특히 그렇다.

다원자 이온의 이온식을 기억할 수 없거나 전혀 접해보지 않은 이온을 접할 때에는 화학식을 추론해볼 수 있다. 예를 들어 폼산 소듐($NaCHO_2$)을 말할 수 있다. 소듐 이온이 Na^+인 것을 알고 있기에 폼산 이온은 나머지 부분이어야 하며 소듐 이온의 1+ 전하와 균형을 맞추기 위한 1− 전하를 가져야만 한다. 그러므로 폼산 이온은 CHO_2^-가 된다. 결론적으로 이온식을 작성할 때에는 반드시 이온의 전하가 포함되어야 한다(이온 화합물의 경우는 제외한다). Na가 소듐 이온을 의미한다고 작성하는 것은 옳지 않다. 소듐 원소(Na)와 소듐 이온(Na^+)의 성질에는 엄청난 차이가 있다.

이온 화합물의 성질

음전하를 갖는 물질이 양전하를 갖는 물질 근처에 놓이면 그들 사이에는 인력이 작용한다(그림 2.22). 대조적으로 같은 전하를 갖는 물질들이 함께 놓이면 서로 반발력이 작용한다. 이러한 힘을 **정전기적 힘**(electrostatic force)이라고 한다. 이온들 사이의 인력이나 반발력은 **쿨롱의 법칙**(Coulomb's law)에 따라 구한다(식 2.3).

쿨롱 법칙의 중요성. 쿨롱 법칙은 화학의 많은 기본 개념을 이해하는 기초이다. 이 법칙이 중요한 장은 다음과 같다.
3장 화학 반응
6장 원자 구조
7장 원자 구조와 주기성
11장 분자 간 힘과 액체
12장 고체 화학
13장 용액과 용액의 거동

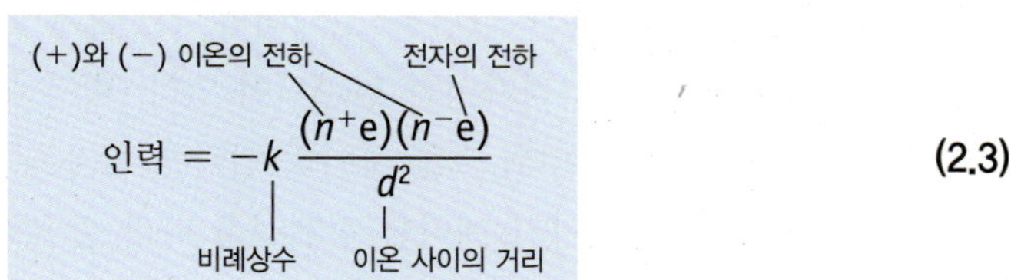

$$\text{인력} = -k\,\frac{(n^{+}e)(n^{-}e)}{d^2} \qquad (2.3)$$

예를 들어 Al^{3+}의 경우에는 n^+가 +3이고, O^{2-}의 경우에는 n^-가 −2이다. 쿨롱의 법칙에 근거해서 반대 전하를 갖는 이온 사이의 인력은 다음과 같은 경우에 증가하게 된다.

- 이온의 전하(n^+, n^-)가 증가할 때. 따라서 2+와 2− 전하 사이의 인력이 1+와 1− 전하 사이의 인력보다 크다(그림 2.22).

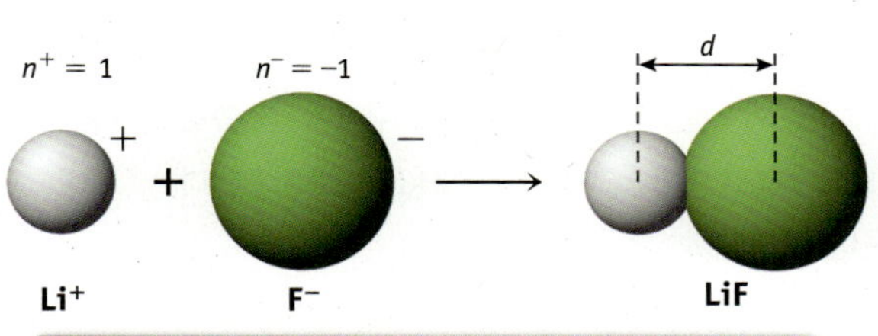

(a)

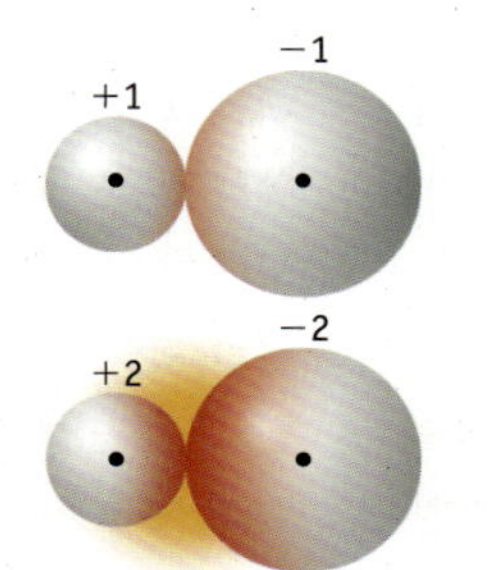

이온의 전하가 커지면 **인력**이 증가한다.

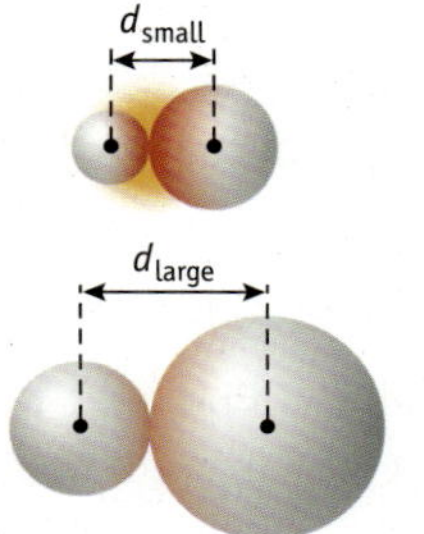

거리가 증가하면 **인력**이 감소한다.

(b)

그림 2.22 **쿨롱의 법칙과 정전기적 힘.**

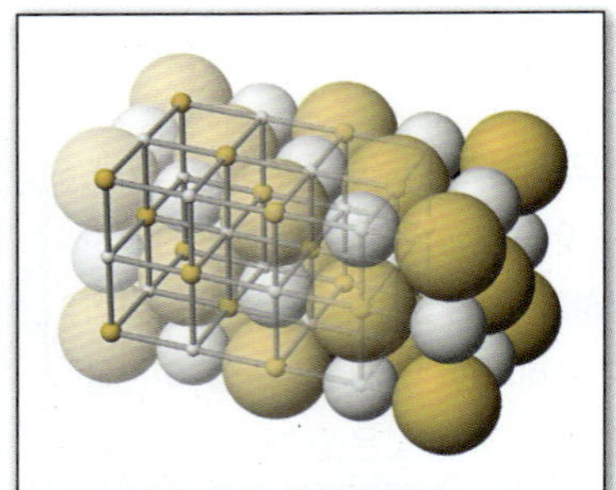

© Cengage Learning/Charles D. Winters

그림 2.23 **염화소듐.** NaCl 결정은 소듐 이온들과 염화 이온들이 1:1의 비로 확장된 격자로 구성되었다. 녹으면 결정 격자가 무너지고 이온이 자유롭게 이동하여 전류를 전도할 수 있다.

- 이온 사이의 거리가 작아질 때 인력은 더 커진다(그림 2.22).

이온 화합물은 단순한 짝이나 소규모의 양이온과 음이온들의 집합으로 이루어지지는 않는다. 한 이온 화합물은 양이온과 음이온의 간단한 비로 그 화학식을 나타내지만 이온성의 고체는 **결정격자**(crystal lattice)라고 불리는 확장된 3차원 네트워크에 배열된 천문학적인 수의 이온들로 구성된다. 그림 2.23에 도시된 NaCl 격자는 양이온과 음이온의 비가 1:1인 이온 화합물들에 대한 일반적인 이온들의 배열 방법을 나타낸 것이다.

이온 화합물들은 이온들의 전하와 격자상의 그들의 배열에 의하여 설명되는 특성을 가지고 있다. 각 이온은 가장 가까이에 있는 반대 전하를 갖는 이온들에 의해 둘러싸여 있기 때문에 그것의 할당된 위치에서 단단하게 붙들려 있다. 실온에서 각 이온은 그 평균 위치 부근을 미세하게 움직일 수 있다. 이온이 주변 이온들의 인력을 극복하고 탈출할 수 있을 만큼 빠르게 멀리까지 운동하기 위해서는 상당량의 에너지가 필요하다. 그러나 충분한 에너지를 가하면 격자 구조가 파괴되고 물질은 녹게 된다. 이때 인력이 클수록 물질을 녹이는 데 보다 많은 에너지가 필요하다. 따라서 Al^{3+}와 O^{2-}로 이루어진 고체, Al_2O_3(녹는점 2072 ℃)는 Na^+와 Cl^-로 구성된 고체, NaCl(녹는점 801 ℃)보다 더 높은 온도에서 녹는다.

대부분의 이온 화합물들은 '단단한' 고체이다. 즉, 쉽게 휘어지지 않고 부드럽지 않다. 이러한 성질도 이온의 격자성과 연관되어 있다. 격자에서 양이온의 가장 가까운 거리에 있는 것은 음이온이다. 그들 사이의 인력은 격자를 단단하게 한다. 그러나 망치로 강하게 내리치면 격자가 예리한 경계선을 따라 깔끔하게 잘려나갈 수 있다. 망치로 때리는 행위는 일부 이온의 층을 이동시켜서 같은 전하를 갖는 이온들이 근처에 접하도록 만든다. 그러므로 같은 전하를 갖는 이온들 사이의 반발력이 격자를 밀어내도록 한다(그림 2.24).

문제해결 주요사항 2.2 이 화합물이 이온 화합물인가?

여러분들은 종종 특정 화합물의 이온 화합물 여부를 어떻게 알 수 있는지 질문한다. 여기에 몇 가지 유용한 지침이 있다.

1. 대부분의 금속 함유 화합물은 이온 화합물이다. 따라서 화합물의 화학식에 금속 원소가 존재한다면, 특히 금속 원소가 먼저 나오게 되면, 이 화합물이 이온 화합물이라고 추측해볼 수 있다(흥미로운 예외가 존재하지만 화학 입문서에는 거의 나오지 않는다). 금속의 특성 추세를 상기하면 도움이 된다. 주기율표 상에서 붕소에서 텔루륨을 잇는 대각선의 왼쪽에 있는 모든 원소는 금속이다.
2. 만일 화학식에 금속이 포함되지 않았다면, 그 화합물이 이온 화합물이 아닐 수 있다. NH_4Cl이나 NH_4NO_3와 같은 비금속으로 이루어진 다원자 양이온이 포함된 예외의 화합물이 있다.
3. 다원자 이온의 화학식을 알아보도록 학습하시오(표 2.4). 화학자는 질산암모늄의 화학식을 다른 사람들이 일반적인 다원자 이온인 NH_4^+와 NO_3^-로 구성된 이온 화합물이라는 사실을 구분할 수 있도록 $N_2H_4O_3$가 아니라 NH_4NO_3로 기재한다.

이 지침의 예로서, $MgBr_2$(Mg^{2+}와 Br^-)와 K_2S(K^+와 S^{2-})가 이온 화합물임을 확신할 수 있다. 반면 비금속인 C와 Cl로 이루어진 화합물인 CCl_4는 이온 화합물이 아니다.

심층 학습 수화 이온 화합물

만약 이온 화합물을 수용액에서 제조하고 고체로 분리하면 결정은 가끔 물 분자를 포함하게 된다. 이러한 화합물을 **수화 화합물**이라 부른다. 예를 들면, 그림의 붉은색 코발트(Ⅱ) 화합물은 $CoCl_2$당 6개의 물 분자를 가진다. 관습적으로 이 화합물의 화학식은 $CoCl_2 \cdot 6H_2O$로 쓴다. $CoCl_2$와 $6H_2O$ 사이의 점은 $CoCl_2$당 6개 분자의 물이 연관되어 있음을 나타낸다. 이 화합물의 이름은 염화코발트(Ⅱ) 육수화물이다.

염화코발트(Ⅱ) 육수화물 [$CoCl_2 \cdot 6\,H_2O$]은 짙은 붉은색이다.

이것이 가열되면 화합물은 일부 수화된 물을 잃게 된다.

끝까지 가열하면 짙은 푸른색 화합물 $CoCl_2 \cdot 2\,H_2O$와 $CoCl_2$ (실험에 의하면 일부 화합물은 분해되어 검은색 CoO와 HCl이 된다)가 된다.

그림의 붉은색 고체인 수화 염화코발트(Ⅱ)는 가열하여 물을 잃고 무수 $CoCl_2$를 형성하면 자주색에서 짙은 푸른색으로 변한다. "무수"는 물이 없는 물질을 의미한다. 습기 있는 공기에 노출되면 무수 $CoCl_2$는 물을 흡수하여 붉은색 수화 화합물로 돌아가게 된다. 푸른색 화합물의 결정을 습도 표시제로 사용하게 되는 것이 이러한 성질 때문이다. 전자 기구와 함께 포장된 작은 주머니에서 이 물질들을 이미 보았을 수도 있을 것이다.

수화 화합물은 흔하다. 가정의 벽은 인조 벽판 또는 '석고보드'로 덮여져 있으며, 이는 수화 황산칼슘(석고, $CaSO_4 \cdot 2H_2O$)과 무수 $CaSO_4$를 2장의 종이 사이에 포함하고 있다. 만약 석고를 120에서 180 ℃ 사이로 가열하면 물이 일부 빠져나가 파리의 석고라 흔히 불리는 $CaSO_4 \cdot 1/2\ H_2O$가 생성된다. 팔이나 다리를 부러뜨리면 이 화합물로 부목을 만들 수 있다. 이것은 효과적인 부목 재료인데 물을 가하면 틀에 부울 수 있는 걸쭉한 슬러리를 만들거나 신체의 부분에 펴서 바를 수가 있기 때문이다. 더 많은 물을 흡수하면 이 물질은 부피가 증가하고 단단하고 구부러지지 않는 고체를 형성한다. 파리의 석고는 예술가에게도 유용한 재료인데 팽창한 화합물이 형틀을 완전히 채워 고품질의 복제가 가능하기 때문이다.

이온성의 고체는 반대 전하의 이온 사이의 인력 때문에 보통은 단단하다. 그러나 세게 때리면 결정은 깨끗이 갈라지게 된다.

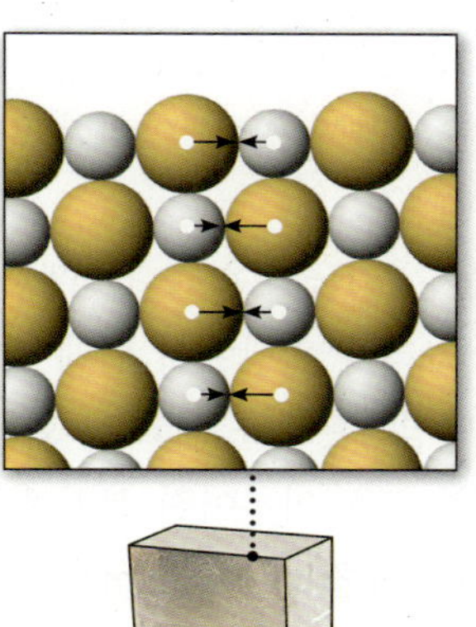
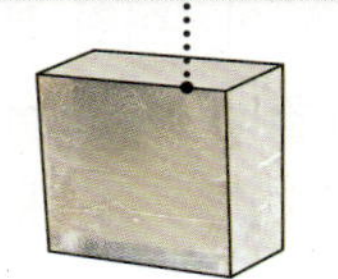
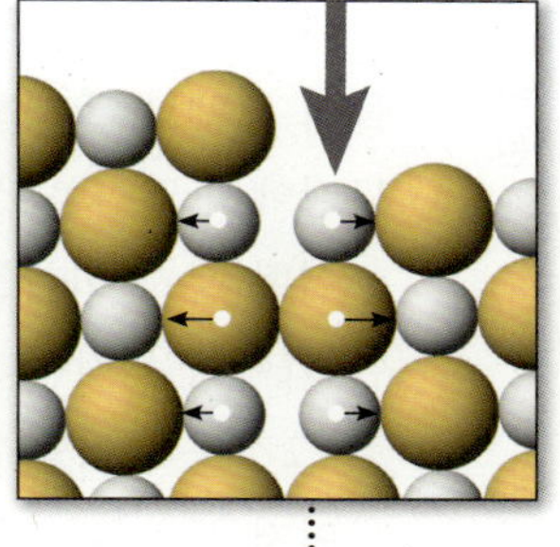
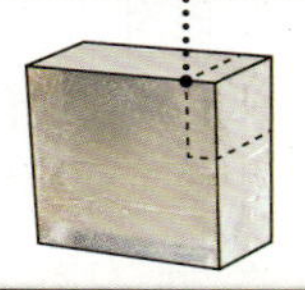
결정을 때리면 이온의 층이 살짝 이동하고 같은 전하를 갖는 이온들이 인접하게 된다.

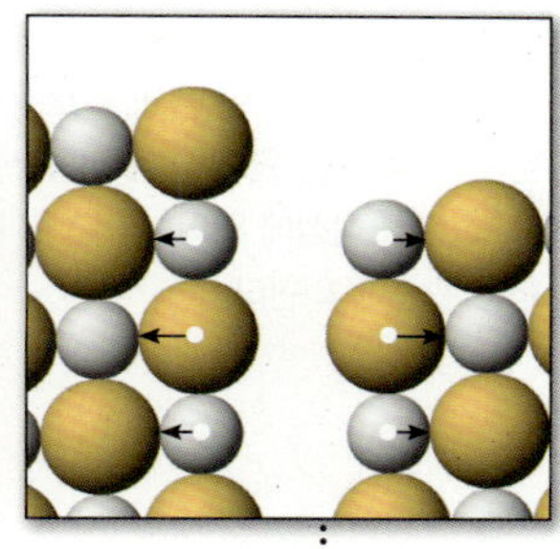
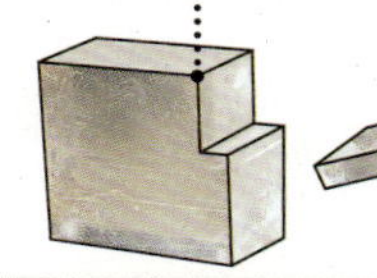
같은 전하를 갖는 이온들 사이에는 반발력이 작용하여 결정을 갈라지게 한다.

그림 2.24 이온성 고체.

2.7절 확인문제

1. 바륨 이온의 전하로 가장 알맞은 것은?

(a) 2− (b) 2+ (c) 3+ (d) 1−

2. 갈륨이 이온을 형성할 때,

(a) 전자 3개를 잃는다. (b) 전자 3개를 얻는다.
(c) 전자 2개를 잃는다. (d) 전자 2개를 얻는다.

3. $(NH_4)_2S$의 화학식 이름은 무엇인가?

(a) 황화질화수소 (b) 황화암모늄
(c) 암모늄황 (d) 황화암모니아

4. 아세트산바륨의 화학식은 무엇인가?

(a) $Ba(CH_3CO_2)_2$ (b) $BaCH_3CO_2$
(c) $BaMnO_4$ (d) $BaCO_3$

5. V_2O_3의 화학식을 갖는 화합물의 이름은 무엇인가?

(a) 산화바나듐(Ⅲ) (b) 산화바나듐
(c) 삼산화이바나듐 (d) 삼산화바나듐

6. MgO와 NaCl 중 더 높은 녹는점을 갖는 물질은 무엇인가?

(a) MgO (b) NaCl

2.8 분자 화합물: 화학식과 이름

수소를 포함하는 이성분 비금속 화합물의 화학식. 메테인(CH_4)과 에테인(C_2H_6)와 같이 간단한 탄화수소(C와 H로 구성된 화합물)는 C 다음에 H를 쓰며 암모니아와 하이드라진의 화학식은 N 다음에 H를 쓴다. 하지만 물과 할로젠화수소는 O나 할로젠 원자 앞에 H를 쓰게 된다. 화학식 작성에 있어서 이러한 불규칙함은 관습에 의한다.

우리에게 친근한 화합물은 이온 화합물이 아니라 분자 화합물이다. 마시는 물, 커피, 차에 넣는 설탕, 머리가 아플 때 먹는 아스피린은 모두 분자 화합물이다.

이온 화합물은 일반적으로 고체이지만 분자 화합물은 실온에서 기체, 액체, 고체 상태로 폭넓게 분포하고 있다(그림 2.25). 크기가 커지고 분자가 복잡해질수록 화합물이 고체로 존재하는 경향이 있다. 이러한 일반적인 특성에 관한 원리에 대해서는 11장에서 알아볼 것이다.

어떤 분자 화합물들은 지금의 학습단계에서는 여러분들이 예측하기 어려운 복잡한 화학식을 갖는다. 그러나 일상에서 쉽게 접하는 단순한 화합물들이 많이 있으므로 그것들을 어떻게 명명하는지를 알고 그 화학식을 알아야 한다.

먼저 두 가지 비금속으로 이루어진 분자에 대해서 알아보자. 두 가지 비금속 원소로 이루어진 **이성분 화합물**(binary compound)들은 체계적인 방식으로 명명된다.

수소는 비활성 기체를 제외한 모든 비금속과 이성분 화합물을 형성한다. 화학식을 쓸 때 산소, 황, 할로젠의 화합물들은 수소를 먼저 쓴다. 이때 비금속은 그것이 음이온인 것처럼 명명하면 된다.

그림 2.25 분자 화합물. 일반적인 이온 화합물들은 실온에서 고체이다. 반면에 분자 화합물들은 기체, 액체, 고체일 수 있다.

화합물	이름
HF	플루오린화수소
HCl	염화수소
H_2S	황화수소

비금속으로 구성된 거의 모든 이성분 분자 화합물들은 4A~7A족에 있는 원소들 간의 결합 또는 이들 원소와 수소와의 결합이다. 일반적으로 그 화학식은 족 번호가 증가하는 순서에 따라 원소를 배치한다. 화합물을 명명할 때는 그 구성 원소의 원자의 개수는 접두어 '일(mono)–', '이(di)–', '삼(tri)–', '사(tetra)–', '오(penta)–' 등을 사용해서 나타낸다.

화합물	계통명	화합물	계통명
NF_3	삼플루오린화질소	PCl_3	삼염화인
NO	일산화질소	PCl_5	오염화인
NO_2	이산화질소	SF_6	육플루오린화황
N_2O	일산화이질소	S_2F_{10}	십플루오린화이황
N_2O_4	사산화이질소		

탄화수소. 메테인, 에테인, 프로페인, 뷰테인과 같은 화합물은 알케인으로 불리는 탄화수소류이다.

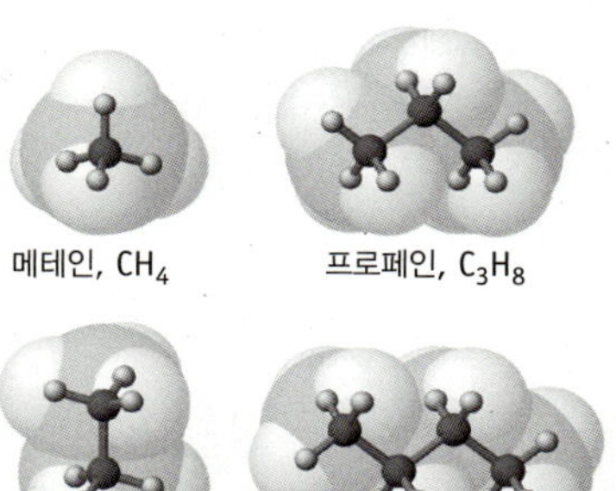

마지막으로 비금속으로 구성된 많은 이성분 화합물들이 오래 전에 발견되었고 그들은 관용명을 가지고 있다.

화합물	관용명	화합물	관용명
CH_4	메테인	N_2H_4	하이드라진
C_2H_6	에테인	PH_3	포스핀
C_3H_8	프로페인	NO	산화질소
C_4H_{10}	뷰테인	N_2O	아산화질소(웃음가스)
NH_3	암모니아	H_2O	물

2.8절 확인문제

1. 이플루오린화이산소의 화학식은 무엇인가?
(a) O_2F_2 (b) OF (c) O_2F (d) OF_2

2. 화합물의 이름과 화학식이 나타나 있다. 이 중 옳지 않은 것은 무엇인가?
(a) 이황화탄소, CS_2 (b) 오산화질소, N_2O_5
(c) 삼플루오린화붕소, BF_3 (d) 사플루오린화황, SF_4

3. N_2F_4의 화학식을 갖는 화합물의 이름은 무엇인가?
(a) 플루오린화질소 (b) 플루오린화이질소
(c) 사플루오린화이질소 (d) 사플루오린화질소

4. P_4O_{10}의 화학식을 갖는 화합물의 이름은 무엇인가?
(a) 산화인 (b) 산화사인
(c) 십산화사인 (d) 십산화인

2.9 원자, 분자, 몰

화학 연구의 가장 흥미로운 측면은 새로운 물질을 발견하는 것과 발견 과정의 일부에서 정량적 실험이 포함된다. 반응 생성물의 화학식을 확립하기 위해서 두 화학물질이 반응하여 서로 반응할 때 각각 얼마나 많은 원자 또는 분자가 이용되었는지 알고자 한다. 이렇게 하기 위해서 원자나 분자를 계량하는 방법이 필요하다. 즉, 우리가 볼 수 있는 거시 세계와 원자, 분자 및 이온의 미시 세계를 연결할 수 있는 방법을 찾아내야만 한다. 이 문제의 해결책은 이미 알고 있는 수의 입자를 포함한 물질의 단위를 정의하는 것이다. 그 화학적 단위는 mol이다.

몰. 몰이라는 용어는 1895년에 '쌓인 더미'를 의미하는 라틴어인 *moles*로부터 유래하며 빌헬름 오스트발트(1853~1932)에 의해 처음 소개되었다.

몰(mole, 약어로 mol)은 **물질의 양**을 측정하기 위한 SI 기본 단위이며 다음과 같이 정의한다.

> 1 mol은 정확히 12 g의 탄소-12 동위원소에 포함된 원자의 수와 같은 수의 기본 입자들(원자, 분자나 다른 입자들)을 포함한 물질의 양이다.

몰의 개념을 이해하는 요점은 **1 mol이 어떤 물질이든 관계없이 언제나 같은 수의 입자를 포함한다**는 것을 아는 것이다. 소듐 1 mol은 철 1 mol의 원자와 물 1 mol의 분자와 같은 수의 원자를 포함하고 있다. 몇 개의 입자일까? 수많은 실험이 수년에 거쳐 이루어졌고 그 수는 다음과 같이 정해졌다.

$$1\ \text{mol} = 6.02214129 \times 10^{23}\ \text{입자}$$

이 수치는 이에 대한 기본 발상을 생각해낸 이탈리아의 법률가이자 물리학자인 아보가드로(1776~1856)의 업적을 기려 **아보가드로의 수**(기호로 N_A)라고 한다.

심층 학습 | 아메데오 아보가드로와 아보가드로의 수

아보가드로(1776~1856)는 이탈리아의 귀족이자 법률가였다. 1800년경 그는 과학으로 눈을 돌려 이탈리아의 첫 수학 물리학자가 되었다.

아보가드로는 화학 단위에서 고정된 입자의 숫자를 직접 제시하지는 않았다. 그러나 19세기 몰의 개념의 근간이 되는 실험을 수행한 그의 공적을 기념하여 아보가드로 수라는 이름이 주어졌다.

아보가드로 수의 크기는 얼마나 될까? 튀기지 않은 팝콘 옥수수 낟알 1 mol이면 미국 전체를 약 9마일의 두께로 덮을 수 있다.

아보가드로수는 π와 같이 고유의 수일까? 그것은 아니다. 아보가드로 수는 12 g 탄소-12에 해당되는 수라는 정의에 의하여 계산된 수이다. 만일 1 mol에 해당하는 탄소가 12 g과 달리 정의되면, 아보가드로 수는 다른 값을 갖게 된다.

원자와 몰질량

어떤 원소의 1 mol(원자 $6.02214129 \times 10^{23}$개)의 g 질량을 그 원소의 **몰질량**(molar mass)이라고 한다. 몰질량은 관습적으로 대문자 M으로 표현하며 이는 g을 몰로 나눈 단위(g/mol)이다. **어느 원소의 g 단위의 몰질량은 그 원소의 원자량과 수치적으로 동일하다.** 소듐과 납을 예로 들면 아래와 같다.

> **용어 양의 크기(amount)와 양(quantity)의 차이.** '양의 크기'와 '양'은 화학자들에게 특정한 의미로 사용되어 진다. 물질의 양의 크기(amount)는 물질의 몰수(number of moles)를 의미한다. 대조적으로 예를 들면 양은 물질의 질량이나 부피를 의미하게 된다. W. G. Davies and J. W. Moore. *Journal of Chemical Education*, Vol. 57, p. 303, 1980과 http://physics.nist.gov를 참조하시오.

소듐(Na)의 몰질량 = Na 원자 1.000 mol의 질량
= 22.99 g/mol
= Na 원자 6.022×10^{23}개의 질량

납(Pb)의 몰질량 = Pb 원자 1.000 mol의 질량
= 207.2 g/mol
= Pb 원자 6.022×10^{23}개의 질량

그림 2.26에 몇 가지 일반적인 원소의 1 mol의 상대적인 크기가 나타나 있다. 이 '원자 더미'는 각각 다른 부피와 다른 질량을 가지지만 6.022×10^{23}개의 원자를 포함하고 있다.

몰 개념은 정량 화학의 초석이 되었다. 몰을 질량으로 변환하고 질량을 몰로 변환하는 것을 가능하게 하는 데 있어서 이는 필수적이다.

질량 ⟷ 몰 변환

몰에서 질량으로	질량에서 몰로
$\text{mol} \times \dfrac{\text{g}}{1\,\text{mol}} = \text{g}$	$\text{g} \times \dfrac{1\,\text{mol}}{\text{g}} = \text{mol}$
↑ 몰질량	↑ 1/몰질량

예를 들어 0.35 mol에 해당하는 알루미늄의 질량은 몇 g인가? 알루미늄의 몰질량(27.0 g/mol)을 이용하여 0.35 mol의 알루미늄이 9.5 g의 질량이라는 것을 결정할 수 있다.

그림 2.26 몇 가지 원소들 1 mol의 양. (왼쪽에서 오른쪽으로) 황 분말, 마그네슘 조각, 주석과 실리콘 (위) 구리 알갱이

$$0.35 \text{ mol Al} \times \frac{27.0 \text{ g Al}}{1 \text{ mol Al}} = 9.5 \text{ g Al}$$

원소의 몰질량은 일반적으로는 적어도 유효숫자 네 자리까지 알려져 있다. 이 책에 있는 계산에서 뒤따르는 관습은 다른 수치들보다 적어도 한 자리 이상 더 많은 유효숫자를 가진 몰질량을 이용하는 것이다. 예를 들어 탄소의 질량이 16.5 g으로 측정되었다면 존재하는 탄소의 몰수를 알기 위해 탄소(C)의 몰질량으로 12.01 g/mol을 이용해야 한다.

$$16.5 \text{ g C} \times \frac{1 \text{ mol C}}{12.01 \text{ g C}} = 1.37 \text{ mol C}$$

예로 든 시료의 질량은 유효숫자 세 자리이지만 몰질량은 유효숫자 네 자리임에 유의하시오.

몰질량에서 한 자리 더 많은 유효숫자를 사용하는 것은 결과의 정확도에 영향을 미치지 않는다.

예제 2.6 질량, 몰, 원자

문제 주기율표에 같은 족에 있는 원자인 납와 주석에 대해서

(a) 2.50 mol 납(Pb)의 질량을 g 단위로 얼마인가?

(b) 36.6 g 주석(Sn)의 몰수는 얼마인가? 이 시료 내에는 주석 원자가 얼마나 존재하는가?

알고 있는 사실 납의 양과 주석의 질량을 알았다. 또한 이 책 앞의 주기율표로부터

납(207.2 g/mol)과 주석(118.7 g/mol)의 몰질량을 알 수 있다. (b) 문제에서 아보가드로 수가 필요하다(이 책의 뒷 표지에 주어져 있다).

전략 몰질량은 원소의 원자량과 숫자적으로 같은 g 단위의 양이다.

(a) 납의 몰질량을 곱한다.

(b) (1/주석의 몰질량)을 곱한다. 원자의 수를 결정하기 위해서 아보가드로의 수를 곱한다.

풀이

(a) 납의 몰수를 g 질량으로 변환한다.

$$2.50\ \text{mol Pb} \times \frac{207.2\ \text{g}}{1\ \text{mol Pb}} = 518\ \text{g Pb}$$

(b) 주석의 질량을 몰수로 변환한다.

$$36.6\ \text{g Sn} \times \frac{1\ \text{mol Sn}}{118.7\ \text{g Sn}} = 0.308\ \text{mol Sn}$$

그 후에 아보가드로 수를 이용하여 시료 내의 원자 수를 찾는다.

$$0.308\ \text{mol Sn} \times \frac{6.022 \times 10^{23}\ \text{원자 Sn}}{1\ \text{mol Sn}} = 1.86 \times 10^{23}\ \text{원자 Sn}$$

고려사항 물질의 양으로부터 질량을 알기 위해서 몰질량인 환산계수 (질량/몰)를 이용한다. 물질의 질량으로부터 양을 알아내기 위해서는 (1/몰질량)인 환산계수 (몰/질량)을 이용한다. 여러분의 답을 생각한다면 환산계수의 분자와 분모가 뒤바뀌는 실수를 찾을 수 있을 것이다. 예를 들어 (b) 문제에서 이러한 실수를 하게 된다면 0.308 몰의 Sn에 원자 하나보다 적은 값이 나오게 될 것이고 이는 부적절한 답이 된다.

유제 금(Au)의 밀도는 19.32 g/cm^{3}이다. 2.6 × 10^{24}개의 금 원자가 포함된 금 조각(정사각형)의 부피는? 금 조각이 두께가 0.10 cm인 정사각형이라면, 정사각형 한 변의 길이는 몇인가?

납. 150 ml의 비커에 2.50 mol(518 g)의 납이 들어 있다.

주석. 질량 36.6 g(1.86 × 10^{23} 원자)의 주석의 시료

분자, 화합물, 몰질량

화합물의 화학식은 화합물에 어떤 종류의 원자나 이온이 들어 있는지, 각각의 상대적인 숫자는 어떠한지를 알려준다. 예를 들면 메테인(CH_4) 한 분자는 탄소 1개와 수소 4개로 구성된다. 그러나 아보가드로 수(6.022 × 10^{23})만큼의 탄소가 적당한 수의 수소와 결합한다고 가정해 보자. 그 화합물의 화학식은 아보가드로 수만큼의 CH_4을 얻기 위해 아보가드로 수의 4배(4 × 6.022 × 10^{23})의 수소가 필요하다는 것을 말해준다. 얼마나 많은 질량의 원자들이 결합하고, 이렇게 많은 CH_4 분자의 질량은 얼마가 되는가?

분자량과 몰질량. 오래된 용어인 분자량을 가끔 만나게 된다. 이것은 구성원소의 원자량의 합이다.

심층 학습 몰, 수를 세는 단위

화학을 처음으로 공부하는 학생들은 가끔 몰의 개념에 당황하곤 한다. 그러나 여러분은 이것이 익숙하지 않은 수를 세는 단위인 것을 알아야 한다. 쌍과 다스는 흔한 다른 2개의 수를 세는 단위이다. 예를 들어 물체 한 쌍은 같은 물건 2개를 가지고 있는 것이고(2개 신 또는 2개 장갑) 한 다스에는 항상 12개의 달걀 또는 사과가 있다. 같은 방법으로 원자 또는 젤리빈 1 mol은 6.022×10^{23}개의 물체가 있다.

수를 세는 단위의 가장 큰 장점은 단위의 수를 안다면 물체의 수를 또한 알 수 있다는 것이다. 만약 상자에 사과 3.5다스가 있는 것을 안다면 42개의 사과가 있다는 것을 알 수 있다. 또한 만약 0.308 mol의 주석(36.6 g)을 가지고 있다면 1.86×10^{23}개 주석 원자를 가지고 있는 것이다.

화학 실험에서 반응을 시키면 관계된 원소 몇 '화학 단위'가 포함되어야 할 지를 알 필요가 있다. 원자는 명백히 하나씩 셀 수가 없다. 대신 원소의 주어진 질량을 측정하고 몰질량으로부터 '화학 단위' 또는 몰수를 알게 되는 것이다. 그리고 수에 대한 정보를 진정으로 알고 싶으면 관련된 원자의 수를 계산할 수 있다.

© Cengage Learning/Charles D. Winters

수를 세는 단위. 12개 물체를 말하는 '다스'라는 단위는 흔한 수를 세는 단위이다. 비슷하게 몰은 화학적 수를 세는 단위이다. 다스가 항상 12개의 물체를 가지는 것과 마찬가지로 몰은 항상 6.022×10^{23}개의 물체를 가진다.

C	+	4 H	→	CH_4
6.022×10^{23} C 원자		$4 \times 6.022 \times 10^{23}$ H 원자		6.022×10^{23} CH_4 분자
= 1.000 mol C 원자		= 4.000 mol H 원자		= 1.000 mol CH_4 분자
= 12.01 g C 원자		= 4.032 g H 원자		= 16.04 g CH_4 분자

우리들은 탄소와 수소의 수를 알기 때문에 CH_4을 생성하기 위해서 결합한 탄소와 수소의 질량을 계산할 수 있다. CH_4의 질량은 이들 원소들의 질량의 합이다. 즉, CH_4 1 mol의 질량은 탄소 1 mol(12.01 g)의 질량과 수소 4 mol(4.032 g)의 질량을 합한 값이다. 따라서 CH_4의 **몰질량**은 16.04 g/mol이 된다.

메테인 1 mol의 질량, 16.04 g을 알고 있고 1 mol에 6.022×10^{23} 분자가 있다는 것을 알기 때문에 CH_4 평균 분자의 질량을 계산할 수 있다(여기서는 평균 질량을 말한다. 탄소와 수소에는 몇 개의 동위원소가 있기 때문에 주어진 분자의 질량은 어떤 동위원소가 분자를 구성하느냐에 의해 결정된다).

$$\text{평균 분자 질량} = \frac{16.04\ \text{g}}{\text{mol}} \times \frac{1\ \text{mol}}{6.022 \times 10^{23}\ \text{분자}} = 2.664 \times 10^{-23}\ \text{g/분자}$$

NaCl과 같은 이온 화합물은 개개 분자로 존재하지 않는다. 그러므로 우리는 화합물의 '화학식 단위'에 있는 각 종류 원자들의 상대적인 수를 알려주는 가장 단순한 화학식을 쓴다. 분자 질량은 이 화학식을 가지고 계산한다(NaCl의 M = 58.44 g/mol). NaCl과 같이 분자를 함유하지 않은 물질들을 구분하기 위해서 화학자들은 분자량이라는 용어 대신에 화학식량이라고 표현한다.

그림 2.27은 몇 가지 화합물에서 1 mol의 양을 보여주고 있다. 어떤 화합물의 분자량을 알기 위해서는 1개의 화학식 단위에 있는 각 원소의 원자들의 질량을 모두

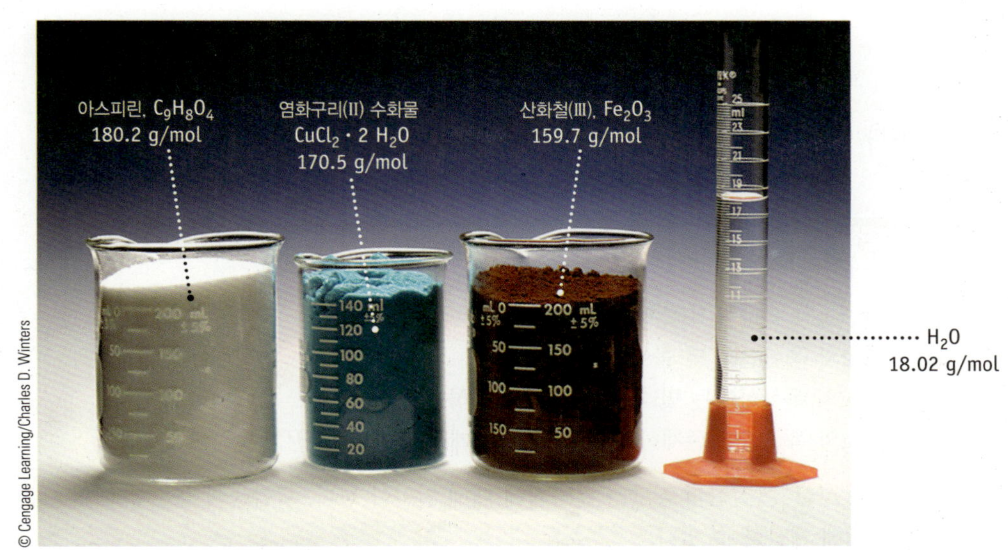

그림 2.27 몇 가지 화합물들 1 mol의 양. 두 번째에 있는 $CuCl_2 \cdot 2H_2O$는 $CuCl_2$에 물이 결합되어 있어 수화물이라 불린다. 따라서 화학식 단위가 1개의 Cu^{2+}와 2개의 Cl^- 및 2개의 물 분자를 포함한다. 분자량은 1 mol의 Cu, 2 mol의 Cl, 그리고 2 mol의 H_2O 질량의 합이다.

합하면 된다. 예를 들어 아스피린($C_9H_8O_4$)의 분자량을 계산해 보자. 아스피린 1 mol에는 탄소 9 mol, 수소 8 mol, 산소 4 mol이 있고, 그들 질량의 합은 180.2 g/mol의 아스피린이 된다.

$$1\text{ mol } C_9H_8O_4\text{에서 C의 질량} = 9\text{ mol C} \times \frac{12.01\text{ g C}}{1\text{ mol C}} = 108.09\text{ g C}$$

$$1\text{ mol } C_9H_8O_4\text{에서 H의 질량} = 8\text{ mol H} \times \frac{1.008\text{ g H}}{1\text{ mol H}} = 8.064\text{ g H}$$

$$1\text{ mol } C_9H_8O_4\text{에서 O의 질량} = 4\text{ mol O} \times \frac{16.00\text{ g O}}{1\text{ mol O}} = 64.00\text{ g O}$$

$$1\text{ mol } C_9H_8O_4\text{의 전체 질량} = C_9H_8O_4\text{의 몰질량} = 180.2\text{ g}$$

이와 같은 계산에서 쉽게 알 수 있게 하기 위해서는 화합물의 질량을 그에 상당하는 몰 수로 변환하는 것이 중요하다. 예를 들어, 질량이 325 mg인 아스피린 알약 1개를 먹었다면 아스피린 몇 mol을 섭취한 것일까? 아스피린의 몰질량은 180.2 g/mol이므로 1개의 알약에는 0.00180 mol의 아스피린이 들어 있다.

$$0.325\text{ g 아스피린} \times \frac{1\text{ mol 아스피린}}{180.2\text{ g 아스피린}} = 0.00180\text{ mol 아스피린}$$

화합물의 몰질량을 이용하면 시료의 질량에 상당하는 분자의 수를 계산할 수 있고, 한 분자의 질량도 결정할 수 있다. 예를 들어 1개의 알약에 있는 아스피린 분자의 수는

$$0.00180\text{ mol 아스피린} \times \frac{6.022 \times 10^{23}\text{ 분자}}{1\text{ mol 아스피린}} = 1.09 \times 10^{21}\text{ 분자}$$

이고 그 한 분자의 질량은

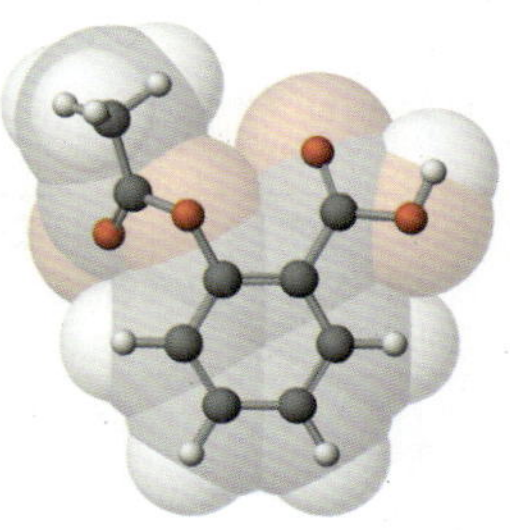

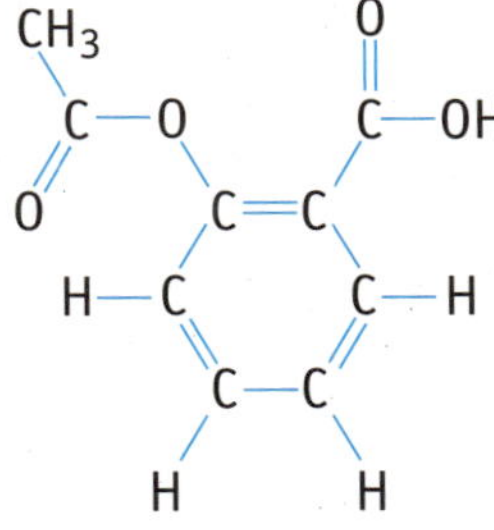

아스피린의 화학식. 아스피린의 분자식은 $C_9H_8O_4$이며 몰질량은 180.2 g/mol이다. 아스피린은 아세틸살리실산(acetyl-salicylic acid)의 관용명이다.

$$\frac{180.2\text{ g 아스피린}}{1\text{ mol 아스피린}} \times \frac{1\text{ mol 아스피린}}{6.022 \times 10^{23}\text{분자}} = 2.99 \times 10^{-22}\text{ g/분자}$$

이 된다.

전략도 2.7

문제

주어진 **질량에서 옥살산의 몰수**를 구하시오. 그 후에 시료 내의 **분자 수와 C 원자**의 개수를 구하시오.

알려진 자료/정보

- **시료**의 질량
- **화합물**의 화학식
- **아보가드로 수**

1단계 옥살산의 **몰질량**을 계산하시오.

옥살산의 **몰질량(g/몰)**

2단계 몰질량을 이용하여 **몰수**를 계산하시오(질량에 **1/몰질량**을 곱하시오).

옥살산의 **몰수(몰)**

3단계 아보가드로의 수를 곱하시오.

분자의 개수

4단계 한 분자당 C **원자**의 수를 곱하시오.

시료 내의 C 원자의 **개수**

예제 2.7 몰질량과 몰

문제 16.5 g의 옥살산($H_2C_2O_4$)이 있다.

(a) 16.5 g의 옥살산은 몇 몰에 해당하는가?

(b) 16.5 g의 옥살산에는 몇 개의 분자가 존재하는가?

(c) 16.5 g의 옥살산에 존재하는 탄소 원자의 개수는 얼마인가?

알고 있는 사실 옥살산의 질량과 분자식에 대해 알아야 한다. 화합물의 몰질량은 화학식에 의해 계산할 수 있다.

전략 전략은 전략도에 개요가 나타나 있다.

- 몰질량은 구성 원자들의 질량의 합이다.
- 문제 (a)는 몰질량을 이용하여 몰수로 변환한다.
- 문제 (b)는 아보가드로 수를 이용하여 몰수로부터 분자의 개수를 계산한다.
- 문제 (c)는 화학식으로부터 한 분자에 2개의 탄소 원자가 존재하는 것을 알 수 있다.

풀이

(a) 16.5 g에 있는 몰수: 먼저 옥살산의 분자량을 계산한다.

$$H_2C_2O_4\text{의 몰당 } 2\text{ mol C} \times \frac{12.01\text{ g C}}{1\text{ mol C}} = H_2C_2O_4\text{의 몰당 } 24.02\text{ g C}$$

$$H_2C_2O_4\text{의 몰당 } 2\text{ mol H} \times \frac{1.008\text{ g H}}{1\text{ mol H}} = H_2C_2O_4\text{의 몰당 } 2.016\text{ g H}$$

$$H_2C_2O_4\text{의 몰당 } 4\text{ mol O} \times \frac{16.00\text{ g O}}{1\text{ mol O}} = H_2C_2O_4\text{의 몰당 } 64.00\text{ g O}$$

$$H_2C_2O_4\text{의 몰질량} = H_2C_2O_4\text{의 몰당 } 90.04\text{ g}$$

이제 각 원자의 질량을 몰수로 환산한다. 옥살산의 분자량(90.04 g/mol)은 질량–몰수 변환의 환산인자이다.

$$16.5\text{ g } H_2C_2O_4 \times \frac{1\text{ mol}}{90.04\text{ g } H_2C_2O_4} = 0.183\text{ mol } H_2C_2O_4$$

(b) 분자의 개수: $H_2C_2O_4$ 0.183 mol에 있는 옥살산의 분자 수를 알기 위해 아보가드로 수를 이용한다.

$$0.183\text{ mol} \times \frac{6.022 \times 10^{23}\text{분자}}{1\text{ mol}} = 1.10 \times 10^{23}\text{ 분자}$$

(c) 탄소 원자의 수: 각 분자는 탄소 원자 2개를 포함하므로 16.5 g의 옥살산에 있는 탄소 원자의 수는

$$1.10 \times 10^{23}\ \text{분자} \times \frac{2\ \text{C 원자}}{1\ \text{분자}} = 2.21 \times 10^{23}\ \text{C 원자}$$

고려사항 옥살산의 질량이 1 mol의 질량보다 훨씬 적은 16.5 g임을 반영하여 답을 확인해볼 수 있다. 옥살산의 분자 수는 1 mol의 분자 수보다 매우 적어야 한다.

유제 454 g의 시트르산($H_3C_6H_5O_7$)은 몇 mol인가? 몇 개의 분자가 있는가? 탄소 원자는 몇 개나 존재하는가?

2.9절 확인문제

1. 질산칼슘의 몰질량은 몇인가?

(a) 105.08 g/mol (b) 102.08 g/mol (c) 164.09 g/mol (d) 68.09 g/mol

2. 다음 중 가장 많은 수의 분자를 포함하는 것은 무엇인가?

(a) O_2 24 g (b) H_2 4.0 g (c) F_2 19 g (d) N_2 28 g

3. 다음 중 가장 큰 질량을 갖는 것은 무엇인가?

(a) Na 0.50 mol (b) K 0.20 mol (c) Ca 0.40 mol (d) Mg 0.60 mol

4. 제시한 다음 물질 중 가장 많은 몰수를 갖는 것은 무엇인가?

(a) H_2O 6.02×10^{23} 분자 (b) CO_2 22 g

(c) Br_2 3.01×10^{23} 분자 (d) HF 30 g

5. O_2 16 g에 포함된 산소 원자는 몇 개인가?

(a) 6.0×10^{23}개 (b) 3.0×10^{23}개 (c) 1.5×10^{23}개 (d) 1.2×10^{24}개

2.10 화학 분석: 화합물의 화학식 구하기

화학식을 모르는 화합물 시료로부터 화학식을 어떻게 구할 수 있을까? 이때 답은 **화학적 분석**에 달려 있다. 분석은 화학식과 구조를 결정하는 화학의 주된 분야이다.

백분율 조성

순수한 화합물 시료는 항상 같은 질량비의 원소들로 구성된다. 이것은 분자의 조성이 최소한 세 가지 방식으로 표현된다는 것을 의미한다.

- 각 분자나 화학식 단위에 있는 각 원소의 원자 수, 즉 화합물의 화학식에 의해
- 화합물 1 mol에 있는 각 원소의 질량으로
- 화합물의 전체 질량에 대한 각 원소의 질량, 즉 질량백분율로

NH_3가 1.0000 mol 또는 17.031 g이 있다고 가정하자. 이 NH_3의 질량은 14.007 g의 질소(1.0000 mol)와 3.0237g의 수소(3.0000 mol)로 구성된다. 질소의 질량을 화합물 전체 질량에 비교하면, 전체 질량의 82.244 %가 질소이고 17.755 %가 수소이다.

분자의 조성. 분자의 조성은 시료 100 g 내에서의 원소의 질량 × 100인 백분율로 표현한다. 예를 들어 NH_3에는 82.244 %의 N이 있다. 그러므로 화합물 100.000 g 내에는 N이 82.244 g이 포함되어 있다.

NH_3 질량의 82.244 %가 **질소**이다.

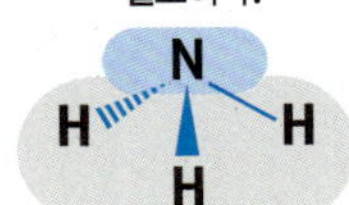

NH_3질량의 17.755 %가 **수소**이다.

$$NH_3\text{에서 N의 질량백분율} = \frac{NH_3 \text{ 1 mol에서 N의 질량}}{\text{1 mol } NH_3\text{의 질량}} \times 100\ \%$$

$$= \frac{14.007 \text{ g N}}{17.031 \text{ g } NH_3} \times 100\ \%$$

$$= 82.244\ \%(\text{또는 } 100.000 \text{ g } NH_3\text{에서 } 82.244 \text{ g N})$$

$$NH_3\text{에서 H의 질량백분율} = \frac{NH_3 \text{ 1 mol에서 H의 질량}}{\text{1 mol } NH_3\text{의 질량}} \times 100\ \%$$

$$= \frac{3.0237 \text{ g H}}{17.031 \text{ g } NH_3} \times 100\ \%$$

$$= 17.755\ \%(\text{또는 } 100.000 \text{ g } NH_3\text{에서 } 17.755 \text{ g H})$$

이 값은 각 원소의 질량백분율을 나타낸다. 이를 통해 100.00 g의 시료는 질소 82.244 g와 수소 17.755 g로 구성되어 있다는 것을 알 수 있다.

예제 2.8 백분율 조성의 이용

문제 프로페인(C_3H_8)의 각 원소의 질량백분율은 얼마인가? 454 g의 프로페인에 포함된 탄소의 질량은 몇인가?

알고 있는 사실 프로페인의 화학식을 알아야 한다. 각 원소의 질량백분율을 계산하기 위해서 탄소(C)와 수소(H)의 원자량을 알아야 한다.

전략

- 프로페인의 몰질량을 계산한다.
- 화학식으로부터 프로페인(C_3H_8) 1 mol당 탄소(C) 3 mol과 수소(H) 8 mol이 있다는 것을 알 수 있다.
- 454 g의 C_3H_8에 포함된 탄소의 질량은 전체 질량에 탄소의 백분율을 100으로 나눈 값(% C/100)을 곱하여 구한다.

풀이

(a) C_3H_8의 몰질량은 44.09 g/mol이다.

(b) C_3H_8에 포함된 탄소와 수소의 질량백분율은 다음과 같이 구한다.

$$\frac{3 \text{ mol C}}{1 \text{ mol } C_3H_8} \times \frac{12.01 \text{ g C}}{1 \text{ mol C}} = 36.03 \text{ g C/1 mol } C_3H_8$$

$$C_3H_8\text{에 포함된 탄소의 질량백분율} = \frac{36.03 \text{ g C}}{44.09 \text{ g } C_3H_8} \times 100\% = 81.72\% \text{ C}$$

$$\frac{8 \text{ mol H}}{1 \text{ mol } C_3H_8} \times \frac{1.008 \text{ g H}}{1 \text{ mol H}} = 8.064 \text{ g H/1 mol } C_3H_8$$

$$C_3H_8\text{에 포함된 수소의 질량백분율} = \frac{8.064 \text{ g H}}{44.09 \text{ g } C_3H_8} \times 100\% = 18.29\% \text{ H}$$

(c) 454 g의 C_3H_8에 포함된 탄소의 질량은 다음과 같이 구한다.

$$454\ \text{g}\ C_3H_8 \times \frac{81.72\ \text{g C}}{100.0\ \text{g}\ C_3H_8} = 371\ \text{g C}$$

고려사항 시료 내에 포함된 탄소의 백분율을 이미 알고 있다면 수소의 백분율은 이를 이용하여 구할 수 있다. % 수소 = 100 % − % 탄소

유제

1. 탄산암모늄($(NH_4)_2CO_3$) 1.00 mol에 포함된 각 원소들의 질량과 그 질량백분율의 조성을 구하시오.
2. 옥테인(C_8H_{18}) 454 g에 포함된 탄소의 질량은 얼마인가?

백분율 조성으로부터 실험식과 분자식 결정

지금까지 살펴본 과정을 반대로 생각해보자. 즉, 상대적인 질량이나 백분율 조성을 이용해서 분자식을 구해보자. 시료에 있는 원소의 종류는 이미 알고 있다고 가정하고 화학분석을 통해서 주어진 질량의 화합물에 들어 있는 각 원소의 질량을 알게 되었다(▸4.4절). 따라서 각 원소의 상대적 몰수를 계산하고 이로부터 화합물에 포함된 각 원소의 상대적 원자 수를 계산할 수 있다. 예를 들면 A와 B의 원소로 구성된 화합물의 경우, 백분율 조성으로부터 화학식을 알아내는 과정은 다음과 같다.

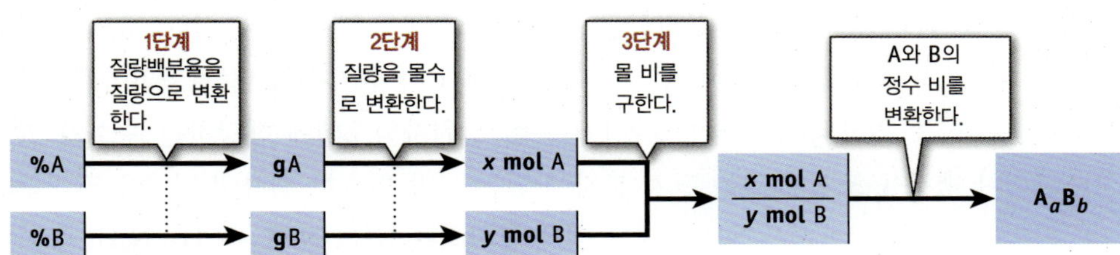

하이드라진의 화학식을 유도해 보자. 이 물질은 암모니아와 밀접한 관계가 있고, 가열이나 냉각을 위해 사용되는 물에서 산소를 제거할 때 사용되는 화합물이다. 하이드라진은 87.42 %의 질소(N)와 12.58 %의 수소(H)로 구성되어 있으며 암모니아와 비슷하다.

1 단계 질량백분율을 질량으로 변환. 하이드라진 시료의 질량백분율로부터 100.00 g의 하이드라진 시료에는 질소 87.42 g와 수소 12.58 g 들어 있다는 것을 알 수 있다.

화학식 결정하기. 백분율 조성은 시료 100 g에 있는 원소의 질량을 제공한다. 하지만 화학식을 결정하는 데 있어 시료 내의 각 원소의 질량을 알고 있다면 시료의 몰수를 알 수 있다.

2 단계 각 원소의 질량을 몰수로 변환. 100 g의 시료에 있는 각 원소의 몰수는

$$87.42\ \text{g N} \times \frac{1\ \text{mol N}}{14.007\ \text{g N}} = 6.241\ \text{mol N}$$

$$12.58\ \text{g H} \times \frac{1\ \text{mol H}}{1.0079\ \text{g H}} = 12.48\ \text{mol H}$$

이다.

문제해결 주요사항 2.3 실험식과 분자식 알아내기

- 화학식을 찾을 수 있는 실험결과는 특정 질량의 화합물의 백분율 조성이나 원소의 질량 백분율의 형태이다. 시작이 다를지라도 첫 단계는 항상 원소의 질량을 몰수로 변환하는 것이다.
- 실험식을 계산하는 데 있어서 적어도 세 자리의 유효숫자를 이용해야 함에 유의하시오. 더 적은 유효숫자를 이용할 경우에는 잘못된 결과를 도출할 수 있다.
- 원자 비율을 찾을 때에는 항상 작은 몰수로 큰 몰수를 나누시오.
- 실험식과 분자식은 분자 화합물에서 다를 수 있다. 대조적으로 이온 화합물에는 "분자"식이 존재하지 않는다. 모든 이온 화합물은 실험식으로 기록된다.
- 특정 화합물에 대해 백분율 조성과 몰질량을 모두 알고 있다면 예제 2.9의 고려사항에 제시된 대안적인 방법을 이용할 수 있다.

3 단계 원소의 몰 비를 알아낸다. 한 원소에 대한 다른 원소의 상대적인 비율을 알기 위해 100 g의 시료에 있는 각 원소의 몰수를 이용한다. 하이드라진의 경우, 이 비는 질소 1 mol에 대해 수소 2 mol이다.

$$\frac{12.48 \text{ mol H}}{6.241 \text{ mol N}} = \frac{2.00 \text{ mol H}}{1.00 \text{ mol N}} \longrightarrow NH_2$$

이것은 하이드라진에서 질소 1 mol에 대해 수소 2 mol이 있음을 나타낸다. 따라서 하이드라진 한 분자에서 질소 한 원자당 수소 원자 2개가 발견된다. 즉, 화학식은 NH_2이다. 가장 단순한 정수의 원자 비를 **실험식**(empirical formula)이라고 부른다.

백분율 조성 자료를 이용하여 화합물에서 원자의 비를 계산할 수 있다. 그러나 **분자식**은 두 가지 정보를 포함해야 한다. (1) 분자에서 각 원자수의 비(원자 비), (2) 분자에 있는 전체 원자의 수. 하이드라진에는 질소 원자의 2배에 해당하는 수소가 있다. 그러나 백분율 조성 자료는 단지 분자에 있는 가장 단순한 원자의 비만을 알려준다. 하이드라진의 실험식은 NH_2이지만 실제 분자식은 NH_2, N_2H_4, N_3H_6, N_4H_8 등이 될 수 있으며 그 외에 N과 H 비가 1:2인 화학식이 될 수 있다.

실험식으로부터 분자식을 결정하기 위해서는 실험을 통하여 분자량을 구해야 한다. 예를 들어 실험에 의해 구한 하이드라진의 분자량은 32.0 g/mol이라면 이것은 16.0 g/mol을 갖는 NH_2의 화학식량의 2배이다. 따라서 하이드라진의 분자식은 실험식 NH_2의 2배인 N_2H_4가 된다.

예제 2.9 백분율 조성으로부터 화학식 결정

문제 대부분의 탄산음료에는 벤조산소듐이 방부제로서 포함되어 있다. 벤조산소듐을 섭취하게 되면 체내의 아미노산인 글리신이 반응하여 히푸르산이 되며 소변으로 배출되게 된다. 히푸르산의 몰질량은 179.17 g/mol이며 60.33 %의 탄소 5.06 %의 수소와 7.82 %의 질소 및 나머지는 산소로 구성되어 있다. 히푸르산의 실험식 및 분자식은 무엇인가?

알고 있는 사실 탄소와 수소, 질소의 질량백분율을 알고 있다. 산소의 질량백분율은 모르지만 달리 구할 수 있다. 또한 계산을 위해 네 가지의 원소들의 원자량과 몰질량을 알아야 한다.

전략 각 원소의 질량백분율은 g 질량과 같다고 하고 각각의 질량을 mol로 변환한다. 몰의 비율은 실험식을 제공한다. 실험식을 알고 있는 화학식 1 mol의 질량은 실제 실험적인 몰질량과 비교하여 실제 분자식을 구할 수 있다.

풀이 100.0 g의 히푸르산 시료에 포함된 산소의 질량은

$$100.00\ \text{g} = 60.33\ \text{g 탄소} + 5.06\ \text{g 수소} + 7.82\text{g 질소} + \text{산소의 질량}$$

$$\text{산소의 질량} = 26.79\ \text{g 산소}$$

이다.

각 원소의 양은

$$60.33\ \text{g C} \times \frac{1\ \text{mol C}}{12.011\ \text{g C}} = 5.023\ \text{mol C}$$

$$5.06\ \text{g H} \times \frac{1\ \text{mol H}}{1.008\ \text{g H}} = 5.02\ \text{mol H}$$

$$7.82\ \text{g N} \times \frac{1\ \text{mol N}}{14.01\ \text{g N}} = 0.558\ \text{mol N}$$

$$26.79\ \text{g O} \times \frac{1\ \text{mol O}}{15.999\ \text{g O}} = 1.674\ \text{mol O}$$

이다.

몰비를 구하기 위해 가장 좋은 접근 방법은 가장 작은 비율로 존재하는 수치를 기본으로 하는 것이며, 이 경우에는 질소(N)이다.

$$\frac{\text{mol C}}{\text{mol N}} = \frac{5.023\ \text{mol C}}{0.558\ \text{mol N}} = \frac{9.00\ \text{mol C}}{1.00\ \text{mol N}} = 9\ \text{mol C/1 mol N}$$

$$\frac{\text{mol H}}{\text{mol N}} = \frac{5.02\ \text{mol H}}{0.558\ \text{mol N}} = \frac{9.00\ \text{mol H}}{1.00\ \text{mol N}} = 9\ \text{mol H/1 mol N}$$

$$\frac{\text{mol O}}{\text{mol N}} = \frac{1.674\ \text{mol O}}{0.558\ \text{mol N}} = \frac{3.00\ \text{mol O}}{1.00\ \text{mol N}} = 3\ \text{mol O/1 mol N}$$

이제 질소 1 mol당 탄소 9 mol, 수소 9 mol, 산소 3 mol임을 알았다. 그러므로 실험식은 $C_9H_9NO_3$가 된다.

히푸르산의 몰질량은 179.17 g/mol로 실험적으로 결정되었다. 이는 실험식의 질량과 같기 때문에 분자량은 $C_9H_9NO_3$이다.

고려사항 분자량을 구하는 다른 방식의 접근법이 있다. 히푸르산의 백분율 조성과 몰질량을 알고 있다면 179.17 g의 히푸르산에 108.06 g의 탄소(8.997 mol)와 9.06 g의 수소(8.99 mol)과 14.01 g의 질소(1.000 mol), 그리고 48.00 g의 산소(3 mol)이 있음을 계산할 수 있다. 이를 통해 우리는 $C_9H_9NO_3$가 분자식임을 알 수 있다. 하지만 이 접근법은 백분율 조성과 몰질량 둘 다 알 때에만 사용할 수 있음을 인지해야 한다.

전략도 2.9

문제
알고 있는 조성과 **몰질량**으로부터 **실험식**과 **분자식**을 결정하시오.

↓

알려진 자료/정보
- 몰질량
- 백분율 조성

1단계 시료 **100 g 질량**에 상응하는 각 **원소의 %**를 추정한다.

↓

화합물 시료 **100 g** 내 각 원소의 **질량**

2단계 각 원소의 **원자량**을 이용하여 100 g 시료의 각 원소의 몰수를 계산한다(**질량 mol/g**을 곱한다).

↓

100 g의 시료 내에 있는 각 원소의 **몰수(몰)**

3단계 **가장 적은 양**으로 존재하는 원소의 몰수로 각 원소의 몰수를 나눈다.

↓

가장 적은 양으로 존재하는 원소의 몰수와 각 원소의 몰수에 대한 정수 비 = **실험식**

4단계 알고 있는 **몰질량**을 **실험식 질량**으로 나눈다.

↓

분자식

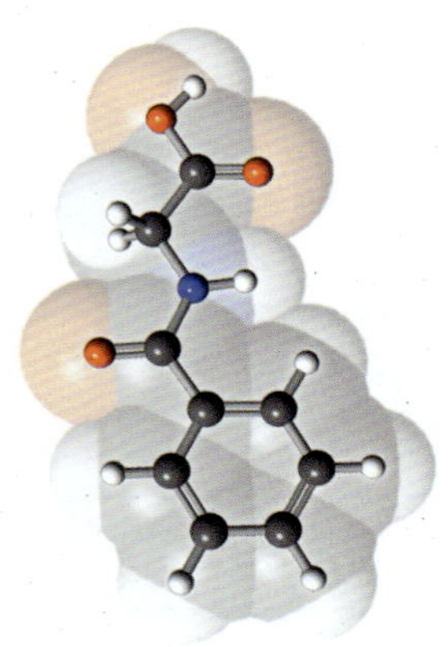

히푸르산, $C_9H_9NO_3$. 흰색 결정으로 분리되는 이 물질은 사람과 초식 동물의 소변에서 발견할 수 있다.

유제

1. 나프탈렌($C_{10}H_8$)의 실험식을 무엇인가?
2. 아세트산의 실험식은 CH_2O이다. 몰질량이 60.05 g/mol이면 아세트산의 분자식은 어떻게 되는가?
3. 이소프렌은 중합하여 자연고무를 만드는 데 사용하는 액체 화합물이다. 그 조성은 탄소 88.17 %, 수소 11.83 %이다. 몰질량은 68.11 g/mol이다. 실험식과 분자식은 무엇인가?
4. 장뇌는 '장뇌나무'에서 발견되는데 그 독특한 향기로 유명하다. 그 조성은 탄소 78.90 %, 수소 10.59 %이다. 나머지는 산소로 이루어져 있다. 이것의 실험식은 무엇인가?

질량 자료로부터 화학식 결정하기

질량백분율로 나타낸 화합물의 조성을 통해 100.0 g의 시료에 들어 있는 각 원소의 질량을 알 수 있다. 실험실에서는 약간 다른 방법으로 화합물의 조성을 알아낸다.

1. 질량을 알고 있는 원소들이 결합해서 질량을 알고 있는 화합물이 생성되었을 경우에 각 원소들의 질량은 몰수로 변환할 수 있고 몰수의 비는 원자들의 결합 비를 나타낸다. 따라서 실험식을 알아낼 수 있다. 이 방법이 예제 2.10에 있다.
2. 질량은 알지만 구성원소를 모르는 화합물을 분해하여 조성을 아는 물질로 만들 경우에 이 분해물들의 질량이 결정되면 그 몰수의 비를 가지고 실험식을 구할 수 있다. 예를 들어

$$Ni(CO)_4(\ell) \rightarrow Ni(s) + 4\ CO(g)$$

Ni과 CO의 질량은 몰수로 변환되는데, 그 비는 1:4이고 화합물의 화학식을 나타낸다. 이 방법에 대해서는 예제 2.11에서 설명할 것이다.

전략도 2.10

문제
원소의 **질량백분율**에 기초하여 **실험식**을 결정하시오.

↓

알려진 자료/정보
- 이원자 화합물 내의 한 원소의 질량
- 생성물의 질량

1단계 **차이**를 이용하여 두 번째 원소의 질량을 찾는다.

↓

화합물 시료 내의 각 **원소의 질량**

2단계 시료 내 각 **원소의 몰수**를 계산하기 위해 각 원소의 원자량을 이용하시오(질량에 mol/g을 곱하시오).

↓

시료 내의 각 원소의 **몰수(몰)**

3단계 가장 적은 양으로 존재하는 원소의 몰수로 각 원소의 몰수를 나눈다.

↓

가장 적은 양으로 존재하는 원소의 몰수와 각 원소의 몰수에 대한 정수 비 = **실험식**

예제 2.10 질량 합으로부터의 화합물의 화학식

문제 사실상 모든 원소에 대한 산화물은 알려져 있다. 예를 들어 브로민은 오존으로 처리하면 몇몇 산화물로 된다. 1.250 g의 브로민(Br_2)을 오존과 반응시켜 1.876 g의 Br_xO_y를 얻었다고 한다면 생성물의 화학식은 무엇인가?

알고 있는 사실 주어진 브로민 질량의 전부가 화학식을 모르는 산화브로민 형태의 브로민이 되었다는 것을 알아야 한다. 생성물에 포함된 브로민의 질량을 알아야 하기 때문에 생성물의 질량을 알아야 하고 생성물 중 산소의 질량을 결정할 수 있다.

전략

- 산소의 질량은 생성물의 질량과 사용된 브로민의 질량의 차이로부터 결정한다.
- 각 원소의 질량으로부터 브로민과 산소의 몰수를 계산한다.
- 브로민의 몰수와 산소의 몰수 중 더 적은 비율을 찾는다. 이는 실험식을 결정하게 된다.

풀이 화합물 중 브로민의 질량을 알고 있기 때문에 생성물의 질량에서 브로민의 질량을 빼서 화합물 중 산소의 질량을 계산할 수 있다.

$$1.876\text{ g 생성물} - 1.250\text{ g 브로민}(Br_2) = 0.626\text{ g 산소}$$

다음으로 반응물의 몰수를 계산한다. 브로민(Br_2)은 반응물이지만 생성물에서의 브로민(Br)의 몰수를 알아야 한다.

$$1.250\text{ g }Br_2 \times \frac{1\text{ mol }Br_2}{159.81\text{ g}} = 0.007822\text{ mol }Br_2$$

$$0.007822\text{ mol }Br_2 \times \frac{2\text{ mol Br}}{1\text{ mol }Br_2} = 0.01564\text{ mol Br}$$

$$0.626\text{ g O} \times \frac{1\text{ mol O}}{16.00\text{ g O}} = 0.0391\text{ mol O}$$

산소와 브로민 몰수의 비율을 구한다.

$$\text{몰 비율} = \frac{0.0391\text{ mol O}}{0.01564\text{ mol Br}} = \frac{2.50\text{ mol O}}{1.00\text{ mol O}}$$

원자의 비율이 2.5 mol 산소/ 1.0 mol 브로민이다. 하지만 원자의 비율에는 정수값이 와야 하므로 2배를 해서 5 mol 산소와 2 mol 브로민의 비율로 만든다. 그러면 오산화이브로민(Br_2O_5)이 생성물임을 알 수 있다.

고려사항 정수 비율인 5 : 2는 2.5 = 2 1/2 = 5/2로 구할 수 있다. 이 문제는 질량 보존 법칙에 기초한 것이다. 반응에 쓰인 모든 브로민은 생성물의 구성 성분이다.

유제 산화갈륨(Ga_xO_y)은 갈륨과 산소가 결합해서 생성된다. 1.25 g의 갈륨이 산소와 반응하여 1.68 g의 Ga_xO_y가 생성되었다고 가정하자. 생성물의 화학식은 무엇인가?

예제 2.11 수화된 화합물의 화학식 결정하기

문제 푸른색의 황산구리(II) 수화물, $CuSO_4 \cdot x H_2O$에서 x값 즉, $CuSO_4$의 각 단위에서 물 분자의 수를 알고자 하여 1.023 g의 고체를 달아 자기 도가니에 넣고, 이것을 충분히 가열하는 실험에서 (▶그림 2.30 참조) 거의 흰색인 황산구리(II) 무수물, $CuSO_4$을 0.654 g 얻었다.

$$1.023\text{ g }CuSO_4 \cdot x\,H_2O + \text{열} \rightarrow 0.654\text{ g }CuSO_4 + ?\text{ g }H_2O$$

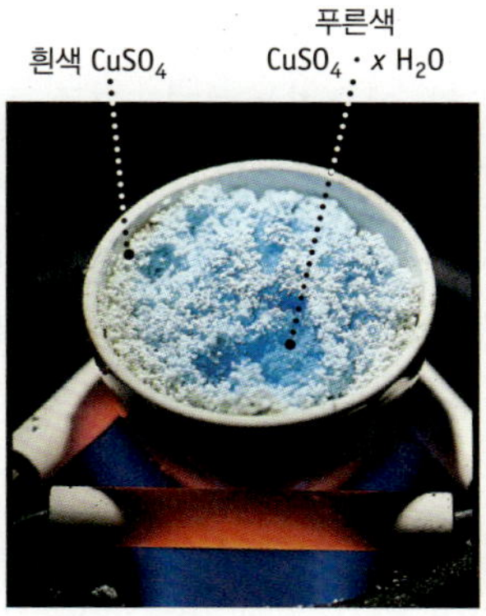

흰색 $CuSO_4$

푸른색 $CuSO_4 \cdot x\,H_2O$

© Cengage Learning/Charles D. Winters

알고 있는 사실 가열 전의 물을 포함한 황산구리와 가열 후의 물을 포함하지 않은 황산구리의 질량을 알고 있다. 따라서 시료 내의 물의 질량과 황산구리($CuSO_4$)의 질량을 알 수 있다.

전략 x를 알기 위해 $CuSO_4$ 1 mol당 H_2O의 몰수를 알아야 한다.

- 수화물을 가열하여 얻은 물의 질량을 알아낸다.

전략도 2.11

문제

물과 무수 염의 질량에 기초하여 **수화 염의 화학식**을 결정하시오.

↓

알려진 자료/정보

- 가열하여 무수물을 만들기 전과 후의 시료 질량

1단계 **차이**를 이용하여 **염과 물의 질량**을 찾는다.

↓

수화 화합물 시료의 **염과 물의 질량**

2단계 시료 내 각 물질의 **몰수**를 계산하기 위해 각 염과 물의 **분자량**을 이용한다(**질량**에 **mol/g**을 곱한다).

↓

시료 내의 염과 물의 **몰수(몰)**

3단계 무수 염의 몰수로 물의 몰수를 나눈다.

↓

화학식 = 무수 시료에서 물의 몰수와 염의 몰수의 비

- $CuSO_4$와 H_2O의 질량과 몰질량으로부터 몰수를 계산한다.
- 가장 작은 정수 비율(H_2O 몰수 / $CuSO_4$ 몰수)을 알아낸다.

풀이 물의 질량은 다음과 같이 계산한다.

수화된 화합물의	1.023 g
−무수화합물 $CuSO_4$	− 0.654 g
물의 질량	0.369 g

다음으로 $CuSO_4$와 H_2O의 질량을 몰수로 전환한다.

$$0.369\ \text{g H}_2\text{O} \times \frac{1\ \text{mol H}_2\text{O}}{18.02\ \text{g H}_2\text{O}} = 0.0205\ \text{mol H}_2\text{O}$$

$$0.654\ \text{g CuSO}_4 \times \frac{1\ \text{mol CuSO}_4}{159.6\ \text{g CuSO}_4} = 0.00410\ \text{mol CuSO}_4$$

몰 비로부터 x값을 결정한다.

$$\frac{0.0205\ \text{mol H}_2\text{O}}{0.00410\ \text{mol CuSO}_4} = \frac{5.00\ \text{mol H}_2\text{O}}{1.00\ \text{mol CuSO}_4}$$

$CuSO_4$ 대 H_2O비는 1:5이다. 그러므로 수화된 화합물의 화학식은 $CuSO_4 \cdot 5H_2O$와 같고, 이것의 이름은 황산구리(II) 5수화물이다.

고려사항 $CuSO_4$의 몰수와 물의 몰수의 비율은 정수이다. 수화된 화합물은 거의 언제나 이렇다.

유제 수화된 염화니켈(II)은 아름다운 푸른색 결정 화합물이다. 이 화합물을 강하게 가열하면 물이 탈수된다. 만약 가열하여 0.235g의 $NiCl_2 \cdot xH_2O$로부터 $NiCl_2$ 0.128 g을 얻었다면 x값은 얼마인가?

질량분석법으로 화학식 구하기

지금까지 분자식을 결정하는 화학적 방법들을 알아보았다. 그러나 기기적인 방법 또한 이용가능하다. 그중 한 가지가 질량분석법이다(그림 2.28). 앞서 동위원소의 존재를 증명하고, 그의 상대적 존재비를 측정하기 위해서 질량분석법을 이용했다는 것을 소개했다(그림 2.3). 화합물을 기체로 변환할 수 있다면 기체가 질량분석기의 전자살(beam)을 통과하는데, 이때 높은 에너지의 전자가 기체상의 분자와 충돌하게 된다. 이 높은 에너지의 충돌로 분자는 전자를 잃게 되어 양이온으로 된다. 이 이온들은 작은 조각들로 나누어진다. 그림 2.28에서 설명하듯이 에탄올로부터 양이온($CH_3CH_2OH^+$)이 만들어지고 이것이 수소 원자를 잃어 다른 양이온($CH_3CH_2O^+$)이 되며 더욱 쪼개진다. 질량분석기는 이러한 여러 가지 조각이온들의 질량을 측정하고 기록한다. 질량 스펙트럼을 분석하면 화합물을 결정할 수 있고 정확한 분자량을 알 수 있다.

사례 연구 비소, 의약품과 화합물 606의 화학식

수 세기에 걸쳐 의약품의 처방을 통해 특정 병원체에 독성을 나타내는 화합물과 환자가 해를 입을 정도로 독성이 강하지 않은 화합물을 발견하게 되었다. 20세기 초반에 에를리히(Paul Ehrlich)는 당시에 만연하였던 성병인 매독을 치료할 수 있는 화합물을 발견하고자 하였다. 그는 수백 종류의 화합물을 검사하였고 606번째 화합물이 효과가 있다는 것을 발견하였다. 이 화합물은 현재 살바르산이라 불리는 비소를 함유한 약이다. 이 약은 1930년대에 페니실린이 발견될 때까지 매독을 치료하는 데 수년간 사용되었다.

살바르산은 현대 의약 산업의 선구자이다. 흥미롭게도 화학자들이 오랫동안 단일 화합물이라고 여겨왔던 것이 실제로는 혼합물임이 발견되었다. 아래의 문제 2가 두 가지 화합물의 분자식으로 이끌게 될 것이다.

문제

1. 비소는 환경에서 광범위하게 발견되고 방글라데시에서는 지상 물 공급에 있어 주요 문제가 되고 있다. 웅황은 비소를 포함하는 광물 중의 하나이고 황비동광은 다른 비소 함유 광물이다. 후자는 19.024 %의 비소, 48.407 %의 구리와 32.569 %의 황을 함유한다. 이 광물의 실험식은 무엇인가?
2. 살바르산은 오랫동안 단일 물질로 생각하였다. 그러나 최근에 화합물의 질량 분석기 연구를 통해 같은 실험식을 가지는 2개 분자의 혼합물임이 밝혀졌다. 각 물질은 39.37 % C, 3.304 % H, 8.741% O, 7.652 % N, 40.932 % As의 조성을 가진다. 한 물질은 몰질량이 549 g/mol이고 다른 것은 몰질량이 915 g/mol이다. 화합물들의 분자식은 무엇인가?

비소를 함유 광물인 웅황 시료, As_2S_3. 원소의 이름은 이 광물의 그리스어에서 유래되었다고 생각하고 있으며, 이것은 17세기 네덜란드 화가들이 안료로 선호하였다.

이 질문에 대한 답은 부록 N에 수록되어 있다.

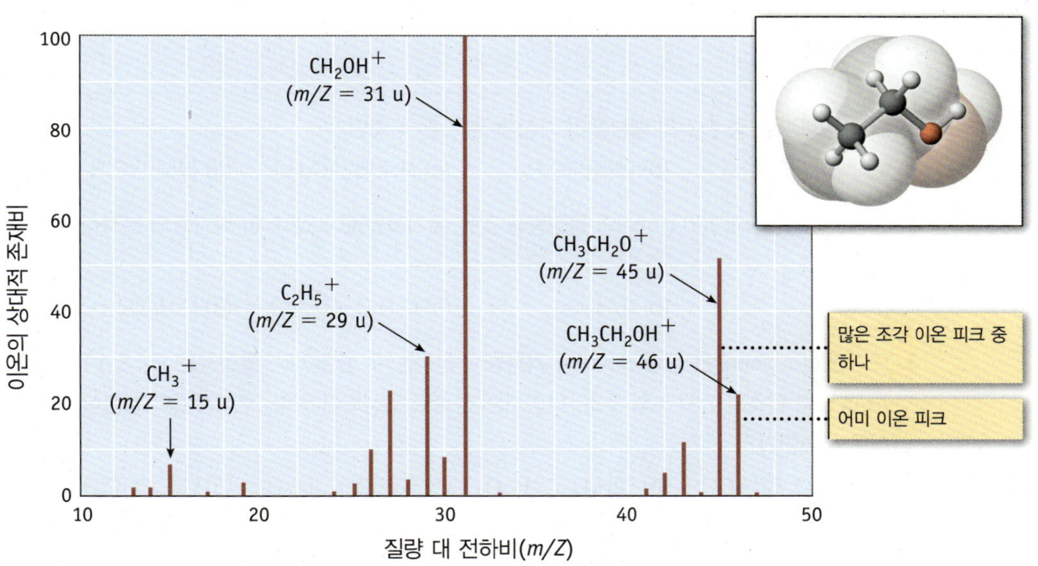

그림 2.28 에탄올, CH_3CH_2OH의 질량 스펙트럼. 스펙트럼에 나타나는 뚜렷한 선이나 봉우리는 질량 46에 있는 '어미' 이온($CH_3CH_2OH^+$)이다(어미 이온은 감지되는 것 중 가장 무거운 이온이다). 어미 이온의 봉우리로 생각되는 질량으로 분자의 화학식을 확인할 수 있다. 다른 봉우리는 조각 이온의 봉우리이다. 이 스펙트럼 선들의 형태는 화합물의 화학식을 결정하는 명확한 단서가 된다(수평선은 이온의 질량–전하 비이다. 감지되는 거의 모든 이온이 $Z = +1$의 전하를 가지며, 측정되는 수치로 이온의 질량을 알 수 있다). (심층 학습: 질량분석법, 분자량 및 동위원소 참조)

심층 학습 질량분석법, 몰질량, 동위원소

브로모벤젠(C_6H_5Br)의 분자량은 157.010 g/mol이다. 이 화합물의 질량 스펙트럼은 156과 158에서 뚜렷한 스펙트럼이 나온다. 그 이유는 무엇일까? 이 질문의 답을 통해 분자량에서 볼 수 있는 동위원소의 영향을 알게 된다.

브로민은 자연계에 두 가지의 동위원소 ^{79}Br과 ^{81}Br이 존재한다. 그들은 각각 50.7 %와 49.3 %로 존재한다. 각 동위원소에 대한 C_6H_5Br의 질량은 어떨까? 가장 많이 존재하는 C와 H의 동위원소(^{12}C와 ^{1}H)와 ^{1}H를 사용하면 ^{79}Br만을 가지는 화합물, $C_6H_5{}^{79}Br$의 분자량은 156이다. ^{81}Br만을 가지는 화합물, $C_6H_5{}^{81}Br$의 분자량은 158이다. 이 2개의 선은 스펙트럼에서 가장 높은 질량-전하 비를 갖는다.

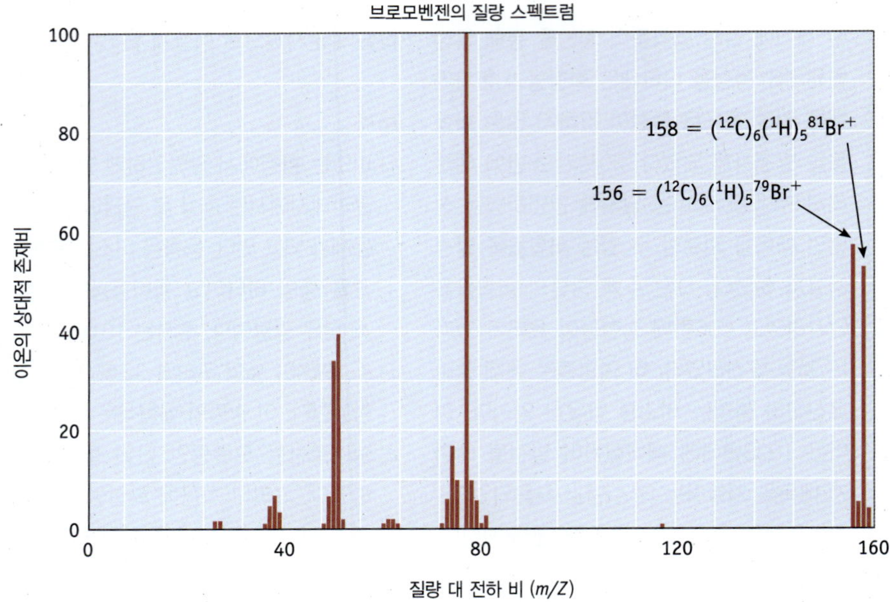

브로모벤젠의 분자량은 157.010 g/mol로 계산된다. 이 값은 그 구성 원소의 원자량을 가지고 계산한 것이다. 이 원자량은 전체 동위원소들의 분포 양을 반영한다. 반면에 질량분석기는 가능한 동위원소 조합에 대한 선들을 모두 가지고 있다. 이것이 157과 159의 질량-전하비에 해당하는 짧은 선이 존재하는 이유를 설명한다. 이들은 ^{1}H, ^{12}C, ^{13}C, ^{79}Br, ^{81}Br 원자의 다양한 조합에 의해서 만들어진다. 사실 그런 형태를 주의하여 분석하면 분자들을 명확하게 확인할 수 있다.

2.10절 확인문제

1. 다음 탄화수소 중 탄소의 백분율이 가장 높은 것은 무엇인가?

(a) 메테인(CH_4) (b) 에테인(C_2H_6) (c) 프로페인(C_3H_8) (d) 뷰테인(C_4H_{10})

2. CH_2O의 실험식과 180 g/mol의 몰질량을 갖는 유기화합물이 있다. 이 화합물의 분자식은 무엇인가?

(a) CH_2O (b) $C_6H_{12}O_6$ (c) $C_2H_4O_2$ (d) $C_5H_{10}O_5$

3. 오이겐올(eugenol)은 정향(clove)의 기름을 구성하는 주 물질이다. 몰질량은 164.2 g/mol이며 73.14 %의 탄소와 7.37 %의 수소, 나머지는 산소로 구성되어 있다. 오이겐올의 실험식과 화학식은 무엇인가?

(a) C_5H_6O, C_5H_6O (b) C_5H_6O, $C_{10}H_{12}O_2$ (c) C_6H_5O, $C_{12}H_{10}O_2$ (d) C_3H_6O, $C_6H_{12}O_2$

4. 사리염은 $MgSO_4 \cdot 7H_2O$이다. 70~80 ℃로 가열할 때 전부는 아니지만 수화된 물의 일부를 잃게 된다. 2.465 g의 사리염을 75 ℃에서 가열하였다고 가정하고 1.744 g이 남아 있다는 것을 알았다. 일부가 탈수된 염의 화학식은 무엇인가?

(a) $MgSO_4 \cdot 6H_2O$ (b) $MgSO_4 \cdot 5H_2O$ (c) $MgSO_4 \cdot 4H_2O$ (d) $MgSO_4 \cdot 3H_2O$

화학 원리 응용 | 아르곤 – 놀라운 발견

비활성 기체 아르곤은 영국의 램지 경(Sir William Ramsay)과 스트루트(John William Strutt, 롤리 경 3세(the third Lord Rayleigh)에 의해 발견되었고 1895년에 과학 논문집에 보고되었다. 이 발견을 하면서 램지와 롤리 경은 기체 밀도의 극도로 정확한 측정을 수행하였다. 그들은 암모니아의 열분해에 의해 생성된 기체 질소(N_2)의 밀도가 공기 중에서 O_2, CO_2, H_2O를 제거한 후에 남는 기체의 밀도보다 약간 적다는 것을 발견하였다. 이러한 차이의 이유는 공기에서 얻어진 시료가 아주 적은 양의 다른 기체를 포함하고 있기 때문이다. 시료로부터 N_2를 뜨거운 마그네슘과 반응시켜 제거(Mg_3N_2를 생성)한 후 공기보다 훨씬 밀도가 큰 소량의 기체가 남게 되었다. 이것이 아르곤으로 확인되었다.

롤리 경이 실험적으로 결정한 산소, 질소, 공기의 밀도는 아래에 주어져 있다.

기체	밀도(g/L)
산소	1.42952
공기 중에서 분리한 질소	1.25718
암모니아에서 분리한 질소	1.25092
수분과 CO_2를 제거한 공기	1.29327

윌리엄 램지 경(1852~1916). 램지는 스코틀랜드의 화학자로 비활성 기체 서너 개를 발견하였으며 이 공로로 노벨 화학상을 1904년에 수상하였다. 롤리 경도 1904년에 아르곤의 발견으로 노벨 물리학상을 수상하였다.

AFPPhoto/Toshifumi KITAMURA/Newscom

문제

1. 대기 중의 질소 밀도를 결정하기 위하여 롤리 경은 공기 중에서 산소, 물, 이산화탄소를 제거하고 나머지 기체로 공기를 뺀 유리 구체를 채웠다. 그는 표준 온도와 압력 조건에서 질량이 0.20389 g의 질소의 밀도는 1.25718 g/L임을 알았다. 구체의 부피는 얼마인가? (cm^3 단위로)
2. 기체 혼합물의 밀도는 각 기체의 밀도와 그 기체가 차지하는 공간의 부분 부피를 곱한 값을 더하여 계산할 수 있다(이 계산의 유사성을 동위원소의 질량과 부분 존재비로부터 원소의 몰질량 계산에서 볼 수 있음에 주목하시오). CO_2를 제거한 건조한 공기가 부피로 20.96 % 산소, 78.11 % 질소, 0.930 %의 아르곤으로 가정하고 아르곤의 밀도를 결정하시오.
3. 대기 중의 아르곤은 3개의 안정한 동위원소 ^{36}Ar, ^{38}Ar, ^{40}Ar의 혼합물이다. 아래 표의 자료를 이용하여 ^{40}Ar의 원자 질량과 존재비를 결정하시오.

동위원소	원자 질량(u)	존재비(%)
^{36}Ar	35.967545	0.337
^{38}Ar	37.96732	0.063
^{40}Ar	?	?

4. 표준 온도와 압력 하에서 아르곤의 밀도가 1.78 g/L이라면 이러한 온도와 압력 조건에서 순수한 아르곤으로 채운 부피가 4.0 m × 5.0 m × 2.4 m인 방에 존재하는 아르곤 분자의 수는 몇 개인가?

참고문헌

1. *Proceedings of the Royal Soceity of London*, vol. 57, (1894~1895), pp.265~287.
2. 대기의 기체와 역사, 4th ed., William Ramsay, MacMillan and Co., Limited, London, 1915.

학습 목표 복습

여러분은 이 장의 학습을 마쳤다. 이제 학습 목표를 달성했는지 점검해 보자. 특히 다음과 같은 것을 할 수 있어야 한다.

- 원자의 조성과 구조(양성자, 중성자, 전자), 원자 번호와 질량수 같은 용어를 이해한다(2.1과 2.2절).
- 원자 질량의 다양한 표기법: 원자 질량, 원자량(상대적 원자 질량)과 상호 관계를 이해한다(2.2와 2.3절).
- 동위원소의 조성을 이해한다(2.3절).
- 화학에서 쿨롱 법칙의 중요성을 이해한다(식 2.3). (이 법칙은 이온 간 인력과 반발력 같은 정전기적 힘을 기술한다. 쿨롱 법칙은 반대로 하전된 화학종 간의 인력은 전하에 비례하고 화학종 간 거리에 반비례한다고 기술하고 있다.)
- 몰 개념과 몰질량과 응용을 이해한다(2.9와 2.10절).
- 질량분석기가 어떻게 동위원소의 존재비, 질량과 분자식을 결정하는가를 이해한다(2.10절).

- 원자량, 동위원소 질량과 동위원소 존재비와 관련된 계산을 수행한다.
  a. 주어진 동위원소에 대하여 질량수와 중성자의 수를 확인한다(2.2와 2.3절).
  b. 원소의 원자량(원자 질량)과 동위원소 존재비와 질량에 관련된 계산을 수행한다(2.4절).
- 질량, 몰과 입자의 수를 포함하는 계산을 수행한다.
  a. 원소의 몰질량과 아보가드로 수를 계산에서 사용한다(2.9절).
  b. 화학식과 원자량 표를 이용하여 화합물의 몰질량을 계산한다(2.9절).
  c. 주어진 질량으로 표시된 화합물의 몰수 계산과 역과정을 계산한다(2.9절).
- 이온 화합물과 분자 화합물의 화학식을 해석, 예측, 기술한다.
  a. 분자식, 축소 구조식, 구조식을 인식하고 해석한다(2.6절).
  b. 양이온이라 부르는 양으로 하전된 이온을 생성하기 위해 1개 이상의 전자를 흔히 잃는 금속 원자와 음이온이라 부르는 음으로 하전된 이온을 생성하기 위해 1개 이상의 전자를 얻는 비금속 원자를 인식한다(2.18절).
  c. 금속 양이온의 전하를 예측: 1A, 2A, 3A족 이온에서 전하는 주기율표의 족 번호와 동일(M^{n+}, n = 족 번호)하다(2.7절). 전이금속 양이온에서 전하는 보통 2+ 또는 3+이지만 다른 전하도 관측된다.
  d. 단원자 음이온, X^{n-}의 음전하는 n = 족 번호 −8로 주어짐을 인식한다(2.7절).
  e. 전체 전하가 0이 되도록 적절한 비로 조합하여 이온화합물의 화학식 쓴다(2.7절).
- 실험 자료를 이용하여 실험식과 분자식, 백분율 조성을 결정한다.
  a. 화합물의 조성을 백분율 조성으로 표현한다(2.10절).
  b. 백분율 조성 또는 다른 실험 자료를 이용하여 화합물의 실험식을 결정한다(2.10절).

- 주기율표의 용어(족, 주기)와 주기율에서 주어진 정보를 활용하는 방법을 기억한다(2.5절).
- 일부 흔한 원소를 기억하고 그들의 성질 일부를 식별한다.
- 이온 화합물과 흔한 분자 화합물의 화학식과 이름을 기억한다.
  a. 다원자 이온(표 2.4와 2.7절)
  b. 이온 화합물과 간단한 비금속 이성분 화합물(2.7과 2.8절)
- 이온 화합물의 흔한 성질을 기억한다(2.7절).

주요 식

식 2.1(38쪽) 동위원소의 존재비 백분율

$$\text{존재비 백분율} = \frac{\text{주어진 동위원소 원자 개수}}{\text{해당 원소 모든 동위원소 원자의 총 개수}} \times 100\ \%$$

식 2.2(40쪽) 동위원소의 존재비와 각 동위원소의 정확한 원자량으로부터 원자량을 계산

$$\text{원자량} = \left(\frac{\text{동위원소 1의 존재비 백분율}}{100}\right)(\text{동위원소 1의 질량}) + \left(\frac{\text{동위원소 2의 존재비 백분율}}{100}\right)(\text{동위원소 2의 질량}) + \cdots$$

식 2.3(65쪽) 반대 전하를 가진 이온 사이의 인력을 표현한 쿨롱의 법칙

$$\text{인력} = -k\frac{(n^{+}e)(n^{-}e)}{d^{2}}$$

(+)와 (−) 이온의 전하: n^{+}, n^{-}
전자의 전하: e
비례상수: k
이온 사이의 거리: d

학습문제

실전문제

원자: 조성과 구조

1. 원자를 구성하는 세 가지 기본입자는 무엇인가? 그 입자들의 전하는 얼마인가? 이 입자들 중에 원자의 핵을 구성하는 것은 무엇인가? 세 입자 중에서 질량이 가장 작은 것은?

2. 다음 각 원자에 대한 완성된 원소기호($^{A}_{Z}X$)를 쓰시오.
(a) 15개의 중성자를 갖는 마그네슘
(b) 26개의 중성자를 갖는 타이타늄
(c) 32개의 중성자를 갖는 아연

3. 다음 각 원자에 있는 전자, 양성자, 중성자의 수를 쓰시오.
(a) 마그네슘−24, ^{24}Mg (b) 주석−119, ^{119}Sn
(c) 토륨−232, ^{232}Th (d) 탄소−13, ^{13}C
(e) 구리−63, ^{63}Cu (f) 비스무스−205, ^{205}Bi

원자 구조 발전에 있어 주요 실험들

4. 음극선 실험에서 J. J. 톰슨은 전자의 질량이 양성자 질량의 약 1/1000 정도로 추산하였다. 이 추청치가 얼마나 정확한가? 전자의 질량 대 양성자의 질량비를 계산하시오.

5. 마리 퀴리는 폴란드에서 태어났으나 파리에서 공부하고 연구를 수행하였다. 1903년 그녀는 방사능의 발견으로 H. 베크렐과 남편인 피에르와 노벨 물리학상을 공동으로 수상하였다(1911년에는 그녀의 모국인 폴란드를 기려 명명된 폴로늄과 라듐이라는 2개의 새로운 원소들을 발견한 공로로 노벨 화학상을 수상하였다). 이들은 방사성 물질이 알파(α), 베타(β), 감마(γ) 등 세 종류의 방사를 할 수 있음을 관찰하였다. 방사선 광원으로부터의 방사가 전기적으로 하전된 판 사이를 지난다면 어떤 입자는 양으로 하전된 판에 붙고, 어떤 입자는 음으로 하전된 판에 붙으며, 다른 것은 끌림을 느끼지 않게 된다. 어느 입자가 양으로 하전되었으며, 어느 것이 음으로 하전되었고, 어느 것이 전하가 없는가? 2개의 하전된 입자 중에서 어느 것이 보다 질량이 큰가?

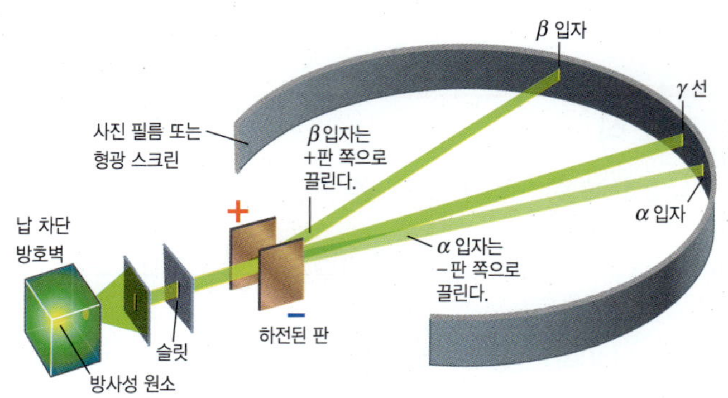

방사선. 방사성 원소로부터의 알파(α), 베타(β), 감마(γ)선은 전기적으로 하전된 판 사이를 통과시킴으로써 분리된다.

동위원소

6. ^{16}O 원자의 질량은 15.995 u이다. ^{12}C 원자의 상대적 질량은 몇인가?

7. 코발트는 3개의 방사능 동위원소를 가지며 주로 의학 연구에 사용된다. 이 동위원소는 각각 30, 31, 33개의 중성자를 갖는다. 각 동위원소의 기호를 쓰시오.

8. 수소의 세 가지 동위원소의 이름과 조성은 무엇인가?

동위원소 존재비와 원자량(예제 2.2와 2.3 참조)

9. 탈륨은 두 안정한 동위원소인 ^{203}Tl와 ^{205}Tl를 갖는다. 탈륨의 원자량은 204.4이다. 두 동위원소 중 어느 것이 더 많이 존재하는가?

10. 다음 정보를 이용하여 리튬의 원자 질량이 6.94임을 입증하시오.
^{6}Li, 질량 = 6.015121 u; % 존재량 = 7.50 %
^{7}Li, 질량 = 7.016003 u; % 존재량 = 92.50 %

11. 갈륨은 2개의 천연에서 산출되는 동위원소인 ^{69}Ga와 ^{71}Ga이 있으며, 질량은 각각 68.9257 u와 70.9249u이

다. 갈륨 동위원소의 백분율 존재비를 계산하시오.

주기율표 (2.5절 참조)

12. 타이타늄과 탈륨은 서로 쉽게 혼동할 수 있는 원소 기호를 가진다. 각 원소들의 원소 기호, 원자 번호, 원자량과 족과 주기 번호를 제시하시오. 이들은 금속, 준금속 또는 비금속 중 어느 것인가?

13. 주기율표에서 8개의 원소를 포함하는 주기는 몇 개인가? 또한 18개의 원소와 32개의 원소를 포함하는 주기는 각각 몇 개인가?

14. C로 시작하는 원소들(C, Ca, Cr, Co, Cd, Cl, Cs, Ce, Cm, Cu, Cf) 중에서 다음 질문에 해당하는 것은 무엇인가? (1개 이상 답이 가능)
(a) 비금속은 어떤 것인가?
(b) 주족 원소는 어떤 것인가?
(c) 란타넘 계열의 원소는 어떤 것인가?
(d) 전이금속 원소는 어떤 것인가?
(e) 악티늄 계열의 원소는 어떤 것인가?
(f) 기체 상태의 원소는 어떤 것인가?

15. 다음 원소들을 금속, 준금속, 비금속 등으로 분류하시오. N, Na, Ni, Ne과 Np.

분자식과 분자모형

16. 질산의 모형이 그려져 있다. 질산의 분자식을 쓰고, 그 구조식을 그리시오. 분자의 구조를 기술하시오. 그것은 편평한가? 즉, 모든 원자들이 같은 종이의 평면에 있는가? (질소 원자는 파란색; 산소 원자는 붉은색; 수소 원자는 흰색)

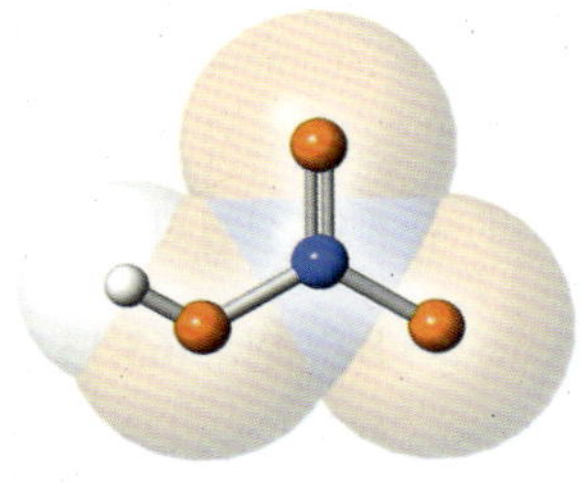

질산

이온과 이온 전하 (그림 2.18, 표 2.4 참조)

17. 다음 원소들의 단원자 이온들에 대해 가장 일반적으로 관찰된 전하는 무엇인가?
(a) 마그네슘 (b) 아연
(c) 니켈 (d) 갈륨

18. 다음 이온들의 각각에 대해서 정확한 전하를 포함하는 기호를 나타내시오.
(a) 바륨 이온 (b) 타이타늄(Ⅳ) 이온
(c) 인산 이온 (d) 탄산수소 이온
(e) 황화 이온 (f) 과염소산 이온
(g) 코발트(Ⅱ) 이온 (h) 황산 이온

19. 포타슘 원자가 단원자 이온을 형성할 때 그것은 몇 개의 전자를 얻거나 잃는가? 어떤 비활성 기체 원자가 포타슘 이온과 같은 수의 전자를 가지는가?

이온 화합물 (예제 2.4, 예제 2.5 참조)

20. 바륨과 브로민 원소를 포함하는 이온 화합물에서 이온의 전하를 예측하고, 화합물의 화학식을 쓰시오.

21. 다음 화합물들의 각각에 대해서 화학식, 전하, 화합물을 만드는 각 이온의 수를 말하시오.
(a) K_2S (b) $CoSO_4$
(c) $KMnO_4$ (d) $(NH_4)_3PO_4$
(e) $Ca(ClO)_2$ (f) $NaCH_3CO_2$

22. 코발트는 Co^{2+}와 Co^{3+}이온을 형성한다. 이들 전이금속 이온들에 의해 생성되는 두 가지 코발트 산화물의 화학식을 쓰시오.

23. 다음 중 어느 것이 이온 화합물에 대한 정확한 화학식인가? 틀릴 경우 올바른 화학식으로 나타내시오.
(a) $AlCl_2$ (b) KF_2
(c) Ga_2O_3 (d) MgS

이온 화합물의 명명

24. 다음 이온 화합물들을 각각 명명하시오.
(a) K_2S (b) $CoSO_4$
(c) $(NH_4)_3PO_4$ (d) $Ca(ClO)_2$

25. 다음 이온 화합물 각각의 화학식을 제시하시오.

(a) 탄산암모늄 (b) 아이오딘화칼슘
(c) 브로민화구리(II) (d) 인산알루미늄
(e) 아세트산은(I)

26. Na^+과 Ba^{2+} 양이온이 각각 CO_3^{2-}과 I^- 음이온과 결합하여 만들 수 있는 네 가지 이온 화합물들의 화학식을 쓰시오.

쿨롱의 법칙(식 2.3 그림 2.21 참조)

27. 소듐 이온(Na^+)은 플루오린화 이온(F^-) 또는 아이오딘화 이온(I^-)과 이온 화합물을 형성한다. 이들 이온들의 반경은 다음과 같다. $Na^+ = 116$ pm; $F^- = 119$ pm 그리고 $I^- = 206$ pm이다. 이들 이온 화합물에서 NaF와 NaI 중 어느 것이 양이온과 음이온 사이의 인력이 더 강하겠는가? 설명하시오.

이성분, 비금속 화합물의 명명

28. 이온 화합물이 아닌 각 이성분 화합물을 명명하시오.
(a) NF_3 (b) HI
(c) BI_3 (d) PF_5

29. 다음 화합물 각각의 화학식을 제시하시오.
(a) 이염화황
(b) 오산화이질소
(c) 사염화실리콘
(d) 삼산화이붕소(흔히 산화 붕소)

원자와 몰 (예제 2.6 참조)

30. 다음 각각의 g 질량을 계산하시오.
(a) 2.5 mol의 알루미늄 (b) 1.25×10^{-3} mol의 철
(c) 0.015 mol의 칼슘 (d) 653 mol의 네온

31. 다음 각각의 몰수를 계산하시오.
(a) Cu 127.08g (b) 리튬 0.012 g
(c) 아메리슘 5.0 mg (d) Al 6.75 g

32. He, Fe, Li, Si와 C 각각 1 g 시료가 주어진다면 가장 많은 원자수를 갖고 있는 시료는 무엇인가? 어느 것이 가장 작은 수를 가지고 있는가?

33. 인회석(치아 에나멜의 주요 성분) 10.0 g 시료를 분석하였더니 3.99 g Ca, 1.85g P, 4.14 g O, 0.020g H로 구성되어 있음을 알았다. 상대적 몰수를 기준으로 가장 작은 것에서 가장 큰 것 순서로 원소를 나열하시오.

분자, 화합물, 몰(예제 2.7 참조)

34. 다음의 각 화합물에 대한 몰질량을 계산하시오.
(a) Fe_2O_3 산화철(III)
(b) BCl_3 삼염화붕소
(c) $C_6H_8O_6$ 아스코르브산(비타민 C)

35. 다음 각 화합물의 0.0255 mol에 상당하는 질량은 얼마인가?
(a) C_3H_7OH, 이소프로판올, 소독용 알코올
(b) $C_{11}H_{16}O_2$ 식품의 항산화제, 또는 뷰틸화된 하이드록시아니솔(BHA)로 알려짐
(c) $C_9H_8O_4$ 아스피린
(d) $(CH_3)_2CO$, 아세톤, 중요한 산업용매

백분율 조성(예제 2.8 참조)

36. 다음 화합물들에서 각 원소의 질량백분율을 계산하시오.
(a) PbS, 황화납(II), 방연석
(b) C_3H_8 프로페인
(c) $C_{10}H_{14}O$ 카르본(carvone), 캐러웨이 씨앗 기름

실험식과 분자식(예제 2.9 참조)

37. 다음 표를 완성하시오.

실험식	몰질량(g/몰)	분자식
(a) CH	26.0	______
(b) CHO	116.1	______
(c) ______	______	C_8H_{16}

38. 큐멘(cumene)은 탄소와 수소만으로 구성된 화합물인 탄화수소이다. 이것은 탄소가 89.94 %이고, 몰질량은 120.2 g/mol이다. 큐멘의 실험식과 분자식은 무엇인가?

39. 만델산(Mandelic acid)은 탄소(63.15 %), 수소(5.30 %) 및 산소(31.55 %)로 구성된 유기산으로 몰질량은 152.14 g/mol이다. 이 산의 실험식과 분자식을 구하시오.

질량 자료에 의한 화학식의 결정(예제 2.10, 2.11 참조)

40. 제논과 플루오린을 포함하는 새로운 화합물은 Xe(0.526 g)

과 F_2 기체의 혼합물에서 햇빛에 의해 분리된다. 만일 새로운 화합물 0.678 g을 분리한다면 이것의 실험식은 무엇인가?

41. 사리염은 가죽을 무두질하거나 의약품에 사용된다. 이것은 수화 황산 마그네슘($MgSO_4 \cdot 7H_2O$)이다. 수화된 물은 가열에 의해 잃게 되며 잃는 물의 수는 온도에 의존한다. 100 ℃에서 1.394 g 시료를 가열하여 0.885 g의 일부 수화된 시료, $MgSO_4 \cdot x\,H_2O$를 얻었다고 가정하면 x의 값은 얼마인가?

일반문제

다음 문제들은 절의 종류나 위치를 명시하지 않았다. 이 문제들은 여러 가지 개념이 조합되어 있을 수도 있다.

42. 다음 표의 빈칸을 채우시오(한 원소에 한 칸).

원소 기호	^{58}Ni	^{33}S	______	______
양성자 수	______	______	10	______
중성자 수	______	______	10	30
중성원자에서 전자의 수	______	______	______	25
원소 이름	______	______	______	______

43. 낱말 맞추기: 아래 2×2 박스 안은 네 가지 방법, 즉 가로, 세로 대각선, 그리고 자체로 정확해야 한다. 단어 대신 원소의 기호를 사용하시오. 퀴즈가 완성되면 4개의 빈칸은 10개의 원소 기호로 겹쳐지게 된다. 오직 하나의 정확한 해만이 존재한다.

1	2
3	4

가로

1–2: 고대에 사용되었던 금속의 2자 기호

3–4: 공기 중에서 연소하며 5A족에서 발견되는 금속의 2자 기호

세로

1–3: 준금속의 2자 기호

2–4: 미국 동전에 사용되는 금속의 2자 기호

1개 빈칸: 모두 1자 기호

1: 색이 있는 비금속

2: 무색 기체 비금속

3: 불꽃놀이에서 녹색을 만드는 원소

4: 의약적 용도로 사용하는 원소

대각선

1–4: 전자기기에서 사용되는 원소의 2자 기호

2–3: 초전도 자석을 위해 Zr과 함께 선을 만드는 금속의 2자 기호

44. 구리 원자.

(a) 1개 구리 원자의 평균 질량은 얼마인가?

(b) 대학 컴퓨터학을 수강하던 학생들이 원자 1개의 가격을 계산하도록 지시를 받았지만 수행하지 못하였다고 학교를 고소하였다. 그러나 만약 화학을 들었다면 이 과제를 수행할 수 있었을 것이다.(E. Felsenthal, *Wall Street Journal*, May 9, 1995) 만약 2.0 mm 직경의 구리선(99.999 % 순도)의 가격이 현재 7.0 g에 $41.70이라면 1개 구리 원자의 가격은 얼마인가?

45. 주기율표를 보고 답하시오.

(a) 2A족, 5주기 원소의 이름은?

(b) 4B족, 5주기 원소의 이름은?

(c) 4A족, 2주기에는 어떤 원소가 있는가?

(d) 5A족, 4주기에는 어떤 원소가 있는가?

(e) 5주기의 할로젠은 무엇인가?

(f) 3주기의 알칼리 토금속은 무엇인가?

(g) 4주기 비활성 기체 원소는 무엇인가?

(h) 6A족, 3주기의 비금속의 이름은?

(i) 4주기의 준금속의 이름은?

46. 각 경우에 어느 것이 질량이 더 많은가?

(a) 0.5 mol Na, 0.5 mol Si, 0.25 mol U

(b) 9.0 g Na, 0.50 mol Na, 1.2×10^{22} 원자 Na

(c) Fe 10 원자, K 10 원자

47. 질량이 가장 작은 것에서 큰 것으로 다음 원소를 나열하시오.

(a) 3.79×10^{24} 원자 Fe

(b) 19.921 mol H_2
(c) 8.576 mol C
(d) 7.4 mol Si
(e) 9.221 mol Na
(f) 4.07×10^{24} 원자 Al
(g) 9.2 mol Cl_2

48. 탄소-12가 현재 원자량의 기준으로 사용되고 있지만 항상 그랬던 것은 아니다. 분류의 초기 시도에서는 수소가 기준으로 사용되었으며, 수소의 질량은 1.0000으로 정해졌다. 후의 시도에서는 산소를 사용하여 원자량을 정의하였다(16.0000의 질량). 각 경우에서 다른 원소들의 원자량은 이 질량들을 기준으로 정의되었다. (이 문제에 답하기 위해서 현재 원자량에 대한 보다 정확한 자료가 필요하다. H, 1.00794; O, 15.9994.)

(a) 만약 H = 1.0000 u 원자량의 기준으로 사용된다면 산소의 원자량은 얼마가 되겠는가? 이러한 상황에서 아보가드로 수의 값은 얼마가 되겠는가?

(b) 기준이 O = 16.0000이라면 수소의 원자량과 아보가드로 수의 값을 결정하시오.

49. 양이온 NH_4^+, Ni^{2+}를 음이온 CO_3^{2-}, SO_4^{2-}와 결합하여 만들 수 있는 모든 화합물의 화학식을 쓰시오.

50. 다음 화합물 중 어느 것이 염소의 질량백분율이 가장 높은가?

(a) BCl_3 (b) $AsCl_3$
(c) $GaCl_3$ (d) $AlCl_3$
(e) PCl_3

51. DNA의 염기 중의 하나인 아데닌의 구조가 아래에 도시되어 있다. 어느 것이 보다 큰 질량을 나타내는가? 40.0 g 아데닌 또는 이 화합물 3.0×10^{23} 분자

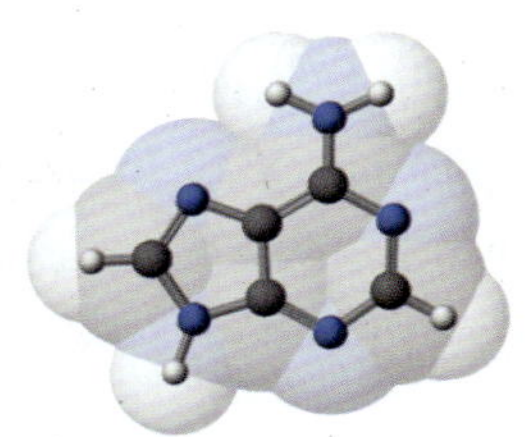

아데닌

52. 물 한 방울은 약 0.050 mL의 부피를 가진다. 한 방울의 물에 물 분자 몇 개가 있는가? (물의 밀도는 1.00 g/cm^{3}라 가정하시오.)

53. 푸른색 고체 화합물, $Cu(NH_3)_4SO_4 \cdot H_2O$에 있는 각 원소의 몰질량과 질량백분율을 계산하시오. 10.5 g 화합물에 있는 구리와 물의 질량은 얼마인가?

54. 사과에서 발견되는 유기산인 말산은 다음의 비율로 C, H, O를 가지고 있다. $C_1H_{1.50}O_{1.25}$. 말산의 실험식은 무엇인가?

55. 철과 일산화탄소로 구성된 화합물, $Fe_x(CO)_y$의 철 함량은 30.70 %이다. 이 화합물의 실험식은 무엇인가?

56. 다음에 도시한 분자 모형인 사카린은 설탕보다 300배 달다. 1897년에 처음 합성되었으며, 그 당시에는 화학자들이 그들이 합성한 새로운 화합물의 맛을 기록하는 것이 관례였다.

(a) 이 화합물의 분자식을 쓰고 구조식을 그리시오. (황은 노란색)

(b) 125 mg의 사카린을 먹었다면 사카린 몇 몰을 먹은 것인가?

(c) 125 mg의 사카린에 함유된 황의 질량은 얼마인가?

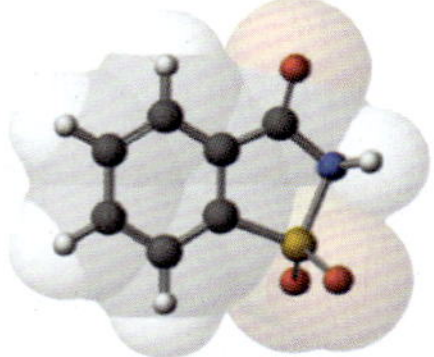

사카린

57. 다음 화합물 각각에 대하여 화학식을 쓰고 어느 것이 이온 화합물인지를 표시하시오.

(a) 하이포아염소산소듐 (b) 삼아이오딘화붕소
(c) 과염소산알루미늄 (d) 아세트산칼슘
(e) 과망가니즈산포타슘 (f) 아황산암모늄
(g) 인산이수소포타슘 (h) 이염화이황
(i) 삼플로오린화염소 (j) 삼플루오린화인

58. 실험식과 분자식.

(a) 하이포아플루오린산플루오린화카보닐은 14.6 % C, 39.0 % O, 46.3 % F으로 구성되어 있다. 이 화합물

의 몰질량은 82 g/mol이다. 이 화합물의 실험식과 분자식을 구하시오.

(b) 아름다운 푸른색 탄화수소인 아줄렌은 93.71 % C와 몰질량 128.16 g/mol을 가진다. 아줄렌의 실험식과 분자식을 구하시오.

59. 고기와 생선에 박테리아가 작용하면 카다베린이라 하는 화합물이 생성된다. 이름과 근원이 의미하는 바와 같이 냄새가 지독하다(입 냄새가 심한 경우에도 존재하고 소변에 좋지 않은 냄새를 가하게 된다). 58.77 % C, 13.81 % H, 27.40 % N의 조성을 가진다. 몰질량이 102.2 g/mol이면 카다베린의 분자식을 결정하시오.

60. MMT라 불리는 화합물은 한 때 가솔린의 옥테인 값을 올리는 데 사용되었다. 이것의 조성이 49.5 % C, 3.2 % H, 22.0 % O, 25.2 % Mn이면 MMT의 실험식은 무엇인가?

61. 크로뮴은 산화크로뮴(III)을 탄소와 가열하여 얻게 된다. 산화물에서 크로뮴의 질량백분율을 계산하고 이 값을 이용하여 850 kg의 크로뮴 금속을 얻기 위해 필요한 Cr_2O_3의 양을 계산하시오.

62. 아이오딘(I_2)과 염소(Cl_2)의 직접적 반응은 밝은 노란색 고체인 염화 아이오딘, I_xCl_y를 생성한다. 만약 과잉의 염소와의 반응에서 0.678 g의 I_2를 완전히 소모하였고 1.246 g의 I_xCl_y를 생성하였다면 이 화합물의 실험식은 무엇인가? 후의 실험에 의해 I_xCl_y의 몰질량이 467 g/mol임이 알려졌다면 이 화합물의 분자식은 무엇인가?

63. '바보 금'이라 가끔 불리는 황철석은 FeS_2의 화학식을 가진다. 15.8 kg의 황철석을 철 금속으로 전환한다면 얼마의 질량의 금속을 얻을 수 있는가?

64. 몰리브데넘산바륨의 화학식은 $BaMoO_4$이다. 다음 중 어느 것이 몰리브데넘산소듐의 화학식이 되는가?

(a) Na_4MoO
(b) $NaMoO$
(c) Na_2MoO_3
(d) Na_2MoO_4
(e) Na_4MoO_4

65. 복통이 있을 때 완화시키는 펩토비스몰은 정제 한 알당 서브살리실산비스무스, $C_{21}H_{15}Bi_3O_{12}$ 300. mg을 함유하고 있다. 복통 때문에 2정을 먹었다면 '활성 성분' 몇 몰을 먹은 것인가? 2정에서 소모한 Bi의 질량은 얼마인가?

66. 화학식 ECl_4 (E는 비금속)를 가진 화합물 2.50 mol의 질량이 385 g이다. ECl_4의 몰질량은 얼마인가? E가 무엇인지를 밝히시오.

67. 폴리스타이렌은 스타이렌을 공기가 없는 상태에서 과산화삼브로모벤조일과 함께 가열함으로써 합성할 수 있다. 이 방법에 의해 얻어진 시료가 실험식 $Br_3C_6H_3(C_8H_8)_n$(n은 시료에 따라 다름)을 가진다. 만약 한 시료가 0.105 % Br의 조성을 가지면 n 값은 얼마인가?

68. ^{64}Zn의 원자를 고려해 보자.

(a) 핵 반지름이 4.8×10^{-6} nm이고 ^{64}Zn 원자의 질량이 1.06×10^{-22} g이면 핵의 밀도를 g/cm^{3}로 계산하시오.

(b) 원자 반지름이 0.125 nm, 전자의 질량이 9.11×10^{-28} g이면, 아연 원자에서 전자가 차지하는 공간의 밀도를 계산하시오.

(c) 이 밀도를 계산한 후 원자의 부분들의 상대적 밀도에 대하여 어떻게 말할 수 있는가?

69. 0.550 mm 두께와 1.25 cm^2 넓이의 니켈 포일 조각을 플루오린, F_2와 반응시켜 플루오린화 니켈을 생성하였다.

(a) 니켈 포일 몇 몰이 사용되었는가? (니켈의 밀도는 8.902 g/cm^3)

(b) 플루오린화 니켈 1.261 g이 분리되었다면 화학식은 무엇인가?

(c) 화합물의 완전한 이름은 무엇인가?

70. 실험에서, 소듐 금속 0.125 mol이 필요하다. 소듐은 칼로 쉽게 자를 수 있기 때문에(그림 2.6) 한 덩어리 소듐을 자른다면 덩어리의 부피는 cm^{3}로 얼마가 되는가? 완전한 정육면체로 자른다면 한 변의 길이는 얼마가 되겠는가? (소듐의 밀도는 0.97 g/cm^3)

71. CH_3Cl의 질량 스펙트럼이 아래에 도시되어 있다. 알다시피 탄소는 2개의 안정한 동위원소, ^{12}C와 ^{13}C를 가지고 있으며 상대적 존재비는 98.9 %와 1.1 %이고, 염소는 2개의 동위원소, ^{35}Cl과 ^{37}Cl을 존재비 75.77 %와 24.23 %로 가지고 있다.

(a) m/Z가 50과 52에서 피크를 나타내는 분자 화학종은 무엇인가? 52에서의 피크가 50에서의 피크보다 높이가 1/3밖에 되지 않는 이유는?

(b) $m/Z = 51$에서의 피크에 관련 있는 화학종은 무엇인가?

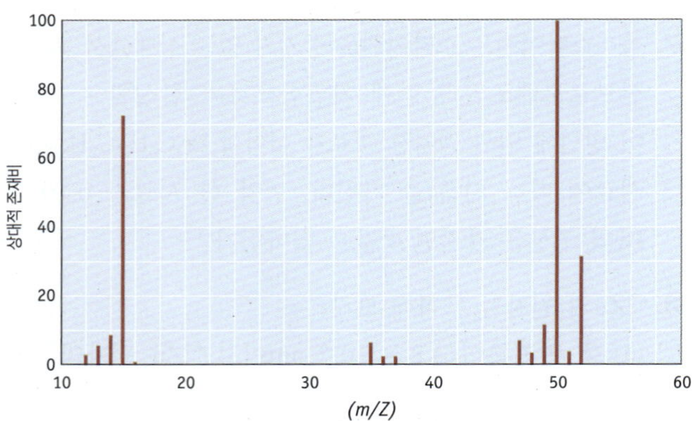

실험 관련 문제

72. 만약 사리염, $MgSO_4 \cdot xH_2O$를 250 °C까지 가열하면 모든 수화된 물을 잃게 된다. 1.687 g의 수화물 시료를 가열하였을 때 0.824 g $MgSO_4$가 남았다. $MgSO_4$ 화학식 단위 당 몇 개의 물 분자가 존재하는가?

73. 금석 주석(Sn)과 자주색 아이오딘(I_2)은 결합하여 알지 못하는 화학식의 오렌지색 고체 아이오딘화주석이 생성된다.

$$\text{Sn 금속} + \text{고체 } I_2 \rightarrow \text{고체 } Sn_xI_y$$

질량을 잰 Sn과 I_2를 결합시킬 때 Sn의 양은 아이오딘 전부와 반응하는 데 필요한 것보다 많은 양의 Sn을 사용하였다. Sn_xI_y가 생성된 후 거름에 의해 분리하였다. 과잉 주석의 질량도 결정하였고 다음의 정보가 수집되었다.

원래 혼합물에서 주석(Sn)의 질량	1.056 g
원래 혼합물에서 아이오딘(I_2)의 질량	1.947 g
반응 후에 회수된 주석(Sn)의 질량	0.601 g

얻어진 아이오딘화주석의 실험식은 무엇인가?

74. 2명의 일반화학을 수강하며 실험실에서 실험을 하는 학생들이 0.832 g의 $CaCl_2 \cdot 2H_2O$의 질량을 측정하여 도가니에 담았다. 시료를 짧게 가열하고 도가니를 식혔더니 시료의 질량이 0.739 g이 됨을 알았다. 학생들은 간단한 계산을 하였고 이 계산을 근거로 다음에 하여야 할 일은 무엇인가?

(a) 학생들에게 실험을 잘 하였다고 축하를 한다.

(b) $CaCl_2 \cdot 2H_2O$ 시약병의 표시가 잘못되어 있어 실제는 다른 무엇이 들어 있었다.

(c) 도가니를 다시 가열하고 다시 질량을 측정하여야 한다.

요약 및 개념 문제

다음 문제들은 이 장과 이전의 장들에서 나온 개념을 모두 포함하고 있다.

75. 아래 목록에서 1.00 cm^3 철에 들어 있는 원자의 개수를 계산하기 위해 필요한 정보를 확인하시오. 이 계산에서 필요한 순서를 개략적으로 기술하시오.

(a) 고체 철의 구조 (b) 철의 몰질량

(c) 아보가드로 수 (d) 철의 밀도

(e) 온도 (f) 철의 원자 번호

(g) 철의 동위원소의 수

76. 여기에 제시된 사진은 마그네슘 리본 코일과 칼슘 덩어리를 물에 넣었을 때 무슨 일이 일어나는 지를 보여준다.

(a) 이러한 관찰에 근거하여 다른 2A 원소인 바륨을 물에 넣었을 때 어떤 일이 일어날 것으로 예상하는가?

(b) 각 원소(Mg, Ca, Ba)들이 있는 주기를 제시하시오. 이 원소들의 반응성과 주기율표에서의 위치와의 어떠한 관계를 발견할 것으로 생각하는가?

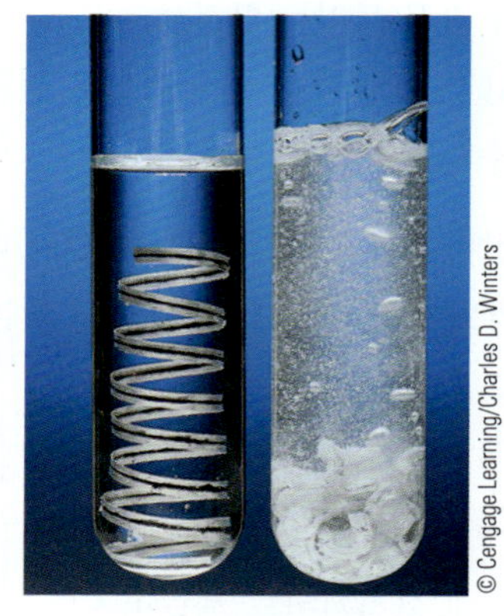

물속에서의 마그네슘(왼쪽)과 칼슘(오른쪽)

B. Murton/Science Source

화산과 검은 연기 굴뚝에서 나온 금속 황화물(위). 검은 연기 굴뚝. 이것은 동태평양 해저 고지대를 따라가며 있는 태평양 깊은 곳의 사진이다. 이 "연기"는 용해된 물질이 지구 내부로부터 대양으로 분출되면서 형성된 불용성 금속황화물로 구성되어 있다.

03장 화학 반응

학습 개요

- **3.1** 화학 반응식
- **3.2** 화학 반응식 완결하기
- **3.3** 화학 평형
- **3.4** 수용액
- **3.5** 침전 반응
- **3.6** 산과 염기
- **3.7** 기체 생성 반응
- **3.8** 산화–환원 반응
- **3.9** 수용액에서의 반응 분류

검은 연기 굴뚝과 화산 1977년에 과학자들은 태평양 바닥에 형성되어 있는 두 지질판의 합류점을 탐사하였다. 거기에서 그들은 무기물을 포함한 뜨겁고 검은 액이 분출되는 열 수원지를 발견하였다.

바닷물은 해양바닥의 틈으로 스며들고, 지각으로 계속 들어가면서 물은 지각 바로 밑의 마그마에 의해 300 ℃~400 ℃로 가열된다. 이러한 과열된 물은 지각의 광물을 녹이고 다시 표면으로 분출된다. 금속 양이온과 황산염, 황화물과 같은 음이온이 많이 용해되어 있는 뜨거운 물은 표면을 통해 분출될 때 차가워지고, 구리, 망가니즈, 철, 아연, 니켈의 금속 황화물들이 침전된다. 대부분의 금속 황화물들은 검은색을 띤다. 따라서 해저면에서 나오는 물질들의 물기둥은 검은 '연기(smoke)' 같아 보인다. 이러한 이유 때문에 이 분출을 '검은 연기 굴뚝(black smokers)'이라 부른다. 고체 황은 바다 바닥 위에 있는 구멍의 가장자리 부근

학습 목표

다음 목표들의 핵심인 학습문제는 "학습 목표 복습"을 참조하시오.

- 완결된 화학 반응식의 중요성과 활용을 이해
- 화학 평형의 본질과 특성을 이해
- 물에 녹아 있는 이온성 물질의 본질을 이해
- 산화–환원 반응과 교환 반응의 3가지 종류를 이해
- 수소 이온 이동을 포함하는 산–염기 반응을 이해
- 전자 이동을 포함하는 산화–환원 반응을 이해
- 반응물과 생성물의 화학식이 주어지면 화학 반응식을 완결
- 물에서의 이온 화합물의 용해도와 이온 및 분자 화합물의 수용액에서 존재하는 화학종을 예측
- 수용액에서의 흔한 화학 반응의 종류를 식별하고 침전, 산–염기, 기체 생성 치환반응의 생성물을 예측
- 흔한 산과 염기의 이름과 화학식을 알고 수용액의 본질을 이해
- 화학 반응의 전체 균형 반응식이 주어지면 알짜 이온 반응식을 쓰기
- 화합물에서 원소들의 산화수를 결정하고 이를 이용하여 산화–환원 반응 식별
- 이온 화합물의 용해도 지침 기억
- 흔한 산과 염기 이름과 화학식 기억
- 흔한 산화제와 환원제 기억

에 존재하고 결국 침전되는 무기물 '굴뚝'을 형성하게 된다. 여러분은 화산으로부터 증기 분출구나 증기 분출구에서 흘러나오는 물에서 동일한 금속 황화물을 볼 수 있다.

과학자들은 뜨겁고 황이 많은 환경의 검은 연기 굴뚝 구멍 주위에 원시동물이 살고 있는 것에 놀랐다. 검은 연기 굴뚝은 수면에서 수백 피트 아래에 있고, 빛은 이 깊이까지 투과할 수 없기 때문에 동물은 빛이 없이 살 수 있는 방법으로 진화했다. 보통의 환경에서 식물은 태양 에너지를 사용한 광합성 과정으로 유기 분자를 만들어낸다. 그러나 빛이 없는 깊은 해양의 생태계에서는 황화물의 산화로부터 오는 이 에너지를 이용하여 미생물은 생명의 근간이 되는 유기 분자를 만들어낼 수 있다.

화학의 중심에 화학 반응이 있다. 우리는 한 물질로 화학 반응을 시작하여 다른 물질로 반응을 종결시킨다. 이 문장을 읽는 동안에도 사람의 몸에서는 셀 수 없이 많은 화학 반응이 일어난다. 실제로 생명체의 모든 활동은 세밀하게 조절되는 화학 반응에 의존한다. 이 장의 목적은 화학 반응을 나타내기 위해 사용하는 기호를 소개하고, 일반적인 화학 반응의 여러 종류를 설명하는 것이다.

3.1 화학 반응식

염소 기체(Cl_2)를 고체 인(P_4)에 직접 흘려주었을 때, 혼합물은 불꽃을 내며 폭발적으로 반응하고 화학 반응은 액체 삼염화인(PCl_3)을 생성한다(그림 3.1). **완결된 화학 반응식**(balanced chemical equation)을 사용하여 이 반응을 다음과 같이 표현할 수 있다.

$$\underbrace{P_4(s) + 6\ Cl_2(g)}_{\text{반응물}} \longrightarrow \underbrace{4\ PCl_3(\ell)}_{\text{생성물}}$$

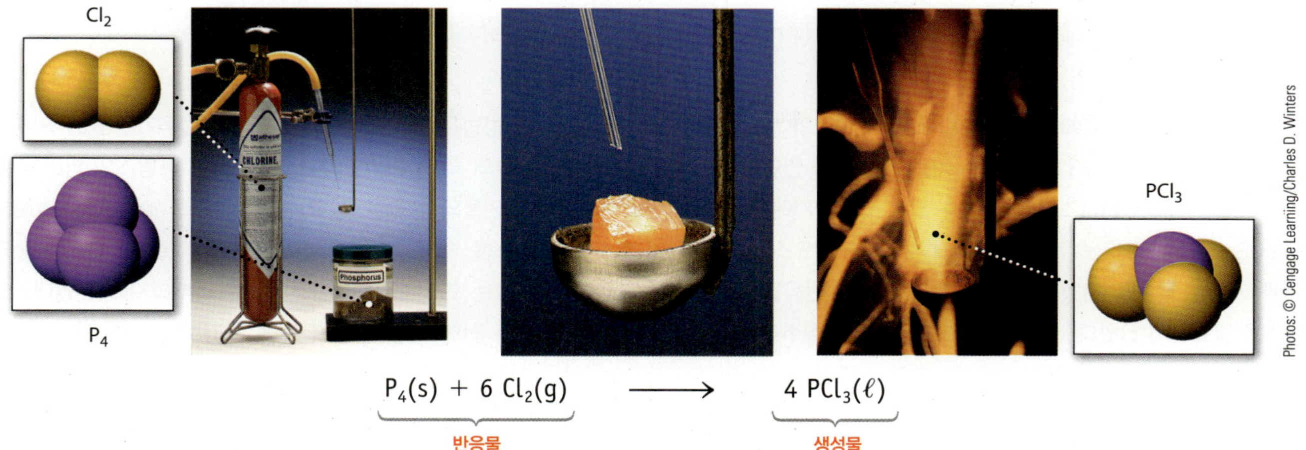

$$P_4(s) + 6\ Cl_2(g) \longrightarrow 4\ PCl_3(\ell)$$

반응물 생성물

그림 3.1 고체 백린과 염소 기체의 반응. 액체 상태의 삼염화인이 생성된다.

화학 반응식에서 **반응물**(반응에서 결합하는 물질들)의 화학식은 화살표 왼쪽에 쓰고, **생성물**(생성된 물질들)들의 화학식은 화살표 오른쪽에 쓴다. 반응물과 생성물의 물리적 상태도 표시할 수 있다. (s) 표시는 고체, (g)는 기체, (ℓ)은 액체를 나타낸다. 물에 녹아 있는 물질(물질의 수용액)은 (aq)로 나타낸다.

반응물과 생성물의 상태

각 화학종의 상태(s, ℓ, g, aq)를 포함하는 것은 독자에게 유용한 정보를 제공한다. 그러나 이러한 내용을 포함하는 것은 임의적이기에 이 책의 다른 부분에서 이러한 정보가 없는 상태로 쓰여진 반응식도 보게 될 것이다.

18세기에 프랑스의 화학자인 라부아지에(Antoine Lavoisier, 1743~1794)는 **물질은 생성도, 파괴도 될 수 없다**는 **물질보존의 법칙**(law of conservation of matter)을 발표하였다.

이것은 반응물의 총 질량이 10 g이고 반응물에서 생성물로 완벽하게 반응이 일어난다면 생성된 생성물의 질량이 10 g이 된다는 것을 의미한다. 이것은 또한 반응물에 어떤 특정 원소의 원자 1000개가 포함되어 있다면 그 1000개의 원자들이 생성물에도 나타나야만 한다는 것을 의미한다. **원자는 화학 반응에서 보존된다.**

인과 염소의 반응에 적용하였을 때 물질 보존의 법칙은 인 1분자(4개의 인 원자 포함)와 6개의 Cl_2 분자(12개의 Cl 원자 포함)가 PCl_3 4분자를 생성하는 데 필요함을 말한다. 각 PCl_3 분자는 1개의 P원자와 3개의 원자를 포함하기 때문에 4개의 PCl_3 분자들은 생성물에서 4개의 P 원자와 12개의 Cl 원자를 필요로 한다. 완결된 반응식을 쓰기 위해 같은 수의 P와 Cl 원자를 식의 양쪽에 배치한다.

6 × 2 = 12 Cl 원자   4 × 3 = 12 Cl 원자

$$P_4(s) + 6\ Cl_2(g) \longrightarrow 4\ PCl_3(\ell)$$

4 P 원자   4 P 원자

화학 반응에서 반응물과 생성물 사이의 양적 관계를 **화학량론**(stoichiometry)이라 하며 완결된 방정식의 상수를 **화학량론 계수**(stoichiometric coefficient)라 한다(P_4와 Cl_2 반응에서 화학량론 계수는 1, 6, 4이다). 이들은 원자 또는 분자의 수로 해석될 수 있다. 즉, P_4 한 분자와 Cl_2 6개 분자이다. 이들은 또한 반응물과 생성물의 몰수를 말할 수도 있다. 즉, P_4 1몰이 Cl_2 6몰과 결합하여 PCl_3 4몰을 생성한다.

심층 학습 앙투와 로랭 라부아지에(Antoine Laurent Lavoisier, 1743~1794)

1774년 8월 7일 월요일에 영국의 프리스틀리(Joseph Priestley, 1733~1804)는 처음으로 산소를 분리하였다. (스웨덴 화학자 셀레[Carl Scheele, 1742~1786]도 아마 1773년에 이 원소를 발견하였지만 그 후까지도 결과를 발표하지 않았다.) 산소를 얻기 위하여 프리스틀리는 산화수은(II), HgO를 가열하여 수은과 산소로 분해되게 하였다.

$$2\ HgO(s) \rightarrow 2\ Hg(\ell) + O_2(g)$$

프리스틀리는 즉각적으로 이 발견의 중요성을 이해하지 못했지만 이 사실을 1774년 10월에 프랑스 화학자 라부아지에에게 언급하였다. 라부아지에의 과학에 대한 주요 업적 중 하나는 과학적 측정과 주의 깊게 계획된 실험의 중요성을 인식한 것이며, 이 방법을 산소 연구에 적용하였다. 이 연구로부터 라부아지에는 산소는 원소이며, 화합물 물의 구성요소 중의 하나이고, 연소는 산소를 가진 반응을 포함한다고 제안하였다. 그는 또한 실수로 프리스틀리의 기체가 모든 산에 존재한다고 믿었기 때문에 '산을 형성하는' 의미의 그리스 단어에서 유래한 '산소'로 명명하였다.

붉은 산화수은(II)의 분해. 분해 반응으로 수은 금속과 산소 기체가 생성된다. 수은은 시험관 표면의 박막으로 보인다.

다른 실험에서 라부에지에는 기니피그가 일정량의 이산화탄소를 방출할 때 생성된 열은 탄소를 태워 같은 양의 이산화탄소를 생성할 때 생성된 열의 양과 비슷하다는 것을 발견하였다. 이러한 실험과 또 다른 실험으로부터 그는 '호흡은 천천히 일어나는 연소이고 따라서 숯의 연소와 비슷하다'고 결론지었다. 그는 비록 이 과정을 자세하게 이해하지 못했을지라도 이 발견은 생화학 발전에 주요한 단계가 되었다.

라부아지에는 우수한 과학자였고 그가 도입하였던 화학 물질의 명명법은 아직도 그대로 사용되고 있다. 뿐만 아니라, 물질 보존의 원리를 화학에 적용하고 이 개념을 이용하여 화학 반응식의 초기 형태를 기술한 교과서를 저술하기도 하였다.

라부아지에는 귀족이었기 때문에 1794년 프랑스 혁명의 공포 통치 기간 동안 의혹에 휩싸였다. 그는 18세기 프랑스의 악명 높은 세금 징수 기관이었던 Ferme Générale의 징수원이었다. 담배는 Ferme Générale의 독점 생산품이었고 라부아지에가 반대하였던 담배에 물을 첨가하여 구매자를 속이는 것이 일반적인 일이었다. 그럼에도 불구하고 Ferme Générale과 관련되어 있었기 때문에, 그의 경력은 국민의 담배에 물을 가한 죄목으로 1794년 5월 8일 단두대의 칼날에 의해 단축되었다.

자크 루이스 다비드(Jacques-Louis David)가 그린 라부아지에와 그의 부인. 라부아지에는 당시 45세이었고, 그의 부인 마리 앤 피에레트 폴지(Marie Anne Pierrette Paulze)는 30세였다.

알루미늄 금속[Al(s)]과 브로민 [$Br_2(\ell)$]의 반응

3.1절 확인문제

알루미늄과 브로민과의 반응의 반응식은 다음과 같다.

$$2\ Al(s) + 3\ Br_2(\ell) \rightarrow Al_2Br_6(s)$$

1. 이 반응식에서 양론계수는 무엇인가?

(a) 1, 3, 4 (b) 2, 3, 1 (c) 1, 6, 8 (d) 1, 1, 1

2. 알루미늄 원자 8,000개를 사용했다면, 이 알루미늄을 완전히 소모하는 데 필요한 Br_2 분자는 몇 개인가?

(a) 5,333 (b) 8,000 (c) 12,000 (d) 20,000

3.2 화학 반응식 완결하기

완결된 화학 반응식은 각 원소의 원자의 수가 반응식의 양쪽에서 동일하다. 반응식을 완결하는 과정은 적절한 양론계수를 할당하게 된다. 많은 화학 반응식이 시행착오를 거쳐 양쪽의 균형이 맞춰질 수 있고, 이러한 방법이 사용될 것이다. 그러나 보다 체계적 방법도 가용하며, 특히 반응이 복잡할 때 유용하다.

화학 반응의 일반적인 한 부류는 일반적인 화학식(M_xO_y)의 산화물로 변화되기 위한 금속 혹은 비금속과 산소의 반응이다. 예를 들어 산화철(Ⅲ)을 생성하기 위해 철은 산소와 반응할 수 있고(그림 3.2a),

$$4\ Fe(s) + 3\ O_2(g) \rightarrow 2\ Fe_2O_3(s)$$

이산화황을 생성하기 위해 산소와 비금속 황이 반응하며(그림 3.2b),

$$S(s) + O_2(g) \rightarrow SO_2(g)$$

인(P_4)은 산소와 격렬히 반응하여 십산화사인을 생성한다(그림 3.2c).

$$P_4(s) + 5\ O_2(g) \rightarrow P_4O_{10}(s)$$

위의 반응식들은 완결되어 있다. 이 반응식들의 양쪽에는 같은 수의 금속, 황, 인, 산소 원자들이 있다.

지금까지는 우리가 고려한 반응에 대한 완결된 반응식을 제시하였다. 그러나 식의 균형을 맞춰야 하는 경우도 있다. 화학 반응식을 완결할 때, 기억해야 할 중요한 두 가지가 있다.

- 반응물과 생성물의 화학식이 정확해야 한다. 그렇지 않으면 반응식은 아무 의미가 없게 된다. 일단 반응물과 생성물의 화학식이 정확하게 결정되면, 화학식의 아래 첨자는 식의 균형을 맞추기 위해 바꿀 수 없다. 아래 첨자의 변화는 물질의 고유성이 변하는 것이다. 예를 들어 반응식에서 균형을 맞출 때 CO_2를 CO로 바꿀 수 없

(a) 산화철(Ⅲ), Fe_2O_3를 생성하는 철과 산소의 반응.

(b) 이산화황, SO_2를 생성하는(숟가락에 있는) 황과 산소와의 반응.

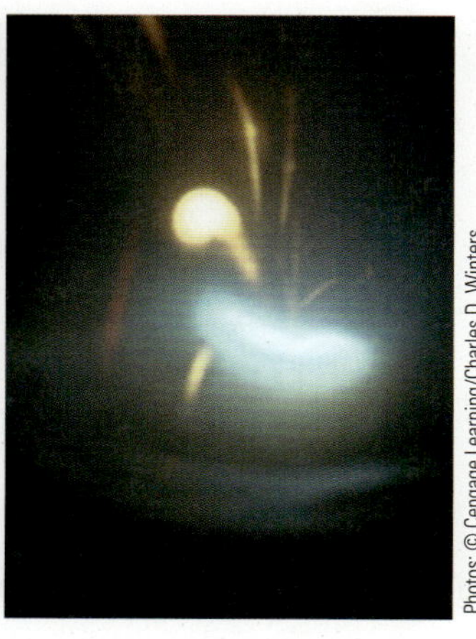

(c) 십산화사인, P_4O_{10}을 생성하는 인과 산소의 반응.

Photos: © Cengage Learning/Charles D. Winters

그림 3.2 금속과 2개 비금속의 산소와의 반응.

다. 일산화탄소(CO)와 이산화탄소(CO_2)는 다른 화합물이다.

- 화학 반응식은 화학량론 계수를 이용하여 균형이 맞춰진다. 한 물질의 전체 화학식에 화학량론 계수를 곱한다.

© Cengage Learning/Charles D. Winters

그림 3.3 연소 반응. 프로페인(C_3H_8)은 연소하면 CO_2와 H_2O가 생성된다. 이 간단한 산화물들은 항상 탄화수소의 완전 연소 생성물이다.

산소에서 연료가 **연소**(combustion)할 때 열이 방출된다(그림 3.3). 우리는 자동차 엔진에서 휘발유의 한 성분인 옥테인(C_8H_{18})이 타는 것 같은 연소 반응에 친숙하다.

$$2\ C_8H_{18}(\ell) + 25\ O_2(g) \rightarrow 16\ CO_2(g) + 18\ H_2O(g)$$

모든 연소 반응에서 반응물의 일부 또는 모든 반응물은 산소를 포함하는 산화물로 된다. 반응물이 탄화수소(옥테인과 같은 C와 H만을 포함한 화합물)일 때 완전 연소의 생성물은 이산화탄소와 물이다.

완결된 반응식의 예로 흔한 연료인 프로페인(C_3H_8)의 완전 연소에 대한 반응식을 완결하여 보자.

1 단계 반응물과 생성물의 정확한 화학식을 쓴다.

$$C_3H_8(g) + O_2(g) \xrightarrow{\text{완결되지 않은 반응식}} CO_2(g) + H_2O(g)$$

여기서 프로페인과 산소는 반응물이고 이산화탄소와 물은 생성물이다.

2 단계 C 원자의 균형을 맞춘다. 이러한 연소 반응에서 탄소 원자의 균형을 맞추는 것이 가장 좋고 산소 원자는 끝까지 놓아둔다(산소 원자는 하나 이상의 생성물에서 나타나기 때문). 이 경우 3개의 탄소 원자가 반응물에 있으므로 생성물에도 3개가 존재해야 한다. 그러므로 오른쪽에는 3개의 CO_2 분자가 필요하다.

$$C_3H_8(g) + O_2(g) \xrightarrow{\text{완결되지 않은 반응식}} 3\ CO_2(g) + H_2O(g)$$

3 단계 H 원자의 균형을 맞춘다. 반응물인 프로페인은 8개의 H 원자를 포함한다. 물 분자에는 2개의 수소 원자가 있으므로 오른쪽에 8개의 수소 원자를 만족시키려면 4개의 물 분자가 필요하다.

$$C_3H_8(g) + O_2(g) \xrightarrow{\text{완결되지 않은 반응식}} 3\ CO_2(g) + 4\ H_2O(g)$$

4 단계 O 원자의 균형을 맞춘다. 오른쪽에 10개의 산소 원자가 있다(CO_2에서 $3 \times 2 = 6 + H_2O$에서 4×1). 그러므로 요구되는 10개의 산소 원자를 만족하기 위해 5개의 O_2 분자가 필요하다.

$$C_3H_8(g) + 5\ O_2(g) \xrightarrow{\text{완결되지 않은 반응식}} 3\ CO_2(g) + 4\ H_2O(g)$$

5 단계 각 원소에서 원자들 개수의 균형이 맞는지 확인한다. 반응식은 양쪽에 각각 3개의 탄소 원자, 8개의 수소 원자, 10개의 산소 원자를 가진다.

예제 3.1 연소 반응에 대한 완결된 반응식

문제 일산화질소(NO)와 수증기(H_2O)가 생성되는 암모니아의 연소($NH_3 + O_2$)에 대한 완결된 반응식을 쓰시오.

알고 있는 사실 반응물(NH_3와 O_2)과 생성물(H_2O와 NO), 그리고 이것들의 상태를 알고 있다.

전략 처음에 완결되지 않은 반응식을 쓴다. 다음 N 원자의 균형을 맞추고, H 원자의 균형을 맞춘 후 마지막에 O 원자의 균형을 맞춘다.

풀이

1단계 반응물과 생성물의 정확한 화학식을 적는다. 이것은 연소 반응이므로 암모니아는 산소와 반응한다. 연소 반응의 완결되지 않은 반응식은 다음과 같다.

$$NH_3(g) + O_2(g) \xrightarrow{\text{완결되지 않은 반응식}} NO(g) + H_2O(g)$$

2단계 N 원자의 수를 맞춘다. 이 방정식 양쪽에는 각각 1개의 N 원자가 있다. 적어도 N 원자의 수는 같다.

$$NH_3(g) + O_2(g) \xrightarrow{\text{완결되지 않은 반응식}} NO(g) + H_2O(g)$$

3단계 H 원자의 수를 맞춘다. 왼쪽에는 3개, 오른쪽에는 2개의 수소 원자가 있다. 양쪽에 같은 개수의 수소가 존재하도록 왼쪽의 NH_3 2분자와 오른쪽에 H_2O 3분자를 사용하자(양쪽에 6개의 수소 원자가 존재).

$$2\ NH_3(g) + O_2(g) \xrightarrow{\text{완결되지 않은 반응식}} NO(g) + 3\ H_2O(g)$$

수소 원자를 완결했을 때, N 원자가 완결되지 않음에 주의한다. N 원자를 완결하기 위해 오른쪽에 2개의 NO 분자를 이용한다.

$$2\ NH_3(g) + O_2(g) \xrightarrow{\text{완결되지 않은 반응식}} 2\ NO(g) + 3\ H_2O(g)$$

4단계 O 원자의 균형을 맞춘다. 3단계 이후, 왼쪽에는 2개의 산소 원자가 있고 오른쪽에는 5개의 산소 원자가 있다. 왼쪽의 산소 원자의 수는 짝수이고 오른쪽은 홀수이다. 왼쪽 산소의 수를 홀수로 할 수 없기 때문에(O 원자는 O_2 분자에서 쌍으로 존재한다) 반응식의 양쪽에는 각각의 계수에 2를 곱한다. 그러면 오른쪽에 존재할 수 있는 산소 원자의 수(10)는 짝수가 된다.

$$4\ NH_3(g) + O_2(g) \xrightarrow{\text{완결되지 않은 반응식}} 4\ NO(g) + 6\ H_2O(g)$$

반응식의 왼쪽에 있는 5개의 O_2 분자가 5개가 되면 산소 원자의 수를 맞출 수 있다.

$$4\ NH_3(g) + 5\ O_2(g) \xrightarrow{\text{완결된 반응식}} 4\ NO(g) + 6\ H_2O(g)$$

5단계 결과를 확인한다. 4개의 N 원자와 12개의 H 원자, 10개의 O 원자가 반응식 양쪽에 존재한다.

고려사항 이 반응식을 표현하는 또 다른 방법은 다음과 같다.

$$2\ NH_3(g) + {}^5\!/_2\ O_2(g) \rightarrow 2\ NO(g) + 3\ H_2O(g)$$

전략도 3.1

문제
NH_3와 O_2의 반응에 대한 **반응식 완결하기**

↓

알려진 자료/정보
생성물과 **반응물**의 **화학식**이 주어져 있다.

↓ **1단계** N 원자의 균형 맞추기

N 원자는 **균형**이 맞으나, 전체 반응식은 아니다.

↓ **2단계** H 원자 균형 맞추기

N과 **H 원자**는 **균형**이 맞으나, 전체 반응식은 아니다.

↓ **3단계** O 원자 균형 맞추기

N, H, O 원자의 **균형**이 맞았다. 전체 반응식이 완결되었다.

여기서는 분수의 계수가 사용되고 있다. 이 방정식은 정확하게 완결되어 있으며 어떤 경우에는 아주 유용하게 사용된다. 그러나 일반적으로 정수 계수를 완결된 반응식에 사용한다.

유제

(a) 기체 뷰테인(C_4H_{10})는 공기 중에서 완전히 연소하여 이산화탄소와 수증기를 생성할 수 있다. 이 연소 반응에 대한 완결된 반응식을 쓰시오.

(b) 액체 사에틸납, $Pb(C_2H_5)_4$(1970년대까지 휘발유 첨가제로 사용되었음)의 완전 연소에 대한 완결된 화학 반응식을 쓰시오. 연소의 생성물은 PbO(s), H_2O(g), CO_2(g)이다(PbO는 중요한 환경 오염 물질이다).

3.2절 확인문제

1. 프로판올의 산화에 관한 (완결되지 않은) 반응식은 다음과 같다.

$$2\ C_3H_7OH(\ell) + \_\_O_2(g) \rightarrow 6\ CO_2(g) + \_\_H_2O(g)$$

밑줄 친 2개의 화학량론 계수를 결정하시오.

(a) 4.5 O_2, 4 H_2O (b) 9 O_2, 8 H_2O (c) 5 O_2, 4 H_2O (d) 5 O_2, 7 H_2O

3.3 화학 평형

지금까지는 반응물이 **완전히** 생성물로 전환되는, 한 방향으로 진행되는 화학 반응에 대해 알아보았다. 화학 반응은 가역적이고, 많은 반응은 반응물에서 생성물로 불완전한 전환이 이루어진다.

그림 3.4 동굴 속 화학. 탄산칼슘 종유석은 동굴의 천장에 매달려 있고, 석순은 동굴 바닥으로부터 자란다. 이런 형태를 만드는 화학은 가역적 화학 반응의 좋은 예이다.

석회석 동굴에서 종유석과 석순의 형성은 화학 반응의 가역성에 의존하는 계의 한 예이다(그림 3.4). 종유석과 석순은 고대 해양의 잔류물로 석회암 형태인 땅속 퇴적물 중에서 발견되는 광물인 탄산칼슘으로 주로 구성된다. 석회암을 통해 스며든 물이 이산화탄소를 함유한다면 광물이 녹아서 $Ca(HCO_3)_2$의 수용액을 만드는 반응이 일어난다.

$$CaCO_3(s) + CO_2(aq) + H_2O(\ell) \rightarrow Ca(HCO_3)_2(aq)$$

광물이 풍부한 물이 동굴에 다다르면 역반응이 일어나는데, 동굴로 CO_2가 방출되며 고체 $CaCO_3$는 퇴적된다.

$$Ca(HCO_3)_2(aq) \rightarrow CaCO_3(s) + CO_2(g) + H_2O(\ell)$$

그림 3.5에 도시한 바와 같이 이 반응들은 실험실에서도 재현이 가능하다.

가역 반응의 다른 예는 암모니아를 생성하는 질소와 수소의 반응인데, 암모니아는 직접 비료로 쓰이거나, 다른 비료를 만드는 데 사용되며 산업적으로도 매우 많은 양이 생산되고 있는 화합물이다.

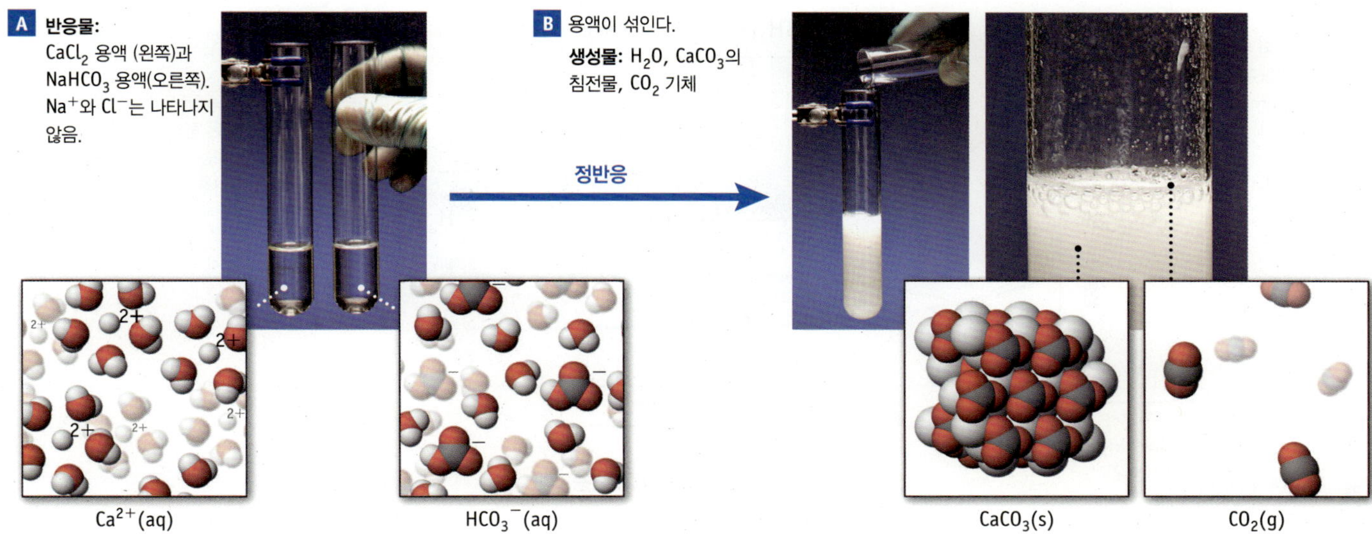

$CaCl_2$(Ca^{2+} 이온의 출처) 용액과 $NaHCO_3$(HCO_3^- 이온의 출처)는 섞이고, $CaCO_3$ 침전물과 CO_2 기체를 생성한다.

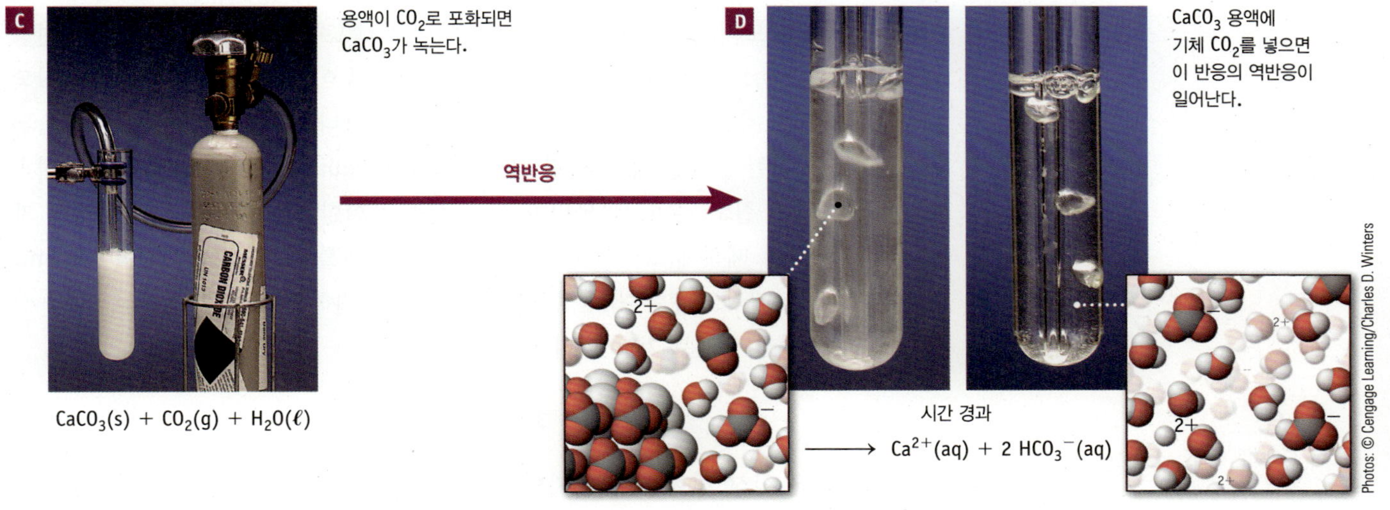

만약 CO_2 기체가 현탁된 $CaCO_3$에 주입되면, 역반응이 일어난다. 즉, 고체 $CaCO_3$와 기체 CO_2는 Ca^{2+}와 HCO_3^- 이온을 생성한다.

그림 3.5 화학 반응의 가역성. 여기 도시된 실험은 화학 반응들의 가역성을 보여준다.

$$Ca^{2+}(aq) + 2\,HCO_3^-(aq) \rightleftharpoons CaCO_3(s) + CO_2(g) + H_2O(\ell)$$

$$N_2(g) + 3\,H_2(g) \rightarrow 2\,NH_3(g)$$

질소와 수소는 암모니아를 생성하지만 같은 반응 조건에서 생성물 암모니아는 역반응을 통해 질소와 수소로 분해된다.

$$2\,NH_3(g) \rightarrow N_2(g) + 3\,H_2(g)$$

만약에 혼합된 질소와 수소가 밀폐된 용기 안에서 반응이 일어날 수 있는 적당한 조건에 있다면 어떠한 현상이 일어날지 생각해 보자. 첫째, N_2와 H_2는 일정량의 암모니아를 생성하기 위해 반응한다. 그러나 암모니아가 생성되면서 일부 NH_3 분자

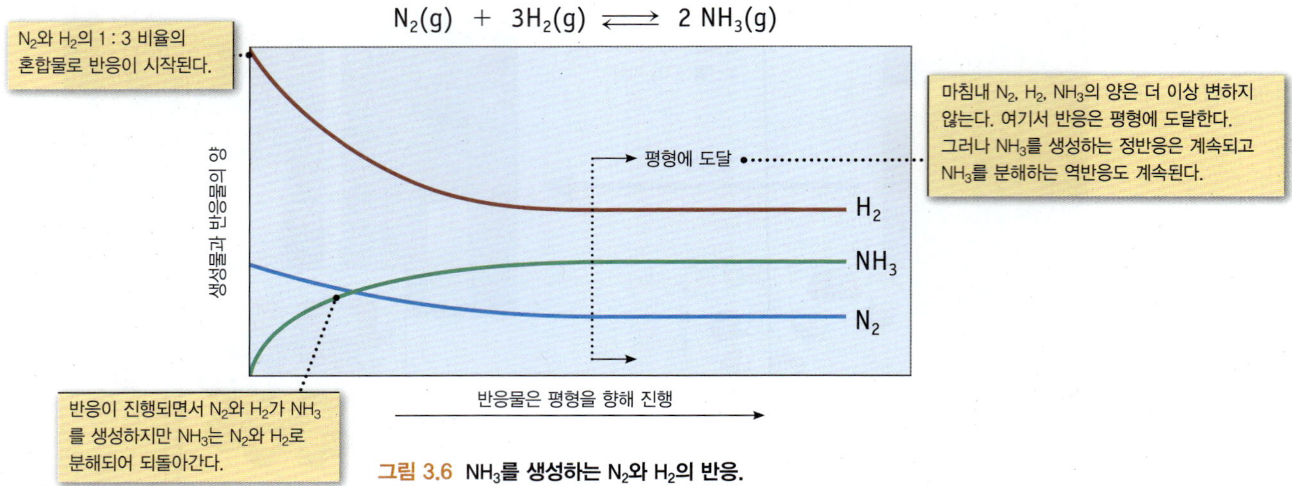

그림 3.6 NH_3를 생성하는 N_2와 H_2의 반응.

는 역반응으로 질소와 수소를 다시 생성하기 위해 분해된다(그림 3.6). 다량의 NH_3를 생성하는 정반응이 시작되지만, 반응물이 소비되면서 정반응의 속도는 점차 느려진다. 동시에 암모니아의 양이 증가하면서 역반응 속도는 빨라진다. 마침내 정반응 속도는 역반응 속도와 같아지게 된다. 이 지점에서 더 이상 **거시적인** 변화가 관찰되지 않는데, 질소, 수소, 암모니아의 양은 변화하지 않으나, 정반응과 역반응은 계속된다. 우리는 이러한 상태를 계가 **화학 평형**(chemical equilibrium)에 도달했다고 말한다. 반응 용기는 질소, 수소, 암모니아 세 물질을 포함할 것이다. 정과 역 과정이 계속해서 일어나기 때문에(그러나 속도는 같다) 이 상태를 우리는 **동적 평형**(dynamic equilibrium) 상태라고 부른다. 반응물과 생성물을 연결하는 양쪽 화살표($\rightleftharpoons$)를 사용하여 동적 평형에 있는 계를 나타낼 수 있다.

$$N_2(g) + 3\,H_2(g) \rightleftharpoons 2\,NH_3(g)$$

화학 반응은 항상 평형을 향해 자발적으로 진행한다. 자발적인 반응은 계가 평형에서 멀어지는 방향으로 결코 진행되지 않는다(이 원리는 15~18장에서 더 살펴보게 될 것이다).

여기서 제기되는 중요한 의문은 '반응이 언제 평형에 도달할 것이며, 반응물이 대부분 생성물로 전환될 것인지 혹은 반응물이 대부분 그대로 존재할 것인가'에 관한 것이다. 이러한 질문에 대한 대답은 온도 등의 다른 요인들과 관계된 물질의 특성에 의존할 것이다. 그리고 이것은 후반부 다른 장들의 주제이기도 하다(▸15~18장).

평형에 도달하였을 때, 반응물이 생성물로 완전히 혹은 대부분 전환되는 반응을 **생성물 선호 반응**(product-favored reaction)으로 정의하는 것은 유용하다. 우리가 공부한 연소 반응은 평형에서의 생성물 선호 반응의 한 예이다. 사실, 이 장의 나머지 부분에서 공부할 반응의 대부분은 생성물 선호 반응이다. 보통 생성물이 선호되는 반응의 반응식은 단일 화살표($\rightarrow$)를 사용하여 표현된다.

생성물 선호 반응의 반대는 평형에서 **반응물 선호 반응**(reactant-favored reaction)

화학 평형의 정량적인 표현

15~18장에서 볼 수 있듯이 생성물이 선호되는 반응의 정도는 '화학 평형상수식'이라고 불리는 수학적인 식으로 나타낼 수 있다. 각 화학 반응은 K로 표현되는 평형상수에 대해 숫자 값을 가진다. 생성물이 선호되는 반응은 큰 K값을 가지고, 작은 K는 반응물이 선호되는 반응임을 뜻한다. 물에서 아세트산의 이온화 반응은 $K = 1.8 \times 10^{-5}$이다.

이다. 이러한 반응은 단지 매우 작은 양의 반응물을 생성물로 전환시킨다. 이러한 반응의 예는 단지 낮은 비율의 산이 이온을 생성하기 위해 이온화하는 물에서의 아세트산 이온화 반응이다.

$$CH_3CO_2H(aq) + H_2O(\ell) \rightleftharpoons CH_3CO_2^-(aq) + H_3O^+(aq)$$

아세트산 물 아세트산 이온 하이드로늄 이온

다음에서 보듯이 아세트산은 평형에서 단지 몇 퍼센트의 분자만 물과 반응하여 이온 생성물을 생성한다. 반응물 선호 반응이기 때문에 아세트산은 '약산'이다. 이 현상에 대한 보다 많은 것을 3~6절과 15~18장에서 배우게 될 것이다.

3.3절 확인문제

1. 다음 화학 평형에 대한 옳지 않은 것은?
   (a) 평형에서 정반응 속도와 역반응 속도는 동일하다.
   (b) 평형에 있는 화학 계에서는 어떠한 변화도 관찰되지 않는다.
   (c) 화학 반응은 항상 평형을 향하여 진행한다.
   (d) 모든 화학 반응은 평형에서 생성물 선호이다.

3.4 수용액

여러분이 앞으로 화학에서 공부하게 될 많은 반응들과 생명체에서 일어나는 거의 모든 반응들은 반응 물질이 물에 녹아 있는 용액에서 일어나게 된다. 1장에서 **용액**(solution)이란 2개 이상의 물질의 균일한 혼합물로서 정의했다. 녹아 있는 물질(용질)과 녹이는 매질인 **용매**(solvent)이다. 물이 용매인 용액인 **수용액**(aqueous solution) 내에서 일어나는 반응들을 이해하려면 물에 용해된 화합물의 거동을 이해하는 것이 중요하다(그림 3.7).

용액에서 이온과 분자

이온성 고체 물질을 용해시키는 것은 고체 상태에서 이온을 둘러싼 반대 전하 이온들로부터 분리하는 것이다(그림 3.7). 물은 특히 이온 화합물을 잘 용해시키며, 이는 물 분자는 양과 음으로 하전된 말단부를 가지고 있기 때문이다. 이온 화합물이 물에 녹을 때, 음이온은 물 분자 끝의 양전하가 이온을 향하는 모습으로 물 분자에 둘러싸이며, 양이온 역시 여러 개의 물 분자 끝의 음전하로 둘러싸인다. 관련된 힘은 쿨롱의 법칙(식 2.3)으로 잘 기술할 수 있다.

이온 화합물이 용해되어 물로 둘러싸인 이온들은 용액 내에서 자유롭게 움직일 수

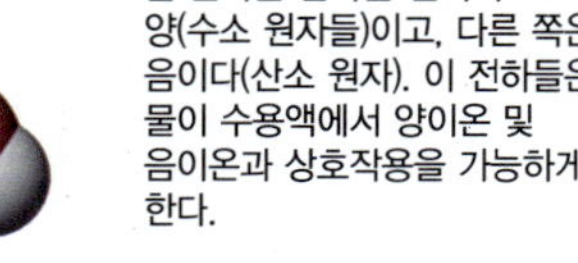

물 분자는 수용액에서 양이온과 음이온에 끌린다.

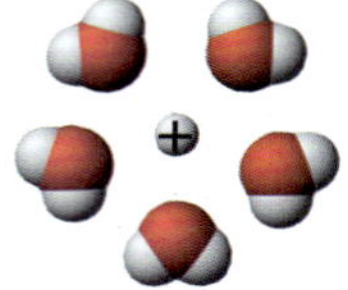
양이온을 둘러싼 물

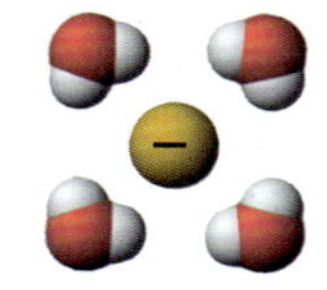
음이온을 둘러싼 물

이온성 물질이 물에 녹을 때, 각 이온은 물 분자에 의해 둘러싸인다.

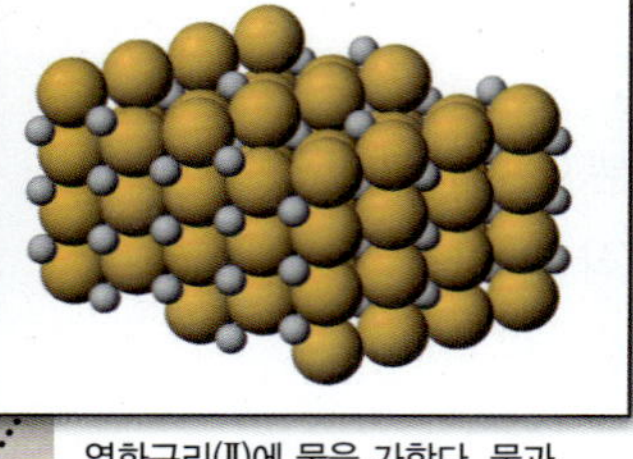
염화구리(Ⅱ)에 물을 가한다. 물과 Cu^{2+} 그리고 Cl^- 이온 사이의 상호작용이 고체를 용해되도록 만든다.

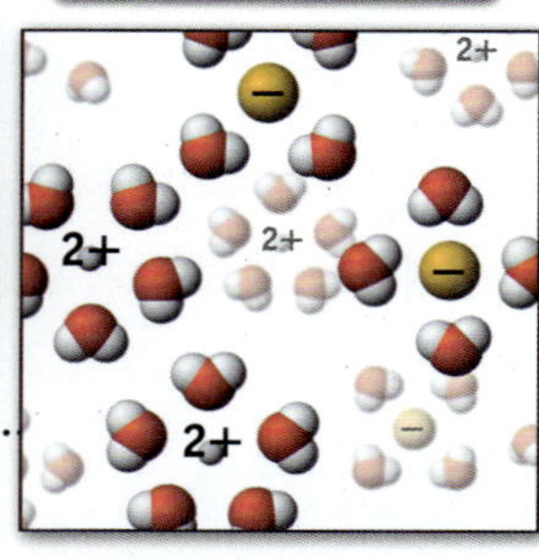
이온들은 이제 물 분자에 둘러싸여 있다.

그림 3.7 이온성 물질의 용매로서의 물.

강전해질

용액이 전기를 잘 전도하는 것을 보여주면서 전구에 불이 들어온다.

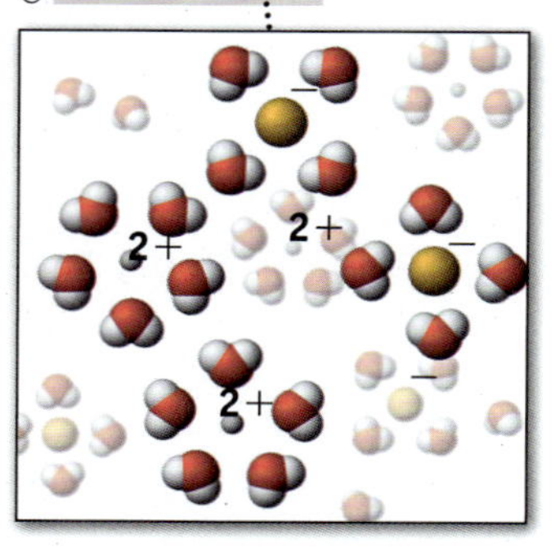

그림 3.8a 강전해질. 강전해질은 전기를 전도한다. $CuCl_2$는 Cu^{2+}와 Cl^- 이온으로 완전히 해리하게 된다.

있다. 일반적인 상태에서 이온들의 움직임은 일정하지 않다. 이온 화합물의 용해로 얻어진 양이온과 음이온들은 용액에 전체적으로 고르게 분산되어 있다. 그러나 두 **전극**[electrode(구리선과 같은 전도체)]을 용액에 넣고 전지에 연결하면 양이온은 용액 내에서 음극으로 흐르며, 음이온은 양극으로 흐른다(그림 3.8).

수용액 내에서 전기를 전도하는 화합물을 **전해질**(electrolyte)이라고 한다. **물에 용해되는 모든 이온 화합물들은 전해질이다.** 용액이 전기를 전도하는 정도인 전기전도도는 이온의 농도에 의존한다. 그림 3.8에서 하는 것처럼 회로에 전구를 연결하여 용액의 전기전도도를 시험할 수 있다. 농도가 클수록 전기전도도가 크며 전구도 더 밝은 빛을 낸다.

NaCl을 용해시켰을 때, 1 mol의 Na^+ 이온과 1 mol의 Cl^- 이온이 생성된다.

$$NaCl(s) \rightarrow Na^+(aq) + Cl^-(aq)$$

100 % 해리 → 강전해질

용질은 완전히 이온으로 해리되기 때문에 용액은 좋은 전도성의 전해질이 된다. 이온 존재에 의해 용해되어 좋은 전도체가 되는 물질을 **강전해질**(strong electrolyte)이라 한다(그림 3.8a). 이온 화합물이 해리되어 생성되는 이온은 화합물에 의해 명명되고 화합물의 화학식에 의해 이온들의 상대적인 양이 결정된다. 예를 들어 염화소듐은 용액에서 소듐 이온(Na^+)과 염화 이온(Cl^-)을 1 : 1의 비율로 생성한다. 또 이온 화합물 염화바륨($BaCl_2$)은 강전해질이며, 용액에서 바륨 이온 1개에 대해 2개의 염화 이온이 존재한다.

$$BaCl_2(s) \rightarrow Ba^{2+}(aq) + 2\ Cl^-(aq)$$

화학식 단위당 2개의 염화 이온은 용액에서 각각 별개의 입자로 존재한다. 이것들은 이원자 입자, Cl_2^{2-}로 존재하지 않는다. 다른 예로 이온 화합물 질산바륨은 바륨 이온과 질산 이온을 생성한다. 용액에서 각 Ba^{2+} 이온에 대해 2개의 NO_3^- 이온이 있다.

$$Ba(NO_3)_2(s) \rightarrow Ba^{2+}(aq) + 2\ NO_3^-(aq)$$

다원자 이온은 NO_3^- 한 단위로 존재하지만, 2개의 질산 이온이 용액에서 각각 별개로 존재한다는 것에 주목하시오.

수용액이 전기를 전도하지 않는 화합물을 **비전해질**(nonelectrolyte)이라 한다(그림 3.8b). 이 수용액에 존재하는 용매 입자는 이온이 아니라 분자이다. **물에 용해되는 대부분 분자 화합물들은 비전해질이다.** 예를 들어 분자 화합물 에탄올(C_2H_5OH)이 물에 녹을 때, 각각의 에탄올 분자는 하나의 단위로 존재한다. 용액에서 이온이 아니다. 다른 비전해질의 예로 수크로오스($C_{12}H_{22}O_{11}$)와 부동액(에틸렌글라이콜, $HOCH_2CH_2OH$)이 있다.

어떤 분자 화합물(강산, 약산, 약염기)은 물과 반응하여 이온을 형성하기 때문에 전해질이다. 분자 화합물인 염화수소 기체는 물과 반응하여 이온을 형성하고 용액은 염산이라 부른다.

$$HCl(g) + H_2O(\ell) \rightarrow H_3O^+(aq) + Cl^-(aq)$$

이 반응은 생성물이 선호되는 반응이다. 각각의 HCl 분자는 용액에서 이온을 형성하므로 염산은 강전해질이다.

어떤 분자 화합물은 **약전해질**(weak electrolyte)이다(그림 3.8c). 이 화합물이 물에 녹을 때, 낮은 비율의 분자들만이 이온을 형성한다. 대부분은 그대로 남아 있다. 이 수용액은 낮은 전기전도도를 갖는다(그림 3.8c). 물과 아세트산의 반응은 반응물이 매우 선호되는 반응이다. 아세트산 수용액인 식초에서 아세트산 10,000개 분자당 약 40개 분자가 아세트산 이온($CH_3CO_2^-$)과 하이드로늄 이온(H_3O^+)을 형성하기 위해 이온화한다. 그러므로 수용액의 아세트산은 약전해질이다.

$$CH_3CO_2H(aq) + H_2O(\ell) \rightleftharpoons CH_3CO_2^-(aq) + H_3O^+(aq)$$

그림 3.9는 주어진 종류의 용질이 수용액에서 이온, 분자 혹은 이온과 분자의 조합으로 존재할지를 알려준다.

물에서 이온 화합물의 용해도

많은 이온 화합물이 물에 용해된다. 그러나 어떤 것들은 적은 양만 용해되며, 또 어떤 것들은 불용성이다. 다행히도 우리는 일반적으로 어떤 이온 화합물이 물에 용해되는지에 대해 말할 수 있다. 이 장에서 용해된다고 했을 때 어느 정도 이상이 용해되는 물질들과 어느 정도까지 녹지 않는 불용성의 물질들에 관해 용해도 측면에서 이를 알아볼 것이다. 주어진 물의 양에 대해 실제로 녹는 양을 정확히 알기 위해 평형의 개념을 사용하여 실험이나 계산을 할 수 있다(▶18장).

그림 3.10은 특정 이온 화합물이 물에 용해되는지를 추정하기 위해 도움이 되는

비전해질

용액이 전도하지 않는 것을 보여주면서 전구에 불이 들어오지 않는다.

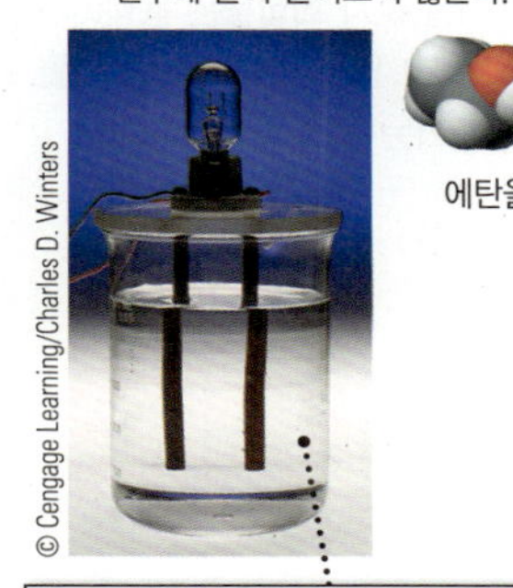

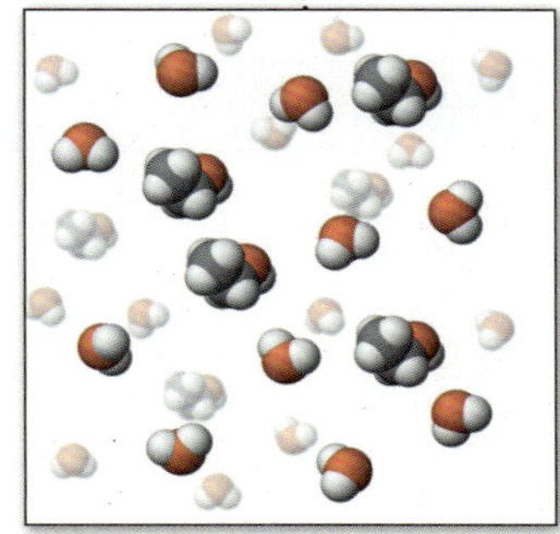

그림 3.8b 비전해질. 비전해질은 용액에 이온이 존재하지 않기 때문에 전기를 전도하지 않는다.

약전해질

용액이 전기를 잘 전도하지 못하는 것을 보여주면서 전구에 희미한 불이 들어온다.

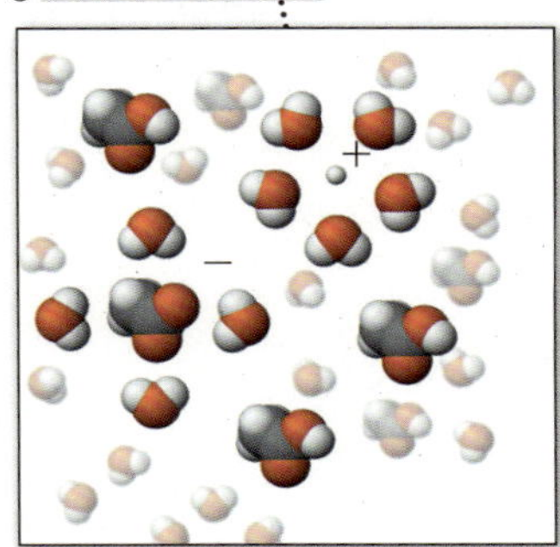

그림 3.8c 약전해질. 약전해질은 용액에 적은 양의 이온만 존재하여 전기를 잘 전도하지 못한다.

그림 3.9 수용액에서 존재하는 화학종의 예측. 화합물이 수용액에서 해리할 때, 이온은 이온 혹은 분자 화합물에서 얻어질 수 있다. 어떤 분자 화합물은 용액에서 분자 상태 그대로 남아 있다(수산화 기를 포함하는 강염기는 이온 화합물이다).

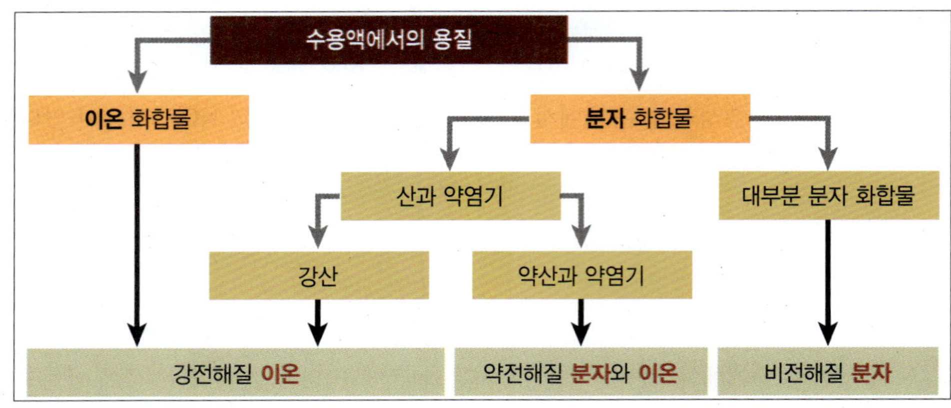

잘 녹는 화합물				불용성 화합물	
거의 모든 Na^+, K^+, NH_4^+의 염 질산, NO_3^- 염소산, ClO_3^- 과염소산, ClO_4^- 아세트산, $CH_3CO_2^-$ 이온의 염	거의 모든 Cl^-, Br^-, I^-의 염 **예외(불용)** Ag^+, Hg_2^{2+}, Pb^{2+}의 할로젠화물	F^-를 포함하는 염 **예외(불용)** Mg^{2+}, Ca^{2+}, Sr^{2+}, Ba^{2+}, Pb^{2+}의 플로오린화물	황산, SO_4^{2-} 이온의 염 **예외(불용)** Ca^{2+}, Sr^{2+}, Ba^{2+}, Pb^{2+}, Ag^+의 황산 화합물	탄산, CO_3^{2-} 인산, PO_4^{3-} 옥살산, $C_2O_4^{2-}$ 크로뮴산, CrO_4^{2-} 황화, S^{2-} 이온의 대부분 염 **예외(용해)** NH_4^+와 알칼리 금속 양이온의 염	대부분 금속 수산화물과 산화물 **예외(용해)** 알칼리 금속 수산화물과 $Ba(OH)_2$, $Sr(OH)_2$

은 화합물

$AgNO_3$ $AgCl$ $AgOH$

(a) 질산염은 염화물처럼(AgCl은 제외) 일반적으로 잘 용해된다. 수산화물은 일반적으로 잘 용해되지 않는다.

황화물

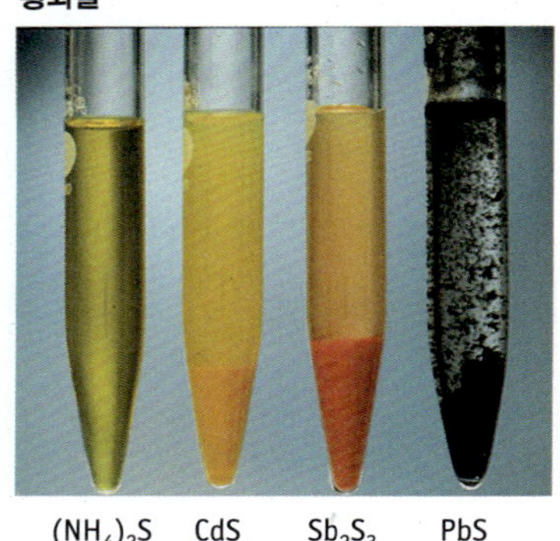

$(NH_4)_2S$ CdS Sb_2S_3 PbS

(b) 황화물은 일반적으로 잘 용해되지 않는다(NH_4^+와 Na^+를 포함하는 염들은 예외).

수산화물

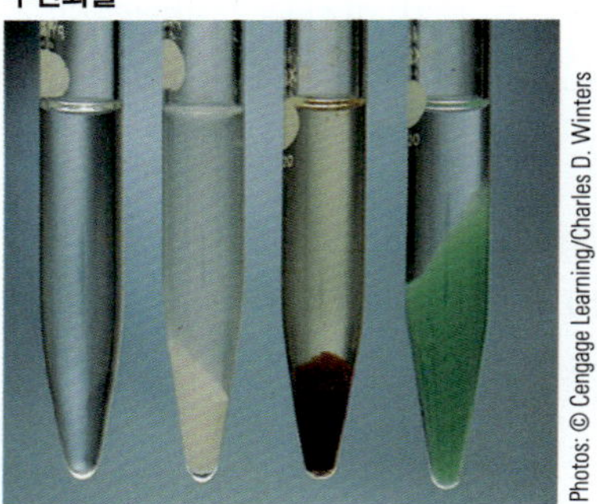

$NaOH$ $Ca(OH)_2$ $Fe(OH)_3$ $Ni(OH)_2$

(c) 수산화물은 양이온이 1A족의 금속일 때를 제외하고 일반적으로 잘 용해되지 않는다(Sr^{2+} 또는 Ba^{2+}).

그림 3.10 이온 화합물의 용해도를 예상하기 위한 지침. 만약 화합물이 표 상단의 왼쪽에 있는 이온을 포함하면, 물에 비교적 잘 녹을 것이라고 추측할 수 있다. 단, 일부 예외는 오른쪽에 명시되어 있다.

넓은 의미의 지침을 나열한 것이다. 예를 들어 질산소듐($NaNO_3$)은 알칼리 금속 이온인 Na^+와 질산 음이온(NO_3^-)을 포함한다. 이 이온들 중 하나만 포함하여도 이 화합물이 물에 용해됨을 알 수 있다. 반면에 수산화칼슘은 물에 용해되기 어렵다. 물 100 ml에 $Ca(OH)_2$ 한 스푼을 가하면, 10℃에서 0.17 g 또는 0.0023 mol만 용해될 것이다. 대체적으로 거의 모든 $Ca(OH)_2$가 고체로 남아 있다(그림 3.10c).

예제 3.2 용해도 지침

문제 다음 이온 화합물이 물에 잘 용해되는지에 대해 예상하시오. 용해될 수 있는 화합물의 용액에서 생성되는 이온들을 나열하시오.

(a) KCl (b) $MgCO_3$ (c) Fe_2O_3 (d) $Cu(NO_3)_2$

알고 있는 사실 화합물의 화학식을 알고 있지만, 그림 3.10의 용해도 지침을 사용하기 위해 화합물을 구성하는 이온들을 확인해야 한다.

전략 용해도 지침(그림 3.10)을 바탕으로 물에 용해가 가능한지를 결정한다. 가용성 화합물들은 용액에서 각각의 이온으로 해리될 것이다.

풀이

(a) KCl은 K^+와 Cl^- 이온으로 구성된다. 이 이온들 중 하나만 포함되어 있어도 화합물이 물에 용해되기 쉬움을 나타낸다. 수용액은 K^+와 Cl^- 이온을 포함한다.

$$KCl(s) \rightarrow K^+(aq) + Cl^-(aq)$$

(KCl의 용해도는 20 ℃에서 물 100 mL에 약 35 g 정도이다.)

(b) 탄산마그네슘은 Mg^{2+}와 CO_3^{2-} 이온으로 구성되어 있다. 탄산 이온을 포함하는 염은 보통 Na^+나 NH_4^+와 같은 이온들과 결합되지 않는 이상 용해되지 않는다. 그러므로 $MgCO_3$는 물에 용해되지 않을 것을 예상할 수 있다($MgCO_3$의 용해도는 0.2 g/100 mL의 물보다 적다).

(c) 산화철(Ⅲ)은 Fe^{3+}와 O^{2-} 이온으로 구성되어 있다. 산화물은 O^{2-}가 알칼리 금속 이온과 결합될 때만 용해된다. Fe^{3+}는 전이금속 이온이기 때문에 Fe_2O_3는 불용성이다.

(d) 질산구리(Ⅱ)는 Cu^{2+}와 NO_3^- 이온으로 구성되어 있다. 질산염은 대부분 물에 용해 가능하기 때문에 $Cu(NO_3)_2$는 물에 용해 가능하며, 구리 양이온과 질산 음이온을 생성한다.

$$Cu(NO_3)_2(s) \rightarrow Cu^{2+}(aq) + 2\ NO_3^-(aq)$$

고려사항 화학자들에게 그림 3.10과 같은 일련의 지침은 유용하다. 필요하면 화학 데이터베이스에서 많은 화합물들에 대한 정확한 용해도 정보를 얻을 수 있다.

유제 다음 이온 화합물이 물에 녹을지 예측하시오. 물에 녹는다면 수용액에 존재하는 이온의 화학식을 적으시오.

(a) $LiNO_3$ (b) $CaCl_2$ (c) CuO (d) $NaCH_3CO_2$

용해도 지침. 그림 3.10에서 관찰한 것들은 용해가능 정도를 가늠하기 위한 지침을 만들기 위해 이용된다. 하지만 이는 일반적인 지침들일 뿐이며, 어떠한 환경에서도 적용되는 규칙들이 아님을 명심해야 한다. 일부 예외는 존재하지만 지침들은 공부를 하기 위한 좋은 출발점이 될 것이다. B. Blake, *Journal of Chemical Education*, Vol. 80, pp. 1348~1350, 2003을 참조.

3.4절 확인문제

1. 다음 중 물에 녹는 화합물은 어느 것인가?

(a) $Ba(NO_3)_2$ (b) CuS

(c) $Fe_3(PO_4)_2$ (d) $Mg(OH)_2$

2. 질산칼슘 이수화물은 물에 녹는다. 어떤 이온이 용액에 존재하는가?

(a) Ca^{2+}와 $(NO_3)_2^{2-}$ (b) Ca^{2+}와 2 NO_3^{2-}

(c) Ca^{2+}와 2 NO_3^{-} (d) Ca^{+}와 NO_3^{-}

3. 다음 4개의 화합물 각각 1 g이 물 100 mL와 함께 비커에 섞여 있다. 혼합물이 전류를 전도하는지 알아보기 위해 시험하였다. 어느 용액이 약한 전기 전도체인가?

(a) 에탄올 (b) 아세트산 (c) NaCl (d) NaOH

3.5 침전 반응

이제 우리는 화합물이 물에 녹았을 때 이온 또는 분자를 생성할지 그리고 이온화합물이 물에 녹을지, 녹지 않을지를 예측할 수 있기 때문에 수용액에서 일어나는 화학 반응에 대해 논의를 시작할 수 있다. 앞으로 수용액에서 반응의 침전, 산-염기, 기체-생성, 산화-환원의 네 가지의 주요한 범주에 대해 소개할 것이다.

이 반응들에 대해 배우기 위해서는 반응생성물을 예측하게 하는 패턴을 찾는 것이 유용하다. 우리는 침전, 산-염기, 그리고 많은 기체-생성(그러나 산화-환원은 아니다) 반응은 **반응물의 이온이 짝을 바꾸는 교환 반응**[exchange reaction(경우에 따라 이중 치환, 또는 복분해반응(metathesis)이라 한다)]이다.

$$A^+B^- + C^+D^- \longrightarrow A^+D^- + C^+B^-$$

예를 들어 질산은과 염화포타슘의 수용액은 반응하여 고체 염화은과 수용성 질산포타슘을 생성한다(그림 3.11).

$$AgNO_3(aq) + KCl(aq) \rightarrow AgCl(s) + KNO_3(aq)$$

반응물	**생성물**
$Ag^+(aq) + NO_3^-(aq)$	불용성 $AgCl(s)$
$K^+(aq) + Cl^-(aq)$	$K^+(aq) + NO_3^-(aq)$

이 특별한 반응은 우리가 설명할 수 있는 반응의 첫 번째 유형(침전 반응)이다. **침**

그림 3.11 염화은의 침전.

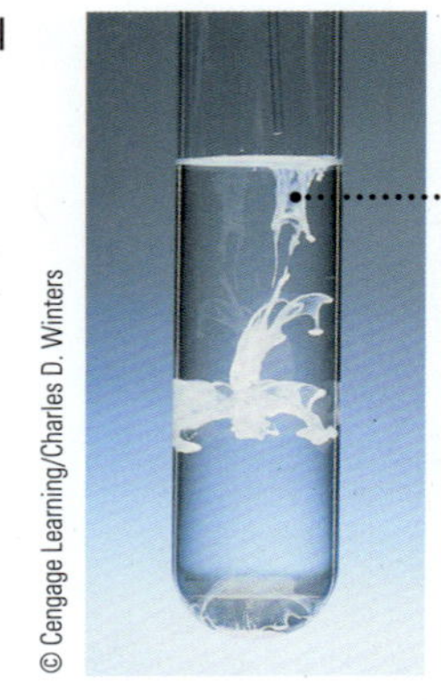

(b) 1차적으로 Ag^+(은색) 이온과 Cl^-(초록색) 이온은 넓게 퍼져 있다.

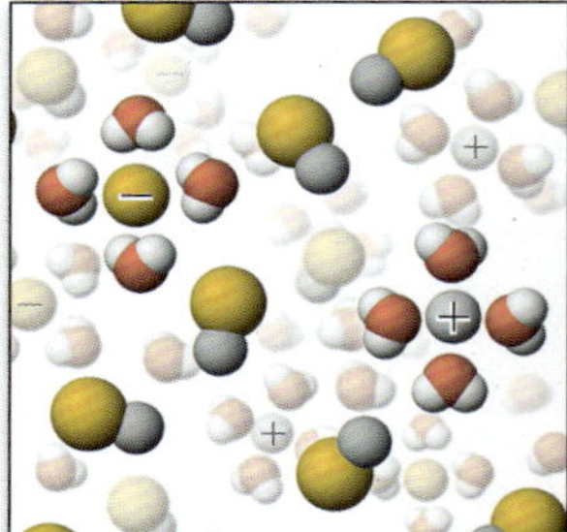

(c) Ag^+와 Cl^- 이온은 접근하여 이온쌍을 형성한다.

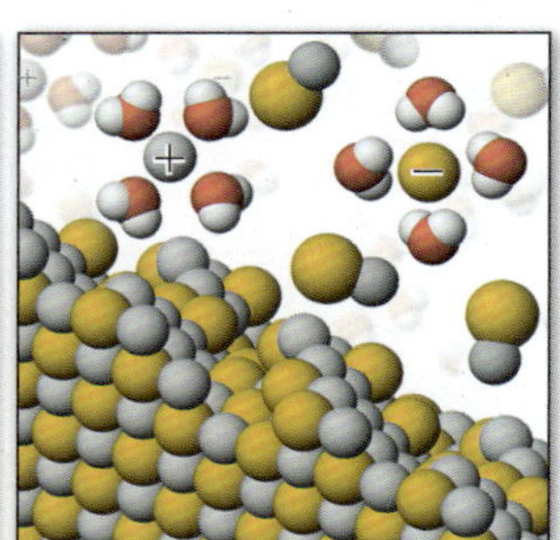

(d) Ag^+와 Cl^- 이온이 더 많이 결합하면서 AgCl 침전물이 형성된다.

(a) 질산은과 염화포타슘 수용액의 혼합은 백색의 불용성 염화은(AgCl)을 생성한다.

전 반응(precipitation reaction)은 불용성의 고체 생성물인 **침전물**(precipitate)을 생성한다. 이러한 반응에서 반응물은 일반적으로 수용성의 이온 화합물이다. 이 물질들이 물에 녹을 때, 이것들은 양이온과 음이온으로 분해된다. 한 반응물로부터 양이온이 다른 반응물로부터의 음이온과 불용성의 화합물을 생성한다면 침전이 일어난다. 그림 3.11에서 질산은과 염화포타슘은 수용성의 이온 화합물이다. 물에서 결합할 때, 이들은 불용성의 염화은과 수용성의 질산포타슘을 생성하기 위해 **교환 반응**을 거친다.

침전 반응의 결과 예측

많은 양이온과 음이온의 결합은 불용성의 물질을 생성한다(그림 3.10). 예를 들어 용해도 지침은 크로뮴산염을 함유하는 대부분의 화합물은 수용성이 아님을 보여준다(알칼리 금속 크로뮴산염과 암모늄크로뮴산염은 예외이다). 그러므로 노란색의 고체 크로뮴산납(II)은 수용성의 납(II) 화합물이 수용성의 크로뮴산염 화합물과 결합할 때 침전한다는 것을 예상할 수 있다(그림 3.12).

$$Pb(NO_3)_2(aq) + K_2CrO_4(aq) \rightarrow PbCrO_4(s) + 2\ KNO_3(aq)$$

반응물	**생성물**
$Pb^{2+}(aq) + 2\ NO_3^-(aq)$	불용성 $PbCrO_4(s)$
$2\ K^+(aq) + CrO_4^{2-}(aq)$	$2\ K^+(aq) + 2\ NO_3^-(aq)$

마찬가지로 거의 모든 금속 황화물은 물에 용해되지 않는다(그림 3.12). 수용성 금속 화학물의 용액이 황화물 이온과 반응하면 금속 황화물이 침전된다.

$$Pb(NO_3)_2(aq) + (NH_4)_2S(aq) \rightarrow PbS(s) + 2\ NH_4NO_3(aq)$$

반응물	**생성물**
$Pb^{2+}(aq) + 2\ NO_3^-(aq)$	불용성 $PbS(s)$
$2\ NH_4^+(aq) + S^{2-}(aq)$	$2\ NH_4^+(aq) + 2\ NO_3^-(aq)$

다른 예를 통해 용해도 지침은 알칼리 금속 양이온(그리고 Sr^{2+}와 Ba^{2+})을 제외하고 모든 금속 양이온은 불용성의 수산화물을 생성한다는 것을 보여준다. 그러므로 수용성 염화철(Ⅲ)과 수산화소듐은 반응하여 불용성의 수산화철(Ⅲ)을 생성한다(그림 3.10과 3.12).

$Pb(NO_3)_2$와 K_2CrO_4로부터 **$PbCrO_4$**

$Pb(NO_3)_2$와 $(NH_4)_2S$로부터 **PbS**

$FeCl_3$와 NaOH로부터 **$Fe(OH)_3$**

$AgNO_3$와 K_2CrO_4로부터 **Ag_2CrO_4**

그림 3.12 **침전 반응.**

$$FeCl_3(aq) + 3\ NaOH(aq) \rightarrow Fe(OH)_3(s) + 3\ NaCl(aq)$$

반응물	생성물
$Fe^{3+}(aq) + 3\ Cl^-(aq)$	불용성 $Fe(OH)_3(s)$
$3\ Na^+(aq) + 3\ OH^-(aq)$	$3\ Na^+(aq) + 3\ Cl^-(aq)$

예제 3.3 침전 반응의 반응식 쓰기

문제 질산은 수용액과 크로뮴산포타슘 수용액을 혼합할 때 침전물이 생기는가? 생긴다면 완결된 반응식을 쓰시오.

알고 있는 사실 두 반응물의 이름이 주어지고 이것은 교환 반응이라는 것을 명심해야 한다. 그리고 그림 3.10의 용해도에 대한 정보가 필요하다.

전략

- 반응물의 이름으로부터 물질의 화학식을 결정한다.
- 반응물을 만드는 양이온과 음이온의 식을 결정한다.
- 양이온과 음이온의 교환에 의해 반응에서 생성되는 생성물의 화학식을 쓰고 그림 3.10의 정보를 이용하여 생성물이 불용성 여부를 결정한다.
- 반응식을 완결한다.

풀이 반응물은 질산은과 크로뮴산포타슘이다. 교환 반응에서 가능한 생성물은 크로뮴산은(Ag_2CrO_4)과 질산포타슘(KNO_3)이다. 용해도 지침에 근거를 두고 크로뮴산은은 불용성 화합물 (크로뮴산염은 1A족 금속을 제외하고 불용성)인 반면 질산포타슘은 물에 녹는다. 그러므로 반응물이 혼합된다면 크로뮴산은의 침전이 생성될 것이다.

$$2\ AgNO_3(aq) + K_2CrO_4(aq) \rightarrow Ag_2CrO_4(s) + 2\ KNO_3(aq)$$

고려사항 이 반응은 그림 3.12에서 확인할 수 있다.

유제 다음 각각의 경우 두 수용성 반응물의 용액이 혼합되었을 때, 침전 반응이 일어나는가? 생성되는 침전물의 화학식을 쓰고, 침전 반응이 일어나는 완결된 화학 반응식을 쓰시오.

(a) 탄산소듐과 염화구리(Ⅱ)

(b) 탄산포타슘과 질산소듐

(c) 염화니켈(Ⅱ)와 수산화포타슘

알짜 이온 반응식

질산은 수용액과 염화포타슘 수용액을 혼합하였을 때, 용액에 질산포타슘이 남고, 불용성의 염화은이 생성되는 것을 살펴보았다(그림 3.11). 이 과정의 완결된 화학 반응식은 다음과 같다.

$$AgNO_3(aq) + KCl(aq) \rightarrow AgCl(s) + KNO_3(aq)$$

위 반응은 **물에 녹는** 이온성 화합물이 해리된 이온으로서 용액에 존재하는 것을 보여주는 반응식으로 다르게 표현할 수 있다. Ag^+와 NO_3^- 이온을 포함하는 질산은 수용액과 K^+와 Cl^- 이온을 함유하는 염화포타슘 수용액이 있다. 생성물인 질산포타숾은 용액에서 K^+와 NO_3^- 이온으로 존재한다. 그러나 염화은은 불용성이고 따라서 해리된 이온으로 용액에 존재하지 않는다. 반응식에서 AgCl(s) 그대로 나타난다.

$$\underbrace{Ag^+(aq) + NO_3^-(aq) + K^+(aq) + Cl^-(aq)}_{\text{반응 전}} \rightarrow \underbrace{AgCl(s) + K^+(aq) + NO_3^-(aq)}_{\text{반응 후}}$$

이러한 종류의 반응식은 **완전 이온 반응식**(complete ionic equation)이라고 불린다.

K^+와 NO_3^- 이온은 반응 전후 모두 용액에 존재하기 때문에 완전 이온 반응식의 반응물과 생성물쪽에 모두 존재한다. 이러한 이온들은 알짜 반응에 참여하지 않기 때문에 **구경꾼 이온**(spectator ion)이라 불리기도 한다. 화학 반응식에서 구경꾼 이온을 제외하고 반응에 참가한 이온들의 반응만을 적을 경우 화학 반응 정보의 일부분이 손실되기도 하지만 반응식을 간단하게 만들 수 있다는 장점이 있다.

$$Ag^+(aq) + Cl^-(aq) \rightarrow AgCl(s)$$

화학 반응식에서 구경꾼 이온을 제외한 것을 **알짜 이온 반응식**(net ionic equation)이라 한다.

알짜 이온 반응식. 알짜 이온 반응식을 포함한 모든 화학 반응식은 완결되어야 한다. 생성물과 반응물의 양변에 있는 각 종류의 원자 수는 같아야 한다. 또한 양전하와 음전하의 합은 반응식 양변에서 같아야 한다.

구경꾼 이온을 제거하는 것이 K^+와 NO_3^- 이온은 $AgNO_3$ + KCl 반응에서 중요하지 않다는 것을 의미하지는 않는다. 실제로 Ag^+ 이온은 용액에 홀로 존재할 수 없다. 이 경우에 음이온 NO_3^-가 Ag^+의 양전하 균형을 맞추기 위해 반드시 필요하다. 그러나 Ag^+ 이온과 수용성의 화합물을 형성하는 한 어떤 음이온도 마찬가지 역할을 한다. 따라서 $AgNO_3$ 대신 $AgClO_4$를 사용할 수 있다. 마찬가지로 Cl^- 이온의 음전하 균형을 맞추기 위해 양이온은 반드시 존재해야 한다. 이 경우 존재하는 양이온은 KCl의 K^+이지만 KCl 대신 NaCl을 사용할 수 있다.

마지막으로 완결된 화학 반응식에서 질량 균형과 같이 **전하 균형**도 맞아야 된다는 것을 주목해야 한다. Ag^+ + Cl^-의 알짜 이온 반응식에서 우변의 AgCl(s)의 전하가 0인 것과 같이 좌변의 양전하와 음전하를 모두 더했을 때, 총 전하가 0이 되어야 한다.

문제해결 주요사항 3.1 알짜 이온 반응식 쓰기

알짜 이온 반응식은 반응에 관여된 실제적인 화학종들을 기술하여 수용액에서의 화학 반응을 기술하는 것이다. 알짜 이온 반응식을 쓰려면, 용액 내에 어떤 화합물이 이온 상태로 존재하는지 알아야 한다.

1. 강산, 강염기 그리고 가용성 염은 용액 내에서 이온 상태로 존재한다. 예를 들어 HCl이나 HNO_3와 같은 산, NaOH와 같은 염기, NaCl이나 $CuCl_2$와 같은 염을 포함한다.
2. 다른 모든 물질들은 각각의 완전한 화학식에 의해 표현된다. 아세트산(CH_3CO_2H)과 같은 약산들은 용액 내에서 기본적으로 분자 상태로 존재한다(3.6절 참조). $CaCO_3(s)$와 같은 불용성 염이나 $Mg(OH)_2(s)$와 같은 불용성 염기는 이온 화합물일지라도 이온 형태로 쓰면 안 된다.

알짜 이온 반응식을 쓰는 가장 좋은 방법은 정해진 단계를 정확히 따르는 것이다.

1. 완결된 반응식을 쓴다. 각각의 물질의 상태를 표기한다(aq, s, ℓ, g).
2. 모든 강산, 강염기, 가용성 염을 이온으로 표시하여 반응식을 다시 쓴다(이 단계에서 (aq)로 표시된 화학종만을 고려한다).
3. 어떤 이온들은 반응에서 변화없이 그대로 있을 수 있다(반응물과 생성물로서 모두 반응식에 나타나는 이온들). 이 구경꾼 이온들은 진행되고 있는 화학변화의 일부분이 아니다. 이 이온들은 반응식의 양변에서 제거한다.
4. 화학 반응식과 같이 알짜 이온 반응식은 완결되어야 한다. 화살표 양쪽에 같은 수의 원자들이 있어야 하고, 양변의 이온 전하의 총합이 같아야 한다.

© Cengage Learning/Charles D. Winters

침전 반응. 염화바륨과 황산소듐의 반응은 불용성의 황산바륨과 수용성의 황산소듐을 생성한다. 예제 3.4 참조.

전략도 3.4

문제
$BaCl_2 + Na_2SO_4$ 반응에 대한 **완결된 알짜 이온 반응식**을 쓰시오.

↓

알려진 자료/정보
반응물의 **화학식**

1단계 **반응물**을 결정하고 **완결된 반응식**을 쓴다.

↓

반응물과 **생성물**을 포함한 **완결된 반응식**

2단계 각각의 반응물과 생성물이 물에서 **고체**이지, **액체**인지, **용해**된 상태인지 결정한다.

↓

반응물과 생성물의 **상태를 표시**한 **화학 반응식**

3단계 용액에서 이온을 확인한다.

↓

이온으로 존재하는 반응물과 생성물로 표시된 이온 **화학 반응식**

4단계 구경꾼 이온 제거

↓

완결된 알짜 이온 반응식

예제 3.4 알짜 이온 반응식 쓰기와 균형 맞추기

문제 $BaCl_2$와 Na_2SO_4 수용액의 반응에 대한 완결된 알짜 반응식을 쓰시오.

알고 있는 사실 반응물의 화학식이 주어져 있다. 이것은 교환 반응이고, 그림 3.10에서 용해도에 대한 정보가 필요하다.

전략 문제해결 주요사항 3.1의 제시된 방법을 참고한다.

풀이

1단계 교환 반응에서 Ba^{2+}와 Na^+ 양이온은 $BaSO_4$와 NaCl을 생성하기 위해 음이온 Cl^-와 SO_4^{2-}을 교환한다. 반응물과 생성물이 알려져 있기 때문에 반응식을 쓸 수 있다. 식의 균형을 맞추기 위해 NaCl 앞에 2를 쓴다.

$$BaCl_2 + Na_2SO_4 \rightarrow BaSO_4 + 2\ NaCl$$

2단계 각 화합물의 용해도를 결정한다(그림 3.10). 소듐 이온을 포함하는 화합물은 항상 수용성이고 염화 이온을 함유하는 화합물도 항상 가용성이다. 황산염은 대개 가용성을 지니지만, $BaSO_4$의 경우처럼 예외적인 경우도 있다. 따라서 다음과 같이 쓸 수 있다.

$$BaCl_2(aq) + Na_2SO_4(aq) \rightarrow BaSO_4(s) + 2\ NaCl(aq)$$

3단계 용액 내의 이온들을 확인한다. 모든 가용성 이온 화합물은 수용액 내에서 이온 형태로 해리한다. 이것은 다음과 같은 이온 반응식으로 나타낼 수 있다.

$$Ba^{2+}(aq) + 2\ Cl^-(aq) + 2\ Na^+(aq) + SO_4^{2-}(aq) \rightarrow BaSO_4(s) + 2\ Na^+(aq) + 2\ Cl^-(aq)$$

4단계 알짜 반응식을 만들기 위해 구경꾼 이온(Na^+와 Cl^-)을 식별하고 제거한다.

$$Ba^{2+}(aq) + SO_4^{2-}(aq) \rightarrow BaSO_4(s)$$

고려사항 이온 전하의 합은 식의 양변에서 같다. 좌변이 2+, 2−면 결국 0이고, 우변 $BaSO_4$의 전하는 또한 0이다.

유제 다음 화합물을 포함하는 수용액이 혼합되었을 때, 일어나는 반응에 대한 알짜 이온 반응식을 쓰시오.

(a) $CaCl_2 + Na_3PO_4$

(b) 염화철(III)과 수산화포타슘(그림 3.12와 유사한 반응)

(c) 질산납(II)과 염화포타슘

3.5절 확인문제

1. 다음 두 반응물의 수용액을 혼합할 때, 침전되는 용액은 어느 것인가?

(1) $NaI(aq) + Pb(NO_3)_2(aq)$ (2) $CaCl_2(aq) + Na_2CO_3(aq)$
(3) $H_2SO_4(aq) + BaCl_2(aq)$ (4) $NaOH(aq) + AgNO_3(aq)$

(a) 1, 2, 3 (b) 2, 3
(c) 1, 2, 4 (d) 1, 2, 3, 4

2. $AgNO_3(aq)$와 $Na_2CO_3(aq)$의 반응에 대한 알짜 이온 반응식은 무엇인가?
(a) $Ag^+(aq) + CO_3^{2-}(aq) \rightarrow AgCO_3(s)$
(b) $Na^+(aq) + NO_3^-(aq) \rightarrow NaNO_3(s)$
(c) $2Ag^+(aq) + CO_3^{2-}(aq) \rightarrow Ag_2CO_3(s)$
(d) $AgNO_3(aq) + Na_2CO_3(aq) \rightarrow 2NaNO_3(aq) + Ag_2CO_3(s)$

3.6 산과 염기

산과 염기는 화합물의 중요한 두 가지 종류이다. 우리는 벌써 산의 일반적인 특성에 친숙하다. 산을 $CaCO_3$와 같은 금속 탄산염에 더하면, CO_2 기체를 생성한다(그림 3.13a). 그리고 많은 금속과 반응하여 수소 기체(H_2)를 생성한다(그림 3.13b). 비록 화학 실험실에서 절대로 맛봐서는 안 되지만, 여러분은 식초의 아세트산이나 시트르산과 같은 신맛을 내는 산들을 경험해본 적이 있을 것이다(일반적으로 과일에서 발견되고, 사탕이나 음료에 첨가된다). 산과 염기는 서로 관계된 특징들을 가지고 있다. 산과 염기의 용액은 예를 들어 채소의 색소의 색을 변하게 할 수 있다(그림 3.13c). 산이 어떤 이끼류에서 채취된 염료나 리트머스의 색을 변화시키는 것을 본 적이 있을 것이다. 산이 파란색 리트머스 종이를 빨간색으로 변화시켰다면 염기를 더하여 리트머스 종이를 다시 푸른색으로 변화시킬 수 있다. 그러므로 산과 염기는 반대의 성질을 가지고 있는 듯하다. 염기는 산의 효과를 중화시킬 수 있고 산은 염기의 효과를 중화시킬 수 있다. 표 3.1에는 일반적인 산과 염기가 나열되어 있다.

수십 년에 걸쳐 화학자들은 산과 염기의 특성, 화학적 구조, 반응들에 대해 연구해왔고, **산**과 **염기**에 대해 상이한 정의를 제안했다. 이 절에서는 가장 일반적으로 사용되는 2개의 정의, 즉 아레니우스(Svante Arrhenius, 1859~1927)의 정의와 브뢴스테드(Johannes N. Brönsted, 1879~1947)와 로우리(Thomas M. Lowry, 1874~1936)

(a) 산호 조각(대부분 $CaCO_3$)은 산에서 녹아 이산화탄소 기체를 생성한다.

(b) 아연은 염산과 반응하여 염화아연과 수소 기체를 생성한다.

(c) 붉은 장미 꽃잎 추출액은 산을 첨가하면 더 붉게 변하며, 염기를 첨가하면 녹색으로 변한다.

그림 3.13 산과 염기의 일부 성질들.

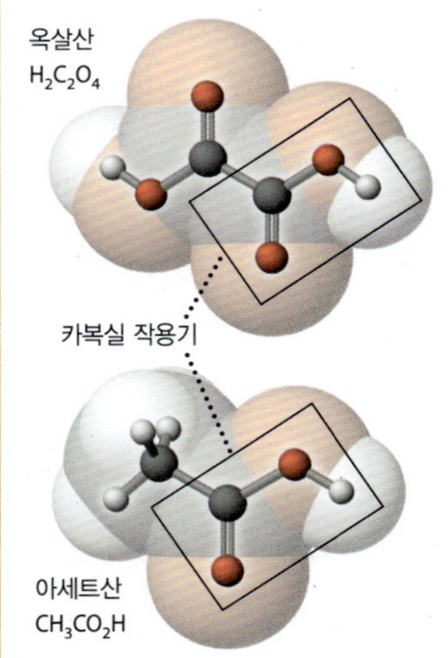

약산. 일반적인 산과 염기들은 표 3.1에 수록되어 있다. 많은 약산과 약염기들이 있는데, 그중 많은 것들은 천연물질이다. 옥살산과 아세트산과 같은 많은 천연산들은 CO_2H 또는 카복실 작용기를 포함한다(이 작용기 내의 H는 H^+로 잃게 된다).

표 3.1 일반적인 산과 염기*

강산(강전해질)		수용성 강염기(강전해질)**	
HCl	염산	LiOH	수산화리튬
HBr	브로민화수소산	NaOH	수산화소듐
HI	아이오딘화수소산	KOH	수산화포타슘
HNO_3	질산	$Ba(OH)_2$	수산화바륨
$HClO_4$	과염소산	$Sr(OH)_2$	수산화스트론튬
H_2SO_4	황산		
약산(약전해질)		**약염기(약전해질)**	
HF	플루오린화수소산	NH_3	암모니아
H_3PO_4	인산		
H_2CO_3	탄산		
CH_3CO_2H	아세트산		
$H_2C_2O_4$	옥살산		
$H_2C_4H_4O_6$	타르타르산		
$H_3C_6H_5O_7$	시트르산		
$HC_9H_7O_4$	아스피린		

* 전해질 거동은 이 산과 염기들의 수용액을 말한다.
** $Mg(OH)_2$와 $Ca(OH)_2$는 비록 거의 용해되지 않지만 강염기로 수록된다.

가 제안한 정의에 대해 알아볼 것이다.

산과 염기: 아레니우스 정의

스웨덴의 과학자 아레니우스는 화학에 있어 많은 중요한 기여를 하였다. 그러나 그는 염, 산과 염기 용액의 특징을 연구한 것으로 가장 잘 알려져 있다. 1800년대 후반에 아레니우스는 이 화합물들은 물에 녹아 궁극적으로 이온을 생성한다고 제안하였다. 그러나 이 전해질 이론은 원자의 구성과 구조에 대한 당시의 지식보다 앞서가는 내용이어서 처음에 잘 받아들여지지 않았다. 그러나 원자의 구조가 밝혀진 후, 그것은 당연한 것으로 여겨지고 있다.

산과 염기에 대한 아레니우스 정의는 그의 전해질 이론으로부터 나왔으며, 수용액에서 H^+와 OH^- 이온의 생성에 집중하고 있다.

- 산은 물은 녹았을 때, 수소 이온(H^+)의 농도를 증가시키는 물질이다.

$$HCl(g) \rightarrow H^+(aq) + Cl^-(aq)$$

- 염기는 물에 녹았을 때, 하이드록시 이온(OH^-)의 농도를 증가시키는 물질이다.

$$NaOH(s) \rightarrow Na^+(aq) + OH^-(aq)$$

- 산과 염기의 반응은 염과 물을 생성한다. 산의 특성은 염기가 첨가되었을 때, 사라

지게 되므로(그 역도 성립) 산과 염기 반응은 물을 형성하기 위한 H^+와 OH^-의 결합의 결과로 말할 수 있다.

$$HCl(aq) + NaOH(aq) \rightarrow NaCl(aq) + H_2O(\ell)$$

아레니우스는 산의 세기가 산이 이온화하는 정도에 관계된다고 제안하였다. 염산(HCl)이나 질산(HNO_3)과 같은 산들은 물에서 완전히 이온화한다. 이것들은 강전해질이며, **강산**(strong acid)이다. 아세트산이나 플루오린화수소산 같은 다른 산들은 불완전하게 이온화한다. 이것들은 약전해질이고 **약산**(weak acid)이다. 약산은 수용액에서 주로 산 분자의 형태로 존재하고 이 분자들의 일부만이 $H^+(aq)$ 이온을 생성하기 위해 이온화한다.

수산화소듐(NaOH)이나 수산화칼슘(KOH)과 같이 하이드록시 이온을 포함하는 수용성 화합물은 강전해질이고 **강염기**(strong base)이다.

암모니아(NH_3)는 물과 반응하여 암모니아 분자 1 mol당 매우 적은 양의 NH_4^+와 OH^- 이온을 생성한다.

그림 3.14 암모니아, 약전해질. 병에 기재된 이름 ammonium hydroxide는 오해할 소지가 있다. 용액은 물에 녹아 있는 NH_3로 대부분 구성되어 있다. 암모니아 수용액으로 적는 것이 더 적절하다.

수용액의 암모니아 $NH_3(aq)$는 약전해질이다. 비록 암모니아는 화학식에 OH^- 이온을 가지고 있지 않더라도 물과 반응을 통해 하이드록시 이온과 암모늄 이온을 생성하기 때문에 염기이다(그림 3.14). 이것이 약전해질이라는 사실은 이온을 생성하기 위한 물과 반응이 평형에서 반응물 선호(reactant-favored)라는 것을 가리킨다. 대부분의 암모니아는 물에서 분자의 형태로 남아 있다.

$$NH_3(aq) + H_2O(\ell) \rightleftharpoons NH_4^+(aq) + OH^-(aq)$$

비록 아레니우스 정의는 아직 어느 정도 사용되고 역사적으로 의미가 있지만 브뢴스테드-로우리(Brønsted-Lowry) 이론과 같은 현대적인 산과 염기 화학의 개념이 화학자들 사이에서 선호되고 있다.

산과 염기 : 브뢴스테드-로우리 정의

1923년에 코펜하겐(덴마크)의 브뢴스테드와 케임브리지(영국)의 로우리는 각각 산과 염기의 새로운 개념을 발표하였다. 그들은 한 종에서 다른 종으로 수소 이온(H^+)의 이동에 관점을 두고 산과 염기를 정의하였다. 그리고 평형의 관점에서 모든 산과 염기 반응을 설명하였다. 브뢴스테드-로우리 이론은 산과 염기의 정의의 범위를 확장하고 화학자들이 산과 염기의 세기에 따라 생성물 혹은 반응물 경향성을 예측할 수 있게 하였다. 여기에서는 이 이론을 정성적으로 살펴보고 더 자세한 내용은 16장에서 다룰 것이다.

브뢴스테드-로우리 이론의 주요 개념은 다음과 같다.

- **산은 양성자 주개이다.** 이것은 아레니우스 정의와 유사하다.
- **염기는 양성자 받개이다.** 이 정의는 OH^- 이온을 포함한다. 그러나 암모니아와 같은 중성화합물과 산에서 유도된 음이온들을 포함하여 염기의 종류와 수를 확장시킨다.
- **산-염기 반응은 새로운 산과 염기를 생성하기 위한 산에서 염기로의 양성자 이동을 포함한다. 이 반응은 평형 반응이라 할 수 있고, 평형은 보다 약한 산과 염기**

를 선호한다. 이것은 산과 염기의 세기에 따라 생성물이나 반응물 선호 반응의 예측을 가능하게 한다.

브뢴스테드–로우리 이론의 관점으로부터 물에서의 HCl이나 CH_3CO_2H와 같은 산의 거동은 산염기 반응으로 쓸 수 있다. 두 화학종은(둘 다 브뢴스테드 산) 하이드로늄 이온[$H_3O^+(aq)$]을 형성하면서 물(브뢴스테드 염기)에 양성자를 준다.

염산[HCl(aq)]은 수용액에서 완전히 이온화하기 때문에 강전해질이며 강산이다.

염산, 강산, 100 % 이온화, 평형은 생성물을 강하게 선호한다.

$$HCl(aq) + H_2O(\ell) \rightleftharpoons H_3O^+(aq) + Cl^-(aq)$$

염산 강전해질 = 100% 이온화 / 물 / 하이드로늄 이온 / 염화 이온

반대로 CH_3CO_2H는 물에서 약하게 이온화하기 때문에 약전해질이고 그러므로 약산이다.

아세트산, 약산, << 100 % 이온화, 평형은 반응물을 선호한다.

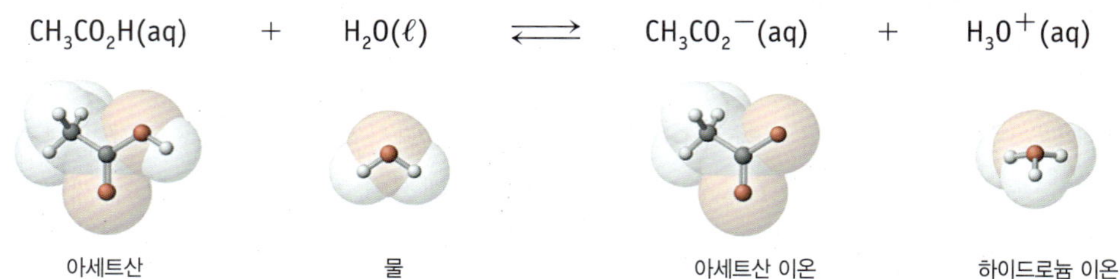

이양성자산(2개의 H^+ 이온을 줄 수 있는 산)인 황산은 2단계로 물과 반응한다. 1단계는 생성물을 강하게 선호하는 반면 2단계는 반응물을 선호한다.

강산: $H_2SO_4(aq) + H_2O(\ell) \rightleftharpoons H_3O^+(aq) + HSO_4^-(aq)$

황산 100 % 이온화 / 하이드로늄 이온 / 황산수소 이온

약산: $HSO_4^-(aq) + H_2O(\ell) \rightleftharpoons H_3O^+(aq) + SO_4^{2-}(aq)$

황산수소 이온 < 100 % 이온화 / 하이드로늄 이온 / 황산 이온

약산인 암모니아는 물과 반응하여 $OH^-(aq)$ 이온을 생성한다. 반응은 평형에서 반응물을 선호한다.

암모니아, 약염기, << 100 % 이온화, 평형은 반응물을 선호한다.

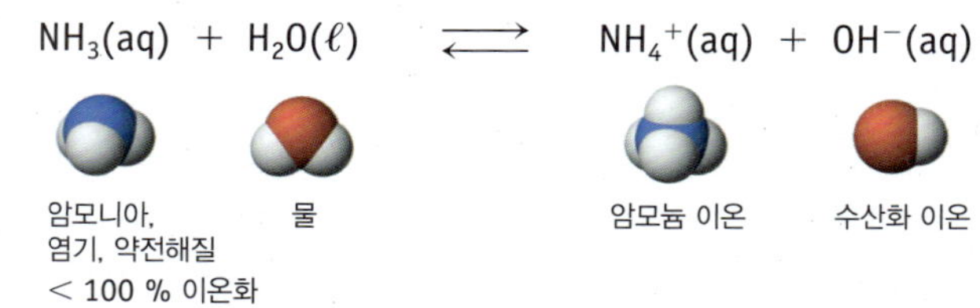

심층 학습 하이드로늄 이온-물속의 H^+ 이온

'수소 이온'이라는 용어와 H^+ 기호는 산을 논의할 때 사용된다. 그러나 수용액에서 보다 나은 표기는 하이드로늄 이온이라 불리는 H_3O^+이다. 이 이온은 H^+와 H_2O가 결합하여 생성된다. 실험에 따르면 이온의 다른 형태가 물속에 존재하며, 한 예는 $[H_3O(H_2O)_3]^+$이다.

간단히 하기 위해서 $H^+(aq)$을 사용하는 경우도 있을 것이다. 그러나 이 책에서는 물에서의 수소 이온을 나타내기 위한 기호로 $H_3O^+(aq)$을 사용할 것이다. 따라서 염산 HCl(aq)이라 부르는 것은 각각 물 분자로 둘러싸인 H_3O^+와 Cl^-의 용액으로 표시하는 것이 낫다.

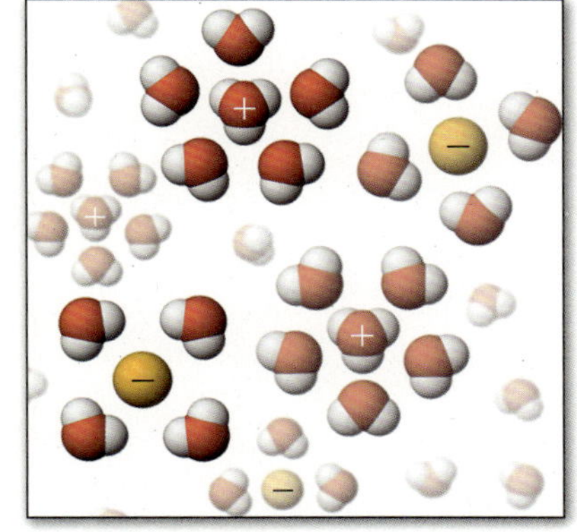

강산 HCl 용액의 표기.

브뢴스테드-로우리 이론에 따르면 음이온은 양성자를 얻을 수 있고 따라서 염기로 분류된다. 특히 약산의 음이온은 전형적으로 약염기로 행동하며 물에 약산의 음이온을 함유하는 염을 녹인 것은 염기성 용액이 된다. 예를 들어 아세트산소듐의 수용액은 다음의 반응 때문에 염기성이다.

아세트산 이온, 약염기; 평형은 반응물을 선호한다.

$$CH_3CO_2^-(aq) + HO(\ell) \rightleftharpoons CH_3CO_2H(aq) + OH^-(aq)$$

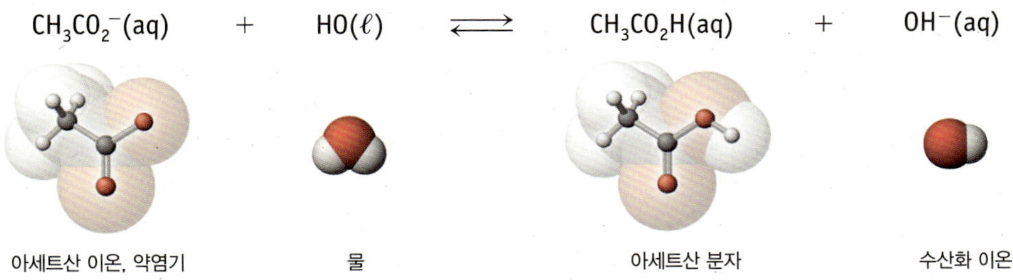

일부 종들은 **양쪽성**(amphiprotic)이라고 기술된다. 즉, 이들은 반응에 따라 산 혹은 염기로 작용할 수 있다. 위의 예에서 물은 산과의 반응에서 염기로(물은 양성자를 받아들인다) 작용하고, 암모니아와 반응에서 산으로(물은 암모니아에 양성자를 주고 암모늄 이온을 형성) 작용한다.

예제 3.5 브뢴스테드 산과 염기

문제 사이안화 이온(CN^-)이 HCN을 생성하기 위해 물로부터 양성자(H^+)를 받아들일 때 일어나는 반응에 대한 완결된 알짜 이온 반응식을 쓰시오. CN^-은 브뢴스테드 산인가? 염기인가?

알고 있는 사실 우리는 생성물 중 하나(HCN)와 반응물로서 포함된 이온(CN^-)과 분자(H_2O)의 화학식을 알고 있고, 물에서 CN^-로 양성자 이동이 일어나는 것을 알고 있다.

전략 양성자 이동이기 때문에 생성물을 만들기 위해 H_2O에서 CN^-로 H^+ 이온을 이동시켜야 한다.

풀이

$$H_2O(\ell) + CN^-(aq) \rightleftharpoons OH^-(aq) + HCN(aq)$$

이 반응에서 물은 브뢴스테드 산이고 CN^- 이온은 브뢴스테드 염기이다.

고려사항 CN^- 이온은 양성자 받개이다. 그래서 브뢴스테드 염기이다.

유제

(a) 인산(H_3PO_4)이 인산이수소(dihydrogen phosphate) 이온을 생성하기 위해 양성자를 물에 줄 때, 일어나는 완결된 반응식을 쓰시오.

(b) 물과 반응에서 브뢴스테드 산으로서 작용하는 인산이수소 이온을 나타내는 알짜 이온 반응식을 쓰시오. 물과 반응에서 브뢴스테드 염기로서 작용하는 인산이수소 이온을 보여주는 다른 알짜 이온 반응식을 쓰시오. 산 또는 염기로 작용할 수 있는 인산이수소 이온과 같은 종을 설명하는 데 사용되는 용어는 무엇인가?

산과 염기의 반응

수용액에서 산과 염기가 반응하면 보통 염과 물을 생성한다. 예를 들어(그림 3.15),

$$\underset{\text{염산}}{HCl(aq)} + \underset{\text{수산화소듐}}{NaOH(aq)} \rightarrow \underset{\text{물}}{H_2O(\ell)} + \underset{\text{염화소듐}}{NaCl(aq)}$$

'염'이란 단어는 염기에서 양이온(NaOH로부터 Na^+), 산에서 음이온이 오는(HCl

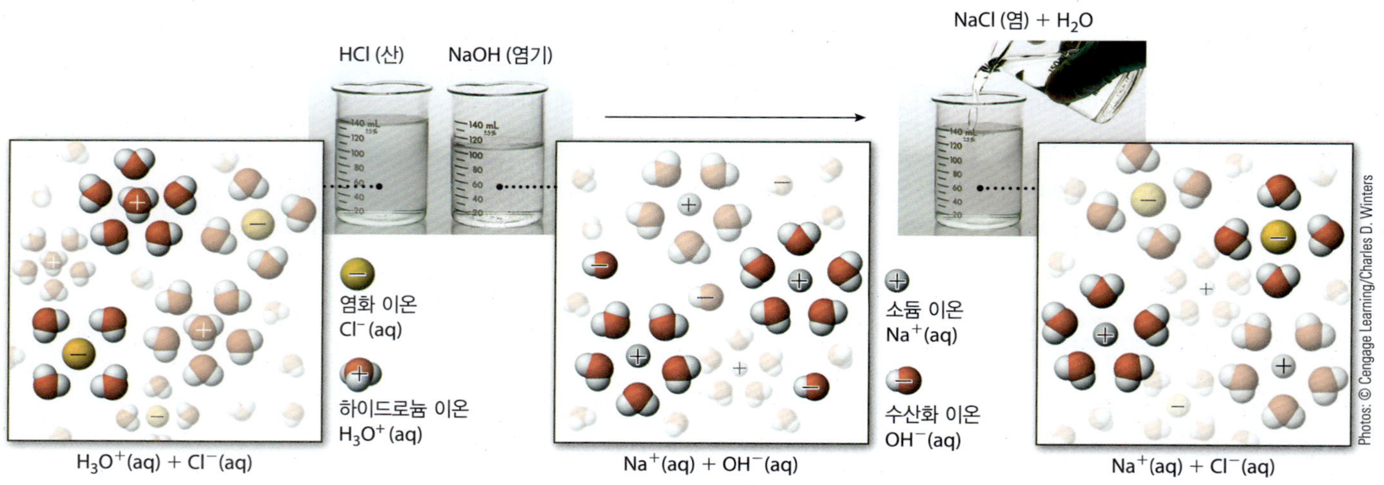

그림 3.15 산-염기 반응, HCl과 NaOH. 섞었을 때, H_3O^+과 OH^- 이온은 물을 생성하기 위해 결합한다. 반면 용액에 Na^+ 이온과 Cl^- 이온은 남아 있다.

로부터 Cl^-) 모든 이온 화합물을 묘사하는 화학 용어로부터 생겨났다. 표 3.1에 나열된 모든 산과 수산화 이온을 포함하는 모든 염기가 반응할 때 염과 물이 생성된다.

염산과 수산화소듐은 물에서 강전해질이다(그림 3.15와 표 3.1). 그래서 HCl(aq)과 NaOH(aq)의 완전한 이온 반응식은 다음과 같다.

$$\underbrace{H_3O^+(aq) + Cl^-(aq)}_{\text{HCl(aq)로부터}} + \underbrace{Na^+(aq) + OH^-(aq)}_{\text{NaOH(aq)로부터}} \longrightarrow \underbrace{2\ H_2O(\ell)}_{\text{물}} + \underbrace{Na^+(aq) + Cl^-(aq)}_{\text{소금으로부터}}$$

Na^+와 Cl^- 이온은 식의 양쪽에 나타나기 때문에 알짜 **이온 반응식**은 단지 물을 생성하기 위한 H_3O^+와 OH^- 이온의 결합이다.

$$H_3O^+(aq) + OH^-(aq) \rightarrow 2\ H_2O(\ell)$$

이것은 강산이 강염기와 반응할 때의 알짜 이온 반응식이다.

강산과 강염기 사이의 반응은 **중화반응**(neutralization reaction)이라고 한다. 정확히 같은 양(몰수)의 산과 염기가 혼합되었다면, 반응이 완결되었을 것이라고 한다. 왜냐하면 반응이 완결되었을 때, 정확히 같은 양(몰수)의 산과 염기가 혼합되었다면 용액은 중성이다. 즉, 산도 염기도 아니다. 다른 이온(염기의 양이온과 산의 음이온)은 변하지 않고 남아 있다. 그러나 물이 증발한다면 양이온과 음이온은 고체 염을 생성한다. 위의 예에서 NaCl이 생성될 것이다. 만약에 질산(HNO_3)과 NaOH가 반응한다면 질산소듐($NaNO_3$)과 물이 얻어지게 될 것이다.

$$HNO_3(aq) + NaOH(aq) \rightarrow NaNO_3(aq) + H_2O(\ell)$$

아세트산과 수산화소듐이 혼합되면 다음의 반응식은 진행될 것이다.

$$CH_3CO_2H(aq) + NaOH(aq) \rightarrow NaCH_3CO_2(aq) + H_2O(\ell)$$

왜냐하면 아세트산은 약산이고 매우 적은 양이 이온화하고(그림 3.8c), 분자들이 수용액에서 우세한 화학종일 것이다. 이온 반응식에서 아세트산은 분자인 CH_3CO_2H(aq) 형태로 존재한다. 이 반응에 대한 **완전 이온 반응식**은 다음과 같다.

$$CH_3CO_2H(aq) + Na^+(aq) + OH^-(aq) \rightarrow Na^+(aq) + CH_3CO_2^-(aq) + H_2O(\ell)$$

이 반응식에서 구경꾼 이온은 소듐 이온이고, **알짜 이온 반응식**은 다음과 같다.

$$CH_3CO_2H(aq) + OH^-(aq) \rightarrow CH_3CO_2^-(aq) + H_2O(\ell)$$

예제 3.6 산–염기 반응에 대한 알짜 이온 반응식

문제 암모니아(NH_3)는 산업에서 가장 중요한 화학 물질 중의 하나이다. 암모니아는 비료로 사용될 뿐만 아니라, 질산 생산을 위한 원료 물질이기도 하다. 염기로서 이것은 염산과 같은 산과 반응한다. 이 반응에 대한 완결된 알짜 이온 반응식을 쓰시오.

알고 있는 사실 반응물은 NH_3(aq)와 HCl(aq)이다. 양성자는 산에서 염기로 이동할 것이다.

기체 상태의 HCl과 NH_3의 반응. 수용액의 암모니아와 염산을 담은 노출된 접시가 각각 옆에 놓여 있다. 암모니아와 염산의 기체 분자가 용액으로부터 공기 중으로 날아갈 때, 서로 만나고 고체 염화암모늄, NH_4Cl 연기가 만들어진다.

전략 문제해결 주요사항 3.1에서 살펴본 대로 알짜 이온 반응식을 완성한다.

풀이 암모늄 이온을 생성하기 위해 HCl에서 약염기인 NH_3로 양성자가 이동한다. 이 양이온은 산으로부터 음의 반대 이온(Cl^-)을 가져야 한다. 그래서 반응 생성물은 NH_4Cl이고, 완결된 완전 반응식은 다음과 같다.

$$\underset{\text{암모니아}}{NH_3(aq)} + \underset{\text{염산}}{HCl(aq)} \rightarrow \underset{\text{염화암모늄}}{NH_4Cl(aq)}$$

알짜 이온 반응식을 적기 위해 염산은 강산이고 물에서 H_3O^+와 Cl^- 이온을 생성한다는 사실로부터 시작해야 한다. 반대로 암모니아는 약염기이고 그래서 분자 NH_3로서 용액에서 주로 존재한다.

$$NH_3(aq) + H_3O^+(aq) + Cl^-(aq) \rightarrow NH_4^+(aq) + Cl^-(aq) + H_2O(\ell)$$

구경꾼 이온(Cl^-)을 제거하면 다음과 같다.

$$NH_3(aq) + H_3O^+(aq) \rightleftharpoons NH_4^+(aq) + H_2O(\ell)$$

고려사항 알짜 이온 반응식은 약산 암모니아와 강산 HCl 사이의 반응에서 NH_3로 H^+이온이 이동한다는 중요한 사실을 보여준다. 어떤 강산(HBr, HNO_3, $HClO_4$, H_2SO_4)도 여기서 사용될 수 있고, 알짜 이온 반응식은 같다.

유제 수산화마그네슘과 염산의 반응에 대한 완결 반응식과 알짜 이온 반응식을 쓰시오. (힌트: 용해도 지침을 고려한다.)

비금속과 금속의 산화물

표 3.1에서 언급된 개별 산은 분자식에 물에서 이온화하여 H_3O^+ 이온을 생성하는 하나 이상의 H 원자를 갖는다. 그러나 산성 용액을 생성하는 다른 화합물들이 있다. 이산화탄소와 삼산화황과 같은 비금속의 산화물은 H 원자가 없지만 물과 반응하여 H_3O^+ 이온을 생성한다. 예를 들어 이산화탄소는 적은 양이 물에 녹는데, 물에 녹은 일부 분자는 물과 반응하여 약산인 탄산을 형성한다. 그리고 이 산은 일부가 다시 이온화하여 H_3O^+과 탄산수소(중탄산) 이온, HCO_3^-를 형성한다.

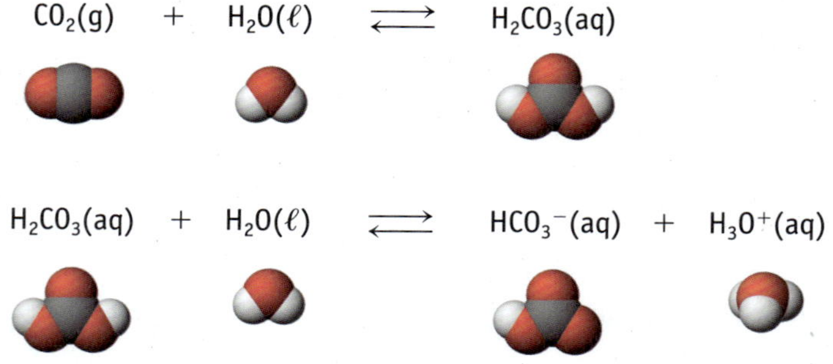

HCO_3^- 이온은 산의 역할을 할 수 있고, H_3O^+ 이온과 탄산 이온 CO_3^{2-}을 생성하기 위해 이온화한다.

심층 학습 황산

여러 해 동안 황산은(많은 다른 산업 국가와 마찬가지로) 미국에서 가장 많은 양이 생산되는 화학물질이다. 약 400~500억 kg (4000~5000만 톤)이 매년 미국에서 제조되고 있다. 황산은 산업 국가의 경제에 매우 중요하여 일부 경제학자는 황산의 생산 능력이 한 국가의 산업 능력의 척도라고 말한다.

© imagebroker/Alamy

황. 미국에서 사용되는 대부분의 황은 채굴되었지만 최근에는 천연가스와 석유 정제 공정의 부산물로 얻어진다. 3톤의 황산을 제조하는 데 대략 1톤의 황이 사용된다.

황산은 무색의 점성이 높고, 밀도가 1.84 g/mL인 액체이고 끓는점이 337 ℃이다. 이것은 광범위한 용도로 사용되기 알맞은 바람직한 몇 가지 성질들을 가지고 있다. 이것은 다른 산에 비하여 생산비가 일반적으로 값이 싸고 강산이며, 강철 용기에서 쉽게 취급할 수 있다. 이것은 다른 유기물질과 쉽게 반응하여 유용한 생성물을 생성하며 가장 값이 싸고 가장 쉽게 구할 수 있는 염기인 석회(CaO)와 쉽게 반응하여 건설 산업에서 벽의 판을 만드는 데 사용하는 화합물인 황산칼슘을 생성한다.

황산의 산업적 제조의 첫 번째 단계는 공기 중에서 황을 연소하여 이산화황을 제조하거나 황을 함유하는 구리, 니켈 또는 다른 금속 광물의 하소반응에서 생산한 SO_2를 사용하는 것이다.

$$S(s) + O_2(g) \rightarrow SO_2(g)$$

SO_2는 촉매(반응의 속도를 증가시키는 물질) 존재 하에서 추가적인 산소와 결합하여 삼산화황을 생성한다.

$$2\,SO_2(g) + O_2(g) \rightarrow 2\,SO_3(g)$$

삼산화황은 물에 용해하여 황산을 생성하게 된다.

$$SO_3(g) + H_2O(\ell) \rightarrow H_2SO_4(aq)$$

현재 제조되는 양의 2/3 이상이 비료 공업에 사용된다. 나머지는 안료, 폭발물, 펄프와 종이, 세제, 저장용 축전지의 한 성분을 만드는 데 사용된다.

"The Acid Touch", *Chemical and Engineering News*, April 14, 2008, p.27.

$$HCO_3^-(aq) + H_2O(\ell) \rightleftharpoons CO_3^{2-}(aq) + H_3O^+(aq)$$

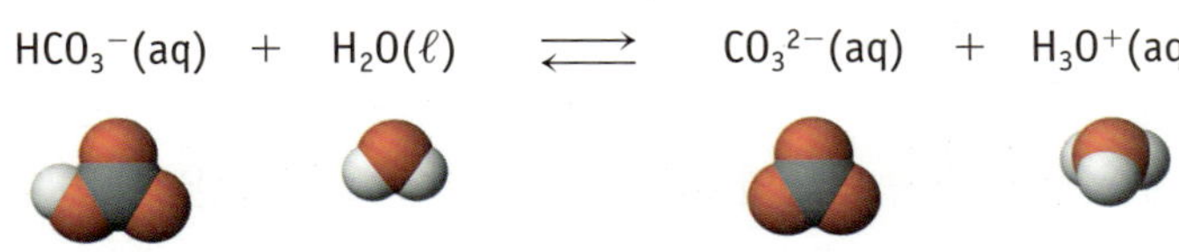

이러한 반응은 인체나 환경에서 매우 중요하다. 이산화탄소는 일반적으로 대기에서 적은 양이 발견된다. 그래서 빗물은 항상 약산성이다. 인체에서 이산화탄소는 체액에 녹아 있는데, HCO_3^- 이온과 CO_3^{2-} 이온이 신체를 안정하게 하는 중요한 '완충'의 역할을 한다(▶17장).

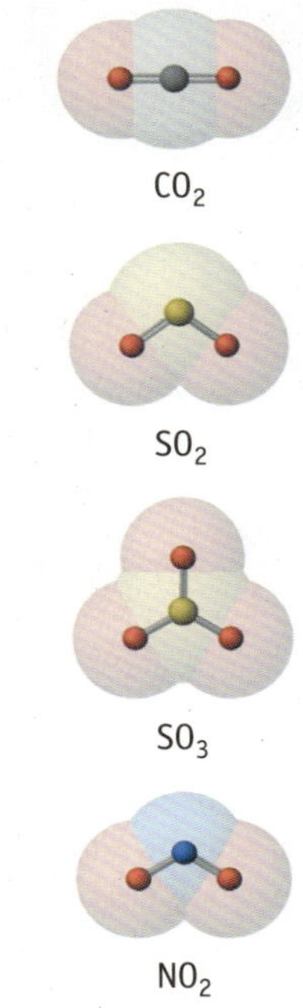

물에서 산을 형성하는 일반 비금속 산화물들.

물과 반응하여 H_3O^+ 이온을 생성하는 CO_2, SO_2, SO_3, NO_2와 같은 비금속의 산화물을 **산성 산화물**(acidic oxide)이라 부른다. 반면에 금속 산화물은 물에 적당히 녹으면 염기성 용액을 생성하기 때문에 **염기성 산화물**(basic oxide)이라 부른다. 아마도 염기성 산화물의 가장 좋은 예는 산화칼슘(CaO)이며, **석회** 또는 **생석회**라 부른다. 미국에서 매년 거의 200억 kg의 석회가 금속, 건설산업, 하수 및 오염 통제, 수처리와 농업에서의 사용을 목적으로 생산되고 있다. 산화칼슘은 물과 반응하여 흔히 소석회라 불리는 수산화칼슘을 생성한다. 물에 거의 녹지는 않지만(10 ℃에서 약 0.2 g/100 g H_2O) $Ca(OH)_2$는 값이 저렴하기 때문에 산업에서 염기로 광범위하게 사용된다.

$$CaO(s) + H_2O(\ell) \rightarrow Ca(OH)_2(s)$$

석회 소석회

3.6절 확인문제

1. 다음 수용액에서 강산인 것은?

(a) HF (b) H_2CO_3 (c) CH_3CO_2H (d) H_2SO_4

2. 인산수소(hydrogen phosphate) 이온은 양쪽성이다. 염기와 반응할 때, 이 이온으로부터 형성되는 생성물을 구별하시오.

(a) H_3PO_4 (b) $H_2PO_4^-$ (c) HPO_4^{2-} (d) PO_4^{3-}

3. 아세트산과 수산화소듐의 반응에 대한 알짜 이온 반응식은 어느 것인가?

(a) $H_3O^+(aq) + OH^-(aq) \rightarrow 2\ H_2O(\ell)$

(b) $Na^+(aq) + CH_3CO_2^-(aq) \rightarrow NaCH_3CO_2(aq)$

(c) $CH_3CO_2H(aq) + OH^-(aq) \rightarrow H_2O(\ell) + CH_3CO_2^-(aq)$

(d) $CH_3CO_2H(aq) + NaOH(aq) \rightarrow H_2O(\ell) + NaCH_3CO_2(aq)$

4. 다음 화합물로부터 염기성 산화물을 구분하시오.

(a) SO_2 (b) BaO (c) P_4O_{10} (d) CO_2

3.7 기체 생성 반응

기체를 생성하는 반응은 화학 반응의 중요한 한 종류이다. 화학 실험실에서 흔히 보는 몇 가지 예가 있다. 금속 황화물과 산의 반응에서 황화수소 $H_2S(g)$를 생성할 때 썩은 달걀 냄새는 쉽게 식별이 가능할 것이다. 그러나 기체 생성 반응 중 가장 흔하게 만나는 반응 예들은 금속 탄산염 또는 금속 탄산수소염을 산과 처리할 때 $CO_2(g)$를 생성시키는 반응이다(그림 3.16). 몇 가지 종류의 기체 생성 반응의 반응식은 표 3.2에 주어져 있다.

© Cengage Learning/Charles D. Winters

그림 3.16 식초 속에서 용해하는 석회석(탄산칼슘, $CaCO_3$). 석회석 표면에 이산화탄소 거품이 생성되는 것에 주목하시오. 이는 식초가 가정 청소세제로 사용되는 이유를 보여준다. 예를 들어 센물을 사용하여 생성된 탄산칼슘을 제거할 때 사용될 수 있다.

표 3.2 기체 생성 반응

금속 탄산염 또는 탄산수소염 + 산 → 금속 염 + $CO_2(g)$ + $H_2O(\ell)$
$Na_2CO_3(aq) + 2\ HCl(aq) \rightarrow 2\ NaCl(aq) + CO_2(g) + H_2O(\ell)$
$NaHCO_3(aq) + HCl(aq) \rightarrow NaCl(aq) + CO_2(g) + H_2O(\ell)$
금속 황화물 + 산 → 금속 염 + $H_2S(g)$
$Na_2S(aq) + 2\ HCl(aq) \rightarrow 2\ NaCl(aq) + H_2S(g)$
금속 아황산염 + 산 → 금속 염 + $SO_2(g)$ + $H_2O(\ell)$
$Na_2SO_3(aq) + 2\ HCl(aq) \rightarrow 2\ NaCl(aq) + SO_2(g) + H_2O(\ell)$
암모늄염 + 강염기 → 금속 염 + $NH_3(g)$ + $H_2O(\ell)$
$NH_4Cl(aq) + NaOH(aq) \rightarrow NaCl(aq) + NH_3(g) + H_2O(\ell)$

금속탄산염(또는 탄산수소염)과의 반응에서 $CO_2(g)$ 생성을 하나의 반응식으로 보통 쓰지만 $CO_2(g)$는 실제로 2개의 개별적 단계로 생성된다. $CaCO_3$와 염산의 반응을 고려하여 보자. 첫 단계는 수소 이온이 금속 탄산염에서 양이온과 교환되는 교환 반응이다.

$$CaCO_3(s) + 2\ HCl(aq) \rightarrow CaCl_2(aq) + H_2CO_3(aq)$$

이 반응에서 생성된 생성물은 탄산(H_2CO_3)이다. 그러나 이 화합물은 불안정하여 CO_2와 H_2O로 분해된다.

$$H_2CO_3(aq) \rightarrow H_2O(\ell) + CO_2(g)$$

이산화탄소 거품은 CO_2가 물에 잘 녹지 않기 때문에 용액에서 빠져나가게 된다. 2개의 반응식을 더하면 전체 반응식이 얻어진다.

$$\text{전체 반응:}\quad CaCO_3(s) + 2\ HCl(aq) \rightarrow CaCl_2(aq) + H_2O(\ell) + CO_2(g)$$

탄산칼슘은 경수를 사용하는 가정 난방 시스템과 조리 기구에서 흔히 볼 수 있는 잔류물이다. 식초로 세척하면 다음 기체 생성 반응에서 불용성 탄산칼슘이 수용성 아세트산칼슘으로 변하기 때문에 난방 시스템과 기구를 깨끗이 세척할 수 있는 좋은 방법이다(그림 3.16 참조).

$$2\ CH_3CO_2H(aq) + CaCO_3(s) \rightarrow Ca(CH_3CO_2)_2(aq) + H_2O(\ell) + CO_2(g)$$

위 반응에 대한 알짜 이온 반응식은 무엇인가? 아세트산은 약산이고 탄산칼슘은 물에 녹지 않는다. 따라서 반응물은 $CH_3CO_2H(aq)$와 $CaCO_3(s)$이며 생성물인 아세트산칼슘은 물에 녹아 칼슘 이온과 아세트산 이온으로 용액에 존재한다. 물과 이산화탄소는 분자 화합물이므로 아래와 같이 알짜 이온 반응식을 쓸 수 있다.

$$2\ CH_3CO_2H(aq) + CaCO_3(s) \rightarrow Ca^{2+}(aq) + 2\ CH_3CO_2^-(aq) + H_2O(\ell) + CO_2(g)$$

위 반응에는 구경꾼 이온은 없다.

비스킷이나 머핀을 만들어 본 일이 있는가? 반죽을 구울 때 오븐에서 반죽이 부풀어 오르게 된다. 이는 산과 탄산수소소듐인 베이킹소다($NaHCO_3$, 소다의 중탄산염) 사이에서 기체를 생성하는 반응이 일어나기 때문이다. 이와 같은 이유로 사용되는 산은 타르타르산이며 많은 음식에 존재하는 약산이다. 이 반응의 알짜 이온 반응식은 다음과 같다.

$$\underset{\text{타르타르산}}{H_2C_4H_4O_6(aq)} + \underset{\text{탄산수소 이온}}{HCO_3^-(aq)} \longrightarrow \underset{\text{타르타르수소 이온}}{HC_4H_4O_6^-(aq)} + H_2O(\ell) + CO_2(g)$$

문제해결 주요사항 3.2 기체 생성 반응을 식별

기체가 생성되는 특정 반응을 어떻게 식별할 수 있는가? 교환 반응의 생성물을 예상한 후에 특정 생성물에 유의하시오.

(a) H_2CO_3: 이것은 분해되어 이산화탄소 기체와 물이 생성된다.

(b) H_2SO_3: 이것은 분해되어 이산화황 기체와 물이 생성된다.

(c) H_2S: 이것은 이미 기체 생성물이다.

(d) NH_4^+와 OH^- 이온이 생성되면 NH_3와 물을 생성하게 된다.

예제 3.7 기체 생성 반응

문제 탄산니켈(II)와 황산이 반응할 때 일어나는 반응식을 쓰시오.

알고 있는 사실 반응물의 이름을 알고 있으므로 화학식을 안다. 여러분은 금속 탄산염과 산과의 반응은 기체 생성 반응임을 알고 있어야 한다(이산화탄소가 생성된다).

전략

- 반응물의 화학식을 쓴다.
- 생성물을 결정하고 생성물의 화학식을 쓴다.
- 화학 반응식을 쓰고 완성한다.

풀이 반응물은 $NiCO_3$와 H_2SO_4이고 생성물은 $NiSO_4$, CO_2, H_2O이다. 완성된 화학식은 다음과 같다.

$$NiCO_3(s) + H_2SO_4(aq) \rightarrow NiSO_4(aq) + H_2O(\ell) + CO_2(g)$$

고려사항 이 반응에서 생성물을 결정할 때 우선 양이온들과(Ni^{2+}, $2H^+$) 음이온들(CO_3^{2-}, SO_4^{2-})의 상호교환을 통하여 결정할 수 있었다. 이후 H_2CO_3가 CO_2와 H_2O로 분해되는 다음 반응을 고려해야 한다.

유제 탄산바륨($BaCO_3$)은 벽돌, 세라믹, 유리, 화학 제조업에 쓰이는 물질이다. 여기에 질산을 가하였을 때 일어나는 반응을 완성하고 생성물의 이름을 쓰시오.

3.7절 확인문제

1. 다음 중 산을 가하면 기체가 생성되는 화합물은 어느 것인가?
   (a) NH_4Cl (b) Na_2CO_3 (c) Na_2SO_4 (d) Na_3PO_4

철광석은 주로 Fe_2O_3의 형태로 존재하며 용광로 속에서 탄소(C)와 일산화탄소(CO) 존재하에 금속인 철로 환원된다. C와 CO는 CO_2로 산화된다.

Jan Halaska/Science Source

3.8 산화–환원 반응

산화와 **환원**이라는 용어는 수세기 동안 알려진 반응에서 온 용어이다. 고대 문명인들은 금속 산화물과 황화물이 어떻게 금속으로 변하는지, 즉 어떻게 광석이 금속으로 환원되는지 알고 있었다. 이에 대한 최근 예는 산화철(Ⅲ)이 일산화탄소와 반응하여 환원되고 결국 철 금속을 생성하는 반응이다.

Fe_2O_3는 산소를 잃어 환원된다.

$$Fe_2O_3(s) + 3\ CO(g) \longrightarrow 2\ Fe(s) + 3\ CO_2(g)$$

CO는 환원제로, 산소를 얻어 산화된다.

이 반응에서 일산화탄소는 철광석을 환원시켜 철 금속을 생성하므로 일산화탄소를 **환원제**(reducing agent)라고 부른다.

Fe_2O_3가 일산화탄소에 의하여 환원될 때 산소는 철광석으로부터 제거되고 일산화탄소에 첨가된다. 따라서 일산화탄소는 산소가 첨가되어 이산화탄소가 되므로 산화된 것이다. **다른 물질에 산소가 붙는 과정은 산화이다.**

마그네슘 금속과 산소는 산화마그네슘을 생성한다. 이러한 산화 반응에서 산소는 금속을 산화시키는 물질이므로 **산화제**(oxidizing agent)라 한다.

Mg는 산소와 결합하고 산화된다.

$$2\ Mg(s) + O_2(g) \longrightarrow 2\ MgO(s)$$

O_2는 산화제이다.

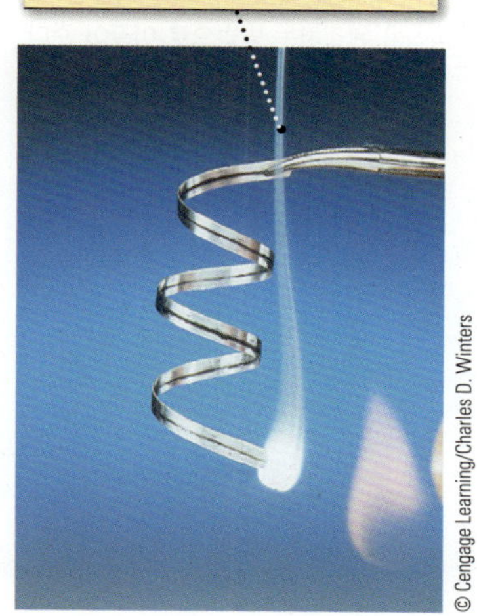

공기 중에서 마그네슘 금속이 연소하여 산화 마그네슘을 생성한다. 마그네슘은 산화제인 O_2에 의하여 산화된다. 산소는 환원제인 Mg에 의하여 환원된다.

산화–환원 반응과 전자 이동

산화–환원 반응의 개념은 위와 비슷한 반응에서 산소가 포함되지 않는 반응까지도 확장되어 사용되어 왔다. 산소가 첨가되거나 제거되는 것만 생각하지 말고 이와 같은 반응에서의 전자의 이동에 대하여 살펴보자. 모든 산화–환원 반응은 물질 간의 전자 흐름에 의하여 일어난다고 생각하면 잘 설명될 수 있다. 어떤 물질이 전자를 받을 때 환원되었다고 말하며, 이는 물질의 원자에 부여된 전하 값이 감소되었기 때문이다. 은염과 구리 금속 반응의 알짜 이온 반응식에서 양으로 하전되어 있는 Ag^+ 이온은 구리로부터 전자들을 받아들여 환원되어 전하가 없는 은 원자로 된다(그림 3.17).

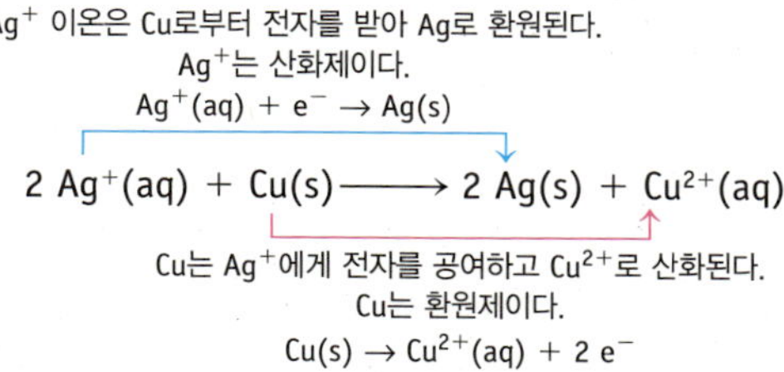

구리 금속은 전자를 제공하여 Ag^+ 이온을 환원하게 하므로 Cu는 **환원제**이다.

순수한 구리선

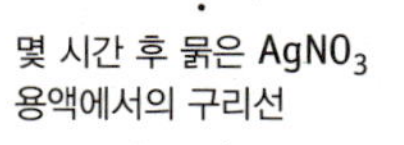

산화 환원 반응에서 생성된 Cu^{2+} 이온의 영향으로 파란색으로 변한 용액

몇 주 후에 생성된 은 결정들

그림 3.17 은이온에 의한 구리 금속의 산화. 질산은($AgNO_3$)의 용액 속에 깨끗한 구리선이 놓여 있다. 시간이 지남에 따라 구리는 Ag^+ 이온을 환원시켜 은 결정체를 만든다. 그리고 구리 금속은 구리 이온인 Cu^{2+}로 산화된다. 용액이 파란색인 이유는 구리(II) 이온이 수용액 상태로 녹아 있기 때문이다.

산화–환원 반응의 반응식 완결. 산화–환원 반응을 환원 부분과 산화 부분으로 나눌 수 있다는 개념은 19장에서 다루게 될 산화–환원 반응의 보다 복잡한 반응식을 완결하는 방법으로 이끌어 준다.

물질이 **전자를 잃을 때,** 물질 내 원자의 전하 값은 증가하게 되며 해당 물질은 **산화**(oxidized)되었다고 한다. 다른 예로 구리 금속이 전자를 방출하여 Cu^{2+}가 되면 금속은 산화가 되는 것이다. 이와 같은 것이 일어나려면 구리로부터 전자를 받을 수 있는 물질이 있어야 하는데, 이 경우에 Ag^{+}가 전자를 받는 물질이고 이것의 전하는 은 금속의 0으로 환원된다. 따라서 Ag^{+} 이온은 Cu 금속을 산화시키는 물질이며 따라서 Ag^{+}는 **산화제**라고 부른다.

모든 산화–환원 반응에서, 하나의 반응물이 환원되고(따라서 이는 산화제이다) 다른 반응물은 산화가 된다(따라서 이는 환원제이다). 여기서 우리는 일반적인 산화–환원 반응인 $X + Y \rightarrow X^{n+} + Y^{n-}$ 를 2개의 **반쪽 반응**으로 나눌 수 있다.

반쪽 반응	전자 이동	결과
$X \rightarrow X^{n+} + ne^{-}$	X는 Y로 전자를 이동시킨다.	X는 X^{n+}로 산화. X는 환원제.
$Y + ne^{-} \rightarrow Y^{n-}$	Y는 X로부터 전자를 받는다.	Y는 Y^{n-}로 환원. Y는 산화제.

마그네슘과 산소의 반응에서 O_2는 전자를 받아(몰당 4개의 전자) 환원되어 2개의 산화 이온이 된다. 따라서 O_2는 마그네슘 산화에 역할을 하므로 산화제이다.

Mg는 원자당 2 e^{-}를 방출한다.
Mg는 Mg^{2+}로 산화되고, 환원제이다.

$$2\ Mg(s) + O_2(g) \longrightarrow 2\ MgO(s)$$

O_2는 분자당 4 e^{-}를 얻어 2 O^{2-}를 생성한다.
O_2는 환원되었고, 산화제이다.

같은 반응에서 마그네슘은 Mg^{2+} 이온으로 산화되면서 원자 1개당 2개의 전자를 방출하기 때문에(따라서 O_2 분자 1개당 4개의 전자의 공급을 하기 위해서는 2개의 Mg 원자가 필요하다) 환원제가 된다. 모든 산화–환원 반응은 유사한 방법으로 분석이 가능하다.

산화–환원 반응에서 기억할만한 중요한 원리는 완결된 반응식에서 산화와 환원의 정도는 동일하여야 한다는 것이다. 이것을 Mg/O_2 반응식에서 확인하는 것은 매우 쉽다. 여기서 마그네슘 2개 원자가 산화될 때 4개의 전자가 방출되고 산화제, 여기서는 O_2 한 분자에 의하여 4개의 전자가 포획되어야 한다.

지금까지 관찰한 것을 요약하면 몇 가지 중요한 결론을 도출할 수 있다.

- 만일 한 물질이 산화되었다면 같은 반응에서 다른 물질은 반드시 환원된다. 이와 같은 이유로 인하여, 이 반응들은 **산화–환원 반응**(oxidation–reduction reactions)이라 부르거나 **산화 환원 반응**(redox reactions)이라고 간단하게 부르기도 한다.
- 환원제 자신은 산화되며, 산화제 자신은 환원된다.
- 전자를 얻는 것은 환원이고 전자를 잃는 것은 산화이다.
- 한 반응에서 산화와 환원의 정도는 동일해야 한다. 물질이 산화될 때 방출하는 전자의 수는 환원되는 물질이 얻는 전자의 개수와 동일해야 한다.

산화수

물질만을 보았을 때 당신은 어떻게 산화–환원 반응 여부를 판정할 수 있는가? 어떤 물질이 전자를 얻거나 잃을지 또한 어느 물질이 산화제 또는 환원제인지 당신은 어떻게 예측할 수 있는가? 때때로 이는 매우 분명하다. 예를 들어, 결합하고 있지 않은 성분이 화합물의 한 성분이 되었을 때(예를 들어 Mg가 MgO로 되었을 때), 이 반응은 분명 산화환원 반응이다. 만일 확신이 들지 않는다면 **반응 중 물질의 산화수를 주목**하면 그 답을 알 수 있다. 분자 또는 이온 내 한 원자의 **산화수**(oxidation number)는 원자가 가진(**또는 가진 것으로 보이는**) 전하로 정의한다. 또한 이 산화수는 다음의 산화수를 지정하는 방법에 따라 결정한다.

이온의 전하와 산화수 표기. 관습적으로 이온의 전하는 (숫자, 부호)로 표기하지만, 산화수는 (부호, 숫자)로 표기한다. 예를 들면, Cu^{2+}의 산화수는 +2이고 이온 전하는 2+이다.

1. **순수 원소에 들어 있는 각각의 원자의 산화수는 0이다.** 금속 Cu의 산화수는 0이다. 또한 I_2나 S_8의 각 원자의 산화수도 0이다.
2. **단원자 이온들의 산화수는 이온의 전하량과 같다.** 마그네슘은 2+의 전하를 형성하며(Mg^{2+}) 따라서 마그네슘의 산화수는 +2이다.
3. **플루오린은 다른 모든 원소들과의 화합물에서 −1의 산화수를 갖는다.**
4. **대부분의 화합물에서 O의 산화수는 −2이다.** 몇몇의 예외는 아래와 같다.
   (a) 산소가 플루오린과 반응할 때(이때 산소는 양의 산화수를 갖는다.)
   (b) **과산화물**(예를 들면, Na_2O_2와 같은) 또는 **초과산화물**(예를 들면, KO_2와 같은)에서 산소는 각가 −1과 −1/2의 산화수를 갖는다.
5. **Cl, Br, 그리고 I는 산소와 플루오린과 결합되었을 때만 제외하고, 다른 모든 화합물에서 −1의 산화수를 갖는다.** 이것은 Cl이 NaCl 내에서 −1의 산화수를 갖는다는 것을 의미한다(Na가 +1이라는 것은, Na이 1A족의 구성원이라는 사실로부터 예측할 수 있다). 그러나 ClO^- 이온에서, Cl 원자는 +1의 산화수를 갖는다(또한 O는 −2의 산화수를 갖는다. 앞의 지침 4 참조).
6. **대부분의 화합물에서 H의 산화수는 +1이다.** 가장 중요한 예외는 H가 금속과 이성분 화합물을 형성할 때이다. 이때, 금속은 양의 전하를 지니고 H은 수소화 이온(hydride ion)이 되어 H^-가 된다. 따라서 CaH_2에서 Ca의 산화수는 +2(족 번호와 같음)이고 H의 산화수는 −1이 된다.
7. **중성 화합물에서, 중성 화합물 내 원자들에 대한 산화수의 합은 0이다.** 다원자 이온의 경우에, 산화수의 합은 이온 전하와 같다. 예를 들어, $HClO_4$에서 H 원자는 +1을, O 원자는 −2의 산화수를 갖는다. 따라서 Cl 원자의 산화수는 +7이어야만 한다. ClO_4^-에서 O($-2 \times 4 = -8$)와 Cl의 산화수(+7) 합은 이온의 전하 −1이다.

과산화물. 과산화물에서 산소의 산화수는 −1이다. 예를 들면, 과산화수소(H_2O_2)에서 각 수소 원자는 산화수 +1을 가진다. 이 전하의 균형을 맞추기 위하여 각 산소는 산화수 −1을 가져야 한다. H_2O_2 3 % 수용액은 좋은 산화제이기 때문에 소독제로 사용된다.

예제 3.8 산화수 결정

문제 다음 화합물과 이온들에서 지정된 원소의 산화수를 결정하시오.

(a) 산화알루미늄의 알루미늄(Al_2O_3)

(b) 인산의 인(H_3PO_4)

심층 학습 산화수는 "실제로" 존재하는 것일까?

산화수는 분자나 이온 내의 원자의 실제 전하를 반영하는 것일까? Cl^-와 Na^+와 같은 단원자 이온들을 제외하고, 정답은 '아니다'이다.

산화수는 분자 내 원자들이 실제는 아니지만 양이온, 음이온이라 가정한다. 예를 들어 H_2O에서 H 원자는 H^+ 이온이 아니며, O 원자도 O^{2-} 이온이 아니다. 하지만 이것이 분자 내의 원자들이 어떠한 종류의 전하도 가지고 있지 않다는 것은 아니다. 고도의 계산에 따르면 물의 경우에 O 원자가 약 −0.4 (또는 40 %)의 전하를 갖고 있으며, H 원자들은 각각 대략 +0.2의 전하를 가지고 있다. 그렇다면 왜 산화수를 사용하는 것일까? 이 수들은 다원자 이온이나 분자 내의 원자 사이에 존재하는 전자를 나누는 편리한 방법을 제공해 준다. 전자의 분포가 산화–환원 반응이 일어나는 동안 바뀌기 때문에, 우리는 이 방법을 산화–환원 반응이 일어났는지에 대한 여부와, 산화제와 환원제를 구분하는 용도로 사용한다.

(c) 황산 이온의 황(SO_4^{2-})
(d) 중크로뮴산 이온($Cr_2O_7^{2-}$)의 각각의 Cr 원자

알고 있는 사실 주어진 물질의 정확한 화학식이 주어졌다.

전략 지침에 따르고 특히 4, 6, 7의 지침에 주의한다.

풀이

(a) Al_2O_3는 중성 화합물이다. O가 일반적인 산화수인 −2를 가지므로, 다음과 같이 알루미늄의 산화수를 간단한 수식에 의하여 구할 수 있다.

Al_2O_3의 알짜 전하 = 2개의 Al 원자들의 산화수의 합 + 3개의 O 원자들의 산화수의 합

$$0 = 2(x) + 3(-2) \text{ 따라서 } x = +3\text{이다.}$$

주기율표의 위치에 의거해서 Al의 산화수는 +3이다.

(b) H_3PO_4의 전체 전하는 0이다. 각 산소 원자들의 산화수는 −2, 수소 원자들은 +1이라면 P의 산화수는 다음과 같이 구할 수 있다.

H_3PO_4의 알짜 전하 = 3개의 H 원자들의 산화수의 합 + 1개의 P 원자 산화수 + 4개의 O 원자들의 산화수의 합

$$0 = 3(+1) + (x) + 4(-2) \text{ 따라서 } x = +5$$

따라서 P의 산화수는 +5이다.

(c) 황산 이온(SO_4^{2-})의 전체 전하는 2−이다. 이 중 산소의 산화수는 −2이다.

SO_4^{2-}의 알짜 전하 = 황 원자의 산화수 + 4개의 산소 원자들의 산화수의 합

$$-2 = (x) + 4(-2) \text{ 따라서 } x = +6$$

따라서 이온 속의 황의 산화수는 +6이다.

(d) $Cr_2O_7^{2-}$ 이온의 알짜 전하는 2−이다. 이 중 산소 원자의 산화수는 −2이다.

$Cr_2O_7^{2-}$의 알짜 전하 = 2개의 Cr 원자들의 산화수의 합 + 7개의 산소 원자들의 산화수의 합

$$-2 = 2(x) + 7(-2) \text{ 따라서 } x = +6$$

따라서 이온 속의 크로뮴의 산화수는 +6이다.

고려사항 이와 같은 예들을 살펴보면, 각 원소들이 위치하고 있는 주기율표의 족과 산화수는 일치한다. 항상 그런 것은 아니지만 이는 대부분의 경우에 성립한다.

유제 아래 이온 또는 분자 내 밑줄 친 원소의 산화수를 정하시오.

(a) $\underline{Fe}_2O_3$ (b) $H_2\underline{S}O_4$ (c) $\underline{C}O_3^{2-}$ (d) $\underline{N}O_2^+$

산화–환원 반응의 이해

어떤 반응이 산화와 환원 반응을 일으키는지를 알기 위해서는 각 원소의 산화수를 결정하고 반응이 진행되는 동안 산화수가 어떻게 변하는지를 살펴보아야 한다. 그러나 많은 경우에, 이러한 분석이 반드시 필요하지는 않다. 아무것도 결합하지 않았던 원소가 화합물이 되거나 잘 알려진 산화제 또는 환원제를 포함하고 있는 반응의 경우 산화 환원 반응이 일어나는 것은 자명하다.

산소(O_2)와 마찬가지로 할로젠(F_2, Cl_2, Br_2, I_2)들은 산화제이며, 또 다른 흔한 산화제는 질산(HNO_3)이다(그림 3.1과 3.2). 그림 3.18에서 구리 금속은 산에 의하여 산화되어 질산구리(II)를 생성하고 질산 이온은 갈색 기체인 NO_2로 환원된다. 이 반응의 알짜 이온 반응식은 다음과 같다.

Cu의 산화수는 0에서 +2로 변한다.
Cu는 Cu^{2+}로 산화되고 이것은 환원제이다.

$$Cu(s) + 2\,NO_3^-(aq) + 4\,H_3O^+(aq) \longrightarrow Cu^{2+}(aq) + 2\,NO_2(g) + 6\,H_2O(\ell)$$

NO_3^-의 N은 +5에서 NO_2의 +4로 변한다.
NO_3^-는 NO_2로 환원되고, 이것은 산화제이다.

그림 3.18 산화제와 환원제. 금속 구리와 질산과의 반응. 구리(환원제)는 진한 질산(산화제)과 격렬하게 반응하여 갈색의 NO_2 기체와 짙은 초록색의 질산구리(II) 용액을 생성한다.

표 3.3 일반적인 산화제와 환원제

산화제	반응 생성물	환원제	반응 생성물
산소(O_2)	O^{2-}, 산화 이온 또는 H_2O에 결합된 O	수소(H_2)	$H^+(aq)$, 수소 이온 또는 H_2O나 다른 분자에서 결합된 H
할로젠(F_2, Cl_2, Br_2, I_2)	할로젠화 이온(F^-, Cl^-, Br^-, I^-)	M, 금속(Na, K, Fe, Al 등)	M^{n+}, 금속 이온(Na^+, K^+, Fe^{2+} 또는 Fe^{3+}, Al^{3+})
질산(HNO_3)	산화 질소*, 예를 들어 NO와 NO_2	탄소(C, 금속 산화물을 환원시키는 데 사용)	CO와 CO_2
중크로뮴산 이온 ($Cr_2O_7^{2-}$)	Cr^{3+}, 크로뮴(III) 이온 (산 용액에서)		
과망가니즈산 이온 (MnO_4^-)	Mn^{2+}, 망가니즈(II) 이온 (산 용액에서)		

* NO는 묽은 HNO_3로부터 생성되지만, NO_2는 강산의 생성물이다.

표 3.4 산화–환원 반응의 확인

	산화	환원
산화수적인 면에서	원자의 산화수가 증가	원자의 산화수가 감소
전자적인 면에서	원자가 전자를 잃음	원자가 전자를 얻음
산소적인 면에서	1개 이상의 O 원자를 얻음	1개 이상의 O 원자를 잃음

질소는 +5(NO_3^- 이온)에서 +4(NO_2)로 환원되었다. 그러므로 산성 용액에서 질산 이온은 산화제가 된다. 금속 구리는 환원제로, 이 반응에서 각각의 금속 원자는 2개의 전자를 잃어 Cu^{2+} 이온을 만든다.

표 3.3과 3.4는 산화–환원 반응을 찾고 그에 관련된 용어를 사용하는 것에 대한 생각을 체계화하는 데 도움을 줄 것이다.

산화제와 환원제. 철(II) 이온과 과망가니즈산 이온과의 반응. 산성 수용액에서 자주색 과망가니즈산 이온(MnO_4^-)의 철(II) 이온(Fe^{2+})과의 반응은 거의 무색의 망가니즈(II) 이온(Mn^{2+})과 철(III) 이온(Fe^{3+})을 생성한다.

예제 3.9 산화–환원 반응

문제 산성 수용액에서 철(II) 이온과 과망가니즈산 이온의 반응에 대해,

$$5\ Fe^{2+}(aq) + MnO_4^-(aq) + 8\ H_3O^+(aq) \rightarrow 5\ Fe^{3+}(aq) + Mn^{2+}(aq) + 12\ H_2O(\ell)$$

산화수가 변한 원자가 무엇인지를 결정하고 산화제와 환원제를 찾으시오.

알고 있는 사실 여기서 주어진 반응식은 완결된 반응식으로 반응물과 생성물을 보고 여러분은 산화–환원 반응식임을 직감할 수 있다(MnO_4^-는 일반적인 산화제이며 Fe^{2+}에서 Fe^{3+}로 철이온이 산화된다).

전략 반응에 포함되어 있는 분자나 각각의 이온의 산화수를 결정한다. 산화수가 증가한 원자(산화)와 감소한 원자(환원)를 결정한다.

풀이 Mn의 산화수는 MnO_4^-에서는 +7이고, 생성물인 Mn^{2+} 이온에서는 +2로 감소한다. 그러므로 MnO_4^- 이온은 환원되어 산화제가 된다 (표 3.3).

$$\underset{+2}{5\ Fe^{2+}(aq)} + \underset{+7,\ -2}{MnO_4^-(aq)} + \underset{+1,\ -2}{8\ H_3O^+(aq)} \rightarrow \underset{+3}{5\ Fe^{3+}(aq)} + \underset{+2}{Mn^{2+}(aq)} + \underset{+1,\ -2}{12\ H_2O(\ell)}$$

철의 산화수는 +2에서 +3으로 증가하고 Fe^{2+} 이온은 전자를 잃고 Fe^{3+}로 산화된다(표 3.4). 이것은 Fe^{2+} 이온이 환원제 임을 의미한다.

고려사항 산화–환원 반응의 반응물 중 하나가 순물질이라면(이 반응에서 Fe^{2+}), 그 물질의 산화수가 증가하거나 감소하는 것은 자명하다. 한 화학종이 환원(또는 산화)되었다면 다른 화학종은 산화(또는 환원)되어야 한다. 이러한 사실은 산화제와 환원제를 결정하는 데 도움이 된다(표 3.3).

유제 음주 측정기에서는 다음의 반응이 일어난다. 산화제와 환원제를 구별하고 산화된 물질과 환원된 물질을 구별하시오.

$$\underset{\text{에탄올}}{3\ CH_3CH_2OH(aq)} + \underset{\text{중크로뮴산 이온; 황적색}}{2\ Cr_2O_7^{2-}(aq)} + 16\ H_3O^+(aq) \rightarrow \underset{\text{아세트산}}{3\ CH_3CO_2H(aq)} + \underset{\text{크로뮴(III) 이온; 초록색}}{4\ Cr^{3+}(aq)} + 27\ H_2O(\ell)$$

3.8절 확인문제

1. $BaMnO_4$의 Mn 원자의 산화수는 ?

(a) 0　　(b) +3　　(c) +6　　(d) +12

2. 다음 중 산화–환원 반응을 찾으시오.

(1) $NaOH(aq) + HNO_3(aq) \rightarrow NaNO_3(aq) + H_2O(\ell)$
(2) $Cu(s) + Cl_2(g) \rightarrow CuCl_2(s)$
(3) $Na_2CO_3(aq) + 2\ HClO_4(aq) \rightarrow CO_2(g) + H_2O(\ell) + 2\ NaClO_4(aq)$
(4) $2\ S_2O_3^{2-}(aq) + I_2(aq) \rightarrow S_4O_6^{2-}(aq) + 2\ I^-(aq)$

(a) 모두　　(b) 2, 3, 4　　(c) 2, 4　　(d) 2

3. 다음 망가니즈가 포함된 물질 중 어느 Mn이 가장 큰 산화수를 갖는지 고르시오.

(a) MnO_2　　(b) Mn_2O_3　　(c) $KMnO_4$　　(d) $MnCl_2$

3.9 수용액에서의 반응 분류

이 장의 목적은 수용액 내에서 일어날 수 있는 가장 일반적인 관찰을 하는 것이다. 예를 들어 알카셀처(Alka-Seltzer) 정제(시트르산과 $NaHCO_3$를 포함한)를 물에 떨어뜨렸을 때 기체 생성 반응이 일어나는가를 결정하는 데 도움을 준다(그림 3.19).

$$\underset{\text{시트르산}}{H_3C_6H_5O_7(aq)} + \underset{\text{탄산수소 이온}}{HCO_3^-(aq)} \rightarrow \underset{\text{시트르산이수소 이온}}{H_2C_6H_5O_7^-(aq)} + H_2O(\ell) + CO_2(g)$$

그림 3.19 **기체 생성 반응.** 알카–셀처 정제는 기체 생성 반응의 반응물인 산(시트르산)과 탄산수소소듐($NaHCO_3$)을 함유하고 있다.

우리는 수용액 내의 네 가지 반응 종류에 대하여 살펴보았다. 침전 반응, 산–염기 반응, 기체 생성 반응과 산화–환원 반응이다. 이 중 세 가지 반응(침전, 산–염기, 기체생성)은 교환 반응이라고 할 수 있다.

침전 반응(그림 3.12): 이온들은 용액 내에서 결합하여 불용성의 생성물들을 형성한다.

전체 반응식

$$Pb(NO_3)_2(aq) + 2\ KI(aq) \rightarrow PbI_2(s) + 2\ KNO_3(aq)$$

알짜 이온 반응식

$$Pb^{2+}(aq) + 2\ I^-(aq) \rightarrow PbI_2(s)$$

산–염기 반응(그림 3.13, 3.15): 물은 산–염기 반응의 생성물이며, 염기의 양이온과 산의 음이온은 염을 형성한다.

강산과 강염기 반응의 전체 반응식

$$HNO_3(aq) + KOH(aq) \rightarrow HOH(\ell) + KNO_3(aq)$$

강산과 강염기 반응의 알짜 이온 반응식

$$H_3O^+(aq) + OH^-(aq) \rightarrow 2\ H_2O(\ell)$$

사례 연구 은으로 박테리아 죽이기

은 이온을 발생시켜 세균을 잡는다는 세탁기가 있다. 은 이온이 옷이나 물속에 있는 세균에 작용한다는 것이다. 광고에서는 100,000조 개의 은 이온이 가용하다고 말한다. 어떻게 세탁기는 작동하는 것일까? 100,000조 개의 이온은 많은 것일까? 은이 박테리아를 정말 죽일까?

세탁기는 전기 에너지를 이용하여 금속 은을 은 이온으로 산화시킨다.

$$Ag(s) \rightarrow Ag^{+}(aq) + e^{-}$$

이는 간단한 전기 화학적인 과정이다(19장에 좀 더 자세하게 설명되어 있다). 100,000조 개의 이온은 100×10^{15}개의 이온을 말한다. 은 이온이 살균제로 작용하는 것일까? 이에는 여러 가지 의학적 증거가 있다. 사실 여러분이 태어났을 때, 의사나 간호사는 신생아 결막염을 방지하기 위하여 여러분의 눈에 묽은 질산은 용액을 넣었을지도 모른다. 또한 심하게 화상을 입은 환자에게 박테리아나 곰팡이 균의 감염을 방지하기 위해 설파다이아진 은($C_{10}H_9AgN_4O_2S$)을 사용하기도 한다. 이러한 은을 사용하여 감염을 막는 방법은 오래 전부터 사용되어 왔다. 고대 페니키아인들은 술, 물, 식초를 은그릇에 담아 보관했으며, 초기 북미대륙 정착자들은 물통에 은동전을 넣었다. 그리고 여러분 중에서는 태어나 바로 입에 은수저를 물었을 수도 있다. 부유한 집에서 태어난 아기들은 건강을 위하여 은수저 등을 사용하기도 한다.

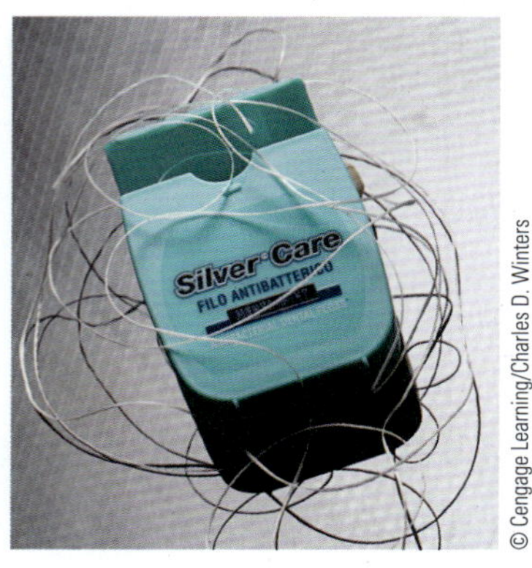

치실에 들어 있는 은 이온이 살균 작용을 한다.

최근에도 가정용 정수기에 은을 포함한 여러 물질들이 사용되고 있으며 질산은이 코팅된 치실을 사용하기도 한다.

은이 건강을 위하여 사용되지만 믿을 수 없는 주장을 하는 경우가 있다는 것을 명심해야 한다. 예를 들어 나노 크기의 은이 들어있는 물인 '은 콜로이드'가 건강에 좋은 물질로 알고 구입한 스탠 존스(Stan Jones, 2002년과 2006년 미상원위원에 출마)는 피부색이 평생 회청색으로 변하는 은피증(Argyria)에 걸렸다.

문제

1. 한 번 세탁할 때 몇 몰의 은이 사용되는가?
2. 사용되는 은의 질량을 계산하시오.

이 문제들에 대한 답은 부록 N에 수록되어 있다.

약산과 강염기 반응의 전체 반응식

$$CH_3CO_2H(aq) + NaOH(aq) \rightarrow NaCH_3CO_2(aq) + HOH(\ell)$$

약산과 강염기 반응의 알짜 이온 반응식

$$CH_3CO_2H(aq) + OH^{-}(aq) \rightarrow CH_3CO_2^{-}(aq) + H_2O(\ell)$$

기체 생성 반응(그림 3.16, 3.19): 가장 흔한 일반적인 예는 금속 탄산염과 산 사이의 반응이지만, 다른 기체 생성 반응들도 있다(표 3.2). 금속 탄산염은 탄산, H_2CO_3을 생성하며, 이 생성물의 대부분은 H_2O와 CO_2로 분해된다. 이산화탄소는 이 반응들이 일어나는 동안 볼 수 있는 거품들 안에서의 기체이다.

전체 반응식

$$CuCO_3(s) + 2\ HNO_3(aq) \rightarrow Cu(NO_3)_2(aq) + CO_2(g) + H_2O(\ell)$$

알짜 이온 반응식

$$CuCO_3(s) + 2\ H_3O^{+}(aq) \rightarrow Cu^{2+}(aq) + CO_2(g) + 3\ H_2O(\ell)$$

심층 학습 반응 종류의 또 다른 분류

1장에서 언급한 바와 같이 화학은 1개 이상의 물질이 다른 물질로 변화하는 과정에 관한 내용이다. 이것은 화학 반응에 의해 진행되었고 지난 수백 년에 걸쳐 무수한 화학 반응들이 화학자들에 의해 수행되었다. 화학 공부를 시작하고 있는 학생들은 거의 무한에 가깝게 다양한 반응들로 당황할 수 있겠지만 일부 흔한 반응 종류가 있다. 우리는 반응들을 산화-환원 반응과 교환 반응으로 분류하였다. 후자는 침전, 산-염기와 기체-생성 반응을 포함한다. 반응의 분류는 공통된 특성을 확인하고 새로운 조합의 반응물을 보면 일어날 수 있는 것을 예상하는 데 도움을 줄 수 있기 때문에 유용하다.

화학 반응을 기술할 때 흔히 사용하는 2개의 다른 용어, 즉 합성과 분해가 있다.

합성은 원소 또는 다른 화합물로부터 화합물을 제조하는 것을 말한다. 비료와 의약품, 샴푸와 같은 일상용품, 폭발물 등에서 광범위하게 사용되는 염화암모늄의 제조와 같은 합성 반응을 이미 보았을 것이다. 염화암모늄의 합성은 산-염기 반응을 이용하여 수행할 수 있다.

$$NH_3(aq) + HCl(aq) \rightarrow NH_4Cl(aq)$$

분해는 화합물이 보다 작은 구성성분으로 갈라지는 것을 말한다. 이러한 반응 중 하나는 그림에서 볼 수 있는 산화-환원 반응인 과산화수소가 분해되어 물과 산소로 되는 것이다.

$$2\ H_2O_2(aq) \rightarrow 2\ H_2O(\ell) + O_2(g)$$

합성과 분해라는 용어는 반응의 결과를 기술하는 데 유용하므로 화학에서 광범위하게 사용된다. 이 책에서 채택하고 있는 반응 분류 개략도도 합성과 분해 반응을 포함하는 많은 다른 반응 종류에 참여하는 반응물과 생성물의 종류를 기술하기 때문에 유용하다.

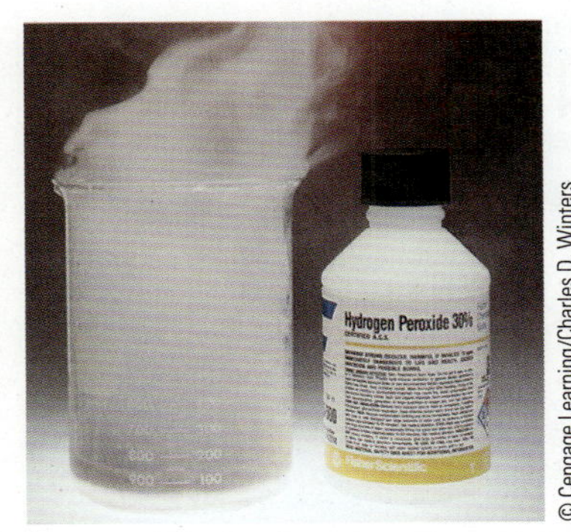

과산화수소 H_2O_2의 분해. 이 반응은 산화-환원 반응으로도 분류될 수 있다.

산화-환원 반응(그림 3.17): 이 반응은 교환 반응이 아니고 전자의 물질 간 이동 반응이다.

전체 반응식

$$Cu(s) + 2\ AgNO_3(aq) \rightarrow Cu(NO_3)_2(aq) + 2\ Ag(s)$$

알짜 이온 반응식

$$Cu(s) + 2\ Ag^+(aq) \rightarrow Cu^{2+}(aq) + 2\ Ag(s)$$

위의 네 가지 반응식의 종류는 구분하기 쉽지만 한 가지 이상의 범주로 구분할 수 있다는 것을 명심하라. 예를 들어 수산화바륨은 황산과 빠르게 반응하여 황산바륨과 물을 생성하며, 침전 반응이자 산-염기 반응이다.

$$Ba(OH)_2(aq) + H_2SO_4(aq) \rightarrow BaSO_4(s) + 2\ H_2O(\ell)$$

예제 3.10 반응 종류

문제 아래의 반응을 완결하고 각각의 반응의 종류를 결정하시오(침전, 산-염기, 기체 생성 반응).

(a) $Na_2S(aq) + Cu(NO_3)_2(aq) \rightarrow$

(b) $Na_2SO_3(aq) + HCl(aq) \rightarrow$

(c) $HClO_4(aq) + NaOH(aq) \rightarrow$

전략도 3.10a

문제

Na_2S와 $Cu(NO_3)_2$의 반응식을 쓰고 반응의 종류를 결정하시오.

↓

알려진 자료/정보

반응물의 화학식

1단계 생성물을 결정하고 화학 반응식을 완성한다.

↓

반응물과 생성물을 포함한 완결된 화학 반응식

2단계 생성물과 반응물이 기체, 액체, 고체인지 살펴보고 물에 녹는지 결정한다.

↓

반응물과 생성물의 상태를 완결된 화학 반응식에 쓴다.

3단계 반응의 종류를 결정한다.

↓

생성물 중 한 물질은 물에 녹지 않으므로 침전 반응이다.

알고 있는 사실 위 반응은 교환 반응이며 반응물들의 화학식을 알고 있다.

전략

- 교환 반응임을 인지하고 각각의 반응에 대한 생성물은 반응물의 양이온과 음이온의 교환에 의하여 생성됨에 주목한다.
- 각각의 반응식을 완결한다.
- 반응의 종류를 결정하기 위하여 반응물과 생성물을 살핀다. 특히 많이 쓰는 산과 염기인지, 생성물이 불용성인지, 산과 반응하여 기체를 생성하는 음이온인지 (CO_3^{2-}, S^{2-}, SO_3^{2-}) 등을 면밀히 살핀다.

풀이

(a) 교환 반응의 생성물은 $NaNO_3$와 CuS로 예측되며 $NaNO_3$는 용해성이 있으나 CuS는 불용성이다. 따라서 이 반응은 침전 반응이다. 완결된 반응식은 다음과 같다.

$$Na_2S(aq) + Cu(NO_3)_2(aq) \rightarrow 2\ NaNO_3(aq) + CuS(s)$$

(b) 교환 반응의 생성물은 NaCl와 H_2SO_3로 예측되며 H_2SO_3를 본다면 바로 기체 생성 반응임을 말해준다. 왜냐하면 이것은 $SO_2(g)$와 $H_2O(\ell)$로 분해될 것이기 때문이다(표 3.2). 완결된 반응식은 다음과 같다.

$$Na_2SO_3(aq) + 2\ HCl(aq) \rightarrow 2\ NaCl(aq) + SO_2(g) + H_2O(\ell)$$

(c) 교환 반응의 생성물은 $NaClO_4$와 H_2O인 염과 물로 예측되며 이는 산-염기 반응이다. 완결된 반응식은 다음과 같다.

$$HClO_4(aq) + NaOH(aq) \rightarrow NaClO_4(aq) + H_2O(\ell)$$

고려사항 앞에서 연습했듯이, 위의 반응에 대한 알짜 이온 반응식을 쓰면 다음과 같다.

(a) $S^{2-}(aq) + Cu^{2+}(aq) \rightarrow CuS(s)$

(b) $SO_3^{2-}(aq) + 2\ H_3O^+(aq) \rightarrow 3\ H_2O(\ell) + SO_2(g)$

(c) $H_3O^+(aq) + OH^-(aq) \rightarrow 2\ H_2O(\ell)$

유제 다음 반응의 종류를 구분하고(침전, 산-염기, 기체 생성 반응) 각 반응의 생성물을 예측하시오. 이어서 반응식을 완성하고 알짜 이온 반응식을 쓰시오.

(a) $CuCO_3(s) + H_2SO_4(aq) \rightarrow$

(b) $Ga(s) + O_2(g) \rightarrow$

(c) $Ba(OH)_2(s) + HNO_3(aq) \rightarrow$

(d) $CuCl_2(aq) + (NH_4)_2S(aq) \rightarrow$

3.9절 확인문제

1. 때로는 반응의 종류가 한 종류 이상으로 분류될 수 있다. $Ba(OH)_2(aq) + H_3PO_4(aq)$의 반응은 다음 중 어느 종류인지 고르시오.

(a) 산-염기 반응 + 산화-환원 반응
(b) 산-염기 반응 + 침전 반응
(c) 산화-환원 반응
(d) 침전 반응

화학 원리 응용 | 초전도체

1987년, 노벨 물리학상은 초전도체의 선구자적 연구를 기려 베노르즈(Georg Benorz)와 뮬러(Karl Müller) (IBM Labs, Zurich, Switzerland)에게 수여되었다. 그들은 란타넘, 바륨, 구리와 산소 화합물에 근거한 새로운 종류의 초전도체를 발견하였다. 그 초전도체는 x값이 0.10에서 0.20인 $La_{2-x}Ba_xCuO_4$로 확인되었다. 같은 해 알라배마 대학교 헌츠빌 분교의 연구자들이 x값이 0에서 0.50인 $YBa_2Cu_3O_{7-x}$ (또는 YBCO)를 합성하였다. YBCO는 액체 질소의 끓는점(77 K) 위의 온도에서 초전도를 나타내는 최초의 물질이었다. 후속 연구에 의해 YBCO의 초전도 현상의 임계온도가 성분의 비 변화에 따라 변화함을 확인하였다. 최고 초전도 온도는 $YBa_2Cu_3O_{6.93}$의 경우 95 K임이 확인되었다.

초전도체는 전류의 흐름에 대하여 저항이 전혀 없기 때문에 중요하다. 전자의 흐름인 전류가 초전도체에 흐르게 되면 에너지 손실없이 무한정 계속해서 흐르게 될 것이다. 초전도체의 잠재적 응용은 전기 저장이다. 현재 발전소에서 생산된 전기는 생산되는 즉시 소비되어야 한다. 만약 사용하지 않은 전기가 초전도 저장 고리에 유입되면 전류는 무한히 저장될 수 있다. 저장 고리가 가용하게 되면, 초전도체는 냉각이 비용의 장애가 되지 않는 온도에서 작동해야만 하고, 초전도체는 고전류를 지지해야만 한다. YBCO는 첫 번째 기준을 만족시키지만 두 번째 기준은 만족시키지 못하고 있다. 현재까지 77 K 이상의 온도에서 큰 전류가 흐를 수 있는 초전도체는 발견되지 않고 있다.

정수가 아닌 밑첨자를 가진 화합물의 화학식은 고온 초전도체를 포함한 다양한 화합물에서 흔하다. 이 초전도체에 대한 다음 문제에 답하시오.

초전도. 초전도 물질을 액체 질소(끓는점 77 K)에서와 같은 저온으로 냉각하고, 자기장 내에 놓으면, 자기장은 초전도 물질을 관통하지 못하고 오히려 반발하게 된다. 이러한 효과는 자석이 냉각된 초전도체 위에 떠 있는 현상을 통해 알 수 있다.

문제

1. 다음 질량백분율을 이용하여 $La_{2-x}Ba_xCuO_4$ 시료의 x값을 결정하시오.
   %La = 63.43, %Ba = 5.085, %Cu = 15.69, %O = 15.80.
2. $x = 0.07$일 때 YBCO에서 각 원소의 질량백분율은 얼마인가?
3. 이트륨과 바륨 이온의 전하가 각각 3+와 2+라고 가정하면 $YBa_2Cu_3O_7$에서 구리 이온의 전하는 얼마인가? (참고: 대부분의 구리 화합물은 Cu^{2+}에 기반을 두고 있지만 1+와 3+ 전하도 가능하다. 이 물질에서 적어도 하나의 구리 이온은 Cu^{2+}로 가정하시오.)
4. Y_2O_3, $BaCO_3$, CuO의 반응은 $YBa_2Cu_3O_{7-x}$와 유일한 부산물인 $CO_2(g)$를 생성한다. 이 반응의 완결된 화학 반응식을 쓰고 x값을 결정하시오.
5. YBCO에서 산소의 백분율은 산소 원소 존재하에서 가열하여 조절할 수 있다. 1.00 g의 $YBa_2Cu_3O_{6.50}$를 $YBa_2Cu_3O_{6.93}$로 전환하기에 필요한 산소의 질량은 얼마인가?

참고문헌

1. M. K. Wu, et al., *Phys. Rev. Lett.*, Vol. 58, page 908, 1987.
2. J.W. Cochrane and G.J. Russell, *Supercond. Sci. Technol.*, Vol. 11, page 1105, 1998.

학습 목표 복습

여러분은 이 장의 학습을 마쳤다. 이제 학습 목표를 달성했는지 점검해 보자. 특히 다음과 같은 것을 할 수 있어야 한다.

- 완결된 화학 반응식의 중요성과 활용을 이해할 수 있다(3.1, 3.2절).
- 화학 평형의 본질과 특성을 이해할 수 있다.
  a. 화학 반응이 가역적임을 인식한다(3.3절).
  b. 동적 평형이라는 용어가 의미하는 것을 기술한다.
  c. 평형 상태에서 반응물 선호 반응과 생성물 선호 반응의 차이를 식별한다.
- 물에 용해된 이온성 물질의 본질 이해한다(3.4절).
- 산화–환원 반응과 세 가지 교환 반응의 종류를 이해한다(3.5, 3.6, 3.7, 3.8절).
- 산–염기 반응이 수소 이온의 이동을 포함함을 이해한다(3.6절).
- 산화–환원 반응은 전자의 이동을 포함함을 이해한다(3.8절).

- 반응물과 생성물의 화학식이 주어지면 화학 반응식을 완결한다.
- 물에서 이온 화합물의 용해도와 이온과 분자 화합물의 수용액에서 존재하는 화학종을 예상한다.
  a. 전해질과 비전해질의 차이를 설명하고 각각의 예를 인식한다(3.4절, 그림 3.8).
  b. 물에서 이온 화합물의 용해도를 예측한다(3.4절, 그림 3.10).
  c. 이온 화합물 또는 산 · 염기 물질이 물에 용해되었을 경우 어떤 이온이 생성되는지를 인식한다(3.4~3.6절).
- 수용액에서 흔한 화학 반응의 종류를 식별하고, 침전, 산–염기, 기체 생성 교환 반응의 생성물을 예상한다.
  a. 수용액에서 일어나는 반응의 네 가지 종류의 주요 성질을 식별한다.

반응 종류	주요 성질
침전 반응	불용성 화합물 생성
산–염기 반응	염과 물 생성
기체 생성 반응	CO_2와 같은 물에 불용성 기체 생성
산화–환원 반응	전자의 교환(산화수의 변화 수반)

  b. 침전 반응(3.5절), 산–염기 반응(3.6절), 기체 생성 반응(3.7절)에서의 생성물 예측. 이들은 반응에 관련된 양이온 사이에 음이온의 교환이 이뤄지는 교환 반응의 예들이다.
  c. 교환 반응의 전체 완결 반응식을 쓴다.
- 흔한 산과 염기의 이름과 화학식을 알고 수용액에서의 성질을 이해한다.
  a. 흔한 산과 염기의 화학식과 이름을 안다(3.6절, 표 3.1).
  b. 강한 산과 염기, 약한 산과 염기를 구분한다.
  c. 산과 염기의 아레니우스 개념을 정의하고 사용한다.

d. 산과 염기의 브뢴스테드-로우리 개념을 정의하고 사용한다.

e. 양쪽성 성질의 물질을 식별한다.

f. 반응에서 브뢴스테드 산과 염기를 확인한다.

g. 강산과 강염기의 반응에 대한 알짜 이온 반응식이 $H_3O^+(aq) + OH^-(aq) \rightarrow 2\ H_2O(\ell)$임을 이해한다.

- 화학 반응에 대하여 전체 완결된 반응식이 주어지면 알짜 이온 반응식을 쓴다 (3.5~3.7절).
- 화합물에서 원소의 산화수를 결정하고 이를 이용하여 산화-환원 반응을 확인한다.

a. 화합물에서 원소의 산화수를 결정하고 이 수가 화합물의 전자가 일련의 지침에 따라 셀 때 한 원자가 가지거나 또는 가진 것으로 보이는 전하를 나타내는 것을 이해한다(3.8절).

b. 산화-환원 반응(산화-환원 반응이라고도 함)을 확인하고 반응에서 산화제, 환원제, 산화된 물질, 환원된 물질을 확인한다(3.8절, 표 3.3과 3.4).

- 이온 화합물의 용해도에 대한 지침을 기억한다(그림 3.10).
- 흔한 산과 염기의 이름과 화학식을 기억한다(표 3.1).
- 흔한 산화제와 환원제를 기억한다(표 3.3).

B. Murton/Science Source

학습문제

실전문제

반응식 완결하기(예제 3.1 참조)

1. 다음의 반응들에 대하여 완결된 화학 반응식을 쓰시오.
   (a) 알루미늄과 산화철(Ⅲ)이 반응하여 철과 산화알루미늄을 형성하는 반응(테르밋 반응)

© Cengage Learning/Charles D. Winters

테르밋 반응

   (b) 탄소와 물이 높은 온도에서 반응하여 CO와 H_2의 기체를 생성(한때 연료로 사용되었던 물 기체)
   (c) 액체 사염화규소와 마그네슘이 반응하여 규소와 염화마그네슘을 형성하는 반응. 이 반응은 반도체 산업에서 사용되는 초순수 규소를 제조하는 한 단계 방법이다.

2. 다음의 반응식을 완결하시오.
   (a) $Cr(s) + O_2(g) \rightarrow Cr_2O_3(s)$
   (b) $Cu_2S(s) + O_2(g) \rightarrow Cu(s) + SO_2(g)$
   (c) $C_6H_5CH_3(\ell) + O_2(g) \rightarrow H_2O(\ell) + CO_2(g)$

3. 다음의 반응식을 완결하고 각각의 반응물과 생성물의 이름을 쓰시오.
   (a) $Fe_2O_3(s) + Mg(s) \rightarrow MgO(s) + Fe(s)$
   (b) $AlCl_3(s) + NaOH(aq) \rightarrow Al(OH)_3(s) + NaCl(aq)$
   (c) $NaNO_3(s) + H_2SO_4(aq) \rightarrow Na_2SO_4(s) + HNO_3(aq)$
   (d) $NiCO_3(s) + HNO_3(aq) \rightarrow$
   $Ni(NO_3)_2(aq) + CO_2(g) + H_2O(\ell)$

화학 평형(3.3절 참조)

4. 같은 양의 HCl과 HCO_2H(폼산)이 수용액 상태로 있다. 평형이 완결되었을 때 HCl 수용액은 HCO_2H 수용액보다 전기전도도가 더 크다. 다음의 반응 중 어느 반응이 평형상태에서 생성물 선호 반응인지 고르시오.
   $HCl(aq) + H_2O(\ell) \rightleftharpoons H_3O^+(aq) + Cl^-(aq)$
   $HCO_2H(aq) + H_2O(\ell) \rightleftharpoons H_3O^+(aq) + HCO_2^-(aq)$

수용액 안의 이온과 분자(3.4절, 예제 3.2 참조)

5. 전해질이란 무엇인가? 약한 전해질과 강한 전해질을 실험적으로 어떻게 구별할 것인가? 각각의 예를 들어 설명하시오.

6. 다음의 화합물(들) 중 물에 녹을 것으로 추정되는 물질을 고르시오.
   (a) CuO, $CuCl_2$, $FeCO_3$
   (b) AgI, Ag_3PO_4, $AgNO_3$
   (c) K_2CO_3, KI, $KMnO_4$

7. 다음의 화합물은 물에 녹는다. 수용액에서 각각의 화합물에 대하여 어떤 이온들이 생성되는가?
   (a) KOH (b) K_2SO_4
   (c) $LiNO_3$ (d) $(NH_4)_2SO_4$

8. 물에 녹는 물질을 고르시오. 만일 녹는다면 수용액상에 어떤 이온들이 생성되는지 쓰시오.
   (a) Na_2CO_3 (b) $CuSO_4$
   (c) NiS (d) $BaBr_2$

침전 반응과 알짜 이온 반응식(3.5절, 예제 3.3~3.4 참조)

9. 다음 침전 반응의 화학식을 완결하고 알짜 이온 반응식을 쓰시오. 또한 각각의 물질의 상태를 쓰시오. (s, ℓ, aq, g)

$$CdCl_2 + NaOH \rightarrow Cd(OH)_2 + NaCl$$

10. 다음 각각의 침전 반응의 생성물을 쓰시오. 이후 반응식을 완결하고 알짜 이온 반응식을 쓰시오.
(a) $NiCl_2(aq) + (NH_4)_2S(aq) \rightarrow$
(b) $Mn(NO_3)_2(aq) + Na_3PO_4(aq) \rightarrow$

산과 염기, 산–염기 반응(3.6절, 예제 3.5 참조)

11. 물속의 질산이 이온화되는 반응을 완결하시오.

12. 옥살산($H_2C_2O_4$)이 특정 식물에서 발견되었으며 물속에서 2개의 하이드로늄 이온을 생성한다. 어떻게 옥살산이 2개의 하이드로늄 이온을 생성하는지 완결된 반응식을 쓰시오. (120쪽의 황산의 경우와 같게 쓰시오.)

13. 염기성 산화물인 산화마그네슘이 물과 반응할 때의 완결된 반응식을 쓰시오.

14. 다음 산–염기 반응의 완결된 반응식을 쓰고 반응물과 생성물의 이름을 쓰시오.
(a) $CH_3CO_2H(aq) + Mg(OH)_2(s) \rightarrow$
(b) $HClO_4(aq) + NH_3(aq) \rightarrow$

15. 수산화바륨과 질산의 완결된 반응식을 쓰시오.

16. 물에 질산이 녹을 때 평형 반응식을 쓰고 용해되어 있는 네 종류의 이온이 브뢴스테드 산인지 염기인지를 밝히시오. 또한 평형 반응식은 생성물 또는 반응물로 선호 여부를 가리시오.

17. 다음 H_2O가 HBr과 반응하여 브뢴스테드 염기로 작용하는 경우와 H_2O가 NH_3와 반응하여 브뢴스테드 산으로 작용하는 경우의 각각 평형 반응식을 쓰시오.

알짜 이온 반응식 쓰기(예제 3.4, 3.6 참조)

18. 다음의 반응을 완결하고 알짜 이온 반응식을 쓰시오.
(a) $(NH_4)_2CO_3(aq) + Cu(NO_3)_2(aq) \rightarrow CuCO_3(s) + NH_4NO_3(aq)$
(b) $Pb(OH)_2(s) + HCl(aq) \rightarrow PbCl_2(aq) + H_2O(\ell)$
(c) $BaCO_3(s) + HCl(aq) \rightarrow BaCl_2(aq) + H_2O(\ell) + CO_2(g)$
(d) $CH_3CO_2H(aq) + Ni(OH)_2(s) \rightarrow Ni(CH_3CO_2)_2(aq) + H_2O(\ell)$

19. 다음의 반응을 완결하고 알짜 이온 반응식을 쓰시오. 또한 생성물과 반응물의 상태(s, ℓ, g, aq)를 표시하시오.
(a) 질산은과 아이오딘화포타슘의 반응으로 아이오딘화은과 질산포타슘이 생성되는 반응
(b) 수산화바륨과 질산이 반응하여 질산바륨과 물이 생성되는 반응
(c) 인산소듐과 질산니켈(II)이 반응하여 인산니켈(II)과 질산소듐이 생성되는 반응

20. 다음의 반응에 대하여 완결된 알짜 이온 반응식을 쓰시오.
(a) 약산인 아질산과 수산화소듐의 수용액 상태에서의 반응
(b) 수산화칼슘과 염산의 반응

기체–생성 반응(3.7절, 예제 3.7 참조)

21. 사이더라이트는 주성분이 탄산철(II)로 되어 있는 광물이다. 질산과의 완결된 반응식을 쓰고 생성물의 명칭을 쓰시오.

22. $(NH_4)_2S$와 HBr의 완결된 반응식을 쓰고 생성물과 반응물의 명칭을 쓰시오.

산화수(3.8절, 예제 3.8 참조)

23. 다음 이온 또는 화합물 각각의 원소에 대하여 산화수를 밝히시오.

(a) BrO_3^-	(b) $C_2O_4^{2-}$	(c) F^-
(d) CaH_2	(e) H_4SiO_4	(f) HSO_4^-

산화–환원 반응(3.8절, 예제 3.9 참조)

24. 다음 반응 중 2개는 산화–환원 반응이다. 이를 고르고 그 이유를 간략히 설명하시오. 또한 나머지 1개의 반응 종류를 밝히시오.
(a) $Zn(s) + 2\ NO_3^-(aq) + 4\ H_3O^+(aq) \rightarrow Zn^{2+}(aq) + 2\ NO_2(g) + 6\ H_2O(\ell)$
(b) $Zn(OH)_2(s) + H_2SO_4(aq) \rightarrow ZnSO_4(aq) + 2\ H_2O(\ell)$
(c) $Ca(s) + 2\ H_2O(\ell) \rightarrow Ca(OH)_2(s) + H_2(g)$

25. 다음 반응의 반응물 중 산화와 환원되는 물질을 구별하고 산화제와 환원제를 밝히시오.
(a) $C_2H_4(g) + 3O_2(g) \rightarrow 2CO_2(g) + 2H_2O(\ell)$
(b) $Si(s) + 2Cl_2(g) \rightarrow SiCl_4(\ell)$

수용액에서의 반응 종류 (3.9절, 예제 3.10 참조)

26. 다음 반응식을 완결하고 각각의 반응이 침전 반응, 산–염기 반응, 기체–생성 반응 중 어느 것인지를 고르시오.
(a) $Ba(OH)_2(aq) + HCl(aq) \rightarrow BaCl_2(aq) + H_2O(\ell)$
(b) $HNO_3(aq) + CoCO_3(s) \rightarrow Co(NO_3)_2(aq) + H_2O(\ell) + CO_2(g)$
(c) $Na_3PO_4(aq) + Cu(NO_3)_2(aq) \rightarrow Cu_3(PO_4)_2(s) + NaNO_3(aq)$

27. 다음 반응식을 완결하고 각각의 반응이 침전 반응, 산–염기 반응, 기체–생성 반응 중 어느 것인지를 고르시오. 또한 생성물의 상태를 표시하고(s, ℓ, g, aq), 반응을 완결하시오. 또한 알짜 이온 반응식을 쓰시오.
(a) $MnCl_2(aq) + Na_2S(aq) \rightarrow MnS + NaCl$
(b) $K_2CO_3(aq) + ZnCl_2(aq) \rightarrow ZnCO_3 + KCl$

28. 다음 반응식을 완결하고 각각의 반응이 침전 반응, 산–염기 반응, 기체–생성 반응 중 어느 것인지를 고르시오. 또한 생성물의 상태를 표시하고(s, ℓ, g, aq), 반응을 완결하시오. 또한 알짜 이온 반응식을 쓰시오.
(a) $CuCl_2 + H_2S \rightarrow CuS + HCl$
(b) $H_3PO_4 + KOH \rightarrow H_2O + K_3PO_4$
(c) $Ca + HBr \rightarrow H_2 + CaBr_2$
(d) $MgCl_2 + NaOH \rightarrow Mg(OH)_2 + NaCl$

29. 다음 반응의 생성물은 표현되어 있다. x, y로 표시된 반응물을 밝히고 각각의 반응의 완결된 반응식을 쓰시오.
(a) $x + y \rightarrow H_2O(\ell) + CaBr_2(aq)$
(b) $x + y \rightarrow Mg(NO_3)_2(aq) + CO_2(g) + H_2O(\ell)$
(c) $x + y \rightarrow BaSO_4(s) + NaCl(aq)$
(d) $x + y \rightarrow NH_4^+(aq) + OH^-(aq)$

일반문제

다음 문제들은 절의 종류나 위치를 명시하지 않았다. 이 문제들은 여러 가지 개념이 조합되어 있을 수도 있다.

30. 다음 반응을 완결된 화학 반응식 형태로 쓰시오.
(a) 비료의 재료로 사용되는 요소의 합성 반응식

$$CO_2(g) + NH_3(g) \rightarrow NH_2CONH_2(s) + H_2O(\ell)$$

(b) 자연에 많이 존재하는 우라늄을 플루오린화우라늄(VI)으로 합성하기 위한 반응

$$UO_2(s) + HF(aq) \rightarrow UF_4(s) + H_2O(\ell)$$
$$UF_4(s) + F_2(g) \rightarrow UF_6(s)$$

(c) 금속 타이타늄을 만들기 위한 전 단계로 염화타이타늄(IV)을 합성하기 위한 반응

$$TiO_2(s) + Cl_2(g) + C(s) \rightarrow TiCl_4(\ell) + CO(g)$$
$$TiCl_4(\ell) + Mg(s) \rightarrow Ti(s) + MgCl_2(s)$$

31. 다음 화합물의 각각의 화학식을 쓰시오.
(a) 브로민화 이온이 포함되어 있는 가용성 화합물
(b) 불용성 수산화물
(c) 불용성 탄산염
(d) 용해성 질산염을 포함한 화합물
(e) 약한 브뢴스테드 산

32. 다음 구리(II) 염들 중에서 물에 녹는 것과 녹지 않는 것을 고르시오.

$$Cu(NO_3)_2,\ CuCO_3,\ Cu_3(PO_4)_2,\ CuCl_2$$

33. 다음 반응식의 알짜 이온 반응식을 쓰고 질산과 수산화마그네슘이 반응하여 생성되는 이온과 구경꾼 이온을 밝히시오. 또한 이 반응의 종류는 무엇인가?

$$2\ H_3O^+(aq) + 2\ NO_3^-(aq) + Mg(OH)_2(s) \rightarrow H_2O(\ell) + Mg^{2+}(aq) + 2\ NO_3^-(aq)$$

34. 다음 산화–환원 반응에 의하여 바닷물로부터 브로민이 얻어진다.

$$Cl_2(g) + 2NaBr(aq) \rightarrow 2\ NaCl(aq) + Br_2(\ell)$$

(a) 어느 물질이 각각 산화/환원되는지 쓰시오.
(b) 산화제/환원제를 쓰시오.

35. 돌로마이트 광석에는 탄산마그네슘이 함유되어 있으며 이는 염산과 다음과 같이 반응한다.

$$MgCO_3(s) + 2\ HCl(aq) \rightarrow CO_2(g) + MgCl_2(aq) + H_2O(\ell)$$

(a) 알짜 이온 반응식을 쓰고 구경꾼 이온을 쓰시오.
(b) 반응의 종류를 쓰시오.

36. 다음 화합물이 물에 녹았을 때 존재하는 형태(원자, 분자, 이온)를 쓰고 어느 것이 브뢴스테드 산 또는 염기인지를 구분하고 강/약을 구분하시오.

(a) NH_3 (b) CH_3CO_2H

(c) NaOH (d) HBr

37. 수용액에서 일어나는 다음 반응의 반응식을 완결하고 각 반응을 침전, 산–염기, 또는 기체 생성 반응으로 분류하시오. 생성물의 상태(s, ℓ, g, aq)를 표시하고 이름을 쓰고 알짜 이온 반응식을 쓰시오.

(a) $K_2CO_3 + HClO_4 \rightarrow KClO_4 + CO_2 + H_2O$

(b) $FeCl_2 + (NH_4)_2S \rightarrow FeS + NH_4Cl$

(c) $Fe(NO_3)_2 + Na_2CO_3(aq) \rightarrow FeCO_3 + NaNO_3$

(d) $NaOH + FeCl_3 \rightarrow NaCl + Fe(OH)_3$

38. 다음 화합물을 포함하는 혼합물이 있을 때 물을 넣어 분리 가능한 물질을 어느 것인지 고르시오.

(a) NaOH와 $Ca(OH)_2$

(b) $MgCl_2$와 MgF_2

(c) AgI와 KI

(d) NH_4Cl와 $PbCl_2$

39. 다음 목록 중에서 물에 녹아 약한 전기전도성을 띠는 화합물(들)을 고르시오.

(a) NH_3, NaOH, $Ba(OH)_2$, $Fe(OH)_3$

(b) CH_3CO_2H, Na_3PO_4, HF, HNO_3

40. Na_2S와 산이 반응하여 기체가 생성되는 것이 관찰되었다. 생성되는 기체를 $Pb(NO_3)_2$ 수용액에 버블링하였더니 검정색의 침전이 생성되었다. 위의 두 반응에 대한 알짜 이온 반응식을 쓰시오.

실험 관련 문제

41. 실험실에서 다음 반응을 이용하여 아이오딘을 합성한다.

$$2\ NaI(s) + 2\ H_2SO_4(aq) + MnO_2(s) \rightarrow Na_2SO_4(aq) + MnSO_4(aq) + I_2(g) + 2\ H_2O(\ell)$$

(a) 반응식에서 각 원자들의 산화수를 쓰시오.

(b) 어느 물질이 산화제이고 어느 물질이 산화되는가? 반대로 어느 물질이 환원제이고 환원되는지 쓰시오.

(c) 반응식은 생성물 선호 반응인가 반응물 선호 반응인가?

(d) 반응물과 생성물의 이름을 쓰시오.

Photos: © Cengage Learning/Charles D. Winters

아이오딘 생성 반응. 왼쪽 그림처럼 플라스크에 NaI와 MnO_2의 혼합물을 넣는다. 오른쪽 그림처럼 진한 H_2SO_4를 넣으면 갈색의 I_2 기체가 생성된다.

42. 염화마그네슘 시료를 합성하고자 한다고 가정하자. 합성하는 하나의 방법은 산–염기 반응, 수산화마그네슘과 염산의 반응을 이용하는 것이다.

$$Mg(OH)_2(s) + 2\ HCl(aq) \rightarrow MgCl_2(aq) + 2\ H_2O(\ell)$$

반응이 완결되었을 때 물을 증발시키면 고체 염화마그네슘이 얻어진다. $MgCl_2$를 합성하기 위한 다른 반응을 제시하시오.

43. Tollen의 은거울 반응은 소변 속의 환원당의 존재를 증명하는 데 사용되며 암모니아 수용액 속에 은 이온을 함께 넣어 반응시킨다. 만일 환원당이 존재한다면 반응용

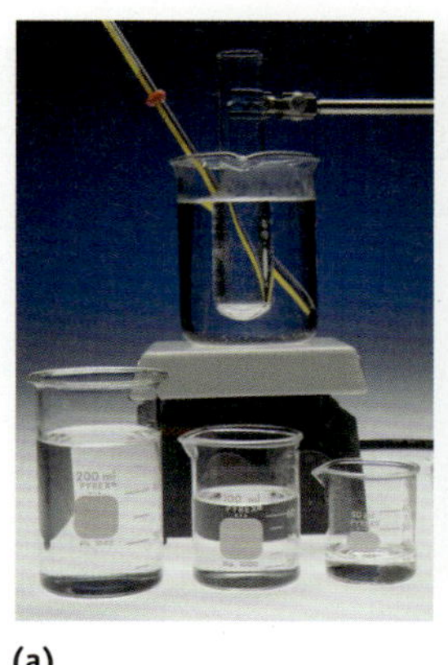

Photos: © Cengage Learning/Charles D. Winters

(a) **(b)**

Tollen의 은거울 반응. 글루코오스와 같은 당과 은 이온이 반응하여 금속 은을 생성한다. **(a)** 반응을 위한 장비 설치, **(b)** 시험관에 생성된 은

기에 은거울이 생성되며, 글루코오스($C_6H_{12}O_6$)를 사용하여 이 반응을 시도한다면 산화–환원 반응은 다음의 반응식과 같이 일어날 것이다.

$$C_6H_{12}O_6(aq) + 2Ag^+(aq) + 2OH^-(aq) \rightarrow C_6H_{12}O_7(aq) + 2Ag(s) + H_2O(\ell)$$

이때 어느 물질이 산화되었으며 어느 물질이 환원되었는가? 또한 어느 물질이 각각 산화제와 환원제인가?

요약 및 개념 문제

다음 문제들은 이 장과 이전의 장들에서 나온 개념을 모두 포함하고 있다.

44. 대부분 자연적으로 생성되는 산들은 약산이다. 이 중 락트산이 한 예이다.

$$CH_3CH(OH)CO_2H(s) + H_2O(\ell) \rightleftharpoons H_3O^+(aq) + CH_3CH(OH)CO_2^-(aq)$$

만일 소량의 락트산을 물에 넣는다면 약간 이온화 되어 평형에 도달할 것이다.

이 반응이 약산에 해당하는 반응이며 평형이 가역적임을 증명할 수 있는 몇 가지의 실험들을 제시하시오.

락트산

45. 황산바륨($BaSO_4$)을 만들기 위해서 (a) 침전 반응을 사용하여 (b) 기체–생성 반응을 사용하여 합성하는 반응식을 쓰시오. 이를 위하여 여러분은 다음의 반응물을 사용할 수 있다.

$BaCl_2$, $BaCO_3$, $Ba(OH)_2$, H_2SO_4, Na_2SO_4

이때 완결된 반응식을 쓰고 116쪽을 참조하시오.

46. 니켈이 들어 있는지를 알아보기 위하여 주로 사용되는 방법은 침전 반응이다. Ni^{2+} 이온이 녹아 있는 수용액에 다이메틸글리옥심(dimethylglyoxime)의 유기 화합물을 넣으면 빨간색 고체의 침전물이 가라앉는다.

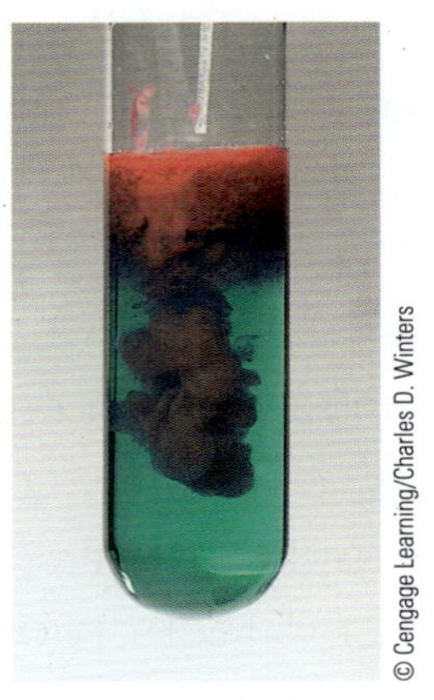

빨간색 고체의 구성은 다음과 같을 때 실험식을 쓰시오. Ni, 20.315 %; C, 33.258 %; H, 4.884 %; O, 22.151 %; N, 19.392 %

47. 비소가 들어 있는 시료에 5A족의 다른 원소가 존재할 때 As^{3+}와 Sb^{3+}이온의 존재는 노란색 고체인 As_2S_3와 주황색 고체인 Sb_2S_3가 생성되는 침전 반응을 통하여 알 수 있다. 만일 HCl 수용액이 첨가된다면 Sb_2S_3가 녹아 As_2S_3 고체만이 수용액에 남는다. 이때 As_2S_3는 HNO_3 수용액을 이용하여 녹일 수 있다.

$$3\ As_2S_3(s) + 10\ HNO_3(aq) + 4\ H_2O(\ell) \rightarrow 6\ H_3AsO_4(aq) + 10\ NO(g) + 9\ S(s)$$

마지막으로 비소의 존재는 $AgNO_3$를 H_3AsO_4 수용액에 넣으면 알 수 있는데 적갈색 고체 Ag_xAsO_y가 생성되며, 이 고체의 구성은 As가 16.199 %, Ag가 69.964 %이다.

(a) As_2S_3와 질산의 반응에서의 As, S, N의 산화수는 각각 얼마인지 쓰시오.

(b) 적갈색 고체 Ag_xAsO_y의 화학식은 무엇인가?

테르밋 반응.

화학량론: 화학 반응에 대한 정량적인 정보

학습 개요

테르밋 가장 황홀한 화학 반응 중 하나가 테르밋 반응으로 금속 알루미늄을 이용한 산화철(Ⅲ)의 환원 반응이다.

$$Fe_2O_3(s) + 2\ Al(s) \rightarrow 2\ Fe(l) + Al_2O_3(s)$$

이 반응은 생성된 철을 녹이기에 충분한 엄청난 양의 에너지를 발생한다. 테르밋 반응은 원래 산화물로부터 금속을 생산하는 방법(구리, 우라늄과 다른 금속들도 잘 반응한다)으로 개발되었음에도 불구하고 이 반응이 용접에 사용될 수 있음을 알게 되었다. 몇 년 동안 산화철(Ⅲ)/알루미늄 반응이 기차 철로의 레일을 용접하는 데 사용하였다.

이 장의 가장 중요한 목표는 반응물과 생성물 사이의 양적 관계를 논의하는 것이다. 예를 들면, 알고 있는 산화철(Ⅲ)과 알루미늄의 질량으로부터 생성될 수 있는 철의 질량을 어떻게 예측하는가를 배우게 될 것이다.

학습 목표

다음 목표들의 핵심인 학습문제는 "학습 목표 복습"을 참조하시오.

- 화학량론의 기초를 형성하는 물질 보존의 법칙을 이해
- 화학 반응에서 한계 반응물의 의미를 이해
- 완결된 화학 반응식을 사용하여 화학량론 계산
- 화학 반응에서 이론 수득률과 퍼센트 수득률을 계산
- 화합물의 혼합물을 분석하거나 화합물의 화학식을 알기 위해 화학량론을 사용
- 용액의 화학량론에서 농도의 정의와 활용
- pH와 하이드로늄 이온 농도와의 관계를 이용
- 용액 내 화학종의 농도를 결정하기 위해 분광광도계 이용
- 농도(몰농도로)는 용액 리터당 용질의 몰수임을 기억
- pH는 하이드로늄 이온 농도의 척도임을 기억

이 장의 목적은 화학 반응의 정량적 연구를 소개하는 것이다. 예를 들어, 정량적이라는 것은 주어진 양의 휘발유를 완전히 연소시키는 데 필요한 산소의 질량이 얼마인지와 이로부터 얻어지는 이산화탄소와 물의 질량이 얼마인지를 결정하는 것이다. 화학에서 이 분야는 화학자, 화공학자, 생화학자, 분자생물학자, 지구화학자 및 그 외의 학자들이 수행하는 일의 기본이 된다.

4.1 화학 반응의 질량 관계: 화학량론

완결된 화학 반응식은 화학 반응에서 반응물과 생성물 간 정량적인 관계를 보여준다. 극미세 수준에서 반응식의 화학량론 계수는 원자, 분자 혹은 화학식 단위를 말한다. 실험실에서 행해지는 것과 같은 거시적인 관점에서, 양론 계수는 반응물과 생성물 각각의 몰수와 관련된다. 따라서 완결된 화학 반응식의 계수는 화학 반응에 참여하는 한 물질의 양(mol)을 화학 반응에 참여하는 또 다른 물질의 양(mol)과 관련시키는 것이다.

이 개념을 인과 염소와의 반응에 적용해 보자.

$$P_4(s) + 6\ Cl_2(g) \rightarrow 4\ PCl_3(\ell)$$

$P_4(s)$	$6\ Cl_2(g)$	$4\ PCl_3(\ell)$
1 mol	6 mol	4 mol
124 g	425 g	549 g

P_4와 Cl_2의 반응. 흰색의 인(P_4)을 Cl_2가 담긴 플라스크에 놓아두면 반응은 자발적으로 일어난다(그림 3.1 참조).

이 화학 반응식은 고체 인(P_4) 1 mol(124 g)이 염소 기체(Cl_2) 6 mol(425 g)과 반응하여 액체 삼염화인(PCl_3) 4 mol(549 g)이 생성됨을 뜻한다.

이제 훨씬 적은 양인 1.45 g의 P_4가 있다고 가정하자. 필요한 Cl_2 기체의 양은 얼마이며, PCl_3는 얼마만한 양이 생성될 것인가? 이것은 화학이나 화학공학에서 흔한 경우의 예이므로, 화학량론 문제를 풀 때 따라야 할 단계별로 진행하면 된다.

Part (a): 1.45 g의 P_4와 반응하는 데 필요한 Cl_2의 질량 계산하기

1 단계 완결된 반응식을 쓰시오(반응물과 생성물의 올바른 화학식을 사용). 이것

은 화학 반응을 다룰 때 항상 처음으로 해야 하는 단계이다.

$$P_4(s) + 6\ Cl_2(g) \rightarrow 4\ PCl_3(\ell)$$

2 단계 질량(g)으로부터 양(mol)을 계산한다. 화학 반응식은 이들의 질량이 아니라, 반응물과 생성물의 상대적인 양을 반영하므로, 우선 가능한 P_4의 양(mol)을 첫 번째로 계산한다.

$$1.45\ \text{g}\ P_4 \times \frac{1\ \text{mol}\ P_4}{123.9\ \text{g}\ P_4} = 0.0117\ \text{mol}\ P_4$$

↑ 1/P_4의 몰질량

3a 단계 화학량론 인자를 사용한다. 다음 단계는 P_4를 완전히 소모시키는 데 필요한 Cl_2의 양을 알기 위하여 P_4와 Cl_2의 양을 관련시키는 완결된 반응식을 사용한다. 이 관계를 **화학량론 인자**(stoichiometric factor)라고 하는데, 이는 바로 완결된 반응식에서 화합물들의 양론 계수에 기초를 둔 몰 비이다. 여기서 완결된 반응식은 P_4 1 mol이 반응하는 데 Cl_2 6 mol이 필요하다는 것을 말하므로, 화학량론 인자는 (6 mol Cl_2/1 mol P_4)이다.

$$0.0117\ \text{mol}\ P_4 \times \frac{6\ \text{mol}\ Cl_2\ \text{필요}}{1\ \text{mol}\ P_4\ \text{사용 가능}} = 0.0702\ \text{mol}\ Cl_2\ \text{필요}$$

↑ 화학량론 인자(완결된 반응식으로부터)

4a 단계 몰수로부터 질량을 계산한다. 3단계에서 계산된 Cl_2의 몰수를 필요한 Cl_2의 질량으로 변환한다.

$$0.0702\ \text{mol}\ Cl_2 \times \frac{70.91\ \text{g}\ Cl_2}{1\ \text{mol}\ Cl_2} = 4.98\ \text{g}\ Cl_2$$

Part (b): P_4 1.45 g과 Cl_2 4.98 g에서 얻어지는 PCl_3의 질량 계산하기

Part (a)로부터 인 1.45 g과 Cl_2 4.98 g은 반응을 완결하는 데 필요한 정확한 양이라는 것을 알고 있다. 질량은 보존되므로 답은 바로 사용된 P_4와 Cl_2의 양을 더해서 얻을 수 있다(주어진 1.45 g + 4.98 g = 생성된 PCl_3 6.43 g). 다른 방법으로는 화학량론 인자와 몰질량을 사용해 3단계와 4단계를 반복해도 얻을 수 있다.

3b 단계 화학량론 인자의 사용한다. 주어진 P_4의 양에서 생성되는 PCl_3의 양으로 바꾼다. 완결된 화학 반응식은 사용된 P_4 1 mol에 대해 4 mol의 PCl_3가 생성된다고 말하고 있으므로, 화학량론 인자는 (4 mol PCl_3/1 mol P_4)이다.

$$0.0117\ \text{mol}\ P_4 \times \frac{4\ \text{mol}\ PCl_3\ \text{생성}}{1\ \text{mol}\ P_4\ \text{사용 가능}} = 0.0468\ \text{mol}\ PCl_3\ \text{생성}$$

↑ 화학량론 인자(완결된 반응식으로부터)

4b 단계 이 양으로부터 생성물의 질량을 계산한다. 생성된 PCl_3의 양을 g으로 표시되는 질량으로 변환한다.

$$0.0468 \text{ mol } PCl_3 \times \frac{137.3 \text{ g } PCl_3}{1 \text{ mol } PCl_3} = 6.43 \text{ g } PCl_3$$

화학 반응에서 반응물과 생성물의 몰 관계는 **양 표**(amount table)로 요약될 수 있으며, 이 표는 화학량론 문제의 정보를 요약하는 데 유용하다.

양(amount). 화학 반응에서 반응물과 생성물의 몰과 질량 관계는 양 표에 요약할 수 있다. 이러한 표는 15~17장에서 화학 평형을 논의할 때 널리 사용하게 될 것이다.

반응식	$P_4(s)$	+	$6\ Cl_2(g)$	→	$4\ PCl_3(\ell)$
처음 양(mol)	0.0117 mol		0.0702 mol		0 mol
반응에 의해 변화된 양(mol)	−0.0117 mol		−0.0702 mol		+0.0468 mol
반응이 끝난 후 나중 양(mol)	0 mol		0 mol		0.0468 mol

완결된 화학 반응식은 맨 위에 기재되는데, 그 밑의 3줄은 다음과 같은 내용을 의미한다.

- 존재하는 반응물과 생성물의 **처음** 양(mol)
- 반응 동안 일어나는 양의 **변화**
- 반응 후 존재하는 각 반응물과 생성물의 **나중** 양

예를 들어 위에 언급한 반응을 완성한 양 표는 반응물 P_4와 Cl_2는 처음에 정확한 양론 비로 존재하지만, PCl_3는 존재하지 않음을 보여준다. 반응 과정 동안 모든 반응물들은 없어지며 생성물을 생성한다.

문제해결 주요사항 4.1 화학량론 계산

주어진 양의 반응물로부터 얻어지는 생성물의 질량에 관한 질문을 받았다고 하자. 한 번에 생성물의 질량을 계산하기는 불가능하다. 대신, $x\text{A} \rightarrow y\text{B}$ 반응에 따라 반응물 A가 생성물 B로 변하는 오른쪽 전략도와 같은 단계를 따라야 한다.

- A의 몰질량을 사용해, 반응물 A의 질량(g)을 A의 몰수로 바꾼다.
- 다음으로, 화학량론 인자를 사용하여 B의 몰수를 계산한다.
- 마지막으로, B의 몰질량을 곱함으로써 B의 질량(g)을 얻는다.

화학량론 문제를 풀 때, 여러분들은 화학량론 인자를 어느 시점에서는 반드시 사용할 것을 기억해야 한다.

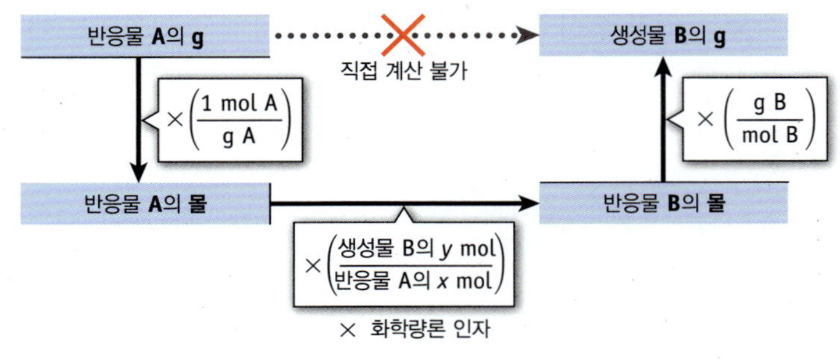

예제 4.1 화학 반응에서의 질량 관계

문제 글루코오스($C_6H_{12}O_6$)는 산소와 반응해 CO_2와 H_2O를 생성한다. 글루코오스 25.0 g을 반응시키는 데 필요한 산소의 질량(g)은 얼마인가? 생성되는 물과 이산화탄소의 질량(g)은 얼마인가?

알고 있는 사실 이것은 반응물 중 하나인 글루코오스의 질량이 주어지고 화학 반응에 포함된 다른 물질의 질량을 정하는 화학량론 문제이다. 추가적으로 여러분들은 반응물과 생성물의 화학식과 반응물 중 하나인 글루코오스의 질량을 알고 있다. 계산을 위해서는 반응물과 생성물의 몰질량을 알 필요가 있다.

전략 이 반응에 대한 완결된 화학 반응식을 쓴다. 그리고 문제해결 주요사항 4.1에서 제시한 것과 같은 단계를 따른다.

- 사용 가능한 글루코오스의 양(mol)을 구한다.
- 완결된 화학 반응식의 계수에 근거한 화학량론 인자를 사용하여 글루코오스의 양을 구하고 필요한 산소의 양을 관련시켜 산소의 양(mol)을 구한다.
- 산소의 양으로부터 산소의 질량(g)을 구한다.
- 같은 순서를 반복하여 이산화탄소와 물의 질량을 계산한다.

풀이

1단계 완결된 화학 반응식을 쓴다.

$$C_6H_{12}O_6(s) + 6\ O_2(g) \rightarrow 6\ CO_2(g) + 6\ H_2O(\ell)$$

2단계 글루코오스의 질량을 양(mol)으로 바꾼다.

$$25.0\ \cancel{g}\ \text{글루코오스} \times \frac{1\ \text{mol}}{180.2\ \cancel{g}} = 0.139\ \text{mol 글루코오스}$$

3단계 화학량론 인자를 사용한다. 여기서 필요한 산소의 양을 계산한다.

$$0.139\ \cancel{\text{mol 글루코오스}} \times \frac{6\ \text{mol}\ O_2}{1\ \cancel{\text{mol 글루코오스}}} = 0.832\ \text{mol}\ O_2$$

4단계 양을 질량으로 바꾼다. 산소의 양을 g단위 질량으로 바꾼다.

$$0.832\ \cancel{\text{mol}\ O_2} \times \frac{32.00\ g}{1\ \cancel{\text{mol}\ O_2}} = 26.6\ g\ O_2$$

연소에 의해 생성되는 CO_2의 질량을 얻기 위해 3단계와 4단계를 반복한다. 우선 화학량론 인자를 사용하여 글루코오스의 양(mol)과 얻어지는 CO_2의 양을 관련시킨다. 그리고 이렇게 얻어진 CO_2의 양을 g단위 질량으로 바꾼다.

$$0.139\ \cancel{\text{mol 글루코오스}} \times \frac{6\ \cancel{\text{mol}\ CO_2}}{1\ \cancel{\text{mol 글루코오스}}} \times \frac{44.01\ g\ CO_2}{1\ \cancel{\text{mol}\ CO_2}} = 36.6\ g\ CO_2$$

이제 여러분들은 생성되는 H_2O의 질량을 어떻게 얻을 수 있겠는가? 다시 3단계와 4단계를 반복해서 얻을 수 있다. 여기서 반응물의 전체 질량은 다음과 같다는 것을 기억해야 한다.

$$25.0\ g\ C_6H_{12}O_6 + 26.6\ g\ O_2 = 51.6\ g\ \text{반응물}$$

전략도 4.1

문제
25.0 g의 글루코오스를 연소하는 데 필요한 **O_2의 질량을 계산하시오.**

↓

알려진 자료/정보
반응물과 생성물의 **화학식** 및 글루코오스의 **질량**

↓ **1단계** **완결된 화학 반응식**을 쓴다.

완결된 화학 반응식은 **화학량론 인자**에 대한 정보를 제공한다.

↓ **2단계** 글루코오스의 양 = 질량 × (1몰질량)

반응물(글루코오스)**의 양**

↓ **3단계** 화학량론 인자를 사용 = [6 mol O_2/1 mol 글루코오스]

O_2의 양

↓ **4단계** O_2의 질량 = O_2의 mol × 질량/1 mol

O_2의 **질량**

이것은 또한 생성물의 전체 질량과도 같아야 한다. 따라서 얻어질 수 있는 물의 질량은

$$\text{생성물의 전체 질량} = 51.6\text{ g} = 36.6\text{ g } CO_2 \text{ 생성} + ?\text{ g } H_2O$$

$$\text{생성된 } H_2O\text{의 질량} = 15.0\text{ g}$$

고려사항 이 계산 결과는 다음의 양 표에 요약되었다.

화학 반응식	$C_6H_{12}O_6(s)$	+	$6\ O_2(g)$	→	$6\ CO_2(g)$	+	$6\ H_2O(\ell)$
처음 양(mol)	0.139 mol		6(0.139 mol) = 0.832 mol		0		0
반응에 따라 변한 양(mol)	−0.139 mol		−0.832 mol		+0.832 mol		+0.832 mol
반응이 끝난 후 나중 양(mol)	0		0		0.832 mol		0.832 mol

반응에서 하나를 제외한 모든 화합물의 질량을 안다면, 질량 보존의 법칙(반응물의 전체 질량은 생성물의 전체 질량과 같다)에 따라 미지 질량을 계산할 수 있다.

유제 프로페인(propane, C_3H_8), 454 g을 완전 연소시키는 데 필요한 산소(O_2)의 질량은 얼마인가? 여기서 생성된 CO_2와 H_2O의 질량은 얼마인가?

4.1절 확인문제

1. 알루미늄은 Cl_2와 반응해 $AlCl_3$를 생성한다. Al 0.40 mol이 완전히 반응을 하면 필요한 Cl_2의 양(mol)은 얼마인가?
   (a) Cl_2 0.40 mol (b) Cl_2 0.60 mol (c) Cl_2 1.0 mol (d) Cl_2 1.2 mol
2. 마그네슘과 산소의 반응식은 다음과 같다. $2\ Mg(s) + O_2(g) \rightarrow 2\ MgO(s)$. 1.0 g의 MgO를 만들고자 하면 사용할 마그네슘의 질량은 얼마인가?
   (a) Mg 0.60 g (b) Mg 0.30 g (c) Mg 0.20 g (d) Mg 0.40 g

4.2 반응물 중 하나가 제한된 양으로 존재하는 반응

보통 화학 반응은 화학량론의 요구보다 많은 양으로 존재하는 반응물 중 하나를 가지고 진행되기도 한다. 이러한 경우 어떤 반응물은 완전히 소모되지 않지만 어떤 반응물은 완전히 소모되게 된다.

그림 4.1 알루미늄과 철가루의 연소. 장난감 폭죽은 Al이나 Fe 같은 금속 가루와 KNO_3나 $KClO_3$ 같은 화합물을 포함하고 있다. 이것을 태우면, 금속은 눈부시게 하얀 빛을 내면서 탄다.

줄에 알루미늄이나 철가루 및 질산포타슘이나 염소산염 혼합물을 입힌 장난감 폭죽을 태운다고 가정하자(그림 4.1 참조). 알루미늄이나 철은 공기나 포타슘 염으로부터 산소를 소모하여 연소하면서 산화금속을 생성하게 된다.

$$4\ Al(s) + 3\ O_2(g) \rightarrow 2\ Al_2O_3(s)$$

폭죽은 금속 가루가 완전히 소모될 때까지 타게 된다. 산소는 어떨까? 알루미늄 4

mol은 산소 3 mol을 필요로 하지만, 공기 중 산소는 폭죽의 금속 소모에 필요로 하는 것보다 훨씬 많이 존재한다. 이때 산화금속은 얼마만큼 생성될까? 이것은 대기 중에 있는 산소의 양이 아니라, 폭죽에 있는 금속 가루의 양에 의존한다. 이 경우, 금속 가루의 양에 의해 생성물의 양이 정해지기 때문에 **한계 반응물**(limiting reactant)이라 부른다.

이 같은 원리가 일산화탄소와 산소의 반응에 의해 이산화탄소가 만들어지는 경우에 어떻게 적용되는지 살펴보자. 이 반응의 완결된 반응식은 다음과 같다.

$$2\ CO(g) + O_2(g) \rightarrow 2\ CO_2(g)$$

CO 4분자와 O_2 3분자가 있다고 가정하자. CO 4분자는 산소 2분자만을 필요로 한다(그리고 CO_2 4분자를 생성). 이것은 반응이 완결 후 O_2 1분자가 남음을 뜻한다.

반응물: 4 **CO** and 3 $\mathbf{O_2}$ ⟶ 생성물: 4 $\mathbf{CO_2}$ and 1 $\mathbf{O_2}$

O_2 분자는 반응이 필요로 하는 것보다 많이 존재하기 때문에, 생성되는 CO_2 분자 수는 가능한 CO 분자 수에 의해 정해진다. 따라서 이 경우 일산화탄소인 CO가 한계 반응물이다.

한계 반응물이 있는 화학량론 계산

질산 제조의 첫 번째 단계는 백금 망 위에서 암모니아를 NO로 산화시키는 것이다(그림 4.2).

$$4\ NH_3(g) + 5\ O_2(g) \rightarrow 4\ NO(g) + 6\ H_2O(\ell)$$

백금 망 표면 위에서 암모니아의 연소는 많은 열 에너지를 방출하여 망을 벌겋게 달아오르게 한다.

그림 4.2 암모니아의 산화. 매년 수십억 kg의 HNO_3가 백금 망 위에서 암모니아의 산화로 시작하여 만들어진다.

같은 질량(각각 750. g)의 NH_3와 O_2를 혼합한다고 가정하자. 이 반응물들은 정확한 화학량론 비로 혼합되었는가, 아니면 어느 하나는 적게 존재하는가? 즉, 이들 중 하나가 생성될 수 있는 NO의 양을 제한하는가? 이 반응 혼합물을 사용해 반응을 완결시켰을 때 얼마나 많은 NO가 생성되겠는가? 그리고 최대 양의 NO를 생성했을 때 과잉으로 남아 있는 반응물의 양은 얼마인가?

1 단계 각 반응물의 양을 계산한다.

$$750.\ \text{g NH}_3 \times \frac{1\ \text{mol NH}_3}{17.03\ \text{g NH}_3} = 44.0\ \text{mol NH}_3\ \text{사용 가능}$$

$$750.\ \text{g O}_2 \times \frac{1\ \text{mol O}_2}{32.00\ \text{g O}_2} = 23.4\ \text{mol O}_2\ \text{사용 가능}$$

2 단계 한계 반응물을 찾는다. 반응물의 양에 대한 비를 살펴보자. 반응물들은 완결된 반응식에 표시된 것같이 정확한 화학량론 비로 존재하는지 알아본다.

$$\text{완결된 반응식에서 필요로 하는 반응물의 화학량론 비} = \frac{5\ \text{mol O}_2}{4\ \text{mol NH}_3} = \frac{1.25\ \text{mol O}_2}{1\ \text{mol NH}_3}$$

$$\text{실제로 사용 가능한 반응물의 비} = \frac{23.4\ \text{mol O}_2}{44.0\ \text{mol NH}_3} = \frac{0.532\ \text{mol O}_2}{1\ \text{mol NH}_3}$$

사용 가능한 O_2의 몰을 사용 가능한 NH_3의 몰로 나누면 사용 가능한 반응물의 몰비는 완결된 화학 반응식에서 필요로 하는 5 mol O_2 / 4 mol NH_3 보다 작아진다. 따라서 모든 NH_3와 반응하기에 O_2는 충분하지 않게 된다. 이 경우, O_2는 한계 반응물이다. 즉, NH_3 1 mol은 O_2 1.25 mol을 필요로 하지만, 가능한 O_2는 0.532 mol 뿐이다.

3 단계 생성물의 질량을 계산한다. 이제 우리는 한계 반응물인 O_2의 양에 근거해 생성물인 NO의 질량을 계산할 수 있다.

$$23.4\ \text{mol O}_2 \times \frac{4\ \text{mol NO}}{5\ \text{mol O}_2} \times \frac{30.01\ \text{g NO}}{1\ \text{mol NO}} = 562\ \text{g NO}$$

4 단계 반응 후 남아 있는 반응물의 질량을 계산한다. 이 NH_3/O_2 반응에서 23.4 mol의 O_2와 반응하는데 NH_3는 과량으로 존재하기 때문에, 암모니아는 '과량으로 존재하는 반응물'이다. 모든 O_2가 사용된 후 남아 있는 NH_3의 양을 계산해 보자. 이것을 하기 위해서는 한계 반응물인 O_2 모두를 소비하는 데 필요한 NH_3의 양을 우선 알아야 한다.

$$23.4\ \text{mol O}_2\ \text{사용 가능} \times \frac{4\ \text{mol NH}_3\ \text{필요}}{5\ \text{mol O}_2} = 18.8\ \text{mol NH}_3\ \text{필요}$$

44.0 mol의 NH_3가 가용하기 때문에, 과량의 양은 다음과 같이 계산된다.

$$\begin{aligned}\text{과량 NH}_3 &= 44.0\ \text{mol NH}_3\ \text{사용 가능} - 18.8\ \text{mol NH}_3\ \text{필요} \\ &= 25.2\ \text{mol NH}_3\ \text{남음}\end{aligned}$$

이것을 질량으로 바꾸면,

$$25.2\ \text{mol NH}_3 \times \frac{17.03\ \text{g NH}_3}{1\ \text{mol NH}_3} = 429\ \text{g의 NH}_3\text{가 과량 존재}$$

마지막으로 429 g의 NH_3가 남았기 때문에, 소비된 NH_3는 321 g(= 750. g − 429 g)이다.

한계 반응물 문제를 풀 때는 다음과 같은 양 표를 만들어 정리하는 것이 도움이 된다.

반응식	4 $NH_3(g)$	+	5 $O_2(g)$	→	4 NO(g)	+	6 $H_2O(g)$
처음 양(mol)	44.0		23.4		0		0
반응에 따라 변한 양(mol)	−(4/5)(23.4) = −18.8		−23.4		+(4/5)(23.4) = +18.8		+(6/5)(23.4) = +28.1
반응이 끝난 후 나중 양(mol)	44.0 − 18.8 = 25.2		0		18.8		28.1

한계 반응물인 O_2는 모두 소모되었다. 처음부터 있던 NH_3 44.0 mol 중, 18.8 mol이 소모되고 25.2 mol이 남게 된다. 완결된 화학 반응식은 생성된 NO의 양이 소모된 NH_3의 양과 같음을 말하고 있으므로, NH_3 18.8 mol로부터 NO는 18.8 mol이 생성된다. 그리고 28.1 mol의 H_2O가 또한 생성된다.

예제 4.2 한계 반응물을 가진 반응

문제 경주용 자동차나 연료 전지의 연료로 사용되는 메탄올(CH_3OH)은 일산화탄소와 수소가 반응하여 만들어진다.

$$\text{CO(g)} + 2\ \text{H}_2\text{(g)} \rightarrow \underset{\text{메탄올}}{\text{CH}_3\text{OH}(\ell)}$$

356 g의 CO와 65.0 g의 H_2를 혼합해 반응을 한다고 가정하자.
(a) 생성될 수 있는 메탄올의 질량은 얼마인가?
(b) 한계 반응물이 소모된 후 남아 있는 과량 반응물의 질량은 얼마인가?

알고 있는 사실 두 반응물의 질량이 주어져 있고 생성물의 양이 얼마인지를 물어보기 때문에 한계 반응물과 관련된 문제라는 것을 알 수 있다. 화학 반응식이 주어져 있고, 또한 가용한 CO와 H_2의 질량을 알고 있다. 문제를 풀기 위해서 두 반응물과 생성물의 몰질량을 알 필요가 있다.

전략

- 각 반응물의 양을 계산한다. 이렇게 계산된 반응물의 양에 대한 비를 화학 반응식에서 정의된 화학량론 비인 (2 mol H_2/1 mol CO)과 비교한다.
- (가용한 H_2의 mol/가용한 CO의 mol)이 2/1 보다 크다면 CO가 한계 반응물이고, (가용한 H_2의 mol/가용한 CO의 mol)이 2/1 보다 작다면 H_2가 한계 반응물이 된다.
- 문제해결 주요사항 4.1의 방식을 따라, 생성되는 생성물의 질량을 계산하기 위해

SRA Photo

메탄올 연료. 메탄올이 휘발유와 섞였을 때 자동차 연료로 사용될 수 있다(M85는 85 % 메탄올을 포함한다). 이것은 또한 미국 인디애나폴리스 경주용 자동차의 순수한 액체 연료로 사용되고 있다. 메탄올을 사용한 작은 연료 전지가 시판되고 있기도 하다.

전략도 4.2

문제
반응으로부터 **생성물**의 **질량**을 계산하시오.

↓

알려진 자료/정보
- 두 반응물의 **질량**
- **한계 반응물** 문제라는 것을 인식한다.

1단계 완결된 화학 반응식을 쓴다.

완결된 화학 반응식은 **화학량론 비**에 대한 정보를 제공한다.

2단계 각 **반응물**의 **양** 계산
= 질량 × (1 mol / mol 질량)

각 **반응물**의 **양**

3단계 어느 반응물이 **한계 반응물** 인지 정한다. 반응물 양들의 비가 화학량론 비보다 **큰가** 혹은 **작은가**?

이제 **한계 반응물**이 어떤 것인지 알고 있다.

4단계 한계 반응물 양에 근거해 **생성물**의 **양**을 계산한다.
생성물의 양 = 반응물의 몰 × 화학량론 인자

생성물의 양은 한계 반응물의 **양**에 근거해 예측한다.

5단계 생성물의 **질량** 계산
= 생성물의 몰 × (몰질량 / 1 mol)

생성물의 **질량**

한계 반응물의 양을 사용한다.

- 반응에서 필요로 하는 두 번째 반응물의 질량은 비슷하게 한계 반응물로부터 정해진다. 과량으로 존재하는 시료의 질량은 처음 질량과 반응에서 소비된 질량을 뺀 차이다.

풀이

한계 반응물은 무엇인가? 각 반응물의 양은,

$$\text{CO의 양} = 356\ \text{g CO} \times \frac{1\ \text{mol CO}}{28.01\ \text{g CO}} = 12.7\ \text{mol CO}$$

$$\text{H}_2\text{의 양} = 65.0\ \text{g H}_2 \times \frac{1\ \text{mol H}_2}{2.016\ \text{g H}_2} = 32.2\ \text{mol H}_2$$

이 반응물들은 완전하게 화학량론 비로 존재하는가?

$$\frac{\text{사용 가능한 H}_2\ \text{mol}}{\text{사용 가능한 CO mol}} = \frac{32.2\ \text{mol H}_2}{12.7\ \text{mol CO}} = \frac{2.54\ \text{mol H}_2}{1.00\ \text{mol CO}}$$

필요한 몰 비는 CO 1 mol에 대해 H_2 2 mol이다. 모든 CO를 소비하는 데 필요한 수소는 2 mol이나 실제로는 더 많이 존재한다. 또한 모든 수소를 소모하기에 CO가 충분하지 않기 때문에, CO가 한계 반응물이다.

(a) 생성될 수 있는 CH_3OH의 최대 질량은 얼마인가? 이 계산은 한계 반응물의 양에 근거해야 한다.

$$12.7\ \text{mol CO} \times \frac{1\ \text{mol CH}_3\text{OH 생성}}{1\ \text{mol CO 사용 가능}} \times \frac{32.04\ \text{g CH}_3\text{OH}}{1\ \text{mol CH}_3\text{OH}} = 407\ \text{g CH}_3\text{OH}$$

(b) 모든 CO가 반응해 생성물로 변했을 때, 남아 있는 H_2의 질량은 얼마인가? 우선, 모든 CO와 반응하는 데 필요한 H_2의 질량을 알아야 한다.

$$12.7\ \text{mol CO} \times \frac{2\ \text{mol H}_2}{1\ \text{mol CO}} \times \frac{2.016\ \text{g H}_2}{1\ \text{mol H}_2} = 51.2\ \text{g H}_2\ \text{필요}$$

65.0 g의 H_2로 반응을 시작했지만, 한계 반응물에 의해 필요한 H_2는 51.2 g이므로, 과량 남아 있는 질량은,

$$65.0\ \text{g H}_2\ \text{존재} - 51.2\ \text{g H}_2\ \text{필요} = 13.8\ \text{g H}_2\ \text{남음}$$

고려사항 이 반응의 양 표는 다음에 요약된다.

반응식	$CO(g)$	+	$2\ H_2(g)$	→	$CH_3OH(\ell)$
처음 양(mol)	12.7		32.2		0
반응함에 따라 변한 양(mol)	−12.7		−2(12.7)		+12.7
반응이 끝난 후 나중 양(mol)	0		6.8		12.7

생성된 생성물의 질량에 반응 후 남아 있는 H_2의 질량을 더하면(407 g CH_3OH 생성 + 남아 있는 14 g H_2 = 421 g), 반응 전에 있었던 반응물의 질량(356 g CO + 65.0 g H_2 = 421 g)과 같다.

유제 테르밋 반응은 알루미늄 금속 분말과 산화철(III)의 혼합물로부터 철 금속과 산

화 알루미늄을 만드는 반응이다.

$$Fe_2O_3(s) + 2\ Al(s) \rightarrow 2\ Fe(\ell) + Al_2O_3(s)$$

혼합물은 Fe_2O_3와 Al 각각 50.0 g으로 구성된다. 한계 반응물은 어느 것인가? 생성되는 철 금속의 질량은 얼마인가?

4.2절 확인문제

1. 메탄올의 연소 반응에 대한 식은 다음과 같다. 같은 양의 두 반응물이 반응한다고 할 때, 한계 반응물은 무엇인가?
   (a) CH_3OH　　(b) O_2
   (c) 어느 것도 아니다. 반응물은 정확한 화학량론 비로 존재한다.

4.3 퍼센트 수득률

화학 반응으로부터 얻어질 수 있는 생성물의 최대 질량을 **이론 수득량**(theoretical yield)이라 한다. 그러나 생성물의 **실제 수득량**(actual yield)은 실험실이나 공정에서 실제로 얻어지는 생성물의 양인 이론 수득량보다 적다. 이러한 생성물의 손실은 종종 분리나 정제 과정 중 일어난다. 게다가 어떤 반응들은 생성물로 완전히 되지 않거나, 때때로 복잡하게 반응하면서 한 가지 이상의 생성물을 생성하기도 한다. 이러한 이유로 인해 실제 수득량은 항상 이론 수득량보다 적게 되는 것이다(그림 4.3).

다른 화학자들에게 그 반응에 대한 정보를 제공하기 위해, 퍼센트 수득률로 보고하는 것이 일반적이다. 이론 수득량의 어느 정도가 실제로 얻어질 수 있는가를 말해주는 **퍼센트 수득률**(percent yield)은 다음과 같이 정의된다.

$$\text{퍼센트 수득률} = \frac{\text{실제 수득량}}{\text{이론 수득량}} \times 100\ \% \qquad (4.1)$$

실험실에서 아스피린을 다음 반응으로 합성한다고 가정하자.

12개 옥수수 알갱이는 튀겨졌고 4개는 튀겨지지 않았다. 75 % 수득률

Photos: © Cengage Learning/Charles D. Winters

그림 4.3 퍼센트 수득률. 화학 반응은 아니지만, 팝콘을 튀기는 것은 이론 수득량과 실제 수득량을 비교할 수 있는 좋은 예가 된다. 처음에 16개의 옥수수 알갱이로 시작했는데, 이 중 12개만이 튀겨졌다. 이 반응에서 퍼센트 수득률은 (12/16)×100 % 혹은 75 %가 된다.

문제해결 주요사항 4.2 반응의 몰과 한계 반응물

화학량론 문제를 풀 때, 특별히 한계 반응물 문제에 잘 적용되는 방법이 있다. 이것은 '반응의 mol'이라는 유용한 개념을 포함한다.

'반응의 1 mol'은 반응이 화학 반응식의 계수에 따라 일어날 때 일어난다. 예를 들어, CO와 O_2의 반응에서

$$2\ CO(g) + O_2(g) \rightarrow 2\ CO_2(g)$$

이 반응 1 mol은 2 mol의 CO와 1 mol의 O_2가 반응해 2 mol의 CO_2를 생성하게 된다.

이 예를 더 알아보기 위해, 9.5 g의 CO와 과량의 O_2를 섞었다고 가정하자. 얼마만한 양(mol)의 CO_2가 생성되는가?

$$9.5\text{ g CO} \times \frac{1\text{ mol CO}}{28.0\text{ g CO}} \times \frac{1\text{ mol-rxn}}{2\text{ mol CO}} = 0.17\text{ mol-rxn}$$

$$0.17\text{ mol-rxn} \times \frac{2\text{ mol CO}_2}{1\text{ mol-rxn}} = 0.34\text{ mol CO}_2$$

첫 번째 식은 반응물 CO의 양(mol)에 인자인(1 mol 반응/2 mol CO)를 곱해 반응의 몰수를 계산한 것이다.

화학 반응식에 있는 모든 반응물과 생성물은, 반응물이 소모되어 완결되기 전에는 반응식에 있는 계수의 어떤 배수만큼만 진행되기 때문에, 항상 반응에 주어진 같은 몰수로 진행한다.

반응물 중 하나가 적게 공급된다면(이것에 의해 반응의 실제 진행이 일어나므로), 반응의 몰수는 한계 반응물에 의해 정해질 것이다. 이것을 위해서 우선 초기에 존재하는 각 반응물의 양을 계산한 다음 각 반응물의 양에 따라 일어나는 반응의 몰을 계산한다. [이것은 각 반응물의 양(mol)을 화학량론 계수로 나누는 것과 같다.] 더 적은 반응의 몰수를 내놓는 반응물이 한계 반응물이다. 이렇게 한계 반응물을 알게 되면, 그 다음은 전과 같이 하면 된다.

예를 들어, 153쪽에 있는 NH_3/O_2 반응을 생각해 보자.

$$4\ NH_3(g) + 5\ O_2(g) \rightarrow 4\ NO(g) + 6\ H_2O(\ell)$$

1. 각 반응물로부터 반응의 몰을 계산하고 한계 반응물을 정한다.

NH_3/O_2 반응의 경우, '반응의 1 mol'은 4 mol의 NH_3와 5 mol의 O_2를 사용해 4 mol의 NO와 6 mol의 H_2O를 생성한다. 154쪽의 예에서, 44.0 mol의 NH_3로 시작했으므로, 반응의 11.0 mol이 계산된다.

$$44.0\text{ mol NH}_3 \times \frac{1\text{ mol-rxn}}{4\text{ mol NH}_3} = 11.0\text{ mol-rxn}$$

가능한 O_2 양에 근거해, 4.68 mol의 반응이 얻어진다.

$$23.4\text{ mol O}_2 \times \frac{1\text{ mol-rxn}}{5\text{ mol O}_2} = 4.68\text{ mol-rxn}$$

O_2의 양으로는 더 작은 몰의 반응이 계산되기 때문에, O_2가 한계 반응물이다.

2. 각 반응물과 생성물에 대해, 반응 완결 후 양의 변화를 계산한다. 한계 반응물로 예상된 반응의 몰수는 실제로 일어날 수 있는 반응의 몰수와 같다. 각 반응물과 생성물은, 이 반응의 경우 4.68 mol 반응을 행하게 된다. 주어진 반응물이나 생성물의 양 변화를 계산하기 위해, 이 반응 몰수에 반응물이나 생성물의 화학량론 계수를 곱한다. 이 단계를 NH_3에 적용하면, 다음과 같은 계산이 행해진다.

$$4.68\text{ mol-rxn} \times \left(\frac{4\text{ mole NH}_3}{1\text{ mol-rxn}}\right) = 18.8\text{ mol NH}_3$$

반응 후 각 반응물과 생성물의 양은 보통과 같이 계산하면 된다.

마지막으로 완결 후 존재하는 양으로부터, 생성물의 질량과 반응물 중 남아 있는 것들의 질량을 계산할 수 있다.

반응물 둘 이상이 처음에 할당된 양으로 존재하는 반응의 경우에는 이러한 접근 방식을 적용하는 것이 특별히 쉽다.

주: '반응의 몰' 개념은 이 책의 열화학 부분인 5장과 19장에 또한 적용하게 된다.

양 표

반응식	$4\ NH_3(g)$	+ $5\ O_2(g)$	→ $4\ NO(g)$	+ $6\ H_2O(g)$
처음 양(mol)	44.0	23.4	0	0
한계 반응물을 기반으로 한 반응 몰(mol)	4.68	4.68	4.68	4.68
변화 양(mol)*	−4.68(4) = −18.8	−4.68(5) = −23.4	+4.68(4) = +18.8	+4.68(6) = +28.1
반응이 끝난 후 나중 양(mol)	25.2	0	18.8	28.1

* 반응의 몰은 화학량론 계수를 곱해서 얻는다.

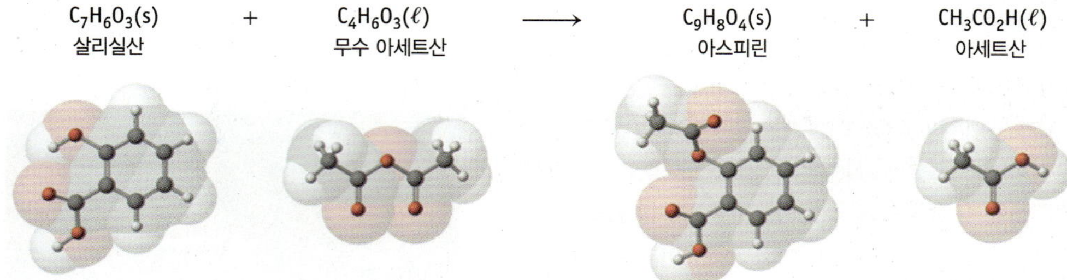

이 반응은 14.4 g의 살리실산($C_7H_6O_3$)과 과량의 무수 아세트산으로 시작한다. 즉, 살리실산이 한계 반응물이다. 6.26 g의 아스피린을 얻는다면, 이 생성물의 퍼센트 수득률은 얼마인가? 첫 번째 단계는 한계 반응물인 살리실산의 양을 계산하는 것이다.

$$14.4\ \text{g}\ \cancel{C_7H_6O_3} \times \frac{1\ \text{mol}\ C_7H_6O_3}{138.1\ \text{g}\ \cancel{C_7H_6O_3}} = 0.104\ \text{mol}\ C_7H_6O_3$$

완결된 반응식으로부터의 화학량론 인자를 사용해, 한계 반응물로부터 예상되는 아스피린의 양을 계산한다.

$$0.104\ \cancel{\text{mol}\ C_7H_6O_3} \times \frac{1\ \text{mol 아스피린}}{1\ \cancel{\text{mol}\ C_7H_6O_3}} = 0.104\ \text{mol 아스피린}$$

얻어지는 아스피린의 최대 양(이론 수득량)은 0.104 mol이다. 실험실에서 측정할 수 있는 양은 생성물 질량이기 때문에 이론 수득량을 g 단위 질량으로 표현하는 것이 일반적이다.

$$0.104\ \cancel{\text{mol 아스피린}} \times \frac{180.2\ \text{g 아스피린}}{1\ \cancel{\text{mol 아스피린}}} = 18.8\ \text{g 아스피린}$$

마지막으로 6.26 g의 실제 수득량을 가지고, 아스피린의 퍼센트 수득률을 계산할 수 있다.

$$\text{퍼센트 수득률} = \frac{\text{얻어진 아스피린 6.26 g (실제 수득량)}}{\text{예상되는 아스피린 18.8 g (이론 수득량)}} \times 100\ \% = 33.3\ \%\ \text{수득률}$$

4.3절 확인문제

탄화알루미늄(Al_4C_3)은 물과 반응해 메테인(CH_4)을 생성한다.

$$Al_4C_3(s) + 12\ H_2O(\ell) \rightarrow 4\ Al(OH)_3(s) + 3\ CH_4(g)$$

1. 125 g의 탄화알루미늄을 분해하면 메테인의 이론 수득률은 얼마인가?

(a) 4.64 g (b) 13.9 g (c) 41.8 g (d) 154 g

2. 13.6 g의 메테인이 얻을 때, 이 기체의 퍼센트 수득률은 얼마인가?

(a) 34.1 % (b) 97.8 % (c) 32.5 % (d) 8.83 %

사례 연구 녹색화학과 원자의 경제성

화학자와 화학 산업은 점점 더 '녹색 화학'의 원리를 따르고 있다. 이들 원리 가운데 하나는 모든 반응을 생성물로 만드는 것이다. 즉 폐기물을 만들지 않는 것이다.

반응의 효율을 계산하는 또 다른 방법은 '원자의 경제성'을 계산하는 것이다.

$$\text{원자의 경제성 백분율} = \frac{\text{사용된 원자의 몰질량}}{\text{반응물의 몰질량}} \times 100\ \%$$

이러한 개념의 간단한 예는 아세트산을 만드는 메탄올과 일산화탄소의 반응이다. 반응물의 모든 원자가 생성물에서 나타나므로, 원자의 경제성은 100 %이다.

$$CH_3OH(\ell) + CO(g) \rightarrow CH_3CO_2H(aq)$$

이부프로펜(ibuprofen)은 비스테로이드성 소염제로 광범위하게 사용되는 약으로 미국에서는 모트린(Motrin)이나 애드빌(Advil)이라는 상표로 사용된다. 최근에 개발된 이부프로펜의 합성은 아래와 같은 화합물을 포함한다(이것은 3개 반응 단계를 합해 이부프로펜과 부산물로 아세트산을 만든다).

H_2 CO

이부프로펜

이 반응의 원자의 경제성은 얼마인가? 반응물은 종합적으로 15 C 원자, 22 H 원자, 4 O 원자를 갖는다. 이들 모두를 합한 '몰질량'은 266 g/mol이다. 반면 이부프로펜은 206 g/mol의 몰질량을 갖는다. 따라서 원자의 경제성은 77 %이다. 이것은 경쟁 회사들이 상업적으로 이부프로펜을 합성할 때 40 % 정도의 원자의 경제성을 갖는 것에 비하면 월등한 것이다.

문제

반응물에서 메틸 메타아클리레이트(Methyl methacrylate)는 루사이트(Lucite) 혹은 다른 상표로 알려진 플라스틱을 만드는 데 사용된다. 이물질은 처음으로 1933년에 소개되었지만, 화학자들은 돈을 덜 들이면서 이 물질을 만드는 더 좋은 방법을 오랫동안 찾았다. 최근에 개발된 공정은 에틸렌(C_2H_4), 메탄올(CH_3OH), CO와 폼알데하이드(CH_2O)를 두 단계로 합해 메틸 메타아클리레이트와 물을 만드는 것이다. 이 새로운 공정의 원자의 경제성은 얼마인가? (이 새로운 공정은 전에 사용한 공정에 비해 우수한 원자의 경제성을 가지며, 또한 이 화합물을 만드는 다른 방법에서 일반적으로 사용되는 유해한 물질인 HCN을 포함하지 않는다는 것이다.)

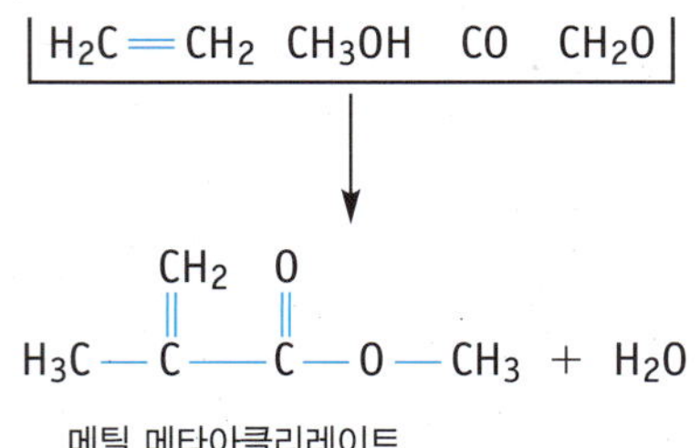

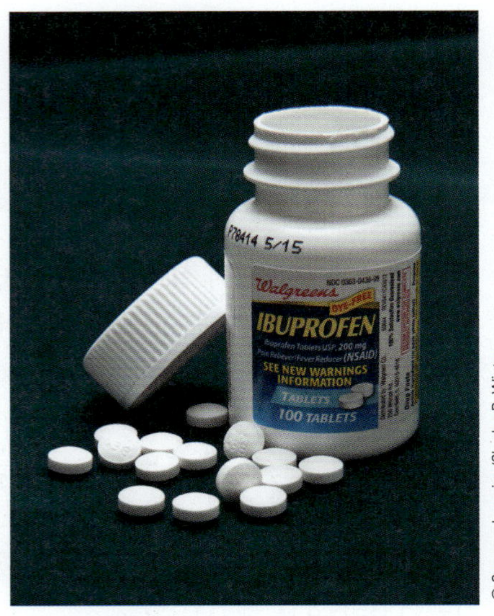

이부프로펜은 녹색화학 접근법으로 제조한 처방전 없이 살 수 있는 약 중의 하나이다.

이 질문에 대한 답은 부록 N에 수록되어 있다.

참고문헌

M. C. Cann and M. E. Connelly, *Real-World Cases in Green Chemistry*, American Chemical Society, 2000.

4.4 화학 반응식과 화학 분석

분석 화학자들은 물질을 확인하거나 혼합물 내 성분들의 양을 측정하기 위해 다양한 방법들 사용한다. 분석화학은 종종 기기를 사용하고 있지만, 여전히 고전적인 화학 반응과 화학량론이 핵심 역할을 하고 있다.

혼합물의 정량 분석

일반적으로 정량적인 화학 분석은 다음의 기본 개념에 의존한다.

- 미지의 양으로 존재하는 물질을 이미 알고 있는 양의 다른 물질과 반응하게 한다. 이들 반응의 화학량론 비가 알려져 있다면, 미지의 양은 정해질 수 있다.
- 조성을 모르는 물질이 하나 이상의 알려진 조성 물질로 변환될 수 있다. 이 물질을 확인해 양을 결정할 수 있으며, 조성을 모르는 원래 물질의 양과 관련된다.

첫 번째 형태의 분석은 식초를 만드는 데 필요한 첨가물인 미지의 아세트산을 포함하는 식초의 분석이다. 아세트산은 수산화소듐과 쉽게 완전히 반응한다.

$$\underset{\text{아세트산}}{CH_3CO_2H(aq)} + NaOH(aq) \rightarrow CH_3CO_2Na(aq) + H_2O(\ell)$$

반응에 사용된 수산화소듐의 정확한 양을 측정할 수 있다면, 존재하는 아세트산의 양은 계산할 수 있다. 이러한 분석의 형태는 이 장의 후반부 절에서 다룬다(▸4.7절).

1 미지량의 황산 이온(여기서는 Na_2SO_4)을 함유한 시료를 염화바륨을 가하여 분석하고자 한다.

2 $BaCl_2$가 황산 이온을 함유한 용액에 가해질 때, 불용성 $BaSO_4$가 침전된다. 완전한 침전을 보장하기 위해 충분한 Ba^{2+} 이온을 가하게 된다.

3 고체 $BaSO_4$를 미리 무게를 잰 거름종이로 모은다. 정확한 분석을 위해 모든 고체를 모으도록 주의하여야 한다.

4 거름 종이의 $BaSO_4$를 건조한 후에 거름종이와 고체의 무게를 재어 $BaSO_4$의 질량을 결정한다.

(a) $Na_2SO_4(aq)$, 투명한 용액 / $BaCl_2(aq)$, 투명한 용액

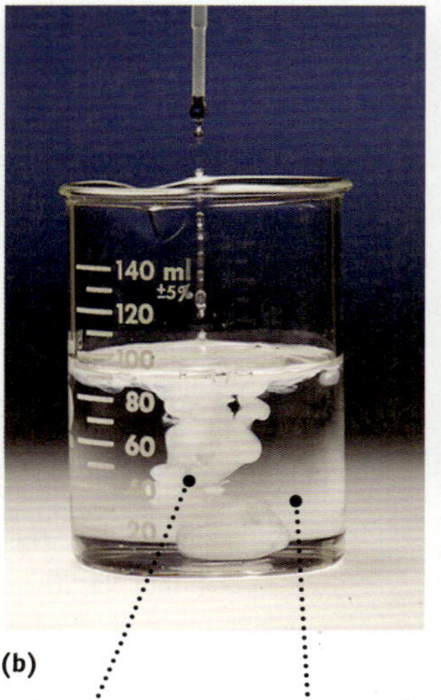

(b) $BaSO_4$, 흰색 고체 / $NaCl(aq)$, 투명한 용액

(c) $NaCl(aq)$, 투명한 용액 / 거름종이에 모여진 $BaSO_4$ 흰색 고체

(d) 측정된 건조시킨 $BaSO_4$의 질량

그림 4.4 **침전에 의한 용액의 황산 이온 함량을 분석하는 순서.** 침전물의 질량을 이용하여 미지 시료의 조성을 결정하는 것을 무게 분석(gravimetric analysis)이라 한다.

두 번째 분석 형태의 예는 대부분이 황산소듐(Na_2SO_4)인 무기물 망초석의 분석이다(그림 4.4). 황산소듐은 물에 녹는다. 따라서 불순한 광물질 시료에 있는 Na_2SO_4의 양을 알기 위해서 이 돌을 부순 다음, 분쇄된 시료를 황산소듐이 녹아 나오게끔 물로 잘 씻는다. 그 다음 황산소듐 용액을 염화바륨으로 처리하여 물에 녹지 않는 황산바륨을 침전시키도록 한다. 이것을 걸러 황산바륨을 모으고 무게를 측정한다(그림 4.4).

$$Na_2SO_4(aq) + BaCl_2(aq) \rightarrow BaSO_4(s) + 2\ NaCl(aq)$$

황산소듐은 $BaSO_4$의 양과 직접 관련되기 때문에 이 무기물 시료에 있는 황산소듐의 양을 정할 수 있다. 이 분석의 보다 추가적 사항은 예제 4.3을 참조하시오.

망초석(Thenardite). 무기물인 망초석은 황산소듐인 Na_2SO_4이다. 이것은 프랑스 화학자인 루이스 테나드(Louis Thenard, 1777~1857)의 이름을 딴 것이다. 황산소듐은 세제, 유리, 종이 등을 만드는 데 사용된다.

예제 4.3 무기물 분석

문제 황산소듐(Na_2SO_4)은 광물 망초석으로 천연에서 산출된다. Na_2SO_4의 양을 측정하기 위한 순수하지 않은 광물 시료를 분석하려면 시료를 부수어야 한다. 그리고 Na_2SO_4 용액을 만들기 위해 물에 녹인다. 다음에 수용액을 염화바륨($BaCl_2$)으로 처리하여 고체 $BaSO_4$를 생성한다(그림 4.4).

$$Na_2SO_4(aq) + BaCl_2(aq) \rightarrow BaSO_4(s) + 2\ NaCl(aq)$$

망초석을 함유한 0.498 g 시료가 0.541 g 고체 $BaSO_4$를 생성하였다고 가정하자. 시료에서 Na_2SO_4의 질량백분율은 얼마인가?

알고 있는 사실 망초석과 반응에서 생성된 $BaSO_4$의 질량을 알고 있다. $BaSO_4$ 생성 반응에 대한 완결된 반응식도 알고 있다. Na_2SO_4와 $BaSO_4$의 몰질량을 알 필요가 있다.

전략 먼저 질량으로부터 $BaSO_4$의 몰수를 계산한다. 분리된 $BaSO_4$ 1 mol당 시료에 Na_2SO_4 1 mol이 존재하므로 Na_2SO_4의 몰수를 알게 되고 질량과 시료에서의 질량백분율을 계산할 수 있다.

풀이 $BaSO_4$의 몰질량은 233.4 g/mol이다. 이 고체의 몰수는 다음과 같다.

$$0.541\ \text{g BaSO}_4 \times \frac{1\ \text{mol BaSO}_4}{233.4\ \text{g BaSO}_4} = 2.32 \times 10^{-3}\ \text{mol BaSO}_4$$

1 mol $BaSO_4$는 1 mol Na_2SO_4에서 생성되므로 시료의 Na_2SO_4 몰수는 2.32×10^{-3} mol임이 틀림없다. 알고 있는 Na_2SO_4 몰수로 Na_2SO_4 질량을 계산할 수 있다.

$$2.32 \times 10^{-3}\ \text{mol Na}_2\text{SO}_4 \times \frac{142.0\ \text{g Na}_2\text{SO}_4}{1\ \text{mol Na}_2\text{SO}_4} = 0.329\ \text{g Na}_2\text{SO}_4$$

마지막으로 0.498 g 시료에서 Na_2SO_4의 질량백분율은 다음과 같다.

$$\text{Na}_2\text{SO}_4\text{의 질량백분율} = \frac{0.329\ \text{g Na}_2\text{SO}_4}{0.498\ \text{g sample}} \times 100\% = 66.1\%\ \text{Na}_2\text{SO}_4$$

고려사항 여기서 사용한 분석 과정에 대해, 반응물은 완전히 생성물로 변환되어야 하며 측정되는 생성물은 손실 없이 분리되어야 한다. 이것을 위해서 매우 조심스러운 실험 기술이 필요하다.

유제 산업적으로 중요한 화합물인 산화타이타늄(IV), TiO_2 시료의 순도를 정하는 방법 중 하나는 이것을 삼플루오린화브로민과 반응시키는 것이다.

$$3\ TiO_2(s) + 4\ BrF_3(\ell) \rightarrow 3\ TiF_4(s) + 2\ Br_2(\ell) + 3\ O_2(g)$$

이 반응은 정량적으로 완전히 일어난다고 알려져 있다. 즉, TiO_2에 있는 모든 산소는 O_2로 방출된다. TiO_2를 포함하는 시료 2.367 g이 O_2 0.143 g을 방출한다고 하자. 시료에서 TiO_2의 질량백분율은 얼마인가?

연소로 화합물의 화학식 정하기

화합물의 백분율 조성을 알면(▸2.10절) 화합물의 실험식을 결정할 수 있다. 그런데 백분율 조성 자료는 어디서 얻는가? 한 방법은 산소에서 잘 타는 화합물을 연소 방법으로 분석하는 것이다. 여기서 화합물 내 각 원소는 산소와 결합해 적절한 산화물을 형성한다.

탄화수소인 메테인(CH_4)의 분석을 생각해 보자. 메테인의 연소에 대한 완결된 화학 반응식은 원래의 화합물 내에 있는 모든 탄소 원자는 CO_2로 나타나고, 수소 원자는 물의 형태로 나타난다는 것을 보여준다. 다시 말하면 관찰된 CO_2 1 mol에 대해 미지 화합물 내 탄소는 1 mol이 있어야 한다는 것이다. 비슷하게 연소로부터 관찰된 H_2O의 1 mol에 대해, 미지 화합물 내 H 원자는 2 mol이 있어야 한다.

$$CH_4(g) + 2\ O_2(g) \longrightarrow CO_2(g) + 2\ H_2O(\ell)$$

연소 실험에서는 기체 상태의 이산화탄소와 물이 분리되며(그림 4.5), 이들 질량이 측정된다. 이들 질량으로부터는 각각 CO_2와 H_2O 내 C와 H의 양을 계산할 수 있으므로, 원래의 화합물 시료 내 C와 H의 양 비를 얻을 수 있다. 이 비로부터 실험식을 얻는다.

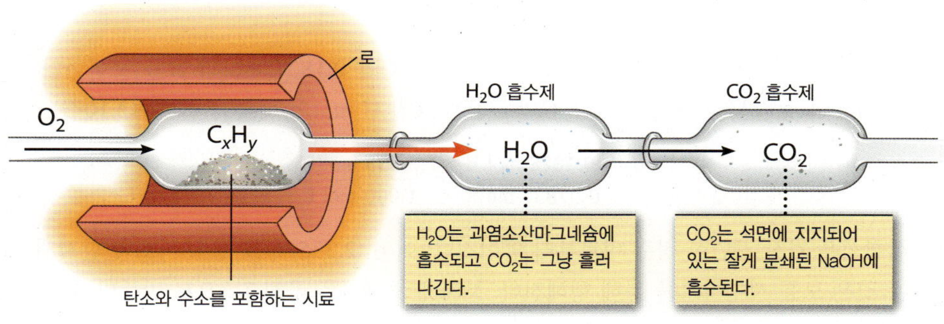

그림 4.5 탄화수소의 연소 분석. C와 H를 포함하는 화합물을 산소에서 연소시키면 CO_2와 H_2O가 얻어지며, 각각의 질량을 정할 수 있다. H_2O는 과염소산마그네슘에 의해 흡수되며, CO_2는 잘게 분쇄된 NaOH에 의해 흡수된다. 연소 전과 후 각 흡착제의 질량을 측정하게 되면, CO_2와 H_2O의 질량을 얻을 수 있다. 분석을 위해서는 오직 수 밀리그램의 연소성 시료만이 필요하다.

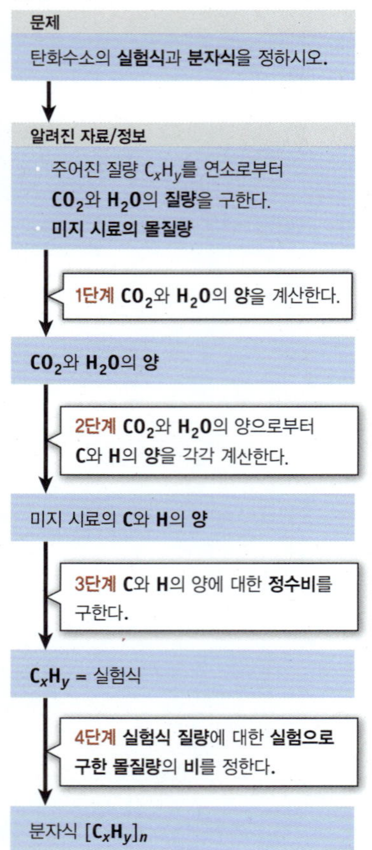

예제 4.4 탄화수소의 화학식을 결정하기 위해 연소 분석 사용

문제 그림 4.5에 있는 장치를 사용해 액체 탄화수소인 C_xH_y 1.125 g을 연소시키면, CO_2 3.447 g과 H_2O 1.647 g이 얻어진다. 다른 실험을 통해서는 이 화합물의 몰질량을 86.2 g/mol로 얻었다. 미지 탄화수소인 C_xH_y의 실험식과 분자식을 구하시오.

알고 있는 사실 여러분들은 C와 H만을 포함하는 탄화수소의 질량을 알고 있다. 또한 이 탄화수소를 연소시키면, 생성된 H_2O와 CO_2의 질량을 얻을 수 있다. 이 계산에서 3개 화합물의 몰질량을 알 필요가 있다.

전략 이 문제를 해결할 전략은 아래 도표와 전략도에 도시되었다.

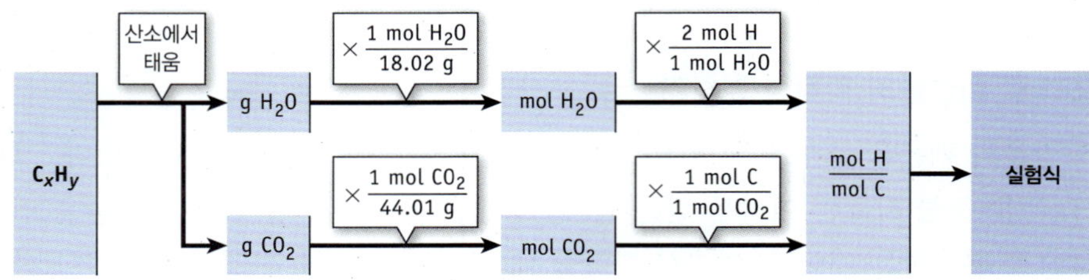

순서는 다음과 같다.

- CO_2와 H_2O의 양을 계산하고, 이것으로부터 C와 H의 양을 계산한다.
- C와 H의 양으로부터 C와 H의 가장 작은 정수 비를 구한다. 이것은 실험식에서 C와 H의 아래 첨자를 나타낸다.
- 탄화수소와 실험식의 몰질량을 비교해 분자식을 정한다.

풀이 연소에서 분리된 CO_2와 H_2O의 양은

$$3.447 \text{ g } CO_2 \times \frac{1 \text{ mol } CO_2}{44.010 \text{ g } CO_2} = 0.07832 \text{ mol } CO_2$$

$$1.647 \text{ g } H_2O \times \frac{1 \text{ mol } H_2O}{18.015 \text{ g } H_2O} = 0.09142 \text{ mol } H_2O$$

분리된 CO_2 1 mol에 대해, C는 1 mol이 존재해야 하므로 미지 화합물 내 C의 양은,

$$0.07832 \text{ mol } CO_2 \times \frac{\text{미지 시료 내 1 mol C}}{1 \text{ mol } CO_2} = 0.07832 \text{ mol C}$$

분리된 H_2O 1 mol에 대해, 2 mol의 H가 미지 시료 내에 존재해야 한다.

$$0.09142 \text{ mol } CO_2 \times \frac{\text{미지 시료 내 2 mol H}}{1 \text{ mol } H_2O} = 0.1828 \text{ mol H}$$

따라서 화합물 시료 1.125 g은 0.07832 mol의 C와 0.1828 mol의 H를 포함한다. 이 시료의 실험식을 정하기 위해, C의 mol에 대한 H mol의 비를 구한다(◂2.10절).

$$\frac{0.1828 \text{ mol H}}{0.07832 \text{ mol C}} = \frac{2.335 \text{ mol H}}{1.000 \text{ mol C}}$$

실험식은 가장 간단한 정수 비로부터 얻어진다. 이 비(2.335/1)를 정수 비로 변환시키는 것은 보통 시행착오를 통해 행해진다. 분자 분모에 3을 곱해 7/3으로 만든다. 비는

C 3 mol에 대해 H 7 mol이므로, 이것은 바로 탄화수소의 실험식이 C_3H_7이라는 것을 뜻한다.

몰질량의 실험값과 실험식으로부터 계산된 몰질량을 비교하면,

$$\frac{\text{몰질량 실험값}}{C_3H_7\text{의 몰질량}} = \frac{86.2\ \text{g/mol}}{43.1\ \text{g/mol}} = \frac{2}{1}$$

이것으로부터 분자식은 실험식의 2배라는 것을 알 수 있다. 즉, 분자식은 $(C_3H_7)_2$ 또는 C_6H_{14} 이다.

고려사항 문제해결 주요사항 2.3(80쪽)에서 언급했듯이, 이런 형태의 문제에 대해 정확한 원자 비를 얻기 위해서는 충분한 유효숫자 자릿수를 가진 자료를 사용해야 한다.

유제 미지 화합물인 C_xH_y 시료 0.523 g을 공기 중에서 태워 1.612 g의 CO_2와 0.7425 g의 H_2O를 얻었다. 또 다른 실험을 통해서 C_xH_y의 몰질량이 114 g/mol이라는 사실을 알았다. 이 탄화수소의 실험식과 분자식을 정하시오.

화학 분석으로 실험식 구하기. 화학 분석으로 화합물의 실험식을 구하는 방법은 항상 다음 과정을 따라야 한다:

1. 화학 반응식에서 미지의 순수한 화합물을 알려진 생성물로 바꾼다.
2. 반응 생성물을 분리해, 양을 정한다.
3. 각 생성물의 양을 원래의 화합물 내 각 원소의 양과 관련시킨다.
4. 원래의 화합물 내 원소의 상대적인 양으로부터 실험식을 정한다.

연소분석으로 에탄올(C_2H_6O)과 같은 산소를 포함한 탄화수소의 실험식을 결정하는 것도 가능하다. 탄소와 수소의 몰수는 수집된 이산화탄소와 물의 질량으로부터 결정될 수 있다. 이 원소들의 몰수로부터 탄소와 수소의 질량을 계산하고 연소된 화합물의 질량에서 이 질량들을 뺌으로써 산소의 질량과 궁극적으로 산소의 몰수도 결정할 수 있다.

예제 4.5 연소 분석을 사용하여 C, H, O를 포함하는 화합물의 실험식 결정하기

문제 클로버 잎으로부터 오직 세 가지 원소인 C, H, O만을 갖는 산을 분리했다고 가정하자. 이 산 0.513 g을 산소에서 태웠더니 0.501 g의 CO_2와 0.103 g의 H_2가 얻어졌다. 산 $C_xH_yO_z$의 실험식은 무엇인가?

알고 있는 사실 화합물의 질량을 알고 있으며, 이것은 오로지 C, H, O만을 함유하고 있다는 것도 알고 있다. 또한 탄화수소를 연소시키면 생성되는 H_2O와 CO_2의 질량도 제공된다.

전략 실험식을 정하기 위해, 미지 시료의 C, H, O 양(mol)을 정해야 한다. 아래에 제시된 단계를 따르면 된다.

- 예제 4.4의 과정과 같이, C와 H의 양을 결정한다.
- C와 H의 양으로부터 C와 H의 질량을 결정한다.
- 산소의 질량은 시료의 질량에서 C와 H의 질량을 뺀다.
- 마지막으로 세 가지 원소 양 사이의 가장 작은 정수 비를 결정한다. 이것은 실험식에서 세 가지 원소의 아래 첨자를 나타낸다.

풀이 첫 번째 단계는 시료 내 C와 H의 양을 정하는 것이다.

$$0.501\ \text{g CO}_2 \times \frac{1\ \text{mol CO}_2}{44.01\ \text{g CO}_2} \times \frac{1\ \text{mol C}}{1\ \text{mol CO}_2} = 0.0114\ \text{mol C}$$

$$0.103\ \text{g H}_2\text{O} \times \frac{1\ \text{mol H}_2\text{O}}{18.02\ \text{g H}_2\text{O}} \times \frac{2\ \text{mol H}}{1\ \text{mol H}_2\text{O}} = 0.0114\ \text{mol H}$$

이들 양으로부터 시료 내 C의 질량과 H의 질량을 정할 수 있다.

$$0.0114\ \text{mol C} \times \frac{12.01\ \text{g C}}{1\ \text{mol C}} = 0.137\ \text{g C}$$

$$0.0114\ \text{mol H} \times \frac{1.008\ \text{g H}}{1\ \text{mol H}} = 0.0115\ \text{g H}$$

원래 시료의 질량과 시료 내 C와 H의 질량으로부터, 시료 내 O의 질량을 정할 수 있다. 이것으로부터 시료 내 O의 양을 계산하면,

$$\text{시료의 질량} = 0.513\ \text{g} = 0.137\ \text{g C} + 0.0115\ \text{g H} + x\ \text{g O}$$

$$\text{O의 질량} = 0.365\ \text{g O}$$

$$0.365\ \text{g O} \times \frac{1\ \text{mol O}}{16.00\ \text{g O}} = 0.0228\ \text{mol O}$$

원소의 몰비를 정하기 위해, 각 원소의 몰수를 존재하는 가장 작은 양으로 나눈다. C와 H는 시료에서 같은 양으로 존재하기 때문에, 이들의 비는 1C : 1H이다. O에 대해서는 어떠한가?

$$\frac{0.0228\ \text{mol O}}{0.0114\ \text{mol C}} = \frac{2\ \text{mol O}}{1\ \text{mol C}}$$

이 몰비는 분자에 있는 1개의 C 원자에 대해, 하나의 H 원자와 2개의 O 원자가 대응한다는 것을 뜻한다. 따라서 산의 실험식은 CHO_2이다.

고려사항 미지 시료의 몰질량을 안다면, 화합물의 분자식을 얻을 수 있다.

유제 0.1342 g의 화합물 시료는 C, H, O로 구성되어 있다($C_xH_yO_z$). 시료를 산소에서 태웠더니, 0.240 g의 CO_2와 0.0982 g의 H_2O가 얻어졌다. 이 화합물의 실험식은 무엇인가? 실험적으로 정해진 몰질량이 74.1 g/mol일 때, 이 화합물의 분자식은 무엇인가?

4.4절 확인문제

1. C, H, O를 포함하는 미지의 유기 화합물 0.509 g을 공기 중에서 태워, 1.316 g의 CO_2와 0.269 g의 H_2O를 얻었다. 이 화합물의 실험식은 무엇인가?

   (a) CHO　　(b) C_2H_2O

   (c) C_4H_4O　　(d) CHO_4

4.5 용액에서 화합물의 농도 측정

대부분의 화학 연구는 수용액에서 이뤄지는 실험을 포함하여 정량적인 측정을 요구한다. 이러한 실험을 행할 때 완결된 화학 반응식과 몰의 개념을 계속 사용하게 되지만, 실제로 고체, 액체, 기체의 질량보다는 용액의 부피를 측정하는 경우가 많다. 몰농도로 표현되는 용액의 농도는 몰로 표현되는 용질의 양과 리터로 표현되는 용액의 부피의 관계를 나타낸다. 용질은 용매에 녹아 있는 어떠한 물질(고체, 액체, 단순 기체)을 의미한다.

용액의 농도: 몰농도

용질 농도의 유용한 단위, c는 **몰농도**(molarity)이며, 이것은 용액의 리터당 용질의 양으로 정의된다.

몰(mole)과 몰농도(molarity). 물질의 양은 크기 성질이다. 몰농도는 세기 성질이다. 용액 리터당 물질의 몰수는 용액의 양과는 무관하다.

$$x\text{의 몰농도}(c_x) = \frac{\text{용질 } x\text{의 양(mol)}}{\text{용액의 부피(L)}} \tag{4.2}$$

예를 들어 NaCl 58.4 g(1.00 mol)을 충분한 물에 녹여 전체 용액의 부피가 1.00 L 되게 하면, 몰농도(c)는 1.00 mol/L이다. 이것은 간단히 1.00 M로 표시되며, 대문자 'M'은 '리터당 몰'을 뜻한다. 또 다른 표현은 화합물의 식을 대괄호 안에 두는 것이다(예를 들어, [NaCl]). 이것은 용액의 리터당 몰로 표현되는 용질의 농도를 의미한다.

$$c_{NaCl} = [NaCl] = 1.00\ mol/L = 1.00\ M$$

몰농도는 용매의 리터당이 아니라 **용액의 리터당** 용질의 양과 관련된다는 것을 명심하여야 한다. 물 1 L를 고체 화합물 1 mol에 가한다면, 최종 부피는 정확히 1 L는 아니므로 최종 농도는 정확히 1 mol/L는 아니다(그림 4.6). 주어진 농도의 용액을 만들 때, 원하는 용액의 부피보다는 더 작은 용매의 부피에 용질을 녹인 후 최종 용액의 부피에 도달할 때까지 용매를 가하면 된다.

화상에 대한 살균제로 사용되는 과망간산포타슘($KMnO_4$)은 반짝이는 검은 자주색 고체로 물에 잘 녹아 진한 자주색 용액을 만든다. 0.435 g의 $KMnO_4$를 충분한 양의 물에 녹여 250. mL의 용액을 만든다(그림 4.7). 이 경우 $KMnO_4$의 농도는 얼마인가? 첫 번째 단계는 $KMnO_4$의 질량을 용질의 양(mol)으로 바꾸는 것이다.

$$0.435\ \text{g}\ KMnO_4 \times \frac{1\ \text{mol}\ KMnO_4}{158.0\ \text{g}\ KMnO_4} = 0.00275\ \text{mol}\ KMnO_4$$

$KMnO_4$의 양과 용액의 부피(L로 표시)에 대한 정보로부터 농도를 알 수 있다. 250. mL는 0.250 L이므로

$$KMnO_4\text{의 농도} = c_{KMnO_4} = [KMnO_4] = \frac{0.00275\ \text{mol}\ KMnO_4}{0.250\ \text{L}} = 0.0110\ M$$

$KMnO_4$ 농도는 0.0110 mol/L 혹은 0.0110 M이다. 이것은 유용한 정보이지만,

그림 4.6 용매의 부피와 용액의 부피. 이 그림은 몰농도가 물 또는 다른 용매 리터당이 아니라 용액의 리터당 용질의 몰수로 정의된다는 것을 강조하고 있다.

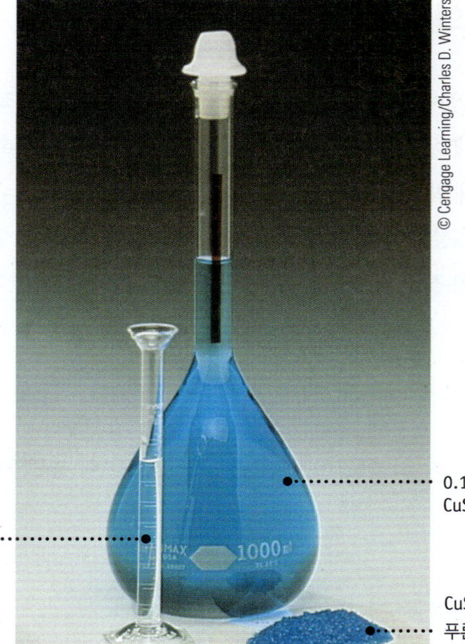

이 그림에서와 같이, 물은 정확히 1.00 L를 재서 $CuSO_4 \cdot 5H_2O$ 25.0 g를 갖는 부피 플라스크에 천천히 가한다. 충분한 물을 가해 용액의 부피가 정확히 1.00 L가 됐을 때, 대충 8 mL(작은 눈금 실린더에 있는 양)가 남는다.

0.100 M의 $CuSO_4$ 1.00 L

$CuSO_4$ 0.100 M 용액을 만들기 위해, 푸른 결정성 고체인 $CuSO_4 \cdot 5H_2O$ 25.0 g (0.100 mol)을 1.00 L 부피 플라스크에 넣는다.

용액 안에 있는 개별적인 이온 농도를 아는 것도 유용하다. 모든 용해된 이온 화합물과 같이 $KMnO_4$는 물에 녹아 이온인 K^+와 MnO_4^-로 완전 해리된다.

$$KMnO_4(aq) \xrightarrow[\text{100 \% 해리}]{} K^+(aq) + MnO_4^-(aq)$$

$KMnO_4$ 1 mol은 K^+ 이온 1 mol과 MnO_4^- 이온 1 mol을 내놓는다. 따라서 0.0110

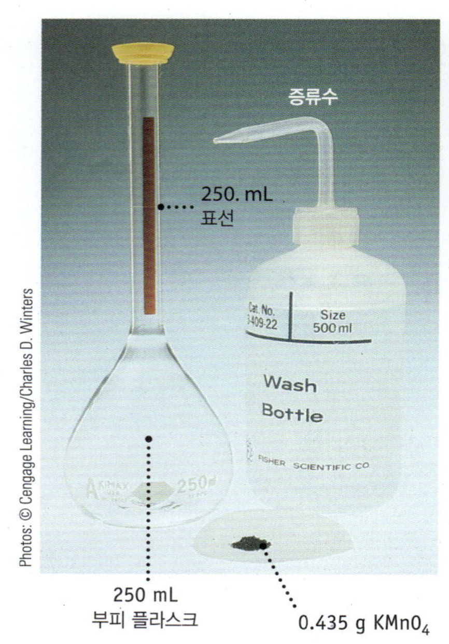

250 mL 부피 플라스크

0.435 g $KMnO_4$

처음에 $KMnO_4$를 적은 양의 물에 녹인다.

부피 플라스크의 목 부분에 있는 눈금 선은 25 °C에서 정확히 250. mL의 부피를 나타낸다.

증류수를 용액이 담긴 플라스크에 표시된 눈금까지 넣는다.

그림 4.7 용액 만들기. 0.0110 M $KMnO_4$ 용액은 $KMnO_4$ 0.435 g을 충분한 양의 물에 녹여 0.250 L 용액으로 만들면 된다.

M $KMnO_4$는 용액에서 0.0110 M의 K^+ 농도와 0.0110 M의 MnO_4^- 농도를 내놓는다.

이온 농도의 또 다른 예는 $CuCl_2$의 해리에서도 볼 수 있다.

$$\underset{100\ \%\ \text{해리}}{CuCl_2(aq)} \longrightarrow Cu^{2+}(aq) + 2\ Cl^-(aq)$$

0.10 mol의 $CuCl_2$를 충분한 물에 녹여 1.0 L의 용액으로 만들면, 구리(II) 이온의 농도는 $[Cu^{2+}]$ = 0.10 M이다. 그러나 염화 이온의 농도, $[Cl^-]$는 이 화합물이 물에 녹아 $CuCl_2$ 1 mol에 대해 Cl^- 2 mol씩을 내 놓기 때문에 0.20 M이다.

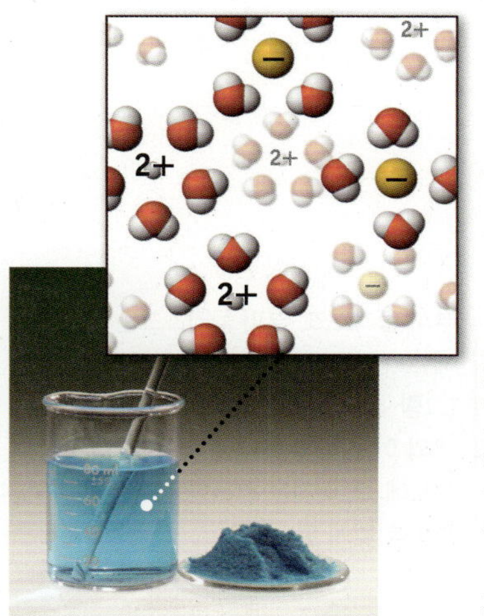

© Cengage Learning/Charles D. Winters

용해된 이온 화합물의 이온 농도. 여기서 $CuCl_2$ 1 mol은 1 mol의 Cu^{2+}와 2몰의 Cl^- 이온으로 해리한다. 따라서 Cl^- 농도는 $CuCl_2$에 대해 계산한 농도의 2배가 된다.

예제 4.6 농도

문제 탄산소듐(Na_2CO_3), 25.3 g을 물에 녹여 250. mL의 용액으로 만들었을 때, Na_2CO_3의 농도는 얼마인가? Na^+와 CO_3^{2-}의 농도는 얼마인가?

알고 있는 사실 용질인 Na_2CO_3의 질량과 용액의 부피를 알고 있다. 이 화합물의 양을 계산하기 위해서는 Na_2CO_3의 몰질량을 알 필요가 있다.

전략 Na_2CO_3의 농도(mol/L)는 Na_2CO_3의 양(mol)을 부피(L)로 나눈 값이다. 이온의 농도를 정하기 위해, 이온성 화합물 1 mol은 2 mol의 Na^+와 1 mol의 CO_3^{2-} 이온을 포함한다는 것을 알아야 한다.

$$Na_2CO_3(s) \rightarrow 2\ Na^+(aq) + CO_3^{2-}(aq)$$

풀이 Na_2CO_3의 양을 알아보자.

$$25.3\ \text{g}\ Na_2CO_3 \times \frac{1\ \text{mol}\ Na_2CO_3}{106.0\ \text{g}\ Na_2CO_3} = 0.239\ \text{mol}\ Na_2CO_3$$

그리고 Na_2CO_3의 농도는,

$$Na_2CO_3\text{의 농도} = \frac{0.239\ \text{mol}\ Na_2CO_3}{0.250\ \text{L}} = 0.955\ \text{mol/L}$$

이온 농도는 Na_2CO_3 1 mol이 2 mol의 Na^+ 이온과 1 mol의 CO_3^{2-}를 내놓는다는 사실로부터 알 수 있다.

$$[Na^+] = 2 \times 0.955\ \text{M}\ Na^+(aq) = 1.91\ \text{M}$$
$$[CO_3^{2-}] = 0.955\ \text{M}$$

고려사항 이 용액을 0.955 M Na_2CO_3로 언급할 때 Na_2CO_3 실제 입자가 존재하는 것은 아니다. 이 용해된 이온 화합물은 해리된 소듐과 탄산 이온으로 용액에 존재한다.

유제 탄산수소소듐($NaHCO_3$)은 베이킹 파우더 성분이나 플라스틱과 세라믹의 제조에 사용된다. 이 화합물 26.3 g을 물에 녹여 200. mL의 용액을 만들었다면, $NaHCO_3$의 농도는 얼마인가? 용액 내 이온들의 농도는 얼마인가?

농도가 정확한 용액 만들기

화학자들은 주어진 부피에서 농도가 정확한 용액을 만들어야 한다. 이렇게 하기 위한 두 가지 일반적인 방법이 있다.

무게를 잰 용질과 용매의 혼합

부피 플라스크. 부피 플라스크는 목 부분에 표선을 갖는 특별한 플라스크이다(그림 4.6 및 4.8을 참조). 부피 플라스크의 이 선까지 용액을 채운다면(주어진 온도에서), 이것은 언급한 정확한 용액의 부피를 갖게 된다.

1.50 M Na_2CO_3 용액 2.00 L를 만든다고 가정하자. 고체 Na_2CO_3와 증류수가 준비되어 있다. 또한 2.00 L 부피 플라스크가 있다. 용액을 만들기 위해, 농도에서 요구하는 유효숫자 자릿수를 고려해 가능한 자세하게 Na_2CO_3의 원하는 양을 재서 부피 플라스크에 넣고 이 고체를 녹이기 위해 물을 가한다. 고체가 완전히 녹으면 용액의 부피가 2.00 L 되게 물을 추가로 가한다. 이때 용액은 원하는 부피와 농도를 갖게 된다.

1.50 M Na_2CO_3 2.00 L를 만들기 위해 필요한 Na_2CO_3의 질량은 얼마인가? 우선 필요한 Na_2CO_3의 양을 계산한다.

$$2.00\ \cancel{L} \times \frac{1.50\ \text{mol Na}_2\text{CO}_3}{1.00\ \cancel{L}\ \text{용액}} = 3.00\ \text{mol Na}_2\text{CO}_3\ \text{필요}$$

그램으로 표시된 질량은 다음과 같다.

$$3.00\ \cancel{\text{mol Na}_2\text{CO}_3} \times \frac{106.0\ \text{g Na}_2\text{CO}_3}{1\ \cancel{\text{mol Na}_2\text{CO}_3}} = 318\ \text{g Na}_2\text{CO}_3$$

따라서 원하는 용액을 만들기 위해서는 318 g의 Na_2CO_3를 물에 녹여 2.00 L의 용액으로 만들면 된다.

진한 용액 묽히기

주어진 농도의 용액을 만드는 또 다른 방법은 진한 용액이 원하는 더 묽은 농도에 도달할 때까지 용매(보통 물)를 추가하는 것이다(그림 4.8). 보통 실험실에서 만드는 대부분 용액들은 이 묽힘 방법에 의해서 만들어진다. 작은 부피의 진한 용액을 보관하고 있다가 필요할 때 물을 가해 큰 부피의 묽힌 용액을 만드는 것이 더 효과적이다.

화학 분석에 필요한 0.0010 M 중크로뮴산포타슘($K_2Cr_2O_7$), 500. mL를 만든다고 가정하자. 0.100 M $K_2Cr_2O_7$ 용액이 만들어져 있다. 원하는 0.010 M 용액을 만들기 위해, 플라스크에 진한 $K_2Cr_2O_7$ 용액의 측정된 부피를 넣고 $K_2Cr_2O_7$이 적당한 부피의 물에 포함될 때까지 물을 가한다(그림 4.8).

0.0010 M 용액을 만들기 위해 0.100 M $K_2Cr_2O_7$ 얼마의 부피를 묽혀야 하는가? 용액의 부피와 농도를 안다면, 용질의 양은 알 수 있다. 따라서 최종 묽은 용액에 있어야 하는 $K_2Cr_2O_7$의 양은

$$\text{묽은 용액에 있는 K}_2\text{Cr}_2\text{O}_7\text{의 양} = C_{K_2Cr_2O_7} \times V_{K_2Cr_2O_7} = \left(\frac{0.0010\ \text{mol}}{\cancel{L}}\right) \times (0.500\ \cancel{L})$$

$$= 0.00050\ \text{mol K}_2\text{Cr}_2\text{O}_7$$

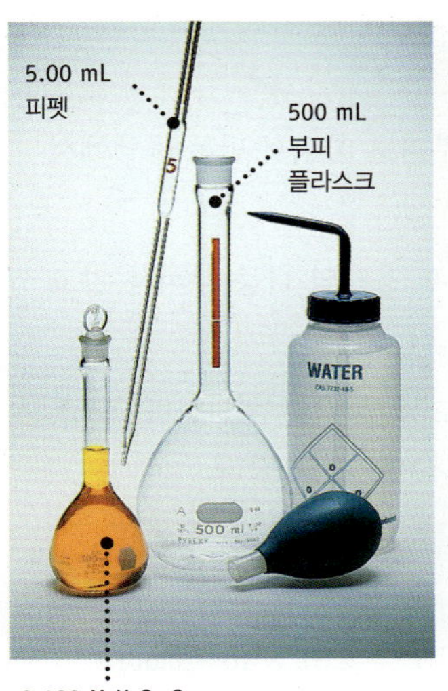

0.100 M $K_2Cr_2O_7$

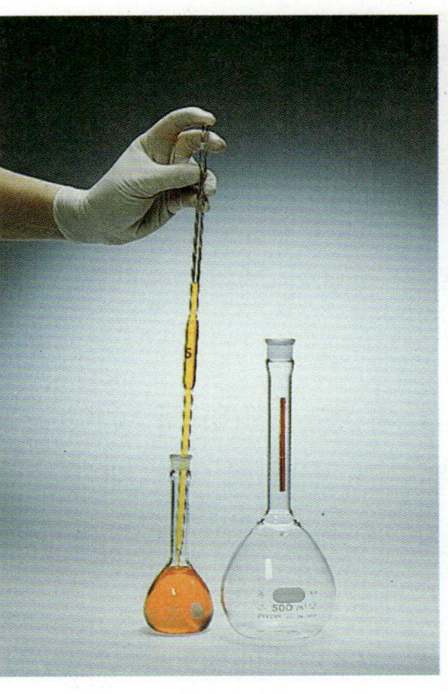

0.100 M $K_2Cr_2O_7$ 용액 5.00 mL를 꺼내기 위해 5.00 mL 피펫을 사용한다.

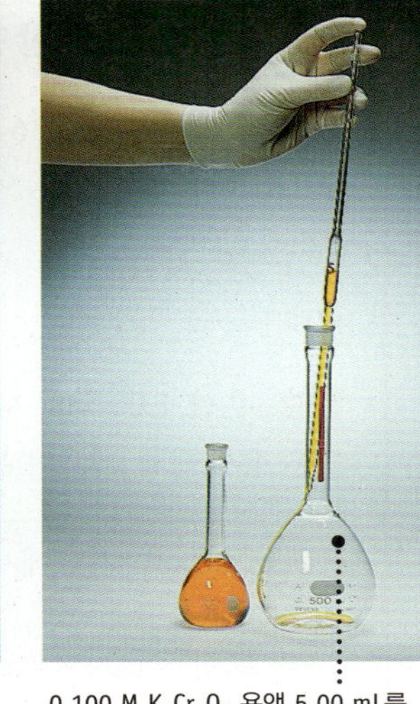

0.100 M $K_2Cr_2O_7$ 용액 5.00 mL를 500 mL 부피 플라스크에 가한다.

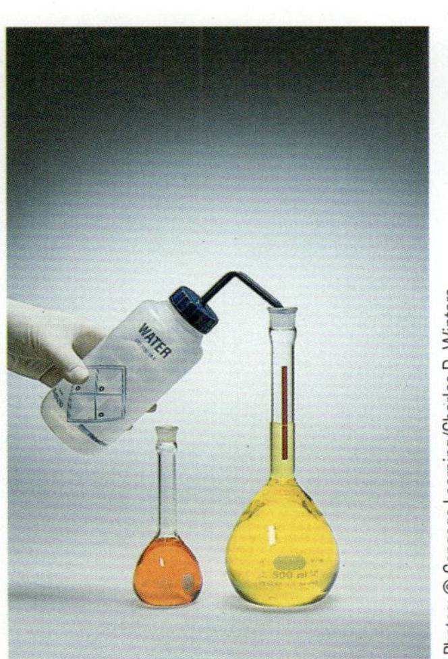

플라스크의 표선까지 물을 가해 0.00100 M $K_2Cr_2O_7$ 용액을 만든다.

그림 4.8 묽힘에 의해 용액 만들기. 여기서 $K_2Cr_2O_7$ 용액 5.00 mL를 500. mL로 희석한다. 이것은 용액을 100배 만큼, 0.100 M에서 0.00100 M로 희석하는 것이다.

이러한 양의 $K_2Cr_2O_7$을 갖는 진한 용액을 500. mL 플라스크에 넣고 최종 부피로 묽힌다. 이동 및 묽혀야 할 0.100 M $K_2Cr_2O_7$의 부피는 5.0 mL이다.

$$0.00050 \text{ mol } K_2Cr_2O_7 \times \frac{1.00 \text{ L}}{0.100 \text{ mol } K_2Cr_2O_7} = 0.0050 \text{ L 또는 } 5.0 \text{ mL}$$

따라서 0.0010 M $K_2Cr_2O_7$ 500. mL를 준비하기 위해, 0.100 M $K_2Cr_2O_7$ 5.0 mL를 500. mL 플라스크에 넣고 500. mL의 부피에 도달할 때까지 물을 가한다(그림 4.8).

문제해결 주요사항 4.3 묽힘에 의한 용액 제조

묽힘을 포함하는 문제를 풀 때 직접적인 방법이 있다. 기본 생각은 최종 묽은 용액에 있는 용질의 양은 더 진한 용액으로부터 취한 용질의 양과 같다는 것이다. c를 농도 (몰 농도), V를 부피(그리고 아래첨자 d와 c는 각각 묽은 및 진한 용액을 나타냄)라고 한다면, 각 용액에 있는 용질의 양은 다음과 같이 계산할 수 있다(이 책에 있는 $K_2Cr_2O_7$ 예제의 경우). 묽힘에 의한 용액의 준비

(a) 최종 묽은 용액에서 $K_2Cr_2O_7$의 양은

$$c_d \times V_d = 0.00050 \text{ mol}$$

(b) 더 진한 용액으로부터 취한 $K_2Cr_2O_7$의 양은

$$c_c \times V_c = 0.00050 \text{ mol}$$

양쪽에 있는 cV의 곱은 용질의 양으로서 같기 때문에 다음과 같은 식을 쓸 수 있다.

진한 용액의 양 = 묽은 용액의 양

$$c_c \times V_c = c_d \times V_d$$

이 식은 더 진한 용액을 더 묽은 용액으로 만드는 모든 경우에 적용된다.

예제 4.7 묽힘에 의한 용액 제조

문제 질산철(III) 0.236 M 용액 1.00 mL를 100.0 mL 부피로 묽혀서 만든 용액에서 철(III) 이온의 농도는 얼마인가?

알고 있는 사실 원래 처음 농도와 부피뿐 아니라 희석 후 용액의 나중 부피를 알고 있다.

전략 우선 1.00 mL 시료에 있는 철(III)의 양(양 = 농도 × 부피)을 계산한다. 나중, 묽은 용액에서 이온의 농도는 철(III)의 양을 새 부피로 나누는 것과 같다.

풀이 1.00 mL 시료에서 철(III)의 양은

$$Fe^{3+}\text{의 양} = c_{Fe^{3+}} \times V_{Fe^{3+}} = \frac{0.236 \text{ mol } Fe^{3+}}{\text{L}} \times 1.00 \times 10^{-3} \text{ L} = 2.36 \times 10^{-4} \text{ mol } Fe^{3+}$$

철(III) 이온의 양은 새로운 부피 100.0 mL에 분포되므로, 묽은 용액의 최종 농도는

$$c_{Fe^{3+}} = [Fe^{3+}] = \frac{2.36 \times 10^{-4} \text{ mol } Fe^{3+}}{0.1000 \text{ L}} = 2.36 \times 10^{-3} \text{ M}$$

고려사항 시료가 100배 묽게 되었으므로, 나중 농도는 처음 농도의 1/100만큼 되리라고 예상된다. 이 계산을 빠르고 쉽게 풀어주는 문제해결 주요사항 4.3을 보시오.

유제 1.00 M NaOH 250. mL를 사용해야 하는 실험이 있다. 지금 커다란 병에 2.00 M NaOH가 있다. 원하는 부피의 1.00 M NaOH 만드는 방법을 설명하시오.

4.5절 확인문제

1. 1.71 g $Ba(OH)_2(s)$ 시료를 물에 녹여 250 mL 용액으로 만들었다. 이 용액에서 OH^- 농도는 얼마인가?

(a) 0.010 M (b) 0.040 M (c) 0.080 M (d) 0.10 M

2. 100 mL 부피 플라스크에 0.050 M HCl이 들어 있다. 이 용액 2.0 mL 시료를 10.0 mL로 묽혔다. 이 묽은 용액에서 HCl의 농도는 얼마인가?

(a) 0.10 M (b) 0.010 M (c) 1.0×10^{-3} M (d) 0.25 M

3. 0.500 g $KMnO_4$를 포함하는 0.250 M $KMnO_4(aq)$의 부피는 얼마인가?

(a) 0.791 mL (b) 2.00 mL (c) 12.7 mL (d) 125 mL

4.6 산과 염기의 농도 척도인 pH

약산인 아세트산을 포함하는 식초 시료는 1.6×10^{-3} M의 하이드로늄 이온 농도를 가지며, 순수한 빗물은 $[H_3O^+] = 2.5 \times 10^{-6}$ M를 갖는다. 이 작은 값들은 과학적 표기법을 사용하여 표시될 수 있지만, 이들 숫자를 표시하는 보다 편리한 방법은 로

심층 학습 연속 묽힘

실험실에서 종종 용액이 너무 진해 우리가 원하는 분석에 적합하지 않은 경우가 있다. 바닷물 시료에 있는 염화 이온의 양을 분석한다고 하자. 예를 들어 Mohr 방법(184쪽)의 분석에 대해 적당한 크기의 염화 이온 농도를 갖는 용액을 얻기 위해 시료를 한 번이 아니라 여러 번에 걸쳐 묽힐 필요가 있다.

0.550 mol/L NaCl 농도를 갖는 바닷물 시료 100.0 mL가 있다고 하자. 이 시료 10.00 mL를 100.0 mL 부피 플라스크에 옮기고, 표선까지 증류수로 채운다. 이 묽은 용액 5.00 mL를 취해 100.0 mL 플라스크에 옮기고 또 표선까지 증류수를 채운다. 나중 시료 100.0 mL에 있는 NaCl 농도는 얼마인가?

원래의 용액은 0.550 mol/L NaCl을 포함한다. 여기서 10.00 mL를 취한다면, 취한 것은

$$0.01000 \text{ L} \times 0.550 \text{ mol/L} = 5.50 \times 10^{-3} \text{ mol NaCl}$$

그리고 묽은 용액 100.0 mL의 농도는

$$c_{NaCl} = 5.50 \times 10^{-3} \text{ mol}/0.1000 \text{ L} = 5.50 \times 10^{-2} \text{ M}$$

또는 원래 용액 농도의 1/10(시료는 10배 만큼 묽어졌기 때문)이다.

이제 묽힌 용액 5.00 mL를 취해 다시 100.0 mL로 묽힌다. 나중 농도는

$$0.00500 \text{ L} \times 5.50 \times 10^{-2} \text{ mol/L} = 2.75 \times 10^{-4} \text{ mol NaCl}$$

$$c_{NaCl} = 2.75 \times 10^{-4} \text{ mol}/0.1000 \text{ L} = 2.75 \times 10^{-3} \text{ M}$$

이것은 원래 용액의 1/200 농도이다.

이 시점에서 적절한 질문은 왜 처음부터 원래 용액에서 1 mL를 취해 200 mL로 한 번에 묽히지 않은 점이다. 이 질문에 대한 답은 1.00 mL 피펫보다는 5.00 mL이나 10.00 mL 피펫 같은 큰 피펫을 사용하는 것이 오차를 줄이기 때문이다. 그리고 가용한 초자기구의 한계가 있기 때문이기도 하다. 보통 200.00 mL 부피 플라스크는 드물다.

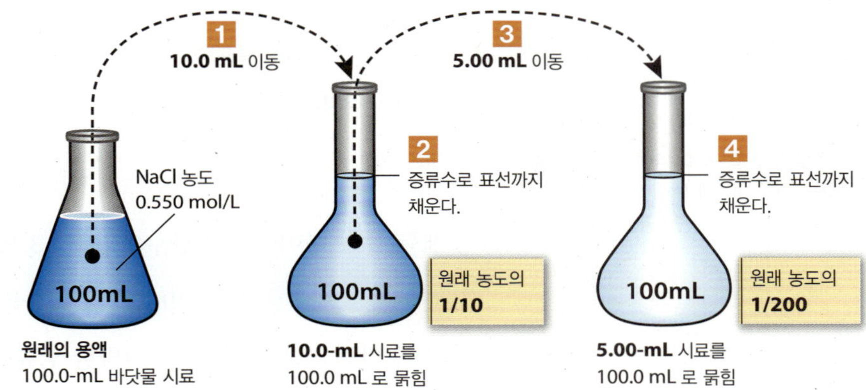

그인 pH 단위이다.

용액의 pH는 하이드로늄 이온 농도의 상용로그의 음의 값이다.

$$\text{pH} = -\log[H_3O^+] \tag{4.3}$$

로그. 1보다 작은 수는 음의 로그 값을 가진다. pH를 $-\log[H_3O^+]$로 정의되어 있어 양의 값을 얻게 된다. 로그의 논의는 부록 A를 참조하시오.

예를 들어, 식초, 순수한 물, 혈액, 암모니아의 경우,

식초의 pH	$= -\log(1.6 \times 10^{-3} \text{ M})$	$= -(-2.80)$	$= 2.80$	산성
순수한 물(25 °C)의 pH	$= -\log(1.0 \times 10^{-7} \text{ M})$	$= -(-7.00)$	$= 7.00$	중성
혈액의 pH	$= -\log(4.0 \times 10^{-8} \text{ M})$	$= -(-7.40)$	$= 7.40$	염기성
가정용 암모니아의 pH	$= -\log(4.3 \times 10^{-12} \text{ M})$	$= -(-11.37)$	$= 11.37$	염기성

위에서 보듯이 산은 비교적 낮은 pH를 가지지만, 일반적인 염기인 암모니아는 매우 낮은 하이드로늄 이온 농도와 높은 pH를 갖는다는 사실을 알 수 있다. **25 °C의 수용액에서 산은 7보다 적은 pH를 가지며, 염기는 7보다 큰 pH를 가진다. 그리고 7의 pH는 중성 용액을 나타낸다**(그림 4.9). 일반적인 상식으로 산도 염기도 아닐 것

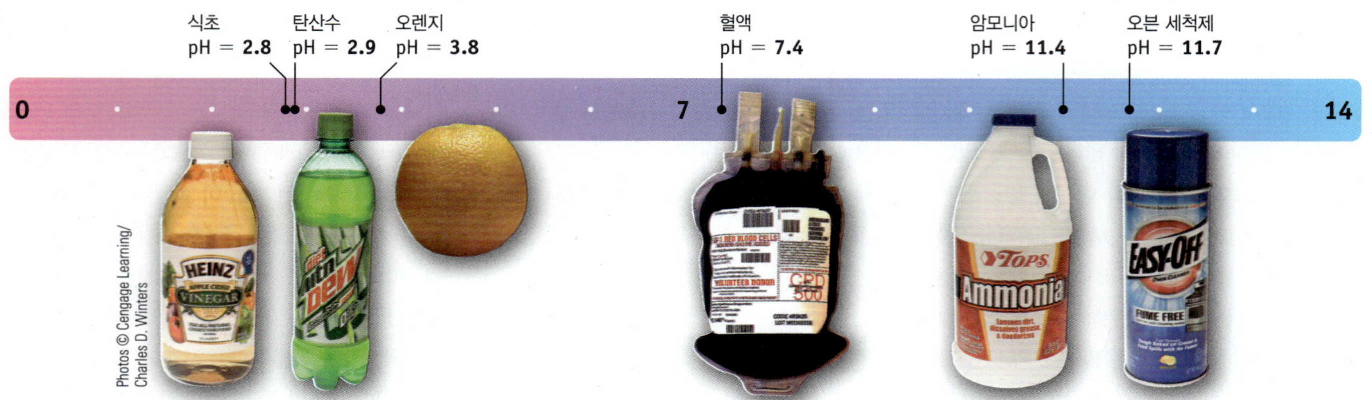

그림 4.9 일부 흔한 물질의 pH 값들. 여기에 한쪽 끝은 빨갛고 다른 쪽은 파란 막대가 있다. 이것은 리트머스 종이로 용액이 산성(리트머스가 빨강)인지 염기성(리트머스가 파랑)인지를 결정하기 위해 실험실에서 일반적으로 사용된다.

로그와 계산기. 모든 공학용 계산기에는 'log'로 표시된 키를 갖고 있다. 역대수를 알기 위해, '10'이나 'inverse log' 키를 사용하면 된다. pH로부터 $[H_3O^+]$를 정하는 경우, 10^x에 대해 x의 값을 넣을 때, 음의 부호라는 것을 명심해야 한다.

같은 혈액은 7보다 약간 큰 pH를 갖는다.

pH를 알고 있는 용액이 있다고 하자. 하이드로늄 이온 농도를 알기 위해서는, pH에 역대수(antilog)를 취하면 된다. 즉,

$$[H_3O^+] = 10^{-pH} \tag{4.4}$$

예를 들어 다이어트 탄산수의 pH는 3.12이므로 용액의 하이드로늄 이온 농도는

$$[H_3O^+] = 10^{-3.12} = 7.6 \times 10^{-4}\ M$$

이다. 일반적으로 용액 pH는 다양한 염료들 중 하나를 사용하여 정해진다. 리트머스 종이는 이끼류로부터 추출한 염료를 포함하지만, 많은 다른 염료들 또한 가능하다(그림 4.10a). pH의 더 정확한 측정은 그림 4.10b에 도시된 pH 기기로 행해진다. 여기서 pH 전극을 측정하려는 용액에 담그고 pH를 기기로부터 읽으면 된다.

그림 4.10 pH 정하기.

(a) 일부 가정용 제품들. 각 용액은 일부 산-염기 지시약의 혼합물인 범용 지시약 몇 방울을 포함한다. 노란색이나 빨간색은 7보다 낮은 pH를 나타낸다. 초록색에서 보라색은 7보다 큰 pH를 나타낸다.

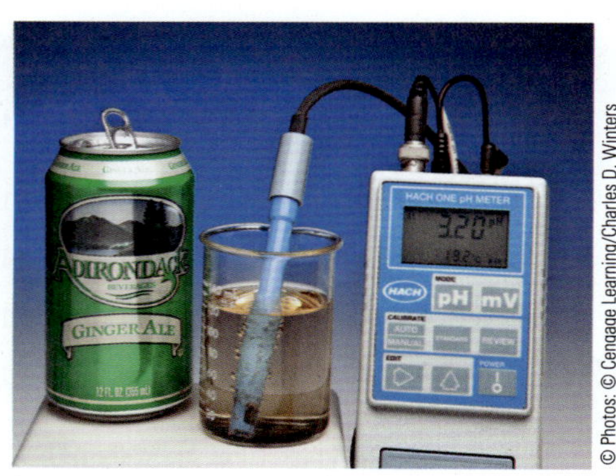

(b) 탄산수의 pH는 최신 pH 미터로 측정한다. 청량음료는 용해된 CO_2와 다른 첨가물 때문에 종종 강한 산성을 나타낸다.

예제 4.8 용액의 pH

문제

(a) 레몬주스는 $[H_3O^+] = 0.0032$ M이다. pH는 얼마인가?
(b) 바닷물은 8.07의 pH를 갖는다. 이 용액에서 하이드로늄 이온 농도는 얼마인가?
(c) 질산 용액은 0.0056 mol/L의 농도를 갖는다. 이 용액의 pH는 얼마인가?

알고 있는 사실 (a)에서는 농도가 주어지고, pH를 계산을 묻는 경우이고 (b)는 반대이다. 그러나 (c)에서는 HNO_3가 강산이며 물에서 100 % 이온화된다는 것을 알아야 한다.

전략 식 4.3을 사용해 H_3O^+ 농도로부터 pH를 계산하고, 식 4.4를 사용해서는 pH로부터 $[H_3O^+]$를 계산하는 것이다.

풀이

(a) 레몬주스: 하이드로늄 이온 농도가 알려져 있으므로 식 4.3을 사용해 pH를 계산한다.

$$\mathrm{pH} = -\log\,[H_3O^+] = -\log\,(3.2 \times 10^{-3}) = -(-2.49) = 2.49$$

(b) 바닷물: pH = 8.07이므로

$$[H_3O^+] = 10^{-\mathrm{pH}} = 10^{-8.07} = 8.5 \times 10^{-9}\ \mathrm{M}$$

(c) 질산: 질산은 강산(표 3.1, 118쪽)이며 수용액에서 완전히 이온화된다. HNO_3의 농도는 0.0056 mol/L이므로 이온의 농도는

$$[H_3O^+] = [NO_3^-] = 0.0056\ \mathrm{M}$$

$$\mathrm{pH} = -\log\,[H_3O^+] = -\log\,(0.0056\ \mathrm{M}) = 2.25$$

고려사항 우리가 얻은 답들은 모두 25 °C 용액에 대해 $[H_3O^+] > 10^{-7}$ M은 pH < 7이고, $[H_3O^+] < 10^{-7}$ M는 pH > 7이다. 로그와 유효숫자(부록 A)에 대한 언급은 유용하다. 로그의 소숫점 왼쪽의 숫자는 고유치(characteristic)이고 오른쪽에 있는 숫자는 가수(mantissa)이다. 가수는 로그 수에서 발견되는 것처럼 많은 유효 숫자를 갖는다. 예를 들어 2개의 유효숫자를 갖는 3.2×10^{-3}의 로그는 2.49이다. (여기서 유효숫자는 소숫점 오른쪽에 있는 2개 수이다.)

유제

(a) $[HCl] = 2.6 \times 10^{-2}$ M인 HCl 용액의 pH는 얼마인가?
(b) 3.80의 pH를 갖는 오렌지 주스에서 하이드로늄 이온 농도는 얼마인가?

약산과 강산 및 하이드로늄 이온 농도. 약산(아세트 산)은 물에서 완전히 이온화하지 않기 때문에, 약산 수용액에서 하이드로늄 이온 농도는 산의 농도와 같지 않지만 (강산의 경우에서와 같이), 화학평형 원리를 사용하여 계산되어야 한다(17장).

4.6절 확인문제

1. 다음 중 가장 낮은 pH를 갖는 용액은 어느 것인가?

(a) 0.10 M HCl
(b) 0.10 M NaOH
(c) 2.5×10^{-5} M HNO_3
(d) 순수 H_2O

2. 0.365 g의 HCl 시료를 물에 녹인 후 2.00×10^2 mL 용액으로 만들었다. pH는 얼마인가?

(a) 2.000 (b) 0.0500
(c) 1.301 (d) 1.000

3. 용액의 pH가 10.540이다. 하이드로늄 이온의 농도는 얼마인가?
(a) 2.9×10^{-11} M (b) 2.7×10^{-5} M
(c) 10.54 M (d) 3.5×10^{10} M

4.7 수용액 반응에서의 화학량론

용액의 화학량론

농도가 0.750M인 HCl 25 mL와 완전히 반응하는 데 필요한 $CaCO_3$의 질량을 알고자 한다. 해답을 찾는 첫 번째 단계는 완결된 화학 반응식을 쓰는 것으로, 이 반응을 위해서 수용성 산과 금속 탄산염의 교환 반응을 쓸 수 있다(그림 4.11).

$$\underset{\text{금속 탄산염}}{CaCO_3(s)} + \underset{\text{산}}{2\,HCl(aq)} \rightarrow \underset{\text{염}}{CaCl_2(aq)} + \underset{\text{물}}{H_2O(\ell)} + \underset{\text{이산화탄소}}{CO_2(g)}$$

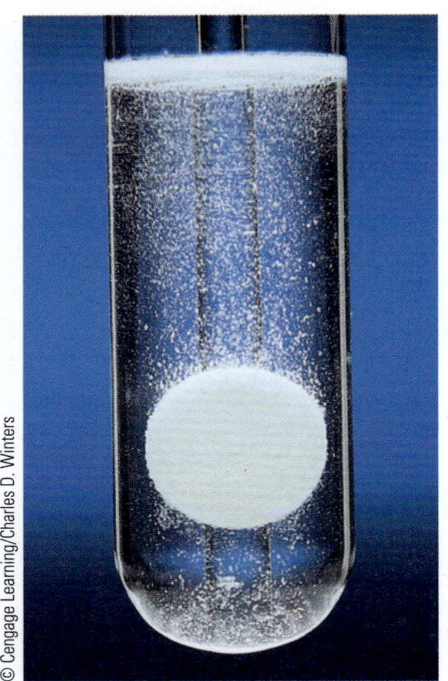
© Cengage Learning/Charles D. Winters

그림 4.11 위산 과다의 상업적인 치료법. 알약은 소화 기관에 들어 있는 염산과 반응하는 탄산칼슘을 포함하고 있다. 가장 명백한 생성물은 CO_2 기체이지만 $CaCl_2(aq)$도 함께 생성된다.

이 문제는 한 반응물 (HCl)의 양이 g 단위의 질량이 아니라 농도를 알고 있는 용액의 부피로 주어진다는 점에서 이전의 화학량론 문제들과 다르다. 완결된 반응식에는 몰로 표현되는 양의 관계가 나타나 있기 때문에 HCl과 $CaCO_3$의 양적 관계를 알기 위해서는 먼저 HCl의 몰수를 알아야 한다.

$$\text{HCl의 양(mol)} = c_{HCl} \times V_{HCl} = \frac{0.750\ \text{mol HCl}}{1\ \text{L HCl}} \times 0.025\ \text{L HCl} = 0.019\ \text{mol HCl}$$

다음으로 완결된 반응식에 나타난 양적인 관계를 이용하여 필요한 $CaCO_3$의 양을 계산한다.

$$0.019\ \text{mol HCl} \times \frac{1\ \text{mol}\ CaCO_3}{2\ \text{mol HCl}} = 0.0094\ \text{mol}\ CaCO_3$$

마지막으로 $CaCO_3$의 몰질량을 이용하여 $CaCO_3$ 양을 g으로 환산한다.

$$0.0094\ \text{mol}\ CaCO_3 \times \frac{100.\ \text{g}\ CaCO_3}{1\ \text{mol}\ CaCO_3} = 0.94\ \text{g}\ CaCO_3$$

문제해결 주요사항 4.4에 기술되어 있는 일반적인 도표를 따르고 수치들의 단위에 주의를 기울이기만 하면 농도로 표현된 화학량론의 계산을 성공적으로 수행할 수 있다.

예제 4.9 용액 반응의 화학량론

문제 금속 아연은 다음과 같이 HCl 수용액과 반응한다.

$$Zn(s) + 2HCl(aq) \rightarrow ZnCl_2(aq) + H_2(g)$$

11.8 g의 Zn을 완전히 반응시켜 생성물을 만들기 위해 필요한 2.50M의 HCl의 부피를 mL로 계산하시오.

알고 있는 사실 Zn와 HCl(aq)의 완결된 반응식이 나와 있다. 아연의 질량과 HCl(aq)의 농도를 알고 있다.

전략

- 아연의 몰수를 계산한다.
- 화학량론 인자(= 2 mol HCl/1 mol Zn)를 사용하여 Zn의 몰수에 대해 필요한 HCl의 몰수를 계산한다.
- 마지막으로 HCl의 농도와 양으로부터 부피를 계산한다.

풀이 Zn의 몰수를 계산한다.

$$11.8\ \text{g Zn} \times \frac{1\ \text{mol Zn}}{65.38\ \text{g Zn}} = 0.180\ \text{mol Zn}$$

화학량론의 인자를 사용하여 필요한 HCl의 양을 계산한다.

$$0.180\ \text{mol Zn} \times \frac{2\ \text{mol HCl}}{1\ \text{mol Zn}} = 0.360\ \text{mol HCl}$$

HCl의 몰수와 용액의 농도를 사용하여 부피를 계산한다.

$$0.360\ \text{mol HCl} = \frac{1.00\ \text{L 용액}}{2.50\ \text{mol HCl}} = 0.144\ \text{L HCl}$$

해답은 mL로 해야 하기 때문에 부피를 mL로 환산하면, 11.8 g의 Zn을 완전히 반응시켜 생성물을 만들기 위해 필요한 2.50 M의 HCl의 부피는 144 mL 이다.

고려사항 우리는 1 mol보다 훨씬 적은 양의 아연으로 시작했고 HCl 용액의 농도는 2.50 M이었다. 이 반응은 Zn 1 mol에 대해 2 mol의 HCl을 필요로 하기 때문에 필요한 용액의 부피가 1 L보다 훨씬 적은 것이 합리적이다. 또한 이 반응이 아연이 산화되고(산화수가 0에서 +2로 변함) HCl(aq)에 있는 수소가 환원되는(산화수가 +1에서 0으로 변함) 산화 환원 반응이라는 사실에 주목하시오.

유제 0.350 M의 HCl 75.0 mL와 과량의 Na_2CO_3가 반응하면 몇 g의 CO_2가 생성되는가?

$$Na_2CO_3(s) + 2\ HCl(aq) \rightarrow 2\ NaCl(aq) + H_2O(\ell) + CO_2(g)$$

전략도 4.9

문제

주어진 **반응물(Zn)**의 **질량**을 완전히 소모하는 데 필요한 **HCl 용액 부피**를 계산하시오.

↓

알려진 자료/정보

- **Zn**의 **질량**
- **HCl**의 **농도**
- 완결된 반응식

↓ **1단계** 완결된 반응식을 쓰시오.

주어진 완결된 반응식

↓ **2단계** 반응물의 양(몰) = 질량 × (1 mol/몰질량)

Zn의 **양**

↓ **3단계** Zn의 몰수에 대해 필요한 산의 몰수를 계산하기 위해 **화학량론 인자**를 사용하시오.

필요한 산의 **양(몰)**

↓ **4단계** 필요한 산의 부피 = 필요한 HCl mol × (1 L/mol HCl)

필요한 산의 **부피(L)**

적정: 화학적 분석법

옥살산($H_2C_2O_4$)은 천연 산의 일종이다. 불순물이 포함된 시료에 들어 있는 옥살산의 질량을 구한다고 하자. 이 화합물은 산이기 때문에 수산화소듐과 같은 염기와 반응한다.

$$H_2C_2O_4(aq) + 2\ NaOH(aq) \rightarrow Na_2C_2O_4(aq) + 2\ H_2O(\ell)$$

다음 두 가지 조건만 충족되면, 위의 반응을 사용하여 주어진 시료에 들어 있는 옥살산의 양을 구할 수 있다.

수소 원자는 H^+를 잃음

수소 원자는 H^+를 잃음

옥살산, $H_2C_2O_4$

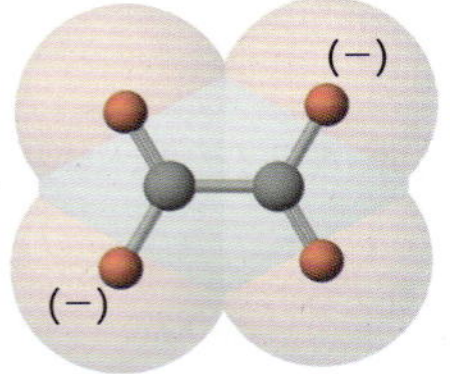

옥살산 이온, $C_2O_4^{2-}$

옥살산. 옥살산은 용액에서 H^+ 이온을 생성할 수 있는 작용기를 2개 가지고 있다. 따라서 완전히 반응하기 위해서는 1 mol의 산은 2 mol의 NaOH가 필요하다.

- 용액에 들어 있는 옥살산과 완전히 반응하는 데 꼭 필요한 수산화소듐의 양을 알 수 있다.
- 반응이 완결되는 시점까지 첨가된 수산화소듐 용액의 정확한 부피와 농도를 알 수 있다.

이러한 조건은 그림 4.12에 나타나 있는 적정(titration)을 통해서 충족시킬 수 있다. 플라스크에 반응 용액의 pH가 특정 값에 도달할 때 색이 변하는 염료인 산–염기 지시약과 함께 옥살산이 들어 있는 용액을 넣는다. 농도를 정확히 알고 있는 수산화소듐 수용액을 뷰렛에 채운 후 플라스크의 산 용액에 천천히 떨어뜨린다. 산이 용액에 남아 있는 한 뷰렛으로부터 공급된 염기는 모두 소모되고, 용액은 여전히 산성이며 지시약의 색은 변하지 않는다. 그러나 첨가된 OH^-의 양과 산으로부터 생성될 수 있는 H_3O^+의 양이 정확히 같아지는 지점이 있는데 이 지점을 **당량점**(equivalent point)이라고 한다. 당량점을 지나서 OH^-가 조금이라도 더 첨가된다면 용액은 염기성이 되고 지시약의 색이 변한다(그림 4.12). 예제 4.10에서 당량점과 다른 정보들을 이용하여 혼합물에 있는 옥살산의 백분율를 결정하는 방법을 볼 수 있다.

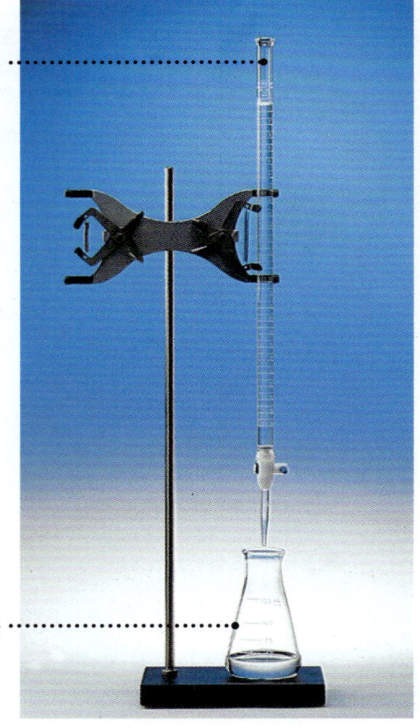

1 0.1mL 단위로 선이 표시(따라서 0.01 mL까지 읽을 수 있는)된 부피 측정도구인 뷰렛을 농도를 알고 있는 염기 수용액으로 채운다.

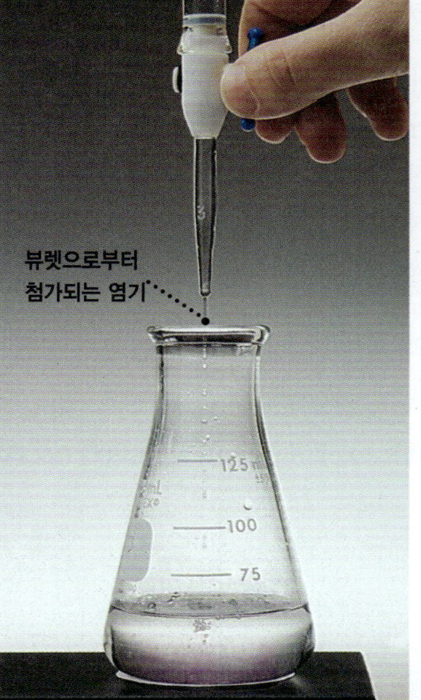

2 분석하고자 하는 산과 지시약이 들어 있는 용액에 뷰렛으로부터 염기를 조금씩 첨가한다.

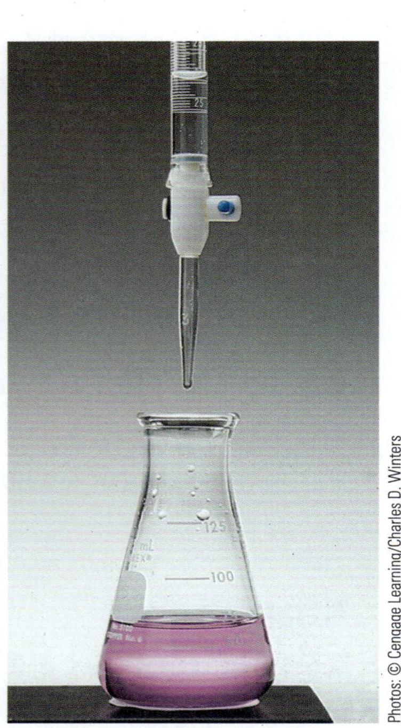

3 뷰렛으로부터 첨가된 NaOH의 양이 분석하고자 하는 산에 의해 생성된 H_3O^+의 양과 정확히 일치할 때(당량점) 염료(지시약)의 색이 변한다(이 실험에서 페놀프탈레인 지시약 사용).

그림 4.12. **산성용액에 들어있는 산을 염기로 적정.**

문제해결 주요사항 4.4 용액을 포함하는 화학량론 계산

문제해결 주요사항 4.1에서 화학량론 문제의 일반적인 접근법에 대해서 알아보았다. 아래의 반응과 같이 용액을 포함하는 반응에 대해서는 다음과 같이 도표를 수정할 수 있다.

$$x\,\text{A(aq)} + y\,\text{B(aq)} \rightarrow \text{생성물}$$

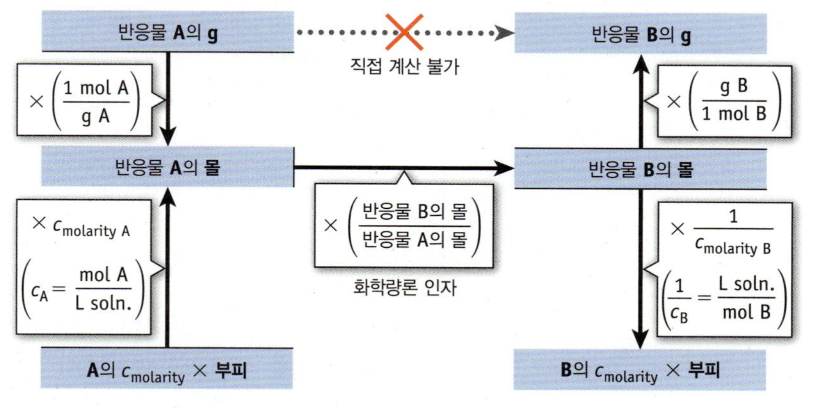

예제 4.10 산–염기 적정

문제 불순물이 포함되어 있는 옥살산 1.034 g을 물에 녹이고 산–염기 지시약을 첨가하였다. 당량점에 도달하기 위해 필요한 0.485M NaOH 용액의 부피는 34.47 mL이다. 옥살산의 질량은 얼마인가? 시료에 들어 있는 옥살산의 질량백분율은 얼마인가?

알고 있는 사실 옥살산(화학식은 $H_2C_2O_4$)의 질량과 적정에 사용된 NaOH 용액의 농도와 부피를 알고 있다.

전략

- 이 산–염기 반응에 대한 완결된 반응식을 쓴다.
- 적정에 사용된 NaOH의 농도와 부피를 이용하여 NaOH의 양을 계산한다.
- 식에 나타난 화학량론 인자를 이용하여 $H_2C_2O_4$의 양을 결정한다.
- $H_2C_2O_4$의 양과 몰질량을 이용하여 $H_2C_2O_4$의 질량을 계산한다.
- 시료에 있는 $H_2C_2O_4$의 질량을 이용하여 퍼센트를 계산한다.

풀이

NaOH와 $H_2C_2O_4$의 반응의 완결된 반응식은 다음과 같다.

$$H_2C_2O_4(aq) + 2NaOH(aq) \rightarrow Na_2C_2O_4(aq) + 2H_2O(\ell)$$

NaOH의 몰수는 다음과 같이 계산된다.

$$\text{NaOH의 양} = c_{NaOH} \times V_{NaOH} = \frac{0.485\ \text{mol NaOH}}{\cancel{\text{L}}} \times 0.03447\ \cancel{\text{L}} = 0.0167\ \text{mol NaOH}$$

이 반응의 완결된 반응식은 1 mol의 옥살산에 대해 2 mol의 수산화소듐이 필요함을 보여준다. 이것이 시료에 들어 있는 옥살산의 양을 얻기 위해 필요한 화학량론 인자이다.

$$0.0167\ \cancel{\text{mol NaOH}} \times \frac{1\ \text{mol } H_2C_2O_4}{2\ \cancel{\text{mol NaOH}}} = 0.00836\ \text{mol } H_2C_2O_4$$

전략도 4.10

문제
불순물이 섞인 시료에 있는 **산의 질량백분율**을 계산하시오. 산–염기 적정을 사용하여 **산의 함량**을 결정하시오.

↓

알려진 자료/정보
- 불순물이 섞여 있고 **산**을 포함하는 시료의 **질량**
- 적정에 사용된 **염기**의 **부피**와 **농도**

↓ **1단계** 완결된 반응식을 쓰시오.

산(옥살산)과 **염기**(NaOH)의 반응에 대한 **완결된 반응식**

↓ **2단계** 염기의 **양**(몰) = 부피(L) × (mol/L)

염기의 양(mol)

↓ **3단계** 염기의 양(mol)에 대해 필요한 산의 양(mol)을 계산하기 위해 **화학량론 인자**를 사용하시오.

불순물이 섞인 시료에 있는 **산의 양**(mol)

↓ **4단계** 시료에 있는 산의 **질량** = 산의 몰 × (g/mol)

불순물이 섞인 시료에 있는 **산의 질량**

↓ **5단계** 시료에 있는 산의 **질량백분율** =(산의 g/시료의 g) × 100 %

불순물이 섞인 시료에 있는 **산의 질량백분율**

산의 몰수와 몰질량으로부터 옥살산의 질량을 구할 수 있다.

$$0.00836\ \text{mol}\ H_2C_2O_4 \times \frac{90.04\ \text{g}\ H_2C_2O_4}{1\ \text{mol}\ H_2C_2O_4} = 0.753\ \text{g}\ H_2C_2O_4$$

옥살산의 이 질량은 전체 시료 질량의 72.8 %에 해당한다.

$$\frac{0.753\ \text{g}\ H_2C_2O_4}{\text{시료}\ 1.034\ \text{g}} \times 100\ \% = 72.8\ \%\ H_2C_2O_4$$

고려사항 문제해결 주요사항 4.4에 이 문제를 풀기 위한 과정이 요약되어 있다.

유제 약산인 아세트산(CH_3CO_2H)을 함유하고 있는 식초의 시료 25.0 mL를 당량점까지 적정하는 데 0.953 M NaOH 용액 28.33 mL가 필요하다. 식초에 들어 있는 아세트산의 질량은 몇 g인가? 식초에 들어 있는 아세트산의 농도는 얼마인가?

$$CH_3CO_2H(aq) + NaOH(aq) \rightarrow NaCH_3CO_2(aq) + H_2O(\ell)$$

산 또는 염기의 표준화

예제 4.10에서 적정에 사용된 염기의 농도는 주어져 있다. 실제 실험에서는 측정을 통해 이 값을 미리 알고 있어야 한다. 이와 같이 분석에 사용하는 시약의 농도를 정확하게 결정하는 과정을 **표준화**(standardization)라 하는데 여기에는 두 가지의 일반적인 접근법이 있다.

한 가지 방법은 일차 **표준 물질**(primary standard)로 알려진 순수한 고체 산 또는 염기의 무게를 정확히 측정한 후, 이 시료를 표준화하려는 염기 또는 산 용액으로 적정한다(예제 4.11). 용액을 표준화하기 위한 또 다른 방법은 이미 표준화된 다른 용액으로 적정하는 것이다(예제 4.11의 유제). 여기서 종종 시약 회사로부터 구입한 표준 용액을 사용하기도 한다.

예제 4.11 적정에 의한 산의 표준화

문제 탄산소듐(Na_2CO_3)은 염기이며 질량이 정확히 측정된 탄산소듐 시료를 이용하여 산을 표준화할 수 있다. 탄산소듐 시료(0.263 g)를 당량점까지 적정하는 데 HCl 수용액 28.35 mL가 필요하다. HCl의 농도는 얼마인가?

알고 있는 사실 이 문제에서 HCl 수용액의 농도는 주어지지 않았지만 Na_2CO_3의 질량과 이 Na_2CO_3과 완전히 반응하는 데 필요한 HCl 수용액의 부피는 알고 있다. 따라서 Na_2CO_3의 몰질량과 완결된 반응식이 필요하다.

전략

- 먼저 반응의 완결된 반응식을 쓴다.
- Na_2CO_3의 양을 질량과 몰질량으로부터 계산한다.
- 반응식에 나타난 화학량론 인자를 사용하여 HCl의 양을 계산한다.

• HCl의 양을 용액의 부피(L)로 나누면 몰농도가 된다.

풀이 이 반응에 대한 완결된 반응식을 먼저 쓴다.

$$Na_2CO_3(aq) + 2HCl(aq) \rightarrow 2NaCl(aq) + H_2O(\ell) + CO_2(g)$$

표준 물질로 사용된 Na_2CO_3의 질량으로부터 염기의 몰수를 계산한다.

$$0.263 \text{ g } Na_2CO_3 \times \frac{1 \text{ mol } Na_2CO_3}{106.0 \text{ g } Na_2CO_3} = 0.00248 \text{ mol } Na_2CO_3$$

화학량론 인자를 사용하여 HCl 용액 28.35 mL에 들어 있는 HCl의 양을 계산한다.

$$0.00248 \text{ mol } Na_2CO_3 \times \frac{2 \text{ mol HCl 필요}}{1 \text{ mol } Na_2CO_3 \text{ 사용 가능}} = 0.00496 \text{ mol HCl}$$

마지막으로 HCl 수용액 시료 28.35 mL(0.02835 L)는 0.00496 mol의 HCl을 포함하고 있기 때문에 HCl 용액의 몰농도는 0.175 M이다.

$$[HCl] = \frac{0.00496 \text{ mol HCl}}{0.02835 \text{ L}} = 0.175 \text{ M HCl}$$

고려사항 탄산소듐(Na_2CO_3)은 일차 표준 물질로 자주 사용된다. 이 물질은 순수한 형태로 얻을 수 있고 질량을 정확하게 측정할 수 있으며 강산과 완전히 반응한다.

유제 0.100 M의 농도를 가지는 염산 HCl을 화학 회사에서 구입하여 염기성 용액의 표준화에 사용할 수 있다. 25.00 mL의 수산화소듐 수용액을 당량점까지 적정하는 데 0.100 M 농도의 HCl이 29.67 mL 필요하다면 염기의 농도는 얼마인가?

적정에 의한 몰질량 측정

2장에서는 분석 자료를 사용하여 화합물의 실험식을 결정하였다. 여기에서 몰질량을 알고 있으면 분자식을 결정할 수 있다. 만약 미지 시료가 산이나 염기라면 적정에 의해 몰질량을 측정할 수 있다.

예제 4.12 적정에 의한 산의 몰질량 측정

문제 유기산 HA의 몰질량을 측정하기 위해서 표준화된 NaOH로 1.056 g의 HA를 적정한다. HA가 다음과 같이 반응에 의해 0.256M의 NaOH 33.78 mL와 반응한다면 HA의 몰질량은 얼마인가?

$$HA(aq) + OH^-(aq) \rightarrow A^-(aq) + H_2O(\ell)$$

알고 있는 사실 미지 산 시료의 질량과 NaOH(aq)의 농도와 부피를 알고 있다. 주어진 반응식에서 산과 염기가 1:1 형태로 반응함을 알고 있다.

전략 이 문제를 푸는 핵심은 물질의 몰질량이 시료에 들어 있는 물질의 양(mol)에 대한 시료의 질량(g) 비라는 것을 아는 것이다. 질량은 알고 있기 때문에 이 질량이

전략도 4.12

문제
산–염기 적정으로 산 **HA**의 **몰질량**을 계산하시오.

↓

알려진 자료/정보
- **산** 시료의 **질량**
- 적정에 사용된 **염기**의 **부피**와 **농도**

1단계 완결된 반응식을 쓰시오.

↓

산(HA)과 **염기**(NaOH)의 반응에 대한 **완결된 반응식**

2단계 염기의 **양**(mol) = 부피(L) × 농도(mol/L)

↓

염기의 **양**(mol)

3단계 염기의 양(mol)에 대해 필요한 산의 양(mol)을 계산하기 위해 **화학량론 인자**를 사용하시오.

↓

산 **HA**의 **양**(mol)

4단계 **몰질량** = 시료에 있는 산의 질량/시료에 있는 산의 양(mol)

↓

산 **HA**의 **몰질량**

몇 몰에 해당하는지 알아야 한다. 위의 반응식에서 1 mol의 HA는 1 mol의 NaOH와 반응하기 때문에 산의 양은 적정에 사용된 NaOH의 양과 동일하다. 그리고 NaOH의 양은 농도와 부피로부터 계산할 수 있다.

풀이 적정에 사용된 NaOH의 양을 먼저 계산한다.

$$\text{NaOH의 양} = c_{NaOH} \times V_{NaOH} = \frac{0.256 \text{ mol}}{\text{L}} \times 0.03378 \text{ L} = 8.65 \times 10^{-3} \text{ mol NaOH}$$

다음으로 적정에 사용된 NaOH 양이 적정된 산의 양과 동일하기 때문에 다음과 같은 관계가 성립된다.

$$8.65 \times 10^{-3} \text{ mol NaOH} \times \frac{1 \text{ mol HA}}{1 \text{ mol NaOH}} = 8.65 \times 10^{-3} \text{ mol HA}$$

마지막으로 HA의 몰질량을 계산한다.

$$\text{산의 몰질량} = \frac{1.056 \text{ g HA}}{8.65 \times 10^{-3} \text{ mol HA}} = 122 \text{ g/mol}$$

고려사항 물에 용해되는 산의 몰질량은 20 g/mol(HF)에서 몇 백 g/mol까지 범위에 있다.

유제 어떤 일양성자 산이 다음과 같은 알짜 이온 반응식으로 NaOH와 반응한다.

$$HA(aq) + OH^-(aq) \rightarrow A^-(aq) + H_2O(\ell)$$

0.856 g의 산을 적정하는 데 0.323 M의 NaOH 30.08 mL가 필요하다면 HA의 몰질량은 얼마인가?

산화–환원 반응을 이용한 적정

적정에 의한 분석이 산–염기 반응에만 국한되는 것은 아니다. 많은 산화–환원은 수용액에서 빠른 속도로 완결되며, 이 반응들에 대한 당량점을 결정하기 위한 방법들도 있다.

예제 4.13 산화–환원 반응을 이용한 적정

문제 철광석에 들어 있는 철은 수용액에 들어 있는 철(II) 이온(Fe^{2+})으로 정량적으로 변환시킬 수 있으며 이 용액은 과망가니즈산포타슘($KMnO_4$) 수용액으로 적정할 수 있다. 적정 과정에서 나타나는 반응의 완결된 알짜 이온 반응식은 다음과 같다.

$$\underset{\text{자주색}}{MnO_4^-(aq)} + \underset{\text{무색}}{5\,Fe^{2+}(aq)} + 8\,H_3O^+(aq) \rightarrow \underset{\text{무색}}{Mn^{2+}(aq)} + \underset{\text{옅은 노란색}}{5\,Fe^{3+}(aq)} + 12\,H_2O(\ell)$$

철을 함유하고 있는 철광석 시료 1.026 g을 적정하여 당량점까지 도달하는 데 0.0195 M의 $KMnO_4$ 24.35 mL가 필요하다. 철광석에 들어 있는 철의 질량백분율은 얼마인가?

알고 있는 사실 $Fe^{2+}(aq)$ 이온을 당량점까지 적정하는 데 사용된 $KMnO_4$ 용액의 몰 농도와 부피를 알고 있다. $KMnO_4$와 $Fe^{2+}(aq)$ 이온의 양적 관계를 결정하는 화학량론 인자는 완결된 반응식에서 찾을 수 있다.

전략

- $KMnO_4$ 용액의 부피와 농도를 이용하여 적정에 사용된 $KMnO_4$의 양을 계산한다.
- 화학량론 인자를 사용하여 $KMnO_4$의 양으로부터 Fe^{2+} 이온의 양을 구한다.
- 철의 몰질량을 이용하여 Fe^{2+}의 양을 철의 질량으로 환산한다.
- 시료에 들어 있는 철의 질량백분율을 구한다.

풀이 먼저 $KMnO_4$의 양을 계산한다.

$$KMnO_4\text{의 양} = c_{KMnO4} \times V_{KMnO4} = \frac{0.0195\ \text{mol KMnO}_4}{\text{L}} \times 0.02435\ \text{L} = 0.000475\ \text{mol}$$

화학량론 인자를 사용하여 철(II) 이온의 양을 계산한다.

$$0.000475\ \text{mol KMnO}_4 \times \frac{5\ \text{mol Fe}^{2+}}{1\ \text{mol KMnO}_4} = 0.00237\ \text{mol Fe}^{2+}$$

다음으로 철의 질량을 계산한다.

$$0.00237\ \text{mol Fe}^{2+} \times \frac{55.85\ \text{g Fe}^{2+}}{1\ \text{mol Fe}^{2+}} = 0.133\ \text{g Fe}^{2+}$$

마지막으로 질량백분율을 계산한다.

$$\frac{0.133\ \text{g Fe}^{2+}}{\text{시료 } 1.026\ \text{g}} \times 100\ \% = \text{철 } 12.9\ \%$$

고려사항 $KMnO_4$를 이용하여 철(II) 이온을 적정하는 반응은 모든 철(II) 이온이 반응했을 때 검출이 쉽기 때문에 유용한 분석적 반응이다. MnO_4^- 이온은 짙은 자주색이지만 Fe^{2+} 이온과 반응하여 무색인 Mn^{2+} 이온이 생성된다. 따라서 뷰렛으로부터 $KMnO_4$이 첨가되어 용액에 섞이면 처음에는 자주색이 사라진다. 따라서 희미한 자주색이 나타나면(반응하지 않은 $KMnO_4$가 남아 있기 때문에) 이것이 바로 당량점에 도달했다는 신호가 된다.

유제 비타민 C인 아스코르브산($C_6H_8O_6$)은 환원제이다. 시료의 아스코르브산 함량을 결정하는 한 가지 방법은 이 산을 과량의 아이오딘과 섞는 것이다.

$$C_6H_8O_6(aq) + I_2(aq) \rightarrow C_6H_6O_6(aq) + 2H_3O^+(aq) + 2I^-(aq)$$

그리고 아스코르브산과는 반응하지 않는 티오황산소듐으로 아이오딘을 적정한다. 이 적정에서 일어나는 반응에 대한 완결된 알짜 이온 반응식은 다음과 같다.

$$I_2(aq) + 2\ S_2O_3^{2-}(aq) \rightarrow 2\ I^-(aq) + S_4O_6^{2-}(aq)$$

아스코르브산을 함유하고 있는 시료에 0.0520 M의 I_2 50.00 mL가 첨가되었다. 아스코르브산과 I_2가 완전히 반응한 후 반응에 사용되지 않은 I_2를 당량점까지 적정하는 데 0.196 M $Na_2S_2O_3$가 20.30 mL 필요하다. 미지 시료에 들어 있는 아스코르브산의 질량을 계산하시오.

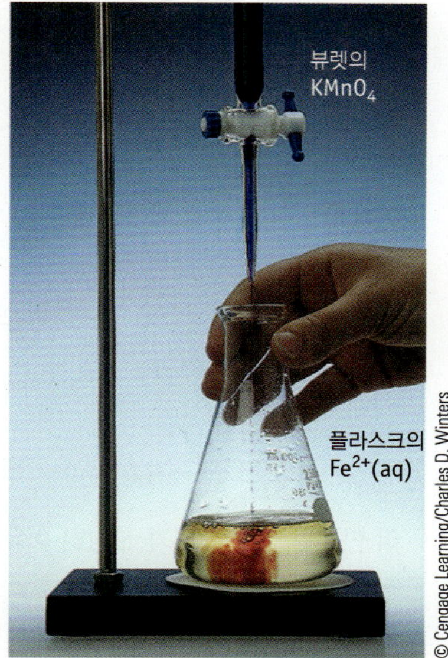

산화–환원 반응을 이용한 적정. 자주색 $KMnO_4$ 수용액을 Fe^{2+}를 함유하고 있는 용액에 첨가한다. $KMnO_4$를 용액에 떨어뜨리면 무색의 Mn^{2+}와 연한 노란색의 Fe^{3+}가 생성된다.

사례 연구 바닷물에 얼마나 많은 염분이 들어 있나?

염도는 기본 미각 가운데 하나이고, 바닷물의 맛을 보면 금방 짜다는 것을 알 수 있다. 어떻게 바다는 짜게 되었을까?

대기 중의 CO_2와 물의 상호작용을 통해 하이드로늄 이온과 탄산수소 이온이 생성된다.

$$CO_2(g) + H_2O(\ell) \rightarrow H_2CO_3(aq)$$

$$H_2CO_3(aq) + H_2O(\ell) \rightleftharpoons H_3O^+(aq) + HCO_3^-(aq)$$

이 반응은 실제로 비가 산성인 이유이고, 약산성인 빗물은 석회석 또는 산호와 같은 물질을 녹여 칼슘 이온과 더 많은 탄산수소 이온을 생성하게 할 수 있게 한다.

$$CaCO_3(s) + H_3O^+(aq) \rightarrow Ca^{2+}(aq) + HCO_3^-(aq) + H_2O(\ell)$$

소듐 이온은 조장석($NaAlSi_3O_8$)과 같은 소듐을 포함한 광물과 비슷한 반응을 거쳐 바다에 도달하게 된다. 땅에 떨어지는 산성비는 소듐 이온을 추출하여 강물을 통해 바다로 운반된다.

지각의 바위 중의 염소 평균 함량은 0.01 %에 불과하여 바다에 있는 염화 이온의 아주 적은 양만이 바위와 광물의 풍화에 의해 얻어진 것이다. 그렇다면 바다의 염화 이온은 어디에서 온 것일까? 답은 화산이다. 염화수소 기체 HCl은 화산 기체의 구성성분이다.

Courtesy Jack Kotz

지구 역사의 초창기에 행성은 훨씬 뜨거웠고 화산은 훨씬 더 광범위하게 분포하였다. 화산으로부터 분출된 HCl 기체는 물에 매우 잘 녹아 금방 용해되어 묽은 염산 용액이 되었다. 용해된 HCl의 염화 이온과 풍화된 바위의 소듐 이온이 바다 소금의 원천이다.

당신이 해양학자이고 바닷물 시료의 염화 이온의 농도를 결정한다고 가정하자. 어떻게 할 것인가? 그리고 어떤 결과를 얻게 될 것인가?

염화 이온 함량을 얻기 위해 용액을 분석하는 여러 가지 방법이 있다. 이 중에 고전적인 '모어(Mohr) 법'이 있다. 이 방법에서 염화 이온을 포함한 용액을 표준화한 질산은 용액으로 적정하게 된다. 아는 바와 같이 다음 반응이 일어나고 염화 이온이 완전히 침전될 때까지 계속하게 될 것이다.

$$Ag^+(aq) + Cl^-(aq) \rightarrow AgCl(s)$$

Cl^-를 Ag^+로 적정할 때 당량점을 확인하기 위하여 모어 법은 크로뮴산포타슘 용액 몇 방울을 첨가하게 된다. 이 '지시약'은 크로뮴산은이 AgCl보다 약간 더 녹기 때문에 붉은색 Ag_2CrO_4는 모든 AgCl이 침전된 후에야 침전되기 때문에 작용할 수 있다.

$$2\ Ag^+(aq) + CrO_4^{2-}(aq) \rightarrow Ag_2CrO_4(s)$$

Ag_2CrO_4(◀그림 3.12)의 빨간색이 나타남은 당량점의 신호가 된다.

문제

다음 정보를 이용하여 바닷물 시료의 염화 이온 농도를 계산하시오.

a. 원래 바닷물 시료의 부피 = 100.0 mL
b. 바닷물 시료 10.00 mL를 증류수로 100.0 mL로 묽혔다.
c. 묽힌 시료 10.00 mL를 다시 100.0 mL로 묽혔다.
d. 50.00 mL 묽힌 시료(c 단계)에 대하여 모어 적정을 실시하였고 0.100 M $AgNO_3$ 26.25 mL가 필요하였다. 원래 바닷물 시료의 염화 이온 농도는 얼마인가?

이 질문에 대한 답은 부록 N에 수록되어 있다.

4.7절 확인문제

1. 0.40 M HCl 용액 25 mL을 0.30 M NaOH 용액에 더했다. 혼합된 용액은 산성, 염기성, 중성 가운데 어디에 해당되는가?
(a) 산성 (b) 염기성 (c) 중성

2. H_2SO_4 0.0100 mol과 완전히 반응하는 데 필요한 0.250 M NaOH 용액의 부피는 얼마인가?
(a) 80.0 mL (b) 60.0 mL (c) 40.0 mL (d) 125 mL

4.8 분광광도법

많은 화합물의 용액은 빛을 흡수하여 색을 띠기 때문에(그림 4.13) 빛을 흡수하는 정도를 정량적으로 측정하여 녹아 있는 용질의 농도를 결정할 수 있다. **분광광도법**(spectrophotometry)이라고 불리는 이 방법은 중요한 분석 방법이며 실험과정에서 사용하게 될 것이다.

모든 물질은 전자기파의 특정 파장만 흡수하거나 투과시킨다(그림 4.13 및 4.14). 예를 들어 니켈(II) 이온(그리고 엽록소도)은 빨간색과 파란색/보라색 빛을 흡수하고 초록색 빛은 투과시킨다. 우리의 눈은 흡수된 빛은 보지 못하고 반사되거나 투과된 빛만 보기 때문에 초록색으로 보인다. 또한 흡수되거나 투과된 특정 파장은 각 물질에 대해 고유하기 때문에 스펙트럼은 미지의 물질을 확인하는 지문과 같은 역할을 한다.

구리(II) 이온을 포함하는 두 가지 용액이 있는데 한 용액의 색이 더 짙다고 가정하자. 우리는 상식적으로 색이 짙은 용액의 농도가 더 높다고 생각할 것이다(그림 4.15a). 이것은 사실이다. 색이 진한 정도가 곧 용액에 포함된 물질의 농도를 반영한다.

최근에는 분광광도법이 정량 분석에서 가장 흔히 사용되는 방법 가운데 하나가 되었다. 이 방법은 색을 띠는 화합물이나 반응의 결과 색을 띠는 생성물을 생성하는 화

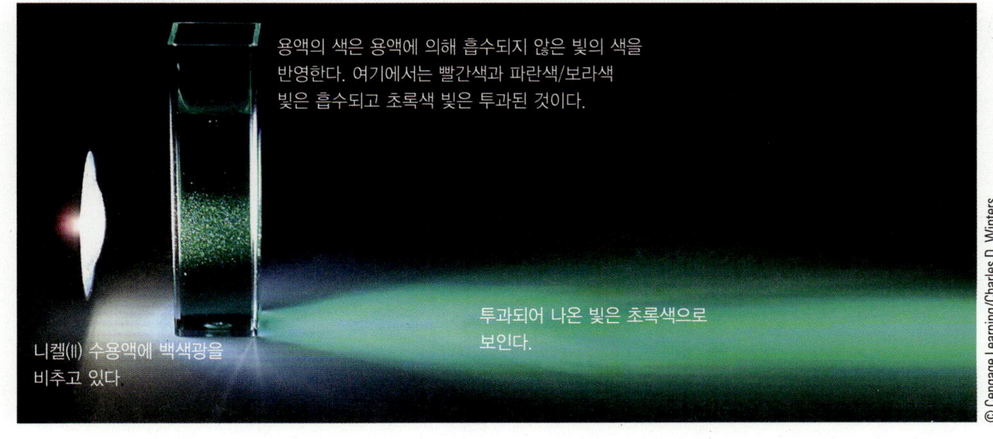

그림 4.13 빛의 흡수와 색.

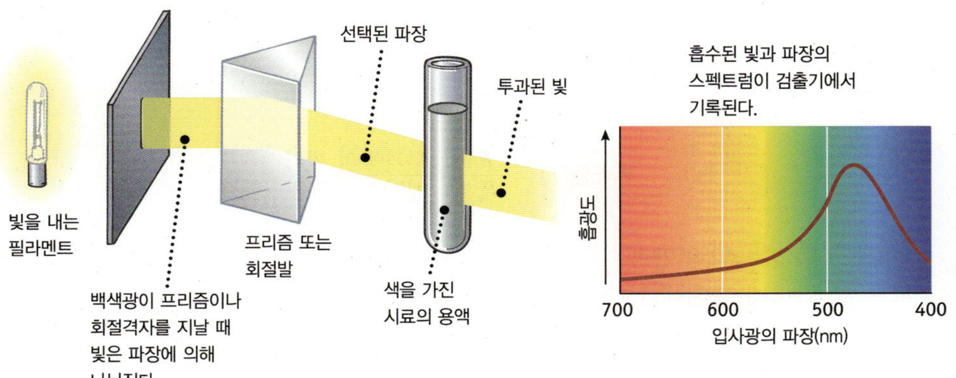

그림 4.14 흡광 분광광도계. 분광광도계는 빛의 모든 파장을 주사하여 각 파장에서 빛을 흡수하는 정도를 측정한다. 그 결과 입사광의 파장에 대해 빛이 흡수된 정도가 그래프로 그려진 스펙트럼이 얻어진다. 여기에서 시료는 스펙트럼의 청록색 부분을 흡수하고 나머지 빛은 투과시켰다. 따라서 시료는 주황색으로 보이게 된다.

사례 연구 법과학 화학: 적정과 식품 오염

미국 식품의약국(FDA)는 표백제를 수프, 유아 이유식과 탄산음료와 같은 제품에 첨가한 제품 오염의 경우를 발견하였다. 가정용 표백제는 산화제이며 먹는 경우 매우 위험한 화합물인 하이포아염소산소듐(NaClO)의 묽힌 용액이다.

표백제를 검출하는 한 가지 방법은 녹말-아이오딘화 이온 종이를 사용하는 것이다. 산성 용액에서 표백제는 아이오딘화 이온을 아이오딘으로 산화시킨다.

$$2\ I^-(aq) + HClO(aq) + H_3O^+(aq) \rightarrow I_2(aq) + 2\ H_2O(\ell) + Cl^-(aq)$$

또한 I_2의 존재는 녹말의 존재 하에서 짙은 파란색으로 검출할 수 있다.

이 반응은 또한 표백제를 함유한 용액의 정량 분석에서도 사용된다. 과잉의 아이오딘화 이온(KI의 형태)을 시료에 첨가한다. 시료의 표백제(산성 용액에서 HClO 생성)는 I^-를 1 mol HClO 대 2 mol I^-의 비로 산화시킨다. 이 반응에서 생성된 아이오딘은 또 다른 산화-환원 반응에서 티오황산소듐($Na_2S_2O_3$)으로 적정하게 된다(예제 4.13의 유제).

$$I_2(aq) + 2\ S_2O_3^{2-}(aq) \rightarrow 2\ I^-(aq) + S_4O_6^{2-}(aq)$$

이 적정에서 사용된 $Na_2S_2O_3$의 양은 원래 시료의 NaClO의 양을 결정하기 위해 사용된다.

문제

과잉의 KI를 표백제 NaClO로 오염된 100.0 mL 탄산음료 시료에 첨가하였다. 용액에서 생성된 아이오딘(I_2)을 0.0425 M $Na_2S_2O_3$으로 적정하였더니 당량점에 도달하는 데 25.3 mL가 필요하였다. 오염된 탄산음료 시료 100.0 mL에 들어 있는 NaClO의 질량은 얼마인가?

이 질문에 대한 답은 부록 N에 수록되어 있다.

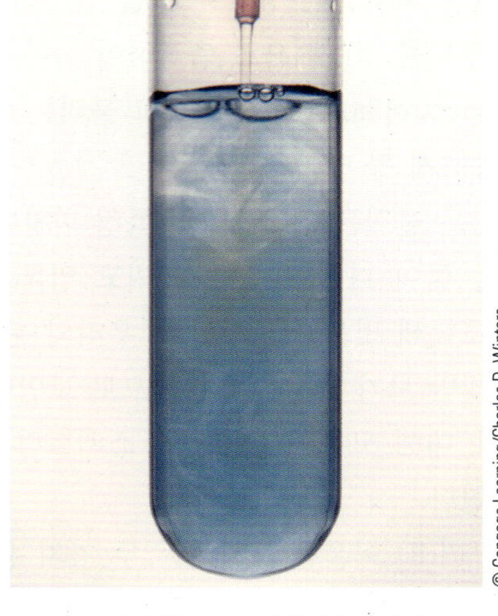
© Cengage Learning/Charles D. Winters

아이오딘이 수용성 녹말과 반응하면 쉽게 알아 볼 수 있는 청색이 생성된다.

합물을 정량적으로 결정할 필요가 있는 산업, 의료, 과학수사 등 다양한 분야에서 사용된다.

투과율, 흡광도, Beer-Lambert 법칙

빛의 흡수와 용액의 농도 사이의 상관관계를 정확하게 규정하기 위해서 먼저 몇 가지 용어를 정의해야 한다. **투과율**(Transmittance, T)은 처음에 시료에 비춰진 빛(입사광)과 투과된 빛(시료를 통과한 빛)의 비율이다.

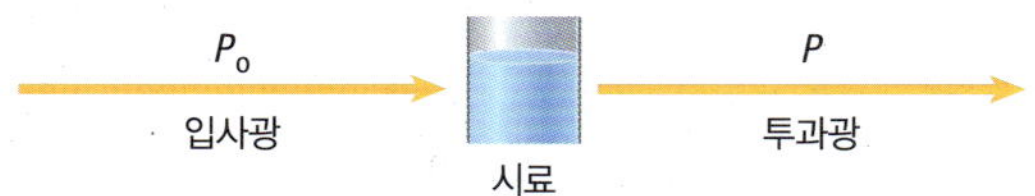

$$\text{투과율}(T) = \frac{P}{P_o} = \frac{\text{투과광의 세기}}{\text{입사광의 세기}}$$

시료의 **흡광도**(absorbance)는 투과율의 음의 로그 값으로 정의된다. 즉 흡광도와 투과율은 역비례 관계에 있다. 흡광도가 증가하면 투과율은 감소한다.

$$\text{흡광도} = -\log T = -\log P/P_o$$

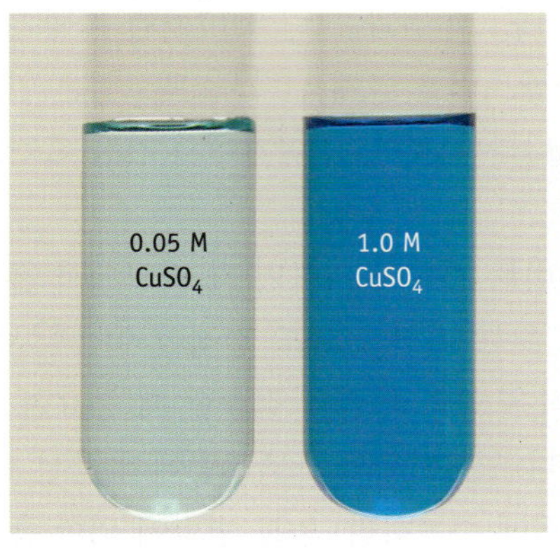

(a) 같은 직경의 시험관에 다른 농도의 황산구리(II) 용액이 들어 있다. 더 진한 용액이 더 많은 빛을 흡수하기 때문에 더 파랗게 보인다.

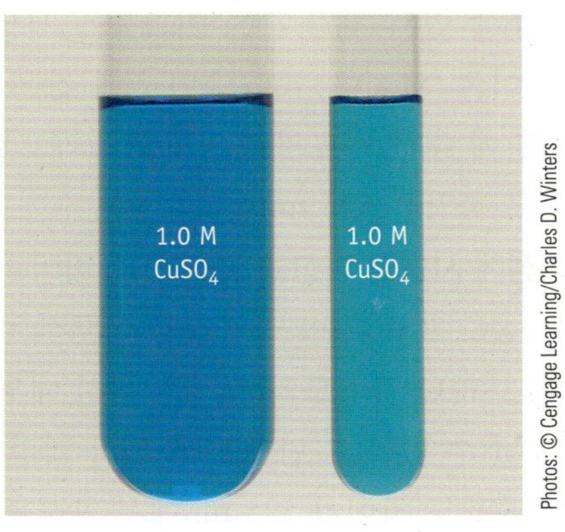

(b) 빛이 용액에 의해 흡수되는 정도는 투과 길이에 의존한다. 여기에서 같은 농도의 황산구리(II) 용액이 시험관에 들어 있다. 그러나 한 시험관에서 빛이 투과하는 길이가 다른 것보다 더 길다.

Photos: © Cengage Learning/Charles D. Winters

그림 4.15 빛의 흡수, 농도, 투과 길이.

그림 4.15a에 있는 구리(II) 이온 수용액의 예를 보면 파란색이 더 짙은 용액은 빛을 더 많이 흡수한다는 것과 황산 구리(II) 농도가 더 높을 것으로 추론할 수 있다. 즉 **시료의 흡광도(A)는 농도가 높아질수록 증가한다는 것이다.**

다음으로 농도가 같은 동일한 용액이 담긴 두 시험관이 있다고 하자. 유일한 차이점은 한 시험관의 직경이 다른 것보다 더 작다는 점이다(그림 4.15b). 같은 세기(P_0)의 빛을 두 시험관에 비춰줄 때 가는 시험관에서는 빛이 짧은 거리를 이동하고 당신의 눈에 들어오겠지만 굵은 시험관에서는 빛이 더 긴 거리를 이동하기 때문에 더 많은 빛이 흡수된다. 더 넓은 직경의 시험관에서 투과 길이가 더 길기 때문에 더 많은 빛이 흡수될 것이다. 즉 **투과 길이가 길수록 흡광도는 증가한다.**

이러한 두 관찰을 종합하면 **비어–람버트 법칙**(Beer–Lambert law)이 된다.

비어–람버트 법칙. 비어–람버트 법칙은 비교적 묽은 용액에서 정확하게 적용될 수 있지만 높은 농도에서는 농도와 흡광도의 관계가 선형이 아닐 수 있다.

$$\text{흡광도}(A) \propto \text{투과 길이 } (\ell) \times \text{농도}(c)$$
$$A = \epsilon \times \ell \times c \tag{4.5}$$

여기에서

- 시료의 흡광도(A)는 단위가 없는 숫자이다.
- 비례상수(ϵ)는 **몰 흡광도**(molar absorptivity)라고 하며 온도와 파장이 동일하면 특정 물질에서는 일정한 값을 갖는다. 단위는 L/mol · cm이다.
- ℓ과 c의 단위는 각각 길이(cm)와 농도(mol/L)이다.

비어–람버트 법칙은 **투과 길이가 일정하면 흡광도가 시료의 농도에 선형으로 비례한다**는 것을 보여준다.

분광광도 분석법

분광광도 분석법은 대개 4단계로 실시된다.

1 분석할 물질의 흡수 스펙트럼을 측정한다. 일반 화학 실험에서 이 단계는 그림

그림 4.16 분광광도계. 이 기기는 기초 일반 화학 실험에서 흔히 볼 수 있는 것이다.

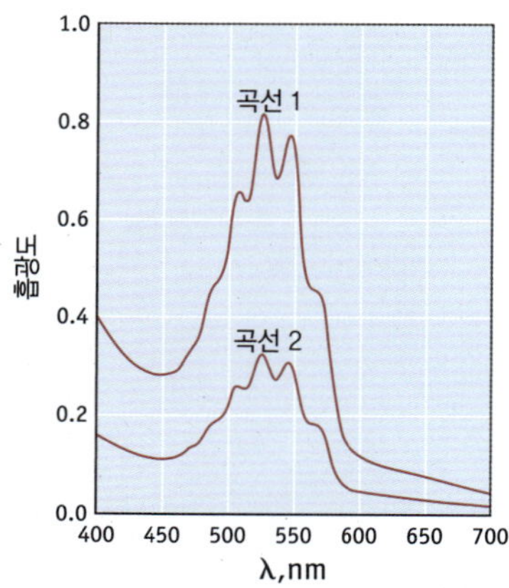

그림 4.17 다른 농도의 과망가니즈산포타슘($KMnO_4$) 용액의 흡수 스펙트럼. 곡선 1 용액은 곡선 2의 용액보다 농도가 진하다.

4.16에 있는 것과 같은 기기들을 사용한다. 그 결과 그림 4.17처럼 과망가니즈산 이온 (MnO_4^-) 수용액의 것과 같은 스펙트럼을 얻게 된다. 스펙트럼은 입사광 파장에 대한 시료의 흡광도를 그래프로 나타낸 것이다. 여기에서 가장 흡광도가 높은 파장은 525 nm이다.

2 측정에 사용할 파장을 결정한다. 비어-람버트 법칙에 의하면 각 파장에서 흡광도는 농도에 비례한다. 따라서 이론적으로 모든 파장을 농도 결정에 이용할 수 있다. 그러나 흡광도의 크기는 특히 매우 작은 양의 물질을 검출할 때 중요한 요소가 될 수 있다. 그림 4.17에 있는 과망가니즈산 이온의 스펙트럼에서 곡선 1과 2의 흡광도 차이가 525 nm에서 가장 큰 점에 주목하라. 농도 변화에 의한 흡광도 차이는 이 파장에서 가장 커지게 된다. 이는 흡광도에 의한 농도 측정은 이 파장에서 가장 감도가 높아진다는 것을 의미한다. 이러한 이유로 인하여 측정을 위해서는 대개 흡광도가 가장 높은 파장을 선택한다.

3 검량선을 작성한다. 일단 파장을 선택했으면 다음 단계는 이 파장에서 **검량선**(calibration curve 또는 calibration plot)을 그리는 것이다. 검량선은 농도를 이미 정확히 알고 있는 서로 다른 농도의 표준 용액들의 흡광도를 농도에 대해 그래프로 그린 것이다. 정해진 파장과 투과 길이에서 흡광도는 농도에 비례하기 때문에 이 그래프는 양의 기울기를 갖는 직선이 된다(예제 4.14에서 검량선을 그리게 될 것이다).

4 다른 용액들에서 대상 물질의 농도를 결정한다. 검량선이 작성되면 직선 그래프의 식을 얻을 수 있고 미지 시료의 흡광도를 이 식에 대입하면 농도를 계산할 수 있다.

예제 4.14 분광광도법을 이용한 화학 분석

문제 어떤 $KMnO_4$ 용액의 흡광도를 1.0 cm 셀에서 측정한 결과 540 nm에서 흡광도가 0.539였다. $KMnO_4$의 농도는 얼마인가? 미지 시료의 흡광도를 측정하기 전에 다음과 같은 표준 용액의 흡광도 자료를 확보하였다.

$KMnO_4$(M)의 농도	흡광도
0.0300	0.162
0.0600	0.330
0.0900	0.499
0.120	0.670
0.150	0.840

알고 있는 사실 표에는 서로 다른 농도의 $KMnO_4$ 용액의 흡광도 자료가 있다. 그리고 미지 시료의 흡광도가 주어져 있다.

전략 위에 주어진 자료를 이용하여 검량선을 그린다. 그러면 이 직선을 이용하여 미지 시료 흡광도로부터 농도를 결정할 수 있다. 더 정확한 값을 얻기 위해서는 검량선에 대한 식을 얻어서 그 식을 이용하여 농도를 계산할 수 있다.

풀이 마이크로소프트 엑셀과 같은 프로그램을 이용하거나 계산기를 이용하여 실험 자료로부터 검량선을 그리면 직선에 대한 식은 다음과 같이 된다.

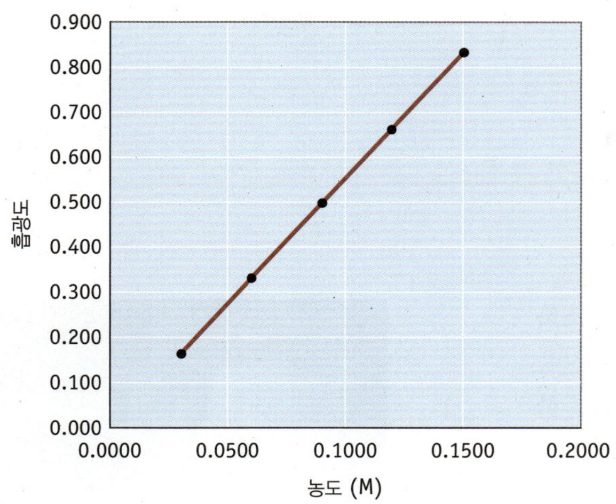

$$y = 5.653x - 0.009$$

$$\text{흡광도} = 5.653\ (\text{농도}) - 0.009$$

이 식에 미지 시료의 흡광도를 대입하면 농도를 계산할 수 있다.

$$0.539 = 5.653\ (\text{농도}) - 0.009$$

$$\text{미지 시료 농도} = 0.0969$$

고려사항 미지 시료의 흡광도는 0.539이다. 검량 자료를 보면 이 흡광도는 0.499와 0.670 사이에 있다. 우리가 결정한 미지 시료의 농도 0.0969 M은 위의 두 흡광도를 나타내는 표준 시료의 농도인 0.0900 M과 0.120 M 사이에 있기 때문에 타당하다.

유제 구리(II) 이온의 용액을 1.0 cm 셀을 이용하여 645 nm에서 측정하였을 때 0.418의 흡광도를 가졌다. 미지 시료에 포함된 구리(II) 이온의 농도를 계산하시오.

검량 자료

Cu^{2+} (M)의 농도	흡광도
0.0562	0.720
0.0337	0.434
0.0281	0.332
0.0169	0.219

4.8절 확인문제

1. 용액을 처음 부피의 두 배가 되도록 묽히면 흡광도(A)는 어떻게 변하겠는가?

(a) A는 두 배가 된다. (b) A는 처음 값의 절반이 된다.

(c) A는 변하지 않는다.

2. 흡광도 대 일련의 $KMnO_4$ 용액의 농도를 그래프로 그리면 $y = 2.50x + 0.02$의 식을 가진 직선으로 표시된다. 흡광도 0.442를 가진 용액에서 $KMnO_4$의 농도는 얼마인가?
(a) 0.157 M (b) 0.169 M (c) 0.442 M (d) 0.108 M

화학 원리 응용 | 제산제

제산제는 소화불량과 속쓰림을 완화하는 화학물질이다. 소화불량과 속쓰림을 즉시 완화한다고 광고하는 제산제는 위산을 중화하는 탄산 또는 수산화 이온을 함유하고 있다. 일부 흔한 활성 성분은 $NaHCO_3$, $KHCO_3$, $CaCO_3$, $Mg(OH)_2$, $Al(OH)_3$ 등이 있다. 이 화합물들은 즉각적인 완화를 줄 수 있지만 지속적인 복용은 추천되지 않는다. 탄산칼슘은 신장 결석이 자라는 데 기여할 수도 있다. 더구나 탄산칼슘과 수산화알루미늄은 변비를 일으킬 수도 있다. 반면 수산화마그네슘은 설사를 유발할 수 있는 약한 완화제이다. 따라서 마그네슘을 함유한 제산제는 수산화알루미늄과 혼합하는데, 이는 알루미늄이 마그네슘의 완화 성질에 반대로 작용하기 때문이다.

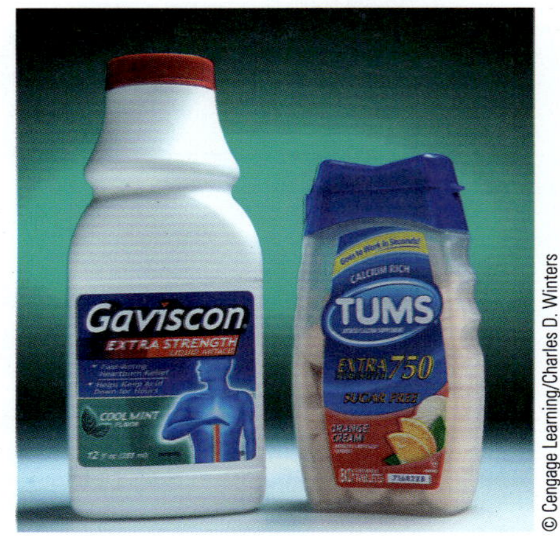

© Cengage Learning/Charles D. Winters

제산제. 제산제는 소화불량과 속쓰림을 완화할 수 있는 $CaCO_3$, $MgCO_3$, $Mg(OH)_2$와 $Al(OH)_3$ 등의 화합물이다.

문제

1. 위에 나열된 화합물 중 어느 것이 HCl과 섞으면 기체 생성 반응을 일으키는가?
2. 표준 세기 제산제 텀스(Tums Regular Strength Antacid) 정제 1개는 500 mg $CaCO_3$를 함유한다.
   a. $CaCO_3$와 위산(HCl)과의 반응을 나타내는 반응식을 쓰시오.
   b. 텀스 정제 1개와 완전히 반응할 수 있는 0.500 M HCl(aq)의 부피는 mL로 얼마인가?
3. 롤레이드(Rolaids™)의 활성 성분은 $CaCO_3$와 $Mg(OH)_2$이다.
   a. $Mg(OH)_2$와 HCl과의 반응을 나타내는 반응식을 쓰시오.
   b. 롤레이드 정제 1개를 적정하는 데 0.500 M HCl 29.52 mL가 필요하고 정제가 550 mg의 $CaCO_3$를 함유한다면 정제 1개에 존재하는 $Mg(OH)_2$의 질량은 얼마인가?
4. 말록스(Maalox)는 액체 또는 고체 형태로 구입이 가능하다. 액체 형태의 말록스 한 스푼은 200. mg $Al(OH)_3$와 200. mg $Mg(OH)_2$의 혼합물을 함유한다. 말록스 한 스푼과 완전히 반응할 수 있는 0.500 M HCl(aq)의 부피는 얼마인가?

위에 제시된 양(텀스 또는 롤레이드 한 정 또는 말록스 한 스푼)으로 복용하였을 때 가장 많은 산을 중화할 수 있는 것은 어느 제품인가?

학습 목표 복습

여러분은 이 장의 학습을 마쳤다. 이제 학습 목표를 달성했는지 점검해 보자. 특히 다음과 같은 것을 할 수 있어야 한다.

- 화학량론의 기초를 형성하는 물질 보존의 법칙을 이해한다.
- 화학 반응에서 한계 반응물의 의미를 이해한다.

- 완결된 화학 반응식을 이용하여 화학량론 계산한다.
  a. 완결된 화학 반응식을 이용하여 한 반응물 또는 생성물의 질량으로부터 다른 생성물 또는 반응물의 질량을 계산한다(4.1절).
  b. 양 표를 이용하여 화학량론 정보를 체계화한다.
  c. 2개 반응물 중 어느 것이 한계 반응물인지를 결정한다(4.2절).
  d. 한계 반응물을 기준으로 생성물의 수득률을 결정한다.
- 화학 반응에서 이론 수득률과 퍼센트 수득률을 계산한다.
  a. 실제 수득률, 이론 수득률, 퍼센트 수득률 사이의 차이점을 설명하고 퍼센트 수득률을 계산한다(4.3절).
- 화학량론을 이용하여 화합물들의 혼합물을 분석하거나 화합물의 화학식 결정한다.
  a. 화학량론을 이용하여 혼합물을 분석한다(4.4절).
  b. 화학량론을 이용하여 미지 화합물의 실험식 결정한다(4.4절).
- 용액의 화학량론에서 농도를 정의하고 사용한다.
  a. 용액에서 용질의 농도를 리터당 몰수(몰농도)로 계산하고 그 농도를 다른 계산에 활용한다(4.5절).
  b. 용매와 용질을 이용하거나 더 진한 용액을 묽혀서 정해진 농도의 용액을 만드는 방법을 설명한다(4.5절).
  c. 용액의 농도를 이용하여 화학량론 문제를 푼다(4.7절).
  d. 적정을 수행하는 방법과 표준화 순서를 설명하고 적정 자료로부터 반응물의 농도 또는 양을 계산한다(4.7절).
- pH와 하이드로늄 이온과의 관계를 사용한다.
  a. 용액의 하이드로늄 이온 농도로부터 pH를 계산한다. pH로부터 용액의 하이드로늄 이온 농도를 계산한다(4.6절).
- 용액의 화학종의 농도를 결정한다.위하여 분광광도계를 사용한다.
  a. 흡광도 대 농도 그래프를 그리고 기울기와 절편을 결정한다(4.8절).
  b. 흡광도 대 농도 그래프를 이용하여 미지 용액의 농도를 결정한다.

- 농도(몰농도)는 용액 리터당 용질의 몰수임을 기억한다.
- pH는 하이드로늄 이온 농도의 척도임을 기억한다.

주요 식

식 4.1(157쪽) 퍼센트 수득률

$$\text{퍼센트 수득률} = \frac{\text{실제 수득량}}{\text{이론 수득량}} \times 100\ \%$$

식 4.2(167쪽) 용액에서 용질의 농도인 몰농도에 대한 정의

$$x\text{의 몰농도}(c_X) = \frac{\text{용질 } x\text{의 양(mol)}}{\text{용액의 부피(L)}}$$

이 식의 또 다른 유용한 형태는 다음과 같다.

$$\text{용질 } x\text{의 양(mol)} = c_x\text{(mol/L)} \times \text{용액의 부피(L)}$$

묽힘 식(171쪽) 이 식은 농도가 c_c이고 부피가 V_c인 용액을 묽혀 최종 부피가 V_d가 되었을 때 최종 농도 c_d를 간단하게 계산하는 식이다.

$$c_c \times V_c = c_d \times V_d$$

식 4.3(173쪽) pH. 용액의 pH는 하이드로늄 이온 농도의 음의 로그값이다.

$$\text{pH} = -\log[\text{H}_3\text{O}^+]$$

식 4.4(174쪽) pH로부터 $[\text{H}_3\text{O}^+]$ 계산. 용액의 pH로부터 하이드로늄 이온의 농도를 계산하는 식이다.

$$[\text{H}_3\text{O}^+] = 10^{-\text{pH}}$$

식 4.5(187쪽) 비어–람버트 법칙. 용액에 있는 어떤 물질의 흡광도(A)는 그 물질의 몰 흡광도(ϵ)와 셀의 투과 길이(ℓ)과 용질 농도(c)의 곱과 같다.

$$\text{흡광도}(A) \propto \text{투과 길이 } (\ell) \times \text{농도}(c)$$

$$A = \epsilon \times \ell \times c$$

© Cengage Learning/Charles D. Winters

실전문제

화학 반응에서 양적 관계: 기초 화학량론(예제 4.1 참조)

1. 알루미늄을 산소와 반응시키면 산화알루미늄이 생성된다.

$$Fe_2O_3(s) + 2\ Al(s) \rightarrow 2\ Fe(\ell) + Al_2O_3(s)$$

Fe_2O_3 3.0 mol과 완전히 반응하는 데 필요한 Al의 몰수는 얼마인가? 생성될 수 있는 Fe의 질량은 몇 g인가?

2. 많은 금속들처럼 알루미늄도 할로젠과 반응시키면 할로젠화 금속이 생성된다(그림 2.12).

$$2\ Al(s) + 3\ Br_2(\ell) \rightarrow Al_2Br_6(s)$$

2.56 g의 Al과 완전히 반응하는 데 필요한 Br_2의 질량은 몇 g인가? 백색 고체인 Al_2Br_6의 질량은 얼마일 것으로 예상되는가?

3. 메테인(CH_4)은 산소 분위기에서 연소한다.

(a) 반응의 생성물은 무엇인가?

(b) 이 반응의 완결된 반응식을 쓰시오.

(c) 25.5 g의 메테인을 완전 연소시키는 데 필요한 O_2의 질량은 몇 g인가?

(d) 25.5 g의 메테인 연소에서 예상되는 생성물의 총 질량은 얼마인가?

양 표와 화학량론

다음 각 문제에 대해 반응물의 처음 양, 반응물과 생성물 양의 변화, 반응 후의 반응물과 생성물의 양을 정리한 양 표를 작성하시오(149쪽과 예제 4.1).

4. 수년 전에는 금속 산업이 대기 오염의 주원인이었다. 흔한 공정 중 하나는 대기 중에서 금속 황화물의 배소(roasting)이다.

$$2\ PbS(s) + 3\ O_2(g) \rightarrow 2\ PbO(s) + 2\ SO_2(g)$$

만약 2.50 mol의 PbS가 대기 중에서 가열하면 반응을 완결시키는 데 필요한 O_2의 몰수는 얼마인가? PbO와 SO_2의 몰수는 얼마나 예상되는가?

5. 크로뮴 금속을 산소와 반응시키면 산화크로뮴(III)(Cr_2O_3)가 생성된다.

(a) 이 반응의 완결된 반응식을 쓰시오.

(b) 0.175 g의 크로뮴 조각이 산소와 완전히 반응하여 산화물로 변화되었을 때 생성되는 Cr_2O_3의 질량은 얼마인가?

(c) 이 반응에 필요한 O_2의 질량은 얼마인가?

한계 반응물(예제 4.2 참조)

6. 황화소듐(Na_2S)은 가죽의 털을 제거하기 위해서 피혁산업에서 사용된다. Na_2S는 다음 반응에 의해 만들어진다.

$$Na_2SO_4(s) + 4\ C(s) \rightarrow Na_2S(s) + 4\ CO(g)$$

Na_2SO_4 15 g과 C 7.5 g을 혼합했다고 가정하자. 한계 반응물은 무엇인가? 생성되는 Na_2S의 양은 얼마인가?

7. 화합물 SF_6는 플루오린이 존재하는 환경에서 황을 연소시킴으로써 만들어진다.

$$S_8(s) + 24\ F_2(g) \rightarrow 8\ SF_6(g)$$

1.6 mol의 S_8과 35 mol의 F_2로 반응을 진행시켰을 때 한계 반응물은 어느 것인가?

8. 메테인과 물의 반응은 연료로 사용하기 위한 수소를 만들어내는 한 가지 방법이다.

$$CH_4(g) + H_2O(g) \rightarrow CO(g) + 3\ H_2(g)$$

995 g의 CH_4와 2510 g의 물로 반응을 시작하였을 때

(a) 어느 것이 한계 반응물인가?

(b) 생성될 수 있는 H_2의 최대 질량은 얼마인가?

(c) 반응이 완결되었을 때 남아 있는 과량 반응물의 질량은 얼마인가?

9. 테르밋 반응에서 산화철(III)은 알루미늄에 의해 환원되어 용융된 철이 생성된다.

$$Fe_2O_3(s) + 2\ Al(s) \rightarrow 2\ Fe(\ell) + Al_2O_3(s)$$

10.0 g의 Fe_2O_3와 20.0 g의 Al로 반응을 시작하면

(a) 한계 반응물은 무엇인가?

(b) 생성되는 Fe의 질량은 얼마인가?

(c) 한계 반응물이 소모된 후 남은 과잉 반응물의 질량은 얼마인가?

(d) 이 문제에 대한 양 표를 작성하시오

퍼센트 수득률(4.3절 참조)

10. 예제 4.2에서 특정 양의 CO와 H_2가 반응하여 407 g의 CH_3OH가 생성된다고 하였다.

$$CO(g) + 2\ H_2(g) \rightarrow CH_3OH(\ell)$$

실제 생성된 CH_3OH의 질량이 332 g이었다면 이 화합물의 퍼센트 수득률은 얼마인가?

11. 짙은 청색 화합물인 $Cu(NH_3)_4SO_4$는 황산구리(II)와 암모니아의 반응에 의해 만들어진다.

$$CuSO_4(aq) + 4\ NH_3(aq) \rightarrow Cu(NH_3)_4SO_4(aq)$$

(a) 10.0 g의 $CuSO_4$와 과량의 NH_3를 사용했을 때 $Cu(NH_3)_4SO_4$의 이론 수득량은 얼마인가?

(b) 12.6 g의 $Cu(NH_3)_4SO_4$를 분리해냈다면 $Cu(NH_3)_4SO_4$의 퍼센트 수득률은 얼마인가?

12. 메테인과 물의 반응은 연료로 사용하기 위한 수소를 만들어내는 한 가지 방법이다.

$$CH_4(g) + H_2O(g) \rightarrow CO(g) + 3\ H_2(g)$$

특정 조건에서 이 반응이 37 %의 수득율을 보인다면 15 g H_2를 생성하기에 필요한 CH_4의 질량은 얼마인가?

혼합물의 분석(예제 4.3 참조)

13. $CuSO_4$와 $CuSO_4 \cdot 5H_2O$ 혼합물의 질량이 1.245 g이다. 가열하여 물을 완전히 제거한 후 이 혼합물의 질량을 측정하였더니 0.832 g이었다. 이 혼합물에서 $CuSO_4 \cdot 5H_2O$의 질량백분율을 구하시오.

14. 석회석과 다른 토양 시료를 가열한 결과 석회석이 다음과 같이 산화칼슘과 이산화탄소로 분해되었다.

$$CaCO_3(s) \rightarrow CaO(s) + CO_2(g)$$

석회석을 포함하는 시료 1.506 g을 가열하여 CaO 외에 0.558 g의 CO_2를 얻었다면 처음 시료에서 $CaCO_3$의 질량백분율은 얼마인가?

15. 황화니켈(II), NiS는 상대적으로 희귀한 광물인 침상 니켈광의 형태로 산출된다. 이 물질은 운석에서 발견되기도 한다. 이 광물 시료에서 NiS의 양을 분석하기 위하여 시료를 질산에 녹여 $Ni(NO_3)_2$ 용액을 형성하였다.

$$NiS(s) + 4\ HNO_3(aq) \rightarrow Ni(NO_3)_2(aq) + 2\ NO_2(g) + 2\ H_2O(\ell) + S(s)$$

$Ni(NO_3)_2$의 수용액은 유기화합물 다이메틸글리옥심($C_4H_8N_2O_2$)과 반응하여 붉은색 고체 $Ni(C_4H_7N_2O_2)_2$를 생성하였다.

$$Ni(NO_3)_2(aq) + 2\ C_4H_8N_2O_2(aq) \rightarrow Ni(C_4H_7N_2O_2)_2(s) + 2\ HNO_3(aq)$$

침상 니켈광을 함유한 0.468 g의 시료가 0.206 g의 붉은색 고체 $Ni(C_4H_7N_2O_2)_2$를 생성하였다고 가정하자. 시료의 NiS의 질량백분율은 얼마인가?

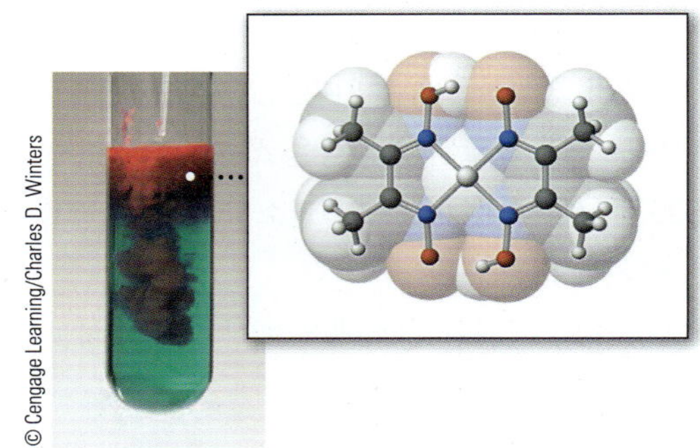

다이메틸글리옥심과 반응한 니켈의 침전물

화학량론을 이용하여 실험식과 분자식 결정하기(예제 4.4~4.5 참조)

16. 폴리스타이렌의 구성 단위인 스타이렌은 C와 H만으로 구성되어 있다. 만약 스타이렌 0.438 g을 산소 하에서 연소하여 1.481 g CO_2와 0.303 g H_2O를 생성하였다면 스타이렌의 실험식은 무엇인가?

17. 나프탈렌은 한때 좀약으로 사용되었던 탄화수소이다. 0.3093 g의 이 화합물을 산소가 있는 환경에서 연소시켰을 때 1.0620 g의 CO_2와 0.1739 g의 H_2O가 생성되었다.

(a) 나프탈렌의 실험식은 무엇인가?

(b) 별개 실험에서 구한 이 화합물의 몰질량이 128.2 g/mol이라면 이 화합물의 분자식은 무엇인가?

18. 화학식이 $C_xH_yO_z$인 미지화합물이 있다. 이 화합물 0.0956 g을 연소시켰을 때 0.1356 g의 CO_2와 0.0833 g의 H_2O를 얻었다. 이 화합물의 실험식은 무엇인가? 몰질량이 62.1 g/mol이라면 분자식은 무엇인가?

19. 니켈은 일산화탄소와 반응을 하여 $Ni_x(CO)_y$를 생성한다. 이 물질의 화학식을 결정하기 위해 시료 0.0973 g을 공기 중에서 조심스럽게 가열한 결과 니켈은 0.0426 g의 NiO로 변환되고 CO는 0.100 g의 CO_2로 변환되었다. $Ni_x(CO)_y$의 실험식은 무엇인가?

용액의 농도(예제 4.6~4.7 참조)

20. 6.73g의 Na_2CO_3를 충분한 양의 물에 녹여 250. mL의 용액을 만들었다면 탄산소듐의 몰농도는 얼마인가? Na^+ 이온과 CO_3^{2-} 이온의 몰농도는 얼마인가?

21. 0.0125 M $KMnO_4$ 용액 250. mL에 들어 있는 용질의 양은 몇 g인가?

22. NaOH 25.0 g을 포함하려면 0.123 M NaOH 용액 몇 mL가 필요한가?

23. 다음 각 수용액에 어떤 이온들이 들어 있는지 그리고 그 이온들의 몰농도는 얼마인지 결정하시오.

(a) 0.25 M $(NH_4)_2SO_4$

(b) 0.123 M Na_2CO_3

(c) 0.056 M HNO_3

용액의 제조(예제 4.6~4.7 참조)

24. 실험실에서의 실험에 0.0200M Na_2CO_3 용액 500. mL가 필요하다. 고체 Na_2CO_3, 증류수 그리고 500. mL의 부피 플라스크가 주어졌다면 필요한 용액을 어떻게 만들 것인지 설명하시오.

25. 1.50 M 염산 25.0 mL을 500. mL로 묽히면 최종 몰농도는 얼마인가?

26. 다음 중 어떤 방법을 1.00 L의 0.125 M H_2SO_4 용액을 만드는 데에 쓸 것인가?

(a) 6.00 M H_2SO_4 용액 20.8 mL을 취하여 부피가 1.00 L가 되도록 묽힌다.

(b) 3.00 M H_2SO_4 용액 50.0 mL에 물을 950. mL 더한다.

연속 희석법(심층 학습: 173쪽 연속 희석법)

27. 0.136 M HCl 용액 250. mL을 가지고 있다. 피펫으로 이 용액 25.00 mL를 취하여 부피 플라스크에서 100.00 mL로 묽혔다. 다시 묽힌 용액 10.00 mL를 취하여 부피 플라스크에서 100.00 mL로 묽혔다. 최종 염산 용액의 농도는 얼마인가?

pH의 계산과 활용(예제 4.8 참조)

28. 식탁용 와인의 pH는 3.40이다. 와인의 하이드로늄 이온 농도는 얼마인가? 이 와인은 산성인가? 염기성인가?

29. 0.0013M HNO_3 용액의 하이드로늄 이온 농도는 얼마인가? pH는 얼마인가?

30. 다음 표를 완성하시오. 각 용액이 산성인지 염기성인지 결정하시오.

	pH	$[H_3O^+]$
(a)	1.00	______
(b)	10.50	______
(c)	______	1.3×10^{-5} M
(d)	______	2.3×10^{-8} M

용액 반응의 화학량론(예제 4.9 참조)

31. 2.50 g의 $Ba(OH)_2$와 완전히 반응하기 위해 필요한 0.109 M의 HNO_3의 부피는 몇 mL인가?

$$2\,HNO_3(aq) + Ba(OH)_2(s) \rightarrow 2\,H_2O(\ell) + Ba(NO_3)_2(aq)$$

32. NaCl 수용액에 전류를 흘려주면 산업적으로 유용한 화합물인 $H_2(g)$, $Cl_2(g)$ 그리고 NaOH가 생성된다.

$$2\,NaCl(aq) + 2\,H_2O(\ell) \rightarrow H_2(g) + Cl_2(g) + 2\,NaOH(aq)$$

0.35 M NaCl 수용액 15.0 L로부터 생성될 수 있는 NaOH의 질량은 얼마인가? 또 얻어지는 염소의 질량은 얼마인가?

33. 사진의 현상 과정에서 티오황산소듐을 첨가하여 브로민화은을 녹인다.

$$AgBr(s) + 2Na_2S_2O_3(aq) \rightarrow Na_3Ag(S_2O_3)_2(aq) + NaBr(aq)$$

0.225 g의 AgBr을 녹이고자 한다면 0.0138 M $Na_2S_2O_3$는 몇 mL를 사용해야 하는가?

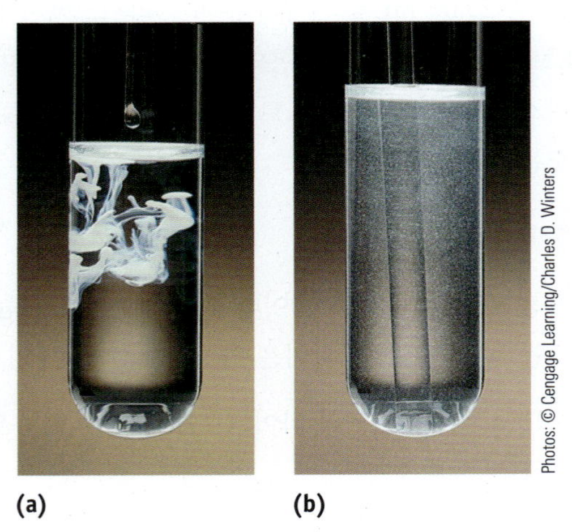

(a) (b)

Photos: © Cengage Learning/Charles D. Winters

은 화학. (a) $AgNO_3(aq)$를 KBr(aq)에 첨가하여 형성된 AgBr 침전. **(b)** 티오황산소듐($Na_2S_2O_3$)을 첨가하면 고체 AgBr이 녹는다.

34. 2.25 M NaCl 용액 1.00 L와 완전히 반응하는 데 필요한 0.750 M $Pb(NO_3)_2$ 용액의 부피는 몇 mL인가? 완결된 반응식은 다음과 같다.

$$Pb(NO_3)_2(aq) + 2NaCl(aq) \rightarrow PbCl(s) + 2NaNO_3(aq)$$

적정 (예제 4.10~4.13 참조)

35. 1.45 g의 NaOH를 당량점까지 적정하는 데 필요한 0.812 M HCl 용액은 몇 mL인가?

$$NaOH(aq) + HCl(aq) \rightarrow H_2O(\ell) + NaCl(aq)$$

36. 다음 반응식에 따라 2.150 g의 Na_2CO_3를 적정하는 데 HCl 용액 38.55 mL가 필요했다면 HCl 용액의 몰농도는 얼마인가?

$$Na_2CO_3(aq) + 2HCl(aq) \rightarrow 2NaCl(aq) + CO_2(g) + H_2O(\ell)$$

37. 다음의 완결된 반응식에 따라 NaOH와 반응하는 미지의 산(H_2A)를 0.954 g 가지고 있다.

$$H_2A(aq) + 2NaOH(aq) \rightarrow Na_2A(aq) + 2H_2O(\ell)$$

이 산을 두 번째 당량점까지 적정하는 데 0.509 M NaOH 용액 36.04 mL가 필요하다면 산의 몰질량은 얼마인가?

38. 철이 함유된 화합물을 분석하기 위해서 수용액에서 모든 철을 Fe^{2+} 이온으로 전환하고 표준화된 $KMnO_4$로 적정하였다. 이 반응의 완결된 알짜 이온 반응식은 다음과 같다.

$$MnO_4^-(aq) + 5Fe^{2+}(aq) + 8H_3O^+(aq) \rightarrow Mn^{2+}(aq) + 5Fe^{3+}(aq) + 12H_2O(\ell)$$

철이 함유된 0.598 g의 시료를 당량점까지 적정하는 데 0.0123 M $KMnO_4$ 22.25 mL가 필요했다면 시료에 들어 있는 철의 질량백분율은 얼마인가?

분광광도법 (4.8절과 예제 4.14. 아래 문제는 다음 책(Fundamentals of Analytical Chemistry, 8th ed., by D.A. Skoog, D.M. West, F.J. Holler, and S.R. Crouch, Thomson/Brooks–Cole, Belmont, CA 2004.에서 발췌하였음.)

39. 염료 용액을 분광광도법으로 분석하여 다음과 같은 검량 자료를 얻었다.

염료의 농도	475 nm에서 흡광도(*A*)
0.50×10^{-6} M	0.24
1.5×10^{-6} M	0.36
2.5×10^{-6} M	0.44
3.5×10^{-6} M	0.59
4.5×10^{-6} M	0.70

(a) 검량선을 그리고 기울기와 절편을 결정하시오.

(b) 염료 시료 용액의 흡광도가 0.52라면 염료의 농도는 얼마인가?

일반문제

다음 문제들은 절의 종류나 위치를 명시하지 않았다. 이 문제들은 여러 가지 개념이 조합되어 있을 수도 있다.

40. 16.04 g의 벤젠(C_6H_6)을 산소가 있는 환경에서 연소시킨다고 가정하자.

(a) 이 반응의 생성물은 무엇인가?
(b) 이 반응의 완결된 반응식을 쓰시오.
(c) 벤젠이 완전하게 연소되는 데 필요한 O_2의 질량은 몇 g인가?
(d) 16.04 g의 벤젠으로부터 생성되는 생성물들의 전체 질량은 얼마인가?

41. 우리 몸은 질소를 요소(NH_2CONH_2)로 전환시켜 배출한다. 요소를 형성하는 반응은 아르기닌($C_6H_{14}N_4O_2$)과 물이 반응하여 요소와 오르니틴($C_5H_{12}N_2O_2$)을 생성하는 반응이다.

$$\underset{\text{아르기닌}}{C_6H_{14}N_4O_2} + H_2O \rightarrow \underset{\text{요소}}{NH_2CONH_2} + \underset{\text{오르니틴}}{C_5H_{12}N_2O_2}$$

만약 95 mg의 요소를 방출했다면 필요한 아르기닌의 양은 얼마인가? 그리고 생성된 오르니틴의 양은 얼마인가?

42. 일부 금속의 할로젠화물은 물과 반응하여 금속 산화물과 수소 할로젠화물을 생성한다(사진 참조). 다음 반응식이 한 예이다.

$$TiCl_4(\ell) + 2\ H_2O(\ell) \rightarrow TiO_2(s) + 4\ HCl(g)$$

© Cengage Learning/Charles D. Winters

습한 공기 중에서 $TiCl_4$와 물의 반응

(a) 이 반응에 포함되어 있는 네 종류의 화합물을 명명하시오.
(b) 14.0 mL의 T_iCl_4(d = 1.73 g/mL)와 완전히 반응하는 데 필요한 물의 질량은 몇 g인가?
(c) 생성되는 각 생성물의 질량은 얼마인가?

43. 자동차 에어백에 사용되는 폭발성 화합물 아자이드화소듐은 다음 반응에 의해 만들어진다.

$$NaNO_3 + 3\ NaNH_2 \rightarrow NaN_3 + 3\ NaOH + NH_3$$

15.0 g의 $NaNO_3$과 15.0 g의 $NaNH_2$ 혼합물을 반응시킬 때 생성되는 NaN_3의 질량은 얼마인가?

44. 합성 감미료인 사카린의 화학식은 $C_7H_5NO_3S$이다. 사카린을 포함하는 감미료 0.2140 g을 가지고 있다. 이 시료를 분해하여 모든 황이 SO_4^{2-} 이온으로 전환되도록 한 후 다시 $BaSO_4$로 침전시켰다(그림 4.4). 그 결과 0.2070 g의 $BaSO_4$가 얻어졌다면 시료 중에 사카린의 질량백분율은 얼마인가?

45. 실리콘과 수소를 반응시키면 일련의 화합물들이 생성되고 이 모든 화합물들의 화학식은 일반적으로 Si_xH_y로 표시된다. 그 가운데 한 화합물의 시료 6.22 g을 과량의 산소에서 연소시킨 결과 모든 Si는 11.64 g의 SiO_2가 되고 모든 수소는 6.980 g의 H_2O가 되었다. 이 실리콘 화합물의 실험식은 무엇인가?

46. 염료 산업과 사진에서 사용되는 염료인 벤조퀴논은 C, H, O로만 이루어진 유기 화합물이다. 만약 이 화합물 0.105 g을 산소가 있는 가운데 완전히 연소시켜 CO_2 0.257 g과 H_2O 0.0350 g을 얻었다면 이 화합물의 실험식은 무엇인가?

47. 황산은 황화광석인 적동석(Cu_2S)으로부터 만들어진다. Cu_2S에 있는 각 S 원자가 한 분자의 H_2SO_4로 전환된다면 3.00 kg의 Cu_2S로부터 얻어지는 H_2SO_4의 이론 수득량은 얼마인가?

48. 미지의 금속이 산소와 반응하여 금속 산화물(MO_2)을 생성했다. 만약 이 금속 시료 0.356 g으로부터 0.452 g의 금속 산화물이 생성되었다면 이 금속은 무엇인가?

49. 과염소산포타슘은 다음의 연속 반응으로 만들어진다.

$$Cl_2(g) + 2\ KOH(aq) \rightarrow KCl(aq) + KClO(aq) + H_2O(\ell)$$
$$3\ KClO(aq) \rightarrow 2\ KCl(aq) + KClO_3(aq)$$
$$4\ KClO_3(aq) \rightarrow 3\ KClO_4(aq) + KCl(aq)$$

234 kg의 $KClO_4$를 만들기 위해 필요한 $Cl_2(g)$의 양은 얼마인가?

50. $CaCO_3$의 질량백분율이 95.0 %인 석회석 125 kg으로부터 얻을 수 있는 석회(CaO)의 양은 얼마인가?

$$CaCO_3(s) \rightarrow CaO(s) + CO_2(g)$$

51. 뷰텐(C_4H_8)과 뷰테인(C_4H_{10}) 혼합물을 공기 중에서 연소시키면 CO_2와 물이 생성된다. 혼합물 2.86 g을 연소시켜 8.80 g의 CO_2와 4.14 g의 H_2O를 얻었다고 가정하자. 이 혼합물에서 뷰텐과 뷰테인의 질량백분율은 얼마인가?

52. 구리 금속은 황화구리(I)과 황화구리(II)를 함유한 구리 광석을 배소하여 생성할 수 있다.

$$Cu_2S(s) + O_2(g) \rightarrow 2\ Cu(s) + SO_2(g)$$
$$CuS(s) + O_2(g) \rightarrow Cu(s) + SO_2(g)$$

광석 시료는 CuS, Cu_2S 혼합물 외에 11.0 %의 불순물을 함유하고 있다고 가정하자. 혼합물 100.0 g을 가열하면 89.5 %의 75.4 g의 구리 금속을 생성한다. 광석에서 CuS의 질량백분율은 얼마인가? 또 Cu_2S의 질량백분율은 얼마인가?

53. 중탄산소듐과 아세트산은 다음과 같이 반응한다.

$$NaHCO_3(aq) + CH_3CO_2H(aq) \rightarrow NaCH_3CO_2(aq) + CO_2(g) + H_2O(\ell)$$

15.0 g의 $NaHCO_3$와 0.15 M 아세트산 용액 125 mL을 반응시키면 생성되는 탄산소듐의 양은 얼마인가?

54. 티오황산소듐($Na_2S_2O_3$)은 흑백 사진의 고정제로 사용된다. 티오황산소듐 한 병을 가지고 있는데 그것의 순도를 결정하고자 한다. 다음의 완결된 알짜 이온 반응식에 따라 티오황산 이온은 I_2에 의해 산화될 수 있다.

$$I_2(aq) + 2\ S_2O_3^{2-}(aq) \rightarrow 2\ I^-(aq) + S_4O_6^{2-}(aq)$$

적정에 0.246 M의 I_2 40.21 mL를 사용한다면 불순물이 섞인 시료 3.232 g에 들어 있는 $Na_2S_2O_3$의 질량백분율은 얼마인가?

55. (a) 0.105 M HCl 용액의 pH는 얼마인가?

(b) pH가 2.56인 용액의 하이드로늄 이온 농도는 얼마인가? 이 용액은 산성인가 염기성인가?

(c) pH가 9.67인 용액의 하이드로늄 이온 농도는 얼마인가? 이 용액은 산성인가 염기성인가?

(d) 2.56 M HCl 용액 10 mL을 250. mL로 묽혔다. 묽힌 용액의 pH는 얼마인가?

56. 2.50 M HCl 용액 500. mL을 3.75 M HCl 용액 250 mL과 섞었다. 섞은 후 최종 부피는 750 mL이라고 가정한다면 최종 용액의 염산 농도는 얼마인가? 그리고 pH는 얼마인가?

57. 0.125 M HCl 용액 250. mL이 들어 있는 비커에 2.56 g의 $CaCO_3$를 넣는다. 반응이 끝났을 때 남아 있는 탄산칼슘이 있는가? 생성될 수 있는 $CaCl_2$의 양은 얼마인가?

$$CaCO_3(s) + 2\ HCl(aq) \rightarrow CaCl_2(aq) + CO_2(g) + H_2O(\ell)$$

58. 작은 수영장에 있는 물의 부피를 알아야 하는데 수영장의 불규칙한 모양 때문에 부피를 계산하는 것이 쉽지 않다. 이 문제를 해결하기 위해 염료 용액[50.0 mL에 녹인 1.0 g의 메틸렌블루($C_{16}H_{18}ClN_3S$)]을 수영장의 물에 넣어 섞은 후 물의 일부를 취하여 분광광도계로 염료의 농도를 측정하였다. 그 결과 수영장 물 전체에 섞인 염료의 농도는 4.1×10^{-8} M로 확인되었다. 수영장에 있는 물의 부피는 얼마인가?

59. 금을 포함한 원석을 산소 존재 하에서 사이안화소듐과 반응시키면 금을 녹여낼 수 있다.

$$4\ Au(s) + 8\ NaCN(aq) + O_2(g) + 2\ H_2O(\ell) \rightarrow 4\ NaAu(CN)_2(aq) + 4\ NaOH(aq)$$

(a) 반응의 산화제와 환원제를 명명하시오. 산화된 것과 환원된 것은 무엇인가?

(b) 금 원석이 정확히 1톤(1톤 = 1000 kg)이고 이 원석이 0.019 %의 금을 포함하고 있다고 하면 모든 금을 추출하기 위해 0.075 M NaCN 용액이 리터 단위로 얼마 필요한가?

60. **원자 경제성:** 한 원자 또는 한 원자단의 원자가 다른 것으로 치환되는 치환 반응은 화학 산업에서 사용되는 반응 가운데 하나이다. 한 예를 들면 알코올인 1-뷰탄올은 황산 존재하에서 -OH 기가 Br으로 치환되어 1-브로모뷰테인으로 전환된다.

$$CH_3CH_2CH_2CH_2OH + NaBr + H_2SO_4 \rightarrow CH_3CH_2CH_2CH_2Br + NaHSO_4 + H_2O$$

원하는 생성물 $CH_3CH_2CH_2CH_2Br$에 대해 % 원자 경제성을 계산하시오.

실험 관련 문제

61. 0.110 M Na_2CO_3 용액 25.0 mL을 100.0 mL로 묽혔다. 다시 묽힌 용액 10.0 mL을 취하여 250 mL 부피 플라스크에 넣고 증류수를 더하여 최종 부피가 250. mL가 되도록 하였다면 최종 용액의 Na_2CO_3 농도는 얼마인가?

62. 해양에서 굴 밭은 성장을 위해 염화 이온을 필요로 한다. 최소 농도는 8 mg/L(8 ppm)이다. 50.0 mL 물 시료의 염화 이온의 양을 분석하기 위하여 크로뮴산포타슘 수용액 몇 방울을 가입하고 0.001036 M 질산은 25.60 mL로 시료를 적정하였다. 질산은은 염화 이온과 반응하고, 이온이 완전히 제거될 때 질산은은 크로뮴산포타슘과 반응하여 붉은색 침전을 생성한다.

(a) 질산은과 염화 이온의 완결된 반응식을 쓰시오.

(b) 질산은과 크로뮴산포타슘과의 반응에 대한 완결된 반응식과 알짜 이온 반응식을 각 화합물들이 수용성인지 아닌지를 표시하고 쓰시오.

(c) 시료의 염화 이온의 농도는 얼마인가? 이 농도는 굴이 성장하는 것을 촉진하기에 충분한가?

63. 구리 함유 합금에서 구리의 질량백분율을 결정하고 싶다. 0.251 g 합금 시료를 산에 녹인 후 과잉의 KI를 가입하면 Cu^{2+}와 I^- 이온은 다음과 같은 반응을 한다.

$$2\,Cu^{2+}(aq) + 5\,I^-(aq) \rightarrow 2\,CuI(s) + I_3^-(aq)$$

유리된 I_3^-는 다음 반응식에 따라 티오황산소듐으로 적정한다.

$$I_3^-(aq) + 2\,S_2O_3^{2-}(aq) \rightarrow S_4O_6^{2-}(aq) + 3\,I^-(aq)$$

(a) 위의 두 반응에서 산화제와 환원제를 명명하시오.

(b) 만약 당량점까지 적정하는 데 0.101 M $Na_2S_2O_3$ 26.32 mL가 필요하다면 합금에서 구리의 질량백분율은 얼마인가?

64. 염화크로뮴(Ⅲ)은 암모니아와 반응하여 많은 화합물을 형성한다. 이러한 화합물들 중 하나의 식을 찾기 위해서 표준화된 산으로 화합물의 NH_3를 적정하였다.

$$Cr(NH_3)_xCl_3(aq) + x\,HCl(aq) \rightarrow x\,NH_4^+(aq) + Cr^{3+}(aq) + (x+3)\,Cl^-(aq)$$

$Cr(NH_3)_xCl_3$ 1.580 g을 적정하는 데 1.500 M HCl 용액 24.26 mL이 사용되었다면 x의 값은 얼마인가?

65. 어떤 제초제에 2,4−D(2,4−디클로로페녹시아세트산), $C_8H_6Cl_2O_3$이 포함되어 있다. 1.236 g 제초제 시료에서 염소가 유리되어 Cl^- 이온으로 분해되었다. 이것을 AgCl로 침전시켰을 때 침전의 질량이 0.1840 g이었다. 시료에서 2,4−D의 질량백분율은 얼마인가?

2,4−D(2,4−다이클로로페녹시아세트산)

66. 무수 염화칼슘은 빠른 속도로 물을 흡수하기 때문에 좋은 건조제이다. 데시케이터에 $CaCl_2$가 들어 있는데 불행하게도 누군가 뚜껑을 제대로 닫지 않아 $CaCl_2$가 약간 수화되었다. 약간 수화된 염화칼슘 150 g을 뜨거운 물 80 g에 녹였다. 이 용액을 20℃로 식혔을 때 74.9 g의 $CaCl_2 \cdot 6H_2O$가 침전되었다. $CaCl_2$가 20 ℃에서 100 g 물에 74.5 g 녹는다면 150 g 시료에 포함된 물의 양은 얼마인지 $CaCl_2$ 몰당 물의 몰수로 계산하시오.

67. 소변에 있는 인산 이온은 분광광도법으로 측정할 수 있다. 시료에서 단백질을 제거한 후 몰리브데넘 화합물로 처리하여 짙은 푸른색의 몰리브데넘 이온을 생성한다. 650 nm에서 몰리브데넘 이온의 흡광도를 측정하면 바로 인산 이온 농도를 평가할 수 있다. 환자로부터 24시간 동안 1122 mL의 소변 시료를 채취하였다. 이 시료 1.00 mL에 들어 있는 인산 이온을 파란색의 다중(poly) 몰리브데넘 이온으로 전환시킨 후 50.00 mL로 묽혔다. 검량선은 인산 이온을 포함하는 용액으로 작성하였다. 농도는 용액 1 L당 인산 이온의 g으로 나타냈다.

용액(질량 P/L)	650 nm 흡광도(1.0 cm 셀)
1.00×10^{-6} g	0.230
2.00×10^{-6} g	0.436
3.00×10^{-6} g	0.638
4.00×10^{-6} g	0.848
소변 시료	0.518

(a) 검량선의 기울기와 절편은 얼마인가?
(b) 소변에 있는 인산 이온의 농도는 소변 1 L당 몇 g 인가?
(c) 이 환자가 하루에 배출하는 인산 이온의 양은 몇 g 인가?

요약 및 개념 문제

다음 문제들은 이 장과 이전의 장들에서 나온 개념을 모두 포함하고 있다.

68. 두 비커가 저울에 있는데 전체 질량은 167.170 g이다. 한 비커에는 KI 용액이 다른 비커에는 $Pb(NO_3)_2$ 용액이 들어 있다. 한 비커의 용액을 다른 비커에 완전히 부었을 때 다음과 같은 반응이 일어났다.

$$2\ KI(aq) + Pb(NO_3)_2(aq) \rightarrow 2\ KNO_3(aq) + PbI_2(s)$$

반응 전 KI와 $Pb(NO_3)_2$ 용액.

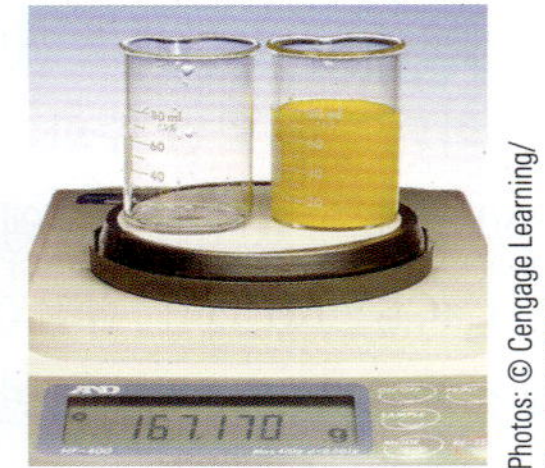

반응 후 용액.

Photos: © Cengage Learning/Charles D. Winters

반응 후 전체 비커와 용액의 질량은 어떻게 될지 상세하게 설명하시오.

69. 한계 반응물이 있는 반응을 살펴보자. HCl 수용액이 있는 플라스크에 아연 금속을 넣어 H_2 기체가 생성되었다.

$$Zn(s) + 2\ HCl(aq) \rightarrow ZnCl_2(aq) + H_2(g)$$

각각 0.100 mol의 HCl이 들어 있는 3개의 플라스크에 다음 그림과 같이 금속 아연을 넣었다.

반응의 결과 발생한 H_2로 인하여 플라스크에 있는 풍선이 부풀어 올랐다. 결과는 다음과 같다.

플라스크 1: 풍선이 완전히 부푼 상태에서 아연은 일부가 남아 있다.

플라스크 2: 풍선이 완전히 부푼 상태에서 남아 있는 아연은 없다.

© Cengage Learning/Charles D. Winters

플라스크 1: 7.00 g Zn　플라스크 2 3.27 g Zn　플라스크 3: 1.31 g Zn

플라스크 3: 풍선이 완전히 부풀지 않은 상태에서 남아 있는 아연은 없다.

이 결과를 설명하고 계산을 통해 설명을 지지할 수 있는 증거를 제시하시오.

70. 두 학생이 페놀프탈레인 지시약을 사용하여 동일한 HCl 용액 시료를 0.100 M NaOH로 적정하였다(그림 4.12). 첫 학생은 20.0 mL HCl 용액을 플라스크에 넣고 증류수 20 mL을 더한 후 다시 페놀프탈레인 용액 몇 방울을 떨어뜨리고 분홍색이 사라지지 않고 유지될 때까지 적정하였다. 두 번째 학생은 60 mL HCl 용액을 플라스크에 넣고 증류수 20 mL을 더한 후 다시 페놀프탈레인 용액 몇 방울을 떨어뜨리고 분홍색이 사라지지 않고 유지될 때까지 적정하였다. 두 학생 모두 HCl 용액의 몰농도를 정확히 계산하였다. 두 번째 학생의 결과는 어떻게 되겠는가?

(a) 첫 학생의 결과에 비해 4분의 1이 된다.
(b) 첫 학생의 결과에 비해 4배가 된다.
(c) 첫 학생의 결과에 비해 1/2이 된다.
(d) 첫 학생의 결과에 비해 2배가 된다.
(e) 첫 학생의 결과와 같다.

71. 원자의 경제성: 흔한 물질인 벤젠은 다른 중요한 물질을 합성하는 데 사용되는 말산 무수물(maleic anhydride)로 산화된다.

$$\text{(benzene)} + 9/2\ O_2 \longrightarrow \text{(maleic anhydride)} + 2\ CO_2 + 2\ H_2O$$

(a) 이 반응에 의해 벤젠으로부터 말산 무수물을 합성할 때 % 원자 경제성은 얼마인가?

(b) 1.00 kg의 벤젠으로부터 972 g의 말산 무수물이 생성되었다면 퍼센트 수득률은 얼마인가?

05장 반응성의 원리: 에너지와 화학 반응

학습 개요

에너지와 먹거리 우리는 최근 어디에서든 '에너지'와 관련된 주제를 접할 수 있다. 석유의 수요 증대와 절약의 필요성 및 에탄올과 같은 대체 에너지 개발에 대한 이야기를 뉴스에서 듣게 된다. 산업화된 사회를 움직이는 에너지는 주로 화석 연료(석탄, 석유, 천연 가스)로부터 제공된다. 불행히도 이러한 연료의 공급은 무한한 것이 아니며, 이러한 연료의 생산과 소비는 환경에 영향을 미치게 된다. 풍력 발전, 원자력 발전 및 태양광 에너지의 지지자들도 있다. 여러분은 이러한 다른 에너지원의 사용 증가를 찬성하겠지만 아마도 집을 난방하고 자동차를 운행하는 데는 화석 연료에 의존하고 있을 것이다.

그런데 여러분이 만약 이러한 내용의 주제를 좋아한다면, 즐겨 먹는 음식이 갖는 에너지에 대해서도 생각해 보았을 것이다. 오늘 나는 얼마나 많은 칼로리를 섭취했을까, 또는 나는 이 체육관에서 얼마나 많은 에너지를 '소모'했을까?

우리의 몸은 음식의 탄수화물, 단백질, 지방의 대사로부터 에너지를 얻고 있다. 아는 바와 같이 이 성분들 각각의 에너지 함량은 다르다. 예를 들어 생 당근 100 g은 145 kJ, 캐슈너트 100 g

학습 목표

다음 목표들의 핵심인 학습문제는 "학습 목표 복습"을 참조하시오.

- 열역학 제1법칙을 이해하고 활용
- 온도와 상태 변화에 연관된 에너지 전달을 평가
- 계가 행한 $P-V$ 일을 계산하고 열(q)과 일(w)의 형태인 에너지를 이용하여 내부 에너지(U) 변화를 계산
- 열량계 실험으로부터 얻어진 자료로부터 에너지와 엔탈피 변화를 계산
- 열역학 표의 자료를 이용하여 물리적 변화와 화학 반응에서 필요하거나 방출하는 에너지를 계산
- 흔히 사용하는 용어(흡열, 발열, 계, 주위, 엔탈피, 내부 에너지, 반응물 선호, 생성물 선호)의 정의를 기억
- 엔탈피와 내부 에너지는 상태 함수임을 기억

은 2400 kJ, 100 g 초콜릿 칩 과자는 2100 kJ의 에너지가 우리 몸에 공급된다. 자동차 운행에 사용되는 에탄올(C_2H_5OH)은 100 g당 2680 kJ의 에너지를 제공함과 비교해 보라.

만약 오늘 먹은 음식으로 공급된 에너지에 호기심이 있다면 영양소 자료 실험실 웹 주소(www.ars.usda.gov/ba/bhnrc/ndl)를 방문하여 보시오.

가정의 난방이나 냉방, 가전제품의 전력 공급 및 운송 수단의 가동 등과 같이 우리 일상생활에서 에너지가 중요하다는 것은 분명하다. 우리가 위와 같은 목적으로 사용하는 에너지의 대부분은 화석 연료를 태우는 것과 같은 화학 반응을 통하여 얻어진다. 천연가스를 사용하여 난방을 하고, 석탄과 천연가스는 전력을 얻는 데 사용하며, 석유를 정제하여 얻은 연료는 자동차나 난방에 사용한다. 게다가 에너지는 생명과 관련된 모든 과정에 필요하다. 우리 몸은 화학 반응을 통하여 모든 신체 기능, 움직임은 물론 체온 유지를 위한 에너지를 공급한다.

그러나 과학자들에게 에너지는 이러한 실용적인 사용을 넘어서는 의미가 있다. 이 장에서 열과 일의 과학인 **열역학**(thermodynamics)에 대한 논의를 시작한다. 이 주제를 통해 다음과 같은 물음에 대한 중요한 통찰력을 갖게 될 것이다.

- 물리적 변화 또는 화학 반응에 관련되는 에너지 변화를 어떻게 측정, 계산할 수 있을까?
- 에너지 변화, 열, 그리고 일 사이에는 어떤 관계가 있을까?
- 화학 반응이 생성물 선호 반응(product-favored reaction)인지 반응물 선호 반응(reactant-favored reaction)인지 어떻게 결정할 수 있을까?
- 화학 반응이나 물리적 과정이 외부의 간섭 없이 자발적으로 일어날지 여부를 어떻게 결정할 수 있을까?

세계의 에너지 소비. 2008년 지구 상에서 인류가 소비하는 에너지의 약 85 %는 화석 연료를 연소시켜서 얻는 것이다. 바이오매스는 10 %, 원자력 발전은 6 %, 수력 발전은 2 %이다. 1 % 미만이 태양광, 풍력, 지열 원천으로부터 제공된다.

이 장에서는 처음 두 가지 질문에 초점을 맞추고 나머지 두 질문은 18장에서 다룰 것이다.

5.1 에너지: 기초 원리

1장에서 에너지는 일을 할 수 있는 능력으로 정의하였으며, 에너지는 기본적으로 2가지[운동 에너지(물질의 운동과 관련된 에너지)와 퍼텐셜 에너지(물질의 위치, 조성 또는 상태로부터 기인하는 에너지)]로 분류할 수 있다고 배웠다. 화학자는 분자의 운동 에너지를 언급할 때 **열 에너지**(thermal energy)라는 용어를 사용한다. 열 에너지는 뜨거운 물체와 차가운 물체 사이의 열 전달과 관련된다.

퍼텐셜 에너지의 1가지는 화학 에너지인데, 이는 분자에서 원자들을 서로 붙잡고 있거나 원자결합과 고체나 액체에서 분자 간 힘이다. 화학 반응이 일어나면 화학 에너지는 변화한다. 또한 에너지는 한 가지 형태에서 다른 형태로 변환될 수 있지만, 전체 에너지의 양은 보존된다고 배웠다. 이것은 **에너지 보존 법칙**(law of conservation of energy)이라고 하며, **에너지는 결코 생성되거나 소멸되지 않는다**는 것을 의미한다. 이 법칙이 얼마나 중요한 것인지 이해하기 위해서 우리는 몇 가지 새로운 용어를 도입하고 보다 주의 깊게 몇 가지 실험을 하려고 한다.

이 장은 화학계의 에너지가 변화할 수 있는 방법의 논의로부터 시작하고자 한다. 우리는 먼저 가열 또는 냉각에 의한 운동 에너지(열 에너지)의 전달을 살펴보고자 한다. 고체의 용융 또는 액체의 증발과 같은 상태 전이에 있어서 연관된 에너지도 다루게 될 것이다. 마지막으로 화학 반응 과정에서의 에너지 변화도 살펴보게 될 것이다.

계와 주위

열역학에서 **계**와 **주위**라는 용어는 정확하고 중요한 과학적 의미를 갖는다. **계**(system)는 관심 대상인 물체 또는 물체의 집단으로 정의된다(그림 5.1). **주위**(surrounding)는 계와 에너지나 물질 또는 둘 모두를 교환할 수 있으며, 계를 제외한 모든 것을 의미한다. 이 장을 학습하는 과정에서 계를 정확하게 정의해야 할 필요가 있다. 예를 들어 용액 속의 화학 반응과 관련된 에너지에 대하여 관심이 있다면, 계를 반응물과 생성물 및 용매로 정의할 수 있다. 주위는 반응 용기 및 방 안의 공기 등 반응 용기와 접촉하고 있으면서 에너지나 물질을 교환할 수 있는 모든 것이 해당된다. 원자 수준에서 보면, 계는 단일 원자 또는 분자일 수 있으며, 주위는 주변의 원자 또는 분자일 것이다. 일반적으로 주어진 상황에 대한 계와 주위의 구분은 얻고자 하는 정보가 무엇인가에 따라 결정된다.

계와 주위에 대한 개념은 비화학적인 상황에도 적용된다. 우리가 지구에 대한 에너지의 균형을 연구하고자 한다면, 지구를 계로, 지구를 둘러싼 외부 우주를 주위로 정의할 수 있다. 우주 차원에서 생각하면, 태양계를 관심 대상인 계로, 나머지 은하계를 주위로 정의할 수 있다.

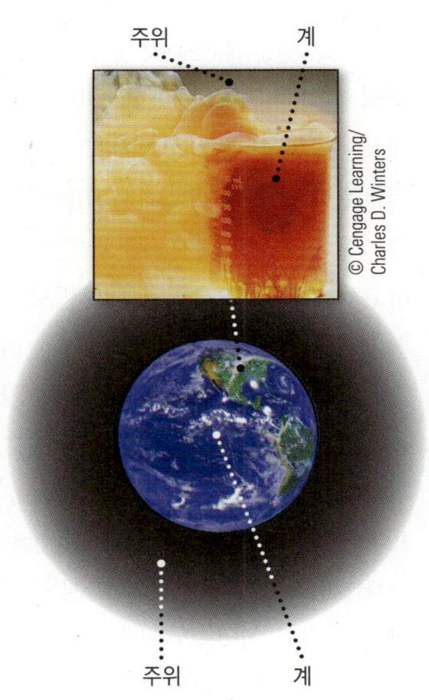

그림 5.1 계와 주위. 지구는 지구를 제외한 나머지 우주를 주위로 하는 하나의 계로 간주할 수 있다. 실험실에서 발생하는 화학 반응 역시 하나의 계이며, 이를 둘러싼 실험실을 주위로 생각할 수 있다.

열전달의 방향과 크기: 열평형

우리가 처음 살펴볼 열역학에 관한 것들은 대부분 계와 그것을 둘러싼 주위 또는 계의 서로 다른 부분으로의 에너지 전달에 관한 것이다. 에너지가 전달되는 방법 중

열은 뜨거운 금속 막대에서 차가운 물로 전달된다. 궁극적으로는 물과 금속의 온도는 같아지며, 이를 열평형에 도달하였다고 한다.

그림 5.2 에너지 전달.

열평형. 열평형에 도달하면 거시적 관점에서는 아무런 변화가 없음이 분명하지만, 분자 수준에서 보면 각각의 분자들 사이에 에너지의 이동은 계속되고 있다. 평형에 도달한 계의 일반적인 특징은 거시적인 측면에서 변화가 없지만 입자 수준에서는 변화가 계속되고 있다는 점이다(106쪽 3.3절 참조).

하나는 열을 통한 것이다. 서로 다른 온도의 두 물체가 접촉하면 열 형태로 에너지가 전달된다. 그림 5.2에서처럼 비커에 들어 있는 물과 분젠 버너로 가열한 금속 조각의 온도는 다르다. 뜨거운 금속을 찬 물에 넣으면, 열은 금속에서 물로 전달된다. 최종적으로 두 물체는 같은 온도에 도달하며, 이 경우 계는 **열평형**(thermal equilibrium)에 도달했다고 한다. 거시적 관점에서 열평형의 분명한 특징은 더 이상의 온도 변화가 없으며, 합쳐진 계(금속과 물)의 온도는 동일하다는 것이다.

뜨거운 금속 막대를 물에 넣고, 온도 변화를 관찰하는 것은 당연한 결과가 예측되는 간단한 실험이다. 하지만 이 실험을 통해 알 수 있는 두 가지 원리는 앞으로 학습

심층 학습 | 열이란 무엇인가?

200여 년 전 과학자들은 열을 질량이 없는 유체, 즉 열유체(caloric fluid)라 부르며 실제의 물질로 여겼다. 예를 들어 열유체 가설에서는 연료를 태워 양동이의 물을 데울 때, 연료로부터 물로 열유체가 이동하는 것이라고 생각했다. 연료는 타면서 열유체를 방출하고, 물이 그 열유체를 흡수함으로써 온도가 올라가는 것이라 여겼다.

그러나 50여 년이 지난 뒤 열유체 가설은 힘을 잃었고, 우리는 이제 그것이 옳은 개념이 아니라는 것을 안다. 줄(James Joule, 1818~1889)과 톰프슨(Benjamin Thompson, 1753~1814)은 실험에서 열과 기계적 에너지 등 다른 형태의 에너지와의 연관성을 보임으로써 열유체 가설이 폐기되는 데 결정적 역할을 하였다. 그렇기는 하지만 우리의 일상용어에는 이러한 초기 이론의 영향이 남아 있다. 예를 들면 우리는 종종 열의 흐름을 유체의 흐름처럼 말한다.

지금까지의 논의로부터 열은 무엇인가가 아니라는 것을 알았다. 그럼 과연 무엇인가? 열은 '상태의 양(state quantity)'과 상반되는 '과정의 양(process quantity)'이라고 할 수 있다. 그 과정이란 계의 경계면 양쪽의 온도가 다를 때 경계면을 가로질러 에너지가 이동하는 과정을 말한다. 이러한 과정에서 온도가 낮은 물질의 에너지는 증가하고, 온도가 높은 물질의 에너지는 감소한다.

에너지가 전달되는 과정은 열전달만은 아니다. 일(work)은 물질들 사이에 에너지가 전달되는 또 다른 과정이다. 열과 일에 의한 에너지 전달에 관한 개념은 열과 일의 과학인 열역학의 영역에 포함된다(218쪽 참조). 열과 일의 과정에 의해 에너지 전달이라는 생각은 열과 일의 과학인 열역학의 정의에 포함되어 있다.

벤저민 톰프슨(Benjamin Thompson, 1753~1814). 럼포드 백작으로 알려진 톰프슨은 화약의 폭발력에 대한 연구를 통하여 과학적 명성을 이룩하였다. 폭약에 대한 그의 경험은 열에 대한 흥미를 유발하였다.

발열: 계에서 주위로 전달된 에너지

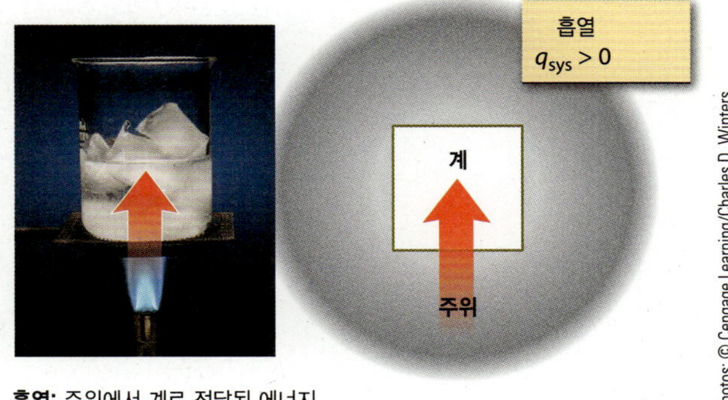

흡열: 주위에서 계로 전달된 에너지

Photos: © Cengage Learning/Charles D. Winters

그림 5.3 발열과 흡열 과정. 기호 q는 열로서 전달된 에너지를, 아래 첨자 sys는 계를 의미한다.

할 내용 중에서도 매우 중요한 부분이다.

- 열 에너지는 고온의 물체에서 저온의 물체로 자발적으로 전달된다. 온도가 상승하는 물체는 열 에너지를 얻는 것이고, 온도가 감소하는 물체는 열 에너지를 잃는 것이다.
- 두 물체의 온도가 같아질 때까지 열전달이 지속되며, 열평형에 도달할 때까지 계속된다.

고립계(주위와 에너지나 물질을 교환할 수 없는 계) 내부에서만 오직 열로서 에너지가 전달되는 특수한 경우, 뜨거운 물체가 잃은 열의 양과 차가운 물체가 얻은 열의 양은 수치상으로 동일하다고 말할 수 있다. 이는 에너지 보존의 법칙에 의해 요구되고 있다. 계와 주위 사이에 열 에너지의 전달이 일어날 때, 열전달의 방향성을 **발열**(exothermic)과 **흡열**(endothermic)로 표현한다(그림 5.3).

- **발열 과정**(exothermic process)의 경우, 열은 계에서 주위로 전달된다. 계의 에너지는 감소하고, 주위의 에너지는 증가한다. 열의 형태로의 에너지는 기호 q로 표시되고, 발열 과정의 경우 $q_{계} < 0$이다.
- **흡열 과정**(endothermic process)의 경우 발열 과정의 경우와 반대이다. 열은 주위로부터 계로 전달되며, 계의 에너지는 증가하고 주위의 에너지는 감소한다. 흡열 과정의 경우 $q_{계} > 0$이다.

5.1절 확인문제

1. 다음 중 흡열 과정은 어느 것인가?

(a) 0 ℃에서 얼음의 녹음　　(b) 메테인과 산소의 반응
(c) 100 ℃에서 수증기의 응결　　(d) 25 ℃에서 0 ℃로 물의 냉각

2. 피부는 땀이 증발하면서 냉각된다. 몸에서의 열 에너지 변화, q는 0보다 큰가 또는 작은가, 아니면 0과 같은가?

(a) $q > 0$　　(b) $q < 0$　　(c) $q = 0$

5.2 비열: 가열과 냉각

물질이 가열되거나 냉각될 때, 물질로 또는 물질로부터 전달되는 열의 양은 다음 세 가지에 의존한다.

- 물질의 양
- 온도 변화의 크기
- 열을 잃거나 얻는 물질의 상태(g, ℓ, aq 또는 s)를 포함한 본질

비열(specific heat capacity, *C*)은 **물질 1 g의 온도를 1 K만큼 올리는 데 필요한 열량**으로 정의되며, 그 단위는 J/g · K이다. 그림 5.4에 일부 물질의 비열이 게재되었고, 부록 D(표 11)에 더 많은 자료가 수록되어 있다.

열용량은 몰당 기준으로 표현할 수도 있다. 물질 1 mol의 온도를 1 K 올리는 데 열로서 전달하는 에너지의 양은 **몰 열용량**(molar heat capacity)이다. 물의 몰 열용량은 75.4 J/mol · K이다. 상온에서 금속의 몰 열용량은 항상 25 J/mol · K에 가깝다.

일정 질량의 물질이 가열되거나 냉각될 때 얻거나 잃는 열의 양은 다음 식 5.1을 사용하여 계산할 수 있다.

$$q = C \times m \times \Delta T \tag{5.1}$$

여기에서 q는 일정 질량(m)의 물질이 얻거나 잃은 열량을 말하며, C는 비열, ΔT는 온도 차이로 나중 온도와 처음 온도의 차이를 의미한다.

$$\Delta T = T_{나중} - T_{처음} \tag{5.2}$$

식 5.2에서와 같이 온도 변화를 계산하면 그것의 부호에 따라 열전달의 방향성을 알 수 있다. 예를 들면 구리의 비열이 0.385 J/g · K임을 사용하여 구리 10.0 g을 298 K(25 ℃)에서 598 K(325 ℃)로 상승시키기 위한 에너지를 계산할 수 있다.

$$q = \left(0.385 \ \frac{\text{J}}{\text{g} \cdot \text{K}}\right)(10.0 \text{ g})(\underset{\substack{\uparrow \\ T_{나중} \\ \text{나중 온도}}}{598 \text{ K}} - \underset{\substack{\uparrow \\ T_{처음} \\ \text{처음 온도}}}{298 \text{ K}}) = +1160 \text{ J}$$

비열의 실질적인 예. 패스트푸드점에서 구입한 사과 파이는 내용물의 비열과 질량이 파이 껍질이나 포장보다 더 크다. 포장지의 경고문에 주목하시오.

이 계산 결과는 양의 부호를 갖는다. 이것은 주위로부터 구리(계)로 열이 전달되었기 때문에 구리 시료의 열량이 1160 J 만큼 **증가**되었다는 것을 보여준다.

에너지와 질량 및 비열 간의 관계는 많은 것을 함축하고 있다. 액체 상태의 물은 비열이 4.184 J/g · K로서 매우 비열이 높은 것 중의 하나이며, 이것이 바로 많은 물이 모인 것(water body)이 날씨에 막대한 영향을 미치는 주된 이유이다. 봄에는 호수가 공기보다 더 느리게 데워진다. 가을에는 호수로부터 열이 방출되어 대기의 온도를 천천히 떨어지도록 한다. 비열이 증가할수록, 질량이 커질수록, 물질은 더 많은 열 에너지를 저장할 수 있다. 이러한 비열의 개념 적용 예를 일상생활에서 찾아보면,

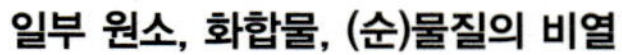

일부 원소, 화합물, (순)물질의 비열

물질	비열(J/g·K)	몰 열용량(J/mol·K)
Al, 알루미늄	0.897	24.2
Fe, 철	0.449	25.1
Cu, 흑연	0.385	24.5
Au, 금	0.129	25.4
물(액체)	4.184	75.4
물(얼음)	2.06	37.1
물(스팀)	1.86	33.6
$HOCH_2CH_2OH(\ell)$, 에틸렌글라이콜(부동액)	2.39	14.8
나무	1.8	—
유리	0.8	—

모든 금속은 25 J/mol·K 부근의 몰 열용량을 가지고 있다.

그림 5.4 **비열.** 비열을 g 기준으로 표현했을 때 금속의 비열은 제각기 다른 값을 나타내지만, 몰 열용량으로 표현했을 때는 대부분 25 J/mol · K의 범위 내의 값을 갖는다.

알루미늄(비열 0.897 J/g · K) 호일에 빵을 싸서 오븐에 넣어 가열하는 과정을 들 수 있다. 빵을 오븐에서 꺼낸 후, 빵이 매우 뜨거워도, 맨손으로 호일을 벗길 수 있다. 사용된 알루미늄 호일의 양이 적고 알루미늄의 비열도 낮기 때문에 손(질량도 크고 비열도 높음)으로 만지더라도 오직 적은 양의 열만이 손으로 전달되는 것이다.

예제 5.1 비열

문제 250 mL의 커피를 20.5 ℃(293.7 K)에서 95.6 ℃(368.8 K)로 온도를 증가시키는 데 필요한 에너지를 계산하시오. 물과 커피는 같은 밀도(1.00 g/mL)와 비열(4.184 J/g · K)을 갖는다고 가정하시오.

알고 있는 사실 물질을 따뜻하게 만드는 데 필요한 에너지는 그 물질의 비열(C) 및 물질의 질량(m), 그리고 온도변화(ΔT)와 관계가 있다. 비열 C값은 문제에 주어져 있다.

전략 커피의 질량은 밀도와 부피를 이용(질량 = 부피 × 밀도)하여 계산하고, 처음 온도와 나중 온도의 차이($\Delta T = T_{나중} - T_{처음}$)를 이용하여 온도변화를 알아낸다. q를 계산하기 위해서 식 5.1을 사용한다.

풀이 커피의 질량 = (250 mL)(1.00 g/mL) = 250 g

$$\Delta T = T_{나중} - T_{처음} = 368.8\text{ K} - 293.7\text{ K} = 75.1\text{ K}$$

$$q = C \times m \times \Delta T$$

$$q = (4.184\text{ J/g}\cdot\text{K})(250\text{ g})(75.1\text{ K})$$

$$q = 79{,}000\text{ J (또는 79 kJ)}$$

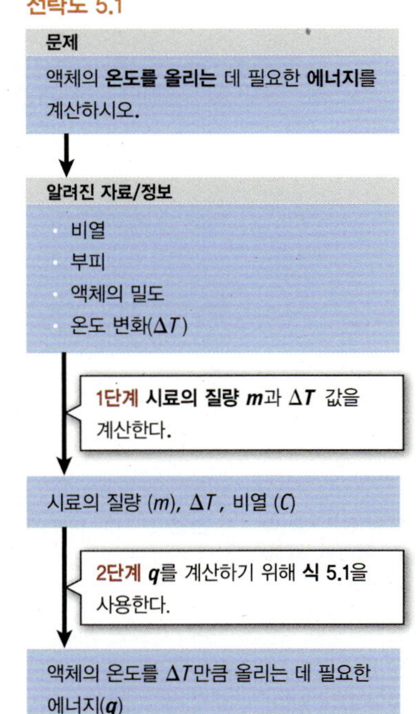

고려사항 양의 부호는 주위에서 커피로 열이 공급되었음을 말해준다. 커피의 열 에너지가 증가되었다.

유제 실험에서 25.0 g의 에틸렌글라이콜(ethylene glycol, 자동차 엔진에서 부동액으로 사용되는 화합물)의 온도를 1.00 K 올리는 데 필요한 에너지가 59.8 J로 결정되었다. 에틸렌글라이콜의 비열을 계산하시오.

열 에너지 전달의 정량적인 측면

비열도 녹는점, 끓는점, 밀도와 같이 순수한 물질의 세기 성질(intensive property) 중의 하나이다. 어떤 물질에서 양을 알고 있는 물(이것의 비열은 알려져 있음)로 열이 전달될 때 발생하는 온도 변화를 정확히 측정함으로써 그 물질의 비열을 측정할 수 있다.

금속 55.0 g을 끓는 물에 담아 99.8 ℃가 되도록 가열한 후 금속을 꺼내어 찬물이 들어 있는 단열된 비커에 넣었다(그림 5.5). 비커에 물 225 g이 들어 있고, 처음 온도(금속을 넣기 전)는 21.0 ℃이었고 금속과 물의 나중 온도는 23.1 ℃이다. 금속의 비열은 얼마인가? 이 실험에서 고려해야 할 중요 요소는 다음과 같다.

- 금속과 물은 계이며, 비커와 외부 환경이 주위이다. 열이 오직 계 내에서만 전달되며 계와 주위 사이에는 열전달이 없다고 가정한다(이 가정에 큰 문제는 없으나 완벽하지는 않다). 보다 정확한 계산을 위해서는 주위로의 열전달을 포함하여야 한다.
- 결국 물과 금속 막대는 동일한 온도가 된다($T_{\text{나중}}$은 모두 같다).
- 또한 계 내부에서 에너지는 **오직 열의 형태로 전달**된다고 가정한다.
- 금속으로부터 물로 전달된 열(q_{metal})은 열이 금속에서 물로 전달됨에 따라 금속의 온도가 감소하였으므로 음의 값이 된다. 반대로 q_{water}는 열이 금속에서 물로 전달되었기 때문에 온도가 증가하므로 양의 값이 된다.
- q_{metal}와 q_{water}의 값은 절댓값은 같으나 부호는 반대이다.

그림 5.5 열 에너지 전달. 뜨거운 금속에서 찬물로 열 에너지가 전달될 때, 금속의 열 에너지는 감소하고 물의 열 에너지는 증가하므로, 금속으로부터 전달된 열(q_{metal})은 음의 값이 되고 물로 전달된 열(q_{water})는 양의 값이 된다.

문제해결 주요사항 5.1 ΔT 계산

화학에서 온도가 관련된 거의 모든 계산에서 사용되는 온도는 절대온도(켈빈, K)로 표현된다. 그러나 ΔT를 계산할 때 섭씨 단위를 사용해도 문제가 없으며, 이는 절대온도와 섭씨온도가 같은 크기의 단위를 사용하기 때문이다. 즉, 두 온도 간의 차이는 이 두 종류의 온도 단위에 상관없이 같기 때문이다. 예를 들어 물의 끓는점과 어는점의 차이를 절대온도 K와 섭씨온도 ℃로 표현하면 아래와 같다.

ΔT, 섭씨온도 = 100 °C − 0 °C = 100 °C

ΔT, 절대온도 = 373 K − 273 K = 100 K

에너지 보존의 법칙에 의해 **고립계에서 일어나는 에너지 변화의 합은 0이어야 한다.** 만약 에너지가 열 형태로만 전달되고 q_1, q_2 등은 계의 각 구성 요소에 대하여 열로 전달된 에너지라면, 다음 식이 성립한다(식 5.3).

$$q_1 + q_2 + q_3 + \ldots = 0 \tag{5.3}$$

앞 문제의 경우, 계의 두 성분인 금속과 물과 관련된 열 에너지 변화, q_{water}와 q_{metal}이 있으며, 다음 관계가 성립된다.

$$q_{water} + q_{metal} = 0$$

이 각각의 양은 식 5.1에 정의된 것과 같이 각각의 비열, 질량, 물과 금속의 온도 변화에 관계된다. 그러므로

$$[C_{water} \times m_{water} \times (T_{나중} - T_{처음,\ water})] + [C_{metal} \times m_{metal} \times (T_{나중} - T_{처음,\ metal})] = 0$$

문제에서 구하고자 하는 것이 금속의 비열(C_{metal})이다. 물의 비열(4.184 J/g · K)을 대입하고 섭씨온도를 절대온도로 바꾸어 계산하면 다음과 같다.

$$[(4.184\ J/g \cdot K)(225\ g)(296.3\ K - 294.2\ K)] + [(C_{metal})(55.0\ g)(296.3\ K - 373.0\ K)] = 0$$

$$C_{metal} = 0.47\ J/g \cdot K$$

예제 5.2 비열 이용하기

문제 온도가 78.8 ℃(352.0 K)인 철 88.5 g을 온도가 18.8 ℃(292.0 K)인 물 244 g이 담긴 비커에 넣었다. 열 평형에 도달했을 때 나중 온도는 얼마인가? (비커나 주위로 열이 빠져나가지 않는다고 가정한다.)

알고 있는 사실 철은 차가워지고 물은 뜨거워져 열 평형에 도달한다. 철의 냉각과 물의 가열에 사용되는 에너지는 각각의 비열, 질량 및 온도 변화에 따라 달라진다. 만약 우리가 철과 물만을 계라고 가정한다면 두 에너지의 합은 0이 될 것이다. 이 문제에서 구하고자 하는 것은 나중 온도이다. 질량과 처음 온도는 주어져 있으며, 철과 물의 비열은 부록 D 또는 그림 5.4에서 찾아볼 수 있다.

전략 두 가지 열 q_{water}와 q_{Fe}의 합은 0이다($q_{water} + q_{Fe} = 0$). 각 열량은 비열, 질량 및 물질의 온도 변화에 관련된 식 5.1[$q = C \times m \times (T_{나중} - T_{처음})$]을 이용하여 계산한다. 켈빈 온도(K) 또는 섭씨온도(℃) 모두 사용할 수 있다(문제해결 주요사항 5.1

전략도 5.2

문제

알려진 질량의 차가운 물에 뜨거운 철 조각을 넣을 때 **나중 온도**를 계산하시오.

↓

알려진 자료/정보

- **비열**
- 철과 물의 **질량**
- 철과 물의 **처음 온도**

↓ 식 $q_{Fe} + q_{water} = 0$을 사용하여 $T_{나중}$을 계산한다.

철과 물의 나중 온도, $T_{나중}$

참조). 주어진 값들을 아래 식에 대입하여 풀면 된다.

$$C_{water} \times m_{water} \times (T_{나중} - T_{처음,\ water}) + C_{Fe} \times m_{Fe} \times (T_{나중} - T_{처음,\ Fe}) = 0$$

풀이

$$[C_{water} \times m_{water} \times (T_{나중} - T_{처음,\ water})] + [C_{Fe} \times m_{Fe} \times (T_{나중} - T_{처음,\ Fe})] = 0$$

$$[(4.184\ J/g \cdot K)(244\ g)(T_{나중} - 292.0\ K)] + [(0.449\ J/g \cdot K)(88.5\ g)(T_{나중} - 352.0\ K)] = 0$$

$$T_{나중} = 294\ K(21\ °C)$$

고려사항 이 문제에서 금속의 처음 온도 ($T_{처음,\ Fe}$)과 물의 처음 온도 ($T_{처음,\ water}$)의 값은 서로 다르다는 것을 명심하시오. 또한 물의 온도는 몇 도밖에 증가하지 않았지만 철은 양이 적고 비열도 낮기 때문에 온도가 60 ℃나 감소하였다. 결국 예상대로 나중 온도 ($T_{나중}$), 294 K는 철의 처음 온도와 물의 처음 온도 사이 값이다.

유제 100.0 ℃로 가열된 크로뮴 조각 15.5 g을 16.5 ℃의 물 55.5 g에 담근 후 열 평형에 도달했을 때 금속과 물의 나중 온도는 18.9 ℃이다. 크로뮴의 비열은 얼마인가? (어떠한 열도 용기나 외부로 빠져나가지 않았다고 가정한다.)

비열과 물체 간 열 에너지 전달과 관련하여 기억해야 할 중요한 개념은 다음과 같다.

- 열 에너지 이동은 뜨거운 물체에서 차가운 물체로의 운동 에너지 이동으로 일어난다. 이동한 에너지의 양은 세 가지 변수인 물체의 질량(m), 비열(C), 온도 변화 크기(ΔT)에 의존한다.
- 만약 두 물체의 질량이 같다면, 보다 큰 비열을 가지는 물체가 주어진 양의 이동한 에너지에 대하여 보다 작은 온도 변화를 나타낸다.
- 만약 두 물체가 질량이 다르고 같은 비열을 가지면 보다 큰 물체가 주어진 양의 이동한 에너지에 대하여 보다 작은 온도 변화를 나타낸다.
- 만약 두 물체가 질량과 비열이 모두 다르면(예제 5.2), 온도 변화는 에너지 보존 법칙에 의해 계산되어진다.

5.2절 확인문제

1. 다음 중 가장 많은 양의 에너지를 필요로 하는 과정은?
   (a) 2.0 g의 구리를 가열하여 온도를 10 ℃만큼 높임(C_{Cu} = 0.385 J/g · K)
   (b) 4.0 g의 납을 가열하여 온도를 10 ℃만큼 높임(C_{Pb} = 0.127 J/g · K)
   (c) 3.0 g의 은을 가열하여 온도를 10 ℃만큼 높임(C_{Ag} = 0.236 J/g · K)

2. 다음 중 열 평형에 도달하였을 때 가장 온도가 낮은 것은?
   (a) 20 ℃ 물 10 g + 30 ℃ 물 10 g
   (b) 20 ℃ 물 10 g + 30 ℃ 물 20 g
   (c) 20 ℃ 물 20 g + 30 ℃ 물 10 g

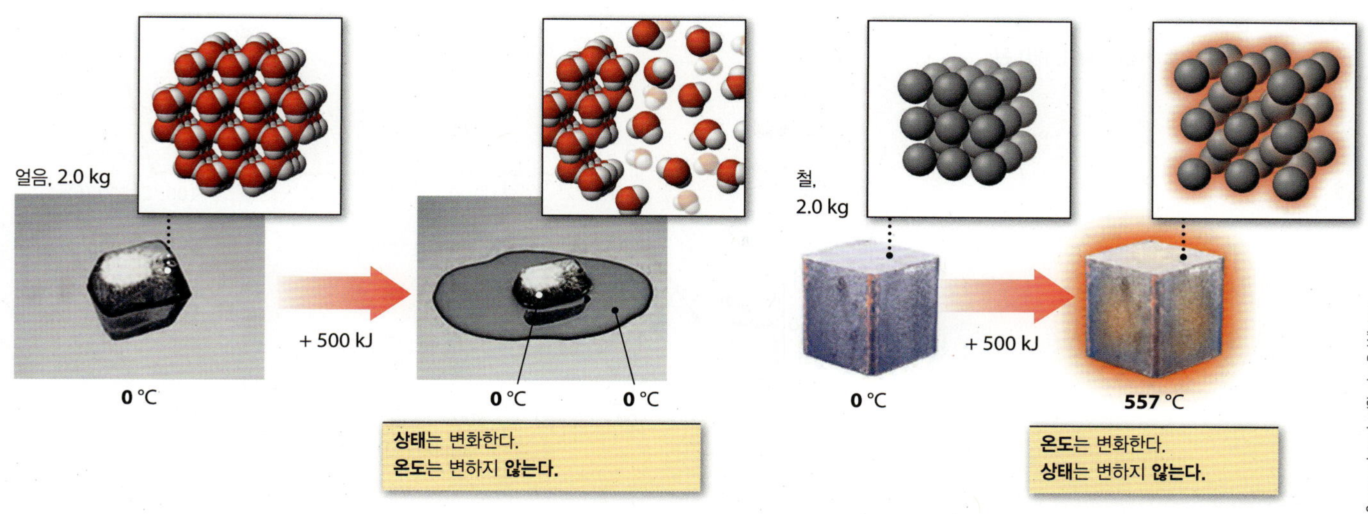

500 kJ의 열을 0 ℃의 얼음 2.0 kg에 가하면 얼음 1.5 kg이 녹아서 0 ℃의 물로 변한다(0.5 kg의 얼음은 그대로 남는다). 이 경우에 온도 변화는 없다.

반면에 (똑같은) 500 kJ의 열을 0 ℃의 철 2.0 kg에 가하면 철의 온도는 557 ℃까지 증가한다(그리고 금속이 약간 팽창하지만 녹지는 않는다.)

그림 5.6 상태 변화와 에너지 투입의 결과로 온도가 상승함 사이의 대비.

5.3 에너지와 상태 변화

고체와 액체 사이의 변화 또는 액체와 기체 사이의 변화 등을 **상태 변화**(change of state)라고 한다. 고체가 녹을 때, 고체를 이루는 원자, 분자, 이온들은 그들을 결정격자 속에 고정시키는 상호 인력을 극복하고 자유로워 질 수 있을 정도로 빠르게 움직인다. 액체가 끓을 때는 입자들 간에 인력이 거의 작용하지 않는 거리까지 더 멀어진다. 이 두 가지 경우 모두 입자 사이의 인력을 이겨내기 위하여 에너지가 공급되어야만 한다.

녹는점에서 고체에서 액체로 물질이 변화하는 데 필요한 열을 **용융열**(heat of fusion)이라고 한다. 끓는점에서 액체가 기체로 변화하는 데 필요한 열을 **기화열**(heat of vaporization)이라고 한다. 다양한 종류의 순물질에 대한 용융열과 기화열은 참고문헌에 다른 물성과 함께 수록되어 있다. 몇 가지 일반적인 물질의 값은 부록 D (표 12)에 나와 있다.

상태 변화 중에는 온도가 일정하다는 것을 인식하는 것이 중요하다(그림 5.6). 상태 변화 과정 도중에는 공급된 에너지는 물질의 온도를 올리기 위해서 사용되는 것이 아니라 분자 간에 붙잡고 있는 힘을 극복하는 데 사용된다.

물의 경우, 0 ℃에서 용융열은 333 J/g이고, 100 ℃에서의 기화열은 2256 J/g이다. 이 값들은 물이 끓을 때 필요하거나 물이 얼 때 방출되는 열량을 계산하는 데 이용된다. 예를 들어 100 ℃에서 액체 상태인 물 500. g을 기체 상태인 수증기로 변화시킬 때 필요한 열은

$$(2256\ \mathrm{J/g})(500.\ \mathrm{g}) = 1.13 \times 10^{6}\ \mathrm{J}\ (= 1130\ \mathrm{kJ})$$

이 된다.

반면, 0 ℃, 고체 상태인 얼음을 같은 양의 액체 물로 녹이기 위해서 필요한 열은

기화열의 온도 의존성. 물질의 기화열은 온도에 의존한다. 예를 들어 25 ℃에서 물의 기화열은 2442 J/g이다. 이 값은 100 ℃에서의 값(2256 J/g)보다 약간 더 크다.

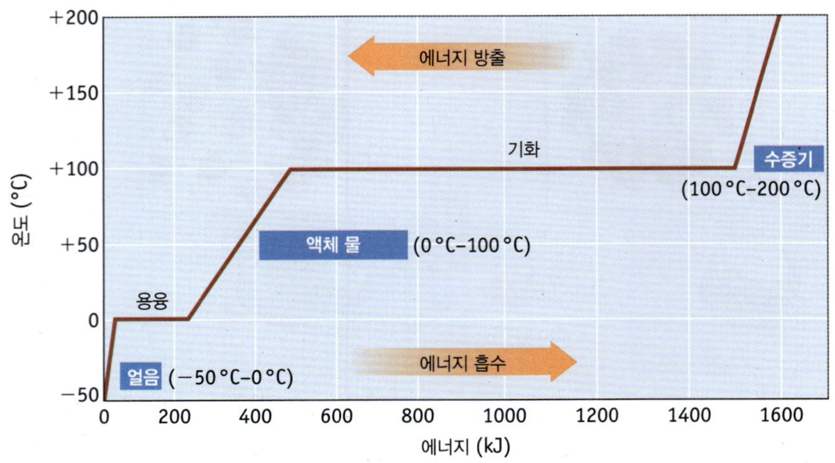

그림 5.7 열 에너지 전달과 500 g 물이 −50 ℃에서 200 ℃로 가열될 때(1기압) 온도 변화.

다음과 같이 167 kJ에 불과하다.

$$(333 \text{ J/g})(500. \text{ g}) = 1.67 \times 10^5 \text{ J } (= 167 \text{ kJ})$$

그림 5.7은 −50 ℃의 얼음 500. g이 200 ℃의 수증기로 전환되는 과정을 나타낸다. 이 과정은 연속적인 몇 가지 단계를 포함한다. (1) 얼음을 0 ℃까지 가열 (2) 0 ℃에서 얼음을 액체 상태의 물로 상태 변화 (3) 액체 상태의 물을 0 ℃로부터 100 ℃까지 가열 (4) 100 ℃에서 액체 상태의 물을 수증기로 기화 (5) 수증기를 200 ℃까지 가열. 각각의 과정은 추가적인 에너지를 필요로 한다. 기체, 액체, 고체 각각의 온도를 올리기 위해 전달된 열 에너지는 얼음, 물, 수증기 각각의 비열(각각 다르다)과 식 5.1을 이용하여 계산할 수 있다. 또한 용융열과 기화열을 사용하면 상태 변화에 필요한 에너지를 계산할 수 있다. 이러한 계산은 예제 5.3에서 이루어질 것이다.

전략도 5.3

문제

−50.0 °C의 얼음 500. g이 **200.0 °C**의 수증기로 변환되는 데 **필요한 에너지**를 계산

↓

알려진 자료/정보

- 물의 양
- 온도 변화(ΔT)
- 물의 용융열과 기화열
- 비열

에너지 계산에 연관된 값
1단계 얼음을 0 °C까지 가열하기(q_1)
2단계 0 °C에서 얼음을 녹이기(q_2)
3단계 물을 0 °C에서 100 °C로 가열하기(q_3)
4단계 100 °C에서 물을 기화시키기(q_4)
5단계 수증기를 200 °C까지 가열하기 (q_5)

↓

q_1, q_2, q_3, q_4, q_5 값

6단계 q를 모두 더한다.

↓

전체 과정에 필요한 에너지, q_{total}

예제 5.3 에너지와 상태 변화

문제 −50 ℃의 얼음 500. g이 200 ℃의 수증기로 변환되는 데 필요한 에너지를 계산하시오(그림 5.7에 각 단계에서의 온도 변화가 나타나 있다). 물의 용융열은 333 J/g이고, 기화열은 2256 J/g이다. 얼음, 물, 수증기의 비열은 부록 D를 참조하시오.

알고 있는 사실 −50 ℃의 얼음이 200 ℃의 수증기로 변환되는 전체 과정은 온도 변화뿐만이 아니라 상태 변화 과정 모두를 포함한다. 필요한 모든 에너지는 열로 전달된다. 문제에서 주어진 것은 얼음의 질량이다(1기압에서). 용융은 0 ℃에서 일어나고 기화는 100 ℃에서 일어난다는 것을 명심하라. 여러분은 얼음, 물, 수증기의 비열(부록 D 참조) 및 물의 용융열(333 J/g)과 기화열(2256 J/g)이 필요하다.

전략 앞서 살펴본 바와 같이 이 문제는 여러 단계로 나누어 생각한다.

1단계 얼음을 −50 ℃에서 0 ℃로 데우는 단계

2단계 0 ℃에서 얼음을 녹이는 단계

3단계 액체 물의 온도를 0 ℃에서 100 ℃로 올리는 단계

4단계 100 ℃에서 물을 기화시키는 단계

5단계 수증기의 온도를 100 ℃에서 200 ℃로 올리는 단계

식 5.1과 얼음, 물, 수증기 각각의 비열을 이용하여 각 상태에서의 온도 변화에 따른 열을 계산한다. 용융열과 기화열을 이용하여 상태 변화 과정의 열을 계산한다. 총 에너지는 각 단계에서 계산된 열의 합이다.

풀이

1단계 얼음을 −50 ℃에서 0 ℃로 데우기까지

$$q_1 = (2.06\ \text{J/g}\cdot\text{K})(500.\ \text{g})(273.2\ \text{K} - 223.2\ \text{K}) = 5.15 \times 10^4\ \text{J}$$

2단계 0℃에서 얼음을 녹이기까지

$$q_2 = (500.\ \text{g})(333\ \text{J/g}) = 1.67 \times 10^5\ \text{J}$$

3단계 액체 물의 온도를 0 ℃에서 100 ℃로 올릴 때까지

$$q_3 = (4.184\ \text{J/g}\cdot\text{K})(500.\ \text{g})(373.2\ \text{K} - 273.2\ \text{K}) = 2.09 \times 10^5\ \text{J}$$

4단계 100 ℃에서 물을 기화시킬 때까지

$$q_4 = (2256\ \text{J/g})(500.\ \text{g}) = 1.13 \times 10^6\ \text{J}$$

5단계 수증기의 온도를 100 ℃에서 200 ℃로 올릴 때까지

$$q_5 = (1.86\ \text{J/g}\cdot\text{K})(500.\ \text{g})\ (473.2\ \text{K} - 373.2\ \text{K}) = 9.30 \times 10^4\ \text{J}$$

총 열 에너지는 각 단계 열 에너지의 합이다.

$$q_{\text{total}} = q_1 + q_2 + q_3 + q_4 + q_5$$

$$q_{\text{total}} = 1.65 \times 10^6\ \text{J}\ (\text{또는 } 1650\ \text{kJ})$$

고려사항 액체 물이 수증기로 변환되는 과정이 가장 많은 에너지를 필요로 한다. (여러분은 물을 난로에서 끓이는 데는 많은 시간이 걸리지는 않지만, 물을 다 증발시키기 위해서는 많은 시간이 걸린다는 것을 알고 있을 것이다.)

유제 액체 에탄올 1.00 L(밀도 $d = 0.7849\ \text{g/cm}^3$)를 25.0 ℃에서 끓는점인 78.3 ℃로 온도를 증가시키기 위해서 필요한 에너지와 그 온도에서 에탄올을 완전히 기화하기 위해 필요한 에너지를 계산하시오(액체 에탄올의 비열은 2.44 J/g · K이고, 78.3 ℃에서 기화열은 38.56 kJ/mol이다).

예제 5.4 상태 변화

문제 다이어트 콜라(340. mL) 한 캔을 20.5 ℃에서 0.0 ℃로 냉각시키고자 할 때, 넣어야 할 0 ℃ 얼음의 최소 질량은 얼마인가? 다이어트 콜라의 비열과 밀도가 물과 같다고 가정하고 주위로 열을 잃거나 얻지 않는다고 가정한다.

알고 있는 사실 나중 온도는 0 ℃이다. 얼음이 녹으려면 열 에너지를 흡수해야 하고 콜라는 냉각되려면 열 에너지를 방출해야 한다. 두 물질의 에너지 변화의 합은 0이다. 이것은 두 종류의 에너지 변화(얼음의 용융과 콜라의 냉각)가 절댓값은 같으나 부호가 반대임을 의미한다(계와 주위 사이에 에너지 전달이 없다고 가정한다). 문제

에 주어진 정보를 이용하여 계의 두 가지 에너지 변화인 q_{cola}와 q_{ice}를 계산한다. 문제를 풀기 위해서는 물의 비열(부록 D) 또한 알아야 한다.

전략 계 내부에서 에너지 변화는 $q_{cola} + q_{ice} = 0$이라고 가정한다. 콜라를 냉각하는 과정에 관련된 에너지 q_{cola}는 식 5.1을 이용하여 계산할 수 있다. 처음 온도는 20.5 ℃이고 나중 온도는 0 ℃이다. 콜라의 질량은 부피와 밀도로부터 계산할 수 있다. 얼음이 녹는 데 관련된 에너지 q_{ice}는 용융열(333 J/g)에 의해 결정된다. 얼음의 질량이 우리가 구하고자 하는 것이다.

풀이 콜라의 질량은 340. g [(340. mL)(1.00 g/mL) = 340. g]이고 온도는 293.7 K에서 273.2 K로 변한다. 물의 용융열은 333 J/g이고, 얼음의 질량은 다음과 같이 계산한다.

$$q_{cola} + q_{ice} = 0$$

$$C_{cola} \times m_{cola} \times (T_{나중} - T_{처음}) + (\text{물의 용융열})\ (m_{ice}) = 0$$

$$[(4.184\ \text{J/g} \cdot \text{K})(340.\ \text{g})(273.2\ \text{K} - 293.7\ \text{K})] + [(333\ \text{J/g})\ (m_{ice})] = 0$$

$$m_{ice} = 87.6\ \text{g}$$

고려사항 얼음을 87.6 g 보다 많이 넣더라도 열 평형에 도달했을 때의 나중 온도는 0 ℃일 것이며, 과량의 얼음은 녹지 않고 남을 것이다(유제 참조). 얼음을 87.6 g 보다 적게 넣으면, 모든 얼음이 녹을 것이고, 나중 온도는 0 ℃보다 높을 것이며, 얼음이 녹아 생긴 물이 여분의 열을 흡수하여 나중 온도가 상승한다.

유제 냉차 한 잔을 만들기 위해, 18.2 ℃의 차 250 mL를 5개의 얼음조각이 들어 있는 유리잔에 부었다. 얼음 한 조각의 질량은 15 g이다. 녹는 얼음과 녹지 않는 얼음의 양은 얼마인가? 냉차의 밀도는 1.0 g/mL이고, 비열은 4.2 J/g · K이다. 열 에너지는 오직 계에 전달되며 얼음의 온도는 0 ℃이며, 계와 주위 사이에 열전달은 전혀 없다.

5.3절 확인문제

1. 다음 중 가장 많은 양의 에너지를 필요로 하는 과정은?
   (a) 100 g의 물 온도를 1.0 ℃ 상승시킴
   (b) 100 ℃에서 물 0.10 g을 기화
   (c) 0 ℃에서 1.0 g의 얼음을 녹임
   (d) 1.0 g의 얼음을 −50 ℃에서 0 ℃로 가열(얼음의 비열 = 2.06 J/g · K)

2. 0 ℃인 5.0 g의 얼음을 20 ℃인 물 25 g에 넣었다. 이 계가 열 평형에 도달하였을 때의 설명으로 가장 적절한 것은?
   (a) 얼음의 일부는 녹고 일부는 남아 있으며, 남은 얼음과 물의 온도는 0 ℃이다.
   (b) 얼음은 모두 녹고, 물의 온도는 0 ℃에서 10 ℃ 사이이다.
   (c) 얼음은 모두 녹고, 물의 온도는 10 ℃에서 20 ℃ 사이이다.
   (d) 얼음의 일부는 녹고 일부는 남아 있으며, 물과 얼음의 온도는 0 ℃에서 10 ℃ 사이이다.

5.4 열역학 제1법칙

열역학이란 열과 일의 과학이라고 정의된다는 점을 상기하라. 지금까지 우리는 열 형태로의 에너지 전달만을 고려하였지만, 이제 논의의 폭을 넓혀 보자.

계와 그 주위 사이의 열 에너지 교환이 일어나면 계의 에너지가 변화하고, 계가 주위에 대해 일을 하거나 주위로부터 계에 일을 할 때도 계의 에너지가 변한다. 계가 주위에 대하여 일을 한다면 계는 에너지를 소비할 것이고, 계의 에너지는 감소한다. 반대로 주위가 계에 대하여 일을 한다면, 계의 에너지는 증가한다. 계가 열을 잃거나 얻을 때와 마찬가지로 계가 일을 하거나 또는 주위가 계에 대해 일을 하면 계의 에너지 양은 변화한다.

주위에 일을 하는 계의 예로서 그림 5.8에 나타낸 실험을 들 수 있다. 소량의 드라이아이스(고체 CO_2)를 지퍼백에 넣고 밀봉한 후 그 위에 무거운 책을 올려놓았다. 주위로부터 드라이아이스로 열 에너지가 전달됨에 따라 드라이아이스는 −78 ℃의 고체에서(액체 상태를 거치지 않고) 바로 기체로 변하며, 이 과정을 **승화**(sublimation)라고 한다.

$$CO_2(s, -78\ °C) \rightarrow CO_2(g, -78\ °C)$$

승화가 진행됨에 따라, 기체 상태의 CO_2는 지퍼백 안에서 팽창하여 중력에 반대되는 방향으로 책을 들어 올린다. 책을 중력에 반하여 들어 올렸기 때문에 일을 행한 것이다. 이 계(지퍼백 속의 CO_2)는 에너지를 소비하여 일을 한 것이다.

지퍼백 위에 책이 없어도 기체는 팽창하면서 대기를 들어 올리므로 일을 한다고 할 수 있다. 팽창하는 기체는 책을 들어 올리는 대신에 대기의 일부를 움직이게 하였다.

이제 이 예를 열역학에서 사용되는 용어로 바꾸어서 설명해 보자. 먼저 계와 주위를 정확히 정의하여야 한다. 계는 CO_2이며, 처음에는 고체이고 나중에는 기체이다.

(a) 드라이아이스[CO_2(s), −78 ℃] 조각을 지퍼백에 넣는다. 열 에너지가 유입됨에 따라 드라이아이스가 승화한다(고체에서 기체로 바로 변함).

(b) 승화되면서 CO_2(s)는 열을 흡수하고, 계(지퍼백 속의 내용물)는 중력에 반하여 책을 들어 올림으로써 주위에 대해 일을 하게 된다.

그림 5.8 **물질의 변화 과정에서 에너지 변화(고체 CO_2가 CO_2 기체로 변하면서 상태가 변한다).**

주위는 계와 에너지를 교환하는 물질로 구성된다. 즉, CO_2와 접촉하는 물질로 지퍼백, 책, 책상, 주위의 공기를 포함한다. CO_2의 승화에는 주위로부터 CO_2로 전달되는 열이 필요하다. 동시에 계는 책을 들어 올림으로써 주위에 일을 한다. 계에 대한 에너지 균형에는 열과 일이 모두 포함된다.

이 예는 일반화시킬 수 있다. 어떠한 계에서라도 계와 그 주위 사이에 전달되는 일과 열 형태의 에너지를 확인할 수 있다. 따라서 계의 에너지 변화는 다음 식으로 명백히 표현할 수 있다.

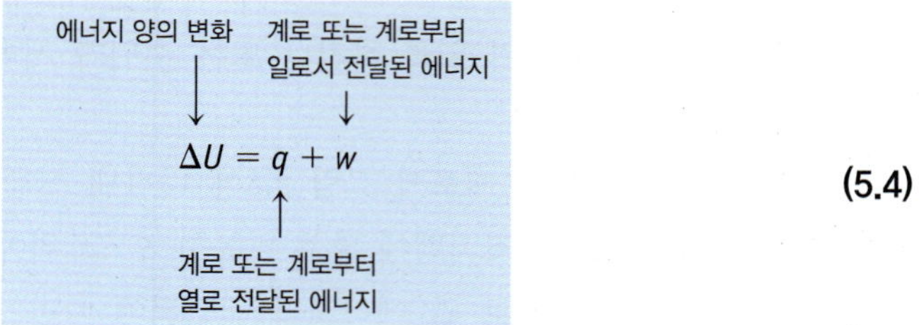

(5.4)

식 5.4는 **열역학 제1법칙**(first law of thermodynamics)의 수학적 표현이다. 계의 에너지 변화 (ΔU)는 계와 주위 사이에 열로서 전달된 열(q)과 계와 주위 사이에 일로서 전달된 에너지(w)의 합이다.

열역학 제1법칙을 나타내는 위의 식은 에너지 보존의 법칙의 다른 표현이라고 생각할 수 있다. 에너지는 보존되기 때문에 우리는 계의 어떠한 에너지 변화도 설명할 수 있다. 계와 주위 사이의 에너지 전달은 모두 열과 일의 과정만으로 일어난다.

식 5.4에서 U 값은 공식적으로 **내부 에너지**(internal energy)라 명명되며, 열역학에서 분명하게 정의된다. 화학(반응)계에서의 내부 에너지는 그 계를 구성하는 원자, 분자, 또는 이온의 퍼텐셜 에너지와 운동 에너지의 합이다. 여기서 퍼텐셜 에너지는 계를 구성하는 모든 핵과 전자 사이의 인력과 반발력에 관련된 에너지로서, 분자의 결합, 이온 사이의 힘, 분자 사이에 작용하는 힘과 관련된 에너지이다. 운동 에너지는 계를 구성하는 원자, 이온 및 분자의 운동 에너지이다. 계의 총 내부 에너지 값은 결정하기도 어렵거니와 별로 필요하지도 않다. 대신 대부분의 경우 우리가 필요로 하는 것은 측정할 수 있는 값인 내부 에너지의 **변화**이다. 사실 식 5.4는 내부 에너지 U 자체가 아닌 그 변화량 $\boldsymbol{\Delta U}$를 어떻게 결정하는가에 대한 내용이다. 다시 말하면 **$\boldsymbol{\Delta U}$는 계로 또는 계로부터 전달된 열과 행하여진 일을 측정**하면 된다.

식 5.4에서의 부호는 매우 중요하다. 다음 표에 계의 내부 에너지가 어떻게 열과 일에 의해 영향을 받는가를 정리하였다.

계의 열과 일에 대한 부호

에너지 전달	부호	U_{system}의 효과
계로 전달된 열(흡열)	$q > 0$ (+)	U 증가
계로부터 전달된 열(발열)	$q < 0$ (−)	U 감소
계가 주위로부터 받은 일	$w > 0$ (+)	U 증가
계가 주위에 한 일	$w < 0$ (−)	U 감소

심층 학습 | $P-V$ 일(압력–부피 일)

부피가 변할 때 움직일 수 있는 피스톤을 가진 실린더에 밀봉된 기체의 예를 이용하여 계가 주위에(반대도 가능) 행한 일을 이해할 수 있다. 만약 실린더 내의 기체가 가열되면 팽창하여 내부 기체 압력이 아래로 누르는 피스톤과 대기가 가하는 외부 압력과 동일하게 될 때까지 피스톤을 위로 밀어 올리게 된다(그림 참조). 이상적으로는 피스톤은 마찰없이 움직이므로 기체 팽창에 의하여 행한 일은 실린더 벽을 가열하는 데 소모되지 않는다.

피스톤을 누르는 데 필요한 일을 물리 법칙($w = F \times d$)으로부터 계산할 수 있다. 즉, 일은 물체에 가해진 힘 F에 물체가 움직인 거리 d를 곱한 것과 같다.

압력은 단위 넓이당 작용하는 힘, 즉 $P = F/A$로 정의된다. 여기서 힘은 피스톤의 질량, 외부 대기 압력과 지구 중력의 함수이다. 이 예에서, 힘을 넓이 A를 갖는 피스톤에 가하고 있다. 식의 F에 $P \times A$를 대입하면 $w = (P \times A) \times d$가 된다. 또한 $A \times d$의 곱이 부피의 변화(ΔV)이고 $\Delta V = V_{나중} - V_{처음}$이므로, 이 부피 변화는 양이다. 마지막으로 계가 주위에 행한 일은 음으로 정의되므로 이는 $w = -P\Delta V$를 의미한다. 기체가 팽창하여 피스톤을 위로 움직이게 하는 것은 주위에 일을 행한 것을 의미한다.

이 예에서 일정한 외부 압력에 대하여 기체를 팽창시킨다는 점에 주의하라. 기체의 팽창(또는 압축)이 일어나는 많은 과정에서 압력은 일정하지 않다. 압력과 부피가 변하는 과정의 일을 계산하는 것은 가능하기는 하지만 훨씬 복잡하다.

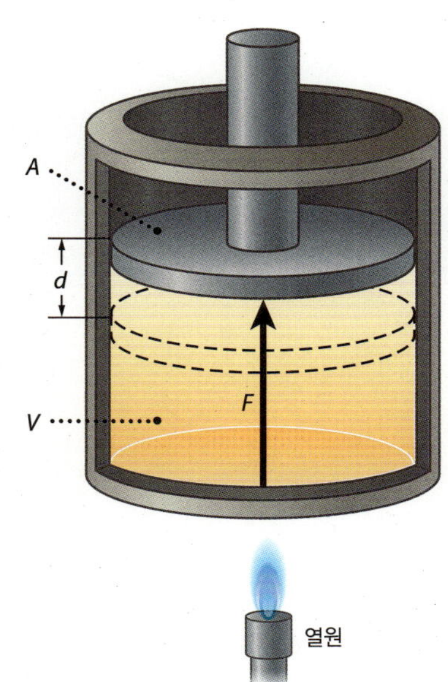

CO_2의 승화 과정에서 발생한 일(그림 5.8)은 $P-V$ 일(압력–부피 일)이라고 하는 특수한 형태의 일이다. 이 일은 외부의 압력(P)에 반하여 작용하는 부피 변화(ΔV)와 관련된 일(w)이다. 외부 압력이 일정한 상태의 계에서 $P-V$ 일의 값은 식 5.5로부터 계산할 수 있다.

열과 일. 열역학적 관점에서 일과 열에 관한 보다 자세한 학습을 위해서는 다음 논문을 참조하시오.
E. A. Gislason and N. C. Craig, *Journal of Chemical Education*, Vol. 64, No. 8, pp. 660~668, 1987.

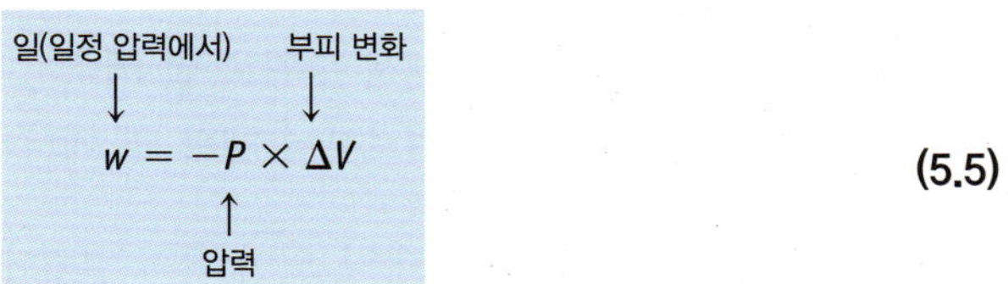

$$w = -P \times \Delta V \quad (5.5)$$

이 일을 주울 단위로 계산하기 위해 압력은 파스칼(1 Pa = 1 kg/m · s^2)로, 부피 변화는 입방 미터(m^3) 단위를 사용해야 한다.

일의 계산. 일은 압력과 부피의 SI 단위를 이용하여 계산한다. 압력의 SI 단위는 파스칼(1 Pa = 1 kg/m · s^2)이고 부피 변화를 m^{3}으로 곱하면 주울 단위의 에너지를 얻게 된다(1 J = 1 kg · m^2/s^2).

가능한 유일한 일이 $P-V$ 일이라면, 부피가 일정($\Delta V = 0$)한 상황에서 일의 형태로 전달되는 에너지는 0이 된다($\Delta V = 0$이므로 $P\Delta V = 0$이 되기 때문). 이것은 일정 부피(q_v)가 조건하에서 열의 형태로 전달되는 계의 내부 에너지 변화와 동일함을 의미한다.

$$\Delta U = q_v + w_v$$

$$\Delta V = 0\text{이므로 } w_v = 0\text{일 때 } \Delta U = q_v + 0$$

$$\text{따라서 } \Delta U = q_v$$

엔탈피

실험실에서는 대부분의 화학 실험이 압력이 일정한 대기에 노출된 비커나 플라스크에서 이루어진다. 유사하게 생명체 안에서 발생하는 화학 과정도 대기에 노출되어 있다. 수많은 화학적 · 생물학적 과정들이 일정 압력 조건에서 이루어지기 때문에, 이러한 환경에서의 에너지 전달을 측정하는 방법을 알면 편리하다.

먼저 압력이 일정한 조건에서 일어나는 내부 에너지 변화 ΔU를 살펴보자.

$$\Delta U = q_p + w_p$$

여기서 아래 첨자 p는 일정한 압력 조건이라는 것을 의미한다. 만약 일어날 수 있는 형태의 일(w)이 $P-V$일밖에 없다면, 다음이 성립한다.

$$\Delta U = q_p - P\Delta V$$

위 식들을 다시 정리하면 다음과 같다.

$$q_p = \Delta U + P\Delta V$$

이제 우리는 새로운 열역학 함수인 **엔탈피**(enthalpy, H)를 아래와 같이 정의한다.

$$H = U + PV$$

열의 형태로 에너지 전달.
일정 부피에서의 과정: $\Delta U = q_v$
일정 압력에서의 과정: $\Delta H = q_p$

압력이 일정한 계의 **엔탈피 변화**는 다음 식으로부터 계산할 수 있다.

$$\Delta H = \Delta U + P\Delta V$$

즉,

$$\Delta H = q_p$$

가능한 형태의 일이 $P-V$ 일밖에 없는 경우, 엔탈피 변화(ΔH)는 압력이 일정한 조건에서 전달된 열 q_p와 동일하다. 에너지의 전달 방향은 ΔH의 부호에 따라 달라진다.

엔탈피와 내부 에너지와의 차이. 반응에서 부피 변화가 크지 않을 경우 ΔU와 ΔH의 차이는 크지 않다. 예를 들어 1기압에서 273 K의 물이 273 K의 얼음으로 변한다면 ΔU (= $P\Delta V$)와 ΔH의 차이는 0.142 J/mol에 불과하다. 반면에 373 K에서 액체 상태의 물이 수증기로 변할 때는 그 차이가 3100 J/mol이다.

- ΔH가 음의 값인 경우는 계에서 주위로 열 에너지가 전달되었음을 의미한다.
- ΔH의 양의 값인 경우는 주위로부터 계로 열 에너지가 전달되었음을 의미한다.

압력이 일정하고 가능한 형태의 일이 $P-V$일밖에 없는 경우 내부 에너지 변화 $\Delta U(= q_p - P\Delta V)$와 엔탈피의 변화 $\Delta H(= q_p)$는 $P\Delta V$(계로 또는 계로부터 일로서 전달된 에너지)만큼 차이가 난다. 얼음이 녹는 것과 같은 많은 과정에서 부피 변화 ΔV는 작으므로 $-P\Delta V$로 계산되는 일의 크기 또한 매우 작다. 이러한 조건에서 ΔU와 ΔH는 비슷하다. 하지만 부피 변화가 큰 경우에는 일의 형태로 전달되는 에너지의 양이 매우 중요하다. 이런 경우는 주로 기체가 발생하거나 소모될 때 나타난다. 예를 들어 물의 기화나 응축, CO_2의 승화 및 기체 몰수가 변화하는 화학 반응의 경우에는 ΔU 값과 ΔH 값의 차이가 매우 크다.

예제 5.5 에너지와 일

문제 일정 대기압(1.01×10^5 Pa)에서 질소 기체(1.50 L)가 실린더에 들어 있다. 882 J의 에너지가 주위로부터 기체로 열로 전달되었을 때 부피 2.18 L로 팽창한다. 기체의 내부 에너지 변화는 얼마인가?

알고 있는 사실 열로서의 에너지(882 J)가 압력이 일정한 조건에서 계로 전달되었다. 따라서 $q_p = +882$ J이다. 계는 일정 압력 1.01×10^5 파스칼에서 기체가 1.50 L에서 2.18 L로 팽창할 때 주위에 일을 하며 따라서 주위로 일부 에너지를 전달한다.

전략 계가 행한 일을 $w_P = -P(\Delta V)$를 이용하여 계산한다. 압력과 부피에서 사용된 것이 SI 단위라면 일의 단위는 주울(J)이다. 압력은 SI 단위(파스칼, Pa)이며, 1 Pa $= 1\ \text{kg}/(\text{m} \cdot \text{s}^2)$로 주어진다. 일을 계산하기 위하여 부피는 L에서 m^3으로 변환하여야 한다. 기체의 내부 에너지 변화는 기체의 엔탈피 변화와 기체가 주위에 행한 일의 합이다($\Delta U = q_p + w_P$).

풀이 기체의 부피 변화는 다음과 같다.

$$(2.18\ \text{L} - 1.50\ \text{L N}_2\ \text{기체})(1\ \text{m}^3/1000\ \text{L}) = 6.8 \times 10^{-4}\ \text{m}^3$$

계가 행한 일은 다음과 같다.

$$w_P = -(1.01 \times 10^5\ \text{kg/m} \cdot \text{s}^2)(6.8 \times 10^{-4}\ \text{m}^3) = -68.7\ \text{kg} \cdot \text{m}^2/\text{s}^2 = -68.7\ \text{J}$$

마지막으로 내부 에너지 변화는 다음과 같이 계산된다.

$$\Delta U = q_p + w_p = 882\ \text{J} + (-68.7\ \text{J}) = 813\ \text{J}$$

고려사항 기체의 내부 에너지는 가열하면 증가한다. 그러나 기체가 압력에 반하여 팽창할 때 주위에 일을 하여 일부 에너지를 제공한다.

유제 일정 대기압(1.01×10^5 Pa)에서 질소 기체(2.75 L)가 실린더에 들어 있다. 485 J의 에너지가 주위로 열로 전달되었을 때 기체의 부피가 2.10 L로 감소한다. 기체의 내부 에너지 변화는 얼마인가?

상태 함수

내부 에너지와 엔탈피는 중요한 특성을 공유한다. 즉, 화학적 변화 또는 물리적 변화를 수반하는 내부 에너지와 엔탈피의 변화는 처음 상태 및 나중 상태에만 관련이 있으며, 처음 상태에서 나중 상태로 가는 경로에 의존하지 않는다. 예를 들어 반응물이 어떠한 경로를 거쳐 생성물에 도달하든, 즉 반응 경로에 상관없이 그 반응의 ΔH 또는 ΔU의 값은 항상 일정하다. 이러한 특성을 갖는 양을 **상태 함수**(state function)라고 한다.

기체의 압력, 기체 또는 액체의 부피, 물질의 온도 등 일반적으로 측정이 가능한 여러 값들은 상태 함수이다. 예를 들어 물질의 나중 온도가 75 ℃이고 그 물질의 처음 온도가 25 ℃이었다면, 온도 변화 ΔU는 다음과 같이 $T_{\text{나중}} - T_{\text{처음}} = 75$ ℃ −

© My Good Images/Shutterstock.com

그림 5.9 **상태 함수.** 산을 오르는 방법에는 여러 가지가 있지만, 산 밑에서 정상까지의 고도의 변화는 동일하다. 고도의 변화가 상태 함수이다. 그러나 정상에 도달하기까지의 거리는 상태 함수가 아니다.

25 ℃ = 50 ℃라고 계산할 수 있다. 이 물질이 가열되어 바로 25 ℃에서 75 ℃로 온도가 상승했는지, 아니면 25 ℃에서 95 ℃까지 상승했다가 다시 75 ℃로 식었는지는 상관이 없다. 전체 온도 변화가 50 ℃라는 것은 변함이 없다.

그렇다고 모든 양이 상태 함수인 것은 아니다. 어떤 것들은 처음 상태에서 나중 상태로 변화한 경로에 상관이 있는 경우가 있다. 예를 들면 거리는 상태 함수가 아니다(그림 5.9 참조). New York에서 Denver로 가는 거리는 어떠한 경로를 선택하느냐에 달려 있다. 이 두 지역을 여행하는 데 걸리는 시간도 역시 상태 함수가 아니다. 대조적으로, 해발 고도는 상태 함수이다. New York(해발 0 m)에서 출발하여 Denver(해발 1,600 m)로 가는 경우, 경로에 관계없이 고도의 변화는 1600 m이다.

흥미롭게도 열 형태로 전달되는 에너지나 일 형태로 전달되는 에너지 그 자체는 상태 함수가 아니다. 그러나 그들의 합, 즉 내부 에너지의 변화 ΔU는 상태 함수이다. ΔU의 값은 $U_{처음}$과 $U_{나중}$에 의해 결정된다. 처음 상태와 나중 상태 사이의 전이 과정은 다른 값을 갖는 q와 w에 의해서 다른 경로로 결정될 수 있지만 각 경로의 q와 w의 합은 항상 같은 ΔU를 가진다.

경로에 의존하는 두 함수의 합으로 정의되는 함수가 어떻게 경로에 무관한 상태 함수가 될 수 있는지를 이해하기 위하여, 은행 계좌에 들어 있는 돈을 예로 들어 설명해 보자. 은행 계좌의 잔고는 상태 함수이다. 계좌로 돈을 입금하는 방법으로 현금 입금과 계좌이체, 두 가지가 있다고 가정해 보자. 현재 잔고가 $0인 계좌의 잔고를 $25로 하려면, 현금 $25를 입금해도 되고, 우선 $100를 입금한 후에 $75를 계좌이체로 출금해도 된다. 또는 현금으로 $100를 입금한 후 $50를 계좌이체로 출금하고, $25를 현금으로 출금할 수도 있다. 각각의 경우 방법(경로)은 달랐지만 모두 계좌의 나중 금액과 처음 금액의 차이(Δ$, +$25)는 현재의 잔액($25)과 처음 금액($0) 간의 차이에 의해 결정되었다. 현금으로 전달된 금액과 계좌이체로 전달된 금액은 각각의 경우마다 다른 값이며, 경로에 의존하는 함수에 해당하지만, 이들의 합인 현재 잔고는 상태 함수인 것이다.

5.4절 확인문제

1. 다음 중 내부 에너지가 감소하는 과정은?

(1) 계로 에너지가 열의 형태로 전달

(2) 계로부터 에너지가 열의 형태로 전달

(3) 계로 에너지가 일의 형태로 전달

(4) 계로부터 에너지가 일의 형태로 전달

(a) 1, 3 (b) 2, 4 (c) 1, 4 (d) 2, 3

2. 화학 반응에서 부피 변화가 클 경우 계와 주위 사이에 많은 양의 에너지가 일 형태로 전달된다. 이러한 현상은 반응 전후 기체의 총 몰수가 변할 때 일어난다. 다음 중 계로부터 주위로 일 형태로 가장 많은 에너지 전달이 일어나는 반응은?

(a) $C(s) + O_2(g) \rightarrow CO_2(g)$

(b) $CH_4(g) + 2\ O_2(g) \rightarrow CO_2(g) + 2\ H_2O(g)$

(c) $2\ C(s) + O_2(g) \rightarrow 2\ CO_2(g)$
(d) $2\ Mg(s) + O_2(g) \rightarrow 2\ MgO(s)$

5.5 화학 반응에서 엔탈피 변화

화학 반응은 엔탈피 변화를 수반한다. 예를 들어 물 1 mol이 수소 1 mol과 산소 1/2 mol로 분해되는 반응의 경우, 25 ℃에서 표준 반응 엔탈피, $\Delta_r H°$는 +241.8 kJ/mol-rxn이다.

$$H_2O(g) \rightarrow H_2(g) + \frac{1}{2} O_2(g) \qquad \Delta_r H° = +241.8 \text{ kJ/mol-rxn}$$

$\Delta_r H°$가 양의 값이라는 것은 위의 분해 과정이 흡열 과정이라는 것을 의미한다. 즉, 이 반응이 일어나려면 241.8 kJ의 열이 주위에서 계인 $\Delta_r H°$로 전달되어야 한다.

아래에 $\Delta_r H°$에 대한 몇 가지 중요한 사항이 있다.

- 표준 엔탈피 변화($\Delta_r H°$)(위 첨자 °는 표준 조건을 뜻함)는 표준 상태의 순수한 반응물로부터 표준 상태의 순수한 생성물이 형성되는 반응의 엔탈피 변화를 의미한다. 원소나 화합물의 **표준 상태**(standard state)는 특정 온도 1 bar의 압력하에서 물리적으로 가장 안정한 상태에 있는 물질의 형태로 정의된다. [대부분의 표준 반응 엔탈피 관련 참고자료는 25 ℃ (298 K)에서의 값을 제공하고 있다.]
- $\Delta_r H°$의 단위에서 "per mol-rxn"은 주어진 엔탈피 값이 1mol의 반응에 대한 값이라는 의미이다(여기서 **rxn**은 reaction의 약자이다). 1 mol의 반응이란, 예를 들어 물이 분해되는 반응 $H_2O(g) \rightarrow H_2(g) + 1/2\ O_2(g)$의 경우, 1 mol의 물이 완전히 분해하여 1 mol의 H_2와 1/2 mol의 O_2가 생성될 때 1 mol의 반응이 일어났음을 의미이다.

열역학 변수 표기법. NIST나 IUPAC (International Union of Pure and Applied Chemistry)에서는 ΔH와 같은 열역학 함수를 쓸 때, 반응의 종류를 나타내는 아래 첨자는 반드시 Δ와 열역학 변수 사이에 쓰도록 하고 있다. 이러한 아래 첨자들 중에서 r은 반응(reaction), f는 생성(formation), c는 연소(combustion), fus는 용융(fusion) 그리고 vap는 기화(vaporization)를 의미한다.

이제 수소와 산소의 결합을 통하여 물이 생성되는 반대 반응의 경우를 생각해 보자. 이 반응의 엔탈피 변화는 분해 반응의 엔탈피 변화와 크기는 같고 부호만 반대이다. H_2 1 mol과 O_2 1/2 mol로부터 수증기 1 mol이 생성되는 반응은 발열 반응으로 주위로 241.8 kJ의 열을 방출한다(그림 5.10).

반응의 몰수(Mol-rxn). 이 개념은 158쪽의 한계 반응물을 구하는 문제에서 제시된 방법 중의 하나로 기술되었다.

$$H_2(g) + \frac{1}{2} O_2(g) \rightarrow H_2O(g) \qquad \Delta_r H° = -241.8 \text{ kJ/mol-rxn}$$

$\Delta_r H°$의 값은 사용된 화학 반응식에 의존한다. 물 생성에 대한 화학 반응식을 다시 쓰지만 O_2의 양론 계수가 분수가 되지 않게 쓰자.

$$2\ H_2(g) + O_2(g) \rightarrow 2\ H_2O(g) \quad \Delta_r H° = -483.6 \text{ kJ/mol-rxn}(= 2 \times 241.8 \text{ kJ/mol-rxn})$$

이 반응 1 mol, 즉 물 2 mol의 생성에 대한 $\Delta_r H°$의 값은 1 mol의 물 생성의 값에 **2배**이다.

분수로 표현된 화학 반응식의 계수. 열역학 양을 정의하기 위하여 화학 반응식을 표기할 때, 화학자는 분수인 계수를 사용하기도 한다. 예를 들어 물 1 mol의 분해 또는 생성 반응에 대한 $\Delta_r H$를 정의하기 위해서는 O_2의 계수는 1/2이어야만 한다.

화학 반응에서 $\Delta_r H°$의 크기는 반응물과 생성물이 고체, 액체, 또는 기체 여부에 따라 다르기 때문에, 반응물과 생성물의 상태를 확인하는 것이 중요하다. 수소와 산

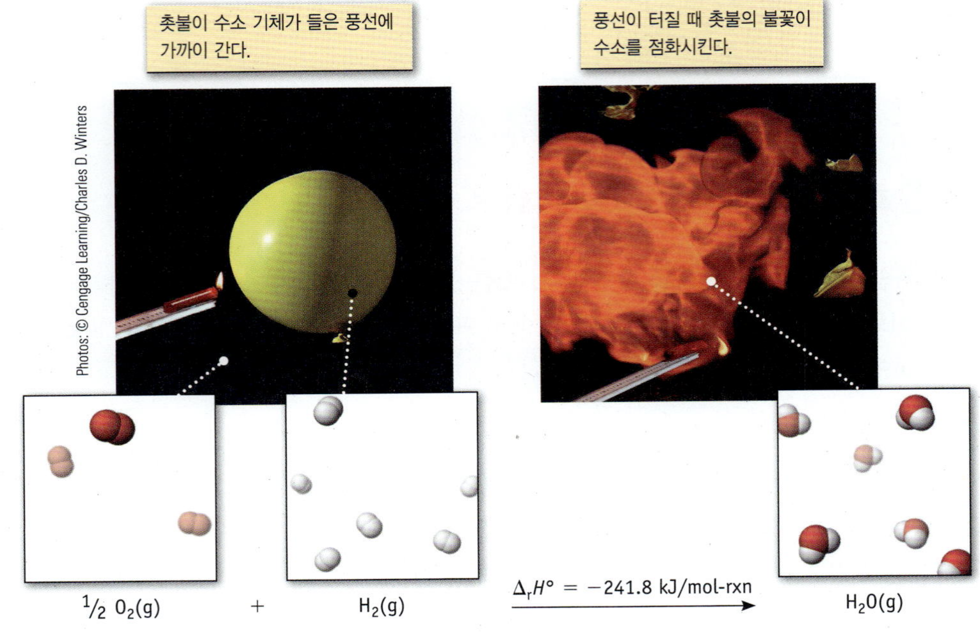

그림 5.10 공기 중에서 수소의 발열 연소 반응. 이 반응은 열, 일, 빛의 형태로 계와 주위 간 에너지 전달을 포함한다.

소로부터 액체 상태의 물 1 mol이 생성될 때는 −285.8 kJ의 에너지가 발생한다.

$$H_2(g) + \tfrac{1}{2}\,O_2(g) \rightarrow H_2O(\ell) \qquad \Delta_r H° = -285.8 \text{ kJ/mol-rxn}$$

이 값은 수소와 산소로부터 1 mol의 수증기가 생겨날 때의 $\Delta_r H°$값과 같지 않다는 것을 명심하자. 위의 두 값의 차이는 수증기 1 mol이 액체 물 1 mol로 액화될 때 생겨나는 에너지의 크기와 같다.

이러한 예들로부터 화학 반응에 대한 엔탈피 변화의 몇 가지 특징을 알 수 있다.

화학 반응에서 화학에너지의 변화.
- 만약 반응이 발열이면 반응물의 퍼텐셜 에너지는 생성물의 퍼텐셜 에너지보다 크다($PE_{react} > PE_{prod}$).
- 만약 반응이 흡열이면 반응물의 퍼텐셜 에너지는 생성물의 퍼텐셜 에너지보다 작다($PE_{react} < PE_{prod}$).

- 엔탈피 변화는 반응물과 생성물 및 그 양에 의존한다. 또한 반응물과 생성물의 양뿐만 아니라 그 상태(s, ℓ, g)의 확인도 매우 중요하다.
- 엔탈피 변화는 반응의 몰수에 따라서 변한다. 즉, 주어진 반응이 일어난 횟수에 의존한다.
- $\Delta_r H°$는 발열 반응이면 음의 값을 가진다. 반대로 흡열 반응이면 양의 값을 갖는다.
- 각각에 대하여 반대인 화학 반응의 경우 $\Delta_r H°$ 값은 그 크기는 동일하고 부호만 반대이다.

표준 상태. 위첨자 °는 표준 상태를 의미한다. 이 기호는 용융 엔탈피($\Delta_{fus}H°$)나 기화 엔탈피($\Delta_{vap}H°$), 혹은 반응 엔탈피($\Delta_r H°$) 등 모든 종류의 열역학 정보에 적용된다. 표준 조건은 1 bar의 압력 하에서 반응물과 생성물이 표준 상태일 때를 의미한다. 1 bar는 대략 1 atm과 크기가 같다. (1 atm = 1.013 bar; 10장과 부록 B 참고)

표준 반응 엔탈피는 어떤 임의의 양의 반응물 또는 생성물에 의해 전달된 열의 양을 계산하는 데 사용할 수 있다. 예를 들어 프로페인(C_3H_8) 454 g을 연소할 때의 엔탈피 변화를 알고 싶다고 하자. 이 경우 연소 반응식은 다음과 같이 주어지며, 이 반응의 엔탈피 변화는 다음과 같다.

$$C_3H_8(g) + 5\,O_2(g) \rightarrow 3\,CO_2\,(g) + 4\,H_2O(\ell) \qquad \Delta_r H° = -2220 \text{ kJ/mol-rxn}$$

두 단계의 계산이 필요하다. 우선 첫 단계에서는 시료에 존재하는 프로페인의 양을 몰수로 바꾸어야 한다.

$$454\ \text{g C}_3\text{H}_8 = \left(\frac{1\ \text{mol C}_3\text{H}_8}{44.10\ \text{g C}_3\text{H}_8}\right) = 10.3\ \text{mol C}_3\text{H}_8$$

두 번째 단계에서 프로페인의 몰수에 프로페인 표준 반응 엔탈피($\Delta_r H^\circ$)를 곱하여 연소열의 양을 계산한다.

$$\Delta H^\circ = 10.3\ \text{mol CH}_8 \left(\frac{1\ \text{mol-rxn}}{1\ \text{mol C}_3\text{H}_8}\right)\left(\frac{-2220\ \text{kJ}}{1\ \text{mol-rxn}}\right) = -22{,}900\ \text{kJ}$$

예제 5.6 반응에서의 엔탈피 변화 계산

문제 설탕($C_{12}H_{22}O_{11}$)은 산화되어 H_2O와 CO_2로 변화한다. 이 반응의 엔탈피 변화는 다음과 같다.

$$C_{12}H_{22}O_{11}(s) + 12\ O_2(g) \rightarrow 12\ CO_2(g) + 11\ H_2O(\ell) \qquad \Delta_r H^\circ = -5645\ \text{kJ/mol-rxn}$$

압력이 일정할 때 설탕 5.00 g 산화 반응의 엔탈피 변화는 얼마인가?

알고 있는 사실 설탕의 산화(연소) 반응식, $\Delta_r H^\circ$값 및 설탕 질량이 주어졌다.

전략 먼저 설탕 5.00 g이 몇 mol인지를 결정하여야 한다. 이것을 이용하여 산화 반응의 엔탈피 변화를 계산한다.

풀이

$$5.00\ \text{g 설탕} \times \frac{1\ \text{mol 설탕}}{342.3\ \text{g 설탕}} = 1.46 \times 10^{-2}\ \text{mol 설탕}$$

$$\Delta H^\circ = 1.46 \times 10^{-2}\ \text{mol 설탕}\left(\frac{1\ \text{mol-rxn}}{1\ \text{mol 설탕}}\right)\left(\frac{-5645\ \text{kJ}}{1\ \text{mol-rxn}}\right)$$

$$\Delta H^\circ = -82.5\ \text{kJ}$$

고려사항 연소 반응이라는 점에서 예상되듯이 계산 결과는 음의 값이다. 계산 결과 ΔH°의 절댓값이 적다는 점은 설탕 5.00 g이 설탕 1 mol(342.3 g)에 비해 확연히 적은 양이라는 사실과 일치한다.

유제 에테인(C_2H_6)의 연소는 다음 반응식과 같이 −2857.3 kJ의 엔탈피 변화를 보여준다. 15.0 g의 C_2H_6을 연소시킬 때 발생하는 ΔH°를 구하시오.

$$2\ C_2H_6(g) + 7\ O_2(g) \rightarrow 4\ CO_2(g) + 6\ H_2O(g) \qquad \Delta_r H^\circ = -2857.3\ \text{kJ/mol-rxn}$$

전략도 5.6

문제
주어진 **양**의 설탕을 연소시킬 때 **ΔH°**를 계산.

↓

알려진 자료/정보
- 설탕의 **양**
- 설탕의 연소 반응에 대한 **몰당 $\Delta_r H^\circ$**

↓ **1단계** 설탕의 **양**을 몰수로 계산

설탕의 **몰수**

↓ **2단계** 설탕의 연소 반응에 대한 몰당 **$\Delta_r H^\circ$ 값에 설탕의 몰수를** 곱한다.

주어진 질량의 설탕의 연소와 관련된 **ΔH°**

설탕과 곰돌이 젤리의 연소. 다이어트를 하고 있는 사람은 설탕 1스푼(약 3.5 g)이 대략 15 Cal(4.184 kJ = 1 Cal)라는 것을 알고 있고, 설탕 1스푼의 열량은 그렇게 크지 않다는 것도 안다. 그렇다면 여러분은 설탕 1스푼을 먹을 것인가, 아니면 곰돌이 젤리 1개를 먹을 것인가?

© Cengage Learning/Charles D. Winters

5.5절 확인문제

1. 다음과 같은 수은의 산화 반응이 있다.

$$2\ Hg(\ell) + O_2(g) \rightarrow 2\ HgO(s) \quad \Delta_r H^\circ = -181.6\ \text{kJ/mol-rxn}$$

1.00 mol의 HgO(s)를 O_2(g)와 Hg(ℓ)로 분해시키려면 엔탈피 변화는?

(a) 181.6 kJ (b) −90.8 kJ (c) 90.8 kJ (d) 363.3 kJ

2. 다음과 같은 일산화탄소의 산화 반응이 있다.

$$2\ CO(g) + O_2(g) \rightarrow 2\ CO_2(g) \quad \Delta_r H° = -566\ kJ/mol\text{-}rxn$$

42.0g 의 CO(g)를 산화할 때 엔탈피의 변화는??

(a) −283 kJ (b) −425 kJ (c) −566 kJ (d) −393.5 kJ

5.6 열량 측정법

화학적 또는 물리적 과정에서 발생되거나 흡수된 열량은 **열량 측정법**(calorimetry)에 의해 측정할 수 있다. 이런 종류의 실험에 사용되는 도구를 **열량계**(calorimeter)라고 한다.

일정 압력에서의 열량 측정법: ΔH의 측정

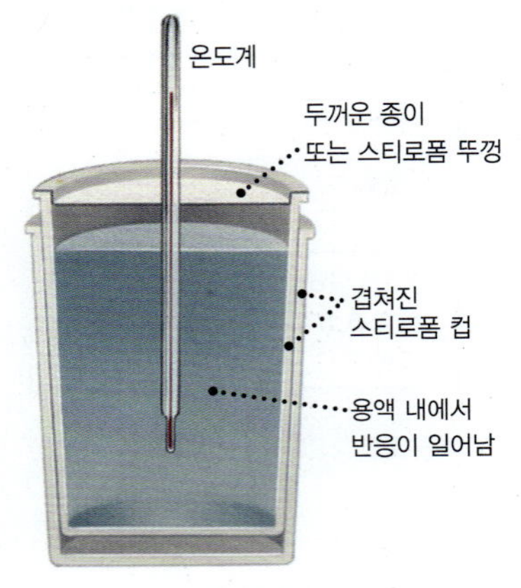

그림 5.11 커피컵 열량계. 열량계 내에서 일어난 화학 반응으로 용액의 온도가 변한다. 스티로폼 컵은 용액과 주위 사이의 열 전달을 비교적 효율적으로 방지할 수 있다. 컵이 대기로 열려 있기 때문에 이는 등압 측정기이다.

일정 압력하의 반응에서는 에너지가 열의 형태로 전달되기 때문에, 반응의 에너지 변화를 측정하는 데 일정 압력 열량계(constant pressure calorimeter)가 사용된다. 즉, 일정 압력 열량계는 반응의 엔탈피 변화를 측정한다. 일정 압력하에서 전달된 열(q_p)은 정의에 의해 화학 반응의 엔탈피 변화 ΔH와 같다.

일반 화학 실험실에서는 일정 압력하의 열 변화를 종종 커피컵 열량계를 사용하여 측정한다. 이 저렴한 장치는 포개진 2개의 스티로폼 커피컵, 느슨한 뚜껑, 그리고 온도계(그림 5.11)나 열전대와 같은 온도 측정 장치로 구성되어 있다. 스티로폼은 좋은 단열재로서 반응열이 주위로 빠져나가는 것을 최소화시켜 준다. 반응은 컵 내부의 용액에서 일어난다. 만약 컵 내부에서 일어나는 화학 반응이 발열 반응일 경우 방출되는 에너지는 열의 형태로 용액에 전해지며, 용액의 온도가 상승한다. 만약 흡열 반응이라면 용액으로부터 열이 흡수되므로 용액의 온도는 내려간다. 각 경우 온도의 변화를 측정할 수 있다. 따라서 용액의 질량 및 비열, 온도 변화로부터 열량계 내부 용액의 엔탈피 변화를 계산할 수 있다.

이러한 형태의 열량 측정 실험을 위해서는 커피컵 열량계의 내부 용액과 화학물질을 계, 컵과 컵 주변의 모든 것을 주위로 정의하면 편리하다. 위에서 언급했듯이 컵 내부(계)에서 주위로 어떠한 에너지의 전달도 없다고 가정한다. 계 내부에서는 두 종류의 에너지 변화가 발생한다. 하나는 반응이 일어남에 따른 변화로, 반응물에 저장된 퍼텐셜 에너지가 방출되거나 반응에서 흡수된 에너지가 퍼텐셜 에너지로 전환되어 생성물에 저장된다. 이 에너지를 q_r로 나타낸다. 다른 하나는 용액이 얻거나 잃는 열이다($q_{solution}$). 계와 주위 사이에 어떠한 열전달도 없다고 가정하면, 에너지 보존의 법칙에 따라 계 내부의 에너지 변화의 합은 0이다.

$$q_r + q_{solution} = 0$$

용액의 $q_{solution}$ 값은 용액의 비열, 질량 및 온도 변화로부터 계산할 수 있다. 반응에서 발생하거나 흡수되는 열(q_r)의 양이 우리가 알고자 하는 값이다.

열량계 실험의 정확성은 측정된 양(온도, 질량, 비열)의 정확성에 따라 결정된다. 또한 계와 주위 사이 열전달의 차단 정도에도 영향을 받는다. 커피컵 열량계는 정교한 기구가 아니며, 주로 이 가정이 지켜지지 않으므로 커피컵 열량계를 이용한 측정 결과는 높은 정확도를 기대할 수는 없다. 연구실에서는 계와 주위 사이의 열전달이 보다 효과적으로 차단되는 열량계를 사용하며, 이들 열량계는 계와 주위 사이에 전달되는 극소량의 열까지도 보정할 수 있다.

예제 5.7 커피컵 열량계의 이용

문제 마그네슘 조각 0.0500 g을 커피컵 열량계 안에 넣고 1.00 M HCl 100.0 mL를 부었더니 다음과 같은 반응이 일어났다.

$$Mg(s) + 2\ HCl(aq) \rightarrow H_2(g) + MgCl_2(aq)$$

용액의 온도가 22.21 ℃(295.36 K)에서 24.46 ℃(297.61 K)로 올라갔다. 마그네슘 1 mol당 반응 엔탈피 변화는 얼마인가? 용액의 비열은 4.20 J/g · K이고, HCl 용액의 밀도는 1.00 g/mL이다.

알고 있는 사실 용액의 온도가 상승하였으므로 이 반응에 관련된 에너지가 열의 형태라는 것을 알고 있다. 주위로 에너지 손실이 없다고 가정할 때 반응에 관련된 열에너지(q_r)와 용액이 흡수한 에너지 $q_{solution}$의 합은 0($q_r + q_{solution} = 0$)이 되어야 한다. $q_{solution}$의 값은 주어진 정보로부터 계산할 수 있으며, q_r 값이 구하고자 하는 미지수이다.

전략 4단계로 구분하여 풀어보도록 한다.

1단계 마그네슘의 몰수 계산하기

2단계 질량, 비열, ΔT의 값을 식 5.1에 대입하여 $q_{solution}$ 계산하기

3단계 계와 주위 사이에 에너지 전달이 발생하지 않는다는 가정 하에 q_r을 계산하기 즉, $q_r + q_{solution} = 0$

4단계 q_r 값과 Mg의 몰수를 이용하여 몰당 엔탈피 변화를 계산하기

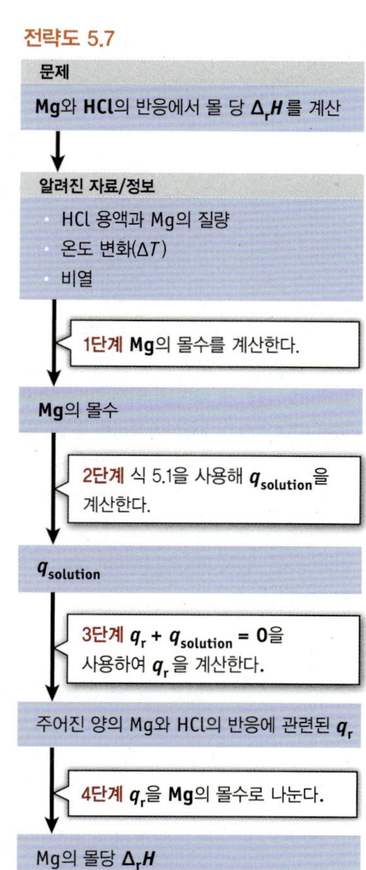

풀이

1단계 마그네슘의 몰수 계산한다.

$$0.0500\ \text{g Mg} \times \frac{1\ \text{mol Mg}}{24.31\ \text{g Mg}} = 0.00206\ \text{mol Mg}$$

2단계 $q_{solution}$을 계산한다. 용액의 질량은 HCl 100.0 mL의 질량에 마그네슘의 질량을 더한다.

$$q_{solution} = (100.0\ \text{g HCl 용액} + 0.0500\ \text{g Mg})(4.20\ \text{J/g} \cdot \text{K})(297.61\ \text{K} - 295.36\ \text{K})$$
$$= 945\ \text{J}$$

3단계 q_r을 계산한다.

$$q_r + q_{solution} = 0$$
$$q_r + 945\ \text{J} = 0$$
$$q_r = -945\ \text{J}$$

4단계 마그네슘의 몰수를 이용하여 몰당 $\Delta_r H$를 계산한다. q_r 값은 2단계에서 마그네슘이 0.00206 mol이라는 사실로부터 구했다. 따라서 마그네슘의 몰당 엔탈피 변화는 다음과 같다.

$$\Delta_r H = (-945 \text{ J}/0.00206 \text{ mol Mg})$$
$$= -4.59 \times 10^5 \text{ J/mol Mg} (= -459 \text{ kJ/mol Mg})$$

고려사항 계산 결과, q_r와 $\Delta_r H$의 부호가 음(−)이다. 이로부터 이 과정이 발열 반응이라는 것을 알 수 있다. 주어진 반응식은 1 mol의 마그네슘이 반응하는 것을 나타내고 있다. 따라서 몰당 반응 엔탈피 변화 $\Delta_r H$는 −459 kJ/mol-rxn이다.

유제 커피컵 열량계에서 0.400 M HCl 200 mL와 0.400 M NaOH 200 mL를 섞었다. 섞기 전의 두 용액의 온도는 25.10 ℃이다. 혼합 후에 반응이 진행되어 온도는 27.78 ℃가 되었다. 중화 반응인 이 반응에서 몰당 엔탈피 변화는 얼마인가? (모든 용액의 밀도는 1.00 g/mL, 비열은 4.20 J/g · K라고 가정한다.)

일정 부피 열량계: ΔU의 측정

열량계, ΔU와 ΔH. 두 가지 종류의 열량계(일정 압력 열량계 및 일정 부피 열량계)의 가장 큰 차이는 일정 압력 열량계는 반응의 엔탈피를 측정하는 반면, 일정 부피 열량계는 계의 내부 에너지를 측정한다는 점이다. 일정 압력하에서 전달된 열(q_p)은 정의에 의해 ΔH와 같고, 반면에 일정 부피하에서 전달된 열(q_v)은 ΔU가 된다.

일정 부피 열량계는 종종 연료의 연소열과 음식의 열량을 측정하는 데 사용된다. 가연성의 고체 또는 액체 시료 일정량을 측정한 후 금속 통(주로 두꺼운 강철로 둘러싸인 커다란 과일 주스 깡통 크기의 원통, 그림 5.12)에 넣는다. 이 통을 단열이 잘 되는 외부 용기에 넣고 물을 채운다. 금속 통을 순수한 산소로 채운 후 주로 전기 스파크를 이용해 시료를 점화한다. 연소 반응에 의해 발생한 열로 인해 금속 통과 주위의 물이 데워진다. 이 경우 통과 그 내용물 및 열량계 내부의 물이 계로 정의된다. 계

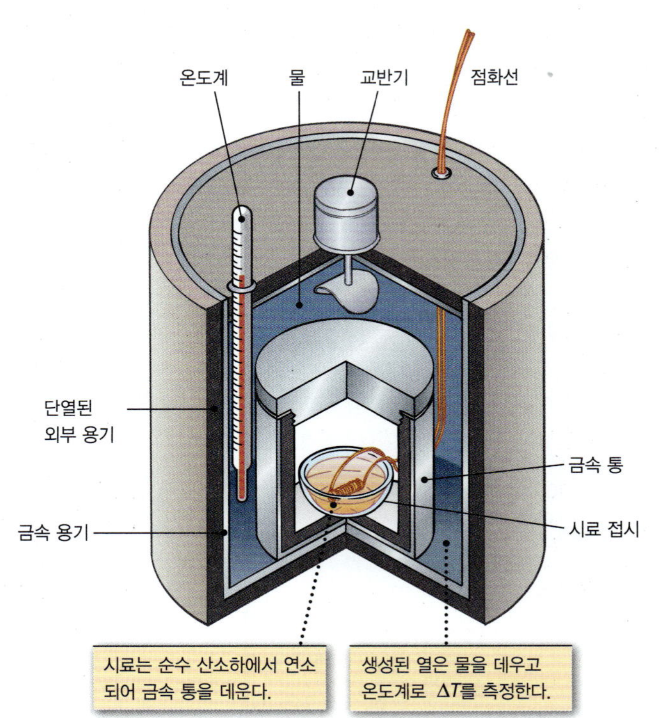

그림 5.12 일정 부피 열량계. 밀폐된 금속 용기(통) 안에서 가연성 시료가 순수한 산소하에 연소된다. 발생된 열은 금속 통과 주위의 물을 데운다. 온도 변화를 측정하여 반응에서 발생한 열을 결정할 수 있다.

내부에서 에너지 전달을 나타내는 식은 다음과 같다.

$$q_r + q_{bomb} + q_{water} = 0$$

이때 q_r은 반응에 의해 방출된 열 에너지이며, q_{bomb}는 열량계의 금속 통을 데우는 데 사용된 에너지이고, q_{water}는 열량계 내부 물의 온도를 올리는 데 사용된 에너지이다. 일정 부피 열량계에서는 부피가 변화하지 않기 때문에, 일로의 에너지 변화는 발생하지 않는다. 따라서 일정 부피에서 측정된 열(q_v)은 내부 에너지의 변화(ΔU)와 같다.

예제 5.8 일정 부피 열량계

문제 휘발유의 주성분인 옥테인(C_8H_{18})이 공기 중에서 연소하는 반응은 다음과 같다.

$$C_8H_{18}(\ell) + 25/2\ O_2(g) \rightarrow 8\ CO_2(g) + 9\ H_2O(\ell)$$

옥테인 1.00 g을 그림 5.12와 같은 일정 부피 열량계 안에서 연소시켰다. 물 1.20 kg이 들어 있는 단열 용기에 열량계를 넣었다. 물과 열량계의 온도가 25 ℃(298.15 K)에서 33.20 ℃(306.35 K)으로 상승하였다. 열량계의 온도를 1 ℃ 올리기 위해서 필요한 에너지(열량계의 열용량, C_{bomb})는 837 J/K이다.

(a) 옥테인 1 g당 연소열을 얼마인가?

(b) 옥테인 1 mol당 연소열은 얼마인가?

알고 있는 사실 이 계에서는 세 가지 종류의 에너지 변화가 있다. 반응에 관련된 에너지 q_r, 물이 흡수한 에너지 q_{water}, 그리고 열량계가 흡수한 에너지 q_{bomb}이다. 여러분은 옥테인의 몰질량과 시료의 질량, 열량계 내부의 물의 양, $T_{initial}$, T_{final}, C_{bomb}, C_{water}를 알고 있다. 주위로의 에너지 전달은 없다고 가정한다.

전략

- 계 내부에서 모든 에너지 변화의 합은 0이다. 즉, $q_r + q_{water} + q_{bomb} = 0$이 된다. 이 식에서 첫 번째 항($q_r$)은 우리가 구하고자 하는 미지수이고, 두 번째 항과 세 번째 항은 주어진 데이터로부터 계산할 수 있다. q_{bomb}는 열량계의 열용량과 ΔT로부터 계산이 가능하며, q_{water}는 물의 비열, 질량 및 ΔT로부터 결정할 수 있다.
- 앞에서 계산된 q_r의 값은 옥테인 1.00 g의 연소에서 발생된 열이다. 이 값과 옥테인의 몰질량(114.2 g/mol)을 이용하여 옥테인 1 mol당 연소열을 계산할 수 있다.

풀이

(a) $q_{water} = C_{water} \times m_{water} \times \Delta T = (4.184\ J/g \cdot K)(1.20 \times 10^3\ g)(306.35\ K - 298.15\ K)$
$= +41.2 \times 10^3\ J$

$q_{bomb} = (C_{bomb})(\Delta T) = (837\ J/K)(306.35\ K - 298.15\ K) = 6.86 \times 10^3\ J$

$q_r + q_{water} + q_{bomb} = 0$

$q_r + 41.2 \times 10^3\ J + 6.86 \times 10^3\ J = 0$

$q_r = -48.1 \times 10^3\ J$ (또는 -48.1 kJ)

1 g당 연소열 = −48.1 kJ

전략도 5.8

문제
옥테인의 연소에서 몰당 **ΔU**를 계산

↓

알려진 자료/정보
- 옥테인의 질량
- 열량계 내부의 물의 질량
- C_{water}
- C_{bomb}
- 온도 변화 ΔT

↓ **1단계** 식 5.1을 사용해 q_{water} 계산

q_{water}

↓ **2단계** ΔT와 C_{bomb}를 사용하여 q_{bomb}을 계산한다.

q_{bomb}

↓ **3단계** q_r을 계산하기 위해 $q_r + q_{water} + q_{bomb} = 0$ 사용

q_r, 주어진 옥테인의 질량에 관련된 에너지(kJ)

↓ **4단계** q_r에 옥테인의 **몰수를** 곱해준다.

옥테인의 몰당 **ΔU**

(b) 1 mol당 연소열 = (−48.1 kJ/g)(114.2 g/mol) = -5.49×10^3 kJ/mol

고려사항 부피가 변하지 않으므로, 일의 형태로의 에너지 전달은 발생하지 않는다. 1 mol의 $C_8H_{18}(\ell)$의 연소에 대한 내부 에너지의 변화($\Delta_r U$)는 -5.49×10^3 kJ/mol이 된다. 또한, C_{bomb}의 단위에는 질량이 포함되어 있지 않으므로, C_{bomb}은 열량계 전체의 온도를 1 K만큼 올리는 데 필요한 열량이다.

유제 일반 설탕(Sucrose, $C_{12}H_{22}O_{11}$) 1.00 g을 통 열량계 안에서 연소시켰다. 열량계 내부의 물 1.50×10^3 g의 온도가 25.00 ℃에서 27.32 ℃로 상승하였다. 통 열량계의 열용량은 837 J/K이고, 물의 비열은 4.20 J/g · K이다.
(a) 설탕 1 g당 발생하는 열을 계산하시오.
(b) 설탕 1 mol당 발생하는 열을 계산하시오.

5.6절 확인문제

1. 어느 학생이 커피컵 열량계를 사용하여 NH_4NO_3가 용해될 때의 엔탈피 변화를 측정하려고 한다. NH_4NO_3를 물에 넣었더니 용액의 온도가 내려갔다. 이 용해 과정은 발열 반응인가 아니면 흡열 반응인가?
   (a) 발열 반응 (b) 흡열 반응

2. 우리는 열량계를 이용한 실험에서 계와 주위 사이의 에너지 전달은 없다고 가정하였지만, 만약 일부 에너지가 빠져나가서 주위로 전달되었다면 $\Delta_{solution}H°$에 어떠한 영향을 미치게 될까?
   (a) 아무 변화 없다.
   (b) 계산된 $\Delta_{solution}H°$ 값이 너무 작을 것이다.
   (c) 계산된 $\Delta_{solution}H°$ 값이 너무 클 것이다.

5.7 엔탈피 계산

다양한 종류의 화학 반응이나 물리적 변화에 수반되는 엔탈피 변화는 참고 서적이나 인터넷에서 찾아볼 수 있다. 이 정보들은 많은 과학자들이 오랜 세월 동안 다양한 실험을 통하여 얻은 결과이며 화학 반응의 엔탈피 변화를 계산하는 데 이용된다. 이제 이러한 정보를 어떻게 이용하는지 살펴보자.

헤스의 법칙

많은 화학 반응의 경우 열량계를 사용하여 반응열을 측정하는 것이 가능하지 않다. 예를 들어 탄소가 일산화탄소로 산화되는 반응을 생각해 보자.

$$C(s) + \tfrac{1}{2}\,O_2(g) \rightarrow CO(g)$$

산소가 불충분하다고 할지라도, 탄소와 산소의 반응에서 CO_2 일부는 항상 생겨난다. CO와 O_2는 매우 반응성이 크기 때문에 CO는 생성되자마자 O_2와 반응하여 CO_2

를 형성한다. 그러므로 CO만이 생성되는 반응을 할 수 없기 때문에 열량계를 이용하여 CO의 발생열을 측정한다는 것은 불가능하다.

그렇지만 다행히도 C(s)와 O_2(g)로부터 CO(g)을 생성하는 반응에서의 발생되는 열을 다른 반응에서 측정된 열로부터 계산할 수 있다. 이 계산은 어떤 반응이 2개 또는 그 이상의 다른 반응들의 합인 경우에, 그 반응의 $\Delta_r H°$는 각 반응의 $\Delta_r H°$ 값의 합과 같다는 **헤스의 법칙**(Hess's law)에 근거한다.

C(s)가 CO(g)로 산화되는 것은 열량계로 조사될 수 있는 2개 반응으로부터 얻어진 열역학적 자료로부터 간접적으로 결정될 수 있다. 이 반응들은 CO(g)와 C(s)의 산화 반응이며, 각 반응의 유일한 생성물은 CO_2(g)이다.

식 1: $CO(g) + \frac{1}{2} O_2(g) \rightarrow CO_2(g)$ $\Delta_r H_1^\circ = -283.0$ kJ/mol-rxn

식 2: $C(s) + O_2(g) \rightarrow CO_2(g)$ $\Delta_r H_2^\circ = -393.5$ kJ/mol-rxn

위의 식들은 합하였을 때 원하는 알짜 반응식이 얻어지도록 변형할 수 있다. 알짜 반응식에서 생성물로 CO(g)가 얻어지기 위해서는 식 1이 반대가 되어야 한다. 반응이 역전되었을 때 표준 엔탈피 변화의 부호는 반대가 된다(▸5.5절). 식 2는 C(s)가 반응식의 적절한 쪽에 있으며 적절한 양론 양을 가지고 있다. 따라서 변화없이 그대로 둔다. 이 두 식들을 합하면 C(s)가 CO(g)로 산화되는 반응이 얻어진다.

식 1′:	$CO_2(g) \rightarrow CO(g) + \frac{1}{2} O_2(g)$	$\Delta_r H_{1'}^\circ = +283.0$ kJ/mol-rxn
식 2:	$C(s) + O_2(g) \rightarrow CO_2(g)$	$\Delta_r H_2^\circ = -393.5$ kJ/mol-rxn
식 3:	$C(s) + \frac{1}{2} O_2(g) \rightarrow CO(g)$	$\Delta_r H_3^\circ = -110.5$ kJ/mol-rxn

헤스의 법칙으로부터 전체 반응에 대한 엔탈피 변화($\Delta_r H_3^\circ$)는 반응 1′과 반응 2에 대한 엔탈피 변화의 합($\Delta_r H_{1'}^\circ + \Delta_r H_2^\circ$)과 같다. $\Delta_r H_2^\circ$와 $\Delta_r H_3^\circ$는 모두 열량계를 이용하여 측정할 수 있으며, 이 값을 이용하여 반응 1에 대한 엔탈피 변화를 계산할 수 있다.

$$\Delta_r H_3^\circ = \Delta_r H_{1'}^\circ + \Delta_r H_2^\circ$$
$$\Delta_r H_3^\circ = +283.0 \text{ kJ/mol-rxn} + (-393.5 \text{ kJ/mol-rxn})$$
$$\Delta_r H_3^\circ = -110.5 \text{ kJ/mol-rxn}$$

헤스의 법칙은 물리적 과정에도 적용할 수 있다. H_2(g)와 O_2(g)가 반응하여 1 mol의 액체 H_2O가 생성되는 반응에 대한 엔탈피 변화는 1 mol의 기체 H_2O가 생성되는 엔탈피 변화와는 다르다. 그 차이는 다음 분석과 같이 H_2O의 **기화열 엔탈피($\Delta_r H_2^\circ$) 음의 값($= -\Delta_{vap} H°$)**이다.

식 1:	$H_2(g) + \frac{1}{2} O_2(g) \rightarrow H_2O(g)$	$\Delta_r H_1^\circ = -241.8$ kJ/mol-rxn
식 2:	$H_2O(g) \rightarrow H_2O(\ell)$	$\Delta_r H_2^\circ = -44.0$ kJ/mol-rxn
식 3:	$H_2(g) + \frac{1}{2} O_2(g) \rightarrow H_2O(\ell)$	$\Delta_r H_3^\circ = -285.8$ kJ/mol-rxn

그림 5.13 에너지 준위 도표. (a) $CO_2(g)$ 생성 과정의 엔탈피 변화 관계도. **(b)** $H_2O(\ell)$ 생성 과정의 엔탈피 변화 관계도. 에너지 준위 사이의 변화에 관련된 엔탈피 변화는 수직 화살표 옆에 나타내었다.

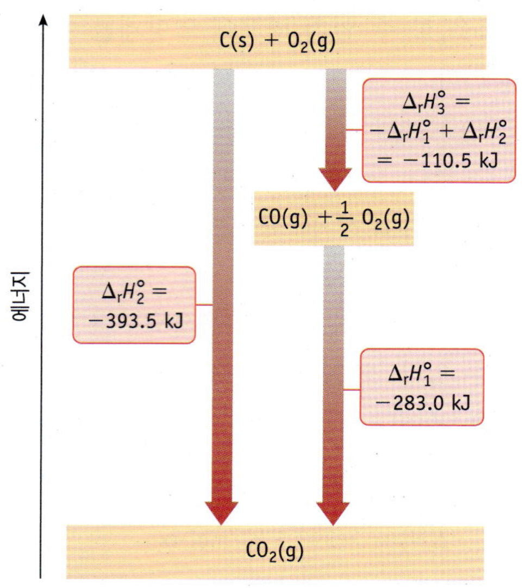

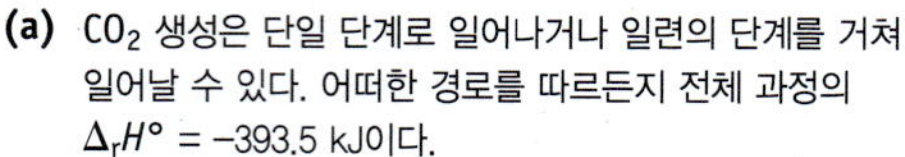
(a) CO_2 생성은 단일 단계로 일어나거나 일련의 단계를 거쳐 일어날 수 있다. 어떠한 경로를 따르든지 전체 과정의 $\Delta_r H° = -393.5$ kJ이다.

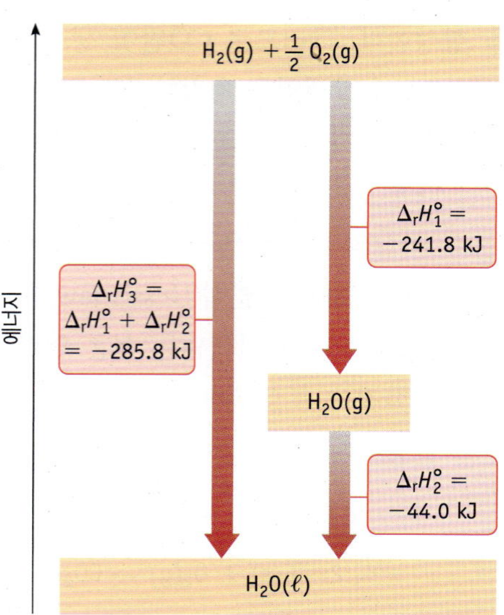

(b) $H_2O(\ell)$ 생성은 단일 단계로 일어나거나 일련의 단계를 거쳐 일어날 수 있다. 어떠한 경로를 따르든지 전체 과정의 $\Delta_r H° = -285.8$ kJ이다.

에너지 준위 도표

헤스의 법칙을 이용할 때 에너지 준위 도표를 이용하여 엔탈피 자료를 도식적으로 나타내면 편리하다. 이러한 도표에서, 다양한 물질들(예를 들어 화학 반응에서 반응물과 생성물)은 임의의 에너지 척도로 배치된다. 각 물질의 상대적 에너지를 수직 축상의 위치로 나타내며, 이들 사이의 에너지 차이를 수직 화살표로 나타낸다. 이러한 도표로부터 에너지 변화의 방향과 크기를 쉽게 알 수 있으며, 물질들 간의 엔탈피가 서로 어떻게 관련이 되는지를 알 수 있다.

앞서 살펴 본 헤스의 법칙에 관한 두 가지 예를 요약한 에너지 준위 도표를 그림 5.13에 나타내었다. 그림 5.13a에서 보듯이, C(s)와 $O_2(g)$의 퍼텐셜 에너지가 가장 높다. 탄소와 산소가 $CO_2(g)$로 변환되면서 393.5 kJ 만큼의 엔탈피가 낮아진다. 이것을 그림 5.13a의 왼쪽에 나타낸 것과 같이 한 단계로 나타내거나, 오른쪽과 같이 두 단계로 나타낼 수 있다. 마찬가지로 그림 5.13b에도 $H_2(g)$와 $O_2(g)$ 혼합물의 퍼텐셜 에너지가 가장 높다. 생성물인 액체 상태의 물과 기체 상태의 물(수증기)의 엔탈피는 둘 모두 원소의 엔탈피보다 낮고, 이 둘의 엔탈피 사이에는 물의 기화열만큼의 차이가 있음을 알 수 있다.

반응의 엔탈피 변화는 상태 함수이다. 즉, 반응물에서 생성물로의 엔탈피 변화는 경로에 의존하지 않는다. 에너지 도표는 이러한 내용을 도시하고 있다. 화학자들은 반응의 한 단계에서의 엔탈피 변화를 알고자 한다. 만약 전체 엔탈피 변화와 하나를 제외한 나머지 단계의 엔탈피 변화를 안다면 미지의 엔탈피 변화는 계산될 수 있다.

예제 5.9 헤스의 법칙의 이용

문제 고체 탄소(흑연)와 기체 수소로부터 메테인(CH_4)의 생성 과정에 대한 엔탈피 변화를 알고자 한다.

$$C(s) + 2\ H_2(g) \rightarrow CH_4(g) \qquad \Delta_r H° = ?$$

이 반응에 대한 엔탈피 변화는 반응 속도가 매우 느리기 때문에 실험을 통해서는 측정할 수 없다. 하지만 탄소, 수소, 메테인의 연소 반응에 대한 엔탈피 변화를 측정할 수 있다.

식 1: $C(s) + O_2(g) \rightarrow CO_2(g) \qquad \Delta_r H°_1 = -393.5\ \text{kJ/mol-rxn}$

식 2: $H_2(g) + {}^1/_2\ O_2(g) \rightarrow H_2O(\ell) \qquad \Delta_r H°_2 = -285.8\ \text{kJ/mol-rxn}$

식 3: $CH_4(g) + 2\ O_2(g) \rightarrow CO_2(g) + 2\ H_2O(\ell) \qquad \Delta_r H°_3 = -890.3\ \text{kJ/mol-rxn}$

이 정보를 이용하여 원소로부터 메테인 생성 과정에 대한 $\Delta_r H°$를 구하시오.

알고 있는 사실 이것은 헤스의 법칙에 관한 문제이다. 여러분은 3개의 식을 더하거나 변형해서 원하는 화학식 $C(s) + 2\ H_2(g) \rightarrow CH_4(g)$를 얻어야 한다. 이때 엔탈피 변화($\Delta_r H°$)도 반드시 조정해야 한다.

전략 위의 세 가지 반응(1, 2, 3)을 서로 더하기만 하면 해당 원소들로부터 CH_4 생성 과정에 대한 반응식을 얻을 수 없다. CH_4는 우리가 찾고자 하는 반응에서의 생성물이다. 하지만 식 3에서는 반응물이다. 물은 탄소와 수소로부터 CH_4를 생성하는 반응에 직접 관련된 성분이 아님에도 불구하고 식 2와 식 3에 나타난다. 이 문제를 풀기 위해서 헤스의 법칙을 사용하여야 하므로, 화학식을 변형하여야 한다. 5.5절에서 역반응에서는 $\Delta_r H°$의 부호가 바뀐다는 것과 반응물과 생성물의 양이 두 배가 되면 $\Delta_r H°$의 값도 두 배가 된다는 것을 배웠다. 식 2와 식 3을 조절하여 원하는 반응식을 얻을 수 있다.

풀이 전체 반응에서 CH_4가 생성물이 되도록, 식 3을 역반응으로 바꾼다. 따라서

전략도 5.9

문제

헤스의 법칙: 다른 반응들의 $\Delta_r H°$로부터 **목표 반응**의 $\Delta_r H°$ 값을 계산하시오.

알려진 자료/정보

$\Delta_r H°$ 값이 알려진 3개의 화학식

1단계 화학식과 $\Delta_r H°$ **값들**을 조합하여 **목표한 알짜 반응식**이 되도록 한다.

목표한 **알짜 반응식**

2단계 목표한 반응식이 되도록 각 식들의 $\Delta_r H°$ 값을 더한다.

목표한 반응식의 $\Delta_r H°$

문제해결 주요사항 5.2 헤스의 법칙의 이용

여러분들은 예제 5.8에서 주어진 3개의 목표 반응식을 적절하게 변형하여야 한다는 것을 어떻게 알았는가? 이런 유형의 문제를 해결하는 데 적용되는 일반적인 전략은 다음과 같다.

1단계. 계산하고자 하는 $\Delta_r H°$를 가진 식의 양쪽에 맞는 반응물과 생성물이 위치하도록 주어진 반응식을 배열한다. 이렇게 하기 위해 주어진 반응식을 역방향으로 사용할 수도 있다. 예제 5.8의 목표 반응식에서 반응물 C(s), $H_2(g)$는 주어진 식 1, 2에서도 반응물이다. 그러나 생성물 CH_4는 주어진 식 3에서 반응물이다. 따라서 $H_2(g)$가 생성물 쪽에 오도록 하기 위해서는 반응식 3을 역방향으로 써야 한다.

2단계. 반응식의 각 변에 정확한 양의 물질이 오도록 변형한다. 예제 5.8에서는 오직 한 가지 조절만이 필요하다. 반응식 2에는 왼쪽 반응물 쪽에 1 mol의 $H_2(g)$가 있으나, 전체 반응식에서는 2 mol의 $O_2(g)$가 필요하다. 따라서 반응식 2를 2배 해주어야 한다.

3단계. 반응식을 더하였을 때 반응식의 다른 물질들이 상쇄되는지 확인하여야 한다. 예제 5.9에서는 세 가지 식의 오른편과 왼편에 같은 양의 $O_2(g)$와 $H_2O(g)$, $CO_2(g)$가 있으므로 모든 식을 함께 더하게 되면 이 성분들은 상쇄되어서 없어지게 된다.

$\Delta_r H^\circ$의 부호가 바뀌는 것에 명심하여야 한다.

식 3′: $CO_2(g) + 2\ H_2O(\ell) \rightarrow CH_4(g) + 2\ O_2(g)$

$\Delta_r H^\circ_{3'} = -\Delta_r H^\circ_3 = +890.3$ kJ/mol-rxn

다음으로 우리가 원하는 반응식에서 $H_2(g)$ 2 mol이 반응물이므로, 식 2를 2배 한다.

식 2′: $2\ H_2(g) + O_2(g) \rightarrow 2\ H_2O(\ell)$

$\Delta_r H^\circ_{2'} = 2\ \Delta_r H^\circ_{2'} = 2\ (-285.8$ kJ/mol-rxn$) = -571.6$ kJ/mol-rxn

이를 이용하여 식을 다시 정리한다. 식 1, 식 2′, 식 3′을 모두 더하면 원소로부터 메테인을 생성하는 반응식이 만들어진다. 덧셈을 하는 동안 $O_2(g)$, $H_2O(\ell)$, $CO_2(g)$는 모두 상쇄되어 없어진다.

식 1:	$C(s) + O_2(g) \rightarrow CO_2(g)$	$\Delta_r H^\circ_1 = -393.5$ kJ/mol-rxn
식 2′:	$2\ H_2(g) + O_2(g) \rightarrow 2\ H_2O(\ell)$	$\Delta_r H^\circ_{2'} = 2\ \Delta_r H^\circ_2 = -571.6$ kJ/mol-rxn
식 3′:	$CO_2(g) + 2\ H_2O(\ell) \rightarrow CH_4(g) + 2\ O_2\ (g)$	$\Delta_r H^\circ_{3'} = -\Delta_r H^\circ_3 = +890.3$ kJ/mol-rxn
알짜 반응식:	$C(s) + 2\ H_2(g) \rightarrow CH_4(g)$	$\Delta_r H^\circ_{net} = \Delta_r H^\circ_1 + \Delta_r H^\circ_{2'} + \Delta_r H^\circ_{3'}$

$$\Delta_r H^\circ_{net} = (-393.5\ \text{kJ/mol-rxn}) + (-571.6\ \text{kJ/mol-rxn}) + (+890.3\ \text{kJ/mol-rxn})$$
$$= -74.8\ \text{kJ/mol-rxn}$$

따라서 원소로부터 메테인 $CH_4(g)$ 생성 과정에 대한 $\Delta_r H^\circ = -74.8$ kJ/mol-rxn 이다.

고려사항 각 원소로부터 메테인이 생성되는 반응에서 엔탈피 변화는 발열 반응이라는 것에 명심해야 한다. 이 점은 대부분 화합물에서도 마찬가지이다.

유제 다음 엔탈피 변화 자료와 헤스의 법칙을 이용하여 C(s)와 S(s)로부터 $CS_2(\ell)$가 생성되는 반응 $[C(s) + 2\ S(s) \rightarrow CS_2(\ell)]$에 대한 엔탈피 변화를 계산하시오.

$C(s) + O_2(g) \rightarrow CO_2(g)$	$\Delta_r H^\circ_1 = -393.5$ kJ/mol-rxn
$S(s) + O_2(g) \rightarrow SO_2(g)$	$\Delta_r H^\circ_2 = -296.8$ kJ/mol-rxn
$CS_2(\ell) + 3\ O_2(g) \rightarrow CO_2(g) + 2\ SO_2(g)$	$\Delta_r H^\circ_3 = -1103.9$ kJ/mol-rxn

표준 생성 엔탈피

열량계와 헤스의 법칙을 이용하여 여러 가지 화학 반응에 대한 $\Delta_r H^\circ$ 값을 구할 수 있다. 이러한 값들을 찾아보기 쉽고 사용하기 편리하도록 표로 만들어 놓았다(부록 L 참조). 예를 들면 매우 유용한 목록인 부록 L에는 **표준 몰 생성 엔탈피**(standard molar enthalpy of formation) $\Delta_f H^\circ$도 포함되어 있다. **표준 몰 생성 엔탈피는 표준 상태에서 그 물질을 구성하는 원소로부터 화합물 1 mol이 생성되는 과정에 대한 엔탈피 변화를 의미한다.**

$\Delta_f H^\circ$ 값. 광범위한 생성 엔탈피의 값을 원하면 미국 표준기술협회(NIST)의 웹사이트(webbook.nist.gov/chemistry)를 참조하시오.

다음 몇 가지 예가 표준 몰 생성 엔탈피의 정의를 이해하는 데 도움이 될 것이다.

NaCl(s)의 $\Delta_f H^\circ$: 25 °C, 1 bar의 압력에서 Na는 고체이고 Cl_2는 기체이다. NaCl(s)의 표준 생성 엔탈피는 Na(s) 1 mol과 $Cl_2(g)$ 1/2 mol로부터 NaCl(s) 1 mol이 생성될

때 발생하는 엔탈피 변화로 정의된다.

$$Na(s) + \frac{1}{2}\,Cl_2(g) \rightarrow NaCl(s) \qquad \Delta_f H° = -411.12 \text{ kJ/mol}$$

위 반응식에서 기체 Cl_2의 계수가 분수임을 명심하시오. 이는 생성물인 NaCl(s)이 1 mol 생성될 때의 엔탈피 변화라는 $\Delta_f H°$의 정의에 맞도록 한 것이다.

NaCl(aq)의 $\Delta H_f°$: 한 화합물의 수용액 생성 엔탈피는 화합물을 구성하는 원소에서 시작하여 화합물의 1 mol/L 수용액이 형성될 때까지의 엔탈피 변화를 말한다. 따라서 화합물의 생성 엔탈피 변화에 물질이 물에 녹을 때 발생하는 엔탈피 변화를 더해주어야 한다.

$$Na(s) + \frac{1}{2}\,Cl_2(g) \rightarrow NaCl(aq) \qquad \Delta_f H° = -407.27 \text{ kJ/mol}$$

$C_2H_5OH(\ell)$의 $\Delta H_f°$: 25 ℃, 1 bar에서 원소의 표준 상태는 C(s, 흑연), $H_2(g)$, $O_2(g)$이다. $C_2H_5OH(\ell)$의 표준 생성 엔탈피는 C(s) 2 mol, $H_2(g)$ 3 mol, $O_2(g)$ 1/2 mol로부터 $C_2H_5OH(\ell)$ 1 mol이 생성될 때 발생하는 엔탈피 변화로 정의된다.

$$2\,C(s) + 3\,H_2(g) + \frac{1}{2}\,O_2(g) \rightarrow C_2H_5OH(\ell) \qquad \Delta_f H° = -277.0 \text{ kJ/mol}$$

생성 엔탈피를 정의하는 반응이 반드시 실험이 가능한 반응일 필요는 없다. 예를 들어 에탄올은 각 원소의 반응에 의해 만들어지지 않는다. 이 예로부터 다음과 같이 중요한 사항을 알 수 있다. **원소의 표준 생성 엔탈피는 반드시 실행 가능한 반응에 의한 것일 필요는 없다.**

부록 L에 일부 물질에 대한 $\Delta_f H°$의 값들이 수록되어 있다. 이 값들은 표준 상태의 해당 원소로부터 표준 상태의 화합물 1 mol을 생성하는 데 필요한 값이다. 이러한 값을 조사하여 보면 다음과 같은 중요한 사항을 알 수 있다.

- **표준 상태의 원소에 대한 표준 생성 엔탈피는 0이다.**
- 대부분의 $\Delta_f H°$는 음의 값이다. 이것은 원소로부터 화합물을 생성하는 대부분의 반응은 발열 반응이라는 것을 의미한다. 일반적으로 열이 발생한다는 것은 표준 조건에서 원소로부터 화합물 생성이 용이하다는 것을 의미한다. 아주 드물게 양의 값인 경우가 있는데, 이 경우 화합물은 불안정하여 쉽게 분해되어 각각의 원소로 돌아가게 된다. (예를 들면 일산화질소 기체의 경우 $\Delta_f H° = +90.29$ kJ/mol)
- $\Delta_f H°$ 값을 관련된 화합물의 안정성을 비교하는 데 사용할 수 있다. 할로젠화수소 화합물의 $\Delta_f H°$ 값을 생각해 보자. 플루오린화수소(HF)가 이러한 화합물 중에서 가장 안정하며, HI가 가장 불안정하다는 것을 알 수 있다(HF의 $\Delta_f H°$ 값이 음으로 가장 크고, HI의 경우 양으로 가장 크다).

생성 엔탈피의 단위. 일반적으로 $\Delta_f H°$ 값의 단위는 kJ/mol이지만, 분모의 mol은 사실 mol-rxn이다. 그러나 생성 엔탈피가 화합물 1 mol의 생성에 대한 엔탈피라고 정의되기 때문에 'per mol'이 'per mol of compound'를 의미한다고 이해되기도 한다.

할로젠화수소 화합물의 $\Delta_f H°$

화합물	$\Delta_f H°$(kJ/mol)
HF(g)	−273.3
HCl(g)	−92.31
HBr(g)	−35.29
HI(g)	+25.36

반응 엔탈피 변화

모든 반응물과 생성물에 대한 표준 몰 생성 엔탈피를 알고 있다면, 표준 조건에서의 반응 엔탈피 변화를 식 5.6을 사용하여 계산할 수 있다.

$$\Delta_r H° = \Sigma n \Delta_f H°(\text{생성물}) - \Sigma n \Delta_f H°(\text{반응물}) \qquad (5.6)$$

화학량론 계수 *n*. 식 5.6에 화학량론 계수 *n*은 반응에서 물질 1 mol당 몰수를 나타낸다.

Δ = 나중 − 처음. 식 5.6은 어떤 변화(Δ)는 언제나 나중 상태(생성물)의 값에서 처음 상태(반응물)의 값을 빼줌으로써 계산된다는 원리를 보여주는 나타내는 또 다른 예이다.

이 식에서 기호 Σ(그리스 문자에서 시그마의 대문자)는 '합한다'의 의미이다. $\Delta_r H°$을 구하기 위해서는 생성물 각각의 몰 생성 엔탈피에 화학량론 계수 n을 곱하여 합한 후, 반응물 각각의 몰 생성 엔탈피에 화학량론 계수 n을 곱하여 합한 것을 빼면 된다. 이 식은 $\Delta_f H°$의 정의와 헤스의 법칙에 따른 당연한 결과이다(237쪽 심층 학습: 헤스의 법칙과 식 5.6을 참조하시오).

표준 조건에서 탄산칼슘(석회석, $CaCO_3$) 1 mol을 산화칼슘(석회, CaO)과 이산화탄소로 분해할 때 필요한 에너지를 알고 싶다면 어떻게 해야 할까?

$$CaCO_3(s) \rightarrow CaO(s) + CO_2(g) \qquad \Delta_r H° = ?$$

이것을 구하기 위하여 다음과 같이 각각의 생성 엔탈피를 사용할 수 있다(또는 부록 L).

화합물	$\Delta_f H°$(kJ/mol)
$CaCO_3(s)$	−1207.6
CaO(s)	−635.1
$CO_2(g)$	−393.5

그리고 식 5.6을 사용하여 표준 반응 엔탈피 변화($\Delta_r H°$)를 구한다.

$$\Delta_r H° = \left[\left(\frac{1\ \text{mol CaO}}{1\ \text{mol-rxn}}\right)\left(\frac{-635.1\ \text{kJ}}{\text{mol CaO}}\right) + \left(\frac{1\ \text{mol CO}_2}{1\ \text{mol-rxn}}\right)\left(\frac{-393.5\ \text{kJ}}{1\ \text{mol CO}_2}\right)\right] - \left[\left(\frac{1\ \text{mol CaCO}_3}{1\ \text{mol-rxn}}\right)\left(\frac{-1207.6\ \text{kJ}}{1\ \text{mol CaCO}_3}\right)\right]$$

$$= +179.0\ \text{kJ/mol-rxn}$$

석회석($CaCO_3$)을 석회(CaO)와 CO_2로 분해하는 반응은 흡열 반응이다. 즉, $CaCO_3(s)$를 CaO(s)와 $CO_2(g)$로 분해하기 위해서는 $CaCO_3$ 1 mol당 179.0 kJ 만큼의 에너지가 있어야 한다.

전략도 5.10

문제
질량이 주어진 화합물의 반응에 대한 $\Delta_r H°$를 계산하시오.

↓

알려진 자료/정보
- 화합물의 질량과 $\Delta_f H°$
- 생성물의 $\Delta_f H°$ 값
- 완결된 반응식

1단계 반응물과 생성물의 $\Delta_f H°$ 값들을 이용하여 반응의 $\Delta_r H°$를 계산한다.

화합물의 반응에 대한 $\Delta_r H°$

2단계 화합물의 **양**을 계산한다.

화합물의 **양**

3단계 화합물의 양을 **몰수**로 바꾸고 **몰당** 반응의 $\Delta_r H°$ 값에 곱한다.

질량이 주어진 화합물의 반응에 대한 $\Delta_r H°$

예제 5.10 생성 엔탈피의 이용

문제 나이트로글리세린(nitroglycerin)은 폭발하면 네 가지 기체를 발생하는 강력한 폭발물이다.

$$2\ C_3H_5(NO_3)_3(\ell) \rightarrow 3\ N_2(g) + 1/2\ O_2(g) + 6\ CO_2(g) + 5\ H_2O(g)$$

나이트로글리세린 10.0 g을 폭발시킬 때 엔탈피 변화를 계산하시오. 나이트로글리세린의 생성 엔탈피($\Delta_f H°$)는 −364 kJ/mol이다. 필요한 다른 $\Delta_f H°$는 부록 L을 참조한다.

알고 있는 사실 부록 L을 보면 $\Delta_f H°[CO_2(g)] = -393.5$ kJ/mol, $\Delta_f H°[H_2O(g)] = -241.8$ kJ/mol, $N_2(g)$와 $O_2(g)$에 대한 $\Delta H_f° = 0$임을 알 수 있다. 나이트로글리세린의 질량과 $\Delta_f H°$ 값 또한 주어져 있다.

심층 학습 헤스의 법칙과 식 5.6

식 5.6은 헤스의 법칙을 적용한 예이다. 이를 설명하기 위하여 탄산칼슘의 분해 반응을 더 자세히 살펴보자.

$$CaCO_3(s) \rightarrow CaO(s) + CO_2(g) \quad \Delta_r H° = ?$$

엔탈피는 상태 함수이므로 이 반응에서 엔탈피 변화는 반응물이 어떻게 생성물이 되느냐는 경로에는 상관이 없다. 이 반응의 경로를, 첫 단계에서 표준 상태의 반응물 $CaCO_3$가 표준 상태의 구성 원소로 전환된 후 다음 단계에서 원소들이 재결합하여 생성물을 형성하는 과정으로 생각해 볼 수 있다. 이들 반응의 엔탈피 변화는 아래 식과 같다.

$$CaCO_3(s) \rightarrow Ca(s) + C(s) + 3/2\ O_2(g) \qquad -\Delta_f H°[CaCO_3(s)] = \Delta_r H°_1$$

$$C(s) + O_2(g) \rightarrow CO_2(g) \qquad \Delta_f H°[CO_2(g)] = \Delta_r H°_2$$

$$Ca(s) + \tfrac{1}{2}\ O_2(g) \rightarrow CaO(s) \qquad \Delta_f H°[CaO(s)] = \Delta_r H°_3$$

$$CaCO_3(s) \rightarrow CaO(s) + CO_2(g) \qquad \Delta_r H°_{net}$$

$$\Delta_r H°_{net} = \Delta_r H°_1 + \Delta_r H°_2 + \Delta_r H°_3$$

$$\Delta_r H° = \Delta_f H°[CaO(s)] + \Delta_f H°[CO_2(g)] - \Delta_f H°[CaCO_3(s)]$$

이 반응의 엔탈피 변화는 생성물(CaO와 CO_2)의 생성 엔탈피에서 반응물($CaCO_3$)의 생성 엔탈피를 뺀 값과 동일하며, 이것이 바로 우리가 식 5.6을 이용할 때 하는 작업이다. 이들 엔탈피들 간의 관계를 에너지 준위 도표에 나타내었다.

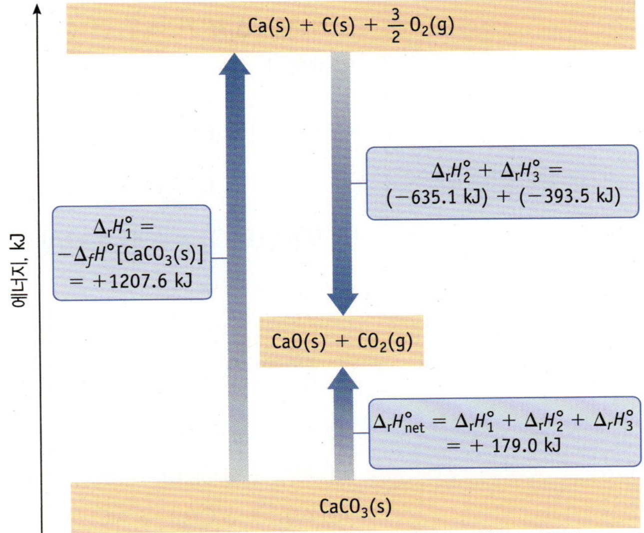

전략 식 5.6에 반응물과 생성물의 생성 엔탈피 값을 대입하여 1 mol 반응의 엔탈피 변화를 결정한다. 이 값은 2 mol의 나이트로글리세린이 폭발할 때 발생하는 엔탈피 변화($\Delta_r H°$)를 나타낸다. 10.0 g의 나이트로글리세린이 몇 몰인지를 계산한 후, 이 값과 $\Delta_r H°$를 이용하여 나이트로글리세린 10.0 g이 폭발할 때의 엔탈피 변화를 구한다.

풀이 식 5.6을 사용하여 나이트로글리세린 2 mol에 대한 폭발 반응의 엔탈피 변화를 계산한다.

$$\Delta_r H° = \left(\frac{6\text{ mol }CO_2}{1\text{ mol-rxn}}\right)\Delta_f H°[CO_2(g)] + \left(\frac{5\text{ mol }H_2O}{1\text{ mol-rxn}}\right)\Delta_f H°[H_2O(g)] - \left(\frac{2\text{ mol }C_3H_5(NO_3)_3}{1\text{ mol-rxn}}\right)\Delta_f H°[C_3H_5(NO_3)_3(\ell)]$$

$$\Delta_r H° = \left(\frac{6\text{ mol }CO_2}{1\text{ mol-rxn}}\right)\left(\frac{-393.5\text{ kJ}}{1\text{ mol }CO_2}\right) + \left(\frac{5\text{ mol }H_2O}{1\text{ mol-rxn}}\right)\left(\frac{-241.8\text{ kJ}}{1\text{ mol }H_2O}\right) - \left(\frac{2\text{ mol }C_3H_5(NO_3)_3}{1\text{ mol-rxn}}\right)\left(\frac{-364\text{ kJ}}{1\text{ mol }C_3H_5(NO_3)_3}\right) = -2842\text{ kJ/mol-rxn}$$

문제는 나이트로글리세린 10.0 g에 대한 엔탈피 변화를 계산하는 것이므로, 10.0 g의 몰수를 계산하여야 한다.

$$10.0\ \text{g 나이트로글리세린}\left(\frac{1\ \text{mol 나이트로글리세린}}{227.1\ \text{g 나이트로글리세린}}\right) = 0.0440\ \text{mol 나이트로글리세린}$$

나이트로글리세린 0.0440 mol의 폭발에 대한 엔탈피 변화는 다음과 같다.

$$\Delta_r H^\circ = 0.0440\ \text{mol 나이트로글리세린}\left(\frac{1\ \text{mol-rxn}}{2\ \text{mol 나이트로글리세린}}\right)\left(\frac{-2842\ \text{kJ}}{1\ \text{mol-rxn}}\right)$$

$$= -62.6\ \text{kJ}$$

고려사항 $\Delta_f H^\circ$가 매우 큰 음의 값은 이 반응이 매우 강한 발열 반응이라는 사실과 일치한다.

유제 벤젠(C_6H_6)의 표준 연소 엔탈피를 계산하시오.

$$C_6H_6(\ell) + 15/2\ O_2(g) \rightarrow 6\ CO_2(g) + 3\ H_2O(\ell) \qquad \Delta_r H^\circ = ?$$

[$\Delta_f H^\circ[C_6H_6(\ell)] = +49.0$ kJ/mol]이고, 다른 필요한 값은 부록 L을 이용하시오.

5.7절 확인문제

1. $AlCl_3(s)$의 표준 생성 엔탈피는 다음 중 어떤 반응의 엔탈피 변화인가?
   (a) $Al(s) + 3\ Cl_2(g) \rightarrow AlCl_3(s)$
   (b) $Al(s) + 3\ Cl(g) \rightarrow AlCl_3(s)$
   (c) $3\ HCl + Al(OH)_3(s) \rightarrow AlCl_3(s) + 3\ H_2O(\ell)$
   (d) $Al(s) + 3/2\ Cl_2(g) \rightarrow AlCl_3(s)$

2. 아세트산은 $CH_3OH(\ell) + CO(g) \rightarrow CH_3CO_2H(\ell)$에 의해서 만들어진다. 이 반응의 엔탈피 변화를 아래 세 반응식을 이용하여 나타내시오.

$$2\ CH_3OH(\ell) + 3\ O_2(g) \rightarrow 2\ CO_2(g) + 4\ H_2O(\ell) \qquad \Delta_r H^\circ_1$$
$$CH_3CO_2H(\ell) + 2\ O_2(g) \rightarrow 2\ CO_2(g) + 2\ H_2O(\ell) \qquad \Delta_r H^\circ_2$$
$$2\ CO(g) + O_2(g) \rightarrow 2\ CO_2(g) \qquad \Delta_r H^\circ_3$$

   (a) $\Delta_r H^\circ_1 + \Delta_r H^\circ_2 + \Delta_r H^\circ_3$
   (b) $\Delta_r H^\circ_1 - \Delta_r H^\circ_2 + \Delta_r H^\circ_3$
   (c) $1/2\ \Delta_r H^\circ_1 - \Delta_r H^\circ_2 + 1/2\ \Delta_r H^\circ_3$
   (d) $-1/2\ \Delta_r H^\circ_1 + \Delta_r H^\circ_2 - 1/2\ \Delta_r H^\circ_3$

5.8 생성물(또는 반응물) 선호 반응과 열역학

이 장의 도입부에서 열역학이 다음 네 가지 질문들에 대한 답을 제공한다는 것을 배웠다.

- 물리적 변화 또는 화학적 변화에 관련되는 에너지 변화를 어떻게 측정하고 계산할 수 있을까?

사례 연구 연료 논쟁 – 알코올과 휘발유

지구 상 모든 나라에서 에너지 수요가 크게 증가함에 따라 화석 연료의 공급은 부족하고 그 가격은 상승할 것이 분명하다. 그러나 여기서 에탄올(C_2H_5OH)로써 휘발유를 대체하려는 문제에 대한 논쟁을 분석해 보자.

월드(Matthew Wald)는 '에탄올이 과연 장기적 대안인가?(*Scientific American*, January 2007)'라는 제목의 기고문에서 "미국은 에탄올을 흥청망청 써왔다"고 말했다. 2007년 미국 의회는 에탄올 생산량을 2005년 50억 갤런에서 2012년까지 연간 75억 갤런으로 증가시킨다는 법안을 통과시켰다. 그 목표는 적어도 부분적으로 에탄올로 휘발유를 대체하기 위함이다.

휘발유를 에탄올로 대체하려는 목표는 가능한 것일까? 이것은 미국의 연간 휘발유 소모가 1,400억 갤런인 것을 고려하면 아주 원대한 목표이다. 월드는 다음과 같이 말했다. "미국에 공급되는 옥수수 100 %를 에탄올 증류에 사용하더라도 그 양은 미국에서 사용되는 교통수단에 필요한 연료의 극히 일부분만 충당할 수 있을 것이다." 월드의 논지는, 수많은 과학적 연구 결과가 뒷받침하듯, 실질적으로 에탄올이 가솔린을 대체하려면 옥수수뿐만 아니라 옥수숫대의 셀룰로오스나 다양한 식물로부터 에탄올을 증류해야 한다는 것을 더 강조하는 것이다.

이 외에도 에탄올과 관련된 다른 여러 가지 문제들이 있다. 그중 하나는 에탄올은 휘발유와는 달리 송유관 시스템을 통해서 공급될 수 없다는 것이다. 에탄올은 물과 아주 잘 섞이므로, 송유관에 조금의 물이라도 존재하면 그것은 물과 섞일 것이고 연료의 가치를 떨어뜨리게 된다.

마지막으로 E85 연료(에탄올 85 %와 휘발유 15 %의 혼합물)라 할지라도 현재 사용되는 대부분의 운송 수단에 사용될 수 없다. 왜냐하면 최근까지도 소수의 엔진만이 에탄올 함량이 높은 연료를 사용할 수 있도록 설계되었기 때문이다(가변 엔진(flexible engine)이라고 불린다). E85가 실질적인 휘발유 대체 효과를 내기 위해서는 이렇게 특별하게 제작된 운송 수단의 수가 증가되어야만 한다.

더욱 자세한 정보를 원한다면 참고문헌인 *Scientific American* 기사에서 월드의 논문을 참조하시오.

문제

이 분석을 위해 휘발유에 들어 있는 탄화수소 혼합물의 대용으로 옥테인(C_8H_{18})을 사용한다고 하자(부록 L에 추가하여). 이 질문에 필요한 정보는 다음과 같다.

$$\Delta_f H° \ [C_8H_{18}(\ell)] = -250.1 \text{ kJ/mol}$$

$$\text{에탄올의 밀도} = 0.785 \text{ g/mL}$$

$$\text{옥테인의 밀도} = 0.699 \text{ g/mL}$$

1. 에탄올과 옥테인의 연소에 따른 $\Delta_r H°$값을 계산하고, 이를 1 mol당 및 1 g당 값으로 바꾸어서 비교해 보라. 몰 단위일 때 어떤 것이 더욱 많은 에너지를 제공하는가? g 단위일 때는 어떤 것이 더욱 많은 에너지를 제공하는가?
2. 두 연료를 1 L당 생산되는 에너지로 계산하여 결과를 비교하라. 일정 부피를 기준으로 할 때 어느 연료가 더 많은 에너지를 낼 수 있는가? (부피가 정해져 있는) 여러분의 연료 탱크를 채울 때 유용할 것이다.
3. 완전 연소가 이루어진다고 가정했을 때, 배출되는 온실가스인 CO_2의 질량은 각각 어떻게 되는가?
4. 이제 동일한 양의 에너지를 발생시킬 수 있는 각 에너지의 양에 기초하여 비교해 보자. 1.00 L의 옥테인을 연소시켰을 때와 같은 에너지를 얻기 위해서는 에탄올 몇 리터가 필요한가? 옥테인 1.00 L와 같은 양의 에너지를 충분히 낼 수 있는 에탄올이 연소된다면, 어느 연료가 CO_2를 더 많이 배출하겠는가?
5. 이러한 분석을 토대로 1 L당 가격이 동일하다고 가정한다면, 어느 것이 미래에 여러분들의 자동차 추진 연료로 사용되겠는가? 어느 것이 온실가스를 적게 배출하겠는가?

이 문제에 대한 해답은 부록 N에 있다.

주유소에서 판매되는 에탄올. E85 연료는 에탄올과 가솔린을 85 %: 15 %의 비율로 섞어서 만든다. E85는 이것에 맞게 특별히 설계된 차량에서만 사용할 수 있다는 것을 명심하라. 평범한 차량에서 에탄올을 사용하면 엔진과 연료 시스템의 밀봉 상태가 손상된다.

그림 5.14 생성물 선호 반응인 철의 산화. 분젠 버너 불꽃에 뿌린 철가루는 매우 빠르게 산화(혹은 연소)된다. 이 반응은 발열 반응이며, 생성물 선호 반응이다.

- 에너지 변화, 열, 일 사이의 관계는 무엇인가?
- 화학 반응이 생성물 선호 반응인지, 반응물 선호 반응인지 어떻게 결정할 수 있을까?
- 화학 반응이나 물리적 과정이 외부의 간섭 없이 자발적으로 일어날지 여부를 어떻게 결정할 것인가?

처음 두 질문은 이 장에서 다루어졌으나, 중요한 나머지 두 질문은 아직 풀리지 않았다. 이들은 18장에서 자세히 고려될 것이다.

3장에서 우리는 화학 반응이 평형을 향해 진행되며, 계가 평형에 도달하게 하는 방향으로 자발적인 변화가 일어난다는 것을 배웠다. 평형에 도달했을 때 반응물이 대부분 생성물로 전환된 반응을 **생성물 선호 반응**이라고 한다. 반면, 평형 상태에서 반응물의 일부만이 생성물로 전환된 반응은 **반응물 선호 반응**이라고 불린다 (◂106~107쪽 참조).

지금까지 살펴본 많은 화학 반응을 떠올려 보자. 예를 들면 연소 반응은 발열 반응이며, 철의 연소(그림 5.14) 역시 확실한 발열 반응이다.

$$4\ Fe(s) + 3\ O_2(g) \rightarrow 2\ Fe_2O_3(s)$$

$$\Delta_r H^\circ = 2\ \Delta_f H^\circ[Fe_2O_3(s)] = \left(\frac{2\ mol\ Fe_2O_3}{1\ mol\text{-}rxn}\right)\left(\frac{-825.5\ kJ}{1\ mol\ Fe_2O_3}\right) = -1651.0\ kJ/mol\text{-}rxn$$

모든 경우 $\Delta_r H^\circ$는 음의 값이며 이는 평형에서 생성물 선호 반응이라는 것을 의미한다.

역으로 탄산칼슘의 분해 반응은 흡열 반응이다.

$$CaCO_3(s) \rightarrow CaO(s) + CO_2(g) \qquad \Delta_r H^\circ = +179.0\ kJ/mol\text{-}rxn$$

탄산칼슘의 분해 반응에서는 반응물을 선호하는 쪽으로 평형이 이루어진다. 즉, 이 반응은 반응물 선호 반응이다.

그렇다면 모든 발열 반응이 생성물 선호 반응이고, 모든 흡열 반응은 반응물 선호 반응인가? 이 개념을 체계화하기 위하여 실험을 통하여 검증할 수 있거나 다른 예를 통하여 조사할 수 있는 하나의 가설로 설정하자. **대부분의 경우 생성물 선호 반응은 $\Delta_r H^\circ$가 음의 값이고, 반응물 선호 반응은 $\Delta_r H^\circ$가 양의 값이라는 사실**을 발견할 수 있다. 하지만 반드시 그런 것은 아니며 예외도 있다.

분명한 것은 열역학에 대한 추가 논의는 반드시 평형 개념과 결부되어야 한다는 점이다. 평형과 열역학의 관계 및 3, 4번째 질문에 대한 설명은 18장에서 다루기로 하자.

화학 원리 응용 | 화약

화약은 1000년이 넘게 불꽃놀이, 폭약, 소형 화기 등에 사용되어 왔다. 1800년대 후반까지 화약은 초석(KNO_3), 목탄(대부분 C)과 유황의 혼합물이었다. 오늘날 이 혼합물은 흑색화약으로 알려져 있다. 간단한 반응식에 따르면 성분들은 반응하여 고체와 기체 생성물을 생성하는 것처럼 보인다.

$$2\ KNO_3(s) + 3\ C(s) + S(s) \rightarrow K_2S(s) + N_2(g) + 3\ CO_2(g)$$

실제 반응은 목탄이 순수 탄소가 아니기 때문에 더욱 복잡하다(목탄은 일부 산소와 수소 원자들을 함유하고 있다). 비록 흑색화약이 수백 년간 사용되었지만 추진제로서는 몇 가지 단점이 있다. 이것은 많은 양의 연기를 발생시키고 반응 잔류물들은 부식성이 있다.

현대 소형 화기는 연기없는 화약을 사용한다. 이러한 화약은 주로 나이트로셀룰로오스(솜화약으로 알려짐) 또는 나이트로셀룰로오스와 나이트로글리세린의 혼합물로 구성되어 있다. 나이트로셀룰로오스는 솜(셀룰로오스, 실험식 $C_6H_{10}O_5$)과 질산과의 반응 생성물이다. 비록 솜화약은 보통 완전히 진행되지는 않지만, 완전히 나이트로화가 된 생성물은 실험식 $C_6H_2(NO_3)_3O_2$을 가진다. 나이트로셀룰로오스와 나이트로글리세린이 분해되면 비슷한 질량의 흑색화약보다 많은 에너지를 방출한다. 중요한 것은 이 물질은 모든 생성물이 기체이므로 보다 좋은 추진제이다.

문제

1. $KNO_3(s)$와 $K_2S(s)$의 표준 생성 엔탈피는 각각 −494.6 kJ/mol과 −376.6 kJ/mol이다.
   a. 위의 완결된 반응을 이용하여 흑색화약의 반응에 대한 표준 엔탈피 변화를 결정하시오.
   b. 위의 양론에 따라 1.00 g 흑색화약이 분해할 때 발생하는 엔탈피 변화를 결정하시오(흑색화약은 비록 혼합물이지만 1 mol의 흑색화약이 정확히 2 mol의 KNO_3, 3 mol의 C, 1 mol의 S로 구성되었다고 가정할 수 있다).

© Cengage Learning/Charles D. Winters

흑색화약. 흑색화약은 1000년 넘게 알려져 있다. 이 사진은 흑색화약의 단점 중 하나인 많은 양의 연기가 발생하는 것을 보여준다.

2. 솜화약의 반응 엔탈피는 셀룰로오스의 나이트로화의 정도에 의존한다. 특정 시료에 대하여 통 열량계에서 0.725 g의 솜화약이 분해될 때 계의 온도가 1.32 K 상승한다. 통은 열용량이 691 J/K이고 열량계가 1.200 kg의 물을 함유하고 있다면 솜화약 1 g당 반응 에너지는 얼마인가?
3. 나이트로글리세린($C_3H_5N_3O_9$)이 분해하면 이산화탄소, 질소, 물과 산소 기체를 생성한다.
   a. 나이트로글리세린 분해에 대한 완결된 반응식을 쓰시오.
   b. 1.00 g 나이트로글리세린이 분해하면 6.23 kJ/g의 에너지를 열의 형태로 방출한다면 나이트로글리세린의 표준 몰 생성 엔탈피는 얼마인가?

참고문헌

J. Kelly, *Gunpowder, Alchemy, Bombards, and Pyrotechnics: The History of the Explosive That Changed the World, Basic Books*, New York, 2004.

학습 목표 복습

여러분은 이 장의 학습을 마쳤다. 이제 학습 목표를 달성했는지 점검해 보자. 특히 다음과 같은 것을 할 수 있어야 한다.

- 열역학 제1법칙의 이해하고 응용할 수 있다.
  a. 열역학 제1법칙의 기초를 이해한다(5.4절).
  b. 계에 행해지거나 계가 한 열과 일이 계의 내부 에너지 변화에 어떻게 기여하는지를 인식한다(5.4절).

- 온도의 변화 및 상태 변화와 관련된 열 에너지의 전달을 평가한다.
  a. 열 에너지 전달의 본질을 기술한다(5.1절).
  b. 열역학에 사용되는 용어들을 인식하고 사용한다. – 계와 주위, 발열 반응과 흡열 반응(5.1절)
  c. 열 에너지의 전달 및 온도 변화의 계산에서 비열을 사용한다(5.2절).
  d. 열역학에서 부호의 체계를 이해한다.
  e. 용융 엔탈피(열)와 기화 엔탈피(열)를 이용하여, 상태 변화 과정에서 전달되는 열 에너지를 계산한다(5.3절).
- 계에 의해 행해진 $P-V$ 일을 계산하고 내부 에너지 변화를 계산하기 위하여 열(q)과 일(w)을 사용한다.
  a. 기체의 팽창 또는 압축, 계에 의해 행해지거나 계에 행해진 일을 계산한다(5.4절).
  b. 일정 압력 하에서 진행되는 반응에서 엔탈피와 내부 에너지 변화를 계산한다(5.4절).
- 열량계 실험에서 얻어진 자료로부터 에너지와 엔탈피 변화를 계산한다.
  a. 반응에서 전달된 열 에너지의 양을 열량계로 측정하는 방법을 기술한다(5.6절).
- 물리적 변화나 화학적 변화에서 방출되거나 필요로 하는 에너지를 열역학 정보가 담긴 표를 이용하여 계산한다.
  a. 반응의 엔탈피 변화, $\Delta_r H°$를 찾기 위해서 헤스의 법칙을 적용한다(5.7절).
  b. 에너지 준위 도표를 그리는 방법을 알고 의미를 해석한다(5.7절).
  c. 반응 엔탈피 변화, $\Delta_f H°$를 계산하기 위하여 표준 몰 생성 엔탈피, $\Delta_r H°$를 이용한다(5.7절).

- 흔히 사용하는 용어의 정의를 기억: 흡열, 발열, 계, 주위, 엔탈피, 내부 에너지, 반응물 선호, 생성물 선호
  a. 과정이 일정 압력 조건하에서 진행될 때 전달되는 열 에너지는 엔탈피 변화, ΔH이다(5.5절).
- 엔탈피와 내부 에너지는 상태 함수임을 기억한다.
  a. 상태 함수는 값이 계의 상태에 의해서만 결정되고 상태에 도달하기 위한 경로에 무관함을 인식한다(5.4절).

주요 식

식 5.1(208쪽) 물질의 온도가 변화할 때 열의 형태로 전달되는 에너지. 비열 (C), 질량 (m) 그리고 온도 변화 (ΔT)를 이용하여 계산한다.

$$q(\text{J}) = C(\text{J/g} \cdot \text{K}) \times m(\text{g}) \times \Delta T(\text{K})$$

식 5.2(208쪽) 온도 변화는 언제나 나중 온도에서 처음 온도를 빼줌으로써 계산된다.

$$\Delta T = T_{\text{나중}} - T_{\text{처음}}$$

식 5.3(211쪽) 만약 계와 주위 사이에 에너지 전달이 없고, 에너지가 계 내부에서 오직 열의 형태로만 전달된다고 하면, 계 내부에서 열 에너지 변화의 합은 0이다.

$$q_1 + q_2 + q_3 + \ldots = 0$$

식 5.4(218쪽) 열역학 제1법칙: 계의 내부 에너지 변화(ΔU)는 열로 전달된 에너지(q)와 일로 전달된 에너지(w)의 합이다.

$$\Delta U = q + w$$

식 5.5(219쪽) 압력이 일정한 계의 경우 P–V 일의 값은 압력(P)와 부피변화(ΔV)의 곱이다.

$$w = -P \times \Delta V$$

식 5.6(235쪽) 이 식은 모든 반응물과 생성물의 생성 엔탈피($\Delta_f H°$)가 알려져 있을 때 반응의 표준 엔탈피 변화($\Delta_r H°$)를 구하기 위해서 사용하는 식이다. 변수 n은 완결된 화학 방정식에서 반응물이나 생성물 각각의 화학량론 계수이다.

$$\Delta_r H° = \Sigma n \Delta_f H°(\text{생성물}) - \Sigma n \Delta_f H°(\text{반응물})$$

실전문제

에너지: 기초 원리(5.1절 참조)

1. 계와 주위를 정의하시오. 계와 그 주위가 열평형에 도달하였다고 하는 것은 무슨 의미인가?

2. 다음 반응들이 발열 반응인지 흡열 반응인지 결정하시오.
   (a) 메테인 연소
   (b) 얼음의 녹음
   (c) 물의 온도를 25 ℃에서 100 ℃로 증가
   (d) $CaCO_3(s)$를 가열하여 $CaO(s)$와 $CO_2(g)$를 형성

비열(5.2절 및 예제 5.1~5.2 참조)

3. 수은의 몰 열용량은 28.1 J/mol · K이다. 이 금속의 비열은 몇 J/g · K인가?

4. 구리의 비열은 0.385 J/g · K이다. 168 g의 구리를 −12.2 ℃에서 +25.6 ℃로 온도를 변화시키는 데 필요한 에너지는 얼마인가?

5. 344 g의 철 시료의 처음 온도가 18.2 ℃였다. 만약 이 시료가 2.25 kJ의 열을 흡수하였다면, 이 시료의 나중 온도는 얼마인가?

6. 99.8 ℃의 구리 시료 45.5 g을 18.5 ℃의 물 152 g에 넣었다. 평형에 도달했을 때의 나중 온도는 얼마인가?

7. 182 g의 금 조각을 22.1 g의 물에 금 조각을 담궜다. 물의 처음 온도는 25.0 ℃이었으며, 나중 온도는 27.5 ℃이었다. 만약 금의 비열이 0.128 J/g · K이라면, 금 조각의 처음 온도는 얼마인가?

8. 13.8 g의 아연 조각을 끓는 물에 넣어 98.8 ℃가 되었을 때, 이것을 45.0 g의 25.0 ℃ 물에 넣었다. 물과 이 금속이 평형을 이루었을 때의 온도가 27.1 ℃이다. 아연의 비열은 얼마인가?

상태 변화(5.3절, 예제 5.3~5.4 참조)

9. 0 ℃의 1.0 L 물이 얼어 얼음이 되었을 때의 방출되는 열량은 얼마인가? (물의 융해열은 333 J/g이다.)

10. 125 g의 벤젠(C_6H_6)이 끓는점 80.1 ℃에서 증발하는 데 필요한 열량은 얼마인가? (벤젠의 기화열은 30.8 kJ/mol이다.)

11. 수은의 어는점은 −38.8 ℃이다. 1.00 mL의 수은이 23.0 ℃에서 −38.8 ℃로 얼면서 에너지가 외부로 방출되었다. 얼마만큼의 열량(joule)이 주위로 방출되었는가? (액체 수은의 밀도는 13.6 g/cm^3. 비열은 0.140 J/g · K. 융해열은 11.4 J/g이다.)

12. 에탄올(C_2H_5OH)의 끓는점은 78.29 ℃이다. 1.00 kg의 에탄올이 20.0 ℃에서부터 온도를 올려서 기화시키는 데 필요한 열량(J)은 얼마인가? (액체 에탄올의 비열은 2.44 J/g · K이고 기화열은 855 J/g이다.)

열, 일, 내부 에너지(5.4절, 예제 5.5 참조)

13. 기체가 냉각되면서 일정 압력, 1.01×10^5 Pa 하에서 2.50 L에서 1.25 L로 압축되었다. 기체를 압축하기 위해 필요한 일(J 단위로)을 계산하시오.

14. 풍선이 일정 압력, 7.33×10^4 Pa 하에서 팽창하면서 주위에 324 J의 일을 하였다. 풍선의 부피 변화는 L로 얼마인가?

15. 745 J의 열 에너지가 주위에서 기체로 전달될 때 기체의 팽창으로 주위에 312 J의 일을 하였다. 기체의 내부 에너지 변화는 얼마인가?

16. 일정 압력, 1.22×10^5 Pa 하에서 움직일 수 있는 피스톤이 있는 실린더에 부피 1.50 L의 아르곤 기체가 들어 있다. 주위에서 기체로 1.25 kJ의 열 에너지가 전달되었을 때 기체의 내부 에너지는 1.11 kJ 만큼 증가하였다. 실린더 내의 아르곤 기체의 나중 부피는 얼마인가?

엔탈피 변화(5.5절, 예제 5.6 참조)

17. 최근에 광범위한 생물학적인 과정들에 관여하는 것으로 확인된 일산화질소(NO) 기체는 산소와 반응하여 갈색 NO_2 기체를 생성한다.

$$2\ NO(g) + O_2(g) \rightarrow 2\ NO_2(g)$$
$$\Delta_r H° = -114.1\ kJ/mol\text{-}rxn$$

이 반응은 흡열 반응인가 발열 반응인가? 만약 1.25 g의 NO가 완전히 NO_2로 바뀌었다면 이 과정에서의 에너지 변화는 얼마인가?

18. 아이소옥테인(2,2,4–trimethylpentane)은 휘발유에 포함된 많은 탄화수소 중 하나이다. 이를 공기 중에서 연소시켜 물과 이산화탄소를 얻었다.

$$2\ C_8H_{18}(\ell) + 25\ O_2(g) \rightarrow 16\ CO_2(g) + 18\ H_2O(\ell)$$
$$\Delta_r H° = -10{,}922\ kJ/mol\text{-}rxn$$

만약 1.00 L의 이소옥테인(밀도 = 0.69 g/mL)을 연소시키면 엔탈피 변화는 얼마인가?

열량계(5.6절, 예제 5.7~5.8 참조)

19. 커피컵 열량계 안에서 100.0 mL의 0.200 M CsOH를 50.0 mL의 0.400 M HCl과 혼합하면 다음과 같은 반응이 일어난다.

$$CsOH(aq) + HCl(aq) \rightarrow CsCl(aq) + H_2O(\ell)$$

혼합하기 전의 온도는 22.50 ℃이었고, 반응이 일어나면서 24.28 ℃로 온도가 올랐다. CsOH의 몰당 엔탈피 변화는 얼마인가? 용액의 밀도는 모두 1.00 g/mL이고 비열은 4.2 J/g · K이다.

20. 20.8 g의 타이타늄 금속 조각을 끓는 물에 넣어 99.5 ℃로 가열한 후 21.7 ℃의 물 75.0 g이 담긴 커피컵 열량계에 넣었다. 평형에 도달했을 때 나중 온도는 24.3 ℃이었다. 타이타늄의 비열을 계산하시오.

21. 150.0 g의 물이 담긴 커피컵 열량계(염을 녹일 수 있게 저어주면서)에 5.44 g의 $NH_4NO_3(s)$을 넣었더니 온도가 18.6 ℃에서 16.2 ℃로 내려갔다. $NH_4NO_3(s)$가 물에 녹을 때 변한 엔탈피를 kJ/mol로 계산하시오. 수용액(질량이 155.4g)의 열용량은 4.2 J/g · K라고 가정하자(콜드팩은 질산암모늄이 물에 녹을 때 열을 흡수한다는 점을 이용한 것이다).

22. 황 2.56 g을 충분한 양의 $O_2(g)$가 들어 있는 일정 부피 열량계에서 연소시켰더니 온도가 21.25 ℃에서 26.72 ℃로 올랐다. 사용된 통의 열용량은 923 J/K이며, 열량계에는 815 g의 물이 들어 있다. 다음과 같은 반응에서 SO_2 1 mol이 생성될 때 ΔU를 계산하시오.

$$S_8(s) + 8\ O_2(g) \rightarrow 8\ SO_2(g)$$

황은 산소 존재하에서 태우면 파란 불꽃을 내면서 연소되어 $SO_2(g)$를 생성한다.

23. 일정 부피 열량계 안에서 1.500 g의 벤조산($C_6H_5CO_2H$)을 연소시켰더니 온도가 22.50 ℃에서 31.69 ℃로 올랐다. 열량계에는 775 g의 물이 들어 있고, 통의 열용량은 893 J/K이다. 이 산화 반응에서 벤조산 1 mol이 반응할 때 ΔU를 계산하시오.

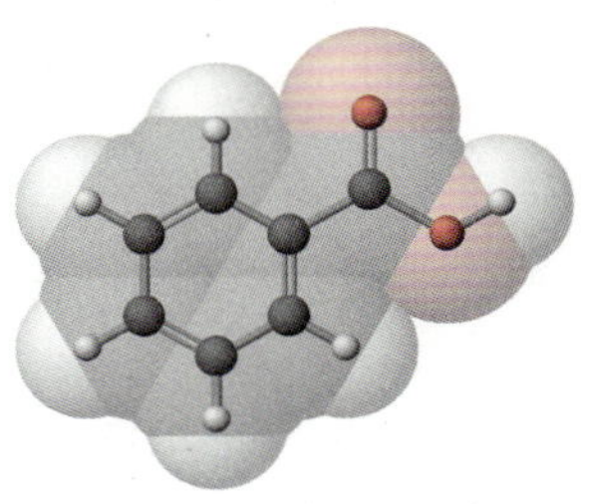

벤조산은 다양한 종류의 딸기에 함유되어 있다. 벤조산의 연소열은 잘 알려져 있어서 열량계를 보정하는 데 사용되기도 한다.

24. '얼음 열량계(ice calorimeter)'는 금속의 정확한 비열을 결정하는 데 사용할 수 있다. 뜨거운 금속 조각을 얼음 위에 떨어뜨린다. 금속에서 얼음으로 전이되는 열량은 녹은 얼음의 양으로부터 결정할 수 있다. 50.0 g의 은 조각을 99.8 ℃까지 가열하여 얼음 위에 놓은 후 금속의 온도가 0.0 ℃까지 떨어졌을 때, 얼음이 3.54 g만큼 녹았

다. 은의 정확한 비열은 얼마인가?

헤스의 법칙(5.7절 및 예제 5.8 참조)

25. 다음 반응의 엔탈피 변화는 열량계를 이용하여 측정할 수 있다.

$CH_4(g) + 2\ O_2(g) \rightarrow CO_2(g) + 2\ H_2O(g)$
$\Delta_r H° = -802.4$ kJ/mol-rxn

$CH_3OH(g) + \frac{3}{2}\ O_2(g) \rightarrow CO_2(g) + 2\ H_2O(g)$
$\Delta_r H° = -676$ kJ/mol-rxn

(a) 이 값과 헤스의 법칙을 이용하여 다음 반응의 엔탈피 변화를 결정하시오.

$$CH_4(g) + \frac{1}{2}\ O_2(g) \rightarrow CH_3OH(g)$$

(b) 이 문제에 관련된 에너지 양들 간의 관계를 나타내는 에너지 준위 도표를 작성하시오.

26. 다음 반응의 엔탈피 변화는 실험을 통하여 결정할 수 있다.

$N_2(g) + 3\ H_2(g) \rightarrow 2\ NH_3(g)$
$\Delta_r H° = -91.8$ kJ/mol-rxn

$4\ NH_3(g) + 5\ O_2(g) \rightarrow 4\ NO(g) + 6\ H_2O(g)$
$\Delta_r H° = -906.2$ kJ/mol-rxn

$H_2(g) + \frac{1}{2}\ O_2(g) \rightarrow H_2O(g)$
$\Delta_r H° = -241.8$ kJ/mol-rxn

이 값을 이용하여 질소 원소로부터 NO(g)가 생성될 때의 엔탈피 변화량을 결정하시오(이 반응은 반응물-선호 반응이기 때문에 엔탈피 변화량을 직접적으로는 측정할 수 없다).

$$\frac{1}{2}\ N_2(g) + \frac{1}{2}\ O_2(g) \rightarrow NO(g) \qquad \Delta_r H° = ?$$

표준 생성 엔탈피(5.7절, 예제 5.10 참조)

27. 표준 상태에서 해당 원소로부터 $CH_3OH(\ell)$이 생성될 때의 화학 반응식을 작성하시오. 부록 L에 수록된 $CH_3OH(\ell)$의 $\Delta_f H°$값을 찾으시오.

28. (a) 표준 상태에서 Cr과 O_2로부터 1 mol의 $Cr_2O_3(s)$가 생성될 때의 화학 반응식을 작성하시오. (부록 L에 수록된 $Cr_2O_3(s)$의 $\Delta_f H°$ 값을 찾으시오.)

(b) 2.4 g의 크로뮴이 산소와 반응하여 $Cr_2O_3(s)$가 될 때, 표준 엔탈피 변화량은 얼마인가?

29. 부록 L에 수록된 표준 생성열을 사용하여 다음 과정의 표준 엔탈피 변화량을 계산하시오.

(a) 1.0 g의 백린(P_4)을 연소시켜 $P_4O_{10}(s)$을 만들 때
(b) 0.20 mol의 NO(g)가 $N_2(g)$와 $O_2(g)$로 분해될 때
(c) Na(s)와 과량의 $Cl_2(g)$가 반응하여 2.40 g의 NaCl이 생성될 때
(d) 250 g의 철이 산소 존재하에서 산화하여 $Fe_2O_3(g)$가 될 때

30. 암모니아로부터 질산을 얻는 첫 번째 단계에서는 NH_3가 산화된다.

$$4\ NH_3(g) + 5\ O_2(g) \rightarrow 4\ NO(g) + 6\ H_2O(g)$$

(a) 표준 생성 엔탈피를 이용하여 이 반응에서의 표준 엔탈피의 변화를 계산하시오.
(b) 10.0 g의 NH_3가 산화하는 반응에서 방출하거나 흡수한 에너지는 얼마인가?

31. 고체 산화바륨 BaO의 표준 생성 엔탈피는 −553.5 kJ/mol이며, 과산화바륨, BaO_2의 표준 생성 엔탈피는 −634.3 kJ/mol이다.

(a) 다음의 반응에서의 표준 엔탈피 변화량을 계산하시오. 이것은 발열 반응인가 아니면 흡열 반응인가?

$$2\ BaO_2(s) \rightarrow 2\ BaO(s) + O_2(g)$$

(b) BaO_2가 BaO와 O_2로 분해될 때의 엔탈피 변화와 BaO(s) 및 $BaO_2(s)$의 생성 엔탈피의 관계를 나타내는 에너지 준위 도표를 그리시오.

32. 나프탈렌, $C_{10}H_8$의 산화 반응에 대한 엔탈피 변화를 열량계로 측정하였다.

$$C_{10}H_8(s) + 12\ O_2(g) \rightarrow 10\ CO_2(g) + 4\ H_2O(\ell)$$
$$\Delta_r H° = -5156.1 \text{ kJ/mol-rxn}$$

이 값과 $CO_2(g)$와 $H_2O(\ell)$의 표준 생성 엔탈피를 이용하여 나프탈렌의 생성 엔탈피를 kJ/mol 단위로 계산하시오.

일반문제

다음 문제들은 절의 종류나 위치를 명시하지 않았다. 이 문제들은 여러 가지 개념이 조합되어 있을 수도 있다.

33. 다음 용어들은 열역학에서 널리 쓰인다. 각각을 정의하고 예를 들으시오.

(a) 흡열 반응과 발열 반응

(b) 계와 주위

(c) 비열

(d) 상태 함수

(e) 표준 상태

(f) 엔탈피 변화(ΔH)

(g) 표준 생성 엔탈피

34. 다음 각 경우에서 계와 그 주위를 정의하고, 계와 주위 사이의 에너지 전달 방향을 결정하시오.

(a) 메테인이 여러분의 집에 있는 난로에서 타고 있다.

(b) 수영 후 앉아 있는데 피부로부터 물이 증발한다.

(c) 25 ℃의 물이 냉장고의 냉동실에서 점차 차가워져 얼음으로 변한다.

(d) 실험대 위에서 알루미늄과 $Fe_2O_3(s)$을 혼합한다. 반응이 일어나면서 엄청난 양의 열이 방출된다.

35. 부록 L을 이용하여 산소 원자, 산소 분자(O_2), 오존(O_3)의 표준 생성 엔탈피를 찾으시오. 산소의 표준 상태는 무엇인가? O_2에서 산소 원자의 생성은 발열 반응인가? O_2에서 1 mol O_3가 생성될 때 엔탈피 변화는 얼마인가?

36. 일정 압력 조건에서 다음 각 반응이 진행될 때, 방출되거나 흡수되는 열 에너지가 있는지, 그리고 계가 주위에 또는 주위가 계에 한 일이 있는지 결정하시오.

(a) 액체 상태의 물이 100 ℃에서 수증기로 변화

(b) 고체 $CO_2(s)$가 기체 $CO_2(g)$로 승화

37. 표준 생성 엔탈피를 사용하여 1.00 g의 $SnCl_4(\ell)$이 과량의 $H_2O(\ell)$와 반응하여 $SnO_2(s)$와 HCl(aq)가 생성될 때 엔탈피 변화를 계산하시오.

38. 은 93.45 g의 온도를 18.5 ℃에서 27.0 ℃로 상승시킬 때 187 J의 에너지가 필요하다는 것을 알았다. 그렇다면 은의 비열은 얼마인가?

39. 60.0 ℃의 물 100.0 g을 0.00 ℃의 얼음 100.0 g 위에 부었다. 얼음은 약간 녹고 물은 0.00 ℃로 차가워진다. 얼음과 물의 혼합물이 0 ℃의 온도에서 열평형에 도달했을 때, 얼음은 얼마나 녹겠는가?

40. 냉차를 만들기 위하여 각각의 질량이 45 g이고 온도가 0 ℃인 얼음 조각 2개를 5.00×10^2 mL의 차가 들어 있는 컵에 넣었다고 가정하자. 차의 처음 온도는 20.0 ℃이었고 열 평형에 도달했을 때 혼합물의 온도는 20.0 ℃와 0 ℃ 사이 어딘가에 있을 것이다. 차의 나중 온도를 계산하시오. (주: 얼음이 녹아 0 ℃에서부터 나중 온도에 도달할 때에는 90 g의 물이 생성된다.)

41. 다이보레인(diborane) $B_2H_6(g)$의 표준 몰 생성 엔탈피는 직접 결정될 수 없다. 왜냐하면 이 화합물은 붕소와 수소의 반응을 통해서는 합성할 수 없기 때문이다. 그러나 다른 엔탈피 변화로부터 계산될 수는 있다. 다음의 엔탈피 변화는 측정될 수 있다.

$$4\ B(s) + 3\ O_2(g) \rightarrow 2\ B_2O_3(s) \qquad \Delta_r H^\circ = -2543.8\ \text{kJ/mol-rxn}$$

$$H_2(g) + \tfrac{1}{2}\ O_2(g) \rightarrow H_2O(g) \qquad \Delta_r H^\circ = -241.8\ \text{kJ/mol-rxn}$$

$$B_2H_6(g) + 3\ O_2(g) \rightarrow B_2O_3(g) + 3\ H_2O(g) \qquad \Delta_r H^\circ = -2032.9\ \text{kJ/mol-rxn}$$

(a) 위 반응식들을 더하여 표준 상태의 원소 B(s)와 $H_2(g)$로부터 $B_2H_6(g)$가 생성되는 식을 어떻게 만들 수 있는지 보이시오. 각각의 반응에 대한 엔탈피 변화를 표기하시오.

(b) $B_2H_6(g)$에 대한 $\Delta_f H^\circ$를 계산하시오.

(c) 이 문제의 다양한 어떻게 관련되고 있는지를 보여주는 에너지 준위 도표를 그리시오.

(d) 해당 원소로부터 $B_2H_6(g)$의 생성은 발열 반응인가 아니면 흡열 반응인가?

42. 코크스(대부분 탄소로 구성되어 있으며, 석탄을 무산소 상태에서 가열하여 얻는다)와 수증기를 높은 온도까지 가열하면 수성가스(water gas)라는 혼합물이 되는데, 이는 연료로 쓰이거나 다른 화학 반응을 위한 출발물질로 사용된다. 수성가스의 생성 반응식은 다음과 같다.

$$C(s) + H_2O(g) \rightarrow CO(g) + H_2(g)$$

(a) 표준 생성 엔탈피를 이용하여 이 반응에 대한 엔탈피 변화를 결정하시오.

(b) 이 반응은 발열 반응인가 아니면 흡열 반응인가?

(c) 탄소 1000.0 kg(1 metric ton)이 수성 가스로 전환된다면 수반되는 엔탈피 변화는 얼마인가?

43. 석탄으로부터 비교적 적은 비용으로 만들 수 있는 화합물인 메탄올(CH_3OH)은 휘발유를 대체할 수 있을 것으로 기대되는 연료이다. 알코올은 휘발유보다 에너지 함량이 낮지만, 옥테인가를 높이면 내연기관에서 휘발유보다 효율적으로 연소하며, 대기오염 측면에서도 장점이 있다. 아이소옥테인을 휘발유의 주성분이라 가정하고, C_8H_{18}와 CH_3OH의 g당 연소열을 비교하시오. (아이소옥테인의 $\Delta_f H^\circ = -259.3$ kJ/mol이다.)

44. (a) 1.00 mol의 $SrCO_3$(불꽃놀이에서 붉은색을 내는 물질)가 각 원소로부터 생성될 때 엔탈피 변화 $\Delta_r H^\circ$ 값을 계산하시오.

$$Sr(s) + C(s) + \tfrac{3}{2} O_2(g) \rightarrow SrCO_3(s)$$

실험을 통해 알 수 있는 정보는 다음과 같다.

$$Sr(s) + \tfrac{1}{2} O_2(g) \rightarrow SrO(s) \qquad \Delta_r H^\circ = -592 \text{ kJ/mol-rxn}$$

$$SrO(s) + CO_2(g) \rightarrow SrCO_3(s) \qquad \Delta_r H^\circ = -234 \text{ kJ/mol-rxn}$$

$$C(\text{흑연}) + O_2(g) \rightarrow CO_2(g) \qquad \Delta_r H^\circ = -394 \text{ kJ/mol-rxn}$$

(b) 문제에 나타난 에너지 양들 간의 관계를 나타내는 에너지 준위 도표를 그리시오.

45. 클로로폼($CHCl_3$)은 다음과 같이 메테인과 염소의 반응으로 만들 수 있다.

$$CH_4(g) + 3\ Cl_2(g) \rightarrow 3\ HCl(g) + CHCl_3(g)$$

$CHCl_3$의 생성 엔탈피 $\Delta_f H^\circ = -103.1$ kJ/mol과 아래의 반응에 대한 엔탈피 변화를 이용해서 위 반응의 엔탈피 변화 $\Delta_r H^\circ$를 구하시오.

$$CH_4(g) + 2\ O_2(g) \rightarrow 2\ H_2O(\ell) + CO_2(g) \qquad \Delta_r H^\circ = -890.4 \text{ kJ/mol-rxn}$$

$$2\ HCl(g) \rightarrow H_2(g) + Cl_2(g) \qquad \Delta_r H^\circ = +184.6 \text{ kJ/mol-rxn}$$

46. 이 장의 도입 이야기(203쪽)에서 에탄올의 에너지 함량을 일부 흔한 음식물의 에너지 함량과 비교하였다. 표준 생성 엔탈피 값을 이용하여 100.0 g의 에탄올이 연소할 때 방출되는 에너지가 2680 kJ임을 증명하시오.

$$C_2H_5OH(\ell) + 3\ O_2(g) \rightarrow 2\ CO_2(g) + 3\ H_2O(g)$$

실험 관련 문제

47. 27.3 g의 납 조각을 98.90 ℃까지 가열하여 15.0 g의 22.50 ℃ 물에 넣었다. 물과 이 금속이 열적 평형을 이루었을 때의 온도가 26.32 ℃이다. 납의 비열은 얼마인가?

48. $AgNO_3(aq)$와 $NaCl(aq)$ 용액을 섞으면 불용성의 $AgCl(s)$는 침전하게 된다.

$$AgNO_3(aq) + NaCl(aq) \rightarrow AgCl(s) + NaNO_3(aq) \qquad \Delta_r H^\circ = ?$$

이 반응에서 방출되는 에너지를 측정하기 위해, 0.16 M $AgNO_3(aq)$ 250 mL와 0.32 M $NaCl(aq)$ 125 mL를 커피컵 열량계 내부에서 섞었더니 혼합물의 온도는 21.15 ℃에서 22.90 ℃로 상승하였다. $AgCl(s)$ 침전 반응에 대한 엔탈피 변화를 kJ/mol 단위로 계산하시오(용액의 밀도는 1.0 g/mL, 비열은 4.2 J/g · K로 가정한다).

49. 질산암모늄 7.647 g의 분해 반응에서 ΔU는 통 열량계에서 측정할 수 있다. 그 반응식은 아래와 같다.

$$NH_4NO_3(s) \rightarrow N_2O(g) + 2\ H_2O$$

415 g의 물을 포함한 열량계의 온도가 18.90 ℃에서 20.72 ℃로 상승하였다. 통 열량계의 열용량은 155 J/K이다. 이 반응에서 ΔU 값은 얼마인지 kJ/mol 단위로 계산하시오.

질산암모늄의 분해 반응은 확실한 발열 반응이다.

50. 군대에서 사용되는 즉석식품인 비상식량[meals-ready-to-eat(MREs)]은 불꽃이 없는 가열기에서 데울 수 있다. 여러분은 '즉석 가열 음식(Heater Meals)'이라고 불리는 비슷한 제품을 구입할 수도 있다. 에너지원 한 덩이를 물에 넣고 몇 분 기다리면 여러분은 따뜻한 식사를 할 수 있다. 가열기에서 에너지원은 아래와 같은 반응을 하게 된다.

$$Mg(s) + 2\ H_2O(\ell) \rightarrow Mg(OH)_2(s) + H_2(g)$$

표준 조건하에서 이 반응에 대한 엔탈피 변화를 주울(J)로 계산하시오. 25 mL의 물(d = 1.00 g/mL)을 25 ℃에서 85 ℃로 데우는 데 소요되는 열을 얻으려면 얼마만큼의 마그네슘이 필요한가? (W. Jensen의 논문 *Journal of Chemical Education*, Vol. 77, pp. 713~717, 2000 참조)

즉석 가열 음식은 마그네슘과 물의 반응열을 이용한다.

요약 및 개념 문제

다음 문제들은 이 장과 이전의 장들에서 나온 개념을 모두 포함하고 있다.

51. 계산을 하지 말고 다음 반응들이 발열 반응인지 흡열 반응인지 결정하시오.

(a) 천연가스의 연소

(b) 포도당($C_6H_{12}O_6$)이 탄소와 물로 분해

52. $CaSO_4$의 생성 엔탈피 값을 결정하고자 한다. 그러나 아래 반응은 바로 진행될 수 없다.

$$Ca(s) + S(s) + 2\ O_2(g) \rightarrow CaSO_4(s)$$

그러나 (a) Ca와 S는 모두 산소와 반응하여 산화물을 생성하며 이에 대한 열화학 정보는 알려져 있고, (b) 기본적인 산화물인 CaO는 산성 산화물인 $SO_3(g)$와 반응하여 $CaSO_4(s)$를 생성하며 이때의 $\Delta_r H° = -402.7$ kJ이다. $CaSO_4(s)$의 $\Delta_f H°$를 구하기 위한 방법을 제시하고, 실험을 통해 구해야 하는 정보를 식별하시오. 부록 L에 나와 있는 정보를 사용하고, $CaSO_4(s)$의 $\Delta_f H°$ 값인 −1433.5 kJ/mol과 맞는지 확인하시오.

53. 그림 5.4에 나와 있는 금속의 몰당 비열을 살펴보시오. 이 값들로부터 어떤 결론을 예측할 수 있는가? 특히 그 값들은 서로 크게 다른가 아니면 비슷한가? 이 정보를 이용하여 은의 비열을 예측해 보시오. 그 값을 실제 은의 비열인 0.236 J/g · K과 비교하시오.

54. 천연가스(CH_4)를 이용하여 주택 난방을 하려고 한다. 주택 넓이는 275 m^2이며 바닥에서 천장까지 높이는 2.50 m라고 가정하자. 주택 내부 공기의 몰 열용량은 29.1 J/mol이다(주택 내부에 존재하는 공기의 몰수는 공기의 평균 분자량이 28.9 g/mol이고 밀도는 1.22 g/L라고 가정하여 계산할 수 있다). 만약 여러분이 실내 온도를 15.0 ℃에서 22.0 ℃로 올리고 싶다면 연소해야 할 메테인의 질량은 얼마나 필요한가?

55. 1 mi^2(2.59×10^6 m^2) 크기의 땅 위에 비가 내려 1 in.(2.54 cm) 높이로 물이 덮여 있다고 가정하자. 25 ℃에서 물의 기화열은 44.0 kJ/mol이다. 수증기가 응축하여 이만큼의 물이 되는 과정에서 주위로 전달된 에너지는 얼마인가? (해답은 큰 수이며, 이는 얼마나 큰 에너지가 수증기에 저장되어 있으며, 왜 자연에서 폭풍이 위력적인지를 말해준다. 1 t의 다이너마이트가 폭발할 때의 에너지인 4.2×10^6 kJ과 이 값을 비교하라.)

56. 같은 원자 성분을 갖고 있으나, 원자의 배열이 다른 분자를 이성질체라고 한다. 분자식을 C_4H_8으로 갖는 분자는 세 가지 이성질체가 있는데, 아래 표에 정리되어 있다. 열량계를 이용하여 측정한 각 이성질체의 연소열($\Delta_c H°$)은 다음과 같다.

화합물	$\Delta_c H°$(kJ/mol 뷰텐)
시스-2-뷰텐	−2709.8
트랜스-2-뷰텐	−2706.6
1-뷰텐	−2716.8

(a) 3가지 이성질체의 에너지 함량과 연소 생성물 $H_2O(\ell)$와 $CO_2(g)$의 에너지 함량 사이의 관계를 보여주는 에너지 준위 도표를 그리시오.

(b) (a)에서 사용한 $\Delta_c H°$와 부록 L로부터 $H_2O(\ell)$과 $CO_2(g)$의 생성 엔탈피 값을 이용하여 각 이성질체의 생성 엔탈피를 계산하시오.

(c) 3가지 이성질체가 표준 상태의 각각의 원소로부터 생성될 때 생성 엔탈피와 관련된 에너지 준위 도표를 그리시오.

(d) 시스 2–뷰텐(cis-2-butene)이 트랜스 2–뷰텐(trans-2-butene)으로 변화할 때 엔탈피 변화는?

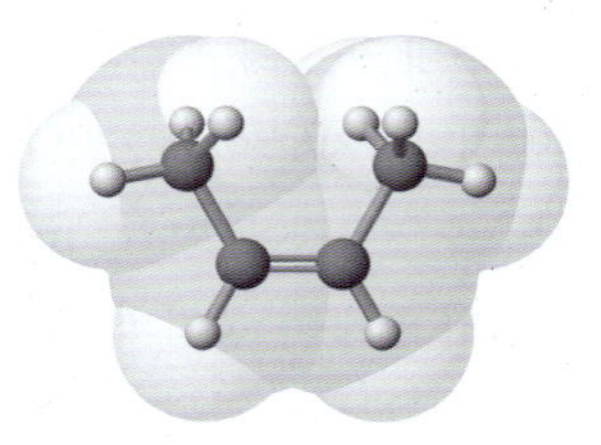
시스-2-뷰텐.

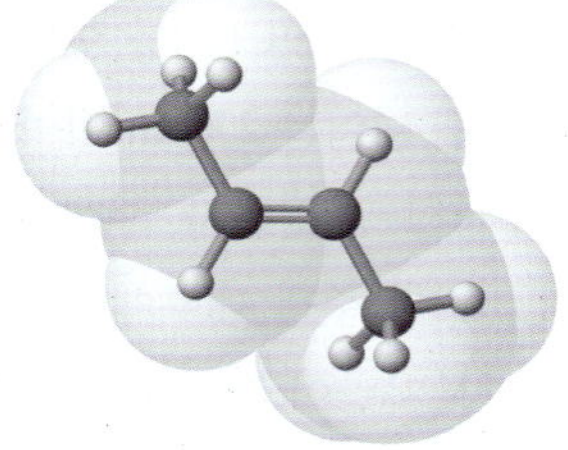
트랜스-2-뷰텐.

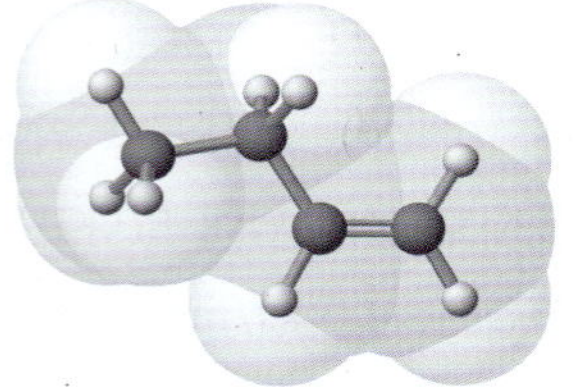
1-뷰텐.

57. 일정 부피 열량계에서 0.850 g의 Mg이 충분한 산소하에서 연소하였을 때 25.4 kJ의 에너지가 방출되었다. 열량계는 단열이 잘 되어 있으며 750 g의 물이 담겨 있고 처음 온도는 18.6 ℃이었다. 통 열량계의 열용량은 820. J/K이다.

(a) Mg의 산화 반응의 ΔU를 kJ/mol 단위로 계산하시오.

(b) 이 실험에서 통 열량계에 든 물의 나중 온도는 몇 도가 되겠는가?

58. 에탄올과 마찬가지로 연료로 쓰이는 메탄올은 메테인 CH_4을 변환시켜서 만들 수 있다. 아래의 에너지 준위 도표는 연료와 그 산화 생성물 간의 에너지 관계를 나타낸 것이다. 도표에 나와 있는 정보를 이용하여 다음 질문에 대답하시오. (에너지 단위는 per mol-rxn이다.)

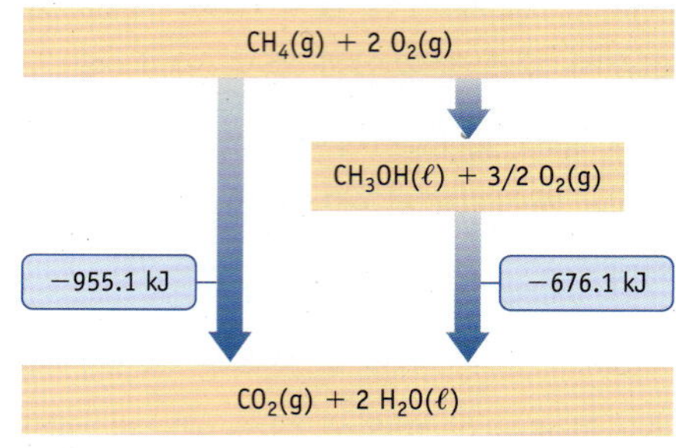

(a) 메탄올과 메테인 중 어느 연료가 연소시켰을 때 몰당 에너지가 더 큰가?

(b) 메탄올과 메테인 중 어느 연료가 연소시켰을 때 g당 에너지가 더 큰가?

(c) 메테인이 $O_2(g)$와 반응하여 메탄올이 되는 반응에서 엔탈피 변화는 얼마인가?

(d) 도표 속의 화살표는 각각 하나의 화학 반응을 나타낸다. 메테인이 메탄올로 변하는 반응의 화학 반응식을 쓰시오.

59. 아래 표에 주어진 여섯 가지 금속 조각과 3.00×10^2 g의 물이 담긴 비커가 있다. 물의 처음 온도는 21.00 ℃이었다.

금속	비열(J/g · K)	질량(g)
1. Al	0.9002	100.0
2. Al	0.9002	50.0
3. Au	0.1289	100.0
4. Au	0.1289	50.0
5. Zn	0.3860	100.0
6. Zn	0.3860	50.0

(a) 첫 번째 실험에서는 금속 한 조각을 골라 100 ℃까지 가열하고, 다른 금속을 골라 −10 ℃로 냉각시킨다. 두 금속을 비커에 함께 넣고 열평형에 도달하기를 기다린다. 나중 온도가 최대한 높게 나오도록 두 금속을 고르고 싶다면 어떤 금속을 골라 가열하고 어떤 금속을 골라 냉각시켜야 할까? 물의 나중 온도는 얼마일까?

(b) 두 번째 실험은 첫 번째와 같은 방식이다. 그러나 이번 실험의 목표는 물의 온도가 가장 적게 변하도록, 즉 물의 나중 온도가 21.00 ℃에 최대한 근접하도록 만드는 것이다. 어떤 금속을 골라 가열하고 어떤 금속을 골라 냉각시켜야 할까? 물의 나중 온도는 얼마일까?

60. −78 ℃, 1.01×10^5 Pa에서 1.0 g의 드라이아이스, $CO_2(s)$가 승화하여서 0.36 L의 $CO_2(g)$가 생성되었다. 팽창된 기체는 주위에 일을 할 수 있다(그림 5.8). 주위로 행해진 일의 양을 계산하시오.

© Cengage Learning/Charles D. Winters

06장 원자 구조

학습 개요

웃어요! 1800년대에 영상사진기가 발명된 이래로 세계 각국의 사람들은 사진을 찍는 것을 좋아하게 되었다. 최근에 일어난 주요 변화 중 하나는 필름 카메라가 다용도의 디지털 카메라로 대체된 것이다. 디지털 카메라는 단독으로 사용되거나 또는 컴퓨터와 휴대폰의 한 부품으로 사용하게 되었다. 전통적인 사진에서 빛은 렌즈를 통하여 필름 위에 영상을 만든다. 그러나 많은 디지털 카메라에서는 전하결합 소자(charge coupled device; CCD)에 영상이 만들어진다. CCD는 수백만 개의 화소로 구성된 집적회로로 각각의 화소는 축전지라 불리는 전기 소자를 이루는 감광 재료로 구성되어 있다. 각 화소의 크기는 최종 영상의 영역을 결정한다. 일반적으로 단위 면적당 더 많은 화소가 있으면 최종 영상의 해상도가 더 높아지게 된다.

빛이 이러한 화소들 중 하나를 때리게 되면 광전효과와 유사한 과정(258쪽)으로 감광 재료 내의 원자들은 전자를 축전지로 전달하게 된다. 축전지에 축적되는 전하(전자)의 양에 비례하여 컴퓨터는 최종 영상에(개별 화소) 사용되는 밝기를 결정할 수 있

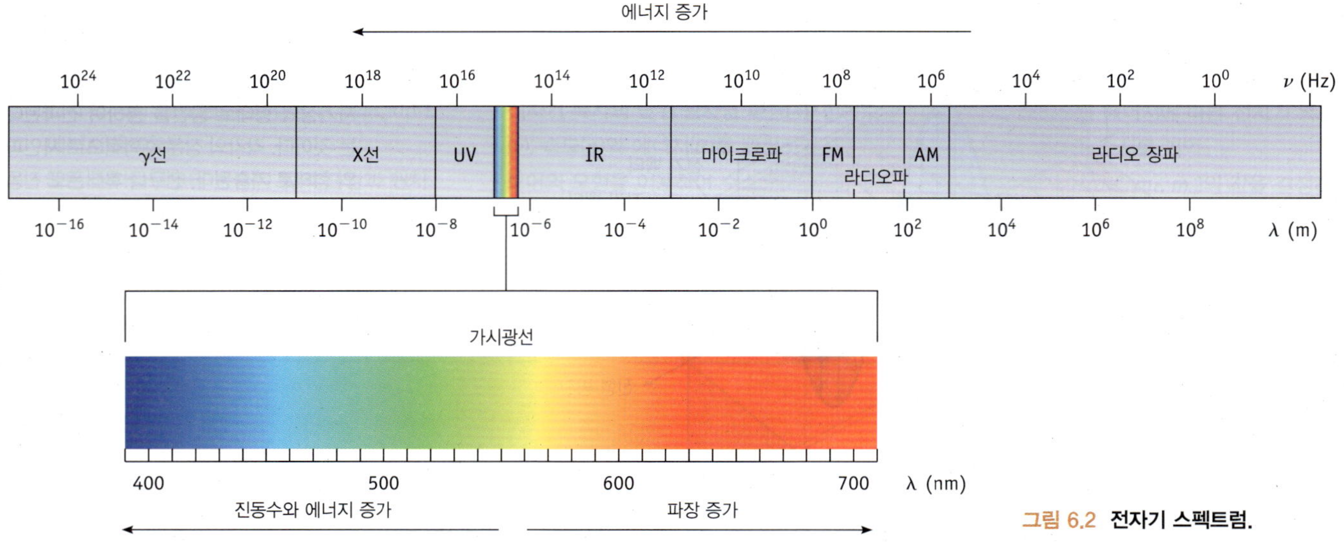

그림 6.2 전자기 스펙트럼.

예제 6.1 파장–진동수 변환

문제 휴대폰에 사용되는 전자기 복사선의 진동수는 800 MHz에서 2 GHz이다(MHz는 'megahertz'이며, 1 MHz = 10^6 s^{-1}; GHz는 'gigahertz'로, 1 GHz = 10^9 s^{-1}이다). 1.12 GHz의 신호를 사용하는 휴대폰의 파장은 m 단위로 얼마인가?

알고 있는 사실 GHz를 Hz 단위로 변환하고 식 (6.1)에 적용하여 파장을 계산하기 위해서 광속 $c = 2.998 \times 10^8$ m/s을 이용한다.

전략 식 6.1을 λ에 대한 식으로 바꾼다. 광속과 진동수 값(s^{-1} 단위로 변환한다)을 넣고 계산한다.

풀이

$$\lambda = \frac{c}{\nu} = \frac{2.998 \times 10^8 \text{ m/s}}{1.12 \times 10^9 \text{ 1/s}} = 0.268 \text{ m}$$

고려사항 0.268 m의 파장은 전자기 스펙트럼(그림 6.2)에서 마이크로파 영역에 있다. 이 문제를 풀 때 단위를 조심하시오. 진동수(1/s)와 광속(m/s) 단위를 사용하므로 파장의 단위는 미터(m)이다.

유제

(a) 가시광선 중 어떤 색의 빛이 가장 높은 진동수를 갖는가? 또한 가장 낮은 진동수를 갖는 색은 무엇인가?

(b) 전자레인지에 사용되는 복사선의 진동수(2.45 GHz)는 FM 라디오 방송의 진동수(예 91.7 MHz)보다 높은가 아니면 낮은가?

(c) X선의 파장은 자외선의 파장보다 긴가 아니면 짧은가?

(d) 파장이 510 nm인 녹색 광의 진동수를 계산하시오.

6.1절 확인문제

1. 가장 긴 파장을 갖는 전자기 복사선은?
   (a) 자외선　　(b) x선
   (c) 레이저 포인터의 빨간색 빛　　(d) 전자레인지의 마이크로파

2. 91.7 MHz의 진동수를 가지는 FM 라디오 신호의 파장은 무엇인가?
   (a) 306 nm　(b) 306 mm　(c) 3.27 m　(d) 3.27×10^6 m

6.2 양자화: 플랑크, 아인슈타인, 에너지, 광자

플랑크 방정식

금속 조각을 고온으로 가열하면 전자기 복사선이 방출되는데, 이때 방출되는 복사선의 파장은 온도에 의존한다. 낮은 온도에서는 어두운 빨간색을 띤다(그림 6.3). 그러나 온도가 올라감에 따라 빨간색이 더 밝아지는데, 더 높은 온도에서는 밝은 백색광을 방출한다.

우리 눈은 전자기 스펙트럼의 가시광선 영역에서 방출된 복사선을 감지한다. 물론 볼 수는 없지만 자외선과 적외선도 가열된 금속에서 방출된다(그림 6.3). 또한 방출되는 복사선의 파장은 온도와 관련되어 있다는 것을 알고 있다. 금속의 온도가 올라갈수록 방출광 세기 극대점은 (그림 6.3) 점점 더 짧은 파장, 즉 자외선 영역으로 이동한다. 물질에서 방출되어 나오는 빛의 색도 온도에 의해 영향을 받는다.

19세기 말 과학자들은 가열된 물체에서 방출되는 복사선(**흑체 복사**)의 세기와 파장간의 관계를 설명하고자 하였다. 몇몇 이론들이 제시되었으며, 이 이론들은 모두

타고 있는 석탄 덩어리 사이의 공간으로부터 방사되고 있는 빛은 거의 흑체 복사와 유사하다.

흑체 복사. 물리에서, 흑체는 물체에 내리쬐는 모든 복사선을 흡수하는 물질로 정의된다. 그러나 흑체의 온도에 따라 각기 다른 파장에 해당하는 에너지를 방출할 것이다. 방출되는 빛의 색은 온도에 의존한다.

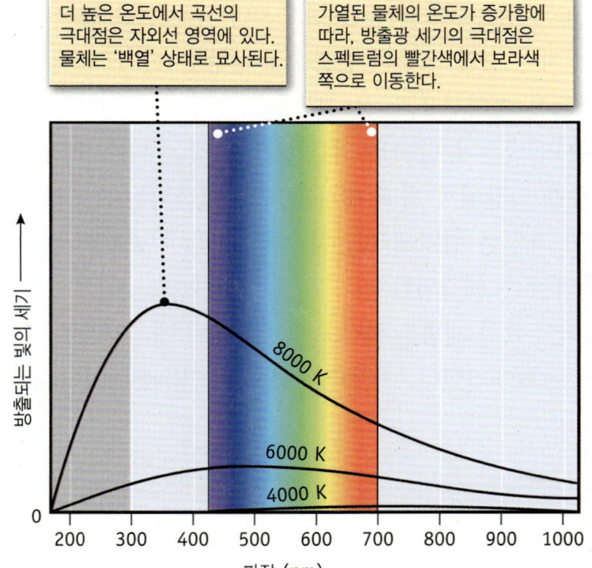

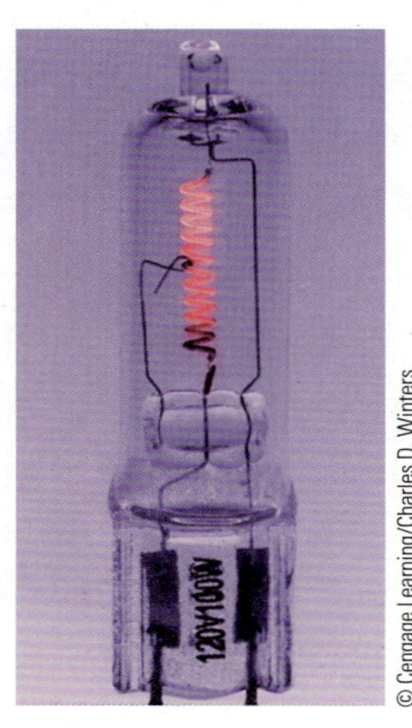

그림 6.3 **가열된 물체에서 방출되는 복사선의 스펙트럼.** 물체가 가열되면 특정한 파장의 빛을 방출한다. 주어진 온도에서 방출하는 빛은 긴 파장이나 짧은 파장 영역의 빛도 포함하지만, 대부분의 빛은 중간 정도의 파장을 가지고 방출되는데 곡선 그래프에서 극대점으로 나타난다.

방출되는 빛의 파장이 짧아질수록 빛의 세기가 연속적으로 증가한다고 예측하였다. 그러나 파장이 짧아지면서 극대점을 지나면 세기가 감소하는 것으로 관찰되었다. 이 같은 당혹스러운 상황을 그 당시 학자들은 '자외선 파탄'이라고 표현했는데, 그것은 그 당시 제시된 이론들에 의한 예측이 자외선 영역에서 크게 어긋났기 때문이다.

1900년 독일의 물리학자인 플랑크(Max Planck, 1858~1947)가 '자외선 파탄'에 대해 새로운 설명을 시도하였다. 즉, 그는 가열된 물체 내의 원자가 진동(oscillators)하여 전자기 복사선을 방출하는데 각각의 진동자가 기본 진동수(ν)를 가지며, 원자는 기본 진동수 혹은 기본 진동수의 배수로 진동한다고 제안하였다. 따라서 방출된 복사선의 에너지는 다음과 같다.

$$E = nh\nu$$

야간 투시경. 실온의 물체에서도 복사선이 방출된다. 일부 야간 투시경은 다른 물체에서 방출되는 적외선 복사의 양의 차이를 감지하여 작동한다. 예를 들어 보다 따뜻한 인체는 보다 온도가 낮은 물체보다 더 많은 적외선을 방출한다.

여기서 n은 양의 정수이어야만 한다. 즉, 플랑크는 에너지가 양자화(quantized)되어 있다고 제안하였다. **양자화**(quantization)는 특정 에너지만 허락된다는 것을 의미한다. 이 식에 포함된 비례상수 h는 **플랑크 상수**(Planck's constant)이며, 이 상수값은 $6.6260693 \times 10^{-34}$ J · s이다. 주파수의 단위는 s^{-1} 이므로 에너지는 위 식을 사용하면 주울(J)단위로 계산된다. 만약 높은 에너지에서 낮은 에너지로 진동자가 변한다면 에너지는 전자기 복사선으로 방출되며, 높은 에너지에서 낮은 에너지 상태의 에너지 변화는 다음과 같다.

$$\Delta E = E_{\text{higher } n} - E_{\text{lower } n} = \Delta nh\nu$$

한 에너지 준위에서 더 낮은 에너지 준위로 진동자 변환 Δn의 값이 1인 경우, 진동자에 대한 에너지 변화는 방출된 전자기 복사선의 에너지와 같게 된다.

$$E = h\nu \quad (6.2)$$

이 식을 **플랑크 방정식**(Planck's equation)이라고 한다.

에너지, 파장, 진동수의 관계

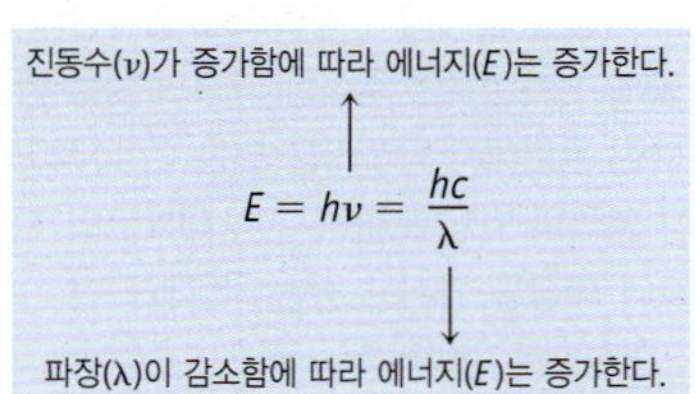

플랑크는 물체 내 원자들의 진동 상태는 반드시 어떤 **분포**(distribution)를 갖는다고 제안하였다. 어떤 원자들은 높은 진동수의 진동을 하고 어떤 원자들은 낮은 진동수의 진동을 하지만 대부분의 원자는 중간 정도의 진동수로 진동을 한다. 이때 높은 진동수로 진동하는 소수의 원자들은 자외선을, 낮은 진동수로 진동하는 원자들은 적외선을 방출한다. 그러나 대부분의 빛은 중간 정도의 진동수를 갖는 다수 원자들의 진동에서 비롯된다는 것이다. 중간 파장에서 최대 세기를 갖고 방출되는 스펙트럼은 실험 결과와도 일치한다. 파장이 자외선 영역에 접근할수록 점점 더 증가해서는 안 된다. 이것이 실현되면 '자외선 파탄'은 해결된다.

일반 화학에서 플랑크의 연구의 주요한 개념은 플랑크가 양자화된 에너지가 $E = h\nu$에 근거한다는 아이디어를 도입했다는 것이다. 이 식은 아인슈타인(Albert Einstein)의 연구에 깊은 영향을 주었다.

아인슈타인과 광전 효과

몇 년 후 아인슈타인(1879~1955)은 **광전 효과**를 설명하는 데 플랑크의 아이디어를 이용하였고, 이렇게 함으로써 전자기 복사를 다르게 기술하게 되었다.

광전 효과(photoelectric effect)에 의하면 빛이 금속 표면과 충돌할 때 빛의 진동수가 충분히 높을 때에만 음극에서 전자가 튀어나온다(그림 6.4). 낮은 진동수의 빛으로는 빛의 세기(밝기)에 관계없이 광전 효과가 관찰되지 않는다. 만약 진동수가 최솟값(임계 진동수)이나 최솟값 이상의 경우, 빛의 세기를 증가시키면 더 많은 전자가 튀어나올 것이다.

아인슈타인은 이러한 실험 관찰들을 플랑크의 방정식($E = h\nu$)과 자신의 새로운 아이디어, 즉 빛이 입자의 성질도 갖는다는 생각을 합하여 설명할 수 있다고 생각하였다. 아인슈타인은 **광자**(photon)라고 하는 질량을 갖지 않는 '입자'를 가정했는데, 빛의 에너지 수용체로 생각하였다. 각 광자의 에너지는 플랑크 방정식에서 보여주는 것처럼 빛의 진동수에 비례한다고 하였다. 광전 효과에서 높은 에너지를 갖고 있다면, 금속 표면에 있는 원자와 충돌하는 광자는 전자들을 튀어나오게 할 것이다. 광자가 금속 표면과 충돌할 때, 문턱 에너지 이상을 갖는 광자의 수가 많을수록 더 많은 전자가 튀어나올 것이다. 그러나 만약 각 광자가 전자를 튀어나오게 할 만한 충분한 에너지를 갖고 있지 않다면, 금속 원자들은 전자들을 잃지 않을 것이다.

전자기 복사선은 파동적 성질을 가지고 있는 것을 알고 있지만 광자라 부르는 입자로서 가장 잘 모형화할 수 있는 광전 효과와 같은 실험이 있다는 것도 알고 있다.

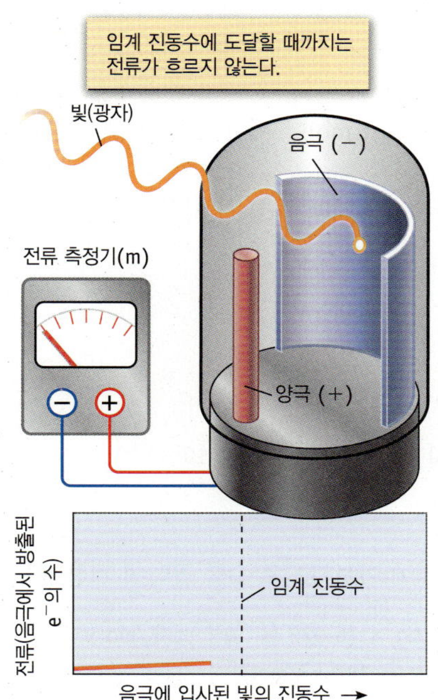

(a) 광전지는 광전 효과에 의해 작동된다. 전지의 핵심 부분은 빛에 민감한 음극이다. 음극은 보통 금속으로 만들어지는데, 충분한 에너지를 가진 빛에 의해 전자를 내어놓게 된다. 빛이 임계 진동수 이상으로 가해지면 전류가 흐른다.

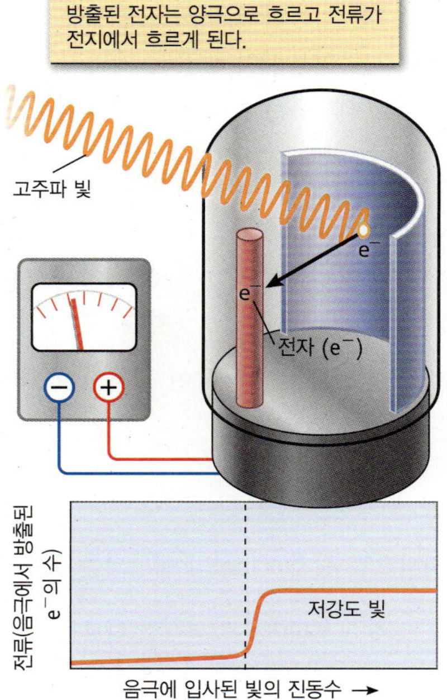

(b) 임계점보다 높은 진동수의 빛이 가해지면 광자의 초과된 에너지는 전자가 음극 표면의 원자에서 고속으로 탈출할 수 있게 한다. 튀어나온 전자가 양극으로 이동함에 따라 전지에 전류가 흐르게 된다. 이와 같은 장치는 전기 회로에서 스위치로 쓰일 수 있다.

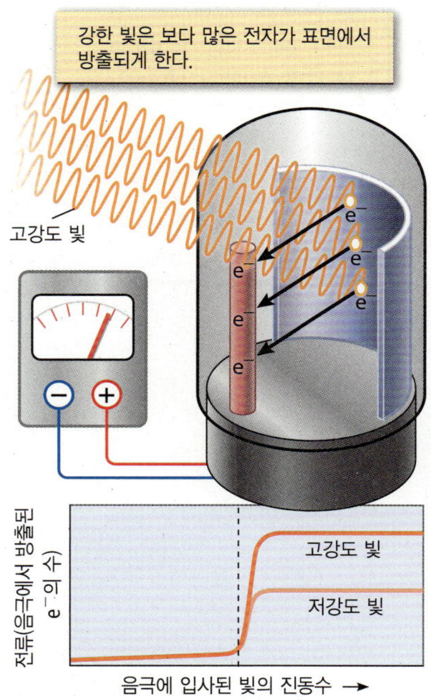

(c) 강한 빛이 가해질 경우, 표면에서 튀어나오는 전자의 수가 증가한다. 같은 진동수를 갖는 저강도 빛에서도 전류가 흐르지만 고강도 빛에서 더 많은 전류가 흐른다.

그림 6.4 **광전지.**

그러나 어떻게 전자기 복사가 동시에 입자와 파동이 될 수 있는가? 부분적으로 언어의 한계에 직면한다. **입자**와 **파동**이라는 단어는 거시적 척도를 가지는 물체를 정확히 기술한다. 그러나 이 단어들의 표현을 초월하는 전자기 복사와 같은 어떤 것을 모형화하는 데 이 단어들을 사용하고자 한다. 더구나 전자기 복사가 파동과 입자로서 행동하는 것을 동시에 보여주는 어떠한 실험도 행해진 바가 없다. 과학자들은 현재 이러한 **파동–입자 이중성**(wave–particle duality), 즉, 전자기 복사선은 파동과 입자의 성질을 모두 가지고 있다는 개념을 인정하고 있다.

전략도 6.2

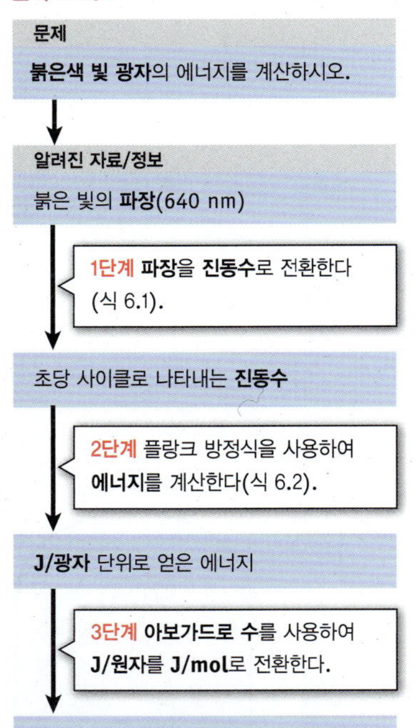

예제 6.2 에너지와 화학: 플랑크 방정식의 응용

문제 DVD 플레이어는 640 nm의 파장을 가진 붉은 빛을 내는 레이저를 이용한다. 이 빛의 광자 1개가 가진 에너지는 얼마인가? 또 붉은 빛의 광자 1 mol이 가진 에너지는 얼마인가?

알고 있는 사실 전자기 복사선의 nm 단위의 파장이 주어져 있다. 파장과 진동수와의 관계(식 6.1)와 광자당 에너지와 진동수와의 관계(식 6.2)를 알고 있다. 마지막으로 광자 1 mol은 6.022×10^{23} 광자에 해당되는 것도 알고 있다.

전략

- 나노미터 단위를 미터 단위로 파장을 변환한다.
- 식 6.1을 이용하여 빛의 진동수를 결정한다.
- 식 6.2를 이용하여 광자당 에너지를 결정한다.
- 광자당 에너지와 아보가드로 수를 이용하여 광자 1 mol당 에너지를 계산한다.

풀이 미터 단위로 표시된 파장(640 nm)은 6.4×10^{-7} m이다. 식 6.1을 이용하여 진동수를 결정한다.

$$\nu = \frac{c}{\lambda} = \frac{2.998 \times 10^8 \text{ m/s}}{6.4 \times 10^{-7} \text{ m}} = 4.7 \times 10^{14} \text{ 1/s}$$

그리고 진동수를 이용하여 광자당 에너지를 계산한다.

$$\text{광자당 에너지} = h\nu = (6.626 \times 10^{-34} \text{ J}\cdot\text{s/광자}) \times (4.7 \times 10^{14} \text{ 1/s})$$
$$= 3.1 \times 10^{-19} \text{ J/광자}$$

마지막으로 광자 1 mol의 에너지는 광자당 에너지에 아보가드로 수를 곱하여 계산된다.

$$\text{광자 1 mol당 에너지} = (3.1 \times 10^{-19} \text{ J/광자}) \times (6.022 \times 10^{23} \text{ 광자/mol})$$
$$= 1.9 \times 10^5 \text{ J/mol (또는 190 kJ/mol)}$$

고려사항 파장과 진동수는 역비례 관계이고 광자당 에너지와 진동수는 정비례 관계임을 기억하시오. 붉은 빛은 가시광선 스펙트럼의 긴 파장 끝에 위치하므로 진동수와 광자당 에너지는 다른 색의 값보다 낮다.

유제 블루레이 플레이어에 사용되는 레이저(λ = 405 nm)의 광자 1 mol당 에너지를 계산하시오.

심층 학습 일광 화상, 태양광선 차단제(Sunscreen)와 자외선 복사

일광 화상(Sunburn)을 입은 적이 있는가? 주된 원인은 태양으로부터의 200~400 nm의 파장을 가지는 자외선(UV) 복사(그림 6.2) 때문이다. 일광 화상의 원인이 될 뿐만 아니라 자외선 복사에 노출되면 다양한 종류의 피부암으로 발전할 위험 요소가 된다.

왜 자외선에 노출되는 것이 가시광선에 오랫동안 노출되는 것보다 훨씬 위험할까? 자외선은 가시광선의 파장보다 짧은 파장을 가지므로 높은 진동수에 따라서 광자당 가진 에너지가 보다 크게 된다. 자외선 광자의 높은 에너지는 단백질과 DNA 같은 우리 신체 내의 분자들에서 화학결합이 끊어지게 한다. 이것이 일광 화상의 내재된 원인이고 피부암으로 유도될 수 있는 세포 손상의 원인도 된다.

자외선은 파장에 따라 UV-A(315~400 nm), UV-B(280~315 nm), UV-C(200~280 nm)인 3개의 주 범주로 분류할 수 있다. 이들의 에너지를 기초로 UV-C에 노출되는 것을 가장 걱정해야 할 것이며, 만약 지구 대기가 없다면 걱정하는 것이 맞다. 하지만 대기 중의 산소와 오존은 태양에서 지구로 오는 모든 UV-C를 흡수하므로 이 가장 위험한 자외선을 우리는 더 이상 걱정하지 않아도 된다. 또한 대기 중 오존은 전부는 아니지만 지구에 도달하는 대부분의 UV-B를 흡수한다. 실제로 일광 화상은 주로 UV-B에 의하여 입게 되며, UV-A와 UV-B에 노출되는 것 모두가 피부암의 위험 요소이다.

자외선의 위험을 피하기 위하여 무엇을 해야 하는가? 명백히 가장 좋은 해결책은 실내에 있거나 태양광이 가장 강할 때 보호 의복을 입어서 노출을 피하는 것이다. 그러나 만약 이러한 것이 가능하지 않다면 태양광 차단제를 사용하여야 한다. 태양광 차단제는 UV 복사를 흡수하는 분자를 함유하고 있다. 태양광 차단제의 등급을 매기는 태양 차단 인자(SPF)는 태양광 차단제가 없을 때 요구되는 UV의 양과 비교하여 태양광 차단제를 발랐을 때 일광 화상을 입기에 필요한 UV의 양을 나타낸다. 일광 화상은 주로 UV-B에 의해 입게 되므로 SPF 인자가 높을수록 UV-B를 더 차단할 수가 있다. 그러나 높은 SPF를 가져도 태양광 차단제는 피부암을 마찬가지로 일으키는 UV-A를 차단하지 못할 수도 있다. 2011년 태양광 차단제 생산업자들에게 그들의 제품이 UV-B와 UV-A 모두를 차단하는지 여부를 표시하도록 요구하는 새로운 미국 식품의약국(FDA) 지침이 승인되었다. 만약 모두 차단한다면 제품은 '광범위 스펙트럼(broad spectrum)'이라고 표시할 수 있다. 태양광 차단제를 선택함에 있어 현재 FDA는 SPF가 15 이상의 제품을 선택하거나 '광범위 스펙트럼' 표시를 단 제품을 선택할 것을 권장하고 있다.

태양광 차단제와 UV 복사로부터의 손상. 태양광 차단제는 UV 복사선을 흡수하는 유기 화합물을 함유하여 자외선이 피부에 닿는 것을 방지한다.

6.2절 확인문제

UV-A(400~320 nm)와 UV-B(320~280 nm)로 부터 피부를 보호하기 위해 다양한 제품이 개발되었다. 이러한 자외선 차단제에는 화상을 입지 않고 얼마나 오랫동안 있을 수 있는지를 표현하는 'SPF(sun protection factor: 자외선 차단 지수)'가 표기되어 있다.

1. 310 nm UV-B의 1 mol 광자 에너지를 계산하시오.

(a) 3.9×10^5 J/mol (b) 1.2×10^5 J/mol (c) 0.00039 J/mol

2. 2.45 GHz(1 GHz = 10^9 s^{-1})의 진동수를 갖는 마이크로파와 310 nm의 UV-B 중에서 광자 1개의 에너지를 비교했을 때 더 높은 에너지를 갖는 것은 어느 것인가?

(a) UVB (b) 마이크로파

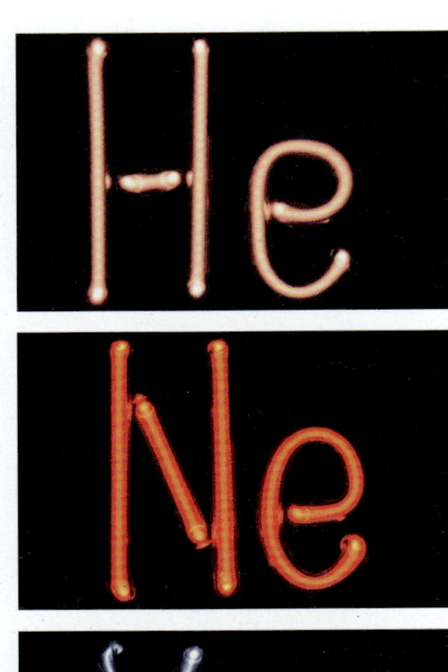

Photos: Phillip Slawinski

'네온'사인. 켜진 사인이 모두 네온을 포함하지는 않는다. 다른 기체들도 들뜨게 되면 가시광선 스펙트럼에서 빛을 방출한다. 빛을 내는 다른 방법으로 기체를 포함한 유리관에 (형광등처럼) 빛을 방출하는 인광 물질로 도포하기도 한다.

6.3 원자 선 스펙트럼과 닐스 보어

낮은 압력에서 기체 상태로 존재하는 원소의 원자에 높은 전압을 가하면 원자들은 에너지를 흡수하여 '들뜨게' 된다. 들뜬 원자들은 빛을 방출할 수 있는데 친근한 예로 광고판에 사용되는 네온사인의 색을 띤 빛을 볼 수 있다.

들뜬 원자에서 나온 빛은 특정한 파장의 빛만 방출한다. 들뜬 네온이나 들뜬 수소 원자로부터 방출된 일련의 빛을 프리즘에 통과시키면 색을 띤 몇 개의 선만 관찰된다(그림 6.5). 이러한 현상으로 얻어진 스펙트럼을 **선 방출 스펙트럼**(line emission spectrum)이라고 한다. 이것은 연속된 파장의 스펙트럼으로 구성된 태양으로부터 지구로 내리쬐는 빛이나 혹은 고온의 물체로부터 방출된 빛과는 다르다(그림 6.2, 6.3).

모든 원소들은 그림 6.6에 나타낸 수소, 수은, 네온의 스펙트럼처럼 독특한 방출 스펙트럼을 갖고 있다. 실제로 한 원소의 방출 스펙트럼 선은 화학 분석에서 원소의 정성 및 정량 분석에 사용되기도 한다.

19세기 말 과학자들의 목표는 기체상의 들뜬 원자들이 왜 특정 진동수의 빛만 방출하는지 설명하는 것이었다. 실험 정보의 규칙적인 패턴을 이용하여 논리적인 설명을 이끌어낼 수 있기 때문에 관찰된 파장들을 수학적 관계식으로 표현하고자 하였다. 이 분야의 첫 번째 연구는 요한 발머(Johann Balmer, 1825~1898)로부터 시작되었으며 후에 뤼드베리(Johannes Rydberg, 1854~1919)로 이어졌다. **발머 식**(Balmer equation, 식 6.3)으로 불리는 관계식을 이용하여 수소 원자의 방출 스펙트럼에 나타나는 빨간색, 초록색, 파란색 선에 해당하는 빛의 파장을 계산해낼 수 있다(그림 6.6).

$$\frac{1}{\lambda} = R\left(\frac{1}{2^2} - \frac{1}{n^2}\right) \qquad \text{단, } n > 2 \tag{6.3}$$

이 관계식에서 n은 정수이고, R은 **뤼드베리 상수**(Rydberg constant)로서 그 값은

프리즘 또는 회절발을 이용하여 빛을 여러 파장의 빛들로 분리한다.

수소를 포함한 기체 방전관

프리즘

매우 작은 수의 파장이 가시광선 영역에서 관찰된다.

들뜬 수소에 의해 방출된 빛을 연속된 슬릿을 통과시켜 얇은 빛살로 만든다.

그림 6.5 수소의 선 방출 스펙트럼. 모양에 근거하여 선 스펙트럼이라는 명칭을 빛나는 기체에 의해 방출되는 빛을 기술하는 데 사용한다.

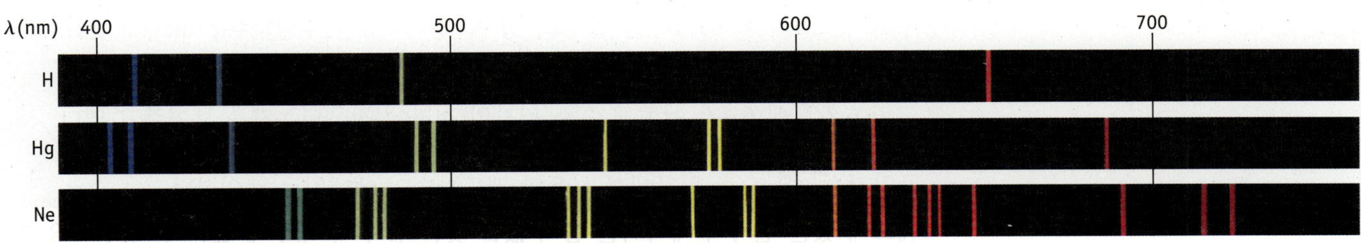

그림 6.6 수소, 수은, 네온의 선 방출 스펙트럼. 기체 상태의 들뜬 원소들은 특징적인 스펙트럼을 갖기 때문에 이를 이용하여 시료 중에 있는 원소들의 정성분석은 물론 정량 분석도 가능하다.

$1.0974 \times 10^7\ m^{-1}$이다. 이 식에 $n = 3$을 대입하면 수소 원자 스펙트럼의 빨간색 선의 파장(6.563×10^{-7} m 혹은 656.3 nm)이 얻어지고, $n = 4$를 대입하면 초록색 선의 파장, 그리고 $n = 5$와 $n = 6$을 대입하면 파란색 선의 파장이 차례로 얻어진다. 수소 원자 스펙트럼에 나타나는 4개의 가시광선 영역의 선들이 **발머 계열**(Balmer series)이다.

보어의 수소 원자 모형

20세기 초, 덴마크 물리학자인 보어(Niels Bohr, 1885~1962)는 최초로 들뜬 원자의 선 스펙트럼으로부터 원자를 구성하는 전자의 모형을 제안하였다. 보어는 수소 원자에 대해 태양 주위를 도는 행성처럼 전자가 핵 주위의 원 궤도로 움직인다는 행성 구조를 제안하였다. 그러나 이 모형을 제안하기 위해서, 그는 고전 물리학의 법칙을 무시해야만 했다. 고전 물리학에 의하면, 핵에 의한 양(+)의 전기장 내에서 음(−)으로 하전된 전자가 운동을 하기 위해서는 반드시 에너지를 소비해야 하므로 결국 에너지를 잃은 전자는 핵으로 끌려 들어가야 한다. 이런 일이 일어난다면 주변의 모든 물질이 자체 붕괴되어야 하는데, 실제로 그런 일은 절대 일어나지 않는다. 이러한 고전 물리 법칙과의 모순점을 해소하기 위해 보어는 위의 현상이 일어나지 않는 특정 에너지 준위의 궤도가 존재하며, 전자는 이 에너지 준위들 중 한 곳에 존재하면 이 계는 안정하다고 가정하였다. 즉, 보어는 전자 구조 설명에 **양자화**(quantization)라는 개념을 도입하였다. 이 양자화 가정과 고전 물리학의 운동 법칙을 결합함에 의해, 보어는 수소 원자에 있는 1개의 전자가 n번째 궤도(에너지 준위)에 있을 때 에너지를 나타내는 식을 다음과 같이 제시하였다.

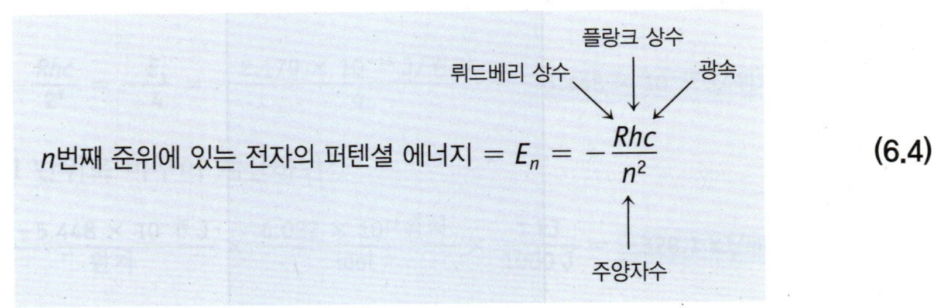

$$n\text{번째 준위에 있는 전자의 퍼텐셜 에너지} = E_n = -\frac{Rhc}{n^2} \qquad (6.4)$$

식 6.4와 쿨롱 법칙. 보어가 식 6.4를 유도하는 것은 한 궤도상에서의 전자의 안정성이 전자의 원 운동 때문에 전자와 핵 사이의 인력이 원심력과 균형을 요구하고 있다는 가정으로부터 시작하였다. $e^2/r^2 = mv^2/r$(e: 전자의 전하, r은 전자–핵 사이 거리, m은 전자의 질량, v는 전자의 속력)

여기서 E_n은 전자의 에너지(J/원자)이고, R, h, c는 상수들이다[각각 뤼드베리

1312 kJ/mol은 Rhc 값에 아보가드로 수 N_A을 곱한 것이다. 이것은 다음 계산에서 유용할 것이다.

유제 수소 원자에서 $n = 3$인 상태의 에너지를 (a) J/원자 (b) kJ/mol 단위로 계산하시오.

상수(R = 1.097 × 10^7 m^{-1}), 플랑크 상수, 광속]. n은 **주양자수**(principal quantum number)로 단위가 없으며 1, 2, 3 등의 양의 정수 값을 갖는다.

그림 6.7은 식 6.4가 어떻게 수소 원자의 전자에 적용되는지를 보여주고 있다.

• 주양자수 n은 수소 원자에서 허용된 궤도함수의 에너지로 정의한다.

원자에서 n 값이 크면 클수록 궤도함수의 크기는 더 크다.

1개 이상의 전자를 갖는 원자에서, 2개 이상의 전자가 동일한 n 값을 가질 수 있다. 이러한 전자들은 동일한 **전자 껍질**(electron shell)에 존재한다.

전자 에너지와 양자수. 수소 원자 내 전자 에너지는 오로지 n에 의해 결정된다. 하지만 보다 많은 전자를 가진 원자의 경우에 전자의 에너지는 n과 ℓ에 의존한다.

ℓ, 각운동량 양자수 (ℓ = 0, 1, 2, 3, ⋯, $n-1$)

주어진 껍질의 궤도함수는 **부껍질**(subshells)로 세분된다. 각 껍질은 양자수 ℓ의 다른 값에 의해 특성화된다. '궤도함수 각운동량' 양자수인 ℓ은 0부터 최대 $n-1$까지의 정수이며, 어떤 정수든 가질 수 있다. 이러한 양자수는 **궤도함수의 모양**을 결정한다. 다른 ℓ 값은 다음 궤도함수 모양을 갖는다.

ℓ은 $n-1$보다 큰 값을 가질 수 없기 때문에, 가능한 부껍질의 수는 n 값에 의해 제한된다. n = 1일 때, ℓ은 0 뿐이다. 즉, 단 1개의 부껍질만 가능하다. n = 2인 경우 ℓ은 0, 1이다. ℓ이 2개의 값을 가지기 때문에 n = 2인 전자 껍질에서는 2개의 부껍질이 있다.

부껍질은 보통 문자로 나타낸다. 예를 들어 ℓ = 1인 부껍질을 'p 부껍질'이라 하며, 이 부껍질에 있는 궤도함수를 'p 궤도함수'라 한다.

ℓ값	부껍질 기호
0	s
1	p
2	d
3	f

m_ℓ, 자기 양자수 (m_ℓ = 0, ±1, ±2, ±3, ⋯, ±ℓ)

자기 양자수(m_ℓ)는 **공간에서 부껍질에 있는 궤도함수의 배향**과 관련이 있다. 주어진 부껍질 내의 궤도함수들은 모두 같은 에너지를 갖지만 공간에서의 배향은 다르다.

m_ℓ은 0을 포함하여 $+\ell$부터 $-\ell$까지의 값을 갖는다. 예를 들면 ℓ = 2일 때, m_ℓ은 +2, +1, 0, −1, −2의 5개의 값을 갖는다. 부껍질 m_ℓ의 개수(= $2\ell + 1$)는 부껍질 내 궤도함수의 개수를 나타낸다.

껍질과 부껍질

껍질, 부껍질, 궤도함수−요약. 원자 내 전자들은 껍질에 놓여 있다. 각 껍질에는 1개 이상의 전자 부껍질, 즉 1개 이상의 궤도함수를 함유하고 있다.

	양자수
껍질	n
부껍질	ℓ
궤도함수	m_ℓ

3가지 양자수에 허용된 값들을 표 6.1에 나타내었다. 이 표에 있는 일련의 양자수들을 살펴보면, 다음과 같은 사항을 발견하게 된다.

- n = 껍질 내 부껍질의 수
- $2\ell + 1$ = 부껍질 내의 궤도함수 개수 = 양자수 m_ℓ 값의 개수
- n^2 = 껍질 내 궤도함수 개수

첫 번째 전자 껍질, n = 1

n = 1일 때, ℓ은 0뿐이다. 그래서 m_ℓ 또한 0뿐이다. 이러한 결과는 핵에 가장 근접

높은(더 작은 음수) 에너지를 갖는다.

예제 6.3 수소 원자의 바닥 상태와 들뜬 상태 에너지

문제 수소 원자에 있는 $n = 1$과 $n = 2$인 궤도함수의 에너지를 J/원자와 kJ/mol 단위로 계산하시오. 또한 두 궤도함수 사이의 에너지 차이를 kJ/mol 단위로 계산하시오.

알고 있는 사실 $n = 1$과 $n = 2$ 상태는 수소 원자에 대한 보어의 제안에서 첫 번째와 두 번째 상태(가장 낮은 상태와 그 다음 에너지 상태)이다. 식 6.4를 이용하여 각 상태의 에너지를 계산하라. 상수 값들은 다음과 같다. $R = 1.097 \times 10^7\ \text{m}^{-1}$, $h = 6.626 \times 10^{-34}\ \text{J} \cdot \text{s}$, $c = 2.998 \times 10^8\ \text{m/s}$, $N_A = 6.022 \times 10^{23}$ 원자/mol.

전략 각 에너지 준위에서 식 6.4에 각각의 값을 대입하여 J/원자 단위로 에너지를 계산한다. 이 값에 N_A을 곱하여 J/mol 단위로 계산한다. $n = 1$과 $n = 2$의 에너지 차이를 계산한다.

풀이 $n = 1$일 때 수소 원자에 있는 전자의 에너지는

$$E_1 = -Rhc$$

$$E_1 = -(1.097 \times 10^7\ \text{m}^{-1})(6.626 \times 10^{-34}\ \text{J}\cdot\text{s})(2.998 \times 10^8\ \text{m/s}) = -2.179 \times 10^{-18}\ \text{J/원자}$$

이다. kJ/mol 단위로 바꾸어 계산하면

$$E_1 = \frac{-2.179 \times 10^{-18}\ \text{J}}{\text{원자}} \times \frac{6.022 \times 10^{23}\ \text{원자}}{\text{mol}} \times \frac{1\ \text{kJ}}{1000\ \text{J}} = -1312\ \text{kJ/mol}$$

이다. $n = 2$일 때 에너지는

$$E_2 = -\frac{Rhc}{2^2} = -\frac{E_1}{4} = -\frac{2.179 \times 10^{-18}\ \text{J/원자}}{4} = -5.448 \times 10^{-19}\ \text{J/원자}$$

이다. kJ/mol 단위로 바꾸어 계산하면

$$E_1 = \frac{-5.448 \times 10^{-19}\ \text{J}}{\text{원자}} \times \frac{6.022 \times 10^{23}\text{원자}}{\text{mol}} \times \frac{1\ \text{kJ}}{1000\ \text{J}} = -328.1\ \text{kJ/mol}$$

이므로, 수소 원자의 처음 두 에너지 준위 간의 에너지 차이(ΔE)는

$$\Delta E = E_2 - E_1 = (-328.1\ \text{kJ/mol}) - (-1312\ \text{kJ/mol}) = 984\ \text{kJ/mol}$$

이 된다.

고려사항 계산된 에너지는 모두 음의 부호를 가지며, E_2보다는 E_1이 더 큰 음의 값을 갖는다. $n = 2$가 $n = 1$보다 984 kJ/mol 만큼 더 높은 에너지를 갖고 있다. 또한 1312 kJ/mol은 Rhc 값에 아보가드로 수 N_A을 곱한 것이다. 이것은 다음 계산에서 유용할 것이다.

유제 수소 원자에서 $n = 3$인 상태의 에너지를 (a) J/원자 (b) kJ/mol 단위로 계산하시오.

보어 이론과 들뜬 원자의 스펙트럼

보어 이론은 특정 궤도들과 특정 에너지만을 갖는 전자들을 설명하고 있다. 만약 전자가 한 에너지 준위에서 다른 에너지 준위로 이동한다면 에너지는 흡수되거나 방출되어야만 한다. 보어는 이 아이디어로 전자의 에너지와 수소 원자의 방출 스펙트럼과의 관계를 설명할 수 있었다.

$n = 1$에서 $n = 2$와 같은 들뜬 상태로 전자들이 이동하기 위해서, 에너지는 주위에서 원자로 전이되어야 한다. $E_{나중\ 상태}$가 $n = 2$이고 $E_{처음\ 상태}$가 $n = 1$일 때 $0.75\ Rhc = 1.63 \times 10^{-18}$ J/원자(또는 984 kJ/mol)의 에너지는 전이되어야 한다(그림 6.8). 이것은 나중과 처음 상태의 에너지 차이 값이다.

$$\Delta E = E_{나중\ 상태} - E_{처음\ 상태} = (-Rhc/2^2) - (-Rhc/1^2) = (0.75)Rhc = 1.63 \times 10^{-18}\ \text{J/원자}$$

전자가 첫 번째에서 두 번째 에너지 상태로 이동할 때 이상도 이하도 아닌 1.63×10^{-18} J/원자 에너지를 **흡수**하여야 한다. 만약 $0.7Rhc$나 $0.8Rhc$의 에너지가 제공되면, 에너지 상태 간 어떠한 전이도 일어나지 않는다. 특정하고 정확한 에너지의 양을 요구하는 것이 양자화의 개념이다.

낮은 n 상태에서 높은 n 상태로 전자가 이동하기 위해서는 주위에서 원자로 에너지의 전이가 필요하다. 역과정, 즉 높은 n에서 낮은 n 상태로 전자가 '떨어질' 때는 에너지가 방출되는데, 항상 빛의 형태로 원자에서 주위로 에너지가 전이된다. 예를 들어 $n = 2$에서 $n = 1$로 전이할 경우

$$\Delta E = E_{나중\ 상태} - E_{처음\ 상태} = -1.63 \times 10^{-18}\ \text{J/원자}\ (= -984\ \text{kJ/mol})$$

가 된다. 음의 부호는 원자 1개당 1.63×10^{-18} J (혹은 984 kJ/mol) 에너지가 **방출**됨을 의미한다.

이제 우리는 수소 특유의 선 방출 스펙트럼들을 이 보어 모형에 적용하여 원자의 구조와 연결시킬 수 있다. 에너지는 전기 방전이나 가열에 의해 제공된다. 어느 정도의 에너지가 가해지는가에 따라 원자들의 전자는 $n = 1$에서 $n = 2$, 3 또는 더 높은 상태로 들뜨게 된다. 에너지를 흡수한 후 이 전자들은 자연적으로 낮은 에너지 준위로 되돌아오며 (직접 돌아오거나 연속적으로 여러 상태를 거쳐) 에너지를 방출한다(그림 6.9). 이 과정에서 에너지 전이는 한정된 에너지 준위만 허용되고, 따라서 특정 에너지와 파장을 갖는 광자들만 방출되거나 흡수한다.

들뜬 수소 원자의 방출 선들이 갖는 에너지(J/원자 단위)는 식 (6.5)를 사용하여 계

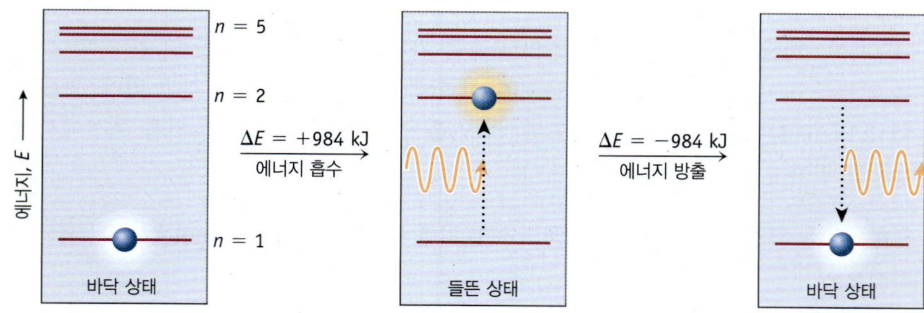

그림 6.8 전자가 들뜬 상태로 이동하는 과정에서 원자의 흡수 에너지. $n = 1$ 상태에서 $n = 2$ 상태로 전자가 이동할 때 에너지는 흡수된다($\Delta E > 0$). $n = 2$ 상태에서 $n = 1$ 상태로 전자가 되돌아올 때에는 에너지를 방출한다($\Delta E < 0$). 이때 흡수 또는 방출되는 에너지는 예제 6.3에서 계산한 것처럼 984 kJ/mol이다.

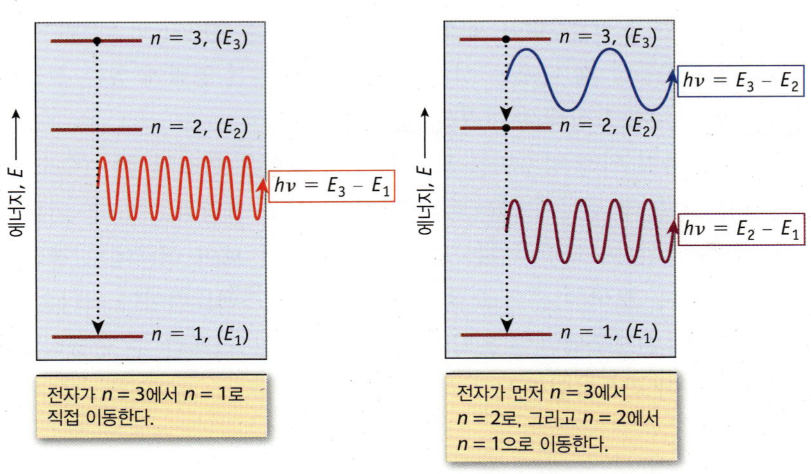

그림 6.9 에너지 준위에서 방출되는 복사선의 변화. 에너지 준위의 차이가 크면 클수록 에너지와 진동수는 더 커지며, 방출되는 복사선의 파장은 더 짧아진다. n = 3으로 들뜬 전자는 n = 1으로 바로 떨어질 수도 있고, 혹은 n = 2로 떨어졌다가 다시 n = 1로 떨어질 수도 있다. 이 3가지 가능성들은 다른 파장을 갖는 3개의 방출 복사선으로 관찰된다. 에너지와 진동수 크기는 다음과 같은 순서를 갖는다. $(E_3 - E_1) > (E_2 - E_1) > (E_3 - E_2)$.

산할 수 있다.

$$\Delta E = E_{\text{나중}} - E_{\text{처음}} = -Rhc\left(\frac{1}{n^2_{\text{나중}}} - \frac{1}{n^2_{\text{처음}}}\right) \quad (6.5)$$

식 6.5와 발머 식. 식 6.5는 발머 식(식 6.3)에서 $n^2_{\text{나중}}$ = 2일 때와 동일한 형태를 가진다.

J/mol 단위의 ΔE 값은 플랑크 방정식($\Delta E = h\nu$)을 사용하여 복사선의 파장이나 진동수를 계산할 수 있다. 또는 ΔE 값에 (6.022×10^{23} 원자/mol)(1 kJ/1000 J)을 곱하면 kJ/mol로 변환할 수 있다.

수소 선 스펙트럼에서 자외선 영역에 있는 선들(**라이먼 계열**, Lyman series, 그림 6.10)은 n이 1보다 큰 상태에 있던 전자가 n = 1로 내려올 때 나타나는 선들이다. 가

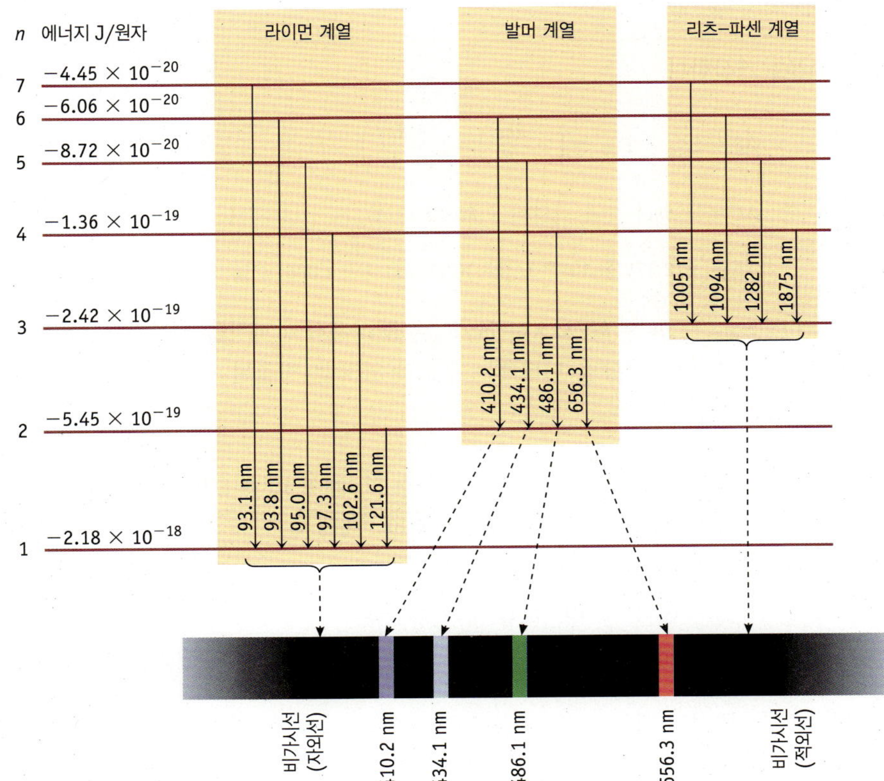

그림 6.10 들뜬 수소 원자에서 일어날 수 있는 일부 전자 전이.

- **라이먼 계열:** 자외선 영역, n = 1 준위로의 전이
- **발머 계열:** 가시광선 영역, n > 2 준위에서 n = 2로의 전이
- **리츠−파센 계열:** 적외선 영역, n > 3 의 준위에서 n = 3 준위로 전이
- n = 8 이상에서 낮은 준위로의 전이도 일어날 수 있으나 이 그림에서는 표현하지 않았다.

시광선 영역에 있는 일련의 선들—**발머 계열**(Balmer series)은 전자가 $n > 2$인 상태에서 $n = 2$인 상태로 이동할 때 나오는 선들이다. 또한 적외선 영역에 있는 선들은 더 높은 상태에서 $n = 3, 4, 5$ 상태로 내려올 때 나타난다.

원자의 구조를 설명하기 위해 양자화를 도입한 보어 모형은 관찰된 현상(수소 원자 스펙트럼 선들)으로 눈에 보이지 않는 것(원자의 구조)을 설명하고 있다. 이론과 실험의 일치는 이론적 모형이 타당하다는 증거이다. 그러나 보어 이론에도 결함이 있다는 것이 곧 드러났다. 보어 이론은 오로지 수소 원자의 스펙트럼이나 하나의 전자만을 가진 입자(He^+)의 경우에만 적용되며, 다른 원자에는 적용할 수 없었다. 더 타당한 전자 구조 모형이 필요하였다.

전략도 6.4

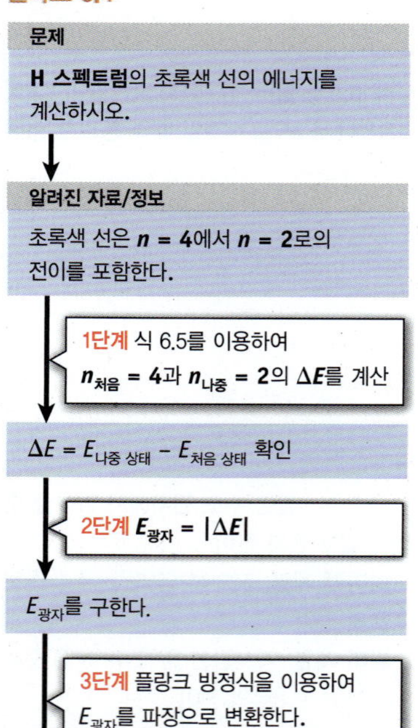

예제 6.4 들뜬 원자들로부터의 방출선의 에너지

문제 들뜬 수소 원자에서 방출되는 가시광선 스펙트럼 영역에 있는 초록색 선의 파장을 계산하시오.

알고 있는 사실 수소 원자 스펙트럼의 초록색 선은 $n = 4$ 상태($n_{처음}$)에서 $n = 2$ 상태 ($n_{나중}$)로 전자 전이에 의한 것이다(그림 6.10).

전략

- 식 6.5를 이용하여 두 상태 사이의 에너지 차이를 계산한다. 예제 6.3에서 구한 Rhc의 값($= 2.179 \times 10^{-18}$J/광자)을 이용하여 이 계산을 간략히 할 수 있다.
- 식 $E = hc/\lambda$(이 식은 식 6.1과 6.2에서 유도하였다)를 사용하여 빛의 파장들 간 에너지와 연관시킨다.

풀이 ΔE를 계산한다.

$$\Delta E = E_{나중} - E_{처음} = \left(-\frac{Rhc}{2^2}\right) - \left(-\frac{Rhc}{4^2}\right)$$

$$\Delta E = -Rhc\left(\frac{1}{4} - \frac{1}{16}\right) = -Rhc(0.1875)$$

$$\Delta E = -(2.179 \times 10^{-18}\text{ J/광자})(0.1875) = -4.086 \times 10^{-19}\text{ J/광자}$$

플랑크의 식($E_{광자} = h\nu = hc/\lambda$, $\lambda = hc/E_{광자}$)을 사용하여 파장을 계산한다. (에너지 변화는 에너지 전이의 '방향'을 나타내는 부호가 있지만, 방출된 광자의 에너지($E_{광자}$)는 부호가 없다.)

$$\lambda = \frac{hc}{E_{광자}} = \frac{\left(6.626 \times 10^{-34}\frac{\text{J}\cdot\text{s}}{\text{광자}}\right)(2.998 \times 10^8\text{ m}\cdot\text{s}^{-1})}{4.086 \times 10^{-19}\text{ J/광자}}$$

$$= 4.862 \times 10^{-7}\text{ m}$$

$$= (4.862 \times 10^{-7}\text{ m})(1 \times 10^9\text{ nm/m})$$

$$= 486.2\text{ nm}$$

고려사항 가시광선의 영역은 400에서 700 nm이다. 계산 값은 이 영역에 있으며 거의 초록색 선의 값을 갖는다. 실험값은 486.1 nm로 잘 일치함을 알 수 있다.

사례 연구 불꽃놀이의 색은 어떻게 만들어지는가?

기본적인 불꽃놀이용 화약에는 몇 가지 중요한 화학 성분이 함유되어 있는데, 예를 들어 화약에는 반드시 산화제가 들어 있어야 한다. 오늘날 이 산화제로는 보통 과염소산포타슘($KClO_4$), 염소산포타슘($KClO_3$) 또는 질산포타슘(KNO_3)이 사용된다. 산화제로 소듐 염이 아닌 포타슘 염이 주로 사용되는데 이는 소듐 염이 갖고 있는 중대한 두 가지 결점 때문이다. 바로 흡습성(대기에서 물을 흡수하는 성질)이 크기 때문에 소듐 염은 건조한 상태로 보관하기가 어렵다. 또한 연소 시 소듐 염에서 발생하는 노란색 빛이 너무 강해서 다른 빛을 차단하는 단점이 있다.

어떤 불꽃놀이에서든지 우리에게 가장 인상 깊은 부분은 선명한 색상과 눈부신 섬광일 것이다. 흰 빛은 고온에서 마그네슘이나 알루미늄 금속을 산화시켜 얻을 수 있다. 록 콘서트나 여러 행사에서 사용되는 섬광들은 대부분 $Mg/KClO_4$ 혼합물을 사용한다.

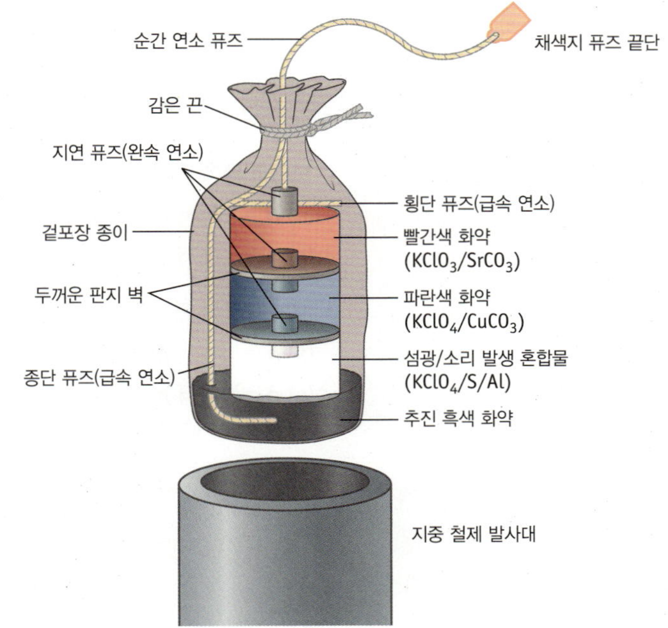

그림 B **불꽃놀이를 위한 공중 로켓의 설계.** 퓨즈가 점화되면 빨간색 별 혼합물의 상단부에 있는 지연 퓨즈와 바닥에 있는 추진 흑색 화약까지 빠른 속도로 타들어간다. 추진 화약이 점화되면 화약 자루 전체가 공중으로 투사되는데, 이때 내부에서 지연 퓨즈는 계속 타고 있다. 만약 타이밍이 정확하다면, 공중으로 투사되면서 빨간색 별이 나타나며 이어서 파란색, 그리고 섬광과 소리가 퍼지게 된다.

그림 A **들뜬 원자에서 방출된 빛.** 화학 시료 내에 있는 원소들을 확인하기 위해 자주 불꽃 반응 실험을 한다. 그림에서는 염화소듐(노란색), 염화스트론튬(빨간색), 붕산(초록색)에서 나오는 불꽃색(메탄올로 연소)을 보여주고 있다.

노란색 빛은 가장 쉽게 얻을 수 있는데, 소듐 염에서 589 nm의 파장을 갖는 강한 빛이 발생하기 때문이다. 이때 소듐은 항상 빙정석(Na_3AlF_6) 같은 비흡습성 화합물의 형태가 사용된다. 스트론튬 염은 빨간색 빛을 만드는데 사용되며, 녹색은 $Ba(NO_3)_2$같은 바륨 염을 가지고 만든다.

다음에 여러분이 불꽃놀이를 보게 된다면 파란색 빛을 눈여겨보기 바란다. 파란색은 만들어 내기가 가장 어렵기 때문이다. 요즘 불꽃놀이 색 디자이너들은 염화구리(I)를 저온에서 분해시켜 '파란색'을 얻고 있다. 이를 위해 염화구리(I)(CuCl)에 구리 분말, 그리고 과염소산포타슘($KClO_4$)과 유기 염소 화합물인 육염화에테인(C_2Cl_6)을 혼합하여 사용한다.

문제

1. 소듐의 방출 스펙트럼 주요 선들은 313.5, 589, 590, 818, 819 nm의 파장을 갖는다. 들뜬 소듐 원자들의 특징인 노란색에 해당되는 파장은?
2. $SrCl_2$(그림 A)의 주 방출선은 NaCl에서 나온 노란색보다 긴 파장인가 아니면 짧은 파장인가?
3. Mg은 $KClO_4$에 의해 산화가 되어 흰색 섬광을 만든다. 이 반응의 생성물은 KCl 이다. 완결된 반응식을 쓰시오.

이 질문에 대한 답은 부록 N에 수록되어 있다.

유제 수소 원자의 스펙트럼 선 중에서 자외선 영역에 나타나는 라이만 계열은 높은 에너지 준위에서 $n = 1$로 전자 전이에 의한 것이다. 이 계열 선 중에서 가장 작은 에너지를 갖는 선의 진동수와 파장을 계산하시오.

6.3절 확인문제

1. 보어 이론에 근거하여, 수소 원자에서 가장 큰 에너지를 방출하는 전이는 다음 중 어느 것인가?

(a) $n = 3$에서 $n = 2$로 (b) $n = 4$에서 $n = 2$로
(c) $n = 5$에서 $n = 2$로 (d) $n = 6$에서 $n = 2$로

2 보어 이론에 근거하여, 가시광선 영역의 방출이 일어나는 전이는 다음 중 어느 것인가?

(a) $n = 3$에서 $n = 1$로 (b) $n = 4$에서 $n = 2$로
(c) $n = 5$에서 $n = 3$로 (d) $n = 6$에서 $n = 4$로

6.4 입자-파동 이중성: 양자 역학의 전주곡

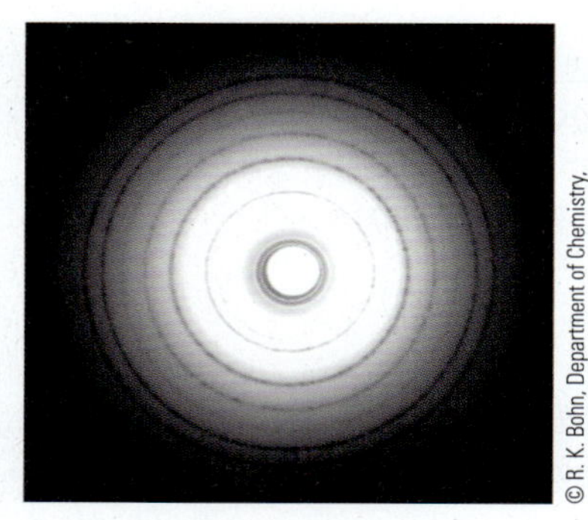

회절 현상과 전자의 파동 성질. 전자살을 MgO의 박막을 통과시켰다. MgO 격자에 있는 원자들은 전자살을 회절시켜 이러한 모양을 만들었다. 회절은 전자가 파동성을 가지고 있다고 가정함으로써 가장 잘 설명될 수 있다.

광전 효과는 보통 파동이라 생각하던 빛이 질량은 없지만 입자의 성질을 갖는다는 것을 보여주고 있다. 즉 전자와 같은 물질의 입자성은 널리 알려진 사실이다. 빛은 파동과 입자의 이중성을 가지며, 이중성을 입증할 다른 예가 있을까? 톰슨(J. J. Thomson)은 전자의 전하 대비 질량(46쪽)을 구하기 위해 음극관을 사용하였으며, 이 음극관은 LCD나 플라즈마 디스플레이가 개발되기 전 TV의 화면에 쪼여주는 전자빔을 만든다. 전자빔이 TV 화면에 충돌하면 아주 작은 크기의 천연색 빛이 방출된다. 이러한 현상은 빛이 입자라는 사실을 잘 설명해준다.

그러나 만약 항상 입자로 간주한 물체가 파동성을 갖는다면? 1925년, 드브로이(Louis Victor de Broglie, 1892~1987)는 속도 v로 움직이는 질량 m인 자유 전자는 다음 식으로 파장 λ를 계산할 수 있음을 제안하였다.

$$\lambda = \frac{h}{mv} \tag{6.6}$$

드브로이는 이 식으로부터 계산된 파장에 해당되는 파동을 '물질파'라고 하였다.

이 아이디어는 전자의 입자성(질량과 속도)과 파동성(파장)을 하나의 식으로 표현한 것으로 혁명적이었으며, 얼마 후 실험적으로 증명되었다. 1927년 데이비슨(C. J. Davisson, 1881~1958)과 거머(L. H. Germer, 1896~1971)는 전자살이 얇은 금속 박막에 있는 원자에 의해 회절된다는 것, 즉 파동성을 발견하였다. 게다가 전자살이 물질파임을 드브로이 관계식은 정량적으로 잘 나타내고 있다. 이 실험은 전자가 어떤 환경에서는 파동성을 갖는다는 증거를 보여주고 있다.

파동-입자 이중성에 대한 새로운 실험. 근본적인 개념이 폐기되었나? 2012년 11월 사이언스 저널은 '지연된 선택' 실험 2건을 발간하였다. 이 연구의 저자들은 실험에서 "광자는 동시에 입자와 파동으로 행동해야만 한다"라고 기술하였다. (Science, volume 238, pages 634~640)

드브로이 식은 λ가 측정될 수 있을 만큼 크다면, h가 매우 작기 때문에 m과 v의 곱은 매우 작다는 것을 말해주고 있다. 예를 들면 질량이 46 g인 골프공이 150 mph로

날아갈 때 mv 곱은 크다(3.1 kg · m/s). 따라서 파장은 2.1×10^{-34} m이며, 믿기 어려울 만큼 매우 작다! 이렇게 작은 수치는 어떤 기기로도 측정할 수 없다. 따라서 날아가는 골프공 또는 다른 무거운 물체에 파동성을 부여할 수는 없다. 그러나 전자, 광자, 중성자 같이 매우 작은 질량을 갖는 입자들의 경우에는 파동성을 관측할 수 있다.

따라서 전자기 복사선과 마찬가지로 물질도 파동–입자 이중성을 나타낸다. 일부 실험에서 전자는 입자로 구성된 것처럼 행동한다. 그러나 다른 실험에서는 전자가 파동인 것처럼 행동한다. 이러한 파동–입자 이중성은 원자의 현대 모형을 이해하는 핵심이다.

예제 6.5 드브로이 식의 이용

문제 질량 $m = 9.109 \times 10^{-28}$ g인 전자가 광속의 40.0 % 속도로 날아갈 때의 파장을 계산하시오.

알고 있는 사실 드브로이 식($\lambda = h/mv$)을 사용한다. 움직이는 입자의 속도와 질량은 파장과 관련되어 있다. 전자의 질량과 속도는 주어져 있으며, 플랑크 상수는 $h = 6.626 \times 10^{-34}$ J · s이다. 1 J = 1 kg · m^2/s^{2}이므로 질량 m과 h의 단위를 변환한다.

전략

- 전자 질량을 kg 단위로 나타낸다. 그리고 전자의 속도를 ms^{-1} 단위로 계산한다.
- 드브로이 식에 m(kg 단위로), v(m/s 단위로), h를 대입하여 λ를 구한다.

풀이 전자 질량 = 9.109×10^{-31} kg
전자 속도(광속의 40.0 %) = $(0.400)(2.998 \times 10^8 \text{ m/s}) = 1.20 \times 10^8$ m/s
이 값들을 드브로이 식에 대입하여 파장을 구하면

$$\lambda = \frac{h}{mv} = \frac{6.626 \times 10^{-34}\ (\text{kg} \cdot \text{m}^2/\text{s}^2)(\text{s})}{(9.109 \times 10^{-31}\ \text{kg})(1.20 \times 10^8\ \text{m/s})} = 6.07 \times 10^{-12}\ \text{m}$$

가 된다. 파장을 nm 단위로 계산하면

$$\lambda = (6.07 \times 10^{-12}\ \text{m})(1.00 \times 10^9\ \text{nm/m}) = 6.07 \times 10^{-3}\ \text{nm}$$

고려사항 계산된 파장은 수소 원자 지름의 약 1/12에 해당한다. 또한 이 문제에서는 단위를 고려해야 한다.

유제 질량이 1.675×10^{-24} g이고 에너지가 6.21×10^{-21} J인 중성자가 갖는 파장을 계산하시오(입자가 갖는 운동 에너지는 $E = 1/2\ mv^2$이다).

6.4절 확인문제

1. 광속의 40 %로 움직이는 전자의 파장은 6.07×10^{-3} nm이다(예제 6.5). 만약 광속의 80 %의 속도로 움직인다면 파장은 어떻게 되겠는가?
   (a) 파장은 더 길어질 것이다.
   (b) 파장은 더 짧아질 것이다.
   (c) 파장은 변화가 없을 것이다.

6.5 전자 구조의 현대적 관점: 파동 역학 또는 양자 역학

파동–입자 이중성이 원자에 있는 전자와 어떤 관계가 있는가? 슈뢰딩거(E. Schrödinger, 1887~1961), 보른(M. Born, 1882~1970)과 하이젠베르크(W. Heisenberg, 1901~1976)가 그 해답을 제시하였다.

슈뢰딩거는 원자에 있는 전자들의 행동에 관한 포괄적인 이론으로 1933년 노벨물리학상을 받았다. 슈뢰딩거는 전자가 물질파의 거동을 한다는 드브로이의 가설을 **양자 역학**(quantum mechanics) 또는 **파동 역학**(wave mechanism)이라는 원자 내 전자에 대한 모형으로 발전시켰다. 보어의 모형과는 달리 슈뢰딩거의 모형은 시각화하는 것이 어려우며, 수학적 접근은 복잡하다. 모형의 결론은 어렵지만 그럼에도 불구하고 현대적 관점에서 원자를 이해하기 위해서는 파동함수의 함축된 의미를 반드시 이해해야만 한다.

정류파(standing wave)로서 원자 내 전자의 거동을 생각해 보자. 기타처럼 줄의 양쪽 끝을 고정시킨 후 줄을 튕기면 이 줄은 정류파와 같이 진동한다(그림 6.11). 기타 줄을 튕겨서 생긴 진동은 정류파이다. 즉, 진동은 양자화되어 있다. 슈뢰딩거가 제안한 바에 의하면, 원자 내 전자의 거동에 의한 물질파는 이와 유사하다.

드브로이 개념에 따라서, 우리는 원자 내 전자는 파동처럼 움직인다는 양자 역학 관점을 채택하였다. 이 파동을 묘사하기 위해 물리학자들은 **파동함수**(wave function)–그리스문자인 프사이(ψ)로 나타냄–의 개념을 도입하였다. 슈뢰딩거는 원자 내 전자가 정류파의 성격을 가지며, 파동함수로 전자의 에너지를 정의하는 식을 세웠다. 에너지에 관한 이 식으로 그는 다음과 같은 중요한 결과를 발견하였다.

- 단지 몇 가지 파동함수만이 허용될 수 있다. 그리고 이들은 허용된 에너지 값만 가질 수 있다. 즉, **원자 내 전자의 에너지는 양자화되어 있다.**
- 3차원 공간에 있는 전자에 대한 슈뢰딩거 방정식의 풀이는 세 가지 정수–**양자수**

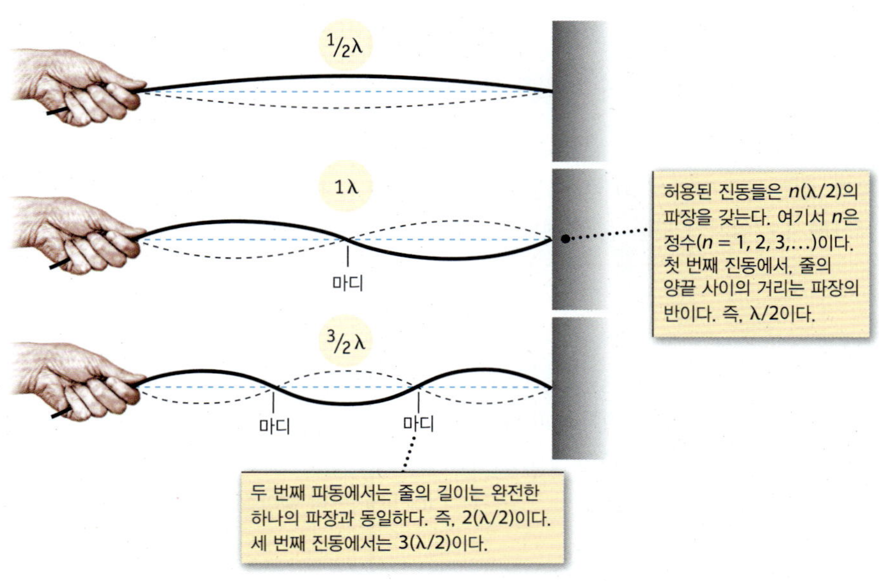

그림 6.11 **정류파.** 특정한 진동만 가능하다.

(quantum number) n, ℓ, m_ℓ—에 의해 결정된다. 그들의 값은 특정 조합만 가능하다.

양자 역학을 이해하는 다음 단계는 파동함수(ψ)의 물리적 의미를 이해하는 것이다. 여기서 보른의 해석은 다음과 같다.

- 공간의 한 지점(x, y, z)에서 파동함수(ψ)의 값은 전자 물질파의 진폭(높이)이다. 이 값은 크기와 양 혹은 음의 부호를 갖는다(예를 들어 그림 6.11처럼 진동하는 기타나 피아노 줄을 생각해보자. 양의 진폭의 지점은 파동 축의 위에 있다. 그리고 음의 진폭은 아래에 있다).
- 파동함수의 제곱(ψ^2)은 공간의 지정된 영역에서 전자를 발견할 **확률**과 관련이 있다. ψ^2를 **확률 밀도**(probability density)라 하며, 이 확률은 원자 내에서 전자를 발견할 수 있는 전자 밀도를 나타낸다. 물체의 질량은 밀도와 부피의 곱으로 계산될 수 있다. ψ^2와 부피의 곱으로부터 지정된 영역에서 전자를 발견하는 **확률**을 계산할 수 있다. 파동함수에 대한 보른의 해석은 부피로 주어진다. 보른의 해석에 따르면 주어진 부피 속에서 전자를 발견하는 확률은 ψ^2이 작을 때 보다 ψ^2이 클 때 더 크다.

파동함수와 에너지. 보어 이론에서, 수소 원자의 전자 에너지는 $E_n = -Rhc/n^2$으로 주어지는데, 슈뢰딩거의 전자 파동 모형에서도 동일한 결과가 얻어진다.

현대 양자 역학 모형을 이해하기 위해서는 더 중요한 개념이 있다. 보어의 원자 모형에서 수소 원자 내 전자의 에너지와 위치(궤도)는 정확히 묘사할 수 있다. 그러나 하이젠베르크는 원자 내 전자처럼 작은 물체에 대해서는 위치와 에너지를 둘다 정확히 결정하는 것은 불가능하다고 제안하였다. 즉, 위치와 에너지를 어떤 수준 이상의 확실성을 가지고 동시에 정확히 나타낼 수 없음을 의미한다. 이것이 하이젠베르크의 **불확정성 원리**(uncertainty principle)이다. **만약 원자 내 전자의 에너지를 정확히 알고자 한다면, 전자 위치의 불확정성은 그만큼 커진다.** 이 개념에서 중요한 점은 공간의 한 영역 내에 주어진 에너지를 갖는 전자를 발견하는 가능성, 또는 확률이라는 것이다. 원자의 화학을 이해하는 데 전자의 에너지가 중요하기 때문에, 화학자들은 전자의 위치는 확실히 알 수 없다는 개념을 받아들이고 있다.

양자수와 궤도함수

원자 내 전자의 파동함수는 **원자 궤도함수**(atomic orbital)로 표현된다. 보른과 하이젠베르크에 의하여 전자의 에너지는 알 수 있을 뿐만 아니라 전자가 존재할 가능성이 가장 큰 공간 영역도 알 수 있다. 즉, 전자가 특정 파동함수를 가질 때 주어진 에너지를 갖는 특정 궤도함수를 '점유'하고 있다고 한다. 각각의 궤도함수는 3개의 양자수(n, ℓ, m_ℓ)로 나타낼 수 있다. 먼저, 양자수들과 양자수의 의미를 알아보자. 그런 다음, 양자수와 에너지 및 원자 궤도함수의 모양 사이의 연관성에 대해 논의하고자 한다.

궤도와 궤도함수. 수소 원자의 보어 모형에서 전자는 핵 주위를 일정한 경로, 즉 궤도를 유지하며 돌고 있다. 그래서 우리는 주어진 순간에 전자의 위치와 에너지를 동시에 알 수 있다. 현대 관점에서 전자의 위치를 정확히 알 수 없다는 것을 묘사하기 위해 궤도함수를 사용한다. 우리는 전자의 에너지를 알고 있으나, 전자의 위치는 전자가 존재할 가능한 공간영역, 즉 궤도함수만 알 뿐이다.

n, 주양자수 (n = 1, 2, 3, ⋯)

주양자수(n)은 1부터 ∞까지 어느 정수 값이나 다 가질 수 있다. 이 n 값은 궤도함수의 **에너지**를 결정하는 주된 요소이다. 또한 궤도함수의 **크기**를 결정한다. 주어진 원자에서 n 값이 크면 클수록 궤도함수의 크기는 더 크다.

1개 이상의 전자를 갖는 원자에서, 2개 이상의 전자가 동일한 n 값을 가질 수 있다. 이러한 전자들은 동일한 **전자 껍질**(electron shell)에 존재한다.

전자 에너지와 양자수. 수소 원자 내 전자 에너지는 오로지 n에 의해 결정된다. 하지만 보다 많은 전자를 가진 원자의 경우에 전자의 에너지는 n과 ℓ에 의존한다.

ℓ, 각운동량 양자수 ($\ell = 0, 1, 2, 3, \cdots, n-1$)

주어진 껍질의 궤도함수는 **부껍질**(subshells)로 세분된다. 각 껍질은 양자수 ℓ의 다른 값에 의해 특성화된다. '궤도함수 각운동량' 양자수인 ℓ은 0부터 최대 $n-1$까지의 정수이며, 어떤 정수든 가질 수 있다. 이러한 양자수는 **궤도함수의 모양**을 결정한다. 다른 ℓ 값은 다음 궤도함수 모양을 갖는다.

ℓ은 $n-1$보다 큰 값을 가질 수 없기 때문에, 가능한 부껍질의 수는 n 값에 의해 제한된다. $n = 1$일 때, ℓ은 0 뿐이다. 즉, 단 1개의 부껍질만 가능하다. $n = 2$인 경우 ℓ은 0, 1이다. ℓ이 2개의 값을 가지기 때문에 $n = 2$인 전자 껍질에서는 2개의 부껍질이 있다.

부껍질은 보통 문자로 나타낸다. 예를 들어 $\ell = 1$인 부껍질을 'p 부껍질'이라 하며, 이 부껍질에 있는 궤도함수를 'p 궤도함수'라 한다.

ℓ값	부껍질 기호
0	s
1	p
2	d
3	f

m_ℓ, 자기 양자수 ($m_\ell = 0, \pm1, \pm2, \pm3, \cdots, \pm\ell$)

자기 양자수(m_ℓ)는 **공간에서 부껍질에 있는 궤도함수의 배향**과 관련이 있다. 주어진 부껍질 내의 궤도함수들은 모두 같은 에너지를 갖지만 공간에서의 배향은 다르다.

m_ℓ은 0을 포함하여 $+\ell$부터 $-\ell$까지의 값을 갖는다. 예를 들면 $\ell = 2$일 때, m_ℓ은 +2, +1, 0, −1, −2의 5개의 값을 갖는다. 부껍질 m_ℓ의 개수($= 2\ell + 1$)는 부껍질 내 궤도함수의 개수를 나타낸다.

껍질과 부껍질

껍질, 부껍질, 궤도함수–요약. 원자 내 전자들은 껍질에 놓여 있다. 각 껍질에는 1개 이상의 전자 부껍질, 즉 1개 이상의 궤도함수를 함유하고 있다.

	양자수
껍질	n
부껍질	ℓ
궤도함수	m_ℓ

3가지 양자수에 허용된 값들을 표 6.1에 나타내었다. 이 표에 있는 일련의 양자수들을 살펴보면, 다음과 같은 사항을 발견하게 된다.

- n = 껍질 내 부껍질의 수
- $2\ell + 1$ = 부껍질 내의 궤도함수 개수 = 양자수 m_ℓ 값의 개수
- n^2 = 껍질 내 궤도함수 개수

첫 번째 전자 껍질, $n = 1$

$n = 1$일 때, ℓ은 0뿐이다. 그래서 m_ℓ 또한 0뿐이다. 이러한 결과는 핵에 가장 근접

표 6.1 양자수, 양자수 사이의 관계와 궤도함수에 관한 정보 요약

주양자수	각운동량 양자수	자기 양자수	부껍질 내 궤도함수 개수 및 종류
기호 = n 값 = 1, 2, 3, . . .	기호 = ℓ 값 = 0 . . . $n-1$	기호 = m_ℓ 값 = $+\ell$ . . . 0 . . . $-\ell$	n = 부껍질의 개수 껍질 내 궤도함수 개수 = n^2 부껍질 내 궤도함수 개수 = $2\ell+1$
1	0	0	1개의 1*s* 궤도함수 (n = 1인 껍질, 한 종류 1개의 궤도함수)
2	0 1	0 +1, 0, −1	1개의 2*s* 궤도함수 3개의 2*p* 궤도함수 (n = 2인 껍질, 두 종류 4개의 궤도함수)
3	0 1 2	0 +1, 0, −1 +2, +1, 0, −1, −2	1개의 3*s* 궤도함수 3개의 3*p* 궤도함수 5개의 3*d* 궤도함수 (n = 3인 껍질, 세 종류 9개의 궤도함수)
4	0 1 2 3	0 +1, 0, −1 +2, +1, 0, −1, −2 +3, +2, +1, 0, −1, −2, −3	1개의 4*s* 궤도함수 3개의 4*p* 궤도함수 5개의 4*d* 궤도함수 7개의 4*f* 궤도함수 (n = 4인 껍질, 네 종류 16개의 궤도함수)

한 전자 껍질에 오직 1개의 부껍질만이 있고, 그 부껍질 역시 1*s*라는 1개의 궤도함수로 이루어졌음을 의미한다.

두 번째 전자 껍질, $n = 2$

$n = 2$일 때, ℓ 값은 2개의 값을 가지므로, 두 번째 껍질에는 2개의 부껍질이 존재한다. 그중 하나는 2*s* **부껍질**이고($n = 2$, $\ell = 0$), 다른 하나는 2*p* 부껍질($n = 2$, $\ell = 1$)이다. 양자수 ℓ 값이 1일 때, m_ℓ 값은 −1, 0, +1의 세 값을 가지므로 3개의 *p* 궤도함수가 존재한다. 이 세 궤도함수는 궤도함수의 모양은 동일하나 각기 다른 m_ℓ 값을 갖기 때문에 공간에서 서로 다른 배향을 갖게 된다.

세 번째 전자 껍질, $n = 3$

$n = 3$일 때, ℓ 값은 0, 1, 2를 가지므로, 3*s*($\ell = 0$, 1개의 궤도함수)와 3*p*($\ell = 1$, 3개의 궤도함수) 부껍질이 있으며, 세 번째 부껍질 3*d*($n = 3$, $\ell = 2$)가 있다. $\ell = 2$인 경우 m_ℓ 값이 5개(−2, −1, 0, +1, +2)가 있으므로 5개의 *d* 궤도함수가 있게 된다.

네 번째 전자 껍질, $n = 4$

$n = 4$인 껍질에는 4개의 부껍질이 있다. 이 껍질에는 4*s*, 4*p*, 4*d* 궤도함수 이외에 $\ell = 3$인 4*f* 부껍질이 존재한다. $\ell = 3$(−3, −2, −1, 0, +1, +2, +3)일 때 m_ℓ 값은 7개가 있다.

6.5절 확인문제

1. n = 4와 ℓ = 1의 양자수를 갖는 궤도함수의 기호는?
(a) 4*s* (b) 4*p* (c) 4*d* (d) 4*f*

2. n = 4 껍질에는 몇 개의 궤도함수가 있는가?
(a) 1 (b) 4 (c) 9 (d) 16

3. 원자 내 부껍질을 표시하는 데 필요한 양자수 또는 양자수 조합은 어느 것인가?
(a) n (b) ℓ (c) n과 ℓ

6.6 원자 궤도함수의 모양

우리는 전자가 궤도함수에 있다. 또는 궤도함수를 '점유'하고 있다고 말하곤 한다. 그러면 이것은 무엇을 뜻하는가? 궤도함수는 어떤 것인가? 또 어떻게 생겼는가? 이러한 물음들에 답하기 위해 전자가 궤도함수에 있을 때의 파동함수를 고찰해보자. 왜 양자수–작은 정수–인가 라는 질문에 답하기 위해서 궤도함수의 모양과 에너지를 연관시킬 수 있다(280쪽의 심층 학습: 수소 원자 궤도함수의 모양과 파동함수 참조).

s 궤도함수

1*s* 궤도함수는 양자수 n = 1과 ℓ = 0의 값을 갖는다. 이 궤도함수에 있는 전자의 사진을 수천 초 동안 한 필름에 1초 간격으로 찍는다면 그림 6.12a와 같을 것이다. 이 사진에서 점들이 마치 구름처럼 보이기 때문에 화학자들은 이렇게 표현된 전자 궤도함수를 **전자구름 사진**(electron cloud picture)이라고 한다. 그림 6.12a에서 핵 근처에서 점의 밀도가 높을수록 전자구름은 핵 근처에서 짙어진다. 이것은 1*s* 전자가 핵 근처에서 자주 발견될 수 있다는 것을 의미한다. 반면에 핵으로부터 멀어짐에 따라 전자가 발견될 확률은 감소한다.

거리가 멀어질수록 전자구름이 옅어지는 것을 그림 6.12b에 나타내었다. 그래프는 1*s* 궤도함수에 있는 전자의 파동함수의 제곱(ψ^2)에 4π와 거리 제곱(r^2)을 곱한 것을 핵으로부터 거리에 따른 함수로 나타내었다. 이 그래프는 핵으로부터 거리 r에 있는 얇은 구 형태의 껍질 속에서 전자가 발견될 확률을 나타낸다. 이러한 이유 때문에 $4\pi r^2\psi^2$ 대 r의 그래프를 **표면 밀도 그래프**(surface density plot) 혹은 **방사방향 분포 그래프**(radial distribution plot)라 부르기도 한다. 1*s* 궤도함수의 $4\pi r^2\psi^2$ 값이 핵에서는 0(핵에서 전자가 발견될 확률이 0)이지만, 핵 바로 근처(52.9 pm)에서는 매우 큰 값을 가지며, 이 값은 거리가 증가함에 따라 빠르게 감소한다. 여기서 한 가지 알아두어야 할 것은, 아주 먼 거리에서 전자를 발견할 확률이 0에 가까워지기는 하지만 0은 아니라는 것이다.

1*s*에 대한 표면 밀도 그래프. 수소 원자의 1*s* 전자에 대한 각 분포 그래프의 최댓값은 52.9 nm에서 나타난다. 여기서 흥미로운 점은 이 최댓값이 보어가 계산했던 핵으로부터 n = 1인 궤도함수까지의 거리와 정확히 일치한다는 것이다.

1*s* 궤도함수에서는 그림 6.12a에서 보여주는 바와 같이 핵에서 어느 방향으로 가

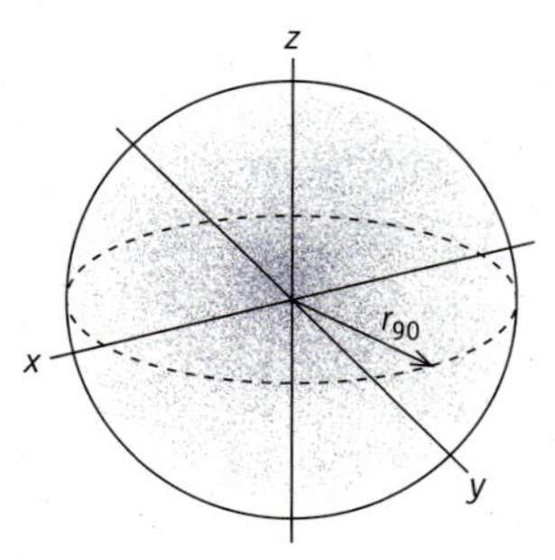

(a) 1s 궤도함수를 갖는 전자점 사진. 각 점은 그 순간에 전자가 존재하는 위치를 나타낸다. 핵에서 가까운 곳에 점이 밀집해 있다. r_{90}은 한 시점에서 90 % 확률로 전자가 발견되는 구의 반지름이다.

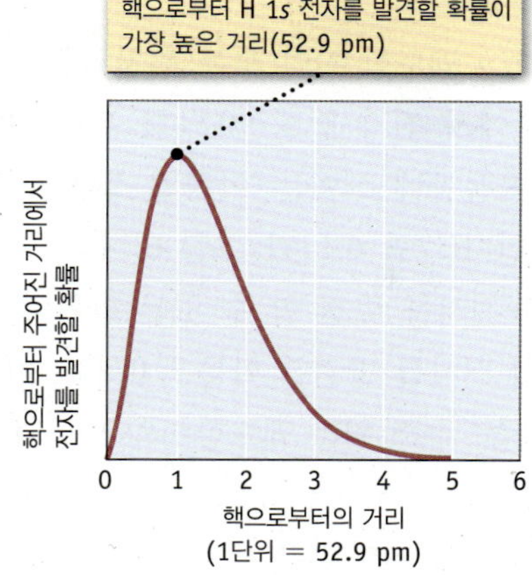

(b) 수소 원자 1s 궤도함수에서 표면 밀도($4\pi r^2\psi^2$)를 거리의 함수로 나타낸 것이다. 이 도표를 이용하여 핵으로부터 주어진 거리에서 전자를 발견할 확률을 알 수 있다.

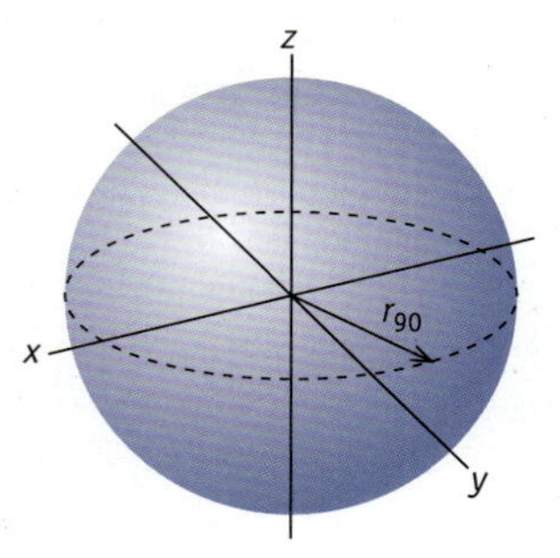

(c) 1s 궤도함수에서 어느 시점에서 90 % 확률로 전자가 그 안에서 발견되는 구의 면. 이 표면을 '경계면'이라 부르기도 한다(90 % 면의 선정은 임의적이다. 만약 어느 시점의 50 % 확률로 전자가 그 안에서 발견될 면을 선택하였다면 구의 크기가 현저히 작아졌을 것이다).

그림 6.12 1s (n = 1, ℓ = 0) 궤도함수의 다른 관점. 그림 (b)에서 가로축은 "보어 반지름" 단위로 표시되어 있으며, 1 보어 반지름 = 52.9 pm이다. 이것은 파동함수를 그릴 때 흔히 활용된다.

든지 핵으로부터 같은 거리에서 전자가 발견될 확률은 동일하다. 1*s* **궤도함수는 구형**(spherical)**이다.**

전자를 발견하는 확률이 0에 가깝지만 0이 될 수 없기 때문에 전자가 발견되지 않는 지점을 정확히 나타낼 수 없다(먼 거리에서 확률은 매우 낮다). 그러나 *s* 궤도함수들(물론 다른 궤도함수들도)은 가끔 **경계면**(boundary surface)이 있는 것처럼 그린다(그림 6.12c). 이것은 단지 그렇게 그리는 것이 편하기 때문이다. 그림 6.12c에서, 구 안의 전자가 발견될 확률이 90 %가 되는 곳까지 구를 그렸다. 90 %의 선택은 임의적이다. 다른 값을 선택할 수도 있다. 만약 그랬다면 모양은 같지만, 구의 크기는 달라졌을 것이다.

모든 *s* 궤도함수들(1*s*, 2*s*, 3*s*, ⋯)은 구형이다. *s* 궤도함수의 크기는 *n* 이 증가함에 따라 증가한다. 1*s* 궤도함수는 2*s* 궤도함수보다, 2*s* 궤도함수는 3*s* 궤도함수보다 더 적은 영역을 갖는다.

궤도함수의 모양에 관해서 몇몇 잘못된 생각을 피하는 것이 중요하다.

- 첫째, 전자가 '포함된' 뚫을 수 없는 실제 표면이 존재하는 것은 아니다.
- 둘째, 그림 6.12c의 표면 내부의 공간에서 전자를 발견한 확률이 동일한 것은 아니다(수소 원자의 1*s* 궤도함수의 전자는 핵으로부터 52.9 nm 거리에서 발견될 확률이 52.9 pm보다 가깝거나 먼 곳에서보다 훨씬 더 높다).
- 셋째, '전자구름'이나 '전자분포'라는 용어는 전자가 입자임을 의미하나 양자 역학에서의 기본 전제로 전자를 입자가 아닌 파동으로 취급하고 있다는 것이다.

ℓ과 마디 표면. 궤도함수 = ℓ에 따른 핵을 통과하는 마디 표면의 수.

궤도함수	ℓ	핵을 통과하는 마디 표면의 수
s	0	0
p	1	1
d	2	2
f	3	3

마디 표면. 핵을 통과하면서 공간을 양분하는 마디 표면은 모든 *p*, *d*, *f* 궤도함수에서 나타난다. 이러한 '면'은 항상 평면이어서 마디 평면(nodal plane)이라고 한다. 그러나 어떠한 경우(예를 들면 d_{z^2})에는 '면'이 평평하지 않기 때문에 흔히 마디 표면(nodal surface)이라고 한다.

p 궤도함수

ℓ = 1(*p* 궤도함수)인 모든 원자 궤도함수는 모두 동일한 모양을 가진다. 만약 *p* 궤도함수에서 전자 밀도 90 %를 포함하는 표면을 표시한다면, 전자구름의 모양이 마치 근육운동에 쓰이는 '아령'을 닮았다고 해서 화학자들은 아령 모양이라고 표현하기도 한다(그림 6.13과 그림 6.14). *p* 궤도함수는 핵을 통과하는 **마디 표면**(nodal surface)−전자를 발견 할 수 있는 확률이 0인 표면−을 갖고 있다(마디 표면은 핵을 포함하여 전자를 발견할 확률은 0이고, 이는 *p* 궤도함수의 파동함수에 의한 것이다(심층 학습: 수소 원자 궤도함수의 모양과 파동함수 참조).

부껍질에는 3개의 *p* 궤도함수가 있으며, 핵을 통과하는 1개의 마디 평면을 갖고 있는 모양으로 나타내진다. 항상 *p* 궤도함수는 *x*, *y*, *z*축에 따라 그려지며, 이들 3가지 배향의 *p* 궤도함수를 p_x, p_y, p_z라고 한다.

d 궤도함수

ℓ = 0인 *s* 궤도함수는 핵을 통과하는 마디 표면이 없지만, ℓ = 1인 *p* 궤도함수는 핵을 통과하는 1개의 마디 표면을 갖는다. ℓ 값은 핵을 통과하는 절단면인 마디 표면의 수와 동일하다. ℓ = 2인 5개의 *d* 궤도함수에는 핵을 통과하는 마디 표면이 각각 2개 있으며, 이 면들에 의해 전자 밀도 영역이 넷으로 나뉘게 된다. 예를 들어 d_{xy} 궤도함수는 *xy* 평면상에 있으며, 2개의 마디 표면은 *xz*와 *yz* 평면이다(그림 6.14). 다른 2개의 궤도함수 d_{xy}와 d_{yz}도 *xz*와 *yz* 평면에 있으며, 앞에서와 같이 상호 수직인 2개의 마디 표면을 갖고 있다(그림 6.13).

d 궤도함수의 나머지 2개 중 $d_{x^2-y^2}$ 궤도함수는 알아보기 쉬운 형태이다. $d_{x^2-y^2}$ 궤도함수에서 마디면은 *x*축과 *y*축을 이등분하므로 전자 밀도 영역은 *x*축과 *y*축상에 있

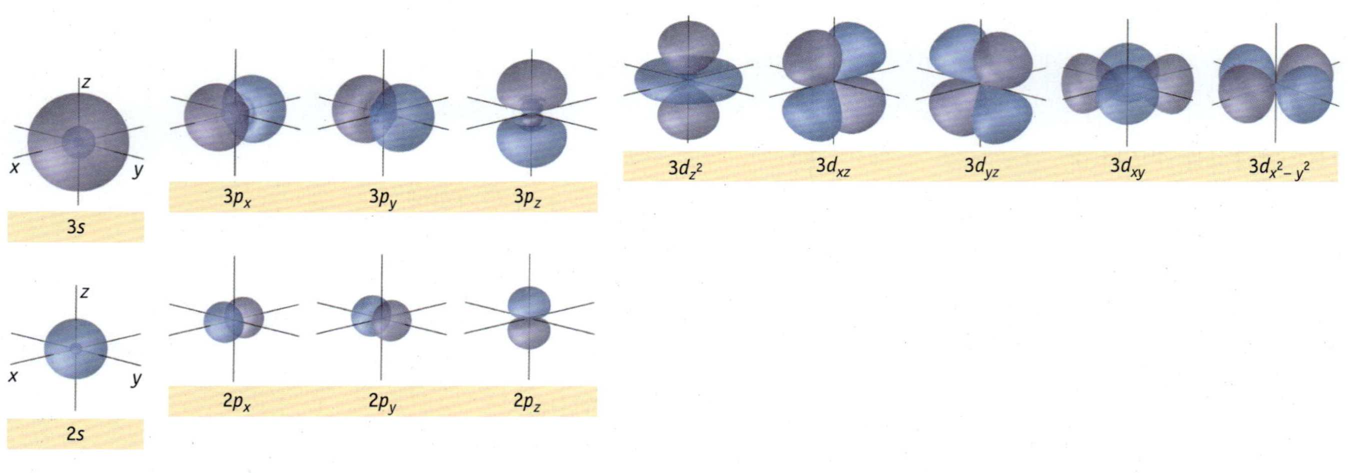

그림 6.13 원자 궤도함수. 수소 원자에 있는 1*s*, 2*s*, 2*p*, 3*s*, 3*p* 그리고 3*d* 궤도함수들의 전자 밀도에 대한 경계면 그림이다. *p* 궤도함수의 아래 첨자로 표시된 문자는 궤도함수가 배치된 직교좌표의 축을 나타낸다(궤도함수에 대한 더 자세한 내용은 280쪽 심층 학습: 수소 원자 궤도함수의 모양과 파동함수를 참조하시오).

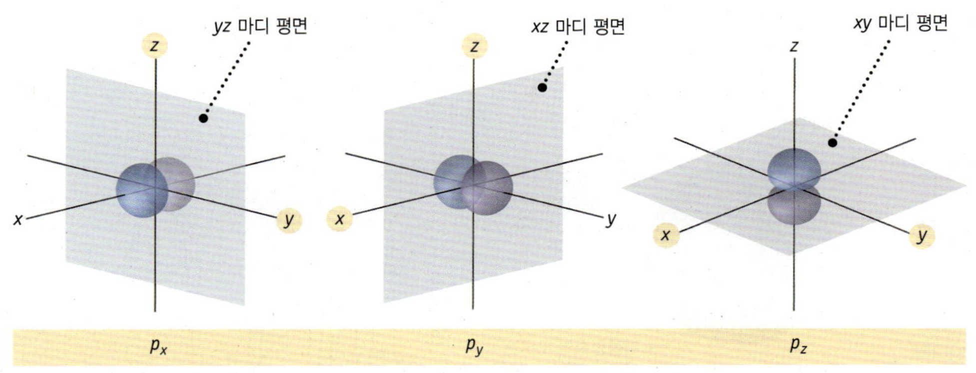

(a) 세 p 궤도함수는 궤도함수가 놓인 방향 축에 수직인 마디 평면을 1개 가지고 있다($\ell = 1$).

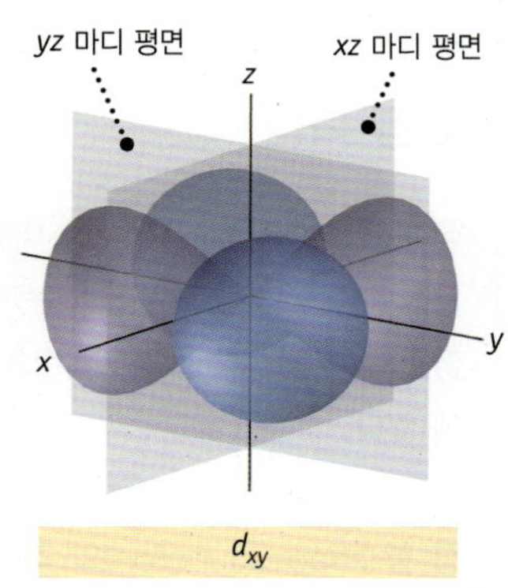

(b) d_{xy} 궤도함수. 5개의 d 궤도함수 모두 핵을 통과하는 2개의 마디 표면을 가지고 있다($\ell = 2$). 이 궤도함수의 마디 표면은 xz와 yz 평면이며, 전자 밀도 영역은 xy 평면의 x축과 y축 사이의 공간이 된다.

그림 6.14 ***p*와 *d* 궤도함수에서의 마디면.** 마디면은 전자가 발견될 확률이 0인 평면이다.

게 된다. d_{z^2} 궤도함수는 전자 밀도 영역이 z축을 따라 두 부분으로 나뉘어져 있으며, 더불어 '도너츠' 모양의 전자 밀도 영역이 xy 평면상에 존재한다. 이 궤도함수는 2개의 고깔 모양의 마디면을 갖는다.

f 궤도함수

7개의 f 궤도함수는 $\ell = 3$의 값을 갖고 있다. 핵을 통과하는 3개의 마디 표면은 공간에서 전자 밀도 영역을 8개의 영역으로 나누게 된다. f 궤도함수 중 하나를 그림 6.15에 나타내었다.

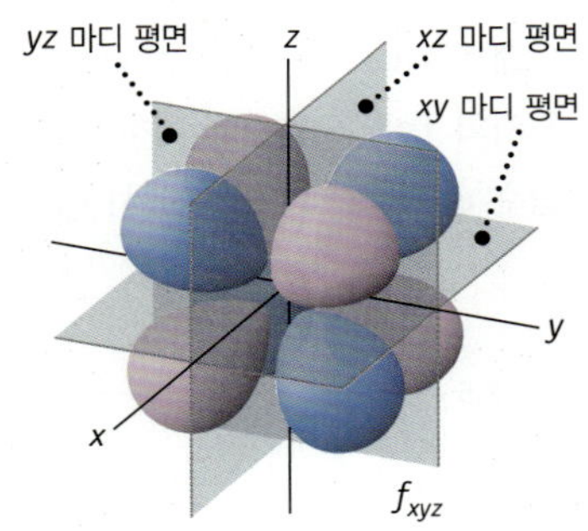

그림 6.15 **7개의 *f* 궤도함수 중 하나.** $\ell = 3$인 궤도함수에 있는 3개의 마디 평면을 주시하시오.

6.6절 확인문제

1. 다음 중 궤도함수를 바르게 표현되지 않은 것은 어느 것인가?
   (a) 3*s* (b) 3*p* (c) 3*d* (d) 3*f*
2. 다음 중 4*p* 궤도함수를 바르게 표현한 양자수 조합은 어느 것인가?
   (a) $n = 4$, $\ell = 0$, $m_\ell = -1$ (b) $n = 4$, $\ell = 1$, $m_\ell = 0$
   (c) $n = 4$, $\ell = 2$, $m_\ell = 1$ (d) $n = 4$, $\ell = 1$, $m_\ell = 2$
3. 5*d* 궤도함수에는 몇 개의 마디 평면이 존재하는가?
   (a) 0 (b) 1 (c) 2 (d) 3

심층 학습 수소 원자 궤도함수 모양과 파동함수

정수이면서 작은 양자수가 어떻게 원자 궤도함수의 모양과 관련이 있는가? 이에 대한 답은 수학 방정식인 궤도함수의 파동함수(ψ)에 있다.

파동함수(ψ) 식은 2개의 함수, 즉 **방사방향 함수**(radial function)와 **각 함수**(angular function)로 이루어져 있다. 우리는 궤도함수의 그림을 얻기 위해 각각을 살펴보는 것이 필요하다.

먼저 n과 ℓ에 의존하는 **방사방향 함수**를 살펴보자. 이것은 어떻게 ψ값이 핵으로부터 거리에 의존하는지 우리에게 말하고 있다. 수소 원자의 1s(n = 1과 ℓ = 0), 2s(n = 2와 ℓ = 0) 궤도함수, 2p 궤도함수(n = 2와 ℓ = 1)에 대한 방사방향 함수는 그림 A에 나타냈다(가로축은 a_0 단위를 가지며, 여기서 a_0는 52.9 pm와 같은 상수이다).

파동은 마루, 골, 마디가 있는데, 파동함수의 그래프는 이러한 것을 보여주고 있다. 수소 원자의 1s 궤도함수에 대하여, 반지름 파동함수 ψ_{1s} 궤도함수는 핵에서 최댓값을 가지며(그림 A), 파동함수의 진폭은 핵에서 멀어질수록 빠르게 감소한다.

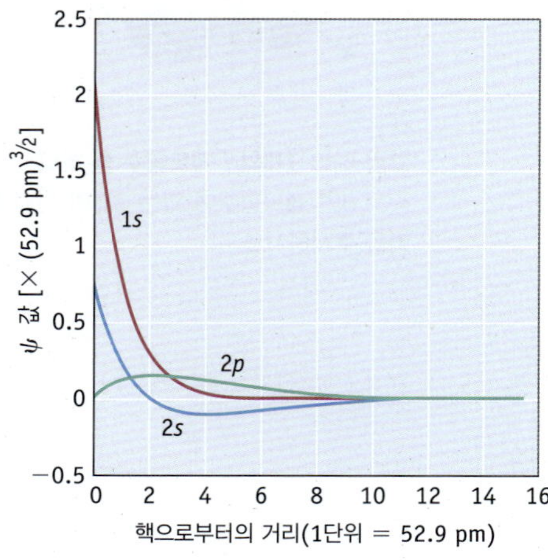

그림 A H 원자의 1s, 2s, 2p 궤도함수 대 핵으로부터의 거리에 대한 파동함수 그래프. 파동함수의 다른 그래프에서처럼, 가로축은 '보어 반지름' 단위로 되어 있다. 여기서 1보어 반지름 = 52.9 pm이다.

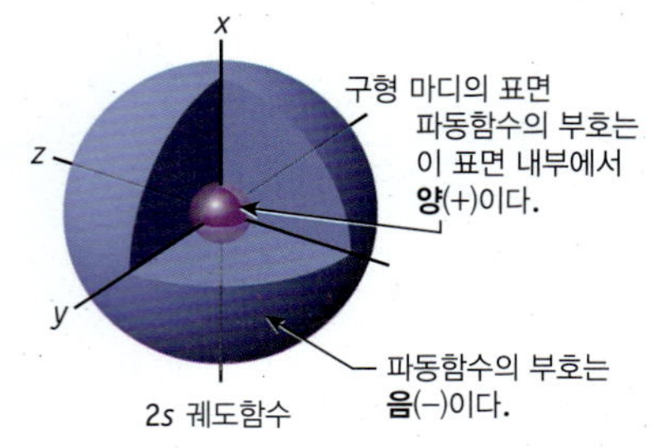

그림 B 2s 궤도함수의 파동함수. 핵 주위에서 구형 마디를 보여주는 수소 원자의 2s 궤도함수($2a_0$ = 105.8 pm)

2s 궤도함수에서는 다른 양상을 보이고 있다. ψ_{2s}의 부호는 핵 근처에서 양의 값을 갖지만, 핵에서 멀어질수록 점차 0에 근접한다(r = $2a_0$ = 2 × 52.9 pm에서 마디가 있다). 그리고 r이 증가함에 따라 음의 값을 가지다가 핵에서 더 멀어지면 다시 0에 근접한다.

이제 파동함수의 **각 부분**으로 초점을 변경하자. 이것은 핵에서 멀어져 각기 다른 방향으로 이동할 때 나타나는 변화를 반영한 것이다. 이들 파동함수들이 바로 양자수 ℓ과 m_ℓ 함수이다.

그림 6.12에서 설명하는 것처럼, ψ_{1s} 값은 모든 방향에서 동일하다. 이러한 결과는 파동함수의 반지름 위치는 r에 따라 다르지만, 모든 s 궤도함수에 대해서는 일정하며, 그 결과 모든 s 궤도함수는 구형이라는 것을 알려주고 있다.

파동함수의 방사방향함수를 그린 그림 A를 보면, 2s 궤도함수에서는 105.8 pm (= $2a_0$)에서 마디가 있음을 알 수 있다. 그러나 ψ_{2s}의 각 배향 부분이 모든 방향에서 같은 값을 갖기 때문에, 이것은 모든 방향에서, 같은 거리에서 마디–구형 마디 표면–가 있다(그림 B). 모든 궤도함수에서 구형 마디의 수는 $n-\ell-1$이다.

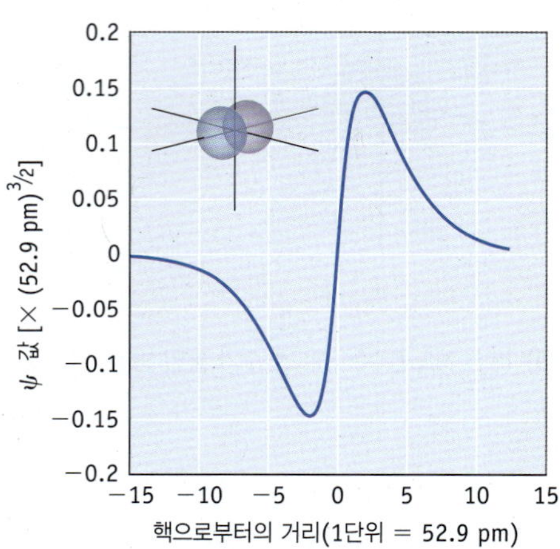

그림 C H 원자의 2p 궤도함수의 파동함수. 2p 궤도함수의 ψ의 부호는 핵의 한쪽에서는 양이고, 다른 쪽은 음이다(그러나 핵에서는 0이다). 마디면은 이 '아령 모양' 궤도함수의 2개의 로브(lobe)에 의해 분리되어 있다(수직축은 ψ값을, 수평축은 핵으로부터 전자의 거리를 나타낸다. 단위 = 52.9 pm.).

이제 p 궤도함수의 반지름과 배향성에 대해 살펴보자. p 궤도함수에서, r = 0일 때 파동함수의 반경에 의존하는 부분은 0이다. 즉, ψ_{2p}의 값은 핵에서 0이므로 마디 표면은 핵을 통과한다(그림 A와 C). 모든 p 궤도함수에서 이러한 현상이 일어난다.

그러나 한 방향으로 핵에서 거리가 멀어질 경우 어떻게 되는지 x축에 놓여 있는 2p_x 궤도함수를 살펴보자. ψ_{2p} 값은 105.9 pm(= $2a_0$)에서 최댓값을 가지며, 핵에서의 거리가 더

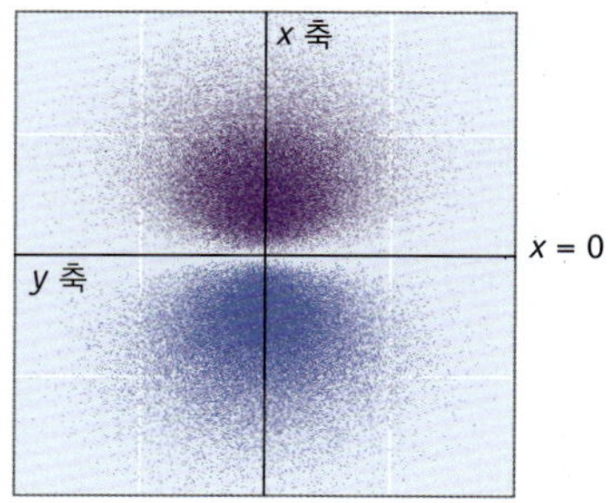

그림 D H 원자의 2p_x 궤도함수. x = 0일 때 파동함수는 어떠한 값도 갖지 않는다. 즉, yz 평면은 마디 평면이다.

멀어짐에 따라 점차로 감소한다(그림 A와 C). $2p_x$ 궤도함수를 나타낸 그림 C를 살펴보자. $-x$와 $+x$에서 ψ_{2p} 값은 같지만, 부호는 반대이다. $2p$ 전자는 핵에서 마디를 가지고 있는 파동이다(궤도함수를 그린다면, 우리는 + 또는 −부호를 가지고 있다는 것을 표시한다. 혹은 그림 6.13에서처럼 2개의 다른 색깔을 가지고 있다는 것을 지시한다).

이제 $2p_x$ 파동함수의 **배향성**(angular) **부분**에 대해 알아보자. 모든 3개의 p 궤도함수 배향성 부분은 같은 값을 갖는다. p_x 궤도함수에 대해 $c(x/r)$, p_y 궤도함수에 대해 $c(y/r)$, p_z 궤도함수에 대해 $c(z/r)$(여기서 c는 상수이다)이다. 그림 D에 $2p_x$ 궤도함수를 나타내었다. x값에 따라 파동함수 값이 결정된다. 그러나 $x = 0$일 때(yz 평면에서), ψ는 0이다. 이것은 x 궤도함수에서의 마디 평면이다. 마찬가지로 $2p_y$ 궤도함수에 대한 파동함수의 각 위치는 그것의 마디 평면이 xz 평면이라는 것을 의미한다.

6.7 다전자 성질: 전자 스핀

원자의 전자 배치에 중요한 역할을 하는 전자가 가지고 있는 1개 이상의 성질이 있으며, 그것은 바로 전자 스핀이다.

1921년 슈테른(O. Stern)과 게르라흐(W. Gerlach)는 기체상의 은 원자살을 자기장 속을 통과시켰더니 은 원자가 자기장에 따라 경로가 변한다는 것을 실험을 통해 확인하였다. 실험 결과가 복잡하였지만, 그들은 전자들이 스핀을 가지며 다른 자석에 의해 끌리거나 반발할 수 있는 작은 자석처럼 거동한다고 설명하였다. 만약 1개의 홀전자를 갖는 원자를 자기장에 놓는다면, 자기장과 같은 방향과 반대 방향에 해당되는 두 방향의 전자 스핀이 있다는 것을 슈테른–게르라흐(Stern–Gerlach) 실험은 보여주고 있다. 즉, **전자 스핀은 양자화되어 있다.** 즉, 네 번째 양자수인 **전자 스핀 양자수**(electron spin quantum number, m_s)가 도입된 것이다. 한 방향은 $m_s = +1/2$ 값을, 반대 방향은 $m_s = -1/2$ 값을 갖는다.

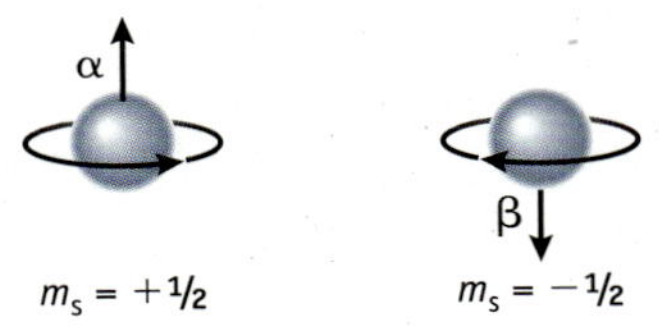

전자의 스핀이 양자화되어 있다는 것을 인식했을 때, 과학자들은 4개의 양자수, n, ℓ, m_ℓ, m_s로 원자 내 전자를 완전하게 나타낼 수 있음을 알았다. 이것에 대해서는 7장에서 다룰 것이다.

6.7절 확인문제

1. 다음 중 어느 것이 수소 원자 내의 전자에 대한 타당한 양자수 조합인가?
   (a) $n = 1$, $\ell = 0$, $m_\ell = 0$, $m_s = 1$
   (b) $n = 1$, $\ell = 1$, $m_\ell = 0$, $m_s = -1/2$
   (c) $n = 1$, $\ell = 0$, $m_\ell = 1$, $m_s = +1/2$
   (d) $n = 1$, $\ell = 0$, $m_\ell = 0$, $m_s = -1/2$

화학 원리 응용 | 태양의 화학

태양의 광학 스펙트럼은 가시광선 영역의 여러 가지 다른 파장에서 또렷하고 어두운 선을 가진 연속적인 방출 복사가 있음을 보여준다. 이 선들은 1814년 이들을 관찰한 독일의 물리학자 프라운호퍼(Joseph von Fraunhofer)의 이름을 기려 프라운호퍼 선이라 부른다. 그는 약 570여 개의 선을 관찰할 수 있었지만 현대 기기를 이용하면 1000개 이상의 어두운 선을 관찰할 수 있을 것이다. 1859년 키르히호프(Gustav Robert Kirchhoff)와 분젠(Robert Busen)은 어두운 선이 태양의 외부 층에 있는 원소들이 햇빛을 흡수한 결과라고 추정하였다.

특정 원소의 원자는 극히 일부의 파장만을 흡수하거나 방출한다는 사실은 원소를 확인하는 데 사용할 수도 있다(262쪽). 대부분의 별들은 수소가 풍부하므로 발머 계열(267쪽)은 별들의 스펙트럼에서 흔히 관찰된다. 헬륨의 발견과 명명은 1868년 개기일식 동안 노란 스펙트럼 선을 관측한 로키어 경(Sir Joseph Norman Lockyer, 1836~1920)의 덕이다. 헬륨은 별에서 흔하지만 지구에서는 흔하지 않다.

문제

1. 헬륨은 587.6 nm의 빛을 흡수한다. 이 빛의 진동수는 얼마인가?
2. 철 원자는 $5.688 \times 10^{14}\ s^{-1}$의 진동수의 빛을 흡수한다. 이 빛의 파장은 nm로 얼마인가?
3. 소듐 원자는 589.00 nm와 589.59 nm에서 태양의 가시광선 스펙트럼의 노란색 영역의 인접한 2개의 선을 나타낸다. 이 파장 각각에 대하여 광자의 에너지를 주울 단위로 결정하시오. 이 2개 광자들의 에너지 차이를 결정하시오.
4. 수소는 434.1 nm에서 흡수선이 있다. 이 파장의 광자들의 에너지는 KJ/mol 단위로 얼마인가?
5. 그림에서 F로 표시된 수소 선(발머 계열)에 대하여 처음과 나중의 전자 상태(n)는 무엇인가?

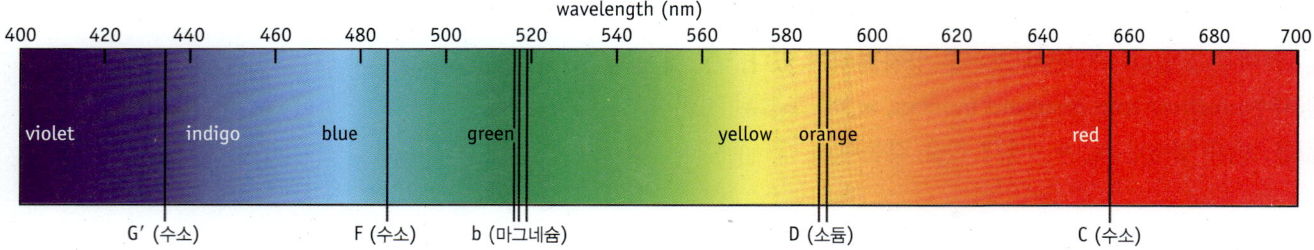

프라운호퍼 선을 가진 태양광의 스펙트럼. 독일 물리학자 프라운호퍼(1787~1826)는 태양광의 스펙트럼에서 어두운 선을 발견하였고 주의 깊게 위치를 확인하고 측정하였다. 그는 주요한 선에 대문자 A에서 K까지 부여하였고 덜 뚜렷한 선에는 소문자를 부여하였다.

학습 목표 복습

여러분은 이 장의 학습을 마쳤다. 이제 학습 목표를 달성했는지 점검해 보자. 특히 다음과 같은 것을 할 수 있어야 한다.

- 전자기 복사의 특성(파장, 진동수, 속도, 마디, 에너지)을 이해한다.
  - **a.** 파장, 진동수, 진폭, 마디라는 용어를 사용한다(6.1절).
  - **b.** 아인슈타인이 광자라 불리는 질량이 없는 입자로 구성된 빛을 가정함으로써 광전 효과를 어떻게 설명하였는지를 이해한다(6.2절).
- 들뜬 원자에 의해 방출된 빛의 근원을 설명하고 원자 구조와의 관계를 이해한다.

a. 보어의 원자 모형, 들뜬 수소 원자의 방출 선 스펙트럼에 보어 모형 적용, 모형의 한계를 설명한다(6.3절).

b. 보어의 수소 원자 모형에서, 전자는 어떤 에너지 상태만을 차지할 수 있음을 이해한다. 에너지는 $1/n^2$에 비례한다($E_n = -Rhc/n^2$). 여기서 n은 주양자수이다(식 6.4, 6.3절). 만약, 전자가 한 에너지 상태에서 다른 에너지 상태로 전이한다면, 이 과정에서 흡수된 에너지와 방출된 에너지의 양은 두 에너지 상태 사이의 에너지 차이와 동일하다(식 6.5, 6.3절).

- 입자–파동 이중성에 대한 실험적 증거를 이해한다.

a. 전자기 복사와 원자의 현대적 관점에서, 전자는 입자 또는 파동으로 설명할 수 있음을 이해한다(6.4절). 전자 또는 어떤 아원자 입자의 파장은 드브로이 식(식 6.6)에 의해 주어진다.

- 양자화와 파동함수와 같은 양자 역학의 기본 원리를 이해한다.

a. 원자의 양자 역학적 모형은 전자가 파동처럼 행동한다는 가정에 근거를 두고 있음을 이해한다.

b. 원자 구조를 설명하는 데 양자 역학의 중요성을 인식한다.

c. 원자에서 전자의 궤도함수는 그 전자의 허용된 에너지와 일치함을 이해한다.

d. 전자의 위치는 불확실함을 이해한다. 공간의 주어진 위치에서 존재하는 전자의 확률만 계산할 수 있다. 이것이 하이젠베르크의 불확실성 원리의 결과이다.

- 전자기 복사의 광자당 파장(λ), 진동수(v), 광속(c)과 에너지(E)의 관계를 확인한다.

a. 전자기 복사의 파장(λ)과 진동수(v)와 광속(c)의 관계식인 식 6.1($c = \lambda v$)을 사용한다.

b. 광자의 에너지는 진동수에 정비례(플랑크 식, 식 6.2)함을 이해한다(6.2절).

- 보어 모형을 이용하여 수소 원자 내의 전자의 에너지를 계산한다.

a. 수소 원자의 특정 에너지 준위의 전자 에너지를 계산한다(6.3절).

b. 수소 원자의 전자가 한 에너지 준위에서 다른 에너지 준위로 전이할 때 흡수하거나 방출하는 광자의 에너지를 계산한다(6.3절).

- 4개의 양자수(n, ℓ, m_ℓ, m_s)를 사용하여 원자의 전자 구조를 기술한다.

a. 3가지 양자수 n, ℓ, m_ℓ을 사용하여 원자에서 궤도함수를 기술한다(6.5절).

b. 궤도함수의 모양을 기술한다(6.6절).

c. $\pm{}^1/_2$을 갖는 양자수(m_s)를 인식한다(6.7절).

- 파장, 진동수와 에너지에 의한 전자기 복사의 다른 종류의 순서를 기억한다(그림 6.2).
- 4개 양자수(n, ℓ, m_ℓ, m_s)의 값을 결정하는 규칙을 기억한다(6.5절~6.7절).
- 원자 궤도함수의 모양을 기억한다(6.6절).

주요 식

식 6.1(255쪽) 전자기 복사선의 파장(λ)과 진동수(ν)의 곱은 광속(c)와 동일하다.

$$c(\text{m/s}) = \lambda(\text{m}) \times \nu(1/\text{s})$$

식 6.2(258쪽) 플랑크 식: 질량이 없는 복사선 입자인 광자의 에너지는 진동수(ν)에 비례한다. 비례상수 h는 플랑크 상수이다(6.626×10^{-34} J · s).

$$E = h\nu$$

식 6.3(262쪽) 뤼드베리 식은 수소 스펙트럼의 발머 계열에 있는 선의 파장을 계산하는 데 사용할 수 있다. 뤼드베리 상수 R은 $1.0974 \times 10^7\ \text{m}^{-1}$이고, 여기서 n은 3 이상이다.

$$\frac{1}{\lambda} = R\left(\frac{1}{2^2} - \frac{1}{n^2}\right) \qquad \text{단, } n > 2$$

식 6.4(263쪽) 보어 이론에서 수소 원자의 n번째 양자 준위의 전자의 에너지(E_n)는 $1/n^2$에 비례한다. 여기서 n은 양의 정수(주양자수)이고 $Rhc = 2.179 \times 10^{-18}$ J/원자 또는 $N_A Rhc = 1312$ kJ/mol이다.

$$E_n = -\frac{Rhc}{n^2}$$

식 6.5(267쪽) 수소 원자에서 두 양자 준위($n_{\text{나중}}$과 $n_{\text{처음}}$) 사이의 전이하는 전자에 대한 에너지 변화(나중과 처음으로 통일)

$$\Delta E = E_{\text{나중}} - E_{\text{처음}} = -Rhc\left(\frac{1}{n^2_{\text{나중}}} - \frac{1}{n^2_{\text{처음}}}\right)$$

식 6.6(270쪽) 드브로이의 식; 입자의 파장(λ)은 질량(m)과 속도(v) 그리고 플랑크 상수(h)와 관계가 있다.

$$\lambda = \frac{h}{mv}$$

© Cengage Learning/Charles D. Winters

실전문제

전자기 복사(예제 6.1, 그림 6.2 참조)

1. 그림 6.2에 근거하여 다음 물음에 답하시오.
(a) X선과 마이크로파 중 어떤 것이 낮은 에너지를 갖고 있는가?
(b) 레이더파와 적색광 중 어느 것이 높은 주파수를 갖는가?
(c) 적외선과 자외선 중 어느 것이 긴 파장을 갖는가?

2. 요즈음 신호등은 종종 LED(light–emitting diodes, 발광 다이오드)로 만들어진다. 다음 그림은 황색과 녹색의 신호등이다.
(a) 황색 신호등에서 나오는 빛의 파장은 595 nm이며, 녹색 신호등에서 나오는 빛의 파장은 500 nm이다. 어느 것이 더 높은 주파수를 갖는가?
(b) 황색 빛의 주파수를 계산하시오.

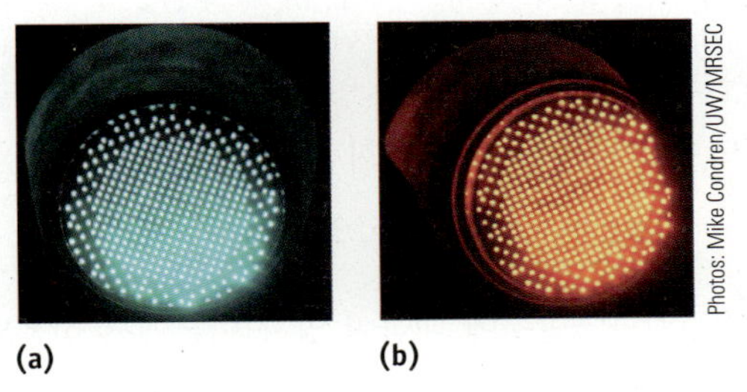

Photos: Mike Condren/UW/MRSEC

전자기 복사 및 플랑크 방정식(6.2절 참조)

3. 녹색 빛의 파장은 5.0×10^2 nm이다. 녹색 빛 광자 하나의 에너지는 주울(joules) 단위로 얼마인가? 녹색 빛 광자 1.0 mol의 에너지는 주울 단위로 얼마인가?

4. 알루미늄 원소의 스펙트럼에서 가장 두드러진 선은 396.15 nm에서 나타난다. 이 선의 주파수는 얼마인가? 이 파장의 빛 광자 1개의 에너지는 얼마인가? 광자 1.00 mol의 에너지는 얼마인가?

5. 다음 각 형태의 복사선을 광자당 에너지가 증가하는 순서로 나열하시오.
(a) 소듐 등의 노란색 빛
(b) 치과 의료기에서 나오는 X선
(c) 전자 오븐의 마이크로파
(d) FM 방송의 주파수 91.7 MHz

광전효과(258쪽과 그림 6.4 참조)

6. 금속표면에 흡착된 세슘 원자로부터 하나의 전자를 떼어내는 데는 3.3×10^{-19} J/atom이 필요하다. 세슘 원자로부터 이온화되는 빛이 가질 수 있는 파장 중 가장 긴 파장 값을 계산하시오. 이 복사선은 전자기 스펙트럼의 전체 영역 중 어느 영역에 속하는가?

원자 스펙트라와 보어 원자(예제 6.3~6.4, 그림 6.5~6.10 참조)

7. 수은 원자의 스펙트럼 중 가장 두드러진 선은 253.652 nm에 나타나며, 그 밖의 다른 선들은 365.015 nm, 404.656 nm, 435.833 nm, 1013.975 nm에서 관찰된다.
(a) 위에서 관찰된 선 중 가장 큰 에너지를 갖는 선은 어느 것인가?
(b) 가장 두드러진 선(253.652 nm)의 주파수는 얼마인가?
(c) 위에서 제시된 선들 중 그림 6.6에 있는 수은의 선 방출 스펙트럼에서 찾을 수 있는 것은 어느 것인가? 또한 그 선들의 색(혹은 색들)은 무엇인가?

8. 들뜬 수소 원자의 방출 스펙트럼 선들 중 발머 계열 가운데 하나인 선의 파장이 410.2 nm이다(그림 6.10). 이 방출 선과 관련된 전이에서 보이는 빛은 무슨 색인가? 이 선의 방출과 관련된 양자 준위들은 무엇인가? 또한 최초의 주양자수($n_{처음}$)과 최종의 주양자수($n_{나중}$)는 무엇인가?

9. 다음의 물음들은 수소 원자의 전자 전이 중 오직 $n = 1$ 준위로부터 $n = 5$ 준위까지 그 사이 몇 개의 전이만을 고려한 것이다(그림 6.7과 6.10 참조).
(a) 오직 5개만의 양자 준위를 고려할 때 몇 개의 방출선이 관찰되겠는가?

(b) 최대 주파수를 갖는 광양자의 방출은 n = _______ 준위에서 n = _______ 준위로의 전자 전이에 의한 것이다.

(c) 가장 긴 파장을 갖는 방출선은 n = _______ 준위에서 n = _______ 준위로의 전자 전이에 의한 것이다.

10. 모든 원자에서 전자가 높은 에너지 상태로부터 낮은 에너지 상태로 전이할 때 방출되는 에너지는 전자기 복사 형태로 관찰된다.

(a) 수소 원자에 있어서 $n = 4$에서 $n = 2$로의 이동과 $n = 3$에서 $n = 2$로의 이동 중 어느 것이 더 낮은 방출 에너지를 갖겠는가?

(b) 수소 원자에 있어서 $n = 4$에서 $n = 1$로의 전이와 $n = 5$에서 $n = 2$로의 전이 중 어느 것이 더 많은 방출 에너지를 갖는지 자세히 설명하시오.

11. 수소 원자에 있어서 $n = 3$에서 $n = 1$로의 전이에 의해 발생하는 방출광의 주파수를 계산하시오. 이 복사선은 수소 원자 스펙트럼의 어느 영역에서 나타나는가?

드브로이와 물질파(예제 6.5 참조)

12. 어느 전자의 이동 속도가 2.5×10^8 cm/s이다. 이 전자의 파장은 얼마인가?

13. 질량이 46 g인 골프공이 30. m/s(약 67 mph) 속도로 날아간다면 이 공의 파장은 얼마가 되겠는가? 파장을 nm 단위로 계산하시오. 또 어떤 골프공의 파장이 5.6×10^{-3} nm이 되려면 얼마나 빠른 속도로 날아가야 하는가?

양자 역학(6.5절~6.7절 참조)

14. (a) 주양자수(n)가 4일 때, 가질 수 있는 각운동량 양자수(ℓ) 값을 구하시오.

(b) 각운동량 양자수(ℓ)가 2일 때, 가질 수 있는 자기 양자수 m_ℓ 값을 구하시오.

(c) 4s 궤도함수가 가질 수 있는 n, ℓ, m_ℓ 값을 구하시오.

(d) 4f 궤도함수가 가질 수 있는 n, ℓ, m_ℓ 값을 구하시오.

15. 들뜬 상태의 수소 원자에 있는 전자 가운데 하나가 4p 궤도함수에 있다. 이 전자가 가질 수 있는 양자수(n, ℓ, m_ℓ)를 쓰시오.

16. 주양자수 n이 4인 전자 껍질에 있는 부껍질의 수는 몇 개인가?

17. 한 원자에 있는 전자에 대하여 다음 각 양자수의 조합이 가능하지 않는 이유를 간단히 설명하시오.

(a) $n = 2$, $\ell = 2$, $m_\ell = 0$

(b) $n = 3$, $\ell = 0$, $m_\ell = -2$

(c) $n = 6$, $\ell = 0$, $m_\ell = -1$

18. 다음 각 양자수의 조합으로부터 가능한 최대한의 궤도함수 개수는 몇 개인가? 만약 가능한 궤도함수가 '없는' 경우에는 타당한 설명을 하시오.

(a) $n = 3$, $\ell = 0$, $m_\ell = +1$

(b) $n = 5$, $\ell = 1$

(c) $n = 7$, $\ell = 5$

(d) $n = 4$, $\ell = 2$, $m_\ell = -2$

19. 다음 중 원자 내 전자에 대한 일련의 양자수 조합이 가능하지 않은 것은 무엇이며, 그 이유를 간단히 설명하시오. 또한 잘못된 값을 올바르게 바꾸시오.

(a) $n = 4$, $\ell = 2$, $m_\ell = 0$, $m_s = 0$

(b) $n = 3$, $\ell = 1$, $m_\ell = -3$, $m_s = -1/2$

(c) $n = 3$, $\ell = 3$, $m_\ell = -1$, $m_s = +1/2$

20. 다음의 궤도함수 중 양자 이론에서 허용되지 않는 것을 찾아내고 그 이유를 간단히 설명하시오.

2s, 2d, 3p, 3f, 4f, 5s

21. 다음 각 궤도함수에 대하여 양자 이론에서 허용되는 세 가지 양자수의 조합을 쓰시오.

(a) 2p (b) 3d (c) 4f

22. 어떤 궤도함수의 주양자수(n)가 4이고, 각운동량 양자수(ℓ)가 2라면 이 궤도함수는 다음 중 어느 것인가?

(a) 3p (b) 4p (c) 5d (d) 4d

23. 다음 각 궤도함수에 몇 개의 마디면이 있는지를 밝히시오.

(a) 2s (b) 5d (c) 5f

일반문제

원자 구조에 대한 일반적인 질문

다음 문제들은 절의 종류나 위치를 명시하지 않았다. 이 문제들은 여러 가지 개념이 조합되어 있을 수도 있다.

24. 다음에 제시되는 문항 내용 중에 광전효과를 설명하는 데 도움이 되는 것은 어느 것인가? 문항 중에 내용이 옳지 않는 것은 바르게 수정하시오.
(a) 빛은 전자기 복사이다.
(b) 빛살의 강도는 그 빛의 주파수와 관계가 있다.
(c) 빛은 플랑크 방정식($E = h\nu$)에 의한 에너지를 갖는, 질량을 갖지 않는 입자로 구성되어 있다고 생각할 수 있다.

25. 다음 각 궤도함수가 갖는 마디 표면의 수를 밝히시오.

$$s, p, d, f$$

26. 표의 ℓ값과 궤도함수 종류(s, p, d, f)를 일치시키시오.

ℓ값	궤도함수 종류
3	______
0	______
1	______
2	______

27. 다음의 표를 완성하시오.

궤도함수 모양	주어진 부껍질 내의 궤도함수	핵을 통과하는 마디 표면의 수
s	______	______
p	______	______
d	______	______
f	______	______

28. 어떤 광고용 전광판에서 빨간색 빛과 초록색 빛이 나오고 있다.
(a) 광자가 더 높은 에너지를 갖는 빛은 무엇인가?
(b) 두 빛의 파장이 하나는 680 nm이고, 다른 하나는 500 nm이다. 각 파장에 맞는 색을 말하시오.
(c) 어떤 빛이 더 높은 주파수를 갖는가?

29. 어떤 무선 전화기가 전송하는 신호의 주파수가 850 MHz ($1\ \text{MHz} = 1 \times 10^6\ \text{Hz}$, 혹은 $1/s$이다.)
(a) 이 복사선의 파장은?
(b) 850 MHz의 주파수를 갖는 광자 1.0 mol의 에너지는 얼마인가?
(c) 위에서 계산된 에너지와 파란 빛(420 nm) 광자 1 mol의 에너지를 비교하시오.
(d) 850 MHz 복사선과 파란색 빛 간의 에너지 차이에 합당한 설명을 하시오.

30. 어떤 원자가 충분한 에너지를 흡수하게 되면 하나의 전자를 버리면서 양이온으로 바뀌게 되는데, 이 과정에서 필요한 에너지를 그 원자의 이온화 에너지라 한다. 수소 원자의 경우 이온화 에너지는 전자를 $n = 1$인 궤도함수에서 $n = \infty$까지 옮기는 데 필요한 에너지에 해당된다. He^+ 이온의 이온화 에너지를 계산하시오. He^+ 이온의 이온화 에너지와 H 원자의 이온화 에너지 값을 비교하시오(보어의 이론을 He^+ 이온에도 적용할 수 있는 것은 이 이온이 H 원자와 같이 하나의 전자만 가지고 있기 때문이다. 하지만 전자의 에너지를 $E = -Z^2Rhc/n^2$ 식으로 계산할 때, Z는 헬륨 원자의 원자번호이다).

31. 수소 원자에 있는 다음 궤도함수들을 에너지가 증가하는 순서로 배열하시오.

$$3s, 2s, 2p, 4s, 3p, 1s, 3d$$

32. 코발트-60은 암 치료약으로 사용되는 방사성 동위원소로 β 입자와 γ선이 생성되며, 이들은 1.173과 1.332 MeV ($1\ \text{MeV} = 10^6\ \text{eV}$, $1\ \text{eV} = 1.6022 \times 10^{-19}\ \text{J}$)의 에너지를 갖는다. 1.173 MeV의 에너지를 가진 γ선 광자의 주파수와 파장은 얼마인가?

33. 소저너(Sojourner) 우주선은 1997년에 화성에 착륙하였는데, 지구에서 화성까지의 거리는 대략 7.8×10^7 km이다. TV 화면 영상신호가 화성에서 지구까지 도달하는 데는 얼마나 걸리겠는가?

34. 다음 물음은 이 장 전체의 내용에 대한 요약 문제이다.
(a) 양자수 n은 원자 궤도함수의 ______을 기술한다.
(b) 원자 궤도함수의 모양은 양자수 ______에 의해 결정된다.
(c) 초록색 광의 광자는 주황색 빛의 광자보다 더 ______

(적은 또는 많은) 에너지를 가지고 있다.

(d) 주양자수 $n = 4$와 각운동량 양자수 $\ell = 3$의 조합으로 이루어지는 궤도함수의 최대 수는 ______개이다.

(e) 주양자수 $n = 3$, 각운동량 양자수 $\ell = 2$, 자기양자수 $m_\ell = -2$의 조합을 갖는 궤도함수의 최대 수는 ______개이다.

(f) 다음 각 형태의 궤도함수 그림에 적절한 문자 기호 표시를 하시오.

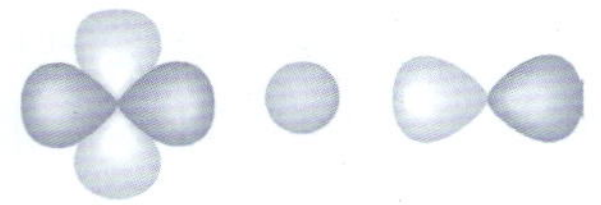

(g) $n = 5$일때, 가능한 ℓ의 값은 ________이다.

(h) $n = 4$의 궤도함수의 수는 ________ 개이다.

35. 수소 원자의 전자에 대하여 전자가 $n = 5$ 준위에서 $n = 2$ 준위로 떨어질 때 방출하는 광자의 에너지를 계산하시오. 이 전자기 복사의 진동수와 파장은 얼마인가?

실험 관련 문제

36. 커다란 오이 피클에 2개 전극을 부착하고, 이것을 110 V 전원에 연결하였다. 피클을 통하는 전압이 증가할수록 노란색으로 빛이 나기 시작한다. 피클은 채소를 진한 소금 용액에 절여서 만든 것임을 고려하여 전기 에너지가 가해질 때 피클이 빛을 방출하는 이유를 기술하시오.

전기 피클.

37. 메탄올(CH_3OH)의 적외선 스펙트럼이 아래와 같이 도시되었다. 이것은 메탄올이 투과하는 적외선 영역의 빛의 양을 파장의 함수로 표현하고 있다. 세로축은 투과된 빛의 양이다. 그래프의 꼭대기 근처의 점에서 대부분의 입사광이 시료를 투과한다. (또는 반대로 흡수되는 빛이 거의 없다.) 따라서 정점에서 내려오는 '피크' 또는 '띠'는 흡수하는 빛을 의미한다. 밴드가 길수록 더 많은

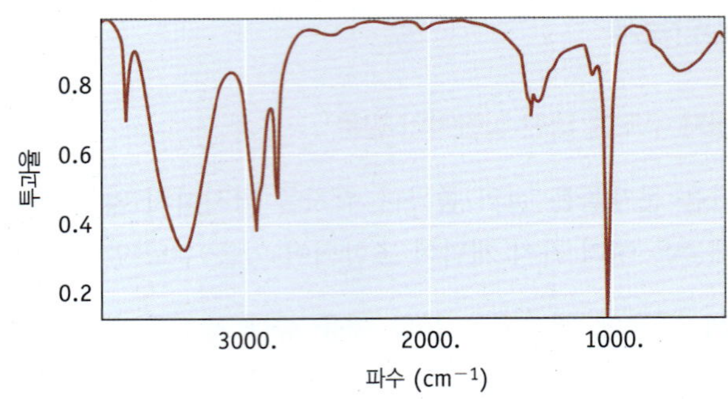

빛이 흡수된다. 수평 척도는 cm^{-1}로 축약된 파수(wave numbers)이다. 빛의 에너지는 플랑크 방정식, $E = hc/\lambda$로 주어진다. 즉, E는 $1/\lambda$에 정비례한다. 따라서 가로축 척도는 $1/\lambda$의 단위이고 시료에 입사하는 빛의 에너지를 반영한다.

(a) 수평축의 한 점이 2000 cm^{-1}로 표시되어 있다. 이 점에서 빛의 파장은 얼마인가?

(b) 이 스펙트럼의 낮은 에너지 끝은 어디이며(왼쪽 또는 오른쪽) 어느 쪽이 높은 에너지 끝인가?

(c) 약 3300–3400 cm^{-1}에서의 넓은 흡수 띠는 적외선 복사가 메탄올 분자의 OH 작용기와 상호작용함을 나타낸다. 2800–3000 cm^{-1}의 좁은 흡수 띠는 C–H 결합과의 상호작용 때문이다. O–H와 C–H와의 상호작용 중 어느 상호작용이 보다 많은 에너지를 필요로 하는가?

요약 및 개념 문제

다음 문제들은 이 장과 이전의 장들에서 나온 개념을 모두 포함하고 있다.

38. 수은이나 소듐을 함유한 가로등 빛은 들뜬 원자들 때문이다. 이와 같은 가로등의 빛이 발산되는 이유를 잘 설명한 것은 다음 중 어느 것인가?

(a) 전자들이 주어진 에너지 준위로부터 더 높은 에너지 준위로 이동하기 때문이다.

(b) 전자들이 원자로부터 제거됨으로써 금속 양이온이 생성되기 때문이다.

(c) 전자들이 주어진 궤도함수에서 더 낮은 에너지 준위로 이동하기 때문이다.

39. '파동–입자 이중성'의 의미는 무엇인가? 현대적 관점의 원자 구조에 있어서 파동–입자 이중성은 어떻게 해석되고 있는가?

40. 양자 역학 원리 적용 시에서 다음 중 결정 가능한 것은 어느 것인가?

(a) 수소 원자에 있는 전자의 에너지를 고도로 정밀하고 정확하게 결정

(b) 빠른 속도로 움직이는 전자의 위치를 고도로 정밀하고 정확하게 결정

(c) 빠른 속도로 움직이는 전자의 위치와 에너지를 동시에 고도로 정밀하고 정확하게 결정

41. 파장이 93.8 nm인 광자가 수소 원자를 때리면 수소 원자로부터 빛이 방출된다. 이때 관찰되는 방출선의 수는 몇 개인가? 그 선들의 파장은 얼마인가? 간단히 설명하시오(그림 6.10 참조).

42. 테크네튬은 지구 상에 자연 상태로 존재하지 않는 원소이므로 사용되는 원소는 모두가 실험실에서 합성된 것이다. 그럼에도 불구하고 테크네튬은 자연 방사성 원소이기 때문에 의료 분야에서 그 효용성이 매우 크다. 예를 들어 과산화테크네튬산소듐($NaTcO_4$)의 형태로 뇌, 갑상선, 그리고 타액선의 이미지를 구성하는 연구에 이용되고 있으며, 콩팥 혈류 연구를 포함한 다양한 연구에 쓰이고 있다.

(a) 이 원소는 주기율표에서 어느 족, 어느 주기에 위치하고 있는가?

(b) 테크네튬의 원자가 전자(최외각전자)는 $5s$와 $4d$ 부껍질에서 발견된다. $5s$ 부껍질에 있는 전자 중 하나가 갖는 세 가지 양자수 조합(n, ℓ, m_ℓ)을 밝히시오.

(c) 테크네튬은 0.141 MeV(1 MeV = 10^6 eV, 1 eV = 1.6022×10^{-19} J)의 에너지를 갖는 γ선을 방출한다. 0.141 MeV의 에너지를 갖는 γ선 광자의 파장과 주파수는 얼마인가?

(d) $NaTcO_4$를 합성하기 위해 테크네튬을 질산에 녹여야 한다. 여기서 얻어지는 1차 생성물, $HTcO_4$를 수산화소듐(NaOH)으로 처리하면 $NaTcO_4$가 얻어진다.

$$7\ HNO_3(aq) + Tc(s) \rightarrow HTcO_4(aq) + 7\ NO_2(g) + 3\ H_2O(\ell)$$

(i) $HTcO_4$를 수산화소듐(NaOH)으로 처리하는 과정에 대한 완결된 반응식을 쓰시오.

(ii) 최초 반응을 4.5 mg의 테크네튬으로 시작했다면 얻어지는 최종 생성물($NaTcO_4$)의 양은 얼마인가? 두 번째 단계에서 모든 $HTcO_4$를 생성물($NaTcO_4$)로 변환하기 위해서는 몇 g의 NaOH가 필요한가?

(e) 만약 $NaTcO_4$ 1.5마이크로몰을 합성하자면 얼마의 질량의 화합물을 가져야 하는가? 화합물을 10.0 mL 용액에 녹이면 농도는 얼마인가?

루비. 붉은 루비와 짙은 푸른 사파이어는 모두 다른 불순물을 가진 산화알루미늄이다.

07장 원자 구조와 주기성

학습 개요

루비와 사파이어

사람들은 오랫동안 사파이어나 루비 같은 값비싼 보석에 매료되었고, 이것을 소유하길 갈망했다.

화학자들에게는 사파이어나 루비는 불순물이 약간 들어 있는 산화알루미늄이다. 그러나 이 불순물이 산화알루미늄을 아름다운 보석으로 만들어준다.

루비는 색이 다양하다. 대부분은 빨간색이지만 존재하는 불순물의 양과 물질에 따라 갈색, 보라색 그리고 분홍색을 띠기도 한다. 루비의 빨간색은 Al_2O_3의 Al^{3+} 이온 중 일부가 Cr^{3+} 이온으로 치환되어 생긴 결과이다. 루비의 가격은 항상 색과 투명성에 의해 좌우되며, 암적색(비둘기 핏빛)과 닮은 진한 빨간색을 띠고 가능한 최대로 투명한 것이 가장 값비싼 루비다.

간혹 어떤 루비들은 아주 작은 바늘 같은 산화타이타늄(금홍석)이 들어 있어 루비를 약간 흐리게 만든다. 사실 루비가 약간 흐리지 않다면 아마도 가치가 떨어지는 합성석일 것이다.

학습 목표

다음 목표들의 핵심인 학습문제는 "학습 목표 복습"을 참조하시오.

- 원자 구조와 4개의 양자수 (n, ℓ, m_ℓ, 그리고 m_s)의 관계를 이해
- 유효핵전하, Z^*와 이것의 부껍질 에너지와 원자의 성질에 대한 의미를 이해
- 원자들과 단원자 이온의 전자 배치를 쓴다.
- 전자는 에너지가 증가하는 순으로 원자의 부껍질에 배분함을 기억
- 원자와 이온의 크기, 이온화 에너지, 그리고 전자부착 엔탈피의 변화 추세를 기억

루비는 대부분 남아시아, 중앙아시아, 동아프리카에 매장되어 있고, 미국에는 아주 적은 양이 매장되어 있다. 흥미롭게도, 그린란드에서 빙하가 떨어져 나갈 때 거대 루비 광상이 발견되었다.

합성 루비는 19세기에 처음으로 만들어졌고, 1902년 오귀스트 베르뇌유(Auguste Verneuil)가 개발한 방법이 가장 잘 알려져 있다. 합성 과정은 산화알루미늄과 플루오린화바륨을 크로뮴(III) 화합물과 함께 용융시킨다. 이 방법으로 합성된 루비는 DVD 플레이어의 상업용 레이저에 사용된다.

사파이어도 산화알루미늄을 기본으로 하고 있다. 이들의 통상적 푸른색은 소량의 철, 타이타늄, 바나듐과 같은 원소 때문이다. 철과 타이타늄이 Fe^{2+}와 Ti^{4+}로 존재하게 될 때 사파이어의 멋진 진한 파란색이 된다.

사파이어도 마찬가지로 합성할 수 있으며, 합성 사파이어는 보석으로 일부 사용되고 있다.

6장에서 소개한 원자의 파동 역학적 모형은 전자를 물질파처럼 묘사하고 이 물질파를 기술하는 데 사용하는 4개의 양자수를 소개한다. 전자 껍질을 구성하는 부껍질에 배열된 궤도함수에 전자는 배분된다. 이 장의 첫 번째 목적은 모든 원소의 전자 구조에 이 모형을 적용하는 것이다.

두 번째 목적은 원자가 전자를 잃거나 얻어 이온을 형성할 때 일어나는 에너지 변화에 따른 원소의 몇 가지 성질과 원자나 이온의 크기에 대해 탐구하는 것이다. 이 성질들은 원자의 전자 구조, 즉 원자의 전자 배치와 직접 연관되어 있다.

7.1 파울리의 배타원리

실험과 일치되는 양자론을 정립시키기 위해 오스트리아 물리학자 파울리(Wolfgang Pauli, 1900~1958)는 1925년 **배타원리**(Pauli exclusion principle)를 제시하였다. **2개 이상의 전자는 동일한 궤도함수를 차지할 수 없고, 만약 2개의 전자가 동일한 궤도함수에 있다면, 반대의 스핀 운동을 해야 한다.** 이것은 한 원자 내에 있는 어떤 전자도 동일한 한 벌의 네 양자수(n, ℓ, m_ℓ, m_s)를 가질 수 없다는 일반적인 진술을 이끌어낸다.

H 원자의 1*s* 궤도함수에 배분된 1개의 전자는 한 벌의 양자수 $n = 1$, $\ell = 0$, $m_\ell = 0$, $m_s = +1/2$를 가지고 있다. 원자 궤도함수를 '상자'로 표시하고, 전자는 화살표 (↑ 또는 ↓)로 표시하자. 수소 원자는 다음과 같이 나타낸다.

1*s* 궤도함수 내의 전자: [↑] 한 벌의 양자수
1*s* $n = 1, \ell = 0, m_\ell = 0, m_s = +1/2$

m_s(+1/2 또는 −1/2)의 선택과 전자스핀의 화살표 방향은 임의로 정한다. 즉, 두 값 중 하나를 선택할 수 있고, 화살표의 방향은 양방향으로 표시할 수 있다. 이런 그림을 **궤도함수 상자 그림**(orbital box diagram)이라 한다.

2개의 전자를 갖고 있는 헬륨 원자는 2개의 전자가 1*s* 궤도함수에 배분된다. 파울리의 배타원리에 따라 각각의 전자는 다른 벌의 양자수를 가져야만 한다. 따라서 궤도함수 상자 그림은 다음과 같다:

1*s*
1*s* 궤도함수 내의 2개의 전자: [↑↓] ← 이 전자는 $n = 1, \ell = 0, m_\ell = 0, m_s = -1/2$을 가진다.
← 이 전자는 $n = 1, \ell = 0, m_\ell = 0, m_s = +1/2$을 가진다.

궤도함수들은 상자가 아니다. 궤도함수는 전자가 차지하는 상자가 아니다. 따라서 전자가 궤도함수 내에 있다거나 궤도함수를 차지한다는 말이 보통 간단하게 하기 위하여 사용되기는 하지만 개념적으로는 옳지 않다.

반대 또는 '짝을 이룬' 스핀을 갖게 됨으로써 He 원자의 1*s* 궤도함수 내에 있는 2개의 전자는 각각 서로 다른 한 벌의 네 양자수를 갖게 된다. 궤도함수에 대한 이해와 하나의 궤도함수가 2개 이상의 전자를 수용할 수 없다는 사실에 따라 각각의 전자 껍질 또는 부껍질을 채울 수 있는 최대 전자 수를 알 수 있다. 예를 들면 *p* 부껍질에 있는 3개의 궤도함수는 각각 2개의 전자를 수용할 수 있기 때문에 *p* 부껍질은 최대 6개의 전자를 가질 수 있다. 같은 이유 때문에, *d* 부껍질의 5개 궤도함수는 총 10개의 전자를 가질 수 있고, 7개의 *f* 궤도함수는 14개의 전자를 수용할 수 있다. *n*번째 껍질에는 *n*개의 부껍질이 있고, 그 껍질에는 n^2개의 궤도함수가 있다(표 6.1 참조). 그러므로 **어떤 껍질이든 들어갈 수 있는 최대 전자 수는 $2n^2$이다.** 양자 수와 전자 수의 상관관계를 표 7.1에 나타내었다.

7.1절 확인문제

1. $n = 7$인 껍질에는 얼마나 많은 전자를 수용할 수 있는가?
   (a) 18 (b) 36 (c) 72 (d) 98

2. 궤도함수의 한 전자가 양자수 $n = 3$, $\ell = 2$, $m_\ell = -1$, $m_s = +1/2$를 가지면, 그 궤도함수의 다른 전자의 양자수는 무엇인가?
   (a) $n = 3, \ell = 2, m_\ell = -1, m_s = +1/2$ (b) $n = 3, \ell = 2, m_\ell = -1, m_s = -1/2$
   (c) $n = 3, \ell = 2, m_\ell = 0, m_s = -1/2$ (d) $n = 3, \ell = 1, m_\ell = -1, m_s = +1/2$

표 7.1 n = 1~6의 전자 껍질과 부껍질이 수용할 수 있는 전자의 수

전자 껍질 (n)	허용 부껍질	허용 궤도함수 ($2\ell + 1$)	부껍질에 존재할 수 있는 전자의 수 [$2(2\ell + 1)$]	n번째 껍질에 대한 최대 허용 전자 수 ($2n^2$)
1	*s*	1	2	2
2	*s*	1	2	8
	p	3	6	
3	*s*	1	2	18
	p	3	6	
	d	5	10	
4	*s*	1	2	32
	p	3	6	
	d	5	10	
	f	7	14	
5	*s*	1	2	50
	p	3	6	
	d	5	10	
	f	7	14	
	*g**	9	18	
6	*s*	1	2	72
	p	3	6	
	d	5	10	
	*f**	7	14	
	*g**	9	18	
	*h**	11	22	

*이 궤도함수들은 원소의 바닥 상태에서 채워지지 않는다.

7.2 원자 부껍질 에너지와 전자의 배분

이 장의 목표는 다전자 원자의 전자 배분을 예측하고 이해하는 것이다. 전자가 궤도함수에 배분되는 과정은 축조원리(*aufbau principle, aufbau*는 "쌓음(building up)"을 의미)로 알려져 있다. 전자들은 에너지가 증가되는 순서로 껍질(양자수 n으로 정의됨)과 부껍질(양자수 ℓ로 정의됨)에 배분된다. 이러한 방법으로 원자의 총에너지가 가능한 낮아지는 쪽으로 배분된다.

부껍질의 에너지 순서와 전자 배분

양자론과 원자에 대한 보어(Bohr) 모형에 의하면 전자를 하나 갖고 있는 H 원자의 에너지는 단지 n의 값에만 의존한다($E_n = -Rhc/n^2$, 식 6.4). 그러나 2개 이상의

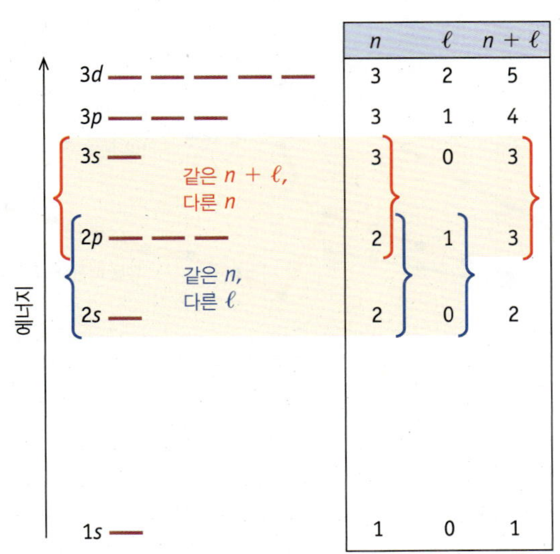

(a) 다전자원자에 들어 있는 부껍질의 에너지 순서. 전자껍질의 에너지는 n 값이 커질 때 증가하고 껍질에 있는 부껍질의 에너지는 ℓ 값이 커질 때 증가한다(에너지 축은 척도에 맞춘 것은 아니다). 주어진 껍질에 있는 부껍질들 간의 에너지 간격은 껍질의 n 값이 커질수록 점점 작아진다.

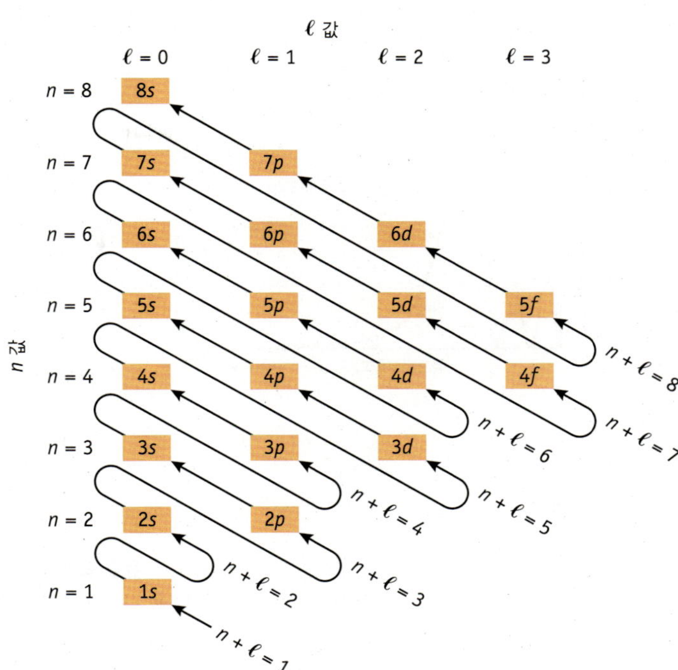

(b) 부껍질의 채워지는 순서. 원자의 부껍질들은 $n + \ell$이 증가하는 순서로 채워진다. 두 개의 부껍질이 같은 $n + \ell$ 값을 가질 때 n 값이 낮은 부껍질이 먼저 채워진다. 그림을 이용하려면 1s에서 시작하여 $n + \ell$ 값이 증가하는 화살표를 따른다(그러므로 채워지는 순서는 1s ⇒ 2s ⇒ 2p ⇒ 3s ⇒ 3p ⇒ 4s ⇒ 3d 그리고 계속된다).

그림 7.1 다전자원자에 들어 있는 부껍질의 에너지와 채워지는 순서.

전자를 갖고 있는 원자들의 경우 상황은 좀 더 복잡하다. $n = 1, 2, 3$에 들어 있는 부껍질의 에너지 순서는 그림 7.1a에서처럼 다전자원자의 부껍질 에너지가 n과 ℓ에 의존함을 보여주고 있다.

원자의 전자 배치에 대한 실험적, 이론적 연구에 따라 화학자들은 전자 배치를 예측할 수 있도록 도움을 주는 일반적인 두 가지 규칙을 이끌어 냈다.

1. 전자들은 "$n + \ell$" 값이 증가되는 순서로 부껍질에 배분된다.
2. $n + \ell$ 값이 같은 두 부껍질의 경우 전자들은 n값이 낮은 부껍질에 먼저 배분된다.

다음은 이 규칙들의 예이다.

- 전자는 2p 부껍질($n + \ell = 2 + 1 = 3$)에 배분되기 전에 2s 부껍질($n + \ell = 2 + 0 = 2$)에 배분된다.
- 전자는 3s 부껍질($n + \ell = 3 + 0 = 3$)에 배분되기 전에 2p 궤도함수 ($n + \ell = 2 + 1 = 3$)에 배분된다. (2p 전자의 n 값이 3s의 n 값보다 작다.)
- 전자는 3d 부껍질 ($n + \ell = 3 + 2 = 5$)에 배분되기 전에 4s 궤도함수 ($n + \ell = 4 + 0 = 4$)에 배분된다. ($n + \ell$이 3d보다 4s가 작다.)

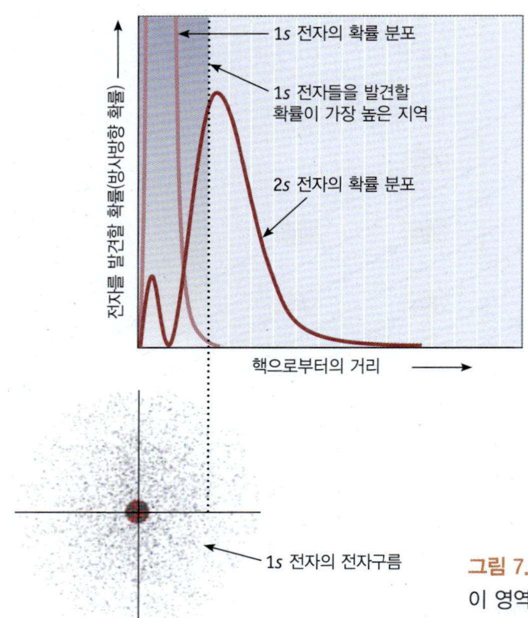

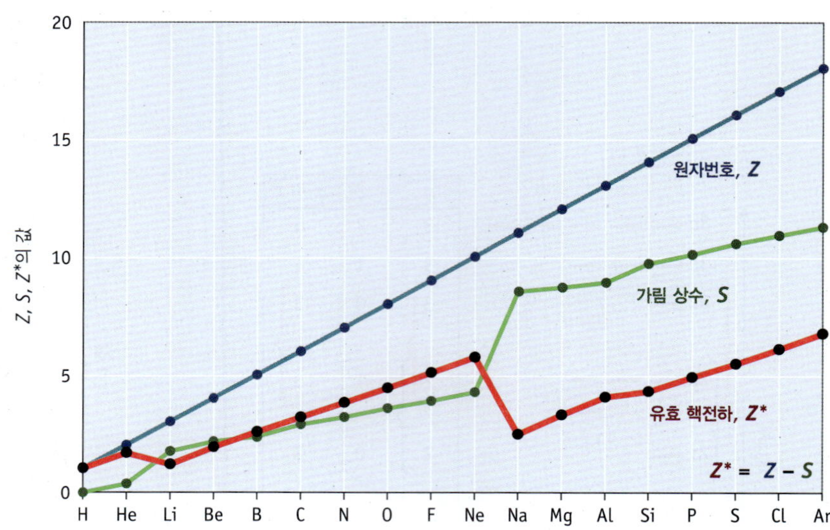

그림 7.2 유효 핵전하(Z^*). (왼쪽) 리튬의 1s 궤도함수의 전자 2개는 짙은 영역에서 발견될 확률이 가장 높으나 이 영역은 2s 전자에 의해 침투된다(대략적인 표면밀도 곡선을 보여주고 있다). 그러나 2s 전자가 1s 영역을 침투하기 때문에 2s 전자는 점차적으로 최대 +3의 큰 양의 전하를 느끼게 된다. 평균적으로 2s 전자는 +3보다는 작지만 +1보다는 큰 유효핵전하(Z^*)에 해당되는 전하를 느낀다. (오른쪽) 전자가 채워진 가장 높은 궤도함수의 Z^*의 값은 $Z - S$로 구한다. 여기서 Z는 원자번호이며, S는 가림 상수이다(S는 핵심부 전자들이 가장 바깥의 전자들을 핵으로부터 얼마나 가려 막는가를 반영한다). S는 2주기의 Ne에서 3주기의 Na로 갈수록 크게 증가하고 있음을 주목하시오.

그림 7.1b는 $n + \ell$값이 증가하는 순서에 따라 전자의 배열을 요약하였다. 다음에 논의되는 것은 근본적인 원인과 그 결과를 알아보고, 원자의 전자 배치와 주기율표를 연결시킨다.

유효핵전하, Z^*

원자의 부껍질에 전자가 배분되는 순서와 원자의 많은 성질들은 **유효핵전하**(effective nuclear charge, Z^*)의 개념으로 설명할 수 있다. **이것은 다른 전자들에 의한 반발력과 핵 인력의 균형 결과 다전자원자에 있는 특정 전자가 느끼는 유효전하이다.**

리튬의 2*s* 전자에 대한 표면 밀도 함수($4\pi r^2\psi^2$)를 그림 7.2에 그렸다(리튬은 핵 안에 3개의 전자를 가지고 있는데, 첫 번째 껍질의 1*s*에 2개의 전자와 두 번째 껍질의 2*s*에 1개의 전자를 가지고 있다). 2*s* 전자를 발견할 수 있는 확률(세로축)은 핵(가로축)에서 멀어질 때 변한다. 2개의 1*s* 전자를 발견할 확률이 가장 큰 영역은 그림에서 진하게 표시해 놓았다. 1*s* 전자로 채워진 공간 영역에 2*s*의 전자의 파동이 부분적으로 관찰된다. 이것을 화학자들은 2*s* 궤도함수가 1*s* 궤도함수에 **침투**(penetrates) **하였다**고 한다.

핵에서 가장 멀리 떨어져 있는 리튬의 세 번째 전자는 두 개의 1*s* 전자(총 전하 = −2)와 핵(+3의 전하)과의 알짜 효과로 +1의 전하를 느끼게 될 것이다. 1*s* 전자들이 2*s* 전자가 전체 핵전하 효과를 느끼는 것을 **가려 막는 것**(screen)이라고 말한다. 그러나 2*s* 전자가 1*s* 전자 영역을 침투하면서 전자는 점점 더 큰 양의 하전을 느끼게 된다. 2s 전자가 핵에 가까워지면 $1s$ 전자들은 핵으로부터 전자를 효과적으로 가리지 못하고, $2s$ 전자는 + 3에 가까운 전하를 느끼게 된다. $2s$ 전자 1개가 $1s$ 전자들로 채워져 있는 영역의 안쪽과 바깥쪽 모두에서 발견될 확률을 조금 가지고 있음을 그림 7.2에서 보여주고 있다. 그러므로 평균적으로 $2s$ 전자는 + 1보다는 더 크고 + 3보다는 훨씬 작은 양의 하전을 느끼게 된다. 리튬의 $2s$ 전자가 느끼는 평균 또는 유효핵전하, Z^*값은 1.28이다(표 7.2).

한 개의 전자를 가지고 있는 수소 원자의 경우, $2s$와 $2p$ 부껍질은 같은 에너지를 갖는다. 그러나 둘 또는 그 이상의 전자를 갖는 원자의 경우, $2s$와 $2p$ 부껍질의 에너지는 다르다. 이것이 왜 사실인가? 바깥 전자들이 내부 궤도함수를 침투하는 상대적인 정도가 $s > p > d > f$ 라는 것이 관찰되었다. 그러므로 다전자원자의 전자가 느끼는 유효핵전하는 $ns > np > nd > nf$ 순서가 된다. 2주기와 3주기 원소들의 s와 p 전자에 대한 Z^*값은 위 사실을 설명해준다(표 7.2). 각각의 경우에 따르면 Z^*값이 p 전자들의 것보다 s 전자들의 것이 더 크다. 주어진 껍질에서 s 전자는 p 전자보다 더 낮은 에너지를 가지고 p 전자는 d 전자보다 낮은 에너지를 가지며 d 전자는 f 전자보다 낮은 에너지를 갖는다. 그러므로 전자껍질의 부껍질은 nf 전에 nd에, nd 전에 np에, np 전에 ns의 순으로 채워진다(심층 학습 참조: 궤도함수 에너지, Z^*, 전자 배치, 306쪽).

그림 7.2에서 주목하여야 할 또 다른 중요한 것은 주기에 따른 추세이다. 한 주기에서 왼쪽에서 오른쪽으로 갈수록 유효핵전하는 증가한다. 예를 들어 플루오린의 바깥 전자는 산소의 바깥 전자보다 핵으로부터 보다 큰 인력을 느낀다. 이러한 보다 큰 유효핵전하는 원자의 상대적 크기와 같은 원소들의 여러 가지 성질들을 결정하는 데 중요한 역할을 한다(7.6절).

표 7.2 n = 2인 원소들의 유효핵전하, Z^*.

원자	$Z^*(2s)$	$Z^*(2p)$
Li	1.28	
B	2.58	2.42
C	3.22	3.14
N	3.85	3.83
O	4.49	4.45
F	5.13	5.10

7.2절 확인문제

1. 쌓음 원리와 $n + \ell$ 규칙에 근거하여 다음 진술 중 어느 것이 맞는가?
   (a) $4p$ 궤도함수에 앞서 $4s$ 궤도함수가 먼저 채워진다.
   (b) $6s$ 궤도함수에 앞서 $5d$ 궤도함수가 먼저 채워진다.
   (c) $3p$ 궤도함수에 앞서 $3d$ 궤도함수가 먼저 채워진다.
   (d) $5p$ 궤도함수에 앞서 $4f$ 궤도함수가 먼저 채워진다.

7.3 원자의 전자 배치

109번에 이르는 원소들의 **전자 배치**는 표 7.3과 같다. 원소들의 전자 배치는 바닥 상태의 전자 배치이며, 전자들은 가장 낮은 에너지를 갖게 되는 껍질, 부껍질, 그리고 궤도함수에서 발견된다. 일반적으로 전자들은 $n + \ell$이 증가하는 순서로 궤도함수에 배분된다. 여기서는 주기율표에서 원소들의 위치와 원소들의 전자 배치가 연관되어져 있다는 것을 강조하게 될 것이다(그림 7.3).

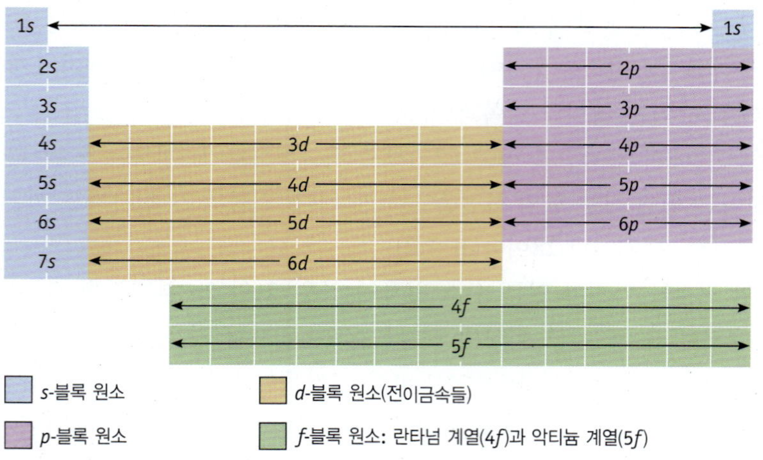

그림 7.3 전자 배치와 주기율표. 주기율표는 원자 궤도함수의 채우는 순서를 결정하는 지침처럼 사용할 수 있다. 주어진 주기에서 왼쪽에서 오른쪽으로 갈 때 전자들은 표시된 궤도함수에 배분된다(표 7.3 참조).

주족원소들의 전자 배치

주기율표의 첫 번째 원소인 수소는 1*s* 궤도함수에 하나의 전자를 가진다. 전자 배치를 묘사하는 하나의 방법은 전에 사용되었던 궤도함수 상자 그림(orbital box diagram)이나 더 흔히 사용되는 다른 방법으로 *spdf* 표기법(*spdf* notation)이 있다. 후자의 방법을 사용하면 H의 전자 배치는 $1s^1$이고, 'one s one'으로 읽는다. 이것은 1*s* 궤도함수에 1개의 전자(위첨자로 표시)가 있다는 것을 의미한다.

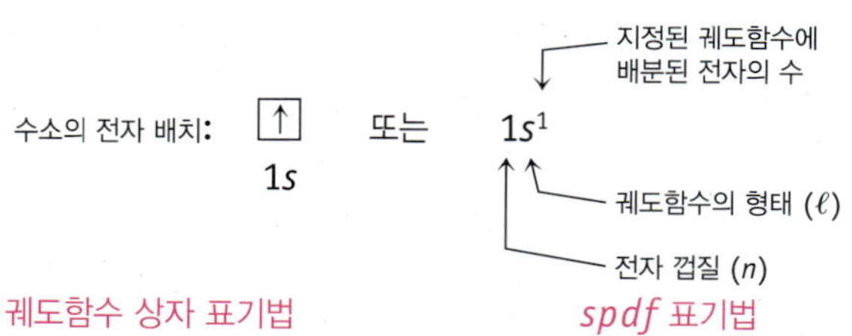

주기율표에서 두 번째 원소인 헬륨은 2개의 전자를 가진다. 전자 배치는 $1s^2$이고 2개의 전자가 모두 1*s* 궤도함수에 있으며 파울리의 배타원리에 의해 규정된 것처럼 스핀 방향은 반대이다. 헬륨에서 첫 번째 에너지 준위는 모두 채워진다.

헬륨: *spdf* 표기법 $1s^2$

상자 표기법 [↑↓] [ ] [ ][ ][ ]
1*s* 2*s* 2*p*

리튬. 리튬-이온 전지는 점점 더 많이 소비 제품에서 사용되고 있다. 리튬과 같은 1A족의 모든 원소들은 가장 바깥쪽에 ns^1의 전자 배치를 갖는다.

리튬(Li)과 1A족의 다른 원소들

3개의 전자를 갖는 리튬은 주기율표상의 두 번째 주기의 첫 번째 원소이다. 처음의 두 전자는 1*s* 부껍질에 배분되고, 세 번째 전자는 $n = 2$인 껍질의 *s* 부껍질을 사용해야 한다. *spdf* 표기법에 의하면 $1s^22s^1$이고, 'one *s* two, two *s* one'이라고 읽는다.

표 7.3 바닥상태 원자들의 전자 배치

Z	원소	배열
1	H	$1s^{1}$
2	He	$1s^{2}$
3	Li	$[He]2s^{1}$
4	Be	$[He]2s^{2}$
5	B	$[He]2s^{2}2p^{1}$
6	C	$[He]2s^{2}2p^{2}$
7	N	$[He]2s^{2}2p^{3}$
8	O	$[He]2s^{2}2p^{4}$
9	F	$[He]2s^{2}2p^{5}$
10	Ne	$[He]2s^{2}2p^{6}$
11	Na	$[Ne]3s^{1}$
12	Mg	$[Ne]3s^{2}$
13	Al	$[Ne]3s^{2}3p^{1}$
14	Si	$[Ne]3s^{2}3p^{2}$
15	P	$[Ne]3s^{2}3p^{3}$
16	S	$[Ne]3s^{2}3p^{4}$
17	Cl	$[Ne]3s^{2}3p^{5}$
18	Ar	$[Ne]3s^{2}3p^{6}$
19	K	$[Ar]4s^{1}$
20	Ca	$[Ar]4s^{2}$
21	Sc	$[Ar]3d^{1}4s^{2}$
22	Ti	$[Ar]3d^{2}4s^{2}$
23	V	$[Ar]3d^{3}4s^{2}$
24	Cr	$[Ar]3d^{5}4s^{1}$
25	Mn	$[Ar]3d^{5}4s^{2}$
26	Fe	$[Ar]3d^{6}4s^{2}$
27	Co	$[Ar]3d^{7}4s^{2}$
28	Ni	$[Ar]3d^{8}4s^{2}$
29	Cu	$[Ar]3d^{10}4s^{1}$
30	Zn	$[Ar]3d^{10}4s^{2}$
31	Ga	$[Ar]3d^{10}4s^{2}4p^{1}$
32	Ge	$[Ar]3d^{10}4s^{2}4p^{2}$
33	As	$[Ar]3d^{10}4s^{2}4p^{3}$
34	Se	$[Ar]3d^{10}4s^{2}4p^{4}$
35	Br	$[Ar]3d^{10}4s^{2}4p^{5}$
36	Kr	$[Ar]3d^{10}4s^{2}4p^{6}$
37	Rb	$[Kr]5s^{1}$
38	Sr	$[Kr]5s^{2}$
39	Y	$[Kr]4d^{1}5s^{2}$
40	Zr	$[Kr]4d^{2}5s^{2}$
41	Nb	$[Kr]4d^{4}5s^{1}$
42	Mo	$[Kr]4d^{5}5s^{1}$
43	Tc	$[Kr]4d^{5}5s^{2}$
44	Ru	$[Kr]4d^{7}5s^{1}$
45	Rh	$[Kr]4d^{8}5s^{1}$
46	Pd	$[Kr]4d^{10}$
47	Ag	$[Kr]4d^{10}5s^{1}$
48	Cd	$[Kr]4d^{10}5s^{2}$
49	In	$[Kr]4d^{10}5s^{2}5p^{1}$
50	Sn	$[Kr]4d^{10}5s^{2}5p^{2}$
51	Sb	$[Kr]4d^{10}5s^{2}5p^{3}$
52	Te	$[Kr]4d^{10}5s^{2}5p^{4}$
53	I	$[Kr]4d^{10}5s^{2}5p^{5}$
54	Xe	$[Kr]4d^{10}5s^{2}5p^{6}$
55	Cs	$[Xe]6s^{1}$
56	Ba	$[Xe]6s^{2}$
57	La	$[Xe]5d^{1}6s^{2}$
58	Ce	$[Xe]4f^{1}5d^{1}6s^{2}$
59	Pr	$[Xe]4f^{3}6s^{2}$
60	Nd	$[Xe]4f^{4}6s^{2}$
61	Pm	$[Xe]4f^{5}6s^{2}$
62	Sm	$[Xe]4f^{6}6s^{2}$
63	Eu	$[Xe]4f^{7}6s^{2}$
64	Gd	$[Xe]4f^{7}5d^{1}6s^{2}$
65	Tb	$[Xe]4f^{9}6s^{2}$
66	Dy	$[Xe]4f^{10}6s^{2}$
67	Ho	$[Xe]4f^{11}6s^{2}$
68	Er	$[Xe]4f^{12}6s^{2}$
69	Tm	$[Xe]4f^{13}6s^{2}$
70	Yb	$[Xe]4f^{14}6s^{2}$
71	Lu	$[Xe]4f^{14}5d^{1}6s^{2}$
72	Hf	$[Xe]4f^{14}5d^{2}6s^{2}$
73	Ta	$[Xe]4f^{14}5d^{3}6s^{2}$
74	W	$[Xe]4f^{14}5d^{4}6s^{2}$
75	Re	$[Xe]4f^{14}5d^{5}6s^{2}$
76	Os	$[Xe]4f^{14}5d^{6}6s^{2}$
77	Ir	$[Xe]4f^{14}5d^{7}6s^{2}$
78	Pt	$[Xe]4f^{14}5d^{9}6s^{1}$
79	Au	$[Xe]4f^{14}5d^{10}6s^{1}$
80	Hg	$[Xe]4f^{14}5d^{10}6s^{2}$
81	Tl	$[Xe]4f^{14}5d^{10}6s^{2}6p^{1}$
82	Pb	$[Xe]4f^{14}5d^{10}6s^{2}6p^{2}$
83	Bi	$[Xe]4f^{14}5d^{10}6s^{2}6p^{3}$
84	Po	$[Xe]4f^{14}5d^{10}6s^{2}6p^{4}$
85	At	$[Xe]4f^{14}5d^{10}6s^{2}6p^{5}$
86	Rn	$[Xe]4f^{14}5d^{10}6s^{2}6p^{6}$
87	Fr	$[Rn]7s^{1}$
88	Ra	$[Rn]7s^{2}$
89	Ac	$[Rn]6d^{1}7s^{2}$
90	Th	$[Rn]6d^{2}7s^{2}$
91	Pa	$[Rn]5f^{2}6d^{1}7s^{2}$
92	U	$[Rn]5f^{3}6d^{1}7s^{2}$
93	Np	$[Rn]5f^{4}6d^{1}7s^{2}$
94	Pu	$[Rn]5f^{6}7s^{2}$
95	Am	$[Rn]5f^{7}7s^{2}$
96	Cm	$[Rn]5f^{7}6d^{1}7s^{2}$
97	Bk	$[Rn]5f^{9}7s^{2}$
98	Cf	$[Rn]5f^{10}7s^{2}$
99	Es	$[Rn]5f^{11}7s^{2}$
100	Fm	$[Rn]5f^{12}7s^{2}$
101	Md	$[Rn]5f^{13}7s^{2}$
102	No	$[Rn]5f^{14}7s^{2}$
103	Lr	$[Rn]5f^{14}6d^{1}7s^{2}$
104	Rf	$[Rn]5f^{14}6d^{2}7s^{2}$
105	Db	$[Rn]5f^{14}6d^{3}7s^{2}$
106	Sg	$[Rn]5f^{14}6d^{4}7s^{2}$
107	Bh	$[Rn]5f^{14}6d^{5}7s^{2}$
108	Hs	$[Rn]5f^{14}6d^{6}7s^{2}$
109	Mt	$[Rn]5f^{14}6d^{7}7s^{2}$

*이 표는 전자 배치를 쓸 때 n 값이 커지는 순서에 따라 궤도함수를 쓰는 일반적인 관례를 따른다. n 값이 주어지면 부껍질은 ℓ 값이 커지는 순서로 나열된다.

리튬: *spdf* 표기법 $1s^2 2s^1$

상자 표기법 [↑↓] [↑] [| |]
$1s$ $2s$ $2p$

전자 배치는 직전의 비활성 기체 원소의 화학기호에 대괄호를 쓰는 약어의 형태(**비활성 기체 표기법**(noble gas notation)이라 한다)와 비활성 기체 뒤에 있는 전자를 *spdf* 또는 상자 표기법을 사용하여 나타낸다. 리튬의 경우 $2s$ 전자 앞의 배열은 비활성 기체 헬륨의 것이다. 리튬의 전자 배치는 $1s^2 2s^1$으로 쓰는 대신 $[He]2s^1$로 쓸 수 있다.

비활성 기체 표기법에 들어있는 전자들은 원자의 **핵심부 전자**(core electrons)라고도 한다. 핵심부 전자들은 원소의 화학적 성질을 생각할 때 무시할 수 있다는 의미를 나타낸다. 핵심부 전자 뒤에 있는 전자들 즉 리튬의 경우 $2s^1$ 전자는 **원자가 전자**(valence electrons)이며, 원소의 화학적 성질을 결정하는 전자들이다.

1A족의 모든 원소들은 n번째 껍질의 s궤도함수에 한 개의 전자를 갖는다. 여기서 n은 주기율표상에서 원소들이 존재하는 주기의 번호이다(그림 7.3). 예를 들면, 포타슘은 $n = 4$인 줄(네 번째 주기)에 존재하는 첫 번째 원소이다. 따라서 포타슘은 주기율표상에서 포타슘 앞에 있는 원소(Ar)의 전자 배치에 마지막 전자가 $4s$ 궤도함수에 배분된 전자 배치를 갖는다: $[Ar]4s^1$.

Image courtesy of New Southern Resistance Welding

베릴륨. 베릴륨–구리 합금은 정유 산업과 전자 기기에 사용된다. 베릴륨과 같은 2A족의 모든 원소들은 가장 바깥쪽에 ns^2의 전자 배치를 갖는다.

베릴륨(Be)과 2A족의 다른 원소들

모든 2A족 원소들은 [직전에 있는 비활성 기체의 전자]ns^2의 전자 배치를 가진다. 여기서 n은 주기율표상에서 이 원소가 위치한 주기번호에 해당된다. 예를 들면, 베릴륨은 $1s$ 궤도함수를 차지하는 2개의 전자 외에 2개의 전자를 더 가지고 있다.

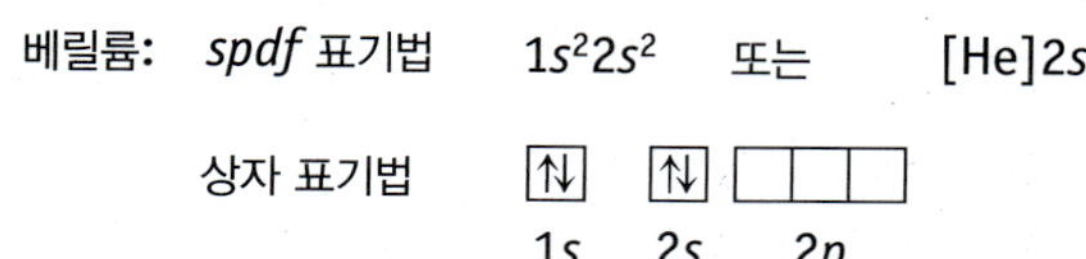

1A족의 모든 원소들은 ns^1, 2A족의 원소들은 ns^2의 원자가 전자 배치를 가지기 때문에 이들 원소들은 **s–블록 원소**(s–block elements)라 부른다.

Verco Materials, LLC

붕소. 탄화붕소 B_4C는 방탄복에 사용한다. 3A족의 모든 원소들은 가장 바깥 껍질에 ns^2np^1의 전자 배치를 갖는다.

붕소(B)와 3A족의 다른 원소들

붕소(3A족)는 주기율표의 오른쪽 블록에 있는 원소들 중 처음 대하게 되는 원소이다. 붕소 원자의 경우 $1s$ 궤도함수와 $2s$ 궤도함수는 채워져 있으므로 다섯 번째 전자는 $2p$ 궤도함수에 배분되어야 한다.

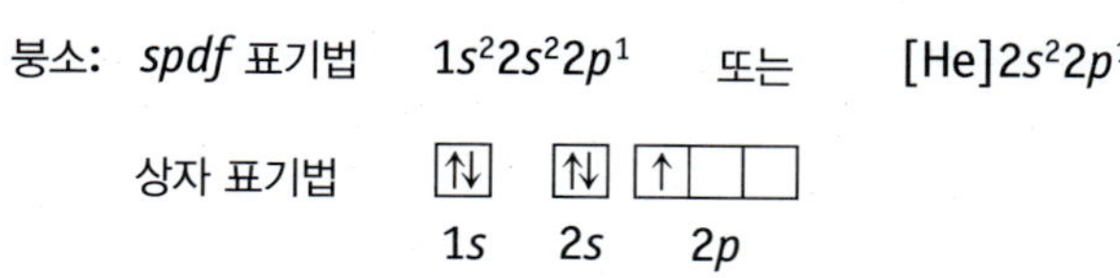

3A족에서부터 8A족까지의 모든 원소들은 종종 **p−블록원소**(p−block elements)라고 부른다. 모든 원소들은 ns^2np^x의 일반적인 전자 배치를 갖는다. 여기서 x는 1에서 6까지 바뀐다. 예를 들면, 3A족의 모든 원소들은 가장 바깥 껍질에 2개의 s전자와 1개의 p전자를 가지고 있다(ns^2np^1).

탄소(C)와 4A족의 다른 원소들

탄소(4A족)는 p-블록의 두 번째 원소이다. 따라서 2개의 전자가 $2p$ 궤도함수에 배분된다. 주기율표를 참조하여 탄소의 전자 배치를 쓸 수 있어야 한다. H에서 출발하여 같은 주기를 따라 연속적으로 왼쪽에서 오른쪽으로 이동함에 따라 1주기의 끝에서 $1s^2$를 기록하고 그 다음에 $2s^2$, 마지막으로 $2p^2$를 기록함으로써 총 전자의 수가 여섯에 이르게 된다. 가장 낮은 에너지 상태(또는 바닥상태)의 탄소의 경우 이 전자들은 서로 다른 p 궤도함수에 배분되어야 하며, 이 두 전자는 같은 스핀 방향을 가져야 할 것이다.

훈트의 규칙과 교환 에너지. 같은 방향으로 스핀운동을 하는 홀전자의 수가 최대인 상태로 전자 배치를 하는 이유는 일반화학 범위를 벗어난 양자역학에서 나온 개념인 교환 에너지 때문이다. 교환 상호작용 때문에 같은 방향으로 스핀운동을 하는 홀전자는 원자의 전체 에너지를 더 낮게 만든다. 아래 그림의 첫 번째 배열이 교환에너지에 해당되는 에너지만큼 두 번째 것보다 더 안정하다.

[↑|↑|↑]

[↑|↑|↓]

탄소: $spdf$ 표기법 $1s^22s^22p^2$ 또는 $[He]2s^22p^2$

상자 표기법 [↑↓] [↑↓] [↑|↑|]
$1s$ $2s$ $2p$

일반적으로 전자들이 p, d, f 궤도함수에 배분될 때 각 전자는 부껍질의 다른 궤도함수에 배분된다. 이때 각 전자는 앞에 있는 전자와 같은 스핀을 가지며 이와 같은 과정은 부껍질의 반이 완전히 채워질 때까지 계속된다. 더 부가되는 전자들은 반만 채워진 궤도함수에 배분된다. 이와 같은 과정은 **훈트의 규칙**(Hund's rule)에 따라 이루어지는 것으로 훈트의 규칙에 의하면 **가장 안정한 전자 배치는 같은 방향의 스핀으로 홀전자의 수를 최대로 가질 때이다.**

4A족의 모든 원소들은 가장 바깥 껍질의 유사한 전자 배치, ns^2np^2을 갖는다. 여기서 n은 주기율표에서 원소가 위치한 주기 수에 해당한다.

질소(N)와 산소(O) 그리고 5A, 6A족의 원소들

질소(5A족)는 5개의 원자가 전자를 가지고 있다. 2개의 $2s$ 전자를 제외하고 서로 다른 3개의 $2p$ 궤도함수에 스핀의 방향이 같은 3개의 전자를 가지고 있다.

질소: $spdf$ 표기법 $1s^22s^22p^3$ 또는 $[He]2s^22p^3$

상자 표기법 [↑↓] [↑↓] [↑|↑|↑]
$1s$ $2s$ $2p$

산소(6A족)는 6개의 원자가 전자를 가지고 있다. 6개의 전자 중 2개의 전자는 $2s$ 궤도함수에 배분되며 산소는 p블록의 네 번째 원소이므로 나머지 4개의 전자는 $2p$ 궤도함수에 배분된다.

산소: *spdf* 표기법 $1s^22s^22p^4$ 또는 $[He]2s^22p^4$

상자 표기법 [↑↓] [↑↓] [↑↓|↑|↑]
$1s$ $2s$ $2p$

네 번째 $2p$ 전자는 이미 존재하고 있는 전자와 짝을 이루어야 한다는 것을 의미한다. 이 마지막 전자는 어떤 $2p$ 궤도함수에 배분되어도 아무런 차이가 없지만($2p$ 궤도함수들은 모두 같은 에너지를 가짐) 각 전자가 다른 벌의 양자수를 가지도록(파울리의 배타원리) 그 궤도함수에 배분된 전자와 반대방향의 스핀을 가져야만 한다.

5A족의 모든 원소들은 가장 바깥 껍질에 ns^2np^3의 전자 배치를 가지며, 6A족의 모든 원소들은 가장 바깥 껍질에 ns^2np^4의 전자 배치를 갖는다. 여기서 n은 주기율표에서 각 원소가 위치한 주기에 해당한다.

플루오린. 플루오린은 *fluorspar*라 불리는 광물(CaF_2)에서 플루오린화 이온의 상태로 발견된다. 이것은 일리노이 주의 주 광물로 다양한 색이 있다. 플루오린을 포함한 7A족 원소들은 가장 바깥 껍질에 ns^2np^5의 전자 배치를 갖는다.

플루오린(F)과 네온(Ne) 그리고 7A, 8A족의 원소들

플루오린(7A족)은 $n = 2$인 껍질에 7개의 전자를 가지고 있다. 이들 중 2개의 전자는 $2s$ 부껍질을 채우고 나머지 5개의 전자는 $2p$ 부껍질을 채운다.

플루오린: *spdf* 표기법 $1s^22s^22p^5$ 또는 $[He]2s^22p^5$

상자 표기법 [↑↓] [↑↓] [↑↓|↑↓|↑]
$1s$ $2s$ $2p$

모든 할로젠 원자들은 비슷한 전자 배치, ns^2np^5를 가지며, 여기서 n은 각 원소가 위치한 주기에 해당된다.

8A족에 있는 모든 원소들처럼 네온은 비활성 기체이다. 헬륨을 제외한 8A족의 모든 원소들은 가장 큰 n값의 껍질에 8개의 전자를 가지고 있어서 모두 ns^2np^6의 배열을 가진다. 여기서 n은 주기율표에서 이 원소들이 위치한 주기 수이다. 모든 비활성 기체 원소들은 모두 채워진 ns와 np 부껍질을 가진다. 비활성 기체 원소들의 거의 완전한 화학적 비활성은 이와 같은 전자 배치와 연관되어 있다.

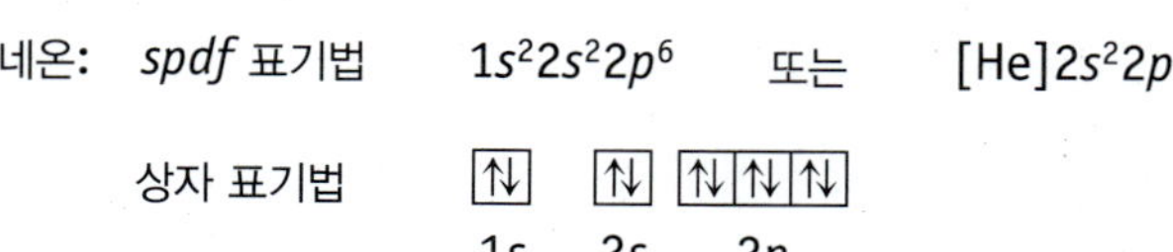

네온: *spdf* 표기법 $1s^22s^22p^6$ 또는 $[He]2s^22p^6$

상자 표기법 [↑↓] [↑↓] [↑↓|↑↓|↑↓]
$1s$ $2s$ $2p$

실리콘. Si는 3주기의 네 번째 원소이다. 지각은 주로 실리콘을 포함한 광물로 이루어져 있다. 이 사진은 원소 상태의 실리콘과 전기회로를 식각하는 얇은 실리콘 웨이퍼를 보여주고 있다.

3주기 원소들

3주기 원소들은 직전의 비활성 기체가 네온이고 원자가 껍질이 세 번째 에너지준위인 것만 제외하면 2주기 원소들과 유사한 원자가 전자 배치를 가지고 있다. 예를 들면, 실리콘은 네온의 핵심부 전자와 4개의 전자를 가지고 있다. 실리콘은 p-블록의 두 번째 원소이기 때문에 $3p$ 궤도함수에 2개의 전자를 가지고 있다. 그러므로 실리콘의 전자 배치는 다음과 같다.

실리콘: *spdf* 표기법 $1s^22s^22p^63s^23p^2$ 또는 $[Ne]3s^23p^2$

상자 표기법 [↑↓] [↑↓] [↑↓|↑↓|↑↓] [↑↓] [↑|↑|]

1s 2s 2p 3s 3p

예제 7.1 전자 배치

문제 *spdf*, 비활성 기체, 그리고 궤도함수 상자 표기법을 사용하여 황의 전자 배치를 쓰시오.

알고 있는 사실 주기율표로부터 원자번호 16인 황은 3주기(n = 3)에서 여섯 번째 원소이고 p-블록에 속한다. 전자를 채우는 순서를 알 필요가 있다(그림 7.1).

전략

- *spdf* 표기법과 궤도함수 상자 표기법: 황의 16개 전자를 궤도함수에 채워지는 순서에 따라 쓴다.
- 비활성 기체 표기법: 처음 10개의 전자는 비활성 기체의 화학기호, Ne과 같다. 남아있는 6개의 전자는 $3s$와 $3p$ 부껍질에 배분된다. 훈트의 규칙에 맞게 상자 표기법에 쓴다.

풀이 원자번호가 16인 황은 세 번째 주기(n = 3)의 여섯 번째 원소이고 p-블록에 있다. 그러므로 원자에 배분된 마지막 6개의 전자는 $3s^23p^4$의 전자 배치를 갖는다. 6개의 전자들은 네온에 해당되는 전자로 완전히 채워진 n = 1과 n = 2의 껍질을 앞에 두고 있다.

완성된 *spdf* 표기법:	$1s^22s^22p^63s^23p^4$
비활성 기체 표기법:	$[Ne]3s^23p^4$
궤도함수 상자 표기법:	[Ne] [↑↓] (3s) [↑↓|↑|↑] (3p)

고려사항 비활성 기체와 상자 표기법은 약간 다른 정보를 전달한다. 비활성 기체 표기법은 핵심부 전자(화학반응에 참여하지 않는다)를 분리한다. 상자 표기법은 홀전자의 수를 빨리 확인하게 한다.

유제

(a) 어떤 원소가 $1s^22s^22p^63s^23p^5$의 전자 배치를 갖는가?

(b) *spdf* 표기법과 궤도함수 상자 표기법을 사용하여 인의 전자 배치를 쓰시오.

황. 황은 지구에 넓게 분포되어 있다. 6A족의 모든 원소들은 가장 바깥 껍질에 ns^2np^4의 전자 배치를 갖는다.

예제 7.2 전자 배치와 양자수

문제 비활성 기체 표기법을 사용하여 Al의 전자 배치를 쓰고, $n = 3$에 들어 있는 전자(원자가 전자들)에 대해 각각 한 벌의 양자수를 쓰시오.

알고 있는 사실 주기율표는 Al(원자번호 13)이 비활성 기체 네온 다음 세 번째 원소임을 알려준다.

전략 알루미늄은 세 번째 주기의 세 번째 원소이다. 그러므로 $n = 3$에 3개의 전자를 가지고 있다. 2개의 전자는 $3s$에 배분되고 나머지 전자는 $3p$에 배분된다.

풀이 알루미늄은 비활성 기체 네온이 앞에 있다. 따라서 전자 배치는 [Ne]$3s^2 3p^1$ 이다. 상자 표기법을 사용하면 전자 배치는 다음과 같다.

알루미늄의 전자 배치: [Ne] [↑↓] [↑][ ][ ]
3s 3p

2개의 3s 전자에 대한 가능한 양자수들은 다음과 같다.

	n	ℓ	m_ℓ	m_s
↑에 대해	3	0	0	$+\frac{1}{2}$
↓에 대해	3	0	0	$-\frac{1}{2}$

1개의 3p 전자에 대해 가능한 여섯 벌의 허용 양자수 중 하나는 $n = 3$, $\ell = 1$, $m_\ell = +1$, $m_s = +1/2$이다.

고려사항 전자 스핀에 대하여 +1/2을 위를 향하는 화살표로 배분하는 것이 관례이다. 같은 궤도함수의 2개 전자는 반대 전자 스핀을 가진다. 어느 것이 +1/2이고 어느 것이 −1/2인가는 중요하지 않다.

유제 칼슘의 원자가 전자에 대해 가능한 한 벌의 양자수를 쓰시오.

전이원소들의 전자 배치

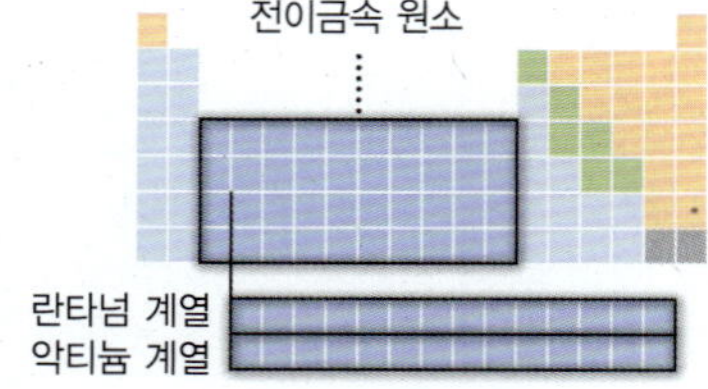

네 번째에서 일곱 번째 주기에 있는 원소들은 전자를 채워 넣기 위해 s와 p 부껍질과 함께 d와 f 부껍질을 사용한다(그림 7.3, 표 7.3과 7.4를 참조). d 부껍질을 채우는 원소들을 **전이원소**(transition elements)라 한다. f 부껍질을 채우는 원소들은 때로는 **내부전이원소**(inner transition elements) 또는 **란타넘 족**(lanthanides, 4f 궤도함수를 채운다, Ce부터 Lu까지)과 **악티늄 족**(actinides, 5f 궤도함수를 채운다, Th부터 Lr까지)이라고도 한다.

전이원소들은 주기율표에서 항상 2개의 s 블록 원소들이 앞에 있다. 주어진 주기에서 ns궤도함수를 채운 후에 $(n-1)d$ 궤도함수를 채우기 시작한다. 첫 번째 전이원소인 스칸듐은 [Ar]$3d^1 4s^2$의 전자 배치를 가지며, 타이타늄은 [Ar]$3d^2 4s^2$의 전자 배치를 갖는다(표 7.4).

전자 배치에 대한 일반적인 과정에 따르면 크로뮴의 전자 배치는 [Ar]$3d^4 4s^2$로 제

표 7.4 Ca에서 Zn까지 원소에 대한 궤도함수 상자 그림

		3d	4s
Ca	[Ar]$4s^2$	□□□□□	↑↓
Sc	[Ar]$3d^14s^2$	↑ □□□□	↑↓
Ti	[Ar]$3d^24s^2$	↑ ↑ □□□	↑↓
V	[Ar]$3d^34s^2$	↑ ↑ ↑ □□	↑↓
Cr*	[Ar]$3d^54s^1$	↑ ↑ ↑ ↑ ↑	↑
Mn	[Ar]$3d^54s^2$	↑ ↑ ↑ ↑ ↑	↑↓
Fe	[Ar]$3d^64s^2$	↑↓ ↑ ↑ ↑ ↑	↑↓
Co	[Ar]$3d^74s^2$	↑↓ ↑↓ ↑ ↑ ↑	↑↓
Ni	[Ar]$3d^84s^2$	↑↓ ↑↓ ↑↓ ↑ ↑	↑↓
Cu*	[Ar]$3d^{10}4s^1$	↑↓ ↑↓ ↑↓ ↑↓ ↑↓	↑
Zn	[Ar]$3d^{10}4s^2$	↑↓ ↑↓ ↑↓ ↑↓ ↑↓	↑↓

*307쪽에 있는 심층 학습 참조.

시될 것이다. 그러나 실제 배열은 가능한 $3d$와 $4s$의 6개 궤도함수 각각에 전자가 하나씩 배분되어 있다: [Ar]$3d^54s^1$. 이 전자 배치가 다른 전자 배치보다 더 낮은 에너지(홀전자 스핀의 수가 최대이기 때문에)를 가지고 있다.

크로뮴 다음의 망가니즈, 철, 니켈은 그림 7.1에서처럼 궤도함수를 채우는 예견된 순서에 따라 전자 배치를 한다. 구리([Ar]$3d^{10}4s^1$)의 전자 배치는 전이금속원소에서 두 번째 예외이다: $4s$ 궤도함수에 하나의 전자를 가지고 있고, 아르곤의 전자 뒤에 남아있는 열 개의 전자들은 $3d$ 궤도함수에 배열된다. [Ar]$3d^{10}4s^2$의 전자 배치를 갖는 아연은 첫 번째 전이 계열의 마지막 원소이다.

다섯 번째 주기의 전이금속 원소들은 네 번째 주기 원소와 같은 전자 배치의 경향을 따르나 궤도함수를 채우는 일반적인 규칙에 더 많은 예외를 가지고 있다.

전이금속의 전자 배치 쓰기. n값이 커지는 순서로 나열된 껍질에 전자 배치를 쓰고, 껍질이 주어지면 ℓ 값이 커지는 순서로 부껍질을 쓰는 관례를 따른다. 또 다른 표현으로, 일부 화학자들은 궤도함수의 채우는 순서를 반영한 전자 배치, 예를 들면 [Ar]$4s^23d^2$처럼 쓴다.

란타넘 족과 악티늄 족

6주기는 란타넘 계열 원소들을 포함하고 있다. 란타넘은 d 블록의 첫 번째 원소이기 때문에 [Xe]$5d^16s^2$의 전자 배치를 가진다. 다음 원소인 세륨(Ce)은 주기율표의 밑에 따로 분리되어 있는 줄에 놓여 있는데, 전자가 f 궤도함수들에 처음으로 배열되기 시작하는 것은 이 줄의 원소에 의해서이다. 그러므로 Ce의 전자 배치는 [Xe]$4f^15d^16s^2$이다. 란타넘 계열을 따라 이동하면 이와 같은 경향이 계속된다(비록 $5d$와 $4f$ 궤도함수를 채우는 데 가끔 변화가 있다).

란타넘 계열의 마지막 원소인 루테튬(Lu, [Xe]$4f^{14}5d^16s^2$)은 7개의 $4f$ 궤도함수에

Agricultural Research Service/USDA

란타넘 족. 이 원소들은 다양한 용도를 가지고 있다. 이것은 란타넘 금속 산화물의 시료들이다.

심층 학습 궤도함수 에너지, Z^*와 전자 배치

다음 그래프는 주기율표에서 한 원소에서 다음 원소로 갈 때 다른 원자 궤도함수의 에너지가 어떻게 변하는가를 보여준다. 그래프에는 몇 가지 중요한 관찰사항이 있다.

(1) 일반적으로, 한 주기의 왼쪽에서 오른쪽으로 이동할 때 원자 궤도함수의 에너지는 감소한다. 이 경향은 주어진 궤도함수에 있는 전자가 느끼는 실제 전하인 Z^*와 관련이 있다(그림 7.2). Z^*는 핵전하와 다른 전자에 의한 가리움 효과와 관련된 특성이다. 각 주기의 한 원소에서 다음 원소로 이동될 때 핵에 추가된 양성자의 인력이 추가된 전자의 반발력보다 크다.

(2) 전자는 원자가 전자와 핵심부 전자로 분류된다. 다음 그래프에서 원자가 전자와 핵심부 전자의 뚜렷한 차이를 볼 수 있다. 원자가 전자는 더 작은 음의 에너지를 가진 궤도함수에서 발견되었다. 반대로 핵심부 전자는 매우 큰 Z^*를 느끼기 때문에 매우 낮은 에너지의 궤도함수에 있다. 뿐만 아니라, 한 주기에서 다른 주기로 이동될 때(예를 들면, 3주기의 Ar에서 4주기의 K로 이동될 때) 핵심부 궤도함수의 에너지는 더 낮아진다. 이 궤도함수에 있는 핵심부 전자의 매우 낮은 에너지는 핵심부 전자가 화학 반응에 참여하는 것을 불가능하게 한다.

(3) 첫 번째 전이금속 계열의 궤도함수 에너지에 주목하시오. 전이금속 계열을 따라 오른쪽으로 갈수록 핵에 양성자가 더해지고 안쪽의 껍질에 3*d* 전자가 더해지게 된다. 전이금속 계열의 원소들은 4*s* 에너지가 아주 조금 감소한다. 이것은 양성자가 더해지면 더 큰 전하를 가지게 되므로 추가된 3*d* 전자가 4*s* 전자를 효과적으로 가리기 때문이다. 추가된 핵전하는 3*d* 궤도함수에 더 큰 영향을 주고 3*d* 궤도함수의 에너지는 전이금속 계열을 따라 갈수록 더 크게 감소된다. 전이금속 계열의 끝에 도착하게 되면 3*d* 전자는 핵심부가 되면서 3*d* 궤도함수의 에너지는 급속히 낮아진다.

(4) 마지막으로, 이 전이금속 계열에서 Cr과 Cu의 예외적인 행동에 주목하시오. 이 원소들은 전체 에너지에 영향을 주는 교환 에너지(305쪽)라는 또 다른 요소 때문에 예외적인 전자 배치를 가지고 있다(300쪽).

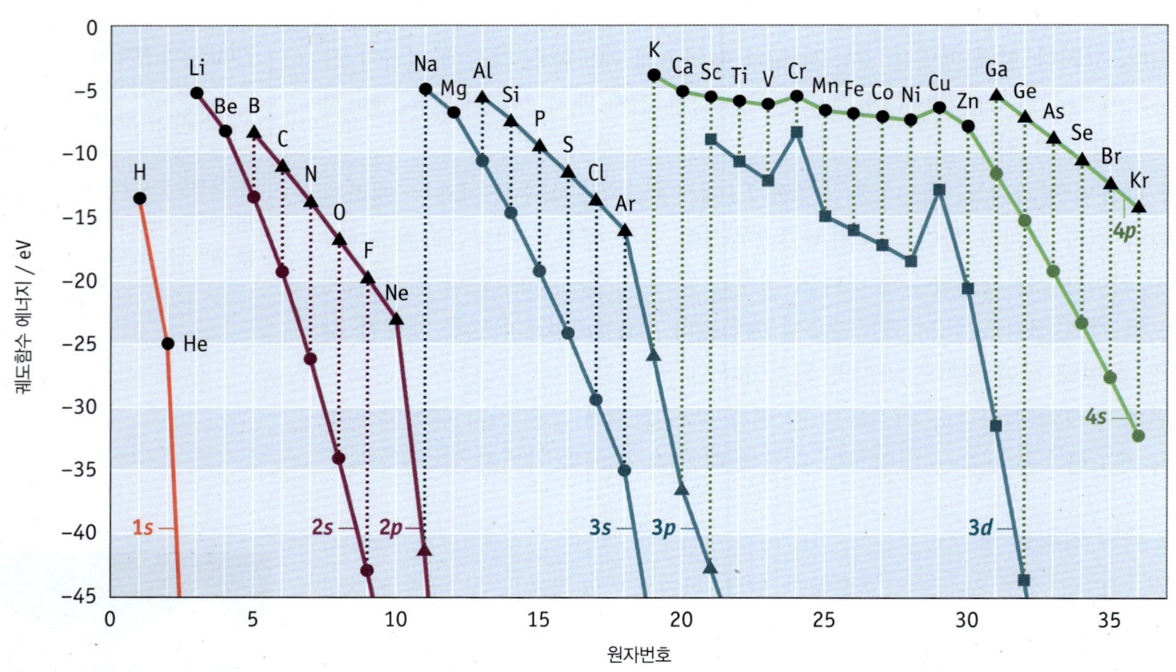

원자번호에 따른 궤도함수의 에너지 변화(광전자 분광법 자료에서 발췌, 318쪽 참조). 에너지는 전자-볼트(eV)로 나타내며, 1 eV = 1.602 × 10^{-19} J이다(그림은 '화학 구조와 반응성', J. Keeler, P. Worthers, Oxford, 2008에서의 자료를 다시 그린 것임).

심층 학습 전이금속 원소의 전자 배치에 관한 의문점들

n = 3의 부껍질의 모든 전자들은 n = 4의 부껍질을 채우기 전에 왜 채워지지 않을까? 스칸듐의 전자 배치는 왜 [Ar]$3d^1 4s^2$이고 [Ar]$3d^3$은 안 되는가? 이 현상에 대한 설명은 가장 안정한 전자 배치는 가장 낮은 에너지를 가져야 한다는 것이다.

스칸듐에서 아연까지 $3d$ 궤도함수의 에너지는 $4s$ 궤도함수의 에너지보다 더 낮다. 따라서 스칸듐의 전자 배치는 [Ar]$3d^3$가 더 선호될 것으로 보인다. 그러나 이 전자 배치가 왜 안 되는지 이해하려면 $3d$와 $4s$ 궤도함수의 전자와 전자 사이의 반발효과를 고려해야 한다. 가장 안정한 전자 배치는 가장 효과적으로 전자–전자 반발을 최소화하는 것이다. $3d$와 $4s$ 궤도함수의 그림(그림 7.2에서 $1s$와 $2s$에 대해 보여준 것처럼)은 핵으로부터 $3d$ 전자의 가능한 거리가 $4s$ 전자의 거리보다 짧다는 것을 보여준다. 핵에 가까워질수록 $3d$ 궤도함수는 $4s$ 궤도함수보다 더 압축된다. 이것은 $3d$ 전자가 핵에 더 가까워진다는 것을 의미하므로 2개의 $3d$ 전자는 2개의 $4s$ 전자보다 서로 더 강하게 반발하게 된다. 따라서 약간 높은 에너지를 갖는 $4s$ 궤도함수에 전자들이 위치하여 전자–전자 반발의 효과를 감소시켜 원자가 더 낮은 에너지를 가지게 한다.

크로뮴의 경우 $4s$와 $3d$의 궤도함수 에너지는 네 번째 주기의 다른 전이금속 원소들의 것보다 더 가깝다. 전체 에너지의 관점에서 생각해볼 때, 균형 쪽으로 기우는 교환 에너지(300쪽)의 효과로 모든 전자스핀이 같아지는 [Ar]$3d^5 4s^1$의 전자 배치를 가지게 되어 가장 안정하게 된다.

이 질문에 대해 더 알기를 원한다면 *the Journal of Chemical Education*의 아래 논문들과 Scerri가 쓴 *The Periodic Table*이란 책의 9장을 보시오.

- E. Scerri, *The Periodic Table*, Oxford, 2007.
- F. L. Pilar, "4s is Always Above 3d", *the Journal of Chemical Education*, Vol. 55, pp. 1–6, 1978.
- E. R. Scerri, "Transition Metal Configuration and Limitations of the Orbital Approximation", *the Journal of Chemical Education*, Vol. 66, pp. 481–483, 1989.
- L. G. Vanquickenborne, K. Pierloot, and D. Devoghel, "Transition Metals and the Aufbau Principle", *Journal of Chemical Education*, Vol. 71, pp. 469–471, 1994.
- M. P. Melrose and E. R. Scerri, "Why the 4s Orbital is Occupied before the 3d", *Journal of Chemical Education*, Vol. 73, pp. 498–503, 1996.
- W. H. E. Schwarz, "The Full Story of the Electron Configurations of the Transition Elements", *Journal of Chemical Education*, Vol. 87, pp. 444–448, 2010.

14개의 전자가 배열된 것으로 끝난다(표 7.3).

7주기는 f 궤도함수를 사용하는 연장된 원소들의 계열로 악티늄 족을 포함하고 있다. 악티늄은 [Rn]$6d^1 7s^2$의 전자 배치를 갖는다. 다음 원소는 토륨(Th)으로 프로탁티늄(Pa)과 우라늄(U)이 뒤를 따른다. 우라늄의 전자 배치는 [Rn]$5f^3 6d^1 7s^2$이다.

예제 7.3 전이원소들의 전자 배치

문제 $spdf$와 비활성 기체 표기법을 사용하여 (a) 테크네튬(Tc), 오스뮴(Os)의 전자 배치를 쓰시오.

알고 있는 사실 주기율표에서 원소의 위치에 근거하여 답을 찾는다. 테크니튬은 주기 5에서 7번째 원소이고 오스뮴은 6주기에서 22번째 원소이다.

전략 각 원소에 대해 직전의 비활성 기체를 찾은 다음 비활성 기체에서 그 원소에 이르기까지 s, p, d, f 전자의 수를 적는다.

풀이

(a) 테크네튬(Tc): Tc 직전의 비활성 기체는 $n = 4$인 줄의 끝에 있는 크립톤(Kr)이다. 36개 전자를 [Kr]처럼 핵심부 전자로 배열을 하면 7개의 전자가 남는다. 7개의 전자 중 2개는 5*s* 궤도함수에 배열되고, 나머지 5개는 4*d* 궤도함수에 배열된다. 그러므로 테크네튬의 전자 배치는 [Kr]$4d^5 5s^2$이다.

(b) 오스뮴(Os): 오스뮴은 6주기 원소이고 비활성 기체 제논으로부터 22번째에 있는 원소이다. Xe의 핵심부 전자 뒤로 22개의 전자가 더 추가되는데, 2개의 전자는 6*s* 궤도함수에 배열되고, 14개의 전자는 4*f* 궤도함수에 배열된다. 남아 있는 6개의 전자는 5d 궤도함수에 배열된다. 그러므로 오스뮴의 전자 배치는 [Kr]$4f^{14}5d^6 6s^2$이다.

고려사항 일반적으로 주기율표를 지침으로 사용하여 전자 배치를 결정하는 것이 최선이다. 그러나 일부 예외적인 경우, 특히 무거운 전이원소와 란타넘 및 악티늄 계열에서 있음을 염두에 두어야 한다.

유제 표 7.3을 보지 말고 주기율표를 이용하여 다음 원소들의 전자 배치를 쓰시오.

(a) P (c) Zr (e) Pb
(b) Zn (d) In (f) U

*spdf*와 비활성 기체 표기법을 사용하시오. 얻은 답과 표 7.3의 내용을 비교 · 검토하시오.

7.3절 확인문제

1. 주기율표에서 Se를 찾으시오. 비활성 기체 핵심부 밖에 있는 이 원소의 전자 배치는 무엇인가?
   (a) $4p^4$ (b) $4s^2 4p^4$ (c) $3d^{10}4s^2 4p^4$ (d) [Ar]

2. 다음 원소 중 전자 배치에서 홀전자의 수가 가장 작은 것이 어느 것인가?
   (a) Cr (b) Fe (c) Ni (d) Mn

7.4 이온의 전자 배치

화학은 가끔 이온을 포함하므로 이온의 전자 배치와 물질의 성질과 반응과의 관계를 이해할 필요가 있다.

음이온과 양이온

단원자 음이온이 생성되려면 비금속 원자의 원자가 껍질에 1개 이상의 전자가 추가되어 이온의 전자 배치가 주기율표의 다음 비활성 기체의 전자 배치와 같아져야 한다. 따라서 플루오린 원자는 하나의 전자를 얻어 비활성 기체 네온의 전자 배치와 같은 플루오린화 이온이 된다.

$$\mathrm{F}\ [1s^2 2s^2 2p^5]\ + e^- \rightarrow \mathrm{F}^-\ [1s^2 2s^2 2p^6]$$

비슷하게 황 원자도 2개의 전자를 얻어 비활성 기체 아르곤과 같은 전자 배치를 갖는 황화 이온이 된다.

$$\mathrm{S}\ [1s^2 2s^2 2p^6 3s^2 3p^4]\ +\ 2\ \mathrm{e}^- \rightarrow \mathrm{S}^{2-}\ [1s^2 2s^2 2p^6 3s^2 3p^6]$$

중성 원자로부터 양이온이 생성되려면 원자가 전자가 1개 이상 제거된다. 즉 가장 큰 값을 갖는 n 전자 껍질의 전자가 먼저 제거된다. 만약 n번째 껍질에 몇 개의 부껍질이 있다면 ℓ 값이 큰 부껍질의 전자가 제거된다. 그러므로 소듐 이온은 Na 원자로부터 $3s^1$의 전자가 제거되어 생성된다.

$$\mathrm{Na}\ [1s^2 2s^2 2p^6 3s^1] \rightarrow \mathrm{Na}^+\ [1s^2 2s^2 2p^6] + \mathrm{e}^-$$

Ge^{2+}는 게르마늄 원자의 $4p$ 전자 2개가 제거되어 생성된다.

$$\mathrm{Ge}\ [\mathrm{Ar}]3d^{10}4s^2 4p^2 \rightarrow \mathrm{Ge}^{2+}\ [\mathrm{Ar}]3d^{10}4s^2 + 2\ \mathrm{e}^-$$

같은 규칙이 전이금속 원자에 적용된다. 이것은 예를 들어 타이타늄(II) 양이온이 $[\mathrm{Ar}]3d^2$의 전자 배치를 갖는다는 것을 의미한다.

$$\mathrm{Ti}\ [\mathrm{Ar}]3d^2 4s^2 \rightarrow \mathrm{Ti}^{2+}\ [\mathrm{Ar}]3d^2 + 2\ \mathrm{e}^-$$

철(II)과 철(III) 양이온은 각각 $[\mathrm{Ar}]3d^6$와 $[\mathrm{Ar}]3d^5$의 전자 배치를 갖는다.

$$\mathrm{Fe}\ [\mathrm{Ar}]3d^6 4s^2 \rightarrow \mathrm{Fe}^{2+}\ [\mathrm{Ar}]3d^6 + 2\ \mathrm{e}^-$$

$$\mathrm{Fe}^{2+}\ [\mathrm{Ar}]3d^6 \rightarrow \mathrm{Fe}^{3+}\ [\mathrm{Ar}]3d^5 + \mathrm{e}^-$$

전이금속의 이온화 과정에서 ns 전자가 $(n-1)d$ 전자보다 항상 먼저 잃어버린다. 모든 전이금속 원자들은 먼저 ns 전자를 잃어버리고, 양이온들은 일반적인 형태인 [비활성 기체 내부전자]$(n-1)d^x$의 전자 배치를 갖는다. 어떻게 이것이 사실임을 알 수 있는가? 이 증거의 중요한 원천 중 하나는 물질의 자기적 성질의 연구이다.

반자성과 상자성

만약 수소 원자가 자기장 내에 놓인다면, 나침반의 바늘이 지구의 자기장 선을 따라 정렬하는 것처럼, 하나의 전자의 자기장은 외부 자기장과 상호작용을 하게 될 것이다.

이와는 대조적으로, 전자 2개를 갖는 헬륨 원자는 자석에 끌리지 않는다. 사실, 이들은 아주 조금 자석에 의해 반발된다. 이러한 관찰을 설명하려면 우리는 파울리의 배타원리의 내용과 같이 헬륨의 2개 전자가 다른 m_s 값, 즉 서로 반대 방향의 스핀을 갖고 있다고 생각한다. 우리는 이 스핀들이 쌍을 이루고 있고, 그 결과 첫 번째 전자의 자기장이 반대의 스핀을 갖는 두 번째 전자의 자기장에 의해 상쇄된다.

쌍을 이루지 않은 전자를 가진 원소들과 화합물은 자석에 끌린다. 이러한 성질을 **상자성**(paramagnetic)이라고 한다. 모든 전자들이 쌍을 이루고 있는(반대 스핀과 쌍을 이룬 2개 전자) 물질은 약한 반발력을 갖는다. 이들은 **반자성**(diamagnetic)이라고 한다. 자기적 성질은 물질을 자기장 내에 놓고 인력 또는 반발력의 정도를 관찰함으로써 결정할 수 있다(그림 7.4).

물질의 자기적 행동을 결정함으로써 우리는 전자 구조에 대한 정보를 얻을 수 있

상자성의 실험실적 측정

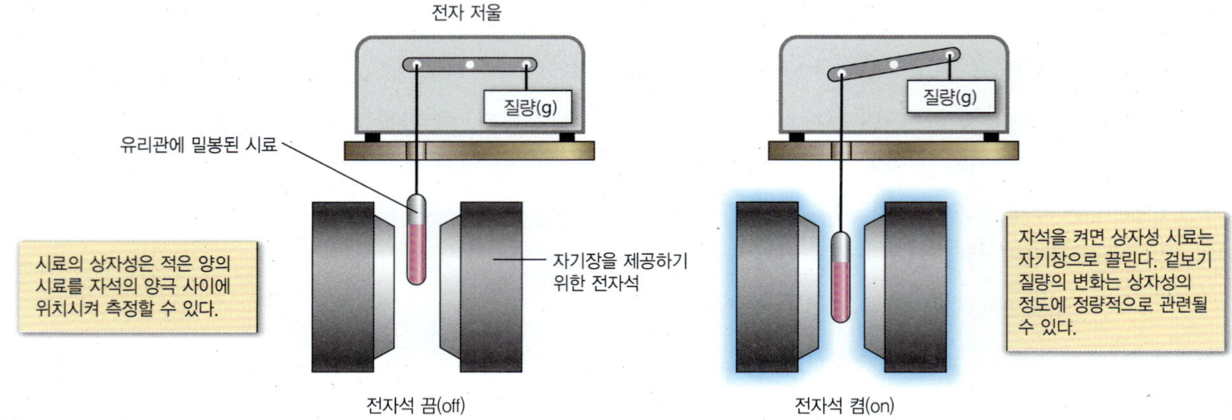

산화 철(III)의 상자성 관찰

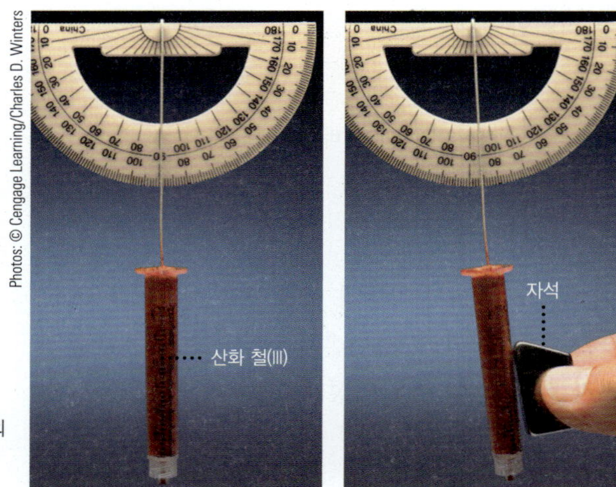

상자성을 보이기 위해 산화철(III)의 시료를 플라스틱 관에 넣고 얇은 나일론 실로 매달았다.

강력한 자석을 시료 가까이 가져가면 Fe_2O_3의 상자성 철(III) 이온이 시료로 하여금 자석에 끌리게 한다.

자석은 네오디뮴, 철, 붕소[$Nd_2Fe_{14}B$]로 만들어져 있다. 이 강력한 자석은 음향 스피커에서 사용된다.

그림 7.4 화합물의 상자성의 관찰과 측정.

다. 예를 들면, Fe^{3+} 이온은 5개의 홀전자를 가지는 정도의 상자성을 나타낸다(그림 7.4). 이 사실은 철 원자에서 2개의 4*s* 전자와 1개의 3*d* 전자를 제거하여 5개의 3*d* 홀전자를 가진 Fe^{3+} 이온을 형성하는 것과 일치한다. 대신 만약 3개의 3*d* 전자가 제거된다면 Fe^{3+} 이온은 여전히 상자성을 가지기는 하지만 3개의 홀전자를 가지는 정도를 나타낼 것이다.

예제 7.4 전이금속 이온들의 전자 배치

문제 Cu, Cu^+, Cu^{2+}의 전자 배치를 밝히시오. 이들 중 상자성인 것이 있는가? 이들은 몇 개의 홀전자들을 가지고 있는가?

알고 있는 사실 전이금속 이온을 형성할 때 최외각 *ns* 전자를 먼저 잃고 $(n-1)d$ 전자가 뒤따른다.

심층 학습 상자성과 강자성

자기 물체들이 보편적으로 보급되어 있고 우리 경제에 있어서 중요한 것이 되었다. 예를 들면, 거대 자석은 의료 분야에서 사용하는 자기공명영상(MRI)의 중심에 들어 있고, 작은 자석은 오디오 스피커나 수화기에 들어 있다. 자성의 산화물은 기록 테이프와 컴퓨터 디스크에 사용된다.

우리가 사용하는 자기 물체들은 **강자성**이다. 강자성 물질의 자기적 효과는 상자성 물체의 자기적 효과보다 훨씬 크다. 강자성은 고체 내의 원자 덩어리(구역(domain)이라 부른다.) 속에 홀전자 스핀이 같은 방향으로 정렬되었을 때 발생한다. 철, 코발트, 니켈 하위 족과 네오드뮴 같은 몇몇 다른 금속들만이 강자성을 나타낸다. 이들은 모두 구역이 자기장에 놓일 때 금속이 영구적으로 자기화가 일어난다는 점에서 특이하다.

많은 합금들이 순수 금속 그 자체보다 더 큰 강자성을 나타낸다. 이러한 성질을 갖는 물질의 한 예가 알니코(Alnico) 이며, 또 다른 것은 네오디뮴, 철, 붕소의 합금($Nd_2Fe_{14}B$)이다.

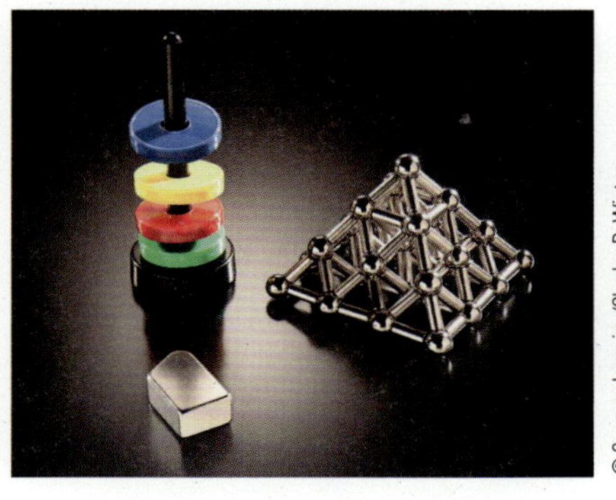

자석. 대용량 스피커 같은 많은 일반적인 소비 제품들은 영구자석을 가지고 있다.

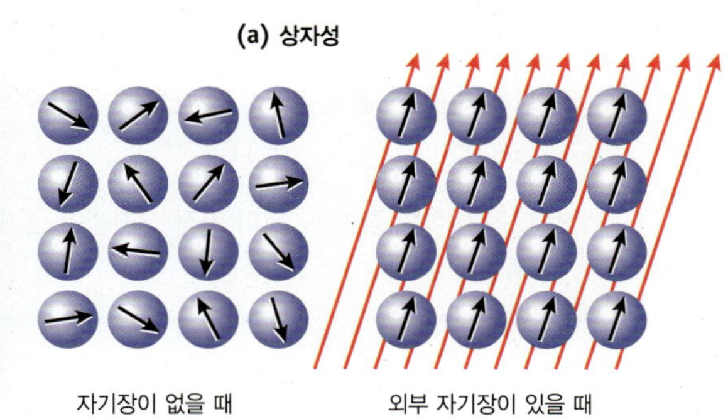

자성. (a) 상자성: 외부자기장이 없을 때, 물질에 들어 있는 원자나 이온들의 홀전자는 불규칙한 방향으로 향해 있다. 그러나 만약 자기장에 놓이면 이 스핀들은 자기장과 같은 방향으로 놓이게 될 것이다. **(b)** 강자성: 원자나 이온 집단에 있는 홀전자 스핀들이 같은 방향으로 정렬되어 있다.

전략 구리의 전자 배치로부터 시작한다(표 7.4). ns 전자가 먼저 이온화되고, 1개 또는 그 이상의 $(n-1)d$ 전자가 그 다음에 제거된다는 것이 관찰되었다.

풀이 구리는 $4s$ 궤도함수에 단지 하나의 전자를 가지며 $3d$ 궤도함수에 10개의 전자를 가지고 있다.

Cu $[Ar]3d^{10}4s^1$ [↑↓|↑↓|↑↓|↑↓|↑↓] $3d$ [↑] $4s$

구리가 Cu^+로 산화될 때 $4s$ 전자를 잃는다.

Cu^+ $[Ar]3d^{10}$ [↑↓|↑↓|↑↓|↑↓|↑↓] $3d$ [ ] $4s$

구리(II) 이온은 구리(I)에서 $3d$ 전자 중 하나가 제거되어 생성된다.

Cu^{2+} $[Ar]3d^9$ [↑↓|↑↓|↑↓|↑↓|↑] $3d$ [ ] $4s$

구리(II) 이온(Cu^{2+})은 짝짓지 않은 전자를 1개 가지므로 상자성이다. 반면에 Cu^+는 홀전자가 없어서 반자성이다.

고려사항 Cu의 전자 배치가 [Ar]$3d^{10}4s^1$이지 [Ar]$3d^9 4s^2$가 아님을 주목하시오. 구리는 처음 전이 계열에서 전자를 채우는 순서가 예외적인 두 가지 중 하나이다(Cr이 다른 예이다).

유제 V^{2+}, V^{3+}, Co^{3+}의 전자 배치를 기술하시오. 궤도함수 상자그림과 비활성 기체 표기법을 사용하시오. 이들 중 어느 이온이 상자성인가? 만약 상자성이라면 홀전자의 수를 밝히시오.

7.4절 확인문제

1. 아래에 있는 4개의 이온 중 3개는 같은 전자 배치를 가지나 네 번째는 아니다. 전자 배치가 같지 않은 것을 찾으시오.
   (a) Fe^{3+} (b) Cr^{+} (c) Mn^{2+} (d) Fe^{2+}

2. 다음 이온 중 홀전자의 수가 가장 큰 것이 어느 것인가?
   (a) Cr^{3+} (b) Cu^{2+} (c) Co^{3+} (d) Ni^{2+}

3. 다음 화학종 중 어느 것이 가장 상자성이 큰가?
   (a) Cr (b) Cr^{3+} (c) Mn (d) Mn^{2+}

7.5 원자의 성질과 주기성

전자 배치를 이해하게 되면서 화학자들은 **원소들의 성질의 유사성은 원자가 껍질의 전자 배치가 유사하기 때문이라는 것**을 알게 되었다. 이 절의 목적은 원자의 전자 배치가 원소의 몇몇 물리적, 화학적 성질과 어떻게 연관되어 있으며, 족의 아래로 내려감에 따라 또 주기를 가로질러 오른쪽으로 갈 때 이들 성질들이 예측 가능한 방식에 따라 변하는 것을 보여 주는 것이다.

원자의 크기

원자의 크기(그림 7.5)는 원소의 성질과 반응성에 영향을 준다. 원자의 크기는 중심원자를 둘러싸는 원자의 수를 결정할 수 있고, 분자 모양을 결정하는 요소가 될 것이다. 다음 장에서 보겠지만 분자의 모양은 분자가 반응하는 데 중요하다.

원자의 크기는 지질화학적, 기술적으로 중요하다. 예를 들면, 금속 격자에서 다양한 원소로 이루어진 고체 용액인 합금(12.5절)에 들어 있는 한 원자는 비슷한 크기를 갖는 다른 원자의 자리를 차지한다. 기술기반 산업사회는 이런 물질들에 의존한다. 한 원소가 비슷한 크기의 다른 원소로 치환되면 가끔 다른 성질을 갖는 합금을 만들 수 있다. 그러나 합금은 새로운 것이 아니다: 인간은 거의 5000년 보다 훨씬 전부터 철 운석으로 연장을 만들었다(그림 7.6). 철 운석은 비슷한 크기의 두 원소, 철과 니켈이 각각 약 90 %, 10 %로 구성된 합금이다.

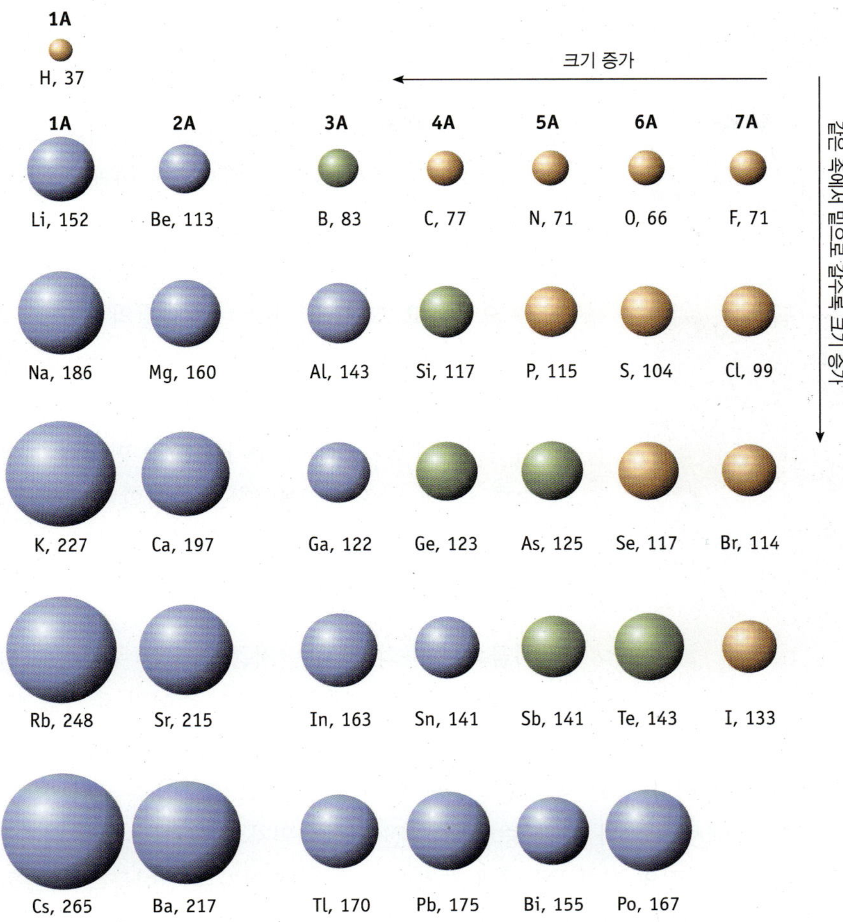

그림 7.5 주족원소들의 원자 반지름(pm). 1 pm = 1×10^{-12} m = 1×10^{-3} nm(자료는 *J. Emsley*: The Elements, 3rd ed., Oxford, Clarendon Press, 1998에서 인용했다).

궤도함수들은 명확한 경계를 갖고 있지 않다(◂그림 6.12a). 그러므로 어떻게 원자의 크기 혹은 반지름을 정의할 수 있을까? 실제로 몇 가지 방법이 있으며, 약간씩 다른 결과를 줄 수 있다.

원자의 크기를 정의하는 가장 간단하고 유용한 방법 중 하나는 원소의 시료에서 원자와 원자 사이의 거리를 구하는 것이다. Cl_2 같은 이원자분자를 예로 들어보자(그림 7.7a). Cl 원자의 반지름은 두 원자 중심 사이의 거리(198 pm)를 실험적으로 측정하고 이 거리의 반으로 가정되므로, Cl 원자의 반지름은 99 pm이다.

유사하게 다이아몬드에서 C–C 거리는 154 pm이므로 77 pm가 탄소의 반지름에 해당된다. CCl_4에서 Cl과 C 사이의 거리를 평가하기 위하여 이들을 합하였다. 예측한 거리 176 pm는 실험적으로 구한 C–Cl의 거리 176 pm와 잘 일치한다(이 방법으로 결정된 반지름을 **공유 반지름**이라 한다).

원자 반지름을 결정하는 이 접근법은 원소의 분자화합물의 경우에만 적용된다(따라서 비금속과 준금속으로 대부분 제한한다). 금속의 경우 원자 반지름은 원소의 결정에서 원자 사이 거리를 측정하여 결정할 수 있다(그림 7.7b).

반지름의 표를 보면 흥미로운 주기적 경향을 즉시 볼 수 있다(그림 7.5). **주족 원소들의 경우, 원자의 반지름은 주기율표에서 족을 따라 밑으로 내려갈수록 증가하며,**

원자 반지름–주의. 원자 반지름이나 공유결합 반지름에 대한 표들이 많이 있으나 각 표에서 인용한 값들은 차이가 있다. 원자의 반지름을 결정하는 데 몇 가지 방법들이 사용되기 때문에 원자 반지름 값의 편차가 생기게 된다.

그림 7.6 **윌러멧 철운석.** 14150 kg의 운석은 흔적량의 Ga, Ge, Ir과 함께 92.38 % Fe과 7.62 % Ni로 구성되어 있다. 철과 니켈 원자는 반지름(각각 124 pm와 125 pm)이 거의 같아서 고체에서 서로 치환할 수 있다(운석은 1902년 오레곤 주에서 발견되었고, 워싱턴에 있는 자연사 미국 박물관에 전시되어 있다).

주기를 따라 오른쪽으로 갈수록 감소한다. 이 주기성은 두 가지 중요한 효과를 반영한다.

- 원자의 크기는 가장 바깥껍질에 있는 전자에 의해 결정된다. 주기율표에서 족의 위에서부터 아래로 갈수록 가장 바깥껍질의 전자는 주양자수(n)가 더욱 큰 값을 갖는 궤도함수에 배열된다. 안쪽에 있는 전자들은 약간의 공간을 요구하고 그 결과 가장 바깥껍질의 전자는 핵으로부터 더 멀어진다.
- 주족원소의 경우 주어진 주기에서 원자가 전자 궤도함수의 주양자수(n)는 같다. 주기를 따라 한 원소에서 다른 원소로 갈 때, 유효핵전하(Z^*)는 증가한다(그림 7.2). 이것은 핵과 전자 간의 인력이 증가된 결과이며, 원자 반지름은 감소한다.

전이금속 원자의 원자 반지름에 대한 주기성(그림 7.8)은 주족원소의 것과 약간 다르다. 주어진 주기를 따라 왼쪽에서 오른쪽으로 갈수록 반지름은 첫 번째 몇몇 원소에서 감소한다. 그러나 전이 계열의 중간에 있는 원소의 크기는 아주 조금 변하고, 전이 계열의 끝에서 크기가 약간 증가된다. 전이금속 원자의 크기는 가장 바깥껍질의 전자—즉, ns 부껍질의 전자—에 의해 결정된다. 그러나 전자는 전이금속 계열을 따라갈 때 $(n-1)d$ 부껍질에 더해진다. 주기를 따라 왼쪽에서 오른쪽으로 이동할 때 원자의 핵전하가 증가되면 원자 반지름을 감소시키게 된다. 그러나 이 효과는 전자들 사이의 반발력이 증가되어 대부분 사라진다. 전이 계열의 끝인 1B족과 2B족에 도달하면, 원자의 크기는 약간 증가한다. 왜냐하면 d 부껍질이 채워지고 전자—전자 간의 반발력이 원자의 크기를 증가시키기 때문이다.

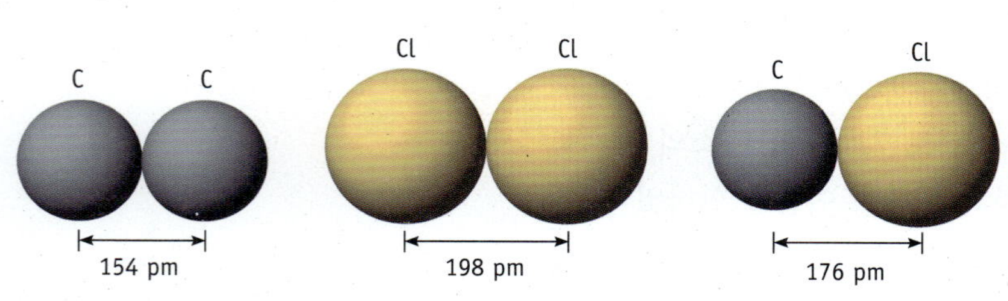

(a) C와 Cl의 원자 반지름의 합은 C—Cl 결합을 갖는 분자에서 C—Cl 거리를 추정할 수 있게 한다.

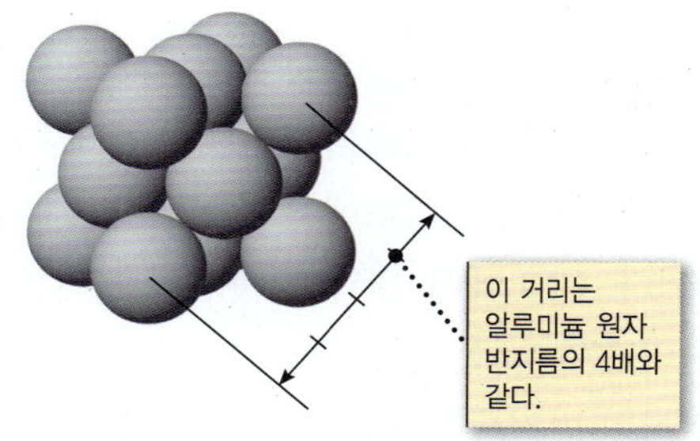

(b) 알루미늄 결정의 작은 조각에 있는 각각의 구는 알루미늄 원자를 나타낸다. 그림처럼 표시된 거리를 측정하면 알루미늄의 원자 반지름을 결정할 수 있다.

그림 7.7 **원자 반지름의 결정.**

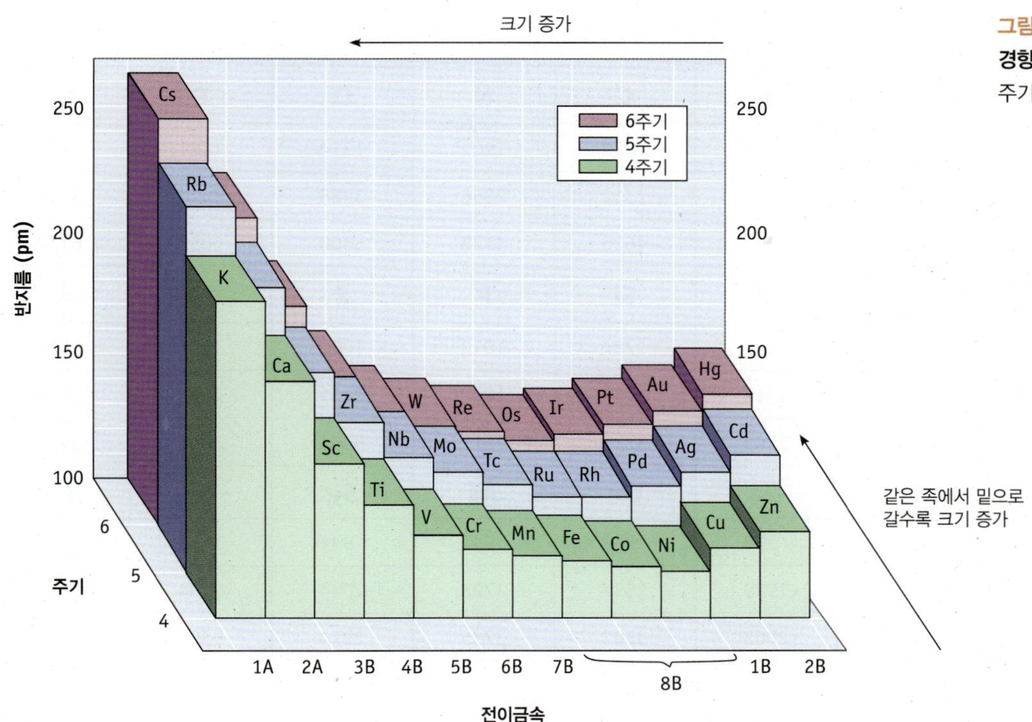

그림 7.8 전이원소의 원자 반지름에 대한 경향. 1A족과 2A족 금속, 4주기, 5주기, 6주기 전이금속의 원자 반지름.

이온화 에너지

이온화 에너지(*IE*)는 기체상의 원자로부터 전자 하나를 제거하는 데 필요한 에너지이다.

$$\text{바닥 상태의 원자(g)} \rightarrow \text{원자}^+\text{(g)} + e^-$$
$$\Delta U \equiv \text{이온화 에너지, } IE$$

쿨롱의 법칙에서 예측한 바와 같이 원자로부터 전자를 분리하기 위해 핵전하의 인력보다 더 큰 에너지를 공급해야 한다. 따라서 이온화 에너지는 항상 양의 값을 갖는다. 핵으로부터 더 멀리 떨어진 전자는 더 작은 이온화 에너지를 가지고 핵에 가까운 전자는 더 큰 이온화 에너지를 가진다.

수소 이외의 다른 원자들은 전자가 순차적으로 제거될 때 일련의 이온화 에너지를 갖는다. 예를 들면, Mg(g)의 세 종류의 이온화 에너지는 다음과 같다.

원자가 전자와 핵심부 전자. 핵심부 전자들을 제거하는 것이 원자가 전자를 제거하는 것보다 많은 에너지를 필요로 한다. 핵심부 전자들은 화학 반응에서 잃어버리지 않는다(306쪽의 궤도함수 에너지에 대한 그래프를 보시오).

제1 이온화 에너지, IE_1 = 738 kJ/mol

$$\underset{1s^2 2s^2 2p^6 3s^2}{Mg(g)} \rightarrow \underset{1s^2 2s^2 2p^6 3s^1}{Mg^+(g) + e^-}$$

제2 이온화 에너지, IE_2 = 1451 kJ/mol

$$\underset{1s^2 2s^2 2p^6 3s^1}{Mg^+(g)} \rightarrow \underset{1s^2 2s^2 2p^6}{Mg^{2+}(g) + e^-}$$

제3 이온화 에너지, IE_3 = 7732 kJ/mol

$$\underset{1s^2 2s^2 2p^6}{Mg^{2+}(g)} \rightarrow \underset{1s^2 2s^2 2p^5}{Mg^{3+}(g) + e^-}$$

표 7.5 2~4주기 주족원소들의 1차, 2차, 3차 이온화 에너지(kJ/mol)

2주기	Li	Be	B	C	N	O	F	Ne
1차	513	899	801	1086	1402	1314	1681	2080
2차	7298	1757	2427	2352	2856	3388	3374	3952
3차	11815	14848	3660	4620	4578	5300	6050	6122
3주기	**Na**	**Mg**	**Al**	**Si**	**P**	**S**	**Cl**	**Ar**
1차	496	738	577	787	1012	1000	1251	1520
2차	4562	1451	1817	1577	1903	2251	2297	2665
3차	6912	7732	2745	3231	2912	3361	3826	3928
4주기	**K**	**Ca**	**Ga**	**Ge**	**As**	**Se**	**Br**	**Kr**
1차	419	590	579	762	947	941	1140	1351
2차	3051	1145	1979	1537	1798	2044	2104	2350
3차	4411	4910	2963	3302	2735	2974	3500	3565

조금씩 더 큰 양전하를 갖는 양이온에서 전자가 제거되기 때문에 계속해서 전자를 제거하는 데 더 많은 에너지가 필요하다(표 7.5). 그러나 Mg^{3+}를 생성하기 위해 세 번째 전자를 제거하는 데 필요한 이온화 에너지는 특별히 크게 증가된다. 1차와 2차의 이온화 단계는 가장 바깥껍질 또는 원자가 껍질로부터 전자가 제거된다. 그러나 세 번째 전자는 3*s* 부껍질보다 상당히 낮은 에너지를 갖고 있는 2*p* 부껍질로부터 제거된다(그림 7.1). **이온화 에너지가 크게 증가됨은 원자가 전자껍질 구조를 갖고 있다는 실험적 증거가 된다.**

이온화 에너지의 측정. 이온화 에너지 값은 높은 정확도로 측정할 수 있다. 반면에 원자 반지름은 근사값이다.

주족원소(*s*-블록과 *p*-블록)에서 **첫 번째 이온화 에너지는 주기율표에서 족을 따라 아래로 내려갈수록 감소하고 주기를 따라 오른쪽으로 갈수록 증가한다**(그림 7.9와 표 7.5, 부록 F). 주기율표의 주기를 따라 오른쪽으로 갈수록 이온화 에너지가 증가하는 경향은 원자번호가 증가할 때 유효핵전하, Z^*도 증가하기 때문이다(그림 7.2). 주기를 따라 오른쪽으로 갈수록 Z^*도 증가하기 때문에 전자를 제거하는 데 필요한 에너지는 증가한다. 족을 따라 아래로 내려갈수록 이온화 에너지가 감소한다. 제거되는 전자가 핵에서 점점 더 멀리 떨어져 있어서 핵과 전자 간의 인력이 줄어들기 때문에 일어난다.

주어진 주기에서 원자 반지름과 이온화 에너지에 대한 경향은 비록 반대의 관계이지만 Z^*와 관련이 있다는 것에 유의하시오. **주기를 따라 오른쪽으로 갈수록 유효핵전하가 증가하기 때문에 원자 반지름은 감소하고 이온화 에너지는 증가한다.**

이온화 에너지를 좀 더 자세히 보면 주기를 따라 나타나는 경향이 그렇게 균일하지 않다. 편차는 베릴륨에서 붕소로 갈 때처럼 *s*-블록에서 *p*-블록 원소로 갈 때 보인다. 이것은 2*p* 전자가 2*s* 전자보다 에너지가 약간 더 높기 때문에 일어난다. 그 결과 붕소의 이온화 에너지는 베릴륨의 이온화 에너지보다 작다. 더 낮은 에너지로 떨

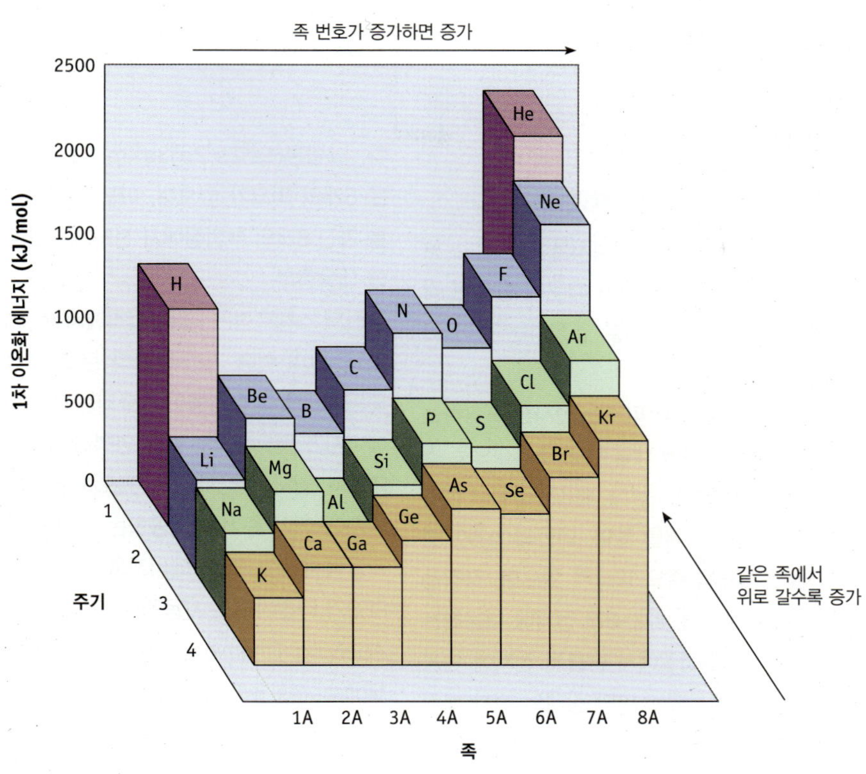

그림 7.9 1~4주기 주족원소들의 1차 이온화 에너지. (1~4주기 주족원소들에 대한 정확한 이온화 에너지 자료는 표 7.5와 부록 F를 보시오.)

어지는 또 다른 골이 질소에서 산소로 갈 때 생긴다. n과 ℓ 값 모두 변하지 않지만 전자–전자 반발이 다음 이유 때문에 커진다. 3A–5A족에서 전자들은 p 궤도함수들 (p_x, p_y, p_z)에 나누어 배분된다. 그러나 6A족이 시작할 때 2개의 전자는 같은 p 궤도함수에 배열된다. 네 번째 p 전자는 다른 전자와 궤도함수를 같이 공유하고, 그 결과 홀로 하나의 궤도함수에 배열됐을 때보다 더 큰 반발을 느끼게 된다.

$$\text{O (산소원자)} \xrightarrow{+1314\ \text{kJ/mol}} \text{O}^+ \text{ (산소 양이온)} + e^-$$

[Ne][↑↓] [↑↓|↑|↑] → [Ne][↑↓] [↑|↑|↑]
2s 2p 2s 2p

더 큰 반발력 때문에 네 번째 2p 전자는 더 쉽게 제거가 된다. 산소에서 플루오린을 거쳐 네온으로 갈 때에도 Z^*가 증가되는 일반적인 경향은 계속된다.

전자부착 엔탈피와 전자친화도

전자부착 엔탈피(electron attachment enthalpy), $\Delta_{EA}H$는 기체상태의 원자에 전자 1개가 부가되어 기체 상태의 음이온이 생성될 때 발생되는 엔탈피 변화로 정의한다.

$$A(g) + e^- \rightarrow A^-(g) \qquad \text{전자부착 엔탈피} = \Delta_{EA}H$$

그림 7.10에서 설명된 것처럼 대부분의 원소들의 $\Delta_{EA}H$는 음의 값으로, 이 과정은 발열이며 에너지가 방출된다는 것을 의미한다. 예를 들면 플루오린의 $\Delta_{EA}H$는 큰 발열(−328 kJ/mol)이 일어나지만, 붕소는 −26.7 kJ/mol의 작은 음의 값을 가지고 있

심층 학습 광전자 분광법(Photoelectron spectroscopy)

광전자 분광법(PES)은 원자와 분자 내 전자들의 에너지에 대한 정보를 제공하는 실험 기법이고, 원자에서 전자의 현대 궤도함수 모형을 지지하는 증거를 제공한다. 이 기법에서 시료 원자를 고에너지 전자기 복사파로 때리게 된다. 광자가 충분한 에너지를 가지면 시료의 전자가 방출되게 할 수 있다. 원자가 전자를 방출하기 위해 요구되는 에너지는 자외선 영역의 복사선에 해당한다. 그러나 핵심부 전자를 제거하려면 x–선 영역과 같은 고에너지 복사가 필요하다.

PES를 이해하는 핵심은 방출되는 전자 모두가 같은 에너지($h\nu$)의 광자로 원자를 때린 결과로 얻어진다는 것이다. 이 에너지의 일부는 원자로부터 전자를 방출하는 데 사용되며, 이는 전자의 이온화 에너지(IE)와 일치한다. 나머지 에너지는 전자의 운동 에너지 [KE(전자)]로 사용된다.

$$h\nu = IE + KE(\text{전자})$$

방출된 전자의 운동 에너지를 분석하고 원래 광자의 에너지를 알기 때문에 방출된 각 전자의 이온화 에너지를 결정하는 것이 가능하다.

PES 스펙트럼의 각 피크는 전자를 포함하는 부껍질의 에너지에 대응한다. 추가적으로 스펙트럼의 피크 세기는 그 에너지 준위의 전자 수에 대응한다. 예를 들어, 네온의 스펙트럼(그림)은 3개의 주요 피크가 있으며, 각각은 세기가 각각 2개, 2개, 6개 전자에 대응하는 3개의 다른 부껍질에서 방출된 전자에 대응한다. 이는 예상되는 바닥 상태의 전자 배치 $1s^22s^22p^6$와 일치한다. 반면에 헬륨($1s^2$)의 스펙트럼에는 오직 하나의 피크가 있고, 이는 $1s$ 부껍질에 있는 2개의 전자에 대응된다. 크립톤($1s^22s^22p^63s^23p^63d^{10}4s^24p^6$)은 8개의 피크가 있으며, 이는 다른 에너지를 가진 8개의 부껍질에서 전자가 방출된 것에 대응한다.

광전자 스펙트럼은 (쿨롱 법칙에서 예상되는 바와 같이) 핵에 가까워 보다 큰 Z^*를 받게 되는 부껍질의 전자들이 방출되는 데 보다 큰 에너지가 필요하다는 것을 명백히 보여준다. PES가 원자의 전자들(과 궤도함수들)의 에너지에 대한 증거를 제공하는 것과 같이 분자들에서 전자들의 에너지를 조사하는 데 PES가 마찬가지로 사용될 수 있다.

Applying Chemical Principles, Probing Molecules with Photoelectron Spectroscopy, 434쪽을 참조하시오.

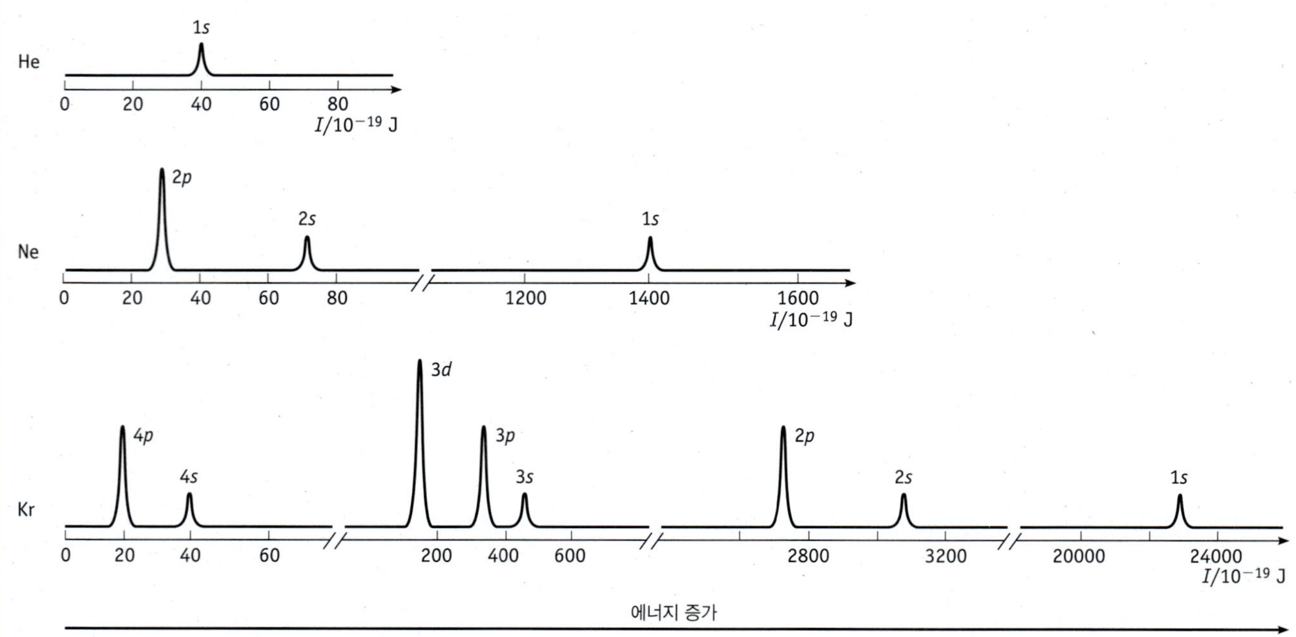

헬륨, 네온과 아르곤의 광전자 스펙트럼을 단순화한 그림. 에너지는 전자–볼트(eV) 단위로 표시하였고, 1 eV = 1.602 × 10^{-19} J이다.

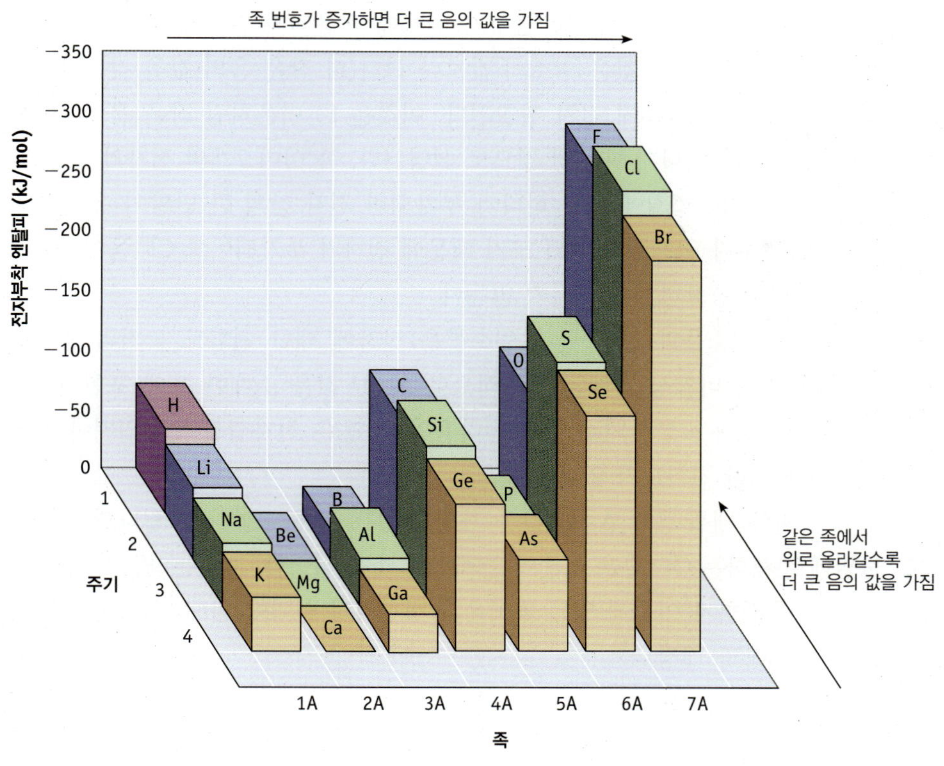

그림 7.10 전자부착 엔탈피. 전자에 대한 원자들의 친화도가 크면 클수록 $\Delta_{EA}H$는 점점 더 큰 음의 값을 갖는다. 정확한 수치는 부록 F를 보시오(참고자료는 H. Hotop, W. C. Lineberger: "Binding energies of atomic negative ions", *Journal of Physical Chemistry*, Reference Data, Vol. 14, p. 731, 1985.에서 인용했다).

다. 원소들의 $\Delta_{EA}H$ 값은 부록 F에 있다.

원자의 **전자친화도**(electron affinity, EA)는 $\Delta_{EA}H$와 밀접한 관계를 가지고 있다. 전자친화도는 전자가 부가된 기체 상태의 원자와 관련된 내부 에너지 변화와 크기는 같지만 부호는 반대이다.

$$A(g) + e^- \rightarrow A^-(g) \qquad \text{전자친화도, EA} = -\Delta U$$

EA와 $\Delta_{EA}H$는 거의 동일한 값을 가지나, 관례적으로 두 값은 반대 부호로 주어진다.

전자부착 엔탈피와 이온화 에너지는 원자가 전자를 각각 얻거나 잃을 때 포함된 에너지로 나타내기 때문에 전자친화도의 주기적 경향은 이온화 에너지의 주기적 경향과 밀접한 관계를 가지고 있다. 주기를 따라 오른쪽으로 갈수록 원자의 유효 핵전하가 증가하면(그림 7.2), 원자의 이온화는 더 어렵게 되고, 부가된 전자에 대해 원자의 인력은 커진다. 그러므로 일반적으로 이온화 에너지가 큰 원소는 전자부착 엔탈피가 더 큰 음의 값을 가지게 된다.

그림 7.10에서 본 것처럼 일반적으로 $\Delta_{EA}H$의 값은 주기를 따라 오른쪽으로 이동할수록 점점 더 큰 음의 값을 갖게 된다. 그러나 점점 커지는 경향이 균일하지는 않다. 2A족의 원소는 부가된 전자가 p 부껍질로 처음 들어가고, 5A족의 원소는 부가된 전자가 p 부껍질의 다른 전자와 쌍을 이루어야 하기 때문에 일반적인 경향에서 벗어난 것으로 나타난다.

전자부착 엔탈피 값은 항상 주기율표의 족을 따라 밑으로 내려갈수록 감소한다. 전자는 핵으로부터 멀리 떨어진 곳에 부가되므로 핵과 전자 사이의 인력은 감소한

전자친화도, 전자부착 엔탈피와 표시 규약. 오래전부터 사용했던 전자친화도에 대한 표시 규약을 바꾸는 것은 혼란을 일으키게 한다. 전자친화도에 대한 유용한 논의는 J. C. Wheeler를 보시오: "Electron affinities of the alkaline earth metals and sign convention for electron affinity." *Journal of Chemical Education*, Vol. 74, pp. 123–127, 1997. 이 논문에서 전자친화도는 음이온의 이온화 에너지와 같은 것으로 생각하고 있다(이것은 전자친화도를 실험적으로 측정할 수 있는 방법이다).

할로젠 원소들의 전자부착 엔탈피.

원소	$\Delta_{EA}H$ (kJ/mol)	원자 반지름 (pm)
F	−328.0	71
Cl	−349.0	99
Br	−324.7	114
I	−295.2	133

다. 그러나 이러한 일반적인 경향은 2주기 원소에 적용되지 않는다. 예를 들면 플루오린의 전자부착 엔탈피 값은 염소의 값보다 크다(더 작은 음의 값을 갖는다). 같은 현상이 3A족에서 6A족에 걸쳐 관찰된다. 이것은 F^- 이온처럼 작은 음이온에서 전자–전자 반발이 일어나기 때문인 것으로 설명된다. 즉 이미 7개의 전자가 있는 작은 F 원자의 $n = 2$의 껍질에 전자 하나가 부가되면 전자 간의 큰 반발이 유발된다. 염소는 플루오린보다 원자부피가 더 크기 때문에 전자가 부가되어도 Cl^- 음이온에서 전자–전자 반발이 중요하게 일어나지 않는다.

질소와 2A족 원소들과 같은 일부 원소들은 전자에 대한 친화도가 거의 없어서 $\Delta_{EA}H$ 값이 0이다. 비활성 기체는 일반적으로 $\Delta_{EA}H$ 값을 소개한 표에 포함시키지 않는다. 비활성 기체는 부가되는 전자가 다음의 더 높은 전자껍질에 채워져야 하기 때문에 전자에 대한 친화도가 없다.

두 번째 전자에 대한 음의 $\Delta_{EA}H$ 값을 가지고 있는 원자는 없다. 그렇다면 어떻게 많은 물질에 존재하는 O^{2-} 같은 이온이 존재하는 것을 설명할 수 있는가? 그 답은 결정에서 −2의 음전하가 이웃에 있는 양이온과 정전기적 인력에 의해 안정해질 수 있기 때문이다(▶8장과 12장).

예제 7.5 주기성

문제 C, O, Si 세 원소를 비교하시오.

(a) 원자 반지름이 증가하는 순서로 세 원소를 배열하시오.
(b) 어느 원소가 가장 큰 이온화 에너지를 갖는가?
(c) O 또는 C 중 어느 것이 더 큰 음의 전자부착 엔탈피를 갖는가?

알고 있는 사실 탄소와 실리콘은 4A족의 첫 번째와 두 번째 원소이고 산소는 6A족의 첫 번째 원소이다.

전략 그림 7.5, 7.8–7.10, 표 7.5, 부록 F에 있는 원자 성질의 경향을 사용한다.

풀이

(a) **원자의 크기**: 원자 반지름은 주기를 따라 오른쪽으로 갈수록 감소한다. 따라서 산소의 반지름은 탄소의 반지름보다 작다. 그러나 족을 따라 아래로 내려갈수록 원자 반지름은 증가한다. C와 Si는 같은 족 (4A족)에 있기 때문에 Si가 C보다 커야 한다. 따라서 원자 반지름의 순서는 O < C < Si이다.

(b) **이온화 에너지**: 이온화 에너지는 일반적으로 주기를 따라 오른쪽으로 갈수록 증가하고 족을 따라 아래로 갈수록 감소한다. 따라서 이온화 에너지의 경향은 Si(787 kJ/mol) < C(1086 kJ/mol) < O(1314 kJ/mol)이다.

(c) **전자부착 엔탈피**: 전자부착 엔탈피 값은 일반적으로 족을 따라 아래로 갈수록 작은 음의 값을 가지고(2주기 원소는 제외) 주기를 따라 오른쪽으로 갈수록 더 큰 음의 값을 갖는다. 그러므로 O(−141.0 kJ/mol)는 C(−121.9 kJ/mol)보다 더 큰 음의 $\Delta_{EA}H$를 갖는다.

고려사항 Z*의 값에 근거하여 예상한 바와 같이 원자 크기와 이온화 에너지의 추세는 반대임에 주목하시오.

유제 주기적 성질에 대한 그림들을 보지 말고 3개의 원소 B, Al, C에 대해 비교하시오.

(a) 원자 반지름이 증가하는 순서로 세 원소를 배열하시오.

(b) 이온화 에너지가 증가하는 순서로 원소를 배열하시오.

(c) B 또는 C 중 어떤 원소가 더 큰 음의 전자부착 엔탈피를 가질 것으로 기대하는가?

이온 크기의 경향

같은 족에 있는 이온의 크기에 대한 주기적 경향은 중성 원자의 크기에 대한 주기적 경향과 같다. 즉 같은 족의 양이온이나 음이온의 크기는 족을 따라 아래로 내려갈수록 증가한다(그림 7.11). 그러나 그림 7.11에 있는 이온 반지름과 원자 반지름을 비교해 보라. 원자로부터 전자가 제거되어 양이온이 형성될 때 원자의 크기는 크게 수축된다. 즉 양이온의 반지름은 양이온이 만들어진 본래의 원자보다 항상 작다. 예를 들면 Li의 반지름은 152 pm인 반면에 Li^+의 반지름은 78 pm에 불과하다. Li 원자로부터 전자가 제거될 때 3개의 양성자가 2개의 전자에만 인력을 미치게 되어 남아 있는 전자는 핵 쪽으로 수축한다. Li의 경우처럼 특정한 껍질의 마지막 전자가 제거될 때 이온의 크기는 특별히 크게 작아진다. Li으로부터 2*s* 전자를 잃게 되면 n = 2인 껍질에 전자가 없는 Li^+ 이온이 된다.

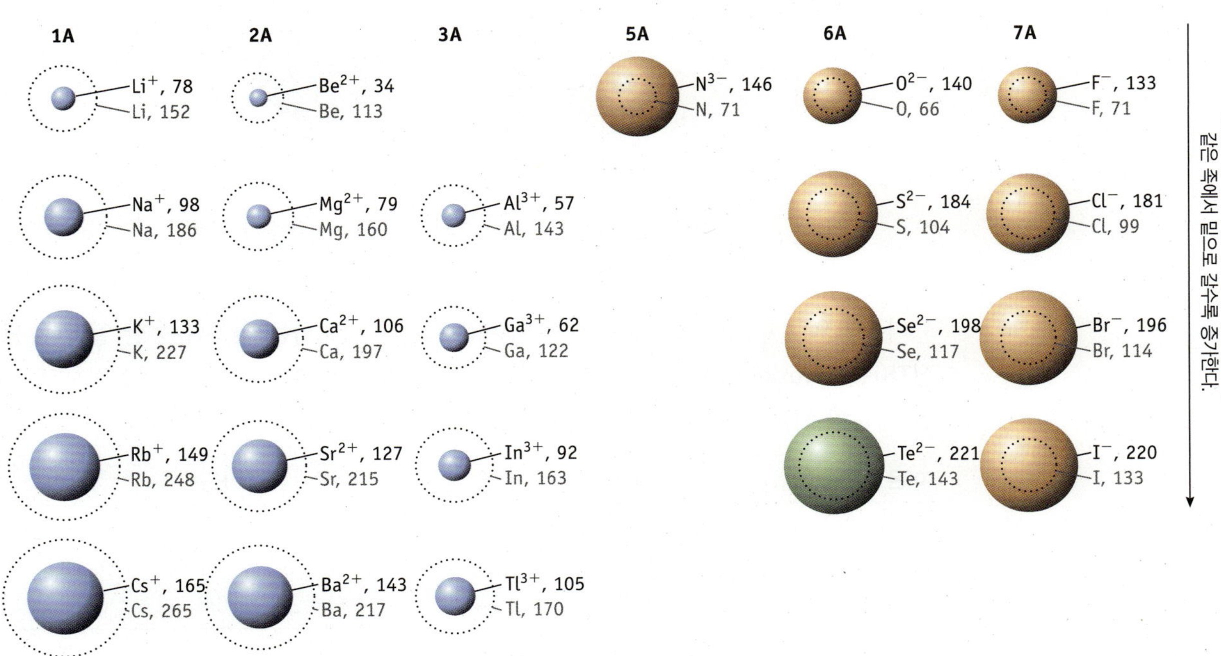

그림 7.11 일반적인 이온들의 상대적 크기. 반지름은 picometer 단위로 표시한다(1 pm = 1 × 10^{-12} m). (자료는 J. Emsley, *The Elements*, Clarendon Press, Oxford, 1998, 3rd ed.에서 인용했다.)

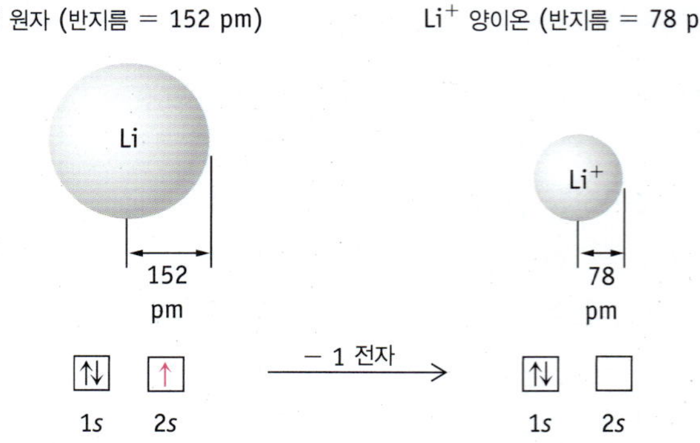

2개 또는 그 이상의 전자가 제거될 때 수축은 더욱 커질 것이다. 예를 들면 알루미늄 이온(Al^{3+})의 반지름은 57 pm인 반면, 알루미늄 원자의 반지름은 143 pm이다.

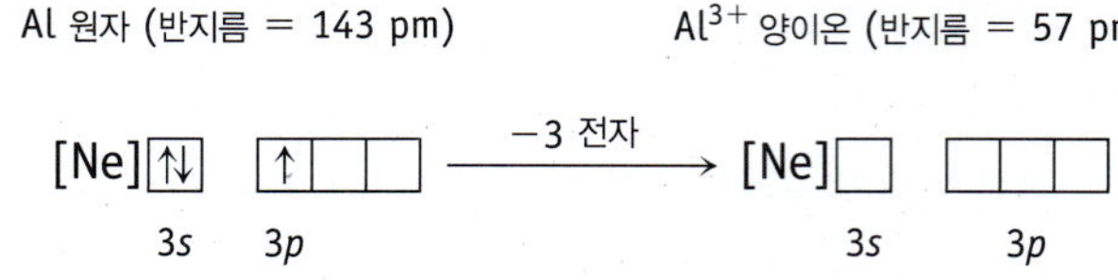

음이온의 반지름은 음이온이 만들어진 본래의 원자보다 항상 크다는 것을 그림 7.11에서 볼 수 있다. 이 논의는 양이온의 반지름을 설명하기 위하여 사용된 논리와 정반대이다. 예를 들면 F 원자는 9개의 양성자와 9개의 전자를 가진다. 음이온을 생성한다면 음이온의 핵전하는 여전히 +9이지만 음이온은 10개의 전자를 가지게 된다. F^- 이온은 전자–전자 간의 반발이 커지기 때문에 F 원자보다 훨씬 더 크다.

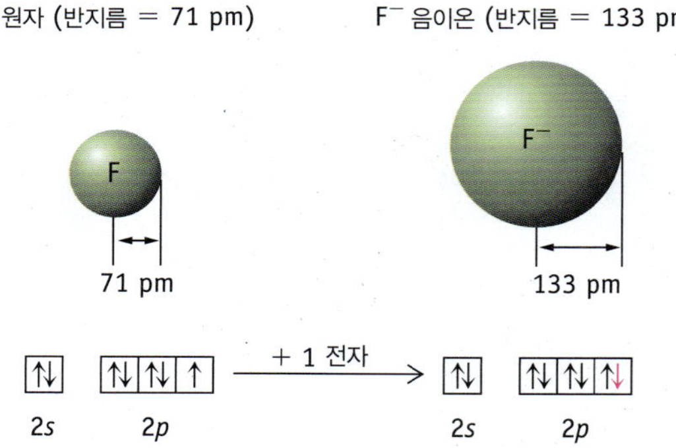

마지막으로 주기율표에서 등전자 이온의 크기를 비교하는 것은 유용한 일이다. **등전자**(isoelectronic) 이온은 전자 수는 같으나 양성자의 수가 다르다. 일반적으로 이런 계열의 이온들 중 하나가 N^{3-}, O^{2-}, F^-, Na^+, Mg^{2+}이다.

이온	N^{3-}	O^{2-}	F^-	Na^+	Mg^{2+}
전자의 수	10	10	10	10	10
양성자의 수	7	8	9	11	12
이온 반지름 (pm)	146	140	133	98	79

위의 이온 모두는 10개의 전자를 가지고 있으나 양성자의 수가 다르다. 등전자 이온 계열에서 양성자의 수가 증가할 때 전자–양성자 간의 인력과 전자–전자 간의 반

발력의 균형은 인력을 더 선호하는 쪽으로 이동하므로 이온의 반지름이 감소한다.

7.5절 확인문제

1. K^+, S^{2-}, Cl^- 이온들의 크기 경향은 어느 것인가?
   (a) $K^+ > S^{2-} > Cl^-$
   (b) $K^+ < S^{2-} < Cl^-$
   (c) $S^{2-} < Cl^- < K^+$
   (d) $S^{2-} > Cl^- > K^+$

2. 주기율표에서 C, N, Si, P 원소의 위치를 찾아보자. 일반적인 경향에 따라, 이 원소 중 이온화 에너지가 가장 높은 것과 가장 낮은 원소를 찾으시오.
   (a) C 가장 높은 것, P 가장 낮은 것
   (b) C 가장 높은 것, Si 가장 낮은 것
   (c) N 가장 높은 것, Si 가장 낮은 것
   (d) C 가장 낮은 것, N 가장 높은 것

7.6 주기성과 화학적 성질

원자 반지름, 이온 반지름, 이온화 에너지, 전자부착 엔탈피는 원자나 이온들과 관련된 성질들이다. 이 성질에 대한 지식은 이온화합물의 생성을 탐구하는 데 유용할 것이다.

주기율표는 유사한 화학적 성질을 가진 원소들을 함께 모아 놓았다(그림 7.12). 예를 들면 알칼리 금속은 Li^+, Na^+ 혹은 K^+ 같은 +1가 이온을 포함하는 화합물을 만드는 특징이 있다. 따라서 소듐과 염소의 반응은 Na^+ 이온과 Cl^- 이온으로 구성된 이온 화합물(NaCl)을 생성하며[그림 1.2], 포타슘과 물은 반응하여 $K^+(aq)$와 $OH^-(aq)$의 수화된 이온을 포함하는 KOH 수용액을 생성한다.

$$2\ Na(s) + Cl_2(g) \rightarrow 2\ NaCl(s)$$
$$2\ K(s) + 2\ H_2O(\ell) \rightarrow 2\ K^+(aq) + 2\ OH^-(aq) + H_2(g)$$

화학 반응에서 Na^+와 K^+ 이온이 잘 생성되는 주요 이유는 알칼리 금속의 이온화 에너지가 낮기 때문이다.

이온화 에너지는 소듐과 포타슘의 반응에서 $NaCl_2$ 또는 $K(OH)_2$와 같은 화합물을 생성하지 않는다는 사실을 설명한다. Na^{2+} 또는 K^{2+} 같은 이온의 생성은 매우 불리한 과정이다. 이들 금속으로부터 두 번째 전자를 제거하려면 원자의 핵심부 전자에서 두 번째 전자가 제거되기 때문에 에너지가 많이 필요하다.

이 과정의 에너지 장벽은 **주족 금속이 일반적으로 바로 직전의 비활성 기체와 같은 전자 배치를 갖는 양이온을 생성하는** 근본적인 이유이다.

왜 소듐과 염소의 반응에서 Na_2Cl 같은 또 다른 생성물은 없는 것일까? 이 화학식은 화합물이 Na^+ 이온과 Cl^{2-} 이온으로 구성되어 있음을 의미한다. Cl 하나의 원자에 전자 2개가 부가된다면 두 번째 전자는 높은 에너지의 다음 껍질로 들어가야 하기 때문에 Cl^{2-} 같은 이온은 알려져 있지 않다. 이 예로부터 다음과 같은 사실을 얻게 된다. **비금속은 일반적으로 뒤에 있는 비활성 기체의 전자 배치를 갖는 음이온을**

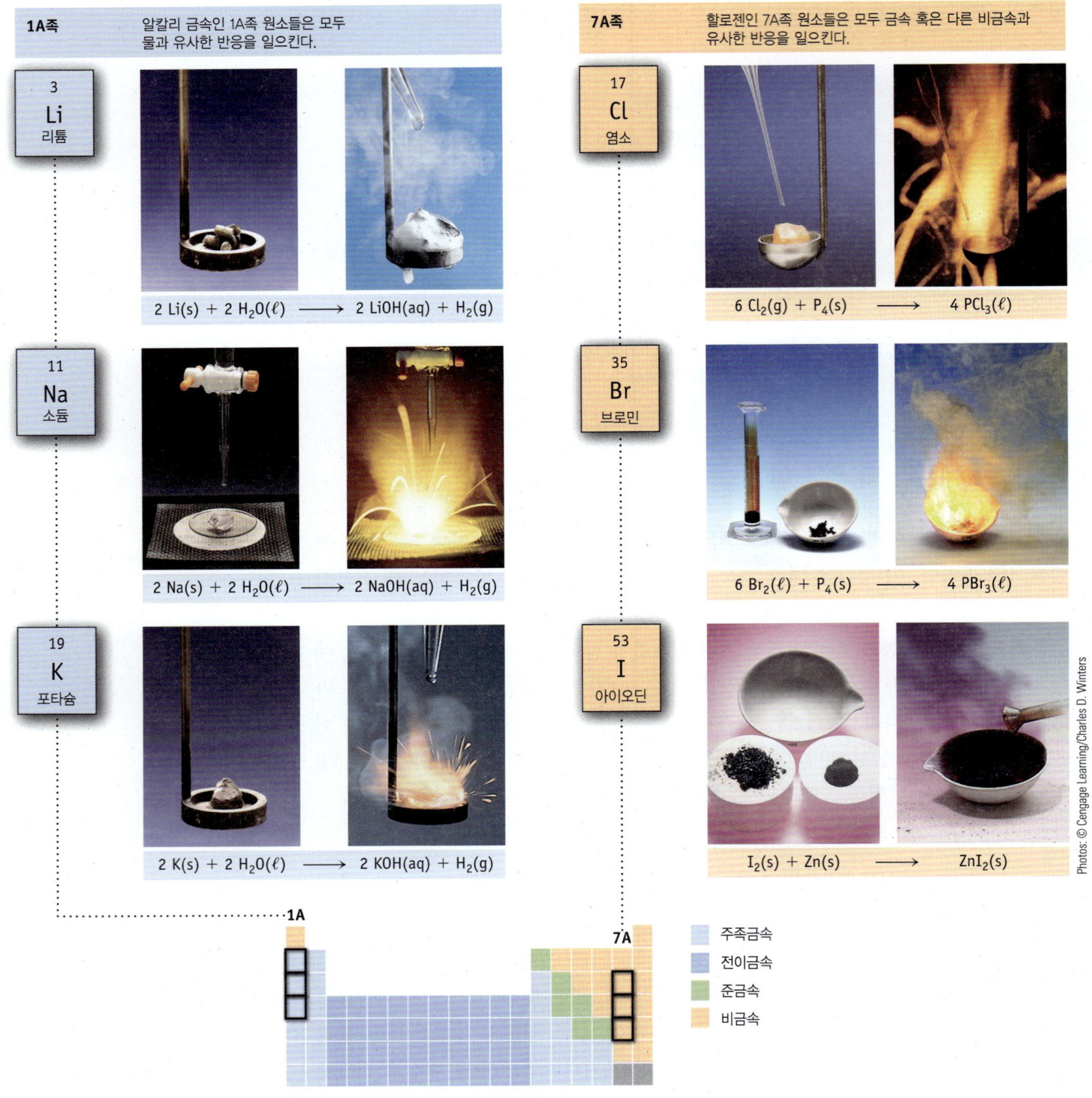

그림 7.12 1A족과 7A족 원소의 주기성. 멘델레에프(Dmitri Mendeleev)가 처음으로 원자량이 증가하는 순서로 원소들을 나열시켜 주기율표를 개발했다. 어떤 원소는 가벼운 원소와 유사한 성질을 가지고 있었고, 이 원소들을 같은 수직의 족에 위치시켰다. 이제 원소들은 원자번호가 증가되는 순서로 나열해야 하며, 유사한 성질이 주기적으로 나타나는 것은 원소들의 전자 배치와 관련되어 있다는 것을 알고 있다.

생성하도록 전자를 받는다.

다른 반응의 결과를 이론적으로 설명하기 위해 비슷한 근거를 사용할 수 있다. 이온화 에너지는 주기를 따라 왼쪽에서 오른쪽으로 갈수록 증가한다. 1A족과 2A족의

사례 연구 생화학과 의학에서의 금속

주족 금속과 전이금속 중 많은 금속들이 생화학과 의학에서 중요한 역할을 하고 있다. 우리 몸에는 다양한 화합물의 형태로 금속들이 적은 양 들어 있다: Ca 1.5 %, Na 0.1 %, Mg 0.05 %, 철 외에도, 코발트, 아연, 구리는 0.05 %보다 더 적은 양이 들어 있다(양은 질량 백분율이다).

우리 몸에 들어 있는 3~4 g의 철은 세포에 산소를 운반하는 물질인 헤모글로빈에서 발견된다. 철이 결핍되면 피로, 감염, 입안에 염증 증상이 나타난다.

우리의 식단에서 철은 철 함량이 높은 계란이나, 양조용 이스트로부터 얻는다.

부가적으로 아침에 먹는 시리얼과 같은 음식은 금속 상태의 철로 보강되어 있다(집에서 할 수 있는 흥미로운 실험으로, 강한 자석으로 시리얼을 휘저으면 철을 제거할 수 있다). 비타민 알약은 황산 음이온 또는 숙신산($C_4H_4O_4^{2-}$) 음이온과 결합된 철(II) 화합물을 포함한다.

인간은 평균 75 mg의 구리를 가지고 있는데, 이 중 삼분의 일은 근육에서 발견된다. 구리는 많은 생리 작용에 참여하고, 결핍되면 빈혈, 신경계의 퇴화, 면역력 약화와 같은 많은 증상을 보인다. 윌슨병과 같은 유전 질환은 체내에 구리가 과다 축적될 때 발생되며, 간 손상과 정신 장애를 일으킨다.

은 이온(136쪽)처럼 구리 이온도 살균제로 작용할 수 있다. 최근 영국과 인도의 과학자들은 인도 사람 중에 황동 그릇에 담아둔 물이 질병을 예방할 수 있다는 오래된 믿음에 대해 연구하고 있다(황동은 구리와 아연의 합금이다). 과학자들은 미리 살균한 물을 황동 그릇에 채운 다음 *E. coli*(온혈동물의 대장에서 살고 있는 박테리아로 동물의 대변에서 발견된다)를 이 물에 넣었다. 다른 황동 그릇에는 인도에서 가져온 오염된 강물을 채웠다. 두 경우 모두 대장균이 밀리리터 당 백만 마리로 높았던 것이 2일 만에 0으로 떨어진 것으로 발견되었다. 반대로, 플라스틱과 토기 그릇에서는 박테리아 수가 높은 상태 그대로였다. 분명히 구리 이온은 황동에서 충분한 양이 방출되어 박테리아를 죽이지만 사람에게 영향을 줄만큼 많이 방출되지는 않는다.

인도에서는 마실 물을 황동 물병에 담는다. 구리 이온은 황동으로부터 아주 적은 양 방출되어 오염된 물에 있는 박테리아를 죽인다.

문제

1. 철, 철(II), 철(III) 이온의 전자 배치를 쓰시오.
2. 철은 헤모글로빈에서 철(II) 또는 철(III) 이온의 상태로 존재한다. 이 이온들은 모두 상자성인가?
3. 왜 구리 원자(반지름 = 128 pm)가 철 원자(반지름 = 124 pm)보다 약간 더 큰가?
4. 철은 아래 그림에서 보여준 것처럼 탄소, 수소, 질소 원자로 이루어진 평평한 모양의 포르피린 분자에 둘러싸여 있다. 즉, 철은 단백질에 싸여 있다. 철이 Fe^{3+} 이온일 때 4개의 질소 원자가 위치한 내부의 공간에 딱 맞게 평평하게 배열된다. 철이 Fe^{2+} 이온으로 환원될 때 이 구조에 어떤 일이 일어날지 고려하여 보자.

이 질문에 대한 답은 부록 N에 수록되어 있다.

원소들이 이온 화합물을 생성할 때 이러한 관찰은 이 원소들의 낮은 이온화 에너지와 직접적으로 연관되어 있음을 볼 수 있다. 그러나 주기율표의 가운데와 오른쪽에 있는 원소들은 양이온을 생성하지 않을 만큼 이온화 에너지가 크다. 2주기의 오른쪽에 있는 산소와 플루오린은 전자를 포기하는 것보다 전자를 얻어오는 것을 좋아한다. 이 원소들은 높은 이온화 에너지와 상대적으로 큰 음의 전자부착 엔탈피를 가진다. 따라서 산소와 플루오린은 반응할 때 양이온이 아니고 음이온을 생성한다.

마지막으로 많은 화합물의 근간이 되는 탄소에 대하여 잠깐 생각해 보자. 이것의 이온화 에너지는 양이온 생성에 유리하지 않고 음이온도 일반적으로 생성하지 않는다. 따라서 우리는 탄소를 포함하는 이성분 이온 화합물을 찾을 수 없다. 대신 CO_2와 CCl_4와 같은 화합물에서 다른 원소들과 전자를 공유하고 있는 탄소를 발견하게 된다. 다음 두 장에서는 이러한 종류의 화합물을 공부하게 될 것이다.

7.6절 확인문제

1. 다음 중 틀린 화학식은 어느 것인가?

(a) $MgCl$ (b) $CaCl_2$ (c) $AlCl_3$ (d) $RbCl$

2. 다음 중 어느 것이 흔한 이온이 아닌가?

(a) Cl^- (b) K^+ (c) O^{2-} (d) S^{3-}

화학 원리 응용 | 그렇게 희귀하지 않은 희토류

란타넘과 세륨(원소 58)에서 루테튬(원소 71)까지의 14개 원소 블록은 란타넘 족 또는 가끔 희토류 원소들이라 언급되고 있다. '희토류'라는 이름은 실제로 희귀하지 않기 때문에 아마도 부적절한 명칭일 것이다. 자연에서 발견되지 않는 프로메튬을 제외하고 이 원소들은 금보다는 풍부하다. 예를 들어 세륨은 지구 지각에서 26번째로 풍부한 원소이다. 불행히도 광물의 광상에서 희토류 원소들의 높은 농도가 거의 발견되지 않는다. 더구나 이 원소들은 보통 동일한 광상에 혼합되어 있으며 비슷한 화학적 성질 때문에 분리가 어렵다.

희토류 원소들은 전자소재, 레이저, 자석, 초전도체, 조명장치와 보석 등을 생산하는데 가치있게 활용될 수 있는 전자적, 광학적 성질들을 가지고 있다. 상자기성은 희토류 원소들 사이에서는 흔하며, 네오디뮴과 사마륨이 강한 영구자석에서 광범위하게 사용된다(311쪽). 이러한 자석은 컴퓨터 하드 드라이브와 전기 모터에 흔히 사용된다. 네오디뮴은 고출력 과학 및 산업용 레이저에 사용되고 이트륨은 고온 초전도체에 사용된다. 유로퓸과 터븀은 텔레비전 디스플레이와 수은 증기 램프를 위한 형광 인광물질을 생산하는 데 사용된다.

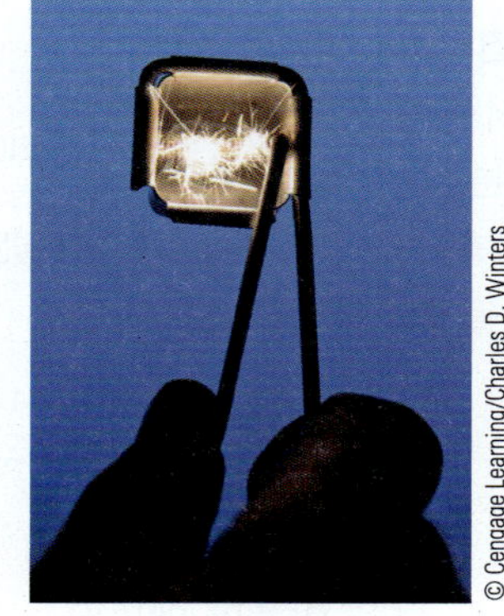

(a) 란타넘 족의 혼합물은 철로 때렸을 때 불꽃이 생성된다.

(b) 가장 작은 크기의 형광등은 눈이 부시지 않는 빛의 스펙트럼을 생성하기 위해 유로퓸 인광을 사용한다.

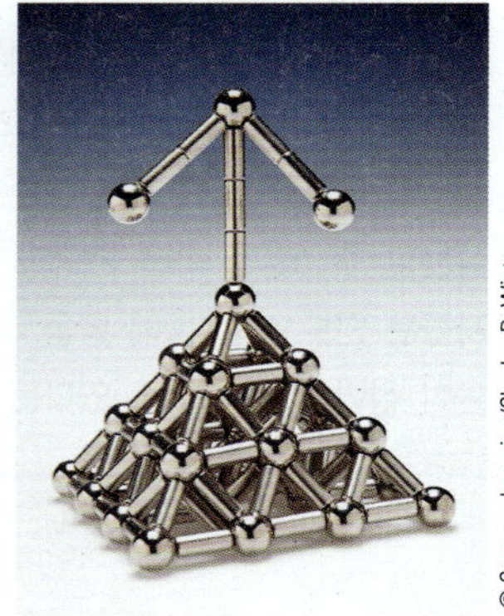

(c) 네오디뮴-철-붕소 자석

란타넘 족의 용도.

문제

1. 희토류 원소의 흔한 산화 상태는 +3이다.
   a. Sm^{3+}의 바닥 상태 전자 배치는 무엇인가?
   b. $Sm(s)$과 $O_2(g)$의 반응에 대한 완결된 화학 반응식을 쓰시오.

2. 이 교재는 주기율표에서 란타넘을 이트륨 바로 밑에 놓았다. 그러나 과학자들 사이에는 이 위치에 대하여 작은 논란이 있으며, 다른 주기율표에서는 란타넘을 란타넘족의 앞에 놓고 루테튬을 이트륨 바로 밑에 놓기도 한다. Y 밑에 La 또는 Lu을 놓는 것에 대하여 전자 배치상 왜 논란이 되는지를 설명하시오.

3. 가돌리늄은 란타넘 족 원소들 중 가장 많은 8개의 홀전자를 가진다.

a. 홀전자의 개수에 근거하여 Gd의 바닥 상태 전자 배치를 기술하는 궤도함수 상자 그림을 그리시오.

b. Gd의 가장 흔한 산화 상태를 예측하시오. 가장 흔한 산화 상태의 바닥 상태 전자 배치는 무엇인가?

4. 스칸듐, 이트륨, 란타넘과 루테튬의 원자 반지름을 이용하여 다음 문제에 답하시오.

원소	반지름(pm)
Sc	160
Y	180
La	195
Lu	175

a. 루테튬은 란타넘보다 더 많은 전자를 가지고 있음에도 불구하고 작은 원자 반지름을 가지는 이유를 설명하시오.

b. 원자 반지름으로 주기율표에서 Y 밑에 La 또는 Lu를 놓는 것에 대한 논의가 가능할 지를 설명하시오.

5. 산화 유로퓸(Eu_2O_3)은 텔레비전 디스플레이용 붉은색 인광을 생산하는 데 사용된다. 만약 유로퓸 화합물이 파장 612 nm의 빛을 방출한다면 이 빛의 주파수(s^{-1})와 에너지(J/광자)는 얼마인가?

6. 네오디뮴은 흔히 자석에서 $Nd_2Fe_{14}B$(네오디뮴은 공기에 의한 산화를 방지하기 위하여 다른 원소들과 결합한다)의 형태로 사용된다. $Nd_2Fe_{14}B$에서 네오디뮴의 질량백분율을 결정하시오.

학습 목표 복습

여러분은 이 장의 학습을 마쳤다. 이제 학습 목표를 달성했는지 점검해 보자. 특히 다음과 같은 것을 할 수 있어야 한다.

- 원자의 구조와 네 가지 양자수(n, ℓ, m_ℓ, 그리고 m_s)의 관계를 이해한다.
  - **a.** 원자에 있는 각 전자는 n, ℓ, m_ℓ, m_s인 한 벌의 서로 다른 4개의 양자수를 갖는다(6.5~6.7, 7.1~7.3절).
  - **b.** 파울리의 배타원리는 원자의 궤도함수에 2개 이상의 전자를 배분할 수 없고, 궤도함수에 있는 2개의 전자는 반대 방향의 스핀이어야 한다는 결론을 이끌어 내었다(다른 m_s의 값) (7.1절).
- 유효 핵전하, Z^*와 이것의 부껍질 에너지와 원자의 성질에 대한 의미를 이해한다.
  - **a.** 유효 핵전하, Z^*를 이해하고 다전자 원자의 같은 껍질 내의 다른 부껍질이 다른 에너지를 가지게 되는 이유를 이해한다. 또한 원자의 성질을 결정함에 있어 Z^*의 역할을 이해한다(7.2절).

- 원자들과 단원자 이온에 대한 전자 배치를 기술한다.
  - **a.** 주기율표를 지침으로 삼아 *spdf* 표기법 또는 궤도함수 상자 표기법을 이용하여

중성 원자의 전자 배치(7.3절)와 단원자 이온의 전자 배치를 기술한다. 두 가지 모두에 있어서 전자 배치는 비활성 기체 표기로 축약할 수 있다.

b. 전자들을 원자 궤도함수에 배분할 때 파울리의 배타원리와 훈트의 규칙을 적용한다(7.3과 7.4절).

c. 원자 구조를 밝히는 데 자기성의 역할을 이해한다(7.4절).

- 전자들은 부껍질의 에너지가 증가하는 순서로 원자의 부껍질에 배분됨을 기억한다.

  a. H 원자에서 부껍질 에너지는 n이 증가함에 따라 증가한다. 그러나 다전자 원자에서 에너지는 n과 ℓ에 의존한다(그림 7.1).

- 원자와 이온의 크기, 이온화 에너지, 전자부착 엔탈피의 경향을 기억한다.

  a. 크기, 이온화 에너지(IE), 전자부착 엔탈피($\Delta_{EA}H$) 같은 원자의 성질이 주기율표에서 주기를 따라 오른쪽으로 가거나 족을 따라 밑으로 갈수록 어떻게 변하는지 예측해 본다(7.5절). 이 성질들의 일반적인 주기적 경향은 다음과 같다.

  (i) 원자의 크기는 주기를 따라 오른쪽으로 갈수록 감소하고 족을 따라 아래로 내려갈수록 증가한다.

  (ii) IE는 주기를 따라 오른쪽으로 갈수록 증가하고 족을 따라 아래로 내려갈수록 감소한다.

  (iii) $\Delta_{EA}H$ 값은 일반적으로 주기를 따라 오른쪽으로 갈수록 더 큰 음의 값이 되고 족을 따라 아래로 내려갈수록 작은 음의 값이 된다.

  b. 이온화합물을 생성할 때 이온화 에너지와 전자부착 엔탈피의 역할을 이해한다(7.6절).

학습문제

실전문제

원자의 전자 배치 쓰기(7.3절, 예제 7.1~7.3, 표 7.1, 7.3, 7.4)

1. *spdf* 표기법과 궤도함수 상자 그림을 사용하여 P와 Cl의 전자 배치를 쓰시오. 각 원자의 전자 배치와 주기율표에서 각 원자의 위치를 연관시켜 기술하시오.

2. 전자 배치를 나타내는 두 가지 방법(*spdf* 표기법과 궤도함수 상자그림)으로 리튬의 전자 배치를 쓰시오.

3. *spdf* 표기법과 비활성 기체 표기법을 사용하여 다음 각 원자들의 전자 배치를 그리시오.

(a) 비소(As). As의 부족은 동물들의 성장을 방해할 수 있으나 과량의 비소는 독성이 있다.

(b) 크립톤(Kr). 지구의 대기에 존재하는 기체 중 일곱 번째로 많이 들어 있는 기체이다.

4. 비활성 기체 표기법과 *spdf* 표기법을 사용하여 전이 계열의 세 번째 주기에 있는 다음 금속들의 전자 배치를 그리시오.

(a) 탄탈럼(Ta). 이 금속과 합금은 부식에 강해서 가끔 외과나 치과용 기구로 사용된다.

(b) 백금(Pt). 이 금속은 콜럼버스 이전 시대의 인디안들이 보석으로 사용했다. 지금도 보석에 사용되고 있고, 항암제나 공업용 촉매(자동차 배기 시스템의 촉매)로 사용된다.

5. 아베리슘(Am)은 방사성 원소로 원자로의 사용된 연료로부터 분리되어 가정용 연기감지기에서 사용된다. 비활성 기체와 *spdf* 표기법을 이용하여 전자 배치를 기술하시오.

양자수와 전자 배치(7.3절과 예제 7.2)

6. 다음 예가 왜 원자의 한 전자에 대해 한 벌의 양자수가 안 되는지 간단하게 설명하시오. 각 경우에 올바른 한 벌의 양자수를 만들기 위해 틀린 값을 바꾸시오.

(a) $n = 4,\ \ell = 3,\ m_\ell = 1$

(b) $n = 6,\ \ell = 1,\ m_\ell = -1,\ m_s = -1/2$

(c) $n = 3,\ \ell = 3,\ m_\ell = -3$

7. 궤도함수 상자 그림과 비활성 기체 표기법을 사용하여 마그네슘의 전자 배치를 그리시오. 바로 앞에 있는 비활성 기체의 전자를 뺀 나머지 전자들을 각각 한 벌의 4개 양자수로 나타내시오.

8. 궤도함수 상자 그림과 비활성 기체 표기법을 사용하여 갈륨(Ga)의 전자 배치를 보이시오. 가장 높은 에너지를 갖는 전자에 대해 한 벌의 4개 양자수로 나타내시오.

원자들과 이온들의 전자 배치와 자기적 행동(7.4절과 예제 7.4)

9. 궤도함수 상자 그림을 사용하여 다음 각 이온들의 전자 배치를 그리시오.

(a) Mg^{2+} (b) K^+ (c) Cl^- (d) O^{2-}

10. 궤도함수 상자 그림과 비활성 기체 표기법을 사용하여 다음 각 이온들의 전자 배치를 그리시오.

(a) V (b) V^{2+} (c) V^{5+}

어느 이온이 상자성인가?

11. 망가니즈는 깊은 바다의 침전물인 MnO_2로 발견된다.

(a) 비활성 기체 표기법과 궤도함수 상자 그림을 사용하여 이 원소의 전자 배치를 그리시오.

(b) Mn^{4+} 이온에 대해 바로 이전에 있는 비활성 기체의 전자 이외의 전자를 궤도함수 상자 그림을 사용하여 보이시오.

(c) Mn^{4+} 이온은 상자성인가?

(d) Mn^{4+} 이온은 홀전자를 몇 개 가지고 있나?

주기적 성질(7.5절과 예제 7.5)

12. 크기가 커지는 순서대로 다음 원소들을 나열하시오.

Al, B, C, K, Na

(그림 7.5를 보지 않고 풀어보시오. 그런 다음 원자 반지름을 보고 스스로 확인해 보시오.)

13. 각 쌍 중에 원자 반지름이 더 큰 원자나 이온을 고르시오.
(a) Cl 또는 Cl^- (b) Al 또는 O (c) In 또는 I

14. 이온화 에너지가 커지는 순서를 바르게 나열한 것은 어느 것인가?
(a) C < Si < Li < Ne (b) Ne < Si < C < Li
(c) Li < Si < C < Ne (d) Ne < C < Si < Li

15. Na, Mg, O, P 원소들을 비교하시오.
(a) 원자 반지름이 가장 큰 원소는 어느 것인가?
(b) 전자부착 엔탈피가 가장 큰 음의 값을 갖는 원소는 어느 것인가?
(c) 이온화 에너지가 커지는 순서로 원소들을 나열하시오.

16. 답을 간단하게 설명하시오.
(a) F, O, S를 이온화 에너지가 커지는 순서로 나열하시오.
(b) O, S, Se 중 이온화 에너지가 가장 큰 원소는 어느 것인가?
(c) Se, Cl, Br 중 전자부착 엔탈피가 가장 큰 음의 값을 갖는 원소는 어느 것인가?
(d) O^{2-}, F^-, F 중 원자 반지름이 가장 큰 원소는 어느 것인가?

17. 아래 주어진 간략하게 표시된 광전자분광 자료 각각에 대응하는 원소를 확인하시오(에너지 자료는 다음 자료에서 발췌; D. A. Shirley, R. L. Martin, S. P. Kowalczyk, F.R. McFeely, and L. Ley, “Core-electron binding energies of the first thirty elements,” *Physical Review B*, vol. 15, pp. 544–552, 1977).
(a) 각각 2개와 1개 전자에 대응하는 64.8, 5.4 eV에 피크가 있다.
(b) 각각 2, 2, 6, 2, 6과 1개의 전자에 대응하는 3614, 384, 301, 40.9, 24.7, 4.34 eV에 피크가 있다.
(c) 2, 2, 6, 2, 6, 1, 2개의 전자에 대응하는 4494, 503, 404, 56.4, 33.6, 8.01, 6.65 eV에 피크가 있다.

18. 수소와 헬륨의 광전자 스펙트럼은 1개의 피크만 있고 리튬은 2개의 피크를 가지는 이유를 설명하시오. 이 스펙트럼에서 각 피크의 상대적 강도는 어떻게 되는가?

일반문제

다음 문제들은 절의 종류나 위치를 명시하지 않았다. 이 문제들은 여러 가지 개념이 조합되어 있을 수도 있다.

19. 루비의 붉은 색은 고체 Al_2O_3에서 Al^{3+} 이온을 일부 Cr^{3+} 이온으로 치환된 결과이다.
(a) 비활성 기체 표기법을 가미한 *spdf* 표기법을 이용하여 Cr 원자와 Cr^{3+} 이온의 전자 배치를 쓰시오.
(b) Cr^{2+}은 상자성인가? Cr^{3+}은 상자성인가?
(c) Cr^{3+} 이온의 반지름은 64 pm이다. 이것은 Al^{3+} 이온의 반지름과 비교하면 어떻게 되는가?

20. 궤도함수 상자 그림 표기법과 비활성 기체 표기법을 이용하여 우라늄과 우라늄(IV) 이온의 전자 배치를 보이시오. 이들 중 어느 것이 상자성인가?

21. 한 중성 원자가 n = 1에 2개, n = 2에 8개, n = 3에 8개, n = 4에 2개의 전자로 채워져 있다. 이 원소가 바닥 상태에 있을 때 아래의 물음에 답하시오.
(a) 원자번호
(b) *s*전자의 총 수
(c) *p*전자의 총 수
(d) *d*전자의 총 수
(e) 이 원소는 금속인가, 비금속인가 아니면 준금속이겠는가?

22. 다음 중 전자가 가질 수 없는 양자수의 조합은 어느 것인가? 간략하게 설명하시오. 이 양자수가 타당하고, 전자가 이 양자수를 갖는다면 원소는 무엇인가?

	n	ℓ	m_ℓ	m_s
(a)	2	0	0	−1/2
(b)	1	1	0	+1/2
(c)	2	1	−1	−1/2
(d)	4	2	+2	−1/2

23. 사진에 있는 자석은 네오디뮴, 철, 붕소로 이루어져 있다.
(a) 궤도함수 상자 그림과 비활성 기체 표기법을 사용하여 이 원소들의 전자 배치를 쓰시오.
(b) 이 원소들은 상자성인가 아니면 반자성인가?

(c) 궤도함수 상자 그림과 비활성 기체 표기법을 사용하여 Nd^{3+}, Fe^{3+}의 전자 배치를 쓰시오. 이 이온들은 상자성인가 아니면 반자성인가?

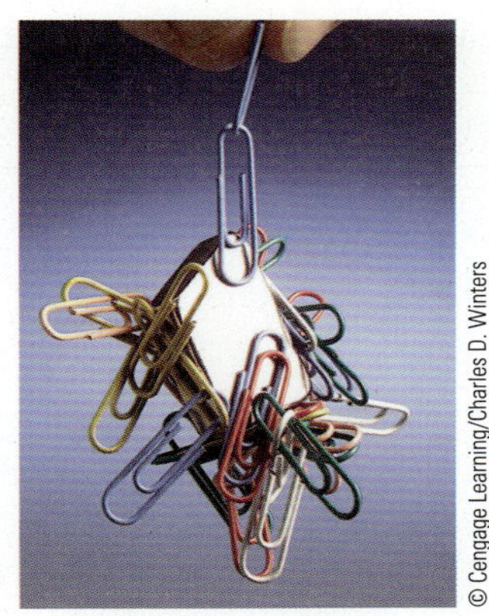

Nd, Fe, B 원소가 포함된 합금으로 만든 자석.

24. 이온화 에너지가 커지는 순서로 다음 원소를 나열하시오.

Si, K, P, Ca.

25. 다음과 같은 전자 배치를 가지는 원소 A 및 B에 대한 물음에 답하시오.

A = $[Kr]5s^1$ B = $[Ar]3d^{10}4s^24p^4$

(a) 원소 A는 금속인가, 비금속인가 아니면 준금속인가?
(b) 어느 원소가 더 큰 이온화 에너지를 가지는가?
(c) 어느 원소가 더 작은 음의 전자부착 엔탈피를 가지는가?
(d) 어느 원소가 더 큰 원자 반지름을 가지는가?
(e) A와 B로 만들어진 화합물의 화학식은 무엇인가?

26. 다음 이온 중 화합물에서 발견될 것 같지 않은 이온은 어느 것인가? 간략하게 설명하시오.

Cs^+, In^{4+}, Fe^{6+}, Te^{2-}, Sn^{5+}, I^-

27. 다음 질문에 답하시오.
(a) 가장 큰 원자 반지름을 가지는 것은 S, Se, Cl 원소 중 어느 것인가?
(b) Br과 Br^- 중 어느 것이 더 큰 원자 반지름을 가지는가?
(c) Si, Na, P, Mg 중 첫 번째 이온화 에너지와 두 번째 이온화 에너지 간의 차이가 가장 큰 원소는 어느 것인가?
(d) N, P, As 중 어느 것이 가장 큰 이온화 에너지를 가지는가?
(e) O^{2-}, N^{3-}, F^- 중 어느 것이 가장 큰 이온 반지름을 가지는가?

28. 다음 성질에 대해 Na, B, Al, C 원소들을 비교하시오.
(a) 원자 반지름이 가장 큰 것은 어느 것인가?
(b) 음의 전자부착 엔탈피가 가장 큰 것은 어느 것인가?
(c) 이온화 에너지가 커지는 순서로 원소를 배열하시오.

29. 한 원소의 전자 배치는 아래와 같다.

[Ar] [↑↓|↑↓|↑|↑|↑] [↑↓]
3d 4s

(a) 이 전자 배치를 가지는 원소는 무엇인가?
(b) 이 원소는 상자성인가 아니면 반자성인가?
(c) 이 원소의 3+가 양이온은 홀전자를 몇 개 가지는가?

30. 바닥 상태 전자 배치가 표기된 아래의 원소 A와 B에 대한 문제에 답하시오.

A = $[Kr]5s^2$ B = $[Kr]4d^{10}5s^25p^5$

(a) 원소 A는 금속, 비금속 또는 준금속 중 무엇인가?
(b) 어떤 원소가 더 큰 이온화 에너지를 가지는가?
(c) 어떤 원소가 더 큰 원자 반지름을 가지는가?
(d) 어떤 원소가 더 음의 전자 부착 엔탈피를 가지는가?
(e) 어떤 것이 양이온을 생성할 가능성이 큰가?
(f) A와 B 사이에 생성된 화합물의 가능한 화학식은 무엇인가?

실험 관련 문제

31. 폼산니켈(II)[$Ni(HCO_2)_2$]은 촉매 전구체와 금속 니켈을 생산하는 데 널리 사용된다. 폼산니켈(II)은 일반 화학 실험실에서 아세트산니켈(II)과 폼산(HCO_2H)을 반응시켜 얻을 수 있다.

$$Ni(CH_3CO_2)_2(aq) + 2\ HCO_2H(aq) \rightarrow Ni(HCO_2)_2(aq) + 2\ CH_3CO_2H(aq)$$

초록색 결정의 $Ni(HCO_2)_2$는 용액에 에탄올을 부가하면 침전이 일어난다.
(a) 0.500 g의 아세트산니켈(II)과 과량의 폼산의 반응에서 생성된 폼산니켈(II)의 이론적 수득률은 얼마인가?
(b) 폼산니켈(II)은 상자성인가 반자성인가? 만약에 상

자성이라면 짝짓지 않은 전자가 몇 개인가?

(c) 폼산니켈(II)을 30분 동안 300 ℃의 공기가 없는 조건에서 가열한다면 이 염은 순수한 니켈 가루로 분해된다. 253 mg의 폼산니켈(II)을 가열하여 니켈 가루를 몇 g 생성되겠는가? 니켈 원자는 상자성인가?

요약 및 개념 문제

다음 문제들은 이 장과 이전의 장들에서 나온 개념을 모두 포함하고 있다.

32. Li^+의 반지름이 왜 Li의 반지름보다 많이 작은가? F^-의 반지름이 왜 F의 반지름보다 많이 큰가?

33. 1차 이온화 에너지에 관한 다음 문제에 답하시오.

(a) 일반적으로 이온화 에너지는 주기를 따라 감에 따라 증가하지만 마그네슘(738 kJ/mol)과 알루미늄(578 kJ/mol)에 대해서는 사실이 아니다. 이 관찰을 설명하시오.

(b) 주기에서 이온화 에너지의 일반적 추세가 반대를 예상하고 있을 때 인의 이온화 에너지(1012 kJ/mol)는 황(1000 kJ/mol)보다 더 큰 이유를 설명하시오.

34. *p* 궤도함수에 위치한 아래의 2개의 전자 배치를 비교하시오. 가장 낮은 에너지를 가진 가장 안정한 전자 배치를 한 것은 무엇인가? 가장 불안정한 것은 어느 것인가? 답을 설명하시오.

(a) [↑↑][ ][ ] **(b)** [↑↓][ ][ ]

(c) [↑][↓][ ] **(d)** [↑][↑][ ]

35. 포타슘의 처음 2개의 이온화 과정을 보여주는 전자 배치를 쓰시오. 2차 이온화 에너지가 1차 이온화 에너지보다 매우 큰 이유를 설명하시오.

36. (a) 주기율표에서 주기를 따라 오른쪽으로 갈 때 원자 크기가 왜 변화하는지 설명하시오.

(b) 주기율표에서 주기를 따라 오른쪽으로 갈수록 전이금속의 크기가 왜 작게 변하는지 설명하시오.

37. 일반 화학에서 MgO가 Mg^+와 O^- 이온으로 이루어진 것이 아니라 Mg^{2+}와 O^{2-} 이온으로 구성되어 있다는 것을 다른 학생에게 확신시키려면 어떤 논의를 해야 하나? 산화마그네슘의 정확한 화학식이 $Mg^{2+}O^{2-}$라는 증거를 제시하려면 어떤 실험을 할 수 있나?

38. 많은 원소들에 대한 궤도함수의 에너지가 결정되었다. 첫 번째와 두 번째 주기 원소들에 대한 값은 다음과 같다.

원소	1s (kJ/mol)	2s (kJ/mol)	2p (kJ/mol)
H	−1313		
He	−2373		
Li		−520.0	
Be		−899.3	
B		−1356	−800.8
C		−1875	−1029
N		−2466	−1272
O		−3124	−1526
F		−3876	−1799
Ne		−4677	−2083

(a) 2주기를 따라 진행하면서 궤도함수 에너지가 일반적으로 보다 큰 음의 값이 되는 이유를 무엇인가?

(b) 어떻게 이 값들을 원소들의 이온화 에너지와 전자부착 엔탈피와 관련지을 수 있는가?

(c) 이 에너지 값을 이용하여 처음 4개의 2주기 원소들의 이온화 에너지가 Li < Be > B < C의 순서로 관찰된 것을 설명하시오.

(자료는 다음 자료에서 발췌: J. B. Mann, T.L. Meek, and L. C. Allen, *Journal of the American Chemical Society*, vol. 122, p. 2780, 2000.)

39. 주기율표를 따라 갈 때 원소 크기에 대한 주기적 경향을 이용하여 K원자에서 V원자로 갈수록 왜 원소의 밀도가 증가하는지 간략하게 설명하시오.

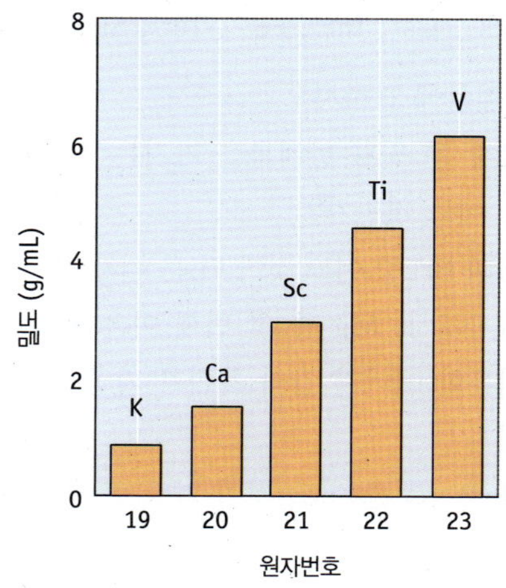

40. 2004년 2월 새로운 원소(원자번호 113과 115) 2개가 발견되었다.

(a) *spdf* 표기법과 비활성 기체 표기법을 사용하여 두 원소의 전자 배치를 나타내시오.

(b) 두 원소와 같은 족에 속한 다른 원소를 명명하시오.

(c) 113번 원소는 무거운 아메리슘 원자에 가벼운 원자를 충돌시켰을 때 만들어진다. 두 원자가 결합하여 113개의 양성자를 갖는 핵이 만들어진다. 발사체로 사용되었던 가벼운 원소는 무엇인가?

41. 염화티오닐($SOCl_2$)은 유기화학에서 주요한 염소화 및 산화제이다. 이것은 산업적으로 SO_3에서 SCl_2로 산소 원자 이동에 의해 제조된다.

$$SO_3(g) + SCl_2(g) \rightarrow SO_2(g) + SOCl_2(g)$$

(a) 궤도함수 상자 그림 표기법을 이용하여 황 원자의 전자 배치를 쓰시오. 비활성 기체 표기법은 사용하지 마시오.

(b) (a)에서 주어진 배치를 이용하여 가장 에너지가 높은 전자에 대하여 양자수를 쓰시오.

(c) 이 반응에 포함된 원소들(O, S, Cl) 중에서 가장 작은 이온화 에너지를 가진 것은 무엇인가? 가장 작은 반지름을 가진 것은?

(d) 어느 것이 더 작은가? 황화 이온(S^{2-}) 또는 황 원자(S).

(e) $SOCl_2$ 675 g을 만들려면 SCl_2 얼마가 필요한가?

(f) SO_3 10.0g, SCl_2 10.0g을 사용한다면 $SOCl_2$의 이론 수득량은 얼마인가?

(g) SO_3와 SCl_2 반응의 $\Delta_r H°$는 −96.0 kJ/mol $SOCl_2$ produced이다. 부록 L의 자료를 이용하여 SCl_2의 표준 몰 생성엔탈피를 계산하시오.

42. 슬레이터의 규칙은 한 전자가 느끼는 유효핵전하를 추산하는 간단한 방법이다. 이러한 방법에서 '가림 상수' *S*가 계산된다. 유효핵전하는 *S*와 원자번호 *Z*와의 차이가 된다(표 7.2와 그림 7.2의 결과는 약간 다른 방법으로 계산되었다).

$$Z^* = Z - S$$

가림 상수(*S*)는 다음 규칙에 이용하여 계산된다.

1. 원자의 전자를 다음과 같이 그룹화한다.
   (1*s*) (2*s*, 2*p*) (3*s*, 3*p*) (3*d*) (4*s*, 4*p*) (4*d*) 등
2. 더 높은 그룹(오른쪽)의 전자는 낮은 그룹의 전자를 가려 막지 못한다.
3. *ns*와 *np* 원자가 전자에 대하여
   a) 같은 *ns*, *np* 그룹의 전자는 0.35만큼 기여한다(1*s*는 0.30만큼 더 잘 기여).
   b) $n-1$ 그룹의 전자는 0.85만큼 기여한다.
   c) $n-2$ 그룹(과 그 이하)의 전자는 1.00만큼 기여한다.
4. *nd*와 *nf* 전자에 대해서 같은 *nd* 또는 *nf* 그룹의 전자는 0.35만큼 기여하고 왼쪽의 그룹의 전자는 1.00만큼 기여한다.

예를 들어 산소의 가장 바깥 전자에 대하여 Z*를 계산하여 보자.

$$S = (2 \times 0.85) + (5 \times 0.35) = 3.45$$
$$Z^* = 8 - 3.45 = 4.55$$

Ni의 *d* 전자에 대하여 계산하면 다음과 같다.

$$Z^* = 28 - [18 \times 1.00] - [7 \times 0.35] = 7.55$$

Ni의 *s* 전자에 대하여 계산하면 다음과 같다.

$$Z^* = 28 - [10 \times 1.00] - [16 \times 0.85] - [1 \times 0.35] = 4.05$$

(여기서 3*s*, 3*p*, 3*d* 전자는 $(n-1)$ 그룹에 있다.)

(a) F와 Ne의 *Z**를 계산하시오. O, F, Ne의 *Z** 값을 상대적 원자 반지름과 이온화 에너지와 연관시켜 보시오.

(b) Mn의 3*d* 전자에 대한 *Z**를 계산하고 이것을 이 원소의 4*s* 전자의 *Z**와 비교하시오. *Z** 값이 양이온을 생성하는 Mn의 이온화 에너지에 대한 영감을 주는가?

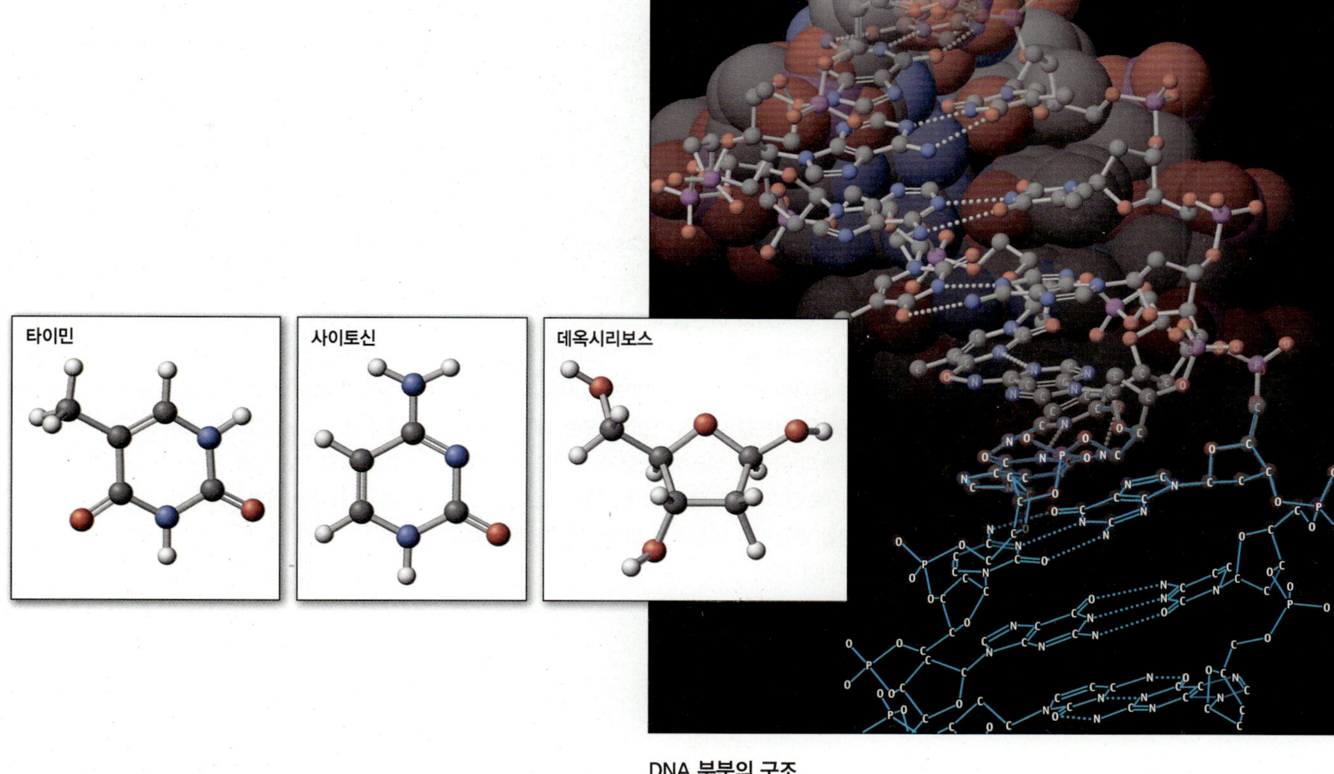

DNA 부분의 구조.

08장 결합과 분자 구조

학습 개요

DNA의 화학 결합 이 장과 다음 장의 주제는 분자 결합과 구조에 관한 것이고, DNA 분자의 부분을 보여주는 그림으로 이 주제가 잘 설명된다. DNA는 사면체 인산기(PO_4)와 데옥시리보스의 두 사슬의 이중 나선 코일로 구성되어 있다. 한 사슬에 있는 유기 염기(타이민과 사이토신과 같은)는 다른 사슬에 있는 상보성 염기와 상호작용한다.

이 구조를 자세히 살펴보면서 많은 의문이 생길 것이다. 나선의 골격에 있는 탄소와 인 원자들과 왜 4개의 결합이 있는지? 골격에 있는 이 원자들은 왜 109°의 각도로 결합된 원자들로 둘러싸여 있는지? 염기 타이민과 사이토신에 있는 6각 고리가 왜 평평한지? 한 사슬의 염기에 붙어 있는 특정한 H 원자가 인접한 사슬의 염기에 있는 N과 O 원자들과 왜 상호작용을 하는지? 이 모든 의문들과 많은 다른 의문들은 화학 결합과 분자 구조를 이해함으로써 답할 수 있다.

학습 목표

다음 목표들의 핵심인 학습문제는 "학습 목표 복습"을 참조하시오.

- 이온 결합과 공유 결합에 대한 기본 가정을 이해
- 루이스 전자–점 구조와 분자 구조의 관계를 이해
- 결합 차수, 결합 길이와 결합 에너지와의 관계를 이해
- 작은 분자들과 다원자 이온의 루이스 전자 점 구조 그리기
- 작은 분자들과 이온들의 모양을 예측하고, 보다 복잡한 분자들의 구조를 이해하는 데 원자가 전자쌍 반발 이론(VSEPR)을 사용
- 분자와 이온들 내부의 전하 분포를 예측하고 결합의 극성을 정의하며, 분자 극성을 예상하는 데 전기음성도와 형식 전하를 사용
- 결합 엔탈피를 이용하여 화학 반응의 엔탈피 변화를 추산
- (루이스 구조식으로 나타내는 것과 같은) 일반적인 전자 분포와 분자와 이온이 공유하는 분자 구조가 있음을 기억하고, 이러한 패턴을 이해함으로써 친숙하지 않은 분자와 이온의 성질을 예상할 수 있다는 것을 기억
- 원자의 루이스 기호를 기억
- 일반적인 전자쌍의 기하학적 구조와 이에 따른 결합각을 기억

화합물의 구조와 결합을 우선 인식하고 이해하는 것이 화학물질의 성질을 해석하기 위한 중요한 요소라는 사실을 과학자들은 오래전부터 알고 있었다. **구조**(structure)는 원자들이 공간에서 배열된 방식을 말하며, **결합**(bonding)은 인접한 원자들을 함께 붙잡아 주는 힘을 묘사한다.

구조와 결합에 대한 논의를 작은 분자들과 이온들로부터 시작하여 더 큰 분자들로 확장한다. 동일한 원소의 원자들은 예측이 가능한 방식으로 서로 다른 화합물들 안에서 결합과 구조에 참여한다. 이러한 일관성은 물과 같은 간단한 분자에서 DNA와 같이 복잡한 분자들까지 많은 서로 다른 화합물들에 적용되는 원리들을 발전시킬 수 있도록 한다.

8.1 화학 결합의 형성

두 원자 사이에 화학 반응이 일어날 때, 원자들 사이에 알짜 인력(**화학 결합**, chemical bond)이 생기도록 두 원자의 전자들 중 일부가 재배치된다. 화학자들은 일반적으로 결합을 금속, 공유와 이온 결합이라는 3개의 넓은 영역으로 구분할 수 있다고 생각한다. 그러나 '심층 학습: 화학 결합의 삼각 관점(337쪽)'에서 보여준 것처럼 이들 사이의 경계는 명확하지 않다. 이 장에서는 주로 공유 결합에 집중하겠고 이온 결합과 금속 결합은 12장에서 기술할 예정이다.

공유 결합(covalent bonding)은 **원자들 사이에 각 원자의 가장 바깥 껍질의 전자(원자가 전자)를 공유하는 것을 포함한다.** 예를 들면, 2개의 염소 원자는 공유 결합을 형성하기 위해 각 원자에서 제공된 1개의 전자로 이루어진 한 쌍의 전자를 공유한다.

$$:\ddot{\underset{..}{Cl}}\cdot + \cdot\ddot{\underset{..}{Cl}}: \longrightarrow :\ddot{\underset{..}{Cl}}:\ddot{\underset{..}{Cl}}:$$

결합 전자쌍

이온 결합은 한 원자의 최외각 껍질로부터 1개 이상의 전자가 한 원자에서 다른 원자로 이동할 때 형성된다. 소듐과 염소 기체(Cl_2)가 반응할 때, 전자 하나가 소듐 원자로부터 염소 원자로 이동하여 Na^+와 Cl^- 이온을 형성하는 것으로 반응이 일어난다고 상상할 수 있다.

$$[\text{Na}\cdot \curvearrowright \cdot\ddot{\underset{..}{\text{Cl}}}:] \longrightarrow [\text{Na}^+ \quad :\ddot{\underset{..}{\text{Cl}}}:^-]$$

환원제로부터 산화제로 전자 이동 | 이온 화합물. 이온들은 비활성기체 전자 배치를 가짐.

소듐[$1s^22s^22p^63s^1$]은 낮은 이온화 에너지를 가지므로 쉽게 전자를 잃고 Na^+[$1s^22s^22p^6$]가 생성한다. 반면에 염소[$1s^22s^22p^63s^23p^5$]는 높은 전자친화도를 가지므로 전자 하나를 얻어 Cl^-[$1s^22s^22p^63s^23p^6$]를 생성한다. 얻어진 Na^+와 Cl^-는 정전기적 전하 때문에 끌리게 되고, 따라서 **이온 결합**(ionic bond)을 구성하는 것은 반대 전하의 이온 사이의 정전기적 인력이다. 얻어진 이온들은 반대 전하의 이온들 사이의 인력은 최대가 되고 같은 전하의 이온들 사이의 반발력은 최소가 되는 결정 격자로 정렬하게 된다.

이온 화합물의 생성. Na와 Cl_2의 반응은 매우 큰 발열 반응이며, $\Delta_f H^o$[NaCl(s)] = −411.12 kJ/mol이다.

심층 학습 화학 결합의 삼각 관점

화학에서 결합의 세 가지 '극단적' 형태, 즉 순수 공유(2개 원자 사이에 전자의 균등한 공유), 순수 이온(한 원자에서 다른 원자로 전자의 완전한 이동)과 금속 결합으로 생각한다. 오른쪽 그림, 반 아르겔-케탈라르 도표(van Arkel-Ketelaar diagram)는 삼각형의 꼭짓점에 각 극단적인 경우를 수록하고 있다. 관계된 원자에 따라 결합은 이온(CsF), 공유(F_2), 또는 금속(Cs)로 기술될 수 있다. 다른 것들은 이들 형태의 혼합이다. 예를 들면 CO_2에서의 결합은 이온보다는 공유 결합적 성격이 크고 NaCl에서는 거의 이온 결합이다. AlAs와 같은 반도체는 약간의 이온과 공유 결합의 성질을 가지는 금속 결합의 경향성이 있다. 고체 Si에서의 결합은 부분적으로 금속 결합이고 부분적으로 공유 결합이다.

이 장과 다음 장은 공유 결합을 다룬다. 12장에서는 이온과 금속 결합을 살펴볼 것이다. 비록 이 주제를 구분하여 다루었지만, 그림에서 볼 수 있듯이 거의 모든 물질에서의 결합은 세 가지 극단적인 형태의 혼합이라는 사실을 잊지 말아야 한다.

'전기음성도'라는 중요한 개념이 위의 그림에서 사용되었고 이 장의 371쪽에서 소개될 것이다.

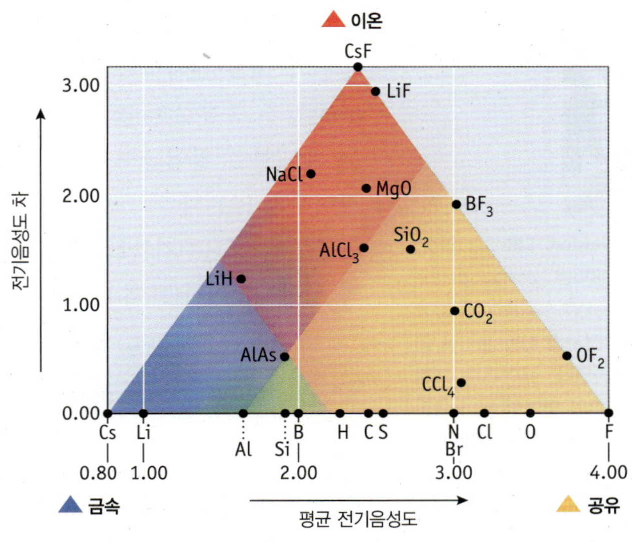

반 아르겔-케탈라르 도표. 이 삼각형의 4개 영역은 금속(청색), 반도체(녹색), 이온(적색)과 공유(황색) 화합물의 위치를 나타낸다.

화학 결합을 보다 더 자세하게 기술하면서, 2개 원자 사이의 이러한 두 가지 결합 형태(전자들의 균일한 공유 또는 완전한 이동)는 극단적인 경우임을 알게 될 것이다. 대부분의 화합물에서 전자들은 원자들 사이에서 불균일하게 공유되는데, 공유되는 정도는 아주 약간 공유하는 (거의 이온성) 경우에서부터 상당히 비슷하게 공유하는 (거의 완전한 공유 결합성) 경우까지 광범위하게 변한다.

8.2 공유 결합과 루이스 구조

공유 결합을 가지는 화합물들에는 공기 속의 기체들(O_2, N_2, H_2O, CO_2), 흔히 사용하는 연료(CH_4) 그리고 우리 몸을 이루는 대부분의 화합물들이 포함된다. 또한 공유 결합은 CO_3^{2-}, CN^-, NH_4^+, NO_3^-, PO_4^{3-}와 같은 다원자 이온에서 원자 간 연결에 관여하고 있다. 우리는 이러한 그리고 다른 작은 분자와 이온을 이용하여 분자 구조와 화학 결합의 기본 원리를 개발하겠지만, 아스피린과 단백질 뿐만 아니라 수천 개의 원자들로 이루어진 DNA와 같은 더 큰 분자들에서도 똑같은 원리가 적용된다.

바로 위에서 언급한 분자와 이온들은 모두 **비금속** 원자들로만 이루어져 있다. 특별히 강조할 필요가 있는 사실은, **비금속 원자로만** 이루어진 분자나 다원자 이온들에서는 원자들이 공유 결합으로 묶여 있다는 것이다. 거꾸로 말하면, 화학식 안에 금속 원소가 있으면, 그 화합물이 이온성일 가능성이 많다는 것을 나타낸다.

루이스(Gilbert Newton Lewis, 1875–1946). 루이스는 1916년 *Journal of the American Chemical Society*에 발표한 논문에서 공유전자쌍 화학 결합에 대한 이론을 소개하였다. 루이스는 또한 산-염기 화학 분야와 열역학 분야 그리고 물질과 빛의 상호작용 연구 분야에 많은 기여를 하였다.
루이스는 Massachusetts에서 태어났고 Nebraska에서 자랐다. Havard 대학에서 학부과정을 마치고 박사 학위를 받은 후에 UC Berkeley에서 1912년 교수 생활을 시작하였다. 그는 많은 성과를 낸 연구자 뿐만 아니라 학생들에게도 깊은 영향을 끼친 선생이었다. 그의 발상 중에는 강의에서 문제로 다룬 것들을 인용한 것도 있었으며, 오늘날에도 여전히 사용된다.

원자가 전자와 원자를 표시하는 루이스 기호

원자 내의 전자들은 **원자가 전자들**(valence electrons)과 **핵심부 전자들**(core electrons), 두 종류로 나눌 수 있다. 화학 반응은 원자 외각의 전자를 잃거나, 얻거나, 또는 재배열로 일어나며 나머지 전자인 핵심부 전자들은 원자의 화학적 거동에 직접 관여하지 않는다.

주족원소들(주기율표에서 A족의 원소)의 원자가 전자들은 최외각 껍질의 *s* 전자와 *p* 전자들이다(표 8.1). 예를 들면 다음과 같다.

Na, 1A 족　핵심부 전자 = $1s^22s^22p^6$ = [Ne]　　원자가 전자 = $3s^1$

As, 5A 족　핵심부 전자 = $1s^22s^22p^63s^23p^63d^{10}$ = [Ar]$3d^{10}$　　원자가 전자 = $4s^24p^3$

그 안의 껍질들의 모든 전자들은 핵심부 전자들이다. **주족원소**에서 **원자가 전자의 수는 족의 번호와 같다.** 주기율표에서 같은 족에 속한 모든 원소들은 같은 수의 원자가 전자들을 가진다는 사실은 같은 족에 속하는 원소들의 화학 성질들에서 보이는 유사성을 설명해준다.

전이금속 원소들의 원자가 전자들은 *ns* 궤도함수와 $(n-1)d$ 궤도함수의 전자들을 포함한다. 나머지 전자들은 핵심부 전자들이다. 주족원소의 경우와 마찬가지로, 전이금속 원소들의 원자가 전자들이 이들 원소들의 화학 성질을 결정한다.

Ti, 4B 족　핵심부 전자 = $1s^22s^22p^63s^23p^6$ = [Ar]　　원자가 전자 = $3d^24s^2$

표 8.1 주족원소들의 루이스 전자점 기호

1A ns^1	2A ns^2	3A ns^2np^1	4A ns^2np^2	5A ns^2np^3	6A ns^2np^4	7A ns^2np^5	8A ns^2np^6
Li·	·Be·	·B·	·C·	·N·	:O·	:F·	:Ne:
Na·	·Mg·	·Al·	·Si·	·P·	:S·	:Cl·	:Ar:

미국 화학자인 루이스(G. N. Lewis, 1875~1946)는 원자의 원자가 껍질에 있는 전자들을 표시하는 유용한 방법을 제안하였다. 그가 발전시킨 방법에서 원소기호는 원자핵과 함께 핵심부 전자들을 나타낸다. 그리고 원자가 전자 각각을 하나의 점으로 표시하는데, 원자가 전자가 4개가 될 때까지는 원소기호 주위에 전자의 수만큼의 점을 찍어서 나타낸다. 원자가 전자의 수가 4개 이상이 되면, 나머지 전자들은 이미 점이 찍힌 곳 옆에 나란히 점을 찍어서(한 부분에 2개까지만 점을 찍어서) 나타낸다. 화학자들은 이제 이러한 그림을 **루이스 전자점 기호**(Lewis electron dot symbol)라고 부른다. 2주기와 3주기 주족원소들의 루이스 전자점 기호가 표 8.1에 나와 있다.

주족원소의 원자가 전자를 원자 주변에 4개의 집단으로 배치한다는 것은 원자가 전자 껍질이 최대 4쌍의 전자를 수용할 수 있다는 사실을 암시한다. 이러한 배치는 8개의 전자를 표현하기 때문에 이것을 **팔전자**(Octet)라고 한다. 원자 주변에 8개의 전자가 되는 것은 안정한 전자 배치로 여겨진다. 헬륨을 제외한 비활성 원소들은 8개의 원자가 전자를 가지며, 유난히 반응성이 없다는 것을 보여준다. (헬륨, 네온, 아르곤은 어떤 화학 반응도 하지 않으며, 나머지 다른 비활성 원소들은 매우 제한된 화학 반응성을 가진다.) 화학 반응은 원자가 전자 껍질의 변화를 동반하기 때문에, 비활성 원소들의 매우 제한된 반응성은 비활성 원소의 전자 배치(ns^2np^6)가 가지는 특별한 안정성에 대한 증거로 받아들여진다. 많은 원소들은 비활성 기체 전자 배치인 원자가 전자 8개를 달성하기 위하여 전자를 얻거나 잃거나 또는 공유하게 된다. 이러한 경향을 팔전자 규칙(octet rule)이라 한다. 수소 원자는 화합물 속에서 원자가 껍질에 2개의 전자를 가지며, 이것은 헬륨의 전자 배치에 해당하기 때문에 이 규칙의 일반적인 정신에 부합한다.

루이스 전자점 구조와 팔전자 규칙

공유 결합을 간단하게 설명하면, 하나 이상의 전자쌍이 두 원자들 사이에 공유되어 결합하는 것이다.

H_2 분자에서 두 원자 사이의 전자쌍에 의한 결합은 한 쌍의 점, 또는 하나의 선으로 나타낸다. 이러한 방법으로 분자를 표시하는 것을 **루이스 전자점 구조**(Lewis electron dot structure) 또는 그냥 간단히 **루이스 구조**(Lewis structure)라고 한다.

전자쌍 결합

H_2 H:H H—H

루이스 구조

F_2와 같은 간단한 루이스 구조는 원자의 루이스 점 기호로부터 시작하고 결합을

형성하도록 원자가 전자를 배열함으로써 그릴 수 있다. 7A족 원소인 플루오린은 7개의 원자가 전자를 가진다. 루이스 기호에 따르면 하나의 F 원자는 하나의 홀전자와 3개의 전자쌍을 가진다. F_2에서는 각 F 원자의 하나의 전자들이 공유 결합에서 짝을 이룬다.

F_2의 루이스 구조에서 F—F 결합의 전자쌍은 **결합 전자쌍**(bond pair)이다. 다른 6개의 전자쌍은 한 원자에 있으며 **고립 전자쌍**(lone pairs)이라 부른다. 왜냐하면 이들은 결합에 참여하지 않기 때문이며, **비결합 전자쌍**(nonbonding electrons)이라고도 부른다.

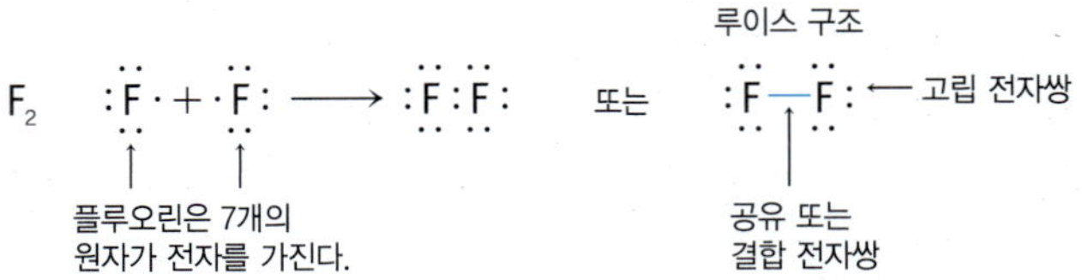

F_2 :F· + ·F: ⟶ :F:F: 또는 :F—F: ← 고립 전자쌍

루이스 구조

플루오린은 7개의 원자가 전자를 가진다.

공유 또는 결합 전자쌍

이산화탄소(CO_2)와 이질소, N_2는 2개 원자가 2개 이상의 전자쌍을 공유하는 분자들의 예이다.

이산화탄소에서 탄소 원자는 2개의 전자쌍을 각 산소와 공유하고 따라서 탄소는 각 O 원자와 **이중결합**(double bond)으로 연결되어 있다. CO_2에서 각 산소 원자의 원자가 껍질은 2개의 결합 전자쌍과 2개의 고립 전자쌍을 가진다.

이질소에서 2개의 질소 원자는 3개의 전자쌍을 공유하고 따라서 이들은 **3중결합**(triple bond)으로 연결된다. 추가로 각 N 원자는 1개의 고립 전자쌍을 가진다.

CO_2 각 O 원자 주위에 8개의 전자(4개는 이중 결합, 4개는 고립 전자쌍) ⟶ O=C=O

C 원자 주위에 8개의 전자(2개의 이중 결합에 4개씩)

N_2 :N≡N:

각 N 원자 주위에 8개의 전자(6개는 삼중 결합, 2개는 고립 전자쌍)

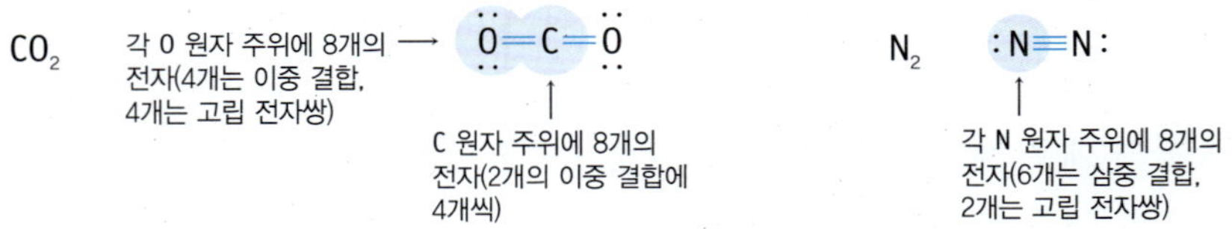

고립 전자쌍의 중요성. 고립 전자쌍은 구조에서 중요한데 이것은 결합 전자쌍과 같이 원자가 전자 껍질 안에 있기 때문에 분자 모양에 영향을 준다(8.6절).

팔전자 규칙의 예외. 팔전자 규칙이 광범위하게 적용될 수 있지만, 예외가 존재한다. 그러나 이러한 예외적인 것들은 어느 원자에 4개 이상의 결합이 있거나, 또는 전자의 수가 홀수인 경우처럼, 대부분이 명백하게 알 수 있는 경우들이다(8.5절).

위에서 살펴본 분자들에서 한 가지 중요한 것을 관찰할 수 있다. (수소를 제외한) 각 원자는 4개의 전자쌍을 갖게 되어, **비활성 기체의 전자 배치**를 이루게 된다. 각 원자는 8개의 전자로 둘러싸인다. (예외는 수소이며, 이것은 보통 하나의 다른 원자와만 결합을 형성하며, 원자가 껍질에 2개의 전자만 가지게 된다.) **분자와 다원자 이온에서 8개의 전자들이 각 원자를 에워싸는 구조를 가지게 되는 경향이 팔전자 규칙으로 알려져 있다.** 예를 들어, 질소 분자에서는 각각의 질소 원자 주위에 8개 전자를 가지려면 삼중 결합이 필요하다. CO_2에서 탄소 원자와 2개의 산소 원자들은 이중 결합을 형성함으로써 팔전자 배치를 달성한다.

팔전자 규칙은 매우 유용하지만, 이것은 단지 하나의 **'지침일 뿐, 규칙은 아니다'**는 것을 기억해야 한다. 팔전자 규칙은 분자 내의 각 원자들이 원자가 껍질에 8개의 (수소인 경우에는 2개의) 전자를 가지는 루이스 구조를 찾도록 하는 것이다. 특히 C, N, O, F와 같은 2주기 원소들의 경우에는 각 원자가 팔전자를 갖는 루이스 구조가 올바른 구조일 가능성이 매우 높다. 비록 몇몇 예외가 있기는 하지만, 어떤 루이스 구조에서 C, N, O, F와 같은 원자가 팔전자 규칙에 따르지 않으면, 그러한 구조의 타당성을 의심할 필요가 있다. 만약 팔전자 규칙을 따르는 구조를 찾을 수 없다면, 그 화합물에 대하여 지정된 화학식이 잘못된 것일 가능성이 있다.

루이스 전자점 구조 그리기

루이스 구조를 만드는 체계적인 접근법을 한 때 마취제로 사용되었던 화합물인 클로로폼($CHCl_3$)을 예로 들어 설명해 보자.

1 단계 분자 내의 원자 배열을 결정한다. 중심 원자는 보통 전자 친화도가 가장 낮은 것이다. (가장 적은 음의 전자 부착 엔탈피, 7.5절)

$CHCl_3$
↑
중심 원자

2 단계 분자 또는 이온에 있는 총 원자가 전자 수를 결정한다. 중성 분자에서 이 수는 각 원자의 원자가 전자의 합이다. 원자가 전자쌍의 수는 원자가 전자 총수의 반이 될 것이다.

$CHCl_3$ 원자가 전자
C = 4
H = 1
Cl = 3 × 7 = 21
합 = 26 전자 또는 13 전자쌍

3 단계 단일 결합을 형성하기 위하여 각 결합 원자쌍 사이에 한 쌍의 전자를 놓는다. 여기서 4개의 전자쌍은 4개의 단일 결합(1개의 선으로 표시)을 만들기 위해 사용되었다. 원래 13개의 전자쌍 중에서 9개의 전자쌍이 남아 있다.

단일 결합 ↘ Cl
Cl—C—H
Cl

4 단계 남아 있는 전자쌍을 말단 위치 원자 주위에 사용하여 (H 제외) 말단 위치 원자가 팔전자로 둘러싸이게 된다. 그래도 남는 전자쌍이 있으면, 그것을 중심 원자에 할당한다. 모든 13개의 전자쌍이 $CHCl_3$에 할당되었다. H 원자는 흔히 하는 것처럼 2개의 전자를 공유하고 다른 모든 원자들은 8개의 전자를 가진다. $CHCl_3$의 루이스 구조식이 완성되었다.

단일 결합 ↘ :Cl:
고립 전자쌍 → :Cl—C—H
:Cl:

5 단계 만약 단일 결합을 형성하고 말단 원자의 팔전자를 완성하나 중심 원자는 팔전자를 완성하지 못한 경우에 원자가 전자쌍이 남지 않는다면 말단 원자와 중심

문제해결 주요사항 8.1 점 구조에서 중심 원자의 선택

루이스 전자점 구조를 구성하는 첫 단계는 중심 원자의 선택이다.

1. 일반적으로 중심 원자는 전기음성도가 가장 낮은 원자이다(전기음성도는 8.7절에서 논의).
2. 간단한 화합물, 이온에서 화학식에서 첫 번째 원자가 보통 중심 원자이다(예. SO_2, NH_4^+, NO_3^-). 그러나 이것은 항상 신뢰할만한 예측 원칙은 아니다. 가장 예외적인 것은 물(H_2O)과 가장 흔한 산(HNO_3, H_2SO_4)과 같이 산성 수소가 처음에 위치하지만 다른 원자(N 또는 S)가 중심 원자인 경우이다.
3. C, N, P, S와 같이 특정 원소는 보통 중심 원자가 되는 것을 보게 될 것이다.
4. 할로젠은 보통 말단 원자로 다른 원자들과 단일 결합을 형성하지만 산소산($HClO_4$와 같은 것)의 O와 결합할 때는 중심 원자가 될 수 있다.
5. 산소는 물에서 중심 원자이지만 질소, 인과 할로젠과 결합할 때는 보통 말단 원자가 된다.
6. 거의 예외없이 수소는 말단 원자이다. 왜냐하면 수소는 전형적으로 오직 다른 한 원자와 결합하기 때문이다.

원자 사이에 1개 이상의 다중 결합을 도입할 수 있다(343쪽 CH_2O의 경우를 참조).

$CHCl_3$의 경우에는 이 단계가 필요하지 않는다.

예제 8.1 루이스 전자점 구조 그리기

문제 클로로아민(NH_2Cl, 살균제)과 유기화학에서 광범위하게 사용되는 시약인 염화 티오닐($SOCl_2$)의 루이스 전자점 구조를 그리시오.

알고 있는 사실 원자가 전자의 수를 결정할 수 있도록 각 화합물의 화학식이 주어져 있다. 더 나아가 각 원자(H 제외)가 팔전자 배치를 달성할 것인지를 예상할 수 있다.

전략 앞의 $CHCl_3$에 대하여 개략적으로 기술된 단계를 따른다.

NH_2Cl의 풀이

1. N은 중심 원자이고 H와 Cl은 말단 원자들이다.
2. 원자가 전자 = 14(7 전자쌍) = 5(N) + 2 × 1(각각의 H) + 7(Cl)
3. 3개의 전자쌍은 N에서 H와 Cl 말단 원자로의 단일 결합을 형성한다.

```
    H
    |
H — N — Cl
```

4. 말단 Cl 원자 주위에 8개의 전자를 완성하기 위해 3개의 고립 전자쌍을 배분한다.

```
    H
    |     ..
H — N — Cl:
          ..
```

5. 남는 1개의 전자쌍은 팔전자를 완성시키기 위해 중심 N 원자 주위에 배치한다.

```
    H
    |     ..
H — N — Cl:
    ..    ..
```

N과 Cl 원자는 이제 4개의 전자쌍을 공유하고 H 원자들은 2개의 전자를 공유한다.

루이스 구조식이 완성되었다.

$SOCl_2$의 풀이

1. 황은 중심 원자이다. 황의 전자친화도는 산소와 염소보다 낮다(S의 전자 부착 엔탈피는 O와 Cl의 값보다 음의 값이 적다).
2. 원자가 전자 = 26(13 전자쌍) = 6(S) + 6(O) + 2 × 7(각각의 Cl)
3. 3개의 전자쌍은 S에서 O와 Cl로의 단일 결합을 형성한다.

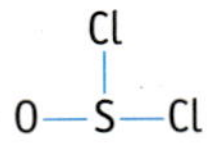

```
      Cl
      |
  O—S—Cl
```

4. 말단 O와 Cl 원자 주위에 9개의 전자쌍을 배분한다.

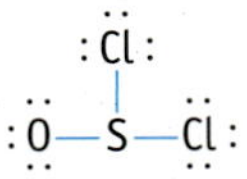

```
      ..
     :Cl:
  ..  |  ..
 :O—S—Cl:
  ..     ..
```

5. 1개의 전자쌍이 남는다. 중심 S 원자는 아직 3개의 전자쌍만이 주위에 있으므로 마지막 전자쌍을 황 주위에 배치한다. 각 원자는 이제 4개의 전자쌍을 공유한다.

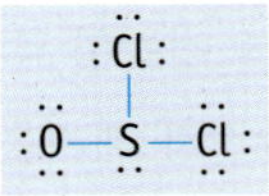

```
      ..
     :Cl:
  ..  |  ..
 :O—S—Cl:
  ..  ..  ..
```

고려사항 이 2개의 분자에서 결합을 형성하고 말단 원자에 팔전자를 완성한 후에 1개의 전자쌍이 남는다. 이 전자쌍은 중심 원자에 배치한다.

유제 CH_3Cl(염화메틸, 국소 마취제), H_2O, H_2O_2(과산화수소, O–O 결합을 가짐), NH_3, NH_2OH(N–O 결합을 가짐)의 루이스 전자점 구조식을 그리시오.

2개의 원자들 사이에 2개 또는 3개의 결합을 가지는 많은 분자들이 있고 이것의 간단한 예가 폼알데하이드, CH_2O 분자이다. 여기서 탄소는 중심 원자이고 총 12개의 원자가 전자가 있다.

CH_2O의 원자가 전자 = 12 전자(또는 6개 전자쌍) = 4(C) + 2 × 1 (2개의 H 원자) + 6 (O)

마찬가지로 결합된 원자들의 각 원자 사이에 1개의 전자쌍을 위치시켜 단일 결합을 형성한다.

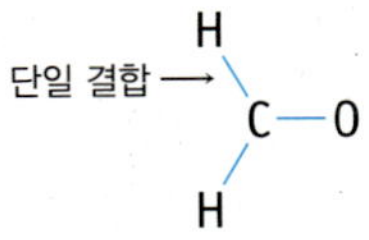

```
           H
단일 결합 → \
            C—O
           /
          H
```

그리고 3개의 남은 전자쌍을 고립 전자쌍의 형태로 말단 O 원자 주위에 배치한다.

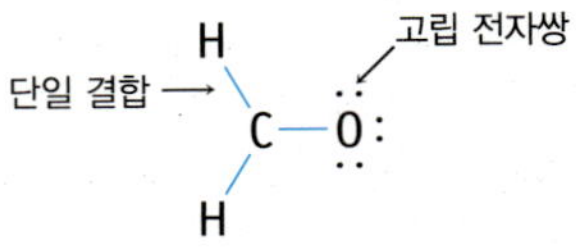

```
           H     고립 전자쌍
단일 결합 → \    /
            C—O:
           /   ..
          H
```

이제 모든 6개 전자쌍이 할당되었으나 C 원자는 아직 3쌍만을 가지고 있다. **만약 중심 원자가 이 시점에서 8개 전자보다 적은 전자를 가지면, 말단 원자의 고립 전자쌍의 1개 이상을 중심 원자와 말단 원자 사이의 결합 전자쌍으로 바꾸어 다중 결합을 형성한다.**

단일 결합
고립 전자쌍
고립 전자쌍을 움직여 이중 결합을 만들고 C 주위에 팔전자 규칙을 만족시킨다.
2개의 공유 전자쌍, 이중 결합

일반 규칙으로 이중 또는 삼중 결합은 2개 원자들이 모두 C, N, O일 때 가장 많이 만나게 된다. 말하자면, C=C, C=N, C=O 결합들이 자주 관찰될 것이다.

예제 8.2 다중 결합을 가진 루이스 전자점 구조 그리기

문제 이산화탄소, CO_2의 루이스 전자점 구조를 그리시오.

알고 있는 사실 원자가 전자의 수를 결정할 수 있도록 각 화합물의 화학식이 주어져 있다. 더 나아가 각 원자가 팔전자 배치를 달성할 것인지를 예상할 수 있다.

전략 앞의 $CHCl_3$에 대하여 개략적으로 기술된 단계를 따른다.

풀이

1. 중심 원자로 C를 지정한다.
2. 원자가 전자 = 16(8개 전자쌍) = 4(C) + 2 × 6(O)
3. 2개의 전자쌍은 C와 O 사이의 단일 결합을 형성한다.

O—C—O

4. 팔전자를 완성하기 위해 말단 O 원자에 3개의 전자쌍을 배분한다.

:Ö—C—Ö:

5. 원래 8개 전자쌍 중에서 더 이상 사용할 것이 남아 있지 않다. 그러나 C 원자는 아직 전자 8개를 가지지 못하고 있다. 따라서 O 원자의 고립 전자쌍을 이용하여 분자의 양쪽에 각각 추가적인 CO 결합을 형성하여야 한다.

Ö=C=Ö

고려사항 한쪽에서 2개의 고립 전자쌍을 취하고 다른 쪽은 고립 전자쌍을 취하지 않는 것(한쪽 CO는 삼중 결합, 다른 한쪽은 CO 단일 결합)이 되지 않는 이유는 무엇인가? 분자 또는 이온 내에서 전하 분포를 기술한 후에 이러한 가능성을 논의할 것이다.

유제 CO의 루이스 전자점 구조를 그리시오.

예제 8.3 다원자 이온의 루이스 전자점 구조 그리기

문제 염소산 이온(ClO_3^-)과 나이트로늄 이온(NO_2^+)의 루이스 전자점 구조를 그리시오.

알고 있는 사실 원자가 전자의 수를 결정할 수 있도록 각 화합물의 화학식이 주어져 있다. 더 나아가 각 원자가 팔전자 배치를 달성할 것인지를 예상할 수 있다.

전략 앞선 예제에서 개략적으로 기술된 단계와 이온의 전하를 고려할 추가된 단계를 따른다.

- 음이온에서는 음전하와 동일한 전자수를 더한다.
- 양이온에서는 양전하와 동일한 전자수를 뺀다.

염소산 이온(ClO_3^-)의 풀이

1. Cl은 중심 원자, O 원자들은 말단 원자들이다.
2. 원자가 전자 = 26(13개 전자쌍) = 7(Cl) + 18(각 O 원자당 6개) + 1(음전하)
3. 3개의 전자쌍은 Cl과 말단 O 사이의 단일 결합을 형성한다.

O
|
O—Cl—O

4. 각 원자 주위에 팔전자를 완성하기 위해 말단 O 원자에 3개의 전자쌍을 배분한다.

$[:\ddot{O}:\ |\ :\ddot{\underset{..}{O}}—Cl—\ddot{\underset{..}{O}}:]^-$

5. 1개 전자쌍이 남아 있고 이것은 팔전자를 완성하기 위하여 중심 Cl 원자에 배치한다.

$[:\ddot{O}:\ |\ :\ddot{\underset{..}{O}}—\underset{..}{Cl}—\ddot{\underset{..}{O}}:]^-$

각 원자는 이제 4개의 전자쌍을 공유하고 루이스 구조가 완성되었다.

나이트로늄 이온(NO_2^+)의 풀이

1. N이 중심 원자이다.
2. 원자가 전자 = 16(8개 전자쌍)
   = 5(N) + 12(각 O 원자당 6개) − 1(양전하)
3. 2개의 전자쌍은 N과 각 O 사이의 단일 결합을 형성한다.

O—N—O

4. 남은 6개의 전자쌍을 말단 O 원자에 배분한다.

$[:\ddot{\underset{..}{O}}—N—\ddot{\underset{..}{O}}:]^+$

5. 중심 질소 원자는 팔전자에서 2개의 전자쌍이 부족하다. CO_2에서와 같이 각 산소 원자의 고립 전자쌍은 2개의 N=O 이중 결합을 주기 위하여 결합 전자쌍으

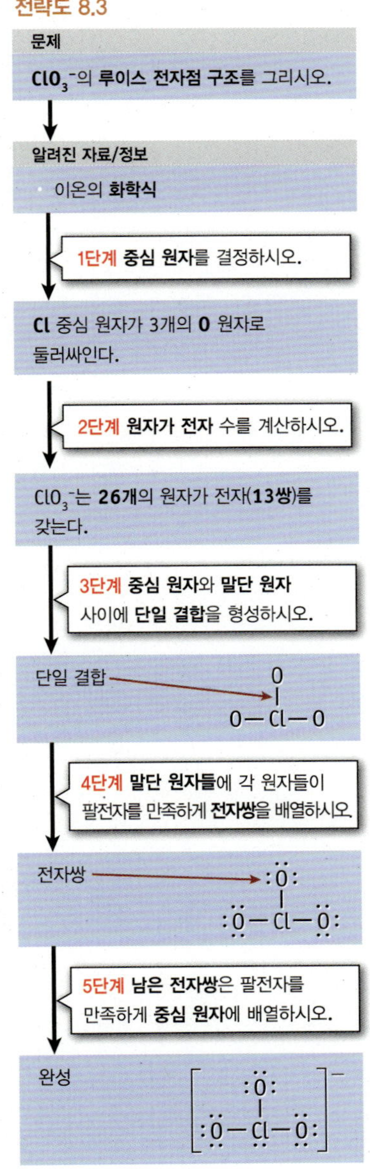

로 변환된다. 이온의 각 원자는 이제 4개의 전자쌍을 가진다. 질소는 4개의 전자쌍을 가지고 각 산소 원자는 2개의 고립 전자쌍과 2개의 결합 전자쌍을 공유한다.

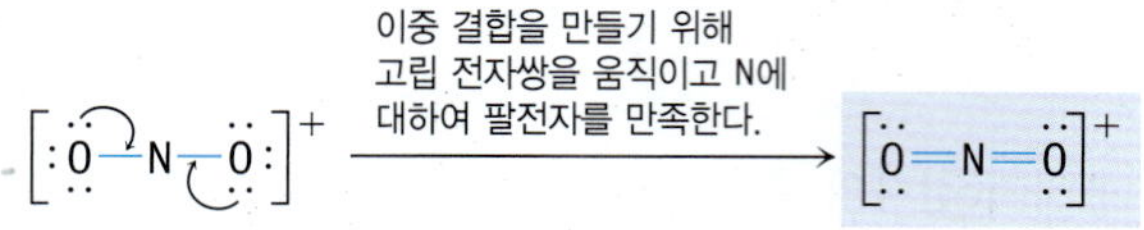

이중 결합을 만들기 위해 고립 전자쌍을 움직이고 N에 대하여 팔전자를 만족한다.

$[:\ddot{O}-N-\ddot{O}:]^+ \longrightarrow [\ddot{O}=N=\ddot{O}]^+$

고려사항 ClO_3^-와 NO_2^+의 점구조가 $SOCl_2$의 구조(예제 8.1)와 CO_2(예제 8.2)의 구조와 유사함에 주목하시오. ClO_3^-와 $SOCl_2$는 같은 수의 원자가 전자쌍, 결합의 수, 고립 전자쌍의 수를 가지며, 중심 원자에 1개의 고립 전자쌍을 가진다. 마찬가지로 CO_2와 NO_2^+는 같은 수의 원자가 전자와 2개의 이중 결합을 가진다. 전자 점구조의 공통적 특성을 주목하는 것이 매우 유익하다는 것을 발견하게 될 것이다.

유제 NH_4^+, NO^+, SO_4^{2-}의 루이스 구조를 그리시오.

루이스 구조의 예측

루이스 구조는 분자나 이온의 구조와 화학 성질에 대한 예측을 하는 데 매우 유용하다. 루이스 구조를 그리는 방법에 대한 지침이 매우 도움이 되기는 하지만, 서로 관련된 분자들의 결합 형태에 많이 의존하기도 한다는 것을 알게 될 것이다.

수소 화합물들

원소들에 대한 루이스 표기가 그 원소로 이루어진 화학 결합의 수를 결정하는 데 좋은 길잡이가 된다는 것을 보여준다. 예를 들어 질소는 5개의 원자가 전자를 가진다. 이들 중 2개는 하나의 고립 전자쌍을 이루며 나머지 3개의 전자는 홀전자로 남는다. 팔전자를 이루기 위해서는 홀수의 3개 전자 각각이 다른 원자의 전자와 짝을 이루어야 한다. 따라서 N은 전하를 가지지 않은 분자에서는 다른 원자와 3개의 결합을 이루는 것으로 예측된다. 비슷한 과정으로 탄소는 4개의 결합, 산소는 2개의 결합, 플루오린은 하나의 결합을 각각 가질 것으로 예측된다. C, N, O, F에 기초한 일반적인 수소함유 분자와 이온의 예를 표 8.2에 나타내었다.

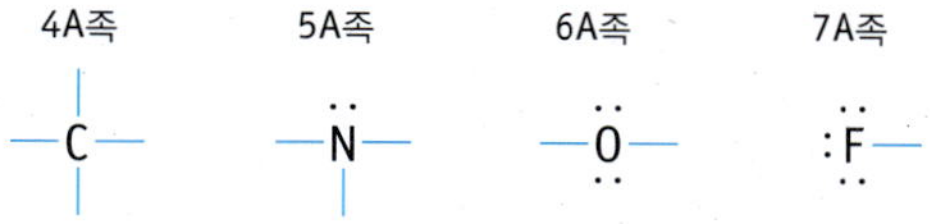

4A족	5A족	6A족	7A족
C (결합 4개)	N (결합 3개, 고립 전자쌍 1개)	O (결합 2개, 고립 전자쌍 2개)	F (결합 1개, 고립 전자쌍 3개)

원소 C, N, O는 예를 들면 암모늄과 하이드로늄 이온과 같은 흔한 다원자 이온의 기초가 된다. 여기서 NH_4^+는 N에서 전자 1개를 제거하여 형성된 양이온인 N^+에 기초한다고 생각할 수 있다. N^+ 이온은 4개의 비공유 원자가 전자(C와 비슷함)을 가지며 따라서 수소 원자들과 4개의 단일 결합을 형성할 수 있다. 아마이드 음이온(NH_2^-)는 비슷하게 분리할 수 있다. 음이온에서 N^-는 6개의 전자, 2개의 전자쌍과 2개의 비공유 전자를 가지고(O와 유사) 2개의 단일 결합을 형성할 수 있다.

표 8.2 수소를 포함하는 2주기 원소들의 분자와 이온들의 루이스 구조

4A족	5A족	6A족	7A족
CH_4 메테인	NH_3 암모니아	H_2O 물	HF 플루오린화수소
C_2H_6 에테인	N_2H_4 하이드라진	H_2O_2 과산화수소	
C_2H_4 에틸렌	NH_4^+ 암모늄 이온	H_3O^+ 하이드로늄 이온	
C_2H_2 아세틸렌	NH_2^- 아마이드 이온	OH^- 하이드록사이드 이온	

예제 8.4 루이스 전자점 구조 예측하기

문제 CCl_4와 NF_3의 루이스 전자점 구조를 그리시오.

알고 있는 사실 사염화탄소(CCl_4)와 NF_3는 CH_4와 NH_3(표 8.2)와 양론적으로 비슷하다. 따라서 비슷한 루이스 구조를 타당하게 예상할 수 있다.

전략 8개의 전자를 달성하기 위하여 탄소는 4개의 결합, 질소는 3개의 결합을 형성할 것으로 예상됨을 기억한다. 추가적으로 할로젠 원자는 7개의 원자가 전자를 가지므로 Cl과 F는 1개의 공유 결합을 형성함으로써 팔전자를 달성할 수 있다.

풀이

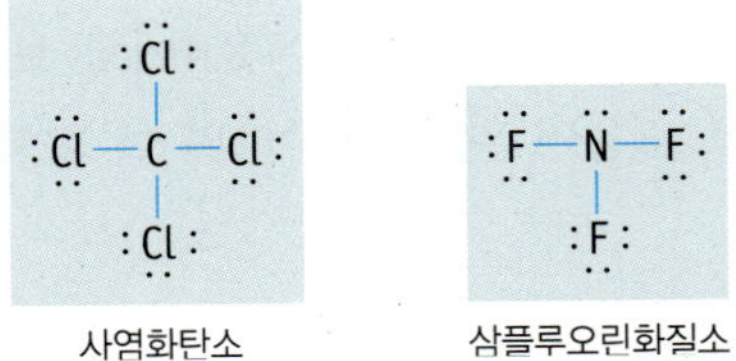

사염화탄소　　삼플루오린화질소

고려사항 확인하기 위하여 각 분자의 원자가 전자의 수를 세고 모든 전자가 루이스 구조에 나타나 있는지를 확인하시오.

$$CCl_4\text{: 원자가 전자} = 4\ (C) + 4 \times 7\ (Cl) = 32\text{개 (16 전자쌍)}$$

CCl_4의 루이스 구조는 단일 결합 8개 전자, 고립 전자쌍으로 24개 전자 등 총 32개 전자가 있다. 구조는 정확하다.

$$NF_3\text{: 원자가 전자} = 5\ (N) + 3 \times 7\ (F) = 26\text{개 (13 전자쌍)}$$

NF_3의 루이스 구조는 단일 결합 6개 전자, 고립 전자쌍으로 20개 전자 등 총 26개의

전자가 있다. 구조는 정확하다.

유제 메탄올(CH_3OH)와 하이드록실아민(H_2NOH)의 루이스 구조를 예측하시오(각 분자에서 중심 C 또는 N 원자는 H 원자와 O 원자와 결합되어 있다).

산소산과 산소산의 음이온

HNO_3, H_2SO_4, H_3PO_4, $HClO_4$와 같은 산소산은 공유 결합 분자 화합물이고 이는 화학식의 모든 원소들이 비금속이기 때문에 우리가 당연히 유도할 수 있는 결론이다. 수용액에서 산소산은 이온화하여 하이드로늄 이온과 적절한 음이온이 만들어진다. 예를 들어 질산 이온의 루이스 구조는 앞의 예제들의 지침을 이용하여 만들 수 있고, 결과는 2개의 N—O 단일 결합과 1개의 N=O 이중 결합을 가진 구조이다. 질산 이온에서 질산을 형성하려면 수소 이온이 O 원자의 고립 전자쌍을 이용하여 결합됨을 알 수 있다.

$$\left[\,:\ddot{\underset{..}{O}}—N=\ddot{O}:\;\;\underset{:\underset{..}{O}:}{|}\,\right]^- \underset{-H^+}{\overset{+H^+}{\rightleftharpoons}} H—\ddot{\underset{..}{O}}—N=\ddot{O}:\;\;\underset{:\underset{..}{O}:}{|}$$

질산 이온 질산

등전자 화합물들

NO^+, N_2, CO, CN^-는 어떤 면에서 서로 비슷한가? 가장 중요한 점은, 이들 모두는 2개의 원자로 이루어져 있으며, 원자가 전자의 수가 10개로 동일하여, 이들 각 분자나 이온의 루이스 구조가 같다는 것이다. 두 원자는 삼중 결합으로 연결된다. 3개의 결합 전자쌍과 1개의 고립 전자쌍으로 각 원자는 팔전자를 갖게 된다.

$$[:N\equiv O:]^+ \qquad :N\equiv N: \qquad :C\equiv O: \qquad [:C\equiv N:]^-$$

동일한 원자가 전자수와 동일한 루이스 구조를 가지는 분자와 이온들을 **'등전자 (isoelectronic)'**라고 부른다(표 8.3). 예제 8.1~8.4에서 보았듯이 등전자 분자 또는 이온을 인식하는 것은 매우 도움이 된다. 왜냐하면 이 화학종들은 비슷한 전자(루이스) 구조를 갖기 때문이다.

등전자 구조. 등전자 화학종의 화학적 성질에 있어 유사성과 주요한 다른 점이 있다. 예를 들면, 일산화탄소, CO와 사이안화 이온, CN^-은 매우 독성이 강하며, 이는 혈액의 헤모글로빈의 철과 결합할 수 있어 산소의 흡수를 방해한다는 사실의 결과이다. 그러나 이들은 산–염기 화학에서는 다르다. 수용액에서 사이안화 이온은 쉽게 H^+가 첨가되어 사이안화 수소를 형성하지만 CO는 양성자 첨가 반응을 하지 않는다.

탄소에 기반을 둔 유기 화합물

우리 세계와 우리 몸 안의 대부분의 분자들은 C, H, N, O와 S와 P와 같은 일부 다른 원소들로 구성된 탄소에 기반을 둔 유기 분자들이다. 다음의 몇 가지 지침을 따름으로써 빠르게 유기 분자들의 루이스 구조를 그릴 수 있다.

- 모든 유기 분자들은 팔전자 규칙을 따른다.
- 탄소는 4개의 결합을 형성한다(가능한 배열은 4개의 단일 결합, 2개의 단일 결합과 1개의 이중 결합, 2개의 이중 결합 또는 1개의 단일 결합과 1개의 삼중 결합 등이 있다).

표 8.3 등전자 관계인 일부 일반적인 분자와 이온들

화학식	전형적인 루이스 구조	화학식	전형적인 루이스 구조
BH_4^-, CH_4, NH_4^+	[H–N(–H)(–H)–H]$^+$	CO_3^{2-}, NO_3^-	[:Ö–N=Ö: (–:Ö:)]$^-$
NH_3, H_3O^+	H–N̈(–H)–H	PO_4^{3-}, SO_4^{2-}, ClO_4^-	[:Ö–P(–:Ö:)(–:Ö:)–Ö:]$^{3-}$
CO_2, OCN^-, SCN^-, N_2O NO_2^+, OCS, CS_2	Ö=C=Ö		

- 전하를 가지지 않는 화학종에서 질소는 3개의 결합을, 산소는 2개의 결합을 형성한다.
- 수소는 다른 원자들과 오직 1개의 결합을 형성한다.
- 다중 결합을 형성할 때는 관계되는 원자들은 보통 C, N, O 중 하나이다. 산소는 다양한 원소들과 다중 결합을 형성하는 능력이 있다. 탄소는 다른 탄소 또는 N, O와 연결되는 다중 결합을 가지는 많은 화합물을 형성한다.
- 다중 결합이 존재하는 여부를 결정하기 전에 단일 결합과 고립 전자쌍을 항상 세도록 한다.

예를 들어 18개의 원자가 전자를 가진 탄화수소(C_3H_6)를 살펴보자. 3개의 탄소를 배열하는 데는 오직 두 가지 방법, 직선 또는 삼각형밖에 없다. 이 구조에서 C 원자들 간의 결합을 그린다면 다음의 구조를 얻게 된다.

C (삼각형: C—C, 각 C가 위의 C와 결합)　　C—C—C

다음에 H 원자들을 C 원자에 부착시킨다. C_3 삼각형 배열에서 각 C 원자는 2개의 H 원자를 수용할 수 있다. 각 C 원자는 팔전자를 가지고 구조는 다음과 같이 완성된다.

(삼각형 C_3 고리, 각 C 원자에 H 2개 결합)

'직선형' 구조에서는 상황이 다르다. 각 C 원자는 4개의 결합을 가져야 한다. 만약 C 원자가 단일 결합으로 연결되고 각 C 원자에 H 원자가 부착된다면 8개의 H 원자가 필요할 것이다. 분자는 오직 6개의 H 원자를 가지므로 구조는 1개의 C=C 이중 결합을 가지는 아래 구조만이 가능할 것이다.

표 8.4 C, H, N, O에 기반을 둔 간단한 유기 분자들의 루이스 구조

CH_4O	14개 원자가 전자	H H—C—Ö—H (O: 고립 전자쌍 2개) H	메틸 알코올
CH_5N	14개 원자가 전자	H H—C—N̈—H H H	메틸 아민
CH_2O_2	18개 원자가 전자	:O: ‖ H—C—Ö—H	폼산(메탄산)
$C_2H_5NO_2$	20개 원자가 전자	H H :O: H—N—C—C—Ö—H H	글라이신

```
     H   H   H
     |   |   |
 H — C — C = C
     |       |
     H       H
```

여러분들은 이미 간단한 유기 분자(CH_2O, 343쪽)의 루이스 구조의 다른 예를 보았다. 흔한 유기 분자들의 루이스 구조의 보다 많은 예는 표 8.4를 참조하시오.

8.2절 확인문제

1. SO_3^{2-} 이온의 루이스 구조에서 다음 설명 중 어느 것이 S 원자에 대한 것인가?
   (a) S 원자는 산소 원자와 3개의 단일 결합과 하나의 고립 전자쌍을 갖는다.
   (b) S 원자는 2개의 산소와는 단일 결합, 하나의 산소와는 이중 결합을 한다.
   (c) S 원자는 3개의 산소 원자와 이중 결합을 한다.
   (d) S 원자는 산소 원자와 3개의 단일 결합을 하고 고립 전자쌍은 없다.

2. 다음 중 N_3^-와 등전자가 아닌 것은 어느 것인가?
   (a) N_2O (b) NO_2^+ (c) O_3 (d) CO_2

3. 다음 중에서 다른 것과 등전자가 아닌 것은 어느 것인가?
   (a) O_3 (b) OCN^- (c) NO_2^- (d) SO_2

4. 다음 중 C_2H_6O의 화학식을 가진 분자의 구조로 가능하지 않은 것은 어느 것인가?

```
        H   H                  H   H                  H       H
        |   |   ..             |   |   ..             |   ..  |
(a) H — C — C — O — H   (b) H — C = C — O — H   (c) H — C — O — C — H
        |   |   ..             |   |   ..             |   ..  |
        H   H                  H   H                  H       H
```

8.3 공유 결합 분자 및 이온에서 원자의 형식 전하

루이스 구조를 이용하면 전자쌍들이 중성 분자나 다원자 이온 여부에 상관없이 공유 결합 화학종 사이에 어떻게 놓이는지를 알 수 있다. 이제 이러한 방법의 전자쌍 배열 결과 중의 하나로 각 원자들은 양전하, 음전하, 중성 전하를 가질 수 있다. 분자나 이온의 양전하나 음전하의 위치는 반응이 일어나는 원자에 영향을 줄 것이다. 예를 들어 H^+ 양이온은 ClO^-의 Cl이나 O 중 어느 원자에 결합하여 HClO 또는 HOCl이 되겠는가? H^+는 좀 더 음전하를 갖는 원자에 결합할 것이라고 예측할 수 있다. 이것은 분자나 이온의 원자 형식 전하를 구함으로써 예측할 수 있다.

분자나 이온에 있는 원자의 **형식 전하**(formal change)는 분자나 이온에 대한 루이스 구조를 바탕으로 식 8.1을 사용하여 그 원자의 전하를 계산한 것이다.

$$\text{분자나 이온의 형식 전하} = \text{NVE} - [\text{LPE} + \tfrac{1}{2}(\text{BE})] \tag{8.1}$$

여기서 각 항의 의미는 다음과 같다. NVE: 원자가 전자의 수(주기율표 족 번호), LPE: 원자에 있는 고립 전자쌍의 전자 수, BE: 원자에 있는 결합 전자쌍의 전자 수이다.

위 식에서 대괄호 안에 있는 항들은 루이스 구조식에 의하여 원자나 이온 안에 있는 해당 원자에 지정되는 전자의 수이다. **그 원소의 족 번호와 이 항의 차이가 형식 전하다.** 만약 어느 원자가 화학 결합으로부터 받게 되는 것보다 더 많이 화학 결합에 전자를 제공하게 되면, 분자나 이온에서 이 원자는 양전하를 갖게 된다. 만약 그 반대라면 원자의 형식 전하는 음의 값을 갖게 된다.

식 8.1에서는 두 가지 중요한 가정을 하고 있다. 먼저, 고립 전자쌍들은 루이스 구

심층 학습 형식 전하와 산화수

3.8절에서는 어떤 반응이 산화 반응인지 환원반응인지 알아내는 방법으로 산화수를 계산하는 것을 살펴보았다. 산화수와 원자의 형식 전하 사이에는 중요한 차이가 있다.

이것을 알아보기 위하여 수산기 이온을 살펴보자. 형식 전하는 O 원자에 −1, H 원자에 0이 된다. 이 형식 전하는 O—H 결합의 전자가 O—H 공유 결합에서 균일하게 공유하고 있다고 가정하여 계산된 것임을 기억하시오.

형식 전하 = −1 = 6 −[6 + $\frac{1}{2}$(2)]

$[:\ddot{\underset{..}{O}}—H]^-$ 형식 전하 합 = −1

형식 전하 = 0 = 1 −[0 + $\frac{1}{2}$(2)]

반면에, O는 −2의 산화수를 가지며 H는 +1의 산화수를 갖는다는 것을 3장(131쪽)에서 공부하였다. 산화수는 원자들 사이의 결합이 공유 결합이 아니라 이온 결합이라고 가정하고 계산한다. 이것은 OH^-에서 전자쌍이 완전히 O 원자에만 위치한다는 것을 의미한다. 따라서 O 원자는 이제 6개가 아니라 8개의 원자가 전자를 가지며 전하는 −2가 된다. 그러면 H 원자는 이제 원자가 전자를 하나도 갖지 않기 때문에 전하는 +1이다.

산화수 = −2

$[:\ddot{\underset{..}{O}}:\ H]^-$ 산화수 합 = −1

이온 결합으로 가정 산화수 = +1

형식 전하와 산화수는 다른 목적으로 계산된다. 산화수는 산화−환원 반응에서 일어나는 변화를 추적할 수 있게 하며, 형식 전하는 분자나 다원자 이온에서 전하분포를 알게 한다.

조식에서 그 고립 전자쌍들이 위치하는 원자에 완전히 속한다고 가정한다. 두 번째, 결합 전자쌍들은 결합에 참여한 원자들 사이에 동등하게 반으로 나누어진다. (인자 $\frac{1}{2}$은 결합전자쌍들을 결합으로 연결된 원자들 사이에 동일하게 나누는 것이다.)

분자나 이온에 있는 원자들의 형식 전하를 모두 합한 것은 항상 그 분자나 이온의 알짜 전하와 같다. 하이포아염소산 이온(ClO^-)을 생각해 보자. 산소 원자는 6A족에 속하며 6개의 원자가 전자들을 가진다. 그러나 OCl^- 이온에서 산소 원자는 7개의 전자를 갖는 것으로 볼 수 있고(6개의 고립 전자들과 결합 전자쌍으로부터 하나의 전자), 따라서 −1의 형식 전하를 갖는다. 즉 산소 원자는 염소 원자와 결합함으로써 '형식상' 전자 하나를 더 얻은 것이다.

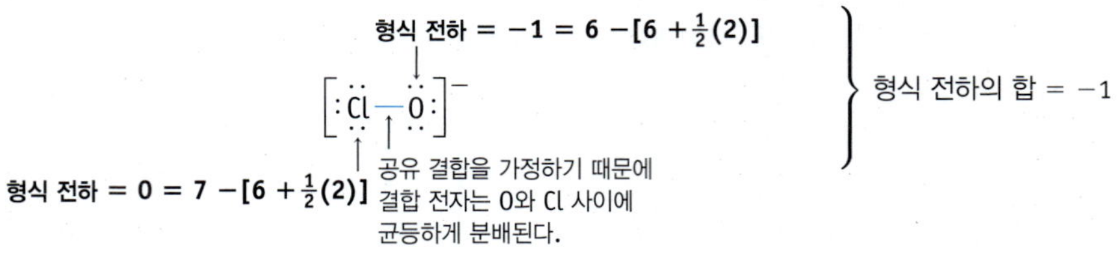

형식 전하 = $-1 = 6 - [6 + \frac{1}{2}(2)]$

$[:\ddot{\underset{..}{Cl}}-\ddot{\underset{..}{O}}:]^-$

형식 전하 = $0 = 7 - [6 + \frac{1}{2}(2)]$

공유 결합을 가정하기 때문에 결합 전자는 O와 Cl 사이에 균등하게 분배된다.

형식 전하의 합 = −1

ClO^-에서 염소 원자의 형식 전하는 0이다. 산소와 염소의 형식 전하가 각각 −1과 0이며, 이들의 합은 이온의 알짜 전하인 −1과 같은 값이다. ClO^-의 전하분포로부터 이끌어낼 수 있는 중요한 결론은, 만약 H^+ 이온이 ClO^- 이온에 접근하면 음전하를 띈 O 원자로 결합하여 하이포아염소산(HOCl)이 된다.

예제 8.5 형식 전하 계산

문제 ClO_3^- 이온 원자들의 형식 전하를 구하시오.

알고 있는 사실 ClO_3^-의 루이스 구조가 필요하고 이것은 예제 8.3에서 다루었다.

전략 첫 번째 단계는 항상 분자나 이온의 루이스 구조를 그리는 것이다. 그러면 형식 전하를 계산하는 데 식 8.1을 사용할 수 있다.

풀이

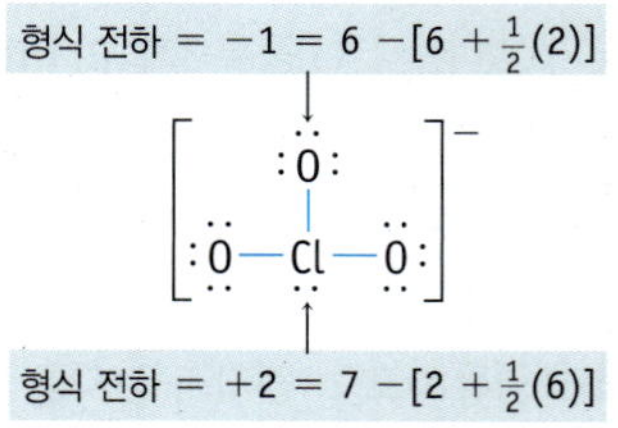

형식 전하 = $-1 = 6 - [6 + \frac{1}{2}(2)]$

$[:\ddot{\underset{..}{O}}-\underset{..}{Cl}(-\ddot{\underset{}{O}}:)-\ddot{\underset{..}{O}}:]^-$

형식 전하 = $+2 = 7 - [2 + \frac{1}{2}(6)]$

각 산소 원자의 형식 전하는 −1이고 Cl 원자는 +2이다.

고려사항 모든 원자들의 형식 전하의 합은 이온 전하와 같다는 것을 명심하시오.

유제 다음 화합물들에서 각 원자의 형식 전하를 계산하시오.

(a) CN^- (b) SO_3^{2-}

8.3절 확인문제

1. $H_2PO_4^-$ 이온의 P 원자의 형식 전하는 얼마인가? (인산이수소 이온은 H_3PO_4에서 H^+를 잃음으로써 생긴 음이온이다.)

(a) +3　　(b) 0　　(c) +1　　(d) +5

8.4 공명

불안정하며, 푸른색이고, 자극적인 반자성 기체인 오존(O_3)은 강력한 자외선으로부터 지구와 지구 상의 생명체를 보호한다. 오존의 구조에서 중요한 특성 중 하나는 2개의 산소–산소 결합 길이가 같다는 것이다. 이것은 2개의 산소–산소 결합이 동등하다는 것을 의미한다. 즉, 같은 O—O 결합 길이는 각 O—O 결합에서 같은 수의 결합 전자쌍을 의미한다. 그러나 루이스 구조를 그리는 방법을 사용해 보면 다른 결론에 도달할 것이다. 이 오존 분자의 루이스 구조는 다음과 같은 두 가지 방법으로 그릴 수 있다.

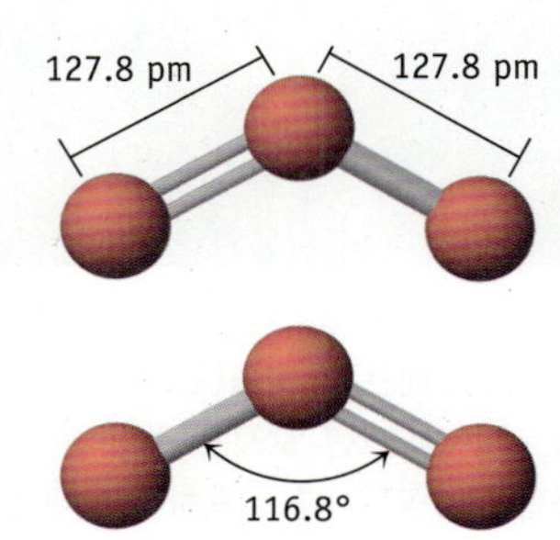

오존(O_3)은 동일한 길이의 산소–산소 결합을 가진 굽은 형의 분자이다.

이중 결합이 왼쪽:　O=O—O

이중 결합이 오른쪽:　O—O=O

중앙에 있는 산소의 한쪽에는 이중 결합, 다른 쪽에는 단일 결합을 갖는다는 점에서 이 두 가지 구조는 동등하다. 만약 위의 두 가지 중 하나가 오존의 실제 구조라면, 하나의 결합(O=O) 길이는 다른 것(O—O)의 길이보다 짧아야 한다. 그러나 오존의 실제 구조는 그렇지 않다. 이들 루이스 구조 중 어느 것도 오존의 결합을 올바르게 표현하지 않는다는 것이 불가피한 결론이다.

이러한 모순을 해결하기 위하여 폴링(Linus Pauling)은 **공명**(resonance) 이론을 제안하였다. **어떤 분자나 이온의 1개 실제 전자 구조를 1개의 루이스 구조로 올바르게 묘사할 수 없을 때, 이러한 경우의 결합을 표현하기 위하여 공명 구조를 사용한다.** 오존에 대하여 보여준 것과 같이, 상호 보완하는 루이스 구조들을 **공명 구조**(resonance structure)라고 부른다. 공명 구조들은 동일한 결합 형태와 같은 에너지를 가진다. 이 경우에는 동등한 공명 구조들의 **혼합** 또는 **혼성**(hybrid)이 그 분자의 실제 구조다. 이 공명 혼성에서 산소 사이의 결합은 단일 결합과 이중 결합의 중간이며, 이 경우에는 1.5 결합에 해당한다. 이것은 타당한 결론인데 왜냐하면 오존에 있는 2개의 O—O 결합은 127.8 pm의 길이를 가지며 이 길이는 O=O 이중 결합의 평균 길이(121 pm)와 O—O 단일 결합의 길이(132 pm)의 중간이기 때문이다. 결합을 정확하게 그릴 수 없기 때문에 화학자들이 아래와 같이 공명 구조를 양방향 화살표(⟷)로 연결하여 그리는 것은 실제 구조는 이러한 구조들의 혼합이라는 것을 나타낸다.

공명 구조의 묘사. 공명 구조를 연결하기 위하여 화살표(⟷)를 사용하는 것과 '공명'이라는 이름을 사용하는 것은 다소 불행한 일이다. 화살표는 어떤 변화가 일어나는 것을 의미하는 것으로 보일 수 있으며, 공명이라는 용어는 다른 형태들 사이에 왔다 갔다 하면서 진동하는 의미를 갖는다. 분자의 공명 구조는 둘 중 어느 것도 아니다. 전자쌍이 실제로 한 원자에서 다른 원자로 움직이는 것은 아니다.

심층 학습 공명

- 공명은 하나의 루이스 구조로 정확한 그림을 제공할 수 없을 때 분자 또는 다원자 이온의 결합을 나타내는 방법이다.
- 각 공명 구조에서 원자들은 동일한 배열을 가져야 한다. 원자들이 다르게 연결되면 다른 화합물이 만들어진다.
- 공명 구조들은 전자쌍들의 위치만 다를 뿐, 원자들의 위치는 다르지 않아야 한다.
- 공명 구조들은 주어진 원자들 사이의 결합 전자쌍 수가 다르다.
- 공명은 전자들의 움직임을 나타내는 것은 아니다.
- 분자의 실제 구조는 공명 구조들의 혼합 또는 혼성이다.
- 각각의 공명 구조에는 최소한 하나 이상의 다중 결합(이중 결합 또는 삼중 결합)이 있다.

Ted Streshinsky/Corbis

라이너스 폴링(Linus Pauling, 1901–1994). 폴링은 오레곤 중 포틀랜드에서 태어났다. 그는 1922년 오레곤 주립대학에서 화학공학 공학사를 취득하였고 1925년 캘리포니아 공과대학에서 화학으로 박사학위를 취득하였다. 그는 세미나 결과물인 그의 책 『화학 결합의 본질(The Nature of the Chemical Bonding)』으로 잘 알려져 있다. 프란시스 크릭(Francis Crick)의 말에 따르면 폴링은 분자 생물학의 창시자 중의 한 사람이었다. 1954년 노벨 화학상 수상식에서 인용되었던 것이 이 말과 그의 화학 결합에 관한 연구였다. 마지막으로 그는 핵실험 금지 조약을 옹호함에 있어 그와 그의 부인의 역할로 1962년 노벨 평화상도 수상하였다.

$$:\ddot{\underset{..}{O}}-\ddot{O}=\ddot{O}: \longleftrightarrow :\ddot{O}=\ddot{O}-\ddot{\underset{..}{O}}:$$

벤젠(C_6H_6)은 분자 구조를 나타내기 위하여 공명을 사용하는 고전적인 예이다. 벤젠 분자는 6개의 동등한 탄소–탄소 결합을 갖는 육각형 구조다(그리고 각 탄소에 수소가 하나씩 연결되어 있다). 탄소–탄소 결합은 길이가 139 pm인데, 이것은 C$=$C 이중 결합의 평균 길이(134 pm)와 C—C 단일 결합(154 pm)의 중간이다. 이중 결합의 위치만 다른 2개의 공명 구조를 분자를 기술하는 데 쓸 수 있다. 그러나 2개 구조의 혼성은 동일한 탄소–탄소 결합을 가지는 분자가 된다.

벤젠(C_6H_6)의 공명 구조

공명 구조의 간략한 표시법

24개의 원자가 전자(12개 전자쌍)을 가진 탄산 이온, CO_3^{2-}의 결합을 기술하기 위하여 공명을 사용하자.

$$\left[\begin{array}{c}:\ddot{O}=C-\ddot{\underset{..}{O}}:\\ |\\ :\underset{..}{\ddot{O}}:\end{array}\right]^{2-} \longleftrightarrow \left[\begin{array}{c}:\ddot{\underset{..}{O}}-C-\ddot{\underset{..}{O}}:\\ \|\\ :\ddot{O}:\end{array}\right]^{2-} \longleftrightarrow \left[\begin{array}{c}:\ddot{\underset{..}{O}}-C=\ddot{O}:\\ |\\ :\underset{..}{\ddot{O}}:\end{array}\right]^{2-}$$

이 이온에 대해서는 3개의 동등한 구조를 그릴 수 있는데, 이들은 C$=$O 이중 결합의 위치만 다르며 어느 1개의 구조로도 이 이온을 정확히 기술할 수가 없다. 그 대신, 실제 구조는 이들 3개의 공명 구조들의 혼성이며, 이러한 결론은 실험 결과와 잘 일치한다. 즉, CO_3^{2-} 이온에서 3개의 탄소–산소 결합 길이는 129 pm이고, 이것은 C—O 단일 결합(143 pm)과 C$=$O 이중 결합(122 pm) 길이의 중간에 해당한다.

분자나 이온의 공명 구조에서도 각 원자들의 형식 전하를 구할 수 있다. 예를 들어 질산 이온의 공명 구조 중의 하나를 사용하여 중심 N 원자의 형식 전하는 +1 그리고 단일 결합의 O 원자들은 −1이며, 이중 결합의 O 원자의 형식 전하는 0인 것을 구할 수 있다. 따라서 이온의 순 전하는 −1이다.

형식 전하 = 0 = 6 − [4 + $\frac{1}{2}$(4)]

$$\left[\begin{array}{ccc} & :\ddot{O}: & \\ & \| & \\ :\ddot{O}- & N & -\ddot{O}: \end{array}\right]^-$$

형식 전하 = +1 = 5 − [0 + $\frac{1}{2}$(8)]

형식 전하 = −1 = 6 − [6 + $\frac{1}{2}$(2)]

형식 전하 합 = −1

이것이 질산 이온의 타당한 전하 분포인가? 답은 '아니다'이다. 질산 이온의 실제 구조는 3개의 동등한 공명 구조의 공명 혼성체이다. NO_3^-의 3개의 산소 원자는 동등하기 때문에 하나의 산소 원자 전하가 다른 2개 산소 원자와 다르지 않아야 한다. 이것은 형식 전하를 산소 원자마다 −2/3인 평균값으로 준다면 해결될 수 있다. 3개의 산소 원자의 전하와 질소 원자의 전하 +1을 더하면 이온 전하인 −1이 된다.

O_3, CO_3^{2-}, NO_3^-의 공명 구조에서 모든 가능한 공명 구조는 같은, '동등한' 구조이다. 그러므로 분자나 이온은 모든 관계된 원자들에 걸쳐 대칭적 전자 분포를 갖는다. 즉, 전자구조는 공명 구조의 동등한 혼합 또는 '혼성'으로 구성되어 있다.

그러나 동일하지 않게 그릴 수 있는 타당한 혼성 구조를 가진 많은 예도 또한 존재한다. 예를 들면, 싸이오사이안산 이온(SCN^-)에는 3개의 가능한 혼성 구조가 있다.

$$[:\ddot{S}=C=\ddot{N}:]^- \longleftrightarrow [:\ddot{\underset{..}{S}}-C\equiv N:]^- \longleftrightarrow [:S\equiv C-\ddot{\underset{..}{N}}:]^-$$

이들은 모두 팔전자에 따르고 이 이온의 전자 구조는 이들 구조의 혼성으로 기술할 수 있다. 그러나 구조들은 동일하지 않기 때문에 공명 혼성에서 균일하지 않은 혼합이 있을 것이고 실제 전자 구조는 이들 구조 중 다른 2개 구조보다 하나에 더 닮게 될 것이다. 이것에 대하여는 이 장의 후반부(8.7절)에서 논의할 것이며 어떤 공명 구조가 다른 것보다 중요한 지를 결정하는 데 형식 전하를 사용하는 법을 기술할 것이다.

예제 8.6 공명 구조 그리기

문제 아질산 이온(NO_2^-)의 공명 구조를 그리시오. N—O 결합은 수치상으로 단일 결합, 이중 결합, 또는 중간인가? N과 O 원자의 형식 전하는 얼마인가?

알고 있는 사실 N 원자는 루이스 구조에서 2개의 말단 산소 원자들과 결합하는 중심 원자이다. 이 이온에 대한 2개 이상의 동등한 루이스 구조를 그릴 수 있는지 결정할 필요가 있다.

전략

- 루이스 구조 그리기 지침에 따라 각 전자 주위에 팔전자를 얻는 한 가지 이상의 방법이 있는지를 결정한다.
- 각 원자의 형식 전하를 구하기 위하여 루이스 구조 하나를 사용한다.

심층 학습 과학적 논쟁– 황산과 인산 이온에서의 공명, 형식 전하와 이중결합의 문제

이제 여러분은 루이스 구조, 공명 그리고 형식 전하에 대하여 배웠고 황산과 인산 이온 같은 간단한 화학종의 루이스 구조를 그릴 때 일어나는 화학자들 사이의 불일치와 같은 과학적 논쟁에 대하여 알아보고자 한다. 예를 들어 황산 이온은 아래와 같이 두 개의 루이스 구조를 갖는다.

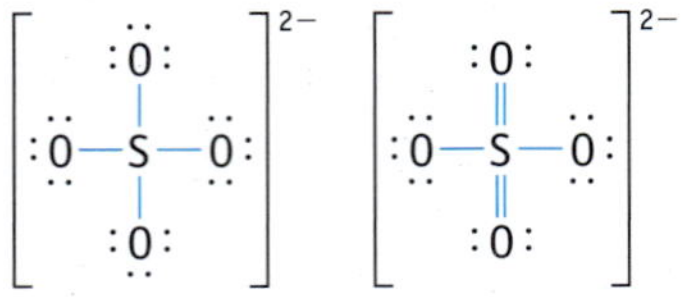

1 2

루이스 구조를 그릴 때 가장 중요한 단계는 분자나 이온의 각 원자들이 팔전자 규칙을 만족하는 것이다. 하나의 루이스 구조로는 정확히 화학종을 나타낼 수 없다면 공명 구조를 고려해야한다. 만약 두 개의 공명 구조가 다르다면 (SCN^-와 같은 이온이나 N_2O와 같은 화합물에서처럼) 형식 전하를 최소로 하고 음전하는 가장 전기음성도가 큰 원자에 위치하는 구조가 가장 적합한 구조로 선택된다. 대부분의 경우에서 이러한 방법으로 구한 루이스 구조는 분자 구조를 결정하거나 결합에 대한 개략적 그림을 그리는데 쓰인다. 이 책에서 황산 이온은 모든 원자들이 팔전자를 만족하는 루이스 구조 1을 선택하였다. S—O 결합차수는 1이고 황 원자의 형식 전하는 +2 그리고 각 산소 원자는 −1의 형식 전하를 갖는다. SO_4^{2-}에서 S와 O 사이의 결합은 단일결합이다(9장에서 알게 되겠지만 이러한 결합은 3*s*와 3*p* 궤도함수를 사용하여 sp^3 혼성을 이룬다) 그러나 어떤 화학자들은 황산 이온을 다른 루이스 구조로 나타낸다(구조 2는 6개의 동등구조 중의 하나이다). 구조 2는 구조 1의 공명 구조이며 S와 O의 평균 결합차수는 1.5이다. 이 구조는 황의 형식 전하가 0이고 2개의 산소 원자의 형식 전하가 0 그리고 다른 2개의 산소 원자는 형식 전하가 −1인 최소화된 형식 전하를 갖는다는 점에서 매력적이다. 그러나 6개의 결합을 형성하려면 6개의 황 궤도함수가 필요하다. 이 말은 황의 3*d* 궤도함수도 3*s*와 3*p* 궤도함수와 더불어 결합에 참여하여야 한다는 것이다.

이와 비슷한 상황이 인산이나 다른 관계된 화학종에서도 일어난다. 여러 개의 공명 구조는 이중결합을 포함하고 그릴 수 있다.

문제는 1과 2중에서 어느 구조가 SO_4^{2-}에서 결합을 잘 나타낸 구조인가? 여기서 논란을 발견할 수 있다. 황산 이온 구조를 구조 2로 표현한 것을 *Journal of Chemical Education*에 발표한 논문이 있다.[1] 황과 산소 사이의 다중 결합을 지지하는 실험 자료로 황산 이온의 S—O 결합 길이(149 pm)가 단일결합 길이(약 170 pm)보다는 짧고 이중결합(128 pm)보다는 길다는 사실을 제시한다.

구조 1을 지지하는 논문은 이론적 연구로 *Journal of Chemical Education*에 역시 발표하였다.[2] 이 논문의 저자들은 황산에서 구조 1이 좀 더 논리적이고 구조 2는 전혀 고려하지 말아야 한다고 주장하였다. 기본적 논리는 3*d* 궤도함수의 에너지가 너무 높아서 결합에 참여할 수 없다는 것이다. 이 사실을 가지고 저자들은 계산된 *d* 궤도함수 채움은 아주 작고 어떤 원자가 껍질 확장과도 일치하지 않는다는 주장이다.

우리는 논문 2의 이론적 연구에 좀 더 신뢰를 하며, 구조 1이 구조 2 보다는 황산 이온(과 관계된 화학종들)을 좀 더 잘 나타낸다고 생각한다.

두 가지 중요한 결론이 있다.

- 이 책에서는 가끔 더 큰 형식 전하를 준다고 하여도 팔전자 규칙에 맞는 루이스 구조식을 항상 보여 줄 것이다.
- 마지막으로 루이스 구조는 구조와 결합을 표현할 때 근사적으로만 나타낸다는 것을 인식하여야만 한다.

참고문헌

1. R. F. See, *J. Chem. Ed.* 2009, 86, 1241–1247.
2. L. Suidan, J.K. Badenhoop, E.D. Glendening, and F. Weinhold, *J. Chem. Ed.* 1995, 72, 583–586.

이 문제들에 대한 부가적인 평은 다음 논문을 참고할 수 있다.

F. Winhold and C.R. Landis, *Science*, 2007, 316, 61.
G. Frenking, R. Tanner, F. Weinhold, and C.R. Landis, *Science*, 2007, 318, 746a.

- 2개 산소 원자의 형식 전하가 다르다면 산소 원자의 형식 전하는 두 값의 평균이다.

풀이 아질산 이온에서는 질소 원자가 중심 원자다. 그리고 아질산 이온에는 총 18개의 원자가 전자들이 있다(9개 전자쌍).

$$\text{원자가 전자} = 5\ (N) + 12\ (\text{각 O당 } 6) + 1\ (\text{음전하})$$

N—O 단일 결합을 형성하고 말단 O 원자에 고립 전자쌍을 분배한 후 1개의 전자쌍이 남으며 이것은 중심 N 원자에 할당한다.

$$\left[:\ddot{\underset{..}{O}}-\ddot{N}-\ddot{\underset{..}{O}}:\right]^-$$

중심의 N 원자가 팔전자를 완성하도록 하기 위하여 N=O 이중 결합을 형성한다. 이것을 실행하는 것은 두 가지 방법이 있기 때문에 2개의 동등한 구조를 그릴 수 있고 실제 구조는 이 2개 구조의 혼합 또는 공명 혼성일 것이다. 질소–산소 결합은 단일 결합도, 이중 결합도 아니며 중간값을 가진다.

$$\left[:\underset{..}{O}=\ddot{N}-\ddot{\underset{..}{O}}:\right]^- \longleftrightarrow \left[:\ddot{\underset{..}{O}}-\ddot{N}=\underset{..}{O}:\right]^-$$

공명 구조 중의 하나를 택하면 N 원자의 형식 전하가 0이고 하나의 O 원자의 전하는 0 그리고 다른 O 원자의 전하는 −1이다. 2개의 공명 구조는 동등하게 중요하기 때문에 각 O 원자의 순 형식 전하는 −1/2이다.

형식 전하 = $0 = 6 - [4 + \frac{1}{2}(4)]$

형식 전하 = $-1 = 6 - [6 + \frac{1}{2}(2)]$

$$\left[\ddot{\underset{..}{O}}=\ddot{\underset{..}{N}}-\ddot{\underset{..}{O}}:\right]^-$$

형식 전하 = $0 = 5 - [2 + \frac{1}{2}(6)]$

고려사항 NO_2^-에서 NO 결합은 동등하므로 N—O 단일 결합과 N=O 이중 결합 사이의 길이를 갖는다.

유제 중탄산 이온, HCO_3^-의 공명 구조를 그리시오.

(a) HCO_3^-는 CO_3^{2-} 이온과 같은 공명 구조 수를 갖는가?

(b) HCO_3^-의 O와 C 원자의 형식 전하는 무엇인가? O 원자들의 평균 형식 전하는 얼마인가? CO_3^{2-}에서의 O 원자와 비교하여 보시오.

(c) HCO_3^-에 양성자를 첨가하면 H_2CO_3가 된다. H^+ 이온이 부착되면 형식 전하는 어떻게 예상되는가?

8.4절 확인문제

1. SO_3^{2-}, NO^+, NO_2^+ 중에서 2개 이상의 공명 구조를 갖는 것은 어느 화학종인가?
   (a) SO_3^{2-} 와 NO^+ (b) NO^+와 NO_2^+ (c) NO_2^+ (d) SO_3^{2-}

2. NO_2^+에서 질소와 산소의 형식 전하는 무엇인가?
   (a) N과 O의 형식 전하는 0이다.
   (b) N 원자의 형식 전하는 +1이고 산소 원자의 형식 전하는 0이다.
   (c) N 원자의 형식 전하는 0이고 산소 원자의 형식 전하는 +1이다.
   (d) N 원자의 형식 전하는 −1이고 산소 원자의 형식 전하는 +2이다.

8.5 팔전자 규칙의 예외

대부분의 분자와 이온들은 팔전자 규칙을 따르지만 예외가 있다. 이러한 예외는 중심원자에 있는 전자쌍이 4개보다 작거나 4개보다 큰 경우, 그리고 중심 원자의 전자 수가 홀수인 경우들이다.

중심 원자의 원자가 전자 수가 8보다 적은 화합물들

비금속 3A족 원소인 붕소는 3개의 원자가 전자를 가지기 때문에 다른 비금속 원소와 3개의 공유 결합을 만들 것으로 예상된다. 따라서 화합물 속에서 붕소의 원자가 전자 껍질에는 6개의 전자만 있게 되어, 팔전자보다 2개의 전자가 부족하게 된다. 이러한 형태의 많은 붕소 화합물들이 알려져 있는데, 예를 들면 붕소산($B(OH)_3$), 보랙스[$Na_2B_4O_5(OH)_4 \cdot 8H_2O$](그림 8.1), 삼할로젠화붕소($BF_3$, BCl_3, BBr_3, BI_3) 등이다.

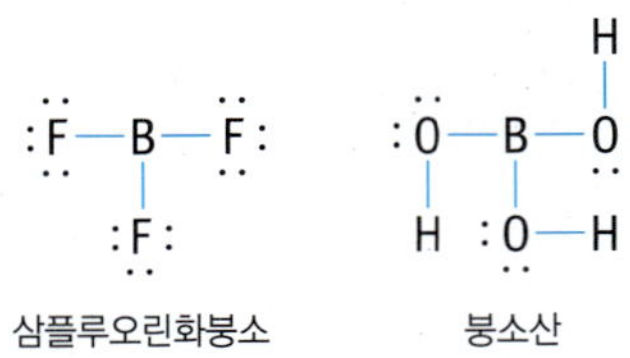

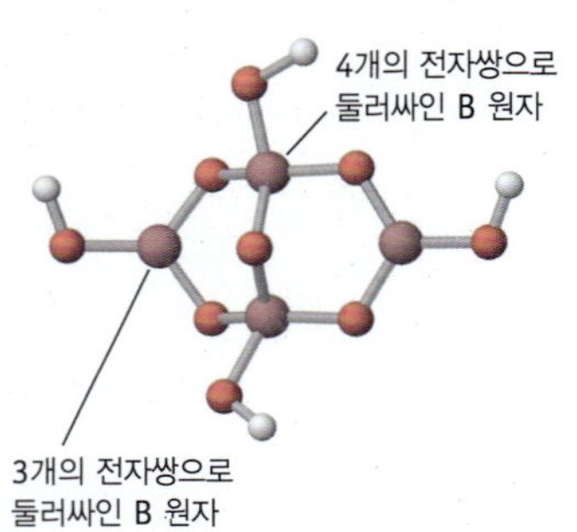

그림 8.1 보랙스의 음이온. 보랙스는 비누에서 사용하는 흔한 광물이고, 흥미로운 음이온($B_4O_5(OH)_4^{2-}$)를 함유한다. 음이온은 4개의 전자쌍으로 둘러싸인 2개의 B 원자를 가지고, 2개의 B 원자는 단지 3개의 전자쌍으로 둘러싸여 있다.

팔전자에 비해 2개 전자가 모자라는 BF_3와 같은 붕소 화합물은 매우 반응성이 크다. 다른 원자에 의하여 전자쌍이 제공될 때, 붕소 원자는 네 번째 전자쌍을 받아들일 수 있고, 고립 전자쌍을 가지는 분자나 이온이 이 역할을 할 수 있다. 예를 들어, 암모니아는 BF_3와 반응하여 $H_3N{\rightarrow}BF_3$를 형성한다.

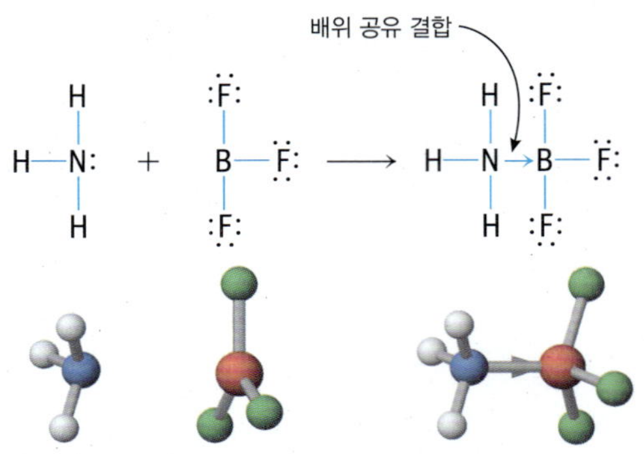

만약 결합 전자쌍이 결합에 참여하는 두 원자들 중 하나로부터 오는 경우에, 이 결합을 **배위 공유 결합**(coordinate covalent bond)이라고 부른다. 루이스 구조에서는 흔히 전자를 제공하는 원자에서 전자를 제공받는 원자로 향하는 화살표를 사용하여 배위 결합을 표시한다.

중심 원자의 원자가 전자수가 8보다 많은 화합물들

중심 원자가 3주기 이상의 원소인 경우에는 4개 이상의 전자쌍들이 중심 원자를

표 8.5 중심 원자가 팔전자를 초과하는 초원자가 화합물의 루이스 구조

4A족	5A족	6A족	7A족	8A족
SiF_5^-	PF_5	SF_4	ClF_3	XeF_2
SiF_6^{2-}	PF_6^-	SF_6	BrF_5	XeF_4

둘러싸는 분자나 이온을 만드는 경우가 자주 있다(표 8.5). 대부분의 이러한 화합물들은 **초원자가**(hypervalent)를 가졌다고 하고 중심 원자가 플루오린, 염소, 또는 산소와 연결되어 있다.

중심 원자 주위의 전자들이 '팔전자'를 넘는다는 것은 화합물의 화학식으로부터 명백한 경우가 대부분이다. 예를 들어, 황이 과량의 플루오린과 반응하여 만들어지는 기체 화합물인 육플루오린화황(SF_6)을 생각해 보자. 이 화합물에서는 황이 중심 원자이며, 플루오린은 전형적으로 단일 전자쌍 결합(HF와 CF_4에서와 같이)으로 단 하나의 다른 원자와 결합한다. SF_6에서 6개의 S—F 결합이 요구되며 이는 황 원자의 원자가 껍질에서 6개의 전자쌍이 있을 것을 의미한다.

중심 원자와 결합한 4개 이상의 원자단은 중심 원자 주위에 8개 전자 이상이 있다는 신뢰할만한 표시이다. 그러나 주의할 것은 중심 원자의 팔전자는 중심 원자와 결합한 원자가 4개 이하일 때도 넘을 수 있다는 것이다. 표 8.5의 3개 예를 고려하여 보자. SF_4, ClF_3, XeF_2의 중심 원자는 원자가 껍질에 5개의 전자쌍을 가진다.

한 가지 유용한 사실은, '**주기율표에서 3주기 이상의 원소들만이 팔전자보다 더 많**

심층 학습 | *d* 궤도함수를 이용하는 화학 결합

2주기와 3주기의 원소들이 이처럼 다르게 거동하는 것에 대한 보통의 설명은 그 원자의 원자가 껍질에 들어 있는 원자 궤도함수의 수를 바탕으로 한다. 2주기 원소들은 4개의 원자가 궤도함수(1개의 2*s*와 3개의 3*p*)들을 가진다. 궤도함수 당 2개의 전자가 의미하는 것은 한 원자 주위에 총 8개의 전자를 수용할 수 있다는 것이다. 3주기 이상의 원소들인 경우에는 바깥 껍질의 *d* 궤도함수가 전통적으로 원자가 껍질에 속한다. 따라서 인(P)의 경우에는 3*s*와 3*p* 궤도함수들뿐만 아니라 (5개의) 3*d* 궤도함수들이 원자가 껍질 궤도함수들에 포함된다. 이러한 여분의 *d* 궤도함수들 때문에 중심 원자의 원자가 껍질에는 최대 12개까지의 전자가 채워질 수 있고 따라서 6개의 결합을 형성한다. 그러나 최근 연구에 따르면 *d* 궤도함수의 포함이 필요하지 않다고 한다. SF_4, XeF_2와 SiF_6^{2-}와 같은 화학종의 결합은 *s*와 *p* 궤도함수만을 이용하여 적절하게 설명할 수 있다. 431쪽 참조.

은 전자를 원자가 껍질에 가질 수 있다'는 것이다. 2주기 원소(B, C, N, O, F)들은 화합물 내에서 원자가 껍질에 최대 8개까지의 전자만 가질 수 있도록 제한된다. 예를 들어 질소는 NH_3, NH_4^+, NF_3와 같은 화합물과 이온을 형성하지만, NF_5는 알려져 있지 않다. 주기율표에서 질소 바로 밑에 위치하는 인(P)은 질소의 경우와 비슷한 많은 화합물(PH_3, PH_4^+, PF_3)을 형성하지만, 동시에 PF_5같은 분자나 PF_6^-와 같은 이온에서 5개 또는 6개의 원자가 전자쌍을 쉽게 가질 수 있다. 5A족에서 인(P) 아래에 있는 원소들인 비소(As), 안티몬(Sb), 비스무트(Bi)들이 화합물을 만드는 거동은 인(P)과 비슷하다.

제논 화합물들. 비활성 기체 원소들의 화합물은 1960년대 초까지 알려지지 않았기 때문에 표 8.5의 화합물들 중 제논의 화합물들은 유난히 흥미로운 것들이다. 비활성 기체 원소의 화합물들 중 특히 흥미로운 것의 하나는 XeF_2인데, 그 이유 중 하나는 이것의 간단한 합성법이다. 제논 기체와 플루오린 기체를 담고 있는 플라스크를 햇볕이 비추는 곳에 놓아두면 XeF_2가 만들어진다. 몇 주일 후에 무색의 XeF_2 결정이 플라스크 안에서 발견된다. (403쪽)

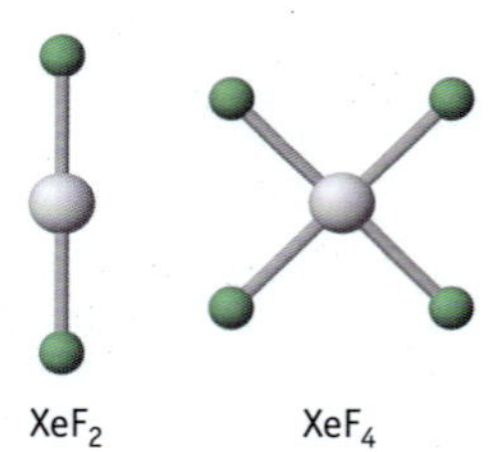

예제 8.7 중심 원자가 8개보다 많은 원자가 전자를 가지는 경우의 루이스 구조들

문제 $[ClF_4]^-$ 이온의 루이스 구조를 그리시오.

알고 있는 사실 염소는 중심 원자이고 4개의 플루오린 원자와 결합한다. 이온은 36개의 원자가 전자(18쌍)[7(Cl) + 4 × 7(F) +1(이온전하) = 36]를 가진다.

전략 구조를 완성하기 위하여 예제 8.3의 지침을 이용한다.

풀이 4개의 Cl–F 단일 결합을 갖는 이온을 그린다.

$$\left[\begin{array}{ccc} & F & \\ & | & \\ F- & Cl & -F \\ & | & \\ & F & \end{array}\right]^-$$

말단 원자들에 비공유 전자쌍들을 배치한다. 4개의 F 원자들에 3쌍씩의 전자쌍들을 배치하여도(전자쌍 12개 사용) 여전히 2개의 전자쌍이 남고 Cl은 4개 이상의 전자쌍을 수용할 수 있음을 알기 때문에 2개의 전자쌍을 중심 Cl 원자에 배치한다.

마지막 2개의 전자쌍을 중심의 Cl 원자에 더해준다.

고려사항 중심 원자인 염소는 팔전자 이상을 갖는다(4개의 결합 전자쌍과 2개의 고립 전자쌍). 염소는 주기율표에서 세 번째 주기에 있기 때문에 이것은 타당하다.

유제 $[ClF_2]^+$와 $[ClF_2]^-$의 루이스 구조를 그리시오. 각 이온에서 Cl 원자 주위의 결합 전자쌍과 고립 전자쌍은 얼마나 되는가?

전자수가 홀수인 화합물들

전자수가 홀수이면서 안정한 화합물들은 별로 많지 않은데, 이런 것에 속하는 2개 산화질소 화합물–NO와 NO_2는 각각 11개와 17개의 원자가 전자를 갖는다. 이 화합물들은 홀수의 전자를 갖고 있기 때문에, 최소한 하나의 전자는 짝을 이룰 수 없으

사례 연구 | 자유 라디칼, 대기화학 그리고 머리 염료

자유 라디칼은 원자가 껍질에 홀전자를 포함하는 분자이다. 그러한 분자들은 매우 반응성이 크고 환경화학과 생화학에서 매우 중요하다. 한 예로 하이드록실 라디칼, •OH를 최근 사이언스에 발표한 논문에서 대기의 "세제"로 언급하였다. 이것은 자연적이거나 인위적이거나 대기로 방출되는 기체의 대부분을 제거하는 일차적 책임이 있기 때문에 매우 중요한 산화제이다. 사이언스 논문에서 NO_2 분자, 자유 라디칼 그리고 공기 오염 물질이 태양광 존재 하에 물과 만나면 무엇이 일어나는지에 대하여 설명하였다. 생성물 중의 하나가 하이드록실 라디칼, •OH이다.

$$NO_2(g) + H_2O(g) \rightarrow \cdot OH(g) + HONO(g)$$

다른 생성물 HONO는 태양광 아래서 분해되어 역시 하이드록실 라디칼과 다른 자유 라디칼, NO를 생성한다.

$$HONO(g) \rightarrow \cdot OH(g) + \cdot NO(g)$$

하이드록실 라디칼은 대기 중의 미량기체(SO_2, NH_3, CO 그리고 탄화수소 등과 같은)와 반응을 계속한다.

© Cengage Learning/Charles D. Winters

하이드록실 라디칼은 또한 머리 염색에도 중요한 역할을 한다. 대부분의 머리 염색제는 염료, 암모니아 그리고 과산화수소(H_2O_2)의 혼합물이다. 이러한 화학종들은 반응하여 과산화수소 음이온(HOO^-)과 •OH 라디칼을 생성한다. HOO^- 이온은 염기이고 염기성 용액은 머리가 잘 부풀게 한다. 과하이드록실 음이온이 머리에 있는 멜라민 색소와 반응하여 밝게 해주는 역할을 한다. 문제는 •OH 라디칼이 머리에 손상을 입히기 때문에 화학자들은 새 제품을 찾아내었다. 이 제품은 소듐 글리시네이트, $Na[H_2NCH_2CO_2]$와 탄산 암모늄, $(NH_4)_2CO_3$ 그리고 H_2O_2의 혼합물이다. 이 혼합물은 덜 염기성이고 과산화탄산 이온(HCO_4^-)과 탄산 라디칼 음이온($CO_3^{\cdot -}$)을 생성한다. HCO_4^- 이온은 표백제로 작용하고 글리시네이트 이온은 머리를 손상시키는 탄산 라디칼을 제거한다.

문제

1. HONO의 루이스 구조를 그리시오. 공명 구조가 있는가? 각 원자들의 형식 전하는 얼마인가?
2. 과산화탄산 이온의 루이스 구조를 그리시오(이 이온은 C–O–O–H로 그려진다). 각 원자들의 형식 전하와 공명 구조를 그리시오.

이 질문에 대한 답은 부록 N에 수록되어 있다.

참고문헌

S. Li, J. Matthews, and A. Sinha, *Science*, 2008, 319, 1657. See also L. Jarvis, *Chemcial & Engineerging News*, February 11, 2008, 32.

며, 팔전자 규칙을 만족하는 루이스 구조를 그리는 것이 불가능하다.

비록 NO_2가 팔전자 규칙을 따르지 않지만, 이 분자의 화학 결합을 근사하게 나타내는 전자점 구조를 그릴 수 있다. 이 루이스 구조에서는 홀전자를 질소에 놓는다. 다음의 두 공명 구조는, 실험으로 관찰되는 것과 같이, 2개의 질소–산소 결합이 동등하다는 것을 보여준다.

$$\text{O}{=}\dot{\text{N}}{-}\text{O} \longleftrightarrow \text{O}{-}\dot{\text{N}}{=}\text{O}$$

NO_2 내의 결합에 대한 첨언. 책에 기술된 NO_2 구조에 대한 증거는 N—O 결합 길이가 단일과 이중 결합의 중간이고 2개 NO_2 분자가 결합하여 N—N 결합을 가진 N_2O_4를 생성한다는 사실도 포함한다.

NO의 실험적 증거는 N과 O 사이의 결합이 이중 결합과 삼중 결합의 중간 정도라는 것을 나타낸다. NO에 대한 이러한 성질들과 일치하는 루이스 구조를 그리는 것은 불가능하다. 따라서 이 분자에서의 결합을 이해하기 위해서는 다른 이론이 필요하다. 9.3절에서 분자 궤도함수 이론이 소개되면서, 이러한 종류의 화합물들을 다시

그림 8.2 **자유 라디칼 화학.** 저온으로 낮추면 갈색 기체인 NO_2 농도가 급격히 떨어진다. 자유 라디칼인 NO_2 두 분자가 짝지어서 N—N 단일 결합을 가지는 무색의 N_2O_4 분자를 만든다. (N_2O_4의 끓는점은 21°C이므로 0°C에서 액체이다. 이 사진은 이 온도에서 NO_2가 어느 정도 남아 있는 것을 보여준다.)

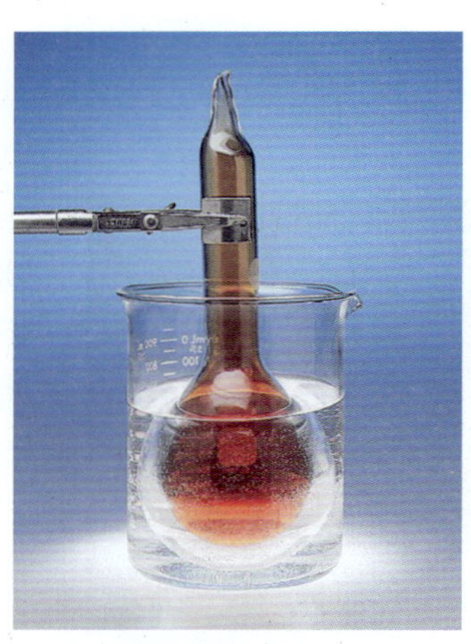

따뜻한 물에서 갈색 NO_2 기체 플라스크

저온으로 낮추면 자유 라디칼인 NO_2가 짝지어서 N_2O_4 분자를 만든다.

N_2O_4 기체는 무색이다.

얼음물에서 NO_2 기체 플라스크

다루게 될 것이다.

이들 두 가지 산화 질소 화합물인 NO와 NO_2는 자유 라디칼(free radical)이라고 부르는 화합물 종류에 속한다. **자유 라디칼**(free radical)은 홀전자를 가지는 원자이거나 또는 분자인 화학종들이다. 자유 라디칼들은 일반적으로 반응성이 매우 크다. 예를 들어 자유 원자인 H와 Cl은 다른 원자와 아주 쉽게 결합하여 H_2, Cl_2, HCl 같은 분자를 만든다.

자유 라디칼들은 자연 환경의 여러 반응에 관여한다. 예를 들어 적은 양의 NO는 자동차 배기가스에 포함되어 배출되며, 이것은 공기 중에서 쉽게 NO_2가 된다. 이것은 사람의 건강과 식물에 보다 해롭다. 농도가 50~100 ppm 정도의 NO_2에 노출되면 폐 조직에 심각한 염증이 발생한다. 이산화질소는 자연 과정에서도 발생한다. 예를 들어 높은 수준의 질산을 가지는 건초, 옥수수, 생풀은 농장에서 사일로에 저장할 때 유기 물질이 발효되면서 NO_2가 발생할 수 있으며, 농장 일꾼들이 사일로에서 이 기체에 노출되어 사망(NO_2가 폐에서 수분과 반응하여 질산을 생성하기 때문)했다는 보고가 있었다.

이 두 가지 산화질소 화합물인 NO와 NO_2는 분리해낼 수 있으며, 대부분의 다른 자유 라디칼들처럼 반응성이 극단적으로 크지는 않는다는 점에서 아주 독특하다. 그러나 이들을 낮은 온도로 낮추면, 2개의 NO_2가 결합하여(또는 이분자화 되어) 무색의 N_2O_4가 만들어진다. 홀전자들끼리 결합하여 N—N의 결합을 이룬다(그림 8.2).

8.5절 확인문제

1. SF_2, SF_3^+, SF_4, SF_5^+ 그리고 SF_6 황화합물 중에서 팔전자를 넘는 S가 있는 화합물은?

(a) SF_5^+와 SF_6　　(b) SF_4, SF_5^+ 그리고 SF_6

(c) SF_6　　(d) 5개 화합물 모두

2. XeF_2의 중심 원자 Xe에 있는 고립 전자쌍의 수는?

(a) 0　　(b) 1　　(c) 2　　(d) 3

8.6 분자의 모양

분자나 다원자 이온에서 루이스 구조는 원자 연결을 보여주지만 삼차원적인 기하학적 구조는 보여주지 못한다. 하지만 분자나 이온의 삼차원적인 구조는 기능적인 면에서 중요하기 때문에 다음 단계 즉, 삼차원적인 기하학적 구조를 예측하는 데 루이스 구조를 이용한다.

원자가 껍질 전자쌍 반발(valence shell electron-pair repulsion, VSEPR) 모형은 공유 결합성 분자와 다원자 이온들의 모양을 예측하는 신뢰성 높은 방법이다. VSEPR 모형은 '**원자의 껍질에 있는 결합 전자쌍과 고립 전자쌍들은 서로 반발하여 가능한 멀리 떨어지려고 한다**'는 생각에 바탕을 둔다. 따라서 원자가 전자쌍의 예상되는 위치로 원자를 둘러싼 결합 사이의 각도를 결정한다. VSEPR 이론은 주족원소로 이루어진 분자나 이온의 구조를 예측하는 데 매우 성공적이다. 그러나 전이금속 원소 화합물의 구조를 예측하는 것에는 덜 효과적이다(그래서 별로 사용하지 않는다).

원자가 껍질의 전자쌍들이 어떻게 서로 밀쳐내어 분자 구조를 결정하는지를 이해하기 위하여 몇 개의 풍선들을 불어서 비슷한 크기로 만들자. 각 풍선이 전자구름을 나타낸다고 상상하자. 2, 3, 4, 5, 6개의 풍선들을 중심의 (중심 원자의 원자핵과 핵심 전자를 나타내는) 한 지점에 묶으면, 풍선들은 자연스럽게 그림 8.3에 나타낸 모양을 만든다. 이러한 공간 배치가 풍선들 사이의 반발력을 최소화하고 분자에서 관찰되는 전자쌍의 배열과 같다.

단일 결합 전자쌍들만으로 둘러싸인 중심 원자

그림 8.3은 2개에서 6개의 결합된 원자를 가진 중심 원자에 근거한 분자 또는 다원자 이온의 구조를 예측하는 것을 보여준다. 중심 원자 주위에 2개의 전자쌍을 가진 분자에서 선형(linear) 구조가 예상되며, 결합각은 180°이다. 중심 원자 주위에 3개의 전자쌍을 가지면 결합각이 120°인 평면 삼각형(trigonal-planar) 구조이다. 4개의 전자쌍을 가진 분자는 결합각이 109.5°인 사면체 구조이다. 특히 사면체 구조의 3차원적 배열에 주의하시오. 이 구조의 중요성은 광범위한 영역의 탄소 기반 유기

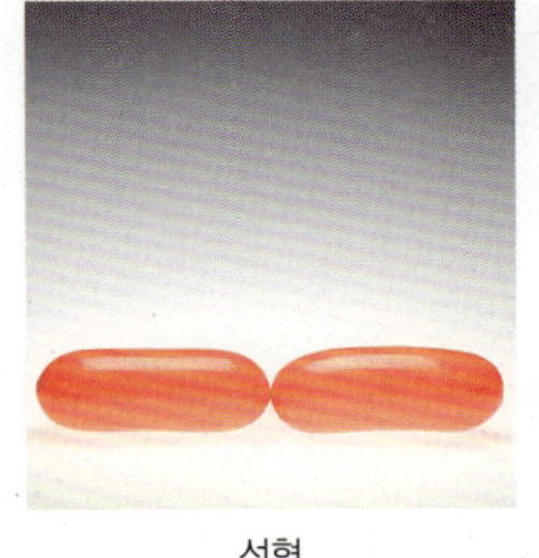
선형

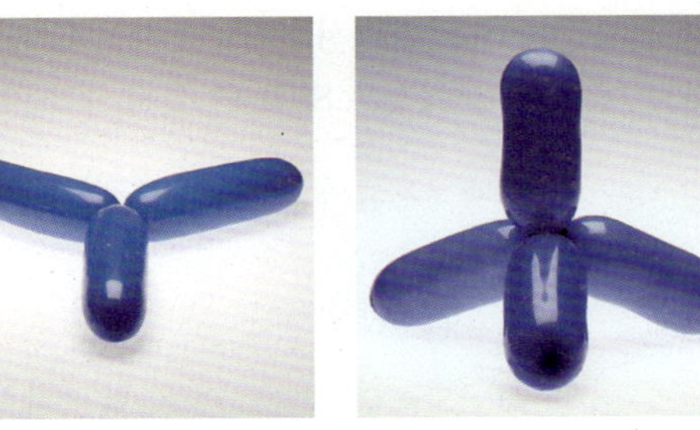
평면 삼각형

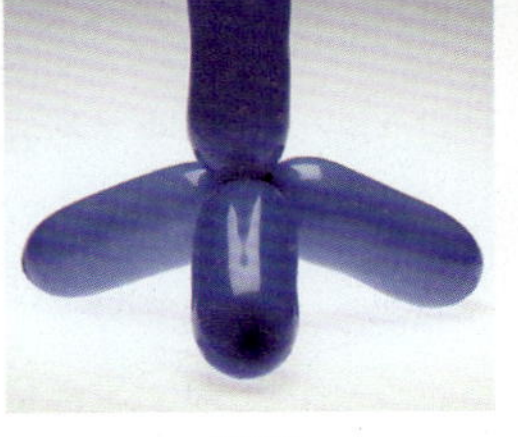
사면체

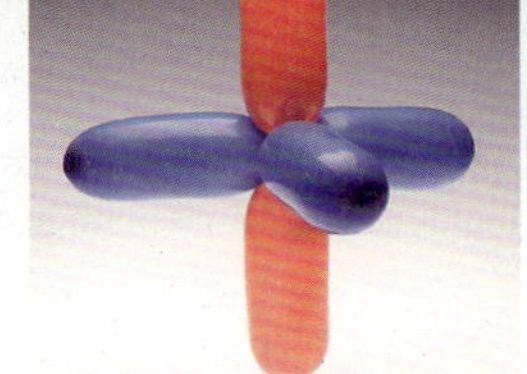

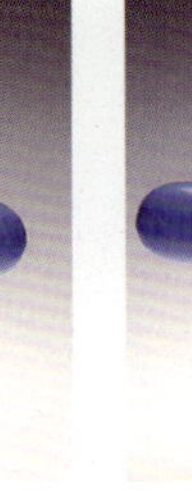
삼각쌍뿔

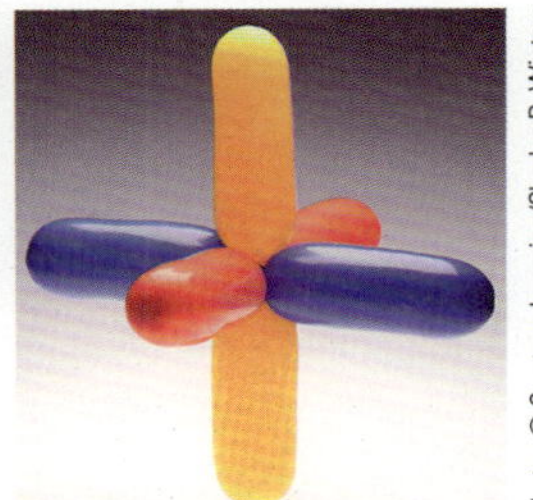
팔면체

그림 8.3 **2개에서 6개까지의 전자쌍에 대한 전자쌍.** 구조의 풍선 모형들. 비슷한 크기와 모양의 풍선들이 2개에서 6개까지 한 지점에 묶이게 되면, 자연스럽게 위에서 보인 모양을 갖춘다. 이 그림들은 VSEPR이 예측하는 것을 보여준다.

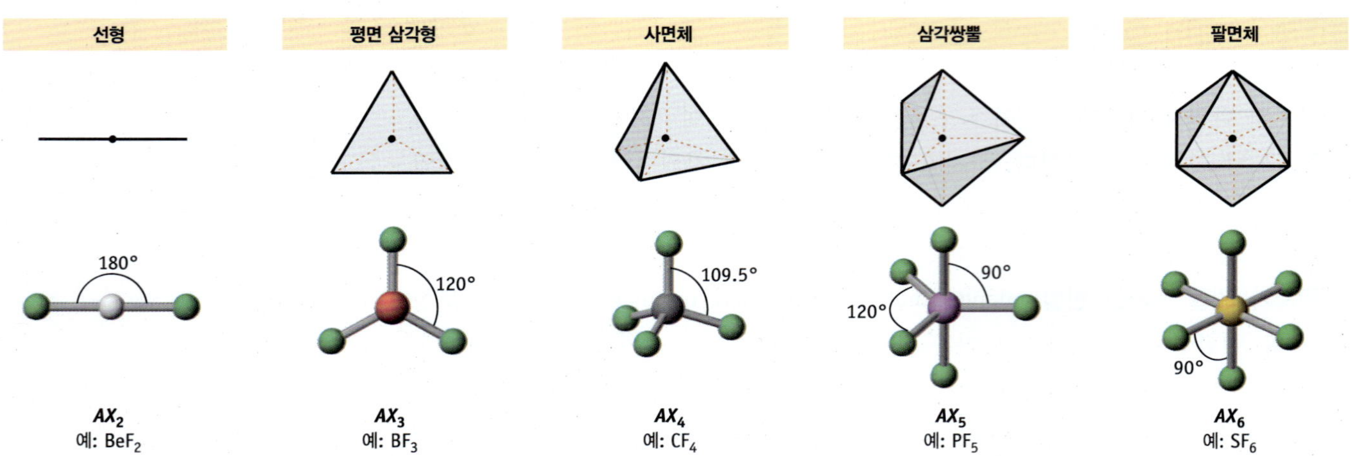

그림 8.4 VSEPR에 의하여 예측된 여러 가지 분자 구조들. 중심 원자 주위에 AX_n(A는 중심 원자, n은 중심 원자에 공유적으로 결합된 X 원자단의 수) 종류의 분자들에 대하여 VSEPR 방법으로 예측한 구조들.

화합물을 살펴볼 때 특히 명백하다. 중심 원자 주위에 5개의 전자쌍을 가진 분자는 120° 또는 90°의 각도를 가지는 삼각쌍뿔 구조이다. 중심 원자를 6개의 전자쌍이 둘러싸면 90°의 결합각을 가지는 팔면체 구조가 채택된다.

예제 8.8 분자 구조의 예측

문제 사염화실리콘($SiCl_4$)의 모양을 예측하시오.

알고 있는 사실 화학식과 원자가 전자수를 알고 있다. $SiCl_4$에서 32개의 원자가 전자(16쌍)가 있으며 Si가 중심 원자인 것을 안다. 이것들을 앎으로써 전자점 구조를 그릴 수 있게 된다.

전략 첫 단계는 루이스 구조를 그리는 것이다. 루이스 구조는 단지 중심 원자 주위에 있는 결합 전자쌍의 수를 나타내고, 고립 전자쌍이 있는지 없는지를 나타내기만 하면 되기 때문에 어떤 특정한 방법으로 그릴 필요는 없다. 중심 원자 주변의 결합 전자쌍의 수와 고립 전자쌍의 수가 분자의 모양을 결정한다.

풀이 $SiCl_4$의 루이스 구조는 4개의 전자쌍을 가지는데, 이들 모두가 중심의 Si 주면에 배치된 결합 전자쌍들이다. 따라서 $SiCl_4$ 분자는 Cl—Si—Cl 결합 각도가 109.5°인 사면체 구조로 예측된다. 이것은 $SiCl_4$의 실제 구조와 일치한다.

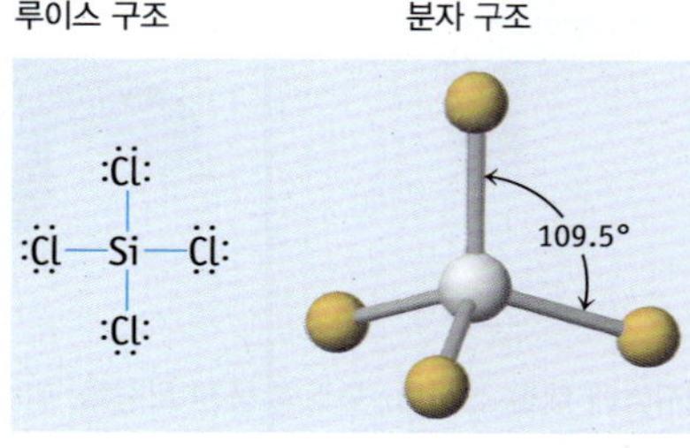

고려사항 사면체 구조에서 네 점 모두는 동등하다는 것을 알아야 한다.

유제 CH_2Cl_2 분자의 모양을 예측하고 Cl−C−Cl 결합각을 예상하시오.

단일 결합 전자쌍들과 고립 전자쌍들을 갖는 중심 원자

고립 전자쌍들이 분자나 다원자 이온의 구조에 어떻게 영향을 미치는지 알기 위하여 그림 8.3에 보여준 풍선 모형으로 되돌아가 보자. 풍선들은 원자가 껍질에 있는 **모든 전자쌍들**을 나타낸다는 것을 기억하자. 그러므로 풍선 모형은 '분자 구조'가 아니라 '전자쌍 배치 구조'를 나타낸다는 것을 주의해야 한다. 즉 **전자쌍 구조**(electron−pair geometry)는 중심 원자 주위의 모든 원자가 껍질 전자쌍들이 만드는 공간 구조이고, **분자 구조**(molecular geometry)는 중심 원자와 중심 원자에 직접 연결된 원자들이 공간에 배치된 것을 나타낸다. **중심 원자에 있는 고립 전자쌍의 위치는 분자나 이온의 모양을 나타내는 분자 구조에는 포함되지 않지만, 중심 원자 주위의 공간을 차지한다는 사실을 인식하는 것이 중요하다.**

중심 원자가 고립 전자쌍을 가지는 NH_3의 분자 구조와 결합 각도들을 예측하기 위하여 VSEPR 모형을 사용해 보자. 루이스 구조를 그릴 때, 중심에 있는 질소 원자 주위에 3개의 결합 전자쌍과 1개의 고립 전자쌍 등 4개의 전자쌍들이 있는 것을 볼 수 있다. 따라서 **전자쌍 구조는 사면체**가 될 것으로 예측된다. 그러나 분자 모양은 원자의 위치를 기술하기 때문에 삼각뿔이라 한다. 질소 원자는 삼각뿔의 정점에 있고 3개의 수소 원자는 밑면의 삼각형을 형성한다.

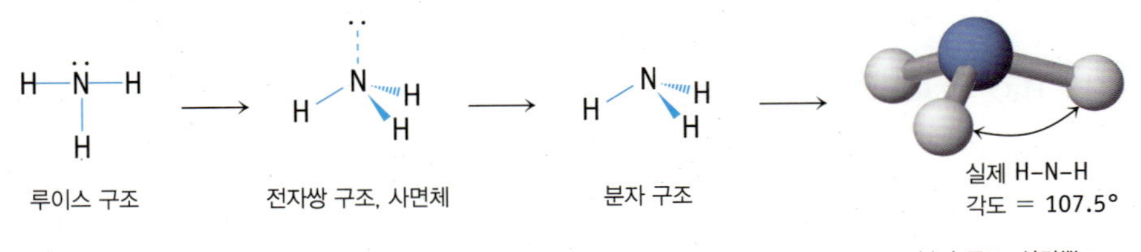

분자 구조, 삼각뿔

결합각에 미치는 고립 전자쌍의 영향

NH_3에서 전자쌍 구조는 사면체이기 때문에 H—N—H 결합각은 109.5°로 예상할 수 있다. 그러나 실험적으로 결정된 NH_3의 결합각은 107.5°이고 물의 H—O—H의 각은 더 작다(104.5°)(그림 8.5). 이 각도들은 사면체의 각도(109.5°)와 비슷하지만 정확하게 같지는 않다. 이것은 VSEPR 이론이 정확한 결합각을 제공하지 못한다는 사실을 보여준다. 이것은 근사적인 구조만을 예측할 수 있다. 분자 구조에서의 작은 변화는 아주 흔한 일이며, 결합 전자쌍과 고립 전자쌍이 요구하는 공간이 다르기 때문에 그러한 차이가 자주 나타난다. 고립 전자쌍은 결합 전자쌍보다 더 많은 공간을 차지하며, 고립 전자쌍의 더 큰 공간이 결합 전자쌍들을 더 좁은 공간으로 좁히도록 만든다. 일반적으로 전체 구조와 결합각을 결정하는 상대적 반발력의 크기는 다음 순서와 같다.

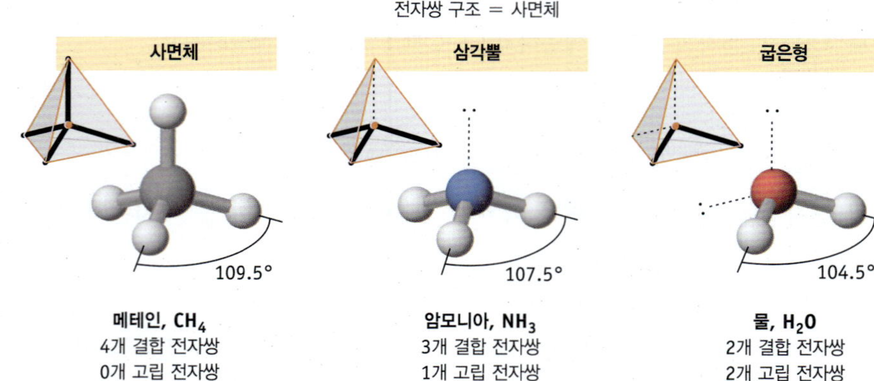

그림 8.5 메테인, 암모니아, 물의 분자 구조들. 이들은 모두 중심 원자 주위에 4개의 전자쌍들을 갖기 때문에 모두가 사면체 전자쌍 구조를 가진다. 이들 일련의 분자 구조에서 결합 각도가 점차 줄어드는 것은 고립 전자쌍이 결합 전자쌍보다 중심 원자 주위에서 더 많은 공간을 차지한다는 사실로 설명할 수 있다. **(a)** 메테인은 4개의 결합 전자쌍들을 가지며, 사면체 분자 구조를 갖는다. **(b)** 암모니아는 3개의 결합 전자쌍과 하나의 고립 전자쌍을 갖기 때문에 삼각뿔 분자 구조를 갖는다. **(c)** 물은 2개의 결합 전자쌍과 2개의 고립 전자쌍을 가지기 때문에 굽은 혹은 각진 분자 모양을 가진다.

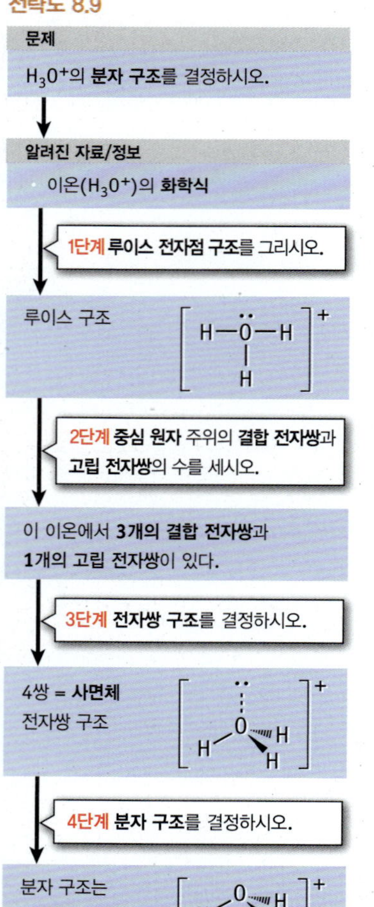

고립 전자쌍−고립 전자쌍 > 고립 전자쌍−결합 전자쌍 > 결합 전자쌍−결합 전자쌍

이 사실은 중심 원자의 고립 전자쌍 수가 증가할수록 CH_4, NH_3, H_2O에서 결합각이 감소하는 것에서 명백히 볼 수 있다(그림 8.5).

예제 8.9 분자와 다원자 이온의 모양 예측

문제 H_3O^+와 ClF_2^+의 모양은 무엇인가?

알고 있는 사실 이온의 화학식을 알기 때문에 루이스 구조를 그릴 수 있다.

전략

- 각 이온들의 루이스 구조를 그린다.
- 중심 원자 주위의 결합 전자쌍과 고립 전자쌍의 수를 계산한다.
- 전자쌍 구조를 결정하기 위하여 그림 8.4를 사용하시오. 이온에 있는 각 원자의 위치를 정하면 이온의 구조가 정해진다.

풀이

(a) H_3O^+의 루이스 구조는 산소 원자가 4개의 전자쌍들로 둘러싸여 있음을 보여준다. 따라서 전자쌍 구조는 사면체다. 4개의 전자쌍들 중 3개는 수소와 연결하는 결합 전자쌍으로 사용되었기 때문에, NH_3의 경우와 마찬가지로 중심의 산소 원자와 3개의 수소 원자는 삼각뿔의 분자 모양을 만든다.

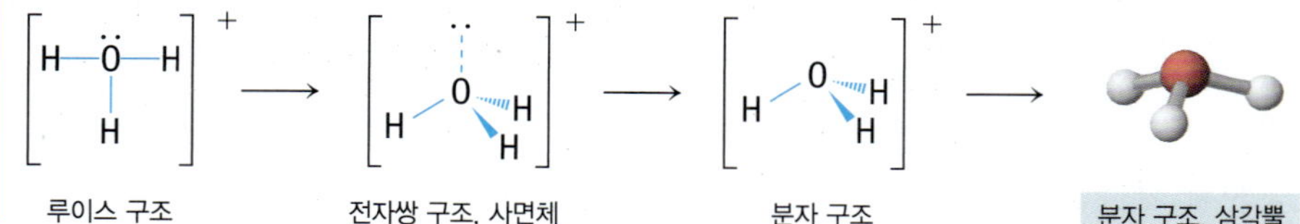

(b) ClF_2^+에서는 염소가 중심 원자이며, 4개의 전자쌍들로 둘러싸여 있기 때문에 염소 원자 주변의 전자쌍 구조는 사면체다. 4개의 전자쌍들 중 2개만이 결합 전자쌍이기 때문에 이온은 굽은 구조를 갖는다.

루이스 구조 → 전자쌍 구조, 사면체 → 분자 구조, 굽은 구조 → 분자 구조, 굽은(또는 각진) 구조

고려사항 이 이온들에서 중심 원자에 고립 전자쌍이 있으면 분자 구조에 영향을 준다. 두 이온에서 각도(H—O—H 혹은 F—Cl—F)는 109.5°보다 약간 작다.

유제 BF_3와 BF_4^-의 전자쌍 구조와 분자 모양을 결정하시오. BF_3에서 F^-이 첨가됨으로써 형성된 BF_4^-의 분자 구조에 어떤 영향을 주는가?

4개 이상의 원자가 전자쌍들을 갖는 중심 원자

만약 중심 원자가 5개 또는 6개의 전자쌍들을 가지며, 이들 중 몇 개는 고립 전자쌍이면 분자 구조를 정하는 것은 더욱 복잡해진다. 삼각쌍뿔 구조(그림 8.4와 8.6)는 동등하지 않은 두 종류의 위치를 갖는다. 중심 원자를 둘러싼 가상의 구면체에서 수평면에 위치한 세 원자로 이루어진 삼각 평면의 꼭짓점 위치들을 **수평면 위치**(equatorial position)라고 부른다. 반면에 남극과 북극에 해당하는 위치는 **수직축 위치**(axial position)라고 부른다. 각각의 수평면 위치 원자는 90° 각도에 있는 2개의 이웃한 지점들(수직축–위치들)을 가지며, 각각의 수직축 위치 원자는 90° 각도에 있는 3개의 이웃한 지점들(수평면–위치들)을 갖는다. 그 결과, 결합 전자쌍보다 더 많은 공간을 차지하는 고립 전자쌍들은 수직축 위치보다는 수평면 위치를 차지하게 된다.

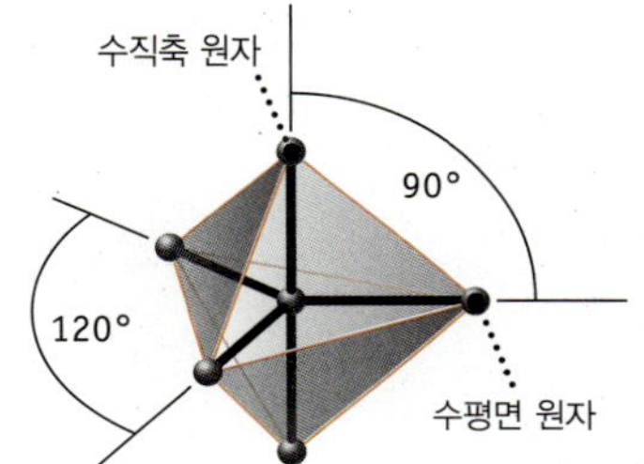

그림 8.6 삼각쌍뿔에는 수직축과 수평면 원자가 있다. 수평면 원자 사이의 각도는 120°이고 수평면과 수직축 사이의 각도는 90°이다. 고립 전자쌍은 일반적으로 수평면에 위치한다.

그림 8.7의 첫 번째 줄에 있는 것들은 원자가 전자쌍들의 총 수가 5개이면서 고립 전자쌍들의 수가 각각 0개, 1개, 2개, 3개인 화학종들을 보여준다. 고립 전자쌍이 하나인 SF_4 분자는 고립 전자쌍이 수평면 위치들 중 하나를 차지하여 시소 형태의 구조를 갖는다. ClF_3는 3개의 결합 전자쌍과 2개의 고립 전자쌍을 가진다. 2개의 고립 전자쌍들은 수평면 위치를 차지하고, 2개의 결합 전자쌍은 수직축 위치에 있고, 세 번째 결합 전자쌍은 남아 있는 수평면 위치 한자리를 차지하여, 분자 구조는 T–형태가 된다. 세 번째로 보여준 분자는 XeF_2인데, 이 경우에는 고립 전자쌍들이 3개의 수평면 위치들을 모두 차지하고 2개의 결합 전자쌍들이 수직축 위치에 있게 되어 선형 분자 구조가 된다.

6개의 전자쌍들에 의하여 만들어지는 구조는 팔면체(그림 8.7)이며, 인접한 위치들은 서로 90° 위치에 있다. 삼각쌍뿔 구조와는 다르게, 팔면체 구조에는 수평면 위치와 수직축 위치의 구별이 없고, 모든 위치가 동등하다. 따라서 만약 BrF_5의 경우처

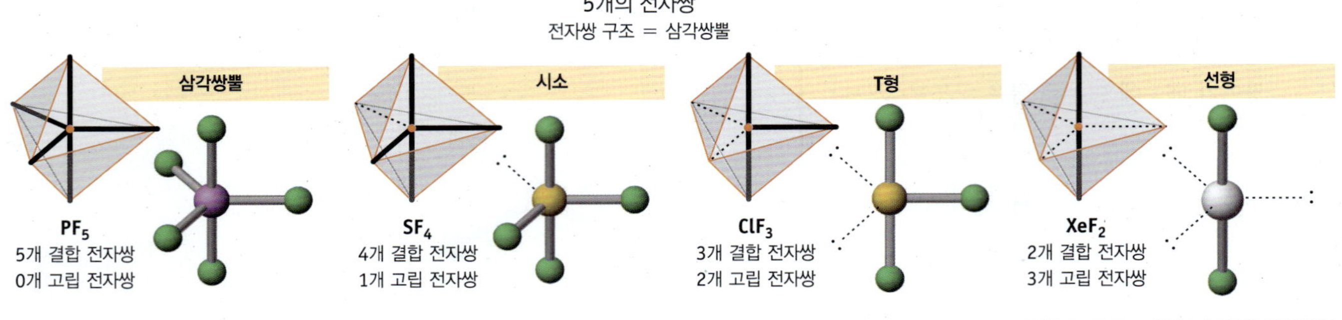

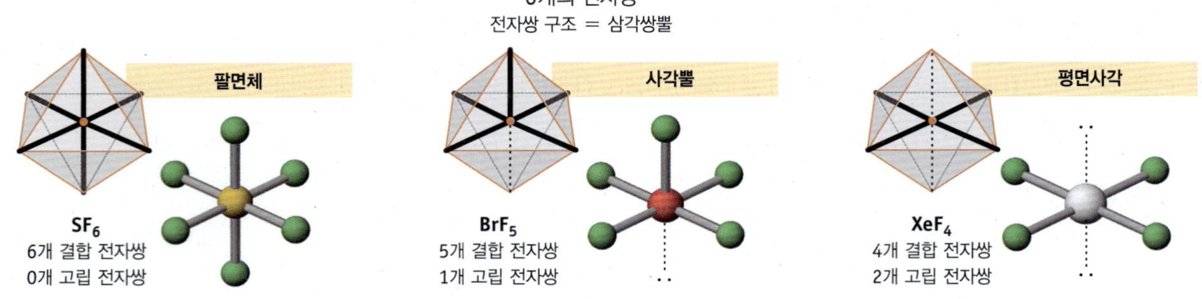

그림 8.7 중심 원자 주위에 전자쌍을 5개(위쪽) 또는 6개(아래쪽) 가지는 분자와 이온의 전자쌍 구조와 분자 구조.

럼 하나의 고립 전자쌍을 갖는 경우에는 고립 전자쌍이 어느 위치를 차지하여도 동일한 구조가 된다. 그러나 분자 구조가 더 쉽게 보이도록 하기 위하여, 보통은 고립 전자쌍이 위 또는 아래의 수직축 위치를 차지하도록 하는데, 그렇게 되면 분자 구조는 사각뿔 모양이 된다. 만약 6개의 전자쌍들 중 2개의 전자쌍이 고립 전자쌍이면, 고립 전자쌍들끼리 가능한 멀리 떨어지려 하기 때문에 고립 전자쌍이 (위와 아래의 수직축과 같이) 서로 맞은편의 자리를 차지하게 되고, 결국 분자 구조는 XeF_4의 예에서 보인 바와 같이 평면사각 모양이 된다.

예제 8.10 분자 구조 예측

문제 ICl_4^- 이온의 구조는 무엇인가?

알고 있는 사실 원자가 전자수를 알기 때문에 루이스 전자점 구조를 그릴 수 있다.

전략 루이스 구조를 그리고, 전자쌍 구조를 결정한다. 원자의 위치가 이온의 구조를 결정한다. 예제 8.7과 그림 8.7을 참고한다.

풀이

ICl_4^- 이온에 대한 루이스 구조는 중심에 있는 아이오딘 원자가 원자가 껍질에 6개의 전자쌍을 갖는 것을 보여준다. 이들 중 두 쌍은 고립 전자쌍이며, 이들 고립 전자쌍이 팔면체 배치에서 서로 반대 위치를 차지하면 4개의 염소 원자는 평면사각형 구조를 이룬다.

전자쌍 구조, 팔면체

90°

분자 구조, 평면 사각형 구조

고려사항 중심 원자에 2개의 고립 전자쌍이 가능한 멀리 있게 하는 구조가 평면사각 구조이다.

유제 ICl_2^- 루이스 구조를 그리고 이온의 구조를 결정하시오.

다중 결합과 분자 구조

이중 결합과 삼중 결합은 단일 결합보다 더 많은 전자쌍을 포함하지만, 분자 전체의 대략적인 모양에는 영향을 미치지 않는다. 다중 결합에 들어 있는 모든 전자쌍들은 결합을 이루는 두 원자 사이에 공유되어 있기 때문에 같은 공간을 차지하게 된다. 따라서 다중 결합에 있는 모든 전자쌍들은 하나의 결합인 것처럼 간주할 수 있고, 분자 구조에 미치는 영향도 단일 결합의 경우와 같게 다룬다. 예를 들면 CO_2에 있는 탄소 원자는 고립 전자쌍을 갖지 않으며, 2개의 이중 결합에 참여한다. 분자 구조를 예측하는 데 있어서 각각의 이중 결합은 각각 하나의 결합처럼 간주할 수 있기 때문에 CO_2의 구조는 선형이다.

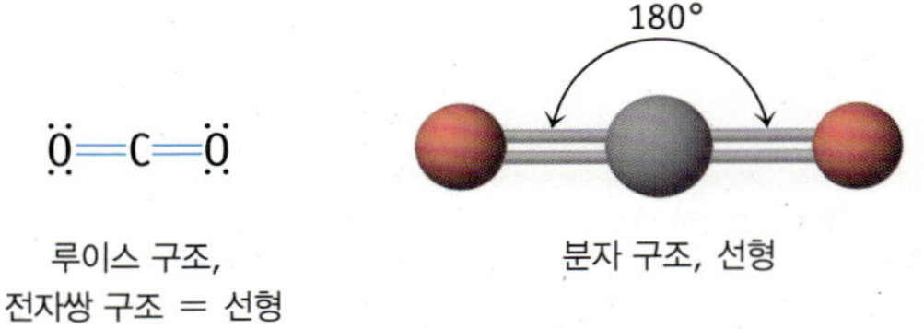

루이스 구조,
전자쌍 구조 = 선형

분자 구조, 선형

공명 구조가 가능할 때 공명에 참여하는 어느 한 루이스 구조 또는 공명 혼성 구조로부터 분자 구조를 예측할 수 있다. 예를 들어 CO_3^{2-}에서는 탄소 원자가 3개의 결합을 가지며 고립 전자쌍이 없기 때문에, CO_3^{2-} 이온의 구조가 평면 삼각형일 것으로 예측된다.

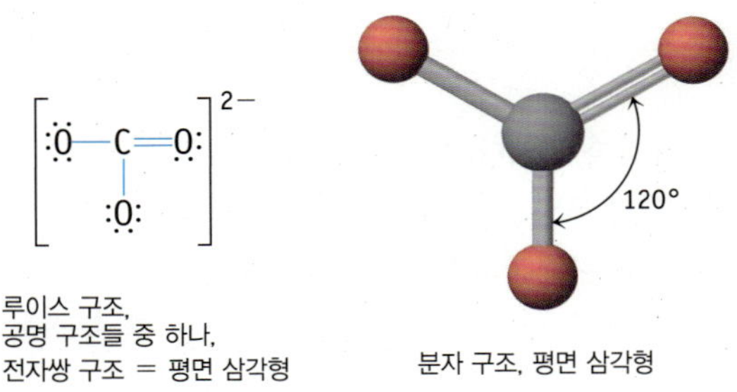

루이스 구조,
공명 구조들 중 하나,
전자쌍 구조 = 평면 삼각형

분자 구조, 평면 삼각형

NO_2^- 이온도 삼각 평면의 전자배치 구조를 갖는다. 그러나 이 경우에는 중심의 질소 원자에 하나의 고립 전자쌍이 있으며, 다른 두 위치에는 2개의 결합이 있기 때문에, 분자 구조는 굽은 (혹은 각진) 구조이다.

루이스 구조,
공명 구조들 중 하나,
전자쌍 구조 = 평면 삼각형

115°

분자 구조, 굽은 (혹은 각진) 구조

방금 설명한 내용은 보다 복잡한 분자에 있는 원자 주변의 구조를 찾아낼 때도 사용할 수 있다. 예를 들어 천연 아미노산들 중 하나인 시스테인(cysteine)을 생각해 보자. 이 분자에서 S, N, C_2, C_3 원자는 4개의 전자쌍들로 둘러싸여 있기 때문에 이들 각 원자 주위의 전자쌍 배치는 사면체이다. 따라서 분자 내의 모든 각도는 전자쌍 구조가 평면 삼각형이기 때문에 120°인 C_1 주위의 각도를 제외하고 대략 109°가 될 것으로 예측된다.

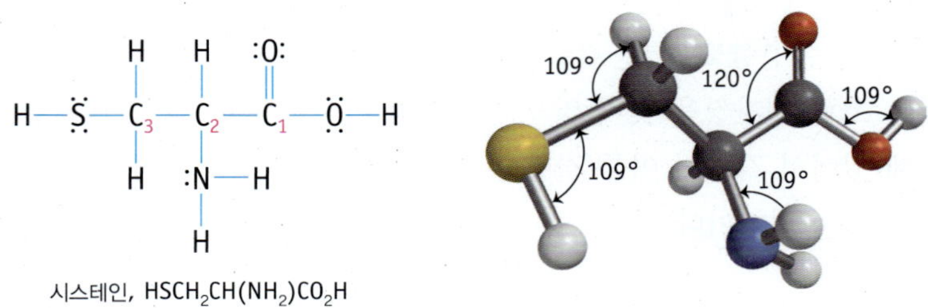

시스테인, $HSCH_2CH(NH_2)CO_2H$

예제 8.11 분자와 다원자 이온의 분조 구조 찾기

문제 질산 이온(NO_3^-)과 $XeOF_4$의 모양을 결정하시오.

알고 있는 사실 각 화학종의 원자가 전자 수를 알고 있다. 또한 위에서 다루었듯이 기하학적 구조를 결정하는 데 다중 결합은 하나의 결합으로 취급한다는 것에 주의해야 한다.

전략 분자 구조는 다음의 단계별 해법으로 구한다.
화학식 → 루이스 구조 → 전자쌍 구조 → 분자 구조

풀이

(a) NO_3^-와 CO_3^{2-}는 등전자 관계다. 따라서 탄산 이온의 경우와 마찬가지로 NO_3^-의 전자쌍 구조와 분자의 모양은 평면 삼각형이다.

(b) $XeOF_4$의 루이스 구조는 중심의 Xe 원자 주변에 총 6개의 전자쌍을 갖는데, 이들 중 하나는 고립 전자쌍이다. 따라서 분자 구조는 사각뿔 구조이다.

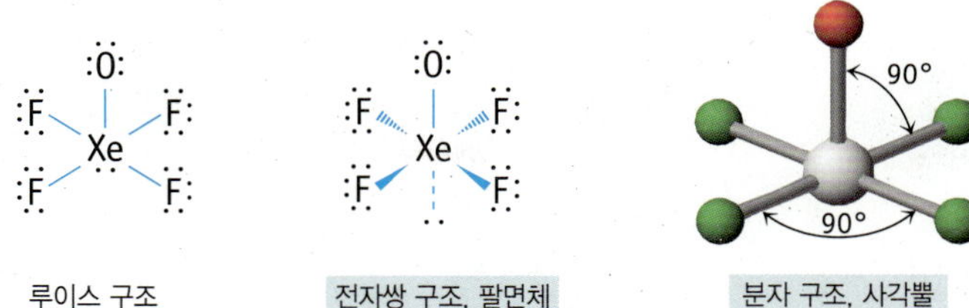

고려사항 산소 원자가 차지하는 위치에 근거한 $XeOF_4$에 대하여 2개의 구조가 가능하지만 어느 것이 옳은 것인지를 예측할 수 있는 방법이 없다. 실제 구조는 도시한 것과 같이 산소가 사각뿔의 꼭짓점에 있는 것이다.

유제 루이스 구조와 VSEPR 모형을 사용하여 (a) 인산 이온, PO_4^{3-}; (b) 아황산 이온, SO_3^{2-}; 그리고 (c) IF_5의 전자쌍과 분자 구조를 결정하시오.

8.6절 확인문제

1. 다음 화학종에서 어느 것이 삼각뿔 구조인가?
(a) PCl_3 (b) BCl_3 (c) SO_3 (d) ClF_3

2. SbF_5^{2-}의 분자 구조는 무엇인가?
(a) 팔면체 (b) 삼각쌍뿔 (c) 사각뿔 (d) 사면체

3. 포스젠($COCl_2$)의 Cl—C—Cl 결합각은 얼마인가? (탄소는 이 화합물의 중심 원자이다.)
(a) 90° (b) 109.5° (c) 120° (d) 180°

4. N_2O의 분자 구조는 무엇인가? (원자는 NNO 순서로 연결되어 있다.)
(a) 선형, 180° (b) 굽은형, 109.5° (c) 굽은형, 90° (d) 굽은형, 120°

8.7 결합의 극성과 전기음성도

공유 결합과 이온 결합을 보여주기 위하여 사용되는 모형 분자들은 결합의 두 가지 극단적인 경우에 해당하는 것들이다. 두 원자가 결합 전자들을 동등하게 공유하는 순수한 공유 결합은 동일한 두 원자가 결합을 만드는 경우에만 일어난다. 서로 다른 두 원자가 공유 결합을 만들 때, 공유 전자쌍은 동등하지 않게 공유된다. 그 결과가 **극성 공유 결합**(polar covalent bond)인데, 이 경우의 결합에서는 두 원자가 부분적인 전하를 갖게 된다(그림 8.8).

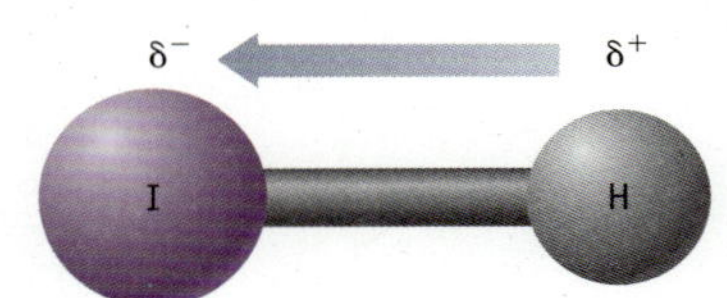

그림 8.8 극성 공유 결합. 아이오딘은 더 많은 공유전자들을 갖게 되며 수소는 더 적은 부분만 갖는다. 그 결과, I는 부분 음전하(δ^-)를 가지며 H는 부분 양전하(δ^+)를 갖는다. 가끔 결합의 극성은 +에서 −를 향하는 화살표로 나타내기도 한다.

모든 원자들이 자신의 원자가 전자들을 같은 힘으로 붙잡지 않으며, 결합 전자들을 같은 힘으로 끌지 않기 때문에 결합은 극성을 갖게 된다. 서로 다른 원자들은 서로 다른 이온화 에너지와 전자 친화도를 갖는다는 원자의 성질들에 대한 논의들(7.5절)을 기억하시오. 자유 원소 상태에서의 이러한 차이점들이 분자 안의 원자에도 나타난다.

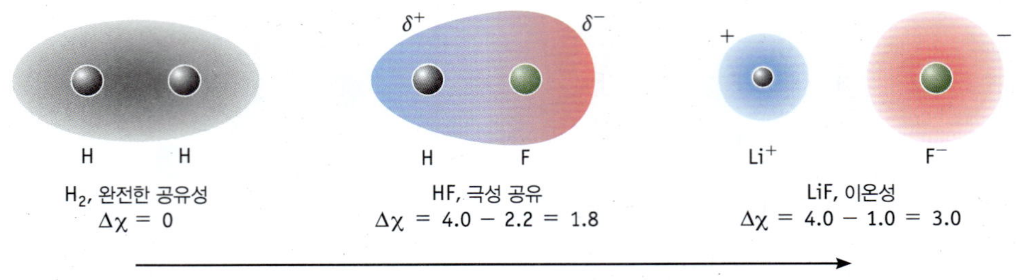

그림 8.9 공유 결합에서 이온 결합까지. 결합 원자 사이의 전기음성도 차이가 증가함에 따라 결합은 이온성이 증가한다.

만약 결합 전자쌍이 두 원자 사이에서 균등하지 않게 공유된다면, 공유 전자는 두 원자들 중 어느 한쪽으로 더 가까워진다. 공유 전자쌍이 더 가까이 가는 원자는 전자쌍을 다른 원자보다 더 많이 가지게 되고, 따라서 부분적으로 음전하를 갖게 된다. 동시에 결합의 다른 쪽 끝에 있는 원자는 전자가 부족하게 되어 부분적인 양전하를 갖게 된다. 즉 두 원자 사이의 결합이 양전하를 가진 끝과 음전하를 가진 끝을 갖게 되어 양극과 음극을 갖는다. 이 결합을 **극성 결합**(polar bond)이라고 부른다.

이온성 화합물에서는 공유 전자쌍이 결합을 이루는 두 원자들 중 한쪽으로 완전히 치우치게 되며, 루이스 구조에서 양쪽의 원소 기호 옆에 +와 − 기호를 쓴다. 극성 공유 결합에서는 원소 기호 옆에 δ+와 δ− 기호를 써서 극성을 표시하는데, 여기서 δ(그리스 문자 델타(delta))는 **부분** 전하를 나타낸다. 공유 결합을 형성하는 데 아주 많은 원자들을 사용하기 때문에, 원자들 사이의 결합은 순전한 공유 결합으로부터 완전한 이온 결합에 이르기까지 연속적인 분포를 나타낸다는 것은 놀랄만한 일이 아니다(그림 8.9와 337쪽 심층 학습: 화학 결합의 삼각 관점 참조).

폴링(Linus Pauling)은 1930년대에 어떤 결합이 극성인지 아닌지, 결합에서 어느 원자가 양전하를 가지며 어느 원자가 음전하를 갖는지, 어느 결합이 다른 결합보다 더 극성인지 아닌지를 결정할 수 있도록 하는 '원자의 전기음성도'라는 인자의 사용을 제안하였다. 원자의 **전기음성도**(electronegativity) χ는 **원자가 분자 안에서 전자를 자신에게 끌어당기는 능력**을 나타내는 척도로 정의된다.

그림 8.10에 주어진 전기음성도 값을 보고 몇 가지 특징들을 주목하시오.

- 전기음성도가 가장 큰 원소는 플루오린(F)이며, χ = 4.0의 값이 할당되었다. 전기음성도 값이 가장 작은 원소는 알칼리 금속인 세슘이다.
- 주기율표에서 왼쪽에서 오른쪽으로 가면서 전기음성도는 일반적으로 증가하며, 같은 족에서는 아래로 내려가면서 전기음성도가 감소하는데, 이것은 원소의 금속성에서 보이는 경향과 반대이다.
- 금속들은 보통 1보다 약간 작은 값에서부터 약 2 정도까지의 범위에서 변하는 작은 전기음성도 값을 갖는다.
- 준금속들의 전기음성도 값들은 약 2 정도인 반면에 비금속 원소들은 2보다 큰 값

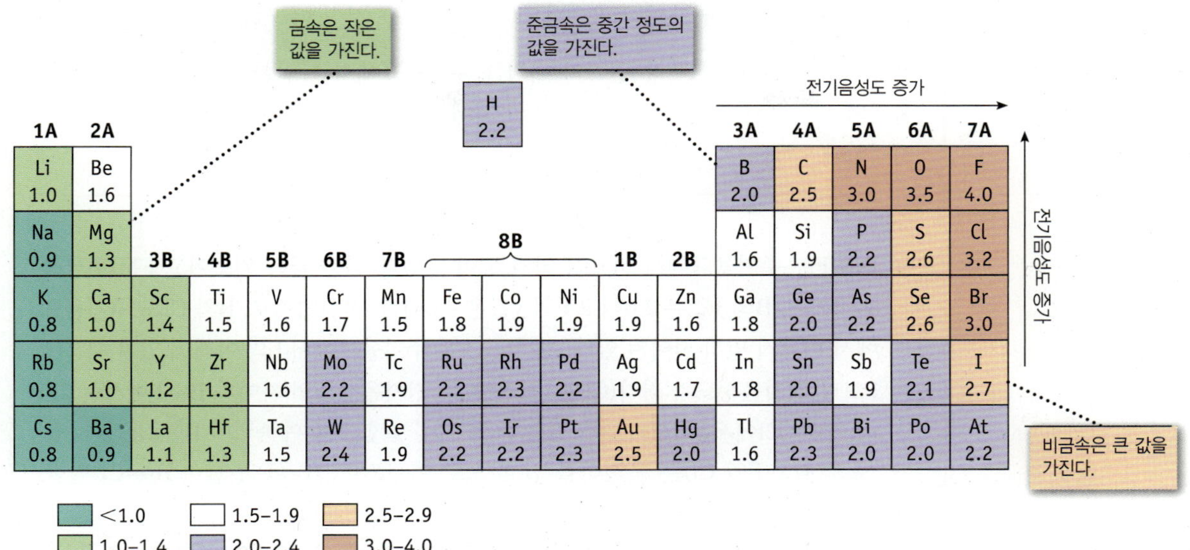

그림 8.10 원소들의 폴링 전기음성도 값. (수치는 비활성 기체와 란타넘족, 악티움족 원소들에도 부여되어 있다. 이 표의 수치는 다음 참고문헌에서 발췌한 것이다.) J. Emsley, *The Elements*, 3rd ed., Clarendon Press, Oxford, 1998.

들을 갖는다.

주기율표의 왼쪽에서 오른쪽으로 가면서 원소들의 전기음성도를 살펴보면 큰 차이를 알 수 있다. 예를 들어, 플루오린화세슘에서 전기음성도들 사이의 차이 $\Delta\chi$는 3.2 [= 4.0(F) − 0.8(Cs)]이다. 그러므로 CsF에서의 결합은 Cs가 양이온(Cs^+), F가 음이온(F^-)인 이온성 결합이다. 반면에, HF에서 H와 F의 전기음성도의 차이는 단지 1.8[= 4.0(F) − 2.2(H)]이다. 따라서 두 가지 비금속 원소들 사이의 화합물에서 예상되는 것과 같이, HF에서의 결합은 훨씬 더 공유성일 것으로 결론을 내린다. 수소와 플루오린의 전기음성도는 다르기 때문에 H−F 결합은 극성이다. 극성 결합에서 전기음성도가 큰 원자는 부분 음전하를 띠며, 전기음성도가 상대적으로 작은 원자는 부분 양전하를 띠게 되므로 수소는 이 분자의 양극 끝이고 플루오린은 음극 끝이다 ($H^{\delta+} - F^{\delta-}$).

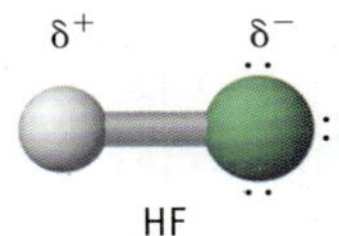

예제 8.12 결합의 극성 추정

문제 다음의 두 결합 쌍들에서 어느 것이 더 극성인지 정하고, 양극과 음극을 나타내시오.

(a) B—F와 B—Cl (b) Si—O와 P—P

알고 있는 사실 두 원자의 전기음성도 차이가 더 큰 것이 더 극성인 결합이다.

전략 결합으로 연결된 각 원소의 위치를 주기율표에서 확인한다. 일반적으로 주기율표의 왼쪽에서 오른쪽으로, 그리고 아래에서 위로 가면서 전기음성도가 증가함을 기억한다.

풀이

(a) B와 F는 주기율표에서 비교적 멀리 떨어져 있다. B는 금속 원소이고 F는 비금속 원소이며, B의 χ값은 2.0이고 F의 χ값은 4.0이다. 마찬가지로, B와 Cl도 주기율표에서 비교적 멀리 떨어져 있다. 그러나 Cl은 주기율표에서 F의 아래에 있기 때문에 F보다 전기음성도가 작다(Cl의 χ값은 3.2). 전기음성도의 차이가 B—F에서는 2.0이고 B—Cl에서는 1.2다. 두 결합 모두 극성 결합으로 예측되며 B는 양전하, 할로젠 원소(F와 Cl)는 음전하를 띨 것으로 예상되며, B—F 결합이 B—Cl 결합보다 더 극성일 것이다.

(b) P—P에서는 동일한 원소 사이의 결합이기 때문에 이 결합은 비극성이다. 실리콘은 4A족이며 3주기 원소인 반면에 산소는 6A족이며 2주기 원소이다. 따라서 O는 Si보다 더 큰 전기음성도를 가진다. (O의 χ값은 3.5이고, Si의 χ값은 1.9.) 그래서 Si—O 결합은 매우 극성이 크며($\Delta\chi$ = 1.6), 산소가 음전하를 가진다.

고려사항 극성 결합은 결합으로 연결된 두 원자 중 하나가 결합 전자쌍을 상대 원자보다 더 강하게 끌어당기기 때문에 일어난다.

유제 다음의 결합쌍들에서 어느 것이 더 극성인지를 정하시오. 각 극성 결합에서 양극과 음극을 나타내시오. 먼저 결합에 참여한 각 원소의 주기율표에서의 상대적 위치를 바탕으로 예측을 한 후, $\Delta\chi$값을 실제로 계산하여 그 예측을 확인하시오.

(a) H—F와 H—I (b) B—C와 B—F (c) C—Si와 C—S

전하 분포: 형식 전하와 전기음성도의 융합

전자가 분자 또는 이온 안에 분포하는 방식을 **전하 분포**(charge distribution)라 한다. 전하 분포는 분자의 성질들에 큰 영향을 줄 수 있다. 예를 들면, 녹는점과 끓는점 같은 물리적 성질들과 음이온 혹은 양이온에 의한 공격받기 쉬운 정도 또는 분자가 산 또는 염기인지 등의 화학적 성질이 포함된다.

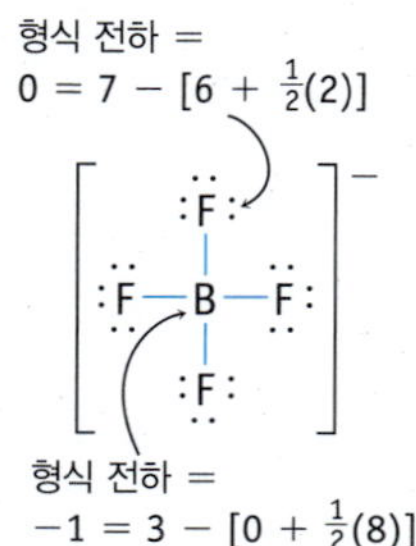

형식 전하만을 계산하여도 분자 또는 이온 안에서 전하의 위치를 정하는 것이 종종 가능하다는 것을 보았다(◂351쪽). 그러나 형식 전하를 계산할 때는 모든 결합의 전자들이 양쪽 원자에 동등하게 배분된다고 가정하기 때문에, 형식 전하만을 사용한 방식은 때때로 잘못된 결과로 이끈다. BF_4^- 이온이 이 점을 보여준다. 이 이온에서 붕소의 형식 전하는 −1이고 플루오린에 대해 계산된 형식 전하는 0이다. 그러나 플루오린과 붕소의 전기음성도 차이($\Delta\chi$ = 2.0)를 바탕으로 생각하면 B—F 결합은 극성이며 플루오린에 음전하가 있는 것으로 예측된다($B^{\delta+}$—$F^{\delta-}$). 따라서 이 경우에 전기음성도와 형식 전하에 바탕을 둔 예측은 서로 반대된다. 형식 전하의 계산은 붕소에 음전하를 두지만, 전기음성도 차이 때문에 음전하가 플루오린 원자까지 분포하여 결과적으로 분자 전체에 전하가 퍼지게 된다.

폴링은 분자나 이온에서의 전하분포를 묘사할 때 사용할 두 가지 기본 지침을 지적하였다. 첫 번째인 **전기적 중성 원리**(principle of electroneutrality)는 모든 원자에 있는 전하가 가능한 0에 가깝게 전자들이 분포하게 한다. 두 번째는 만약 음전하가 존재한다면 그것은 전기음성도가 가장 큰 원자에 있어야 한다. 마찬가지로 양전하는 전기음성도가 가장 작은 원자에 있을 것으로 예측된다. 이 두 원리의 영향은 BF_4^- 이온의 경우에 확연하게 보이는데, 여기서 음전하는 형식 전하로부터 예측되는 것처럼 붕소 원자 한곳에만 있는 것이 아니라, 실제로는 원자들의 전기음성도로부터 예측되는 바와 같이 4개의 플루오린 원자들에 골고루 퍼져 있는 것으로 나타난다.

전기음성도와 형식 전하를 함께 고려하면, 여러 개의 공명 구조들 중 어느 것이 더 중요한지 결정할 수 있다. 예를 들면 CO_2에 대한 루이스 구조는 A로 그리는 것이 논리적이다. 그러나 구조 B에서도 모든 원자들은 팔전자 규칙을 만족하는 데 무엇이 문제인가?

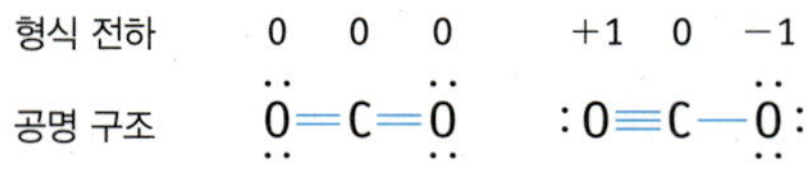

	A	B
형식 전하	0 0 0	+1 0 −1
공명 구조	O=C=O	:O≡C—O:

구조 A는 각 원자의 형식 전하가 0인 적합한 상황이다. 그러나 구조 B에서 한 산소는 +1의 형식 전하를 가지고 다른 산소 원자는 −1의 형식 전하를 가진다. 이것은 '전기적 중성 원리'에 위배된다. 더구나 구조 B에서는 탄소보다 전기음성도가 더 큰 원소인 (왼쪽) 산소에 양전하가 위치한다. 따라서 구조 B가 구조 A보다 훨씬 더 적합하지 않다고 결론지을 수 있다.

이제 동일한 논리를 적용하여 OCN^- 이온에 대한 세 가지 가능한 공명 구조들 가운데 어느 것이 가장 타당한지 결정해 보자. 다음 그림에는 각 원자의 형식 전하가 원소기호 위에 적혀 있다.

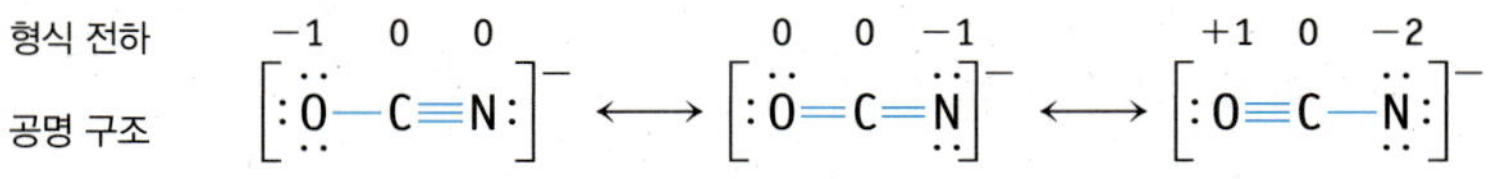

	A		B		C
형식 전하	−1 0 0		0 0 −1		+1 0 −2
공명 구조	[:O—C≡N:]⁻	⟷	[:O=C=N:]⁻	⟷	[:O≡C—N:]⁻

구조 C는 이온의 전체 전자 구조에 크게 기여하지 않을 것으로 기대된다. 왜냐하면 N 원자에는 −2, O 원자에는 +1의 형식 전하를 가지는데, N 원자의 형식 전하 값이 클 뿐만 아니라, O의 전기음성도가 N보다 더 크기 때문에 O가 N보다 더 큰 음전하를 가질 것으로 기대된다. 한편, 구조 A에서는 전기음성도가 가장 큰 원소에 음전하가 위치하기 때문에, 구조 B보다 구조 A가 더 중요한 기여를 한다. 따라서 구조 A가 이 이온을 가장 잘 표현하며, 탄소–질소 결합은 삼중 결합과 비슷할 것으로 예측된다. OCN^- 이온에 대한 이러한 결과는 이 이온에 양성자(H^+)가 붙으면, HNCO가 아니라 HOCN이 될 것으로 예측할 수 있게 한다. 즉 H^+ 이온은 음전하를 가장 많이 가지는 산소 원자에 더해질 것이다.

루이스 구조를 그리는 것을 논의하기 시작할 때 중심 원자는 보통 전기음성도가 가장 낮은 원자라고 말하였다. 이제 중심 원자로 잘못된 원자를 할당한 경우를 살펴 보자. 예를 들어 CH_2O의 루이스 구조에서 중심 원자로 보다 전기음성도가 큰 O 원자를 가정하여 보자.

H —2
+2 O═C
H

형식 전하를 계산하면 전기음성도가 큰 O 원자가 +2의 전하를 가지고 C 원자가 −2의 전하를 가지는 것을 발견할 것이다. 보다 전기음성도가 큰 원자가 양의 형식 전하를 가지고 있을 뿐만 아니라 탄소와 산소 주위에 팔전자를 채우는 요구로 큰 형식 전하(±2)가 나타나고 있다.

예제 8.13 형식 전하의 계산

문제 붕소 원자를 포함하는 화합물의 많은 경우에서 붕소 원자는 3개의 결합들만 가진다. (그리고 붕소에는 고립 전자쌍이 없다.) 왜 붕소 원자에 대한 팔전자 규칙을 만족시키도록 말단의 다른 원자와 이중 결합을 만들지 않는가? 이 질문에 답하기 위하여 BF_3에 대하여 가능한 공명 구조들을 만들고, 각 원자의 형식 전하를 계산하시오. BF_3의 결합들은 극성 결합인가? 만약 그렇다면 음전하를 더 많이 가지는 원자는 무엇인가?

알고 있는 사실 삼플루오린화붕소는 팔전자 규칙을 따르지 않는 화합물의 예들 중 하나이다. BF_3에 대한 가장 흔한 루이스 구조식은 붕소 원자가 3개의 전자쌍들을 가짐을 보여준다.

전략

- BF_3에 대하여 흔히 사용하는 루이스 구조를 그린다. 그 다음, 플루오린 원자에 있는 전자쌍 하나를 사용하여 붕소와 플루오린 사이의 이중 결합을 만드는 방식으로 붕소 원자가 팔전자 규칙을 만족하는 공명 구조(3개 중 하나)를 만든다.
- 이들 두 구조에서 각 원자의 형식 전하를 계산한다.
- 분자 구조 안에서 형식 전하의 위치를 바탕으로 서로 다른 루이스 구조들의 중요성을 결정한다.

풀이

BF_3에 대하여 가능한 두 가지 구조를, B 원자와 F 원자에 대하여 계산된 형식 전하와 함께 다음 그림에 나타내었다.

형식 전하 = 0 $= 7 - [6 + \frac{1}{2}(2)]$

:F:
:F—B—F:

형식 전하 = 0 $= 3 - [0 + \frac{1}{2}(6)]$

형식 전하 = +1 $= 7 - [4 + \frac{1}{2}(4)]$

:F:
‖
:F—B—F:

형식 전하 = −1 $= 3 - [0 + \frac{1}{2}(8)]$

왼쪽 구조에서는 모든 원자들의 형식 전하가 0이고, 전기음성도가 매우 큰 플루오린 원자가 +1 전하를 가지지 않기 때문에 왼쪽 구조가 더 적합하다.

전기음성도는 F(χ = 4.0)가 B(χ = 2.0)보다 더 크기 때문에 B—F 결합은 극성이 큰 결합이며, F 원자는 약간의 음전하를 가지며 B 원자는 약간의 양전하를 가진다.

고려사항 서로 다른 두 가지 공명 구조가 있을 때, 어느 것이 화합물 안의 결합을 더 잘 나타내는지 결정하여야 한다. 이와 같이 구조들을 논의하면, 어느 한 구조가 다른 구조보다 더 중요하다고 말할 수 있다.

유제 SCN^-에 대한 공명 구조들을 그리시오. 각 공명 구조에서 각 원자들의 형식 전하는 무엇인가? 결합의 극성은 어떠한가? 이렇게 예측한 결합의 극성은 형식 전하와 일치하는가?

8.7절 확인문제

1. 다음 중 가장 극성인 결합은 어느 것인가?
   (a) C—Cl (b) Si—Cl (c) B—Cl (d) Al—Cl

2. 다음 중 어느 것이 화합물 ICl에서의 결합을 가장 잘 묘사하는가?
   (a) I—Cl 결합은 극성이 아니다.
   (b) I—Cl 결합은 극성이며, I가 음극이다.
   (c) I—Cl 결합은 극성이며, I가 양극이다.

3. N_2O 분자에 대해서는 세 가지 공명 구조를 그릴 수 있다. 어느 공명 구조가 이 화합물의 분자 구조에 가장 비슷하겠는가?

:N≡N—Ö: Ṅ=N=Ö :N̈—N≡O:
(a) (b) (c)

8.8 결합의 극성과 분자의 극성

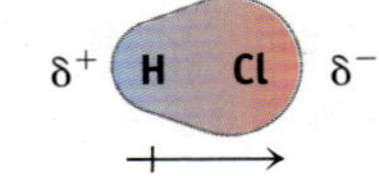

결합을 이루는 한 원자는 부분 양전하를 띠고, 다른 원자는 부분 음전하를 띠고 있는 것을 기술하기 위하여 '**극성**(polar)'이라는 용어를 사용하였다. 대부분의 분자들은 극성 결합을 가지고 있기 때문에 분자들은 전체적으로도 극성일 수 있다. 극성 분자에서는 전자밀도가 한편으로 밀집되어 음전하 δ^-를 주고 다른 편에는 같은 양의 양전하 δ^+ 값을 남기게 된다.

분자가 극성인지를 판단하기 위해서는 분자가 극성 결합을 가지는지, 그리고 이러한 극성 결합들이 다른 것과 서로 어떻게 위치하는지를 고려해야 한다. 전기음성도가 다른 2개의 원자로 구성된 이원자 분자는 항상 극성이다(표 8.6); 즉 하나의 결합만 있으며 분자는 양전하 끝과 음전하 끝을 갖는다.

그러나 3개 이상의 원자로 이루어졌으며 2개 이상의 극성 결합을 갖는 분자에서

표 8.6 일부 분자들의 쌍극자 모멘트(디바이 단위)

분자(AX)	모멘트(μ, D)	구조	분자(AX_2)	모멘트(μ, D)	구조
HF	1.78	선형	H_2O	1.85	굽은형
HCl	1.07	선형	H_2S	0.95	굽은형
HBr	0.79	선형	SO_2	1.62	굽은형
HI	0.38	선형	CO_2	0	선형
H_2	0	선형			
분자(AX_3)	**모멘트(μ, D)**	**구조**	**분자(AX_2)**	**모멘트(μ, D)**	**구조**
NH_3	1.47	삼각뿔	CH_4	0	사면체
NF_3	0.23	삼각뿔	CH_3Cl	1.92	사면체
BF_3	0	평면삼각	CH_2Cl_2	1.60	사면체
			$CHCl_3$	1.04	사면체
			CCl_4	0	사면체

는 어떻게 되겠는가? 먼저 이산화탄소, CO_2 같은 선형 삼원자 분자를 살펴보자. 각 C═O 결합은 결합 쌍극자의 음전하 말단인 산소 원자를 갖는 극성이다. 말단 원자들은 C 원자로부터 거리가 같고, 같은 δ^- 전하를 가지며, 중심 탄소 원자 주위에 대칭으로 배열된다. 그러므로 비록 각 결합은 극성일지라도 CO_2 전체의 분자 쌍극자는 없다. 이것은 밧줄의 양쪽 반대편에 있는 사람들이 똑같은 힘으로 끌고 있는 줄다

심층 학습

전기장 안의 극성분자

분자의 극성을 측정하는 실험방법을 살펴보자. 반대 전하를 띤 금속판에 의해 생성된 전기장 안이 놓이게 되면 극성 분자들은 전기장에 따라 정렬되는 힘을 받는다. 각 분자들의 양전하 쪽은 음극판으로 끌리고 음전하 쪽은 양극판으로 끌린다. 극성 분자들의 배향은 금속판의 전기 축전용량(전하를 저장하는 능력)에 영향을 주게 되고 이것이 쌍극자 모멘트의 크기를 실험적으로 측정할 수 있는 방법을 제공하게 된다.

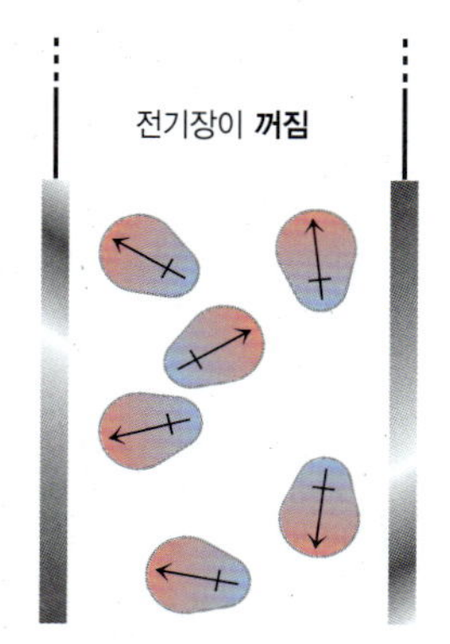

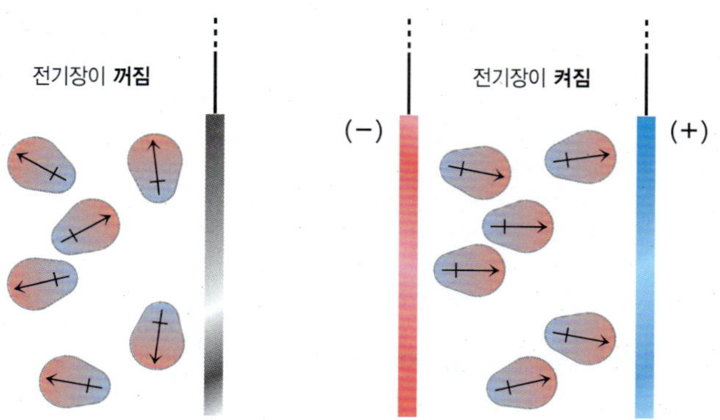

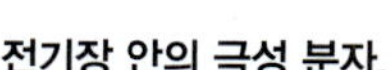
전기장 안의 극성 분자.

분자들이 전기장에 따라 배열되는 정도는 분자의 **쌍극자 모멘트**(dipole moment), μ에 의존한다. 분자 안의 부분전하가 $+q$와 $-q$이고 두 전하 사이의 거리가 d이면 쌍극자 모멘트의 크기는 식 $\mu = q \times d$로 주어진다. 쌍극자 모멘트의 SI 단위는 C · m이지만 쌍극자 모멘트는 전통적으로 디바이(Debye, D; 1 D = 3.34×10^{-30} C · m)라고 부르는 유도단위를 사용한다. 일부 쌍극자 모멘트의 실험값을 표 8.6에 나열하였다.

쌍극자 모멘트의 흔히 사용하는 단위는 디바이(Peter Debye, 1884~1966)를 기리기 위하여 명명되었다. 디바이는 네덜란드에서 태어나서 독일에서 교육을 받았다. 그는 1936년 노벨 화학상을 수상하였고 후에 코넬 대학교의 교수가 되었다.

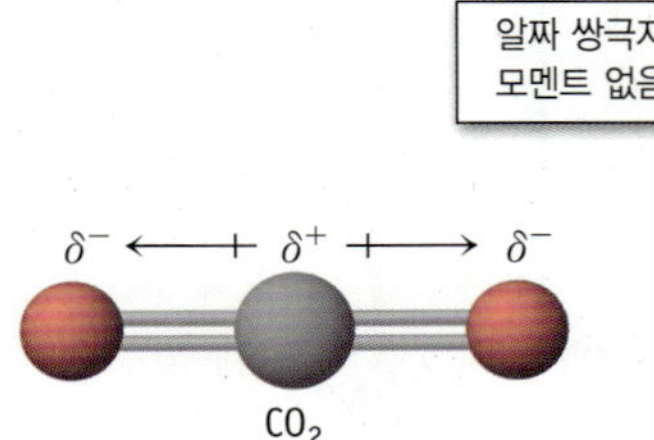

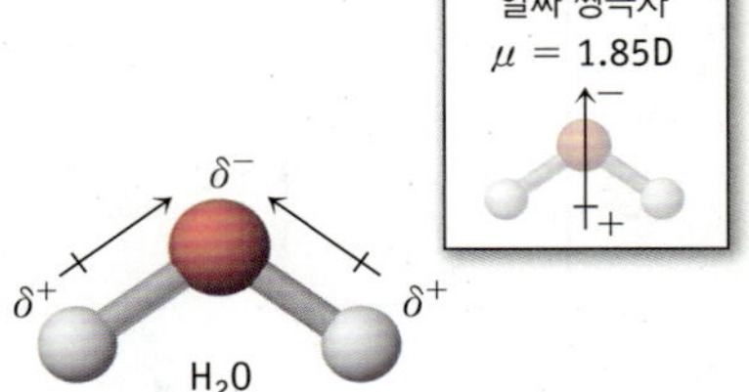

리기에 해당한다.

반면에 물은 굽은 삼원자 분자이다. 산소의 전기음성도(χ = 3.5)는 수소(χ = 2.2)보다 크기 때문에 O—H 결합은 극성이며, 두 H 원자는 같은 δ^+전하를, 산소는 음전하(δ^-)를 갖는다. 이 분자의 산소 원자 쪽으로 전자 밀도가 밀집되어서 분자는 전기적으로 불균형을 이루어 극성을 띤다(μ = 1.85D).

평면삼각형, BF_3에서 F가 B보다 전기음성도가 훨씬 크기 때문에 (B의 χ값은 2.0이고 F의 χ값은 4.0이다) B—F는 극성이 큰 결합이다(그림 8.11). 그러나 3개의 말단 F 원자들의 δ^- 전하가 모두 같고, 중앙의 붕소 원자로부터의 거리도 같고, 대칭으로 배향되기 때문에 이 분자는 비극성이다. 이와 대조적으로 평면삼각형인 포스겐은 극성이다(Cl_2CO, μ = 1.17D)(그림 8.11). 여기서 각도들은 모두가 거의 120° 정도이며, O와 Cl 원자들은 C 원자 주위로 대칭으로 배열된다. 그러나 포스겐 분자 안에서 세 원자들의 전기음성도는 다음의 순서와 같이 다르다; [χ(O) > χ(Cl) > χ(C)]. 전자 밀도의 알짜 이동이 분자의 중심에서 벗어나며, Cl 원자보다는 O 원자 쪽으로

오존, 놀라운 극성 분자. 오존, O_3는 0.53 D의 쌍극자 모멘트를 가진다. 동일한 원소 사이에 화학 결합이 있음에도 불구하고 굽은 구조(353쪽)로 인하여 극성을 나타낸다. 중심 O 원자는 양의 형식 전하를, 반면에 2개의 말단 O 원자는 음의 형식 전하를 가진다.

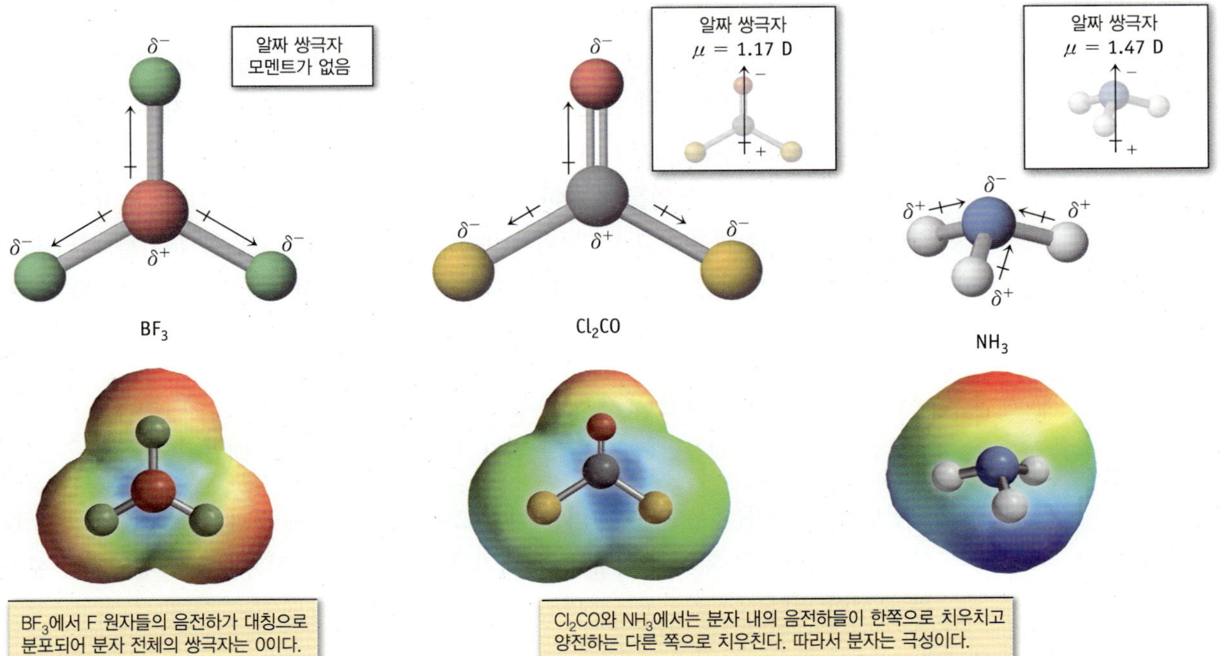

그림 8.11 **극성과 무극성인 AX_3 형태 분자들.** 전하분포가 '정전기 퍼텐셜 에너지 표면'에 반영된다(빨간색은 음전하, 파란색은 양전하를 의미한다). (심층 학습: 전하 분포와 분자 극성의 시각화 - 정전기 퍼텐셜 표면과 부분 전하, 381쪽)

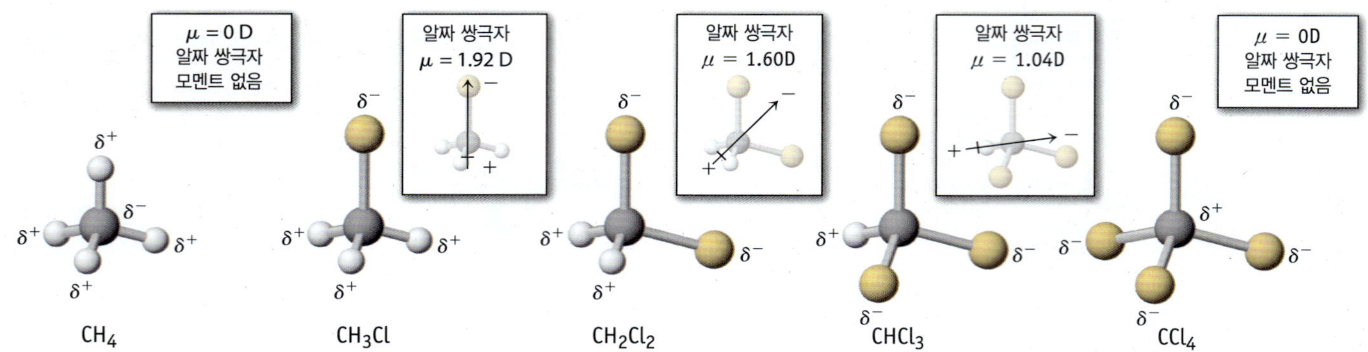

그림 8.12 사면체 분자의 극성. 관련된 원자들의 전기음성도는 Cl(3.2) > C(2.5) > H(2.2) 순서이다. 이것은 전자 밀도가 H 원자로부터 벗어나서 Cl 원자 쪽으로 알짜 이동이 일어나, C—H와 C—Cl 결합이 극성을 띤다는 것을 의미한다[$H^{\delta+}—C^{\delta-}$와 $C^{\delta+}—Cl^{\delta-}$]. 각 분자에서 C 원자 주위의 전자쌍 구조가 사면체일지라도, 오직 CH_4와 CCl_4에서만 극성 결합들이 완전 대칭으로 배열한다. 그러므로 CH_3Cl, CH_2Cl_2 그리고 $CHCl_3$는 Cl 원자 쪽이 음전하 끝이며 H 원자 쪽으로는 양전하 끝인 극성분자이다.

치우친다.

암모니아는 BF_3처럼 AX_3 구조식과 극성 결합을 가진다. 그러나 BF_3와 달리 NH_3는 삼각뿔 분자이다. 양전하를 가지는 H 원자들은 삼각뿔의 바닥에 위치하고 음전하를 가지는 N 원자는 삼각뿔의 정점에 위치한다. 그 결과 NH_3는 극성이다(그림 8.11). 실제로 삼각뿔 분자들은 일반적으로 극성이다.

사염화탄소(CCl_4)와 메테인(CH_4)같은 분자들은 대칭인 사면체 구조이기 때문에 비극성이다. C에 결합된 4개의 원자들은 모두 똑같은 부분 전하를 가지며 C 원자로부터도 같은 거리만큼 떨어져 있다. 그러나 Cl과 H 원자를 함께 가지는 사면체 분자들은($CHCl_3$, CH_2Cl_2, CH_3Cl) 극성이다(그림 8.12). H 원자의 전기음성도(2.2)는 Cl 원자의 전기음성도(3.2)보다 작고, 탄소–수소 거리는 탄소–염소 거리와 다르다. Cl이 H보다 전기음성도가 더 크므로 Cl 원자가 분자 안에서 좀 더 음전하 쪽이며 분자 쌍극자의 양전하 부분은 수소 원자 쪽이다.

분자 극성에 대한 논의를 정리하기 위하여 그림 8.4을 다시 살펴보자(364쪽). 이 그림은 중심 원자가 A이고 말단 원자(또는 원자단)가 X인 AX_n형 분자를 나타낸다. 만약 다음 두 조건들이 모두 충족되면 $A—X$ 결합이 극성이건 비극성이건 AX_n 분자 자체는 극성이 아니라고 예측할 수 있다.

- 말단 원자(혹은 원자단) X가 모두 동일하다.
- 모든 원자(혹은 원자단) X가 중심 원자 A 주위에 대칭으로 배열된다.

반면에 X 원자(혹은 원자단)의 하나가 그림 8.4에 있는 것과 다르거나(그림 8.11와 8.12에서처럼), 혹은 X 위치 중 하나가 X 대신 비공유 전자쌍으로 채워지면 분자는 극성이 된다.

심층 학습 전하 분포와 분자 극성의 시각화 – 정전기 퍼텐셜 표면과 부분 전하

6장에서 전자가 발견될 확률이 가장 큰 공간 영역을 나타내는 원자 궤도함수를 배웠다. 표면의 모든 점에서 전자 파동함수의 크기 값이 같아지도록 이 원자 궤도함수의 경계면이 만들어졌다. 고급 분자 모식 소프트웨어를 사용하면 분자에 대하여 동일한 형태의 그림을 만들 수 있으며, HF 분자에서의 전자 밀도를 규정하는 표면을 그림 A에서 볼 수 있다. Wavefunction 사에서 제공하는 소프트웨어를 사용하여 계산된 전자 밀도 표면은 HF 분자 주위에서 전자 밀도가 0.002 $e^-/Å^3$(여기서 1 Å = 0.1 nm)인 점으로 모두 만들어졌다. 이 분자의 F 원자 쪽으로 표면이 부푼 것을 볼 수 있는데, 이것은 F 원자가 더 크다는 것을 나타낸다. 여기서 F 원자가 더 큰 것은 F가 H보다 더 많은 원자가 전자를 가진다는 사실과 주로 관련되며, H—F 결합이 극성이고 이 결합의 전자 밀도가 F 원자 쪽으로 치우친다는 사실과는 보다 관련이 적다.

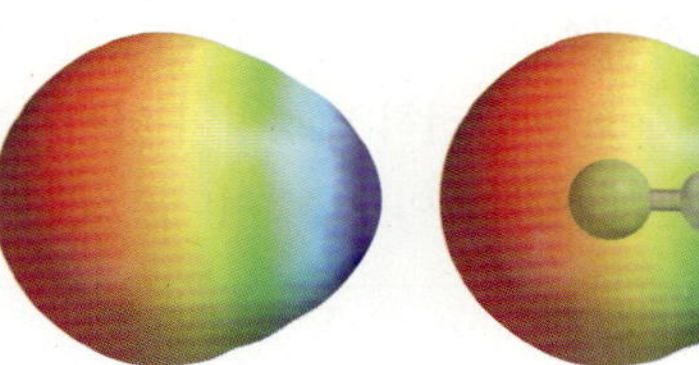
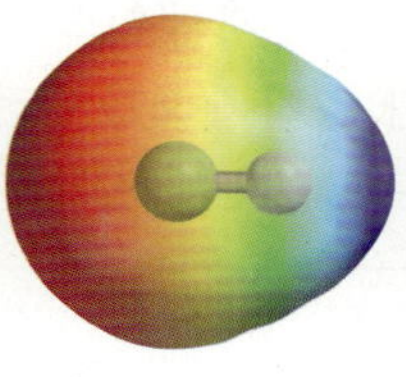
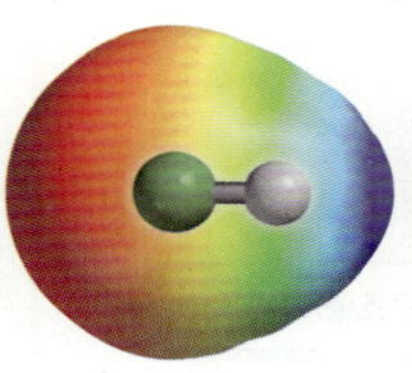
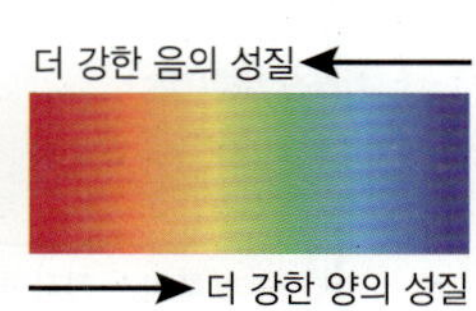

그림 A **HF에 대한 정전기 퍼텐셜 표면의 세 가지 그림들.** (왼쪽) HF 주변의 전자밀도 표면. F 원자가 왼쪽에 있다. 이 표면은 HF 분자 주위에서 전자밀도가 0.002 $e^-/Å^3$(여기서 1 Å = 0.1 nm)인 모든 점들로 만들어졌다. (중간) 표면 내부에 있는 HF의 원자핵들을 볼 수 있도록 표면을 보다 더 투명하게 만들었다. (오른쪽) 표면 내부에 있는 HF 분자를 보여주기 위하여 전자밀도 표면의 앞면을 벗겨내었다. **천연색 개략도(Color scheme)**: 전자밀도 표면의 색은 분자 내 다른 영역들의 전하를 반영한다. 청색 끝에 가까운 색들은 양전하를 나타내며, 반면에 적색 끝에 가까운 색들은 음전하를 나타낸다.

이 그림에 또 다른 정보를 추가할 수 있다. **정전기 퍼텐셜**(electrostatic potential)에 따라 전자 밀도를 색으로 표시할 수 있다. [따라서 이 그림을 **정전기 퍼텐셜 표면**(electrostatic potential surface)이라고 부른다.] 가상의 양성자(H^+)에 의해 관측되는 정전기 퍼텐셜을 컴퓨터 프로그램이 계산한다. 분자에 있는 원자핵과 전자가 가상의 양성자에 미치는 인력과 반발력을 합한 값이 바로 정전기 퍼텐셜이다. 인력이 작용하는 분자 주변 영역은 빨간색으로 표시된다. 즉, 그곳은 분자에서 음전하 영역이다. 반발 퍼텐셜은 분자에서 양전하를 띠는 곳이며, 이들 영역은 파란색으로 표시된다. 예상되는 바와 같이 알짜 정전기 퍼텐셜은 분자의 음전하 부분부터 양전하 부분으로 이동하면서 연속적으로 변할 것이며, 이것은 빨간색부터 파란색까지(음전하부터 양전하까지)의 순차적으로 변한다.

HF에 대한 정전기 퍼텐셜 표면은 H 원자가 양전하(H 원자 끝이 파란색)이고 F 원자가 음전하(F 원자 끝이 빨간색)임을 보여준다. 이것은 물론 전기음성도를 바탕으로 예상하는 것에 해당한다.

F 원자는 −0.3의 전하를 가지고 H 원자는 +0.3의 전하를 가진다고 이 컴퓨터 프로그램은 계산한다. 마지막으로, 계산된 전기 쌍극자 모멘트는 1.7 D인데, 이것은 표 8.6에 있는 실험값과 잘 일치한다.

정전기 퍼텐셜 표면에 대한 다른 예들(그림 B)은 물과 메틸아민(CH_3NH_2)의 극성을 나타낸다. 물에 대한 표면은 물 분자의 O 원자가 부분 음전하를 가지며 H 원자들은 양전하를 가진다는 것을 보여준다. 메틸아민에 대한 표면은 이 분자가 극성이며 N 원자 주변의 영역이 음전하임을 보인다. 실제로 H^+가 N 원자를 공격하여 $CH_3NH_3^+$를 만든다는 것이 실험으로 알려져 있다.

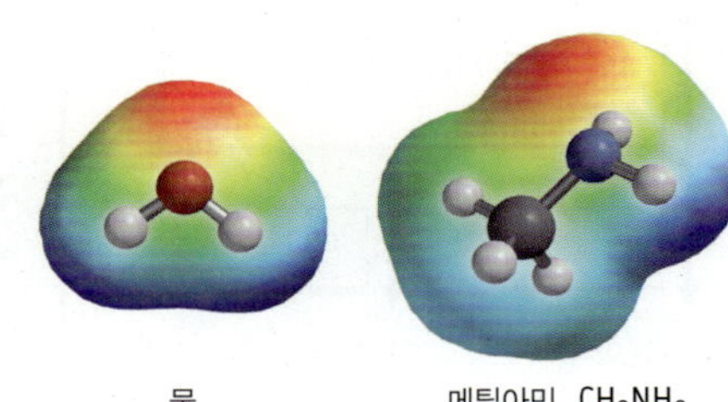

그림 B **전하 분포의 시각화.**

화학의 다른 강좌를 계속하여 공부하면 화학자들이 이 책의 정전기 퍼텐셜 표면으로부터 유용한 정보를 얻을 수 있는 다른 예들을 보게 될 것이다.

예제 8.14 분자의 극성

문제 사플루오린화황(SF_4)과 삼플루오린화질소(NF_3)는 극성인가 비극성인가? 만약 극성이라면 분자의 음전하 쪽과 양전하 쪽을 표시하시오.

알고 있는 사실 이 장의 논의를 바탕으로 분자의 구조를 정하는 방법을 알며, 어느

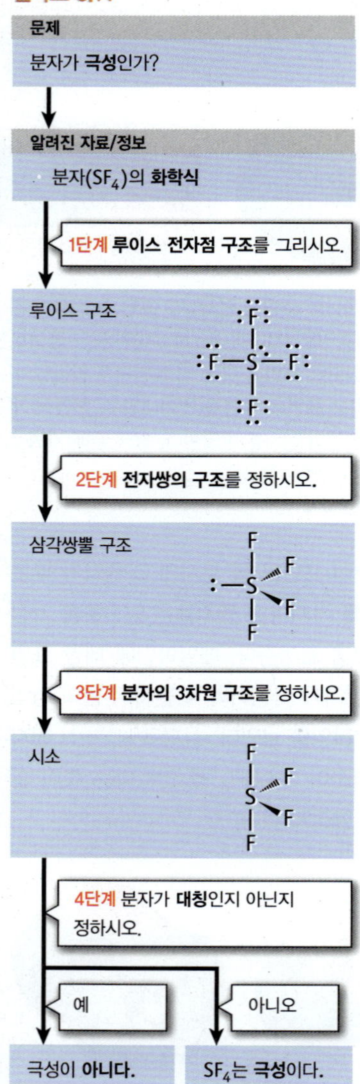

결합이 극성인지 결정할 수 있을 것이다. 이러한 정보를 기초로 분자가 극성인지 아닌지를 결정할 수 있다.

전략 먼저 루이스 구조식을 그리고, 전자쌍 구조를 결정한 다음, 분자 구조를 결정한다. 분자 구조가 완전히 대칭성이 있는지를 결정한다. 만약 그렇다면 비극성이고, 아니면 그 분자는 극성이 될 것이다.

풀이

(a) 사플루오린화황(SF_4)의 S—F 결합은 극성이며, 결합의 쌍극자에서 F가 음전하를 가진다(S의 χ는 2.6이고 F의 χ는 4.0). 이 분자는 삼각쌍뿔의 전자쌍 구조를 가진다(그림 8.7). 고립 전자쌍이 전자쌍 구조의 한 자리를 차지하기 때문에 S—F 결합은 대칭으로 배열되지 않는다. 수직의 S—F 결합 쌍극자는 서로 반대 방향을 향하기 때문에 서로 상쇄된다. 그러나 수평방향의 S—F 결합은 둘 다 분자의 한쪽 방향으로 향한다. 그러므로 SF_4는 극성 분자이다.

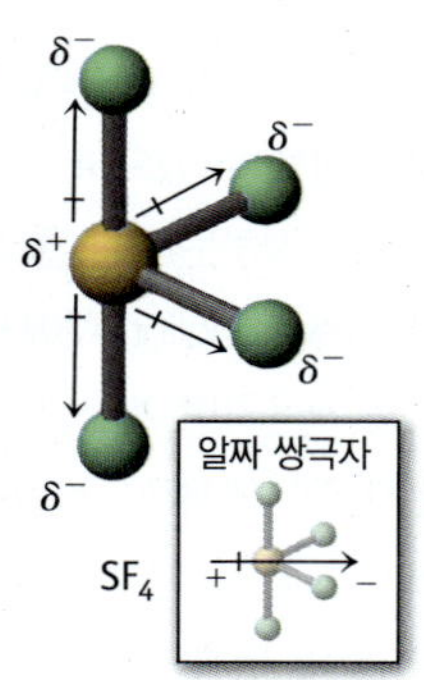

(b) NF_3는 NH_3와 같은 삼각뿔 구조이다. F의 전기음성도가 N보다 크므로 각 결합은 극성이며, 더 음전하를 띠는 끝단은 F 원자이다. 이 분자는 극성 결합들을 포함하며, 분자 구조가 대칭이 아니며, 사면체 전자쌍 배치 위치들 중에서 3개는 결합이 차지하지만 하나는 고립 전자쌍이 차지한다. 그러므로 NF_3 분자는 전체적으로 극성 분자로 예측된다.

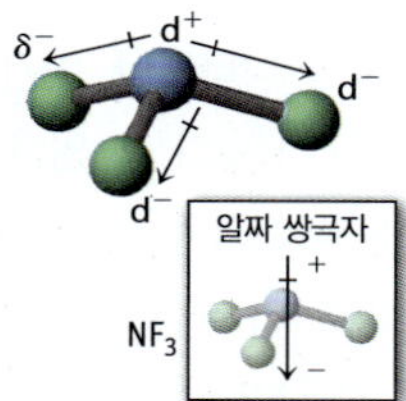

고려사항 NF_3의 쌍극자 모멘트는 매우 작으며(0.23 D, 표 8.6), NH_3의 쌍극자 모멘트보다도 훨씬 더 작다는 것을 주목해야 한다. 이것은 분자의 극성에 미치는 고립 전자쌍의 영향을 보여준다. NH_3에서 결합의 극성은 $N^{\delta-}—H^{\delta+}$이며, 이들 결합들에 의해 만들어진 쌍극자는 N 원자에 있는 음전하를 띤 고립 전자쌍에 의하여 강화된다. 그와 대조적으로, NF_3에 있는 결합들의 극성은 $N^{\delta+}—F^{\delta-}$이다. 이것은 N 원자에 있는 음전하를 띤 고립 전자쌍에 의하여 반대로 상쇄되며, 최종 쌍극자 세기는 완화된다. 이들 효과는 이들 두 분자의 정전기 퍼텐셜 표면으로 다음 그림처럼 표시된다.

NH_3

암모니아, μ = 1.47 D

NF_3

삼플루오린화질소, μ = 0.23 D

유제 다음 각 분자들에 대하여 극성인지 아닌지 결정하고, 극성인 경우에는 어느 쪽이 양전하를 띠고 어느 쪽이 음전하를 띠는지 정하시오.

$BFCl_2$, NH_2Cl, SCl_2

예제 8.15 분자의 극성

문제 1,2-이염화에틸렌은 두 가지 형태로 존재한다. 이 분자들의 어느 것이 극성인가?

H H Cl H
C=C C=C
Cl Cl H Cl
A B

알고 있는 사실 두 분자의 구조가 위 그림에 주어졌다. 이들은 평면 분자임을 주목해야 한다.

전략

- 결합 극성을 결정하기 위하여 전기음성도 값을 이용한다.
- 결합의 전자 밀도가 대칭으로 분포되어 있는지 혹은 분자의 한 편으로 치우쳐 있는지를 결정한다.

풀이 H와 Cl 원자들은 모든 결합각이 120°로 C=C 이중 결합 주위로 배열된다(그리고 모든 원자들은 동일한 평면에 놓인다). 분자 내 원자의 전기음성도는 Cl(3.2) > C(2.5) > H(2.2) 순서이다. 이것은 C—H와 C—Cl 결합들은 극성이라는 것을 의미하며 전자 밀도는 H 원자로부터 벗어나 Cl 원자 쪽으로 알짜 이동된다는 것을 의미한다[$H^{\delta+}—C^{\delta-}$와 $C^{\delta+}—Cl^{\delta-}$]. A 구조에서는 Cl 원자가 분자의 한쪽에 치우쳐 위치하며 H—C와 C—Cl 결합에서 전자들은 H 원자 쪽에서 Cl 원자 쪽으로 이동한다. 따라서 분자 A는 극성 이다. 분자 B에서는 분자 한쪽 끝의 Cl 원자로 향한 전자 밀도 이동이 다른 쪽 끝 Cl 원자로의 반대 방향 이동에 의해 상쇄된다. 따라서 분자 B는 극성이 아니다.

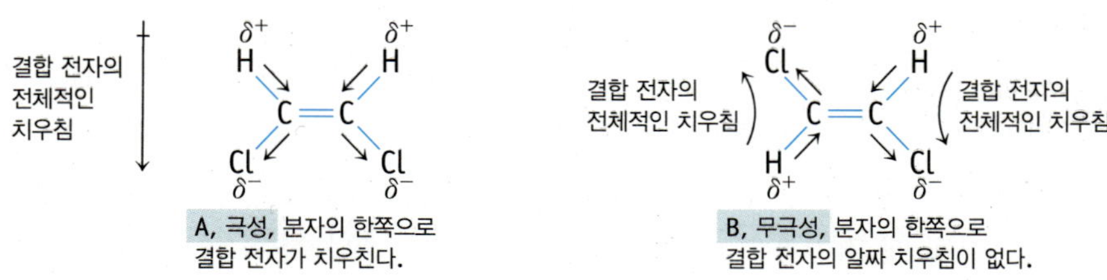

A, 극성, 분자의 한쪽으로 결합 전자가 치우친다.

B, 무극성, 분자의 한쪽으로 결합 전자의 알짜 치우침이 없다.

고려사항 분자 A에서는 전자 밀도가 분자의 한쪽으로 치우치기 때문에 극성이라는 사실을 정전기 퍼텐셜 표면이 반영한다. 분자 B에서는 전자 밀도가 대칭으로 분포하기 때문에 극성이 아니다.

A = 시스-1,2-다이클로로에틸렌

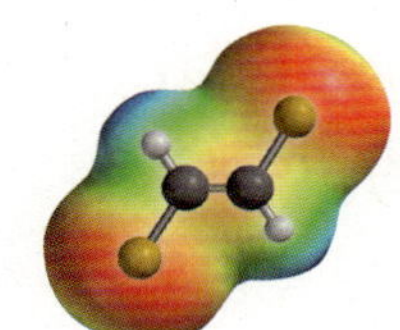

B = 트랜스-1,2-다이클로로에틸렌

유제 $OSCl_2$의 정전기 퍼텐셜 표면이 다음에 그려져 있다.

(a) 이 분자에 대한 루이스 전자점 표시를 그리고, 각 원자의 형식 전하 값을 지정하시오.

(b) $OSCl_2$의 분자 구조는 무엇인가? 이것은 극성 분자인가?

8.8절 확인문제

1. 다음 할로젠화수소들 중 어느 것이 가장 극성인가?
   (a) HF (b) HCl (c) HBr HBr (d) HI

2. 다음 나열된 분자들 중 어느 것이 비극성인가?
   (a) BCl_3 (b) PCl_3 (c) $POCl_3$ (d) SO_2Cl_2

8.9 결합의 성질들: 차수, 길이, 에너지

결합차수

결합차수(bond order)는 분자 내 두 원자가 공유하는 결합 전자쌍의 수이다. 결합차수는 1, 2, 3뿐만 아니라 분수인 결합차수도 보게 될 것이다.

결합차수가 1일 때는 원자 쌍 사이에 하나의 공유 결합만 존재한다. H_2, NH_3, CH_4 분자에서의 결합이 그 예이다. CO_2의 C=O 결합, 에틸렌($H_2C{=}CH_2$)의 C=C 결합같이 원자들 사이에 두 전자쌍을 공유할 때, 결합차수는 2이다. 두 원자가 3개의 결합으로 연결될 때 결합차수는 3이다. 이것의 예로는 일산화탄소인 CO의 탄소–산소 결합과 N_2의 질소–질소 결합이다.

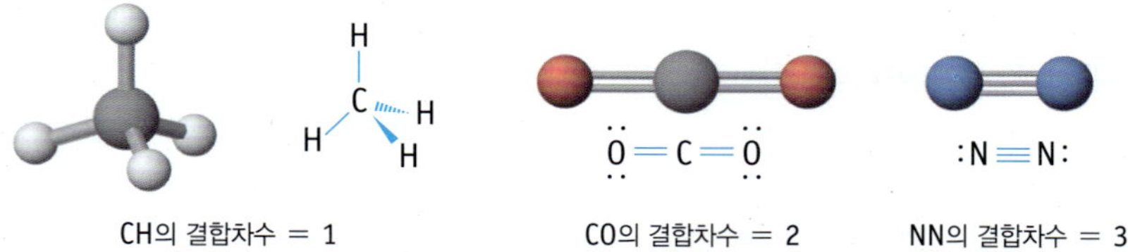

CH의 결합차수 = 1　　CO의 결합차수 = 2　　NN의 결합차수 = 3

분수의 결합차수는 공명 구조를 갖는 분자나 이온에서 나타난다. 예를 들어 O_3에서 각각의 산소–산소 결합의 결합차수는 얼마인가? O_3의 공명 구조 각각은 하나의 O–O 단일 결합과 하나의 O=O 이중 결합을 가지며, 총 3개의 결합 전자쌍들이 2개의 산소–산소를 연결하는 데 사용된다.

결합차수 = 1
결합차수 = 2
각각의 산소–산소 결합에 대한 결합차수 = $\frac{3}{2}$, 또는 1.5
1개의 공명 구조

결합을 이루는 원자쌍 X와 Y 사이의 결합차수는 다음과 같이 정의된다.

$$\text{결합차수} = \frac{\text{X—Y 결합에서 공유되는 전자쌍의 총 수}}{\text{분자나 이온에서 존재하는 X—Y 결합의 수}} \tag{8.2}$$

오존의 경우 2개의 산소–산소 연결에 3개의 결합 전자쌍이 관여하므로, 각 산소–산소 결합의 결합차수는 3/2 또는 1.5이다.

결합 길이

결합된 두 원자들의 핵 간 거리인 **결합 길이**(bond length)는 원자의 크기(7.5절)와 분명히 관련되어 있다. 또한 주어진 원자 쌍의 결합에서는 결합차수가 결합 길이 결정하는 데 일정한 역할을 한다.

표 8.7에는 여러 가지 일반적인 화학 결합들의 평균 결합 길이가 나열되어 있

표 8.7 피코미터(pm)*로 표시된 단일 및 다중 결합들의 평균 길이

단일 결합 길이

족	1A	4A	5A	6A	7A	4A	5A	6A	7A	7A	7A
	H	C	N	O	F	Si	P	S	Cl	Br	I
H	74	110	98	94	92	145	138	132	127	142	161
C		154	147	143	141	194	187	181	176	191	210
N			140	136	134	187	180	174	169	184	203
O				132	130	183	176	170	165	180	199
F					128	181	174	168	163	178	197
Si						234	227	221	216	231	250
P							220	214	209	224	243
S								208	203	218	237
Cl									200	213	232
Br										228	247
I											266

다중 결합 길이

C=C	134	C≡C	121
C=N	127	C≡N	115
C=O	122	C≡O	113
N=O	115	N≡O	108

*1 pm = 10^{-12} m.

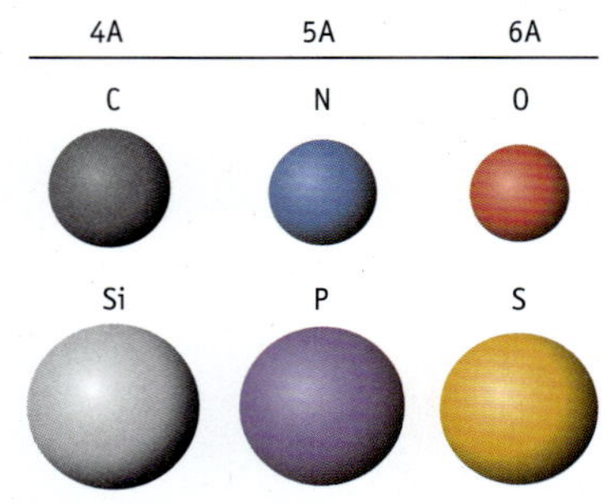

4A, 5A, 6A족 몇 가지 원자들의 상대적인 크기.

결합 길이들은 원자 크기와 연관된다.

C—H	**N—H**	**O—H**
110	98	94 pm
Si—H	**P—H**	**S—H**
145	138	132 pm

다. 이 값들은 평균이라는 사실을 인식하는 것이 중요하다. 분자 내 인접 부분이 특정 결합의 길이에 영향을 줄 수 있기 때문에, 특정 결합 형식의 길이에는 변화폭이 있을 수 있다. 예를 들어, C—H 결합은 평균 110 pm라고 표 8.7에 나와 있다. 그러나 메테인(CH_4)에서 측정된 결합 길이는 109.4 pm인 반면, 아세틸렌(acetylene)인 H—C≡C—H에서는 105.9 pm밖에 되지 않는다. 표 8.7에 나열된 평균값에서 10 % 정도의 변화는 가능하다.

원자의 크기는 주기율표에서 원소의 위치에 따라 일정하게 변하므로(그림 7.5), 결합 길이의 경향에 대한 예측도 가능하다. 예를 들어, 할로젠화수소 화합물에서 H—X 거리는 할로젠의 상대적 크기로 예상되듯이 다음 순서로 증가한다. H—F < H—Cl < H—Br < H—I. 비슷하게 특정 주기의 서로 다른 원소들과 탄소 사이의 결합은 왼쪽에서 오른쪽으로 감에 따라 예측 가능한 방식으로 감소한다. 예를 들어, C—C > C—N > C—O. 다중 결합에서의 경향도 비슷하다. C═O 결합은 C═S 결합보다 짧으며, C═N 결합은 C═C 결합보다 더 짧다.

결합차수의 효과는 동일한 두 원자 사이의 결합을 비교하면 분명하다. 예를 들어 C—O, C═O, C≡O 계열에서 결합차수가 증가하면 결합은 짧아진다.

결합	**C—O**	**C═O**	**C≡O**
결합차수	1	2	3
평균 결합 길이 (pm)	143	122	113

탄산 이온(CO_3^{2-})은 3개의 동등한 공명 구조를 갖는다. 이 경우 4개의 전자쌍이 3개의 탄소–산소 연결에 사용되므로 각 CO 결합은 1.33(혹은 4/3)의 결합차수를 가진다. CO 결합 길이 (129 pm)는 C—O 단일 결합(143 pm)과 C═O 이중 결합(122 pm) 사이의 중간 정도 값이다.

결합차수 = 2
결합차수 = 1
결합차수 = 1
평균 결합차수 = $\frac{4}{3}$, 또는 1.33
결합 길이 = 129 pm

결합 해리 엔탈피

결합 해리 엔탈피(bond dissociation enthalpy)는 기체 상태 반응물의 결합을 끊어 기체 상태 생성물로 만들기 위한 엔탈피 변화이다. 분자 내 결합을 끊는 과정은 항상 흡열과정이어서, 결합을 끊는 $\Delta_r H$는 항상 양의 값을 나타낸다.

$$\text{분자 (g)} \underset{\text{에너지 방출, } \Delta H < 0}{\overset{\text{에너지 공급, } \Delta H > 0}{\rightleftharpoons}} \text{분자 조각 (g)}$$

에테인(H_3C—CH_3), 에틸렌(H_2C═CH_2), 아세틸렌(HC≡CH)의 탄소–탄소 결합을 끊고자 한다고 가정하자. 이 분자들에서 탄소–탄소 결합 차수는 각각 1, 2, 3이고, 이러한 결합차수는 결합 해리 엔탈피에 반영된다. 즉, 에테인의 C—C 단일 결합을 끊는 것은 이들 중 가장 작은 에너지를 요구하며, 반면에 아세틸렌의 C—C 삼중 결합을 끊는 것은 가장 큰 에너지를 요구한다.

$$H_3C{-}CH_3(g) \rightarrow H_3C(g) + CH_3(g) \qquad \Delta_rH = +368 \text{ kJ/mol-rxn}$$
$$H_2C{=}CH_2(g) \rightarrow H_2C(g) + CH_2(g) \qquad \Delta_rH = +682 \text{ kJ/mol-rxn}$$
$$HC{\equiv}CH(g) \rightarrow HC(g) + CH(g) \qquad \Delta_rH = +962 \text{ kJ/mol-rxn}$$

탄소-탄소 결합들을 끊기 위해 공급되는 에너지는 동일한 결합이 만들어질 때 방출되는 에너지와 같아야 한다. **기체 상태인 원자 또는 라디칼로부터 결합이 형성되는 것은 항상 발열 과정이다.** 예를 들면, 2개의 $CH_3(g)$ 라디칼로부터 $H_3C{-}CH_3$가 만들어지는 것의 Δ_rH는 −368 kJ/mol-rxn이다.

$$H_3C\cdot\,(g) + \cdot CH_3(g) \rightarrow H_3C{-}CH_3(g) \qquad \Delta_rH = -368 \text{ kJ/mol-rxn}$$

일반적으로 결합 길이가 분자들마다 다르듯이, 특정 형식의 결합에 대한 결합에너지는 (예를 들어 C—C 결합) 화합물에 따라 조금씩 다르다. 그러므로 표에 주어진 값들은 **평균 결합 해리 엔탈피**(표 8.8)로 간주하여야 한다. 이 표의 값들은 아래에 묘

결합 해리 엔탈피의 변화가능성. 본문에서 언급한 에테인, 에틸렌, 아세틸렌의 Δ_rH 값은 이들 특정 분자들에 대한 값들이다. 반면에, 표 8.8의 결합 해리 엔탈피 값들은 해당 결합을 포함하는 여러 분자들에서의 평균값이다.

표 8.8 결합 해리 엔탈피들의 평균값(kJ/mol)*

단일 결합

	H	C	N	O	F	Si	P	S	Cl	Br	I
H	436	413	391	463	565	328	322	347	432	366	299
C		346	305	358	485	—	—	272	339	285	213
N			163	201	283	—	—	—	192	—	—
O				146	—	452	335	—	218	201	201
F					155	565	490	284	253	249	278
Si						222	—	293	381	310	234
P							201	—	326	—	184
S								226	255	—	—
Cl									242	216	208
Br										193	175
I											151

다중 결합

N=N	418	C=C	610
N≡N	945	C≡C	835
C=N	615	C=O	745
C≡N	887	O=O (CO_2에서)	803
O=O (O_2에서)	498	C≡O	1046

*해리 엔탈피 값의 출처: I. Klotz and R. M. Rosenberg, *Chemical Thermodynamics*, 4th Ed., p. 55, New York, John Wiley, 1994; and J. E. Huheey, E. A. Keiter, and R. L. Keiter, *Inorganic Chemistry* 4th Ed., Table E. 1, New York, HarperCollons, 1993. See also Lange's *Handbook of Chemistry*, J. A. Dean (ed.), McGraw-Hill Inc., New York.

사하는 바와 같이 반응의 엔탈피를 추정하는 데 사용될 수 있다.

분자들 간 반응에서 반응물의 결합은 끊어지며, 생성물이 만들어지면서 새로운 결합이 만들어진다. 새로운 결합이 형성될 때 방출되는 총 에너지가 원래 결합을 끊는 데 필요한 에너지보다 크면, 전체 반응은 발열 반응이다. 반대의 경우, 전체 반응은 흡열 반응이다.

프로펜(propene)의 수소화 반응으로 프로페인(propane)이 되는 과정에 대한 엔탈피 변화를 추정하는 데 결합 해리 엔탈피를 사용해 보자.

$$\mathrm{H_3C{-}CH{=}CH_2(g) + H{-}H(g) \longrightarrow H_3C{-}CH_2{-}CH_3(g)}$$

프로펜 프로페인

첫 단계는 어느 결합이 끊어지고 어느 결합이 만들어지는지를 확인하는 것이다. 이번 경우에 프로펜의 C=C 결합과 수소의 H—H 결합이 끊어지고, 하나의 C—C 결합과 2개의 C—H 결합이 형성된다.

끊어지는 결합: 1 mol의 C=C 결합들과 1 mol의 H—H 결합들

$$\mathrm{H_3C{-}CH{=}CH_2(g) + H{-}H(g)}$$

필요한 에너지 = C=C 결합에 610 kJ + H—H 결합에 436 kJ = 1046 kJ/mol-rxn

생성되는 결합: 1 mol의 C—C 결합들과 2 mol의 C—H 결합들

$$\mathrm{H_3C{-}CH_2{-}CH_3(g)}$$

관련 에너지 = C—C 결합에 346 kJ + 2 mol × C—H 결합에 413 kJ/mol = 1172 kJ/mol-rxn

끊어지는 결합들과 생성되는 결합들의 엔탈피 변화를 조합하여 프로펜의 수소첨가 반응에 대한 $\Delta_r H$를 추정하고 이 반응이 발열 반응임을 예측할 수 있다.

$$\Delta_r H = 1046 \text{ kJ/mol-rxn} - 1172 \text{ kJ/mol-rxn} = -126 \text{ kJ/mol-rxn}$$

생성 엔탈피로부터 계산한 $\Delta_r H$. 프로페인과 프로펜의 $\Delta_f H°$을 사용하여 계산한 $\Delta_r H° = -125.1$ kJ/mol-rxn이다. 이 경우에 결합 해리 엔탈피를 이용한 계산 결과(−126 kJ/mol-rxn)는 생성 엔탈피로부터 계산한 것과 잘 일치한다.

일반적으로 어떤 반응의 엔탈피 변화는 다음 식을 사용하여 추정할 수 있다.

$$\Delta_r H = \Sigma\Delta H(\text{끊어지는 결합}) - \Sigma\Delta H(\text{생성되는 결합}) \quad (8.3)$$

이러한 계산은 많은 경우에 적절한 결과를 줄 수 있다.

사례 연구 이부프로펜, 녹색화학 연구

이부프로펜(ibuprofen, $C_{13}H_{18}O_2$)은 현재 처방전 없이 구매할 수 있는 세계에서 가장 흔한 약들 중 하나이다. 이것은 효과적인 소염제이며 관절염 및 유사 상태를 치료하는 데 사용된다. 아스피린과는 달리 용액에서 분해되지 않기 때문에 이부프로펜은 국부용 젤 형태로 피부에 적용할 수 있어서 아스피린과 관련하여 가끔 일어나는 위장장애 문제를 피할 수 있다.

이부프로펜은 1960년대에 영국의 Boots Company에 의하여 처음 합성되었고, 곧 중요한 생산품이 되었다. 매년 수백만 파운드가 팔린다.

그러나 이부프로펜을 만드는 기존 방법은 여섯 단계를 거치면서 화합물들이 낭비되며 처리할 부생성물들이 만들어진다는 것에 화학자들은 주목하였다. 이 약을 만드는 데 사용되는 시약들의 많은 원자들이 그 약 자체에는 포함되지 않는다. 즉 이 방법은 원자 경제적으로 매우 좋지 않다(160쪽). 이것을 인식하게 된 화학자들은 이부프로펜을 합성하는 새로운 접근법을 모색하였다. 오래지 않아 세 단계만 사용하여 폐기물을 대폭 감소시키고, 회수하여 다시 사용할 수 있는 시약을 사용하는 방법이 발견되었다. 미국 텍사스의 새 공장은 이 새로운 방법으로 매년 7백만 파운드 이상을 생산하는데, 이것은 60억 개 이상의 알약을 만들기에 충분한 양이다.

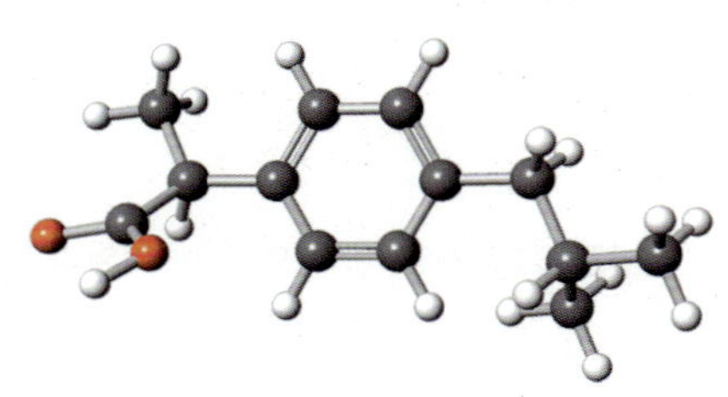

그림 A 이부프로펜, $C_{13}H_{18}O_2$

문제

1. 새로운 합성의 마지막 세 번째 단계는 OH 작용기를 카르복실산의 CO 작용기로 전환하는 것을 포함한다(그림 B). 결합 엔탈피 자료를 이용하여, 이것은 흡열반응인가 발열 반응인가?
2. 이부프로펜 분자의 원자들 중 형식 전하가 0인 것들이 있는가?
3. 분자에서 가장 극성인 결합은 어느 것인가?

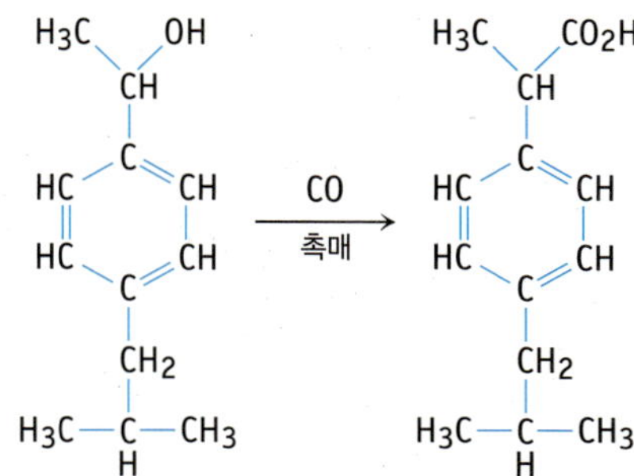

그림 B 이부프로펜을 합성하는 최종 단계.

4. 분자는 극성인가?
5. 분자에서 가장 짧은 결합은 어느 것인가?
6. 결합 차수가 가장 높은 것은 어느 결합 혹은 결합들인가?
7. 이부프로펜에서 결합 각도가 120°인 것이 있는가? 각도가 180°인 것이 있는가?
8. 만약 200.0 mg의 이부프로펜을 0.0259 M NaOH로 당량점까지 적정하려면 NaOH의 부피는 얼마가 필요한가?

이 질문에 대한 답은 부록 N에 수록되어 있다.

예제 8.16 결합 해리 엔탈피의 이용

문제 일반 산업용 용매인 아세톤은 수소화 반응으로 세정용 알코올인 2-프로판올로 전환될 수 있다. 결합 엔탈피들을 이용하여 이 반응의 엔탈피 변화를 계산하시오.

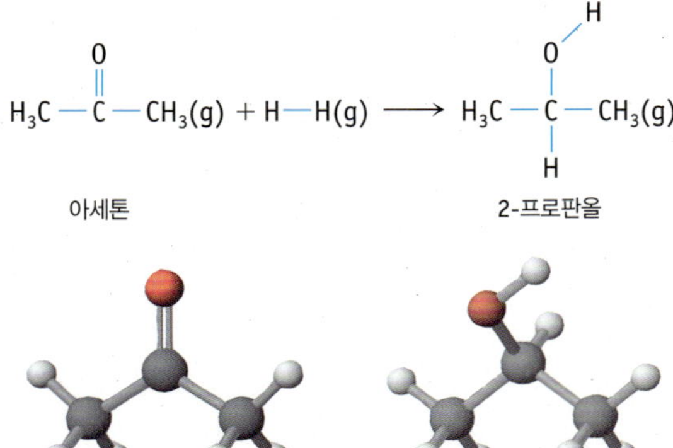

알고 있는 사실 반응물과 생성물의 분자 구조를 알고 있다.

전략 어느 결합이 끊어지고 어느 결합이 생성되는지 정한다. 반응물에서의 결합을 끊기 위한 엔탈피 변화와 생성물에서 결합을 만들 때의 엔탈피 변화를 합한다. 결합 해리 엔탈피들을 합한 값의 차이가 반응의 엔탈피 변화를 추정하는 데 사용될 수 있다(식 8.3).

풀이

끊어지는 결합: 1 mol의 C═O 결합과 1 mol의 H—H 결합

$$H_3C—C(═O)—CH_3(g) + H—H(g)$$

$$\Sigma\Delta H(\text{결합의 끊어짐}) = \text{C═O의 745 kJ} + \text{H—H의 436 kJ} = 1181 \text{ kJ/mol-rxn}$$

생성되는 결합: 1 mol의 C—H 결합, 1 mol의 C—O 결합, 1 mol의 O—H 결합

$$H_3C—CH(OH)—CH_3(g)$$

$$\Sigma\Delta H(\text{결합의 생성}) = \text{C—H의 413 kJ} + \text{C—O의 358 kJ} + \text{O—H의 463 kJ} = 1234 \text{ kJ/mol-rxn}$$

$$\Delta_r H = \Sigma\Delta H(\text{결합의 끊어짐}) - \Sigma\Delta H(\text{결합의 생성})$$

$$\Delta_r H = 1181 \text{ kJ} - 1234 \text{ kJ} = -53 \text{ kJ/mol-rxn}$$

고려사항 전체 반응은 생성되는 생성물 1 mol 당 53 kJ의 발열 반응으로 예측된다. 이것은 값으로부터 계산된 $\Delta_f H°$ 값(−55.8 kJ/mol−rxn)과 잘 일치한다.

유제 표 8.8의 결합 해리 엔탈피를 이용하여 수증기와 이산화탄소 기체를 생성하는 기체 메테인, CH_4의 연소 엔탈피를 추산하시오.

8.9절 확인문제

1. 다음 화합물들 중 어느 것이 가장 큰 N−O 결합차수를 가지는가?
   (a) NO_3^- (b) NO^+ (c) NO_2^- (d) H_2NOH

2. 다음 화합물들 중 어느 것이 가장 큰 C−N 결합차수를 가지는가?
   (a) CN^- (b) OCN^- (c) CH_3NH_2 (d) $N(CH_3)_3$

3. 결합 해리 엔탈피를 사용하여 과산화수소 분해의 엔탈피 변화를 추정하시오.

$$2\ H_2O_2(g) \rightarrow 2\ H_2O(g) + O_2(g)$$

   (a) +352 kJ/mol-rxn (b) −206 kJ/mol-rxn
   (c) +1037 kJ/mol-rxn (d) −2204 kJ/mol-rxn

8.10 DNA, 다시 살펴보기

모든 생물 조직들의 핵심 분자들 중 하나인 DNA 구조에 대한 질문들로 이 장을 시작하였다. 이 장을 학습하였기 때문에 이제는 이 중요한 분자의 구조에 대하여, 그리고 그 구조가 왜 그런지에 대하여 보다 더 많은 이야기를 할 수 있다.

그림 8.13에 도시한 바와 같이, DNA 분자를 이루는 이중나선의 각 가닥은 반복되는 다음의 세 가지 부분들로 이루어져 있다. 인산, (5각형 고리를 가진 당(sugar) 분자인) 데옥시리보스(deoxyribose) 분자, 그리고 질소를 포함하는 염기. (DNA에 있는 염기들은 아데닌(adenine), 구아닌(guanine), 사이토신(cytosine), 타이민(thymine) 등 네 가지 분자들 중 하나일 수 있는데, 그림 8.13의 염기는 아데닌이다.) 그림 8.13a는 또한 주 골격의 (데옥시리보스 고리에 붙은 아데닌을 제외한) 두 부분을 보여주고 있다.

여기서 중요한 한 가지 점은 DNA의 주 골격에서 반복되는 단위는 O—P—O—C—

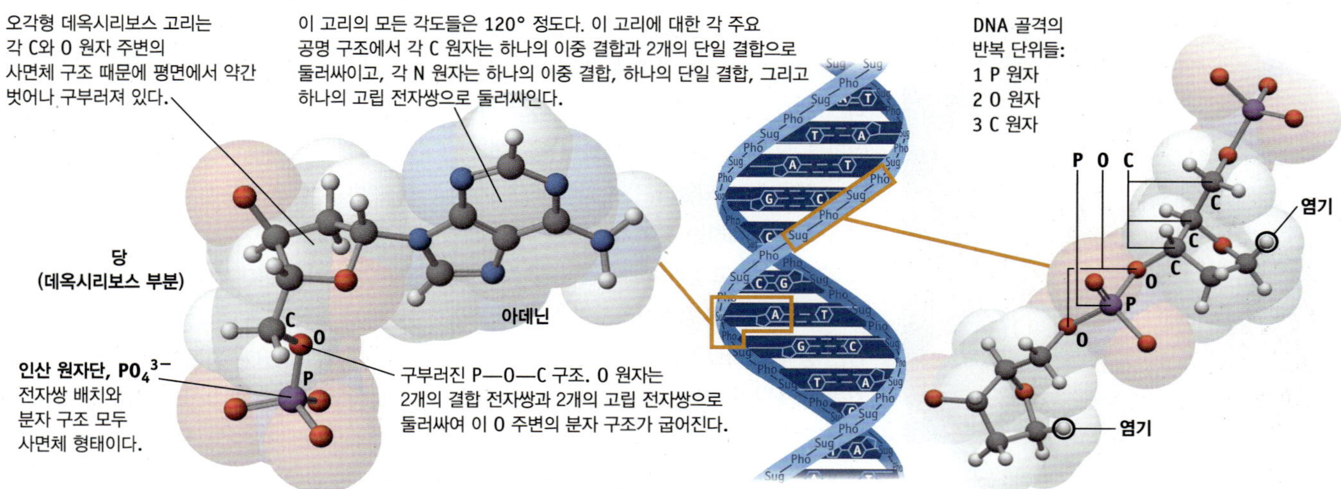

(a) 인산 부분, (오각형 고리를 가진 당 분자인) 데옥시리보스(deoxyribose) 부분, 그리고 데옥시리보스 고리에 연결된 질소를 포함하는 염기(여기서는 아데닌)로 구성된 반복단위.

(b) DNA에 있는 4개 염기들 중 2개인 아데닌(adenine)과 타이민(thymine). 정전기 퍼텐셜 표면은 부분 전하를 가진 원자들이 이 분자들 속의 어디에 있으며 그것들이 어떻게 상호작용하는지 살피는 것을 도와준다.

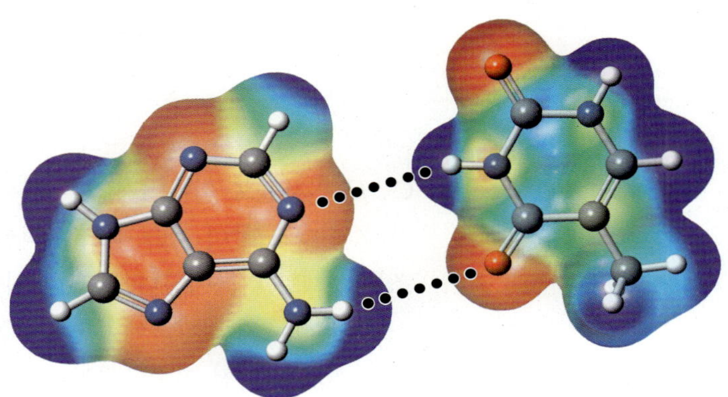

그림 8.13 **DNA 분자 안의 결합.**

심층 학습 DNA – 왓슨, 크릭, 프랭클린(Watson, Crick, and Franklin)

DNA는 모든 식물과 동물에 있으면서 그 식물 또는 동물의 정확한 청사진을 전달하는 물질이다. 생명의 초석인 이 분자의 구조는 1953년에 밝혀졌으며, 제임스 왓슨(James D. Watson), 프란시스 크릭(Francis Crick), 그리고 모리스 윌킨스(Maurice Wilkins)가 이와 관련된 일로 '의약 및 생리학 분야'의 노벨상을 1962년에 공동 수상하였다. 이것은 20세기의 가장 중요한 과학 발견들 중 하나였다. 이 발견의 이야기는 왓슨이 쓴 '이중나선(Double Helix)'이라는 책에 쓰여 있다.

왓슨은 미국 인디아나 대학교의 대학원생일 때, 유전자에 관심을 가졌는데, 이것의 생물학적 역할은 '화학을 배우지 않고도' 풀이될 수 있을 것으로 기대했다고 회고했다. 그러나 나중에 그와 크릭은 DNA의 구조를 밝히는 데 화학이 얼마나 유용한지 알게 되었다. 중요한 문제를 해결하는 것은 많은 분야의 과학자들 사이의 협력을 요구하기에 왓슨은 1951년에 영국의 케임브리지로 갔다. 그는 거기서 크릭을 만났는데, 크릭은 그 어떤 사람보다도 큰소리로 빠르게 말했다고 왓슨은 회상했다. 크릭은 DNA의 기초적인 중요성에 대한 왓슨의 믿음을 공유하였고, 두 사람은 곧 런던 킹스칼리지(King's College)의 윌킨스와 로절린드 프랭클린(Rosalind Franklin)이 DNA의 구조에 대해 더 알려고 엑스선 결정분광학(X-ray crystallography)이라고 부르는 새로운 기법을 사용하고 있다는 것을 알게 되었다. 왓슨과 크릭은 DNA의 구조를 이해하는 것이 유전학을 이해하는 데 결정적이라고 믿었다. 그러나 구조 문제를 풀기 위해서는 킹스칼리지의 실험 자료와 같은 형태의 자료가 필요했다.

처음 킹스칼리지의 연구진은 자신들의 자료를 공유하기 꺼려했고, 더구나 이 문제에 대하여 왓슨과 크릭이 가진 급박한 필요성조차 공유하지 않는 듯 했다. 거기에는 윤리적인 딜레마도 있었다. 즉, 다른 사람들이 이미 자신들의 연구라고 주장하는 문제를 왓슨과 크릭이 연구할 수 있는가? '공정함에 대한 영국적인 감각으로는 크릭이 윌킨스의 연구 과제를 다루는 걸 허용하지 않는다'라고 왓슨은 말했다.

왓슨과 크릭은 현대 화학자들이 자주 사용되는 '분자 모형 구축'이라는 기법을 통하여 이 문제에 접근하였다. 그들은 DNA 사슬 조각의 모형을 만들었고, 이들 조각들을 함께 끼워 맞추는 '화학적으로 합리적'인 여러 방법들을 시도하였다. 마침내 그들은 '진실이 아닐 수 없는 너무도 아름다운' 하나의 배열을 발견하였다. 윌킨스와 프랭클린의 실험 증거는 이 '아름다운 구조'가 실제 DNA 구조라는 것을 최종적으로 확인하였다.

A. Barrington Brown/Science Source

왓슨(James D. Watson)과 크릭(Francis Crick). 1953년에 찍은 사진에서 왓슨(왼쪽)과 크릭(오른쪽)이 DNA 이중나선에 대한 그들의 모형 옆에 서 있다(영국 캠브리지 대학교). 왓슨과 크릭은 윌킨스(Maurice Wilkins)와 함께 1962년도의 '의학 및 생리학'분야 노벨상을 받았다.

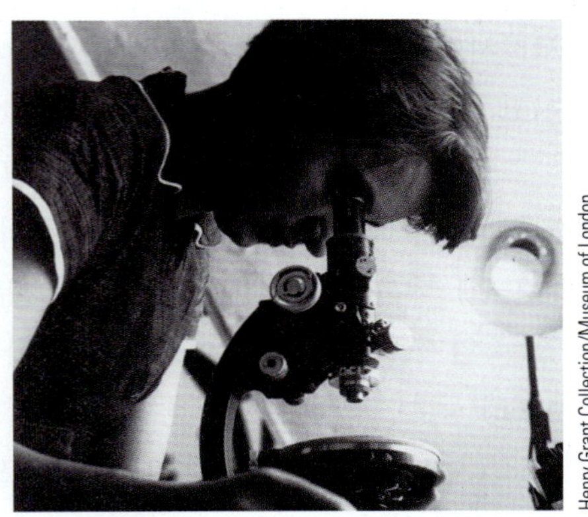
Henry Grant Collection/Museum of London

런던 킹스칼리지의 프랭클린(Rosalind Franklin). 그녀는 37세의 나이에 죽었다. 사후에는 결코 노벨상이 수여되지 않기 때문에, 그녀는 이 영광을 왓슨, 크릭, 윌킨스와 함께하지 못했다. 프랭클린에 대한 더 자세한 것은 매덕스(Brenda Maddox)가 쓴 '*Rosalind Franklin*: DNA의 불우한 여인(The Dark Lady of DNA)'을 읽으시오.

C—C 원자들로 이루어져 있다는 것이다. 각 원자는 사면체의 전자쌍 배치 구조를 가진다. 따라서 이 사슬 구조는 직선형이 될 수 없다. 주 골격을 따라가면서 사슬 구조는 실제로 비틀어진다. 이러한 뒤틀림 때문에 DNA가 나선형 모양을 가진다.

DNA에는 왜 바깥쪽에 O—P—O—C—C—C 골격이 있고 안쪽에는 질소를 포함하는 염기를 가진 이중나선이 있을까? 주 골격에 붙어 있는 염기 분자들 안에 있는 화학 결합들의 극성때문에 이러한 구조가 생긴다. 예를 들어 아데닌 분자의 N–H 결합은 극성이 매우 크며, 이것은 아데닌을 (이중나선을 이루는 상대방) 사슬에 연결된 타이민과 결합시키는 특별한 형태인 분자 간 힘(수소 결합)을 일으킨다(그림 8.13b). 이것에 대해서는 11장에서 분자 간 힘을 살펴보면서 더 배울 것이다.

질소 포함 염기의 고리를 이루는 각 원자의 주위에 평면삼각 전자쌍 배치를 가지기 때문에 고리들은 완전히 평평하다. 염기들 중 하나인 아데닌에서의 전자쌍 배치 구조를 조사해 보자. 이 고리 구조에는 2개의 주요 공명 구조가 있다. 이들 구조에서 각 탄소 원자는 하나의 이중 결합과 2개의 단일 결합으로 둘러싸이기 때문에 평면삼각 전자쌍 배치 구조가 된다. 고리의 각 질소 원자는 당(sugar)에 연결된 질소를 제외하고, 이중 결합 하나, 단일 결합 하나, 그리고 고립 전자쌍 하나로 둘러싸여 이들 원자 주변은 평면삼각 전자쌍 배치 구조가 된다. 그러나 당에 연결된 질소는 일반적 예상과는 다르다. 이 질소 원자는 3개의 단일 결합들과 하나의 고립 전자쌍으로 둘러싸인다. 보통은 사면체의 전자쌍 구조(그리고 삼각쌍뿔 분자 구조)를 가질 것으로 예측하지만, 이 경우에는 그렇지 않다. 그 대신, 결합으로 연결된 원자단들은 평면삼각형 구조를 취하고, 고립 전자쌍은 이들 결합에 수직인 면에 있게 된다. 이 고립 전자쌍에 있는 전자들이 고리의 이중 결합들에 있는 전자들과 어떻게 우호적으로 상호작용할 수 있는지는 9장을 공부한 후 이해하게 될 것이다.

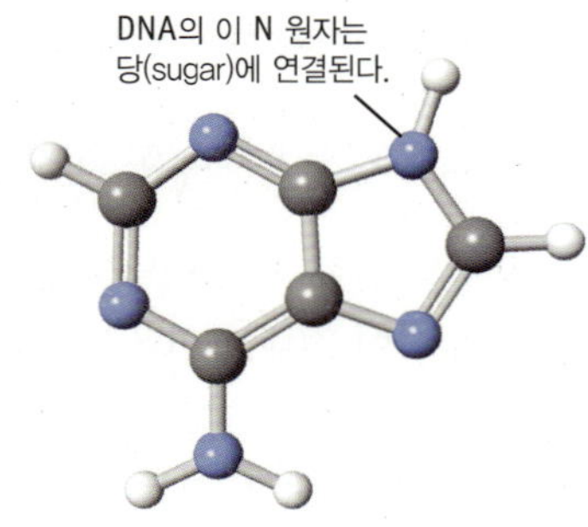

아데닌(Adenine). 5각형과 6각형 고리의 모든 C와 N 원자들은 평면삼각형 구조를 가진다는 것에 주목하시오. 5각형 고리의 N 원자는 DNA 안에 있는 당에 연결된다.

화학 원리 응용 | 폴링과 전기음성도

폴링(Linus Pauling)은 동일한 원자들, 예를 들어 A—A 또는 B—B 사이의 결합 해리 엔탈피($\Delta_{diss}H$)와 다른 원자들, A—B 사이의 결합 해리 엔탈피를 비교할 때 A—B 결합의 에너지가 항상 A—A와 B—B 에너지 평균보다 큼을 주목하였다.

$$\Delta_{diss}H(\text{A—B}) > 1/2\ [\Delta_{diss}H(\text{A—A}) + \Delta_{diss}H(\text{B—B})]$$

이렇게 되는 것이 사실이라면 이유는 무엇이고, 이것으로부터 유도할 수 있는 유용한 정보가 무엇이 있을까?

2개의 동등한 원자들 사이에 결합이 형성될 때 결합 전자는 2개 원자들 사이에서 동등하게 공유된다. 같지 않은 원자들 사이의 결합에서는 원자들이 전자를 동등하게 공유하지 않는다. 이것이 사실이라면 한 원자는 약간 양의 전하를 가지고 다른 것은 약간 음의 전하를 가질 것이다. 반대로 하전된 원자들 사이의 쿨롱 인력은 결합의 세기를 증가시킬 것이다. 폴링은 에너지의 차이는 분자 내에서 관련된 원자의 전기음성도와 관련이 있다고 말하고 전기음성도(χ)를 "전자를 자기 쪽으로 끄는 분자 내 원자들의 능력"으로 정의하였다. 그는 보다 명확하게 그가 관찰한 차이를 다음과 같이 전

폴링(Linus Pauling, 1901–1994)

기음성도 차이와 수학적으로 관계되고 있음을 밝혔다.

$$\chi_A - \chi_B = 0.102\sqrt{\Delta_{\text{diss}}H(AB) - \frac{\Delta_{\text{diss}}H(AA) + \Delta_{\text{diss}}H(BB)}{2}}$$

폴링은 결합 해리 엔탈피를 이용하여 플루오린에 4.0의 값을 할당하여 절대 전기음성도 값을 창조하였다. 이 값들은 유용하였기 때문에 폴링의 값은 폴링의 1932년 발표 이래로 지속적으로 정제되어 왔다. 그러나 폴링의 계산된 값은 오늘날 계산된 값과 거의 같다.

폴링의 최초의 발표 이래로 전기음성도 값을 정량화하는 다양한 방법이 개발되어 왔다. 한 가지 주목할 방법은 멀리컨(Robert Mulliken, 1896~1986)이 1934년에 개발한 것으로 이온화 에너지(IE)와 전자 부착 엔탈피($\Delta_{EA}H$)를 이용하여 각 원소들의 전기음성도 값을 계산한 것이다. 한 원소의 전기음성도는 다음 식으로 계산될 수 있다.

$$\chi_A = 1.97 \times 10^{-3}\ (\text{IE} - \Delta_{EA}H) + 0.19$$

여기서 이온화 에너지와 $\Delta_{EA}H$는 kJ/mol 단위이다.

문제

1. 결합 해리 엔탈피 값(표 8.8)을 이용하여 염화수소에서 수소와 염소의 전기음성도 차이($\chi_{Cl}-\chi_H$)를 계산하시오. 여러분의 결과를 그림 8.10에서의 전기음성도 값을 이용하여 계산된 값과 비교하시오.
2. 결합 해리 엔탈피 값(표 8.8)과 전기음성도 값(그림 8.10)을 이용하여 NI_3에서 질소–아이오딘 결합의 결합 해리 엔탈피 값을 예측하시오.
3. 이온화 에너지와 전자 부착 엔탈피 값(부록 F)을 이용하여 황 원자의 전기음성도를 계산하시오. 이 값을 그림 8.10의 값과 비교하시오.

참고문헌

1. Pauling, L., *Journal of the American Chemical Society*, vol. 54, p. 3570, 1932.
2. Mulliken, R.S., *Journal of Chemical Physics*, vol. 2, p. 782, 1934.

학습 목표 복습

여러분은 이 장의 학습을 마쳤다. 이제 학습 목표를 달성했는지 점검해 보자. 특히 다음과 같은 것을 할 수 있어야 한다.

- 이온 결합과 공유 결합의 기본 가정을 이해한다(8.1절).
- 루이스 전자점 구조와 분자 구조와의 관계를 이해한다(8.2~8.8절).
- 결합차수, 결합 길이와 결합 에너지와의 관계를 이해한다(8.9절).

- 작은 분자와 다원자 이온들의 루이스 전자점 구조 그린다.
  a. 분자성 화합물과 이온들의 루이스 구조를 그린다(8.2절).
  b. 팔전자 규칙을 이해하고 적용한다. 팔전자 규칙의 예외들을 확인한다(8.2절–8.5절).
  c. 공명 구조를 쓰고, 의미를 이해하고, 결합을 표현하는 수단으로 이 방법을 언제 어떻게 사용하는지를 학습한다(8.4절).
- 작은 분자와 이온들의 모양을 예측하고 더 복잡한 분자들의 구조를 이해하기 위하여 원자가 껍질 전자쌍 반발(VSEPR) 이론을 사용한다.
  a. VSEPR 이론을 사용하여 주족원소들로 이루어진 분자와 이온들의 분자 구조와 모양을 예측한다(8.6절). 표 8.9는 원자가 전자쌍들, 전자쌍 구조와 분자 구조, 그리고 분자의 극성들 사이의 관계에 대한 요약을 나타낸다.
- 분자와 이온에서 전하의 분포를 예측하고 결합의 극성을 정의하며, 분자의 극성을 예측하기 위하여 전기음성도와 형식 전하를 사용한다.

a. 루이스 구조를 바탕으로 하여 분자 내 원자의 형식 전하를 계산한다(8.3절).
b. 전기음성도를 정의하고, 결합을 이루는 두 원자들 사이에 전자가 균일하게 소유되지 않는 것을 묘사하는 데 전기음성도가 어떻게 사용되는지를 이해한다(8.7절).
c. 공유 결합성 분자와 이온들에서의 전하 분포에 대한 이해를 얻기 위하여 형식 전하와 전기음성도를 결합한다(8.7절).
d. 왜 어떤 분자들은 극성인 반면에 다른 분자들은 비극성인지 이해한다(8.8절). (표 8.6)
e. 분자의 극성을 예측한다(8.8절).

- 결합 엔탈피를 이용하여 화학 반응의 엔탈피 변화를 추산한다.

a. 결합차수, 결합 길이, 그리고 결합 해리 엔탈피를 정의하고, 이들에서 나타나는 경향성을 예측한다(8.9절).
b. 여러 계산에서 결합 해리 엔탈피를 사용한다(8.9절과 예제 8.14).

- (루이스 구조가 나타내는 것처럼) 흔한 전자 분포와 분자와 이온이 공유하는 분자 구조가 있음을 기억한다. 이러한 패턴을 아는 것은 익숙하지 않은 분자와 이온의 성질을 예측하도록 한다(8.2절~8.6절, 표 8.2~8.5와 8.9, 그림 8.4, 8.5, 8.7).
- 원자의 루이스 기호를 기억한다(표 8.1).
- 흔한 전자쌍 구조와 관련된 결합각을 기억한다(8.6절, 그림 8.4).

표 8.9 분자의 모양과 극성에 대한 요약

원자가 전자쌍의 수	전자쌍 배치 구조	결합 전자쌍의 수	고립 전자쌍의 수	분자 구조	분자의 극성은?*	예
2	선형	2	0	선형	없다	$BeCl_2$
3	평면삼각형	3	0	평면삼각형	없다	BF_3, BCl_3
		2	1	굽은 구조	있다	$SnCl_2$ (g)
4	사면체	4	0	사면체	없다	CH_4, BF_4^-
		3	1	삼각쌍뿔	있다	NH_3, PF_3
		2	2	굽은 구조	있다	H_2O, SCl_2
5	삼각쌍뿔	5	0	삼각쌍뿔	없다	PF_5
		4	1	시소구조	있다	SF_4
		3	2	T-자형	있다	ClF_3
		2	3	선형	없다	XeF_2, I_3^-
6	육면체	6	0	육면체	없다	SF_6, PF_6^-
		5	1	사각 피라미드	있다	ClF_5
		4	2	평면사각형	없다	XeF_4

*AX_n 분자들에서 X 원자들은 동일하다.

주요 식

식 8.1(351쪽) 분자 내 원자의 형식 전하를 계산하는 데 사용.

$$\text{분자나 이온 안에 있는 원자의 형식 전하} = \text{원자가 전자 수} - [\text{고립 전자 수} + \tfrac{1}{2}(\text{결합 전자 수})]$$

식 8.2(385쪽) 결합차수를 계산하는 데 사용.

$$\text{결합차수} = \frac{\text{모든 X–Y 결합에서 공유되는 전자쌍들의 총 수}}{\text{분자 혹은 이온에서 X–Y 연결들의 수}}$$

식 8.3(388쪽) 결합 해리 엔탈피들을 사용하여 반응의 엔탈피 변화를 추정하는 데 사용.

$$\Delta_r H = \Sigma\Delta H(\text{끊어지는 결합들}) - \Sigma\Delta H(\text{생성되는 결합들})$$

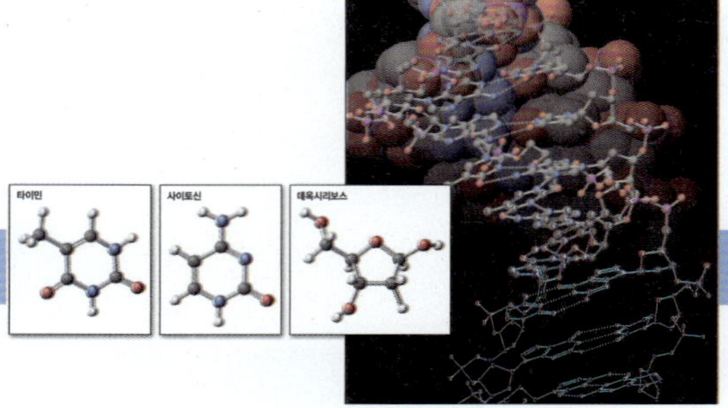

학습문제

실전문제

원자가 전자들과 팔전자 규칙(8.1절 참조)

1. 다음 각 원자들의 주기율표상 족 번호와 원자가 전자들의 수를 말하시오.

(a) O (b) B (c) Na
(d) Mg (e) F (f) S

2. 주기율표의 4A–7A족 원소들이 팔전자 규칙을 지킬 때 (전하가 없는 분자에서) 각 원소들이 가지는 결합의 수를 말하시오.

루이스 전자점 구조(8.2절, 8.4절, 8.5절과 예제 8.1~8.4 및 8.6~8.7)

3. 다음 분자나 이온의 루이스 구조를 그리시오.

(a) NF_3 (b) ClO_3^-
(c) HOBr (d) SO_3^{2-}

4. 다음 분자의 루이스 구조를 그리시오.

(a) 염화이플루오린화메테인, $CHClF_2$ (C가 중심 원자)

(b) 프로판산, $C_2H_5CO_2H$ (기본 구조는 아래 그림)

```
    H   H   O
    |   |   |
H — C — C — C — O — H
    |   |
    H   H
```

(c) 아세토나이트릴, CH_3CN (기본 골격은 $H_3C–C–N$)

(d) 알렌, CH_2CCH_2

5. 다음 분자나 이온에 대하여 가능한 모든 공명 구조를 보이시오.

(a) 이산화황, SO_2 (b) 아질산, HNO_2
(c) 싸이오시안산, HSCN

6. 다음 분자나 이온의 루이스 구조를 그리시오.

(a) BrF_3 (b) I_3^- (c) XeO_2F_2 (d) XeF_3^+

형식 전하(8.3절과 예제 8.5 참조)

7. 다음 분자나 이온에 있는 각 원자들의 형식 전하를 정하시오.

(a) N_2H_4 (b) PO_4^{3-}
(c) BH_4^- (d) NH_2OH

8. 다음 분자나 이온에 있는 각 원자들의 형식 전하를 정하시오.

(a) NO_2^+ (b) NO_2^-
(c) NF_3 (d) HNO_3

분자 구조(8.6절과 예제 8.8~8.11 참조)

9. 다음 분자나 이온의 루이스 구조를 그리시오. 중심 원자 주변의 전자쌍 배치 구조와 분자 구조를 기술하시오.

(a) NH_2Cl (b) Cl_2O (O가 중심 원자)
(c) SCN^- (d) HOF

10. 다음 분자나 이온들은 모두 중심 원자에 연결된 2개의 산소 원자들을 가진다. 이들 각각의 루이스 구조를 그리고, 중심 원자 주변의 전자쌍 배치 구조와 분자 구조를 설명하시오. 이들 네 가지 구조들의 유사점들과 차이점들을 지적하시오.

(a) CO_2 (b) NO_2^-
(c) O_3 (d) ClO_2^-

11. 다음 각 분자나 이온의 루이스 구조를 그리시오. 중심 원자 주변의 전자쌍 구조와 분자 구조를 설명하시오.

(a) ClF_2^- (b) ClF_3
(c) ClF_4^- (d) ClF_5

12. 다음 결합 각도의 근사값을 말하시오.

(a) SO_2에서 O—S—O 각도
(b) BF_3에서 F—B—F 각도
(c) Cl_2CO에서 Cl—C—Cl 각도
(d) 다음 그림의 아세토나이트릴에서 H—C—H(각 1)과 C—C≡N(각 2)의 각도

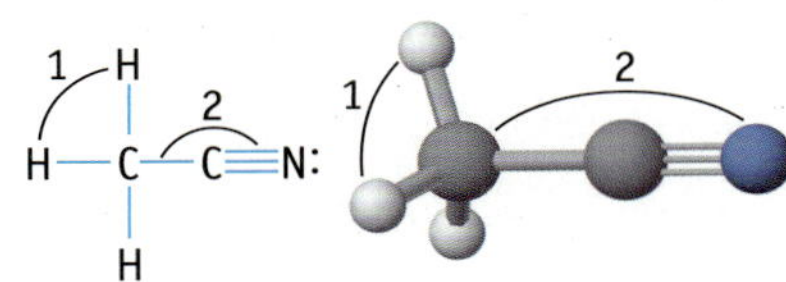

아세토나이트릴

13. 페닐알라닌은 천연 아미노산들 중 하나이며, 아스파탐의 분해 생성물들 중 하나이다. 이 아미노산의 다음 그림에 도시된 각도들의 값을 추정하시오. 왜 $—CH_2—CH(NH_2)—CO_2H$ 사슬이 직선이 아닌지 설명하시오.

결합의 극성, 전기음성도, 형식 전하(8.7~8.8절 및 예제 8.12~8.13 참조)

14. 다음 한 쌍의 결합에서 보다 극성인 결합을 표시하고 화살표를 이용하여 각 결합에서 극성의 방향을 나타내시오.

(a) C—O와 C—N (b) P—Br과 P—Cl
(c) B—O와 B—S (d) B—F와 B—I

15. 아크로레인(C_3H_4O)은 일부 플라스틱의 출발 물질이다.

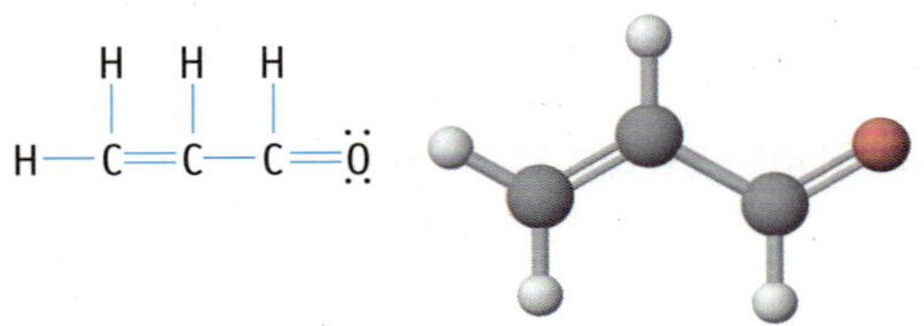

아크로레인

(a) 이 분자에서 어느 결합이 극성 결합이고 어느 결합이 비극성 결합인가?
(b) 이 분자에서 어느 결합의 극성이 가장 큰가? 이 결합에서 어느 원자가 더 큰 음전하를 가지는가?

16. 형식 전하와 결합의 극성을 함께 고려하여 다음 음이온들에서 어느 원자 또는 원자들에 음전하가 있을 것인지 예측하시오.

(a) OH^- (b) BH_4^- (c) $CH_3CO_2^-$

17. 일산화이질소(N_2O)에 대하여 3개의 공명 구조들이 가능하다.

(a) 3개의 공명 구조들을 그리시오.
(b) 각 공명 구조에서 각 원자의 형식 전하를 계산하시오.
(c) 형식 전하와 전기음성도를 바탕으로 어느 공명 구조

가 가장 타당한지 예측하시오.

18. 탄산수소 이온(HCO_3^-)과 질산(HNO_3)의 전자점 구조를 비교하시오.

(a) 이들 이온은 등전자 관계인가?

(b) 각 이온은 얼마나 많은 공명 구조들을 가지는가?

(c) 이 화합물들 각 원자의 형식 전하는 얼마인가?

(d) 이 화합물들의 산–염기 거동을 비교하시오.

19. 아질산 이온(NO_2^-)과 아질산(HNO_2)의 화학에 관련하여 다음에 답하시오.

(a) NO_2^-에 대하여 두 가지 공명 구조가 가능하다. 두 공명 구조를 그리고, 각 공명 구조에서 각 원자의 형식 전하를 계산하시오.

(b) 만약 아질산을 만들기 위해 H^+ 이온이 NO_2^-에 붙는다면 N이 아니라 O에 붙는다. 왜 그렇게 예측되는지 설명하시오.

(c) HNO_2에 대하여 두 가지 공명 구조가 가능하다. 두 공명 구조를 그리고, 각 공명 구조에서 각 원자의 형식 전하를 계산하시오. 이 두 공명 구조들 중 어느 것이 훨씬 더 우세한가?

분자의 극성(8.8절과 예제 8.14~8.15 참조)

20. 다음 분자들에 대하여, (i) 어느 화합물의 결합이 가장 큰 극성인가? (ii) 이들 중 어느 것이 무극성인가? (iii) ClF에서는 어느 원자가 더 큰 음전하를 가지는가?

(a) H_2O (b) NH_3 (c) CO_2

(d) ClF (e) CCl_4

21. 다음 분자들 중 어느 것(들)이 극성인가? 극성인 각 분자에 대하여 극성의 방향을 표시하시오. 즉 어느 쪽이 음극 끝이고 어느 쪽이 양극 끝인지 표시하시오.

(a) $BeCl_2$ (b) HBF_2

(c) CH_3Cl (d) SO_3

결합차수와 결합 길이(8.9절 참조)

22. 다음 분자나 이온에서 각 결합의 결합차수를 말하시오.

(a) CH_2O (b) SO_3^{2-}

(c) NO_2^+ (d) NOCl

23. 다음 각 쌍의 두 결합들 중 어느 것이 더 짧은지 예측하시오.

(a) B—Cl 또는 Ga—Cl (b) Sn—O 또는 C—O

(c) P—S 또는 P—O (d) C=O 또는 C≡N

24. NO_2^+, NO_2^-, NO_3^-에서 질소–산소 결합 길이를 고려할 때, 어느 이온에서 결합 길이가 가장 긴 것으로 예측되는가? 어느 것의 결합 길이가 가장 짧은 것으로 예측되는가? 그 이유를 가단하게 설명하시오.

결합의 세기와 결합 해리 엔탈피(8.9절과 표 8.8, 예제 8.16 참조)

25. 폼알데하이드(CH_2O)와 일산화탄소(CO)의 탄소–산소 결합을 고려할 때, 어느 분자에서 CO 결합 길이가 더 짧은가? 어느 분자에서 CO 결합이 더 강한가?

26. 에탄올은 에틸렌과 물의 반응으로 만들 수 있다.

$$H_2C = CH_2(g) + H_2O(g) \rightarrow CH_3CH_2OH(g)$$

이 반응의 엔탈피 변화를 추정하는 데 결합 해리 엔탈피들을 사용하시오. 추정된 값을 생성 엔탈피들로부터 구해지는 값과 비교하시오.

27. 어떤 분자에 수소(H_2)를 더하는 수소 첨가 반응은 산업에서 한 화합물을 다른 화합물로 변화시키기 위하여 널리 사용되고 있다. 예를 들어, 1–뷰텐(C_4H_8)은 H_2가 더해져서 뷰테인(C_4H_{10})으로 변환된다.

```
    H   H   H   H
    |   |   |   |
H — C — C — C = C — H(g) + H2(g) ⟶
    |   |
    H   H
```

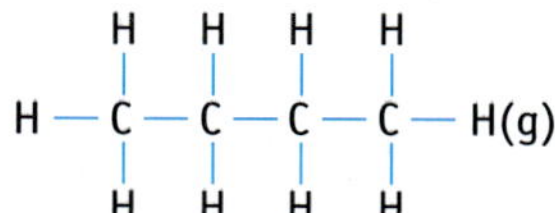

표 8.8에 있는 결합 해리 엔탈피들을 이용하여 이 수소 첨가반응의 엔탈피 변화를 추정하시오.

28. 이플루오린화산소 화합물은 반응성이 매우 크며, 물과 함께 다루면 산소와 HF를 만든다.

$$OF_2(g) + H_2O(g) \rightarrow O_2(g) + 2\ HF(g)$$
$$\Delta_r H^\circ = -318\ \text{kJ/mol-rxn}$$

결합 해리 엔탈피들을 이용하여 OF_2에서 O—F 결합의 결합 해리 엔탈피를 계산하시오.

일반문제

다음 문제들은 절의 종류나 위치를 명시하지 않았다. 이 문제들은 여러 가지 개념이 조합되어 있을 수도 있다.

29. Li, Ti, Zn, Si, Cl의 원자가 전자의 수를 말하시오.

30. 다음 분자나 이온 중 중심 원자가 팔전자 규칙을 만족하지 않은가?

$$BF_4^-, SiF_4, SeF_4, BrF_4^-, XeF_4$$

31. 폼산 이온(HCO_2^-)의 공명 구조를 그리고, C—O 결합의 결합차수를 결정하시오.

32. 다음 반응의 엔탈피 변화를 추정하기 위해서는 어떤 결합 해리 엔탈피 값들이 필요한가?

$$O_2(g) + 2\ H_2(g) \rightarrow 2\ H_2O(g)$$

올바른 부호를 표시하도록 주의하면서, 계산 과정의 개요를 설명하시오.

33. 다음 분자나 이온의 루이스 구조(그리고 필요하다면 적절한 공명 구조들)를 그리시오. 이들 사이에는 어떤 유사점들과 차이점들이 있는가?

(a) CO_2 (b) N_3^- (c) OCN^-

34. NO_2^-와 NO_2^+에서 N—O의 결합차수는 얼마인가? 이 두 이온들 중 한 이온에서의 질소–산소 결합 길이는 110 pm이고 다른 이온에서는 124 pm이다. 어느 결합 길이가 어느 이온에 해당하는가? 간단하게 설명하시오.

35. ClF_2^+와 ClF_2^-의 F—Cl—F 결합 각도를 비교하시오. 루이스 구조를 사용하여 각 이온의 대체적인 결합 각도를 결정하시오. 어느 이온의 결합 각도가 더 큰지 결정하고, 그 이유를 간단하게 설명하시오.

36. 아황산이온(SO_3^{2-})의 전자점 구조를 그리시오. 이 이온은 수용액에서 H^+와 작용하여 산을 만든다. H^+는 SO_3^{2-}에서 S와 O 중 어느 곳에 붙겠는가?

37. 기체 메탄올의 연소 반응식은 다음과 같다.

$$2\ CH_3OH(g) + 3\ O_2(g) \rightarrow 2\ CO_2(g) + 4\ H_2O(g)$$

(a) 표 8.8의 결합 엔탈피들을 사용하여 이 반응의 엔탈피 변화를 추정하시오. 기체 메탄올 1 mol의 연소 엔탈피는 얼마인가?

(b) 위 (a)에서 구한 답을 생성 엔탈피 자료들을 사용하여 계산한 $\Delta_r H°$ 값과 비교하시오.

38. 사이안산 이온(OCN^-)은 가장 전기음성도가 작은 탄소 원자를 중앙에 가진다. 매우 불안정한 풀미산 이온(CNO^-)은 같은 화학식을 가지지만, N 원자가 중심에 있다.

(a) CNO^-에 대하여 가능한 세 가지 공명 구조를 그리시오.

(b) 형식 전하에 근거하여 각 공명 구조에서 가장 적절한 전하 분포를 정하시오.

(c) 풀미산수은(Mercury Fulminate)은 매우 불안정하여 다이너마이트의 뇌관 뚜껑에 사용된다. 이러한 불안정성을 설명할 수 있겠는가? (힌트: 가능한 공명 구조들에서 형식 전하들이 원자들의 상대적인 전기음성도의 관점에서 타당한가?)

39. 고립 전자쌍이 차지하는 공간이 결합 전자쌍보다 훨씬 더 크다는 것을 바탕으로 다음 이유를 설명하시오.

(a) XeF_2는 굽은 구조가 아니라 직선 구조를 가진다.

(b) ClF_3는 평면삼각 구조가 아니라 T–자형 구조를 가진다.

40. 하이드록시프롤린은 흔치 않은 아미노산이다.

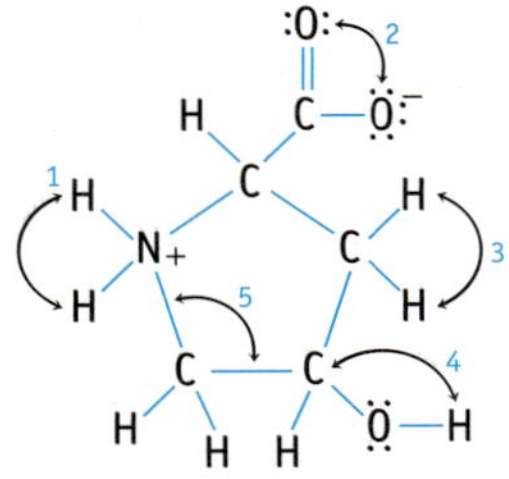

(a) 표시된 결합각의 근사값을 말하시오.

(b) 이 분자에서 극성이 가장 큰 결합은 어느 것인가?

41. 표 8.8의 결합 해리 엔탈피들을 사용하여, 우레아가 하이드라진($H_2N—NH_2$)과 일산화탄소로 분해할 때의 엔탈피 변화를 계산하시오. (모든 화합물들이 기체 상태라고 가정하시오.)

42. 다이하이드록시아세톤은 피부를 빨리 그을리게 하는 로션의 한 성분이다. (이것은 피부 상층의 아미노산과 반

응하여, 음식을 익힐 때 일어나는 것과 비슷한 반응으로 피부의 색을 갈색으로 만든다.)

(a) 결합 해리 엔탈피들을 사용하여 (반응이 기체 상태에서 일어난다고 가정) 다음 반응의 엔탈피 변화를 추정하시오. 이것은 발열 반응인가 흡열 반응인가?

```
   H  :O:  H                        H  :O:  H
   |   ‖   |                        |   ‖   |
H—C —C —C —H + O₂ ⟶  H—Ö—C —C —C —Ö—H
   |       |                        |       |
   H       H                        H       H
```

아세톤 다이하이드록시아세톤

(b) 다이하이드록시아세톤과 아세톤은 극성 분자들인가?

(c) 강한 염기에 의하여 양성자(H^+)가 다이하이드록시아세톤 분자로부터 제거될 수 있다(이것은 피부를 그을리는 반응에서 나타나는 일부분이다). 다이하이드록시아세톤에서 어느 H 원자가 가장 큰 양전하를 가지는가?

43. 아크롤레인은 플라스틱을 만들 때 사용된다. 에틸렌의 C—H 결합 사이에 일산화탄소를 끼워 넣어 이 화합물을 만들 수 있다고 가정하자.

```
                         H
                         |
H  H                H   C=Ö
|  |                |   |
C=C  + :C≡O:  ⟶   C=C
|  |                |   |
H  H                H   H
```

에틸렌 아크롤레인

(a) 아크롤레인에서 어느 탄소–탄소 결합이 더 강한가?

(b) 아크롤레인에서 어느 탄소–탄소 결합이 더 긴가?

(c) 에틸렌 또는 아크롤레인은 극성인가?

(d) 결합 해리 엔탈피들을 사용하여 CO와 C_2H_4가 반응하여 아크롤레인을 만드는 반응이 발열 반응인지 흡열 반응인지 예측하시오.

44. 1,2–이염화에틸렌은 아세틸렌의 탄소–탄소 삼중 결합에 Cl_2을 더하여 합성할 수 있다.

```
                          H       Cl
                           \     /
H—C≡C—H + Cl₂  ⟶          C=C
                           /     \
                          Cl      H
```

결합 해리 엔탈피들을 사용하여 기체 상태에서 일어나는 이 반응의 엔탈피 변화를 추정하시오.

실험 관련 문제

45. 실험실에서 실험하면서 극성 용매를 사용한 용액을 준비하고자 한다. 메탄올(CH_3OH)과 톨루엔($C_6H_5CH_3$) 중 어느 것을 선택해야 하는가? 설명하시오.

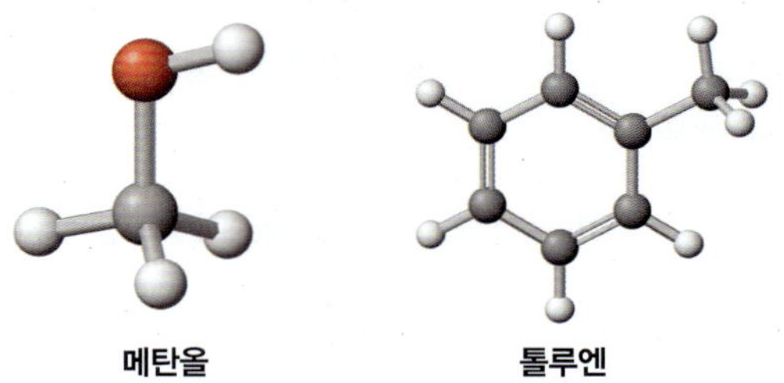

메탄올 톨루엔

46. 학술 잡지인 *Science*에 2007년 발표된 논문(S. Vallina and R. Simo, *Science*, Vol. 315, p. 506, January 26, 2007)은 바다의 식물 플랑크톤이 방출하는 중요한 온실가스인 다이메틸설파이드(DMS)에 대한 연구 결과를 보고하였다. 이 기체는 대기권 황의 가장 큰 자연 출처를 나타내며, 먼 바다 상공의 깨끗한 공기에서의 흡습성(구름 형성) 입자들의 주요 전구체이며, 그래서 대기를 통과하여 바다에 흡수되는 태양의 복사열을 감소시키는 역할을 한다.

(a) 다이메틸설파이드(CH_3SCH_3)의 루이스 구조를 그리고, 이 분자 내의 각도들을 나열하시오.

(b) 전기음성도를 사용하여 이 분자의 어디에 양전하와 음전하가 있는지 결정하시오. 이 분자는 극성인가?

(c) 북위 15°와 남위 15° 사이의 바닷물 속에 있는 DMS의 평균 농도는 2.7 nM(nanomolar)이다. 바닷물 1.0 m^3 안에는 얼마나 많은 DMS 분자들이 있는가?

요약 및 개념 문제

다음 문제들은 이 장과 이전의 장들에서 나온 개념을 모두 포함하고 있다.

47. 백린(white phosphorus)은 사면체의 꼭짓점에 인 원자가 있는 P_4 분자로 존재한다.

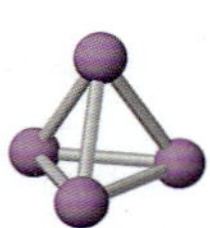

백린, P_4

(a) 인 원소는 Cl_2와 반응하여 PCl_3를 만든다. 이 반응에 대한 완결된 화학 반응식을 쓰시오.

(b) 표준 생성 엔탈피($\Delta_f H°$)가 P_4(g)는 +58.9 kJ/mol, PCl_3(g)는 −287.0 kJ/mol이다. 이 값들을 사용하여 P_4가 Cl_2와 반응하여 PCl_3를 만드는 반응의 엔탈피 변화($\Delta_f H$)를 계산하시오.

(c) 위의 (a)에서 제시한 완결된 반응식을 바탕으로 어떤 결합이 끊어지고 어떤 결합이 만들어지는지 정하시오. 이 정보를 (b)에서 계산한 $\Delta_f H°$, 그리고 표 8.8에 있는 P—P와 Cl—Cl의 결합 해리 엔탈피 값들과 함께 사용하여 P—Cl 결합의 결합 해리 엔탈피 값을 추정하시오. 이렇게 추정한 값을 비교하시오.

48. 브로민을 함유한 화학종들은 환경 화학에서 일정한 역할을 한다. 예를 들면 이것들은 화산 폭발로 분출된다.

(a) 다음 분자들은 브로민의 환경화학에서 중요하다. HBr, BrO, HOBr. 어느 것(들)이 홀수 전자 분자인가?

(b) 결합 해리 엔탈피 값들을 사용하여 브로민의 다음 세 반응들에 대한 $\Delta_r H$을 추정하시오.

$$Br_2(g) \rightarrow 2\ Br(g)$$

$$2\ Br(g) + O_2(g) \rightarrow 2\ BrO(g)$$

$$BrO(g) + H_2O(g) \rightarrow HOBr(g) + OH(g)$$

(c) 결합 해리 엔탈피 값들을 사용하여 H_2(g), O_2(g), Br_2(g)로부터 HOBr(g)가 만들어지는 표준 생성 엔탈피를 추정하시오.

(d) 위 (b)와 (c)의 반응들은 각각 발열 반응인가 흡열 반응인가?

© Gary J. Schrobilgen

$Xe(g)$와 $F_2(g)$를 햇빛에 노출시켰을 때 생성되는 XeF_2 결정.

09장 화학 결합과 분자 구조: 궤도함수 혼성과 분자 궤도함수

학습 개요

9.1 궤도함수와 화학 결합 이론
9.2 원자가 결합 이론
9.3 분자 궤도함수 이론

0족 기체: 극단적 비활성은 아님 화학 교수들은 몇 세대에 걸쳐 0족 기체는 화학적으로 비활성이라고 가르쳐왔다. 그러나 1962년 화학자들은 이것이 사실이 아님을 알게 되었다. 제논은 화합물을 형성함이 발견되었다! 최초의 화합물은 현재 $XeF^+Pt_2F_{11}^-$로 알려진 이온 화합물이었다. 그러나 곧이어 XeF_4, XeF_6, $XeOF_4$와 XeO_3를 포함하는 수많은 공유 화합물이 잇따라 발견되었다. 1962년 이후 0족 기체 화학의 영역은 FXeOXeF와 같은 흥미로운 분자들의 발견으로 확장되어 왔다.

처음에는 제논 화합물들이 극한 조건에서만 형성되는 것으로 생각하였다. 따라서 실온에서 제논과 플루오린 혼합 기체들을 햇빛으로 조사하였을 때 XeF_2의 결정(사진 참조)이 형성된다는 것을 알았을 때 또 다른 놀라움을 주었다.

이 책의 저자 중 두 사람은 이러한 발견 당시 대학원생에 불과하였다. 모든 사람이 이를 논의하였고 중요한 질문 가운데 분자

학습 목표

다음 목표들의 핵심인 학습문제는 "학습 목표 복습"을 참조하시오.

- 궤도함수 겹침은 공유 결합의 기초임을 이해
- 궤도함수 혼성 이론을 이해
- 원자가 결합 이론과 분자 궤도함수 이론의 차이와 각 이론이 적용되는 방법을 이해
- 분자 또는 다원자 이온에서 원자의 혼성을 확인
- 원자가 결합 이론을 이용하여 분자 또는 다원자 이온에서 결합을 기술
- 간단한 이원자 분자 또는 이온의 분자 궤도함수의 전자 배치를 쓰고 각 화학종의 결합차수를 결정하며, 자기적 거동을 예측
- 화학 결합은 각각 장점과 단점을 가진 다른 이론을 이용하여 기술할 수 있음을 기억
- 혼성 궤도함수 집단의 종류와 공간에서의 그들의 배향을 기억
- 시그마와 파이라는 용어와 궤도함수 겹침과 결합 모양의 관점에서 그들의 의미를 기억

의 구조와 결합의 본질 등이 있었다. 화합물 구조는 그 이후 실험적으로 결정되었고, 현재는 일반 화학 교과서의 개념에 근거하여 학생들도 VSEPR 이론(이 분자들이 발견되었을 때에는 아직 개발되지 않았던 이론)을 이용하여 구조를 예측할 수 있다. 그러나 결합에 대한 아이디어는 지속적으로 진화하여 왔다. 예를 들면 최근에 연구자들은 XeF_4와 XeF_2와 같은 분자에서의 결합에 *d* 궤도함수가 참여하였는지 여부와 방법에 대하여 의문을 제기하여 왔다.

여기서 알아야 할 중요한 관찰이 있다. 분자의 구조는 사실이다. 그러나 결합을 기술하는 것은 이론에 불과하며 이는 실험으로부터 배운 사실을 정당화하기 위해 세워졌기 때문에 보다 많은 정보를 얻게 됨에 따라 변할 수 있다는 것이다.

어떻게 분자 내의 결합이 유지되는가? 예를 들면 수백만 종의 유기 화합물들은 다른 원자들이 정사면체 형태로 둘러싸고 있는 탄소 원자들에 기초하고 있다. 탄소 원자 궤도함수들의 공간적 배향이 정사면체의 각 꼭짓점으로 향하고 있지 않을 때 어떻게 정사면체 꼭짓점의 원자들과 결합을 할 수 있는가? 염료 분자가 빛을 흡수하는 이유는 무엇인가? 산소는 왜 상자성이며, 이 성질은 분자 내 결합과 어떻게 연관되는가? 이러한 것들이 이 장에서 제기되는 기본적이며 흥미로운 질문들의 일부이고, 이 질문을 이해하기 위해서는 결합에 대한 좀 더 깊은 이해가 필요하다.

9.1 궤도함수와 화학 결합 이론

6장에서 원자 내의 원자가 전자 위치는 궤도함수 모형으로 설명된다고 하였다. 분자 내의 전자들도 궤도함수 모형으로 설명될 수 있다고 가정할 수 있다.

궤도함수를 바탕으로 화학 결합을 설명하는 두 가지 대표적 이론이 **원자가 결합 이론**(valence bond theory)과 **분자 궤도함수 이론**(molecular orbital theory)이다. 원자가 결합 이론은 폴링(Linus Pauling)에 의해 발전되었고 분자 궤도함수는 미국 화학자인 멀리컨(Robert S. Mulliken, 1896~1986)에 의하여 발전되었다. 원자가 결합

이론은 원자 사이의 결합 전자쌍과 특정 원자에 속해 있는 고립 전자쌍에 대한 루이스 개념과 매우 유사한 반면에 멀리컨은 분자 전체에 퍼져 있는 분자 궤도함수에 초점을 맞췄다. 그렇게 하는 한 가지 방법은 원자 궤도함수들을 중첩시켜 분자적 특성을 갖는 일련의 분자 궤도함수를 형성하고, 이 분자 궤도함수들 내부에 분자들이 가지고 있는 전자들을 분배하는 것이다.

두 가지 이론 모두 분자나 다원자 이온의 결합을 잘 기술하지만 각기 다른 상황에서 가장 유용하다. 원자가 결합 이론은 일반적으로 분자 구조와 결합에 대한 정성적인 분석에 최적의 방법이다. 이 이론은 많은 원자들로 구성된 분자에 특히 유용하다. 이에 반해서 분자 궤도함수 이론은 결합을 좀 더 정량적으로 분석할 필요가 있을 때 유용하다. VB 이론은 가장 낮은 에너지의 바닥 상태에 있는 분자 결합을 잘 설명하는 반면, MO 이론은 높은 에너지의 들뜬 상태에 있는 분자를 설명하는 데 필요하다. 들뜬 상태의 분자에 대한 이해는 화합물의 색을 설명하는 데 중요하다. NO와 O_2와 같은 일부 분자들의 결합은 MO 이론을 통해서만 정확히 설명된다.

결합은 "인간의 상상에 의한 허구이다." 영국 옥스퍼드대학교의 저명한 이론화학자인 쿨슨(C. A. Coulson)은 "원자 사이의 결합이 너무 현실적이고 명백할 뿐만 아니라 친숙해진 개념이라 때때로 내가 볼 수 있다고 생각할 때가 있다. 그러나 결합은 사실이 아니다. 존재하지도 않으며 누구도 본 적이 없고 앞으로도 볼 수 없다. 결합은 인간의 상상에 의한 허구이다."고 말했다(*Chemical and Engineering News*, 2007. 1. 29. 37p). 그러나 결합은 유용한 가정이며, 이 장에서는 이 유용한 개념에 대해 소개한다.

9.2 원자가 결합 이론

결합의 궤도함수 중첩 모형

무한히 멀리 떨어진 두 수소 원자를 결합시키기 위하여 가까이 가져간다면 무슨 일이 일어날 것인가? 처음 두 원자가 멀리 떨어져 있을 때는 서로 영향을 미치지 않는다. 그러나 원자들이 서로 가까워지면 한 원자에 있는 전자는 다른 원자의 양전하를 띤 핵에 끌리기 시작한다. 그림 9.1에 도시된 바와 같이 이러한 인력 때문에 한 원자의 전자구름은 다른 원자의 핵 쪽으로 치우치게 변형되며, 두 궤도함수가 중첩되는 두 원자들 사이의 영역으로 전자를 끌게 된다. 핵과 전자 사이의 인력 때문에 계의 퍼텐셜 에너지는 낮아진다. 수소 원자 사이의 거리가 74 pm일 때 퍼텐셜 에너지가 최저이다. 그러나 두 수소 원자가 74 pm 보다 가까워지면 두 원자의 핵–핵과 전자–전자 사이의 반발력 때문에 퍼텐셜 에너지가 급격히 증가한다.

퍼텐셜 에너지가 최저일 때 계는 안정하다. 여기에 기술된 분석에 근거하여 2개의 수소 원자가 74 pm 떨어져 있을 때 이 상태가 일어났을 것으로 예측된다. 의미 있는 것은 74 pm는 H_2 분자에서 실험적으로 측정된 결합 길이와 일치한다.

H_2 분자에서 2개의 전자, 서로 다른 스핀을 가진 원자당 1개씩의 전자는 결합을 이루기 위하여 쌍을 이룬다. 이때 두 전자의 에너지는 자유 원자 상태에 있는 전자의 에너지보다 낮아지며, 결과적으로 그만큼 안정화된다. 계산된 알짜 안정화는 실험적으로 결정된 결합 에너지와 일치하고, 결합 길이와 결합 에너지에 대한 이론값과 실험값이 일치한다는 것은 이러한 이론적 접근이 유용하다는 증거이다.

원자 궤도함수가 중첩됨에 따라 결합이 형성된다는 아이디어는 원자가 결합 이론의 기초이다. 이 사실이 그림 9.1과 9.2에서 도시되고 있으며, 두 원자 내의 전자구름이 상호 침투하거나 중첩되는 것을 보여준다. 이러한 **궤도함수 중첩**(orbital overlap)

그림 9.1 수소 원자로부터 H–H 결합 형성 과정에서의 퍼텐셜 에너지 변화. 궤도함수 그림에서 빨간색은 거리가 감소함에 따라 H 원자 사이의 전자 밀도가 증가하는 것을 나타낸다.

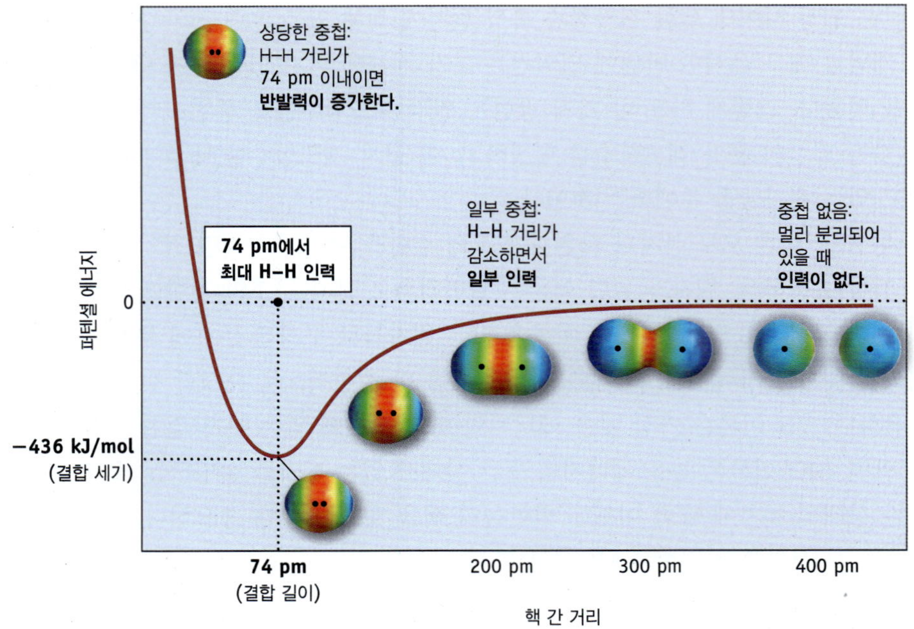

은 두 핵 사이의 공간에서 결합 전자를 발견할 가능성을 높여준다.

2개의 H 원자에 각각 하나씩 있는 2개의 *s* 궤도함수의 중첩에 의해 형성된 공유 결합을 **시그마(σ) 결합**(sigma bond)이라 부른다. 시그마 결합은 전자 밀도가 결합 축을 따라 가장 큰 결합이다.

결합에 대한 원자가 결합의 요점은 아래와 같이 정리할 수 있다.

- 두 원자 사이의 결합은 궤도함수 중첩에 의해 형성된다.
- 중첩 궤도함수에는 반대 스핀을 갖는 2개의 전자가 채워질 수 있다. 보통 2개의 결합 원자로부터 전자가 하나씩 공급된다.
- 궤도함수 중첩으로 결합 전자들은 양쪽 핵의 영향을 받는 영역에서 발견될 확률이 증가하며, 두 전자들은 두 핵에 동시에 끌린다.

이러한 그림이 수소 이외의 원소들에 어떻게 적용될 것인가? 예를 들어 HF의 루이스 구조에서 결합 전자쌍은 H와 F 사이에 놓이고 세 쌍의 고립 전자쌍은 F 원자 주위에 놓인다(그림 9.2b). 궤도함수 접근법을 사용하기 위해 중첩되는 각 원자의 원자가 껍질 전자와 궤도함수를 고찰하여 보자. 수소 원자는 결합 형성에서 1*s* 궤도함수를 사용한다. F의 전자 배치는 $1s^22s^22p^5$이고 쌍을 이루지 않는 전자는 2*p* 궤도함수 하나에 할당된다. 시그마 결합이 수소 1*s*와 쌍을 이루지 않은 전자를 가진 F 2*p* 궤도함수의 중첩으로 형성된다. 에너지가 최소인 최적 길이(92 pm)는 HF에서의 결합 길이와 일치한다. 이 과정에서 성취되는 알짜 안정화는 H–F 결합의 에너지이다.

F 원자에 남아 있는 전자들은(2*s* 궤도함수에 2개 그리고 다른 2개의 2*p* 궤도함수의 4개 전자) 결합에 참여하지 않는다. 루이스 구조에서 이 고립 전자쌍들은 비결합 전자쌍이다.

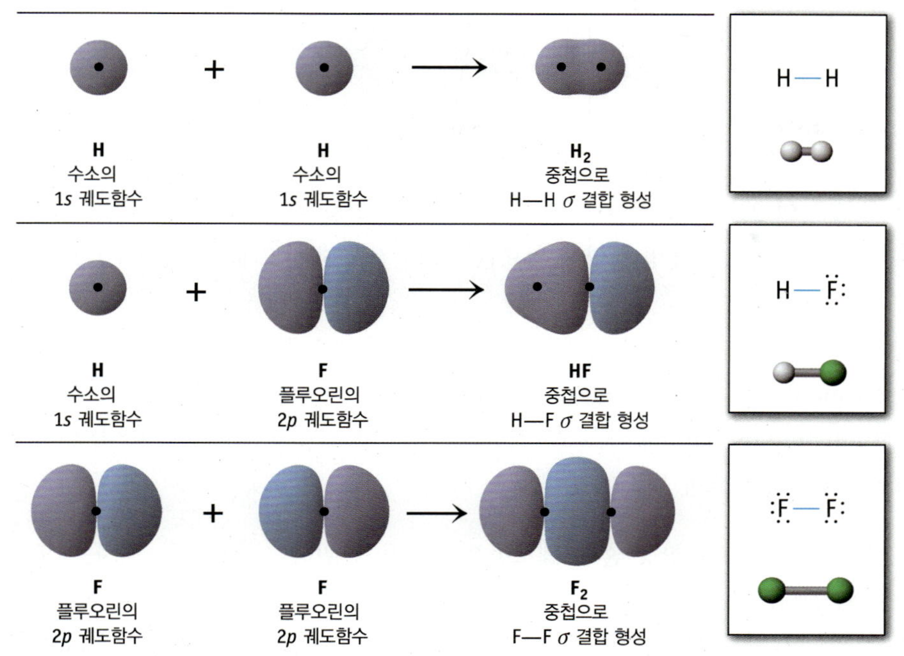

(a) 수소 1*s* 궤도함수 중첩으로 H–H 시그마(*s*) 결합 형성

(b) 수소 1*s*와 플루오린 2*p* 궤도함수의 중첩으로 HF에서 시그마(σ) 결합 형성

(c) 2개의 플루오린 원자 2*p* 궤도함수 중첩으로 F_2에서 시그마(σ) 결합 형성

그림 9.2 H_2, HF와 F_2에서의 공유(시그마) 결합 형성.

이 모형을 확장하면 F_2에서의 결합을 설명할 수 있다. 두 원자들의 2*p* 궤도함수들은 중첩되고 각각의 궤도함수에 있던 하나의 전자들은 σ 결합쌍을 이룬다(그림 9.2c). 결합에 참여하지 않은 2*s*와 2*p* 전자들은 각 원자의 고립 전자쌍들이다.

원자 궤도함수의 혼성화

궤도함수 중첩을 이용한 간단한 개념은 H_2, HF, F_2의 결합을 잘 설명하지만 다원자 분자를 취급할 때는 어려워진다. 예를 들어 메테인(CH_4)의 루이스 점 구조식에는 4개의 C—H 공유 결합이 있다. CH_4에서 탄소 원자의 전자쌍 구조는 각 결합쌍 사이가 109.5°의 각도를 갖는 정사면체라는 것은 VSEPR 이론으로 예측되며 실험적으로도 증명된다. 수소 원자는 이 구조에서 모두 동일하다. 그러므로 탄소 원자 주위에 4개의 동일한 결합 전자쌍이 존재한다. 결합 궤도함수 중첩 모형은 기하 구조와 모든 C—H 결합은 같다는 사실을 설명할 수 있어야 한다.

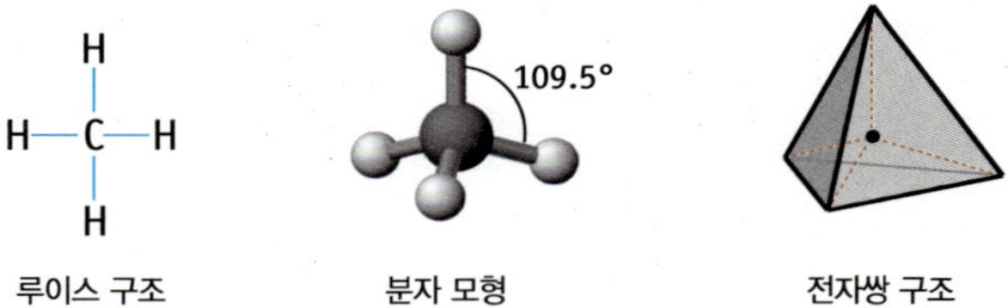

만약 CH_4에서의 결합을 설명하기 위하여 H_2와 F_2에서 사용한 궤도함수 중첩 모형을 그대로 사용한다면 문제가 발생한다. 탄소의 $2p(2p_x, 2p_y, 2p_z)$ 원자가 전자를 위한 3개의 궤도함수는 90° 각도로 109.5°의 사면체 각도와 맞지 않는다.

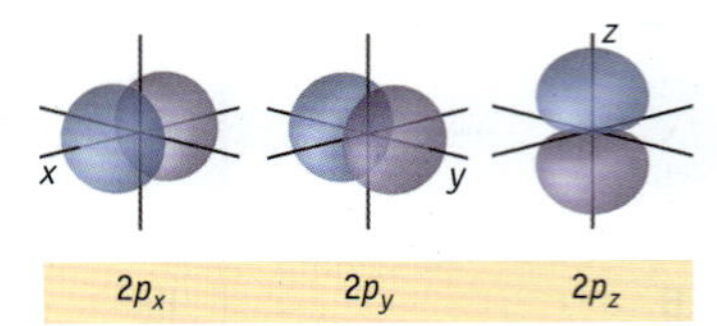

한편, 구형의 2*s* 궤도함수는 어떤 방향으로도 결합할 수 있다. 탄소 원자는 바닥 상태($1s^22s^22p^2$)에서, 4개의 결합에 필요한 4개의 전자 대신 2개의 홀전자만(2*p* 궤도함수) 가지고 있다.

메테인과 다른 분자에서의 결합을 설명하기 위하여 폴링은 **궤도함수 혼성**(orbital hybridization) 이론을 제안하였다. 그는 원자의 *s*, *p* 궤도함수를 혼합함으로써 **혼성 궤도함수**(hybrid orbital)라는 새로운 궤도함수 세트를 만들 수 있다고 제안하였다(그림 9.3). 세 가지 중요한 원칙이 있다.

혼성과 구조. 혼성에서의 궤도함수 중첩은 전자쌍 구조와 일치한다. "sp^3 혼성이기 때문에 전자쌍 구조가 정사면체다."라는 것은 거꾸로 말한 것이다. 전자쌍 구조가 정사면체라는 것은 사실이다. 혼성은 이러한 구조에서 강한 결합이 형성될 수 있음을 설명할 수 있는 한 가지 방법이다.

- 혼성 궤도함수 수는 항상 혼성 궤도함수를 만들기 위하여 혼합하는 원자 궤도함수 수와 같다.
- 혼성 궤도함수를 만들 때에는 중심 원자의 고립 전자쌍과 시그마 결합 전자쌍이 모두 배치될 수 있도록 *s* 궤도함수와 필요한 만큼의 *p* 궤도함수들을 혼합시킨다.
- 혼성 궤도함수는 중심 원자와 말단 원자들 사이에 좀 더 좋은 중첩과 강한 결합을 위해 말단 원자 쪽으로 지향한다.

그림 9.3에는 *s*, *p* 원자 궤도함수를 혼합하여 생성되는 혼성 궤도함수 세트들을 나타내었다. 고립 전자쌍과 σ 결합 전자쌍 수만큼의 혼성 궤도함수가 필요하기 때문에 **분자 또는 이온 내 원자에 요구되는 혼성 궤도함수는 원자의 전자쌍 구조와 일치하도록 선택되어야 한다.** 다음 특성들은 중요하다.

- ***sp***: 분자 또는 이온에 있는 중심 원자의 *s* 원자가 궤도함수가 같은 중심 원자의 *p* 원자가 궤도함수와 혼합될 경우, 2개의 *sp* 혼성 궤도함수가 생성되며, 그 사이의 각도는 180°이다.
- $\boldsymbol{sp^2}$: *s* 궤도함수가 같은 주준위에 있는 2개의 *p* 궤도함수와 혼합될 경우 3개의 sp^2 혼성 궤도함수가 생성되며, 이들은 동일면에 존재하고 그들 사이의 각도는 120°이다.
- $\boldsymbol{sp^3}$: *s* 궤도함수가 같은 주준위에 있는 3개의 *p* 궤도함수와 혼합될 경우 4개의 sp^3 혼성 궤도함수가 생성된다. 이때 sp^3는 정사면체 구조를 가지며 그 사이의 각도는 109.5°이다.

사면체 전자쌍 구조를 가진 분자와 이온의 혼성 궤도함수

메테인, 암모니아와 물은 모두 사면체 전자쌍 구조를 가지고 있으며, 원자가 결합 이론이 중심 원자에 sp^3 혼성을 할당하는 분자들의 예이다(그림 9.4과 9.5).

메테인에서 정사면체 꼭짓점을 향한 4개의 궤도함수는 중심 탄소 원자의 전자쌍 구조와 일치해야 한다. 4개의 원자가 껍질 궤도함수(탄소의 2*s*와 3개의 2*p* 궤도함

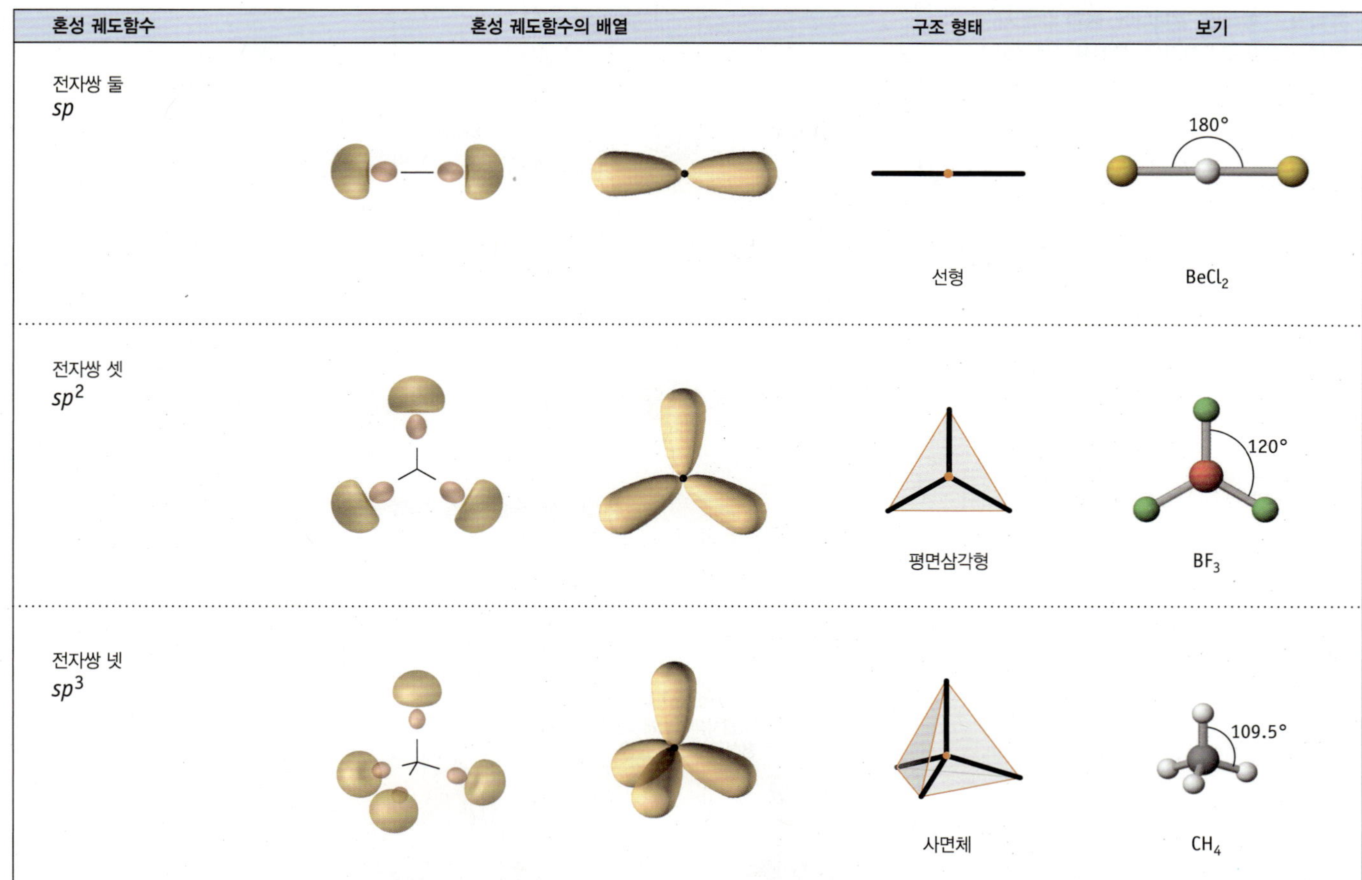

그림 9.3 2개부터 4개 전자쌍을 갖는 혼성 궤도함수. 2개부터 4개 원자가 껍질 전자쌍을 갖는 혼성 궤도함수의 기하 구조는 오른쪽 열에 나타내었다. 혼성 궤도함수를 만드는 데 *s* 궤도함수는 항상 사용되며 σ 결합과 비공유 전자쌍 궤도함수가 필요한 수만큼의 *p* 궤도함수가 더해진다.

수)를 혼합함으로써 정사면체 기하 구조를 갖는 새로운 4개의 혼성 궤도함수가 만들어진다(그림 9.4). 4개의 혼성 궤도함수 각각은 sp^3로 나타내는데, 이러한 혼성 궤도함수를 만드는 데 사용한 원자 궤도함수가 하나의 *s* 궤도함수와 3개의 *p* 궤도함수임을 나타낸다. 4개의 sp^3 궤도함수는 같은 형태를 갖고 이 궤도함수 사이의 각도는 정사면체 각도인 109.5°이다. 혼성 궤도함수들의 에너지가 같기 때문에 훈트의 규칙에 따라 각 궤도함수마다 전자 하나씩 할당된다(300쪽 7.3절). 각각의 C—H 결합은 탄소의 sp^3 혼성 궤도함수 하나와 수소 원자의 1*s* 궤도함수와의 중첩으로 형성된다. 즉, 탄소 원자의 전자 하나와 H 원자의 전자 하나가 쌍을 이룬다.

암모니아의 루이스 구조에서 질소 원자는 원자가 껍질에 4개의 전자쌍을 갖는다. 즉, 3개의 결합 전자쌍과 하나의 고립 전자쌍이다. VSEPR 이론으로 정사면체 전자쌍 구조와 삼각뿔 분자 구조를 예측할 수 있다. 실제 구조는 이러한 예측에 잘 맞는다. 즉 H—N—H 결합 각도는 이 분자에서 107.5°이다.

NH_3 전자쌍 구조에 따르면 N 원자에 4개의 전자쌍을 수용하기 위해 sp^3 혼성을 예상할 수 있다. 하나의 혼성 궤도함수에 고립 전자쌍이, 다른 3개의 혼성 궤도함수 각각에는 하나의 전자가 할당된다. 하나의 전자만 채워진 sp^3 혼성 궤도함수와 수소

그림 9.4 메테인, 암모니아, 물과 같은 사면체 전자쌍 구조를 가진 분자들에서 sp^3 혼성 궤도함수. 여기서의 전자 배분은 탄소에 대한 것이다.

에너지
2s
2px
2py
2pz
탄소 원자의
2s와 2p 궤도함수
궤도함수 혼성
에너지
4개의 sp3 혼성 궤도함수
혼성은 4개의 새로운 궤도함수를 만들며 이들은 모두 같은 에너지를 갖는다.

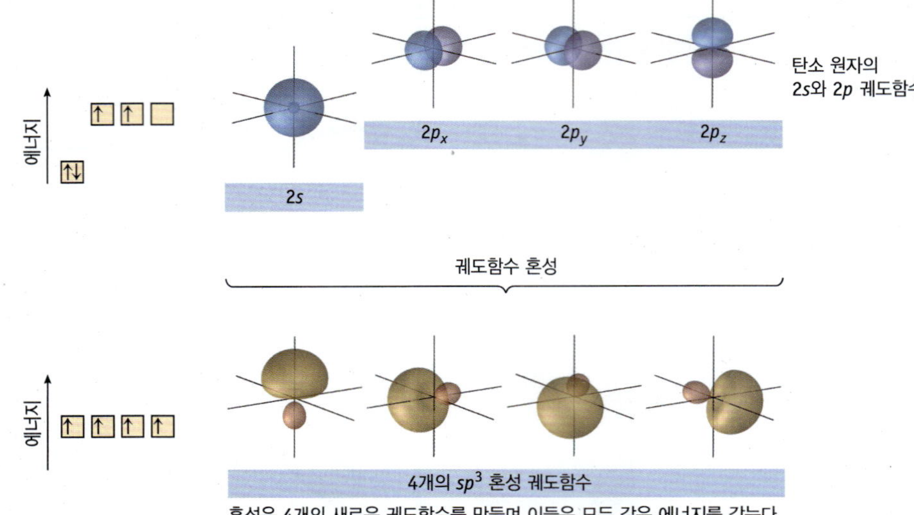

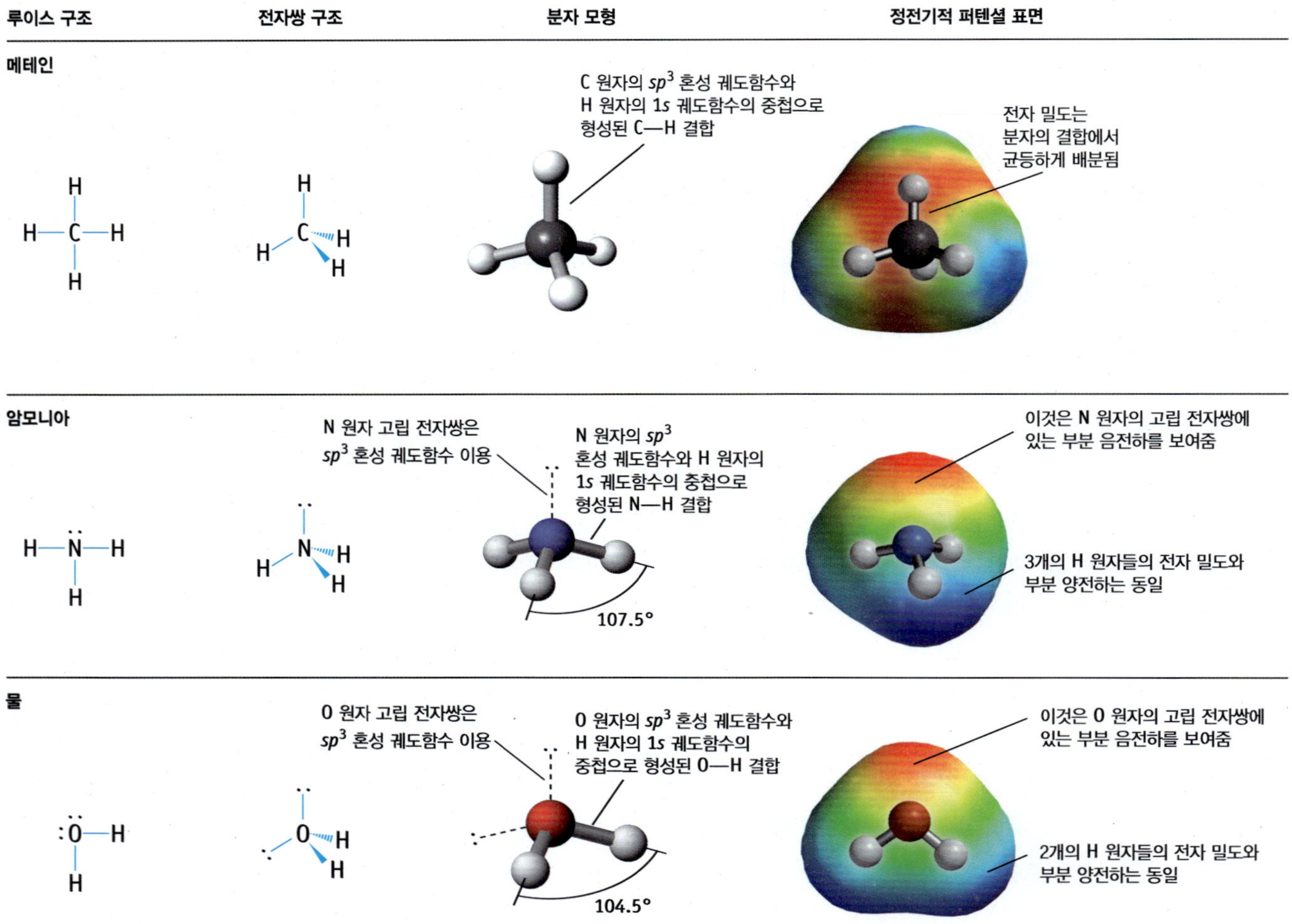

루이스 구조
전자쌍 구조
분자 모형
정전기적 퍼텐셜 표면
메테인
C 원자의 sp3 혼성 궤도함수와
H 원자의 1s 궤도함수의 중첩으로
형성된 C—H 결합
전자 밀도는
분자의 결합에서
균등하게 배분됨
암모니아
N 원자 고립 전자쌍은
sp3 혼성 궤도함수 이용
N 원자의 sp3
혼성 궤도함수와 H 원자의
1s 궤도함수의 중첩으로
형성된 N—H 결합
107.5°
이것은 N 원자의 고립 전자쌍에
있는 부분 음전하를 보여줌
3개의 H 원자들의 전자 밀도와
부분 양전하는 동일
물
O 원자 고립 전자쌍은
sp3 혼성 궤도함수 이용
O 원자의 sp3 혼성 궤도함수와
H 원자의 1s 궤도함수의
중첩으로 형성된 O—H 결합
104.5°
이것은 O 원자의 고립 전자쌍에
있는 부분 음전하를 보여줌
2개의 H 원자들의 전자 밀도와
부분 양전하는 동일

그림 9.5 사면체 전자쌍 구조를 가진 분자에서의 결합.

의 1s 궤도함수가 중첩되면서 전자쌍을 이루며 N—H 결합이 생성된다.

물에서 산소 원자는 원자가 껍질에 2개의 결합 전자쌍과 2개의 고립 전자쌍이 있으며 H—O—H 결합각은 104.5°이다. 4개의 sp^3 혼성 궤도함수는 산소 원자의 $2s$와 $2p$ 원자 궤도함수로부터 만들어진다. 이 sp^3 궤도함수 중 2개는 홀전자로 채워지고 O—H 결합이 생성되는 데 사용된다. 나머지 2개의 혼성 궤도함수에는 고립 전자쌍이 채워진다.

이제 보다 복잡한 분자에서 혼성 궤도함수를 사용하는 것을 조사하여 보자.

예제 9.1 메탄올에서의 결합에 대한 원자가 결합적 설명

문제 원자가 결합 이론으로 메탄올(CH_3OH)의 결합에 대하여 기술하시오.

알고 있는 사실 화학식 CH_3OH는 원자들이 연결된 방식을 결정하는 데 도움이 된다. 3개의 수소 원자들이 탄소에 연결되어 있다. 탄소로부터의 4번째 결합은 산소에 연결되고 산소는 남아 있는 수소와 연결되어 있다.

전략 먼저 분자의 루이스 구조를 그린다. 각 원자 주위의 전자쌍 구조는 그 원자에서 사용되는 혼성 궤도함수 세트를 결정한다.

풀이 CH_3OH의 C와 O 원자들 주위의 전자쌍 구조는 사면체이다. 따라서 각 원자에 sp^3 혼성을 할당하고 C—O 결합은 이 원자들의 sp^3 궤도함수들의 중첩에 의하여 형성된다. 각 C—H 결합은 탄소의 sp^3 궤도함수와 수소 1s 궤도함수의 중첩에 의해 형성되고, O—H 결합은 산소 sp^3 궤도함수와 수소 1s 궤도함수의 중첩에 의해 형성된다. 산소의 2개의 고립 전자쌍은 이 원자의 나머지 sp^3 궤도함수를 차지한다.

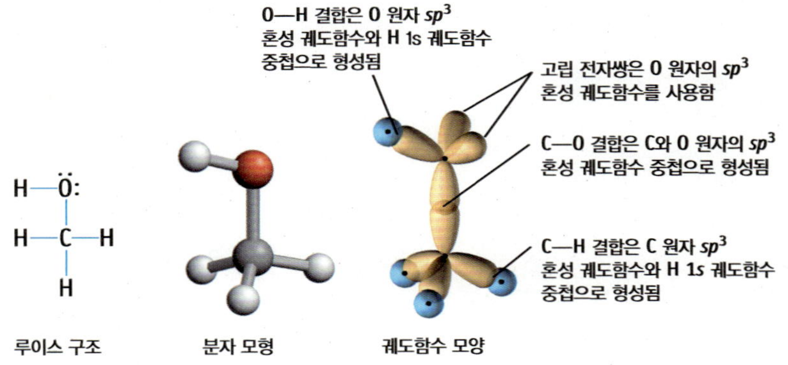

고려사항 CH_3OH 분자의 한쪽 끝(CH_3 또는 메틸기)은 메테인 분자의 CH_3기와 거의 같고, OH기는 물의 OH기와 같다. 이 예는 각 부분을 분리하여 살펴봄으로써 복잡한 분자의 구조와 결합을 쉽게 예측할 수 있다는 것을 보여준다.

유제 메틸아민(CH_3NH_2)의 결합을 원자가 결합 이론을 이용하여 기술하시오.

메틸아민, CH_3NH_2

전략도 9.1

문제
CH_3OH 결합 설명

알려진 자료/정보
- 분자의 화학식 및 원자가 전자의 수

1단계 루이스 전자점 구조를 그리시오.

루이스 구조

2단계 각 원자의 전자쌍 구조를 결정하시오.

C와 O 원자는 사면체 구조를 가진다.

3단계 각 원자의 혼성을 결정하시오.

C와 O 원자는 sp^3 혼성궤도함수를 형성한다.

4단계 원자가 결합 이론의 용어를 이용하여 결합을 기술하시오.

C와 O의 sp^3 궤도함수의 중첩으로 형성된 C—O 결합.
C와 O 원자의 sp^3 궤도함수와 H의 1s 궤도함수의 중첩으로 형성된 C—H와 O—H 결합.

평면삼각형과 선형 전자쌍 구조를 갖는 분자와 이온의 혼성 궤도함수

BF_3, O_3, NO_3^- 및 CO_3^{2-} 등의 중심 원자는 모두 평면삼각형 전자쌍 구조를 가지므로 중심 원자는 같은 평면상에 존재하며 사이 각이 120°인 3개의 혼성 궤도함수가 있다. 3개의 혼성 궤도함수는 3개의 원자 궤도함수가 혼합되어야 함을 의미하고, 1개의 s와 2개의 p 궤도함수 혼합이 적절하다. 만약 p_x와 p_y 궤도함수가 혼성에 사용된다면 3개의 sp^2 혼성 궤도함수는 xy 평면상에 존재한다. 혼성에 사용되지 않은 p_z 궤도함수는 sp^2 혼성 궤도함수를 포함하는 xy 평면에 수직이다.

삼플루오린화붕소는 평면삼각형 전자쌍 및 분자 구조를 갖는다(그림 9.6). 이 화합물에서 각 B—F 결합은 B의 sp^2 궤도함수와 F의 p 궤도함수 사이의 중첩으로 만들어진다. sp^2 혼성 궤도함수 형성에 사용되지 않은 B의 p_z 궤도함수에는 전자들이 채워지지 않는다.

중심 원자가 선형 전자쌍 구조를 갖는 분자는 사이 각이 180°인 2개의 혼성 궤도함수가 요구된다. 하나의 s 궤도함수와 하나의 p 궤도함수가 혼합되어 sp 혼성 궤도함수를 만든다(그림 9.7). 이때 p_z 궤도함수가 사용되면 sp 궤도함수는 z축으로 배향된다. p_x와 p_y 궤도함수는 이 축과는 수직방향이다.

염화베릴륨($BeCl_2$)은 일반 조건에서는 고체이다. 그러나 520 ℃ 이상으로 열을 가하면 기화한다. 기체 상태의 $BeCl_2$는 선형 분자이며 따라서 베릴륨 원자의 혼성은 sp 혼성이다. 베릴륨의 $2s$와 $2p_z$ 궤도함수를 혼합하면 z축 배향의 2개의 sp 혼성 궤도함수가 만들어진다. 각 Be—Cl 결합은 베릴륨 원자의 sp 혼성 궤도함수와 염소의 $3p$ 궤도함수의 중첩으로 만들어진다. 이 분자의 베릴륨 원자 주위에는 오직 2개의 전자쌍만이 존재하여 p_z와 p_y 궤도함수는 채워지지 않는다(그림 9.7).

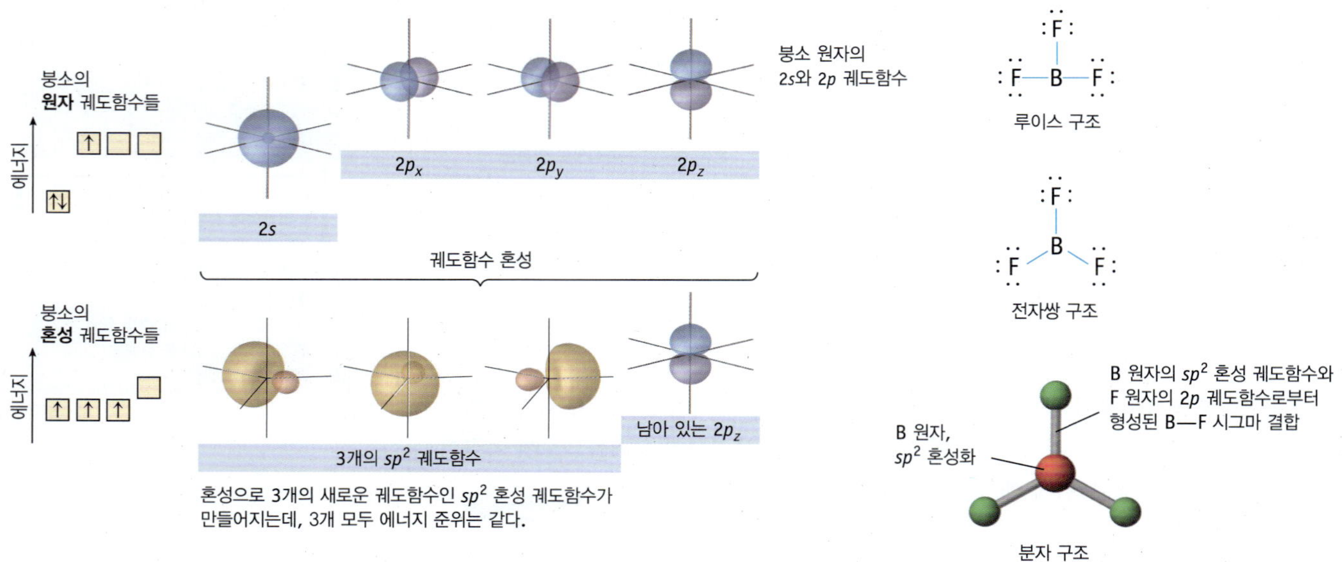

그림 9.6 평면삼각형 분자(BF_3)에서의 결합.

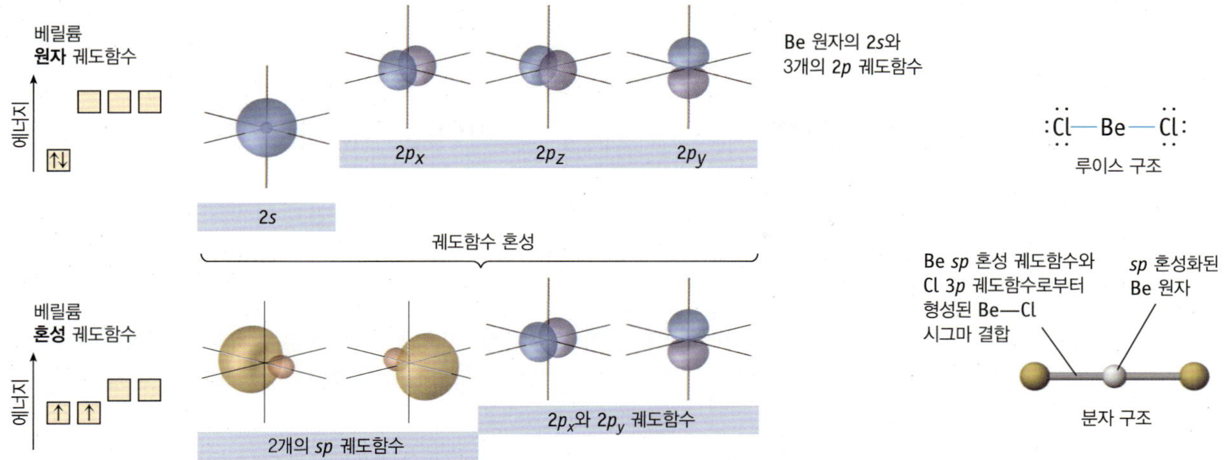

그림 9.7 선형 분자에서의 결합. *p* 궤도함수는 하나만이 혼성 궤도함수에 참여하기 때문에 2개의 *p* 궤도함수가 혼성되지 않고 남는다. 이 궤도함수들은 서로 수직이며 2개의 *sp* 혼성 궤도함수 축에 수직이다.

삼각쌍뿔 또는 팔면체 전자쌍 구조를 가지는 분자와 이온의 혼성 궤도함수: *d* 궤도함수의 참여 가능성

8장에서 2주기 이상의 원소들은 PF_5 또는 SF_6와 같은 초원자가 분자를 형성할 수 있음을 배웠다. 이것은 중심 원자 주위에 5~6개의 결합을 가져야 함을 의미하기 때문에 화학자들은 혼성 궤도함수 세트를 형성하기 위하여 5~6개의 원자 궤도함수를 이용해야 한다고 가정하였다. 폴링의 최초 혼성 이론에서는 1~2개의 *d* 궤도함수가 같은 원자가 껍질의 *s*와 *p* 궤도함수들과 결합하여 sp^3d와 sp^3d^2 혼성 궤도함수를 만든다고 하였다. 이들은 각각 삼각쌍뿔 또는 팔면체 전자쌍 구조의 분자 또는 이온의 중심 원자들이 이용한다. 그러나 이러한 관점은 더 이상 선호되지 않는다. 이것은 이러한 화학종에서 결합을 편리하게 표현하기는 하지만 최근 연구에 따르면 초원자가 분자에서의 결합에서 *d* 궤도함수의 참여에 대한 증거가 부족하다. 이 화합물에서의 결합을 설명하기 위한 *d* 궤도함수를 포함하지 않는 다른 방법들이 개발되었고 현재 선호되고 있다(431쪽 심층 학습 참조).

예제 9.2 혼성의 확인

문제 다음 화합물과 이온들에서 밑줄 친 각 원자들의 혼성을 확인하시오.

(a) $\underline{S}F_3^+$　　(b) $\underline{S}O_4^{2-}$　　(C) $H_3\underline{C}\underline{B}(\underline{O}H)_2$

알고 있는 사실 혼성을 결정하기 위해서 전자쌍 구조를 알 필요가 있다.

전략 이것의 전략도는 예제 9.1과 같다.
화학식 → 루이스 구조 → 전자쌍 구조 → 혼성 순이다.

풀이 SF_3^+와 SO_4^{2-}의 구조는 다음과 같이 쓴다.

이 이온들의 각각에서 중심 원자 주위에 4개의 전자쌍이 있고 이 원자들의 전자쌍 구조는 사면체이다. 따라서 중심 원자에 대한 결합을 기술하기 위하여 sp^3 혼성이 사용된다.

$CH_3B(OH)_2$의 루이스 구조는 아래 그려져 있다. 탄소와 산소 원자는 사면체 구조를 가지고 sp^3 혼성이 할당된다. 붕소 원자는 평면삼각형 구조를 가지며 sp^2 혼성이 할당된다.

고려사항 $CH_3B(OH)_2$와 같은 분자 내의 결합은 분자의 작은 부분으로 나누어 생각함으로써 기술할 수 있다. CH_3OH의 메틸기와 같은 CH_3기가 있다. 2개의 —OH기는 CH_3OH 또는 물에서의 그것과 같고, 중심 B는 BF_3의 B 원자와 같이 삼각평면이다.

유제 다음 화합물과 이온들에서 밑줄 친 각 원자들의 혼성을 확인하시오.

(a) $\underline{B}H_4^-$ (b) $H_2\underline{C}{=}\underline{C}H{-}\underline{C}H_3$ (C) $\underline{B}Cl_3$

다중 결합

많은 분자들은 이중 또는 삼중 결합을 가진다. 즉, 원자쌍 사이에 2개 또는 3개의 결합을 갖는다. 그러므로 원자가 결합 이론에 따르면 이중 결합은 2쌍의 중첩되는 궤도함수와 2개의 전자쌍이 있어야 한다. 삼중 결합에는 세 쌍의 원자 궤도함수가 있어야 하고 각각에 한 쌍의 전자들이 채워진다.

이중 결합

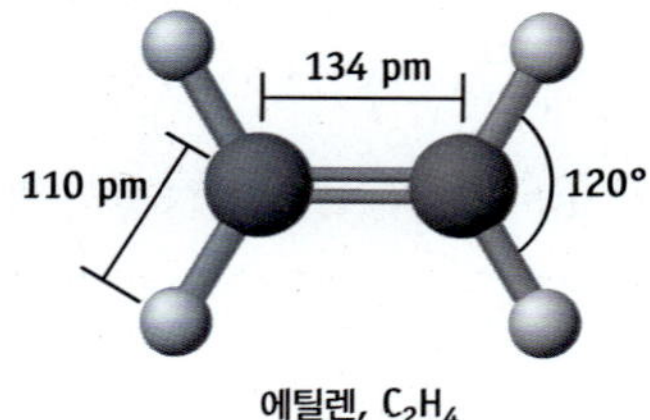

에틸렌, C_2H_4

이중 결합을 갖는 분자 중의 하나인 에틸렌($H_2C{=}CH_2$)을 생각해 보자. 에틸렌의 분자 구조는 6개의 원자들이 모두 한 평면상에 위치하며, H—C—H와 H—C—C 각도는 대략 120°이다. 각 탄소 원자는 평면삼각형 기하 구조를 가지므로 sp^2 혼성을 가정할 수 있다. 그러므로 에틸렌 결합에 대한 설명은 분자 평면에 3개의 sp^2 혼성 궤도함수와 이 평면에 수직 방향으로 비혼성 p 궤도함수를 갖는 탄소원자로 시작한다. 각 탄소 원자는 4개의 결합에 참여하므로 홀전자는 비혼성 p 궤도함수에도 들어간다.

[↑] 분자 평면에 수직인 비혼성화 p 궤도함수. C_2H_4에서 π 결합에 사용

[↑|↑|↑] 분자 평면상의 3개의 sp^2 혼성 궤도함수. C_2H_4에서 C—H와 C—C σ 결합에 사용

C—H 결합은 수소 1s 궤도함수와 탄소 원자 sp^2 궤도함수 중첩으로 생성된다. C—H 결합을 생성한 후 각 탄소 원자에는 하나의 sp^2 궤도함수만이 남는다. 이 궤도함수들은 서로를 향하며, 탄소 원자들을 연결하는 결합 중의 하나를 형성하기 위해 겹친다(그림 9.8). 각 탄소 원자에는 사용되지 않은 하나의 궤도함수인 비혼성화된 p 궤도함수가 남아 있다. 이러한 궤도함수들은 C_2H_4의 탄소 원자 사이의 두 번째 결합에 사용된다. 두 탄소 원자의 비혼성화된 p 궤도함수들이 올바르게 배열되어 중첩되면 이 궤도함수 내의 전자들은 쌍을 이루게 된다. 중첩은 C—C 축을 따라 발생하지 않는다. 그 대신 이 궤도함수들은 측면으로 겹쳐지며 전자쌍은 6개의 원자를 포함하는 평면 위 아래에 전자 밀도를 갖는 궤도함수에 채워진다.

컴퓨터로 만들어진 에틸렌(C_2H_4)의 p 결합 도시에 대한 두 가지 시각.

C_2H_4 결합에는 두 가지 형태가 있다. 원자 궤도함수들의 중첩으로 생기는 C—H와 C—C 결합의 경우 결합축을 따라 놓이는 결합 전자들은 시그마(σ) 결합을 만든다. 다른 하나는 p 원자 궤도함수들의 측면 중첩으로 형성되는 **파이(π) 결합**(pi bond)이다. π 결합의 중첩은 핵 간 축의 위와 아래에서 일어나며 따라서 π 결합의 전자 밀도는 σ 결합축의 위와 아래에 있다.

(a) 인접 원자들에 비혼성화된 p 궤도함수들이 있고, (b) p 궤도함수가 분자 평면에 수직이고 서로 평행한 경우에만 π 결합이 형성될 수 있다. 이것은 탄소 원자의 sp^2 궤도함수들이 동일 평면에 있을 때만 가능하다.

탄소 원자와 산소, 황 또는 질소 원자 사이의 이중 결합은 흔하게 형성된다. 폼알데하이드(formaldehyde), CH_2O에서 탄소와 산소 원자 사이에 π 결합이 있다(그림 9.9). 평면삼각형 전자쌍 구조로부터 탄소 원자는 sp^2 혼성임을 알 수 있다. 탄소와 산소 그리고 2개의 수소 원자와의 σ 결합은 C의 sp^2 혼성 궤도함수와 산소와 2개의

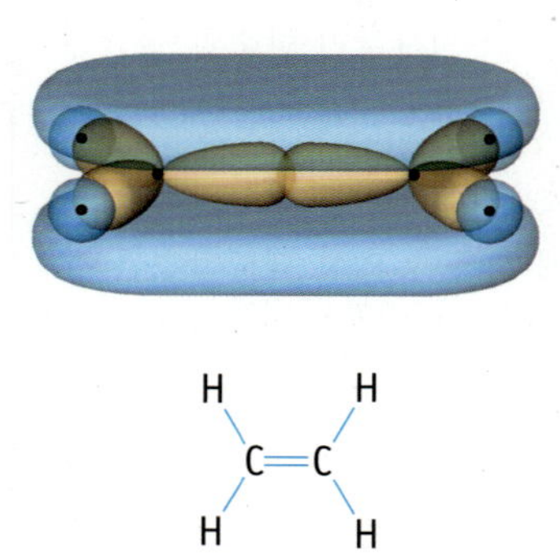

(a) 에틸렌(C_2H_4)의 루이스 구조와 결합

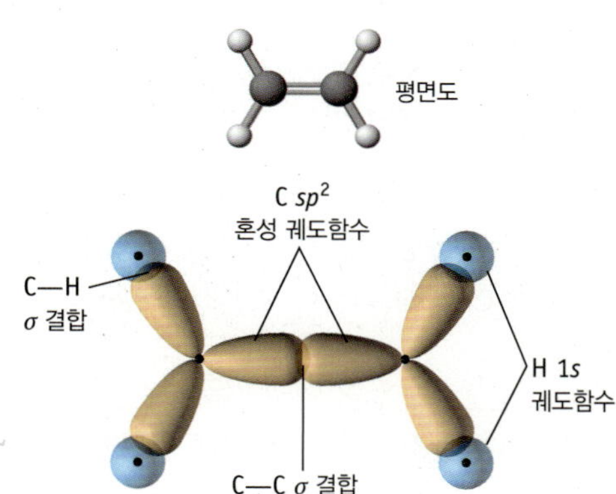

(b) C—H σ 결합은 C 원자의 sp^2 혼성 궤도함수와 H 원자 1s 궤도함수의 중첩으로 형성된다. C 원자 사이의 σ 결합은 sp^2 궤도함수의 중첩으로 일어난다.

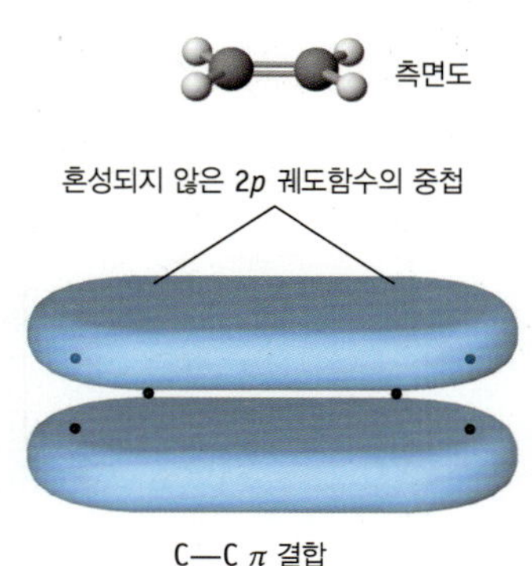

(c) C—C π 결합은 각 원자의 혼성화되지 않은 2p 궤도함수의 중첩으로 형성된다. C—C 결합축 상에는 전자 밀도가 없다는 것을 주목하시오.

그림 9.8 에틸렌(C_2H_4)에서의 원자가 결합 모형. 각 C 원자는 sp^2로 혼성된 것으로 가정.

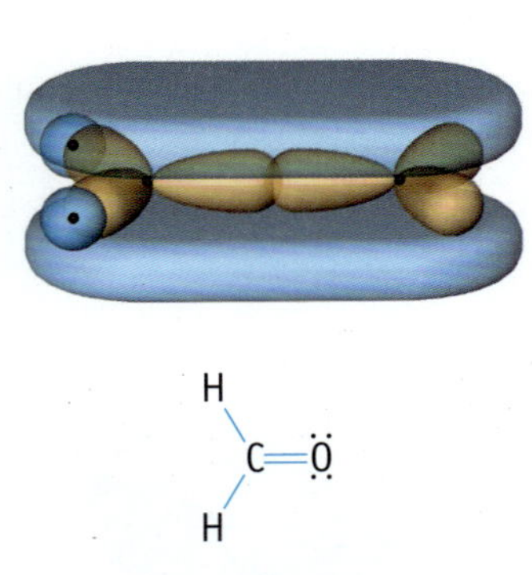

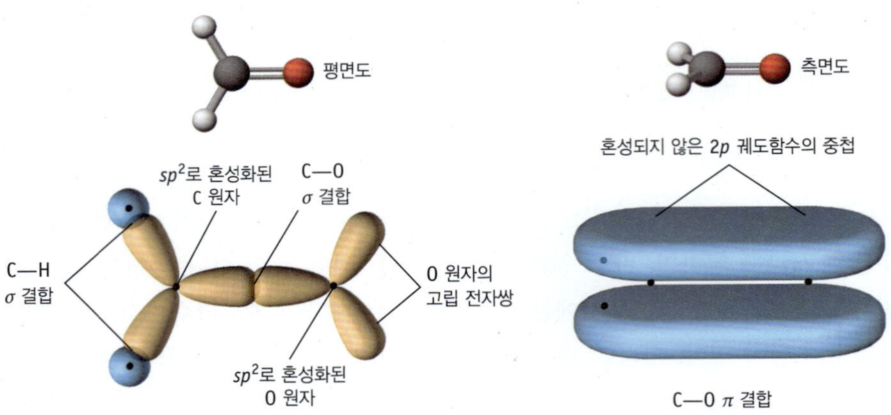

(a) 폼알데하이드(CH_2O)의 루이스 구조와 결합

(b) C—H σ 결합은 C 원자의 sp^2 혼성 궤도함수와 H 원자의 1s 궤도함수가 중첩하여 형성된다. C와 O 원자 사이의 σ 결합은 sp^2 궤도함수의 중첩으로 발생한다.

(c) C—O π 결합은 두 원자에 있는 혼성화되지 않은 p 궤도함수들의 측면 중첩으로 발생한다.

그림 9.9 폼알데하이드(CH_2O) 결합의 원자가 결합 설명.

수소 원자의 반만 채워진 궤도함수와의 겹침으로 형성된다. 탄소 원자의 비혼성화된 p 궤도함수는 분자 평면에 수직방향으로 배향한다(마치 C_2H_4의 탄소 원자처럼). 이 p 궤도함수는 산소 원자와 π 결합하는 데 적합하다.

이 모형에서 사용된 산소 원자의 궤도함수는 무엇인가? 그림 9.9에서 산소 원자는 sp^2 혼성을 사용하였다. 산소 원자 sp^2 궤도함수 중 하나는 σ 결합 형성에 사용하고 나머지 2개의 sp^2 궤도함수는 고립 전자쌍으로 채워진다. 산소 원자에 남은 p 궤도함수는 π 결합에 참여한다.

예제 9.3 아세트산의 결합

문제 원자가 결합 이론을 사용하여 식초의 주성분인 아세트산(CH_3CO_2H)의 결합에 대하여 기술하시오.

알고 있는 사실 아세트산은 유기산이고, 따라서 2개의 산소 원자들이 탄소와 결합된 CO_2H기를 가진다. CH_3기는 분자의 일부분이다.

전략 루이스 전자점 구조를 그리고 VSEPR 이론을 사용하여 각 원자 주위의 전자쌍 기하 구조를 결정한다. 이 구조를 사용하여 σ 결합에 사용한 혼성 궤도함수를 결정한다. 만약 C 및 O 원자에 비혼성화된 p 궤도함수들이 존재할 경우 C=O π 결합이 형성된다.

풀이 CH_3기의 탄소 원자는 사면체 전자쌍 구조를 가지므로 sp^3로 혼성화된다. 3개의 sp^3 궤도함수는 C—H 결합 형성에 사용되고 네 번째 sp^3 궤도함수는 이웃 탄소 원자와 결합하는 데 사용한다. CO_2H기의 탄소 원자는 평면삼각형 전자쌍 구조를 가지므로 sp^2로 혼성화된다. C—C 결합은 이러한 sp^2 궤도함수 중의 하나를 사용하여 형성되며 다른 2개의 sp^2 궤도함수는 다른 2개의 산소 원자와 σ 결합하는 데 사용된다.

O—H기의 산소 원자는 4개의 전자쌍을 가지므로 사면체이고 sp^3로 혼성화된다. 그러므로 이 산소 원자는 이웃하는 탄소와 수소 원자와 결합하는 데 2개의 sp^3 궤도함수를 사용하고 2개의 sp^3 궤도함수는 2개의 고립 전자쌍으로 채워진다. 마지막으로 C—O 이중 결합은 CH_2O 분자에서의 C—O 결합(그림 9.9)과 같이 C와 O 원자가 sp^2 혼성임을 이용하여 설명할 수 있다. 비혼성화된 p 궤도함수들이 C—O π 결합을 형성하며, O의 비공유 전자쌍은 sp^2 혼성 궤도함수에 채워진다.

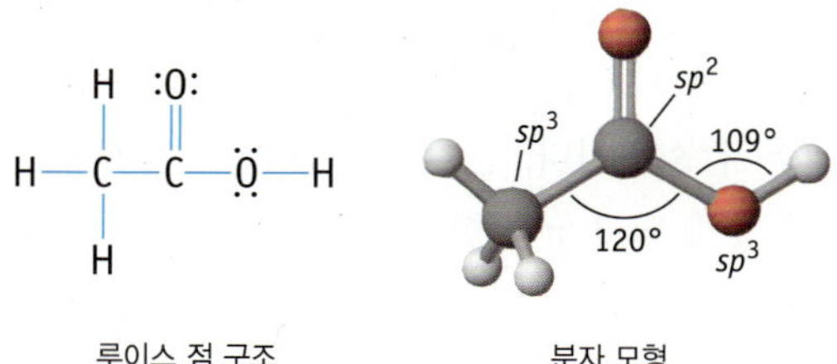

고려사항 복잡한 구조에서의 중심 원자에 대한 혼성은 전자쌍 구조를 이용하여 결정할 수 있다.

유제 원자가 결합 이론을 사용하여 아세톤(CH_3COCH_3)의 결합을 기술하시오.

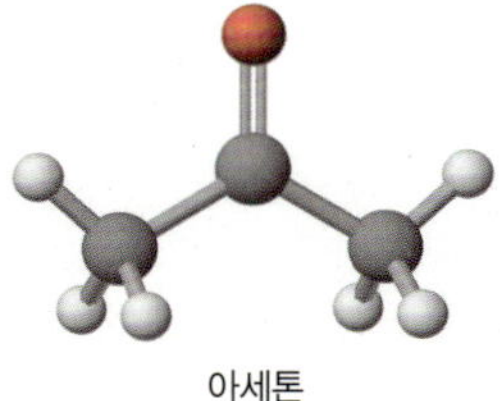

삼중 결합

아세틸렌(H—C≡C—H)은 삼중 결합을 갖는 분자의 예이다. VSEPR 이론에 따르면 4개의 원자들은 선형으로 놓이며 H—C—C 각도는 180°이다. 선형 구조에서 탄소는 sp로 혼성화된다(그림 9.10). 각 탄소 원자에는 2개의 sp 궤도함수가 있다. 하나는 수소를 향하고 C—H σ 결합에 사용되며 다른 하나는 다른 탄소 쪽으로 향하여 2개의 탄소 원자 사이 σ 결합에 사용된다. 각 탄소 원자에 남아 있는 2개의 비혼성화 p 궤도함수는 H—C≡C—H에서 2개의 π 결합이 형성될 수 있도록 배향된다.

[↑|↑] 2개의 비혼성화된 p 궤도함수. C_2H_2에서 π 결합에 사용된다.

[↑|↑] 2개의 sp 혼성 궤도함수. C_2H_2에서 C—H와 C—C σ 결합에 사용된다.

이러한 π 결합은 분자 축에 수직이고 서로 간 수직이다. 각 탄소 원자의 3개의 전

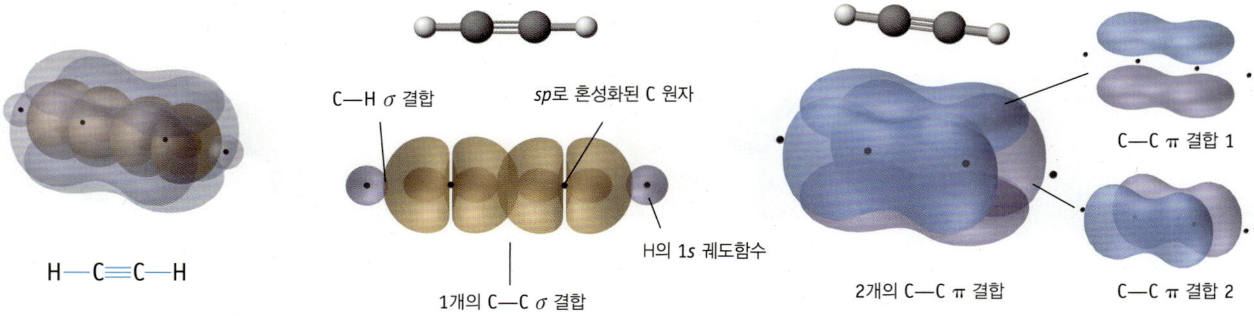

그림 9.10 **아세틸렌 결합의 원자가 결합 설명.**

자들은 하나의 σ 결합과 2개의 π 결합을 포함하는 삼중 결합을 형성하기 위해 쌍을 이룬다(그림 9.10).

시스-트랜스 이성질체: π 결합의 특징

에틸렌(C_2H_4)은 평면 분자이다. 이 기하 구조에서 2개의 탄소 원자들의 비혼성화된 p 궤도함수는 수직 배열되어 π 결합을 형성한다(그림 9.8). 에틸렌 분자의 한쪽이 다른 쪽에 대하여 뒤틀리면 어떻게 될 것인지를 생각해 보자(그림 9.11). 이 행동으로 분자는 평면성을 잃게 되고 p 궤도함수는 배열을 벗어나게 된다. 회전은 이러한 p 궤도함수의 중첩을 감소시킨다. 만일 90° 각도로 변형되면 2개의 p 궤도함수는 더 이상 중첩이 생기지 않게 되고 π 결합은 깨지게 된다. 그러나 이러한 결합이 깨지려면 큰 에너지(약 260 kJ/mol)가 필요하기 때문에 상온에서 C=C 결합 주위의 회전은 일어나기 어렵다.

회전이 제한되기 때문에 C=C 결합을 갖는 많은 화합물에서 이성질체가 발생한다. **이성질체**(isomer)는 화학식은 같지만 구조가 다른 화합물이다. 이 경우에 두 가지 이성질 화합물들은 이중 결합 탄소에 연결된 작용기의 공간적 배열이 서로 다르다. $C_2H_2Cl_2$ 화학식을 갖는 2개의 이성질 화합물들은 시스-그리고 트랜스-1,2-이염화에틸렌이다. 이 구조들은 2개의 수소 원자가 염소 원자로 바뀐 것 외에는 에틸렌과 비슷하다. π 결합을 깨려면 큰 에너지가 필요하기 때문에 시스 화합물을 정상 조건에서 트랜스 화합물로 바꿀 수는 없다. 각 화합물들은 독자적으로 얻어질 수 있으며 물리적 성질이 상이하다. 시스-1,2-이염화에틸렌은 60.3 ℃에서 끓는 반면 트랜스 1,2-이염화에틸렌은 47.5 ℃에서 끓는다.

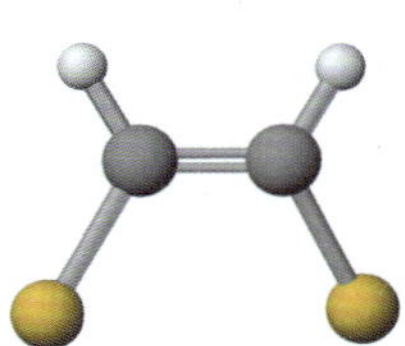
시스-1,2,-이염화에틸렌

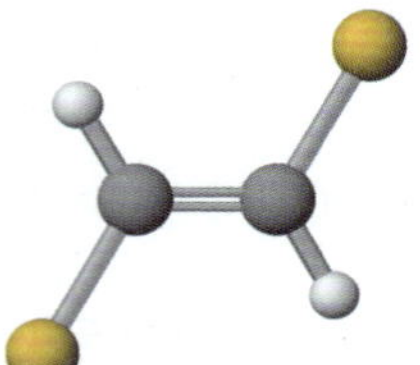
트랜스-1,2-이염화에틸렌

시스와 트랜스 이성질체는 상온에서는 변환되지 않지만 높은 온도에서는 서로 변환될 수 있다. 온도가 충분히 올라간다면 분자 운동은 충분한 에너지를 갖게 되어

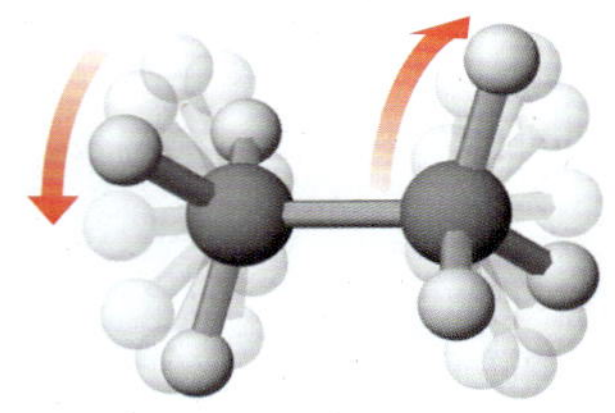
(a) 에테인에서 시그마(σ) 결합 축에 대해서 자유회전이 일어날 수 있다.

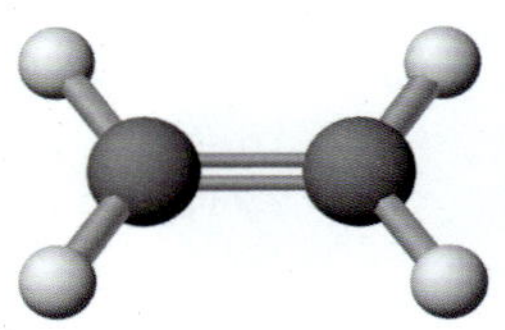
(b) 에틸렌의 이중 결합 축에 대한 회전은 π 결합을 깨야 하기 때문에 상당한 에너지가 필요하다. 따라서 회전은 제한을 받는다.

그림 9.11 결합 주위의 회전.

C═C 결합의 회전이 발생할 수 있다. 분자가 빛 에너지를 흡수하는 것처럼 다른 특별 상황에서도 변환될 수 있다.

벤젠: π 결합의 특별한 경우

벤젠(C_6H_6)은 특유의 냄새 때문에 정의된 방향족 화합물로 알려진 물질 중에서 가장 간단한 분자이다. 벤젠은 화학의 역사에서 중요한 자리를 차지한다.

19세기 화학자들에게 벤젠은 구조가 밝혀지지 않은 난해한 물질이었다. 화학 반응에 근거하여 케쿨레(August Kekulé, 1829~1896)는 벤젠이 평면이고 대칭 고리 구조를 갖는다고 제안하였다. 지금 우리는 그가 옳았다는 것을 안다. 고리는 평면이고 모든 C—C 결합은 단일 결합(154 pm)과 이중 결합(134 pm) 길이 사이의 동일한 결합 길이(139 pm)를 갖는다. 교대로 이중 결합을 갖는 2개의 공명 구조를 이용하면 벤젠 구조를 설명할 수 있다. C_6H_6의 C—C 결합차수(1.5)는 단일 결합과 이중 결합의 평균이다.

공명구조 또는 공명 혼성

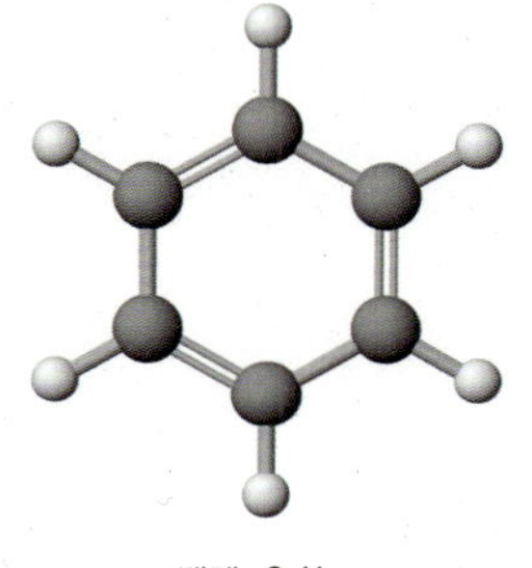
벤젠, C_6H_6

벤젠에서의 결합(그림 9.12)을 이해하는 것은 중요한데 이것은 벤젠 고리 구조가 화학물질에 많이 존재하기 때문이다. 평면삼각형 탄소 원자는 sp^2로 혼성화된다. 각 C—H 결합은 탄소 원자의 sp^2 궤도함수와 수소 원자의 $1s$ 궤도함수의 중첩으로 형성되고 C—C σ 결합은 이웃하는 탄소 원자 간의 sp^2 궤도함수들의 중첩으로 생긴다. σ 결합에 사용된 전자를 제외하면 각 탄소 원자에 남아 있는 비혼성화된 p 궤도함수에는 하나의 전자만이 채워진다. 이 6개의 궤도함수와 6개의 전자들은 3개의 π 결합을 형성한다. 모든 탄소–탄소의 결합 길이는 같기 때문에 각 p 궤도함수는 이웃 탄소 원자의 p 궤도함수들과 동등하게 중첩되고 p 상호작용은 벤젠 고리 전체에 걸쳐 연결되어 있다.

9.2절 확인문제

1. OSF_4 분자의 S 원자(중심원자)에 대한 혼성은?

(a) sp (b) sp^2 (c) sp^3

2. 다음 중 틀린 것은?

(a) NH_4^+ 이온의 N 원자 혼성은 sp^3이다.
(b) SO_4^{2-} 이온의 S 원자 혼성은 sp^3이다.
(c) NO_2^- 이온의 N 원자 혼성은 sp^3이다.
(d) H_3O^+ 이온의 O 원자 혼성은 sp^3이다.

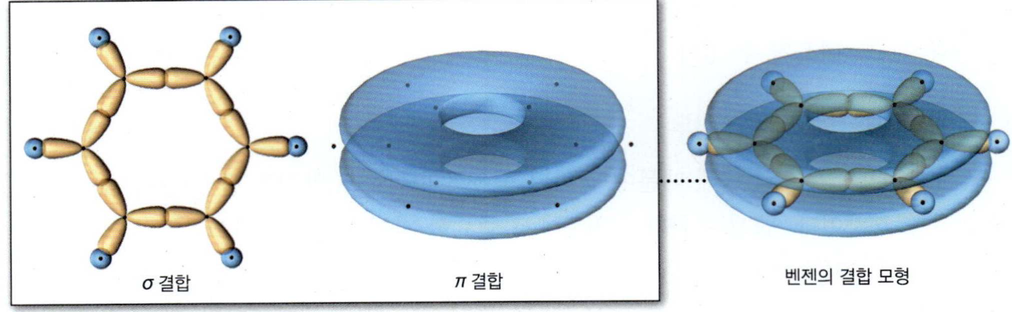

그림 9.12 **벤젠(C_6H_6)의 결합.**

고리의 탄소 원자들은 C 원자의 sp^2 혼성 궤도함수를 이용하여 σ 결합으로 서로 결합되어 있다. C–H 결합 역시 C 원자의 sp^2 혼성 궤도함수를 사용한다. 분자의 π 결합은 혼성에 사용하지 않은 C 원자 p 궤도함수의 중첩으로 형성된다. 이 궤도함수들은 고리에 수직으로 p 전자 밀도는 고리면의 위와 아래에 분포한다.

벤젠의 σ와 π 결합을 함께 본 모습

3. 두 원자 사이의 π 결합을 형성하기 위한 궤도함수의 중첩은?

(a) A 원자의 sp^3와 B 원자의 sp^3 (b) A 원자의 sp^2와 B 원자의 sp^2

(c) A 원자의 sp와 B 원자의 sp (d) A 원자의 p와 B 원자의 p

4. N_2 분자의 N 원자 사이 결합에 대한 설명으로 옳은 것은?

(a) N 원자들은 하나의 σ 결합에 의해 연결된다.

(b) N 원자들은 하나의 σ 결합 그리고 2개의 π 결합에 의해 연결된다.

(c) N 원자 혼성은 sp^3이다.

(d) N_2 결합은 sp^2 혼성 궤도함수의 중첩에 의해 생성된다.

9.3 분자 궤도함수 이론

분자 궤도함수(MO) 이론은 분자 내 궤도함수를 다루는 다른 방법이다. 원자가 결합 이론의 편재적 결합이나 고립 전자쌍과는 달리 MO 이론은 분자 내 원자들의 원자 궤도함수들이 몇 개의 원자 혹은 분자 전체에 걸쳐 비편재화된 궤도함수를 만들기 위해 합해진다고 가정한다. 이러한 궤도함수를 **분자 궤도함수**(molecular orbital)라고 한다.

MO 개념을 알아야 되는 한 가지 이유는 루이스 접근법의 전자쌍 가정을 따르지 않는 O_2와 같은 분자의 전자 구조를 정확히 예측한다는 데 있다. 8.2절의 규칙에 의하면 O_2의 전자점 구조에서 전자들은 모두 쌍을 이루게 되므로 O_2의 상자성을 설명하지 못한다(그림 9.13). 분자 궤도함수 접근법은 이 성질을 설명할 수 있지만 원자가 결합 이론으로는 설명할 수 없다. 어떻게 MO 이론이 O_2나 다른 이원자 분자의 결합을 설명하는 데 사용될 수 있는지를 알기 위해서 이 이론을 전개시키기 위하여 사용되는 네 가지 원리를 먼저 설명한다.

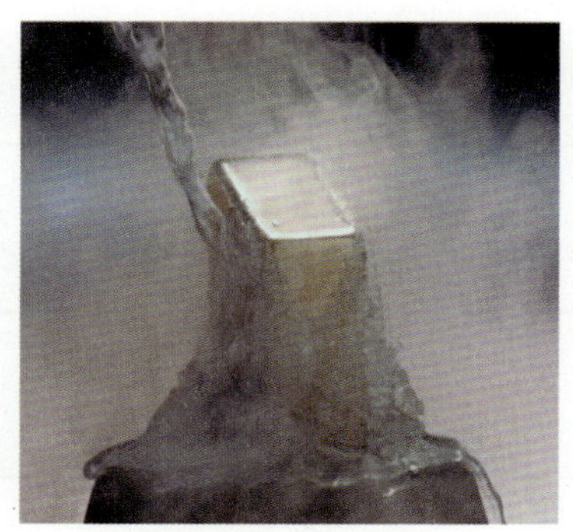

Photos: © Cengage Learning/Charles D. Winters

그림 9.13 액체 산소의 상자성.

(a) 액체 산소(비등점: −183°C)는 약간의 파란색을 띤 투명 액체이다.

(b) O_2 분자는 2개의 쌍을 이루지 않은 전자가 있기 때문에 상자성이며 비교적 강한 자석에 달라붙는다.

분자 궤도함수 이론 원리

MO 이론은 결합 길이와 분자 내 원자 배열이 정해진 상태에서 분자 궤도함수 세트를 결정한다. 이렇게 하는 한 가지 방법은 모든 원자들의 가용한 원자가 궤도함수를 합하는 것이다. 이러한 분자 궤도함수는 분자 내 모든 원자를 포함하며, 분자 내 모든 원자의 원자가 전자는 분자 궤도함수에 할당된다. 원자 궤도함수에서처럼 전자들은 폴리(Pauli) 배타원리와 훈트(Hund)의 규칙에 따라 할당된다(7.1과 7.3절).

분자 궤도함수의 첫 번째 원리(first principle of molecular orbital theory)는 **분자 궤도함수의 총수는 관계된 모든 원자들의 원자 궤도함수 총 수와 항상 같다**는 것이다. 이러한 궤도함수 보존 원리를 설명하기 위하여 H_2 분자를 생각해 보자.

H_2의 분자 궤도함수

분자 궤도함수 이론은 2개 수소 원자의 1*s* 궤도함수를 중첩하면 2개의 분자 궤도함수가 생긴다고 규정한다. 원자 궤도함수가 더해져 만들어지는 분자 궤도함수에서는 전자들이 두 핵 사이의 결합 영역에 남게 될 확률이 증가한다(그림 9.14과 9.15). 이를 **결합 분자 궤도함수**(bonding molecular orbital)라 부르며 전자를 발견할 확률이 높은 지역이 결합 축에 따라 배치되므로 σ 궤도함수이다. 이 분자 궤도함수는 σ_{1s}로 표시하는데, 여기서 아래첨자 1*s*는 분자 궤도함수를 만드는데 사용한 원자 궤도함수가 1*s*임을 나타낸다.

> **원자 궤도함수의 조합.** MO는 원자 궤도함수의 조합으로 만들어진다. 만약 궤도함수가 파동함수의 부호가 같으면 효과는 보강적이다. 만약 다른 부호이면 효과는 상쇄적이다. 그림 9.14를 참조하고 파동함수가 대수적 부호를 가지는 사실을 소개한 280쪽을 기억하시오.

다른 분자 궤도함수는 한 원자 궤도함수에서 다른 원자 궤도함수를 빼는 방식으로 만들어진다(그림 9.14와 9.15). 이 경우에는 핵 사이에서 전자를 발견할 확률은 감소되고 다른 영역에서 전자를 발견할 확률이 증가한다. 핵 사이의 전자 밀도가 감소하기 때문에 핵–핵에서 반발력이 발생한다. 이러한 형태의 궤도함수를 **반결합 분자 궤도함수**(antibonding molecular orbital)라 한다. 이 궤도함수 역시 σ 궤도함수이며 1*s*로부터 생성되므로 σ^*_{1s}라고 구별하여 쓴다. (별표 표시는 반결합을 의미한다.) **반결합 궤도함수에 해당하는 것은 원자가 결합 이론에는 없다.**

두 번째 분자 궤도함수 원리(second principle of molecular orbital theory)는 **결합**

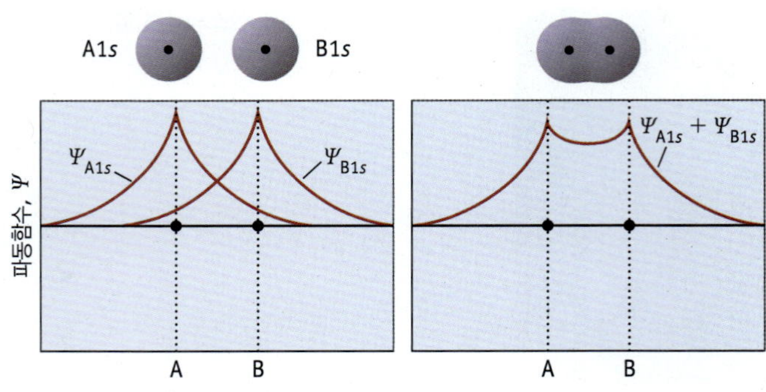

중첩되지 않은 같은 파동함수 부호를 가진 1s 원자 궤도함수.

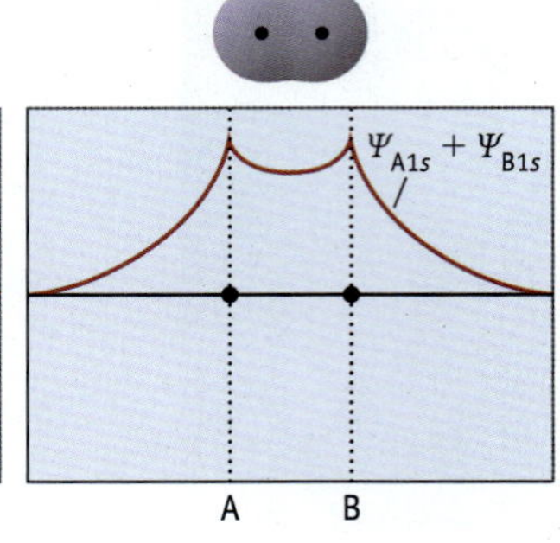

결합 분자 궤도함수(σ_{1s}). MO는 2개의 1s 파동함수를 더하여 만들어진다. 이 과정은 파의 증폭과 핵 사이에서 전자를 발견할 확률이 증가하는 결과로 이어진다.

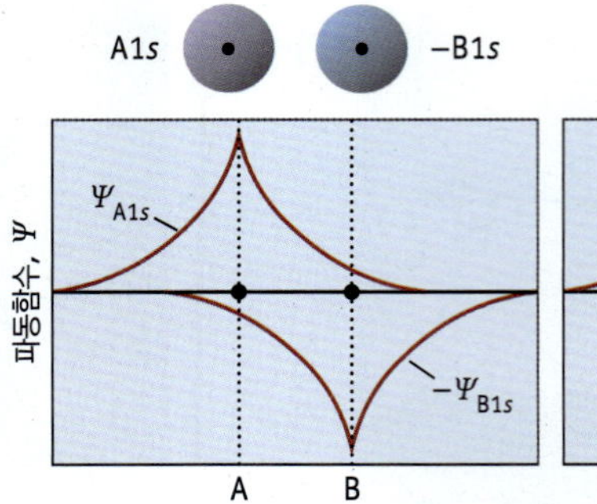

중첩되지 않은 다른 파동함수 부호를 가진 1s 원자 궤도함수.

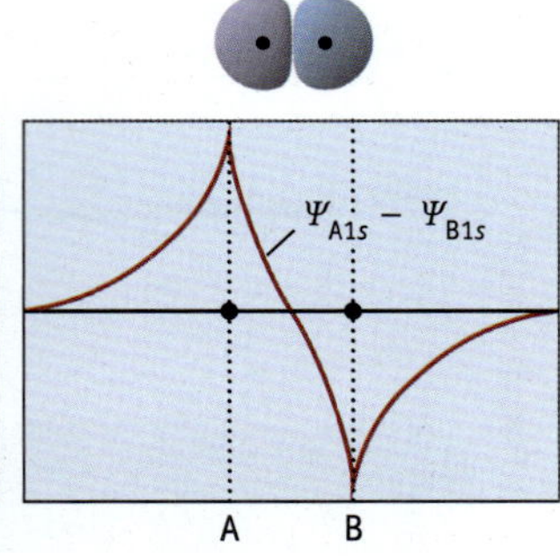

반결합 분자 궤도함수(σ^*_{1s}). MO는 2개의 다른 부호의 1s 파동함수를 더하여 만들어진다. 핵 사이에 하나의 마디가 있다.

그림 9.14 **H_2 분자 궤도함수.** 결합 축을 따라 1s 전자 파동함수가 중첩되어 결합과 반결합 분자 궤도함수를 만든다. 상호간섭이 보강적이면 결합 MO를 만들고 상쇄적이면 반결합 MO를 만들게 된다.

분자 궤도함수의 에너지 준위는 원래 원자 궤도함수보다 낮고 반결합 궤도함수는 에너지가 높다(그림 9.15). 그 결과 전자들이 결합 분자 궤도함수에 채워지면 원자들 전체 에너지는 분리된 개별 원자들의 에너지보다 낮다. 화학자들은 이것을 화학 결합이 이루어져 '안정화'되었다고 설명한다. 반대로 전자들이 반결합 궤도함수에 채워지면 개별 원자들의 에너지보다 높아져 '불안정화' 된다.

분자 궤도함수 이론의 세 번째 원리는 분자 내 전자는 원자 내 전자와 마찬가지로 폴리의 배타원리와 훈트의 규칙에 따라 낮은 에너지 준위부터 차례로 채워진다는 것이다. 그러므로 전자들은 가능한 가장 낮은 에너지의 궤도함수부터 채우며 전자 2개가 한 궤도함수에 할당되면 그 전자스핀 방향이 쌍을 이루어야만 한다. 분자 궤도함수 이론을 적용하여 결합을 설명할 때, 각 원자들의 원자 궤도함수 에너지와 이들의

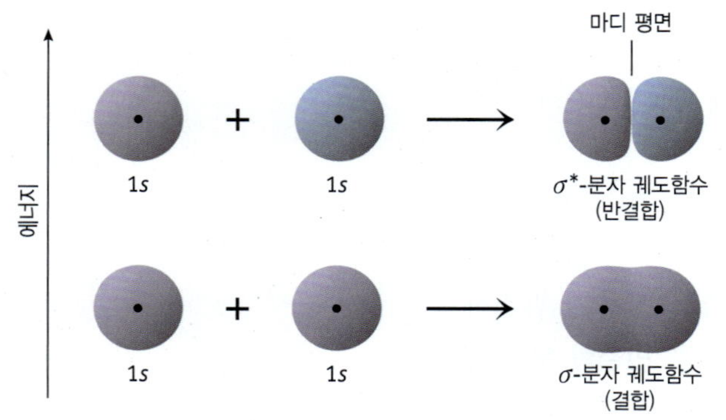

(a) 결합과 반결합 σ 분자 궤도함수들은 인접 원자의 1s 원자 궤도함수로부터 형성된다. 반결합 궤도함수에는 마디가 있다는 것을 주목하시오(마디는 전자가 발견될 확률이 0이 되는 면이다).

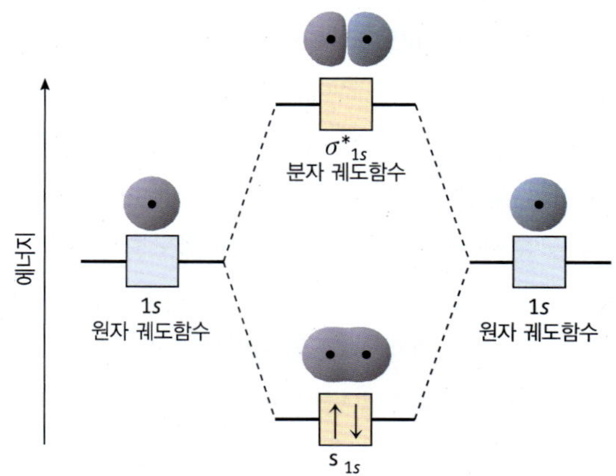

(b) H_2의 분자 궤도함수 에너지 준위 도표. 2개의 전자는 σ_{1s} 궤도함수에 채워진다. 이 분자 궤도함수는 원래 1s 궤도함수보다 에너지가 낮다.

그림 9.15 **H_2 분자 궤도함수.**

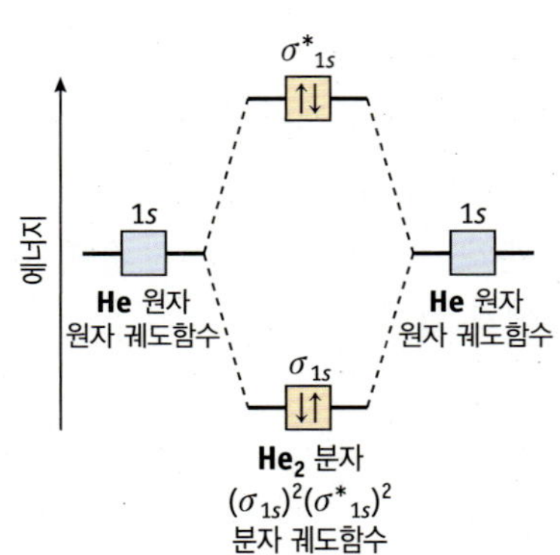

(a) 이헬륨 분자(He_2). 이 도표는 He_2 분자는 존재하지 않는다는 것의 당위성을 제공하고 있다. He_2에서 결합(σ_{1s})과 반결합(σ^*_{1s}) 궤도함수는 전부 전자로 채워진다.

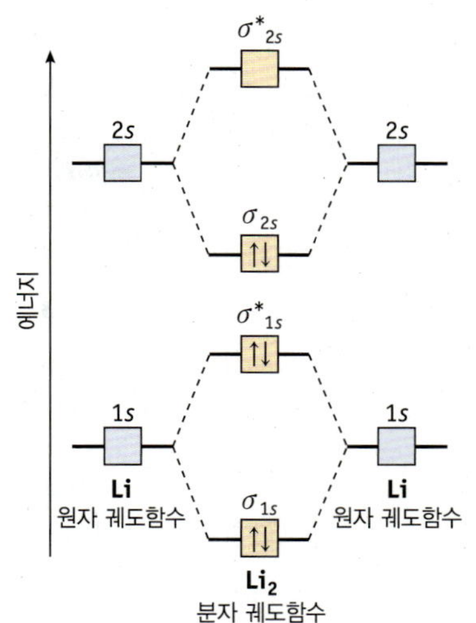

(b) 이리튬 분자(Li_2). 분자 궤도함수는 에너지가 비슷한 궤도함수를 결합함으로써 만들어진다(한 Li의 1*s*와 다른 Li의 1*s*와 한 Li의 2*s*와 다른 Li의 2*s*가 각각 결합).

그림 9.16 **1*s*와 2*s* 궤도함수를 가진 원자들의 분자 궤도함수 도표.**

조합으로 생성된 분자 궤도함수 에너지를 상대적으로 비교하는 분자 궤도함수 에너지 준위 도표가 자주 사용된다. H_2 분자에 대한 에너지 준위 도표(그림 9.15)를 보면 결합 분자 궤도함수의 에너지는 1*s* 원자 궤도함수의 에너지보다 낮으며 반결합 분자 궤도함수의 에너지는 1*s* 원자 궤도함수의 에너지보다 높다. H_2 분자의 2개 전자는 결합 분자 궤도함수에 배치되고, H_2 분자의 전자 배치를 $(\sigma_{1s})^2$로 표기한다.

2개의 헬륨 원자를 합하여 이원자 헬륨(He_2)이 되게 하면 어떻게 되겠는가? He 원자는 1s 원자가 궤도함수를 가지고 있어 더하고 빼면 H_2 분자와 똑같은 분자 궤도함수를 만든다. 그러나 H_2와는 달리 4개의 전자들이 이 궤도함수에 할당된다(그림 9.16a). σ_{1s} 궤도함수에 채워진 전자쌍은 He_2를 안정화 시킨다. 그러나 σ^*_{1s} 궤도함수에 채워진 2개의 전자들은 He_2 분자를 불안정화 시킨다. σ_{1s} 결합 분자 궤도함수에 채워진 전자로 발생한 에너지 감소는 σ^*_{1s} 반결합 궤도함수에 채워진 전자로 인한 에너지 증가로 상쇄된다. 그러므로 분자 궤도함수 이론에 따르면 He_2 분자는 알짜 안정화가 없다고 본다. 2개의 He 원자들은 결합하려고 하지 않는다. 우리가 이미 알고 있는 헬륨 원소는 이원자 분자가 아닌 단원자로 존재한다는 사실을 이것으로 확인할 수 있다.

결합차수

결합차수는 원자를 연결하는 결합 전자쌍의 수로 8.9절에서 정의하였다. 이와 같은 개념은 분자 궤도함수 이론에서도 적용될 수 있으며, 분자 궤도함수 이론에서 결합차수는 식 9.1과 같이 정의한다.

결합차수 = 1/2 (결합 MO에 채워진 전자 수 − 반결합 MO에 채워진 전자 수) **(9.1)**

H_2 분자에서 결합 궤도함수에는 2개의 전자가 채워지지만 반결합 궤도함수에는 전자가 없기 때문에 H_2의 결합차수는 1이다. 반대로 He_2에서는 σ_{1s} 전자쌍의 안정화 영향은 σ^*_{1s} 전자쌍의 불안정화 영향으로 상쇄되어 결합차수는 0이 된다.

분수를 갖는 결합차수도 가능하다. He_2^+ 이온의 경우에 분자 궤도함수 전자 배치는 $(\sigma_{1s})^2(\sigma^*_{1s})^1$이다. 이 이온에서 결합 분자 궤도함수에는 2개의 전자가 채워지지만 반결합 궤도함수에는 오직 하나의 전자만이 채워진다. MO 이론으로 He_2^+는 0.5의 결합차수를 갖게 되어 헬륨 원자 사이에 약한 결합이 존재한다고 할 수 있다. 흥미롭게도 이 이온은 특별한 실험 기술을 사용하여 기체상에서 확인되었다.

예제 9.4 분자 궤도함수와 결합차수

문제 분자 궤도함수 이론을 적용하여 H_2^- 이온의 전자 배치를 써보시오. 이온의 결합차수는 무엇인가?

알고 있는 사실 두 H 원자의 1s 궤도함수를 이용하여 2개의 분자 궤도함수가 생성된다(그림 9.15). 하나는 결합 분자 궤도함수(σ_{1s})이고 다른 하나는 반결합 분자 궤도함수(σ^*_{1s})이다.

전략 이온의 원자가 전자수를 확인하고 이 전자들을 H_2 분자의 MO 도표에 배치한다. 결합차수는 식 9.1을 이용하여 계산한다.

풀이 이 이온은 전자 3개를 갖는다(H 원자로부터 각각 전자 하나씩과 음전하에서 하나의 전자). 그러므로 전자 배치는 $(\sigma_{1s})^2(\sigma^*_{1s})^1$ 인데 이것은 He_2^+ 전자 배치와 같다. 따라서 H_2^- 역시 결합차수는 0.5이다.

고려사항 이 이온의 결합은 약하므로 특별한 환경 하에서만 존재할 수 있다고 예상된다.

유제 H_2^+ 이온의 전자 배치를 구하시오. 이 이온과 He_2^+, H_2^- 이온의 결합차수를 비교하시오. H_2^+는 존재하리라 예상하는가?

Li_2와 Be_2의 분자 궤도함수

분자 궤도함수 이론의 제4 원리(fourth principle of molecular orbital theory)는 **원자 궤도함수들의 에너지 준위가 비슷할 때 가장 효과적으로 원자 궤도함수들이 결합하여 분자 궤도함수를 형성한다**는 것이다. 이 원리는 Li_2(이원자 리튬) 또는 좀 더 무거운 O_2 및 N_2 분자를 취급할 때 중요하다.

리튬 원자는 2개의 s형 궤도함수에(1s와 2s) 전자를 가지고 있어 $1s \pm 2s$ 혼합이 이론적으로 가능하다. 그러나 1s와 2s 궤도함수는 에너지 준위가 아주 다르기 때문에 이 궤도함수 간의 상호작용은 무시된다. 그러므로 분자 궤도함수는 $1s \pm 1s$ 그리고 $2s \pm 2s$ 결합으로만 생긴다(그림 9.16b). 이것으로부터 이원자 리튬, Li_2의 분자 궤도함수 전자 배치는 다음과 같이 쓸 수 있다.

$$Li_2 \text{ MO 전자 배치:} \quad (\sigma_{1s})^2(\sigma^*_{1s})^2(\sigma_{2s})^2$$

이원자 분자. H_2, Li_2 및 N_2 등 2개의 동일한 원자들이 결합한 분자들은 동핵 이원자 분자들의 예이다.

σ_{1s} 전자들의 결합 효과는 σ^*_{1s} 전자들의 반결합 효과로 상쇄되어 이러한 전자쌍은 Li_2 결합에 전혀 영향을 끼치지 못한다. Li_2에서 결합은 σ_{2s} 궤도함수에 채워진 전

자쌍에 기인하며 결합차수는 1이다.

Li_2 분자의 σ_{1s}와 σ^*_{1s} 전자쌍이 결합에 기여하지 못한다는 사실은 이해할 만하다. 이 분자의 결합을 원자가 결합으로 기술할 때 이 전자들은 핵심부의 전자들이다. 원자가 결합 이론에서와 마찬가지로 MO 이론에서도 리튬 원자들 사이의 결합은 원자가 궤도함수의 중첩과 원자가 전자의 공유에 의해 나타난다. 핵심부 전자는 무시할 수 있다.

예제 9.5 동핵 이원자 분자에서의 분자 궤도함수

문제 Be_2와 Be_2^+이온은 존재할 수 있는가? 분자 궤도함수 관점에서 전자 배치를 설명하고 결합차수를 구하시오.

알고 있는 사실 원자의 1*s*와 2*s* 궤도함수만 관계되므로 9.16b의 MO 도표를 적용할 수 있다.

전략 분자 또는 이온의 전자수를 세고 그림 9.16b의 MO 도표에 전자를 채운다. 전자 배치를 쓰고 식 9.1로부터 결합차수를 계산한다.

풀이 Be_2는 8개 전자를 가지며 이 중 4개는 핵심부 전자이다. (핵심부 전자들은 σ_{1s}와 σ^*_{1s} 분자 궤도함수에 할당된다.) 나머지 4개의 전자는 σ_{2s}와 σ^*_{2s} 분자 궤도함수에 채워져 MO 전자 배치는 [핵심부 전자]$(\sigma_{2s})^2(\sigma^*_{2s})^2$이다. 알짜 결합차수는 0이 되고, 따라서 Be_2는 존재하지 않는다.

Be_2^+ 이온은 7개의 전자가 있고, 이 중 4개의 전자는 핵심부 전자이다. 남은 3개의 전자는 σ_{2s}와 σ^*_{2s} 분자 궤도함수에 채워져 MO 전자 배치는 [핵심부 전자]$(\sigma_{2s})^2(\sigma^*_{2s})^1$이다. 따라서 결합차수가 0.5이다.

고려사항 Be_2^+ 이온은 특수한 환경 하에서 존재할 수 있을 것으로 예측된다. 과학자들은 기체방전 실험(기체 원자에 강한 전자전위를 걸어줌) 및 광학 분석기를 이용하여 이러한 이온들을 검출해낼 수 있다.

유제 Li_2^- 음이온은 존재할 것인가? 이온의 결합차수는?

p 원자 궤도함수로부터의 분자 궤도함수

분자 궤도함수 이론의 원리를 이용하여 N_2, O_2, F_2와 같은 중요한 동핵 이원자 분자들을 설명할 준비가 되었다. 이 분자들의 결합을 설명하기 위하여 *s*와 *p* 원자가 궤도함수를 사용하여 분자 궤도함수를 만들 것이다.

p-블록 원소들에 대한 시그마 결합과 반결합 궤도함수는 그림 9.16b처럼 *s* 궤도함수의 상호작용으로 형성된다. 비슷하게 *p* 궤도함수의 상호작용으로 σ 결합과 σ^* 반결합 분자 궤도함수가 만들어진다(그림 9.17a).

부가적으로 각 *p*-블록 원자들은 두 원자가 σ 결합으로 연결된 것과 수직방향으로 2개의 *p* 궤도함수를 가지고 있다. 이러한 *p* 궤도함수들은 측면으로 결합하며 2개의 π 결합 궤도함수(π_{2p})와 2개의 π 반결합 궤도함수(π^*_{2p})가 생성된다(그림 9.17b).

원자 궤도함수 위상과 분자 궤도함수. 6장에서 전자의 파동함수는 + 및 − 위상을 가졌다고 함을 기억하시오. 이러한 이유로 그림 9.15와 9.17의 원자 궤도함수는 2개의 서로 다른 색을 이용하여 표시했다. 그림 9.17의 *p* 궤도함수를 살펴보면, 같은 파동함수 부호를 가진 *p* 궤도함수가 중첩될 때(+와 +), 결합 분자 궤도함수가 생성된다. 파동 위상이 다른 중첩(+와 −)의 경우, 반결합 분자 궤도함수가 생성된다. 그림 9.14를 참조.

(a) p 원자 궤도함수로부터 생성된 시그마(σ) 분자 궤도함수. 시그마 결합(σ_{2p})과 반결합(σ^*_{2p}) 분자 궤도함수는 2p 궤도함수의 중첩으로부터 만들어진다. 각 궤도함수들은 2개의 전자를 수용할 수 있다.

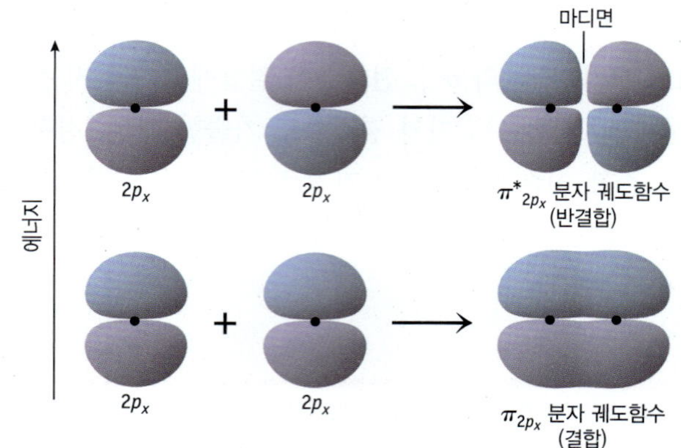

(b) 파이(π) 분자 궤도함수의 형성. 공간적으로 동일 방향에 있는 2p 궤도함수의 측면 중첩은 파이 결합(π_{2p})과 파이 반결합(π^*_{2p}) 분자 궤도함수를 만든다.

그림 9.17 **p 원자 궤도함수의 결합으로부터 생성된 σ 및 π 분자 궤도함수.** 큰 n 값을 가진 전자껍질의 p 궤도함수도 비슷한 모양의 σ 및 π 분자 궤도함수를 만든다.

동핵 이원자 분자인 B_2에서 F_2까지의 전자 배치

두 번째 주기의 동핵 이원자 분자에서의 궤도함수 상호작용으로 그림 9.18의 에너지 준위 도표가 만들어진다. 전자들은 이 도표에 따라 채워지며 이원자 분자 Be_2에서 F_2까지를 표 9.1에 나타내었는데 두 가지 특징이 있다.

첫 번째 전자 배치와 표 9.1의 아래 부분에 있는 결합차수, 결합 길이 그리고 결합 에너지 사이의 관계를 주목하라. 원자쌍 사이의 결합차수가 증가하면 결합을 깨트리기 위한 에너지는 증가하고 결합 길이는 짧아진다. 결합차수가 3인 질소 분자(N_2)는 가장 큰 결합 에너지와 가장 짧은 결합 길이를 갖는다.

HOMO와 LUMO. 화학자들은 전자가 채워진 가장 높은 에너지를 가진 MO를 HOMO(highest occupied molecular orbital)라고 한다. O_2에서는 π^*_{2p} 궤도함수가 HOMO이다. 또한 화학자들은 전자가 채워지지 않은 가장 낮은 에너지를 가진 분자 궤도함수를 LUMO(lowest unoccupied molecular orbital)라고 한다. O_2에서 LUMO는 σ^*_{2p}이다.

표 9.1 이 주기 원소들의 동핵 이원자 분자들에 대한 분자 궤도함수 채움과 물리적 자료

	B_2	C_2	N_2		O_2	F_2
σ^*_{2p}	□	□	□	σ^*_{2p}	□	□
π^*_{2p}	□□	□□	□□	π^*_{2p}	↑ ↑	↑↓ ↑↓
σ_{2p}	□	□	↑↓	π_{2p}	↑↓ ↑↓	↑↓ ↑↓
π_{2p}	↑ ↑	↑↓ ↑↓	↑↓ ↑↓	σ_{2p}	↑↓	↑↓
σ^*_{2s}	↑↓	↑↓	↑↓	σ^*_{2s}	↑↓	↑↓
σ_{2s}	↑↓	↑↓	↑↓	σ_{2s}	↑↓	↑↓
결합차수	1	2	3		2	1
결합 해리 에너지 (kJ/mol)	290	620	945		498	155
결합 거리 (pm)	159	131	110		121	143
관찰된 자기적 성질 (상자기성 또는 반자기성)	상자성	반자성	반자성		상자성	반자성

* σ_{2p}와 π_{2p} 궤도함수의 에너지 값은 2주기 뒷부분에서 뒤바뀐다. 다음 쪽의 심층 학습 참조.

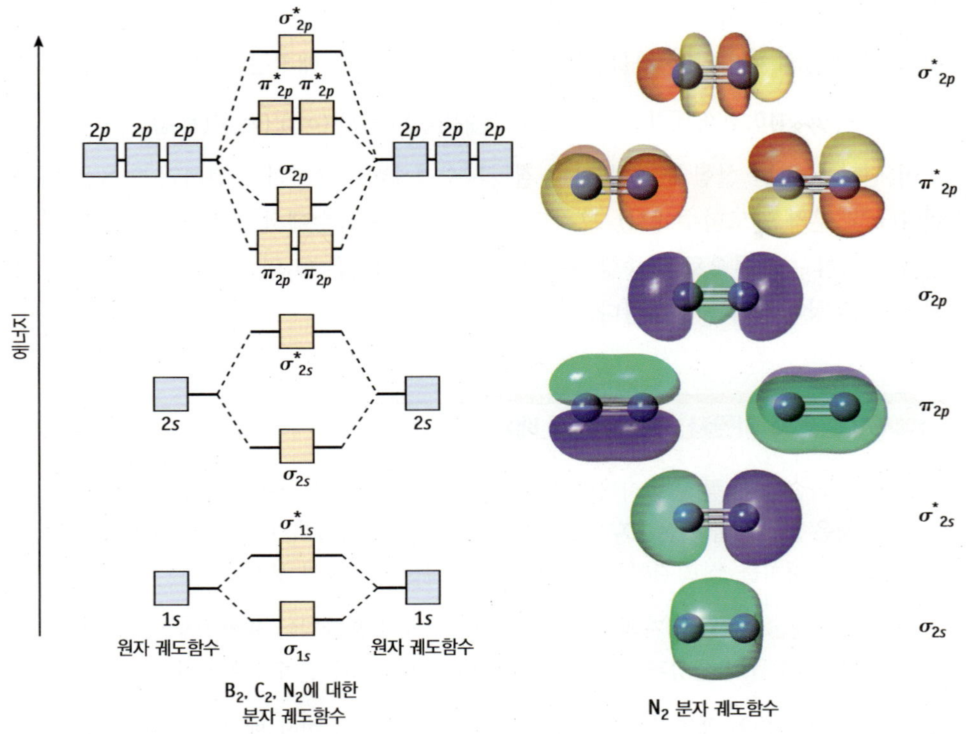

(a) B_2, C_2, N_2에 대한 에너지 준위 도표.

(b) 컴퓨터로 만든 N_2 분자 궤도함수. 전자가 채워진 MO는 파란색/초록색, 전자가 채워지지 않은 MO는 빨간색/노란색, 다른 색(파란색 ↔ 초록색, 빨간색 ↔ 노란색)은 각각 궤도함수 위상(+ 또는 − 부호)을 나타낸다.

그림 9.18 2주기 원소의 동핵 이원자 분자의 분자 궤도함수. (a)의 도표는 모든 2주기 동핵 이원자 분자의 자기 거동과 결합차수에 대한 올바른 결론을 주지만 이 그림의 MO의 에너지 순서는 오직 B_2, C_2, N_2에 대해서만 올바르다. O_2와 F_2의 경우 σ_{2p} MO는 π_{2p} MO보다 에너지가 낮다. 427쪽 심층 학습을 참조하시오.

심층 학습 | p-블록 원소로 형성된 화합물들의 분자 궤도함수

그림 9.18에 있는 분자 궤도함수 에너지 준위 도표의 몇 가지 특징들을 아래에 좀 더 자세히 설명하였다.

(a) 2s 상호작용에 의한 결합과 반결합 σ 궤도함수는 2p 상호작용에 의한 σ와 π MO보다 에너지 준위가 낮다. 그 이유는 독립된 원자에서 2s 궤도함수의 에너지 준위가 2p 궤도함수보다 낮기 때문이다.

(b) 결합과 반결합 궤도함수의 에너지 차이는 π_{2p}보다 σ_{2p}에서 더 크다. p 궤도함수의 중첩은 머리 대 머리(head to head) 배향(σ_{2p} MO)이 측면(side by side) 배향(π_{2p} MO)보다 중첩이 크기 때문이다. 궤도함수 중첩이 커질수록 결합 MO의 안정성과 반결합 MO의 불안정성은 커진다.

(c) 그림 9.18에서 π_{2p} 궤도함수의 에너지가 σ_{2p} 궤도함수보다 낮은 것을 보여줌에 놀랐을 것이다. 그 이유는 무엇일까? s와 p 궤도함수의 에너지가 비슷하기 때문에 보다 정교한 접근법에서는 s와 p 원자 궤도함수 혼합까지 고려한다. 이 결과로 σ_{2s}와 σ^*_{2s} 분자 궤도함수는 예상보다 에너지 준위가 낮아지고 σ_{2p}와 σ^*_{2p} 궤도함수는 예상보다 에너지 준위가 높아진다.

(d) s와 p 궤도함수의 혼합은 B_2, C_2, N_2에서 중요하다. 그림 9.18은 이러한 분자들에게만 적용된다. O_2와 F_2에서는 σ_{2p}가 π_{2p}보다 에너지가 낮다. 표 9.1은 이를 고려한 것이다.

두 번째 산소 분자(O_2)의 전자 배치를 주목하라. 이 산소 분자는 각 원자로부터 6개씩 총 12개의 원자가 전자를 가지므로 분자 궤도함수 배치는 다음과 같다.

O_2 MO 전자 배치: [핵심부 전자]$(\sigma_{2s})^2(\sigma^*_{2s})^2(\sigma_{2p})^2(\pi_{2p})^4(\pi^*_{2p})^2$

이 전자 배치는 실험 결과와 같이 결합차수가 2이며 2개의 홀전자가 있음을 나타낸다(π^*_{2p} 분자 궤도함수에서). 그러므로 원자가 궤도함수에서 설명하지 못한 부분을 분자 궤도함수 이론으로 입증할 수 있다. 즉 MO 이론은 O_2의 결합차수와 그림 9.11에서 다룬 상자기성을 설명한다.

예제 9.6 동핵 이원자 이온의 전자 배치

문제 포타슘과 O_2를 반응시키면 생성물 중의 하나로 초산화포타슘(KO_2)이 생성된다. 이것은 초산화물 이온, O_2^- 음이온을 갖는 이온 화합물이다. 이 이온의 분자 궤도함수 전자 배치를 쓰고 결합차수와 자기적 성질을 예측하여 보시오.

알고 있는 사실 두 O 원자의 2*s*와 2*p* 궤도함수들이 혼합되어 표 9.1에 있는 일련의 분자 궤도함수들이 생성된다. O_2^- 이온은 13개의 원자가 전자를 가진다.

전략 표 9.1의 O_2 에너지 준위 도표를 이용하여 이온의 전자 배치를 구하고 식 9.1을 이용하여 결합차수를 결정한다. 자기성은 쌍을 이루지 않은 전자의 존재 여부에 의해서 결정된다.

풀이 O_2^-의 MO 배열은 다음과 같다.

O_2^- MO 전자 배치: [핵심부 전자]$(\sigma_{2s})^2(\sigma^*_{2s})^2(\sigma_{2p})^2(\pi_{2p})^4(\pi^*_{2p})^3$

이 이온은 홀전자가 하나 있으므로 상자성을 갖는다고 예상되며 실험적으로 증명되었다. 8개의 결합 전자와 5개의 반결합 전자때문에 결합차수는 1.5이다. O_2^-의 결합차수는 O_2 결합차수보다 작기 때문에 O_2^-에서의 O—O 결합 길이는 O_2에서의 O—O 결합 길이보다 길다. 초산화물의 O—O 결합 길이는 134 pm인데 반하여 O_2의 결합 길이는 121 pm이다.

고려사항 초산화물 이온(O_2^-)은 홀수의 전자수를 갖는데 이것은 NO나 O_2와 마찬가지로 결합에 대한 루이스 구조를 정확히 쓸 수 없는 이원자 화학종이다.

유제 O_2^+와 N_2^+ 양이온은 지구 대기권 상층부의 중요한 성분이다. O_2^+의 전자 배치를 쓰고 결합차수와 자기적 성질을 예측하시오.

이핵 이원자 분자의 전자 배치

서로 다른 두 원소로 이루어진 분자들인 NO, CO, ClF 화합물들은 이핵 이원자 분자의 예이다. 이핵 이원자 분자의 MO 설명은 동핵 이원자 분자와 유사하나 차이도 있다.

일산화탄소(CO)는 중요한 화합물이므로 결합에 대해 살펴보자. O의 2*s*와 2*p* 궤도함수들은 C의 2*s*와 2*p* 궤도함수들에 비해 낮은 에너지를 가진다(306쪽). 이러한 에너지 차이에도 불구하고 동핵 이원자 분자의 경우와 유사하게 혼합되어 N_2와 비슷한 에너지 순서의 분자 궤도함수들이 생성될 수 있다. 전과 같이 CO의 10개 원자가 전자들은 낮은 에너지의 분자 궤도함수부터 채워 들어가기 때문에 CO의 MO 전자 배치는 아래와 같다.

CO MO 전자 배치: [핵심부 전자]$(\sigma_{2s})^2(\sigma^*_{2s})^2(\pi_{2p})^4(\sigma_{2p})^2$

따라서 CO의 경우 루이스 구조에서와 마찬가지로 결합차수는 3이다.

공명과 MO 이론

오존(O_3)은 산소와 산소 결합 길이가 같은 삼원자 분자이다. X—O 결합 길이가 같은 예는 SO_2, NO_2^-, HCO_2^-와 같은 다른 삼원자 분자나 이온에서도 볼 수 있다. 원자가 결합 이론에서는 이러한 구조에서 산소 원자와의 동일한 결합을 설명하기 위하여 공명을 사용하였다. MO 이론은 이 문제에 대한 다른 관점을 제공한다.

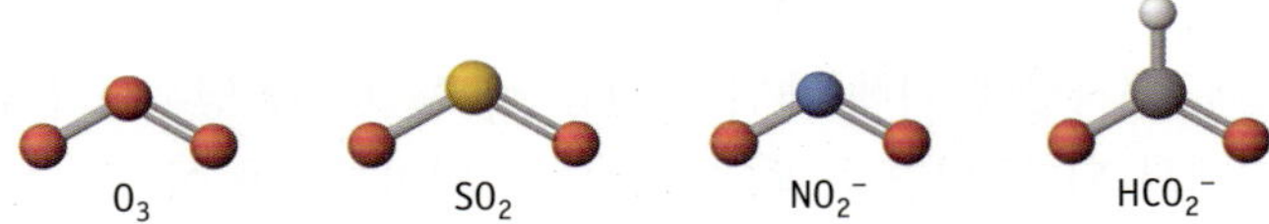

오존의 결합을 이해하기 위해 먼저 원자가 결합 이론을 적용해보자. 우선 모든 3개의 O 원자들은 sp^2로 혼성되었다고 가정한다. 중심 원자는 2개의 σ 결합과 비공유 전자쌍을 채우기 위하여 sp^2 혼성 궤도함수를 사용한다. 말단의 원자들은 하나의 σ 결합과 2개의 고립 전자쌍을 채우기 위하여 sp^2 혼성 궤도함수를 사용한다. 따라서 O_3의 9개의 원자가 전자쌍 중의 7쌍은 O_3의 σ 결합에 사용한 결합 전자쌍 및 고립 전자쌍에 해당한다(그림 9.19a). 오존에서 π 결합은 2개의 남아 있는 전자쌍으로 만들어진다(그림 9.19b). O_3의 각 원자들은 sp^2 로 혼성화되었다고 가정했으므로 O_3 분자 평면에 수직인 비혼성화된 *p* 궤도함수는 3개의 산소 원자에 각각 남아 있다. 이 궤도함수들은 π 결합을 형성하기에 적당한 배열을 하고 있다.

문제를 간략화하기 위해 오존의 π 결합에 관계되는 3개의 *p* 궤도함수에 대해서만 MO 이론을 적용해 보자. MO 이론의 원리는 분자 궤도함수 개수와 원자 궤도함수 개수는 같다는 것이다. 그러므로 3개의 2*p* 원자 궤도함수는 3개의 분자 궤도함수를 만드는 방식으로 결합하여야 한다.

오존에서 하나의 π_p MO는 3개의 *p* 궤도함수의 부호가 같기 때문에 결합 궤도함수이다(그림 9.19b). 다른 π_p MO는 중심 원자의 원자 궤도함수가 말단 원자 *p* 궤도함수와 부호가 다르기 때문에 반결합 궤도함수이다. 세 번째 π_p MO는 중심의 *p* 궤도함수가 MO에 참여하지 않기 때문에 비결합이다(비결합이란 명칭에서 나타내듯이 이 분자 궤도함수 내의 전자들은 2개의 말단 원자들에만 존재하며 서로 중첩되지 않으므로 분자 결합을 안정화시키지도 불안정화시키지도 않는다).

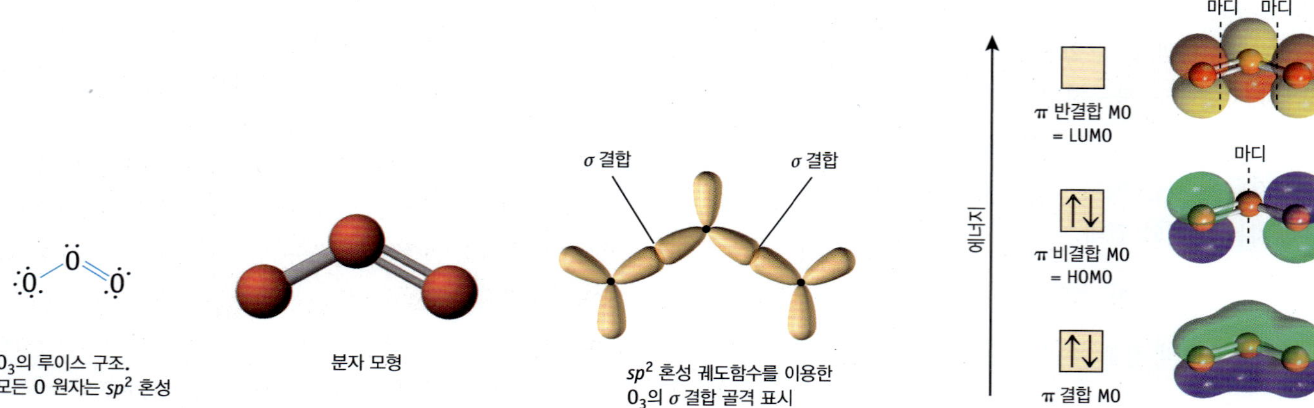

(a) O_3에서의 O—O 결합 길이는 동일하며 따라서 원자가 결합 이론의 공명 구조로 설명할 수 있다. O_3의 σ 결합 골격은 각 O 원자들의 sp^2 혼성궤도 함수를 이용하여 형성된다. 여기에 2개의 σ 결합과 5개의 고립 전자쌍이 채워진다.

(b) O_3에서의 π 분자 궤도함수 도표: 도시된 다른 MO 도표(특히 그림 9.18)와 같이 MO 에너지는 마디 수가 증가함에 따라 비례하여 증가한다.

그림 9.19 **오존, O_3에서의 결합 모형.**

O_3의 2쌍의 π_p 전자들 중 하나는 가장 낮은 에너지를 가진 π_p 결합 분자 궤도함수에 배열되는데, 전자쌍에 의해 채워진 결합 π_p MO는 공명혼성과 같이 분자 전체에 걸쳐 비편재화 된다. 비결합 궤도함수 역시 채워지지만 이 궤도함수의 전자는 2개의 말단 산소 원자에 편재화 된다. O_3의 π 결합차수는 하나의 결합쌍이 2개의 O—O 결합에 퍼져 있기 때문에 각 O—O 결합차수는 0.5이다. σ 결합차수는 1.0이고 π 결합차수는 0.5이기 때문에 전체 산소–산소 결합차수는 원자가 결합 이론에서와 같은 1.5이다.

오존의 π 분자 궤도함수들이 3개의 원자에 걸쳐 퍼져 있다는 것은 분자 궤도함수 이론에 관하여 **분자 궤도함수들이 2개의 원자 이상으로 확장될 수 있다**는 사실을 설명해 준다. 이와 달리 원자가 결합 이론에서는 모든 결합은 두 원자 사이의 결합에 전자쌍을 편재화 하는 데 기초하고 있다. 좀 더 MO 이론을 설명하기 위해 그림 9.20의 벤젠을 살펴보자. 420쪽에서 벤젠 분자의 π 전자들은 6개의 탄소 원자들 모두에 걸쳐 퍼져 있음을 주목하였다. MO 이론에서도 똑같음을 알 수가 있다. 6개의 p 궤도함수들은 π 결합에 기여한다. 분자 궤도함수 개수는 원자 궤도함수 개수와 같아야 한다는 전제에 기초하여 벤젠에서는 6개의 π 분자 궤도함수가 있어야만 한다. 벤젠의 에너지 준위 도표는 6개의 π 전자들이 3개의 가장 낮은 에너지(결합) 분자 궤도함수에 채워짐을 보여준다.

심층 학습 HF_2^-, B_2H_6, SF_6에서의 삼중심 결합

거의 대부분의 화합물이 루이스 전자점 구조로 설명할 수 있지만 O_2 및 NO와 같이 설명되지 않는 경우도 있으며, 이때 MO 이론이 사용될 수 있다. F^-와 HF 사이의 반응에 의해 생성되는 HF_2^-는 흥미로운 화합물이다. 이 이온 구조는 선형으로 H 원자가 중심이며, 좌우로 F 원자가 존재한다(F—H—F). 이 이온이 가진 16개의 원자가 전자들 중 4개의 전자들이 결합에 사용된다(나머지 12개는 F의 고립 전자쌍이다).

어떻게 이러한 결합을 설명할 수 있을까? 가장 좋은 방법은 MO 이론을 적용하는 것이다. 우선 F의 $2p_z$와 H의 1*s* 모두 3개의 원자 궤도함수로부터 시작해 보자.

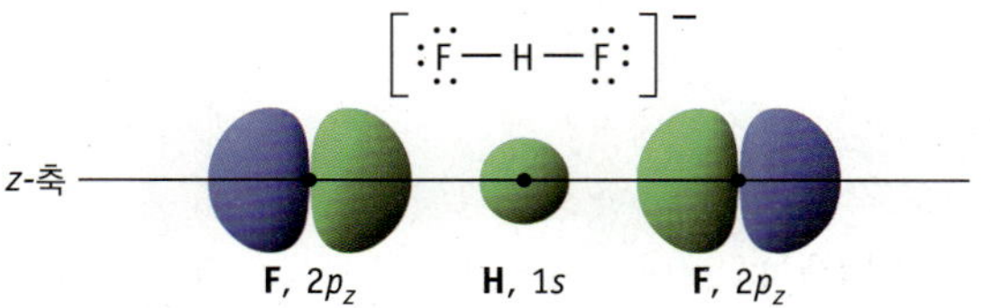

F–H–F⁻의 가용한 원자 궤도함수

FHF^- 이온의 결합 분자 궤도함수는 이온 전체에 분포되어 있으며 각 H—F 삼중심 결합의 차수는 1/2이다.

그림 9.19에 있는 오존의 π 결합 모형에서와 같이 H의 1*s*와 F의 $2p_z$ 원자 궤도함수들은 1개의 결합, 1개의 비결합, 그리고 1개의 반결합 등 3개의 분자 궤도함수들을 생성한다. 한 쌍의 원자가 전자들이 결합 분자 궤도함수를 채우며, 다른 한 쌍은 비결합 분자 궤도함수를 채워 1개의 결합이 생성된다. 이러한 결과는 결합을 잘 설명할 수 있으며, 때로 **삼중심/4–전자 결합**(three–center/four–electron bond)이라고 부른다.

루이스 전자점 구조로 설명할 수 없는 또 다른 예는 B_2H_6이다. 다음 그림에서와 같이 각 B 원자는 찌그러진 정사면체 구조를 가진다.

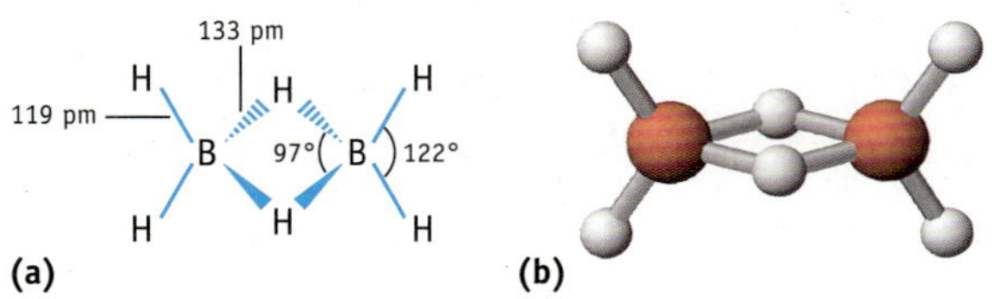

B_2H_6 구조에서 삼중심/2전자 B—H—B 결합이 존재한다.

이 분자에는 양쪽에 2개씩 총 4개의 말단에 위치하는 H 원자가 B에 연결되어 있으며, 2개의 H 원자는 2개의 B 원자 사이에서 다리를 형성한다. 2개의 B와 6개의 H 원자는 8개의 결합 전자쌍을 형성하기에는 전자가 부족하기 때문에 화학자들은 B_2H_6의 경우 '전자 부족(electron deficient)' 화합물로 분류한다.

이 분자의 결합을 2개의 붕소 원자와 하나의 H 원자를 포함하는 삼중심 결합의 MO 이론을 이용하여 설명할 수 있다. 우선 B 원자는 sp^3 혼성이라고 가정하자. 총 12개 전자 중 8개 전자와 각 B 원자에 있는 sp^3 혼성 궤도함수들 중 2개를 사용하여 4개의 말단 수소 원자들과 B 사이의 2개의 전자를 이용한 일반적인 결합을 설명할 수 있다. 나머지 4개의 전자가 B—H—B 결합에 사용된다. 각 B—H—B 결합에 관련된 3개의 분자 궤도함수는 각 B 원자의 sp^3 혼성 궤도함수들 중 나머지 2개와 H의 1*s* 궤도함수로부터 형성될 수 있다. 이번에도 1개의 MO는 결합, 1개 MO는 비결합이며, 나머지 1개 MO는 반결합이다. 2개의 전자가 결합 분자 궤도함수를 채워서 삼중심/2–전자 결합을 형성한다. 이 결합은 일반적인 **이중심/2–전자 결합**에 비해서 약하며, B_2H_6는 아주 낮은 온도에서도 두 개의 BH_3 분자로 해리된다.

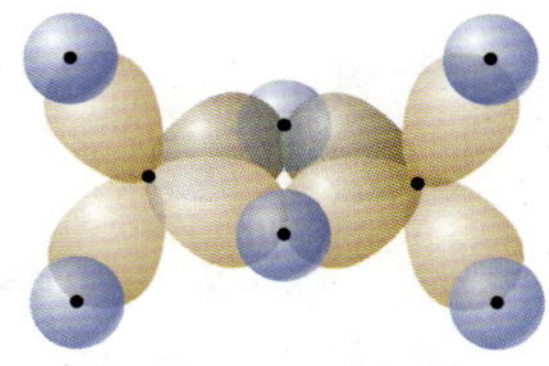

각 B 원자의 sp^3 혼성 궤도함수 중 1개와 H 1s 궤도함수 중첩에 의해 삼중심/2–전자 결합 2개가 생성된다.

마지막으로 **주족원소들로 구성된 화합물에서도 *d* 궤도함수가 결합에 관계되는가를 살펴보자.** 이론에 따르면 SO_4^{2-} 및 PO_4^{3-}와 같은 이온의 결합에는 *d* 궤도함수가 별로 관여하지 않는다. *d* 궤도함수의 에너지가 너무 높아서 주족원소로 구성된 화합물의 결합에 사용되지 않는다면, PF_5와 SF_6 결합의 경우, sp^3d와 sp^3d^2 혼성 궤도함수를 사용하여 설명하는 것이 맞을까? MO 이론은 *d* 궤도함수를 사용하지 않고 PF_5와 SF_6 결합을 설명할 수 있다.

정팔면체인 SF_6의 경우, 총 48개의 원자가 전자가 있다. 이들 중 36개의 전자는 F 원자의 고립 전자쌍이며, 따라서 12개의 전자로 총 6개의 S–F 결합을 설명해야 한다. 하나의 결합축을 따라 S와 2개의 F 원자 결합을 살펴보자.

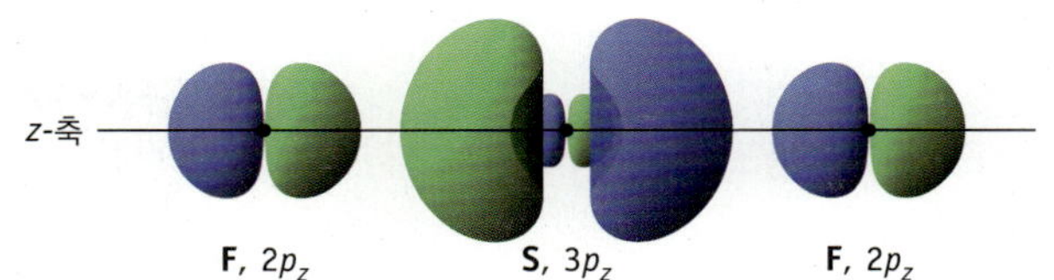

SF_6에서 삼중심, 4전자 F—S—F 결합

*z*축을 따라서는 S의 $3p_z$와 F의 2개의 $2p_z$ 궤도함수를 이용하여 결합, 비결합 및 반결합 분자 궤도함수를 형성할 수 있다. 4개의 전자를 결합 및 비결합 분자 궤도함수에 배치할 수 있다. 이렇게 *z*축에 있는 F—S—F 결합에 2개의 전자쌍이 배열되는 방법은 *x* 및 *y*축에도 적용할 수 있다. 따라서 3개의 F—S—F 결합은 각각 삼중심/4–전자결합으로 설명될 수 있으며, *d* 궤도함수를 사용하지 않고도 SF_6 결합을 설명할 수 있다.

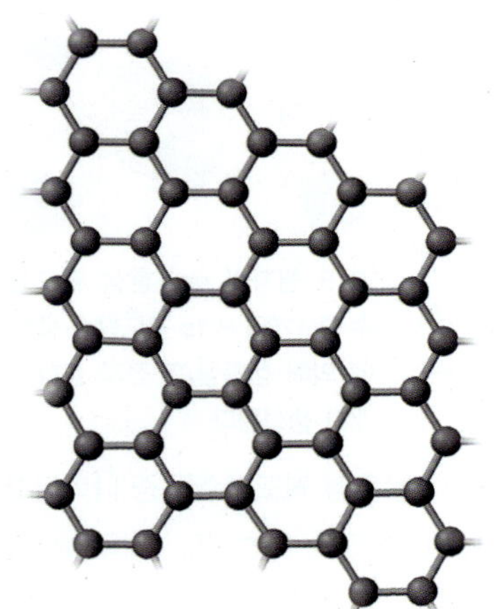

π 결합, 전기 전도도와 그래핀. 최근에 발견된 중요한 물질인 그래핀은 탄소 원자들의 6각형 고리 평판으로 구성되어 있다. 그래핀에서 π 궤도함수의 전자는 하나의 고리에만이 아니라 평면 전체에 비편재화되어 있다. 결과적으로 이 전자들은 전기장에 의해 영향을 받을 수 있고 따라서 그래핀은 좋은 전기 도체이다(12장 참조).

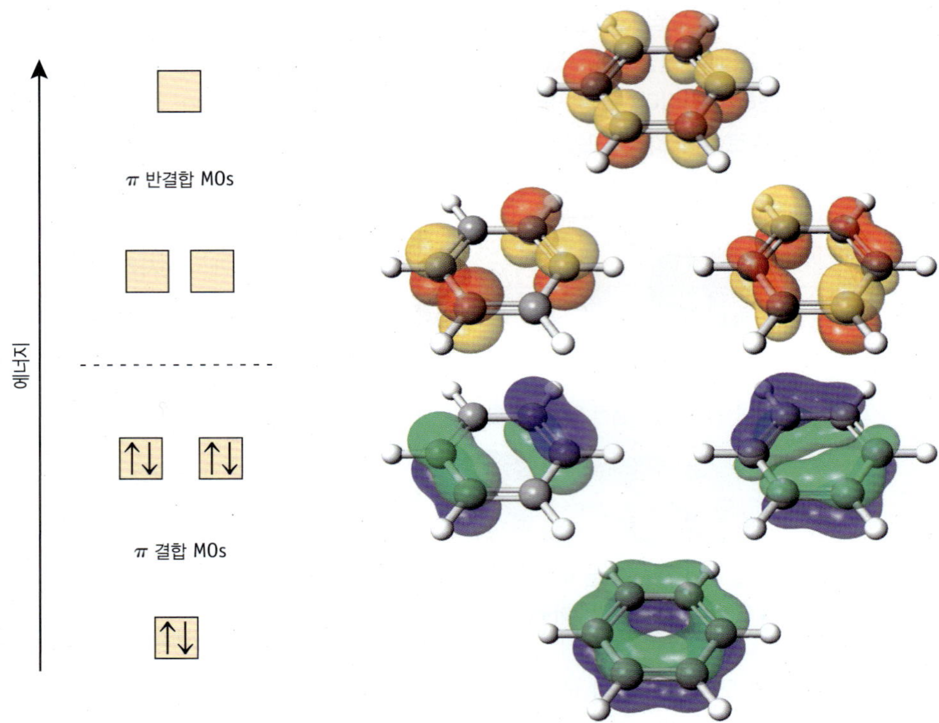

그림 9.20 **벤젠의 분자 궤도함수 에너지 준위 도표.** 6개(각 C 원자에 1개씩)의 비혼성화 p 궤도함수가 있기 때문에 3개의 결합과 3개의 반결합 등 총 6개의 π 분자 궤도함수가 만들어진다. 3개의 결합 분자 궤도함수에 6개의 π 전자들이 채워진다.

9.3절 확인문제

1. NO 분자에서 N—O 결합차수는?
   (a) 2 (b) 2.5 (c) 3.0 (d) 1

2. O_2^{2-} 이온의 HOMO는?
   (a) π_{2p} (b) π^*_{2p} (c) σ^*_{2p} (d) σ^*_{2s}

3. 다음 중 반자성(diamagnetic) 물질은?
   (a) O_2 (b) B_2 (c) C_2 (d) N_2^+

4. O_2^+, O_2, O_2^-, O_2^{2-} 중 결합 길이가 가장 짧은 경우는?
   (a) O_2^+ (b) O_2 (c) O_2^- (d) O_2^{2-}

사례 연구 녹색화학, 안전한 염료와 분자 궤도함수

화학자의 중요한 임무는 유용한 물질을 발견하는 것은 물론이고 사용 시의 안전성을 확보하고 최대한 안전하게 합성하는 방법을 찾는 데 있다. 이것이 '녹색화학'이며 최근 염료산업에서 큰 발전이 있었다. 인간이 원하는 다양한 색상의 의류와 물건들을 위해 염료와 색소가 수세기 동안 사용되었다. 염료는 양파껍질, 당근, 과일 및 장과열매(berry) 등의 식물성 재료로부터 추출되었다. 일부는 동물성으로 티리언 퍼플(tyrian purple)이 특히 유명하다(그림A). 이 염료는 고대 그리스인들이 해양 복족류인 **지중해 조개**(*Murex brandaris*)로부터 추출하여 사용되어 왔다. 문제는 1.4 g의 염료를 추출하기 위해서는 1만 2000개의 *Murex brandaris*가 필요하며, 이 염료량으로는 의복 한 벌의 일부만 염색할 수 있다는 것이다. 다행히도 인디고 나무로부터 티리언 퍼플과 유사한 염료를 추출할 수 있게 되었고 미국에 인디고 농장이 생기게 되었다. 첫 번째 인공염료는 1856년에 우연히 합성되었다. 당시 18살이던 퍼킨(William Perkin)은 말라리아 치료제를 찾던 중 자줏빛의 아닐린 염료(mauveine)를 합성하였다. 당시 염료 가격이 매우 높았기 때문에 많은 종류의 염료가 추가적으로 합성되었다. 일부에서는 퍼킨의 발견이 현대 화학 산업을 탄생시켰다고 주장한다. 많은 종류의 인공염료 중에 N═N 이중 결합(아조 작용기)을 가진 아조 염료가 있다. 한 예가 butter yellow (그림 B)이다. 이 염료는 버터에 보다 선명한 노란색을 나타내기 위해 사용되었는데 이 염료는 발암 물질이다. 일부 염료가 안전하지 않기 때문에 화학자들은 원하는 색상을 내면서도 독성이 없는 염료를 합성하기 위해 노력해왔다. 버터옐로(Butter yellow) 염료의 경우 분자에 NO_2기를 첨가하여 합성도 용이하고 안전한 염료가 개발되었다. 티리언 퍼플의 분자 구조는 많은 염료들과 유사하다. 이 분자는 분자 전체에 걸쳐 C═C와 C═O 이중 결합이 번갈아가며 존재한다. 아조 염료 또한 다른 이중 결합이 전체에 걸쳐 존재한다. 실제로 대부분의 유기염료 분자는 분자 전체에 걸친 π 결합을 가지고 있으며, 이로 인해 색을 나타낸다.

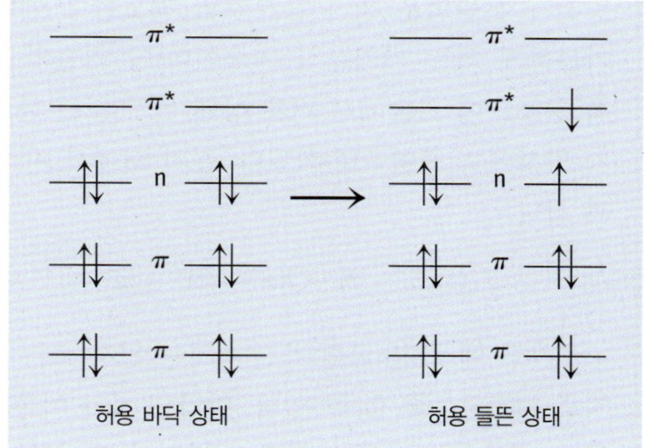

그림 C 아조 염료의 경우 전자는 비결합 분자 궤도함수에서 반결합 π 분자 궤도함수로 전이되면서 빛을 흡수한다(모든 분자에서 전자가 낮은 에너지로부터 높은 에너지 분자 궤도함수로 전이될 때 빛이 흡수된다).

여러 개의 π 결합에 의해 낮은 에너지의 π 반결합 분자 궤도함수가 생성된다. 가시광선이 이러한 분자들에 의해 흡수될 때 결합 또는 비결합 분자 궤도함수 내에 존재하던 전자들이 반결합 분자 궤도함수로 전이된다(그림c). 인간의 눈에는 분자에 의해 흡수되지 않는 빛의 파장만을 관측할 수 있기 때문에 물체색은 나머지 빛의 파장으로 인식된다. 예를 들어 파란색 빛을 흡수하는 물질의 경우, 인간은 빨간색으로 인식하게 된다.

그림 A **위: 티리언 퍼플 또는 6,6′-다이브로모인디고 구조.** 화학식은 $C_{16}H_8N_2O_2Br_2$이다.
아래: 인디고 나무.

버터옐로

나이트로화된 버터옐로

그림 B **버터옐로와 나이트로화된 버터옐로의 구조.** 버터옐로는 버터 착색을 위해 사용하던 합성 연료로 N═N 이중 결합을 가지고 있고 아조 염료로 분류된다. 나이트로화된 두 번째 화합물은 식용이다.

문제

1. 티리언 퍼플의 실험식은?
2. 버터옐로는 408 nm, 나이트로화된 버터옐로는 478 nm 파장의 빛을 각각 흡수한다. 어떤 염료가 더 높은 에너지의 빛을 흡수하는가?
3. 티리언 퍼플 및 나이트로화 된 버터옐로 염료에 있는 이중결합의 수는?

이 질문에 대한 답은 부록 N에 수록되어 있다.

화학 원리 응용 | 광전자 분광법에 의한 분자 조사

광전자 분광법은 원자와 분자의 궤도함수 에너지 측정을 가능하게 하는 기기분석 기술이다(이 기술의 소개는 318쪽 참조). 이 기술에서 기체 상태 원자 또는 분자는 고에너지 방사에 의하여 이온화된다. 분자 M에서 이 과정은 다음과 같다.

$$M + h\nu \rightarrow M^+ + e^-$$

충분한 에너지($h\nu$)를 가진 광자는 원자 또는 분자에서 전자를 배출하도록 할 수 있다. 만약 광자가 이온화에 필요한 문턱 에너지 이상을 가진다면 과잉의 에너지는 배출된 전자의 운동 에너지로 전해진다. 이온화 에너지, 흡수된 광자의 에너지, 배출된 전자의 운동 에너지는 다음 방정식으로 관계된다.

$$\text{IE} = h\nu - \text{KE(전자)}$$

광전자 분광법은 핵심부 또는 원자가 전자의 에너지를 조사하는 데 사용될 수 있다. 핵심부 전자의 이온화는 x-선 방사를 필요로 하지만 원자가 전자의 이온화(분자의 결합에 중요)는 훨씬 에너지가 낮은 자외선(UV) 방사를 필요로 한다.

헬륨 기체는 분자의 광전자 분광법에서 사용되는 가장 흔한 UV 방사의 원천이다. 전자적으로 들뜰 때, He 원자는 파장이 58.4 nm인 거의 단색(단일 파장) 빛을 방출한다. 이 광자의 에너지는 많은 원자가 껍질 분자 궤도함수에서 전자를 배출하는 데 필요한 문턱 에너지 이상이다.

그림은 N_2 분자의 원자가 껍질 광전자 스펙트럼이다. 분자 궤도함수 도표(그림 9.18과 표 9.1)는 N_2가 네 가지 종류의 채워진 궤도함수, σ_{2s}, σ^*_{2s}, π_{2p}, σ_{2p}를 가지고 있음을 시사하고 있다. 광전자 스펙트럼은 평균 이온화 에너지가 15.6, 16.7, 18.6 eV인 세 가지 배출 전자를 검출하고 있다 (1 eV = 1.60218 × 10^{-19} J). 이 전자들은 각각 σ^*_{2s}, π_{2p}, σ_{2p} 궤도함수에서 배출되었다. 네 번째 피크는 관찰되지 않았는데 이는 σ_{2s} 궤도함수로부터 전자를 제거하는 데 필요한 에너지가 들뜬 헬륨 원자에서 방출되는 광자의 에너지보다 높기 때문이다.

17–18 eV 부근의 명백한 다른 피크들은 π 궤도함수로부터의 이온화와 관계가 있다. 이들은 이온화 에너지와 분자 진동에 의한 에너지의 짝지음에 기인한다.

문제

1. 광전자 분광법은 광전효과와 유사하다(6.2절). 그러나 광전효과에서 빛이 (   )의 표면을 때렸을 때 전자가 배출된다.
2. 58.4 nm 파장의 광자 에너지는 kJ/mol 단위로 얼마인가?
3. 아래 그림을 이용하여 어느 분자 궤도함수(σ^*_{2s}, π_{2p}, σ_{2p})가 이온화 에너지 15.6 eV를 가지는지 말하시오.
4. 58.4 nm 방사를 이용하여 N_2의 σ^*_{2s} 분자 궤도함수에서 배출된 전자의 운동 에너지는 4.23 × 10^{-19} J이다. 이 궤도함수 전자의 이온화 에너지는 kJ/mol과 eV 단위로 얼마인가?
5. 이온화 에너지가 15.6 eV와 16.7 eV인 전자가 방출되었을 때 생성된 N_2^+ 이온은 18.6 eV의 이온화 에너지의 전자 배출로 생성된 이온보다 긴 결합 길이를 가진다. 이유는?

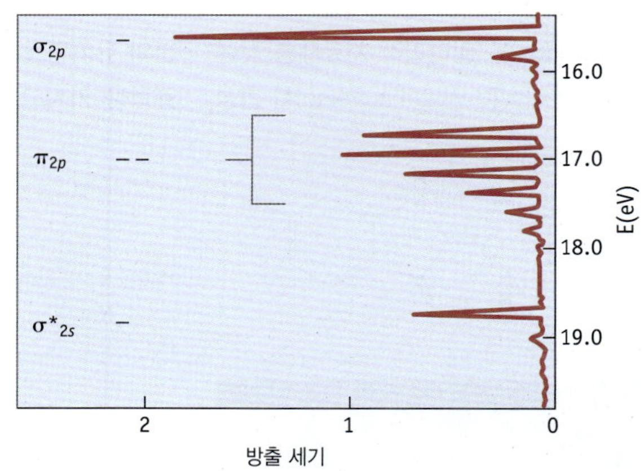

N_2 기체의 광전자 스펙트럼. (G. L. Miessler and D. A. Tarr, *Inorganic Chemistry*, Pearson, 3rd edition, 2004, p. 131에서 발췌)

학습 목표 복습

여러분은 이 장의 학습을 마쳤다. 이제 학습 목표를 달성했는지 점검해 보자. 특히 다음과 같은 것을 할 수 있어야 한다.

- 궤도함수 겹침은 공유 결합의 기본임을 이해한다.
  - **a.** 원자가 결합 이론의 전제는 결합은 원자 궤도함수의 겹침으로 얻어진다는 것을 인식하시오. 궤도함수의 겹침에 의하여 전자들은 2개 원자 사이에 집중(편재화)된다(9.2절).
  - **b.** 결합의 분자 궤도함수 모형도 궤도함수의 겹침에 의존하지만 전체 분자의 원자들이 포함될 수 있다(9.3절).
  - **c.** 궤도함수 겹침에 의하여 어떻게 시그마(σ)와 파이(π) 결합이 생성되는지를 구별하시오. σ 결합에서 궤도함수는 머리와 머리 부분이 겹쳐 결합 축을 따라 전자들이 집중된다. p 원자 궤도함수의 측면 겹침은 π 결합 형성이 얻어지고, 전자 밀도는 분자 평면의 위와 아래에 집중된다(9.2절).
- 궤도함수 혼성 이론을 이해한다.
  - **a.** 궤도함수 혼성의 원리는 궤도함수 겹침을 통해 효과적인 결합을 형성할 수 있는 일련의 중심 원자 궤도함수를 만드는 것이다(9.2절).
- 원자가 결합 이론과 분자 궤도함수 이론 사이의 차이와 각 이론이 어떻게 적용되는지를 이해한다.
  - **a.** 분자 궤도함수 이론(9.3절)에서 원자 궤도함수는 결합하여 몇 개 원자에 비편재화되는 결합 궤도함수, 비결합 궤도함수, 반결합 궤도함수를 형성한다. 이러한 기술에서 분자 또는 이온의 전자들은 폴리의 배타 원리와 훈트의 규칙에 따라 에너지가 증가하는 순서대로 궤도함수에 할당한다.

- 분자 또는 다원자 이온에서 원자의 혼성을 확인한다.
  - **a.** 분자에서 원자에 의해 사용된 혼성을 결정하고 분자 구조를 추정하기 위하여 혼성의 개념을 사용한다.
- 원자가 결합 이론을 이용하여 분자 또는 다원자 이온의 결합을 기술한다.
  - **a.** 결합을 형성하기 위하여 겹치는 원자와 혼성 궤도함수를 명시하면서 원자 간 결합을 기술한다.
- 간단한 이원자 분자 또는 이온의 분자 궤도함수 배치를 쓰고 각 화학종의 결합차수를 결정하며, 자기적 거동을 예상한다.

- 화학 결합은 다른 이론을 이용하여 기술할 수 있고 각각은 장점과 단점이 있음을 기억한다.
- 혼성 궤도함수의 종류와 공간에서의 배향을 기억한다.

혼성 궤도함수	사용한 원자 궤도함수	혼성 궤도함수의 수	전자쌍 기하구조
sp	$s + p$	2	선형
sp^2	$s + p + p$	3	평면삼각형
sp^3	$s + p + p + p$	4	사면체

- 시그마와 파이라는 용어와 궤도함수 겹침과 결합 모양으로 이들의 의미를 기억한다.

주요 식

9.1 식(423쪽) 분자 궤도함수 전자 배치로부터 결합차수를 계산하시오.

결합차수 = 1/2 (결합 MO 전자 수 − 반결합 MO 전자 수)

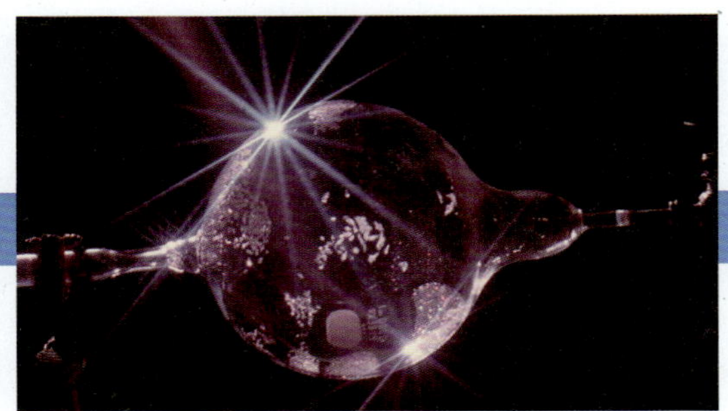
© Gary J. Schrobilgen

학습문제

실전문제

원자가 결합 이론

1. 클로로폼($CHCl_3$)의 루이스 구조를 그리시오. 이것의 전자쌍과 분자의 구조는 무엇인가? C, H, Cl의 어떤 궤도함수들이 이러한 원소를 포함하는 결합을 형성하는 데 중첩되는가?

2. 하이드록실아민(H_2NOH)의 루이스 구조를 그리시오. 질소와 산소 원자의 혼성은 무엇인가? 질소와 산소의 어떤 궤도함수가 이 원소들 사이의 결합을 형성하는 데 중첩되는가?

3. 플루오린화카보닐(COF_2)의 루이스 구조를 그리시오. 이 분자의 중심인 탄소 원자의 전자쌍 및 분자 구조는 무엇인가? 탄소 원자의 혼성은 무엇인가? 탄소와 산소의 어떤 궤도함수가 이 원소들 사이의 σ 및 π 결합을 형성하는 데 중첩되느냐?

4. 다음 각각의 분자나 이온의 밑줄 친 원자에 대한 전자쌍과 분자 기하 구조를 쓰고 혼성 궤도함수를 설명하시오.
   (a) $\underline{B}Br_3$ (b) $\underline{C}O_2$ (c) $\underline{C}H_2Cl_2$ (d) $\underline{C}O_3^{2-}$

5. 다음 분자에서 지정된 원자들의 혼성 궤도함수를 설명하시오.
   (a) 다이메틸에테르(CH_3OCH_3)에서의 탄소와 산소 원자
   (b) 프로펜(H_3CCHCH_2)의 각 탄소 원자

   $$H_3C-\overset{\displaystyle H}{\overset{|}{C}}=CH_2$$

   (c) 글라이신 아미노산(H_2NCH_2COOH)의 2개 탄소 원자와 질소 원자

```
      H   H  :O:
      |   |   ‖   ..
H — N — C — C — O — H
    ..   |       ..
         H
```

6. 다음 HPO_2F_2 산과 그 음이온인 $PO_2F_2^-$의 루이스 구조를 그리시오. 각 화학종에서 인(P) 원자의 분자 구조와 혼성은 무엇인가? (H는 산의 O 원자와 결합되어 있다.)

7. 포스젠(Cl_2CO)에서 탄소 원자의 혼성은 무엇인가? 이 분자의 σ와 π 결합에 대한 설명을 하시오.

8. 염화티오닐($SOCl_2$)에서 중심인 황 원자의 전자쌍 및 분자의 구조는 무엇인가? 황 원자의 혼성은 무엇인가?

9. C=C 이중 결합에 참여하는 탄소 원자에 결합된 작용기의 배열이 시스와 트랜스 이성질체를 결정하는데 아래 각 화합물과 다른 이성질체를 그려보시오.

```
(a)  H3C        H          (b)  Cl        CH3
        \      /                  \      /
         C == C                    C == C
        /      \                  /      \
       H        CH3              H        H
```

분자 궤도함수 이론

10. 수소 분자 이온(H_2^+)은 분광학적으로 확인할 수 있다. 분자 궤도함수에 따른 전자 배치를 쓰시오. 이 이온의 결합차수는 무엇인가? H_2 분자와 비교하여 H_2^+ 이온에서의 H—H 결합은 강해질지 또는 약해질지 설명하시오.

11. 아세틸렌화(탄화)칼슘, CaC_2은 아세틸렌화 이온(C_2^{2-})를 포함한다. 이온에 대한 분자 궤도함수 에너지 준위 도표를 그리시오. 이온은 몇 개의 알짜 σ 결합과 π 결합을 가지고 있는가? 탄소–탄소 결합차수는 얼마인가? C_2^{2-}를 얻기 위해 C_2에 전자를 더함에 따라 결합차수는 어떻게 변하는가? C_2^{2-} 이온은 상자성인가?

12. 소듐과 산소가 반응할 때 얻어지는 생성물 중 하나는 과산화 소듐(Na_2O_2)이다. 이 화합물의 음이온은 과산화 이온(O_2^{2-})이다. 이 이온의 분자 궤도함수 전자 배치를 쓰고 산소 분자(O_2)의 전자 배치와 다음의 기준으로 비교하시오.
(a) 자기적 특성
(b) 알짜 σ 결합과 π 결합의 개수
(c) 결합차수
(d) O—O 결합 길이

13. Li_2, B_2, C_2, N_2, O_2 등 동핵 이원자 분자들 중 결합 길이가 가장 짧은 것은? 가장 긴 것은?

14. 그림 9.18의 분자 에너지 준위 도표를 ClO와 같은 이핵 이원자 분자에 적용하여 다음 물음에 답하시오.
(a) ClO의 전자 배치를 쓰시오.
(b) 가장 높은 채워진 분자 궤도함수(HOMO)는 무엇인가?
(c) 이 분자는 상자성인가 반자성인가?
(d) σ와 π 결합수와 ClO의 결합차수를 구하시오.

일반문제

다음 문제들은 절의 종류나 위치를 명시하지 않았다. 이 문제들은 여러 가지 개념이 조합되어 있을 수도 있다.

15. AlF_4^-의 루이스 구조를 그리시오. 전자쌍과 분자 구조는 무엇인가 ? Al과 F의 어떤 궤도함수들이 이 원소들의 결합을 형성하기 위하여 중첩하는가? 각 원자들의 형식전하는? 이 형식 전하는 수긍할만한 전하 분포인가?

16. 아질산, NO_2^- 이온의 공명 구조를 그리시오. 이온의 전자쌍과 분자 구조를 기술하시오. 이 구조에서 O—N—O 결합 각도, 평균 NO 결합차수와 N 원자의 혼성을 결정하시오.

17. N_2O 분자의 공명 구조를 그리시오. 각 구조에서 N 원자의 혼성은 같은가? 중심 N 원자의 결합 형성에 참여한 궤도함수는 무엇인가?

18. 우주에서 발견되는 많은 분자 중 다음의 세 가지 분자를 소개하였다.

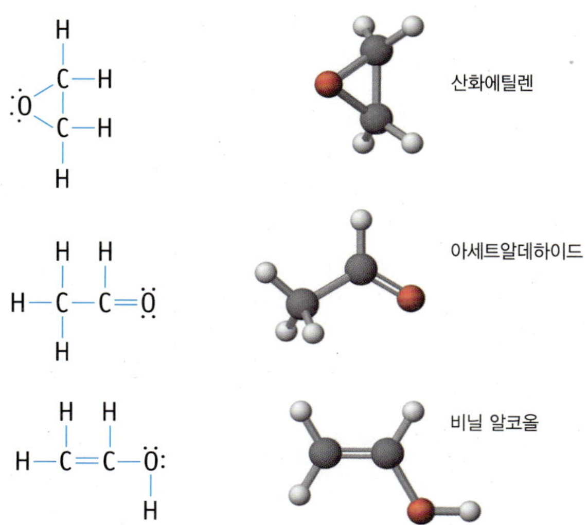

(a) 이 화합물들은 이성질체인가?

(b) 각 분자 C 원자들의 혼성에 대하여 말하시오.

(c) 각 분자들에서 H—C—H 결합각을 구하시오.

(d) 이 분자 중 극성 분자는 어느 것인가?

(e) 어느 분자가 가장 강한 C—C와 C—O 결합을 갖는가?

19. 다음의 유기 화합물은 옥심(oxime)으로 알려진 화학종이다.

```
 H      :Ö—H
 |       |
H—C—C═N:
 |   |
 H   H
```

(a) C 원자 2개와 N 원자의 혼성은 무엇인가?

(b) C—N—O 각은 얼마나 되겠는가?

20. 포스포세린(Phosphoserine)은 흔하지 않은 아미노산이다.

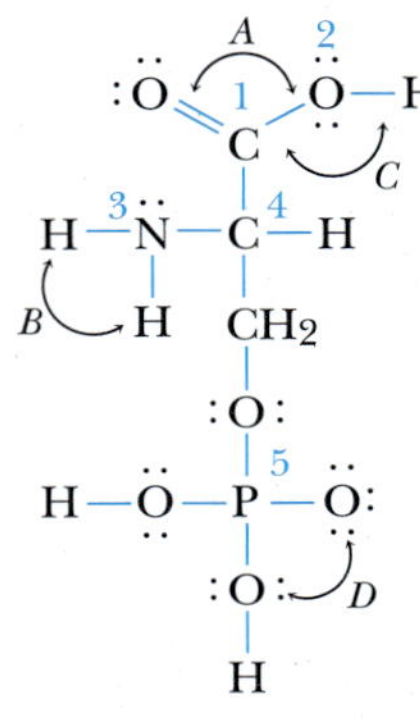

포스포세린

(a) 1에서 5까지 지정된 원자의 혼성을 구하시오.

(b) *A*, *B*, *C*, *D*의 결합각은 대략 얼마나 되겠는가?

(c) 분자 내에서 가장 극성이 큰 결합은 어떤 것인가?

21. 신남알데하이드(Cinnamaldehyde)는 시나몬 기름에서 나온다.

(a) 분자 내에서 가장 극성이 큰 결합은 무엇인가?

(b) 시그마(σ) 결합과 파이(π) 결합은 얼마나 많이 존재하는가?

(c) 시스, 트랜스 이성질체는 가능한가? 가능하다면 이성질체를 그려보시오.

(d) C 원자의 혼성을 구하시오.

(e) 1, 2, 3의 결합각은 얼마인가?

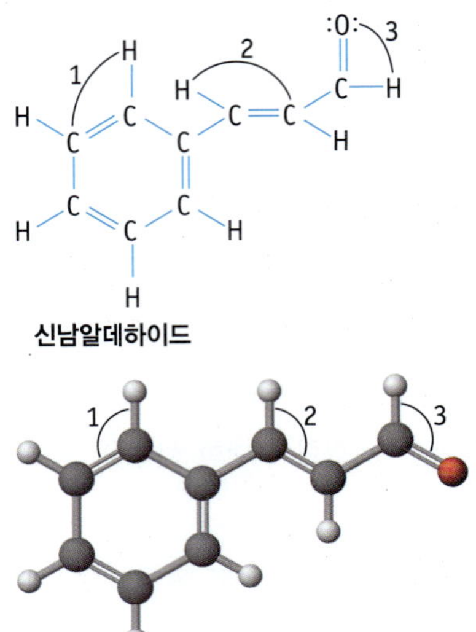

신남알데하이드

22. O_2에 단순하게 원자가 결합 이론을 적용한 결과는 분자 궤도함수 관점과는 다르다. 이 두 이론을 과산화 이온, O_2^{2-}으로 비교하여 보시오.

(a) O_2^{2-}의 전자점 구조를 그리시오. 이온의 결합차수는 무엇인가?

(b) O_2^{2-}의 분자 궤도함수 전자 배치를 쓰시오. 이 방법에 따른 결합차수를 구하시오.

(c) 두 가지 결합 이론은 O_2^{2-} 이온에 대하여 결합차수와 자기적 성질이 같게 나오는가?

23. 2주기 원소들의 동핵 이원자 분자(Li_2 에서 Ne_2까지) 중 어느 분자가 상자성인가? 결합차수가 1인 것과 2인 분자는? 결합차수가 가장 큰 분자는?

24. CN 분자는 태양계 우주공간에서 발견된다. 그림 9.18의 분자 궤도함수 에너지 준위 도표가 적용된다고 가정하고 다음 물음에 답하시오.

(a) 가장 높은 채워진 분자 궤도함수(HOMO)는 무엇인가?

(b) 분자의 결합차수는 무엇인가?

(c) σ와 π 결합은 얼마나 되는가?

(d) 상자성인가 반자성인가?

25. 멘톨은 비누나 방향제, 음식물에 사용한다. 평범한 허브향에 존재하며 터펜타인(turpentine)에서 얻을 수 있다.

(a) C 원자의 혼성은 무엇인가?

(b) C−O−H 결합각은 얼마인가?

(c) 분자는 극성인가 비극성인가?

(d) 육각형 탄소 고리는 평면 구조인가 비평면 구조인가? 이유를 설명하시오.

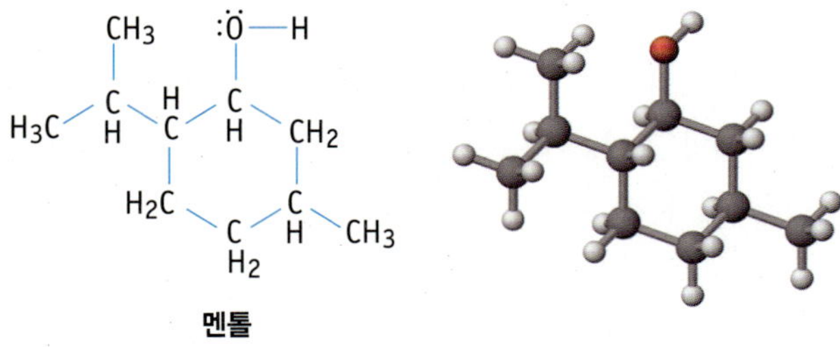

멘톨

실험 관련 문제

26. 다음과 같이 암모니아와 삼플로오린화붕소 간의 반응 실험을 한다고 가정하고 다음 물음에 답하시오.

$$\mathrm{H_3N:} + \mathrm{BF_3} \longrightarrow \mathrm{H_3N \rightarrow BF_3}$$

(a) BF_3에서의 붕소 원자 구조는 무엇인가? 또 생성물 ($H_3N \rightarrow BF_3$)에서는?

(b) 반응물과 생성물에서의 붕소 원자 혼성 상태는 무엇인가?

(c) 암모니아와 삼플루오린화붕소의 구조와 결합을 고려할 때, 암모니아의 질소 원자가 삼플루오린화붕소의 붕소 원자에 전자쌍을 제공해주는 이유는 무엇인가?

(d) 삼플루오린화붕소는 물과도 빠르게 반응한다. 위의 암모니아와의 반응을 기초로 물과 어떻게 반응할지를 예측하시오.

27. 설파메이트(Sulfamate) 이온($H_2NSO_3^-$)은 NH_2^-와 SO_3와의 반응에 의해서 생성된다. 다음 물음에 답하시오.

(a) NH_2^-와 SO_3의 구조는? 질소 및 황 원자의 혼성상태는?

(b) $H_2NSO_3^-$의 구조를 그리고 결합각을 예측하시오.

(c) 아래 반응에서 질소와 황 원자의 혼성에 어떤 변화가 있을 것으로 예측하는가?

$$NH_2^- + SO_3 \rightarrow H_2N\text{—}SO_3^-?$$

(d) SO_3는 NH_2^-와의 반응에서 전자쌍을 내어주는가 혹은 받아들이는가? 아래에 있는 정전기적 퍼텐셜 그림은 당신의 결론과 부합되는가?

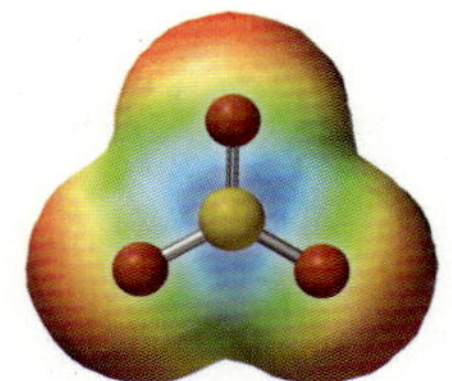

SO_3의 정전기 퍼텐셜 그림

28. 아세트산(Acetate) 이온(CH_3CO_2)의 결합을 설명할 수 있는 2개의 공명 구조를 그리시오. CO_2^- 이온에 있는 탄소 원자의 혼성은? 두 공명 구조 중 1개를 선택하여 탄소와 이에 연결된 3개의 원자들과의 결합을 형성하는 궤도함수를 지정하시오.

29. SO_2 분자의 결합을 설명할 수 있는 2개의 공명 구조를 그리시오. MO 이론을 이용하여 결합을 설명하시오. 2개의 S—O 결합차수는 각각 1.5임을 MO 이론을 이용하여 설명하시오.

요약 및 개념 문제

다음 문제들은 이 장과 이전의 장들에서 나온 개념을 모두 포함하고 있다.

30. 탄소 원자에서 생성될 수 있는 최대 및 최소 혼성 궤도함수의 개수는 각각 몇 개인지를 간략히 설명하시오.

31. 아미노산 2개가 반응할 경우 아마이드(amide) 작용기를 통해 연결된다. 이를 펩티드 결합이라고 한다. 다음 물음에 답하시오.

(a) 펩티드 결합 부위에 있는 탄소 및 질소 원자의 혼성 상태는?

(b) 다음 구조 외에 다른 공명 구조가 존재하는가? 만약 존재한다면 서로 비교하고, 어느 공명 구조가 더 중요한지를 밝히시오.

(c) 정밀한 분석결과 펩티드 결합 부위(CO—NH)는 평면 구조이다. 그 이유는 무엇인가? 결합된 분자에서 양전하와 음전하를 나타내는 부분은 어디인가?

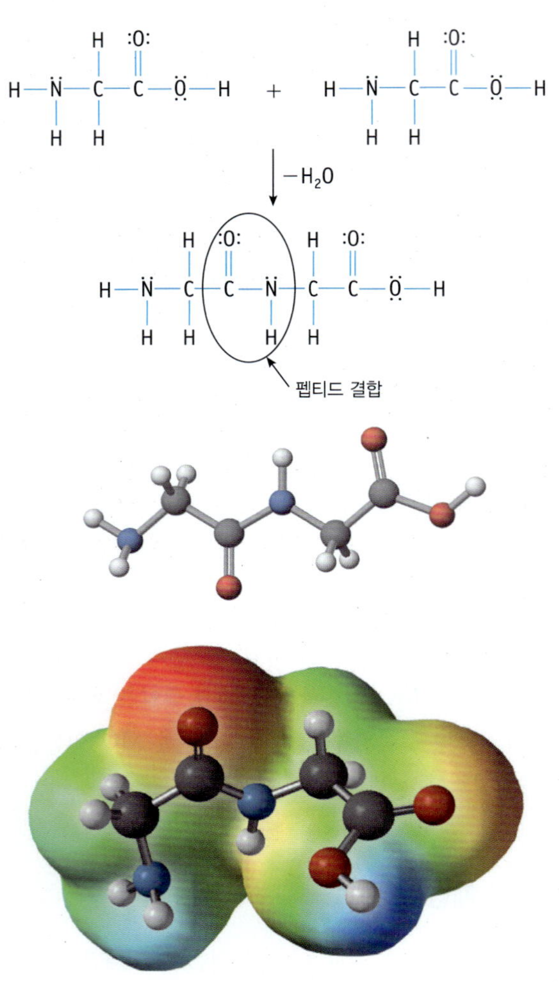

펩티드의 정전기 퍼텐셜 그림

32. 어떤 경우에 원자가 결합 이론보다 MO 이론을 적용하여야 하는가?

33. 사이클로부타디엔(Cyclobutadiene), C_4H_4, 분자에 대한 3개의 π 분자 궤도함수 모양은 아래와 같다. 이 π 분자

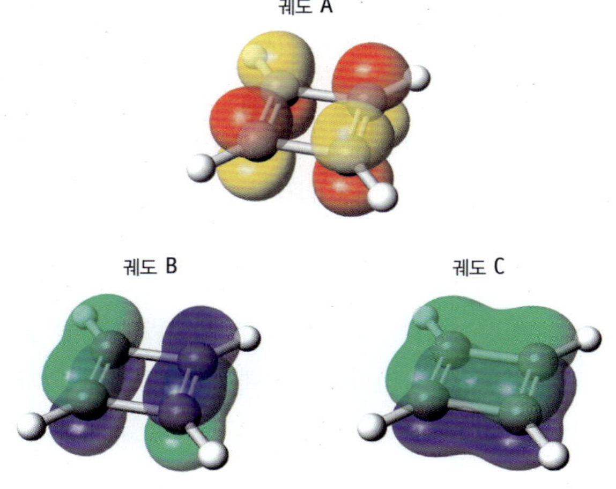

궤도함수들을 에너지 값이 증가하는 순서로 나열하시오 (그림 9.15, 9.17 및 9.18에서 보듯이 분자 궤도함수의 에너지는 마디 수와 비례한다. 만약 마디 수가 동일하다면, 에너지도 같다).

34. 보랙스의 분자식은 $Na_2B_4O_5(OH)_4$이며, 음이온 구조는 아래와 같다. 이 음이온에 있는 붕소 원자에 대한 전자쌍 및 분자 구조는 무엇인가? 각 붕소 원자의 혼성은? 각 붕소 원자의 형식 전하는?

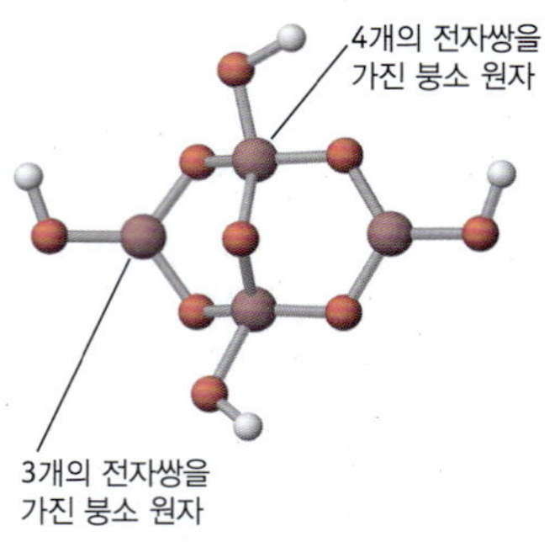

보랙스 음이온 구조

35. HF_2^- 이온의 H−F 결합 중 하나를 깨는 데 필요한 에너지($HF_2^- \rightarrow HF + F^-$)는 HF 분자의 결합을 깨는 데 필요한 에너지($HF \rightarrow H + F$)에 비하여 큰가, 작은가 아니면 같은가? HF_2^- 이온의 결합에 431쪽의 심층 학습에서 기술한 삼중심−4 전자 개념을 고려하여 답을 설명하시오.

36. Br은 안정성이 다른 많은 산화물을 형성한다. 다음 물음에 답하시오.

(a) 어떤 산소 산화물에서 조성비는 90.90 % Br과 9.10 % O 원자이다. 분자식이 실험식과 동일하다고 가정할 경우 루이스 구조식을 구하고 중심 원자인 O의 혼성을 예측하시오.

(b) 다른 불안정한 산화물은 BrO이다. 그림 9.18의 분자 궤도함수 도표가 이 화합물에 적용된다고 가정하고 전자 배치(Br은 4*s*와 4*p* 궤도함수를 사용)를 구하시오. 이때 이 분자의 HOMO는 무엇인가?

37. 우레아는 말론 산과 반응하여 진정제로 처방되는 페노바르비탈이라 부르는 화합물 종류의 하나인 바르비투르 산을 생성한다.

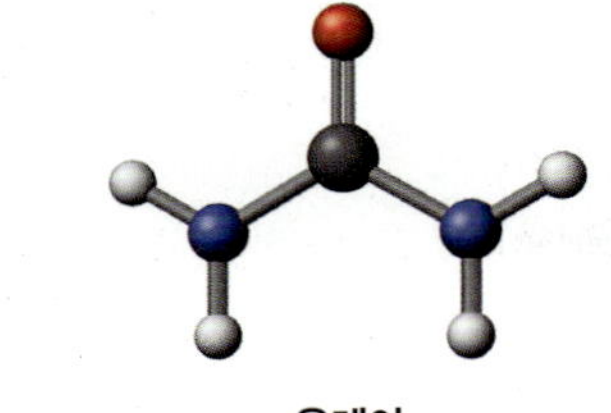

우레아

말론 산

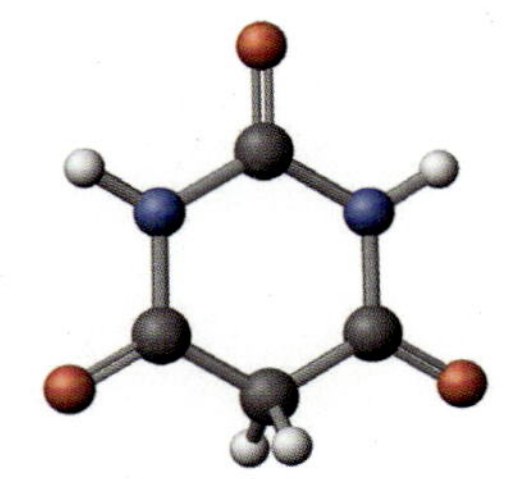

바르비투르 산

(a) 말론 산과 우레아가 결합하여 바르비투르 산을 생성할 때 어떤 결합이 깨어지고 어떤 결합이 만들어지는가? 이 반응은 발열 또는 흡열 반응 중 어느 것으로 예상되는가?

(b) 이 반응의 완결된 반응식을 쓰시오.

(c) 바르비투르 산의 결합 각도를 명시하시오.

(d) 바르비투르 산의 C 원자의 혼성을 결정하시오.

(e) 바르비투르 산에서 가장 극성인 결합은 무엇인가?

(f) 분자는 극성을 가지는가?

Courtesy Ciprian Popoviciu

매우 높은 산을 등산할 때는 보조 산소를 사용할 필요가 있다.

10장 기체와 기체의 성질

학습 개요

대기와 고산병 여러분 중에는 세계에서 가장 높은 산의 정상에 오르는 것에 대해 꿈꿔왔거나 스키 타는 것을 매우 좋아해서 고산지대에서 스키 타는 것을 생각해 본 사람도 있을 것이다. 어떠한 경우든, 급성고산병(acute mountain sickness, AMS)을 경험할 가능성이 있다. 급성고산병은 높은 고도에서 흔히 발생하며 두통, 메스꺼움, 불면증, 현기증, 무기력함, 피로와 같은 증상을 일으킨다. 이러한 급성고산병은 산을 느리게 오름으로써 예방될 수 있고, 증상도 약한 진통제를 사용하여 완화될 수 있다.

급성고산병과 더욱 심각한 형태의 고산병들은 일반적으로 산소결핍으로 인한 저산소증(hypoxia) 때문이다. 지구 대기에 있

학습 목표

다음 목표들의 핵심인 학습문제는 "학습 목표 복습"을 참조하시오.

- 보일의 법칙, 샤를의 법칙, 아보가드로의 가설, 돌턴의 부분압 법칙의 실험적 근거를 이해
- 기체에 적용된 기체 분자운동론, 특히 분자의 속력(에너지) 분포를 이해
- 일부 조건에서 실제 기체가 이상 기체처럼 행동하지 않는 이유를 이해
- 기체의 한 성질(P, V, T, 또는 n)을 변화시키는 것이 다른 성질을 어떻게 변화시키는지를 기술
- 기체 법칙을 양론적 계산에 적용
- 기체의 거동을 기술하기 위하여 분자 운동론의 원리를 사용
- 기체의 상대적 분출 속도를 결정
- 이상기체 법칙과 반데르발스 방정식을 사용
- 압력의 다양한 단위를 기억
- 온도와 몰질량의 분출과 확산 속도에 미치는 영향을 기억
- 기체의 성질들이 분자 운동론에 의해 어떻게 설명되는지를 기억

는 산소 농도는 21 %이다. 고도가 높아지면, 산소의 농도는 21 %로 유지되지만 대기압은 떨어진다. 3000 m 고도(일부 스키 휴양지들의 고도)에서 대기압은 해수면 기준 대기압의 약 70 % 정도이며, 5000 m 고도에서는 해수면 기준치의 50 %까지 감소하고, 에베레스트 정상(고도=8848 m)에서는 29 %에 지나지 않는다. 산소의 부분 압력이 160 mmHg인 해수면에서, 당신의 혈액은 거의 산소로 포화되어 있지만, 산소의 부분 압력 [$P(O_2)$]이 떨어짐에 따라 포화도 또한 떨어진다. 산소 부분 압력(분압) 50 mmHg일 때 적혈구 속의 헤모글로빈은 약 80 %가 포화된다. 다른 산소 부분 압력에서의 적혈구의 포화도는 아래 표에 나타내었다(pH 7.4 조건).

$P(O_2)$(mm Hg)	포화도 근삿값(%)
90	95 %
80	92 %
70	90 %
60	85 %
50	80 %
40	72 %

대기에 대한 추가적인 정보는 467쪽 참고.

이 장에서는 거시적 수준에서 기체의 성질을 평가하고, 입자적 수준에서 기체 분자의 거동을 살펴봄으로써 이 성질들을 설명할 것이다.

열기구, 스쿠버 다이빙 탱크, 자동차 에어백(그림 10.1)은 기체의 특성을 응용한 몇 가지 예들이다. 이것들이 어떻게 작동하는지를 이해하는 것 이외에도 기체를 공부하는 데에는 다음과 같은 이유들이 있다. 첫째, 일부 원소들과 화합물(예를 들어 산소, 질소, 메테인)은 보통의 압력과 온도 조건에서 기체 상태로 존재한다. 둘째, 대기 중의 기체들은 지구 전체에 걸쳐 에너지와 물질 전달의 수단은 물론 생명 유지에 중요한 화학 물질의 원천이 된다. 또한 우리 시대의 주요 논란거리 중의 하나

그림 10.1 자동차 에어백. 현재 대부분의 자동차에는 정면 또는 측면 충돌 시 운전자와 동승자들을 보호하기 위해 에어백이 장착되어 있다. 에어백은 질소 기체에 의해 팽창하는데, 이러한 질소 기체는 KNO_3와 실리카 존재 하에서 일어나는 아자이드화 소듐의 폭발 분해에 의해 생성된다.

$$2\ NaN_3(s) \rightarrow 2\ Na(s) + 3\ N_2(g)$$

에어백은 약 0.050초에 완전히 팽창한다. 이것은 일반적으로 자동차 충돌이 약 0.125초 동안 지속되기 때문에 매우 중요하다.

인 '지구온난화'는 이산화탄소와 메테인이 관련되어 있다.

그러나 기체를 공부하는 또 다른 이유가 있다. 물질의 세 가지 상태 중에서, 기체의 거동은 분자 수준에서 보았을 때 비교적 간단하여 잘 이해될 수 있다. 기체의 특성은 그것을 구성하는 분자의 거동으로부터 **정성적**으로 기술할 수 있다. 더 나아가 기체의 특성을 간단한 수학적인 모형을 이용하여 **정량적**으로 기술할 수도 있다. 과학자들이 추구하는 목표들 중의 하나는 자연현상에 대한 정확한 수학적 · 개념적 모형을 개발하는 것이며, 기체 거동에 대한 공부를 통해 여러분은 이러한 접근법을 맛볼 수 있을 것이다. 대부분의 기체들에 대한 정확한 묘사는 압력(P), 부피(V), 온도(T, K), 양(n, mol)과 같은 네 가지 양에 대한 정보만을 필요로 한다.

10.1 기체 압력

압력(pressure)은 물체에 작용하는 힘을 면적으로 나눈 값으로 정의되며, 기압계는 대기압을 측정하는 데 사용되는 장치이다. 기압계는 수은 같은 액체를 채운 관을 같은 액체가 담긴 접시에 거꾸로 세워 만든다(그림 10.2). 수직으로 세워진 관 내부의 공기가 완전히 제거되면(진공 상태), 관 내부의 액체 기둥은 관 내부 액체 질량에 의한 압력이 관 외부의 액체 표면에 작용하는 대기 압력과 같아지는 수준에서 멈춘다.

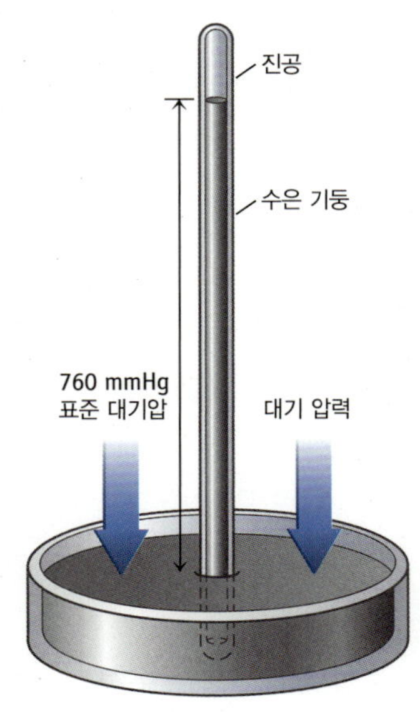

그림 10.2 기압계. 접시에 있는 담긴 수은 표면에 작용하는 대기압은 수은 기둥에 의해 아래쪽으로 작용하는 압력과 균형을 이룬다. 기압계는 1643년에 토리첼리(Evangelista Torricelli, 1608~1647)에 의해 고안되었다. 그의 업적을 기리기 위해 압력의 단위로 torr가 사용되는 데, 이는 1 mmHg에 해당한다.

압력은 통상적으로 접시 안의 수은 표면을 기준으로 수은 기둥의 높이를 mm 단위(mm Hg)로 나타낸다. 해수면에서 이 높이는 약 760 mm이다. 압력은 또한 다음과 같이 정의되는 **표준 대기압**(standard atmospheres, atm)으로 표시되기도 한다.

$$1\text{표준 대기압 (1 atm)} = 760\text{ mm Hg (정확한 값)}$$

압력의 SI 단위는 **파스칼**(pascal, Pa)이다.

$$1\text{파스칼 (Pa)} = 1\ N/m^2$$

(N은 힘의 SI 단위이다.) 파스칼은 보통의 압력에 비해 매우 작은 단위이므로, 킬

심층 학습 기체의 압력 측정

압력은 물체에 가해진 힘을 힘이 가해지는 넓이로 나눈 것이다.

$$압력 = 힘/넓이$$

예를 들면 이 책은 4 lb 이상 무게가 나가며 넓이는 96 in^2이므로 표면에 평평히 놓았을 때 약 0.04 lb/in^2의 압력을 가하게 된다(m 단위로 압력은 약 300 Pa이다).

이제 그림 10.2에 도시된 압력계에서 수은 기둥이 접시의 수은에 가하는 압력을 고려하자. 이 압력은 대기압과 정확히 균형을 이룬다. 따라서 대기압(또는 다른 어떤 기체 압력)은 기체가 받치는 수은(또는 다른 어떤 액체) 기둥의 높이에 관련지어 측정할 수 있다. 수은은 높은 밀도 때문에 압력계에 사용되는 액체이다. 압력계를 물로 채운다면 높이가 10 m를 넘을 것이다. [25 °C에서 수은의 밀도($13.53\ g/cm^3$)는 물의 밀도($0.997\ g/cm^3$)보다 13.6배 크기 때문에 물기둥의 높이는 수은 기둥의 높이보다 약 13.6배 높다.]

실험실에서 가끔 수은으로 채워진 U자형 유리관인 U자관 압력계를 사용한다. 관의 막힌 쪽은 막힌 쪽의 수은에 압력을 가하는 기체가 없도록 진공으로 만든다. 다른 쪽은 압력을 측정하고자 하는 기체에 개방한다. 기체가 개방된 쪽의 수은에 압력을 가할 때 기체 압력은 막힌 쪽과 개방된 쪽의 수은 기둥 높이의 차이(mmHg 단위)로 직접 읽을 수 있다.

자동차나 자전거 바퀴의 압력을 확인하고자 할 때 여러분은 공기압 측정기를 사용하였을 것이다. 미국에서 이 압력계는 압력을 보통 제곱인치당 파운드(psi) 단위로 표시하며, 1 atm = 14.7 psi이다. 일부 신형 압력계는 kPa 단위로 압력을 표시한다. 바퀴의 공기압은 기본적으로 대기압을 포함하고 있다(왜냐하면 펑크 난 바퀴는 진공이 아니며 그 속에는 대기압에 상응하는 공기가 들어 있기 때문이다). 예를 들면 측정기가 35 psi (2.4 atm)이라면 바퀴의 압력은 실제로 약 50 psi(3.4 atm)이다.

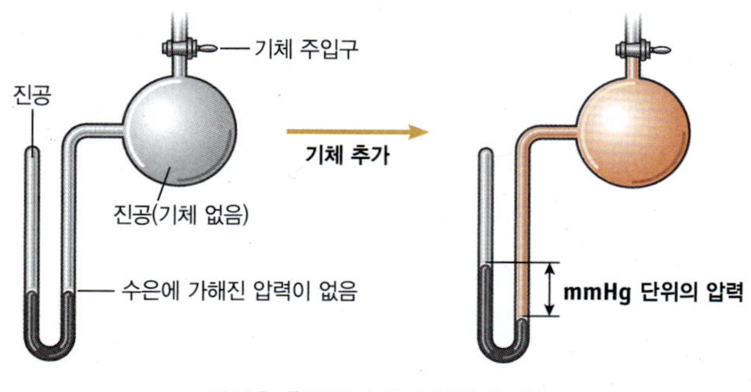

압력을 측정하기 위해 압력계 사용

로파스칼(kPa)이라는 단위가 더 자주 사용된다. 기체 압력에 사용되는 또 다른 단위는 **bar**이다(1 bar = 100 kPa). 요약하면, 과학에서 사용되는 압력의 단위는 다음과 같다.

$$1\ atm = 760\ mmHg\ (정확한\ 값) = 101.325\ kPa = 1.01325\ bar$$

또는

$$1\ bar = 1 \times 10^5\ Pa\ (정확한\ 값) = 1 \times 10^2\ kPa = 0.98692\ atm$$

예제 10.1 압력 단위 변환

문제 635 mmHg의 압력을 기압(atm), 바(bar), 킬로파스칼(kPa) 단위로 바꾸시오.

알고 있는 사실 필요한 경우 다음의 변환계수를 사용한다.

$$1\ atm = 760\ mmHg = 1.013\ bar \qquad 760\ mmHg = 101.3\ kPa$$

전략 본문에 기술된 압력을 나타내는 여러 가지 단위들 간의 관계를 사용한다.

풀이

(a) mmHg 단위에서 atm 단위로 바꾼다.

$$635 \text{ mm Hg} \times \frac{1 \text{ atm}}{760 \text{ mm Hg}} = 0.836 \text{ atm}$$

(b) mmHg 단위에서 bar 단위로 바꾼다.

$$635 \text{ mm Hg} \times \frac{1.013 \text{ bar}}{760 \text{ mm Hg}} = 0.846 \text{ bar}$$

(c) mmHg 단위에서 kPa 단위로 바꾼다.

$$635 \text{ mm Hg} \times \frac{101.3 \text{ kPa}}{760 \text{ mm Hg}} = 84.6 \text{ kPa}$$

고려사항 주어진 압력 635 mm Hg는 1 atm보다 작고, 1 bar보다 작으며, 100 kPa보다는 훨씬 작다.

유제 에베레스트 산 정상(고도 = 8848 m)에서 대기압은 0.29 atm(또는 해수면의 압력의 29 %이다)이다. 이 압력을 mm Hg, bar와 kPa의 단위로 바꾸시오.

10.1절 확인문제

1. 실험실에서 측정한 기체의 압력이 120 mm Hg였다면, kPa 단위로 대략 얼마인가?
   (a) 12 kPa (b) 16 kPa (c) 900 kPa
2. 만약 수직관에 수은(d = 13.5 g/cm^3) 대신에 오일(d = 1.25 g/cm^3)로 채워진 기압계를 만들었다고 하자. 대기압이 0.95 atm이면, 관 속 오일의 높이는 대략 얼마인가?
   (a) 7.2 m (b) 7.8 m (c) 8.3 m

10.2 기체 법칙: 실험적 근거

보일의 법칙: 기체의 압축성

자전거 바퀴에 공기를 넣기 위해 펌프질을 할 때, 펌프는 공기를 작은 부피 속으로 밀어 넣는다. 로버트 보일(Robert Boyle, 1627~1691)은, 기체의 압축성에 대해 연구하는 과정에서, 주어진 온도에서 일정량의 기체 부피는 기체의 압력에 반비례한다는 사실을 관찰했다(455쪽 참조). 모든 기체가 이러한 식으로 거동하는데, 이 관계를 **보일의 법칙**(Boyle's law)이라 한다.

보일의 법칙은 여러 방법으로 나타낼 수 있다. 그림 10.3에 있는 주사기는 공기(n mol)로 채워져 있으며 막혀 있다. 주사기 피스톤에 압력이 가하면 내부 공기는 압축된다. 압력(P)이 증가함에 따라 주사기 내 기체의 부피(V)는 감소한다. 주사기 내 기체의 $1/V$을 P의 함수로 하여 그래프로 나타내면 직선이다. 이러한 형태의 그림은 기

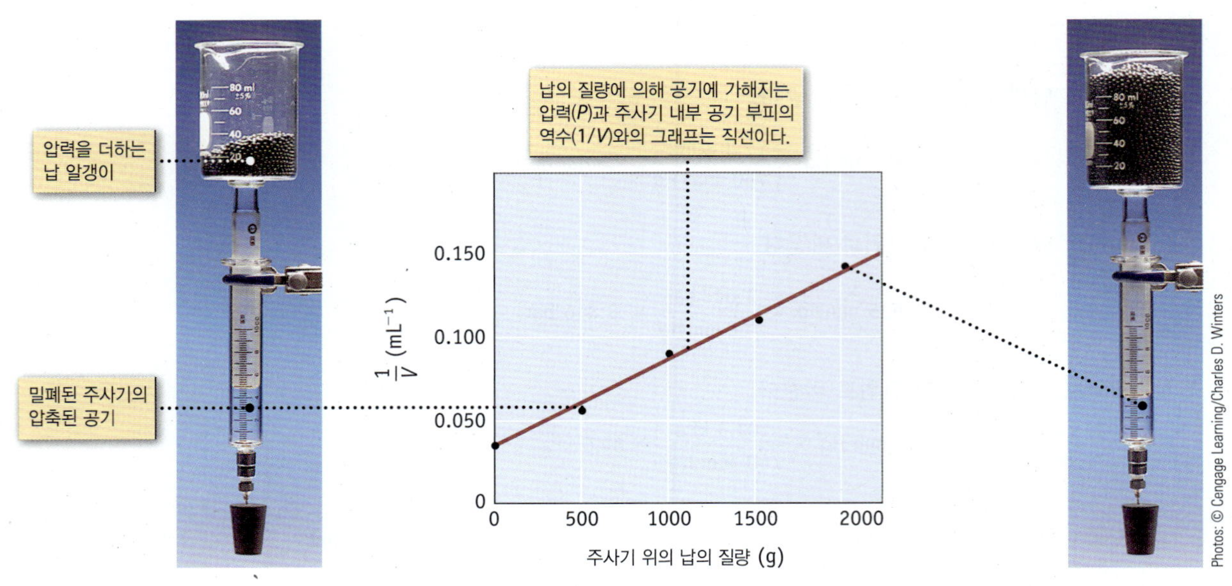

그림 10.3 보일의 법칙을 증명하는 실험. 공기로 채워진 주사기를 밀폐하였다. 주사기 위의 비커에 납 알갱이를 추가함으로써 압력을 가하면, 주사기 내부의 공기 압력이 증가하면서 기체가 압축된다.

체의 압력과 부피가 반비례 관계라는 사실을 말한다. 즉, 이들은 서로 반대 방향으로 변한다.

보일의 법칙을 수학적으로 다시 쓰면 다음과 같다.

$$P \propto \frac{1}{V} \text{ ; 기체의 양}(n)\text{과 온도}(T)\text{가 일정한 경우}$$

여기서 부호 기호 ∝는 '비례한다'는 의미이다.

두 양이 서로 비례할 때, '**비례상수**(여기서는 C_B)'를 도입하여 이들을 같게 놓을 수 있다.

$$P = C_B \times \frac{1}{V} \text{ 또는 } PV = C_B \text{ ; } n\text{과 } T\text{가 일정한 경우}$$

이러한 형태의 보일의 법칙은 **기체 시료의 압력과 부피의 곱은 주어진 온도에서 일정하다**는 것을 나타낸다. 여기서 C_B는 기체의 양(n)과 온도(Kelvins)에 의해 구해진다. 기체의 몰수(n)와 온도(T)에 변화가 없다고 가정할 경우 PV 곱은 항상 C_B와 같기 때문에, 임의의 조건(P_1과 V_1)에 있는 기체 시료에 대한 PV 곱을 안다면 다른 조건(P_2와 V_2)에서도 PV 곱을 알 수 있다.

$$P_1V_1 = P_2V_2\text{; } n\text{과 } T\text{가 일정한 경우} \qquad (10.1)$$

예를 들면 이러한 형태의 **보일 법칙**(Boyle's law)은 일정한 온도에서 압력이 변할 때 주어진 양의 기체 부피가 어떻게 변하는지 알기 원하는 경우에 유용하다.

예제 10.2 보일의 법칙

문제 부피가 1400 cm^3인 자전거 펌프가 있다. 펌프 속 공기의 압력이 730 mmHg라면, 부피가 170 cm^3로 감소할 때 펌프 속 공기의 압력은 얼마가 되는가?

알고 있는 사실 이것은 일정 온도에서 주어진 양의 기체에 대한 압력과 부피 변화를 다루기 때문에, 보일의 법칙에 관한 문제이다. 여기서는 초기 압력과 부피(P_1과 V_1) 및 나중 부피(V_2)는 알려져 있지만, 나중 압력 P_2는 알려져 있지 않다. 두 경우 부피가 같은 단위이므로, 단위 변환은 불필요하다.

처음 조건	나중 조건
$P_1 = 730\ mmHg$	$P_2 = ?$
$V_1 = 1400\ cm^3$	$V_2 = 170\ cm^3$

전략 식 10.1 보일의 법칙을 사용한다.

풀이 이 문제는 주어진 자료를 재배열된 보일의 법칙에 대입하여 풀 수 있다.

$$P_2 = P_1\ (V_1/V_2)$$

$$P_2 = (730\ mm\,Hg) \times \frac{1400\ cm^3}{170\ cm^3} = 6.0 \times 10^3\ mm\,Hg$$

고려사항 여러분은 P와 V가 반대 방향으로 변하는 것을 알고 있다. 이러한 경우, 부피가 감소하였으므로 나중의 압력(P_2)는 초기 압력(P_1)보다 커야 한다. 부피가 8배 이상 감소하였기 때문에, 약 6000 mm Hg가 답으로 적절하다.

유제 커다란 풍선이 25 ℃ 온도와 745 mm Hg 압력에서 65.0 L의 헬륨을 포함하고 있다. 풍선은 외부 압력이 30 % 감소하는 3000 m 상공까지 올라간다. 내부와 외부 압력이 같아질 때까지 팽창할 때, 풍선의 부피는 얼마가 되겠는가? (단, 온도는 여전히 25 ℃라고 가정하시오.)

전략도 10.2

문제
기체의 부피가 **감소**할 때 **압력**을 계산하시오.

↓

알려진 자료/정보
- 처음 압력
- 처음 부피
- 나중 부피

↓ **나중 압력**(P_2)를 계산하기 위해 **보일의 법칙**(식 10.1)을 재배열한다.

부피 감소 후 **압력**(P_2)

기체 부피에 대한 온도의 효과: 샤를의 법칙

1787년에 프랑스의 과학자 자크 샤를(Jacques Charles, 1746~1823)은 일정한 압력에서 기체 부피는 온도가 감소함에 따라 감소한다는 사실을 발견했다. 그림 10.4는 온도에 따른 부피의 급격한 감소를 보여주는 실험이다. 그림 10.5는 보다 정량적으로 일정한 압력에서 두 종류의 서로 다른 기체 시료의 온도 변화에 따른 부피 변화를 나타내었다.

온도에 대한 부피의 그래프를 더 낮은 온도로 확장시키면, 이것들은 모두 같은 온도(−273.15 ℃)에서 부피가 0가 된다. (물론, 실제로 기체는 그 온도에서 부피가 0으로 되지 않는다. 그 이상의 온도에서 액화가 일어난다.) 이 온도는 매우 중요하다. 켈빈 경(Lord Kelvin)으로도 알려져 있는 톰슨(William Thomson)은 0점(zero point)을 −273.15 ℃로 하는 새로운 Kelvin 온도 척도를 제안했다. 켈빈 온도 척도는 도달할 수 있는 최저온도를 절대 한계(absolute limit, 0 K)로 하였다.

(a) 공기가 채워진 풍선을 액체 질소(77 K)에 넣는다. 이 온도에서 풍선 안에 있는 기체의 부피는 급격하게 감소한다.

(b) 모든 풍선들이 액체 질소가 담긴 용기 안에 담겨 있다.

(c) 풍선을 꺼내면 실온으로 회복되면서 원래의 부피로 부풀어 오른다.

그림 10.4 **샤를의 법칙을 보여주는 극적인 예.**

켈빈 온도를 부피 측정에 사용하면, 부피–온도 관계는

$$V = C_c \times T$$

이며, 여기서 C_c는 기체의 양과 압력에 의존하는 비례상수이다. 이것이 바로 **샤를의 법칙**(Charles's law)인데, **이것은 주어진 양의 기체가 일정 압력 하에 존재할 때**, 그것의 부피는 켈빈 온도에 정비례한다는 것을 말한다.

샤를의 법칙을 다른 형태로 표현하면, $V/T = C_c$; 즉, 일정한 압력에서 주어진 기체의 부피를 켈빈으로 표시된 기체의 온도로 나눈 값은 일정하다는 것이다. 따라서 주어진 양의 기체의 부피와 온도(V_1과 T_1)를 알면, 다음의 식을 사용해 다른 온도 T_2에서 기체의 부피 V_2를 알 수 있다.

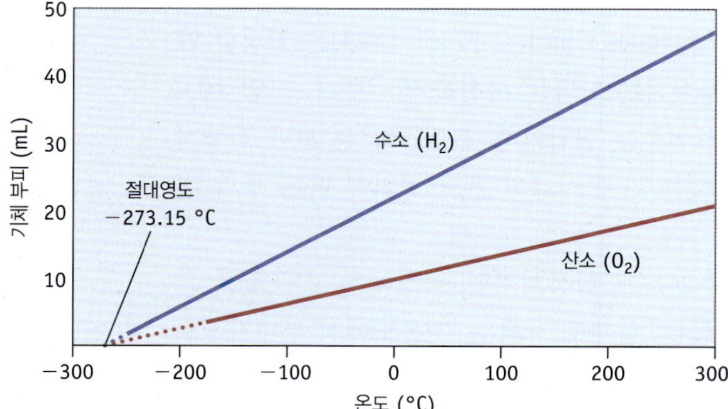

T (°C)	T (K)	Vol. H_2 (mL)	Vol. O_2 (mL)
300	573	47.0	21.1
200	473	38.8	17.5
100	373	30.6	13.8
0	273	22.4	10.1
−100	173	14.2	6.39
−200	73	6.00	—

그림 10.5 **샤를의 법칙.** 실선은 1.00 atm의 일정한 압력과 여러 다른 온도에서 수소 기체(0.00100 mol)와 산소 기체(0.000450 mol) 시료의 부피를 나타낸다. 일정한 압력에서 부피는 온도가 감소함에 따라 감소한다. 이 실선을 계속 아래로 연장하면, 대략 −273 °C에서 온도 축과 만난다.

$$\frac{V_1}{T_1} = \frac{V_2}{T_2} \text{ ; } n\text{과 } P\text{가 일정한 경우} \tag{10.2}$$

다음 예제는 샤를의 법칙을 사용하여 계산을 한 것이다. 여기서 온도(T)는 **반드시 켈빈으로 표시해야 한다**는 것을 명심해야 한다.

예제 10.3 샤를의 법칙

문제 그림 10.3과 같이 기체가 새지 않는 주사기 내 CO_2 시료는 실온(20.0 ℃)에서 25.0 mL의 부피를 가진다. 체온에 해당하는 37 ℃까지 기체의 온도를 상승시키기 위해 주사기를 손으로 쥐고 있을 경우(압력을 일정하게 하면), 기체의 최종 부피는 얼마인가?

알고 있는 사실 이것은 샤를의 법칙에 관한 문제이다. 일정한 압력에서 온도에 따라 기체 시료의 부피는 변한다. 여러분은 처음 부피와 온도를 알고 있고, 나중 온도에서 부피를 알고자 한다. 샤를의 법칙을 사용하기 위해서는, 온도가 켈빈으로 표시해야 함을 명심해야 한다.

처음 조건	나중 조건
$V_1 = 25.0\ \text{mL}$	$V_2 = ?$
$T_1 = 20.0 + 273.2 = 293.2\ \text{K}$	$T_2 = 37 + 273 = 310.\ \text{K}$

전략 식 10.2의 샤를의 법칙을 사용한다.

풀이 V_2를 구하기 위해 식 10.2를 다음과 같이 재배열한다.

$$V_2 = V_1 \times \frac{T_2}{T_1} = 25.0\ \text{mL} \times \frac{310.0\ \text{K}}{293.2\ \text{K}} = 26.4\ \text{mL}$$

고려사항 온도 증가가 큰 것처럼 보이더라도, 실제 부피의 변화는 적다. 수학적으로, 이것은 부피 변화가 켈빈 단위의 두 온도의 비율(T_2/T_1)에 의존하기 때문이며, 이 문제의 경우 그 비율이 1보다 조금 클 뿐이다.

유제 상온(25 ℃)에서 헬륨 기체로 채워진 풍선의 부피가 45 L이다. 풍선을 −10 ℃까지 냉각할 때, 풍선의 부피는 얼마가 되는가? (압력은 변하지 않는다고 가정한다.)

보일과 샤를 법칙의 결합: 일반 기체 법칙

일정 양의 기체 부피는, 일정한 온도에서는 압력에 반비례하고(보일의 법칙) 일정한 압력에서는 켈빈 온도에 정비례한다(샤를의 법칙). 세 변수(P, V, T) 중 2개가 변한다면 어떻게 될까? 예를 들어 자동차의 에어백에서 같은 양의 기체가 더 작은 백에 담고 온도를 더 높이면 에어백 안의 질소 기체의 압력은 어떻게 될까? 이 경우에 여러분은 보일의 법칙과 샤를의 법칙을 나타내는 두 식을 결합하여 이 문제를 해결할 수 있다.

$$\frac{P_1V_1}{T_1} = \frac{P_2V_2}{T_2}\text{ ; 기체의 양}(n)\text{이 일정한 경우} \quad (10.3)$$

이 식을 **일반 기체 법칙**(general gas law) 또는 **결합 기체 법칙**(combined gas law)이라 부른다. 이 식은 특별히 **기체의 양이 변하는 않는** 경우에만 적용된다.

© David R. Frazier Photolibrary, Inc./Alamy

헬륨으로 채워진 기상 관측용 풍선. 대류권으로 상승함에 따라 부피는 증가할 것인가, 아니면 감소할 것인가?

예제 10.4 일반 기체 법칙

문제 헬륨이 채워진 풍선은 과학 측정 장비들을 대기 중 높은 곳으로 운반하는 데 사용된다. 부피가 4.19×10^3 L인 기구가 있다. 온도 22.5 ℃와 대기 압력이 754 mmHg에서 풍선을 띄웠다고 가정하시오. 압력이 76.0 mmHg이고 온도가 −33.0 ℃인 20마일 상공에서 부피는 얼마인가?

알고 있는 사실 여기서 여러분은 기체의 초기 부피, 온도, 압력을 알고 있으며, 나중 압력과 온도에서 주어진 양의 기체 부피를 알고자 한다.

처음 조건	나중 조건
$V_1 = 4.19 \times 10^3$ L	$V_2 = ?$ L
$P_1 = 754$ mmHg	$P_2 = 76.0$ mmHg
$T_1 = 22.5$ °C (295.7 K)	$T_2 = -33.0$ °C (240.2 K)

전략 이 경우 식 10.3(일반 기체 법칙)을 사용하는 것이 가장 편리하다.

풀이 나중 부피 V_2를 계산하기 위해 일반 기체 법칙을 재배열하면,

$$V_2 = \left(\frac{T_2}{P_2}\right) \times \left(\frac{P_1V_1}{T_1}\right) = V_1 \times \frac{P_1}{P_2} \times \frac{T_2}{T_1}$$

$$= 4.19 \times 10^3 \text{ L} \times \left(\frac{754 \text{ mmHg}}{76.0 \text{ mmHg}}\right) \times \left(\frac{240.2 \text{ K}}{295.7 \text{ K}}\right) = 3.38 \times 10^4 \text{ L}$$

고려사항 압력이 거의 10배 만큼 감소했으므로, 부피 또한 약 10배 만큼 증가해야 한다. 이러한 부피 증가는 부피 감소를 유발하는 온도 하강에 의해 부분적으로 상쇄된다. 압력이 크게 떨어졌기 때문에 균형을 맞추기 위해 부피는 증가한다.

유제 31 ℃의 온도와 150 atm의 압력 하에 있는 22.0 L 헬륨 실린더가 있다. 대기압이 755 mmHg이고 온도가 22 ℃인 날에 부피 5.0 L의 풍선을 몇 개나 만들 수 있겠는가?

전략도 10.4

문제
T와 **P**의 변화를 경험한 후 기체 시료의 **부피**를 계산하시오.

↓

알려진 자료/정보
- 처음 압력, 부피, 온도
- 나중 압력과 온도

일반 기체 법칙(식 10.3)을 재정렬하여 **나중 부피**(V_2)를 계산한다.

↓

T와 P의 변화 후 **부피**(V_2)

일반 기체 법칙은 기체의 거동에 대해 또 다른 유용한 예측을 가능하게 한다. 예를 들어, 주어진 양의 기체가 닫힌 용기 안에 있을 경우, 온도가 증가함에 따라 기체의 압력은 증가하게 된다.

$$V_1 = V_2\text{일 때 } \frac{P_1}{T_1} = \frac{P_2}{T_2}\text{, 따라서 } P_2 = P_1 \times \frac{T_2}{T_1}$$

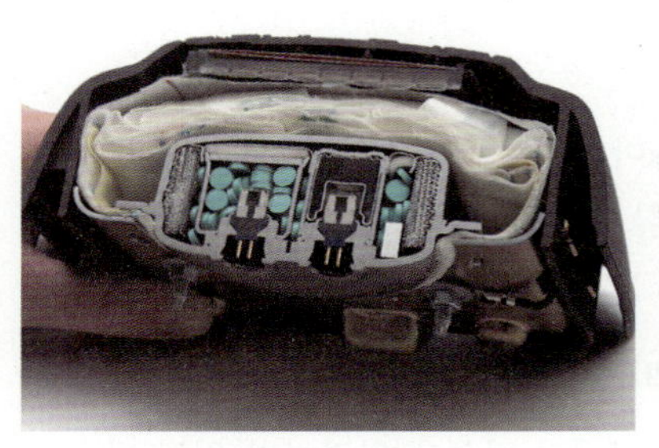

자동차가 충돌에 의해 감속되면, 센서에 전기적 접촉이 일어난다. 추진체(녹색 고체)가 폭발하면서 질소 기체가 방출되어 나일론 백이 플라스틱 덮개를 밀치며 나오게 된다.

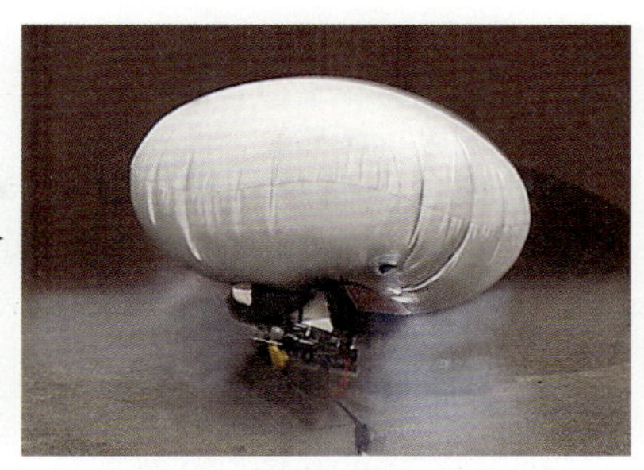

운전석 쪽 에어백은 35~70 L의 질소 기체로 팽창되며 조수석 쪽 에어백의 용량은 60~160 L이다.

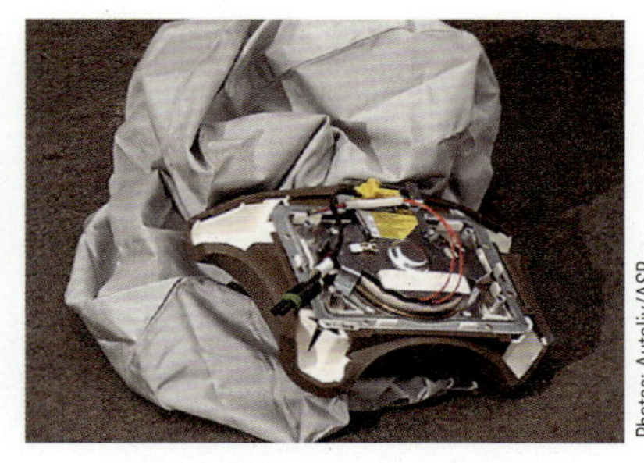

부풀었던 에어백은 0.2초 안에 백의 아래 부분에 있는 구멍을 통해 기체가 빠져나감으로써 쭈그러든다.

Photos: Autoliv/ASP

그림 10.6 **자동차 에어백.**

즉, T_2가 T_1 보다 커지면 P_2는 P_1 보다 커지게 된다. 실제로 이것이 타이어가 식었을 때 공기압을 측정하라고 타이어 제조업자들이 권고하는 이유이기도 하다. 어느 정도 주행한 후에는 마찰에 의한 온도 상승때문에 내부 압력이 증가하게 된다. 타이어가 데워진 상태에서 권장 압력에 맞춰 채우면 실제로는 권장 압력보다 낮게 채워지게 되며 주행 중 위험을 초래할 수도 있다.

아보가드로의 가설

오늘날 자동차에는 전방 및 측면 에어백이 기본적으로 장착되어 있다. 사고가 발생할 때, 에어백은 화학 반응에 의해 만들어지는 질소 기체에 의해 급격히 팽창된다. 에어백에는 자동차의 급격한 감속에 민감하게 반응하는 센서가 있고 이 센서가 전기적 신호를 보내면 화학반응이 시작된다(그림 10.1과 10.6). 다양한 종류의 에어백에서, 아자이드화소듐(sodium azide, NaN_3)은 다음과 같은 반응을 통해 질소 기체를 발생시킨다.

$$2\ NaN_3(s) \rightarrow 2\ Na(s) + 3\ N_2(g)$$

반응에서 생성된 Na은 NaN_3와 함께 첨가된 KNO_3와 SiO_2 등과의 반응을 거쳐 무해한 염으로 바뀐다. 운전석 쪽 에어백은 35~70 L, 조수석 쪽 에어백은 60~160 L로 채워진다. 에어백의 최종 부피는 발생되는 질소 기체의 양에 의해 결정된다.

기체의 부피와 양 간의 관계는 아보가드로(Amadeo Avogadro, 1776~1856)에 의해 처음으로 언급되었다. 1811년에 그는, 화학자 게이뤼삭(Joseph Guy-Lussac, 1778~1850)의 기체에 관한 업적을 응용하여, '**같은 온도와 압력 조건에서 같은 부피의 기체는 같은 수의 입자**(기체의 조성에 따라 분자 또는 원자)를 갖는다'고 제안하였다. 이것이 **아보가드로의 가설**(Avogadro's hypothesis)이다. 이것을 다른 식으로 표현하면, 주어진 온도와 압력에서 기체의 부피는 몰로 표시되는 기체의 양에 정비례한다.

$$V \propto n; \text{ } T\text{와 } P\text{가 일정한 경우}$$

예제 10.5 아보가드로의 가설

문제 흔히 웃음 기체로 알려진 일산화이질소는 마취제로 치과 치료에서 사용된다. 높은 온도와 적절한 촉매 존재 하에서 일산화이질소는 암모니아와 산소의 반응으로 생성될 수 있다.

$$2\ NH_3(g) + 2\ O_2(g) \rightarrow N_2O(g) + 3\ H_2O(g)$$

$NH_3(g)$ 15.0 L로 시작한다면, 같은 온도, 압력 조건에서 반응을 완결하기 위해 필요한 $O_2(g)$의 부피는 얼마인가? 같은 조건에서 N_2O의 이론 수득량은 리터 단위로 얼마인가?

알고 있는 사실 아보가드로의 가설로부터 기체의 부피는 기체의 양에 비례한다. 여러분은 암모니아의 부피와 완결된 반응식에서 NH_3의 알려진 양과 O_2와 N_2O의 알려지지 않은 양을 관련시키는 양론 인자를 알고 있다.

전략 이것은 기체 부피를 몰수로 바꾸는 화학량론에 관한 문제다. 즉, 필요한 O_2와 생성된 N_2O의 부피(여기서는 리터 단위로)를 주어진 NH_3의 부피에 완결된 화학 반응식에서 얻은 양론 인자를 곱하여 계산할 수 있다.

풀이

$$V(\text{필요한 } O_2) = (15.0\ \text{L}\ \cancel{NH_3\ \text{사용 가능}})\left(\frac{2\ \text{L}\ O_2\ \text{필요}}{2\ \text{L}\ \cancel{NH_3\ \text{사용 가능}}}\right) = 15.0\ \text{L}\ O_2\ \text{필요}$$

$$V(\text{생성되는 } N_2O) = (15.0\ \text{L}\ \cancel{NH_3\ \text{사용 가능}})\left(\frac{1\ \text{L}\ N_2O\ \text{생성}}{2\ \text{L}\ \cancel{NH_3\ \text{사용 가능}}}\right) = 7.50\ \text{L}\ N_2O\ \text{생성}$$

고려사항 완결된 화학 반응식으로부터 필요한 O_2의 양은 존재하는 NH_3 양과 같고, 생성된 N_2O의 양은 NH_3 양의 1/2이다.

유제 메테인은 다음 식에 따라 산소의 존재 하에서 연소하여 CO_2와 H_2O를 내놓는다.

$$CH_4(g) + 2\ O_2(g) \rightarrow CO_2(g) + 2\ H_2O(g)$$

22.4 L의 메테인 기체가 완전 연소되는 데 필요한 O_2의 부피는 얼마인가? 생성되는 CO_2와 H_2O의 부피는 얼마인가? 모든 기체의 온도와 압력은 같다고 가정한다.

10.2절 확인문제

1. 695 mmHg와 0 °C의 조건에서 222 mL의 부피를 갖는 어떤 기체 시료가 있다. 333 mmHg와 0 °C의 조건에서 측정한다면 이 기체 시료의 부피는 얼마가 되겠는가?

(a) 894 mL (b) 463 mL (c) 657 mL (d) 359 mL

2. 25 °C에서 235 mL의 부피를 갖는 어떤 기체가 있다. 압력이 일정할 때, 이 기체의 부피가 310 mL가 되는 온도는 얼마인가?

(a) −47.0 °C (b) 69.4 °C (c) 33.1 °C (d) 120. °C

3. 10.0 L 탱크 안에 25 °C와 1.00 atm의 압력을 갖는 어떤 기체가 있다. 이 기체를 0 °C에 있는

심층 학습 기체 연구 – 로버트 보일과 자크 샤를

로버트 보일(Robert Boyle, 1627~1691)은 코르크 백작 1세의 14번째이자 막내로서 아일랜드에서 태어났다. 그의 책 *Uncle Tungsten*에서, 올리버 색스(Oliver Sacks)는 진정한 과학으로서의 화학은 17세기 중반에 로버트 보일의 업적으로부터 시작한다고 말하고 있다. 뉴턴보다 20년 앞선 사람인 보일은 연금술이 지배하는 시기에 태어났기 때문에 그의 과학적인 사고에서 연금술적인 믿음과 관행을 배제하지는 못했다. 그는 금이 만들어질 수 있고, 또한 그것이 성공할 수 있다고 믿었다(뉴턴 또한 연금술사였는데, 이에 대해 언급하지 말 것을 조언하기도 했다).

보일은 결정을 관찰했고, 색을 연구했으며, 제비꽃의 시럽에서 산–염기 지시약을 발명하였고, 처음으로 원소에 대한 현대적 정의를 제공하였다. 또한 그는 생리학자로서 건강한 사람의 체온이 일정하다는 것을 처음으로 보여주었다. 오늘날 보일은 1680년에 출판된 그의 책 ≪회의적 화학자(*The Sceptical Chymist*)≫에서 묘사된 기체의 연구로 잘 알려져 있다.

프랑스 화학자이며 발명가인 자크 샤를(Jacques Alexandre César Charles, 1746~1823)은 재무부 직원으로 그의 경력을 시작했지만, 그의 진짜 관심은 과학이었다. 샤를은 몇 가지 발명을 했는데, 가장 잘 알려진 것은 수소 기구를 만든 것이다.

1783년 8월, 샤를은 수소 기체에 대한 연구를 활용하여 기구를 이 기체로 채웠다. 수소는 종이봉투를 쉽게 빠져나가기 때문에 그는 고무로 표면을 바른 비단 풍선을 만들었다. 기구를 부풀리는 데 며칠이 걸렸으며 225 kg의 황산, 450 kg의 철이 H_2 기체 합성에 필요하였다. 기구는 거의 45분 동안 높이 떠서 약 15마일을 이동하였다. 그러나 기구가 마을에 착륙하였을 때 사람들이 너무 놀라 산산조각으로 찢어 버렸다. 몇 달 후 샤를과 다른 승객은 수소로 채운 새 기구로 프랑스 농촌들을 가로질러 상당한 거리를 이동하였고 당시에는 믿을 수 없었던 2마일 고도까지 상승하였다.

참조 K. R. Williams, "Robert Boyle: Founder of Modern Chemistry," Journal of Chemical Education, Vol. 86, page 148, 2009.

Oesper Collection in the History of Chemistry, University of Cincinnati

로버트 보일(1627~1691).

Image Courtesy of the Library of Congress

자크 샤를(1746~1823).

Smithsonian National Air & Space Museum

1783년 12월 1일, 샤를과 로베르(Nicolas–Louis Robert)는 수소 기구를 타고 파리 상공을 날았다.

20.0 L 탱크로 옮길 경우, 다음 중 맞는 진술은?

(a) 기체의 압력이 반이 된다. (b) 탱크 안의 압력이 두 배가 된다.

(c) 기체의 압력은 1.00 atm이다. (d) 위의 어느 경우에도 해당되지 않는다.

10.3 이상기체 법칙

기체를 기술하기 위해 압력, 부피, 온도, 양(몰수)과 같은 4개의 서로 관련된 양들이 사용된다. 우리는 실험으로부터 세 가지 기체 법칙들이 이들 성질들 간의 관계를 묘사하는 데 사용될 수 있다는 것을 알고 있다(10.2절).

보일의 법칙	샤를의 법칙	아보가드로의 가설
$V \propto (1/P)$	$V \propto T$	$V \propto n$
(T, n 일정)	(P, n 일정)	(T, P 일정)

이 세 법칙을 모두 결합하면, 다음과 같은 결과를 얻을 수 있다.

$$V \propto \frac{nT}{P}$$

이것은 **기체상수**(gas constant)라 불리는 비례상수 $\boldsymbol{R}$을 도입해 수학식으로 만들 수 있다. 이것은 하나의 **우주 상수**(universal constant)로서, 어떤 기체의 성질을 연관 짓는 데 사용할 수 있는 숫자이다.

이상기체의 성질. 이상기체는 분자들 간 인력이 없으며 분자 자신은 어떤 부피도 차지하지 않는다고 가정한다.

$$V = R\left(\frac{nT}{P}\right) \text{ 또는 } PV = nRT \qquad \textbf{(10.4)}$$

식 $PV = nRT$를 **이상기체 법칙**(ideal gas law)이라 부른다. 이것은 이상기체의 거동을 설명한다. 10.8절에서 배우겠지만, 실제로 이상기체 같은 것은 존재하지 않는다. 그럼에도 불구하고, 실제 기체도 1기압 근처의 압력과 실온 근처의 온도에서 이상기체와 유사하게 행동하므로 $PV = nRT$로 적절하게 거동을 기술할 수 있다.

식 $PV = nRT$를 사용하기 위해서는 R 값을 알 필요가 있다. 이것은 실험적으로 결정된다. 기체 시료에 대해 P, V, n, T를 조심스럽게 측정한 다음 이들 값을 이상기체 법칙 식에 대입하면 R 값을 계산할 수 있다. 예를 들어 **표준 온도와 압력**(standard temperature and pressure, STP)의 조건(0 ℃ 혹은 273.15 K와 1 atm의 압력)에서 1 mol의 기체는 22.414 L의 **표준 몰 부피**(standard molar volume)를 가진다. 이들 값을 이상기체 법칙에 대입하면, R에 대한 값을 얻게 된다.

STP란 무엇인가? STP는 표준 온도, 압력으로, 온도는 0 ℃ 혹은 273.15 K 그리고 압력은 1 atm의 상태를 말한다. 이러한 조건에서 기체 1 mol은 정확히 22.414 L의 부피를 차지한다.

$$R = \frac{PV}{nT} = \frac{(1.0000 \text{ atm})(22.414 \text{ L})}{(1.0000 \text{ mol})(273.15 \text{ K})} = 0.082057 \frac{\text{L} \cdot \text{atm}}{\text{K} \cdot \text{mol}}$$

이 R 값을 가지고, 여러 계산에 이상기체 법칙을 적용할 수 있게 된다.

전략도 10.6

문제

이상기체 법칙을 이용하여 기체의 양을 계산하시오.

↓

알려진 자료/정보

- 기체의 **압력**
- 기체의 **부피**
- 기체의 **온도**

↓ 양(n)을 계산하기 위하여 **이상기체 법칙**(식 10.4)을 재배열한다.

기체의 **양**, n

예제 10.6 이상기체 법칙

문제 부피가 65 L인 자동차 에어백의 질소 기체는 25 ℃에서 829 mmHg의 압력을 나타낸다. 에어백에 들어 있는 N_2 기체의 양(mol)을 구하시오.

알고 있는 사실 기체시료의 P, V, T가 주어지고 기체의 양(n)을 계산하는 것이다. P = 829 mmHg, V = 65 L, T = 25 ℃, n = ? 기체상수 R은 0.082057 L · atm/K · mol.

전략 식 10.4의 이상기체 법칙을 사용한다.

풀이 단위가 L · atm/K · mol인 기체상수 R을 이상기체 법칙과 함께 사용하기 위해서는 압력은 atm으로, 온도는 켈빈(K)으로 표시되어야 한다. 따라서 먼저 온도와 압력을 이러한 단위들로 변환한다.

$$P = 829\ \text{mm Hg}\left(\frac{1\ \text{atm}}{760\ \text{mm Hg}}\right) = 1.09\ \text{atm}$$

$$T = 25 + 273 = 298\ \text{K}$$

이제 P, V, T, R을 이상기체 법칙에 대입하고 기체의 양(n)에 대해 풀면,

$$n = \frac{PV}{RT} = \frac{(1.09\ \text{atm})(65\ \text{L})}{(0.082057\ \text{L}\cdot\text{atm/K}\cdot\text{mol})(298\ \text{K})} = 2.9\ \text{mol}$$

몰 단위의 답을 얻는 과정에서 atm, L, K 단위들이 상쇄되는 것에 유념하시오.

고려사항 STP 조건에서 1 mol의 이상기체는 22.4 L의 부피를 차지하므로, 약간 다른 조건에서 65 L의 기체는 약 3 mol의 양을 가진다고 추측해볼 수 있다.

유제 1783년 샤를(Jacques Charles)의 역사적인 풍선 비행(455쪽 참조)에 사용된 수소의 양은 약 1300 mol이었다. 온도와 압력이 각각 23 ℃, 750 mmHg였다면 풍선의 부피는 얼마였을까?

기체의 밀도

그림 10.7에서처럼 주어진 온도와 압력에서 기체의 밀도는 유용한 양이다. 화합물의 양은 몰수(n)로 나타내며, 이것은 질량(m)을 몰질량(M)으로 나눈 값이기 때문에 이상기체 방정식의 n을 m/M으로 치환하면, 다음과 같다.

$$PV = \left(\frac{m}{M}\right)RT$$

밀도(d)는 질량을 부피로 나눈 값(m/V)으로 정의된다. 이러한 형태의 기체 법칙

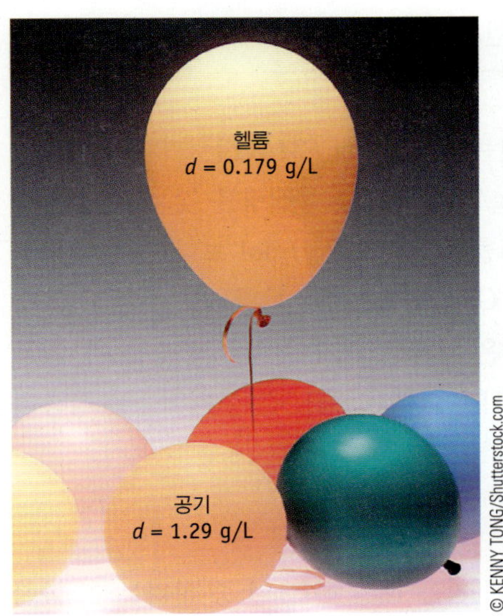

풍선들은 같은 온도와 압력에서 거의 같은 양의 기체로 채워져 있다. 그중 노란색 풍선 하나는 낮은 밀도의 헬륨 기체로 채워져 있고, 다른 풍선들은 공기로 채워져 있다.

열기구는 데워진 공기의 밀도가 주변 공기 밀도보다 낮기 때문에 상승하게 된다.

그림 10.7 **기체 밀도.**

을 왼쪽에 m/V 항을 갖도록 재배열하면 다음과 같다. 이것은 기체 밀도를 g/L 단위로 나타낸다.

$$d = \frac{m}{V} = \frac{PM}{RT} \tag{10.5}$$

기체 밀도는 압력과 몰질량에 정비례하고 온도에 반비례한다. 식 10.5를 이용하면, 주어진 온도와 압력에서, 몰질량으로부터 기체 밀도를 계산할 수 있고, 기체의 밀도를 측정하여 몰질량을 계산할 수 있다.

예제 10.7 밀도와 몰질량

문제 STP에서 CO_2의 밀도를 계산하시오. CO_2는 표준 조건에서의 공기 밀도(1.29 g/L)보다 높은가 낮은가?

알고 있는 사실 여기서 우리는 CO_2의 몰질량(M = 44.0 g/mol), 표준 온도와 압력 조건(P =1.00 atm, T = 273.15 K), 기체상수 R을 알고 있으며 밀도(d)만 모른다.

전략 기체 밀도와 몰질량을 관련시키는 식 10.5를 사용한다.

풀이 알고 있는 값들을 식 10.5에 대입하여 밀도에 대해 풀면,

$$d = \frac{PM}{RT} = \frac{(1.00 \text{ atm})(44.0 \text{ g/mol})}{(0.082057 \text{ L}\cdot\text{atm/K}\cdot\text{mol})(273 \text{ K})} = 1.96 \text{ g/L}$$

고려사항 CO_2의 밀도는 STP에서의 공기의 밀도(1.29 g/L)보다 훨씬 크다(그림 10.8 참조).

유제 25.0 ℃와 1.00 atm에서 건조한 공기의 밀도는 1.18 g/L이다. 만약 공기를 일정 압력 하에서 55 ℃로 데우면 밀도는 얼마인가?

그림 10.8 기체 밀도. 소화기의 이산화탄소는 공기보다 밀도가 크기 때문에, 불 위에 머물러서 산소 공급을 차단하여 불을 끈다. CO_2가 탱크로부터 배출될 때 팽창하면서 상당히 냉각된다(흰 구름은 공기로부터 응축된 수분이다).

기체 밀도는 실제적인 면에서 중요성을 갖는다. 식 $d = PM/RT$는 기체의 밀도가 몰질량에 정비례하는 것을 보여준다. 약 29 g/mol의 평균 몰질량을 갖는 건조한 공기는 1 atm과 25 ℃에서 약 1.18 g/L의 밀도를 갖는다. 29 g/mol 보다 큰 몰질량을 갖는 기체나 증기는 같은 조건(1 atm과 25 ℃)에서 1.2 g/L 보다 더 큰 밀도를 갖게 된다. 결과적으로 CO_2, SO_2, 휘발유와 같은 기체는 대기 중으로 방출될 때, 지표면 근처에 머무르는 데 반해, H_2, He, CO, CH_4(메테인), NH_3 같은 기체들은 상승하게 된다.

P, *V*, *T* 자료로부터 기체의 몰질량 계산

새로운 화합물이 실험실에서 분리되었을 때, 처음 해야 하는 일 중 하나는 이 화합물의 몰질량을 결정하는 것이다. 화합물이 쉽게 증발하는 경우, 몰질량을 정하는 고전적인 방법은 주어진 온도에서 주어진 질량의 기체에 의해 나타나는 압력과 부피를 측정하는 것이다.

예제 10.8 *P*, *V*, *T* 자료로부터 몰질량 계산

문제 실험으로 에어컨의 냉매로 사용되는 염화플루오린화탄소(chlorofluorocarbon)를 대체하기 위해 만든 기체가 무엇인지 알기 위해 화합물의 화학식을 구하려 한다. 분석 결과 실험식이 CHF_2임을 알았고, 이제 분자식을 알기 위해 몰질량을 알아야 한다. 0.100 g의 화합물이 22.3 ℃에 있는 256 mL의 용기에서 70.5 mmHg의 압력을 나타낸다는 사실을 알았다. 이 화합물의 몰질량과 분자식은 무엇인가?

알고 있는 사실 알려진 온도와 압력에서 주어진 부피를 갖는 기체의 질량을 알고 있다. 기체의 몰질량(M)은 알려져 있지 않다.

m = 기체의 질량 = 0.100 g P = 70.5 mmHg, 또는 0.0928 atm

V = 256 mL, 또는 0.256 L T = 22.3 °C, 또는 295.5 K

전략 주어진 부피(V)에 들어 있는 기체의 질량으로부터 밀도(d)를 계산할 수 있고, 이 값과 식 10.5를 이용하여 몰질량을 계산할 수 있다. 다른 방법으로는, P, V, T 자료를 사용하여 기체의 양(몰수)를 구하고 기체의 질량을 몰수로 나누어 몰질량을 구할 수 있다.

풀이 기체의 밀도는 기체의 질량을 부피로 나눈 값이다.

$$d = \frac{0.100\ \text{g}}{0.256\ \text{L}} = 0.391\ \text{g/L}$$

식 10.5($d = PM/RT$)에 이 밀도와 온도, 압력 값을 대입하여 다음과 같이 몰질량(M)을 계산할 수 있다.

$$M = \frac{dRT}{P} = \frac{(0.391\ \text{g/L})(0.082057\ \text{L}\cdot\text{atm/K}\cdot\text{mol})(295.5\ \text{K})}{0.0928\ \text{atm}} = 102\ \text{g/mol}$$

실험으로 얻은 이 몰질량을 CHF_2 실험식을 가지는 기체 1 mol의 질량과 비교한다.

$$\frac{\text{실험으로 얻은 몰질량}}{1\ \text{mol}\ CHF_2\text{의 질량}} = \frac{102\ \text{g/mol}}{51.0\ \text{g/화학식 단위}} = \text{몰당}\ CHF_2\text{의 2 화학식 단위}$$

따라서 이 화합물의 화학식은 $C_2H_2F_4$ 이다.
다른 방법으로, 이상기체 법칙을 사용하여 기체의 양(n)을 계산할 수 있다.

$$n = \frac{PV}{RT} = \frac{(0.0928\ \text{atm})(0.256\ \text{L})}{(0.082057\ \text{L}\cdot\text{atm/K}\cdot\text{mol})(295.5\ \text{K})} = 9.80 \times 10^{-4}\ \text{mol}$$

이 계산으로부터 기체 0.100 g은 9.80×10^{-4} mol에 해당한다는 것을 알 수 있으므로,

$$\text{몰질량} = \frac{0.100\ \text{g}}{9.80 \times 10^{-4}\ \text{mol}} = 102\ \text{g/mol}$$

고려사항 계산된 몰질량이 실험식량 또는 그것의 단순한 배수가 되지 않는다면, 어딘가에 실수가 있는 것이다.

유제 어떤 기체 화합물 0.105 g은 23.0 ℃에 있는 125 mL의 부피에서 561 mmHg의 압력을 갖는다. 몰질량은 얼마인가?

전략도 10.8

문제

이상기체 법칙을 이용하여 기체의 몰질량을 계산하시오.

↓

알려진 자료/정보

- 기체의 **압력**
- 기체의 **부피**
- 기체의 **온도**

↓ **1단계** **양**(n)을 계산하기 위하여 **이상기체 법칙**(식 10.4)을 재배열한다.

기체의 **양**, n

↓ **2단계** 기체의 **질량**을 **양**(n)으로 나눈다.

기체의 **몰질량**

10.3절 확인문제

1. 다음 중 어느 기체가 25 °C, 1.00 atm에서 가장 큰 밀도를 갖는가?

(a) O_2 (b) N_2 (c) H_2 (d) CO_2 (e) Xe

2. 기체 A는 298 K, 1 atm에서 2 L 플라스크에 있다. 기체 B는 273 K, 0.5 atm에서 4 L 플라스크에 있다. 어느 기체의 양(몰수)이 더 많은가?

(a) A (b) B (c) 어느 것도 아니다. 양은 같다.

3. 298 K, 1 atm에서 측정된 기체 C의 밀도는 2.0 g/L이다. 0.5 atm, 298 K에서 측정된 기체 D의 밀도는 1.3 g/L이다. 어느 기체의 몰질량이 더 큰가?

(a) C (b) D (c) 어느 것도 아니다. 몰질량은 같다.

10.4 기체 법칙과 화학 반응

산업적으로 중요한 많은 반응들은 기체와 관계되어 있다. 질소와 수소로부터 암모니아의 합성

$$N_2(g) + 3\ H_2(g) \rightarrow 2\ NH_3(g)$$

또는 수소와 염소를 만드는 NaCl 수용액의 전기분해가 그 예에 해당된다.

$$2\ NaCl(aq) + 2\ H_2O(\ell) \rightarrow 2\ NaOH(aq) + H_2(g) + Cl_2(g)$$

이러한 반응의 정량적인 면들을 이해하기 위해서는 화학량론 계산을 해야 한다. 그림 10.9에 있는 도표는 기체 반응의 화학량론 계산을 4장에서 다룬 화학량론 계산에 연결시킨 것이다.

리튬은 물(H_2O)과 반응하여 LiOH와 수소 기체(H_2)를 생성한다.

예제 10.9 기체 법칙과 화학량론

문제 수소 기체는 리튬과 물의 반응으로부터 생성된다. 17.0 °C와 743 mmHg 압력하에서 23.5 L의 $H_2(g)$를 생성하기 위해 필요한 리튬의 질량은 얼마인가? 기체 생성 반응은 다음과 같다.

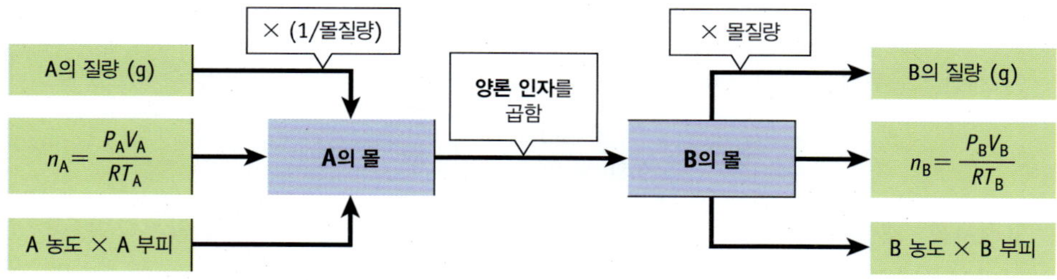

그림 10.9 양론 계산을 위한 개략도. A와 B는 반응물 또는 생성물이 될 수 있다. A의 양(mol)은 g으로 표시된 질량과 몰질량으로부터, 또는 용액의 농도와 부피로부터, 또는 이상기체 법칙을 이용하여 P, V, T 자료로부터 계산할 수 있다. 일단 B의 양이 결정되면, 이 값은 질량, 용액의 농도 또는 부피, 또는 이상기체 법칙을 이용하여 기체 성질로 변환할 수 있다.

$$2\ Li(s) + 2\ H_2O(aq) \rightarrow 2\ LiOH(aq) + H_2(g)$$

알고 있는 사실 생성되는 수소(H_2) 기체의 압력, 부피, 온도를 알고 있고, 반응물 Li과 생성물 H_2의 양을 연계하는 완결된 화학 반응식을 알고 있다.

$$P = 743\ \text{mmHg}\ (1\ \text{atm}/760\ \text{mmHg}) = 0.978\ \text{atm}$$
$$V = 23.5\ \text{L}$$
$$T = 17.0\ °\text{C},\ \text{또는}\ 290.2\ \text{K}$$

주어진 양의 H_2를 생성하기 위해 필요한 Li의 질량을 알기 원하고 있다. 이렇게 하기 위해서는 Li의 몰질량을 알 필요가 있다.

전략 여기서 사용하여야 할 일반적 논리는 그림 10.9와 전략도 10.9의 경로를 따르는 것이다. 먼저 기체의 자료를 가지고 $PV = nRT$를 이용하여 생성된 H_2의 양을 계산한다. 그리고 화학량론 인자와 Li의 몰질량, 계산된 수소의 양을 이용하여 필요한 Li의 질량을 계산한다.

풀이

1단계 생성된 기체의 양(mol)을 구한다.

$$n = \text{필요한 } H_2\ (\text{mol}) = \frac{PV}{RT}$$

$$n = \frac{(0.978\ \text{atm})(23.5\ \text{L})}{(0.082057\ \text{L}\cdot\text{atm/K}\cdot\text{mol})(290.2\ \text{K})} = 0.965\ \text{mol}\ H_2$$

2단계 0.965 mol의 H_2 기체를 생성할 수 있는 리튬의 양을 계산한다.

$$\text{Li의 질량} = 0.965\ \text{mol}\ H_2\left(\frac{2\ \text{mol Li}}{1\ \text{mol}\ H_2}\right)\left(\frac{6.941\ \text{g}}{1\ \text{mol Li}}\right) = 13.4\ \text{g Li}$$

고려사항 STP에서 이상기체 1 mol은 22.4 L의 부피를 가진다. 주어진 조건이 정확히 STP는 아니지만 STP에 근접하므로 23.5 L의 부피는 약 1 mol의 H_2에 대응한다. 반응의 양론에 근거하여 Li 양의 2배 또는 약 2 mol이 필요할 것이다. Li의 몰질량(6.941 g/mol)에 근거하여 질량은 약 14 g이 될 것이다.

유제 15.0 g의 소듐이 물과 반응한다면 25.0 ℃, 1.10 atm 압력 하에서 얼마만한 부피의 수소 기체가 생성되겠는가?

전략도 10.9

문제

알고 있는 ***P, V, T***의 기체를 생성하는 데 필요한 **반응물의 질량**을 계산하시오.

알려진 자료/정보

- 기체의 **압력**
- 기체의 **부피**
- 기체의 **온도**
- 완결된 반응식

1단계 **이상기체 법칙**을 이용하여 기체의 양(n)을 계산한다.

기체의 **양**, (n)

2단계 **양론 인자**를 사용하여 기체의 양(n)을 필요한 반응물의 양과 연관시킨다.

반응물의 **양**

3단계 반응물의 양에서 **반응물의 질량**을 계산한다.

반응물의 **질량**

10.4절 확인문제

다이보레인(Diborane)은 산소와 반응하여 산화붕소(boric oxide)와 수증기를 발생시킨다.

$$B_2H_6(g) + 3\ O_2(g) \rightarrow B_2O_3(s) + 3\ H_2O(g)$$

1. 25 ℃, 0.15 atm에서 1.5 L의 B_2H_6와 완전히 반응하는 데 필요한 산소의 질량은 얼마인가?

(a) 0.29 g (b) 0.59 g (c) 0.44 g (d) 0.88 g

2. 0 ℃, 1.0 atm 하에 있는 1.5 L의 B_2H_6를 4.0 L의 산소와 섞는다면, 생성되는 물의 양은 얼마인가?

(a) 0.18 mol (b) 0.067 mol (c) 0.060 mol (d) 0.25 mol

10.5 혼합 기체와 부분 압력

여러분들이 숨 쉬는 공기는 질소, 산소, 아르곤, 이산화탄소, 수증기, 미량의 다른 기체들의 혼합물이다(표 10.1). 이들 기체들 각각은 그 자신의 압력을 나타내는데, 대기압은 각각의 기체가 나타내는 압력의 합이다. 혼합물에서 각 기체의 압력을 그 기체의 **부분 압력**(partial pressure)이라 부른다.

돌턴(John Dalton, 1766−1844)은 기체 혼합물의 압력이 혼합물 내 각 기체의 압력의 합과 같다는 사실을 처음으로 발견했다. 이 발견은 오늘날 **돌턴의 부분 압력의 법칙**(Dalton's law of partial pressure)으로 알려져 있다(그림 10.10). 돌턴의 부분 압력의 법칙을 수학적으로 표현하면 다음과 같다.

$$P_{total} = P_1 + P_2 + P_3 \ldots \tag{10.6}$$

여기서 P_1, P_2, P_3는 혼합물에 있는 각 기체의 압력이며, P_{total}은 전체 압력이다.

기체 혼합물에서 각 기체는 모든 다른 기체들과는 서로 무관하게 독립적으로 행동한다. 따라서 혼합물에 있는 각 기체의 거동을 별개로 생각할 수 있다. 예를 들어 각각 A, B, C로 표시된 세 가지 이상기체의 혼합물이 있다고 하자. A는 n_A mol, B는 n_B mol, C는 n_C mol이 존재한다. 이 기체 혼합물($n_{total} = n_A + n_B + n_C$)이 주어진 부피($V$)와 온도($T$)에 있다고 가정하자. 이제 우리는 이상기체 방정식으로부터 각 기체가 나타내는 압력을 계산할 수 있다.

$$P_AV = n_ART \qquad P_BV = n_BRT \qquad P_CV = n_CRT$$

돌턴의 법칙에 따라 혼합물에 의해 나타나는 전체 압력은 각 성분들에 의한 압력의 합이다.

$$P_{total} = P_A + P_B + P_C = n_A\left(\frac{RT}{V}\right) + n_B\left(\frac{RT}{V}\right) + n_C\left(\frac{RT}{V}\right)$$

$$P_{total} = (n_A + n_B + n_C)\left(\frac{RT}{V}\right)$$

$$P_{total} = (n_{total})\left(\frac{RT}{V}\right) \tag{10.7}$$

기체 혼합물에 대해서 혼합물에 있는 특정 물질의 몰수를 존재하는 모든 물질의

표 10.1 대기에 있는 건조한 공기의 주요 성분들

구성 성분	몰질량*	몰 백분율	STP에서의 부분 압력(atm)
N_2	28.01	78.08	0.7808
O_2	32.00	20.95	0.2095
Ar	39.95	0.934	0.00934
CO_2	44.01	0.0393	0.00039

*건조한 공기의 평균 몰질량 = 28.960 g/mol.

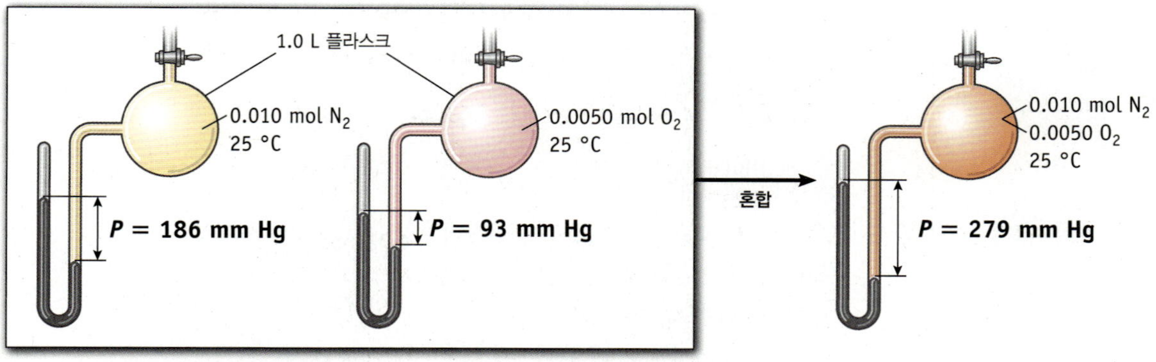

25 °C의 1.0 L 플라스크에 있는 0.010 mol의 N_2는 186 mmHg의 압력을 나타내고, 같은 조건인 25 °C의 1.0 L 플라스크에 있는 0.0050 mol의 O_2는 93 mmHg의 압력을 나타낸다.

N_2와 O_2 시료 모두를 25 °C의 1.0 L 플라스크에 넣는다. 전체 압력 279 mmHg는 각 기체가 홀로 플라스크에 있을 때 나타나는 부분 압력의 합이다.

그림 10.10 **돌턴의 법칙.**

전체 몰수로 나눈 값으로 정의되는 **몰분율**(mole fraction, X)라는 양을 도입하는 것이 편리하다. 수학적으로 B, C와 섞인 물질 A의 몰분율은 다음과 같이 표시된다.

$$X_A = \frac{n_A}{n_A + n_B + n_C} = \frac{n_A}{n_{total}}$$

이제 이 식($n_{total} = n_A/X_A$)을 P_A와 P_{total}에 대한 식과 합하면 다음의 식이 얻어진다.

$$P_A = X_A P_{total} \tag{10.8}$$

이와 같이 **기체 혼합물에서 어떤 기체의 압력은 그 기체의 몰분율과 혼합물 전체 압력의 곱**으로 표시된다. 다시 말해, 혼합물에서 어떤 기체의 부분 압력은 그 기체의 몰분율에 직접적으로 관련된다. 예를 들어 STP에서 공기 중 N_2의 몰분율은 0.78이므로, 이것의 부분 압력은 0.78 atm 또는 590 mmHg이다.

예제 10.10 기체의 부분 압력

문제 할로테인(Halothane, $C_2HBrClF_3$)는 흔히 흡입 마취제로 사용되는 불연성이며 폭발성이 없는 비자극성 기체이다. 할로테인 증기 15.0 g과 산소 기체 23.5 g을 섞었을 때 혼합물의 전체 압력이 855 mmHg라면, 각 기체의 부분 압력은 얼마인가?

알고 있는 사실 여러분들은 각각의 기체가 무엇인지 알고 그들의 질량을 알고 있으므로, 각각의 양(몰수, n)을 계산할 수 있다. 또한, 기체 혼합물의 전체 압력을 알고 있다.

전략 각 기체의 양(몰)을 계산할 수 있기 때문에, 기체의 전체 양(몰)과 각각의 몰분율을 구할 수 있다. 기체의 부분 압력은 식 10.8에서와 같이 혼합물의 전체 압력에 기체의 몰분율을 곱해 얻어진다.

전략도 10.10

문제
혼합물에서 두 기체의 **부분 압력**을 계산하시오.

↓

알려진 자료/정보
- 각 기체의 **질량**
- **전체 압력**

1단계 **질량**으로부터 각 기체의 양(n)을 계산한다.

↓

각 기체의 양.

2단계 각 기체의 **몰분율(X)**을 계산한다.

↓

각 기체의 **몰분율(X)**

3단계 식 10.8을 이용하여 기체의 **부분 압력**을 계산한다.

↓

각 기체의 **부분 압력**

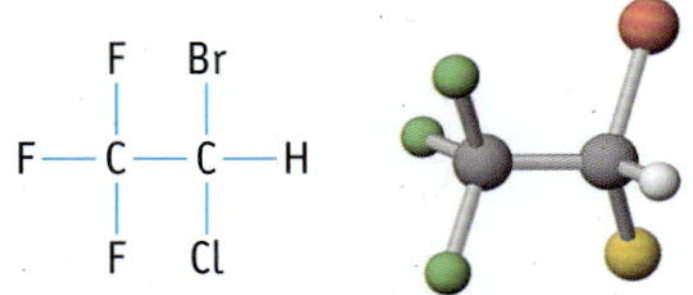

1,1,1-트라이플루오로브로모클로로에테인, 할로테인

풀이

1 단계 몰분율의 계산:

$$C_2HBrClF_3\text{의 양} = 15.0\text{ g}\left(\frac{1\text{ mol}}{197.4\text{ g}}\right) = 0.0760\text{ mol}$$

$$O_2\text{의 양} = 23.5\text{ g}\left(\frac{1\text{ mol}}{32.00\text{ g}}\right) = 0.734\text{ mol}$$

$$\text{기체의 전체 양} = 0.0760\text{ mol } C_2HBrClF_3 + 0.734\text{ mol } O_2 = 0.810\text{ mol}$$

$$C_2HBrClF_3\text{의 몰분율} = \frac{0.0760\text{ mol } C_2HBrClF_3}{0.810\text{ 전체 moles}} = 0.0938$$

할로테인과 O_2의 몰분율 합은 1.0000이므로, 산소의 몰분율은 0.906이 된다.

$$X_{halothane} + X_{oxygen} = 1.0000$$
$$0.0938 + X_{oxygen} = 1.0000$$
$$X_{oxygen} = 0.906$$

2 단계 부분 압력의 계산:

$$\text{할로테인의 부분 압력} = P_{halothane} = X_{halothane} \cdot P_{total}$$
$$P_{halothane} = 0.0938 \cdot P_{total} = 0.0938\ (855\text{ mmHg})$$
$$P_{halothane} = 80.2\text{ mmHg}$$

혼합물의 전체 압력은 혼합물 내 기체의 부분 압력의 합이다.

$$P_{halothane} + P_{oxygen} = 855\text{ mmHg}$$

그래서

$$P_{oxygen} = 855\text{ mmHg} - P_{halothane}$$
$$P_{oxygen} = 855\text{ mmHg} - 80.2\text{ mmHg} = 775\text{ mmHg}$$

고려사항 할로테인의 양은 산소 양의 약 1/10이므로, 두 기체의 부분 압력의 비도 비슷한 비율일 것으로 기대할 수 있다.

유제 이 예제에서 보여준 할로테인–산소 혼합물이 25 ℃에 있는 5.00 L 탱크에 들어 있다고 하자. 탱크 안에 있는 기체 혼합물의 전체 압력은 mmHg로 얼마인가? 각 기체들의 부분 압력은 mmHg로 얼마인가?

10.5절 확인문제

1. 아세틸렌은 산소와 반응하여 이산화탄소와 수증기를 발생시킨다.

$$2\ C_2H_2(g) + 5\ O_2(g) \rightarrow 4\ CO_2(g) + 2\ H_2O(g)$$

C_2H_2와 O_2를 정확한 양론 비로 섞었을 때 전체 압력이 140 mmHg라면, 반응 전 각 기체들의 부분 압력은 얼마인가?

(a) 100 mmHg C_2H_2, 40 mmHg O_2
(b) 140 mmHg C_2H_2, 700 mmHg O_2
(c) 40 mmHg C_2H_2, 100 mmHg O_2
(d) 140 mmHg C_2H_2, 56 mmHg O_2

10.6 기체의 분자운동론

지금까지 우리는 수많은 입자들을 갖는 계의 거동으로부터 생기는 압력과 부피 같은 기체의 거시적 성질을 주로 다루었다. 지금부터는 물질의 거동을 분자나 원자 수준에서 묘사하는 분자운동론(18쪽)의 측면에서 다룬다. 많은 실험적 관찰로부터 얻은 기체의 운동과 관련한 가정들은 다음과 같다.

- 기체는 입자(분자 또는 원자)로 구성되어 있으며, 입자 사이 거리는 입자 자신의 크기보다 훨씬 크다(그림 10.11).
- 기체 입자들은 끊임없이 무질서하게 빠르게 운동한다. 움직이는 동안 이들은 서로 간에 그리고 용기의 벽과 충돌한다. 그러나 충돌 과정 중 전체 에너지는 바뀌지 않는다.
- 기체 입자의 평균 운동 에너지는 기체의 온도에 비례한다. 분자량에 상관없이, **모든 기체들은 같은 온도에서 같은 평균 운동 에너지를 갖는다.**

이제부터 이러한 분자 수준에서 기체의 거동을 논의하여 보자.

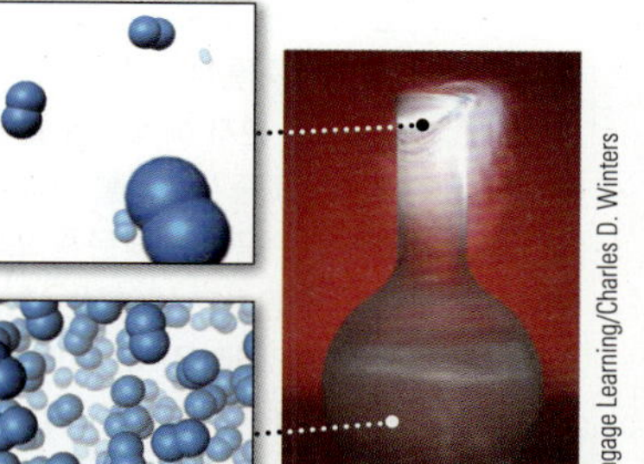

그림 10.11 **분자 수준에서의 기체와 액체.** 큰 부피의 N_2 기체가 작은 부피의 액체로 응축될 수 있다는 사실은 기체 상태에서 분자 간의 거리가 액체 상태에서 분자 간의 거리에 비해 매우 크다는 것을 의미한다.

분자 속력와 운동 에너지

여러분 친구가 크고 납작한 상자를 들고 방에 들어온다고 가정하자. 여러분은 그 상자에 피자가 들어 있는 것을 어떻게 알 수 있는가? 냄새로 알 수 있으며, 음식물 냄새를 내는 분자들이 기체상으로 퍼져서 공기 중에 떠다니다가 냄새와 반응하는 몸 안의 세포에 도달하기 때문이다. 같은 현상을 실험실에서 나란히 옆에 놓은 암모니아(NH_3)와 염산(HCl) 수용액을 담은 용기들에서도 볼 수 있다(그림 10.12). 두 화합물들의 분자들은 기체가 되어 퍼져 나가면서 서로 만나고, 반응하여 고체 염화암모늄(NH_4Cl)의 작은 입자로 이루어진 연기를 형성하게 된다.

그림 10.12의 용기 주변 온도를 더 낮추고 염화암모늄 연기를 형성되는 데 필요한 시간을 측정한다면, 시간이 더 오래 걸리는 것을 알게 된다. 이 현상의 이유는 분자들이 움직이는 속력이 온도에 의존하기 때문이다.

피자와 암모니아에 대한 실험적 관찰 결과를 확장하여 보자. 첫째, 기체 시료 중의 분자들이 모두 똑같은 속력으로 움직이는 것은 아니라는 점을 이해하는 것이 중요하다. 그림 10.13에서 O_2 분자에 대하여 설명한 것처럼 속력은 넓게 분포되어 있고, 그 분포는 온도에 의존한다. 다음과 같은 몇 가지 중요한 관찰을 할 수 있다.

- 주어진 온도에서 기체 시료 내의 일부 분자들은 빠르게, 다른 분자들은 느리게 움직인다.
- 시료 내 대부분의 분자들은 중간 정도의 속력을 가지며, 가장 빈도가 높은 속력은 곡선에서 최댓값을 나타내는 지점의 속력에 상응한다. 예를 들어, 25 ℃ 산소 기체에 대해 대부분 분자들은 200 m/s에서 700 m/s 범위의 속력을 가지며, 최대 빈도를 갖는 속력은 약 400 m/s이다. (이것은 매우 빠른 속도로, 400 m/s는 900 mile/hr에 해당한다.)

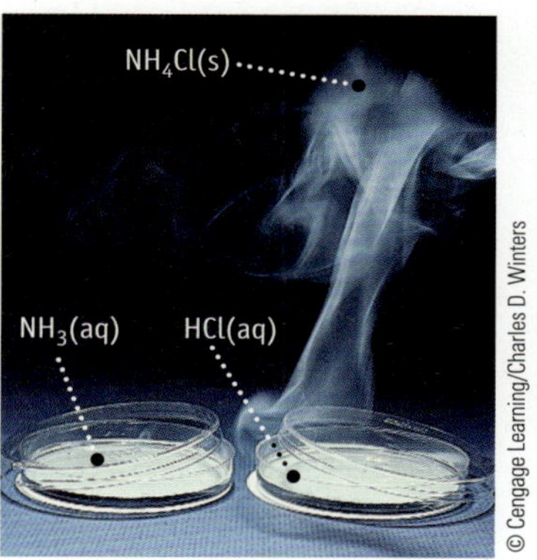

그림 10.12 **기체 분자의 운동.** 암모니아와 염산 수용액이 담긴 접시가 뚜껑이 열린채 나란히 놓여 있다. NH_3와 HCl이 용액으로부터 대기 중으로 빠져나와 서로 만날 때, 고체 상태의 염화암모늄(NH_4Cl)이 관찰된다.

맥스웰–볼츠만(Maxwell–Boltzmann) 곡선. 그림 10.13과 10.14와 같은 형태의 그래프는 기체의 물리적 특성들에 대해 연구한 두 과학자 맥스웰(Clerk Maxwell, 1831~1879)과 볼츠만(Ludwig Boltzmann, 1844~1906)의 이름을 따서 맥스웰–볼츠만 곡선이라 불린다.

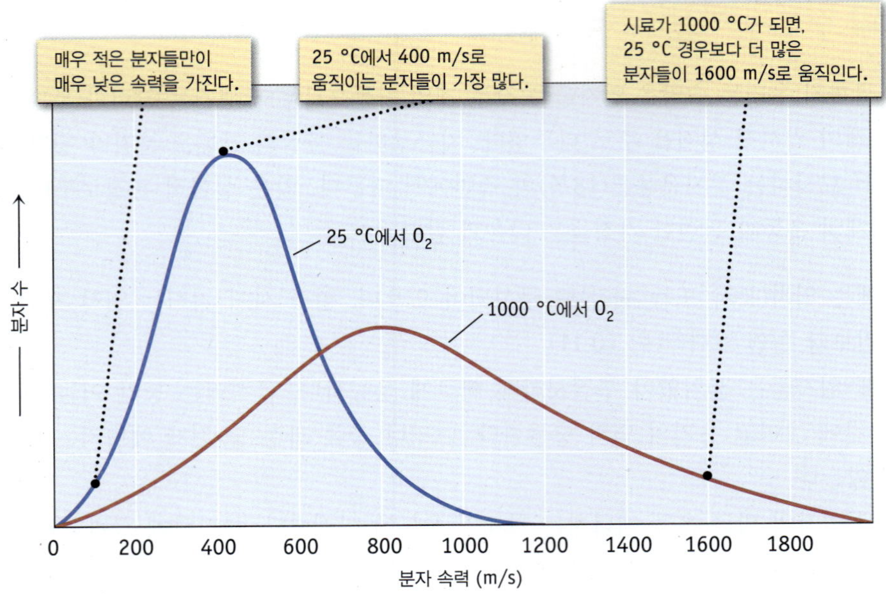

그림 10.13 분자 속력 분포. 이 그래프는 특정 속력을 갖는 분자들의 수를 그 속력에 대해 그린 것으로 분자 속력 분포를 보여준다. 빨간선은 온도증가 효과를 보여 준다. 높은 온도에서의 곡선은 낮은 온도에서의 곡선보다 더 평평하고 넓어지는 형태를 갖지만, 곡선 아래 면적은 시료 내 분자 수가 일정하기 때문에 두 경우 모두 같다.

- 25 ℃와 100 ℃에서의 O_2 분자 속력분포 곡선을 비교하여 보면, 온도가 높아짐에 따라 가장 빈도가 높은 속력도 증가하고 매우 빠른 속력으로 움직이는 분자 수도 크게 증가한다.

기체 시료에서 질량이 m kg인 한 분자의 운동 에너지는 다음 식으로 주어진다.

$$KE = \frac{1}{2}(\text{질량})(\text{속도})^2 = \frac{1}{2}mu^2$$

여기서 u는 해당 분자의 속력(m/s)이다. 이 식으로부터 개별적 기체 분자의 운동 에너지는 계산할 수 있지만 분자 전체의 운동 에너지는 계산할 수 없다. 왜냐하면 그림 10.13에서 보는 바와 같이 기체 시료의 모든 분자들이 같은 속력으로 움직이는 것은 아니기 때문이다. 그러나 분자 전체의 평균 운동 에너지는 계의 다른 평균 양과의 관계를 이용하여 계산할 수 있다. 특히, 기체 시료 1mol 분자의 평균 운동 에너지는 평균 속력과 다음과 같은 관계가 있다.

$$\overline{KE} = \frac{1}{2}N_A m\overline{u^2}$$

여기서 N_A는 아보가드로수다($\overline{KE}$와 $\overline{u}$ 위에 표시된 수평선은 평균값을 의미한다). 분자당 질량과 아보가드로수의 곱은 몰질량(kg/mol)이므로 위의 식은 다음과 같이 표현될 수 있다.

$$\overline{KE} = \frac{1}{2}M\overline{u^2}$$

이 식은 기체 시료 내 분자들의 평균 운동 에너지($\overline{KE}$)는 이들 속력 제곱의 평균인 $\overline{u^2}$ (“평균제곱속력”이라 부른다)과 관련된다는 것을 말한다.

실험결과는 기체 분자 1 mol의 평균 운동 에너지, $\overline{KE}$는 온도에 정비례(비례상수

심층 학습 지구의 대기

지구의 대기는 온도가 상당히 다른 비교적 뚜렷한 층에 분포된 매혹적인 기체 혼합물이다. 대류권 계면까지는 고도증가에 따라 점진적으로 온도와 압력이 감소한다. 온도는 성층권에서 다시 상승하는데, 이는 성층권에 있는 오존(O_3)이 태양으로부터 에너지를 흡수하기 때문이다.

성층권 위에서는 분자 수가 줄어들기 때문에 압력이 감소한다. 더 높은 곳인 열권에서는 온도가 급작스럽게 증가되는 것이 관찰된다. 이 경향은 **온도**와 **열에너지** 간 차이가 있기 때문에 나타나는 것이다. 기체의 온도는 기체 분자들의 평균 운동 에너지를 반영하지만, 물체에 존재하는 열에너지는 분자들의 전체 운동 에너지이다. 열권에서 일부 분자는 아주 높은 온도를 갖지만, 이들의 분자 수가 워낙 적기 때문에 열에너지는 아주 적다.

대류권에 있는 기체들은 대류작용으로 인해 잘 섞인다. 지구 표면에서 방출된 오염 물질은 성층권으로 올라갈 수 있는데, 이때 성층권은 대류권에 대해 '열 뚜껑' 역할을 하여 성층권이나 성층권 위로 오염 기체들이 섞이는 것을 막는다.

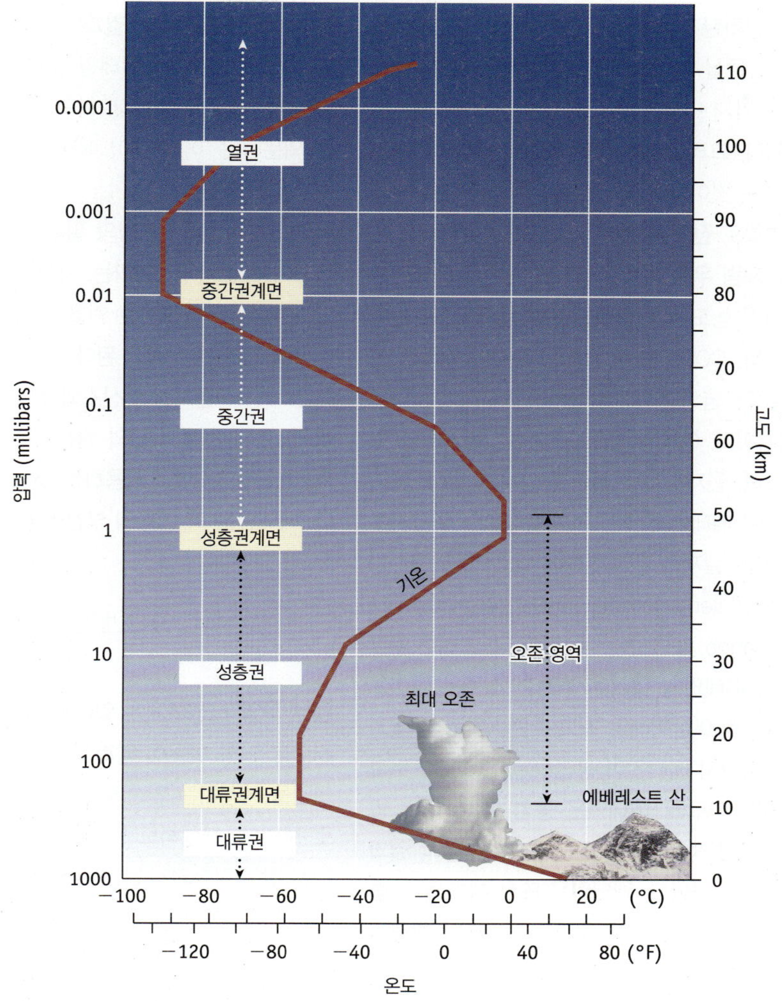

그럼에도 불구하고 염화플루오린화탄소 같은 오염물질은 소량이 성층권으로 유입되어 오존을 파괴한다. 대기의 압력은 고도증가에 따라 감소한다. 이러한 경향과 함께 산소의 부분 압력도 감소한다. 그림에서는, 왜 등산가들이 에베레스트 산에서 숨쉬기가 힘든지를 보여준다. 정상의 높이는 8848 m이며, 이곳에서 O_2의 부분 압력은 바다 표면 부분 압력의 29 %에 해당한다. 등산가들은 적응 훈련을 하여 산소 공급장치를 쓰지 않고도 정상에 오를 수 있다. 그러나 이 같은 적응도 만약 에베레스트 산이 더 북쪽에 있으면 불가능해진다. 왜냐하면 지구의 대기는 극으로 갈수록 얇아지기 때문이다. 예를 들어 에베레스트 산의 정상이 북미 북단에 있다면 O_2의 부분 압력은 훨씬 낮아지게 된다.

$^3\!/_2R$)함을 보여준다.

$$\overline{KE} = \frac{3}{2}RT$$

여기서 R은 SI 단위로 표시되는 기체 상수(8.314472 J/K · mol)이다.

기체의 평균 운동 에너지를 나타내는 위 두 식을 결합하면 질량, 평균속력, 온도 사이의 관계를 나타내는 식 10.9를 얻을 수 있다.

사례 연구 메테인 미스테리

이산화탄소, 메테인, 산화질소와 심지어 물도 '온실 가스'이다. 대기에서 이들이 하는 한 가지 역할은 행성의 온도를 조절하는 것이다. 그러나 이 기체들의 대기 농도가 증가하는 것이 지구의 온도를 상승시키고 기후 변화로 진행될 것이라는 우려가 있다.

이처럼 우려되는 온실가스 중에서 메테인의 대기 농도는 이산화탄소 다음으로 두 번째이다. CO_2의 현재 농도는 390 ppm(백만분율)이 넘으며, 메테인은 177.4 ppb(십억분율)이다. CO_2의 농도는 수년간 증가하고 있으며, 현재까지도 계속 증가하고 있다. 대기에서 메테인의 수준도 지속적으로 증가하고 있다. 실제로 기후변화에 대한 정부 간 협의체(Intergovernmental Panel on Climate Change, IPCC)의 네 번째 보고서에 따르면, 메테인의 대기에서의 현 수준은 적어도 650,000년 이래로 최고 수준이라고 한다.

어디에서 메테인이 공급되는가? IPCC 보고서에 따르면 '메테인은 농업, 천연 가스 방출과 간척사업과 연관된 인간 활동의 결과로 증가하였다. 메테인은 또한 예를 들어 습지에서 발생하는 자연과정으로부터 방출된다.' 최근에 연구되는 자연발생원은 대양으로부터의 메테인이고, 결과는 놀라울 정도이다. 대양은 대기 중 메테인 전체 지구 공급량의 약 4%를 기여한다. 화학자들이 연구하는 의문점은 '어떻게 이 메테인이 생성되는가'이다.

Courtesy John Kotz

이 질문의 해답은 생명의 필수 요소인 인이 대양에서 공급부족이라는 사실에 근거하고 있다. 따라서 생물체는 인을 섭취하기 위하여 어떠한 행동도 하게 된다. 2008년 화학자들은 해양 생물체들이 산소와 효소(생물학적 촉매) 존재 하에서 인의 원천으로 인산메틸 이온($CH_3PO_3H^-$)을 사용하는 것을 발견하였다. 메테인은 이 반응의 부산물이다.

$$H_3C\text{–}P^+(O^-)(O^-)(OH) \xrightarrow{\text{압력},\ H_2O} CH_4 + H_2PO_4^-$$

일부 해양 미생물체에 있어서 인의 주요 원천으로 인산 이온이 알려져 있기 때문에 메테인을 생성하는 인산메틸 경로가 매력적으로 보인다. 불행히도 인산메틸은 해양 환경에서 전혀 검출되지 않았고 천연물로 알려져 있지도 않았다.

이제 문제는 인산메틸이 대양에서 어떻게 생성되는지 또는 생성 여부가 된다. 최근의 연구(2012)에서 해답을 얻었다. 철에 의존하는 효소가 대양에 존재하는 것으로 알려진 인산 유도체인 2-하이드록시에틸포스페이트 이온을 인산메틸 이온으로 변환한다.

$$HOCH_2CH_2\text{–}P^+(O^-)(O^-)(OH) \xrightarrow{\text{압력},\ Fe^{2+},\ O_2} H_3C\text{–}P^+(O^-)(O^-)(OH) + CO_2 \text{ 또는 } HCO_3^-$$

이 새로운 연구는 메테인 원천에 대한 문제에 대한 가능성이 높은 답을 주고 있다.

문제

1. 대기 중에서 CO_2는 메테인보다 얼마나 더 많이 있는가? 즉, 농도의 비율은 얼마인가?
2. 인산메틸 이온에서 C와 P 원자 주위의 구조는 무엇인가? 각 원자의 혼성은 무엇인가?
3. 인산메틸 이온에서 인 원자의 산화수는 얼마인가?
4. 해수면의 대기 1.00 입방 킬로미터 안의 메테인을 조사한다고 가정하자. (대기는 건조하고 몰질량이 28.96 g/mol이고, 압력은 25.0 °C에서 1 atm이라 가정)
   (a) 이 조건 하에서 1.00 km^3 안에 존재하는 메테인 분자 수는 얼마인가?
   (b) 1.00 km^3 대기 중의 메테인을 생성하기 위해 필요한 인산메틸 이온의 질량은 얼마인가?

참고문헌

1. W.W. Metcalf, et al. *Science*, vol 337, page 1104, August 31, 2012.
2. *Chemical & Engineering News*, page 11, September 3, 2012.

이 질문에 대한 답은 부록 N에 수록되어 있다.

$$\sqrt{\overline{u^2}} = \sqrt{\frac{3RT}{M}} \tag{10.9}$$

이 식에서 평균 제곱 속력의 제곱근[$\sqrt{\overline{u^2}}$을 **근 평균 제곱 속력**(root-mean-square speed) 혹은 **rms 속력**(rms speed)이라 부른다], 온도(T, Kelvin으로 표시), 몰질량

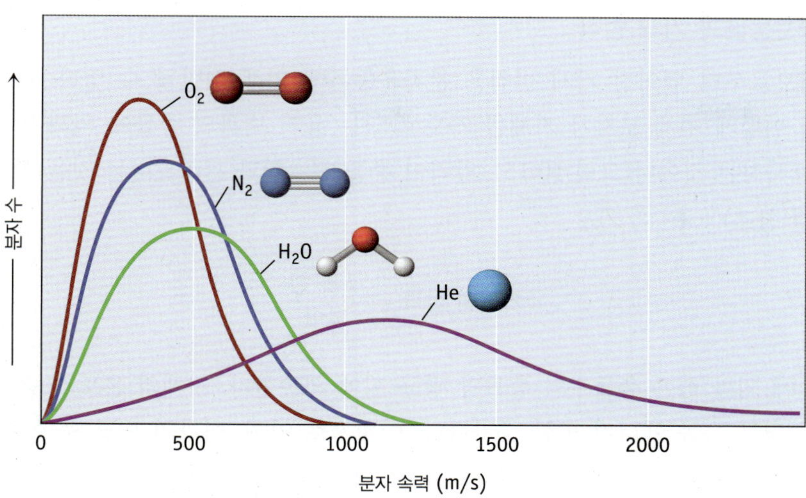

그림 10.14 속력 분포에 대한 분자 질량의 영향. 주어진 온도에서 큰 질량을 가지는 분자들은 낮은 속력을 갖는다.

(M)이 서로 연관되어 있다. 이 식은 기체 분자들의 속력이 실제로 온도와 직접적으로 관련이 있음을 보여준다(그림 10.13). rms 속력은 이것이 평균 운동 에너지와 직접 관련됨은 물론 시료의 실제 평균 속력 값에 매우 가깝기 때문에 유용하다. (평균 속력은 rms 속력의 92 %이다.)

모든 기체들은 같은 온도에서 같은 평균 운동 에너지를 갖는다. 그러나 이는 한 기체를 다른 기체와 비교(예를 들어 O_2와 N_2를 비교)할 때, 분자들이 같은 평균 속력을 갖는다는 의미가 아니다(그림 10.14). 대신, 식 10.9는 더 작은 몰질량을 갖는 기체가 더 큰 rms 속력을 갖는다는 것을 보여준다.

예제 10.11 분자의 속력

문제 25 ℃에서 산소 분자의 rms 속력을 계산하시오.

알고 있는 사실 속력을 결정하는 주된 인자인 O_2의 몰질량과 온도를 알고 있다.

전략 kg/mol 단위의 몰질량(M)과 식 10.9를 사용한다. 그 이유는 R이 J/K · mol의 단위이고 1 J = 1 kg · m^2/s^2이기 때문이다.

풀이 O_2의 몰질량은 32.0×10^{-3} kg/mol이다.

$$\sqrt{\overline{u^2}} = \sqrt{\frac{3(8.3145\ \text{J/K} \cdot \text{mol})(298\ \text{K})}{32.0 \times 10^{-3}\ \text{kg/mol}}} = \sqrt{2.32 \times 10^5\ \text{J/kg}}$$

m/sec 단위의 답을 얻기 위해 1 J = 1 kg · m^2/s^2 관계를 사용한다. 그러므로

$$\sqrt{\overline{u^2}} = \sqrt{2.32 \times 10^5\ \text{kg} \cdot \text{m}^2/(\text{kg} \cdot \text{s}^2)} = \sqrt{2.32 \times 10^5\ \text{m}^2/\text{s}^2} = 482\ \text{m/s}$$

고려사항 이 속력은 공기 중에서 소리의 속력(343 m/s) 보다 조금 빠르다.

유제 25 ℃에서 헬륨 원자와 N_2 분자의 rms 속력을 계산하시오.

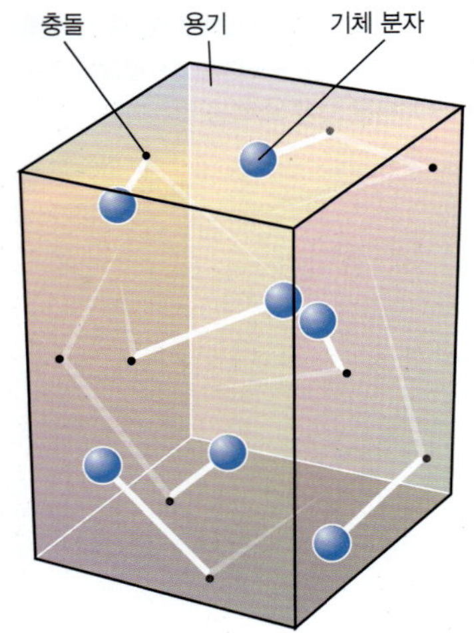

그림 10.15 **기체 압력.** 분자운동론에 따르면, 기체 압력은 용기 벽을 때리는 기체 분자들에 의한 것이다.

분자운동론과 기체 법칙

실험으로부터 얻어진 기체 법칙은 분자운동론에 의해 설명될 수 있다. 출발점은 압력이 어떻게 기체 분자가 기체를 가두고 있는 용기 벽과의 충돌에 의해 발생하는가를 묘사하는 것이다(그림 10.15). 압력이 충돌하는 힘과 관련된다는 것을 상기하라(10.1절 참조).

$$\text{기체의 압력} = \frac{\text{충돌 힘}}{\text{넓이}}$$

충돌에 의한 힘은 충돌수와 충돌당 평균 힘에 의존한다. 기체의 온도가 증가하면, 분자의 평균 운동 에너지 또한 증가한다. 이것으로 인해, 벽과의 평균 충돌 힘 또한 증가하게 된다. 또한, 온도에 따라 기체 분자의 속력이 증가하기 때문에 초 당 더 많은 충돌이 일어난다. 따라서 cm^2 당 총 힘은 더 커져 압력이 증가하게 되는 것이다. 수학적으로 이것은 n과 V가 일정할 때, P와 T가 정비례하는 것을 의미한다. 즉, $P = (nR/V)T$이다.

일정한 온도와 부피에서 기체 분자 수를 증가시키면 평균 충돌 힘은 변하지 않지만, 초 당 일어나는 충돌수는 증가된다. 따라서 압력이 증가하며, 이것은 V와 T가 일정할 때 P는 n에 비례한다는 것을 뜻한다. 즉, $P = n(R/V)$이다.

기체 분자 수나 온도가 증가할 때 압력을 일정하게 유지시키려면, 용기의 부피(충돌이 일어날 수 있는 면적)를 증가시켜야 한다. 이것은 P가 일정할 때 V는 nT에 비례한다[$V = nT(R/P)$]는 것을 의미하는데, **이것은 아보가드로의 가설과 샤를의 법칙**이 결합된 것이다.

마지막으로 온도가 일정하다면, 주어진 질량의 분자들이 용기 벽과 충돌하는 평균 힘이 일정해야 한다. 용기의 부피가 작아지는 반면에 n이 일정하게 유지된다면, 초 당 용기 벽과의 충돌수가 증가하게 된다. 이것은 압력의 증가를 뜻하고, 따라서 n과 T가 일정할 때 P는 $1/V$에 비례한다는 것을 의미한다. 이러한 결과는 $P = (1/V)(nRT)$인 **보일의 법칙**으로 설명된다.

10.6절 확인문제

1. 35.0 ℃에서 염소 분자의 rms 속력은 얼마인가?

(a) 10.4 m/s (b) 32.7 m/s
(c) 111 m/s (d) 329 m/s

2. 아래 맥스웰–볼츠만 그래프에서 각각의 곡선은 어떤 기체에 대한 것인지 결정하시오. (모든 기체는 같은 온도에 있다고 가정하시오.)

(a) A = Xe, B = O_2, C = Ne, D = He
(b) A = Xe, B = He, C = Ne, D = O_2
(c) A = He, B = Ne, C = O_2, D = Xe
(d) A = He, B = O_2, C = Ne, D = Xe

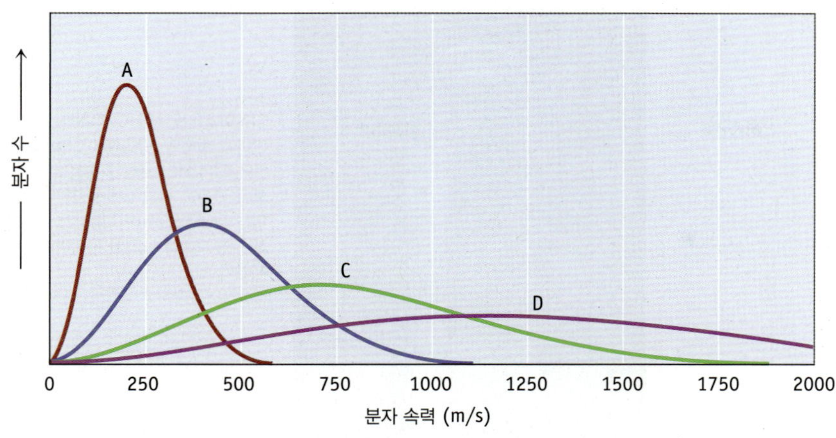

10.7 확산과 분출

따뜻한 피자를 방에 가져오면 향기를 유발하는 휘발성 분자들이 대기 중으로 증발되어 방 안에 있던 산소, 질소, 이산화탄소, 수증기 및 다른 기체들과 섞이게 된다. 송풍기나 움직이는 사람들에 의해 유발될 수 있는 방 안 공기의 움직임이 없다고 하더라도 냄새는 결국 방 안 어디에나 퍼지게 된다. 이렇게 둘 이상 기체 분자들이 무질서한 움직임에 의해 섞이는 것을 **확산**(diffusion)이라 부른다. 시간이 지나면, 기체 혼합물 내 한 성분 분자들은 혼합물의 모든 다른 성분들과 완전히 섞이게 된다(그림 10.16).

확산은 또한 그림 10.17에 도시된 실험에 의해서도 설명되어 질 수 있다. U자관의 한 쪽 끝에 염산을 적신 솜을 놓고, 다른 쪽 끝에는 암모니아 수용액을 적신 솜을 놓는다. HCl과 NH_3 분자들은 관 안에서 확산을 한다. 이들이 만나면, 그림 10.12에서처럼 하얀 고체 NH_4Cl이 생성된다.

그림 10.16 기체의 확산. 시간이 지나면서 플라스크에 있던 브로민이 빠져나와 유리병 속 공기와 섞인다.

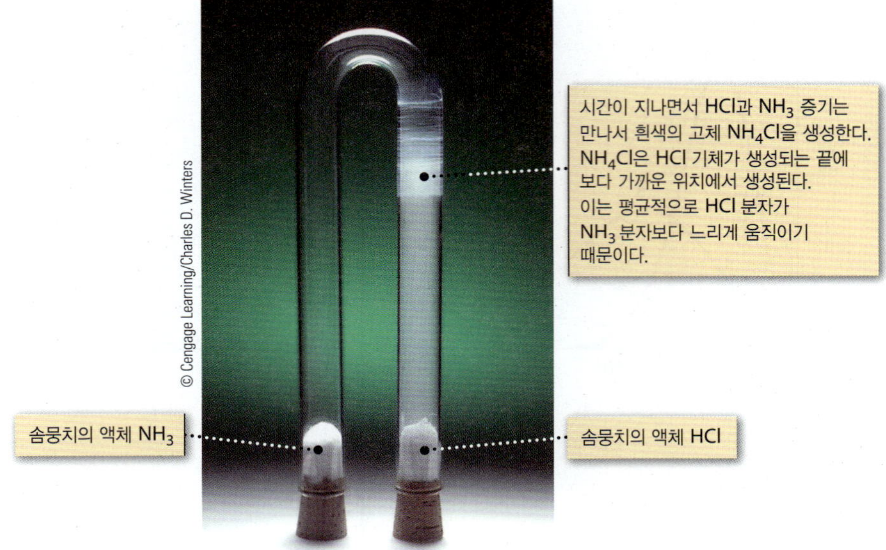

그림 10.17 기체의 확산. 여기서 염산으로부터 발생되는 HCl 기체와 암모니아 수용액으로부터 발생되는 NH_3 기체가 유리로 된 U자관의 반대편 끝에서 확산한다.

$$HCl(g) + NH_3(g) \rightarrow NH_4Cl(s)$$

두 기체들이 한가운데 지점에서 만나지 않음에 주목하라. 무거운 HCl 분자는 가벼운 NH_3 분자보다 느리게 확산되므로, 분자들은 U자관의 HCl 끝단과 가까운 곳에서 만나게 된다.

확산과 아주 밀접하게 관계되는 것이 **분출**(effusion)인데, 이것은 어떤 용기 안에 있던 기체 분자가 압력이 아주 낮은 다른 용기로 매우 작은 구멍을 통해 빠져 나가는 것이다(그림 10.18). 스코틀랜드 화학자인 그레이엄(Thomas Graham, 1805~1869)은 기체의 분출을 연구하여 기체의 분출 속도(주어진 시간에 한 곳에서 다른 곳으로 움직이는 기체의 양)는 몰질량의 제곱근에 반비례하는 것을 발견했다. 이 실험 결과에 따라 두 기체의 분출 속력은 다음과 같이 비교될 수 있다.

$$\frac{\text{기체 1의 분출 속도}}{\text{기체 2의 분출 속도}} = \sqrt{\frac{\text{기체 2의 몰질량}}{\text{기체 1의 몰질량}}} \qquad (10.10)$$

식 10.10과 같은 관계를 **그레이엄의 법칙**(Graham's law)이라 하며, 이것은 분출 속

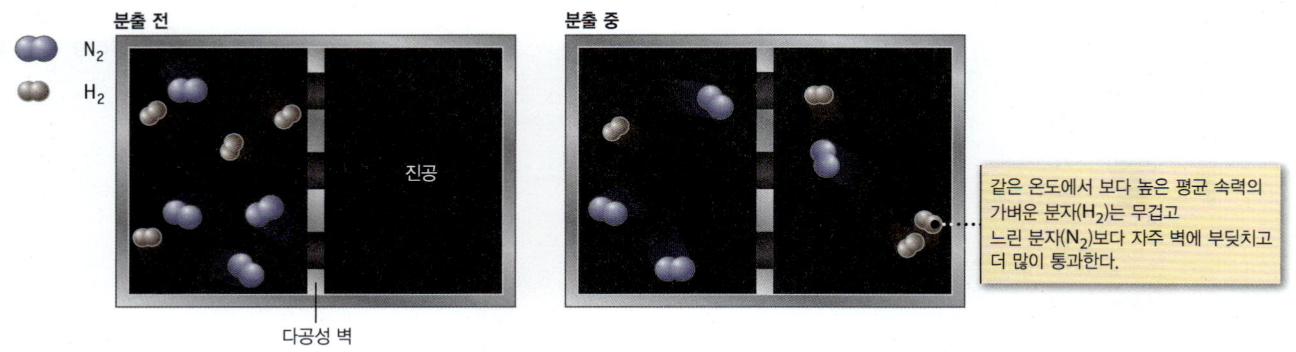

그림 10.18 기체의 분출. H_2와 N_2 기체 분자들이 다공성 벽의 작은 구멍을 통해 분출된다. 동일한 온도에서 그레이엄(Graham)의 법칙에 따라 H_2 분자는 N_2 분자보다 3.72배 빨리 분출한다.

도가 분자 속력에 의존하므로 맥스웰 식(식 10.9)으로부터 쉽게 유도된다. rms 속력의 비는 분출 속도의 비와 같다.

$$\frac{\text{기체 1의 분출 속도}}{\text{기체 2의 분출 속도}} = \frac{\sqrt{\text{기체 1의 } \overline{u^2}}}{\sqrt{\text{기체 2의 } \overline{u^2}}} = \frac{\sqrt{3RT/(\text{기체 1의 } M)}}{\sqrt{3RT/(\text{기체 2의 } M)}}$$

같은 항을 소거하고 정리하면 식 10.10과 같은 표현이 된다.

예제 10.12 몰질량을 계산하기 위해 분출에 대한 그레이엄의 법칙 사용

문제 사플루오린화에틸렌(Tetrafluoroethylene), C_2F_4는 4.6×10^{-6} mol/h의 속도로 벽을 통해 분출한다. 붕소와 수소로만 구성된 미지의 기체는 같은 조건에서 5.8×10^{-6} mol/h의 속도로 분출한다. 미지 기체의 몰질량은 얼마인가?

알고 있는 사실 두 가지 기체가 있는데 하나는 몰질량이 알려져 있고(C_2F_4, 100.0 g/mol), 다른 하나는 알려져 있지 않다. 두 기체의 분출 속력 또한 알고 있다.

전략 실험 자료를 식 10.10의 그레이엄의 법칙에 대입한다.

풀이

$$\frac{5.8 \times 10^{-6}\ \text{mol/h}}{4.6 \times 10^{-6}\ \text{mol/h}} = 1.3 = \sqrt{\frac{100.0\ \text{g/mol}}{\text{미지 기체의 } M}}$$

미지 기체의 몰질량을 알기 위해, 식 양쪽을 제곱하고 재배열하여 M을 찾는다.

$$1.6 = \frac{100.0\ \text{g/mol}}{\text{미지 기체의 } M}$$

$$M = 63\ \text{g/mol}$$

고려사항 그레이엄의 법칙으로부터 가벼운 분자가 무거운 분자보다 더 빨리 분출된다는 것을 알 수 있다. 미지의 기체가 C_2F_4(M =100.0 g/mol)보다 더 빠르게 분출되기 때문에, 미지의 기체는 100.0 g/mol 보다 작은 몰질량을 갖는다. 이 몰질량에 맞는 붕소–수소 화합물은 B_5H_9이며, 펜타보레인(pentaborane)이라 부른다.

유제 순수한 메테인(CH_4) 시료가 1.50분 안에 다공성 막을 통해 확산됨을 알았다. 같은 조건 하에 같은 분자 수의 미지 기체는 4.73분 안에 다공성 막을 통해 확산한다. 이 미지 기체의 몰질량은 얼마인가?

10.7절 확인문제

1. 그림 10.17에서, 암모니아 기체와 염화수소는 U자 모양 관의 양 끝단에 준비되어 있다. 기체가 반응하여 흰색 고체 NH_4Cl을 생성할 때, HCl과 NH_3의 상대적인 근 평균 제곱 속력(rms)은 얼마인가?

(a) HCl의 rms/NH_3의 rms = 2.2
(b) HCl의 rms/NH_3의 rms = 1.5
(c) HCl의 rms/NH_3의 rms = 0.68
(d) HCl의 rms / NH_3의 rms = 0.46

심층 학습 표면과학과 초고진공 시스템의 필요성

표면과학은 상의 계면에서 일어나는 과정을 연구하는 학문이다. 고체와 기체 사이의 계면은 촉매와 극소전자공학(microelectronics)과 같은 영역에서 특히 중요하다. 자동차의 촉매변환기(catalytic converter)는 자동차 배기가스에서 유해 분자의 분해를 용이하게 한다. 전자산업에서 반도체 소자의 크기가 작아질수록 표면 원자들은 거동에 있어서 점차 증가되는 중요한 역할을 하게 된다. 이러한 표면에서 일어나는 화학적, 물리적 과정을 이해하고 제어하는 것은 중요하다.

표면 현상을 연구하기 위해 표면 과학자들은 깨끗한 표면이 필요하지만 이것을 얻는 것은 도전적인 목표가 된다. 실제 기체가 깨끗한 표면에 충돌할 때 이들은 표면에 부착되어 신속히 표면에 흡착된 분자의 단일층(약 10^{15} 분자/cm^2가 존재)을 형성한다. 이러한 오염을 피하려면 표면 과학자들은 기체상 분자와 표면 사이의 접촉을 최소화할 수 있는 진공 용기에서 연구를 수행한다. 그러나 흡착된 분자가 없도록 표면을 깨끗하게 유지하려면 얼마나 훌륭한 진공이 필요한가?

© Cultura Creative/Alamy

'고진공(high vacuum)'이라는 용어는 기체 압력이 10^{-6} mmHg 이하인 시스템을 말한다. 이상기체 법칙에 따르면 10^{-6} mmHg와 상온에서 1 L 공간을 3×10^{13}개의 기체 입자가 차지한다. 이 압력에서도 초 당 10^{14}번 이상의 충돌이 기체 분자와 표면 사이에서 일어난다. 몇 초 사이에 깨끗한 표면은 흡착된 분자들로 완전히 덮이게 될 것이다.

깨끗한 표면을 유지하기 위하여 초고진공(ultrahigh vacuum)(10^{-9} mmHg 이상) 상태가 요구된다. 기체상의 분자 수를 1000분의 1로 줄이는 것은 기체-표면 충돌 속도를 마찬가지 비율로 줄이는 것이다. 초고진공 조건 하에서 표면은 1시간 이상 깨끗한 상태로 있는 것이며, 이 시간은 표면의 분석에 충분한 시간이다.

진공 용기에서 모든 기체 입자를 제거하는 것이 가능한가? 아니다. 다양한 인자들이 도달 가능한 진공 상태를 제한한다. 이 인자들에는 진공펌프의 효율, 시스템으로 들어오는 어떠한 누출도 피하는 능력과 아마도 가장 중요한 시스템으로부터 '기체를 방출'하는 속도 등이 포함된다.

기체를 방출하는 것은 분자를 시스템 내의 표면에서 탈착하는 과정이다. 진공 용기에서 펌프로 퍼내기 전에 내부 표면은 흡착된 분자들로 포화되어 있다. 분자가 탈착되면서 진공 시스템의 압력을 증가시킨다. 이상적 조건 하에서 압력은 10^{-10} mmHg까지 감소시킬 수 있을 것이며, 이 시점에서 기체를 펌프로 시스템 밖으로 퍼내는 속도는 방출 속도와 같게 된다.

고진공 용기는 잘 연마된 강철 또는 알루미늄으로 만들어진다. 용기는 진공펌프, 기기 또는 용기로 들어가는 창들이 부착되는 여러 개의 연결 구멍을 가진다.

10.8 기체의 비이상적 거동

실온과 1기압 부근의 압력에서 기체를 다룰 때, 이상기체 법칙은 기체의 양, 압력, 부피, 온도 간의 관계를 아주 성공적으로 설명한다. 그러나 더 높은 압력이나 더 낮은 온도에서는 이상기체 법칙으로부터 벗어나게 된다. 이러한 벗어남의 근본 원인은 이상기체를 기술하는 데 사용하는 가정들, 특히 입자들은 부피가 없고 입자들 사이에 어떤 힘도 작용하지 않는다는 가정들이 깨지기 때문이다.

표준 온도와 압력(STP)에서 한 분자가 차지하는 부피는 전체 기체 분자들이 차지하는 부피에 비해 **매우** 작다. 예를 들어, 31 pm의 반지름을 갖는 헬륨 원자는 농구공 안에 완두콩이 있는 것과 비슷한 공간을 차지하게 된다. 이제 압력을 1000기압으로 크게 증가시켰다고 가정하자. 각 분자가 차지할 수 있는 공간은 대략 200 pm인 반지름을 갖는 구이다. 이것은 완두콩이 탁구공보다 조금 더 큰 공 안에 있을 때와 같은 경우에 해당한다.

공간은 얼마나 많은 분자를 수용할 수 있는가? 메테인 분자(CH_4)의 부피는 3.31×10^{-23} cm^3이다. 273 K에서 22.4 L 플라스크에 CH_4 기체 1 mol이 있다고 가정하자. 압력은 높아서 22.4 atm이 될 것이고, 플라스크 중 19.9 cm^3 공간 또는 플라스크 부피의 약 0.09 %만을 CH_4 분자가 차지할 것이다.

분자운동론과 이상기체 법칙은, 용기 전체의 부피가 아니라 분자가 움직일 수 있는 공간의 부피와 관련된다. 예를 들어 500 mL 플라스크가 있다고 가정하자. 분자가 자신들이 공간의 일부를 차지하기 때문에 실제로 가용한 공간은 500 mL 미만이다. 낮은 압력에서는 용기 내부의 기체 분자들에 의해 점유되는 부피는 가용한 공간에 비해 매우 작아 그것을 전체 부피에서 빼지 않아도 큰 오류가 발생하지 않는다. 그러나 높은 압력에서는 기체 분자들에 의해 점유되는 부피를 무시할 수 없다.

분자운동론의 또 다른 가정은 기체의 원자 또는 분자들이 서로 끌리지 않는다는 것이다. 이것은 명백히 사실이 아니다. 비록 일부 기체들이 매우 낮은 온도가 요구될지라도 모든 기체는 액화될 수 있으며, 이것이 일어날 수 있는 유일한 방법은 분자들 사이에 인력이 있어야 한다. 분자 간 인력은 분자들의 속력을 느리게 하고, 분자 간 인력이 없을 때보다 용기의 벽을 약하게 때리는 결과를 초래한다. 따라서 실제 기체 분자와 벽 사이의 충돌은 약해지므로 관찰되는 기체 압력은 이상기체 법칙으로 예측한 값보다 작게 된다. 더구나 분자 간 인력은 분자들을 서로 더 가깝게 끌어당기므로 실제 기체의 부피는 이상기체 법칙에서 예측한 것보다 작을 수 있다. 압력과 부피에 대한 이러한 효과는 온도가 기체의 응축온도에 가까울 때 현저하게 나타난다.

헬륨과 같은 분자 간 인력이 약한 기체들은 일반적으로 이상기체 법칙에서 예측하는 것보다 부피가 크게 나타난다(그림 10.19). 헬륨에 있어서 부피를 감소시키는 요인인 분자 간 인력은 작기 때문에 매우 낮은 온도일 경우를 제외하고 부피와 압력에 미치는 영향이 거의 없다. 편차는 헬륨 원자들이 용기 내의 일부 공간을 차지하기 때문에 발생한다.

이산화탄소 같은 기체들에 있어서는 고온일 때 이상기체 법칙에서 예측되는 것보다 부피가 작게 나타난다. 이 경우에는 분자 간 인력이 기체의 부피를 감소시키는 효과를 나타나게 한다. 그러나 궁극적으로는 이산화탄소도 압력이 증가하고 분자 자

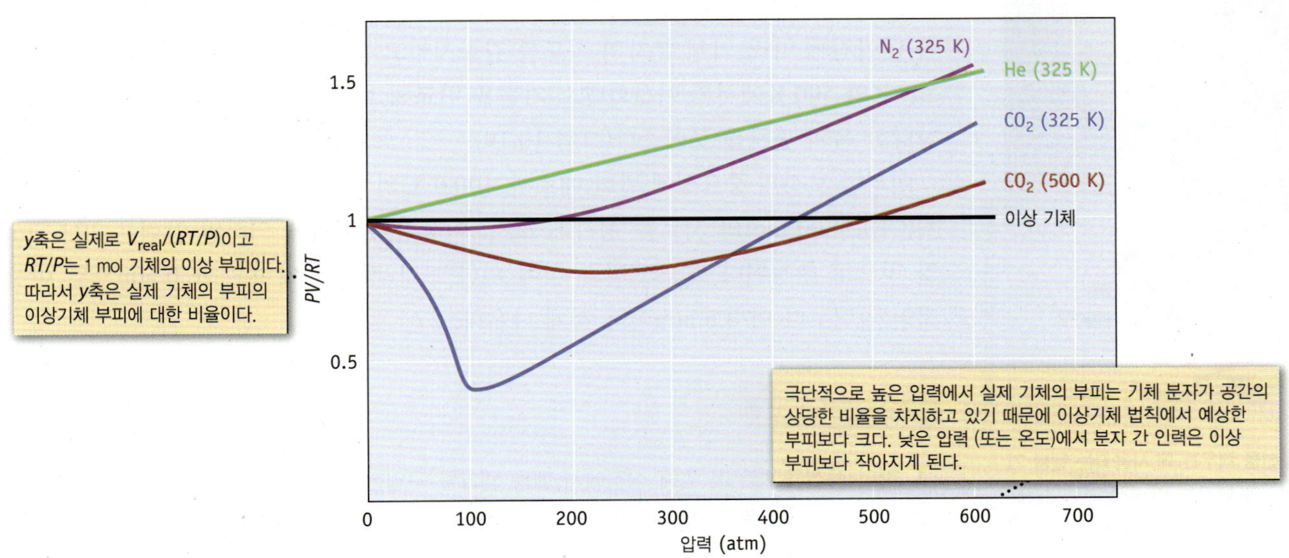

그림 10.19 실제 기체의 이상 거동으로부터 벗어남. 여기서 1 mol N_2, He, CO_2 기체에 대하여 PV/RT를 P에 대해 그래프를 그렸다. 이상기체 1 mol은 모든 압력에서 PV/RT = 1이다.

체가 용기 내 부피를 차지하는 비율이 높아짐에 따라 이상 부피보다 커지는 방향으로 벗어난다.

네덜란드의 물리학자인 반데르발스(Johannes van der Waals, 1837~1923)는 이 상기체 법칙의 어긋남을 연구하여, 이로 인하여 생긴 오차를 보정한 **반데르발스 식**(van der Waals equation)을 만들었다.

관찰된 압력 → P, 용기의 부피 V → V

$$\left(P + a\left[\frac{n}{V}\right]^2\right)(V - bn) = nRT \qquad (10.11)$$

분자 간 인력에 대한 보정 → $a\left[\frac{n}{V}\right]^2$, 분자의 부피에 대한 보정 → bn

표 10.2 반데르발스 상수

기체	a값 (atm · L^2/mol^2)	b값 (L/mol)
He	0.034	0.0237
Ar	1.34	0.0322
H_2	0.244	0.0266
N_2	1.39	0.0391
O_2	1.36	0.0318
CO_2	3.59	0.0427
Cl_2	6.49	0.0562
H_2O	5.46	0.0305

여기서 a와 b는 실험적으로 정해진 상수(표 10.2)이다. 언뜻 보기에는 식 10.11이 복잡하게 보이지만, 괄호 안에 있는 항들은 이상기체의 경우를 위에서 언급한 효과로 보정해 나타낸 것이다. 압력 보정 항인 $a(n/V)^2$는 분자 간 힘과 관계된 것이다. 분자 간의 힘에 따라 관찰된 기체 압력은 이상 압력보다 낮아진다($P_{observed} < P_{ideal}$, 여기서 P_{ideal}은 $PV = nRT$ 식을 사용해 계산된다). 따라서 항이 관측된 압력에 더해지는 것이다. 일반적으로 상수 a는 0.01에서 10 atm · L^2/mol^2 범위에 있다.

분자들에 가용한 실제 부피는 분자들 자신이 공간을 점하기 때문에 용기의 부피에 비해 작다. 따라서 이를 보정하기 위하여 용기의 부피에서 일정 양(= bn)을 빼 준다. 여기서 n은 기체의 몰수이고, b는 분자 부피를 보정하기 위해 실험으로부터 정해지는 양이다. b의 일반적인 값은 0.01에서 0.1 L/mol 사이에 있으며, 대개 분자 크기가 증가함에 따라 증가한다.

입력과 부피만 기체의 비이상적 거동에 영향을 미치는 것은 아니다. 기체의 온도가 낮아짐에 따라 기체 분자의 속도를 감소시키고 용기 벽과의 충돌을 약하게 한다. 325 K와 500 K에서의 이산화탄소 거동을 비교해 보면 저온에서 이상 거동으로부터 상당한 음의 편차를 보여준다(그림 10.19).

이러한 보정의 중요성에 관한 예로서, 100.0 ℃의 4.00 L 탱크에 들어 있는 염소 기체(Cl_2), 4.00 mol의 시료를 생각해 보자. 이상기체 법칙에 의하면 압력은 30.6 atm일 것으로 추정된다. 반데르발스 식에 의한 보다 정확한 압력은 26.0 atm으로 이상적인 압력보다 약 4.6 atm이나 적게 나온다.

파티 풍선을 채우는 데 사용되는 헬륨 기체 탱크. 이 탱크는 약 425 L의 헬륨을 포함하고 있다(이러한 탱크는 재사용되도록 설계되지 않았으므로 적절히 버려야 한다. 또한, 지구상의 헬륨은 무한정 존재하는 것이 아니므로 아껴쓰자).

10.8절 확인문제

1. 파티 풍선을 채우기 위해 상점에서 헬륨 탱크를 구입한다고 하자. 이 탱크가 473 L 부피에 343 mol의 He를 포함하고 있다면, 25 ℃에서 반데르발스 식을 사용하여 구한 기체의 압력은 얼마인가?

   (a) 18.0 atm (b) 17.7 atm (c) 17.3 atm

화학 원리 응용 | 굿이어 사의 비행선

굿이어 사의 비행선은 스포츠 행사에서 낯익은 광경이다. 이들은 고도 1000~3000피트 사이에 떠서 텔레비전 카메라의 안정된 발판을 제공한다. 굿이어 사의 비행선 바깥 표면 또는 풍선(envelope)은 네오프렌 고무가 스며들게 한 폴리에스터 섬유로 만들어졌다. 풍선은 공기보다 가벼운 기체인 헬륨을 담고 있다. 풍선의 앞과 뒤 부분 안에 보조 기낭이라 부르는 공기를 채운 구조물이 있으며, 두 가지 목적으로 사용한다. 비행선이 고도를 변경할 때 보조 기낭에 공기를 채우거나 뺌으로써 풍선 안의 헬륨 압력을 외부 공기 압력과 비슷하게 유지하게 한다. 보조 기낭은 또한 선체의 평형을 유지하는 데 사용한다. 조종사와 승객은 겉면의 아래에 부착된 곤돌라에 승선한다.

굿이어 사의 비행선 중의 하나는 총 중량이 12,840파운드(5,820 kg)이고 안의 풍선의 부피는 202,700 입방피트(5,740 m^3)이다. 공기를 가득 채운 2개의 보조 기낭은 풍선 내의 총 18,000 입방피트(510 m^3)를 차지한다. 헬륨은 운행하는 동안은 풍선에 추가하거나 제거하지 않는다. 고무를 스며들게 한 폴리에스터를 통과하는 헬륨의 손실은 한 달에 약 10,000 입방피트(280 m^3) 정도로 매우 느리다.

굿이어 사의 비행선. 비행선이 만원 관중이 들어찬 오하이오 주립대 미식축구 경기장 위를 날고 있다.

문제

1. 해수면에서 대기압은 1.00 atm이다. 이 압력과 25 ℃에서 헬륨의 밀도(g/L)를 계산하시오.
2. 표 10.1에서 제공된 자료를 이용하여 1.00 atm과 25 ℃에서 건조한 공기의 밀도를 계산하시오.
3. 높이 떠 있기 위하여 비행선은 평형을 이룬 부력을 달성하여야 한다. 즉, 이것의 밀도는 주위 공기의 밀도와 같아야 한다. 비행선의 밀도는 총 무게(비행선, 헬륨과 공기, 승객과 추진기)를 부피로 나눈 것이다. 비행선의 총 무게는 비행선의 구조물과 헬륨을 포함하지만 보조 기낭의 공기와 승객과 추진기의 무게를 포함하지 않았다고 가정하시오. 만약 보조 기낭이 25 ℃, 1.00 atm에서 12,000 입방피트(340 m^3)의 공기로 채워졌다면 평형의 부력에 요구되는 추가 무게(승객과 추진기의 무게)는 얼마인가?

학습 목표 복습

여러분은 이 장의 학습을 마쳤다. 이제 학습 목표를 달성했는지 점검해 보자. 특히 다음과 같은 것을 할 수 있어야 한다.

- 보일의 법칙, 샤를의 법칙, 아보가드로의 가설, 돌턴의 부분 압력 법칙의 실험적 근거를 이해한다.
  - **a.** 압력 측정의 방법과 압력의 단위, 특히 atm과 mmHg로 기술한다(10.1절).
  - **b.** 기체 법칙의 근거와 그것이 어떻게 적용되는지 방법을 이해한다(10.2절).
- 기체, 특히 분자 속력(에너지) 분포에 적용될 때 분자 운동론을 이해한다.
  - **a.** 분자 수준에서 기체 거동에 대한 분자 운동론을 적용한다(10.6절).

- 일부 조건에서 실제 기체가 이상기체처럼 거동하지 않는 이유를 이해한다.
  a. 실제 기체는 특히 고압과 저온에서 이상적으로 거동하지 않는다는 사실을 이해한다(10.8절).

- 기체의 한 성질(P, V, T, n)을 변화시키면 다른 성질을 어떻게 변화시키는지를 기술한다.
  a. 보일의 법칙, 샤를의 법칙, 아보가드로의 가설을 기체 연구에 적용한다(10.2절).
- 기체 법칙을 화학량론 계산에 적용한다.
  a. 기체 법칙을 반응의 양론 연구에 적용한다(10.4절).
  b. 돌턴의 부분압 법칙을 이용한다(10.5절).
- 분자 운동론의 원리를 이용하여 기체의 거동을 기술한다.
  a. 평균 운동 에너지와 기체 분자의 근평균제곱속력을 온도와 관련시킨다(10.5절).
- 기체 확산의 상대적 속도를 결정한다.
  a. 확산과 분출이라는 현상을 이해하고 그레이엄의 법칙을 사용한다(10.7절).
- 이상기체 법칙과 반데르발스 방정식을 사용한다.
  a. 이상기체 법칙의 근원과 이상기체 방정식을 이용한다(10.3절).
  b. 주어진 부피와 온도에서 주어진 양의 기체의 압력으로부터 화합물의 몰질량을 계산한다(10.3절).

- 압력의 다양한 단위들을 기억한다.
- 온도와 몰질량의 확산과 분출 속도에 대한 영향을 기억한다.
- 기체의 성질들이 분자 운동론으로 설명되는 방법을 기억한다.

주요 식

식 10.1(448쪽) 보일의 법칙(여기서 P는 기체의 압력이고 V는 부피이다.)

$$P_1V_1 = P_2V_2 \text{ ; } n\text{과 } T\text{가 일정한 경우}$$

식 10.2(451쪽) 샤를의 법칙(여기서 T는 Kelvin으로 표시되는 온도이다.)

$$\frac{V_1}{T_1} = \frac{V_2}{T_2} \text{ ; } n\text{과 } P\text{가 일정한 경우}$$

식 10.3(452쪽) 일반 기체 법칙(결합 기체 법칙)

$$\frac{P_1V_1}{T_1} = \frac{P_2V_2}{T_2} \text{ ; 기체의 양}(n)\text{이 일정한 경우}$$

식 10.4(456쪽) 이상기체 법칙(여기서 n은 몰로 표시되는 기체의 양이며 R은 기체상수로 0.082057 L · atm/K · mol이다)

$$PV = nRT$$

식 10.5(458쪽) 기체의 밀도(여기서 d는 g/L로 표시되는 기체의 밀도이고, M은 몰질량이다.)

$$d = \frac{m}{V} = \frac{PM}{RT}$$

식 10.6(462쪽) 돌턴의 부분 압력의 법칙: 기체 혼합물의 전체 압력은 각 성분 기체들의 부분 압력들(P_n)의 합이다.

$$P_{\text{total}} = P_1 + P_2 + P_3 + \ldots$$

식 10.7(462쪽) 기체 혼합물의 전체 압력은 기체의 전체 몰수에 (RT/V)를 곱한 것과 같다.

$$P_{\text{total}} = (n_{\text{total}})\left(\frac{RT}{V}\right)$$

식 10.8(463쪽) 혼합물 내 기체(A)의 압력은 혼합물의 전체 압력에 기체 A의 몰분율(X_A)을 곱한 것과 같다.

$$P_A = X_A P_{\text{total}}$$

식 10.9(468쪽) 근평균제곱속력(rms)인 $\sqrt{\overline{u^2}}$은 기체의 몰질량(M)과 온도(T)에 의존한다.

$$\sqrt{\overline{u^2}} = \sqrt{\frac{3RT}{M}}$$

식 10.10(472쪽) 그레이엄의 법칙: 기체의 분출 속력은 몰질량의 제곱근에 반비례한다.

$$\frac{\text{기체 1의 분출 속도}}{\text{기체 2의 분출 속도}} = \sqrt{\frac{\text{기체 2의 몰질량}}{\text{기체 1의 몰질량}}}$$

식 10.11(476쪽) 반데르발스 식: 실제 기체의 압력, 부피, 온도 및 기체의 양을 관련시킨다.

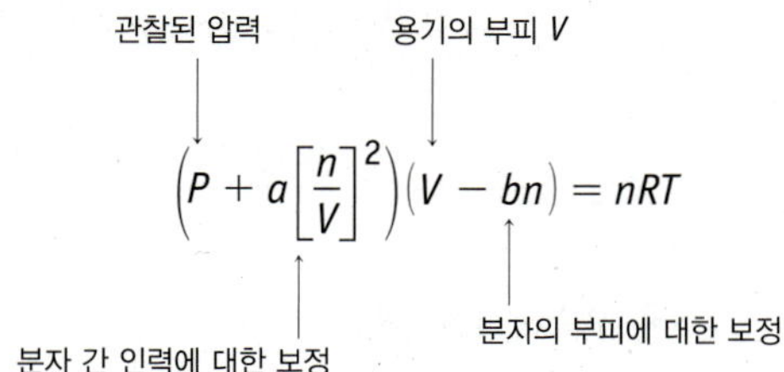

Courtesy Ciprian Popoviciu

학습문제

실전문제

압력(10.1절과 예제 10.1 참조)

1. 기체의 압력이 440 mmHg이다. 이 압력을 (a) atm, (b) bar, 그리고 (c) kPa의 단위로 표현하시오.

2. 다음 쌍들 중 더 높은 압력을 나타내는 것을 고르시오.
(a) 534 mmHg, 0.754 bar
(b) 534 mmHg, 650 kPa
(c) 1.34 bar, 934 kPa

보일의 법칙과 샤를의 법칙(10.2절과 예제 10.2~10.3 참조)

3. 500 mL 플라스크에 들어 있는 질소 기체 시료는 67.5 mmHg의 압력을 갖는다. 이것을 같은 온도의 125 mL 플라스크로 옮겼을 때 기체의 압력은 얼마인가?

4. 22.0 °C에 있는 3.5 L의 NO가 있다. 37 °C에서 NO가 차지하는 부피는 얼마인가? (압력은 일정하다고 가정한다.)

일반 기체 법칙(10.2절과 예제 10.4 참조)

5. 25 °C와 380 mmHg에 있는 H_2 기체 3.6 L가 있다. 이것을 0.0 °C에 있는 5.0 L의 플라스크로 옮기면 기체의 압력은 얼마인가?

6. 250 mL의 부피를 갖는 플라스크에 기체가 들어 있다. 25.5 °C에서 기체의 압력은 360 mmHg이다. 온도를 −5.0 °C로 낮췄을 때 기체의 압력은 얼마인가?

7. 자동차 엔진의 실린더 하나는 400 cm^{3}의 부피를 갖는다. 엔진은 1.00 atm과 15 °C의 온도에 있는 공기를 취해, 77 °C의 50.0 cm^{3}의 부피로 공기를 압축시킨다. 실린더에 있는 기체의 최종 압력은 얼마인가? (이 경우 압축 전과 후의 부피 비는 400:50 혹은 8:1로 이것을 압축비라 한다.)

아보가드로의 가설(10.2절과 예제 10.5 참조)

8. 일산화질소는 산소와 반응해 이산화질소를 생성한다.

$$2\ NO(g) + O_2(g) \rightarrow 2\ NO_2(g)$$

(a) NO와 O_2를 정확한 화학량론 비로 섞는다고 하자. NO의 부피가 150 mL일 때, 같은 온도와 압력에서 필요한 O_2의 부피는 얼마인가?
(b) 같은 온도와 압력에서 반응이 완결된 후 NO_2의 부피는 얼마인가?

이상기체 법칙(10.3절과 예제 10.6 참조)

9. 1.25 g의 CO_2 시료가 22.5 °C에서 750 mL의 부피의 플라스크에 담겨 있다. 이 기체의 압력은 얼마인가?

10. 플라스크를 진공으로 만든 후, 2.2 g의 CO_2를 집어넣었다. 22 °C로 데웠더니 기체의 압력은 318 mmHg가 되었다. 플라스크의 부피는 얼마인가?

11. 1.2×10^7 L의 헬륨을 포함하는 장거리용 열기구가 있다. 25 °C에서 헬륨의 압력이 737 mmHg일 때, 이 열기구에 담긴 헬륨의 질량은 g 단위로 얼마인가?

기체의 밀도와 몰질량(10.3절과 예제 10.7~10.8 참조)

12. 지구 표면 위 40 mile 높이의 온도는 250 K이고 압력은 단지 0.20 mmHg이다. 이 높이에서 공기의 밀도(g/L)는 얼마인가? (공기의 몰질량은 28.96 g/mol이라고 가정한다.)

13. 어떤 기체 상태의 유기 플루오린 화합물이 17 °C, 189 mmHg에서 0.355 g/L의 밀도를 가진다. 이 화합물의 몰질량은 얼마인가?

14. 1.007 g의 미지 기체 시료가 23 °C에 있는 452 mL 용기에 있을 때, 715 mmHg의 압력을 나타낸다. 이 기체의 몰질량은 얼마인가?

15. 새로운 수소화붕소(B_xH_y)가 합성되었다고 하자. 이 화합

물의 몰질량을 구하기 위해, 알고 있는 부피와 온도에서 기체의 압력을 측정하여 다음과 같은 자료를 얻었다.

기체의 질량: 12.5 mg　　기체의 압력: 24.8 mmHg
온도: 25 ℃　　플라스크의 부피: 125 mL

다음 중 계산된 몰질량에 맞는 화합물은 다음 중 어느 것인가?

(a) B_2H_6　　(b) B_4H_{10}
(c) B_5H_9　　(d) B_6H_{10}
(e) $B_{10}H_{14}$

기체 법칙과 화학 반응(10.4절과 예제 10.9 참조)

16. 철은 염산과 반응해 염화철(II)(iron(II) chloride)와 수소 기체를 생성한다.

$$Fe(s) + 2\ HCl(aq) \rightarrow FeCl_2(aq) + H_2(g)$$

2.2 g의 철과 과량의 산으로부터 생성되는 H_2 기체를 25 ℃에 있는 10.0 L 플라스크에 모았다. 이 플라스크에 있는 H_2 기체의 압력은 얼마인가?

17. 자동차 에어백에 사용되는 폭발성 화합물인 아자이드화소듐(sodium azide)은 다음 식에 따라 분해한다.

$$2\ NaN_3(s) \rightarrow 2\ Na(s) + 3\ N_2(g)$$

25 ℃에서 1.3 atm의 압력으로 75.0 L의 백을 채우는 데 필요한 질소를 얻기 위해 필요한 아자이드화소듐의 질량은 얼마인가?

18. 하이드라진(Hydrazine)은 다음 식에 따라 O_2와 반응한다.

$$N_2H_4(g) + O_2(g) \rightarrow N_2(g) + 2\ H_2O(\ell)$$

반응을 위해 필요한 O_2가 23 ℃에 있는 450 L 탱크에 있다고 가정한다. 1.00 kg의 하이드라진을 완전히 연소하기 위해 필요한 충분한 산소가 있으려면, 산소탱크의 압력은 얼마가 되어야 하는가?

기체 혼합물과 돌턴의 법칙(10.5절과 예제 10.10 참조)

19. 27 ℃에 있는 3.0 L의 용기 안에, 1.0 g의 H_2와 8.0 g의 Ar을 포함하는 기체 혼합물의 압력은 atm으로 얼마인가? 두 기체의 부분 압력은 각각 얼마인가?

20. 할로테인-산소(halothane-oxygen) 혼합물($C_2HBrClF_3 + O_2$)은 마취제로 사용될 수 있다. 이 혼합물 탱크 내 각 기체의 부분 압력은 다음과 같다.

$$P(\text{halothane}) = 170\ \text{mmHg},\ P(O_2) = 570\ \text{mmHg}$$

(a) O_2의 몰수에 대한 할로테인의 몰수의 비는 얼마인가?
(b) 탱크에 O_2 160 g이 들어 있다면, $C_2HBrClF_3$의 질량은 얼마인가?

분자운동론(10.6절과 예제 10.11 참조)

21. 같은 부피의 두 플라스크가 있다. 플라스크 A에는 0 ℃와 1 atm에 있는 H_2가 들어 있고, 플라스크 B에는 25 ℃와 2 atm에 있는 CO_2가 들어 있다. 다음 각각에 대해 이들 두 기체를 비교하시오.

(a) 분자당 평균 운동 에너지
(b) 근평균제곱 속력
(c) 분자 수
(d) 기체의 질량

22. 주어진 온도에서 산소 분자의 근평균제곱속력이 4.28×10^4 cm/s일 때, 같은 온도에서 CO_2 분자의 근평균제곱속력은 얼마인가?

23. 25 ℃에서 다음 기체들을 근평균제곱속력이 증가하는 순서로 나열하시오.

$$Ar,\ CH_4,\ N_2,\ CH_2F_2$$

확산과 분출(10.7절과 예제 10.12 참조)

24. 다음 중 기체 쌍에 대해 어느 것이 더 빨리 분출되는지를 말하시오.

(a) CO_2, F_2
(b) O_2, N_2
(c) C_2H_4, C_2H_6
(d) 2개 염화플루오린화탄소(chlorofluorocarbons)인 $CFCl_3$, $C_2Cl_2F_4$

25. 몰질량을 알고자 하는 어떤 기체가 헬륨 기체의 1/3 속력으로 구멍을 통해 분출한다. 이 기체의 몰질량은 얼마인가?

비이상 기체(10.8절 참조)

26. 다음 중 어떤 조건 하에서 CO_2가 이상기체 거동에서 가장 멀리 벗어나게 되는가?

(a) 1 atm, 0 ℃ (b) 0.1 atm, 100 ℃

(c) 10 atm, 0 ℃ (d) 1 atm, 100 ℃

27. 본문에서 100.0 ℃에서 4.00 L 탱크의 4.00 mol Cl_2의 압력은 반데르발스 방정식을 사용하여 계산한다면 26.0 atm이 될 것이라고 언급하였다. 이 결과를 증명하고 이상기체 법칙으로 예상된 압력과 비교하시오.

28. 275 ℃에서 325 g의 H_2O가 담긴 5.00 L 탱크를 고려하시오.

(a) 이상기체 법칙과 반데르발스 방정식을 이용하여 탱크의 압력을 계산하시오.

(b) $a(n/V)^2$ 또는 bn 중 어느 보정항이 이 계의 압력에 대하여 더 큰 영향을 주는가?

일반문제

다음 문제들은 절의 종류나 위치를 명시하지 않았다. 이 문제들은 여러 가지 개념이 조합되어 있을 수도 있다.

29. 다음 표를 완성하시오.

	atm	mmHg	kPa	bar
표준 대기 압력	___	___	___	___
대기 중 N_2의 부분 압력	___	593	___	___
압축 H_2 탱크	___	___	___	133
에베레스트 산 꼭대기에서의 대기 압력	___	___	33.7	___

30. −33 ℃의 헬륨 기체가 있는데, 이 헬륨 원자의 rms 속력을 10.0 % 증가시키고 싶다. 이것을 달성하기 위하여 어느 온도까지 데워야 하는가?

31. 뷰틸머캡탄(C_4H_9SH)은 지독한 냄새를 지닌 무해한 가스로서, 무색무취의 천연가스 누출을 탐지하는 것을 돕기 위해 첨가제로 사용된다. 실험에서 95.0 mg의 C_4H_9SH를 연소시켜 25 ℃에서 5.25 L 플라스크에 생성되는 기체들(SO_2, CO_2, H_2O)을 모았다고 하자. 플라스크 내부의 전체 압력은 얼마이며, 생성되는 기체들의 부분 압력은 각각 얼마인가?

32. 화성의 대기 온도는 정오에 적도에서 27 ℃ 정도이고, 대기 압력은 약 8 mmHg가 된다. 우주선이 이 대기 10 m^3를 취해 작은 부피로 압축한 다음 지구로 보내면, 이 시료의 몰수는 얼마인가?

33. 표준 온도와 압력 하에서 0.400 mol 인(P_4)을 산화시키는 데 필요한 O_2의 부피(L 단위로)는 얼마인가?

$$P_4(s) + 5\ O_2(g) \rightarrow P_4O_{10}(s)$$

34. $Ni(CO)_4$는 잘게 부순 니켈과 기체 CO를 반응시켜 얻는다. 25 ℃, 1.50 L 플라스크에 압력이 418 mmHg인 CO와 0.450 g의 Ni 가루가 있다면, $Ni(CO)_4$의 이론적 수득량은 얼마인가?

35. 다음과 같은 네 가지의 기체 시료가 있다.

1. STP에 있는 1.0 L H_2
2. STP에 있는 1.0 L Ar
3. 27 ℃와 760 mmHg에 있는 1.0 L H_2
4. 0 ℃와 900 mmHg에 있는 1.0 L He

(a) 기체 입자(원자 혹은 분자) 수가 가장 많은 것은 어느 것인가?

(b) 가장 적은 입자 수를 갖는 것은 어느 것인가?

(c) 가장 큰 질량을 갖는 것은 어느 것인가?

36. 철카보닐은 금속 철과 일산화탄소를 직접 반응시켜 합성할 수 있다.

$$Fe(s) + 5\ CO(g) \rightarrow Fe(CO)_5(\ell)$$

만약 3.52 g 철을 23 ℃에서 5.50 L 플라스크에 담긴 732 mmHg의 압력의 CO 기체와 반응한다면 $Fe(CO)_5$의 이론 수득량은 얼마인가?

37. 일반식이 S_xF_y를 갖는 황−플루오린(sulfur−fluorine) 화합물 계열의 5개의 화합물들이 있다. 이들 화합물 중 하나는 25.23 % S를 갖는다. 45 ℃에 있는 89 mL 플라스크에 0.0955 g의 이 화합물을 넣으면 기체의 압력은 83.8 mmHg가 된다. S_xF_y의 분자식은 무엇인가?

38. 지구 표면 위 20 km에서 공기의 밀도는 92 g/m^3이다. 이 곳에서 대기 압력은 42 mmHg이고 온도는 −63 ℃이다.

(a) 이 높이에서 대기의 평균 몰질량은 얼마인가?

(b) 이 높이에서의 대기가 O_2와 N_2만으로 구성된다면, 각 기체의 몰분율은 얼마인가?

39. 이산화염소(chlorine dioxide), ClO_2는 플루오린(fluorine)과 반응하여 Cl, O, F를 포함하는 새로운 기체를 만든다. 실험에서 이 새로운 기체 0.150 g은 21 ℃의 1850 mL 플라스크에서 17.2 mmHg의 압력을 갖는다. 이 기체는 무엇인가?

40. 물을 제외한 O_2, CO, CO_2, NO와 같은 작은 분자들은 생화학계에서 중요하다. 이들 중 하나를 분리하였고 이를 확인하기 위하여 몰질량을 결정하였다. 기체 0.37 g을 21 ℃에서 732 mL 부피를 가지는 플라스크에 넣었다. 이 플라스크에서 기체 압력이 209 mmHg이다. 미지 기체는 무엇인가?

41. 다음 중 옳지 않은 것은?

(a) 기체의 확산은 더 높은 온도에서 더 빨리 일어난다.

(b) H_2의 분출은 He의 분출보다 빠르다(단, 비슷한 조건이고 분출속력은 mol/h의 단위라고 가정한다).

(c) 확산은 높은 압력보다는 낮은 압력에서 더 빨리 일어날 것이다.

(d) 기체의 분출속력(mol/h)은 몰질량에 정비례한다.

42. CO_2가 다공성 물질을 통해 0.033 mol/min 속도로 분출하였다. 같은 양(0.033 mol)의 미지의 시료가 같은 다공성 물질을 통해 104초만에 분출되었다. 미지 기체의 몰질량은 얼마인가?

43. 어떤 풍선이 25 ℃에서 압력계 압력으로 22 mmHg가 되도록 헬륨 기체로 채워진다. 기체의 부피는 305 mL이고 기압은 755 mmHg이다. 풍선에 들어 있는 헬륨의 양은 얼마인가? ('압력계 압력 = 전체 압력 − 기압'임을 명심하라. 446쪽을 참조.)

44. 1.56 g의 $KClO_3$와 KCl의 혼합물이 있다. 가열하면 $KClO_3$는 분해되어 KCl과 O_2로 되는데, 이 시료를 가열, 분해하여 포집한 O_2의 양이 19 ℃, 735 mmHg에서 327 mL였다. 시료에서 $KClO_3$의 무게 백분율은 얼마인가?

$$2\ KClO_3(s) \rightarrow 2\ KCl(s) + 3\ O_2(g)$$

45. 일산화질소는 산소와 반응해 이산화질소를 생성한다.

$$2\ NO(g) + O_2(g) \rightarrow 2\ NO_2(g)$$

(a) 298 K에서 세 가지 기체들의 rms 속력이 증가하는 순서로 나열하시오.

(b) NO와 O_2를 정확한 화학량론 비로 섞었을 때 NO의 부분 압력이 150 mmHg라면, O_2의 부분 압력은 얼마인가?

(c) NO의 초기 압력이 150 mmHg이고 O_2가 정확한 화학량론 양으로 가해졌다면, NO와 O_2가 완전히 반응한 후 NO_2의 압력은 얼마인가?

46. NF_3는 다음과 같이 암모니아와 플루오린 기체를 반응시켜서 얻는다.

$$4\ NH_3(g) + 3\ F_2(g) \rightarrow 3\ NH_4F(s) + NF_3(g)$$

반응물, NH_3와 F_2를 정확한 화학량론 비율로 섞었을 때 기체 혼합물의 전체 압력이 120 mmHg이면, 각 반응물의 부분 압력은 얼마인가? 반응물이 완전히 소진되었을 때, 플라스크 속의 전체 압력은 얼마인가? (단, 온도는 일정하다고 가정한다.)

47. 상대습도는 주어진 온도에서 물의 증기압에 대한 그 온도에서 공기 중 물의 부분 압력의 비이다. 다음 조건에 대해 공기의 L당 물의 질량을 계산하시오.

(a) 20 ℃와 45 % 상대습도에서

(b) 0 ℃와 95 % 상대습도에서

어느 경우가 L당 물의 질량이 더 큰가? (물의 증기압은 부록 G를 참조)

실험 관련 문제

48. 24 ℃에서 1.56 atm의 압력을 가지는 550. mL의 기체 탱크가 있다. 기체가 순수한 일산화탄소(CO)라고 생각하였지만 소량의 CO_2와 O_2로 오염되었다는 것을 나중에 알게 되었다. 분석에 따르면 CO_2를 제거하면 탱크 압력은 1.34 atm(24 ℃)가 된다. 또 다른 실험에서 0.0870 g의 O_2가 화학적으로 제거될 수 있음을 보여주었다. 탱크에서 CO, CO_2의 질량은 얼마이고, 25 ℃에서 이들 기체 각각의 부분 압력은 얼마인가?

49. 철은 $Fe_x(CO)_y$와 같은 일련의 화합물을 형성한다. 공기 중에서 이들 화합물은 Fe_2O_3와 CO_2로 산화된다.

0.142 g $Fe_x(CO)_y$ 시료를 공기 중에서 가열한 후 25 ℃에서 1.50 L 플라스크에 CO_2를 분리하였다. 이 기체의 압력은 44.9 mmHg이었다. $Fe_x(CO)_y$의 실험식은 무엇인가?

50. 다이보레인(B_2H_6)을 합성하는 한 가지 방법은 다음 반응을 이용하는 것이다.

$$2\ NaBH_4(s) + 2\ H_3PO_4(\ell) \rightarrow B_2H_6(g) + 2\ NaH_2PO_4(s) + 2\ H_2(g)$$

(a) 0.136 g $NaBH_4$와 과잉의 H_3PO_4를 가지고 있고 생성된 B_2H_6을 25 ℃, 2.75 L 플라스크에 모은다면 이 플라스크의 B_2H_6의 압력은 얼마인가?

(b) 이 반응의 부산물은 H_2 기체이다. 만약 B_2H_6와 H_2가 모두 반응에서 생성된다면 25 ℃에서 2.75 L 플라스크의 총 압력은 얼마인가? (0.136 g $NaBH_4$와 과잉의 H_3PO_4의 반응 후)

51. 1.249 g의 $NaHCO_3$, Na_2CO_3 혼합물이 있다. 이 시료를 완전히 NaCl, H_2O, CO_2로 변환시키는 데 1.50 M HCl이 12.0 mL 필요함을 알았다.

$$NaHCO_3(aq) + HCl(aq) \rightarrow NaCl(aq) + H_2O(\ell) + CO_2(g)$$

$$Na_2CO_3(aq) + 2\ HCl(aq) \rightarrow 2\ NaCl(aq) + H_2O(\ell) + CO_2(g)$$

745 mmHg, 25 ℃에서 방출되는 CO_2의 부피는 얼마인가?

52. 많은 질산염은 가열에 의해 분해된다. 예를 들면, 파란색의 무수 질산구리(II)는 가열하면 이산화질소와 산소를 생성한다. 실험실에서 이 염 시료 일정량이 35 ℃, 125 mL 플라스크에서 전체 압력 725 mmHg인 기체 NO_2와 O_2의 혼합물 0.195 g(그리고 잔류물로 검은 고체 CuO가 남음)을 생성하였다. 기체 혼합물의 평균 몰질량은 얼마인가? 이 혼합물에서 NO_2와 O_2의 몰분율은 각각 얼마인가? 이 혼합물에서 각 기체의 양은 얼마인가? 이 양은 완결된 반응식에 근거하여 예상된 NO_2와 O_2의 상대적 양을 반영하고 있는가? 일부 NO_2 분자는 결합하여 N_2O_4를 생성한다는 사실이 영향을 미치는 것이 가능한가?

질산구리(II)를 가열하면 이산화질소와 산소 기체가 생성되고 잔류물로 산화구리(II)가 남는다.

53. 3개의 알려진 인–플루오린 화합물(PF_3, PF_5, P_2F_4) 중의 하나의 기체가 있다. 어느 것인지를 확인하기 위하여 몰질량을 측정할 것을 결정하였다.

(a) 먼저 밀도를 측정하여 0.971 atm의 압력과 18.2 ℃의 온도에서 밀도가 5.60 g/L임을 알았다. 이 물질의 몰질량을 계산하여 어떤 물질인지 밝히시오.

(b) (a)에서의 결과를 확인하기 위하여 미지 기체와 CO_2의 상대적 분출 속도에 근거하여 몰질량을 결정하였다. CO_2는 0.050 mol/min의 속도로 분출하였고 미지 플루오린화 인은 0.028 mol/min의 속도로 분출하였다. 이 결과에 근거하여 미지 기체의 몰질량을 계산하시오.

요약 및 개념 문제

다음 문제들은 이 장과 이전의 장들에서 나온 개념을 모두 포함하고 있다.

54. 1.0 L 플라스크에 25 ℃에서 O_2와 CO_2 각각 10.0 g이 담겨져 있다.

(a) 어느 기체가 더 큰 부분 압력을 나타내는가? O_2 또는 CO_2 아니면 이들이 같은가?

(b) 어느 분자가 더 큰 rms 속력을 가지는가? 또는 둘

다 같은가?

(c) 어느 분자가 더 큰 평균 운동 에너지를 가지는가? 또는 둘 다 같은가?

55. 2개 같은 부피의 내압 강철 실린더가 있으며, 하나에는 1.0 kg의 CO가, 다른 것에는 1.0 kg의 아세틸렌(C_2H_2)가 담겨 있다.

(a) 어느 실린더가 25 ℃에서 더 큰 압력을 나타내는가?

(b) 어느 실린더가 보다 많은 수의 분자를 가지고 있는가?

56. 다음 물질의 시료가 기체인지를 말하시오. 만약 결정하기에 충분하지 않은 정보만 주어진 경우에는 '불충분한 정보'라고 쓰시오.

(a) 100 atm의 강철 탱크에 한 물질이 있다. 탱크를 대기로 개방하였을 때 물질은 갑자기 팽창하여 부피가 1 % 증가하였다.

(b) 1.0 mL 물질의 시료의 무게가 8.2 g이다.

(c) 물질이 투명하고 옅은 녹색이다.

(d) 1 m^3의 물질에 들어 있는 분자 수가 같은 온도, 같은 압력 하의 공기 1 m^3에 들어 있는 분자 수와 같다.

57. 2개의 기체가 들어 있는 풍선이 있고, 하나는 He이 들어 있고, 다른 것에는 H_2가 들어 있다. H_2 풍선의 부피는 He 풍선의 2배이다. H_2 풍선의 기체 압력은 1 atm이고 He 풍선의 압력은 2 atm이다. H_2 풍선은 외부의 눈 속에 있고(−5 ℃), He 풍선은 따뜻한(23 ℃) 빌딩 안에 있다.

(a) 어느 풍선이 더 많은 수의 분자를 가지고 있는가?

(b) 어느 풍선이 더 큰 질량을 가지고 있는가?

58. 만약 기체의 절대 온도가 2배가 되면, 기체 분자의 rms 속력이 얼마나 증가하는가?

© Picade LLC/Alamy

반데르발스 힘이 게코로 하여금 벽을 기어오를 수 있게 한다.

11장 분자 간 힘과 액체

학습 개요

벽을 오르는 도마뱀 게코 도마뱀 게코는 만화에 나오는 스파이더맨처럼 벽을 오르기도 하고 천장에 매달릴 수도 있다. 이 사실은 포틀랜드 주 루이스 클락대학의 생물학 교수인 오텀(Kellar Autumn) 교수의 호기심을 불러일으켰다. 그는 스탠포드, 버클리, 산타바바라 대학의 과학자들과 함께 학제 간 프로그램 연구를 통해 도마뱀의 발은 뻣뻣한 머리카락처럼 생긴 가시들로 덮여 있다는 것을 발견했다. 이 가시들의 길이는 사람 머리카락 두께인 약 0.1 mm 정도였다. 그리고 각각의 가시 끝에는 200 nm 넓이의 주걱(spatula) 모양이 있으며, 이 주걱에 의해 가시들이 서로 분리되어 있다. 이 거리는 가시광선 파장보다 더 짧다.

도마뱀 발의 구조는 벽을 기어 다닐 수 있는 능력의 비밀이다. 오텀 교수에 의하면, "우리는 도마뱀 가시가 다른 동물보다

학습 목표

다음 목표들의 핵심인 학습문제는 "학습 목표 복습"을 참조하시오.

- 다양한 종류의 분자 간 힘의 본질을 이해
- 수소 결합의 근원과 중요성을 이해
- 액체의 성질과 분자 간 힘과의 관계를 이해
- 임계 온도와 임계 압력, 초임계 유체의 본질을 이해
- 간단한 분자 간의 힘을 확인
- 상태 변화에 따른 엔탈피 변화를 계산
- 증기압과 온도와의 관계를 그래프로 표시
- 클로시우스-클레페이론 방정식을 이용하여 증기압과 증발 엔탈피를 연계
- 다양한 분자 간 힘과 발생하는 방법을 기억

10배나 더 강한 접착성이 있다는 것을 발견하였다. 이 접착성은 너무 강해서 가시 하나가 개미를 들어 올릴 수 있을 정도이다. 즉 10센트짜리 동전의 면적에 해당하는 100만 개의 가시는 약 45파운드짜리 아이를 들어 올릴 수 있다. 이 발견은 도마뱀이 오직 하나의 손가락으로 어떻게 그의 몸을 지탱할 수 있는가를 설명한다. 도마뱀은 표면에 닿을 때 발가락을 똑바로 편다." 오텀 교수는 여기에 덧붙여 "자신을 달라붙게 하는 것은 그렇게 어렵진 않지만 표면에서 떨어지는 것이 더 중요한 문제이다. 도마뱀은 달릴 때, 1초에 15번 붙였다 떼어야 하기 때문이다."

그러면 도마뱀이 벽을 기어오를 수 있는 '접착력'은 무엇일까? 이것은 **반데르발스 힘**으로 불리는 분자 간 힘이다. 이것은 일반적으로 아주 짧은 거리에서만 존재하는 아주 약한 힘이다. 도마뱀 발에 있는 수백만 개의 주걱과 표면 사이에는 바로 반데르발스 힘이 있다.

이 장의 주제 중 하나는 반데르발스 힘의 중요성이다. 이에 대해 배운 후, 도마뱀 발이 가진 구조를 이용하여 더 유용한 접착 물질을 만들 수 있는 가능성에 대해 생각해 보자.

참고문헌

1. http://kellarautumn.com

2. http://geckolab.lclark.edu/Welcome.html

앞의 장에서 물질의 상태 중 하나인 기체에 대하여 논의하였다. 대부분의 경우 분자 간 힘은 무시할만하다고 가정할 수 있었고, 따라서 이것을 무시할 수 있었다. 그러나 장의 끝에서 고압과 저온에서는 이 가정이 마찬가지로 적용되지 않음을 알았다. 기체의 이상적이지 않은 거동을 다룰 때 분자 간 힘을 고려해야만 한다. 다른 두 가지 물질의 상태인 액체 및 고체에서 분자 간 힘은 주요한 역할을 한다. 이러한 물질 상태를 기술하려면 분자 간 힘의 다른 종류와 상대적 세기를 탐구할 필요가 있다.

이 장의 주요 목표는 (1) 분자가 서로 끌리게 하는 **분자 간 힘**을 탐구하는 것이고, (2) 이러한 상호작용의 결과인 물질의 한 상태, 즉 액체를 살펴보고자 하는 것이다. 이 장은 다른 것들을 포함하여 땀이 나면 왜 몸이 시원해지는지, 다른 물질과는 다르게 왜 얼음이 액체 물 위에 뜰 수 있는지와 같은 것을 설명하기 때문에 유용함을 알

게 될 것이다.

11.1 물질의 상태와 분자 간 힘

기체 분자 운동론(◂10.6절)에서는 기체 분자나 원자들이 멀리 떨어져 있고 상호작용 없이 독립적인 상태에 있는 것으로 간주한다. 결과적으로 대부분의 조건에서 기체 상태는 이상기체 식으로 알려진 $PV = nRT$ (◂식 10.4)라는 간단한 식으로 설명된다. 그러나 실제 기체는 분자 사이에 힘, 즉 분자 간 힘이 있다. 이 힘이 강하면 기체는 액체로 응축되고 궁극적으로는 고체를 형성한다.

입자의 수준에서 본 물질의 상태는 서로 어떻게 다를까? 서로 다른 상태에 있는 같은 수의 분자가 차지하는 부피를 비교하면 어느 정도 정보를 얻을 수 있다. 그림 11.1(왼쪽)은 액체 상태의 질소 300 mL를 담고 있는 플라스크이다. 만약 이 액체가 다 기화한다면 기체 상태의 질소는 상온 1기압 상태에서 원래 부피의 600배 이상 증가하여 200 L 이상의 부피를 가진 풍선을 가득 채울 수 있다. 기체에서는 분자들 사이에 많은 공간이 존재하는 반면 액체에서는 분자들이 가까이 접촉하고 있다.

액체가 기체로 바뀔 때 부피는 급격하게 증가한다. 그에 반해 고체가 액체로 바뀔 때는 급격한 부피 변화는 일어나지 않는다. 그림 11.1(오른쪽)은 같은 양의 액체와 고체 벤젠이 옆에 있다. 2개를 비교하면 부피의 차이가 거의 없다. 이 관찰된 사실을 설명하면 액체에서의 분자들이 고체 상태와 같은 정도로 빽빽하게 들어차 있다는 것을 의미한다. 또한 이들이 같이 묶여 있도록 하는 어떤 종류의 분자 간 힘이 존재함을 가정할 수 있다. 이 장의 초점이 바로 이 분자 간 힘들이다.

먼저 분자 간 힘의 본질에 집중하고자 한다. 2장에서 기술한 바와 같이(그리고 12장에서 다시 다룰 것이다) 이온 화합물에서 결합은 반대로 하전된 이온 사이의 정전기적 힘에 의존한다. 분자 간 힘도 비슷하게 정전기적이다.

질소 기체

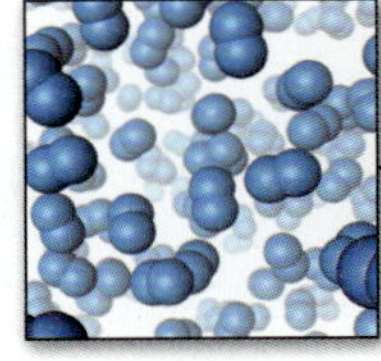

액체 질소

액체 질소 300 mL가 기화하면 25 ℃ 1기압 상태에서 200 L 이상의 부피인 기체를 만들 수 있다. 액체 상태에서는 N_2 분자들이 가까이 접촉하고 있지만 기체 상태에서는 멀리 떨어져 있다.

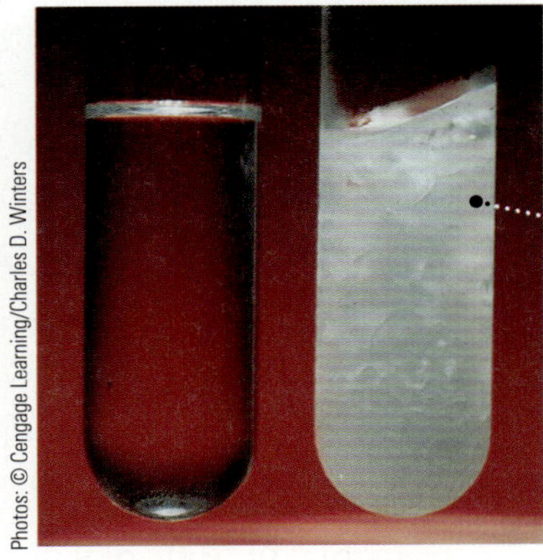

액체 벤젠 고체 벤젠

같은 부피의 액체 벤젠(C_6H_6)을 2개의 시험관에 넣은 후 오른쪽 시험관은 차갑게 하여 고체가 되도록 하였다. 고체와 액체 상태는 거의 같은 부피로 두 상태에서 분자들이 거의 같은 정도로 빽빽하게 들어차 있는 것을 의미한다.

그림 11.1 기체, 액체, 고체의 비교.

총괄적으로 분자 간 힘을 **반데르발스 힘**(van der Waals force)이라 부른다. 이들은 다음과 같은 입자 간 힘과 반발력을 포함한다.

- 영구 쌍극자 분자들(**쌍극자–쌍극자 힘**, 11.3절)
- 극성 분자와 비극성 분자(**쌍극자–유도 쌍극자 힘**, 또는 **디바이 힘**, 11.4절)
- 비극성 분자들(**유도 쌍극자–유도 쌍극자 힘**, 11.4절)

두 번째 주요 초점은 분자 간 힘의 물질의 성질에 대한 영향이다. 분자 간 힘들은 일반적으로 공유 결합 에너지의 약 15 %보다 적지만 이 힘은 분자 성질에 중대한 영향을 줄 수 있다. 많은 것들 중에서 분자 간 힘은

- 녹는점, 끓는점, 융해열, 기화열 등과 직접적으로 연관된다.
- 다양한 용매에 대한 기체, 액체, 고체의 용해도를 결정하는 데 중요하다.
- DNA나 단백질과 같은 중요한 생물체 분자들의 구조에 결정적인 영향을 미친다.

11.2 이온과 영구 쌍극자 분자 간 상호작용

원자 간 결합의 극성과 구조때문에 많은 분자들은 극성이다(◀8.7절). 양전하와 음전하 끝을 가진 극성 분자를 생각해 보자. 물과 같은 극성 분자를 이온성 물질에 접근할 때, 쌍극자의 음전하 끝은 양이온을 잡아당기고, 쌍극자의 양전하 끝은 음이온을 잡아당긴다. 이렇게 극성 분자와 양이온 또는 음이온이 잡아당기는 힘(이온–쌍극자 간 힘)은 이온들 사이에 작용하는 힘보다는 약하지만 분자들 사이에 작용하는 다른 종류의 힘보다는 강하다.

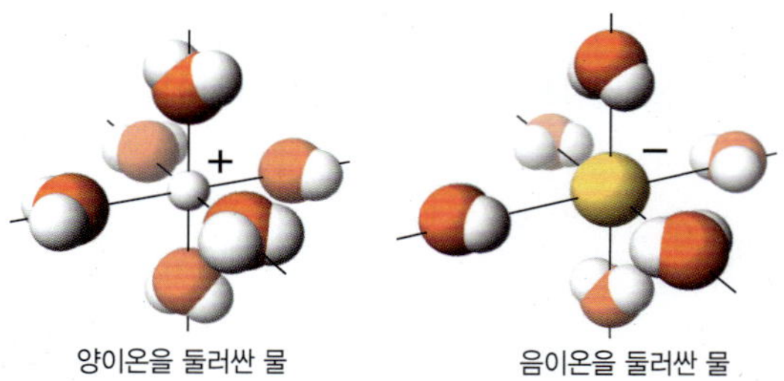

양이온을 둘러싼 물 음이온을 둘러싼 물

이온–쌍극자 힘은 반대 전하 사이의 힘을 설명하는 쿨롱의 법칙을 사용하여 계산된다. 쿨롱 식에 의하면 반대 전하를 가진 이온들 사이의 힘은 그들의 전하의 곱에 비례하고 이온들 사이 거리의 제곱에 반비례한다(◀2.7절). 따라서 극성 분자가 이온을 만나면 힘은 다음 세 가지 요인에 의존한다.

쿨롱의 법칙. 반대 전하를 가지고 있는 이온들 사이의 힘은 이온 전하의 곱에 비례하고 이온들 사이 거리(d)의 제곱에 반비례한다($1/d^2$) (◀식 2.3, 73쪽). 잡아당기는 에너지 역시 이온 전하의 곱에 비례하지만 이온들 사이 거리에는 반비례한다($1/d$).

- 이온과 쌍극자 사이의 거리. 이온과 쌍극자 사이의 거리가 가까울수록 힘은 커진다.
- 이온의 전하. 이온의 전하가 클수록 힘은 커진다.
- 쌍극자의 크기. 쌍극자의 크기가 클수록 힘은 커진다.

표 11.1 알칼리 금속 이온들의 반지름과 수화 엔탈피

양이온	이온 반지름(pm)	수화 엔탈피 (kJ/mol)
Li^+	78	−515
Na^+	98	−405
K^+	133	−321
Rb^+	149	−296
Cs^+	165	−263

수용액에서 수화된 이온의 생성은 이온(예: Na^+ 또는 Cl^-)과 극성 분자(예: 물) 간 상호작용의 가장 중요한 예이다. 이온의 수화에는 엔탈피의 변화가 있는데 일반적으로 이것을 **용매화 에너지**, 또는 이온이 물에 있는 경우에는 **수화 엔탈피**라고 부른다. 각 이온에 대한 용매화 에너지 또는 엔탈피를 직접 측정할 수는 없지만 값은 구할 수 있다. 예를 들어 소듐 이온의 수화는 다음의 반응식으로 나타낸다.

$$Na^+(g) + 물 \rightarrow Na^+(aq) \qquad \Delta_{hydration}H° = -405 \text{ kJ/mol}$$

수화 엔탈피는 이온의 전하에 비례하고, 이온의 중심과 쌍극자의 전하를 띤 '극' 사이의 거리를 d라 할 때 $1/d$에 비례한다.

이온 반지름에 대한 효과는 알칼리 금속 양이온들의 수화 엔탈피로 표 11.1에 나타내었고, 반지름과 전하의 효과는 Mg^{2+}, Li^+, K^+에 대해 수화 엔탈피($\Delta_{hydration}H°$) 값을 비교함으로써 나타내었다.

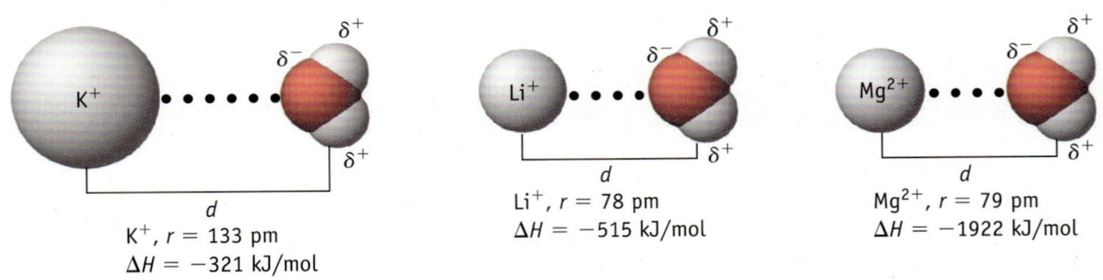

수화 엔탈피. 이온이 수화될 때 방출되는 에너지는 물의 쌍극자 모멘트, 이온의 전하 및 이온과 극성 물 분자 중심 간의 거리에 의존한다. 거리 d는 이온의 크기가 커질수록 증가한다.

이 값들을 H^+ 이온의 수화 엔탈피 값인 −1090 kJ/mol과 비교하여 보는 것도 흥미롭다. 이렇게 1+ 이온이 엄청나게 큰 값을 가지는 이유는 H^+ 이온의 크기가 매우 작기 때문이다.

예제 11.1 수화 에너지

문제 Na^+의 수화 엔탈피(−405 kJ/mol)가 Cs^+의 수화 엔탈피(−263 kJ/mol)보다 더 큰 음의 값을 갖는 이유를 설명하시오. 또 Mg^{2+}의 수화 엔탈피(−1922 kJ/mol)가 이 두 이온보다 훨씬 더 큰 음의 값을 갖는 이유를 설명하시오.

알고 있는 사실 이온 전하의 크기(그림 7.11)를 알고 있다.
Na^+ = 98 pm, Cs^+ = 165 pm, Mg^{2+} = 79 pm.

전략 이온–쌍극자 힘의 크기는 이온 전하와 쌍극자의 크기에 비례하고 그들 사이의 거리에 반비례한다. 즉, 물 쌍극자는 고정된 값이므로, 에너지는 이온의 크기와 전하에 의해 결정된다.

풀이 이온의 크기들로부터 양전하를 가진 이온의 중심과 물 쌍극자 사이의 거리는 다음과 같이 예측할 수 있다. 즉, $Mg^{2+} < Na^+ < Cs^+$이다. 수화 에너지는 반대가 된다(Mg^{2+} 수화 에너지가 더 큰 음의 값). 또 한 가지 여기에서 고려해야 할 것은 다른 이온들은 1+인 반면 Mg^{2+}의 전하가 2+라는 점이다. Mg^{2+}의 전하가 다른 이온보다 더 크기 때문에 이온–쌍극자 힘과 수화 에너지가 1+의 전하를 가진 다른 이온보다 훨씬 더 커진다. 결론적으로 Mg^{2+}의 수화 에너지가 다른 두 이온보다 더 큰 음의 값을 가진다.

고려사항 Mg^{2+}와 다른 이온들 사이의 전하의 차이 효과가 크기에 의한 효과보다 훨씬 크다.

유제 F^-와 Cl^- 중 어느 이온의 수화 에너지가 더 큰 음의 값을 갖는가? 간단하게 설명하시오.

11.2절 확인문제

1. 수화 엔탈피가 더 큰 음의 값을 갖는 이온은 어느 것인가?
(a) $MgCl_2$ (b) $AlCl_3$

11.3 영구 쌍극자 분자 간 상호작용

쌍극자–쌍극자 힘

극성 분자가 다른 극성 분자를 만나면 한 분자의 양극이 다른 극성 분자의 음극을 잡아당기며, 이 힘은 동일한 극성 분자들 사이에서 뿐만 아니라 서로 다른 극성 분자들 사이에서도 발생한다. 이와 같은 힘을 **쌍극자–쌍극자 상호작용**(dipole-dipole interaction)이라고 한다.

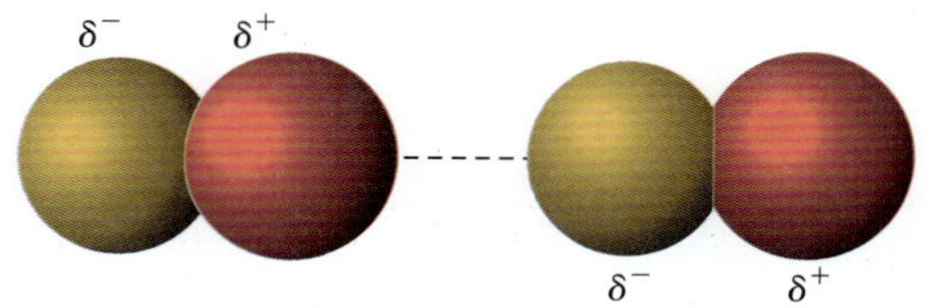

극성 분자에서는 쌍극자–쌍극자 힘이 액체의 증발이나 기체의 응축에 영향을 미친다(그림 11.2). 두 과정 모두 에너지의 변화가 있다. 증발, 즉 기화에는 에너지가 유입되는데 그 열을 기화 엔탈피($\Delta_{vap}H^\circ$)라고 한다(5.3절과 11.6절 참조). 기화 엔탈피

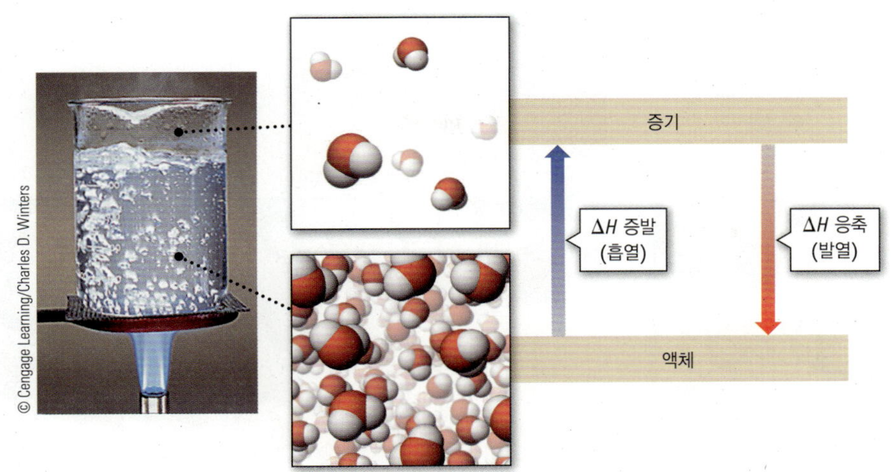

그림 11.2 분자 수준에서의 기화. 액체 상태에서 분자 간 힘을 극복하고 분자들을 분리시키기 위해서는 에너지가 공급되어야 한다.

값은 양의 부호를 갖는데 이는 기화 과정이 흡열 과정이기 때문이다. 기화의 반대 과정인 응축 과정에서는 엔탈피의 변화가 음의 값을 가진다.

액체에서 분자 간 인력이 클수록 이들을 분리하는 데 공급해야 할 에너지도 커진다. 따라서 극성 분자는 증발 엔탈피가 비슷한 분자량의 비극성 분자보다 더 큰 값을 가질 것으로 예상된다. 예를 들면, 표 11.2에서 극성 분자의 $\Delta_{vap}H^{\circ}$가 비슷한 크기와 질량을 가진 비극성 분자보다 더 큰 것에 주목하시오.

액체의 끓는점 역시 분자들 사이의 힘에 의해 결정된다. 물질의 온도가 올라감에 따라 분자들의 운동 에너지가 증가하여 끓는점이 되면 마침내 분자들은 이웃 분자들의 힘으로부터 벗어나기에 충분한 운동 에너지를 갖게 된다. 비슷한 몰질량을 가진 분자들 가운데 더 큰 극성을 가진 것이 액체가 기화되기 위해 더 높은 온도를 필요로 한다. 예를 들면 표 11.2에서 극성 분자인 ICl의 끓는점이 거의 동일한 질량의 비극성 분자인 Br_2보다 높은 것을 볼 수 있다.

분자들 사이의 힘은 용해도에도 영향을 미친다. 정성적인 관찰에 의하면 '비슷한 것은 비슷한 것을 녹인다.'고 할 수 있다. 다른 말로 하면 극성 분자는 극성 용매에 녹고 비극성 분자는 비극성 용매에 녹는다는 것이다(그림 11.3). 물론 반대로 극성 분자는 비극성 용매에 녹지 않고 비극성 분자는 극성 용매에 녹지 않는다는 것도 사실이다.

예를 들어 물과 극성인 에탄올(C_2H_5OH)은 어떤 비율로도 섞여 균일한 혼합물을

표 11.2 비극성 및 극성 분자의 분자량, 끓는점 및 $\Delta_{vap}H^{\circ}$

비극성				극성			
	M (g/mol)	BP(°C)	$\Delta_{vap}H^{\circ}$ (kJ/mol)		M (g/mol)	BP(°C)	$\Delta_{vap}H^{\circ}$ (kJ/mol)
N_2	28	−196	5.57	CO	28	−192	6.04
SiH_4	32	−112	12.10	PH_3	34	−88	14.06
GeH_4	77	−90	14.06	AsH_3	78	−62	16.69
Br_2	160	59	29.96	ICl	162	97	—

(a) 자동차 부동액으로 사용되는 극성 화합물인 에틸렌글라이콜($HOCH_2CH_2OH$)은 물에 녹는다.

(b) 비극성 엔진 오일(탄화수소)은 휘발유나 CCl_4와 같은 비극성 용매에 녹지만 물과 같은 극성 용매에는 녹지 않는다. 상업용 얼룩 제거제는 섬유에 묻은 기름을 녹이는 비극성 용매이다.

그림 11.3 **비슷한 것은 비슷한 것을 녹인다.**

만들 수 있다. 반면에 물은 휘발유에 거의 녹지 않는다. 이 두 상황의 차이점은 물과 에탄올은 모두 극성 분자이지만 휘발유에 있는 탄화수소 분자(예를 들면 옥테인 C_8H_{18})는 비극성이라는 점이다. 물과 에탄올 사이의 상호작용은 충분히 크기 때문에 에탄올이 들어가는 자리를 마련하기 위해 물을 떼어내는 데 필요한 에너지를 물과 에탄올 사이의 인력으로 얻어지는 에너지로 보충할 수 있다. 반면에 물과 탄화수소 사이의 힘은 약하기 때문에 탄화수소 분자는 물 분자들 사이의 강한 인력을 깨뜨리지 못한다.

수소 결합

O—H 또는 N—H 결합을 가지고 있는 플루오린화수소, 물, 암모니아, 그리고 많은 다른 화합물은 독특한 성질을 가지고 있다. 그림 11.4에 나와 있는 4A족부터 7A족까지 원소들의 수소 화합물의 끓는점을 살펴보자. 일반적으로 몰질량이 증가할수록 끓는점 또한 증가하고, 이 경향은 4A족의 수소 화합물의 끓는점에서 볼 수 있다. 5A족, 6A족, 7A족의 더 무거운 수소 화합물에서도 동일한 현상이 관찰된다. 그러나 NH_3, H_2O, HF와 같은 화합물의 끓는점은 몰질량만으로 예측되는 경향에서 크게 벗어난다. 만약 H_2Te, H_2Se, H_2S의 끓는점의 그래프를 더 연장하여 물의 끓는점을 예측하면 −90 ℃ 정도로 예측된다. 그러나 물의 끓는점은 이 값보다 거의 200 ℃가 더 높다. 마찬가지로 NH_3와 HF의 끓는점도 몰질량으로 예측된 값에 비해 훨씬 높다. 물질의 끓는 온도는 분자들 사이의 힘에 달려 있기 때문에 H_2O, HF, NH_3의 높은 끓는점은 분자 간의 강한 상호작용이 있음을 의미한다.

왜 H_2O, NH_3, HF는 강한 분자 간 힘을 가질까? 고전적 해답은 쌍극자–쌍극자 상호작용에 있다. N(3.0), O(3.5), F(4.0)의 전기음성도는 모든 원소들 가운데 가장 큰 편에 속하는 반면 수소의 전기음성도는 2.2로 훨씬 낮다. 이렇게 전기음성도 차이가 크기때문에 N—H, O—H, F—H 결합은 모두 큰 극성을 갖는다. 그리고 이들 결합

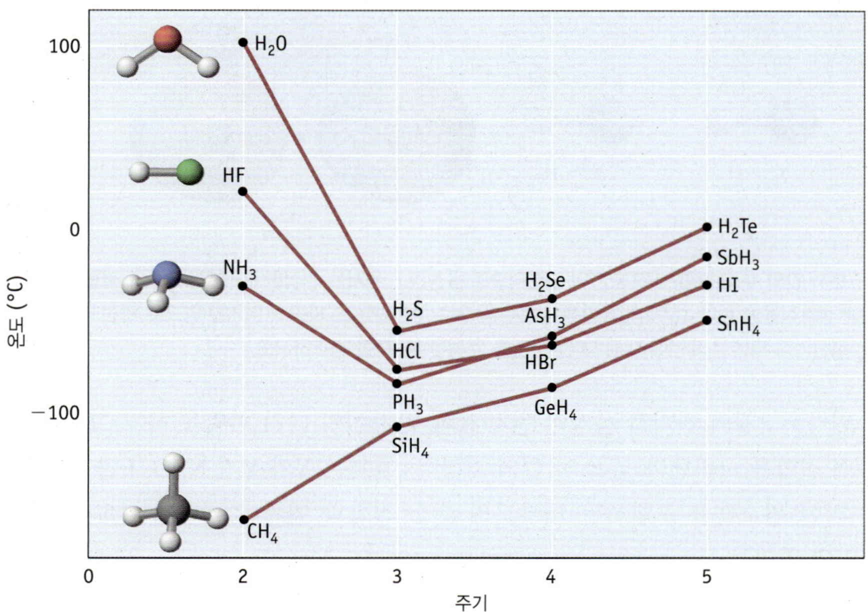

그림 11.4 몇 가지 간단한 수소 화합물의 끓는점. H_2O, HF, NH_3의 비정상적 높은 끓는점을 보면 수소 결합의 효과를 알 수 있다(또한 HCl의 끓는점이 HBr과 HI에 대해 예측되는 경향에 비해 약간 높다. 액체 HCl에서도 약간의 수소 결합 경향이 나타난다는 것을 볼 수 있다).

에서 전기음성도가 큰 원소들은 상당한 크기의 음전하를 띠고 반대로 수소 원자는 양전하를 띠게 된다(◀그림 8.10). N, O, 또는 F(X로 표시)와 결합된 H 원자는 매우 큰 양 전하를 가질 수 있기 때문에 같은 또는 다른 분자의 전기적 음성인 원자(Y)와 정전기적으로 상호작용하여 **수소 결합**(hydrogen bond), X—H- - -Y—을 형성한다.

심층 학습 수화된 염: 이온–쌍극자 결합의 결과

수화된 상태의 고체 염은 주변에서 쉽게 볼 수 있다. 이 화합물의 화학식에는 $BaCl_2 \cdot 2H_2O$와 같이 뒤에 물 분자의 수를 덧붙인다. 가끔 물 분자가 결정격자의 빈 공간만을 채우는 경우도 있지만 염의 양이온이 물 분자와 직접 결합한 상태로 존재하는 경우가 더 많다. 예를 들어 $CrCl_3 \cdot 6H_2O$는 $[Cr(H_2O)_4Cl_2]Cl \cdot 2H_2O$로 쓰는 것이 더 정확하다. 6개의 물 분자 가운데 4개는 이온–쌍극자 힘으로 Cr^{3+} 이온에 결합하고, 남은 2개의 물 분자는 격자에 있다. 다음 표에 수화된 염들의 예가 있다.

화합물	관용명	용도
$Na_2CO_3 \cdot 10\ H_2O$	세제 소다	물 연화제
$Na_2S_2O_3 \cdot 5\ H_2O$	하이포	사진 현상
$MgSO_4 \cdot 7\ H_2O$	엡섬 염	하제, 염료와 무두질
$CaSO_4 \cdot 2\ H_2O$	석고	인조 벽판
$CuSO_4 \cdot 5\ H_2O$	청 비트리올	살균제

수화된 염화코발트(II). $CoCl_2 \cdot 6H_2O$. 고체 상태에서 이 화합물은 $[Co(H_2O)_4Cl_2] \cdot 2H_2O$로 적는 것이 더 정확하다. 코발트(II) 이온은 4개의 물 분자에 둘러싸여 있고 2개의 염화 이온은 정팔면체 배열로 되어 있다. 물에서 이 이온이 완전히 수화되면 6개의 물 분자에 둘러싸인다. 코발트(II) 이온과 물 분자는 이온–쌍극자 힘으로 결합한다. 이 화합물은 배위 화합물의 한 예이다.

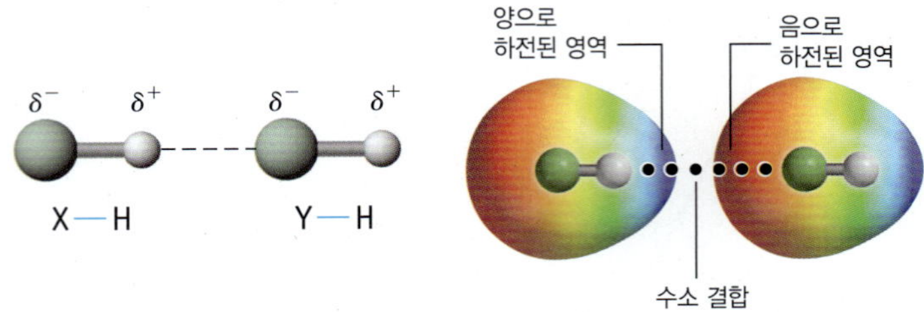

HF 분자 간의 수소 결합. HF 분자의 부분적으로 음성인 F 원자는 인접한 HF 분자와 수소 결합을 통해 상호작용을 한다. (분자의 빨간색 영역은 음으로 하전되었고, 파란색 영역은 양으로 하전되었다. 정전기적 퍼텐셜 표면에 대해 더 많은 것을 알려면 381쪽을 참조하시오.)

수소 결합의 재정의. 2011년 순수 및 응용 화학의 국제연합(IUPAC)은 수소 결합을 다음과 같이 재정의하였다.
"수소 결합은 X가 H보다 더 전기음성적인 분자 또는 X—H 분자조각의 수소 원자와 같은 또는 다른 분자내 원자 또는 원자단 사이의 인력 상호작용이며, 결합 형성의 증거가 존재한다." E. Arunan, *et. al*, *Pure and Applied Chemistry*, vol. 83, page 1637, 2011.

수소 결합에서 H 원자 전하 밀도의 중요성. 수소 원자는 특히 작은 반지름을 가지고 있다. 이것은 수소 원자의 부분 전하가 작은 부피 내에 집중되어 있고, 그것은 높은 전하 밀도(전하 밀도=전하/부피)를 가진다는 것을 의미한다. 그 결과 이웃한 분자의 음전하를 강하게 잡아당긴다.

수소 원자는 2개의 전기적 음성인 원자 X와 Y 사이의 다리 역할을 하고 그림의 점선은 수소 결합을 나타낸다. 수소 결합의 가장 큰 효과는 X와 Y가 N, O, F일 때 나타난다. 이러한 원소들을 포함하는 대부분의 수소 결합과 연관된 에너지는 5~30 kJ/mol 범위에 있다.

폴링은 단순한 분자 간 정전기적 상호작용보다는 공명 구조와 부분적인 공유 결합을 포함하는 다른 수소 결합 모형을 제안하기도 하였다. 최근의 이론 연구는 이러한 접근법에 새로운 흥미를 불어 넣고 있다. 특히 최근 연구는 수소 결합을 다음의 2개 공명 구조를 이용하여 나타내는 것을 제안하고 있다.

$$\text{X—H} \cdots\cdots \text{:Y} \longleftrightarrow \text{X:}^- \cdots \text{H—Y}^+$$

만약 X와 Y가 동일하다면(HF_2^-의 경우와 같이) 2개의 공명 구조는 동일한 가중치를 가지며 결합차수는 0.5이다. 만약 X와 Y가 다르다면 한 공명 구조가 다른 것보다 보다 중요하게 될 것이다.

수소 결합은 분자 간 힘에 의해 영향을 받는 화합물의 성질에 있어서 중요한 의미를 가진다. 이것은 물의 특이한 성질(아래에 기술)의 근원이며 생화학에서 주요한 역할을 한다(심층 학습: 생화학에서의 수소 결합, 498쪽).

예제 11.2 수소 결합의 효과

문제 에탄올(CH_3CH_2OH)과 다이메틸에테르(CH_3OCH_3)는 화학식은 같지만 원자의 배열은 다르다. 즉, 이성질체(isomer)이다. 이들 가운데 어느 화합물의 끓는점이 더 높겠는가?

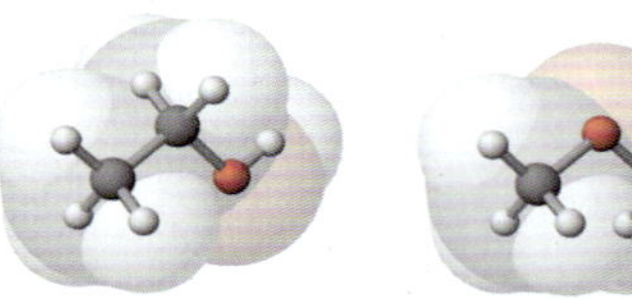

에탄올, CH_3CH_2OH 다이메틸에테르, CH_3OCH_3

알고 있는 사실 두 화합물은 동일한 몰질량을 가지며 같은 질량의 화합물을 비교할 때 더 강한 분자 간 힘을 가진 화합물이 더 높은 끓는점을 가진다는 것을 안다.

전략 각 분자의 구조를 조사하여 극성인지 아닌지, 만약 극성이라면 수소 결합이 가능한지 아닌지를 결정한다.

풀이 에탄올은 극성 O—H기를 가지고 있고 따라서 수소 결합에 기여할 수 있다. 다이메틸에테르는 극성 분자이고 O 원자는 부분 음전하를 가진다. 그러나 H 원자가 O 원자에 붙어 있지 않다. 따라서 다이메틸에테르에서는 수소 결합의 가능성이 없다. 그러므로 에탄올에서 분자 간 힘이 더 크고 끓는점도 높을 것으로 예측할 수 있다.

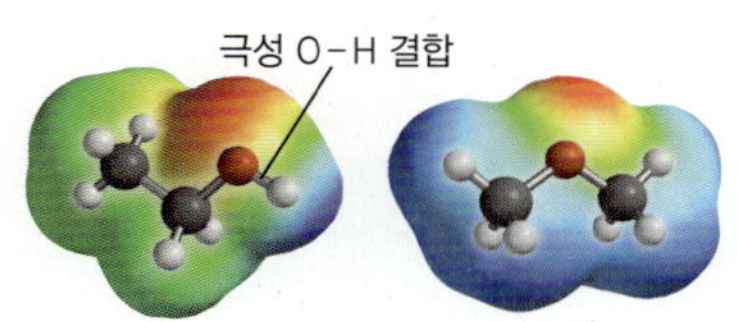

CH_3CH_2—Ö:···H—Ö:
　　　　　　|　　　　|
　　　　　　H　　　CH_2CH_3

에탄올(CH_3CH_2OH) 분자 사이의 수소 결합

고려사항 에탄올은 78.3 ℃에서 끓지만 다이메틸에테르의 끓는점은 −24.8 ℃로 에탄올보다 거의 100 ℃나 낮다. 상온과 1기압에서 에탄올은 액체이지만 다이메틸에테르는 기체이다.

유제 구조식을 보고 메탄올(CH_3OH) 분자 사이의 수소 결합을 기술하시오. 수소 결합에 의해 영향을 받는 메탄올의 물리적 성질들은 어떤 것들이 있는가?

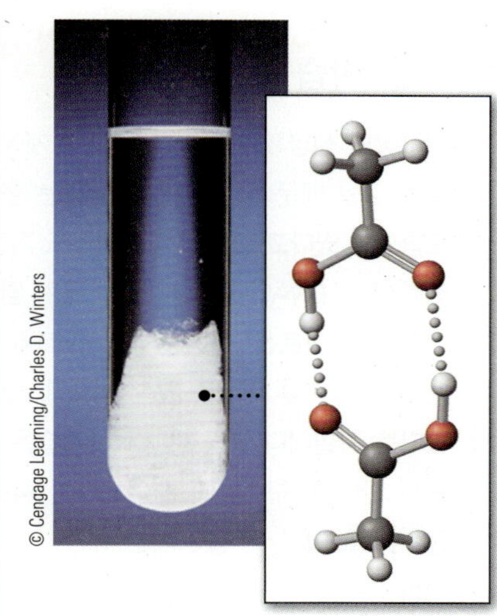

아세트산(CH_3CO_2H)에서의 수소 결합. 두 아세트산 분자는 수소 결합을 통해 상호작용을 할 수 있다. 사진은 부분적으로 고체 상태인 빙초산을 보여준다. 모든 대부분의 물질과 마찬가지로 고체의 밀도가 액체보다 더 높은 것에 주목하시오. 물은 예외이다.

수소 결합과 물의 특이한 성질

태양계에서 지구가 다른 행성들과 다른 점은 많은 양의 물을 가지고 있다는 것이다. 지구의 4분의 3은 바다로 덮여 있고 극지방에는 엄청난 양의 얼음이 있으며 심지어는 토양이나 바위에도 많은 양의 물이 포함되어 있다. 우리는 물의 여러 성질들을 당연한 것으로 여기는 경향이 있지만 거의 대부분의 물질들이 비슷하게 거동하지 못한다. 물의 특이성은 물 분자가 수소 결합을 통해 서로 매우 잘 달라붙는다는 성질의 결과이다.

물 분자 간의 매우 높은 힘은 각각의 물 분자가 4개의 수소 결합을 가지기 때문이다. 각 물 분자는 2개의 O—H 극성 결합과 2개의 고립 전자쌍을 가진다. 두 수소 원자는 인접한 물 분자들의 산소 원자들과 수소 결합이 가능하다. 게다가 산소의 고립 전자쌍도 두 물 분자의 수소 원자와 수소 결합에 참여한다(그림 11.5). 그 결과 특히 얼음에서 보는 것처럼 각 산소 원자 주위에는 4개의 수소 원자들이 정사면체 구조로 배열되어 2개는 공유 결합으로, 2개는 수소 결합으로 연결된다.

수소 결합으로 연결된 물 분자들의 규칙적 배열의 결과 얼음은 많은 빈 공간을 가진 열린 새장 구조가 된다(그림 11.5c). 그 결과 얼음의 밀도는 액체 물보다 10 % 정도 작아져 얼음이 물에 뜨게 된다(대조적으로 다른 거의 모든 고체는 그들의 액체에 가라앉는다). 또한 이 구조에서 산소 원자들이 구부러진 육각 고리의 모서리에 있는 것을 볼 수 있다. 겨울에 내리는 눈송이는 항상 여섯 개의 변을 가진 형태를 취하는데(56쪽) 이것은 바로 얼음의 분자 구조가 반영된 것이다.

얼음이 0 ℃에서 녹으면 고체 상태에서 수소 결합에 의해 유지되던 규칙적인 구조

심층 학습 생화학에서의 수소 결합

지구상의 생명체가 물과 생화학적 계에서의 수소 결합 때문에 우리가 알고 있는 현재의 모습으로 있다고 할 수 있다. 아마도 가장 중요한 것은 DNA와 RNA에 있는 유기 염기인 아데닌, 사이토신, 구아닌, 타이민(DNA), 또는 우라실(RNA)이 당-인산 사슬에 결합해 있다는 사실이다(그림 A). DNA 사슬은 아데닌과 타이민, 구아닌과 사이토신이 서로 짝을 이루고 있다.

그림 B는 아데닌과 타이민 사이의 수소 결합을 도시하고 있다. 이 모형은 분자들이 자연스럽게 6개 변 중 2개가 수소 결합을 하면서 6각형 고리를 형성하며 맞춰지고 있음을 보여주고 있다. 한 변은 N···H—N으로, 다른 변은 N—H···O로 구성되어 있다. 여기서 정전기적 퍼텐셜 표면은 구아닌의 N 원자와 타이민의 O 원자가 부분 음전하를 가지고 있고 N-H 원자단의 H 원자는 양전하를 가지고 있음을 보여 준다. 이러한 전하와 염기의 기하학적 구조로 이들은 매우 특별한 상호작용을 할 수 있다.

수소 결합을 통하여 염기가 쌍을 이루어 DNA의 당-인산 사슬이 연결되도록 하여, DNA의 이중나선 구조를 형성한다는 것을 1950년대 프랭클린(Rosalind Franklin)과 윌킨스(Maurice Wilkins)의 실험적 결과에 근거하여 왓슨(James Watson)과 크릭(Francis Crick)이 처음으로 인식하였다. DNA 구조의 결정은 20세기 말 분자생물학의 중요한 발전이었다. (이 과학자들에 대한 추가적인 내용은 392쪽을 참조하시오.)

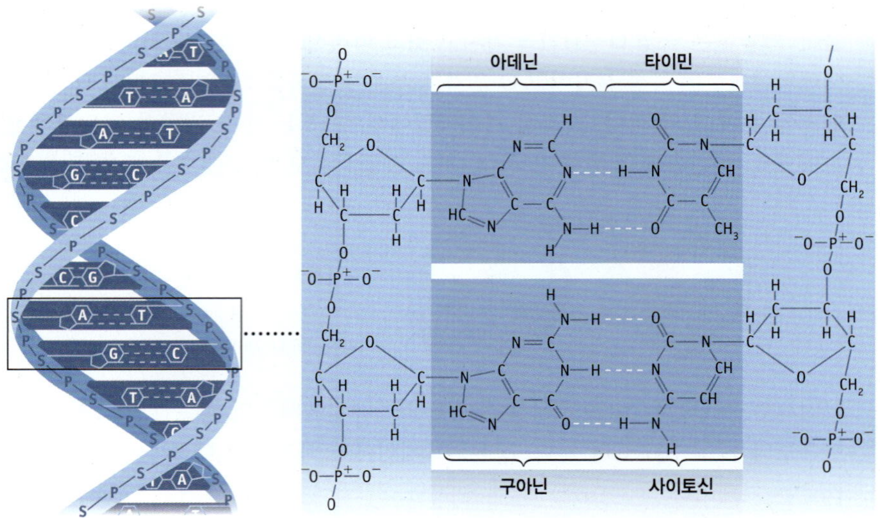

그림 A DNA의 수소 결합. DNA는 네 가지 염기로 구성되어 있는데, 아데닌과 타이민, 구아닌과 사이토신이 서로 짝을 이루고 있다. 염기는 수소 결합을 통해 쌍을 이룬다.

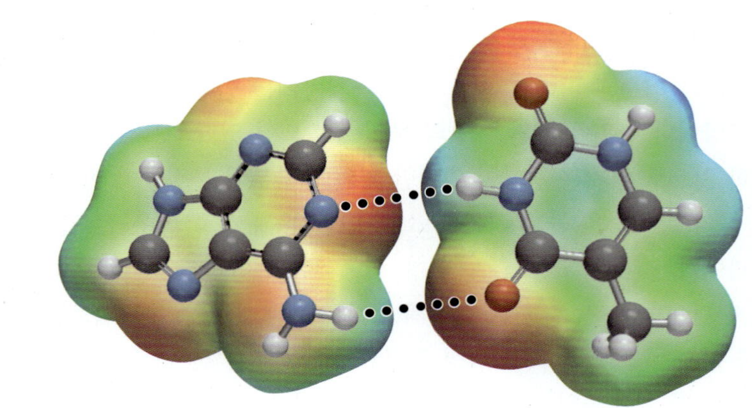

그림 B 아데닌과 타이민 사이의 수소 결합. 정전기적 퍼텐셜 표면을 이용하여 아데닌과 타이민 사이의 수소 결합 상호작용을 묘사하고 있다. 한 분자의 극성 N—H 결합은 인접한 분자의 전기 음성인 N 또는 O 원자와 수소 결합을 할 수 있다.

가 깨져 밀도가 상당히 증가한다(그림 11.6). 액체 물의 온도가 0 ℃~4 ℃로 상승하면 또 다른 놀라운 일이 일어나 물의 밀도가 증가하는 현상이 나타난다. 대부분 다른 물질은 온도가 올라가면 밀도가 감소한다. 이와 같은 물의 이상한 성질 역시 수소 결합 때문이다. 녹는점 바로 위의 온도에서 물 분자 일부는 얼음과 같은 배열의 뭉치 상태로 존재하여 더 많은 빈 공간이 있다. 온도가 0 ℃~4 ℃로 상승하면 얼음 구조

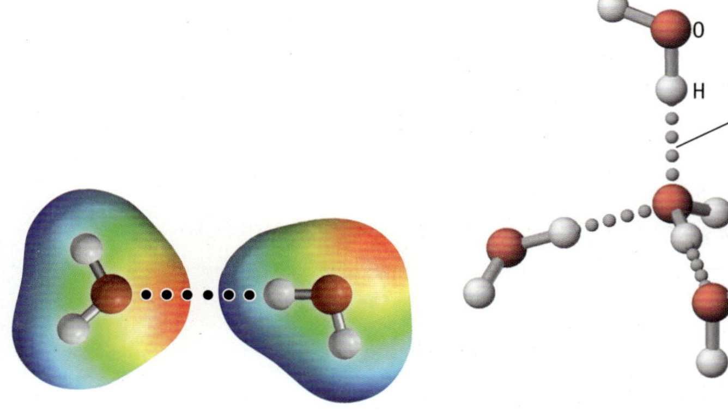

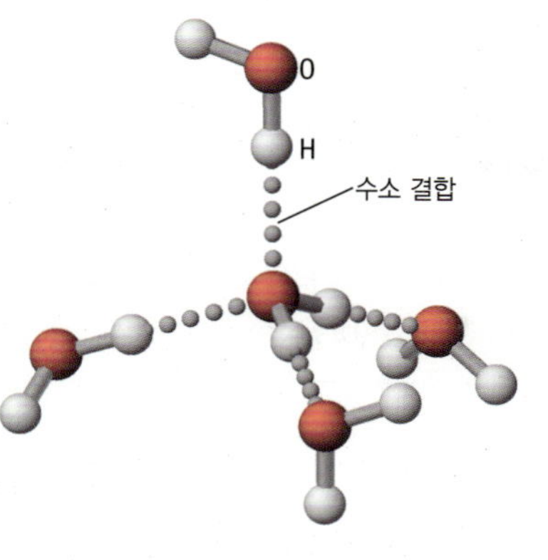

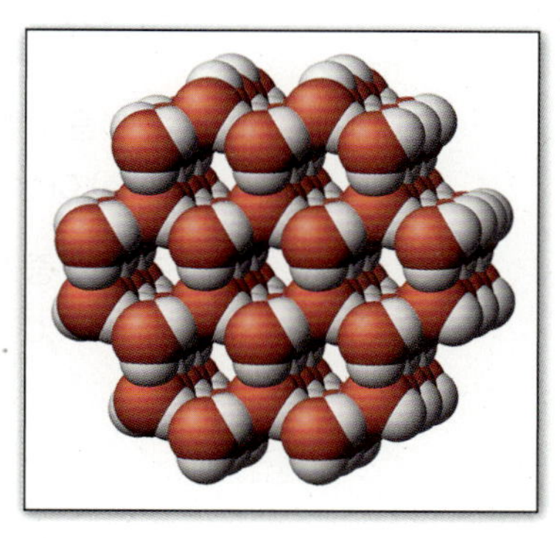

(a) 두 물 분자의 정전기적 퍼텐셜 표면

(b) 한 분자 내 음전하의 산소 원자와 이웃한 분자 내 양전하의 수소 원자가 연결되어 수소 결합을 이루는 것을 보여준다. 각 산소는 두 수소 원자와는 공유 결합으로 연결되어 있고 다른 두 수소 원자와는 수소 결합으로 연결되어 있다. 수소 결합이 공유 결합보다 더 길다.

(c) 얼음 격자에는 (b)의 구조가 반복되어져 있다. 컴퓨터로 만든 이 그림은 격자의 일부를 보여준다. 이 격자에서는 육각 고리를 볼 수 있는데 육각형의 꼭짓점은 산소 원자들이고, 각 변은 2개의 산소 원자 사이에 1개 수소 원자가 있다. 하나의 산소 원자는 수소 원자와 공유 결합이 되어 있고 다른 것은 수소 결합으로 연결되어 있다.

그림 11.5 **물의 수소 결합과 얼음의 구조.**

가 완전히 사라지면서 부피는 줄어들고 밀도는 증가한다. 온도가 4 ℃가 되면 밀도가 최대에 도달하고 여기에서부터 온도가 더 상승하면 대부분 물질에서 관찰되는 것처럼 밀도가 감소한다.

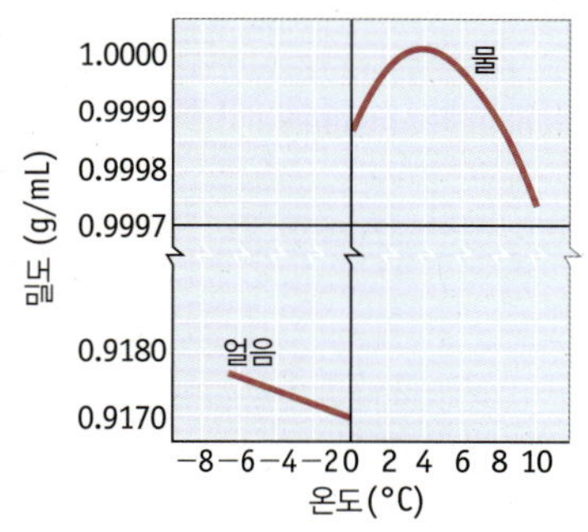

그림 11.6 **온도에 따른 얼음과 물의 밀도 변화.**

온도가 어는점에 도달할 때 특이한 물의 밀도 변화 때문에 겨울에 호수의 물은 바닥부터 얼지 않는다. 겨울이 와서 물의 온도가 낮아지면 밀도가 높아져 차가운 물은 바닥에 가라앉고 따뜻한 물은 떠오른다. 이 같은 순환은 모든 물이 최대 밀도가 되는 4 ℃에 도달할 때까지 계속된다(이런 방식으로 산소가 풍부한 물은 호수 바닥으로 이동하여 여름에 소모된 산소를 보충하고 영양 물질은 호수의 표면으로 이동한다). 온도가 더 내려가 4 ℃ 이하로 차가워진 물은 4 ℃ 물보다 밀도가 낮기 때문에 호수의 표면에 머물러 있게 된다. 마침내 물이 얼기 시작하면 얼음은 호수 표면에 떠있으면서 더 이상의 열 손실을 방지하여 아래에 있는 물과 수생 생물체들을 보호한다.

물의 열용량이 특별히 큰 이유 역시 물 분자들의 수소 결합 때문이다. 액체 물 분자는 얼음에서처럼 규칙적인 구조를 형성하지는 않지만 그래도 여전히 수소 결합을 하고 있다. 온도가 올라가면 분자 간 결합을 깨고 약간의 온도라도 증가시키기 위해서는 상당한 에너지가 필요하다.

바다나 호수가 날씨에 영향을 미치게 되는 중요한 요인 가운데 하나는 바로 물이 이렇게 큰 열용량을 갖기 때문이다. 가을에 대기의 온도가 바다나 호수의 온도보다 낮아지면 바다나 호수는 대기에 열을 방출하여 대기의 온도가 급격히 떨어지는 것을 막아준다. 물의 온도를 1 ℃ 낮추기 위해서 많은 에너지가 방출되어야 하므로 물의 온도는 천천히 내려간다. 이와 같은 이유로 바다나 큰 호수는 늦은 가을까지도 대기 온도보다 높은 온도를 유지할 수 있다.

11.3절 확인문제

1. 다음 물질 중 수소 결합을 할 수 있는 것은?
   (a) CH_4 (b) CH_3OH (c) H_3COCH_3 (d) $H_2C=CH_2$

2. 다음 중 분자 간 힘이 가장 강한 화합물은 어느 것인가?
   (a) H_2O (b) H_2S (c) H_2Se (d) H_2Te

11.4 비극성 분자 간 힘

O_2, N_2, 할로젠과 같은 분자들은 극성이 없다. 그러면 왜 O_2는 극성인 물에 녹을까? 왜 공기 중의 N_2는 액화될 수 있을까? 비극성 분자들 사이의 힘이 O_2와 물, 그리고 N_2 분자들 사이에 있을 것이다. 그들의 본질은 무엇일까?

쌍극자-유도 쌍극자 힘

물과 같은 극성 분자는 영구적인 쌍극자가 없는 분자에 쌍극자를 생성 또는 유도할 수 있다. 극성인 물이 비극성인 O_2에 접근하는 상황에서 이런 현상이 어떻게 일어나는지 살펴보자.

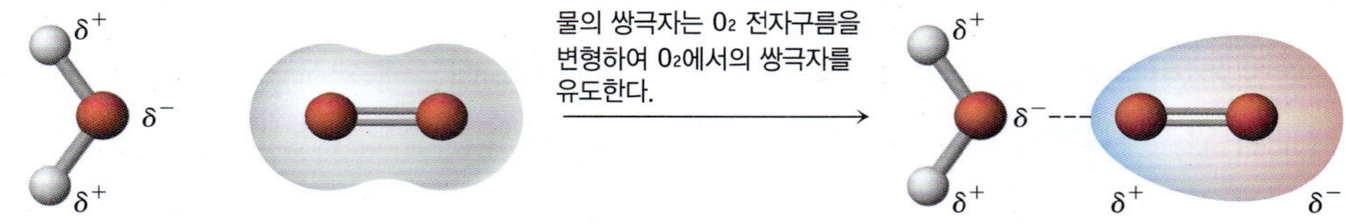

기체 상태에서 고립된 O_2 분자의 전자구름은 두 산소 원자 사이에 대칭적으로 분포하고 있다. 그러나 극성 분자인 H_2O의 음극이 접근하면서 O_2의 전자구름이 한쪽으로 치우쳐 O_2 분자 자체가 극성이 된다. 즉 원래 비극성이던 O_2 분자에 쌍극자가 유도된 것이다. 그 결과 비록 약하기는 하지만 H_2O와 O_2 분자에 서로 끌어당기는 힘이 만들어진다. 뿐만 아니라 H_2O의 영구적인 쌍극자와 O_2의 유도된 쌍극자 힘으로 인하여 O_2가 물에 녹을 수 있게 된다. 화학에서는 이와 같은 상호작용을 **쌍극자-유도된 쌍극자 상호작용**(dipole-induced dipole interaction)이라고 부르기도 한다.

쌍극자를 유도하는 과정을 **편극**(polarization)이라 부르고, 원자 또는 분자의 전자구름이 변형될 수 있는 정도는 원자 또는 분자의 **편극률**(polarizability)에 의존한다. I_2와 같이 크고 확장된 전자구름을 가진 원자 또는 분자의 전자구름은 원자가 전자가 핵에 가까이 있으며 보다 강하게 붙들려 있는 He 또는 H_2와 같은 훨씬 작은 원자 또는 분자의 전자구름보다 쉽게 변형될 수 있다. 여기서 극성 에탄올(C_2H_5OH)이 I_2와 상호작용을 하여 아이오딘이 에탄올에 쉽게 용해되는 것을 관찰할 수 있다.

표 11.3 몇 가지 기체의 물에 대한 용해도*

	몰질량 (g/mol)	20 °C에서의 용해도 (g 기체/100 g 물)†
H_2	2.01	0.000160
N_2	28.0	0.00190
O_2	32.0	0.00434

*출처: J. Dean: *Lange's Handbook of Chemistry*. 14th Ed., pp. 5.3~5.8, New York, McGraw-Hill, 1992.
† 기체 압력 + 증기 압력 = 760 mmHg인 조건하에서 측정.

표 11.4 기화 상태의 엔탈피와 비극성 물질의 끓는점

	$\Delta_{vap}H°$ (kJ/mol)	원소/화합물 BP(°C)
N_2	5.57	−196
O_2	6.82	−183
CH_4 (메테인)	8.2	−161.5
Br_2	29.96	+58.8
C_6H_6 (벤젠)	30.7	+80.1
I_2	41.95	+185

극성 에탄올(C_2H_5OH)은 비극성 I_2에서 쌍극자를 유도한다.

Photos: © Cengage Learning/Charles D. Winters

일반적으로 할로젠 또는 알케인(CH_4, C_2H_6, C_3H_8 등과 같은 것)과 같은 일련의 물질에서 몰질량이 커질수록 분자의 편극률은 커지게 된다. 실제로 물에서의 일반 기체의 용해도를 보면 쌍극자와 유도된 쌍극자 사이에 나타나는 상호작용의 영향을 도시하고 있다. 기체의 몰질량이 증가할수록 전자구름의 편극률은 증가하고 쌍극자–유도 쌍극자 상호작용도 증가하며, 극성 용매에서의 용해도도 증가한다(표 11.3).

런던 분산력: 유도 쌍극자/유도 쌍극자 힘

비극성 화합물들도 분자 간 힘이 충분히 커서 분자들이 결합할 수 있다면 액체 또는 고체가 될 수 있다. 이러한 이유로 아이오딘(I_2)은 실온과 대기압에서 기체가 아니라 고체이다.

분자 간 힘의 크기는 끓는점에서 각 물질의 기화 엔탈피를 통해 알 수 있다. 표 11.4에서 보면 비극성 분자 간 힘은 매우 작은 것들(N_2, O_2, CH_4 등과 같이 기화 엔탈피와 끓는점이 매우 낮은 것들)로부터 상당히 큰 것들(I_2나 벤젠)에 걸쳐 있는 것을 알 수 있다. 비극성인 두 분자가 어떻게 서로 끌어당기는지 이해하기 위해서는 원자나 분자에 있는 전자구름이 변형될 수 있는 것을 기억할 필요가 있다. 따라서 두 원자나 2개의 비극성 분자가 접근하면 전자와 핵 사이의 힘이나 반발력이 전자구름을 한쪽으로 치우치게 한다(그림 11.7). 즉, 쌍극자가 인접한 원자 또는 분자에서 순간적으로 유도되고, 이 유도된 쌍극자에 의해 분자 간 인력이 생기게 된다.

이와 같이 비극성 분자로 구성된 기체, 액체나 고체에 존재하는 분자 간 인력은 **유**

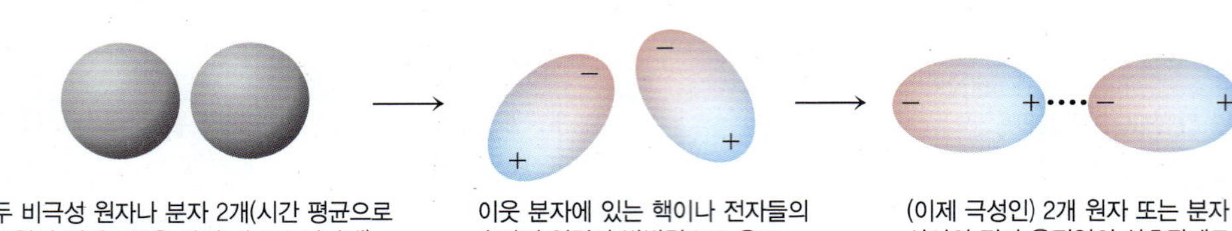

그림 11.7 유도 쌍극자–유도 쌍극자 상호작용 또는 런던 분산력. 핵과 전자들 사이의 순간적인 힘과 반발력은 유도 쌍극자를 만들고, 힘 때문에 알짜 안정화가 나타난다. 비극성인 Br_2와 I_2가 이러한 힘을 보여준다. 이들은 각각 액체와 고체로 존재하는데 이것은 분자들 사이에 응축상을 유지할만한 힘이 있다는 것을 보여준다.

도 쌍극자–유도 쌍극자 힘(induced dipde-induced dipole force)이다. 화학자들은 이것을 **런던 분산력**(London dispersion force)라고도 부르고 이 힘에 대하여 세 가지 중요한 점을 강조하고자 한다.

분자 간 힘의 균형. 예를 들어 물에서 알짜 분자 간 힘은 85 % 쌍극자–쌍극자(수소 결합 포함), 5 % 쌍극자–유도 쌍극자, 10 % 분산력으로 구성된다.

- 런던 분산력은 극성 또는 비극성인 모든 분자 사이에서 나타나지만 분산력은 비극성 분자 사이의 유일한 분자 간 힘이다(그림 11.8).
- 런던 분산력은 극성 분자들에서도 알짜 분자 간 힘의 주요한 부분을 설명할 수 있다(그림 11.8).
- 런던 분산력은 관련된 일련의 화합물에서 몰질량에 따라 증가한다(그림 11.4에서 CH_4 ⋯ SnH_4와 같은 일련의 화합물들).

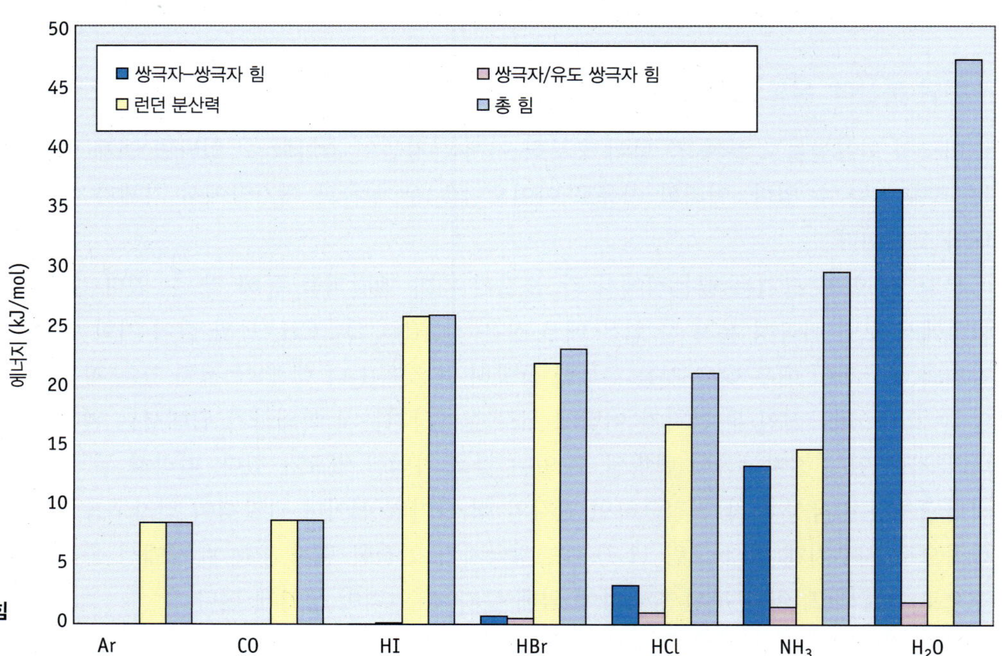

그림 11.8 일부 흔한 분자에서 분자 간 힘과 관련된 에너지.

예제 11.3 분자 간 힘

문제 고체 상태의 아이오딘(I_2)과 액체 상태의 물 및 사염화탄소(CCl_4)로 이루어진 혼합물이 있다. 각 물질들 사이에 존재하는 힘의 종류는 무엇인가?

알고 있는 사실 아이오딘(I_2)은 비극성이다. 이 분자는 큰 아이오딘 원자로 이루어져 있기 때문에 매우 널리 퍼진 전자구름을 가지고 있다. 즉 이 분자는 쉽게 편극화될 수 있다. CCl_4는 정사면체 구조이고 극성이 아니다(그림 8.12). 극성의 H_2O는 다른 물 분자 또는 큰 극성을 가진 다른 분자들과 수소 결합을 형성할 수 있다.

전략 먼저 각 물질이 극성인지 비극성인지 결정하고, 다른 쌍들 사이에 존재하는 분자 간 힘의 종류를 결정한다.

풀이 비극성 아이오딘(I_2)은 쉽게 편극화되어 극성인 물 분자와 쌍극자–유도 쌍극자 힘으로 상호작용을 할 수 있다. 비극성인 사염화탄소는 비극성인 아이오딘과 분산력으로 상호작용을 할 수 있다. 물과 사염화탄소는 쌍극자–유도 쌍극자 힘으로 물과 사염화탄소는 상호작용을 할 수 있다.

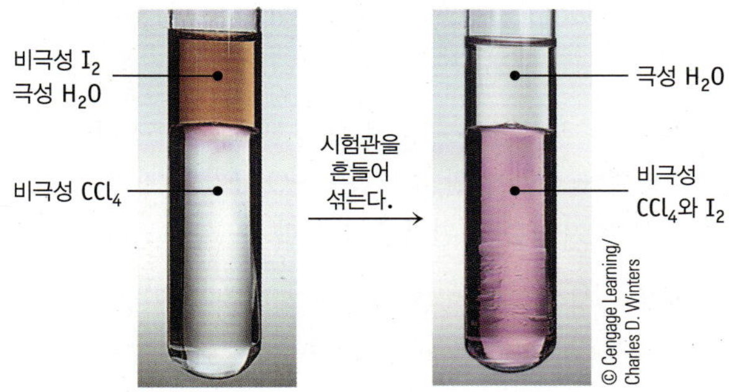

고려사항 사진은 이 세 가지 물질을 섞은 결과를 보여준다. 아이오딘은 물에 조금 녹아 갈색 용액을 만든다. 이 갈색 용액을 시험관의 CCl_4에 넣으면 두 액체는 섞이지 않고 층을 만든다(극성인 물은 비극성인 CCl_4에 녹지 않는다). (CCl_4는 밀도가 커서 [d=1.58 g/mL] 밀도가 작은 물 층보다 아래에 있다.) 그러나 시험관을 섞어주면 비극성인 I_2는 비극성인 CCl_4에 더 잘 녹는다. 이것은 위에 있는 물 층에서 갈색이 사라지면서 아래에 있는 CCl_4 층에서 I_2의 보라색이 나타나는 것으로 알 수 있다.

유제 우리가 물, CCl_4, 헥세인(hexane)($CH_3CH_2CH_2CH_2CH_2CH_3$)의 세 가지 물질을 섞는다면 이들 사이에 어떤 종류의 분자 간 힘이 존재하겠는가?

11.4절 확인문제

1. 다음 고체 중에서 서로 유도 쌍극자–유도 쌍극자 힘으로 작용하는 것은 무엇인가?
   (a) 얼음 (b) 낮은 온도에서의 고체 NH_3
   (c) NaCl (d) I_2

2. 다음 중 분자 간 힘이 가장 큰 화합물은 어느 것인가?
   (a) 펜테인 (C_5H_{11}) (b) 헥세인 (C_6H_{14}) (c) 헵테인 (C_7H_{16}) (d) 옥테인 (C_8H_{18})

11.5 반데르발스 분자 간 힘의 요약

반데르발스 분자 간 힘은 극성 분자나 극성이 유도될 수 있는 분자들에서 나타난다(표 11.5). 다음을 인식하는 것은 중요하다.

- 몇몇 종류의 분자 간 힘이 한 분자가 같은 분자와 또는 다른 종류의 분자와 상호작용하는 전반적인 능력에 기여할 수 있다(그림 11.8).
- 유도 쌍극자—유도 쌍극자 힘(런던 분산력)은 HCl과 같은 극성 분자에서도 상당히 있다(그림 11.8).
- 반데르발스 힘의 다양한 종류 중에서 수소 결합은 분자 성질에 영향을 미치는 특히 중요한 인자가 될 수 있다.

예제 11.4 분자 간 힘

문제 다음 각 경우에 가장 중요한 분자 간 힘을 결정하고 상호작용의 세기를 비교하시오. (a) 액체 메테인(CH_4) (b) 물과 메탄올(CH_3OH)의 혼합물 (c) 물에 녹아 있는 브로민(Br_2) 용액

알고 있는 사실 메테인은 정사면체 구조로 대칭성을 가지고 비극성이다. 물과 메탄올은 극성이고 둘 다 수소 결합을 할 수 있는 —OH 기를 가지고 있다. 브로민은 비극성이지만 큰 분자로 전자구름의 편극률이 크다.

전략 각각의 구조와 특성을 바탕으로 가능한 상호작용의 종류를 결정한다.

풀이

(a) 메테인은 공유 결합 화합물이며 루이스 구조를 통해 정사면체 구조를 가진 비극성 화합물이라는 것을 알 수 있다. 메테인의 유일한 분자 간 힘은 유도 쌍극자—유도 쌍극자 힘(분산력)이다.

(b) 물과 메탄올은 모두 공유 결합 화합물이며 극성일 뿐만 아니라 O—H 결합을 가지고 있다. 따라서 이들 사이에는 분산력 뿐만 아니라 수소 결합 이라는 특별한 쌍극자—쌍극자 힘을 통하여 상호작용을 한다.

표 11.5 분자 간 힘의 개요

상호작용의 종류	상호작용에 작용하는 인자	예
수소 결합, X—H···:Y	매우 극성인 X—H 결합과 고립 전자쌍을 가진 원자 Y (X, Y는 보통 F, N, O)	$H_2O \cdots H_2O$
쌍극자—쌍극자	쌍극자 모멘트(전기음성도와 분자 구조에 의존)	$(CH_3)_2O \cdots (CH_3)_2O$
쌍극자—유도 쌍극자	극성 분자의 쌍극자 모멘트와 비극성 분자의 편극률	$H_2O \cdots I_2$
유도 쌍극자—유도 쌍극자 (런던 분산력)	편극률(몰질량에 의존)	$I_2 \cdots I_2$

$^{\delta^+}H$—$\overset{\delta^-}{O}\cdots\overset{\delta^+}{H}$—$\overset{\delta^-}{O}$—$CH_3$ (with $^{\delta^+}H$ on the first O) 그리고 $^{\delta^+}H$, H_3C—$\overset{\delta^-}{O}\cdots\overset{\delta^+}{H}$—$\overset{\delta^-}{O}$—$H^{\delta^+}$

(c) 비극성 분자인 브로민과 극성인 물은 쌍극자–유도 쌍극자 힘 (그리고 분산력)을 통하여 상호작용을 한다(이는 501쪽에 있는 I_2–에탄올의 상호작용과 비슷하다).

고려사항 CH_4가 매우 낮은 온도에서 액체라는 사실은 매우 약한 힘을 가지고 있음을 시사한다. 수소 결합을 가지는 것들은 상당한 힘을 가질 것으로 예상하고, 물은 쉽게 메탄올에 용해되는 것을 관찰할 수 있다. 마지막으로 브로민은 물에 잘 녹지 않고 상대적으로 약한 분자 간 힘이 있다.

유제 다음 각 경우에 포함된 분자 간 힘을 결정하고 상호작용의 세기가 증가하는 순서대로 나열하시오. (a) 액체 O_2 (b) 액체 CH_3OH (c) 물에 녹아 있는 N_2.

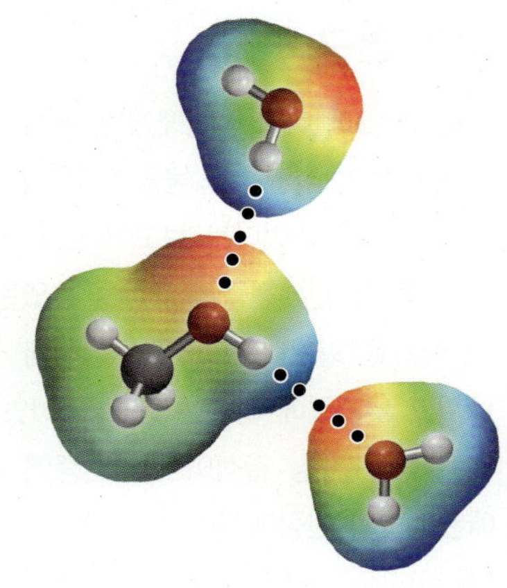

메탄올(CH_3OH)과 물 사이에 존재하는 수소 결합

11.5절 확인문제

1. CH_3CH_2OH과 CCl_4의 분자 사이에서 가장 중요한 분자 간 힘의 종류는 무엇인가?
   (a) 오직 분산력뿐 (b) 수소 결합
   (c) 쌍극자–쌍극자 (d) 쌍극자–유도 쌍극자

11.6 액체의 성질

물질의 세 가지 상태 가운데 정확히 묘사하기가 가장 어려운 것이 액체이다. 보통 조건의 기체 분자들은 멀리 떨어져 있어 상호작용이 거의 없는 것으로 생각할 수 있다. 고체의 경우 고체를 구성하는 입자들이 규칙적인 배열로 채워져 있기 때문에 구조를 쉽게 묘사할 수 있다. 액체의 입자는 고체와 마찬가지로 이웃 입자와 상호작용을 하고 있기는 하지만 고체와는 달리 원거리 일정한 배열이 없다.

액체는 간단하거나 규칙적인 구조는 가지고 있지 않지만 그래도 분자 수준에서 액체의 많은 성질을 정성적으로 설명할 수 있다. 이제부터 증발 과정, 액체의 증기압, 끓는점과 임계 성질들, 그리고 표면 장력, 모세관 작용, 점도 등을 보다 자세히 살펴보고자 한다.

기화와 압축

기화(vaporization) 또는 증발은 액체 상태에 있는 물질이 기체가 되는 과정이다. 이 과정에서 분자들은 액체 표면을 떠나 기체상으로 들어간다.

증발을 이해하기 위해서는 분자 에너지에 대해 살펴보아야 한다. 액체에 있는 분자는 기체 분자의 에너지 분포(그림 11.9)와 유사한 형태의 에너지 영역을 가지고 있

사례 연구 애완동물 사료의 재앙

2007년 초에 미국 전역에 있는 많은 애완견이 불순물이 섞인 음식물을 먹고 심각한 병에 걸리거나 죽었다는 보고가 있었다. 개와 고양이들은 신부전증의 증상을 보였는데 주로 식욕을 잃거나 토하거나 심하게 갈증을 느끼고 무기력에 빠지는 증상 등이었다. 갈색의 둥근 신장 결석이 신부전증에 시달린 애완동물의 신장에서 발견되었다. 처음에는 이것이 매우 이상하게 보였으나 두 달 후 화학자들과 독물학자들에 의해 애완동물의 음식 안에서 두 가지 혼합물, 멜라민과 시아누르산이 발견되었다.

멜라민 시아누르산

멜라민은 플라스틱과 비료를 만드는 데 이용되고 식용으로 허용되지 않았다. 시아누르산은 수영장의 염소를 안정화시키기 위해 사용되고, 음식물 제조 과정에 쓰이는 장비들을 살균하는 데 쓰인다. 시아누르산은 가끔 멜라민의 제조 과정 중에 부산물로 생성되어 멜라민 시료들은 시아누르산으로 오염될 수도 있다.

그러나 어떻게 멜라민이 애완견의 음식 안에 들어가게 되었을까? 중국에서 수입하여 유통된 식품에 소맥 글루텐이 함유되어 있었다. 소맥 글루텐은 애완견 사료가 포함하고 있는 식물성 단백질의 점도를 높이고 차지게 하는 재료로 사용되고 있다. 이것은 중국 수출업자가 질소의 함유량을 높이기 위해 첨가

©Eric Isselee/Shutterstock.com

한 것이었다. 단백질 함유량 테스트를 받을 때 발견된 질소는 단백질로부터 온 것이라고 추정되었다. 멜라민을 추가하는 것은 구매자가 상품에 더 높은 양의 단백질이 포함되었다고 생각하게 함으로써 그들을 속일 수 있는 값싼 방법이었다.

멜라민과 시아누르산은 그 자체로 독성이 있는 것은 아니다. 그러나 그들이 함께 있을 때 문제가 된다. 그 이유는 바로 수소 결합이다. 멜라민과 시아누르산을 물에 섞으면 용해되지 않는 멜라민 시아누르산염이 생성된다.

다음 구조는 두 분자 사이의 수소 결합만을 보여주고 있다. 그러나 추가적인 다른 분자와의 수소 결합도 가능하다. 그리고 그 결과 시아누르산과 멜라민이 결합하여 용해되지 않는 물질을 형성된다.

수소 결합 구조를 만드는 현상은 보통 pH에 의해 결정된다. 낮은 pH에서, 즉 높은 산성인 위에서 수소 결합은 발생하지 않는다. 그리고 그 구조는 용해되게 된다. 몸은 신장을 통해 이러한 화합물을 제거하려 하나 이 화합물은 신장의 중성의 pH를 만나게 된다. 수소 결합이 신장에서 다시 생기게 되고 고체 멜라민 시아누르산 염이 형성된다.

멜라민이란 불순물이 섞인 음식물은 애완동물 식품에만 있는 것이 아니다. 2008년 중국에서 멜라민은 유아들의 분유에 들어 있는 우유에서도 발견되었다. 중국에 있는 수천 명의 아이들이 병에 걸리고 신부전증으로 인하여 고통을 받았으며 치명적인 결과를 유발하기도 하였다. 이 아기들은 바로 멜라민이 섞인 분유를 먹은 것이다.

문제

1. 멜라민과 시아누르산에 있는 질소의 무게 백분율을 계산하고 질소의 평균 값과 비교하여 보시오.
2. 유아의 분유에서는 0.14 ppm의 멜라민이 발견되었다(ppm은 백만분의 일을 나타낸다. 예를 들어 100만 g의 상품에 1g의 멜라민이 있다는 뜻이다). 얼마나 많은 양의 멜라민이 454 g 질량의 유아 분유 안에 포함되어 있을까?

이 질문에 대한 답은 부록 N에 수록되어 있다.

다(◀그림 10.14). 기체에서와 마찬가지로 액체에서 분자들의 평균 에너지는 온도에 의해서만 의존한다. 온도가 높을수록 평균 에너지는 높아지고 높은 운동 에너지를 갖는 분자들의 수도 상대적으로 증가한다. 액체 시료에서 분자들의 최소한 일부는

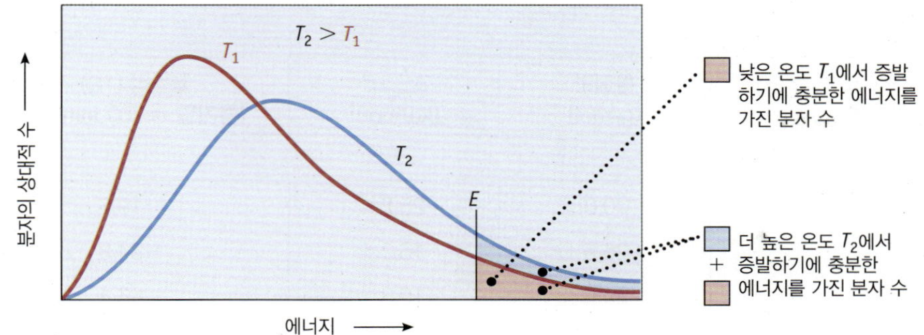

그림 11.9 액체 시료에서 분자들 사이의 에너지 분포. T_2가 T_1보다 높은 온도이다. T_2에서 표시된 E보다 더 높은 에너지를 가진 분자가 T_1에서보다 더 많다.

액체 분자들을 붙잡고 있는 분자 상호 간의 힘에 기인하는 퍼텐셜 에너지보다 더 큰 운동 에너지를 가지고 있다. 만약 이런 분자들이 액체 표면에 존재하며 운동 방향이 표면 밖을 향한다면 이웃으로부터 떨어져 나와 기체상으로 들어갈 수 있다.

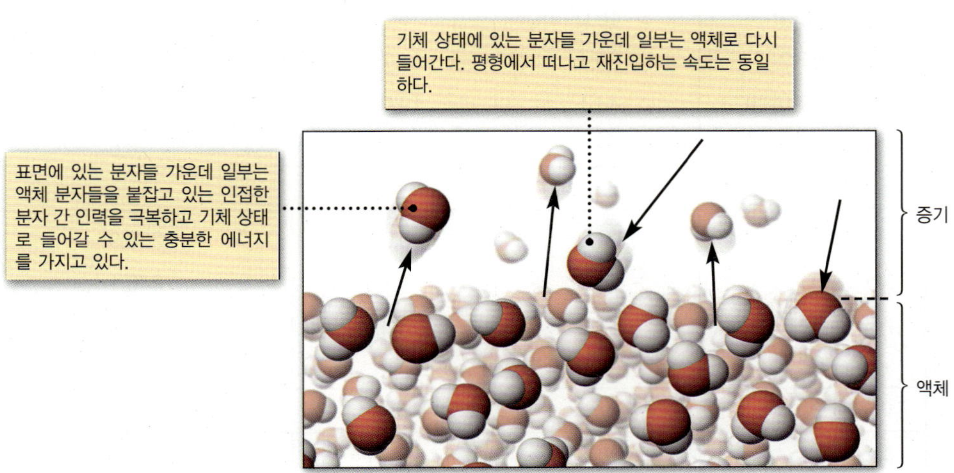

분자들을 서로 붙잡고 있는 분자 상호 간의 힘을 극복하기 위해서는 계에 에너지가 투입되어야 하므로 기화는 흡열 과정이다. 어떤 시료를 기화시키는 데 필요한 열에너지를 주로 표준 **몰 기화 엔탈피**(molar enthalpy of vaporization), $\Delta_{vap}H°$(단위는 kJ/mol)로 나타낸다(표 11.4, 11.6).

$$\text{액체} \xrightarrow[\text{액체에 의해 흡수된 에너지}]{\text{증발}} \text{증기} \qquad \Delta_{vap}H° = \text{몰 기화 엔탈피}$$

기체상에 있는 분자는 더 느린 기체 분자나 고체에 충돌하며 운동 에너지의 일부를 빼앗긴다. 만약 이 분자가 충분한 에너지를 잃고 액체의 표면에 충돌하면 **응축**(condensation)이라는 과정을 통해 다시 액체상으로 들어간다.

$$\text{증기} \xrightarrow[\text{증기에 의해 방출된 에너지}]{\text{응축}} \text{액체} \qquad -\Delta_{vap}H° = \text{몰 응축 엔탈피}$$

응축은 기화의 반대 과정이고, 발열 과정이다. 에너지가 주위로 방출된다. **응축에 관여하는 엔탈피 변화는 기화 엔탈피와 크기는 같고 부호만 반대이다.**

표 11.6 여러 가지 물질의 몰 기화 엔탈피와 끓는점*

화합물	몰질량 (g/mol)	$\Delta_{vap}H°$ (kJ/mol)†	끓는점 (°C) (증기압 = 760 mmHg)
극성 화합물			
HF	20.0	25.2	19.7
HCl	36.5	16.2	−84.8
HBr	80.9	19.3	−66.4
HI	127.9	19.8	−35.6
NH_3	17.0	23.3	−33.3
H_2O	18.0	40.7	100.0
SO_2	64.1	24.9	−10.0
비극성 화합물			
CH_4 (메테인)	16.0	8.2	−161.5
C_2H_6 (에테인)	30.1	14.7	−88.6
C_3H_8 (프로페인)	44.1	19.0	−42.1
C_4H_{10} (뷰테인)	58.1	22.4	−0.5
일원자 원소			
He	4.0	0.08	−268.9
Ne	20.2	1.7	−246.1
Ar	39.9	6.4	−185.9
Xe	131.3	12.6	−108.0
이원자 원소			
H_2	2.0	0.90	−252.9
N_2	28.0	5.6	−195.8
O_2	32.0	6.8	−183.0
F_2	38.0	6.6	−188.1
Cl_2	70.9	20.4	−34.0
Br_2	159.8	30.0	58.8

*출처: D. R. Lide: *Basic Laboratory and Industrial Chemicals*, Boca Raton, FL, CRC Press, 1993.
†$\Delta_{vap}H°$는 액체의 정상 끓는점에서 측정됨.

표 11.6에 다양한 물질의 $\Delta_{vap}H°$ 값과 끓는점과의 관계를 수록하였다. 두 성질 모두 액체를 구성하는 입자들 사이의 힘을 반영한다. 탄화수소, 대기 중의 기체들, 할로젠과 같은 비극성 액체들의 끓는점은 원자량이나 분자량이 증가함에 따라 높아지는데, 이는 분자들 사이의 분산력이 증가하기 때문이다. 표 11.6에 있는 알케인들(메테인, 에테인, 프로페인, 뷰테인)을 보면 그런 경향을 분명하게 알 수 있다. 이와 마찬가지로 플루오린보다 더 무거운 할로젠의 수소 화합물(HCl, HBr, HI) 역시 분자량에 비례하여 기화 엔탈피가 증가한다. 이 분자들의 경우에는 분산력과 일반적인 쌍

극자–쌍극자 힘에 의해 분자 간 힘이 발생한다(그림 11.8). 분산력은 분자량에 비례하여 보다 중요하게 작용하므로 끓는점은 HCl < HBr < HI의 순서로 커진다. 할로젠화 수소 중에서 HF는 예외인데, 높은 기화 엔탈피와 끓는점은 전반적으로 수소 결합의 직접적 결과이다.

예제 11.5 기화 엔탈피

문제 냄비에 100 ℃의 물을 925 mL (약 4컵) 넣고 물이 서서히 기화하도록 하였다. 이 물을 다 기화시키기 위해서 필요한 열 에너지는 얼마인가? (100 ℃의 물의 밀도는 0.958 g/cm^3)

알고 있는 사실 물의 부피를 알고 기화에 필요한 에너지를 알아야 한다. 이 문제를 풀기 위해서는 세 가지 정보가 필요하다.

1. 100 ℃에서 물의 $\Delta_{vap}H° = +40.7$ kJ/moll(표 11.6)
2. 물의 분자량 = 18.02 g/mol

전략 $\Delta_{vap}H°$는 단위가 kJ/mol이므로 초기 물의 질량과 양을 찾아야 한다. 다음 가열에 필요한 에너지를 계산하기 위해 기화 엔탈피(kJ/mol)를 사용한다.

풀이 이 온도에서 물의 밀도를 사용하여 925 mL가 886 g과 같고, 이 질량은 49.2 mol에 해당한다.

$$925\ \text{mL}\left(\frac{0.958\ \text{g}}{1\ \text{mL}}\right)\left(\frac{1\ \text{mol}}{18.02\ \text{g}}\right) = 49.2\ \text{mol H}_2\text{O}$$

따라서 필요한 에너지의 양은 다음과 같이 계산된다.

$$49.2\ \text{mol H}_2\text{O}\left(\frac{40.7\ \text{kJ}}{\text{mol}}\right) = 2.00 \times 10^3\ \text{kJ}$$

고려사항 2000 kJ은 60 g의 탄소를 태울 때 발생하는 에너지와 같다.

유제 메탄올(CH_3OH)의 기화몰 엔탈피는 64.6 ℃에서 35.2 kJ/mol이다. 64.6 ℃에서 1.00 kg의 메탄올을 기화하는 데 필요한 에너지는 얼마인가?

전략도 11.5

문제
주어진 물이 **기화**하는 데 필요한 **에너지**를 계산하시오.

↓

알려진 자료/정보
- 끓는점에서의 기화 엔탈피
- 물의 부피

↓ **1단계 밀도, 몰질량**을 이용하여 물의 **부피**를 **양**(mol)으로 바꾼다.

시료의 **양**

↓ **2단계** 시료의 **양**에 **몰 엔탈피**를 곱한다.

끓는점에서 시료가 기화하는 데 필요한 **에너지**(kJ)

액체 물은 예외적인 물질이다. 물을 수증기로 변환하는 데 막대한 양의 에너지가 필요하다는 것은 물의 특이한 성질이고, 이 사실은 우리의 환경과 건강을 위해 매우 중요하다. 우리가 격렬하게 운동할 때 우리 몸은 지나친 열을 내리기 위해 땀을 흘리도록 반응한다. 우리 몸의 열은 기화 과정에서 땀으로 전달되기 때문에 몸을 식힐 수 있다.

또 이 물의 기화 또는 응축 에너지는 날씨에도 중요한 역할을 한다(그림 11.10). 예를 들어 1에이커의 땅에 1인치의 비가 내리기에 충분한 양의 물이 공기에서 응축될 때 방출되는 에너지는 무려 2.0 × 10^8 kJ에 달한다. 이는 작은 폭탄으로부터 방출되는 에너지와 같다.

그림 11.10 폭풍우는 엄청난 양의 에너지를 방출한다. 물의 증기가 응축될 때는 에너지가 주위로 방출된다. 물의 응축 엔탈피는 상당히 크기 때문에 폭풍우에서 많은 양의 열이 방출된다.

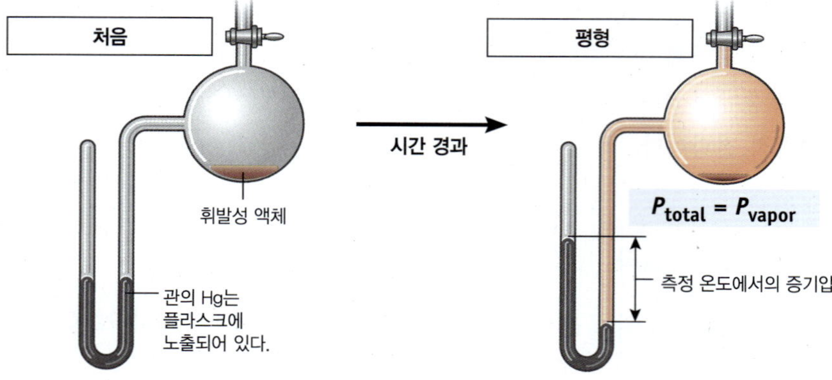

그림 11.11 증기압.

증기압

뚜껑 없는 비커에 물을 담아 놓고 시간이 지나면 결국 모두 증발해버릴 것이다. 공기의 움직임과 기체의 확산으로 액체 표면 부근의 수증기를 제거하여 많은 물 분자가 액체로 돌아오는 것을 불가능하게 한다.

그러나 위가 밀봉된 플라스크에 물을 담아 놓으면(그림 11.11) 수증기는 달아나지 못하고 일부는 액체 상태의 물로 다시 응축된다. 결국 플라스크 내의 액체와 증기의 질량이 일정하게 남으면서 **동적 평형**(dynamic equilibrium)의 또 다른 예가 된다(◂106쪽).

$$\text{액체} + \text{에너지} \rightleftharpoons \text{기체}$$

평형에서 분자는 계속해서 액체상에서 기체상으로 또 기체상에서 다시 액체상으로 움직인다(◂507쪽). 중요한 점은 분자가 액체에서 기체로 움직이는 속도가 기체에서 액체로 움직이는 속도와 같기 때문에 두 상의 질량에는 변화가 없는 것이다.

액체–기체 평형이 이루어지면 **평형 증기압**(equilibrium vapor pressure) (그냥 증기압으로 부르기도 함)을 측정할 수 있다. 물질의 평형 증기압은 액체상과 평형을 이루는 증기가 나타내는 압력이다. 개념상으로 액체의 증기압은 주어진 온도에서 분자가 액체상을 떠나 기체상으로 들어가는 경향이다. 이 경향을 정성적으로 표현한 것이 화합물의 **휘발성**(volatility)이다. 주어진 온도에서 평형 증기압이 높을수록 그 화합물은 휘발성이 높다.

앞에서 설명한 대로(그림 11.9) 액체상에서 분자 에너지 분포는 온도에 의해 결정된다. 온도가 높으면 액체 표면을 떠나기에 충분한 에너지를 가진 분자의 수가 많아진다. 따라서 평형 증기압은 온도가 올라가면 더 높아진다.

온도의 함수로 증기압을 그래프로 나타내면 많은 정보를 줄 수 있다(그림 11.12). **온도에 대한 증기압 곡선의 모든 점은 액체와 기체가 평형을 이루는 압력과 온도 조건을 나타낸다.** 예를 들어 60 ℃에서 물의 증기압은 149 mmHg이다. 만약 물을 진

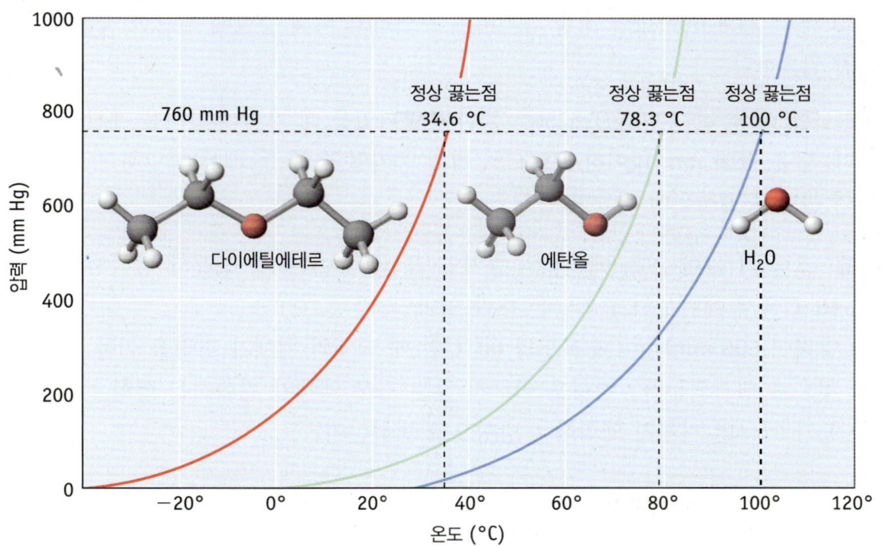

그림 11.12 다이에틸에테르[$(C_2H_5)_2O$], 에탄올(C_2H_5OH), 물의 증기압 곡선. 각 곡선은 액체상과 기체상이 평형을 이루는 T와 P 조건을 나타낸다. 이 곡선의 왼쪽 부분의 T와 P 조건에서는 물질이 액체 상태로 존재하고 오른쪽 부분의 조건에서는 기체 상태로 존재한다(많은 액체의 증기압은 부록 G에 주어져 있다).

공상태의 닫힌 플라스크에 넣어 60 ℃를 유지하면 기체에 의한 압력이 149 mmHg가 될 때까지 액체가 증발할 것이다(평형에 도달한 후에도 액체가 남을 정도로 플라스크 안에는 충분한 양의 물이 있다고 가정한다).

예제 11.6 증기압

문제 부피가 4.25×10^4 L인 기숙사 방에 2.00 L의 물이 담긴 열린 용기를 놓아두었다. 방을 밀폐하고 물이 증발하도록 놓아두면 25 ℃에서 물이 완전히 증발할 것으로 예상할 수 있을까? 실제상으로는 어렵지만 단순화하기 위하여 처음에는 습도가 0으로 가정하시오. (25 ℃에서 물의 밀도는 0.997 g/mL이고 증기압은 23.8 mmHg이다.)

알고 있는 사실 물의 부피와 밀도, 방의 부피, 25 ℃에서 물의 증기압을 알아야 한다.

전략 이 문제를 푸는 한 방법은 이상기체의 법칙을 이용하여 25 ℃에서 4.25×10^4 L의 부피에서 23.8 mmHg의 압력의 수증기를 생성하는 물의 양을 계산하는 것이다. 그 다음 해당하는 물의 부피를 계산하고 가용한 2.00 L 물과 답을 비교한다.

풀이

$$P = 23.8 \text{ mm Hg}\left(\frac{1 \text{ atm}}{760 \text{ mm Hg}}\right) = 0.0313 \text{ atm}$$

$$n = \frac{PV}{RT} = \frac{(0.0313 \text{ atm})(4.25 \times 10^4 \text{ L})}{\left(0.082057 \dfrac{\text{L} \cdot \text{atm}}{\text{K} \cdot \text{mol}}\right)(298 \text{ K})} = 54.4 \text{ mol}$$

$$54.4 \text{ mol } H_2O\left(\frac{18.02 \text{ g}}{1 \text{ mol } H_2O}\right) = 980 \text{ g } H_2O$$

$$980 \text{ g } H_2O\left(\frac{1 \text{ mL}}{0.997 \text{ g } H_2O}\right) = 983 \text{ mL}$$

전략도 11.6

문제

물이 주어진 **온도**와 부피에서 **완전히 기화**되는가?

알려진 자료/정보

- 물의 부피
- 물의 밀도
- T에서의 증기압

1단계 이상기체 법칙을 이용하여 주어진 부피에서 증기압과 동일한 ***P***를 가지는 데 필요한 수증기의 양을 계산한다.

증발된 **물의 양**(몰)이 만드는 **압력(*P*)**이 주어진 **온도 *T***에서의 증기압과 같다.

2단계 물의 양을 **몰질량**과 **밀도**를 이용하여 **액체 물**의 **부피**로 바꿔준다.

주어진 **온도 *T***에서 **증기압**을 달성하기 위해 증발된 **물의 부피**

3단계 증발된 물의 부피와 증발하기 전의 부피를 **비교**하시오.

증발된 물의 부피가 가용한 물의 부피보다 더 적다. **일부 물은 남아 있다.**

25 ℃에서 23.8 mmHg의 평형 증기압에 도달하기 위해 증발에 필요한 물은 약 절반만 필요하다.

고려사항 다른 접근 방법으로 모든 물이 증발되었을 때 가지는 압력을 계산하는 것이다. 답은 48.4 mmHg이다. 25 ℃의 평형 증기압의 약 두 배에 해당하므로 약 절반의 물만 증발하는데 필요하다.

유제 그림 11.12에 있는 에탄올의 증기압 곡선을 보고 다음 질문에 답하시오.
(a) 40 ℃에서 에탄올의 증기압은 대략 얼마인가?
(b) 압력이 600 mmHg이고 온도가 60 ℃일 때 액체와 기체가 평형을 이룰 수 있을 것으로 생각되는가? 평형을 이루지 않는 경우 액체가 기화하는 방향으로 변하는가 아니면 기체가 액화하는 방향으로 변하는가?

증기압, 기화 엔탈피, 클라우지우스–클라페이롱 식

그림 11.12에 도시된 바와 같이 온도의 함수로 액체의 증기압을 그래프로 그리면 곡선이 된다. 그러나 절대 온도의 역수($1/T$)와 증기압의 자연 로그 값($\ln P$) 사이에 선형 관계가 성립한다는 사실을 발견하였고(그림 11.13), 이 직선의 식은 다음과 같다.

$$\ln P = -(\Delta_{vap}H°/RT) + C \qquad (11.1)$$

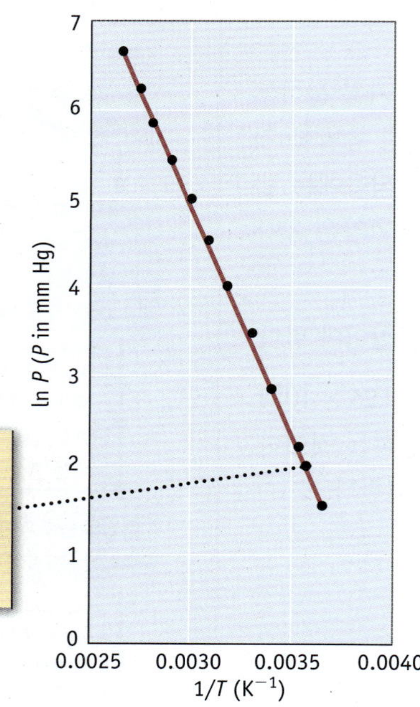

그림 11.13 클라우지우스–클라페이롱 식. 이 식은 독일 물리학자 클라우지우스(R. Clausius, 1822~1888)와 프랑스인인 클라페이롱(B. P. E Clapeyron, 1799~1864)의 이름을 기려 명명되었다. 이 그래프의 물의 T와 P의 값은 부록 G에서 발췌하였다.

클라우지우스–클라페이롱 식(Clausius-Clapeyron equation)으로 불리는 이 관계식으로 증기압과 온도를 실험적으로 측정하여 $\Delta_{vap}H°$ 값을 계산할 수 있다. (이 식에서 R은 기체 상수(0.008314462 kJ/K · mol)이며 C는 대상 액체에 따라 결정되는 상수이다.) 액체의 평형 증기압을 여러 온도에서 측정한 후 이 값에 로그를 취하여 $1/T$에 대해 그래프를 그린다. 그 결과 얻어지는 직선의 기울기가 $-\Delta_{vap}H°/R$이다. 예를 들어 물에 대한 자료(그림 11.13)로 그래프를 그려보면 직선의 기울기는 -4.90×10^3 K이 되기 때문에 $\Delta_{vap}H° = 40.7$ kJ/mol이다.

$\ln P$와 $1/T$의 그래프를 그리는 대신 두 온도에서 액체의 증기압을 안다면 다음과 같은 식(식 11.1로부터 유도)으로 $\Delta_{vap}H°$를 계산할 수도 있다.

$$\ln \frac{P_2}{P_1} = -\frac{\Delta_{vap}H°}{R}\left[\frac{1}{T_2} - \frac{1}{T_1}\right] \qquad (11.2)$$

식 11.2를 이용하여 흔한 부동액의 성분인 에틸렌글리콜의 기화 엔탈피를 계산하여 보자. 실험에 의해 한 액체가 373 K(T_1)에서는 14.9 mmHg(P_1)의 증기압을 가지고 398 K (T_2)에서 49.1 mmHg(P_2)의 증기압을 가진다고 가정하자. 이 사실을 이용하면 $\Delta_{vap}H°$가 59.0 kJ/mol임을 알 수 있다.

$$\ln\left(\frac{49.1\ \text{mmHg}}{14.9\ \text{mmHg}}\right) = -\frac{\Delta_{\text{vap}}H°}{0.0083145\ \text{kJ/K}\cdot\text{mol}}\left[\frac{1}{398\ \text{K}} - \frac{1}{373\ \text{K}}\right]$$

$$1.192 = -\frac{\Delta_{\text{vap}}H°}{0.0083145\ \text{kJ/K}\cdot\text{mol}}\left(-\frac{0.000168}{K}\right)$$

$$\Delta_{\text{vap}}H° = 59.0\ \text{kJ/mol}$$

끓는점

만약 대기압에서 뚜껑 없는 비커에 물이 담겨있다면 대기의 분자들이 물의 표면을 누를 것이다. 충분한 열이 가해지면 액체의 증기압이 대기압과 같아지는 온도에 도달하게 된다. 이 온도에서 액체 증기의 기포는 대기압에 의해 터지지 않고 대신 표면으로 올라가게 된다. 즉 액체가 끓는 것이다(그림 11.14).

액체의 끓는점은 그 액체의 증기압이 외부의 압력과 같아지는 온도이다. 외부 압력이 760 mmHg일 때의 끓는 온도를 **정상 끓는점**(normal boiling point)이라고 부른다. 그림 11.12에 있는 몇 가지 물질의 증기압 곡선에 이 점을 표시하였다.

물의 정상 끓는점은 100 ℃이다. 미국의 많은 지역에선 100 ℃ 근처에서 물이 끓는다. 그러나 유타 주 솔트레이크 시티 등과 같이 대기압이 약 650 mmHg 정도로 고도가 높은 지역에서는 물의 끓는점이 많이 내려간다. 그림 11.12에 있는 물의 평형 증기압 곡선을 보면 압력이 650 mmHg일 때 끓는점은 약 95 ℃ 정도이다. 따라서 솔트레이크 시티에서 요리를 할 때 같은 결과를 얻으려면 해수면의 뉴욕에서 요리를 할 때보다 더 오래 가열해야 한다.

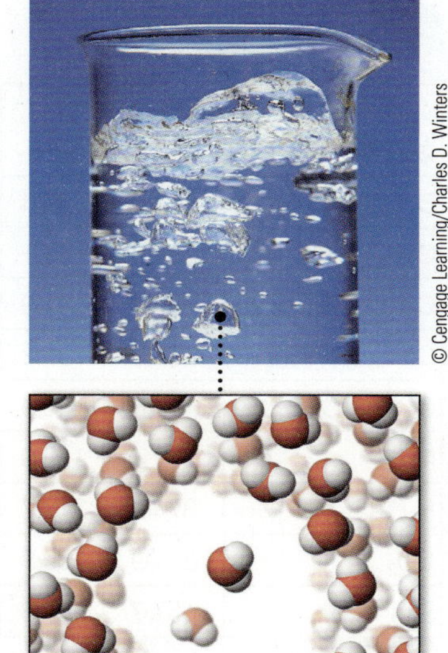

그림 11.14 **증기압과 끓음.** 액체의 증기압이 대기압과 같아질 때 액체 안에서 기포가 발생하기 시작하고 액체가 끓는다.

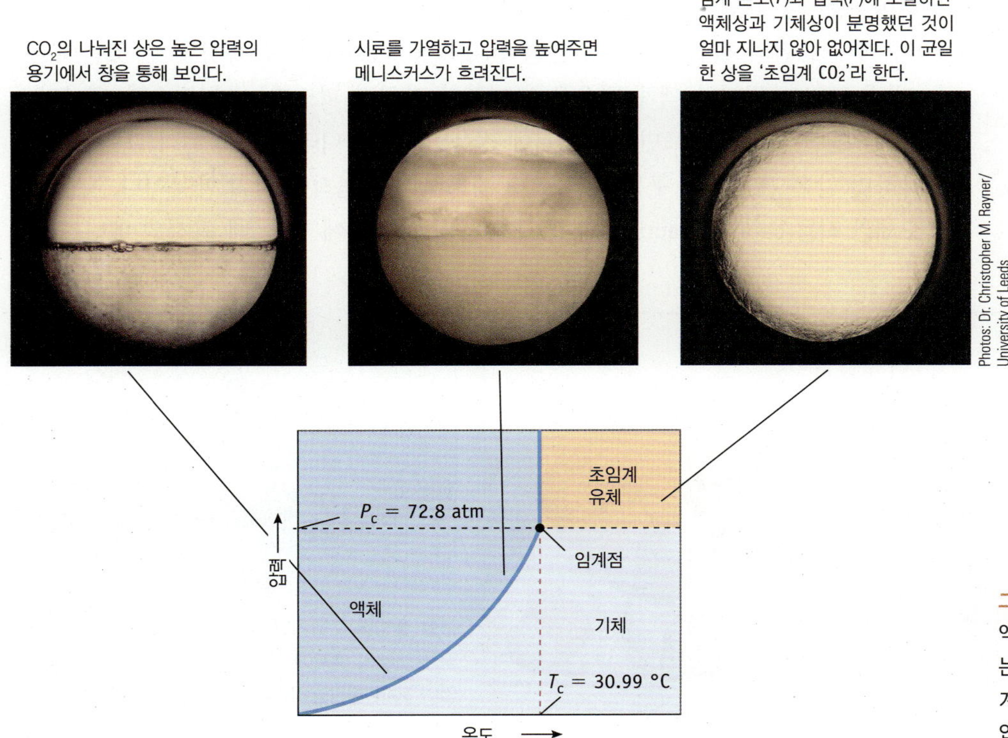

그림 11.15 **CO_2의 임계 온도와 임계 압력.** 액체 상태와 기체 상태 CO_2가 평형을 이루는 조건을 나타낸 압력 대 온도 곡선은 임계점에서 끝나게 된다. 이 이상의 온도와 압력에서 CO_2는 초임계유체가 된다.

표 11.7 일부 물질의 임계 온도와 임계 압력*

화합물	T_c (℃)	P_c (atm)
CH_4 (메테인)	−82.6	45.4
C_2H_6 (에테인)	32.3	49.1
C_3H_8 (프로페인)	96.7	41.9
C_4H_{10} (뷰테인)	152.0	37.3
CCl_2F_2 (CFC−12)	111.8	40.9
NH_3	132.4	112.0
H_2O	374.0	217.7
CO_2	30.99	72.8
SO_2	157.7	77.8

* 출처: D. R. Lide: *Basic Laboratory and Industrial Chemicals*, Boca Raton FL, CRC Press, 1993.

임계 온도와 압력

처음 생각하기에는 그림 11.12에 있는 것과 같은 증기압–온도 곡선이 끝이 없이 계속 위로 올라갈 것 같지만 그렇지는 않다. 대신 특정 온도와 압력에 도달하면 액체와 기체의 경계가 사라져버린다. 이 지점을 **임계점**(critical point)이라고 부른다. 이 현상이 일어나는 온도를 **임계 온도**(critical temperature, T_c)라고 하고 그 때의 압력을 **임계 압력**(critical pressure, P_c)이라고 한다(그림 11.15). 그리고 이런 환경에 있는 물질을 **초임계 유체**(supercritical fluid)라고 한다. 이것은 높은 압력에 있는 기체와 같아서 밀도는 액체와 비슷하지만 점도, 즉 흐를 수 있는 능력은 기체와 비슷하다.

이러한 조건의 이 상태 물질을 분자 수준에서 생각해 보자. 분자는 액체 상태이므로 서로 가까이 있고 힘을 받는다. 하지만 액체 상태와는 달리 초임계 유체에서 분자는 서로 잡아끄는 힘을 능가하는 충분한 운동 에너지를 가진다.

대부분 물질에서 임계점은 매우 높은 온도와 압력에서 나타난다(표 11.7). 물의 경우 임계 온도는 374 ℃이고 임계 압력은 217.7 atm이다.

초임계 유체는 커피콩에서 카페인을 추출하는 것처럼 유용하게 사용된다. **심층학습: 초임계 CO_2와 녹색 화학**(515쪽)에서 묘사하는 것처럼 이 성질은 '녹색화학'을 이끌어가는 데 유용할 것이다.

표면장력, 모세관 작용, 점도

액체 내부에 있는 분자는 모든 방향으로 둘러싸고 있는 다른 분자들과 상호작용을 한다(그림 11.16). 반면에 표면에 있는 분자는 표면 층에 있거나 아래에 있는 분자들하고만 상호작용을 한다. 이런 현상 때문에 표면에 있는 분자를 안쪽으로 잡아끌려는 힘이 생겨나 표면적이 줄어들게 되고 액체는 마치 피부가 있는 것처럼 행동하게 된다. 액체 표면의 질긴 정도는 **표면장력**(surface tension)으로 측정할 수 있는데, 이는 액체 표면을 뚫거나 액체 방울을 파괴하여 막처럼 퍼뜨리는 데 필요한 에너지이다. 예를 들어 물방울은 표면장력 때문에 정육면체가 아니라 구형이 된다(그림 11.16). 왜냐하면 같은 부피에서 구는 다른 어떤 형태보다 표면적이 작기 때문이다.

모세관 작용(capillary action)과 액체가 다양한 용기에 있을 때 곡선의 **메니스커스**

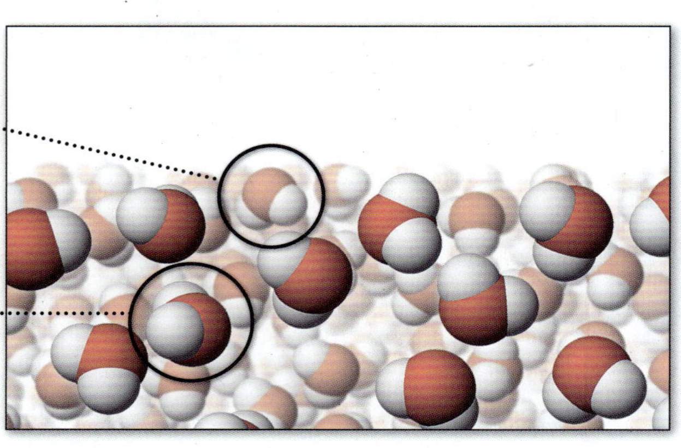

그림 11.16 **액체에서 분자 간 힘과 표면장력.**

구형 물방울. 액체의 표면의 분자에 작용하는 힘은 액체 내부의 분자에 작용하는 힘과 다르다. 이것이 원인이 되어 물방울이 작은 정육면체가 아니라 구형이 된다.

심층 학습 | 초임계 CO_2와 녹색화학

최근 CO_2에 대하여 많이 거론되고 있으며 특히 온실가스의 역할에 대하여 언급된다. 그러나 이 화합물도 유용성이 있는데 특히 초임계 유체(SCF) 형태의 용매로 사용하는 것이다.

이산화탄소는 어디든지 있고, 무독성이고, 불연성이고, 저렴하다. 그리고 임계 온도 30.99 °C와 임계 압력 72.8 atm에 접근하는 것이 비교적 쉽다. 초임계 상태에서 분자들은 액체처럼 행동한다. 하지만 CO_2 분자의 운동 에너지는 분자들 사이의 힘보다 더 크기 때문에 초임계 CO_2는 기체 성질들도 가지고 있다. 그 결과 초임계 유체는 액체의 밀도를 갖지만 기체의 낮은 점도를 갖고 있다.

초임계 CO_2의 유용성 중 다른 하나는 커피로부터 카페인을 추출하는 것이다. 커피 원두는 스팀에 의해 카페인이 표면으로 나온다. 그리고 초임계 CO_2에 담겨지면 카페인은 선택적으로 용해되지만, 커피 향을 내는 화합물은 손상되지 않고 남게 된다(무카페인 커피는 카페인이 3 % 이하로 남게 된다). 초임계 CO_2 카페인 용액을 분리하여 CO_2는 기화, 포집하여 재사용된다.

조류는 많은 다른 형태로 존재하는 단순한 식물의 커다란 집단이고, 다양한 조건 하에서 무성하게 자랄 수 있다. 실제로 이들은 너무 무성하게 자랄 수 있어서 대규모로 조류를 재배하여 대기로부터 CO_2를 제거하는 방법으로 사용하자는 제안이 있을 정도이다. 추가적인 장점은 조류는 지방산같은 유기화합물을 만들기 때문에 조류로부터 추출하여 바이오디젤 연료로 변환할 수 있다. 실제로 CO_2와 같은 SCF는 높은 효율로 이 추출에 사용될 수 있다고 보고되고 있다.

담수 연못에서 자라는 조류. 초임계 유체 CO_2를 이용하여 조류로부터 지방산을 추출할 수 있고 바이오디젤 연료로 변환할 수 있다.

최근 발견된 초임계 CO_2의 또 다른 용도는 폴리에스터 섬유의 염색 과정에서의 활용이다. 이 공정을 개발한 네덜란드 회사는 다음과 같이 말하고 있다. "평균적으로 1 kg 직물을 처리하는 공정에 100~150 L 물이 필요한 것으로 추산되고 있으며 매년 약 280억 kg 직물이 염색되고 있다. 물은 많은 전처리와 마감 공정에 용매로 사용된다. 따라서 공정에 사용되는 물과 화학물질을 제거하는 것은 직물 염색 산업에서 진정한 혁신이 될 것이다. 초임계 유체 CO_2는 고분자 섬유를 부풀게 하여 염료가 확산할 수 있게 하고 섬유의 미세공과 모세 구조에 침투할 수 있게 한다. 염료 용액의 점도가 낮아서 염료 용액을 순환하는 것이 보다 쉽고 에너지가 덜 들게 된다."

미국에서의 조류 바이오연료의 지속가능한 발전(National Academy의 보고서, 2012) 참조.

(meniscus)가 관찰되는 것은 분자 간 힘의 또 다른 결과이다. 종이를 부분적으로 물에 넣으면 극성 물 분자가 종이의 셀룰로오스 분자에 존재하는 C—OH 결합에 끌리기 때문에 물이 빨려 올라간다(그림 11.17 왼쪽).

그림 11.17(오른쪽)에서 유리관에서의 물과 수은의 다른 거동을 관찰할 수 있다. 극성인 물 분자는 **접착력**(adhesive force), 즉 유리 표면의 Si—OH 결합으로 인해 유리표면에 끌린다. 이 힘은 물 분자들끼리 잡아당기는 **응집력**(cohesive force)과 경쟁을 할 수 있을 정도로 강하다. 따라서 어떤 물 분자는 유리 표면에 달라붙을 수 있다. 이렇게 유리 표면에 붙은 분자와 액체는 다리 역할을 하는 분자를 통해 연결된다. 물과 유리 사이의 접착력은 물의 수면이 벽면을 따라 올라갈 정도로 충분히 크다. 이와 같이 물이 올라갈 수 있는 높이는 물과 유리 사이에 작용하는 접착력과 물 분자들 사이에 작용하는 응집력으로 구성된 힘이 물을 밑으로 끌어내리려는 중력과 이루는 균

모세관 작용.
종이를 일부 물에 담근다. 극성 물 분자가 종이 필터의 셀룰로오스의 C–OH 기에 이끌려 종이를 따라 올라간다.

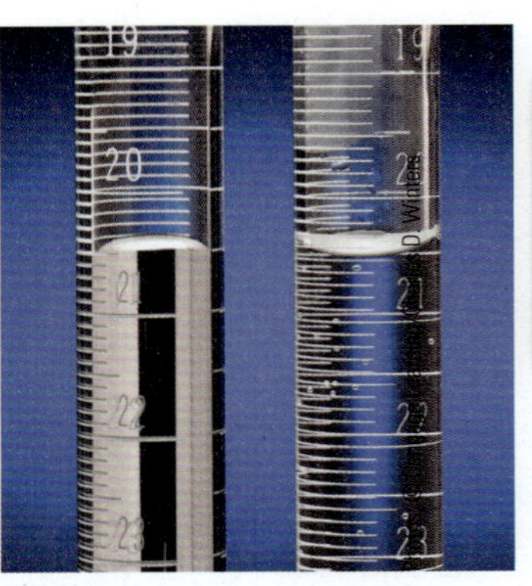

메니스커스.
유리관의 물(오른쪽)은 유리의 표면에 있는 극성 —OH 기에 끌리며 따라서 물은 아래로 오목한 메니스커스를 형성한다. 그러나 수은은 유리 표면에 끌리지 않아서 위로 볼록한 메니스커스를 형성한다(왼쪽).

그림 11.17 **분자 간 힘: 모세관 작용(왼쪽)과 메니스커스의 형성(오른쪽)**

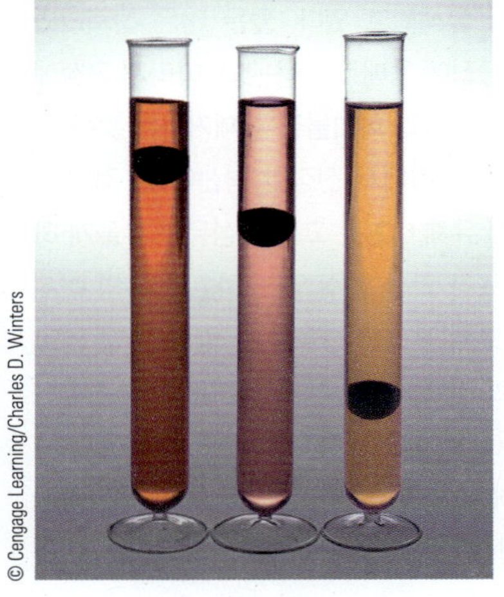

그림 11.18 **점도.** 점도를 측정하는 한 가지 방법은 무거운 물체가 액체 내에서 떨어지는 속도를 비교하는 것이다. 여기서 여러 가지 자동차 오일의 점도 차이를 볼 수 있다. 왼쪽에서 오른쪽으로 갈수록 오일의 점도가 작다.

형에 의해 결정된다. 이 힘은 유리관의 물에서 보이는 오목하게 아래로 곡선을 그리는 특이한 **메니스커스**(meniscus)의 원인도 된다(그림 11.17).

어떤 액체는 표면장력이 매우 높아서, 즉 응집력이 유리와의 접착력보다 매우 높을 수도 있다. 수은이 바로 그런 예인데 수은은 유리 모세관 벽을 따라 올라가지 못한다. 실제로 유리 시험관에 있을 때 수은의 메니스커스는 위로 볼록한 곡선을 그리게 된다(그림 11.17).

분자 간 힘이 중요한 역할을 하는 또 다른 액체 성질은 액체가 흐름에 저항하는 정도를 나타내는 **점도**(viscosity)이다(그림 11.18). 유리컵에 담긴 물을 뒤집으면 금방 쏟아지지만 올리브유나 꿀을 쏟으면 시간이 더 걸린다. 올리브유는 긴 탄소사슬을 가진 화합물로 구성되어 있어 단 2개의 탄소와 1개의 산소를 가진 작은 분자인 에탄올보다 점도가 70배나 더 높다. 사슬이 길수록 상호작용을 할 수 있는 원자의 수가 많아져 이들을 합친 전체 분자 간 힘은 더 커진다. 그러나 당 분자의 진한 수용액인 꿀도 비록 분자의 크기가 상당히 작지만 점도가 큰 액체이다. 이 경우 당 분자는 수많은 —OH 기를 가지고 있고 수소 결합을 할 수 있어 큰 힘을 나타낼 수 있다.

11.6절 확인문제

1. 증기 압력: 0.50 g의 증류수를 5.0 L 플라스크에 넣고 밀폐하여 60 °C로 완전히 가열했다. 플라스크에서 물이 남을 것인가 또는 물이 모두 증발될 것인가?
(a) 액체가 남는다 (b) 모든 물은 증발한다.

2. 클라우지우스-클라페이롱 식: 다이에틸에테르[$(C_2H_5)_2O$]의 기화 엔탈피를 계산하시오. 이 화합물의 증기압은 −22.8 °C에서 57.0 mmHg이고 25 °C에서 534 mmHg이다.
(a) 29.0 kJ/mol (b) 112 kJ/mol (c) 2.44 kJ/mol

3. 높은 기압에서 달걀을 완전히 삶기 위하여 ________ 시간 동안 달걀을 삶아야 한다. 왜냐하면 물이 ________ 온도에서 끓기 때문이다.
(a) 긴, 낮은 (b) 긴, 높은
(c) 짧은, 낮은 (d) 짧은, 높은

화학 원리 응용 | 크로마토그래피

혼합물을 순수한 물질로 분리하는 것은 화학물질의 합성과 분석에 있어서 중요하다. 증류, 침전과 거름 등 다양한 방법이 혼합물의 분리에 사용된다. 그러나 가장 흔한 분리 방법은 크로마토그래피이며, 여기의 사진은 법의학 화학자가 고성능 액체 크로마토그래프라 불리는 기기를 사용하고 있는 것을 보여준다.

크로마토그래피는 관계된 분리 방법을 총괄적으로 이르는 용어이다. 이것은 이동상(보통 액체 또는 기체)을 이용하여 섞이지 않는 고정상(보통 액체 또는 고체)을 통하여 시료(즉, 혼합물의 성분들)를 이동시키는 것을 포함한다. 이동상과 고정상은 혼합물의 성분들이 2개 상 사이에 상이한 정도로 분포되도록 선정된다. 고정상을 통하여 혼합물 내의 성분들이 이동하는 속도는 이동상과 고정상과의 분자 간 상호작용에 의존한다. 고정상과 약하게 상호작용을 하는 성분이 강하게 상호작용을 하는 성분보다 빠르게 고정상을 이동한다.

분배 크로마토그래피라 불리는 크로마토그래피의 일반적인 형태에서는 이동상과 고정상이 모두 액체이다. 예를 들어 극성 이동상(메탄올과 물의 혼합물과 같은)은 비극성 고정상을 채운 매우 가는 칼럼을 통과한다. 흔한 고정상은 비극성 옥타데케인($C_{18}H_{38}$)이다. 선형, 18개의 탄소 사슬(C−18으로 표기)은 칼럼 내에 고정되기 위하여 보통 작은 실리카 입자와 같은 고체 지지체에 결합된다. 혼합물이 C−18 칼럼을 통과할 때 보다 극성이 작은 성분은 극성이 큰 성분보다 비극성 고정상에서 보다 많은 시간을 소비하면서 성분들은 2개 액체상 사이에 연속적으로 왔다갔다하게 된다. 이상적인 분리를 통해 칼럼으로부터 나오는 성분(즉 용리액)들이 완벽히 분리된다.

Caitlin Kilcoin

법의학 화학자가 분석을 위해 고성능 액체 크로마토그래프(HPLC)를 사용하고 있다.

문제

1. 다음 3개 분자들의 혼합물을 이동상으로 메탄올/물 혼합물을 이용하여 C−18 칼럼에서 분리한다고 가정하자.

   a. 3개 분자 중 어느 것이 이동상에 가장 많이 끌리게 되는가? 물/메탄올 상에 분자가 끌리게 하는 힘은 무엇인가?

   b. 어느 분자가 고정상에 가장 많이 끌리게 되는가? 비극성상에 분자가 끌리게 하는 힘은 무엇인가?

   c. 3개 분자가 어떤 순서로 칼럼에서 나오게 되는가(용리되어 나오는가)?

   $H_3C-CH_2-CH_2-CH_2-CH_2-OH$
   1-pentanol

   $H_3C-CH_2-CH_2-O-CH_2-CH_3$
   propyl ethyl ether

   $HO-CH_2-CH_2-CH_2-CH_2-CH_2-OH$
   1,5-pentanediol

2. 기체 크로마토그래피에서 이동상은 N_2 또는 He과 같은 비활성 기체이다. 이동상에서 이동하기 위해서는 혼합물의 성분들은 휘발성이 있어야 한다. 액체 크로마토그래피에서와 마찬가지로 분리는 여러 가지 시료 성분들의 이동과 고정상들과의 힘에 근거한다. 화합물과 칼럼 사이의 보다 큰 힘은 보다 긴 용리 시간이 필요하다. 비극성 칼럼을 이용하여 펜테인(C_5H_{12}), 헥세인(C_6H_{14}), 헵테인(C_7H_{16}), 옥테인(C_8H_{18})과 같은 일단의 탄화수소들을 분리하고자 한다고 가정하자. 이 화학종들의 칼럼으로부터의 용리 순서를 예상하고 답을 설명하시오.

학습 목표 복습

여러분은 이 장의 학습을 마쳤다. 이제 학습 목표를 달성했는지 점검해 보자. 특히 다음과 같은 것을 할 수 있어야 한다.

- 다양한 분자 간 힘의 종류의 본질을 이해한다.
  a. 액체와 고체에서 발견되는 여러 가지 분자 간 힘을 설명한다(11.3와 11.4절).
  b. 2개 분자들이 쌍극자–쌍극자 힘으로 상호작용을 하는 경우와 수소 결합으로 상호작용을 하는 경우를 결정한다(11.3절).
  c. 분자들이 유도된 쌍극자(런던 분산력)에 의해 상호작용을 하는 경우를 확인한다(11.4절).

- 수소 결합의 근원과 중요성을 이해한다.
  a. 수소 결합이 물의 성질에 어떤 영향을 미치는지 설명한다(11.3절).
- 액체의 성질과 분자 간 힘과의 관계를 이해한다.
  a. 액체의 평형 증기압을 정의하고 액체의 증기압과 끓는점 사이의 관계를 설명한다(11.6절).
  b. 분자들 사이의 상호작용이 동일한 액체 분자들 사이의 응집력과 액체 표면을 뚫을 때 필요한 에너지(표면장력), 모세관 작용 그리고 흐름에 대한 액체의 저항, 즉 점도에 어떻게 영향을 미치는지 기술한다(11.6절).
- 임계 온도와 압력, 초임계 유체의 본질을 이해한다.
  a. 물질의 임계 온도(T_c)와 임계 압력(P_c)의 현상을 기술한다(11.6절).

- 간단한 분자들 사이의 힘을 확인한다.
- 상태 변화에 대한 엔탈피 변화를 계산한다(11.6절).
- 증기압과 온도 사이의 관계를 그래프로 나타낸다(11.6절).
- 클라우지우스–클라페이롱 식을 이용하여 증기압과 기화 엔탈피의 관계를 파악한다(11.6절).

- 다양한 분자 간 힘과 이들이 어떤 경우에 발생되는지를 기억한다(11.2~11.5절).

주요 식

식 11.1(512쪽) 클라우지우스–클라페이롱 식은 특정 온도 T에서 평형 증기압 P와 몰 기화 엔탈피($\Delta_{vap}H°$) 사이의 관계를 보여준다. (R은 기체상수로서 8.314472 J/K · mol의 값을 갖는다.)

$$\ln P = -(\Delta_{vap}H°/RT) + C$$

식 11.2(512쪽) 클라우지우스–클라페이롱 식을 조금 변형하면 서로 다른 두 온도에서의 증기압과 다음 식을 이용하여 $\Delta_{vap}H°$를 계산할 수 있다.

$$\ln \frac{P_2}{P_1} = -\frac{\Delta_{vap}H°}{R}\left[\frac{1}{T_2} - \frac{1}{T_1}\right]$$

© Picade LLC/Alamy

학습문제

실전문제

분자 간 힘(11.1~11.5절, 예제 11.1~11.4 참조)

1. 다음에서 어떤 종류의 분자 간 힘(들)이 극복되어야 하는가?
(a) 얼음이 녹을 때
(b) 고체 I_2가 승화할 때
(c) 액체 NH_3가 기체 NH_3로 전환될 때

2. 다음 각각에서 액체에서 기체로 변화하기 위해 극복하여야 할 분자 간 힘의 종류는 무엇인가?
(a) 액체 O_2 (b) 수은
(c) CH_3I(아이오딘화메틸)
(d) CH_3CH_2OH(에탄올)

3. 순물질에서의 분자 간 힘을 고려할 때 다음 물질 중 어느 것이 25 ℃, 1기압에서 기체 상태로 존재하는가?
(a) Ne (b) CH_4
(c) CO (d) CCl_4

4. 다음 화합물 중 액체 상태에서 분자들 사이에 수소 결합을 형성할 것으로 예상되는 것은 무엇인가?
(a) CH_3OCH_3(다이메틸에테르)
(b) CH_4
(c) HF
(d) CH_3CO_2H(아세트산)

$$H_3C-\overset{\overset{\large O}{\|}}{C}-OH$$

아세트산

(e) Br_2
(f) CH_3OH(메탄올)

5. 다음 각 쌍의 이온 화합물 중 어느 것이 보다 음의 수화 엔탈피를 가질 가능성이 있는가? 각 경우에 추론을 설명

하시오.

(a) LiCl 또는 CsCl

(b) $NaNO_3$ 또는 $Mg(NO_3)_2$

(c) RbCl 또는 $NiCl_2$

액체(11.6절, 예제 11.5~11.6 참조)

6. 에탄올(CH_3CH_2OH)은 25 ℃에서 증기압이 59 mmHg이다. 25 ℃에서 에탄올 125 mL를 기화시키는 데 필요한 에너지의 양은 얼마인가? 25 ℃에서 에탄올의 기화 엔탈피는 42.32 kJ/mol이고 밀도는 0.7849 g/mL이다.

7. 그림 11.12를 이용하여 다음 질문에 답하시오.

(a) 60 ℃에서 물의 평형 증기압은 대략 얼마인가? 답을 부록 G에 있는 자료와 비교하시오.

(b) 물의 평형 증기압이 600 mmHg가 되는 온도는 몇 도인가?

(c) 70 ℃에서 물과 에탄올의 평형 증기압을 비교하시오. 어느 것이 더 높은가?

8. 진공 상태의 100. mL 플라스크에 다이에틸에테르 1.0 g을 넣고 밀봉하였다(그림 11.12 참조). 플라스크 온도를 30 ℃로 유지한다면 플라스크 내부의 기체 압력은 대략 얼마이겠는가? 플라스크를 얼음에 넣으면 액체 에테르가 더 기화되겠는가 아니면 기체 에테르가 액화되겠는가?

9. 다음 화합물의 쌍 중에서 어느 것의 끓는점이 더 높겠는가?

(a) O_2 또는 N_2　　(b) SO_2 또는 CO_2

(c) HF 또는 HI　　(d) SiH_4 또는 GeH_4

10. 다음 CS_2(이황화탄소)와 CH_3NO_2(나이트로메테인)의 증기압 곡선을 보고 질문에 답하시오.

(a) 40 ℃에서 CS_2와 CH_3NO_2의 증기압은 대략 얼마인가?

(b) 각 화합물의 액체 상태에서 어떤 종류의 분자 간 힘이 존재하겠는가?

(c) CS_2와 CH_3NO_2의 정상 끓는점은 몇 도인가?

(d) CS_2의 증기압이 600 mmHg가 되는 온도는 몇 도인가?

(e) CH_3NO_2의 증기압이 60 mmHg가 되는 온도는 몇 도인가?

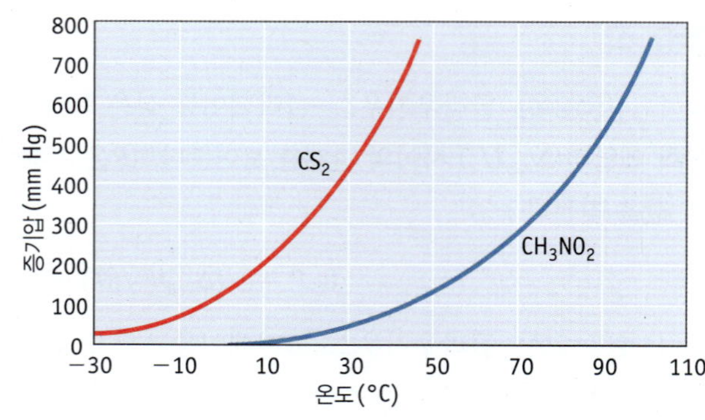

11. 다음 표에 여러 온도에서 벤젠(C_6H_6)의 평형 증기압이 주어져 있다.

온도 (℃)	증기압 (mmHg)
7.6	40.
26.1	100.
60.6	400.
80.1	760.

(a) 벤젠의 정상 끓는점은 몇 도인가?

(b) 이 자료를 이용해서 그림 11.12와 같은 그래프를 그리시오. 평형 증기압이 250 mmHg가 되는 온도는 몇 도인가? 평형 증기압이 650 mmHg가 되는 온도는 몇 도인가?

(c) 클라우지우스–클라페이롱 식을 이용하여 벤젠의 몰 기화 엔탈피를 계산하시오.

12. 일산화탄소(T_c = 132.9 K; P_c = 34.5 atm)는 실온 또는 실온 이상에서 액화될 수 있는가? 간단히 설명하시오.

13. 표면장력이란 무엇인가? 표면장력 현상을 나타내는 예를 제시하시오. 왜 표면장력이 분자 간 힘의 결과인지를 설명하시오.

14. 거름종이 조각을 물이 담겨진 비커의 물의 표면에 닿게 하면 물은 종이를 따라 천천히 올라올 것이다. 이 현상은 어떤 것이고 어떻게 일어나는지 설명하시오.

일반문제

다음 문제들은 절의 종류나 위치를 명시하지 않았다. 이 문제들은 여러 가지 개념이 조합되어 있을 수도 있다.

15. 다음 물질들의 액체상에서 중요한 분자 간 힘의 종류는

무엇인가?

(a) CCl_4 (b) CH_3Cl

(c) CH_3CO_2H(아세트산)

$$H_3C-\overset{\overset{\large O}{\|}}{C}-OH$$

아세트산

16. Li_2SO_4와 Cs_2SO_4 중 어느 염이 수화될 때 발열 엔탈피가 더 클 것으로 예상되는가?

17. 다음 증기압 곡선을 보고 다음 질문에 답하시오.

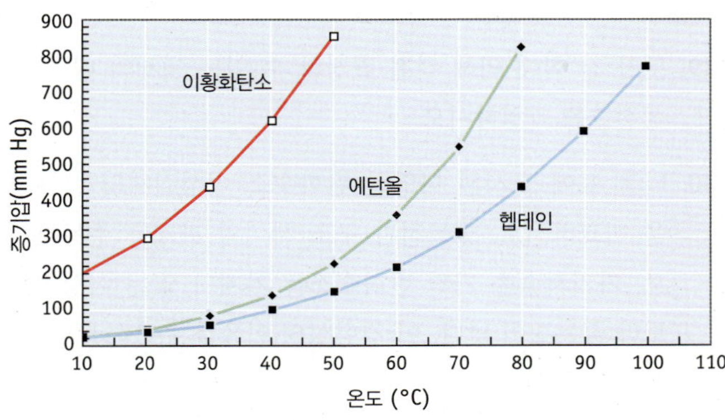

(a) 60 ℃에서 에탄올(C_2H_5OH)의 증기압은 얼마인가?

(b) 이황화탄소(CS_2)와 에탄올 가운데 액체 상태에서 분자 간 힘이 더 강한 것은 어느 것인가?

(c) 헵테인(C_7H_{16})의 증기압이 500 mmHg가 되는 온도는 몇 도인가?

(d) 세 가지 물질의 정상 끓는점은 대략 몇 도인가?

(e) 압력이 400 mmHg이고 온도가 70 ℃인 상태에서 각 물질은 액체인가, 기체인가, 아니면 액체와 기체의 혼합물인가?

18. 몰 기화 엔탈피가 증가하는 순서대로 나열하라.

CH_3OH, C_2H_6, HCl

19. 수은과 수은화합물은 호흡하거나 삼키거나 피부를 통해 흡수되면 위험한 독극물이다. 수은은 24 ℃에서 0.00169 mmHg의 증기압을 가진다. 작은 방 안에 공기 중 수은 증기가 포화되어 있다면 1 m^3 당 수은 원자는 몇 개인가?

실험 관련 문제

20. 실리콘 고분자를 만들고자 하며, 출발 물질 중의 하나는 다이클로로다이메틸실레인(dichlorodimethylsilane), $SiCl_2(CH_3)_2$이다. 정상 끓는점이 필요하고 다양한 온도에서 평형 증기압을 측정할 필요가 있다.

온도(℃)	증기압(mmHg)
−0.4	40.
+17.5	100.
51.9	400.
70.3	760.

(a) 다이클로로다이메틸실레인의 정상 끓는점은 몇 도인가?

(b) 이 자료로 그림 11.13과 같이 ln P에 대한 $1/T$의 그래프를 그리시오. 이 액체의 평형 증기압이 250 mmHg가 되는 온도와 650 mmHg가 되는 온도는 각각 몇 도인가?

(c) 클라우지우스–클라페이롱 식을 이용하여 다이클로로다이메틸실레인의 몰 기화 엔탈피를 계산하시오.

21. 다음 사진은 우리가 스스로 해볼 수 있는 실험에 대한 것이다. 10 mL 물을 빈 알루미늄 캔에 넣고 물을 끓인다. 집게로 캔을 집은 후 재빨리 뒤집어 찬 물이 담긴 그릇 위에 놓는다. 이때 반드시 캔의 열린 부분이 수면 바로 밑에 위치하게 해야 한다.

(a) 무슨 일이 일어날지 묘사하고 이 장에서 배운 지식을 동원하여 그 현상을 설명하시오.

(b) 가열하기 전과 가열한 후(그러나 캔을 뒤집기 전) 캔 내부의 상황을 묘사하는 그림을 분자 수준에서 그리시오.

(a)

(b)

요약 및 개념 문제

다음 문제들은 이 장과 이전의 장들에서 나온 개념을 모두 포함하고 있다.

22. 아세톤(CH_3OCH_3)은 실험실에서 자주 사용되는 용매이지만 물로 오염된 경우가 많다. 아세톤이 물을 잘 흡수하는 이유는 무엇일까? 물과 아세톤이 어떤 방식으로 상호작용을 하는지 보여주는 분자 구조를 그리시오. 이 상호작용에 어떤 분자 간 힘이 작용하는가?

$$H_3C-\overset{\overset{\displaystyle O}{\|}}{C}-CH_3$$

23. 액체 에틸렌글라이콜($HOCH_2CH_2OH$)은 상업용 부동액의 주요 성분 중의 하나이다. 이것의 점도는 에탄올(CH_3CH_2OH)에 비하여 클 것인가 아니면 작을 것인가를 예측하시오.

24. 다음 사실들을 설명하시오.

(a) 에탄올(C_2H_5OH)이 분자량은 더 크지만 끓는점은 80 ℃로 물(100 ℃)보다 더 낮다.

(b) 에탄올 50 mL와 물 50 mL를 섞으면 전체 부피는 100 mL보다 조금 작게 된다.

25. 물 분자가 액체 상태에서 서로 상당한 힘으로 잡아당기고 있다는 것을 입증할 수 있는 증거를 두 가지만 제시하시오.

26. 그림 11.8을 보고 다음 질문에 답하시오.

(a) 세 가지 할로젠화수소(HX) 가운데 총 분자 간 힘이 가장 큰 것은 무엇인가?

(b) HI의 분산력이 HCl보다 더 큰 이유는 무엇인가?

(c) HCl의 쌍극자–쌍극자 힘이 HI보다 더 큰 이유는 무엇인가?

(d) 그림 11.8에 있는 7개 분자들 가운데 분산력이 가장 큰 것은 무엇인가? 왜 그런지 설명하시오.

27. 플루오린화탄소(CF_4)의 임계온도는 −45.7 ℃이고 임계압력은 37 atm이다. 이 화합물은 상온에서 액체로 존재할 수 있는가? 간단히 설명하시오.

28. 아세트아미노펜은 진통제로 사용된다. 이 분자의 모형을 정전기적 퍼텐셜 표면으로 나타내었다. 수소 결합이 가능한 지점은 어디인가?

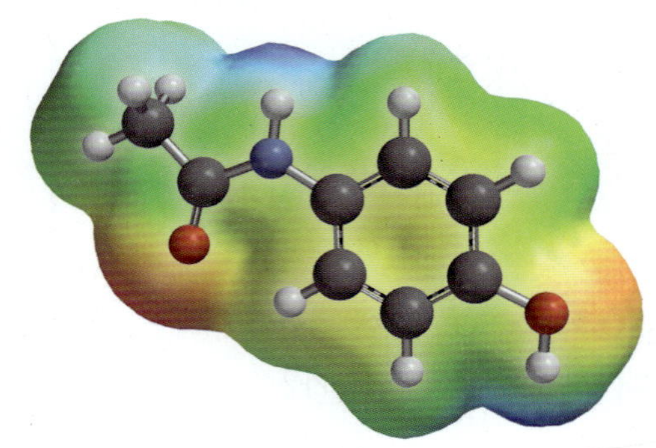

아세트아미노펜

29. 분자 간 힘에 의해 직접 결정할 수 있는 액체의 네 가지 성질들을 나열하시오.

30. 다음 표에 표시된 다양한 탄화수소 이성질체의 끓는점을 비교하시오. 끓는점과 구조 사이의 관계를 주목하시오. 가지사슬을 가진 탄화수소는 가지가 없는 이성질체보다 끓는점이 낮다. 이 경향성의 이유를 추측하시오. 이 화합물들에서 분자 간 힘이 약간의 차이가 생기는 이유는 무엇인가?

화합물	끓는점(℃)
헥세인	68.9
3-메틸펜테인	63.2
2-메틸펜테인	60.3
2,3-다이메틸뷰테인	58.0
2,2-다이메틸뷰테인	49.7

31. 편극률은 원자나 분자를 둘러싸고 있는 전자구름이 외부의 전하에 의해 변형될 수 있는 정도를 나타낸다. 할로젠 원소(F_2, Cl_2, Br_2, I_2)와 비활성 기체(He, Ne, Ar, Kr, Xe)를 편극률이 작은 것부터 나열하시오. 이 순서를 결정하기 위하여 물질의 어떤 특성을 사용해야 하겠는가?

32. 압력밥솥(주방용품)은 뚜껑을 단단히 닫아 내부에서 압력이 증가하게 하는 솥이다. 압력밥솥에 물을 넣고 끓을 때까지 가열한다. 높은 압력에서 물은 높은 온도에서 끓고 더 빠른 속도로 요리된다. 대부분의 압력밥솥은 15 psi에 맞춰져 있고 이 압력은 대기압보다 15 psi가 높다(1 atm = 14.70 psi). 클라우지우스–클라페이롱 식을 이용하여 압력밥솥에서 물이 끓는 온도를 계산하시오.

33. 화학자들은 가끔 용매로 액체 암모니아를 사용하여 반응을 진행한다. 이 반응은 밀봉된 두꺼운 벽의 유리관에서 안전하게 암모니아의 끓는점 위의 온도로 사용할 수 있다. 반응을 20 ℃에서 사용하고 싶다면 관 안의 암모니아의 압력은 얼마나 되는가? (다음 표에 여러 온도에서의 $NH_3(\ell)$의 증기압이 주어져 있다.)

온도(℃)	증기압(atm)
−68.4	0.132
−45.4	0.526
−33.6	1.000
−18.7	2.00
4.7	5.00
25.7	10.00
50.1	20.00

34. 물(10.0 g)이 부피 50.0 cm^3의 두꺼운 유리관 안에 있다. 관 안의 모든 공기를 제거하고 밀봉한 후 100 ℃로 가열하였다.

(a) 100 ℃일 때 계의 모습을 기술하시오.

(b) 관 안의 압력은 얼마인가?

(c) 이 온도에서 물의 밀도는 0.958 g/cm^3이다. 관 안의 물의 부피를 계산하시오.

(d) 약간의 물은 기화되었다. 기체 상태의 수증기의 질량을 구하시오.

Steven Hyatt

양치식물 잎의 입구를 닮게 조각한 뉴질랜드 옥.

12장 고체 화학

학습 개요

- 12.1 결정격자와 단위세포
- 12.2 이온성 고체의 구조와 화학식
- 12.3 이온 화합물의 결합: 격자 에너지
- 12.4 금속 결합과 반도체
- 12.5 고체 상태: 다른 종류의 고체 물질들
- 12.6 고체의 상변화
- 12.7 상평형 그림

옥, 아름다운 고체 이 책의 표지에 있는 아름다운 녹색 돌은 뉴질랜드에서 캐낸 옥의 일부이다. 옥은 세계 많은 지역에서 발견된다. 이것은 아름다움 때문에 수 세기 동안 장식과 종교 물품으로 사용되어 왔고, 단단하고 높은 온도를 견딜 수 있기 때문에 도끼날과 같은 도구로 사용되어 왔다. 중국에서는 기원전 200년부터 기원후 200년의 기간의 왕족들은 황금 실로 꿰맨 옥판으로 만들어진 옷을 입은 채로 매장되었다. 뉴질랜드에서는 이 돌은 토착민인 마오리족에 의해 "파우나무(pounamu)"라 불리고 있다. 마오리족에게 파우나무는 막대한 정신적, 물질적 가치를 가진다. 즉 옥으로 만들어진 물건들은 가장 가치있는 소유물에 속한다.

'옥'이라는 이름은 '허리 돌'이라는 의미의 스페인어의 피에드라 드 이야다(piedra de ijada)에서 유래되었으며, 이 말은 콩팥의 병을 치료할 것으로 생각되었기 때문에 부여되었다고 한다. 실제로 옥이라고 불리는 광물은 경옥(jadeite)과 연옥(nephrite)

학습 목표

다음 목표들의 핵심인 학습문제는 "학습 목표 복습"을 참조하시오.

- 고체의 단위세포와 특히 다양한 입방 단위세포를 이해
- 격자 에너지의 중요성과 계산하는 방법을 이해
- 금속과 반도체에서의 결합에 대한 띠 모형과 다른 성질들을 연계하는 방법을 이해
- 상평형 그림의 특성들을 이해
- 이온 화합물의 단위세포를 화학식에 연계
- 단위세포의 차원, 이온 또는 금속 반지름, 고체 밀도를 연계
- 계산에서 격자 에너지를 이용
- 물질의 정보로부터 상그림의 구축
- 입방 단위세포의 세 종류를 기억
- 이온, 금속, 분자, 그물 구조의 물리적 성질과 각 종류의 예를 기억
- 물의 상그림의 독특한 특성과 분자 성질에 있어서 이들의 근거를 기억

등 2개의 다른 종류가 있다. 2개 모두 규산염으로 다른 구조 원소들과 함께 사면체 형태로 연결된 $[SiO_4]^{4-}$의 사슬 또는 병풍 형태의 네트워크로 구성되어 있다.

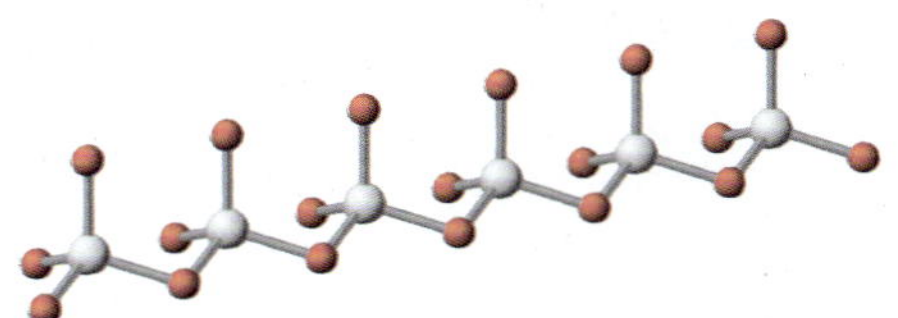

경옥은 연옥보다 훨씬 희귀하며 조금 더 단단하다. 2가지 옥은 겉모습으로 구별하기는 쉽지 않으나 연옥은 경옥보다 촉각에서 '비단같은' 느낌을 주며, 이는 규산염 구조의 차이에서 기인하는 성질이다.

책 표지와 위에 제시된 옥은 화학식 $Ca_2(Mg, Fe)_5(Si_4O_{11})_2(OH)_2$을 가진 연옥이다. 화학식은 고체 내에 Mg^{2+}와 Fe^{2+} 이온의 양이 변할 수 있다는 것을 강조하기 위하여 기재되었다.

연옥의 녹색은 특히 철(II) 이온때문에 나타나며 이 돌을 약한 상자성으로 만들게 된다. 철(II) 이온의 양이 돌마다 다를 수가 있기 때문에 색은 흰색(낮은 철 함량)에서 짙은 녹색(높은 철 함량)까지 변할 수 있다.

우리 주위에는 수많은 종류의 고체가 있다. 이 중에는 이 책의 표지에 있는 옥과 같은 아름다운 보석과 광물이 있다. 고체 화학에서의 연구는 흥미로운 신소재 개발과 관련되어 있어 각광을 받고 있는 분야이다. 다양한 종류의 고체를 기술하면서 이 분야가 흥미로운 이유를 이해할 수 있기를 바란다.

12.1 결정격자와 단위세포

기체와 액체 모두에서 분자들은 끊임없이 움직일 뿐만 아니라 회전과 진동운동도 한다. 이와 같은 움직임으로 인하여 기체와 액체 상태에서는 분자들이 규칙적으로 배열되는 것이 불가능하다. 그러나 고체에서는 분자나 원자 또는 이온이 진동하거나 간혹 회전할 수는 있지만 그들의 상대적인 위치를 바꿀 수는 없다. 따라서 전체

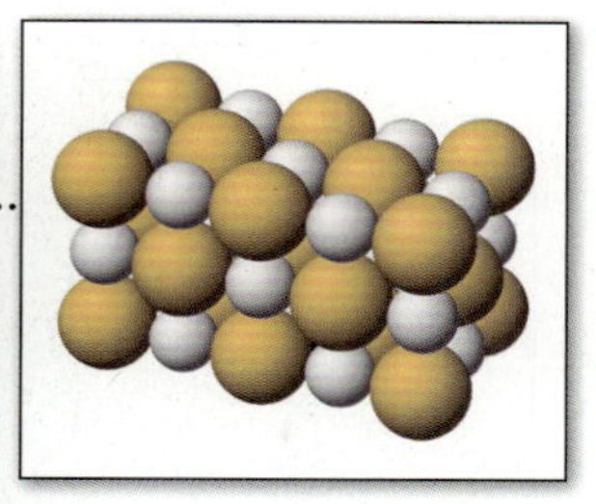

그림 12.1 **흔한 염, NaCl.**

적인 구조(원거리 질서) 내에 원자나 분자가 규칙적으로 반복되는 형태로 배열된 것이 바로 고체의 특징이다. 소금 결정의 아름다운 외적인 또는 거시적인 규칙성(그림 12.1)을 보면 내부적으로도 고체를 구성하는 이온들이 대칭성을 가지고 있다는 것을 알 수 있다.

고체의 구조는 원자, 이온, 또는 분자의 삼차원적인 격자로 묘사할 수 있다. 결정성 고체의 경우에는 **단위세포**(unit cell)가 존재하는데, 단위세포는 고체에서 원자, 이온 또는 분자가 배열된 모든 대칭적인 특징을 지니고 있는 가장 작은 반복단위이다.

단위세포의 이해를 돕기 위해 먼저 그림 12.2에 있는 원의 반복 형태에 나타난 이차원 격자 모형을 살펴보자. 왼쪽에 있는 노란색 사각형이 단위세포가 된다. 이 세포의 가장자리를 계속 이어 붙이면 전체 형태를 만들 수 있다. 단위세포는 또한 고체의 화학량론을 반영해야 한다. 여기 왼쪽에 있는 사각형 단위세포는 1/4쪽짜리 큰 원 4개와 작은 원 1개를 가지고 있어 모두 합하면 이차원 단위세포마다 큰 원과 작은 원을 하나씩 가지고 있는 셈이다.

이차원 격자의 경우 다른 방식으로도 단위세포를 그릴 수 있다. 한 가지 방법은 그림 12.2의 중앙에 있는 사각형처럼 큰 원 1개와 1/4쪽짜리 작은 원 4개를 포함하도록 하는 것이다. 또한 오른쪽처럼 평행사변형으로 단위세포를 만들 수도 있다. 그 외에 다른 단위세포도 가능하지만, 원자나 이온이 **격자점**(lattice point)—단위세포를 이루는 육면체나 다른 기하하적 구조의 꼭짓점—에 위치하도록 단위세포를 그리는 것이 보통이다.

삼차원 단위세포는 건축용 블록과 같이 생각할 수 있으며 이를 벽돌 쌓듯이 조합

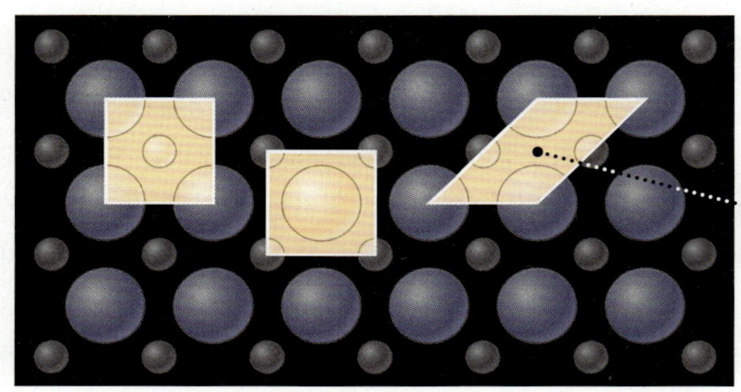

그림 12.2 **원형의 원자들로 이루어진 이차원 평면 고체의 단위세포.** 격자는 단위세포의 반복으로 나타낼 수 있다. 여기에 제시된 이차원 격자는 이 그림의 평면에 단위세포를 계속 반복함으로써 만들 수 있다. 각 단위세포는 세포의 한 변의 길이만큼 움직여야 한다. 여러 가지 단위세포가 가능하고 가장 명백한 것 중의 2개가 정사각형임을 명심하여야 한다.

그림 12.3 단위세포. 7개의 기본 단위세포가 있다. 육방 단위세포를 제외하고 모든 구조는 평행하게 배치된 파이프와 같이 마주보는 변들이 서로 평행이다. (6개의 면을 가지고 있고 각각은 평행사변형인 고체) 정육면체에서 모든 각도($a-o-c$, $a-o-b$, $c-o-b$, o는 원점)는 모두 90°이고, 모든 변의 길이는 같다. 다른 단위세포의 경우, 각도와 변의 길이가 다를 수 있다.

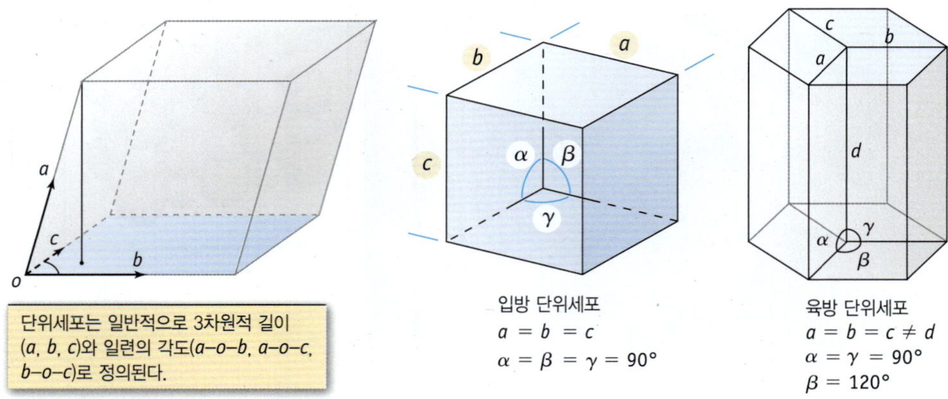

하면 고체의 삼차원 격자를 만들 수 있다(그림 12.3). **결정격자**(crystal lattice)는 삼차원 단위세포의 조립에 의해 규정된다.

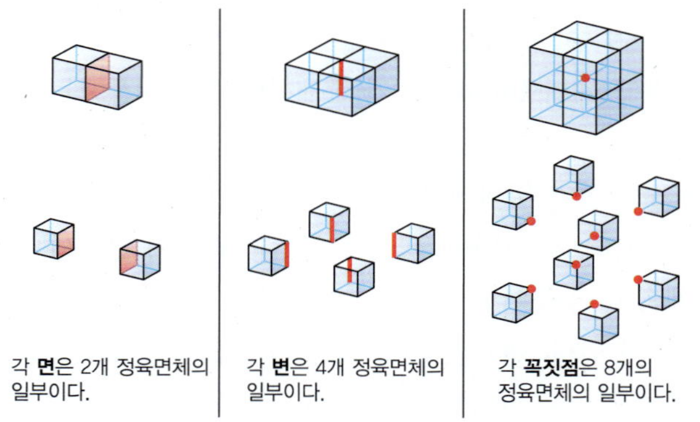

입방 단위세포로부터 결정격자의 조립

결정격자를 구축하기 위하여 자연은 일곱 가지 3차원적 단위 중 어느 것이나 사용할 수 있다(그림 12.3). 이들의 차이점은 변의 상대적인 길이가 다르고 변이 이루는 각도가 다르다는 점이다. 일곱 가지 가운데 가장 단순한 것은 모든 변의 길이가 같고 변이 이루는 각도가 90°인 **입방 단위세포**(cubic unit cell)이다. 입방 단위세포는 시각적으로 나타내기 쉽고 또 가장 흔하게 발견되는 구조이기 때문에 여기에서는 이 구조에 대해서만 자세히 살펴보려고 한다.

입방 단위세포

입방체들 가운데는 **원시입방**(primitive cubic, pc), **체심입방**(body-centered cubic, bcc), 그리고 **면심입방**(face-centered cubic, fcc)의 세 가지 세포 형태가 있다(그림 12.4). 세 가지 모두 입방 단위세포의 꼭짓점에 동일한 원자, 분자, 또는 이온을 갖는다는 점에서 같지만 bcc나 fcc는 다른 위치에 추가로 입자를 가지고 있다는 점에서 원시입방과 구별된다. bcc 구조는 꼭짓점에 있는 것과 동일한 형태의 추가 입자를 입방체의 중심에 가지고 있기 때문에 **체심**이라고 불린다. 이와 마찬가지로 fcc 구조는 꼭짓점에 있는 것과 동일한 형태의 추가 입자를 입방체의 여섯 면의 중심에 가

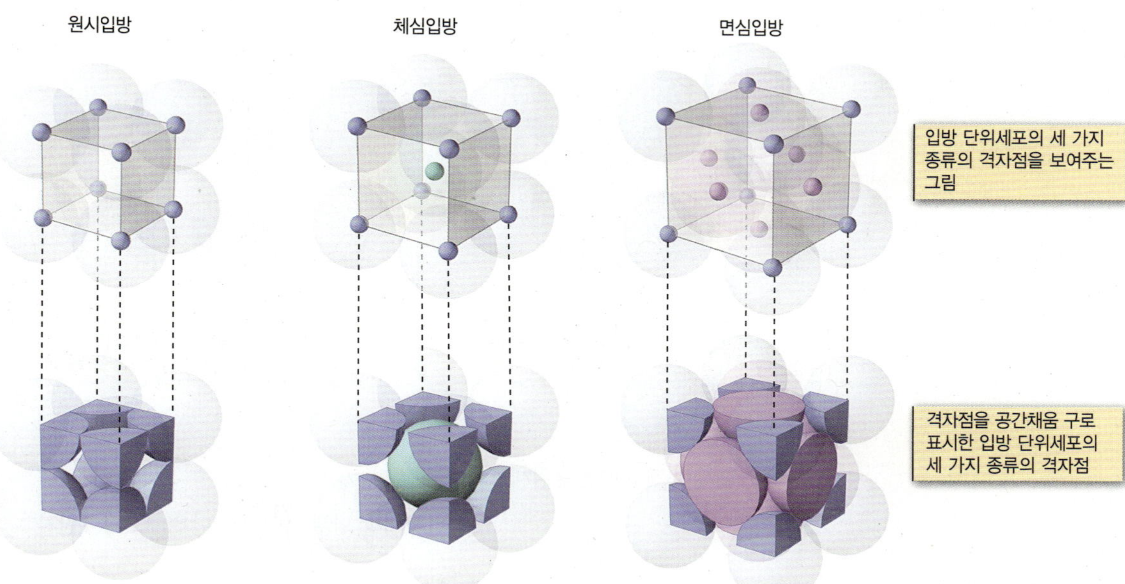

그림 12.4 세 가지 입방 단위세포들. 꼭짓점에 있는 원자는 8개 단위세포가 공유하고 있기 때문에 한 단위세포는 꼭짓점 원자의 1/8을 차지한다. 면심입방(fcc) 단위세포의 각 면은 다른 단위세포 하나와 공유되기 때문에 한 단위세포가 면심입방체의 면에 있는 각 원자의 절반을 차지하고 인접한 다른 세포가 나머지 절반을 차지한다.

지고 있기 때문에 **면심**이라고 불린다. 금속은 이런 구조들 가운데 하나를 취할 수 있다. 예를 들어 알칼리 금속은 체심 입방 구조이지만 니켈, 구리, 알루미늄 등은 면심 입방 구조이다(그림 12.5). 유일하게 폴로늄만이 원시입방 구조를 갖는다.

입방체가 쌓여 금속의 삼차원 결정을 만들 때 각 꼭짓점에 있는 원자는 8개의 입방체에 나눠져 있다(그림 12.4, 12.6 왼쪽). 즉 각 입방체의 한 꼭짓점은 원자의 1/8을 가지고 있는 것이다. 그렇지만 각 입방체는 8개의 꼭짓점을 가지고 있고 각 꼭짓점은 원자의 1/8씩을 가지고 있기 때문에 꼭짓점에 있는 원자들을 다 합하면 한 단위세포에 1개의 원자가 들어 있는 셈이다. 이와 같이 **원시입방 배열에서는 단위세포에 1개의 원자가 포함된다.**

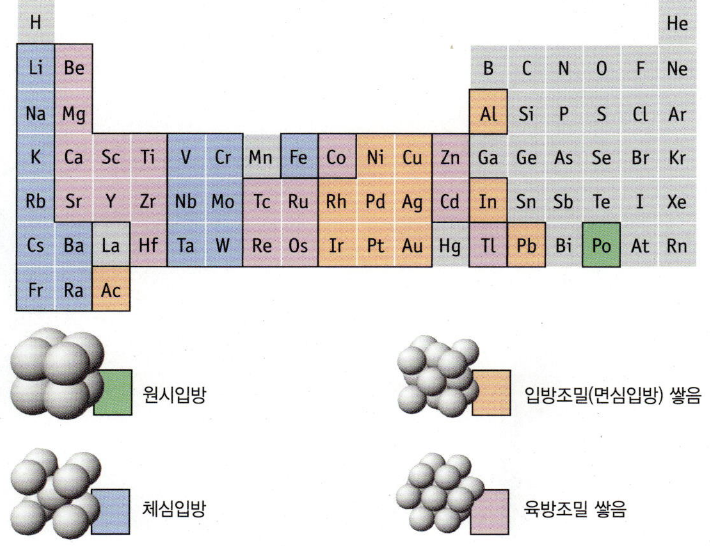

그림 12.5 금속에는 네 가지 서로 다른 단위세포를 이용한다. 세 가지는 입방체에 근거하고 있고 나머지 하나는 육방 단위세포이다. (심층 학습: 오렌지, 유리구슬과 원자 쌓기, 531쪽 참조) (많은 금속은 하나 이상의 구조로 결정화할 수 있다. 예를 들면 Mn은 bcc 또는 fcc가 될 수 있다.)

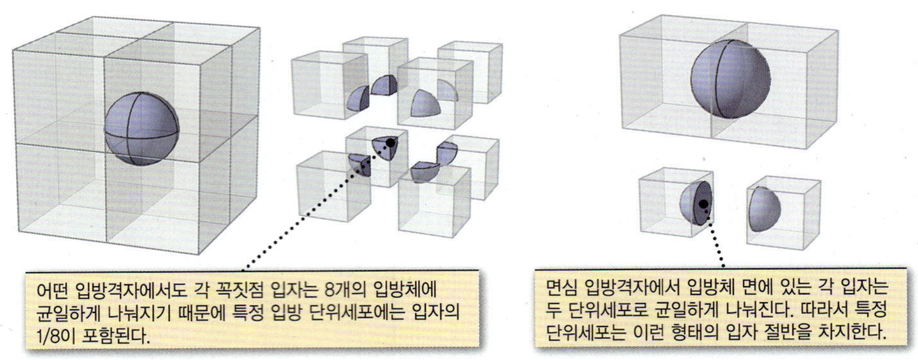

그림 12.6 입방체의 꼭짓점이나 면에서 공유되는 원자.

(입방체의 8개 꼭짓점)(한 단위세포의 꼭짓점당 $^1/_8$ 원자)

= 원시입방 단위세포에서 단위세포당 1원자

원시입방과 달리 체심 입방은 입방체 중심에 완전한 하나의 원자를 추가로 가지고 있다. 이 원자는 꼭짓점의 원자 외에 추가로 있는 것이기 때문에 **체심 입방 배열의 단위세포는 2개의 원자를 포함하고 있다.**

면심입방 배열에서는 꼭짓점에 있는 원자 외에도 입방체의 여섯 면에 각 면마다 절반의 원자를 가지고 있다(그림 12.6 오른쪽). 따라서 이를 합하면 추가로 3개의 원자를 가지고 있는 셈이다.

(입방체의 6면) × (각 면에서 해당 단위세포에 속한 원자의 수는 $^1/_2$)

= 면심입방 단위세포에서 단위세포 당 면에 위치한 3개의 원자

면심입방 배열을 갖는 단위세포 하나에는 모두 4개의 원자가 있으며 이 가운데 하나는 꼭짓점에 있는 원자이고 나머지 3개는 6면에 있는 원자이다.

결정 물질의 구조를 분석하는 데에는 X선 결정학(X-ray crystallography)이 사용된다(그림 12.7). 결정의 구조가 밝혀지면 실험 자료들과 종합하여 원자의 지름을 비롯한 여러 가지 유용한 정보를 얻을 수 있다(예제 12.1).

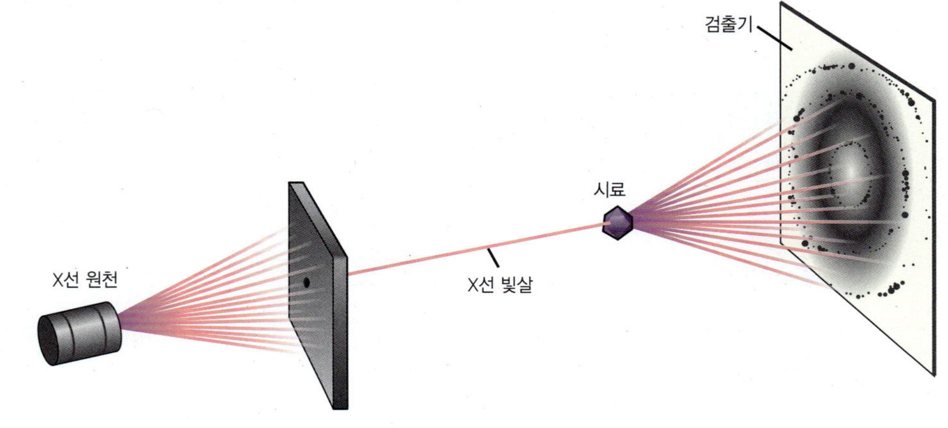

그림 12.7 X선 결정학. X선 회절 실험에서는 결정 상태의 고체에 X선을 조사하면 X선의 광자가 고체의 원자들에 의해 산란되는데 산란된 X선을 사진 필름이나 전기적인 검출기로 검출한다. 산란된 형태는 결정에서 원자나 이온의 위치에 따라 결정되기 때문에 구조를 파악할 수 있다.

심층 학습 오렌지, 유리구슬과 원자 쌓기

자연은 언제나 가장 효율적인 것을 추구한다. 여러분이 부피는 작게 차지하면서 쓰러지지 않도록 오렌지를 쌓아 보면 그것을 곧 경험할 수 있을 것이다. 여러분은 어떻게 쌓을 것인가? 분명히 아래 왼쪽에 있는 입방체가 아니라 오른쪽에 있는 피라미드 배열을 택할 것이다.

공 사이의 빈 공간

Photos: © Cengage Learning/Charles D. Winters

쌓인 더미 내부를 들여다보면 입방체보다 피라미드 형태에 빈 공간이 더 적은 것을 알 수 있다. 입방체 배열에서는 오렌지로 채워진 부피가 전체 공간의 52 %만 차지한다. (만약 체심 입방으로 채울 수 있다면 조금 더 나아져서 68 %를 차지한다.) 최선의 방법은 피라미드 형태로 채우는 방식인데 이는 사실 면심입방 배열과 같다. 오렌지, 유리구슬, 원자 어떤 것이든지 이 방법으로 채우면 전체 공간의 74 %를 차지하게 된다.

원자나 이온과 같은 구형 물체로 삼차원 공간을 채울 때 가장 효과적인 방법은 아래 유리구슬의 배열과 같이 구의 육각형 배열로부터 시작하는 것이다.

© Cengage Learning/Charles D. Winters

이 층과 연결되는 원자 또는 이온의 두 층(위층과 아래층)은 두 가지 방법으로 쌓을 수 있다. 쌓는 형태에 따라 **입방조밀쌓음**(cubic close-packed, ccp) 배열이 될 수도 있고 **육방조밀쌓음**(hexagonal close-packed, hcp) 배열이 될 수도 있다(그림 A).

hcp 배열에서는 중간층의 위아래에 있는 층의 입자들이 중간층의 양쪽에서 동일한 홈에 들어간다. 따라서 삼차원 결정에서 각 층은 ABABAB…의 형태를 반복하여 한 A층에 있는 원자는 다른 A층의 원자 바로 위에 위치한다. 물론 B층에 있는 원자들 역시 동일한 방식으로 배열된다.

ccp 배열에서는 위층(A)의 원자들이 중간층(B)의 홈에 들어가고 아래층(C)의 원자들은 (A)의 원자들이 들어간 홈과 반대 홈에 들어간다. 결정에서 각 층은 ABCABC…의 형태를 반복한다. 전체 결정을 보면 ccp 배열은 면심입방 구조가 된다(그림 B).

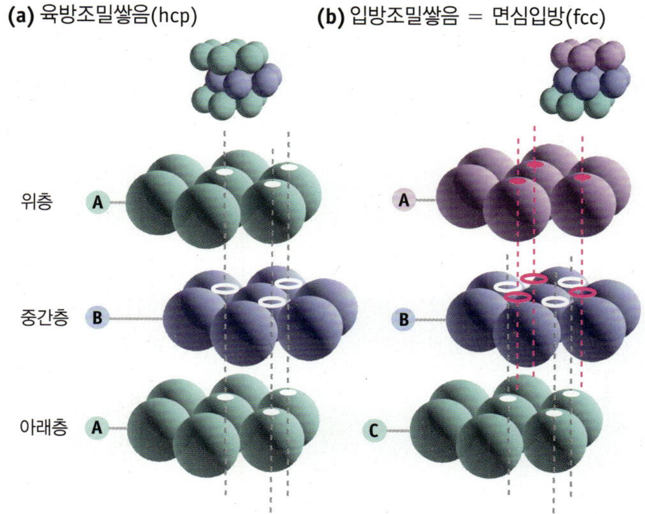

그림 A **효과적인 쌓음.** 결정에서 원자나 이온을 쌓는 가장 효과적인 방법은 육방조밀쌓음(hcp) 또는 입방조밀쌓음(ccp)이다.

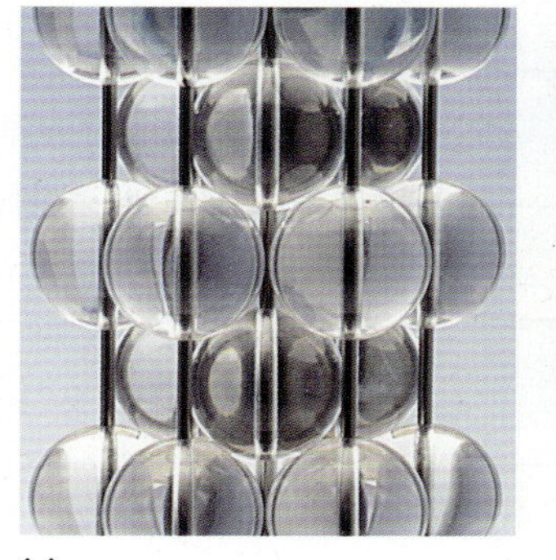

(a)

(b)

Photos: © Cengage Learning/Charles D. Winters

그림 B **조밀쌓음 모형. (a)** 육방조밀쌓음에서는 각 층이 ABABAB…의 형태를 반복한다. **(b)** 면심입방 구조, 즉 입방조밀쌓음에서는 각 층이 ABCABC…의 형태를 반복한다. (이 모형을 만드는 키트는 University of Wisconsin at Madison의 화학교육 연구소에서 구할 수 있다.)

예제 12.1 격자 차원으로부터 원자 반지름 결정

문제 알루미늄 금속은 면심입방 결정격자이고 밀도가 2.699 g/cm^{3}이다. 알루미늄 원자의 반지름은 pm로 얼마인가?

알고 있는 사실 알루미늄 원자는 면심입방 단위세포로 쌓여 있는 것을 알고 있다. 면심입방 구조의 경우, 아래에 도시한 바와 같이 원자가 면의 변에서 접촉하지 않고 면의 대각선상에서 접촉함을 인지하는 것이 무엇보다도 중요하다.

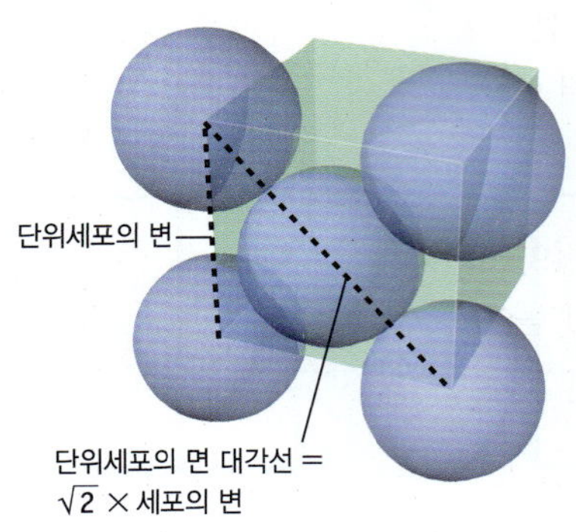

면심입방 단위세포의 한 면.

그림에 따르면 원자들은 단위세포의 면 대각선을 따라 접촉하며 대각선의 길이는 원자 반지름의 4배이다. 기하학적 계산으로 이 거리는 단위세포 변의 길이의 2배의 제곱근과 같다.

전략 변 길이를 알면, 면의 대각선 길이를 계산할 수 있고, 그림에서 보았던 것처럼 원자의 반지름은 대각선 길이의 1/4이다. 따라서 단위세포의 변 길이를 계산할 수 있다. 변 길이는 입방 구조에서 있어 단위세포 부피의 세제곱근이다. 단위세포의 질량과 밀도로부터 부피를 계산할 수 있다. 밀도는 주어졌으며, 질량은 원자량의 4배이다. 2장에서 기술하였던 것처럼 알루미늄 원자 하나의 질량은 아보가드로 수와 원자량으로부터 계산할 수 있다. 그러므로 우리는 다음과 같은 순서에 따라서 진행하면 된다.

1. 면심입방 구조로부터 단위세포의 질량을 찾는다.
2. 단위세포의 부피를 알기 위해서 단위세포의 질량과 알루미늄의 밀도를 적절하게 조합한다.
3. 단위세포의 부피로부터 변 길이를 찾는다.
4. 변 길이를 이용하여 원자의 반지름을 계산한다.

풀이

1. 단위세포의 질량 계산

$$1\text{ Al 원자의 질량} = \left(\frac{26.98\text{ g}}{1\text{ mol}}\right)\left(\frac{1\text{ mol}}{6.002 \times 10^{23}\text{ 원자}}\right) = 4.480 \times 10^{-23}\text{ g/원자}$$

$$\text{단위세포의 질량} = \left(\frac{4.480 \times 10^{-23}\text{ g}}{1\text{ Al 원자}}\right)\left(\frac{4\text{ Al 원자}}{1\text{단위세포}}\right) = 1.792 \times 10^{-22}\text{ g/단위세포}$$

전략도 12.1

문제
고체 알루미늄에서 **Al**의 **반지름**은?

알려진 자료/정보
- Al 단위세포는 **FCC**이고, 밀도 d = 2.699 g/cm^3
- 필요한 Al **원자량**
- 필요한 **아보가드로 수**

1단계 단위세포 (= 4개 Al 원자)의 **질량**을 계산한다.

Al 원자의 **질량**, 단위세포의 **질량**

2단계 질량과 밀도에서 단위세포 **부피**를 계산한다.

단위세포 **부피**

3단계 단위세포 부피로부터 단위세포 변의 **길이**를 계산한다.

단위세포 변의 **길이**

4단계 원자 **반지름**과 **단위세포 변 길이**의 관계를 확인한다.

원자 **반지름**

2. 단위세포의 질량과 밀도로부터 단위세포의 부피 계산

$$\text{단위세포의 부피} = \left(\frac{1.792 \times 10^{-22}\ \text{g}}{\text{단위세포}}\right)\left(\frac{1\ \text{cm}^3}{2.699\ \text{g}}\right) = 6.640 \times 10^{-23}\ \text{cm}^3/\text{단위세포}$$

3. 단위세포의 변 길이 계산. 단위세포의 변 길이는 단위세포의 부피의 세제곱근이다.

$$\text{단위세포의 변 길이} = \sqrt[3]{6.640 \times 10^{-23}\ \text{cm}^3} = 4.049 \times 10^{-8}\ \text{cm}$$

4. 원자 반지름 계산. 앞선 원자 모형에서 확인하였던 것처럼, 단위세포 면의 대각선 길이는 원자 반지름의 4배이다.

$$\text{단위세포 면의 대각선 길이} = 4 \times (\text{Al 원자 반지름})$$

단위세포 면의 대각선 길이를 계산하기 위해서 삼각형 대각선 길이의 제곱은 삼각형 밑변의 제곱과 삼각형 높이의 제곱의 합과 같다는 피타고라스의 원리를 이용한다.

$$(\text{대각선 길이})^2 = 2 \times (\text{변})^2$$

식의 양변을 제곱근을 취하면

$$\begin{aligned}\text{단위세포 면의 대각선 길이} &= \sqrt{2} \times (\text{단위세포 변의 길이}) \\ &= \sqrt{2} \times (4.049 \times 10^{-8}\ \text{cm}) = 5.727 \times 10^{-8}\ \text{cm}\end{aligned}$$

대각선 길이를 4로 나누면 cm 단위의 Al 원자 반지름이 된다.

$$\text{Al 원자 반지름} = \frac{5.727 \times 10^{-8}\ \text{cm}}{4} = 1.432 \times 10^{-8}\ \text{cm}$$

원자 반지름은 주로 pm 단위로 표시되므로, 다음과 같이 변환한다.

$$1.432 \times 10^{-8}\ \text{cm}\left(\frac{1\ \text{m}}{100\ \text{cm}}\right)\left(\frac{1\ \text{pm}}{1 \times 10^{-12}\ \text{m}}\right) = 143.2\ \text{pm}$$

고려사항 이 예제에서 풀이한 알루미늄 원자 반지름은 그림 7.8에서 실험적 자료로부터 계산하였다.

유제

(a) **격자 차원으로부터 원자 반지름 결정:** 금은 면심입방 단위세포를 갖고, 밀도는 19.32 g/cm^{3}이다. 금 원자 반지름을 계산하시오.

(b) **철 고체 구조:** 철의 밀도는 7.8740 g/cm^{3}이고, 철 원자 반지름은 126 pm이다. 고체 상태의 철이 체심입방 단위세포를 가짐을 증명하시오. (체심입방 단위세포의 원자들은 단위세포 면의 대각선이 아니고, 체심을 관통하는 입방체 대각선 상에서 접촉함에 주의하시오.) (힌트: 단위세포 대각선 길이 = 변 길이 × $\sqrt{3}$.)

12.1절 확인문제

1. 포타슘의 결정성 격자를 다음 페이지 옆의 공란에 도시하였다. 포타슘 원자가 어떤 종류의 단위세포로 배열되었는가?

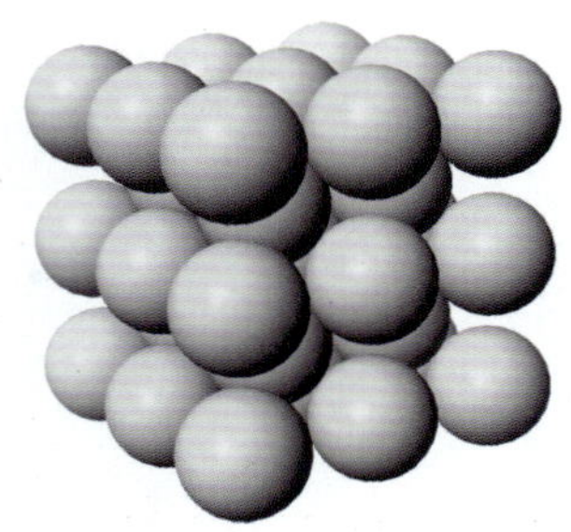

포타슘의 고체 상태 구조.

(a) 원시입방 (b) 면심입방 (c) 체심입방

2. 포타슘 단위세포의 변의 길이가 533 pm이면, 포타슘의 밀도는?
(a) 0.858 g/cm^3 (b) 1.17 g/cm^3 (c) 0.428 g/cm^3

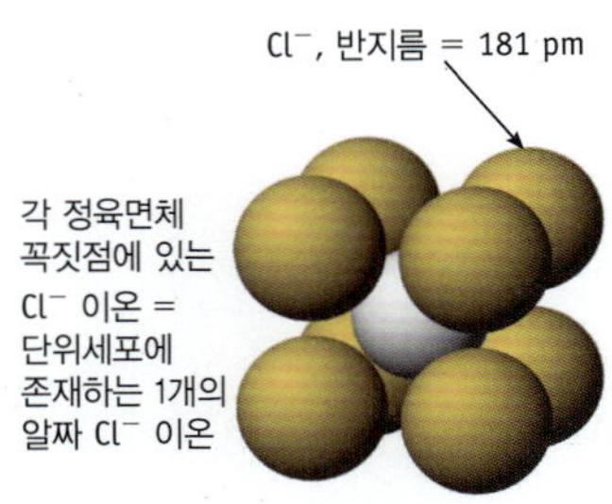

그림 12.8 염화세슘(CsCl) 단위세포. CsCl의 단위세포는 Cs^+ 이온이 단위세포의 중심에 있는 Cl^- 이온의 원시입방 단위세포이다.

12.2 이온성 고체의 구조와 화학식

많은 이온성 화합물의 격자는 한 가지 이온이 원시입방 또는 면심입방 격자로 배열되고 반대 전하를 가진 다른 이온이 격자 내의 구멍에 위치하는 형태를 갖는다. 그 결과 이온이 규칙적으로 배열된 삼차원 격자가 만들어진다. 이러한 구조의 가장 작은 반복 단위를 이온성 화합물의 단위세포로 정의한다.

격자의 종류와 채워지는 구멍의 숫자 그리고 위치 등이 염의 격자 구조와 화학식의 관계를 이해하는 열쇠이다. 예를 들어 이온성 화합물인 염화세슘(CsCl)을 고려하여 보자(그림 12.8). CsCl의 구조는 염화 이온의 원시입방 단위세포로 되어 있다. 세슘 이온은 입방체 중심의 구멍에 들어간다. 단위세포의 구멍에 Cs^+ 이온이 있다면 CsCl의 화학식을 만들게 된다.

다음으로 NaCl의 구조를 생각해 보자. 격자와 1개의 단위세포를 확장시킨 모습이 그림 12.9a와 12.9b에 각각 도시되어 있다. Cl^- 이온은 면심입방 단위세포로 배열되어 있고 Na^+ 이온은 Cl^- 이온들 사이사이에 규칙적으로 배열되어 있다. 각 Na^+ 이온은 6개의 Cl^- 이온에 의해 둘러싸여 있음을 기억하라. Na^+ 이온이 정팔면체로 배열되어 있기 때문에 Na^+ 이온이 **정팔면체 구멍**(octahedral hole)에 있다고 한다(그

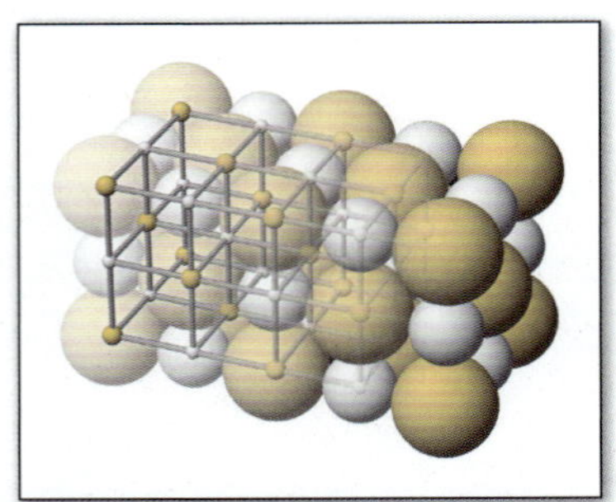

(a) NaCl 입방체. 고체는 Na^+ 이온과 Cl^- 이온의 면심입방 단위세포를 기초로 되어 있다.

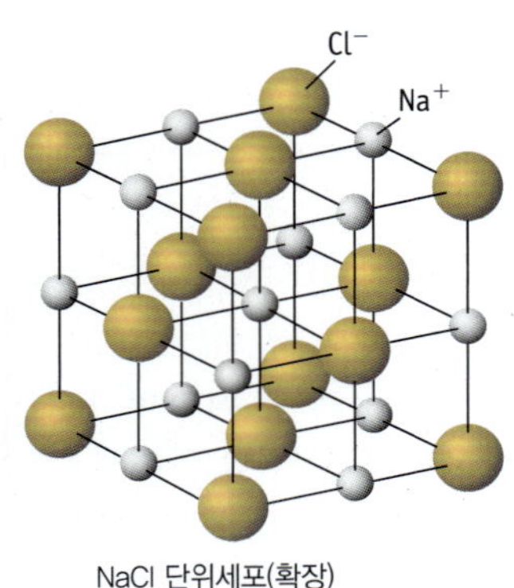

(b) 염화소듐 격자를 확장시킨 그림. (선은 격자점들 사이의 연결을 나타낸다.) 더 큰 Cl^- 이온(노란색)의 면심입방 격자에 작은 Na^+ 이온(은색)이 채워져 있다.

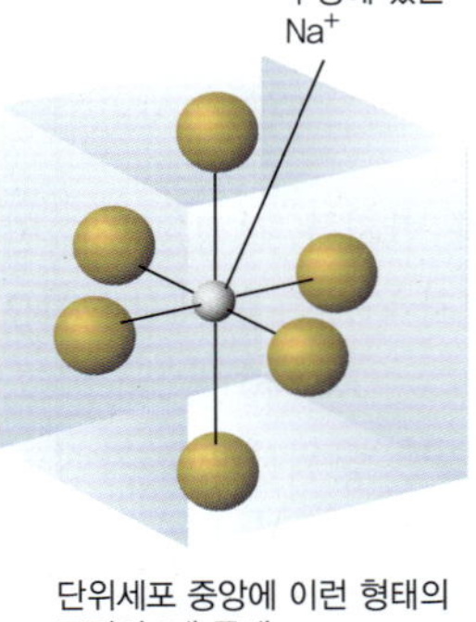

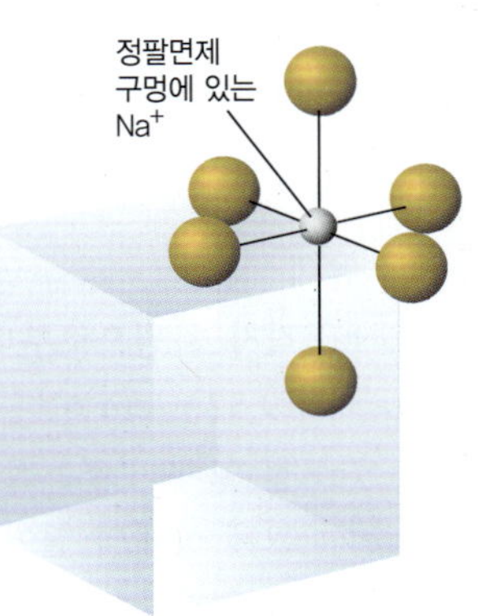

(c) 팔면체 구멍. 격자에 있는 정팔면체 구멍을 확대한 그림.

그림 12.9 염화소듐.

사례 연구 리튬과 "환경친화 자동차(Green Cars)"

경제에서 금속의 용도, 즉 전기 배선에서의 구리, 비행기와 청량음료 캔에서의 알루미늄, 배터리에서의 납과 아연, 차, 버스, 다리에 있는 철에 대하여 잘 알고 있을 것이다. 그러나 자동차의 촉매 변환기에 있는 백금족 금속(백금, 팔라듐, 로듐, 이리듐과 루테늄)과 오디오 헤드셋에 있는 초고성능 자석에 사용하는 란타넘족 금속에 대하여는 잘 모를 수도 있다. 그리고 리튬이 랩탑 컴퓨터의 배터리에서 사용되는 것도 잘 모를 수 있다.

세계의 리튬 대부분은 칠레 북부와 볼리비아 남부에서 생산된다. 이 지역에서는 1A족 금속염의 농도가 높은 지상의 물을 끌어들여 연못을 만든다. 높은 안데스 고원의 강렬한 태양 아래에서 용액이 서서히 증발하고, 약 1년 후 고농도의 용액은 화학공장으로 이송하고 그곳에서 추가로 증발시켜 하얀 가루 상태의 탄산리튬을 생산하게 된다. 볼리비아 단독으로도 약 7억3000만 톤의 Li_2CO_3의 매장량을 가지고 있는 것으로 추산되고 있다. 리튬 금속을 생산하기 위하여 탄산염은 먼저 LiCl로 변환시키고 전기분해하여 금속을 생산하게 된다.

다행히도 리튬은 지구상에서 상당히 풍부하다. "다행이다"라고 말하는 것은 리튬 화합물들이 세라믹과 유리, 의약품 생산을 위한 약품과 윤활 그리스 등 광범위한 용도를 가지고 있기 때문이다. 그러나 미래에 다른 모든 용도들을 초과할 것으로 예상되는 리튬의 유망한 용도는 전기와 하이브리드 자동차와 항공기용 배터리가 있다.

리튬과 리튬 염. 탄산리튬이 포함된 1A족 금속염의 높은 농도를 가진 지상의 물이 있는 볼리비아의 높은 고원. 물은 태양에 노출되어 증발에 의해 염을 석출하게 된다.

이 책이 만들어지는 동안에도 리튬 배터리가 뉴스에 더 많이 등장하고 있다. 신형 여객기인 보잉 787이 성공적으로 이륙하였지만 몇 달 후에 리튬 배터리에서의 과열에 의한 문제로 비행기의 추가적인 활용이 지연되게 되었다. 리튬 배터리는 강력하고 경량이지만 극복하여야 할 공학적 문제를 가지고 있다.

휘발유 연료로 구동하는 엔진 대신 배터리로 구동하는 자동차에 점진적으로 보다 많이 의존하게 될수록 리튬은 보다 더 중요하게 될 것이다. 그리고 결과적으로 리튬의 가용성이 결정적 요소가 될 것이다.

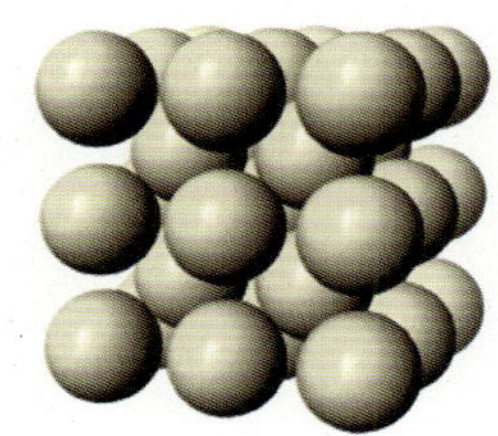

리튬의 고체상 구조의 모습.

문제

1. 탄산리튬 7억3000만 톤으로부터 얼마만큼의 리튬을 얻을 수 있는가? (1톤 = 1,000 kg)
2. 리튬의 단위세포를 기술하시오(그림 참조).
3. 리튬 단위세포는 변이 351 pm인 정육면체이다. 이 정보와 단위세포의 지식을 이용하여 리튬 금속의 밀도를 계산하시오.
4. 리튬 금속을 만드는 공정에서 Li_2CO_3는 LiCl로 변환된다. 이 변환을 하기 위한 방법을 제안하시오.

이 질문에 대한 답은 부록 N에 수록되어 있다.

림 12.9c).

이온 화합물의 화학식은 단위세포의 조성을 반영해야 한다. 그러므로 화학식은 항상 단위세포 구조로부터 유도될 수 있다. NaCl의 화학식은 바로 이 구조에서 한 단위세포에 포함된 양이온과 음이온의 수를 세어서 얻어진 것이다. Cl^- 이온의 면심입방격자는 한 단위세포 안에 4개의 Cl^- 이온을 갖는다. 그리고 이 단위세포의 중앙에 1개의 완전한 Na^+ 이온이 들어 있고 변에 12개의 Na^+ 이온이 있다. 변에 있는

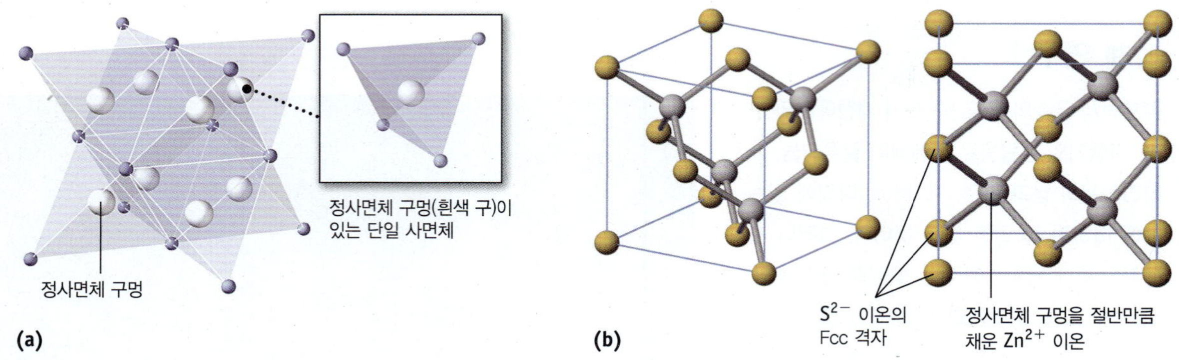

그림 12.10 정사면체 구멍과 ZnS(섬아연광)의 단위세포를 정하는 두 가지 관점. **(a)** 면심입방 격자에 있는 정사면체 구멍. **(b)** 이 단위세포에서는 한 종류 이온이 면심입방 격자를 형성하고 반대 전하를 갖는 다른 이온이 정사면체 구멍의 절반을 채운다.

각 Na^+ 이온은 4개의 단위세포에 의해 공유되어 있기 때문에 한 단위세포에는 1/4이 들어 있다. 따라서 한 단위세포에서 변에 있는 Na^+ 이온은 모두 합해 3개가 된다.

(단위세포 중심에 1개의 Na^+ 이온) + (각 변에 $\frac{1}{4}$개의 Na^+ 이온 × 12개의 변)
= 1개의 NaCl 단위세포당 4개의 Na^+ 이온

결과적으로 한 단위세포 내에는 4개의 Cl^- 이온과 4개의 Na^+ 이온이 들어 있어 두 이온의 비는 화학식에서 볼 수 있는 것처럼 1:1이 된다.

또 다른 흔한 단위세포에서는 한 종류의 이온을 면심입방 단위세포로 배열하고 다른 종류의 이온을 **정사면체 구멍**(tetrahedral hole)에 위치시킨다. 그 결과 각 이온은 반대의 전하를 가진 이온 4개에 의해 둘러싸인다. 그림 12.10(a)에서 볼 수 있는 것처럼 면심입방 단위세포에는 8개의 정사면체 구멍이 있다. ZnS에서 황화 이온(S^{2-})은 면심입방 단위세포 형태를 갖는다. 그러면 아연 이온(Zn^{2+})은 정사면체 구멍의 1/2을 채우며 각 Zn^{2+} 이온은 4개의 S^{2-} 이온에 둘러싸인다. 결과적으로 각 단위세포는 4개의 S^{2-} 이온과 4개의 Zn^{2+} 이온을 포함한다.

요약하면 MX 형태의 화학식을 갖는 화합물은 다음 세 가지 가능한 결정 구조 중 하나를 취할 수 있다.

1. M^{n+} 이온이 원시입방 X^{n-} 격자의 입방 구멍을 모두 채운다. 예: CsCl
2. M^{n+} 이온이 면심입방 X^{n-} 격자의 정팔면체 구멍을 모두 채운다. 예: NaCl
3. M^{n+} 이온이 면심입방 X^{n-} 격자의 정사면체 구멍의 절반을 채운다. 예: ZnS

화학자들과 지질학자들은 염화소듐 또는 암염 구조가 많은 이온 화합물, 특히 알칼리 금속의 할로젠 화합물(CsCl, CsBr, CsI는 예외), 모든 알칼리 토금속의 산화물과 황화물, 그리고 4주기에 있는 전이금속의 MO 화학식을 갖는 산화물 등에서 채택되고 있는 것을 관찰하였다.

예제 12.2 이온의 구조와 페로브스카이트 화학식

문제 페로브스카이트(perovskite) 광물의 단위세포가 아래에 주어져 있다. 이 화합물은 칼슘과 타이타늄 양이온 그리고 산소 음이온으로 되어 있다. 단위세포에 근거하

여 페로브스카이트의 화학식을 결정하시오.

알고 있는 사실 단위세포는 Ca^{2+}, Ti^{4+}, O^{2-} 이온들로 구성된다. Ca^{2+} 이온은 완전히 단위세포 내에, Ti^{4+} 이온은 단위세포의 꼭짓점에, O^{2-} 이온은 단위세포의 변에 위치한다.

전략 이온의 위치에 근거하여 단위세포 내에 포함된 각 종류의 이온의 알짜 수를 결정한다.

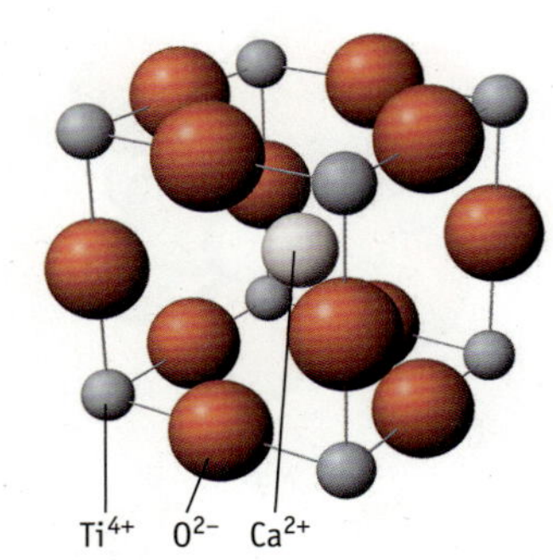

페로브스카이트 광물의 단위세포.

풀이

Ti^{4+} 이온의 수:

(꼭짓점에 있는 Ti^{4+} 이온 8개) × (단위세포 내 각 이온의 ⅛)
= 알짜 Ti^{4+} 이온 1개

Ca^{2+} 이온의 수:

입방체 중앙에 1개 = 알짜 Ca^{2+} 이온 1개

O^{2-} 이온의 수:

(변에 있는 O^{2-} 이온 12개) × (단위세포 내 각 이온의 몫 ¼) = 알짜 O^{2-} 이온 3개

따라서 페로브스카이트의 화학식은 $CaTiO_3$이다.

고려사항 이 화학식 $CaTiO_3$은 타당하다. Ca^{2+} 이온과 O^{2-} 이온이 각각 1개와 3개씩 있으려면 타이타늄 이온의 전하는 4+이어야 한다. 타이타늄은 주기율표에서 4B 족이기 때문에 Ti^{4+} 이온이 될 수 있다.

유제 이온성 고체가 음이온(X)의 fcc 격자와 그 모든 정사면체 구멍을 채우는 금속 양이온(M)으로 되어 있다면 화학식은 MX, MX_2, M_2X 중 어느 것인가?

예제 12.3 이온성 고체의 밀도와 단위세포 차원의 관계

문제 산화마그네슘은 O^{2-} 이온이 면심입방 단위세포의 격자에 위치하고 Mg^{2+} 이온이 정팔면체 구멍을 채운다. 만일, Mg^{2+} 이온의 반지름이 79 pm이고 MgO의 밀도가 3.56 g/cm^{3}이면, O^{2-} 이온의 반지름은 얼마일까?

알고 있는 사실 단위세포 내 원자 또는 이온의 크기를 알고 싶어 한다는 점에서 예제 12.1과 유사하다. 화합물의 밀도와 면심입방 구조의 단위세포가 주어진다. 여기에 더하여, Mg^{2+} 이온의 반지름까지 알고 있다.

전략 전략은 다음과 같이 요약할 수 있다.

1. 단위세포의 질량을 계산
   a) Mg와 O의 원자량과 아보가드로 수를 이용하여 산화마그네슘, MgO의 화학식량을 계산
   b) 단위세포는 면심입방이다. 격자점은 O^{2-} 이온이므로 단위세포에 4개의 O^{2-} 이온이 존재한다. Mg^{2+} 이온은 단위세포의 정팔면체 구멍을 채우기 때문에 단

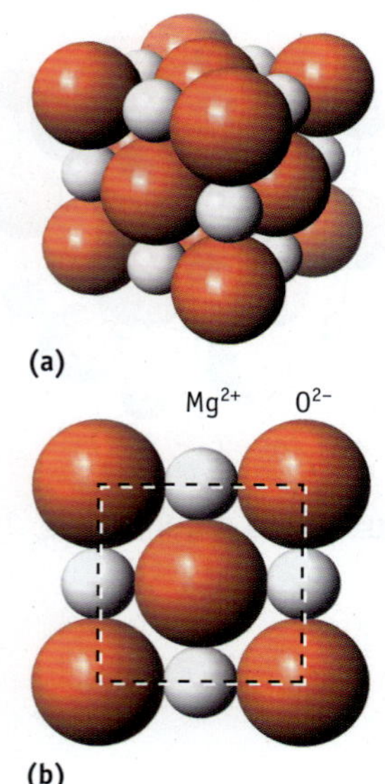

산화마그네슘. (a) O^{2-} 이온이 면심입방 단위세포의 격자에 위치하고 Mg^{2+} 이온이 정팔면체 구멍을 채우는 단위세포. **(b)** 단위세포의 한쪽 면.

위세포 내에 4개의 Mg^{2+} 이온이 존재한다. 따라서 단위세포은 4개 MgO 단위를 포함한다.

2. 단위세포의 질량과 MgO의 알고 있는 밀도로부터 단위세포의 부피를 계산
3. 단위세포의 부피로부터 한 변의 길이를 계산
4. 산화 이온의 반지름을 계산

풀이

1. 단위세포의 질량 계산. 이온성 화합물 화학식은 MX(이 문제에서 MgO임)이고, 면심입방 구조의 정팔면체 구멍을 채우는 M^+ 양이온과 면심입방 격자의 X^- 음이온이 단위세포당 4 MX를 갖는다.

$$\text{단위세포의 질량} = \left(\frac{40.304\ \text{g}}{1\ \text{mol MgO}}\right)\left(\frac{1\ \text{mol MgO}}{6.022 \times 10^{23}\ \text{MgO의 단위}}\right)\left(\frac{4\ \text{MgO단위}}{1\text{단위세포}}\right)$$
$$= 2.677 \times 10^{-22}\ \text{g/단위세포}$$

2. 단위세포의 질량과 밀도로부터 단위세포의 부피를 계산하면 다음과 같다.

$$\text{단위세포의 부피} = \left(\frac{2.667 \times 10^{-22}\ \text{g}}{\text{단위세포}}\right)\left(\frac{1\ \text{cm}^3}{3.56\ \text{g}}\right) = 7.52 \times 10^{-23}\ \text{cm}^3/\text{단위세포}$$

3. 단위세포 부피로부터 변 길이를 계산하면 다음과 같다.

$$\text{단위세포의 변 길이} = (7.52 \times 10^{-23}\ \text{cm}^3)^{1/3} = 4.22 \times 10^{-8}\ \text{cm}$$
$$\text{단위세포의 변 길이} = 4.22 \times 10^{-8}\ \text{cm}\left(\frac{1\ \text{m}}{100\ \text{cm}}\right)\left(\frac{1 \times 10^{12}\ \text{pm}}{1\ \text{m}}\right) = 422\ \text{pm}$$

4. O^{2-} 이온 반지름을 계산하면 다음과 같다.
MgO 단위세포의 한 면을 옆의 그림에서 볼 수 있다. O^{2-} 이온은 면심입방 구조의 격자점에 위치하고, Mg^{2+} 이온과 O^{2-} 이온은 변을 따라서 서로 접촉한다. 이는 단위세포의 변 길이가 하나의 O^{2-} 이온 반지름(x), 2배의 Mg^{2+} 이온 반지름, 하나의 O^{2-} 이온 반지름(x)을 합한 길이임을 보여준다.

$$\text{MgO 단위세포의 변 길이} = x\ \text{pm} + 2(79\ \text{pm}) + x\ \text{pm} = 422\ \text{pm}$$
$$x = O^{2-}\ \text{이온 반지름} = 132\ \text{pm}$$

고려사항 화학자들은 이와 같은 해답이 합리적인 값인가를 참고문헌을 통해서 자주 점검한다. 이와 같이 계산된 결과는 그림 7.11의 값들과 매우 근접한다.

유제 염화포타슘(KCl)은 염화소듐(NaCl)과 같은 단위세포 구조를 갖는다. 그림 7.11의 이온 크기를 이용하여, KCl의 밀도를 계산하시오.

12.2절 확인문제

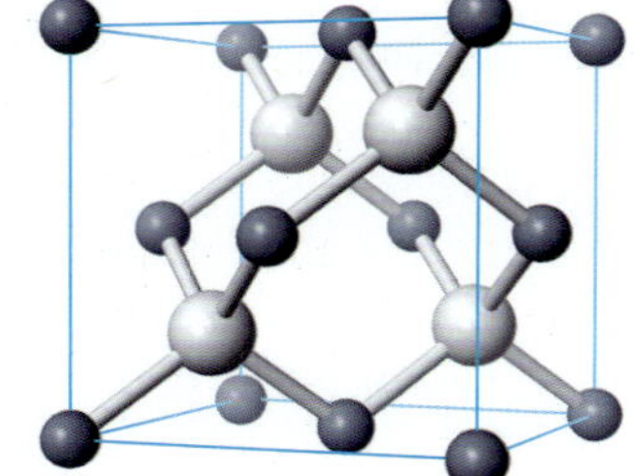

탄화규소(SiC)의 단위세포.

1. 탄화규소(SiC)의 단위세포를 옆의 공란에 도시하였다. 짙은 회색으로 배열된 탄소 원자의 단위세포는 어떤 구조인가?
(a) 원시입방 (b) 체심입방 (c) 면심입방

2. 탄화규소 단위세포의 한 변이 436.0 pm이면 이 화합물의 계산된 밀도는 얼마인가?
(a) 0.803 g/cm³ (b) 0.311 g/cm³ (c) 3.21 g/cm³

12.3 이온 화합물의 결합: 격자 에너지

이온 화합물은 일반적으로 높은 녹는점을 가지며, 이는 이온결정 격자 내에서 결합력이 강함을 나타낸다. 이온 화합물에서 결합의 세기를 나타내는 하나의 척도가 격자 에너지이며, 이 절의 주제이다.

이온 화합물은 같은 전하끼리는 반발력이 작용하고 반대 전하 이온끼리는 인력이 작용하는 3차원적 격자 내에서 정렬된 양이온과 음이온을 가진다. 이와 같은 인력은 쿨롱의 법칙(Coulomb's law)을 사용하여 계산할 수 있다(◂식 2.3). 예를 들면 두 이온 사이의 인력에 의한 에너지($U_{\text{ion pair}}$) 다음 식으로 주어진다.

$$U_{\text{ion pair}} = C \times \frac{(n^{+}e)(n^{-}e)}{d}$$

기호 C는 상수이고, d는 이온 간 거리이며, e는 전자의 전하이다. 용어 $n^{+}e$는 양이온의 전하량이고, 용어 $n^{-}e$는 음이온의 전하량이다. $n^{-}e$이 음이므로, 에너지는 음의 값을 가지게 된다. 그것은 결합된 상태가 안정하고 또한 낮은 에너지 상태에 있기 때문이다. 따라서 **에너지는 이온의 전하량에 직접적으로 비례하고 이온 간 거리에 반비례함을 기억해야 한다.**

확장된 이온 격자 내에서 중첩적인 양이온–음이온의 상호작용이 있다. 예로 NaCl (그림 12.9)을 선택하여, 단위세포의 중심에 존재하는 Na^{+} 이온에 초점을 맞추어 보자. Na^{+} 이온은 주위의 6개 Cl^{-} 이온들로 둘러싸이고 상호 인력이 작용한다. 그러나 Na^{+} 이온에서 약간 떨어진 입방체의 꼭짓점에 12개의 Na^{+} 이온들이 존재하고, 이들 사이에는 반발력이 존재한다. 여전히 단위세포의 '중심(center)'에 Na^{+} 이온을 두고 생각해 보면, 입방체의 꼭짓점에는 더 많은 8개의 Cl^{-} 이온들이 위치하고 단위세포 중심에 있는 Na^{+} 이온 사이에서 인력이 작용한다. 격자 내에서 모든 상호작용을 고려한 인력을 **격자 에너지**(lattice energy, $\Delta_{\text{lattice}} U$)라고 부르고, 기체 상태의 이온들이 결합하여 고체 상태의 결정성 이온 화합물 1 mol을 생성할 때 발생하는 에너지 변화이다(표 12.1). 염화소듐의 경우, 반응은 다음과 같다.

$$Na^{+}(g) + Cl^{-}(g) \rightarrow NaCl(s)$$

이온 화합물에 관련하여 화학자들은 자주 **격자 엔탈피**(lattice enthalpy, $\Delta_{\text{lattice}} H$)를 사용한다. 격자 에너지와 엔탈피는 같은 경향성을 가지며, 응축된 상에서는 두 값은 수치적으로 거의 같다.

여기서 격자 엔탈피와 관련하여 이온 전하와 크기의 의존성에 초점을 맞추자. 쿨롱의 법칙에서 기술하였던 것처럼 이온 전하량이 클수록 서로 다른 부호를 갖는 이온 사이의 인력은 크게 증가함으로써 보다 증가된 전하량만큼 $\Delta_{\text{lattice}} H$는 보다 크

표 12.1 일부 이온 화합물의 격자 에너지

화합물	$\Delta_{\text{lattice}}U$(kJ/mol)
LiF	−1037
LiCl	−852
LiBr	−815
LiI	−761
NaF	−926
NaCl	−786
NaBr	−752
NaI	−702
KF	−821
KCl	−717
KBr	−689
KI	−649

출처: D. Cubicciotti: 알칼리 할로젠화물의 격자 에너지와 할로젠의 전자친화도. *Journal of Chemical Physics*, Vol. 31, p.1646, 1959.

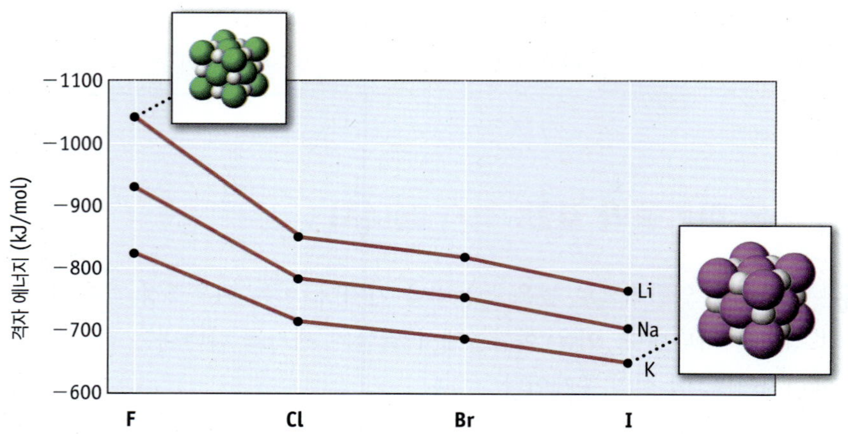

그림 12.11 격자 에너지. $M^+(g) + X^-(g)$, 두 이온으로부터 생성된 알칼리 금속의 할로젠화물, MX(s)의 $\Delta_{lattice}U$

게 에너지가 감소하게 되며 보다 안정하고 낮은 에너지 상태가 된다. 예로 NaF와 MgO의 격자 엔탈피를 살펴보면, Mg^{2+} 이온과 O^{2-} 이온의 경우 $[(2+) \times (2-) = -4]$ Na^+ 이온과 F^- 이온의 각각의 이온의 2배의 전하량을 가지므로, MgO의 $\Delta_{lattice}H$는 −4050 kJ/mol로 NaF의 $\Delta_{lattice}H = -926$ kJ/mol보다 약 **4배 정도 낮은** 에너지를 갖는다.

두 이온 사이의 인력은 두 이온 사이의 거리에 반비례하므로, 격자 엔탈피에 있어서 이온의 크기를 효과적으로 예측할 수 있다. 보다 작은 크기의 이온으로 구축된 격자는 보다 큰 음의 값의 격자 에너지를 갖는다(표 12.1과 그림 12.11). 예를 들어 살펴보면, 알칼리 금속의 할로젠화물의 경우, Li^+ 양이온의 크기가 K^+ 양이온의 크기보다 아주 작기 때문에, 리튬 화합물의 격자 에너지는 포타슘 화합물의 격자 에너지에 비해서 아주 큰 음의 값이다. 마찬가지로 플루오린화 화합물의 격자 엔탈피는 같은 양이온과 결합한 아이오딘화 화합물의 격자 엔탈피에 비해서 현저히 큰 음이다.

열역학적 자료로부터 격자 엔탈피 계산

격자 엔탈피는 5.7절에서 기술된 헤스의 법칙이 적용된 **보른–하버**(Born-Haber) 순환 과정과 같은 열역학적 접근 방법으로 계산할 수 있다. 그림 12.12의 에너지 준위 그림은 이 계산에 포함되는 엔탈피 항을 보여준다. 반응물에서 생성물로 가는 한 경로를 따라 포함되는 엔탈피 변화는 다른 경로를 따른 엔탈피 변화의 합과 같다는 점을 기억하라. 예로서 NaCl(s)의 격자 엔탈피 계산을 사용하여 보자. 여기서 하나의 경로는 다음과 같다.

$$Na(s) + 1/2\ Cl_2(g) \rightarrow NaCl(s) \qquad \Delta_f H° [NaCl(s)] = -411.12 \text{ kJ/mol}$$

그림 12.12에 도시된 염화소듐에 대한 다른 경로는 5단계를 포함한다. 1A단계에서 Cl_2 분자는 Cl 원자로 변환되고 2A단계에서 고체 소듐은 기체 상태의 Na 원자로 증발한다. 단계 1B에서 Cl 원자는 $Cl^-(g)$ 이온을 형성하고 2B단계에서 Na 원자는 $Na^+(g)$ 이온을 형성한다. 이온들이 생성되면 이들은 결합하여 고체 NaCl을 생성한다. 각 단계의 엔탈피는 3단계의 $\Delta_{lattice}H$을 제외하고는 모두 알고 있다.

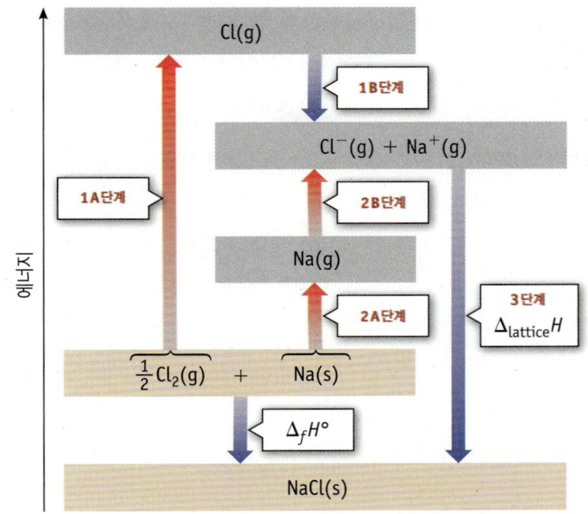

그림 12.12 원소로부터 생성된 NaCl(s)에 대한 보른–하버 순환 과정. 이 책에서의 계산에서는 엔탈피 값을 이용하였고, 이렇게 얻어진 값이 격자 엔탈피($\Delta_{lattice}H$)이다. $\Delta_{lattice}H$와 $\Delta_{lattice}U$의 차이는 일반적으로 아주 작고 필요하면 수정할 수 있다(그림의 에너지 도표는 절대적인 수치가 아님에 유의하라).

이와 같은 과정(보른–하버 순환 과정)에 의한 격자 에너지의 계산법은 보른(Max Born, 1882~1970)과 하버(Fritz Haber, 1868~1934)를 기려 명명하였고, 이들 독일 과학자들은 열역학적 연구에 뛰어난 업적을 남겼다.

1A단계	$1/2\ Cl_2(g) \rightarrow Cl(g)$	$\Delta H°_{1A} = +121.3$ kJ/mol (분해 엔탈피, 부록 L)
2A단계	$Na(s) \rightarrow Na(g)$	$\Delta H°_{2A} = +107.3$ kJ/mol (생성 엔탈피, 부록 L)
1B단계	$Cl(g) + e^- \rightarrow Cl^-(g)$	$\Delta H°_{1B} = -349$ kJ/mol (전자부착 엔탈피, 부록 F)
2B단계	$Na(g) \rightarrow Na+(g) + e^-$	$\Delta H°_{2B} = +496$ kJ/mol) (이온화 엔탈피, 부록 F)
3단계	$Na^+(g) + Cl^-(g) \rightarrow NaCl(s)$	$\Delta_{lattice}H = ?$
	$Na(s) + 1/2\ Cl_2(g) \rightarrow NaCl(s)$	$\Delta_f H°[NaCl(s)] = -411.12$ kJ/mol (생성 엔탈피, 부록 L)

한 경로를 따르는 화학 반응식들—1A, 1B, 2A, 2B단계와 3—을 더하면 원소로부터 NaCl(s)를 형성하는 반응식을 만들 수 있고, 이 단계들의 엔탈피 변화를 더하면 NaCl(s)의 형성에 대한 엔탈피 변화를 얻을 수 있다.

$$\Delta_f H°\ [NaCl(s)] = \Delta H_{Step\ 1A} + \Delta H_{Step\ 1B} + \Delta H_{Step\ 2A} + \Delta H_{Step\ 2B} + \Delta H_{Step\ 3}$$

이 모든 양들의 값은 $\Delta H_{Step\ 3}(\Delta_{lattice}H)$를 제외하고 알기 때문에, 이 단계에 대한 값은 계산할 수 있으며 그 값은 −787 kJ/mol이다.

12.3절 확인문제

1. 어느 할로젠화소듐이 가장 큰 음의 격자 에너지를 갖는가?
(a) NaI (b) NaBr (c) NaCl (d) NaF

2. 다음 반응 중 어느 것에 대한 엔탈피 변화가 NaCl의 격자 에너지에 해당하는가?

(a) $Na(s) + Cl_2(g) \rightarrow NaCl(s)$ (b) $Na(g) + Cl(g) \rightarrow NaCl(s)$

(c) $Na^+(g) + Cl^-(g) \rightarrow NaCl(s)$ (d) $NaOH(s) + HCl(g) \rightarrow NaCl(s) + H_2O(l)$

3. NaI(s)의 몰 표준 생성 엔탈피($\Delta_f H°$)가 −287 kJ/mol이라면 NaI(s)의 격자 엔탈피를 계산하시오. 필요한 자료는 부록 F와 L에 있다.

(a) −796 kJ/mol (b) −702 kJ/mol

(c) −287 kJ/mol (d) +222 kJ/mol

12.4 금속 결합과 반도체

대부분 금속의 녹는점은 매우 높아 이들을 붙잡고 있는 상당한 힘이 있다는 것을 안다. 이러한 구조들의 고전적 기술은 비편재화된 전자의 바다에 금속 원자들의 격자가 있고 전자와 하전된 핵 사이의 쿨롱 인력이 이 힘을 제공하는 것으로 시각화하였다. 이 모형은 전자가 전기 전위의 영향 하에서 격자를 통과하여 자유롭게 움직이기 때문에 결과적으로 나타나는 금속의 전기전도도를 쉽게 설명하였다.

금속 결합에 대한 또 다른 대안적이고 보다 자세한 관점은 띠 모형이다. 분자 궤도함수(Molecular Orbital; MO) 이론은 분자의 공유 결합을 합리적으로 설명하기 위하여 9장에서 소개하였음을 기억하라. MO 이론은 금속을 무한한 수의 원자를 가진 '초분자체'로 봄으로써 금속에서의 결합에도 적용할 수 있다.

아주 작은 금속의 조각일지라도 수많은 원자들을 포함하고 있으며 훨씬 더 많은 수의 원자가 궤도함수를 갖는다. 예를 들면 1 mol의 리튬(Li) 원자에는 6×10^{23}개 원자가 존재한다. 단지 리튬 원자의 2s 원자가 궤도함수만 고려하더라도, 거기에는 6×10^{23}개 원자 궤도함수가 있고, 이들로부터 다시 6×10^{23}개 분자 궤도함수가 만들어 질 수 있다(분자 궤도함수의 총 수는 원자를 조합함으로써 기여하는 원자 궤도함수의 총 수의 합과 같음을 기억하라. 9.3절. 만약 *p*와 *d* 궤도함수가 이 그림에 추가되면 훨씬 더 많은 분자 궤도함수가 생성될 것이다). 리튬 또는 어떠한 금속에서 예상되는 분자 궤도함수를 살펴보려면 결정성 고체에 존재하는 모든 원자들로 확장하여야 한다. 1 mol의 리튬 원자는 1 mol의 원자가 전자를 가지며, 이들 전자는 가능한 낮은 에너지 상태의 결합 궤도함수를 채운다. 전자들은 두 원자 사이의 특정 결합과 무관하게 결정 내 모든 원자들과 관계되기 때문에 결합 전자들은 **비편재화**된다.

이러한 금속 결합의 이론을 **띠 이론**(band theory)이라고도 한다. 에너지 준위 도표는 결합과 반결합 분자 궤도함수가 서로 섞여 개별적인 MO가 에너지 면에서 너무 근접하여 구별할 수가 없기 때문에 분자 궤도함수 띠가 됨을 보여준다(그림 12.13). 각 분자 궤도함수는 반대 스핀을 가진 2개의 전자를 수용할 수 있다.

금속에는 모든 분자 궤도함수를 채울 전자가 충분하지 않다. 예를 들면 1 mol의 Al 원자는 18×10^{23}개 전자, 또는 9×10^{23}개 전자쌍을 형성하여 Al 원자의 *s*와 *p* 궤도함수에 의하여 생성되는 24×10^{23}개 분자 궤도함수의 일부만을 채우게 된다. 궤

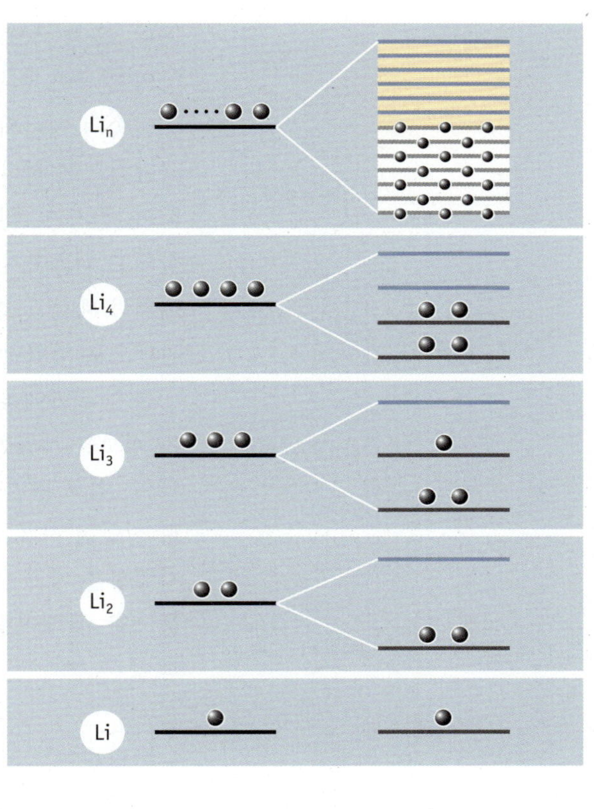

그림 12.13 리튬 결정의 분자 궤도함수 띠. 리튬 원자의 원자가 궤도함수(2*s*)는 중첩되어 분자 궤도를 이룬다. 동일한 원자 궤도함수를 가진 더 많은 원자들이 추가됨에 따라 그들로부터 생성되는 분자 궤도함수들의 수도 계속 증가하고, 결국 에너지 준위가 점점 더 가까워지고 합쳐져 분자 궤도함수 띠를 형성한다.
각각 2*s* 원자가 궤도함수를 가진 1 mol의 리튬 원자가 결합하면, 6×10^{23}개의 분자 궤도함수가 형성된다. 그러나 1 mol의 전자, 3×10^{23}개 전자쌍만이 가용하기 때문에 분자 궤도함수의 절반만을 채우게 된다(분자 궤도함수 이론의 논의는 9.3절을 참조).

도함수를 채울 수 있는 전자쌍보다 훨씬 더 많은 분자 궤도함수가 가용하다.

0 K에서 모든 금속의 전자가 가능한 가장 낮은 에너지를 가진 궤도함수에 있게 될 것이고 계는 가장 낮은 에너지를 갖게 된다. 0 K에서 가장 높은 채워진 준위를 **페르미 준위**(Fermi level)라 부른다(그림 12.14).

0 K 이상에서는, 열적 에너지로 인하여 금속의 전자들이 페르미 준위 이상의 궤도를 채운다. 아주 작은 에너지(예를 들면 온도가 0 K에서 몇 도 상승)도 전자들을 보다 높은 에너지 준위로 이동하게 한다. 전자가 높은 에너지 준위로 이동함으로써, 1개씩의 전자만 가진 두 가지의 준위가 생긴다. 그 하나는 페르미 준위 이상의 궤도에 존재하는 음의 전자이고, 다른 하나는 페르미 준위 이하에 존재하는 양의 '정공(holes)'—전자의 부재로부터 생겨남—이다.

금속 조각에서의 양의 정공과 음의 전자는 전기적 전도성을 설명해 준다. 전기적 전도성은 전기장 내에서 전자가 1개만 채워진 상태인 정공과 전자가 이동함으로써 유발된다. 금속에 전기장을 걸어주면, 음의 전자는 양극 쪽으로 이동하고, 양의 '정

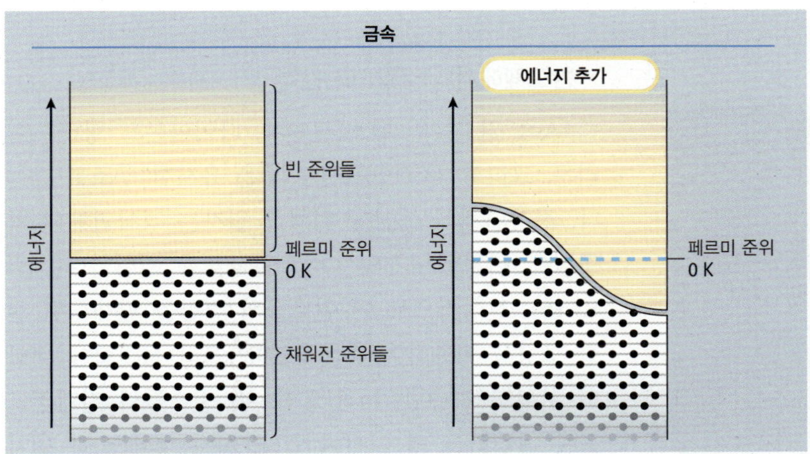

금속. 0 K에서 전자가 채워진 가장 높은 에너지 준위를 **페르미 준위**(Fermi level)라고 한다. 에너지가 추가되고 온도가 증가할수록 일부 전자는 페르미 준위 이상의 준위를 채우고, 이것은 페르미 준위 아래의 준위를 비우게 한다.

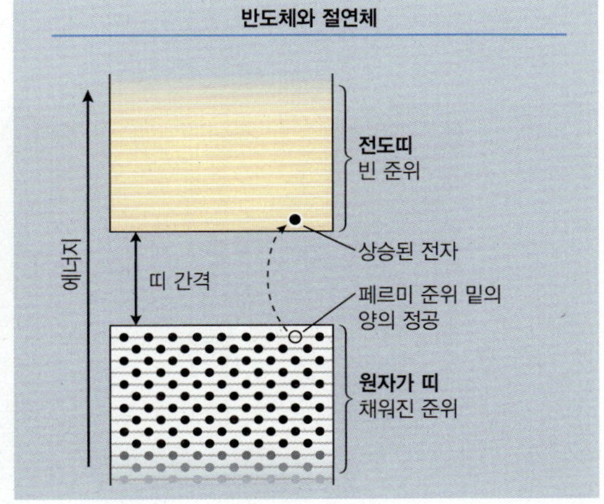

반도체. 금속과는 달리 전자가 채워진 준위의 띠(원자가 띠)는 전자가 채워지지 않은 준위의 띠(전도띠)와 띠 간격에 의해서 분리된다. 절연체의 경우 띠 간격이 크다.

그림 12.14 금속, 반도체, 절연체에 적용되는 띠 이론. 금속과 반도체의 결합은 분자 궤도함수 이론으로 설명할 수 있다. 분자 궤도함수는 각 원자의 원자가 궤도함수로부터 구축되며 모든 원자에 걸쳐 비편재화 된다.

공'은 음극 쪽으로 이동한다(근접한 원자로부터 전자가 정공으로 이동하기 때문에, 양의 정공이 '이동'하게 되고, 새로운 '정공'이 생겨난다).

금속의 에너지 준위 띠는 근본적으로 연속적이다. 다시 말하면, 준위의 띠 간격이 극단적으로 적다. 이러한 연속적인 에너지 준위는 거의 모든 파장의 에너지를 흡수하여, 전자가 보다 높은 에너지 상태로 이동할 수 있다. 들뜬 전자는 원래의 에너지 상태로 되돌아가면서 흡수한 에너지와 같은 크기의 에너지를 가진 광자를 방출한다. 이처럼 빠르고 효과적인 빛의 흡수 및 방출은 윤이 나는 금속 표면에서의 빛 반사와 광택으로 나타난다.

금속 결합에 대한 분자 궤도함수 그림은 금속의 다른 물리적 특성을 해석할 수 있는 정보를 제공한다. 예를 들면 대부분의 금속은 연성과 전성이 크므로 선으로 압출할 수 있고 평판으로 압연할 수도 있다. 이 과정에서, 금속 원자는 근접한 다른 위치로 상당히 자유롭게 움직일 수 있다. 이와 같은 현상은 금속 결합이 비편재화, 즉 무지향성을 띠고 있기 때문에 가능하다. 원자 층들도, 비편재화된 전자들이 마치 이동을 돕는 볼베어링처럼 작용하여, 상대적으로 쉽게 미끄러질 수 있는 반면, 동시에 층과 층은 핵과 전자 사이의 쿨롱 힘에 의해 결합된다.

반도체

반도체 재료는 컴퓨터 칩과 발광 다이오드(LEDs)와 같은 아주 잘 알려진 고체 상태 전자 소자의 핵심이다(그림 12.15). 반도체는 일반적으로 전기전도성이 없지만, 작은 에너지의 입력만으로도 활성화된다. 반도체의 '온'(열기, on)과 '오프'(닫기, off) 상태와 같은 성질이 많은 전자 소자들에 아주 중요하게 이용되며, 특히, 컴퓨터에 응용되고 있는 2진법 논리의 기초이기도 하다. 금속에 적용한 띠 이론 접근법에 이어 반도체의 전자 구조를 살펴봄으로써 반도체가 어떻게 작동하는지를 이해할 수 있다.

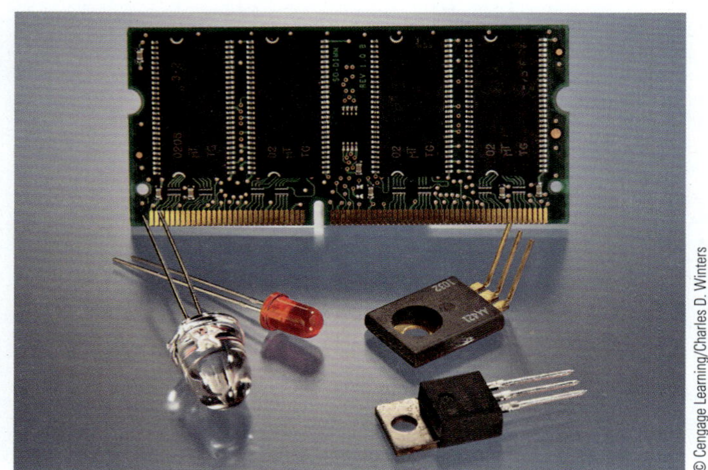
© Cengage Learning/Charles D. Winters

그림 12.15 반도체로 만들어진 전자 소자들. (위) 컴퓨터 칩 (왼쪽) LED 빛 (오른쪽) 트랜지스터.

반도체에서의 결합: 띠 간격

4A족 원소들인 탄소(절연체, 다이아몬드 형태), 실리콘, 그리고 게르마늄(반도체)은 유사한 구조를 갖는다. 정사면체의 중심에 위치한 원자는 정사면체의 꼭짓점에 위치한 4개의 다른 원자들과 결합한다(그림 12.16). 전형적으로 이 원소들의 결합을 편재화된 결합 모형을 이용하여 표현하였다. 그러나 결합에 대한 띠 모형도 사용할 수 있으며, 이 원소들의 전기전도도를 설명하는 데 이점이 있다. 띠 모형에서 각 원자의 원자가 궤도함수(*ns*, *np* 궤도함수)는 서로 결합하여 분자 궤도함수를 형성하여 고체 전체에 비편재화된다. 그러나 연속적인 분자 궤도함수 띠가 있는 금속과 달리 반도체에서는 띠 간격으로 분리된 두 띠, 보

다 낮은 에너지의 **원자가 띠**와 보다 높은 에너지의 **전도 띠**를 형성한다(그림 12.14 오른쪽, 그림 12.17). 4A족 원소에서 원자가 띠의 궤도함수는 완전히 채워져 있고, 전도 띠는 비어 있다. 띠 간격은 원자가 띠의 전자가 높은 에너지의 전도 띠로 상승하는 데 필요한 에너지 장벽이다.

다이아몬드의 띠 간격은 580 kJ/mol로 상당히 크기 때문에 전자는 채워진 원자가 띠에 잡혀 있게 되고 높은 온도에서도 전도 띠로 전이할 수가 없다. 따라서 양의 '정공'이 생성될 수가 없고 다이아몬드는 절연체, 즉 비전도체이다.

실리콘과 게르마늄은 훨씬 작은 띠 간격, 즉 실리콘은 106 kJ/mol, 게르마늄은 68 kJ/mol을 가진다. 결과적으로 이들은 반도체이다. 이 원소들은 열적 에너지도 소량의 전자를 원자가 띠에서 띠 간격을 넘어 전도 띠로 전이하는 데 충분하기 때문에 적은 전류를 전도할 수 있다(그림 12.17). 그리고 전도 띠의 전자가 한 방향으로 이동하고 원자가 띠의 양의 정공이 반대 방향으로 이동할 때 전도가 일어나게 된다.

순수한 실리콘과 게르마늄은 **내성 반도체**(intrinsic semiconductors)로 불리며, 이름에서 알 수 있듯이 순수한 물질 자체가 갖는 아주 근본적이고 타고난 성질이다. 내성 반도체에 있어서 전도 띠에 존재하는 전자의 수는 온도와 띠 간격의 크기에 따라 결정된다. 띠 간격이 작을수록 보다 작은 에너지로도 많은 수의 전자들을 전도 띠로 이동시킬 수 있다. 온도가 증가함에 따라서 보다 많은 전자가 전도 띠로 이동하고, 결과적으로 전도도가 높아진다.

외성 반도체(extrinsic semiconductors)도 있다. 이러한 물질의 전도도는 **혼입물**(dopant)이라고 불리는 작은 양(전형적으로 $1/10^6$에서 $1/10^8$)의 불순물을 첨가함으로써 조절할 수 있다. 즉, 반도체의 특성은 화학적 처리에 의해서 변화할 수 있다.

실리콘 격자 중 실리콘 원자 몇 개를 알루미늄 원자(또는 다른 3A족 원소)로 치환

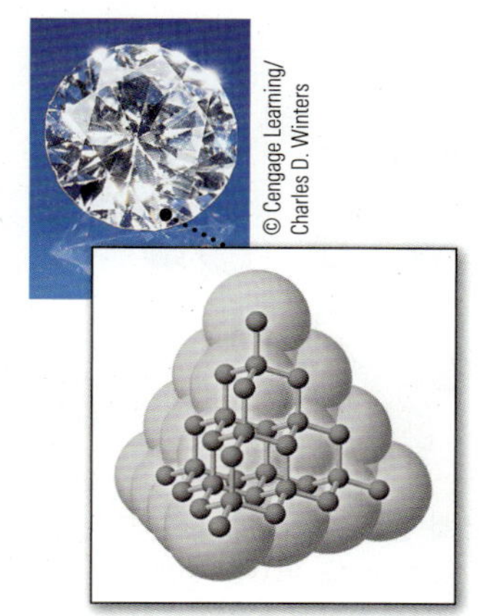

그림 12.16 **절연체인 다이아몬드의 구조.** 반도체인 실리콘과 게르마늄의 구조는 각 원자가 4개의 다른 원자들과 정사면체 형태로 결합되었다는 점에서는 유사하다.

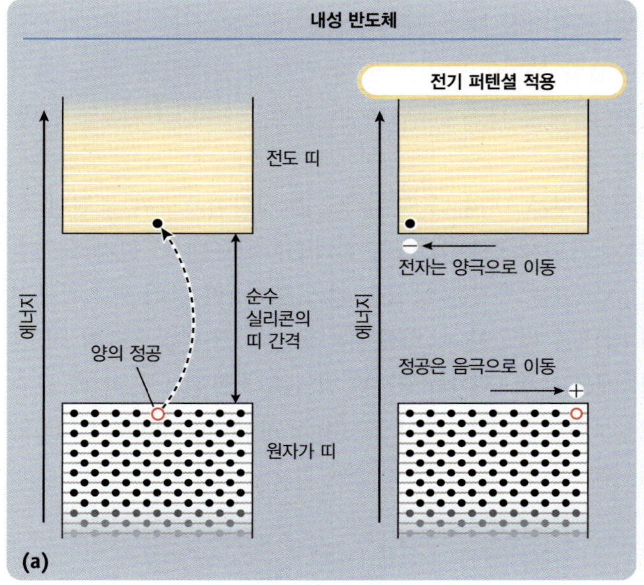

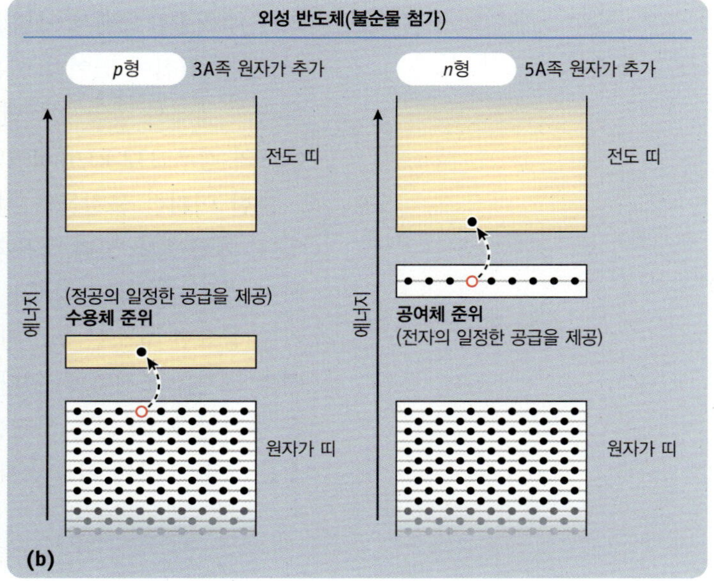

그림 12.17 **(a) 내성(고유) 반도체. (b) 외성 반도체.**

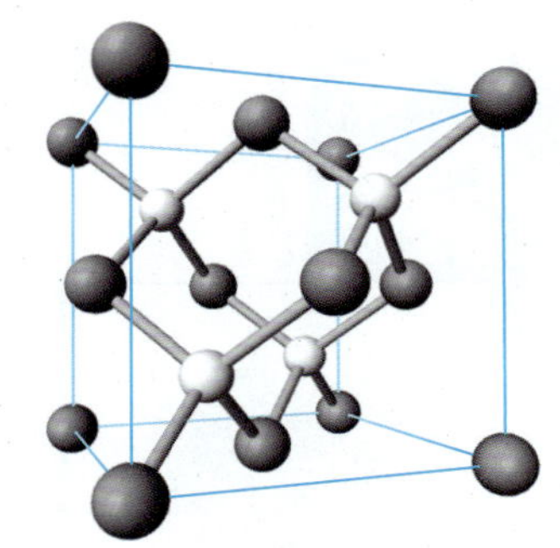

비소화 갈륨(GaAs). GaAs의 단위세포는 fcc 격자의 Ga 원자와 정사면체 구멍의 As 원자로 구성된 구조이다. 이 물질은 적외선 발광 다이오드, 레이저 다이오드, 그리고 태양 전지에 이용되고 있는 아주 중요한 반도체이다.

할 수 있다. 알루미늄은 단지 3개의 원자가 전자를 가지는 반면, 실리콘은 4개의 원자가 전자를 갖는다. 격자 내에서 알루미늄 1개당 4개의 Si—Al 결합이 생성하지만, 이 결합에 전자가 부족할 것이다. 띠 이론에 의하면, Si—Al 결합은 원자가 띠보다 높고 전도 띠보다 낮은 별개의 채워지지 않는 띠를 만든다. 이 준위는 원자가 띠로부터 전자를 받을 수 있기 때문에 **수용체(받개) 준위**라 불린다. 원자가 띠와 수용체 준위 사이의 간격은 아주 작기 때문에 전자들이 쉽게 수용체 준위로 이동할 수 있다. 원자가 띠에 생성된 양의 정공은 전기 전위의 영향 하에서 이동할 수 있어 정공 이동으로부터 전도가 얻어진다. 알루미늄이 혼입된 반도체는 **양(+)**의 정공을 생성하기 때문에, ***p*형 반도체**(*p*-type semiconductor)라고 부른다(그림 12.17b, 왼쪽).

이제 알루미늄 원자를 대신하여 인 원자(또는 비소 같은 다른 5A족 원소)를 실리콘 격자 내에 첨가하는 것을 생각해 보자. 원래, 이 물질은 반도체는 아니지만, 인 원자는 실리콘 원자보다 원자가 전자가 하나 더 많기 때문에 여분의 전자가 격자 내에 존재하게 된다. 이와 같은 방법으로 혼입된 반도체는 전도 띠 바로 아래에 별개의 부분적으로 채워진 **공여체(주개) 준위**(donor level)가 생겨난다. 이 공여체 준위의 전자는 쉽게 전도띠로 이동할 수 있고, 전도 띠의 전자는 전하를 운반한다. **음전하** 운반체로 이루어진 이런 물질을 ***n*형 반도체**(*n*-type semiconductor)라 부른다(그림 12.17b, 오른쪽).

아주 적절한 반도체 성질을 가진 일련의 물질이 III-V 반도체이며, 3A족(Ga과 In) 원소와 5A족 원소(As와 Sb)를 조합하여 만들기 때문에 붙여진 이름이다.

비소화갈륨(GaAs)은 순수한 실리콘이나 게르마늄보다 나은 전기 전도도 특성을 지닌 일반적인 반도체 물질이다. GaAs 결정 구조는 다이아몬드와 실리콘과 유사하다. 정사면체 중심의 Ga 원자는 정사면체 꼭짓점에 있는 4개의 As 원자와 결합하고 있으며, Ga 원자와 As 원자의 위치를 서로 바꾸어도 마찬가지 구조이다.

CdS와 같이, 2B족 원소와 6A족 원소의 조합도 반도체 화합물을 형성한다. 그러나 주기율표상에서 보다 멀리 떨어진 원자 사이에는 보다 이온성이 높은 화합물이 된다. 결합에 있어서 이온 결합 특성이 증가하면 띠 간격이 증가하게 되고, 물질은 반도체에서 절연체로 변한다. 예를 들면 GaAs의 띠 간격은 140 kJ/mol인 반면, CdS의 경우 232 kJ/mol이다.

또한 이러한 물질들의 성질을 구조 내의 다른 원자들을 치환함으로써 조절할 수 있다. 예를 들면 널리 사용되는 반도체에서 GaAs 구조의 Ga 원자를 Al 원자로 치환하여 넓은 범위의 조성($Ga_{1-x}A_xAs$)을 가지는 물질을 얻고 있다. 띠 간격의 조절에서 가장 중요한 요소는 원소의 상대적 비율이고, 화학량론적 비를 조절함으로써 띠 간격의 크기를 조정할 수 있다. 예를 들면 Ga 원자가 Al 원자로 치환됨에 따라 띠 간격은 증가한다. 이 점은 이러한 물질들을 발광 다이오드(light-emitting diode, LED)와 같은 특수 소자에 이용할 때 중요하다.

12.4절 확인문제

1. 게르마늄은 반도체로서 최초로 사용되었던 물질 중 하나이다. Ge의 띠 간격이 68 kJ/mol이었다면, Ge를 띠 간격을 넘어서는 전자 전이에 의해서 들뜨게 할 수 있는 빛의 최대 파장은 얼마인가? 이것은 전자기 스펙트럼의 어느 영역과 일치하는가?
(a) 1800 nm, 적외선
(b) 29 nm, 자외선
(c) 15×10^6 nm, 마이크로파

12.5 고체 상태: 다른 종류의 고체 물질들

지금까지 우리는 금속과 단순한 이온성 고체의 구조를 살펴보았다. 이제 분자성 고체, 그물 구조 고체, 비결정성 고체(표 12.2) 등 다른 종류의 고체들을 간단히 살펴보자.

분자성 고체

H_2O와 CO_2 같은 분자는 적절한 조건에서 고체로 존재한다. 이 경우 삼차원 격자에 규칙적으로 채워지는 입자는 원자나 이온이 아니라 분자이다. 우리는 얼음의 구조에서 이미 이런 구조의 한 예를 보았다(◀그림 11.5).

분자성 고체의 전기전도도. 분자성 고체는 고체에서 고정되어 있고 원자가 전자가 고립 전자쌍 또는 공유 결합으로 묶여져 있는 개별적인 중성 분자로 구성되어 있기 때문에 대부분 분자성 고체는 전기를 전도하지 않는다.

분자가 결정 격자에 배열되는 방식은 분자의 형태와 분자 간 인력의 종류에 의해 결정된다. 분자들은 가장 효과적으로 채워지려는 경향과 분자 간 인력이 극대화되는 형태로 배열되려는 경향이 있다. 얼음 역시 수소 결합을 통한 분자 간 인력이 최대가 되도록 배열되어 있다.

8장에서 논의하였던 분자 구조, 결합 길이, 결합 각도는 분자성 고체의 구조 연구로부터 얻는다.

그물 구조 고체

그물 구조 고체(network solid)는 전체가 공유 결합으로 연결된 원자들의 삼차원적인 배열로 이루어져 있다. 우리에게 친숙한 예로는 탄소의 두 동소체인 흑연, 그래핀과 다이아몬드를 들 수 있다. 실리콘 원소 역시 다이아몬드와 같은 구조를 가진 그물 구조 고체이다.

흑연은 평판(층) 내에서 탄소 원자들만의 결합으로 이루어지고 평판 사이는 아주 약한 결합으로 서로 매달린 구조(그림 12.18)이다. 층 내에서 각각의 탄소 원자는 평면 삼각 구조의 중심에서 3개의 다른 탄소 원자들과 결합한다. 흑연은 부드럽고 윤활유 역할을 하며 연필심(pencil lead)으로 이용되는 이유를 설명할 수 있을 만큼 층은 아주 쉽게 미끄러진다(연필 '심(lead)'은 원소 납(lead)이 아니라 찰흙과 흑연의 합성물이다).

'사례 연구: 나노튜브와 그래핀—각광받는 새로운 그물 구조 고체'에서 보다 자세

표 12.2 다양한 종류의 고체 물질들의 구조와 성질

종류	예	구조 단위	단위를 붙잡고 있는 힘	전형적 성질
이온성	NaCl, K_2SO_4, $CaCl_2$, $(NH_4)_3PO_4$	양이온과 음이온; 개별적 분자는 없음.	이온성; 양과 음이온 전하 간 인력	고체: 단단함, 부서짐, 높은 녹는점, 낮은 전기전도도, 액체: 좋은 전기전도도, 보통 물에 녹음.
금속성	철, 은, 구리, 다른 금속과 합금	금속 원자 (양의 금속 이온과 비편재화된 전자)	금속; 금속 이온과 전자 간 정전기적 인력	전성, 연성, 좋은 전기 전도도(고체, 액체), 좋은 열전도도, 넓은 범위의 단단함과 녹는 점
분자성	H_2, O_2, I_2, H_2O, CO_2, CH_4, CH_3OH, CH_3CO_2H	분자	분산력, 쌍극자–쌍극자 힘, 수소 결합	낮거나 중간 정도의 녹는점과 끓는 점, 부드러움 낮은 전기전도도(고체, 액체)
그물 구조	흑연, 다이아몬드, 수정, 장석, 운모	무한 2,3차원 그물을 구성한 원자	공유; 방향성 전자쌍 결합	넓은 범위의 단단함과 녹는 점(3차원 결합 >2차원 결합), 낮은 전기전도도, 일부 예외
비결정성	유리, 폴리에틸렌, 나일론	원거리 규칙성이 없는 공유 결합 그물 구조	공유; 방향성 전자쌍 결합	비결정성, 넓은 온도 범위 녹는 점, 낮은 전기 전도도, 일부 예외

히 기술한 바와 같이 지난 20여 년간 탄소 나노튜브와 그래핀과 같은 물질 등의 발견을 목격하였다. 이 두 가지 물질은 엄청나게 발전 중이며 상업적 잠재력이 크다.

다이아몬드는 밀도는 낮지만(d = 3.51g/cm^3) 지금까지 알려진 것 중에 가장 단단하고 열전도도가 가장 높은 물질이다. 다이아몬드는 가시광선 뿐만 아니라 적외선이나 자외선에 대하여도 투명하다. 다이아몬드는 보석으로 가치가 있을 뿐 아니라, 연마와 다이아몬드 코팅 절삭 공구로 사용된다. 다이아몬드 구조(그림 12.16)에 있어서, 정사면체 중심의 다이아몬드 원자는 정사면체 꼭짓점에 위치한 4개의 다른 탄소 원자와 결합하고, 이와 같은 형태가 고체 전 방향으로 확장된다.

실리콘과 산소로 이루어진 규산염(silicate)은 그물 구조 고체이고 다양한 화학 물질들이 이에 속한다. 모래, 수정, 활석, 운모 등의 형태로 존재하거나 화강암과 같은 암석의 주요 구성성분이기도 함을 이미 알고 있을 것이다. 이 책의 표지와 이 장의 서두에서 기술하였던 옥은 SiO_4 정사면체 그물 구조에 근거를 두고 있다. 수정(그림

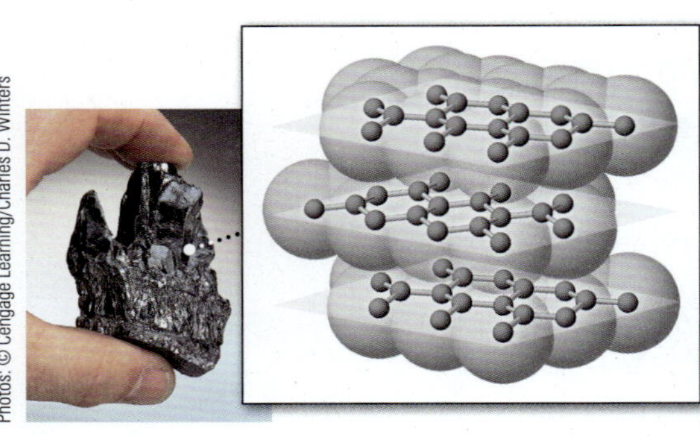

흑연, 탄소의 육각형 고리들의 층

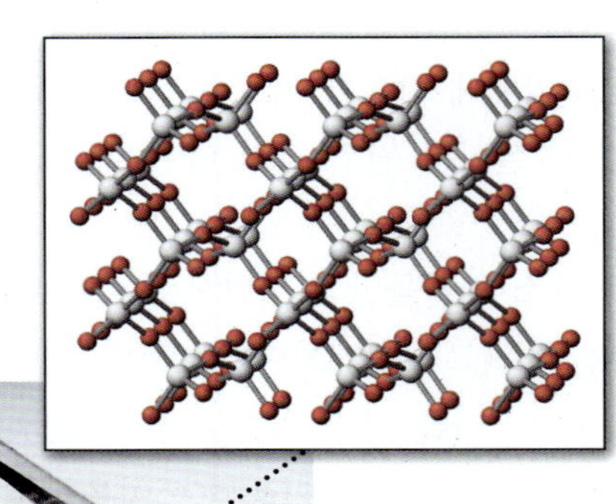

이산화규소, SiO_2. 흔한 수정은 SiO_4 사면체가 연결된 그물 구조이다.

그림 12.18 그물 구조 고체: 흑연과 수정은 많은 예들 중 하나이다.

사례 연구 나노튜브와 그래핀(Graphene)–각광받는 새로운 그물 구조 고체

지난 20년 동안 화학에 있어서 가장 흥미롭게 발전된 부분의 하나는 탄소의 새로운 형태들의 발견이었다. 첫 번째가 버키볼(buckyball)이며, 다음은 탄소 나노튜브들이다.

우리가 흔히 연필심을 만드는 데 사용하는 흑연은 탄소 원자들의 육각형 고리가 판상으로 연결되고, 이러한 판들이 한 묶음의 카드처럼 차곡차곡 쌓인 구조이다. 적당한 조건에서 탄소 화합물을 가열하면, 탄소 원자들은 판상 모형으로 조립되며, 이러한 육각 모형으로 구성된 평판들이 서로 연결되어 스스로 튜브 모양을 형성한다. 이와 같은 물질은 직경이 겨우 몇 나노미터(nanometer; nm)에 불과하므로 **나노튜브**(nanotubes)라고 부른다. 때로는 단일 튜브를 만들기도 하고, 다른 한편에서는 튜브 안에 튜브를 형성하기도 한다. 탄소 나노튜브는 강철보다 100배 이상 강력하지만, 밀도는 강철의 1/6 정도이고, 전기 및 열전도도는 구리보다 훨씬 좋다. 그리하여 그들의 상업적 응용에 엄청난 관심을 기울여 왔지만, 연관된 성질을 제품화하기에는 어려움도 있었다.

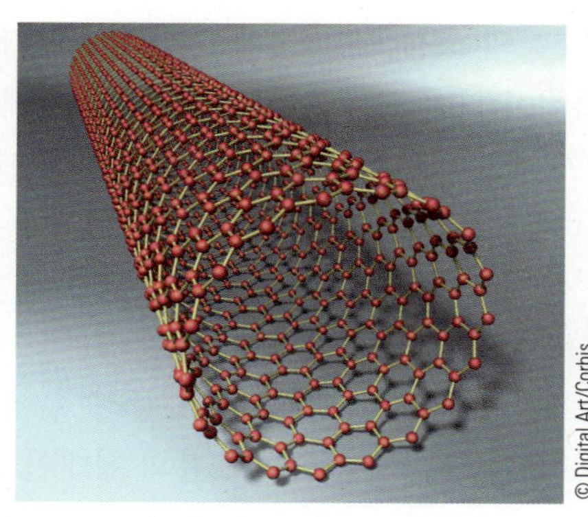

탄소 나노튜브. 튜브는 탄소 원자의 육각형 고리로 조립되며 그 지름은 보통 1 nm이다.

© Digital Art/Corbis

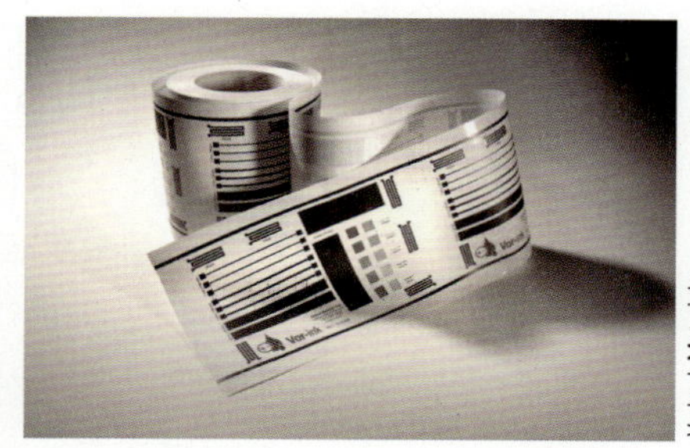

그래핀 '종이'. 그래핀 나노평판은 전기적으로 전도가 가능한 잉크를 만드는 데 사용할 수 있다. 응용의 한 가지는 이러한 잉크를 이용하여 도난과 훼손을 방지하는 포장지에 인쇄하는 것이다.

Vorbeck Materials

이제 그 관심의 대상에 한 장의 육각형 탄소 원자의 평판인 **그래핀**(graphene)이 있다. 영국의 연구자, 가임(Andre Geim)과 노보셀로프(Kostya Novoselov)는 아주 단순한 방법으로 그래핀을 발견하였다. 스카치 테이프에 얇은 흑연 조각을 놓고 포갰다 떼면 흑연층이 떨어지고 단 한 층—탄소 원자 1개 두께!—이 테이프에 남게 될 것이다. 화학자들과 물리학자들은 이 물질이 아주 극단적으로 강력하고 단단하며 실온에서도 다른 어떤 물질에 비해 전기 전도성이 뛰어나다는 사실을 발견하였다. 수천편의 연구 논문이 발표되었고, 가임과 노보셀로프는 이 발견으로 2010년 노벨 물리학상을 수상하였다.

끈끈한 테이프 방법은 분명히 많은 양의 그래핀을 생산하는 데 적합한 방법이 아니며, 현재는 기체상의 탄소 원자들이 표면에 증착되는 고온 증착이나 화학적 방법을 이용하여 개방된 흑연층을 들어 올리는 방법에 의해 만들어지고 있다. 상업적인 제품인 그래핀 평판이 쌓인 작은 더미인 그래핀 '나노 종이'가 현재 시장에서 구입 가능하다.

화학과 공업 뉴스지(*Chemical and Engineering News*, 2009년 3월)는 "몇 해 전만 해도 아주 가상적인 호기심으로 간주되었던, 원자—하나—두께의 그래핀이 과학적 연구에 폭풍을 몰고 왔다."라고 보도하였다. 주로 전자 산업에의 이용을 목적으로 하는 연구가 전 세계적으로 진행되고 있다.

문제

1. 139 pm의 C–C 길이에 근거하여 평면 C_6 고리의 변과 변의 길이는 어떻게 되는가?
2. 그래핀 평판이 1.0 μm의 폭을 가진다면, 얼마나 많은 C_6 고리가 평면을 가로질러 모여 있는가?
3. 그래핀 평면의 두께(pm 단위)를 추정하시오. 이 값을 어떻게 결정하였는가?

이 질문에 대한 답은 부록 N에 수록되어 있다.

그래핀은 육각형 탄소 고리의 얇은 한 장의 평판이다. 탄소 화학 세계의 최신 물질인 이 화합물은 어느 물질보다도 좋은 전기 전도체이다.

©ogwen/Shutterstock.com

12.18)도 거대한 3차원 격자에서 산소 원자와 공유적으로 결합된 정사면체의 실리콘 원자들로 구성된 그물 구조 고체이다.

대부분의 그물 구조 고체는 단단하고 딱딱하며 녹는점과 끓는점이 높다. 이와 같은 특성이 나타나는 이유는 이들의 격자에서 공유 결합을 깨뜨리기 위해서 많은 에너지가 필요하기 때문이다. 예를 들어 이산화규소는 1600 ℃ 이상의 높은 온도에서 녹는다.

비결정성 고체

금속성, 이온성, 분자성 고체 등 순수한 결정성 고체들은 모두 특정 온도에서 녹는 특징이 있다. 예를 들어 얼음의 형태인 물은 0 ℃에서, 아스피린은 135 ℃에서, 납은 327.5 ℃에서, 그리고 NaCl은 801 ℃에서 녹는다. 이는 각 물질의 독특한 값이며 반복해도 항상 일정하게 나타나기 때문에 화합물을 확인하는 수단으로도 사용된다.

결정성 고체의 또 다른 특징은 이들이 매끈하고 평평한 면을 가진 명확한 결정으로 되어 있다는 점이다. 결정에 날카로운 힘을 가하면 쪼개져서 다시 매끈하고 평평한 면을 만든다. 새로 만들어진 고체 입자는 깨지기 전에 비해 크기만 작아졌을 뿐이다(그림 12.19a).

그러나 우리가 매일 접하는 고체들 중 상당수는 이런 성질을 갖고 있지 않다. **비결정성 고체**는 규칙적인 구조가 없다. 유리가 바로 좋은 예이다. 유리를 가열하면 넓은 온도 범위에 걸쳐 점점 부드러워진다. 예술가나 공예가들은 바로 유리의 이러한 성질을 이용해서 아름다운 장식품이나 유용한 도구를 만든다. 그러나 유리는 깨졌을 때 무질서한 모양의 날카로운 조각을 만드는 성질을 가지고 있다. 비슷하게 거동하는 다른 비결정성 고체들에는 폴리에틸렌 테레프탈레이트(PET), 나일론과 다른 플라스틱과 같은 흔한 고분자들이 포함된다.

(a) 결정성 고체인 암염 결정은 큰 결정의 복제물인 보다 더 작은 결정으로 깨끗하게 잘라낼 수 있다.

(b) 유리는 실리콘과 산소 원자로 구성된 비결정성 고체이다. 그러나 이것은 결정성 수정에서와 같은 원거리 질서가 없다.

그림 12.19 **결정성과 비결정성 고체.**

12.5절 확인문제

1. 탄소 동소체 중 그물 구조 고체가 아닌 것은?
   (a) 흑연
   (b) 다이아몬드
   (c) 버키볼(Buckyballs; C_{60})
   (d) 그래핀

2. 부드러운 흰색 왁스 고체는 120 °C~130 °C까지의 온도 범위에서 녹는다. 이 물질은 물에 녹지 않고 전기전도성도 없다. 이러한 성질은 어떤 형태의 고체인가?
   (a) 그물 구조 고체
   (b) 비결정성 고체
   (c) 이온성 고체
   (d) 금속성 고체

12.6 고체의 상변화

물질의 상변화가 일어나는 조건은 최신 전자기기를 개발하는 화학자, 지질학자, 물리학자와 공학자에게 관심의 대상이다(심층 학습: 상변화에 근거한 컴퓨터용 새로운 메모리, 553쪽 참조).

용융: 고체가 액체로의 상전이

고체의 녹는점은 고체의 격자가 붕괴되면서 액체로 바뀌는 온도이다. 액체가 기체로 전환될 때와 마찬가지로 용융에도 에너지가 필요한데 이 에너지를 **용융 엔탈피**(enthalpy of fusion)라고 부른다(kJ/mol 단위로 주어짐)(◂5장).

$$\text{녹을 때 흡수된 열에너지} = \text{용융 엔탈피} = \Delta_{\text{fusion}}H \text{ (kJ/mol)}$$
$$\text{얼 때 발산되는 열에너지} = \text{결정화 엔탈피} = -\Delta_{\text{fusion}}H \text{ (kJ/mol)}$$

용융 엔탈피의 크기는 1 mol당 수 kJ에서 수십 kJ까지 다양하다(표 12.3). 대개 녹는점이 낮으면 용융 엔탈피도 낮아지고 녹는점이 높으면 용융 엔탈피도 높아진다. 그림 12.20은 4주기부터 6주기까지 금속의 용융 엔탈피를 보여준다. 여기서 6주기의 많은 전이금속들의 용융 엔탈피가 특히 높다는 것을 포함하여 대체로 전이금속들의 용융 엔탈피가 높다는 것을 알 수 있다. 알려진 모든 원소들 가운데 두 번째로 높은 녹는점을 갖고 있는 텅스텐(탄소가 가장 높은 녹는점을 가진다)은 용융 엔탈피 역시 전이금속들 가운데 가장 높다. 이것이 텅스텐이 백열전구의 필라멘트로 사용된 이유이며, 1908년에 전구가 발명된 이래 이것보다 더 적합한 물질은 없었다.

표 12.3에는 금속, 극성 분자 및 비극성 분자, 그리고 이온성 고체 등 몇 가지 기본적인 종류의 고체에 대한 자료들이 정리되어 있다. 일반적으로 분자성 고체를 형성하는 비극성 물질들의 녹는점이 낮다. 그러나 유사한 일련의 분자들을 비교하면 크기와 분자량이 클수록 녹는점이 높아진다. 그 이유는 몰질량이 클수록 런던 분산력이 커지기 때문이다. 마찬가지로 고체에서 분자 간 인력을 깨는 데 더 많은 에너지가 필요할수록 용융 엔탈피가 증가한다.

용융된 이온화합물은 전기를 전도한다. 이온성 고체는 보통 높은 격자 에너지를 가지고 격자를 깨뜨리기 위해 에너지가 필요하다. 그러나 용융되면 이온은 이동할 수 있고 액체는 전기를 전도하게 될 것이다.

표 12.3에 있는 이온 화합물들은 분자성 고체에 비해 녹는점과 용융 엔탈피가 더

표 12.3 일부 원소와 화합물의 녹는점과 용융 엔탈피

원소 또는 화합물	녹는점 (°C)	용융 엔탈피 (kJ/mol)	분자 간 힘의 종류
금속			
Hg	−39	2.29	금속 결합
Na	98	2.60	
Al	660	10.7	
Ti	1668	20.9	
W	3422	35.2	
분자성 고체: 비극성 분자			
O_2	−219	0.440	런던 분산력(크기와 몰질량이 클수록 증가)
F_2	−220	0.510	
Cl_2	−102	6.41	
Br_2	−7.2	10.8	
분자성 고체: 극성 분자			
HCl	−114	1.99	HX 분자 모두 런던 분산력과 아울러 쌍극자−쌍극자 힘을 가진다(크기와 몰질량이 클수록 증가).
HBr	−87	2.41	
HI	−51	2.87	
H_2O	0	6.01	수소 결합, 분산력
이온성 고체			
NaF	996	33.4	모든 이온성 고체는 확장된 이온−이온 상호작용을 가진다. 일반적 추세는 격자 에너지(12.3절과 그림 12.11 참조)의 추세와 동일
NaCl	801	28.2	
NaBr	747	26.1	
NaI	660	23.6	

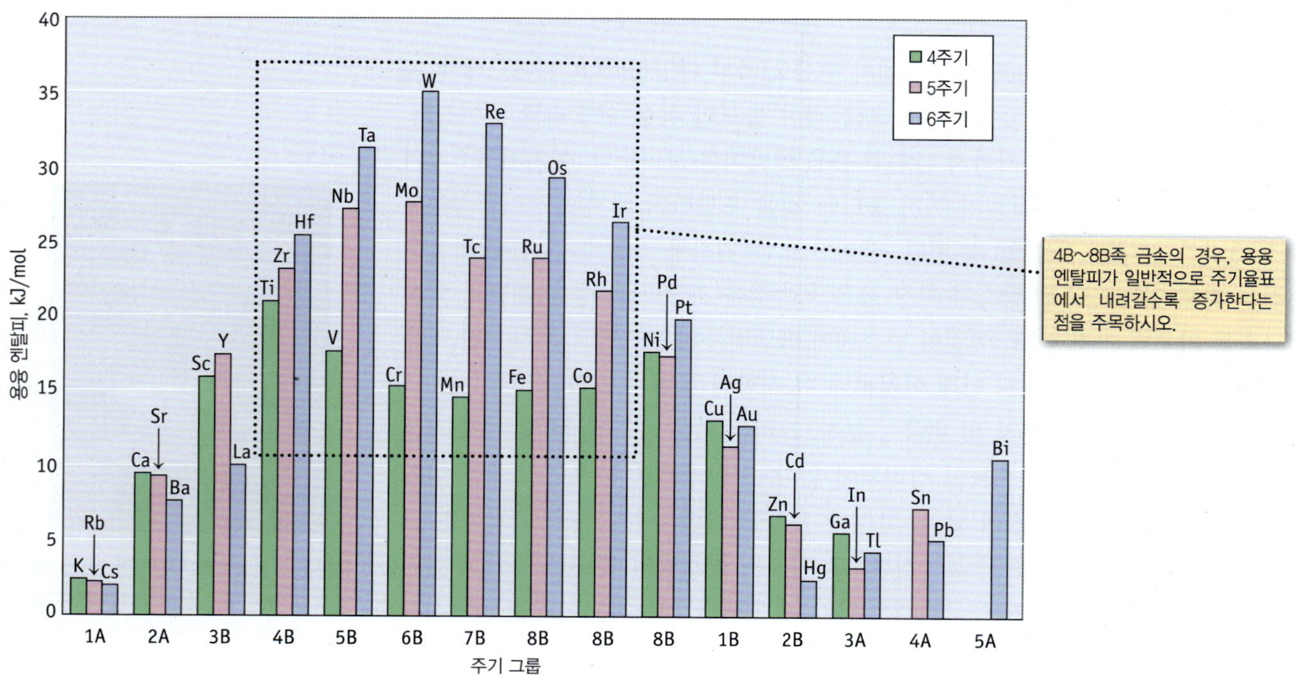

그림 12.20 **4주기, 5주기와 6주기 금속 원소들의 용융 엔탈피.** 용융 엔탈피는 1A 원소들의 2~5 kJ/mol에서 텅스텐의 35.2 kJ/mol의 범위에 있다.

심층 학습 상변화에 근거한 컴퓨터용 새로운 메모리

학기말 과제의 파일을 작은 '엄지 손가락만 한 휴대용 저장 드라이브'에 저장하거나 사진을 카메라의 메모리 카드에 기록하고 있을 것이다. 이것은 전기 신호를 이용하여 전하를 붙잡거나 방출하도록 물질의 능력을 변화시켜 정보를 기록하는 '플래시 메모리' 카드이다. 그러나 플래시 메모리 물질은 시간이 지날수록 분해되고 충전 또는 방전하는 시간이 충분히 길어져 정보 이동 속도에 제한을 가하게 된다. 이것이 '상변화 무작위 접근 메모리' 또는 PRAM 물질에 대하여 높은 관심을 가지는 이유이다.

이름이 의미하는 것처럼 PRAM 물질은 상변화로 작동한다. '**컴퓨터 세계**'라는 잡지에서 2007년 게재된 바와 같이 '이 은빛 반도체는 납처럼 부드럽지만 열을 가하면 물리적 상태가 결정에서 비결정으로 변할 수 있는 독특한 성질을 가진다.' 자료를 기록하려면 전류가 물질이 결정인 주어진 지점의 PRAM을

© Cengage Learning/Charles D. Winters

플래스 메모리 카드와 USB 드라이브.

가열한다. 이 물질이 녹고 원자는 무작위 또는 비결정 배열을 취하게 된다.

가열이 끝나게 될 때, 온도가 신속히 떨어지고 원자는 비결정 상태에서 얼게 된다. 물질을 결정 배열로 되돌리기 위하여 그 지점을 다시 가열하지만 이번에는 녹지 않고 원래 결정 구조로 재배열하게 된다.

PRAM이 정보를 저장할 수 있는 이유는 두 가지 상태에서의 전기 저항이 다르기 때문이다. 비결정 상태에서 물질은 높은 저항을 가지고 결정 상태는 낮은 저항을 가지게 된다. 디지털 정보는 특정 상태가 'on' 또는 'off'인지를 검출함으로써 저장되기 때문에 PRAM 물질은 자료 저장에 이상적이다.

PRAM 물질에 대하여 더 많은 것을 읽다 보면 '칼코젠화물(chalcogenide)'이라는 단어를 보게 될 것이다. 이는 사용된 최초의 물질 중의 하나가 $Ge_2Sb_2Te_5$였기 때문이다. 텔루륨(Te)은 6A족에 있고 원소 S, Se, Te들을 '칼코젠'이라고 말한다.

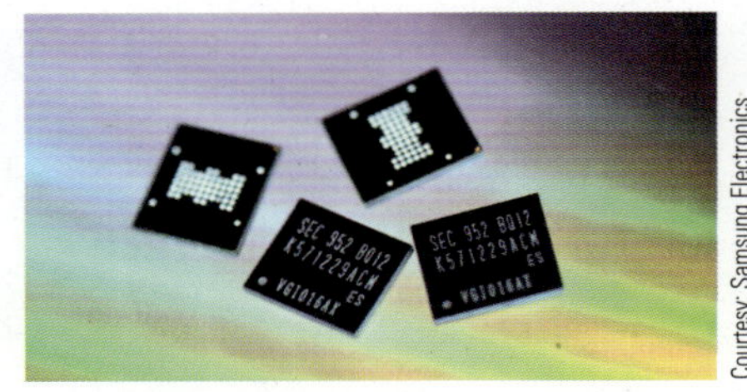

Courtesy: Samsung Electronics

삼성의 상-변화 메모리 칩.

높다. 이런 경향이 나타나는 이유는 이온성 고체에 존재하는 강한 이온-이온 힘이 큰 음의 격자 에너지로 반영되기 때문이다. 이온-이온 힘은 이온의 전하뿐만 아니라 이온의 크기에 의존하기 때문에 주기율표에서의 금속이나 할로젠 원소의 위치에 따른 격자 에너지의 좋은 연계성이 있다. 예를 들어 표 12.3에 있는 자료를 보면 할로젠 이온의 크기가 증가함에 따라 각 소듐염(할로젠화소듐)의 녹는점과 용융열이 감소하는 것을 알 수 있다. 이 경향은 이온의 크기가 커지면서 격자 에너지가 감소하는 것과 일치한다.

승화: 고체에서 증기로 변환

분자들은 승화(sublimation) 과정을 통해 고체에서 기체상으로 직접 이탈할 수 있다(그림 12.21).

$$\text{고체} \rightarrow \text{기체} \qquad \text{필요한 열에너지} = \Delta_{\text{sublimation}}H$$

용융이나 기화와 마찬가지로 승화도 발열 과정이며, 승화에 필요한 에너지를 **승화 엔탈피**(enthalpy of sublimation)라고 한다. 승화 엔탈피가 51 kJ/mol인 물은 고체 얼음에서 수증기로 비교적 쉽게 바뀔 수 있다. 흔히 볼 수 있는 승화 과정의 예로는 겨울 추운 날 아침 풀과 나무에 있던 서리가 승화하는 것을 들 수 있다.

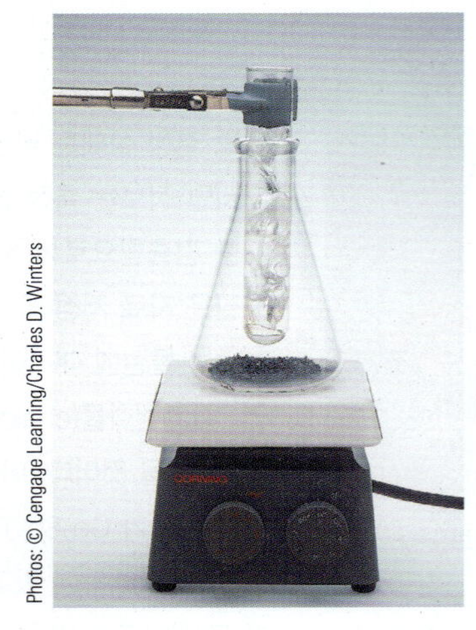

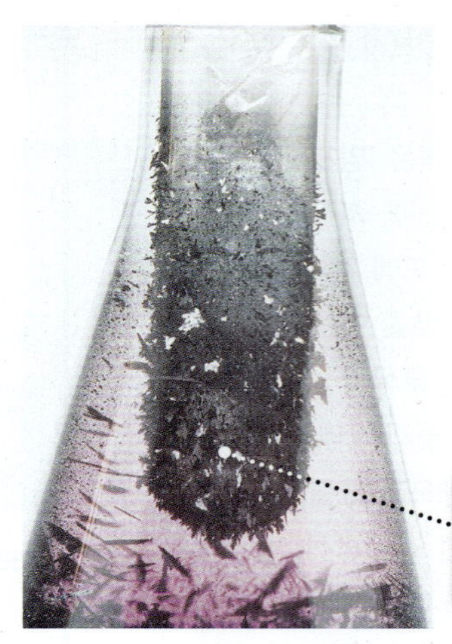

그림 12.21 **승화.** 승화는 고체에서 직접 증기로 변환되는 것이다. 여기서 아이오딘(I_2)이 열을 가하면 승화한다.

12.6절 확인문제

1. 가장 높은 용융 엔탈피를 갖는 1A족 할로젠 화합물은 어느 것인가?
   (a) NaCl　(b) KCl　(c) NaBr　(d) KBr

2. 100 g의 물을 드라이아이스, CO_2(s)로 20 °C에서 0 °C로 냉각하였다. CO_2(s)의 용융 엔탈피는 25.2 kJ/mol이다. 필요한 드라이아이스의 질량은?
   (a) 0.33 g　(b) 15 g　(c) 3.5 g　(d) 150 g

12.7 상평형 그림

온도와 압력 조건에 따라 물질은 기체, 액체, 고체 상태로 존재하게 된다. 그리고 어떤 특정 조건에서는 2개 또는 3개의 상이 평형 상태로 공존할 수도 있다. 이와 같은 정보를 그래프 형태로 요약한 것을 **상평형 그림**(phase diagram)이라고 한다. 우리는 상평형 그림을 통해 특정 온도와 압력에서 물질의 상태에 대한 정보를 얻을 수 있다.

물

물의 상평형 그림은 그림 12.22에서 볼 수 있다. 이 그림에서 선은 두 상이 평형을 이루고 있는 조건을 나타낸다. 역으로 선에 속하지 않는 모든 점은 한 가지 상만 존재하는 상태를 의미한다. 선 *A*–*B*는 고체–기체의 평형 조건을 나타내고 선 *A*–*C*는 액체–고체 평형 조건을 나타낸다. 점 *A*에서 점 *D*까지의 선은 액체상과 기체상이 평형을 이루고 있는 온도와 압력 조건을 나타내는데 이 선은 그림 11.12의 물의 증기압 곡선과 같다. 물의 경우 정상 끓는점인 100 °C는 물의 평형 증기압이 760 mmHg가 되는 온도임을 기억하자.

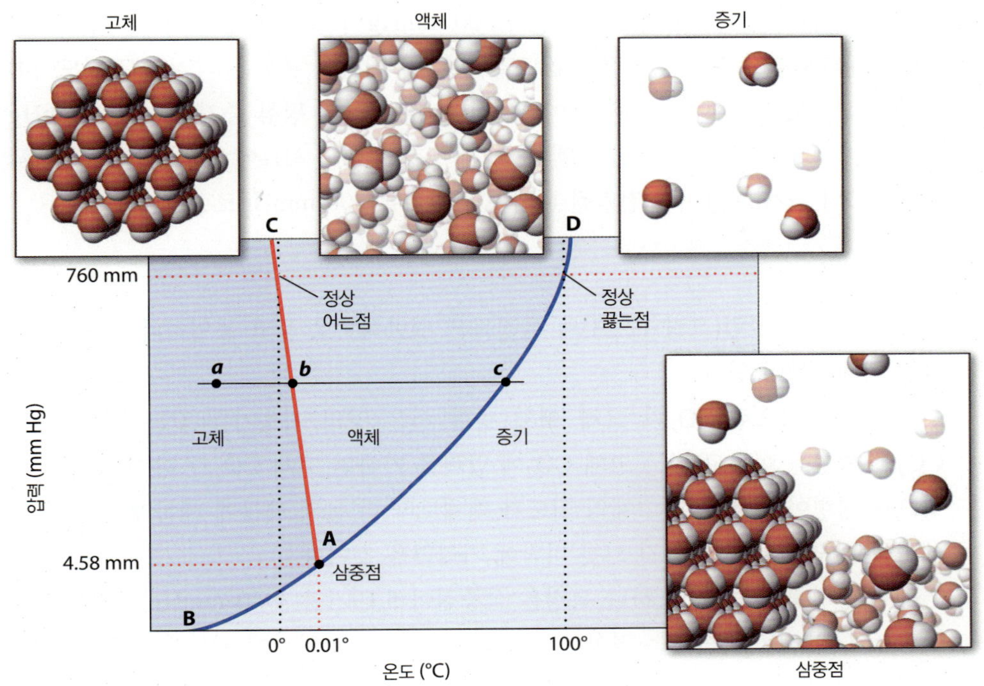

그림 12.22 물의 상평형 그림. 액체–고체 평형을 나타내는 선의 기울기가 음(–)이라는 것과 삼중점을 강조하기 위해 척도를 의도적으로 과장하여 그렸다. (점 a, b, 그리고 c에 대한 설명은 이 책의 본문에서 논의하였다.)

삼중점(triple point)이라고 불리는 점 *A*는 3개의 상이 모두 평형을 이루고 있는 조건을 나타낸다. 물의 경우 삼중점은 P = 4.6 mmHg이고 T = 0.01 ℃이다.

선 *A*–*C*는 고체–액체 평형이 존재하는 압력과 온도 조건을 보여준다(이것은 증기압과 상관이 없기 때문에 여기에서의 압력은 액체에 가해지는 외부 압력이다). 물의 경우 이 선의 기울기는 음의 값이며, 압력이 1기압씩 증가할 때마다 온도는 0.01 ℃씩 내려간다. 즉 외부 압력이 높을수록 녹는점이 낮아지는 것이다.

아마도 물의 상평형 그림의 가장 흥미로운 특징은 물의 고체–액체 평형 선이 음의 기울기를 갖는 것이다. 우주에서 아주 작은 수의 물질이 이러한 성질을 가진다. 평형선의 음의 기울기는 물과 얼음의 구조에 대한 지식으로 설명할 수 있다. 상식적으로 생각해 보면 물체에 압력을 가하면 부피는 줄어들고 밀도는 높아지게 되어 있다. 얼음의 열린 격자 구조(그림 11.5)로 인하여, 얼음의 밀도가 액체 물보다 작기 때문에 평형에 있는 물과 얼음은 일정 T에서 압력의 증가에 부피를 줄이기 위해 얼음이 녹아 더 많은 액체가 되는 방향으로 반응한다. 왜냐하면 같은 질량의 액체 물은 부피가 작기 때문이다.

상평형 그림과 열역학

상변화와 열역학. 물의 상변화와 열역학 사이의 연계는 그림 5.7에 도시되어 있다.

상변화와 열역학 자료를 연관시켜 물의 상평형 그림을 더 상세히 살펴보자. −10 ℃와 500 mmHg에 있는 얼음(그림 12.22의 점 *a*)으로부터 시작한다고 하자. 열이 가해짐에 따라 2.1 J/g · K의 에너지를 흡수하면서 온도가 상승하여 0 ℃와 0.01 ℃ 사이에 있는 점 *b*에 도달한다. 이 점에서 얼음은 액체 물과 평형을 이룬다. 고체–액체 평형이 지속되다가 333 J/g의 에너지가 더 가해지면 0 ℃보다 조금 더 높은 이 온도에서 액체 물이 된다. 이 액체가 여전히 500 mmHg의 압력 하에 놓여 있다면 4.184 J/g의 에너지를 흡수하면서 점 c에 도달한다. 이 지점의 온도는 약 89 ℃ 정도이며 액체 물과 수증기 사이에 평형이 이루어진다. 액체 물의 평형 증기압은 500 mmHg 이다. 만약 2300 J/g의 에너지가 액체–기체 평형 상태의 시료에 전달되면 모든 액체가 89 ℃의 기체로 완전히 전환될 때까지 증기압은 500 mmHg로 유지된다.

이산화탄소

CO_2 상평형 그림(그림 12.23)의 특징들은 일반적으로 물과 동일하다. 그러나 중요한 차이점들이 있다.

물과 대조적으로 CO_2의 고체–액체 평형 선은 양의 기울기를 갖는다. 즉 액체 CO_2와 평형을 이루고 있는 고체 CO_2에 압력을 가하면 고체 CO_2가 더 형성되는 방향으로 평형이 이동한다. 고체의 밀도가 액체보다 더 높기 때문에 새롭게 형성된 고체 CO_2는 액체 CO_2가 담긴 그릇 바닥에 가라앉을 것이다.

CO_2 상평형 그림의 또 하나 특징은 삼중점이 5.19기압(3940 mmHg)과 216.6 K (−56.6 ℃)에서 나타난다는 점이다. CO_2는 이보다 낮은 압력에서는 액체가 될 수 없다. [1기압에서는 고체 CO_2가 197.5 K(−78.7 ℃)에서 기체와 평형을 이룬다.] 이 결과 고체 CO_2를 실온에 놓아두면 녹지 않고 승화된다. 이 이유로 인하여 CO_2는 **드라이아이스**(dry ice)로 불린다. 고체 CO_2는 얼음처럼 보이지만 녹지는 않는다.

CO_2 상평형 그림에서 우리는 실온(20~25 ℃)에서 CO_2 기체에 적당한 압력을 가하면 액체로 전환시킬 수 있다는 것을 알 수 있다. 실제로 실험실이나 산업용으로 사용되는 CO_2는 주로 액체 상태로 탱크에 담겨져 공급된다.

마지막으로 CO_2의 임계 압력과 온도는 각각 73기압과 31 ℃이다. 이 정도의 임계 압력과 온도는 실험실에서 어렵지 않게 유지할 수 있기 때문에 초임계 CO_2가 형성되는 것을 관찰할 수 있다(그림 11.15).

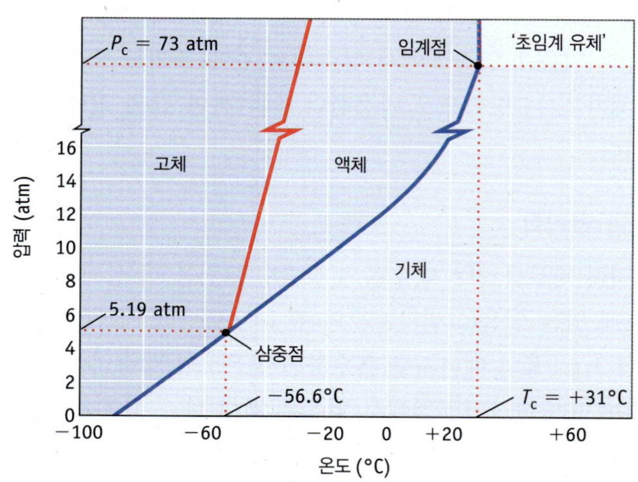

그림 12.23 CO_2의 상평형 그림. 액체–고체 평형을 나타내는 선의 기울기가 양의 값을 갖는 것을 특히 주목하시오. (임계점에 대한 보다 상세한 내용은 11.6절 참조.)

12.7절 확인문제

1. 그림 12.23의 CO_2 상평형 그림을 이용하여, 다음 중 어느 것이 틀린 것인지를 고르시오.
(a) CO_2의 액체와 고체는 대략 0 ℃와 12기압 조건에서 평형을 이룬다.
(b) CO_2는 오로지 5.19기압 이상의 압력에서 액체로 존재한다.
(c) 압력의 증가는 CO_2(s)의 녹는점을 오르게 한다.
(d) 압력이 충분히 높으면, 25 ℃에서 CO_2의 초임계 유체가 된다.

학습 목표 복습

여러분은 이 장의 학습을 마쳤다. 이제 학습 목표를 달성했는지 점검해 보자. 특히 다음과 같은 것을 할 수 있어야 한다.

- 고체의 단위세포 개념과 특히 입방 단위세포의 다양함을 이해한다(12.1, 12.2절).
- 격자 에너지의 중요성과 계산하는 법을 이해한다(12.3절).
- 금속과 반도체에서의 결합을 위한 띠 모형과 이 모형과 물질의 성질들과의 관계를 이해한다.
  a. 금속에서의 결합과 금속의 전기전도도에 대한 띠 이론을 이해한다(12.4절).
  b. 반도체의 본질을 이해한다(12.4절).
- 상평형 그림의 특징을 이해한다(12.6절).
  a. 다른 점(삼중점, 임계점, 정상 끓는점, 어는점)과 상평형 그림의 영역(고체, 액체, 증기)을 확인하고 그림을 이용하여 액체의 증기압과 액체와 고체의 상대적 밀도의 값을 결정한다(12.7절).

- 이온 화합물의 단위세포와 화학식을 연계한다.
  a. 단위세포 구조와 이온 화합물의 화학식의 관계를 이해한다(12.2절).
- 단위세포 차원과 이온 또는 금속 반지름, 고체 밀도를 연계한다.
- 계산에 격자 에너지를 사용한다.
  a. 보른–하버 순환을 이용하여 이온성 고체의 격자 엔탈피를 계산한다(12.3절).
- 물질에 대한 정보로부터 상평형 그림을 구축한다.
- 녹거나 승화하는 과정과 연관된 엔탈피 변화를 연계한다(12.6과 12.7절).

- 세 가지 종류의 입방 단위세포를 기억한다(12.1절).
- 이온성, 금속성, 분자성, 그물 구조 고체의 물리적 성질과 각 종류의 예를 기억한다.
  a. 고체의 다른 종류를 확인: 금속성(예: 구리), 이온성(예: NaCl과 CaF_2), 분자성(예: 물과 I_2), 그물 구조(예: 다이아몬드)와 비결정성(예: 유리와 많은 인공 고분자) (표 12.2)
- 물의 상평형 그림의 독특한 성질과 분자 성질에서의 근거를 이해한다.

화학 원리 응용 | 주석 병

북부 유럽 성당의 오르간 파이프는 수백 년 동안 주석으로 만들어져 왔다. 금속을 사용하면 파이프의 음과 외관을 향상시킬 것으로 믿었다. 많은 오래된 오르간 파이프가 '주석 병'때문에 부서졌기 때문에 현재 오르간 파이프는 주석–납의 합금으로 만들어진다. 회색 얼룩이 보통은 광택이 나는 금속에 나타나고 시간이 지나면 금속은 회색 가루로 부서지게 된다. 주석이 다른 원소들 또는 화합물들과 반응하여 이 회색 물질을 형성한다고 생각할 수 있음에도 불구하고 화학적 분석을 하면 이 물질이 순수한 주석임이 확인된다.

'주석 병'의 원인은 무엇인가? 주석의 2개 동소체가 대기압에서 존재한다. 흰색 주석(또는 β–주석)으로 알려진 금속 형태는 13 ℃ 이상에서 안정하다(그림 A). 이 금속 형태의 주석은 사면체 결정 구조(그림 B)를 가진다. 13 ℃ 이하에서 금속은 상변화를 일으켜 다이아몬드(그림 12.16)와 비슷한 입방 결정 구조로 변화한다. 이 전이는 주석의 순도와 온도에 의존하는 속도로 느리게 일어나지만 최종 생성물은 회색 주석 또는 α–주석이다.

흰색 주석의 사면체 구조는 각 꼭짓점에 원자를 가질 뿐만 아니라 6개의 면 중 4개의 면과 격자의 중심에 각 1개의 원자를 가진다. 회색 주석의 입방 결정 격자는 다이아몬드 구조에서처럼 6개의 면 각각에 1개의 원자와 단위세포 내에 4개의 원자(꼭짓점의 원자에 추가하여)를 가진다.

저온에서 흰색 주석이 회색 주석으로 변화하는 사실은 역사상 유명한 일부 재난을 설명하는 데 사용되었지만 일부는 사실이고 일부는 거짓이다.

20세기 초에 남극점에 도달하는 것에 큰 관심이 있었고 많은 사람들이 시도하였다. 영국의 탐험가 스코트(Robert Scott)는 대규모 탐험에 올라 1912년 1월 5명의 팀원과 함께 남극점에 도달하였다. 위대한 업적이었으나 실망스럽게도 노르웨이 사람인 아문젠(Roald Amundsen)이 그보다 5주 먼저 도착하였다. 목적을 달성한 후에 스코트 탐험대는 남극의 얼음을 넘어

그림 A 흰색 주석 시료. 이 흔한 원소는 7.31 g/cm^{3}의 밀도와 232 ℃의 녹는점을 가진다.

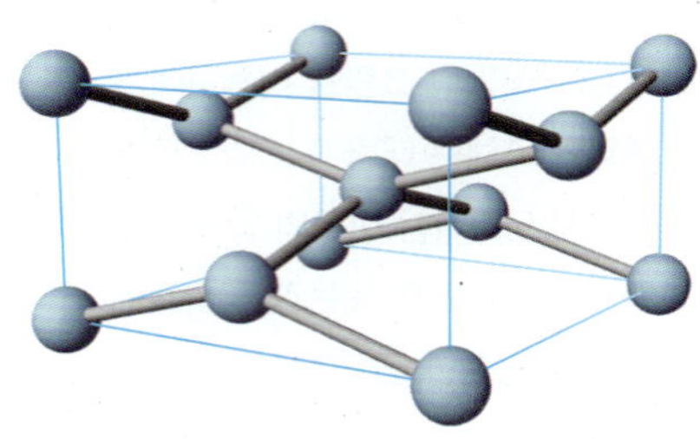

그림 B 흰색 β–주석의 사면체 단위세포. 사면체 단위세포는 각 구석이 90°이다. 3면 중 2개는 같은 길이(583 pm)이고 나머지는 짧다(318 pm). (원자를 연결하는 선은 결합이 아님에 주목하라. 이 선들은 단지 원자의 공간 상의 관계를 보여줄 목적으로 그려진 것이다.)

로스해로 가는 800마일의 여행을 시작하였다. 남극점으로 가는 도중에 그들은 주석으로 땜질한 주석 깡통에 넣은 식량과 연료를 귀로에 사용할 목적으로 남겨 두었다. 불행히도 매우 낮은 온도에서 연결 부위의 주석은 회색 주석으로 변하였고 밀봉된 것이 벗겨져 연료가 누출되었다. 아무 것도 사용할 수 없었고 스코트 탐험대의 모든 대원들은 죽고 말았다.

주석 병의 또 다른 이야기는 신화이다. 즉, 1812년 프랑스 병사들의 겉외투의 부서진 단추의 전설이다. 1812년 겨울 나폴레옹의 군대는 러시아의 참혹한 전투에서 싸우다 패배하였다. 프랑스 군인들이 사용하던 빛나는 주석 단추는 추운 러시아 날씨에서 부서졌다고 하며, 추운 날씨에서 그들이 걸친 의복을 여밀 수가 없었다고 한다. 이 이야기의 문제는 그 시기의 군복 단추는 뼈로 만들어졌다는 것이다.

문제

1. β–주석의 사면체 결정 격자 단위세포에는 몇 개의 주석 원자가 들어 있는가? α–주석의 입방 결정 격자 단위세포에는 몇 개의 주석 원자가 들어 있는가?
2. 단위세포의 차원과 주석의 몰질량을 이용하여 흰색 주석의 밀도(g/cm^3)를 계산하시오.
3. 회색 주석의 밀도는 5.769 g/cm^{3}이다. 입방 결정 격자의 차원(pm)을 결정하시오.
4. 사면체와 입방 결정 격자의 주석 원자들이 차지하는 공간의 백분율을 결정하시오. 주석의 원자 반지름은 141 pm이다.

참고문헌

1. J. Emsley, *Nature's Building Blocks, An A–Z Guide to the Elements*, Oxford University Press, 2001.
2. P. LeCouteur and J. Burreson, *Napoleon's Buttons*, Penguin Putnam, New York, 2003.

Steven Hyatt

학습문제

실전문제

금속성 및 이온성 고체(12.1~12.2절, 예제 12.1~12.3 참조)

1. 다음 그림의 형태에서 이차원 단위세포를 찾으시오. 검은 사각형을 A라고 하고 흰 사각형을 B라고 한다면 이 형태에 나타난 화합물의 가장 단순한 화학식은 무엇인가?

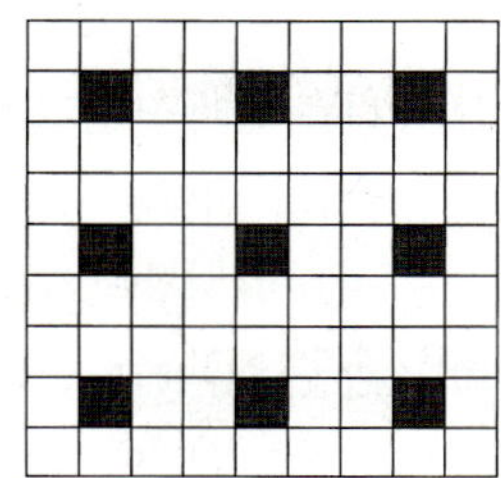

2. 예제 12.2에서 페로브스카이트(perovskite)의 단위세포 한 가지를 보았고, 또 다른 관점에서 본 단위세포가 아래에 주어져 있다. 이 관점으로도 $CaTiO_3$의 화학식을 얻을 수 있다는 것을 증명하시오.

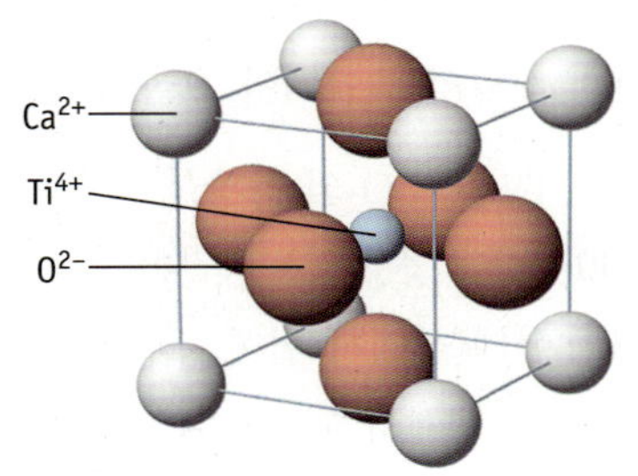

페로브스카이트의 단위세포

3. 적동광(cuprite)은 반도체이다. 산소 이온은 정육면체의 중심과 8개의 꼭짓점에 위치하고, 구리 이온은 완전히 단위세포 내에 있다.

(a) 적동광의 화학식은 무엇인가?

(b) 구리의 산화수는 얼마인가?

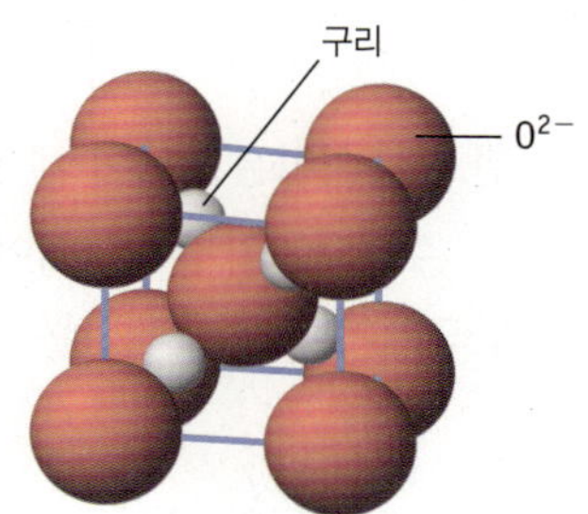

적동광의 단위세포

4. 칼슘 금속은 면심입방 단위세포의 결정이다. 고체의 밀도는 1.54 g/cm^3이다. 칼슘 원자의 반지름은 얼마인가?

5. 아이오딘화포타슘에서 아이오딘화 이온은 면심입방 단위세포를 이루고 포타슘 이온은 정팔면체 구멍에 위치한다. KI의 밀도는 3.12 g/cm^3이다. 단위세포의 한 변의 길이는 얼마인가? (이온 크기는 그림 7.11을 참조)

이온 결합과 격자 에너지(12.3절 참조)

6. 이온 전하와 이온 반지름에 근거하여 다음 화합물들에서 가장 적은 음의 값에서 가장 큰 음의 값까지 격자 에너지의 추세를 예측하시오.

LiI, LiF, CaO, RbI

7. 이온성 고체를 녹게 하려면 이온 간의 힘을 깨뜨려 이온의 규칙적 배열이 붕괴되게 하기 위해 에너지를 공급하여야 한다. 녹는점이 양이온과 음이온 사이의 거리 함수로 어떻게 변하는지를 예측하고 설명하시오.

8. 격자 에너지(표 12.1)와 다른 열역학적 자료로부터 LiF(s)의 몰 생성 엔탈피, $\Delta_f H°$를 계산하시오. Li(g)의 생성 엔탈피, $\Delta_f H°[Li(g)] = 159.37$ kJ/mol이며, 다른 필요한 자료는 부록 F와 L에서 찾을 수 있다.

금속과 반도체(12.4절 참조)

9. 2s 원자 궤도의 조합에 의해서 구성된 분자 궤도함수를

고려하여, 1000개의 Li 원자에 의해서 만들어진 분자 궤도함수는 몇 개인가? 가장 낮은 에너지 상태에서, 전자쌍에 의해서 채워진 궤도함수는 몇 개이고 비어 있는 궤도함수는 몇 개인가?

10. 전류의 전도도는 금속과 관계되는 일반적인 성질이다. 금속 결합에 대한 띠 이론으로 전도도를 어떻게 설명할 수 있는가?

11. 원소 실리콘과 탄소(다이아몬드 동소체 형태)는 똑같은 고체 상태 구조를 갖는다. 그러나 다이아몬드는 절연체이고 실리콘은 반도체이다. 이들의 차이점의 이유를 설명하시오.

12. 내성 반도체와 외성 반도체의 용어를 정의하고, 각각의 예도 명시하시오.

다른 형태의 고체들(12.5절 참조)

13. 다음은 다이아몬드의 단위세포이다.

(a) 한 단위세포에 몇 개의 탄소원자가 들어 있는가?

(b) 이 단위세포는 C 원자들이 입방 단위세포를 형성하고 그 격자의 구멍에 다른 C 원자들이 들어 있는 것으로 볼 수 있다. 이 입방 단위세포의 형태는 무엇인가 (pc, bcc, fcc)? 다른 C 원자가 들어 있는 구멍의 종류는 정사면체인가 아니면 정팔면체인가?

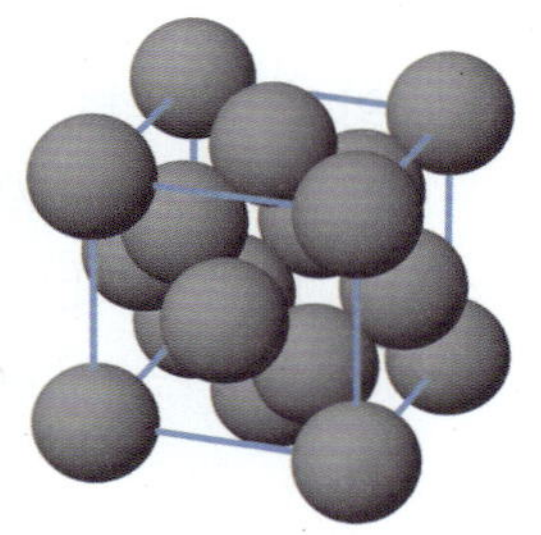

다이아몬드의 단위세포

14. 우리는 5종류의 고체(금속성, 이온성, 분자성, 그물 구조, 비결정성)를 확인하였다. 어떤 입자들이 각 고체들을 만들고 이들 입자들 사이의 인력은 어떤 것인가?

15. 다음 각 물질이 표 12.2의 어느 범주에 속하는지를 분류하시오. 구성 입자가 어떻게 이 고체들을 생성하는지 그리고 구성 입자 사이에 인력은 어떤 것인가? 각각에 대하여 한 가지 물리적 성질을 명시하시오.

(a) 비소화갈륨(gallium arsenide)

(b) 폴리스티렌(polystyrene)

(c) 탄화규소(silicon carbide)

(d) 페로브스카이트($CaTiO_3$)

고체의 상변화(12.6절 참조)

16. 액체 유기 화합물인 벤젠(C_6H_6)은 5.5 ℃에서 얼어 아름다운 깃털 모양의 결정을 만든다(그림 11.1). 5.5 ℃에서 15.5 g의 벤젠이 얼 때 얼마나 많은 열이 방출되겠는가? (벤젠의 용융 엔탈피는 9.95 kJ/mol이다.) 5.5 ℃에서 15.5 g의 벤젠이 다시 녹아 액체가 되기 위해 필요한 에너지의 양은 얼마인가?

상평형 그림과 상변화(12.7절 참조)

17. 그림 12.23에 있는 CO_2의 상평형 그림을 보시오.

(a) 액체 CO_2의 밀도가 고체 CO_2의 밀도보다 더 큰가?

(b) 5 atm과 0 ℃에서 CO_2는 어떤 상에 있을까?

(c) 45 ℃에서 CO_2가 액화될 수 있을까?

18. 액체 암모니아, $NH_3(\ell)$는 한때 냉장고에서 열전달용 냉매로 사용되었다. 이 액체의 비열은 4.7 J/g · K이고 기체의 비열은 2.2 J/g · K이다. 끓는점에서 기화 엔탈피는 23.33 kJ/mol이다. 12 kg의 액체 암모니아를 −50.0 ℃에서 끓는점인 −33.3 ℃까지 온도를 올리고 기화시킨 후, 0.0 ℃까지 온도를 더 올렸다. 이 전체 과정에 얼마나 많은 에너지가 공급되어야 하는가?

일반문제

다음 문제들은 절의 종류나 위치를 명시하지 않았다. 이 문제들은 여러 가지 개념이 조합되어 있을 수도 있다.

19. 다음 정보를 이용하여 O_2의 상평형 그림을 그리시오. (정상 끓는점 90.18 K; 정상 녹는점 54.8 K; 삼중점 54.34 K와 2 mmHg). 실험실에서 쉽게 도달할 수 있는 가장 낮은 온도인 −196 ℃에서 액체 O_2의 증기압은 대략 얼마인가? 액체 O_2의 밀도가 고체 O_2보다 높을지 아니면 낮을지 예측하시오.

20. 은은 면심입방 단위세포로 결정이 만들어진다. 각 단위세포의 한 변의 길이는 409 pm이다. 은 원자의 반지름은 얼마인가?

21. 밀도가 매우 높은 금속인 이리듐은 면심입방 단위세포로 되어 있으며 밀도는 22.56 g/cm^{3}이다. 이 정보를 이용하여 원자의 반지름을 계산하시오.

22. 플루오린화칼슘은 잘 알려진 광물인 형석이다. 각 단위 세포는 4개의 Ca^{2+} 이온과 8개의 F^- 이온을 가지고 있으며, Ca^{2+} 이온은 fcc 격자로 배열되어 있다. F^- 이온은 Ca^{2+} 이온의 면심입방 격자에 있는 모든 정사면체 구멍을 채우고 있다. CaF_2 단위세포의 한 변의 길이는 5.46295×10^{-8} cm이다. 이 정보들을 이용하여 아보가드로 수를 계산하시오.

23. 원형 원자가 이차원 평면에 채워지는 것을 보면 구형 원자가 삼차원 고체에 어떻게 효과적으로 채워지는지 이해하는 데 도움이 된다. 여기에 있는 그림을 이용하여 원형 원자를 쌓는 데 B가 A보다 더 효과적임을 증명하시오. 단위세포 A는 네 원의 일부와 그 사이에 있는 구멍을 포함한다. 단위세포 B에서는 삼각형 내에 들어 있는 세 원의 부분들과 구멍의 넓이로써 채움의 정도를 계산할 수 있다. A에서는 공간의 80 % 정도가 채워져 있지만 B에서는 거의 90 %를 채우고 있다는 것을 증명하시오.

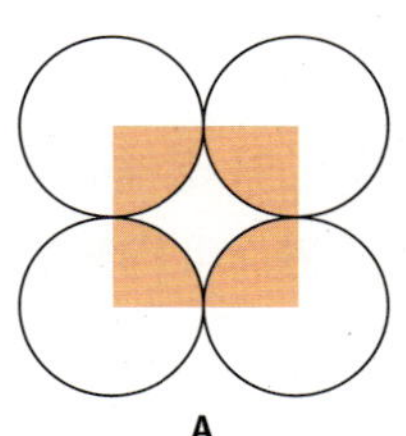
A

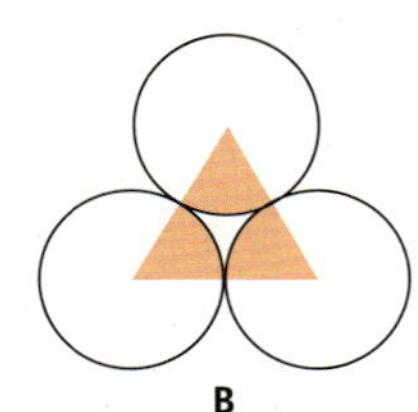
B

24. 다음 실리콘의 고체 상태 구조가 주어져 있다.

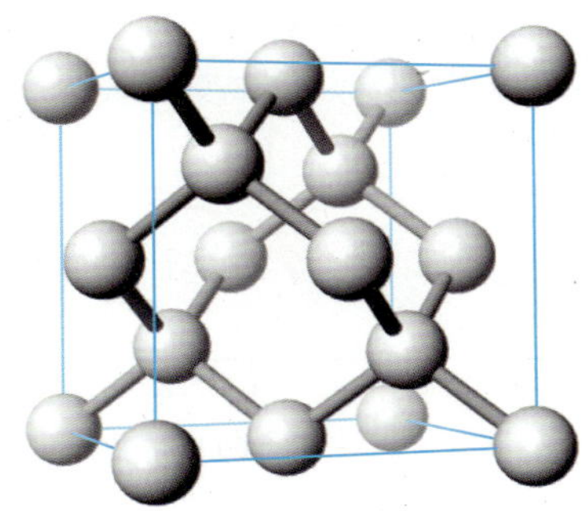
실리콘의 단위세포

(a) 위 구조는 pc, bcc, fcc 중 어디에 해당하는지 설명하시오.

(b) 격자를 채우는 구멍은 어느 형태에 해당하는가?

(c) 단위세포 당 몇 개의 Si 원자가 있는가?

(d) 입방체의 변의 길이가 543.1 pm로 주어졌을 때, 실리콘의 밀도를 g/cm^3 단위로 계산하시오.

(e) 실리콘 원자의 반지름을 예측하시오. (주: 변에 위치한 실리콘 원자는 서로 접촉하지 않는다.)

25. 스피넬은 일반식이 AB_2O_4(여기서 A^{2+}와 B^{3+}는 금속 양이온으로 같은 금속일 수도 있고 다른 금속일 수도 있다)인 고체이다. 가장 잘 알려진 예는 마그네타이트(Fe_3O_4)이며, 화학식을 $(Fe^{2+})(Fe^{3+})_2O_4$로 쓸 수 있다. 또 다른 예는 스피넬($MgAl_2O_4$)로 불리는 천연광석이다.

스피넬, $MgAl_2O_4$의 결정

스피넬의 산소 이온은 면심입방격자를 구성한다. 일반 스피넬(normal spinel)에 있어서, 양이온은 정사면체 사이트의 1/8과 정팔면체 사이트의 1/2을 차지한다.

(a) $MgAl_2O_4$에 있어서, 마그네슘과 알루미늄 이온은 어느 종류의 구멍에 위치하는가?

(b) 크로마이트(chromite) 천연 광석의 화학식은 $FeCr_2O_4$이다. 각 원자들의 산화 상태와 각 원자가 위치한 구멍의 종류는?

26. 비소화갈륨의 띠 간격은 140 kJ/mol이다. 전자가 원자가 띠에서 전도띠로 들뜨게 할 때, 필요한 광선의 최대 파장은 얼마인가?

27. 실리콘과 게르마늄 중, 어느 것이 298 K에서 더 높은 전도도를 나타내는가?

28. 다이아몬드-기반 반도체는 최근 연구자들의 최대 관심사이다. 비록 다이아몬드 자체는 절연체이지만, 불순물을 첨가하면 띠 간격이 줄어들게 된다. 불순물(dopant)로 붕소를 첨가한 다이아몬드는 하나의 반도체가 된다. 이 경우 p형-반도체인가 n형-반도체인가?

실험 관련 문제

29. ZnS와 같이, 황화납(II)[PbS, 보통 방연석(galena)이라고 부른다]는 2+ 양이온과 황화 이온으로 구성된 1:1 실험식을 갖는다.

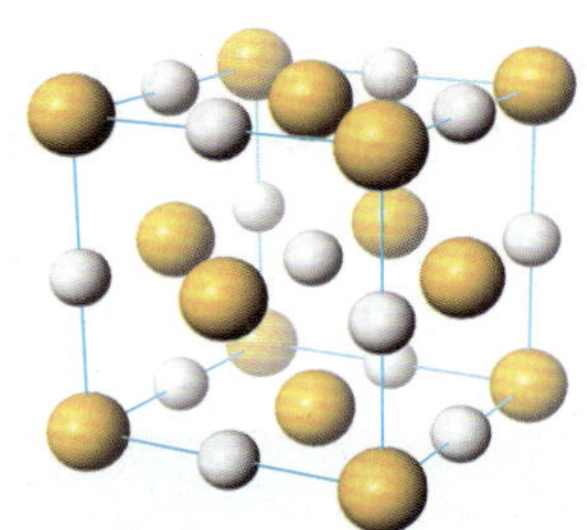

PbS의 단위세포

방연석 시료

PbS는 ZnS와 같은 고체 구조를 갖는가? 만약 다르다면, 화학식과 관련하여 PbS의 단위세포는 무엇인가?

30. 브로민화포타슘은 NaCl과 같은 격자 구조를 가진다. K^+의 이온 반지름(133 pm)과 Br^- 이온의 반지름(196 pm)가 주어지면 KBr의 밀도를 계산하시오.

요약 및 개념 문제

다음 문제들은 이 장과 이전의 장들에서 나온 개념을 모두 포함하고 있다.

31. 인화붕소(BP)는 반도체이고 내마모성 물질이다. 이 물질은 고온(> 750 ℃)과 수소 존재 하에서 삼브로민화붕소와 삼브로민화인을 반응시켜서 만든다.

(a) BP 합성에 대한 완결된 화학 반응식을 쓰시오. (힌트: 수소는 환원제이다.)

(b) 인화붕소는 섬아연석(zinc-blend; 아연황화물) 구조로 결정화하며, 이 구조에서 붕소 원자는 면심입방 격자에 위치하고 인 원자는 정사면체 구멍에 위치한다. 각 단위세포에서 P 원자는 얼마나 많은 사면체 구멍을 채우는가?

(c) BP 단위세포의 변의 길이는 478 pm이다. 고체의 밀도는 g/cm^3으로 얼마인가?

(d) 단위세포 내의 B와 P 원자 사이의 가장 근접한 거리를 계산하시오. (변에 있는 B 원자들은 서로 접촉하지 않는다고 가정하시오. B 원자는 단위세포의 꼭짓점에 위치한다.)

32. 2개의 동일한 수영장이 가능한 근접하여 쌓인 일정한 구형 얼음으로 채워져 있다. 처음 수영장의 구는 모래 알갱이 크기이고 두 번째 수영장의 얼음은 오렌지 크기이다. 각 수영장의 얼음이 녹았다. 어느 수영장의 수면 높이가 더 높겠는가? (벽과 바닥에 인접한 평면의 공간을 채우는 차이는 무시하시오.)

33. fcc 배열의 원자에 의해 차지하는 공간의 백분율을 계산하기 위한 순서를 간략히 설명하시오.

34. 동소체를 가진 물질의 상평형 그림은 이 장에서 도시된 것보다 훨씬 복잡하다. 여기 주어진 탄소의 상평형 그림을 이용하여 다음 문제에 답하시오.

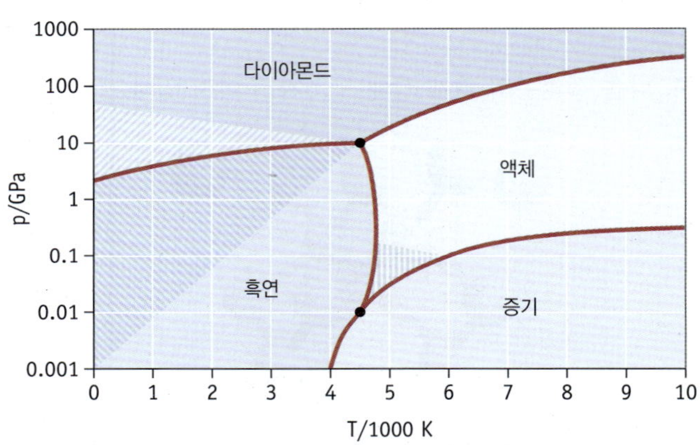

(a) 삼중점은 몇 개가 있고 각각에 대하여 평형에 있는 상들은 무엇인가?

(b) 4개의 상 모두가 평형을 이루는 한 점이 존재하는가?

(c) 고압에서 다이아몬드와 흑연 중 어느 것이 보다 안정한가?

(d) 실온과 1기압에서 안정한 탄소의 상은 어느 것인가?

스쿠버 다이빙: 몸의 체액에서 기체의 용해도는 다이빙할 때 고려하여야 할 중요한 사항이다.

13장 용액과 용액의 거동

학습 개요

- 13.1 농도의 단위
- 13.2 용해 과정
- 13.3 용해도에 영향을 미치는 요인: 압력과 온도
- 13.4 총괄성
- 13.5 콜로이드

혼수상태와 잠수병 스쿠버 다이빙을 한 적이 있다면 "질소 마취", "마티니 효과" 또는 "심해의 황홀경"이라 부르는 혼수상태에 대하여 들어보았을 것이다. 그리고 다이빙 교관과 "잠수병"을 논의하여 보았을 것이다. 이러한 효과들은 가압 하에 있는 스쿠버 탱크로부터 O_2와 N_2를 호흡할 때 혈액에 녹아 있는 기체에 의해 나타난다.

다이빙을 할 때 호흡하는 공기의 압력은 몸에 가해지는 물의 외부 압력과 균형을 이루어야 한다. 물 밑에 있을 때 몸에 가해지는 압력은 정상 대기압에 10 m 깊이마다 약 1기압인 수압을 더하여야 한다. 이에 대응하기 위해서 최신 다이빙 압력조절기는 밑으로 갈수록 자동적으로 보다 높은 압력으로 호흡용 혼합 기체를 공급하게 된다.

그러나 여기에 문제가 있다. 기체 압력이 증가할수록 O_2와 N_2의 부분 압력도 증가하여 혈액에 더 많은 기체가 용해되게 된다.

학습 목표

다음 목표들의 핵심인 학습문제는 "학습 목표 복습"을 참조하시오.

- 용해 과정의 에너지 문제를 이해
- "비슷한 것은 비슷한 것을 녹인다"라는 규칙의 근거를 이해
- 압력과 온도의 변화가 용해도를 어떻게 변화시키는지를 이해
- 용액의 용질이 용매의 증기압, 어는점, 끓는점과 용액의 삼투압(총괄 성질)에 어떻게 영향을 미치는지를 이해
- 용액의 농도 단위를 사용
- 열역학적 자료로부터 용해 엔탈피를 계산
- 헨리의 법칙을 이용
- 르샤트를리에의 원리를 이용하여 평형인 계에 가해진 자극의 효과를 정성적으로 예측
- 용질이 용매에 더해지면서 증기압, 어는점과 끓는점(총괄 성질)의 변화를 계산
- 용액의 삼투압을 계산
- 용질의 몰질량을 결정하기 위하여 총괄 성질을 이용
- 이온성 용질을 포함하는 계산에서 반트호프 인자를 적용
- 몰농도(M)와 몰랄농도(m)의 차이를 기억
- 평형의 계가 외부 자극에 어떻게 반응하는지를 예측하는 르샤틀리에 원리를 기억
- 압력과 기체의 용해를 연계하는 헨리의 법칙을 기억
- 용액의 성질에 미치는 용질의 효과을 기억
- 콜로이드의 중요성과 성질을 기억
- 용액과 용액의 거동에 대한 용어를 기억

이 기체들은 뇌의 신경세포에도 녹아 신경 전달을 변화시켜 마취 효과를 나타낸다. 이 효과는 빈 속에 마티니를 마시는 것 또는 치과에서 웃음 기체(일산화이질소, N_2O)를 흡입하는 것에 비교된다. 즉, 약간 현기증이 나게 한다. 심각한 경우에는 판단력을 손상시켜 압력조절기를 입에서 빼어 물고기에 주기도 한다. 일부 사람들은 아무 문제없이 수심 30~40 m까지 들어갈 수 있지만 다른 사람들은 보다 얕은 수심에서도 혼수상태를 경험하기도 한다.

심해에서 공기를 호흡할 때 다른 문제는 산소의 독성이다. 우리 몸은 O_2의 부분 압력이 0.21 atm인 상태에 익숙하다. 30 m 깊이에서 압축 공기를 사용하면 O_2의 부분 압력은 약 1기압이고 이는 해수면에서 100 % 산소를 호흡하는 것에 비유할 수 있다. 이러한 높은 부분 압력은 폐에 손상을 입힐 수 있고 중추 신경계에 손상을 준다.

다이빙으로부터 너무 빨리 수면으로 올라오게 되면, 압력이 줄어들면서 질소의 용해도가 감소함에 따라 용해된 질소 기체 거품이 혈액에서 생기는 고통스럽고 잠재적으로 치명적 상태인 '잠수병'을 경험할 수 있다. '잠수병'이 생길 가능성을 줄이기 위해 다이버들은 '니트록스(nitrox)'라는 혼합기체를 사용할 수 있다. 이 혼합기체는 보통 약 32~36 % O_2와 보다 적은 질소로 이루어진다. 낮은 N_2 압력 하에서 보다 적은 N_2가 혈액에 용해된다. 니트록스를 사용하면 혈액으로부터 N_2를 제거하는 데 적은 시간이 필요하기 때문에 다이버는 보다 빨리 상승할 수 있다. 이 혼합기체에서 높은 O_2 함량 때문에 니트록스는 보다 연장된 다이빙 시간이 가능한 이점이 있게 된다.

심해 다이빙(약 100 m)을 위해서는 다른 혼합기체가 사용된다. 흔히 혼합기체(트리믹스, Trimix)는 약 10 % O_2, 70 % He, 20 % N_2를 함유한다. 다른 혼합기체(헬리옥스, Heliox)는 산소와 헬륨만 가지고 있다. O_2의 낮은 백분율은 O_2 독성의 위험성을 낮춘다. 헬륨은 혈액과 조직에 덜 용해가 되기 때문에 N_2를 대체한 것이다. 그러나 이것은 흥미로운 부차적 효과가 나타나게 한다. 만약 표면과 목소리로 연결되면 다이버의 말은 마치 도날드 덕처럼 들릴 것이다. 헬륨에서의 음속은 공기에서의 음속과 다르기 때문에 말소리가 다르게 된다.

다이빙의 안전을 위해 기체의 액체에 대한 용해도의 이해를 필요로 하는 것은 명백하며, 이는 이 장의 주제 중 하나이다.

우리는 이온성 염 수용액, 성능 개선을 위해 첨가물을 함유한 휘발유, 암모니아수와 같은 가정용 세정제 등과 같은 용액을 매일 접한다. 설탕과 향료, 때로는 CO_2를 물에 첨가하면, 맛있는 탄산음료가 제조된다. 운동선수들은 체액의 염 농도와 정확히 일치하는 양의 염을 녹인 상업용 음료수를 마셔서, 용액이 재빨리 체내에 흡수되도록 한다. 의학적 용도로는 손실된 체액을 보충하기 위해 생리 식염수(NaCl과 다른 가용성 염을 포함한 수용액)를 정맥에 주사한다.

용액(solution)이란 동일한 상에서 두 가지 이상의 물질을 포함한 균일한 혼합물이다. 관례적으로, 다량으로 존재하는 성분을 **용매**(solvent)라 하고, 다른 성분을 **용질**(solute)이라 한다(그림 13.1). 다른 종류의 용액(합금, 금속의 고체 용액과 같은)도 존재하지만, 이 장의 목표는 액체 용매에 용해된 기체, 액체 그리고 고체에 대한 이해를 증진시키는 것이다.

경험적으로 우리는 순수 액체에 용질을 더하면 액체의 성질이 바뀐다는 것을 알고 있다. 몇 가지 경우에서는, 바로 이런 이유로 용액을 만드는 것이다. 예를 들면 자동차 라디에이터 속의 물에 부동액을 첨가하면 여름에 냉각액이 끓거나 겨울에 어는 것이 방지된다. 순수한 액체에 어떤 물질이 첨가될 때, 어는점과 끓는점이 변화하는 현상을 자세히 살펴보려고 한다. 이런 성질들과 용액의 삼투압, 용매의 증기압 변화들이 총괄성의 예들이다. **총괄성**(colligative property)이란 일정량의 용매 분자당 용질의 입자 개수에만 의존하는 성질로서, 용질의 정체와 무관하다.

13.1 농도의 단위

용액의 총괄적 성질을 다루기 위해서는 용매 분자당 용질 분자나 이온의 개수를

(a) 용질인 염화구리(II)를 용매인 물에 첨가한다.

(b) 물 분자와 Cu^{2+}, Cl^- 이온 사이의 상호작용으로 인하여 고체가 물에 용해된다. 용해되면 이온들은 물 분자로 둘러싸이게 된다.

그림 13.1 **물(용매)에 염화구리(II)(용질)를 녹여 용액 만들기.** 이온 화합물이 물에 녹을 때 각 이온은 물 분자에 의해 둘러싸인다. 물 분자의 수는 이온의 크기와 전하에 의해 정해진다.

나타내는 용질 농도를 측정하는 방법이 필요하다. 여기에 기술된 몰랄농도, 몰분율, 질량백분율과 백만분율(ppm) 등 네 가지 농도 단위는 이러한 특성을 가지고 있다.

용액의 **몰랄농도**(molality), m는 용매 kg당 용질의 양(mol)으로 정의된다.

$$\text{농도}(c,\ \text{mol/kg}) = \text{용질의 몰랄농도} = \frac{\text{용질의 양(mol)}}{\text{용매의 질량(kg)}} \tag{13.1}$$

예를 들어 1.00 몰랄농도 용액을 제조하려면 1.00 mol의 용질을 1.00 kg의 물에 더하면 된다.

몰농도는 앞에서 정의된 농도 단위이고 정량적 계산에서 사용되었다(◂4.5절 참조). 이 단위는 대부분의 총괄 성질을 다룰 때는 유용하지 않다. 왜냐하면 주어진 몰랄농도의 용액을 만들 때 알 수 있으나 주어진 몰농도로 용액을 제조할 때는 용매의 양을 알 수 없기 때문이다.

몰랄농도(m)와 **몰농도**(M)의 차이를 그림 13.2에서 도시하고 있다. 오른쪽 플라스크에는 0.100 M의 크로뮴산포타슘 수용액이 들어 있다. 이 용액은 0.100 mol의 K_2CrO_4에 1.000 L의 용액을 만들기 위하여 충분한 양의 물을 첨가하여 제조된다. 만약 0.100 몰랄 용액을 만들기 위해 0.100 mol의 K_2CrO_4에 1.00 L(1.00 kg)의 물이 첨가된다면, 사진의 왼쪽 플라스크에서 볼 수 있듯이 용액의 부피는 1.000 L 보다 많아진다.

몰분율과 기체. 10.5절에서 기체의 혼합물을 논의할 때 몰분율의 사용을 전에 소개하였다.

어떤 용액 성분의 **몰분율**(mole fraction, X)은 이 성분의 몰수(n_A)를 혼합물의 모든 성분의 몰수의 합($n_A + n_B + n_C + \cdots$)으로 나눈 값으로 정의되며, 수학적으로 다음과 같이 표현된다.

$$\text{A의 몰분율}(X_A) = \frac{n_A}{n_A + n_B + n_C + \ldots} \tag{13.2}$$

9.00 mol(162 g)의 물에 1.00 mol(46.1 g)의 에탄올(C_2H_5OH)이 포함된 용액을 생각해 보자. 이 경우 알코올의 몰분율은 0.100, 물의 몰분율은 0.900이다.

그림 13.2 **0.100 몰랄농도와 0.100 몰농도 용액 제조하기.**

$$X_{\text{에탄올}} = \frac{\text{에탄올 } 1.00 \text{ mol}}{\text{에탄올 } 1.00 \text{ mol} + \text{물 } 9.00 \text{ mol}} = 0.100$$

$$X_{\text{물}} = \frac{\text{물 } 9.00 \text{ mol}}{\text{에탄올 } 1.00 \text{ mol} + \text{물 } 9.00 \text{ mol}} = 0.900$$

용액에 존재하는 성분 물질에 대한 몰분율의 합은 1.000이 되며, 이 관계는 몰분율의 정의에 의하여 참일 수밖에 없다.

질량백분율(weight percent)은 한 성분의 질량을 혼합물의 전체 질량으로 나눈 값에 100 %를 곱한 값이다.

$$\text{A의 질량백분율} = \frac{\text{A의 질량}}{\text{A의 질량} + \text{B의 질량} + \text{C의 질량} + \dots} \times 100\ \% \qquad (13.3)$$

46.1 g의 에탄올과 162 g의 물로 구성된 알코올–물 혼합물에서 용액의 전체 질량은 208 g이고, 알코올의 질량백분율은 22.2 %이다.

$$\text{에탄올의 질량백분율} = \frac{\text{에탄올 } 46.1 \text{ g}}{\text{에탄올 } 46.1 \text{ g} + \text{물 } 162 \text{ g}} \times 100\ \% = 22.2\ \%$$

질량백분율은 많은 소비재(그림 13.3)에 사용되는 일반적인 단위이다. 예를 들어 식초는 약 5 %의 아세트산과 95 %의 물로 이루어진 수용액이다. 일반적인 가정용 표백제의 표시를 보면, 활성 성분으로서 차아염소산소듐(NaOCl)이 6.00 % 들어 있고, 나머지 94.00 %는 비활성 성분이다.

백만분율(parts per million, **ppm**)은 질량에 의한 용질과 용매의 상대적 양을 나타낸다. 즉, 1.0 ppm은 전체 질량 1.0백만 g에 어떤 물질이 1.0 g(1000 g에 1 mg과 동일) 포함되어 있는 것을 나타낸다. 이 단위는 매우 묽은 용액에서 용질의 농도를 확인하는 데 전형적으로 사용된다. 이것은 화학(특히 환경 화학)과 생물학, 지질학과 해양학과 같은 분야에서 유용하다.

© Cengage Learning/Charles D. Winters

그림 13.3 **질량백분율.** 많은 흔한 제품의 조성은 보통 질량백분율로 주어진다.

ppb와 ppt. ppb(10억 분율)과 ppt(1조 분율)는 ppm과 관련이 있다. ppb와 ppt 영역의 미량 불순물을 검출할 수 있는 정교한 분석 기술들이 가용하다.

예제 13.1 몰분율, 몰랄농도, 질량백분율 계산하기

문제 에틸렌글라이콜($HOCH_2CH_2OH$) 부동액 1.2 kg을 4.0 kg의 물이 들어 있는 자동차의 라디에이터에 첨가했다고 가정하자. 에틸렌글라이콜의 몰분율, 몰랄농도, 질량백분율은 얼마인가?

알고 있는 사실 용질과 용매의 정체와 질량을 알고 있다.

전략 용질과 용매의 양은 각 물질의 질량과 분자량을 이용하여 계산할 수 있다. 용질과 용매의 질량과 분자량을 결합하여 식 13.1~13.3을 이용하면, 원하는 단위의 농도로 계산할 수 있다.

풀이 1.2 kg의 에틸렌글라이콜(분자량 62.1 g/mol)은 19 mol, 4.0 kg의 물은 220 mol이다.

차량용 부동액. 이 용액은 물에 쉽게 용해되는 유기 알코올인 에틸렌글라이콜($HOCH_2CH_2OH$)이 포함되어 있다. 규정에 의하면, 에틸렌글라이콜을 사용하는 부동액은 에틸렌글라이콜이 최소한 75 %는 포함되어야 한다(용액의 나머지 성분은 다른 종류의 글라이콜과 물이다).

몰분율:

$$X_{glycol} = \frac{\text{에틸렌글라이콜 } 19 \text{ mol}}{\text{에틸렌글라이콜 } 19 \text{ mol} + \text{물 } 220 \text{ mol}} = 0.080$$

몰랄농도:

$$C_{glycol} = \frac{\text{에틸렌글라이콜 } 19 \text{ mol}}{\text{물 } 4.0 \text{ kg}} = 4.8 \text{ mol/kg} = 4.8\ m$$

질량백분율:

$$\text{질량백분율} = \frac{\text{에틸렌글라이콜 } 1.2 \times 10^3 \text{ g}}{\text{에틸렌글라이콜 } 1.2 \times 10^3 \text{ g} + \text{물 } 4.0 \times 10^3 \text{ g}} \times 100\ \% = 23\ \%$$

고려사항 농도 값들은 많이 다르지만, 이 값들에 포함된 정보는 비슷하다. 각 양들은 용매와 용질 입자들의 상대적 개수와 관련된다.

유제

(a) 몰분율, 몰랄농도, 그리고 질량백분율: 차 스푼 하나에 해당하는 10.0 g의 설탕을 한 잔의 물(250. g)에 녹인다면, 설탕의 몰분율, 몰랄농도, 그리고 질량백분율은 얼마인가?

(b) 백만분율: 바닷물의 소듐 이온 농도는 1.08×10^4 ppm이다. 소듐이 염화소듐 형태로 녹아 있다면, 바닷물 1 L에 포함된 NaCl의 질량은 얼마인가? 염이 용해되어 있기 때문에 바닷물의 밀도는 1.05 g/ml로서 순수한 물의 밀도보다 크다.

13.1절 확인문제

1. 물 270 g에 요소(H_2NCONH_2) 1.0 mol을 녹였다. 요소의 몰분율은?

(a) 3.7×10^{-3}　(b) 0.063　(c) 16　(d) 1.0

또 몰랄농도는?

(a) 1.0　(b) 3.7　(c) 0.063　(d) 0.27

2. 빙초산 시료의 아세트산(CH_3CO_2H)의 농도는 5.0 질량백분율이다. mol/kg 용매(몰랄농도)로 빙초산의 농도는 얼마인가?

(a) 0.83 mol/kg　(b) 0.88 mol/kg　(c) 5.2 mol/kg　(d) 0.083 mol/kg

13.2 용해 과정

불포화. 불포화라는 용어는 용질의 농도가 포화 용액에서의 농도보다 적은 용액을 나타낼 때 사용된다.

고체 $CuCl_2$를 비커의 물에 첨가한다면, 이 염은 용해되기 시작할 것이다(그림 13.1). 고체의 양은 줄어들고 용액 속의 Cu^{2+}(aq)와 Cl^-(aq)의 농도는 증가한다. 그러나 $CuCl_2$를 계속 첨가한다면, 결국 첨가되는 $CuCl_2$가 더 이상 용해되지 않는 상태에 이를 것이다. Cu^{2+}(aq)와 Cl^-(aq)의 농도는 더 이상 증가하지 않을 것이고, 이후에 첨가되는 $CuCl_2$는 단순히 비커의 바닥에 남아 있을 것이다. 이러한 상태의 용액

심층 학습 과포화 용액

언뜻 모순처럼 보이지만 포화 용액에서 녹는 양보다 더 많은 양의 용질이 용해되어 있는 용액이 있을 수 있다. 그러한 용액을 **과포화**(supersaturated)용액이라고 부른다. 과포화용액은 불안정하기 때문에 결국에는 용질의 농도가 평형 농도에 도달할 때까지 여분의 고체가 용액으로부터 결정으로 석출된다. 온도가 내려가면 물질의 용해도는 일반적으로 낮아진다. 과포화 용액은 주어진 온도에서 포화 용액을 만든 다음 조심스럽게 이 용액을 냉각시켜 만든다. 재결정 속도가 느린 경우에는 용해도를 초과해 용해되어 있더라도 석출되지 않을 수도 있다. 결과적으로 평형 상태에서 정의된 양보다 더 많은 용질이 녹아 있는 용액을 얻을 수 있다. 이 상태가 과포화이다.

과포화 용액을 어떻게든 교란시키면 과포화 용액은 용질이 침전되면서 평형을 향하여 움직인다. 이러한 변화는 빠르게 진행될 수 있고, 또한 종종 많은 열을 방출한다. 사실 과포화 용액은 손상된 근육에 열을 공급하기 위한 '히트팩'로 사용되어 왔다. 히트팩에 들어 있는 과포화용액으로부터 아세트산소듐($NaCH_3CO_2$)의 결정이 석출되기 시작하면 히트팩의 온도가 약 50°C까지 올라가며, 이 때 고체 아세트산소듐의 결정을 주머니 속에서 확인할 수 있다.

과포화용액. 과포화용액을 교란하면 용해된 염(여기서는 아세트산소듐, $NaCH_3CO_2$)이 빠르게 결정화한다.

결정화 열. 히트팩은 아세트산소듐의 결정화로 방출되는 열을 이용하는 것이다.

은 **포화되었다**(saturated)고 말한다.

비록 거시적인 수준에서는 아무런 변화도 관찰할 수 없지만, 입자 수준에서는 그렇지 않다. Cu^{2+}(aq)와 Cl^-(aq)가 고체 상태에서 떨어져 나와 용액 속으로 들어가는 용해 과정은 계속 일어나고 있다. 또한, 동시에 Cu^{2+}(aq)와 Cl^-(aq)로부터 고체 $CuCl_2$도 만들어진다. $CuCl_2$가 용해되고 침전되는 속도는 포화 용액에서는 같다. 그래서 거시적인 수준에서는 이온 농도의 알짜 변화가 없는 것처럼 관찰된다.

이 과정은 화학에서의 동적 평형(◀3.3절)의 또 다른 예이다. 우리는 이에 관련된 물질을 연관시키기 위해 양쪽 화살표($\rightleftharpoons$)를 이용하여 다음 화학 반응식으로 이 상황을 표현한다.

$$CuCl_2(s) \rightleftharpoons Cu^{2+}(aq) + 2\ Cl^-(aq)$$

포화 용액은 액체에 들어갈 수 있는 고체의 용해도를 정확하게 정의하는 하나의 방법을 제공한다. **용해도**(solubility)는 포화 용액에서 용해되지 않은 용질이 평형을 이룰 때, 용질의 농도이다. 예를 들어 $CuCl_2$의 용해도는 0 °C의 100 mL 물에 대하여 70.6 g이다. 만약 0 °C의 물 100 mL에 100 g의 $CuCl_2$를 첨가한다면, 70.6 g은 용해되고 29.4 g의 고체는 녹지 않고 남아 있을 것이다.

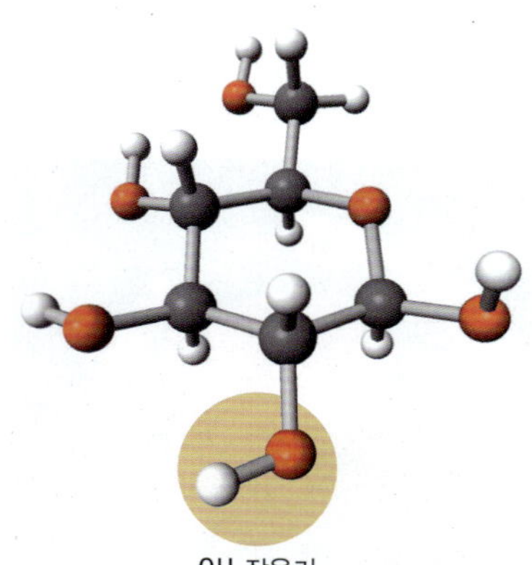

비슷한 것이 비슷한 것을 녹인다. 글루코오스는 각 분자에 5개의 —OH기를 가지며, 이 작용기는 물 분자와 수소 결합을 하도록 한다. 결과적으로 글루코오스는 물에 쉽게 녹는다.

액체에 용해되는 액체

두 액체가 혼합되어 용액을 만들면, 우리는 두 액체가 서로 **섞인다**(miscible)고 말한다. 반대로 **섞이지 않는**(immiscible) 두 액체는 섞어도 서로 혼합되지 않고, 2개의 층으로 분리되어 존재한다(그림 13.4).

모두 극성 화합물인 에탄올(C_2H_5OH)과 물은 서로 섞이며, 비극성 액체인 옥테인(C_8H_{18})과 사염화탄소(CCl_4)도 같은 방식으로 섞인다. 이러한 관찰은, **'비슷한 것은 비슷한 것을 녹인다'**는 경험적인 법칙으로 이어진다. 즉, 둘 이상의 극성 액체가 서로 잘 섞이는 것처럼, 둘 이상의 비극성 액체도 서로 잘 섞인다.

물에 용해되는 고체

'비슷한 것은 비슷한 것을 녹인다'라는 지침은 액체에 용해되는 고체 분자에 대해서도 잘 적용된다. 나프탈렌($C_{10}H_8$)과 같은 비극성 유기 고체는 벤젠(C_6H_6), 헥세인(C_6H_{14})과 같은 비극성 용매에 쉽게 용해된다. 비극성 무기 고체인 아이오딘(I_2)은 물에는 소량만 용해되지만 CCl_4와 같은 비극성 액체에는 매우 잘 용해된다(그림 13.5). 여러 개의 —OH기를 가진 극성 분자인 수크로오스(설탕)는 음료를 달게 만들기 위해 사용하는 것에서 우리가 잘 알고 있듯이 물에는 쉽게 용해된다.

비극성 액체에서 보았던 것처럼 대부분 비극성 고체는 물과 같은 극성 용매에 불용성이거나 낮은 용해도를 가진다. 반대로 마찬가지이다. 예를 들어 설탕과 같은 극성 용질은 휘발유와 같은 비극성 용매에 낮은 용해를 가지게 된다.

이온성 고체를 극성 화합물의 극단적인 예로 간주할 수 있고 이들이 비극성 용매에 용해되지 않는다. 예를 들어, 염화소듐은 헥세인과 CCl_4와 같은 액체에는 용해되지 않는다. 그러나 이온 화합물의 극성 용매 물에서의 용해도는 쉽게 예측되지는 않는다. 그림 3.10의 용해도 지침에 따르면 일부 이온 화합물이 물에 용해되지만 물에 용해되지 않는 이온성 물질도 있다.

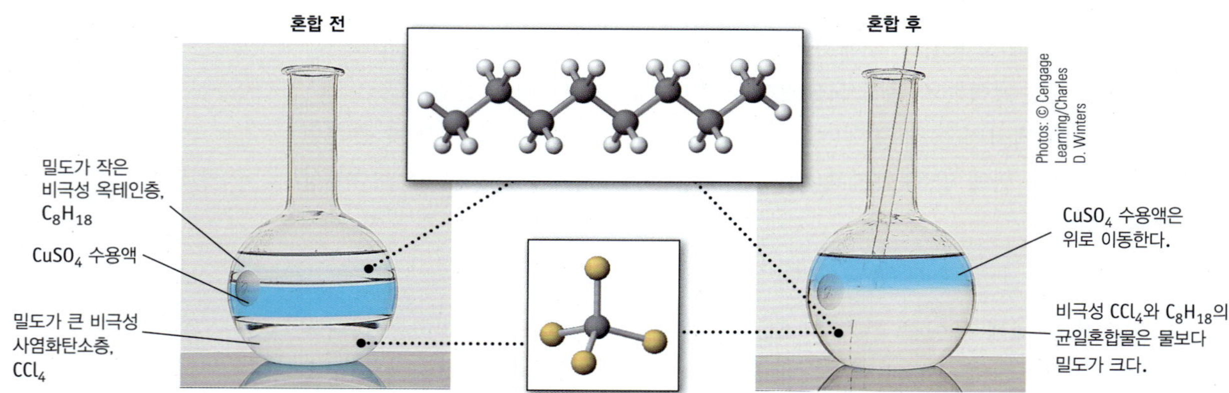

(a) 혼합 전. 무색이고 높은 밀도를 갖는 아래층은 비극성인 사염화탄소(CCl_4)이다. 파란색 중간층은 $CuSO_4$의 수용액이고, 밀도가 작은 위층은 비극성인 옥테인(C_8H_{18})이다. 섞이지 않도록 하나의 액체 층을 다른 층 위에 조심스럽게 적층하여 이 혼합물을 만들었다.

(b) 혼합 후. 혼합물을 섞으면, 두 비극성 액체는 균일 혼합물을 형성한다. CCl_4와 C_8H_{18} 혼합물은 물보다 밀도가 크기 때문에 물로 이루어진 층의 아래에 놓인다.

그림 13.4 **섞임성.**

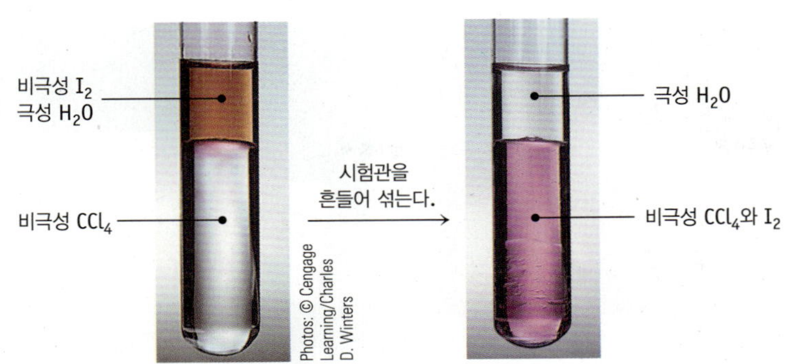

그림 13.5 비극성 아이오딘의 극성 물에 대한 용해도와 비극성 사염화탄소에 대한 용해도. 비극성 I_2의 수용액(왼쪽 시험관의 위에 있는 갈색 층)을 비극성 CCl_4(왼쪽 시험관의 무색 아래 층)와 함께 흔들었을 때, I_2는 비극성 용매로 선택적으로 이동한다. 이것의 증거는 오른쪽 시험관의 아래 CCl_4 층의 보라색이다.

흑연, 다이아몬드, 석영 모래(SiO_2)를 포함하는 그물구조 고체는 물에 용해되지 않는다. (만약 모래가 물에 용해된다면 모래사장이 어떻게 존재할 수 있겠는가?) 그물구조 고체를 이루는 공유 화학 결합은 결합을 끊기에는 너무 강하기 때문에 격자는 물과 접촉하더라도 그대로 유지된다.

용해 엔탈피

"비슷한 것은 비슷한 것을 녹인다"라는 지침의 근거는 무엇인가? 먼저 어떠한 과정이 일어나는지를 결정하는 두 가지 인자가 있음을 인식하여야 한다. 한 인자는 그 과정의 엔탈피 변화, 여기서는 **용해 엔탈피**이다. 두 번째 인자는 순수 액체에 비하여 혼합물의 입자들 에너지의 보다 넓은 분산의 척도로서의 열역학 함수인 **엔트로피**가 있다(그림 13.6). 에너지 분산이 클수록 엔트로피는 증가하고 그 과정은 보다 유리하게 된다. 엔트로피는 18장에서 보다 자세하게 논의하게 될 것이지만 여기서는 용액을 평가하는데 엔트로피 효과가 경우에 따라 우세할 수 있음을 지적하고자 한다. 입자들 사이의 인력에 근거하여 쉽게 해석할 수 있는 용해 엔탈피는 용해도를 결정하는데 중요한 인자이지만 엔트로피보다 덜 중요하다.

엔트로피와 용해 과정. 용해 과정에서 일반적으로 엔트로피가 더 중요하게 기여하고 있다고 받아들여지고 있다. (18장과 T. P. Silverstein의 "The real reason why oil and water don't mix." *Journal of Chemical Education*, Vol. 75, pp. 116~118, 1998을 참조)

입자들 사이의 분자 간 힘을 평가함으로써 용액을 형성할 때 일어나는 엔탈피 변화에 접근하는 것은 가능하다. 순수 물과 순수 메탄올에서 분자 간의 주요 힘은

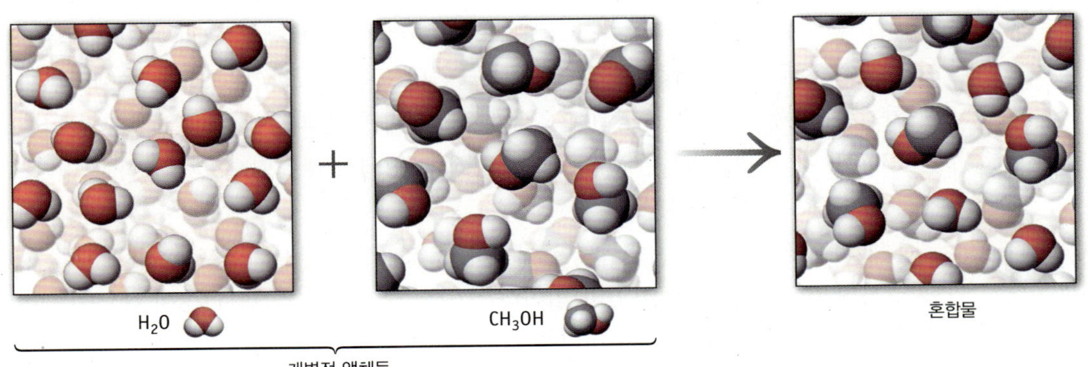

그림 13.6 용해 과정 발생–엔트로피. 여기서 보듯이 물과 메탄올 같은 유사한 액체가 혼합되면 분자들은 서로 섞이고, 2개로 분리된 순수한 액체일 때보다 에너지는 분산된다. 이 에너지 분산의 척도가 엔트로피인데 18장에서 자세히 설명할 열역학적 함수의 하나이다.

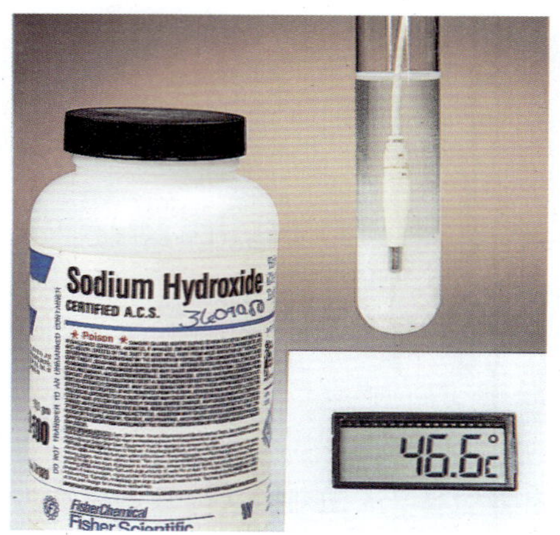

(a) NaOH의 물에 대한 용해는 강한 발열 과정이다.

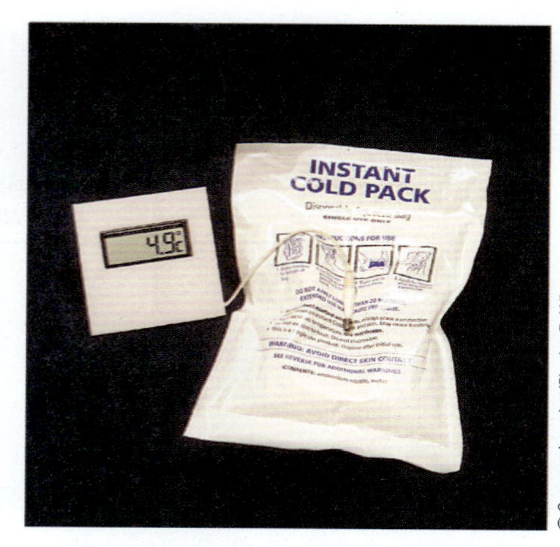

© Cengage Learning/Charles D. Winters

(b) '콜드팩'에는 고체 질산암모늄(NH_4NO_3)과 물이 들어 있다. 물과 NH_4NO_3가 섞이면서 염이 용해되면 흡열 과정으로 인해 계의 온도가 낮아지는데, 이는 질산암모늄의 용해 엔탈피($\Delta_{soln}H° = +25.7$ kJ/mol) 때문이다.

그림 13.7 이온성 고체의 용해와 용해 엔탈피.

—OH기를 포함하는 수소 결합이다. 2개 액체가 섞일 때, 메탄올과 물 분자 사이의 수소 결합 또한 발생한다. 용질–용매와 용질–용질 사이 힘은 비슷한 크기이기 때문에 용해 과정의 엔탈피 변화는 적을 것으로 예상할 수 있다.

비슷하게 비극성 용질을 비극성 용매에 용해할 때의 엔탈피 변화도 거의 0에 가까울 것으로 예상된다. 모두 비극성인 순수 옥테인 또는 순수 CCl_4 분자들은 액체 상태에서 분산력으로 붙들려 있다(◂11.4절). 이 비극성 액체들이 섞일 때 용질과 용매 사이의 인력과 연관된 에너지는 순수 액체에서 옥테인과 CCl_4 분자 간 인력과 비슷하다. 극성 용매에서의 극성 용질의 용액과 마찬가지로 에너지 변화는 아주 작거나 거의 일어나지 않는다. 용해 과정은 에너지 면에서 거의 변화가 없을 것으로 예상된다.

물에 용해된 이온 화합물에 대하여 유리한 엔탈피 변화(음의 $\Delta_{soln}H$)는 일반적으로 화합물로 하여금 용해되게 한다. 예를 들어 수산화소듐은 물에 매우 잘 녹으며, 물에 녹을 때 많은 열을 발생한다(그림 13.7a). 그러나 불리한 엔탈피 인자가 이온 화합물이 녹지 않는 것을 보장하지는 않는다. 염화소듐은 용해 과정이 약간 흡열과정이라는 사실에도 불구하고 물에 아주 잘 녹는다. 그리고 질산암모늄도 용액이 상당히 차가워진다는 사실로 증명된 흡열인 물에 대한 용해 과정에서 매우 잘 녹는다(그림 13.7b). 이 경우들에서는 엔트로피가 용해 과정에서 추진력으로 작용하고 있다고 결론을 내릴 수밖에 없다.

용해 과정에서의 에너지를 좀 더 이해하기 위해서 플루오린화포타슘(KF)이 물에 녹는 과정을 이용하여 어떤 일이 일어나는지를 볼 것이다. 그림 13.8의 에너지 준위 도표의 도움을 받아 일어나는 변화를 따라가 보자.

고체 플루오린화포타슘은 이온성 격자 구조를 가지고 있으며, 서로 반대의 전하 사이에 작용하는 인력에 의해 결합되는 K^+와 F^-가 번갈아가며 고정된 위치에 놓여 있다. 물속에서 이 이온들은 서로 떨어져서 수화된다. 즉, 이 이온들은 물로 둘러싸

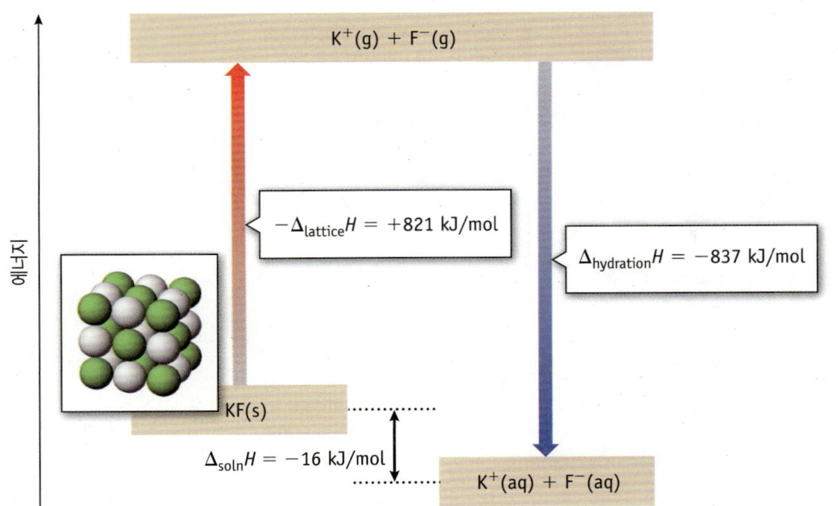

그림 13.8 KF의 용해에서 엔탈피 변화에 대한 모형. 물에 이온 화합물이 녹을 때의 에너지 변화 크기는 입자적 관점에서 두 단계로 일어난다고 가정하여 계산할 수 있다. 먼저 KF가 1 mol당 821 kJ의 에너지를 흡수하여 기체 상태에서 양이온과 음이온으로 분리된다. 다음 단계에서 이 이온들이 수화되는데 이때 $\Delta_{hydration}H$는 −837 kJ이다. 그러므로 전체 에너지 변화는 −16 kJ로서 약간의 발열 과정에 해당하는 용해 엔탈피이다.

인다(그림 13.1). 이온–쌍극자 인력은 물을 각 이온과 강하게 결합시킨다. 반응물인 KF(s)에서 생성물인 K^+(aq)와 F^-(aq)로 변할 때 수반되는 에너지 변화는 2개의 개별 단계에 대한 에너지 변화의 합과 같다.

1. 격자 속의 이온들 사이의 인력을 이겨내고 분리되도록 에너지를 공급해야 한다. 이것은 이온 화합물의 격자 에너지(◂12.3절)가 정의되는 과정과 반대되는 과정이다. 여기에서의 에너지는 값은 $-\Delta_{lattice}H$와 같다. 이온들 사이의 인력이 매우 강하기 때문에 이온들을 서로 떼어놓기 위해서는 많은 열을 흡수해야 한다.
2. 각각의 이온이 물로 들어갈 때 에너지가 발생한다. 이 과정에서 각각의 이온은 물 분자로 둘러싸인다. 여기에서도 강한 인력(이온–쌍극자 힘)이 관여한다(◂11.2절). 물이 용매일 때 **수화**(hydration)라고 일컫는 이 과정에서는 많은 열이 방출된다.

따라서 KF가 녹는 과정을 화학 반응식으로 나타내면 다음과 같다.

$$\text{1단계:}\quad KF(s) \longrightarrow K^+(g) + F^-(g) \qquad -\Delta_{lattice}H$$

$$\text{2단계:}\quad K^+(g) + F^-(g) \longrightarrow K^+(aq) + F^-(aq) \qquad \Delta_{hydration}H$$

전체 반응의 엔탈피를 **용해 엔탈피**(enthalpy of solution, $\Delta_{soln}H$)라고 하며, 이는 두 엔탈피 변화의 합이다.

$$\text{전체:}\quad KF(s) \longrightarrow K^+(aq) + F^-(aq) \qquad \Delta_{soln}H = -\Delta_{lattice}H + \Delta_{hydration}H$$

이 화학 반응식을 이용하여 $\Delta_{hydration}H$ 값을 추정할 수 있다. 이온 화합물의 격자 에너지는 열화학적 자료로부터 상당히 정확한 값을 구할 수 있다. 예를 들면, KF의 격자 에너지(−821 kJ/mol, 보른–하버 순환(Born-Haber cycle) 계산, 12.3절 참조)와 $\Delta_{soln}H$(열량계를 이용하여 결정된 −16.4 kJ)의 값으로부터 $\Delta_{hydration}H$가 −837 kJ/mol로 결정할 수 있다.

일반적으로 녹기 위해서 이온 화합물의 녹는 과정이 발열 과정이거나 아니면 아주 적은 열을 흡수해야 한다(그림 13.9). 후자의 경우, 이러한 엔탈피–불리 용해 과정

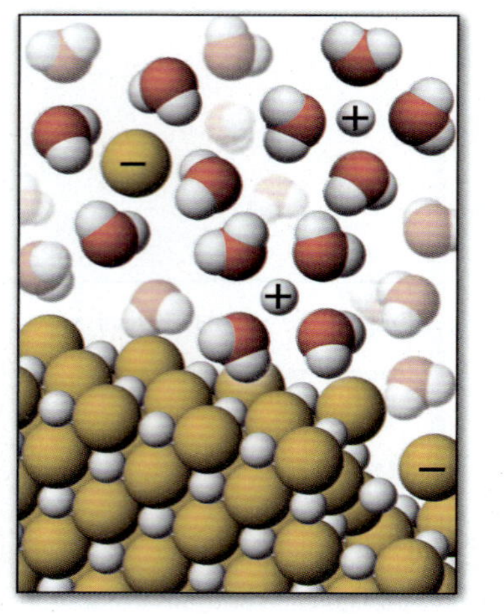

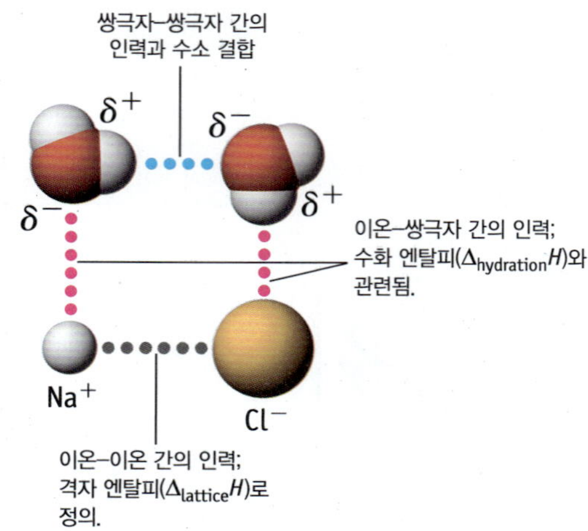

그림 13.9 이온성 고체의 물에 대한 용해. 이 과정은 여러 힘이 균형을 이루며 일어난다. 물 분자 사이의 분자 간 힘과 이온 결정 격자에서 작용하는 이온–이온 간의 힘이 있다. 용해가 일어나려면 물과 이온 사이의 이온–쌍극자 간의 힘($\Delta_{hydration}H$에 의하여 측정됨)이 이온–이온 간의 힘($\Delta_{lattice}H$에 의하여 측정됨)과 물 분자 사이의 분자 간의 힘을 극복해야 한다.

은 유리한 엔트로피 변화와 균형을 이룬다고 가정할 수 있다. 용해 엔탈피가 극단적으로 흡열이라면(낮은 수화 에너지 때문에) 화합물은 잘 녹지 않는다. 비극성 용매는 이온을 강하게 용매화시키지 못하므로, 용액 형성은 에너지 측면에서 불리하다. 따라서 황산구리(II)와 같은 이온 화합물은 사염화탄소와 옥테인(그림 13.4)같은 비극성 용매에 잘 녹지 않는다고 예측할 수 있다.

또한, 용해 엔탈피는 매우 큰 두 값의 차이임을 인식하는 것은 중요하다. 격자 에너지나 수화 엔탈피의 작은 변화에 의해서, 용해가 흡열 또는 발열 과정으로 결정된다.

표 13.1 용해 엔탈피를 계산하기 위한 값

화합물	$\Delta_f H°$(s) (kJ/mol)	$\Delta_f H°$ (aq, 1 *m*) (kJ/mol)
LiF	−616.9	−611.1
NaF	−573.6	−572.8
KF	−568.6	−585.0
RbF	−557.7	−583.8
LiCl	−408.7	−445.6
NaCl	−411.1	−407.3
KCl	−436.7	−419.5
RbCl	−435.4	−418.3
NaOH	−425.9	−469.2
NH_4NO_3	−365.6	−339.9

용해 엔탈피: 열역학 자료

열역학 수치를 담은 표에는 염의 수용액의 생성 엔탈피 값을 포함되어 있다. 예를 들어 NaCl(aq)의 $\Delta_f H°$(−407.3 kJ/mol, 표 13.1과 부록 L)는 원소로부터 1 m 용액 생성을 말하고 있다. 이것은 다음 2단계의 엔탈피 변화를 포함한 것으로 간주할 수 있다. (1) 표준 상태의 원소 Na(s)와 Cl_2(g)에서 NaCl(s)의 생성 ($\Delta_f H°$)과 (2) 고체 NaCl을 물에 녹여 1 m 용액의 생성($\Delta_{soln}H°$)이다.

NaCl(s) 생성:	$Na(s) + \frac{1}{2} Cl_2(g) \longrightarrow NaCl(s)$	$\Delta_f H° = -411.1$ kJ/mol
NaCl(s) 용해:	$NaCl(s) \longrightarrow NaCl(aq, 1\ m)$	$\Delta_{soln} H° = +3.8$ kJ/mol
알짜 과정:	$Na(s) + \frac{1}{2} Cl_2(g) \longrightarrow NaCl(aq, 1\ m)$	$\Delta_f H° = -407.3$ kJ/mol

고체의 생성 엔탈피와 수용액의 생성 엔탈피를 합함으로써 예제 13.2에 개략적으로 설명한 바와 같이 용해 엔탈피를 계산할 수 있다.

예제 13.2 용해 엔탈피의 계산

문제 콜드팩에 사용되는 화합물인 NH_4NO_3의 용해 엔탈피을 계산하시오.

알고 있는 사실 NH_4NO_3의 용해 과정은 다음 화학식으로 나타낸다.

$$NH_4NO_3(s) \longrightarrow NH_4NO_3(aq)$$

고체 상태의 NH_4NO_3의 생성 엔탈피(−365.6 kJ/mol)와 용액의 생성 엔탈피(−339.9 kJ/mol)는 표 13.1에 주어져 있다.

전략 식 5.6(5.7절)에 따르면, 어떤 과정의 엔탈피 변화는 최종 상태(여기서는 용액 중에 화합물이 있을 때)의 엔탈피에서 초기 상태(고체) 사이의 차이이다.

풀이 이 과정의 엔탈피 변화는 식 5.6을 이용하여 아래와 같이 계산된다.

$$\begin{aligned}\Delta_{soln}H^\circ &= \Sigma[n\Delta_f H^\circ(\text{생성물})] - \Sigma[n\Delta_f H^\circ(\text{반응물})] \\ &= \Delta_f H^\circ[NH_4NO_3(aq)] - \Delta_f H^\circ[NH_4NO_3(s)](\text{두 가지 모두 } n = 1\text{임}) \\ &= -339.\text{kJ} - (-365.6\text{ kJ}) = +25.7\text{ kJ}\end{aligned}$$

고려사항 이 과정은 $\Delta_{soln}H^\circ$이 양의 값이고 그림 13.7b의 실험에서 증명된 바와 같이 흡열과정이다.

유제 표 13.1의 값들을 사용하여 NaOH의 용해열을 계산하시오.

13.2절 확인문제

1. 다음 주어진 생성 엔탈피를 이용하여 LiOH의 $\Delta_{soln}H^\circ$을 계산하시오.

$\Delta_f H^\circ[LiOH(s)] = -484.93$ kJ/mol $\Delta_f H^\circ[LiOH(aq)] = -508.48$ kJ/mol

(a) +23.55 kJ/mol (b) +993.41 kJ/mol
(c) −23.55 kJ/mol (d) −993.41 kJ/mol

13.3 용해도에 영향을 미치는 요인: 압력과 온도

압력과 온도는 용해도에 영향을 미치는 두 가지 외적 인자들이다. 압력과 온도는 둘 다 액체에서의 기체의 용해도에 영향을 미치지만 액체에 대한 고체의 용해도에는 온도만이 인자이다.

액체에 대한 기체의 용해: 헨리의 법칙

어떤 액체에서의 기체의 용해도는 기체의 압력에 정비례한다. 이것을 **헨리의 법칙**(Henry's law)이라고 한다.

$$S_g = k_H P_g \tag{13.4}$$

이 식에서는 S_g는 기체의 용해도(단위 mol/kg), P_g는 기체 상태의 용질의 부분 압력을 나타낸다. 그리고 k_H는 헨리 법칙의 상수(표 13.2 참조)로서, 어떤 용매에 대한 그 용질의 고유한 상수이다.

탄산음료는 헨리의 법칙이 작용하는 하나의 예다. 탄산음료는 이산화탄소 기체가 가득 있는 공간에서 압력을 가한 후 뚜껑을 밀봉해서 만들며 이산화탄소 기체 중 일부가 음료에 녹는다. 탄산음료 캔이나 병을 따면, 용액 위의 CO_2 기체의 부분 압력

표 13.2 헨리의 법칙 상수(25 °C)*

기체	k_H(mol/kg · bar)
He	3.8×10^{-4}
H_2	7.8×10^{-4}
N_2	6.0×10^{-4}
O_2	1.3×10^{-3}
CO_2	0.034
CH_4	1.4×10^{-3}
C_2H_6	1.9×10^{-3}

*출처: http://webbook.nist.gov/chemistry/.
주: 1 bar = 0.9869 atm.

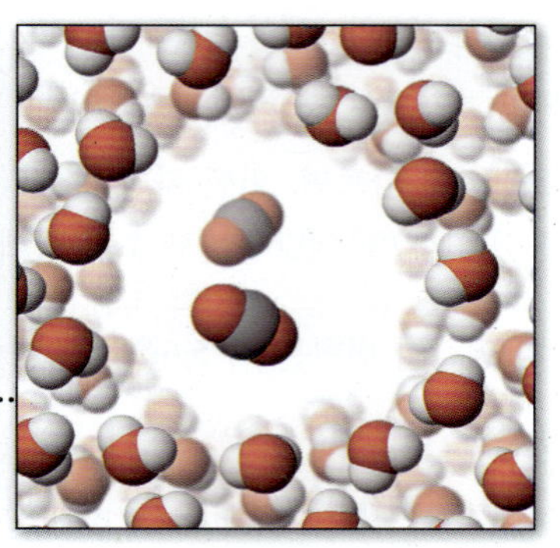

그림 13.10 기체의 용해도와 압력. 탄산음료는 CO_2로 가압 용해하여 용기에 담아 밀봉하여 만든 것이다. 뚜껑을 열면, 압력이 감소하게 되고 액체 내에서 CO_2 기포가 만들어져서 음료 표면으로 떠오른다. 일정 시간이 지나면 용해된 CO_2와 공기 중의 CO_2가 평형에 도달한다. 용해되었던 CO_2의 대부분이 없어지고 나면 음료의 맛은 밋밋해진다.

이 낮아지므로 CO_2의 용해도가 감소한다. 용액으로부터 기포가 발생하여 기체가 밖으로 나온다(그림 13.10).

헨리의 법칙은 스쿠버 다이빙에서 중요한 결과를 나타낸다. 이 장 서두의 '**혼수 상태와 잠수병**'의 총설에서 설명한 바와 같이 잠수할 때, 우리가 호흡한 공기의 압력은 외부의 물의 압력에 대하여 균형을 이루어야 한다. 깊이 잠수할 때, 스쿠버 장비 내부 기체의 압력은 수 기압이 되며, 그 결과 더 많은 기체가 혈액 중으로 용해된다. 만약 잠수부가 너무 빨리 상승하게 되면, 매우 고통스럽고 심하면 치명적인 상태에 이를 수도 있는데, 이를 잠수병이라고 하며, 압력 감소에 따라 질소 기체의 용해도가 감소하여 혈액 속에 질소 기포가 만들어진다. 헬륨은 질소만큼 혈액에 대한 용해도가 크지 않기 때문에 잠수병을 막기 위해 잠수부들은 (질소–산소 혼합기체 대신에) 헬륨–산소 혼합기체를 사용하여야 한다.

입자 수준에서 계를 살펴봄으로써 용해도에 미치는 압력의 영향을 더 잘 이해할 수 있다. 기체의 용해도는, 용해된 물질이 그 물질의 기체 상태와 평형일 때, 용액의 농도로 정의된다. 평형 상태에서는, 기체 분자가 용액으로부터 나와서 기체 상태로 들어가는 속도와 기체 상태의 분자가 용액으로 다시 들어가는 속도는 동일하다. 압력이 증가하면 일정 시간 동안에 더 많은 기체 분자들이 액체 표면에 부딪치고 용액으로 들어가게 된다. 용매에 용해된 기체의 농도가 충분히 높아져서 기체 분자가 용액을 벗어나는 속도가 용액으로 들어가는 속도와 같아질 때, 용액은 결국 새로운 평형에 이르게 된다.

헨리의 법칙의 한계. 헨리의 법칙은 용매와 화학 반응을 하지 않는 기체에 대해서만 정량적으로 성립한다. 예를 들면, 이것으로는 물에 대한 NH_3의 용해도를 정확히 예측하지 못하는데, 이 화합물은 물에서 양은 적지만 NH_4^+와 OH^- 수용액을 만들기 때문이다.

예제 13.3 헨리의 법칙 이용

문제 25 ℃, 1.0 bar에서 공기와 평형에 있는 시냇물 속에 녹아 있는 O_2의 농도는 얼마인가? 용매 1 kg 당 O_2의 g 수로 답하시오.

알고 있는 사실 여러분은 전체 공기압과 온도를 알고 있고, 주어진 온도에서 헨리의 법칙 상수(1.3×10^{-3} mol/kg · bar)를 찾을 수 있다. (1 bar는 1기압에 가깝다. 10.1절)

전략 산소의 용해도를 구하려는 것이기 때문에, 우선 공기 중에 있는 O_2의 몰분율

(0.21)과 대기압(1 bar)으로부터 O_2의 부분 압력을 구해야 한다. 그 다음 헨리의 법칙을 사용하여 몰 용해도를 계산한다.

풀이

(a) 공기 중의 O_2의 몰분율은 0.21이고, 전체 압력이 1.0 bar이라고 가정하면, O_2의 부분 압력은 0.21 bar이다.

(b) O_2의 부분 압력을 헨리의 법칙에서 P_g로 사용하면 다음과 같다.

$$O_2\text{의 용해도} = k_H P_g = \left(\frac{1.3 \times 10^{-3}\ \text{mol}}{\text{kg} \cdot \text{bar}}\right)(0.21\ \text{bar}) = 2.7 \times 10^{-4}\ \text{mol/kg}$$

(c) mol/kg 단위의 농도와 O_2의 몰질량으로부터 g/kg 단위의 농도를 계산하면 다음과 같다.

$$O_2\text{의 용해도} = \left(\frac{2.7 \times 10^{-4}\ \text{mol}}{\text{kg}}\right)\left(\frac{32.0\ \text{g}}{\text{mol}}\right) = 0.0087\ \text{g/kg}$$

고려사항 O_2의 농도는 8.7 ppm(8.7 mg/1000 g)이다. 이것은 매우 낮은 농도이지만, 수생 생물에게 필요한 산소를 제공하는 데에는 충분하다.

유제 부분 압력이 0.33 bar일 때 25 °C 물에서 CO_2의 농도는 얼마인가? (CO_2는 물과 반응하여 극소량의 H_3O^+와 HCO_3^-를 내놓지만, 이 반응은 작은 정도로 일어나므로, 낮은 CO_2 부분 압력에서 헨리의 법칙을 따른다.)

용해도에 미치는 온도의 효과: 르샤틀리에의 원리

물에서 모든 기체의 용해도는 온도가 높아질수록 감소한다. 이것은 끓는점 아래로 물을 가열할 때 기포가 발생하는 것과 같은 일상적인 관찰로부터 알 수 있다.

기체의 용해도에 미치는 온도의 효과를 이해하기 위하여, 용해 엔탈피를 다시 살펴보자. 물에 상당량 녹아 있는 기체는 보통 발열 과정으로 녹는다.

$$\text{기체} + \text{액체 용매} \xrightleftharpoons{\Delta_{soln}H < 0} \text{포화 용액} + \text{에너지}$$

용액으로부터 용해된 기체 분자가 나오는 역 과정에는 열과 같은 에너지가 필요하다. 평형에서 두 과정의 속도는 같다.

온도가 어떻게 용해도에 영향을 미치는지를 이해하기 위해서는, 평형을 결정하는 어느 한 인자의 변화는 그 변화의 효과를 감소시키거나 상쇄하는 방향으로 이동함으로써 계를 조정한다는 **르샤틀리에의 원리**(Le Chatelier's principle)를 상기해야 한다. 예를 들어 어떤 액체에 기체가 녹아 있는 용액을 가열하면, 평형은 가해진 에너지의 일부를 흡수하는 쪽으로 이동할 것이다.

$$\text{기체} + \text{액체 용매} \xrightleftharpoons[\text{}]{\text{발열 과정}\ \Delta_{soln}H < 0} \text{포화 용액} + \text{에너지}$$

에너지를 가하면 평형은 왼쪽으로 이동한다.

즉, 기체 분자와 순수한 용매를 생성하는 과정에서 에너지가 흡수되므로, 온도를

사례 연구 헨리의 법칙과 호수 폭발

1986년 8월 21일 목요일 아프리카 서부 해안에 있는 작은 나라 카메룬의 니오스(Nyos) 호 주변의 사람들과 동물들이 갑자기 쓰러지고 죽었다. 1,700명 이상의 사람들과 수백 마리의 동물들이 죽었지만, 불, 지진, 폭풍 등의 뚜렷한 원인이 없었다. 무엇 때문에 이러한 재앙이 일어났을까?

몇 주 후에 미스터리가 풀렸다. 니오스 호와 부근의 모눈(Monoun) 호는 냉각된 화산 분화구에 물이 채워진 분화구 호수이다. 니오스 호에는 지각 깊숙한 곳의 화산 활동으로 생긴 어마어마한 양의 이산화탄소가 녹아 있었다. 호수 바닥의 높은 압력으로 매우 많은 양의 CO_2가 물에 녹아 있었다.

자연 재해 장소인 서부 아프리카의 카메룬에 있는 니오스 호. 1986년 거대한 CO_2 거품이 호수에서 방출되었고 1,700명 이상의 사람들이 질식했다.

Eric BOUVET/Getty Images

1986년 그날 저녁 무언가가 호수를 교란시켰다. CO_2로 포화된 물이 호수 표면으로 올라왔고, 호수 표면은 압력이 낮으므로 기체가 훨씬 덜 녹는다. 탄산음료 캔을 흔들었을 때 CO_2가 폭발적으로 방출되는 것처럼, 약 1 km^3의 이산화탄소가 대기로 방출되었다. CO_2가 약 260 ft까지 치솟았고, 이 기체는 공기보다 밀도가 커서 지표면에 깔려 시간당 약 45 mi의 속도로 미풍을 타고 움직이기 시작했다. 12 mi 떨어진 마을에 도착했을 때, 생명 유지에 필수적인 산소 대신 이산화탄소가 지상을 덮게 된 것이다. 그 결과로 사람들과 동물들이 질식하게 되었다.

대부분의 호수에서는 계절이 바뀌면서 물이 뒤집히므로 이러한 상황은 일어나지 않는다. 가을에는 호수에 있는 상층부 물이 냉각되어 밀도가 커지므로 가라앉는다. 이러한 과정이 계속되어, 따뜻한 물은 표면으로 올라오고 찬 물은 바닥으로 가라앉게 되는 것이다. 호수 바닥에 녹아 있는 CO_2는 대개 이러한 뒤집히는 과정에서 방출된다. 하지만 지질학자들은 카메룬의 호수에서는 다르다는 것을 알아냈다. 기체와 무기물이 풍부한 깊은 물 층과 신선한 물이 가득한 얕은 물 층 사이의 경계인 화학약층(chemocline)이 온전히 유지되고 있었다. 호수 바닥에 있는 구멍을 통해 이산화탄소가 계속해서 호수로 들어옴에 따라 물은 이 기체로 포화되어 갔다. 작은 지진, 강한 바람, 수중 산사태 등의 작은 교란에 의해 호수 물이 뒤집혀서 CO_2가 폭발적으로 방출된 것이라 추정된다.

니오스 호에서 일어난 CO_2의 폭발적 방출은 탄산음료 병을 흔들었을 때 일어나는 것과 매우 비슷하다. 탄산음료 병에는 높은 압력의 CO_2가 녹아 있다. 일부 기체는 음료 안에 녹아 있지만, 일부는 액체 위의 작은 공간(머리공간(headspace)이라 부름)에 남아 있다. 공간 부분에 있는 CO_2의 압력은 2~4 기압 정도이다. 병뚜껑을 딸 때, 공간 부분에 있는 CO_2는 재빨리 빠져 나온다. 녹아 있는 CO_2 중 일부가 용액에서 나오기도 하며, 이때 표면 위로 올라오는 기포 방울들이 보인다. 병뚜껑을 딴 채로 그대로 두면, 대기 중의 CO_2(CO_2의 부분 압력은 3.75×10^{-4}기압이다)와 평형을 이룰 때까지 이 과정이 계속되어,

$$CO_2\ (\text{용액}) \rightleftharpoons CO_2\ (g)$$

탄산음료의 맛이 밋밋해진다. 하지만 새로 뚜껑을 딴 탄산음료 병이 교란되지 않으면, 거품 생성이 빠르지 않아 용액으로부터의 CO_2 방출이 매우 느리게 되어, 탄산음료에서 계속 기포가 생길 것이다.

문제

1. 탄산음료 병의 공간 부분이 25 mL이고 공간 부분에 있는 CO_2의 압력이 25 ℃에서 4기압(≈4 bar)이라면, 공간 부분에 있는 CO_2의 양은 얼마인가?
2. CO_2의 부분 압력이 3.7×10^{-4}기압인 대기 중으로 탄산음료 병의 공간 부분에 있는 CO_2가 빠져나갔다면, 25 ℃에서 CO_2가 차지하는 부피는 얼마인가? 빠져나갔을 때 CO_2가 얼마만큼 팽창했겠는가?
3. 기체의 압력이 3.7×10^{-4} bar일 때 25 ℃ 물에서 CO_2의 용해도는 얼마인가?
4. 1.0 L 탄산음료 병뚜껑을 땄을 때, 평형에 도달하기 위해 대기 중으로 방출된 용해된 CO_2의 질량은 얼마인가? 밀폐된 병 속 탄산음료에 녹아 있는 CO_2는 4.0 bar 압력에서 공간 부분에 있는 CO_2와 평형을 이루고 있다고 가정하시오.

이 질문에 대한 답은 부록 N에 수록되어 있다.

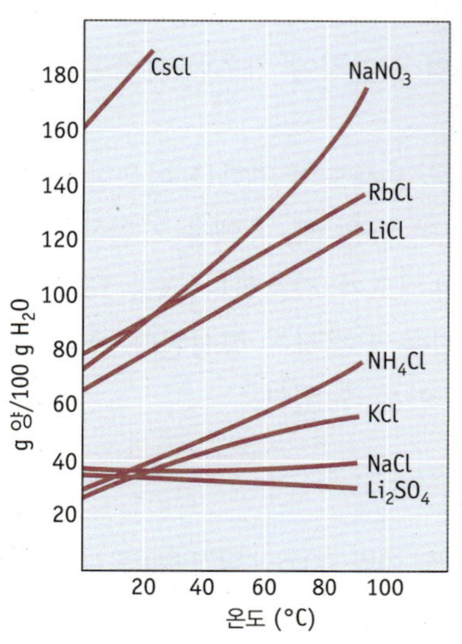

(a) 일부 이온 화합물의 온도에 따른 용해도 변화

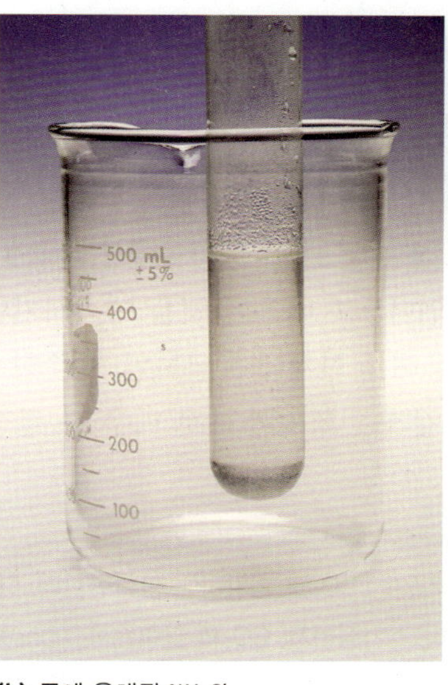

(b) 물에 용해된 NH_4Cl

(c) 용액을 얼음으로 냉각하면 NH_4Cl이 침전된다.

그림 13.11 **물에 녹아 있는 일부 이온 화합물의 온도에 따른 용해도 변화.** NH_4Cl과 같은 대부분의 화합물은 온도가 낮아지면 용해도가 감소한다.

올리면 이 반응은 평형이 왼쪽으로 이동한다. 이렇게 평형이 이동함으로써 기체가 덜 용해되고, 높은 온도에서 기체의 용해도는 낮아지게 된다. 이는 우리가 관찰한 결과와 일치한다.

물에서의 고체 용해도 역시 온도의 영향을 받지만, 기체 용액과는 달리 일반적인 형태가 관찰되지 않는다. 그림 13.11에서 온도에 따른 여러 가지 염의 용해도를 그래

심층 학습 결정 성장

이 사진에서 볼 수 있는 매우 큰 결정은 캘리포니아 주의 로렌스 리버모어 연구소(Lawrence Livermore Laboratory)에서 성장시킨 것이다. 이 결정은 무게가 318 kg이고 크기가 66 × 53 × 58 cm였다. 이 결정은 포화 KH_2PO_4 용액이 담긴 6 ft짜리 수조에 엄지손톱만한 작은 결정을 띄워서 키운 것이다. 용액의 온도는 65°C에서 시작해서 50일에 걸쳐 서서히 낮췄다. 이 결정을 얇은 판 모양으로 잘라서, 거대한 레이저의 빛을 적외선에서 자외선으로 전환하는 데 사용하였다.

인산이수소포타슘의 거대 결정.

편의점에서 발견할 수 있는 화학물질에서도 결정을 성장시킬 수 있다. 알럼(황산알루미늄산포타슘)은 특히 좋은 선택이다. 물 100 mL을 가열하고 더 이상 녹지 않을 때까지 알럼을 넣는다. 혼합물을 밤새 교란없이 냉각하면, 다음날 작은 결정 '씨앗'이 생길 것이다. 잘 형성된 것으로 보이는 작은 결정을 취하고 다른 깨끗한 용기에 포화 용액을 넣는다. 조심스럽게 실 또는 나일론 낚시줄로 씨앗 결정을 묶고 포화 용액에 매달아 놓는다. (결정이 용기 벽이나 바닥에 닿지 않게 한다.) 용기의 뚜껑을 가볍게 닫고 며칠간 또는 수주일간 교란되지 않도록 하면 잘 형성된 결정이 만들어지게 될 것이다.

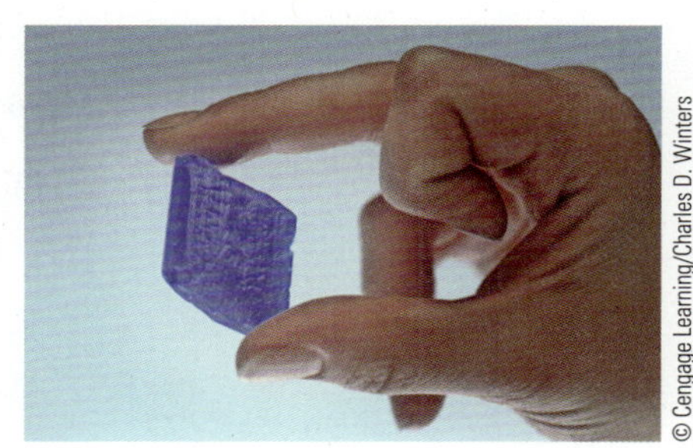

학생이 키운 황산구리 결정.

프로 나타내었다. 많은 경우 염의 용해도는 온도가 증가함에 따라 증가하지만, 매우 예외적인 경우들도 있다. 용해열이 양의 값인지 음의 값인지에 기초한 예측은 대부분의 경우에 맞지만 예외도 있다.

화학자들은 화합물을 정제하기 위하여 온도에 따른 용해도의 변화를 이용한다. 높은 온도에서 더 잘 녹는 어떤 화합물에 불순물이 섞여 있을 때, 용액을 가열하여 불순한 시료를 녹인다. 그 다음 용액을 냉각시키면 용해도가 감소한다(그림 13.11c). 낮은 온도에서 용해도 한계에 도달하면, 순수한 화합물의 결정이 형성된다. 이 과정이 느리고 주의 깊게 진행되면 때로 매우 큰 결정을 얻을 수 있다.

13.3절 확인문제

1. 청량음료에는 가압한 CO_2를 첨가하여 탄산화한다. 다이어트 콜라 710 g이 담긴 청량음료 병에 CO_2가 첨가된다고 가정하자. CO_2의 압력은 4.0 bar이다(CO_2는 약 5 bar까지의 압력에서 헨리의 법칙을 따른다). 다이어트 콜라 710 g에 용해된 CO_2의 양은 얼마인가?
   (a) 0.14 mol (b) 0.097 mol
   (c) 0.034 mol (d) 0.13 mol

13.4 총괄성

물에 소금을 녹이면 물의 증기압은 감소한다. 뿐만 아니라 그 용액은 0 ℃ 이하에서 얼고, 100 ℃ 이상에서 끓는다. 어는점 내림, 끓는점 오름은 용액의 **총괄성**(colligative property)이다. 총괄성은 용매와 용질이 무엇이든 관계없이, 용액 속의 용질과 용매 입자의 상대적인 수에 의존하는 성질이다.

증기압의 변화: 라울의 법칙

평형 증기압. 액체의 평형 증기압은 액체와 증기가 평형에 있을 때 증기의 압력으로 정의된다(11.6절).

비휘발성 용질이 액체에 녹을 때 용매의 증기압은 낮아진다. 실험에 의하면 용매의 증기압($P_{solvent}$)은 용매의 몰분율에 비례한다. 용액 위 용매의 평형 증기압에 대하여 **라울의 법칙**(Raoult's law)이라 부르는 방정식을 쓸 수 있다.

$$P_{solvent} = X_{solvent}\, P°_{solvent} \tag{13.5}$$

라울의 법칙은 용액 위의 용매의 증기압($P_{solvent}$)이 순수한 용매의 평형 증기압($P°_{solvent}$)의 부분이 됨을 보여준다. 예를 들어, 용액의 분자 중 95 %가 용매 분자라면 ($X_{solvent} = 0.95$), 용액 위의 용매의 증기압($P_{solvent}$)은 $P°_{solvent}$의 95 %이다.

이상 용액(ideal solution)이란 라울의 법칙을 따르는 용액이다. 하지만 어떤 기체도 실제로는 이상 기체가 아닌 것처럼, 어떤 용액도 이상 용액이 아니다. 그럼에도 불구하고 라울의 법칙은 대부분의 경우 특히 용질의 농도가 낮은 경우에는 용액의 거동을 근사적으로 잘 보여준다.

라울의 법칙이 잘 적용되려면, 용매와 용질 분자 사이의 인력이 순수한 용매에서의 용매 분자 사이의 인력과 같아야 한다. 유사한 구조를 가진 분자들이 섞여 있는 경우가 종종 그렇다. 탄화수소에 다른 탄화수소가 녹아 있는 용액[예를 들어 옥테인(C_8H_{18})에 헥세인(C_6H_{14})이 녹아 있는 경우]은 라울의 법칙을 매우 잘 따른다. 용매–용질 상호작용이 용매–용매 상호작용보다 강하면, 실제 증기압은 라울의 법칙에 의해 계산된 값보다 작을 것이다. 용매–용질 상호작용이 용매–용매 상호작용보다 약하면, 증기압은 클 것이다.

용매의 증기압 감소($\Delta P_{solvent}$)를 용질의 몰분율의 함수로 계산할 수 있도록 하는 또 다른 유용한 방정식을 얻도록 라울의 법칙을 수정할 수도 있다.

$$\Delta P_{solvent} = P_{solvent} - P°_{solvent}$$

$P_{solvent}$에 라울의 법칙을 대입하면,

$$\Delta P_{solvent} = (X_{solvent}\, P°_{solvent}) - P°_{solvent} = -(1 - X_{solvent})P°_{solvent}$$

용액 중에 휘발성 용매와 하나의 비휘발성 용질만 있다면, 용매와 용질의 몰분율의 합은 1이다.

$$X_{solvent} + X_{solute} = 1$$

$1 - X_{solvent} = X_{solute}$ 이므로, $\Delta P_{solvent}$에 대한 위의 식은 다음과 같이 다시 쓸 수 있다.

$$\Delta P_{solvent} = -X_{solute}\, P°_{solvent} \qquad (13.6)$$

즉, 용매의 증기압의 **감소**는 용질의 몰분율(상대적인 입자 수)에 비례한다.

예제 13.4 라울의 법칙 이용

문제 물 1.50 kg에 651 g의 에틸렌글라이콜($HOCH_2CH_2OH$)을 녹였다. 90 ℃에서 용액 위의 물의 증기압은 얼마인가? 용액은 이상적으로 행동한다고 가정한다.

알고 있는 사실 이 문제는 $P_{solvent}$를 구하려는 라울의 법칙 문제이다. $P_{solvent}$를 구하려면, 용매의 몰분율과 순수한 용매의 증기압을 알아야 한다. 용질과 용매의 질량과 몰질량으로부터 용질의 몰분율을 계산할 수 있다. 90 ℃에서 순수한 물의 증기압(= 525.8 mmHg)은 부록 G에 나와 있다.

전략 먼저 용매(물)의 몰분율을 계산한 다음, 특정 온도에서 순수한 용매의 증기압을 찾아 라울의 법칙(식 13.5)에 모두 적용한다.

풀이

(a) 물과 에틸렌글라이콜의 양을 계산하고, 이로부터 물의 몰분율을 구한다.

$$\text{물의 양} = 1.50 \times 10^3\ \text{g}\left(\frac{1\ \text{mol}}{18.02\ \text{g}}\right) = 83.2\ \text{mol 물}$$

$$\text{에틸렌글라이콜의 양} = 651\ \text{g}\left(\frac{1\ \text{mol}}{62.07\ \text{g}}\right) = 10.5\ \text{mol 글라이콜}$$

$$X_{water} = \left(\frac{83.2\ \text{mol 물}}{83.2\ \text{mol 물} + 10.5\ \text{mol 글라이콜}}\right) = 0.888$$

(b) 이제 라울의 법칙에 적용한다.

$$P_{water} = X_{water}P°_{water} = (0.888)(525.8\ \text{mmHg}) = 467\ \text{mmHg}$$

고려사항 상당량의 에틸렌글라이콜이 물에 첨가되었지만, 용매의 증기압 감소는 59 mmHg, 약 11 %에 지나지 않는다.

$$\Delta P_{water} = P_{water} - P°_{water} = 467\ \text{mmHg} - 525.8\ \text{mmHg} = -59\ \text{mmHg}$$

에틸렌글라이콜은 부동액으로 사용하기에 이상적이다. 에틸렌글라이콜은 물에 잘 녹고, 부식성이 없으며, 비교적 값도 싸다. 끓는점이 높아서 쉽게 증발되지도 않는다. 하지만 동물에게 독성이 있어서 독성이 약한 프로필렌글라이콜로 대체되고 있다.

유제 10.0 g의 수크로오스($C_{12}H_{22}O_{11}$)를 225 mL(225 g)의 물에 녹이고 물을 60 ℃로 가열하였다. 용액 위의 물의 증기압은 얼마인가? (부록 G에 여러 온도에서의 $P°(H_2O)$ 값이 나와 있다.)

끓는점 오름

휘발성 용매 벤젠에 비휘발성 용질이 녹아 있는 용액이 있다고 가정하자. 용질 0.200 mol이 100 g의 벤젠(C_6H_6)에 녹아 있다면(용질 농도 = 2.00 mol/kg), $X_{benzene}$ = 0.865가 된다. $X_{benzene}$ 값을 라울의 법칙에 대입하면, 60 ℃에서 용매의 증기압이 순수한 용매의 증기압인 400 mmHg에서 용액의 증기압 346 mmHg로 떨어지는 것을 계산할 수 있다.

$$P_{benzene} = X_{benzene}\,P°_{benzene} = (0.865)(400.\ \text{mmHg}) = 346\ \text{mmHg}$$

그림 13.12의 증기압 그래프에 이 점을 표시하였다. 이제 용액의 온도를 10 ℃ 더 올리면 증기압은 얼마일까? 순수한 벤젠의 증기압 $P°_{benzene}$은 온도가 올라감에 따라 커지므로, 용액의 증기압도 역시 커진다. 이 새로운 점과 다른 온도에서 같은 방법으로 계산한 점들이 그 용액의 증기압 곡선을 구성하게 된다(그림 13.12에서 아래쪽 곡선).

그림 13.12에서 관찰할 수 있는 중요한 사실은 비휘발성 용질로 인한 증기압 내림이 끓는점을 상승시킨다는 것이다. 어떤 액체의 정상 끓는점은 그 액체의 증기압이 1기압 또는 760 mmHg와 같을 때의 온도이다(◂11.6절). 그림 13.12에서 순수한 벤젠의 정상 끓는점(760 mmHg에서)은 약 80 ℃이다. 용액의 증기압 곡선을 따라가 보면 이 값보다 약 5 ℃ 더 높은 온도에서 용액의 증기압이 760 mmHg에 도달하는 것을 볼 수 있다.

용액의 끓는점이 용질 농도에 따라 어떻게 변할 것인가도 중요한 질문이다. 사실상 단순한 관계가 존재한다. 끓는점 오름 ΔT_{bp}이 용질의 몰랄농도에 정비례한다.

$$\text{끓는점 오름} = \Delta T_{bp} = K_{bp} \cdot m_{solute} \tag{13.7}$$

이 식에서 K_{bp}는 **몰랄 끓는점 오름 상수**(molal boiling point elevation constant)라고 불리는 비례 상수이다. 이 상수의 단위는 도/몰랄농도(℃/m)이다. K_{bp} 값은 실험

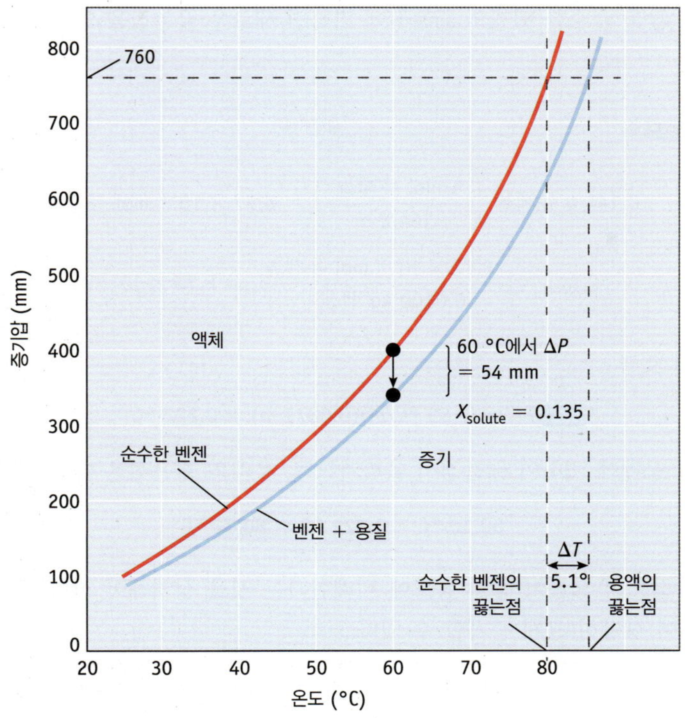

그림 13.12 비휘발성 용질의 첨가에 의한 벤젠의 증기압 내림. 붉은색 곡선은 순수한 벤젠의 증기압을 나타내고, 푸른색 곡선은 0.100 kg의 용매에 0.200 mol의 용질을 녹인 용액(2.00 m)의 증기압을 나타낸다. 이 그래프는 본문에서 보여준 일련의 계산을 통하여 얻었지만, 실험실에서 용액의 증기압을 측정하여 이 그래프를 얻을 수도 있다.

표 13.3 일부 끓는점 오름과 어는점 내림 상수

용매	순수한 용매의 정상 끓는점(°C)	K_{bp} (°C/m)	순수한 용매의 정상 어는점(°C)	K_{fp} (°C/m)
물	100.00	+0.5121	0.0	−1.86
벤젠	80.10	+2.53	5.50	−5.12
장뇌	207.4	+5.611	179.75	−39.7
클로로폼 ($CHCl_3$)	61.70	+3.63	—	—

적으로 결정되며, 서로 다른 용매에서 서로 다른 값을 갖는다(표 13.3). K_{bp} 값은 1 m 용액의 끓는점 오름과 관련된 값이다.

예제 13.5 끓는점 오름

문제 육두구 열매(nutmeg)와 정향나무에서 발견되는 유제놀의 분자식은 $C_{10}H_{12}O_2$이다. 10.0 g의 벤젠에 0.144 g의 유제놀이 녹아 있는 용액의 끓는점은 얼마인가?

알고 있는 사실 용질과 용매의 이름과 질량을 알고 있으며, 순수 벤젠의 끓는점과 K_{bp}를 확인할 필요가 있다.

전략

- 유제놀의 양과 용매 질량(kg)으로부터 용액 농도(몰랄농도, m, mol/kg)를 계산한다.
- 식 13.7을 이용하여 끓는점 변화(표 13.3에 나와 있는 K_{bp}값과 함께)를 계산한다.

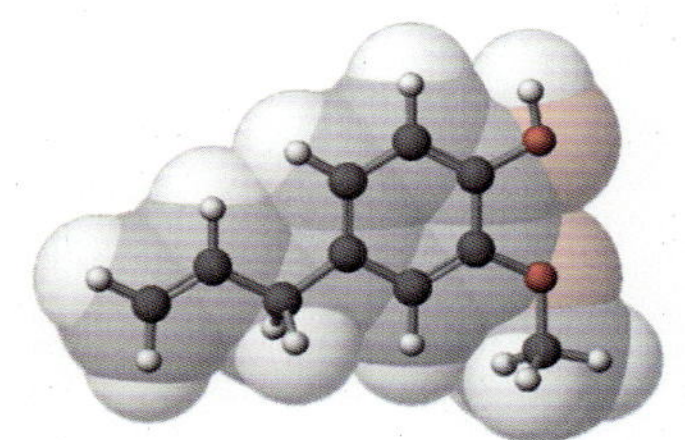

유제놀(Eugenol, $C_{10}H_{12}O_2$)은 흔히 향신료로 사용하는 정향나무 오일의 주요 성분이다.

전략도 13.5

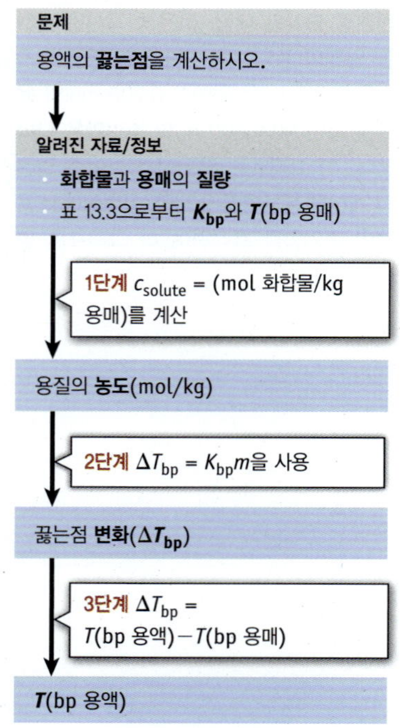

• 이 변화 값을 순수한 벤젠의 끓는점에 더하면 새로운 끓는점을 얻게 된다.

풀이

(a) 용액 농도

$$0.144\ \text{g 유제놀}\left(\frac{1\ \text{mol 유제놀}}{164.2\ \text{g}}\right) = 8.77 \times 10^{-4}\ \text{mol 유제놀}$$

$$c_{\text{eugenol}} = \frac{8.77 \times 10^{-4}\ \text{mol 유제놀}}{0.0100\ \text{kg 벤젠}} = 8.77 \times 10^{-2}\ m$$

(b) 끓는점 오름

$$\Delta T_{bp} = (2.53\ °\text{C}/m)(0.0877\ m) = 0.222\ °\text{C}$$

순수한 용매에 비하여 끓는점이 올라가므로, 용액의 끓는점은 다음과 같다.

$$80.10\ °\text{C} + 0.222\ °\text{C} = 80.32\ °\text{C}$$

고려사항 끓는점 오름이 용질 농도에 비례한다는 것을 상기해야 한다. 높은 농도에서 끓는점이 상당히 크게 증가할 수 있다.

유제 끓는점을 1.0 ℃ 상승시키려면 125 g의 물에 에틸렌글라이콜($HOCH_2CH_2OH$)을 얼마나 첨가해야 하는가? g 단위로 답하시오.

왜 용액의 끓는점은 오르고 어는점은 내리는가? 이 질문의 대답은 18장에서 논의할 열역학 함수인 엔트로피와 관련된다. 엔트로피에 대한 방대한 논의가 포함된 웹사이트(entropysite.oxy.edu)나 총괄성에 대해 논의한 웹사이트를 참고하시오. http://entropysite.oxy.edu/entropy_is_simple/index.html

용질을 첨가함에 따른 용매의 끓는점 오름은 실용적으로도 많이 이용되고 있다. 그중 하나가 사계절 부동액을 사용함으로써 차의 엔진을 여름철에 보호하는 것이다. 상업용 부동액의 주성분은 에틸렌글라이콜($HOCH_2CH_2OH$)이다. 자동차의 라디에이터와 냉각 시스템은 냉매를 일정 압력하에 보관하도록 밀봉하고 있으며, 이를 통해 일상적인 엔진 온도에서는 증발하지 않게 된다. 그러나 여름에는 온도가 높아서 부동액으로 보호되지 않으면 라디에이터가 끓어 넘칠 수 있다. 따라서 비휘발성 액체를 첨가함으로써 라디에이터 속의 용액은 순수한 물보다 높은 끓는점을 갖게 된다.

어는점 내림

용질을 용매에 녹임으로써 발생하는 또 다른 현상은 용액의 어는점이 순수한 용매의 어는점보다 낮다는 것이다(그림 13.13). 이상적인 용액에서, 어는점 내림은 끓는점 오름과 비슷한 식으로 나타낼 수 있다.

$$\text{어는점 내림} = \Delta T_{fp} = K_{fp}m_{solute} \tag{13.8}$$

여기서 K_{fp}는 몰랄농도당의 섭씨온도 단위(℃/m)의 **몰랄 어는점 내림 상수**(molal freezing point depression constant)이다. 몇 개의 흔히 사용하는 용매에 대한 K_{fp} 값이 표 13.3에 나와 있다. 이 값은 음의 값이므로, ΔT_{fp} 값은 음의 값이 나오며 이는 온도가 내려감을 의미한다.

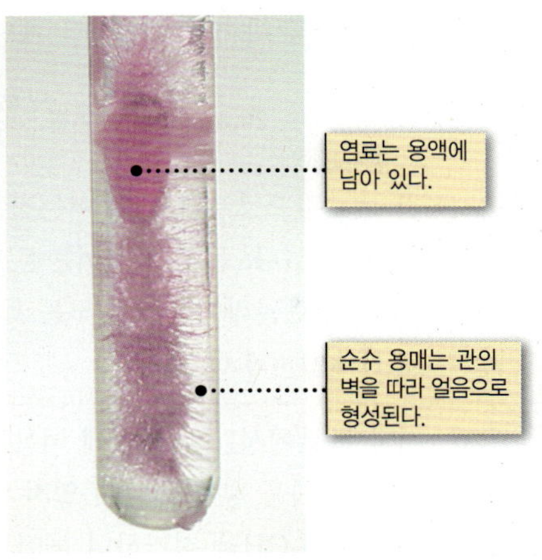

Photos: © Cengage Learning/Charles D. Winters

그림 13.13 용액 얼리기.

(a) 물에 부동액을 첨가하면 물이 어는 것을 막을 수 있다. 이 사진은 순수한 물을 담은 병(왼쪽)과 자동차 부동액이 첨가된 물을 담은 병(오른쪽)을 냉장고의 냉동고에 밤새 넣어둔 결과이다.

(b) 용액이 얼 때, 고체화하는 것은 순수한 용매이다. 이 사진을 찍기 위해, 물에 자주색 염료를 녹이고 용액을 서서히 냉각시켰다. 시험관 벽을 따라 순수한 얼음이 생성되고, 염료는 용액 중에 남아 있다. 용매가 점점 더 얼수록 용질의 농도가 증가하고, 그 결과 남은 용액의 어는점은 점점 더 낮아진다. 결국에는 시험관 벽을 따라 생성된 순수한 무색의 얼음과 시험관 중앙부에 농축된 염료 용액이 남게 된다.

순수한 용매에서 용액으로 이동에 따른 어는점 변화의 실용적인 측면은 끓는점 오름과 비슷하다. 차의 라디에이터에 넣는 액체를 칭하는 '부동액'이라는 이름 자체가 그것의 목적을 말해주고 있다(그림 13.13a). 부동액 용기의 라벨에 적힌 대로, 5.7 L의 부동액을 11.4 L의 냉각 시스템에 첨가하면 어는점은 −34 ℃만큼 내려가고, 끓는점은 +109 ℃까지 올라간다.

예제 13.6 어는점 내림

문제 물의 어는점을 0.0 ℃에서 −10.0 ℃로 낮추기 위해서는 5.50 kg의 물에 몇 g의 에틸렌글라이콜($HOCH_2CH_2OH$)을 첨가해야 하는가?

알고 있는 사실 어떤 면에서는 예제 13.5의 반대이다. 여기서는 어는점 변화를 알고 있다. ΔT 값을 생성하는 데 필요한 용질의 양을 구하면 된다.

전략 식 13.8을 이용하여 ΔT_{fp}와 K_{fp} 값(표 13.3)으로부터 용액 농도(몰랄농도, m)를 계산한다. 용액 농도와 용매 질량으로부터 용질의 양과 질량을 구한다.

풀이

(a) 어는점 내림이 −10.0 ℃인 용액에서 용질 농도를 계산한다.

$$\text{용질 농도}(m) = \frac{\Delta T_{fp}}{K_{fp}} = \frac{-10.0\ °C}{-1.86\ °C/m} = 5.38\ m$$

(b) 용질 농도와 용매 질량으로부터 용질의 양을 계산한다.

$$\left(\frac{5.38\ \text{mol 글라이콜}}{1.00\ \text{kg 물}}\right)(5.50\ \text{kg 물}) = 29.6\ \text{mol 글라이콜}$$

(c) 용질 에틸렌글라이콜의 질량을 계산한다.

$$29.6 \text{ mol 글라이콜} \left(\frac{62.07 \text{ g}}{1 \text{ mol}}\right) = 1840 \text{ g 글라이콜}$$

고려사항 K_{fp} 값으로부터 물의 어는점은 1 몰랄용액에 대해 1.86 ℃만큼씩 내려간다는 것을 알 수 있다. 문제에서 어는점 내림은 −10.0 ℃이므로 약 5 m의 몰랄농도가 타당하다. 에틸렌글라이콜의 밀도는 1.11 kg/L이므로, 첨가할 부동액의 부피는 1.84 kg(1L/1.11 kg) = 1.66 L이다.

유제 미국 북부에서는 겨울철에 여름 별장을 보통 폐쇄한다. 별장 주인들은 화장실 물탱크에 부동액을 넣어 배관이 얼지 않도록 월동 준비를 한다. 3.00 kg의 물에 525 g의 $HOCH_2CH_2OH$을 첨가하면 물이 −25℃에서 얼지 않겠는가?

삼투압

삼투(osmotic)는 용질 농도가 낮은 쪽에서 농도가 높은 쪽으로 용매 분자가 반투막을 통하여 이동하는 현상이다. 이러한 이동은 간단한 실험으로 쉽게 볼 수 있다. 그림 13.14와 같이 비커에는 순수한 물이 들어 있고, 유리관에 달려 있는 주머니에는 농도가 진한 설탕 용액이 들어 있다. 두 액체는 특정 형태의 분자만 통과할 수 있는 얇은 판 모양의 물질인 반투막(채소 껍질이나 셀로판과 같은)으로 분리되어 있다. 여기서 물 분자는 반투막을 통과할 수 있지만, 더 큰 설탕 분자(또는 수화된 이온)는 통과할 수 없다(그림 13.15). 실험을 시작할 때에는 비커와 유리관 안의 액체의 높이는 같다. 그러나 시간이 지남에 따라 유리관 안에 있는 설탕 용액의 높이는 올라가고, 비커 속에 있는 순수한 물의 높이는 내려가며, 설탕 용액은 점점 더 묽어진다. 결국에는 더 이상의 변화가 일어나지 않고 평형에 도달한다.

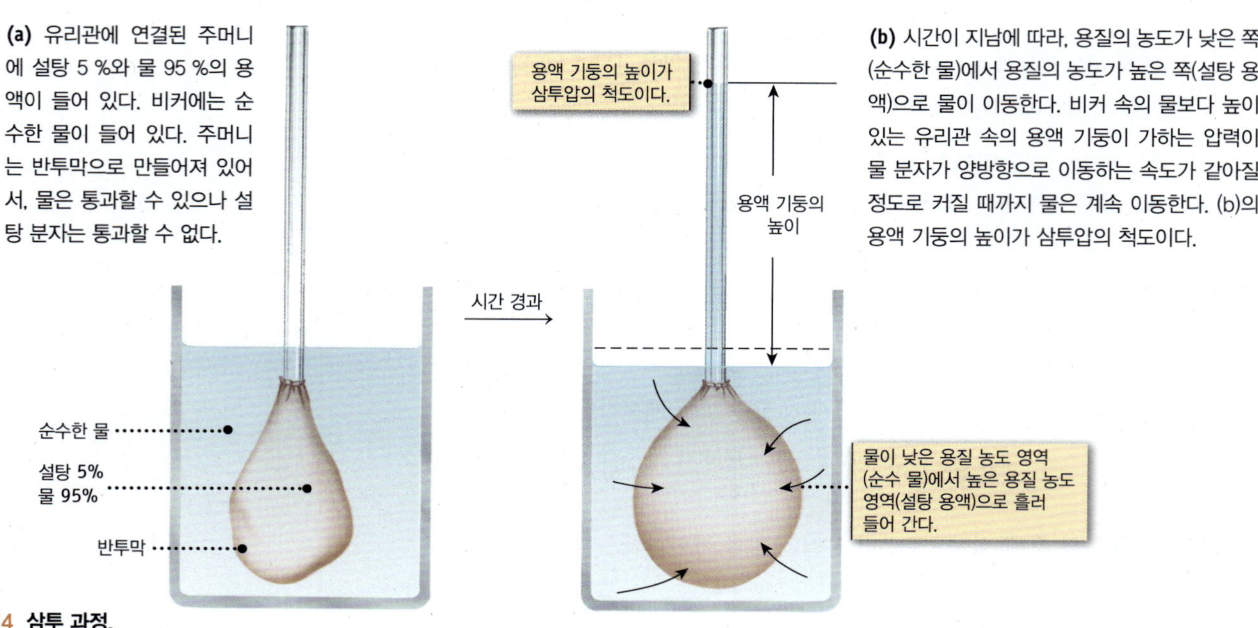

그림 13.14 **삼투 과정.**

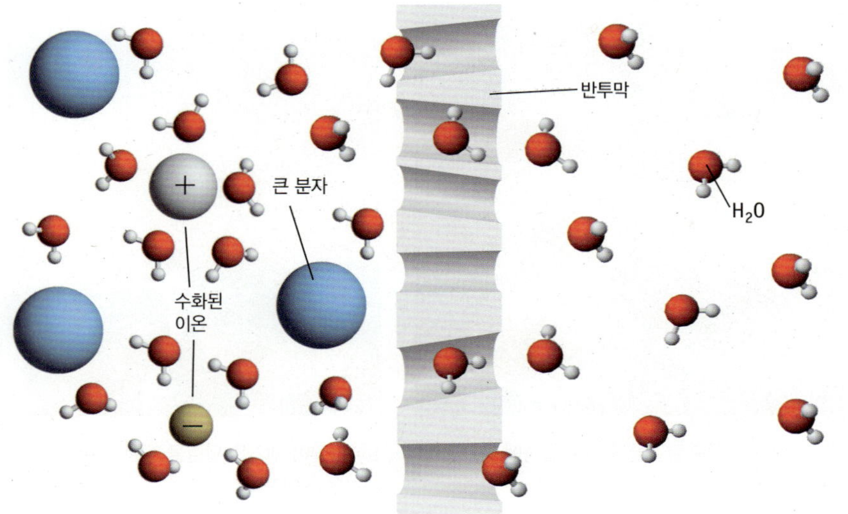

그림 13.15 입자 수준에서의 삼투. 물에 대해 선택적으로 투과할 수 있는 (반투과성) 막을 통한 삼투 흐름. 수화된 이온이나 큰 설탕 분자와 같은 용해된 물질은 막을 통과하여 확산될 수 없다.

분자의 관점에서 보면, 반투막은 물 분자의 이동에 장애가 되지 않기 때문에 물 분자는 반투막의 양 방향으로 이동할 수 있다. 시간이 지남에 따라, 순수한 물 쪽으로부터 용액 쪽으로 이동하는 물 분자가 반대 방향으로 이동하는 물 분자보다 많아진다. 결과적으로는 물 분자는 용질의 농도가 낮은 쪽으로부터 용질의 농도가 높은 쪽으로 이동한다. 이러한 경향은 용매 분자는 통과할 수 있으나 용질 분자나 이온은 통과할 수 없는 막이라면 어느 용매나 마찬가지이다.

결국 이 계가 평형에 도달하는 이유는 무엇인가? 그림 13.14에서 유리관 속의 용액에서 설탕이나 염의 농도가 0이 될 수는 없다. 평형이 되기 위해서는 주어진 시간에 양 방향으로 반투막을 통과하여 이동하는 물 분자의 수가 같아야 한다. 삼투가 계속됨에 따라 유리관에서 용액 기둥의 높이는 점점 더 높아지고, 물은 설탕 용액 쪽으로 이동한다. 결국 이 용액 기둥이 가하는 압력은 순수한 물로부터 막을 통과하여 이동하는 물이 미치는 압력과 균형을 이루게 됨으로써, 외형적으로 물의 이동은 더 이상 일어나지 않는다. 힘의 평형에 도달한 것이다. 평형 상태의 계에서 용액 기둥이 미치는 압력을 **삼투압**(osmotic pressure, Π)이라고 한다. 삼투압은 유리관 속의 용액 기둥 높이와 비커 속의 순수한 물의 높이 사이의 차이이다.

묽은 용액에서의 실험 결과를 보면 삼투압(Π)과 농도(c) 사이에는 다음과 같은 관계식이 성립한다.

$$\Pi = cRT \tag{13.9}$$

이 식에서, c는 몰농도(mol/L), R은 기체 상수, T는 절대온도(K)이다. 기체상수 0.082057L · atm/K · mol을 이용하면 삼투압 Π(기압)를 구할 수 있다. 이 식은 이상기체 상태방정식($PV = nRT$)과 유사한데, P 대신 Π를 사용하고 c는 n/V와 같다.

적은 용질이 녹아 있는 용액도 상당한 삼투압을 갖고 있다. 예를 들면, 298 K에서 1.00×10^{-3} M 용액의 삼투압은 18.5 mmHg이다. 이 압력은 쉽고 정확하게 측정할 수 있다. 이런 이유 때문에 매우 묽은 용액의 농도도 삼투압을 측정하여 결정할

(a) 신선한 달걀을 묽은 아세트산에 넣는다. 산은 달걀 껍질을 구성하는 $CaCO_3$와 반응하지만 달걀의 안쪽 막은 그대로 남아 있게 한다.

(b) 껍질이 제거된 달걀을 순수한 물속에 넣으면 달걀이 커진다.

(c) 껍질이 제거된 달걀을 진한 설탕물 속에 넣으면 달걀은 작아진다.

그림 13.16 **삼투압을 관찰하기 위한 실험.** 이 실험은 부엌에서 쉽게 해볼 수 있다. 첫 번째 단계에서 아세트산 공급원으로 식초를 사용할 수 있다.

수 있다. 예를 들면, 이 방법과 용질이 어는점에 미치는 영향을 비교해 보자. (1.00×10^{-3} mol)/(kg 용매) 정도의 묽은 수용액은 0.002 ℃의 어는점 내림이 예상된다. 이런 이유 때문에 삼투는 고분자나 생체 분자 등과 같은 매우 큰 몰질량을 갖는 화합물을 다룰 때 특히 유용한 기술이다.

삼투의 다른 예는 그림 13.16에 있다. 여기서 달걀의 막은 반투막으로 작용한다. 만일 달걀 안쪽 용질의 농도가 달걀 바깥쪽 용질의 농도보다 진하면 삼투는 한쪽 방향으로 일어난다. 그리고 달걀 안쪽 용액의 농도가 달걀 바깥쪽의 농도보다 더 묽다면 삼투는 다른 방향으로 일어난다. 두 가지 경우 모두 용매는 묽은 용질의 농도 영역으로부터 진한 용질의 농도 쪽으로 이동한다.

예제 13.7 고분자 용액의 삼투압 결정

문제 폴리비닐알코올은 평균 몰질량이 28,000인 물에 녹는 고분자이다. 이 고분자 1.844 g을 물에 녹여 150 mL의 용액을 만들었다. 27 ℃에서 삼투압은 얼마인가?

알고 있는 사실 삼투압은 식 13.9의 $\Pi = cRT$로 계산할 수 있다. 고분자의 질량과 몰질량과 온도가 주어져 있으므로 기체 법칙 상수가 필요하다.

전략 고분자의 농도 c(mol/L)를 계산한다. 온도는 켈빈 온도로 나타내어야 한다. 이 값을 식 13.9에 대입하여 삼투압을 계산하면 된다.

풀이

$$c = 1.844\ \text{g}(1\ \text{mol}/28{,}000\ \text{g})/(0.150\ \text{L}) = 4.4 \times 10^{-4}\ \text{mol/L}$$

$$\Pi = cRT$$

$$\Pi = (4.4 \times 10^{-4}\ \text{mol/L})(0.08206\ \text{L}\cdot\text{atm/mol}\cdot\text{K})(300\ \text{K})$$

심층 학습 순수한 물을 위한 역삼투

음용수나 농업용수로 사용할 신선한 물을 찾아 수 세기 동안 끊임없는 전쟁이 있었다. 현재와 같은 속도로 지구의 물을 계속 사용한다면, 이러한 문제는 증가할 수도 있다. 지구에는 물이 풍부함에도 불구하고, 전체 물의 97 %는 마시거나 농업에 이용하기에는 염분이 너무 많다. 더구나 나머지 3 % 중 많은 양은 극지방에 빙하 형태로 존재하며 쉽게 얻을 수 없다.

역삼투 공장.

Andy Sotiriou/Getty Images

바닷물에서 신선한 물을 얻는 가장 오래된 방법 중 하나는 증발이다. 하지만 물을 가열하기 위해서는 많은 양의 에너지가 필요하고, 증발 후 남은 소금 및 다른 물질들은 사용하기에 적합하지 않을 수도 있다.

역삼투는 바닷물이나 지하수로부터 신선한 물을 얻는 또 다른 방법이다. 이 기술에서 불순한 물의 삼투압보다 큰 압력을 걸어서 물을 강제로 용질의 농도가 높은 쪽에서 용질의 농도가 낮은 쪽으로, 즉 물이 삼투에 의해 이동하는 방향의 역방향으로 반투막을 통과하도록 한다.

역삼투는 200년 동안이나 알려져 왔지만, 최근 수십 년에서야 활발히 연구되었다. 현재 일부 지방자치단체에서 이 방식으로 음용수를 얻고, 제약회사들은 이것을 사용하여 고순도 물을 얻는다. 전 세계적으로 15,000개 이상의 역삼투 공장이 가동 중에 있거나 설립 예정이다.

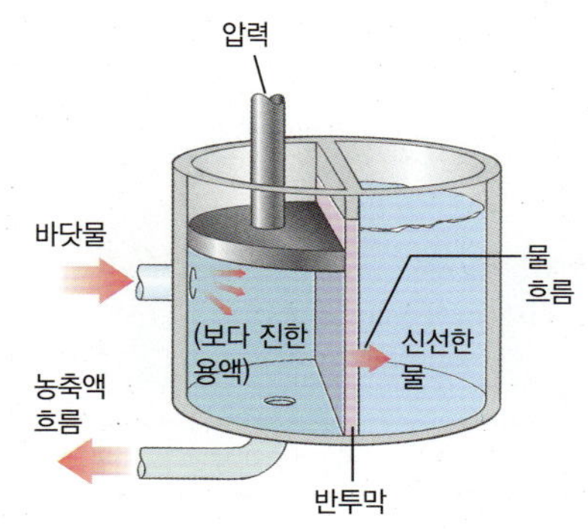

역삼투. 역삼투를 이용하여 바닷물로부터 음용수를 생산할 수 있다. 바닷물의 삼투압은 약 22기압이다. 적절한 속도로 신선한 물을 얻기 위해서는 역삼투에 약 50기압 정도의 압력이 필요하다. 비교를 위해 자전거 타이어의 공기압은 보통 약 2~3기압이다.

$$\Pi = 0.011 \text{ atm} \ (= 8.2 \text{ mmHg})$$

고려사항 만일 삼투압을 그림 13.14에 나타나 있는 것과 비슷한 도구로 측정할 수 있다. 이 수용액 기둥의 높이는 약 110 mm(8.2 mm × 13.5 mm H_2O/ mmHg = 110 mm)이다. 이것은 실험실에서 쉽게 측정할 수 있다.

유제 브래디키닌(bradykinin)은 작은 펩타이드(9개의 아미노산: 1060 g/mol)로 혈관을 확장시켜 혈압을 낮추어 준다. 만일 0.033 g의 펩타이드를 물에 녹여 50.0 mL의 용액을 만들었다면, 20 °C에서 이 단백질 용액의 삼투압은 얼마인가?

총괄성과 몰질량 결정

본문의 앞부분에서 몰질량이 주어졌을 때 실험식으로부터 분자식을 구하는 방법을 배웠다. 그러나 미지 화합물의 몰질량을 어떻게 알 수 있을까? 이 중요한 정보를 얻기 위해서는 실험을 수행해야 하며, 방법 중의 하나가 이 화합물의 용액의 총괄성을 이용하는 것이다. 예제 13.8에 사용한 전략도로 학습한 각각의 총괄성에 대한 기본적인 접근법을 나타내었다.

전략도 13.8

문제

미지 시료의 **몰질량**을 계산하시오.

↓

알려진 자료/정보

- 미지 시료와 용매의 **질량**
- 용액의 **끓는점**(80.31 °C)

↓ **1단계** $\Delta T_{bp} = K_{bp}m$을 이용한다.

용질의 **농도**(mol/kg)

↓ **2단계** 몰 용질 = (mol/kg)(kg 용매)

용질의 양(mol)

↓ **3단계** 몰질량 = g 용질/ mol 용질

미지 시료의 **몰질량(g/mol)**

예제 13.8 끓는점 오름으로부터 몰질량 결정

문제 99.0 g의 벤젠에 1.25 g의 살리실산메틸을 녹여서 만든 용액의 끓는점은 80.31 ℃이다. 이 화합물의 몰질량을 구하시오.

알고 있는 사실 화합물의 몰질량은 시료의 질량을 그 시료의 양(mol)으로 나눈 몫(g)이다. 여기서 시료의 질량(1.25 g)을 알고 있으므로 이 질량에 해당하는 양을 구하면 된다.

전략

- 용액의 주어진 끓는점으로부터 ΔT_{bp}를 결정한다. (순수한 벤젠의 끓는점과 K_{bp}는 표 13.3에 있다.) 식 $\Delta T_{bp} = K_{bp} \cdot m$을 이용하여 용액의 농도를 mol/kg 단위로 구한다.
- 용매의 질량으로부터 용질의 양(mol)을 계산한다.
- 용질의 질량과 양을 결합시키면 몰질량을 구할 수 있다[(몰질량 = 질량(g)/양(mol)].

풀이

(a) 용액의 농도를 구하기 위하여 먼저 끓는점 오름을 이용한다.

$$\text{끓는점 오름}(\Delta T_{bp}) = 80.31\ °\text{C} - 80.10\ °\text{C} = 0.21\ °\text{C}$$

$$c_{\text{solute}} = \frac{\Delta T_{bp}}{K_{bp}} = \frac{0.21\ °\text{C}}{2.53\ °\text{C}/m} = 0.083\ m$$

(b) 용액 중의 용질의 양은 용액의 농도로부터 구할 수 있다.

$$\text{용질의 양} = \left(\frac{0.083\ \text{mol}}{1.00\ \text{kg}}\right)(0.099\ \text{kg의 용매}) = 0.0082\ \text{mol의 용질}$$

(c) 이 용질의 양과 용질의 질량을 결합하여 몰질량을 계산하면

$$\frac{1.25\ \text{g}}{0.0082\ \text{mol}} = 150\ \text{g/mol}$$

고려사항 살리실산메틸의 분자식은 $C_8H_8O_3$이며, 몰질량은 152.14 g/mol이다. 주어진 ΔT는 두 자리 유효숫자를 가지며, 계산한 값은 실제 값에 가깝다.

유제 알루미늄을 포함한 화합물의 실험식이 $(C_2H_5)_2AlF$이다. 만일 이 화합물 0.448 g을 23.46 g의 벤젠에 녹였을 때의 어는점이 5.265 ℃라면, 이 화합물의 분자식은 무엇인가?

예제 13.9 삼투압과 몰질량

문제 β−카로틴은 비타민에서 매우 중요하다. β−카로틴의 몰질량은 클로로폼에 녹은 일정량의 β−카로틴으로부터 측정한 삼투압을 이용하여 구할 수 있다. 7.68 mg의 β−카로틴을 포함하고 있는 10.0 mL 클로로폼 용액의 삼투압이 25.0 ℃에서 26.57

심층 학습 삼투압과 의학

삼투는 의료계에 있는 사람들에게 실용적인 의미를 지닌다. 병으로 인해 탈수 현상이 일어난 환자들은 물과 영양분을 정맥주사를 통해 주입할 필요가 있다. 그러나 물은 환자의 정맥으로 쉽게 주입되지 않는다. 정맥주사용 수액은 전체 용매의 농도가 환자 혈액의 농도가 같아야만 한다. 용액이 **등장성**이어야 한다(isoosmotic or isotonic) (그림 B, 중간). 만약 순수한 물을 사용하면 혈구 내부는 용질의 농도가 더 높기(물의 농도가 낮기) 때문에 물이 세포 내로 들어가게 된다. 이와 같은 **저삼투압**(hypotonic, 저장성) 상황은 적혈구 세포가 터지게 만든다(용해된다)(그림 B, 오른쪽). 정맥주사 용액의 농도가 혈구의 농도보다 진할 때에는 반대 상황인 **고삼투압** 상태(hypertonicity, 고장성)가 일어난다(그림 B, 왼쪽). 이 경우에는 세포가 물을 잃고 쪼글쪼글해진다(무딘 톱날모양으로). 이 문제를 해결하기 위해서는 탈수 현상이 있는 환자는 0.16 M NaCl인 생리적 식염수 수액을 공급받아야 한다. 이 용액은 인체 세포와 삼투압이 같다.

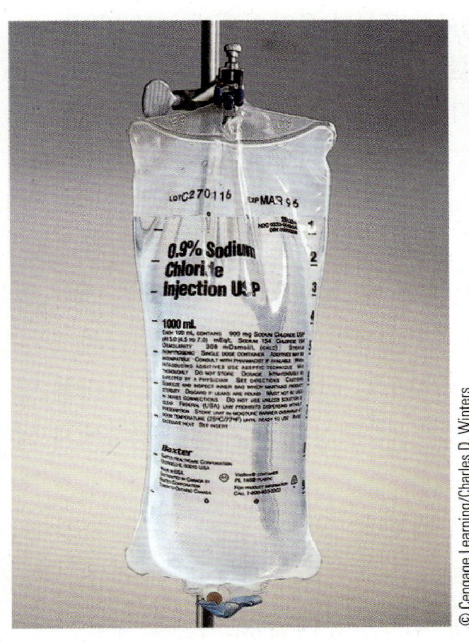

© Cengage Learning/Charles D. Winters

그림 A 등장성 식염수. 이 용액은 체액과 같은 몰랄농도이다.

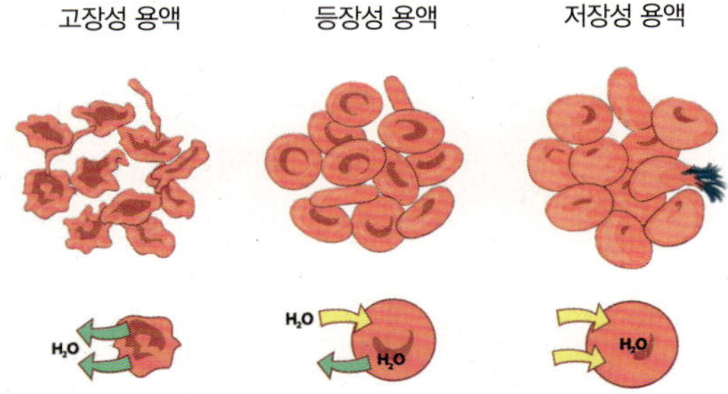

그림 B 삼투압과 살아 있는 세포. (가운데) 등장성(동일 삼투압) 용액 속에 있는 세포. 세포 안팎에 있는 용질의 농도가 같기 때문에 세포 안팎으로의 물의 순수 이동은 없다. (왼쪽) 고장성 용액에서는 세포 바깥의 용질 농도가 내부보다 크다. 세포 내부에서 바깥으로 물이 빠져나오고 그 결과 세포는 탈수되고 줄어들며 죽을 수도 있다. (오른쪽) 저장성 용액에서는 세포 외부의 용질의 농도가 내부보다 작다. 물은 세포 내부로 이동하며 세포는 부풀고 터질 수도 있다(또는 용해된다).

mmHg일 때, β–카로틴의 몰질량을 계산하시오.

알고 있는 사실 화합물의 몰질량은 시료의 질량을 그 시료의 양(mol)으로 나눈 몫(g)이다. 여기서 시료의 질량(7.68 mg)에 해당하는 양(mol)을 구하면 된다.

전략

- 식 13.9을 이용하여 삼투압으로부터 용액의 농도를 계산한다.
- 용액의 부피와 농도를 이용하여 용질의 양을 계산한다.
- 용질의 질량과 양을 이용하여 용질의 몰질량을 구한다.

풀이

(a) Π, R, T를 이용하여 β–카로틴의 농도를 계산한다.

$$\text{농도(mol/L)} = \frac{\Pi}{RT} = \frac{(26.57\ \text{mmHg})\left(\dfrac{1\ \text{atm}}{760\ \text{mmHg}}\right)}{(0.0082057\ \text{L}\cdot\text{atm/K}\cdot\text{mol})(298.2\ \text{K})}$$

$$= 1.429 \times 10^{-3}\ \text{mol/L}$$

(b) 10.0 mL의 용액에 녹아 있는 β−카로틴의 양을 구한다.

$$(1.429 \times 10^{-3} \text{ mol/L})(0.0100 \text{ L}) = 1.43 \times 10^{-5} \text{ mol}$$

(c) 이 용질의 양과 용질의 질량을 결합하여 몰질량을 계산하면 다음을 얻는다.

$$\frac{7.68 \times 10^{-3} \text{ g}}{1.43 \times 10^{-5} \text{ mol}} = 538 \text{ g/mol}$$

고려사항 β−카로틴은 분자식이 $C_{40}H_{56}$인 탄화수소 화합물이다(몰질량 = 536.9 g).

유제 흔한 플라스틱인 폴리에틸렌 1.40 g 시료를 충분한 유기 용매에 녹여 100.0 mL 용액을 만들었다. 이 용액의 삼투압을 측정하였더니 25 ℃에서 1.86 mmHg이었다면, 이 폴리에틸렌의 평균 몰질량은 얼마인가?

이온을 포함하고 있는 용액의 총괄성

북미에서는 눈길이나 미끄러운 도로, 또는 보도에 소금을 뿌리는 것이 매우 일상적이다. 눈이나 얼음 조각에 햇빛이 비치면, 그 일부가 녹아서 물이 소금의 일부를 녹인다. 용해된 용질로 인하여 용액의 어는점은 0 ℃ 이하로 내려간다. 그러한 방식으로 용액은 얼음을 녹이게 되며 얼어있던 길은 더 이상 운전자나 보행자에게 위험하지 않게 된다.

소금(NaCl)은 비싸지 않고 물에 빨리 녹기 때문에 길에 뿌리는 용도로 가장 흔하게 이용된다. 그리고 상대적으로 몰질량이 작아서 g당 효과가 크다. 특히 소금은 전해질이기 때문에 더 효과적이다. 소금은 물에 녹으면 용액 중에 이온을 내놓는다.

$$\text{NaCl(s)} \rightarrow \text{Na}^+\text{(aq)} + \text{Cl}^-\text{(aq)}$$

총괄성은 용매의 종류와는 무관하며 오직 **용매 입자당 녹아 있는 용질 입자의 수**에만 의존함을 상기하자. 1 mol의 NaCl이 용해되면, 2 mol의 이온이 형성되며, 이것이 물의 어는점에 미치는 효과는 설탕 1 mol의 2배가 된다. NaCl 0.100 *m* 용액은 실제로는 0.100 *m* Na^+와 0.100 *m* Cl^- 이온의 두 가지 용질을 가지고 있는 것이다. 어는점 내림을 구하기 위해서 사용해야 하는 것은 전체 용질 입자의 몰랄농도이다.

$$m_{\text{total}} = m(\text{Na}^+) + m(\text{Cl}^-) = (0.100 + 0.100) \text{ mol/kg} = 0.200 \text{ mol/kg}$$

$$\Delta T_{\text{fp}} = (-1.86\ °\text{C}/m)(0.200\ m) = -0.372\ °\text{C}$$

이온 화합물의 어는점 내림을 측정하기 위해서는 먼저 화학물의 질량과 몰질량으로부터 몰랄농도를 구해야 한다. 다음으로, 이온의 수를 곱한다. 예를 들어 NaCl의 경우에는 2, Na_2SO_4의 경우에는 3, $LaCl_3$의 경우에는 4, $Al_2(SO_4)_3$의 경우에는 5를 곱한다.

표 13.4는 NaCl의 농도가 감소함에 따라 NaCl에 의한 ΔT_{fp}는 해리가 없다고 가정하고 결정된 값의 2배에 접근하지만 정확히 도달하지는 않는다. 마찬가지로 Na_2SO_4의 ΔT_{fp}도 3배에 해당하는 값에 접근하지만 도달하지는 않는다. 실험적으로 관측된 ΔT_{fp}의 값과 해리를 가정하고 계산된 값의 비(ratio)를 이 현상을 연구한 야곱 헨리쿠

표 13.4 일부 이온성 용액의 어는점 내림

질량 %	m (mol/kg)	ΔT_{fp} (측정값, °C)	ΔT_{fp} (계산값, °C)	$\frac{\Delta T_{fp}, \text{측정값}}{\Delta T_{fp}, \text{계산값}}$
NaCl				
0.00700	0.0120	−0.0433	−0.0223	1.94
0.500	0.0860	−0.299	−0.160	1.87
1.00	0.173	−0.593	−0.322	1.84
2.00	0.349	−1.186	−0.649	1.83
Na_2SO_4				
0.00700	0.00493	−0.0257	−0.00917	2.80
0.500	0.0354	−0.165	−0.0658	2.51
1.00	0.0711	−0.320	−0.132	2.42
2.00	0.144	−0.606	−0.268	2.26

스 반트호프(Jacobus Henrikus van't Hoff, 1852~1911)를 기려 **반트호프 인자**(van't Hoff factor)라 부른다. 반트호프 인자는 i로 나타낸다.

$$i = \frac{\Delta T_{fp}, \text{ 측정값}}{\Delta T_{fp}, \text{ 계산값}} = \frac{\Delta T_{fp}, \text{ 측정값}}{K_{fp} \times m}$$

또는

$$\Delta T_{fp}(\text{측정값}) = K_{fp} \times m \times i \tag{13.10}$$

표 13.4의 맨 오른쪽 열에 제시된 숫자는 반트호프 인자들이다. 이 값은 어떤 총괄성의 계산에도 이용할 수 있다. 증기압 내림, 끓는점 오름, 어는점 내림, 삼투압은 모두 동일한 몰랄농도인 비전해질 용액보다 전해질 용액일 때 더 크다.

반트호프 인자는 매우 묽은 용액일 때만 정수(2, 3 등)에 가까워진다. 농도가 진한 용액에 대해 실험적으로 구한 어는점 내림은 농도가 진한 용액에서는 예상한 것보다 적은 수의 이온이 용액에 녹아 있음을 나타낸다. 모든 이온 화합물에서 전형적으로 나타나는 이러한 거동은 이온들 사이의 강한 상호 인력의 결과이다. 이러한 결과는 마치 양이온과 음이온들의 일부가 쌍을 이룸으로써 입자의 몰랄농도를 낮추어 주는 것과 같다. 실제로 용액의 농도가 진한 용액에서 특히 물보다 극성이 약한 용매인 경우, 이온들의 상당 부분이 이온쌍을 이루며 때로는 큰 덩어리를 형성하기도 한다.

예제 13.10 어는점과 이온성 용액

문제 이온 화합물인 $Co(NH_3)_4Cl_3$이 녹아 있는 0.0200 m의 수용액이 −0.0640 °C에서 언다. 이 염(화합물) 1 mol이 물에 녹으면 몇 mol의 이온이 생성되는가?

알고 있는 사실 어는점 내림(−0.0640 °C)과 용액의 농도 K_{fp}를 알고 있다.

전략 반트호프 인자 i는, $i = \Delta T_{fp}$(측정값)$/\Delta T_{fp}$(계산값)이다. 우선 이온이 생성되지 않는다고 가정할 때 용액의 ΔT_{fp}를 계산한다. 그리고 이 값을 실제 ΔT_{fp} 값과 비교한다. 이 비$(=i)$는 생성된 이온의 수를 반영한다.

풀이

(a) 0.0200 m의 용액에 대해, 이 염이 이온으로 해리되지 않는다고 가정할 때의 어는점 내림을 계산한다.

$$\Delta T_{fp} \text{ 계산값} = K_{fp}m = (-1.86\ °C)(0.0200\ m) = -0.0372\ °C$$

(b) 계산한 어는점 내림과 측정된 어는점 내림을 비교하면 반트호프 인자를 구한다.

$$i = \frac{\Delta T_{fp}, \text{ 측정값}}{\Delta T_{fp}, \text{ 계산값}} = \frac{-0.0640\ °C}{-0.0372\ °C} = 1.72$$

이로부터 i 값이 1보다 훨씬 크고 2에 접근하는 것을 알 수 있다. 따라서 이 화합물 한 분자는 용액 중에서 2개의 이온 을 생성함을 알 수 있다.

고려사항 우리는 i가 2에 가까워짐에서 이 화합물이 2개의 이온, $[Co(NH_3)_4Cl_2]^+$와 Cl^-로 해리됨을 알았다. 나중에 4개의 NH_3 분자와 2개의 Cl^- 이온들이 정팔면체의 각 꼭짓점에 위치함으로써 중심에 위치한 양이온 Co^{3+}를 둘러싸고 있다는 것을 배울 것이다.

유제 25.0 g의 NaCl이 녹아 있는 수용액 525 g의 어는점 내림을 계산하시오. 단, NaCl의 반트호프 계수 i는 1.85로 가정한다.

13.4절 확인문제

1. 증기압: 아래의 수용액들을 25 °C에서 증기압이 증가하는 순서대로 나열하시오.
0.35 m $C_2H_4(OH)_2$ (에틸렌글라이콜, 비휘발성 용질), 0.50 m 설탕, 0.20 m KBr, 0.20 m Na_2SO_4
(a) $C_2H_4(OH)_2$ < 설탕 < KBr < Na_2SO_4
(b) Na_2SO_4 < 설탕 < KBr < $C_2H_4(OH)_2$
(c) 설탕 < $C_2H_4(OH)_2$ < KBr < Na_2SO_4
(d) KBr < 설탕 < Na_2SO_4 < $C_2H_4(OH)_2$

2. 다음에 나열된 물질들이 각각 1 g씩 50 g의 벤젠에 녹아 있다. 어느 용액의 어는점이 가장 낮을까?
(a) 버키볼(bulkyballs), C_{60}
(b) 아세트아미노펜(acetaminophen), $C_8H_9NO_2$
(c) 트라이나이트로톨루엔(trinitrotoluene), $C_7H_5(NO_2)_3$
(d) 나프탈렌(naphthalene), $C_{10}H_8$

3. 아래에 나열된 물질들이 각각 125 g의 물에 녹아 있다. 다음 중 어느 용액의 끓는점이 가장 높을까?
(a) 3.0g 수크로오스, $C_{12}H_{22}O_{11}$
(b) 1.0g 글리세롤, $C_3H_5(OH)_3$
(c) 1.0g 프로필렌글라이콜, $C_3H_6(OH)_2$
(d) 2.0g 글루코오스, $C_6H_{12}O_6$

4. 몰질량: 에리쓰리톨(erythritol)은 조류나 곰팡이에서 발견되는 화합물인데, 설탕보다 두 배 더

달다. 50.0 g의 물속에 2.50 g의 에리쓰리톨이 녹아 있는 용액의 어는점은 −0.762 °C이다. 이 화합물의 몰질량은?

(a) 26.9 g/mol (b) 35.5 g/mol

(c) 122 g/mol (d) 224 g/mol

13.5 콜로이드

이 장의 앞부분에서 우리는 용액을 한 가지 상(phase)에 2개 이상의 물질이 균일하게 섞여 있는 것으로 정의하였다. 그런데 참용액(true solution)을 제대로 정의하기 위해서는 용액의 정의에 다음을 추가해야 한다. 즉, 용질이 가라앉지 않아야 하고 용질 입자는 이온 또는 상대적으로 작은 분자의 형태로 존재해야 한다. 즉, NaCl이나 설탕은 물에서 참용액을 형성한다. 현탁액도 우리에게 친숙한 것인데, 가는 모래 한 주먹을 물에 넣고 격렬하게 흔들 때 만들어지는 것이다. 이때 모래 입자들은 여전히 눈에 보이며 점차로 비커나 병 바닥에 가라앉는다. 콜로이드라고도 불리는 **콜로이드 분산**(colloidal dispersion)은 용액과 현탁액의 중간 상태를 나타낸다(그림 13.17). **콜로이드**(colloid)는 젤로(JELL-O®, 젤리의 한 종류), 우유, 안개, 도자기 등과 같이 음식이나 우리 주변에서 흔하게 볼 수 있는 것들이다(표 13.5).

그림 13.17 **금 콜로이드.** 수용성 염인 $[AuCl_4]^-$는 환원되면 콜로이드성 금 금속이 된다. 콜로이드성 금이 분산되면 빨간색을 띤다(입자의 지름이 100 nm보다 작을 때). (유사하게 콜로이드성 금은 유리의 빨간색을 내기 위해 사용된다.) 연금술 시대 이래로 일부 사람들은 콜로이드성 금 용액을 마시면 "마음이 맑아지고 지능과 의지력을 증진시키고 감정을 조절한다"고 주장하기도 했다.

1860년경 영국의 화학자 그레이엄(Thomas Graham, 1805~1869)은 녹말, 젤라틴, 아교, 달걀의 알부민은 물에 넣었을 때 설탕이나 소금에 비하여 매우 천천히 분산된다는 것을 알게 되었다. 부가적으로 이러한 물질들은 얇은 막을 통과하는 능력도 매우 다르다. 설탕 분자는 많은 막을 통과하여 확산되지만, 녹말, 젤라틴, 아교, 알부민 등을 구성하는 매우 큰 분자들은 그렇지 않다. 또한 그레이엄은 이 물질들은 결정을 만들 수 없는 반면, 설탕, 소금, 그리고 참용액을 구성하는 다른 물질들은 결정화할 수 있다는 것도 발견하였다. 그레이엄은 참용액이나 현탁액과는 매우 다른 종류의 이 물질들을 표현하기 위하여 '콜로이드(그리스어로 '아교'라는 의미)'라는 단어

표 13.5 콜로이드의 종류

종류	분산매	분산질	예
에어로졸	기체	액체	안개, 구름, 에어로졸 스프레이
에어로졸	기체	고체	연기, 공기 중의 바이러스, 자동차 배기가스
거품	액체	기체	면도용 크림, 휘핑크림
거품	고체	기체	스티로폼, 마시멜로
에멀션	액체	액체	마요네즈, 우유, 세안크림
젤	고체	액체	젤리, 젤로®, 치즈, 버터
졸	액체	고체	물속의 금, 마그네시아의 우유, 진흙
고체 졸	고체	고체	우유 컵

그림 13.18 **틴들 효과.** 콜로이드 용액은 빛을 산란시켜 틴들 효과를 일으킨다.

오리건 주 해안 주변의 숲속에 있는 나무들 사이로 들어오는 빛을 공기 중의 먼지가 산란시킨다.

가는 레이저 광선이 NaCl 용액(왼쪽)을 통과한 다음 젤라틴과 물의 콜로이드성 혼합 용액(오른쪽)을 통과한다.

를 만들었다.

여전히 어렵기는 하지만 이제는 일부 콜로이드 물질은 결정화할 수 있으므로 이 성질은 이 물질들을 뚜렷이 구분할 수 있는 성질은 아니다. 그러나 콜로이드는 두 가지 구별되는 특징을 지닌다. 첫째, 콜로이드는 일반적으로 몰질량이 크다. 몰질량이 수천에 달하는 헤모글로빈과 같은 단백질이 좋은 예이다. 둘째, 콜로이드 입자는 상대적으로 크다(지름이 1000 nm 정도이다). 그 결과, 이러한 입자들은 **틴들 효과**(Tyndall effect)를 보인다. 콜로이드를 형성하는 입자들은 용매에 분산되어 가시광선을 산란시킴으로써 혼합물을 뿌옇게 만든다(그림 13.18). 셋째, 콜로이드 입자의 크기는 크긴 하지만 가라앉을 정도로 크지는 않다.

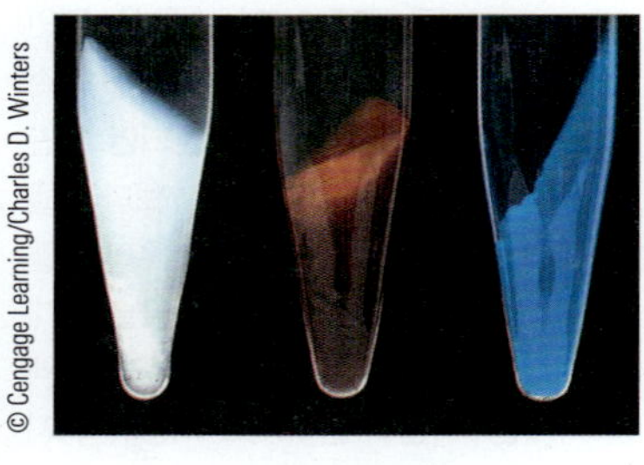

그림 13.19 **젤라틴 형태의 침전물.** $Al(OH)_3$(왼쪽), $Fe(OH)_3$(가운데), $Cu(OH)_2$(오른쪽).

그레이엄은 유체 내의 고체 물질이 만드는 콜로이드 분산을 **졸**(sol)이라고 하고, 유동성이 없는 구조를 가지고 분산되어 있는 콜로이드 분산을 **젤**(gel)이라고 명명하였다. 젤로는 처음에 끓는 물에 고체를 섞을 때에는 졸 상태이다. 그러나 냉각되면서 젤이 된다. 젤의 다른 예는 $Al(OH)_3$, $Fe(OH)_3$, $Cu(OH)_2$ 등의 젤라틴 형태의 침전물이다(그림 13.19).

콜로이드 용액에서 입자들은 매우 미세하게 나누어져 있어서 표면적이 매우 넓다. 예를 들어 입자 1개의 지름이 200 nm인 구형의 콜로이드 입자 백만분의 1 mol의 전체 표면적은 2억 cm^2에 달하며 이는 몇 개의 미식축구 경기장을 합친 것과 같다. 따라서 콜로이드의 특성 중 많은 것들이 표면의 특성에 의존한다.

콜로이드의 종류

콜로이드는 분산질과 분산매의 상태에 따라 분류한다. 표 13.5는 여러 가지 종류의 콜로이드의 예이다.

분산매가 물인 콜로이드는 **소수성**(hydrophobic, 물을 싫어하는) 또는 **친수성**(hydrophilic, 물을 좋아하는)으로 구분할 수 있다. **소수성 콜로이드**는 물과 콜로이드 입자의 표면 사이에 약한 인력만이 작용하는 것이다. 물에 금속이 분산되어 있거나(그림 13.17) 거의 녹지 않는 염이 분산되어 있는 경우가 그 예이다. AgCl과 같은 화합

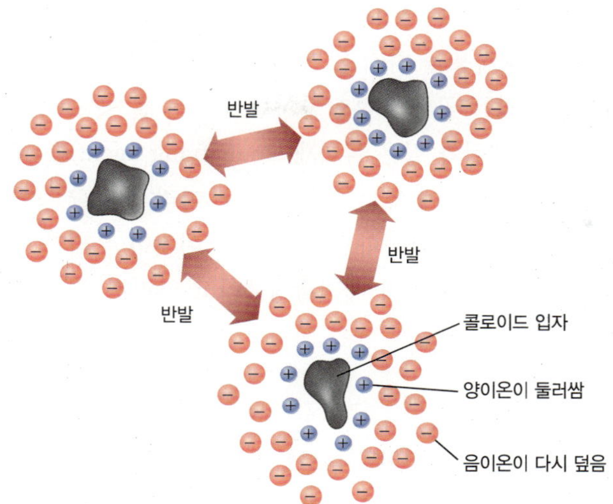

그림 13.20 소수성 콜로이드. 소수성 콜로이드는 입자들에 흡착된 양이온과 이를 둘러싼 음이온에 의하여 안정화된다. 결국 입자들은 모두 같은 전하를 가지게 되기 때문에 서로 반발하여 침전이 형성되지 않는다.

물이 침전할 때 콜로이드 분산을 형성한다. 침전 반응은 매우 빨리 일어나서 멀리 떨어져 있는 이온이 만나서 큰 결정을 형성하기가 어렵다. 따라서 이온들은 용액 중에 분산되어 있는 작은 입자들을 형성하게 된다.

입자들이 응집되어 더 큰 입자를 만들지 못하는 이유는 무엇일까? 그것은 콜로이드 입자들이 전하를 띠고 있기 때문이다. 예를 들어 AgCl 이온쌍들이 서로 가까이 접근하여 작은 입자를 만든다고 가정하여 보자. 만약 용액 안에 아직도 충분한 양의 Ag^+ 이온이 존재한다면, 이 양이온은 입자 표면의 Cl^- 이온에 의해 끌어당겨질 것이다. 따라서 원래 있던 AgCl 이온쌍 덩어리는 양전하를 띠게 될 것이다. 그리고 이제는 음이온 층을 끌어당길 것이다. 이렇게 하여 여러 개의 이온층으로 둘러싸인 입자들 서로 반발력을 갖게 됨으로써, 입자들이 서로 만나서 침전을 형성할 수 없게 된다(그림 13.20).

토양 입자는 강이나 하천에서 소수성 콜로이드의 형태로 운반된다. 다량의 콜로이드 입자를 포함하는 강물이 염분이 높은 바닷물과 만나면, 이 입자들은 응집되어 강의 어귀에서 볼 수 있는 침니(silt)를 형성한다(그림 13.21). 정수장에서는 물을 정화하기 위하여 $Al_2(SO_4)_3$와 같은 염을 첨가한다. 수용액에서 알루미늄 이온은 $[Al(H_2O)_6]^{3+}$ 양이온의 형태로 존재하며, 이는 소수성 콜로이드인 토양 입자의 전하를 중화시킴으로써 입자를 응집하여 침전시킨다.

그림 13.21 침니의 형성. 침니는 콜로이드성 토양 입자가 삼각주에서 바다의 소금물과 만나서 생성된다. 이 그림은 사우스캐롤라이나 주의 찰스톤에서 대서양과 애슐리 쿠퍼(Ashley and Cooper) 강이 만난 곳이다. 바닷물의 높은 이온 농도는 콜로이드성 토양 입자를 응집시킨다.

친수성 콜로이드는 물 분자로부터 강한 인력을 받는다. 이러한 친수성 콜로이드는 표면에 —OH나 $—NH_2$와 같은 작용기를 가지고 있다. 이러한 작용기들은 물과 강한 수소 결합을 형성함으로써 콜로이드를 안정화시킨다. 단백질과 녹말이 그러한 친수성 콜로이드의 중요한 예이며, 가장 잘 알려져 있는 예는 균질 우유(역자 주: 우유의 지방이 잘게 쪼개져 잘 분산되어 있는 우유)이다.

에멀션(Emulsion)은 물속에 든 기름이나 지방과 같이, 두 가지 액체로 이루어진 콜로이드 분산이다. 우리에게 친숙한 예로는 샐러드 드레싱, 마요네즈, 우유 등이 있다. 식물성 기름과 식초를 섞어서 샐러드 드레싱을 만들면 이 혼합물은 빠른 속도로 두 층으로 분리된다. 이것은 비극성인 기름 분자가 물이나 아세트산(CH_3CO_2H)과 같은 극성 분자와는 상호작용을 하지 않기 때문이다. 그렇다면 왜 우유나 마요네즈는 층 분리가 일어나지 않는 균일한 혼합물처럼 보이는 걸까? 그것은 우유나 마요네즈는 그 안에 비누나 단백질과 같은 **유화제**(emulsifying agent)를 포함하고 있기 때문이다. 레시틴은 달걀 노른자에 있는 인지질이다. 따라서 달걀 노른자를 기름과 식초와 섞으면, 콜로이드 분산이 안정화된다. 그리고 이것이 우리가 알고 있는 마요네즈이다. 이 과정을 이해하기 위하여 계면활성제라고 알려져 있는 비누와 세제의 역할에 대해 알아보자.

계면활성제

비누와 세제는 유화제이다. 지방을 수산화소듐이나 수산화포타슘과 함께 가열하면, 지방산이라고도 불리는 사슬 길이가 긴 카복실산의 음이온이 만들어지는데 이것이 비누이다. 스테아르산소듐이 그 예이다.

$$\underbrace{H_3C(CH_2)_{16}}_{\text{탄화수소 꼬리, 기름에 녹음}}-\underbrace{\overset{\overset{O}{\|}}{C}-O^-}_{\text{극성 머리, 물에 녹음}}\ Na^+$$

스테아르산소듐(비누)

지방산 음이온은 비극성 탄화수소에 잘 녹는 비극성이고 소수성인 탄화수소 꼬리와 물에 잘 녹는 친수성 머리를 가지고 있다.

기름은 비극성이어서 물에 잘 녹지 않기 때문에 물로 음식물 접시를 닦거나 세탁을 하면 쉽게 제거되지 않는다. 그래서 기름을 닦아내기 위해 물에 비누를 첨가한다. 비극성인 기름 분자는 비누 분자의 비극성 탄화수소 꼬리 부분과 상호작용하며, 이때 비누의 극성인 머리 부분은 주위의 물 분자와 상호작용을 한다. 그 결과 기름과 물이 섞이게 되는 것이다(그림 13.22). 옷이나 접시에 기름 성분의 물질이 있으면 이러한 방법으로 이를 제거할 수 있다.

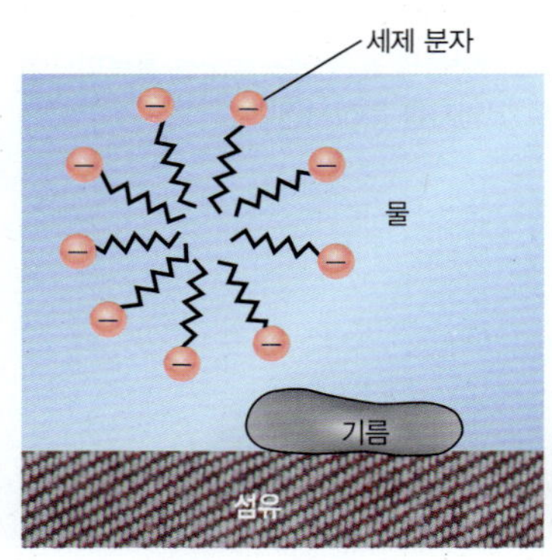

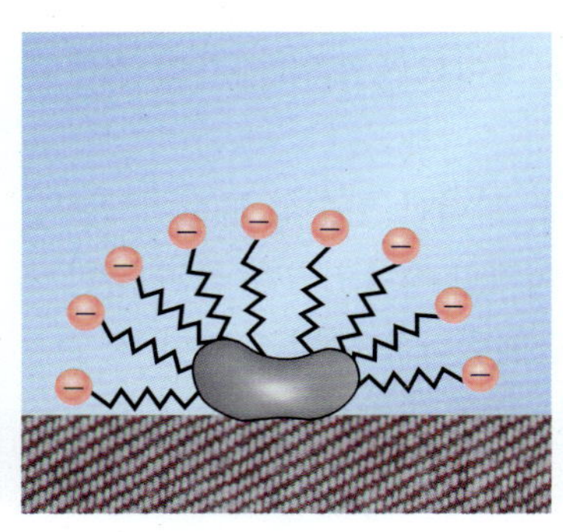

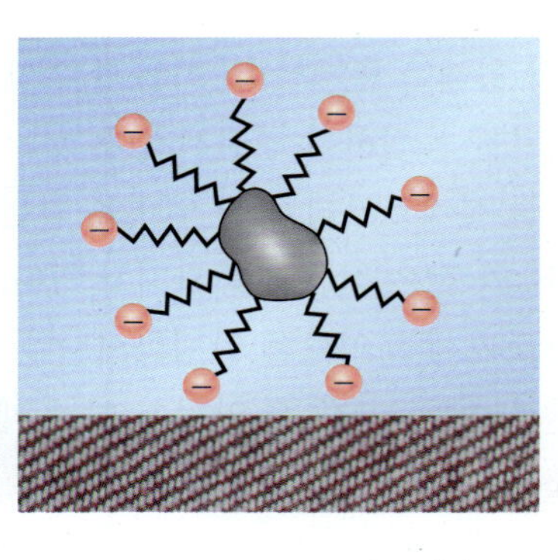

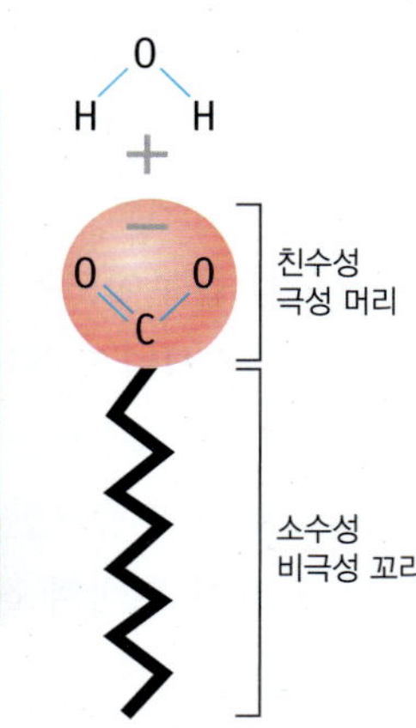

그림 13.22 **비누의 세척 작용.** 비누 분자는 전하를 띤 친수성 부분을 통하여 물과 상호작용한다. 그리고 비누 분자의 긴 탄화수소 꼬리 부분은 소수성이어서 탄화수소나 다른 비극성 물질과 분산력을 통하여 결합한다.

황(밀도: 2.1 g/cm³)을 물(밀도: 1.0 g/cm³) 표면에 조심스럽게 놓았다(왼쪽). 물의 표면장력으로 인해 밀도가 더 큰 황이 떠 있을 수 있다.

세제 첨가 →

물 표면에 세제 몇 방울 떨어뜨렸다(오른쪽). 물의 표면장력이 감소하여 황이 비커 바닥으로 가라앉는다.

그림 13.23 물의 표면 장력에 미치는 세제의 효과.

표면의 성질에 영향을 미침으로써 두 가지 상 사이의 상호작용에 영향을 미치는 비누와 같은 물질을 **계면활성제**(surfactants)라고 한다. 세탁에 사용되는 계면활성제를 **세제**(detergent)라고 한다. 계면활성제의 기능 중 하나는 물의 표면장력을 낮춤으로써 세제의 세척력을 증진시키는 것이다(그림 13.23).

가정과 공장에서 사용되는 많은 세제는 합성세제이다. 로릴벤젠술폰산소듐은 생분해되는 화합물의 예이다.

$$CH_3CH_2CH_2CH_2CH_2CH_2CH_2CH_2CH_2CH_2CH_2CH_2-C_6H_4-SO_3^-\ Na^+$$

로릴벤젠술폰산소듐

비누와 계면활성제. 소듐 형태의 비누는 상온에서는 고체인 반면, 포타슘 형태의 비누는 대개 액체이다. 전 세계적으로 연간 3천만 톤의 비누, 합성비누와 비누계 세탁세제가 제조되고 있다.

일반적으로 합성세제에는 극성 머리 부분으로 카복실기($-CO_2^-$) 대신에 술폰기($-SO_3^-$)를 사용한다. 카복실 이온은 물속에 있는 Ca^{2+}나 Mg^{2+} 이온과 결합하여 불용성 침전을 생성한다. 센물에는 이러한 이온들이 많이 있기 때문에 카복실산이 포함된 비누를 사용하면 욕조 둘레나 옷에 때가 끼게 된다. 술폰산을 이용한 합성세제는 칼슘염이 물에 더 잘 녹기 때문에 이러한 침전이 생기지 않는다는 장점이 있다.

13.5절 확인문제

1. 그림 13.17은 금 콜로이드이다. 콜로이드 입자를 금 원자들이 모여 만들어진 지름 100 nm의 구형 집합체라고 가정하자. 이 입자를 구성하고 있는 금 원자의 개수는 대략 몇 개인가? (금 원자의 반지름은 144 pm이다.)

(a) 300개 (b) 4천만 개 (c) 20억 개

화학 원리 응용 | 증류

증류는 혼합물의 성분을 휘발성의 차이를 근거로 분리하는 방법이다. 원유는 광범위하게 다양한 휘발성을 가진 많은 수의 화합물로 구성되어 있기 때문에 증류는 휘발유와 관련 제품을 생산하는 데 사용하는 주요 공정이다(그림 A). 이 공정은 어떻게 작동하는가?

만약 혼합물이 하나의 휘발성 성분과 1개 이상의 비휘발성 성분들로 구성되었다면 휘발성 성분의 완전한 분리가 가능하다. 그러나 2개 이상의 혼합물 성분들이 혼합물 끓는점에서 0이 아닌 증기압을 가진다면 단순증류의 결과는 불완전한 분리이다.

분별증류는 반복되는 증발–응축 순환과정을 사용하여 휘발성 화합물의 분리를 향상시키게 된다. 혼합물을 끓일 때 액체 위의 증기는 액체에서보다 휘발성이 큰 성분을 더 많이 가진다. 만약 증기를 응축하고 다시 끓이면 얻어지는 증기는 보다 휘발성이 큰 성분이 더 농축되게 된다.

헥세인–헵테인 혼합물의 온도–조성 그림이 그림 B에 도시되어 있다. 아래의 곡선은 혼합물의 끓는점을 보다 휘발성이 큰 성분, 헥세인의 몰분율의 함수로 표시하고 있다. 위의 곡선은 끓는 용액 위의 증기상에서 헥세인의 몰분율을 표시한다. 푸른 선은 초기 헥세인 몰분율 0.20인 혼합물의 분별증류 과정에서 혼합물의 조성 변화를 나타낸다. 용액은 끓는점인 90 °C에 도달할 때까지 열을 가하게 된다. 이 온도에서 증기상의 헥세인의 몰분율은 90 °C에서 위 곡선을 관통하는 수평선을 그림으로써 결정할 수 있다. 이렇게 되었을 때 증기상의 이 온도에서 헥세인의 몰분율은 0.38이다.

그림 A 기름 정제에 있어 원유의 분별증류에 사용하는 시설.

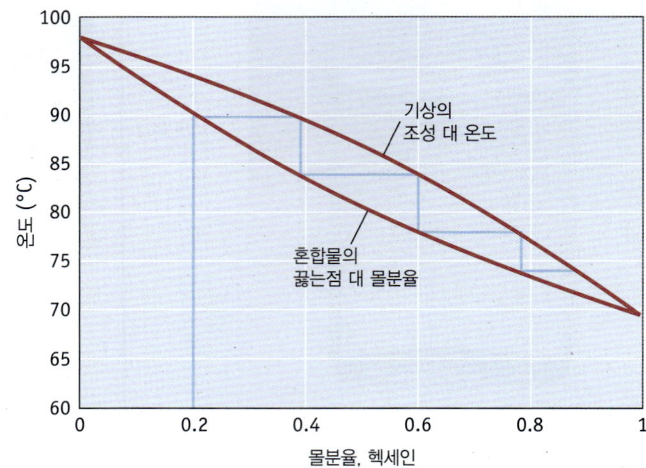

그림 B 헥세인(C_6H_{14})–헵테인(C_7H_{16}) 혼합물의 온도–조성 그림.

분별 증류탑의 효율은 이론단수(theoretical plates)로 표시된다. 각 증발–응축 순환과정은 1개의 이론단수를 요구한다. 이론단수의 수가 클수록 대부분의 혼합물 분리는 잘 된다.

문제

1. 그림의 푸른선은 분별증류를 이용하여 헥세인(C_6H_{14})과 헵테인(C_7H_{16}) 혼합물을 분리하는 효과를 보여준다. 만약 헥세인의 몰분율 0.20에서 분별증류를 시작하였다면 2번의 증발–응축 순환과정 후 증기상의 헥세인 몰분율은 개략적으로 얼마가 되는가?
2. 헥세의 몰분율이 0.90보다 큰 용액을 생산하는 데 필요한 이론단수는 몇 개인가?
3. 헥세인 몰분율이 0.20이면 헵테인과의 혼합물에서 헥세인의 질량백분율은 얼마인가?
4. 순수 헵테인의 증기압은 75.0 °C에서 361.5 mmHg이고, 정상 끓는점은 98.4 °C이다. 클라우지우스–클라페이롱 식(511쪽)을 이용하여 헵테인의 증발 엔탈피를 결정하시오.

학습 목표 복습

여러분은 이 장의 학습을 마쳤다. 이제 학습 목표를 달성했는지 점검해 보자. 특히 다음과 같은 것을 할 수 있어야 한다.

- 용해 과정의 에너지 관점을 이해한다(13.2절).
- '비슷한 것은 비슷한 것을 녹인다'라는 규칙의 근거를 이해한다(13.2절).
- 압력과 온도의 변화가 어떻게 용해도를 변화시키는지를 이해한다(13.3절).
- 용액의 용질이 용매의 증기압, 어는점, 끓는점과 용액의 삼투압(총괄성)에 어떻게 영향을 주는지를 이해한다(13.4절).

- 용액의 농도 단위를 사용한다(13.1절).
  a. 다음 농도 단위를 사용: 몰랄농도, 몰분율, 질량백분율(13.1절).
- 열역학적 자료로부터 용해 엔탈피를 계산한다(13.2절).
- 헨리의 법칙을 이용한다(13.3절).
  a. 헨리의 법칙을 이용하여 용매에서 기체의 용해도를 계산한다(13.3절).
- 르샤틀리에 원리를 이용하여 평형의 계에 대한 자극의 효과를 정성적으로 예측한다(13.3절).
- 용질을 용매에 첨가함에 따른 증기압, 어는점, 끓는점(총괄성)의 변화를 계산한다(13.4절).
  a. 용매의 몰분율($X_{solvent}$)과 라울의 법칙을 이용하여 용매 증기압($P_{solvent}$)에 대한 용질의 효과를 계산한다.
  b. 용매에 있는 용질에 의한 끓는점 오름과 어는점 내림을 계산한다.
  c. 이온 용질의 총괄성에 미치는 효과를 확인한다.
- 용액의 삼투압을 계산한다(13.4절).
- 총괄성을 사용하여 용질의 몰질량을 결정한다(13.4절).
- 이온 용질을 포함하는 계산에서 반트호프 인자를 적용한다(13.4절).

- 몰농도(M)와 몰랄농도(m)의 차이를 기억한다(13.1절).
- 평형의 계가 외부 자극에 어떻게 반응하는지를 예측하는 르샤틀리에의 원리를 기억한다(13.3절).
- 압력과 기체의 용해도의 관계인 헨리의 법칙을 기억한다(13.3절).
- 용액의 성질에 대한 용질의 영향을 기억한다(13.4절).
- 콜로이드의 중요성과 성질을 기억한다(13.5절).
- 용액과 용액의 거동에 대한 용어들을 기억한다.
  a. 용액, 용매, 용질과 총괄성이라는 용어를 정의한다.
  b. 포화, 불포화와 과포화 용액 사이의 차이를 이해한다(13.2절).
  c. 섞임과 섞이지 않음이라는 용어를 정의하고 설명한다(13.2절).

주요 식

식 13.1(566쪽) 몰랄농도는 용매 1 kg당 녹아 있는 용질의 양으로 정의한다.

$$\text{농도}(c,\ \text{mol/kg}) = \text{용질의 몰랄농도} = \frac{\text{용질의 양(mol)}}{\text{용매의 질량(kg)}}$$

식 13.2(566쪽) 용액 속 성분의 몰분율(X)은 주어진 혼합물 성분의 몰수(n_A, mol)를 전체 성분의 몰수로 나눈 값으로 정의한다.

$$\text{A의 몰분율}(X_A) = \frac{n_A}{n_A + n_B + n_C + \ldots}$$

식 13.3(567쪽) 질량백분율은 한 성분의 질량을 혼합물의 전체 질량으로 나눈 값이다.

$$\text{A의 질량백분율} = \frac{\text{A의 질량}}{\text{A의 질량} + \text{B의 질량} + \text{C의 질량} + \ldots} \times 100\ \%$$

식 13.4(575쪽) 헨리의 법칙: 기체의 용해도(S_g)는 기체 상태의 용질의 부분 압력(P_g)과 용질과 용매의 특성 값의 곱으로 표현된다.

$$S_g = k_H P_g$$

식 13.5(580쪽) 라울의 법칙: 일정 온도에서 용액에 대한 용매의 평형 증기압($P_{solvent}$)은 용매의 몰분율($X_{solvent}$)과 순수 용매의 증기압($P^\circ_{solvent}$)의 곱으로 표현된다.

$$P_{solvent} = X_{solvent}\, P^\circ_{solvent}$$

식 13.6(581쪽) 용액에 대한 용매의 증기압 감소($\Delta P_{solvent}$)는 용질의 몰분율(X_{solute})과 순수 용매의 증기압($P^\circ_{solvent}$)과의 곱으로 표현된다.

$$\Delta P_{solvent} = -X_{solute}\, P^\circ_{solvent}$$

식 13.7(582쪽) 용액 내의 용매의 끓는점 오름(ΔT_{bp})은 용질의 몰랄농도(m_{solute})와 용매의 특성 상수(K_{bp})의 곱으로 표현된다.

$$\text{끓는점 오름} = \Delta T_{bp} = K_{bp} m_{solute}$$

식 13.8(584쪽) 용액 내의 용매의 어는점 내림(ΔT_{fp})은 용질의 몰랄농도(m_{solute})와 용매의 특성 상수(K_{fp})의 곱으로 표현된다.

$$\text{어는점 내림} = \Delta T_{fp} = K_{fp} m_{solute}$$

식 13.9(587쪽) 삼투압(Π)은 용질의 농도(c, mol/L)와 이상기체 상수(R = 0.082057 L · atm/K · mol), 절대온도(T, K)의 곱으로 표현된다.

$$\Pi = cRT$$

식 13.10(593쪽) 다음 어는점 내림의 변형된 식은 용질의 분해를 설명한다. 반트호프 인자라 불리는 i 값은 측정된 어는점 내림 값과 용질의 분해가 없다고 가정하고 얻은 어는점 내림 값의 비율이 녹아 있는 용질에 의해 생성된 상대적 입자 수와 관련 있음을 나타내고 있다.

$$\Delta T_{fp}\ (\text{측정값}) = K_{fp} \times m \times i$$

© Rich Carey/Shutterstock.com

학습문제

실전문제

농도(13.1절, 예제 13.1 참조)

1. 물 500 mL에 숙신산, $C_2H_4(CO_2H)_2$ 2.56 g을 녹였다. 물의 밀도가 1.00 g/cm^{3}이라고 가정하고, 용액 중 산의 몰랄농도, 몰분율, 질량백분율을 계산하시오.

2. 표에서 빈 칸을 채우시오. 수용액이라고 가정한다.

화합물	몰랄농도	질량백분율	몰분율
NaI	0.15	______	______
C_2H_5OH	______	5.0	______
$C_{12}H_{22}O_{11}$	0.15	______	______

3. 0.200 *m* Na_2CO_3를 만들기 위해 물 125 g에 넣어야 할 Na_2CO_3의 질량을 구하시오. 만들어진 용액에서 Na_2CO_3의 몰분율을 구하시오.

4. 용질의 몰분율이 0.093인 글리세롤($C_3H_5(OH)_3$) 수용액을 만들려고 할 때, 물 425 g에 첨가해야 할 글리세롤의 질량과 용액의 몰랄농도를 구하시오.

5. 염산(Hydrochloric acid)은 포화 수용액으로 판매되고 있다. 판매용 HCl의 몰농도(molarity)가 12.0 M, 밀도가 1.18 g/cm^{3}라고 할 때, 다음을 구하시오.
(a) 용액의 몰랄농도(molality)
(b) 용액 중 HCl의 질량백분율

6. 바닷물에서 리튬 이온의 평균 농도는 0.18 ppm이다. 바닷물에서 Li^+의 몰랄농도(molality)를 구하시오.

용액 과정(13.2절, 예제 13.2 참조)

7. 다음 서로 섞일 수 있는 액체끼리 짝지은 것은 어느 것인가?
(a) H_2O와 $CH_3CH_2CH_2CH_3$
(b) C_6H_6(벤젠)과 CCl_4
(c) H_2O와 CH_3CO_2H

8. 표 13.1의 자료를 이용하여 LiCl 용액의 용해 엔탈피를 계산하시오.

9. 25 ℃에서 NaCl 포화용액을 만들었고, 용액이 담긴 비커에 고체는 없었다. 용액 중 녹아 있는 NaCl의 양을 늘리기 위해서는 어떻게 해야 하는가? (그림 13.11을 참조)
(a) 고체 NaCl을 첨가한다.
(b) 용액의 온도를 높인다.
(c) 용액의 온도를 높이고, NaCl을 첨가한다.
(d) 용액의 온도를 낮추고, NaCl을 첨가한다.

헨리의 법칙(13.3절, 예제 13.3 참조)

10. 폐 속 O_2의 부분 압력은 25 mmHg~40 mmHg까지 다양하다. O_2의 부분 압력이 40 mmHg라고 한다면, 25 ℃에서 물 1.0 L에 녹을 수 있는 O_2의 질량을 구하시오.

11. 25 ℃에서 개봉되지 않은 탄산음료 속의 CO_2 수용액의 농도는 0.0506 *m*이다. 캔에서 CO_2 기체의 압력을 구하시오.

르샤틀리에의 원리(13.3절 참조)

12. 25 ℃에서 밀봉된 플라스크에 물과 산소 기체를 포함하고 있다. O_2 기체는 1.5 atm의 부분 압력을 가지고 있다.
(a) 물에 대한 O_2의 농도는 얼마인가?
(b) 만약 플라스크의 O_2 압력을 1.7 atm으로 올리면 용해된 O_2의 양은 어떻게 되겠는가? O_2의 압력을 1.0 atm으로 내리면 용해된 O_2의 양은 어떻게 되겠는가?

라울의 법칙(13.4절, 예제 13.4 참조)

13. 물 500.0 g에 에틸렌글라이콜($HOCH_2CH_2OH$) 35.0 g이 녹아 있다. 32 ℃에서 물의 증기압은 35.7 mmHg이다. 32 ℃에서 물–에틸렌글라이콜 용액의 증기압을 구하시오. (에틸렌글라이콜은 비휘발성이다.)

14. 자동차 냉각 시스템에서 물 2.00 kg에 순수한 에틸렌글

라이콜을 첨가했다. 온도가 90 ℃일 때, 이 시스템에서 물의 증기압은 457 mmHg이다. 첨가된 에틸렌글라이콜의 질량을 구하시오. (이상적 용액이라 가정한다. 물의 증기압은 부록 G 참조)

끓는점 오름(13.4절, 예제 13.5 참조)

15. 벤젠(C_6H_6) 125 g에 0.200 mol의 비휘발성 용질을 넣을 때, 끓는점은 얼마인가?

16. $CHCl_3$ 15.0 g와 콜타르의 성분인 비휘발성 용질 아세나프텐(acenaphthene, $C_{12}H_{10}$) 0.515 g로 만들어진 용액의 끓는점을 구하시오.

어는점 내림(13.4절, 예제 13.6 참조)

17. 에탄올(C_2H_5OH)과 물 혼합물의 어는점은 −16.0 ℃이다.
(a) 알코올의 몰랄농도를 구하시오.
(b) 용액 중 알코올의 질량백분율을 구하시오.

18. 물 225 g이 들어 있는 컵에 수크로오스($C_{12}H_{22}O_{11}$) 15.0 g을 녹인다. 용액의 어는점은 얼마인가?

삼투(13.4절, 예제 13.7 참조)

19. 수용액 중 질량으로 3.00 %의 페닐알라닌(phenylalanine, $C_9H_{11}NO_2$)이 들어있다. 페닐알라닌은 비이온성, 비휘발성이라 가정한다. 다음을 구하시오.
(a) 용액의 어는점
(b) 용액의 끓는점
(c) 25 ℃에서 용액의 삼투압

20. 1 L당 소 인슐린(단백질, 이온화되지 않음) 1.00 g을 포함하는 수용액의 삼투압은 25 ℃에서 3.1 mm Hg이다. 소 인슐린의 몰질량(molar mass)을 구하시오.

총괄성과 몰질량의 결정(13.4절, 예제 13.8~13.9 참조)

21. 실험식 $C_{10}H_8Fe$를 갖는 주황색의 결정체 화합물 0.255 g을 벤젠 11.12 g에 첨가한 후, 벤젠의 끓는점이 80.10 ℃에서 80.26 ℃로 올랐다. 화합물의 몰질량(molar mass)과 분자식을 구하시오.

22. 아세트산벤질(Benzyl acetate)은 자스민 기름의 활성 성분들 중 하나이다. 이 화합물 0.125 g을 클로로폼($CHCl_3$) 25.0 g에 첨가했을 때, 용액의 끓는점은 61.82 ℃이다. 아세트산벤질의 몰질량(molar mass)을 구하시오.

23. 물 50.0 g에 알려지지 않은 비이온성 용질 0.180 g이 포함된 수용액이 있다. 이 용액은 −0.040 ℃에서 언다. 용질의 몰질량(molar mass)을 구하시오.

이온 화합물의 총괄성(13.4절, 예제 13.10 참조)

24. 물 306 g에 LiF 52.5 g이 녹아 있을 때, 그 용액의 예상되는 어는점을 구하시오. [LiF에 대한 반트호프 인자(van't Hoff factor), i는 2라고 가정한다.]

25. 다음 수용액들 중 녹는점이 낮은 것부터 나열하시오. (마지막 세 가지는 모두 물속에서 완전히 이온으로 해리된다고 가정한다.)
(a) 0.1 m 설탕
(b) 0.1 m NaCl
(c) 0.08 m $CaCl_2$
(d) 0.04 m Na_2SO_4

콜로이드(13.5절 참조)

26. $BaCl_2$와 Na_2SO_4 용액이 섞일 때, 그 혼합물은 뿌옇게 된다. 며칠 후, 비커 바닥에는 하얀 고체가 생기고 그 위에는 맑은 액체 상태가 된다.
(a) 발생한 반응의 완결된 반응식을 쓰시오.
(b) 처음에 용액이 뿌옇게 된 이유를 설명하시오.
(c) 기다리는 며칠 동안 일어난 일을 설명하시오.

일반문제

다음 문제들은 절의 종류나 위치를 명시하지 않았다. 이 문제들은 여러 가지 개념이 조합되어 있을 수도 있다.

27. 페닐카비놀(Phenylcarbinol)은 비강 스프레이의 방부제로 사용되고 있다. 물 25.0 g에 이 화합물 0.52 g이 들어있는 용액의 녹는점은 −0.36 ℃이다. 페닐카비놀의 몰질량을 구하시오.

28. 다음 수용액들을 (i) 물의 증기압이 증가하는 순서대로 (ii) 끓는점이 증가하는 순서대로 나열하시오.
(a) 0.35 m $HOCH_2CH_2OH$ (비휘발성 용질)
(b) 0.50 m 설탕
(c) 0.20 m KBr (강전해질)

(d) 0.20 *m* Na_2SO_4 (강전해질)

29. 다이메틸글리옥심[dimethylglyoxime: DMG, $(CH_3CNOH)_2$]은 니켈 이온을 석출시키기 위한 화학 물질이다. DMG 53.0 g이 에탄올(C_2H_5OH) 525 g에 녹아 있다고 가정하자.

© Cengage Learning/Charles D. Winters

DMG가 Ni^{2+}(aq)의 염기 용액에 첨가되었을 때, 니켈(II) 이온과 DMG 사이에서 만들어진 붉고 녹지 않는 화합물.

(a) DMG의 몰분율을 구하시오.
(b) 용액의 몰랄농도를 구하시오.
(c) 에탄올의 정상 끓는점 78.4 ℃에서 용액 위 에탄올의 증기압을 구하시오.
(d) 용액의 끓는점을 구하시오. (DMG는 용액에서 이온을 생성하지 않는다.) (에탄올에 대한 K_{bp} = +1.22 ℃/*m*)

30. 농축된 암모니아 수용액의 몰농도는 14.8 mol/L이고, 밀도는 0.90 g/cm^3이다. 용액의 몰랄농도를 구하시오. NH_3의 몰분율과 질량백분율을 계산하시오.

31. 이온이 0.100 *m*인 용액을 만들기 위해 물 125 g에 녹여야 할 Na_2SO_4의 질량을 구하시오. (이온성 고체가 모두 분해된다고 가정한다.)

32. (a) 어떤 용액이 더 높은 끓는점을 가질 것이라 예상되는가? : 0.2 *m* KBr 또는 0.3 *m* 설탕
(b) 어떤 수용액이 더 낮은 어는점을 갖는가? : 0.12 *m* NH_4NO_3 또는 0.10 *m* Na_2CO_3

33. 인도 위의 얼음을 녹이기 위해서 NaCl을 사용하는 대신, $CaCl_2$를 사용하기로 했다. 물 150.0 g에 $CaCl_2$ 35.0 g을 첨가했을 때 용액의 어는점을 구하시오. ($CaCl_2$에 대한 *i* = 2.7이라고 가정한다.)

34. 헥사클로로펜(hexachlorophene)은 살균 비누에 사용되고 있다. 이 화합물 0.640 g이 클로로폼 25.0 g에 녹아서 끓는점이 61.93 ℃인 용액을 만들었다고 했을 때, 이 물질의 몰질량을 구하시오.

35. N_2의 부분 압력이 585 mmHg라고 한다면, 25 ℃에서 물에 녹을 수 있는 N_2의 양을 구하시오.

36. 25 ℃에서 1 L당 녹말 10.0 g을 포함하는 수용액의 삼투압은 3.8 mmHg이다.
(a) 녹말의 평균 몰질량을 구하시오. (모든 녹말 분자가 이상적인 것은 아니기 때문에 결과는 평균이 될 것이다.)
(b) 용액의 어는점을 구하시오. 어는점 내림을 측정하여 녹말 분자의 질량을 결정하는 것이 쉬울까? (이 용액에 대한 몰농도와 몰랄농도는 같다고 가정한다.)

37. Li_2SO_4와 K_2SO_4에 대한 용해 엔탈피를 계산하시오. 용해 과정은 발열인가 아니면 흡열인가? 이들을 LiCl과 KCl과 비교하시오. 유사성 또는 차이점이 있는가?

화합물	$\Delta_f H°$(s) (kJ/mol)	$\Delta_f H°$(aq, 1 m) (kJ/mol)
Li_2SO_4	−1436.4	−1464.4
K_2SO_4	−1437.7	−1413.0

38. 휘발성 용질이 휘발성 용매에 첨가되었다면, 두 물질 모두 용액 위의 증기압에 영향을 미친다. 이상적인 용액이라고 가정할 때, 각각의 증기압은 라울의 법칙에 의해 구할 수 있다. 그리고 전체 증기압은 각 화합물의 증기압의 합이다. 톨루엔 1.0 mol과 벤젠 2.0 mol로부터 이상적이라고 가정된 용액이 만들어진다. 순수한 용매의 증기압은 20 ℃에서 각각 22 mmHg와 75 mmHg이다. 혼합물의 총 증기압을 구하시오. 액체에서와 증기에서의 각 물질의 몰분율을 구하시오.

39. 질량으로 2.0 %인 염화노보캐늄(novocainium chloride) ($C_{13}H_{21}ClN_2O_2$) 수용액은 −0.237 ℃에서 언다. 반트호프 인자(*i*)를 계산하시오. 용액에서 화합물 1 mol당 몇 몰의 이온이 있는가?

40. 다음 표는 바닷물에 있는 주요 이온의 농도를 나열한 것이다.

이온	농도(ppm)
Cl^-	1.95×10^4
Na^+	1.08×10^4
Mg^{2+}	1.29×10^3
SO_4^{2-}	9.05×10^2
Ca^{2+}	4.12×10^2
K^+	3.80×10^2
Br^-	67

(a) 바닷물의 어는점을 계산하시오.

(b) 25 ℃에서 바닷물의 삼투압을 계산하시오. 역삼투에 의한 바닷물 정수를 위해 필요한 최소 압력을 구하시오.

41. 2.00 % H_2SO_4 용액은 물 안에서 어는점이 −0.796 ℃이다.

(a) 반트호프 인자(i)를 계산하시오.

(b) 묽은 수용액에서 가장 대표적인 황산은 다음 중 어떤 것인가?

H_2SO_4, $H_3O^+ + HSO_4^-$, $2H_3O^+ + SO_4^{2-}$

42. 웃음 가스인 일산화이질소(nitrous oxide, N_2O)는 마취제로 사용된다. N_2O에 대한 헨리의 법칙 상수는 2.4×10^{-2} mol/kg · bar이다. N_2O의 압력이 1.00 bar일 때, 물 500 mL에 녹을 N_2O의 질량을 결정하시오. 이 용액에서 N_2O의 농도(ppm 단위)를 구하시오.
($d(H_2O) = 1.00$ g/mL)

43. 색을 띤 액체로 채워진 플라스크가 있다. 이것이 용액인지 아니면 콜로이드인지 알아볼 수 있는 실험들을 몇 가지 제안하시오.

실험 관련 문제

44. 벤젠−벤조산 용액의 어는점은 3.1 ℃, 끓는점은 82.6 ℃이다. (순수한 벤젠의 어는점은 5.50 ℃, 끓는점은 80.1 ℃이다.) 벤조산의 구조는 아래와 같다.

벤조산, $C_6H_5CO_2H$

다른 두 온도에서 벤조산 분자의 상태에 대해 어떤 결론을 내릴 수 있는가? 11.3절에서 논의하였던 수소 결합을 기억해 보시오.

45. 벤젠 100.0 g에 아세트산 5.00 g이 들어 있는 용액은 3.37 ℃에서 언다. 물 100.0 g에 아세트산 5.00 g이 녹아 있는 용액은 −1.49 ℃에서 언다. 이 실험들 각각에서 아세트산의 몰질량을 구하시오. 이 각각의 용매에 녹아 있는 아세트산 분자의 상태를 어떻게 설명할 수 있나? 11.3절에서 했던 수소 결합에 대한 논의를 기억해 보시오. 그리고 벤젠 용액 안의 화학종들에 대한 구조를 제안하시오.

46. 탄소(71.17 %), 수소(5.12 %)와 질소(나머지)를 포함한 유기 화합물이 있다. 이 화합물 0.177 g을 10.0 g 벤젠에 녹였더니 25 ℃에서 증기압이 94.16 mmHg이었다. (이 온도에서 순수 벤젠의 증기압은 95.26 mmHg이다.) 이 화합물의 분자식은 무엇인가?

요약 및 개념 문제

다음 문제들은 이 장과 이전의 장들에서 나온 개념을 모두 포함하고 있다.

47. 물속에 Mg^{2+}, Ca^{2+}, Be^{2+}의 염이 존재할 때, 음이온과 마찬가지로 양이온은 수화된다. 세 가지 양이온 중 가장 수화가 잘 되는 것은 어느 것인가? 수화가 가장 덜 되는 것은 어느 것인가?

48. 물에 NaCl과 $CaCl_2$를 같은 몰수로 녹였을 때, $CaCl_2$의 어는점 내림이 NaCl에 비해 1.5배 가량 큰 이유를 설명하시오.

49. 다음 중 물 또는 벤젠에 잘 녹는 물질을 고르시오.

(a) $NaNO_3$

(b) 다이에틸에테르($CH_3CH_2OCH_2CH_3$)

(c) NH_4Cl

(d) 나프탈렌($C_{10}H_8$)

나프탈렌, $C_{10}H_8$

50. 녹말에는 C—C, C—H, C—O, O—H 결합이 존재하고, 탄화수소에는 오직 C—C, C—H 결합이 있다. 녹말과 탄화수소 모두 물속에서 콜로이드 형태로 분산된다. 어느 것이 소수성이고 어느 것이 친수성인지 간략하게 설명하시오.

51. 반투막으로 분리된 2개의 용액이 있다. 한 용액은 100. mL 용액에 5.85 g NaCl을 녹였고, 다른 용액은 100. mL 용액에 8.88 g KNO_3를 녹인 것이다. 어느 방향으로 용매가 흐르겠는가? NaCl 용액에서 KNO_3 용액 쪽으로 가는가, 아니면 반대 방향인가?

52. 증류 과정에서 2개(또는 2개 이상) 휘발성 액체의 혼합물을 처음 가열하여 휘발성 물질을 증기상으로 변환하였다. 그리고 증기를 응축하여 액체로 다시 만들었다. 이 액체 → 증기 → 액체 변환의 알짜 결과는 응축된 증기상의 혼합물에 보다 휘발성이 큰 성분을 농축하는 것이다. 라울의 법칙을 이용하여 이것이 어떻게 일어났는지를 기술할 수 있다. 여러분이 12 % 에탄올과 물의 혼합물(예를 들면 포도를 발효하여 형성된 것처럼)을 가지고 있다고 상상하시오.

(a) 이 혼합물에서 에탄올과 물의 몰분율은 얼마인가?

(b) 이 혼합물을 78.5 ℃(에탄올의 정상 끓는점)까지 가열하였다. 라울의 법칙 거동(이상 용액)을 가정하면 이 온도에서 에탄올과 물의 평형 증기압은 얼마인가?

(c) 증기에서 에탄올과 물의 몰분율은 얼마인가?

(d) 이 증기를 액체로 응축한 후 어느 정도까지 에탄올 몰분율이 농축되는가? 응축된 증기에서 에탄올의 질량 비율은 얼마인가?

53. 반트호프 인자 *i*의 값의 추세를 농도의 함수로 살펴보시오(표 13.4). 다음 자료를 이용하여 농도 5.00 %(질량) NaCl($\Delta T = -3.05$ ℃)과 농도 5.00 %(질량) Na_2SO_4 ($\Delta T = -1.36$ ℃)의 반트호프 인자를 계산하시오. 이 값들은 표 13.4에 주어진 값의 추세에서 예측한 값과 같은 선상에 있는가? 왜 이러한 추세가 관찰되는지를 생각하여 보시오.

54. 화씨 온도 척도가 어떻게 성립되었는지를 살펴보는 것은 흥미롭다. 1724년 파렌하이트(Fahrenheit)에 의해 작성된 보고서에 따르면 0 ℉는 바다 소금의 포화용액의 어는점으로 정해졌다. 문헌으로부터 확인한 것은 질량으로 20 % NaCl 용액의 어는점은 −16.46 ℃이다(이것은 NaCl 용액에 대하여 보고된 가장 낮은 어는점이다). 이 값은 화씨 척도의 성립에 관한 이야기에 신뢰감을 줄 수 있는가?

페놀프탈레인의 색이 시간이 지남에 따라 옅어진다.
→
(소요되는 시간은 약 3분)

산–염기 지시약인 페놀프탈레인과 수산화소듐과의 반응.

14장 화학 반응 속도론: 화학 반응 속도

학습 개요

14.1 화학 반응 속도
14.2 반응 조건과 속도
14.3 반응 속도에 대한 농도의 영향
14.4 농도–시간 관계: 적분 속도 법칙
14.5 반응 속도에 대한 미시적 관점
14.6 반응 메커니즘

지시약은 어디로 사라졌을까? 산을 염기로 적정하는 것은 흔한 실험이고(◂4.7절), 용액에 있는 산의 양과 첨가된 염기의 양이 정확히 일치하는 때를 알려주기 위해 지시약으로 페놀프탈레인을 사용한 적이 있을 것이다. 학생들은 당량점이 페놀프탈레인의 색이 무색에서 희미한 분홍색으로 변하고 색이 약 30초가량 지속되는 때라고 들었을 것이다. 그러나 우리는 일부 학생들이 너무 의욕이 넘쳐 염기를 너무 빨리 첨가하는 것을 보곤 한다. 그들은 당량점을 지나치고 용액의 색이 아름다운 진한 붉은색으로 변한다. 그러나 용액을 흔들면 색이 빨리 없어진다. 따라서 학생들은 당량점에 아직 도달하지 않은 것으로 생각하고 더 많은 염기를 실수로 첨가하게 된다. 용액은 다시 진한 붉은색이 되지만 색은 다시 신속하게 없어진다. 용액에서 무슨 일이 일어나고 있는 것일까?

염기성 용액에서 페놀프탈레인의 우세한 형태는 음이온이다. 그러나 페놀프탈레인이 녹아 있는 용액의 pH가 12 이상이 되면 붉은색이 서서히 옅어지면서 용액은 무색으로 바뀌게 된다. 이러한 변화는 화학 반응식에서 보듯이 음이온 형태의 페놀프탈레

학습 목표

다음 목표들의 핵심인 학습문제는 "학습 목표 복습"을 참조하시오.

- 속도에 영향을 미치는 반응 속도와 조건을 이해
- 반응 속도에 대한 충돌 이론과 활성화 에너지의 역할을 이해
- 실험 자료로부터 반응 속도 식, 반응 속도 상수와 반응 차수를 유도
- 적분 속도 법칙을 이용
- 농도와 시간의 적절한 함수의 그래프를 그림으로써 반응의 차수를 결정
- 반응 메커니즘과 속도 법칙을 연계
- 반응 속도의 정의를 기억
- 반응의 반감기는 반응물의 농도가 처음값의 반으로 감소하는 데 필요한 시간임을 기억
- 반응은 반응 메커니즘에서 가장 느린 단계보다 더 빨리 진행할 수 없음을 이해

인이 수산기 이온과 화학 반응을 일으키기 때문이다. 이 반응의 속도는 4.8절에서 기술한 분광학적 기술을 이용하여 용액의 색의 세기 변화를 탐지함으로써 측정할 수 있다.

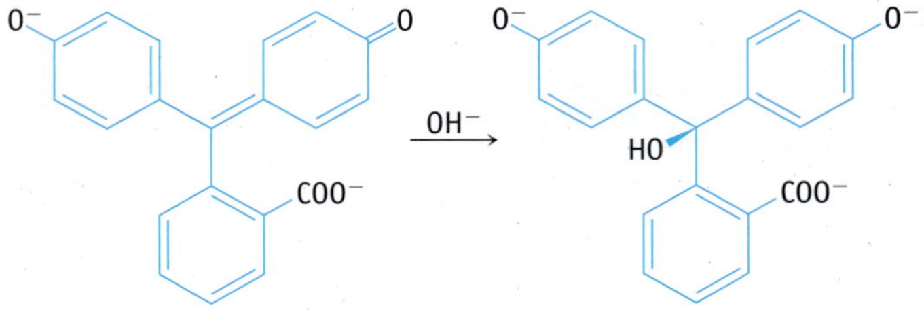

이 장에서는 화학의 또 하나의 기본 분야인 **화학 동역학**에 대해 다루게 될 것이다. 즉, 반응 속도와 반응 메커니즘 측면에서의 반응 속도 해석을 포함한다.

화학 반응을 수행할 때, 화학자는 일반적으로 다음의 두 가지 문제를 고려해야 한다. 화학평형에서 선호되는 반응의 **진행** 정도와 반응이 진행되는 **속도**의 문제이다. 첫 번째 문제인 화학 평형에 대해서는 5장에서 다루기 시작하였으며, 15장과 18장에서 좀 더 심도 있는 논의를 할 것이다. 이 장에서는 두 번째 문제인 화학 반응의 속도를 다루게 될 것이다.

반응 속도론(chemical kinetics)은 화학 반응의 속도에 대한 학문이다. **거시적 관점**에서 반응 속도론의 영역은 반응 속도가 의미하는 것이 무엇인지와 실험적으로 화학 반응 속도를 결정하는 방법, 온도와 반응물 농도와 같은 인자들이 어떻게 반응 속도에 영향을 미치는지를 다룬다. **입자 수준**에서의 관심은 반응이 진행되면서 원자 또는 분자가 따르는 세부적인 경로인 **반응 메커니즘**(reaction mechanism)이다. 목표는 화학의 거시적 세계로부터의 자료를 이용하여 입자 수준에서 어떻게 화학 반응이 일어나는지를 이해하고 이 정보를 적용하여 중요한 반응을 통제하는 것이다.

14.1 화학 반응 속도

우리는 일상생활에서 속도의 개념을 지속적으로 접해왔다. 예를 들면, 자동차의 속력은 단위 시간당 이동한 거리(km/h)이고, 수도꼭지로부터 나오는 물이 흐르는 속도는 단위 시간당 부피(L/min) 등이다. 각각의 경우 모두 일정 시간 동안의 변화량을 측정한다. 마찬가지로 화학 반응 속도는 일정한 시간 동안 일어나는 반응물 혹은 생성물의 농도 변화를 언급한다.

$$\text{반응 속도} = \frac{\text{농도 변화}}{\text{시간 변화}}$$

속도의 계산

자동차의 평균 속력를 구하기 위해서는 자동차의 이동 거리와 이때 걸린 시간을 측정해야 한다. 따라서 평균 속력은 Δ(이동 거리)/Δ(시간)으로 표현된다. 예를 들어 자동차가 4.5분(0.075시간) 동안 3.9 km를 이동했다면 평균 속력은 3.9 km/0.075 h, 혹은 52 km/h라고 할 수 있다.

유사하게 평균 반응 속도도 결정될 수 있다. 2개의 양, 시간과 농도를 측정하게 된다. 농도를 측정하는 방법은 매우 다양하다. 예를 들어 용액의 흡광도와 같이 화학종의 농도와 관련 있는 물성을 측정함으로써 농도를 구할 수 있다(그림 14.1). 평균 반응 속도는 단위 시간당 농도의 변화이다.

다음의 용매 내에서 N_2O_5의 분해 반응을 살펴보자. 이 반응은 다음의 반응식을 따라 일어난다.

$$N_2O_5 \rightarrow 2NO_2 + {}^1\!/_2\, O_2$$

그림 14.2의 그래프에 30.0 °C에서 수행한 전형적인 실험에서 농도와 소요된 시간이 도시되어 있다.

Photos: © Cengage Learning/Charles D. Winters

몇 방울의 식용색소를 첨가한 물에 표백 용액을 따른다.

색소가 표백제와 반응함에 따라 색이 점차 흐려지게 된다.

그림 14.1 **반응 속도 측정 실험.** 용액의 흡광도를 분광계를 이용하여 여러 시간에 측정할 수 있고(4.8절), 이 값들은 염료의 농도를 결정하는 데 사용할 수 있다.

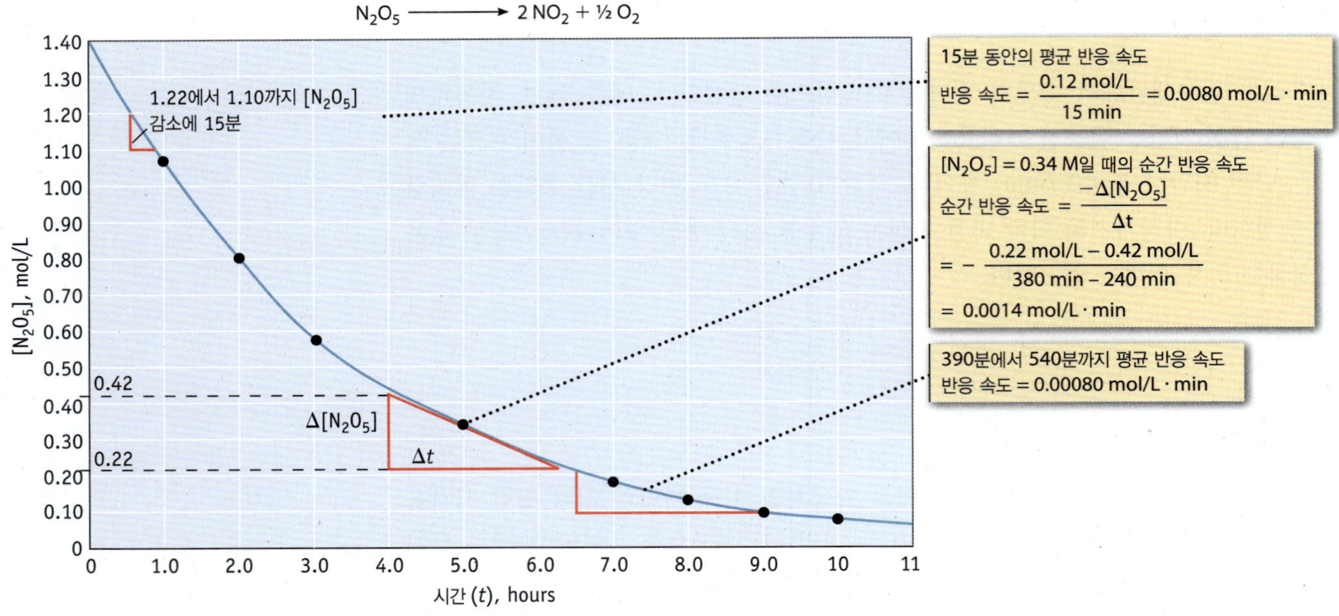

그림 14.2 N_2O_5의 분해에서 반응물 농도 대 시간의 그래프.

임의의 시간 간격에 대한 이 반응의 속도는 N_2O_5의 농도 변화를 시간 변화로 나눈 값으로 표시할 수 있다.

$$N_2O_5\ \text{분해 반응 속도} = -\frac{[N_2O_5]\ \text{변화}}{\text{시간 변화}} = -\frac{\Delta[N_2O_5]}{\Delta t}$$

N_2O_5의 농도가 시간에 따라 감소하기(즉, $\Delta[N_2O_5] = [N_2O_5](\text{나중}) - [N_2O_5](\text{처음})$가 음이다) 때문에 '–' 기호가 필요하며, 반응 속도는 항상 양수로 표시된다. 예를 들면, 그림 14.2의 자료로부터, 40분에서 55분 사이에서 N_2O_5가 사라지는 속도는 다음과 같다.

변화량 계산법. 물리량의 변화를 계산할 때 우리는 항상 나중 물리량에서 처음 물리량을 뺀다는 것을 기억하시오.
$\Delta c = c_{\text{나중}} - c_{\text{처음}}$

$$\text{반응 속도} = -\frac{\Delta[N_2O_5]}{\Delta t} = -\frac{(1.10\ mol/L) - (1.22\ mol/L)}{55\ min - 40\ min} = +\frac{0.12\ mol/L}{15\ min}$$

$$\text{반응 속도} = 0.0080\ mol\ N_2O_5\ \text{소모}/\ L \cdot min$$

반응 속도의 단위에 주목하라. 농도가 mol/L로 표시되면 속도의 단위는 mol/L · time이 된다. N_2O_5의 분해에 대한 평균 속도는 농도–시간 그래프에서 관심있는 2개의 점을 연결하는 선의 기울기가 음인 것을 주목하라.

화학 반응이 진행되는 동안 반응 속도는 변화한다. 반응의 초기에 N_2O_5 농도는 급격히 감소하지만 반응의 끝에서는 훨씬 느리게 감소한다. 이 사실은 앞에서 계산한 N_2O_5의 없어지는 평균 속도(15분 동안 0.12 mol/L만큼 농도가 감소한 때)를 390분에서 540분 사이의 시간 간격에서 계산한 평균 반응 속도(150분 동안에 0.12 mol/L만큼 농도가 감소한 때)와 비교함으로써 확인할 수 있다. 이 반응의 후반부에서의 평균 속도는 앞부분의 값의 1/10밖에 되지 않는다.

$$-\frac{\Delta[N_2O_5]}{\Delta t} = -\frac{(0.10\ \text{mol/L}) - (0.22\ \text{mol/L})}{540\ \text{min} - 390\ \text{min}} = +\frac{0.12\ \text{mol/L}}{150\ \text{min}}$$

$$= 0.00080\ \text{mol/L} \cdot \text{min}$$

시간의 어떤 한 지점의 순간 속도가 얼마인지를 물어볼 수도 있다. 자동차에서 순간 속도는 속도계의 눈금을 읽어 알 수 있다. 화학 반응에서는 특정 시간에서 농도–시간 곡선에 접선을 그리고 이 직선의 기울기를 결정함으로써 농도–시간 그래프로부터 순간 속도를 추출할 수 있다(그림 14.2). 예를 들어 $t = 300$ min이고 $[N_2O_5] = 0.34$ mol/L일 때, 반응 속도는 다음과 같다.

직선의 기울기. 그림 14.2의 순간 속도는 접선의 기울기로 결정할 수 있다.

$$[N_2O_5]\text{가 } 0.34\ \text{mol/L일 때 속도} = \frac{\Delta[N_2O_5]}{\Delta t} = +\frac{0.20\ \text{mol/L}}{140\ \text{min}}$$

$$= 0.0014 \frac{\text{mol}}{\text{L} \cdot \text{min}}$$

이는 $t = 300$ min인 바로 그 순간에 N_2O_5 가 0.0014 mol/L·min의 속도로 소비되고 있다는 의미이다.

상대 속도와 화학량론

화학 반응이 진행되는 동안 반응물의 양은 감소하며 생성물의 양은 증가한다. N_2O_5의 분해 반응에서 속도를 $\Delta[NO_2]/\Delta t$나 $\Delta[O_2]/\Delta t$로 표시할 수 있다. 반응이 진행되는 동안 생성물의 농도는 증가하고 관계식은 이미 양의 값을 가질 것이기 때문에 생성물 농도 변화에 근거한 속도는 Δ(농도)/Δt 관계식에서 음의 부호가 필요하지 않는다. 또한, 화학 반응식에서 각 물질에 대한 다른 양론계수 때문에 NO_2 또는 O_2의 형태로 정의되는 속도의 값은 $\Delta[N_2O_5]/\Delta t$의 값과 다르다. 예를 들면, NO_2가 생성되는 속도는 화학량론에 따라 각 N_2O_5 분자가 소모되면 2개의 NO_2 분자가 생성될 것을 요구하고 있기 때문에 N_2O_5가 분해되는 속도의 2배가 될 것이다. 반응 속도를 정의할 때 양론을 고려하려면 각 반응물과 생성물에 $1/x$의 인자를 포함하여야 하며, 이때 x는 물질의 양론계수이다. 이렇게 하면 어떠한 반응물 또는 생성물로 추적하든 반응 속도는 하나의 값을 주게 된다. 다음의 일반적인 반응에서

$$a\text{A} + b\text{B} \rightarrow c\text{C} + d\text{D}$$

반응 속도는 다음과 같이 정의된다.

$$\text{반응 속도} = -\frac{1}{a}\frac{\Delta[A]}{\Delta t} = -\frac{1}{b}\frac{\Delta[B]}{\Delta t} = +\frac{1}{c}\frac{\Delta[C]}{\Delta t} = +\frac{1}{d}\frac{\Delta[D]}{\Delta t}$$

이렇게 되면 반응 속도가 '반응 몰당'을 기준으로 주어지게 된다. N_2O_5 분해 반응을 이용한 위의 예에서 모든 반응물과 생성물을 연계하는 속도 식은 다음과 같다.

$$\text{반응 속도} = -\frac{\Delta[N_2O_5]}{\Delta t} = +\frac{1}{2}\frac{\Delta[NO_2]}{\Delta t} = +2\frac{\Delta[O_2]}{\Delta t}$$

예제 14.1 반응 속도

문제 염료의 농도를 시간의 함수(그림 14.1)로 얻어진 자료가 아래 그래프에 주어져 있다. 이 자료를 이용하여 (a) 처음 2분 동안 염료 농도의 평균 변화 속도 값과 (b) t = 4.0 min에서 t = 5.0 min까지 1분 동안 평균 변화 속도 값, (c) 4분에서 순간 속도 값을 추산하시오.

알고 있는 사실 시간의 함수로서 염료 농도가 그래프에 나와 있다. 이 그래프로부터 특정 시간의 염료 농도를 구한다.

전략 평균 속도를 찾기 위하여 시간 구간의 처음과 마지막의 농도 차이를 계산($\Delta c = c_{나중} - c_{처음}$)하고 소요된 시간으로 나눈다. 4분에서의 순간 속도를 찾기 위하여 특정 시간에서 그래프의 곡선의 접선을 그린다. 직선 기울기의 음의 값이 순간 속도이다.

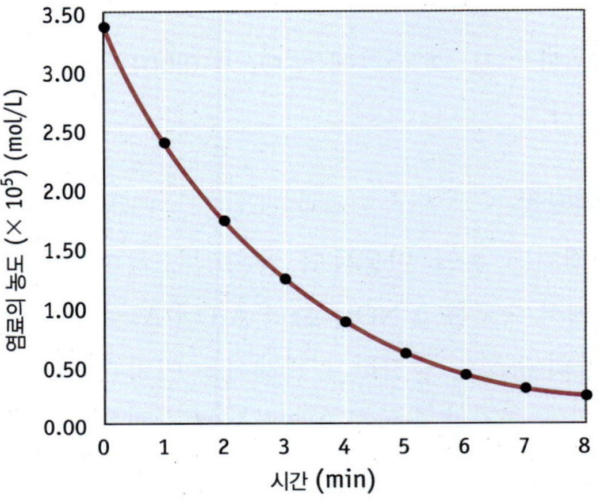

풀이

(a) 처음 2분 간에 걸친 평균 속도: 염료의 농도는 t = 0분의 3.4×10^{-5} mol/L에서 t = 2분의 1.7×10^{-5} mol/L로 감소하였다. 이 시간 구간에서 평균 반응 속도는 다음과 같다.

$$\text{평균 속도} = -\frac{\Delta[\text{염료}]}{\Delta t} = -\frac{(1.7 \times 10^{-5}\ \text{mol/L}) - (3.4 \times 10^{-5}\ \text{mol/L})}{2.0\ \text{min}}$$

$$\text{평균 속도} = 8.5 \times 10^{-6}\ \text{mol/L} \cdot \text{min}$$

(b) 4분에서 5분까지 구간에서의 평균 속도: 염료의 농도는 t = 4분의 0.90×10^{-5} mol/L에서 t = 5분의 0.60×10^{-5} mol/L로 감소하였다. 이 시간 구간에서 평균 반응 속도는 다음과 같다.

$$\text{평균 속도} = -\frac{\Delta[\text{염료}]}{\Delta t} = -\frac{(0.60 \times 10^{-5}\ \text{mol/L}) - (0.90 \times 10^{-5}\ \text{mol/L}}{1.0\ \text{min}}$$

$$\text{평균 속도} = 3.0 \times 10^{-6}\ \text{mol/L} \cdot \text{min}$$

(c) 4.0분에서의 순간 속도: t = 4.0 분에서 곡선에 접하는 직선을 그린다. 이 직선의 2점을 선택하고 직선의 기울기를 계산한다. 4.0분의 순간 속도는 이 기울기의 음의 값이고 3.5×10^{-6} mol/L · min의 값을 가진다.

고려사항 반응 속도는 염료의 농도가 감소함에 따라 감소함에 유의하시오. 이것은 반응 속도가 염료의 농도와 관련됨을 말해준다.

유제 설탕(sucrose)은 산성 용액에서 과당(fructose)과 포도당(glucose)으로 분해된다. 시간의 함수인 설탕의 농도 그래프가 오른쪽에 주어져 있다. 처음 2시간에 걸친 설탕 농도 변화의 속도는 얼마인가? 4시간에서의 순간 속도를 구하시오.

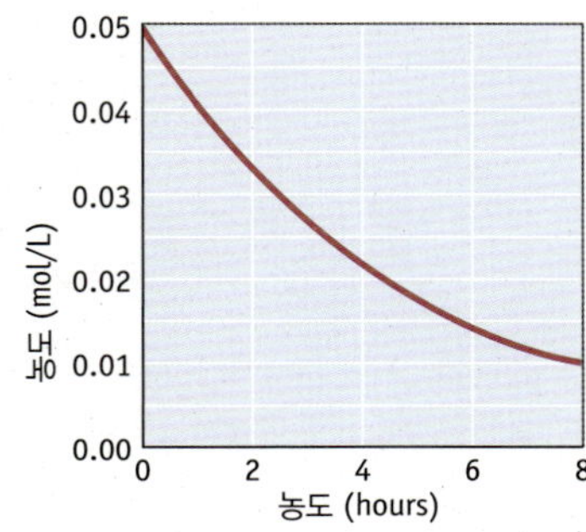

설탕 분해에 대한 농도와 시간 그래프. (예제 14.1의 유제)

예제 14.2 상대 속도와 화학량론

문제 다음 반응에 대해 소멸되는 반응물의 소모 속도와 생성물의 생성 속도 간의 상대 속도를 비교하시오.

$$4\ PH_3(g) \rightarrow P_4(g) + 6\ H_2(g)$$

알고 있는 사실 출발 물질의 소모 속도 및 생성물의 생성 속도를 평가하기 위하여 완결된 반응식에서의 양론계수를 이용할 수 있다.

전략 이 반응에서 PH_3는 소비되고 P_4와 H_2는 생성된다. 결과적으로 $\Delta[PH_3]/\Delta t$는 음수이고, $\Delta[P_4]/\Delta t$와 $\Delta[H_2]/\Delta t$는 양수일 것이다. 속도를 같게 하기 위해서는 Δ[반응물 또는 생성물]/Δt를 완결된 반응식의 계수로 나누어야 한다.

풀이 P_4가 1몰 생성될 때마다 PH_3 4 mol이 소비되기 때문에 P_4의 생성 속도는 PH_3의 소모 속도의 단지 4분의 1이다. 유사하게 PH_3는 H_2가 생성되는 속도의 6분의 1의 속도로 소비된다.

$$\text{반응 속도} = -\frac{1}{4}\left(\frac{\Delta[PH_3]}{\Delta t}\right) = +\frac{\Delta[P_4]}{\Delta t} = +\frac{1}{6}\left(\frac{\Delta[H_2]}{\Delta t}\right)$$

고려사항 화학 반응의 속도를 결정할 때 (1) 물질이 반응물 또는 생성물인지와 (2) 반응에 대한 완결된 반응식에서 물질의 양론계수를 고려하여야 한다.

유제 염화나이트로실(NOCl)의 분해 반응에 대하여 각 반응물 소모와 생성물 생성의 상대적인 속도는 얼마인가?

$$2\ NOCl(g) \rightarrow 2\ NO(g) + Cl_2(g)$$

14.1절 확인문제

1. 다음 반응에서 NO(g)와 O_2(g)의 소멸 속도를 비교하시오.

$$2\ NO(g) + O_2(g) \rightarrow 2\ NO_2(g)$$

(a) 속도는 같다.

(b) NO(g)의 소멸 속도는 O_2(g) 소멸 속도의 2배다.

(c) NO(g)의 소멸 속도가 O_2(g) 소멸 속도의 1/2이다.
(d) 두 속도는 관계가 없다.

2. 예제 14.1에 제시된 그래프를 이용하여 1~3분 사이에서 염료의 평균 소멸 속도를 구하시오.
(a) 0.6 mol/L · min
(b) 1.2×10^{-5} mol/L · min
(c) 0.6×10^{-5} mol/L · min
(d) 1.2 mol/L · min

14.2 반응 조건과 속도

몇 가지 요인, 즉 반응물 농도, 온도, 촉매의 존재와 같은 여러 요인들이 반응 속도에 영향을 미칠 수 있다. 만일 반응물이 고체라면 반응에 이용될 수 있는 표면적이 반응 속도에 영향을 미칠 것이다.

'아이오딘 시계 반응'(그림 14.3)은 **농도와 온도의 효과**(effect of concentration and temperature)를 보여주고 있다. 반응 혼합물은 과산화수소(H_2O_2), 아이오딘화 이온(I^-), 비타민 C(ascorbic acid)와 녹말(이것은 아이오딘 I_2의 존재를 알기 위한 지시약임)을 포함하고 있다. 일련의 반응들은 H_2O_2에 의하여 아이오딘화 이온이 아이오딘으로 천천히 산화됨으로써 시작된다.

$$H_2O_2(aq) + 2\ I^-(aq) + 2\ H_3O^+(aq) \rightarrow 4\ H_2O(\ell) + I_2(aq)$$

용액 중에 I_2가 생성되자마자 비타민 C는 I_2를 빠르게 I^-로 환원시킨다.

$$2\ H_2O(\ell) + I_2(aq) + C_6H_8O_6(aq) \rightarrow C_6H_6O_6(aq) + 2\ H_3O^+(aq) + 2\ I^-(aq)$$

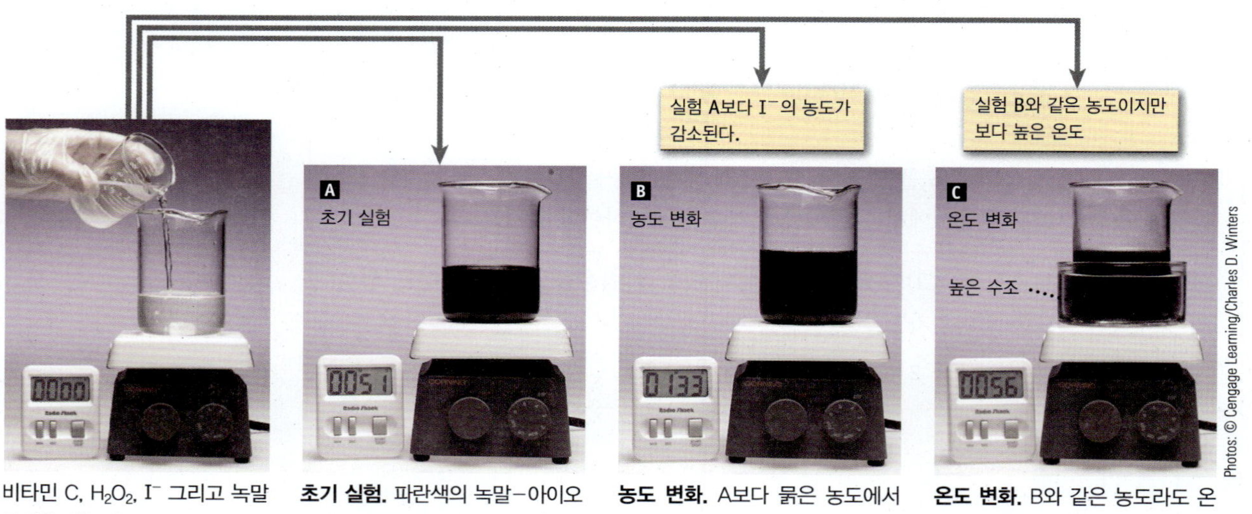

비타민 C, H_2O_2, I^- 그리고 녹말 용액을 섞는다.

초기 실험. 파란색의 녹말-아이오딘 화합물이 51초 만에 생성된다.

농도 변화. A보다 묽은 농도에서는 파란색의 녹말-아이오딘 화합물이 1분 33초에 생성된다.

온도 변화. B와 같은 농도라도 온도를 높이면 56초 만에 파란색 녹말-아이오딘 화합물이 생성된다.

그림 14.3 **아이오딘 시계 반응.** 이 반응은 반응 속도에 대한 농도와 온도의 영향을 보여준다. (여러분도 슈퍼마켓에서 파는 약품들로 이 실험을 할 수 있다. 자세한 내용은 S. W. Wright: "The vitamin C clock reaction", *Journal of Chemical Education*, Vol. 79, p. 41, 2002 참조)

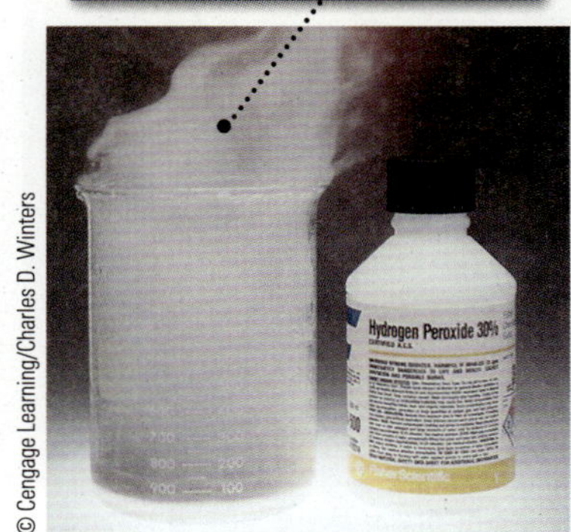

과산화수소의 분해 속도는 촉매 MnO_2에 의하여 증가된다. 여기서는 검은 고체 MnO_2 위에 부은 30 % H_2O_2 수용액이 O_2와 H_2O로 빠르게 분해된다.

폭격수 딱정벌레는 방어 메커니즘으로 H_2O_2의 촉매 분해를 이용한다.

감자에서 발견되는 효소 카탈라제를 H_2O_2 분해 반응에 이용하였다.

그림 14.4 **H_2O_2의 촉매 분해.**

모든 비타민 C가 소비되면 I_2는 용액에 그대로 남게 되고 녹말과 검푸른 착물을 형성하게 된다. 측정된 시간은 주어진 양의 비타민 C가 모두 반응하기까지 걸린 시간이다. 첫 번째 실험(그림 14.3의 A)에서 필요한 시간은 51초이다. 아이오딘화 이온의 농도가 적어졌을 때 (B), 비타민 C가 모두 소비될 때까지 걸리는 시간은 1분 33초로 길어진다. 마지막으로 농도는 실험 B와 같으나 반응 혼합물을 가열했을 때 반응은 56초로 더 빨라진다. 이 실험은 대부분의 반응에서 통용되는 두 가지 측면을 설명하고 있다.

- 반응물의 농도가 증가할 때 반응 속도는 마찬가지로 증가한다.
- 화학 반응은 높은 온도에서 더 빠르게 일어난다.

촉매(Catalyst)는 화학 반응을 빠르게 하나 자신은 변하지 않는 물질이다. 과산화수소(H_2O_2)가 물과 산소로 분해되는 반응을 살펴보자.

$$2\ H_2O_2(aq) \rightarrow O_2(g) + 2\ H_2O(\ell)$$

이 분해 반응은 매우 느리다. H_2O_2 용액은 농도가 거의 변하지 않는 상태로 몇 달 동안 저장할 수 있다. 산화망간(IV), 아이오딘화 이온 함유 염, 또는 카탈라제와 같은 생물학적 촉매, 즉 **효소**(enzyme)를 첨가하면 산소 기체가 용액으로부터 방출될 때 격렬한 기포의 발생으로 알 수 있는 것처럼 분해 반응이 빨라진다(그림 14.4).

고체 반응물의 **표면적**도 반응 속도에 영향을 미친다. 고체의 표면에 있는 분자들만이 다른 반응물과 접촉할 수 있다. 고체의 입자 크기가 작아질수록 더 많은 분자들이 고체의 표면에서 발견될 수 있다. 아주 작은 입자들은 표면적 증가에 따른 영향이 더욱 극명하게 나타난다(그림 14.5). 농부들은 사일로(silo)나 사료배합기와 같은 곡물 저장에 사용하는 밀폐공간의 공기에 분산되어 있는 미세 먼지입자의 폭발이 큰 위험 요소라는 것을 알고 있다.

그림 14.5 덩어리와 미세한 분말 형태의 석송석(lycopodium)의 대비되는 연소 속도.

일반 양치류인 석송석의 포자가 접시에 포개어 쌓여 있을 때는 불에 잘 타지 않는다.

포자를 잘게 부수어 미세한 분말로 만든 후, 화염에 분사하면 연소가 빠르게 일어난다.

14.2절 확인문제

1. 다음 중 어느 것이 화학 반응의 속도를 보통 증가시키는가?
   (a) 고체 반응물을 부수는 것
   (b) 반응물 중 하나의 농도를 감소
   (c) 온도의 상승

14.3 반응 속도에 대한 농도의 영향

반응 속도론을 공부하는 한 가지 중요한 목적은 메커니즘을 결정하는 것이다. 즉, 반응이 분자 수준에서 어떻게 일어나는지를 밝히는 것이다. 시작점은 실험에 의해 반응물 농도가 반응 속도에 어떻게 영향을 미치는지를 배우는 것이다. 반응물 농도와 반응 속도와의 관계는 **속도 방정식**(rate equation) 또는 **속도 법칙**(rate law)이라 불리는 방정식으로 표현된다.

속도 방정식

농도의 영향은 온도를 일정하게 유지한 상태에서 반응물의 농도를 변화시킬 때 반응 속도가 어떻게 영향을 받는지를 평가함으로써 결정할 수 있다. 예를 들어, N_2O_5의 NO_2와 O_2로의 분해 반응을 고려해 보자. 그림 14.2는 시간의 함수로 N_2O_5의 농도에 대한 자료를 제시하고 있다. 우리는 앞에서 $[N_2O_5] = 0.34$ mol/L일 때, N_2O_5의 순간 소멸 속도는 0.0014 mol/L라는 것을 계산하였다. 또한 $[N_2O_5] = 0.68$ mol/L일 때 순간 반응 속도는 0.0028 mol/L이다. 이는 N_2O_5의 농도를 2배로 하면 반응 속도는 2배가 됨을 의미하며, 유사한 예로 $[N_2O_5]$가 0.17 mol/L로 반으로 되면 반응 속도도 반이 되는 것을 확인할 수 있다. 이러한 결과는 이 반응의 경우 반응 속도가 반응물의 농도에 직접 비례함을 뜻한다.

$$N_2O_5 \rightarrow 2\ NO_2 + {}^1\!/_2\ O_2$$
$$\text{반응 속도} \propto [N_2O_5]$$

여기서 ∝는 '비례한다'를 의미하는 기호이다. 이러한 비례성은 다음의 속도 방정식으로 표현할 수 있다.

$$\text{반응 속도} = -\Delta[N_2O_5]/\Delta t = k[N_2O_5]$$

여기서 비례상수 k는 **속도상수**(rate constant)라 부른다. 이 속도 방정식은 반응 속도가 반응물의 농도에 비례한다는 것을 나타내고 있다. 이 방정식에 근거하여 $[N_2O_5]$가 2배로 되면, 반응 속도도 2배가 되는 것을 결정할 수 있다.

일반적으로 다음 반응에 대하여

$$a\ A + b\ B \rightarrow x\ X$$

속도 방정식은 다음 형태를 갖는다.

$$\text{속도} = k[A]^m[B]^n$$

속도 방정식은 반응 속도가 반응물의 농도에 비례하나 각각의 농도는 특정 멱수를 가지는 것을 표현하고 있다. 방정식의 멱수들은 대체로 양의 정수 값을 갖지만 음수나 분수, 또는 0일 수도 있다. 멱수는 실험적으로만 결정되어야 한다.

반응물 농도의 멱수와 양론계수. 멱수 m, n과 완결된 화학 반응식의 양론계수(a와 b)는 같을 필요가 없다는 것을 인식하는 것은 중요하다.

만일 균일한(homogeneous) 촉매가 존재한다면, 비록 촉매가 화학 반응식의 반응물 또는 생성물이 아니라 할지라도 그것들의 농도도 속도 식에 포함되어야 한다. 예를 들어 아이오딘화 이온 촉매 존재 하에서 과산화수소의 분해 반응을 생각해 보자.

$$H_2O_2(aq) \xrightarrow{I^-(aq)} H_2O(\ell) + \tfrac{1}{2}\ O_2(g)$$

실험은 이 반응의 속도 방정식이 다음과 같음을 보여준다.

$$\text{반응 속도} = -\Delta[H_2O_2]/\Delta t = k[H_2O_2][I^-]$$

여기에서 비록 완결된 화학 반응식에는 없지만 I^-의 농도가 속도 법칙에 나타나고 있다.

촉매의 성질. 촉매는 완결된 전체 반응식에 표시되지는 않지만 속도 식에는 표시될 수 있다. 예에서 도시한 바와 같이 촉매는 화학 반응식의 화살표 위에 이름 또는 기호로 표시하는 것이 일반적이다. 균일 촉매에서 균일은 촉매가 반응물과 같은 상에 있다는 것을 뜻한다. 예를 들어 H_2O_2와 I^- 모두 물에 녹아 있다.

반응 차수

특정 반응물에 대한 반응 **차수**(order)는 속도 법칙 식에서 해당 반응물 농도항의 멱수를 의미하며, **반응의 전체 반응 차수**(overall reaction order)는 모든 농도항의 거듭제곱 수(멱수)의 총합이다.

예를 들어 NO와 Cl_2의 반응을 생각해 보자.

$$NO(g) + {}^1\!/_2\ Cl_2(g) \rightarrow NOCl(g)$$

이 반응에 대하여 실험적으로 결정된 속도 법칙은 다음과 같다.

$$\text{반응 속도} = -\Delta[NO_2]/\Delta t = k[NO]^2[Cl_2]$$

이 반응은 NO에 대하여 2차이고 Cl_2에 대하여 1차이며, 전체적으로는 3차이다.

1차와 2차 반응은 흔하지만 0차 반응을 포함한 다른 반응 차수도 관찰되고 있다.

0차 반응의 예는 856 ℃의 백금 표면에서 암모니아의 분해 반응이 있다.

$$NH_3(g) \rightarrow \frac{1}{2} N_2(g) + \frac{3}{2} H_2(g)$$

암모니아의 농도가 높을 때에는 반응 속도는 NH_3 농도에 무관하다. 이 반응의 속도 법칙은 다음과 같다.

$$\text{반응 속도} = k[NH_3]^0 = k$$

반응 차수는 모든 문제 중 가장 흥미있는 것, 즉 어떻게 반응이 일어나는지에 대한 통찰력을 주기 때문에 중요하다. 이것은 14.6절에서 더 자세히 기술할 것이다.

속도상수(*k*)

속도상수(*k*)는 **주어진 온도에서** 농도와 속도를 연결시켜 주는 비례상수이다. 따라서 다양한 새로운 농도가 주어졌을 때 반응 속도를 결정할 수 있도록 하는 중요한 물리량이다. *k*를 어떻게 사용하는지 알기 위해서 암 화학치료제인 시스플라틴 $Pt(NH_3)_2Cl_2$에서 물 분자에 의한 Cl^- 이온의 치환 반응을 생각해 보자.

유사 1차 반응. 실제로 시스플라틴과 물의 반응은 반응 속도 = $k[Pt(NH_3)_2Cl_2][H_2O]$인 2차 반응이다. 그러나 만약 반응이 과량의 물에서 진행된다면 물의 농도는 반응 도중에 상당한 정도로 변하지는 않는다. 말하자면 $[H_2O]$ = 일정이다. 이러한 상황에서 반응은 유사 1차 반응 조건에서 진행된다고 말하고, 속도 법칙은 다음 방정식으로 주어진다.
반응 속도 = $k'[Pt(NH_3)_2Cl_2]$
여기서 $k' = k[H_2O]$

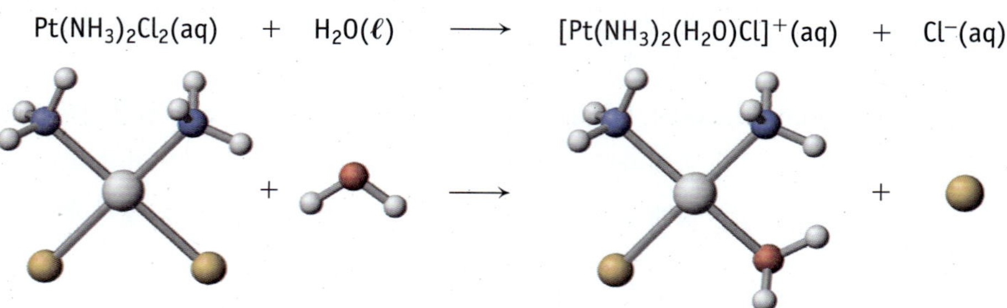

이 반응에 대한 속도 법칙은 다음과 같이 표시되고, 25 ℃에서 속도상수(*k*)는 0.27/h이다.

$$\text{반응 속도} = -\Delta[Pt(NH_3)_2Cl_2]/\Delta t = k[Pt(NH_3)_2Cl_2]$$

*k*값을 안다는 것은 특정 반응물 농도에서 반응 속도를 결정할 수 있다는 것을 의미한다. 예를 들어 $[Pt(NH_3)_2Cl_2]$ = 0.018 mol/L일 때,

$$\text{속도} = (0.27/\text{h})(0.018\ \text{mol/L}) = 0.0049\ \text{mol/L} \cdot \text{h}$$

시간과 속도상수. 속도상수에서 시간은 초, 분, 시간, 일, 년 등 어떤 것으로도 표현할 수 있다.
분수 1/시간은 시간$^{-1}$로도 쓸 수 있다. 즉, $1/y$는 y^{-1}, 1/s 는 s^{-1}과 동일하다.

앞에서 지적한대로 반응 속도($\Delta[R]/\Delta t$)는 농도가 mol/L로 주어지면 mol/L · time의 단위를 갖는다. 속도상수도 다른 항들과 일치하는 단위를 가져야 한다.

- 1차 반응의 *k* 단위: time^{-1}
- 2차 반응의 *k* 단위: L/mol · time
- 0차 반응의 *k* 단위: mol/L · time

마지막으로 반응은 참을 수 없을 정도로 느린 것부터 벼락처럼 빠른 것까지 있을 수 있음을 인식하여야 하고, 이는 *k*값이 넓은 범위에 있는 것을 반영한다. 위의 백금 반응은 25 ℃에서 *k*값이 0.27/h이다. 반면에 수크로오스는 25 ℃에서 0.0036/h의 속

도상수를 가지고 프락토오스와 글루코오스로 1차적으로 분해된다. 그리고 기체상에서 I 원자가 매우 빠르게 결합하여 I_2 분자를 생성하는 반응은 23 ℃에서 $k = 4 \times 10^{11}$ L/mol · s이다.

속도 방정식 결정

속도 방정식을 결정하는 한 가지 방법은 소위 '처음 속도 방법'을 사용하는 것이다. 처음 속도란 반응 시작 시점($t = 0$)에서의 순간 반응 속도이다. 처음 속도의 근삿값은 반응이 시작되고 한계 반응물의 1~2 %가 소비된 후 −Δ[반응물]/Δt 또는 Δ[생성물]/Δt를 결정함으로써 구할 수 있다. 반응의 처음 단계에서 속도를 결정하는 것은 처음 농도를 이미 알고 있을 뿐 아니라 반응물 또는 부반응에 의하여 발생되는 복잡함을 피할 수 있어 매우 편리한 방법이다.

처음 속도 방법에 의하여 반응 속도를 결정하는 예로 일산화질소와 염소와의 다음 반응을 고려해 보자.

$$NO(g) + \tfrac{1}{2}\,Cl_2(g) \rightarrow NOCl(g)$$

50 ℃에서 몇 번의 실험을 통하여 반응물의 농도와 이 반응의 처음 속도를 아래 표에 수집하였다.

실험	처음 농도 (mol/L)		처음 속도, −Δ[NO]/Δt (mol/L · s)
	[NO]	[Cl_2]	
1	0.250	0.250	1.43×10^{-6}
	↓×2	↓ 변화 없음	↓×4
2	0.500	0.250	5.72×10^{-6}
3	0.250	0.500	2.86×10^{-6}
4	0.500	0.500	11.4×10^{-6}

- **실험 1과 2 비교:** 만일 [Cl_2]가 일정하게 유지되고 [NO]가 2배가 되면, 반응 속도는 4배로 빨라진다. 즉, 속도는 [NO]의 제곱에 비례한다.
- **실험 1과 3 비교:** 실험 1과 3에서 [NO]는 변함이 없고 [Cl_2]가 2배가 되면 속도도 2배가 된다. 즉, 속도는 [Cl_2]에 비례한다.

이러한 실험적 관찰을 반영한 속도 법칙은 다음과 같다.

$$\text{반응 속도} = -\Delta[NO]/\Delta t = k[NO]^2[Cl_2]$$

실험 1과 4를 비교하면 결정할 수 있는 것처럼 이 방정식을 이용하여 동시에 두 화학종의 농도를 2배하면 속도는 8배 증가할 것으로 예상할 수 있다. [(1.43×10^{-6} mol/L · s) × 8 = 11.4×10^{-6} mol/L · s].

만약 속도 방정식을 알고 있으면, 속도상수(k)의 값은 속도와 농도의 값을 속도 방정식에 대입함으로써 얻을 수 있다. 처음 실험에서 NO/Cl_2 반응의 자료를 이용하여 다음을 얻을 수 있다.

$$\text{반응 속도} = 1.43 \times 10^{-6}\ \text{mol/L} \cdot \text{s} = k(0.250\ \text{mol/L})^2(0.250\ \text{mol/L})$$

$$k = \frac{1.43 \times 10^{-6}\ \text{mol/L} \cdot \text{s}}{(0.250\ \text{mol/L})^2(0.250\ \text{mol/L})} = 9.15 \times 10^{-5}\ \text{L}^2/\text{mol}^2 \cdot \text{s}$$

예제 14.3 속도 방정식 결정하기

문제 CO와 NO_2 간의 반응 속도를

$$CO(g) + NO_2(g) \rightarrow CO_2(g) + NO(g)$$

540 K에서 여러 농도의 CO와 NO_2에서 시작하여 측정하였더니, 아래의 표와 같이 얻어졌다. 속도 방정식과 속도상수 값을 결정하시오.

실험	처음 농도 (mol/L) [CO]	처음 농도 (mol/L) $[NO_2]$	처음 속도 (mol/L · h)
1	5.10×10^{-4}	0.350×10^{-4}	3.4×10^{-8}
2	5.10×10^{-4}	0.700×10^{-4}	6.8×10^{-8}
3	5.10×10^{-4}	0.175×10^{-4}	1.7×10^{-8}
4	1.02×10^{-3}	0.350×10^{-4}	6.8×10^{-8}
5	1.53×10^{-3}	0.350×10^{-4}	10.2×10^{-8}

알고 있는 사실 표에는 5번의 실험에 대한 두 반응물의 농도와 처음 속도가 표시되어 있다.

전략 여러 반응물을 포함하는 반응에서 일반적인 접근법은 한 가지 반응물의 농도를 일정하게 하고, 다른 반응물의 농도가 변함에 따라 반응 속도가 어떻게 변하는지를 결정하는 것이다. 반응 속도는 반응물 R의 농도의 n(반응 차수)승에 비례하므로 다음과 같다.

$$\text{반응 속도} \propto [R]^n$$

[R]를 2배로 하면, 실험 1에 비해 실험 2의 반응 속도가 2배가 된다면 $n = 1$이다. [R]가 2배일 때 실험 1에 비해 실험 2의 반응 속도가 4배가 된다면 $n = 2$이다. 만약 속도가 변하지 않는다면 $n = 0$이다.

풀이 처음 3번의 실험에서 CO의 농도는 일정하다. 두 번째 실험에서 NO_2 농도는 실험 1에 비해 2배이고, 반응 속도가 2배 증가하였다. 그러므로 반응은 NO_2 농도에 대해 1차이다.

이러한 결과는 실험 3에 의해 확증된다. 실험 3에서 $[NO_2]$를 반으로 줄이면 반응 속도도 반으로 감소한다.

($[NO_2]$가 일정한) 실험 1과 4의 자료는 [CO]를 2배로 하면 속도가 2배가 됨을 보여주며, 실험 1과 5의 자료는 [CO]를 3배로 하면 속도가 3배가 됨을 보여준다. 이러한 결과는 반응이 [CO]에 대해서도 1차임을 보여준다. 우리는 이 반응의 속도 식을 다음과 같이 표현할 수 있음을 알게 되었다.

$$\text{반응 속도} = k[CO][NO_2]$$

전략도 14.3

문제
주어진 **반응의 속도 방정식**과 **속도상수(k)**를 구하시오.

↓

알려진 자료/정보
- **반응물**의 **농도** 함수로 표시된 **처음 속도**를 측정한 **5번의 실험**

↓ **1단계** 반응물 **A**의 농도를 **고정**시키고 **B**의 농도를 **변화**시킨 두 실험에서 얻은 **속도상수**를 **비교**한다.

한 반응물**(B)**에 대한 **속도상수의 의존성**

↓ **2단계** 반응물 **B**의 농도를 **고정**시키고 **A**의 농도를 **변화**시킨 두 실험에서 얻은 **속도상수**를 **비교**한다.

다른 반응물**(A)**에 대한 **속도상수의 의존성**

↓ **3단계** **A**와 **B**에 대한 **속도상수 의존성**을 이용하여 **속도 방정식**을 작성한다.

속도상수 = $k[A]^n[B]^m$

↓ **4단계** 한 **실험 자료**를 **속도 방정식**에 대입하여 k값을 계산한다.

속도상수 (k) 값

반응 속도상수(k)는 속도 식에 실험 중 한 가지의 자료를 대입하여 구할 수 있다. 예를 들어 실험 1의 자료를 사용하면 다음과 같다.

$$\text{반응 속도} = 3.4 \times 10^{-8}\ \text{mol/L·h} = k(5.10 \times 10^{-4}\ \text{mol/L})(0.350 \times 10^{-4}\ \text{mol/L})$$

$$k = 1.9\ \text{L/mol·h}$$

고려사항 답을 확인하려면 2개 이상의 실험에 대하여 k를 계산하시오. k의 계산된 값이 상당히 다르면, 반응차수를 계산하는데 실수를 하였다는 것을 알게 될 것이다. 반응이 다른 온도에서 수행된다면 같은 속도 법칙을 적용할 수 있지만 속도상수(k)는 다른 값을 가지게 될 것이다.

유제 일산화질소와 산소의 다음 반응의 처음 속도($-\Delta[NO]/\Delta t$)를 25 ℃에서 다양한 NO와 O_2의 처음 농도에서 측정하였다.

$$NO(g) + {}^1/_2\, O_2(g) \rightarrow NO_2(g)$$

이 자료를 이용하여 속도 방정식을 결정하고 k값을 구하시오. 또 k의 단위는 무엇인가?

실험	처음 농도 (mol/L)		처음 속도
	[NO]	[O_2]	(mol NO/L · s)
1	0.020	0.010	0.028
2	0.020	0.020	0.057
3	0.020	0.040	0.114
4	0.040	0.020	0.227
5	0.010	0.020	0.014

예제 14.4 속도 식을 이용하여 속도 구하기

문제 예제 14.3에서 540 K에서 CO와 NO_2의 반응에 대해 결정된 속도상수와 속도방정식을 사용하여, $[CO] = 3.8 \times 10^{-4}$ mol/L와 $[NO_2] = 0.650 \times 10^{-4}$ mol/L일 때 반응의 처음 속도를 결정하시오.

알고 있는 사실 속도 방정식과 속도상수(1.9 L/mol · h), 그리고 두 반응물의 농도가 주어졌다.

전략 속도 방정식은 세 부분으로 구성된다. 즉, 속도, 속도상수(k), 농도이다. 이들 중 2개를 알면(여기서는 k와 농도), 세 번째 부분을 계산할 수 있다.

풀이 예제 14.3에서 결정된 k(= 1.9 L/mol · h)와 각 반응물의 농도를 속도 식에 대입한다.

$$\text{반응 속도} = k[CO][NO_2] = (1.9\ \text{L/mol·h})(3.8 \times 10^{-4}\ \text{mol/L})(0.650 \times 10^{-4}\ \text{mol/L})$$

$$= 4.7 \times 10^{-8}\ \text{mol/L·h}$$

고려사항 계산된 결과를 확인하기 위하여, 때로는 수학적 풀이를 수행하기 전에 답

문제해결 주요사항 14.1 속도 방정식 결정

서너 개의 반응물을 포함하는 반응에 대한 속도 방정식을 결정하려면, 일반 접근법은 한 반응물의 농도를 일정하게 유지하면서 다른 반응물의 농도를 변화하여 반응 속도가 어떻게 변하는지를 결정하는 것이다. 어떤 반응의 속도도 반응물 R의 농도에 일정한 거듭제곱수 n(반응차수)승한 것에 비례하기 때문에

$$\text{속도} \propto [R]^n$$

2개 실험에서 속도의 비에 대한 일반 방정식을 다음과 같이 쓸 수 있다.

$$\frac{\text{실험 2의 속도}}{\text{실험 1의 속도}} = \frac{[R_2]^n}{[R_1]^n} = \left(\frac{[R_2]}{[R_1]}\right)^n$$

예제 14.3의 실험을 고려하자. 두 번째 실험에서 NO_2의 농도는 실험 1에 비하여 2배가 되었고, 속도도 2배가 되었다. 자료를 일반 방정식에 대입하면 $n = 1$이라는 결과를 확인하게 된다.

$$\frac{\text{실험 2의 속도}}{\text{실험 1의 속도}} = \frac{6.8 \times 10^{-8}\ \text{mol/L} \cdot \text{h}}{3.4 \times 10^{-8}\ \text{mol/L} \cdot \text{h}} = \left(\frac{0.700 \times 10^{-4}}{0.350 \times 10^{-4}}\right)^n$$

$$2 = (2)^n$$

$n = 1$ 왜냐하면 $2 = (2)^1$

을 추측하는 것이 유용하다. 이 반응이 두 반응물 모두에 대해 1차임을 우리는 알고 있다. 예제 14.3의 실험 1에서 주어진 농도 값을 이 문제에서 주어진 농도 값과 비교하면, [CO]는 약 3/4배, $[NO_2]$는 거의 2배임을 알 수 있다. 효과는 정확히 서로 상쇄되지는 않는다. 그러나 이 실험의 속도가 약간 더 크기는 하겠지만, 이 실험과 실험 1 간의 속도 차이는 꽤 작을 것으로 예측할 수 있다. 계산 결과는 이를 입증한다.

유제 다음 반응의 속도상수(k)가 0.27 h^{-1}이고

$$Pt(NH_3)_2Cl_2(aq) + H_2O(\ell) \rightarrow [Pt(NH_3)_2(H_2O)Cl]^+(aq) + Cl^-(aq)$$

속도 방정식은 다음과 같다.

$$\text{반응 속도} = k[Pt(NH_3)_2Cl_2]$$

$Pt(NH_3)_2Cl_2$의 농도가 0.020 M일 때 반응 속도를 계산하시오.

14.3절 확인문제

1. $NO(g) + 1/2\ Cl_2(g) \rightarrow NOCl(g)$ 반응은 $[Cl_2]$에 대하여 1차 반응이고, [NO]에 대하여 2차 반응이다. 주어진 조건에서 이 반응의 처음 속도는 6.20×10^{-6} mol/L · s이다. [NO]의 농도가 2배로 증가하고 $[Cl_2]$의 농도가 1/2로 감소하는 경우 이 반응의 속도는 얼마인가?

(a) 6.20×10^{-6} mol/L · s (b) 1.24×10^{-5} mol/L · s
(c) 2.48×10^{-5} mol/L · s (d) 4.96×10^{-5} mol/L · s

14.4 농도-시간 관계: 적분 속도 법칙

반응물과 생성물의 농도가 미리 결정된 농도에 도달하는 데 걸리는 시간이 얼마인지, 또는 어떤 시간이 경과한 후 반응물과 생성물의 농도가 얼마인지 아는 것은 화

학자들에게 중요하다. 이러한 이유 때문에 시간과 농도의 관계를 수학적으로 표시한 식(그림 14.2의 농도—시간 곡선을 나타내는 식)을 얻는 것이 중요하다. 이 식을 이용하여 우리는 주어진 시간에서의 농도를 계산하거나 반응물이 주어진 양만큼 반응하는 데 필요한 시간을 계산할 수 있다.

1차 반응

반응 'R → 생성물'이 1차라고 가정하자. 이것은 반응 속도가 R의 농도의 1승에 정비례한다는 것을 의미하며, 수학적으로 다음과 같이 나타낸다.

$$-\frac{\Delta[\mathrm{R}]}{\Delta t} = k[\mathrm{R}]$$

이 과정에서 적분 계산이 사용되므로 위 관계는 **적분 속도 식**(integrated rate equation)으로 변환될 수 있으며 이는 매우 유용하다.

$$\ln\frac{[\mathrm{R}]_t}{[\mathrm{R}]_0} = -kt \qquad (14.1)$$

여기서 $[\mathrm{R}]_0$와 $[\mathrm{R}]_t$는 각각 $t = 0$과 나중 시간 t에서의 반응물의 농도이다. 농도비 $[\mathrm{R}]_t/[\mathrm{R}]_0$는 일정 시간이 경과한 후에 남아 있는 반응물의 분율이다.

식 14.1은 많은 유용한 계산을 수행하는 데 사용할 수 있다. 예를 들면,

- 어떤 시간이 경과한 후 실험실에서 $[\mathrm{R}]_t/[\mathrm{R}]_0$을 측정한다면, k를 계산할 수 있다.
- $[\mathrm{R}]_0$와 k를 알면, 주어진 시간 후에 남아 있을 것으로 생각되는 물질의 농도($[\mathrm{R}]_t$)를 계산할 수 있다.
- k를 알면, 특정 분율($[\mathrm{R}]_t/[\mathrm{R}]_0$)이 남아 있을 때까지 경과한 시간을 계산할 수 있다.

마지막으로 **1차 반응에서의 k는 농도에 무관함을 명심하라.** k는 시간$^{-1}$(예를 들어 y^{-1} 또는 s^{-1})의 단위를 갖는다. 이것은 우리가 $[\mathrm{R}]_t$와 $[\mathrm{R}]_0$에 대해 — 리터당 몰수, 몰수, 그램, 원자 수, 분자 수, 또는 기체 압력 등에서 — 편리한 단위를 선택할 수 있다는 것을 의미한다.

예제 14.5 1차 속도 방정식 사용하기

문제 과거에 사이클로프로페인(C_3H_6)은 마취제인 산소와의 혼합물에 사용되었다(이러한 조치는 화합물이 인화성이어서 현재 거의 중지되었다). 가열할 때, 사이클로프로페인은 1차 과정으로 프로펜으로 재배열된다.

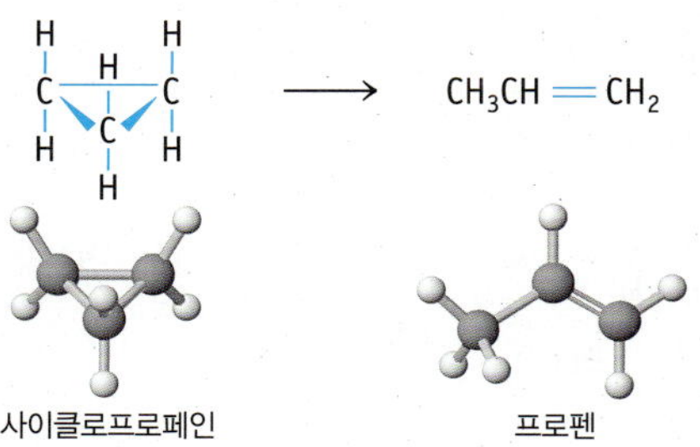

$$\text{속도} = k[\text{사이클로프로페인}] \quad k = 2.42\ \text{h}^{-1}\,(500\ ^\circ\text{C})$$

만약 사이클로프로페인의 처음 농도가 0.050 mol/L이면, 이것의 농도가 0.010 mol/L로 줄어들기까지 걸리는 시간(h)이 얼마인가?

알고 있는 사실 반응은 사이클로프로페인에 대하여 1차이다. 속도상수, k와 이 반응물의 처음과 나중 농도를 알고 있다.

전략 식 14.1을 이용하여 0.010 mol/L에 도달할 때 소요되는 시간(t)을 계산한다.

풀이 [사이클로프로페인]$_t$, [사이클로프로페인]$_0$와 k값을 식 14.1에 대입한다. t(시간)는 미지수다.

$$\ln\frac{[0.010]}{[0.050]} = -(2.42\ \text{h}^{-1})t$$

$$t = \frac{-\ln(0.20)}{2.42\ \text{h}^{-1}} = \frac{-(-1.61)}{2.42\ \text{h}^{-1}} = 0.665\ \text{h}$$

고려사항 3개 또는 4개의 CH_2기를 가진 탄소 고리 화합물(사이클로알케인)에서는 C—C—C 결합 각도가 선호하는 109.5°로 될 수 없기 때문에 무리(strain)가 존재한다. 따라서 에너지가 가해지면 사이클로프로페인 고리가 쉽게 열린다.

유제 설탕인 수크로오스는 산성 용액에서 분해되어 글루코오스와 프락토오스로 분해된다. 반응은 수크로오스에 대하여 1차이고, 25 ℃에서 속도상수는 $k = 0.21\ \text{h}^{-1}$이다. 수크로오스의 처음 농도가 0.010 mol/L이면 5.0 h 후에 농도가 얼마인가?

예제 14.6 1차 속도 방정식 사용하기

문제 과산화수소는 20 ℃ 묽은 수산화소듐 용액에서 1차 반응으로 분해된다.

$$H_2O_2(aq) \rightarrow H_2O(\ell) + \tfrac{1}{2}\,O_2(g)$$

$$\text{반응 속도} = k[H_2O_2] \quad k = 1.06 \times 10^{-3}\ \text{min}^{-1}$$

정확히 100분 후에 남아 있는 분율은 얼마인가? H_2O_2의 처음 농도가 0.020 mol/L라면 정확히 100분 후에 남아 있는 과산화수소의 농도는 얼마인가?

알고 있는 사실 이 반응은 1차 반응이다. 반응 속도상수 k, 처음 H_2O_2의 농도와 경과한 시간이 주어져 있다.

전략 반응이 H_2O_2에 대해 1차이므로, 식 14.1을 사용한다. 여기서 $[H_2O_2]_0$, k, t를 알고 있고, $[H_2O_2]_t$를 구하라는 것이다. 그러므로 일단 남아 있는 분율을 알면 $[H_2O_2]_0$를 알고 있으므로, $[H_2O_2]_t$를 계산할 수 있다.

풀이 알려진 값을 식 14.1에 대입한다.

$$\ln\frac{[H_2O_2]_t}{[H_2O_2]_0} = -kt = -(1.06 \times 10^{-3}\ \text{min}^{-1})(100.\ \text{min})$$

$$\ln\frac{[H_2O_2]_t}{[H_2O_2]_0} = -0.106$$

-0.106의 역로그를 취하면 [즉, $\ln(-0.106)$의 역, 또는 $e^{-0.106}$], 남아 있는 분율은 0.90으로 계산된다.

$$\text{남아 있는 분율} = \frac{[H_2O_2]_t}{[H_2O_2]_0} = 0.90$$

남아 있는 분율은 0.90이고, 따라서 남아 있는 H_2O_2의 농도는 처음 농도의 90 %이다.

$$[H_2O_2]_t = 0.90\,[H_2O_2]_0 = 0.90(0.020\ \text{mol/L}) = 0.018\ \text{mol/L}$$

고려사항 H_2O_2가 비록 불안정하지만 분해 속도는 매우 느리고, 특히 묽은 용액에서 더 그렇다. 그러나 수산화소듐은 분해를 촉진한다. 시간의 함수로 발생하는 O_2 기체의 부피를 측정함으로써 반응 속도를 연구할 수 있다.

유제 기체 아조메테인($CH_3N_2CH_3$)은 가열하면 에테인과 질소로 분해된다.

$$CH_3N_2CH_3(g) \rightarrow CH_3CH_3(g) + N_2(g)$$

아조메테인이 없어지는 반응은 600 K에서 1차 반응이며 $k = 3.6 \times 10^{-4}\ s^{-1}$이다.

(a) 기체 $CH_3N_2CH_3$를 플라스크에 넣고 600 K에서 150초 동안 가열했다. 반응 후에 남아 있는 처음 시료의 분율은 얼마인가?
(b) 99 %의 시료가 분해되려면 얼마나 오래 시료를 가열해야 하는가?

2차 반응

반응 'R → 생성물'이 2차라고 가정하자. 속도 방정식은 다음과 같다.

$$-\frac{\Delta[R]}{\Delta t} = k[R]^2$$

이 관계식은 다음과 같이 반응물 농도와 시간의 관계식으로 변환될 수 있다.

$$\frac{1}{[R]_t} - \frac{1}{[R]_0} = kt \qquad (14.2)$$

1차 반응에서 사용한 것과 같은 기호가 적용된다. $[R]_0$는 $t = 0$에서의 반응물의 농도이고, $[R]_t$는 시간 t에서의 반응물의 농도이며, k는 2차 속도상수(단위는 L/mol · time)이다.

예제 14.7 2차 적분 속도 방정식 사용하기

문제 HI의 기체상 분해 반응은 다음과 같다.

$$HI(g) \rightarrow \tfrac{1}{2} H_2(g) + \tfrac{1}{2} I_2(g)$$

속도 방정식은

$$-\frac{\Delta[HI]}{\Delta t} = k[HI]^2$$

여기서 443 ℃에서 $k = 30$ L/mol · min이다. 443 ℃에서 HI의 농도가 0.010 mol/L

에서 0.0050 mol/L로 감소하는 데 걸리는 시간은 얼마인가?

알고 있는 사실 2차 반응에는 식 14.2를 이용한다. 속도상수(k), 처음 및 나중의 HI 농도가 주어졌고 경과한 시간은 모른다.

전략 $[HI]_0$, $[HI]_t$, k값을 식 14.2에 대입한다.

풀이 여기서 $[HI]_0 = 0.010$ mol/L이고, $[HI]_t = 0.0050$ mol/L이다. 식 14.2를 사용하면 다음을 얻는다.

$$\frac{1}{0.0050\ \text{mol/L}} - \frac{1}{0.010\ \text{mol/L}} = (30.\ \text{L/mol}\cdot\text{min})t$$

$$(2.0 \times 10^2\ \text{L/mol}) - (1.0 \times 10^2\ \text{L/mol}) = (30.\ \text{L/mol}\cdot\text{min})t$$

$$t = 3.3\ \text{minutes}$$

고려사항 이 문제의 풀이에서 각 물리량의 단위를 계속 추적한다. 이렇게 하면 경과한 시간은 단위가 분이 된다.

유제 예제 15.7에 주어진 HI 분해 반응 속도상수를 사용하여, $[HI]_0 = 0.010$ mol/L일 때 12분 후에 HI의 농도를 계산하시오.

0차 반응

반응 'R → 생성물'이 0차라고 가정하자. 속도 식은 다음과 같다.

$$-\frac{\Delta[R]}{\Delta t} = k[R]^0$$

이 식은 다음의 적분 속도 방정식으로 변환될 수 있다.

$$[R]_0 - [R]_t = kt \qquad (14.3)$$

여기서 k의 단위는 mol/L · s이다.

반응 차수와 속도상수를 결정하는 그래프 법

직선의 기울기 구하기.

화학자는 그래프 방법을 이용하여 반응의 차수와 속도상수를 결정하는 것이 편리하다는 것을 알았다. 식 14.1, 14.2, 14.3에서 약간만 바꾸어 보면, 이 식들 각각은 $y = mx + b$의 형태를 갖는다. 이것은 m이 기울기이고 b가 y 절편(x가 0일 때 y의 값)인 직선의 방정식이다. 여기서 각 경우에 $x = t$이다.

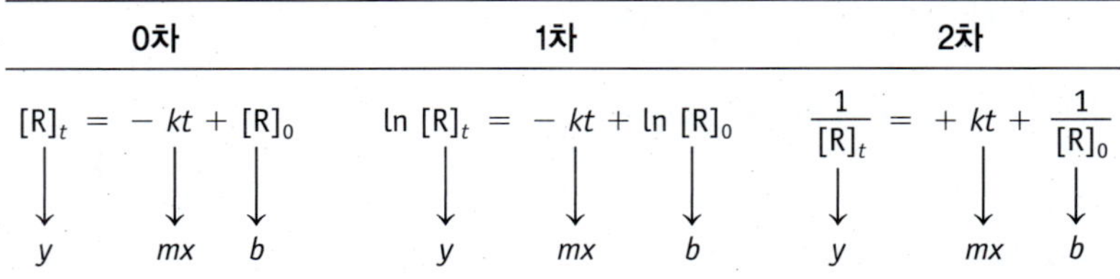

0차	1차	2차
$[R]_t = -kt + [R]_0$	$\ln [R]_t = -kt + \ln [R]_0$	$\frac{1}{[R]_t} = +kt + \frac{1}{[R]_0}$
y ← $[R]_t$, mx ← $-kt$, b ← $[R]_0$	y ← $\ln [R]_t$, mx ← $-kt$, b ← $\ln [R]_0$	y ← $\frac{1}{[R]_t}$, mx ← $+kt$, b ← $\frac{1}{[R]_0}$

반응 차수를 결정하기 위한 그래프 방법의 예로서, 아조메테인 분해를 생각해 보자.

표 14.1 반응 종류 'R ⟶ 생성물'의 고유 성질

차수	속도 식	적분 속도 식	직선 도시	기울기	k 단위
0	$-\Delta[R]/\Delta t = k[R]^0$	$[R]_0 - [R]_t = kt$	$[R]_t$ 대 t	$-k$	mol/L · time
1	$-\Delta[R]/\Delta t = k[R]^1$	$\ln([R]_t/[R]_0) = -kt$	$\ln[R]_t$ 대 t	$-k$	1/time
2	$-\Delta[R]/\Delta t = k[R]^2$	$(1/[R]_t) - (1/[R]_0) = kt$	$1/[R]_t$ 대 t	k	L/mol · time

$$CH_3N_2CH_3(g) \rightarrow CH_3CH_3(g) + N_2(g)$$

600K에서 아조메테인의 분해 반응에서 시간에 따라 아조메테인의 부분 압력이 감소하였다(그림 14.6). (압력은 주어진 온도와 부피에서 농도에 비례한다고 10장에 기술되었음을 상기하시오.) $\ln P(CH_3N_2CH_3)$와 시간의 그래프인 그림 14.6a에서 도시된 바와 같이, 반응이 $CH_3N_2CH_3$에 대해 1차라는 것을 보여주는 직선을 만든다. 직선의 기울기는 측정될 수 있고, 기울기의 음수는 반응 속도상수 $3.6 \times 10^{-4}\ s^{-1}$와 같다.

NO_2의 분해 반응은 2차 과정이다.

$$NO_2(g) \rightarrow NO(g) + \tfrac{1}{2}O_2(g)$$

$$\text{반응 속도} = k[NO_2]^2$$

이러한 사실은 $1/[NO_2]$ 대 시간의 그래프가 직선임을 보여줌으로써 증명될 수 있다(그림 14.6b). 여기서 직선의 기울기는 k와 같다.

0차 반응(그림 14.6c)에서는, 농도 대 시간의 그래프는 기울기가 음의 속도상수와 동일한 직선이 얻어진다.

0차, 1차, 2차 반응에 대한 수학적 관계는 표 14.1에 요약되어 있다.

반감기와 1차 반응

반응의 **반감기**(half-life, $\boldsymbol{t_{1/2}}$)는 반응물의 농도가 처음값의 절반으로 감소하는 데 필요한 시간이다. 반감기는 반응물이 화학 반응에서 소모되는 속도를 기술하는 편리한 방법이다. **반감기가 길수록, 반응은 느리다.** 반감기는 1차 과정을 다룰 때 주로 사용된다.

반감기 $t_{1/2}$는 남아 있는 반응물 R의 분율이 1/2일 때의 시간이다.

$$[R]_t = \tfrac{1}{2}[R]_0 \quad \text{또는} \quad \frac{[R]_t}{[R]_0} = \tfrac{1}{2}$$

여기서 $[R]_0$는 처음 농도이고 $[R]_t$는 반응이 반만 완결된 후의 농도이다. 1차 반응에 대한 $t_{1/2}$을 계산하기 위하여, $[R]_t/[R]_0 = 1/2$과 $t = t_{1/2}$을 적분 1차 속도 식에 대입하면(식 14.1),

$$\ln(\tfrac{1}{2}) = -kt_{1/2} \quad \text{또는} \quad \ln 2 = kt_{1/2}$$

이 식을 바꿔보면(ln 2 = 0.693을 대입하여) 반감기와 1차 속도상수에 대한 유용

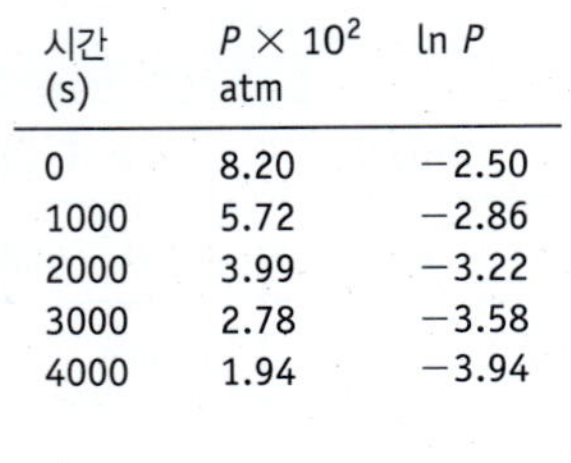

시간 (s)	$P \times 10^2$ atm	ln P
0	8.20	−2.50
1000	5.72	−2.86
2000	3.99	−3.22
3000	2.78	−3.58
4000	1.94	−3.94

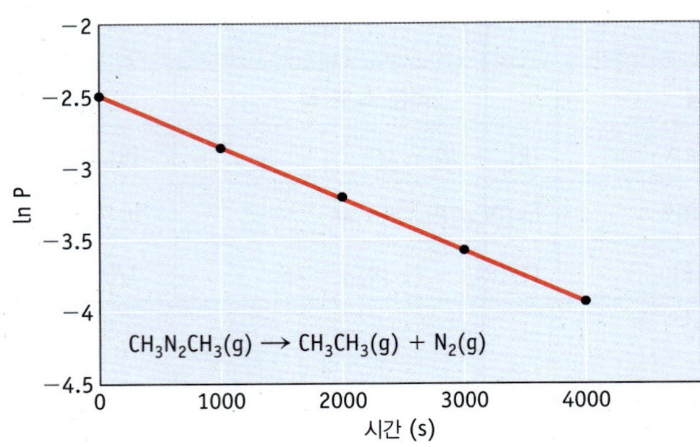

반응 속도 $= k[CH_3N_2CH_3]$

기울기 $= -k$

$$= \frac{[(-3.76) - (-3.04)]}{(3500 - 1500)\ s}$$

$$k = 3.6 \times 10^{-4}\ s^{-1}$$

(a) 1차 반응. 아조메테인의 분해 반응에서 $CH_3N_2CH_3$ 압력의 자연로그 대 시간으로 도시하면, 그 결과는 음의 기울기를 갖는 직선으로 나타난다. 이것은 1차 반응임을 확인해 준다. 속도상수 $k = -$기울기이다.

시간 (s)	$[NO_2]$ (mol/L)	$1/[NO_2]$ (L/mol)
0	0.020	50
30	0.015	67
60	0.012	83
90	0.010	100
120	0.0087	115

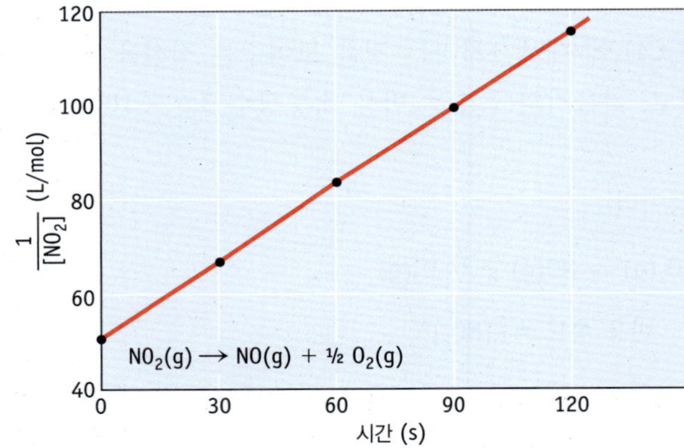

반응 속도 $= k[NO_2]^2$

기울기$= k$

$$= \frac{(105 - 61)\ mol/L}{(100 - 20)\ s}$$

$$k = 0.55\ L/mol \cdot s$$

(b) 2차 반응. NO_2 분해 반응에서 $1/[NO_2]$ 대 시간의 그래프를 그리면 직선이 얻어진다. 속도상수 $k =$ 기울기이다.

시간 (s)	$[NH_3]$ (mmol/L)
200	1.75
280	1.65
600	1.15
750	0.94
800	0.85
900	0.70

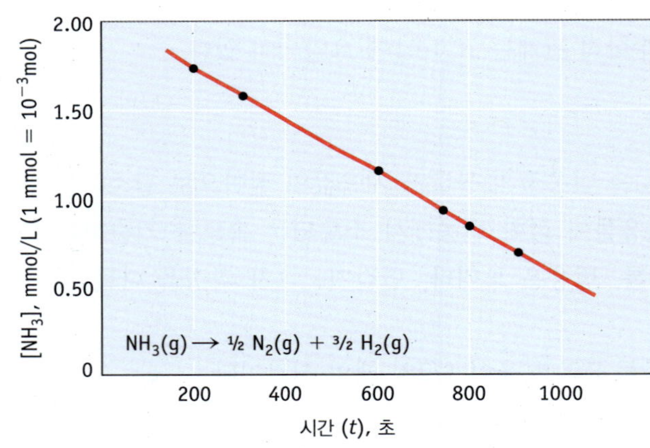

반응 속도 $= k[NH_3]^0$

기울기$= -k$

$$= \frac{(0.540 - 1.29)\ mmol/L}{(1000 - 500)\ s}$$

$$= -1.5 \times 10^{-3}\ mmol/L \cdot s$$

$$k = 1.5 \times 10^{-3}\ mmol/L \cdot s$$

(c) 0차 반응. 856 ℃의 금속 표면에서 NH_3의 분해 반응에서 암모니아의 농도, $[NH_3]$와 시간의 그래프는 직선이며, 이는 0차 반응을 의미한다. 속도상수 $k = -$기울기이다.

그림 14.6 **반응 차수를 결정하는 그래프 방법.**

한 식이 얻어진다.

$$t_{1/2} = \frac{0.693}{k} \tag{14.4}$$

이 식은 1차 반응의 중요한 특징을 보여준다. **$t_{1/2}$은 농도에 무관하다.**

반감기의 개념을 설명하기 위하여, 아조메테인($CH_3N_2CH_3$)의 1차 분해 반응을 생각해 보자.

$$CH_3N_2CH_3(g) \rightarrow CH_3CH_3(g) + N_2(g)$$

$$\text{반응 속도} = k[CH_3N_2CH_3],\ k = 3.6 \times 10^{-4}\ s^{-1}(600\ K\text{에서})$$

반응 속도상수(k)가 $3.6 \times 10^{-4}\ s^{-1}$일 때, 반감기는 1.9×10^3 s 또는 32분으로 계산할 수 있다.

$$t_{1/2} = \frac{0.693}{3.6 \times 10^{-4}\ s^{-1}} = 1.9 \times 10^3\ s\ (\text{또는 } 32\text{min})$$

그림 14.7에서, 아조메테인의 부분 압력은 시간의 함수로 도시되었고, 이 그래프는 P(아조메테인)이 32분마다 반으로 감소하는 것을 보여준다. 처음 부분 압력은 820 mm Hg이지만, 32분 후에 410 mm Hg로 떨어지고, 또 32분 후에 205 mm Hg로 감소한다. 즉, 두 번의 반감기 후에(64분), 압력은 $(1/2) \times (1/2) = (1/2)^2 = 1/4$ 또는 처음 압력의 25 %이다. 세 번의 반감기 후에 압력은 102 mm Hg 또는 처음값의 12.5 %로 떨어졌고, 초기 값의 $(1/2) \times (1/2) \times (1/2) = (1/2)^3 = 1/8$과 동일하다.

속도상수 값으로부터 반응이 빠른지 느린지를 아는 것은 어렵다. 속도상수의 값 $k = 3.6 \times 10^{-4}\ s^{-1}$으로부터, 아조메테인의 분해 반응이 완결되는 데 몇 초가 걸릴지, 몇 분이 걸릴지, 몇 시간이 걸릴지, 수 일이 걸릴지를 말할 수 있는가? 아마도 말할 수 없겠지만, 이 반응(32분)에 대해 반감기의 값으로부터 평가될 수 있다. 이제 반응물이 거의 다 소모되는 것을 보려면 몇 시간을 기다려야만 함을 알 수 있다.

반감기와 방사능. 반감기는 방사성 원소를 다룰 때 종종 나오는 용어이다. 방사성 붕괴는 1차 과정이며, 반감기는 대개 방사성 원소가 얼마나 빨리 붕괴하는지를 나타내는 데 사용된다. 20장과 예제 14.9를 참고하시오.

다른 반응 차수에 대한 반감기 식

0차 반응에서는, R → 생성물

$$t_{1/2} = \frac{[R]_0}{2k}$$

2차 반응에서는, R → 생성물

$$t_{1/2} = \frac{1}{k[R]_0}$$

이 두 경우 반감기는 처음 농도에 따라 결정됨에 주목하시오.

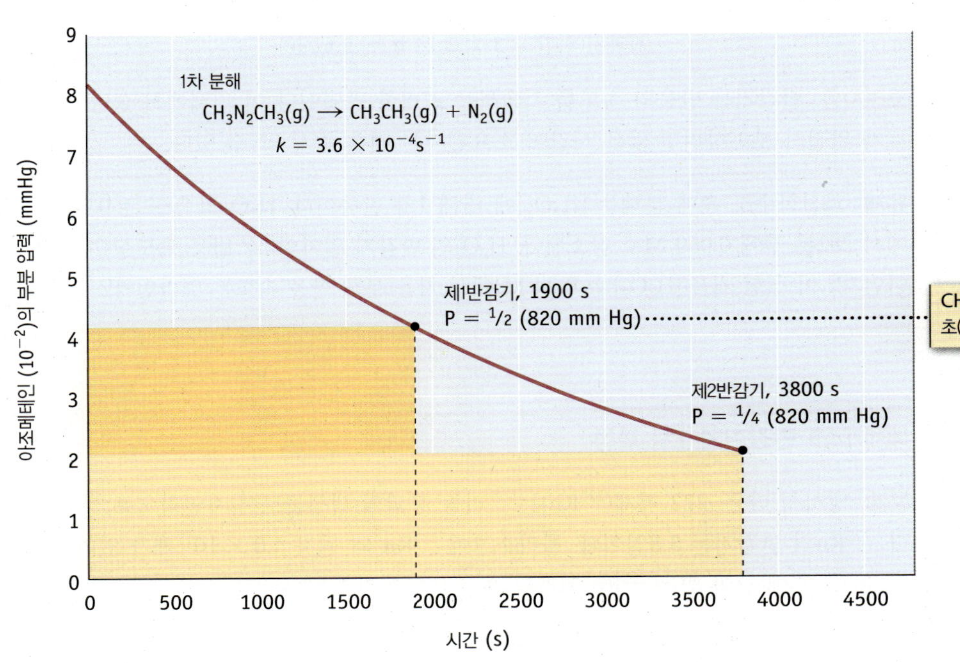

그림 14.7 1차 반응의 반감기. 여기서 압력 대 시간의 그래프는 다른 1차 반응의 농도 대 시간의 그래프와 유사하다.

예제 14.8 반감기와 1차 과정

문제 설탕($C_{12}H_{22}O_{11}$)은 다음 속도 법칙에 따라 산 용액에서 분해되어 포도당과 과당으로 분해된다.

$$\text{반응 속도} = k[C_{12}H_{22}O_{11}] \qquad k = 0.216\ h^{-1}(25\ °C)$$

(a) 이 온도에서 $C_{12}H_{22}O_{11}$의 반감기는 얼마인가?
(b) $C_{12}H_{22}O_{11}$의 처음 농도의 87.5 %가 분해되는 데 필요한 시간은 얼마인가?

알고 있는 사실 설탕의 분해는 1차 반응이다. 이 반응의 속도상수(25°C)는 주어져 있다.

전략 (a) 식 14.4을 사용하여, 속도상수로부터 반감기를 계산한다. (b) 설탕의 87.5 %가 분해된 후에 12.5 %(시료의 1/8)가 남는다. 이 점에 도달하기 위하여, 세 번의 반감기가 필요하다.

반감기	남아 있는 분율
1	0.5
2	0.25
3	0.125

그러므로 (a)에서 구한 반감기에 3을 곱하시오.

풀이
(a) 반응의 반감기는

$$t_{1/2} = \frac{0.693}{k} = \frac{0.693}{0.216\ h^{-1}} = 3.21\ h$$

(b) 남아 있는 분율이 0.125가 되려면 세 번의 반감기를 경과해야 하므로

$$\text{경과된 시간} = 3 \times 3.21\ h = 9.63\ h$$

고려사항 반감기는 반응의 속도를 기술하는 편리한 방법이다 이 예제에서 설탕의 시료가 완전히 분해하려면 많은 시간이 소요된다는 것을 즉시 알 수 있다.

유제 과산화수소 촉매 분해는 $[H_2O_2]$에 대해 1차 반응이다. H_2O_2의 농도는 0.24 M에서 282분 후에 0.060 M로 감소된다. H_2O_2의 반감기 얼마인가? 반응 속도상수는 얼마인가? 이 실험 처음($[H_2O_2]$ = 0.24 M)에서 처음 분해 반응 속도는 얼마인가?

예제 14.9 반감기와 1차 과정

문제 방사성 라돈–222 기체(^{222}Rn)는 우라늄 붕괴의 생성물로서 자연적으로 생성된다. ^{222}Rn의 반감기는 3.8일이다. 플라스크에 ^{222}Rn 의 원자 4.0×10^{13}개가 있다. 한 달(30일) 후에 남아 있는 ^{222}Rn 원자의 수는 얼마인가?

알고 있는 사실 모든 방사성 붕괴 과정은 1차 반응 속도를 따른다. ^{222}Rn의 반감기와

최초에 존재하였던 원자 수는 알고 있다.

전략 식 14.1을 사용하고 처음의 원자 수(= $[R]_0$), 경과 시간(30일) 및 속도상수를 알고 있으므로, 남아 있는 원자 수(= $[R]_t$)를 계산할 수 있다. 우선 속도상수(k)는 식 14.4를 사용하여 반감기로부터 계산할 수 있다.

풀이 속도상수 k는

$$k = \frac{0.693}{t_{1/2}} = \frac{0.693}{3.8\ \text{d}} = 0.18\ \text{d}^{-1}$$

그 다음 식 14.1을 사용하여 30일 후에 남아 있는 원자수를 계산한다.

$$\ln \frac{[\text{Rn}]_t}{4.0 \times 10^{13}\ \text{원자}} = -(0.18\ \text{d}^{-1})(30.\ \text{d}) = -5.5$$

$$\frac{[\text{Rn}]_t}{4.0 \times 10^{13}\ \text{원자}} = e^{-5.5} = 0.0042$$

$$[\text{Rn}]_t = 2 \times 10^{11}\ \text{원자}$$

고려사항 30일은 대략 이 원소의 8번의 반감기에 해당한다. 이것은 한 달 후에 존재하는 원자의 수는 대략 원래 원자 수의 $(1/2)^8$, 즉 1/256임을 의미한다.

유제 아메리슘은 연기 검출기와 악성 종양의 치료약에 사용된다. 아메리슘의 한 가지 동위원소 ^{241}Am은 방사성 붕괴 속도상수가 0.0016 y^{-1}이다. 이와 대조적으로, 갑상선 기능 연구에 사용되는 방사성 아이오딘–125는 붕괴 속도상수가 0.011 d^{-1}이다.

(a) 이들 동위원소의 반감기는 얼마인가?
(b) 어느 원소가 더 빨리 붕괴하는가?
(c) 아이오딘–125 방사선량이 1.6×10^{15} 원자 수에 해당한다면, 2.0일 후에 남아 있는 원자 수는 얼마인가?

전략도 14.9

문제

주어진 시간 후에 방사성 동위 원소 **원자의 나중 개수**를 구하시오.

↓

알려진 자료/정보

- 붕괴에 대한 반감기
- 원자의 처음 개수
- 경과한 시간

1단계 식 14.4를 사용하여 $t_{1/2}$에서 k를 계산한다.

↓

k의 값

2단계 식 14.1을 사용하여 k, $[R]_0$, 과 t로부터 $[R]_t$를 계산한다.

↓

$[R]_t$의 값(시간 t 후, 방사성 동위원소 **원자의 나중 개수**)

14.4절 확인문제

1. N_2O_5 분해는 1차 과정이다. 시료의 99 %가 분해하는 데 필요한 반감기의 수는 얼마인가?

(a) 7 (b) 6과 7 사이
(c) 5 (d) 5와 6 사이

2. 다음 중 어느 것이 SO_2Cl_2의 분해(SO_2와 Cl_2로 분해)가 1차 과정임을 확인하게 될 것인가?

(a) $[SO_2Cl_2]$와 시간의 그래프가 곡선이다.
(b) $\ln[SO_2Cl_2]$와 시간의 그래프가 곡선이다.
(c) $1/[SO_2Cl_2]$와 시간의 그래프가 직선이다.
(d) $\ln[SO_2Cl_2]$와 시간의 그래프가 직선이다.

3. 573 K에서 $NO_2(g)$의 분해 반응의 반응식은 $2\ NO_2(g) \rightarrow 2\ NO(g) + O_2(g)$이다. 아래의 농도–시간 자료를 이용하여 $[NO_2]$에 대한 반응 차수를 결정하시오.

심층 학습 속도 법칙, 속도 상수와 반응양론

정량적으로 반응 속도는 이해하기 쉽다. 이것은 반응물과 생성물의 농도 변화를 나타낸다. 그러나 정량적으로 반응 속도를 다룰 때 반응양론에 대하여 명확한 것이 필요하다.
앞에서 언급한 반응인 N_2O_5의 1차 분해를 고려해 보자.

$$N_2O_5(g) \rightarrow 2\ NO_2(g) + \tfrac{1}{2}\ O_2(g)$$

반응 속도는 다음과 같이 표현될 수 있다(그리고 실험실에서 측정될 수 있다).

$$\text{속도} = -\left(\frac{\Delta[N_2O_5]}{\Delta t}\right) = +\frac{1}{2}\left(\frac{\Delta[NO_2]}{\Delta t}\right) = +2\left(\frac{\Delta[O_2]}{\Delta t}\right)$$

만약 반응 속도의 척도로서 N_2O_5의 소멸을 추적하고 속도의 정의를 위의 양론에 근거한다고 하면 다음과 같은 속도 법칙의 미분형 태로 써야만 한다.

$$\text{속도} = -\left(\frac{\Delta[N_2O_5]}{\Delta t}\right) = k[N_2O_5]$$

이러한 정의에서 적분 속도식은 다음과 같이 된다.

$$\ln\frac{[N_2O_5]_t}{[N_2O_5]_0} = -kt$$

또한 반감기 식은 다음과 같다.

$$t_{1/2} = 0.693/k$$

그러나 N_2O_5의 분해에 대한 식으로 다음과 같이 쓸 수 있다.

$$2\ N_2O_5(g) \rightarrow 4\ NO_2(g) + O_2(g)$$

위의 추론을 마찬가지로 따르면 반응 속도는 다음과 같이 쓸 수 있다.

$$\text{속도} = -\frac{1}{2}\left(\frac{\Delta[N_2O_5]}{\Delta t}\right) = +\frac{1}{4}\left(\frac{\Delta[NO_2]}{\Delta t}\right) = +\left(\frac{\Delta[O_2]}{\Delta t}\right)$$

이것은 다음과 같은 미분 속도 법칙에 이르게 된다.

$$\text{속도} = -\frac{1}{2}\left(\frac{\Delta[N_2O_5]}{\Delta t}\right) = k'[N_2O_5]$$

이 식을 재배열하여 N_2O_5의 소멸 속도에 대하여 풀면 다음 식이 얻어진다.

$$-\left(\frac{\Delta[N_2O_5]}{\Delta t}\right) = 2k'[N_2O_5]$$

적분 속도식과 반감기 식은 다음과 같다.
적분 속도식:

$$\ln\frac{[N_2O_5]_t}{[N_2O_5]_0} = -2k't$$

반감기 식:

$$t_{1/2} = 0.693/2k'$$

2개의 다른 화학 반응식에 근거하여 유도된 미분과 적분 속도 법칙은 동일한 형태를 갖지만 k와 k'은 동일한 값을 갖지 않는 점에 주목하시오. 대신 $k = 2k'$이다. 그러나 2개를 계산하면 같은 값의 반감기를 주는데 당연하다. 반감기는 반응식이 쓰인 방식에 의존하지 않는다.
이러한 주제에 대하여 더 많은 것을 원하면 다음 문헌을 참고하시오.
K.T. Quisenberry and J. Tellinghuisen, *Journal of Chemical Education*, vol. 83, pp. 510–512, 2006.

$[NO_2]$, M	시간, min
0.20	0
0.095	5
0.063	10
0.047	15

(a) 1차 (b) 2차 (c) 0차

14.5 반응 속도에 대한 미시적 관점

화학자들은 화학적 현상을 설명하기 위해 입자 수준의 화학에 관심을 기울여 왔다. 반응 속도도 예외는 아니다. 원자 및 분자 수준에서 반응이 일어나는 방식을 살펴보는 것은 반응 속도에 미치는 여러 가지 영향에 대한 통찰력을 제공한다.

반응 속도와 관련하여 우리가 지금까지 해왔던 거시적 관찰을 검토해 보자. 수소와 산소가 스파크나 화염에 노출되었을 때 일어나는 폭발과 같은 매우 빠른 반응에서부터(그림 1.15), 수 일, 수 주, 수 년에 걸쳐서 일어나는 녹의 생성과 같이 느린 반응에 이르기까지 반응 속도의 폭넓은 차이들이 있음을 알고 있다. 어떤 특정 반응에서 반응 속도에 영향을 미치는 인자들은 반응물의 농도, 반응계의 온도, 촉매의 존재를 포함한다. 이 절에서 이들의 영향들을 **반응 속도의 충돌 이론**(collision theory of reaction rate)의 관점에서 좀 더 깊게 살펴보자. 이 이론은 반응이 일어나기 위해서는 세 가지 조건이 부합되어야 한다고 말한다.

1. 반응하는 분자들은 서로 충돌해야 한다.
2. 반응하는 분자들은 결합을 깨기에 충분한 에너지를 가지고 충돌해야 한다.
3. 분자들은 원자들이 재배열되어 생성물 생성이 일어날 수 있는 방향으로 충돌해야 한다.

충돌 이론: 농도와 반응 속도

일산화질소와 오존의 기체상 반응을 생각해 보자.

$$NO(g) + O_3(g) \rightarrow NO_2(g) + O_2(g)$$

생성물 생성이 유리한 이 반응에 대한 속도 법칙은 각각의 반응물에 대해 1차이다. 즉, 반응 속도 = $k[NO][O_3]$이다. 이 반응이 어떻게 이러한 속도 법칙을 가질 수 있는가?

기체상의 NO와 O_3 분자의 혼합물을 함유한 플라스크를 상상해 보자. 플라스크 안에서 두 종류의 분자가 빠르고 불규칙하게 운동하고 있다. 그들은 그릇의 벽에 부딪치고, 다른 분자들과 충돌한다. 반응 속도는 주로 충돌 횟수와 관련되며, 이것은 다시 농도와 관련된다(그림 14.8). NO + O_3 반응에서 한 반응물, 예를 들어 NO의 농도가 2배로 될 때, 분자의 충돌 횟수는 2배가 된다. 그림 14.8a는 반응물 중 하나(NO)의 단일 분자가 16개의 O_3 분자들 사이로 불규칙하게 움직이는 것을 보여준다. 주어진 시간 동안, 그것은 2개의 O_3 분자와 충돌한다. 그렇지만 NO 분자의 농

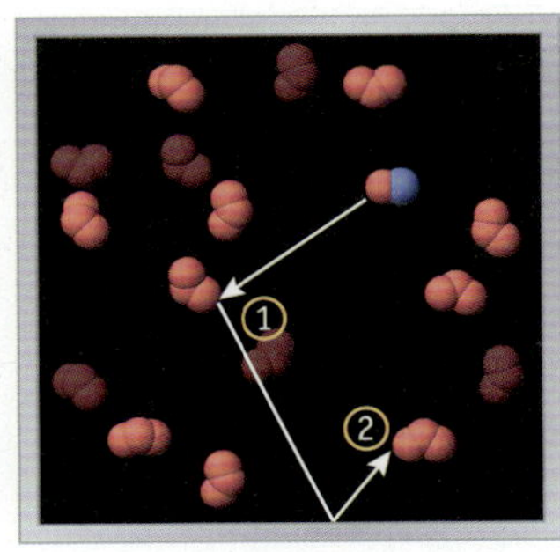

(a) 1 NO : 16 O_3 − 초당 2번 충돌

16개의 O_3 분자들 사이로 움직이는 단일 NO 분자는 초당 2개의 O_3 분자와 충돌하는 것으로 보인다.

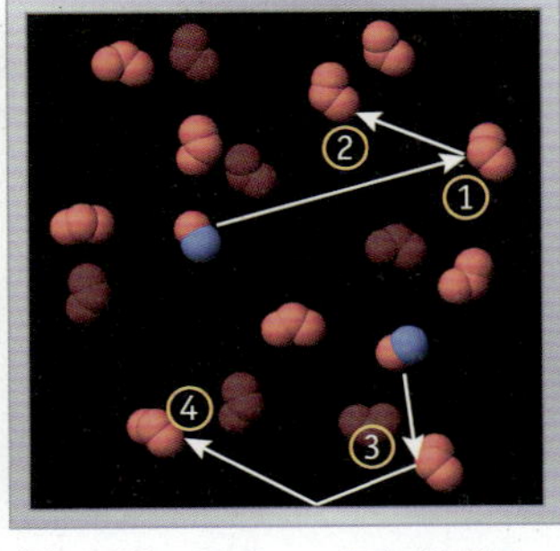

(b) 2 NO : 16 O_3 − 초당 4번 충돌

2개의 NO 분자가 16개의 O_3 분자들 사이로 움직인다면, 초당 4번의 NO—O_3 충돌이 일어나리라고 예측된다.

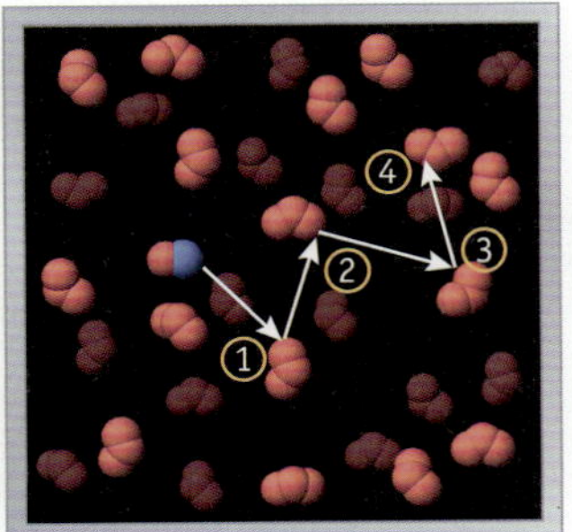

(c) 1 NO : 32 O_3 − 초당 4번 충돌

O_3 분자의 수가 2배가 되면(32), NO—O_3 충돌 빈도 또한 2배가 되어 초당 4번이 된다.

그림 14.8 분자 충돌 빈도에 대한 농도 효과.

KIRILL KUDRYAVTSEV/AFP/Getty Images

그림 14.9 화학 활성화 에너지의 비유. 배구공이 네트를 넘기 위해 선수들은 공에 충분한 에너지를 주어야 한다.

도가 2배가 되거나(그림 14.8b에서 보이는 것처럼 2로), O_3 분자의 수가 2배가 되면(그림 14.8c에서 보이는 것처럼 32로), NO—O_3 충돌 횟수가 2배가 될 것이다. 그러므로 농도에 대한 반응 속도의 의존성을 설명할 수 있다. 두 반응물 분자들 간의 충돌 횟수는 각각의 반응물의 농도에 정비례하며, 반응 속도는 각각의 반응물에 대해 일차 의존성을 보인다.

충돌 이론: 활성화 에너지

분자들은 반응하려면 최소한의 에너지가 필요하다. 화학자들은 이것을 반응이 일어나기 위해서는 반응물들이 넘어야 할 에너지 장벽으로서 가시화하여 보여 준다(그림 14.9). 장벽을 넘는 데 필요한 에너지를 **활성화 에너지**(activation energy, E_a)라고 부른다. 만일 장벽이 낮으면 필요한 에너지도 낮고, 그래서 시료 안에 있는 많은 분자들이 반응하기 위한 충분한 에너지를 갖는 것이다. 이런 경우에는 반응이 빨리 일어날 것이다. 만일 장벽이 높으면 활성화 에너지가 높고, 따라서 시료 안에는 몇몇 분자만이 충분한 에너지를 가질 것이다. 이런 경우 반응은 느릴 것이다.

활성화 에너지를 좀더 보여주기 위하여 고온에서 NO_2와 CO가 NO와 CO_2로 전환되는 것을 생각해 보자. 분자 수준에서 이 반응을 O 원자가 NO_2 분자로부터 CO 분자로 이동되는 것으로 생각할 수 있다.

$$NO_2(g) + CO(g) \rightleftharpoons NO(g) + CO_2(g)$$

이 과정을 에너지 도표나 **반응 좌표**(reaction coordinate) 도표(그림 14.10)를 사용하여 보여줄 수 있다. 수평축은 반응이 진행됨에 따른 반응물과 생성물의 성질을 나타내고, 수직축은 반응이 진행되는 동안 계의 퍼텐셜 에너지를 나타낸다. NO_2와 CO가 접근하고, O 원자의 전이가 시작되면, N—O 결합이 깨지기 시작하고 C=O 결합이 형성되기 시작한다. 이러한 반응들은 처음에 가해주는 에너지(활성화 에너지) 없이는 일어날 수 없다. 계의 에너지는 **전이 상태**(transition state)에서 최대에 도달한다. 전이 상태에서 충분한 에너지가 해당되는 결합에 집중된다. 반응물의 결합들은

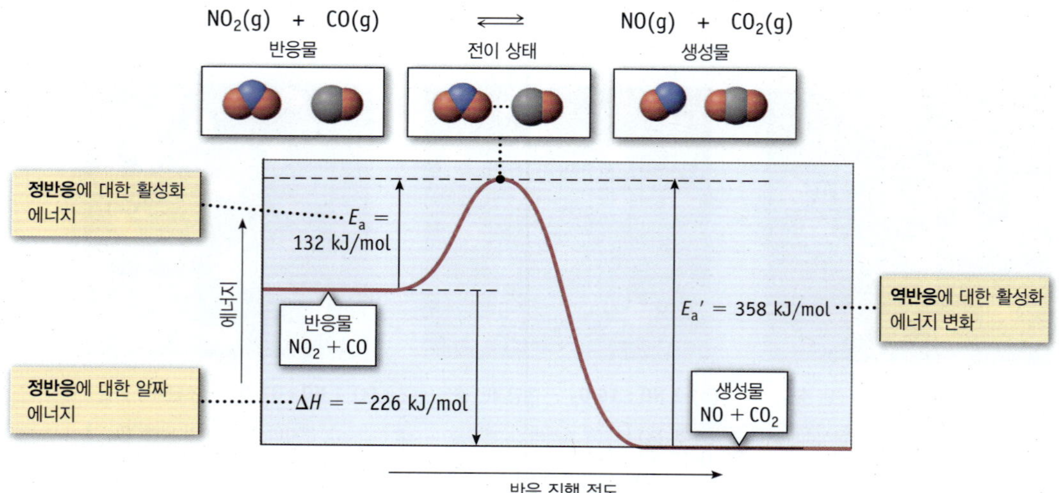

그림 14.10 NO_2와 CO가 NO와 CO_2를 생성하는 반응에서의 활성화 에너지.

이제 깨질 수 있고 새 결합들은 형성되어 생성물을 만들 수 있다. 이 계는 생성물로 가거나 또는 다시 반응물로 돌아갈 수 있는 상태에 있게 된다. 왜냐하면 이 전이 상태는 퍼텐셜 에너지가 최대이기 때문이며, 이것은 분리될 수 없다. 그러나 화학자들은 때로는 컴퓨터 분자 모델링 기법을 사용하여 전이 상태가 어떻게 생겼는가를 기술할 수 있다.

NO_2 + CO의 반응에서 에너지 장벽의 가장 높은 전이 상태에 도달하기 위해서는 132 kJ/mol이 필요하다. 반응이 장벽의 다른 쪽으로 내려감에 따라(N—O 결합이 결국 끊어지고 C═O 결합이 형성되는) 이 반응은 358 kJ/mol의 에너지를 방출한다. 이 발열 반응에서 관련된 알짜 에너지 변화는 −226 kJ/mol이다.

$$\Delta H = +132 \text{ kJ/mol} + (-358 \text{ kJ/mol}) = -226 \text{ kJ/mol}$$

만일, 역반응이 일어나면 어떤 일이 일어날까? 이제 이 반응은 전이 상태에 도달하는 데 358 kJ/mol이 필요하고, 132 kJ/mol은 생성물(NO_2와 CO)로 반응이 진행될 때 방출된다. 이 방향의 반응은 +226 kJ/mol의 알짜 입력이 필요한 흡열 반응이다.

충돌 이론: 활성화 에너지와 온도

실험실이나 화학 산업에서 화학 반응은 종종 높은 온도에서 진행시키는데 이것은 반응을 더 빠르게 가게 만들기 때문이다. 반면에, 통제할 수 없는 반응이나 발생할 수도 있는 위험한 폭발을 피하기 위하여 가끔은 온도를 낮추어 화학 반응의 속도를 늦추는 것이 바람직할 때도 있다.

반응 속도에 미치는 온도의 영향에 대한 논의는 기체나 액체 시료에 있는 분자들에 대한 에너지의 분포를 상기함으로써 시작된다. 시료에 있는 기체와 액체 분자들은 앞서 기술한 바와 같이 에너지의 볼츠만(Boltzmann) 분포(◂그림 10.13)처럼 넓은 범위의 에너지를 갖고 있다. 즉, 어떤 기체나 액체의 시료에서 어떤 분자들은 매우 낮은 에너지를 갖고 있고, 어떤 분자는 매우 높은 에너지를 갖고 있지만, 대부분은 그 중간의 에너지를 갖고 있다. 온도가 올라감에 따라, 높은 에너지를 갖는 분율이 많아지므로 시료 안에 있는 분자의 평균 에너지도 증가한다.

예를 들면, 이 반응을 일으킬만한 충분한 에너지를 갖고 있는 분자가 많지 않기 때문에 실온에서 NO_2와 CO를 생성물로 전환하는 반응은 느리다. 반응 속도는 시료에 열을 가하여 증가시킬 수 있다. 온도를 올리면 활성화 에너지를 극복할 수 있는 충분한 에너지를 갖는 분자의 분율이 많아지게 되어 반응 속도가 빨라진다(그림 14.11).

충돌 이론: 반응 속도에 미치는 분자 배향의 영향

반응이 일어나기 위해서는 NO_2와 CO 분자들이 꼭 충분한 에너지를 갖고 충돌해야 할 뿐만 아니라 배향이 맞아야 한다. NO_2와 CO의 반응에 있어서, O 원자 전이에 대한 준비로서 전이상태 구조에서 NO_2의 O 원자들 중 하나가 CO의 C 원자에 결합되기 시작해야 한다는 것을 상상할 수 있다(그림 14.10). 적절한 배향의 확률이 낮을수록, k의 값은 더 작고 반응은 더 느려진다.

2개 이상의 복잡한 화합물들이 충돌할 때 무슨 일이 발생할지를 생각해 보자. 충

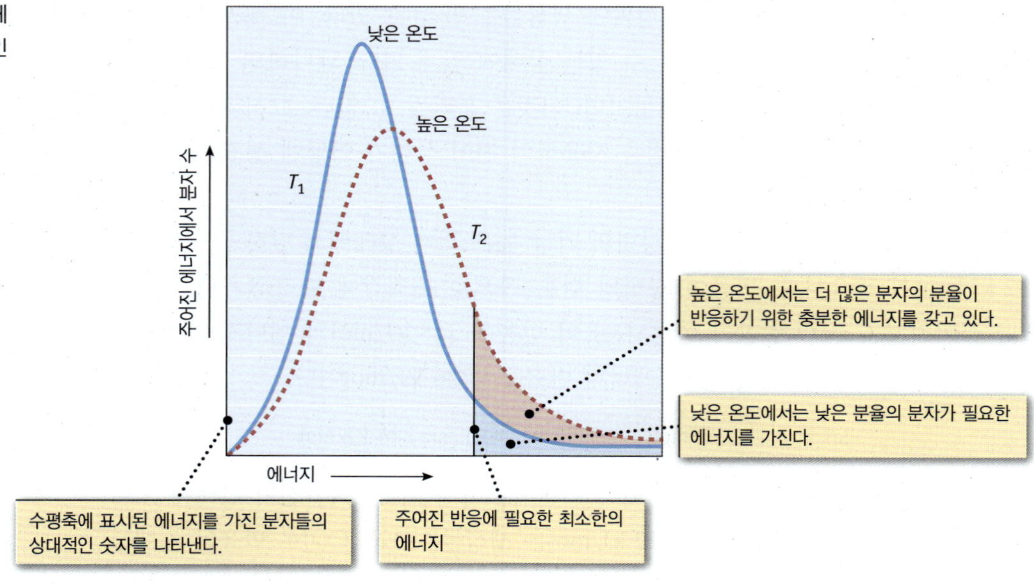

그림 14.11 에너지 분포 곡선. 기체 분자 집단에서 볼츠만 분포 함수인 그림 10.13과 비슷함에 주목하시오.

돌하는 분자의 아주 작은 분율만이 정확히 맞는 방향으로 충돌할 것이다. 즉, 충돌의 작은 분율만이 효과적으로 일어날 것이다. 반대로, 많은 반응들이 매우 빠르게 일어난다는 것은 놀랄 만한 일이다.

아레니우스 방정식

아레니우스 방정식의 해석

(a) 지수 항은 반응에 충분한 에너지를 가진 분자의 분율을 주며, 이것은 T의 함수이다.

(b) 비록 빈도 인자를 완전히 이해하는 것이 이 책의 수준을 넘어서는 것이기는 하지만 반응물이 커질수록 A가 작아짐에 주목하라. 이것은 커다란 분자가 적절한 구조로 접근하는 것이 낮은 확률을 가지는 것을 반영한다.

반응 속도가 반응하는 분자 사이의 충돌 에너지와 반응의 빈도, 온도, 올바른 기하학적 위치를 갖느냐에 의존한다는 관찰을 **아레니우스 방정식**(Arrhenius equation)으로 요약할 수 있다.

$$k = \text{속도상수} = Ae^{-E_a/RT} \tag{14.5}$$

빈도 인자 (A)

반응하기 위한 최소의 에너지를 갖는 분자의 분율 ($e^{-E_a/RT}$)

이 방정식에서 k는 속도상수이고, R은 기체상수인 8.314462×10^{-3} kJ/K · mol이고 T는 켈빈온도이다. A는 **충돌 빈도 인자**(frequency factor)이다. 이것은 충돌 횟수와 올바른 기하학적 구조를 갖는 충돌의 분율과 관계가 있다. A는 특정 반응에 대하여 고유한 값을 가지고 온도에 의존한다. $e^{-E_a/RT}$항은 반응하기 위한 최소의 에너지를 갖는 분자의 분율로 해석된다. 이 값은 언제나 1보다 작다. 아래의 표에 보인 것처럼 이 분율은 온도에 따라 많이 변한다.

온도(K)	$E_a = 40$ kJ 일때 $e^{-E_a/RT}$값
298	9.7×10^{-8}
400	5.9×10^{-6}
600	3.3×10^{-4}

아레니우스 방정식은 다음과 같은 면에서 중요하다.

• 속도상수의 온도 의존성으로부터 활성화 에너지 값을 계산하기 위해 사용할 수 있다.
• E_a, T, A를 알고 있을 때 속도상수를 계산하기 위해 사용할 수 있다.

주어진 반응의 속도상수를 여러 온도에서 측정한다면 그래프 기술을 이용하여 반응의 활성화 에너지를 결정할 수 있다.

식 14.5의 양변에 자연 로그를 취하면,

$$\ln k = \ln A + \left(-\frac{E_a}{RT}\right)$$

이 식을 약간 정리하면, $1/T$에 대하여 $\ln k$가 직선인 방정식으로 된다.

$$\ln k = -\frac{E_a}{R}\left(\frac{1}{T}\right) + \ln A \quad \leftarrow \text{아레니우스 방정식} \qquad (14.6)$$

$$y = mx + b \quad \leftarrow \text{직선에 대한 방정식}$$

이는 $1/T$에 대하여 k의 자연 로그($\ln k$)를 도시하면 기울기가 $(-E_a/R)$인 아래로 향하는 직선이라는 뜻이다. 이제 여러 온도에서의 실험적인 k값들로부터 E_a를 구할 수 있다($E_a = -R \times$ 기울기).

E_a, 반응 속도, 온도. 흔한 규칙에 따르면 반응 속도는 실온 근처의 온도에서 10 °C 오를 때마다 2배가 된다.

예제 14.10 아레니우스 방정식으로부터 E_a의 결정

문제 표에 나타낸 실험 자료를 이용하여, 활성화 에너지 E_a를 계산하시오.

$$2N_2O(g) \rightarrow 2N_2(g) + O_2(g)$$

실험	온도(K)	k(L/mol · s)
1	1125	11.59
2	1053	1.67
3	1001	0.380
4	838	0.0011

알고 있는 사실 반응 속도상수가 여러 온도에 대하여 주어져 있다.

전략 아레니우스 방정식(식 14.6)을 이용하기 위하여, 각각의 자료 점에서 $\ln k$와 $1/T$를 먼저 계산해야 한다. 이 자료를 도시하고, 여기서 생기는 직선(기울기 $= -E_a/R$)으로부터 E_a를 계산할 수 있다.

풀이 자료는 $1/T$과 $\ln k$로 나타낼 수 있다.

실험	$1/T$(K^{-1})	$\ln k$
1	8.889×10^{-4}	2.4501
2	9.497×10^{-4}	0.513
3	9.990×10^{-4}	−0.968
4	11.9×10^{-4}	−6.81

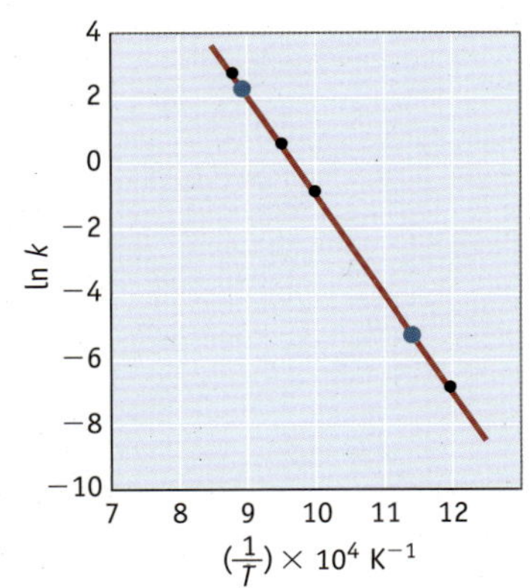

그림 14.12 아레니우스 그래프. $2N_2O(g) \rightarrow 2N_2(g) + O_2(g)$ 반응의 $1/T$ 대 $\ln k$의 그래프. 직선의 기울기로 E_a를 알 수 있다. 예제 14.10 참조.

이 자료를 도시하면 여기에 보여준 그래프가 된다. 그림 14.12 그래프의 큰 푸른 점들을 취하면 기울기는 다음과 같이 구해진다.

$$\text{기울기} = \frac{\Delta \ln k}{\Delta(1/T)} = \frac{2.0 - (-5.6)}{(9.0 - 11.5)(10^{-4})\ K^{-1}} = -3.0 \times 10^4\ \text{K}$$

활성화 에너지를 기울기로부터 구하면 다음과 같다.

$$\text{기울기} = -\frac{E_a}{R} = -\frac{E_a}{8.31 \times 10^{-3}\ \text{kJ/K} \cdot \text{mol}} = -3.0 \times 10^4\ \text{K}$$

$$E_a = 250\ \text{kJ/mol}$$

고려사항 답의 단위에 주목하시오. $R = 8.31 \times 10^{-3}$ kJ/k·mol의 값을 사용하면 kJ/mol의 단위로 답을 얻게 된다.

유제 700~1000 K의 온도 범위에서 아세트알데하이드(CH_3CHO)의 분해 반응에 대한 속도상수가 결정되었다. 그래프 방법과 이 자료를 이용하여 반응의 E_a를 결정하시오.

T (K)	700	760	840	1000
k (L/mol·s)	0.011	0.105	2.17	145

반응에 대한 활성화 에너지 E_a는 다른 두 온도에서의 k를 알 수 있다면 대수적으로도 구할 수 있다. 이 조건들에서 각각의 방정식을 쓸 수 있다.

$$\ln k_1 = -\left(\frac{E_a}{RT_1}\right) + \ln A \text{와} \quad \ln k_2 = -\left(\frac{E_a}{RT_2}\right) + \ln A$$

한 방정식에서 다른 방정식을 빼면,

$$\ln k_2 - \ln k_1 = \ln\frac{k_2}{k_1} = -\frac{E_a}{R}\left[\frac{1}{T_2} - \frac{1}{T_1}\right] \tag{14.7}$$

예제 14.11은 이 방정식을 사용하는 예를 보여준다.

예제 14.11 E_a의 수치적 계산

문제 2개 다른 온도에서 결정된 k값을 이용하여 HI 분해 반응의 E_a 값을 계산하시오.

$$2\ HI(g) \rightarrow H_2(g) + I_2(g)$$

$$k_1 = 2.15 \times 10^{-8}\ \text{L/(mol} \cdot \text{s)}\ (6.50 \times 10^2\ \text{K}\ (T_1)\text{일 때})$$

$$k_2 = 2.39 \times 10^{-7}\ \text{L/(mol} \cdot \text{s)}\ (7.00 \times 10^2\ \text{K}\ (T_2)\text{일 때})$$

알고 있는 사실 두 온도에서의 속도상수가 주어져 있다.

전략 k_1, k_2, T_1, T_2의 값들 식 14.7에 대입하고 E_a에 대해 푼다.

풀이

$$\ln \frac{2.39 \times 10^{-7}\ \text{L/(mol}\cdot\text{s)}}{2.15 \times 10^{-8}\ \text{L/(mol}\cdot\text{s)}} = -\frac{E_a}{8.315 \times 10^{-3}\ \text{kJ/K}\cdot\text{mol}} \times \left[\frac{1}{7.00 \times 10^2\ \text{K}} - \frac{1}{6.50 \times 10^2\ \text{K}}\right]$$

E_a에 대해 풀면 $E_a = 180$ kJ/mol이다.

고려사항 위의 대괄호에 들어간 식은 다음과 같이 쓸 수도 있다.

$$\left[\frac{1}{T_2} - \frac{1}{T_1}\right] = \frac{T_1 - T_2}{T_1 T_2}$$

때로 우변처럼 쓰는 것이 풀기에 더 쉽다.

유제 무색의 N_2O_4 기체는 1차 반응으로 갈색 NO_2 기체로 분해된다.

$$N_2O_4(g) \rightarrow 2\ NO_2(g)$$

속도상수(k)는 274 K에서는 $k = 4.5 \times 10^3\ s^{-1}$이고 283 K에서는 $k = 1.00 \times 10^4\ s^{-1}$이다. 활성화 에너지($E_a$)는 얼마인가?

반응 속도에 미치는 촉매의 영향

촉매는 화학 반응의 속도를 증가시키는 물질이다. 이 장의 앞부분에서 몇 가지의 촉매를 이미 보았는데, 아이오딘화 이온, 감자 속의 카탈라제 효소, 수산화 이온 등이 모두 과산화수소의 분해에서 촉매로 작용한다(그림 14.4).

촉매는 화학 반응에서 소모되지 않는다. 하지만 특정한 단계에서 반응의 세밀한 부분에 긴밀히 관여한다. **촉매는 활성화 에너지가 낮은 경로로 반응을 이끈다.** 촉매가 반응에 어떻게 관여하는지를 보기 위해 뷰텐의 이성질체 시스-2-뷰텐이 약간 더 안정한 이성질체 트랜스-2-뷰텐으로 변하는 이성질화 반응을 살펴보자.

효소: 생물학적 촉매. 많은 자연의 시스템은 효소라 부르는 촉매에 의해 통제된다. 그중의 한 촉매가 카탈라제이고, 이것의 기능은 과산화수소의 분해를 촉진하는 것이다. 이 효소는 독성이 강한 과산화수소가 몸에 축적되는 것을 막아준다. 646쪽 사례 연구, 효소- 천연 촉매 참조.

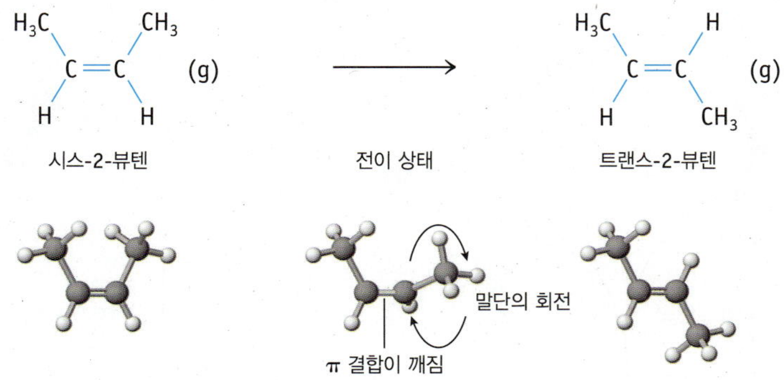

이 반응이 촉매 없이 진행될 때의 활성화 에너지는 264 kJ/mol로 비교적 크다. 이는 분자의 한 끝이 회전하여 다른 이성질체가 되려면 파이 결합이 끊어져야 하기 때문이다. 활성화 에너지가 높으므로 이 반응은 느리며, 따라서 상당한 속도로 진행하려면 꽤 높은 온도가 필요하다.

시스-2-뷰텐이 트랜스-2-뷰텐으로 되는 반응은 아이오딘을 촉매로 쓰면 아주

심층 학습 동역학과 결합 에너지에 대한 고찰

14.6절에서 보게 되겠지만 화학 동역학의 가장 중요한 용도는 여러 단계로 일어나는 화학 반응의 반응 메커니즘에 대하여 통찰력을 주는 것이다. 이러한 개별적인 단계들은 결합의 깨어짐과 결합 생성을 포함하고 있으며, 반응물에서 생성물로 반응을 유도한다. 결합이 깨어짐은 에너지를 필요로 하고, 결합 생성은 에너지를 방출한다. 시스-와 트랜스-2-뷰텐 사이의 비촉매 변환을 고려하자. 이 반응에 대한 제안된 메커니즘은 이중결합의 회전을 포함하며, 이것은 분자의 두 끝이 원래의 배열에서 90° 뒤틀려 π 결합이 깨지는 것을 포함한다. 결합 해리 엔탈피의 표(표 8.9)의 자료를 이용하여 이 화학종의 π 결합의 에너지를 추산할 수 있다. C=C 이중결합과 C—C 단일결합의 평균 결합 해리 엔탈피는 각각 610 kJ/mol과 346 kJ/mol이다. 이 2개 값의 차이는 264 kJ/mol-rxn이다. 이 값과 이 반응의 측정된 값, 264 kJ/mol-rxn이 일치함에 주목하라. 추산된 결합 에너지와 활성화 에너지가 일치함은 이 메커니즘을 지지하는 증거로 채택할 수 있다.

촉매와 경제. 미국의 국가총생산 물질의 1/3은 생산 사슬에 있어 어디에선가 촉매 과정이 포함된다. (A. Bell, *Science*, vol. 299, p.1688, 2003에서 발췌)

빨라진다. 아이오딘을 가해주면 이성질화 반응은 아이오딘이 없을 때보다 수백 도나 낮은 온도에서도 일어난다. 아이오딘은 소모되거나 생성되지 않고 전체 반응식에도 나타나지 않는다. 하지만 속도법칙에는 나타나며, 반응 속도는 아이오딘 농도의 제곱근에 비례한다.

$$\text{반응 속도} = k[\text{시스-2-뷰텐}][I_2]^{1/2}$$

I_2는 반응이 일어나는 방식, 곧 반응의 메커니즘을 바꾼다(그림 14.13). 최선의 가설에 따르면 먼저 아이오딘 분자가 아이오딘 원자로 분해된다(1단계). 이어서 아이오딘의 한 원자가 C=C 이중결합의 탄소 원자 중 하나에 붙는다(2단계). 그러면 탄소 원자 사이의 이중결합이 단일결합으로 바뀌고(파이 결합이 깨진다) 분자의 양끝이 서로 자유롭게 회전하게 된다(3단계). 끝으로 이 중간체에서 아이오딘 원자가 해

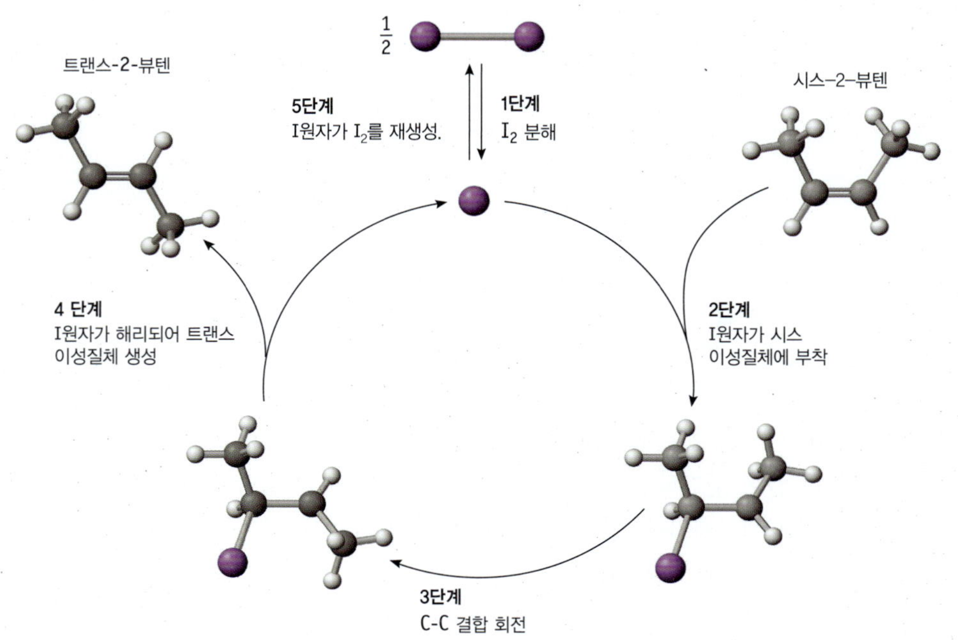

그림 14.13 아이오딘 촉매에 의한 시스-2-뷰텐에서 트랜스-2-뷰텐으로의 이성질화 메커니즘.

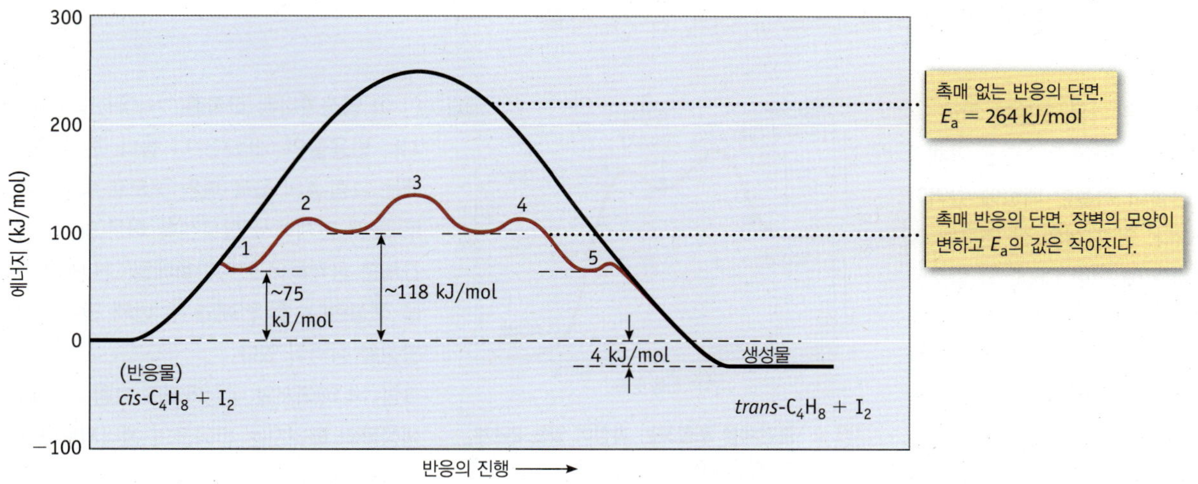

그림 14.14 **시스-2-뷰텐의 아이오딘 촉매 반응에 대한 에너지 단면도.** 촉매는 반응의 메커니즘을 바꾸어 활성화 에너지를 낮춤으로써 반응을 촉진한다. 넘어야 할 에너지 장벽이 낮아지면 이를 넘을 수 있는 분자들이 더 많아져서 반응이 훨씬 빨리 진행된다.

리되면 이중결합이 트랜스 형태로 만들어질 수 있다(4단계). 이렇게 회전을 촉진하고 떨어져 나온 아이오딘 원자는 또 다른 시스-2-뷰텐에 붙을 수 있다. 그 결과 시스-2-뷰텐이 트랜스 이성질체로 바뀌는 반응이 잇달아 일어난다. 이러한 연쇄 반응은 아이오딘 원자들끼리 서로 결합하여 아이오딘 분자를 만들면 끝난다.

촉매 반응의 에너지 단면(그림 14.14)은 총 에너지 장벽이 촉매가 없는 반응보다 훨씬 작은 것을 보여준다. 에너지 단면에서의 메커니즘에서 다섯 단계의 개별적 단계가 확인되었다. 이러한 제안된 메커니즘은 반응의 한 단계에서 나타나 나중 단계에서 사라지는 일련의 **반응 중간체**(reaction intermediate)들을 포함한다. 시스-2-뷰텐에 아이오딘 원자가 첨가되어 생기는 자유 라디칼과 마찬가지로 아이오딘 원자들도 중간체이다.

이 반응의 메커니즘과 관련된 다섯 가지의 중요한 점들은 다음과 같다.

- 아이오딘 분자(I_2)는 원자로 분해되었다가 다시 분자가 된다. 거시적 수준에서 보면 아이오딘 분자의 농도는 변하지 않는다. 아이오딘은 속도 식에 나타나지만 반응식에는 나타나지 않으며, 이는 촉매의 일반적인 속성이다.
- 촉매 I_2와 반응물 시스-2-뷰텐은 모두 기체이다. 이처럼 촉매가 반응물의 상태와 같을 경우 **균일촉매**(homogeneous catalyst)라고 부른다.
- 시스-2-뷰텐 분자에 아이오딘 원자가 붙어서 만들어진 라디칼과 아이오딘 원자들은 중간체이다.
- 반응에 필요한 활성화 에너지 장벽은 메커니즘이 변함으로써 크게 낮아진다. 촉매가 없을 때 264 kJ/mol이던 활성화 에너지가 촉매를 가하면 150 kJ/mol로 낮아지고 반응은 10^{15}배나 빨라진다!
- 에너지 대 반응의 진행을 나타낸 그림에는 5개의 에너지 장벽(곡선으로 보인 5개의 혹)이 그려져 있는데, 이는 이 반응이 다섯 단계로 일어난다는 것을 나타낸다.

심층 학습 분자 배향과 반응 좌표 도표에 대한 추가 사항

아레니우스 방정식은 다른 것들과 함께 속도상수가 반응물의 배향에 의존함을 말해준다. 반응은 반응물이 적절한 배향에 있어야만 일어날 것이다. 이 사실의 잘 연구된 예는 F^-와 같은 이온에 의한 CH_3Cl의 할로젠 원자의 치환이다. 여기서 F^- 이온은 Cl 치환기의 반대쪽에서 분자를 공격한다. F^-가 탄소와 결합을 형성하기 시작하면서 C—Cl 결합은 약해지고 분자의 CH_3 부분은 모양이 변한다. 시간이 지나면 생성물 CH_3F와 Cl^-가 생성된다.

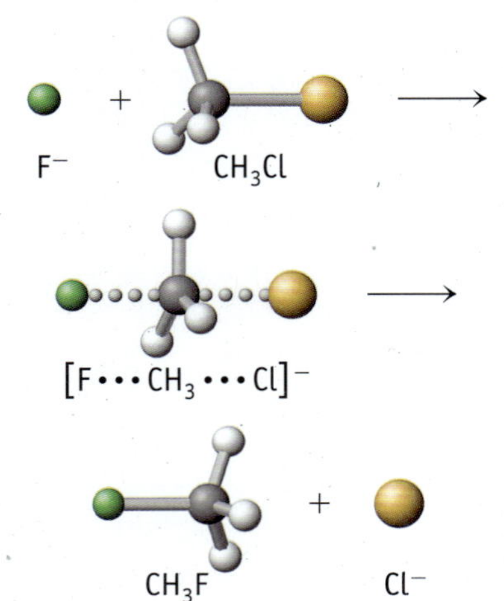

그러나 Cl 원자가 있는 분자의 방향 또는 C–H 결합의 방향으로부터 F^-가 접근하면

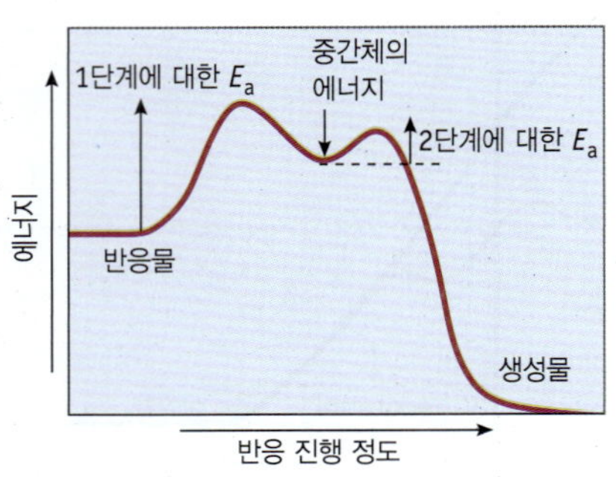

그림 A 중간체를 포함하는 과정이 있는 2단계 반응에 대한 반응좌표 도표.

어떤 일이 일어나는가? 반응물이 아무리 많은 에너지를 가지고 있어도 반응은 일어나지 않을 것이다. 반응물의 배향이 맞지 않는 것은 특히 반응물이 복잡한 구조를 가지고 있는 경우 반응이 느리게 되는 한 가지 이유이다.

반응물이 적절히 배향되었다고 가정하면, CH_3Cl/F^- 반응이 그림 14.10과 같은 반응 좌표 도표를 따를 것이다.

완벽하게 연구된 다른 치환 반응은 산 존재하에서의 메탄올(CH_3OH)과 Br^- 이온과의 반응이다. 이것은 2단계 반응이고, 그림 A의 반응 좌표 도표로 기술된다.

첫 단계의 빠른 가역적 반응에서 H^+ 이온은 C—O—H기의 O에 부착된다. 반응 중간체인 이 양성자화된 화학종($CH_3OH_2^+$)의 에너지는 반응물의 에너지보다 높다. 반응 중간체는 그림 A의 움푹 파인 곳으로 나타낸다. 두 번째 단계에서 할로젠화 이온(Br^-)는 중간체를 공격하여 브로민화메틸(CH_3Br)과 물을 생성한다. 첫 번째와 두 번째 단계 모두 활성화 장벽이 있다.

그림 14.10에서와 마찬가지로 그림 A에서도 생성물의 에너지는 반응물의 에너지보다 낮다는 점에 주목하라. 이 반응은 발열반응이다.

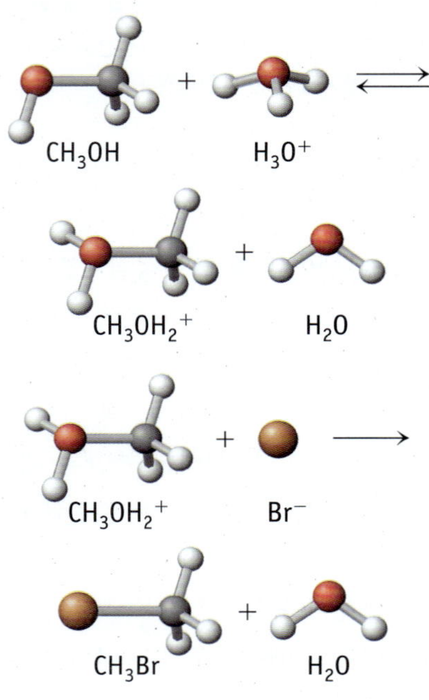

14.5절 확인문제

1. 다음의 그래프 중 직선이 되는 것은?

(a) k 대 T (b) $\ln E_a$ 대 T

(c) $\ln k$ 대 $1/T$ (d) E_a 대 $1/T$

2. 온도가 오르면 반응 속도가 증가하는 현상의 주된 원인을 가장 옳게 나타낸 것은?

(a) 온도가 오르면 활성화 에너지가 낮아진다.

(b) 에너지가 활성화 에너지보다 높은 반응물 분자들의 비율이 증가한다.

(c) 닫힌 용기에서 온도가 오르면 압력도 높아진다.

(d) 온도가 높아지면 반응 메커니즘이 달라진다.

14.6 반응 메커니즘

화학 동역학을 왜 연구하는가? 단순히 어떠한 인자들이 화학 반응의 속도에 영향을 미치는가와 특정 반응을 어떻게 촉진하거나 느리게 할 수 있는가를 알려주는 것을 넘어서 화학 동역학은 화학 반응이 실제로 어떻게 일어나는가에 대한 통찰력을 준다. 화학 반응의 **반응 메커니즘**(reaction mechanism)은 반응물이 생성물로 전환되는 동안 결합이 끊어지고 생성되는 일련의 과정을 말한다. 반응의 속도 방정식에 근거하고, 화학적 직관을 적용하여 화학자들은 반응의 메커니즘에 대한 적절한 추정을 할 수 있다.

어떤 반응에서는 반응물이 단 한 단계를 거쳐 생성물로 바뀐다. 예를 들어 시스-2-뷰텐이 트랜스-2-뷰텐으로 촉매 없이 전환되는 반응은 한 단계로 일어난다고 보는 게 가장 최선이다(그림 14.14).

그러나 대부분의 화학 반응들은 여러 단계로 일어난다. 다단계 메커니즘이 아이오딘을 촉매로 사용한 시스-2-뷰텐의 이성질화 반응에 제안되었다. 다른 예로는 브로민과 NO의 반응을 들 수 있다.

$$Br_2(g) + 2\ NO(g) \rightarrow 2\ BrNO(g)$$

이 반응이 한 단계로 일어나려면 반응물 세 분자가 동시에 정확한 방향으로 충돌해야 한다. 하지만 그럴 확률은 분명 아주 낮다. 따라서 이 반응은 여러 단계로 일어나고, 각 단계에서는 하나 또는 두 분자가 관여한다고 보는 메커니즘을 찾는 게 합리적이다. 하나의 예로 첫 단계에서 Br_2와 NO가 결합하여 중간체 Br_2NO를 만든다고 볼 수도 있다.

1단계 Br_2 + NO ⇌ Br_2NO

이 중간체는 다음 단계에서 다른 NO 분자와 반응하여 생성물을 만든다.

2단계 NO + Br_2NO ⟶ BrNO + BrNO

이 두 단계에 대한 식들을 더하면 전체 반응식이 얻어진다.

1단계:	$Br_2(g) + NO(g) \rightleftharpoons Br_2NO(g)$
2단계:	$NO(g) + Br_2NO(g) \rightarrow 2\ BrNO(g)$
전체 반응:	$Br_2(g) + 2\ NO(g) \rightarrow 2\ BrNO(g)$

다단계 반응의 각 단계는 **단일단계**(elementary step)라고 부르며, 원자나 분자들의 충돌로 화학 결합이 끊어지거나 이어지는 하나의 분자적 사건에 대한 반응식으로 나타낸다. 각 단계는 고유의 활성화 에너지 E_a와 속도상수 k를 가진다. 각 단계를 모두 더하면 전체 반응에 대한 완결된 방정식이 나와야 하며, 모든 단계를 끝내는 데 필요한 시간은 전체 반응 속도라고 부른다. 반응 메커니즘은 이러한 단일단계들의 집합이다.

사례 연구 효소—천연 촉매

생체 안에서는 엄청나게 많은 화학 반응들이 일어나는데 그중 많은 것들은 아주 빠르다. 생물학적 촉매라고 할 효소(enzyme)는 대개 없을 경우에 달팽이처럼 느리게 진행할 반응들을 빨리 일어나도록 촉진한다. 전형적으로 효소는 없을 때에 비해 대략 10^7~10^{14}배 정도 빠르게 한다.

대부분의 효소는 큰 단백질로 되어 있으며, 흔히 Zn^{2+}과 같은 금속 이온을 포함하고 있다. 이 이온들은 반응물이 효소의 활성 자리(active site)와 올바른 방향으로 결합할 수 있도록 도와주는 역할을 한다고 여겨진다.

탄산탈수효소(carbonic anhydrase)는 생물학적 과정에서 아주 중요한 효소의 하나이다(그림 A). 보통의 경우 이산화탄소는 물에 조금 녹아 HCO_3^-와 H_3O^+ 이온을 만든다.

$$CO_2(g) \rightleftharpoons CO_2(aq) \quad (1)$$

$$CO_2(aq) + H_2O(\ell) \rightleftharpoons H_2CO_3(aq) \quad (2)$$

$$H_2CO_3(aq) + H_2O(\ell) \rightleftharpoons H_3O^+(aq) + HCO_3^-(aq) \quad (3)$$

탄산탈수효소는 1과 2의 반응을 촉진한다. 피에 있는 헤모글로빈은 세포에 산소를 내놓으면서 H_2CO_3의 이온화에 의해 생성된(반응 3) 많은 H_3O^+ 이온을 흡수한다. 결과적으로 생성된 HCO_3^- 이온은 폐로 운반된다. 헤모글로빈이 산소를 받아들일 때 H_3O^+ 이온을 내놓는다. 그러면 H_3O^+는 HCO_3^-와 결합하여 다시 H_2CO_3가 되고 여기에서 이산화탄소가 분리되어 날숨으로 방출된다.

탄산탈수효소의 효과를 실험으로 관찰할 수도 있다. 먼저 CO_2가 녹아 있는 찬물에 소량의 NaOH를 넣는다. 그러면 이 물에 있는 H_2CO_3는 NaOH를 모두 소모하지 못하므로 이 물은 염기성이 된다. 하지만 시간이 지나면 CO_2가 녹아들어가 천천히 H_2CO_3를 만들며 이에 따라 물은 다시 산성이 된다.

이제 이 실험의 찬물에 피를 몇 방울 떨어뜨리고 다시 진행해 보자(그림 A). 탄산탈수효소는 1과 2의 반응을 약 천만 배나 촉진시키는데, 이 효과는 실험의 과정에서 쉽게 확인할 수 있다.

1913년 미카엘리스(Lenor Michaelis)와 멘텐(Maud L. Menten)은 동역학적 관찰을 토대로 효소 작용의 일반적 이론을 내놓았다. 그들은 반응물인 기질(substrate) S가 효소 E와 결합하여 복합체 ES를 형성하며, 이후 이 복합체가 깨져서 효소와 생성물 P를 만들어 낸다고 가정했다.

$$E + S \rightleftharpoons ES$$

$$ES \rightarrow P + E$$

기질의 농도가 낮을 때는 반응이 기질의 농도에 대해 1차로 진행한다(그림 B). 하지만 기질의 농도가 높으면 효소의 활성 자리를 모두 채우므로 속도가 최대로 되며, 이후에는 기질의 농도와 상관없이 0차로 진행한다.

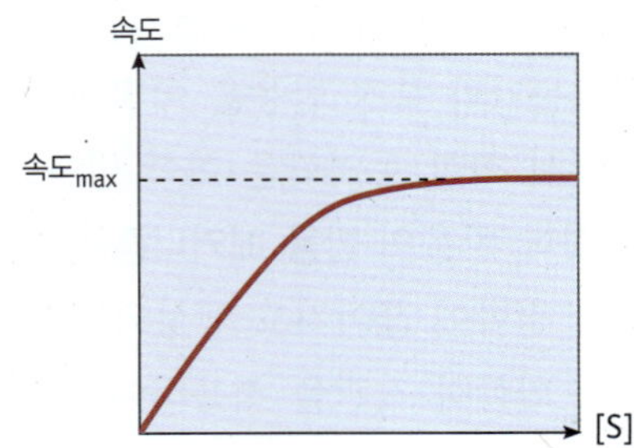

그림 B 효소 촉매 반응의 속도. 기질 농도 [S]와 효소에 의해 촉진되는 반응의 반응 속도 그래프는 미카엘리스–멘텐 모형의 전형을 따르고 있다.

문제

1. 촉매는 과산화수소가 산소와 물로 분해하는 반응의 속도를 천만 배나 촉진할 수 있다. 촉매 없는 반응이 끝나는 데에 1년이 걸린다면 촉매 있는 반응은 얼마만에 끝날까?
2. 미카엘리스–멘텐(Michaelis–Menten) 모형에 따르면 '1/속도'를 '1/[S]'에 대해 그릴 경우 1/[S] = 0에서의 절편은 '1/최대 속도'가 된다. 탄산탈수효소를 사용한 실험으로 얻은 아래의 자료를 이용하여 그 최대 속도를 구하시오.

[S], mol/L	Rate, mmol/min
2.500	0.588
1.00	0.500
0.714	0.417
0.526	0.370
0.250	0.256

이 질문에 대한 답은 부록 N에 있다.

(a) $t = 0$

CO_2가 녹아 있는 찬물에 피를 몇 방울 떨어뜨린다.

(b) $t = 3$ sec

염료(브로모티몰블루)를 몇 방울 떨어뜨렸을 때 용액이 노란색을 띠면 산성이다.

(c) $t = 15$ sec

양론비보다 약간 적게 NaOH를 넣으면 H_2CO_3를 HCO_3^-(와 CO_3^{2-})로 변환시키므로 용액은 염기성이 되어 푸른색으로 변한다.

(d) $t = 17$ sec

(e) $t = 21$ sec

시간이 조금 지나면 CO_2가 더 녹아 H_2CO_3를 만들어내므로 푸른색이 옅어지며, 결국에는 NaOH를 모두 소모할 만큼의 H_2CO_3가 만들어지므로 용액은 다시 산성이 된다.

그림 A 물속의 CO_2.

단일단계의 분자도

단일단계는 참여하는 입자(원자, 분자, 이온, 자유 라디칼 등)들의 수에 따라 분류하며, 이 수를 **분자도**(molecularity)라고 부른다. 단일단계에 참여하는 입자가 하나이면 **단분자**(unimolecular), 둘이면 **이분자**(bimolecular) 과정이라고 부른다. 이분자 단일단계에 참여하는 두 입자는 같을 수도 있고(A + A → 생성물) 다를 수도 있다(A + B → 생성물). 성층권에서 일어나는 오존의 분해에 대해 제안된 다음의 메커니즘을 보자.

1단계:	일분자	$O_3(g) \rightarrow O_2(g) + O(g)$
2단계:	이분자	$O_3(g) + O(g) \rightarrow 2\ O_2(g)$
전체 반응:		$2\ O_3(g) \rightarrow 3\ O_2(g)$

삼분자(termolecular) 단일단계에는 3개 입자가 참여하며, 서로 같을 수도 있고 다를 수도 있다(3A → 생성물, 2A + B → 생성물, A + B + C → 생성물). 하지만 쉽게 상상할 수 있다시피 농도가 아주 높은 경우가 아니면 세 분자가 동시에 충돌하는 일은 일어날 확률이 낮다. 실제로 대부분의 삼분자 과정은 반응하는 두 분자가 활성이 없는 제3의 분자를 매개로 하면서 일어난다. 비활성 분자의 기능은 반응하는 두 분자 사이에 새로운 화학 결합이 만들어질 때 발생하는 과량의 에너지를 흡수하는 것이다. 예를 들면 대기권 상층부에서 산소 분자와 산소 원자가 반응하여 오존을 만드는 삼분자 반응에서 N_2는 변하지 않는다.

$$O(g) + O_2(g) + N_2(g) \rightarrow O_3(g) + \text{에너지가 높은 } N_2(g)$$

4개 이상의 분자가 충분한 에너지와 적절한 방향으로 동시에 충돌하여 반응이 일어날 확률은 너무 작으므로 이런 분자도를 이용하는 메커니즘은 제안된 적이 없다.

분자도에 대한 논의를 떠나기 전에 충돌이론에 대한 이전의 기술을 되돌아보자. 이분자 또는 삼분자 반응이 어떻게 충분한 에너지와 반응하는 데 적절한 배향을 가진 반응물 분자들의 충돌에 의해 일어날 수 있을지를 볼 수 있다. 그러나 단분자 반응은 어떠한가? 어떻게 충돌이 관여하는가? 단분자 반응에서 반응 화학종은 분해되기에 충분한 에너지를 얻어야만 한다. 이러한 에너지는 반응 분자가 같은 종류의 다른 분자들 또는 용매 분자들 또는 고에너지 배경 분자들과 같은 다른 분자들과의 충돌로부터 얻어진다. 예를 들어 대기 오존은 고에너지 질소 분자와 충돌함으로써 O_2 분자와 O 원자로 분해된다.

단일단계의 속도 방정식

반응의 속도 방정식은 실험에 의해서만 결정될 수 있다. 이것은 전체 양론으로 예측할 수 없다. 반면 **단일단계의 속도 방정식은 반응 양론으로 쓸 수 있다.** 단일단계의 속도 방정식은 이에 참여하는 반응물들의 농도와 속도상수의 곱으로 나타낸다. 따라서 아래 표의 예에서 보인 바와 같이 어떠한 단일단계에 대한 속도 방정식도 쓸 수 있다.

심층 학습 유기 이분자 치환 반응

실험적으로 결정된 속도 법칙은 메커니즘을 제안하고 다른 메커니즘을 고려에서 제외하는 데 이용할 수 있다. 그러나 가능한 메커니즘 중에서 결정하려면 추가적인 실험 정보와 화학적 직감이 또한 요구된다.

2-브로모옥테인과 아이오딘화 이온과의 반응(그림 A)을 고려하여 보자. [클로로메테인과 플루오린화 이온과의 반응과 유사한 반응 (643쪽)] 이 반응은 2차 반응 속도를 따르고 각 반응물에 대하여 1차이며, 이 사실로부터 단일단계 메커니즘도 하나의 가능성이 있음을 알고 있다. 가능한 단일단계 메커니즘은 그림 B에 도시하였다. 이것은 아이오딘화 이온이 Br의 반대쪽 C 원자 면을 공격하는 것을 포함하며 C–I 결합의 생성과 함께 C–Br 결합의 깨어짐이 일어난다.

$$I^- + C_6H_{13}-CH(Br)-CH_3 \longrightarrow C_6H_{13}-CH(I)-CH_3 + Br^-$$

그림 A 2-브로모옥테인과 아이오딘화 이온과의 반응의 제안된 메커니즘.

2-브로모옥테인의 탄소 원자 주위의 모양은 이 메커니즘 과정에서 역전됨을 주목하라. (탄소 주위의 모양은 강한 바람에 의해 뒤집혀진 우산같다.) 만약 이것이 맞는 메커니즘이고, 도시된 모양의 화합물로 반응을 시작하였다면, 반응의 생성물은 뒤집힌 모양을 가지고 있어야만 한다. 이것은 실험실에서 발견한 것과 정확히 일치하고 이 메커니즘을 지지하는 강력한 증거를 제공한다.

$$I^- + (H_3C)(C_6H_{13})(H)C-Br \longrightarrow [I\cdots C(H_3C)(C_6H_{13})(H)\cdots Br] \longrightarrow I-C(CH_3)(C_6H_{13})(H) + Br^-$$

그림 B 2-브로모옥테인과 아이오딘화 이온과의 반응.

단일단계	분자도	속도 식
A → 생성물	일분자	속도 = $k[A]$
A + B → 생성물	이분자	속도 = $k[A][B]$
A + A → 생성물	이분자	속도 = $k[A]^2$
2 A + B → 생성물	삼분자	속도 = $k[A]^2[B]$

예를 들면, 오존의 분해에 대한 두 단일단계의 속도법칙은 다음과 같다

1단계의 속도 (일분자) = $k[O_3]$

2단계의 속도 (이분자) = $k'[O_3][O]$

2개의 속도상수(이 예에서 k와 k')는 같은 값을 가질 것으로 예상되지는 않는다. (2 단계는 분자도가 다르기 때문에 단위도 다를 것이다.)

예제 14.12 단일단계

문제 하이포아염소산(Hypochlorite) 이온은 스스로 산화–환원 반응을 일으켜 아래와 같이 분해된다.

$$3\ ClO^-(aq) \rightarrow ClO_3^-(aq) + 2\ Cl^-(aq)$$

이 반응은 두 단계로 일어난다고 생각된다.

1단계: $ClO^-(aq) + ClO^-(aq) \rightarrow ClO_2^-(aq) + Cl^-(aq)$

2단계: $ClO_2^-(aq) + ClO^-(aq) \rightarrow ClO_3^-(aq) + Cl^-(aq)$

각 단계의 분자도는 얼마인가? 각 단계에 대한 속도 방정식을 쓰시오. 이 반응식들을 더하면 전체 반응식이 됨을 보이시오.

알고 있는 사실 ClO^-가 ClO_3^-과 Cl^-로 되는 반응에 두 단계의 메커니즘이 제안되어 있다.

전략 분자도는 단일단계에 참여하는 입자의 수이다. 단일단계의 속도 식은 입자들의 농도를 반응식의 계수로 거듭제곱하여 얻는다.

풀이 각 단일단계는 2개의 이온들이 참여하므로 이분자 반응이다. 각 단일단계의 속도 식에는 반응물들의 농도들이 곱해진다. 따라서 그 속도 식은 다음과 같다.

1단계: 속도 $= k_1[ClO^-]^2$

2단계: 속도 $= k_2[ClO_2^-][ClO^-]$

두 단일단계의 반응식으로부터 ClO_2^-는 1단계에서 생성되지만 2단계에서 소모되는 중간체임을 알 수 있다. 따라서 이 반응식들을 더하며 ClO_2^-는 상쇄되고, 아래와 같은 전체 반응식이 얻어진다.

1단계: $ClO^-(aq) + ClO^-(aq) \rightarrow ClO_2^-(aq) + Cl^-(aq)$

2단계: $ClO_2^-(aq) + ClO^-(aq) \rightarrow ClO_3^-(aq) + Cl^-(aq)$

단계의 합: $3\ ClO^-(aq) \rightarrow ClO_3^-(aq) + 2\ Cl^-(aq)$

고려사항 다른 메커니즘도 가능하다. 그러므로 이어서 제기되는 문제는 '여러 메커니즘 가운데 옳은 것을 어떻게 가려낼 수 있는가?'일 것이다.

유제 일산화질소는 수소에 의해 환원되어 질소와 물이 된다.

$$2\ NO(g) + 2\ H_2(g) \rightarrow N_2(g) + 2\ H_2O(g)$$

이 반응에 대한 가능한 한 가지 메커니즘은 다음과 같다.

$$2\ NO(g) \rightarrow N_2O_2(g)$$
$$N_2O_2(g) + H_2(g) \rightarrow N_2O(g) + H_2O(g)$$
$$N_2O(g) + H_2(g) \rightarrow N_2(g) + H_2O(g)$$

각 단계의 분자도는 얼마인가? 셋째 단계의 속도 방정식은 무엇인가? 중간체들은 몇 개이며 무엇들인가? 이 단일단계들을 더하면 전체 반응식이 나옴을 보이시오.

반응 메커니즘과 속도 방정식

속도가 농도에 의존한다는 것은 실험적 사실이다. 반면 메커니즘은 우리의 상상과 직관과 타당한 화학적 감각의 창출물이다. 메커니즘을 설명하기 위해서는 미시적 수준에서 반응이 어떻게 일어나는지에 대해 가능한 적절한 추측을 해야 한다. 관측된 반응식에 부합하는 메커니즘은 여러 가지가 제안될 수 있고 따라서 많은 메커니즘들이 틀릴 수 있다. 하지만 타당한 메커니즘은 화학을 깊이 이해하도록 도와주므로 가치 있는 목표가 된다. 올바른 메커니즘의 실질적인 결과의 예로는 이를 통해 주어진 반응을 더 잘 제어하고 새로운 실험을 고안할 수 있다는 것 등을 들 수 있다.

동역학의 중요한 지침 가운데 하나는 **전체 반응이 가장 느린 단계보다 더 빨리 진행될 수 없다는 것이다.** 따라서 다단계 반응에서 어느 한 단계가 다른 것들보다 느리면 **전체 반응 속도는 이 단계까지 결합한 속도 식에 의해 결정된다.** 그러므로 전체 반응 속도는 흔히 가장 느린 단계의 속도와 거의 같다. 만일 전체 반응 속도가 어떤 느린 단계에 의해 결정된다면 이 단계를 **속도결정단계**(rate-determining step) 또는 속도제한단계라고 부른다.

어떤 반응이 첫째 단계는 느리고 둘째 단계는 빠른 연속적인 두 단계의 메커니즘으로 일어나는데, 각 단계의 속도를 모두 안다고 가정하자.

단일단계 1: $A + B \xrightarrow[E_a\text{가 커서 느림}]{k_1} X + M$

단일단계 2: $M + A \xrightarrow[E_a\text{ 작아서 빠름}]{k_2} Y$

전체 반응: $2A + B \longrightarrow X + Y$

첫째 단계에서는 A와 B가 만나 천천히 반응하여 생성물 X와 반응성이 강한 M을 만든다. 그런데 M은 다른 A와 반응하여 생성물 Y를 만드는 데에 재빨리 소모된다. 여기서 속도결정단계는 첫째 단계이다. 곧 첫째 단계의 속도는 전체 반응 속도와 같다. 이 단계는 이분자 반응이므로 속도 식은 다음과 같다.

$$\text{속도} = k_1[A][B]$$

k_1은 이 단계의 속도상수이다. 따라서 전체 반응은 이와 같은 2차 속도 식을 따른다고 예측된다.

이런 생각들을 실제 2차 반응인 NO_2와 F_2에 적용해 보자.

전체 반응: $2\ NO_2(g) + F_2(g) \rightarrow 2\ FNO_2(g)$

$\text{속도} = k[NO_2][F_2]$

메커니즘을 유도할 수 있나? 초보적 수준에서는 반응 메커니즘을 유도하기가 곤란하다. 하지만 반대로 메커니즘이 주어질 경우 실험적 속도법칙이 맞는지는 결정할 수 있어야 한다.

실험으로 얻은 속도 식에 따르면 이 반응이 한 단계로 일어날 가능성은 즉각 배제된다. 반응이 한 단계로 진행된다면 속도법칙은 $[NO_2]$에 대해 2차 의존성을 가질 것이다. 이처럼 한 단계의 반응이 제외되었으므로 올바른 메커니즘은 최소한 두 단계 이상으로 이루어져야 한다. 한편 속도법칙으로부터 속도결정단계는 NO_2와 F_2를 1:1의 비율로 포함해야 한다는 것을 알 수 있다. 따라서 가능한 한 가지 메커니즘은 다음과 같다. 먼저 NO_2와 F_2가 반응하여 FNO_2 한 분자와 F 원자 1개를 생성한다. 이어서 첫 단계에서 나온 F가 다른 NO_2와 반응하여 또 다른 FNO_2를 만든다. 만약 첫 번째의 이분자 반응이 속도결정단계라면 속도 방정식은 '속도 $= k_1[NO_2][F_2]$'와 같이 될 것이며 실험으로 얻은 속도 방정식과 같다. 그러면 실험적 속도상수는 k_1과 같아진다.

$$\text{단일단계 1: 느림} \quad NO_2(g) + F_2(g) \xrightarrow{k_1} FNO_2(g) + F(g)$$

$$\text{단일단계 2: 빠름} \quad NO_2(g) + F(g) \xrightarrow{k_2} FNO_2(g)$$

$$\text{전체 반응:} \quad 2\ NO_2(g) + F_2(g) \longrightarrow 2\ FNO_2(g)$$

이 반응의 첫째 단계에서 형성된 F 원자는 반응 중간체이며 전체 반응식에는 나타나지 않는다. 반응 중간체의 수명은 대개 아주 짧지만 관측이 가능할 정도로 긴 것들도 있다. 이런 경우 중간체의 검출과 확인은 제안된 메커니즘을 입증하는 강력한 증거가 된다.

예제 14.13 단일단계와 반응 메커니즘

문제 NO_2로부터 CO로의 산소 원자 전이는 NO와 CO_2를 생성한다.

$$NO_2(g) + CO(g) \rightarrow NO(g) + CO_2(g)$$

이 반응의 메커니즘은 온도에 의존하며, 한 메커니즘은 저온에서 따르며(500 K 이하), 다른 메커니즘은 고온에서 따른다. 500 K 이하에서 이 반응의 속도 방정식은 다음과 같다.

$$\text{속도} = k[NO_2]^2$$

이 저온 반응이 한 단계의 이분자 반응으로 일어날 수 있는가?

알고 있는 사실 이 반응에 대한 반응식과 속도법칙이 주어져 있다.

전략 NO_2 + CO 반응이 단일단계로 일어난다고 가정하고, 이에 맞는 속도법칙을 쓴다. 이것이 관측된 법칙과 같다면 한 단계 메커니즘이 가능하다.

풀이 NO_2 한 분자가 CO 한 분자와 충돌해서 반응이 일어난다면 속도 식은 다음과 같다.

$$\text{속도} = k[NO_2][CO]$$

이는 실험과 맞지 않으며 따라서 올바른 메커니즘은 두 단계 이상이어야 한다. 아래에 제시된 한 가지 가능한 메커니즘에서 첫째 단계는 느리고 둘째 단계는 빠르다.

$$\text{단일단계 1: 느림, 속도결정} \quad 2\ NO_2(g) \longrightarrow NO_3(g) + NO(g)$$

$$\text{단일단계 2: 빠름} \quad NO_3(g) + CO(g) \longrightarrow NO_2(g) + CO_2(g)$$

$$\text{전체 반응:} \quad NO_2(g) + CO(g) \longrightarrow NO(g) + CO_2(g)$$

속도결정단계인 첫 단계의 속도 방정식은 실험과 일치하며, 따라서 이 메커니즘은 실제 메커니즘일 가능성이 있다.

고려사항 속도 방정식이 $[NO_2]$에 대해 2차이므로 이 반응의 속도결정단계는 2개의 NO_2 분자가 충돌로 이루어져야 한다.

유제 라시히(Raschig) 반응은 염기성 수용액에서 NH_3와 OCl^-로부터 산업적으로 중요한 환원제인 히드라진 N_2H_4를 생성하는데, 제안된 메커니즘은 다음과 같다.

1단계: 빠름 $NH_3(aq) + OCl^-(aq) \rightarrow NH_2Cl(aq) + OH^-(aq)$

2단계: 느림 $NH_2Cl(aq) + NH_3(aq) \rightarrow N_2H_5^+(aq) + Cl^-(aq)$

3단계: 빠름 $N_2H_5^+(aq) + OH^-(aq) \rightarrow N_2H_4(aq) + H_2O(\ell)$

(a) 전체 반응식을 쓰시오.
(b) 어느 단계가 속도결정단계인가?
(c) 속도결정단계의 속도 식을 쓰시오.
(d) 반응 중간체는 무엇인가?

초기 평형 단계가 포함된 메커니즘

일반적인 두 단계 메커니즘은 중간체를 생성하는 빠른 첫째 반응과 중간체가 최종 생성물로 전환되는 느린 둘째 반응으로 이루어져 있다. 이때 반응 속도는 둘째 반응에 의해 결정되므로 속도법칙은 이를 이용하여 쓸 수 있다. 그런데 중간체의 농도는 측정할 수 없는 경우가 많으므로 전체 속도법칙에 써서는 안 된다. 따라서 중간체의 농도는 실험으로 측정할 수 있는 다른 양들을 이용하여 나타내야 한다.

NO와 O_2의 반응은 첫째 단계는 빠르고 둘째 단계는 속도결정단계인 두 단계 반응의 한 예이다.

$$2\ NO(g) + O_2(g) \rightarrow 2\ NO_2(g)$$
$$속도 = k[NO]^2[O_2]$$

실험으로 얻어진 속도법칙은 NO와 O_2에 대해 각각 2차와 1차이다. 이 속도법칙은 삼분자 반응에 부합하지만 실험적 증거에 따르면 이 반응에서 중간체가 형성된다. 따라서 중간체가 만들어지는 메커니즘을 생각해야 하는데, 가능한 두 단계 메커니즘은 다음과 같다.

단일단계 1: 빠름, 평형 $NO(g) + O_2(g) \underset{k_{-1}}{\overset{k_1}{\rightleftharpoons}} OONO(g)$ (중간체)

단일단계 2: 느림, 속도 결정 $NO(g) + OONO(g) \xrightarrow{k_2} 2\ NO_2(g)$

전체 반응: $2\ NO(g) + O_2(g) \rightarrow 2\ NO_2(g)$

둘째 단계는 느리므로 전체 속도는 이에 의존하는데, 이 단계에 대한 속도법칙은 다음과 같다.

$$속도 = k_2[NO][OONO]$$

이 속도법칙은 반응 중간체인 OONO의 농도를 포함하므로 실험적 속도법칙과 직접 비교할 수 없다. 중간체를 없애려면 이를 빠르게 생성하면서 평형을 이루는 첫째 반응을 이용하는데, 그 속도는 다음과 같이 쓸 수 있다.

$$OONO의\ 생성\ 속도\ (NO + O_2 \rightarrow OONO) = k_1[NO][O_2]$$

중간체는 둘째 단계에서 아주 느리게 소비되므로 NO와 O_2로 되돌아갈 수도 있으며, 이 역반응의 속도는 다음과 같이 쓸 수 있다.

$$\text{역반응 속도 (OONO} \rightarrow \text{NO} + \text{O}_2) = k_{-1}[\text{OONO}]$$

OONO가 생성됨에 따라 NO와 O_2의 농도는 작아지므로 정반응 속도는 감소하는 반면 OONO의 농도는 커지므로 역반응 속도는 증가한다. 결국 정반응과 역반응의 속도는 아래와 같이 서로 같아져서 평형 상태가 된다.

$$\text{정반응 속도} = \text{역반응 속도}$$

$$k_1[\text{NO}][\text{O}_2] = k_{-1}[\text{OONO}]$$

이를 다시 정리하면

$$\frac{k_1}{k_{-1}} = \frac{[\text{OONO}]}{[\text{NO}][\text{O}_2]} = K$$

k_1과 k_{-1}은 온도가 일정할 때는 상수여서 온도의 변화에 의해서만 변한다. 그러므로 이 두 상수의 비를 새로운 상수 K로 쓸 수 있으며 이를 **평형상수**(equilibrium constant)라고 부른다. 이를 이용하여 OONO의 농도를 나타내면 다음과 같다.

$$[\text{OONO}] = K[\text{NO}][\text{O}_2]$$

속도결정단계에 대한 속도법칙의 [OONO]를 $K[\text{NO}][\text{O}_2]$로 치환하면 속도는 다음과 같이 쓸 수 있다.

$$\begin{aligned}\text{속도} &= k_2[\text{NO}][\text{OONO}] = k_2[\text{NO}]\{K[\text{NO}][\text{O}_2]\} \\ &= k_2K[\text{NO}]^2[\text{O}_2]\end{aligned}$$

k_2와 K는 모두 상수이므로 그 곱은 다른 상수 k'로 쓸 수 있고, 따라서 속도는 다음과 같다.

$$\text{속도} = k'[\text{NO}]^2[\text{O}_2]$$

이 결과는 실험으로 얻은 속도법칙과 같다. 따라서 속도법칙의 배경이 되는 반응들이 타당한 메커니즘일 수 있다. 그러나 가능한 메커니즘이 이것만이라고 할 수는 없다. 이 속도 식은 한 단계의 삼분자 반응에도 부합하며, 예제 14.14에는 또 다른 가능한 메커니즘이 제시되어 있다.

초기 평형을 포함하는 메커니즘. 이런 메커니즘에서 첫째 단계의 정반응과 역반응은 아주 빠르므로 중간체 OONO가 NO와 반응하여 NO_2를 내놓는 둘째 단계가 상당한 정도로 진행되기에 앞서 평형 상태를 이룬다. 첫째 단계가 만드는 이 평형 상태는 전체 반응이 끝날 때까지 지속된다.

평형상수. 화학 평형의 중요한 개념은 3장에 소개하였고 15~18장에서 더 자세히 기술될 것이다.

예제 14.14 평형 단계가 포함된 메커니즘

문제 본문에서 예로 든 NO + O_2 반응은 다음 메커니즘으로도 일어날 수 있다.

단일단계 1: 빠름, 평형

$$\text{NO(g)} + \text{NO(g)} \underset{k_{-1}}{\overset{k_1}{\rightleftharpoons}} \underset{\text{중간체}}{\text{N}_2\text{O}_2\text{(g)}}$$

단일단계 2: 느림, 속도결정

$$N_2O_2(g) + O_2(g) \xrightarrow{k_2} 2\ NO_2(g)$$

전체 반응: $2\ NO(g) + O_2(g) \rightarrow 2\ NO_2(g)$

이에 따르면 실험으로 얻은 속도 = $k[NO]^2[O_2]$의 속도 식이 나옴을 보이시오.

알고 있는 사실 NO와 O_2의 반응에 대해 가능한 메커니즘이 제시되어 있다.

전략 반응의 속도법칙은 속도결정단계의 양론을 이용하여 유도될 수 있다. 만약 이 단계가 중간체를 포함하면 이 중간체의 농도의 관계식은 전체 완결 반응식의 화학종의 농도만을 포함하도록 얻어질 필요가 있다.

풀이 속도 결정 단계의 속도 법칙은 다음과 같다.

$$\text{속도} = k_2[N_2O_2][O_2]$$

중간체는 최종 유도된 속도법칙에 나타날 수 없다. 그러나 중간체 농도를 첫 번째 단계의 평형상수 관계식을 이용하여 반응물 농도와 연계하는 관계식을 찾을 수 있다. $[N_2O_2]$와 $[NO]$는 평형상수의 식을 통해 다음과 같다.

$$\frac{k_1}{k_{-1}} = \frac{[N_2O_2]}{[NO]^2} = K$$

이 식을 $[N_2O_2]$에 대해 풀면 $[N_2O_2] = K[NO]^2$이다. 이를 유도된 속도법칙에 대입하면 다음과 같다.

$$\text{속도} = k_2\{K[NO]^2\}[O_2]$$

$k_2K = k$로 놓으면 위의 식은 실험으로 얻은 속도 식과 일치한다.

고려사항 지금까지 NO + O_2의 반응에 대해 세 가지의 메커니즘을 제안하였다. 화학자들은 이 가운데 어느 것이 옳은지 가려야 한다. 추가적인 실험에 따르면 OONO가 짧은 수명을 가진 중간체로 검출되었다. 따라서 이 중간체를 포함하는 메커니즘이 유력하다.

유제 NO_2Cl의 분해에 대한 한 가지의 가능한 메커니즘은 다음과 같다.

단일단계 1: 빠름, 평형 $\quad NO_2Cl(g) \underset{k_{-1}}{\overset{k_1}{\rightleftharpoons}} NO_2(g) + Cl(g)$

단일단계 2: 느림 $\quad NO_2Cl(g) + Cl(g) \xrightarrow{k_2} NO_2(g) + Cl_2(g)$

전체 반응식은 무엇인가? 이 메커니즘에서 유도되는 속도법칙을 쓰시오. 생성물인 NO_2의 농도를 증가시키면 반응 속도는 어떤 영향을 받는가?

자유라디칼 연쇄 반응을 포함하는 반응 메커니즘

자유라디칼 연쇄반응은 흔히 일어나는 반응 메커니즘의 또 다른 종류이다. 이 종류의 과정의 한 예는 메테인과 염소와의 반응이다. 이 반응은 클로로알케인을 생성한다. 이 발열 반응이 일어나기 위해 자외선 또는 300 ℃ 이상의 온도가 필요하

문제해결 주요사항 14.2 속도 방정식과 반응 메커니즘의 연계 분자식 알아내기

실험으로 얻은 속도식과 제안된 메커니즘 사이의 관계는 화학에서 중요하다.

1. 속도식은 실험으로 결정되어야 한다.
2. 화학량론적 관계, 분자의 구조와 결합, 넓은 화학적 경험과 직관 등을 토대로 실험으로 얻은 속도식에 부합하는 메커니즘을 제안한다.
3. 제안된 메커니즘으로 속도식을 유도한다. 이 속도식은 전체 반응식에 나타나는 물질만 포함해야 한다. 이렇게 유도한 속도식이 실험으로 얻은 속도식과 일치하면 제안된 메커니즘은 실제로도 옳을 수 있다.
4. 두 가지 이상의 메커니즘이 제안되고, 이것들에서 유도된 속도식이 실험으로 얻은 속도 식에 모두 부합하면, 추가적인 실험으로 판단해야 한다.

다. 이 반응은 반응물을 실온에서 혼합할 때에는 일어나지 않으며, 어두운 곳에서도 일어나지 않는다. 만약 반응물이 1 : 1의 비율로 존재하면, 생성물은 주로 CH_3Cl과 HCl이며, 적은 양의 CH_2Cl_2와 다른 염소화 메테인이 생성된다.

$$CH_4(g) + Cl_2(g) \rightarrow HCl(g) + CH_3Cl(g)$$
(추가로 적은 양의 CH_2Cl_2, $CHCl_3$와 CCl_4)

메커니즘은 일련의 단계들을 포함하는 것으로 믿어지고 있다.

1. **개시 단계.** 열 또는 자외선은 염소 분자를 2개의 염소 원자로 분해한다. 몇 개의 염소만이 연쇄 반응을 개시하는 데 필요하다.

$$Cl_2 \rightarrow 2 \cdot Cl \qquad \Delta H = 242 \text{ kJ/mol-rxn}$$

2. **전파 단계.** 높은 에너지의 염소 원자는 자유 라디칼이다(8.5절 참조). ·Cl 원자가 계에서 무작위로 움직일 때, 다른 화학종(CH_4, Cl_2, Cl)들과의 다양한 분자 충돌이 일어날 것으로 예상된다. Cl_2 분자와의 충돌은 생산적이 아니지만 메테인 분자와의 충돌은 Cl—H 결합의 생성과 아울러 C—H 결합의 깨짐이 일어날 것이다. 결합 엔탈피 값(표 8.8)을 이용한 이 과정의 엔탈피를 추산하면, 이 반응은 약간 발열이 되어야 한다.

$$CH_3\text{—}H + \cdot Cl \rightarrow \cdot CH_3 + HCl \qquad \Delta H = D(C\text{—}H) - D(H\text{—}Cl)$$
$$\Delta H = 413 \text{ kJ/mol-rxn} - 432 \text{ kJ/mol-rxn} = -19 \text{ kJ/mol-rxn}$$

***D*, 결합 해리 엔탈피.** *D*가 결합 해리 엔탈피의 기호로 흔히 사용된다.

앞의 단계에서 생성된 메틸 라디칼, $\cdot CH_3$은 또한 매우 반응성이 크다. Cl_2 분자와 충돌하면 C—Cl 결합과 염소 원자를 생성하게 된다. 이것도 역시 발열이다.

$$\cdot CH_3 + Cl\text{—}Cl \rightarrow CH_3Cl + \cdot Cl \qquad \Delta H = D(Cl\text{—}Cl) - D(C\text{—}Cl)$$
$$\Delta H = 242 \text{ kJ/mol-rxn} - 339 \text{ kJ/mol-rxn} = -97 \text{ kJ/mol-rxn}$$

이 단계에서 생성된 염소 원자는 다른 분자 CH_4와의 반응에 사용된다. 전파 단계는 계속해서 되풀이 될 수 있으며, 이는 연쇄 반응의 특징적인 성질이다.

반응이 진행될수록 CH_4의 농도는 감소하고, 생성물인 CH_3Cl의 농도는 증가한다. 이러한 변화와 함께 CH_3Cl과 ·Cl 원자와의 충돌 가능성도 증가한다. 이 충돌은 적은 양의 CH_2Cl_2와 다른 염소가 보다 많이 치환된 화학종의 생성으로 이어지게 된다.

3. **종결 단계.** 연쇄 반응은 자유 라디칼($\cdot$Cl 또는 $\cdot CH_3$)이 존재하는 한 계속될 것이다. 라디칼이 존재하지 않는다면 연쇄 반응은 끝나게 된다. 만약 2개 Cl 라디칼(또는 다른 2개 라디칼)이 충돌하여 반응하면 이 상태가 얻어진다.

$$2 \cdot Cl \rightarrow Cl_2 \qquad \Delta H = -242 \text{ kJ/mol-rxn}$$

이 반응에서 다양한 라디칼 화학종의 농도는 매우 작다. 따라서 이러한 반응의 가능성은 매우 낮고 라디칼 연쇄 반응은 중단되기 전까지 긴 생존기간을 가지게 될 것이다.

CH_3Cl을 생성하는 개별적인 단계에 대한 반응식을 더하면 전체 반응식을 주게 된다. 이 반응의 엔탈피 변화 $\Delta H = -116$ kJ/mol-rxn은 각 단계 엔탈피의 합이다.

14.6절 확인문제

1. A + B → C의 반응에 대한 실험 속도식이 '속도 = k[A][B]'로 얻어졌다면 이로부터 어떤 결론을 내릴 수 있는가?

(a) 이 반응은 하나의 단일단계로 일어난다.

(b) 이 반응은 하나의 단일단계로 일어날 수 있다.

(c) 이 반응은 여러 단계로 일어나야만 한다.

2. 어떤 반응이 다음과 같은 메커니즘으로 일어난다고 여겨진다.

1단계: 빠름, 평형 $2\,A \rightleftharpoons I$

2단계: 느림 $I + B \rightarrow C$

전체 반응: $2\,A + B \rightarrow C$

이로부터 유도된 속도 식은 다음의 어느 것과 같은가?

(a) 속도 = k[A][B]

(b) 속도 = $k[A]^2$

(c) 속도 = $k[A]^2[B]$

(d) 속도 = k[I][B]

화학 원리 응용 | 화학 동역학과 메커니즘: 70년이 된 의문점의 해결

19세기 말에 가까워졌을 때 H_2(g)와 I_2(g)와의 기체상 반응이 각 반응물에 대하여 1차인 것이 알려졌다.

$$H_2(g) + I_2(g) \rightleftharpoons 2\,HI(g)$$

거의 70년 동안 인정된 메커니즘은 단일단계 2분자 충돌로 원자를 교환하는 것이었다.

그러나 1967년 설리번(John H. Sullivan)은 이 단일단계 메커니즘이 옳지 않다고 결정하였다. 메커니즘의 첫 단계는 원소 아이오딘이 아이오딘 원자로 분해되는 것이었다. I_2의 분해는 빠른 평형 과정으로 상대적으로 일정한 아이오딘 원자의 농도를 생성하였다.

빠른 평형 $I_2(g) \rightleftharpoons 2\,I(g)$

메커니즘의 두 번째 단계는 2개 아이오딘 원자와 원소 수소와의 3분자 반응이다.

느림 $H_2(g) + 2I(g) \rightleftharpoons 2\,HI$

수정된 메커니즘에 대한 설리번의 증거는 무엇인가? 먼저, 그는 I_2의 분해가 불가능한 매우 낮은 온도에서 연구하였다. 이 온도에서 아이오딘화수소가 아주 적거나 아예 생성되지 않았다. 둘째, 순간 **광분해**(flash photolysis)라는 기술을 사용하여 I_2에서 아이오딘 원자를 생성하였다. 이 기술에서 수소

동역학 연구에서 순간 광분해 실험을 수행하는 장치.

와 아이오딘의 혼합물을 강한 펄스의 빛으로 조사하였다. 설리번은 반응 속도가 순간 광분해에 의해 생성된 아이오딘 원자의 농도의 제곱에 의존하는 것을 발견하였고, 이것은 그의 반응 메커니즘에서 두 번째 단일단계와 일치하였다.

수소-아이오딘 반응의 메커니즘 이야기는 화학자들이 단지 실험적으로 결정된 반응 차수와 일치한다고 제안된 메커니즘을 믿어서는 안된다는 훌륭한 교훈을 주고 있다. 메커니즘을 증명하는 것은 보통 반응 도중에서의 중간체를 확인하는 것을 요구한다. 설리번은 중간체를 확인하였을 뿐만 아니라 중간체의 생성을 통제하였다.

문제

1. 설리번은 578 nm 빛을 이용하여 I_2 분자를 I 원자로 분해하였다.
   a) 578 nm 빛의 에너지는 얼마인가(kJ/mol)?
   b) I_2 결합을 깨는 데는 151 kJ/mol의 에너지가 필요하다. I_2를 분해는 데 필요한 에너지를 가진 가장 긴 파장의 빛은 얼마인가?
2. 설리번이 제안한 2단계 메커니즘이 올바른(전체로 2차) 속도 법칙을 줄 수 있음을 보이시오.
3. 3분자 단일단계가 메커니즘에서 왜 가장 느릴 것 같은가?
4. 다음 표의 자료를 이용하여 H_2와 I_2가 반응하여 HI를 생성하는 반응의 활성화 에너지를 결정하시오.

온도 (℃)	속도상수(M^{-1} s^{-1})
144.7	1.40×10^{-12}
207.5	1.52×10^{-9}
246.9	5.15×10^{-8}

참고문헌

J. H. Sullivan, *Journal of Chemical Physics*, vol. 46, pp. 73~77, 1967.

학습 목표 복습

여러분은 이 장의 학습을 마쳤다. 이제 학습 목표를 달성했는지 점검해 보자. 특히 다음과 같은 것을 할 수 있어야 한다.

- 반응 속도와 이에 영향을 주는 요소를 이해한다.
  - **a.** 반응 속도의 개념을 설명한다(14.1절).
  - **b.** 농도-시간의 자료를 이용하여 순간 반응 속도와 평균 반응 속도를 유도한다(14.1절).
  - **c.** 반응 속도에 영향을 주는 인자들에 대해 설명한다(반응물의 농도, 온도, 촉매의 존재, 반응물의 상태 등)(14.2절).
- 반응 속도의 충돌 이론과 활성화 에너지의 역할을 이해한다.
  - **a.** 반응 속도의 충돌 이론을 기술한다(14.5절).
  - **b.** 활성화 에너지와 반응 속도를 연계한다(14.5절).
  - **c.** 충돌 이론을 이용하여 반응물의 농도가 반응 속도에 미치는 효과를 기술한다(14.5절).

d. 반응 속도에 미치는 분자 배향의 효과를 이해한다(14.5절).

e. 반응 속도의 충돌 이론과 아레니우스 방정식을 이용하여 반응 속도에 대한 온도의 영향을 기술한다(14.5절과 식 14.5~14.7).

f. 식 14.5, 14.6, 14.7을 이용하여 다른 온도에서의 속도상수로부터 활성화 에너지를 계산한다(14.5절).

g. 반응 좌표 도표를 이해한다(14.5절).

- 실험 자료로부터 속도 방정식, 속도상수, 반응차수를 유도한다.

a. 속도 방정식의 다양한 부분을 정의하고(속도상수와 반응차수), 그 중요성을 이해한다(14.3절).

b. 초기 속도 방법을 이용하여 속도 방정식을 유도한다(14.3절).

- 적분 속도법칙을 사용한다.

a. 0차, 1차, 그리고 2차 반응에서 반응물 농도와 시간 사이의 관계를 기술하고 이용한다(14.4절과 표 14.1).

b. 특히 1차 반응에 대해 반감기($t_{1/2}$) 개념을 이용한다(14.4절).

- 농도와 시간의 적절한 함수를 그래프로 그려 반응차수를 결정한다.

a. 실험 자료로부터 반응차수와 속도상수를 결정함에 그래프 방법을 적용한다(14.4절과 표 14.1).

- 반응 메커니즘과 속도 법칙을 연계한다.

a. 촉매의 기능과 반응의 활성화 에너지와 메커니즘에 대한 영향을 기술한다(14.5절).

b. 반응 메커니즘(반응물이 생성물로 변환되는 과정에서 일어나는 제안된 결합 생성과 결합의 깨어짐 단계의 순서)의 개념과 메커니즘과 반응의 전체 양론적 반응식을 이해한다(14.6절).

c. 메커니즘의 단일단계를 기술하고 분자도를 제시한다(14.6절).

d. 메커니즘의 속도결정 단계를 정의하고 반응 중간체를 확인한다(14.6절).

- 반응 속도의 정의를 기억한다.
- 반응의 반감기는 반응물의 농도가 처음값의 반으로 감소하는 데 필요한 시간임을 기억한다.
- 반응은 반응 메커니즘에서 가장 느린 단계보다 빨리 진행할 수 없음을 기억한다.

주요 식

식 14.1(625쪽) 1차 반응($-\Delta[R]/\Delta t = k[R]$)에 대한 적분 속도 방정식.

$$\ln \frac{[R]_t}{[R]_0} = -kt$$

$[R]_0$와 $[R]_t$는 $t = 0$과 시간 t일 때의 반응물의 농도이다. $[R]_t/[R]_0$ 농도 비는 일정시간이 경과하였을 때 남아 있는 반응물의 분율이다.

식 14.2(627쪽) 2차 반응($-\Delta[\mathrm{R}]/\Delta t = k[\mathrm{R}]^2$)에 대한 적분 속도 방정식.

$$\frac{1}{[\mathrm{R}]_t} - \frac{1}{[\mathrm{R}]_0} = kt$$

식 14.3(628쪽) 0차 반응($-\Delta[\mathrm{R}]/\Delta t = k[\mathrm{R}]^0$)에 대한 적분 속도 방정식.

$$[\mathrm{R}]_0 - [\mathrm{R}]_t = kt$$

식 14.4(630쪽) 반감기($t_{1/2}$)와 1차 반응 속도상수(k) 간의 관계.

$$t_{1/2} = \frac{0.693}{k}$$

식 14.5(638쪽) 멱수 형태로 나타낸 아레니우스 방정식

$$k = \text{속도상수} = Ae^{-E_a/RT}$$

빈도 인자 (A)

반응하기 위한 최소의 에너지를 갖는 분자의 분율 ($e^{-E_a/RT}$)

A는 충돌 빈도이고, E_a는 활성화 에너지, T는 켈빈온도, 그리고 R은 기체상수이다.
($= 8.314462 \times 10^{-3}$ kJ/K · mol)

식 14.6(639쪽) 로그 형태의 확장된 아레니우스 방정식

$$\ln k = -\frac{E_a}{R}\left(\frac{1}{T}\right) + \ln A \quad \leftarrow \text{아레니우스 방정식}$$

$$\downarrow \qquad \downarrow \qquad \downarrow$$

$$y = mx + b \quad \leftarrow \text{직선에 대한 방정식}$$

식 14.7(640쪽) 두 온도(켈빈온도)에서 속도상수 값이 알려져 있을 때 반응 활성화 에너지를 구하기 위한 아레니우스 방정식 형태

$$\ln k_2 - \ln k_1 = \ln\frac{k_2}{k_1} = -\frac{E_a}{R}\left[\frac{1}{T_2} - \frac{1}{T_1}\right]$$

페놀프탈레인의 색이 시간이 지남에 따라 옅어진다.
(소요되는 시간은 약 3분)

실전문제

반응 속도(14.1절 및 예제 14.1~14.2 참조)

1. 다음 각각의 반응에 대한 상대적인 반응물의 소멸 속도와 생성물의 생성 속도를 계산하시오.

(a) $2\ O_3(g) \rightarrow 3\ O_2(g)$

(b) $2\ HOF(g) \rightarrow 2\ HF(g) + O_2(g)$

2. 반응 $2\ O_3 \rightarrow 3\ O_2(g)$에서 O_2의 생성 속도는 1.5×10^{-3} mol/L · s이다. O_3의 분해 속도는 얼마인가?

3. 반응 $A \rightarrow 2\ B$에 대한 실험 자료를 나타내었다.

시간(s)	[B](mol/L)
0.00	0.000
10.0	0.326
20.0	0.572
30.0	0.750
40.0	0.890

(a) 위 자료를 좌표에 표시하고 완만한 선으로 연결하여 0초에서 40초까지 10초 단위로 [B]의 변화 속도를 계산하시오. 10초 간격으로 다음 간격까지의 속도는 감소하는가? 이 결과에 대한 근거를 제시하시오.

(b) 각각의 시간 동안 [B]의 변화 속도와 관계된 [A]의 변화 속도는 얼마인가? 10초에서 20초 사이의 시간 간격에 대한 [A]의 변화 속도를 계산하시오.

(c) [B] = 0.750 mol/L일 때, 순간 속도, $\Delta[B]/\Delta t$는 얼마인가?

농도와 속도 식(14.3절 및 예제 14.3~14.4 참조)

4. 속도 방정식 '속도 = $k[A]^2[B]$'를 사용하여 A와 B에 대한 반응 차수를 계산하시오. 반응의 전체 차수는 얼마인가?

5. 231 K에서 오존과 이산화질소 사이의 반응은 $[NO_2]$와 $[O_3]$ 각각에 대하여 1차 반응이다.

$$2NO_2(g) + O_3(g) \rightarrow N_2O_5(g) + O_2(g)$$

(a) 반응에 대한 속도 식을 쓰시오.

(b) 만일 NO_2의 농도가 3배가 되면($[O_3]$는 변하지 않음) 반응 속도의 변화는 얼마인가?

(c) 만일 O_3의 농도가 반으로 되면($[NO_2]$는 변하지 않음) 반응 속도에 대한 영향은 어떻게 되겠는가?

6. 다음 자료는 660 K에서 NO와 O_2의 반응에 대한 표이다.

$$NO(g) + {}^1\!/_2\ O_2(g) \rightarrow NO_2(g)$$

반응물의 농도(mol/L)		NO의 소멸 속도 (mol/L · s)
[NO]	$[O_2]$	
0.010	0.010	2.5×10^{-5}
0.020	0.010	1.0×10^{-4}
0.010	0.020	5.0×10^{-5}

(a) 각 반응물에 대한 반응 차수를 정하시오.

(b) 반응에 대한 속도 식을 쓰시오.

(c) 속도상수를 계산하시오.

(d) [NO] = 0.015 mol/L, $[O_2]$ = 0.0050 mol/L일 때의 속도(mol/L · s)를 계산하시오.

(e) NO가 1.0×10^{-4} mol/L · s 속도로 반응하는 순간에 O_2가 반응하는 속도 및 NO_2가 생성되는 속도는 얼마인가?

7. 반응 $NO(g) + {}^1\!/_2\ O_2(g) \rightarrow NO_2(g)$에 대한 자료(특정온도에서)가 표에 주어져 있다.

실험	처음 농도 (mol/L)		처음 속도 (mol NO/L · h)
	[NO]	$[O_2]$	
1	3.6×10^{-4}	5.2×10^{-3}	3.4×10^{-8}
2	3.6×10^{-4}	1.04×10^{-2}	6.8×10^{-8}
3	1.8×10^{-4}	1.04×10^{-2}	1.7×10^{-8}
4	1.8×10^{-4}	5.2×10^{-3}	?

(a) 이 반응에 대한 속도법칙을 쓰시오.

(b) 이 반응의 속도상수는 얼마인가?

(c) 실험 4에서 반응의 처음 속도는 얼마인가?

농도-시간 관계식(14.4절 및 예제 14.5~14.7 참조)

8. 설탕이 과당과 포도당으로 가수 분해되는 속도 식은

$$C_{12}H_{22}O_{11}(aq) + H_2O(\ell) \rightarrow 2C_6H_{12}O_6(aq)$$

$-\Delta[\text{설탕}]/\Delta t = k[C_{12}H_{22}O_{11}]$이다. 27 ℃에서 27분 후에 설탕의 농도는 0.0146 M에서 0.0132 M까지 감소된다. 속도상수 k를 찾으시오.

9. SO_2Cl_2의 분해 반응은 1차 반응이다.

$$SO_2Cl_2(g) \rightarrow SO_2(g) + Cl_2(g)$$

600 K에서 반응에 대한 속도상수는 $2.8 \times 10^{-3}\ min^{-1}$이다. SO_2Cl_2의 처음 농도가 1.24×10^{-3} mol/L이라면 농도가 0.31×10^{-3} mol/L로 감소하는 데는 얼마나 걸리겠는가?

10. 주어진 온도에서 과산화수소, $H_2O_2(aq)$가 $H_2O(\ell)$와 $O_2(g)$로 분해하는데 H_2O_2에 대해서 1차 반응이고 속도상수 $k = 1.06 \times 10^{-3}\ min^{-1}$을 가진다.

(a) H_2O_2 시료 15 %가 분해하는 데 시간이 얼마나 걸리겠는가?

(b) 시료 85 %가 분해하는 데는 시간이 얼마나 걸리겠는가?

11. 573 K에서 $NO_2(g)$ 기체는 분해되어 NO(g)와 $O_2(g)$를 생성한다. 처음 농도 1.9×10^{-2} mol/L의 $NO_2(g)$를 포함하는 용기에서, 75 %의 $NO_2(g)$가 분해되는 데 걸리는 시간을 계산하시오. $NO_2(g)$의 분해는 반응물에 대해 2차 반응이고, 573 K에서 이 반응에 대한 속도상수는 1.1 L/mol · s이다.

12. 금속 표면에서 암모니아가 분해되어 N_2와 H_2가 생성되는 것은 0차 반응이다(그림 14.6c). 873 ℃에서 속도상수의 값은 1.5×10^{-3} mol/L · s이다. 1.0 L 플라스크에 담겨있는 0.16 g NH_3가 완전히 분해하는 데 얼마나 오래 걸릴까?

반감기(14.4절 및 예제 14.8~14.9 참조)

13. N_2O_5의 분해 반응(NO_2와 O_2 생성)에 대한 속도 = $k[N_2O_5]$이다. k의 값은 특정 온도에서의 반응에 대해서 $6.7 \times 10^{-5}\ s^{-1}$이다.

(a) N_2O_5의 반감기를 계산하시오.

(b) N_2O_5의 농도가 원래 값의 10분의 1로 떨어지는 데 시간이 얼마나 걸리겠는가?

14. SO_2Cl_2의 분해 반응은 1차 반응이다.

$$SO_2Cl_2(g) \rightarrow SO_2(g) + Cl_2(g)$$

600 K에서 반감기가 245분이다. 1.0 L의 플라스크에 SO_2Cl_2 3.6×10^{-3} mol을 가지고 반응을 시작했다면 SO_2Cl_2의 양이 2.00×10^{-4} mol로 감소할 때까지 얼마나 걸리겠는가?

15. 방사성 동위원소 ^{64}Cu는 윌슨(Wilson) 병을 연구하기 위한 아세트산구리(II)를 생성하는 데 사용된다. 동위원소는 12.70 h의 반감기를 가진다. 64 h 후에 남아 있는 방사성 동위원소 Cu(II)의 분율은 얼마인가?

그래프 분석: 속도 방정식과 k(14.4절 참조)

16. 다음 표는 900 ℃, 금 표면에서 일산화이질소의 분해 반응에 대한 자료이다.

$$N_2O(g) \rightarrow N_2(g) + \tfrac{1}{2}\ O_2(g)$$

$\ln[N_2O]$ 대 시간의 그래프에 의하여 반응이 1차임을 증명하시오. 이 그래프의 직선의 기울기로부터 속도상수를 유도하시오. 속도 법칙과 k값을 사용하여 $[N_2O]$ = 0.035 mol/L일 때 900 ℃에서 분해 반응의 속도를 결정하시오.

시간(min)	$[N_2O]$ (mol/L)
15.0	0.0835
30.0	0.0680
80.0	0.0350
120.0	0.0220

17. 기체상 NO_2는 573 K에서 분해한다.

$$NO_2(g) \rightarrow NO(g) + \tfrac{1}{2}\ O_2(g)$$

NO_2의 농도는 시간의 함수로서 측정된다. $1/[NO_2]$ 대 시간의 그래프는 기울기 1.1 L/mol · s를 가진 직선을 나타낸다. 이 반응에 대한 속도 법칙은 무엇인가? 속도상수는 얼마인가?

18. 반응 $C_2F_4 \rightarrow \tfrac{1}{2}\ C_4F_8$에 대하여 $1/[C_2F_4]$와 시간의 그래

프가 기울기가 +0.04 L/mol · s인 직선이었다. 이 반응의 속도 법칙은 무엇인가?

반응 속도와 에너지(14.5절 및 예제 14.10~14.11 참조)

19. 두 온도에서 관찰된 속도상수로부터 다음 반응에 대한 활성화 에너지(E_a)를 계산하시오.

$$2\ N_2O_5(g) \rightarrow 4\ NO_2(g) + O_2(g)$$

25 °C에서의 $k = 3.46 \times 10^{-5}\ s^{-1}$
55 °C에서의 $k = 1.5 \times 10^{-3}\ s^{-1}$

20. 사이클로뷰테인(C_4H_8)은 고온으로 가열하면 에틸렌으로 분해된다.

$$C_4H_8(g) \rightarrow 2C_2H_4(g)$$

이 반응에 대한 활성화 에너지, E_a는 260 kJ/mol이다. 800 K에서 속도상수 $k = 0.0315\ s^{-1}$이다. 850 K에서의 k의 값을 계산하시오.

21. F 원자와 H_2 분자의 반응은 8 kJ/mol의 활성화 에너지와 −133 kJ/mol의 에너지 변화를 가진다.

$$H_2(g) + F(g) \rightarrow HF(g) + H(g)$$

이 과정에 대해서 그림 14.10과 비슷한 도표를 그리시오. 이 도표에서 반응의 활성화 에너지와 엔탈피 변화를 표시하시오.

반응 메커니즘(14.6절 및 예제 14.12~14.14 참조)

22. 다음 각 단일단계의 속도법칙은 무엇인가?
(a) $NO(g) + NO_3(g) \rightarrow 2\ NO_2(g)$
(b) $Cl(g) + H_2(g) \rightarrow HCl(g) + H(g)$
(c) $(CH_3)_3CBr(aq) \rightarrow (CH_3)_3C^+(aq) + Br^-(aq)$

23. 대기권 상층부의 오존은 다음 식에 의하여 분해한다.

$$2O_3(g) \rightarrow 3\ O_2(g)$$

이 반응의 메커니즘은 매우 빠른 초기 평형 반응과 느린 2단계 과정을 거친다.

단계 1: 빠른 가역 과정 $O_3(g) \rightleftarrows O_2(g) + O(g)$
단계 2: 느림 $O_3(g) + O(g) \rightarrow 2\ O_2(g)$

(a) 어느 단계가 반응의 속도 결정 단계인가?
(b) 속도 결정 단계의 속도 방정식을 쓰시오.

24. NO_2와 CO의 반응에 대해서 제안된 메커니즘은 다음과 같다.

단계 1: 느림, 흡열 반응

$$2\ NO_2(g) \rightarrow NO(g) + NO_3(g)$$

단계 2: 빠름, 발열 반응

$$NO_3(g) + CO(g) \rightarrow NO_2(g) + CO_2(g)$$

전체 반응: 발열 반응

$$NO_2(g) + CO(g) \rightarrow NO(g) + CO_2(g)$$

(a) 다음의 각각을 반응물, 생성물 혹은 중간체로 분류하시오.

$$NO_2(g),\ CO(g),\ NO_3(g),\ CO_2(g),\ NO(g)$$

(b) 이 반응에 대한 반응좌표 도표를 그리시오. 도표에서 각 단계에 대한 활성화 에너지와 전체 반응 엔탈피를 계산하시오.

일반문제

다음 문제들은 절의 종류나 위치를 명시하지 않았다. 이 문제들은 여러 가지 개념이 조합되어 있을 수도 있다.

25. 어떤 반응이 다음의 실험적인 속도 식을 가진다.

$$속도 = k[A]^2[B]$$

만일 A의 농도가 2배로 되고 B의 농도가 반으로 되면, 반응 속도는 어떻게 되겠는가?

26. 반응 속도의 농도 의존성을 결정하기 위해서는 pH 미터를 사용하여 시간의 함수로서 $[OH^-]$를 측정한다.

$$H_2PO_3^-(aq) + OH^-(aq) \rightarrow HPO_3^{2-}(aq) + H_2O(\ell)$$

(이렇게 하기 위해서는 반응물을 과량으로 사용하여 $[H_2PO_3^-]$를 일정하게 유지해야 한다.) $[OH^-]$에 대해 2차 속도 의존성을 어떻게 증명할 수 있는가?

27. 폼산은 550 °C에서 다음의 반응식에서와 같이 분해된다.

$$HCO_2H(g) \rightarrow CO_2(g) + H_2(g)$$

이 반응은 1차 반응 속도를 따른다. HCO_2H의 75 %가 72초에 분해된다는 것을 실험적으로 밝혔다. 이 반응에 대한 $t_{1/2}$를 구하시오.

28. 테트라플루오린화에틸렌을 가열하면 옥타플루오린화사이클로뷰테인을 생성한다.

$$C_2F_4(s) \rightarrow {}^1/_2\ C_4F_8(g)$$

488 K에서 이 반응에 대한 속도를 결정하기 위하여 표에 자료를 수록하였다. 분석은 다음 그래프에 나타내었다.

$[C_2F_4]$ (M)	시간 (s)
0.100	0
0.080	56
0.060	150.
0.040	335
0.030	520.

(a) 이 반응에 대한 속도 법칙은 무엇인가?

(b) 속도상수의 값은 얼마인가?

(c) 600초 후에 C_2F_4의 농도는 얼마인가?

(d) 반응이 90 % 완결될 때까지는 얼마나 오래 걸리겠는가?

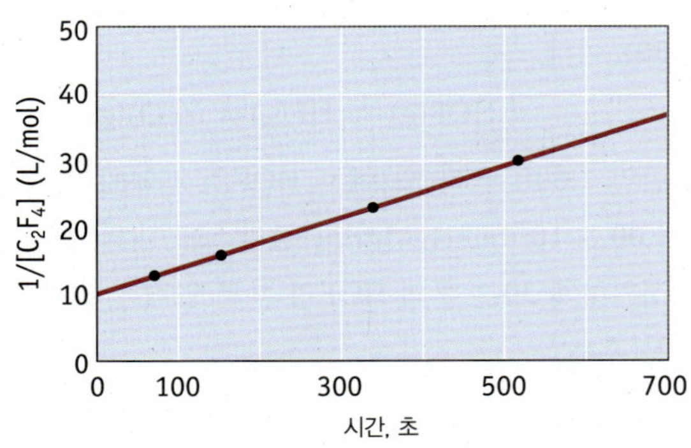

29. 사이안산암모늄(NH_4NCO)은 물에서 재배열하여 우레아($(NH_2)_2CO$)가 된다.

$$NH_4NCO(aq) \rightarrow (NH_2)_2CO(aq)$$

시간(min)	$[NH_4NCO]$ (mol/L)
0	0.458
4.50×10^1	0.370
1.07×10^2	0.292
2.30×10^2	0.212
6.00×10^2	0.114

이 표의 자료를 이용하여 다음에 답하시오.

(a) 반응이 1차인지 2차인지를 결정하시오.

(b) 이 반응의 k를 계산하시오.

(c) 이 조건 하에서 사이안산암모늄의 반감기를 계산하시오.

(d) 12.0 h 이후 NH_4NCO의 농도를 계산하시오.

30. 500 K 이하의 온도에서 일산화탄소와 이산화질소 사이의 반응은 다음의 속도상수를 가진다.

$$CO(g) + NO_2(g) \rightarrow CO_2(g) + NO(g)$$
$$속도 = k[NO_2]^2$$

여기에 제시한 3개의 메커니즘 중에서 어느 것이 실험적으로 관찰된 속도 식과 가장 잘 일치하는가?

메커니즘 1 단일단계

$$NO_2 + CO \rightarrow CO_2 + NO$$

메커니즘 2 두 단계

느림 $NO_2 + NO_2 \rightarrow NO_3 + NO$

빠름 $NO_3 + CO \rightarrow NO_2 + CO_2$

메커니즘 3 두 단계

느림 $NO_2 \rightarrow NO + O$

빠름 $CO + O \rightarrow CO_2$

31. 오산화이질소의 분해 반응은 다음의 속도 식을 가진다.

$$N_2O_5(g) \rightarrow 2\,NO_2(g) + {}^1/_2\,O_2(g)$$
$$속도 = k[N_2O_5]$$

298 K에서 13.0 h 이내에 분해 반응의 20.5 %가 완결됨이 알려졌다. 298 K에서 속도상수와 반감기를 계산하시오.

32. 상압에서 기체상 다이메틸에테르의 분해 반응은 1차이다. 500 °C에서 그것의 반감기는 25.0 min이다.

$$CH_3OCH_3(g) \rightarrow CH_4(g) + CO(g) + H_2(g)$$

(a) 8.00 g의 다이메틸에테르를 가지고 시작하여 125 min 및 145 min 후에는 얼마의 질량(g)이 남겠는가?

(b) 7.60 ng이 2.25 ng으로 감소될 때 요구되는 시간을 계산하시오.

(c) 150 min 후에는 원래의 다이메틸에테르가 얼마만큼 남겠는가?

33. 다이아세틸렌(C_4H_2)의 열분해가 950 ℃에서 연구되었다. 다음 자료(K. C. Hou and H. B. Palmer, *Journal of Physical Chemistry*, vol. 69, p. 858, 1965)를 이용하여 반응의 차수를 계산하시오.

시간(ms)	C_4H_2의 농도 (mol/L)
0	1.02×10^{-4}
50.	5.05×10^{-5}
100.	2.59×10^{-5}
150.	2.01×10^{-5}
200.	1.44×10^{-5}
250.	1.30×10^{-5}

34. 지구의 오존층에 있는 오존은 다음 식에 의하여 분해한다.

$$2\ O_3(g) \rightarrow 3O_2(g)$$

반응의 메커니즘은 초기의 빠른 평형과 느린 단계를 거쳐 진행한다고 알려져 있다.

단계 1: 빠름. 가역 과정 $O_3(g) \rightleftharpoons O_2(g) + O(g)$
단계 2: 느림 $O_3(g) + O(g) \rightarrow 2O_2(g)$

이러한 메커니즘이 실험적인 속도 법칙과 일치하는지를 보이시오.

$$속도 = -(1/2)\Delta[O_3]/\Delta t = k[O_3]^2/[O_2]$$

35. 다음 반응에 대한 자료는 표에 요약되었다.

$$[Mn(CO)_5(CH_3CN)]^+ + NC_5H_5 \rightarrow [Mn(CO)_5(NC_5H_5)]^+ + CH_3CN$$

ln k와 $1/T$의 그래프를 도시하여 E_a를 구하시오.

T(K)	k (min^{-1})
298	0.0409
308	0.0818
318	0.157

36. 대기에서 일어나는 반응에 NO가 산화되어 갈색 기체 NO_2가 되는 반응이 있다.

$$2\ NO(g) + O_2(g) \rightarrow 2\ NO_2(g)$$

이 반응의 메커니즘은 다음과 같을 것으로 생각되고 있다.

단계 1: $2\ NO(g) \rightleftharpoons N_2O_2(g)$ 빠르게 성립된 평형
단계 2: $N_2O_2(g) + O_2(g) \rightarrow 2\ NO_2(g)$ 느림

어느 것이 속도 결정 단계인가? 반응에서 반응 중간체가 있는가? 만약 이것이 맞는 메커니즘이라면 실험적으로 결정된 속도 법칙은 무엇인가?

37. 고온에서 이산화질소의 분해는 반응물에 대하여 2차이다.

$$NO_2(g) \rightarrow NO(g) + {}^1\!/_2\ O_2(g)$$

(a) 만약 NO_2의 농도가 0.250 mol/L에서 0.100 mol/L로 감소하는 데 1.76분이 걸린다면 이 반응의 속도상수는 얼마인가?

(b) 만약 화학 반응식을 다음과 같이 쓴다면 속도상수의 값은 얼마인가?

$$2\ NO_2(g) \rightarrow 2\ NO(g) + O_2(g)$$

38. 달걀 단백질인 알부민은 달걀이 끓는 물(100 ℃)속에서 조리될 때 침전된다. 이 1차 반응에 대한 E_a는 52.0 kJ/mol 이다. 물이 90 ℃에서 끓는 해발 높이에서 3분 달걀을 만드는 데 필요한 시간을 추산하시오.

39. 하이포아플루오린산(HOF)은 매우 불안정하고 1차 반응으로 분해하여 HF와 O_2를 생성한다. 실온에서 반감기는 30분이다.

$$HOF(g) \rightarrow HF(g) + {}^1\!/_2\ O_2(g)$$

만일 1.00L 플라스크에서 HOF의 부분압이 25 ℃에서 1.00×10^2 mmHg이라면, 플라스크 내의 전체 압력과 정확하게 30분 후의 HOF의 부분 압력은 얼마인가? 45분 후는?

40. 니트라미드(NO_2NH_2)는 다음의 반응식에 따라 수용액에서 느리게 분해된다.

$$NO_2NH_2(aq) \rightarrow N_2O(g) + H_2O(\ell)$$

이 반응은 다음의 실험적 속도 법칙을 따른다.

$$속도 = \frac{k[NO_2NH_2]}{[H_3O^+]}$$

(a) pH 완충 용액에서 반응의 겉보기 차수는 얼마인가? (pH 완충 용액에서 H_3O^+ 농도는 일정하다.)

(b) 다음 메커니즘 중 이 반응 속도 법칙을 해석하는 데 가장 적절한 것은 어느 것인가? 설명하시오.(평형 상수 K의 표현식을 쓸 때 $[H_2O]$는 포함되지 않는 것에 주의하시오. ▶15장)

메커니즘 1

$$NO_2NH_2 \xrightarrow{k_1} N_2O + H_2O$$

메커니즘 2

$$NO_2NH_2 + H_3O^+ \underset{k_2'}{\overset{k_2}{\rightleftharpoons}} NO_2NH_3^+ + H_2O \quad \text{(빠른 평형)}$$

$$NO_2NH_3^+ \xrightarrow{k_3} N_2O + H_3O^+ \quad \text{(속도 결정 단계)}$$

메커니즘 3

$$NO_2NH_2 + H_2O \underset{k_4'}{\overset{k_4}{\rightleftharpoons}} NO_2NH^- + H_3O^+ \quad \text{(빠른 평형)}$$

$$NO_2NH^- \xrightarrow{k_5} N_2O + OH^- \quad \text{(속도 결정 단계)}$$

$$H_3O^+ + OH^- \xrightarrow{k_6} 2H_2O \quad \text{(매우 빠른 반응)}$$

(c) 실험적으로 관찰된 속도 상수 k와 선택된 메커니즘의 속도 상수 사이의 관계를 보이시오.

(d) 실험 속도 법칙에 근거하여 반응 속도는 용액의 pH가 증가할 때 증가하는가? 아니면 감소하는가?

실험 관련 문제

41. 페놀프탈레인과 강염기의 반응에 따른 색 변화는 장의 머리(609쪽)에 도시되어 있다. 염료의 농도 변화는 분광학적으로 추적할 수 있으며(4.8절) 이 접근 방법에 의해 얻어진 자료가 다음의 표에 주어져 있다. 페놀프탈레인과 OH^-의 처음 농도는 각각 0.0050 mol/L와 0.61 mol/L이다. (자료는 chemed.chem.purdue.edu에서 반응 속도에 대한 검토 자료에서 발췌되었다.) (이 반응에 대한 더 자세한 정보를 알고 싶다면 다음의 논문을 찾아보시오. L. Nicholson, *Journal of Chemical Education*, Vol. 66, p. 725, 1989)

페놀프탈레인 농도 (mol/L)	시간 (s)
0.0050	0.00
0.0045	10.5
0.0040	22.3
0.0035	35.7
0.0030	51.1
0.0025	69.3
0.0020	91.6
0.0015	120.4
0.0010	160.9
0.00050	230.3
0.00025	299.6

(a) [페놀프탈레인] 대 시간으로 자료를 그래프로 그리고, $t = 0$에서 $t = 15$초 사이와 $t = 100$에서 $t = 125$초 사이의 평균 속도를 결정하시오. 속도가 변하는가? 만약 그렇다면 이유는?

(b) 50초에서 순간 속도는 얼마인가?

(c) 그래프 방법을 이용하여 페놀프탈레인에 대한 반응 차수를 결정하시오. 속도법칙을 쓰고 속도상수를 결정하시오.

(d) 반응의 반감기는 얼마인가?

42. 키모트립신 효소는 페닐알라닌을 포함하는 펩타이드의 가수분해 촉매 반응을 일으킨다. 주어진 온도에서 다음의 정보를 이용하여 반응의 최대 속도, $Rate_{max}$를 구하시오. (효소 촉매 반응과 미카엘리스–멘텐 모형(Michaelis–Menten model)에 대해서는 646쪽을 참조)

펩타이드 농도 (mol/L)	반응 속도 (mol/L · min)
2.5×10^{-4}	2.2×10^{-6}
5.0×10^{-4}	3.8×10^{-6}
10.0×10^{-4}	5.9×10^{-6}
15.0×10^{-4}	7.1×10^{-6}

43. 수산기 이온의 존재 하에서 하이포아염소산 이온에 의한 아이오딘화 이온의 산화가 25 ℃에서 연구되었고, 처음 속도 자료가 수집되었다.

$$I^-(aq) + ClO^-(aq) \rightarrow IO^-(aq) + Cl^-(aq)$$

(Y. Chia and R. E. Connick, *Journal of Physical Chemistry*, vol. 63, p.1518, 1959)

실험	처음 농도 (mol/L)			처음 속도 (mol IO^-/L · s)
	$[ClO^-]$	$[I^-]$	$[OH^-]$	
1	4.0×10^{-3}	2.0×10^{-3}	1.00	4.8×10^{-4}
2	2.0×10^{-3}	4.0×10^{-3}	1.0	5.0×10^{-4}
3	2.0×10^{-3}	2.0×10^{-3}	1.0	2.4×10^{-4}
4	2.0×10^{-3}	2.0×10^{-3}	0.50	4.6×10^{-4}

(a) 이 반응의 속도 법칙을 결정하시오.

(b) 이 반응에 대하여 제안된 하나의 메커니즘이 다음과 같다.

단계 1: $ClO^- + H_2O \rightleftharpoons HOCl + OH^-$ 빠름, 가역적

단계 2: $I^- + HOCl \rightarrow HOI + Cl^-$ 느림

단계 3: $HOI + OH^- \rightarrow IO^- + H_2O$ 빠름

이 메커니즘에 의해 예측된 속도법칙이 (a)에서 실험적으로 결정된 속도법칙과 일치함을 보이시오(평형상수 K에 대한 관계식을 쓸 때 $[H_2O]$가 포함되지 않음에 주의하시오).

요약 및 개념 문제

다음 문제들은 이 장과 이전의 장들에서 나온 개념을 모두 포함하고 있다.

44. 수소화 반응은 보통 촉매 존재 하에서 H_2가 분자에 부가되는 반응이다. 가장 좋은 촉매는 반응 용매 중에 현탁되어 있는 아주 미세한 금속이다. 예를 들어 왜 미세한 로듐이 작은 블록 형태의 금속보다 효과적인 촉매인지를 설명하시오.

45. 다음의 문장들은 HI의 생성 반응에 관련된 설명이다.

$$H_2(g) + I_2(g) \rightarrow 2\ HI(g),\quad 속도 = k[H_2][I_2]$$

아래의 어느 문장이 참인지를 판정하시오. 만일 어떤 문장이 거짓이라면 왜 그것이 틀렸는지 밝히시오.

(a) 반응은 단일단계로 일어나야 한다.
(b) 이것은 전체적으로 2차 반응이다.
(c) 온도를 올리면 k값이 감소하는 원인이 될 것이다.
(d) 온도를 올리면 이 반응의 활성화 에너지가 낮아진다.
(e) 두 반응물의 농도가 모두 2배로 되면 반응 속도도 2배로 될 것이다.
(f) 반응에서 촉매를 첨가하면 처음 속도가 증가하는 원인이 된다.

46. 다음의 문장을 각각 참과 거짓으로 분류하시오. 만일 거짓이라면 문장을 맞게 고쳐 쓰시오.

(a) 반응의 속도결정 단일단계는 메커니즘에서 가장 느린 단계이다.
(b) 온도의 변화에 의하여 속도상수의 변화가 가능하다.
(c) 반응이 일정한 온도에서 진행될 때 속도는 일정하게 유지된다.
(d) 전체 반응이 3차인 반응은 반드시 한 단계 이상을 수반한다.

47. 사이클로프로페인 → 프로펜으로 진행되는 반응은 200 ℃에서 백금 금속 표면에서 일어난다(백금은 촉매이다). 반응은 사이클로프로페인에 대해 1차이다. 이 반응이 일정한 온도에서 진행된다고 가정할 때 다음 각각의 양의 변화(증가, 감소 혹은 불변)에 대해 표시하시오.

(a) [사이클로프로페인]
(b) [프로펜]
(c) [촉매]
(d) 속도상수(k)
(e) 반응의 차수
(f) 사이클로프로페인의 반감기

48. 다음에 주어진 반응좌표 도표를 자세히 살펴보라.

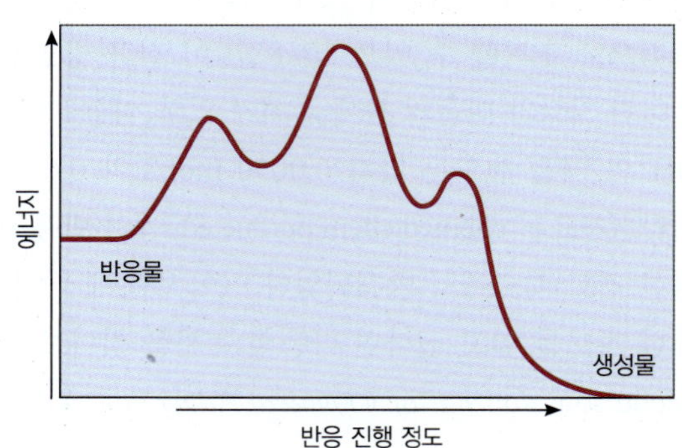

(a) 도표에서 설명하고 있는 반응의 메커니즘은 몇 단계인가?
(b) 전체 반응이 발열 반응인가? 흡열 반응인가?

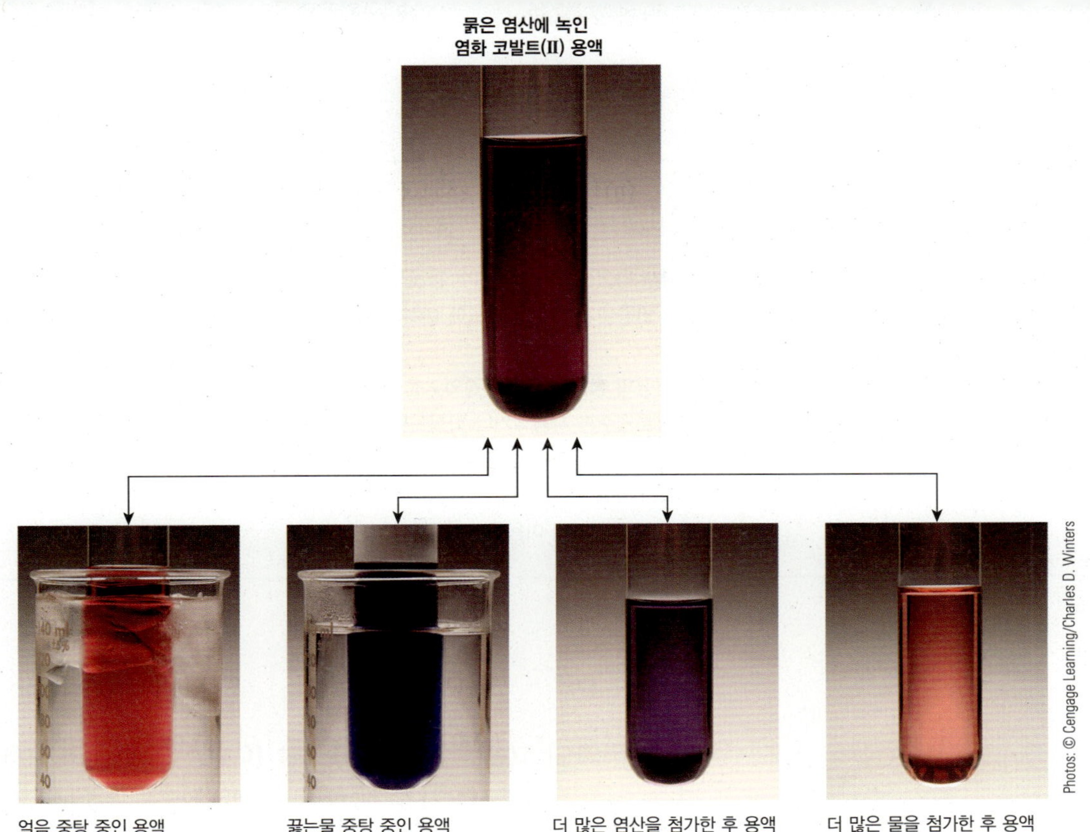

염화코발트(II)와 염산을 포함한 용액에서의 평형.

화학 반응성의 원리: 화학 평형

학습 개요

- 15.1 화학 평형: 개관
- 15.2 평형상수와 반응지수
- 15.3 평형상수의 결정
- 15.4 평형상수를 이용한 계산
- 15.5 완결된 화학 반응식과 평형상수에 관한 추가사항
- 15.6 화학 평형의 교란

동적이며 가역적! 반응 조건을 조금만 변화시켜도 반응물과 생성물이 상호변환되는 실험으로 증명되었듯이 화학 반응은 동적이다. 묽은 염산 수용액에서 염화코발트(II) 용액을 이용한 실험은 화학 평형의 이러한 면을 보여준다. 위의 사진은 빨간색 결정성 고체인 염화코발트(II)를 묽은 염산에 녹여서 만든 용액을 보여준다. 용액은 빨간색 팔면체 양이온 $[Co(H_2O)_6]^{2+}$과 파란색 사면체 음이온 $[CoCl_4]^{2-}$의 평형 혼합물의 존재 때문에 빨간색–파란색이다.

학습 목표

다음 목표들의 핵심인 학습문제는 "학습 목표 복습"을 참조하시오.

- 화학 평형의 본질과 특성을 이해
- 평형상수 K와 반응지수 Q의 중요성을 이해
- 반응 조건이 변화될 경우 평형이 어떻게 반응하는지(르샤틀리에 원리)를 이해
- 반응에서 평형상수와 반응지수 관계식 쓰기
- 주어진 반응물과 생성물 농도에 대하여 평형상수 계산
- 화학 평형의 정량적 연구에 Q와 K를 이용
- 다른 양론계수가 사용되거나 화학 반응식이 역전되거나 또는 여러 반응식이 첨가되었을 때 K값의 유도
- 르샤틀리에 원리의 이용
- 화학 평형의 특성을 기억
- 화학계에서 평형 상태의 중요성을 기억
- 평형상수의 수학적 형태를 기억
- 르샤틀리에 원리와 화학 평형에 적용하는 방법을 기억

$$[Co(H_2O)_6]^{2+}(aq) + 4\ Cl^-(aq) \rightleftarrows [CoCl_4]^{2-}(aq) + H_2O(\ell)$$

빨간색 파란색

빨간색, $[Co(H_2O)_6]^{2+}$ 파란색, $[CoCl_4]^{2-}$

평형은 온도를 변화하거나 반응물 중 하나를 첨가함으로써 영향을 받는다. 용액을 얼음에 넣으면 색은 빨간색으로 변하며, 이는 평형이 빨간색 양이온을 선호하는 쪽으로 이동하였음을 나타낸다. 그러나 용액을 끓는 물에 넣으면 색은 파란색으로 변하고, 이는 평형이 파란색 음이온을 선호하는 쪽으로 이동하였음을 나타낸다.

더 많은 염화 이온(염산에서 제공)이 용액에 첨가되면 파란색 음이온이 선호된다. 마지막으로 물을 가입하는 것은 평형이 빨간색 양이온으로 다시 이동한다.

이러한 흥미로운 관찰을 설명하는 방법을 배우려면 르샤틀리에(Le Chatelier)의 원리가 소개되는 13.3절과 화학 평형의 교란에 관한 15.6절을 참조하시오.

화학의 기본인 평형의 개념은 3장에서 이미 소개되었으며 여러분은 용해도, 산-염기 반응, 상태의 변화 등에서 이미 평형의 중요성을 다루어 보았다. 이러한 앞에서의 논의는 다음 개념을 강조하였다.

- 화학 반응은 가역적이다.
- 화학 반응은 평형으로 나가는 방향으로 자발적으로 진행된다.
- 닫힌 계에서 반응물과 생성물 사이의 평형 상태는 궁극적으로 이루어진다.

• 외부 힘은 평형을 교란할 수 있다.

이 장과 다음 장에서 화학 평형을 자세히 살펴보고자 하는 주요 목표는 정량적 용어로 화학 평형을 기술하고자 하는 것이다.

15.1 화학 평형: 개관

$CaCl_2$와 $NaHCO_3$ 용액을 혼합하면 즉각적인 반응이 일어난다. 이산화탄소(CO_2) 기체와 난용성의 흰색 탄산칼슘($CaCO_3$) 고체가 생성된다(그림 15.1a). 반응은 다음과 같다.

$$Ca^{2+}(aq) + 2\ HCO_3^-(aq) \rightarrow CaCO_3(s) + CO_2(g) + H_2O(\ell)$$

흰색 $CaCO_3$ 용액에 드라이아이스를 넣으면(또는 용액에 CO_2 기포를 넣어 주면) 고체 상태의 $CaCO_3$이 다시 용해되는 것을 볼 수 있다(그림 15.1b, 15.1c). 이것은 $CaCO_3$을 침전시키는 반응의 역반응이 일어나기 때문이다.

$$CaCO_3(s) + CO_2(g) + H_2O(\ell) \rightarrow Ca^{2+}(aq) + 2\ HCO_3^-(aq)$$

이제 Ca^{2+}와 HCO_3^- 이온을 포함하고 있는 닫힌 용기 내에서 어떠한 현상이 벌어질 지 상상해 보자(그림 15.1의 반응과 다르다). 반응이 시작되면 Ca^{2+}와 HCO_3^-는 반응하여 특정 반응 속도로 반응물을 생성하기 시작한다. 반응물이 소모되면서 반응의 속도는 느려진다. 하지만 동시에 반응 생성물들($CaCO_3$, CO_2, H_2O)은 다시 결합하여 Ca^{2+}와 HCO_3^-를 형성하기 시작한다. 결과적으로 $CaCO_3$가 생성되는 정반응 속도와 $CaCO_3$가 다시 녹는 역반응 속도가 같아지게 된다. 정반응과 역반응은 지속적으로 일어나지만 거시적 변화는 더 이상 관측되지 않는다. 이렇게 하여 평형에 도달하게 된다.

평형 계는 반응물과 생성물을 양쪽 화살표, $\rightleftharpoons$로 연결하는 화학 반응식을 써서

(a) $NaHCO_3$와 $CaCl_2$ 용액을 혼합하면 이산화탄소(CO_2) 기체와 탄산칼슘($CaCO_3$) 고체가 생성된다.

(b) (a)에서 침전되었던 탄산칼슘 용액에 드라이아이스(흰색 고체)가 첨가되었다.

(c) 충분한 양의 CO_2가 공급되어 탄산칼슘이 용해되어 $Ca^{2+}(aq)$ 이온과 $HCO_3^-(aq)$ 이온을 생성한다.

그림 15.1 **$CO_2/Ca^{2+}/H_2O$ 계.** 동일한 화학 반응을 보여주는 그림 3.5 참조.

나타낸다.

동굴 속 화학. 이것은 동굴에서의 종유석과 석순에 대한 화학의 설명과 비슷하다. (3.3절 참조)

양쪽 화살표(⇌)는 반응이 가역적이라는 것을 의미하며, 반응이 화학 평형의 원리를 이용하여 연구되어야 함을 나타낸다.

$$Ca^{2+}(aq) + 2\ HCO_3^-(aq) \rightleftharpoons CaCO_3(s) + CO_2(g) + H_2O(\ell)$$

탄산칼슘 평형은 화학 반응의 중요한 성질을 보여준다. 즉, **모든 화학 반응은 적어도 원리적으로는 가역적이다.** 이것이 평형에 대한 우리의 서론적 논의에 있어서 중점이 되는 내용이다.

15.1절 확인문제

1. 화학 평형이 일단 이루어지면
   (a) 오직 정반응만이 일어난다.
   (b) 오직 역반응만이 일어난다.
   (c) 정반응과 역반응이 같은 속도로 일어난다.
   (d) 정반응과 역반응이 정지한다.

15.2 평형상수와 반응지수

평형인 반응에서 반응물과 생성물의 농도는 수학적 관계식으로 서로 연관되어 있다. 예를 들어 수소(H_2)와 아이오딘(I_2)이 반응하여 아이오딘화수소(HI)를 만들 때, 수차례의 실험을 통해 HI 농도의 제곱을 H_2 농도와 I_2 농도의 곱으로 나눈 비는 평형 상태에서 상수임이 밝혀졌다.

$$H_2(g) + I_2(g) \rightleftharpoons 2\ HI(g)$$

$$\frac{[HI]^2}{[H_2][I_2]} = \text{평형에서 상수}(K)$$

ICE 표: 처음 농도, 변화량, 평형 농도. 화학 평형을 논의하는 동안 양의 표(amounts table) 또는 ICE 표(ICE table)에서 반응에 대한 정량적 정보를 표현할 것이다 (◀4.1절). 이들 표는 처음 농도(*I*)가 얼마인지, 그들 농도가 평형으로 진행하면서 얼마나 변하는지(*C*), 그리고 평형에서의 농도(*E*)가 얼마인지를 보여준다.

주어진 온도에서 행한 모든 실험에서 이 상수, **평형상수**(equilibrium constant, *K*)는 실험오차 범위 내에서 항상 같다. 예를 들면 425 ℃에서 플라스크내의 I_2와 H_2의 처음 농도가 각각 0.0175 mol/L이며, HI는 존재하지 않는다고 가정하자. 시간이 지남에 따라, 평형 상태에 도달할 때까지 H_2와 I_2의 농도는 감소하게 되고 HI의 농도는 증가한다(그림 15.2). 플라스크 내의 기체를 분석해 보면, $[H_2] = [I_2] = 0.0037$ mol/L, $[HI] = 0.0276$ mol/L의 농도가 관측될 것이다. 다음의 표—우리는 이를 **ICE 표**라 부르는데, 이는 **처음 농도**(Initial concentration), **변화량**(Change), **평형 농도**(Equilibrium concentration)를 말한다—는 이들 결과를 요약해서 보여준다.

화학식	$H_2(g)$	+	$I_2(g)$	⇌	2 HI(g)
I = 처음 농도(M)	0.0175		0.0175		0
C = 반응이 평형에 이를 때까지의 농도 변화(M)	−0.0138		−0.0138		+0.0276
E = 평형 농도(M)	0.0037		0.0037		0.0276

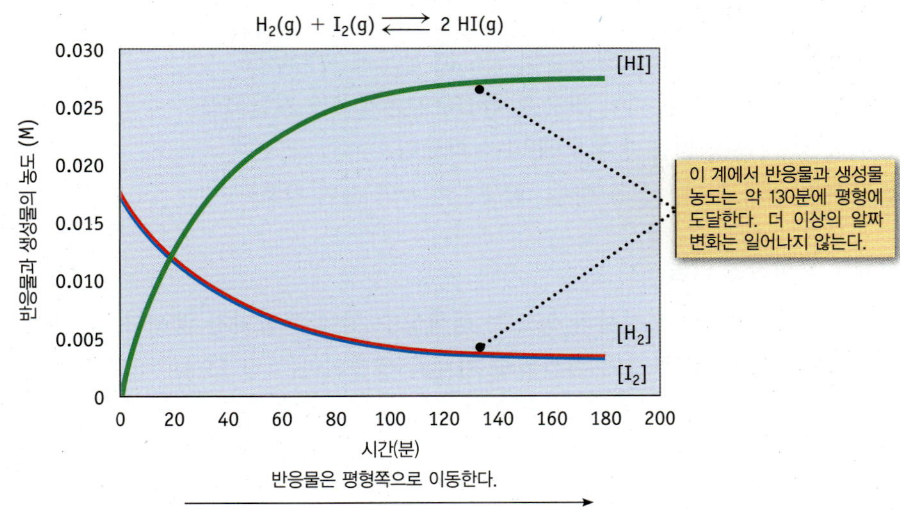

그림 15.2 H_2와 I_2 반응의 평형. H_2, I_2 HI의 나중 농도는 H_2와 I_2의 처음 농도에 의존한다. 처음 농도의 집합이 다르게 시작한다면, 평형 농도는 달라질 것이나, $[HI]^2/[H_2][I_2]$ 지수는 주어진 온도에서 항상 일정할 것이다.

표에서 두 번째 줄은 평형에 도달할 때까지의 반응물과 생성물의 농도 변화량을 의미한다. 이 변화량은 항상 실험적으로 관측된 평형 상태의 농도와 처음 농도 사이의 차와 같다.

농도 변화 = 평형 농도 − 처음 농도

ICE 표의 평형 상태 농도 값을 평형상수(K)의 식에 대입하면 약 56의 값을 얻는다.

$$\frac{[HI]^2}{[H_2][I_2]} = \frac{(0.0276)^2}{(0.0037)(0.0037)} = 56$$

반응물의 농도를 다르게 하거나, 반응물과 생성물의 혼합물을 이용하여 H_2/I_2 반응의 다른 실험을 실시해 볼 수도 있다. 하지만 처음 조건과는 상관없이, 평형에 도달하게 되면 $[HI]^2/[H_2][I_2]$의 비율은 같은 온도에서는 항상 56으로 똑같을 것이다.

H_2와 I_2 반응에 대한 반응물과 생성물의 농도가 항상 같은 비로 유지된다는 관찰 결과는 다른 반응들에게도 일반화될 수 있다. 아래와 같은 일반적인 화학 반응에 대해

$$aA + bB \rightleftharpoons cC + dD$$

평형상수 K는 다음과 같이 정의된다. 반응이 평형에 있을 때

$$\text{평형상수} = K = \frac{[C]^c[D]^d}{[A]^a[B]^b} \qquad (15.1)$$

식 15.1은 **평형상수 식**(equilibrium constant expression)이라 부른다. 만약 식 15.1에 정의된 것과 같이 생성물 대 반응물의 비가 평형상수 값과 같다면, 이 계는 평형에 도달한 것이다. 반대로, 비가 평형상수 값과 다르다면 계는 평형에 있지 않은 것이다. 이 장의 후반을 통해 여러분은 평형에 도달하기 위해 반응이 어느 쪽으로 진행될 것인지 예측할 수 있게 될 것이다.

평형상수 식 쓰기

평형상수 식에서

그림 15.3 황의 연소. 원소 상태의 황은 산소와 반응하여 아름다운 파란색 불꽃을 내면서 연소하여 SO_2 기체로 변한다.

- 모든 농도는 평형값이다.
- 생성물의 농도는 분자에, 반응물의 농도는 분모에 나타낸다.
- 각각의 농도는 완결된 화학 반응식에서의 양론계수를 거듭제곱의 수로 쓴다.
- 상수 K 값은 특정 반응과 온도에 따라 다르다.
- K 값은 단위가 없다. [심층 학습: 활동도와 K의 단위 참조]

고체를 포함하는 반응

고체 반응물과 고체 생성물의 농도는 평형상수 식에 포함되지 않는다. 노란색 황인 고체를 산화시키면 무색의 이산화황 기체가 생성된다(그림 15.3).

$$S(s) + O_2(g) \rightleftharpoons SO_2(g)$$

이 반응은 다음의 평형상수 식을 가진다.

$$K = \frac{[SO_2]}{[O_2]}$$

고체가 포함된 반응에서는 고체 외의 다른 반응물이나 생성물—여기에서는 O_2와 SO_2—의 평형 농도는 존재하는 고체의 양에 무관하다(평형에 도달하였을 때 고체가 존재한다는 가정 하에).

고체 물질을 포함하는 반응. 고체는 평형상수 식에 나타나지 않지만 모든 반응물과 생성물(고체 포함)은 계가 평형에 있기 위해서는 반드시 존재해야 한다.

수용액에서의 반응

화학 반응에서 물이 반응물 또는 생성물 중의 하나인 수용액 중의 반응은 특별하게 다루어져야 한다. 물과 불완전한 반응을 하기 때문에 약한 염기인 암모니아와 물의 반응을 살펴보자.

$$NH_3(aq) + H_2O(\ell) \rightleftharpoons NH_4^+(aq) + OH^-(aq)$$

묽은 암모니아 용액에서 물의 농도는 매우 높아 반응이 일어나더라도 농도가 거의 변하지 않는다. 일반적으로 **수용액에서의 물의 농도는 평형상수 식에 포함되지 않는**

심층 학습 활동도와 K의 단위

본문에서 우리는 '평형상수 K는 단위가 없다.'라 말하였다. 단위 사용에 매우 신중했던 것을 고려하면 이 얘기는 다소 황당하게 들릴 수도 있다. 하지만 고급 열역학에 따르면 평형상수는 사실 농도나 부분 압력이 아닌 활동도를 이용하여 계산하여야 한다. 활동도란 '유효' 농도 또는 부분 압력을 의미한다.

용액에서의 활동도는 물질의 농도[X]와 표준 농도(1 M)와의 비율을 구한 뒤 이 값에 활동도 계수라 하는 보정인자를 곱하여 구한다. 농도의 비를 사용하고 있으므로 활동도는 단위가 없다(이와 마찬가지로 기체의 활동도는 물질의 부분 압력(P_X)과 표준 압력(1 기압 또는 1 bar)과의 비율에 활동도 계수를 곱하여 구한다). 일반 화학에서 우리는 모든 활동도 계수를 1로 가정하며, 따라서 용질과 기체의 활동도는 산술적으로 농도 또는 부분 압력과 같게 된다. 이러한 가정은 묽은 용액 또는 낮은 압력의 기체에 잘 적용된다. 활동도 계수와 상관없이 K 값이 단위가 없는 양들을 이용하여 계산되므로 단위가 없게 되는 것이다.

활동도를 사용함의 또 다른 결과는 K 관계식에 고체의 농도가 나타나지 않는 것이다. 왜냐하면 고체의 활동도는 1이기 때문이다. 이와 유사하게 순수한 액체 또는 다른 용매의 활동도도 1이므로 K 표현에 포함되지 않는다.

심층 학습

기체의 평형상수 식–K_c와 K_p

석회석과 같은 많은 금속의 탄산염은 가열하면 분해되어 금속산화물과 CO_2 기체를 생성한다.

$$CaCO_3(s) \rightleftharpoons CaO(s) + CO_2(g)$$

이 반응의 평형상수는 CO_2의 몰농도, $K_c = [CO_2]$ 또는 CO_2의 부분 압력, $K_p = P_{CO_2}$로 표현할 수 있다. 이상기체 법칙으로부터 다음과 같이 쓸 수 있다.

$$P = (n/V)RT = (\text{농도, mol/L}) \times RT$$

따라서 이 반응에서 $K_p = P_{CO_2} = [CO_2]RT$이다. $K_c = [CO_2]$이므로 $K_p = K_c(RT)$이다. 즉 K_p와 K_c의 값은 같지 않다. 탄산칼슘의 분해에서 K_p는 K_c에 인자 RT를 곱한 것이다.

N_2와 H_2가 암모니아를 생성하는 반응에서의 평형상수를 부분 압력으로 표시하는 K_p로 고려해 보자.

$$N_2(g) + 3\ H_2(g) \rightleftharpoons 2\ NH_3(g)$$

$$K_p = \frac{(P_{NH_3})^2}{(P_{N_2})(P_{H_2})^3}$$

농도로 표시된 평형상수(K_c)는 K_p와 같은 값 또는 다른 값을 가질 것인가? K_p의 각 압력 대신 동등한 식 $[C](RT)$로 대입함으로써 이 질문에 답할 수 있다. 즉,

$$K_p = \frac{\{[NH_3](RT)\}^2}{\{[N_2](RT)\}\{[H_2](RT)\}^3}$$

$$= \frac{[NH_3]^2}{[N_2][H_2]^3} \times \frac{1}{(RT)^2} = \frac{K_c}{(RT)^2}$$

또는 $K_p = K_c(RT)^{-2}$

다시 한 번 K_p와 K_c는 같지 않고 RT와 함수관계가 있음을 확인할 수 있다.

위의 예와 다른 것을 자세히 살펴보면, 다음을 발견할 수 있다.

$$K_p = K_c(RT)^{\Delta n}$$

여기서 Δn은 반응물에서 생성물로 이동하면서의 기체 몰수의 변화이다.

Δn = 기체 생성물의 총 몰수 − 기체 반응물의 총 몰수

$CaCO_3$의 분해 반응에서

$$\Delta n = 1 - 0 = 1$$

반면 암모니아 합성에서의 Δn의 값은 다음과 같다.

$$\Delta n = 2 - 4 = -2$$

오존에 의한 NO의 산화와 같은 Δn이 0인 반응은 어떻게 될 것인가?

$$NO(g) + O_3(g) \rightleftharpoons NO_2(g) + O_2(g)$$

이 경우는 $K_p = K_c$이다.

다. 따라서 암모니아 용액의 평형상수 식은 다음과 같이 쓸 수 있다.

$$K = \frac{[NH_4^+][OH^-]}{[NH_3]}$$

기체가 포함된 반응: K_c와 K_p

농도는 수용액과 기체상의 평형상수를 계산하는 데 사용될 수 있다. 이 경우 기호 K에 농도(concentration)의 약자 'c'를 아래 첨자로 붙여 K_c로 표시한다. 기체에서는 평형상수의 표현을 다른 방법, 즉 반응물과 생성물의 부분 압력을 사용하여 나타낸다. 이상기체 상태방정식($PV = nRT$)을 다시 정리하면 '기체 농도' n/V는 P/RT와 동일하다는 것을 알 수 있다. 이 식으로부터 기체의 부분 압력은 농도에 비례한다는 것을 알 수 있을 것이다[$P = (n/V)RT$]. 만약 반응물과 생성물의 양이 부분 압력으로 주어진다면(기압 또는 bar 단위로) K에 'p'를 아래 첨자로 붙여 K_p로 표시한다.

농도를 대신하여 부분 압력을 사용. 이상기체 법칙, [$PV = nRT$]를 재배열하면 '기체 농도', (n/V)는 P/RT와 같다는 것을 알게 된다. 따라서 기체의 부분 압력은 농도에 비례한다[$P = (n/V)RT$].

$$H_2(g) + I_2(g) \rightleftharpoons 2\ HI(g)$$

$$K_p = \frac{P^2_{HI}}{P_{H_2}P_{I_2}}$$

평형상수 식의 기본형은 K_c와 같다. 어떤 경우 K_c와 K_p의 값이 같을 수 있으나, 반응물과 생성물의 몰수가 달라질 경우에는 서로 다른 값을 갖는다. '심층 학습'에 K_c와 K_p 값이 어떤 상관관계가 있으며 서로 어떻게 변환되는지가 설명되어 있다.

예제 15.1 평형상수 식 쓰기

문제 다음 반응들의 평형상수(K_c) 식을 쓰시오.

(a) $N_2(g) + 3\ H_2(g) \rightleftharpoons 2\ NH_3(g)$

(b) $H_2CO_3(aq) + H_2O(\ell) \rightleftharpoons HCO_3^-(aq) + H_3O^+(aq)$

알고 있는 사실 화학 반응식으로부터 평형상수 식을 유도할 수 있다.

전략 생성물의 농도는 항상 분자에, 반응물의 농도는 항상 분모에 표시된다는 것을 기억한다. 이때 화학 반응식의 계수는 평형상수 식에서 농도의 거듭제곱수로 들어간다. 반응 (b)에서 물의 농도는 평형상수 식에 포함되지 않는다.

풀이

(a) $K_c = \dfrac{[NH_3]^2}{[N_2][H_2]^3}$

(b) $K_c = \dfrac{[HCO_3^-][H_3O^+]}{[H_2CO_3]}$

고려사항 생성물은 분자에, 반응물은 분모에 있음을 항상 확인하시오. 흔히 실수하는 원인이 이것을 혼동하는 것이다.

유제 다음 각 반응들의 평형상수 식을 농도를 사용하여 나타내시오.

(a) $CO_2(g) + C(s) \rightleftharpoons 2\ CO(g)$

(b) $[Cu(NH_3)_4]^{2+}(aq) \rightleftharpoons Cu^{2+}(aq) + 4\ NH_3(aq)$

(c) $CH_3CO_2H(aq) + H_2O(\ell) \rightleftharpoons CH_3CO_2^-(aq) + H_3O^+(aq)$

평형상수(*K*)의 크기

평형에 도달하였을 때 반응이 생성물 쪽으로 얼마나 진행되었는지를 정성적으로 측정할 수 있게 하는 반응의 평형상수 크기는 아주 작은 경우부터 매우 큰 값까지 변할 수 있다. 평형상수가 매우 큰 값을 가지면 평형에서 생성물의 농도가 반응물의 농도보다 큰 것을 의미한다. 즉, 평형에서 생성물이 반응물보다 선호된다.

$K > 1$: 평형에서 생성물 선호 반응이다. 평형에서 생성물의 농도가 반응물의 농도보다 크다.

한 예로 일산화질소와 오존의 반응이 있다.

$$NO(g) + O_3(g) \rightleftharpoons NO_2(g) + O_2(g)$$

$$K = \frac{[NO_2][O_2]}{[NO][O_3]} = 6 \times 10^{34}\ (25\ °C에서)$$

매우 큰 K 값은 평형에서 $[NO_2][O_2] >> [NO][O_3]$임을 의미한다. 만약 같은 화학식량의 NO와 O_3를 섞어서 평형에 도달하게 한다면 거의 모든 반응물이 NO_2와 O_2로 변할 것이며, 최종적으로 반응물은 거의 존재하지 않을 것이다. 이 경우 흔히 '반응이 완전하게 갔다'라고 말한다.

역으로 K 값이 아주 작다는 것은 평형 상태에서 매우 적은 양의 생성물이 존재한다는 것을 의미한다. 다른 말로 표현하면, 평형에서 반응물이 생성물보다 선호된다고 할 수 있다.

$K < 1$: 평형에서 반응물 선호 반응이다. 평형에서 생성물의 농도보다 반응물의 농도가 더 크다.

한 예로 산소로부터 오존이 생성되는 반응이 있다.

$$3/2\ O_2(g) \rightleftharpoons O_3(g)$$

$$K_c = \frac{[O_3]}{[O_2]^{3/2}} = 2.5 \times 10^{-29}\ (25\ °C\text{에서})$$

K 값이 매우 작다는 것은 평형에서 $[O_3] << [O_2]^{3/2}$임을 의미한다. 플라스크에 O_2를 넣어 두게 되면, 평형에 도달하였을 때 O_2가 O_3로 거의 변하지 않는다.

K가 1에 가까운 경우에는 반응물의 농도가 생성물의 농도보다 큰지 작은지를 한눈에 알 수 없다. 그것은 K의 표현식에 따라, 즉 반응의 화학량론에 따라 달라진다. 농도 계산을 해봐야만 알 수 있게 된다.

반응지수(Q)

반응의 평형상수(K)는 반응물과 생성물이 평형에 있을 때 가지는 고유한 값이다. 그러나 반응물과 생성물이 평형 상태에 있지 않다면 반응지수(Q)를 구하는 것이 편리하다. A와 B가 반응하여 C와 D를 생성하는 반응에서

$$aA + bB \rightleftharpoons cC + dD$$

반응지수는 다음과 같이 정의된다.

$$\text{반응지수} = Q = \frac{[C]^c[D]^d}{[A]^a[B]^b} \qquad (15.2)$$

이 식은 평형상수 K의 표현식과 동일하게 보이지만 실은 중요한 차이가 있다. K 값을 계산할 때 농도는 모두 평형 상태에서의 농도이다. Q로 표시할 때의 반응물과 생성물의 농도는 반응물로부터 평형 혼합물에 이르는 전 과정 중 특정 시점에서의 농도이다. 오직 평형에서만 $Q = K$가 된다. 평형이 아닌 어떠한 계에서도 Q 값은 K 값과 다르다.

Q 값의 결정은 두 가지 이유에서 유용하다. 첫째, 반응이 평형 상태($Q = K$)인지 아닌지($Q \neq K$)를 말해준다. 둘째, Q 값과 K 값을 비교함으로써 반응이 평형으로 진행되는 동안 반응물과 생성물의 농도가 어떻게 변할지 예측할 수 있다.

- $Q < K$: Q가 K보다 작으면, 평형에 도달하기 위하여 반응물은 생성물로 변한다. 이 경우 반응물의 농도는 감소하고 생성물의 농도는 증가할 것이다(그림 15.4a의 경우에 해당한다).
- $Q > K$: Q가 K보다 크면, 평형에 도달하기 위하여 생성물이 반응물로 변한다. 이 경우 생성물의 농도는 감소하고 반응물의 농도는 증가할 것이다(그림 15.4c).

Q와 K의 비교.

상대적 크기	반응 방향
$Q < K$	반응물 → 생성물
$Q = K$	평형에 도달한 반응
$Q > K$	반응물 ← 생성물

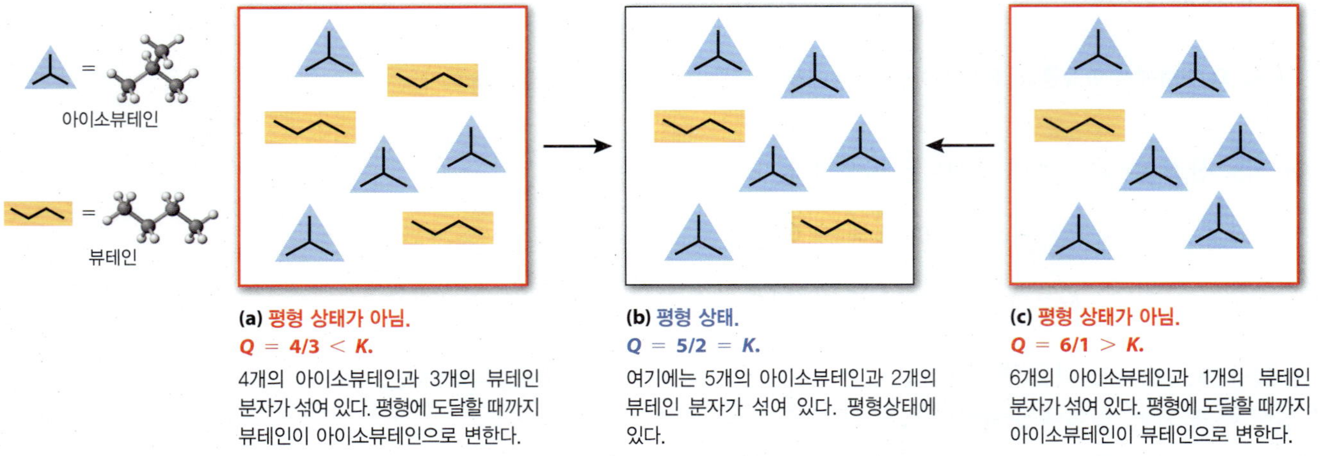

그림 15.4 아이소뷰테인과 뷰테인의 상호 전환. 25 °C에서 [아이소뷰테인]/[뷰테인]의 비율이 2.5인 경우에만 (b) 평형 상태다. 다른 비율에서는 평형에 도달할 때까지 한 화합물에서 다른 화합물로의 알짜 전환이 있을 것이다.

이러한 점을 나타내기 위해, 뷰테인과 아이소뷰테인(2-메틸프로페인)의 상호전환을 고려해 보자.

$$\text{뷰테인} \rightleftarrows \text{아이소뷰테인}$$

$$CH_3CH_2CH_2CH_3 \rightleftarrows CH_3\underset{}{C}HCH_3 \ (\text{가운데 C에 } CH_3 \text{ 결합})$$

$$K_c = \frac{[\text{아이소뷰테인}]}{[\text{뷰테인}]} = 2.50 \ (298\ \text{K에서})$$

평형이든 아니든 뷰테인과 아이소뷰테인의 어떤 혼합도 반응지수 Q(= [아이소뷰테인]/[뷰테인])로 표시할 수 있다. 298 K에서 0.0030 mol/L의 뷰테인과 0.0040 mol/L의 아이소뷰테인 혼합물이 있다고 가정하자(그림 15.4a). 이때 반응지수 Q는 다음과 같다.

$$Q = \frac{[\text{아이소뷰테인}]}{[\text{뷰테인}]} = \frac{0.0040}{0.0030} = 1.3$$

이 경우 $Q < K_c$이기 때문에 이 농도 조합은 평형 계를 나타내지 않는다. 평형에 도달하기 위해서는 [뷰테인]을 낮추고 [아이소뷰테인]을 높여야 하기 때문에 뷰테인이 아이소뷰테인으로 전환된다. 이러한 전환은 [아이소뷰테인]/[뷰테인]의 비율이 2.5, 즉 $Q = K_c$가 될 때까지 계속 된다(그림 15.4b).

뷰테인에 비하여 아이소뷰테인이 과량으로 존재할 때는 어떤 일이 일어날까? [아이소뷰테인] = 0.0060 mol/L이고 [뷰테인] = 0.0010 mol/L일 때를 가정하자(그림 15.4c). 이제 반응지수 Q가 K_c보다 크며 ($Q > K_c$), 이 경우 역시 평형 상태가 아님을 알 수 있다. 아이소뷰테인 분자가 뷰테인 분자로 변함으로써 평형으로 진행될 수 있다.

예제 15.2 반응지수

문제 평형에서 갈색 기체 NO_2는 무색 기체 N_2O_4와 같이 존재하며, 이때 평형상수 $K_c = 170$(298 K)이다.

$$2\ NO_2(g) \rightleftharpoons N_2O_4(g) \quad K = 170$$

NO_2의 농도가 0.015 M이고 N_2O_4의 농도가 0.025 M이라고 가정하자. 이때 Q는 K_c보다 큰가, 작은가 또는 같은가? 만약 이것이 평형 상태가 아니라면 반응은 어느 방향으로 일어나는가?

알고 있는 사실 완결된 화학 반응식이 주어졌으며, 평형상수 값 K_c와 반응물과 생성물의 농도가 주어졌다.

전략

- 완결된 화학 반응식으로부터 반응지수(Q)를 유도한다.
- 반응지수(Q)에 주어진 농도를 대입하여 Q 값을 계산한다.
- Q 값과 K_c 값을 비교하여 반응이 어느 방향으로 진행될지를 결정한다.

풀이 반응지수 식에 농도를 대입하면

$$Q = \frac{[N_2O_4]}{[NO_2]^2} = \frac{(0.025)}{(0.015)^2} = 110$$

Q 값이 K_c 값보다 작기 때문에 ($Q < K_c$), 반응은 평형 상태가 아니다. 평형에 도달하기 위하여 더 많은 NO_2가 N_2O_4로 변하여, 즉 $[N_2O_4]$를 높이고 $[NO_2]$를 낮추어 $Q = K_c$가 되도록 한다.

고려사항 Q를 표시할 때 반응식에서의 양론계수가 농도의 거듭제곱의 수로 들어감을 유의하시오.

유제 뷰테인 $\rightleftharpoons$ 아이소뷰테인의 평형(298 K에서 $K_c = 2.50$)에 관련된 다음 질문에 답하시오.

(a) [뷰테인] = 0.00097 M이고 [아이소뷰테인] = 0.00218 M인 경우 평형 상태인가? 평형이 아니라면 반응은 어느 쪽으로 일어나겠는가?

(b) [뷰테인] = 0.00075 M이고 [아이소뷰테인] = 0.00260 M인 경우 평형 상태인가? 평형이 아니라면 반응은 어느 쪽으로 일어나겠는가?

전략도 15.2

문제
반응이 **평형**에 도달하였는가?
평형이 아니라면 어느 방향으로 반응이 진행되는가?
Q 값을 계산하시오.

↓

알려진 자료/정보
- 화학평형 식
- K 값
- **반응물**과 **생성물**의 농도

↓ **1단계** Q **표현식**을 적고 Q 값을 계산한다.

반응물과 생성물의 농도로부터 Q 값을 계산한다.

↓ **2단계** Q 값과 K 값을 비교한다.

Q (110) < K (170)
평형에 도달하기 위해 반응물로부터 더 많은 생성물이 생성될 것이다.

15.2절 확인문제

1. 다음 중 아래 반응에 대한 평형상수 식은 어느 것인가?

$$2\ SO_3(g) \rightleftharpoons 2\ SO_2(g) + O_2(g)$$

(a) $K_c = [SO_2][O_2]/[SO_3]$ (b) $K_c = [SO_2]^2[O_2]/[SO_3]^2$

(c) $K_c = [SO_3]^2/[SO_2]^2[O_2]$ (d) $K_c = [SO_2][O_2]^2$

2. 2000 K에서 NO(g) 생성 반응의 평형상수, (K)는 4.0×10^{-4}이다.

$$N_2(g) + O_2(g) \rightleftharpoons 2\ NO(g)$$

2000 K에서 플라스크 안에 0.050 mol/L의 N_2와 0.025 mol/L의 O_2 4.2×10^{-3} mol/L의 NO가 존재한다. 이 경우 평형 상태인가?

(a) 그렇다. 평형 상태이다.

(b) 아니다. 반응은 오른쪽으로 더 진행된다.

(c) 아니다. 반응은 왼쪽으로 진행되어 생성물을 반응물로 바꾸게 된다.

15.3 평형상수의 결정

실험적으로 평형에서 모든 반응물과 생성물의 농도를 알 수 있다면 평형상수 식에 이 값들을 대입하여 평형상수를 구할 수 있다. 이것을 이산화황의 산화 반응에 적용해 보자.

$$2\ SO_2(g) + O_2(g) \rightleftharpoons 2\ SO_3(g)$$

실험을 통하여 852 K에서 평형 농도는 $[SO_2] = 3.61 \times 10^{-3}$ mol/L, $[O_2] = 6.11 \times 10^{-4}$ mol/L 그리고 $[SO_3] = 1.01 \times 10^{-2}$ mol/L임을 알게 되었다. 이 값들을 평형상수 식에 대입하면 K_c 값을 구할 수 있다.

$$K_c = \frac{[SO_3]^2}{[SO_2]^2[O_2]} = \frac{(1.01 \times 10^{-2})^2}{(3.61 \times 10^{-3})^2(6.11 \times 10^{-4})} = 1.28 \times 10^4 \text{ (852 K에서)}$$

(K_c 값이 크다는 것을 주목하시오. 이산화황의 산화 반응은 852 K에서 명백히 생성물 선호 반응이다.)

일반적으로는 실험을 통하여 반응물의 처음 농도와 한 종류의 반응물 또는 생성물의 평형 농도밖에 알아내지 못한다. 나머지 반응물과 생성물의 평형 농도는 화학 반응식으로부터 계산하여 결정된다. 한 예로 이산화황의 산화 반응을 다시 살펴보기로 하자. 1000 K에서 1.00 L 플라스크에 SO_2와 O_2를 각각 0.00100 mol을 넣은 후 평형에 도달했을 때 0.00054 mol의 SO_3가 생성되었다. 반응의 평형상수를 구하기 위해 이 자료를 이용해 보자. 농도 항으로 평형상수 식을 표시한 후 처음 농도와 평형에 도달하는 동안의 농도변화 그리고 평형에서의 농도를 포함한 ICE 표를 만든다(◂4.1절과 15.2절).

반응식	$2\ SO_2(g)$	+	$O_2(g)$	$\rightleftharpoons$	$2\ SO_3(g)$
처음 농도 (M)	0.00100		0.00100		0
변화량 (M)	$-2x$		$-x$		$+2x$
평형 농도 (M)	$0.00100 - 2x$		$0.00100 - x$		$2x$
	0.00100 − 0.00054/2 = 0.00046		0.00100 − 0.00054/2 = 0.00073		= 0.00054

ICE 표의 값들은 다음과 같은 근거로 얻어졌다.

- 첫 번째 줄 : 처음 농도

- 두 번째 줄 : 소모된 O_2의 양은 $-x$ mol/L로 표시하였다. 음의 부호를 더하는 이유는 O_2가 소모되기 때문이다. 다음 반응 화학량론을 적용하여 소모된 SO_2의 양은 $-2x$, 생성된 SO_3의 양은 $2x$로 정한다.
- 세 번째 줄 :
  (a) 실험으로부터 $[SO_3]$는 평형 상태에서 0.00054 M임을 알고 있으므로 $2x$ = 0.00054 M이다.
  (b) SO_2의 평형 상태에서의 농도는 처음 농도에서 소모된 양을 뺀 값과 같다. 따라서 $[SO_2]$는 $(0.00100 - 2x)$ M 또는 0.00046 M이다.
  (c) 소모된 O_2 양은 생성된 SO_3 양의 절반이므로 0.00027 M이다. 따라서 평형 상태에서의 O_2의 농도는 0.00073 M이다.

이제 알고 있는 평형 농도를 이용하여 K_c 값을 계산할 수 있다.

$$K_c = \frac{[SO_3]^2}{[SO_2]^2[O_2]} = \frac{(0.00054)^2}{(0.00046)^2(0.00073)} = 1.9 \times 10^3$$

예제 15.3 농도를 이용한 평형상수(K_c) 계산

문제 수용액에서 철(III) 이온(Fe^{3+})은 아이오딘화 이온(I^-)과 반응하여 철(II) 이온(Fe^{2+})과 I_3^- 이온을 형성한다. Fe^{3+}와 I^- 이온의 처음 농도가 각각 0.200 M, 0.300 M이고 평형 상태에서의 I_3^- 이온의 농도가 0.0866 M일 때 평형상수(K_c)값은 얼마인가?

$$2\ Fe^{3+}(aq) + 3\ I^-(aq) \rightleftharpoons 2\ Fe^{2+}(aq) + I_3^-(aq)$$

알고 있는 사실 화학 반응식이 주어졌으며, 평형상수 값 K_c와 반응물의 처음 농도 및 생성물 중의 하나인 I_3^-의 평형 농도가 주어졌다.

전략
- ICE 표를 만들고 처음 농도를 쓴다.
- 각각의 농도가 어떻게 변하는지를 결정한다. x(mol/L)만큼의 I_3^-가 생성된다고 가정하면, 화학량론에 의해 $2x$ mol/L 만큼의 Fe^{2+}가 생성되며, $2x$ mol/L 만큼의 Fe^{3+}가 소모되고, $3x$ mol/L 만큼의 I^-가 소모된다는 것을 알 수 있다.
- I_3^-의 평형 농도가 0.0866 M이고 이 값이 x값이 된다.
- x값이 0.0866 M이라는 것을 이용하여 각 화학종의 평형 농도를 계산한다.
- 반응물과 생성물의 농도에 평형 농도 값을 대입하고, K_c 값을 계산한다.

풀이 ICE을 다음과 같이 구성할 수 있다.

반응식	$2\ Fe^{3+}$ +	$3\ I^-$	$\rightleftharpoons$	$2\ Fe^{2+}$ +	I_3^-
처음 농도 (M)	0.200	0.300		0	0
농도 변화 (M)	$-2x$	$-3x$		$+2x$	$+x$
평형 농도 (M)	0.200 − 2(0.0866) = 0.027	0.300 − 3(0.0866) = 0.040		2(0.0866) = 0.173	0.0866

전략도 15.3

문제
Fe^{3+} 이온이 I^- 이온과 반응하여 Fe^{2+} 이온과 I_3^- 이온을 형성하는 반응의 K_c 값을 계산하시오.

알려진 자료/정보
- 완결된 화학 반응식
- 반응물의 **처음 농도**
- 한 생성물의 **평형 농도**

1단계 정보를 체계화한다.

평형 농도 식을 쓰고, **ICE 표**를 만든 후, **알려진 농도들**을 표에 대입한다.

2단계 농도 변화를 표에 대입하고, **평형 농도**를 계산한다.

계산된 평형 농도 값으로 **ICE 표**를 완성한다.

3단계 평형 농도(K_c) 식에 **평형 농도**를 대입하고, 계산한다.

K_c 값 완성

이제 각 물질들의 평형 농도를 알아냈으니 K_c 값을 계산할 수 있다.

$$K_c = \frac{[Fe^{2+}]^2[I_3^-]}{[Fe^{3+}]^2[I^-]^3} = \frac{(0.173)^2(0.0866)}{(0.027)^2(0.040)^3} = 5.6 \times 10^4$$

고려사항 이 문제를 푸는 핵심은 생성물 중 하나인 I_3^-의 평형 농도를 알고 있다는 사실이다. 다른 생성물 및 반응물의 농도는 이 값으로부터 반응의 화학량론을 이용하여 계산할 수 있다. 또한 계산된 K_c 값이 1보다 매우 크다는 것을 주목하라. 이 값은 ICE 표에 계산된 결과와 동일하다.

유제 0.050 mol의 다이아이오도사이클로헥세인(diiodocyclohexane, $C_6H_{10}I_2$)을 CCl_4 용매에 녹여 만들었다. 용액의 부피는 1.00 L이다. 반응이 35 ℃에서 평형에 이르렀을 때 I_2의 농도는 0.035 mol/L이다.

$$C_6H_{10}I_2 \rightleftharpoons C_6H_{10} + I_2$$

(a) 평형에서 $C_6H_{10}I_2$와 C_6H_{10}의 농도는 얼마인가?
(b) 평형상수 K_c 값을 계산하시오.

15.3절 확인문제

1. 0.010 mol의 $N_2O_4(g)$ 기체를 200 ℃의 2.0 L 플라스크에 넣었다. 평형에 도달했을 때 $[N_2O_4(g)]$ = 0.0042 M이었을 경우 다음 반응의 평형상수 K_c를 구하시오.

$$N_2O_4(g) \rightleftharpoons 2\ NO_2(g)$$

(a) 1640 (b) 6.1×10^{-4} (c) 3.1×10^{-4} (d) 8.8×10^{-6}

15.4 평형상수를 이용한 계산

처음 농도와 K_c 값을 알고 있고, 평형 농도를 알고자 한다. 이러한 상황의 다른 예에서 보았듯이 여기서도 처음 농도, 평형으로 이동하면서의 변화량, 나중 농도가 요약된 ICE 표를 이용한다.

예제 15.4 평형 농도의 계산

문제 다음 반응의 평형상수는 425 ℃에서 K_c = 55.64이다.

$$H_2(g) + I_2(g) \rightleftharpoons 2\ HI(g)$$

만약 425 ℃에서 H_2와 I_2 각각 0.130 mol이 25.0 L 플라스크 안에 있다면 평형에 도달하였을 때 H_2, I_2 그리고 HI의 농도는 얼마인가?

알고 있는 사실 화학 반응식이 주어졌으며, 평형상수 K_c, 반응물의 처음 양과 용기의 부피를 알고 있다(반응물의 처음 농도를 계산할 수 있다).

전략

- 평형상수 식을 적고 ICE 표를 만든다.
- H_2, I_2의 처음 농도를 첫째 줄(I)에 적는다.
- 변수 x를 농도 변화량으로 할당한다. 반응식의 화학량론에 따라 $[H_2]$와 $[I_2]$의 변화량을 각각 $-x$와 $-x$로, [HI] 변화량을 $2x$로 한다. 이 값들을 표의 변화량(C) 줄에 적는다.
- 세 화학종의 최종 평형 농도를 ICE 표의 세 번째 줄(E)에 넣고, 이 값들을 평형상수 식에 대입하여 x에 대해 푼다.
- 각 화학종의 나중 농도를 구하기 위해 구해진 값 x를 넣어서 푼다.

풀이 완결된 화학 반응식으로부터 평형상수 식을 쓴다.

$$K_c = \frac{[HI]^2}{[H_2][I_2]} = 55.64$$

전략도에 따라 ICE 표를 작성한다.

반응식	$H_2(g)$	+	$I_2(g)$	$\rightleftharpoons$	2 HI(g)
처음 농도 (M)	0.130 mol/25.0 L = 5.20×10^{-3} M		0.130 mol/25.0 L = 5.20×10^{-3} M		0
농도 변화 (M)	$-x$		$-x$		$+2x$
평형 농도 (M)	5.20×10^{-3} M $- x$		5.20×10^{-3} M $- xh$		$2x$

이 평형 농도를 평형상수 식에 대입한다.

$$55.64 = \frac{(2x)^2}{(5.20 \times 10^{-3} - x)(5.20 \times 10^{-3} - x)} = \frac{(2x)^2}{(5.20 \times 10^{-3} - x)^2}$$

양변의 제곱근에서 x값을 구할 수 있다.

$$\sqrt{K_c} = 7.459 = \frac{2x}{5.20 \times 10^{-3} - x}$$

$$7.459\,(5.20 \times 10^{-3} - x) = 0.0388 - 7.459x = 2x$$

$$0.0388 = 9.459x$$

$$x = 4.10 \times 10^{-3}$$

여기에서 구한 x값으로부터 평형에서의 반응물과 생성물의 농도를 구할 수 있다.

$$[H_2] = [I_2] = 5.20 \times 10^{-3} - x = 1.10 \times 10^{-3}\text{ M}$$

$$[HI] = 2x = 8.20 \times 10^{-3}\text{ M}$$

고려사항 위에서 구한 값을 평형상수 식에 넣어 문제에 주어진 K_c 값과 일치하는지 확인해 보는 것이 좋다. 이 경우 $(8.20 \times 10^{-3})^2/(1.10 \times 10^{-3})^2 = 55.6$이다. 이 값은 문제에서 주어진 K_c 값과 잘 일치한다.

유제 어떤 온도에서, 다음 반응의 K_c 값이 33이다.

$$H_2(g) + I_2(g) \rightleftharpoons 2\,HI(g)$$

H_2와 I_2의 처음 농도가 6.00×10^{-3} mol/L일 때 평형에서의 반응물과 생성물의 농도를 구하시오.

전략도 15.4

문제
H_2와 I_2의 반응으로 HI가 생성되는 반응에서 **H_2, I_2, HI의 평형 농도**는 얼마인가?

알려진 자료/정보
- 완결된 화학 반응식
- K_c 값
- 반응물의 **처음 농도**

1단계 정보를 구조화한다.

평형상수(K_c) 식을 쓰고, **ICE 표**를 만든 후, **알려진 농도**들을 표에 대입한다.

2단계 **농도 변화**를 표에 넣고, 미지의 변수 x를 사용하여 **평형 농도**를 계산한다.

H_2, I_2, HI의 평형 농도가 미지의 변수 x를 사용하여 표시되었다.

3단계 **평형 농도(K_c)** 식에 **평형 농도**를 대입하고, x에 대해 푼다.

x 값

4단계 x 값을 넣어 **평형 농도**를 구한다.

평형 농도 값

2차 방정식으로 표시된 식의 계산

PCl_5가 PCl_3와 Cl_2로 분해되는 반응을 보자. 주어진 온도에서 $K_c = 1.20$이다.

$$PCl_5(g) \rightleftharpoons PCl_3(g) + Cl_2(g)$$

만약 PCl_5의 처음 농도가 0.0920 M이라면 평형에서 반응물과 생성물의 농도는 어떻게 되는가? 예제 15.4와 같은 방법으로 반응물과 생성물의 평형 농도를 나타내는 ICE 표를 만들 수 있다.

반응	$PCl_5(g)$	$\rightleftharpoons$	$PCl_3(g)$	+	$Cl_2(g)$
처음 농도 (M)	0.0920		0		0
농도 변화 (M)	$-x$		$+x$		$+x$
평형 농도 (M)	$0.0920 - x$		x		x

이것을 평형상수 식에 대입하면 다음과 같다.

$$K_c = 1.20 = \frac{[PCl_3][Cl_2]}{[PCl_5]} = \frac{(x)(x)}{0.0920 - x}$$

이 식을 전개하면 2차 방정식이 된다.

$$x^2 + 1.20x - 0.110 = 0$$

2차 방정식에 관한 근의 공식(부록 A: $a = 1$, $b = 1.20$, $c = -0.110$)을 사용하여 $x = 0.0859$와 -1.29을 얻을 수 있다. 여기에서 음수(음의 농도를 의미)는 화학적으로 의미가 없으므로 $x = 0.0859$이다. 따라서 평형에서

$$[PCl_5] = 0.0920 - 0.0859 = 0.0061 \text{ M}$$
$$[PCl_3] = [Cl_2] = 0.0859 \text{ M}$$

이다.

2차 방정식의 정확한 풀이를 위해서는 근의 공식을 사용해야 하지만 많은 경우 근사법을 사용해도 된다. 이런 경우를 살펴보기 위하여 500 K에서 $K_c = 5.6 \times 10^{-12}$인 I_2 분자의 분해 반응을 예로 들어보자.

$$I_2(g) \rightleftharpoons 2\ I(g)$$

$$K_c = \frac{[I]^2}{[I_2]} = 5.6 \times 10^{-12}$$

I_2의 처음 농도가 0.45 M이라 하고 통상적인 방법으로 ICE 표를 만들어보자.

반응식	$I_2(g)$	$\rightleftharpoons$	$2\ I(g)$
처음 농도 (M)	0.45		0
농도 변화 (M)	$-x$		$+2x$
평형 농도 (M)	$0.45 - x$		$2x$

역시 평형상수 식으로부터 2차 방정식을 얻는다.

$$K_c = 5.6 \times 10^{-12} = \frac{(2x)^2}{(0.45 - x)}$$

근의 공식을 이용하여 이 방정식을 풀 수도 있지만 더 간단한 방법이 있다. K 값이 매우 작기 때문에 분해되는 $I_2(= x)$의 양이 아주 적을 것이라는 점에 주목하시오. 평형상수 식에서 분모의 경우 x 값이 매우 작기 때문에 처음 반응물 농도(0.45 mol/L)에서 x를 빼더라도 결과는 처음 반응물 농도(0.45 mol/L)와 거의 차이가 없다. 즉 $(0.45 - x)$는 0.45와 같다고 놓을 수 있다. 따라서 x는 생략할 수 있고 식은 아래와 같이 단순화시킬 수 있다.

$$K_c = 5.6 \times 10^{-12} = \frac{(2x)^2}{(0.45)}$$

이것을 풀면 $x = 7.9 \times 10^{-7}$이 나온다. 이 값으로부터 $[I_2] = 0.45 - x = 0.45$ mol/L과 $[I] = 2x = 1.6 \times 10^{-6}$ mol/L을 얻을 수 있다. I_2 분해 반응에서 얻은 이와 같은 결과는 분해된 I_2의 양이 매우 적기 때문에 평형에서의 $[I_2]$는 처음 농도와 거의 같을 것이라는 가정이 맞다는 것을 보여준다.

어떤 경우에도 근사법을 통한 2차 방정식의 단순화가 가능할까? 이에 대한 판단은 반응물의 처음 농도와 K 값과 관련되는 x 값의 크기에 좌우된다. 다음과 같은 반응

$$A \rightleftharpoons B + C$$

에서 평형상수 식은

$$K = \frac{[B][C]}{[A]} = \frac{(x)(x)}{[A]_0 - x}$$

로 표시되며, 여기에서 K와 A의 처음 농도($[A]_0$)는 알려진 값이다. 우리는 [B]와 [C]를 구하려 하며 이것은 둘 다 미지수 x로 표시할 수 있다. K_c가 매우 작을 때 x는 $[A]_0$보다 매우 작을 것이며, 따라서 $[A]_0 - x \cong [A]_0$가 될 것이다. 즉, A의 평형 농도는 $[A]_0$와 같다고 볼 수 있다. 따라서

$$K_c = \frac{[B][C]}{[A]} \approx \frac{(x)(x)}{[A]_0} \qquad (15.3)$$

이다. 만약 $100 \times K_c < [A]_0$라면 **근사식은 수용 가능한 평형 농도 값**(2개 유효숫자까지)을 주게 된다. 보다 자세한 내용은 문제해결 주요사항 15.1에 설명되어 있다.

2차 방정식의 풀이. 2차 방정식은 대부분 근의 방정식을 이용하여 푼다(부록 A). 대안은 역시 부록 A에 언급되어 있는 연속 근사법(method of successive approximations)을 사용하는 것이다. 대부분의 평형상수 식은 이 방법을 통해서 풀 수 있으므로 반드시 시도해 보시오! 이 과정에서 평행상수 식을 반드시 정확하게 풀어야만 하는가에 대한 의문이 해소될 것이다. (하지만 때로는 이 방법이 적용되지 않는 경우도 있다. 부록 A에서 보다 자세히 설명된다.)

예제 15.5 평형상수를 사용하여 평형 농도 계산하기

문제 휘발유 엔진 내부처럼 고온에서 연료가 공기와 함께 연소하면 다음 화학 반응

$$N_2(g) + O_2(g) \rightleftharpoons 2\,NO(g)$$

을 통해 대기오염 물질인 NO를 생성한다. 1500 K에서 이 반응의 평형상수 값, K_c

문제해결 주요사항 15.1 어떤 경우에 2차 방정식을 사용할 필요가 있는가?

평형과 관련된 대부분의 계산에서, 평형상수 식이 $K = x^2/([A]_0 - x)$ 형태이고 x가 처음 농도($[A]_0$)의 10 % 이하라면 분모에 있는 x는 생략할 수 있다. 따라서 이 교재는 $100 \times K < [A]_0$인 경우 $[A]_0 - x = [A]_0$로 놓을 수 있으며, 이를 근사법을 사용할 수 있는 조건으로 설정하고 있다. 일반적으로 K가 1 또는 1 보다 클 때는 근사법을 사용할 수 없다. 만약 K가 1보다 아주 작고 $100 \times K < [A]_0$인 경우라면 이 근사식($K = x^2/[A]_0$)은 잘 맞는다. 만약 이런 근사법 사용 가능 여부에 대한 확신이 서지 않는다면, 먼저 미지의 x가 매우 작다고 가정하고 근사식($K = x^2/[A]_0$)을 사용하여 계산한 다음, 근사값 x와 $[A]_0$를 비교해 보아라. 만약 x가 $[A]_0$의 10 % 이하라면 근의 공식을 사용할 필요가 없다.

전략도 15.5

문제

N_2, O_2의 반응으로 NO가 생성되는 반응에서 N_2, O_2, NO의 **평형 농도**는 얼마인가?

↓

알려진 자료/정보

- 완결된 화학 반응식
- K_c 값
- 반응물질의 **처음 농도**

1단계 농도 변화를 ICE 표에 넣어 미지 변수 x를 사용하여 **평형 농도**를 구한다.

↓

N_2, O_2, NO의 **평형 농도**는 미지 변수 x를 사용하여 표현한다.

2단계 평형 농도를 **평형상수(K_c)** 식에 넣어 x에 대해 푼다.

↓

x 값

3단계 x 값을 넣어 **평형 농도**를 구한다.

↓

평형 농도 값

$= 1.0 \times 10^{-5}$이다. 반응이 일어나기 전, 공기 시료의 농도가 $[N_2] = 0.080$ mol/L와 $[O_2] = 0.020$ mol/L이라고 가정하자. 이 혼합물이 1500 K로 가열된 후에 반응물과 생성물들의 평형 농도를 계산하시오.

알고 있는 사실 예제 15.4에서와 같이 화학 반응식이 주어졌으며, 평형상수(K_c)를 알고 있다. 또한 반응물의 처음 농도를 알고 있으며, 소모된 N_2, O_2의 양(각각 x, x)을 이용하여 평형 농도를 정의할 수 있다.

전략 평형 농도의 ICE 표를 작성하고 이 농도들을 평형상수 표현에 대입한다. 그 결과는 2차 방정식이다. 2차 방정식에 관한 근의 공식을 사용하거나 본문에 설명된 근사법을 이용하여 풀 수 있다.

풀이 먼저 N_2, O_2의 농도를 각각 x, x로 하여 평형 농도의 ICE 표를 작성한다.

반응식	$N_2(g)$	+	$O_2(g)$	$\rightleftharpoons$	2 NO(g)
처음 농도 (M)	0.080		0.020		0
농도 변화 (M)	$-x$		$-x$		$+2x$
평형 농도 (M)	$0.080 - x$		$0.020 - x$		$2x$

다음, 평형 농도들을 평형상수 식에 대입한다.

$$K_c = 1.0 \times 10^{-5} = \frac{[NO]^2}{[N_2][O_2]} = \frac{[2x]^2}{(0.080 - x)(0.020 - x)x}$$

근사법 적용이 가능한지 알기 위해서 식 15.3의 절차를 사용한다. 여기서는 $100 \times K_c$ ($= 1.0 \times 10^{-3}$)값이 처음 두 농도들(0.080과 0.020)보다 훨씬 작다. 따라서 근사법을 쓸 수 있다.

$$K_c = 1.0 \times 10^{-5} = \frac{[NO]^2}{[N_2][O_2]} = \frac{(2x)^2}{(0.080)(0.020)}$$

이 식을 풀면

$$1.6 \times 10^{-8} = 4x^2$$

$$x = 6.3 \times 10^{-5}$$

따라서 평형에서의 반응물과 생성물의 농도는

$$[N_2] = 0.080 - 6.3 \times 10^{-5} \approx 0.080\ M$$

$$[O_2] = 0.020 - 6.3 \times 10^{-5} \approx 0.020\ M$$

$$[NO] = 2x = 1.3 \times 10^{-4}\ M$$

고려사항 근사법으로 얻은 x 값은 2차 방정식 근의 공식으로 얻은 값과 같다.

유제 고온에서 PCl_5가 PCl_3와 Cl_2로 분해되는 반응의 $K_c = 33.3$이다. PCl_5의 처음 농도가 0.1000 M이라면, 평형에서 반응물과 생성물의 평형 농도는 얼마인가?

15.4절 확인문제

1. 흑연과 이산화탄소를 일정한 부피와 온도 1000 K가 유지되도록 하면서 화학 반응

$$C(\text{흑연}) + CO_2(g) \rightleftharpoons 2\ CO(g)$$

이 평형에 이르도록 했다. 이 온도에서, $K_c = 0.021$이다. CO_2의 처음 농도가 0.012 mol/L일 때, 평형에서의 CO 농도를 계산하시오.

(a) 0.012 M (b) 0.011 M (c) 0.0057 M

15.5 완결된 화학 반응식과 평형상수에 관한 추가사항

다른 화학량론 계수의 이용

화학 반응식은 다른 화학량론 계수의 조합을 사용하여 완결할 수 있다. 예를 들면 탄소의 산화로 일산화탄소가 생성되는 반응식은

$$C(s) + {}^1\!/_2\ O_2(g) \rightleftharpoons CO(g)$$

로 쓸 수 있다. 이 경우에 평형상수 식은 25 ℃에서

$$K_1 = \frac{[CO]}{[O_2]^{1/2}} = 4.6 \times 10^{23}\ (25\ °C\text{에서})$$

이 된다. 똑같은 반응에 대해서 화학 반응식을

$$2\ C(s) + O_2(g) \rightleftharpoons 2\ CO(g)$$

로 쓸 수도 있다. 이 경우에 평형상수 식은

$$K_2 = \frac{[CO]^2}{[O_2]} = 2.1 \times 10^{47}\ (25\ °C\text{에서})$$

이 된다. 두 평형상수 식을 비교하면 $K_2 = (K_1)^2$으로 다음과 같다.

$$K_2 = \frac{[CO]^2}{[O_2]} = \left\{\frac{[CO]}{[O_2]^{1/2}}\right\}^2 = K_1^{\,2}$$

완결된 화학 반응식의 화학량론 계수들에 어떤 인자를 곱해서 새로운 화학 반응식이

얻어지면, 평형상수(K_{new})는 전 평형상수(K_{old})에 그 인자만큼 거듭제곱의 수를 취한 것이 된다.

탄소의 산화 반응의 경우, 두 번째 반응식은 첫 번째 반응식에 2를 곱해서 얻어진다. 따라서 K_2는 K_1의 제곱이다($K_2 = K_1^2$).

화학 반응식의 역전

화학 반응식의 방향을 반대로 바꾸면 어떻게 될까? 폼산(formic acid)에서 물로 H^+ 이온이 이전될 경우의 K_c 값을 비교해 보자.

$$HCO_2H(aq) + H_2O(\ell) \rightleftharpoons HCO_2^-(aq) + H_3O^+(aq)$$

$$K_1 = \frac{[HCO_2^-][H_3O^+]}{[HCO_2H]} = 1.8 \times 10^{-4} \text{ (25 °C에서)}$$

역반응이 일어나면, HCO_2^- 이온이 H^+ 이온과 결합한다.

$$HCO_2^-(aq) + H_3O^+(aq) \rightleftharpoons HCO_2H(aq) + H_2O(\ell)$$

$$K_2 = \frac{[HCO_2H]}{[HCO_2^-][H_3O^+]} = 5.6 \times 10^{3} \text{ (25 °C에서)}$$

여기서 $K_2 = 1/K_1$임을 알 수 있다.

어떤 반응과 그 역반응의 평형상수는 서로 역수이다.

2개 화학 반응식 더하기

때로는 전체 과정에 해당하는 화학 반응식을 구할 때 2개의 화학 반응식을 더해서 얻는 게 유용한 경우가 있다. 예를 들어, 아주 소량의 염화은이 물에 녹아 있고, 이 용액에 암모니아가 첨가되었을 때 일어나는 반응을 고려해 보자. 암모니아는 은 이온과 반응하여 수용성 화합물($Ag(NH_3)_2Cl$)을 생성한다(그림 15.5). 고체 AgCl이 용해되는 과정의 화학 반응식을 Ag^+ 이온과 암모니아가 반응하는 과정에 대한 반응식에 더하면 고체 AgCl이 암모니아 수용액에 녹는 전체 반응에 대한 화학 반응식을 얻을 수 있다. (모든 평형 상수는 25 ℃에서의 값이다.)

$$AgCl(s) \rightleftharpoons Ag^+(aq) + Cl^-(aq) \qquad K_1 = [Ag^+][Cl^-] = 1.8 \times 10^{-10}$$

$$Ag^+(aq) + 2\,NH_3(aq) \rightleftharpoons [Ag(NH_3)_2]^+(aq) \qquad K_2 = \frac{[Ag(NH_3)_2{}^+]}{[Ag^+][NH_3]^2} = 1.1 \times 10^{7}$$

알짜 반응:

$$AgCl(s) + 2\,NH_3(aq) \rightleftharpoons [Ag(NH_3)_2]^+(aq) + Cl^-(aq)$$

알짜 반응에 대한 평형상수(K_{net})를 얻기 위해서 두 반응에 대한 평형상수를 곱한다($K_1 \times K_2$).

$$K_{net} = K_1 \times K_2 = [Ag^+][Cl^-] \times \frac{[Ag(NH_3)_2{}^+]}{[Ag^+][NH_3]^2} = \frac{[Ag(NH_3)_2{}^+][Cl^-]}{[NH_3]^2}$$

$$K_{net} = K_1 \times K_2 = 2.0 \times 10^{-3}$$

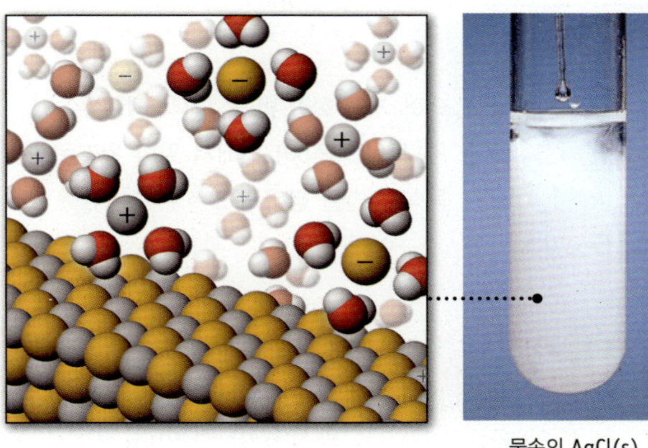

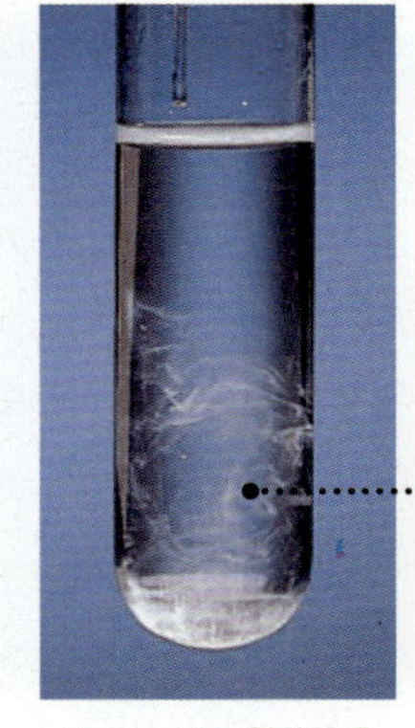

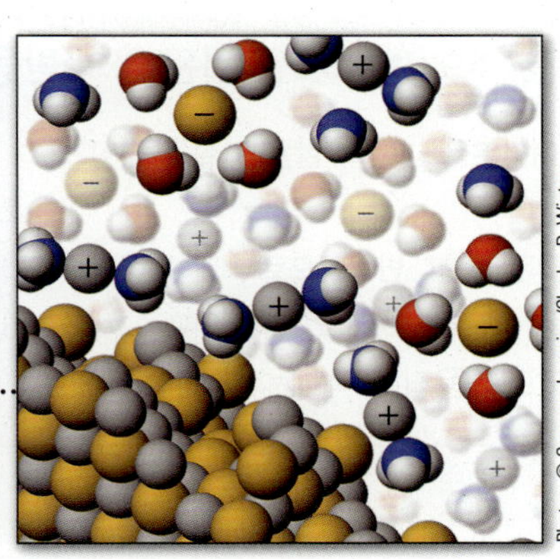

그림 15.5 암모니아 수용액 중 염화은의 용해. (왼쪽) AgCl(s) 침전물이 물에 떠 있다. (오른쪽) 암모니아 수용액을 첨가하면 암모니아가 용액 중 미량의 은 이온과 반응하여 평형을 이동시키고 결과적으로 염화은이 용해된다.

2개 이상의 화학 반응식이 더해져서 알짜 반응을 만들 때, 알짜 반응식에 대한 평형 상수는 더해진 반응식들의 평형 상수들의 곱으로 주어진다.

예제 15.6 완결된 화학 반응식과 평형상수

문제 질소, 수소, 암모니아 혼합물이 평형에 도달했다. 다음과 같이, 정수 계수로 화학 반응식을 적었을 때, 25 ℃에서 K_c 값은 3.5×10^8이다.

식 1: $N_2(g) + 3\ H_2(g) \rightleftharpoons 2\ NH_3(g)$ $\quad K_1 = 3.5 \times 10^8$

그러나 식 2와 같이 적을 수도 있다. 이때 K_2 값은 얼마인가?

식 2: $\frac{1}{2}\ N_2(g) + \frac{3}{2}\ H_2(g) \rightleftharpoons NH_3(g)$ $\quad K_2 = ?$

암모니아가 원소들로 분해되는 반응(식 3)은 생성 반응(식 1)의 역반응이다. K_3 값은 얼마인가?

식 3: $2\ NH_3(g) \rightleftharpoons N_2(g) + 3\ H_2(g)$ $\quad K_3 = ?$

알고 있는 사실 주어진 화학 반응식에 대한 K_c 값을 알고 있다. 여러분은 화학 반응식의 계수가 변할 경우 K_c가 어떻게 변하는지와 역반응의 K_c 값을 어떻게 구하는지 알고 있다.

전략 요구되는 반응이 주어진 반응(들)과 어떤 관계에 있는지 검토한다. (주어진 반응에 어떤 수가 곱해졌는가? 역반응식인가? 2개 또는 그 이상의 반응들이 더해진 것인가?) 이러한 변환에 따른 K_c 값의 변화를 사용한다. (문제해결 주요사항 15.2 참조)

풀이 식 2는 식 1에 1/2을 곱해서 구해진다. 따라서 K_2는 $K^{1/2}$이다. K_1과 K_2의 관계를 알기 위해, 두 완결된 화학 반응식에 대한 평형상수 식을 적는다.

$$K_1 = \frac{[NH_3]^2}{[N_2][H_2]^3} \qquad K_2 = \frac{[NH_3]}{[N_2]^{1/2}[H_2]^{3/2}}$$

문제해결 주요사항 15.2 완결된 화학 반응식과 평형상수

이제 여러분은 다음과 같은 사실들을 알게 되었다.

1. 완결된 화학 반응식으로부터 평형상수 식을 쓸 수 있게 되었으며, 이때 고체와 용매로 사용되는 액체는 평형상수 식에 표현되지 않는다.
2. 화학 반응식의 계수가 n배 변할 경우 $K_{new} = (K_{old})^n$이다.
3. 완결된 반응식이 역전되면, $K_{new} = 1/K_{old}$이다.
4. 여러 개의 화학 반응식(각각 평형상수 K_1, K_2 등을 가짐)이 더해져 알짜 완결된 반응식을 만들 경우 $K_{net} = K_1 \times K_2 \times K_3 \times \cdots$이다.

두 평형상수 식을 비교해 보면 K_2는 K_1의 제곱근인 것을 확실히 알 수 있다.

$$K_2 = (K_1)^{1/2} = \sqrt{K_1} = \sqrt{3.5 \times 10^8} = 1.9 \times 10^4$$

식 3은 식 1의 역반응이므로, 해당하는 평형상수 식은

$$K_3 = \frac{[N_2][H_2]^3}{[NH_3]^2}$$

이다. 이 경우 K_3는 K_1의 역수이다. 즉, $K_3 = 1/K_1$이다.

$$K_3 = \frac{1}{K_1} = \frac{1}{3.5 \times 10^8} = 2.9 \times 10^{-9}$$

고려사항 원소들로부터 암모니아가 합성되는 반응의 평형상수 값이 무척 크고, 생성물 선호 반응임에 주목하시오(15.2절 참조). 예상한 바와 같이, 그 역반응인 암모니아가 원소들로 분해되는 반응은 평형상수 값이 무척 작고, 반응물 선호 반응이다.

유제 산소가 오존으로 변환되는 반응의 평형상수는 무척 작다.

$$3/2\ O_2(g) \rightleftharpoons O_3(g) \qquad K = 2.5 \times 10^{-29}$$

(a) 화학 반응식을 정수 계수를 사용하여 적을 경우에 K 값은 얼마인가?

$$3\ O_2(g) \rightleftharpoons 2\ O_3(g)$$

(b) 오존이 산소로 변환되는 반응의 K 값은 얼마인가?

$$2\ O_3(g) \rightleftharpoons 3\ O_2(g)$$

15.5절 확인문제

1. 500 K에서 다음 평형상수들의 값이 주어졌다.

$H_2(g) + Br_2(g) \rightleftharpoons 2\ HBr(g)$ $\quad K_p = 7.9 \times 10^{11}$

$H_2(g) \rightleftharpoons 2\ H(g)$ $\quad K_p = 4.8 \times 10^{-41}$

$Br_2(g) \rightleftharpoons 2\ Br$ $\quad K_p = 2.2 \times 10^{-15}$

H와 Br 원자가 반응하여 HBr을 생성하는 반응의 K_p를 계산하시오.

(a) $K_p = 8.3 \times 10^{-44}$ (b) $K_p = 7.5 \times 10^{66}$ (c) $K_p = 2.7 \times 10^{33}$

15.6 화학 평형의 교란

반응물과 생성물 간의 평형은 세 가지 방법으로 교란될 수 있다.

(1) 온도 변화, (2) 반응물이나 생성물의 농도 변화, (3) (기체를 포함하는 반응계의 경우) 부피 변화(표 15.1). **반응계의 평형 조건을 결정하는 어떠한 요인이라도 변화하면 그 변화의 효과를 감소시키거나 상쇄시키는 방식으로 반응계가 변화한다.** 이를 **르샤틀리에의 원리**(Le Chatelier's principle)라고 한다(◂13.3절). 이 원리는 (가역)반응에서 평형을 회복하기 위해, 즉 반응 지수가 다시 평형상수 값과 같아지도록 어떻게 반응물과 생성물의 양이 조정되는지를 간략하게 설명해 준다.

반응물 또는 생성물의 첨가 또는 제거의 효과

다음 실험을 고려해 보자. 처음에 평형인 화학 계가 있다. 이 계에 1개 이상의 반응물 또는 생성물을 더한다(또는 제거한다). 계는 더 이상 평형이 아니다. 계가 평형에 다시 도달하면, 새로운 반응물이나 생성물의 평형 농도는 달라지겠지만 평형상수식의 값은 K와 같을 것이다(표 15.1). 이를 설명하기 위해 뷰테인/아이소뷰테인의 평형(K = 2.5)을 다시 생각해 보자.

$$\underset{\text{뷰테인}}{CH_3CH_2CH_2CH_3} \rightleftarrows \underset{\text{아이소뷰테인}}{CH_3\overset{\overset{\displaystyle CH_3}{|}}{C}HCH_3} \qquad K_c = 2.5$$

뷰테인 2분자와 아이소뷰테인 5분자로 구성된 평형 상태를 가정하자(그림 15.6). 반응지수는 5/2(즉, 2.5/1)로서 반응의 평형상수 값과 같다. 이제 이 혼합물에 아이소뷰테인 7분자를 더하여 12개의 아이소뷰테인 분자에 2개의 뷰테인 분자의 비율로 만든다. 이때 반응지수, Q는 6/1이 된다. Q가 K보다 크므로 반응계는 평형을 다

표 15.1 여러 교란의 평형 조성에 대한 영향

교란	혼합물이 평형을 회복할 때의 변화	평형 상에 대한 영향	K에 대한 영향
고체, 액체, 기체를 포함하는 반응			
온도 증가	계가 열 에너지를 흡수함	흡열 방향으로 이동	변화
온도 감소	계가 열 에너지를 방출함	발열 방향으로 이동	변화
반응물 첨가*	첨가된 반응물 일부가 소모됨	생성물 농도 증가	불변
생성물 첨가*	첨가된 생성물 일부가 소모됨	반응물 농도 증가	불변
기체를 포함하는 반응			
부피 감소, 압력 증가	압력 감소	전체 기체 분자 수가 감소하는 방향으로 조성 변화	불변
부피 증가, 압력 감소	압력 증가	전체 기체 분자 수가 증가하는 방향으로 조성 변화	불변

*불용성 고체나 순수 액체 반응물 또는 생성물이 첨가될 때는 예외. 이들 '농도'는 반응지수에 나타나지 않음을 상기하라.

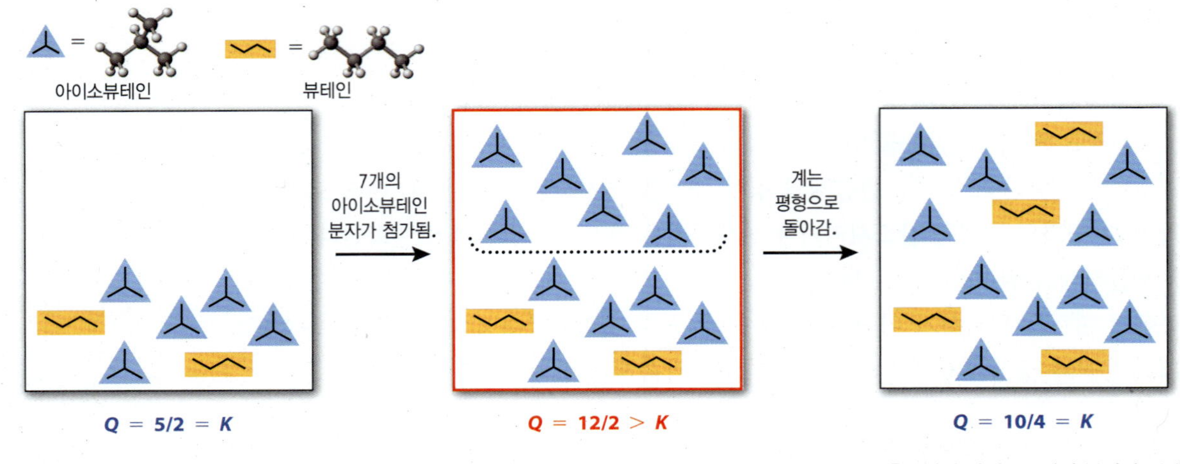

그림 15.6 평형 계에 반응물 또는 생성물의 첨가.

시 회복하기 위해 변화한다. 그러기 위해, 몇 개의 아이소뷰테인 분자가 뷰테인 분자로 변화해야 하는데, 이 과정은 [아이소뷰테인]/[뷰테인] 비율이 다시 5/2, 즉 2.5/1이 될 때까지 계속된다. 이 경우에는 아이소뷰테인 12분자 중 2분자가 뷰테인으로 변화하면 뷰테인에 대한 아이소뷰테인 비율이 다시 K_c(= 10/4 = 2.5/1) 값과 같아져서 평형이 회복된다.

예제 15.7 농도 변화가 평형에 미치는 효과

문제 1.00 L 플라스크에 [뷰테인] = 0.00500 mol/L와 [아이소뷰테인] = 0.0125 mol/L로써 평형이 이루어져 있다.

$$\text{뷰테인} \rightleftharpoons \text{아이소뷰테인} \quad K_c = 2.50$$

여기에 0.0150 mol의 뷰테인을 첨가했다. 새로운 평형에 도달했을 때, 뷰테인과 아이소뷰테인의 농도는 얼마가 될까?

알고 있는 사실 여러분은 화학 반응식, 평형상수 값, 반응물과 생성물의 처음 평형 농도, 그리고 계에 첨가된 반응물의 양을 알고 있다.

전략 과량의 뷰테인이 추가되면, $Q < K_c$가 된다. 다시 평형이 이루어지려면, 뷰테인의 농도는 x만큼 감소하여야 하고 아이소뷰테인의 농도가 x만큼 증가해야 한다. ICE 표를 사용하여 변화를 추적한다.

풀이 먼저 수정된 ICE 표에 정보를 정리한다.

반응식	뷰테인	$\rightleftarrows$	아이소뷰테인
처음 농도 (M)	0.00500		0.0125
뷰테인 첨가 직후의 농도 (M)	0.00500 + 0.0150		0.0125
평형이 회복되기 위한 농도 변화 (M)	$-x$		$+x$
평형 농도 (M)	$0.00500 + 0.0150 - x$		$0.0125 + x$

표에 나타난 항목들은 다음과 같이 얻어졌다.

(a) 새로운 평형에 도달했을 때 뷰테인의 농도는 원래 농도에 첨가된 양(0.0150 mol/L)을 더하고 새로운 평형이 이루어지는 과정에서 아이소뷰테인으로 변환된 뷰테인의 농도를 뺀다. 아이소뷰테인으로 변환된 뷰테인의 양을 알지 못하므로 x로 표시한다.

(b) 새로운 평형에 도달했을 때 아이소뷰테인의 농도는 원래 농도(0.0125 mol/L)에 새로운 평형이 이루어지는 동안 생성된 농도(x mol/L)를 더한 값이다.

새로운 평형에서의 [뷰테인]과 [아이소뷰테인]이 정의되었고 평형상수 K_c값(= 2.50)이 주어졌으므로 다음과 같이 쓸 수 있다.

$$K_c = 2.50 = \frac{[\text{아이소뷰테인}]}{[\text{뷰테인}]}$$

이제 새로운 평형 조성을 알게 된다.

$$2.50 = \frac{0.0125 + x}{0.00500 + 0.0150 - x} = \frac{0.0125 + x}{0.0200 - x}$$

$$2.50\,(0.0200 - x) = 0.0125 + x$$

$$x = 0.0107 \text{ mol/L}$$

[뷰테인] = $0.00500 + 0.0150 - x = 0.0093$ M이고 [아이소뷰테인] = $0.0125 + x = 0.0232$ M

해답 확인 : 새로운 비 [아이소뷰테인]/[뷰테인] = 0.0232/0.0093 = 2.5

고려사항 르샤틀리에의 원리에서 예측한 바와 같이 계에 과잉의 뷰테인을 첨가하는 추가된 '외부 요인(stress)'은 일부 뷰테인이 아이소뷰테인으로 변환되어 Q가 다시 K_c와 같아지는 새로운 평형 혼합물에 도달함으로써 완화된다. 새로운 평형 혼합물에서 뷰테인 농도는 처음 값과 과잉의 뷰테인을 첨가하자마자의 값 사이에 있게 되고, 아이소뷰테인 농도는 원래 농도보다 크게 된다.

유제 [뷰테인] = 0.020 M이고 [아이소뷰테인] = 0.050 M일 때, 뷰테인과 아이소뷰테인 사이에 평형이 이루어졌다. 추가로 아이소뷰테인 0.0200 mol/L가 이 혼합물에 첨가되었다. 다시 평형이 이루어졌을 때 뷰테인과 아이소뷰테인의 농도는 얼마가 되는가?

전략도 15.7

문제

과량의 반응물을 첨가한 후 반응물과 생성물의 **평형 농도**는 얼마인가?

알려진 자료/정보

- 완결된 반응식
- K_c 값
- **반응물**과 **생성물**의 **처음 농도**와 첨가된 **과량 반응물**의 양

1단계 ICE 표에 **농도 변화**를 대입하여 미지 양 x 형태로 **평형 농도**를 유도한다.

반응물과 **생성물**의 **평형 농도**를 미지 양 x로 정의한다.

2단계 K_c식에 **평형 농도**를 넣고 x에 대해 푼다.

x의 값

3단계 x 값을 넣어 **평형 농도**를 구한다.

평형 농도 값

부피 변화가 기체상 평형에 미치는 효과

기체를 포함하는 화학 반응에서 용기의 크기가 변화하면 평형 농도나 압력에 어떤 변화가 일어날까? (예를 들면 이런 변화는 자동차 엔진에서 연료와 공기가 압축될 때 일어난다.) 이에 대한 답은 용기의 부피가 변화하면 농도도 변화해야만 하는 것이

다. 그리고 농도가 변하면 양론에 따라 평형 조성도 변화한다. 예를 들어 다음 평형을 다시 생각해 보자.

$$\underset{\text{갈색 기체}}{2\ NO_2(g)} \rightleftharpoons \underset{\text{무색 기체}}{N_2O_4(g)}$$

$$K_c = \frac{[N_2O_4]}{[NO_2]^2} = 170(298\ \text{K에서})$$

이들 기체가 채워진 플라스크의 부피가 갑자기 절반으로 줄어들면 평형 상태에 어떤 변화가 생길까? 즉각적으로 두 기체의 농도가 2배로 증가한다. 예를 들어, $[N_2O_4]$가 0.0280 mol/L이고 $[NO_2]$가 0.0128 mol/L일 때 평형이 이루어졌다고 가정하자. 부피가 절반으로 줄어들면 $[N_2O_4]$는 0.0560 mol/L, $[NO_2]$는 0.0256 mol/L가 된다. 이 상황에서 반응지수 Q는 $(0.0560)/(0.0256)^2 = 85.4$가 되는데 이 값은 명백히 K보다 작다. Q가 K보다 작으므로 평형으로 다시 돌아가려면 반응물을 소모하여 생성물의 양이 증가해야 하고, 새로운 평형 조성에서는 부피 변화가 일어나기 전보다 N_2O_4의 양은 증가한다.

$$2\ NO_2(g) \rightleftharpoons N_2O_4(g)$$

$$\xrightarrow[\text{NO}_2\text{는 평형에 이르기까지 N}_2\text{O}_4\text{로 변한다.}]{\text{용기 부피 감소}}$$

평형으로 되돌아가면서 NO_2의 농도는 N_2O_4 농도가 증가하는 것의 2배 감소하는데, 이는 NO_2 두 분자가 소모되면서 N_2O_4 한 분자가 생성됨을 의미한다. 이것은 반응지수 $Q = [N_2O_4]/[NO_2]^2$가 다시 K_c와 같아질 때까지 계속된다. 부피 감소의 효과는 전체적으로 기체 상태의 분자 수가 줄어드는 효과를 가져온다.

NO_2/N_2O_4 평형에 대한 결론을 다음과 같이 일반화할 수 있다.

- 기체를 포함하는 화학 반응에서, 부피 감소(압력 증가)에 의한 교란은 기체 분자의 수가 감소하는 평형 조성으로 변화하면서 해소된다.
- 부피 증가(압력 감소)의 경우에는, 평형 조성은 더 많은 수의 분자가 존재하는 화학 반응 방향을 선호한다.
- H_2와 I_2로부터 HI가 생성되는 반응[$H_2(g) + I_2(g) \rightleftharpoons 2\ HI(g)$]처럼 반응 전후 분자의 수가 변하지 않는 경우에는 부피 변화는 평형에 영향을 미치지 않는다.

평형 조성에 대한 온도 변화의 효과

평형상수 값은 온도에 따라 변한다. 따라서 평형 상태의 계에서 온도 변화는 평형을 교란하기 위해 사용된 다른 방법들과 어떤 의미에서 다르다. 왜냐하면 온도 변화의 경우는 평형상수 자체를 변화시키기 때문이다. 온도 변화에 따라 평형상수 값이 어떻게 변하는지를 정확하게 예측하는 것은 이 책의 범위를 넘어서지만, 반응이 발열인지 흡열인지를 알면, 화학 반응의 평형 조성에 대한 온도 변화의 효과를 정성적으로 예측할 수 있다. 예를 들어, N_2와 O_2가 반응하여 NO를 생성하는 흡열 반응을 생각해 보자.

사례 연구 화학 평형 원리의 응용 – 하버–보슈 암모니아 합성법

질소를 함유하는 물질들은 농작물의 성장을 촉진하기 위해 세계적으로 사용되고 있다. 포르투갈에서부터 티베트에 이르기까지 농부들은 수백 년 동안 동물의 배설물을 '천연'비료로 사용해 왔다. 19세기에 산업화된 나라들은 페루, 볼리비아, 칠레로부터 질소가 풍부한 해양성 조류의 배설물을 수입했지만, 공급은 매우 제한적이었다. 1898년에 윌리엄 램지(William Ramsay, 비활성 기체의 발견자, 화학 원리의 응용, 2장)는 세계의 '고정된 질소' 양이 고갈되고 있다고 지적하면서, 그 결과 20세기 중반에 이르면 세계적인 식량난이 일어날 것이라고 예견하였다. 램지의 예언은 빗나갔는데 이는 부분적으로 프리츠 하버(Fritz Harber, 1868~1934)의 연구 덕이다. 1908년 하버는 원소 상태의 질소와 수소로부터 암모니아를 직접 만들어내는 방법을 개발하였다.

$$N_2(g) + 3\ H_2(g) \rightleftharpoons 2\ NH_3(g)$$

몇 년 뒤 카를 보슈(Carl Bosch, 1874~1940)가 산업 공정에 적합한 합성법을 완성하였다. 현재 암모니아 생산에 소요되는 비용은 kg당 몇 백 원 수준이며, 미국에서만 연간 150~200억 kg이 생산되어 미국 내 생산량 상위 5위 화학 물질 안에 꾸준히 포함되고 있다. 암모니아는 그 자체로 비료로 사용될 뿐만 아니라, 질산과 질산암모늄 등 여러 물질 생산의 전구물질로 사용되고 있다.

암모니아 생산 공정(그림 A)은 실용 화학에서 반응 속도론과 화학 평형이 하는 역할을 보여주는 좋은 예가 된다.

$N_2 + H_2$의 화학 반응은 발열 과정이고 생성물 선호 반응이다(25 ℃에서 $K > 1$).

25 °C에서, K_c(계산값) $= 3.5 \times 10^8$
그리고 $\Delta_r H° = -92.2$ kJ/mol-rxn

불행하게도 25 ℃에서 반응은 천천히 일어나므로 반응 속도를 높이기 위해 고온에서 반응을 일으킨다. 문제는 온도를 높이면 반응 속도는 증가하지만 르샤틀리에의 원리가 예측하는 대로 평형상수는 감소한다는 점이다.

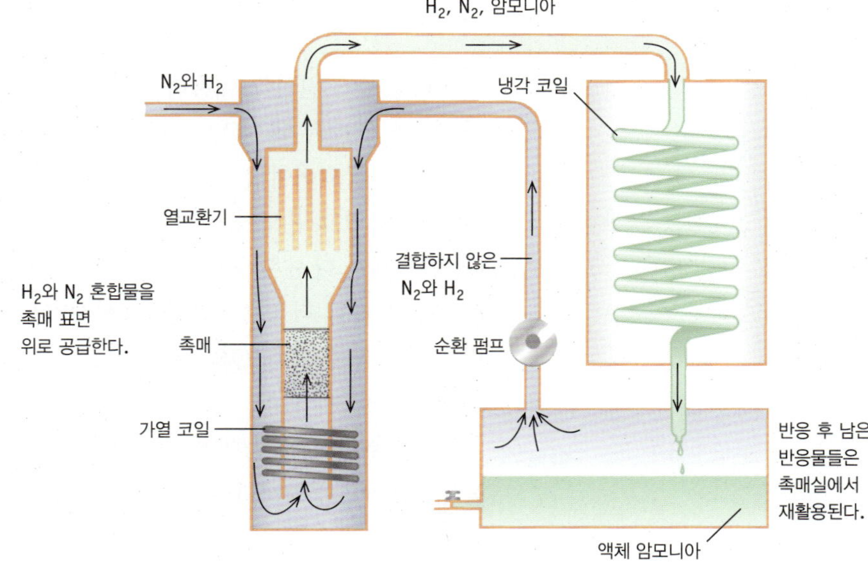

그림 A 하버–보슈 암모니아 합성법. H_2와 N_2 혼합물을 촉매 표면 위로 공급한다. NH_3는 액체 상태(−33 ℃에서)로 수집되고 반응 후 남은 반응물들은 촉매실에서 재활용된다.

450 °C에서, K_c(실험값) $= 0.16$
그리고 $\Delta_r H° = -111.3$ kJ/mol-rxn

따라서 온도를 높이면 수득율이 낮아지게 된다. 이 문제 해결을 위한 방법은 두 가지가 있다. 첫째는 압력을 높이는 것이다. 이때 K 값은 변화하지 않고, 압력 증가로 인한 효과는 4 mol의 반응물이 2 mol의 생성물로 변환되면서 상쇄된다.

암모니아 생산 공장에서는 반응 속도(고온에서 증가)와 수득률(고온에서 K는 감소) 사이에서 균형을 찾아야 한다. 추가적으로 반응 속도를 증가시키기 위해 촉매가 사용된다. 하버–보슈 공정에 효과적으로 사용되는 촉매 중의 하나는 Fe_3O_4를 KOH, SiO_2, 그리고 Al_2O_3 (모두 값싼 화학 물질)와 혼합한 것이다. 이 촉매는 400 ℃ 이하의 온도에서는 효과적이지 않으나 약 450~500 ℃와 250 atm의 압력에서는 효과적으로 작용한다.

문제

1. 무수 암모니아는 비료로 직접 사용되기도 하나, 상당량은 질산암모늄이나 요소와 같은 다른 비료로 전환되어 사용된다.
   (a) 암모니아는 어떻게 질산암모늄으로 변환되는가?
   (b) 요소는 암모니아와 CO_2로부터 합성된다.

   $$2\ NH_3(g) + CO_2(g) \rightleftharpoons (NH_2)_2CO(s) + H_2O(g)$$

   높은 온도와 높은 압력 중 어떤 것이 요소 생산에 유리하겠는가? ($\Delta_r H° = -333.1$ kJ/mol–rxn)
2. 하버–보슈 공정에서 수소가 사용된다. 수소는 천연가스를 이용하여 **습식개질법**(steam reforming)이라는 공정을 거쳐 만든다.

   $$CH_4(g) + H_2O(g) \rightarrow CO(g) + 3\ H_2(g)$$
   $$CO(g) + H_2O(g) \rightarrow CO_2(g) + H_2(g)$$

   (a) 위의 두 반응은 흡열 반응인가? 발열 반응인가?
   (b) 150억 kg의 H_2를 생산하기 위해 필요한 CH_4의 양은 얼마인가? 그리고 부산물로 생성되는 CO_2의 질량은 얼마인가?

이 질문에 대한 답은 부록 N에 수록되어 있다.

$$N_2(g) + O_2(g) \rightleftharpoons 2\ NO(g) \qquad \Delta_r H° = +180.6\ kJ/mol\text{-}rxn$$

$$K_c = \frac{[NO]^2}{[N_2][O_2]}$$

르샤틀리에 원리를 이용하여 온도에 따라 K 값이 어떻게 변화할지 예측할 수 있다. N_2와 O_2로부터 NO가 형성되는 것은 흡열 반응이다. 즉 반응이 일어나기 위해서 열이 공급되어야 한다. 열을 '반응물'중 한 가지라고 생각할 수 있다. 반응계가 평형 상태에 있고 온도가 증가한다면, 반응계는 이 '교란 요인'을 경감시키도록 조정된다. 반응계가 다시 평형을 회복하면서, 입력된 에너지를 상쇄시키는 방법은 N_2와 O_2를 소모시키고 더 많은 NO를 생성시켜서 더해진 열의 일부를 사용하는 것이다. 이렇게 되면 반응지수, Q의 분자($[NO]^2$) 값이 커지고 분모($[N_2][O_2]$) 값이 작아지면서 K_c 값이 커지게 된다.

$N_2/O_2/NO$ 반응에 대한 예측은 이 반응의 다양한 온도에서의 평형상수의 표에서 볼 수 있듯이 정확하다. 예상한 바와 같이 평형상수와 평형 혼합물 내의 NO의 비율은 온도와 함께 증가한다.

평형상수, K_c	온도(K)
4.5×10^{-31}	298
6.7×10^{-10}	900
1.7×10^{-3}	2300

다른 예로, 갈색 기체인 NO_2의 결합으로 무색의 N_2O_4가 생성되는 반응을 생각하자. 닫힌 계(그림 15.7)에서는 이들 화합물 사이의 평형이 쉽게 이루어진다.

$$2\ NO_2(g) \rightleftharpoons N_2O_4(g) \qquad \Delta_r H° = -57.1\ kJ/mol\text{-}rxn$$

$$K = \frac{[N_2O_4]}{[NO_2]^2}$$

평형상수, K_c	온도(K)
1300	273
170	298

이 반응은 발열 반응이므로 열을 반응 '생성물'로 상상할 수 있다. 그림 15.7처럼 반응계의 온도를 낮추면 열의 일부가 제거된다. 이 열 손실은 NO_2가 결합하여 N_2O_4가 생성되는 과정에서 생성되는 열 에너지로 상쇄될 수 있다. 따라서 온도가 낮아질수록 NO_2의 평형 농도는 감소하고 N_2O_4의 농도는 증가하므로 평형상수 값은 증가한다.

요약하면,

- 평형인 반응계의 온도가 상승하면, 열 에너지를 흡수하는 방향으로 평형이 이동한다(표 15.1). 즉, 흡열 반응의 방향으로 반응이 일어난다.

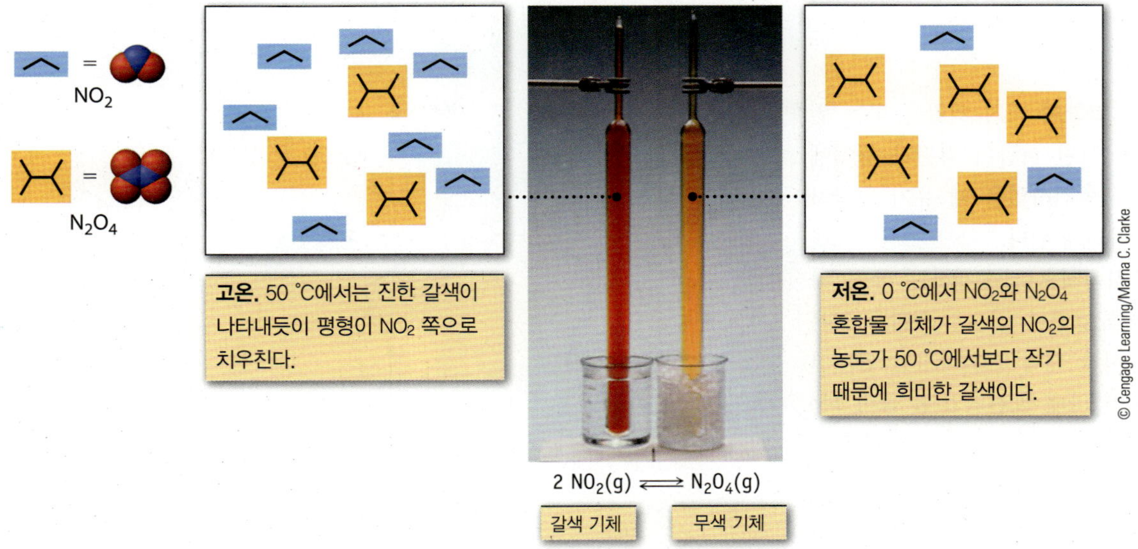

그림 15.7 평형에 미치는 온도의 영향. 사진의 시험관에 평형에서 기체 NO_2(갈색)와 N_2O_4(무색)이 들어 있다. 낮은 온도의 평형 상태에서는 무색의 N_2O_4가 선호되기 때문에 K_c 값이 크다.

- 온도가 감소한다면, 열 에너지가 방출되는 방향으로 평형이 이동한다. 즉, 발열 반응의 방향으로 반응이 일어난다.
- 온도를 변화시키면 K 값도 변화한다.

15.6절 확인문제

원소의 결합에 의한 암모니아의 생성은 중요한 산업 공정 중 하나이다.

$$3\ H_2(g) + N_2(g) \rightleftharpoons 2\ NH_3(g)$$

1. 추가로 H_2가 첨가되면 반응은 오른쪽, 또는 왼쪽으로 이동하는가 아니면 변화가 없는가?
(a) 왼쪽으로 이동 (b) 오른쪽으로 이동 (c) 변화 없음

2. 계의 부피가 증가하였을 때 반응은 오른쪽, 또는 왼쪽으로 이동하는가 아니면 변화가 없는가?
(a) 왼쪽으로 이동 (b) 오른쪽으로 이동 (c) 변화 없음

3. 반응 $2\ SO_2(g) + O_2(g) \rightleftharpoons 2\ SO_3(g)$의 K_c 값은 다음과 같다. 300 K에서 4.0×10^{24}, 500 K에서 2.5×10^{10}, 700 K에서 3.0×10^{4}이다. 이 반응은 발열 반응인가 흡열 반응인가?
(a) 발열 반응 (b) 흡열 반응

화학 원리 응용 | 3가 탄소

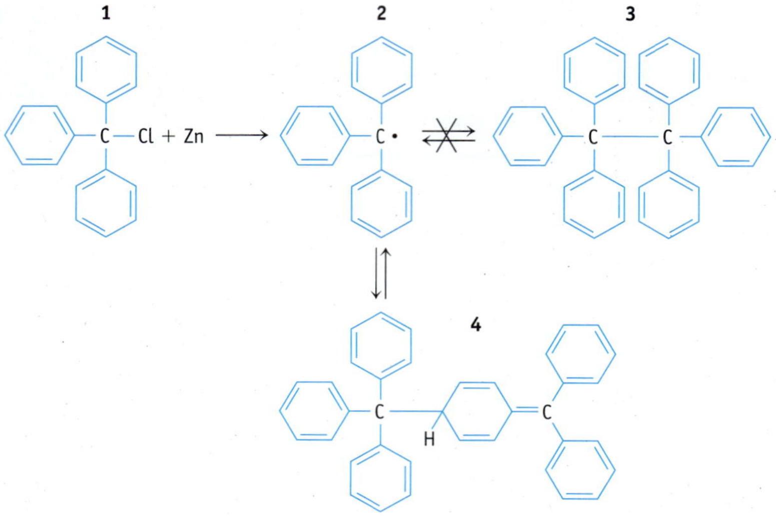

팔전자 규칙은 유기화학의 지침 역할을 하는 원리이다. 결과적으로 어떤 사람이 팔전자 규칙에 따르지 않는 분자를 발견하였을 때 유기 화학자들은 항상 관심을 가지게 된다.

최초로 알려진 지속적으로 존재하는 유기 자유라디칼인 트라이페닐메틸 라디칼(**화합물 2**)은 약 100년 전에 미시간 대학의 화학자인 곰버그(Moses Gomberg)에 의해 발견되었다. 곰버그는 헥사페닐에테인[$(C_6H_5)_3C-C(C_6H_5)_3$](**화합물 3**)을 만들고자 하였다. 그가 반응물 $(C_6H_5)_3CCl$(**화합물 1**)과 Zn을 섞었을 때 노란색 용액을 얻었으며, 이것은 가열하였을 때 더 색이 진해지고, 산소와 할로젠에 대하여 반응성이 컸다. 이러한 극단적인 반응성 때문에 곰버그는 노란색은 용액에서 $(C_6H_5)_3C$의 존재 때문이라고 결론을 내리게 되었다. 안정한 자유라디칼의 존재는 탄소 원자 주위에 3개의 커다란 페닐 기가 있어 예상되는 이량체화(dimerization)되어 헥사페닐에테인으로 진행하는 것을 방해한다는 사실로 설명하였다.

실제로는 트라이페닐메틸 라디칼은 이량체화를 하지만 곰버그가 예상한대로는 아니다. 반자성 흰색 고체 결정인 이량체(**화합물 4**)는 라디칼을 포함하는 용액에서 분리할 수 있다. 이량체화는 한 분자의 메틸 라디칼과 다른 분자의 페닐 고리 사이에서 일어난다. 벤젠에 다시 녹였을 때 처음 노란색 용액이 생성된다.

연구 결과 화합물 **4**와 **2**는 용액에서 평형 상태로 있음을 알았다. 25 ℃ 벤젠에서 이량체–단량체 평형(**4** $\rightleftharpoons$ **2**)의 K_c 값은 4.1×10^{-4}이다.

흥미롭게도 곰버그는 다음과 같은 진술로 최초의 논문을 끝맺고 있다. "이 연구는 계속될 것이며, 나는 나 자신만을 위해 이 분야를 유보하고 싶다." 미국에서 화학 연구는 경쟁이 심한 곳이기에 곰버그의 바람은 존중되지 않았다.

문제

1. 어는점 내림은 화합물의 몰질량을 결정하는 한 방법이다. 벤젠의 어는점 내림 상수는 −5.12 ℃/*m*이다.
   a) 흰색 결정성 이량체 0.503 g 시료를 10.0 g 벤젠에 녹였을 때 벤젠의 어는점이 0.542 ℃만큼 내려갔다. 어는점 내림에 의해 결정되었을 때 이량체의 몰질량이 475 g/mol임을 증명하시오. 이량체의 분해가 일어나지 않는다고 가정하시오.
   b) 이량체의 정확한 몰질량은 487 g/mol이다. 해리 평형이 어는점 내림 계산에서 이량체의 몰질량이 낮아지게 하는 이유를 설명하시오.
2. 20 ℃ 벤젠에서 0.015 mol/L의 이량체(**4**)와 평형으로 존재하는 단량체(**2**)의 농도는 얼마인가?
3. 흰색 결정성 이량체(**4**) 0.64 g 시료를 20 ℃에서 25.0 mL 벤젠에 녹였다. 평형상수를 이용하여 이 용액에서 단량체(**2**)와 이량체(**4**)의 농도를 계산하시오.
4. 높은 온도에서 용액의 노란색이 진해진다는 사실로부터 이량체의 단량체로의 해리가 발열 또는 흡열인지를 예측하시오.
5. 이 이야기에서 언급된 어떤 유기 화학종이 상자성인가?
   a) 염화트라이페닐메틸
   b) 트라이페닐메틸 라디칼
   c) 트라이페닐메틸 이량체

참고문헌

N. Gomberg, *Journal of the American Chemical Society*, vol. 22, pp.757~771, 1900.

학습 목표 복습

여러분은 이 장의 학습을 마쳤다. 이제 학습 목표를 달성했는지 점검해 보자. 특히 다음과 같은 것을 할 수 있어야 한다.

- 화학 평형의 본질과 특성을 이해한다.
- 평형상수, K와 반응지수, Q의 중요성을 이해한다.
  - **a.** 평형에서 반응의 생성물–선호 또는 반응물–선호 여부를 예측하시오. K가 큰 값($K > 1$)은 반응이 생성물–선호이고 평형에서 생성물의 농도가 반응물 농도보다 큰 것을 의미한다. K가 작은 값($K < 1$)은 반응물 선호이고, 평형에서 생성물의 농도가 반응물 농도보다 작은 것을 시사한다(15.2절).
- 반응 조건이 변하였다면 평형이 어떻게 반응할 것인가?(르샤틀리에의 원리)(15.6절)

- 반응에서 평형상수와 반응지수의 관계식을 기술한다(15.2절).
  - **a.** 화학 반응에 대한 반응지수의 수학적 관계식, 각각의 농도에 양론계수가 거듭제곱의 수로 있는 생성물 농도의 곱을 반응물 농도의 곱으로 나눈 형태를 쓰시오. 계가 평형에 있을 때 반응지수는 평형상수 K와 같다(식 15.1).
  - **b.** 고체, 순수한 액체와 용매(예, 물)의 농도는 평형상수 관계식에 포함되지 않는다.
  - **c.** 평형상수를 K_c, 또는 K_p로 표시하고 K_c와 K_p 사이에서 변환하시오. 평형 농도는 반응물과 생성물의 농도(mol/L)로 표현될 수 있고, 이때의 K는 K_c로 표현된다. 대안으로 기체의 농도는 부분 압력으로 나타내고, 이때의 K는 K_p로 표현된다.
- 주어진 반응물과 생성물 농도에서 평형상수를 계산한다(15.3절).
- 화학 평형의 정량적 연구에서 Q와 K의 사용한다.
  - **a.** 반응지수(Q)를 이용하여 반응이 평형($Q = K$)인지 또는 평형을 이루기 위해 반응물이 생성물로 알짜 변환이 있을 것($Q <$ K)인지 또는 생성물이 반응물로 변환($Q > K$)할지를 결정한다(15.2절).
  - **b.** 평형상수를 이용하여 평형에서 반응물 또는 생성물의 농도(또는 압력)를 계산한다(15.4절).
- 다른 양론계수가 사용될 때, 또 반응이 역전될 때, 또는 여러 개 반응이 더해질 때 K 값을 유도한다(15.5절).
- 르샤틀리에의 원리를 이용한다.
  - **a.** 화학 평형이 교란(온도의 변화, 농도의 변화, 또는 기체를 포함하는 반응에서 부피 또는 압력의 변화)되는 영향을 예측한다(15.6절과 표 15.1).

- 화학 평형의 특성을 기억한다(15.1과 15.2절).
- 화학 계에서 평형 상태의 중요성을 기억한다(15.1과 15.2절).
- 평형상수의 수학적 관계식을 기억한다(15.2절).
- 르샤틀리에의 원리와 화학 평형에 적용하는 방법을 기억한다(15.6절).

주요 식

식 15.1(671쪽) 평형상수 식. 평형에서 생성물과 반응물의 비(각각은 화학 방정식에서의 계수를 거듭제곱의 수로 가진다)는 특정 온도에서 일정한 값(K)을 갖는다. 일반적인 반응 $aA + bB \rightleftharpoons cC + dD$는

$$평형상수 = K = \frac{[C]^c[D]^d}{[A]^a[B]^b}$$

식 15.2(675쪽) 일반적인 반응 $aA + bB \rightleftharpoons cC + dD$에서 반응 중간의 어떤 지점에서의 생성물과 반응물의 비를 반응지수 Q라고 한다.

$$반응지수 = Q = \frac{[C]^c[D]^d}{[A]^a[B]^b}$$

식 15.3(683쪽) 이 근사법은 $A \rightleftharpoons B + C$의 일반 반응에서 B와 C의 농도($= x$)를 구할 때 사용되며, 이때 $100 \times K$ 값이 A의 처음 농도($= [A]_0$)보다 작아야 한다.

$$K = \frac{[B][C]}{[A]} \approx \frac{(x)(x)}{[A]_0}$$

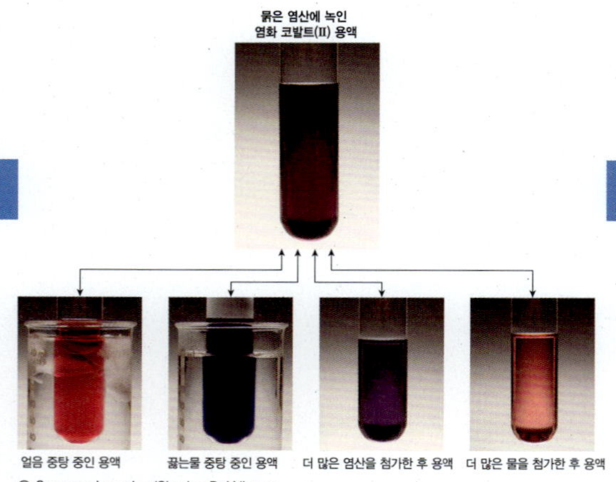

학습문제

실전문제

평형상수 식 쓰기(15.2절, 예제 15.1)

1. 다음 반응에 대한 평형상수 식을 쓰시오. 기체에 대해서는 압력이나 농도를 사용하시오.

(a) $2\ H_2O_2(g) \rightleftharpoons 2\ H_2O(g) + O_2(g)$

(b) $CO(g) + \frac{1}{2}\ O_2(g) \rightleftharpoons CO_2(g)$

(c) $C(s) + CO_2(g) \rightleftharpoons 2\ CO(g)$

(d) $NiO(s) + CO(g) \rightleftharpoons Ni(s) + CO_2(g)$

평형상수와 반응지수(15.2절, 예제 15.2를 참조)

2. 500 K에서 아이오딘 분자의 아이오딘 원자로의 분해 반응에 대한 $K_c = 5.6 \times 10^{-12}$이다.

$$I_2(g) \rightleftharpoons 2\ I(g)$$

혼합물은 $[I_2] = 0.020$ mol/L와 $[I] = 2.0 \times 10^{-8}$ mol/L를 가진다. 500 K에서 반응이 평형 상태에 있는가? 만

일 아니라면 평형에 도달하기 위해 어떤 방향으로 반응이 진행되겠는가?

3. 1000 K에서 SO_2, O_2 및 SO_3의 혼합물은 다음과 같은 농도의 기체를 포함한다.

$[SO_2] = 5.0 \times 10^{-3}$ mol/L
$[O_2] = 1.9 \times 10^{-3}$ mol/L
$[SO_3] = 6.9 \times 10^{-3}$ mol/L

반응이 평형 상태에 있는가? 만일 아니라면 평형에 도달하기 위해 어떤 방향으로 반응이 진행되겠는가?

$$2\ SO_2(g) + O_2(g) \rightleftharpoons 2\ SO_3(g)\quad K_c = 279$$

평형상수 계산(15.3절, 예제 15.3 참조)

4. 반응 $PCl_5(g) \rightleftharpoons PCl_3(g) + Cl_2(g)$는 250 ℃에서 연구되었다.

평형에서 $[PCl_5] = 4.2 \times 10^{-5}$ mol/L,
$[PCl_3] = 1.3 \times 10^{-2}$ mol/L,
$[Cl_2] = 3.9 \times 10^{-3}$ mol/L이다.

반응에 대한 K_c를 계산하시오.

5. 반응 $C(s) + CO_2(g) \rightleftharpoons 2\ CO(g)$는 높은 온도에서 일어난다. 700 ℃, 평형 상태에서 200.0 L 플라스크에 1.0 mol의 CO, 0.20 mol의 CO_2 및 0.40 mol의 C가 들어 있다.

(a) 700 ℃에서 반응에 대한 K_c를 계산하시오.

(b) 700 ℃에서 만일 평형 상태에서 200.0 L 플라스크 내에 존재하는 양이 CO 1.0 mol, CO_2 0.20 mol 및 C 0.80 mol이라면 반응에 대한 K_c를 계산하시오.

(c) (a)와 (b)의 결과를 비교하시오. 탄소의 양이 K_c의 값에 영향을 주는가? 설명하시오.

6. CO와 Cl_2의 혼합물이 반응 플라스크 안에 있다. $[CO] = 0.0102$ mol/L와 $[Cl_2] = 0.00609$ mol/L이다. 600 K에서 반응이 평형에 도달했을 때 $[Cl_2] = 0.00301$ mol/L이다.

$$CO(g) + Cl_2(g) \rightleftharpoons COCl_2(g)$$

(a) 평형 상태에서 CO와 $COCl_2$의 농도를 계산하시오.

(b) K_c를 계산하시오.

평형상수의 이용(15.4절과 예제 15.4~15.5 참조)

7. 25 ℃에서 뷰테인과 아이소뷰테인의 상호 변환에 대한 K_c 값은 2.5이다.

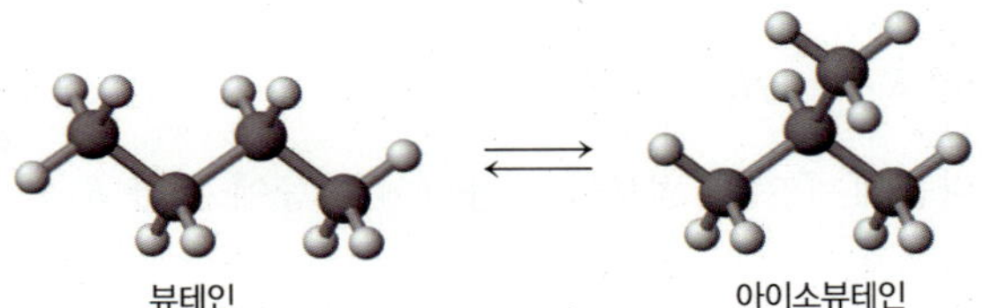

만일 25 ℃에서 0.5 L 플라스크 속에 0.017 mol의 뷰테인을 넣고 평형 상태에 도달되도록 허용한다면 뷰테인의 두 형태의 평형 농도는 얼마인가?

8. 아이오딘 분자가 아이오딘 원자로 분해하는 반응에 대한 평형상수는 1000 K에서 3.76×10^{-3}이다.

$$I_2(g) \rightleftharpoons 2\ I(g)$$

1000 K에서 12.3 L 플라스크 속에 0.105 mol의 I_2가 있다고 가정하시오. 계가 평형에 도달했을 때 I_2와 I의 농도는 얼마인가?

9. 브로민화카보닐은 일산화탄소와 브로민으로 분해한다.

$$COBr_2(g) \rightleftharpoons CO(g) + Br_2(g)$$

73 ℃에서 K_c는 0.190이다. 만일 2.00 L 플라스크에 $COBr_2$ 0.0500 mol을 넣고 73 ℃로 가열한다면 $COBr_2$, CO 및 Br_2의 평형 농도는 얼마인가? 이 온도에서 몇 %의 $COBr_2$가 분해되는가?

평형상수 식 다루기(15.5절과 예제 15.6 참조)

10. 다음 중 어느 것이 두 반응이 나타내고 있는 평형상수의 관계를 정확하게 표현하고 있는가?

$$A + B \rightleftharpoons 2\ C\qquad K_1$$
$$2\ A + 2\ B \rightleftharpoons 4\ C\qquad K_2$$

(a) $K_2 = 2K_1$ (b) $K_2 = K_1^2$

(c) $K_2 = 1/K_1$ (d) $K_2 = 1/K_1^2$

11. $SO_2(g)$를 포함하는 다음의 화학 반응식과 각각에 대응하는 평형상수 식을 고려해 보자.

$$SO_2(g) + \tfrac{1}{2}\ O_2(g) \rightleftharpoons SO_3(g)\qquad K_1$$
$$2\ SO_3(g) \rightleftharpoons 2\ SO_2(g) + O_2(g)\qquad K_2$$

다음 표현 중의 어느 것이 K_1과 K_2의 관계를 정확하게 나타내는가?

(a) $K_2 = K_1^2$ (b) $K_2^2 = K_1$

(c) $K_2 = K_1$ (d) $K_2 = 1/K_1$

(e) $K_2 = 1/K_1^2$

12. 다음에 주어진 정보를 이용하여 반응에 대한 K를 계산하시오.

$$SnO_2(s) + 2\ CO(g) \rightleftharpoons Sn(s) + 2\ CO_2(g)$$

주어진 정보

$$SnO_2(s) + 2\ H_2(g) \rightleftharpoons Sn(s) + 2\ H_2O(g) \quad K = 8.12$$

$$H_2(g) + CO_2(g) \rightleftharpoons H_2O(g) + CO(g) \quad K = 0.771$$

13. K_c와 K_p의 관계:

(a) 다음 반응의 K_p는 25 ℃에서 0.16이다. K_c의 값은 얼마인가?

$$2\ NOBr(g) \rightleftharpoons 2\ NO(g) + Br_2(g)$$

(b) 다음 반응의 평형상수, K_c는 350 K에서 1.05이다. K_p의 값은 얼마인가?

$$2\ CH_2Cl_2(g) \rightleftharpoons CH_4(g) + CCl_4(g)$$

화학 평형의 교란(15.6절과 예제 15.7 참조)

14. 삼산화이질소는 흡열 과정에서 NO와 NO_2로 분해된다. ($\Delta_r H° = 40.5$ kJ/mol-rxn)

$$N_2O_3(g) \rightleftharpoons NO(g) + NO_2(g)$$

다음 각각의 변화가 평형 상태를 어떻게 변화시킬지 예측하시오.

(a) $N_2O_3(g)$ 첨가

(b) $NO_2(g)$ 첨가

(c) 반응 플라스크 부피의 증가

(d) 온도를 낮춤

15. 평형상수 $K = 2.5$인 뷰테인의 이성질화 반응을 생각해보자. 계는 [뷰테인] = 1.0 M과 [아이소뷰테인] = 2.5 M인 조건에서 평형 상태에 있다.

(a) 만일 0.50 mol/L의 아이소뷰테인이 갑자기 가해지면 계는 새로운 평형 상태로 이동한다. 새로운 평형에서 각 기체의 평형 농도는 얼마인가?

(b) 만일 0.50 mol/L의 뷰테인이 가해지면 계는 새로운 평형 상태로 이동한다. 새로운 평형에서 각 기체의 평형 농도는 얼마인가?

일반문제

다음 문제들은 절의 종류나 위치를 명시하지 않았다. 이 문제들은 여러 가지 개념이 조합되어 있을 수도 있다.

16. 1.26 L 플라스크에 0.086 mol의 Br_2가 들어 있고, 1756 K로 가열한다고 생각하자. 그 온도에서 할로젠은 원자들로 분해한다.

$$Br_2(g) \rightleftharpoons 2\ Br(g)$$

만일 이 온도에서 3.7 %의 Br_2가 분해되었다면 K_c를 계산하시오.

17. 포스젠($COCl_2$)의 생성에 대한 K_p는 25 ℃에서 6.5×10^{11}이다.

$$CO(g) + Cl_2(g) \rightleftharpoons COCl_2(g)$$

포스젠의 분해 반응에 대한 K_p 값은 얼마인가?

$$COCl_2(g) \rightleftharpoons CO(g) + Cl_2(g)$$

18. 사염화탄소는 다음과 같은 반응에 의하여 생성될 수 있다.

$$CS_2(g) + 3\ Cl_2(g) \rightleftharpoons S_2Cl_2(g) + CCl_4(g)$$

10.0 L 플라스크 속에 0.12 mol의 CS_2와 0.36 mol의 Cl_2가 들어 있다고 가정하자. 평형에 도달한 후에 혼합물은 0.090 mol의 CCl_4를 포함한다. K_c를 계산하시오.

19. 뷰테인 $\rightleftharpoons$ 아이소뷰테인의 이성질화 반응에 대한 평형상수는 25 ℃에서 2.5이다. 만일 1.75 mol의 뷰테인과 1.25 mol의 아이소뷰테인이 혼합된다면 계가 평형 상태에 있는가? 만일 평형이 아니라면 평형으로 진행시킬 때 어느 화학종의 농도가 증가하는가? 계가 새로운 평형에 도달했을 때 두 화합물의 농도를 계산하시오.

20. 다음 중에서 어느 것이 두 반응에 대한 평형 상수의 관계를 바르게 나타낸 것인가?

$$NOCl(g) \rightleftharpoons NO(g) + \tfrac{1}{2}\ Cl_2(g) \quad K_1$$

$$2\ NO(g) + Cl_2(g) \rightleftharpoons 2\ NOCl(g) \quad K_2$$

(a) $K_2 = -K_1^2$　(b) $K_2 = 1/(K_1)^{1/2}$
(c) $K_2 = 1/K_1^2$　(d) $K_2 = 2K_1$

21. 금속 탄산염을 가열하면 분해된다.

$$BaCO_3(s) \rightleftharpoons BaO(s) + CO_2(g)$$

아래에 수록된 각각의 변화가 평형에 미치는 영향을 예측하시오. (i) 변화 없음 (ii) 왼쪽으로 이동 (iii) 오른쪽으로 이동 중에서 답하시오.
(a) $BaCO_3$ 첨가　(b) CO_2 첨가
(c) BaO 첨가　(d) 온도 증가
(e) 반응을 포함하는 플라스크의 부피 증가

22. 오염화인은 높은 온도에서 분해된다.

$$PCl_5(g) \rightleftharpoons PCl_3(g) + Cl_2(g)$$

어떤 온도에서 평형 혼합물은 10.0 L 플라스크 속에 3.120 g의 PCl_5, 3.845 g의 PCl_3 및 1.787 g의 Cl_2를 포함한다. 만일 1.418 g의 Cl_2를 첨가하면 평형 상태에 어떤 영향을 미치겠는가? 다시 평형에 도달할 때 PCl_5, PCl_3 및 Cl_2의 농도는 어떻게 되겠는가?

23. 아이오딘화암모늄은 충분히 높은 온도로 가열하면 가역적으로 암모니아와 아이오딘화수소로 분해된다.

$$NH_4I(s) \rightleftharpoons NH_3(g) + HI(g)$$

약간의 아이오딘화암모늄을 플라스크에 넣고 400 ℃까지 가열하였다. 만약 평형에 도달하였을 때 플라스크의 전체 압력이 705 mmHg였다고 하면, K_p의 값은 얼마인가? (부분 압력의 단위는 atm이다.)

24. 반응 $N_2O_4(g) \rightleftharpoons 2\ NO_2(g)$의 반응에 대한 연구가 심도 깊게 진행되었다(그림 15.7).
(a) 만약 NO_2와 N_2O_4 기체를 담고 있는 25 ℃인 플라스크의 전체 압력이 1.50 atm이고, 이 온도에서의 K_p 값이 0.148이면 NO_2로 분해되는 N_2O_4의 분율은 얼마인가?
(b) 만일 용기의 부피가 증가하여 전체 평형압력이 1.00 atm으로 떨어진다면 해리되는 분율에 어떤 변화가 일어나는가?

25. 3.60 mol의 암모니아가 2.00 L의 용기에 들어 있다. 이것을 원소들로 분해하도록 하면 다음과 같다.

$$2\ NH_3(g) \rightleftharpoons N_2(g) + 3\ H_2(g)$$

이 온도에서 이 반응에 대한 실험적인 K_c의 값은 6.3이다. 각 물질의 평형 농도를 계산하시오. 플라스크 내의 전체 압력은 얼마인가?

26. 황화수소암모늄의 분해 반응에 대한 K_c는 25℃에서 1.8×10^{-4}이다.

$$NH_4HS(s) \rightleftharpoons NH_3(g) + H_2S(g)$$

(a) 플라스크 내에서 순수한 염이 분해할 때 NH_3와 H_2S의 평형 농도는 얼마인가?
(b) NH_4HS를 0.020 mol/L의 NH_3가 이미 들어 있는 플라스크 속에 넣었을 때 새로운 평형에 도달하게 되면 NH_3와 H_2S의 평형 농도는 얼마인가?

27. 300 K에서 15 L 플라스크 내에 NO_2와 N_2O_4의 혼합물이 6.44 g 들어 있다. 플라스크내의 전체 압력은 얼마인가? ($N_2O_4(g) \rightleftharpoons 2NO_2(g)$의 $K_p = 7.1$)

28. 수소와 아이오딘이 반응하여 아이오딘화수소를 생성하는 반응은 435 ℃에서 K_c 값은 56이다.
(a) K_p 값은 얼마인가?
(b) 425 ℃에서에서 10.0 L 플라스크에 0.045 mol H_2, 0.045 mol I_2를 넣었다고 가정하자. 평형 전과 후 혼합물의 전체 압력은 얼마인가?
(c) 평형 상태에서 각 기체들의 평형 부분 압력은 얼마인가?

29. 헤모글로빈(Hb)은 O_2 및 CO와 각각 착물을 형성한다.

$$HbO_2(aq) + CO(g) \rightleftharpoons HbCO(aq) + O_2(g)$$

체온에서 K는 약 200이다. 만일 [HbCO]/[HbO_2]의 비가 1에 가깝게 되면 죽음에 이르게 된다. 공기 중의 CO의 부분 압력이 얼마일 때 치명적이 될 것 같은가? O_2의 부분 압력은 0.20 atm이라 가정하시오.

30. 1800 K에서 산소는 매우 천천히 원자들로 해리된다.

$$O_2(g) \rightleftharpoons 2\ O(g) \qquad K_p = 1.2 \times 10^{-10}$$

만일 10 L 용기에 O_2 0.050 mol을 넣고 1800 K로 가열한다면 플라스크 속에 얼마나 많은 O 원자가 존재하는가?

31. 붕산과 글리세린은 착물을 형성하며 평형상수 값은 0.90이다.

$$B(OH)_3(aq) + \text{글리세린}(aq) \rightleftharpoons B(OH)_3 \cdot \text{글리세린}(aq)$$

만일 붕산의 60 %를 착물의 형태로 만들려면, 붕산의 농도가 0.10 M일 때 L당 얼마나 많은 글리세린을 첨가하여야 하는가?

32. 1.00 atm의 압력을 가진 N_2O_4의 시료가 플라스크에 들어 있다. 평형 상태에서 20 %의 N_2O_4가 NO_2 기체로 전환되었다.

(a) K_p를 계산하시오.

(b) 만일 원래 N_2O_4의 압력이 0.10 atm이라면 기체의 해리 백분율은 얼마인가? 결과가 르샤틀리에의 원리와 일치하는가?

실험 관련 문제

33. 트라이메틸보레인의 암모니아 착물, $(NH_3)B(CH_3)_3$은 100 ℃에서 해리되어 성분들로 분해된다. (압력이 대기압에 있을 때 K_p = 4.62)

$$(NH_3)B(CH_3)_3(g) \rightleftharpoons B(CH_3)_3(g) + NH_3(g)$$

만일 NH_3가 몇몇 다른 분자로 변한다면 평형상수는 달라진다.

$[(CH_3)_3P]B(CH_3)_3$에 대해서 $K_p = 0.128$

$[(CH_3)_3N]B(CH_3)_3$에 대해서 $K_p = 0.472$

(a) 만일 플라스크 내의 각 착물을 0.010 mol로 치환하여 실험을 시작한다면 어느 것이 100 ℃에서 $B(CH_3)_3$의 부분 압력이 가장 큰 값을 가지게 되는가?

(b) 1.25 L 플라스크 속에 $(NH_3)B(CH_3)_3$가 0.73 g (0.010 mol)이 들어 있고, 이것을 100 ℃로 가열한다면 평형 혼합물에서 각 기체의 부분 압력은 얼마인가? 또 전체 압력은 얼마인가? $(NH_3)B(CH_3)_3$는 몇 %가 분해되겠는가?

34. 다음 사진 (a)는 질산철(III) 용액에 티오시안산포타슘 수용액 몇 방울을 더해 처리하면 무슨 일이 일어나는지를 보여준다. 거의 무색의 철(III) 이온이 붉은 $[Fe(H_2O)_5SCN]^{2+}$ 이온으로 변환된다. (이것은 용액에서 철(III) 이온의 존재를 확인하는 고전적인 시험법이다.)

$$[Fe(H_2O)_6]^{3+}(aq) + SCN^-(aq) \rightleftharpoons [Fe(H_2O)_5SCN]^{2+}(aq) + H_2O(\ell)$$

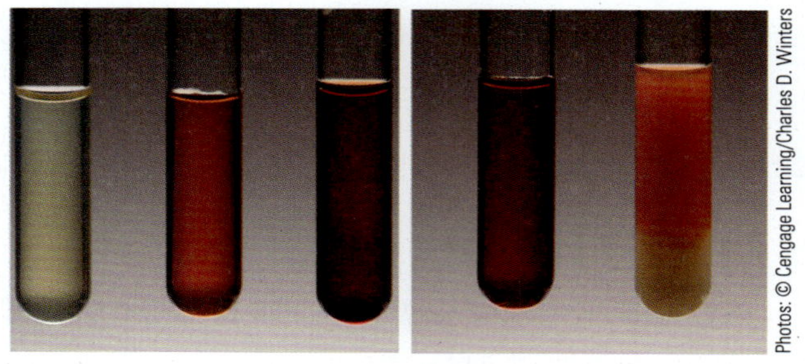

(a) KSCN 첨가 **(b)** Ag^+ 첨가

(a) 더 많은 KSCN을 용액에 첨가함에 따라 색은 더 진한 붉은색이 된다. 이 관찰을 설명하시오.

(b) 은 이온은 SCN^- 이온과 침전을 형성한다. 질산은 수용액 몇 방울을 $[Fe(H_2O)_5SCN]^+$의 붉은 용액에 첨가하면 무엇을 관찰하게 될 것인가? 관찰을 설명하시오.

요약 및 개념 문제

다음 문제들은 이 장과 이전의 장들에서 나온 개념을 모두 포함하고 있다.

35. 다음 각각의 설명이 참인지 거짓인지 결정하시오. 만일 거짓이라면 참이 되도록 수정하시오.

(a) 평형상수의 크기는 항상 온도와 무관하다.

(b) 2개의 화학식이 더해져서 알짜 반응식을 형성할 때 알짜 반응식에 대한 평형상수는 합한 반응식의 평형상수의 곱이다.

(c) 반응의 평형상수는 역반응에 대한 K와 같은 값을 가진다.

(d) 다음 반응의 평형상수 식에는 단지 CO_2의 농도만 나타난다.

$$CaCO_3(s) \rightleftharpoons CaO(s) + CO_2(g)$$

(e) $CaCO_3(s) \rightleftharpoons CaO(s) + CO_2(g)$ 반응에 대한 K 값은 CO_2 양을 mol/L로 표현할 경우와 혹은 기체 압력으로 표현하는 경우에 상관없이 숫자상으로 같다.

36. 다음 각 반응이 생성물 선호 반응인지 반응물 선호 반응인지를 구별하시오.

(a) $CO(g) + \frac{1}{2} O_2(g) \rightleftharpoons CO_2(g)$ $K_P = 1.2 \times 10^{45}$

(b) $H_2O(g) \rightleftharpoons H_2(g) + \frac{1}{2} O_2(g)$ $K_P = 9.1 \times 10^{-41}$

(c) $CO(g) + Cl_2(g) \rightleftharpoons COCl_2(g)$ $K_P = 6.5 \times 10^{11}$

37. 계 $3\ H_2(g) + N_2(g) \rightleftharpoons 2\ NH_3(g)$가 동적 평형에 있음을 증명할 수 있는 실험을 기술하시오. (힌트: ^{15}N과 ^{2}H와 같은 안정한 동위원소 사용을 고려하시오.)

38. 압력 10.00 atm, 온도 800 K에서 처음 탱크에 H_2S만 있다고 가정하자. 다음 반응이 평형에 도달하였을 때 S_2 증기의 부분 압력이 0.020 atm이었다. K_p를 계산하시오.

$$2\ H_2S(g) \rightleftharpoons 2\ H_2(g) + S_2(g)$$

복어는 치명적인 독인 테트로도톡신(약염기)의 공급원이다.

16장 화학 반응성의 원리: 산과 염기 화학

학습 개요

알칼로이드와 톡신 감귤류 과일에 있는 시트르산, 사과에 있는 말산, 포도에 있는 타르타르산과 같은 천연에서 나는 산에 익숙할 것이다. 천연에서 얻는 염기들도 많이 있고, 이들 중 많은 것이 **알칼로이드**로 분류된다. 이들은 염기 자리가 질소 원자인 분자들이다. 천연에서 나는 본질적으로 유용한 산과는 달리 알칼로이드는 동물과 인간에 대하여 다양한 범위의 생리 효과를 일으킨다.

특히 흥미로운 알칼로이드는 테트로도톡신이다. 이것은 몇 안 되는 해양 동물과 복어에 존재한다. 일본에서 (후구라 알려진) 복어는 비싸고 위험한 진미이다. 적절하게 조리되면 먹는 사람은 먹을 때 입술과 혀에 얼얼한 감을 느끼게 될 것이다. 이 감각은 테트로도톡신 때문이고, 이것은 매우 강한 신경독으로 1~2 mg의 미량의 복용도 치명적일 수 있다. 톡신은 복어의 장기에 치명적 양이 존재하기 때문에 복어의 조리는 특별히 훈련되고 면허를 받은 조리사에게 맡겨져야 한다. 매년 수십 명의 사람들이 복

학습 목표

다음 목표들의 핵심인 학습문제는 "학습 목표 복습"을 참조하시오.

- 산과 염기의 브뢴스테드-로우리와 루이스 이론의 유사성과 차이를 이해
- 산-염기 성질에 대한 구조와 결합의 영향을 이해
- 산과 염기의 브뢴스테드-로우리와 루이스 이론을 사용
- 화학 평형의 원리를 수용액에서의 산과 염기에 적용
- 산과 염기 반응의 결과를 예상하기 위해 브뢴스테드-로우리 이론의 사용법을 이해
- 용액의 하이드로늄 이온 농도로부터 pH 계산
- 주어진 K_a와 K_b 값을 이용하여 용액의 화학종 농도를 계산
- 브뢴스테드-로우리 산은 양성자 주개이고 브뢴스테드-로우리 염기는 양성자 받개임을 기억
- 루이스 산은 전자쌍 받개이고 루이스 염기는 전자쌍 주개임을 기억
- pH는 하이드로늄 이온 농도의 척도

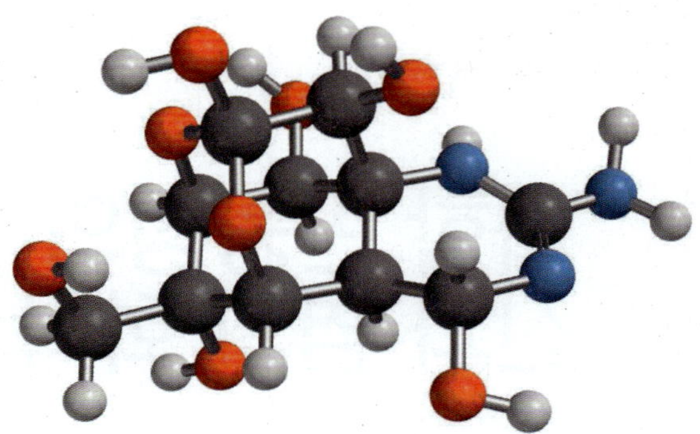

테트로도톡신, $C_{11}H_{17}N_3O_8$

어를 먹고 심하게 앓고, 죽는 경우도 흔히 일어난다. 치명적인 양을 복용하면 톡신이 몸에 퍼져서 신경계를 공격하고 근육을 마비시켜 희생자를 죽이는 데 수 시간이 걸릴지 모른다. 이 시간 동안 마비된 희생자는 톡신이 혈액-뇌 장벽을 넘지 않기 때문에 의식은 있다.

테트로도톡신은 1개 이상의 질소 원자가 고리 구조의 일부를 차지하는 질소 이종원자고리(heterocycle) 화합물이다. 많은 의약품 또한 질소 이종원자고리를 가진다. 예를 들면, 카페인, 니코틴과 같은 흔한 흥분제, 코데인, 모르핀과 같은 통제된 의약품, 코카인, 헤로인과 같은 탈법적 물질들이 있다. 과학자들은 새로운 의약품으로 개발할 수 있다는 희망으로 새로운 알칼로이드를 지속적으로 찾고 있다.

산과 염기는 자연계에 존재하는 가장 흔한 물질 중 하나이다. 예를 들어 아미노산은 단백질을 합성하는 데 필요한 기본 단위이다. 우리 세포 안에 유전 정보를 저장하는 장소는 DNA(데옥시리보핵산)이다. 호수, 강, 해양의 pH는 그 안에 녹아 있는 산과 염기에 영향을 받으며, 우리의 신체 기능도 산과 염기에 달려있다. 3장에서 산-염기 및 이들의 일부 화학에 대하여 소개하였으며, 이 장과 다음 장에서는 산과 염기의 화학에 관하여 자세하게 다룰 것이다.

16.1 산과 염기의 브뢴스테드–로우리 개념

브뢴스테드–로우리 이론. 이 장은 수용액에 대한 논의로 제한하였다. 그러나 이 이론은 비수용액 계에도 똑같이 적용된다.

3장에서 산과 염기의 두 가지 정의를 소개하였다. 즉, 아레니우스 정의와 브뢴스테드–로우리 정의이다. 아레니우스 정의에 따르면 산은 물에 녹았을 때, 수소 이온(H^+)의 농도를 증가시키는 물질이고, 아레니우스 염기는 수산화 이온(OH^-)의 농도를 증가시키는 물질이다.

산과 염기의 브뢴스테드–로우리 정의가 좀 더 일반적이며, 한 물질로부터 다른 물질로 수소 이온을 전달하는 것으로 설명한다. **브뢴스테드–로우리의 산은 수소 이온(H^+) 주개(donor)이고, 염기는 수소 이온 받개(acceptor)이다.** 이 정의는 산–염기의 목록과 산–염기 반응의 범위를 확장하고, 화학자들로 하여금 산과 염기의 세기에 근거하여 생성물 또는 반응물–선호도를 예상하는 데 도움을 준다.

다양한 브뢴스테드–로우리 산이 알려져 있고, 이들은 질산과 같은 분자 화합물,

$$\underset{\text{산}}{HNO_3(aq)} + H_2O(\ell) \rightleftharpoons NO_3^-(aq) + H_3O^+(aq)$$

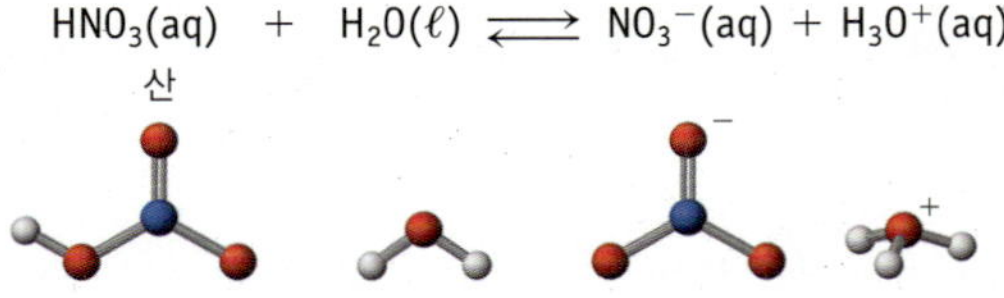

NH_4^+와 같은 양이온,

$$\underset{\text{산}}{NH_4^+(aq)} + H_2O(\ell) \rightleftharpoons NH_3(aq) + H_3O^+(aq)$$

$H_2PO_4^-$와 같은 음이온,

$$H_2PO_4^-(aq) + H_2O(\ell) \rightleftharpoons HPO_4^{2-}(aq) + H_3O^+(aq)$$

수화된 금속 양이온을 포함한다.

$$[Fe(H_2O)_6]^{3+}(aq) + H_2O(\ell) \rightleftharpoons [Fe(H_2O)_5(OH)]^{2+}(aq) + H_3O^+(aq)$$

비슷하게 많은 다른 종류의 화학종들이 물과의 반응에서 브뢴스테드–로우리 염기로 작용할 수 있다. 여기에는 다음과 같은 분자 화합물과

$$\underset{\text{염기}}{NH_3(aq)} + H_2O(\ell) \rightleftharpoons NH_4^+(aq) + OH^-(aq)$$

음이온들을 포함한다.

$$CO_3^{2-}(aq) + H_2O(\ell) \rightleftharpoons HCO_3^-(aq) + OH^-(aq)$$

HF, HCl, HNO_3, CH_3CO_2H(아세트산)과 같은 산은 1개의 양성자를 낼 수 있어서 **단일양성자 산**(monoprotic acids)이라 부른다. **다양성자 산**(polyprotic acids)이라 불리는 산들은(표 16.1) 2개 이상의 양성자를 낼 수 있다. 황산은 다양성자 산의 익숙한 한 예이다.

$$H_2SO_4(aq) + H_2O(\ell) \rightleftharpoons HSO_4^-(aq) + H_3O^+(aq)$$

$$HSO_4^-(aq) + H_2O(\ell) \rightleftharpoons SO_4^{2-}(aq) + H_3O^+(aq)$$

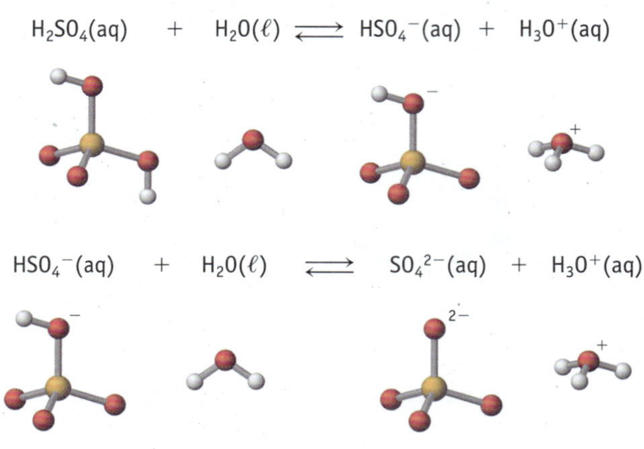

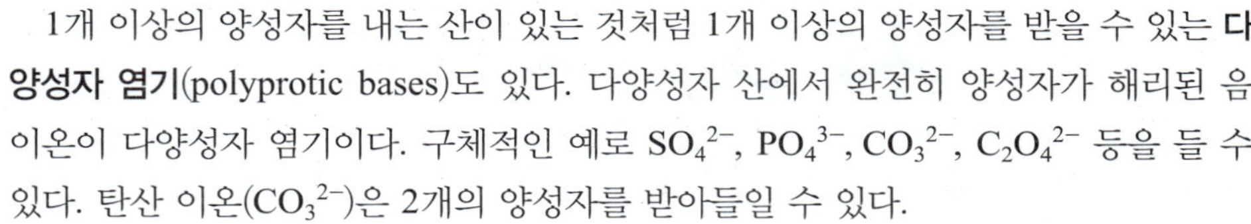

1개 이상의 양성자를 내는 산이 있는 것처럼 1개 이상의 양성자를 받을 수 있는 **다양성자 염기**(polyprotic bases)도 있다. 다양성자 산에서 완전히 양성자가 해리된 음이온이 다양성자 염기이다. 구체적인 예로 SO_4^{2-}, PO_4^{3-}, CO_3^{2-}, $C_2O_4^{2-}$ 등을 들 수 있다. 탄산 이온(CO_3^{2-})은 2개의 양성자를 받아들일 수 있다.

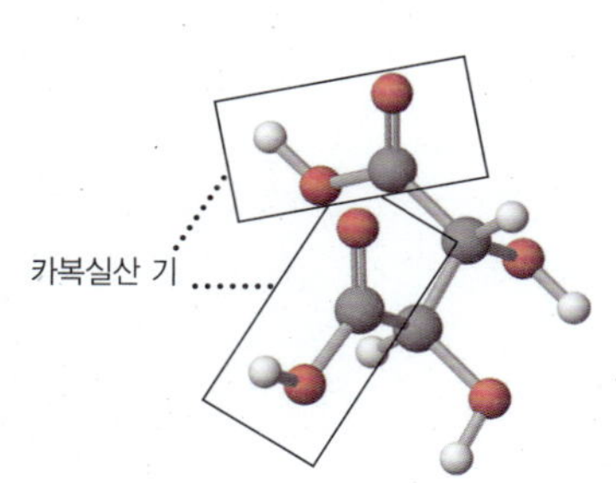

타르타르산($H_2C_4H_4O_6$)은 천연 이양성자 산이다. 타르타르산과 이것의 포타슘 염은 포도와 다른 과일에서 발견된다. 산성 양성자는 $-CO_2H$ 또는 카복실 기의 수소 원자이다.

$$\underset{\text{염기}}{CO_3^{2-}(aq)} + H_2O(\ell) \rightleftharpoons HCO_3^-(aq) + OH^-(aq)$$

$$\underset{\text{염기}}{HCO_3^-(aq)} + H_2O(\ell) \rightleftharpoons H_2CO_3(aq) + OH^-(aq)$$

물과 같은 일부 분자나 이온들은 브뢴스테드 산과 염기 모두로 작용할 수 있다. 이러한 화학종을 **양쪽성**(amphiprotic)이라고 한다(3.6절). 생화학 분야에서 특히 중요한 양쪽성 음이온의 한 예는 $H_2PO_4^-$ 이다(표 16.1).

$$\underset{\text{산}}{H_2PO_4^-(aq)} + H_2O(\ell) \rightleftharpoons H_3O^+(aq) + HPO_4^{2-}(aq)$$

$$\underset{\text{염기}}{H_2PO_4^-(aq)} + H_2O(\ell) \rightleftharpoons H_3PO_4(aq) + OH^-(aq)$$

17장에서 배울 것(사례 연구: 깊은 숨쉬기)이지만 HCO_3^-, $H_2PO_4^-$와 같은 양쪽성 이온들은 생화학계에서 특히 중요하다.

표 16.1 다양성자 산과 염기

산 형태	양쪽성 형태	염기 형태
H_2S (황화수소산 또는 황화수소)	HS^- (황화수소 이온)	S^{2-} (황화 이온)
H_3PO_4 (인산)	$H_2PO_4^-$ (인산이수소 이온) HPO_4^{2-} (인산수소 이온)	PO_4^{3-} (인산 이온)
H_2CO_3 (탄산)	HCO_3^- (탄산수소 또는 중탄산 이온)	CO_3^{2-} (탄산 이온)
$H_2C_2O_4$ (옥살산)	$HC_2O_4^-$ (옥살산수소 이온)	$C_2O_4^{2-}$ (옥살산 이온)

짝산-짝염기 쌍

HCO_3^- 이온과 물의 반응은 브뢴스테드 산-염기 화학의 특징을 보여 준다. **브뢴스테드 산과 염기의 반응은 새로운 산과 염기를 생성한다.**

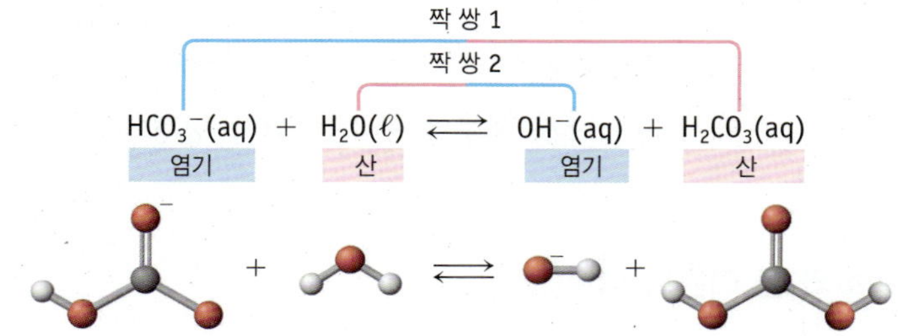

정반응에서 HCO_3^- 이온이 브뢴스테드 산인 물 분자로부터 수소 이온을 받았기 때문에 브뢴스테드 염기이다. 그리고 생성물은 새로운 브뢴스테드 산과 염기이다. 역반응에서는 H_2CO_3가 산이고 OH^-가 염기이다.

짝산-짝염기 쌍은 수소 이온 1개의 존재에 의해 서로가 다른 두 화학종으로 이루어져 있다. 따라서 H_2CO_3와 HCO_3^-는 짝산-짝염기 쌍을 이룬다. 여기에서 HCO_3^-는 산인 H_2CO_3의 짝염기이며, H_2CO_3는 염기인 HCO_3^-의 짝산이다. 이 반응에는 두 번째 짝산-짝염기 쌍이 있다. 즉, H_2O와 OH^-가 있다. 사실, **브뢴스테드 산과 브뢴스테드 염기 사이에 일어나는 모든 반응은 2개의 짝산-짝염기 쌍을 포함한다.**

16.1절 확인문제

1. 인산(H_3PO_4)은 물 분자에 2개의 수소 이온을 제공하고 HPO_4^{2-} 이온을 생성할 수 있다. HPO_4^{2-}는 산인가, 염기인가 아니면 양쪽성인가?

(a) 산 (b) 염기 (c) 양쪽성

2. 사이안화 이온(CN^-)은 물로부터 수소 이온을 받아들여서 HCN 분자를 만든다. CN^-는 브뢴스테드 산인가, 염기인가 아니면 양쪽성인가?

(a) 산 (b) 염기 (c) 양쪽성

3. 다음 반응에서 왼쪽에서 산을 확인하고, 오른쪽에서 그것의 짝염기를 확인하시오.

$$HNO_3(aq) + NH_3(aq) \rightleftharpoons NH_4^+(aq) + NO_3^-(aq)$$

(a) 산 = NH_3이고 짝염기 = NH_4^+

(b) 산 = NO_3이고 짝염기 = NO_3^-

유사하게 왼쪽에서 염기를 확인하고 오른쪽에서 그것의 짝산을 확인하시오.

(a) 염기 = NH_3이고 짝산 = NH_4^+

(b) 염기 = HNO_3이고 짝산 = NO_3^-

4. HF와 아세트산의 반응으로부터 짝산/염기 쌍을 확인하시오.

$$HF(aq) + CH_3CO_2^-(aq) \rightleftharpoons F^-(aq) + CH_3CO_2H(aq)$$

(a) $HF/CH_3CO_2^-$와 F^-/CH_3CO_2H

(b) HF/CH_3CO_2H와 $F^-/CH_3CO_2^-$

(c) HF/F^-와 $CH_3CO_2H/CH_3CO_2^-$

16.2 물과 pH 척도

일반적으로 우리는 산과 염기 수용액을 사용하고, 인체 내에서 일어나는 산과 염기 반응도 수용액 내부에서 일어나기 때문에 우리는 화학 평형에 의하여 물의 거동을 살펴보고자 한다.

물 자동이온화와 물 이온화 상수(K_w)

HCl과 같은 산이 물속에 존재하는 하이드로늄 이온(H_3O^+)을 생성하기 위해서 존재할 필요가 없다. 순수한 물속에서 물과 하이드로늄 이온과 수산화 이온 사이에는 평형이 존재한다.

$$2\ H_2O(\ell) \rightleftharpoons H_3O^+(aq) + OH^-(aq)$$

H—Ö: + H—Ö: ⇌ H—Ö—H⁺ + :Ö:⁻ (각 O 아래에 H)

이런 물의 **자동이온화 반응**(autoionization)은 콜라우슈(Friedrich Kohlrausch, 1840~1910)에 의해 오래전에 증명되었다. 그는 물이 매우 깨끗하게 정제되었을지라도 여전히 매우 적은 양의 전기가 통하는 것을 발견하였다. 이제 우리는 이것이 자동이온화 반응이 진행되어 매우 낮은 농도의 H_3O^+와 OH^- 이온들을 생성하기 때문이라고 알게 되었다. **물의 자동이온화는 수용액에서 산-염기 거동에 대한 개념의 초석이다.**

물의 자동이온화 평형은 반응물 쪽이 훨씬 더 유리하다. 사실 25 ℃에서 순수한 물은 10억 개의 물 분자 중 약 2개 정도만이 동시에 이온화된다. 이것을 좀 더 정량적으로 나타내기 위해서, 자동이온화 반응을 다음과 같이 평형상수 식으로 표시할 수 있다.

$$K_w = [H_3O^+][OH^-] = 1.0 \times 10^{-14}\ (25\ °C에서) \quad (16.1)$$

K_w와 온도. 식 $K_w = [H_3O^+][OH^-]$는 순수한 물과 어떠한 수용액에서도 유효하다. 그러나 K_w의 값은 온도에 의존한다. 자동이온화 반응은 흡열이기 때문에 K_w는 온도에 따라 증가한다. 이것은 25 ℃ 이외의 온도에서 중성 용액은 다른 pH 값을 가진다는 것을 의미함에 주목하시오.

T(°C)	K_w
10	0.29×10^{-14}
15	0.45×10^{-14}
20	0.68×10^{-14}
25	1.01×10^{-14}
30	1.47×10^{-14}
50	5.48×10^{-14}

위의 식에는 몇 가지 중요한 사실이 포함되어 있다.

- 평형상수를 쓰는 규칙에 근거하여, 물의 농도는 포함하지 않는다.
- 평형상수는 특별한 기호(K_w)로 표시한다. 그리고 이것은 **물의 자동이온화 상수**(autoionization constant for water)로 알려져 있다.
- 순수한 물에서 자동이온화가 H_3O^+와 OH^-를 생성하는 유일한 반응이기 때문에, $[H_3O^+]$와 $[OH^-]$는 반드시 동일하여야 함을 알 수 있다. 25 ℃에서 순수한 물의 전기전도도 측정 결과, $[H_3O^+] = [OH^-] = 1.0 \times 10^{-7}$ M로 알려졌으며, 따라서 25 ℃에서 K_w는 1.0×10^{-14}이다.

순수한 물에서 $[H_3O^+]$의 크기. 10억 개의 물 분자 중 2개가 이온화하여 H_3O^+ 농도가 1×10^{-7} M이 된다. 이 작은 양을 비유하면, 약 70억 명에 달하는 현재 지구 인구에서 단지 14명을 확인하고자 하는 것과 같다.

순수한 물속에서 하이드로늄 이온의 농도와 수산화 이온의 농도는 같고, 따라서 물은 중성으로 취급된다. 그러나 순수한 물에 약간의 산과 염기가 첨가되면, 평형을 교란하게 된다.

$$2\ H_2O(\ell) \rightleftharpoons H_3O^+(aq) + OH^-(aq)$$

산을 첨가하면 H_3O^+ 이온의 농도가 증가하여 용액은 산성으로 된다. 이 경우 산성의 증가를 막기 위하여 르샤틀리에의 원리(◂15.6절)는 소량의 H_3O^+ 이온이 자동적으로 물의 자동이온화로부터 생긴 OH^- 이온과 반응하여 물을 생성하리라는 것을 예측하고 있다. 25 ℃에서 이 과정이 진행될 경우 $[H_3O^+]$와 $[OH^-]$의 곱이 다시 1.0×10^{-14}가 될 때까지 $[OH^-]$의 농도를 낮추게 될 것이다. 마찬가지로 순수한 물에 염기를 첨가하면 OH^- 이온의 농도가 증가하기 때문에 용액은 염기성이 된다. 르샤틀리에 원리에 따르면 첨가된 OH^-의 일부가 물의 자동이온화로부터 생긴 H_3O^+ 이온과 반응할 것이다. 25 ℃에서 이 반응이 진행될 경우 $[H_3O^+]$와 $[OH^-]$의 곱이 1.0×10^{-14}가 될 때까지 $[H_3O^+]$의 농도는 낮아질 것이다.

그러므로 25 ℃인 수용액에 대하여 다음과 같이 나타낼 수 있다.

- 중성 용액에서, $[H_3O^+] = [OH^-]$.
  H_3O^+의 농도와 OH^-의 농도 모두 1.0×10^{-7} M로 같다.
- 산성 용액에서, $[H_3O^+] > [OH^-]$.
  $[H_3O^+] > 1.0 \times 10^{-7}$ M이고 $[OH^-] < 1.0 \times 10^{-7}$ M.
- 염기성 용액에서, $[H_3O^+] < [OH^-]$.
  $[H_3O^+] < 1.0 \times 10^{-7}$ M이고 $[OH^-] > 1.0 \times 10^{-7}$ M.

예제 16.1 강염기 용액에서 H_3O^+ 이온과 OH^- 이온의 농도

문제 25 ℃에서 농도가 0.0012 M인 NaOH 용액 안에 있는 OH^- 이온과 H_3O^+ 이온의 농도를 구하시오.

알고 있는 사실 강염기인 NaOH의 농도가 주어졌고, 강염기는 수용액에서 이온으로 100 % 해리되는 것을 알고 있다.

전략 NaOH는 강염기이기 때문에 OH^-의 농도가 NaOH의 농도와 같다고 가정한다.

그 다음 H_3O^+의 농도는 식 16.1을 이용하여 구할 수 있다.

풀이 처음 OH^- 이온의 농도는 0.0012 M이다.

$$\text{리터당 } 0.0012 \text{ mol NaOH} \rightarrow 0.0012 \text{ M } Na^+(aq) + 0.0012 \text{ M } OH^-(aq)$$

OH^- 이온의 농도를 식 16.1에 대입하면 다음 관계식이 얻어진다.

$$K_w = 1.0 \times 10^{-14} = [H_3O^+][OH^-] = [H_3O^+](0.0012)$$

그리고

$$[H_3O^+] = \frac{1.0 \times 10^{-14}}{0.0012} = 8.3 \times 10^{-12} \text{ M}$$

고려사항 수산화 이온의 농도를 계산할 때 물의 자동이온화에 의해 생성되는 이온을 왜 고려하지 않는가? OH^-와 H_3O^+ 이온 농도를 용액의 농도에 더해야만 한다. 만약 x를 물의 자동이온화에 의해 생성된 OH^-의 농도라 하면, 평형이 이루어질 때, 다음이 성립한다.

$$[OH^-] = (0.0012 \text{ M} + \text{물의 자동이온화에 따른 } OH^-) = (0.0012 \text{ M} + x)$$

순수한 물에서, 자동이온화에 의한 생성된 OH^- 농도는 1.0×10^{-7} M이다. 르샤틀리에 원리(◂15.6절)에 따르면 NaOH에 의해 용액에 이미 OH^-가 존재할 때 물의 자동이온화부터 생성되는 OH^-의 농도가 더 작아져야 한다. 말하자면, x는 1.0×10^{-7} M보다 더 작아져야 한다. 따라서 $(0.0012 + x)$ 항의 x는 0.0012에 비하여 중요하지 않음을 의미한다(유효숫자에 대한 규칙에 따르면, 0.0012와 1.0×10^{-7}보다 적은 수의 합은 0.0012이다). 따라서 OH^-의 평형 농도는 용액에서 NaOH의 농도와 같다.

유제 농도가 4.0×10^{-3} M인 염산(HCl) 수용액이 있다. 25 ℃에서 이 용액 안에 있는 H_3O^+와 OH^-의 농도는 얼마인가? (염산은 강산이고 물속에서 100 % 해리된다는 사실을 기억하시오.)

pH 척도

수용액에서 하이드로늄 이온 농도는 진한 강염기의 10^{-15} M보다 작은 경우부터 진한 강산의 10 M보다 큰 경우까지 변할 수 있다. 다른 말로 하면 크기가 10^{16}에 걸쳐 변하게 된다. **pH** 척도는 이 범위의 농도를 거의 −1에서 15까지의 값으로 압축한다. 용액의 pH는 H_3O^+ 이온 농도의 상용로그(log)에 음의 값을 취한 것으로 정의된다(◂4.6절).

로그의 연습. 로그를 사용함에 있어 추가 사항은 부록 A를 참조하시오.

$$pH = -\log [H_3O^+] \qquad \textbf{(4.3과 16.2)}$$

유사한 방법으로, OH^- 이온 농도의 상용로그에 음의 값을 취함으로써 용액의 pOH가 정의된다.

$$pOH = -\log [OH^-] \qquad \textbf{(16.3)}$$

순수한 물속에서, H_3O^+ 이온과 OH^- 이온의 농도는 각각 1.0×10^{-7} M이다. 그러

	pH	$[H_3O^+]$	$[OH^-]$	pOH
염기성	**14.00**	1.0×10^{-14}	1.0×10^{0}	**0.00**
	10.00	1.0×10^{-10}	1.0×10^{-4}	**4.00**
중성	**7.00**	1.0×10^{-7}	1.0×10^{-7}	**7.00**
산성	**4.00**	1.0×10^{-4}	1.0×10^{-10}	**10.00**
	0.00	1.0×10^{0}	1.0×10^{-14}	**14.00**

그림 16.1 **pH와 pOH.** 이 그림은 25 ℃에서 H_3O^+ 이온과 OH^- 이온 사이의 관계와 pH와 pOH 사이의 관계를 보여준다.

므로 25 ℃에서 순수한 물의 pH는 다음과 같다.

$$pH = -\log(1.0 \times 10^{-7}) = 7.00$$

같은 방법으로, 25 ℃에서 순수한 물의 pOH 또한 7.00임을 알 수 있다.

만일 $K_w = [H_3O^+][OH^-]$ 식의 양변에 음의 log를 취한다면, 또 하나의 유용한 식이 얻어진다.

$$K_w = 1.0 \times 10^{-14} = [H_3O^+][OH^-]$$

$$-\log K_w = -\log(1.0 \times 10^{-14}) = -\log([H_3O^+][OH^-])$$

$$pK_w = 14.00 = -\log([H_3O^+]) + (-\log[OH^-])$$

$$pK_w = 14.00 = pH + pOH \quad (16.4)$$

25 ℃에서 수용액의 pH와 pOH의 합은 14.00가 되어야 한다.

그림 4.9와 16.1에서 볼 수 있듯이, 7.00보다 낮은 pH(25 ℃에서)를 갖는 용액은 산성이고, 7.00보다 큰 pH를 갖는 용액은 염기성이다. 그리고 25 ℃에서 pH가 7.00인 용액은 중성이다.

pH 계산

H_3O^+ 이온의 농도를 이용하여 pH를 계산하거나, pH로부터 H_3O^+ 이온 농도의 계산은 4장에서 이미 소개되었다. 다음에 주어진 확인문제로 이러한 계산을 복습해 보자.

16.2절 확인문제

1. 25 ℃에서 농도가 0.0012 M인 수산화소듐(NaOH) 용액의 pH는?

(a) 2.92 (b) 11.08 (c) 8.67

2. 25 ℃에서 pH가 4.32인 어떤 다이어트 탄산수가 있다. 그 안에 있는 H_3O^+ 이온의 농도는 얼마인가?

(a) 4.8×10^{-5} M (b) 2.1×10^{-10} M (c) 2.1×10^{-4} M

3. 25 ℃에서 강염기인 $Sr(OH)_2$를 함유하는 용액의 pH가 10.46이다. $Sr(OH)_2$의 농도를 구하시오.

(a) 3.5×10^{-11} M (b) 2.9×10^{-4} M
(c) 6.9×10^{-11} M (d) 1.4×10^{-4} M

16.3 산과 염기의 평형상수

3장에서는 산과 염기를 크게 나누어 강전해질(HCl, HNO_3, NaOH 등)과 약전해질(CH_3CO_2H, NH_3)로 구분할 수 있다고 언급하였다(◀그림 16.2, 표 3.1 일반적인 산과 염기). 염산은 강산이기 때문에 100 % 이온화되어 하이드로늄 이온과 염화 이온을 생성한다. 반면에 아세트산은 물에서 아주 소량만이 이온화하기 때문에 약전해질이다.

$$CH_3CO_2H(aq) + H_2O(\ell) \rightleftharpoons H_3O^+(aq) + CH_3CO_2^-(aq)$$

위의 반응식의 경우 평형 상태에서 용액 중에는 산, 산의 음이온, 그리고 하이드로늄 이온이 모두 존재하지만, 이온의 농도는 산의 농도에 비하여 매우 낮은 상태로 존재한다. 예를 들면 농도가 0.100 M인 아세트산 용액 중에서 $[H_3O^+]$와 $[CH_3CO_2^-]$는 각각 약 0.0013 M인 반면에 이온화하지 않은 $[CH_3CO_2H]$는 0.099M이다.

마찬가지로 암모니아는 약염기이다.

$$NH_3(aq) + H_2O(\ell) \rightleftharpoons NH_4^+(aq) + OH^-(aq)$$

농도가 0.100 M인 암모니아 용액에서 암모니아 분자의 약 1 % 정도만 물과 반응하여 암모늄 이온과 수산화 이온을 생성한다.

일련의 산들의 상대적 세기를 정의하는 한 가지 방법은 농도가 같은 산 용액의 pH를 측정하는 것이다. 즉, pH가 낮을수록 하이드로늄의 농도는 더 진하고, 산의 세기는 더 강하다. 마찬가지로 일련의 강염기의 경우 OH^- 이온의 농도가 진해질수록 pH는 증가하고, $[OH^-]$는 증가할 것이다.

- 강한 단일양성자 산(strong monoprotic acids)의 경우, 용액 안에 있는 $[H_3O^+]$ 이온의 농도는 원래 산의 농도와 같을 것이다. 마찬가지로 강한 단일양성자 염기(strong monoprotic base)의 경우, $[OH^-]$ 이온의 농도는 원래 염기의 농도와 같

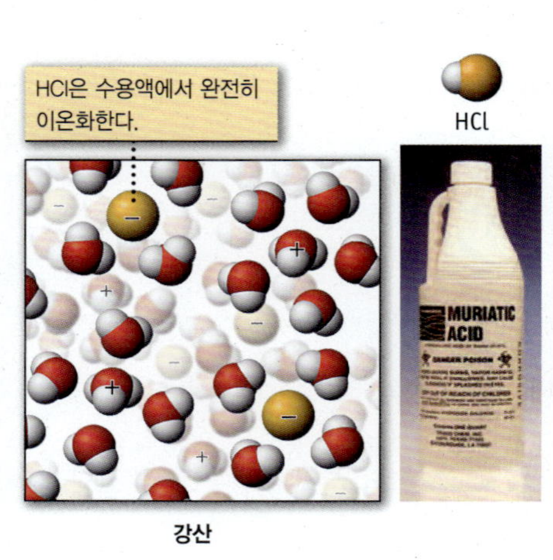

(a) 강산인 염산은 가정용으로 판매된다. 이 산은 물에서 완전히 이온화된다.

(b) 식초는 아세트산 용액이며, 물에서 소량만 이온화하는 약산이다.

(c) 암모니아는 약염기이며, 물에서 소량만 이온화한다.

그림 16.2 강산, 약산, 약염기.

을 것이다.

- 약산의 경우, $[H_3O^+]$ 이온의 농도는 원래 산의 농도보다 훨씬 낮을 것이다. 즉, $[H_3O^+]$ 이온의 농도는 같은 농도를 갖는 강산의 경우보다 훨씬 낮을 것이다. 마찬가지로 약염기도 같은 농도의 강염기에 비해 $[OH^-]$ 이온의 농도가 낮을 것이다.
- 같은 농도를 갖는 일련의 약한 단일양성자 산(HA 형태)의 경우, 산의 세기가 강해질수록 $[H_3O^+]$ 이온의 농도는 증가할 것이다(그리고 pH는 감소할 것이다). 마찬가지로 일련의 약염기의 경우, 염기성이 강해질수록 $[OH^-]$ 이온의 농도도 증가할 것이다(그리고 pH도 증가할 것이다).

산 또는 염기의 상대적 세기는 **이온화 상수**(ionization constant)라고 불리는 평형상수 값을 이용하여 정량적으로 표현할 수 있으며, 일반적으로 산을 나타내는 HA의 경우 다음과 같이 표시된다.

$$HA(aq) + H_2O(\ell) \rightleftharpoons H_3O^+(aq) + A^-(aq)$$

$$K_a = \frac{[H_3O^+][A^-]}{[HA]} \tag{16.5}$$

위의 식에서, 평형상수(K)는 수용액에서의 산(acid)의 평형상수를 나타내는 아래첨자 'a'를 써서 K_a로 표시한다. 약산의 경우 $[H_3O^+][A^-]$의 곱은 약산인 [HA]의 평형농도보다 적기 때문에 K_a 값은 1보다 작다. 그리고 일련의 산에 대하여 K_a 값이 증가할수록 산의 세기도 증가한다.

마찬가지로 수용액에서 약염기인 B에 대한 평형 식을 쓸 수 있다. 이 경우 K에 아래첨자 'b'를 써서 K_b로 표시 한다. 약염기의 경우 이 값은 1보다 작다.

$$B(aq) + H_2O(\ell) \rightleftharpoons BH^+(aq) + OH^-(aq)$$

$$K_b = \frac{[BH^+][OH^-]}{[B]} \tag{16.6}$$

표 16.2는 일부 산–염기들에 대한 K_a와 K_b를 나열하고 있다. 이 표에 대한 중요한 개념들은 다음과 같다.

- K 값이 큰 것은 이온화 생성물이 훨씬 선호되고, K 값이 작은 것은 반응물이 선호됨을 나타낸다.
- 가장 강산은 표의 왼쪽 상단에 있고, 가장 큰 K_a 값을 갖는다. 표의 아래로 내려가면서 산의 세기가 감소하고, K_a 값도 작아진다.
- 가장 강염기는 표의 우측 하단에 있고, 가장 큰 K_b 값을 갖는다. 표에서 아래로 내려가면서 염기의 세기가 증가하며, 따라서 K_b 값도 커진다.
- **산의 세기가 약할수록, 그것의 짝염기는 더 강염기이다.** 즉, K_a 값이 작아질수록, K_b값은 더 커진다.
- 일부 산과 염기는 K_a 또는 K_b 값이 아주 작거나 큰 것으로 표시되어 있다. H_3O^+보

표 16.2 25 °C에서 여러 가지 산과 짝염기의 이온화 상수

(← 산의 세기 증가: 아래에서 위로 / 염기의 세기 증가: 위에서 아래로 →)

산 이름	산	K_a	염기	K_b	염기 이름
과염소산	$HClO_4$	큼	ClO_4^-	매우 작음	과염소산 이온
황산	H_2SO_4	큼	HSO_4^-	매우 작음	황산수소 이온
염산	HCl	큼	Cl^-	매우 작음	염화 이온
질산	HNO_3	큼	NO_3^-	매우 작음	질산 이온
하이드로늄 이온	H_3O^+	1.0	H_2O	1.0×10^{-14}	물
아황산	H_2SO_3	1.2×10^{-2}	HSO_3^-	8.3×10^{-13}	아황산수소 이온
황산수소 이온	HSO_4^-	1.2×10^{-2}	SO_4^{2-}	8.3×10^{-13}	황산 이온
인산	H_3PO_4	7.5×10^{-3}	$H_2PO_4^-$	1.3×10^{-12}	인산이수소 이온
헥사아쿠아철(Ⅲ) 이온	$[Fe(H_2O)_6]^{3+}$	6.3×10^{-3}	$[Fe(H_2O)_5OH]^{2+}$	1.6×10^{-12}	펜타아쿠아하이드록소철(Ⅲ) 이온
플루오린화수소산	HF	7.2×10^{-4}	F^-	1.4×10^{-11}	플루오린화 이온
아질산	HNO_2	4.5×10^{-4}	NO_2^-	2.2×10^{-11}	아질산 이온
폼산	HCO_2H	1.8×10^{-4}	HCO_2^-	5.6×10^{-11}	폼산 이온
벤조산	$C_6H_5CO_2H$	6.3×10^{-5}	$C_6H_5CO_2^-$	1.6×10^{-10}	벤조산 이온
아세트산	CH_3CO_2H	1.8×10^{-5}	$CH_3CO_2^-$	5.6×10^{-10}	아세트산 이온
프로판산	$CH_3CH_2CO_2H$	1.3×10^{-5}	$CH_3CH_2CO_2^-$	7.7×10^{-10}	프로판산 이온
헥사아쿠아알루미늄 이온	$[Al(H_2O)_6]^{3+}$	7.9×10^{-6}	$[Al(H_2O)_5OH]^{2+}$	1.3×10^{-9}	펜타아쿠아하이드록소알루미늄 이온
탄산	H_2CO_3	4.2×10^{-7}	HCO_3^-	2.4×10^{-8}	탄산수소 이온
헥사아쿠아구리(Ⅱ) 이온	$[Cu(H_2O)_6]^{2+}$	1.6×10^{-7}	$[Cu(H_2O)_5OH]^+$	6.3×10^{-8}	펜타아쿠아하이드록소구리(Ⅱ) 이온
황화수소	H_2S	1×10^{-7}	HS^-	1×10^{-7}	황화수소 이온
인산이수소 이온	$H_2PO_4^-$	6.2×10^{-8}	HPO_4^{2-}	1.6×10^{-7}	인산수소 이온
아황산수소 이온	HSO_3^-	6.2×10^{-8}	SO_3^{2-}	1.6×10^{-7}	아황산 이온
차아염소산	$HClO$	3.5×10^{-8}	ClO^-	2.9×10^{-7}	차아염소산 이온
헥사아쿠아납(Ⅱ) 이온	$[Pb(H_2O)_6]^{2+}$	1.5×10^{-8}	$[Pb(H_2O)_5OH]^+$	6.7×10^{-7}	펜타아쿠아하이드록소납(Ⅱ) 이온
헥사아쿠아코발트(Ⅱ) 이온	$[Co(H_2O)_6]^{2+}$	1.3×10^{-9}	$[Co(H_2O)_5OH]^+$	7.7×10^{-6}	펜타아쿠아하이드록소코발트(Ⅱ) 이온
보론산	$B(OH)_3(H_2O)$	7.3×10^{-10}	$B(OH)_4^-$	1.4×10^{-5}	사수산화보론산 이온
암모늄 이온	NH_4^+	5.6×10^{-10}	NH_3	1.8×10^{-5}	암모니아
사이안수소산	HCN	4.0×10^{-10}	CN^-	2.5×10^{-5}	사이안산 이온
헥사아쿠아철(Ⅱ) 이온	$[Fe(H_2O)_6]^{2+}$	3.2×10^{-10}	$[Fe(H_2O)_5OH]^+$	3.1×10^{-5}	펜타아쿠아하이드록소철(Ⅱ) 이온
탄산수소 이온	HCO_3^-	4.8×10^{-11}	CO_3^{2-}	2.1×10^{-4}	탄산 이온
헥사아쿠아니켈(Ⅱ) 이온	$[Ni(H_2O)_6]^{2+}$	2.5×10^{-11}	$[Ni(H_2O)_5OH]^+$	4.0×10^{-4}	펜타아쿠아하이드록소니켈(Ⅱ) 이온
인산수소 이온	HPO_4^{2-}	3.6×10^{-13}	PO_4^{3-}	2.8×10^{-2}	인산 이온
물	H_2O	1.0×10^{-14}	OH^-	1.0	수산화 이온
황화수소 이온*	HS^-	1×10^{-19}	S^{2-}	1×10^{5}	황화 이온
에탄올	C_2H_5OH	매우 작음	$C_2H_5O^-$	큼	에톡사이드 이온
암모니아	NH_3	매우 작음	NH_2^-	큼	아마이드 이온
수소	H_2	매우 작음	H^-	큼	수소화 이온

* HS^-의 K_a 값과 S^{2-}의 K_b 값은 추정치이다.

문제해결 주요사항 16.1 강한가 아니면 약한가?

산과 염기의 세기를 어떻게 알 수 있을까? 가장 쉬운 방법은 강산과 강염기를 모두 기억하는 것이다. 나머지는 모두 약산과 약염기이다.

일반적으로 알려진 강산은 다음과 같은 것이 있다.

할로젠화수소산: HCl, HBr, HI (단, HF는 제외)

질산: HNO_3

황산: H_2SO_4 (첫 번째 H^+를 잃을 경우만 해당)

과염소산: $HClO_4$

대표적인 강염기는 다음과 같은 것이 있다.

모든 1A족 수산화물: LiOH, NaOH, KOH, RbOH, CsOH

2A족 수산화물: $Sr(OH)_2$, $Ba(OH)_2$ [$Mg(OH)_2$와 $Ca(OH)_2$는 물에서 잘 용해되지 않지만 일부 교재에서 강염기로 간주한다.]

다 강한 수용성 산들은 [예를 들면 질산(HNO_3)] 완전히 이온화하기 때문에, 그들의 K_a 값이 크다. 이들의 짝염기(NO_3^-)는 고려할 만큼의 OH^- 이온을 생성하지 못하므로, K_b 값은 매우 작다. 강염기와 그들의 짝산의 경우도 위와 같이 설명할 수 있다.

이러한 점들을 설명하기 위해서 일부 흔한 산과 염기를 비교해 보자. 예를 들어 HF는 HClO보다 강산이다. 따라서 HCO_3^-보다 강산이다.

산의 세기 증가 →

HCO_3^-	HClO	HF
$K_a = 4.8 \times 10^{-11}$	$K_a = 3.5 \times 10^{-8}$	$K_a = 7.2 \times 10^{-4}$

그리고 그들의 짝염기는 F^-에서 ClO^- 그리고 CO_3^{2-}로 세기가 증가한다.

← 염기의 세기 증가

CO_3^{2-}	ClO^-	F^-
$K_b = 2.1 \times 10^{-4}$	$K_b = 2.9 \times 10^{-7}$	$K_a = 1.4 \times 10^{-11}$

자연에는 산과 염기가 풍부하다(그림 16.3). 자연적으로 생기는 여러 가지 산은 카복실 작용기($—CO_2H$)를 포함하고 있으며, 일부만 여기에 소개되었다. 분자 내에서 유기 부분만이 산의 세기에 영향을 미치는 것에 주의하시오(16.9절에서 좀 더 자세히 설명할 것이다).

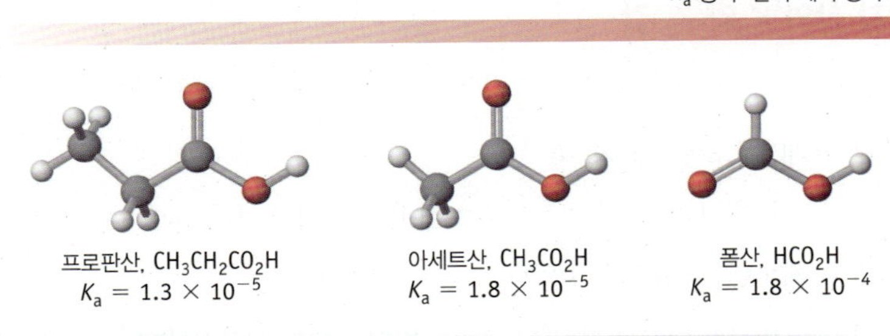

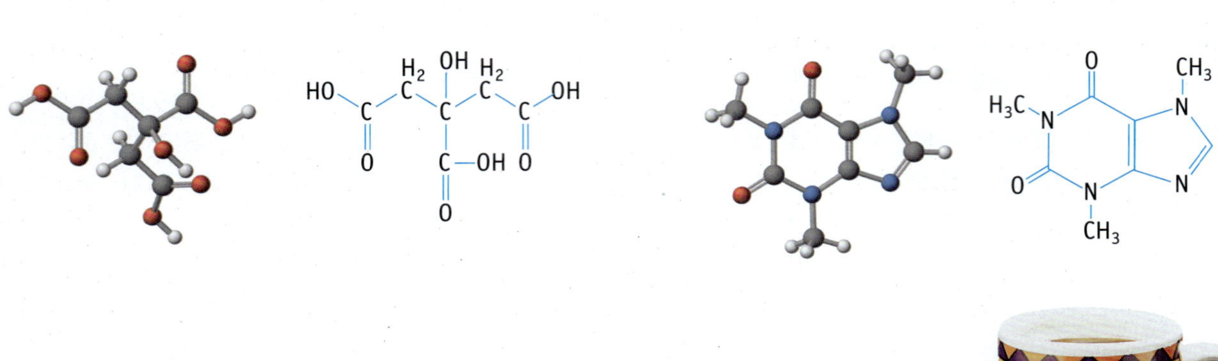

레몬과 오렌지의 톡 쏘는 맛은 약산 시트르산에서 유래한다. 산은 자연과 많은 소비 제품에서 광범위하게 발견된다.

카페인은 유명한 각성제이고 약염기이다.

그림 16.3 천연 산과 염기. 자연 중에는 매우 다양한 종류의 산과 염기가 있다. 음식은 다양한 것들을 함유하고 있으며, 생화학적으로 중요한 분자들은 흔히 산과 염기들이다.

또한 자연적으로 생기는 여러 가지 약염기도 많이 있다(▸그림 16.3). 암모니아와 짝산인 암모늄 이온은 환경의 질소 순환의 부분들이다(▸20.1절). 생물학적 계에서 질산 이온은 암모니아와 암모늄 이온으로 환원되고, 질소는 아미노산과 단백질 합성에 포함된다. 여러 가지 염기는 암모니아 분자의 수소 원자를 다른 유기 작용기로 치환시켜 얻어진다.

암모니아	메틸아민	아닐린
$H-\ddot{N}(H)-H$	$H_3C-\ddot{N}(H)-H$	$C_6H_5-\ddot{N}(H)-H$
$K_b = 1.8 \times 10^{-5}$	$K_b = 5.0 \times 10^{-4}$	$K_b = 4.0 \times 10^{-10}$

암모니아는 메틸아민보다 더 약염기이다(NH_3의 K_b < CH_3NH_2의 K_b). 이것은 암모니아의 짝산인 암모늄 이온(NH_4^+, $K_a = 5.6 \times 10^{-10}$)이 메틸아민의 짝산인 메틸암모늄 이온($CH_3NH_3^+$, $K_a = 2.0 \times 10^{-11}$)보다 더 강산이라는 것을 의미한다.

다양성자 산의 K_a와 K_b 값

모든 다양성자 산의 경우에서처럼 인산도 세 단계로 이온화한다.

첫 번째 단계: $K_{a1} = 7.5 \times 10^{-3}$

$$H_3PO_4(aq) + H_2O(\ell) \rightleftharpoons H_2PO_4^-(aq) + H_3O^+(aq)$$

두 번째 단계: $K_{a2} = 6.2 \times 10^{-8}$

$$H_2PO_4^-(aq) + H_2O(\ell) \rightleftharpoons HPO_4^{2-}(aq) + H_3O^+(aq)$$

세 번째 단계: $K_{a3} = 3.6 \times 10^{-13}$

$$HPO_4^{2-}(aq) + H_2O(\ell) \rightleftharpoons PO_4^{3-}(aq) + H_3O^+(aq)$$

연속된 각 단계의 K_a 값은 H_3PO_4와 같은 중성 분자에서보다 $H_2PO_4^-$와 같은 음으로 하전된 이온으로부터 H^+를 제거하는 것이 더 어렵기 때문에 점점 작아진다. 마찬가지로 음이온 산의 음전하가 커질수록 H^+를 제거하는 것이 더 어려워진다. 마지막으로 많은 무기 다양성자 산에서 각 단계에서 양성자를 제거하는 데 K_a 값이 약 10^5배 정도씩 작아진다.

마찬가지로 물에서 인산 이온(PO_4^{3-})의 연속적인 염기 평형식은 다음과 같이 쓸 수 있다.

첫 번째 단계: $K_{b1} = 2.8 \times 10^{-2}$

$$PO_4^{3-}(aq) + H_2O(\ell) \rightleftharpoons HPO_4^{2-}(aq) + OH^-(aq)$$

두 번째 단계: $K_{b2} = 1.6 \times 10^{-7}$

$$HPO_4^{2-}(aq) + H_2O(\ell) \rightleftharpoons H_2PO_4^-(aq) + OH^-(aq)$$

세 번째 단계: $K_{b3} = 1.3 \times 10^{-12}$

$$H_2PO_4^-(aq) + H_2O(\ell) \rightleftharpoons H_3PO_4(aq) + OH^-(aq)$$

다양성자 산의 해리와 비슷한 추세로 연속된 각 단계의 K_b 값은 약 10^5배 정도 작아진다.

상대적 산 세기의 로그 척도, pK_a

화학자와 생화학자들은 상대적인 산의 세기를 비교하거나 보고하는 데 로그(log) 척도를 이용한다.

$$pK_a = -\log K_a \tag{16.7}$$

산의 pK_a 값은 K_a 값을 로그로 처리한 다음 마이너스를 붙인 값이다(이것은 pH 값이 양성자 이온의 농도를 로그 처리한 후 마이너스 부호를 붙인 것과 같다). 예를 들면 아세트산의 pK_a 값은 4.74이다.

$$pK_a = -\log (1.8 \times 10^{-5}) = 4.74$$

pK_a 값은 산의 세기가 증가할수록 작아진다.

산의 세기 증가 ⟶

프로판산	아세트산	폼산
$CH_3CH_2CO_2H$	CH_3CO_2H	HCO_2H
$K_a = 1.3 \times 10^{-5}$	$K_a = 1.8 \times 10^{-5}$	$K_a = 1.8 \times 10^{-4}$
pK_a = 4.89	pK_a = 4.74	pK_a = 3.74

pK_a 감소 ⟶

산과 짝염기의 이온화 상수의 관계

표 16.2를 다시 살펴보자. 표의 위에서 아래로 갈수록 산의 세기는 작아지며(K_a 값이 점점 작아진다), 그들의 짝염기의 세기는 증가한다(K_b 값이 증가한다). 사실 이와 같은 관찰은 연결되어 있다. 산의 K_a 값과 그것의 짝염기의 K_b 값을 곱하면 일정한 상수인 K_w와 같게 된다는 것을 알 수 있다.

p*K* 값들 사이의 관계. 산–짝염기 쌍의 유용한 관계식은 식 16.8에서 얻어진다.

$$pK_w = pK_a + pK_b$$

$$K_a \times K_b = K_w \tag{16.8}$$

물속에서 HCN과 같은 약산과 그것의 짝염기인 CN^-의 이온화를 살펴보자.

약산:	$HCN(aq) + H_2O(\ell) \rightleftharpoons H_3O^+(aq) + CN^-(aq)$	$K_a = 4.0 \times 10^{-10}$
짝염기:	$CN^-(aq) + H_2O(\ell) \rightleftharpoons HCN(aq) + OH^-(aq)$	$K_b = 2.5 \times 10^{-5}$
	$2\ H_2O(\ell) \rightleftharpoons H_3O^+(aq) + OH^-(aq)$	$K_w = 1.0 \times 10^{-14}$

위의 두 식을 합치면 물의 자동이온화 반응식과 같아지고, 실제로 K_a와 K_b의 곱은 1.0×10^{-14}가 된다. 즉,

$$K_a \times K_b = \left(\frac{[H_3O^+][\cancel{CN^-}]}{[\cancel{HCN}]}\right)\left(\frac{[\cancel{HCN}][OH^-]}{[\cancel{CN^-}]}\right) = [H_3O^+][OH^-] = K_w$$

식 16.8은 K_b 값이 K_a 값으로부터 얻어질 수 있기 때문에 매우 유용하다. 예를 들어 CN^- 이온의 K_b 값은 다음과 같다.

$$CN^-\text{에 대한 } K_b = \frac{K_w}{HCN\text{에 대한 } K_a} = \frac{1.0 \times 10^{-14}}{4.0 \times 10^{-10}} = 2.5 \times 10^{-5}$$

16.3절 확인문제

표 16.2를 이용하여 다음 질문에 답하시오.

1. 다음 중 어떤 것이 가장 강산인가?
(a) HF (b) H_2S (c) HOCl (d) CH_3CO_2H

2. 다음 산 중에서 가장 강한 짝염기를 갖는 것은?
(a) HNO_2 (b) $C_6H_5CO_2H$ (c) HCN (d) HCl

3. 다음 중 pK_a 값이 4.20인 것은?
(a) $C_6H_5CO_2H$ (b) CH_3CO_2H (c) HCO_2H (d) HF

4. 암모니아의 짝산에 대한 pK_a 값은?
(a) 4.74 (b) 9.25 (c) 5.60 (d) 7.00

5. $CH_3CHOHCO_2H$의 K_a 값이 1.4×10^{-4}이다. 이것의 짝염기인 $CH_3CHOHCO_2^-$의 pK_b는 얼마인가?
(a) 3.85 (b) 7.00 (c) 10.15 (d) 12.60

16.4 염의 산–염기 성질

표 16.2에 포함된 산과 염기 중 많은 것들이 양이온 또는 음이온이다. 앞에서 서술한 것처럼, 음이온은 산으로부터 양성자를 받아들여서 음이온의 짝산을 만들 수 있기 때문에 브뢴스테드 염기로 작용할 수 있다.

$$CO_3^{2-}(aq) + H_2O(\ell) \rightleftharpoons HCO_3^-(aq) + OH^-(aq)$$
$$K_b = 2.1 \times 10^{-4}$$

또한 여러분은 물에서 많은 금속 양이온들이 브뢴스테드 산이라는 사실에 주목해야 한다.

$$[Al(H_2O)_6]^{3+}(aq) + H_2O(\ell) \rightleftharpoons [Al(H_2O)_5(OH)]^{2+}(aq) + H_3O^+(aq)$$
$$K_a = 7.9 \times 10^{-6}$$

수용액상의 일상적인 양이온과 음이온의 산–염기 성질은 표 16.3에 정리되어 있다. 표를 살펴볼 때 다음 사항에 주의하시오.

가수분해 반응과 가수분해 상수. 화학자들은 이온이 물과 반응하여 산성 또는 염기성 용액을 생성할 때 이온이 물에서 '가수분해'되었거나 이온이 '가수분해'가 진행되었다고 말한다. 따라서 일부 책에서는 이온의 K_a, K_b 값을 '가수분해 상수' K_h라 언급하기도 한다.

- 강산의 짝염기인 음이온(예, Cl^-, NO_3^-)들은 약염기라서 용액의 pH에 영향을 미치지 않는다.
- 여러 가지 염기성 음이온($CH_3CO_2^-$와 같은)들이 있고, 이들 모두 약산의 짝염기이다.
- 다양성자 산 음이온의 산–염기 성질은 양성자를 잃는 정도에 의존한다. 예를 들면, CO_3^{2-}와 같이 양성자를 완전히 잃어버린 경우는 염기성일 것이다. 반면에 HCO_3^-와 같이 부분적으로 양성자를 잃어버린 음이온은 양쪽성이고 물과 산과 염기 반응 모두 일어날 수 있다. 용액은 산 또는 염기로서 음이온의 상대적인 세기에 따라서 산성 또는 염기성일 것이다.
- 알칼리 금속과 알칼리토 금속 양이온들은 용액의 pH에 거의 영향을 미치지 않는다.
- 염기성 양이온은 $[Al(H_2O)_6]^{3+}$와 같은 산성 양이온들의 짝염기이다.
- 산성 양이온은 두 가지 부류로 나누어진다. (a) +2와 +3의 전하를 갖는 금속 양이온과 (b) 암모늄 이온들(그리고 그것의 유기 화합물 유도체들). 모든 금속 양이

표 16.3 수용액 안에서 일부 이온들의 산과 염기 성질

	중성		염기성			산성
음이온	Cl^-	NO_3^-	$CH_3CO_2^-$	CN^-	SO_4^{2-}	HSO_4^-
	Br^-	ClO_4^-	HCO_2^-	PO_4^{3-}	HPO_4^{2-}	$H_2PO_4^-$
	I^-		CO_3^{2-}	HCO_3^-	SO_3^{2-}	HSO_3^-
			S^{2-}	HS^-	OCl^-	
			F^-	NO_2^-		
양이온	Li^+		$[Al(H_2O)_5(OH)]^{2+}$ (예)			$[Al(H_2O)_6]^{3+}$와 수화된
	Na^+	Ca^{2+}				전이금속 양이온
	K^+	Ba^{2+}				($[Fe(H_2O)_6]^{3+}$ 같은 것)
						NH_4^+

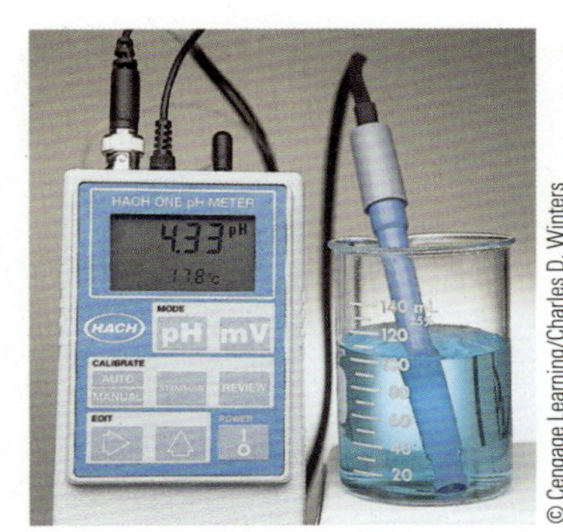

염의 많은 수화된 금속 양이온은 브뢴스테드 산이다. 황산구리(II)의 묽은 용액의 pH를 측정하면 용액은 명백히 산성이다. 흔한 양이온 중에서 Al^{3+}와 전이금속 이온은 물에서 산성 용액을 생성한다.

온들은 물에서 수화된다. 즉, 이들 금속 양이온들은 $[M(H_2O)_6]^{n+}$같은 이온을 형성한다. 그러나 M이 +2이거나 +3인 금속, 특히 전이금속 이온일 때만 이들 이온은 산성으로 작용한다.

전략도 16.2

문제

염이 **산성, 염기성, 중성**인지 결정하시오.

↓

알려진 자료/정보

염의 화학식: K_3PO_4

1단계 **양이온**과 **음이온**을 확인한다.

양이온: K^+, 음이온: PO_4^{3-}

2단계 **양이온**의 성질을 확인한다.

K^+는 **중성** 양이온이다.

3단계 **음이온**의 성질을 확인한다.

PO_4^{3-}는 **상대적으로 강염기**이다.

4단계 염의 산-염기 성질을 결정한다.

K_3PO_4는 **염기성**이다.

예제 16.2 염의 산-염기 성질

문제 아래 주어진 물질들 각각이 물에서 산성, 염기성, 또는 중성 중 어떤 성질일지 결정하시오.

(a) $NaNO_3$ (b) K_3PO_4

(c) $FeCl_2$ (d) $NaHCO_3$

(e) NH_4F

알고 있는 사실 염의 화학식을 알고 있고, 표 16.2와 16.3에서 구성 이온의 pH에 대한 효과를 알고 있다.

전략 우선 각 염에 포함된 양이온과 음이온을 결정한다. 그 다음, 각 이온의 성질을 서술하기 위하여 표 16.2과 16.3를 이용한다.

풀이

(a) $NaNO_3$: 이 염의 수용액은 중성(pH = 7)이다. 소듐이온(Na^+)과 질산이온(NO_3^-)(강산의 매우 약한 짝염기) 모두 용액의 pH에 영향을 미치지 않는다.

(b) K_3PO_4: K_3PO_4 수용액은 염기성(pH > 7)이어야 한다. 왜냐하면 PO_4^{3-} 이온이 약산인 HPO_4^{2-}의 짝염기이기 때문이다. Na^+ 이온처럼 K^+ 이온은 용액의 매에 영향을 미치지 않는다.

(c) $FeCl_2$: $FeCl_2$ 수용액은 약산성(pH < 7)이다. 물에서 Fe^{2+} 이온, $[Fe(H_2O)_6]^{2+}$은 브뢴스테드 산이다. 반대로 Cl^- 이온은 강산인 HCl의 매우 약한 짝염기이므로, 용액에서 OH^- 이온 생성에 기여하지 못한다.

(d) $NaHCO_3$: HCO^{3-}와 같은 양쪽성 음이온의 염의 경우 약간의 추가적인 정보가 필요하다. 이들은 이온화할 수 있는 수소를 가지고 있어서 산으로 작용할 수 있다.

$$HCO_3^-(aq) + H_2O(\ell) \rightleftharpoons CO_3^{2-}(aq) + H_3O^+(aq) \qquad K_a = 4.8 \times 10^{-11}$$

그러나 음이온이므로 염기로도 작용할 수 있으며, 물로부터 H^+ 이온을 받을 수 있다.

$$HCO_3^-(aq) + H_2O(\ell) \rightleftharpoons H_2CO_3(aq) + OH^-(aq) \qquad K_b = 2.4 \times 10^{-8}$$

용액이 산성 또는 염기성인지는 K_a와 K_b의 상대적 크기에 의존한다. 탄산수소 음이온의 경우에는 K_b는 K_a보다 크고, 따라서 $[OH^-]$는 $[H_3O^+]$보다 크고 $NaHCO_3$의 수용액은 약염기성이 될 것이다.

(e) NH_4F: 산성 양이온과 염기성 음이온으로 이루어진 염이 있다면 어떤 일이 일어날까? 한 예가 플루오린화암모늄이다. 여기서 암모늄 이온은 pH를 감소시키고, 플루오린화 이온은 pH를 증가시킬 것이다.

$$NH_4^+(aq) + H_2O(\ell) \rightleftharpoons H_3O^+(aq) + NH_3(aq) \qquad K_a\ (NH_4^+) = 5.6 \times 10^{-10}$$

문제해결 주요사항 16.2 염의 수용액

염의 산과 염기 성질을 예측할 수 있는 것은 유용하다. 염의 수용액의 pH에 대한 정보는 표 16.3에 요약되어 있다. 또한 다음 예들을 생각해 보자.

양이온	음이온	용액의 pH
강염기로부터 (Na^+)	강산으로부터 (Cl^-)	= 7 (중성)
강염기로부터 (K^+)	약산으로부터 ($CH_3CO_2^-$)	> 7 (염기성)
약염기로부터 (NH_4^+)	강산으로부터 (Cl^-)	< 7 (산성)
임의의 약염기로부터 (BH^+)	임의의 약산으로부터 (A^-)	BH^+와 A^-의 상대적 세기에 의존

$$F^-(aq) + H_2O(\ell) \rightleftharpoons HF(aq) + OH^-(aq) \qquad K_b(F^-) = 1.4 \times 10^{-11}$$

$K_a(NH_4^+) > K_b(F^-)$이므로 암모늄 이온은 플루오린화 이온의 염기성보다 강산이다. 결과적으로 얻어진 용액은 약산성이다.

고려사항 여기서 몇 가지 중요한 점이 있다.

- Cl^-나 NO_3^-와 같은 강산의 짝염기인 음이온은 용액의 pH에 영향을 주지 않는다.
- 염의 산성, 염기성, 중성 여부를 결정하려면, 양이온과 음이온 모두를 고려해야 한다. 염이 산성 양이온과 염기성 음이온을 가진다면, 용액의 pH는 보다 강산 또는 염기인 이온에 의해 결정될 것이다.

유제 다음 염의 각각에 대하여 pH가 7보다 클지, 작을지, 아니면 동일한지를 예상하시오.

(a) KBr (b) NH_4NO_3 (c) $AlCl_3$ (d) Na_2HPO_4

16.4절 확인문제

1. 물에 NaH_2PO_4를 첨가할 경우 수용액의 pH는?

(a) 증가할 것이다. (b) 감소할 것이다. (c) 같을 것이다.

2. 물에 KCN을 첨가할 경우 수용액의 pH는?

(a) 증가할 것이다. (b) 감소할 것이다. (c) 같을 것이다.

16.5 산-염기 반응의 방향성 예측

브뢴스테드-로우리 이론에 따르면, 모든 산-염기 반응은 산-염기와 그들의 짝산-짝염기를 포함하는 평형으로 표시할 수 있다.

$$\text{산} + \text{염기} \rightleftharpoons \text{산의 짝염기} + \text{염기의 짝산}$$

16.3와 16.4절에서 산-염기의 상대적 세기를 정량적으로 나타내기 위하여 평형상

수를 사용하였다. 이제 평형에서 특정한 산–염기 반응이 생성물 선호인지 반응물 선호인지를 결정하기 위해 평형상수가 어떻게 쓰이는지 알아보고자 한다.

염산은 강산이다. 물과의 반응에서 염산의 평형상수는 평형이 완전히 오른쪽에 유리하여 그 값이 매우 크다.

$$HCl(aq) + H_2O(\ell) \rightleftharpoons H_3O^+(aq) + Cl^-(aq)$$

강산 (≈ 100 % 이온화), $K_a >> 1$

$[H_3O^+] \approx$ 산의 처음 농도

위의 식에 포함된 2개의 산 중에서 HCl이 H_3O^+보다 강산이다. 그리고 2개의 염기인 H_2O와 Cl^- 중에서 물이 좀 더 강염기이고, 양성자를 가져가는 경쟁에서 승리한다. 따라서 **평형은 화학 반응식에서 좀 더 약산과 염기를 가지는 쪽에 유리하다.**

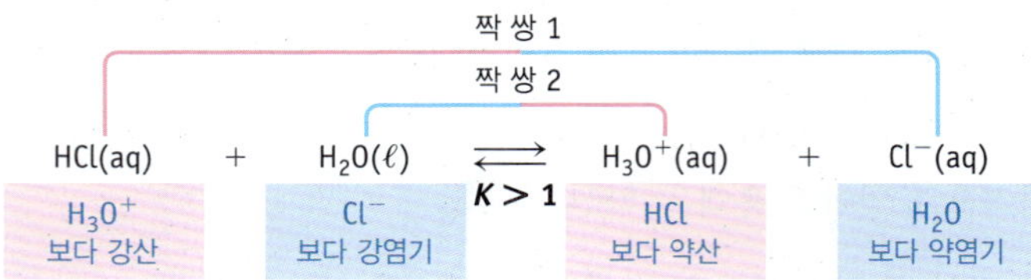

HCl이나 다른 강산과는 대조적으로, 약산인 아세트산은 소량만 이온화한다(표 16.2).

$$CH_3CO_2H(aq) + H_2O(\ell) \rightleftharpoons H_3O^+(aq) + CH_3CO_2^-(aq)$$

약산 (< 100 % 이온화), $K = 1.8 \times 10^{-5}$

$[H_3O^+] <<$ 산의 처음 농도

농도가 0.1 M인 CH_3CO_2H 수용액이 평형에 도달하였을 때, $H_3O^+(aq)$와 $CH_3CO_2^-(aq)$의 농도는 각각 약 0.001 M이다. 대략 아세트산의 99 %가 이온화하지 않는다.

짝 쌍 1

짝 쌍 2

$CH_3CO_2H(aq)$ + $H_2O(\ell)$ ⇌ $H_3O^+(aq)$ + $CH_3CO_2^-(aq)$

$K < 1$

H_3O^+ 보다 약산 | $CH_3CO_2^-$ 보다 약염기 | CH_3CO_2H 보다 강산 | H_2O 보다 강염기

다시 말해서, 평형은 좀 더 약산과 염기를 가지는 반응이 유리하다.

반응성의 일반 원리. 화학에서 일반 원리는 보다 반응성이 큰 물질이 반응하여 보다 반응성이 작은 물질을 생성하는 것이다. 여기 산–염기 반응에서 이 원리의 결과를 보고 있다. 강산과 강염기는 항상 반응하여 보다 약산과 약염기를 생성한다.

산–염기 반응의 상대적 진행 정도를 보여주는 위의 두 예는 다음과 같은 일반적인 원리를 제공한다.

> 모든 양성자 이동 반응은 강산과 강염기로부터 약산과 약염기 쪽으로 진행한다.

이 원리와 표 16.2를 이용함으로써 어떤 반응에서 생성물과 반응물 중에서 어떤 쪽이 선호되는지 예측할 수 있다. 아세트산과 인산이수소 이온을 생성하는 인산과 아세트산 이온 사이의 반응을 고려해 보자. 표 16.2는 인산($K_a = 7.5 \times 10^{-3}$)이 아세트산($K_a = 1.8 \times 10^{-5}$)보다 강산이고, 아세트산 이온($K_b = 5.6 \times 10^{-10}$)은 인산이수

소 이온($K_b = 1.3 \times 10^{-12}$)보다 강염기임을 보여주고 있다.

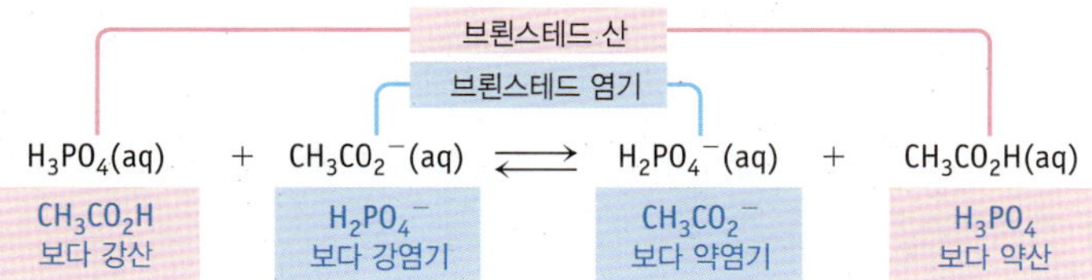

이와 같이 인산과 아세트산소듐을 섞으면 상당한 양의 인산이수소 이온과 아세트산이 생성될 것이다. 즉, 반응이 강산–강염기 쪽에서 약산–약염기 쪽으로 진행하기 때문에 평형은 오른쪽에 유리하게 위치하리라 예측된다.

예제 16.3 산과 염기의 반응

문제 아세트산과 중탄산소듐 사이에 일어나는 반응의 완결된 알짜 이온 반응식을 쓰시오. 평형이 왼쪽과 오른쪽 중 어느 쪽에 유리한지 결정하시오.

알고 있는 사실 산의 화학식을 알고 다른 반응물 $NaHCO_3$가 물에서 Na^+와 HCO_3^- 이온을 생성하는 수용성 염임을 알고 있다. HCO_3^-는 양쪽성이나 이 반응에서 아세트산에 대해 염기로 작용함을 알고 있다. 아세트 산과 HCO_3^- 이온, 이 짝들의 이온화 상수를 알아야 한다.

전략

- 산–염기 반응의 생성물을 확인한다(산에서 염기로 H^+가 이동하여 생성되는 생성물). 즉, 아세트산의 짝염기와 HCO_3^- 이온의 짝산을 확인한다.
- 산–염기와 그들의 짝산–짝염기 사이의 평형에 대한 완결된 화학 반응식을 쓴다.
- 표 16.2를 이용하여 2개의 산 중에 어느 것이 더 약산인지(또는 두 염기 중 어느 것이 더 약염기인지)를 정한다. 평형은 좀 더 약산과 약염기 쪽으로 선호될 것이다.

풀이 아세트산의 짝염기는 아세트산 이온($CH_3CO_2^-$)이고 HCO_3^- 이온의 짝산은 H_2CO_3이다. 산에서 염으로 수소 이온의 이동은 아래와 같은 알짜 이온식과 같이 일어난다.

$$\underset{K_a = 1.8 \times 10^{-5}}{CH_3CO_2H(aq)} + \underset{K_b = 2.4 \times 10^{-8}}{HCO_3^-(aq)} \rightleftharpoons \underset{K_b = 5.6 \times 10^{-10}}{CH_3CO_2^-(aq)} + \underset{K_a = 4.2 \times 10^{-7}}{H_2CO_3(aq)}$$

반응물과 생성물의 K_a와 K_b는 표 16.2에 주어져 있다. 평형상수는 H_2CO_3가 CH_3CO_2H보다 약산이며, $CH_3CO_2^-$ 이온이 HCO_3^- 이온보다 약염기임을 보여준다. 반응은 약산–약염기를 가지는 쪽이 유리하다. 즉 반응은 오른쪽으로 진행되는 것이 유리하다.

고려사항 아세트산과 $NaHCO_3$의 반응 생성물 중 하나는 H_2CO_3이며, 이것은 CO_2와 H_2O로 분해된다. 오른쪽 사진에서 볼 수 있듯이 CO_2 거품이 용액에서 나오고 있다. H_2CO_3가 분해되어 CO_2와 H_2O를 생성하는 평형은 오른쪽에 유리하다.

$$H_2CO_3(aq) \rightleftharpoons CO_2(g) + H_2O(\ell)$$

© Cengage Learning/Charles D. Winters

식초와 베이킹 소다와의 반응. 이 반응은 약산 아세트산과 탄산수소소듐에서 유래한 약염기 HCO_3^-를 포함한다. 평형상수의 값에 근거하여 반응은 오른쪽으로 진행하여 아세트산 이온과 CO_2, 물을 생성할 것으로 예상된다.

생성물 CO_2의 소모는 평형을 더 오른쪽으로 움직이게 한다. 3.7절에서 기체 생성 반응의 논의와 15.6절의 르샤틀리에의 원리를 참조하시오.

유제

(a) HCO_3^-와 NH_4^+ 중 어느 것이 더 강한 브뢴스테드 산인가? 어느 것이 더 강한 짝염기를 가지는가?

(b) HCO_3^-이온과 NH_3 사이의 반응이 평형에 도달했을 때 생성물 생성이 선호되는가? 반응물 생성이 선호되는가?

$$HCO_3^-(aq) + NH_3(aq) \rightleftharpoons CO_3^{2-}(aq) + NH_4^+(aq)$$

(c) 인산수소소듐과 암모니아 용액을 섞었다. 그리고 가능한 반응의 알짜 이온 반응식은 아래와 같다.

$$HPO_4^{2-}(aq) + NH_3(aq) \rightleftharpoons PO_4^{3-}(aq) + NH_4^+(aq)$$

이 반응에서 평형은 왼쪽, 오른쪽 중 어느 쪽에 유리하겠는가?

16.5절 확인문제

1. 물속에서 HCl과 NaCN의 반응이 평형에 도달했을 때 반응물 또는 생성물 중 어느 쪽이 선호인가?

(a) 반응물이 선호 (b) 생성물이 선호

2. 다음 반응식에서 평형은 왼쪽과 오른쪽 중 어느 쪽이 유리한가?

$$HS^-(aq) + H_3PO_4(aq) \rightleftharpoons H_2S(aq) + H_2PO_4^-(aq)$$

(a) 왼쪽 (b) 오른쪽

16.6 산–염기 반응의 종류

염산과 수산화소듐의 반응은 강산과 강염기 반응의 전형적인 예이다. 반면에, 시트르산과 중탄산 이온은 약산과 약염기 반응을 대표한다(그림 16.4). 이들 두 반응은 산–염기 반응의 네 가지 일반적인 종류 중 두 가지이다(표 16.4). 산–염기 반응은 화학 반응 중 매우 중요한 부분이기 때문에 다양한 형태의 반응 결과를 알고 있는 것이 매우 유용하다.

그림 16.4 약염기와 약산의 반응. 물속에서 알카셀처 정제로부터 생긴 기포는 이산화탄소이다. 이 기체는 약한 브뢴스테드 산(시트르산)과 약한 브뢴스테드 염기(HCO_3^-) 사이의 반응으로부터 생긴다. 이 반응은 기포가 분출됨으로써 완결된다.

강산과 강염기의 반응

강산과 강염기는 수용액 중에서 100 % 이온화한다. 따라서 강산인 염산과 강염기인 수산화소듐의 반응에 대한 완전한 이온 반응식은 다음과 같다.

$$H_3O^+(aq) + Cl^-(aq) + Na^+(aq) + OH^-(aq) \rightleftharpoons 2\ H_2O(\ell) + Na^+(aq) + Cl^-(aq)$$

그리고 위의 반응은 다음과 같은 알짜 이온 반응식을 준다.

$$H_3O^+(aq) + OH^-(aq) \rightleftharpoons 2\ H_2O(\ell) \qquad K = 1/K_w = 1.0 \times 10^{14}$$

강염기와 강산의 반응에 대한 알짜 이온 반응식은 항상 수산화 이온과 하이드로늄 이온 간의 반응으로 물을 생성한다(◂3.6절). 또한 이 반응은 물의 자동이온화 반응과 반대이기 때문에 $1/K_w$의 평형상수를 가진다. 실질적으로 위의 반응의 매우 큰 K 값을 갖는데, 이것은 이 반응이 생성물을 생성하도록 완전히 진행된다는 것을 보여준다. 따라서 동일한 몰수의 염산과 수산화소듐이 혼합되면 결과는 단지 NaCl 수용액이다. NaCl의 구성 성분은 강염기와 강산으로부터 생긴 Na^+ 이온과 Cl^- 이온으로 중성인 수용액을 준다. 이런 이유로 강산과 강염기 반응은 흔히 '중화 반응'이라고 불린다.

동일한 몰수의 강산과 강염기를 혼합하면 중성 수용액이 생성된다(25 °C에서 pH = 7.00).

강염기와 약산의 반응

자연적으로 생성되는 약산인 폼산(HCO_2H)과 수산화소듐의 반응을 생각해보자. 알짜 이온 반응식은 다음과 같다.

$$HCO_2H(aq) + OH^-(aq) \rightleftharpoons H_2O(\ell) + HCO_2^-(aq)$$

위의 반응에서, OH^-는 HCO_2^-($K_b = 5.6 \times 10^{-11}$)보다 훨씬 강염기이어서 이 반응은 오른쪽으로 진행되리라 예상된다. 만약 같은 몰수의 약산과 약염기를 섞는다면, 나중 용액은 물에 100 % 해리되는 염인 폼산소듐($NaHCO_2$)을 포함하게 될 것이다. Na^+ 이온은 1A족 양이온이며 따라서 중성 용액이 된다. 그러나 폼산 이온은 약산(표 16.2)의 짝염기이기 때문에, 용액은 염기성이다. 이 예로부터 다음과 같은 유용한 일반적인 결론을 얻을 수 있다.

폼산 + NaOH. 폼산과 수산화소듐과의 반응의 평형상수는 1.8×10^{10}이다. 이것을 확인할 수 있는가? (학습문제 52번 참고)

같은 몰수의 강염기와 약산을 섞으면 약산의 짝염기인 음이온을 가지는 염이 생성된다. 용액은 염기성이고, pH는 음이온의 K_b 값에 의존한다.

약염기와 강산의 반응

강산인 HCl과 약염기인 NH_3 사이의 반응에 대한 알짜 이온 반응식은 아래와 같다.

$$H_3O^+(aq) + NH_3(aq) \rightleftharpoons H_2O(\ell) + NH_4^+(aq)$$

하이드로늄 이온(H_3O^+)은 NH_4^+($K_a = 5.6 \times 10^{-10}$)보다 훨씬 강산이고, NH_3($K_b = 1.8 \times 10^{-5}$)는 H_2O보다 강염기이다. 그러므로 이 반응은 오른쪽으로 완전히 진행되리라 예상된다. 따라서 동일한 몰수의 HCl과 NH_3 를 혼합하면 염화암모늄(NH_4Cl) 염을 포함하는 용액이 얻어진다. Cl^- 이온은 용액의 pH에 영향을 미치지 못한다(표 16.2, 16.3). 그러나 NH_4^+ 이온은 약염기인 NH_3의 짝산이어서 반응이 끝나면 용액은 산성을 띠게 된다. 따라서 아래와 같은 일반적인 결론이 얻어진다.

암모니아 + HCl. 암모니아 수용액과 강산과의 반응의 평형상수는 1.8×10^9이다. 이것을 확인할 수 있는가?

표 16.4 산-염기 반응의 특징

반응 종류	보기	알짜 이온 반응식	동일 양을 혼합한 후 용액 중에 존재하는 이온; pH
강산 + 강염기	$HCl + NaOH$	$H_3O^+(aq) + OH^-(aq) \rightleftharpoons 2\,H_2O(\ell)$	Cl^-, Na^+, pH = 7
강산 + 약염기	$HCl + NH_3$	$H_3O^+(aq) + NH_3(aq) \rightleftharpoons NH_4^+(aq) + H_2O(\ell)$	Cl^-, NH_4^+, pH < 7
약산 + 강염기	$HCO_2H + NaOH$	$HCO_2H(aq) + OH^-(aq) \rightleftharpoons HCO_2^-(aq) + H_2O(\ell)$	HCO_2^-, Na^+, pH > 7
약산 + 약염기	$HCO_2H + NH_3$	$HCO_2H(aq) + NH_3(aq) \rightleftharpoons HCO_2^-(aq) + NH_4^+(aq)$	HCO_2^-, NH_4^+, pH는 짝산과 짝염기의 K_a, K_b에 의존한다.

같은 몰수의 강산과 약염기를 섞으면 양이온이 약염기의 짝산인 염을 생성한다. 용액은 산성이고, pH는 양이온의 K_a 값에 따라 결정된다.

약산과 약염기의 반응

약산과 약염기 반응의 *K*. 약산과 약염기와의 반응의 평형상수는 $K_{net} = K_w/(K_a \cdot K_b)$이다.

약산인 아세트산과 약염기인 암모니아를 섞으면 아래와 같은 반응이 일어난다.

$$CH_3CO_2H(aq) + NH_3(aq) \rightleftharpoons NH_4^+(aq) + CH_3CO_2^-(aq)$$

CH_3CO_2H가 NH_4^+보다 강산이고 NH_3가 $CH_3CO_2^-$보다 강염기이기 때문에(표 16.2), 이 반응은 생성물이 선호되리라 짐작된다. 이리하여, 동일한 몰수의 산과 염기가 섞일 경우 얻어지는 용액은 아세트산암모늄($NH_4CH_3CO_2$)을 포함하게 된다. 그렇다면 이 용액이 산성일까? 염기성일까? 예제 16.2(e)에서 유도했듯이 답은 짝산의 K_a(NH_4^+; $K_a = 5.6 \times 10^{-10}$)와 짝염기($CH_3CO_2^-$; $K_b = 5.6 \times 10^{-10}$)인 K_b의 상대적인 값에 달려있다. 이 경우 K_a와 K_b 값이 같으므로 용액은 중성일 것으로 예상된다.

같은 몰수의 약산과 약염기를 섞으면 양이온이 약염기의 짝산이고, 음이온이 약산의 짝염기인 염이 생성된다. 그리고 이 용액의 pH는 K_a와 K_b의 상대적인 값에 따라 결정된다.

16.6절 확인문제

1. 동일한 몰수의 HCl(aq)과 NaCN(aq)을 혼합하였다. 이로부터 얻어지는 용액의 액성은?
   (a) 산성 (b) 염기성 (c) 중성
2. 동일한 몰수의 아세트산 수용액과 Na_2SO_3 수용액을 혼합하였다. 이로부터 얻어지는 용액의 액성은?
   (a) 산성 (b) 염기성 (c) 중성
3. 동일한 몰수의 수산화소듐 수용액과 NaH_2PO_4 수용액을 혼합하였다. 이로부터 얻어지는 용액의 액성은?
   (a) 산성 (b) 염기성 (c) 중성

16.7 평형상수를 이용한 계산

처음 농도와 pH 측정값으로부터 K 값 결정하기

표 16.2에 있는 K_a 및 K_b 값과 부록 H 및 I에 나열된 여러 자료들은 모두 실험을 통해 결정되었다. 여러 가지 실험 방법이 있지만, 다음에 소개되는 방법은 용액의 pH를 결정하는 것이다.

예제 16.4 pH 측정값으로부터 K_a 구하기

문제 농도가 0.10 M인 락트산($CH_3CHOHCO_2H$) 수용액의 pH가 2.43이다. 이 산의 K_a 값을 구하시오.

알고 있는 사실 K_a를 계산하기 위해 각 화학종의 평형 농도를 알아야 한다. 용액의 pH는 H_3O^+의 평형 농도를 구할 수 있게 하고, 이 값으로부터 다른 평형 농도를 구할 수 있다.

전략

- 평형상수 식을 쓰고 ICE 표를 만들고 pH를 하이드로늄 이온 평형 농도 $[H_3O^+]$로 변환한다.
- ICE 표의 처음 농도(I) 줄에 $CH_3CHOHCO_2H$의 처음 농도를 쓴다.
- 변수 x가 농도의 변화를 나타낸다고 하자. 반응량론에 근거하여 $[CH_3CHOHCO_2H]$의 변화는 $-x$이고 $[CH_3CHOHCO_2^-]$의 변화는 $+x$이다. 이 값들을 표의 변화(C) 줄에 넣는다.
- 하이드로늄 이온 평형 농도 $[H_3O^+]$는 x와 같음을 인식한다.
- ICE 표의 E줄에 세 가지 화학종 모두의 최종 평형 농도 표시 식을 넣는다. 이것을 이용하여 다른 평형 농도의 값을 결정한다.
- 평형 농도를 이용하여 K_a에 대해 푼다.

풀이 물과 락트산의 반응에 대한 평형 반응식과 평형상수 식은 다음과 같다.

$$\underset{\text{락트산}}{CH_3CHOHCO_2H(aq)} + H_2O(\ell) \rightleftharpoons \underset{\text{락트산 이온}}{CH_3CHOHCO_2^-(aq)} + H_3O^+(aq)$$

$$K_a(\text{락트산}) = \frac{[H_3O^+][CH_3CHOHCO_2^-]}{[CH_3CHOHCO_2H]}$$

먼저 pH 값을 하이드로늄 이온의 농도로 전환한다.

$$[H_3O^+] = 10^{-pH} = 10^{-2.43} = 3.7 \times 10^{-3}\ M$$

다음, 평형에 도달하기 전에 용액 안에 있는 이온들의 농도와 반응이 평형으로 진행될 때 일어나는 변화, 그리고 평형에 도달했을 때의 농도에 대한 ICE 표를 작성한다(예제 15.2~15.5 참고).

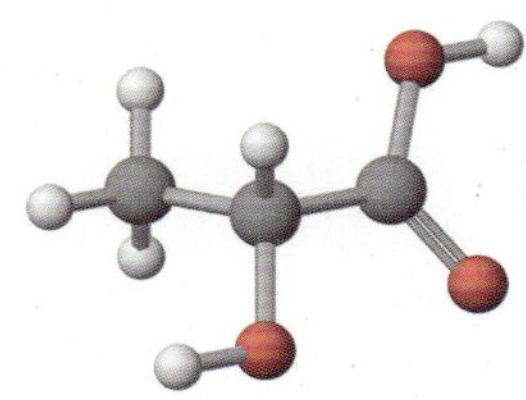

락트산, $CH_3CHOHCO_2H$

락트산, $CH_3CHOHCO_2H$. 락트산은 단일 양성자 약산으로 상한 우유나 인체의 신진대사 활동으로부터 자연적으로 발생한다.

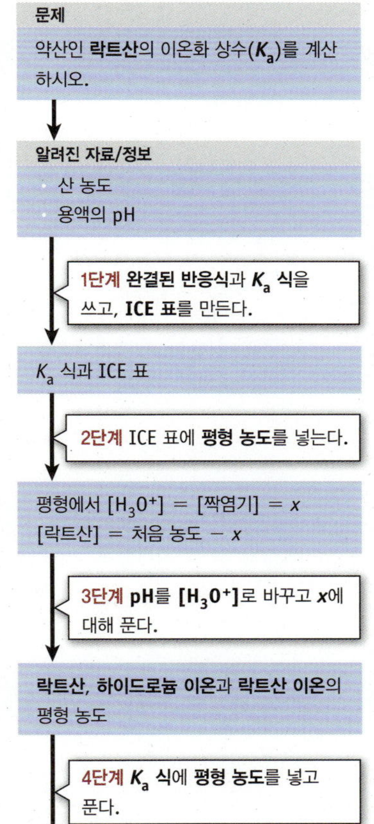

평형	$CH_3CHOHCO_2H$	+	H_2O	$\rightleftharpoons$	$CH_3CHOHCO_2^-$	+	H_3O^+
처음 농도 (M)	0.10				0		0
농도 변화 (M)	$-x$				$+x$		$+x$
평형 농도 (M)	$(0.10 - x)$				x		x

위의 ICE 표에 대해 다음과 같이 정리할 수 있다.

- 하이드로늄 이온과 락트산 이온의 평형 농도를 x로 나타낸다. 즉, 평형에서 $x = [H_3O^+] = [CH_3CHOHCO_2^-] = 3.7 \times 10^{-3}$ M
- 화학량론에 의하여, x는 반응이 평형으로 진행되는 동안 이온화된 산의 농도이다.

위의 내용을 염두에 두고, 이것을 이용하여 락트산의 K_a 값을 구할 수 있다.

$$K_a\,(\text{락트산}) = \frac{[H_3O^+][CH_3CHOHCO_2^-]}{[CH_3CHOHCO_2H]}$$

$$= \frac{(3.7 \times 10^{-3})(3.7 \times 10^{-3})}{0.10 - 0.0037} = 1.4 \times 10^{-4}$$

이 값을 표 16.2의 다른 K_a 값들과 비교해 보면 락트산이 폼산과 비슷한 세기를 가지고 있음을 알 수 있다.

고려사항 락트산의 이온화와 물의 자동이온화로부터 용액 내에 하이드로늄 이온(H_3O^+)이 존재한다. 르샤틀리에의 원리로부터 락트산에 의해 물에 가해지는 H_3O^+가 물의 자동이온화로부터 생겨난 H_3O^+를 억제할 것이라는 것을 알 수 있다. 그러나 물로부터 $[H_3O^+]$가 10^{-7} M보다 작기 때문에 pH는 전적으로 락트산으로부터 생긴 H_3O^+에 의해 결정된다(예제 16.1 참조).

유제 뷰테인산 0.055 mol이 용해된 수용액 1.0 L의 pH가 2.72였다. 뷰테인산의 K_a 값을 구하시오. 뷰테인산은 다음 완결된 반응식처럼 이온화한다.

$$CH_3CH_2CH_2CO_2H(aq) + H_2O(\ell) \rightleftharpoons H_3O^+(aq) + CH_3CH_2CH_2CO_2^-(aq)$$

예제 16.4에는 주목해야 할 중요한 점이 있다. 평형에서 락트산의 농도가 $(0.10 - x)$로 주어졌으며, x 값은 3.7×10^{-3} M이다. 유효숫자를 고려하면, $(0.10 - 0.0037)$은 0.10과 거의 같다. 이 산은 약산이며, 아주 조금 이온화되고(약 4 %), 실질적으로 락트산의 평형 농도는 처음 산 농도와 거의 동일하다. 0.10에서 0.0037을 빼는 것은 단지 두 자리의 유효숫자를 갖는 답에 거의 영향을 주지 못한다.

락트산처럼 대부분의 약산(HA)들은 산의 세기가 매우 약하므로 산의 평형 농도 [HA]는 처음 농도 $[HA]_0$와 거의 같다. 이 사실은, 모든 묽은 약산 용액에 대한 평형 상수 식에서 분모가 약산의 처음 농도인 $[HA]_0$와 거의 같다는 유용한 결론을 제공한다.

$$HA(aq) + H_2O(\ell) \rightleftharpoons H_3O^+(aq) + A^-(aq)$$

$$K_a = \frac{[H_3O^+][A^-]}{[HA]_0 - [H_3O^+]} \approx \frac{[H_3O^+][A^-]}{[HA]_0}$$

위의 식을 분석해 보면 다음과 같이 정의된다.

평형에서 $[HA]_{평형}$ 농도가 처음 농도인 $[HA]_0$와 거의 같다는 다음 가정은 $[HA]_0$가 $100 \times K_a$와 같거나 클 경우 언제든지 유효하다.

$$[HA]_{평형} = [HA]_0 - [H_3O^+] \approx [HA]_0$$

이것은 15장에서 2차 방정식을 정확히 풀어야 할지 아니면 근사법을 이용해야 할지를 결정하기 위해서 유도했던 것과 동일한 것이다(◂문제해결 주요사항 15.1).

약산 또는 약염기 수용액의 pH는 얼마일까?

약산 또는 약염기의 평형상수 값을 알면, 약산 또는 약염기 용액의 pH를 계산할 수 있다.

예제 16.5 K_a 값으로부터 평형 농도와 pH 계산하기

문제 K_a 값이 6.3×10^{-5}이고 농도가 0.020 M인 벤조산($C_6H_5CO_2H$) 용액의 pH를 구하시오.

$$C_6H_5CO_2H(aq) + H_2O(\ell) \rightleftharpoons H_3O^+(aq) + C_6H_5CO_2^-(aq)$$

알고 있는 사실 산의 K_a 값과 처음 농도를 알고 있다. pH를 계산하기 위하여 H_3O^+의 평형 농도를 알아야 한다.

전략 이 문제는 반응 생성물의 농도를 찾고자 하였던 예제 15.4와 15.5와 비슷하다. 전략은 동일하다.

- 평형상수 식을 쓰고 ICE 표를 만든다.
- ICE 표의 처음 농도(I) 줄에 $C_6H_5CO_2H$의 처음 농도를 넣는다.
- 변수 x로 농도의 변화를 나타내므로 $[C_6H_5CO_2H]$의 변화는 $-x$이고 생성물 농도의 변화는 $+x$이다. 표의 변화(C) 줄에 이 값을 넣는다.
- ICE 표의 E줄에 세 가지 모든 화학종의 나중 평형 농도의 식을 넣고 이 식을 평형상수 식으로 변환하고 x에 대해 푼다.
- $[H_3O^+](= x)$를 pH로 변환한다.

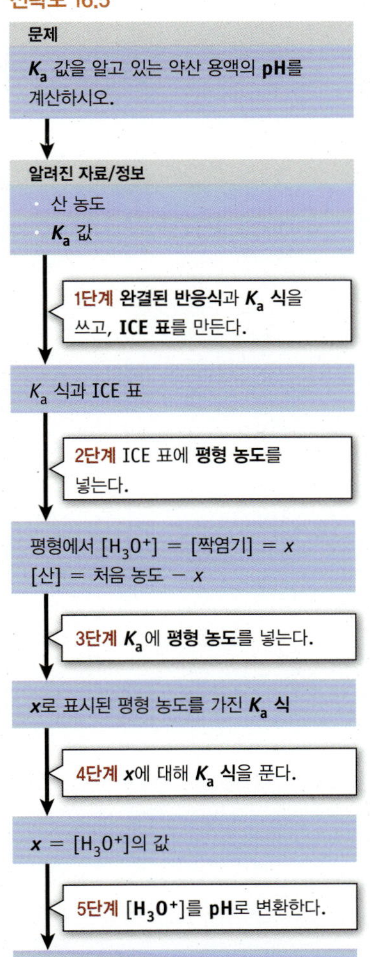

풀이 우선 ICE 표를 만들어 보자.

평형	$C_6H_5CO_2H$	+	H_2O	$\rightleftharpoons$	$C_6H_5CO_2^-$	+	H_3O^+
처음 농도 (M)	0.020				0		0
농도 변화 (M)	$-x$				$+x$		$+x$
평형 농도 (M)	$(0.020 - x)$				x		x

반응 화학량론에 따라서 평형 상태에서 다음 관계가 성립된다.

$$[H_3O^+] = [C_6H_5CO_2^-] = x(평형)$$

여기서 x는 이온화된 산의 농도이다. 따라서 평형에서 벤조산의 농도는 다음과 같다.

$$[C_6H_5CO_2H] = 산의\ 처음\ 농도 - 이온화된\ 산의\ 농도$$

$$[C_6H_5CO_2H] = 0.020 - x$$

이들 평형 농도 값을 K_a 식에 치환시키면 다음 식을 얻을 수 있다.

$$K_a = \frac{[H_3O^+][C_6H_5CO_2^-]}{[C_6H_5CO_2H]}$$

$$6.3 \times 10^{-5} = \frac{(x)(x)}{0.020 - x}$$

x는 0.020보다 훨씬 작기 때문에(왜냐하면 $[HA]_0 > 100 \times K_a$; 0.020 M > 6.3×10^{-3}), K_a는 다음과 같게 된다.

$$K_a = 6.3 \times 10^{-5} = \frac{x^2}{0.020}$$

위 식을 x에 대하여 풀면

$$x = \sqrt{K_a \times (0.020)} = 0.0011\ \text{M}$$

이고 다음을 알 수 있다.

$$[H_3O^+] = [C_6H_5CO_2^-] = 0.0011\ \text{M}$$

마지막으로, 이 용액의 pH는 다음과 같이 구할 수 있다.

$$\text{pH} = -\log(1.1 \times 10^{-3}) = 2.96$$

고려사항 위에서 $(0.020 - x) \approx 0.020$으로 근사시켰다. 근사를 시키지 않으면 실제 식을 풀어 $x = [H_3O^+] = 0.0011$ M이 된다. 이것은 근사식으로부터 얻은 것과 2개 유효숫자까지 동일한 답이다. 마지막으로 물의 자동이온화로 얻어진 H_3O^+을 무시하였음에 주목하시오.

유제 0.10 M 아세트산 용액($K_a = 1.8 \times 10^{-5}$)에서 아세트산, 아세트산 이온과 H_3O^+의 평형 농도는 얼마인가? 이 용액의 pH는 얼마인가?

예제 16.6 K_a 값과 연속적인 근사법을 이용한 pH와 평형상수 계산하기

문제 농도가 0.0010 M인 폼산 용액의 pH를 구하시오. 평형에서 폼산의 농도는? 이 산은 비교적 약산이며, K_a는 1.8×10^{-4} 이다.

$$HCO_2H(aq) + H_2O(\ell) \rightleftharpoons HCO_2^-(aq) + H_3O^+(aq)$$

알고 있는 사실 산의 K_a 값과 처음 농도를 알고 있다. pH를 계산하기 위하여 H_3O^+의 평형 농도를 알아야 한다.

전략 이 문제는 근사 풀이가 가능하지 않은 점을 제외하고는 반응 생성물의 농도를 찾고자 하였던 예제 16.5와 비슷하다. 전략은 동일하다.

- 평형상수 식을 쓰고 ICE 표를 만든다.
- ICE 표의 처음 농도(I) 줄에 HCO_2H의 처음 농도를 넣는다.
- 변수 x로 농도의 변화를 나타내므로 $[HCO_2H]$의 변화는 $-x$이고 생성물 농도의 변

화는 $+x$이다. 표의 변화(C) 줄에 이 값을 넣는다.

- ICE 표의 E줄에 세 가지 모든 화학종의 나중 평형 농도의 식을 넣고 이 식을 평형 상수 식으로 변환하고 x에 대해 푼다.
- $[H_3O^+]$ $(= x)$를 pH로 변환한다.

풀이 우선 다음과 같은 ICE 표를 만들자.

평형	HCO_2H	+	H_2O	$\rightleftharpoons$	HCO_2^-	+	H_3O^+
처음 농도 (M)	0.0010				0		0
농도 변화 (M)	$-x$				$+x$		$+x$
평형 농도 (M)	$(0.0010 - x)$				x		x

표의 값들을 K_a 식에 대입하면 다음 식이 얻어진다.

$$K_a = \frac{[H_3O^+][HCO_2^-]}{[HCO_2H]} = 1.8 \times 10^{-4} = \frac{(x)(x)}{0.0010 - x}$$

이 예제에서, 처음 농도 $[HA]_0$$(= 0.0010M)$는 $100 \times K_a$$(= 1.8 \times 10^{-2})$보다 작기 때문에 일상적인 근사법을 사용하는 것은 바람직하지 않다. 따라서 우리는 평형 농도를 구하기 위해서 위의 식을 풀어서 답을 구해야 한다. 따라서 위의 식은 2차 방정식 또는 연속적 근사법(부록 A)을 사용하여 풀 수 있다. 그러면 여기서 연속적 근사법을 이용하여 문제를 풀어보자.

우선 **연속적 근사법**(successive approximations approach)을 이용하여 x에 대한 식을 쓰면 다음과 같다.

$$1.8 \times 10^{-4} = \frac{(x)(x)}{0.0010}$$

위 식을 풀면 $x = 4.2 \times 10^{-4}$이다. 이 값을 위의 표현식의 분모에 대입한다.

$$1.8 \times 10^{-4} = \frac{(x)(x)}{0.0010 - x} = \frac{(x)(x)}{0.0010 - 4.2 \times 10^{-4}}$$

이 식을 x에 대하여 풀면 $x = 3.2 \times 10^{-4}$이 얻어진다. 다시 이 값을 분모에 대입시켜 다시 한 번 x에 대해 푼다.

$$1.8 \times 10^{-4} = \frac{(x)(x)}{0.0010 - x} = \frac{(x)(x)}{0.0010 - 3.2 \times 10^{-4}}$$

이 과정을 x 값이 변하지 않을 때까지 계속 반복한다. 이 문제의 경우 두 단계만 더 거치면 다음과 같은 답이 얻어진다.

$$x = [H_3O^+] = [HCO_2^-] = 3.4 \times 10^{-4}\ M$$

따라서 폼산의 농도는 다음과 같다.

$$[HCO_2H] = 0.0010 - x \approx 0.0007\ M$$

그리고 폼산 용액의 pH는 다음과 같다.

$$pH = -\log(3.4 \times 10^{-4}) = 3.47$$

고려사항 하이드로늄 이온의 농도를 구하기 위해 일반적인 근사법을 사용한다면 얻어진 농도는 4.2×10^{-4} M이다. 이럴 경우 얻어진 값에는 약 24 %라는 큰 오차가 생긴다. 여기서 근사법의 실패 요인은 (a) 산의 농도가 작다는 것과 (b) 산의 세기가 아주 약하지 않기 때문이다.

유제 농도가 0.00150 M인 HF 수용액에 있는 H_3O^+ 이온, F^- 이온, HF의 평형 농도를 구하시오. 그리고 이 용액의 pH는 얼마인가?

여러 가지 산들이 분자 또는 이온 형태로 존재하는 것처럼, 염기 또한 분자나 이온 형태로 존재한다(그림 16.3~16.5). 많은 염기 분자는 질소 원자를 포함하고 있으며, 암모니아 분자가 가장 간단한 예이다. 그리고 질소를 함유하는 여러 가지 염기들이 자연계에 존재하며, 카페인과 니코틴은 가장 잘 알려진 두 가지 예이다. 약산의 음이온성 짝염기는 또 다른 종류의 염기들이다. 다음 예는 아세트산소듐 용액의 pH 계산법을 설명하고 있다.

예제 16.7 약염기성 염인 아세트산소듐 용액의 pH

문제 농도가 0.015M인 아세트산소듐($NaCH_3CO_2$) 용액의 pH를 구하시오.

알고 있는 사실 약산 아세트산의 짝염기인 아세트산 이온은 물과 반응하여 OH^-를 형성(표 16.2와 16.3)하기 때문에 아세트산소듐은 물에서 염기성임을 알고 있다(아세트산소듐의 소듐 이온은 용액의 pH에 영향을 미치지 않는다). 마지막으로 아세트산 이온의 K_b 값(표 16.2)과 처음 농도를 알고 있다. pH를 계산하기 위하여 H_3O^+의 평형

그림 16.5 약 염기의 예. 물에서 약염기들은 벤조산과 인산과 같은 약산의 음이온과 H^+ 이온을 받아들일 수 있는 질소 원자를 1개 이상 가지고 있는 분자를 포함한다.

농도를 알 필요가 있다.

전략 이 문제는 반응 생성물의 농도를 찾고자 하였던 예제 16.5, 16.6과 비슷하다. 전략은 동일하다.

- 평형상수 식을 쓰고 ICE 표를 만든다.
- ICE 표의 처음 농도(I) 줄에 $CH_3CO_2^-$의 처음 농도를 넣는다.
- 변수 x로 농도의 변화를 나타내므로 $[CH_3CO_2^-]$의 변화는 $-x$이고 생성물 농도의 변화는 $+x$이다. 표의 변화(C) 줄에 이 값을 넣는다.
- ICE 표의 E줄에 세 가지 모든 화학종의 나중 평형 농도의 식을 넣고 이 식을 평형 상수 식으로 변환하고 x에 대해 푼다.
- x 값 = $[OH^-]$. 이 값으로부터 $K_w = [H_3O^+][OH^-]$ 식을 이용하여 $[H_3O^+]$를 구하고, 이것에서 pH를 계산한다.

풀이 표 16.2으로부터 아세트산 이온의 K_b 값은 5.6×10^{-10}이다.

$$CH_3CO_2^-(aq) + H_2O(\ell) \rightleftharpoons CH_3CO_2H(aq) + OH^-(aq)$$

우선 용액 안에 있는 종들의 처음 및 평형에서 농도를 정리하기 위하여 ICE 표를 작성한다.

평형	$CH_3CO_2^-$	+	H_2O	$\rightleftharpoons$	CH_3CO_2H	+	OH^-
처음 농도 (M)	0.015				0		0
농도 변화 (M)	$-x$				$+x$		$+x$
평형 농도 (M)	$(0.015 - x)$				x		x

그 다음, 위의 표로부터 해당하는 값들을 K_b 식에 대입한다.

$$K_b = 5.6 \times 10^{-10} = \frac{[CH_3CO_2H][OH^-]}{[CH_3CO_2^-]} = \frac{x^2}{0.015 - x}$$

K_b 값이 매우 작은 것으로 보아서, 아세트산 이온은 매우 약염기이다. 따라서 아세트산 이온과 물의 반응으로 생성된 OH^- 이온의 농도(x)가 매우 작을 것으로 가정하고 근사법을 사용하여 x를 구한다.

$$K_b = 5.6 \times 10^{-10} = \frac{x^2}{0.015}$$

$$x = [OH^-] = [CH_3CO_2H] = \sqrt{(5.6 \times 10^{-10})(0.015)} = 2.9 \times 10^{-6}\ M$$

용액의 pH를 계산하기 위해서 하이드로늄 이온의 농도를 알아야 한다. 그리고 25 °C 수용액 상태에서 다음 식이 항상 성립한다.

$$K_w = 1.0 \times 10^{-14} = [H_3O^+][OH^-]$$

$$[H_3O^+] = \frac{K_w}{[OH^-]} = \frac{1.0 \times 10^{-14}}{2.9 \times 10^{-6}} = 3.5 \times 10^{-9}\ M$$

그러므로

$$pH = -\log(3.5 \times 10^{-9}) = 8.46$$

약산의 짝염기로부터 예상할 수 있듯이 이 값으로 보아 아세트산 이온은 실제로 약

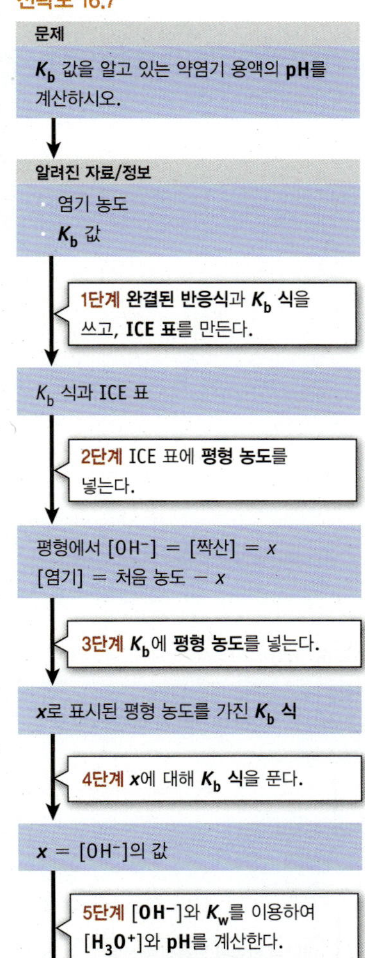

염기성 용액을 준다.

고려사항 수산화 이온의 농도(x)는 처음 아세트산 이온의 농도와 비교할 때 실제로 매우 적다. 따라서 근사 계산이 적절하다($100 \times K_b$가 처음 염기 농도보다 적음에 주목하시오).

유제 약염기인 하이포아염소산 이온(ClO^-)은 하이포아염소산소듐(NaClO)의 형태로 수영장과 물 처리 시설물의 소독약으로 사용된다. 농도가 0.015 M인 하이포아염소산소듐의 pH, OH^- 및 HClO의 농도를 구하시오.

예제 16.8 강산과 약염기의 반응 후 용액의 pH 계산하기

문제 농도가 0.016 M인 NH_3 25 mL와 0.016 M인 HCl 25 mL를 혼합하여 얻은 용액의 pH를 구하시오.

알고 있는 사실 이 문제가 산–염기 반응(HCl + NH_3)이고 각 반응물의 양(각 물질의 부피와 농도로부터 계산)을 알고 있다. 동일한 부피와 농도가 사용되었기 때문에 산도 염기도 과잉이 아니고 반응 후에 아무 것도 남지 않는다. 반응 후의 용액의 pH를 구하기 위해 약산 또는 약염기인 생성물의 양과 농도를 알아야 한다. 마지막 단계는 약산 또는 약염기 평형 계산을 포함한다(예제 16.5~16.7) 산과 염기의 평형상수를 찾아보아야 할 필요가 있다.

전략 이 문제는 세 가지 문제를 하나에 포함하고 있다.

(a) **완결된 반응식 쓰기:** 먼저 가능한 완결된 반응식을 쓴 후에 반응 생성물이 산성인지 염기성인지를 결정한다. 이 경우 반응 생성물은 NH_4^+로 약산이다.

(b) **화학량론 관계:** NH_4^+ 처음 농도를 구하는 것은 화학량론 문제이다. HCl + NH_3 반응으로 생성된 NH_4^+의 양(몰수)과 생성된 NH_4^+ 용액의 부피를 구한다.

(c) **평형 문제:** pH를 구하는 과정에는 평형 문제를 푸는 것이 포함되어 있다. 이 과정에서 요구되는 결정적인 요소는 위의 (b)로부터 NH_4^+의 처음 농도와 NH_4^+의 K_a 값을 구하는 것이다.

풀이 동일한 양의 염기(NH_3)와 산(HCl)이 혼합되었다면, 결과로 얻은 용액은 산성 용액이다. 왜냐하면 반응이 완결된 후 용액에 잔류하는 가장 중요한 이온은 약염기인 NH_3의 짝산인 NH_4^+이기 때문이다(표 16.2와 16.4 참고).

(a) **완결된 반응식 쓰기**

HCl(하이드로늄 이온의 공급원)과 NH_3가 반응하여 NH_4^+를 생성하는 생성물 선호 반응의 반응식

$$NH_3(aq) + H_3O^+(aq) \rightarrow NH_4^+(aq) + H_2O(\ell)$$

생성물 NH_4^+가 물과 반응하는 반응물 선호 반응의 반응식

$$NH_4^+(aq) + H_2O(\ell) \rightleftharpoons H_3O^+(aq) + NH_3(aq)$$

전략도 16.8

문제

약염기와 **강산**이 반응한 후 용액의 **pH**를 계산하시오.

↓

알려진 자료/정보

- 반응물 농도
- 반응물 부피

1단계 **완결된 반응식**을 쓰고, **화학량론 문제**를 푼다.

↓

반응물의 **몰수**를 알고 **생성물**의 **몰수**를 유도한다.

2단계 생성물이 **약산** 또는 **약염기** 여부를 결정한다.

↓

생성물은 **약산(NH_4^+)**이다.

3단계 **NH_4^+**의 농도를 계산한다.

↓

K_a를 알고 있는 약산의 농도

4단계 예제 16.5~16.7에서와 같이 **[H_3O^+]**에 대해 푼다.

↓

[H_3O^+]의 값

5단계 **[H_3O^+]**를 **pH**로 변환한다.

↓

용액의 pH

(b) **화학량론 관계**

소비된 NH_3와 HCl의 양:

$$(0.025\ \text{L HCl})(0.016\ \text{mol/L}) = 4.0 \times 10^{-4}\ \text{mol HCl}$$
$$(0.025\ \text{L}\ NH_3)(0.016\ \text{mol/L}) = 4.0 \times 10^{-4}\ \text{mol}\ NH_3$$

반응 완결로 인해 생성된 NH_4^+의 양:

$$4.0 \times 10^{-4}\ \text{mol}\ NH_3 \left(\frac{1\ \text{mol}\ NH_4^+}{1\ \text{mol}\ NH_3}\right) = 4.0 \times 10^{-4}\ \text{mol}\ NH_4^+$$

NH_4^+의 농도: 염산 25 mL와 암모니아 25 mL를 혼합하였으므로, 용액의 전체 부피는 50 mL이다. 따라서 암모늄 이온의 농도는 다음과 같다.

$$[NH_4^+] = \frac{4.0 \times 10^{-4}\ \text{mol}}{0.050\ \text{L}} = 8.0 \times 10^{-3}\ \text{M}$$

(c) **산-염기 평형 문제**

우선 알고 있는 암모늄 이온의 처음 농도로부터 하이드로늄 이온의 평형 농도를 찾기 위하여 ICE 표를 작성하시오.

평형	NH_4^+	+	H_2O	$\rightleftharpoons$	NH_3	+	H_3O^+
처음 농도 (M)	0.0080				0		0
농도 변화 (M)	$-x$				$+x$		$+x$
평형 농도 (M)	$(0.0080-x)$				x		x

다음, 암모늄 이온을 구하기 위해 K_a 식에 표 값을 대입한다.

$$K_a = 5.6 \times 10^{-10} = \frac{[H_3O^+][NH_3]}{[NH_4^+]} = \frac{(x)(x)}{0.0080 - x}$$

암모늄 이온의 K_a 값이 매우 작은 것으로 미루어 보아 매우 약산이다. 따라서 물과 암모늄 이온의 반응으로 생성된 하이드로늄 이온의 농도(x)는 매우 작으며, x 값을 구하기 위하여 근사법을 이용한다(여기서 $100 \times K_a$ 값은 처음 산의 농도보다 훨씬 작다).

$$K_a = 5.6 \times 10^{-10} = \frac{x^2}{0.0080}$$
$$x = \sqrt{(5.6 \times 10^{-10})(0.0080)}$$
$$= [H_3O^+] = [NH_3] = 2.1 \times 10^{-6}\ \text{M}$$
$$\text{pH} = -\log(2.1 \times 10^{-6}) = 5.67$$

고려사항 예상한 대로(표 16.4), 같은 양의 강산과 약염기를 섞은 후의 용액은 약산성이다.

유제 농도가 0.12 M인 아세트산 15 mL와 0.12 M NaOH 15 mL를 혼합하여 얻은 용액의 pH를 계산하시오. 평형 상태에서 용액 속에 존재하는 물을 제외한 대표 화학종들은 무엇이며 그들의 농도는 얼마인가?

사례 연구 음료수 안에 벨라도나 주스를 섞어서 마시길 원하는가?

벨라도나 나무는 체리 크기의 탐스럽고 까만 열매를 맺는 식물이다. 그러나 이 식물은 **치명적 어둠의 그림자**(deadly nightshade)라고 불리기 때문에 한 번 더 생각해 보아야 한다. 이 열매는 염기인 아트로핀(atropine)을 함유한다. 아트로핀은 독성이며, 수세기 동안 정적이나 옛 애인을 죽이기 위하여 사용되어 왔다.

벨라도나라는 이름은 '아름다운 여인'을 의미하는 이탈리아 말에서 유래한다. 16세기에 베니스 배우들은 그들의 눈에 이 주스를 한 두 방울 넣곤 했다. 아트로핀은 동공을 크게 하여 배우들이 심지어 며칠 동안 매우 멋진 모습으로 보이도록 한다.

아트로핀은 동공을 확장하기 위한 목적으로 의사들에 의하여 수년 동안 사용되었으며, 매우 낮은 심장 박동을 갖는 경우를 치료하기 위하여 사용되기도 한다. 또한 아트로핀은 신경가스인 사린(sarin)의 해독제로 사용된다. 실제로, 1990년대 일본에서 사린 신경가스 공격의 희생자들을 아트로핀으로 치료

아트로핀의 출처인 벨라도나 나무의 열매.

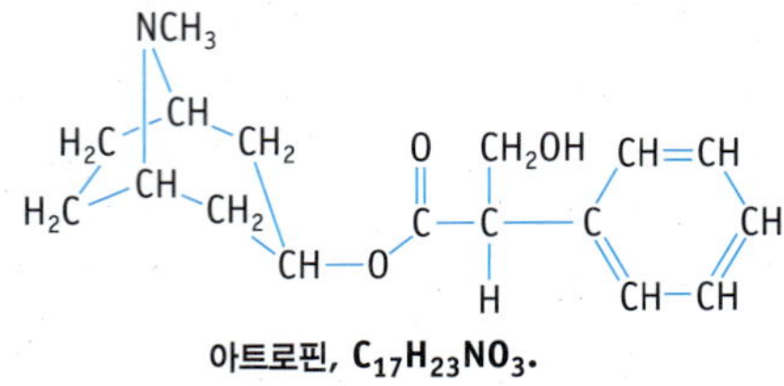

아트로핀, $C_{17}H_{23}NO_3$.

하였으며, 1990~1991 사이의 첫 번째 걸프전에 참가한 군인들은 신경가스 공격에 대비하여 아트로핀을 지참하고 있었다.

그러나 아트로핀은 독약으로서 역사에서 기억된다. 한 가지 전설적인 이야기는 클레오파트라가 처음에는 아트로핀으로 자살을 원했었다는 것이다. 그녀는 하인에게 먼저 아트로핀을 먹게 하였는데 그 하인의 죽음이 너무도 고통스럽게 보여서 독사를 택했다.

로마 제국의 절정기에, 아트로핀을 포함한 다른 화학 물질에 의한 독살이 매우 흔히 일어났기에 B.C. 82년에 '국내 독살 억제'를 위한 법안이 통과되었다. 하지만 효력은 크게 발휘하지 못했다.

아트로핀 독살의 증상은 잘 알려져 있다. 의사들이 말하기를 환자는 혈관이 팽창되기 때문에 홍당무 같이 붉을 것이라고 한다. 또는 동공이 너무 확장되어서 시력이 너무 흐려진 결과로 박쥐처럼 시력을 잃을 수도 있다. 또 다른 증상은 침샘의 억제로 인하여 완전한 건조 상태로 될 것이다. 추가로, 환자의 체온이 올라서 몇 시간 동안 유지되기 때문에 매우 뜨거울 수도 있다. 마지막으로, 술 취한 것처럼 행동하기 때문에 (이상한 나라의 앨리스의 모자장수와 같이) 환자가 아주 미쳐 날뛸 수도 있다.

아트로핀은 물에 잘 녹지 않는다. 그러나 아트로핀은 카페인, 니코틴, 모르핀, 헤로인, 그리고 암페타민과 같은 다른 많은 천연물처럼 염기이기 때문에 산과 반응한다. 예를 들면, 황산과 반응하여 황산염을 만든다. 이 염은 물에 매우 잘 녹아서 이것의 포화 용액 1 mL는 치사량에 필요한 양보다 훨씬 더 많은 양을 함유한다.

여러분이 아트로핀이 독약으로 사용된 역사에 관심이 있다면 1990년대 스코틀랜드에서 남편에 의한 알렉산드라 아거터(Alexandra Agutter) 살인 미수 사건을 읽어 보시오. 이것은 CSI에 나오는 한 사건과 같을 것이다.

문제

1. 아트로핀의 치사량이 100. mg이라면, 이 물질의 몰수는 얼마인가?
2. 아트로핀이 황산에 첨가될 경우, 양성자가 분자에 붙는다. 이 양성자가 붙는 위치는?
3. 아트로핀 짝산의 pK_a 값은 4.35이다. 이 값을 암모니아, 메틸아민, 아닐린의 짝산과 비교하시오.

이 질문에 대한 답은 부록 N에 수록되어 있다.

참고문헌

J. Emsley, *Molecules of Murder*, Royal Society of Chemistry, London, 2008.

16.7절 확인문제

1. 25 °C에서 농도가 0.10 M인 HCN 용액에 존재하는 $[H_3O^+]$의 농도는 얼마인가? (단, HCN의 K_a 값은 4.0×10^{-10}이다.)

(a) 1.6×10^{-9} M (b) 6.3×10^{-6} M
(c) 2.0×10^{-5} M (d) 4.0×10^{-11} M

2. 25 °C에서 농도가 0.040 M인 어떤 산 용액의 pH가 3.02였다. 이 산의 K_a는 얼마인가?

문제해결 주요사항 16.3 동일한 양의 산과 염기를 혼합한 후 얻어지는 용액의 pH는?

표 16.4는 여러 가지 산-염기를 혼합하여 얻어지는 결과를 요약하고 있다. 그러나 pH의 정량적인 수치를 어떻게 계산할 수 있을까? 특히 강염기와 약산의 혼합 용액이나 강산과 약 염기를 혼합한 용액의 pH를 어떻게 구할 수 있을까? 예제 16.8의 전략은 이 과정에 두 단계의 계산이 필요하다는 것을 보여 준다. 즉, 화학량론 계산과 평형 계산이다. 여기서 중요한 것은 산과 염기가 섞여서 얻어지는 용액의 약산 또는 약염기의 농도를 아는 것이다. 다음 질문에 대한 답은 여러분을 해답으로 안내할 것이다.

(a) 사용된 산-염기의 양(몰수)(이것은 화학량론 문제이다).

(b) 산-염기 용액을 혼합한 후 용액의 전체 부피는 얼마인가?

(c) 산-염기 용액을 섞었을 때 곧 생성된 산 또는 염기의 농도는 얼마인가?

(d) 단계 (c)에서 얻은 농도를 이용하여 용액 안에 있는 수소 이온의 농도는 얼마인가? (이것은 평형 문제이다)

$[H_3O^+]$로부터 용액의 pH를 계산한다.

(a) 2.3×10^{-5} M　　(b) 5.7×10^{-4} M

(c) 2.4×10^{-2} M　　(d) 4.3×10^{-10} M

3. 농도가 0.10 M인 $NaCHO_2$ 용액의 pH와 용액 중에 있는 이온의 농도는 얼마인가? 단, HCO_2^- 이온의 K_b는 5.6×10^{-11}이다.

	pH	$[Na^+]$	$[CHO_2^-]$	$[OH^-]$
(a)	5.63	0.10	0.10	2.4×10^{-6}
(b)	8.37	0.10	0.10	2.4×10^{-6}
(c)	8.22	0.050	0.050	1.7×10^{-6}
(d)	5.63	0.10	0.10	4.2×10^{-9}

4. NaOH 0.40 g을 농도가 0.10 M인 아세트산 용액 100 mL에 혼합하였다. 이로부터 얻어지는 용액의 pH를 구하시오.

(a) 7보다 작다.　　(b) 7　　(c) 7보다 크다.

16.8 다양성자 산과 염기

다양성자 산은 양성자를 하나 이상 제공할 수 있기 때문에, 이들 용액의 pH를 예측하는 데는 추가적인 도전이 필요하다. 인산, 탄산, 그리고 황화수소(H_2S)같은 여러 가지 무기 다양성자 산의 경우 연속적으로 양성자를 하나씩 제공하는 것에 대한 이온화 상수가 한 단계 전보다 10^4에서 10^6 정도 적다. 이것이 의미하는 것은 다양성자 산의 첫 번째 이온화 단계는 두 번째 이온화 단계보다 H_3O^+ 이온을 약 100만 배 이상까지 제공할 수 있다는 것이다. 이러한 이유로, **많은 무기 다양성자 산의 pH는 첫 번째 이온화 단계에서 생성되는 H_3O^+ 이온에 주로 의존한다. 즉, 두 번째 단계에서 생성되는 H_3O^+ 이온은 무시할 수 있다.** 같은 원리가 다양성자 산이 양성자를 모두 잃은 후 생성되는 짝염기에도 적용된다. 이것은 다음 보기에서 설명하듯이 우리 주위에서 흔히 볼 수 있는 염기성 음이온인 탄산 이온 용액의 pH 계산을 통하여 이해할 수 있다(예제 16.9).

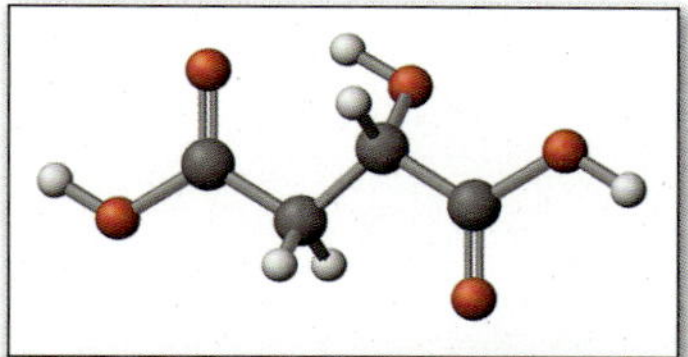

다양성자 산. 말산($C_4H_4O_4$)은 사과 속에 존재하는 이양성자 산이다. 또한 이것은 알파-하이드록시 산으로 분류되는데, 그 이유는 카복실 기 바로 옆 탄소 원자에(알파 위치) OH 기를 가지기 때문이다. 이것은 락트산, 시트르산, 아스코르브산과 같이 자연에 존재하는 광범위한 천연산 집단 중 하나이다. 알파 하이드록시 산은 노화방지용 피부 크림 성분으로 알려져 있다. 알파 하이드록시 산은 세포의 바깥쪽 층을 새로운 세포로 대체시킴으로써 이런 과정을 촉진시키는 역할을 한다.

예제 16.9 다양성자 염기 용액의 pH 계산하기

문제 탄산 이온(CO_3^{2-})은 물속에서 염기로 작용하여 탄산수소 이온을 형성하며, 이것은 순차적으로 탄산(H_2CO_3)을 생성한다.

$$CO_3^{2-}(aq) + H_2O(\ell) \rightleftharpoons HCO_3^-(aq) + OH^-(aq) \qquad K_{b1} = 2.1 \times 10^{-4}$$

$$HCO_3^-(aq) + H_2O(\ell) \rightleftharpoons H_2CO_3(aq) + OH^-(aq) \qquad K_{b2} = 2.4 \times 10^{-8}$$

0.10 M 탄산소듐(Na_2CO_3) 용액의 pH는 얼마인가?

알고 있는 사실 탄산 이온의 농도와 이온의 K_b 값, 완결된 반응식을 알고 있다.

전략 1차 이온화 상수 K_{b1}은 2차 상수 K_{b2}보다 매우 크다. 따라서 용액의 수산화 이온 농도는 거의 전부 첫 단계의 결과이다. 따라서 처음 이온화 단계에서 생성된 OH^- 농도를 계산할 수 있으나 2단계에서 생성된 OH^-가 무시 가능한지를 시험하게 될 것이다.

풀이 탄산 이온 반응에 대한 ICE 표를 작성하시오. (평형 표 1)

평형 표 1: CO_3^{2-} 이온의 반응

평형	CO_3^{2-}	+	H_2O	$\rightleftharpoons$	HCO_3^-	+	OH^-
처음 농도 (M)	0.10				0		0
농도 변화 (M)	$-x$				$+x$		$+x$
평형 농도 (M)	$(0.10 - x)$				x		x

이 표에 기초하여 $OH^-(= x)$ 이온의 평형 농도를 계산할 수 있다.

$$K_{b1} = 2.1 \times 10^{-4} = \frac{[HCO_3^-][OH^-]}{[CO_3^{2-}]} = \frac{x^2}{0.10 - x}$$

왜냐하면 K_{b1} 값이 상대적으로 작기 때문에 근사법을 사용하여 $(0.10 - x) = 0.10$으로 가정하고 문제를 푸는 것이 합리적이다. 따라서 x 값은 다음과 같이 얻어진다.

$$x = [HCO_3^-] = [OH^-] = \sqrt{(2.1 \times 10^{-4})(0.10)} = 4.6 \times 10^{-3}\ M$$

위의 $[OH^-]$ 값을 이용하여, 먼저 용액의 pOH 값을 계산할 수 있다.

$$pOH = -\log (4.6 \times 10^{-3}) = 2.34$$

그 다음, pH + pOH = 14 관계식을 이용하여 pH를 구한다.

$$pH = 14 - pOH = 11.66$$

마지막으로, 탄산 이온(CO_3^{2-})의 농도가 적당한 추정값으로 다음과 같이 0.10M일 것이라고 결론 내릴 수 있다.

$$[CO_3^{2-}] = 0.10 - 0.0046 \approx 0.10\ M$$

첫 번째 단계에서 생성된 HCO_3^- 이온은 H_2CO_3를 생성하기 위하여 양성자가 하나 더 필요로 하며, 이것이 용액의 pH에 영향을 줄 수 있다. 그러나 이 과정이 고려되어야 할 정도로 일어날까? 이것을 확인하기 위하여 다음과 같이 두 번째 반응에 대한

ICE 표를 작성해 보자.

평형 표 2: HCO_3^- 이온의 반응

평형	HCO_3^-	+	H_2O	$\rightleftharpoons$	H_2CO_3	+	OH^-
처음 농도 (M)	4.6×10^{-3}				0		4.6×10^{-3}
농도 변화 (M)	$-y$				$+y$		$+y$
평형 농도 (M)	$(4.6 \times 10^{-3} - y)$				y		$(4.6 \times 10^{-3} + y)$

K_{b2} 값이 매우 작기 때문에, 두 번째 단계는 첫 번째 단계보다 훨씬 더 작은 범위에서 일어난다. 따라서 두 번째 단계($= y$)에서 생성된 탄산과 OH^- 이온의 양은 4.6×10^{-3} M보다 훨씬 더 작다. 그러므로, $[HCO_3^-]$와 $[OH^-]$의 농도가 4.6×10^{-3}M에 매우 근접하리라 가정하는 것은 타당하다.

$$K_{b2} = 2.4 \times 10^{-8} = \frac{[H_2CO_3][OH^-]}{[HCO_3^-]} = \frac{(y)(4.6 \times 10^{-3})}{4.6 \times 10^{-3}}$$

$[HCO_3^-]$와 $[OH^-]$는 거의 동일한 값을 가지므로, 위의 식에서 서로 상쇄되며, $[H_2CO_3]$는 간단히 K_{b2}와 같다고 볼 수 있다.

$$y = [H_2CO_3] = K_{b2} = 2.4 \times 10^{-8}\ M$$

이 반응에서 생성된 OH^- 이온의 양은 무시한다. 수산화 이온은 전적으로 첫 번째 단계에서 생성된다.

고려사항 무기 다양성자 산의 용액의 pH는 항상 첫 번째 이온화 단계에서 생성된 하이드로늄 이온 때문이다. 마찬가지로 다양성자 염기의 pH는 첫 번째 이온화 단계에서 생성된 OH^- 이온 때문이다.

유제 농도가 0.10 M인 옥살산($H_2C_2O_4$) 용액의 pH를 구하시오. $HC_2O_4^-$ 이온, H_3O^+ 이온, 그리고 $C_2O_4^{2-}$의 농도는 얼마일까? (관련된 K_a 값은 부록 H를 참고하시오.)

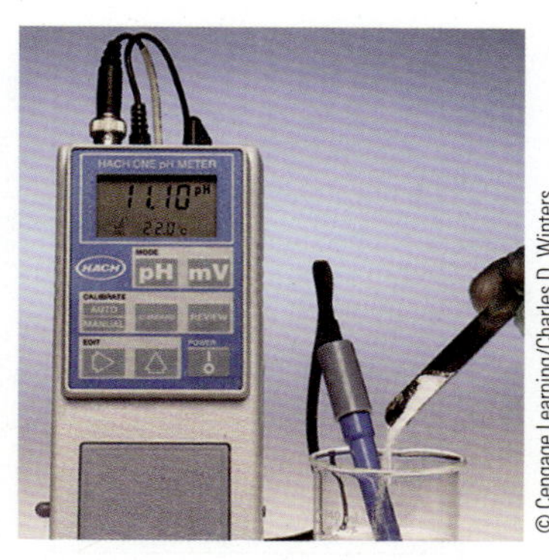

다양성자 산인 탄산소듐. 이것은 매우 흔한 물질로 수용액에서 염기성으로 작용하며, 유리 산업에 주로 이용된다. 탄산소듐은 한 동안 제조되어지기도 했지만, 현재는 광물성의 트로나($Na_2CO_3 \cdot NaHCO_3 \cdot 2\,H_2O$)로서 채굴된다.

16.8절 확인문제

1. 하이드라진(N_2H_4)은 다양성자 염기($K_{b1} = 8.5 \times 10^{-7}$ 그리고 $K_{b2} = 8.9 \times 10^{-16}$)라는 점에서 CO_3^{2-} 이온과 유사하다. 이에 대한 두 개의 짝산은 $N_2H_5^+$와 $N_2H_6^{2+}$이다. 하이드라진 용액의 농도가 0.025 M일 경우 예상되는 pH는 얼마인가?
(a) 3.83 (b) 8.32 (c) 10.16

16.9 분자 구조, 결합과 산-염기 거동

화학에서 가장 흥미로운 것들 중 하나는 분자의 구조와 결합, 화학적 성질 사이의 상관관계이다. 산과 염기는 화학에서 중요한 역할을 하기 때문에 여기서 산과 염기의 거동을 결정하는 일반적인 원리가 있는지를 알아보는 것이 매우 중요하다.

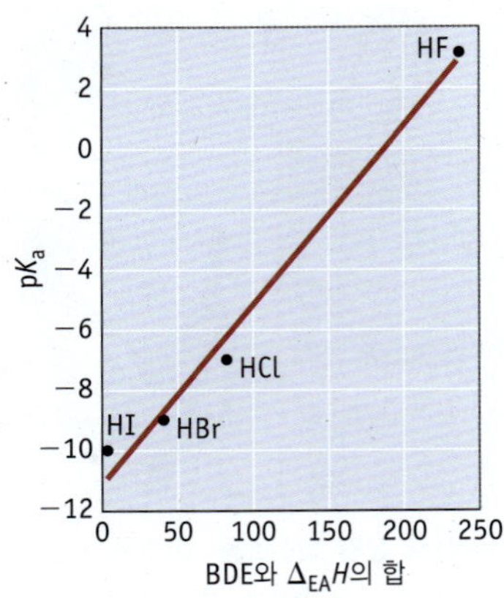

그림 16.6 산의 세기에 대한 H—X 결합 엔탈피와 X 원자의 전자 부착 엔탈피의 효과. 조금 더 강산은 조금 더 약한 H—X와 조금 더 음의 전자 부착 엔탈피를 갖는 X 원자를 갖는다. (BDE는 H—X 결합의 결합 해리 엔탈피이고 $\Delta_{EA}H$는 할로젠 원자의 전자부착 엔탈피이다.) M. Morgan, *Journal of Chemical Education*, Vol. 83, pp. 800~803, 2006 참조.

할로젠화수소(HX)의 산의 세기

플루오린화수소(HF) 수용액은 약한 브뢴스테드 산이지만 다른 할로젠화수소 수용액은 (HCl, HBr, HI 수용액) 모두 강산이다. 실험 결과에 의하면 산의 세기는 다음과 같다. HF << HCl < HBr < HI. 이 집단에서 산의 세기 차이를 주는 요인에 대한 자세한 분석은 많은 것을 시사한다(심층 학습: 산의 세기와 분자 구조 참조). 상대적인 산의 세기에 대한 예측은 두 가지 에너지의 합에 근거하여 이루어질 수 있다. 즉, H—X 결합을 깨는 데 필요한 에너지(결합 해리 엔탈피)와 할로젠 원소의 전자 부착 엔탈피이다. 할로젠화수소산(HX)이 물에서 이온화될 때,

$$HX(aq) + H_2O(\ell) \rightarrow H_3O^+(aq) + X^-(aq)$$

위의 두 에너지의 합이 산의 세기와 관계가 있다.

$$\text{에너지 변화} \propto \text{HX 결합 해리 엔탈피} + \text{X의 전자부착 엔탈피}$$

좀 더 강산은 H—X 결합이 좀 더 쉽게 해리(결합 해리에 있어 좀 더 작은 양의 ΔH 값)되고, X 원자의 전자 부착 엔탈피 값이 좀 더 큰 음수 값을 갖는 것이어야 한다.

결합 해리 엔탈피와 전자 부착 엔탈피 효과는 강산이 되기 위하여 동시에 작용(약한 H—X 결합과 X 원자의 좀 더 음수인 전자 부착 엔탈피)할 수 있지만, 반대 방향으로 작용할 수도 있다. 따라서 두 효과의 균형이 중요하다. 7A족 이성분 산인 HX에 대한 자료를 살펴보자.

산의 세기 증가 →

	HF	HCl	HBr	HI
pK_a	+3.14	−7	−9	−10
H—X 결합 세기 (kJ/mol)	565	432	366	299
X 원자의 전자부착 엔탈피 (kJ/mol)	−328	−349	−325	−295
합 (kJ/mol)	237	83	41	4

위에 나열된 산의 경우 결합 엔탈피 요소가 우세하다. 가장 약산인 HF는 가장 강한 H—X 결합을 가지고 가장 강산인 HI는 가장 약한 H—X 결합을 가진다. 그러나 X 원자의 전자 부착 엔탈피는 Cl이 가장 작으며, F와 Br이 그 다음 작고, I가 가장 크다. 좀 더 음수인 전자 부착 엔탈피를 가질수록 좀 더 약산이지만, HI가 가장 강산을 설명하는 것은 이들 두 가지 효과의 **합**이다. 그림 16.6은 이들 두 에너지의 **합**과 산의 pK_a 사이의 상관관계를 보여준다.

표 16.5 산소산들

산	pK_a
염소 원자에 근거한 산소산	
HOCl	7.46
HOClO ($HClO_2$)	~ 2
$HOClO_2$ ($HClO_3$)	~ −3
$HOClO_3$ ($HClO_4$)	~ −8
황 원자에 근거한 산소산	
$(HO)_2SO$ [H_2SO_3]	1.92, 7.21
$(HO)_2SO_2$ [H_2SO_4]	~ −3, 1.92

라이너스 폴링(Linus Pauling)은 일반적인 분자식이 $(HO)_nE(O)_m$인 산소산에 대해 이들의 pK_a 값은 5~8*m*일 것이라고 말하였다. 그리고 $n > 1$일 경우, pK_a 값은 양성자를 하나씩 잃을 경우 약 5 정도 증가한다.

산소산의 비교: HNO_2와 HNO_3

아질산(HNO_2)과 질산(HNO_3)은 대표적인 **산소산**이다. 산소산은 1개 이상의 산소에 결합된 원자(보통 비금속 원자)를 함유하며, 일부는 수소가 결합되어 있다. 우리는 질소에 근거한 산소산 이외에 황이나 염소 원자에 근거한 산소산 분자와 익숙하다(표 16.5). 이와 관련된 모든 것에서 산의 세기는 중심 원소에 결합한 산소 원자

심층 학습 산의 세기와 분자 구조

수용액 상태에서 산의 세기에 대한 예측은 비교적 간단하지만, 완전한 설명은 복잡할 수 있다. 산 HX(aq)의 세기를 평가할 때, 다음 반응을 살펴보자.

$$HX(aq) + H_2O(\ell) \rightleftharpoons H_3O^+(aq) + X^-(aq)$$

산의 세기는 산의 구조로부터 유도된 비교적 쉽게 확인할 수 있는 특성인, H—X 결합의 세기 및 극성과 관련이 있다. 이온화의 정도를 완전히 설명하려면, 산의 짝염기인 X^-의 특성도 고려해야 한다. 음전하를 이온 전체로 분산시킬 수 있는 음이온의 능력과 용매에 의한 음이온의 용매화는 산의 세기를 설명하는 데 있어서 반드시 관련지어야 하는 여러 관점들 중 일부이다.

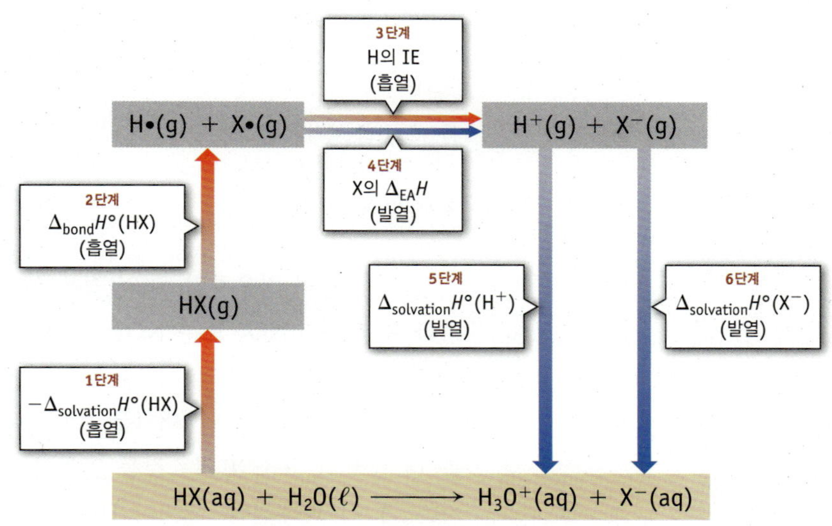

엔탈피 변화가 산의 세기에 어떻게 기여하는지는 열화학 순환(thermochemical cycle, 격자 엔탈피를 계산하는 데 사용한 것과 같은 것. ◀12.3절)을 통하여 설명할 수 있다. 할로젠화수소의 상대적인 산의 세기를 고려해 보자. 물속에서 산의 이온화에 대한 엔탈피 변화는 그림에서 보여 주는 것과 같은 다른 엔탈피 변화와 관련지을 수 있다. H^+의 용매화(5단계)와 H(기체)의 이온화 에너지(3단계)는 모든 할로젠화수소들의 공통 요소이며, 할로젠화수소들 간에 차이에 기여하지 않는다. 그러나 네 가지의 다른 항들은 다르다. 할로젠화수소들에 대하여, HF의 결합 해리 엔탈피(2단계)는 다른 할로젠화수소의 해리 엔탈피보다 훨씬 더 크다. 그러나 음이온의 용매화 엔탈피(6단계)에 의하여 상당히 상쇄된다. 플루오린화 이온의 경우 다른 할로젠화수소들의 용매화 에너지 보다 훨씬 더 발열적이다. 전자 부착 엔탈피(4단계) 또한 전체 엔탈피 변화에 차이를 주는 기여 요소이다. 전자 부착 엔탈피 값은 할로젠 원소들 중에서도 변하지만, 할로젠화 이온의 결합 에너지와 용매화 엔탈피 변화보다는 작다. 분자 화학종들에 대한 용매화 에너지(1단계)에 있어서 차이는 매우 작다.

엔트로피는 용액의 화학에서 중요한 역할을 함을 앞(◀13.2절)에서 지적하였다. 엔트로피가 산의 세기를 결정하는 데 역할을 한다는 것 또한 놀라운 것은 아니다. 사실, 엔트로피 변화에 있어서 차이는 할로젠화수소들의 산의 세기의 차이를 설명하는 데 중요하다. 엔트로피는 이 책에서 아직 자세히 논의되지 않았다(▶18장). 그러나 수용액에서 산의 세기에 대한 완전한 분석은 엔탈피와 엔트로피 모두를 고려하여야 할 것이다.

위의 모든 항들이 산의 세기에 기여할지라도, 산의 세기는 이 절의 예제에서 볼 수 있듯이 이들 정보의 일부분만 관련되어 질 수 있다. 그러나 화학자들에게는 이들이 중요한 결정을 하는 데 이용될 수 있기 때문에 매우 유용하지만 이들 상관관계는 단지 부분적인 설명을 하는 데 가장 적당하다는 점을 지적하고자 한다.

의 숫자가 증가할수록 증가한다. 따라서 질산(HNO_3)이 아질산(HNO_2)보다 더 강산이다.

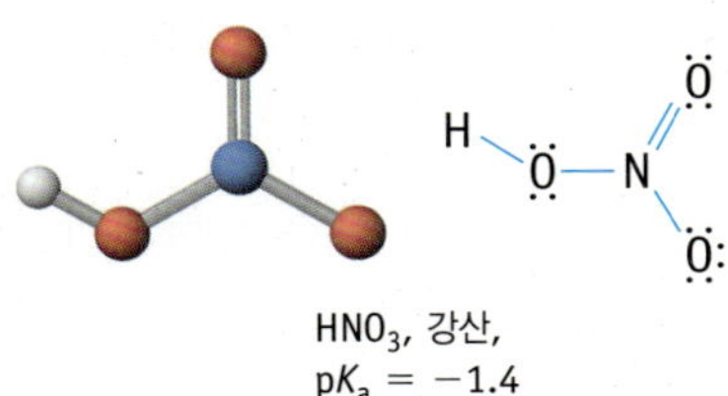

HNO_3, 강산, $pK_a = -1.4$

HNO_2, 약산, $pK_a = +3.35$

질산(HNO_3)과 아질산(HNO_2) 분자에 결합 엔탈피와 전자 부착 엔탈피 분석을 적용해 보자.

산의 세기 증가 ⟶

	HNO_2	HNO_3
pK_a	+3.35	−1.4
H—O 결합 세기(kJ/mol)	328	423
*X*의 전자 부착 엔탈피(kJ/mol)	−219	−377
합(kJ/mol)	109	46

7A족 산들의 경우처럼, 위의 경우 역시 산의 세기는 결합을 깨는 데 필요한 엔탈피와 X 작용기(NO_2 또는 NO_3)의 전자 부착 엔탈피의 합과 상관관계가 있음을 알 수 있다.

7A족에 속하는 산의 세기를 알아보는 과정에서 우리는 H—X 결합의 세기가 좀 더 중요한 요소였다는 것을 알았다. 즉, H—X 결합이 좀 더 강할수록 산의 세기는 좀 더 약해진다. 그러나 HNO_3와 HNO_2의 경우 이것이 사실이 아님을 보여준다. O—H 결합이 좀 더 강산인 HNO_3에서 더 강하다. 반면 전자 부착에 관한 항이 이 경우에는 좀 더 중요하다. 이와 유사한 효과들이 염소에 근거한 산소산 $HOCl < HOClO < HOClO_2 < HOClO_3$와 황에 근거한 산소산의 경우에서 또한 관찰된다(표 16.5). 이와 같은 사실을 어떻게 해석해야 할까?

HNO_3의 경우, 중심 질소 원자에 2개의 산소가 더 결합하고 있는 반면에 HNO_2 분자에는 1개의 산소가 더 결합하고 있다. 좀 더 전기 음성인 산소 원자가 질소에 결합함으로써 수소에 결합한 작용기의 전자친화도를 증가시키며, 전자에 대한 X 작용기의 친화도를 증가시키는 어떤 것은 HX를 좀 더 강산으로 만들고 X^-를 좀 더 약한 짝염기로 만들어야 한다. X^-가 음전하를 수용하여 안정화시킬 수 있는 방법이 있다면 이것은 좀 더 약한 짝염기일 것이라고 말할 수 있는 다른 근거이다. 산소산의 경우 추가적인 산소 원자는 음이온의 음전하가 모든 원자에 분산될 수 있기 때문에 음이온을 안정화하는 효과가 있다. 예를 들어서 NO_3^- 이온의 경우, 전하는 세 개의 산소 원자에 동일하게 분포될 수 있다. 다음 그림은 NO_3^- 이온의 세 개의 공명 구조를 보여 주고 있다.

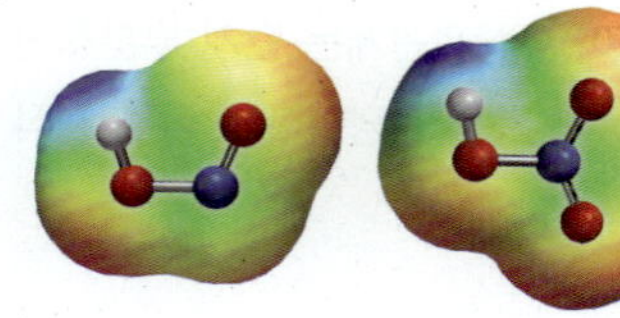
아질산, HNO_2 질산, HNO_3

그림 16.7 질소 산소산에 대한 정전기 퍼텐셜 표면. 두 표면 모두 O—H 결합이 매우 극성임을 보여 준다. 좀 더 중요한 사실은 OH 결합이 좀 더 많은 산소가 질소에 결합할수록 극성이 커진다는 것을 계산을 통하여 보여준다.

부분 전하

분자	H 원자	O 원자	N 원자
HNO_2	+0.39	−0.35	+0.14
HNO_3	+0.41	−0.47	+0.76

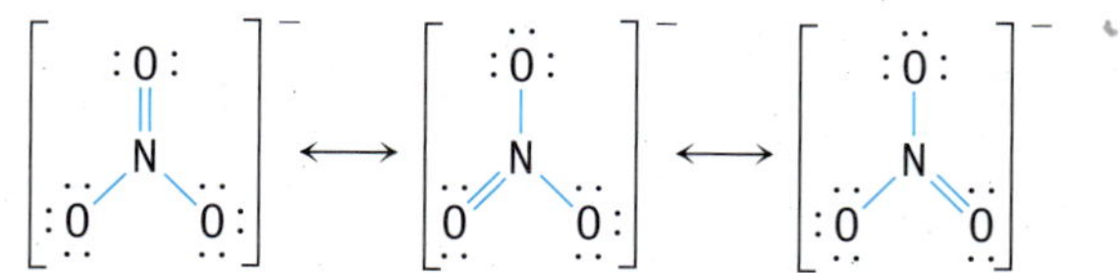

NO_2^- 이온의 경우, 단지 2개의 산소 원자가 전자를 공유한다. 따라서 NO_2^-가 NO_3^-보다 좀 더 강한 짝염기이다. **일반적으로, 산을 이온화시킴으로써 얻어지는 생성물의 더 큰 안정화가 산성도 증가에 기여한다.**

일련의 관련된 산에서 중심 원자의 형식전하가 커질수록 산의 세기는 증가하고, 짝염기는 약해진다. 예를 들면 약산인 HNO_2의 N 원자의 형식 전하는 0인 반면에 강산인 HNO_3의 경우는 +1이다. 그리고 이와 같은 사실은 그림 16.7에 인용된 이론적인 계산 결과에 반영되었다. 산소산에서 중심 원자에 부착된 산소 원자의 수가 증가할수록 중심 원자의 형식 전하가 증가한다. 이와 같은 결과는 2쌍의 산소산에 대하여 아래 표에서 보여주고 있다.

	중심 원자의 형식 전하	pK_a
:O—H | :O—S—O: | :O—H	+2	−3
H :O—H | | :O—S—O:	+1	1.92
:O—Cl—O—H	+1	2
:Cl—O—H	0	7.46

요약하면, 산소산과 같은 분자는 H^+를 잃음으로써 생기는 음이온이 안정화되고 음전하를 수용할 수 있을 때 좀 더 강한 브뢴스테드 산으로 작용할 수 있다. 이들 조건들은 다음과 같이 정리될 수 있다.

- 중심 원자에 결합한 전기 음성적인 원자의 존재
- 음이온의 음전하를 비편재화 함으로써 음이온이 좀 더 안정화될 수 있는 공명 구조의 가능성
- 중심 원자의 좀 더 큰 형식 전하

카복실산은 왜 브뢴스테드 산인가?

아세트산(CH_3CO_2H)(그림 16.8)으로 대표되며, 모두 카복실산 작용기 $-CO_2H$를 가졌기 때문에 **카복실산**이라 불리는 유기산은 많은 종류가 있다. 산소산의 산성도를 설명하는 데 이용되었던 논리가 여기에도 적용될 수 있다. 이들 화합물에서 O—H 결합은 극성이며, 이것은 이온화가 되는 데 필요한 전제조건이다.

$$H_3C-C(=O)-O-H \cdots OH_2 \longrightarrow H_3C-C(=O)-O^- + H_3O^+$$

C—H 결합은 물에서 해리되지 않는다.

극성 O—H 결합은 양으로 하전된 H 원자와 수소 결합된 H_2O 사이의 상호작용으로 깨진다.

추가로 카복실산 음이온은 2개의 산소 원자에 의한 음전하의 비편재화로 인하여 안정화된다.

그림 16.8 **아세트산의 정전기 퍼텐셜 표면과 부분 전하.** 분자에 존재하는 수소 원자는 모두 양성의 전하를 띠지만, OH에 있는 수소는 훨씬 더 큰 양전하를 띠고 있다. 예상대로, 전기음성적인 2개의 산소 원자는 부분적인 음전하를 띠고 있다.

원자 또는 작용기	계산된 부분 전하
H에 있는 OH	+0.43
O에 있는 OH	−0.62
H에 있는 CH_3	+0.23

$$\left[\begin{array}{c} H\ :\ddot{O}: \\ H-C-C-\ddot{O}: \\ H \end{array}\right]^- \longleftrightarrow \left[\begin{array}{c} H\ :\ddot{O}: \\ H-C-C=\ddot{O} \\ H \end{array}\right]^-$$

간단한 여러 가지 카복실산, RCO_2H(여기서 R은 탄화수소 작용기이다)의 산의 세기는 크게 다르지 않다(아세트산 $pK_a = 4.74$, 프로판산 $pK_a = 4.89$; 표 16.2). 그러나 알킬 작용기($—CH_3$ 또는 $—C_2H_5$)의 수소 대신에 전기음성도가 큰 치환기로 치환될 경우 그들의 산성도는 증가한다. 예를 들면 수소 원자보다 전기음성도가 더 큰 염소 원자로 수소 원자를 하나씩 순차적으로 치환한 일련의 아세트산의 pK_a 값을 비교해 보자.

산		pK_a 값	
CH_3CO_2H	아세트산	4.74	산의 세기 증가 ↓
$ClCH_2CO_2H$	클로로아세트산	2.85	
Cl_2CHCO_2H	다이클로로아세트산	1.49	
Cl_3CCO_2H	트라이클로로아세트산	0.7	

질소 산소산의 경우처럼, 전기음성도가 큰 원자로 치환되면 산의 세기가 증가한다. 어떤 주장에 따르면 전기음성도가 큰 원자로 치환되면 음이온의 음전하를 안정화하는 것이다. 즉, $Cl_3CCO_2^-$ 음이온이 $H_3CCO_2^-$ 음이온보다 더 안정하다는 것이다. 따라서 $Cl_3CCO_2^-$ 음이온의 생성이 $CH_3CO_2^-$ 생성보다 더 유리하다. 그리고 $Cl_3CCO_2^-$ 음이온이 $CH_3CO_2^-$ 음이온보다 더 약염기이다.

마지막으로, 왜 카복실산의 C—H의 H가 O—H의 H를 대신하여(또는 추가하여) H^+ 이온으로 해리되지 않는가? 그림 16.8에 수록된 계산으로 얻어진 부분 양전하는 CH_3 작용기에 있는 수소 원자가 O—H에 있는 수소 원자보다 훨씬 작은 부분 양전하를 띤다는 것으로 보여준다. 게다가 카복실산에서 CH_3 작용기의 C 원자는 $C—H \rightarrow C{:}^- + H^+$로 결합이 깨어질 경우 생성되는 음전하를 안정화시키기에 충분히 전기 음성적이지 못하고, 생성물 음이온은 충분히 안정화되지 않는다.

수화된 금속 양이온이 브뢴스테드 산인 이유는?

배위 공유 결합이 금속 양이온(루이스 산)과 물 분자(루이스 염기) 사이에서 형성될 경우 금속 양이온의 양전하와 그것의 작은 크기는 $H_2O \rightarrow M^{n+}$ 결합의 전자가 금속 쪽으로 매우 강하게 끌리는 것을 의미한다(16.10절). 결과적으로 수화된 물 분자의 O—H 결합은 산소산과 카복실산에서처럼 분극화된다. 이로부터 얻어지는 알짜 효과는 배위된 물 분자의 수소 원자들이 배위되지 않은 물 분자의 수소 원자보다 H^+로서 더 쉽게 제거된다는 것이다. 따라서 수화된 금속 양이온은 브뢴스테드 산 또는 양성자 주개로 작용한다.

O—H 결합의 편극화. 금속 양이온에 부착된 물 분자는 강하게 편극화된 O—H 결합을 가진다.

$$(H_2O)_5M^{n+} \longleftarrow :\underset{\delta-}{O}(H^{\delta+})—H^{\delta+}$$

$$[Cu(H_2O)_6]^{2+} + H_2O(\ell) \rightleftharpoons [Cu(H_2O)_5(OH)]^+(aq) + H_3O^+(aq)$$

수화된 금속 양이온의 산성도는 전하가 증가할수록 증가한다. 표 16.2을 참고로 하여 3가 양이온의 K_a(예를 들면 Al^{3+}나 Fe^{3+})는 2가 양이온(Cu^{2+}, Pb^{2+}, Co^{2+}, Fe^{2+}, Ni^{2+})의 산성도보다 더 크다. Na^+나 K^+처럼 단지 1가 양전하를 가지는 이온들은 산성을 갖지 않는다. (이것은 일련의 관계된 산소산에서 중심 원자 형식 전하 효과와 유사하다.)

음이온이 브뢴스테드 염기인 이유는?

특히 PO_4^{3-}와 같은 산소산 음이온은 브뢴스테드 염기이다. 음전하를 띠는 음이온은 극성 물 분자에서 부분적으로 양전하를 띠는 H 원자와 상호작용하여 수소 원자가 음이온으로 옮겨 간다.

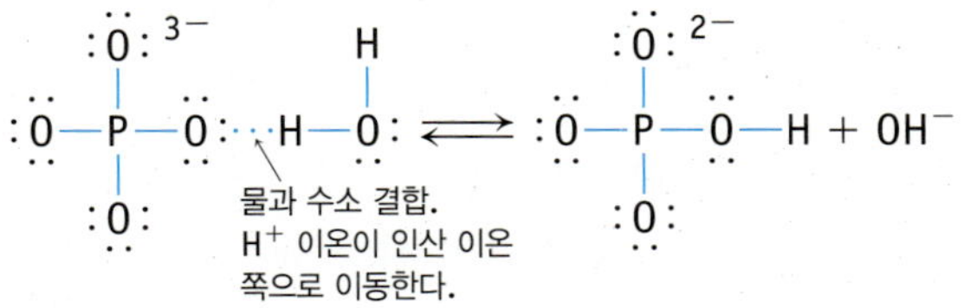

$$[PO_4]^{3-} \cdots H-O-H \rightleftharpoons [HPO_4]^{2-} + OH^-$$

물과 수소 결합. H^+ 이온이 인산 이온 쪽으로 이동한다.

표 16.6의 자료를 보면, 일련의 음이온들 중 음이온 염기의 염기도는 음이온의 음전하가 증가할수록 증가하는 것을 보여준다.

표 16.6 염기성 산소산 음이온

음이온	pK_b
PO_4^{3-}	1.55
HPO_4^{2-}	6.80
$H_2PO_4^-$	11.89
CO_3^{2-}	3.68
HCO_3^-	7.62
SO_3^{2-}	6.80
HSO_3^-	12.08

16.9절 확인문제

1. 다음 중 어떤 것이 더 강산일까?
(a) H_2SeO_4 (b) H_2SeO_3

2. 다음 중 어떤 것이 더 강산일까?
(a) $[Fe(H_2O)_6]^{2+}$ (b) $[Fe(H_2O)_6]^{3+}$

3. 다음 중 어떤 것이 더 강산일까?
(a) HOCl (b) HOBr

16.10 산과 염기의 루이스 개념

1920년대 브뢴스테드와 로우리에 의하여 제안된 산–염기 작용에 대한 개념은 양성자 이동을 포함하는 반응에 잘 적용된다. 그러나 좀 더 일반적인 산–염기 개념은 1930년 길버트 루이스(Gilbert N. Lewis)(◂8.2절)에 의해 정립되었다. 이 개념은 산과 염기 사이의 전자쌍 공유에 근거하고 있다.

루이스 산은 새로운 결합이 형성될 때 다른 원자로부터 전자쌍을 받는 물질이고, **루이스 염기**는 새로운 결합이 형성될 때 다른 원자에 전자쌍을 제공하는 물질이다.

이 반응의 생성물을 흔히 **산–염기 첨가 생성물**(acid–base adduct)이라 부른다.

$$\underset{\text{산}}{A} + \underset{\text{염기}}{B:} \rightarrow \underset{\text{첨가 생성물}}{B \rightarrow A}$$

8.5절에서 이런 종류의 화학 결합을 배위 공유 결합이라 불렀다.

모든 브뢴스테드-로우리 산-염기 반응은 루이스 산-염기 반응으로 된다. 양성자와 물의 반응으로부터 하이드로늄 이온의 생성과 양성자와 암모니아의 반응에 의한 암모늄 이온의 생성은 루이스 산-염기 반응의 좋은 예이다.

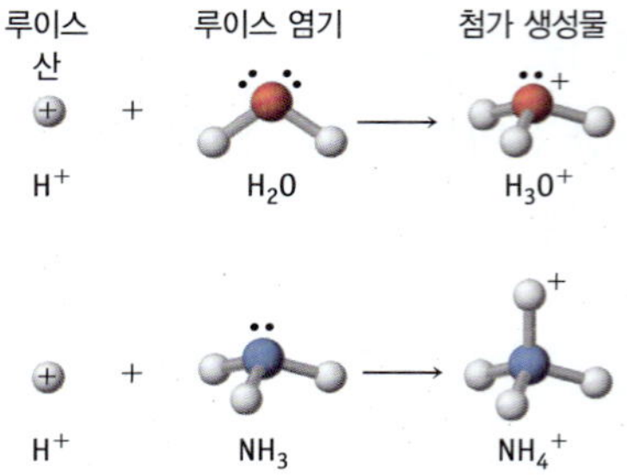

루이스 산		루이스 염기		첨가 생성물
H^+	+	H_2O	⟶	H_3O^+
H^+	+	NH_3	⟶	NH_4^+

수소 양이온은 원자가 껍질(1*s*)에 전자가 없고, 물 분자는 sp^3 혼성 궤도함수에 위치한 고립 전자쌍을 가지고 있다. 물 분자의 산소 원자에 존재하는 고립 전자쌍 중 하나는 수소 양이온과 공유함으로써 O—H 결합을 형성하여 하이드로늄 이온을 생성한다. 이와 유사한 반응은 수소 양이온과 염기성 암모니아가 반응하여 암모늄 이온을 생성하는 반응이 있다.

루이스 산-염기 반응은 매우 흔하다. 일반적으로 이 반응은 이용 가능한 비어 있는 원자가 궤도를 가지고 있는 양성자 또는 중성 분자인 루이스 산과 고립 전자쌍을 가지고 있는 음이온 또는 중성 분자인 염기를 포함한다.

양이온 루이스 산

양성자와 물이 루이스 산-염기 첨가 생성물을 생성하는 것처럼, 금속 양이온은 물과 상호작용하여 수화된 양이온을 생성한다. 이 화학종에서 금속 양이온과 물 분자의 산소 원자에 존재하는 고립 전자쌍 사이에 배위 공유 결합이 형성된다. 한 예로 철 2가 이온(Fe^{2+})은 물과 6 배위 공유 결합을 형성한다.

$$Fe^{2+}(aq) + 6\ H_2O(\ell) \rightarrow [Fe(H_2O)_6]^{2+}(aq)$$

전이금속 양이온 용액은 일반적으로 여러 가지 색을 가진다(그림 16.9, 16.10). 화학자들은 이들을 **착이온**(complex ions)이라 부르며, 때로는 배위 공유 결합 때문에 **배위 착물**(coordination complexes)이라고도 부른다. 산으로서 몇몇 착이온의 예는 표 16.2에 나열되어 있다.

암모니아는 물처럼 전형적인 루이스 염기이며, 금속 양이온과 결합하여 착이온을 형성한다. 이들 생성물은 때때로 화려한 색을 띤다. 예를 들면, 수용액 상에서 연한 청색을 띠는 구리(II) 이온(그림 16.9)은 암모니아와 반응하여 짙은 청색의 착이온을 형성하며, 4개의 암모니아 분자가 Cu^{2+} 양이온 하나를 둘러싼다.

OH^- 이온은 뛰어난 루이스 염기이며 금속 양이온과 쉽게 결합하여 금속 수산화물을 형성한다. 일부 금속 수산화물 화학의 중요한 특징은 이들이 **양쪽성 물질**이라는 것이다. 양쪽성 금속 수산화물은 산 또는 염기로 작용할 수 있다(표 16.7). 알루미늄

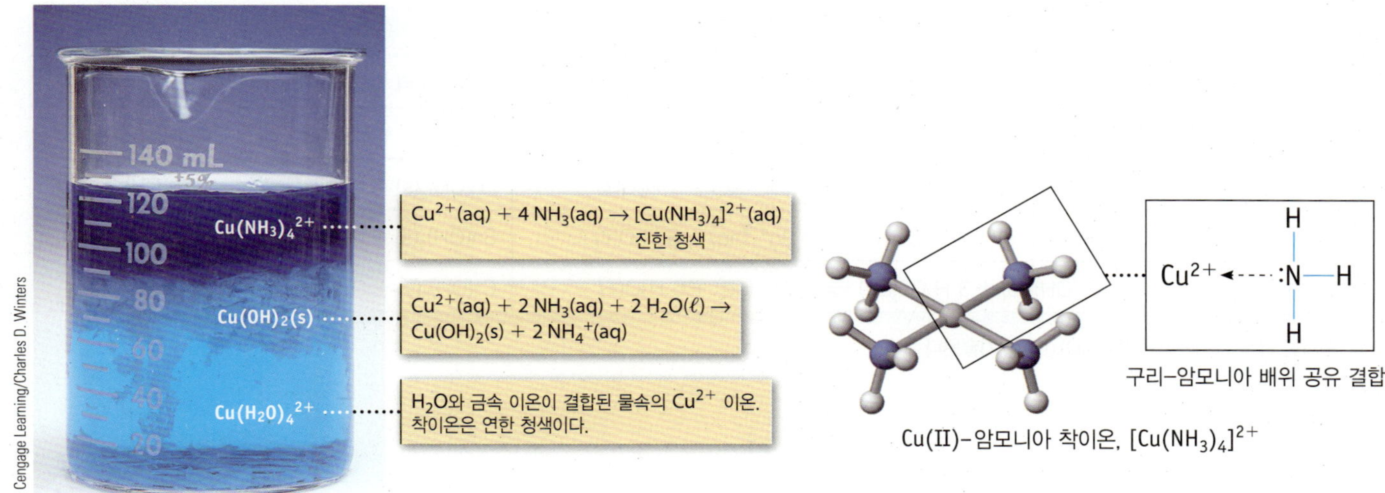

그림 16.9 루이스 산–염기 착 이온$[Cu(NH_3)_4]^{2+}$. 여기서, 수용액의 암모니아를 $CuSO_4$ 수용액(비커 바닥의 연한 청색 용액)에 가한다. 암모니아 수용액에 있는 소량의 OH^- 이온이 불용성인 청백색의 $Cu(OH)_2$(비커 가운데에 있는 고체)를 먼저 생성한다. 그러나 추가로 가해지는 NH_3로부터 진한 청색의 수용성 착물 이온을 형성한다(비커 윗부분 용액). 암모니아는 Cu^{2+} 이온에 배위 공유 결합으로 결합된다.

수산화물, $Al(OH)_3$의 화학은 이러한 거동의 가장 좋은 예 중 하나이다. 알루미늄 수산화물 침전물에 OH^- 이온을 첨가하면 수용성의 $[Al(OH)_4]^-$ 이온이 생성된다(그림 16.11). 이 반응에서 $Al(OH)_3$는 루이스 산으로 작용한다.

$$\underset{\text{산}}{Al(OH)_3(s)} + \underset{\text{염기}}{OH^-(aq)} \rightarrow [Al(OH)_4]^-(aq)$$

만약 알루미늄 수산화물 침전물에 산이 첨가되면, 그것은 다시 용해된다. 그러나 이 반응에서 수산화알루미늄은 염기로 작용한다.

$$\underset{\text{염기}}{Al(OH)_3(s)} + \underset{\text{산}}{3\ H_3O^+(aq)} \rightarrow Al^{3+}(aq) + 6\ H_2O(\ell)$$

철(Ⅲ)(Fe^{3+}), 코발트(Ⅱ)(Co^{2+}), 니켈(Ⅱ)(Ni^{2+}), 구리(Ⅱ)(Cu^{2+})의 질산염 용액은 모두 특징적인 색을 띤다.

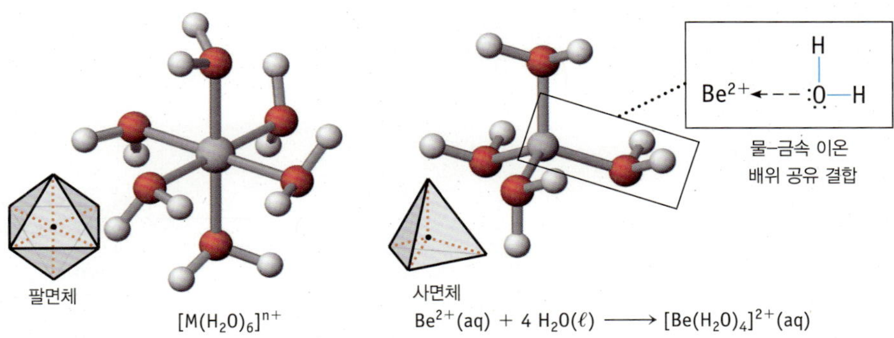

물과 금속 양이온 사이에서 형성된 착이온 모형(루이스 산–염기 첨가 생성물). 이러한 착물은 가끔 금속 양이온 주위에 6개 또는 4개의 물 분자가 금속 양이온을 둘러싸서 팔면체 또는 사면체 구조를 형성한다.

그림 16.10 수용액에서 금속 양이온.

표 16.7 몇 가지 양쪽성 금속 수산화물

수산화물	염기로서의 반응*	산으로서의 반응
$Al(OH)_3$	$Al(OH)_3(s) + 3\ H_3O^+(aq) \rightleftharpoons Al^{3+}(aq) + 6\ H_2O(\ell)$	$Al(OH)_3(s) + OH^-(aq) \rightleftharpoons [Al(OH)_4]^-(aq)$
$Zn(OH)_2$	$Zn(OH)_2(s) + 2\ H_3O^+(aq) \rightleftharpoons Zn^{2+}(aq) + 4\ H_2O(\ell)$	$Zn(OH)_2(s) + 2\ OH^-(aq) \rightleftharpoons [Zn(OH)_4]^{2-}(aq)$
$Sn(OH)_4$	$Sn(OH)_4(s) + 4\ H_3O^+(aq) \rightleftharpoons Sn^{4+}(aq) + 8\ H_2O(\ell)$	$Sn(OH)_4(s) + 2\ OH^-(aq) \rightleftharpoons [Sn(OH)_6]^{2-}(aq)$
$Cr(OH)_3$	$Cr(OH)_3(s) + 3\ H_3O^+(aq) \rightleftharpoons Cr^{3+}(aq) + 6\ H_2O(\ell)$	$Cr(OH)_3(s) + OH^-(aq) \rightleftharpoons [Cr(OH)_4]^-(aq)$

* 수화된 금속 양이온들은 $[M(H_2O)_6]^{n+}$로 기술된다.

분자성 루이스 산

염기성 용액에서 이산화탄소. 이산화탄소와 OH^- 이온 사이의 반응은 탄산칼슘 침전물 생성의 첫 번째 단계이다. 이때 이산화탄소는 수산화칼슘 용액 속으로 기포를 생성하며 넣어준다(그림 3.5).

루이스 산–염기 개념은 CO_2나 SO_2와 같은 비금속 산화물이 산으로 작용하는 사실을 잘 설명한다(◀3.6절). 산소 원자는 탄소 원자보다 더 전기 음성적이기 때문에, 이산화탄소 분자 내의 C—O 결합 전자들은 탄소에서 산소 쪽으로 편극화되어 있다. 이런 이유로 탄소가 약간 양이온성을 가지게 된다. 따라서 음전하를 가지는 루이스 염기인 OH^- 이온이 탄소 원자를 공격하여 중탄산 이온을 생성한다.

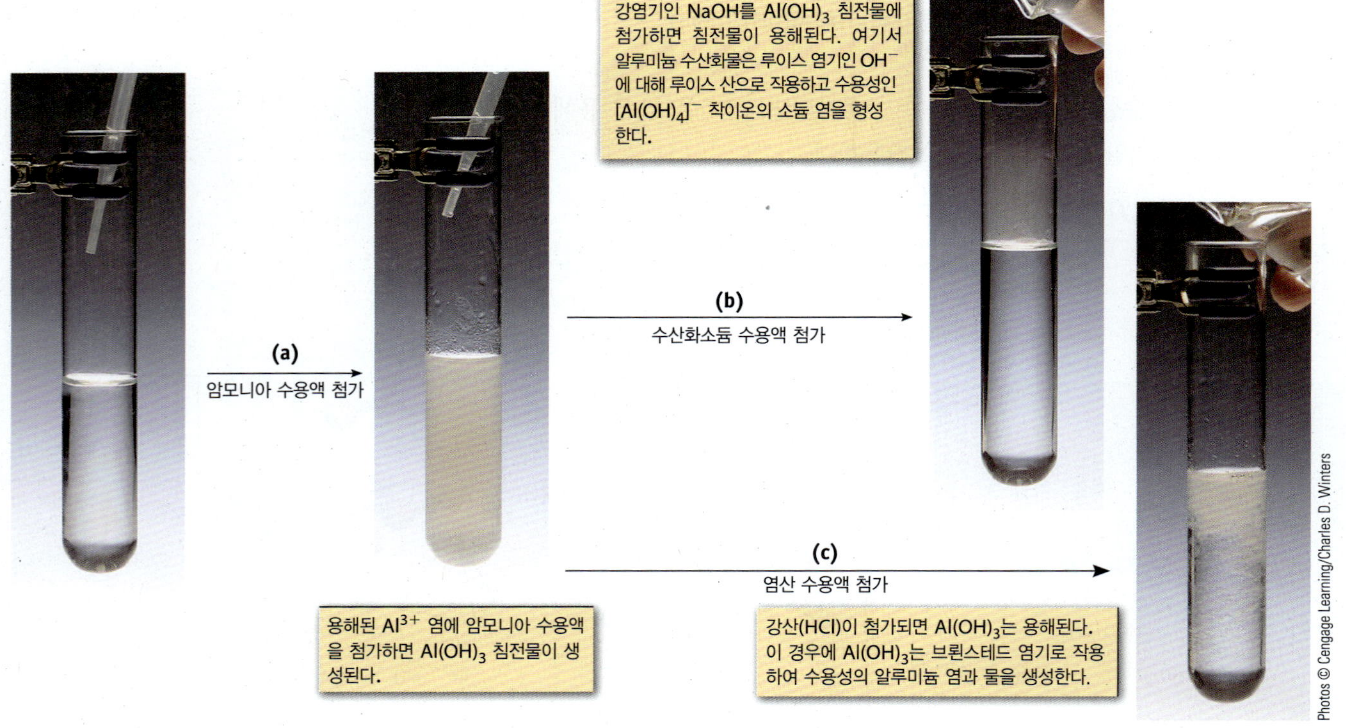

그림 16.11 **$Al(OH)_3$의 양쪽성 성질.** 수용성 Al^{3+} 이온과 암모니아의 반응으로부터 알루미늄 수산화물이 생성된다.

$$Al^{3+}(aq) + 3\ NH_3(aq) + 3\ H_2O(\ell) \rightleftharpoons Al(OH)_3(s) + 3\ NH_4^+(aq)$$

NaOH 수용액 및 HCl 수용액과 고체인 $Al(OH)_3$의 반응은 알루미늄 수산화물이 양쪽성임을 보여준다.

$$:\ddot{O}-H^- + O=C=O \longrightarrow O=C(OH)-O^-$$

이와 마찬가지로, 이산화황도 수용액상의 OH^- 이온과 반응하여 HSO_3^- 이온을 생성한다.

3A족 원소에 속하는 보론과 알루미늄에 근거한 화합물들은 가장 많이 연구된 루이스 산 중의 하나이다. 한 예로서 루이스 산인 $AlCl_3$에 의한 촉매작용으로 진행되는 화학 반응이 있다. **프리델-크래프츠 반응**(Friedel-Crafts reaction)이라고 불리는 중요한 반응 메커니즘을 여기서 소개한다.

1 단계 루이스 염기인 Cl^- 이온이 반응물로부터 (여기서는 CH_3COCl) 루이스 산으로 전달되어 $[AlCl_4]^-$와 유기 양이온을 생성한다.

$$H_3C-C(=O)-Cl + AlCl_3 \rightleftharpoons [AlCl_4]^- + H_3C-\overset{+}{C}=\ddot{O}$$

2 단계 유기 양이온은 벤젠 분자를 공격하여 양이온의 중간체를 생성한다.

$$C_6H_6 + H_3C-\overset{+}{C}=\ddot{O} \rightleftharpoons C_6H_6(COCH_3)^+$$

중간체

3 단계 이어서 이 중간체는 $[AlCl_4]^-$와 반응하여 HCl과 최종 유기 생성물을 생성한다. 촉매는 재생된다.

$$C_6H_6(COCH_3)^+ + AlCl_4^- \rightleftharpoons C_6H_5COCH_3 + HCl + AlCl_3$$

분자성 루이스 염기

암모니아는 브뢴스테드 및 루이스 염기로서 작용하는 수많은 화합물들의 모체이다(그림 16.12). 이러한 화합물은 모두 고립 전자쌍뿐만 아니라 다른 3개의 결합에 의해 둘러싸인 부분 음전하를 띠는 전기음성적인 질소 원자를 가지고 있다. 브뢴스테드-로우리 산-염기 반응에서 부분적인 음전하의 N 원자 때문에 이들 분자는 물로부터 양성자를 끌어당긴다.

NH_3와 H_2O의 정전기 퍼텐셜 표면. NH_3는 루이스와 브뢴스테드 염기이며 물로부터 양성자를 제거하여 NH_4^+와 OH^-를 생성할 수 있다.

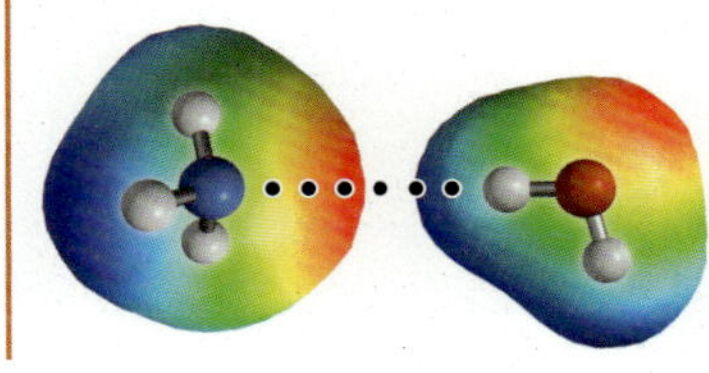

트라이메틸아민　　피리딘　　니코틴　　글라이신, 아미노산의 일종

그림 16.12 질소에 근거한 루이스 및 브뢴스테드 염기들. 이들 모든 분자는 3개의 결합과 고립 전자쌍으로 둘러싸인 질소 원자를 가지고 있다. 이 장의 서론에서의 이야기 주제였던 테트라톡신은 이 광범위한 종류의 화합물에 포함된다.

$$R_2NH\cdots H-\ddot{O}H \rightleftharpoons R_2NH_2^+ + OH^-$$

물과의 수소 결합. H^+ 이온이 N 원자로 이동한다.

그 외에, 고립 전자쌍은 루이스 산–염기 반응에서 금속 양이온과 배위 공유 결합을 하는 데 사용될 수 있다.

16.10절 확인문제

1. 다음 중 루이스 산으로 작용할 수 있는 것은? (힌트: 각각의 경우에 대해 분자 또는 이온의 루이스 전자점 구조를 그린다. 중심 원자가 고립 전자쌍을 가지고 있으면, 루이스 염기이고, 중심 원자에 전자쌍이 없으면 루이스 산이다.)

(a) PH_3　　(b) BCl_3

(c) H_2S　　(d) HS^-

2. 아래 주어진 것과 같은 구조를 갖는 분자는 흥분제인 암페타민(amphetamine)이다. 다음 주어진 보기 중 어떤 것이 이 분자를 가장 잘 나타낼까? (주: 1개 이상의 답이 가능할 수도 있다.)

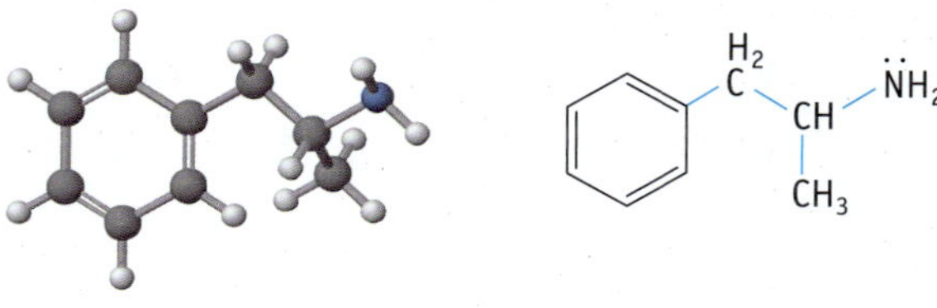

(a) 브뢴스테드 산　　(b) 루이스 산

(c) 브뢴스테드 염기　　(d) 루이스 염기

화학 원리 응용 | 평준화 효과, 비수용액 용매와 슈퍼산

물에서 존재할 수 있는 가장 강한 브뢴스테드 산은 무엇일까? 답은 하이드로늄 이온이다. 흔한 강산(HCl, HBr, HI, HNO_3, $HClO_4$, H_2SO_4)은 H_3O^+보다 모두 강함에도 불구하고 이 산들은 물에서 완전히 이온화가 된다. 결과는 특정한 값 이상의 산도를 가지는 모든 브뢴스테드 산은 물에서 동일한 산성을 가진다. 따라서 이들의 산의 세기는 구별할 수 없다. 이러한 것을 물의 **평준화 효과**라 한다.

비슷하게 물에서 존재할 수 있는 가장 강염기는 OH^-이다. OH^-보다 강한 어떠한 염기도 물과 완전히 반응하여 OH^-를 생성한다. OH^-보다 강염기인 아마이드(NH_2^-) 이온과 산화(O^{2-}) 이온 모두 물과 완전하게 반응하여 OH^-를 생성한다.

비록 강산은 물에서 동일하게 행동하지만 이들은 모두 같은 세기를 가지지는 않는다. 이들 산의 세기를 구별하는 한 방법은 물이 아닌 용매에서 이온화 정도를 측정하는 것이다. 이 용매들은 물처럼 브뢴스테드 염기여야만 된다. 추가적으로 용매는 물보다 약염기여서 강산에 의하여 완전히 양성자화되지 않는다. 이러한 용매 중 하나는 아세트산이다. 순수한 아세트산—**빙초산**으로 알려짐—은 양성자를 주거나 또는 받을 수 있다는 점에서 물과 비슷하다. 예를 들어 염산을 아세트산에 용해시키면 다음 반응이 일어나게 된다.

$$HCl + CH_3CO_2H \rightleftharpoons CH_3CO_2H_2^+ + Cl^-$$

물에서 HCl의 이온화와는 달리, 이 반응은 완결되지는 않는다. 이 반응의 pK 값은 8.8이다. 다른 주요한 산인 $HClO_4$와 H_2SO_4(처음 양성자에 한함)는 각각 pK 값이 5.3과 6.8이다.

다른 산들은 더 강하고 가끔 슈퍼산이라 부른다. 한 가지 슈퍼산은 플루오로설폰산(HSO_3F)이며, 황산보다 약 1000배 강하다. 이 산의 경계를 HSO_3F와 SbF_5의 혼합물과 비교하면, 농도에 따라 다르지만 100 % 황산에 비하여 10^{16}배 이상이 될 것이다. 이 혼합물은 적절한 상표명인 '마법의 산'으로 팔리고 있다.

조지 올라(George Olah, 1927~현재). 슈퍼산에 대한 초기 연구 대부분은 올라에 의해 진행되었고, 그는 이 연구를 인정받아 1994년 노벨 화학상을 수상하였다.

문제

1. 빙초산에서 HCl, $HClO_4$, H_2SO_4의 이온화에 대한 pK 값을 K 값으로 변환하시오. 가장 강산부터 약산 순으로 나열하시오.
2. 다른 용매도 자동이온화가 일어난다.
   (a) 빙초산의 자동이온화에 대한 화학 반응식을 쓰시오.
   (b) 빙초산의 자동이온화 평형상수는 25 ℃에서 3.2×10^{-15}이다. 25 ℃ 아세트산에서 $[CH_3CO_2H_2]^+$의 농도를 결정하시오.
3. 아마이드 이온(OH^-보다 강염기)과 물과의 반응에 대한 반응식을 쓰시오. 평형은 생성물 또는 반응물 중 어느 것을 선호하는가?
4. 빙초산에서 $HClO_4$ 용액은 강한 전기 전도, 약한 전기 전도 아니면 절연이 되는가?
5. OH^-보다 강염기의 상대적 세기를 측정하기 위하여 물보다 약산인 용매를 선택하는 것이 필요하다. 이러한 용매 중 하나는 암모니아이다.
   (a) 암모니아의 자동이온화에 대한 반응식을 쓰시오.
   (b) 액체 암모니아에서 존재할 수 있는 가장 강산과 염기는 무엇인가?
   (c) 액체 암모니아에서 HCl 용액은 강한 전기 전도, 약한 전기 전도 아니면 절연이 되는가?
   (d) 산화 이온(O^{2-})는 아마이드 이온(NH_2^-)보다 강염기이다. 액체 암모니아에서 NH_3와 O^{2-}의 반응에 대한 반응식을 쓰시오. 평형은 생성물과 반응물 어느 것을 선호하는가?

학습 목표 복습

여러분은 이 장의 학습을 마쳤다. 이제 학습 목표를 달성했는지 점검해 보자. 특히 다음과 같은 것을 할 수 있어야 한다.

- 브뢴스테드–로우리 산–염기와 루이스 산–염기 이론 사이의 유사점과 다른 점을 이해한다.
  - **a.** 산과 염기를 브뢴스테드–로우리와 루이스 산–염기 이론에 따라 분류한다(16.1과 16~10절).
- 산–염기 성질에 대한 구조와 결합의 영향을 이해한다.
  - **a.** 화합물의 구조와 산성도와 염기도 사이의 연계를 살펴본다(16.9절).
  - **b.** 화합물을 루이스 염기(전자쌍 주개)와 루이스 산(전자쌍 받개)로 확인한다(16.10절).

- 산과 염기의 브뢴스테드–로우리와 루이스 이론의 사용한다.
  - **a.** 브뢴스테드 산과 염기 개념의 정의와 사용한다(16.1절).
  - **b.** 흔한 단일양성자와 다양성자 산과 염기를 인식하고 물에서 이온화에 대한 완결된 반응식을 쓴다(16.1절).
  - **c.** 물질이 양쪽성이 될 수 있는 때를 인식한다(16.1절).
  - **d.** 반응에서 브뢴스테드 산과 염기를 인식하고 각 물질의 짝을 확인한다(16.1절).
  - **e.** 물 이온화 상수 K_w를 사용한다(16.2절).
  - **f.** 흔한 강산과 강염기를 확인한다(표 3.1과 16.2절).
  - **g.** 일부 흔한 약산을 인식하고 중성 분자(아세트산), 양이온(NH_4^+ 또는 $[Fe(H_2O)_6]^{2+}$와 같은 수화된 금속 이온), 또는 음이온(HCO_3^-)이 될 수 있음을 이해한다(표 16.2).
- 화학 평형의 원리를 수용액의 산과 염기에 적용한다.
  - **a.** 약산과 약염기의 평형상수 식을 쓴다(16.3절).
  - **b.** K_a로부터 pK_a(또는 pK_a로부터 K_a)를 계산하고 pK_a가 어떻게 산의 세기와 관련되었는지를 이해한다(16.3절).
  - **c.** 약산의 K_a와 짝염기의 K_b와의 관계를 이해한다(16.3절).
  - **d.** 산–염기 반응의 반응식을 쓰고 이것이 평형에서 생성물 또는 반응물–선호인지 여부를 결정한다(16.5절과 표 16.4).
  - **e.** 실험 정보(pH, $[H_3O^+]$, 또는 $[OH^-]$)로부터 약산의 평형상수(K_a) 또는 약염기의 평형상수(K_b)의 계산한다(16.7절과 예제 16.4).
  - **f.** 염의 산–염기 성질을 기술하고 약산 또는 약염기의 염 용액의 pH 계산한다(16.4절과 예제 16.7).
- 브뢴스테드–로우리 이론이 산과 염기 반응의 결과를 예측하는 데 어떻게 사용되는지를 이해한다.
  - **a.** 산–염기 반응의 종류를 인식하고 결과를 기술한다(16.6절).

- 용액에서 하이드로늄 이온의 농도로부터 pH 계산한다.
  a. pH 개념을 사용한다(16.2절).
  b. 산–염기 반응 이후 pH 계산한다(16.6절과 예제 16.8).
- 주어진 K_a, K_b 값으로 용액에서의 화학종 농도를 계산한다.
  a. 평형상수와 다른 정보를 이용하여 약산 또는 약염기 용액의 pH를 계산한다(16.7절과 예제 16.5, 16.6).

- 브뢴스테드–로우리 산은 양성자 주개이고 브뢴스테드–로우리 염기는 양성자 받개임을 기억한다.
- 루이스 산은 전자쌍 주개이고 루이스 염기는 양성자 받개임을 기억한다.
- pH는 하이드로늄 이온 농도의 척도임을 기억한다.

주요 식

식 16.1(710쪽) 물 이온화 상수

$$K_w = [H_3O^+][OH^-] = 1.0 \times 10^{-14} \text{ (25 °C에서)}$$

식 16.2(712쪽) pH의 정의

$$pH = -\log [H_3O^+]$$

식 16.3(712쪽) pOH의 정의

$$pOH = -\log [OH^-]$$

식 16.4(713쪽) pK_w = pH + pOH (= 14.00, 25 °C에서)의 정의

$$pK_w = 14.00 = pH + pOH$$

식 16.5(715쪽) 일반 산 HA의 물에서 평형 식

$$K_a = \frac{[H_3O^+][A^-]}{[HA]}$$

식 16.6(715쪽) 일반 염기 B의 물에서 평형 식

$$K_b = \frac{[BH^+][OH^-]}{[B]}$$

식 16.7(719쪽) pK_a의 정의

$$pK_a = -\log K_a$$

식 16.8(720쪽) K_a와 K_b가 짝 관계인 산–염기 쌍의 값일 때, K_a, K_b, K_w의 관계식

$$K_a \times K_b = K_w$$

©Beth Swanson/Shutterstock.com

실전문제

브뢴스테드 개념(16.1절 참조)

1. 다음 주어진 산들의 짝염기의 분자식과 이름을 적으시오.

(a) HCN (b) HSO_4^- (c) HF

2. 아래 산–염기 반응식의 생성물을 적으시오. 그리고 산과 그것의 짝염기, 염기와 그것의 짝산을 확인하시오.

(a) $HNO_3 + H_2O \rightarrow$

(b) $HSO_4^- + H_2O \rightarrow$

(c) $H_3O^+ + F^- \rightarrow$

3. $HC_2O_4^-$ 이온이 브뢴스테드 산과 염기 모두로 작용하는 것을 보여주는 완결된 반응식을 적으시오.

4. 다음 주어진 산–염기 반응에 대하여, 왼쪽에서는 브뢴스테드 산과 염기를, 그리고 오른쪽에서는 그들의 짝산과 짝염기를 확인하시오.

(a) $HCO_2H(aq) + H_2O(\ell) \rightleftharpoons HCO_2^-(aq) + H_3O^+(aq)$

(b) $NH_3(aq) + H_2S(aq) \rightleftharpoons NH_4^+(aq) + HS^-(aq)$

(c) $HSO_4^-(aq) + OH^-(aq) \rightleftharpoons SO_4^{2-}(aq) + H_2O(\ell)$

pH 계산(16.2절, 예제 4.8 및 16.1 참조)

5. 어떤 수용액의 pH가 3.75이다. 용액 안에 있는 하이드로늄 이온의 농도를 구하시오. 이 용액이 산성인가 염기성인가?

6. 농도가 0.0075 M인 염산(HCl)의 pH를 구하시오. 이 용액 안에 있는 수산화 이온의 농도를 구하시오.

7. 농도가 0.0015 M인 수산화바륨($Ba(OH)_2$)의 pH를 구하시오.

산과 염기의 평형상수(16.3~16.4절 및 예제 16.2 참조)

8. 몇 가지 산에 대한 평형상수가 아래와 같이 주어졌다.

$$C_6H_5OH(aq) + H_2O(\ell) \rightleftharpoons H_3O^+(aq) + C_6H_5O^-(aq) \quad K_a = 1.3 \times 10^{-10}$$

$$HCO_2H(aq) + H_2O(\ell) \rightleftharpoons H_3O^+(aq) + HCO_2^-(aq) \quad K_a = 1.8 \times 10^{-4}$$

$$HC_2O_4^-(aq) + H_2O(\ell) \rightleftharpoons H_3O^+(aq) + C_2O_4^{2-}(aq) \quad K_a = 6.4 \times 10^{-5}$$

(a) 가장 강산과 가장 약산을 찾으시오.

(b) 가장 약한 짝염기를 찾으시오.

(c) 가장 강한 짝염기를 찾으시오.

9. 다음 주어진 이온과 분자 중 어느 것이 가장 강한 짝염기를 갖는지 밝히고, 그 이유를 간단히 설명하시오.

(a) HSO_4^- (b) CH_3CO_2H (c) HOCl

10. 다음 주어진 이온과 분자 중 어느 것이 가장 약한 짝염기를 갖는지 밝히고, 그 이유를 간단히 설명하시오.

(a) HCO_3^- (b) F^- (c) NO_2^-

11. 수용액에 탄산포타슘(K_2CO_3)을 녹이면 염기성 용액이 된다. 탄산포타슘이 어떻게 염기성 용액을 만드는지를 보여주는 완결된 반응식을 적으시오.

12. 다음 주어진 염들을 농도가 0.10 M이 되도록 수용액에 용해하였다. 어떤 용액이 가장 높은 pH를 가질 것인가? 그리고 어떤 용액이 가장 낮은 pH를 가질 것인가?

(a) Na_2S (b) Na_3PO_4

(c) NaH_2PO_4 (d) NaF

(e) $NaCH_3CO_2$ (f) $AlCl_3$

pK_a: 산의 세기의 로그 척도(16.3절 참조)

13. 어떤 약산의 K_a 값이 6.5×10^{-5}이다. 이 산의 pK_a 값을 구하시오.

14. 에피네프린 염화수소의 pK_a 값이 9.53이다. K_a 값을 구하시오. 그리고 이 산은 표 16.2 안에서 어디에 해당하는가?

15. 다음 2개의 산 중 더 강산인 것을 고르시오.

(a) 벤조산($C_6H_5CO_2H$), $pK_a = 4.20$

(b) 2–클로로벤조산($ClC_6H_4CO_2H$), $pK_a = 2.90$

약산과 짝염기의 이온화 상수(16.3절 참조)

16. 염화아세트산($ClCH_2CO_2H$)의 K_a 값이 1.41×10^{-3}이다. $ClCH_2CO_2^-$ 이온의 K_b 값을 구하시오.

17. $(CH_3)_3NH^+$는 약염기인 $(CH_3)_3N$의 짝산이다. $(CH_3)_3NH^+$의 pK_a 값이 9.80일 경우, $(CH_3)_3N$의 K_b 값을 구하시오.

산-염기 반응의 방향성 예측(16.5절 및 예제 16.3 참조)

18. 염산과 탄산수소소듐($NaHCO_3$)이 수용액 중에 혼합되었다. 원칙적으로 일어날 산-염기 반응의 완결된 반응식을 적으시오. 표 16.2을 참고하여 이 반응의 평형이 오른쪽으로 선호될지 아니면 왼쪽이 선호될지를 결정하시오.

19. 다음 주어진 반응에 대하여 각 반응의 평형이 오른쪽으로 선호할지 아니면 왼쪽이 선호할지를 결정하시오. 그리고 그 이유를 간단히 설명하시오.

(a) $NH_4^+(aq) + Br^-(aq) \rightleftharpoons NH_3(aq) + HBr(aq)$

(b) $HPO_4^{2-}(aq) + CH_3CO_2^-(aq) \rightleftharpoons PO_4^{3-}(aq) + CH_3CO_2H(aq)$

(c) $[Fe(H_2O)_6]^{3+}(aq) + HCO_3^-(aq) \rightleftharpoons [Fe(H_2O)_5(OH)]^{2+}(aq) + H_2CO_3(aq)$

산-염기 반응의 종류(16.6절 참조)

20. 동일한 몰수와 부피의 NaOH와 Na_2HPO_4가 혼합된 용액에 대하여 다음 질문에 답하시오.

(a) 원칙적으로 이들 사이에 일어날 산-염기 반응의 완결된 알짜 반응식을 적으시오.

(b) 이 반응 평형이 오른쪽으로 치우칠까 아니면 왼쪽으로 치우칠까?

21. 동일한 몰수와 부피의 CH_3COOH와 Na_2HPO_4가 혼합된 용액에 대하여 다음 질문에 답하시오.

(a) 원칙적으로 이들 사이에 일어날 산-염기 반응의 완결된 알짜 반응식을 적으시오.

(b) 평형은 오른쪽에 유리한가 왼쪽에 유리한가?

pH를 이용하여 이온화 상수 계산(16.7절 및 예제 16.4 참조)

22. 농도가 0.015 M인 HOCN 용액의 pH가 2.67이다. 다음 질문에 답하시오.

(a) 이 용액 안에 있는 하이드로늄 이온의 농도를 구하시오.

(b) 이 산의 이온화 상수 K_a를 구하시오.

23. 농도가 0.025 M인 H_2NOH 용액의 pH가 9.11이다. 이 약염기의 K_b 값을 구하시오.

$$H_2NOH(aq) + H_2O(\ell) \rightleftharpoons H_3NOH^+(aq) + OH^-(aq)$$

24. 25 °C에서 농도가 2.5×10^{-3} M인 미지 시료의 pH가 3.80이다. 아래 주어진 질문에 답하시오.

(a) 이 용액 안에 있는 하이드로늄 이온의 농도를 구하시오.

(b) 이 산은 강산인가, 적당한 산인가(K_a 값이 약 10^{-5} 정도), 아니면 매우 약산인가(K_a 값이 약 10^{-10} 정도)?

이온화 상수의 이용(16.7절 및 예제 16.5~16.6 참조)

25. 농도가 0.20 M인 아세트산 수용액 안에 있는 하이드로늄 이온, 아세트산 이온 그리고 아세트산의 농도를 구하시오.

26. 농도가 0.025 M인 HCN 용액에 있는 H_3O^+, CN^- 그리고 HCN의 농도를 구하시오. 그리고 이 용액의 pH를 구하시오.

27. 농도가 0.15 M인 암모니아 용액 안에 있는 NH_3, NH_4^+, 그리고 OH^- 이온의 농도를 구하시오. 그리고 이 용액의 pH를 구하시오.

28. K_b 값이 4.2×10^{-4}인 약염기 메틸아민(CH_3NH_2)이 다음 반응에서 보여 주는 것처럼 물과 반응한다.

$$CH_3NH_2(aq) + H_2O(\ell) \rightleftharpoons CH_3NH_3^+(aq) + OH^-(aq)$$

농도가 0.25 M인 염기 용액에서 OH^- 이온의 평형 농도를 구하시오. 그리고 이 용액의 pH와 pOH를 구하시오.

29. 농도가 0.0010 M인 HF 수용액의 pH를 구하시오.

염의 산-염기 성질(16.4, 16.7절 및 예제 16.8 참조)

30. 농도가 0.20 M인 염화암모늄(NH_4Cl) 용액 안에 있는 OH^- 이온의 농도와 이 용액의 pH를 구하시오.

31. NaCN은 약산인 HCN의 염이다. 25 °C에서 5.00×10^2 mL의 수용액에 NaCN 10.8 g을 용해하여 만든 용액에

있는 H_3O^+, OH^-, HCN 그리고 Na^+의 농도를 구하시오.

산-염기 반응 후의 pH(예제 16.7 참조)

32. 농도가 0.15M인 CH_3CO_2H와 0.15 M인 NaOH를 각각 22.0 mL씩 혼합하였다. 이 용액 안에 있는 H_3O^+ 이온의 농도와 pH를 구하시오.

33. 다음 주어진 각 경우에 대하여 pH가 7보다 클지, 같을지 아니면 작을지를 결정하시오.

(a) 농도가 0.10 M로 동일한 CH_3CO_2H와 KOH를 동일한 부피를 혼합한 용액

(b) 농도가 0.015 M인 암모니아 25 mL와 0.015 M HCl 25 mL를 혼합한 용액

(c) 농도가 0.20 M인 HNO_3 150 mL와 0.40 M NaOH 75 mL를 혼합한 용액

다양성자 산과 염기(16.8절 및 예제 16.9 참조)

34. 옥살산($H_2C_2O_4$)은 이양성자 산이다. 물에서 각 이온화 단계에 대한 화학 평형 식을 쓰시오.

35. 옥살산($H_2C_2O_4$)에 대하여 물에서 첫 번째 이온화 단계에 해당하는 화학 평형 식과 완전히 탈양성자화된 염기, $C_2O_4^{2-}$와 물과의 반응의 2번째 단계를 더함으로써 $K_{a1} \times K_{b2} = K_w$를 증명하시오.

36. 아황산(H_2SO_3)는 약산이고, 2개의 H^+ 이온을 제공할 수 있다.

(a) 0.45 M H_2SO_3 용액의 pH는 얼마인가?

(b) 0.45 M H_2SO_3 용액에서 SO_3^{2-} 이온의 평형 농도는 얼마인가?

37. 하이드라진(N_2H_4)은 다음과 같이 두 단계를 거치면서 물과 반응한다.

$$N_2H_4(aq) + H_2O(\ell) \rightleftharpoons N_2H_5^+(aq) + OH^-(aq) \qquad K_{b1} = 8.5 \times 10^{-7}$$

$$N_2H_5^+(aq) + H_2O(\ell) \rightleftharpoons N_2H_6^{2+}(aq) + OH^-(aq) \qquad K_{b2} = 8.9 \times 10^{-16}$$

(a) 농도가 0.010 M인 하이드라진(N_2H_4) 수용액에 있는 OH^-, $N_2H_5^+$, 그리고 $N_2H_6^{2+}$ 이온의 농도를 구하시오.

(b) 농도가 0.010 M인 하이드라진(N_2H_4)의 pH를 구하시오.

분자 구조, 결합과 산-염기 거동(16.9절 참조)

38. HOCN과 HCN 중 어느 것이 보다 강산인가? 간단히 설명하시오(HOCN에서 H^+ 이온은 OCN^- 이온의 O 원자에 붙어 있다).

39. 다음에 보여주는 벤조설폰 산이 브뢴스테드 산인 이유를 설명하시오.

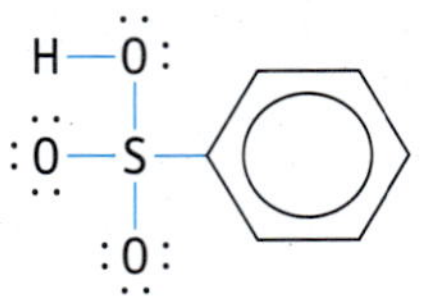

벤조설폰 산

루이스 산과 염기(16.10절 참조)

40. 다음 각 물질을 루이스 산과 염기로 분류하시오.

(a) 아래 반응에서 H_2NOH

$$H_2NOH(aq) + HCl(\ell) \rightarrow [H_3NOH]Cl(aq)$$

(b) Fe^{2+}

(c) CH_3NH_2 (힌트: 전자점 구조를 그려보시오.)

41. 일산화탄소(CO)는 낮은 원자가 금속과 착물을 형성한다. 그 예로 $Ni(CO)_4$와 $Fe(CO)_5$가 잘 알려져 있다. 또한 일산화탄소는 헤모글로빈 안에서 Fe^{2+}와 착물을 형성함으로써 헤모글로빈이 정상적으로 작용하는 것을 방해한다. CO는 루이스 산인지 염기인지를 밝히시오.

일반문제

다음 문제들은 절의 종류나 위치를 명시하지 않았다. 이 문제들은 여러 가지 개념이 조합되어 있을 수도 있다.

42. 지금까지 앞의 모든 문제를 풀었다면 지금쯤 여러분은 머리가 아파서 아마도 아스피린을 찾을지도 모른다. 아스피린은 K_a 값이 3.27×10^{-4}인 유기산이다.

$$HC_9H_7O_4(aq) + H_2O(\ell) \rightleftharpoons C_9H_7O_4^-(aq) + H_3O^+(aq)$$

아스피린 알약 2개를(각각 0.325 g의 아스피린을 함유하고 있으며, 알약의 형태를 유지하는 중성인 물질과 섞

여 있음) 물에 녹였더니 부피가 225 mL였다. 이 용액의 pH를 구하시오.

43. $Ba(OH)_2$ 아니면 $Sr(OH)_2$일 수 있는 고체의 2.50 g 시료를 충분한 물에 녹여 용액 1.00 L를 만들었다. 이 용액의 pH가 12.61이면, 이 고체는 무엇인가?

44. H_2S와 $Na(CH_3CO_2)$를 물에 혼합하였다. 표 16.2를 참고하여 원칙적으로 일어날 산-염기 반응의 완결된 반응식을 적으시오. 평형에서 이 반응 생성물과 반응물 중 어느 쪽이 유리할까?

45. 단일양성자 산(HX)의 K_a 값이 1.3×10^{-3}이다. 농도가 0.010 M인 산 용액에 있는 HX와 H_3O^+ 농도, 그리고 용액의 pH를 구하시오.

46. 적정 시 pH 지시약으로 사용 되는 약산의 *m*-나이트로페놀(*m*-Nitrophenol)은 용액의 pH가 8.6 이상이면 노란색, 그리고 6.8 이하이면 무색을 띤다. 농도가 0.010 M인 이 화합물의 pH가 3.44일 경우 pK_a 값을 구하시오.

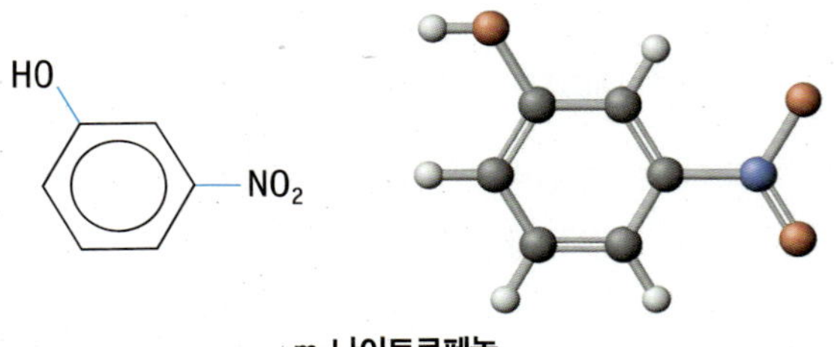

***m*-나이트로페놀**

47. 국부 마취제인 노보케인은 유기 염기인 프로케인의 염화수소 염이다.

$$C_{13}H_{20}N_2O_2(aq) + HCl(aq) \rightarrow [HC_{13}H_{20}N_2O_2]^+Cl^-(aq)$$

프로케인 노보케인

노보케인의 pK_a 값이 8.85일 경우, 농도가 0.0015 M인 노보케인 용액의 pH를 구하시오.

48. 염기 에틸아민($CH_3CH_2NH_2$)의 K_b 값이 4.3×10^{-4}이다. 매우 유사한 염기 에탄올아민($HOCH_2CH_2NH_2$)의 K_b는 3.2×10^{-5}이다.

(a) 어느 염기가 더 강한가?

(b) 더 강염기의 0.10 M 용액의 pH를 계산하시오.

49. 25 ℃에서 사카린($HC_7H_4NO_3S$)은 pK_a가 2.32인 약산이며, $NaC_7H_4NO_3S$ 염의 형태로 사용된다. 25 ℃에서 농도가 0.10 M $NaC_7H_4NO_3S$ 용액의 pH를 구하시오.

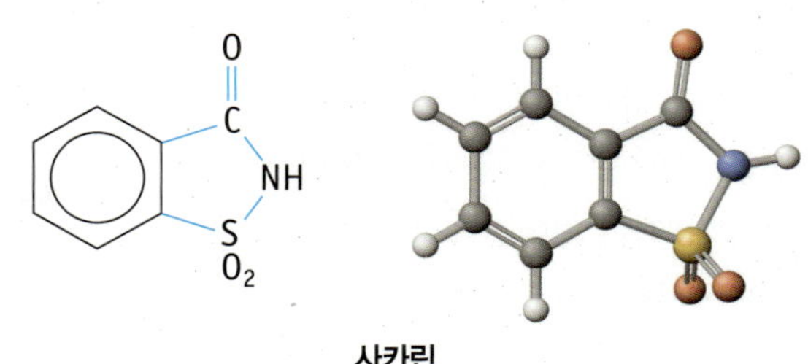

사카린

50. 다음 염 각각에 대하여 0.10 M 용액의 pH가 7보다 작을지, 같을지, 클지를 예상하시오.

(a) $NaHSO_4$ (b) NH_4Br
(c) $KClO_4$ (d) Na_2CO_3
(e) $(NH_4)_2S$ (f) $NaNO_3$
(g) Na_2HPO_4 (h) LiBr
(i) $FeCl_3$

51. 옥살산은 비교적 약한 이양성자 산이다. K_{a1}과 K_{a2}를 참고하여 아래 주어진 반응의 평형상수를 구하시오. (부록 H에 있는 K_a값을 참고하시오.)

$$H_2C_2O_4(aq) + 2\ H_2O(\ell) \rightleftharpoons C_2O_4^{2-}(aq) + 2\ H_3O^-(aq)$$

52. 폼산과 수산화소듐의 반응에 대한 평형상수가 1.8×10^{10}이다(727쪽). 이 값을 확인하시오.

53. 농도가 0.20 M인 약산 HA 1.00×10^2 mL에 이온화 백분율을 2배로 하기 위해서 얼마의 부피로 희석하여야 하는가?

54. 농도가 0.10 M인 옥살산($H_2C_2O_4$) 용액을 제조하였다. 이 용액에 존재하는 분자와 이온의 종류를 적으시오. 그리고 이들의 농도가 큰 것부터 낮은 순서대로 적으시오.

실험 관련 문제

55. 다음 3개 염기를 염기 세기가 증가하는 순서 대로 배치할 수 있도록 하는 실험을 기술하시오.

NaCN, CH_3NH_2, Na_2CO_3

56. A, B, C로 표지한 용액 3개가 있다. 각 물질은 다른 양이온, 즉 Na^+, NH_4^+, H_3O^+를 가지고 있다는 것만 알고 있다. 각 용액은 용액의 pH에 기여하지 않는 음이온(예: Cl^-)을 가진다. 다른 2개의 용액 Y, Z가 있고, 각각 다른 음이온, 즉 Cl^- 또는 OH^-을 가지며, 용액의 pH에 기여

하지 않는 양이온(예: K^+)을 가진다. 만약 B와 Y를 같은 양을 섞으면, 결과적으로 산성 용액이 얻어진다. A와 Z를 섞으면 중성 용액이 얻어지고, B와 Z를 섞으면 염기성 용액이 얻어진다. 5개의 미지 용액을 확인하시오.
(D. H. Barouch: *Voyages in Conceptual Chemistry*, Boston, Jones and Bartlett, 1997에서 발췌)

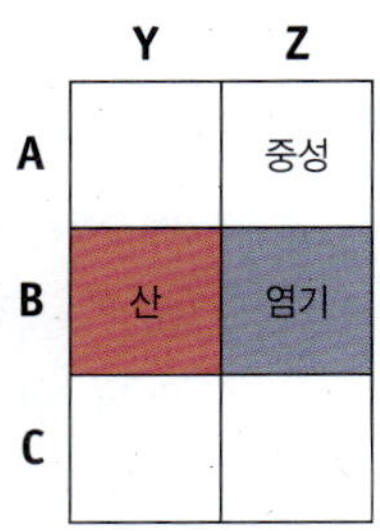

57. 니코틴 산($C_6H_5NO_2$)은 모든 살아 있는 세포에서 소량 발견되지만, 간, 이스트, 우유, 부신, 하얀 고기와 옥수수에서는 상당한 양이 나타난다. 통밀 밀가루는 밀가루 g 당 약 60. μg을 함유한다. 산 1.00 g을 물에 녹여 pH가 2.70인 용액 60. mL을 만들었다. 이 산의 K_a의 근삿값은 얼마인가?

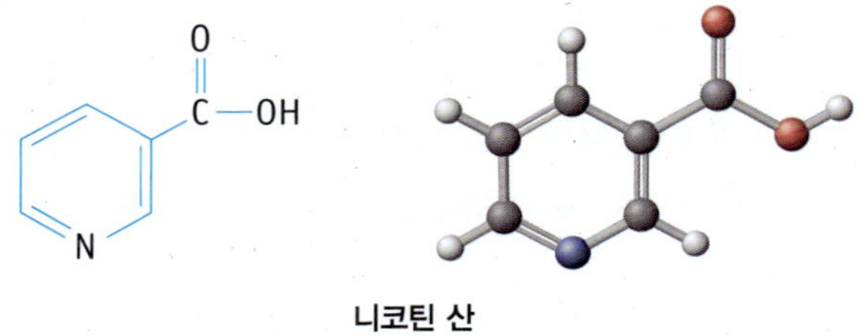

니코틴 산

58. 염료를 만드는 데 사용하는 설파아닐 산은 아닐린을 황산과 반응시켜 만들게 된다.

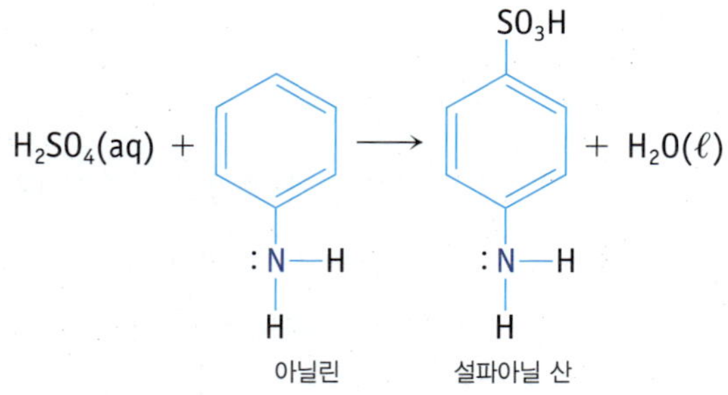

(a) 아닐린이 브뢴스테드 염기, 루이스 염기 또는 2개 모두에 해당하는가? HCl, BF_3 또는 다른 산과의 가능한 반응을 이용하여 설명하시오.

(b) 설파아닐 산의 pK_a의 값이 3.23이다. 산의 소듐 염 $Na(H_2NC_6H_4SO_3)$는 물에 아주 잘 녹는다. 물에 염 1.25 g을 녹여서 125 mL 용액을 만들면, 이 용액의 pH는 얼마인가?

요약 및 개념 문제

다음 문제들은 이 장과 이전의 장들에서 나온 개념을 모두 포함하고 있다.

59. 어떻게 물이 브뢴스테드 염기와 루이스 염기 모두가 될 수 있는가? 물이 브뢴스테드 산이 될 수 있는가? 또 루이스 산은?

60. 할로젠은 3개의 안정한 약산 HOX를 생성한다.

산	pK_a
HOCl	7.46
HOBr	8.7
HOI	10.6

(a) 이 산들 중에서 가장 강한 것은 무엇인가?

(b) 할로젠 원소들이 달라지면 산의 세기가 왜 변하는지를 설명하시오.

61. 과염소산은 황산에 녹아 있을 때조차 산으로 작용한다.

(a) 과염소산이 황산에 양성자를 어떻게 이동하는지를 보여주는 완결된 반응식을 쓰시오.

(b) 황산의 루이스 전자점 구조를 그리시오. 어떻게 황산이 염기로 기능할 수 있는가?

62. 아이오딘(I_2)은 순수한 물보다 아이오딘화포타슘(KI)의 수용액에 더 잘 녹는다. 이 용액에서 발견된 음이온은 I_3^-이다.

(a) I_3^-의 루이스 전자점 구조를 그리시오.

(b) 이 반응의 반응식을 쓰고 루이스 산과 염기를 표시하시오.

63. 화학자들은 가끔 약산 또는 염기의 이온화 정도를 언급하고 기호 α를 부여한다. α와 처음 산 또는 염기 농도 C_o를 이용하여 평형상수가 다음의 유용한 식으로 주어졌다.

$$K = \frac{\alpha^2 C_o}{(1 - \alpha)}$$

예로서, 0.010 M 아세트산의 이온화 정도는 0.0103이다.

(a) 위에 주어진 일반 식을 어떻게 얻는지 설명하시오.
(b) 0.10 M NH_4Cl의 암모늄 이온의 이온화 정도를 계산하시오.

64. 사이안화암모늄과 같은 약염기와 약산의 염을 고려하자. NH_4^+와 CN^- 이온 모두 수용액에서 물과 상호 반응하지만, 알짜 반응은 NH_4^+에서 CN^-로 양성자 이동하는 것으로 여길 수 있다.

$$NH_4^+(aq) + CN^-(aq) \rightleftharpoons NH_3(aq) + HCN(aq)$$

(a) 이 반응의 평형상수(K_{net})가 다음의 식으로 표시됨을 보이시오.

$$K_{net} = \frac{K_w}{K_a K_b}$$

여기서 K_a는 약산 HCN의 이온화 상수이고 K_b는 약염기 NH_3의 이온화 상수이다.

(b) 다음 각각에 대하여 K_{net} 값을 계산하시오.
NH_4CN, $NH_4CH_3CO_2$와 NH_4F. 어느 염이 가장 큰 K_{net} 값을 가지는가? 또 이유는?

(c) (b)의 각 화합물 용액이 산성 또는 염기성 여부를 예측하시오. 어떻게 이러한 예측을 했는지 설명하시오. (이 예측을 하는 데 계산할 필요는 없다.)

대황(rhubarb)은 맛있는 파이를 만들고, 약산인 옥살산의 매우 훌륭한 원천이다.

17장 화학 반응성의 원리: 수용액 평형의 다른 측면들

학습 개요

- 17.1 공통 이온 효과
- 17.2 pH 조절: 완충 용액
- 17.3 산-염기 적정
- 17.4 염의 용해도
- 17.5 침전 반응
- 17.6 착이온을 포함한 평형
- 17.7 용해도와 착이온

천연 산 많은 사람들이 정원에 대황(rhubarb)을 재배한다. 왜냐하면 대황 줄기에 설탕을 넣어 만든 스튜 요리는 후식으로 먹거나, 파이(pie)나 타트(tart: 과일 · 잼을 얹어 요리한 과자)의 속을 채울 수 있는 좋은 내용물로 이용될 수 있기 때문이다. 그러나 대황 잎은 우리에게 해로울 수도 있다. 그 이유는 무엇일까?

대황 잎은 아세트산과 구연산을 포함하여 적어도 일곱 가지 유기산의 근원이다. 그러나 가장 많은 것은 옥살산($H_2C_2O_4$)이다.

$$H_2C_2O_4(aq) + H_2O(\ell) \rightleftharpoons H_3O^+(aq) + HC_2O_4^-(aq)$$

$$HC_2O_4^-(aq) + H_2O(\ell) \rightleftharpoons H_3O^+(aq) + C_2O_4^{2-}(aq)$$

대황 잎은 무게비로 0.1 %~0.4 % 정도의 옥살산을 함유하는 반면, 배추, 시금치, 그리고 사탕무 순 같은 잎 채소는 옥살산을 훨씬 적게 함유한다.

옥살산과 다른 산은 대황을 즐기는 우리에게 신 맛을 주지만,

학습 목표

다음 목표들의 핵심인 학습문제는 "학습 목표 복습"을 참조하시오.

- 공통 이온 효과의 이해
- 완충 용액으로 수용액에서 pH 조절을 이해
- 완충 용액의 pH를 계산
- 산-염기 적정 과정에서 pH의 계산
- 화학 평형 개념을 이온 화합물의 용해도에 적용
- 산-염기 완충 용액은 약산과 짝염기로 구성됨을 기억
- 산-염기 완충 용액은 큰 pH 변화가 없음을 기억
- 완충 용액의 pH는 약산의 pK_a와 가까움을 기억
- 음이온이 약산의 짝염기인 불용성 염은 강산에서 녹음을 기억

그것을 소화하는 데 문제가 있다. 옥살산을 사람이 섭취했을 경우 문제는 인체의 필수 요소인 철, 마그네슘, 특히 칼슘과 같은 것의 작용을 방해하는 것이다. Ca^{2+} 이온과 옥살산은 반응해서 불용성인 옥살산칼슘(CaC_2O_4)을 생성한다.

$$Ca^{2+}(aq) + H_2C_2O_4(aq) + 2\ H_2O(\ell) \rightarrow CaC_2O_4(s) + 2\ H_3O^+(aq)$$

위 반응처럼 옥살산은 몸속의 칼슘 이온을 효율적으로 제거할 뿐만 아니라, 생성된 옥살산칼슘 결정은 신장이나 방광에서 담석으로 자랄 수도 있다. 이러한 이유로 신장 결석으로 고생하는 환자들은 옥살산이 적게 들어 있는 음식으로 식단을 차릴 필요가 있다. 또한 이런 사람들은 몸속에서 옥살산으로 바뀔 수 있는 화합물인 비타민 C를 너무 많이 섭취하지 않도록 주의해야 한다. 사람들은 실수로 부동액을 마셔서 죽기도 한다. 부동액 안에 있는 에틸렌글라이콜이 몸속에서 옥살산으로 바뀌기 때문이다. 옥살산에 중독되었을 때 나타나는 증상은 멀미, 구토, 복통, 그리고 출혈 등이다.

옥살산은 코코아, 땅콩류 및 차 등 여러 식품에서 발견되기 때문에 사람들은 하루 평균 150 mg의 옥살산을 먹게 된다. 그러면 그것이 우리의 목숨을 빼앗아 갈까? 몸무게가 68 kg인 사람의 경우, 치사량은 순수한 옥살산 24 g 정도이다. 당신이 치사량에 가까운 양의 옥살산을 먹기 위해서는 대황을 재배하는 밭의 모든 대황 잎을 먹거나 엄청난 양의 차를 마셔야 할 것이다. 그러나 옥살산을 많이 먹으면 처음에는 설사를 유발할 것이다. 우리의 소화기관은 옥살산이 천연 유독물질임을 알고 그것을 제거하려고 한다.

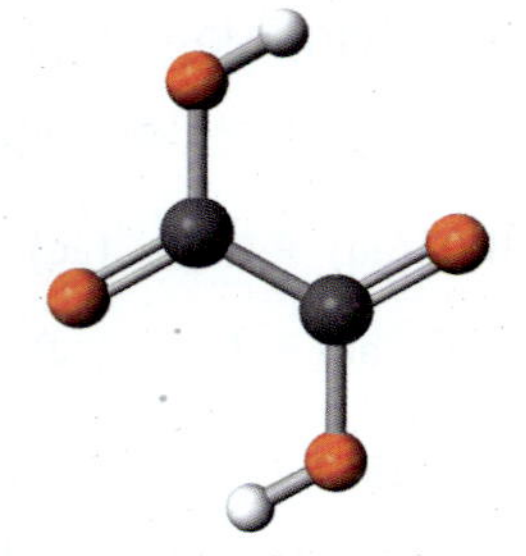
대황에 있는 산인 옥살산($H_2C_2O_4$)의 모형.

너무 많은 양의 대황을 섭취했을 경우 건강상 사소한 문제가 발생할 수도 있지만, 이것보다 몸에 이로운 여러 특성 때문에 수천 년 동안 재배되어 왔다. 특히, 중국의 한의사들은 수 세기 동안 전통 치료약에 대황을 사용해왔다. 실제로 대황은 18세기와 19세기에 중국 황제가 수출을 금지할 만큼 중요시하였다. 대황은 러시아에서도 재배되었고, 나중에 영국에서도 또한 재배되었다. 미국에는 1800년대에 처음으로 선보였다.

여러분이 나중에 대황으로 만든 파이를 먹을 때, 이 장에서 배운 산-염기 및 불용성 물질에 관한 화학을 상기해 보시오.

3장에서 화학 반응의 네 가지 기본 형태인 산-염기 반응, 침전 반응, 기체 생성 반응, 그리고 산화-환원 반응에 대하여 다루었다. 이 장에서는 화학 평형의 원리를 앞의 두 종류 반응에 적용하고자 한다.

특히 산-염기 반응에 관해 아래 질문에 대한 답을 찾고자 한다.

- 용액의 pH를 어떻게 조절할 수 있을까?
- 임의의 산과 염기를 섞으면 무슨 일이 일어날까?

침전 반응 또한 화학 평형에 의하여 이해할 수 있다. 따라서 이 장에서는 다음과 같은 질문에 대하여 논의하게 될 것이다.

- 두 이온 화합물의 수용액을 혼합할 경우 침전이 일어날까?
- '불용성' 물질은 실제로 어느 정도까지 녹을까?
- 침전물을 다시 용해시키기 위하여 어떤 화학 반응이 이용될 수 있을까?

17.1 공통 이온 효과

앞 장에서 우리는 수용액 중에서 약산과 염기의 작용에 대하여 살펴보았다. 그러나 아세트산 용액에 짝염기인 상당한 양의 아세트산 이온을 첨가할 경우 용액의 pH는 어떻게 될까? 이것에 대한 답은 용액의 pH가 약산 또는 약염기만의 용액의 pH와 다르다는 것이다. 예를 들어 아세트산 용액에 상당한 양의 아세트산 이온 용액을 첨가하여 생기는 pH에 대한 효과를 **공통 이온 효과**(common ion effect)라고 부른다. 공통 이온이란 이름은 첨가된 아세트산 이온이 아세트산의 이온화 평형 반응의 아세트산 이온과 '공통'이라는 사실로부터 유래되었다.

$$CH_3CO_2H(aq) + H_2O(\ell) \rightleftharpoons H_3O^+(aq) + CH_3CO_2^-(aq)$$

여기서 산-염기 화학의 이러한 측면을 살펴보는 것은 **완충 용액**(buffer solution)(17.2절)을 이해하는 데 매우 중요하다.

그렇다면 공통 이온 효과가 어떻게 작용하는지 좀 더 정확하게 알아보자(그림 17.1). 농도가 0.25 M인 아세트산 용액 1 L의 pH가 2.67이라면, 이 용액에 0.10 mol의 아세트산소듐을 첨가한 후 pH는 얼마일까? 아세트산소듐($NaCH_3CO_2$)은 물에서 Na^+ 이온과 $CH_3CO_2^-$ 이온으로 100 % 해리된다. 소듐 이온은 용액의 pH에 아무런 영향을 미치지 않는다(◀예제 16.2와 표 16.3을 참조). 따라서 용액의 pH에 영향을 미치는 중요한 화학종은 약산(CH_3CO_2H)과 그것의 짝염기($CH_3CO_2^-$)이다. 아세트산은 이온화하여 H_3O^+와 $CH_3CO_2^-$ 이온을 각각 x만큼 생성한다고 가정하자. 그 다음, 이 양을 이들의 처음 농도와 비교하면, CH_3CO_2H의 농도는 약간 감소(x만큼)하고, $CH_3CO_2^-$의 농도는 약간 증가(x만큼)한다는 것을 알 수 있다.

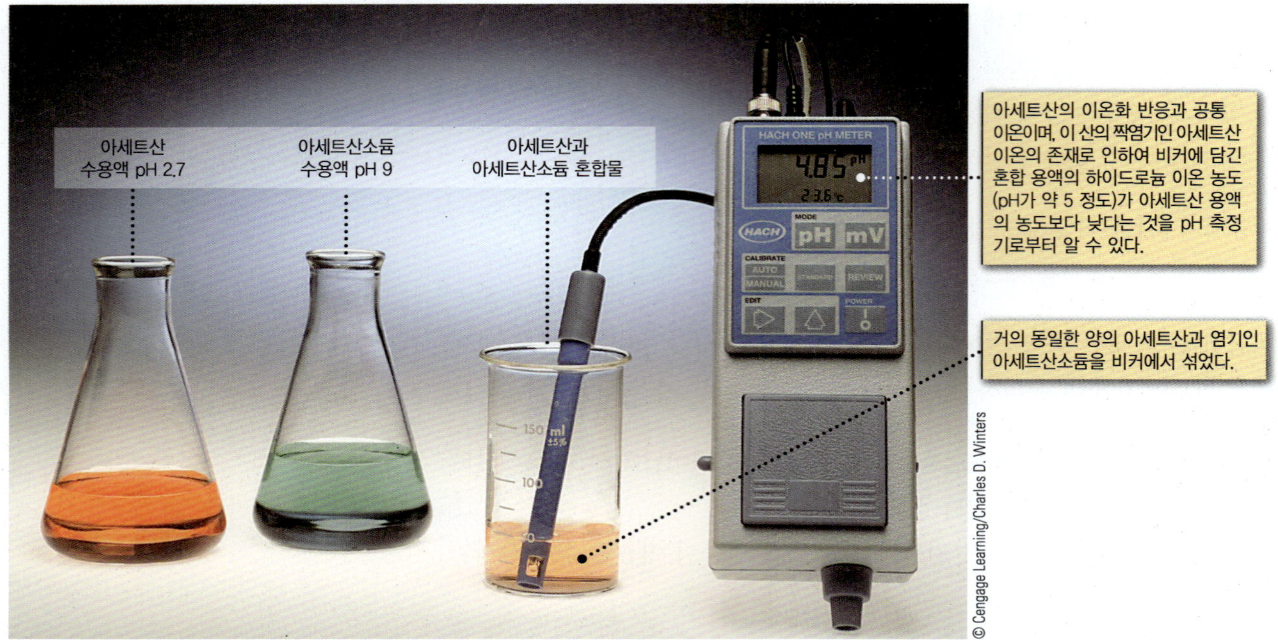

그림 17.1 공통 이온 효과. 아세트산과 아세트산소듐 용액은 거의 동일한 농도를 가지고 있다. 각 용액은 일반적인 지시약을 포함한다. 이 지시약은 낮은 pH에서는 빨간색을 띠고, 약산성에서는 노란색을 띠며, 중성에서부터 약염기에서는 녹색을 띤다.

공통 이온 효과. 이 ICE 표에서 첫 번째 줄(처음)은 산의 이온화(또는 짝염기의 가수분해)가 아직 일어나지 않았다는 가정을 반영한다. 짝염기 존재 하에서 산의 이온화는 *x* mol/L의 하이드로늄 이온과 추가적인 *x* mol/L의 짝염기를 생성한다.

반응식	CH_3CO_2H	+	H_2O	$\rightleftharpoons$	H_3O^+	+	$CH_3CO_2^-$
처음 농도 (M)	0.25				0		0.10
농도 변화 (M)	$-x$				$+x$		$+x$
평형 농도 (M)	$(0.25 - x)$				x		$0.10 + x$

산과 짝염기의 평형 농도를 정의할 수 있고, K_a를 알고 있기 때문에, 하이드로늄 이온의 농도($= x$)는 일상적인 평형상수 식을 이용하여 계산할 수 있다.

$$K_a = 1.8 \times 10^{-5} = \frac{[H_3O^+][CH_3CO_2^-]}{[CH_3CO_2H]} = \frac{(x)(0.10 + x)x}{0.25 - x}$$

여기서 아세트산은 약산이며, 이 산은 상당한 농도의 짝염기의 존재하에서 이온화하기 때문에, x는 매우 작다고 가정하자. 즉, $(0.10 + x)$ M $\approx$ 0.10 M이고, $(0.25 - x)$ M $\approx$ 0.25 M이라고 간주할 수 있다. 따라서 아래와 같은 근사식이 얻어진다.

$$K_a = 1.8 \times 10^{-5} = \frac{[H_3O^+][CH_3CO_2^-]}{[CH_3CO_2H]} = \frac{(x)(0.10)}{0.25}$$

평형상수와 온도. 특별히 명시하지 않으면 이 장의 모든 평형상수와 모든 계산은 25 ℃에서 얻은 것이다.

이 식을 풀면, $x = [H_3O^+] = 4.5 \times 10^{-5}$ M이고, 따라서 pH는 4.35로 얻어진다(가정을 단순화하는 것이 타당함에 주목하시오).

공통 이온인 $CH_3CO_2^-$를 제공하는 $NaCH_3CO_2$가 첨가되지 않는다면, 0.25 M의 아세트산의 이온화는 0.0021 M(pH = 2.67)의 H_3O^+과 $CH_3CO_2^-$ 이온을 생성한다. 그러나 르샤틀리에의 원리에 따르면 첨가된 공통 이온은 반응이 오른쪽으로 덜 진행되도록 한다. 따라서 위에 계산한 바와 같이, 첨가된 아세트산 음이온의 존재하에서 $[H_3O^+]$는 0.0021 M보다 적다.

예제 17.1 수산화소듐과 락트산의 반응

문제 농도가 0.100 M인 락트산 용액 25.0 mL에 농도가 0.0500 M인 NaOH 용액 25.0 mL를 첨가하여 얻은 용액의 pH를 구하시오. (락트산의 $K_a = 1.4 \times 10^{-4}$이다.)

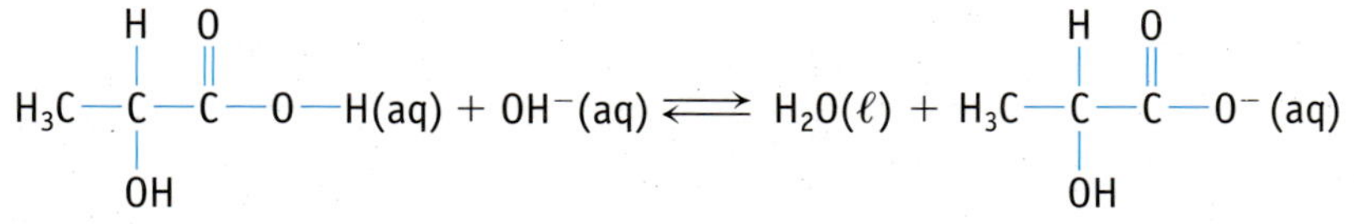

$$H_3C{-}CH(OH){-}C({=}O){-}O{-}H(aq) + OH^-(aq) \rightleftharpoons H_2O(\ell) + H_3C{-}CH(OH){-}C({=}O){-}O^-(aq)$$

락트산($HC_3H_5O_3$)
$K_a = 1.4 \times 10^{-4}$

락트산 이온($C_3H_5O_3^-$)

알고 있는 사실 산과 염기의 양(각 물질의 부피와 농도로부터)과 약산의 이온화 상수를 알고 있다.

전략

1. 화학량론 문제

(a) 부피와 농도로부터 산과 염기의 처음 양을 결정한다.

(b) 락트산과 수산화소듐이 반응한 후 남는 락트산과 락트산 이온의 양을 구하기 위해 한계 반응물 문제를 처리한다.

(c) 단계 (b)에서 계산한 락트산과 락트산 이온의 양으로부터 존재하는 락트산과 락트산 이온의 농도와 용액의 총 부피를 계산한다.

2. 평형 문제

(a) 초기의 산과 짝염기 이온의 농도를 알고 있는 ICE 표를 작성하고, 소비된 산의 농도와 생성된 짝염기의 농도를 x로 놓는다.

(b) 락트산의 평형상수 식(K_a)에 평형 농도를 대입하여 x에 대하여 풀고, 평형 하이드로늄 이온 농도($=x$)로부터 pH를 구한다.

풀이

1. 화학량론 문제

(a) 반응에 사용된 NaOH의 양

$$(0.0250\text{ L NaOH})(0.0500\text{ mol/L}) = 1.25 \times 10^{-3}\text{ mol NaOH}$$

$$(0.0250\text{ L 락트산})(0.100\text{ mol/L}) = 2.50 \times 10^{-3}\text{ mol 락트산}$$

(b) 산–염기 반응으로부터 생성된 락트산 이온의 양

NaOH가 한계 반응물이라는 것을 인지한다면, 다음 식이 얻어진다.

$$(1.25 \times 10^{-3}\text{ mol NaOH})\left(\frac{1\text{ mol 락트산 이온}}{1\text{ mol NaOH}}\right) = 1.25 \times 10^{-3}\text{ mol 락트산 이온 생성}$$

소비된 락트산의 양

$$(1.25 \times 10^{-3}\text{ mol NaOH})\left(\frac{1\text{ mol 락트산}}{1\text{ mol NaOH}}\right) = 1.25 \times 10^{-3}\text{ mol 락트산 소비}$$

전략도 17.1

문제
NaOH와 **락트산** 용액을 혼합한 후의 **pH**를 계산하시오.

↓

알려진 자료/정보
- 용액 농도
- 용액 부피
- 산의 K_a 값

1단계 화학량론 문제

↓

산–염기 반응 후 **락트산**과 **락트산 이온**의 농도

2단계 ICE 표에 **평형 농도**를 넣는다.

↓

평형에서
$[H_3O^+] = x$
[락트산] = 처음 농도 − x
[락트산 이온] = 처음 농도 + x

3단계 K_a에 **평형 농도**를 넣는다.

↓

x로 표시된 평형 농도를 가진 K_a 식

4단계 x에 대해 K_a 식을 푼다.

↓

$[H_3O^+]$의 값

5단계 $[H_3O^+]$를 **pH**로 변환한다.

↓

용액의 pH

반응이 완결되고 남은 락트산의 양

$$2.50 \times 10^{-3}\ \text{mol 락트산 사용 가능} - 1.25 \times 10^{-3}\ \text{mol 락트산 소비} = 1.25 \times 10^{-3}\ \text{락트산 남음}$$

(c) 반응 후 락트산과 락트산 이온의 농도

반응 후 전체 용액의 부피는 50.0 mL (0.0500 L)이라는 것에 주의하시오.

$$[\text{락트산}] = \frac{1.25 \times 10^{-3}\ \text{mol 락트산}}{0.0500\ \text{L}} = 2.50 \times 10^{-2}\ \text{M}$$

남은 락트산의 양과 생성된 락트산 이온의 양이 같으므로, 아래와 같은 식이 얻어진다.

$$[\text{락트산}] = [\text{락트산 이온}] = 2.50 \times 10^{-2}\ \text{M}$$

2. 평형 계산

(a) 위에서 구한 농도가 처음 농도로서 ICE 표에 사용된다.

평형	$HC_3H_5O_3$	+	H_2O	$\rightleftharpoons$	H_3O^+	+	$C_3H_5O_3^-$
처음 농도 (M)	0.0250				0		0.0250
농도 변화 (M)	$-x$				$+x$		$+x$
평형 농도 (M)	$(0.0250 - x)$				x		$(0.0250 + x)$

(b) 위의 농도를 평형 식에 대입하면, 아래 식이 얻어진다.

$$K_a\ (\text{락트산}) = 1.4 \times 10^{-4} = \frac{[H_3O^+][C_3H_5O_2^-]}{[HC_3H_5O_2]} = \frac{(x)(0.0250 + x)}{0.0250 - x}$$

x는 0.0250 M에 비해 매우 작다고 가정하면, 아래 식이 얻어진다.

$$K_a = 1.4 \times 10^{-4}\ \text{M} = x = [H_3O^+]$$

따라서 용액의 pH는 3.85 이다.

고려사항 여기서 몇 가지 정리해야 할 것이 있다.

- 2에서 $x << 0.0250$이라는 가정은 유효하다.
- 별도의 계산으로부터, 우리는 0.025 M 락트산 용액의 pH가 2.73임을 보여줄 수 있다. 이 용액에 0.025 M 락트산 이온(브뢴스테드 염기)의 존재는 용액의 pH를 3.85로 증가시킨다.
- 여기서 염기가 산 용액에 첨가되었다. 유용한 관찰 결과는 **어떠한 용액에도 염기를 첨가하면 용액의 pH가 항상 증가하는 결과가 얻어진다**는 것이다.

유제 농도가 0.30 M 폼산(HCO_2H) 용액의 농도를 0.10 M로 만들기 위해 충분한 양의 폼산소듐($NaHCO_2$)을 첨가했다. 폼산소듐을 가하기 전과 후의 폼산 용액의 pH를 구하시오.

17.1절 확인문제

1. 농도가 0.100 M인 NaOH 용액 30.0 mL를 농도가 0.100 M인 아세트산 용액 45.0 mL에 첨가해서 얻어지는 용액의 pH는 얼마일까?

(a) 2.87 (b) 5.05 (c) 7.00

17.2 pH 조절: 완충 용액

1 L의 혈액에 소량의 강산이나 강염기(이를 테면 0.010 mol)를 첨가할 경우, 이 혈액의 pH는 정상적 pH 7.4에서 단지 0.1 단위 정도 변할 것이다. 이와 비교하여 순수한 물 1.0 L에 0.010 mol의 HCl을 가하면 pH는 7에서 2로 떨어진다. 그리고 순수한 물 1.0 L에 0.010 mol의 NaOH를 가하면 pH는 7에서 12로 증가한다. 혈액과 여러 가지 체액들은 완충되었다고 한다. **완충액은 강산이나 강염기가 첨가될 경우, 용액의 pH가 급격하게 변하는 것을 방지한다**(그림 17.2).

완충액이 되기 위해서는 다음과 같은 두 가지 조건이 필요하다.

- 두 물질이 필요하다. 즉, 첨가된 OH^- 이온과 반응할 수 있는 산과 첨가된 H_3O^+ 이온을 소비하는 염기이다.
- 산과 염기는 서로 반응하지 않아야 한다.

완충 용액과 공통 이온 효과. 공통 이온 효과는 짝염기(또는 짝산) 존재하의 산(또는 염기)의 이온화에서 관찰된다. 완충 용액은 예를 들면 산과 짝염기의 용액이다.

이것은 완충 용액이 짝산–짝염기쌍(예를 들면, 아세트산과 아세트산 이온)으로부터 만들어질 수 있음을 의미한다. 표 17.1에서는 실험실에서 흔히 쓰이는 일반적인 완충 용액을 보여 주고 있다.

완충 용액이 어떻게 작용하는지 이해하기 위해서, 아세트산과 아세트산 이온으로 이루어진 완충 용액의 예를 살펴보자. 약산인 아세트산은 첨가되는 수산화 이온을

HCl이 첨가되기 전

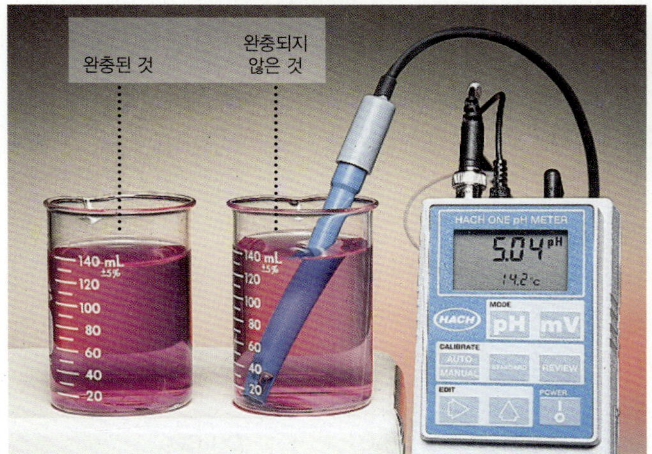

(a) pH 전극은 약간의 산(브롬페놀 산–염기 지시약 함유)을 포함하고 있는 물의 pH를 보여주고 있다. 왼쪽에 있는 것은 pH가 약 7 정도인 완충 용액이다(이 용액 역시 브롬페놀 산–염기 지시약을 함유).

0.10 M HCl이 첨가된 후

Photos: © Cengage Learning/Charles D. Winters

(b) 농도가 0.10 M인 HCl 용액 5 mL를 각 용액에 첨가할 경우, 물의 pH는 몇 단위 감소하는 반면 완충 용액의 pH는 거의 일정한 값을 유지한다. 이것은 지시약의 색에 변화가 없는 사실로부터 알 수 있다.

그림 17.2 **완충 용액.**

표 17.1 흔히 사용되는 몇 가지 완충 용액

약산	짝염기	산 $K_a(pK_a)$	유효 pH 범위
프탈산, $C_6H_4(CO_2H)_2$	프탈산수소 이온, $C_6H_4(CO_2H)(CO_2)^-$	1.3×10^{-3} (2.89)	1.9~3.9
아세트산, CH_3CO_2H	아세트산 이온, $CH_3CO_2^-$	1.8×10^{-5} (4.74)	3.7~5.8
인산이수소 이온, $H_2PO_4^-$	인산수소 이온, HPO_4^{2-}	6.2×10^{-8} (7.21)	6.2~8.2
인산수소 이온, HPO_4^{2-}	인산 이온, PO_4^{3-}	3.6×10^{-13} (12.44)	11.4~13.4

소비하기 위해서 필요하다.

$$CH_3CO_2H(aq) + OH^-(aq) \rightleftharpoons CH_3CO_2^-(aq) + H_2O(\ell) \qquad K = 1.8 \times 10^9$$

수산화 이온(OH^-)이 아세트산 이온($CH_3CO_2^-$)보다 훨씬 더 강한 염기이기 때문에 반응의 평형상수는 매우 크다(◂16.5절과 표 16.2 참조). 이것은 외부로부터 용액에 들어온 OH^- 이온이 완전히 소비된다는 것을 의미한다. 마찬가지로 용액에 첨가된 하이드로늄 이온은 완충 용액 안에 존재하는 아세트산 이온과 반응한다.

$$H_3O^+(aq) + CH_3CO_2^-(aq) \rightleftharpoons H_2O(\ell) + CH_3CO_2H(aq) \qquad K = 5.6 \times 10^4$$

H_3O^+가 CH_3CO_2H보다 훨씬 더 강한 산이기 때문에 이 반응의 평형상수 또한 매우 크다.

다음에 소개되는 예제들은 완충 용액의 pH를 계산하는 방법, 완충 용액을 만드는 방법, 그리고 완충 용액의 pH를 조절하는 방법을 설명하고 있다.

전략도 17.2

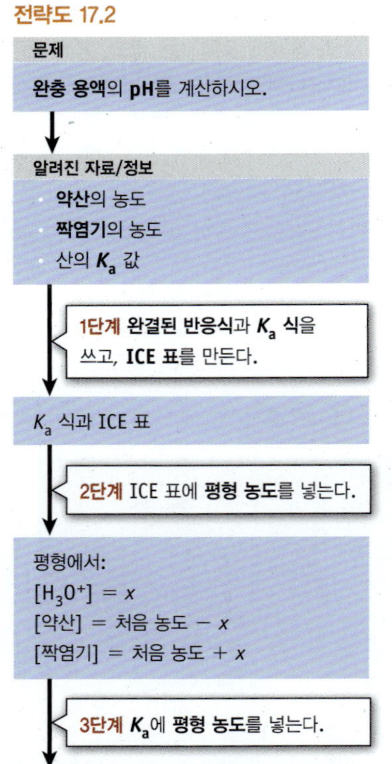

예제 17.2 완충 용액의 pH

문제 $[CH_3CO_2H] = 0.700$ M이고, $[CH_3CO_2^-] = 0.600$ M인 아세트산/아세트산소듐으로 제조된 완충 용액의 pH를 구하시오.

알고 있는 사실 약산과 이것의 짝염기의 농도, K_a를 안다면 완충 용액의 하이드로늄 이온(그리고 pH)을 계산할 수 있다.

전략

- 완결된 반응식과 평형상수 식을 쓴다.
- 산과 짝염기의 처음 농도를 알고 농도의 변화를 x로 표시한 ICE 표를 만든다.
- K_a 식을 이용하여 하이드로늄 이온 농도에 대하여 푼다.

풀이

평형	CH_3CO_2H	+ H_2O $\rightleftharpoons$	H_3O^+	+ $CH_3CO_2^-$
처음 농도 (M)	0.700		0	0.600
농도 변화 (M)	$-x$		$+x$	$+x$
평형 농도 (M)	$0.700 - x$		x	$0.600 + x$

이 반응에 대한 평형 반응식은 다음과 같다.

$$K_a = 1.8 \times 10^{-5} = \frac{[H_3O^+][CH_3CO_2^-]}{[CH_3CO_2H]} = \frac{(x)(0.600 + x)}{0.700 - x}$$

예제 17.1에서 설명했듯이, x 값은 0.700이나 0.600에 비해 매우 작은 값이므로, 하이드로늄 이온 농도인 x를 구하기 위해 근사식을 이용한다.

$$K_a = 1.8 \times 10^{-5} = \frac{[H_3O^+][CH_3CO_2^-]}{[CH_3CO_2H]} = \frac{(x)(0.600)}{0.700}$$

$$x = 2.1 \times 10^{-5}\ M$$

$$pH = -\log (2.1 \times 10^{-5}) = 4.68$$

고려사항 만약 완충 용액이 같은 양의 약산과 짝염기로 구성된다면 완충 용액의 pH는 약산의 pK_a와 같을 것이다. 완충 용액의 pH를 1.00만큼 변화시키려면 산과 염기의 비에 있어서 10배의 변화가 필요하다. 이 예제에서 약산과 짝염기의 농도가 비슷하고, 따라서 pH는 산(4.74)의 pK_a에 가깝다.

유제 농도가 0.50 M인 폼산(HCO_2H)과 농도가 0.70 M인 폼산소듐($NaHCO_2$)으로 이루어진 완충 용액의 pH를 구하시오.

완충 용액에 대한 일반적인 식

예제 17.2에서는 다음과 같이 x 값을 구함으로써 아세트산/아세트산 이온으로 이루어진 완충 용액에 존재하는 하이드로늄 이온의 농도를 계산하였다.

$$K_a = 1.8 \times 10^{-5} = \frac{[H_3O^+][CH_3CO_2^-]}{[CH_3CO_2H]} = \frac{(x)(0.600)}{0.700}$$

이 식을 다음과 같이 다시 쓰면, 완충액이 어떻게 작용하는지를 좀 더 쉽게 이해하는 데 도움이 될 수 있는 매우 유용한 식이 얻어진다.

$$[H_3O^+] = \frac{[CH_3CO_2H]}{[CH_3CO_2^-]} \times K_a$$

즉, 아세트산/아세트산 이온 완충 용액에 있는 하이드로늄 이온의 농도는 산의 이온화 상수에 산과 짝염기 농도비를 곱한 값이다. 사실, 이 식은 약산과 그 산의 짝염기로 이루어진 모든 완충 용액에 적용된다.

$$[H_3O^+] = \frac{[산]}{[짝염기]} \times K_a \quad (17.1)$$

완충 용액. 모든 완충 용액은 약산과 짝염기로 구성된 것으로 고려하는 것이 일반적으로 유용하다. 예를 들어 완충 용액이 약염기 암모니아와 짝산 암모늄 이온으로 구성되었다고 가정하자. 하이드로늄 이온 농도는 완충 용액이 약산 NH_4^+와 짝염기 NH_3로 구성되었다고 가정함으로써 식 17.1 또는 17.2로부터 구할 수 있다.

가끔은 식 17.1을 다른 형태로 사용하는 것이 편할 때가 있다. 식의 양 변에 음의 로그를 취하면, 아래와 같은 식이 얻어진다.

$$-\log[H_3O^+] = \left\{-\log\frac{[산]}{[짝염기]}\right\} + (-\log K_a)$$

$-\log[H_3O^+]$는 pH로 정의되었고, $-\log K_a$는 pK_a로 정의되었다(◂16.2과 16.3절). 더 나아가, 아래 관계식이 성립하기 때문에

$$-\log\frac{[\text{산}]}{[\text{짝염기}]} = +\log\frac{[\text{짝염기}]}{[\text{산}]}$$

위의 식은 아래와 같이 다시 쓸 수 있다.

$$pH = pK_a + \log\frac{[\text{짝염기}]}{[\text{산}]} \tag{17.2}$$

이 식은 **헨더슨-하셀발흐 식**(Henderson–Hasselbalch equation)으로 알려져 있다. 이 식은 산의 이온화에 대한 평형 식을 단순히 재배열한 것이다. 그러나 **헨더슨-하셀발흐 식을 사용하려면 산과 짝염기의 평형 농도는 처음 농도와 거의 동일하다고 가정하여야 한다.** 이 조건은 다음의 경우에 성립한다.

- **완충 용액의 pH는 3에서 11의 영역에 있어야 한다.** 완충 용액의 pH는 약산의 pK_a에 근접하여야 한다. 만약 약산의 K_a가 10^{-3}보다 크게 되면($pK_a < 3$), 산의 상당한 비율이 물에서 해리되고 따라서 산과 짝염기의 평형 농도가 처음 농도와 다르게 될 것이다. 비슷하게 pH 값이 11 이상인 완충 용액에 대하여 약염기의 K_b는 10^{-3}보다 크게 되어 염기는 물과 상당한 정도로 반응하게 된다.
- 산과 짝염기의 처음 농도가 크면, 소량의 산(또는 짝염기) 해리는 감지할 정도의 농도 변화를 이끌어내지 못할 것이다.

헨더슨-하셀발흐 식은 **완충 용액의 pH가 두 가지 요소에 의해서 조절된다는 것을 보여준다.**

- 산의 세기(K_a나 pK_a로 표시)
- 산과 짝염기의 상대적인 양

용액의 pH는 주로 pK_a 값에 의해서 정해지고, 산과 짝염기 비율을 조절함으로써 좀 더 세밀하게 조정된다.

용액 안에 있는 짝염기와 산의 농도가 같을 때, [짝염기]/[산]의 비는 1이다. log 1은 0이므로, 이러한 상황 하에서 $pH = pK_a$이다. 예를 들어, 용액 안에 산보다 짝염기가 더 많이 있다면, $pH > pK_a$이다. 반대로 용액 안에 짝염기보다 산이 더 많으면, $pH < pK_a$이다.

예제 17.3 헨더슨-하셀발흐 식 사용하기

문제 용액 1.00 L을 만들기 위해서 벤조산($C_6H_5CO_2H$, 2.00 g)과 벤조산소듐($NaC_6H_5CO_2$, 2.00 g)을 적당한 양의 물에 용해하였다. 헨더슨-하셀발흐 식을 이용하여 이 용액의 pH를 구하여라.

알고 있는 사실 약산과 짝염기의 질량과 용액의 부피를 알고 있다. 약산의 K_a(표

16.2 또는 부록 H)를 알고 있고 이것으로부터 산의 pK_a를 계산할 수 있다.

전략 산과 짝염기의 농도를 계산하고 이것을 산의 pK_a 값과 함께 헨더슨–하셀발흐 식에 치환한다.

풀이 벤조산의 K_a는 6.3×10^{-5}이다. 그러므로

$$pK_a = -\log(6.3 \times 10^{-5}) = 4.20$$

그 다음, 산(벤조산)과 그것의 짝염기(벤조산소듐)의 농도가 필요하다.

$$2.00\text{ g 벤조산}\left(\frac{1\text{ mol}}{122.1\text{ g}}\right) = 0.0164\text{ mol 벤조산}$$

$$2.00\text{ g 벤조산소듐}\left(\frac{1\text{ mol}}{144.1\text{ g}}\right) = 0.0139\text{ mol 벤조산소듐}$$

용액의 부피가 1.00 L이기 때문에 [벤조산] = 0.0164 M이고, [벤조산소듐] = 0.0139 M이다. 식 17.2를 사용하면, 아래 식이 얻어진다.

$$pH = 4.20 + \log\frac{0.0139}{0.0164} = 4.20 + \log(0.848) = 4.13$$

고려사항 산의 농도는 짝염기의 농도보다 크기 때문에 pH는 pK_a보다 작음에 주목하시오. (산 농도에 대한 짝염기의 비율이 1보다 작다.)

유제 15.0 g의 $NaHCO_3$와 18.0 g의 Na_2CO_3가 들어 있는 1.00 L의 완충 용액의 pH를 헨더슨–하셀발흐 식을 이용하여 계산하시오. (이 완충액은 약산인 HCO_3^-와 그것의 짝염기인 CO_3^{2-}로 이루어진 용액이라고 가정하자.)

완충 용액 제조

유용한 완충 용액은 다음 두 가지 특성을 반드시 갖추어야 한다.

- **pH 조절**: 원하는 값의 pH로 조절될 수 있어야 한다. 헨더슨–하셀발흐 식은 어떻게 이것이 이루어질 수 있는지를 보여준다.

$$pH = pK_a + \log\frac{[\text{짝염기}]}{[\text{산}]}$$

  먼저, pK_a(또는 K_a)가 의도하는 pH 값 근처에 있는 산을 선택한다. 두 번째로, 정확한 pH(또는 $[H_3O^+]$) 값은 산과 짝염기의 비를 조절하면서 얻어진다. (예제 17.4에서 이 방법을 설명하고 있다.)

- **완충 능력**: 완충 용액은 적당량의 산–염기가 가해지더라도 거의 일정한 pH를 유지할 수 있는 능력을 가져야 한다. 예를 들어, 아세트산/아세트산 이온 완충 용액 안에 있는 아세트산의 농도는 첨가되는 수산화 이온을 모두 소비하고 난 후에도 용액의 pH를 조절할 수 있을 만큼 충분하여야 한다(예제 17.4 참조). 완충 용액은 보통 농도가 0.1 M에서 1.0 M인 용액으로 제조된다. 그러나 강산–강염기를 너무 많이 첨가하면 어떠한 완충 용액이라도 그 능력을 상실할 것이다.

예제 17.4 완충 용액 만들기

문제 pH가 4.30인 완충 용액 1.0 L를 만든다고 하자. 가능한 산(과 그들의 짝염기)의 종류들은 아래에 있다.

산	짝염기	K_a	pK_a
CH_3CO_2H	$CH_3CO_2^-$	1.8×10^{-5}	4.74
$H_2PO_4^-$	HPO_4^{2-}	6.2×10^{-8}	7.21
HCO_3^-	CO_3^{2-}	4.8×10^{-11}	10.32

어떤 산–짝염기의 쌍이 사용되어야 하며, 짝염기에 대한 산의 비는 얼마이어야 하는가?

알고 있는 사실 완충 용액의 원하는 pH와 가능한 산/짝염기 조합의 표를 가지고 있다.

전략 완충 용액의 일반 식(식 17.1)이나 헨더슨–하셀발흐 식(식 17.2)을 이용한다. 식 17.1은 $[H_3O^+]$가 산의 K_a 값에 근접하여야 함을 알려주고, 식 17.2는 pH가 산의 pK_a 값에 가까워야 함을 알려준다. 두 식 모두 어느 산을 사용하여야 할 것인가를 확인하여 준다. 어느 산을 사용할 것인가를 결정하였다면 pH를 $[H_3O^+]$로 변환하여 식 17.1을 사용한다. 만약 식 17.2를 사용한다면 표에서 pK_a 값을 사용한다. 마지막으로 산과 짝염기의 비를 계산한다.

풀이 우선 완충 용액의 하이드로늄 이온 농도를 원하는 pH로부터 구하시오.

$$\text{pH} = 4.30,\ \text{따라서}\ [H_3O^+] = 10^{-\text{pH}} = 10^{-4.30} = 5.0 \times 10^{-5}\ \text{M}$$

주어진 산들 중에서, 아세트산(CH_3CO_2H)만이 만들고자 하는 $[H_3O^+]$ 값에 가까운 K_a를 갖는다(또는 pH 4.30에 가까운 pK_a). 이제 남은 일은 만들고자 하는 하이드로늄 이온 농도를 맞추기 위해 $[CH_3CO_2H]/[CH_3CO_2^-]$를 조절하는 것이다.

$$[H_3O^+] = 5.0 \times 10^{-5}\ \text{M} = \frac{[CH_3CO_2H]}{[CH_3CO_2^-]}(1.8 \times 10^{-5})$$

$[CH_3CO_2H]/[CH_3CO_2^-]$ 비를 구하기 위해 위의 식을 다시 쓰면,

$$\frac{[CH_3CO_2H]}{[CH_3CO_2^-]} = \frac{[H_3O^+]}{K_a} = \frac{5.0 \times 10^{-5}}{1.8 \times 10^{-5}} = \frac{2.8\ \text{mol/L}}{1.0\ \text{mol/L}}$$

따라서 용액 1.0 L를 만들기 위해 0.28 mol의 아세트산과 0.10 mol의 아세트산소듐(또는 몰비가 2.8/1인 다른 적당한 짝)을 충분한 양의 물에 첨가하면, 이 완충 용액의 pH는 4.30이 될 것이다.

고려사항 만약 헨더슨–하셀발흐 식을 선호한다면 다음의 식을 얻게 될 것이다.

$$\text{pH} = 4.30 = 4.74 + \log\frac{[CH_3CO_2^-]}{[CH_3CO_2H]}$$

$$\log\frac{[CH_3CO_2^-]}{[CH_3CO_2H]} = 4.30 - 4.74 = -0.44$$

$$\frac{[CH_3CO_2^-]}{[CH_3CO_2H]} = 10^{-0.44} = 0.36$$

산에 대한 약염기의 비, $[CH_3CO_2^-]/[CH_3CO_2H]$는 0.36이다.
이 비의 역수 = $[CH_3CO_2H]/[CH_3CO_2^-]$ = (1/0.36)는 2.8/1이다. 이것은 식 17.1을 이용하여 얻은 것과 같은 결과이다.

유제 아세트산/아세트산소듐으로 이루어진 완충 용액을 이용하여 이 용액의 pH를 5.00으로 유지하기 위하여 산과 짝염기의 비는 얼마로 하여야 하는가? 그리고 이러한 용액을 어떻게 만들지 설명하시오.

예제 17.4는 완충 용액에 관한 여러 가지 중요한 점들에 대하여 설명하고 있다. 하이드로늄 이온의 농도는 산의 K_a 값뿐만 아니라 산과 짝염기의 상대적인 비(ratio)에도 영향을 받는다. 그러나 비록 이 식은 시약의 농도 비(ratio)로 표현되지만, **완충 용액의 pH를 결정하는 데 있어서 정말로 중요한 것은 바로 산과 짝염기 몰수의 상대적인 값이다.** 두 시약 모두 같은 용액에 용해되었기 때문에, 이들의 농도는 같은 용액의 부피에 의존한다. 예제 17.4에서 아세트산과 아세트산소듐의 비인 2.8/1은 1 L 안에 녹아 있는 아세트산소듐의 몰보다 아세트산의 몰이 2.8배 많다는 것을 의미한다.

$$\frac{[CH_3CO_2H]}{[CH_3CO_2^-]} = \frac{2.8 \text{ mol } CH_3CO_2H/L}{1.0 \text{ mol } CH_3CO_2^-/L} = \frac{2.8 \text{ mol } CH_3CO_2H}{1.0 \text{ mol } CH_3CO_2^-}$$

농도를 농도로 나누면 농도의 단위인 부피가 서로 상쇄되어서 단위가 없는 값이 얻어진다는 것에 주의하시오. 이것은 위의 예제에서 산의 몰수와 그것의 짝염기의 몰수 비가 단위 없이 2.8 : 1이라는 것을 확인하는 데 필요하다. 산과 그것의 짝염기는 적당한 양의 물에 용해될 수 있다. 또한, 이것은 **완충 용액을 희석시키더라도 그것의 pH는 바뀌지 않는다**는 것을 의미한다. 상업적으로 구입하는 완충액은 가끔 고체 형태로 완충에 필요한 물질이 적당히 혼합된 상태로 판매되며, 완충 용액은 이들

문제해결 주요사항 17.1 완충 용액

아래 요약된 것은 완충 용액에 대한 중요한 점들이다.

- 완충 용액은 소량의 강산과 강염기가 첨가되었을 때, 용액의 pH가 급격히 변화되는 것을 방지한다.
- 완충 용액은 약산과 그것의 짝염기를 포함한다.
- 완충 용액 안에 있는 하이드로늄 이온의 농도는 식 17.1을 이용하여 구할 수 있다.

$$[H_3O^+] = \frac{[\text{산}]}{[\text{짝염기}]} \times K_a$$

또는 pH는 헨더슨–하셀발흐 식으로부터 구할 수 있다(식 17.2).

$$pH = pK_a + \log\frac{[\text{짝염기}]}{[\text{산}]}$$

- pH는 주로 약산의 K_a 값에 의하여 결정되지만, 산과 짝염기의 상대적 양에도 약간 영향을 받는다.
- 완충 용액 안에서 약산의 기능은 첨가된 염기를 소비하는 것이고, 짝염기는 첨가된 산을 소비하는 것이다. 이러한 반응은 약산과 그것의 짝염기의 상대적인 양에 영향을 미친다. 짝염기에 대한 산의 비는 pH에 이차적인 영향을 미치기 때문에, 용액의 pH는 비교적 일정하게 유지될 수 있다.
- 완충 용액은 첨가되는 산 또는 염기와 충분히 반응할 수 있는 능력을 가져야 한다.

너무 많은 물이 첨가되면, 산과 짝염기의 농도가 낮아질 수 있고 완충 능력이 초과될 수도 있다. 일반적으로, 완충 용액은 0.1 M에서 1.0 M 정도의 용질 농도를 갖는다.

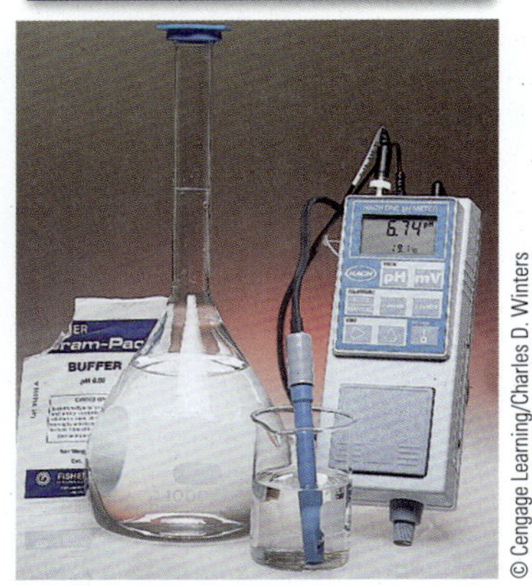

그림 17.3 상업적으로 구입한 완충 용액. 상업적으로 구입한 포장 용기 속에 들은 고체 상태의 산과 짝염기는 정해진 pH의 완충 용액을 만들기 위해 물에 용해한다. [산]/[짝염기]는 용액의 부피에 의존하지 않으므로, 여기서 사용된 물의 양은 pH에 영향을 주지 않는다.

물질 일정 양에 적당한 부피의 물을 가해서 만든다(그림 17.3).

어떻게 완충 용액은 pH를 유지할까?

그럼, 지금부터 어떻게 하여 주어진 완충 용액에 소량의 강산이 첨가되더라도 용액의 pH는 그대로 유지되는지 정량적으로 살펴보자.

예제 17.5 어떻게 완충 용액은 일정한 pH를 유지할까?

문제 농도가 1.00 M인 HCl 용액 1.00 mL를 (1) 1.000 L의 순수한 물에, 그리고 (2) $[CH_3CO_2H]$ = 0.700M이고 $[CH_3CO_2^-]$ = 0.600 M인 아세트산/아세트산소듐 완충 용액 1.000 L에 첨가할 경우, 각 경우에 대한 pH 변화를 구하시오. (예제 17.2로부터 아세트산/아세트산 이온 완충 용액의 pH는 4.68이다.)

알고 있는 사실 HCl은 강산이고 H_3O^+ 이온을 공급하기 위해 완전히 이온화된다. 처음 문제에서 HCl을 순수한 물에 첨가할 때 용액의 HCl의 농도가 pH를 결정한다. 두 번째 문제에서 약산의 짝염기는 첨가된 HCl과 반응할 것이다. 따라서 pH를 계산하기 전에 새로운 약산/짝염기 농도를 계산하기 위하여 양론 계산을 수행할 필요가 있다.

전략

1. 2단계 포함

- 1.000 L의 순수한 물에 1.00 mL 산을 첨가할 때 $[H_3O^+]$를 구한다.
- 묽은 용액의 $[H_3O^+]$의 값을 pH로 변환한다.

2. 3단계 포함

- H_3O^+를 첨가할 때 산과 짝염기의 농도가 어떻게 변하는가를 알기 위하여 양론 계산
- CH_3CO_2H와 $CH_3CO_2^-$의 농도를 아는 완충 용액의 $[H_3O^+]$를 계산
- 용액의 $[H_3O^+]$를 pH로 변환

풀이

1. 순수한 물에 산 첨가하기

여기서 1.00 M의 염산 1.00 mL는 0.00100 mol의 염산이다. 만약 이 양이 1.000 L의 순수한 물에 가해지면, 물속에 존재하는 하이드로늄 이온의 농도는 10^{-7} M에서 10^{-3} M로 변한다.

$$c_1 \times V_1 = c_2 \times V_2$$
$$(1.00\ \text{M})(0.00100\ \text{L}) = c_2 \times (1.001\ \text{L})$$
$$c_2 = \text{묽은 용액의 } [H_3O^+] = 9.99 \times 10^{-4}\ \text{M}$$

그리고 pH는 7.00에서 3.00으로 떨어진다.

2. 아세트산/아세트산 이온 완충 용액에 산 첨가하기

강산인 염산은 물에서 100 % 이온화되어 하이드로늄 이온을 제공하고, 이 이온은 완충 용액에서 아래 반응식과 같이 염기(아세트산 이온)와 완전히 반응한다.

$$H_3O^+(aq) + CH_3CO_2^-(aq) \rightleftharpoons H_2O(\ell) + CH_3CO_2H(aq)$$

	첨가된 염산으로부터 H_3O^+	완충 용액으로부터 $CH_3CO_2^-$	완충 용액으로부터 CH_3CO_2H
산 또는 염기의 처음 양 (mol = $c \times V$)	0.00100	0.600	0.700
변화량 (mol)	−0.00100	−0.00100	+0.00100
반응 후 양 (mol)	0	0.599	0.701
반응 후 농도 (c = mol/V)	0	0.598	0.700

첨가된 염산은 아세트산 이온과 완전히 반응하여 아세트산을 생성하기 때문에, 이 반응이 끝난 후 용액(V = 1.001 L)은 오로지 약산과 그것의 염만을 포함하는 완충 용액이다. 이제 하이드로늄 이온의 농도와 완충 용액의 pH를 구하기 위해서 예제 17.2와 17.3에서 했던 것처럼 식 17.1(또는 헨더슨–하셀발흐 식)을 이용하자.

평형	CH_3CO_2H	+	H_2O	$\rightleftarrows$	H_3O^+	+	$CH_3CO_2^-$
처음 농도 (M)	0.700				0		0.598
농도 변화 (M)	$-x$				$+x$		$+x$
평형 농도 (M)	$0.700 - x$				x		$0.598 + x$

앞에서 한 것처럼, 아세트산 이온 존재하에 아세트산의 이온화로 생성된 하이드로늄 이온의 농도를 x로 하면, 이 값은 0.700 M 또는 0.598 M에 비교하여 매우 작을 것으로 가정한다. 그리고 식 17.1을 사용하면, 위 용액의 pH는 4.68로 얻어진다.

$$[H_3O^+] = x = \frac{[CH_3CO_2H]}{[CH_3CO_2^-]} \times K_a = \left(\frac{0.700\ \text{mol}}{0.598\ \text{mol}}\right)(1.8 \times 10^{-5}) = 2.1 \times 10^{-5}\ \text{M}$$

$$\text{pH} = 4.68$$

고려사항 HCl의 이 양을 첨가한 후에 허용된 유효숫자의 범위 안에서 완충 용액의 pH는 변하지 않는다. 완충 용액은 약산의 짝염기를 가지며 염기는 첨가된 HCl를 소모하게 된다. 반면에 같은 양의 HCl을 1.0 L의 순수한 물에 첨가하였을 때 pH는 4 단위만큼 변한다. 즉, $[H_3O^+]$는 10^4만큼 증가한다.

유제 농도가 0.70 M인 폼산소듐($NaHCO_2$)과 농도가 0.50 M인 폼산(HCO_2H)으로 이루어진 완충 용액 0.500 L에 농도가 1.0 M인 염산 용액 10.0 mL를 첨가하기 전과 후의 pH를 구하시오.

17.2절 확인문제

1. 다음 중 어떤 것이 좋은 완충 용액인가?
   (a) 0.20 M KCH_3CO_2와 0.20 M CH_3CO_2H (b) 0.2 M HCl과 0.10 M KOH
   (c) 0.20 M CH_3CO_2H와 0.10 M HCO_2H (d) 0.10 M HCl과 0.010 M KCl

2. 아세트산(CH_3CO_2H)/아세트산소듐(CH_3CO_2Na) 완충 용액을 농도가 0.10 M인 아세트산 용액 100. mL로부터 제조할 경우, 완충 용액의 pH를 4.0으로 만들기 위하여 농도가 0.10 M인 아세트산소듐 용액을 이용한다면 이때 첨가되어야 할 아세트산소듐 용액의 부피는 얼마인가?

(a) 100. mL (b) 50. mL (c) 36 mL (d) 18 mL

3. 농도가 0.20 M인 NH_4Cl 용액 100. mL와 농도가 0.10 M인 NH_3 용액 200. mL로 이루어진 완충 용액의 pH는?

(a) 4.85 (b) 9.25 (c) 7.00
(d) 5.65 (e) 10.05

4. pH가 5인 완충 용액을 CH_3CO_2H와 $NaCH_3CO_2$ 용액을 이용하여 제조할 경우 필요한 CH_3CO_2H와 $NaCH_3CO_2$의 농도 비는 얼마인가?

(a) 1/1 (b) 1.8/1 (c) 1/1.8 (d) 5.0/1

17.3 산–염기 적정

적정은 혼합물 속의 산, 염기, 또는 다른 물질의 양을 정확하게 측정하거나, 물질의 순도를 확인하는 데 사용되는 가장 중요한 방법 중의 하나이다. 4장에서 적정과 관련된 화학량론 계산을 어떻게 수행하는지에 대하여 배웠다(◂4.7절). 16장에서는 산–염기 반응에 관한 다음과 같은 중요한 점에 대하여 설명하였다(◂16.6절).

- 강산–강염기 적정 시 당량점에서 pH는 7이다. 오직 강산을 강염기로 적정할 경우나 그 반대인 경우에만, 당량점에서의 용액은 정말로 '중성'이다.
- 만약에 적정되는 용액이 약산이거나 약염기일 경우, 당량점에서의 pH는 7이 아니다(◂표 16.4).
  (a) 약산이 강염기로 적정될 경우 약산의 짝염기에 의하여 당량점에서의 pH는 7보다 크다.
  (b) 강산으로 약염기를 적정하면 약염기의 짝산 때문에 당량점에서의 pH는 7보다 작다.

당량점. 어떤 반응에 대한 당량점은 한 반응물이 다른 반응물의 첨가에 의하여 완전히 소비되었을 때의 점을 나타낸다. (4.7절 참조)

여러 가지 용액의 pH를 구하는 방법에 대하여 지금까지 학습한 지식은 산–염기 반응이 진행되는 동안 용액의 pH가 어떻게 변하는지를 좀 더 자세히 이해하는 데 도움을 줄 것이다.

강산–강염기 적정

약산–약염기 적정. 약산과 약염기의 적정은 당량점을 정확하게 판단할 수 없기 때문에 일반적으로 시행하지 않는다.

그림 17.4는 농도가 0.100 M인 염산 용액 50 mL에 농도가 0.100 M인 NaOH 용액을 천천히 첨가할 때 일어나는 pH 변화를 설명하고 있다.

$$HCl(aq) + NaOH(aq) \rightarrow NaCl(aq) + H_2O(\ell)$$

$$\text{알짜 이온 반응식: } H_3O^+(aq) + OH^-(aq) \rightarrow 2\ H_2O(\ell)$$

그림 그림 17.4에 대하여 아래와 같은 4개 영역에 대하여 좀 더 자세히 알아보자.

- 처음 용액의 pH

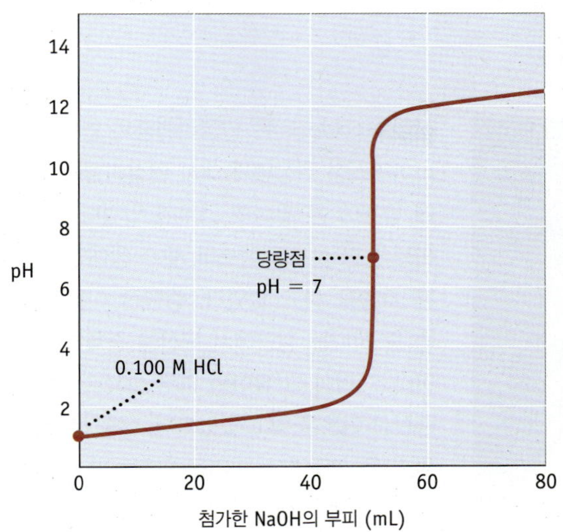

0.100 M HCl 50.0 mL를 0.100 M NaOH로 적정	
첨가한 염기의 부피	pH
0.0	1.00
10.0	1.18
20.0	1.37
40.0	1.95
45.0	2.28
48.0	2.69
49.0	3.00
50.0	7.00
51.0	11.00
55.0	11.68
60.0	11.96
80.0	12.36
100.0	12.52
매우 큰 양	13.00 (최대)

그림 17.4 강산을 강염기로 적정할 때 pH의 변화. 여기서 농도가 0.100 M인 염산 용액 50.0 mL를 농도가 0.100 M인 NaOH 용액으로 적정하였다. 강산과 강염기 적정 시 당량점에서 pH는 7.00이다.

- 당량점 이전에서 수산화소듐이 염산 용액에 첨가될 때의 pH
- 당량점에서의 pH
- 당량점 이후의 pH

적정을 시작하기 전, 농도가 0.100 M인 염산 용액의 pH는 1.00이다. 수산화소듐이 산 용액에 첨가됨으로써, 염산의 양은 감소하고, 남아 있는 산은 늘어난 용액의 부피에 용해된다. 따라서 하이드로늄 이온의 농도는 감소하고, pH는 서서히 증가한다. 예를 들어, 농도가 0.100 M인 NaOH 용액 10.0 mL를 농도가 0.100 M인 염산 용액 50.0 mL에 첨가한 후 용액의 pH를 알아보자. 우선 반응이 일어나기 전에 산과 염기의 농도, 농도의 변화, 반응이 일어난 후 남아 있는 농도에 관한 표를 작성할 수 있다. 반응 후 용액의 부피는 NaOH와 HCl의 부피를 합한 부피임에 주의하시오(이 경우 60.0 mL 또는 0.0600 L).

	$H_3O^+(aq)$	+	$OH^-(aq)$	→	$2\ H_2O(\ell)$
처음 양 (mol = $c \times V$)	0.00500		0.00100		
변화량 (mol)	−0.00100		−0.00100		
반응 후 양 (mol)	0.00400		0		
반응 후 농도 (c = mol/V)	0.00400 mol/0.0600 L = 0.0667 M		0		

적정, 화학량론, 한계 반응물. 그림 17.4에서 보여 주듯이 염기에 의한 산의 적정에서 한계 반응물은 당량점 전에는 염기이고, 당량점 이후에는 산이다.

NaOH 용액 10.0 mL를 첨가한 후, 최종적으로 용액 안에 있는 하이드로늄 이온의 농도는 0.0667 M이다. 따라서 pH는 다음과 같다.

$$\mathrm{pH} = -\log[H_3O^+] = -\log(0.0667) = 1.176$$

당량점에 이르기 바로 직전, 즉 49.5 mL의 염기 용액이 가해졌을 때, 동일한 방법으로 다음과 같이 용액의 pH = 3.3을 구할 수 있다. 적정 중에 있는 용액이 비록 당량점에 매우 근접했지만, 여전히 상당한 산성을 띤다.

산–염기 적정 곡선에서 당량점에서의 pH는 용액의 pH와 적정액(titrant) 부피에

사례 연구 심호흡을 하시오.

모든 생명체에서 효소의 활성은 pH의 영향을 받기 때문에 세포 내의 pH를 일정하게 유지하는 것은 매우 중요하다. 완충 용액의 가장 중요한 기능은 세포 내에서 유해할 정도로 pH가 변화는 것을 막아주는 것이다. 모든 세포 내에서 pH는 6.9~7.4를 유지한다. 이 범위의 pH는 두 가지 생리학적으로 중요한 완충 체계에 의하여 조절되면서 유지되는데, 그들은 (HCO_3^-/H_2CO_3) 계와 (HPO_4^{2-}/$H_2PO_4^-$) 계이다.

HCO_3^-/H_2CO_3 완충은 다음과 같은 3개의 평형 반응이 중요한 역할을 하며, 혈장 내에서 중요하다.

$$CO_2(g) \rightleftharpoons CO_2(\text{용해})$$

$$CO_2(\text{용해}) + H_2O(\ell) \rightleftharpoons H_2CO_3(aq)$$

$$H_2CO_3(aq) + H_2O(\ell) \rightleftharpoons H_3O^+(aq) + HCO_3^-(aq)$$

두 번째와 세 번째 반응 단계에 대한 전체적인 평형상수는 인간의 체온인 37 °C에서 $pK_{overall}$ = 6.3이다. 따라서

$$7.4 = 6.3 + \log \frac{[HCO_3^-]}{[CO_2(\text{용해})]}$$

비록 $pK_{overall}$ 값이 혈액의 pH에 비하여 pH 1단위만큼의 차이가 있지만, 폐 내의 폐포 속 CO_2의 정상적인 부분압력(약 40 mmHg)은 이 pH를 유지하는 데 필요한 [CO_2(용해)] 1.2×10^{-3} M과 [HCO_3^-] 1.5×10^{-2} M을 유지시키기에 충분하다.

만약 혈액의 pH가 7.45 이상으로 상승하면, 알칼리혈증(alkalosis) 증상이 발생한다. 호흡 알칼리혈증(respiratory alkalosis) 문제는 여러분이 폐의 CO_2를 내보내려고 너무 급하게 호흡할 때 호흡 항진(hyperventilation)으로부터 초래될 수 있다. 이것은 CO_2의 농도를 낮추는 효과가 나타나며, 이어서 H_3O^+ 농도를 낮추고 pH를 높이는 결과를 초래한다. 이와 같은 상태는 지나친 조바심, 또는 높은 고도에서 산소 부족으로 인하여 또한 발생할

© Cengage Learning/Charles D. Winters

수 있다. 이것은 궁극적으로 중추신경계의 과도한 흥분, 근육 경련, 경기, 그리고 결국 죽음을 초래할 수 있다. 알칼리혈증을 치료할 수 있는 한 가지 방법은 종이 봉지를 입에 대고 심호흡을 하는 것이다. 호흡 시 내뿜은 CO_2는 재활용되고, 혈액 내의 CO_2 수준을 증가시켜서, 위의 평형 반응식을 오른쪽으로 진행시킴으로써, 결국 하이드로늄 이온의 농도를 증가시킨다.

대사 알칼리혈증(metabolic alkalosis)은 위산(주로 pH가 1~2 정도인 염산)을 다루기 위하여 탄산수소소듐을 대량으로 복용할 경우에 생길 수 있다. 또한 어떤 사람이 심하게 구토를 할 경우 생길 수도 있다. 이것은 체내의 수소 이온을 고갈시키고 이어서 결과적으로 탄산수소 이온의 농도를 증가하도록 한다.

운동선수들은 그들의 경기력을 향상시키기 위하여 H_2CO_3/HCO_3^- 평형계를 이용할 수 있다. 격렬한 운동은 높은 농도의 락트산을 생성하며, 이것은 혈압을 낮출 수 있고 근육의 경련을 유발할 수 있다. 이것을 방지하기 위하여 운동선수들은 경기 전에 혈압의 pH를 높이기 위하여 몇 초 동안 호흡항진을 통하여 준비할 수 있고 나아가 락트산으로부터 생긴 산성도를 중화시키는 데 도움이 될 수 있다.

산혈증(acidosis)은 알칼리혈증의 반대이다. 바이러스성 위장염과 대사 알칼리혈증 때문에 병원에 온 유아의 경우가 있었다. 그 아이는 심한 설사를 했으며, 탈수 상태였고, 가쁜 호흡을 하고 있었다. 중탄산 이온의 기능 중 하나는 장안에서 위산을 중화하는 것이다. 그러나 그 유아의 경우 설사로 인하여 중탄산 이온을 잃고 있었으며, 혈중 pH는 너무 낮은 상태였다. 이것을 만회하기 위하여, 유아는 가쁜 호흡을 하고 있었고 폐를 통하여 이산화탄소를 배출하고 있었다(이것의 결과는 [H_3O^+] 농도를 낮추고 pH를 높인다).

호흡 산혈증(respiratory acidosis)은 체내의 이산화탄소의 축적으로부터 생긴다. 이것은 폐의 문제, 두뇌 손상, 또는 마취제나 안정제 같은 약물 복용으로부터 생길 수 있다. 이 문제는 빠른 호흡과 심호흡을 통하여 해결할 수 있다. 호흡을 2배로 증가시킬 경우 혈액의 pH는 0.23 정도 증가한다.

문제

세포 내에는 인산 이온이 풍부하다. 이들 이온은 그 자체로 뿐만 아니라 유기 분자들의 중요한 치환체로 존재한다. 가장 중요하게 $H_2PO_4^-$ 이온의 pK_a는 7.20이며, 이것은 신체의 정상 pH 범위의 최고값에 매우 가깝다.

$$H_2PO_4^-(aq) + H_2O(\ell) \rightleftharpoons H_3O^+(aq) + HPO_4^{2-}(aq)$$

1. pH를 7.4로 조절하기 위하여 [HPO_4^{2-}]/[$H_2PO_4^-$]는 얼마여야 할까요?
2. 세포 내의 일반적인 총 인산 이온 농도 ([HPO_4^{2-}]+[$H_2PO_4^-$])는 2.0×10^{-2} M이다. 세포 내의 pH가 7.4일 때, 이들 두 이온의 농도는 각각 얼마일까?

이 질문에 대한 답은 부록 N에 수록되어 있다.

대한 적정 곡선 상에서 수직 방향 성분의 경사가 가장 가파른 지점의 값으로 간주한다. (적정액이란 적정하는 동안 첨가되는 물질이다.) 그림 17.4에서 설명하고 있는 염산/수산화소듐 적정에서, 당량점 근처에서 pH는 급격히 증가한다. 사실 이 경우 수산화소듐 용액을 한 두 방울만 더 첨가하더라도 pH는 7단위 증가할 것이며(하이드로늄 이온의 농도는 천만 배 = 10^7 감소한다!), 적정 곡선의 수직 방향 성분의 경사가 가장 가파른 지점에서 pH는 7.00이다.

> 단일양성자 강산–강염기 적정 시 당량점에서 용액의 pH는 이 용액이 중성인 염을 가지고 있기 때문에 항상 7.00이다(25 ℃).

염산이 모두 소비된 후, 극미량의 수산화소듐이 첨가되면, 그 용액은 염기성으로 되고 좀 더 많은 수산화소듐이 첨가되면서, pH는 계속 해서 증가될 것이다(그리고, 용액의 부피는 증가한다). 예를 들어, 농도가 0.100 M인 NaOH 용액 55.0 mL를 농도가 0.100 M인 염산 용액 50.0 mL에 첨가한 후 용액의 pH를 계산해 보면, 다음에 같이 될 것이다.

	$H_3O^+(aq)$	+	$OH^-(aq)$	→	$2\ H_2O(\ell)$
처음 양 (mol = $c \times V$)	0.00500		0.00550		
변화량 (mol)	−0.00500		−0.00500		
반응 후 양 (mol)	0		0.00050		
반응 후 농도 (c = mol/V)	0		0.00050 mol/0.1050 L = 0.0048 M		

여기서 이 용액은 0.0048 M의 OH^- 이온 농도를 가지며, pH는 다음과 같다.

$$pOH = -\log[OH^-] = -\log(0.0048) = 2.32$$
$$pH = 14.00 - pOH = 11.68$$

강염기에 의한 약산의 적정

강염기에 의한 약산의 적정은 강산–강염기 적정과는 다소 차이가 있다. 농도가 0.100 M인 아세트산(약산) 용액 100.0 mL를 농도가 0.100 M인 NaOH(강염기) 용액으로 적정한 적정 곡선을 자세히 살펴보시오(그림 17.5).

$$CH_3CO_2H(aq) + NaOH(aq) \rightarrow NaCH_3CO_2(aq) + H_2O(\ell)$$

그리고 이 적정 곡선으로부터 기억해야 될 다음 네 가지 중요한 점에 대하여 주목하시오.

- **적정을 시작하기 전의 pH.** 염기를 가하기 전에 용액의 pH는 약산의 K_a 값과 약산의 농도로부터 구할 수 있다(◀예제 16.5).
- **완충 영역의 pH와 적정의 중간점(중간–당량점).** 중간점에서 pH는 약산의 pK_a와 같으며, 다음 문단에서 보다 자세히 논의될 결론이다.
- **당량점에서의 pH.** 당량점에서 용액은 단지 아세트산소듐만을 포함하며, 아세트산과 수산화소듐은 완전히 소비되었다. 용액의 pH는 아세트산 이온에 의하여 조절

그림 17.5 강염기로 약산을 적정할 때 pH 변화. 여기서 0.100 M인 아세트산 용액 100.0 mL를 0.100 M인 NaOH 용액으로 적정한다.

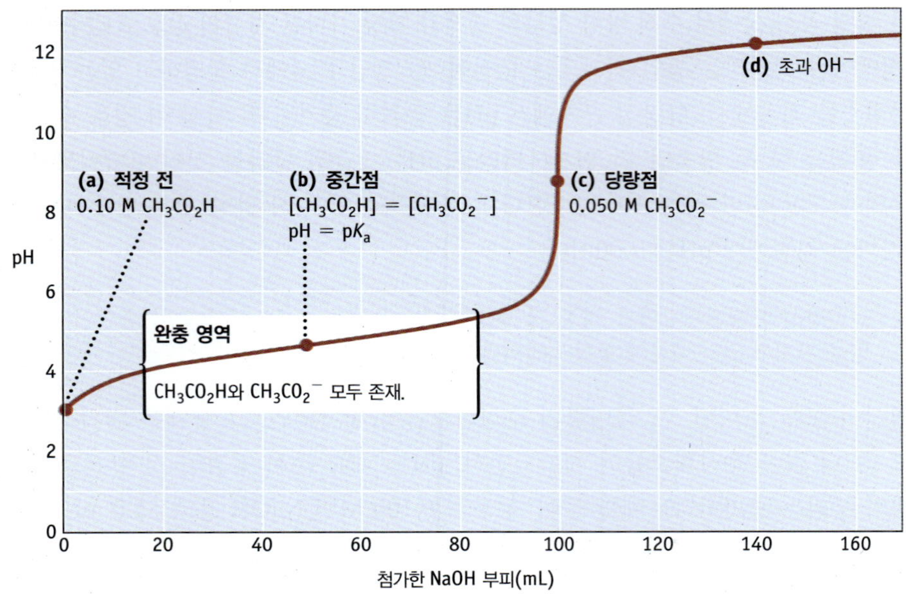

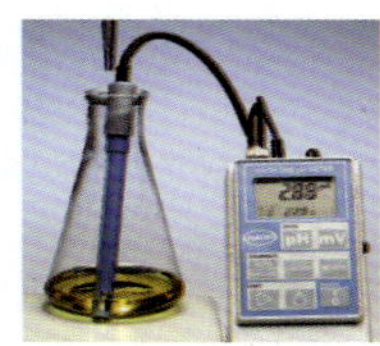

(a) 적정 전.
0.100 M 아세트산 용액의 pH는 2.87이다.

(b) 중간점.
산의 반이 염기와 반응한 점에서 pH는 산의 pK_a와 같다($pH = pK_a = 4.74$).

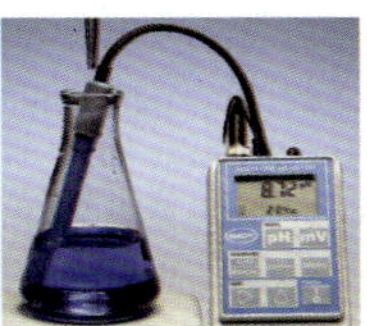

(c) 당량점.
이 용액은 약염기인 아세트산 이온을 포함하고 있다. 따라서 용액의 pH는 8.72인 염기성이다.

(d) 당량점 이후.
pH는 과잉의 NaOH 몰수와 용액의 총 부피로부터 결정된다.

되며, 따라서 염기성이다.

- **당량점 이후의 pH.** pH는 당량점 이후에 첨가된 NaOH의 양과 용액의 총 부피를 이용하여 계산될 수 있다.

NaOH가 아세트산에 가해질 때, 염기는 소비되고 아세트산소듐이 생성된다. 따라서 적정 시작점(아세트산만 존재)과 당량점(아세트산소듐만 존재) 사이의 모든 지점에서, 용액은 아세트산과 그것의 짝염기인 아세트산소듐을 포함한다. 이것은 **완충 용액**의 성분들이고 하이드로늄 이온 농도는 식 17.3 또는 17.4로부터 계산될 수 있다.

$$[H_3O^+] = \frac{[\text{남아 있는 약산}]}{[\text{생성된 짝염기}]} \times K_a \tag{17.3}$$

또는

$$pH = pK_a + \log\frac{[\text{생성된 짝염기}]}{[\text{남아 있는 약산}]} \tag{17.4}$$

정확하게 산의 절반이 염기에 의해 소비되었을 때 용액의 pH는 어떻게 될까? 산(CH_3CO_2H)의 반이 짝염기($CH_3CO_2^-$)로 전환되었고, 반은 남아 있다. 그러므로 남아 있는 약산의 농도는 생성된 짝염기의 농도와 동일하다($[CH_3CO_2H] = [CH_3CO_2^-]$). 따라서 식 17.3 또는 17.4를 이용하면, 다음 관계식이 얻어진다.

$$[H_3O^+] = (1) \times K_a \qquad \text{또는} \qquad pH = pK_a + \log(1)$$

그리고 log (1) = 0이므로, 다음과 같은 일반적인 결론에 도달한다.

$$\text{강염기–약산 적정 시 중간점에서 } [H_3O^+] = K_a\text{이고 } pH = pK_a\text{이다.} \qquad (17.5)$$

강염기로 아세트산을 적정하는 특별한 경우, 중간점에서 $[H_3O^+] = 1.8 \times 10^{-5}$ M 이어서, pH는 4.74이다. 이것은 아세트산의 pK_a 값과 동일하다.

산–염기 적정. 문제해결 주요사항 17.2를 참조하시오. 산–염기 적정에서 다양한 단계의 pH를 계산한다.

예제 17.6 수산화소듐에 의한 아세트산의 적정

문제 0.100 M인 아세트산 용액 100.0 mL를 0.100 M인 NaOH 용액으로 적정할 경우를 고려하시오(그림 17.5 참조).

$$CH_3CO_2H(aq) + OH^-(aq) \rightarrow CH_3CO_2^-(aq) + H_2O(\ell)$$

(a) 90.0 mL의 0.100 M NaOH 용액을 0.100 M 아세트산 100.0 mL에 첨가한 후 얻어지는 용액의 pH를 구하시오.
(b) 당량점에서 pH는 얼마인가?
(c) 110.0 mL의 NaOH 용액이 첨가된 후 얻어지는 용액의 pH를 구하시오.

알고 있는 사실 산과 염기의 농도와 부피, 그리고 완결된 반응식을 알고 있다. (a)에서 아세트산의 K_a와 (b)에서 아세트산 이온의 K_b 값을 알고 있다(◂표 16.2). (a) 부분은 예제 17.1과 같음을 인지할 수 있다.

전략 문제의 각 부분은 적어도 2단계이다.

(1) 각 부분의 첫 단계는 산–염기 반응이 완결된 후 존재하는 아세트산, 수산화소듐, 아세트산 이온의 몰수를 결정하기 위하여 한계 반응물 양론 계산을 포함한다.

(2) **(a)** 양론 계산으로부터 CH_3CO_2H와 $CH_3CO_2^-$의 몰수를 알 수 있는 완충 용액으로부터 $[H_3O^+]$를 찾기 위하여 당량점 이전에 대한 평형 계산을 한다(예제 17.1 참조).
(b) 당량점에서는 아세트산 이온만이 존재한다(예제 16.7 참조). 산–염기 반응이 완결된 후 이 이온의 농도를 결정한다. 아세트산 이온과 물의 반응에 대한 완결된 반응식과 K_b 값을 이용하여 평형 수산화 이온 농도를 결정한다. 이 농도를 평형 하이드로늄 이온 농도로 변환하고 pH를 계산한다.
(c) 당량점 이후에서 용액은 아세트산 이온과 과잉의 NaOH를 포함하나 후자가 pH를 좌우한다. 과잉의 NaOH 농도(그리고 $[OH^-]$)를 결정하고 $[OH^-]$를 pH로 변환한다.

풀이

(a) 당량점 이전의 pH

우선 반응 전 반응물의 양(= 농도 × 부피)을 계산한다. 그리고 반응 후의 반응물과 생성물의 양을 계산하기 위하여 화학량론의 원칙을 이용한다. 한계 시약은 NaOH이고, 따라서 약간의 CH_3CO_2H는 생성물($CH_3CO_2^-$)과 함께 남는다.

전략도 17.6

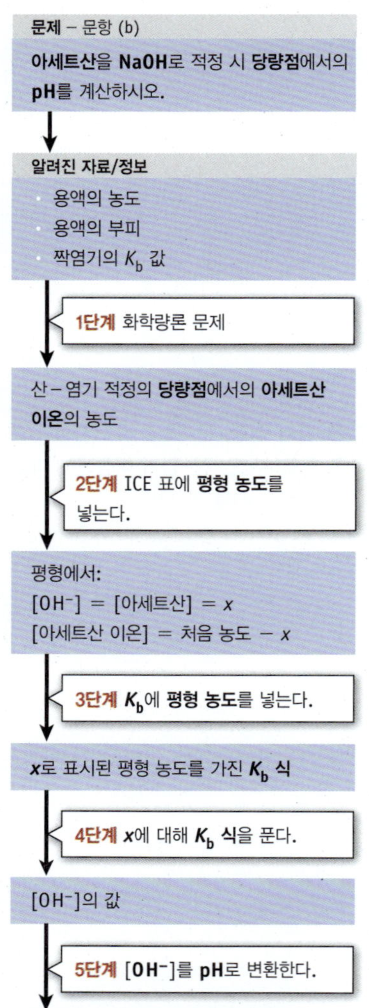

반응식	CH_3CO_2H	+	OH^-	$\rightleftharpoons$	$CH_3CO_2^-$	+	H_2O
처음 양 (mol)	0.0100		0.00900		0		
변화량 (mol)	−0.00900		−0.00900		+0.00900		
반응 후 양 (mol)	0.0010		0		0.00900		

산과 짝염기 사이의 몰수 비는 그들의 농도비와 같다. 그러므로 식 17.3을 이용해서 용액의 pH를 구하기 위하여 생성된 짝염기와 남은 약산의 양을 이용한다.

$$[H_3O^+] = \frac{\text{mol } CH_3CO_2H}{\text{mol } CH_3CO_2^-} \times K_a = \left(\frac{0.0010 \text{ mol}}{0.0090 \text{ mol}}\right)(1.8 \times 10^{-5}) = 2.0 \times 10^{-6} \text{ M}$$

$$pH = -\log(2.0 \times 10^{-6}) = 5.70$$

pH는 5.70이고, 이 값은 그림 17.5와 일치한다. 결론적으로 이 값은 중간점(4.74)과 당량점(8.72, 아래 참조) 사이의 값으로 적당한 값이다.

(b) 당량점에서의 pH

당량점에 도달하기 위하여 0.0100 mol의 NaOH 용액이 0.0100 mol의 CH_3CO_2H 용액에 가해졌고, 0.0100 mol의 $CH_3CO_2^-$ 이온이 생성되었다.

반응식	CH_3CO_2H	+	OH^-	$\longrightarrow$	$CH_3CO_2^-$	+	H_2O
처음 양 (mol)	0.0100		0.0100		0		
변화량 (mol)	−0.0100		−0.0100		+0.0100		
반응 후 양 (mol)	0		0		0.0100		

각각의 부피가 100.0 mL인 두 용액이 혼합되었기 때문에, 당량점에서 $CH_3CO_2^-$ 이온의 농도는 (0.0100 mol/0.200 L) = 0.0500 M이다. 그 다음, 물과 약염기의 반응에 대한 ICE 표를 작성하시오.

반응식	$CH_3CO_2^-$	+	H_2O	$\rightleftharpoons$	CH_3CO_2H	+	OH^-
처음 농도 (M)	0.0500				0		0
농도 변화 (M)	$-x$				$+x$		$+x$
반응 후 농도 (M)	$0.0500 - x$				x		x

그리고 약염기에 대한 K_b 값을 이용하여 OH^- 이온의 농도를 구하시오.

$$CH_3CO_2^-\text{의 } K_b = 5.6 \times 10^{-10} = \frac{[CH_3CO_2H][OH^-]}{[CH_3CO_2^-]} = \frac{(x)(x)}{0.0500 - x}$$

위의 식에서 x가 0.0500 M보다 작을 것이라고 가정하고 x를 풀면 다음과 같다.

$$x = [OH^-] = 5.3 \times 10^{-6} \text{ M이므로 } pOH = 5.28$$

$$pH = 14.00 - 5.28 = 8.72$$

(c) 당량점 이후의 pH

이제 한계 시약은 CH_3CO_2H이고, 용액은 반응하지 않은 NaOH와 $CH_3CO_2^-$의 가수분해 반응으로부터 생성된 과량의 OH^-를 가진다.

반응식	CH_3CO_2H	+	OH^-	$\longrightarrow$	$CH_3CO_2^-$	+	H_2O
처음 농도 (M)	0.0100		0.0110		0		
농도 변화 (M)	−0.0100		−0.0100		+0.0100		
반응 후 농도 (M)	0		0.0100		0.0100		

$CH_3CO_2^-$ 이온의 가수분해 반응으로부터 생성된 OH^- 이온의 양은 매우 작기 때문에[위의 (b) 참고], 당량점을 지난 후 용액의 pH는 전체 부피 210 mL 안에 존재하는 과량의 NaOH에 의하여 결정된다.

$$[OH^-] = 0.0010\ \text{mol}/0.210\ \text{L} = 4.8 \times 10^{-3}\ \text{M}\ (\text{pOH} = 2.32)$$

$$\text{pH} = 14.00 - 2.32 = 11.68$$

고려사항 당량점에서의 pH(8.72)는 약산의 짝염기 용액에서 예상되는 바와 같이 용액이 약염기성임을 의미하고 있다. 당량점을 지나 보다 많은 NaOH가 첨가되면서 용액은 더 염기성이 된다(pH = 11.68).

유제 0.100 M인 수산화소듐에 의한 0.100 M인 아세트산의 적정이 본문에 설명되어 있다. 35.0 mL의 염기에 0.100 M 아세트산 용액 100 mL를 첨가해서 얻은 용액의 pH를 구하시오.

약한 다양성자 산의 적정

지금까지 설명한 적정은 수산화소듐과 같은 강염기를 이용하여 단일양성자 산(HA)을 적정하는 반응에 관한 것이었다. 하지만 옥살산($H_2C_2O_4$)과 같은 다양성자 산의 적정에 위의 설명이 적용될 수 있다.

$$H_2C_2O_4(aq) + H_2O(\ell) \rightleftharpoons HC_2O_4^-(aq) + H_3O^+(aq) \qquad K_{a1} = 5.9 \times 10^{-2}$$

$$HC_2O_4^-(aq) + H_2O(\ell) \rightleftharpoons C_2O_4^-(aq) + H_3O^+(aq) \qquad K_{a2} = 6.4 \times 10^{-5}$$

그림 17.6은 0.100 M인 수산화소듐 용액으로 0.100 M인 옥살산 용액 100 mL를 적정하면서 얻어지는 적정곡선을 설명하고 있다. 이 그림을 자세히 보면 100 mL의 수산화소듐 용액이 산에 첨가되었을 때 첫 번째로 눈에 띄게 pH가 증가되었는데, 이것은 다양성자 산에 있는 여러 양성자 중에서 첫 번째 양성자가 적정되었다는 것을 의미한다.

$$H_2C_2O_4(aq) + OH^-(aq) \rightleftharpoons HC_2O_4^-(aq) + H_2O(aq)$$

이어서, 옥살산의 두 번째 양성자가 적정되면서 다시 pH가 눈에 띄게 증가한다.

$$HC_2O_4^-(aq) + OH^-(aq) \rightleftharpoons C_2O_4^{2-}(aq) + H_2O(\ell)$$

두 번째 당량점에서 pH는 옥살산 음이온($C_2O_4^-$)에 의하여 좌우된다.

$$C_2O_4^{2-}(aq) + H_2O(\ell) \rightleftharpoons HC_2O_4^-(aq) + OH^-(aq)$$

$$K_b = K_w/K_{a2} = 1.6 \times 10^{-10}$$

적정 곡선에 따라서 두 번째 당량점에서 pH를 계산해 보면, 적정 곡선에서 관찰되

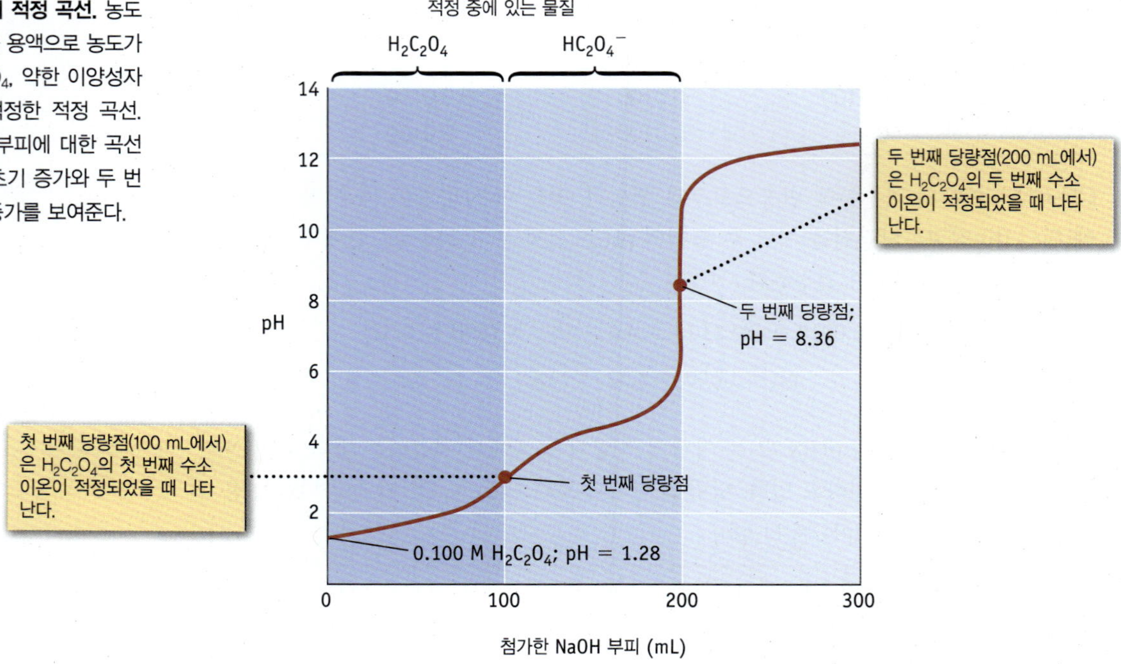

그림 17.6 이양성자 산의 적정 곡선. 농도가 0.100 M인 수산화소듐 용액으로 농도가 0.100 M인 옥살산($H_2C_2O_4$, 약한 이양성자 산) 용액 100.0 mL를 적정한 적정 곡선. pH 대 가입한 NaOH의 부피에 대한 곡선은 첫 번째 당량점에서 초기 증가와 두 번째 당량점에서 또 다른 증가를 보여준다.

는 것과 같이 그 값이 8.4가 되어야 함을 알 수 있다.

강산에 의한 약염기의 적정

마지막으로 강산에 의한 약염기의 적정을 고려해 보자. 그림 17.7은 0.100 M인 HCl 용액으로 0.100 M인 NH_3 용액 100.0 mL를 적정할 때 얻어지는 적정 곡선을 설명하고 있다.

$$NH_3(aq) + H_3O^+(aq) \rightleftharpoons NH_4^+(aq) + H_2O(\ell)$$

0.100 M인 NH_3 용액의 초기 pH는 11.13이다. 적정이 진행되면서, 용액 내에 존

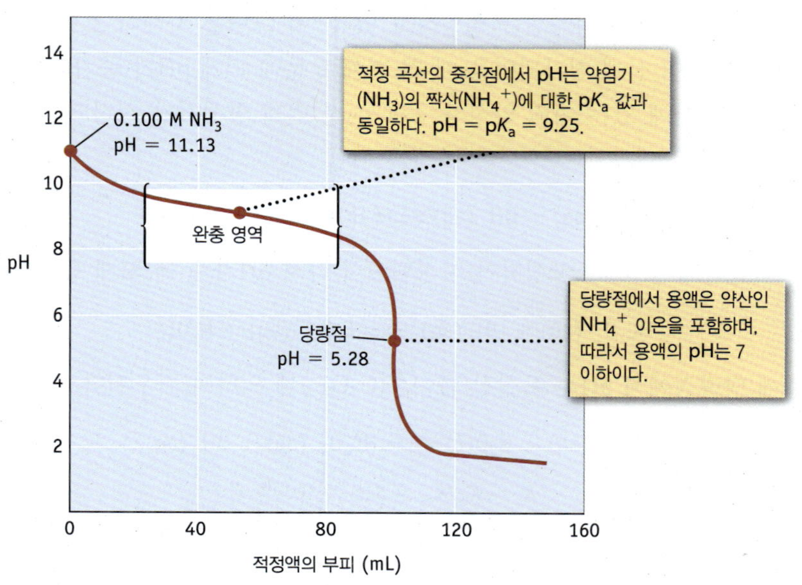

그림 17.7 강산에 의한 약염기의 적정. 강산(0.100 M HCl)으로 약염기(0.100 M인 NH_3 용액 100.0 mL)를 적정하는 동안 일어나는 pH 변화

재하는 중요한 화학종은 약산인 NH_4^+ 이온과 그것의 짝염기인 NH_3이다.

$$NH_4^+(aq) + H_2O(\ell) \rightleftharpoons NH_3(aq) + H_3O^+(aq) \qquad K_a = 5.6 \times 10^{-10}$$

적정 곡선의 중간점에서, NH_4^+와 NH_3의 농도는 동일하다.

$$[H_3O^+] = \frac{[NH_4^+]}{[NH_3]} \times K_a = 5.6 \times 10^{-10}$$

$$[H_3O^+] = K_a$$

$$pH = pK_a = -\log(5.6 \times 10^{-10}) = 9.25$$

계속해서 염산(HCl)을 암모니아(NH_3) 용액에 첨가하면, NH_3/NH_4^+ 짝의 완충 작용 때문에 용액의 pH는 서서히 감소한다. 그러나 당량점 근처에서 pH는 급격히 감소한다. 당량점에서 용액은 약한 브뢴스테드 산인 염화암모늄만을 포함하게 되며, 용액은 약한 산성으로 된다.

예제 17.7 염산에 의한 암모니아의 적정

문제 농도가 0.100 M인 암모니아 용액 100 mL를 농도가 0.100 M인 염산 용액으로 적정할 때, 당량점에서 pH를 구하시오(그림 17.7 참조).

알고 있는 사실 비록 여기서는 강산으로 약염기를 적정하고 있지만 이 문제는 예제 17.6의 (b)와 비슷하다. 두 예제에서 시약의 양을 알고 있고 당량점에서의 pH를 알고자 한다. 여기서 약염기 NH_3의 짝산 NH_4^+의 K_a 값을 알 필요가 있다.

전략 예제 17.6과 같이 이 문제는 2단계를 가진다. (a) 당량점에서 NH_4^+의 농도를 찾기 위한 양론 계산과 (b) 약산 NH_4^+ 용액에서의 $[H_3O^+]$를 찾기 위한 평형 계산이다.

풀이

1. 화학량론 문제

이 경우, 0.0100 mol의 암모니아(= 농도 × 부피)가 적정되기 때문에, 0.0100 mol의 염산이 필요하다. 따라서 적정에서 0.100 M 염산 100 mL(= 0.0100 mol 염산)가 사용되어야 하며, 당량점에서 용액의 부피는 200.0 mL이다.

반응식	NH_3	+	H_3O^+	$\longrightarrow$	NH_4^+	+	H_2O
처음양 (mol = $c \times V$)	0.0100		0.0100		0		
반응 시 변화량 (mol)	−0.0100		−0.0100		+0.0100		
반응 후 양 (mol)	0		0		0.0100		
반응 후 농도 (M)	0		0		0.0100 mol (0.200 L 내) = 0.0500 M		

2. 평형 문제

당량점에 도달했을 때, 용액은 0.0500 M의 약산인 NH_4^+로 구성된다. pH는 이 약산

장미는 천연 지시약이다.

(a) 장미꽃 잎에 있는 색소를 에탄올을 이용해서 추출했다. 추출액은 연한 붉은색이다.

(b) 농도가 6 M인 HCl 용액을 한 방울 떨어뜨리면 이 추출액의 색은 선홍색으로 바뀐다.

(c) 농도가 6 M인 NH_3 용액을 두 방울 가하면 녹색으로 변한다.

(d) (완충 용액을 만들기 위하여) HCl 용액과 NH_3 용액을 각각 한 방울씩 가하면 푸른색 용액으로 변한다.

(e) 마지막으로, $Al(NO_3)_3$ 몇 mg을 가하면, 이 용액은 진한 보라색으로 바뀐다.

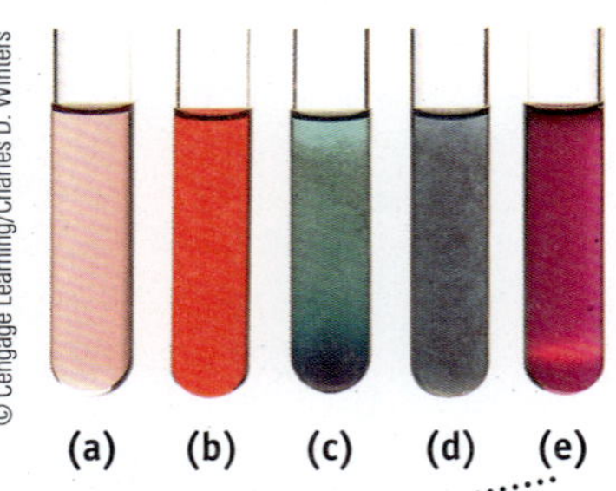

알루미늄 이온과의 진한 보라색이 너무 진하여 사진을 찍기 위해서 상당히 희석해야 했다.

의 이온화에 의해 결정된다.

반응식	NH_4^+	+	H_2O	$\rightleftharpoons$	NH_3	+	H_3O^+
처음 농도 (M)	0.0500				0		0
농도 변화 (M)	$-x$				$+x$		$+x$
평형 농도 (M)	$0.0500 - x$				x		x

약산인 NH_4^+의 K_a 값을 이용하면 다음과 같은 pH가 얻어진다.

$$K_a = 5.6 \times 10^{-10} = \frac{[NH_3][H_3O^+]}{[NH_4^+]} = \frac{x^2}{0.0500 - x}$$

위의 식을 간단히 하면,

$$x = [H_3O^+] = \sqrt{(5.6 \times 10^{-10})(0.0500)} = 5.3 \times 10^{-6}\ M$$

$$pH = 5.28$$

이 된다.

고려사항 당량점에서의 pH(5.28)는 약염기의 짝산 용액에서 예상되듯이 용액이 약산성임을 의미한다.

유제 0.100 M인 염산 용액 75.0 mL를 0.100 M인 암모니아 용액 100.0 mL에 첨가한 후 얻어지는 용액의 pH를 구하시오(그림 17.7 참조).

pH 지시약

천연 화합물과 합성 화합물인 많은 유기 화합물들은 pH에 따라서 색이 변한다(그림 17.8). 이러한 사실은 세상에 아름다움과 다양함을 더할 뿐만 아니라 화학에서도 매우 유용한 특성으로 사용된다.

여러분은 실험실에서 산–염기 적정을 수행한 경험이 있을 것이며, 적정을 시작하기 전에 용액에 소량의 **지시약**(indicator)을 넣었던 사실을 기억할 것이다. 산–염기 지시약은 보통 지시약 자체가 약산이나 약염기인 유기화합물이다(많은 꽃의 색을 띠게 하는 것처럼). 수용액에서 지시약의 산의 형태는 그것의 짝염기와 평형 상태로 존재한다. 지시약의 산성 형태를 HInd, 그리고 그것의 짝염기 형태를 Ind^-로 간략히 표기하면, 이들 사이의 평형 식은 다음과 같이 나타낼 수 있다.

$$HInd(aq) + H_2O(\ell) \rightleftharpoons H_3O^+(aq) + Ind^-(aq)$$

산–염기 지시약의 중요한 특성은 화합물의 산 형태(HInd)가 특정 색을 지니고, 그것의 짝염기(Ind^-)가 다른 색을 지닌다는 것이다. 이러한 화합물들이 어떻게 당량점 지시약으로서 사용될 수 있는지에 대하여 알아 보기 위하여 지시약에 대한 이온화 상수(K_a), 그리고 산과 그것의 짝염기의 상대적인 양에 대한 하이드로늄 이온의 농도 또는 pH에 대한 의존성을 나타내는 일상적인 평형상수 식을 적어보자.

문제해결 주요사항 17.2 산-염기 적정 시 여러 단계에서 pH 계산

산-염기 반응에 대한 당량점 또는 당량점 이전의 pH를 알기 위해서 항상 몇 개의 계산 단계를 거치게 되며, 여기에 지름길은 없다. 예제 17.7처럼 강산에 의한 약염기의 적정을 생각해 보자. (동일한 원리가 다른 산-염기 적정에도 적용된다.)

$$H_3O^+(aq) + B(aq) \rightleftharpoons BH^+(aq) + H_2O(\ell)$$

A. 당량점 이전의 pH 결정

1단계 화학량론에 관한 문제를 푸시오. 적정을 시작해서 당량점에 이르기까지, 산은 염기(B)와 그것의 짝산(BH^+)으로 되면서 완전히 소모된다. (a) 첨가된 산의 양, (b) 소비된 염기의 양, 그리고 (c) 생성된 짝염기(BH^+)의 양을 계산하기 위해 화학량론의 원리를 사용하시오.

2단계 염기의 농도(B)와 짝산(BH^+)의 농도를 계산하시오. 어떤 점에서도 용액의 부피는 염기성 용액의 원래 부피와 첨가된 산성 용액의 부피를 합친 것임을 명심하시오.

3단계 당량점 이전 용액의 pH를 계산하시오. 당량점 이전의 어떤 점에서도, 용액에는 염기와 그것의 짝산이 모두 존재하기 때문에 완충 용액이다. 위의 2단계에서 얻은 농도와 약염기의 짝산에 대한 K_a 값을 이용하여 $[H_3O^+]$를 계산하시오.

B. 당량점에서의 pH 결정

A의 절차를 이용하여 짝산의 농도를 계산하시오. 예제 17.7에서 요약된 절차와 약염기의 짝산에 대한 K_a 값을 이용하시오. (강염기에 의한 약산의 적정에서 산의 짝염기 K_b 값을 이용하고 예제 17.6에서 개략적으로 기술된 절차에 따르시오.)

$$[H_3O^+] = \frac{[HInd]}{[Ind^-]} \times K_a \quad \text{또는} \quad pH = pK_a + \log\frac{[Ind^-]}{[HInd]}$$

이러한 식들은 다음과 같은 정보를 제공해 준다.

- 하이드로늄 이온의 농도가 K_a 값과 동일할 경우(또는 $pH = pK_a$), $[HInd] = [Ind^-]$.
- $[H_3O^+] > K_a$(또는 $pH < pK_a$)일 경우, $[HInd] > [Ind^-]$.
- $[H_3O^+] < K_a$(또는 $pH > pK_a$)일 경우, $[HInd] < [Ind^-]$.

예를 들어, 위의 결론을 pK_a 값이 당량점에서 pH와 동일한 범위를 가지는 지시약

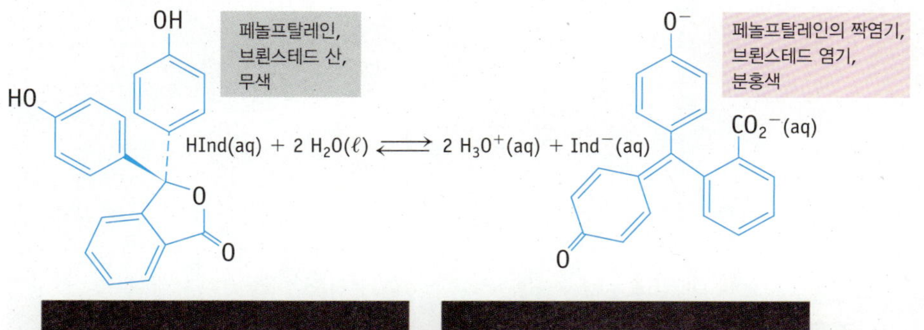

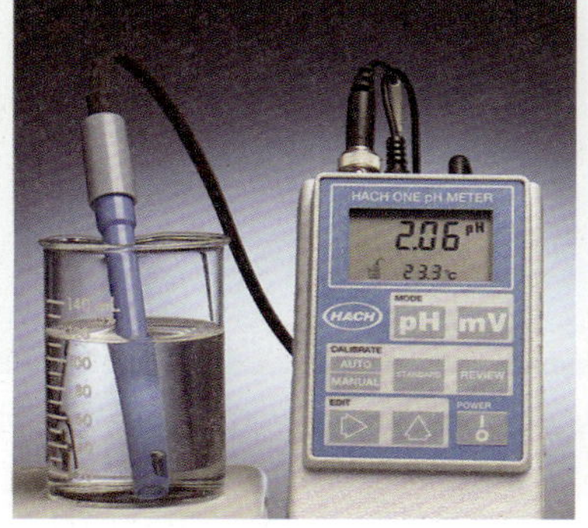

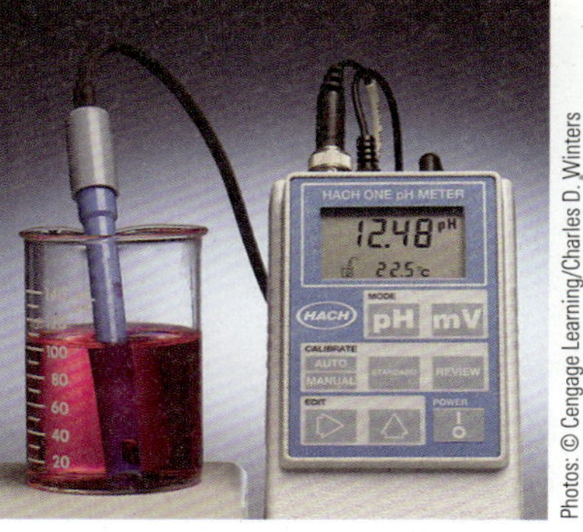

Photos: © Cengage Learning/Charles D. Winters

그림 17.8 일상적인 산-염기 적정에 사용되는 지시약인 페놀프탈레인. 약산인 페놀프탈레인은 무색이다. pH가 증가할수록, 분홍색의 짝염기 형태가 우세하며, 용액의 색이 변한다. 색의 변화는 pH 9 부근에서 가장 뚜렷하게 나타난다. 이 지시약은 pH 변화가 3~10 정도로 변하는 강산-강염기 또는 약산-강염기 적정에서 주로 사용된다. 다른 적당한 지시약은 그림 17.10을 참조하시오.

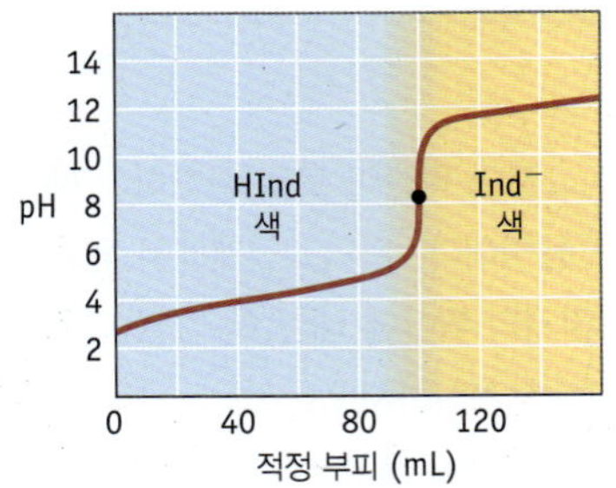

그림 17.9 HInd의 pK_a 값이 약 8일 때 적정이 진행되는 동안 일어나는 지시약의 색 변화.

을 사용하는 염기에 의한 산의 적정에 적용해 보자(그림 17.9). 적정 처음에는 pH가 낮고, $[H_3O^+]$는 높다. 따라서 지시약은 산 형태(HInd)가 더 우세하고, 이것은 용액의 색으로부터 관측된다. 적정이 계속 진행되면서 pH가 증가하고($[H_3O^+]$는 감소), 용액 내에 존재하는 산(HInd)의 양은 점점 감소하며, 짝염기의 농도는 점점 더 증가한다. 결국 당량점을 지나친 바로 직후 $[Ind^-]$는 [HInd]보다 훨씬 더 커지고, 지시약 $[Ind^-]$의 색 변화가 관측된다.

그런데 여기에서 답해야 할 몇 가지의 명백한 질문이 있다. 만약 우리가 산성인 용액을 분석하는데 여기에 약산인 지시약을 첨가한다면, 이것이 용액의 분석에 영향을 주지 않을까? 적정 시 매우 소량의 지시약을 사용했다는 것을 상기하시오. 그 외 비록 산성인 지시약 분자가 적정이 진행되면서 염기와 반응할지라도, 사용된 매우 소량의 지시약은 분석 결과의 오차에 중대한 영향을 미치지 않는다.

다른 질문은 지시약 색 변화를 관측함으로써 pH를 얼마나 정확하게 측정할 수 있을지에 관한 것이다. 실제로 인간의 시력은 그렇게 좋지 않다. 보통 $[HInd]/[Ind^-]$가 약 10/1일 때 보이는 색상은 Hind의 색이고, $[HInd]/[Ind^-]$가 약 1/10일 때 보이는 색은 Ind^-의 색이다. 따라서 색 변화는 pH 2 단위 정도의 하이드로늄 이온 농도 차이에 대하여 관측하게 된다. 그러나 그림 17.4~17.7에서 볼 수 있듯이, 적정 시 당량점을 통과하자마자 용액의 pH는 7단위 정도 변한다.

그림 17.10에서 보여주듯이, 적정에는 다양한 지시약이 사용될 수 있으며, 각각 다른 pH 범위에서 변색한다. 만약에 적정을 통하여 약산 또는 약염기를 분석한다면, 반드시 당량점이 관측되는 pH 범위에서 변색하는 지시약을 선택하여야 한다. 예를 들어 강산–강염기 적정 시에는 반드시 pH의 범위가 7±2에서 변색하는 지시약을

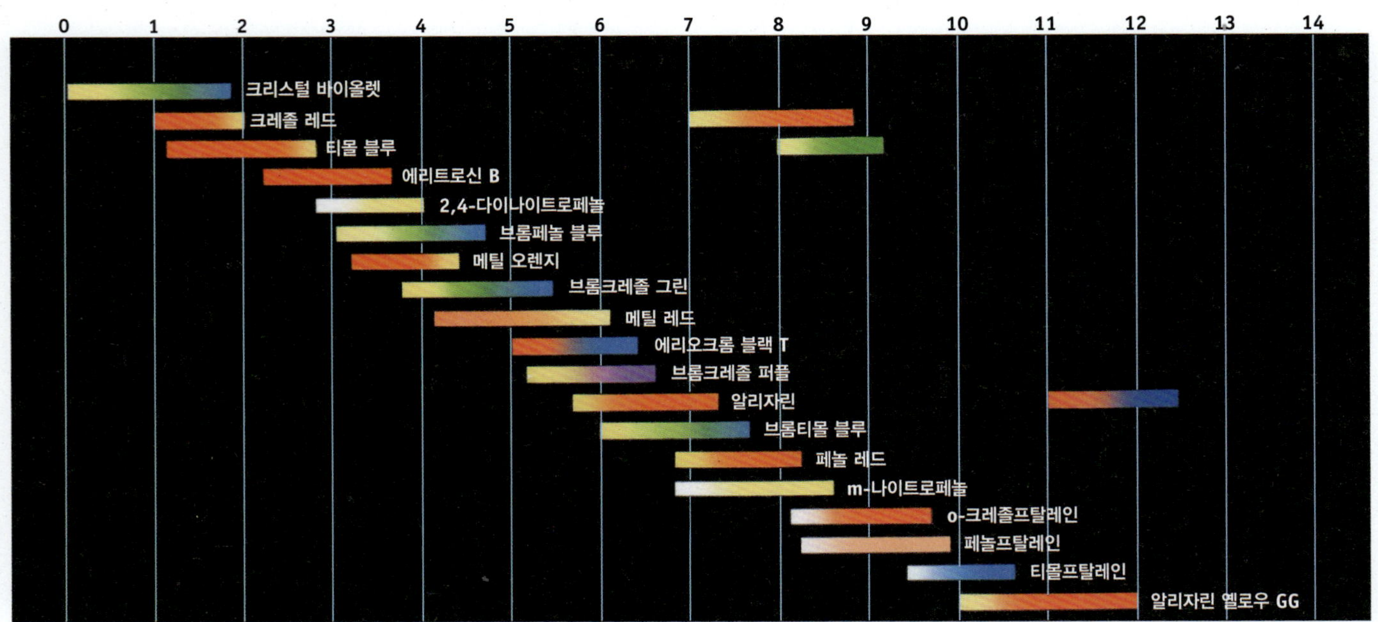

그림 17.10 흔한 산–염기 지시약. 다양한 pH 범위에 걸쳐서 색 변화가 일어난다. 몇 가지 지시약은 두 곳의 다른 pH 범위에서 색 변화가 일어날 수 있다는 것에 유의하시오.

사용하여야 한다. 반면에 강염기에 의한 약산의 적정 시 당량점에서 pH는 7보다 크기 때문에, 예상되는 당량점 근처 pH에서 변색하는 지시약을 선택하여야 한다.

17.3절 확인문제

1. 0.100 M NaOH 용액 25.0 mL를 0.100 M HCl 용액 50.0 mL에 첨가한 후 얻어지는 용액의 pH는?
   (a) 1.00 (b) 1.48 (c) 7.00 (d) 13.00

2. 0.0900 M 페놀($K_a = 1.3 \times 10^{-10}$) 용액 25.0 mL를 0.108 M NaOH 용액으로 적정할 경우 당량점에서의 pH는?
   (a) 7.00 (b) 5.65 (c) 8.98 (d) 11.29

3. 그림 17.7에 보여주는 것과 같이 HCl 용액으로 NH_3 용액을 적정할 경우 여기에 사용될 수 있는 가장 좋은 지시약을 그림 17.10에서 결정하시오.
   (a) 크리스탈 바이올렛 (b) 티몰 블루
   (c) 메틸 레드 (d) 페놀프탈레인

17.4 염의 용해도

침전 반응(◀3.5절)은 반응으로부터 얻어지는 생성물 중의 하나가 아래 주어진 반응에서 $CaCO_3$와 같이 불용성 분자인 교환 반응이다.

$$CaCl_2(aq) + Na_2CO_3(aq) \rightarrow CaCO_3(s) + 2\ NaCl(aq)$$

즉, 불용성 분자는 용액 1 L 안에서 0.01 mol보다 더 낮은 물에 대한 용해도를 갖는다(그림 17.11).

반응 생성물로서 불용성 분자가 생성되는 것을 어떻게 알 수 있을까? 3장에서 용

그림 17.11 일부 불용성 물질.

크로코이트, 크로뮴산납(II), $PbCrO_4$

능망가니즈석, 탄산망가니즈(II), $MnCO_3$

구리(II) 광물: 녹색 공작석, $CuCO_3 \cdot Cu(OH)_2$와 파란색 남동광, $2\ CuCO_3 \cdot Cu(OH)_2$

Photos: John C. Kotz

해도를 예측할 수 있는 몇 가지 지침을 나열했었고(◂그림 3.10), 물에 녹지 않는 몇 가지 중요한 무기물들을 언급하였다. 지금부터는 용해도를 좀 더 정량적인 측면에서 예측하고 어떤 분자가 침전될지 아닐지를 결정하는 조건들에 대하여 알아보자.

용해도곱 상수, K_{sp}

AgBr을 물에 넣으면, 아주 소량만 용해하고, 다음과 같은 평형 반응이 이루어진다.

$$AgBr(s) \rightleftharpoons Ag^+(aq,\ 7.35 \times 10^{-7}\ M) + Br^-(aq,\ 7.35 \times 10^{-7}\ M)$$

충분한 브로민화은이 녹아서 평형에 도달했을 때, 이 용액을 **포화**(saturated)되었다고 한다(◂13.2절). 그리고 실험 결과에 의하면 25 ℃에서 용액 안에 있는 은 이온과 브로민 이온의 농도는 각각 7.35×10^{-7} M 정도이다. 불용성 염의 용해 정도는 용해 과정에 대한 평형상수로 나타낼 수 있으며, 이것에 대한 적절한 식은 다음과 같다.

$$K_{sp} = [Ag^+][Br^-]$$

평형상수 식 쓰기. 고체는 이 식에 포함되지 않는다.

어떤 화합물의 용해도를 반영하는 평형상수 값을 흔히 **용해도곱 상수**(solubility product constant)라 지칭한다. 그리고 화학자들은 이 상수를 K_{sp}로 나타내며, 첨자 'sp'는 '용해도곱(solubility product)'을 나타낸다.

어떤 화합물이 물에 녹는 용해도, 즉 K_{sp} 값은 그 화합물이 용해되었을 때 양이온 또는 음이온의 농도를 결정함으로써 예측할 수 있다. 예를 들어, 브로민화은이 녹아서 은 이온의 농도가 7.35×10^{-7} M이라면, 용액 1 L 안에 7.35×10^{-7} mol의 브로민화은이 반드시 녹아야 한다는 것을 알 수 있다(그리고 브로민화 이온의 농도 또한 7.35×10^{-7} M이다). 그러므로 AgBr의 용해 과정에 대한 평형상수 값을 계산하면 다음과 같다.

$$K_{sp} = [Ag^+][Br^-] = (7.35 \times 10^{-7})(7.35 \times 10^{-7}) = 5.40 \times 10^{-13}\ (25\ °C에서)$$

다른 불용성 염의 용해에 대한 평형상수는 같은 방법으로 계산할 수 있다.

임의의 염에 대한 용해도곱 상수 K_{sp}는 항상 다음과 같은 형태를 갖는다.

$$A_xB_y(s) \rightleftharpoons x\ A^{y+}(aq) + y\ B^{x-}(aq) \qquad K_{sp} = [A^{y+}]^x[B^{x-}]^y \tag{17.6}$$

예를 들면,

$$CaF_2(s) \rightleftharpoons Ca^{2+}(aq) + 2\ F^-(aq) \qquad K_{sp} = [Ca^{2+}][F^-]^2 = 5.3 \times 10^{-11}$$

$$Ag_2SO_4(s) \rightleftharpoons 2\ Ag^+(aq) + SO_4^{2-}(aq) \qquad K_{sp} = [Ag^+]^2[SO_4^{2-}] = 1.2 \times 10^{-5}$$

몇 가지 염에 대한 K_{sp} 값은 표 17.2에 포함되어 있으며, 좀 더 많은 자료는 부록 J에 정리되어 있다.

어떤 화합물의 **용해도**(solubility)와 **용해도곱 상수**(solubility product constant)를 혼동하지 마시오. 염의 **용해도**는 포화 용액 일정 부피 안에 존재하는 양으로 L당 몰 수, 100 mL 안에 녹아 있는 g 수, 또는 다른 단위로 표시된다. **용해도곱 상수**는 평형상수이다. 그럼에도 불구하고, 이들 둘 사이에는 일정한 관계가 있다. 즉, 하나가 알

표 17.2 일부 흔한 불용성 분자들과 K_{sp} 값*

화학식	이름	K_{sp} (25 ℃에서)	관용명/용도
$CaCO_3$	탄산칼슘	3.4×10^{-9}	방해석, 빙주석
$MnCO_3$	탄산망가니즈(Ⅱ)	2.3×10^{-11}	능망가니즈석(장밋빛 결정 형성)
$FeCO_3$	탄산철(Ⅱ)	3.1×10^{-11}	능철광
CaF_2	플루오린화칼슘	5.3×10^{-11}	형석(HF와 다른 무기 플루오르화물의 원천)
AgCl	염화은	1.8×10^{-10}	클로라기라이트
AgBr	브로민화은	5.4×10^{-13}	인화용 필름에 사용
$CaSO_4$	황산칼슘	4.9×10^{-5}	수화 형태는 흔히 석고라 부름
$BaSO_4$	황산바륨	1.1×10^{-10}	중정석('착정 이수'와 페인트 성분으로 사용)
$SrSO_4$	황산스트론튬	3.4×10^{-7}	천정석
$Ca(OH)_2$	수산화바륨	5.5×10^{-5}	소석회

* 이 표의 값들은 *Lange's Handbook of Chemistry*, 15th edition, McGraw–Hill Publishers, New York, NY(1999)에서 발췌한 것이다. 보다 많은 K_{sp} 값들은 부록 J에 수록되어 있다.

려지면, 다른 것은 계산하여 얻을 수 있다.

용해도와 K_{sp} 관계

용해도곱 상수는 용액 안에 있는 농도를 실험실에서 조심스럽게 측정함으로써 결정된다.

예제 17.8 용해도 측정으로부터 K_{sp} 계산

문제 플루오린화칼슘(CaF_2)은 무기물인 형석(fluorite)의 주성분으로 수용액에 소량 용해한다.

$$CaF_2(s) \rightleftharpoons Ca^{2+}(aq) + 2\,F^-(aq) \qquad K_{sp} = [Ca^{2+}][F^-]^2$$

칼슘 이온 농도가 2.3×10^{-4} mol/L일 때, CaF_2의 K_{sp} 값을 구하시오.

알고 있는 사실 과정의 완결된 반응식, Ca^{2+} 농도, K_{sp} 식을 알고 있다.

전략

- $[Ca^{2+}]$와 화학량론으로부터 플루오린화 이온의 농도를 계산한다.
- $[F^-]$와 $[Ca^{2+}]$의 값을 K_{sp} 식에 대입하여 K_{sp} 값을 계산한다.

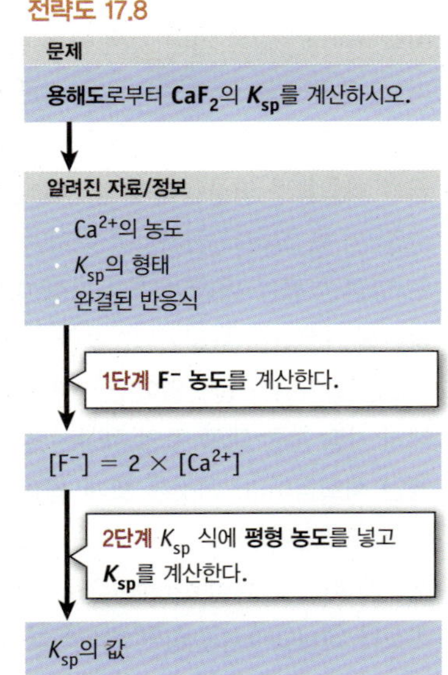

풀이 CaF_2가 물속에 소량 용해되었을 때, 완결된 반응식은 F^- 이온의 농도가 Ca^{2+} 이온 농도의 2배가 되어야 함을 보여주고 있다.

만약 $[Ca^{2+}] = 2.3 \times 10^{-4}$ M이면, $[F^-] = 2 \times [Ca^{2+}] = 4.6 \times 10^{-4}$ M이다.

따라서 용해도곱 상수는 다음과 같다.

$$K_{sp} = [Ca^{2+}][F^-]^2 = (2.3 \times 10^{-4})(4.6 \times 10^{-4})^2 = 4.9 \times 10^{-11}$$

고려사항 흔히 하는 실수는 반응 양론을 잊는 것이다. 용액의 Ca^{2+} 이온 하나 당 2개의 F^- 이온이 있음을 명심하시오.

유제 플루오린화바륨의 포화 용액 안에 있는 바륨 이온(Ba^{2+})의 농도가 3.6×10^{-3} M이다. BaF_2의 K_{sp} 값을 구하시오.

$$BaF_2(s) \rightleftharpoons Ba^{2+}(aq) + 2\ F^-(aq)$$

불용성 염의 K_{sp} 값은 고체 염의 용해도를 추측하거나 어떤 고체가 그것의 음이온과 양이온 용액이 혼합되었을 때 고체 침전물이 생성될지를 결정하는 데 이용될 수 있다. 우선 K_{sp} 값을 이용하여 염의 용해도를 예측하는 예를 살펴보자.

예제 17.9 K_{sp} 값으로부터 용해도 계산

문제 25 °C에서 황산바륨($BaSO_4$, 그림 17.12)의 K_{sp} 값이 1.1×10^{-10}이다. 순수한 물속에서 황산바륨의 용해도를 (a) mole/L 단위로 (b) g/L 단위로 구하시오.

알고 있는 사실 광물의 화학식과 K_{sp} 값을 알고 있다.

전략 $BaSO_4$가 용해될 때 같은 몰수의 Ba^{2+}와 SO_4^{2-} 이온이 생성된다. 따라서 $BaSO_4$의 용해도는 용해도 곱 상수로부터 Ba^{2+} 또는 SO_4^{2-}의 평형 농도를 계산하여 추산할 수 있다.

심층 학습 광물과 보석–용해도의 중요성

광물과 보석은 자연의 가장 아름다운 창조물이다. 루비와 같은 많은 것은 금속 산화물이며, 수정의 여러 가지 형태는 실리콘 산화물에 근거한다. 보석의 다른 종류는 주로 규산 금속 화합물로 이루어져 있다. 에메랄드, 토파즈, 남옥, 그리고 전기석이 여기에 속한다. 또 다른 부류는 탄산염이다. 가장 아름다운 붉은색 보석인 능망가니즈석(rhodochrosite)은 망가니즈 탄산염이다. 그리고 지구상에서 가장 흔한 광물 중의 하나는 칼슘 탄산염인 석회암이다. 이것은 조개 껍질과 산호의 주요 성분이다.

수산화물은 남동석(azurite)으로 대표되며, 이것은 $Cu_3(OH)_2(CO_3)_2$의 화학식을 갖는 탄산염과 수산화물의 혼합물이다. 터키석(turquoise)은 푸른색의 원인인 구리에 근거한 수산화물과 인산 화합물의 혼합물이다.

가장 흔한 광물 중에서 황철석(pyrite, FeS_2), 휘안석(stibnite, Sb_2S_3), 진사(cinnabar, HgS), 그리고 석황(orpiment, As_2S_3)과 같은 황화물들이 있다. 광물의 좀 더 작은 다른 집단들이 있다. 가장 작은 것 중의 하나는 할로젠 화합물에 근거한 것들이며, 이에 대한 가장 좋은 예는 형석(fluorite)이다. 형석(CaF_2)은 자주색에서부터 녹색과 노란색까지 광범위한 색을 띤다.

이런 모든 광물과 보석들은 어떤 공통점을 가지고 있을까? 그들은 모두 물에 녹지 않거나 매우 용해도가 낮다. 만약 그들이 좀 더 많이 용해될 수 있었다면, 전 세계의 바다와 호수에 좀 더 많이 녹아 있었을 것이다.

광물 시료(상단 중간부터 시계 방향으로): 능망가니즈석, 석황, 황철석, 터키석, 휘안석, 형석, 그리고 남동석. 화학식은 본문에 기재되어 있다. 그림 17.11을 참고하시오.

(a) 주성분이 황산바륨인 중정석(barite)의 예. 유정을 뚫는 데 사용되는 착정 이수(drilling mud)는 점토, 중정석, 그리고 칼슘 탄산염으로 이루어져 있다.

© Cengage Learning/Charles D. Winters

(b) 황산바륨은 X선이 투과하지 않기 때문에 내과 의사들이 소화기관을 조사하는 데 이용한다. 환자가 황산바륨을 함유하는 음료수를 마시면 이것은 체내에서 소화기관을 따라서 이동하며 진행 경로는 X선 분석으로 추적된다. 이 사진은 환자가 황산바륨을 섭취한 후 X선을 이용하여 소화기관의 모습을 찍은 것이다.

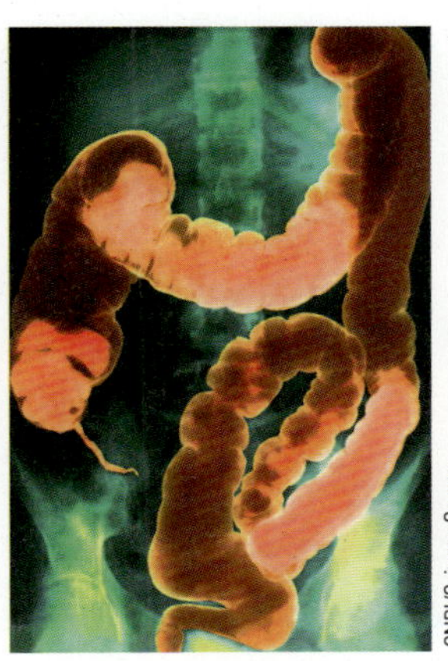

CNRI/Science Source

그림 17.12 황산바륨($BaSO_4$). 흰색 고체인 황산바륨은 수용액에서 매우 불용성이다. ($K_{sp} = 1.1 \times 10^{-10}$, 예제 17.9 참고)

- 완결된 반응식과 K_{sp} 식을 쓴다.
- ICE 표를 만들고 Ba^{2+}와 SO_4^{2-}의 미지 농도를 x라 표시한다.
- K_{sp} 식에서 $[Ba^{2+}]$와 $[SO_4^{2-}]$를 x라 하고 x에 대하여 푼다.

풀이 황산바륨의 용해도에 관한 화학식은 다음과 같다.

$$BaSO_4(s) \rightleftharpoons Ba^{2+}(aq) + SO_4^{2-}(aq) \qquad K_{sp} = [Ba^{2+}][SO_4^{2-}] = 1.1 \times 10^{-10}$$

황산바륨의 용해도를 x로 표시하자. 즉 황산바륨 x mol이 물 1 L에 용해된다. 그러므로 평형에서 바륨 이온(Ba^{2+})과 황산 이온(SO_4^{2-})의 농도는 x이다.

반응식	$BaSO_4(s)$	$\rightleftharpoons$	$Ba^{2+}(aq)$	+	$SO_4^{2-}(aq)$
처음 농도 (M)			0		0
농도 변화 (M)			$+x$		$+x$
평형 농도 (M)			x		x

K_{sp}는 바륨 이온과 황산 이온 농도의 곱이기 때문에, K_{sp}는 용해도 x의 제곱이다.

$$K_{sp} = [Ba^{2+}][SO_4^{2-}] = 1.1 \times 10^{-10} = (x)(x) = x^2$$

x는 다음과 같이 구해진다.

$$x = [Ba^{2+}] = [SO_4^{2-}] = \sqrt{K_{sp}} = \sqrt{1.1 \times 10^{-10}} = 1.0 \times 10^{-5}\ M$$

순수한 물에서 $BaSO_4$의 용해도는 1.0×10^{-5} mol/L이다. g/L 단위로 용해도를 나타내기 위하여 이 값에 몰질량(g/mol)을 곱하시오.

$$\text{용해도(g/L)} = (1.0 \times 10^{-5}\ \text{mol/L})(233\ \text{g/mol}) = 0.0024\ \text{g/L}$$

고려사항 그림 17.12에서 지적한 바와 같이, $BaSO_4$는 소화기관 추적 연구에 사용된다. 이 화합물이 매우 불용성인 것이 다행이다. 왜냐하면 수용성이며 산에 용해되는 바륨 염은 독성이 있다.

유제 AgCN의 용해도를 mol/L와 g/L 단위로 구하시오. AgCN의 K_{sp} 값은 6.0×10^{-17}이다.

전략도 17.9

문제

K_{sp} 값을 이용하여 $BaSO_4$의 용해도를 계산하시오.

알려진 자료/정보

- $BaSO_4$의 K_{sp}
- 완결된 반응식

1단계 완결된 반응식과 K_{sp} **식**을 쓰고 **ICE 표**를 만든다.

평형에서: $[Ba^{2+}] = [SO_4^{2-}] = x$

2단계 K_{sp} 식에 **평형 농도**를 넣는다.

x로 나타낸 평형 농도를 가진 K_{sp} 식

3단계 x에 대해 K_{sp} **식**을 푼다.

x = 용해도 = $[Ba^{2+}] = [SO_4^{2-}]$

예제 17.10 K_{sp} 값을 이용한 용해도 계산

문제 K_{sp}가 5.2×10^{-11}인 플루오린화마그네슘(MgF_2)의 용해도를 (a) mole/L (b) g/L 단위로 구하시오.

알고 있는 사실 플루오린화마그네슘의 화학식과 K_{sp} 값을 알고 있다.

전략 용해도는 한 이온의 농도에 대하여 K_{sp} 식을 풀 수 있도록 정의되어야 한다. 양론으로부터 x mol의 MgF_2가 용해되면 x mol의 Mg^{2+}와 $2x$ mol의 F^-가 용액에 생성된다. 이는 MgF_2 용해도(리터당 용해될 몰수)가 용액에서의 Mg^{2+} 이온의 농도와 동일하다는 것을 의미한다.

- 완결된 화학 반응식과 K_{sp} 식을 쓴다.
- ICE 표를 만들고 용액에서의 Mg^{2+}와 F^-의 미지 농도를 각각 x와 $2x$로 표시한다.
- K_{sp} 식에서 $[Mg^{2+}]$을 x, $[F^-]$를 $2x$로 치환하고 x에 대하여 푼다.

풀이

$$MgF_2(s) \rightleftharpoons Mg^{2+}(aq) + 2\ F^-(aq) \qquad K_{sp} = [Mg^{2+}][F^-]^2 = 5.2 \times 10^{-11}$$

반응식	$MgF_2(s)$	$\rightleftharpoons$	$Mg^{2+}(aq)$	+	$2\ F^-(aq)$
처음 농도 (M)			0		0
농도 변화 (M)			$+x$		$+2x$
평형 농도 (M)			x		$2x$

평형 상태에서 $[Mg^{2+}]$와 $[F^-]$의 농도를 K_{sp} 식에 대입시키면 다음과 같다.

$$K_{sp} = [Mg^{2+}][F^-]^2 = (x)(2x)^2 = 4x^3$$

그리고 이 식을 x에 대하여 풀면,

$$x = \sqrt[3]{\frac{K_{sp}}{4}} = \sqrt[3]{\frac{5.2 \times 10^{-11}}{4}} = 2.4 \times 10^{-4}$$

따라서 2.4×10^{-4} mol의 MgF_2가 용매 1 L에 녹는다는 것을 알 수 있다. 그리고 MgF_2의 g/L 단위의 용해도는 다음과 같다.

$$(2.4 \times 10^{-4}\ \text{mol/L})(62.3\ \text{g/mol}) = 0.015\ \text{g}\ MgF_2/\text{L}$$

고려사항 이와 같은 문제는 다음과 같은 질문을 유도한다. $K_{sp} = (x)(2x)^2$의 식에서 'x를 2배하고 제곱을 하면 변수를 2번 센 것이 아닌가?' 답은 물론 '아니다'이다. $2x$ 항의 2는 화합물 양론에 근거한 것이다. F^- 이온 농도의 제곱은 평형 식을 쓸 때의 규칙에서 얻어진 것이다.

유제 부록 J에 있는 K_{sp} 값을 참고하여 $Ca(OH)_2$의 용해도를 g/L 단위와 mol/L 단위로 구하시오.

염의 **상대적인** 용해도는 용해도곱 상수 값을 비교함으로써 얻을 수 있다. 하지만 매우 조심해야 한다. 예를 들면 염화은의 K_{sp} 값은 다음과 같다.

$$AgCl(s) \rightleftharpoons Ag^+(aq) + Cl^-(aq) \qquad K_{sp} = 1.8 \times 10^{-10}$$

반면에 크로뮴산은(Ag_2CrO_4)의 경우는 다음과 같다.

$$Ag_2CrO_4(s) \rightleftharpoons 2\ Ag^+(aq) + CrO_4^{2-}(aq) \qquad K_{sp} = 9.0 \times 10^{-12}$$

크로뮴산은의 K_{sp}값이 숫자적으로 염화은보다 작음에도 불구하고, 크로뮴산염의 용해도가 염화염의 그것보다 약 10배 정도 크다. 앞에서 다룬 예제에서처럼 K_{sp} 값으로부터 용해도를 구할 경우, 염화은의 경우는 1.3×10^{-5} mol/L인 반면에 크로뮴산의 경우는 1.3×10^{-4} mol/L일 것이다. 이것과 다른 많은 예로부터 다음과 같은 결론이 얻어진다.

K_{sp} 값에 근거하여 어떤 두 염의 용해도를 직접 비교하는 것은 양이온과 음이온의 비가 같은 염들인 경우에 한하여 이루어질 수 있다.

예를 들어, 할로젠화은과 같이 양이온과 음이온의 비가 1:1인 염들의 경우 그들의 K_{sp} 값을 비교함으로써 용해도를 직접 비교할 수 있음을 의미한다.

$$AgI\ (K_{sp} = 8.5 \times 10^{-17}) < AgBr\ (K_{sp} = 5.4 \times 10^{-13}) < AgCl\ (K_{sp} = 1.8 \times 10^{-10})$$

K_{sp} 및 용해도 증가 ⟶

마찬가지로 할로젠화납과 같이 양이온과 음이온의 비가 1:2인 염들을 비교할 수 있다.

$$PbI_2\ (K_{sp} = 9.8 \times 10^{-9}) < PbBr_2\ (K_{sp} = 6.6 \times 10^{-6}) < PbCl_2\ (K_{sp} = 1.7 \times 10^{-5})$$

K_{sp} 및 용해도 증가 ⟶

그러나 양이온과 음이온의 비가 2 : 1인 Ag_2CrO_4과 1 : 1인 AgCl을 직접 비교할 수는 없다.

용해도와 공통 이온 효과

그림 17.13의 왼쪽에 있는 시험관은 아세트산은($AgCH_3CO_2$)의 침전물을 함유하는 수용액이다. 이 용액은 포화 상태에 있고, 은(Ag^+) 이온과 아세트산($CH_3CO_2^-$) 이온은 고체 침전물인 아세트산은[$AgCH_3CO_2(s)$]과 평형을 이루고 있다.

$$AgCH_3CO_2(s) \rightleftharpoons Ag^+(aq) + CH_3CO_2^-(aq)$$

그러나 이 용액에 질산은을 첨가하여 은 이온의 농도를 증가시키면 위의 반응은 어떻게 될까? 르샤틀리에의 원리에 따르면 (◂15.6절) 좀 더 많은 은 이온은 침전물이 생성되리라 예측할 수 있다. 왜냐하면 가해진 이온은 생성물 이온과 같은 것이어서 반응의 평형은 이들 이온을 없애기 위하여 좀 더 많은 아세트산은이 침전되는 방향으로 이동하기 때문이다.

약산과 염기들의 이온화에 대한 평형 과정은 공통으로 존재하는 이온의 영향을 받으며(17.1절), 포화 상태의 아세트산은 용액에 은 이온을 가할 경우 초래되는 효과는 공통 이온 효과의 또 다른 예이다. 어떤 염의 포화용액에 공통 이온을 첨가하면 염의 용해도는 항상 낮아지게 될 것이다(착이온이 생성되지 않을 경우; 심층 학습: 용해도 계산을 참고하시오).

심층 학습 | 용해도 계산

염화납(II)($PbCl_2$)에 대하여 보고된 K_{sp} 값은 1.7×10^{-5}이다. 만약 용액에서 평형 상태에 있는 적절한 반응이 다음과 같다고 가정하면

$$PbCl_2(s) \rightleftharpoons Pb^{2+}(aq) + 2\ Cl^-(aq)$$

염화납(II) 용해도의 계산 값이 0.016 M이다. 그러나 실험으로 얻은 이 염의 용해도는 계산 값보다 2배 이상이 큰 0.036 M이다. 무엇이 문제인가? 한 가지 이유는 화학 반응이 아래 그림에서 설명된 K_{sp}를 정의한 식보다 훨씬 더 복잡하다는 것이다.

$$PbCl_2(aq)\ \text{(수용성의 해리되지 않은 염)} \xrightleftharpoons{K = 0.63} PbCl^+(aq) + Cl^-(aq)\ \text{(이온 쌍)}$$

$$PbCl_2(s) \rightleftharpoons PbCl_2(aq) \quad K = 0.0011$$

$$PbCl^+(aq) + Cl^-(aq) \rightleftharpoons Pb^{2+}(aq) + 2\ Cl^-(aq) \quad K = 0.026$$

$$PbCl_2(s)\ \text{(소량 녹는 염)} \xrightleftharpoons{K_{sp} = 1.7 \times 10^{-5}} Pb^{2+}(aq) + 2\ Cl^-(aq)\ \text{(100\% 해리된 이온)}$$

염화납(II) 및 다른 많은 경우에 있어서 가장 중요한 문제는 이 물질이 용해하지만, 이온으로 100 % 해리하지 않는다는 것이다. 대신에 해리되지 않은 염으로 용해되거나 이온 쌍을 형성하면서 용해된다.

용해도의 계산값과 실험값 사이의 차이를 초래하는 다른 문제들은 물(특히 음이온)과 이온의 반응 그리고 착이온 형성이다. 전자에 해당하는 예는 생성물이 선호되는 황 이온과 물의 반응, 가수분해이다.

$$S^{2-}(aq) + H_2O(\ell) \rightleftharpoons HS^-(aq) + OH^-(aq)$$

이것은 금속 황화물의 용해도가 다음과 같은 화학 반응식에 의하여 더 잘 설명된다는 것을 의미한다.

$$NiS(s) + H_2O(\ell) \rightleftharpoons Ni^{2+}(aq) + HS^-(aq) + OH^-(aq)$$

후자인 착이온 생성은 염화납(II)이 과량의 염화 이온의 존재하에서 좀 더 용해한다는 사실로 설명되는데, 이것은 착이온인 $PbCl_4^{2-}$의 생성 때문이다.

$$PbCl_2(s) + 2\ Cl^-(aq) \rightleftharpoons PbCl_4^{2-}(aq)$$

가수분해와 착이온 생성은 791~792쪽과 808~812쪽에서 좀 더 자세히 다룬다.

참고문헌

- L. Meites, J. S. F. Pode, and H. C. Thomas: *Journal of Chemical Education*, Vol. 43, pp. 677~672, 1966.
- S. J. Hawkes: *Journal of Chemical Education*, Vol. 75, pp. 1179~1181, 1998.
- R. W. Clark and J. M. Bonicamp: *Journal of Chemical Education*, Vol. 75, pp. 1182~1185, 1998.
- R. J. Myers: *Journal of Chemical Education*, Vol. 63, pp. 687~690, 1986.

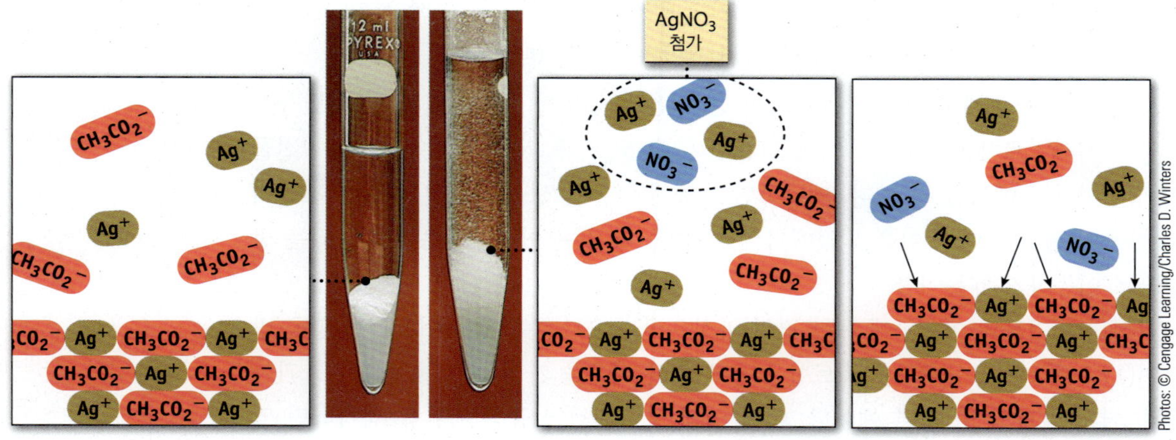

그림 17.13 공통 이온 효과. 왼쪽 시험관은 아세트산은($AgCH_3CO_2$) 포화 용액을 함유하고 있다. 이 시험관에 1.0 M $AgNO_3$ 용액을 가하면(우측 시험관) 좀 더 많은 침전물이 생성된다.

예제 17.11 공통 이온 효과와 염의 용해도

문제 0.55M NaCl 수용액 1.00 L에 고체인 염화은(AgCl)을 넣을 경우 용해되는 AgCl의 질량을 구하시오.

알고 있는 사실 불용성 화합물의 화학식과 K_{sp}(표 17.2와 부록 J), 몰질량을 알고 있다. 평형에서 공통으로 존재하는 이온(Cl^-)의 존재로 AgCl의 용해도가 감소할 것도 알고 있다.

전략 과잉의 Cl^-가 존재할 때 AgCl의 용해도를 결정하기 위하여 Ag^+ 이온의 농도를 계산한다.

- 완결된 반응식과 AgCl의 K_{sp} 식을 쓴다.
- ICE 표를 만들고 공통 이온 Cl^-의 처음 농도로 0.55 M을 넣는다.
- AgCl의 용해도를 x라 정의한다. AgCl이 용해하면서 용액 내 Ag^+와 Cl^- 이온 농도가 증가한다. ICE 표의 변화(C) 줄에 이 정보를 넣는다.
- ICE 표의 마지막 줄(E)에 $[Ag^+]$ 대신 x, $[Cl^-]$ 대신 $(0.55 + x)$로 채우고, x에 대하여 K_{sp} 식을 푼다.

풀이 평형에 도달했을 때 Ag^+와 Cl^-의 농도를 나타내는 ICE 표를 작성할 수 있다.

반응식	AgCl(s)	$\rightleftharpoons$	$Ag^+(aq)$	+	$Cl^-(aq)$
처음 농도 (M)			0		0.55
농도 변화 (M)			$+x$		$+x$
평형 농도 (M)			x		$0.55+x$

표로부터 평형 농도는 K_{sp} 식에 치환하면 다음 식이 얻어진다.

$$K_{sp} = 1.8 \times 10^{-10} = [Ag^+][Cl^-] = (x)(0.55 + x)$$

위의 2차 방정식을 부록 A에 소개된 방법을 이용하여 풀 수 있다. 그러나 좀 더 쉬운 방법은 x가 0.55보다 훨씬 작기 때문에 근사법을 이용하는 것이다. 즉, $[(0.55 + x) \approx 0.55]$. 공통 이온인 Cl^- 이온이 없을 때 용해도는 매우 작고, Cl^- 이온의 존재 하에서는 이것보다 더 작은 값이 예상되기 때문에 위의 가정은 타당하다. 그러므로

$$K_{sp} = 1.8 \times 10^{-10} = (x)(0.55)$$
$$x = [Ag^+] = 3.3 \times 10^{-10}\ M$$

그 다음 g/L 단위로 용해도를 나타내면 다음과 같다.

$$(3.3 \times 10^{-10}\ mol/L)(143\ g/mol) = 4.7 \times 10^{-8}\ g/L$$

르샤틀리에의 원리에 의하여 예측되듯이, Cl^- 이온의 존재하에서 AgCl의 용해도(3.3×10^{-10} M)는 순수한 물에서의 용해도(1.3×10^{-5} M)보다 작다.

고려사항 여기서 시행한 근사법은 산-염기 평형 문제에서의 근사법과 유사하다. 그러나 마지막 단계에서 x의 계산값을 정확한 식 $K_{sp} = (x)(0.55 + x)$에 치환하여 타당성을 검증하여야 한다. 만약 곱 $(x)(0.55 + x)$가 K_{sp}의 주어진 값과 동일하면, 근사법

은 타당하다.

$$K_{sp} = (x)(0.55 + x) = (3.3 \times 10^{-10})(0.55 + 3.3 \times 10^{-10}) = 1.8 \times 10^{-10}$$

유제 (a) 순수한 물, 그리고 (b) 0.010 M인 $Ba(NO_3)_2$ 존재 하에서 $BaSO_4$의 용해도를 구하시오. $BaSO_4$의 K_{sp}는 1.1×10^{-10}이다.

예제 17.12 공통 이온 효과와 염의 용해도

문제 25 ℃에서 0.0050 M K_2CrO_4 용액에서 크로뮴산은(Ag_2CrO_4)의 용해도를 구하시오.

$$Ag_2CrO_4(s) \rightleftharpoons 2\ Ag^+(aq) + CrO_4^{2-}(aq)$$

$$K_{sp} = [Ag^+]^2[CrO_4^{2-}] = 9.0 \times 10^{-12}$$

참고로, 순수한 물에서 Ag_2CrO_4의 용해도는 1.3×10^{-4} mol/L이다.

알고 있는 사실 Ag_2CrO_4의 화학식과 K_{sp} 값을 알고 있다.

전략 수용성 염 K_2CrO_4로부터의 크로뮴산 이온의 존재하에서 Ag_2CrO_4에서 생성된 Ag^+ 이온의 농도는 순수한 물에서보다 낮을 것이다. Ag_2CrO_4의 용해도를 x mol/L라 가정하자. 이것은 Ag^+ 이온의 농도가 $2x$ mol/L이고, CrO_4^{2-} 이온의 농도는 x mol/L에 용액에 이미 있는 CrO_4^{2-} 이온 농도를 더한 것임을 의미한다.

- 완결된 반응식과 Ag_2CrO_4의 K_{sp} 식을 쓴다.
- ICE 표를 만들고, 공통 이온 CrO_4^{2-}의 처음 농도에 0.0050 M을 넣는다.
- 용액에서 CrO_4^{2-} 이온의 농도 증가를 x, $[Ag^+]$의 증가를 $2x$라 한다.
- K_{sp} 식에서 $[Ag^+]$에 $2x$, $[CrO_4^{2-}]$에 $(0.0050 + x)$를 대입하고 x에 대하여 푼다.

풀이

반응식	$Ag_2CrO_4(s)$	$\rightleftharpoons$	$2\ Ag^+(aq)$	+	$CrO_4^{2-}(aq)$
처음 농도 (M)			0		0.0050
농도 변화 (M)			$+2x$		$+x$
평형 농도 (M)			$2x$		$0.0050 + x$

위의 표의 값을 K_{sp} 식에 대입하면 다음이 얻어진다.

$$K_{sp} = 9.0 \times 10^{-12} = [Ag^+]^2[CrO_4^{2-}]$$

$$K_{sp} = (2x)^2(0.0050 + x)$$

예제 17.11에서처럼, x는 0.0050과 비교하여 훨씬 작기 때문에 근사법을 이용할 수 있다. 즉 $(0.0050 + x) \approx 0.0050$이다. 따라서 근사식은

$$K_{sp} = 9.0 \times 10^{-12} = [Ag^+]^2[CrO_4^{2-}] = (2x)^2(0.0050)$$

과량의 크로뮴산 이온(CrO_4^{2-})의 존재하에서 Ag_2CrO_4의 용해도(x)를 풀면 다음과 같다.

$$x = Ag_2CrO_4\text{의 용해도} = 2.1 \times 10^{-5}\ M$$

고려사항 공통 이온 존재하에서 은 이온 농도는 다음과 같다.

$$[Ag^+] = 2x = 4.2 \times 10^{-5}\ M$$

이 은이온 농도는 평형에서 '공통'으로 존재하는 이온 때문에 순수한 물에서의 값 (2.6×10^{-4} M)보다 실제로 적다.

유제 25 °C에서 (a) 순수한 물과 그리고 (b) 농도가 0.10 M인 $Zn(NO_3)_2$ 용액에서 $Zn(CN)_2$의 용해도를 구하시오. $Zn(CN)_2$의 K_{sp}은 8.0×10^{-12}이다.

예제 17.11과 17.12는 다음 두 가지 중요한 일반적인 사실을 제공한다.

- 르샤틀리에의 원리에 따르면, 임의의 염의 용해도는 공통 이온 존재하에서 항상 감소할 것이다.
- 용액에 첨가된 공통 이온의 양이 불용성염으로부터 생성된 양과 비교하여 매우 클 경우 계산을 간단히 하기 위하여 근사법을 적용했다. 이것은 거의 모든 경우에 적용되지만 확인이 필요하다.

염의 용해도에 대한 염기성 음이온의 효과

다음에 부엌이나 실험실에서 불용성 염을 씻어 버릴 경우가 있으면, 잠시 멈추고 그 결과를 생각해 보자. 납, 크로뮴, 수은과 같은 많은 금속 이온들은 환경에 매우 해롭다. 이들 양이온의 불용성염이 용해되지 않을 것 같지만, 물에 대한 이들의 용해도는 우리가 알고 있는 것보다 크다. 이에 대한 부분적인 이유는 이들 염의 음이온이 약염기이거나 양이온이 약산이기 때문이다.

방연광(galena, 그림 17.14)으로 자연 중에서 발견되는 황화납(II)(PbS)은 염의 용해도에 대한 이온의 산-염기 효과에 대한 예를 제공한다. 황화납(II)(PbS)을 물속에 넣으면 소량 용해한다.

$$PbS(s) \rightleftharpoons Pb^{2+}(aq) + S^{2-}(aq)$$

그리고 반응 생성물 중의 하나로 강한 염기인 황화 이온(S^{2-})이 얻어진다.

$$S^{2-}(aq) + H_2O(\ell) \rightleftharpoons HS^-(aq) + OH^-(aq) \qquad K_{b1} = 1 \times 10^5$$

이 이온은 상당한 가수분해(물과 반응)를 일으켜서(◀표 16.3) 이것의 농도를 감소시키고, PbS 용해에 대한 평형 과정은 오른쪽으로 이동한다. 따라서 용액 안에 있는 납 이온 농도는 염의 간단한 이온화로부터 예상되는 것보다 더 크다.

PbS의 예는 다음과 같은 일반적인 사실은 제공한다.

> 약산의 짝염기인 음이온을 포함하는 일부 염은 K_{sp} 값으로 알려진 것보다 물속에서 더 많이 용해한다.

이것이 의미하는 것은 황화물뿐만 아니라 인산염, 아세트산염, 탄산염, 그리고 사

금속 황화물 용해도. 금속 황화물의 실질적 용해도는 아래와 같이 정의된 수정된 용해도곱 상수, K'_{sp}로 보다 잘 나타낼 수 있다.

$$MS(s) \rightleftharpoons M^{2+}(aq) + S^{2-}(aq)$$
$$K_{sp} = [M^{2+}][S^{2-}]$$

$$S^{2-}(aq) + H_2O(\ell) \rightleftharpoons HS^-(aq) + OH^-(aq)$$
$$K_b = [HS^-][OH^-]/[S^{2-}]$$

알짜 반응:

$$MS(s) + H_2O(\ell) \rightleftharpoons HS^-(aq) + M^{2+}(aq) + OH^-(aq)$$
$$K'_{sp} = [M^{2+}][HS^-][OH^-] = K_{sp} \times K_b$$

일부 금속 황화물에 대한 K'_{sp}은 부록 J에 수록되어 있다(표 18B).

그림 17.14 황화납(II)(PbS, 방연광). 방연광 및 다른 금속 황화물은 예상보다 많은 양이 물에 용해한다. 왜냐하면 S^{2-} 이온은 물과 반응하여 매우 안정한 HS^- 이온과 OH^-를 생성하기 때문이다.

$$PbS(s) + H_2O(\ell) \rightleftharpoons Pb^{2+}(aq) + HS^-(aq) + OH^-(aq)$$

여기서 보여주는 PbS의 모형은 단위세포가 정육면체임을 보여주고 있으며, 이것은 방연광의 정육면체 결정으로 반영된 성질이다.

이안화물들도 영향을 받을 수 있다는 것이다. 왜냐하면 이들 모두 일반적인 가수분해 반응이 일어나기 때문이다.

$$X^-(aq) + H_2O(\ell) \rightleftharpoons HX(aq) + OH^-(aq)$$

불용성 염으로부터 생성된 이온이 가수분해를 일으킬 수 있다는 사실은 다음과 같은 또 다른 하나의 일반적인 결론과 관련된다.

> 음이온이 약산의 짝염기인 불용성 염은 강산 용액 안에서 용해된다.

아세트산, 탄산, 수산화, 인산, 그리고 황화 이온과 같은 음이온을 함유하는 불용성 염은 강산에 용해된다. 예를 들면 $CaCO_3$와 같은 불용성 염에 강산을 가하면, 이 염은 다음 반응식처럼 용해된다(◂3.7절).

$$CaCO_3(s) + 2\ H_3O^+(aq) \rightarrow Ca^{2+}(aq) + 3\ H_2O(\ell) + CO_2(g)$$

위의 반응은 다음과 같은 일련의 반응 결과로 생각할 수 있다.

$$CaCO_3(s) \rightleftharpoons Ca^{2+}(aq) + CO_3^{\,2-}(aq) \qquad K_{sp} = 3.4 \times 10^{-9}$$

$$CO_3^{\,2-}(aq) + H_3O^+(aq) \rightleftharpoons HCO_3^-(aq) + H_2O(\ell) \qquad 1/K_{a2} = 1/4.8 \times 10^{-11} = 2.1 \times 10^{10}$$

$$HCO_3^-(aq) + H_3O^+(aq) \rightleftharpoons H_2CO_3(aq) + H_2O(\ell) \qquad 1/K_{a1} = 1/4.2 \times 10^{-7} = 2.4 \times 10^{6}$$

$$\text{전체: } CaCO_3(s) + 2\ H_3O^+(aq) \rightleftharpoons Ca^{2+}(aq) + 2\ H_2O(\ell) + H_2CO_3(aq)$$

$$K_{net} = (K_{sp})(1/K_{a2})(1/K_{a1}) = 1.7 \times 10^{8}$$

이 반응의 생성물인 탄산은 안정하지 않다.

$$H_2CO_3(aq) \rightleftharpoons CO_2(g) + H_2O(\ell) \qquad K \approx 10^5$$

그래서 $CaCO_3 + H_3O^+$ 반응의 평형은 더욱더 오른쪽으로 진행되고, 이 과정에서 용액으로부터 방출되는 CO_2 기체 기포가 관찰된다. 강산 용액 안에서 $CaCO_3$는 완전히 용해된 것이다!

많은 금속 황화합물들도 강산에 용해한다.

$$FeS(s) + 2\ H_3O^+(aq) \rightleftharpoons Fe^{2+}(aq) + H_2S(aq) + 2\ H_2O(\ell)$$

마찬가지로 금속 인산 화합물들(그림 17.15)과

AgCl과 Ag_3PO_4의 침전물

강산 첨가 →

AgCl의 침전물

그림 17.15 산 용액 안에서 염의 용해도에 대한 음이온의 효과. (왼쪽) 염화은(AgCl, 흰색)과 인산은(Ag_3PO_4, 노란색) (오른쪽) 강산(HNO_3)을 첨가하면 인산은(Ag_3PO_4)을 용해시키고(불용성인 염화은은 그대로 남는다.) 염기성 음이온인 PO_4^{3-}는 산과 반응하여 H_3PO_4를 생성하지만, Cl^- 이온은 너무 약한 염기이어서 HCl을 생성할 수 없다.

$$Ag_3PO_4(s) + 3\ H_3O^+(aq) \rightleftharpoons 3\ Ag^+(aq) + H_3PO_4(aq) + 3\ H_2O(\ell)$$

금속 수산화물들도 강산에 용해한다.

$$Mg(OH)_2(s) + 2\ H_3O^+(aq) \rightleftharpoons Mg^{2+}(aq) + 4\ H_2O(\ell)$$

일반적으로 약산의 짝염기를 포함하는 염의 용해도는 이 용액에 강산을 첨가함으로써 증가한다. 이에 반하여 음이온이 강산의 짝염기인 경우 염은 강산에 용해하지 않는다. 예를 들면 염화은(AgCl)은 강산에 용해하지 않는다.

$$AgCl(s) \rightleftharpoons Ag^+(aq) + Cl^-(aq) \qquad K_{sp} = 1.8 \times 10^{-10}$$

$$H_3O^+(aq) + Cl^-(aq) \rightleftharpoons HCl(aq) + H_2O(\ell) \qquad K << 1$$

이것은 Cl^- 이온이 매우 약한 염기여서(◀표 16.2) 이것의 농도는 강산 H_3O^+(그림 17.15)와 반응하여 감소되지 않기 때문이다. 이와 같은 결론이 Br^-와 I^-의 불용성 염에도 또한 적용될 것이다.

17.4절 확인문제

1. Ag_2CO_3에 대한 K_{sp} 식은?
   (a) $K_{sp} = [Ag^+][CO_3^{2-}]$
   (b) $K_{sp} = [Ag^+]^2[CO_3^{2-}]$
   (c) $K_{sp} = [Ag^+][CO_3^{2-}]^2$

2. K_{sp} 값을 이용하여, 아래 주어진 염들의 짝에 대하여 어떤 것이 물에 좀 더 잘 녹는지를 예측하시오.
   (a) AgCl ($K_{sp} = 1.8 \times 10^{-10}$) 또는 AgCN ($K_{sp} = 6.0 \times 10^{-17}$)
   (b) $Mg(OH)_2$ ($K_{sp} = 5.6 \times 10^{-12}$) 또는 $Ca(OH)_2$ ($K_{sp} = 5.5 \times 10^{-5}$)
   (c) $Ca(OH)_2$ ($K_{sp} = 5.5 \times 10^{-5}$) 또는 $CaSO_4$ ($K_{sp} = 4.9 \times 10^{-5}$)

3. 25 °C에서 물에 대한 $PbSO_4$의 용해도는 얼마인가? ($PbSO_4$의 $K_{sp} = 2.5 \times 10^{-8}$)
   (a) 2.5×10^{-8} M (b) 1.6×10^{-4} M (c) 6.3×10^{-16} M

4. 용액이 이미 0.25 M Na_2SO_4를 포함한다면, 25 °C 물에서 $PbSO_4$의 용해도는 얼마인가? ($PbSO_4$의 $K_{sp} = 2.5 \times 10^{-8}$)
   (a) 1.0×10^{-7} M (b) 1.6×10^{-4} M (c) 6.3×10^{-9} M

5. 다음 중 어떤 것이 0.1 M HCl 용액에 더 많이 용해하는가?
   (a) $FeCO_3$ ($K_{sp} = 3.1 \times 10^{-11}$) (b) AgCl ($K_{sp} = 1.8 \times 10^{-10}$)

그림 17.16 광물. 광물들은 불용성 염이다. 여기서 보여주는 광물들은 자줏빛 형석(fluorite), 검은색 적철광[hemitite, 산화철(III)], 그리고 산화철(III)과 수산화철(III)의 혼합물인 갈색의 침철석(goethite)이다.

17.5 침전 반응

금속 광물들은 불용성 염의 형태로 금속을 함유하고 있다(그림 17.16). 문제가 좀 더 복잡한 것은 흔히 광물들이 여러 가지 불용성 금속염을 함유한다. 산업체에서 광물로부터 금속을 분리하기 위하여 이용하는 여러 가지 방법은 용액 상태로 금속 이온이나 여러 이온을 얻기 위하여 금속 염을 용해시키는 과정을 포함한다. 이들 용액은 일정한 방법으로 농축되고, 침전제를 첨가하여 불용성 염의 형태로 금속 이온을 종류에 따라 선택적으로 침전시킨다. 니켈의 경우 예를 들면, Ni^{2+} 이온은 불용성 황화니켈(II)(NiS)이나 탄산니켈(II)($NiCO_3$, 고체)의 형태로 침전시켜서 얻어진다.

$$Ni^{2+}(aq) + HS^-(aq) + H_2O(\ell) \rightleftharpoons NiS(s) + H_3O^+(aq) \qquad K = 1.7 \times 10^{18}$$

$$Ni^{2+}(aq) + CO_3^{2-}(aq) \rightleftharpoons NiCO_3(s) \qquad K = 7.1 \times 10^{6}$$

순수한 금속을 얻는 과정의 마지막 단계는 화학적인 방법이나 전기 화학적인 방법으로 금속 양이온을 금속으로 환원시킨다(◂19장).

이 절의 우선적인 목표는 일련의 주어진 조건에서 침전이 형성될지를 결정하기 위한 방법을 찾는 것이다.

K_{sp}와 반응지수(Q)

염화은도 물에 매우 소량 용해하고, 따라서 K_{sp} 값이 작다.

$$AgCl(s) \rightleftharpoons Ag^+(aq) + Cl^-(aq) \qquad K_{sp} = [Ag^+][Cl^-] = 1.8 \times 10^{-10}$$

하지만 이 문제를 다른 방향에서 살펴보자. 만일 어떤 용액이 특정 농도의 Ag^+와 Cl^-를 함유하고 있다면, 용액으로부터 AgCl이 침전될까? 이 질문은 15.2절에서 질문하였던 반응물과 생성물이 혼합된 주어진 용액이 평형 상태인지, 반응물이 생성물로 되기 위하여 반응이 계속 진행될 것인지, 아니면 생성물이 반응물로 되돌아가게 될 것인지를 알고자 하였을 때 하였던 것과 같은 질문이다. 그때 이용되었던 방법은 반응지수 Q를 구하는 것이었다.

염화은의 경우 반응지수 Q를 나타내는 식은 다음과 같다.

$$Q = [Ag^+][Cl^-]$$

Q와 K 사이의 차이는 반응지수 표시에 필요한 농도가 평형상수의 농도일 수도 있고 아닐 수도 있다는 것을 상기하시오. AgCl과 같이 용해도가 매우 낮은 경우 다음과 같은 결론을 내릴 수 있다(◂15.2절).

1. $Q = K_{sp}$일 경우, 용액은 포화 상태이다.

$Q = K_{sp}$일 경우, 이온 농도는 최댓값에 이미 도달해 있다.

2. $Q < K_{sp}$일 경우, 용액은 포화 상태가 아니다.

이것은 다음 두 가지를 의미한다. (i) 고체 AgCl이 존재할 경우, 평형(즉, $Q = K_{sp}$)에 도달할 때까지 좀 더 용해할 것이다. (ii) 고체 AgCl이 존재하지 않을 경우, AgCl 침전이 시작될 때까지($Q > K_{sp}$), Ag^+ 또는 Cl^-(또는 둘 모두)가 계속 용액에 첨가될 수 있다.

3. $Q > K_{sp}$일 경우, 용액은 과포화 상태이고, 침전이 일어날 것이다.

만약 $Q > K_{sp}$이면, $Q = K_{sp}$가 될 때까지 침전이 계속 일어날 것이다.

예제 17.13 용해도와 반응지수

문제 물이 담긴 비커 안에 AgCl 고체를 넣었다. 일정 시간이 지난 후, Ag^+와 Cl^-의 농도가 각각 1.2×10^{-5} mol/L이었다. 이 용액은 평형에 도달하였는가? 아니면 좀 더 많은 AgCl이 계속해서 용해될 것인가?

알고 있는 사실 AgCl을 용해할 때의 완결된 반응식과 이 반응의 K_{sp} 값, Ag^+와 Cl^- 농도를 알고 있다.

전략

- 염을 용해할 때 완결된 반응식과 반응지수 Q의 식을 쓴다.
- 실험적인 이온 농도를 이용하여 반응지수 Q를 구한다. 평형에 도달($Q = K_{sp}$)했는지 여부를 판단하기 위하여 Q와 K_{sp}를 비교한다.

풀이

$$AgCl(s) \rightleftharpoons Ag^+(aq) + Cl^-(aq) \qquad K_{sp} = [Ag^+][Cl^-] = 1.8 \times 10^{-10}$$

$$Q = [Ag^+][Cl^-] = (1.2 \times 10^{-5})(1.2 \times 10^{-5}) = 1.4 \times 10^{-10}$$

여기서 Q는 $K_{sp}(1.8 \times 10^{-10})$보다 작다. 용액은 아직 포화 상태가 아니며, $Q = K_{sp}$가 될 때까지 AgCl은 계속 용해할 것이다. 즉, $[Ag^+] = [Cl^-] = 1.3 \times 10^{-5}$ M이 될 때까지 용해한다. 다시 말해서 1 L의 물속에 0.1×10^{-5} mol의 AgCl이 더 용해할 것이다.

고려사항 용해는 가끔 상당히 느린 과정이다. 만약 특정한 시간에서 이온 농도를 측정한다면 여기의 경우와 같이 평형 값에 아직 도달하지 않았을 수도 있다. 반면에 산–염기 반응은 일반적으로 평형으로 신속히 진행한다.

유제 물이 담긴 비커 안에 PbI_2 ($K_{sp} = 9.8 \times 10^{-9}$) 고체를 넣었다. 일정 시간이 지난 후 Pb^{2+}의 농도를 측정해보니 1.1×10^{-3} M이었다면, 이 용액은 평형에 도달하였는가? 즉, 용액은 포화 상태인가? 아니면 계속해서 좀 더 많은 PbI_2가 용해될 것인가?

전략도 17.13

문제
$[Ag^+]$와 $[Cl^-]$의 특정 값에서 AgCl이 침전하는가?

↓

알려진 자료/정보
- AgCl의 K_{sp} 값
- Ag^+ 농도
- Cl^- 농도

↓ 1단계 반응지수(Q)에 대한 식을 쓴다.

$Q = [Ag^+][Cl^-]$

↓ 2단계 Q 식에 농도를 넣고 푼다.

$Q < K_{sp}$이므로 더 많은 AgCl이 용해될 것이다.

K_{sp}, 반응지수 그리고 침전반응

반응지수와 용해도곱 상수를 이용하여, 다음 사항을 결정할 수 있다. (1) 이온 농도를 안다면, 침전이 생성될지 여부, (2) 불용성 염의 침전이 생기기 위해 필요한 이온의 농도를 결정할 수 있다.

수용액의 Mg^{2+} 이온 농도가 1.5×10^{-6} M이라고 가정하자. 만일 충분한 양의 NaOH를 1.0×10^{-4} M인 수산화 이온(OH^-) 용액을 만들기 위해서 첨가될 경우 $Mg(OH)_2$의 침전이 일어날까($K_{sp} = 5.6 \times 10^{-12}$)? 그리고 OH^-의 농도를 1.0×10^{-2} M로 증가시키면 침전이 일어날까?

이 경우 전략은 예제 17.13에서 이용되었던 것과 같을 것이다. 즉, 이온 농도를 이용하여 Q를 계산한 다음, 용액이 평형 상태에 있는지 아닌지를 알기 위하여 K_{sp}와 Q

를 비교하시오. $Mg(OH)_2$ 용해에 대한 화학 반응식으로부터 시작해 보자.

$$Mg(OH)_2(s) \rightleftharpoons Mg^{2+}(aq) + 2\ OH^-(aq)$$

마그네슘과 수산화 이온의 농도가 위에서 언급한 것과 같을 경우, 다음에서 보여주는 것과 같이 Q가 K_{sp}보다 적다는 것을 알 수 있다.

$$Q = [Mg^{2+}][OH^-]^2 = (1.5 \times 10^{-6})(1.0 \times 10^{-4})^2 = 1.5 \times 10^{-14}$$

$$Q\ (1.5 \times 10^{-14}) < K_{sp}\ (5.6 \times 10^{-12})$$

위의 값이 의미하는 것은 용액이 아직 포화 상태에 도달하지 않았으며, 침전이 생기지 않았다.

$[OH^-]$가 1.0×10^{-2} M로 증가하면 반응지수 Q는 1.5×10^{-10}이다.

$$Q = (1.5 \times 10^{-6})(1.0 \times 10^{-2})^2$$

$$Q = 1.5 \times 10^{-10} > K_{sp}\ (5.6 \times 10^{-12})$$

이제 반응지수가 K_{sp}보다 크고, $Mg(OH)_2$의 침전이 생기며, 침전은 계속되어서 Mg^{2+}와 OH^- 이온 농도는 그들의 곱이 K_{sp}와 같게 될 때까지 계속해서 감소하게 될 것이다.

이제, 주어진 농도에서 침전이 시작되도록 하기 위하여 얼마만큼의 침전제가 필요한지를 결정하는 문제로 화제를 바꾸어보자.

전략도 17.14

문제

$BaSO_4$ 침전이 시작되는 데 필요한 SO_4^{2-} 농도는 얼마인가?

알려진 자료/정보

- $BaSO_4$의 K_{sp} 값
- 처음 $[Ba^{2+}]$

1단계 K_{sp}에 대한 식을 쓴다.

$K_{sp} = [Ba^{2+}][SO_4^{2-}]$

2단계 Ba^{2+} 농도를 넣고 $[SO_4^{2-}]$에 대해 푼다.

$[SO_4^{2-}]$가 계산된 값을 넘어서면 $BaSO_4$는 침전되기 시작한다.

예제 17.14 침전물이 생성되는 데 필요한 이온 농도

문제 용액에 있는 Ba^{2+} 이온의 농도가 0.010 M이다.

(a) $BaSO_4$ 침전이 시작되는데 필요한 SO_4^{2-}의 농도를 구하시오.

(b) 용액에 있는 SO_4^{2-}의 농도가 0.015 M에 이르렀을 때, 용액 안에 남게 될 Ba^{2+} 이온의 농도를 구하시오.

알고 있는 사실 K_{sp} 식에서 K_{sp}와 음이온, 양이온 농도와 같은 3개 항이 있다. K_{sp} (1.1×10^{-10})와 이온 농도 중 하나를 알고 있다. 따라서 나머지 이온 농도를 계산할 수 있다.

전략

- 용해된 $BaSO_4$의 완결된 반응식과 K_{sp} 식을 쓴다.
- **(a)** $[Ba^{2+}] = 0.010$ M일 때 $[SO_4^{2-}]$를 계산하기 위하여 K_{sp} 식을 이용한다.
- **(b)** $[SO_4^{2-}] = 0.015$ M일 때 $[Ba^{2+}]$를 계산하기 위하여 K_{sp} 식을 이용한다.

풀이

$$BaSO_4(s) \rightleftharpoons Ba^{2+}(aq) + SO_4^{2-}(aq) \qquad K_{sp} = [Ba^{2+}][SO_4^{2-}] = 1.1 \times 10^{-10}$$

(a) 이온 농도의 곱이 K_{sp} 값(1.1×10^{-10})보다 클 경우, 즉 $Q > K_{sp}$일 때, 침전이 일어날 것이다. Ba^{2+}의 농도가 주어졌으므로(0.010 M), 침전에 필요한 SO_4^{2-} 이온 농도를 계산할 수 있다.

$$[SO_4^{2-}] = \frac{K_{sp}}{[Ba^{2+}]} = \frac{1.1 \times 10^{-10}}{0.010} = 1.1 \times 10^{-8}\ M$$

위의 결과에 따르면 SO_4^{2-}의 농도가 1.1×10^{-8} M보다 약간 클 경우, $BaSO_4$ 침전이 시작될 것을 보여준다.

(b) SO_4^{2-} 이온 농도가 0.015 M로 증가할 경우(평형 상태에 있는 $BaSO_4$), 용액 안에 존재할 수 있는 Ba^{2+} 이온의 최대 농도는 다음과 같다.

$$[Ba^{2+}] = \frac{K_{sp}}{[SO_4^{2-}]} = \frac{1.1 \times 10^{-10}}{0.015} = 7.3 \times 10^{-9}\ M$$

고려사항 $[SO_4^{2-}] = 0.015$ M일 때 바륨 이온 농도가 매우 작다는 사실은 Ba^{2+} 이온이 용액에서 거의 제거되었음을 의미한다. (0.010 M에서 시작하여 약 100만 배정도 비율로 감소하였다.)

유제 농도가 0.050 M인 $Pb(NO_3)_2$ 용액으로부터 PbI_2 침전을 일으키기에 필요한 최소한의 I^- 이온 농도를 구하시오. PbI_2의 K_{sp}는 9.8×10^{-9}이다. I^- 이온의 농도가 0.0015 M일 때 용액 안에 남은 Pb^{2+} 이온의 농도를 구하시오.

예제 17.15 K_{sp}와 침전

문제 0.0200 M $BaCl_2$ 용액 100.0 mL와 0.0300 M Na_2SO_4 용액 50.0 mL을 혼합한 용액이 있다. $BaSO_4$ ($K_{sp} = 1.1 \times 10^{-10}$)가 침전될까?

알고 있는 사실 부피가 다른 2개 다른 화합물 용액의 농도를 알고 있으므로 각 물질의 양(몰)을 계산할 수 있다. 만약 충분한 농도로 섞는다면 $BaCl_2$와 Na_2SO_4는 결합하여 $BaSO_4$ 침전을 생성함도 알고 있다. $BaSO_4$의 K_{sp} 값도 알고 있다.

전략 하나는 Ba^{2+} 이온을 가지고 있고 다른 것은 SO_4^{2-} 이온을 가진, 부피와 농도를 알고 있는 두 용액을 섞으면 불용성 $BaSO_4$가 생성된다.

- 섞은 후 각 이온들의 농도를 찾는다.
- 혼합된 용액의 이온 농도를 안다면 Q를 계산하고 $BaSO_4$의 K_{sp} 값과 비교하여 이 상황에서 $BaSO_4$가 침전될지 여부를 결정한다.

풀이 먼저 $c_1V_1 = c_2V_2$(◀4.5절 참조) 식을 이용해서 c_2를 구한다. 여기서 c_2는 두 용액을 섞은 후 부피가 150.0 mL(= V_2)인 용액의 Ba^{2+} 또는 SO_4^{2-}의 농도이다.

$$\text{섞은 후 } [Ba^{2+}] = \frac{(0.0200\ mol/L)(0.1000\ L)}{0.1500\ L} = 0.0133\ M$$

$$\text{섞은 후 } [SO_4^{2-}] = \frac{(0.0300\ mol/L)(0.0500\ L)}{0.1500\ L} = 0.0100\ M$$

여기서 일어나는 반응의 평형 반응식은 다음과 같다.

$$BaSO_4(s) \rightleftharpoons Ba^{2+}(aq) + SO_4^{2-}(aq) \qquad K_{sp} = [Ba^{2+}][SO_4^{2-}] = 1.1 \times 10^{-10}$$

이제 반응지수(Q)를 구할 수 있다.

$$Q = [Ba^{2+}][SO_4^{2-}] = (0.0133)(0.0100) = 1.33 \times 10^{-4}$$

Q는 K_{sp}보다 훨씬 크기 때문에, $BaSO_4$의 침전이 일어난다.

고려사항 $BaSO_4$의 K_{sp} 값은 너무 작다. 따라서 Ba^{2+}와 SO_4^{2-} 이온을 가진 혼합 용액은 농도가 매우 낮더라도 $BaSO_4$의 침전이 일어날 것이다.

유제 0.0010 M인 $AgNO_3$ 용액 100.0 mL가 있다. 이 용액에 0.025 M인 HCl 용액 5.0 mL를 가할 경우 염화은 침전이 일어날까?

17.5절 확인문제

1. 2.5×10^{-4} M SO_4^{2-} 이온 용액을 만들기 위하여 가용성 염인 Na_2SO_4를 적당량 첨가하였다. 2.5×10^{-4} M Sr^{2+} 이온 농도를 함유하는 용액으로부터 $SrSO_4$의 침전이 생성될까? $SrSO_4$의 K_{sp} 값은 3.4×10^{-7}이다.

(a) 그렇다. (b) 아니다. (c) 결정할 수 없다.

착이온. 착이온은 화학에서 광범위하게 나타나고 헤모글로빈과 비타민 B_{12}와 같은 생물학적으로 중요한 물질의 기초가 된다. 16.10절 참조

17.6 착이온을 포함한 평형

금속 이온들은 수용액 안에서 착이온으로 존재한다(◂16.10절). 착이온은 금속 이온과 다른 분자 또는 이온들이 서로 붙어서 이루어진 하나의 물질이다. 물속에서 금속 이온들은 항상 물 분자들에 의하여 둘러싸여 있다. 즉, 극성 물 분자에서 음성 말단의 산소 원자는 용액 안에 존재하는 양성의 금속 이온과 인력이 작용한다. Ni^{2+}의 경우, 물속에서 이 이온은 $[Ni(H_2O)_6]^{2+}$로 존재한다. 암모니아가 첨가되면 물 분자는 연속적으로 암모니아로 치환되고, 암모니아의 농도가 충분히 높아지면 $[Ni(NH_3)_6]^{2+}$로 존재한다. 많은 유기 분자들 또한 금속 이온과 착이온을 형성하며, 한 예로 그림 17.17에 다이메틸글리옥심(dimethylglyoximate) 이온을 보여주고 있다.

Ni²⁺ 이온의 다이메틸글리옥심의 착물

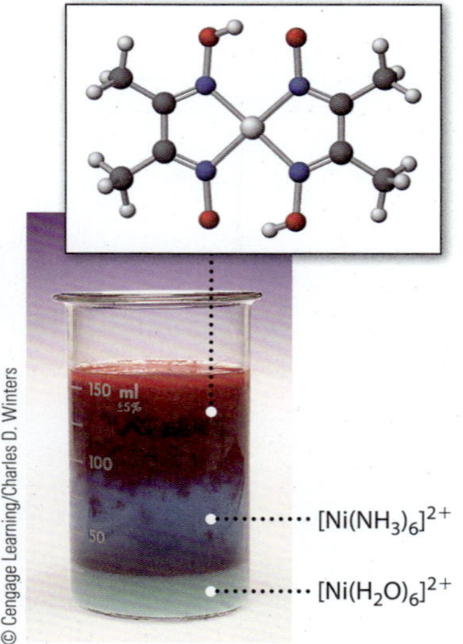

그림 17.17 착이온. 녹색 용액은 수용성 $[Ni(H_2O)_6]^{2+}$이온을 함유하고 있다. 여기서 물 분자들은 이온–쌍극자 힘에 의하여 Ni^{2+}에 붙어 있다. 이 착이온이 용액의 색을 띠게 한다. 니켈–암모니아 착이온은 자주색이다. 붉은색의 불용성 고체는 니켈 이온의 다이메틸글리옥심 착물 $[Ni(C_4H_7O_2N_2)_2]$이다(위 모형). 이와 같은 매우 아름다운 불용성 붉은색 화합물은 수용액에 Ni^{2+}의 존재를 확인하기 위한 좋은 방법이다.

금속 이온에 결합하는 분자나 이온을 **리간드**(ligands)라고 부른다. 수용액에서 금속 이온과 리간드는 평형 상태로 존재하며, 이들 반응에 대한 평형상수를 **형성 상수**(formation constant, K_f)라고 일컫는다(부록 K). 예를 들면,

$$Cu^{2+}(aq) + NH_3(aq) \rightleftharpoons [Cu(NH_3)]^{2+}(aq) \qquad K_{f1} = 2.0 \times 10^4$$

$$[Cu(NH_3)]^{2+}(aq) + NH_3(aq) \rightleftharpoons [Cu(NH_3)_2]^{2+}(aq) \qquad K_{f2} = 4.7 \times 10^3$$

$$[Cu(NH_3)_2]^{2+}(aq) + NH_3(aq) \rightleftharpoons [Cu(NH_3)_3]^{2+}(aq) \qquad K_{f3} = 1.1 \times 10^3$$

$$[Cu(NH_3)_3]^{2+}(aq) + NH_3(aq) \rightleftharpoons [Cu(NH_3)_4]^{2+}(aq) \qquad K_{f4} = 2.0 \times 10^2$$

위의 반응에서 Cu^{2+}는 $[Cu(H_2O)_4]^{2+}$로 반응을 시작하지만, 암모니아 분자가 연속적으로 물 분자와 치환된다. 전체적으로 $[Cu(NH_3)_4]^{2+}$ 이온의 생성은 2.1×10^{13}의 평형상수($= K_{f1} \times K_{f2} \times K_{f3} \times K_{f4}$)를 갖는다.

$$Cu^{2+}(aq) + 4\,NH_3(aq) \rightleftharpoons [Cu(NH_3)_4]^{2+}(aq) \qquad K_f = 2.1 \times 10^{13}$$

예제 17.16 착이온 평형

문제 0.00100 mol $Cu(NO_3)_2$를 1.50 M 암모니아 용액 1.00 L에 첨가할 경우 이 용액 안에 존재하는 구리 이온(Cu^{2+})의 농도를 구하시오. 구리–암모니아 착이온 $[Cu(NH_3)_4]^{2+}$의 K_f 값은 2.1×10^{13}이다.

알고 있는 사실 착이온을 형성하는 화학종의 농도를 알고 있고, 이온의 형성 상수를 알고 있다.

전략 착이온의 형성 상수는 매우 크다. 따라서 모든 Cu^{2+} 이온은 NH_3와 반응하여 $[Cu(NH_3)_4]^{2+}$를 형성한다는 가정에서 시작한다. 말하자면 착이온 $[Cu(NH_3)_4]^{2+}$의 처음 농도는 0.00100 M이다. 이 양이온은 해리하여 용액에 Cu^{2+} 이온과 추가적인 NH_3를 생성한다. $[Cu(NH_3)_4]^{2+}$의 해리 평형상수는 K_f의 역수이다. 왜냐하면 이온의 해리는 형성의 역반응이기 때문이다.

- 용액에서 생성되는 착이온의 해리에 대한 완결된 반응식을 쓰고 ICE 표를 만든다.
- 용액에서 모든 Cu^{2+} 이온은 $[Cu(NH_3)_4]^{2+}$의 형태이다(0.00100 M). 이것은 $[NH_3]$ = 처음 농도 − 4 × 0.00100 M임을 의미한다.
- 평형에서 해리된 착이온의 농도를 x라 가정하면 NH_3 $4x$ mol/L이 방출되면서 Cu^{2+} 이온 x mol/L가 방출된다.
- $K_{dissociation}(= 1/K_f)$의 식에서 이온의 평형 농도를 사용하여 x(평형에서 Cu^{2+}의 농도)에 대하여 푼다.

풀이 $[Cu(NH_3)_4]^{2+}$ 이온의 해리에 대한 ICE 표를 작성하시오.

반응식	$[Cu(NH_3)_4]^{2+}(aq)$	$\rightleftharpoons$	$Cu^{2+}(aq)$	+	$4\ NH_3(aq)$
처음 농도 (M)	0.00100		0		1.50 − 0.00400 M
농도 변화 (M)	$-x$		$+x$		$+4x$
평형 농도 (M)	$0.00100 - x$ ≈ 0.00100		x		$1.50 - 0.00400 + 4x$ ≈ 1.50

여기서 우리는 x가 매우 작으리라는 가정하에 착이온의 농도는 0.00100 M에 매우 가깝고, 평형에서 NH_3의 농도는 처음 값과 큰 차이가 없다고 본다.

$$K_{dissociation} = \frac{1}{K_f} = \frac{1}{2.1 \times 10^{13}} = \frac{[Cu^{2+}][NH_3]^4}{\{[Cu(NH_3)_4]^{2+}\}} = \frac{(x)(1.50)^4}{0.00100}$$

$$x = [Cu^{2+}] = 9.4 \times 10^{-18}\ M$$

고려사항 x가 매우 작아 $[Cu(NH_3)_4]^{2+}$와 NH_3의 평형 농도를 결정하는 데 무시할 수 있다는 가정을 반드시 확인하여야 한다. 이 경우에는 확실하다.

유제 질산은(0.0050 mol)을 1.00 M 암모니아 용액 1.00 L에 첨가할 경우, 평형에서 Ag^+ 이온의 농도는 얼마인가?

$$Ag^+(aq) + 2\ NH_3(aq) \rightleftharpoons [Ag(NH_3)_2]^+(aq) \qquad K_f = 1.1 \times 10^7$$

17.6절 확인문제

1. 염화철(II)(0.0025 mol)을 0.500 M인 NaCN 용액 1.00 L에 첨가할 경우, 평형에서 철 이온(Fe^{2+})의 농도는 얼마인가? $[Fe(CN)_6]^{4-}$ 이온에 대한 K_f는 1.0×10^{35}이다.
(a) 1.0×10^{-35} M (b) 1.9×10^{-36} M (c) 5.2×10^{-38} M

17.7 용해도와 착이온

염화은의 경우 물과 강산 모두에 용해되지 않지만, 암모니아 용액에서는 물에 용해되는 착이온 $[Ag(NH_3)_2]^+$를 형성하기 때문에 용해된다(그림 17.18).

$$AgCl(s) + 2\ NH_3(aq) \rightleftharpoons [Ag(NH_3)_2]^+(aq) + Cl^-(aq)$$

위의 과정은 두 단계로 나누어서 볼 수 있다. 첫 번째 단계는, 염화은이 수용액에 아주 미량 용해하여 $Ag^+(aq)$와 $Cl^-(aq)$를 생성한다. 그 다음, $Ag^+(aq)$ 이온이 암모니아와 결합하여 착이온을 생성한다. 착이온을 형성함으로써 $Ag^+(aq)$의 농도는 감소하게 되고 반응식의 평형은 오른쪽으로 이동하면서 좀 더 많은 AgCl이 용해된다.

$$AgCl(s) \rightleftharpoons Ag^+(aq) + Cl^-(aq) \qquad K_{sp} = 1.8 \times 10^{-10}$$
$$Ag^+(aq) + 2\ NH_3(aq) \rightleftharpoons [Ag(NH_3)_2]^+(aq) \qquad K_f = 1.1 \times 10^7$$

이 과정은 한 반응은 반응물–선호이고, 다른 반응은 생성물–선호인 2개의 평형반응을 합한 예이다.

$[Ag(NH_3)_2]^+$에 대한 큰 평형상수 값은 이 반응의 평형이 오른쪽으로 치우치게 된

$AgCl(s)$, $K_{sp} = 1.8 \times 10^{-10}$

(a) $AgNO_3(aq)$에 $NaCl(aq)$를 첨가함으로써 AgCl이 침전된다.

$\xrightarrow{NH_3(aq)}$

$[Ag(NH_3)_2]^+(aq)$

(b) AgCl 침전에 암모니아 용액을 가하면 수용성 $[Ag(NH_3)_2]^+$로 용해된다.

$\xrightarrow{NaBr(aq)}$

$AgBr(s)$, $K_{sp} = 5.4 \times 10^{-13}$

(c) Ag–NH_3 착이온에 $NaBr(aq)$을 첨가하면 불용성 AgBr로 변한다.

$\xrightarrow{Na_2S_2O_3(aq)}$

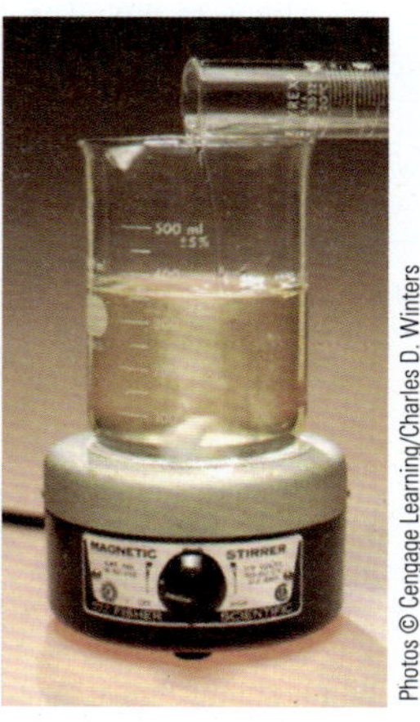
$[Ag(S_2O_3)_2]^{3-}(aq)$

(d) 고체 AgBr에 $Na_2S_2O_3(aq)$을 첨가하면 용해된다. 이 경우 생성물은 수용성 $[Ag(S_2O_3)_2]^{3-}$ 착이온이다.

그림 17.18 침전물 생성 및 용해. 불용성 화합물들은 가끔 착물 형성 시약(complexing agent)을 첨가함으로써 용해한다.

다는 것이고, 암모니아 존재하에서 염화은이 용해될 수 있다. K_f와 K_{sp}를 합치면, 수용액 암모니아와 AgCl의 상호 작용에 대한 알짜 평형상수를 얻는다.

$$K_{net} = K_{sp} \times K_f = (1.8 \times 10^{-10})(1.1 \times 10^7) = 2.0 \times 10^{-3}$$

$$K_{net} = 2.0 \times 10^{-3} = \frac{\{[Ag(NH_3)_2]^+\}[Cl^-]}{[NH_3]^2}$$

K_{net} 값이 비록 작아 보일지라도, 많은 양의 암모니아를 사용한다면, $[Ag(NH_3)_2]^+$의 농도는 상당히 높다. 염화은의 경우 순수한 물보다 암모니아 존재하에서 훨씬 더 잘 용해된다.

은(I)을 포함하는 여러 가지 착이온들의 형성상수 값을 비교함으로써 그들 착이온들의 안정도를 비교하는 것이 가능하다.

형성 평형	K_f
$Ag^+(aq) + 2\ Cl^-(aq) \rightleftharpoons [AgCl_2]^-(aq)$	1.1×10^5
$Ag^+(aq) + 2\ S_2O_3^{2-}(aq) \rightleftharpoons [Ag(S_2O_3)_2]^{3-}(aq)$	2.9×10^{13}
$Ag^+(aq) + 2\ CN^-(aq) \rightleftharpoons [Ag(CN)_2]^-(aq)$	1.3×10^{21}

위의 세 가지 은 착이온의 형성은 생성물–선호인 반응이다. 그리고 사이안화 착이온 $[Ag(CN)_2]^-$이 세 반응 중 가장 안정하다.

그림 17.18은 착이온들이 생성되면서 무슨 일이 일어나는지를 보여준다. AgCl 침전물로 시작하여, 여기에 암모니아 수용액을 첨가하면 녹는 착이온인 $[Ag(NH_3)_2]^+$을 생성하면서 용해된다. AgBr은 $[Ag(NH_3)_2]^+$보다 더 안정해서 Br^- 이온이 첨가되자 착이온보다 우선적으로 AgBr($K_{sp} = 5.4 \times 10^{-13}$)이 생성된다. 그 다음, $S_2O_3^{2-}$ 이온이 첨가되면, 큰 형성상수(2.9×10^{13})를 갖는 착이온 $[Ag(S_2O_3)_2]^{3-}$의 생성으로 인하여 AgBr은 용해된다.

예제 17.17 착이온과 용해도

문제 $S_2O_3^{2-}$ 이온을 함유하는 용액 안에서 용해되는 AgBr의 평형상수 K_{net}를 구하시오(그림 17.18). 이 용액에 $Na_2S_2O_3$ 수용액을 첨가하자 AgBr이 쉽게 용해되는 이유를 설명하시오.

알고 있는 사실 여기에 2개의 평형이 있다. 하나는 물에서 AgBr이 용해하여 Ag^+와 Br^- 이온을 생성하는 것이고 평형상수는 K_{sp}이다. 다른 것은 Ag^+와 $S_2O_3^{2-}$ 이온으로부터 $[Ag(S_2O_3)_2]^{3-}$ 이온의 형성이며 평형상수는 K_f이다.

전략 몇 개의 평형 과정을 더하는 것은 알짜 화학 반응식을 제공한다. K_{net}는 통합한 화학 반응식의 K 값들의 곱이다(15.5절).

풀이 $S_2O_3^{2-}$ 이온 존재하에서 AgBr을 용해시키는 전체 반응은 다음과 같이 두 평형 과정의 합이다.

$$AgBr(s) \rightleftharpoons Ag^+(aq) + Br^-(aq) \qquad K_{sp} = 5.0 \times 10^{-13}$$

$$Ag^+(aq) + 2\,S_2O_3^{2-}(aq) \rightleftharpoons [Ag(S_2O_3)_2]^{3-}(aq) \qquad K_f = 2.9 \times 10^{13}$$

알짜 화학식:

$$AgBr(aq) + 2\,S_2O_3^{2-}(aq) \rightleftharpoons [Ag(S_2O_3)_2]^{3-}(aq) + Br^-(aq) \qquad K_{net} = K_{sp} \times K_f = 15$$

AgBr은 관측된 것과 같이(그림 17.18) $Na_2S_2O_3$ 수용액 안에서 쉽게 용해되리라 예측된다.

고려사항 K_{net} 값은 1보다 크며 이는 평형에서 생성물-선호 반응임을 의미한다.

유제 암모니아 수용액 안에서 $[Cu(NH_3)_4]^{2+}$ 착이온을 형성하면서 용해되는 $Cu(OH)_2$의 평형상수 K_{net}를 구하시오(◀그림 16.9).

17.7절 확인문제

1. NaCN 수용액을 첨가하여 용해되는 AgI 용해 과정에 대한 평형상수는 얼마인가? AgI에 대한 K_{sp}는 8.5×10^{-17}이고, $[Ag(CN)_2]^-$에 대한 K_f는 1.3×10^{21}이다.

(a) 6.5×10^{-4} (b) 8.7×10^4 (c) 1.1×10^5

화학 원리 응용 | 빛나는 모든 것...

수천 년 동안 금은 보석과 화폐로 사용되어 왔다. 금은 변색되지 않으며, 선으로 뽑을 수도 있고, 망치로 두들겨 얇은 판으로 만들 수도 있다. 현대 사회에서 이 원소의 가장 중요한 응용은 높은 전도도와 부식에 대한 저항이 선과 도선으로 매우 가치가 높은 전자제품에서일 것이다.

금의 채광은 산골의 개울에서 금을 찾기 위해 접시를 다루거나 곡괭이로 바위를 찍어 내리는 광부들의 모습을 생각하게 한다. 그러나 대부분의 광맥에서의 금의 함량은 너무 낮아 이러한 채굴 방법이 가능하지 않다. 오늘날 광부들은 금을 함유한 광석의 엄청난 양을 폭파하고 깨서 광석으로부터 금을 사이안화 이온과 산소를 포함하는 화학적 공정을 이용하여 용해시킨다.

$$4\,Au(s) + 8\,NaCN(aq) + O_2(g) + 2\,H_2O(\ell) \rightarrow 4\,NaAu(CN)_2(aq) + 4\,NaOH(aq)$$

용해된 착이온 $[Au(CN)_2]^-$을 포함하는 용액은 고체와 분리하기 위해 거르게 된다. 금속 금은 사이안화 착물을 아연과 반응시켜 회수하게 된다. 아연은 금(I) 착물을 원소 금으로 환원시키고, 사이안화 이온과 결합하여 $[Zn(CN)_4]^{2-}$를 형성한다.

© Dennis Hallinan/Alamy

John C. Kotz

금의 이용. 오늘날 현재 금의 용도의 대부분은 전자 소자에서 발생한다. 마이크로 프로세서의 연결면은 금의 박막으로 코팅되어 있다(왼쪽). 러시아의 상트 페테르부르크 성 이삭 성당의 돔은 100 kg의 순금으로 도금되어 있다. (1858년에 준공되었다.)(오른쪽)

많은 양의 0.035 % 사이안화소듐 수용액이 금 추출에 사용된다. 불행히도 안전 수칙을 따르지 않은 폐기와 부주의한 방출은 환경에 재앙이 된다. 2000년에 루마니아의 바이아 마레 댐의 붕괴는 수백만 리터의 사이안화 폐기물이 티자 및 다뉴브 강에 유입되는 결과를 가져왔고, 하류의 수 마일에 있는 모든 수생생물들이 몰살을 당하였다.

비록 안전한 추출을 위한 연구가 현재 진행 중이지만 사이안화 이온에 의한 추출은 아직도 금을 얻는 주요한 방법이다.

문제

1. 약 0.10 g의 사이안화소듐은 인간에 치명적이다. 0.035 질량 백분율 NaCN 용액의 부피(mL)가 얼마가 되면 치명적 양의 사이안화소듐을 가지고 있는가? 용액의 밀도는 1.0 g/ mL로 가정하시오.
2. 광석이 0.012 % 금을 함유한다면 1.0톤(1000 kg)의 광석으로부터 금을 녹이는 데 필요한 0.0071 M NaCN(aq)의 최소 부피는 얼마인가?
3. 부록 K의 $[Au(CN)_2]^-$의 형성 상수를 이용하여 0.0071 M CN^-와 1.1×10^{-4} M $[Au(CN)_2]^-$의 용액에서 Au^+(aq) 평형 농도를 결정하시오. 용액 내 금 100 %가 $[Au(CN)_2]^-$ 착이온으로 존재한다고 결론을 내리는 것이 타당한가? 설명하시오.
4. 은도 금에 대하여 보인 것과 비슷한 반응을 수행한다. 두 금속은 산소 존재하에서 사이안화 이온과 반응하여 용해된 착물을 형성하고, 아연에 의해 환원된다. Ag^+의 사이안화 이온과의 반응은 2개의 연속적인 단계로 생각할 수 있다.

$$(1)\quad Ag^+(aq) + CN^-(aq) \rightleftharpoons AgCN(s)$$
$$(2)\quad AgCN(s) + CN^-(aq) \rightleftharpoons [Ag(CN)_2]^-(aq)$$
$$Ag^+(aq) + 2\,CN^-(aq) \rightleftharpoons [Ag(CN)_2]^-(aq)$$
$$K_f = 1.3 \times 10^{21}$$

(a) AgCN(s)의 용해도곱 평형상수(부록 J)를 이용하여 1단계 평형상수를 결정하시오.

(b) 1단계와 전체 반응의 평형상수를 이용하여 2단계 평형상수를 결정하시오.

(c) 과잉의 AgCN(s)과 1.0 L 0.0071 M CN^-(aq)을 합하고 평형이 되도록 놓아두었다. 2단계 평형상수를 이용하여 CN^-와 $[Ag(CN)_2]^-$의 평형 농도를 계산하시오. 부피에서 변화가 없다고 가정하시오.

5. $NaAu(CN)_2$(aq)와 Zn(s)와의 반응에 대한 완결된 화학 반응식을 쓰시오.

학습 목표 복습

여러분은 이 장의 학습을 마쳤다. 이제 학습 목표를 달성했는지 점검해 보자. 특히 다음과 같은 것을 할 수 있어야 한다.

- 공통 이온 효과를 이해한다.
  a. 약산 또는 약염기의 용액 pH에 '공통 이온'을 첨가한 효과를 예측한다(17.1절).
- 완충 용액으로 수용액에서의 pH 조절을 이해한다(17.2절).

- 완충 용액의 pH를 계산한다.
  a. 헨더슨–하셀발흐 식(식 17.2)을 이용하여 주어진 조성의 완충 용액의 pH를 계산한다.
  b. 주어진 pH의 완충 용액을 만드는 방법을 기술한다.
  c. 산 또는 염기를 가입하기 전과 후의 완충 용액 pH를 계산한다.
- 산–염기 적정 과정에서 pH를 계산한다.
  a. 당량점에서 산–염기 반응의 pH를 예상한다(17.3절; 17.6과 17.7절을 참조).

산	염기	당량점에서의 pH
강산	강염기	= 7(중성)
강산	약염기	< 7(산성)
약산	강염기	> 7(염기성)

b. 강산–강염기 적정 곡선과 물질 중 하나가 약한 적정의 곡선의 차이를 이해한다.

c. 지식약이 산–염기 적정에서 어떤 기능을 하는지를 기술한다.

- 이온 화합물의 용해도에 화학 평형 개념을 적용한다.

a. 임의의 불용성 염에 대하여 용액의 이온 농도와 K_{sp}와의 관계를 나타내는 평형상수 식을 쓴다(17.4절).

b. 실험 자료로부터 K_{sp} 값을 계산한다(17.4절).

c. K_{sp} 값으로부터 염의 용해도를 추산한다(17.4절).

d. 공통 이온 존재하에서 염의 용해도를 계산한다(17.4절).

e. 염기성 음이온의 가수분해가 염의 용해도에 어떻게 영향을 미치는지를 이해한다(17.4절).

f. 이온 농도를 알 때 침전 생성 여부를 결정한다(17.5절).

g. 불용성 염의 침전이 시작되는 데 필요한 이온의 농도를 계산한다(17.5절).

h. 착이온의 형성이 불용성 염의 용해도를 증가시킬 수 있음을 이해한다(17.6과 17.7절).

- 산–염기 완충 용액이 약산과 짝염기로 구성되었음을 기억한다.
- 산–염기 완충 용액은 pH 변화가 적음을 기억한다.
- 완충 용액의 pH는 약산의 pK_a에 근접함을 기억한다.
- 음이온이 약산의 짝염기인 불용성 염은 강산에 용해됨을 기억한다.

주요 식

식 17.1(771쪽) 약산과 짝염기로 구성된 완충 용액에서 하이드로늄 이온 농도

$$[H_3O^+] = \frac{[\text{산}]}{[\text{짝염기}]} \times K_a$$

식 17.2(772쪽) 헨더슨–하셀발흐 식. 약산과 짝염기로 구성된 완충 용액의 pH 계산

$$\text{pH} = \text{p}K_a + \log\frac{[\text{짝염기}]}{[\text{산}]}$$

식 17.3(782쪽) 강염기로 약산을 적정할 때 당량점 전의 하이드로늄 이온의 농도 계산을 위한 식. 헨더슨–하셀발흐 식에 근거한 형태인 식 17.4를 참조

$$[H_3O^+] = \frac{[\text{남아 있는 약산}]}{[\text{생성된 짝염기}]} \times K_a$$

식 17.5(783쪽) 강염기로 약산을 적정할 때(또는 강산으로 약염기를 적정할 때) 중간 또는 중간 중화점에서의 용액의 pH와 약산의 pK_a (또는 $[H_3O^+]$와 K_a)의 관계식

$$[H_3O^+] = K_a \text{이고 } pH = pK_a \text{이다.}$$

식 17.6(792쪽) 난용성 염, A_xB_y의 용해에 대한 일반적인 평형상수 식, K_{sp}(용해도 상수)

$$A_xB_y(s) \rightleftharpoons x\,A^{y+}(aq) + y\,B^{x-}(aq) \qquad K_{sp} = [A^{y+}]^x[B^{x-}]^y$$

학습문제

실전문제

공통 이온 효과와 완충 용액(17.1~17.2절 및 예제 17.1~17.2 참조)

1. 다음 세 경우에 대하여 용액의 pH가 증가, 감소 또는 불변인지를 정하시오.
(a) 염화암모늄 고체를 묽은 NH_3 수용액에 첨가한 경우
(b) 고체 아세트산소듐($NaCH_3CO_2$)을 묽은 아세트산 수용액 용액에 첨가한 경우
(c) 고체 NaCl을 묽은 NaOH 수용액에 첨가한 경우

2. 0.20 M NH_3 용액과 0.20 M NH_4Cl 용액으로 이루어진 용액의 pH를 구하시오.

3. 0.015 M 벤조산 50.0 mL에 0.015 M KOH 용액 30.0 mL를 첨가하여 얻어지는 용액의 pH를 구하시오.

4. 0.12 M NH_3 용액 250 mL에 2.2 g의 NH_4Cl 고체를 첨가하여 얻은 완충 용액의 pH를 구하시오. 이 용액의 pH는 0.12 M 암모니아 용액의 pH보다 낮은가 아니면 높은가?

5. pH가 4.50인 용액을 만들기 위하여 0.10 M인 아세트산 용액 1.00 L에 첨가되어야 할 $NaCH_3CO_2$의 질량을 구하시오.

헨더슨-하셀발흐 식(17.2절, 예제 17.3 참조)

6. 0.050 M 아세트산(CH_3CO_2H) 용액과 0.075 M 아세트산소듐(CH_3CO_2Na) 용액으로 이루어진 용액의 pH를 구하시오.

7. pH 값이 5.00인 완충 용액을 만들기 위한 아세트산 대 아세트산 이온의 비는 얼마여야 하는가?

8. 폼산과 이것의 짝염기인 폼산 이온으로 이루어진 완충 용액에 대하여 다음 질문에 답하시오.
(a) 폼산(HCO_2H)의 농도가 0.050 M이고 폼산소듐(HCO_2Na)의 농도가 0.035 M인 용액의 pH를 구하시오.
(b) pH를 (a)보다 0.50 단위 증가시키기 위하여 산과 짝염기의 비는 얼마가 되어야 하는가?

완충 용액의 제조(17.2절, 예제 17.4 참조)

9. 다음 중에서 pH가 약 9 정도인 용액을 만들기에 적당한 짝은 어느 것인가?
(a) HCl와 NaCl
(b) NH_3와 NH_4Cl
(c) CH_3CO_2H와 $NaCH_3CO_2$

10. NaH_2PO_4와 Na_2HPO_4를 이용하여 pH가 7.5인 완충 용액을 만드는 방법을 설명하시오.

11. pH가 4.50인 완충 용액을 만들기 위해 0.50 M CH_3CO_2H 250 mL에 첨가하여야 할 1.00 M NaOH의 부피(mL)를 결정하시오.

완충 용액에 산 또는 염기를 첨가(17.2절, 예제 17.5 참조)

12. 0.150 M 아세트산(CH_3CO_2H) 용액 2.50×10^2 mL에 아세트산소듐($NaCH_3CO_2$) 4.95 g을 가해서 만든 완충 용액에 대한 다음 질문에 답하시오.
(a) 이 완충 용액의 pH를 구하시오.
(b) 이 용액에 82 mg의 NaOH를 첨가할 경우 이 용액 1.00×10^2 mL의 pH는 얼마인가?

13. 0.500 M 암모니아 용액 5.00×10^2 mL에 염화암모늄 0.125 mol을 가해서 만든 완충 용액에 대한 다음 질문에 답하시오.
(a) 이 완충 용액의 pH를 구하시오.
(b) 이 용액 5.00×10^2 mL에 0.0100 mol 염산 가스를 불어 넣을 경우 완충 용액의 pH를 구하시오.

산-염기 반응의 추가: 적정(17.3절, 예제 17.6~17.7 참조)

14. 페놀(C_6H_5OH)은 약한 유기산이다. 페놀 0.515 g을 충분한 양의 물에 녹여서 125 mL의 용액을 제조하였다. 이 용액을 0.123 M NaOH 용액으로 적정하였다.

$$C_6H_5OH(aq) + OH^-(aq) \rightleftharpoons C_6H_5O^-(aq) + H_2O(\ell)$$

(a) 적정하기 전 원래 페놀 용액의 pH를 구하시오.
(b) 당량점에서 Na^+, H_3O^+, OH^-, 그리고 $C_6H_5O^-$ 이온의 농도를 구하시오.
(c) 당량점에서 용액의 pH를 구하시오.

15. 25.0 mL 암모니아 수용액 적정 시 당량점에 도달하기 위하여 0.0105 M 염산 용액 36.78 mL가 필요하다.
(a) 적정하기 전 원래 암모니아 용액에 있는 암모니아의 농도를 구하시오.
(b) 당량점에서 H_3O^+, OH^-, 그리고 NH_4^+ 이온의 농도를 구하시오.
(c) 당량점에서 이 용액의 pH를 구하시오.

적정 곡선과 지시약(17.3절, 그림 17.4~17.10 참조)

16. 정확한 계산 없이, 0.10 M 염산 용액으로 0.10 M NaOH 용액 30.0 mL를 적정할 때 예상되는 적정 곡선을 그리시오. 적정 시작점과 당량점에서 대략적인 pH를 나타내시오. 당량점에서 전체 용액의 부피를 구하시오.

17. 0.10 M NH_3 용액 25.0 mL를 0.10 M 염산으로 적정하였다. 다음 질문에 답하시오.
(a) 적정하기 전 원래 암모니아 용액의 pH를 구하시오.
(b) 당량점에서 용액의 pH를 구하시오.
(c) 적정의 중간점에서 pH는 얼마인가?
(d) 그림 17.10에서 보여주는 지시약 중 당량점을 탐지하는 데 이용될 수 있는 것은?
(e) 염산 5.00, 15.0, 20.0, 22.0, 그리고 30.0 mL를 첨가한 후에 용액의 pH를 구하시오. 그리고 이것과 위의 (a)~(c)의 답을 참고하여 적정 곡선을 그리시오.

18. 그림 17.10을 이용하여, 다음 주어진 적정에 이용될 수 있는 지시약을 제안하시오.
(a) 약염기인 피리딘을 염산으로 적정할 경우
(b) 폼산을 수산화소듐으로 적정할 경우
(c) 약한 이양성자 염기인 에틸다이아민을 염산으로 적정할 경우

용해도 지침(3.4~3.5절, 그림 3.10과 예제 3.2)

19. 다음 주어진 각 이온에 대하여 이들 이온과 형성될 수 있는 불용성 염의 이름을 2개씩 적으시오.
(a) Cl^- (b) Zn^{2+} (c) Fe^{2+}

20. 그림 3.10에 주어진 용해도 지침을 이용하여, 다음에 주어진 각 염들이 수용액에 용해되는지 여부를 예측하시오.
(a) $(NH_4)_2CO_3$ (b) $ZnSO_4$
(c) NiS (d) $BaSO_4$

용해도곱 상수 식 쓰기(17.4절 참조)

21. 다음 주어진 각각의 불용성 염에 대하여, (1) 이 염을 물에 넣었을 때 일어나는 평형 상태를 나타내는 완결된 반응식을 적고, (2) K_{sp} 식을 적으시오.
(a) AgCN (b) $NiCO_3$ (c) $AuBr_3$

K_{sp} 계산하기(17.4절, 예제 17.8 참조)

22. 1.55 g의 TlBr(I) 고체를 물 1.00 L에 넣으면, 이 염은 소량만 용해한다.

$$TlBr(s) \rightleftharpoons Tl^+(aq) + Br^-(aq)$$

평형에서 Tl^+ 이온과 Br^- 이온의 농도가 1.9×10^{-3} M이라면, TlBr의 K_{sp} 값은 얼마인가?

23. 250 mg의 SrF_2를 물 1.00 L에 넣으면, 이 염은 아주 소량만 용해한다.

$$SrF_2(s) \rightleftharpoons Sr^{2+}(aq) + 2\ F^-(aq)$$

평형에서 Sr^{2+} 이온의 농도가 1.03×10^{-3} M이라면, SrF_2의 K_{sp} 값은 얼마인가?

24. 25 ℃의 순수한 물 1.0 L에 0.979 g $Pb(OH)_2$를 첨가하였더니 pH가 9.15였다. $Pb(OH)_2$의 K_{sp} 값을 예측하시오.

K_{sp}로부터 염의 용해도 계산하기(17.4절, 예제 17.9~17.10 참조)

25. 25 ℃의 순수한 물 1 L에 용해하는 AgI의 용해도를 (a) mol/L 단위로 (b) g/L 단위로 예측하시오.

$$AgI(s) \rightleftharpoons Ag^+(aq) + I^-(aq)$$

26. 순수한 물 1 L에 용해하는 CaF_2의 용해도를 (a) mol/L 단위로 (b) g/L 단위로 예측하시오.

$$CaF_2(s) \rightleftharpoons Ca^{2+}(aq) + 2\ F^-(aq)$$

27. $RaSO_4$의 K_{sp} 값이 4.2×10^{-11}이다. 물 1.00×10^2 mL에 25 mg의 $RaSO_4$를 첨가할 경우, 이것이 전부 용해하는가? 만약 전부 용해하지 않는다면 얼마나 용해하는가?

28. K_{sp} 값을 이용하여 아래 주어진 짝들 중에서 용해도 더 큰 것을 찾으시오(▸부록 J 참고).
(a) $PbCl_2$ 또는 $PbBr_2$
(b) HgS 또는 FeS
(c) $Fe(OH)_2$ 또는 $Zn(OH)_2$

공통 이온 효과와 염의 용해도(17.4절, 예제 17.11~17.12 참조)

29. 순수한 물, 농도가 0.010 M인 NaSCN 수용액에 대한 AgSCN의 몰랄(molar) 용해도를 구하시오.

30. (a) 순수한 물 그리고 (b) 농도가 0.020 M인 $AgNO_3$ 수용액에 대한 AgI의 용해도를 mg/mL의 단위로 구하시오.

31. pH가 7.00이 되도록 완충된 용액에서 수산화철(II), $Fe(OH)_2$의 용해도를 mol/L로 계산하시오.

염기성 음이온의 염의 용해도에 대한 영향

32. 다음 주어진 불용성 염의 짝들 중에서 순수한 물에서보다 질산에 더 잘 용해하는 것을 고르시오.
(a) $PbCl_2$ 또는 PbS
(b) Ag_2CO_3 또는 AgI
(c) $Al(OH)_3$ 또는 AgCl

침전 반응(17.5절, 예제 17.13~17.15 참조)

33. 납(II) 이온의 농도가 0.0012 M인 용액이 있다. 염화 이온를 함유하는 수용성 염을 이 용액에 충분히 첨가하여 Cl^- 이온의 농도가 0.010 M이 되었다면, $PbCl_2$의 침전이 생길까?

34. 물 10.0 mL 안에 있는 Zn^{2+}의 농도가 1.63×10^{-4} M이라면, 이 용액에 4.0 mg의 NaOH를 첨가할 경우 $Zn(OH)_2$의 침전이 생길까?

35. 바닷물에 존재하는 Mg^{2+} 이온의 농도가 1350 mg/L라면, $Mg(OH)_2$의 침전을 위해서 요구되는 OH^- 이온의 농도는 얼마인가?

착이온을 포함하는 평형(17.6~17.7절, 예제 17.16~17.17 참조)

36. 수산화아연은 양쪽성이다(◂16.10절). 평형상수를 이용하여 충분한 OH^-가 주어지면 $Zn(OH)_2$는 NaOH에서 녹을 수 있음을 보이시오.

37. 1.0 L의 물에 떠있는 0.050 mol의 AgCl을 녹이기 위하여 첨가되어야 할 암모니아의 양(mol)을 구하시오.

38. (a) 순수한 물 그리고 (b) 농도가 1.0 M인 암모니아 용액에 대한 AgCl의 용해도를 구하시오.

일반문제

다음 문제들은 절의 종류나 위치를 명시하지 않았다. 이 문제들은 여러 가지 개념이 조합되어 있을 수도 있다.

39. 다음 경우 각각에서 지정된 반응물을 섞었을 때 침전이 생성되는지 여부를 결정하고, 반응의 완결된 반응식을 쓰시오.

(a) $NaBr(aq) + AgNO_3(aq)$

(b) $KCl(aq) + Pb(NO_3)_2(aq)$

40. 만약 농도가 1.0×10^{-6} M인 Na_2SO_4 용액 24 mL를 농도가 0.0012 M인 $BaCl_2$ 용액 48 mL에 섞을 경우, $BaSO_4$ 침전이 생길까?

41. 0.20 M HCl 25.0 mL를 0.40 M NH_3 용액 50.0 mL와 섞어서 얻어지는 용액의 하이드로늄 이온의 농도와 pH를 구하시오.

42. 다음 화합물들에 대하여 물에서 용해도가 증가하는 순서대로 정렬하시오.

$$Na_2CO_3,\ BaCO_3,\ Ag_2CO_3$$

43. 5.15 g의 NH_4NO_3와 0.15 M NH_3 용액 0.10 L로부터 제조된 완충 용액의 pH를 구하시오. 이 용액에 순수한 물을 가하여 부피가 5.00×10^2 mL로 희석할 경우 pH를 구하시오.

44. 다음 행동의 pH에 대한 영향을 기술하거나 아무 영향이 없는 이유를 설명하시오.

(a) 0.100 M CH_3CO_2H에 $NaCH_3CO_2$를 첨가

(b) 0.100 M HNO_3에 $NaNO_3$를 첨가

45. 150.0 mL 용액에 벤조산 1.50 g과 벤조산소듐 1.50 g을 녹여 완충 용액을 제조하였다.

(a) 완충 용액의 pH는 얼마인가?

(b) pH를 4.00로 만들려면 어떤 완충 용액 성분을 얼마만큼 첨가하여야 하는가?

(c) pH를 4.00로 만들려면 완충 용액에 2.0 M NaOH 또는 2.0 M HCl을 얼마만큼 첨가하여야 하는가?

46. 다음 반응에 대한 평형상수를 구하시오.

$$AgCl(s) + I^-(aq) \rightleftharpoons AgI(s) + Cl^-(aq)$$

이 반응의 평형은 생성물–선호 또는 반응물–선호 중 어느 것인가? AgCl의 포화 용액에 I^- 이온이 가해진다면, AgI의 침전이 생성될까?

47. 옥살산 함량이 질량으로 1.2 %인 대황 28 g을 먹었다고 가정하자.

(a) 잎의 옥살산을 완전히 적정하는 데 필요한 0.25 M NaOH의 부피는 얼마인가?

(b) 잎의 옥살산으로부터 생성될 수 있는 옥살산칼슘의 질량은 얼마인가?

48. 원칙적으로, Ba^{2+}와 Ca^{2+}은 그들의 플루오린 화합물, BaF_2와 CaF_2의 용해도 차이 때문에 분리될 수 있다. Ba^{2+}과 Ca^{2+} 각각의 농도가 0.10 M인 용액에 플루오린화 이온을 서서히 첨가하면 CaF_2가 먼저 침전될 것이다.

(a) BaF_2 침전이 일어나지 않은 상태로 최대의 Ca^{2+} 이온 침전만을 얻기 위한 플루오린화 이온의 농도를 구하시오.

(b) BaF_2 침전이 시작되는 순간의 용액에 남아 있는 Ca^{2+} 이온의 농도를 구하시오.

49. Ca^{2+}와 Pb^{2+} 이온을 모두 함유하는 용액이 있고, 이들 두 이온의 농도는 동일하게 0.010 M이다. 침전제로 수용성인 Na_2SO_4를 이용하여 가능한 완전하게 한 이온을 용액으로부터 분리하고자 한다.

(a) 위의 용액에 Na_2SO_4가 첨가될 경우, $CaSO_4$ 또는 $PbSO_4$ 중 어느 것이 먼저 침전될까?

(b) 좀 더 수용성인 두 번째 이온의 침전이 시작될 때 침전되는 첫 번째 이온의 농도를 구하시오.

50. 경수의 Ca^{2+} 이온은 소다회(Na_2CO_3)를 첨가하여 $CaCO_3$

탄산칼슘($K_{sp} = 3.4 \times 10^{-9}$) 시료는 동굴을 형성할 때 축적되었다.

로 침전시킬 수 있다. 만약 경수의 칼슘 이온 농도가 0.010 M이고, 탄산 이온의 농도가 0.050 M이 될 때까지 첨가한다면, 칼슘 이온의 몇 %가 물로부터 제거될 수 있는가? (탄산 이온의 가수분해는 무시하시오.)

실험 관련 문제

51. 다음 각 쌍의 이온들이 수용액에 함께 있는 것이 발견되었다. 부록 J의 용해도곱 상수 표를 이용하여 시약을 첨가하여 이온들 중 하나를 불용성 염으로 침전시키고, 다른 하나는 용액에 남겨둠으로써 이 이온들을 분리하는 방법을 고안하시오.

(a) Ba^{2+}와 Na^+

(b) Ni^{2+}와 Pb^{2+}

52. Ba^{2+}와 Sr^{2+} 양이온은 매우 불용성인 황화물로 침전될 수 있다.

(a) 이들 금속 양이온을 함유하고 있는 용액에 황산소듐을 첨가할 경우, 각 이온의 농도가 0.10 M이라면, $BaSO_4$ 또는 $SrSO_4$ 중 어느 것이 먼저 침전될까?

(b) 좀 더 수용성인 두 번째 염의 침전이 시작될 때, 첫 번째 이온의 농도를 구하시오.

53. $(C_6H_5NH_3)Cl$는 약산이다[이것의 짝염기는 약염기인 아닐린($C_6H_5NH_2$)이다]. 이 산은 수산화소듐과 같은 강염기로 적정할 수 있다.

$$C_6H_5NH_3^+(aq) + OH^-(aq) \rightleftharpoons C_6H_5NH_2(aq) + H_2O(\ell)$$

0.100 M $(C_6H_5NH_3)Cl$ 용액 50.0 mL를 0.185 M NaOH 용액으로 적정한다고 가정하자. ($(C_6H_5NH_3)Cl$의 K_a는 2.4×10^{-5})

(a) 적정하기 전의 $(C_6H_5NH_3)Cl$ 용액의 pH를 구하시오.

(b) 당량점에서 용액의 pH를 구하시오.

(c) 적정의 중간점에서 용액의 pH를 구하시오.

(d) 당량점을 탐지하기 위하여 그림 17.10에 있는 지시약 중 어느 것이 이용될 수 있을까?

(e) 염기 10.0, 20.0, 그리고 30.0 mL를 첨가한 후 용액의 pH를 구하시오.

(f) 위의 (a), (b), (c) 그리고 (e)의 답을 참고하여 대략적인 적정 곡선을 그리시오.

54. 0.100 M HCl 용액으로 0.150 M $C_2H_5NH_2$ 용액 50.0 mL를 적정할 경우, 다음 각 질문에 대한 pH를 구하고, 이들 자료를 이용하여 적정 곡선을 그리고, 적당한 지시약을 찾으시오.

(a) 염산이 첨가되기 전 용액

(b) 적정의 중간점에서

(c) 적정에 필요한 산의 부피의 75 % 가해졌을 때

(d) 당량점에서

(e) 염산의 부피가 적정에 필요한 것보다 10.0 mL 더 가해졌을 때

(f) 적정 곡선을 그리시오.

(g) 이 적정에 알맞은 지시약을 제안하시오.

55. pH가 2.50인 완충 용액을 만들기 위하여 100.0 mL의 농도가 0.230 M인 H_3PO_4 용액 100 mL에 첨가되어야 할 0.150 M NaOH 용액의 부피는 얼마인가?

56. 어떤 용액이 $AgNO_3$, $Pb(NO_3)_2$, 그리고 $Cu(NO_3)_2$를 함유하고 있다. 이들 용액으로부터 각각을 분리하여 한 시험관에는 Ag^+ 이온을, 또한 시험관에는 Pb^{2+} 이온을, 그리고 또 다른 시험관에는 Cu^{2+} 이온을 갖는 분리 방법을 제시하시오. 용해도 지침과 K_{sp} 및 K_f 값을 이용하시오.

요약 및 개념 문제

다음 문제들은 이 장과 이전의 장들에서 나온 개념을 모두 포함하고 있다.

57. 고체의 CuS와 고체 $Cu(OH)_2$의 혼합물로 이루어진 침전물을 분리하는 방법을 제시하시오.

58. 물에 대한 Ag_3PO_4의 용해도가 염의 K_{sp} 값으로부터 계산한 값보다 큰 이유를 설명하시오.

59. '알파 그래프'로 흔히 알려진 조성 도표는 pH를 변화하면서 산 또는 염기 용액에서의 화학종을 가시화하는 데 사용된다. 0.100 M 아세트산의 도표를 여기서 보여주고 있다.

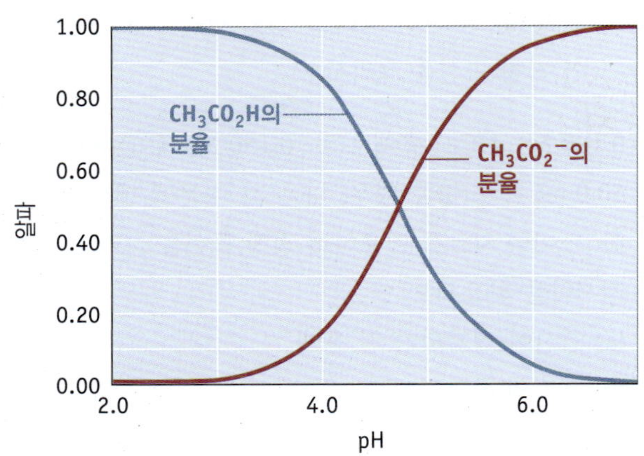

그래프는 용액에서 pH가 증가하면서 아세트산의 분율 [알파(α)]이 어떻게 변하는지 보여준다(청색 곡선).

$$\alpha = \frac{[CH_3CO_2H]}{[CH_3CO_2H] + [CH_3CO_2^-]}$$

(붉은 곡선은 pH가 증가하면서 아세트산 이온, $CH_3CO_2^-$의 분율이 어떻게 변하는지를 보여준다.) 알파 그래프는 적정 과정에서 아세트산 용액에 강염기가 첨가되면서 아세트산과 아세트산 이온의 상대적 농도를 가시화하는 또 다른 방법이다.

(a) pH가 증가하면서 아세트산의 분율은 왜 감소하고 아세트산 이온의 분율은 왜 증가하는지를 설명하시오.

(b) pH 4에서 우세한 화학종은 아세트산 또는 아세트산 이온 중 어느 것인가? pH가 6일 때 상황은 어떠한가?

(c) 2개 선이 관통하는 점을 고려하시오. 용액에서 아세트산의 분율은 0.5이고, 아세트산 이온의 분율도 마찬가지이다. 즉, 용액은 반은 산이고, 반은 짝염기이다. 이들 농도는 동일하다. 이 점에서 그래프는 pH가 4.74임을 보여주고 있다. 이 점에서 pH가 왜 4.74인지를 설명하시오.

60. 아스피린의 화학 명칭은 아세틸살리실 산이다. 아스피린의 진통효과와 다른 유익한 성질은 아스피린 자체 때문이 아니라 위에서 아스피린의 분해로부터 얻어지는 보다 간단한 화합물인 살리실 산 [$C_6H_4(OH)CO_2H$] 때문으로 믿어지고 있다.

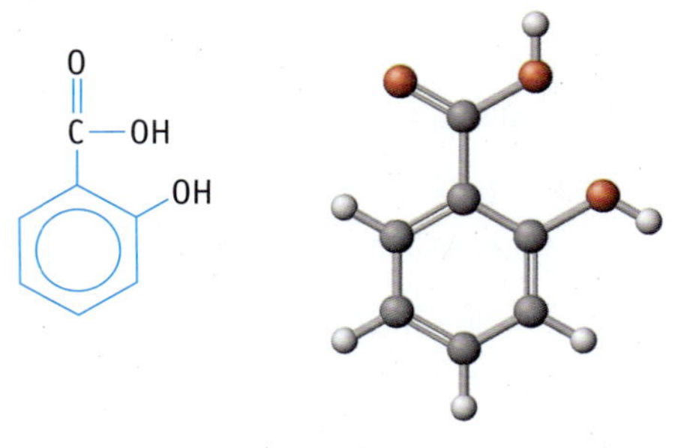

살리실 산

(a) 산 분자의 다음 결합각에 대한 근삿값을 제시하시오. (i) 고리에서 C—C—C (ii) O—C═O (iii) C—O—H 중 하나의 각도 (iv) C—C—H

(b) 고리의 C 원자의 혼성은 무엇인가? $—CO_2H$ 기의 C 원자의 혼성은?

(c) 실험에 의하면 산 1.00 g은 460 mL 물에 녹는다고 한다. 만약 이 용액의 pH가 2.4이면 산의 K_a는 얼마인가?

(d) 살리실 산이 위에 있고 위산의 pH가 2.0이면 위에서 살리실 산 이온, $C_6H_4(OH)CO_2^-$의 형태로 존재하는 살리실 산의 백분율을 계산하시오.

(e) 0.014 M 살리실 산 용액 25.0 mL가 있고, 이것을 0.010 M NaOH로 적정한다고 가정하자. 적정의 중간점에서 pH는 얼마인가? 당량점에서의 pH는 얼마인가?

수소 기체의 연소. 물을 생성하는 수소와 산소의 발열 반응(수소로 채워진 풍선은 촛불에 의해 폭발한다.)

18장 화학 반응성의 원리: 엔트로피와 자유 에너지

학습 개요

미래의 에너지원 수소? 수소는 미래에 훌륭한 에너지원이 될 수 있다. 물과 탄화수소와 같은 원소들의 공급원은 풍부하다. 위의 사진이 보여주는 것과 같이 수소의 연소는 매우 발열적이다. 흥미롭게도 이 반응은 연료전지 기술(19.3절)을 이용하여 불꽃없이 진행될 수도 있다. 반응이 어떻게 진행되는지에 상관없이 연소 반응의 생성물은 단순히 물이다!

그러나 아직도 해결해야 할 많은 도전 과제들이 있다. 수소 연료 시스템의 비용은 현재 휘발유 엔진의 비용에 비하여 훨씬 비싸다. 과학자와 기술자들은 아직도 재급유할 필요없이 자동차가 300마일 이상을 운행할 수 있기에 충분한 수소를 저장하는 방법을 찾아야만 한다. 충분히 많은 장소에 수소를 공급할 수 있는 새로운 사회간접시설이 건설되어야 한다. 그리고 수소가 특히 위험하다는 대중의 선입견을 극복하는 것도 큰 장애이다. 수소가 휘발유보다 공기 중에서 인화할 수 있는 농도 범위가 넓지만 수소가 점화되려면 보다 높은 온도가 필요하다.

학습 목표

다음 목표들의 핵심인 학습문제는 "학습 목표 복습"을 참조하시오.

- 엔트로피와 반응의 자발성과의 관계에 대한 개념 이해
- 반응의 엔탈피, 엔트로피, 자유 에너지 변화 사이의 관계를 이해
- 계, 주위와 우주의 엔트로피 변화를 계산하여 표준 조건하에서 과정이 자발적인지를 결정
- 반응의 자발성을 예측하기 위하여 깁스 자유 에너지 변화를 이용
- 생성 자유 에너지 자료로부터 반응의 표준 자유 에너지 변화를 계산
- 표준 자유 에너지 변화로부터 과정의 평형상수를 계산
- 우주의 엔트로피는 자발적 변화에서 증가함을 기억
- 자발적 반응의 깁스 자유 에너지 변화는 음임을 기억

수소의 가장 큰 문제점은 초기에 수소를 얻기 위해서는 에너지가 필요하다는 것이다. 한 가지 방법은 물에 전류를 통과시켜 수소와 산소를 생성하는 것이다. 이렇게 얻어진 수소는 연료전지에서 산소와 재결합되고 이 과정에서 에너지가 방출하게 된다. 5장에서 에너지는 우주에서 보존된다고 하는 열역학 제1법칙을 배웠다. 따라서 우리가 희망할 수 있는 최선의 방법은 물을 분해하기 위하여 사용하였던 것과 같은 양의 에너지를 수소 연소로부터 얻는 것이다.

그러나 또 다른 문제가 있다. 이 장에서 한 과정에 공급된 에너지의 100 %가 일로 전달되는 것이 가능하지 않다고 하는 열역학 제2법칙을 배우게 될 것이다. 이것 때문에 수소 연소로부터의 사용할 수 있는 에너지는 수소를 생성하는 데 필요한 에너지보다 적게 될 것이다. 이를 해결하기 위한 잠재적 해법 중의 하나는 태양 또는 풍력 에너지와 같은 재생가능한 에너지를 이용하여 물을 분해하는 것이다. 열역학 법칙의 적용으로 수소를 생성하는 데 필요로 하는 에너지보다 적은 에너지가 얻어진다는 것은 그리 중요하지 않다. 왜냐하면 풍부하고 재생가능한 에너지원으로부터 에너지가 유입되기 때문이다.

과학자들은 수소를 유용하고 경제적이며 안전한 미래의 연료로 만들 방법을 활발하게 찾고 있다. 이러한 연구 밑바닥에는 화학과 열역학 법칙들이 필수적 역할을 한다.

변화는 화학의 핵심이므로 변화를 발생시키는 요소들을 이해하는 것이 중요하다. 화학에서 화학적 변화(화학적 반응)와 물리적 변화(혼합물 형성, 기체 팽창, 상태 변화 등)의 많은 예를 찾아 볼 수 있다. 화학자들은 외부의 간섭없이 일어나는 변화를 표현하기 위해 **자발적**(spontaneous)이라는 용어를 사용한다. **자발적 변화는 평형으로 가려는 방향으로만 일어난다.** 반응이 자발적이라는 것은 변화의 속도나 평형에 도달하기 전에 반응이 어느 정도 일어날 것인가에 대해서는 아무것도 말해주지 않는다. 이것은 변화가 어느 특정한 방향(평형을 향한)으로 일어날 것인가와 도움 없이 자연적으로 일어날 것인가만을 말해준다.

뜨거운 금속 한 조각을 차가운 물이 담긴 비커 안에 넣으면, 에너지는 열의 형태로 자발적으로 뜨거운 금속으로부터 차가운 물로 이동하게 되고(그림 18.1), 에너지

이동은 두 물체의 온도가 같아져서 열적 평형에 도달할 때까지 계속 진행된다. 이와 유사하게 화학 반응들은 평형에서 반응물과 생성물 중 어느 쪽을 선호하느냐에 상관없이 평형에 도달할 때까지 자발적으로 진행된다. 순수한 반응물에서 시작할 때, 모든 생성물 선호 반응들은 자발적이다. 마찬가지로 반응물 선호 반응 또한 평형에 도달할 때까지 자발적으로 진행된다. $CaCO_3$의 용해는 평형에서 반응물을 선호하지만, 만약 물에 소량의 $CaCO_3$를 넣으면, 평형에 이를 때까지 자발적으로 용해될 것이다.

계가 평형으로부터 멀어지는 방향으로는 더 이상 자발적으로 변하지 않는다. 서로 접촉하고 있으나 열적으로 주위와 고립되어 있는 두 물질이 동일한 온도에 놓여 있을 때, 한 물질은 더 뜨거워지고 다른 물질은 더 차가워지는 현상은 발생하지 않는다는 것이다. 기체 분자는 결코 자발적으로는 플라스크의 한쪽 끝부분에 모이지 않는다. 마찬가지로 한 번 평형이 이루어지면 고체 $CaCO_3$와 평형에 있는 소량의 용해된 $CaCO_3$는 자발적으로 침전되지 않으며 더 많은 양의 $CaCO_3$가 자발적으로 용해되지도 않는다.

이러한 변화의 방향과 정도를 결정하는 요소들을 이 장에서 다루게 될 것이다.

그림 18.1 **자발적 과정.** 가열된 금속 실린더가 물에 담겨져 있다. 에너지는 자발적으로 금속에서 물로, 즉 뜨거운 물체에서 차가운 물체로 열의 형태로 이동한다.

18.1 자발성과 열로서의 에너지 전달

수소와 산소가 결합하여 물을 생성하는 반응, 메테인이 연소하여 CO_2와 H_2O를 생성하는 반응, Na와 Cl_2로부터 NaCl이 생성되는 반응, HCl(aq)와 NaOH(aq)가 서로 중화되어 H_2O와 NaCl(aq)을 형성하는 반응 등 자발적으로 일어나는 많은 화학 반응들을 알고 있다. 이들 반응의 공통된 특징은 발열 반응이라는 것이므로, 열로서 에너지 방출 여부가 어떤 반응이나 과정이 자발적인지를 결정하는 지표라고 결론을 내리고 싶은 유혹이 있을 것이다. 그러나 좀 더 생각해 보면, 이런 추론에는 심각한 오류가 있다는 것을 알게 된다. 이 사실은 아래와 같은 흡열 반응 또는 에너지 중립 반응의 예를 살펴보면 명확하다.

문제해결 주요사항 18.1 열역학 개념 복습

이 장에서 소개되는 열역학의 개념을 이해하기 위해 5장의 내용을 복습하여야 한다.

계: 관심의 대상이 되는 우주의 한 부분

주위: 계를 제외한 우주의 나머지 부분으로 에너지와(또는) 물질을 계와 교환가능하다.

발열: 에너지가 계에서 주위로 열로 전달된다.

흡열: 에너지가 주위에서 계로 열로 전달된다.

열역학 제1법칙: 에너지 보존법칙($\Delta U = q + w$). 에너지는 창조되지도 않고 소멸되지도 않는다. 계의 내부 에너지 변화는 계로 또는 계로부터 전달되는 열과, 계로 또는 계로부터 행해지는 일의 합이다.

엔탈피 변화: 일정한 압력하에서 열로 전환된 에너지

상태함수: 계의 상태에만 의존하는 양; 상태함수에서의 변화량은 계의 최초와 최종 상태를 고려하여 계산한다.

표준조건: 압력 1 bar(1 bar = 0.98692 atm)와 용액 1몰랄 농도

표준생성 엔탈피($\Delta_f H°$)**:** 표준 상태에 있는 원소들로부터 1 mol의 화합물이 생성될 때의 엔탈피 변화

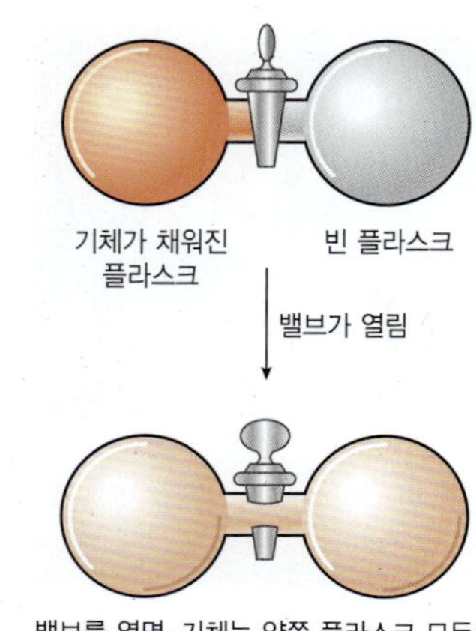

그림 18.2 **기체의 자발적 팽창.**

- **NH_4NO_3의 용해.** 이온성 화합물인 NH_4NO_3는 물에서 자발적으로 용해되며 흡열 과정이다($\Delta_r H^\circ = +25.7$ kJ/mol).
- **진공인 공간으로의 기체의 팽창.** 2개의 플라스크를 밸브로 연결한 계를 구성한다(그림 18.2). 하나의 플라스크에는 기체를 채우고, 다른 하나는 진공으로 만든다. 밸브를 열게 되면, 기체는 양쪽의 압력이 같아질 때까지 한 플라스크에서 다른 플라스크로 자발적으로 이동하게 된다. 이상기체의 팽창은 에너지 중립이다(대부분 실제 기체의 팽창은 흡열 과정이다).
- **상전이.** 얼음이 녹는 것은 흡열 과정이다. 0 ℃ 이상에서 얼음이 녹는 것은 자발적 과정이고, 0 ℃ 이하에서 얼음이 녹는 것은 비자발적 과정이다. 0 ℃에서는 액체 물과 얼음이 평형을 이루며 공존하고 알짜 변화는 일어나지 않는다. 이 예는 온도가 변화의 자발성을 결정하는 데 일정 역할을 담당할 수도 있으며, 평형이 반응의 자발성과 관련하여 상당히 중요한 요소임을 말해준다.
- **열로서 에너지 전달.** 더운 환경에 놓여 있는 차가운 물의 온도는 주위의 온도와 같아질 때까지 올라가게 된다. 이 흡열 과정에 필요한 열은 주위로부터 얻는다. 더 뜨거운 물체(주위)에서 더 차가운 물체(물)로 열로서 에너지가 이동하는 것은 자발적이다.
- **화학 반응.** H_2와 I_2가 HI를 생성하는 반응은 흡열 반응이며, 이의 역반응인 HI가 분해하여 H_2와 I_2를 생성하는 반응은 발열 반응이다. 만일 $H_2(g)$와 $I_2(g)$가 서로 혼합된다면, HI를 생성하는 반응은 평형[$H_2(g) + I_2(g) \rightleftharpoons 2\ HI(g)$]에 도달할 때까지 일어난다. 또한 HI(g)가 용기 안에 있다면 평형에 도달할 때까지 그 역반응이 일어날 것이다. 어떤 방향이든 평형을 향한 접근은 자발적으로 일어난다는 것에 주목하라.

좀 더 생각해보면, 열의 방출이 자발성을 결정하는 기준으로 충분하지 않다는 것이 논리적이다. 열역학 제1법칙은 어떤 과정에서든 에너지는 보존된다고 말해준다. 만약 에너지가 계로부터 전달되어 나온다면, 같은 양의 에너지는 주위로 전달되어야만 한다. 계의 발열성은 항상 주위의 흡열 변화를 수반한다. 만일 에너지 발생이 어떤 변화의 자발성을 결정하는 유일한 요소라면, 계에서 일어나는 모든 자발적인 변화는 그에 상응하는 주위에서 일어나는 비자발적인 변화를 갖게 된다. 따라서 우리는 변화가 자발적인지를 결정하기 위해 열역학 제1법칙을 넘어서는 것을 알아보아야 할 것이다.

18.1절 확인문제

1. 반응은 ______________ 방향으로 자발적이다.
   (a) 평형에서 멀어지는 (b) 평형으로 향하는
2. 평형에서 반응물 선호 반응은 결코 자발적이 될 수 없다. 이것은 ________ 이다.
   (a) 참 (b) 거짓

3. 흡열 반응은 ________________ 이다.
(a) 항상 자발적 (b) 때때로 자발적 (c) 항상 비자발적

18.2 에너지의 분산: 엔트로피

에너지는 보존되므로 에너지 그 자체를 자발성의 지표로 사용할 수 없음을 보여주었다. 항상 최초 단계의 에너지와 같은 양의 에너지가 최종 단계에도 존재한다. 뜨거운 금속 한 조각을 비커의 찬 물에 넣는 것을 다시 고려해 보자. 금속과 물의 온도가 동일하게 될 때까지 금속으로부터 물에 열로 에너지가 자발적으로 전달된다. 열역학 제1법칙에 맞게 금속 한 조각과 물을 합하여 에너지 총량은 보존되지만 이 과정에는 방향성이 있다. 열로 에너지는 뜨거운 물체에서 찬 물체로 전달된다. 찬 물체에서 뜨거운 물체로 가는 반대 방향의 에너지의 알짜 흐름은 절대로 관찰할 수 없다. 이러한 에너지 전달의 방향성을 예측할 수 있는 방법이 있을까?

이제 이러한 뜨거운 금속을 찬 물에 넣는 과정의 최초와 최종 상태들을 고려해 보자. 최초에 에너지는 금속 조각에 집중되어 있다. 최종 과정에서 이 에너지는 금속과 물로 분산된다. 에너지는 집중된 상태로부터 더 분산된 상태로 전환된다. 이것이 우리가 찾고자 하는 지표이다. **자발적 과정에서 에너지는 집중된 상태에서 분산된 상태로 전환된다.**

에너지 분산을 정량화 할 수 있게 해주는 것이 **엔트로피**(entropy, ***S***)라고 불리는 상

엔트로피. 엔트로피에 관한 더 자세한 내용은 람버트(F. L. Lambert)의 '엔트로피는 정성적으로 단순하다.' *Journal of Chemical Education*, Vol. 79, pp. 1241~1246, 2002와 여기에 포함되어 있는 참고문헌을 보시오.

심층 학습 가역과 비가역 과정

실험적으로 엔트로피 변화를 결정하기 위해서는 가열 및 냉각으로 전달되는 에너지를 반드시 가역 과정에 대하여 측정하여야 한다. 가역 과정이란 무엇인가?

가역성의 시험은 주어진 경로(예를 들면 에너지가 열로 부가됨)에서의 변화를 수행한 후, 주위를 변화시키지 않고 동일 경로(에너지가 열로 빼앗김)를 통하여 시작점으로 되돌아갈 수 있는가로 확인한다. 0 °C에서 얼음을 녹이고, 물을 얼리는 것은 가역 과정의 예이다. 평형 상태에 있는 얼음과 물의 혼합물에 소량의 열을 가하면 얼음이 물로 변하고, 소량의 열을 제거하면 물이 다시 얼음으로 변한다.

가역성은 평형과 밀접한 관계가 있다. 계가 평형에 있다고 가정하자. 평형을 아주 조금 교란시킨 후 계가 재조정되도록 놓아두면 가역적인 변화가 일어난다.

자발적 과정들이라고 다 가역적은 아니다. 기체가 진공으로 팽창한다고 생각해 보자. 이 과정에는 팽창을 저지하는 힘이 존재하지 않으므로 일이 필요 없다. 계를 원래 상태로 되돌리려면 기체를 압축하여야 한다. 그러나 이러한 과정에서 계가 자발적으로는 원래의 상태로 되돌아 갈 수 없기 때문에 주위로부터 계로 일이 행해짐을 의미한다. 이 과정에서 주위에 있는 에너지는 주위가 소비한 일의 양만큼 감소하게 된다. 계는 원래의 상태로 되돌아 갈 수 있지만, 주위는 이 과정에서 변하게 된다.

요약하면, 가역성과 관련된 중요한 두 가지 요소가 있다.

- 두 상태 사이의 가역적 경로 상에서는 어떤 단계에서든 계는 항상 평형 상태에 있다.
- 때때로 자발적 과정들은 비가역적 경로를 따르며 비평형 조건을 수반한다.

어떤 과정에 대한 엔트로피 변화를 결정하기 위해서는 가역적 경로를 찾아야 한다. 오직 이런 가역적 경로를 통해서만 과정의 엔트로피 변화가 q_{rev}와 절대온도로부터 계산될 수 있다.

열역학 제2법칙. 자발적 과정에서, ΔS(우주) > 0이다.

태함수이다. **열역학 제2법칙**(second law of thermodynamics)은 **자발적인 과정이란 우주의 엔트로피를 증가시키는 과정임을 기술한다.** 자발적인 과정에서 ΔS(우주)는 0보다 크다. 이는 과정에서 에너지 분산의 척도가 된다.

열 에너지는 입자들의 무작위 운동에 의해 발생하기 때문에, 퍼텐셜 에너지가 열 에너지로 전환될 때 에너지는 분산된다. 이러한 전환은 에너지가 열(q)로 변환될 때 일어난다. 그러므로 q가 ΔS의 수학적 정의의 한 부분이라는 것은 그렇게 놀라운 일은 아니다. 추가적으로 열로서 전달되는 주어진 양의 에너지의 에너지 분산에 대한 효과는 온도가 다르면 다르게 된다. 주어진 q는 높은 온도에서보다 낮은 온도에서 ΔS에 대한 효과가 더 크다. 즉, 에너지 분산의 정도는 온도에 반비례한다.

따라서 제안된 ΔS의 정의는 지수 q/T에 연계되지만, q를 좀 더 구체화해야 한다. 엔트로피 변화를 계산하는 데 사용되는 q 값은 q_{rev}로 표시되는 가역적 상태에서 열의 형태로 전달되는 에너지여야 한다(심층 학습: 가역과 비가역 과정을 참조). ΔS의 수학적 정의는 q_{rev}를 절대온도(Kelvin temperature)로 나눈 값이다.

$$\Delta S = \frac{q_{rev}}{T} \tag{18.1}$$

이 공식으로부터 추정할 수 있는 엔트로피의 단위는 J/K이다.

18.2절 확인문제

1. 자발적 반응에서 ΔS(우주) ________ 이다.
   (a) < 0 (b) = 0 (c) > 0
2. 다음 중에서 자발적 반응에 대해서는 참이면서 비자발적 반응에 대해서는 거짓인 것은? 우주에서 에너지는 ___________ .
   (a) 집중된다. (b) 보존된다.
   (c) 분산된다. (d) 보존되지 않는다.
3. 25 °C에서 어떤 계의 q_{rev}는 +950. J이다. ΔS는 얼마인가?
   (a) 38 J/K (b) 3.19 J/K
   (c) −3.19 J/K (d) −38 J/K

18.3 엔트로피: 미시적 이해

엔트로피는 에너지 분산의 정도를 나타내는 척도이다. 모든 자발적인 물리적 · 화학적 과정들에서 에너지는 계에 집중되거나 편중된 상태에서 계와 그 주위로 분산되거나 퍼져 나간다. **자발적인 과정에서, 우주의 엔트로피 변화(ΔS)는 에너지의 분산 정도를 나타낸다.** 그러나 지금까지는 왜 에너지 분산이 일어나는가를 설명하지 않았다. 이에 대해 알아보기 위해 원자 수준에서 양자화된 상태의 에너지를 고려하여 보자.

에너지 분산

뜨거운 기체와 차가운 기체 원자들 사이에서 에너지가 열로 전달되는 것과 같은 간단한 예로 에너지 분산을 설명할 수 있다. 한쪽은 뜨거운 원자를, 다른 한쪽은 차가운 원자를 모아 놓은 두 용기를 이용한 실험을 고려해 보자. 원자들은 병진운동 에너지를 가지기 때문에 각각의 용기 안에서 무작위로 운동하며 용기 벽에 충돌하기도 할 것이다. 두 용기가 서로 접촉하면 에너지는 용기의 벽을 통해 이동하게 된다. 궁극적으로 두 용기는 같은 온도가 될 것이다. 뜨거운 원자들에 편중되어 있던 에너지는 더 많은 원자들로 분산될 것이고, 각각의 용기 안에 있는 모든 원자들은 동일한 에너지 분포를 갖게 될 것이다.

더 깊은 학습을 위해, 통계학적 개념을 이용하여 계에서 왜 에너지가 분산되는지를 살펴보자. 보다 정확한 통계적 논의를 위해서는 계가 상당히 많은 수의 입자를 고려하여야 한다. 그러나 먼저 간단한 예로서 기본 개념을 이해한 후, 얻은 결론을 보다 큰 계로 확장하는 것이 가장 쉬운 방법이다.

먼저, 한 원자(1)가 2개의 에너지 덩어리(양자)를 가지고 있고, 3개의 다른 원자(2, 3과 4)는 전혀 에너지를 가지고 있지 않은 계를 생각해 보자(그림 18.3). 이들 4개의 원자들이 함께 섞이면, 계의 전체 에너지는 두 양자뿐이다. 원자들 사이에서 충돌이 일어나면 2개 에너지 덩어리가 4개의 원자들 사이에서 배분된다. 2개의 에너지 양자를 4개의 원자에 배분하는 방법은 10가지 경우가 있다. 10가지 방법 각각을 **미시적 상태**(microstate)라고 부른다. 10가지의 미시적 상태 중에서 양자 2개가 모두 1번에 있는 경우는 한 가지뿐이다. 10가지 경우 중 2개의 양자가 한 원자에 집중되는 경우는 네 가지[1,1; 2,2; 3,3; 4,4]가 있다. 2개의 양자가 서로 다른 원자에 분배되는 경우는 6가지로 다수를 차지한다. 단 2개의 에너지 덩어리를(4개의 원자에) 분배하는 간단한 예조차 에너지는 하나의 원자에 집중되기보다 2개의 원자에 분산되려는 경향이 있다. 에너지가 더 많은 원자에 분산되려는 선호도가 있음이 명백하다.

이제 계에 더 많은 원자를 추가하여 보자. 다시 2개의 에너지 양자를 가지는 1개의 원자(원자 1)과 에너지를 가지지 않은 5개의 원자(원자 2, 3, 4, 5, 6)를 가지고 시작하자. 충돌로 원자들 사이에 에너지가 전달되며, 그 가능한 미시적 상태는 21가지이다(그림 18.4). 이 중 2개의 에너지 양자가 하나의 원자에 집중되는 방법은 두 양자

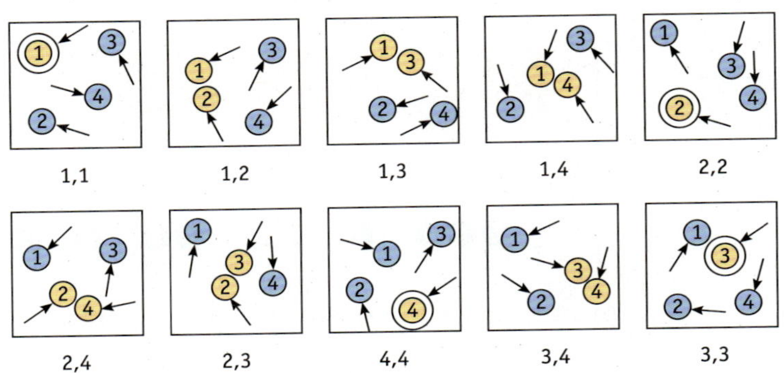

그림 18.3 에너지 분산. 2개의 에너지 덩어리를 4개의 원자에 분산하는 방법. 분석이 쉽도록 최초에 2개의 에너지 양자를 가지는 1개 원자(1)와 에너지를 가지지 않는 3개의 원자(2, 3, 4)가 있다고 가정한다. 4개의 원자에 2개의 에너지 양자를 분배하는 방법은 10가지가 있다.

그림 18.4 6개의 원자에 2개의 양자를 분배하는 방법. (원자들에 1부터 6까지 번호를 부여하였다.) 6개의 원자에 2개의 양자를 분배하는 21가지 방법(21개의 미시적 상태)이 있다.

미시적 상태의 수	6개의 원자에 2개의 양자 에너지를 분배하는 방법					
6	1:1	2:2	3:3	4:4	5:5	6:6
5	1:2	2:3	3:4	4:5	5:6	
4	1:3	2:4	3:5	4:6		
3	1:4	2:5	3:6			
2	1:5	2:6				
1	1:6					

가 모두 원자 1에 존재하는 것을 포함하여 6가지뿐이고, 두 양자가 서로 다른 두 원자에 존재하는 방법은 총 21가지 중 15가지(71.4 %)가 된다. 입자들의 수가 증가함에 따라 미시적 상태의 수는 급격히 증가하게 되고, 에너지가 분산되기보다는 편중된 상태로 존재하는 미시적 상태의 비율은 급격히 감소하게 될 것이다. 이것은 에너지가 집중보다는 분산을 더 선호한다는 것을 보여준다.

다시 4개의 원자를 가진 예로 돌아가되, 에너지 양자의 수를 2개가 아닌 6개로 늘려 보자. 이번에는 2개의 원자가 각각 3개씩의 에너지 양자를 가지고 있다고 가정하자. 다른 2개의 원자는 최초에 에너지를 가지고 있지 않다(그림 18.5). 충돌로 인해 에너지는 4개의 원자들 사이에 다양하게 분배된다. 전체적으로 9가지의 기본 형태에 속하는 총 84가지의 미시적 상태가 존재한다. 가능한 배열의 하나를 예로 들면, 1개의 원자는 3개의 양자를 가지고 다른 3개의 원자는 각각 1개의 양자를 가지는 것이다. 이 배열에 맞는 미시적 상태는 4가지이다(그림 18.5c). 원자 수가 4개로 같더라

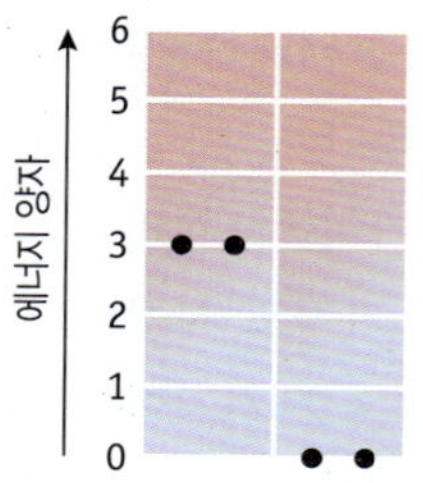

(a) 최초, 4개의 입자는 각각 분리되어 있다. 2개의 입자는 각각 3개씩의 에너지 양자를 가지고 있고, 다른 2개는 에너지를 가지고 있지 않다. 4개의 입자가 서로 상호작용함에 따라 총 6개의 양자는 분배될 것이다.

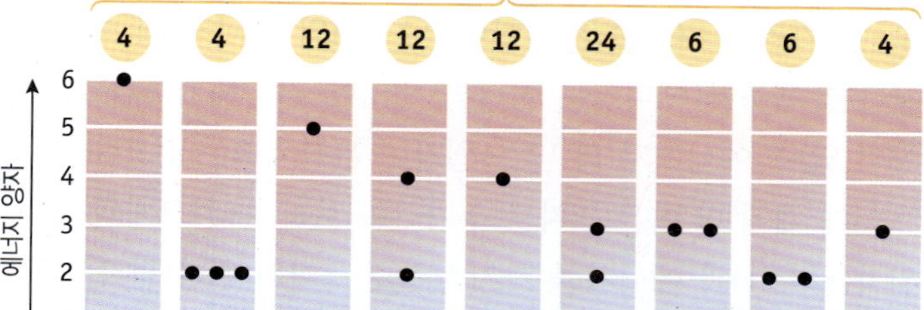

(b) 입자들이 상호작용함에 따라 6개의 양자를 분배하는 방법에는 9가지가 있다. 각각의 배열에는 4개의 원자에 대한 여러 가지 에너지 분배방법이 존재한다. 맨 오른쪽 배열에 대한 4가지 에너지 분배방법을 (c)에서 예로 보여주고 있다.

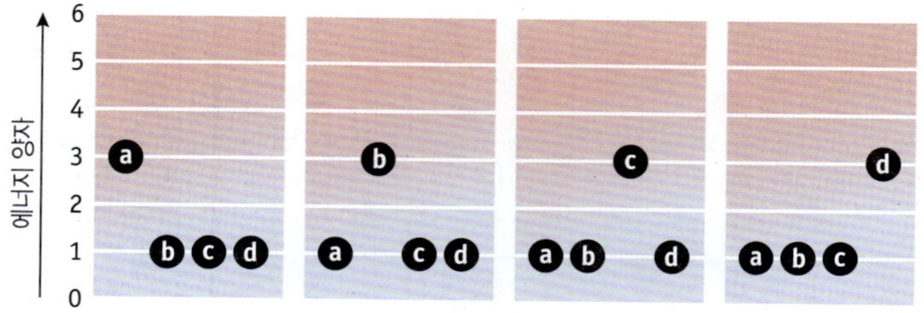

(c) 4개의 입자(a, b, c, d) 중 한 입자는 3개의 에너지 양자를, 다른 3개는 각각 1개씩의 에너지 양자를 가지는 방법에는 4가지가 있다.

그림 18.5 에너지 분산. 4개의 원자에 6개의 양자를 분배하는 방법. 총 84개의 미시적 상태가 가능하다.

도 양자를 2개에서 6개로 증가시키면 가능한 미시적 상태 수는 10에서 84로 증가하게 된다. 이 경우에는 분산되는 에너지 양의 증가가 미시적 상태의 수를 증가시켰다.

더 많은 수의 원자와 양자를 이용하면 통계적 분석은 훨씬 복잡하지만 그 결과는 더욱 명확해진다. 입자와 양자의 수가 증가함에 따라 에너지 미시적 상태의 수는 급속히 증가한다. 이런 방식으로 에너지가 분산되는 정도, 분산되는 에너지의 양, 또는 둘 모두 증가하게 된다. 볼츠만(Ludwig Boltzmann)은 계의 엔트로피(주어진 온도에서 에너지 분산)는 가능한 미시적 상태의 수와 관련이 있다고 제안했다. **미시적 상태의 수가 증가할수록 계의 엔트로피도 증가한다.** 볼츠만은 다음과 같은 식을 이용하여 자신의 제안을 명확히 하였다.

Oesper Collection in the History of Chemistry/University of Cincinnati

볼츠만(Ludwig Boltzmann, 1844~1906). 오스트리아 비엔나에 있는 그의 묘비에는 엔트로피를 정의하는 공식이 새겨져 있다. 현재 상수 k는 볼츠만 상수로 알려져 있다.

$$S = k \ln W \tag{18.2}$$

위 식에서 계의 엔트로피 S는 주어진 계 또는 물질이 주어진 에너지 상태에서 가질 수 있는 미시적 상태의 수(W)의 자연로그에 비례한다. 비례상수 k는 **볼츠만 상수**(Boltzmann's constant)로 불리며, 1.381×10^{-23} J/K의 값을 가진다. 이러한 미시적 상태들 중에서, 가장 많은 수의 원자들에 에너지가 분산되는 미시적 상태가 다른 어느 미시적 상태보다도 존재할 확률이 높다.

미시적 상태의 수는? 주어진 에너지 상태에서 물질이 가질 수 있는 미시적 상태의 수를 알아보기 위해 273 K에서 $S° = 41.3$ J/K · mol을 가지는 1 mol의 얼음을 생각해 보자. 볼츠만 식을 사용하면 $W = 10^{1,299,000,000,000,000,000,000,000}$이다. 우주에 존재하는 원자의 수($10^{80}$)보다 1 mol의 얼음에 존재하는 미시적 상태의 수가 훨씬 많다.

물질의 분산: 에너지 분산 개념 재적용

많은 반응에서 물질의 분산 또한 자발성에 관여하고 있음을 알 수 있다. 이들 효과는 에너지 분산이라는 용어로 설명된다. 그러나 이 효과 역시 에너지 분산을 이용해 설명할 수 있다. 특별한 경우에 대하여 살펴보자. 기체가 진공 상태인 공간으로 팽창하는 물질 분산을 그림 18.2로 설명하였다. 기체의 자발적 팽창이 에너지 분산 및 엔트로피와 어떻게 연관되어 있을까?

모든 에너지는 양자화되어 있고 이것을 기체 분자가 들어 있는 방이나 반응용기 등 어떤 계에도 적용할 수 있다고 전제하자. 앞서 학습한 분자운동론(kinetic-molecular theory)에서, 기체 시료의 분자들은 에너지 분포(**볼츠만 분배**로 일컬어짐)를 가진다고 배웠다(◂그림 10.14). 분자들은 양자화된 미시적 상태에 분배(또는 차지)된다. 대부분의 분자들은 계의 평균 에너지 준위에 인접한 미시적 상태에 존재하지만, 소수의 분자들은 더 높거나 더 낮은 에너지 상태에 존재하기도 한다(실험실에서 주로 사용하는 크기의 용기 안에 있는 기체들의 에너지 준위들은 매우 인접하여 있어, 대부분의 목적에서 에너지 상태가 연속적이다).

통계 열역학. 여기에 존재하는 논의들은 통계 열역학이라고 불리는 화학의 한 분야에서 온 것이다. H. Jungermann, *Journal of Chemical Education*, Vol. 83, pp. 1686~1694, 2006. 참조

기체가 더 큰 용기로 팽창하더라도, 특정 에너지 범위에 있는 기체 시료의 평균 에너지와 기체 입자들의 에너지는 일정하다. 그러나 양자역학에 따르면, 팽창된 상태에서는 분자들이 움직일 수 있는 부피가 커졌으므로 미시적 상태의 수가 증가되고 미시적 상태들은 이전보다 더 촘촘한 간격을 가지게 된다(그림 18.6). 미시적 상태의 밀도가 높으면 기체가 팽창할 때 기체 입자들에 가용한 미시적 상태 수가 증가하게 된다. 물질 분산의 하나인 기체팽창은 더 촘촘한 간격의 더 많은 미시적 상태에 에너

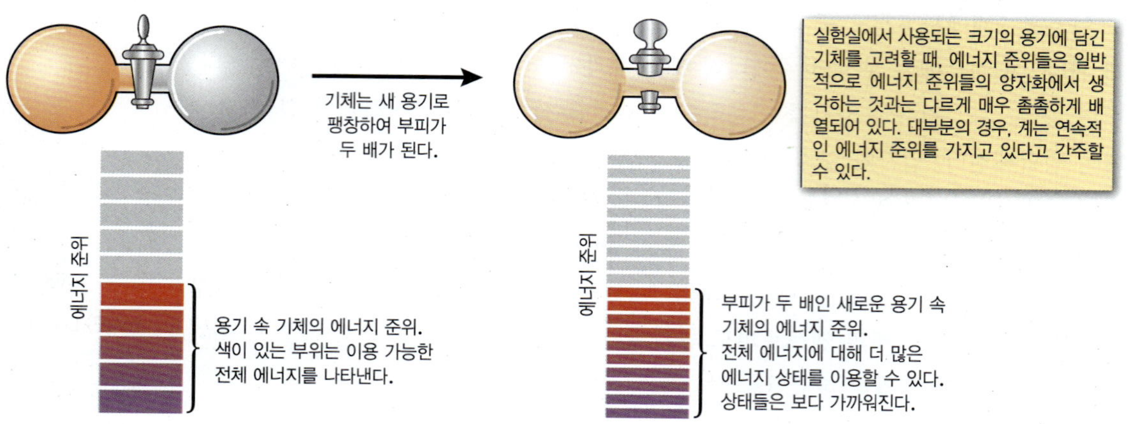

그림 18.6 에너지(및 물질) 분산. 화학적 · 물리적 변화에서 용기의 크기가 증가하면, 계 안에 있는 원자 또는 분자들이 가질 수 있는 미시적 상태의 수가 증가하게 되고, 상태의 밀도도 증가한다. 더 많은 수의 미시적 상태에 분자들이 분배되는 것은 엔트로피가 증가하는 것이다.

지가 분산되는 결과를 초래하여 엔트로피가 증가하게 된다.

진공으로 팽창되는 기체에 적용된 논리는 두 기체의 혼합, 두 액체의 혼합, 또는 고체가 액체에 용해되는 과정에도 적용할 수 있다(그림 18.7). 예를 들어 O_2와 N_2로 채워진 플라스크가 서로 연결되어 있을 때(그림 18.6에서처럼 실험장치가 준비되었을 때), 두 기체는 함께 확산되고, 전체 부피에 걸쳐 혼합된다. O_2와 N_2의 혼합물은 결코 저절로 각각의 기체로 분리되지는 않는다. 기체들은 각각의 기체 분자와 그 에너지가 최대로 분산된 상태로 되는 방향으로 자발적으로 이동하게 된다. 계의 에너지는 더 많은 미시적 상태로 분산되고, 엔트로피는 증가하게 된다. 이는 성질이 유사한 액체(기름과 휘발유 또는 물과 에탄올)들이 동일 상 용액을 형성한다는 사실을 설명해준다. '비슷한 것은 비슷한 것을 녹인다(like dissolves like)'라는 규칙을 상기하라(◂13.2절).

기체팽창에서 엔트로피 변화. 기체팽창에 대한 엔트로피 변화는

$$\Delta S = nR\ln(V_{나중}/V_{처음})$$

식으로 계산된다. 주어진 온도에서 V는 미세 상태의 수에 비례하므로 이 식은 $k \ln(W_{나중}/W_{처음})$과 연관된다.

요약: 엔트로피, 엔트로피 변화, 에너지 분산

볼츠만 식(식 18.2)에 따라 엔트로피는 물질들의 에너지가 분산될 수 있는 경우의 수, 즉 계에서 가용한 미세 상태의 수(W)에 비례한다. 미세 상태의 수는 입자의 수가 증가하고, 에너지가 증가하며, 부피가 증가하면 증가한다. 에너지가 분산될 수 있는 미세 상태의 수가 변하면 엔트로피 변화(ΔS)가 생긴다.

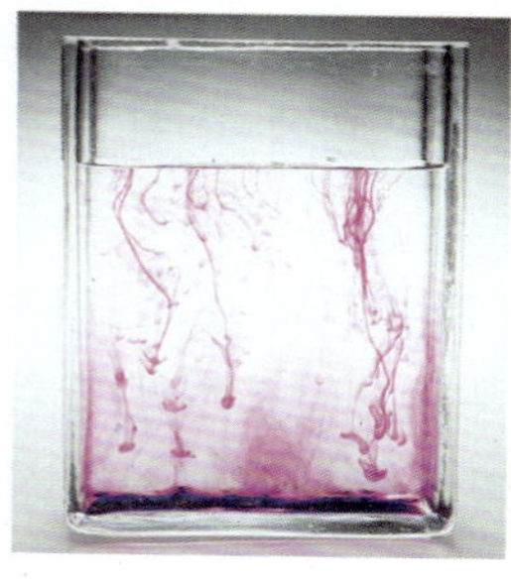

시간 경과 →

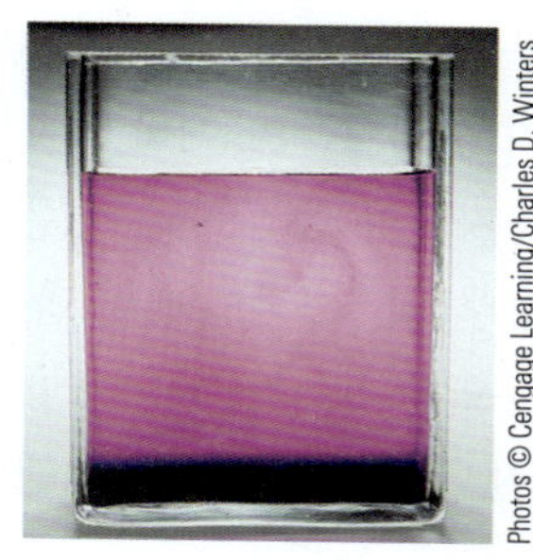

그림 18.7 물에 $KMnO_4$ 용해. 소량의 보라색 고체 $KMnO_4$를 물에 넣었다(왼쪽 그림). 시간이 지남에 따라 고체는 용해되고 선명한 색을 가진 MnO_4^- 이온(그리고 K^+ 이온)들이 용액 전체로 분산된다. 액체의 혼합과 용액 형성에 엔트로피가 크게 기여한다(13.2절 참고).

$$\Delta S = S_{나중} - S_{처음} = k\,(\ln W_{나중} - \ln W_{처음}) = k\,\ln(W_{나중}/W_{처음})$$

화학자로서 우리의 초점은 ΔS이므로, 주로 물리적 및 화학적 변화에 수반되는 계와 주위의 에너지 분산에 관심을 갖게 될 것이다.

18.3절 확인문제

1. 계에서 에너지가 분산될 수 있는 미세 상태의 수가 증가하게 되면, 엔트로피는 ________.
(a) 감소한다. (b) 증가한다. (c) 변화없다.

2. 미세 구조의 수가 5가지에서 30가지로 변화하는 계에서 엔트로피 변화량을 계산하시오.
(a) -2.5×10^{-23} J/K (b) 9.4×10^{-24} J/K
(c) 2.5×10^{-23} J/K (d) 8.3×10^{-23} J/K

18.4 엔트로피 측정과 값

주어진 일련의 조건에서 어떠한 물질에 대하여도 엔트로피의 값은 결정할 수 있다. 에너지 분산이 증가할수록 엔트로피는 증가하고 S의 값도 커진다. 엔트로피 값에 대한 기준은 **열역학 제3법칙**(third law of thermodynamics)으로 설정된다. 볼츠만은 열역학 제3법칙에서 **0 K에서 완전결정체의 엔트로피는 0, 즉 S = 0**이라고 정의했다. 다른 일련의 조건에 있는 원소 또는 화합물들의 엔트로피는 그 물질들을 0 K에서 주어진 조건으로 변환할 때 증가된 값이다. S의 값을 결정하기 위해서는 0 K에서 특정 온도까지 변환되는 가역적 조건에서 열로 전환되는 에너지를 측정한 후 식 18.1($\Delta S = q_{rev}/T$)을 이용한다. 온도가 상승하기 위해서는 열로서 에너지가 공급되어야 하므로, **모든 물질들은 0 K 이상의 온도에서 양의 엔트로피 값을 가진다**. 음의 엔트로피 값은 발생할 수 없다. 엔트로피가 열의 형태로 공급되는 에너지와 직접적으로 관련된다는 사실로부터 엔트로피 값에 관한 몇 가지 일반적인 성질을 예측할 수 있다.

음의 엔트로피 값. 열역학 표를 보면 수용액 속의 이온들의 엔트로피 값은 음수이다. 그러나 이 값들은 절대 엔트로피가 아니다. 이온들에 대해서는, $H^+(aq)$의 엔트로피를 임의로 표준엔트로피 0으로 놓았고, 다른 이온들의 엔트로피 값은 이 값에 상대적으로 할당하였다.

- 물질의 온도를 높인다는 것은 열의 형태로 에너지를 더해 주는 것과 같다. 따라서 물질의 온도를 높이면 엔트로피가 증가한다.
- 고체에서 액체로, 액체에서 기체로의 상태 변화는 열 형태로 많은 양의 에너지 공급을 필요로 한다. 결과적으로 상태 변화 과정에서 엔트로피가 크게 증가한다(그림 18.8).

표준 엔트로피 값, $S°$

엔탈피 논의를 위해 표준 상태의 개념을 도입(◀5.4절)한 바 있고, 이와 유사한 방법으로 표준 상태에 있는 어떤 물질에 대한 엔트로피를 정의할 수 있다. 물질의 **표준 몰 엔트로피**(standard molar entropy, $S°$)는 0 K에 있는 1 mol의 완전 결정체를 특정 온도의 표준조건(1 bar, 용액에서는 1몰랄 농도)으로 변환할 때 얻어지는 엔트로피를 말한다. 표준 몰 엔트로피의 단위는 J/K · mol이다. 일반적으로 열역학 자료 표에는 298 K에서의 $S°$ 값이 수록되어 있다. 부록 L에 298 K에서의 일부 표준 몰 엔트로피들이 나와 있고, 추가적인 $S°$값들은 NIST(webbook.nist.gov)와 같은 표준 참고자료로부터 찾아볼 수 있다.

	$S°$ (J/K · mol)
메테인	186.3
에테인	229.2
프로페인	270.3

부록 L과 같은 표준 엔트로피 목록을 보면 **큰 분자들이 작은 분자들보다 더 큰 엔트로피 값을 갖는다**는 것을 알 수 있다. 큰 분자는 다양한 회전과 진동방식을 가지며, 이로 인해 에너지가 분산될 수 있는 많은 수의 에너지 미시적 상태를 갖게 된다. 예로서 각각 186.3, 229.2, 270.3 J/K · mol의 표준 엔트로피 값을 가지는 메테인(CH_4), 에테인(C_2H_6), 프로페인(C_3H_8)을 비교해 보자. 또한 **복잡한 구조를 가지는 분자들은 단순한 구조의 분자들보다 더 큰 엔트로피를 가진다**. 분자 구조의 효과는 비슷한 질량을 가지는 원자 또는 분자 비교에서 알 수 있다. 기체 아르곤, CO_2, C_3H_8의 엔트로피 값은 각각 154.9, 213.7, 270.3 J/K · mol이다.

엔트로피 표에서 살펴보면 **기체 상태의 엔트로피가 액체 상태의 엔트로피보다 더 크고, 액체 상태의 엔트로피가 고체 상태보다 더 크다**는 것 또한 알 수 있다. 고체 상태에서 입자들은 결정격자 안에 고정되어 있다. 고체가 녹음에 따라, 입자들은 더 자유로워져 다른 위치로 이동이 가능하게 되므로 가용한 미시적 상태 수와 엔트로피가 증가하게 된다. 액체가 증발하면 입자들 간의 인력이 거의 사라지므로 부피가 크게 증가하고, 엔트로피도 크게 증가하게 된다. 예를 들면, $I_2(s)$, $Br_2(\ell)$, $Cl_2(g)$의 표준 엔트로피는 각각 116.1, 152.2, 223.1 J/K · mol이다.

마지막으로 그림 18.8에서 설명했던 것처럼 **주어진 물질의 엔트로피가 크게 증가하면, 상태의 변화를 수반하게 된다**. 이는 상변화가 일어나기 위해서는 (가용한 미시적 상태 수의 증가에 따른 에너지 분산뿐만 아니라) 상대적으로 많은 에너지가 열 형

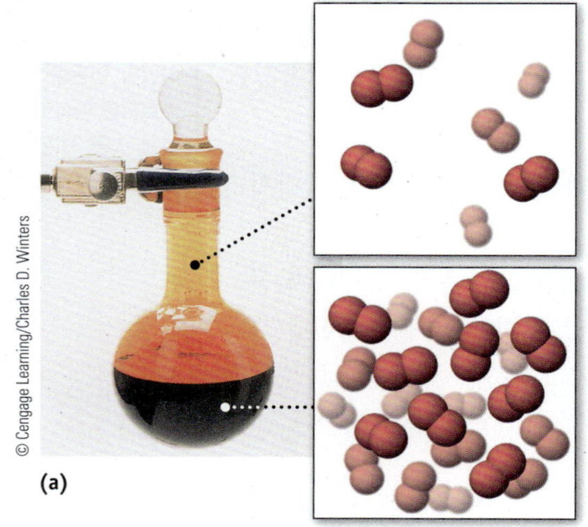

(a) 액체 브로민, $Br_2(\ell)$의 엔트로피는 152.2 J/K · mol이고, 브로민 증기의 엔트로피는 245.47J/K · mol이다.

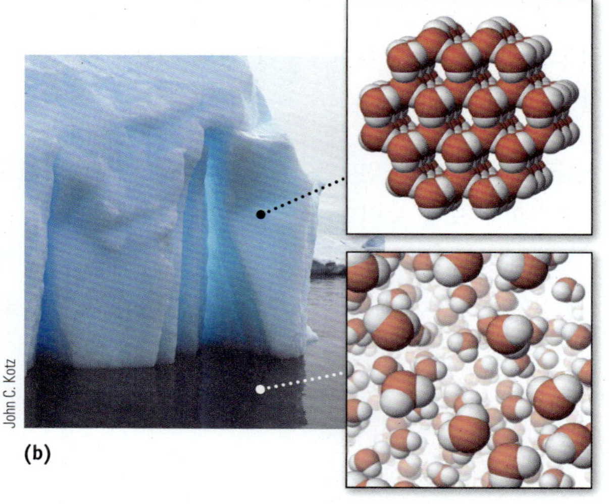

(b) 분자 배열이 매우 규칙적인 얼음의 엔트로피는 물의 엔트로피보다 작다.

그림 18.8 엔트로피와 물질의 상태.

문제해결 주요사항 18.2 일반적인 엔트로피 선호 과정 나열

이러한 주제에 대한 논의를 통하여 엔트로피 변화를 포함하는 몇 가지 일반적 원리들을 열거할 수 있다.

- 물질의 엔트로피는 고체 → 액체 → 기체로 갈수록 증가한다.
- 어떤 물질이든 온도가 상승함에 따라 엔트로피가 증가한다. 온도 상승으로 에너지가 계에 부가되므로(즉, $q > 0$), q_{rev}/T는 당연히 양수가 된다.
- 부피 증가에 따라 기체의 엔트로피는 증가한다. 부피 증가는 에너지가 분산될 수 있는 더 많은 에너지 상태를 제공한다.
- 계에서 기체의 몰수가 증가하는 반응은 엔트로피 증가를 수반한다.

태로 이동되어야 함을 의미한다. 예를 들면, 물의 액체 상태와 기체 상태에 대한 엔트로피는 65.95와 188.84 J/K · mol이다.

예제 18.1 엔트로피 비교

문제 25 °C 표준조건에서 다음 중 어느 물질이 더 높은 엔트로피를 가지겠는가? 이유를 설명하시오. 답을 부록 L에 있는 자료와 비교해 보시오.

(a) $NO_2(g)$, $N_2O_4(g)$

(b) $I_2(g)$, $I_2(s)$

알고 있는 사실 기체 > 액체 > 고체 순으로 엔트로피가 감소한다. 큰 분자는 작은 분자보다 더 큰 엔트로피를 가진다.

전략 각 문제에 대하여 두 물질 사이에 차이점을 확인하고, 위에서 설명된 엔트로피에 대한 기본적인 규칙을 연관시킨다.

풀이

(a) NO_2와 N_2O_4는 모두 기체이다. N_2O_4는 NO_2보다 더 큰 분자이므로 더 높은 표준 엔트로피를 가질 것으로 예상된다.

(b) 기체는 고체보다 더 높은 엔트로피를 가지므로, $I_2(g)$가 더 큰 엔트로피를 가질 것으로 예상된다.

고려사항 부록 L에 나와 있는 $S°$ 값을 보면 이 예측을 확신하게 해준다. 25 °C에서 $NO_2(g)$의 $S°$는 240.04 J/K · mol, $N_2O_4(g)$의 $S°$는 304.38 J/K · mol, $I_2(g)$의 $S°$는 260.69 J/K · mol, $I_2(s)$의 $S°$는 116.135 J/K · mol이다.

유제 어떤 물질이 더 높은 엔트로피를 가질 것인가를 예측하고 그 이유를 설명하시오.

(a) $O_2(g)$, $O_3(g)$

(b) $SnCl_4(\ell)$, $SnCl_4(s)$

물리적 · 화학적 과정에서 엔트로피 변화량 결정

표준조건 아래의 여러 과정에서 발생하는 엔트로피 변화량을 정량적으로 산출하기 위해 표준 몰 엔트로피를 사용할 수 있다. 표준반응 엔트로피 변화량($\Delta_r S°$)은 각

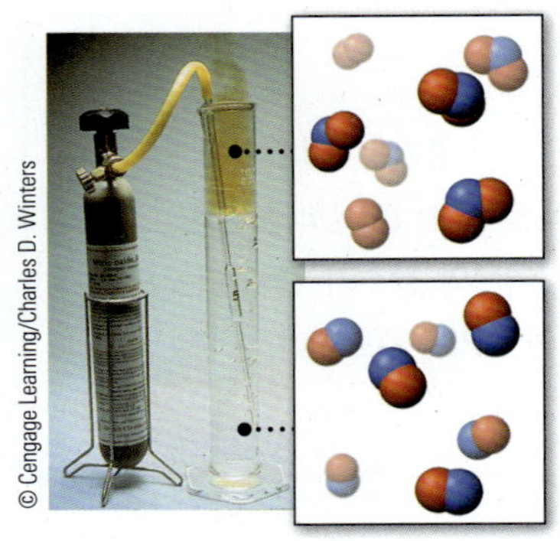

NO와 O_2 반응. 3개의 기체 분자들로부터 2개의 기체 분자들이 생성될 때 이 계의 엔트로피는 감소한다.

생성물의 반응식 계수와 표준 몰 엔트로피 곱의 합에서 각 반응물의 반응식 계수와 표준 몰 엔트로피 곱의 합을 뺀 값이다.

$$\Delta_r S° = \Sigma n S°(\text{생성물}) - \Sigma n S°(\text{반응물}) \quad (18.3)$$

이 식은 반응물이 전부 생성물로 전환되는 계의 엔트로피 변화량 계산에 사용된다. 예를 들어, NO가 O_2에 의해 산화되는 반응에 대한 $\Delta_r S°$을 계산하여 보자.

$$2\ NO(g) + O_2(g) \rightarrow 2\ NO_2(g)$$

$$\begin{aligned}\Delta_r S° &= (2\ \text{mol}\ NO_2/\text{mol-rxn})\ S°[NO_2(g)] - \\ &\quad \{(2\ \text{mol}\ NO(g)/\text{mol-rxn})\ S°[NO(g)] + (1\ \text{mol}\ O_2/\text{mol-rxn})\ S°[O_2(g)]\} \\ &= (2\ \text{mol}\ NO_2/\text{mol-rxn})(240.0\ \text{J/K}\cdot\text{mol}) - \\ &\quad [(2\ \text{mol}\ NO(g)/\text{mol-rxn})(210.8\ \text{J/K}\cdot\text{mol}) + (1\ \text{mol}\ O_2/\text{mol-rxn})(205.1\ \text{J/K}\cdot\text{mol})] \\ &= -146.7\ \text{J/K}\cdot\text{mol-rxn}\end{aligned}$$

계의 엔트로피는 감소하였으며, 이는 일반적으로 일정 수의 기체 반응물이 더 적은 수의 기체 생성물로 전환될 때 관찰되는 현상과 일치한다.

전략도 18.2

문제

반응에 대한 $\Delta_r S°$를 계산하시오.

알려진 자료/정보

- 완결된 화학 반응식
- $S°$ 값(부록 L)

1단계 식 18.3을 이용하여 $\Delta_r S°$를 계산한다.

반응에 대한 $\Delta_r S°$

예제 18.2 반응에서 $\Delta_r S°$ 예측 및 계산

문제 다음 반응에서 표준 엔트로피 변화를 계산하시오.

(a) 1 mol의 액체 에탄올의 증발

$$C_2H_5OH(\ell) \rightarrow C_2H_5OH(g)$$

(b) 수소와 질소로 암모니아 생성

$$N_2(g) + 3\ H_2(g) \rightarrow 2\ NH_3(g)$$

알고 있는 사실 완결된 화학 반응식에 따라 표준 반응엔트로피 변화량($\Delta_r S°$)을 알아야 한다. 물질의 표준 몰 엔트로피는 부록 L에 나와 있다.

전략 각각의 계에 대한 엔트로피 변화량은 표준 엔트로피 값(부록 L)을 식 18.3에 대입하여 계산할 수 있다.

풀이

(a) 에탄올 증발

$$\begin{aligned}\Delta_r S° &= \Sigma n S°(\text{생성물}) - \Sigma n S°(\text{반응물}) \\ &= (1\ \text{mol}\ C_2H_5OH(g)/\text{mol-rxn})\ S°[C_2H_5OH(g)] - \\ &\qquad (1\ \text{mol}\ C_2H_5OH(\ell)/\text{mol-rxn})\ S°[C_2H_5OH(\ell)] \\ &= (1\ \text{mol}\ C_2H_5OH(g)/\text{mol-rxn})(282.70\ \text{J/K}\cdot\text{mol}) - \\ &\qquad (1\ \text{mol}\ C_2H_5OH(\ell)/\ \text{mol-rxn})(160.7\ \text{J/K}\cdot\text{mol}) \\ &= +122.0\ \text{J/K}\cdot\text{mol-rxn}\end{aligned}$$

(b) 암모니아 생성

$$\Delta_r S° = \Sigma nS°(\text{생성물}) - \Sigma nS°(\text{반응물})$$

$$= (2\ \text{mol NH}_3(\text{g})/\text{mol-rxn})\ S°[\text{NH}_3(\text{g})] - \{(1\ \text{mol N}_2(\text{g})/\text{mol-rxn})\ S°[\text{N}_2(\text{g})] + (3\ \text{mol H}_2(\text{g})/\text{mol-rxn})\ S°[\text{H}_2(\text{g})]\}$$

$$= (2\ \text{mol NH}_3(\text{g})/\text{mol-rxn})(192.77\ \text{J/K}\cdot\text{mol}) - [(1\ \text{mol N}_2(\text{g})/\text{mol-rxn})(191.56\ \text{J/K}\cdot\text{mol}) + (3\ \text{mol H}_2(\text{g})/\text{mol-rxn})(130.7\ \text{J/K}\cdot\text{mol})]$$

$$= -198.12\ \text{J/K}\cdot\text{mol-rxn}$$

고려사항 이 교재에 나와 있는 지침을 사용하여 이들 엔트로피 변화에 대한 부호를 예측할 수 있다. (a)에서 액체 에탄올을 증기로 변화시키는 반응이기 때문에 양의 엔트로피 변화량이 예측되고, (b)에서는 기체 몰수가 4 mol에서 2 mol로 감소하므로 엔트로피 감소가 예측된다.

유제 부록 L에 나와 있는 엔트로피 값들을 이용하여 다음 반응들의 표준 엔트로피 변화량을 계산하시오. 계산된 $\Delta_r S°$와 예측한 값의 부호는 일치하는가?

(a) 1 mol의 $NH_4Cl(s)$을 물에 용해: $NH_4Cl(s) \rightarrow NH_4Cl(aq)$

(b) 에탄올 산화: $C_2H_5OH(g) + 3\ O_2(g) \rightarrow 2\ CO_2(g) + 3\ H_2O(g)$

물질의 양과 열역학적 계산. 예제 18.2 및 이 장의 다른 모든 계산에서, 예를 들어 298 K에서 에탄올의 표준 엔트로피를 282.70 J/K · mol로 표현했을 때, 이는 282.70 J/K · mol $C_2H_5OH(\ell)$를 의미한다. 간단하게 하기 위해 화학식은 생략한다.

18.4절 확인문제

1. 실제 엔트로피 값을 계산하지 않고, 다음 물질의 엔트로피가 증가하는 순서로 잘 배열된 것을 찾으면?

(a) $H_2O(\ell) < NaCl(s) < NH_3(g)$
(b) $H_2O(\ell) < NH_3(g) < NaCl(s)$
(c) $NaCl(s) < H_2O(\ell) < NH_3(g)$
(d) $NH_3(g) < H_2O(\ell) < NaCl(s)$

2. 실제 엔트로피 값을 계산하지 않고, 다음 반응에 대한 $\Delta_r S°$의 부호를 예측하시오.

$$Zn(s) + 2\ HCl(aq) \rightarrow ZnCl_2(aq) + H_2(g)$$

(a) $\Delta_r S° < 0$
(b) $\Delta_r S° = 0$
(c) $\Delta_r S° > 0$

3. 25 °C에서 다음 반응에 대한 $\Delta_r S°$를 계산하시오.

$$2\ H_2(g) + O_2(g) \rightarrow 2\ H_2O(\ell)$$

(a) −326.6 J/K · mol-rxn
(b) −139.9 J/K · mol-rxn
(c) 139.9 J/K · mol-rxn
(d) 326.6 J/K · mol-rxn

18.5 엔트로피 변화와 자발성

예제 18.2에서 설명하였듯이, 물리적 또는 화학적으로 변화하는 **계의** 표준 엔트로피 변화는 양의 값(에탄올의 증발)을 가지기도 하고 음의 값(질소와 수소로 암모니아 합성)을 가지기도 한다. 어떻게 이러한 정보가 반응의 자발성을 결정하는 데 기여하게 되는가?

이미 논의했던 것처럼(18.2절) 반응의 자발성 여부는 **자발적 과정에서는 우주의 엔트로피가 증가한다**는 **열역학 제2법칙**에 의해 결정된다. 우주(universe)는 계(system)와 주위(surroundings)의 두 부분으로 나누어지므로(◂5.1절), 우주의 엔트로피 변화는 계와 주위의 엔트로피 변화량의 합으로 표현할 수 있다. 표준조건에서 우주의 엔트로피 변화량 $\Delta S°$(우주)는 다음과 같다.

$$\Delta S°(\text{우주}) = \Delta S°(\text{계}) + \Delta S°(\text{주위}) \tag{18.4}$$

예제 18.2로부터 표준조건에서 우주 전체의 엔트로피 변화량을 계산하는 데 요구되는 정보의 반쪽인 계에 대한 엔트로피 변화량 계산법을 배웠다. 이제 우주 전체의 엔트로피를 계산할 수 있도록, 계의 엔트로피가 어떻게 주위의 엔트로피에 영향을 미치는지를 알아보자.

식 18.4를 사용하여 계산된 $\Delta S°$(우주)의 값은 표준조건에서 반응물이 **전부** 생성물로 전환될 때의 엔트로피 변화량이다. **만일 $\Delta S°$(우주)가 0보다 크다면 이 과정은 표준조건에서 자발적이다.** 반응의 자발성을 결정하는 예로서, 현재 메탄올 CH_3OH 제조공정에 사용되는 반응의 $\Delta S°$(우주)를 계산해 보자.

$\Delta S°$(우주)의 이용.
표준조건에서 $\Delta S°$(우주) > 0이면 과정은 자발적이다.
표준조건에서 $\Delta S°$(우주) = 0이면 과정은 평형에 있다.
표준조건에서 $\Delta S°$(우주) < 0이면 과정은 비자발적이다.
이 결론들은 반응물이 생성물로 완전히 전환될 때에 적용된다는 것을 기억하시오.

$$CO(g) + 2\ H_2(g) \rightarrow CH_3OH(\ell)$$

만일 $\Delta S°$(우주)가 양의 값을 가진다면, 표준조건에서 1 mol의 CO(g)와 2 mol의 $H_2(g)$가 1 mol의 $CH_3OH(\ell)$를 생성하는 반응은 자발적이다.

$\Delta S°$(계) 계산 $\Delta S°$(계)를 계산하기 위해서 먼저 반응물과 생성물이 포함된 계를 정의한다. 이는 $\Delta S°$(계)가 반응 엔트로피 변화($\Delta_r S°$)와 같다는 것을 의미한다. 엔트로피 변화는 예제 18.2에서 보여준 절차에 따라 계산한다.

$$\begin{aligned}\Delta S°(\text{계}) &= \Delta_r S° = \Sigma nS°(\text{생성물}) - \Sigma nS°(\text{반응물})\\ &= (1\text{ mol } CH_3OH(\ell)/\text{mol-rxn})\ S°[CH_3OH(\ell)] - \\ &\quad \{(1\text{ mol CO(g)/mol-rxn})\ S°[CO(g)] + (2\text{ mol } H_2(g)/\text{mol-rxn})\ S°[H_2(g)]\}\\ &= (1\text{ mol } CH_3OH(\ell)/\text{mol-rxn})(127.2\text{ J/K}\cdot\text{mol}) - \\ &\quad [(1\text{ mol CO(g)/mol-rxn})(197.7\text{ J/K}\cdot\text{mol}) + \\ &\quad (2\text{ mol } H_2(g)/\text{mol-rxn})(130.7\text{ J/K}\cdot\text{mol})]\\ &= -331.9\text{ J/K}\cdot\text{mol-rxn}\end{aligned}$$

이 반응에서 3 mol의 기체 반응물이 1 mol의 액체 생성물로 전환되므로 계의 엔트로피 감소가 예측된다.

$\Delta S°$(주위) 계산 이제 주위에 대한 엔트로피 변화량 계산이 필요하다. 가역 변화에서 ΔS는 q_{rev}/T와 같다는 식 18.1을 상기하자. 일정 압력에서 일어나는 가역 반응이라고 가정하면, 주위의 엔트로피 변화는 반응 엔탈피 변화($q_{rev} = \Delta_r H$)가 주위에 영향을 미친다는 사실로부터 구할 수 있다. 즉, 발열 반응에서 에너지는 주위로 분산된

다. $\Delta H°$(주위) = $-\Delta_r H°$(계)의 관계에서 주위의 엔트로피 변화는 다음 식을 사용하여 계산될 수 있다.

$$\Delta S°(\text{주위}) = \Delta H°(\text{주위})/T = -\Delta_r H°(\text{계})/T$$

메탄올 합성 반응에서 엔탈피 변화는 아래와 같이 식 5.6에 생성엔탈피 자료를 대입하여 계산된다.

$$\begin{aligned}\Delta H°(\text{계}) &= \Sigma n\Delta_f H°(\text{생성물}) - \Sigma n\Delta_f H°(\text{반응물}) \\ &= (1 \text{ mol } CH_3OH(\ell)/\text{mol-rxn})\ \Delta_f H°[CH_3OH(\ell)] - \\ &\quad \{(1 \text{ mol } CO(g)/\text{mol-rxn})\ \Delta_f H°[CO(g)] + \\ &\quad (2 \text{ mol } H_2(g)/\text{mol-rxn})\ \Delta_f H°[H_2(g)]\} \\ &= (1 \text{ mol } CH_3OH(\ell)/\text{mol-rxn})(-238.4 \text{ kJ/mol}) - \\ &\quad [(1 \text{ mol } CO(g)/\text{mol-rxn})(-110.5 \text{ kJ/mol}) + \\ &\quad (2 \text{ mol } H_2(g)/\text{mol-rxn})(0 \text{ kJ/mol})] \\ &= -127.9 \text{ kJ/mol-rxn}\end{aligned}$$

아래 계산에서 보다시피 과정이 가역적이고 일정한 온도와 압력에서 일어난다고 가정한다면, 메탄올 합성에서 주위의 엔트로피 변화량은 +429.2 J/K · mol-rxn이다.

$$\begin{aligned}\Delta S°(\text{주위}) &= -\Delta_r H°(\text{계})/T \\ &= -[(-127.9 \text{ kJ/mol-rxn})/298 \text{ K})](1000 \text{ J/kJ}) \\ &= +429.2 \text{ J/K} \cdot \text{mol-rxn}\end{aligned}$$

$\Delta S°$(우주) 계산, 계와 주위의 엔트로피 변화 이제 우주의 엔트로피 계산에 필요한 요소들을 전부 구하였다. CO(g)와 H_2(g)에서 $CH_3OH(\ell)$을 생성하는 과정의 $\Delta S°$(우주)는 다음과 같이 계산된다.

$$\begin{aligned}\Delta S°(\text{우주}) &= \Delta S°(\text{계}) + \Delta S°(\text{주위}) \\ &= -331.9 \text{ J/K} \cdot \text{mol-rxn} + 429.2 \text{ J/K} \cdot \text{mol-rxn} \\ &= +97.3 \text{ J/K} \cdot \text{mol-rxn}\end{aligned}$$

양의 값은 우주의 엔트로피가 증가하고 있음을 보여주고 있다. 열역학 제2법칙에 따라 이 반응은 자발적이다.

예제 18.3 반응의 자발성 결정

문제 298 K에서 물에 NaCl을 용해시키는 반응에 대한 $\Delta S°$(우주)를 계산하시오.

알고 있는 사실 주어진 반응은 NaCl(s) → NaCl(aq)이다. $\Delta S°$(우주)는 $\Delta S°$(계)와 $\Delta S°$(주위)의 합과 같다. NaCl(s)과 NaCl(aq)에 대한 $S°$와 $\Delta_f H°$값은 부록 L에 나와 있다.

전략 계에 대한 엔트로피 변화, $\Delta S°$(계)는 식 18.3을 이용하여 두 화학종에 대한 $S°$ 값으로부터 계산한다. $\Delta_r H°$은 식 5.6를 이용하여 두 화학종에 대한 $\Delta_f H°$값을 이용하여 계산한다. $\Delta S°$(주위)는 $-\Delta_r H°$을 절대온도(K)로 나누어 구한다. $\Delta S°$(계)와 $\Delta S°$(주위)의 합은 $\Delta S°$(우주)이다. 만일 값이 양수이면, 이 반응은 표준조건에서 자발적이다.

풀이

$\Delta S°$(계)를 계산한다.

$$\Delta S°(\text{계}) = \Sigma n S°(\text{생성물}) - \Sigma n S°(\text{반응물})$$
$$= (1\text{ mol NaCl(aq)/mol-rxn})\ S°[\text{NaCl(aq)}] - (1\text{ mol NaCl(s)/mol-rxn})\ S°[\text{NaCl(s)}]$$
$$= (1\text{ mol NaCl(aq)/mol-rxn})(115.5\text{ J/K}\cdot\text{mol}) - (1\text{ mol NaCl(s)/mol-rxn})(72.11\text{ J/K}\cdot\text{mol})$$
$$= +43.4\text{ J/K}\cdot\text{mol-rxn}$$

$\Delta S°$(주위)를 계산한다.

$$\Delta_r H°(\text{계}) = \Sigma n \Delta_f H°(\text{생성물}) - \Sigma n \Delta_f H°(\text{반응물})$$
$$= (1\text{ mol NaCl(aq)/mol-rxn})\ \Delta_f H°[\text{NaCl(aq)}] - (1\text{ mol NaCl(s)/mol-rxn})\ \Delta_f H°[\text{NaCl(s)}]$$
$$= (1\text{ mol NaCl(aq)/mol-rxn})(-407.27\text{ kJ/mol}) - (1\text{ mol NaCl(s)/mol-rxn})(-411.12\text{ kJ/mol})$$
$$= +3.85\text{ kJ/mol-rxn}$$

주위에 대한 엔트로피 변화는 $-\Delta_r H°$를 절대온도(K)로 나누어 구한다.

$$\Delta S°(\text{주위}) = -\Delta_r H°(\text{계})/T$$
$$= (-3.85\text{ kJ/mol-rxn}/298\text{ K})(1000\text{ J}/1\text{ kJ})$$
$$= -12.9\text{ J/K}\cdot\text{mol-rxn}$$

$\Delta S°$(우주)를 계산한다.

전체 엔트로피 변화(우주에서의 엔트로피 변화)는 계와 주위에 대한 엔트로피의 합이다.

$$\Delta S°(\text{우주}) = \Delta S°(\text{계}) + \Delta S°(\text{주위})$$
$$= (+43.4\text{ J/K}\cdot\text{mol-rxn}) + (-12.9\text{ J/K}\cdot\text{mol-rxn})$$
$$= +30.5\text{ J/K}\cdot\text{mol-rxn}$$

고려사항 계와 주위의 엔트로피의 합이 양수이므로, 우주의 엔트로피는 증가한다고 말할 수 있다. 그러므로 이 반응은 자발적이다. 반응의 자발성은 $\Delta S°$(주위)가 아닌 $\Delta S°$(계)의 결과임에 주목하시오.

유제 표준조건(298 K)에서 염화수소 기체를 생성하기 위한 수소와 염소의 반응이 자발적인지를 예측하시오.

$$H_2(g) + Cl_2(g) \rightarrow 2\ HCl(g)$$

$\Delta_r H°$과 $\Delta_r S°$에 기초한 반응의 자발성을 예측하고, 예측을 검증하기 위해 $\Delta S°$(우주)를 계산하시오.

요약: 자발적인가 아닌가?

앞의 예에서, 열역학 자료 표에 나와 있는 자료를 이용하여 계산한 $\Delta S°$(계)와 $\Delta H°$(계)를 가지고 표준조건에서 일어나는 반응에 대한 자발성을 예측하였다. 이 엔트로피와 엔탈피가 서로 상호작용하는 모든 가능성을 판단해 보는 것도 유용할 것이다. 짝을 이루었을 때 가능한 경우는 4가지이다(표 18.1). 두 경우(표 18.1 유형 1과 4)에서는 $\Delta H°$(계)와 $\Delta S°$(계)는 서로 협력적으로 작용하고, 다른 두 경우(유형 2와 3)에서는 $\Delta H°$(계)와 $\Delta S°$(계)는 서로 반대로 작용한다.

$\Delta S°$(우주), 자발성, 표준조건. 표준조건에서 반응에 대한 $\Delta H°$, $\Delta S°$ 값들은 반응물이 생성물로 완전히 전환될 때에 적용된다는 것을 반복하여 강조한다. $\Delta S°$(우주) > 0이면, 이 반응은 표준조건에서 자발적이다. 그러나 비표준조건에서의 ΔS(우주)의 값도 계산 가능하다. ΔS(우주)> 0이라면, 반응은 해당 조건에서 자발적이다.

표준조건에서 엔탈피와 엔트로피 모두 에너지 분산을 선호하는 과정(유형 1)은 언제나 자발적이다. 표준조건에서 엔탈피와 엔트로피 모두 에너지 분산을 선호하지 않는 과정(유형 4)은 결코 자발적이 될 수 없다. 각각의 상황을 보여주는 예를 생각해 보자.

연소 반응은 항상 발열 반응이고, 때때로 적은 반응물 분자로 더 많은 기체 생성물 분자들을 생성한다. 이러한 반응은 유형 1에 해당한다. 뷰테인(butane) 연소 반응식을 예로 들어보자.

$$2\ C_4H_{10}(g) + 13\ O_2(g) \rightarrow 8\ CO_2(g) + 10\ H_2O(g)$$

위의 반응에서 $\Delta_r H° = -5315.1$ kJ/mol-rxn이고 $\Delta_r S° = 312.4$ J/K · mol-rxn이다. 엔탈피와 엔트로피 모두 이 반응의 자발성에 기여한다.

하이드라진(hydrazine, N_2H_4)은 고에너지 로켓 연료로 사용된다. 기체 N_2와 H_2로부터 N_2H_4의 합성은 반응물들의 가격이 저렴하기 때문에 매력적이다.

$$N_2(g) + 2\ H_2(g) \rightarrow N_2H_4(\ell)$$

그러나 이 반응은 유형 4에 해당된다. 이 반응은 흡열 반응($\Delta_r H° = +50.63$ kJ/mol-rxn)이면서, 엔트로피 변화 $\Delta S°$는 음수($\Delta_r S° = -331.4$ J/K · mol-rxn)이다. (3 mol의 기체에서 1 mol의 액체가 만들어진다.) 따라서 이 반응은 표준조건에서 자발적이 아니며, 반응물이 완전히 생성물로 전환되는 반응은 외부의 개입 없이는 일어나지 않는다.

다른 두 가능한 경우에서, 엔트로피와 엔탈피 변화는 서로 반대로 작용한다. 유형

표 18.1 표준조건에서 반응의 자발성 예측

반응 유형	$\Delta H°$(계)	$\Delta S°$(계)	자발적 과정? (표준조건)
1	발열, < 0	양, > 0	모든 온도에서 자발적 $\Delta S°$(우주) > 0
2	발열, < 0	음, < 0	$\Delta H°$와 $\Delta S°$의 상대적인 크기에 의존, 낮은 온도에서 자발적
3	흡열, > 0	양, > 0	$\Delta H°$와 $\Delta S°$의 상대적인 크기에 의존, 높은 온도에서 자발적
4	흡열, > 0	음, < 0	모든 온도에서 비자발적 $\Delta S°$(우주) < 0

그림 18.9 $NH_4Cl(s)$의 열 분해. 숟가락 위에 놓인 백색 고체 염화암모늄, $NH_4Cl(s)$을 가열한다. 고온에서 $NH_3(g)$와 $HCl(g)$를 생성하는 분해 반응은 자발적이다. 저온에서는 $NH_4Cl(s)$을 생성하는 역반응이 자발적이다. 기체 상태의 $NH_3(g)$와 $HCl(g)$를 식히면, 이 물질들은 재결합하여 사진에서 보이는 것처럼 흰색 '연기', 고체 NH_4Cl를 생성한다.

2는 반응이 엔탈피 변화에 의해서는 선호되지만 엔트로피 변화에 의해서는 선호되지 않는 경우이고, 유형 3은 반응이 엔탈피 변화에 의해서는 선호되지 않지만 엔트로피 변화에 의해서는 선호되는 경우이다. 어느 경우든 그 과정이 자발적이냐 하는 것은 엔탈피와 엔트로피 중 어느 요소가 더 중요한가에 따라 결정된다.

온도 또한 $\Delta S°$(우주) 값에 영향을 미친다. 왜냐하면 주위의 엔탈피 변화를 온도로 나누어 $\Delta S°$(주위)를 얻기 때문에, $\Delta S°$(주위) 값은 높은 온도에서 작아지게 된다(작은 양수 또는 작은 음수 중 하나). 이와 반대로 $\Delta S°$(계)와 $\Delta H°$(계)는 온도에 의해 많이 변화하지 않는다. 그러므로 고온일수록 $\Delta S°$(주위)의 영향은 $\Delta S°$(계)의 영향에 비해 더 감소하게 된다. 달리 표현하자면, 높은 온도에서 엔탈피 변화는 전체 엔트로피 변화를 결정하는 데 있어서 그 중요도가 감소한다. $\Delta H°$(계)와 $\Delta S°$(계)가 서로 반대로 작용하는 경우를 생각해 보자(표 18.1).

- 유형 2: $\Delta S°$(계) < 0이면서 발열 과정. 이와 같은 과정들은 온도 증가에 따라 일어날 가능성이 낮아진다.
- 유형 3: $\Delta S°$(계) > 0이면서 흡열 과정. 이와 같은 과정들은 온도가 올라가면 일어날 가능성이 높아진다.

온도의 영향을 두 가지 예로 설명해 보자. 첫 번째는 N_2와 H_2로부터 NH_3가 생성되는 반응이다. 이 반응은 발열이고, 주위로 에너지가 분산되면 일어나기 쉽다. 그러나 $N_2(g) + 3\ H_2(g) \rightarrow 2\ NH_3(g)$ 반응은 4 mol의 기체 반응물을 2 mol의 기체 생성물로 바꾸기 때문에 계의 엔트로피 변화에 의하면 선호되지 않는 반응이다. 자발적 반응을 위해 유리한 엔탈피 변화[$\Delta_r S°$(주위) $= -\Delta_r H°$(계)$/T$] 효과는 더 높은 온도에서는 감소한다. 온도가 충분히 높으면 이 반응은 자발적이 아니라고 예측할 수 있다.

두 번째 예로 NH_4Cl의 열분해(그림 18.9)를 생각해 보자. 상온에서 NH_4Cl는 안정한 흰색 결정 염이다. 강렬하게 가열하면 $NH_3(g)$와 $HCl(g)$로 분해된다. 이 반응은 흡열 반응(엔탈피에 의하면 비선호)이지만 엔트로피에 의하면 선호되는 반응이다. 왜냐하면 1 mol의 고체 반응물에서 2 mol의 기체가 만들어지기 때문이다. 이 반응은 온도가 높아질수록 잘 일어나게 된다.

18.5절 확인문제

1. 25 °C에서 다음 반응에 대한 $\Delta_r S°$를 계산하시오.

$$N_2(g) + 2\ O_2(g) \rightarrow 2\ NO_2(g)$$

(a) −480.1 J/K · mol-rxn (b) −121.6 J/K · mol-rxn
(c) 121.6 J/K · mol-rxn (d) 480.1 J/K · mol-rxn

2. 25.0 °C에서 다음 반응에 대한 $\Delta_r S°$(우주)를 계산하시오.

$$C(흑연) + O_2(g) \rightarrow CO_2(g)$$

(a) −1317 J/K · mol-rxn (b) 3.1 J/K · mol-rxn
(c) 4.4 J/K · mol-rxn (d) 1320 J/K · mol-rxn

3. 다음 반응에 대한 $\Delta_r H^\circ = +467.9$ kJ/mol-rxn이고 $\Delta_r S^\circ = +560.7$J/K · mol-rxn이라면, 표준 조건에 이 반응은 ________ 에서 자발적이다.

$$2\ Fe_2O_3(s) + 3\ C(흑연) \rightarrow 4\ Fe(s) + 3\ CO_2(g)$$

(a) 모든 온도 (b) 높은 온도
(c) 낮은 온도 (d) 온도와 무관한 상태

18.6 깁스 자유 에너지

깁스(J. Willard Gibbs, 1839~1903). 깁스는 1863년 예일대에서 박사학위를 받았다. 깁스의 박사학위는 미국 대학이 과학 분야에 수여한 첫 번째 박사학위이다.

과정이 자발적인지를 결정하기 위해서 지금까지 사용한 방법은 ΔS°(계)와 ΔS°(주위)를 평가하는 것이었다. 같은 목적으로 사용할 수 있는 또 하나의 열역학 함수가 있다면 편리하지 않을까? 주위에 대한 평가는 요구하지 않으면서 계에 대해서만 연관된 함수라면 더 나을 것이다. 사실 그런 함수가 존재한다. 그것은 깁스(J. Willard Gibbs, 1839~1903)의 업적을 기리기 위해 **깁스 자유 에너지**(Gibbs free energy)라고 부른다. 깁스 자유 에너지(G)는 종종 줄여서 '자유 에너지'라고 불리며 수학적 표현으로는 다음과 같이 정의된다.

$$G = H - TS$$

이때 H는 엔탈피, T는 절대온도, S는 엔트로피이다. 이 식에서 G, H, S는 모두 계에 대한 값이다. 엔탈피와 엔트로피는 모두 상태함수이므로(◂5.4절), 자유 에너지도 상태함수이다.

모든 물질은 자유 에너지를 가지고 있지만, 자유 에너지의 실제 값은 잘 알려져 있지 않다. 대신, 엔탈피(H)와 내부 에너지(U)처럼 화학적 혹은 물리적 과정에서 발생하는 자유 에너지의 **변화**(ΔG)는 알 수 있다.

먼저 어떤 반응이 자발적인지를 결정하기 위한 방법으로 자유 에너지를 어떻게 사용하는지 살펴보자. 그 다음에 '자유 에너지'란 용어의 의미에 대해 더 살펴보고, 어떤 반응이 생성물-선호인지 반응물-선호인지를 결정하는 데 이용해 보자.

깁스 자유 에너지 변화, ΔG

우주의 엔트로피 변화를 정의하는 식을 상기해 보자.

$$\Delta S(우주) = \Delta S(주위) + \Delta S(계)$$

주위의 엔트로피 변화는 계의 엔탈피 변화를 T로 나눈 값의 음수와 같다. 따라서

$$\Delta S(우주) = -\Delta H(계)/T + \Delta S(계)$$

이 식에 $-T$를 곱하면,

$$-T\Delta S(우주) = \Delta H(계) - T\Delta S(계)$$

깁스는 자유 에너지 함수를 ΔG(계) $= -T\Delta S$(우주)로 정의하였다. 이들을 종합하여 정리하면, 자유 에너지와 계의 엔탈피 및 엔트로피와의 관계를 나타내는 일반적

인 표현은 다음과 같다.

$$\Delta G = \Delta H - T\Delta S$$

또는 표준조건에서의 깁스 자유 에너지는 식은 다음과 같이 표현할 수 있다.

$$\Delta G° = \Delta H° - T\Delta S° \quad (18.5)$$

깁스 자유 에너지, 자발성 및 화학평형

ΔG는 ΔS(우주)와 직접적으로 연관되므로, 깁스 자유 에너지는 물리적 및 화학적 변화의 자발성을 판단하는 기준으로 사용될 수 있다. 깁스 함수를 더 잘 이해하기 위해 그림 18.10의 도표를 살펴보자. 이 도표는 자유 에너지와 반응의 자발성과 평형의 기준과의 관계를 이해하는 기초를 제공할 것이다.

자유 에너지, 자발성과 평형. $\Delta_r G°$는 반응 몰당 $G°$가 어떻게 변하는가를 기술하는 세기 양(intensive quantity)이다. 이 관계에 대하여 더 많은 학습을 원하면 J. Quilez, *Journal of Chemical Education*, Vol. 89, pp. 87~93, 2012를 참조하시오.

그림 18.10에서 순수한 섞지 않은 반응물의 자유 에너지는 왼쪽에, 순수한 섞지 않은 생성물의 자유 에너지는 오른쪽에 나타내었다. x축은 반응의 진행 정도로 0에서 1로 표시하였다. **$\Delta G°$는 표준조건 아래에서 반응물이 생성물로의 완전한 변화를 수반하는 자유 에너지 변화이다.** 수학적으로 표준조건에서 생성물과 반응물 사이의 자유 에너지의 수적 차이이다($\Delta G° = \Delta G°_{생성물} - \Delta G°_{반응물}$). 이것은 kJ의 단위를 가진다.

밀접하게 연관된 인자인 **$\Delta_r G°$는 반응물에서 생성물로 진행함에 따른 반응 조성의 함수인 $\Delta G°$의 변화이다.** 이것은 kJ/mol-rxn의 단위를 가진다. 아래에서 볼 수 있듯이 $\Delta_r G°$는 평형상수 K와 관계가 있다.

화학 반응(그림 18.10의 곡선)이 일어나기 시작하면서 반응물은 섞여서 생성물을 생성하기 시작한다. 계의 자유 에너지는 더 이상 $G°$가 아니고 G가 된다. 반응물에서 생성물로 가는 경로상의 임의의 한 점에서의 계의 자유 에너지와 다른 점의 자유 에

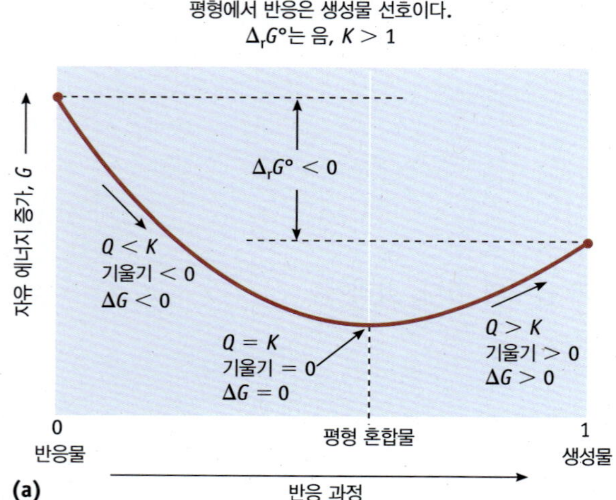

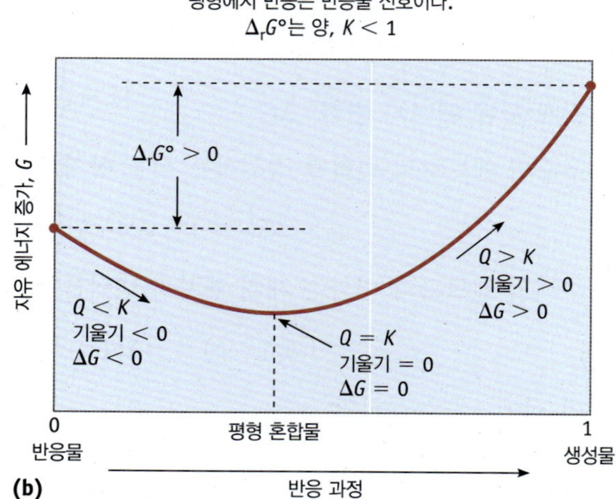

그림 18.10 반응 과정에서 자유 에너지 변화. 표준 상태에서 순수한 반응물과 순수한 생성물 간의 자유 에너지 차이는 $\Delta G°$이다. 여기서 Q는 반응지수이고, K는 평형상수이다.

너지와의 차이는 ΔG이다.

그림 18.10의 2가지 경우에서, 반응물이 생성물을 생성하기 시작하면서 자유 에너지는 초기에 감소한다. 평형에서 최소가 되었다가 평형 위치가 순수한 생성물 쪽으로 이동하면서 증가한다. **반응물과 생성물이 혼합된 평형의 자유 에너지는 항상 순수한 반응물과 순수한 생성물의 자유 에너지보다 작다. 반응은 평형에 해당하는, 자유 에너지가 최소가 되는 방향으로 자발적으로 진행된다.**

이제 그림 18.10에서 반응이 평형을 향해 자발적으로 진행되는 동안 곡선 상 순간 기울기가 어떻게 되는가를 알아보자. 초기에 기울기는 음이다. 즉, 반응의 G의 변화, $\Delta_r G$는 음의 값을 가진다. **모든 자발적 반응에서 $\Delta_r G < 0$이다.**

궁극적으로 자유 에너지는 최소점에 도달한다. 이 점에서 그래프의 순간 기울기는 0이고, $\Delta_r G = 0$이다. 반응은 평형이 된다.

평형점을 지나게 되면 순간 기울기는 양이다($\Delta_r G > 0$). 생성물 쪽으로 더 진행되는 것은 자발적이지 **않다.** 실제로 역반응이 자발적으로 일어나게 될 것이고(왜냐하면 $\Delta_r G$는 역방향에서 음이 될 것이기 때문이다), 반응은 다시 평형을 향해 진행될 것이다.

그림 18.10a에서 중요한 관찰은 평형은 반응물 쪽보다는 생성물 쪽에 가깝게 평형점이 나타난다는 것이다. 이것은 평형에서 생성물–선호 반응이고, 이 관찰과 $\Delta_r G^\circ$ 사이에는 밀접한 관계가 존재한다. 즉, **$\Delta_r G^\circ < 0$인 반응은 평형에서 생성물–선호이다.**

그림 18.10b에서는 반대되는 현상을 발견할 것이다. 반응은 평형에서 반응물–선호이다. $\Delta_r G^\circ > 0$인 반응은 평형에서 반응물–선호이다.

표준조건에서의 자유 에너지 변화 정도($\Delta_r G^\circ$)와 표준이 아닌 조건에서의 $\Delta_r G$ 항을 도입하였고, 이들 사이에 유용한 관계가 있음이 밝혀졌다(식 18.6).

$$\Delta_r G = \Delta_r G^\circ + RT \ln Q \tag{18.6}$$

여기서 R은 기체상수, T는 절대온도, Q는 아래와 같이 표현되는 반응지수(◂15.2절)이다. 다음의 일반적인 반응 $a\text{A} + b\text{B} \rightarrow c\text{C} + d\text{D}$에서,

$$Q = \frac{[C]^c[D]^d}{[A]^a[B]^b}$$

식 18.6은 주어진 온도에서의 $\Delta_r G$은 $\Delta_r G^\circ$와 Q의 값에 의해서 결정된다는 것을 알려준다. 계가 평형에 도달하면, 반응물과 생성물의 알짜 농도 변화는 없고, $\Delta_r G = 0$이고 $Q = K$가 된다. 이 값들을 식 18.6에 대입하면 다음과 같다.

$$0 = \Delta_r G^\circ + RT \ln K \text{ (평형에서)}$$

이 식을 재배열하면 식 18.7과 같이 표준 반응 자유 에너지와 평형상수 K 사이의 매우 유용한 관계를 얻을 수 있다.

$$\Delta_r G^\circ = -RT \ln K \tag{18.7}$$

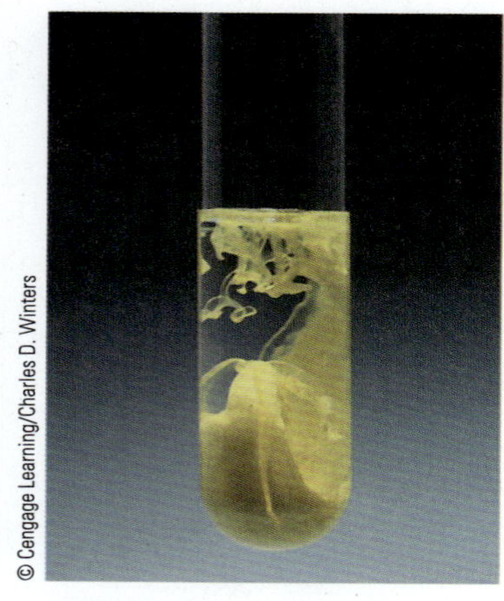

반응물 선호 과정. 노란색 아이오딘화납이 순수한 물에 들어가면, 평형에 도달할 때까지 적은 양이 자발적으로 용해된다($\Delta_r G < 0$, $Q < K$). PbI_2는 대단히 불용성($K_{sp} = 9.8 \times 10^{-9}$)이기 때문에, 용해 과정은 평형에서 반응물 선호이다. 그러므로 $\Delta_r G°$는 양의 값임을 알 수 있다.

이 식으로부터 $\Delta_r G°$ 값이 음수이면 K는 1보다 크고, **평형에서 생성물-선호**라는 것을 알 수 있다. $\Delta_r G°$ 값이 더 큰 음수일수록 평형상수는 더 커진다. 이는, 15장에서 설명한 것처럼, 큰 평형상수는 생성물을 선호하는 반응과 연관되어 있다는 사실과 앞뒤가 맞는다. **반응물을 선호**하는 반응은, $\Delta_r G°$가 양이고 K는 1보다 작다. 만약 $K = 1$(어떤 특정 조건에서)이면, $\Delta_r G° = 0$이다.

이제 식 18.6이 15장에서부터 사용해온 Q와 K 사이의 관계를 나타낼 수 있는지 알아보자.

$$\Delta_r G = \Delta_r G° + RT \ln Q$$

식 18.7에 나타낸 것처럼 $\Delta_r G°$를 $-RT \ln K$로 치환하면

$$\Delta_r G = -RT \ln K + RT \ln Q$$

가 된다. 이 식을 다시 재배열하면 다음과 같다.

$$\Delta_r G = RT (\ln Q - \ln K)$$

$$\Delta_r G = RT \ln (Q/K)$$

이것은 앞에서 언급한 바와 같이 $\Delta_r G$가 음인 자발적 반응에서 Q는 K보다 작아야 한다($Q < K$). 비슷한 분석에 따라 $\Delta_r G$가 양이면 $Q > K$이다.

요약: 깁스 자유 에너지($\Delta_r G$과 $\Delta_r G°$), 반응지수(Q), 평형상수(K), 반응 선호도

$\Delta_r G°$, $\Delta_r G$, Q, K 사이의 관계식을 요약해 보자.

- 그림 18.10에서 계가 평형에 도달함에 따라 자유 에너지는 최솟값을 향해 감소한다. 평형에서 반응물과 생성물의 혼합물의 자유 에너지는 순수한 반응물의 자유 에너지 또는 순수한 생성물의 자유 에너지 보다 항상 작다.
- $\Delta_r G < 0$일 때, 반응은 평형을 향하여 자발적으로 진행하고 $Q < K$이다.
- $\Delta_r G > 0$일 때, 반응은 평형을 지난 상태이며 정반응은 비자발적이다. 역반응은 자발적이며 $Q > K$이다.
- $\Delta_r G = 0$일 때, 반응은 평형 상태에 있으며, $Q = K$이다.
- $\Delta_r G° < 0$일 때, 반응은 **표준조건에서 자발적**이다. 계는 평형을 향하여 진행하며, $K > 1$이므로, 이 지점에서 반응 혼합물 안에는 생성물이 지배적이다. 즉, 평형에서 **반응물-선호** 반응이다.
- $\Delta_r G° > 0$일 때, 반응은 **표준조건에서 비자발적**이다. 계는 평형을 향하여 진행하며, $K < 1$이므로, 이 지점에서 평형 혼합물 안에는 반응물이 지배적이다. 즉, 평형에서 **반응물-선호** 반응이다.
- $\Delta_r G° = 0$인 특별한 조건에서, 반응은 표준조건에서 평형에 있으며, $K = 1$이다.

자유 에너지란?

자유 에너지라는 용어는 임의로 만들어진 것이 아니다. 어떤 주어진 과정에서 자유 에너지는 유용한 일을 할 수 있는 가용한 최대 에너지를 말한다(수학적으로

$\Delta G = w_{max}$). 이 문맥에서 **자유**란 '가용한'을 의미한다.

그 의미를 알아보기 위해 표준조건에서 열이 방출($\Delta_r H^\circ < 0$)되고 엔트로피가 감소($\Delta_r S^\circ < 0$)하는 한 반응을 생각해 보자.

$$2\ H_2(g) + O_2(g) \rightarrow 2\ H_2O(g)$$

$$\Delta_r H^\circ = -483.6\ \text{kJ/mol-rxn 그리고 } \Delta_r S^\circ = -88.8\ \text{J/K} \cdot \text{mol-rxn}$$

$$\Delta_r G^\circ = -483.6\ \text{kJ/mol-rxn} - (298\ \text{K})(-0.0888\ \text{kJ/mol-rxn}) = -457.2\ \text{kJ/mol-rxn}$$

얼핏 보면, 열로 방출되는 에너지(−483.6 kJ/mol-rxn) 모두가 가용할 것처럼 보인다. 이 에너지는 주위로 이동하여 일을 할 수 있다. 그러나 이 반응은 이렇게 되지 않는다. 이 반응에서 계의 엔트로피 변화가 음이라는 사실은 에너지가 반응물보다 생성물에 더 적게 분산함을 의미한다. 반응에서 방출된 열에너지의 일부는 계에서 에너지 분산을 거꾸로 하는 데 사용된다. 즉, 생성물에 에너지를 집중하기 위해 사용된다. 쓰고 남은 에너지는 자유롭고 일을 하는 데 쓰일 수 있다. 여기서 자유 에너지는 −457.2 kJ/mol-rxn만큼 변화하게 된다.

18.6절 확인문제

1. 자발적 반응에서, $\Delta_r G$는 0보다 ________, Q는 K보다 ________.
   (a) 크고, 크다. (b) 크고, 작다. (c) 작고, 크다. (d) 작고, 작다.

2. $\Delta_r G^\circ < 0$일 때, 반응은 ________반응이다.
   (a) 평형에서 생성물 선호 (b) 평형에서 반응물 선호

18.7 자유 에너지 계산과 이용

표준생성 자유 에너지

어떤 화합물의 표준생성 자유 에너지($\Delta_f G^\circ$)는 반응물이나 생성물 모두 표준 상태에 있으면서 구성 원소들로부터 그 화합물 1 mol을 생성할 때 필요한 자유 에너지 변화이다. 같은 방법으로 $\Delta_f G^\circ$를 정의하면, **표준 상태에 있는 원소의 표준생성 자유 에너지($\Delta_f G^\circ$)는 0이다.**

한 반응의 표준 엔탈피 변화와 엔트로피 변화를 $\Delta_f H^\circ$(식 5.6)와 S°(식 18.3)를 이용하여 계산할 수 있는 것처럼, 표준반응 자유 에너지도 유사한 공식을 사용하여 $\Delta_f G^\circ$ 값으로부터 계산할 수 있다. 여기서 n은 완결된 화학 반응식에서 각 물질들의 계수이다.

$$\Delta_r G^\circ = \Sigma n \Delta_f G^\circ(\text{생성물}) - \Sigma n \Delta_f G^\circ(\text{반응물}) \tag{18.8}$$

표준반응 자유 에너지($\Delta_r G^\circ$) 계산하기

표준반응 자유 에너지는 열역학 자료 표에 수록된 표준생성 엔탈피($\Delta_f H^\circ$)와 엔트

로피(S°)를 이용하거나 $\Delta_f G^\circ$를 이용하여 구할 수 있다. 이 계산방법은 다음의 두 예제에서 설명될 것이다.

예제 18.4 $\Delta_r H^\circ$와 $\Delta_r S^\circ$로부터 $\Delta_r G^\circ$ 계산하기

문제 표에 나와 있는 $\Delta_f H^\circ$과 S°의 값을 이용하여 298 K에서 탄소와 수소로부터 메테인을 생성하는 반응에 대한 표준 자유 에너지 변화($\Delta_r G^\circ$)를 계산하시오.

$$C(\text{흑연}) + 2\ H_2(g) \rightarrow CH_4(g)$$

알고 있는 사실 화학 반응식을 완결하고 표준반응 자유 에너지를 결정한다. 표준생성엔탈피와 표준 엔트로피의 값들은 부록 L에 나와 있다.

전략 먼저 $\Delta_f H^\circ$과 S°의 값을 조합하여 $\Delta_r H^\circ$와 $\Delta_r S^\circ$를 구한다. 이 값을 알고 나면, $\Delta_r G^\circ$는 식 18.5를 이용해서 구할 수 있다. 그 과정에서, ΔH°값은 kJ/mol로 주어지지만, S° 값은 J/K · mol 단위로 주어진다는 것을 기억하라.

풀이

	C(흑연)	+	2 $H_2(g)$	→	$CH_4(g)$
$\Delta_f H^\circ$(kJ/mol)	0		0		−74.9
S°(J/K · mol)	+5.6		+130.7		+186.3

이 값들로부터 반응에 대한 $\Delta_r H^\circ$와 $\Delta_r S^\circ$를 구한다.

$$\begin{aligned}\Delta_r H^\circ &= \Sigma n\Delta_f H^\circ(\text{생성물}) - \Sigma n\Delta_f H^\circ(\text{반응물})\\ &= (1\ \text{mol}\ CH_4(g)/\text{mol-rxn})\ \Delta_f H^\circ[CH_4(g)] -\\ &\qquad \{(1\ \text{mol}\ C(\text{흑연})/\text{mol-rxn})\ \Delta_f H^\circ[C(\text{흑연})] +\\ &\qquad\qquad (2\ \text{mol}\ H_2(g)/\text{mol-rxn})\ \Delta_f H^\circ[H_2(g)]\}\\ &= (1\ \text{mol}\ CH_4(g)/\text{mol-rxn})(-74.9\ \text{kJ/mol}) -\\ &\qquad [(1\ \text{mol}\ C(\text{흑연})/\text{mol-rxn})(0\ \text{kJ/mol}) + (2\ \text{mol}\ H_2(g)/\text{mol-rxn})(0\ \text{kJ/mol})]\\ &= -74.9\ \text{kJ/mol-rxn}\end{aligned}$$

$$\begin{aligned}\Delta_r S^\circ &= \Sigma nS^\circ(\text{생성물}) - \Sigma nS^\circ(\text{반응물})\\ &= (1\ \text{mol}\ CH_4(g)/\text{mol-rxn})\ S^\circ[CH_4(g)] -\\ &\qquad \{(1\ \text{mol}\ C(\text{흑연})/\text{mol-rxn})\ S^\circ[C(\text{흑연})] + (2\ \text{mol}\ H_2(g)/\text{mol-rxn})\ S^\circ[H_2(g)]\}\\ &= (1\ \text{mol}\ CH_4(g)/\text{mol-rxn})(186.3\ \text{J/K} \cdot \text{mol}) -\\ &\qquad [1\ \text{mol}\ C(\text{흑연})/\text{mol-rxn}](5.6\ \text{J/K} \cdot \text{mol}) +\\ &\qquad\qquad (2\ \text{mol}\ H_2(g)/\text{mol-rxn})(130.7\ \text{J/K} \cdot \text{mol})]\\ &= -80.7\ \text{J/K} \cdot \text{mol-rxn}\end{aligned}$$

식 18.5를 이용하여 $\Delta_r H^\circ$와 $\Delta_r S^\circ$를 조합하면 $\Delta_r G^\circ$를 구할 수 있다.

$$\begin{aligned}\Delta_r G^\circ &= \Delta_r H^\circ - T\Delta_r S^\circ\\ &= -74.9\ \text{kJ/mol-rxn} - [(298\ \text{K})(-80.7\ \text{J/K} \cdot \text{mol-rxn})](1\ \text{kJ/1000 J})\\ &= -50.9\ \text{kJ/mol-rxn}\end{aligned}$$

298 K에서 $\Delta_r G°$의 값이 음수이므로, 이 반응은 자발적일 것으로 예측된다. 또한 평형에서 생성물을 선호 할 것으로 예측된다.

고려사항 여러분의 흔한 오류 중의 하나는 $\Delta_r H°$와 $\Delta_r S°$가 같은 단위(이 경우 kJ)를 갖는다고 생각하는 것이다. 예제에서 $T\Delta_r S°$ 값이 음수(−24.0 kJ/mol-rxn)이며 이 반응을 선호하지 않는다. 그러나 엔트로피 변화는 상대적으로 작으므로, $\Delta_r H°$(= −74.9 kJ/mol-rxn) 항이 지배적인 요소이다. 화학자들은 이런 상황을 '엔탈피 우세 반응(enthalpy- driven reaction)'이라고 부른다.

유제 $\Delta_r H°$와 $\Delta_r S°$를 구하기 위해 $\Delta_f H°$과 $S°$의 값을 사용하여, 25 ℃ 표준조건에 있는 원소들로부터 2 mol의 $NH_3(g)$를 생성하기 위한 $\Delta_r G°$를 계산하시오.

$$N_2(g) + 3\ H_2(g) \rightarrow 2\ NH_3(g)$$

예제 18.5 생성 자유 에너지를 이용한 $\Delta_r G°$ 계산하기

문제 반응물과 생성물에 대한 표준 생성 자유 에너지를 이용하여 1 mol의 메테인이 연소되는 과정에서 표준 자유 에너지 변화를 계산하시오.

알고 있는 사실 표준반응 자유 에너지 변화($\Delta_r G°$)를 결정하고자 한다. 이 반응에 사용된 물질들의 표준생성 자유 에너지 값들은 부록 L에 나와 있다.

전략 완결된 화학 반응식을 쓰고, 부록 L에 나와 있는 $\Delta_f G°$의 값들을 식 18.8에 사용한다.

풀이 완결된 반응식, 반응물과 생성물의 $\Delta_f G°$ 값들은 다음과 같다.

	$CH_4(g)$	+	$2\ O_2(g)$	→	$2\ H_2O(g)$	+	$CO_2(g)$
$\Delta_f G°$ (kJ/mol)	−50.8		0		−228.6		−394.4

식 18.8에 이 값들을 대입한다.

$$\begin{aligned}\Delta_r G° &= \Sigma n\Delta_f G°(\text{생성물}) - \Sigma n\Delta_f G°(\text{반응물})\\ &= \{(2\ \text{mol } H_2O(g)/\text{mol-rxn})\ \Delta_f G°[H_2O(g)] + (1\ \text{mol } CO_2(g)/\text{mol-rxn})\ \Delta_f G°[CO_2(g)]\}\\ &\quad - \{(1\ \text{mol } CH_4(g)/\text{mol-rxn})\ \Delta_f G°[CH_4(g)] + (2\ \text{mol } O_2(g)/\text{mol-rxn})\ \Delta_f G°[O_2(g)]\}\\ &= [(2\ \text{mol } H_2O(g)/\text{mol-rxn})(-228.6\ \text{kJ/mol}) + (1\ \text{mol } CO_2(g)/\text{mol-rxn})(-394.4\ \text{kJ/mol})]\\ &\quad - [(1\ \text{mol } CH_4(g)/\text{mol-rxn})(-50.8\ \text{kJ/mol}) + (2\ \text{mol } O_2(g)/\text{mol-rxn})(0\ \text{kJ/mol})]\\ &= -800.8\ \text{kJ/mol-rxn}\end{aligned}$$

$\Delta_r G°$ 값이 큰 음수라는 것은 이 반응이 평형에서 생성물을 선호 함을 나타낸다.

고려사항 이러한 계산에서의 일반적인 오류는 (1) 화학 반응식에서 계수를 생각하지 않고, (2) 식 18.8을 이용할 때 항의 부호를 혼동한다는 것이다.

유제 $\Delta_f G°$의 값을 이용하여 1.00 mol의 $SO_2(g)$를 산화시켜 $SO_3(g)$를 생성하는 반응에 대한 표준 자유 에너지 변화를 계산하시오.

전략도 18.5

문제
반응에 대한 $\Delta_r G°$ 값을 계산하시오.

↓

알려진 자료/정보
- 화학 반응식의 표현
- $\Delta_f G°$ 값(부록 L)

↓ **1단계** 완결된 화학 반응식을 쓴다.

완결된 화학 반응식

↓ **2단계** 식 18.8을 이용하여 $\Delta_r G°$를 계산한다.

$\Delta_r G°$

자유 에너지와 온도

자유 에너지의 정의 $G = H - TS$는 자유 에너지가 온도의 함수임을 말해준다. 따라서 $\Delta_r G°$는 온도변화에 따라 변할 것이다(그림 18.11). $\Delta_r G°$가 온도에 따라 달라질 수 있기 때문에 어떤 반응이 평형인 어느 온도에서는 생성물–선호이지만 다른 온도에서는 반응물–선호일 수도 있다. 이런 경우는 아래의 경우처럼 $\Delta_r H°$와 $T\Delta_r S°$ 항이 서로 반대 방향으로 작용할 때 일어난다.

- 엔트로피 선호($\Delta_r S° > 0$)이고, 엔탈피 비선호($\Delta_r H° > 0$) 과정
- 엔탈피 선호($\Delta_r H° < 0$)이고, 엔트로피 비선호($\Delta_r S° < 0$) 과정

$\Delta G°$와 T의 관계를 좀 더 알아보고, 이 관계가 어떻게 유용하게 사용될 수 있는지 살펴보자.

탄산칼슘은 석회석, 대리석, 조개껍질의 주성분이다. $CaCO_3$에 열을 가하면 기체 상태 CO_2와 함께 중요한 화학물질의 하나인 석회(CaO)가 생성된다. 아래에서 사용된 298 K(25 ℃)에서의 자료들은 부록 L에서 가져온 것이다.

	$CaCO_3(s)$	⟶	$CaO(s)$	+	$CO_2(g)$
$\Delta_f G°$(kJ/mol)	−1129.16		−603.42		−394.36
$\Delta_f H°$(kJ/mol)	−1207.6		−635.09		−393.51
$S°$(J/K · mol)	91.7		38.2		213.74

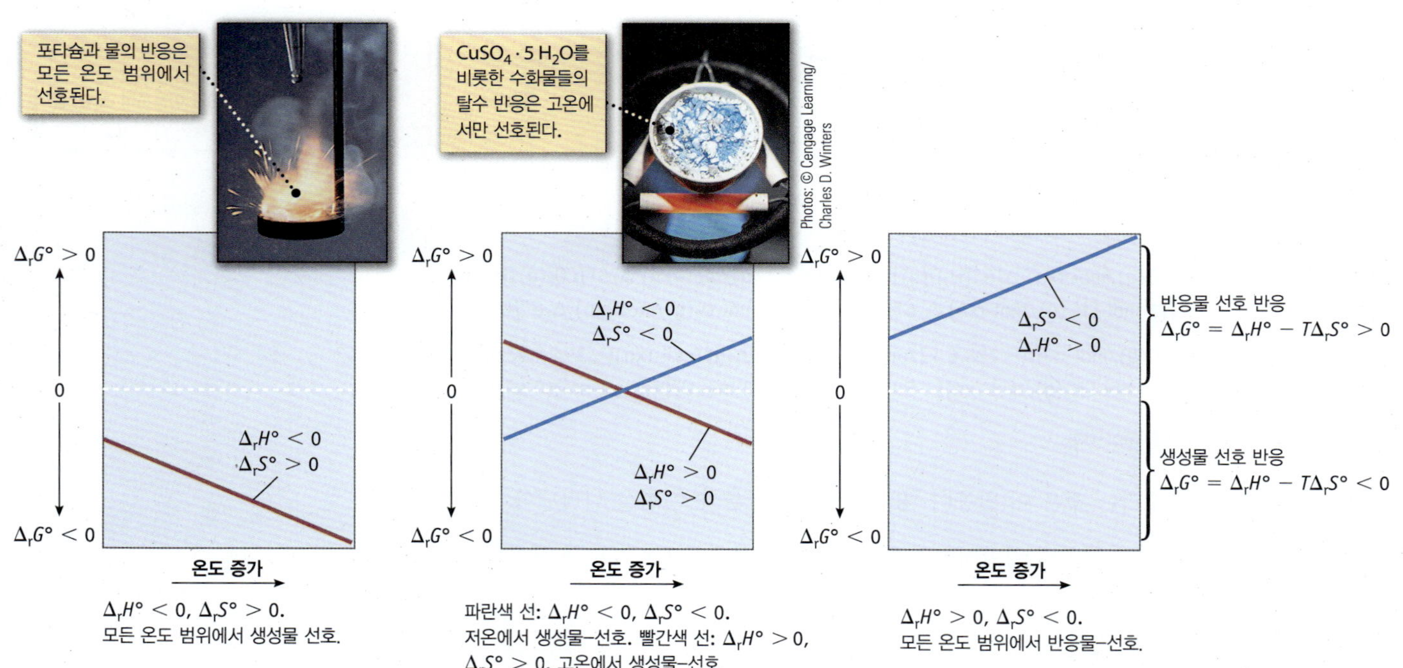

그림 18.11 온도에 따른 $\Delta_r G°$의 변화.

표준조건에서 1 mol의 $CaCO_3$(s)를 CaO(s)로 전환하는 과정에 대한 $\Delta_r G^\circ$ = +131.38 kJ, $\Delta_r H^\circ$ = +179.0 kJ, $\Delta_r S^\circ$ = +160.2 J/K이다. 이 반응은 엔트로피 선호이지만, 큰 양수 값의 비선호 엔탈피 변화가 298 K에서 우세하다. 따라서 298 K, 1 bar에서 표준 자유 에너지 변화는 양수이며, 평형에서 반응물–선호 반응이다.

$\Delta_r G^\circ$의 온도 의존도는 $CaCO_3$ 분해 반응을 생성물 선호 반응으로 방향을 바꾸는 방법을 알려준다. 이 반응에서 CO_2 기체가 생성되므로 반응의 엔트로피 변화는 양수임에 주목하라. 따라서 온도를 올리면 $T\Delta_r S^\circ$ 값은 점점 더 커지게 된다. 충분히 높은 온도에서, $T\Delta_r S^\circ$의 영향은 엔탈피 효과를 극복하고 이 과정은 평형에서 생성물 선호가 된다.

이 반응이 생성물 선호가 되려면 온도가 얼마나 높아야 하나? 아래와 같이 식 18.5를 이용하여 $\Delta_r G^\circ$ = 0가 되는 온도를 계산하여 그 온도를 추정할 수 있다. 그보다 높은 온도에서는 $\Delta_r G^\circ$의 값이 음수가 된다.

$$\Delta_r G^\circ = \Delta_r H^\circ - T\Delta_r S^\circ$$
$$0 = (179.0\ \text{kJ/mol-rxn})(1000\ \text{J/kJ}) - T(160.2\ \text{J/K}\cdot\text{mol-rxn})$$
$$T = 1117\ \text{K}\ (\text{또는 } 844\ ^\circ\text{C})$$

$CaCO_3$ 분해. 평형 상태의 계 [$CaCO_3 \rightleftharpoons CaO(s) + CO_2(g)$]에서 CO_2의 압력은 어림으로 예측한 온도에 가까운 약 900 ℃(K = 1, ΔG° = 0)에서 1 bar이다.

이 결과는 얼마나 정확한가? 앞에서 말했던 것처럼, 계산된 답은 요구되는 온도의 근사치이다. 오차가 발생하는 한 원인은 온도가 바뀌어도 $\Delta_r H^\circ$과 $\Delta_r S^\circ$는 변하지 않는다는 가정인데, 이 가정은 엄밀하게 말해서 사실이 아니다. 온도가 변하면 이들 값들은 작은 변화가 있게 마련이다—만약 온도 범위가 작다면 크게 문제되지 않지만, 넓은 온도 범위에서는 문제를 일으킬 가능성이 있다. 그러나 이 반응에서는 그 온도를 850 ℃로 추정하면 무난하다.

예제 18.6 $\Delta_r G^\circ$에 대한 온도효과

문제 니켈과 일산화탄소를 생성하는 액체 $Ni(CO)_4$의 분해 반응의 $\Delta_r G^\circ$는 25 ℃에서 40 kJ/mol-rxn이다.

$$Ni(CO)_4(\ell) \rightarrow Ni(s) + 4\ CO(g)$$

생성물 및 반응물의 $\Delta_f H^\circ$와 S°를 사용하여, 이 반응이 평형에서 생성물 선호가 되는 온도를 예측하시오.

알고 있는 사실 완결된 화학 반응식을 쓴다. 물질들의 표준생성 엔탈피와 표준 엔트로피 값들은 화학문헌에서 찾을 수 있다. 결정하려는 온도가 $\Delta_r G^\circ$ = 0일 때라는 것을 알고 있다.

전략 이 반응은 298 K와 평형에서 반응물 선호이다. 만일 엔트로피 변화가 양수이고 흡열이라면(양의 $\Delta_r H^\circ$ 값), 높은 온도는 평형에서 생성물 선호 반응을 가능하게 한다. 그러므로 표에 수록된 $\Delta_r H^\circ$과 $\Delta_r S^\circ$를 찾아서 높은 온도에서 반응이 자발적으로 바뀔 수 있는지를 확인한 다음, $0 = \Delta_r H^\circ - T\Delta_r S^\circ$가 되는 조건에서의 온도를 계산

전략도 18.6

문제

이 화학 반응이 **평형**에서 **생성물 선호**가 되는 **온도**를 구하시오.

↓

알려진 자료/정보

- 완결된 화학 반응식
- 온도
- $\Delta_f H°$, $S°$ 값

1단계 식 5.6을 이용하여 $\Delta_r H°$를 계산한다.

↓

$\Delta_r H°$

2단계 식 18.3을 이용하여 $\Delta_r S°$를 계산한다.

↓

$\Delta_r S°$

3단계 $\Delta_r G° = 0$인 온도를 구하기 위해 식 $\Delta_r G° = \Delta_r H° - T\Delta_r S°$를 이용한다.

↓

이 반응이 **평형**에서 **생성물이 선호**되는 **온도**를 구했다.

하면 된다.

풀이 관련된 물질들의 $\Delta_f H°$와 $S°$의 값들은 화학문헌에서 찾을 수 있다.

	$Ni(CO)_4(\ell)$	→	Ni(s)	+	4 CO(g)
$\Delta_f H°$(kJ/mol)	−632.0		0		−110.525
$S°$(J/K · mol)	320.1		29.87		197.67

1 mol의 액체 $Ni(CO)_4$가 1 mol의 Ni(s)와 4 mol의 CO(g)로 전환되는 반응에서 다음의 값을 구할 수 있다.

$$\Delta_r H° = +189.9 \text{ kJ/mol-rxn}$$
$$\Delta_r S° = +500.5 \text{ J/K mol-rxn}$$

$\Delta_r G° = 0$일 때의 온도를 계산하기 위해 $\Delta_r H°$과 $\Delta_r S°$의 값들을 사용한다.

$$\Delta_r G° = \Delta_r H° - T\Delta_r S°$$
$$0 = (189.9 \text{ kJ/mol-rxn})(1000 \text{ J/kJ}) - T(500.5 \text{ J/K} \cdot \text{mol-rxn})$$
$$T = 379.4 \text{ K (또는 106.2 °C)}$$

고려사항 298 K에서 이 반응은 흡열 반응이므로 평형에서 반응물 선호이다. 그러나 고온에서 양의 엔트로피 변화는 평형에서 생성물 선호를 가능하게 한다.

유제 프리스틀리(Joseph Priestley, 1733~1804)는 최초로 HgO에 열을 가하여 산소를 얻었다. 부록 L의 자료를 이용하여 HgO(s)가 자발적으로 분해하여 Hg(ℓ)과 O_2(g)가 생성되는 온도를 예측하시오.

$\Delta_r G°$와 K 사이의 관계식 이용

식 18.7은 실험적으로 구한 평형상수로부터 표준 자유 에너지 변화를 계산하는 직접적인 방법이다. 다른 방법으로는 표에 나와 있는 또는 실험에서 구한 열역학 자료로부터 평형상수를 계산할 수 있다.

예제 18.7 $\Delta_r G°$로부터 K_p 계산

문제 질소와 수소를 반응시켜 1.00 mol의 NH_3(g)를 생성하기 위한 $\Delta_r G°$를 계산하고, 이 값을 이용하여 25 ℃에서 평형상수를 구하시오.

알고 있는 사실 원하는 화학 반응에 대한 완결된 화학 반응식을 쓸 수 있는 충분한 지식을 가지고 있다. $\Delta_f G°$의 값은 부록 L에 주어져 있다.

전략 암모니아 생성 자유 에너지는 해당 원소들로부터 1.00 mol의 NH_3(g)를 생성하는 반응의 자유 에너지 변화를 나타낸다. 이 반응의 평형상수는 식 18.7을 사용한 $\Delta_r G°$로부터 계산된다. 반응물과 생성물이 모두 기체이므로 계산된 값은 K_p이다.

풀이 이 반응에 대한 화학 반응식을 완결한다.

$$\frac{1}{2}\,N_2(g) + \frac{3}{2}\,H_2(g) \rightleftharpoons NH_3(g)$$

이 반응의 자유 에너지 변화는 −16.37 kJ/mol-rxn($NH_3(g)$의 경우 $\Delta_r G^\circ = \Delta_f G^\circ$; 부록 L)이다. 식 18.7을 이용하여 K_p를 계산할 때, 일관된 단위를 사용하여야 한다. 만일 −8.3145 J/K·mol의 기체상수를 사용한다면, $\Delta_r G^\circ$의 단위는 J/mol-rxn(kJ/mol-rxn이 아님)이다. 이때 온도는 25 °C(298 K)이다.

$$\Delta_r G^\circ = -RT\ln K$$

$$-16{,}370\ \text{J/mol-rxn} = (-8.3145\ \text{J/K}\cdot\text{mol-rxn})(298.15\ \text{K})\ln K_p$$

$$\ln K_p = 6.604$$

$$K_p = 738$$

고려사항 $\Delta_r G^\circ$의 값이 0보다 작다는 것은 표준조건에서 이 반응이 자발적임을 나타내고 있으며, 평형에서 생성물 선호이다. 따라서 계산된 K_p 값은 1보다 크다. 이 예제는 열역학 자료를 이용하여 평형상수를 계산하는 방법을 설명해준다. 사실 화학 문헌에 나와 있는 많은 평형상수들은 실험적으로 구해진 것이 아니고 여기에서처럼 열역학 자료를 이용하여 계산된 값들이다.

유제 298.15 K에서 탄산칼슘이 분해하여 산화칼슘과 이산화탄소를 생성하는 반응에 대한 평형상수 K_p를 계산하시오.

전략도 18.7

문제
열역학 자료를 이용하여 반응에 대한 **평형상수**를 구하시오.

↓

알려진 자료/정보
- 완결된 화학 반응식을 쓰기 위한 정보
- $\Delta_f G^\circ$ 값
- 온도

↓ **1단계 완결된 화학 반응식**을 쓴다.

완결된 화학 반응식

↓ **2단계** 식 18.8의 $\Delta_f G^\circ$ 값을 이용하여 $\Delta_r G^\circ$를 계산한다.

$\Delta_r G^\circ$

↓ **3단계** 식 $\Delta_r G^\circ = -RT\ln K$ 를 이용하여 K 값을 구한다.

평형상수(K)

예제 18.8 불용성 고체의 K_{sp}로부터 $\Delta_r G^\circ$ 계산

문제 25 °C에서 AgCl(s)의 K_{sp}는 1.8×10^{-10}이다. 298.15 K에서 $Ag^+(aq) + Cl^-(aq) \rightleftharpoons AgCl(s)$ 반응에 대한 $\Delta_r G^\circ$를 계산하시오.

알고 있는 사실 K_{sp} 값을 알고 있다. 이 반응은 K_{sp}를 나타내는 반응의 역반응이다. 온도를 알고 있다.

전략 주어진 화학 반응식은 K_{sp}를 정의하는 데 사용되는 식의 반대이다. 그러므로 이 반응에 대한 평형상수는 $1/K_{sp}$이다. $\Delta_r G^\circ$를 구하기 위해 식 18.7에 이 값을 사용한다.

풀이 $Ag^+(aq) + Cl^-(aq) \rightleftharpoons AgCl(s)$ 반응에서

$$K = 1/K_{sp} = 1/1.8 \times 10^{-10} = 5.6 \times 10^9$$

$$\Delta_r G^\circ = -RT\ln K = -(8.3145\ \text{J/K}\cdot\text{mol-rxn})(298.15\ \text{K})\ln(5.6 \times 10^9)$$

$$= -56{,}000\ \text{J/mol-rxn} = -56\ \text{kJ/mol-rxn}$$

고려사항 $\Delta_r G^\circ$의 음수 값은 $Ag^+(aq)$과 $Cl^-(aq)$에서 AgCl이 침전되는 현상은 평형에서 생성물 선호임을 나타낸다.

유제 부록 L의 자료를 사용하여 $C(s) + CO_2(g) \rightleftharpoons 2\,CO(g)$의 반응에 대한 $\Delta_r G^\circ$를 계산하시오. 이 결과를 이용하여 평형상수를 계산하시오.

사례 연구 열역학과 생명체

열역학 법칙들은 모든 화학 반응에 적용된다. 자발성과 $\Delta_r G$ 계산은 생화학 반응의 연구에도 이용된다. 그러나 생화학 반응에서는 때때로 다른 표준 상태를 사용한다. 기체에 대해서는 1 bar, 수용액 중의 용질에 대해서는 1몰랄농도 등 일반적인 표준조건들이 그대로 유지되지만, 중요한 한 가지 용질에 대해서만 예외이다. 하이드로늄 이온에 대해서는 1 *m*을 표준 상태(pH로는 0에 해당함)로 사용하는 대신 pH 7에 해당하는 1×10^{-7} M을 표준농도로 사용한다. 이 pH는 생화학 반응에서 매우 유용하게 사용된다. 생화학자들은 표준 상태로 이 농도를 사용할 때 열역학 기호 뒤에 「′」을 붙인다. 예를 들면 $\Delta_r G°'$라고 쓴다(delta G zero prime이라고 읽는다).

생명체들은 수많은 기능을 수행하기 위해 에너지를 필요로 한다. 이 에너지를 공급하는 주요 반응 중의 하나가 삼인산아데노신(adenosine triphosphate, ATP)과 물의 반응이며, 이 반응의 $\Delta_r G°' = -30.5$ kJ/mol-rxn이다.

ATP, 삼인산아데노신

호흡 과정의 중요한 기능 중의 하나는 인체에 사용되는 ATP 분자를 만들어내는 것이다. ATP는 이인산아데노신(adenosine diphosphate, ADP)과 인산수소(hydrogen phosphate, $HP_i = HPO_4^{2-}$)의 반응으로 생성되며, 이 반응은 표준조건에서 비자발적이고, 평형에서 반응물 선호이다.

$$ADP + HP_i + H^+ \rightarrow ATP + H_2O \quad \Delta_r G°' = +30.5 \text{ kJ/mol-rxn}$$

그렇다면 어떻게 인체에서 이 반응이 일어나는가? 대답은 반응물 선호인 ATP 생성 반응보다 더 생성물을 선호하는 또 다른 반응과 ATP 생성 반응을 짝짓는 것이다. 예를 들면, 유기체들은 여러 단계를 거치는 탄수화물 산화 반응을 통하여 에너지를 만들어 낸다. 당분해(glycolysis)로 불리는 이 반응으로부터 생성되는 화합물들 중 하나가 포스포엔올피루브산 염(phosphoenolpyruvate, PEP)이다.

PEP, 포스포에놀피루브산 염

PEP와 물의 반응은 평형에서 생성물 선호이다.

$$PEP + H_2O \rightarrow \text{피루브산염} + HP_i \quad \Delta_r G°' = -61.9 \text{ kJ/mol-rxn}$$

이 반응과 ATP 생성 반응은 PEP 반응에서 만들어지는 HP_i에 의해 연결된다. 만일 이 두 반응이 진행된다면 다음과 같은 반응식이 얻어진다.

$$PEP + H_2O \rightarrow \text{피루브산염} + HP_i \quad \Delta_r G°' = -61.9 \text{ kJ/mol-rxn}$$

$$ADP + HP_i + H^+ \rightarrow ATP + H_2O \quad \Delta_r G°' = +30.5 \text{ kJ/mol-rxn}$$

$$PEP + ADP + H^+ \rightarrow \text{피루브산염} + ATP \quad \Delta_r G°' = -31.4 \text{ kJ/mol-rxn}$$

전체 반응은 음의 $\Delta_r G°'$값을 가지며 평형에서 생성물 선호이므로, ATP가 생성된다. 생성물 선호인 계를 만들어 내기 위한 반응의 짝지음은 인체 안에서 일어나는 다양한 반응들에서 사용되어 지고 있다.

문제

1. 인산크레아틴(creatine phosphate)과 아데노신−5′−일인산(adenosine−5′−monophosphate)과의 가수분해 반응을 고려해 보자.

   $$\text{인산크레아틴} + H_2O \rightarrow \text{크레아틴} + HP_i \quad \Delta_r G°' = -43.3 \text{ kJ/mol-rxn}$$

   $$\text{아데노신-5'-일인산} + H_2O \rightarrow \text{아데노신} + HP_i \quad \Delta_r G°' = -9.2 \text{ kJ/mol-rxn}$$

   다음 중 어느 조합이 평형에서 생성물 선호 반응이 되겠는가?
   인산크레아틴으로부터 인산이 아데노신으로 전이되는 반응 또는 아데노신−5′−일인산으로부터 인산이 크레아틴으로 전이되는 반응

2. 반응 $A(aq) + B(aq) \rightarrow C(aq) + H_3O^+(aq)$이 1개의 하이드로늄 이온을 생성한다고 가정하자. 25 °C에서 $\Delta_r G°'$과 $\Delta_r G°$ 사이의 수학적 관계는 무엇인가?
   (힌트: $\Delta_r G = \Delta_r G° + RT \ln Q$ 식을 이용하고 $\Delta_r G$를 $\Delta_r G°'$으로 치환하시오.)

이 질문에 대한 답은 부록 N에 수록되어 있다.

$\Delta_r G°$과 반응 지수를 이용하여 반응 자유 에너지 변화($\Delta_r G$)의 계산

식 18.6은 $\Delta_r G°$와 반응지수 Q의 값이 주어졌을 때 비표준 조건에서 반응의 자유 에너지 변화, $\Delta_r G$의 값을 계산할 수 있게 한다.

예제 18.9 $\Delta_r G°$와 Q로부터 $\Delta_r G$ 계산

문제 기체 일염화아이오딘은 다음 화학 반응식에 따라 아이오딘과 염소 기체로 분해될 수 있다.

$$2\ ICl(g) \rightarrow I_2(g) + Cl_2(g)$$

(a) 생성물과 반응물의 표준생성 자유 에너지 값을 이용하여 298 K에서 이 반응의 $\Delta_r G°$를 계산하시오. 이 반응은 평형에서 반응물–선호 또는 생성물–선호인가?

(b) 반응물과 생성물을 다음의 부분 압력으로 섞으면 298 K에서 이 반응의 $\Delta_r G$를 계산하시오. ICl 1.0 atm, I_2 1.0×10^{-3} atm, Cl_2 1.0×10^{-3} atm. 이 반응은 이 조건에서 자발적인가?

알고 있는 사실 완결된 화학 반응식이 주어져 있고, 표준생성 자유 에너지는 부록 L에 수록되어 있다.

전략 (a)에서는 $\Delta_r G°$의 값을 얻기 위하여 $\Delta_f G°$의 값과 식 18.8을 이용한다. (b)에서는 주어진 조건에서 $\Delta_r G$의 값을 얻기 위하여 식 18.6을 이용한다.

풀이

(a)

	2 ICl(g)	→	I_2(g)	+	Cl_2(g)
$\Delta_f G°$(kJ/mol)	−5.73		19.33		0

이 값들을 식 18.8에 대입하여 보자.

$$\Delta_r G° = \Sigma n \Delta_f G°(\text{생성물}) - \Sigma n \Delta_f G°(\text{반응물})$$

$$= \{(1\ \text{mol}\ I_2(g)/\text{mol-rxn})\ \Delta_f G°[I_2(g)] + (1\ \text{mol}\ Cl_2(g)/\text{mol-rxn})\ \Delta_f G°[Cl_2(g)]\} - (2\ \text{mol}\ ICl(g)/\text{mol-rxn})\ \Delta_f G°[ICl(g)]$$

$$= [(1\ \text{mol}\ I_2(g)/\text{mol-rxn})(19.33\ \text{kJ/mol}) + (1\ \text{mol}\ Cl_2(g)/\text{mol-rxn})(0\ \text{kJ/mol})] - (2\ \text{mol}\ ICl(g)/\text{mol-rxn})(-5.73\ \text{kJ/mol})$$

$$= 30.79\ \text{kJ/mol-rxn}$$

$\Delta_r G°$는 298 K에서 양이므로, 반응은 평형에서 반응물–선호 일 것으로 예상된다.

(b) 식 18.6은 주어진 조건에서 $\Delta_r G$를 계산하는 데 사용할 수 있다.

$$\Delta_r G = \Delta_r G° + RT\ln Q$$

$$= \Delta_r G° + RT\ln(P_{I_2} P_{Cl_2}/P_{ICl}^2)$$

$$= 30.79\ \text{kJ/mol-rxn} + (0.0083145\ \text{kJ/K} \cdot \text{mol-rxn})(298\ \text{K})\ln[(1.0 \times 10^{-3})(1.0 \times 10^{-3})/(1.0)^2]$$

$$= -3.44\ \text{kJ/mol-rxn}$$

$\Delta_r G$는 298 K에서 음이다. 따라서 이 반응은 반응물-선호 평형 위치에 도달할 때까지 자발적으로 진행할 것이다.

고려사항 이 반응의 평형 위치가 비록 반응물 선호이지만, 문제 (b)에서 주어진 조건에서 반응이 자발적이다. 반응물-선호 반응도 평형에 도달할 때까지 자발적이다.

유제 질소와 산소는 반응하여 다음 화학 반응식에 따라 일산화질소를 형성할 수 있다.

$$N_2(g) + O_2(g) \rightarrow 2\ NO(g)$$

(a) 생성물과 반응물의 표준생성 자유 에너지 값을 이용하여 298 K에서 이 반응의 $\Delta_r G°$를 계산하시오. 이 반응은 평형에서 반응물-선호 또는 생성물-선호인가?

(b) 반응물과 생성물을 다음의 부분 압력으로 섞으면 298 K에서 이 반응의 $\Delta_r G$를 계산하시오. N_2 0.10 atm, O_2 0.10 atm, NO 0.010 atm. 이 반응은 이 조건에서 자발적인가?

18.7절 확인문제

1. 25 °C에서 $\Delta_r H° = -2219$ kJ/mol-rxn이고 $\Delta_r S° = -216$ J/K · mol-rxn일 때 $\Delta_r G°$를 구하시오.

$$C_3H_8(g) + 5\ O_2(g) \rightarrow 3\ CO_2(g) + 4\ H_2O(\ell)$$

(a) −2283 kJ/mol-rxn (b) −2214 kJ/mol-rxn
(c) −2155 kJ/mol-rxn (d) 6.218×10^4 kJ/mol-rxn

2. 25 °C에서 $\Delta_f G°$ 값을 사용하여, $\Delta_r G°$를 구하시오.

$$2\ KClO_3(s) \rightarrow 2\ KCl(s) + 3\ O_2(g)$$

(a) −225 kJ/mol-rxn (b) −112 kJ/mol-rxn
(c) 112 kJ/mol-rxn (d) 225 kJ/mol-rxn

3. 425 °C에서 다음 반응에 대한 K_p의 값은 0.018이다. 이 온도에서 $\Delta_r G°$의 값은 얼마인가?

$$2\ HI(g) \rightleftharpoons H_2(g) + I_2(g)$$

(a) 1.0×10^1 kJ/mol-rxn (b) −14 kJ/mol-rxn
(c) 23 kJ/mol-rxn (d) 240 kJ/mol-rxn

화학 원리 응용 | 다이아몬드는 영원한가?

천연 다이아몬드는 지표면 150 km 아래에서 만들어진다. 이 깊이에서의 엄청난 압력과 고온은 낮은 압력에서 탄소의 안정한 동소체인 흑연을 다이아몬드로 전환시킨다. 이 다이아몬드는 화산 폭발을 통해 지구 표면으로 나온다고 알려져 있다. 만일 다이아몬드가 빠르게 지구 표면으로 나온다면, 흑연으로 다시 전환되기 전에 냉각될 것이다. 상온에서 다이아몬드는 열역학적으로 불안정하지만, 활성장벽이 너무 커서 상태전이가 일어나지 않는다.

이러한 원리를 이용하여 1950년대부터 실험실에서 합성 다이아몬드를 생산했다. 다이아몬드 결정핵을 흑연 및 니켈(또는 크로뮴)과 결합시킨 후, 50,000 atm 이상의 압력과 약 1500℃의 온도를 가한다. 니켈은 녹아 탄소용해를 위한 용매와 다이아몬드 생성을 위한 촉매로 동시 작용한다. 만일 조건들이 다이아몬드와 흑연 사이의 평형선 부근에서 유지된다면(그림 A), 약 3일 안에 합성 다이아몬드의 단결정체가 1캐럿 이상의 크기로 성장할 것이다. 또한 다이아몬드 결정격자 안의 탄소를 소량의 질소로 치환하여 다양한 색을 가진 합성 다이아몬드도 만들 수 있다. 가장 일반적인 색은 노란색이다.

현재 진공과 저온(800℃)에서 다이아몬드를 성장시키는 **화학 기상증착**(chemical vapor deposition, CVD)이라는 기술이 사용되고 있다. CVD에서 메테인과 수소 기체는 다이아몬드 결정핵 위에 원자화된다. 수소 원자들은 다이아몬드 표면에서 탄소 원자와 결합하여, 인접한 탄소들끼리 이중결합을 형성하지 못하게 막아준다. 분해된 메테인의 탄소 라디칼들은 다이아몬드 표면 위의 수소 원자들을 천천히 치환하여 한 번에 한 층씩 커다란 다이아몬드를 만들게 된다. CVD 방법은 다이아몬드 보석뿐만 아니라 다이아몬드 창, 다양한 종류의 다이아몬드 필름 제조에도 사용된다(그림 B).

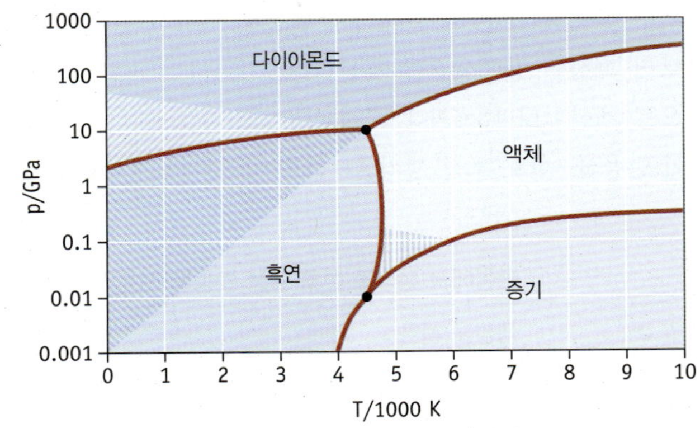

그림 A 탄소의 상평형 그림. 빗금친 부분은 두 상이 공존하고 있는 부분이다. 압력의 단위는 기가 파스칼이다(1 GPa는 9900 atm이다).

그림 B 다이아몬드 웨이퍼. 화학 기상증착(CVD) 기술은 판 또는 웨이퍼 형태의 다이아몬드 합성을 가능하게 한다. 최적화된 성장 조건에서 이 판들의 성질은 완전한 다이아몬드 단결정체의 성질에 가깝다.

문제

1. 다이아몬드가 흑연으로 분해되는 반응[C(다이아몬드) → C(흑연)]은 열역학적으로 선호되지만, 상온에서 천천히 일어난다.
   (a) 부록 L의 $\Delta_f G^\circ$ 값을 이용하여, 298.15 K, 표준조건에서 이 반응에 대한 $\Delta_r G^\circ$과 K_{eq}를 계산하시오.
   (b) 부록 L의 $\Delta_f H^\circ$, S° 값을 이용하여, 1000 K에서 이 반응에 대한 $\Delta_r G^\circ$와 K_{eq}를 계산하시오. 엔탈피와 엔트로피 값은 이 온도에서도 유용하다고 가정한다. 가열하면 평형이 다이아몬드를 생성하는 방향 아니면 흑연을 생성하는 방향 중 어느 방향으로 이동하게 되겠는가?
   (c) 왜 고압에서 다이아몬드 생성선호 반응인가?
   (d) 상평형 그림은 20,000 atm(약 2 GPa)과 상온에서 흑연보다 다이아몬드가 열역학적으로 더 선호됨을 보여주고 있다. 더 높은 온도와 압력에서 왜 이러한 전환이 일어나는가?
2. 또 다른 탄소의 동소체(2.5절)인 C_{60}는 상온과 20,000 atm(약 2 GPa)에서 다이아몬드로 전환된다고 알려져 있다. C_{60}의 표준생성 엔탈피($\Delta_f H^\circ$)는 298.2 K에서 2320 kJ/mol이다.
   (a) 298.2 K, 표준조건에서 C_{60}가 다이아몬드로 전환되기 위한 $\Delta_r H^\circ$를 계산하시오.
   (b) C_{60}와 다이아몬드의 탄소 1 mol당 표준 엔트로피가 비슷하다고 가정한다면(모두 약 2.3 J/K · mol), 상온에서 C_{60}가 다이아몬드로 전환되는 반응은 생성물 선호인가?

학습 목표 복습

여러분은 이 장의 학습을 마쳤다. 이제 학습 목표를 달성했는지 점검해 보자. 특히 다음과 같은 것을 할 수 있어야 한다.

- 엔트로피의 개념과 반응의 자발성과의 관계를 이해한다.
  a. 엔트로피는 에너지 분산을 측정하는 것임을 이해한다(18.2절).
  b. 엔트로피 변화는 가역적 과정에서 열의 형태로 이동하는 에너지를 절대온도로 나눈 값임을 인지한다(심층 학습: 자발적과 비자발적 과정, 18.2절, 식 18.1).
  c. 엔트로피를 선호하는 일반적인 과정들 확인한다(18.4절).
- 반응의 엔탈피, 엔트로피와 자유 에너지 변화 사이의 관계를 이해한다(18.6절).

- 표준조건에서 과정의 자발성 여부를 결정하기 위해 계, 주위, 우주의 엔트로피 변화를 계산한다.
  a. 표준 엔트로피 표를 이용하여 엔트로피 변화를 계산한다(18.4절).
  b. 표준조건에서 반응이 자발적인지를 예측하기 위해 표준 엔트로피와 엔탈피 변화 사용한다(18.5절, 표 18.1).
  c. 반응의 자발성에 대한 온도의 영향을 이해한다(18.5절).
- 반응의 자발성을 예측하기 위하여 깁스 자유 에너지 변화를 이용한다.
  a. 표준조건에서 엔탈피, 엔트로피 변화로부터 반응의 깁스 자유 에너지 변화를 계산한다(18.7절).
  b. $\Delta_r G$, Q, K와 반응의 자발성과의 관계를 이해한다(18.6절).

Q	ΔG	자발적?
$Q < K$	$\Delta_r G < 0$	쓰여진 반응식처럼 오른쪽으로 자발적
$Q = K$	$\Delta_r G = 0$	반응은 평형
$Q > K$	$\Delta_r G > 0$	오른쪽으로 비자발적, 왼쪽으로 자발적

  c. 온도에 따라 자유 에너지가 어떻게 변화하는지 이해한다(18.7절).
- 생성 자유 에너지 자료로부터 반응의 표준 자유 에너지 변화를 계산한다(18.7절).
- 표준 자유 에너지 변화로부터 과정의 평형상수를 계산한다.
  a. $\Delta_r G^\circ$로부터 K 또는 역으로 계산한다(18.6과 18.7절).
  b. $\Delta_r G^\circ$와 평형에서 반응이 반응물–선호 또는 생성물–선호 여부와의 관계를 이해한다(18.6절).

K	ΔG°	평형에서 생성물 선호 또는 반응물 선호?
$K >> 1$	$\Delta_r G^\circ < 0$	생성물 선호
$K = 1$	$\Delta_r G^\circ = 0$	평형에서 $[C]^c[D]^d = [A]^a[B]^b$
$K << 1$	$\Delta_r G^\circ > 0$	반응물 선호

- 우주의 엔트로피는 자발적 변화에서 증가함을 기억한다.
- 자발적 반응의 깁스 자유 에너지 변화는 음임을 기억한다.

주요 식

식 18.1(826쪽) 특정 온도에서 일어나는 가역 과정에서 열로 전환되는 에너지로부터 엔트로피 계산

$$\Delta S = \frac{q_{rev}}{T}$$

식 18.2(829쪽) 볼츠만 식: 계의 엔트로피(S)는 계 또는 물질이 주어진 에너지 상태에서 가질 수 있는 미시적 상태의 수에 비례

$$S = k \ln W$$

식 18.3(834쪽) 표에 나와 있는 반응물과 생성물의 엔트로피와 완결된 화학 반응식의 계수(n)로부터 표준조건에서 반응의 표준 엔트로피 변화 계산

$$\Delta_r S° = \Sigma n S°(\text{생성물}) - \Sigma n S°(\text{반응물})$$

식 18.4(836쪽) 표준조건에서 반응이 자발적인지를 결정하기 위한 계와 주위의 전체 엔트로피를 계산

$$\Delta S°(\text{우주}) = \Delta S°(\text{계}) + \Delta S°(\text{주위})$$

식 18.5(842쪽) 엔탈피와 엔트로피 변화로부터 반응의 자유 에너지 변화 계산

$$\Delta_r G° = \Delta_r H° - T\Delta_r S°$$

식 18.6(843쪽) 표준 자유 에너지 변화($\Delta_r G°$), 반응지수(Q)와 비표준조건에서 자유 에너지 변화($\Delta_r G$)와의 관계

$$\Delta_r G = \Delta_r G° + RT \ln Q$$

식 18.7(843쪽) 표준 자유 에너지 변화와 평형상수와의 관계

$$\Delta_r G° = -RT \ln K$$

식 18.8(845쪽) 표에 나와 있는 $\Delta_f G°$와 완결된 화학 반응식의 계수(n)을 이용하여 반응의 표준 자유 에너지 계산

$$\Delta_r G° = \Sigma n \Delta_f G°(\text{생성물}) - \Sigma n \Delta_f G°(\text{반응물})$$

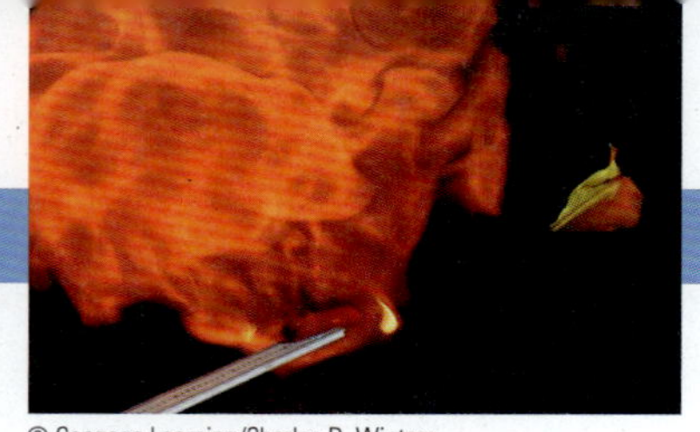

© Cengage Learning/Charles D. Winters

학습문제

실전문제

엔트로피(18.2~18.4절, 예제 18.1~18.2 참조)

1. 어떤 물질이 더 높은 엔트로피를 가지겠는가?
(a) −78 ℃에서의 드라이아이스(고체 CO_2) 또는 0 ℃에서의 $CO_2(g)$
(b) 25 ℃에서의 액체 물 또는 50 ℃에서의 액체 물
(c) 순수한 알루미나[$Al_2O_3(s)$] 또는 루비(루비는 결정격자의 일부 Al^{3+} 이온이 Cr^{3+} 이온으로 대체된 Al_2O_3)
(d) 1 bar에서 1 mol의 $N_2(g)$ 또는 10 bar에서의 1 mol $N_2(g)$ (모두 298 K)

2. 다음 반응들에 대하여, $S°$ 값을 이용하여 엔트로피의 변화 값 $\Delta_r S°$를 계산하고, 그 값의 부호에 관하여 설명하시오.
(a) $KOH(s) \rightarrow KOH(aq)$
(b) $Na(g) \rightarrow Na(s)$
(c) $Br_2(\ell) \rightarrow Br_2(g)$
(d) $HCl(g) \rightarrow HCl(aq)$

3. 25 ℃에서 원소들로부터 다음의 화합물 1 mol을 생성하는 데 필요한 표준 엔트로피 변화를 계산하시오.
(a) $HCl(g)$ (b) $Ca(OH)_2(s)$

4. 25 ℃에서 다음 반응에 대한 표준 엔트로피의 변화를 계산하고, $\Delta_r S°$의 부호를 설명하시오.
(a) $2\ Al(s) + 3\ Cl_2(g) \rightarrow 2\ AlCl_3(s)$
(b) $2\ CH_3OH(\ell) + 3\ O_2(g) \rightarrow 2\ CO_2(g) + 4\ H_2O(g)$

$\Delta_r S°$(우주) 및 자발성(18.2~18.5절, 예제 18.3 참조)

5. 298.15 K 표준조건에서 $Si(s) + 2\ Cl_2(g) \rightarrow SiCl_4(g)$ 반응은 자발적인가? $\Delta S°$(계), $\Delta S°$(주위), $\Delta S°$(우주)를 계산하여 이 문제에 답하시오. (계로서 반응물과 생성물을 정의하시오.)

6. 기체 상태의 수소와 산소를 생성하기 위해 액체 상태의 물 1 mol을 분해할 때의 $\Delta S°$(우주)를 계산하시오. 25 ℃의 해당 조건에서 이 반응은 자발적인가? 답을 간략히 설명하시오.

7. 다음 각 반응이 표 18.1에 요약된 4개의 반응 유형 중 어느 것에 해당하는지를 분류하시오.
(a) $Fe_2O_3(s) + 2\ Al(s) \rightarrow 2\ Fe(s) + Al_2O_3(s)$
$\Delta_r H° = -851.5$ kJ/mol-rxn
$\Delta_r S° = -375.2$ J/K · mol-rxn
(b) $N_2(g) + 2\ O_2(g) \rightarrow 2\ NO_2(g)$
$\Delta_r H° = 66.2$ kJ/mol-rxn
$\Delta_r S° = -121.6$ J/K · mol-rxn

깁스 자유 에너지(18.6~18.7절, 예제 18.4 참조)

8. $\Delta_f H°$, $S°$의 값을 이용하여 25 ℃에서 다음 각각의 반응식에 대한 $\Delta_r G°$를 계산하시오.
(a) $2\ Pb(s) + O_2(g) \rightarrow 2\ PbO(s)$
(b) $NH_3(g) + HNO_3(aq) \rightarrow NH_4NO_3(aq)$
어느 반응이 평형에서 생성물 선호 반응으로 예상되는가? 이들 반응은 엔탈피가 우세한가 또는 엔트로피가 우세한가?

9. $\Delta_f H°$, $S°$의 값을 이용하여 다음 각 화합물에 대한 표준 생성 자유 에너지 $\Delta_f G°$를 계산하시오.
(a) $CS_2(g)$
(b) $NaOH(s)$
(c) $ICl(g)$
여기서 계산한 $\Delta_f G°$ 값을 부록 L에 수록된 값과 비교해 보시오. 어떤 화합물 생성 반응이 25 ℃, 평형에서 생성물 선호로 예측되는가?

생성 자유 에너지(18.7절, 예제 18.5 참조)

10. $\Delta_f G°$ 값을 이용하여, 25 ℃에서 다음 각 반응에 대한 $\Delta_r G°$를 계산하시오. 어느 반응이 평형에서 생성물 선호인가?
(a) $2\ K(s) + Cl_2(g) \rightarrow 2\ KCl(s)$

(b) $2\ CuO(s) \rightarrow 2\ Cu(s) + O_2(g)$

(c) $4\ NH_3(g) + 7\ O_2(g) \rightarrow 4\ NO_2(g) + 6\ H_2O(g)$

11. $BaCO_3(s) \rightarrow BaO(s) + CO_2(g)$ 반응은 $\Delta_r G^\circ = +219.7$ kJ이다. 이 값과 부록 L의 값을 이용하여 $BaCO_3(s)$의 $\Delta_f G^\circ$의 값을 계산하시오.

Δ*G*에 대한 온도효과(18.7절, 예제 18.6 참조)

12. 표준조건에서 아래에 열거한 각 반응들이 엔트로피 선호인지 아닌지를 결정하시오. 온도 증가가 $\Delta_r G^\circ$ 값에 어떻게 영향을 미치는지 예측하시오.

(a) $N_2(g) + 2\ O_2(g) \rightarrow 2\ NO_2(g)$

(b) $2\ C(s) + O_2(g) \rightarrow 2\ CO(g)$

(c) $CaO(s) + CO_2(g) \rightarrow CaCO_3(s)$

(d) $2\ NaCl(s) \rightarrow 2\ Na(s) + Cl_2(g)$

13. 탄산마그네슘[$MgCO_3(s)$]을 포함한 금속의 탄산염을 가열하면 분해된다.

$$MgCO_3(s) \rightarrow MgO(s) + CO_2(g)$$

(a) 이 반응에 대한 $\Delta_r G^\circ$와 $\Delta_r S^\circ$를 계산하시오.

(b) 298 K 평형에서 이 반응은 생성물 선호인가?

(c) 더 높은 온도의 평형에서 생성물 선호라고 예측하는가?

자유 에너지와 평형상수(18.7절, 예제 18.7~18.8 참조)

14. 25 ℃에서 해당 원소들로부터 NO(g)가 생성되는 반응에 대한 표준 자유 에너지 변화 $\Delta_r G^\circ$는 +86.58 kJ/mol이다. 평형 상태인 이 온도에서 K_p를 계산하시오.

$$\tfrac{1}{2}\ N_2(g) + \tfrac{1}{2}\ O_2(g) \rightleftharpoons NO(g)$$

$\Delta_r G^\circ$의 부호와 K_p 값의 크기를 설명하시오.

15. 25 ℃에서 $C_2H_4(g)$와 $H_2(g)$로부터 $C_2H_6(g)$ 1.00 mol을 생성하기 위한 $\Delta_r G^\circ$을 계산하시오. 이 값을 이용하여 다음 평형에 대한 K_p를 계산하시오.

$$C_2H_4(g) + H_2(g) \rightleftharpoons C_2H_6(g)$$

$\Delta_r G^\circ$의 부호와 K_p의 크기를 설명하시오.

자유 에너지와 반응 조건(18.7절과 예제 18.9 참조)

16. 25 ℃에서 각 원소들로부터 암모니아의 생성 반응은 다음과 같다.

$$N_2(g) + 3\ H_2(g) \rightarrow 2\ NH_3(g)$$

(a) $\Delta_f G^\circ$를 이용하여 $\Delta_r G^\circ$를 계산하시오. 이 반응은 평형에서 생성물 선호인가?

(b) 반응물과 생성물 각각의 부분압력 0.10 atm일 때 $\Delta_r G$를 계산하시오. 이 반응은 이 조건 하에서 자발적인가?

일반문제

다음 문제들은 절의 종류나 위치를 명시하지 않았다. 이 문제들은 여러 가지 개념이 조합되어 있을 수도 있다.

17. 다음의 짝지어진 화합물들을 비교하여, 어느 물질이 더 높은 엔트로피를 가지는지 결정하시오. 온도는 모두 동일하다고 가정한다. 부록 L의 자료를 이용하여 나온 답과 비교하여 보시오.

(a) HF(g), HCl(g), 또는 HBr(g)

(b) $NH_4Cl(s)$ 또는 $NH_4Cl(aq)$

(c) $C_2H_4(g)$ 또는 $N_2(g)$ (두 물질은 동일한 몰질량을 가진다.)

(d) NaCl(s) 또는 NaCl(g)

18. 매년 약 50억 kg의 벤젠(C_6H_6)이 생산된다. 벤젠은 다른 화합물들을 만들기 위한 출발 물질과 용매로 사용된다. 벤젠으로부터 합성되는 물질 중의 하나가 사이클로헥세인(C_6H_{12})이다.

$$C_6H_6(\ell) + 3\ H_2(g) \rightarrow C_6H_{12}(\ell)$$

$$\Delta_r H^\circ = -206.7 \text{ kJ/mol-rxn}; \quad \Delta_r S^\circ = -361.5 \text{ J/K} \cdot \text{mol-rxn}$$

이 반응이 25 ℃ 평형에서 생성물 선호라고 예측하는가? 이 반응은 엔탈피가 우세한가 또는 엔트로피가 우세한가?

19. 에테인(C_2H_6)의 연소반응은 25 ℃ 평형에서 생성물 선호인가?

$$C_2H_6(g) + \tfrac{7}{2}\ O_2(g) \rightarrow 2\ CO_2(g) + 3\ H_2O(g)$$

부록 L의 $\Delta_f H^\circ$, S° 값을 이용하여 298 K에서 ΔS°(우주) 값을 계산한 후, 물음에 답하시오. 답이 미리 예측한 것과 일치하는가?

20. 염산 증기와 암모니아 수용액을 서로 접촉시키면, 반응하여 고체 NH_4Cl의 흰색 '연기'를 발생시킨다(그림 18.9).

$$HCl(g) + NH_3(g) \rightleftharpoons NH_4Cl(s)$$

관찰 대상인 계에 대한 반응물과 생성물을 정의하여, 다음 물음에 답하시오.

(a) (298 K에서) $\Delta S°$(계), $\Delta S°$(주위), $\Delta S°$(우주), $\Delta_r H°$, $\Delta_r G°$의 값들이 0보다 큰지, 0인지, 0보다 작은지 예측하고, 그 이유를 설명하시오. 각각의 값들을 계산하여, 예측값과 비교하시오.

(b) 298 K에서 이 반응에 대한 K_p의 값을 계산하시오.

21. 메탄올은 현재 경주용 자동차의 연료로 널리 사용되고 있다. 메탄올 제조의 가능한 반응경로로 다음의 반응을 고려하여 보자.

$$C(\text{흑연}) + \tfrac{1}{2} O_2(g) + 2\ H_2(g) \rightleftharpoons CH_3OH(\ell)$$

298 K에서 이 메탄올 생성 반응에 대한 K_p를 계산하시오. 온도를 변화시켜서 이 반응을 더 생성물 선호인 쪽으로 바꿀 수 있겠는가?

22. 에탄올(C_2H_5OH)의 정상 끓는점 78.0 ℃에서 에탄올의 증발에 대한 엔트로피 변화를 계산하시오. 에탄올의 증발 엔탈피는 39.3 kJ/mol이다.

23. 다음 반응은 상온 평형에서 반응물 선호이다.

$$COCl_2(g) \rightarrow CO(g) + Cl_2(g)$$

온도를 증가시키거나 감소시킴에 의해 생성물 선호로 만들 수 있겠는가?

24. 다음 반응과 같이 소듐은 물과 격렬하게 반응한다.

$$Na(s) + H_2O(\ell) \rightarrow NaOH(aq) + \tfrac{1}{2} H_2(g)$$

계산하지 말고, 이 반응에 대한 $\Delta_r H°$, $\Delta_r S°$의 부호를 예측하여 보시오. 계산으로 당신의 예측을 검증하시오.

25. 가는 섬유형태의 원소 붕소는 H_2로 할로젠화붕소를 환원하여 만들 수 있다.

$$BCl_3(g) + \tfrac{3}{2} H_2(g) \rightarrow B(s) + 3\ HCl(g)$$

이 반응에 대하여 25 ℃에서 $\Delta_r H°$, $\Delta_r S°$, $\Delta_r G°$를 계산하시오. 이 반응은 25 ℃ 평형에서 생성물 선호로 예측되는가? 만약 그렇다면 엔탈피 또는 엔트로피 우세 반응인가? [B(s)의 $S°$는 5.86 J/K · mol이다.]

26. 25 ℃에서 $N_2O_4(g) \rightleftharpoons 2\ NO_2(g)$ 반응에 대한 평형상수 K_p의 값은 0.14이다. 이 평형상수 값을 가지고 $N_2O_4(g)$가 $NO_2(g)$로 전환되는 과정의 $\Delta_r G°$를 계산하시오. 이 계산 결과를 부록 L에 나와 있는 $\Delta_f G°$로부터 계산한 값과 비교하시오.

27. 25 ℃에서 평형에 있는 뷰테인 $\rightleftharpoons$ 아이소뷰테인의 평형상수는 2.50이다. kJ/mol의 단위를 적용하여 이 온도에서 $\Delta_r G°$를 계산하시오.

뷰테인 $\rightleftharpoons$ 아이소뷰테인

$$CH_3CH_2CH_2CH_3 \rightleftharpoons CH_3CH(CH_3)CH_3$$

$$K_c = \frac{[\text{아이소뷰테인}]}{[\text{뷰테인}]} = 2.50\ (298\ \text{K에서})$$

28. 삼산화황이 이산화황과 산소로 분해되는 반응에 대한 $\Delta_r G°$를 계산하시오.

$$2\ SO_3(g) \rightleftharpoons 2\ SO_2(g) + O_2(g)$$

(a) 25 ℃ 평형에서 이 반응은 생성물 선호인가?

(b) 만일 25 ℃에서 이 반응이 생성물 선호가 아니라면, 생성물 선호가 될 수 있는 온도를 예측하시오.

(c) 1500 ℃에서 이 반응에 대한 평형상수를 예측하시오.

29. 최근 멕시코에서 발견된 동굴은 화학적으로 흥미를 가지게 한다. 동굴 안에서 황화수소(H_2S)는 산소와 반응하여 황산을 만들고, pH가 1보다 작은 이 황산은 천장에서 방울로 떨어지고 있다. 반응식은 다음과 같다.

$$H_2S(g) + 2\ O_2(g) \rightarrow H_2SO_4(\ell)$$

$\Delta_r H°$, $\Delta_r S°$, $\Delta_r G°$를 계산하시오. 25 ℃ 평형에서 이 반응은 생성물 선호인가? 이 반응은 엔탈피가 우세한가 또는 엔트로피가 우세한가?

30. 황은 80 ℃에서 100 ℃ 사이에서 상전이가 일어난다.

$$S_8(\text{사방정}) \rightarrow S_8(\text{단사정})$$

$\Delta_r H° = 3.213$ kJ/mol-rxn $\Delta_r S° = 8.7$ J/K · mol-rxn

(a) 80.0 ℃와 110.0 ℃ 각각에서의 전이에 대한 $\Delta_r G°$를

계산하시오. 이 결과는 각 온도에서 두 가지 형태의 황의 안정성에 대하여 무엇을 말해주는가?

(b) $\Delta_r G° = 0$가 될 때의 온도를 계산하시오. 온도의 중요성은 무엇인가?

실험 관련 문제

31. 적절한 조건에서 일부 금속 산화물은 금속과 산소로 분해된다. 25 ℃에서 산화은(I)의 분해 반응은 생성물 선호인가?

$$2\ Ag_2O(s) \rightarrow 4\ Ag(s) + O_2(g)$$

만일 그렇지 않다면, 온도를 증가시켰을 때 생성물 선호를 만들 수 있겠는가? 어느 온도에서 생성물 선호가 되겠는가?

32. 다음에 주어진 평형에서의 부분 압력을 이용하여 350 ℃에서 HI(g)의 $\Delta_f G°$를 계산하시오. $P(H_2)$ = 0.132 bar, $P(I_2)$ = 0.295 bar, P(HI) = 1.61 bar, I_2는 350 ℃, 1 bar에서 기체이다.

$$\tfrac{1}{2}\ H_2(g) + \tfrac{1}{2}\ I_2(g) \rightleftharpoons HI(g)$$

33. 산화타이타늄(IV)[Titanium(IV) oxide]는 고온에서 탄화타이타늄(titanium carbide)으로 전환된다.

$$TiO_2(s) + 3\ C(s) \rightarrow 2\ CO(g) + TiC(s)$$

화합물	727 ℃에서 생성 자유 에너지(kJ/mol)
TiO_2(s)	−757.8
TiC(s)	−162.6
CO(g)	−200.2

(a) 727 ℃에서 $\Delta_r G°$과 K를 계산하시오.

(b) 이 온도와 평형에서 이 반응은 생성물 선호인가?

(c) 727 ℃에서 이 반응이 자발적이려면 반응물과 생성물의 농도는 어떻게 조정해야 하는가?

요약 및 개념 문제

다음 문제들은 이 장과 이전의 장들에서 나온 개념을 모두 포함하고 있다.

34. 수은 증기는 호흡할 때 폐로 유입될 수 있기 때문에 위험하다. 다음의 자료를 이용하여 서로 다른 두 가지 온도에서 수은 증기의 증기압을 예측하고자 한다.

	$\Delta_f H°$(kJ/mol)	$S°$(J/K · mol)	$\Delta_f G°$(kJ/mol)
Hg(ℓ)	0	76.02	0
Hg(g)	61.38	174.97	31.88

Hg(ℓ) $\rightleftharpoons$ Hg(g) 반응에 대한 K_p가 1.00(그리고 수은의 증기압은 1.00 bar)일 때의 온도를 예측하시오. 수은의 증기압이 1/760 bar일 때의 온도를 예측하시오. (실험적으로 측정한 수은의 증기압은 126.2 ℃에서 1.00 mmHg이고, 356.6 ℃에서 1.00 bar이다.) [참고: P = 1.00 bar일 때의 온도는 열역학 자료로부터 계산될 수 있다. 다른 온도를 찾기 위해서 P = 1.00 bar일 때의 온도와 11.6절의 클라우지우스–클레페이롱(Clausius-Clapeyron) 식을 이용하시오.]

35. 다음 각 설명이 참인지 거짓인지를 결정하시오. 거짓이라면 참이 되도록 고치시오.

(a) 어떤 온도에서 물질이 액체에서 증기로 될 때 엔트로피는 증가한다.

(b) 발열 반응은 항상 자발적이다.

(c) 양의 $\Delta_r H°$와 양의 $\Delta_r S°$를 가지는 반응은 결코 생성물 선호가 될 수 없다.

(d) 만일 반응의 $\Delta_r G°$가 음수라면, 이 반응의 평형상수는 1보다 크다.

36. 13장에서 엔탈피뿐만 아니라 엔트로피가 용해 과정에서 중요한 역할을 한다고 배웠다. 만일 용해 과정에 대한 $\Delta H°$가 0이라면, 이 과정은 어떻게 엔트로피가 우세할 수 있는가를 설명하시오.

37. $C_2H_6(g)$가 $O_2(g)$에 의해 산화되어 $CO_2(g)$와 $H_2O(g)$를 생성하는 화학 반응식을 쓰시오. 이 계에 대한 다음 물음에 답하시오.

(a) $\Delta S°$(계), $\Delta S°$(주위), $\Delta S°$(우주)의 부호가 0보다 큰지, 0인지, 0보다 작은지 예측하시오. 예측에 대하여 설명하시오.

(b) $\Delta_r H°$, $\Delta_r G°$의 부호를 예측하시오. 어떻게 예측하게 되었는지 설명하시오.

(c) K_p의 값은 매우 클 것인가, 작을 것인가, 1에 가까울 것인가? 298 K보다 높은 온도에서 이 계의 평형상

수 K_p는 클 것인가 작을 것인가?

38. 25 ℃에서 다음 반응들에 대한 표준 몰 엔트로피 변화, $\Delta_r S°$를 계산하시오.

1. $C(s) + 2\ H_2(g) \rightarrow CH_4(g)$
2. $CH_4(g) + \frac{1}{2}\ O_2(g) \rightarrow CH_3OH(\ell)$
3. $C(s) + 2\ H_2(g) + \frac{1}{2}\ O_2(g) \rightarrow CH_3OH(\ell)$

이 값들은 식 $\Delta_r S°(1) + \Delta_r S°(2) = \Delta_r S°(3)$를 만족하는지 검토하시오. 어떤 일반적인 규칙이 여기에서 설명되는가?

39. '자동 가열 도시락(Heater meals)'은 자체적으로 열원을 가지고 있는 포장된 음식이다. 물을 붓고 몇 분만 기다리면 따뜻한 식사를 할 수 있다.

$$Mg(s) + 2\ H_2O(\ell) \rightarrow MgOH_2(s) + H_2(g)$$

© Cengage Learning/Charles D. Winters

가열 부분의 열은 마그네슘과 물의 반응으로부터 방출된다.

(a) 25 ℃ 평형에서 이 반응이 생성물 선호인지 확인하시오.

(b) 물(밀도 = 0.995 g/mL) 225 mL를 25 ℃에서 끓는점까지 가열하는 데 충분한 에너지를 생성하기 위해 필요한 마그네슘의 질량은?

40. 물에 용해되어 있는 산소는 온수 난방시스템을 부식시킬 수 있다. 산소를 제거하기 위해 하이드라진(N_2H_4)이 종종 첨가된다. 하이드라진은 산소와 반응하여 물과 N_2를 생성한다.

(a) 하이드라진과 산소의 반응에 대한 완결된 화학 반응식을 쓰시오. 이 산화환원 반응에서 산화제와 환원제를 구분하시오.

(b) 25 ℃에서 1 mol의 N_2H_4가 반응할 때, 이 반응의 $\Delta_r H°$, $\Delta_r S°$, $\Delta_r G°$를 계산하시오.

(c) 이 반응은 발열 반응이어서 에너지는 열로 발생한다. 5.5×10^4 L의 물이 들어 있는 난방시스템에서 얼마만한 온도 변화가 예상되는가? (주위로 잃는 열은 없다고 가정한다.)

(d) 온수 난방시스템의 물의 질량은 5.5×10^4 kg이다. 만약 온수가 산소로 포화되어 있다면 (물에 대한 산소의 용해도는 25 ℃에서 100 g 물에 대해 0.000434 g이다.), 얼마만큼의 산소가 (몰 단위로) 이 시스템 안에 존재하는가?

(e) 하이드라진은 5.0 % 수용액 상태라고 가정하자. 용해되어 있는 산소(문제 d에서 구했음)를 모두 소모하기 위해서 필요한 이 용액의 질량은?

(f) N_2가 기체로 빠져나온다고 가정하면, 생성되는 $N^2(g)$의 부피(273 K, 1.00 bar에서 측정)를 계산하시오.

41. 아이오딘(I_2)은 사염화탄소에 잘 녹는다. 이 반응에 대한 $\Delta H° = 0$ kJ/mol이다.

$$I_2(s) \rightarrow I_2\ (CCl_4\ \text{용액에서})$$

$\Delta_r G°$의 부호는? 이 용해과정은 엔탈피가 우세한가 또는 엔트로피가 우세한가? 간단히 설명하시오.

42. 표준 상태에서 1 mol의 기체 메탄올이 원소들로 분해되는 반응식을 쓰시오.

(a) 온도가 증가함에 따라 $\Delta_r G°$ 값은 어떻게 변하는가?

(b) 400 K와 1000 K 사이 평형에서 이 분해 반응이 생성물 선호인 온도가 존재하는가?

43. 수소를 생성하는 데 사용하는 2개의 공정은 물의 전기분해와

$$2\ H_2O(\ell) \rightarrow 2\ H_2(g) + O_2(g)$$

메테인과 수증기와의 반응이다.

$$CH_4(g) + H_2O(g) \rightarrow 3\ H_2(g) + CO(g)$$

(a) 각 반응의 $\Delta_r G°$를 계산하시오.

(b) 각 반응에 대하여 생성된 수소 몰당 $\Delta G°$를 계산하시오.

(c) 수소를 얻기 위하여 어느 공정을 사용하는 것이 더 좋다고 생각하는가? 설명하시오.

44. 선진국에서 암모니아를 생산하는 하버-보슈(Haber-Bosch) 공정은 핵심 공정 중의 하나이다.

$$N_2(g) + 3\ H_2(g) \rightleftharpoons 2\ NH_3(g)$$

(a) 298 K, 800 K, 1300 K에서 이 반응에 대한 $\Delta_r G°$

를 계산하시오. 298 K에서의 자료들은 부록 L에 수록되어 있다. 다른 온도에서의 자료는 다음과 같다.

온도	$\Delta_r H°$(kJ/mol)	$\Delta_r S°$(J/K · mol)
800 K	−107.4	−225.4
1300 K	−112.4	−228.0

온도에 따라 $\Delta_r G°$ 값은 어떻게 변하는가?

(b) 298 K, 800 K, 1300 K에서 이 반응에 대한 평형상수를 계산하시오.

(c) (298 K, 800 K, 1300 K 중) 어느 온도에서 NH_3의 몰분율이 가장 크겠는가?

전기 자동차. 곧 출시될 테슬라 모터스 로드스터(Tesla Motors Roadster)는 추진력을 위해 리튬–이온 배터리를 사용할 것이다(리튬–이온 배터리에 대한 더 많은 정보는 12장의 사례 연구: 리튬과 '환경친화 자동차'를 참조).

19장 화학 반응성의 원리: 전자 이동 반응

학습 개요

배터리 에너지 20세기는 석유를 사용하고 남용하던 시대이다. 21세기는 대체 에너지들을 발견하고 사용해야 하는 시대여야 한다. 그중 많은 것들이 전기화학을 포함하고 있을 것이다. 전기화학이란 전기(배터리)의 생산을 위해 화학 반응을 사용하거나 또는 화학 변화(전기분해)를 위해 전기를 사용하는 것이다.

당신의 탁상용 컴퓨터, 전화기의 리튬–이온 전지 또는 하이브리드 자동차 내부의 니켈–수소합금 전지는 산화–환원 반응이 방출하는 화학적 에너지를 가지고 작동한다(당신이 건전지를 재충전할 때, 당신은 건전지 속의 화학물질을 재활성화 하기 위해 전기 에너지를 사용한다). 하지만 잠시라도 배터리에 대하여 모든 것을 이해했다고 또는 더 작고 싸게, 효율적이게 만들 수 있다라고 생각하지 말기 바란다. 전 세계의 대학과 기업들은 가볍고, 저비용이며 안전하고 친환경적인, 그리고 충분한 에너지를 만들 수 있는 새로운 배터리를 연구하고 있다.

학습 목표

다음 목표들의 핵심인 학습문제는 "학습 목표 복습"을 참조하시오.

- 볼타 전지의 기초 원리를 이해
- 전기화학 퍼텐셜을 이용하는 방법을 이해
- 전기분해에서 화학적 변화를 생성하는 데 전기 에너지를 사용하는 것을 이해
- 반쪽전지 접근법을 이용하여 산성 용액 또는 염기성 용액 안에서 일어나는 산화–환원 반응에 대한 반응식의 완결
- 산화 또는 환원되는 물질의 양을 전류와 전류가 흐르는 시간의 양에 연계
- 전지 전압($E°_{cell}$)과 자유 에너지($\Delta_r G°$)의 관계와 $E°_{cell}$과 전지 반응의 평형상수와의 관계를 이용
- 볼타 전지는 화학 반응을 이용하여 전류를 생성하는 것을 기억: 전기분해 전지는 전류를 이용하여 화학변화를 일으키는 것을 기억
- 산화는 산화전극에서 일어나고 환원은 환원전극에서 일어남을 기억
- 1차와 2차 전지 사이의 차이점을 기억

오늘날 배터리 연구의 가장 중요한 분야 중 하나는 리튬을 기반으로 재충전이 가능한 배터리의 개발이다. 리튬의 두 가지 물리적 성질 때문에 리튬이 배터리 개발에 이상적인 선택이 되고 있다. 리튬은 가장 낮은 몰질량을 가지며, 모든 금속에서 가장 높은 전압을 생성한다. 리튬의 몰질량(6.941 g/mol)은 배터리에서 사용되는 다른 흔한 금속들보다 훨씬 작다(대부분 자동차 배터리에서 사용하는 금속인 납의 몰질량은 207.2 g/mol이다). 리튬은 단지 7 g의 산화만으로 1몰의 전자를 생성하는 데 비하여 납은 동일한 양의 전자를 생성하는 데 104 g이 필요하다. 리튬은 다른 배터리보다 훨씬 큰 전압을 생성한다. 리튬–이온 배터리 전지는 약 3.7볼트를 생성하며, 이는 납–산 배터리 전지의 전압보다 거의 2배나 높다. 낮은 질량과 높은 전압의 조합은 리튬 배터리로 하여금 현재 생산되는 배터리 중에서 가장 높은 에너지 밀도(보통 와트 · 시간/kg으로 측정)를 생성하는 것이 가능하게 한다. 마지막으로 리튬–이온 배터리는 최소의 기능손실로 방전과 충전의 많은 순환 과정을 되풀이할 수 있다.

특히 보다 가벼운 자동차가 낮은 연료의 비용으로 해석되는 수송 산업에서, 리튬–이온 배터리가 다른 종류의 재충전 가능 배터리를 완전히 대체하지 못하는 이유가 궁금할 수 있다. 주요 문제는 리튬–이온 배터리의 기능이 정지될 때이고, 가끔 파국적으로 기능이 정지된다. 과도하게 충전되었을 때 또는 내부 단락의 경우 방출된 열은 배터리를 파괴하고 심지어 화재의 원인이 되기도 한다. 2013년 초 보잉사의 신형 787 전체 비행기가 2건의 개별적인 리튬–이온 배터리의 기능 정지로 인하여 지상에 묶여 비행하지 못하였다. 한 사고에서는 비행 중 배터리가 과열되고 연기가 발생하였다. 두 번째 사고에서는 비행기가 비행장에 정지하고 있을 때 배터리가 폭발하여 불꽃이 발생하였다. 이러한 상황은 리튬–이온 배터리를 더 안전하게 하기 위한 추가적 연구가 왜 필요한지를 보여주고 있다.

이 장에서는 간단한 실험을 통하여 전기화학과 전자 이동 반응을 소개하고자 한다. 질산은($AgNO_3$) 수용액에 구리 조각을 넣어보시오. 잠시 후, 구리 표면에 은(Ag) 침전이 형성 될 것이며, 동시에 Cu^{2+}이온의 생성으로 인하여 수용액은 푸른색으로 변하게 될 것이다(그림 19.1). 이것은 다음과 같은 산화–환원 반응이 일어

난 결과이다.

$$Cu(s) + 2\ Ag^{+}(aq) \rightarrow Cu^{2+}(aq) + 2\ Ag(s)$$

입자의 수준에서 용액 안에 있는 극미세 크기의 은 이온(Ag^{+})은 전자 이동 반응이 일어나는 구리 표면과 직접 접촉하고 있다. 구리 한 원자가 제공한 2개의 전자는 은 이온에 전달되고, 이 과정에서 구리 이온(Cu^{2+})은 용액 속으로 용해되어 들어가며, 은(Ag) 금속이 구리 표면 위에 석출된다. 이런 생성물 선호 반응은 반응물 중 하나 또는 둘 다가 없어질 때까지 계속 진행될 것이다.

구리 금속과 은 이온의 반응을 전류를 발생시키는 데 사용할 수 있을까? Cu(s)와 Ag^{+}(aq)가 직접적인 접촉으로 반응이 일어나면, 전자는 구리 원자에서 은 이온으로 바로 이동하기 때문에 전기적 일을 하는 대신에 온도가 상승(가열)하게 된다. 대신, 우리는 위의 반응을 적절한 장치 안에서 일으킴으로써 전기 회로를 통하여 한 반응물로부터 다른 반응물로 전자가 이동할 수 있도록 할 수 있다. 회로를 통한 전자의 이동은 전구를 밝히거나 모터를 돌리는 데 사용될 수 있는 전류를 제공한다.

전류를 생성하기 위한 목적으로 화학 반응을 이용하는 것을 **볼타 전지**(또는 **갈바니 전지**)라고 부른다. 이 이름은 볼타(Count Alessandro Vota,1745~1827) 백작과 갈바니(Luigi Galvani, 1737~1798)를 기념하기 위하여 붙여졌다. 모든 볼타 전지는 대체로 동일한 방식으로 작동한다. 이 전지는 생성물 쪽으로 진행되는 것이 유리한 산화–환원 반응을 이용한다. 그리고 (환원제에 의하여) 생성된 전자가 전기 회로를 통하여 산화제 쪽으로 이동한다.

볼타 전지는 화학 에너지를 전기 에너지로 바꾼다. 반대 과정인 화학 변화에 영향

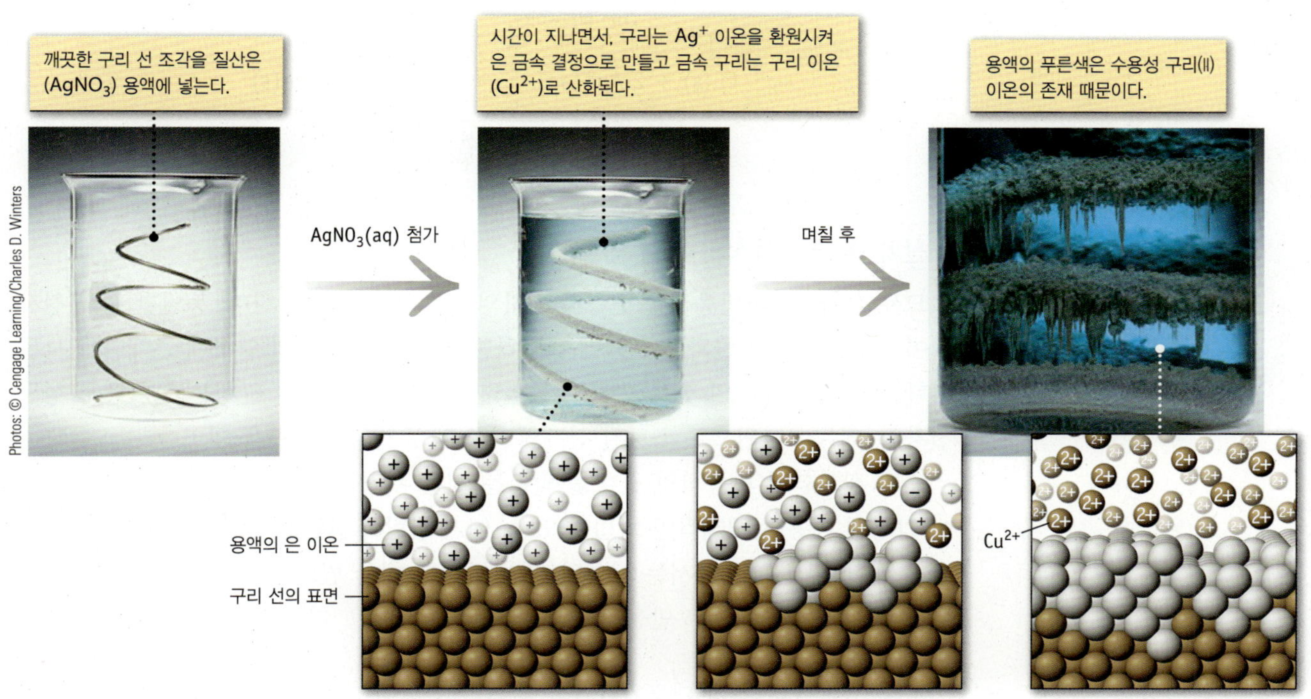

그림 19.1 은 이온에 의한 구리의 산화. 확실히 보여주기 위하여 물 분자는 나타내지 않았다.

전기화학 과정의 2종류.
- 화학적 변화는 볼타 전지에서 전류를 생성할 수 있다.
- 전기 에너지는 전기분해 과정에서 화학적 변화를 일어나게 한다.

을 주기 위해서 전기 에너지를 이용하는 것은 **전기분해**(electrolysis)로 일어난다. 이것의 한 예는 물의 전기분해로, 전기 에너지는 물을 구성 요소인 수소와 산소로 분해하는 데 이용된다. 또한, 전기분해는 어떤 한 금속을 다른 금속 위에 도금하거나, 알루미늄의 광석(보오크사이트, Al_2O_3)으로부터 알루미늄을 얻고, 염소와 같은 중요한 화학 물질을 만드는 데 이용된다.

전기화학은 전기 에너지를 생성하거나 그것에 의해서 유발되는 화학 반응을 다루는 화학의 한 분야이다. 모든 전기화학 반응은 산화–환원(redox)반응이기 때문에, 먼저 전자 이동 반응을 다루는 주제에 대해서 좀 더 자세히 알아보자.

19.1 산화–환원 반응

산화수. 산화수(3.8절 참조)는 물질이 산화되는지 또는 환원되는지를 결정하는데 사용할 수 있다. 만일 원소의 산화수가 증가하였으면, 그것은 산화된 것이다. 환원에서는 산화수가 감소한다.

산화–환원 반응이 일어나는 동안, 산화제와 환원제(◂3.8절) 사이에 전자 이동이 일어난다. 모든 전자 이동 반응에 있어서 가장 중요한 사항은 다음과 같다.

- 반응물 중 하나는 산화되고, 다른 것은 환원된다.
- 산화와 환원의 정도는 반드시 균형을 이룬다.
- 산화제(산화를 유발하는 화학종)는 환원된다.
- 환원제(환원을 유발하는 화학종)는 산화된다.

산화–환원 반응의 이러한 면들을 구리 금속과 은 이온 사이의 반응을 통하여 설명하고 있다(그림 19.1).

Cu가 산화되어서 산화수가 증가한다;
Cu는 환원제이다.

$$Cu(s) + 2\ Ag^+(aq) \longrightarrow Cu^{2+}(aq) + 2\ Ag(s)$$

Ag^+가 환원되어서 산화수가 감소한다;
Ag^+는 산화제이다.

산화–환원 반응식의 완결

모든 산화–환원 반응식은 질량과 전하의 균형을 맞추어야 한다. 동일한 수의 전자들이 반응식의 반응물과 생성물에 관여하며, 반응식 화살표의 양쪽에 존재하는 모든 화학종이 갖는 전하의 합은 반드시 동일하여야 한다. 전하의 균형은 산화로 생성된 전자의 개수가 환원으로 소모된 전자의 개수와 동일하여야 함을 의미한다.

몇몇 산화환원 반응식의 균형을 맞추는 것은 복잡할 수도 있지만, 다행스럽게도 이 과정에 이용될 체계적인 방법이 있다. 여기서 **반쪽 반응법**(half–reaction method)을 소개한다. 이 과정에서는 산화와 환원 과정에 대한 별도의 완결된 반응식이 이용된다. 한 반쪽 반응은 그 반응의 산화 반응을 나타내고, 다른 반쪽 반응은 환원 반응을 나타낸다.

반응이 산화와 환원을 포함한다고 결정되면(예를 들면, 산화 상태의 변화들이 일어났음을 알게 되면), 반응식은 질량과 전하가 균형이 잡힌 2개의 반쪽 반응으로 나뉘진다. 전체 반응에 대한 반응식은 2개의 반쪽 반응식의 합이고, 환원제로부터 산화제로 이동되는 전자의 수를 맞추기 위하여 (필요시) 한쪽 또는 양쪽 반응식을 조정한 후, 두 반쪽 반응을 합해서 전체 반응에 대한 반응식을 얻는다. 예를 들면, 은 이온(Ag^+)과 구리(Cu) 금속 사이의 반응에 대한 두 반쪽 반응은 다음과 같다.

환원 반쪽 반응: $Ag^+(aq) + e^- \rightarrow Ag(s)$

산화 반쪽 반응: $Cu(s) \rightarrow Cu^{2+}(aq) + 2\ e^-$

위의 두 반쪽 반응에서는 질량과 전하의 균형이 이미 맞추어져 있다. 구리 반쪽 반응에서 반응식 양쪽에 구리 원자가 1개씩 있다(질량 균형). 이 반응식 오른쪽의 전하는 0이고(이온으로부터 +2이고 2개의 전자로부터 −2), 왼쪽도 0이다(전하 균형).

알짜 화학식을 나타내기 위해서 두 반쪽 반응식을 더할 것이다. 그러나 먼저 은 반쪽 반응식에 2를 곱해야 한다.

$$2\ Ag^+(aq) + 2\ e^- \rightarrow 2\ Ag(s)$$

구리 원자 1몰당 2몰의 전자가 생성되고, 이들 전자를 소비하는 데 2몰의 은 이온(Ag^+)이 필요하다.

마지막으로, 두 반쪽 반응을 합하고 양쪽에 있는 전자를 상쇄시킴으로써 완결된 알짜 이온 반응식이 얻어진다.

환원 반쪽 반응: $2\ [Ag^+(aq) + e^- \rightarrow Ag(s)]$

산화 반쪽 반응: $Cu(s) \rightarrow Cu^{2+}(aq) + 2\ e^-$

알짜 이온 반응식 $Cu(s) + 2\ Ag^+(aq) \rightarrow Cu^{2+}(aq) + 2\ Ag(s)$

그 결과, 알짜 이온 반응식에서 질량과 전하의 균형이 모두 맞추어졌다.

예제 19.1 산화–환원 반응식의 완결

문제 다음 알짜 이온 반응식을 완결하시오.

$$Al(s) + Cu^{2+}(aq) \rightarrow Al^{3+}(aq) + Cu(s)$$

위의 반응식에서 산화제, 환원제, 산화된 물질, 그리고 환원된 물질을 찾으시오. 완결된 반쪽 반응식과 완결된 알짜 이온 반응식을 적으시오(이 반응에 대한 사진은 그림 19.2에 있음).

알고 있는 사실 알루미늄(Al)이 Al^{3+} 이온을 만들고, 구리(II) 이온(Cu^{2+})은 구리 금속(Cu)을 만든다.

전략

- 산화수가 변화되었는지를 알기 위하여 각 원소의 산화수를 확인함으로써 이 반응이 산화–환원 반응인지를 확인한다.
- 반쪽 반응식으로 위의 반응식을 적어서 환원된 것(산화제)과 산화된 것(환원제)을 구별한다(3.8절의 산화수와 산화–환원 반응을 확인한다).

그림 19.2 알루미늄에 의한 구리 이온 (Cu^{2+})의 환원. 알루미늄 표면 위에는 얇은 산화알루미늄(Al_2O_3) 박막이 있으며, 이것은 추가적인 반응으로부터 금속을 보호한다. 그러나 염화 이온의 존재하에서, 코팅은 벗겨지고 반응이 일어난다(예제 19.1).

(a) 알루미늄 포일로 만든 공을 $Cu(NO_3)_2$와 NaCl 용액에 넣는다.

(b) 알루미늄 표면에 구리 박막이 곧 보이기 시작하면서 상당한 양의 열이 발생한다.

Photos: © Cengage Learning/Charles D. Winters

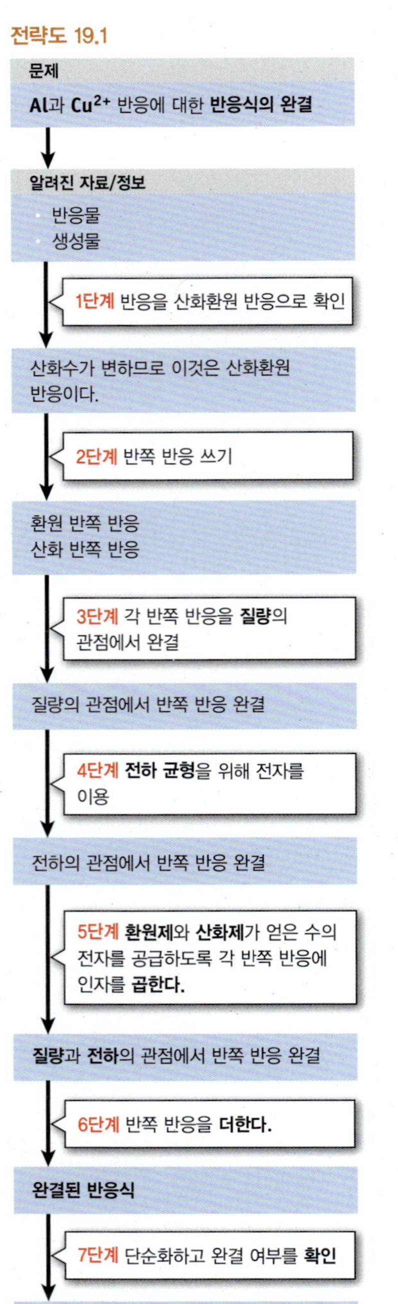

- 질량과 전하의 균형을 맞춤으로써 반쪽 반응을 완결한다.
- 환원제 반쪽 반응이 산화제 반쪽 반응과 동일한 몰수의 전자를 갖는지 확인한 후 두 반쪽 반응을 더한다.

풀이

1단계 반응을 산화–환원 반응으로 인식한다.

알루미늄의 산화수가 0에서 +3으로 바뀌었고, 구리의 산화수는 +2에서 0으로 바뀌었다. 그러므로 알루미늄은 산화되어서 환원제로 작용했고, 구리(II) 이온(Cu^{2+})은 환원되어서 산화제로 작용하였다.

2단계 이 과정을 2개의 반쪽 반응으로 나눈다.

환원: $Cu^{2+}(aq) \rightarrow Cu(s)$
(구리의 산화수 감소)

산화: $Al(s) \rightarrow Al^{3+}(aq)$
(알루미늄의 산화수 증가)

3단계 각 반응에 포함된 질량의 균형을 맞춘다.

두 반쪽 반응의 질량은 이미 균형이 맞추어져 있다.

4단계 각 반쪽 반응에 포함된 전하의 균형을 맞춘다.

위 반응식에 포함된 전하의 균형을 맞추려면, 보다 양인 쪽의 전하를 다른 쪽과 같게 전하를 낮추기 위하여 각 반쪽 반응 중 좀 더 양인 쪽에 적당한 개수의 전자를 더하시오.

환원: $2\,e^- + Cu^{2+}(aq) \rightarrow Cu(s)$
(각 Cu^{2+} 이온은 2개의 전자를 필요로 한다.)

산화: $Al(s) \rightarrow Al^{3+}(aq) + 3\,e^-$
(알루미늄 한 원자는 3개의 전자를 방출한다.)

5단계 적당한 숫자를 각각의 반쪽 반응에 곱한다.

환원제는 산화제가 필요로 하는 숫자만큼의 전자를 제공하여야 한다. 3개의 Cu^{2+} 이온이 2개의 Al 원자로부터 생성된 6개의 전자를 필요로 한다. 따라서 Cu^{2+}/Cu 반쪽 반응에 3을 곱하고, Al/Al^{3+} 반쪽 반응에 2를 곱한다.

환원: $3[2\,e^- + Cu^{2+}(aq) \rightarrow Cu(s)]$

산화: $2[Al(s) \rightarrow Al^{3+}(aq) + 3\,e^-]$

6단계 전체적으로 완결된 반응식을 얻기 위하여 두 반쪽 반응을 더한다.

환원:	$6\ e^- + 3\ Cu^{2+}(aq) \rightarrow 3\ Cu(s)$
산화:	$2\ Al(s) \rightarrow 2\ Al^{3+}(aq) + 6\ e^-$
알짜 이온 반응식:	$3\ Cu^{2+}(aq) + 2\ Al(s) \rightarrow 3\ Cu(s) + 2\ Al^{3+}(aq)$

7단계 위의 알짜 반응식 양쪽으로부터 동일한 반응물과 생성물을 제거함으로써 식을 간단하게 한다.
이 반응의 경우 이 단계는 필요없다.

고려사항 항상 질량과 전하가 평형을 이루었는지 확인하며 반응식을 확인해야 한다. 이 경우, 3개의 구리 원자와 2개의 알루미늄 원자는 반응식의 양쪽에 있다. 각각의 알짜 전기 하전은 +6이다. 반응식은 완결되었다.

유제 알루미늄은 산화 능력이 없는 산과 반응하여 $Al^{3+}(aq)$와 $H_2(g)$를 생성한다. 이 반응에 대한 반응식(완결되지 않은 상태)은 다음과 같다.

$$Al(s) + H^+(aq) \rightarrow Al^{3+}(aq) + H_2(g)$$

반쪽 반응과 완결된 알짜 이온 반응식을 쓰시오. 그리고 산화제, 환원제, 산화된 물질, 환원된 물질을 찾으시오.

산 용액에서 반응식 완결

수용액 안에서 일어나는 산화–환원 반응에 대한 반응식을 완결하고자 할 때, 반응식에 물 분자(H_2O)와 함께 반응이 산 용액에서 일어날 경우에는 $H^+(aq)$를, 그리고 염기 용액에서 일어날 경우에는 $OH^-(aq)$를 가끔 첨가할 필요가 있다. 반응식 중 SO_4^{2-}, NO_3^-, ClO^-, CrO_4^{2-}, MnO_4^-와 같은 옥소 이온과 유기 화합물을 포함하는 경우가 이에 속한다. 이 반응에 대한 예로서 산 용액에서 일어나는 반응은 예제 19.2에서, 그리고 염기 용액에서 일어나는 반응은 예제 19.3에서 보여주고 있다.

산 용액에서 반응식 균형 맞추기. 산 용액에서 반응식의 균형을 맞출 때 반응식을 간단히 하기 위해 H_3O^+ 대신에 H^+를 사용한다.

예제 19.2 산 용액에서의 산화–환원 반응식의 완결

문제 산 용액 안에서 VO^{2+} 이온을 생성하기 위하여 아연과 반응하는 다이옥소바나듐(V) 이온 VO_2^+의 완결된 알짜이온 반응식을 쓰시오(그림 19.3).

$$VO_2^+(aq) + Zn(s) \rightarrow VO^{2+}(aq) + Zn^{2+}(aq)$$

알고 있는 사실 VO_2^+ 이온이 VO^{2+} 이온을 만들고, Zn 금속은 Zn^{2+} 이온을 만든다는 것을 알고 있다. H^+ 이온과 물이 반응에 포함된 산소 원자의 균형을 맞추는 데 사용된다.

전략 본문과 예제 19.1에 개략적으로 소개된 것을 따른다. VO_2^+ 이온 환원 반응에 대한 반쪽 반응식의 생성물 쪽에는 물이 그리고 반응물 쪽에 수소 이온(H^+)이 필요하다는 것에 주목한다.

그림 19.3 **아연에 의한 바나듐(V)의 환원.** 이 순서의 첫 번째 반응의 완결된 반응식은 예제 19.2를 참조하시오.

풀이

1단계 산화 반응과 환원 반응을 확인한다.

바나듐의 산화수가 VO_2^+ 이온의 +5로부터 VO^{2+}의 +4로 바뀐다. 아연의 산화수는 금속일 때 0이고 Zn^{2+} 이온에서는 +2이다.

2단계 두 반쪽 반응으로 구분한다.

산화: $Zn(s) \rightarrow Zn^{2+}(aq)$

(Zn(s)는 산화되었고 환원제이다.)

환원: $VO_2^+(aq) \rightarrow VO^{2+}(aq)$

(VO_2^+(aq)는 환원되었고 산화제이다.)

3단계 반쪽 반응식의 질량 균형을 맞춘다.

이 과정에서는 수소와 산소를 제외한 모든 원자들의 균형을 우선적으로 맞추면서 시작한다(수소와 산소는 가끔씩 반응물과 생성물에 한 번 이상 나타나기 때문에 마지막 단계에서 균형을 맞춘다).

아연 반쪽 반응: $Zn(s) \rightarrow Zn^{2+}(aq)$

이 반응에서는 질량의 균형이 이미 맞추어져 있다.

바나듐 반쪽 반응: $VO_2^+(aq) \rightarrow VO^{2+}(aq)$

이 반응에서 바나듐의 질량은 이미 맞추어져 있지만, 산소 원자의 균형을 맞추기 위하여 반응식 오른쪽에 산소를 함유하는 화학종을 더해주어야 한다.

$$VO_2^+(aq) \rightarrow VO^{2+}(aq) + \text{(1개의 산소 원자 필요)}$$

이 반응이 산 용액에서 일어날 경우, 필요한 산소 한 원자당 H_2O 한 분자를 가한다.

$$VO_2^+(aq) \rightarrow VO^{2+}(aq) + H_2O(\ell)$$

오른쪽에 균형이 맞지 않은 2개의 H 원자가 있다. 반응이 산 용액에서 일어나므로 H^+ 이온이 존재한다. 따라서 H의 질량 균형은 H 원자가 부족한 반응식의 한쪽에 H^+를 더하여 얻을 수 있다. 여기서 2개의 H^+ 이온이 반응식의 왼쪽에 더해졌다.

$$2\ H^+(aq) + VO_2^+(aq) \rightarrow VO^{2+}(aq) + H_2O(\ell)$$

4단계 양쪽 전하의 평형을 만들기 위해 더 양인 쪽에 전자를 더해줌으로써 반쪽 반응에 포함된 전하의 균형을 맞춘다.

왼쪽과 같은 값(이 경우, 0)까지 전하를 낮추기 위해 2개 전자를 아연의 반쪽 반응 오른쪽에 더해준다.

아연 반쪽 반응: $Zn(s) \rightarrow Zn^{2+}(aq) + 2\ e^-$

질량의 균형이 이루어진 VO_2^+ 반응식 왼쪽에 있는 전하는 3+이고, 오른쪽에 있는 전하는 2+이기 때문에, 좀 더 양인 왼쪽에 $1e^-$를 더하여 균형을 맞춘다.

바나듐 반쪽 반응: $e^- + 2\ H^+(aq) + VO_2^+(aq) \rightarrow VO^{2+}(aq) + H_2O(\ell)$

풀이를 확인할 때, 바나듐 원자의 산화수가 +5에서 +4로 변한다는 것과 이렇게 되려면 환원된 바나듐 원소마다 전자 하나씩 얻어야 한다는 것을 명심하시오.

5단계 산화제가 제공한 전자의 개수가 환원제에 의하여 소모된 전자의 개수와 동일하도록 반쪽 반응식에 적당한 숫자를 곱한다.

산화제 반쪽 반응은 아연 1 mol당 2 mol의 전자를 제공하고, 환원제 반쪽 반응은 VO_2^+ 1 mol당 1 mol의 전자를 소비한다. 따라서 환원제 반쪽 반응식에 2를 곱한다. 이제 2 mol의 산화제(VO_2^+)는 1 mol 환원제(Zn)가 제공한 2개의 전자를 소비한다.

$$Zn(s) \rightarrow Zn^{2+}(aq) + 2\ e^-$$

$$2[e^- + 2\ H^+(aq) + VO_2^+(aq) \rightarrow VO^{2+}(aq) + H_2O(\ell)]$$

6단계 완결된 전체 반응식을 얻기 위해서 두 반쪽 반응식을 더한다.

산화: $Zn(s) \rightarrow Zn^{2+}(aq) + 2\ e^-$

환원: $2\ e^- + 4\ H^+(aq) + 2\ VO_2^+(aq) \rightarrow 2\ VO^{2+}(aq) + 2\ H_2O(\ell)$

알짜 이온 반응식: $Zn(s) + 4\ H^+(aq) + 2\ VO_2^+(aq) \rightarrow$
$Zn^{2+}(aq) + 2\ VO^{2+}(aq) + 2\ H_2O(\ell)$

7단계 반응물과 생성물 중 반응식 양쪽에 동시에 존재하는 화학종들을 제거하여 반응식을 간단히 한다.

위의 반응에서는 이 단계가 불필요하다.

고려사항 질량과 전하가 균형이 맞춰졌는지 확인하기 위해 반응식을 검토한다.

질량 균형: 1 Zn, 2 V, 4 H, 4 O

전하 균형: 양쪽 모두 알짜 전하가 +6이다.

유제

1. 노란색의 다이옥소바나듐(V) 이온, $VO_2^+(aq)$는 아연에 의하여 세 단계를 거치면

전략도 19.2

문제

산 용액에서 **Zn**과 $\mathbf{VO_2^+}$ 반응에 대해 반응식의 **완결**하시오.

알려진 자료/정보

- 반응물
- 생성물

1단계 **산화 환원** 반응인지 확인한다.

산화수가 변하므로 이것은 산화 환원 반응이다.

2단계 반쪽 반응을 적는다.

환원 반쪽 반응
산화 반쪽 반응

3단계 각 반쪽 반응을 **질량**의 관점에서 완결. 질량 **균형**에 필요하다면, 반응물 또는 생성물로 H^+와 H_2O를 이용한다.

질량의 관점에서 반쪽 반응 완결. 원래 반응물과 생성물에 더하여 H^+와 H_2O를 포함될 수 있다.

4단계 **전하 균형**을 맞추기 위해 전자를 이용한다.

전하의 관점에서 반쪽 반응

5단계 **산화제**가 얻은 수의 전자를 **환원제**가 공급하도록 각 반쪽 반응에 인자를 곱한다.

질량과 **전하**의 관점에서 반쪽 반응 완결

6단계 반쪽 반응을 **더한다.**

전체 **완결된 반응식**

7단계 단순화하고 완결 여부를 **확인**

확인된 **최종** 완결된 **반응식**

문제해결 주요사항 19.1 산화–환원 반응식의 균형 맞추기: 요약

- 수소 균형은 산 용액인 경우 H^+/H_2O를 이용하고, 염기 용액인 경우 OH^-/H_2O를 이용하여 맞춘다. 절대로 H나 H_2를 첨가해서는 안 된다.
- 산소 균형을 맞추기 위하여 H_2O 또는 OH^-를 이용한다. 절대로 O 원자나 O^{2-} 이온, 또는 O_2 를 첨가해서는 안 된다.
- 동일 용액 내에 $H^+(aq)$와 $OH^-(aq)$를 함께 포함해서는 안 된다. 용액은 산성 또는 염기성이지 양성일 수는 없다.
- 반쪽 반응 안에 있는 전자의 개수는 산화되거나, 환원되는 원소의 산화 상태 변화를 반영한다.
- 전자는 항상 반쪽 반응에만 포함되며, 전체 반응식에는 결코 있을 수 없다.
- 이온식에 전하를 표시한다. 전하를 표시하지 않거나 잘못 표기하는 경우는 학생들이 시험이나 숙제에 가장 흔히 하는 실수 중 하나이다.
- 산화–환원 반응식의 완결 전문가가 되는 가장 좋은 방법은 끊임없이 연습하는 것이다.

그림 19.4 산 용액에서 철(II) 이온과 보라색 과망가니즈산 이온(MnO_4^-)의 반응. 생성물은 무색인 Mn^{2+}와 Fe^{3+} 이온이다.

서 환원된다. 첫 번째 단계는 이 이온이 푸른색을 띠는 $VO^{2+}(aq)$로 환원된다. 두 번째 단계에서 이 이온은 녹색의 $V^{3+}(aq)$으로 환원되며, 세 번째 단계에서 V^{3+}이온이 자줏빛의 $V^{2+}(aq)$으로 환원된다. 각 단계에서 아연은 $Zn^{2+}(aq)$로 산화된다. 2, 3단계에 대한 완결된 알짜 이온 반응식을 적으시오(이것의 환원 단계는 그림 19.3에서 보여주고 있다).

2. 실험실에서 가장 흔히 수행되는 철의 분석은 정확한 농도를 알고 있는 과망가니즈산포타슘 용액으로 수용액의 철(II) 이온을 적정하는 것이다. 반쪽 반응법을 이용하여 산 용액 중에서 일어나는 이 반응의 완결된 알짜 이온 반응식을 적으시오.

$$MnO_4^-(aq) + Fe^{2+}(aq) \rightarrow Mn^{2+}(aq) + Fe^{3+}(aq)$$

산화제, 환원제, 산화된 물질 그리고 환원된 물질을 찾으시오(그림 19.4 참고).

염기성 용액에서 반응식 완결하기

예제 19.2는 산성 용액에서 일어나는 산화–환원 반응식의 균형을 맞추는 방법을 기술하고 있다. 이런 조건하에서, H^+ 이온 또는 H^+/H_2O 짝이 필요시 균형 맞추기에 이용된다. 반대로 염기성 용액 중에서는 OH^- 이온 또는 OH^-/H_2O 짝이 이용된다.

예제 19.3 염기성 용액 중에서 산화–환원 반응식의 완결

문제 알루미늄 금속은 산화제로 작용하는 물과 염기 수용액 중에서 산화된다. 반응의 생성물은 $[Al(OH)_4]^-(aq)$과 $H_2(g)$이다. 이 반응의 완결된 알짜 이온식을 쓰시오.

알고 있는 사실 반응물과 생성물을 알고 있다. 이 반응은 염기 용액에서 일어난다. 따라서 OH^- 이온과 H_2O가 포함되었을 것이다.

전략 이 전략은 반쪽 반응에서 OH^- 이온이나 물 분자의 포함 여부를 결정하는 과정을 제외하면 예제 19.1과 19.2의 전략과 같다.

풀이

1단계 산화와 환원 반응을 확인한다.

완결되지 않은 반응식은

$$Al(s) + H_2O(\ell) \rightarrow [Al(OH)_4]^-(aq) + H_2(g)$$

여기서 알루미늄은 산화수가 0에서 +3으로 산화되었고, 수소는 산화수가 +1에서 0으로 환원되었다.

2단계 이 반응을 2개의 반쪽 반응식으로 나눈다.

산화 반쪽 반응식: $Al(s) \rightarrow [Al(OH)_4]^-(aq)$
(Al 산화수는 0에서 +3으로 증가)

환원 반쪽 반응식: $H_2O(\ell) \rightarrow H_2(g)$
(H 산화수는 +1에서 0으로 감소)

3단계 반쪽 반응의 질량 균형을 맞춘다.
두 반쪽 반응의 질량 균형을 맞추기 위해서 OH^-나 OH^-와 H_2O의 첨가가 요구된다. 알루미늄 반쪽 반응의 경우 반응식 왼쪽에 OH^- 이온을 더한다.

산화 반쪽 반응: $Al(s) + 4\ OH^-(aq) \rightarrow [Al(OH)_4]^-(aq)$

물이 환원되는 반쪽 반응의 균형을 맞추기 위하여 반응식 우측에 산소를 포함하는 화학종이 반드시 필요하다. 이 경우 H_2O가 반응물이기 때문에 염기성 용액 중에 존재하는 OH^-를 사용한다.

환원 반쪽 반응: $2\ H_2O(\ell) \rightarrow H_2(g) + 2\ OH^-(aq)$

4단계 반쪽 반응 전하의 균형을 맞춘다.
전하의 균형을 맞추기 위해서 전자를 더한다.

산화 반쪽 반응: $Al(s) + 4\ OH^-(aq) \rightarrow [Al(OH)_4]^-(aq) + 3\ e^-$
환원 반쪽 반응: $2\ H_2O(\ell) + 2\ e^- \rightarrow H_2(g) + 2\ OH^-(aq)$

5단계 반쪽 반응에 적절한 수를 곱해서 산화제가 소비한 만큼 환원제가 전자를 제공하도록 한다.
여기서 전하의 균형은 6개 H_2O 분자에 의해 획득된 6개의 전자를 2개의 Al 원자에 제공함으로써 달성된다.

산화 반쪽 반응: $2[Al(s) + 4\ OH^-(aq) \rightarrow [Al(OH)_4]^-(aq) + 3\ e^-]$
환원 반쪽 반응: $3[2\ H_2O(\ell) + 2\ e^- \rightarrow H_2(g) + 2\ OH^-(aq)]$

6단계 두 반쪽 반응을 더한다.

$$2\ Al(s) + 8\ OH^-(aq) \rightarrow 2\ [Al(OH)_4]^-(aq) + 6\ e^-$$
$$6\ H_2O(\ell) + 6\ e^- \rightarrow 3\ H_2(g) + 6\ OH^-(aq)$$

알짜 반응식: $2\ Al(s) + 8\ OH^-(aq) + 6\ H_2O(\ell) \rightarrow 2\ [Al(OH)_4]^-(aq) + 3\ H_2(g) + 6\ OH^-(aq)$

7단계 반응물과 생성물 양쪽에 존재하는 동일한 화학종을 제거하여 식을 간단히 한다.
반응식 양 변에 있는 6개의 OH^- 이온을 소거할 수 있다.

$$2\ Al(s) + 2\ OH^-(aq) + 6\ H_2O(\ell) \rightarrow 2\ [Al(OH)_4]^-(aq) + 3\ H_2(g)$$

문제해결 주요사항 19.2 염기 용액에서 반응식을 완결하는 다른 방법

염기 용액에서 OH^- 이온과 H_2O를 사용하여 산화 환원 반응식을 완결하는 것은 산 용액에서 반응식을 완결하는 것보다 더 까다롭다. 염기 용액에서 반응식을 완결하는 개별적인 방법을 배우기보다는 마치 산 용액인 것처럼 염기 용액의 반응식을 완결하고 나서 H^+ 이온이 물로 변하도록 반응식의 양쪽에 충분한 OH^- 이온을 첨가하는 것이 더 쉬울 수가 있다. 이 방법이 하이포아염소산 이온이 산화망가니즈(Ⅳ)와 반응하여 염화 이온과 과망가니즈산 이온으로 변하는 반응의 완결에 어떻게 적용되는지를 살펴보자.

(a) 예제 19.2의 1~7단계를 따라 산 용액에서 반응이 진행되는 것처럼 반응식을 완결한다.

$$3\ ClO^-(aq) + H_2O(\ell) + 2\ MnO_2(s) \rightarrow 3\ Cl^-(aq) + 2\ MnO_4^-(aq) + 2\ H^+(aq)$$

(b) 이 반응이 산이 아니라 염기 용액에서 진행된다는 사실을 적용하기 위하여 반응식의 양쪽에 $H^+(aq)$ 이온의 수와 같은 (2개의) OH^- 이온을 더한다. $H^+(aq)$ 이온을 가진 쪽에서는 $H^+(aq)$와 $OH^-(aq)$이 $H_2O(\ell)$을 형성한다.

$$3\ ClO^-(aq) + H_2O(\ell) + 2\ MnO_2(s) + 2\ OH^-(aq) \rightarrow 3\ Cl^-(aq) + 2\ MnO_4^-(aq) + 2\ H^+(aq) + 2\ OH^-(aq)$$

$$3\ ClO^-(aq) + H_2O(\ell) + 2\ MnO_2(s) + 2\ OH^-(aq) \rightarrow 3\ Cl^-(aq) + 2\ MnO_4^-(aq) + 2\ H_2O(\ell)$$

(c) 간단히 한다.

$$3\ ClO^-(aq) + 2\ MnO_2(s) + 2\ OH^-(aq) \rightarrow 3\ Cl^-(aq) + 2\ MnO_4^-(aq) + H_2O(\ell)$$

고려사항 마지막 반응식은 질량과 전하가 균형이 맞춰졌다.

질량 균형: 2 Al, 14 H, 8 O

전하 균형: 알짜 전하 −2가 양쪽에 있다.

유제 황의 환원에 근거한 볼타 전지가 개발 중에 있으며, 그것의 한 예는 염기성 용액 중에서 알루미늄과 황의 반응이다.

$$Al(s) + S(s) \rightarrow Al(OH)_3(s) + HS^-(aq)$$

(a) 완결된 반쪽 반응을 통하여, 이 반응의 균형을 맞추시오.
(b) 산화제, 환원제, 산화된 화학종, 환원된 화학종을 확인하시오.

19.1절 확인문제

1. 황화구리(Ⅱ)는 질산과 다음 완결된 반응식에 따라 반응한다.

$$3\ CuS(s) + 8\ H^+(aq) + 2\ NO_3^-(aq) \rightarrow 3\ Cu^{2+}(aq) + 3\ S(s) + 4\ H_2O(\ell) + 2\ NO(g)$$

산화된 물질은?

(a) CuS (b) H^+ (c) NO_3^-

2. 산 용액에서 $NO_3^- \rightarrow NO$의 완결된 반쪽 반응은?

(a) $NO_3^- \rightarrow NO + e^-$
(b) $2\ H^+ + e^- + NO_3^- \rightarrow NO + 2\ H_2O$
(c) $NO_3^- \rightarrow NO + O^{2-} + e^-$
(d) $4\ H^+ + 3\ e^- + NO_3^- \rightarrow NO + 2\ H_2O$

3. 염기 용액에서 $Br_2 \rightarrow BrO_3^-$의 완결된 반쪽 반응은?

(a) $3\ OH^- + Br_2 \rightarrow 2\ BrO_3^- + H_2O + e^-$
(b) $12\ OH^- + Br_2 \rightarrow 2\ BrO_3^- + 6\ H_2O + 10\ e^-$
(c) $e^- + OH^- + Br_2 \rightarrow 2\ BrO_3^- + H_2O$
(d) $10\ e^- + Br_2 + 6\ H_2O \rightarrow BrO_3^- + 6\ OH^-$

19.2 간단한 볼타 전지

볼타 전지의 예로서 구리 금속과 은 이온(Ag^+)의 반응을 살펴보자(그림 19.1). 두 반쪽 반응을 분리된 용기에 준비함으로써(그림 19.5) 전자는 외부 회로를 통해서만 구리 금속에서 은 이온으로 흐르게 될 것이며, 이 전자는 유용한 일을 하는 데 이용될 수 있다.

구리 반쪽 반응(그림 19.5의 왼쪽)은 구리(II) 이온을 함유하는 용액에서 전극으로 구리 금속을 이용하고 있다. 그리고 오른쪽 반쪽 전지는 은(I) 이온을 함유하는 용액에 은 전극을 가지고 있다. 이렇듯 간단하게 만들어진 전지의 중요한 특징은 다음과 같다.

- **두 반쪽 전지는 염다리(salt bridge)로 연결되어서 양이온과 음이온이 두 반쪽 전지로 이동할 수 있는 수단을 제공한다.** 염다리에 이용되는 전해질은 두 반쪽 전지 안에 있는 화학종과 반응하지 않는 이온으로 이루어져야 한다. 그림 19.5의 예제에서는 $NaNO_3$가 이용되었다.
- **모든 종류의 전기 화학 전지에서 산화전극(anode)은 산화가 일어나는 전극이다. 환원이 일어나는 전극은 항상 환원전극(cathode)이다**(그림 19.5에서는 구리 전극이 산화전극이고, 은 전극이 환원전극이다).
- **볼타 전지에서 (−) 부호는 산화전극(anode) 쪽에 있고, (+) 부호는 환원전극(cathode) 쪽에 있다.** 산화전극(anode)에서 산화 반응이 일어나서 전자를 생성하기 때문에 이 전극을 (−)로 정하게 되었다.
- **모든 종류의 전기 화학전지에서 전자는 외부 회로를 따라서 산화전극에서 환원전극으로 흐른다.** 볼타 전지에서 전류는 외부 회로를 따라서 (−) 전극에서 (+) 전극

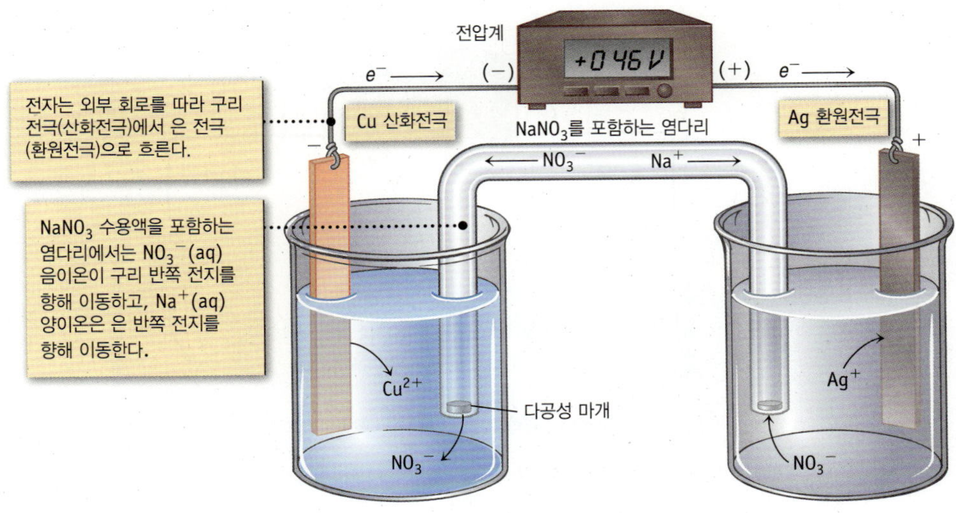

그림 19.5 $Cu(s)|Cu^{2+}(aq)$와 $Ag(s)|Ag^+(aq)$ 반쪽 반응을 이용하는 볼타 전지.

으로 흐르는 전자들로 이루어진다.

그림 19.5에 소개된 전지에서 일어나는 화학 반응은 다음과 같은 반쪽 반응과 알짜 이온 반응으로 표시된다.

환원전극:	$2\ Ag^+(aq) + 2\ e^- \rightarrow 2\ Ag(s)$
산화전극:	$Cu(s) \rightarrow Cu^{2+}(aq) + 2\ e^-$
알짜 이온 반응식:	$Cu(s) + 2\ Ag^+(aq) \rightarrow Cu^{2+}(aq) + 2\ Ag(s)$

염다리. 간단한 염다리는 전해질 용액에 젤라틴을 더하여 만들 수 있다. 젤라틴은 염다리를 다루기 쉽도록 내용물을 반고체로 만든다. 다공성 유리 원판과 이온-투과 멤브레인은 염다리의 대안이 될 수 있다. 이러한 장치는 두 용액이 섞이지 않게 하면서 이온이 반쪽 전지에서 다른 반쪽 전지로 이동하게 한다.

염다리(salt bridge)는 전지 반응을 계속 진행되게 하기 위하여 반드시 필요하다. Cu/Ag^+ 볼타 전지에서 염다리 안에 있는 음이온은 구리 반쪽 전지로 이동하고, 양이온은 은 반쪽 전지로 이동한다(그림 19.5). 구리 금속의 산화 반응에 의하여 구리 반쪽 전지에서 $Cu^{2+}(aq)$ 이온이 생성되기 때문에, 염다리로부터 음이온이 이 전지 쪽으로 이동한다(반대로, 양이온은 이 반쪽 전지를 떠난다). 이렇게 됨으로써 반쪽 전지 안에 있는 양전하와 음전하가 균형을 이루게 된다. 은 반쪽 전지는 일반적으로 $AgNO_3$를 포함하며 그래서 $Ag^+(aq)$ 이온이 은(Ag) 금속으로 환원됨으로써 음이온(NO_3^-)이 반쪽 전지로부터 염다리로 이동하고, 양이온이 은 반쪽 전지 안으로 들어간다. 완성된 회로에서는 전류가 흐르게 되며, 염다리가 제거되면 전극에서 반응은 멈추게 된다.

그림 19.5에서 보듯이, 전극은 전선에 의하여 전압계에 연결되어 있다. 또 다른 방법은 전기를 이용하는 전구나 다른 장치를 전압계 대신 연결하여 이용할 수도 있다. 전자는 구리의 산화에 의해서 생성되며, $Cu^{2+}(aq)$은 용액으로 용해된다. 이들 전자는 외부 회로를 따라서 은 전극 쪽으로 이동하며, 은(Ag) 전극에서 $Ag^+(aq)$ 이온은 은 금속으로 환원된다. 이 반응과 나머지 볼타 전지의 특징은 그림 19.6에 요약되어 있다.

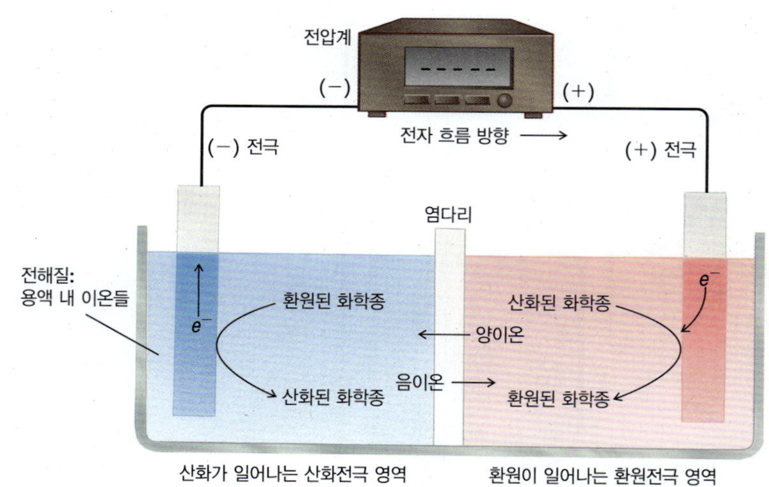

그림 19.6 볼타 전지에 사용되는 용어 정리. 전자는 외부 회로를 통하여 산화가 일어나는 산화전극에서 환원이 일어나는 환원전극으로 이동한다. 각 반쪽 전지에 대한 전하의 균형은 염다리를 통하여 이온들이 이동함으로써 이루어진다. 음이온은 환원 반쪽 전지에서 산화 반쪽 전지로 이동하고 양이온은 반대 방향으로 이동한다.

예제 19.4 전기화학 전지

문제 전류를 생성하기 위하여 아래 주어진 반응식을 이용한 볼타 전지를 꾸미는 방법에 대하여 기술하시오.

$$Fe(s) + Cu^{2+}(aq) \rightarrow Cu(s) + Fe^{2+}(aq)$$

어느 전극이 산화전극이고 어느 전극이 환원전극인가? 외부 회로를 통하여 흐르는 전자는 어느 방향으로 이동하는가? 염다리 안에 있는 양이온과 음이온은 어느 방향으로 이동하는가? 각 전지에서 일어나는 반쪽 반응식을 적으시오.

알고 있는 사실 반응은 기재된 방향으로 진행된다. 한 반쪽 전지에서 일어나는 반쪽 반응은 철 전극과 $Fe^{2+}(aq)$ 이온을 함유하는 용액을 포함한다. 다른 반쪽 전지는 구리 전극과 $Cu^{2+}(aq)$ 이온을 함유하는 용액으로 구성된다.

전략 먼저 전지를 구성하는 2개의 반쪽 전지를 확인한다. 이 두 반쪽 전지는 염다리와 외부 회로와 함께 연결되어 있다.

풀이 볼타 전지는 그림 19.5에 도시된 것과 유사하다. 2개의 반쪽 전지들은 전해질로 KNO_3를 포함하는 염다리에 연결되어 있다고 추정한다.
철은 산화가 일어나기 때문에 철 전극은 산화전극이다.

산화, 산화전극: $Fe(s) \rightarrow Fe^{2+}(aq) + 2\,e^-$

구리 2가 이온은 환원되며, 구리전극은 환원전극(cathode)이다. 환원전극 반쪽 반응은 다음과 같다.

환원, 환원전극: $Cu^{2+}(aq) + 2\,e^- \rightarrow Cu(s)$

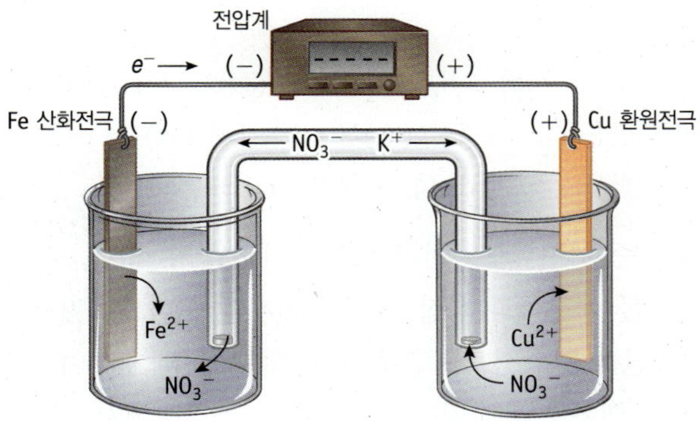

외부회로에서 전자는 철전극(산화전극)으로부터 구리전극(환원전극)으로 흐른다. 염다리에서 음이온이 Fe/Fe^{2+} 반쪽 전지로 흐르고, 양이온은 반대 방향으로 흐른다.

고려사항 볼타 전지를 이해하는 좋은 전략은 전지 내의 음성 물질들의 움직임에 집중하는 것이다(외부 회로에서의 전자 흐름, 그리고 염다리에서 음이온의 흐름). 이것들은 항상 순환의 형식으로 움직인다. 전자는 산화전극에서 환원전극으로, 음이온은 염다리에서 반대 방향으로 이동한다. 만약 어떤 반응 물질이 산화(전자 제공)되었는지 안다면, 어떤 전극이 환원전극인지 알 것이고, 외부 회로에서 전자의 이동과 염다리에서 음이온의 이동을 알 것이다(염다리에서 양이온의 흐름은 음이온의 반대 방향으로 흐르는 사실을 잊지 마시오).

유제 다음 반쪽 반응식을 이용하여 볼타 전지를 꾸미는 방법에 대하여 기술하시오.

환원 반쪽 반응: $Ag^+(aq) + e^- \rightarrow Ag(s)$

산화 반쪽 반응: $Ni(s) \rightarrow Ni^{2+}(aq) + 2\ e^-$

어느 것이 환원전극이고, 산화전극인가? 그리고 전체 전지 반응식은? 두 전극을 연결하는 외부회로에서 전자 흐름의 방향은? 두 전지 부분을 연결하는 염다리($NaNO_3$)에서 이온의 흐름을 기술하시오.

비활성 전극을 가진 볼타 전지

지금까지 기술한 반쪽 전지에서는 전극으로 사용된 금속이 산화–환원 반응에 사용된 반응물 또는 생성물이었다. 그러나 모든 반쪽 반응들이 반응물이나 생성물로서 금속을 포함하지는 않는다. 흑연 형태의 탄소를 제외하고 대부분의 비금속은 비전도성이기 때문에 전극재료로서 적합하지 않다. 기체, 액체(수은을 제외하고) 또는 용액을 가지고 전극을 만드는 것은 불가능하다. 이온성 고체의 경우 이온들이 격자 안에 단단하게 잡혀있기 때문에 전극으로 사용될 수 없으며, 이런 물질들은 전도성이 없다.

반응물과 생성물이 전극 재료로 사용되어질 수 없는 경우에는 반드시 비활성 전극(inert electrode) 또는 화학적으로 반응성이 없는 전극을 이용하여야 한다. 이와 같은 전극은 전지 안에서 전류는 흐르지만 산화나 환원 반응은 일어나지 않는 재료로 만들어져 있다.

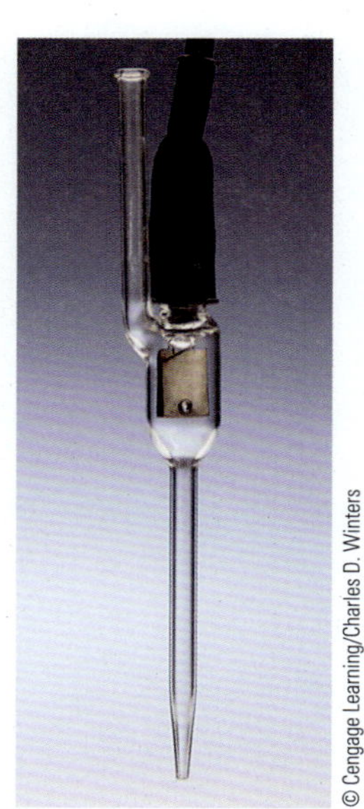

그림 19.7 **수소 전극.** 수소 기체는 H^+ 이온을 함유하는 용액에서 백금 전극 위로 불어 넣게 된다. 가끔 백금선을 거즈 형태로 직조하거나 또는 금속 표면을 마모시키거나 화학적 처리에 의하여 울퉁불퉁하게 하여 표면적을 증가시킨다.

다음과 같이 생성물 쪽으로 진행이 유리한 반응을 이용한 볼타 전지를 꾸미는 방법에 대하여 생각해 보자.

$$2\ Fe^{3+}(aq) + H_2(g) \rightarrow 2\ Fe^{2+}(aq) + 2\ H^+(aq)$$

환원 반쪽 반응: $Fe^{3+}(aq) + e^- \rightarrow Fe^{2+}(aq)$

산화 반쪽 반응: $H_2(g) \rightarrow 2\ H^+(aq) + 2\ e^-$

반응물과 생성물 중 어떤 것도 전극재료로 이용될 수 없다. 그러므로 두 반쪽 전지는 반응물과 생성물이 전극과 직접 접촉이 되게끔 꾸밈으로써 전자를 주거나 받을 수 있도록 한다. 흑연은 일상적으로 흔히 이용되는 전극 재료이다. 이것은 전도체이며, 가격이 저렴하고 대부분의 전지들이 직면하는 조건하에서 쉽게 산화되지 않는다. 어떤 전지는 수은을 사용한다. 백금(platinum)과 금(gold)은 화학적으로 비활성이기 때문에 실험실에서 흔히 이용된다. 그러나 상업용으로 이용하기에는 너무 비싸다.

수소 전극(hydrogen electrode, 그림 19.7)은 전기화학 분야에서 특히 중요하다. 왜냐하면 이 전극은 전지 전압을 정하는 데 있어서 표준전극으로 이용되기 때문이다(19.4절). 이 경우 수소가 백금 금속 면에 흡착되기 때문에 선택되었으며, 백금은 전극 물질이다. 이 전지를 작동할 때에는 수소 기체가 금속 전극 위로 불어 넣어지며, 큰 표면적이 전극과 수소 기체의 접촉을 최대로 한다. 수용액은 $H^+(aq)$를 함유한다.

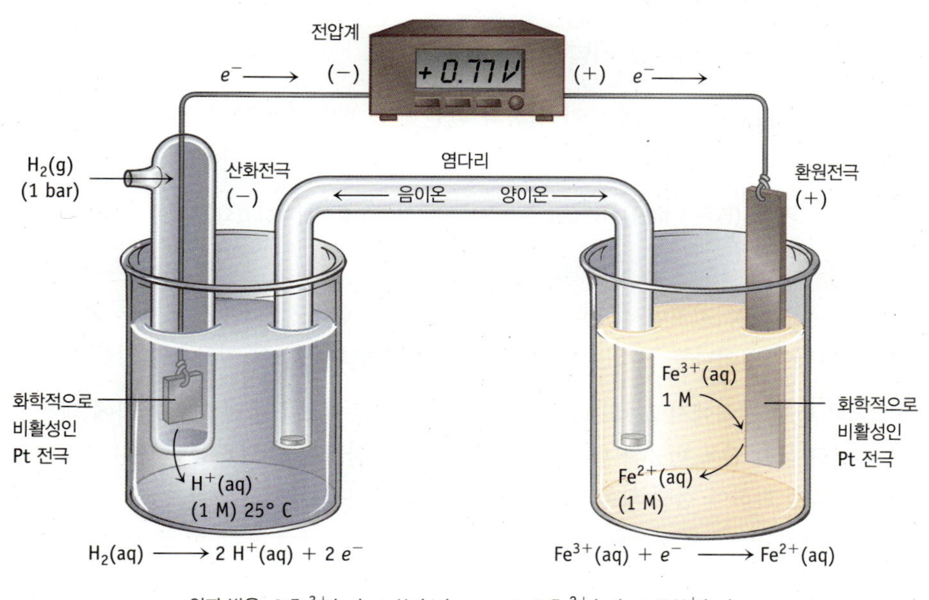

그림 19.8 수소 전극으로 이루어진 볼타 전지. 이 전지의 환원전극 쪽은 Fe^{2+}(aq, 1.0 M)과 Fe^{3+}(aq, 1.0 M)을 포함하고 있으며, 산화전극 쪽은 H_2(g)와 H^+(aq, 1.0 M)을 함유한다. 25 ℃에서 이 전지는 0.77 V의 전압을 생성한다(이 그림에서 산화전극의 수소 전극은 개략도이다. 상업적 수소 전극 사진은 그림 19.7을 참조).

H^+(aq)와 H_2(g)를 포함하는 반쪽 반응은

$$2\ H^+(aq) + 2\ e^- \rightarrow H_2(g) \qquad \text{또는} \qquad H_2(g) \rightarrow 2\ H^+(aq) + 2\ e^-$$

전극 표면에서 일어나고, 이 반응에 관여된 전자들은 금속 전극에 의하여 반응 위치로 또는 반응 위치로부터 전도된다.

Fe^{3+}(aq) 이온이 Fe^{2+}(aq) 이온으로 환원되는 반응을 이용한 반쪽 전지 역시 백금 전극을 이용하여 만들 수 있다. 이 경우 전극 주위의 용액은 2개의 다른 산화 상태를 갖는 철 이온을 포함한다.

H_2 기체와 Fe^{3+}(aq, 1.0 M)에서 Fe^{2+}(aq, 1.0 M)로 환원을 포함하는 볼타 전지는 그림 19.8에서 보여주고 있다. 이 전지에서 수소 전극은 산화전극이고(H_2가 H^+로 산화), 철을 함유하는 것은 환원전극이다(Fe^{3+}이 Fe^{2+}로 환원됨). 이 전지는 0.77 V의 전압을 생성한다.

전기화학 전지 표기법

화학자들은 전지를 간단히 표시하기 위하여 간략한 표기법을 이용한다. 예를 들면 구리 금속과 은 이온의 환원을 포함하는 전지는 다음과 같이 나타낸다.

$$\underbrace{Cu(s)\,|\,Cu^{2+}(aq,\ 1.0\ M)}_{\text{산화전극 정보}}\,||\,\underbrace{Ag^+(aq,\ 1.0\ M)\,|\,Ag(s)}_{\text{환원전극 정보}}$$

Fe^{3+}를 환원시키기 위하여 H_2 기체를 사용하는 전지는 다음과 같이 나타낸다.

$$\underbrace{Pt\,|\,H_2(P = 1\ bar)\,|\,H^+(aq,\ 1.0\ M)}_{\text{산화전극 정보}}\,||\,\underbrace{Fe^{3+}(aq,\ 1.0\ M),\ Fe^{2+}(aq,\ 1.0\ M)\,|\,Pt}_{\text{환원전극 정보}}$$

관례상, 산화전극(anode)과 산화전극과 접촉하고 있는 용액에 관한 정보는 항상 왼쪽에 쓴다. 하나의 수직선(|)이 경계면을 나타내며, 두 줄 수직선(||)은 염다리를 나타낸다.

예제 19.5 전기화학 전지 표기법

문제 다음 전기화학 전지에 대한 산화와 환원 반쪽 반응과 전체 화학 반응식을 결정하시오.

$$Pt\,|\,H_2(P = 1\text{ bar})\,|\,H^+(aq, 1.0\text{ M})\,||\,Br^-(aq, 1.0\text{ M})\,|\,AgBr(s)\,|\,Ag(s)$$

알고 있는 사실 산화는 수소 기체와 비활성 Pt 전극과 접촉하고 있는 하이드로늄 이온을 함유한 반쪽 전지에서 일어난다(간략한 표기법에서 산화 반쪽 전지는 왼쪽에 있다). 환원이 일어나는 전지는 브로민화 이온, 브로민화은과 은 전극을 포함한다.

전략 각 반쪽 전지에서 2개의 다른 산화 상태로 있는 원소를 확인한다. 산화에 대하여 완결된 산화 반쪽 반응과 환원 반쪽 반응에 대한 완결된 반쪽 반응을 쓴다. 2개의 반쪽 반응을 합하여 전체 화학 반응식으로 만든다.

풀이 산화 반쪽 반응은 수소 기체(산화 상태 = 0)와 수소 이온(산화 상태 = +1)을 포함한다. 산화전극에서의 반응은 다음과 같다.

산화 반쪽 반응: $H_2(g) \rightarrow 2\,H^+(aq) + 2\,e^-$

환원 반쪽 반응은 브로민화은(AgBr의 Ag 이온의 산화 상태 = +1)과 은 금속(산화 상태 = 0)을 포함한다. 환원전극에서의 반응은 다음과 같다.

환원 반쪽 반응: $AgBr(s) + e^- \rightarrow Ag(s) + Br^-(aq)$

반쪽 반응을 합하기 전에 환원 반쪽 반응에서 얻는 전자의 수가 산화 반쪽 반응에서 잃는 전자의 수와 같도록 환원 반쪽 반응에 2를 곱한다.

전체 화학 반응식: $2\,AgBr(s) + H_2(g) \rightarrow 2\,Ag(s) + 2\,H^+(aq) + 2\,Br^-(aq)$

고려사항 전체 화학 반응식이 각 원소 종류와 전하에 대하여 균형이 맞았는지 확인한다.

유제 다음 전체 화학 반응이 전기화학 전지에서 일어난다.

전체 화학 반응식: $Zn(s) + PbSO_4(s) \rightarrow Zn^{2+}(aq) + Pb(s) + SO_4^{2-}(aq)$

전지 표기법을 이용하여 전기화학 전지를 기술하시오.

19.2절 확인문제

다음 반응이 일어나는 다음의 전지를 보고 알맞은 답을 고르시오.

$$Ni^{2+}(aq) + Cd(s) \rightarrow Ni(s) + Cd^{2+}(aq)$$

1. 전자의 이동:

(a) Ni에서 Cd로 전자 이동　(b) Cd에서 Ni로 전자 이동

2. 전극:

(a) Cd는 산화전극이고 음성이다.　(b) Cd는 산화전극이고 양성이다.

(c) Cd는 환원전극이고 음성이다.　(d) Cd는 환원전극이고 양성이다.

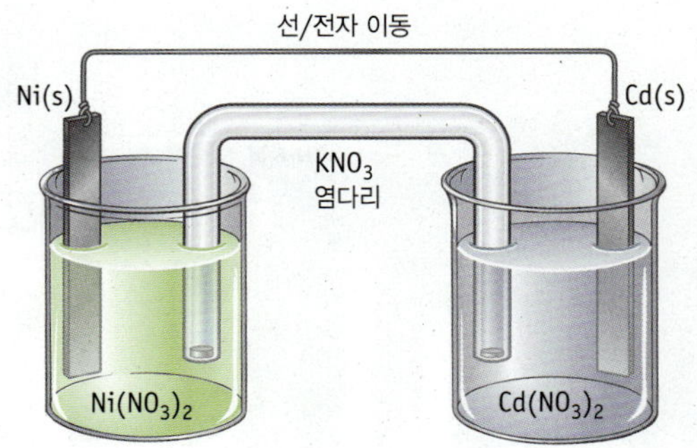

3. 염다리(K^+와 NO_3^-를 포함한다):

(a) NO_3^- 이온은 Cd 반쪽 전지에서 Ni 반쪽 전지로, K^+ 이온은 Ni 반쪽 전지에서 Cd 반쪽 전지로 이동한다.

(b) NO_3^-이온은 Ni 반쪽 전지에서 Cd 반쪽 전지로, K^+ 이온은 Cd 반쪽 전지에서 Ni 반쪽 전지로 이동한다.

19.3 상용 볼타 전지

지금까지 소개한 전지는 실용성이 있을 것 같지 않다. 이들 대부분은 상용화에 있어서 우선적으로 요구되는 작은 크기나 견고함을 만족시키지 못한다. 대부분의 경우, 전지가 일정한 전압을 생성하는 것 또한 매우 중요하지만, 지금까지 서술한 전지에 있어서의 문제점은 생성된 전압이 용액 안에 있는 이온의 농도에 따라서 변한다는 것이다(19.5절 참고). 만약 산화 또는 환원전극 주위의 반응물 농도가 용액으로부터 보충될 수 있는 것보다 더 빨리 없어지게 되면, 전류를 얻으면 전압이 떨어지게 된다. 비슷하게 전극 주위의 생성물 농도가 용액으로 이동하는 것보다 더 빨리 증가하면 전압이 감소하게 된다.

볼타 전지로부터 얻을 수 있는 전기적 일은 소모된 시약의 양에 의존한다. 따라서 볼타 전지로부터 장기간 전류를 생성하기 위해서는 많은 양의 반응물이 반드시 필요하다. 추가로 재충전이 가능한 볼타 전지는 매력적이다. 전지의 재충전은 전지에 사용되는 시약들을 전지 안에서 원래 상태로 되돌리는 것을 의미한다. 많은 종류의 전기화학 전지에서, 전지 내의 이온들이 이동하게 되면 시약들은 서로 섞이게 되고, 전지가 사용된 후에는 혼합되지 않을 수 없게 된다.

배터리. 배터리라는 단어는 전류를 발생하는 자체 물질을 가진 장치를 지칭하는 것으로 흔히 사용하는 언어의 일부가 되었다. 그러나 배터리라는 용어는 보다 정확한 과학적 의미를 가진다. 이 단어는 2개 이상의 볼타 전지의 집합체를 의미한다. 예를 들면, 자동차에서 사용하는 12볼트 배터리는 6개의 볼타 전지로 구성되어 있다. 각 볼타 전지는 2볼트의 전압을 발생한다. 직렬로 연결된 6개의 전지는 12볼트를 생성한다.

전지는 일차 및 이차 전지로 분류될 수 있다. **일차 전지**(primary battery)는 재충전에 의하여 원래 상태로 되돌릴 수 없다. 그래서 반응물이 사용된 후 이 전지는 수명이 끝나며 반드시 버려야 한다. **이차 전지**(secondary battery)는 가끔 축전지(storage battery) 또는 재충전가능 전지(rechargeable battery)라고 부른다. 이 전지의 경우 반응은 가역적이며 따라서 재충전이 가능하다.

수년간의 개발을 통하여 특정한 요구 조건을 만족시키는 많은 상용 볼타 전기가 개발되었고(그림 19.9), 몇 가지 공통적인 것들을 아래에 기술하였다. 모든 것은 앞

그림 19.9 상용 볼타 전지. 상용 볼타 전지는 광범위한 영역의 장치에 에너지를 제공한다. 무수한 종류의 크기와 모양이 있고, 다른 범위의 전압을 생성한다. 일부는 재충전이 가능하다. 나머지는 사용 후 버린다. 생각하기에 전지는 더 이상 배울 것이 없으리라고 생각할 수도 있지만, 사실이 아니다. 이들 장치에 대한 연구는 아직도 화학 분야에서 매우 활발히 진행되고 있다.

의 논의에서 개발된 원리에 충실하다.

일차 전지: 건전지와 알칼리 전지

값싼 손전등 전지 또는 건전지를 구입한다면, 이는 1866년 르클랑셰(George LeClanché)에 의하여 발명된 볼타 전지가 현대화된 것이다(그림 19.10). 이 전지에서는 아연이 산화전극이고, 전지 가운데를 위아래로 관통하는 탄소봉이 환원전극이다. 이 전지는 가끔 '건전지'라고 불린다. 왜냐하면 눈에 보이는 액체상이 없기 때문이다. 그러나 이 전지는 NH_4Cl, $ZnCl_2$ 및 MnO_2의 젖은 반죽을 포함하고 있어 물이 있다. 습기는 이온이 한 전극에서 다른 전극으로 이동할 수 있어야 하기 때문에 반드시 필요하다. 이 전지는 다음 반쪽 반응을 이용하여 1.5 V의 퍼텐셜을 생성한다.

그림 19.10 흔한 건전지. 때때로 아연–탄소 전지라 불린다.

환원전극, 환원: $2\ NH_4^+(aq) + 2\ e^- \rightarrow 2\ NH_3(g) + H_2(g)$

산화전극, 산화: $Zn(s) \rightarrow Zn^{2+}(aq) + 2\ e^-$

환원전극에서 생성된 기체는 전지 내부의 압력을 높일 수 있어서 전지의 폭발을 야기할 수도 있다. 그러나 이 문제는 전지 안에서 일어나는 다음 두 반응에 의하여 해결된다. 암모니아 분자들은 Zn^{2+} 이온과 결합하고 수소 기체는 MnO_2에 의하여 물로 산화된다.

$$Zn^{2+}(aq) + 2\ NH_3(g) + 2\ Cl^-(aq) \rightarrow Zn(NH_3)_2Cl_2(s)$$
$$2\ MnO_2(s) + H_2(g) \rightarrow Mn_2O_3(s) + H_2O(\ell)$$

아연–탄소 건전지는 낮은 비용으로 널리 사용되고 있지만, 여러 가지 단점도 있다. 전류를 너무 빠르게 이용할 경우 기체 상태인 생성물이 아주 빠르게 소모될 수 없어서, 전지 저항이 증가하고 전압이 떨어진다. 게다가 아연 전극과 암모늄 이온이 전지에서 접촉하고 있어서 이 화합물들은 서서히 반응한다. 암모늄 이온 [$NH_4^+(aq)$]

은 약한 브뢴스테드 산이고, 아연(Zn^{2+})과 서서히 반응한다. 이 때문에 볼타 전지는 무한정 저장해 둘 수 없다. 이런 사실은 우리가 경험으로부터 이미 알고 있는 것들이다. 아연 바깥쪽 껍질의 손상으로 구멍이 생길 경우 건전지로부터 산 용액의 누수가 생기고, 이 건전지를 사용하는 기기에 손상을 입힐 수 있다.

이제는 카메라 또는 손전등에 **알칼리 전지**(alkaline battery)를 사용할 가능성이 높다. 왜냐하면 이 전지는 동일 크기의 건전지보다 50 % 이상 더 오랫동안 전류를 생성하기 때문이다. 알칼리 전지에 이용되는 화학도 아연–탄소 건전지만큼 간단하다. 단 한 가지 차이는 전지 내부 물질이 염기성(알칼리)이라는 점이다. 알칼리 전지에서는 전류를 생성하기 위하여 아연의 산화와 MnO_2의 환원을 이용한다. 그러나 전지 내부 물질들은 산성염인 NH_4Cl 대신에 NaOH 또는 KOH를 이용한다.

환원전극, 환원: $2\ MnO_2(s) + H_2O(\ell) + 2\ e^- \rightarrow Mn_2O_3(s) + 2\ OH^-(aq)$

산화전극, 산화: $Zn(s) + 2\ OH^-(aq) \rightarrow ZnO(s) + H_2O(\ell) + 2\ e^-$

아연–탄소 건전지와 거의 같은 전압인 1.54 V를 제공하는 알칼리 전지는 다른 장점도 있다. 이 전지의 경우 기체가 생성되지 않기 때문에 높은 전류 부하에서도 퍼텐셜이 떨어지지 않는다.

2000년 이전에는 수은을 함유하는 전지들이 계산기, 카메라, 시계, 심장 박동기 등 기기에 널리 사용되었다. 그러나 이들 전지들은 환경문제 때문에 1990년부터 미국에서 사용이 금지되었다. 이들을 대신하기 위하여 Ag_2O와 ZnO와 같은 다른 여러 가지 형태의 전지가 사용되고 있다. Ag_2O와 ZnO 전지 모두 알칼리 조건하에서 작동되며, 아연 전극을 사용한다. 약 1.5 V를 제공하는 AgO_2 전지의 전지 반응은 다음과 같다.

환원전극, 환원: $Ag_2O(s) + H_2O(\ell) + 2\ e^- \rightarrow 2\ Ag(s) + 2\ OH^-(aq)$

산화전극, 산화: $Zn(s) + 2\ OH^-(aq) \rightarrow ZnO(s) + H_2O(\ell) + 2\ e^-$

1.15~1.35 V를 제공하는 ZnO 전지는 금속 산화물이 아닌 대기 중에 존재하는 산소가 산화제라는 점에 있어서 독특하다.

환원전극, 환원: $O_2(g) + 2\ H_2O(\ell) + 4\ e^- \rightarrow 4\ OH^-(aq)$

산화전극, 산화: $Zn(s) + 2\ OH^-(aq) \rightarrow ZnO(s) + H_2O(\ell) + 2\ e^-$

이 전지들은 보청기, 레이저 및 의료기기에 사용되는 것으로 알려져 있다.

이차 전지 또는 재충전가능 전지

아연–탄소 건전지나 알칼리 전지는 사용가능한 전류 생성이 끝날 경우 버려진다. 이에 반하여, 일부 종류의 전지는 100회 정도 재충전이 가능하다. 재충전은 전지를 원래 상태로 회복시키기 위하여 외부 전원으로부터 전류를 제공받는 것이다. 평소에 사용하는 많은 종류의 이차 전지가 여기에 해당한다.

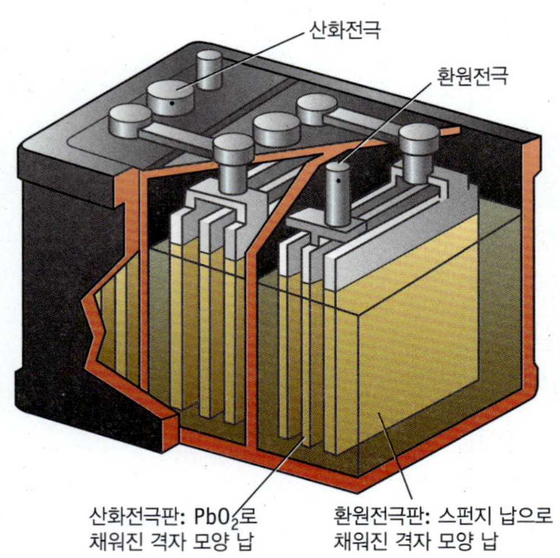

그림 19.11 이차 전지 또는 재충전가능 전지인 납 축전지. 배터리의 각 전지는 2 V의 전압을 발생한다.

납 축전지

납 축전지인 자동차용 전지는 가장 잘 알려진 재충전가능 전지이다(그림 19.11). 12 V를 제공하는 이 전지는 각각 2.0 V를 제공하는 6개의 볼타 전지로 이루어져 있다. 자동차 엔진의 시동을 걸 때 이 납 축전지는 중요한 특징인 높은 초기 전류를 제공할 수 있다.

납 축전지의 산화전극은 납 금속이다. 환원전극 또한 납으로 이루어져 있지만 압축된 불용성 산화납(IV)(PbO_2)으로 감싸여져 있다. 얇은 유리판으로 분리되어 있으며 교대로 쌓여 있는 전극들은 황산 수용액 안에 담겨져 있다. 전지가 전기 에너지를 제공하면서 산화전극의 납은 황산납(II)으로 산화된다. 황산납은 전극 표면에 붙어 있는 불용성 물질이다. 납 원자 하나당 생성된 2개의 전자는 외부회로를 통하여 환원전극으로 이동한다. 그리고 환원전극에서는 PbO_2가 Pb^{2+} 이온으로 환원되며, Pb^{2+} 이온은 H_2SO_4의 존재하에서 황산납($PbSO_4(s)$)으로 된다.

환원전극, 환원:	$PbO_2(s) + 4\ H^+(aq) + SO_4^{2-}(aq) + 2\ e^- \rightarrow PbSO_4(s) + 2\ H_2O(\ell)$
산화전극, 산화:	$Pb(s) + SO_4^{2-}(aq) \rightarrow PbSO_4(s) + 2\ e^-$
알짜 이온 반응식:	$Pb(s) + PbO_2(s) + 2\ H_2SO_4(aq) \rightarrow 2\ PbSO_4(s) + 2\ H_2O(\ell)$

전지에서 전류가 생성되면서 황산이 소모되고 물이 생긴다. 물은 황산보다 밀도가 낮기 때문에, 이 과정 동안 용액의 밀도는 줄어든다. 이런 이유로 납 축전지의 재충전 여부를 결정하기 위한 한 가지 방법은 용액의 밀도를 측정하는 것이다.

납 축전지의 충전은 외부로부터 전기 에너지를 전지에 제공함으로써 이루어진다. 충전이 이루어지는 동안 전극 표면을 코팅하고 있는 $PbSO_4$는 납 금속과 PbO_2로 전환되며 황산이 재생성된다. 이 전지의 재충전은 반응물과 생성물이 서로 접촉하고 있기 때문에 가능하다. 그러나 납 축전지의 수명은 제한되어 있다. 왜냐하면 시간이 지나면서 PbO_2와 $PbSO_4$의 코팅이 전극 표면으로부터 작은 조각으로 떨어져서 전지 케이스의 바닥으로 떨어지기 때문이다.

과학자들과 엔지니어들은 특히 자동차에 사용할 용도로 납 축전지를 대체할 새로운 전지를 개발하려고 노력하고 있다. 납 축전지는 덩치가 크고 무겁다는 단점을 가지고 있으며, 납과 납 화합물들은 독성이 있어서 사용 후 이들의 처리가 문제를 더욱 복잡하게 만든다. 그럼에도 불구하고 아직까지는 납 축전지의 장점이 단점보다 더 우세하다.

니켈–카드뮴 전지

니켈–카드뮴(니카드) 전지는 가볍고 재충전이 가능하여 전화기, 비디오 캠코더, 무선기기와 같은 곳에 다양하게 이용되고 있다. 전지에 이용되는 화학은 염기성 조건하에서 카드뮴의 산화와 산화니켈(III)의 환원을 기반으로 한다. 납 축전지에서처럼 전류가 생성될 때 얻어지는 반응물과 생성물은 전극에 달라붙은 고체이다.

환원전극, 환원: $NiO(OH)(s) + H_2O(\ell) + e^- \rightarrow Ni(OH)_2(s) + OH^-(aq)$

산화전극, 산화: $Cd(s) + 2\ OH^-(aq) \rightarrow Cd(OH)_2(s) + 2\ e^-$

Ni–Cd 전지들은 거의 일정한 전압(1.2 V)을 생성한다. 그러나 이들은 비용이 비교적 높은 편이며, 카드뮴 화합물의 독성으로 인한 환경에 위험한 요소 때문에 사용 후 처리에 제한이 있다.

니켈–금속 수소화물

충전 가능한 니켈–금속 수소화물 전지(NiMH)는 평상시에도 사용되고 있다. 카메라 혹은 휴대용 음악 재생기에 그 전지가 들어 있을 것이다. 하지만 가장 중요한 용도는 전기 또는 하이브리드 자동차이다.

니켈–금속 수소화물 전지에서 전자들은 H 원자가 OH^- 이온과 금속 합금 산화전극에서 상호작용할 때 발생한다.

$$\text{합금(H)} + OH^- \rightarrow \text{합금} + H_2O + e^-$$

환원전극에서의 반응은 니켈–카드뮴 전지와 같다.

$$NiO(OH) + H_2O + e^- \rightarrow Ni(OH)_2 + OH^-$$

NiMH 전지에서 합금은 일반적으로 란타넘, 세륨, 네오디뮴과 같은 희토류와 니켈, 코발트, 망가니즈 또는 알루미늄 같은 금속들의 혼합물이다. 이 전자들도 1.2 V의 전압을 생성한다.

리튬 전지

전지 연구의 대부분이 리튬 전지를 겨냥하고 있다(이 장의 서론을 참조). 리튬 전지는 두 가지가 있는데, 하나는 리튬이온 전지와 변종인 리튬이온 중합체 전지이다. 2개의 화학적 원리는 같다.

환원전극, 환원: $Li_{1-x}CoO_2(s) + x\ Li^+ + x\ e^- \rightarrow LiCoO_2(s)$

산화전극, 산화: $Li_xC_6(s) \rightarrow x\ Li^+ + x\ e^- + 6\ C(s)$

리튬이온 중합체 전지는 어떤 모양으로든 만들 수 있어서 아마존 킨들 그리고 애플의 휴대장치와 같은 상품에 적합하기 때문에 인기가 좋다. 이것은 3.6 V 퍼텐셜을 생성하고 리튬 전지보다 높은 전류 밀도를 가지고, 여러 번 사용되고 충전될 수 있다.

리튬을 기반으로 하는 전지 개발의 주된 이유는 가벼운 무게 때문이다. 리튬의 밀도는 0.53 g/cm^{3}으로서 카드뮴(8.69 g/cm^3), 니켈(8.91 g/cm^3), 납(11.34 g/cm^3)보다 가볍다. 리튬 7 g을 산화하면 납 104 g을 산화할 때와 같은 전자를 생성한다. 리튬이온과 납–산 전지의 모든 성분들의 질량을 고려하면, 리튬이온 전지는 납–산 전지의 약 1/4의 질량으로 같은 에너지를 제공할 수 있다. 사람들이 무거운 장치를 동반하고 싶지 않은 휴대용 기기에서도 중요하지만 자동차와 항공 산업에서도 중요하다. 자동차 또는 항공기의 더 가벼워진 전지는, 전지를 운반하는 데 필요한 에너지를 감소시키면서 이동수단이 움직일 때 필요한 에너지가 더 많아지게 한다.

주의: 아이들이 리튬 전지를 삼킬 수도 있습니다! 장난감, 뮤지컬 초대장 그리고 전자제품과 같은 장치에 작은 리튬 전지가 들어 있다. 불행하게도, 그것이 너무 작고 얇기 때문에 아이들이 입으로 집어넣고 삼킬 수가 있다. 2010년 〈뉴욕 타임즈〉에서(2010년 6월 1일 D5쪽) 발표한 바에 따르면, 전지를 삼키고 전지의 전류에 유발된 반응에 의해 죽는 아이들의 수가 증가한다고 한다.

연료 전지

볼타 전지의 장점은 크기가 작고 휴대가 간편하지만, 크기에 있어서 한계가 있으며, 생성된 전류의 양은 전지 안에 함유된 시약의 양에 따라서 제한된다. 결과적으로 반응물 중 하나가 완전히 소모되면 더 이상의 전류는 생성되지 않을 것이다. 하지만 연료 전지는 이런 제한이 없다. 반응물(연료와 산화제)은 외부 저장소로부터 전지로 끊임없이 공급되어질 수 있다.

자동차의 에너지. 자동차에 동력을 공급하기 위해 사용될 수 있는 시스템의 에너지

화학시스템	W · h/kg* (1 W · h = 3600 J)
납－산 전지	18～56
니켈－카드뮴 전지	33～70
소듐－황 전지	80～140
리튬 중합체 전지	150
휘발유－공기 연소 엔진	12,200

*watt–hour/kilogram

비록 최초의 연료 전지가 약 150년 전에 만들어졌지만, 우주 탐험 프로그램 시작으로 이 전지에 대한 관심을 다시 불러일으키기까지 기술적인 면에서 있어서 전혀 진보가 없었다. 수소–산소 연료 전지는 현재 나사(NASA)의 제미니, 아폴로, 그리고 우주왕복선 프로그램에 사용되고 있다. 이 전지는 가볍고 효율이 우수할 뿐만 아니라 우주인들에게 마실 수 있는 물을 제공한다는 점에 있어서 장점이 있다.

수소–산소 연료 전지(그림 19.12)에서 수소는 전지의 산화전극 쪽으로 공급되고, 산소(또는 공기)는 다음 반응처럼 환원전극으로 직접 공급된다.

환원전극, 환원: $O_2(g) + 2\ H_2O(\ell) + 4\ e^- \rightarrow 4\ OH^-(aq)$

산화전극, 산화: $H_2(g) \rightarrow 2\ H^+(aq) + 2\ e^-$

양쪽 전지는 양성자 교환막(PEM)이라고 불리는 특수물질로 분리되어 있다. 산화전극에서 생성된 양성자[$H^+(aq)$]는 이 막을 통과해서 환원전극에서 생성되는 수산화 이온과 반응하여 물을 생성한다. 따라서 이 전지의 알짜 반응은 H_2와 O_2로부터 물의 합성이다. 현재 사용 중인 전지들은 약 0.9 V의 전압을 생성한다.

수소–산소 연료 전지는 40～60 %의 효율로 작동하고 자동차 사용에 필요한 대부분 요구를 충족한다. 실온 또는 약간 높은 온도에서 작동하며, 빠르게 시작하고 높은 전류밀도를 만든다. 그러나 가격은 탄소 원천이 아닌 경제적으로 수소를 만드는 방법이 없기 때문에 가격에 관한 문제는 심각하다. 이런 결점과 수소의 분배를 위한 전국적인 사회 기반시설 설립의 어려움은 수소 연료 전지를 자동차에 많이 사용하기

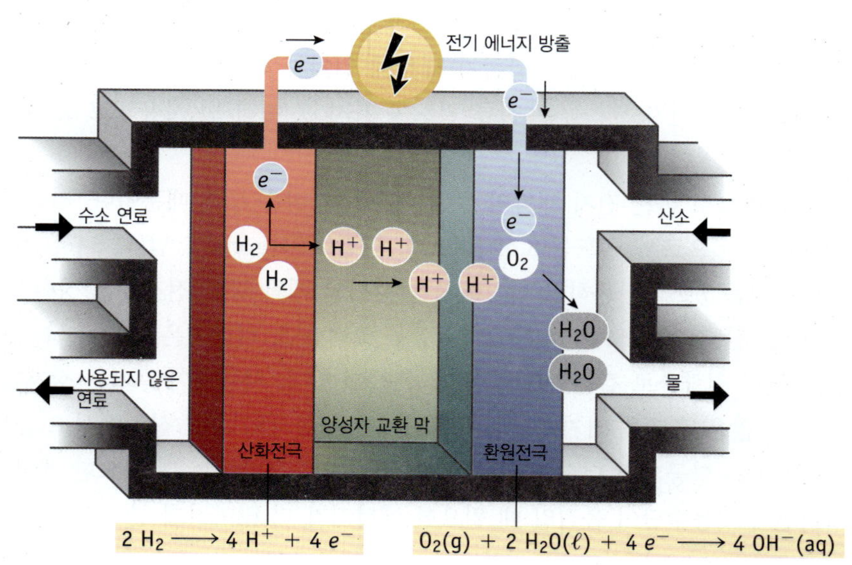

그림 19.12 연료 전지 설계. 수소 기체는 산화전극 표면에서 $H^+(aq)$ 이온으로 산화된다. 양성자 교환막(PEM) 반대쪽에서 산소 기체는 $OH^-(aq)$로 환원된다. 이들 $H^+(aq)$ 이온들은 PEM을 통과하여 이동하고 OH^-와 반응하여 물을 합성한다.

이전에 극복하여야 할 골치 아픈 장애물로 남아 있다.

19.3절 확인문제

1. 다음 자동차의 납–산 축전지에서 일어나는 반쪽 반응에 대하여 옳은 진술은 어느 것인가?

$$PbO_2(s) + 4\ H^+(aq) + SO_4^{2-}(aq) + 2\ e^- \rightarrow PbSO_4(s) + 2\ H_2O(\ell)$$

(a) 산화납(IV)은 산화된다. (b) 산화납(IV)은 환원된다.
(c) 수소 이온은 산화된다. (d) 수소 이온은 환원된다.

2. 전지의 용액의 밀도를 확인함으로써 납–기반 전지가 더 이상 작동하지 않는지의 여부를 알 수 있다. 만약 그 밀도가 낮다면, 그 전지는 '죽은' 것이다. 왜냐하면
(a) PbO_2를 소모했기 때문이다. (b) 황산을 소모했기 때문이다.
(c) 물이 증발했기 때문이다. (d) 납을 소모했기 때문이다.

19.4 표준 전기화학 퍼텐셜

여러 가지 다른 종류의 전기화학 전지는 각각 다른 퍼텐셜을 제공한다. 즉, 알칼리 전지는 1.5 V, 리튬이온 전지는 약 3.7 V, 납 축전지 안에 있는 각각의 전지는 2 V를 제공한다. 이 절에서 전지 전압에 영향을 미치는 여러 가지 인자를 확인하고, 작동되는 조건과 전지 안에서 일어나는 화학 반응에 근거하여 예상되는 전지의 퍼텐셜을 계산하는 방법을 알아보자.

기전력

전기화학 전지의 산화전극에서 생성된 전자는 외부 회로를 통하여 환원전극으로 이동한다. 그리고 전자가 이동하는 데 필요한 힘은 두 전극 사이 전자의 퍼텐셜 차이로부터 생긴다. 전기 전하당 퍼텐셜 에너지의 차이를 **기전력**(electromotive force) 또는 **emf**라고 부르며, 문자 그대로의 의미는 '전자를 움직이게 하는 힘'이다. 기전력(emf)의 단위는 볼트(V)이며, 1볼트는 1 J의 에너지를 1쿨롱(C)의 전기 전하에 전달하는데 필요한 퍼텐셜의 차이이다(1 J = 1 V × 1 C). **1쿨롱은 1암페어(A)의 전류가 1초 동안 흐를 때 전기 회로 안의 한 점을 통과하는 전하의 양이다(1 C = 1 A × 1 s).**

전기화학 단위.
- 쿨롱(C로 축약)은 전기 전하의 표준 (SI) 단위이다(부록 C, 표 6).
- 1주울 = 1볼트 × 1쿨롱
- 1쿨롱 = 1암페어 × 1초

표준 퍼텐셜 측정

다음 두 가지 목표를 가지고 실험실에서 전지 전압에 관한 연구를 계획한다고 가정하자. (1) 전압에 영향을 주는 인자들을 이해하고, (2) 볼타 전지 퍼텐셜을 예측하기 위한 목표. 그림 19.13에 보여주듯이, 여러 가지 다른 반쪽 전지의 가능한 조합으로 다양한 볼타 전지를 만들 수 있고, 그들의 전지 퍼텐셜도 측정할 수 있다. 실험을 몇 번 하고 나면 전지 퍼텐셜은 여러 가지 인자에 의존한다는 것이 분명해질 것이다. 즉, 사용된 반쪽 전지(이를테면 각 반쪽 전지에서의 반응과 전체 반응 또는 전지 안

심층 학습 EMF, 전지 퍼텐셜, 전압

기전력(emf)과 전지 퍼텐셜(E_{cell})은 자주 동의어로서 사용된다. 그러나 미묘하게 다르다. E_{cell}은 측정된 양이고 그래서 이 값은 어떻게 측정이 이루어졌는가에 영향을 받는다. 이 점을 이해하기 위해서 압력이 있는 파이프 안의 물에 비유해 보자. 물의 압력은 emf로 볼 수 있다(이것은 파이프 안에 물을 움직이는 힘을 의미한다). 수도꼭지를 열면 물은 흐를 것이고 압력은 낮아질 것이다.

emf는 전류가 흐르지 않을 때 퍼텐셜의 차이다. E_{cell}을 측정하기 위해 전압계가 외부 회로에 설치된다. 비록 전압계가 내부 저항이 크더라도 적은 양의 전류는 흐른다. 결과적으로 E_{cell} 값은 조금이라도 emf와 값이 다르다.

마지막으로 퍼텐셜과 전압에도 차이가 있다. 전지 전압은 크기는 있으나 부호는 없다. 반대로 반쪽 반응 또는 전지의 퍼텐셜은 (+ 또는 −) 부호와 크기를 가지고 있다.

에서의 알짜 반응), 용액 안에 있는 반응물과 생성물의 농도, 반응물이 기체인 경우 그것의 압력, 그리고 온도가 그 요인에 해당된다.

문제를 단순화하기 위해, **표준 상태**(standard condition)에서 측정된 전지 퍼텐셜을 고려하도록 하자.

- 반응물과 생성물은 표준 상태에 있다.
- 수용액에서의 용질의 농도는 1.0 M이다.
- 기체 상태인 반응물 또는 생성물은 압력이 1 bar이다.

위의 조건하에서 측정된 전지 퍼텐셜을 **표준 퍼텐셜**(standard potential)이라고 부르며, E°_{cell}로 나타낸다. 다른 조건이 언급되어 있지 않으면, E°_{cell}의 모든 값은 298 K(25 ℃)에 측정한 것으로 간주한다.

여러 개의 표준 반쪽 전지를 준비해서 **표준수소전극**(standard hydrogen electrode, SHE)에 하나씩 차례대로 연결한다고 가정해 보자. 이들 장치는 그림 19.13b에서 보여주는 것과 같은 볼타 전지처럼 보일 것이다. 여기서 우리는 이 전지의 세 가지 면에 주목해야 한다.

1. **일어나는 반응**. 그림 19.13에서 보여주는 전지 안에서 일어나는 산화–환원 반응은 H_2 기체와 Zn^{2+} 환원이거나

$$Zn^{2+}(aq) + H_2(g) \rightarrow Zn(s) + 2\,H^+(aq)$$

$Zn^{2+}(aq)$는 산화제이며 H_2는 환원제이다.
표준 수소전극은 산화전극[(−) 전극]일 것이다.

또는 Zn(s)에 의한 $H^+(aq)$ 이온의 환원일 것이다.

$$Zn(s) + 2\,H^+(aq) \rightarrow Zn^{2+}(aq) + H_2(g)$$

Zn(s)는 환원제이며 $H^+(aq)$는 산화제이다.
표준 수소전극은 산화전극 [(+) 전극]이다.

실질적으로 일어나는 반응은 평형상태에서 생성물 쪽으로 진행이 유리한 반응이다 그래서 표준 상태에서 자발적으로 일어난다. 이 경우 우리는 생성물 쪽으로 유리

(a) 생성물 쪽으로의 반응이 유리한 수소 이온과 아연의 반응은 $H_2(g)$와 Zn^{2+} 이온을 생성한다.

전압계

+0.76 V

e^- → − + e^- →

Zn 산화전극 (−)

염다리

← 음이온 양이온 →

환원전극 (+)

$H_2(g)$ (1 bar)

화학적으로 비활성인 Pt 전극

$Zn^{2+}(aq)$ (1 M) 25° C

$H^+(aq)$ (1 M) 25° C

$Zn(s) \longrightarrow Zn^{2+}(aq) + 2\,e^-$ $\qquad$ $2\,H^+(aq) + 2\,e^- \longrightarrow H_2(g)$

알짜 반응: $Zn(s) + 2\,H^+(aq) \longrightarrow H_2(g) + Zn^{2+}(aq)$

(b) 볼타 전지는 아연에 의해 생성물 쪽이 유리한 수소 이온의 환원을 이용한다.

그림 19.13 $Zn\,|\,Zn^{2+}$(aq, 1.0 M)과 $H_2\,|\,H^+$(aq, 1.0 M) 반쪽 전지를 이용하여 만든 볼타 전지.

- 전기화학 전지에서 아연과 산이 결합될 때, 전지는 표준 상태에서 0.76 V의 퍼텐셜을 발생시킨다.
- $H_2\,|\,H^+$(aq, 1.0 M) 반쪽 전지 쪽의 전극은 환원전극이다. 그리고 아연 전극은 산화전극이다.
- 전자는 외부회로를 통하여 아연 반쪽 전지로부터 수소 반쪽 전지로 흐른다.
- 측정된 전압이 양수인 것은 수소 전극이 환원전극 또는 (+)극이라는 것을 의미한다.

한 반응이 아연 금속에 의한 H^+의 환원이라는 것을 안다(그림 19.13a).

2. **외부 회로를 통한 전자 흐름의 방향.** 볼타 전지에서 전자는 항상 산화전극(−전극)에서 환원전극(+전극)으로 흐른다. 외부 회로의 중간 위치에 전압계를 설치하여 전자 이동의 방향을 측정할 수 있다. 따라서 환원전극인지 산화전극인지 알 수 있다. 양수 값인 퍼텐셜은 전압계의 (+)쪽에 (+)전극(환원전극)이 연결될 경우[그리고 (−)쪽이 (−)전극(산화전극)에 연결되었을 경우] 관측된다. 만일, 반대 방향으로 연결될 경우(+가 −에 −가 +에), 전압계는 음의 퍼텐셜을 나타낼 것이다.
3. **전지 퍼텐셜.** 그림 19.13에서 전압계는 (+)쪽이 수소 반쪽 전지에 연결되어 있고, +0.76 V의 전압이 관측되었다. 이리하여 수소전극이 (+)전극 또는 환원전극이고, 전지에서 일어나는 반응은 다음과 같아야 한다.

환원, 환원전극:	$2\,H^+(aq) + 2\,e^- \rightarrow H_2(g)$
산화, 산화전극:	$Zn(s) \rightarrow Zn^{2+}(aq) + 2\,e^-$
알짜 전지 반응:	$Zn(s) + 2\,H^+(aq) \rightarrow Zn^{2+}(aq) + H_2(g)$

모든 화학종은 표준 상태에서 전지에 존재하므로 원칙적으로 반응은 양 방향으로 일어난다. 그러나 생성물 선호 반응은 기재된 것처럼 왼쪽에서 오른쪽으로 일어난다. 이것은 존재하는 2개의 환원제 중에서 아연이 H_2보다 그리고 H^+ 이온이 아연 이온보다 더 강한 산화제라는 것을 보여준다.

수소 이온과 아연의 산화로부터 측정된 퍼텐셜 값은 +0.76 V이고, 이 값은 각 전극에서 전자의 퍼텐셜 에너지 차이를 나타낸다. 외부 회로를 통한 전자의 이동 방향

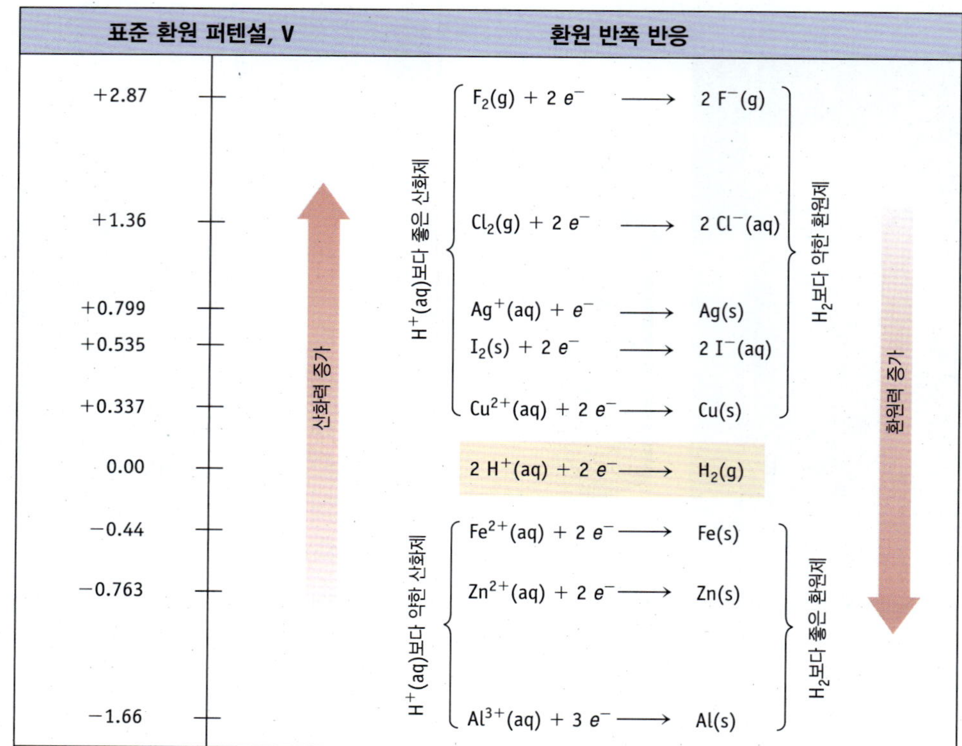

그림 19.14 환원 반쪽 반응의 퍼텐셜 사다리.

- 이 퍼텐셜 사다리에서 반쪽 반응의 위치는 산화제로 작용하는 왼쪽의 화학종의 상대적 능력을 반영한다.
- 목록에서 화합물 또는 이온이 높이 있을수록 산화제로 더 좋다. 역으로 오른쪽의 원자 또는 이온은 환원제이다. 목록에서 낮게 있을수록 환원제로 더 좋다.
- 각 반쪽 반응의 퍼텐셜은 표준 환원 퍼텐셜 $E°_{reduction}$으로 주어진다.
- 더 많은 정보는 J. R. Runo and D. G. Peters, *Journal of Chemical Education*, Vol 70, p. 708, 1993을 참조하시오.

으로부터(아연 전극 → H_2 전극), 아연 전극에서 전자의 퍼텐셜 에너지가 수소 전극에서 전자의 퍼텐셜 에너지보다 높다는 것으로 결론 내릴 수 있다.

그림 19.13에서 보여주는 것과 같은 수백 개의 전기화학 전지를 만들 수 있으며, 여러 화학종들의 상대적인 산화 및 환원력과 표준 상태하에서 반응에 의하여 생성된 전기 퍼텐셜을 결정할 수 있다. 여러 결과는 그림 19.14에서 보여주고 있으며, 반쪽 반응은 환원 반응으로 나타내고 있다. 즉, 반쪽 반응식 왼쪽에 있는 화학종들이 산화제로 작용한다. 그림 19.14에서는 반쪽 반응들이 산화제로 작용할 수 있는 정도가 감소하는 순서로 정리되어 있다.

표준 환원 퍼텐셜

그림 19.13에서 보여주는 것과 같은 실험을 수행함으로써 우리는 여러 가지 화학종들의 상대적인 산화 및 환원 정도에 대한 개념을 이해할 수 있을 뿐만 아니라 정량적인 순서대로 그들을 정리할 수 있다. 왜냐하면 $E°_{cell}$은 전극 퍼텐셜 차이를 반영하기 때문에 $E°_{cell}$은 $E°_{cathod}$와 $E°_{anode}$의 차임에 틀림없다.

$E°_{cell}$ 값이 전지에 대한 표준 퍼텐셜 측정이라면, $E°_{cathod}$와 $E°_{anode}$는 각 전극의 퍼텐셜 측정으로 간주할 수 있다. 왜냐하면 $E°_{cell}$은 전극 퍼텐셜 차이를 반영하기 때문에 $E°_{cell}$은 $E°_{cathod}$와 $E°_{anode}$의 차임에 틀림없다.

식 19.1. 식 19.1은 $X_{나중} - X_{처음}$을 이용하여 계산할 수 있는 또 다른 예이다. 전자는 산화전극('처음' 상태) 환원전극('나중' 상태)으로 움직인다. 따라서 식 19.1은 이 책의 앞에서 본 방정식과 유사하다(식 5.6과 6.5).

$$E°_{cell} = E°_{cathode} - E°_{anode} \quad (19.1)$$

여기서 $E°_{cathod}$와 $E°_{anode}$는 환원전극과 산화전극에서 각각 일어나는 반쪽 전지 반응에 대한 표준환원 퍼텐셜이다. 위의 식 19.1은 다음과 같은 세 가지 이유 때문에 중요하다.

- E°_{cathod}와 E°_{anode} 값을 알고 있다면 볼타 전지에 대한 표준 퍼텐셜(E°_{cell})을 계산할 수 있다.
- **계산된 E°_{cell} 값이 양수일 경우, 주어진 반응은 쓰여진 그대로 생성물 쪽으로 진행되는 반응이 유리한 것으로 예상된다.** 반대로 음수일 경우, 쓰여진 반응은 평형 상태에서 반대 방향으로 진행되어 반응물 쪽으로 진행되는 반응이 유리하다.
- E°_{cell} 값이 측정되고 E°_{cathod} 와 E°_{anode} 중 어느 하나를 알고 있을 경우, 나머지 하나도 얻어질 수 있다. 이 값은 상대적인 산화 또는 환원 정도에 따라서 한 반쪽 반응이 다른 반쪽 반응과 어떻게 비교되는지를 보여주고 있다.

그러나 여기에 딜레마가 있다. 반쪽 전지에 대한 각각의 퍼텐셜을 측정할 수 없다. $\Delta_f H^\circ$와 $\Delta_f G^\circ$ 값은 판단기준(표준 상태의 요소)을 선택함으로써 결정된다. 과학자들은 반쪽 반응에서 판단기준을 선택한다. 우리는 표준 수소전극(SHE)에서 일어나는 반쪽 반응의 퍼텐셜을 정확히 0 V로 정해놓았다.

$$2\ H^+(aq,\ 1\ M) + 2\ e^- \rightarrow H_2(g,\ 1\ bar) \qquad E^\circ = 0.00\ V$$

이 표준 값을 기준으로 하여, 우리는 그림 19.8과 19.13에 묘사된 것처럼 전극 중 한쪽이 표준 수소 전극인 전지의 E°_{cell}을 측정함으로써 나머지 반쪽 전지의 E°_{cell} 값을 측정할 수 있다. 그 다음, 환원 퍼텐셜 표를 사용해서 그림 19.14에 있는 정보를 정량화하고, 새로운 볼타 전지에 대한 E°_{cell} 값을 예측하기 위하여 이들 값이 이용된다.

표준 환원 퍼텐셜 표

방금 소개한 실험 방법으로 그림 19.14와 표 19.1에 보여주는 것과 같은 E° 값의 자료가 만들어졌다. 이 도표에 관해서 몇 가지 중요한 점을 고려한 후, 다음과 같은 예제와 논의로 그들을 서술해 보자.

E° 값. E° 값의 광범위한 목록은 부록 M에서 찾을 수 있고 화학분야 참고문헌에서 더 많은 자료 표를 찾을 수 있다. 부록 M에서 사용하는 방식은 표준 환원 퍼텐셜을 2개 집단으로 나열한 것이다. 하나는 산성과 중성 용액이고 다른 하나는 염기성 용액이다.

1. 주어진 반쪽 반응은 '산화형태 + 전자 → 환원된 형태'로 표시되어 있다. 반응식의 화살표 왼쪽에 있는 종들은 산화제이고, 오른쪽에 있는 종들은 환원제이다. 그러므로 **모든 퍼텐셜은 환원 반응에 대한 값**들이다. 그리고 그 퍼텐셜(볼트 표준액에서, SHE)은 **표준 환원 퍼텐셜**이라고 불린다.
2. 표 19.1, 그림 19.14와 유사한 표에 있는 반응식에 대하여 E° 값이 좀 더 큰 양수 값일수록 반응식의 왼쪽에 있는 이온 또는 화합물의 산화 정도는 더 좋다. 이것은 **표에 있는 것 중에서 F_2(g)가 가장 좋은 산화제**라는 것을 의미한다. 표의 왼쪽 아래 코너 표 19.1에 있는 리튬 이온은 E° 값이 제일 작기 때문에 가장 나쁜 산화제이다.
3. 환원 퍼텐셜(E°) 값이 좀 더 음수일수록 반쪽 반응에서 환원이 일어날 수 있는 정도는 더 줄어들며, 평형 상태에서 좀 더 쉬운 반대 반향으로의 산화 반응이 일어

표 19.1 25 °C 수용액 상태에서의 표준 환원 퍼텐셜*

환원 반쪽 반응		$E°$ (V)
$F_2(g) + 2\,e^-$	$\rightarrow 2\,F^-(aq)$	+2.87
$H_2O_2(aq) + 2\,H^+(aq) + 2\,e^-$	$\rightarrow 2\,H_2O(\ell)$	+1.77
$PbO_2(s) + SO_4^{2-}(aq) + 4\,H^+(aq) + 2\,e^-$	$\rightarrow PbSO_4(s) + 2\,H_2O(\ell)$	+1.685
$MnO_4^-(aq) + 8\,H^+(aq) + 5\,e^-$	$\rightarrow Mn^{2+}(aq) + 4\,H_2O(\ell)$	+1.51
$Au^{3+}(aq) + 3\,e^-$	$\rightarrow Au(s)$	+1.50
$Cl_2(g) + 2\,e^-$	$\rightarrow 2\,Cl^-(aq)$	+1.36
$Cr_2O_7^{2-}(aq) + 14\,H^+(aq) + 6\,e^-$	$\rightarrow 2\,Cr^{3+}(aq) + 7\,H_2O(\ell)$	+1.33
$O_2(g) + 4\,H^+(aq) + 4\,e^-$	$\rightarrow 2\,H_2O(\ell)$	+1.229
$Br_2(\ell) + 2\,e^-$	$\rightarrow 2\,Br^-(aq)$	+1.08
$NO_3^-(aq) + 4\,H^+(aq) + 3\,e^-$	$\rightarrow NO(g) + 2\,H_2O(\ell)$	+0.96
$OCl^-(aq) + H_2O(\ell) + 2\,e^-$	$\rightarrow Cl^-(aq) + 2\,OH^-(aq)$	+0.89
$Hg^{2+}(aq) + 2\,e^-$	$\rightarrow Hg(\ell)$	+0.855
$Ag^+(aq) + e^-$	$\rightarrow Ag(s)$	+0.799
$Hg_2^{2+}(aq) + 2\,e^-$	$\rightarrow 2\,Hg(\ell)$	+0.789
$Fe^{3+}(aq) + e^-$	$\rightarrow Fe^{2+}(aq)$	+0.771
$I_2(s) + 2\,e^-$	$\rightarrow 2\,I^-(aq)$	+0.535
$O_2(g) + 2\,H_2O(\ell) + 4\,e^-$	$\rightarrow 4\,OH^-(aq)$	+0.40
$Cu^{2+}(aq) + 2\,e^-$	$\rightarrow Cu(s)$	+0.337
$Sn^{4+}(aq) + 2\,e^-$	$\rightarrow Sn^{2+}(aq)$	+0.15
$2\,H^+(aq) + 2\,e^-$	$\rightarrow H_2(g)$	0.00
$Sn^{2+}(aq) + 2\,e^-$	$\rightarrow Sn(s)$	−0.14
$Ni^{2+}(aq) + 2\,e^-$	$\rightarrow Ni(s)$	−0.25
$V^{3+}(aq) + e^-$	$\rightarrow V^{2+}(aq)$	−0.255
$PbSO_4(s) + 2\,e^-$	$\rightarrow Pb(s) + SO_4^{2-}(aq)$	−0.356
$Cd^{2+}(aq) + 2\,e^-$	$\rightarrow Cd(s)$	−0.40
$Fe^{2+}(aq) + 2\,e^-$	$\rightarrow Fe(s)$	−0.44
$Zn^{2+}(aq) + 2\,e^-$	$\rightarrow Zn(s)$	−0.763
$2\,H_2O(\ell) + 2\,e^-$	$\rightarrow H_2(g) + 2\,OH^-(aq)$	−0.8277
$Al^{3+}(aq) + 3\,e^-$	$\rightarrow Al(s)$	−1.66
$Mg^{2+}(aq) + 2\,e^-$	$\rightarrow Mg(s)$	−2.37
$Na^+(aq) + e^-$	$\rightarrow Na(s)$	−2.714
$K^+(aq) + e^-$	$\rightarrow K(s)$	−2.925
$Li^+(aq) + e^-$	$\rightarrow Li(s)$	−3.045

산화제 세기 증가

환원제 세기 증가

*표준 수소 전극에 대한 값이며, 볼트(volt) 단위로 표시되어 있음.

날 수 있다. 이리하여, Li(s)은 표에서 가장 강한 환원제이며, F^-은 가장 약한 환원제이다. 표에서 환원제들의 상대적인 세기는(이온, 원소 및 오른쪽에 있는 화합물들) 표 위에서 아래로 갈수록 증가한다.

4. 도표 왼쪽에 있는 어떤 물질(산화제)이 같은 위치의 오른쪽 것보다 낮은 곳에 위치한 어떤 물질(환원제)과의 사이에서 반응이 일어날 경우, 표준 조건하에서 생성물 쪽으로 진행이 유리하다. 이것은 **북서–남동 법칙**으로 불려오고 있다. 예를 들면, 아연은 Fe^{2+}, H^+, Cu^{2+}와 I_2를 환원시킬 수 있지만, Cu는 단지 I_2만을 환원시킬 수 있다.

북서–남동 법칙. 이 지침은 생성물 쪽으로의 반응에서 하강하는 퍼텐셜 에너지 '사다리'의 개념을 반영한 것이다.

환원 반쪽 반응

$$I_2(s) + 2e^- \longrightarrow 2I^-(aq)$$
$$Cu^{2+}(aq) + 2e^- \longrightarrow Cu(s)$$
$$2H^+(aq) + 2e^- \longrightarrow H_2(g)$$
$$Fe^{2+}(aq) + 2e^- \longrightarrow Fe(s)$$
$$Zn^{2+}(aq) + 2e^- \longrightarrow Zn(s)$$

북서–남동 법칙.
즉, 환원제는 항상 생성물 쪽으로 진행하는 것이 유리한 반응에서 산화제의 남동 쪽에 위치한다.

5. 반쪽 반응 환원 퍼텐셜의 + 또는 − 부호는 H_2/H^+ 표준 전지에 연결되었을 때 전극의 부호이다(그림 19.18과 19.13 참고).

6. 전기화학 퍼텐셜은 사용물질의 양이 아니라 반응물과 생성물의 성질 및 그들의 농도에 의존한다. 따라서 반쪽 반응식의 화학 당량수를 바꾸더라도 E° 값은 바뀌지 않는다. 예를 들면, Fe^{3+}의 환원 반응식이 다음 중 어느 것을 따르더라도 E° 값은 +0.771 V로 동일하다.

$$Fe^{3+}(aq, 1\,M) + e^- \rightarrow Fe^{2+}(aq, 1\,M) \qquad E^\circ = +0.771\ V$$

또는

$$2\,Fe^{3+}(aq, 1\,M) + 2e^- \rightarrow 2\,Fe^{2+}(aq, 1\,M) \qquad E^\circ = +0.771\ V$$

변화하는 화학량론의 계수. 볼트는 '에너지/전하'(V = J/C)로 정의된다. 숫자를 반응식에 곱해주는 것은 그 숫자만큼 에너지와 전하도 곱해진다는 것이다. 따라서 '에너지/전하 = 볼트'의 비율은 변하지 않는다.

표준 환원 퍼텐셜 표 이용하기

표준 환원 퍼텐셜 표 또는 퍼텐셜 '사다리'는 매우 유용하다. 그들은 (표준 상태에서) 새로운 볼타 전지의 퍼텐셜을 예측할 수 있게 해주고, 산화–환원 반응식의 균형을 맞추는 데 이용될 수 있는 정보를 제공하며, 어떤 산화–환원 반응이 생성물 쪽으로 진행하는 것이 유리한 반응인지를 예측하는 데 도움을 준다.

전지 표준 퍼텐셜(E°_{cell}) 계산하기

반쪽 반응에 대한 표준 환원 퍼텐셜은 전지 퍼텐셜을 측정함으로써 얻어진다. 그러므로 이 값들이 어떤 새로운 전지의 퍼텐셜을 주기 위하여 합쳐질 수 있다는 사실은 그럴 듯하다.

은과 구리 반쪽 전지를 이용하는 볼타 전지에서 생기는 알짜 반응은 다음과 같다.

$$2\,Ag^+(aq) + Cu(s) \rightarrow 2\,Ag(s) + Cu^{2+}(aq)$$

여기서 은전극은 환원전극이고, 구리전극은 산화전극이다. 은 이온은 은 금속으로 환원되고, 구리 금속은 구리 2가 이온으로 산화되는 사실로부터 이것을 알 수 있다(산화는 항상 산화전극에서 일어나고, 환원은 항상 환원전극에서 일어난다는 사실을 상기하자). 또한, Cu는 퍼텐셜 사다리(그림 19.14, 표 19.1)에서 Ag^+의 '남동' 쪽에 있다는 것에 주목하시오.

$E°_{cathode} = +0.799$ V $Ag^+(aq) + e^- \longrightarrow Ag(s)$

$E°_{cathode}$와 $E°_{anode}$의 차이는
0.799 V − 0.337 V
= 0.462 V

Cu는 Ag^+의
'남동' 쪽에 있다.

$E°_{anode} = +0.337$ V $Cu^{2+}(aq) + 2\ e^- \longrightarrow Cu(s)$

이 볼타 전지의 퍼텐셜은 두 반쪽 반응에서 반쪽 전지 사이의 표준 환원 퍼텐셜의 차이이다.

$$E°_{cell} = E°_{cathode} - E°_{anode}$$
$$E°_{cell} = (+0.799\text{ V}) - (+0.337\text{ V})$$
$$E°_{cell} = +0.462\text{ V}$$

$E°_{cell}$ 값은 퍼텐셜 사다리 상에서 환원전극과 산화전극 반응 사이의 '거리'와 관계가 있다는 것에 주목하라. 생성물은 반응물보다 낮은 퍼텐셜 에너지를 가지며, 전지 퍼텐셜 $E°_{cell}$은 양수 값을 갖는다.

$Ag^+|Ag$ 와 $Cu^{2+}|Cu$ 전지($E°_{cell} = +0.462$ V)에 대하여 계산한 양수의 퍼텐셜 값은 구리 금속과 함께 물속에서 은 이온의 환원 반응이 평형 상태에서 생성물 쪽으로 진행하는 반응이 유리하다는 것을 의미한다(그림 19.1 참조). 그러나 만일 반응물 쪽으로 진행이 유리한 반응을 선택하였다면, $E°_{cell}$ 값에 대하여 의문을 가질 수 있다. 예를 들어서, 은 금속과 구리(II) 이온의 반응에 대한 $E°_{cell}$ 값은 얼마일까?

환원전극, 환원: $Cu^{2+}(aq) + 2\ e^- \rightarrow Cu(s)$

산화전극, 산화: $2\ Ag(s) \rightarrow 2\ Ag^+(aq) + 2\ e^-$

알짜 이온 반응식: $2\ Ag(s) + Cu^{2+}(aq) \rightarrow 2\ Ag^+(aq) + Cu(s)$

전지 전압 계산

$$E°_{cathode} = +0.337\text{ V 이고 } E°_{anode} = +0.799\text{ V}$$
$$E°_{cell} = E°_{cathode} - E°_{anode} = (+0.337\text{ V}) - (0.799\text{ V})$$
$$E°_{cell} = -0.462\text{ V}$$

여기서 $E°_{cell}$ 값의 음수 부호는 위의 반응이 평형 상태에서 반응물 쪽으로 진행이 유리하다는 것을 나타낸다. 반응 생성물(Ag^+와 Cu)은 반응물(Ag 와 Cu^{2+})보다 더 높은 퍼텐셜 에너지를 갖는다. 위의 반응이 일어나기 위해서 최소한 0.462 V의 퍼텐셜이 외부 전원에 의하여 계로 제공되어져야 할 것이다(19.7절 참고).

산화제와 환원제의 상대적인 세기

부록 M에서 선택한 5개의 반쪽 반응식의 $E°$ 값이 큰 것(가장 양)부터 작은(가장

심층 학습 전기화학적 치통

66세 여성이 극심한 고통 때문에 치과에서 진찰을 받은 기사가 몇 년 전에 실렸다(*New England Journal of Medicine*, Vol. 342, p. 2000, 2003). 치아 근관치료는 아말감으로 채워진 치아를 금속합금으로 씌운 인접한 치아로 이동시켰다. 산성 음식을 먹는 것은 그녀에게 고통을 유발했다. 다른 금속과 달리 아말감은 침과 접촉할 때, 볼타 전지가 형성되어 퍼텐셜이 몇 백 밀리볼트까지 발생하고 그것을 느낀 것이다. 물론 당신에게도 일어날 수 있다. 만약 당신이 알루미늄 포일 껌 포장지를 아말감으로 씌운 치아로 씹는다면........ 으악!

음) 순서대로 배열되어 있다.

$E°$, V		환원 반쪽 반응
+1.36	산화제로서 세기 증가 ↑	$Cl_2(g) + 2\,e^- \longrightarrow 2\,Cl^-(aq)$
+0.80		$Ag^+(aq) + e^- \longrightarrow Ag(s)$
+0.00		$2\,H^+(aq) + 2\,e^- \longrightarrow H_2(g)$
−0.25		$Ni^{2+}(aq) + 2\,e^- \longrightarrow Ni(s)$
−0.76		$Zn^{2+}(aq) + 2\,e^- \longrightarrow Zn(s)$

- 왼쪽 목록 가장 위에는 강한 산화제인 Cl_2가 위치하고 있으며, 이것은 쉽게 환원된다. 목록 가장 아래에 있는 것은 $Zn^{2+}(aq)$이며, 이 이온은 쉽게 환원되지 않으며 따라서 약한 산화제이다.
- 오른쪽 가장 위에는 Cl^- 이온이 위치하고 있으며, 이 이온은 Cl_2로 산화되기가 매우 어렵기 때문에 매우 약한 환원제이다. 목록 가장 아래에는 아연 금속이 위치하고, 이것은 매우 쉽게 산화되며 좋은 환원제이다.

$E°$ 값에 근거하여 이들 반쪽 반응식을 배열함으로써, 반쪽 반응식 양쪽에 있는 화학종들 또한 산화제와 환원제로서 그들의 상대적인 세기 순서대로 배열되었다. 따라서 강 산화제와 강 환원제의 순서는 다음과 같다.

산화제: $Cl_2 > Ag^+ > H^+ > Ni^{2+} > Zn^{2+}$ (강함 ⟶ 약함)

환원제: $Zn > Ni > H_2 > Ag > Cl^-$ (강함 ⟶ 약함)

마지막으로 $E°$ 값이 클수록 퍼텐셜 사다리에서 산화제와 환원제가 더 멀리 떨어져 있다는 것에 주목하시오. 예를 들면,

$$Zn(s) + Cl_2(g) \rightarrow Zn^{2+}(aq) + 2\,Cl^-(aq) \qquad E° = +2.12\ V$$

위의 반응은 생성물 쪽으로 진행이 니켈 금속과 수소 이온의 환원보다 더 강하다는 것을 보여준다.

$$Ni(s) + 2\,H^+(aq) \rightarrow Ni^{2+}(aq) + H_2(g) \qquad E° = +0.25\ V$$

예제 19.6 산화제와 환원제의 순위 정하기

문제 표 19.1에 있는 표준 환원 퍼텐셜을 이용하여 다음 문제를 푸시오.

(a) 할로젠 원소들에 대한 산화제로서 세기를 순서대로 정하시오.

(b) 산 용액 안에서 과산화수소(H_2O_2)가 Cl_2보다 강한 산화제인지를 결정하시오.

(c) 할로젠 원소 중 어떤 것이 금 금속을 Au^{3+}(aq)로 산화시킬 수 있는지를 결정하시오.

알고 있는 사실 표 19.1이나 부록 M과 같은 전극 퍼텐셜 표에 이 문제의 답에 필요한 정보가 있다.

전략 산화제로서의 기능인 환원 퍼텐셜 표의 왼쪽에 있는 화학종들의 능력은 목록의 밑으로 갈수록(892~893쪽 참조) 감소한다.

풀이

(a) 산화 정도에 따른 할로젠 원소들의 순위 정하기. 할로젠 원소들(F_2, Cl_2, Br_2 및 I_2)은 표 19.1 왼쪽 상단에 위치하며, F_2가 가장 강하고 나머지 3개가 차례대로 그 뒤를 따른다. 산화제로서 세기는 $F_2 > Cl_2 > Br_2 > I_2$이다. (그림 19.15는 Br_2가 I^- 이온을 I_2로 산화시키는 과정을 보여주고 있다.)

(b) 과산화수소와 염소 비교하기. 퍼텐셜 사다리에서 H_2O_2는 F_2 바로 아래에 위치하지만 염소보다는 훨씬 위쪽에 위치한다. 그러므로 H_2O_2가 F_2보다는 약한 산화제이지만, Cl_2보다는 강하다. (H_2O_2에 대한 $E°$ 값은 산성 용액과 표준 상태에서 얻은 값이라는 것에 주의하라.)

(c) 어떤 할로젠이 금을 금(III) 이온으로 산화시킬 수 있을까? $Au^{3+}|Au$ 반쪽 반응은 $F_2|F^-$ 반쪽 반응 아래에 있고, $Cl_2|Cl^-$ 반쪽 반응 바로 위에 있다. 이 사실은 표준 조건하에서 할로젠 분자들 중 단지 F_2만이 Au를 Au^{3+}로 산화시킬 수 있다는 것을 말해주고 있다. 즉, 이들 반응은 다음과 같다.

산화, 산환전극:	$2[Au(s) \rightarrow Au^{3+}(aq) + 3\,e^-]$
환원, 환원전극:	$3[F_2(g) + 2\,e^- \rightarrow 2\,F^-(aq)]$
알짜 이온 방정식:	$3\,F_2(g) + 2\,Au(s) \rightarrow 6\,F^-(aq) + 2\,Au^{3+}(aq)$

$$E°_{cell} = E°_{cathode} - E°_{anode} = +2.87\text{ V} - (+1.50\text{ V}) = +1.37\text{ V}$$

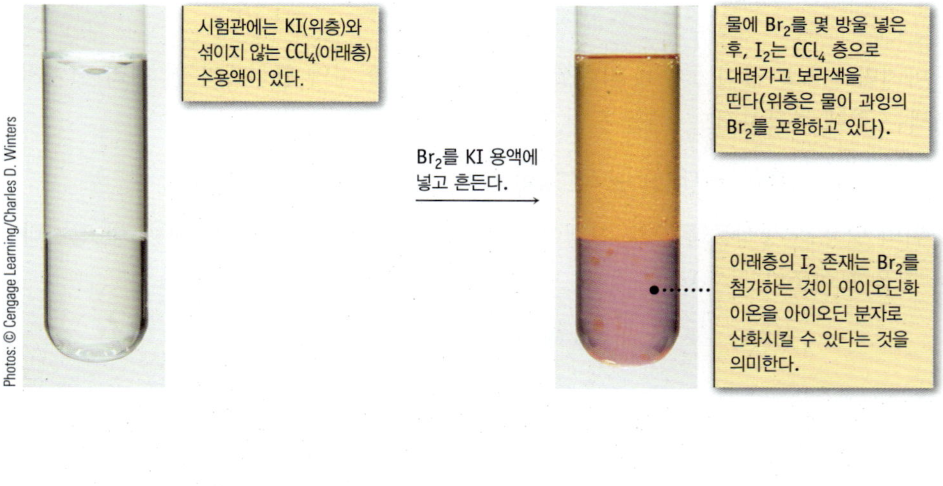

시험관에는 KI(위층)와 섞이지 않는 CCl_4(아래층) 수용액이 있다.

Br_2를 KI 용액에 넣고 흔든다.

물에 Br_2를 몇 방울 넣은 후, I_2는 CCl_4 층으로 내려가고 보라색을 띈다(위층은 물이 과잉의 Br_2를 포함하고 있다).

아래층의 I_2 존재는 Br_2를 첨가하는 것이 아이오딘화 이온을 아이오딘 분자로 산화시킬 수 있다는 것을 의미한다.

Photos: © Cengage Learning/Charles D. Winters

그림 19.15 Br_2와 I^- 이온의 반응. 이 실험은 Br_2가 I_2보다 더 좋은 산화제라는 사실을 보여주고 있다.

F_2는 Au^{3+}보다 더 강한 산화제여서, 반응은 위에 쓰인 대로 왼쪽에서 오른쪽으로 진행된다(이 사실은 양수인 $E°_{cell}$ 값으로 확인된다). Cl_2와 Au의 반응에 대하여, 표 19.1은 H_2가 Au^{3+}보다 더 약한 산화제라는 것을 보여주고 있으며, 반응은 반대 방향으로 진행되리라 예상된다.

산화, 산환전극:	$2[Au(s) \rightarrow Au^{3+}(aq) + 3\ e^-]$
환원, 환원전극:	$3[Cl_2(aq) + 2\ e^- \rightarrow 2\ Cl^-(aq)]$
알짜 이온 방정식:	$3\ Cl_2(aq) + 2\ Au(s) \rightarrow 6\ Cl^-(aq) + 2\ Au^{3+}(aq)$

$$E°_{cell} = E°_{cathode} - E°_{anode} = +1.36\ V - (+1.50\ V) = -0.14\ V$$

이 사실은 위에서 보여주듯이, 음수인 $E°_{cell}$ 값으로부터 알 수 있다.

고려사항 (c)에서 두 반응식의 $E°_{cell}$을 계산하였다. 알짜 이온 반응식의 균형을 맞추기 위하여 금 반쪽 반응에 2를 곱하고 할로젠 반쪽 반응에 3을 곱했을 뿐만 아니라, 반쪽 반응식들을 더했다(이것은 6몰의 전자가 2몰의 금부터 3몰의 염소까지 전달됐다는 것을 의미한다). 표준전지 퍼텐셜은 물질의 양에 의존하지 않으므로 이 곱셈이 반쪽 반응에 대한 $E°$ 값을 바꾸지 않음에 주목하자.

유제

(a) 다음 금속들의 환원제로서의 순위를 정하시오. Hg, Sn와 Pb

(b) 어떤 할로젠이 수은을 수은(Ⅱ)으로 산화시킬 수 있는가?

19.4절 확인문제

1. 볼타 전지에서 일어나는 알짜 반응식은 $Zn(s) + 2\ Ag^+(aq) \rightarrow Zn^{2+}(aq) + 2\ Ag(s)$이다. 표준 상태에서 전지의 퍼텐셜을 계산하시오.

(a) 1.562 V (b) 0.0360 V (c) 2.361 V

2. 다음 목록의 어떤 금속이 가장 산화되기 쉬울까? Fe, Ag, Zn, Mg, Au

(a) Fe (b) Ag (c) Zn

(d) Mg (e) Au

3. 다음 산화–환원 반응식 중 어느 것이 평형에서 생성물 선호인지를 결정하시오.

(i) $Ni^{2+}(aq) + H_2(g) \rightarrow Ni(s) + 2\ H^+(aq)$

(ii) $2\ Fe^{3+}(aq) + 2\ I^-(aq) \rightarrow 2\ Fe^{2+}(aq) + I_2(s)$

(iii) $Br_2(\ell) + 2\ Cl^-(aq) \rightarrow 2\ Br^-(aq) + Cl_2(g)$

(iv) $Cr_2O_7^{2-}(aq) + 6\ Fe^{2+}(aq) + 14\ H^+(aq) \rightarrow 2\ Cr^{3+}(aq) + 6\ Fe^{3+}(aq) + 7\ H_2O(\ell)$

(a) ii, iv (b) i, iii (c) iv (d) 모두

19.5 비표준 상태에서 전기화학 전지

실제 생활에서 사용되는 전기화학 전지는 표준 조건하에서 거의 작동하지 않는다.

사례 연구 바다에 있는 망가니즈

망가니즈는 바다에서 산화–환원 순환의 주요 구성 물질이다. 과학저널의 기사에 따르면, 망가니즈가 이러한 역할을 할 수 있는 이유는 그것이 여러 가지의 산화 형태로 존재하며, 이 형태들이 박테리아가 참여하는 과정으로 빠르게 재순환되기 때문이라고 한다. 그림 A는 어떻게 이 순환이 이루어지는지 보여준다. 수면의 망가니즈(II) 이온은 산화망가니즈(IV) 형태, 즉 MnO_2가 된다. 이 녹지 않는 고체의 입자들은 바다 밑바닥으로 가라앉는다. 그러나 일부는 황화수소와 접촉하고 이것은 바다 깊은 곳에서 생성되어 표면으로 떠오른다. 또 다른 산화–환원 반응이 일어나고 황과 망가니즈(II) 이온을 생성한다. 새로운 형태의 Mn^{2+} 이온은 분산되고 다시 산화 반응을 한다.

망가니즈 순환은 단지 망가니즈의 +2와 +4 산화 상태, 그리고 망가니즈가 Mn^{2+} 이온으로 존재하여 녹아 있는 물의 시료를 분석한 것을 포함한다고 생각된다. 이것의 한 가지 이유는 중간 산화 상태인 Mn^{3+}는 물속에서 안정하지 않다고 예측되는 것이다. 그것은 반드시 +2와 +4의 형태로 변할 것이다.

$$2\ Mn^{3+}(aq) + 2\ H_2O(\ell) \rightarrow Mn^{2+}(aq) + MnO_2(s) + 4\ H^+(aq)$$

그러나 Mn^{3+}는 $P_2O_7^{4-}$와 같은 화학종과 혼합되었을 때 존재할 수 있다고 알려졌다.

몇 년 전, 지질화학자는 Mn^{3+} 이온이 자연수에서 존재할 수 있다고 주장하였다. 그것은 박테리아의 활동으로 생성되고, ATP 또는 ADP의 인산화 과정에 의하여 안정화된다. 그들은 Mn^{3+} 이온이 망가니즈 순환에서 중요한 부분을 수행한다고 추측한다.

현재, 다른 연구자들은 실제로 산소가 부족한 물에서 Mn^{3+}가 유지될 수 있음을 발견했다. 이 이온들은 산소가 결핍된 구역(산소가 용해되지 않은 구역)인 흑해의 수심 100 m 지점과 체서피크 만 수심 약 15 m 지점에서 발견된다. 실험실에서만 볼 수 있었던 Mn^{3+} 이온은 현재 안정한 상황의 자연수에서 존재할 수 있는 것과 망가니즈 순환이 수정되어야 한다는 것이 명백해졌다.

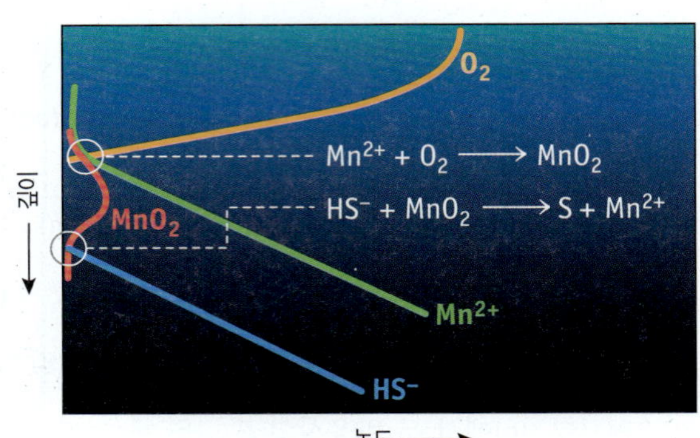

그림 A 바다에서 망가니즈의 화학적 작용. 심해에서 중요한 화학종의 상대적인 농도. K. S. Johnson, *Science*, Vol. 313, p. 1896, 2006과 R. E. Trouwborst, B. G. Clement, B. M. Tebor, B. T. Glazer와 G. W. Luther, III, *Science*, Vol. 313, pp. 1955~1957, 2006을 참조하시오.

문제

1. 주어진 환원 퍼텐셜을 가지고 표준 상태에서 Mn^{3+}가 Mn^{2+}와 MnO_2로 바뀌는 것을 보이시오.

$$4\ H^+(aq) + MnO_2(s) + e^- \rightarrow Mn^{3+}(aq) + 2\ H_2O(\ell)$$

$E° = 0.95$ V

$$Mn^{3+}(aq) + e^- \rightarrow Mn^{2+}(aq)$$

$E° = 1.50$ V

2. 다음 산 용액 반응식을 완결하시오.
   (a) MnO_2와 HS^-에서 Mn^{2+}와 S로의 환원
   (b) Mn^{2+}와 O_2에서 MnO_2로의 산화
3. Mn^{2+}와 O_2가 MnO_2로 산화될 때 $E°$를 계산하시오.

이 질문에 대한 답은 부록 N에 수록되어 있다.

모든 전지의 농도가 1 M인 용액으로 제조되었을지라도, 전지가 사용되는 동안 산화환원 반응이 진행된다. 온도뿐만 아니라 사용 중 반응물과 생성물의 농도 변화는 전지의 전압에 영향을 미칠 것이다. 그러므로 이런 비표준 조건하에서는 전지 퍼텐셜에 과연 무슨 일이 생길지 의문을 가져 볼 필요가 있다.

네른스트 식

이론과 실험 결과에 따르면 전지 퍼텐셜은 다음 식에서 보여주는 것처럼 반응물과 생성물의 농도와 온도의 관계로부터 얻을 수 있다.

$$E = E° - (RT/nF)\ \ln Q \qquad (19.2)$$

위의 식은 **네른스트 식**(Nernst equation)으로 알려져 있으며, R은 기체상수(8.314472 J/K · mol)이고, T는 절대온도(K)이고, n은 산화제와 환원제 사이에 이동되는 전자의 몰수이다(이 몰수는 완결된 전지 반응으로부터 결정됨). 그리고 F는 **패러데이 상수**(Faraday constant)(9.6485337×10^4 C/mol)를 나타낸다. **1패러데이는 1 mol의 전자에 의하여 운반되는 전하의 양이다.** Q는 반응지수이다(◂식 15.2 15.2절). 위의 식 19.2에 주어진 온도(298 K)와 다른 알려진 상수 값을 대입하여 정리하면 다음과 같다.

$$E = E° - \frac{0.0257}{n} \ln Q \quad (25\ °\text{C일 때}) \tag{19.3}$$

또는 흔히 사용하는 형태인 밑이 10인 로그를 이용한다.

$$E = E° - \frac{0.0592}{n} \log Q$$

$(RT/nF)\ln Q$가 갖는 중요한 의미는 표준 퍼텐셜 $E°$을 이용하여 비표준 조건이나 농도에서 퍼텐셜 값을 구할 수 있다는 것이다.

예제 19.7 네른스트 식 이용하기

문제 다음 반쪽 전지를 이용하여 25 ℃에서 작동하는 볼타 전지를 만들었다. Al^{3+}(0.0010 M) | Al 과 Ni^{2+}(0.50 M) | Ni 전지가 전류를 생성할 때 일어나는 반응식을 쓰고, 전지 퍼텐셜을 구하시오.

알고 있는 사실 온도를 알고 반응물과 생성물의 농도와 종류를 알고 있다.

전략

- 표 19.1에 있는 적절한 반쪽 반응을 보고 어떤 물질이 산화되었는지 찾는다(Al 또는 Ni). 그리고 어떤 것이 강한 환원제인지 찾는다(예제 19.6).
- 알짜 이온 반응식을 알기 위해, 그리고 $E°_{cell}$을 계산하기 위해 반쪽 반응을 더한다.
- 비표준 상태에서의 퍼텐셜인 E를 계산하기 위해 네른스트 식을 사용한다.

풀이 알루미늄 금속은 Ni보다 강한 환원제이다(반대로, Ni^{2+}는 Al^{3+}보다 좋은 산화제이다). 이리하여 알루미늄은 산화가 일어나고, Al^{3+} | Al 쪽은 산화전극이다.

환원전극, 환원: $3\,[Ni^{2+}(aq) + 2\,e^- \rightarrow Ni(s)]$

산화전극, 산화: $2\,[Al(s) \rightarrow Al^{3+}(aq) + 3\,e^-]$

알짜 이온 방정식: $2\,Al(s) + 3\,Ni^{2+}(aq) \rightarrow 2\,Al^{3+}(aq) + 3\,Ni(s)$

$$E°_{cell} = E°_{cathode} - E°_{anode}$$

$$E°_{cell} = (-0.25\ \text{V}) - (-1.66\ \text{V}) = 1.41\ \text{V}$$

반응 지수(Q)에 대한 표현식은 전지 반응에 근거하여 표현된다. 알짜 이온 반응식에서 $Al^{3+}(aq)$의 계수가 2이고, 따라서 이것의 농도는 제곱이 된다. 비슷하게 $[Ni^{2+}(aq)]$의 농도는 세제곱이다. 하지만 반응지수 Q에 고체 물질은 포함되지 않는다(◂15.2절).

전략도 19.7

문제

Al, Al^{3+}와 Ni, Ni^{2+}를 포함하는 반응식을 쓰시오. E_{cell}을 계산하시오.

↓

알려진 자료/정보

- **Al^{3+}와 Ni^{2+}**의 농도
- 반쪽 반응식에서 **$E°$ 값**을 찾으시오.

1단계 **$E°$ 값**에 기초하여 **산화전극**과 **환원전극**에서 일어나는 반쪽 반응을 찾는다.

↓

환원전극 반응(Ni^{2+}의 환원) 과 **산화전극 반응**(Al의 산화)

2단계 반쪽 반응을 더해 **알짜 전지 반응**을 얻는다.

↓

알짜 전지 반응식

3단계 **$E°_{cell}$**을 계산한다.

↓

$E°_{cell} = E°_{cathode} - E°_{anode}$

4단계 이온 농도, 계산된 **$E°_{cell}$**, **n 값**과 **네른스트 식**을 사용하여 **E_{cell}**을 계산한다.

↓

비표준 상태에서 E_{cell}

$$Q = \frac{[Al^{3+}]^2}{[Ni^{2+}]^3}$$

알짜 반응식에 따르면 알루미늄이 두 원자가 Ni^{2+} 이온 세 원자에 6개의 전자를 전달해야 한다($n = 6$). 그리고 다음과 같이 네른스트 식에서 E_{cell}을 얻을 수 있다.

$$\begin{aligned} E_{cell} &= E°_{cell} - \frac{0.0257}{n} \ln \frac{[Al^{3+}]^2}{[Ni^{2+}]^3} \\ &= +1.41 \text{ V} - \frac{0.0257}{6} \ln \frac{[0.0010]^2}{[0.50]^3} \\ &= +1.41 \text{ V} - 0.00428 \ln(8.0 \times 10^{-6}) \\ &= +1.41 \text{ V} - 0.00428\ (-11.74) \\ &= 1.46 \text{ V} \end{aligned}$$

고려사항 Al^{3+}와 Ni^{2+}의 농도는 전지 퍼텐셜에 영향을 준다. 네른스트 식에서 $\ln Q$ 식의 분석은 $[Ni^{2+}] = 1$ M이나 $[Al^{3+}] < 1$ M이면 $E_{cell} > E°_{cell}$의 여부를 판단할 수 있다. 이 상황에서 그 반응은 좀 더 생성물 쪽으로의 반응이 유리하다. 역반응($[Ni^{2+}] < 1$ M, $[Al^{3+}] = 1$ M)은 $E_{cell} < E°_{cell}$일 것이다. 이 예제에서 매우 낮은 $[Al^{3+}]$의 값은 큰 영향을 미치고, E_{cell}은 $E°_{cell}$보다 값이 크다.

유제 볼타 전지는 0.025 M의 $Al(NO_3)_2(aq)$의 용액인 알루미늄 전극과 0.05 M의 $Fe(NO_3)_2(aq)$ 용액의 철 전극으로 이루어져 있다. 298 K에서 E_{cell}을 구하시오.

예제 19.7에서는 농도를 알고 있는 경우 전지 퍼텐셜을 계산하는 방법을 보여 주고 있다. 또한, 측정된 전지 퍼텐셜을 이용하여 전지에 포함된 농도가 알려지지 않은 용액의 농도를 구하기 위하여 네른스트 식을 적용하는 것도 유용하다.

예제 19.8 농도에 따른 $E°_{cell}$ 값의 변화

문제 구리와 수소 반쪽 반응을 이용하여 볼타 전지를 꾸몄다. 표준 조건이 구리 반쪽 전지 Cu^{2+}(aq, 1.00 M)|Cu(s)에 적용된다. 수소 기체 압력은 1.00 bar이며, 수소 반쪽 전지 안의 $[H^+(aq)]$의 농도는 알려져 있지 않았다. 298 K에서 이 전지의 전압(E_{cell})이 0.490 V로 측정되었다면, 이 용액의 pH는 얼마인가?

알고 있는 사실 온도, 반응물과 생성물, Cu^{2+} 이온의 농도, H_2의 부분압력 그리고 E_{cell}을 알고 있다.

전략

- 전지에서 일어나는 알짜 반응식을 알기 위해 어떤 것이 더 좋은 산화제인지 그리고 환원제인지 알아야 한다. 완결된 반응식을 쓴다.
- $E°$ 값(표 19.1)을 참고하여 $E°_{cell}$ 을 계산한다.
- 수소 이온의 농도를 계산하기 위해 주어진 Cu^{2+} 이온의 농도와 함께 네른스트 식을 이용한다.

• pH를 계산한다.

풀이 표준 환원 퍼텐셜 표의 위치에 기반하여, 수소는 구리 금속보다 더 좋은 환원제이다. 그래서 $Cu(s)|Cu^{2+}(aq,\ 1.00\ M)$는 환원전극이고, $H_2(g,\ 1.00\ bar)/\ H^+(aq,\ ?\ M)$는 산화전극이다.

환원전극, 환원:	$Cu^{2+}(aq) + 2\,e^- \rightarrow Cu(s)$
산화전극, 산화:	$H_2(g) \rightarrow 2\,H^+(aq) + 2\,e^-$
알짜 이온 반응식:	$H_2(g) + Cu^{2+}(aq) \rightarrow Cu(s) + 2\,H^+(aq)$

$$E°_{cell} = E°_{cathode} - E°_{anode}$$

$$E°_{cell} = (+0.337\ V) - (0.00\ V) = +0.337\ V$$

위 반응에 대한 반응지수 Q는 완결된 알짜 이온 반응식으로부터 얻을 수 있다.

$$Q = \frac{[H^+]^2}{[Cu^{2+}]P_{H_2}}$$

알짜 반응식에서 2개 전자가 이동했기 때문에 $n = 2$이다. Cu^{2+} 이온의 농도는 1.00 M이지만, H^+의 농도는 알려져 있지 않다. 하지만, 위의 정보를 네른스트 식에 대입하면 H^+의 농도를 구할 수 있다(Q에서 $[H^+]$가 제곱임을 간과해서는 안 된다).

$$E = E° - \frac{0.0257}{n}\ln\frac{[H^+]^2}{[Cu^{2+}]P_{H_2}}$$

$$0.490\ V = 0.337\ V - \frac{0.0257}{2}\ln\frac{[H^+]^2}{(1.00)(1.00)}$$

$$-11.9 = \ln[H^+]^2$$

$$[H^+] = 3 \times 10^{-3}\ M$$

$$pH = 2.6$$

고려사항 완결된 반응식을 쓴 것을 확인하시오. 그러지 않으면 당신은 네른스트 식에서 Q의 지수를 알 수 없을 것이다.

유제 볼타 전지를 만들기 위해 반쪽 전지 $Fe^{2+}(aq,\ 0.024\ M)\ |\ Fe(s)$와 $H^+(aq,\ 0.056\ M)\ |\ H_2(1.0\ bar)$는 염다리로 연결되어 있다. 298 K에서 E_{cell}을 구하시오.

pH 미터는 모르는 $H^+(aq)$ 농도를 결정하기 위하여 측정된 전지 퍼텐셜을 이용하는 기기이다(그림 19.16). $H^+(aq)$가 반응물 또는 생성물인 전기화학 전지에서, 전지 전압은 수소 이온 농도에 따라서 예상하는 대로 변할 것이다. 전지 전압이 측정되고, 이 값은 pH를 구하기 위하여 이용된다. 예제 19.8은 **간단한 전지 안에서 E_{cell} 값이 수소 이온 농도에 따라서 어떻게 변하는지**를 보여주고 있다.

실생활에서 pH 미터에 수소 전극을 사용하는 것은 실용적이지 못하다. 이 미터는 불편하며, 튼튼한 것 외에는 별로 장점이 없고, 전극으로 쓰이는 백금은 가격이 매우 비싸다. 일상생활에서는 유리 전극으로 된 pH 미터가 흔히 사용된다. 이 전극은 pH를 측정하는 용액으로부터 전극을 분리하기 위하여 매우 얇은 막으로 싸여있다(그림

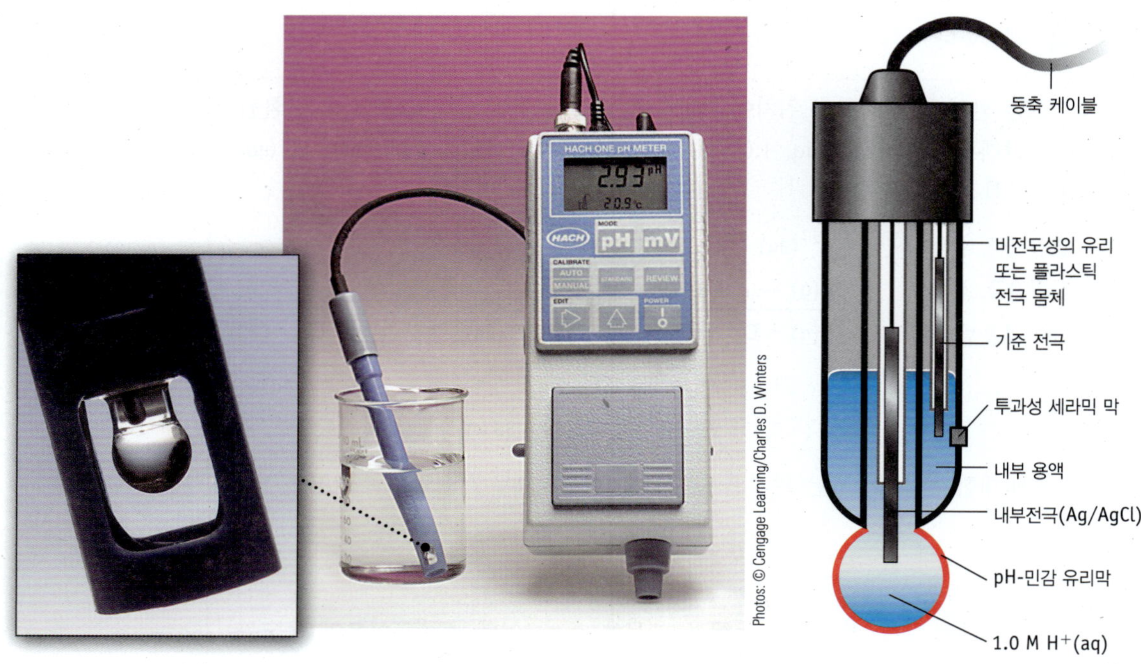

그림 19.16 **pH 측정.**

19.16). 유리 전극 안쪽에는 AgCl로 코팅된 은 선과 염산 용액이 들어 있으며, 바깥쪽은 pH를 측정할 미지의 용액이다. Ag/AgCl 또는 칼로멜 전극은 유리 pH 미터에 이용되는 두 번째 전극이며, 칼로멜 전극은 수은(I)–수은 산화–환원 짝(Hg_2Cl_2/Hg)을 이용하는 일상적인 표준 전극이다. 유리 막을 가로 지르는 퍼텐셜은 H^+ 이온 농도에 의존한다. 일상생활에 흔히 이용되는 pH 미터는 측정기로부터 직접 읽을 수 있는 pH 값을 보여준다.

19.5절 확인문제

1. 298 K에서 Sn, Cu의 금속과 이온을 포함하는 전지의 E_{cell} 값을 구하시오.

$$Sn(s)\,|\,Sn^{2+}(aq,\ 0.25\ M)\,||\,Cu^{2+}(aq,\ 0.10\ M)\,|\,Cu(s)$$

(a) 0.47 V (b) 0.49 V (c) 0.50 V

19.6 전기화학과 열역학

일과 자유 에너지

열역학 제1법칙은 어떤 계 내에 있는 내부 에너지 변화(ΔU)가 열(q)과 일(w)의 양으로 서로 연결되어 있다는 것을 정의하고 있다[$\Delta U = q + w$(◂5.4절)]. 이 식은 볼타 전지 안에서 일어나는 화학 변화에도 적용된다. 전류가 흐름으로써, 에너지는 계(볼타 전지)로부터 주위로 이동된다.

볼타 전지에서 계 내에 있는 내부 에너지의 감소는 계에 의하여 주위로 행해지는 전기적인 일로서 분명해질 것이다. 실질적으로, 볼타 전지에 의하여 약간의 에너지가 열의 형태로 방출된다. 전기화학 계가 한 최대 일은(열이 생성되지 않는다는 가정하에) 퍼텐셜 차이(볼트)와 전하량(쿨롱)에 비례한다.

$$w_{max} = nFE \tag{19.4}$$

이 식에서, E는 전지 전압이고, nF는 산화전극에서 환원전극으로 이동되는 전하의 양이다.

정의에 의하면, 어떤 과정 동안 생긴 자유 에너지 변화는 얻을 수 있는 일의 가장 많은 양이다(18.6절). 최대 일과 전지 퍼텐셜은 서로 연관되어 있기 때문에, $E°$와 $\Delta_r G°$는 하나의 수학적인 식으로 연결된다(여기서 부호를 정확히 고려함으로써). 볼타 전지에 의하여 전기가 생성될 때 주위에 행하여지는 최대 일은 $+nFE$이며 (+)부호는 주위의 에너지가 증가함을 나타낸다. 반면, 전지의 에너지는 이 양 만큼 감소한다. 따라서 볼타 전지에 대한 $\Delta_r G$는 반대 부호를 갖는다.

$$\Delta_r G = -nFE \tag{19.5}$$

표준 조건하에서, 이 식은 다음과 같이 표시된다.

$$\Delta_r G° = -nFE° \tag{19.6}$$

식 19.6에서 단위. n의 단위는 mol e^-이고, F의 단위는 C/mol e^- 이다. 따라서 nF의 단위는 쿨롱(C)이다. 1 J = 1 C · V이므로 nFE 곱은 에너지(J)의 단위이다.

위의 식에 의하면 $E°$ 값이 좀 더 큰 양수일수록 반응에 대한 $\Delta_r G°$ 값이 좀 더 음수가 될 것이라는 것을 나타낸다. 즉, $\Delta_r G°$과 K의 관계 때문에 퍼텐셜 사다리에서 반쪽 전지가 더 멀리 떨어져 있을수록 이 반응은 평형 상태에서 생성물 쪽으로 진행이 더욱 더 유리하게 될 것이다.

예제 19.9 $E°$와 $\Delta_r G°$ 사이의 관계

문제 25 ℃에서 표준전지 퍼텐셜($E°_{cell}$)이 +0.46 V인 구리 금속과 은 이온의 환원 반응에 대한 $\Delta_r G°$ 값을 구하시오.

알고 있는 사실 표준 상태에서 전지 퍼텐셜을 알고 있고, 그러므로 자유 에너지 변화를 계산하기 위해 식 19.6을 사용해야 하는 것도 알고 있다. 이 반응식에서 F는 알고 있는 상수이고 n의 값은 구해야 한다. 그러나 전지 반응의 완결된 반응식을 쓸 수 있고 그것으로부터 n 값을 구할 수 있다.

전략 이미 알고 있는 $E°_{cell}$과 F를 이용한 식 19.6을 사용한다. 그러면 구리 금속에서 은 이온으로 이동한 전자의 몰수인 n 값을 평형인 반응식에서 구할 수 있다.

풀이 이 전지에서 구리가 산화전극이고, 은이 환원전극이다. 그리고 전체 전지 반응은 다음과 같다.

$$Cu(s) + 2\ Ag^+(aq) \rightarrow Cu^{2+}(aq) + 2\ Ag(s)$$

이 반응식은 1 mol의 구리가 2 mol의 Ag^+ 이온에 2 mol의 전자를 전달함을 나타낸다. 즉, $n = 2$이다. $\Delta_r G^\circ$ 값을 구하기 위하여 식 19.6을 이용하시오.

$$\Delta_r G^\circ = -nFE^\circ = -(2 \text{ mol } e^-)(96{,}485 \text{ C/mol } e^-)(0.462 \text{ V}) = -89{,}200 \text{ C} \cdot \text{V}$$

$1 \text{ C} \cdot \text{V} = 1 \text{ J}$이므로

$$\Delta_r G^\circ = -89{,}200 \text{ J 또는 } -89.2 \text{ kJ}$$

이다.

고려사항 이 예제에서 전기화학적 실험의 열역학적인 값을 얻는 효과적인 방법을 알 수 있다. 양의 값인 E°는 음의 값인 $\Delta_r G^\circ$을 암시한다는 것을 명심하시오.

유제 다음 반응에 대한 E°_{cell} 값은 −0.76 V이다.

$$H_2(g) + Zn^{2+}(aq) \rightarrow Zn(s) + 2\ H^+(aq)$$

이 반응에 대한 $\Delta_r G^\circ$ 값을 계산하시오. 이 반응은 생성물 쪽으로 진행하는 반응이 유리할지 아니면 반응물 쪽으로 진행하는 반응이 유리할 것인지를 결정하시오.

E°와 평형상수

볼타 전지가 전류를 생성할 때 반응물의 농도는 감소하고 생성물의 농도는 증가한다. 따라서 전지 전위차도 변한다. 즉, 반응물이 생성물로 바뀜으로써 E_{cell} 값은 감소한다. 그리고 전지 퍼텐셜이 0에 도달하고 더 이상 알짜 반응은 일어나지 않으며 평형에 도달하게 된다.

이 상황은 네른스트 식을 이용하여 분석할 수 있다. E_{cell} 값이 0일 때 반응물과 생성물은 평형에 도달하게 되며, 반응지수 Q는 평형상수 K와 같게 된다. 적당한 부호와 값을 네른스트 식에 대입하면 다음과 같다.

$$E = 0 = E^\circ - \frac{0.0257}{n} \ln K$$

그리고 위의 식을 정리하여 전지 퍼텐셜과 평형상수를 연결하는 식으로 나타내면 다음과 같다.

$$\ln K = \frac{nE^\circ}{0.0257} \quad 25\ ^\circ\text{C (298 K)일 때} \qquad \textbf{(19.7)}$$

예제 19.10에서 설명하는 것처럼, 평형상수 값을 구하는 데 식 19.7을 이용할 수 있다.

예제 19.10 E°와 평형상수

문제 298 K에서 다음 반응에 대한 평형상수를 구하시오.

$$Fe(s) + Cd^{2+}(aq) \rightleftharpoons Fe^{2+}(aq) + Cd(s)$$

알고 있는 사실 완결된 화학 반응식을 가지고 있고, 식 19.7이 필요함을 알고 있다. $E°$(표 19.1의 표준 환원 퍼텐셜 값으로부터)와 이동한 전자의 수 n을 결정할 필요가 있다.

전략 먼저 두 반쪽 반응의 $E°$ 값과 n의 값, 식 19.7에서 요구하는 다른 인자들로부터 $E°_{cell}$를 결정한다.

풀이 반쪽 반응과 $E°$ 값은 다음과 같다.

환원전극, 환원: $Cd^{2+}(aq) + 2\,e^- \rightarrow Cd(s)$

산화전극, 산화: $Fe(s) \rightarrow Fe^{2+}(aq) + 2\,e^-$

알짜 이온 반응식: $Fe(s) + Cd^{2+}(aq) \rightleftharpoons Fe^{2+}(aq) + Cd(s)$

$$E°_{cell} = E°_{cathode} - E°_{anode}$$

$$E°_{cell} = (-0.40\ V) - (-0.44\ V) = +0.04\ V$$

식 19.7에 $n = 2$와 $E°_{cell}$ 값을 대입하여서 K 값을 구하면 다음과 같다.

$$\ln K = \frac{nE°}{0.0257} = \frac{(2)(0.04\ V)}{0.0257} = 3.1$$

$$K = 20$$

고려사항 전지의 상대적으로 낮은 전압 값(0.04 V)은 전지 반응이 약간 생성물 선호임을 나타낸다. 평형상수의 값인 20은 이런 관찰과 일치한다.

유제 25 °C에서 일어나는 아래 반응식에 대한 평형상수를 구하시오.

$$2\,Ag^+(aq) + Hg(\ell) \rightleftharpoons 2\,Ag(s) + Hg^{2+}(aq)$$

전략도 19.10

문제

전기화학 자료를 이용하여 **평형상수**를 구하시오.

알려진 자료/정보

- 완결된 반응식

1단계 **산화**와 **환원** 반쪽 반응의 **$E°$ 값**에 기초하여 **$E°_{cell}$ 값**을 계산한다.

$E°_{cell} = E°_{cathode} - E°_{anode}$

2단계 계산된 **$E°_{cell}$** 값과 **n 값**과 함께 식 19.7을 사용하여 **$\ln K$**를 계산한다.

평형상수 K

$E°$, K과 $\Delta_r G°$ 사이의 관계(표 19.2에 요약되어 있다)는 여러 가지 화학계에 대한 평형상수를 구하는 데 사용될 수 있다. 용해도곱 상수(K_{sp})가 한 예이다. 불용성 이온 화합물(AgCl)로 반쪽 전지의 한 성분인 전극을 꾸며 보자. 그림 19.17은 Cl^- 이온(1.00 M)이 있는 상태에서 AgCl의 환원 퍼텐셜이 어떻게 계산되는지 보여준다.

$$AgCl(s) + e^- \rightarrow Ag(s) + Cl^-(aq) \qquad E° = +0.222\ V$$

표준 수소 전극과 짝을 이룰 때 AgCl|Ag 반쪽 전지에서 표준 환원 퍼텐셜이 +0.222 V이다. 이 반쪽 반응이 가상 볼타 전지에서 표준 은 전극과 짝을 이루면, 전지 반응은 다음과 같다.

표 19.2 K, $\Delta_r G°$와 $E°$ 관계 요약

K	$\Delta_r G°$	$E°$	평형에서 반응물 선호 혹은 생성물 선호?
$K >> 1$	$\Delta_r G° < 0$	$E° > 0$	생성물 선호
$K = 1$	$\Delta_r G° = 0$	$E° = 0$	평형에서 $[C]^c[D]^d = [A]^a[B]^b$
$K << 1$	$\Delta_r G° > 0$	$E° < 0$	반응물 선호

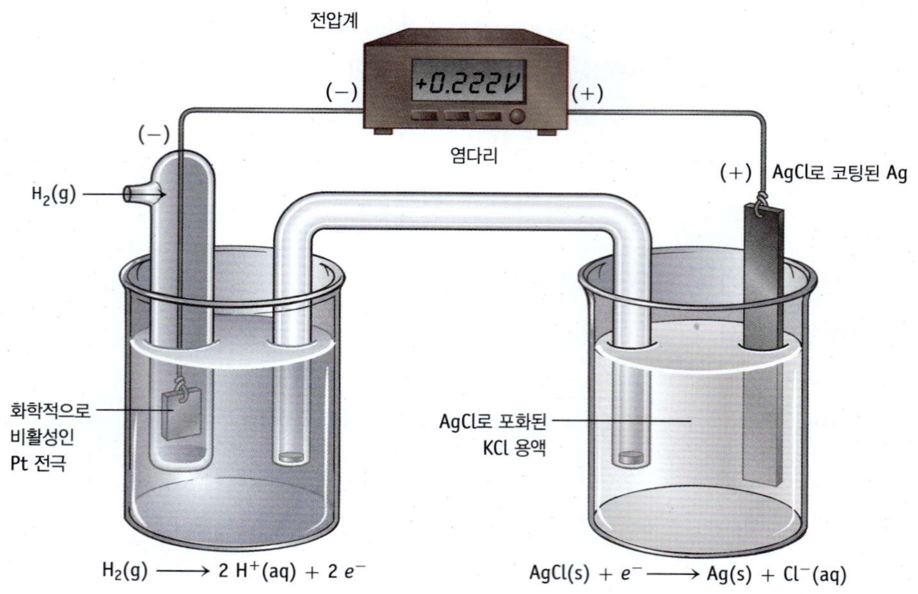

그림 19.17 Ag|AgCl 전극에서 표준 전극 퍼텐셜의 측정.

환원전극, 환원: $AgCl(s) + e^- \rightarrow Ag(s) + Cl^-(aq)$

산화전극, 산화: $Ag(s) \rightarrow Ag^+(aq) + e^-$

알짜 이온 반응식: $AgCl(s) \rightarrow Ag^+(aq) + Cl^-(aq)$

알짜 반응식은 고체 AgCl과 그것의 이온에 대한 평형을 나타낸다. 전지 퍼텐셜은 음수이며,

$$E°_{cell} = E°_{cathode} - E°_{anode} = (+0.222\ V) - (+0.799\ V) = -0.577\ V$$

AgCl의 낮은 용해도로부터 예상할 수 있듯이 이 반응은 반응물 선호 반응임을 나타낸다. K_{sp}는 식 19.7을 이용하여 $E°_{cell}$ 값으로부터 얻어진다.

$$\ln K = \frac{nE°}{0.0257} = \frac{(1)(-0.577\ V)}{0.0257} = -22.5$$

$$K_{sp} = e^{-22.5} = 2 \times 10^{-10}$$

19.6절 확인문제

1. 부록 M에서 다음 반응에 대한 표준 환원 퍼텐셜을 찾을 수 있다.

$$[Zn(CN)_4]^{2-}(aq) + 2\ e^- \rightarrow Zn(s) + 4\ CN^-(aq) \qquad E° = -1.26\ V$$

이것과 $Zn^{2+}(aq)|Zn$ 반쪽 전지에 대한 자료를 이용하여 다음 반응에 대한 평형상수를 구하시오.

$$Zn^{2+}(aq) + 4\ CN^-(aq) \rightarrow [Zn(CN)_4]^{2-}(aq)$$

25 °C에서 착이온의 생성상수는 얼마인가?

(a) 2.8×10^8 (b) 6.3×10^{16} (c) 1.9×10^{68}

19.7 전기분해: 전기 에너지를 이용하는 화학 변화

우리는 전기화학 전지를 전류를 생산하기 위해 생성물 선호 산화–환원 반응을 이용한다고 설명했다. 하지만 중요한 것은 역반응인 **전기분해**(electrolysis)이다. 전기분해는 전기 에너지를 사용하여 화학 변화를 유발하는 것이다.

물의 전기분해는 유서 깊은 화학실험이다. 그리고 전기도금은 전기분해의 또 다른 예이다(그림 19.18). 전기도금에서 전류는 도금하려는 금속의 염이 있는 용액을 통과한다. 도금이 되는 물체는 환원전극이다. 금속 이온이 환원될 때 그 금속은 물체의 표면에 침전된다.

전기분해는 알루미늄과 같은 금속을 정제할 때나 염소 같은 화학물질을 만들 때 폭넓게 사용되기 때문에 중요하다.

용융 염의 전기분해

모든 전기분해 실험은 같은 방식으로 진행된다. 용융 염이든 아니면 용액이든 전기분해를 할 물질은 전기분해 전지 안에 포함되어 있다. 볼타 전지의 경우와 마찬가지로 전류를 구성하는 전지 안에서 이온이 이동하는 것처럼 전류를 흐르게 하기 위하여 이온이 액체나 용액 중에 반드시 존재하여야 한다. 전지는 DC(직류) 전압원에 연결된 2개의 전극으로 이루어진다. 충분한 전압이 제공되면 두 전극에서 화학 반응이 일어난다. 환원은 전자가 전극으로부터 전지 내 화학종으로 전달되는 식으로 음성인 환원전극(cathode)에서 일어난다. 산화는 화학종으로부터 전극으로 전자를 전달하는 식으로 양성인 산화전극(anode)에서 일어난다.

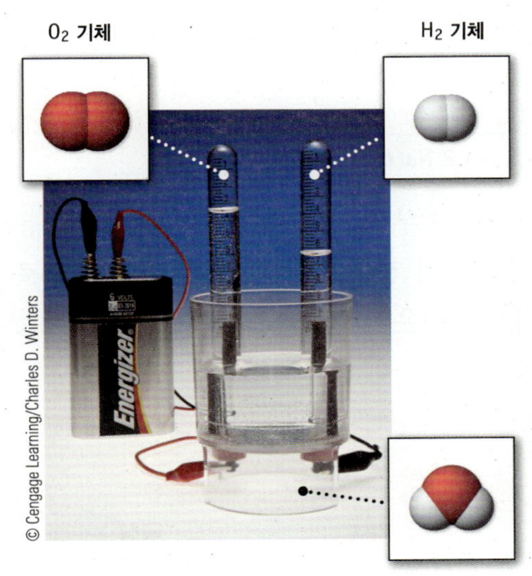

(a) 물의 전기분해에 의한 수소(환원전극)와 산소 기체(산화전극) 발생.

전지
(+)
(−)
e^-
e^-
(+)
자유 구리 이온이 포함된 수용액
(−)
Cu^{2+}
Cu^{2+}
Cu^{2+}
Cu^{2+}
Cu^{2+}
Cu^{2+}
산화전극, 불순물이 포함된 구리
환원전극, 순수한 구리로 도금되는 물체

(b) 전기분해에 의한 구리의 정제. 구리 이온은 불순물이 포함된 구리가 있는 산화전극에서 생성된다. 구리 이온은 환원전극으로 이동하며, 여기서 구리 금속으로 환원된다. (오른쪽 구리 생산을 위한 산업화된 전기분해 시설)

그림 19.18 **전기분해.**

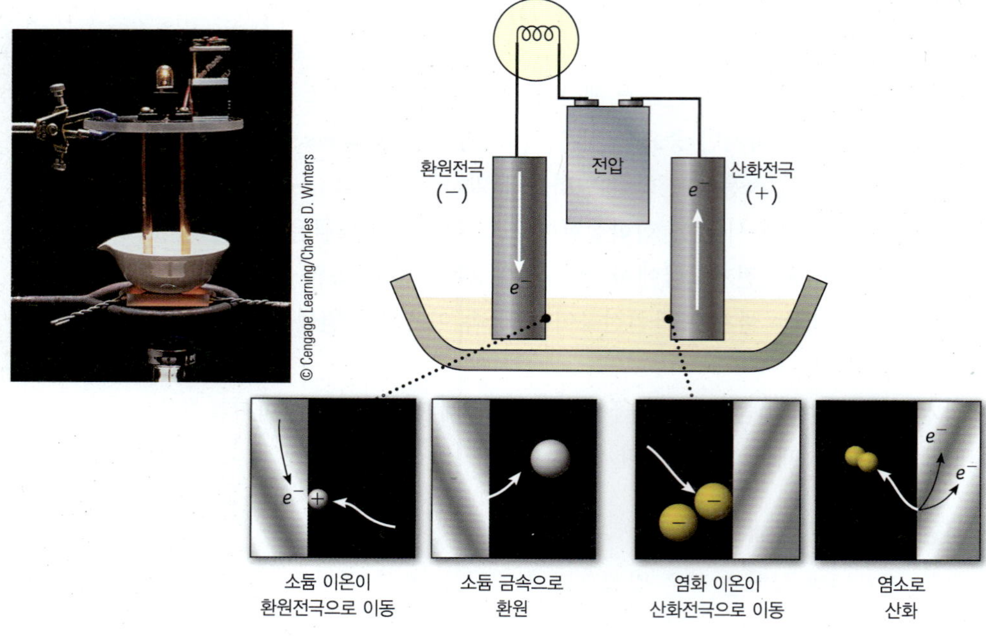

그림 19.19 용융 NaCl의 전기분해에 의한 Na 와 Cl_2의 제조. 용융 상태에서 Na^+ 이온은 음성인 환원전극으로 이동하며, 여기서 Na 금속으로 환원된다. Cl^- 이온은 양성인 산화전극으로 이동하여 Cl_2로 산화된다.

용융 염의 전기분해에 있어서 각 전극에서 일어나는 화학 반응에 초점을 맞추어 보자. 염화 소듐은 대략 800 ℃ 이상의 온도에서 녹는다. 그리고 용융 상태에서 Na^+와 Cl^-는 고체 상태의 단단한 배열로부터 자유로워진다. 그러므로 퍼텐셜이 전극에 가해지면 Na^+ 이온은 환원전극으로 이끌리게 되고, Cl^- 이온은 산화전극으로 이끌리게 된다(그림 19.19). 퍼텐셜이 충분할 경우 각 전극에서 화학 반응이 일어난다. 산화전극에서는 Na^+ 이온이 전자를 받아들여서 Na 금속으로 환원된다(이 온도에서는 액체). 동시에 환원전극에서는 Cl^- 이온이 전자를 내고 Cl_2를 생성한다.

환원전극(−), 환원:	$2\ Na^+ + 2\ e^- \rightarrow 2\ Na(\ell)$
산화전극(+), 산화:	$2\ Cl^- \rightarrow Cl_2(g) + 2\ e^-$
알짜 이온 반응식:	$2\ Na^+ + 2\ Cl^- \rightarrow 2\ Na(\ell) + Cl_2(g)$

제공된 퍼텐셜에 의해 가해진 힘으로 전자는 외부 회로를 통하여 이동하고, 용융 상태에서 (+) 이온과 (−) 이온의 이동은 전지 내의 전류를 이루게 된다. 마지막으로 반응이 자발적인 것이 아니라는 것을 인식하는 것은 중요하다. 이 반응이 일어나는

문제해결 주요사항 19.3 전기화학에서의 관례: 볼타 전지와 전기분해 전지

우리가 설명하는 전지가 볼타 전지이든 아니면 전기분해 전지이든 관계없이 산화전극(anode)과 환원전극(cathode)은 항상 각각 산화와 환원이 일어나는 전극을 나타낸다. 그러나 이들의 극성은 위의 두 전지에서 반대이다.

전지 종류	전극	기능	극성
볼타	산화전극(anode)	산화	−
	환원전극(cathode)	환원	+
전기분해	산화전극(anode)	산화	+
	환원전극(cathode)	환원	−

데 필요한 에너지는 전류에 의하여 제공된다.

수용액의 전기분해

Na^+ 이온과 Cl^- 이온은 용융 NaCl 내에 존재하는 가장 중요한 이온들이다. 이들 중 Cl^- 이온만 산화가 일어나고 Na^+ 이온은 환원된다. 그러나 수용액 속의 물질의 전기분해는 물이 존재하기 때문에 용융염의 전기분해보다 훨씬 더 복잡하다. 물은 **전기적으로 활성**인 물질이다. 즉, 전기 화학 반응이 진행되는 동안 물은 산화 또는 환원이 일어날 수 있다.

NaI 수용액의 전기 분해를 고려해 보자(그림 19.20). 이 실험에서 전기 분해 전지는 $Na^+(aq)$, $I^-(aq)$ 그리고 H_2O 분자를 포함한다. **음성인 환원전극**에서 가능한 **환원 반응**은 다음과 같다.

$$Na^+(aq) + e^- \rightarrow Na(s)$$
$$2\ H_2O(\ell) + 2\ e^- \rightarrow H_2(g) + 2\ OH^-(aq)$$

양성인 산화전극에서 가능한 **산화 반응**은 다음과 같다.

$$2\ I^-(aq) \rightarrow I_2(aq) + 2\ e^-$$
$$2\ H_2O(\ell) \rightarrow O_2(g) + 4\ H^+(aq) + 4\ e^-$$

수용액에서 NaI을 전기분해 하는 동안 $H_2(g)$와 $OH^-(aq)$는 환원전극에서 물의 환원으로부터 만들어지며 산화전극에서 I_2가 생성된다. 이리하여 전체 전지 반응은 다음과 같이 요약된다.

환원전극(−), 환원:	$2\ H_2O(\ell) + 2\ e^- \rightarrow H_2(g) + 2\ OH^-(aq)$
산화전극(+), 산화:	$2\ I^-(aq) \rightarrow I_2(aq) + 2\ e^-$
알짜 이온 반응식:	$2\ H_2O(\ell) + 2\ I^-(aq) \rightarrow H_2(g) + 2\ OH^-(aq) + I_2(aq)$

위 반응에 대한 E°_{cell} 값은 다음과 같다.

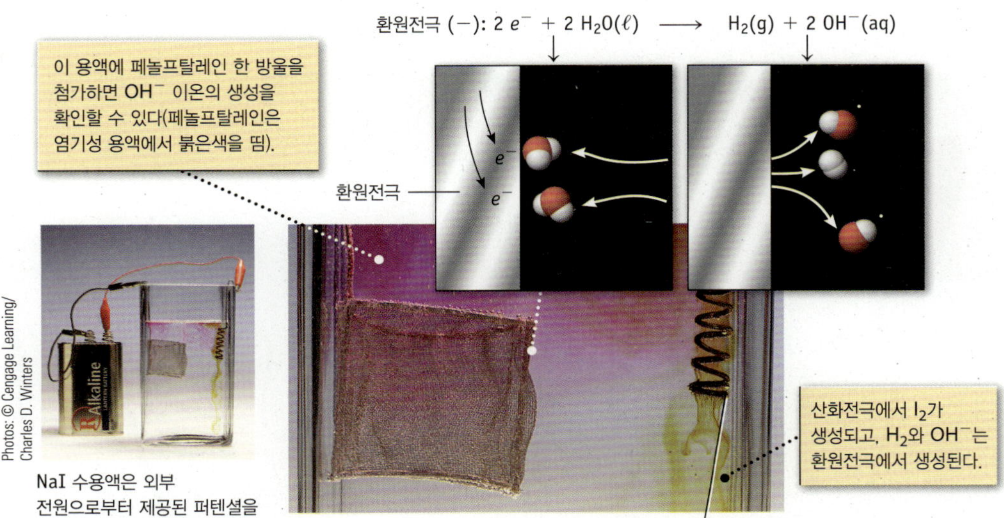

그림 19.20 수용액 NaI의 전기분해.

$$E°_{cell} = E°_{cathode} - E°_{anode} = (-0.8277\ V) - (+0.621\ V) = -1.449\ V$$

위의 반응은 표준 상태에서 자발적이지 않으며, 반응이 일어나게 하기 위하여 최소한 1.4 V의 퍼텐셜을 전지에 제공해야 한다. 만일 위의 반응이 산화전극에서 I^- 이온 대신에 물의 산화가 포함되었다면 필요한 퍼텐셜은 −2.057 V[$E°_{catode} - E°_{anode}$ = (−0.8277 V) − (+1.229 V)]이고, 만약 Na^+의 환원과 I^-의 산화가 포함된 반응이 발생하면 필요한 퍼텐셜은 −3.335 V[$E°_{catode} - E°_{anode}$ = (−2.714 V) − (+0.621 V)]일 것이다. 이 반응은 좀 더 작은 퍼텐셜을 필요로 하는 반응이며, NaI(aq)의 전기분해에서 알짜 전지 반응은 I^-의 산화와 물의 환원이다.

$SnCl_2$와 같은 다른 금속 할로젠화물 수용액이 전기분해가 된다면 무슨 일이 일어날까? 앞에서처럼 부록 M을 참고하여 모든 가능한 반쪽 반응을 살펴보자. 이 경우, 수용성인 Sn^{2+} 이온이 환원전극에서 물보다 훨씬 쉽게 환원되어서($E°$ = −0.14 V), Sn 금속이 석출된다. 산화전극에서는 2개의 산화가 가능하다. 즉, (1) Cl^-(aq)가 Cl_2(g)로 또는 (2) H_2O가 O_2(g)로 되는 것이다. 위의 반응은 Cl^- 이온이 물의 존재하에서 일반적으로 산화되는 것을 보여준다. 수용액 $SnCl_2$(aq)의 전기분해에 대한 반응은 다음과 같다(그림 19.21).

환원전극(−), 환원:	$Sn^{2+}(aq) + 2\ e^- \rightarrow Sn(s)$
산화전극(+), 산화:	$2\ Cl^-(aq) \rightarrow Cl_2(g) + 2\ e^-$
알짜 이온 반응식:	$Sn^{2+}(aq) + 2\ Cl^-(aq) \rightarrow Sn(s) + Cl_2(g)$

$$E°_{cell} = E°_{cathode} - E°_{anode} = (-0.14\ V) - (+1.36\ V) = -1.50\ V$$

$SnCl_2$(aq) 전기분해 반응의 경우 산화전극에서 Cl_2의 생성은 $E°$ 값에 근거하여 예상되는 반응과 상반된다. 만일 다음 전극 반응이 일어난다면, 좀 더 작은 외부 퍼텐셜이 필요한 것 같다.

환원전극(−), 환원:	$Sn^{2+}(aq) + 2\ e^- \rightarrow Sn(s)$
산화전극(+), 산화:	$2\ H_2O(\ell) \rightarrow O_2(g) + 4\ H^+(aq) + 4\ e^-$

$$E°_{cell} = (-0.14\ V) - (+1.23\ V) = -1.37\ V$$

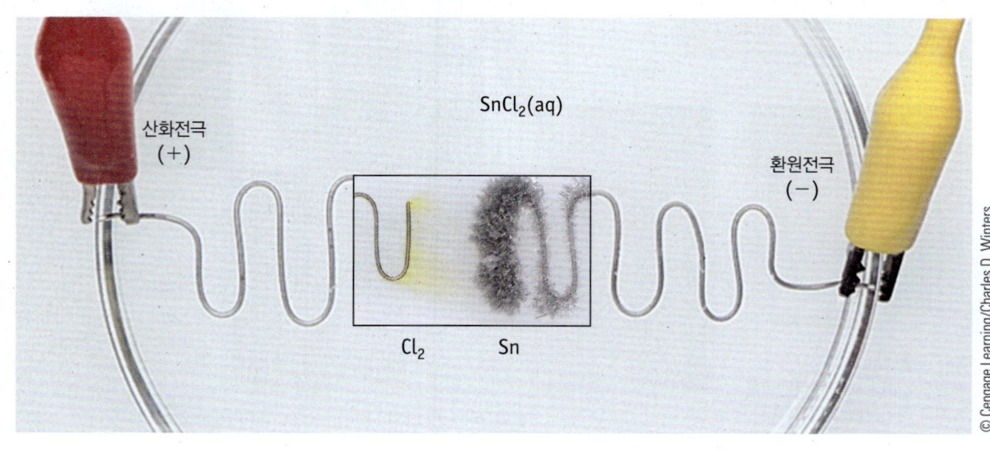

그림 19.21 $SnCl_2$(aq)의 전기분해. 음성인 환원전극에서 Sn 금속이 석출되고 Cl_2 기체는 양성인 산화전극에서 생성된다. Cl^-의 산화에 대한 퍼텐셜이 물의 산화에 대한 것보다 더 음성이라는 사실에도 불구하고 Cl_2가 생성된다(즉, Cl_2가 물보다 더 쉽게 산화가 되어야 한다). 이 과정은 화학 동역학의 결과이고 일부 수용액 전기화학이 얼마나 복잡한지를 보여주는 실례이다.

심층 학습 전기화학과 마이클 패러데이

음이온, 양이온, 전극 그리고 전기분해라는 용어는 화학사에서 중요한 인물인 패러데이(Michael Faraday, 1791~1867)로부터 유래되었다. 패러데이가 13세일 때 그는 런던에서 제본 기술자의 견습생이었다. 책을 읽는 것을 좋아하는 그에게 딱 알맞은 일이었다. 우연의 일치로 그 책 중에는 화학책이 있었는데 그것은 패러데이가 과학에 관심을 가지게 해주었고 결국 그는 전기 실험을 하게 되었다. 1812년, 가게의 한 후원자가 패러데이를 초청하였는데, 그 이유는 그 당시 가장 유명한 화학자 중의 한 사람이었던 데이비의 왕립 연구소에서의 강의에 그와 동참하기 위함이었다. 데이비의 강연은 패러데이의 흥미를 일으켰고, 패러데이는 데이비에게 조수로서 받아주길 요청하는 편지를 보냈다. 그 요청은 허락을 받았고 1813년부터 일하게 되었다. 패러데이는 재능이 풍부하여 그가 하는 일은 항상 성공이었고 결국은 12년 뒤 왕립 과학연구소의 책임자가 되었다.

패러데이가 남긴 6가지의 위대한 업적은 그가 살아 있는 동안 노벨상을 받게 해주었다. 다음의 발견들이 그가 상을 타게 해준 것들이다.

- 전자기 유도, 이것이 첫 번째 변압기와 전기모터로 이끌었다.
- 전기분해 법칙(화학물질에 대한 전류의 영향)
- 물질의 자기적 성질
- 벤젠과 다른 유기 화학물질(중요 화학 산업으로 이끌었다.)
- 패러데이 효과(자기장에 의한 편광면의 회전)
- 전기장과 자기장 개념의 도입

마이클 패러데이 (1791~1867)

과학에 심오한 영향을 미친 발견들을 한 이외에도, 그는 진정 교육자였다. 그는 그의 업적을 기억할만한 방법으로 말하고 집필하였으며, 특히 대중을 위한 강연을 통하여 과학이 대중화될 수 있도록 힘썼다. 《양초의 과학(*The Chemical History of a Candle*)》이라는 패러데이 강연의 원고는 1867년에 발간되었다. 아직도 광범위하게 이용되는 소책자는 과학적 사고에 대하여 훌륭하기에 읽을 만한 책자이다.

산소 대신 Cl_2 생성을 설명하기 위해서 반응 속도를 고려해야 한다. $Cl^-(aq)$의 산화는 H_2O의 산화보다 훨씬 빠르다.

이런 문제는 상업적으로 NaCl 수용액의 전기분해에서 이점으로 이용된다(여기서 Cl^-와 H_2O가 산화될 만큼 충분한 전압이 사용된다). 그러나 Cl^- 이온이 H_2O보다 훨씬 더 빨리 산화되어서, Cl_2가 이 전기분해 반응의 주생성물이 된다. 이것은 염소를 생산하는 데 중요한 수단이다.

과전압. 최소치보다 높은 전압은 일반적으로 반응을 빠르게 해준다(그렇지 않으면 느려진다). 과전압이란 용어는 가끔 사용되며, 주로 적당한 속도로 반응을 일으킬 때 필요한 전압을 언급한다.

전극으로 사용되는 물질 역시 반응 속도가 중요한 역할을 하는 한 보기이다. 비활성 전극을 만드는 데 일상적으로 이용되는 흑연도 산화될 수 있다. 이것에 대한 반쪽 반응은 $CO_2(g) + 4\ H^+(aq) + 4\ e^- \rightarrow C(s) + 2\ H_2O(\ell)$이고, $E°$는 +0.20 V이다. 이 값은 탄소가 구리보다 약간 쉽게 산화될 수 있다는 것을 보여준다(구리의 경우 $E°$가 +0.34 V이다). 따라서 이 값에 근거하여 전기분해가 일어나는 동안 흑연 전극도 산화되리라 예상하는 것은 당연할 것 같다. 그리고 비록 느리지만 실제로 일어난다. 즉, 전기분해 전지에 이용되는 흑연전극은 서서히 나빠지며 결국 교체되어야 한다.

전기분해를 논의할 때 반드시 고려해야 할 또 다른 인자는 용액 중에 존재하는 전기적 활성인 화학종의 농도이다. 19.5절에서 보여주었듯이, 용액 중에 있는 화학종이 산화되거나 환원되는 퍼텐셜은 농도에 의존한다. 표준 조건이 사용되지 않는다면, $E°$ 값에 근거한 예측은 단지 정성적이 된다. 추가적으로 반쪽 반응의 속도는 전극 표면의 전기적 활성 물질의 농도에 의존한다. 매우 낮은 농도에서, 산화-환원 반응의 속도는 이온이 용액으로부터 전극 표면으로 확산되는 속도에 의존할 수도 있다.

예제 19.11 수용액의 전기분해

문제 NaF, NaCl, NaBr 및 NaI 수용액의 전기분해 생성물이 어떻게 다른지를 예측하시오. 그리고 각 전기 분해의 E°_{cell}을 예측하시오(NaI의 전기분해는 그림 19.20에 설명되어 있다).

알고 있는 사실 전기 분해할 화합물은 알고 있다. 그러나 반쪽 반응들과 물의 전기분해의 E° 값을 알아야 한다.

전략 전기분해 전지에서의 화학 반응을 예측하는 데 사용되는 주요 기준은 E° 값에 근거한 평가인 산화와 환원의 용이성이어야 한다.

풀이 환원전극에서의 반응에는 아무런 문제가 없다. 즉, Na^+(aq)의 환원보다 우선적으로 물이 OH^-와 H_2로 환원된다(수용액 NaI의 전기분해처럼). 따라서 모든 경우의 주요한 환원전극 반응은

$$2\,H_2O(\ell) + 2\,e^- \rightarrow H_2(g) + 2\,OH^-(aq)$$
$$E^\circ_{cathode} = -0.83\text{ V}$$

산화전극에서는 물과 비교하여 할로젠화 이온들이 얼마나 쉽게 산화될 수 있을지를 파악해야 한다. E° 값에 근거하여, $I^-(aq) > Br^-(aq) > Cl^-(aq) >> F^-(aq)$이다. F^-이어야 한다. F^- 이온은 물보다 산화되기가 훨씬 더 어렵고, 이들 이온을 함유하는 수용액의 전기분해는 전적으로 O_2 생성이 결과로 나타난다. NaF(aq)에 대한 주요한 산화전극 반응은

$$2\,H_2O(\ell) \rightarrow O_2(g) + 4\,H^+(aq) + 4\,e^-$$
$$E^\circ_{anode} = +1.23\text{ V}$$

이다. 그러므로 이 경우

$$E^\circ_{cell} = (-0.83\text{ V}) - (+1.23\text{ V}) = -2.06\text{ V}$$

이다. Cl_2가 산화전극에서 염화물 염의 전기분해를 통하여 얻어지는 주생성물이라는 것을 상기하라(그림 19.21과 같이), 따라서 NaCl에서 주된 산화전극 반응은 다음과 같다.

$$2\,Cl^-(aq) \rightarrow Cl_2(g) + 2\,e^-$$
$$E^\circ_{cell} = (-0.83\text{ V}) - (+1.36\text{ V}) = -2.19\text{ V}$$

브로민화 이온은 상대적으로 염화 이온보다 산화되기 쉽다. 그래서 브로민은 NaBr 수용액의 주생성물이라고 예측된다. NaBr(aq)에서 주된 산화전극 반응은 다음과 같다.

$$2\,Br^-(aq) \rightarrow Br_2(\ell) + 2\,e^-$$

그래서 E°_{cell}은

$$E°_{cell} = (-0.83 \text{ V}) - (+1.08 \text{ V}) = -1.91 \text{ V}$$

이다. 그래서 NaBr의 전기분해는 할로젠, 수소 기체, 수산화물 이온을 생성할 때의 NaI의 전기분해(그림 19.20)와 비슷하다. 반쪽 반응과 NaI 수용액의 전지 퍼텐셜은 911쪽에서 알 수 있다.

고려사항 위에서 설명한 것처럼, 당신은 $E°$ 값으로부터 할로젠화물 이온의 산화의 쉬운 정도가 $I^-(aq) > Br^-(aq) > Cl^-(aq) >> F^-(aq)$라는 것을 예측할 수 있다. 이것은 결과에 의하여 확인되었다.

유제 NaOH 수용액의 전기분해 시 두 전극에서 일어날 화학 반응을 예측하시오.

19.7절 확인문제

1. K^+, Fe^{2+}, Al^{3+}, Ag^+가 들어 있는 용액이 있다. 어떤 이온이 환원전극에서 도금되는 데 가장 낮은 퍼텐셜이 필요한가?
   (a) K^+ (b) Fe^{2+} (c) Al^{3+} (d) Ag^+

19.8 전자의 개수 세기

수용액 $AgNO_3$의 전기분해에서 전자 1 mol이 Ag 1 mol을 석출하는데 필요하다. 이에 반하여 2 mol의 전자가 1 mol의 Sn을 생성하기 위해 필요하다(그림 19.21).

$$Sn^{2+}(aq) + 2\,e^- \rightarrow Sn(s)$$

이것은 전기분해 전지를 통하여 흐르는 전자의 몰수를 측정할 수 있을 경우, 반응에서 생성되는 은 또는 주석의 몰수가 계산될 수 있음을 보여준다. 반대로, 생성된 은 또는 주석의 양을 안다면, 회로를 통하여 이동하는 전자의 몰수를 계산할 수 있다.

전자 이동 반응에서 소비되거나 생성된 전자의 몰수는 주어진 시간 동안 외부 회로를 따라서 흐르는 전류를 측정함으로써 얻어질 수 있다. 전기 회로를 따라서 흐르는 **전류**(current)는 단위 시간당 전하의 양이며(전하는 쿨롱, C), 전류의 단위는 암페어(A)이다(1암페어는 1초당 1쿨롱의 전하가 통과하는 것과 같다).

$$\text{전류(암페어, A)} = \frac{\text{전기 전하(쿨롱, C)}}{\text{시간, } t\text{(초, s)}} \qquad (19.8)$$

전기화학 전지를 통하여 흐르는 전류와 전류가 흐르는 시간은 쉽게 측정할 수 있는 값이다. 그러므로 전지를 통하여 흐르는 전하(C)는 전류와 시간(s)을 곱하여 얻을 수 있다. 전하를 알고 변환 인자로서 패러데이 상수를 이용하면 전기화학 전지를 통하여 지나가는 전자의 몰수를 구할 수 있다. 이제 이 양을 이용하여 반응물과 생성물의 양을 계산할 수 있다. 다음 예제는 이런 유형의 계산법을 보여주고 있다.

패러데이 상수. 패러데이 상수란 1 mol의 전자에 의하여 옮겨지는 전하이다 (9.6485338×10^4 C/mol e^-).

전략도 19.12

문제

전기분해에서 침전된 **구리의 질량**을 계산한다.

↓

알려진 자료/정보

- 전지의 전류
- 시간

↓ **1단계** **전류** × **시간** = **전하**를 이용한다.

흘러간 **전하량(C)**

↓ **2단계** 통과한 **전자의 몰수**를 구하기 위해 **패러데이 상수**를 사용한다.

주어진 시간 동안 흘러간 전자의 **몰수**

↓ **3단계** **전자**의 몰수와 **금속**의 몰수를 연관시킨다.

생성된 금속의 **몰(mol)**

↓ **4단계** **mol**을 **질량**으로 변환한다.

생성된 금속의 **질량(g)**

예제 19.12 패러데이 상수 이용하기

문제 2.40 A의 전류가 30분 동안 $Cu^{2+}(aq)$을 함유하는 용액을 통과하여 흘렀다. 그리고 환원전극에서 구리 금속이 석출되었다. 석출된 구리의 질량을 g 단위로 구하시오.

알고 있는 사실 전지를 통과한 전류와 통과한 시간을 알고 있다.

전략 전류와 시간은 전지를 통과한 전하의 양을 계산하는 데 사용할 수 있다. 패러데이 상수는 사용된 전자의 몰수와 연관하여 사용할 수 있다. 결국 이것은 침전된 구리 금속의 양과 구리의 질량과 연관시킬 수 있다.

풀이

1. 30분 동안 전지를 통하여 지난 전하(쿨롱수)를 계산하시오.

$$\begin{aligned}\text{전하(C)} &= \text{전류(A)} \times \text{시간(s)}\\ &= (2.40\ \text{A})(30.0\ \text{min})(60.0\ \text{s/min})\\ &= 4.32 \times 10^3\ \text{C}\end{aligned}$$

2. 전자의 몰수를 계산하시오(즉, 전기의 패러데이 수).

$$(4.32 \times 10^3\ \text{C})\left(\frac{1\ \text{mol e}^-}{96{,}485\ \text{C}}\right) = 4.48 \times 10^{-2}\ \text{mol}\ e^-$$

3. 구리의 양을 계산하고 이것을 이용하여 구리의 질량을 계산하시오.

$$\text{구리 질량} = (4.48 \times 10^{-2}\ \text{mol e}^-)\left(\frac{1\ \text{mol Cu}}{2\ \text{mol}\ e^-}\right)\left(\frac{63.55\ \text{g Cu}}{1\ \text{mol Cu}}\right) = 1.42\ \text{g}$$

고려사항 이 계산에서 주요 관계는 '전류 = 전하/시간'이다. 대부분의 상황은 세 가지 중 두 가지를 실험이나 세 번째 계산을 통하여 알 수 있을 것이다.

유제

1. 45분 동안 0.445 A의 전류가 흘렀다. 이것을 사용하여 물의 전기분해에서 생성된 O_2의 질량을 계산하시오
2. 전기분해를 통한 소듐의 상업적 생산에서, 전지는 7.0 V와 25 × 10^3 A에서 작동한다. 1시간 동안 생산되는 소듐의 질량은 얼마인가?

19.8절 확인문제

1. 만약에 '금 도금' 과정에서 0.0100 mol의 $Au^{3+}(aq)$를 Au(s)로 변환하고자 하면, 2.00 A의 전류에서 얼마 동안이나 전기분해를 해야 하는가?

(a) 483초 (b) 4.83×10^4초 (c) 965초 (d) 1450초

화학 원리 응용 | 희생!

18세기 후반부에 영국 해군은 선체의 부식을 막기 위해 선체에 구리로 외피를 입혔다. 불행하게도, 구리는 바다에서 부식이 일어났고 해군은 부식의 원인과 해결책을 알기 위해 데이비 경을 불렀다. 비록 데이비는 처음에 구리의 불순물이 부식의 원인이라는 것을 추측했지만, 곧 고순도 구리가 더 빠르게 부식이 진행된다는 것을 알았다. 데이비는 바닷물에 주목을 하기 시작했고, 바닷물의 산소가 구리를 산화시킨다는 것을 알았다. 전체적인 반응은 다음과 같다.

$$Cu(s) + \tfrac{1}{2}\ O_2(g) + H_2O(\ell) \rightarrow Cu(OH)_2(s)$$

위 반응은 수산화구리(II)를 생성하는데, 선체로부터 해저로 떨어진 것들이다.

전기화학의 선구자인 데이비는 구리보다 더 산화되기 쉬운 금속(아연, 주석, 철)들의 작은 조각을 구리에 붙이면 구리의 부식이 방지된다는 것을 알았다. 그 금속들의 양이 구리에 비해 적어도 효과적이다. 그 금속들은 해수면 아래에 위치해야 하며 구리와 직접적으로 연결되어 있어야 한다.

아연과 같은 금속들을 구리에 붙인다고 하여 부식이 방지되는 이유는 무엇일까? 두 금속이 바닷물 속에 들어가면 전류를 발생시키는 전지를 형성한다. 구리는 환원전극을, 아연은 '희생하는' 산화전극으로서의 역할을 한다. 아연 산화전극은 구리 대신에 산화가 된다. 비록 아연 산화전극이 시간이 흘러 부식이 되어 교체를 하더라도 선체의 구리 전체를 교체하는 것에 비하여 값이 싸다.

현대에는 강철로 된 선체를 구리로 외피를 입히는 방법을 사용한다. 비록 페인트칠같이 표면을 코팅하는 방법이 부식을 방지하는 데 도움을 주긴 하지만, 여전히 희생 산화전극은 부식으로부터 철을 보호하는 데 쓰인다. 게다가 희생 산화전극은 집의 온수기, 선외 모터, 보일러뿐만 아니라 땅속 파이프의 철까지 보호하는 데 사용된다.

문제

1. 만일 페인트와 같이 절연할 수 있는 물체가 아연과 구리 사이에 있다면, 아연은 여전히 바닷물 속에서 부식이 되지만 구리의 부식을 보호하진 못한다. 그 이유를 설명하시오.
2. 표준 환원 퍼텐셜을 사용하여 다음 금속 중에서 구리로 싼 선체에서 희생 산화전극으로서의 역할을 하는 것을 모두 찾으시오.
   (a) 주석 (b) 은 (c) 철
   (d) 니켈 (e) 크로뮴
3. 표준 환원 퍼텐셜을 사용하여 다음 금속들 중 강철 선체에서 희생 산화전극으로서의 역할을 하는 것을 모두 고르시오. 강철의 표준 환원 퍼텐셜은 철의 표준 환원 퍼텐셜과 같다고 가정한다.
   (a) 주석 (b) 은 (c) 철
   (d) 니켈 (e) 크로뮴
4. 산소가 녹아 있는 물에서 Cu로부터 $Cu(OH)_2$가 생성되는 반응은 3단계(산화 반쪽 반응, 환원 반쪽 반응, 침전 반응)로 나눌 수 있다.
   (a) 바닷물에서 구리의 산화에 대한 전체 반응식을 완결하도록 두 반쪽 반응의 균형을 맞추고 완결하시오.
      1. 산화 반쪽 반응: ?
      2. 환원 반쪽 반응: ?
      3. 침전 반응식: $Cu^{2+}(aq) + 2\ OH^-(aq) \rightarrow Cu(OH)_2(s)$
      4. 전체 반응식: $Cu(s) + \tfrac{1}{2}\ O_2(g) + H_2O(\ell) \rightarrow Cu(OH)_2(s)$
   (b) $Cu(OH)_2(s)$의 K_{sp}와 표준 환원 퍼텐셜을 사용하여 25 ℃에서 전체 반응식의 평형 상수를 구하시오.
5. 다음 전기화학 전지가 바닷물(pH 7.90, 25 ℃) 속에서 구리와 아연으로 구성되며 전류가 흐르는 갈바니 전지라고 가정하자.

$$Zn\,|\,Zn(OH)_2(s)\,|\,OH^-(aq)\,||\,Cu(OH)_2(s)\,|\,Cu(s)$$

   (a) 환원전극에서 일어나는 반응의 완결된 반응식을 쓰시오.
   (b) 산화전극에서 일어나는 반응의 완결된 반응식을 쓰시오.
   (c) 전체 반응의 완결된 화학 반응식을 쓰시오.
   (d) 전지 퍼텐셜(V)을 구하시오.

강철 선체의 선박에 부착된 희생 산화전극. '패치'는 아연 블록이다. 알루미늄 또는 마그네슘 희생 산화전극도 또한 가정용 전기 온수 가열기에서 부식을 방지하기 위해 사용된다.

학습 목표 복습

여러분은 이 장의 학습을 마쳤다. 이제 학습 목표를 달성했는지 점검해 보자. 특히 다음과 같은 것을 할 수 있어야 한다.

- 근본적인 볼타 전지의 원리를 이해한다.
  - **a.** 볼타 전지에서, 환원전극과 산화전극에서 일어난 반쪽 반응, 전극의 극성, 외부 회로에서 전자 흐름의 방향, 염다리에서 이온 흐름의 방향을 확인한다(19.2절).
  - **b.** 건전지, 알칼리 전지, 납 축전지, 리튬 전지, 니켈–카드뮴 전지의 장점과 단점 그리고 화학을 이해한다(19.3절).
  - **c.** 어떻게 연료전지가 작동하는지를 이해하고, 배터리와 연료전지의 차이점을 인식한다(19.3절).
- 전기화학 퍼텐셜을 사용하는 법을 이해한다.
  - **a.** 표준 환원 퍼텐셜을 결정하는 과정을 이해하고, 전기화학에 적용되는 표준 상태를 확인한다(19.4절).
  - **b.** 표준 수소 전극(E° = 0.00 V)을 기술하고 반쪽 반응의 표준 퍼텐셜을 구할 때 어떻게 표준으로 사용되는지 설명한다(19.4절).
  - **c.** 표준 상태에서 전지 전압을 구할 때 표준 환원 퍼텐셜이 어떻게 사용되는지 확인한다(식 19.1).
  - **d.** 표준 환원 퍼텐셜 표의 사용법을 확인한다(표 19.1, 부록 M). 산화제와 환원제의 산화와 환원 세기 순위를 결정할 수 있고, 어떤 물질이 다른 물질을 환원시키고 산화시키는지 예측할 수 있으며, 산화–환원 반응이 평형에서 생성물 선호 반응인지 반응물 선호 반응인지 여부를 예측한다(19.4절).
  - **e.** 비표준 상태일 때 전지 퍼텐셜을 계산하기 위해 네른스트 식(식 19.2, 19.3)을 사용한다(19.5절).
  - **f.** 어떻게 전지 전압이 pH(19.5절)와 다른 이온 농도의 측정값을 결정하는지 설명한다.
- 전기분해에서 화학 변화를 생성하기 위해 전기 에너지를 사용함을 이해한다.
  - **a.** 전기분해에서 화학 과정을 기술하고 전극에서 어떤 물질이 산화되고 환원되는지를 결정할 인자를 인식한다(19.7절).

- 반쪽 반응 접근법을 이용하여 산성 또는 염기성 용액에서의 산화–환원 반응에 대한 반응식을 완결한다(19.1절).
- 산화 또는 환원되는 물질의 양과 전류의 양과 전류가 흐르는 시간을 연계한다(19.8절).
- 전지 전압(E°_{cell})과 자유 에너지($\Delta_r G^\circ$)(식 19.5, 19.6) 그리고 전지 반응에서 E°_{cell}과 평형상수 사이의 관계를 사용한다(19.6절, 표 19.2).

- 볼타 전지는 화학 반응을 이용하여 전류를 생성하며, 전기분해 전지는 화학 변화를

일으키기 위하여 전류를 이용함을 기억한다.
- 산화는 산화전극에서 일어나며, 환원은 환원전극에서 일어난다.
- 1차와 2차 전지 사이의 차이점을 기억한다.

주요 식

식 19.1(892쪽) 표준 반쪽 전지 퍼텐셜을 이용하여 E°_{cell} 계산하기

$$E^\circ_{cell} = E^\circ_{cathode} - E^\circ_{anode}$$

식 19.2(900쪽) 네른스트 식, 비표준 상태에서의 전지 퍼텐셜(E)과 표준 상태에서의 전지 퍼텐셜(E°)의 관계. R은 기체상수(8.314472 J/K · mol)이고 T는 온도(K), n은 산화제와 환원제 사이를 이동한 전자의 몰수이다. F는 **패러데이 상수**(9.6485337×10^4 C/mol e^-)이고, Q는 반응지수이다.

$$E = E^\circ - (RT/nF)\ \ln Q$$

식 19.3(901쪽) 네른스트 식(298 K)

$$E = E^\circ - \frac{0.0257}{n} \ln Q$$

식 19.4(905쪽) 전기화학 계가 한 일(w)의 양

$$w_{max} = nFE$$

식 19.5와 19.6(905쪽) 각각 비표준 상태 또는 표준 상태에서 자유 에너지 변화와 전지 퍼텐셜의 관계

$$\Delta_r G = -nFE \text{ 또는 } \Delta_r G^\circ = -nFE^\circ$$

식 19.7(906쪽) 평형상수와 표준 전지 퍼텐셜의 관계(298 K)

$$\ln K = \frac{nE^\circ}{0.0257}$$

식 19.8(915쪽) 전류, 전기 전하, 시간의 관계

$$\text{전류(암페어, A)} = \frac{\text{전기 전하(쿨롱, C)}}{\text{시간, } t\text{(초, s)}}$$

Courtesy Tesla Motors

학습문제

실전문제

산화–환원 반응에 대한 반응식 완결 (19.1절, 예제 19.1~19.3 참조)

다음 산화–환원 반응식을 완결할 때, 산성에서 $H^+(aq)$ 또는 $H^+(aq)$와 H_2O를, 염기성에서 $OH^-(aq)$ 또는 $OH^-(aq)$와 H_2O를 첨가하는 것이 필요할 수도 있다.

1. 다음 주어진 반쪽 반응의 완결된 반응식을 쓰시오. 각 반응이 산화 반응인지 환원 반응인지 표시하시오.

(a) $Cr(s) \rightarrow Cr^{3+}(aq)$ (산성)

(b) $AsH_3(g) \rightarrow As(s)$ (산성)

(c) $VO_3^-(aq) \rightarrow V^{2+}(aq)$ (산성)

(d) $Ag(s) \rightarrow Ag_2O(s)$ (염기성)

2. 산성용액에서 진행되는 다음 산화–환원 반응식을 완결하시오.

(a) $Ag(s) + NO_3^-(aq) \rightarrow NO_2(g) + Ag^+(aq)$

(b) $MnO_4^-(aq) + HSO_3^-(aq) \rightarrow Mn^{2+}(aq) + SO_4^{2-}(aq)$

(c) $Zn(s) + NO_3^-(aq) \rightarrow Zn^{2+}(aq) + N_2O(g)$

(d) $Cr(s) + NO_3^-(aq) \rightarrow Cr^{3+}(aq) + NO(g)$

3. 염기성 용액에서 진행되는 다음 산화–환원 반응식을 완결하시오.

(a) $Al(s) + H_2O(\ell) \rightarrow Al(OH)_4^-(aq) + H_2(g)$

(b) $CrO_4^{2-}(aq) + SO_3^{2-}(aq) \rightarrow Cr(OH)_3(s) + SO_4^{2-}(aq)$

(c) $Zn(s) + Cu(OH)_2(s) \rightarrow [Zn(OH)_4]^{2-}(aq) + Cu(s)$

(d) $HS^-(aq) + ClO_3^-(aq) \rightarrow S(s) + Cl^-(aq)$

볼타 전지 꾸미기(19.2절, 예제 19.4~19.5 참조)

4. 크로뮴 금속과 철(Ⅱ) 이온의 반응을 이용한 다음과 같은 볼타 전지가 만들어졌다.

$$2\ Cr(s) + 3\ Fe^{2+}(aq) \rightarrow 2\ Cr^{3+}(aq) + 3\ Fe(s)$$

다음 문장을 완결하시오. 전자는 외부 회로를 통하여 ____ 전극에서 _____ 전극으로 흐른다. 음이온은 염다리를 통하여 _____ 반쪽 전지에서 _____ 반쪽 전지로 흐른다. 산화전극에서 반쪽 반응은 _________이고, 환원전극에서 반쪽 반응은 ___________이다.

5. 반쪽 전지 $Fe^{2+}(aq)|Fe(s)$와 $O_2(g)|H_2O$(산성 용액)을 결합하여 볼타 전지를 만들었다.

(a) 산화와 환원 반쪽 반응과 전체 (전지) 반응에 대한 반응식을 쓰시오.

(b) 어느 반쪽 반응이 산화전극과 환원전극에서 각각 일어나는가?

(c) 다음 문장을 완결하시오. 외부회로에서 전자는 ________ 전극에서 _________ 전극으로 흐른다. 염다리에서 음이온은 ________ 반쪽 전지에서 _________ 반쪽 전지로 움직인다.

6. 다음 전기화학 전지 각각에 대하여 산화와 환원 반쪽 반응과 전체 반응에 대한 반응식을 쓰시오.

(a) $Cu(s)|Cu^{2+}(aq)||Fe^{3+}(aq), Fe^{2+}(aq)|Pt(s)$

(b) $Pb(s)|PbSO_4(s)|SO_4^{2-}(aq)||Fe^{3+}(aq), Fe^{2+}(aq)|Pt(s)$

7. 전지 표지를 이용하여 다음의 생성물–선호 반응에 기초한 전기화학 전지를 기술하시오.

$$Cu(s) + Cl_2(g) \rightarrow 2\ Cl^-(aq) + Cu^{2+}(aq)$$

상용 전지(19.3절 참조)

8. 건전지, 알칼리 전지, 그리고 Ni–Cd 전지 사이의 유사점과 차이점은 어떤 것들이 있는가?

표준 전기 화학 퍼텐셜(19.4절, 예제 19.6 참조)

9. 다음 각 반응에 대한 E° 값을 구하시오. 주어진 각 반응의 방향이 생성물 선호인지 아닌지 결정하시오.

(a) $2\ I^-(aq) + Zn^{2+}(aq) \rightarrow I_2(s) + Zn(s)$

(b) $Zn^{2+}(aq) + Ni(s) \rightarrow Zn(s) + Ni^{2+}(aq)$

(c) $2\ Cl^-(aq) + Cu^{2+}(aq) \rightarrow Cu(s) + Cl_2(g)$

(d) $Fe^{2+}(aq) + Ag^+(aq) \rightarrow Fe^{3+}(aq) + Ag(s)$

10. 다음 반응식을 완결하고, 표준 퍼텐셜(E°)을 구하시오. 주어진 각 반응의 방향이 생성물 선호인지 아닌지 결정하시오. (주어진 모든 반응은 산 용액에서 일어난다.)

(a) $Sn^{2+}(aq) + Ag(s) \rightarrow Sn(s) + Ag^+(aq)$

(b) $Al(s) + Sn^{4+}(aq) \rightarrow Sn^{2+}(aq) + Al^{3+}(aq)$

(c) $ClO_3^-(aq) + Ce^{3+}(aq) \rightarrow Cl_2(g) + Ce^{4+}(aq)$

(d) $Cu(s) + NO_3^-(aq) \rightarrow Cu^{2+}(aq) + NO(g)$

산화제와 환원제의 순위(19.4절, 예제 19.6 참조. 필요시 표준 환원 퍼텐셜 표[표 19.1 또는 부록 M]를 사용하시오.)

11. 다음 반쪽 반응을 고려하시오.

반쪽 전지	E°(V)
$Cu^{2+}(aq) + 2\ e^- \rightarrow Cu(s)$	+0.34
$Sn^{2+}(aq) + 2\ e^- \rightarrow Sn(s)$	−0.14
$Fe^{2+}(aq) + 2\ e^- \rightarrow Fe(s)$	−0.44
$Zn^{2+}(aq) + 2\ e^- \rightarrow Zn(s)$	−0.76
$Al^{3+}(aq) + 3\ e^- \rightarrow Al(s)$	−1.66

(a) E° 값에 근거하여 어느 금속이 가장 쉽게 산화되는가?

(b) 표에 있는 금속 중 어느 것이 $Fe^{2+}(aq)$를 $Fe(s)$로 환원시킬 수 있는가?

(c) $Fe^{2+}(aq)$와 $Sn(s)$ 사이의 반응에 대한 완결된 화학 반응식을 쓰시오. 이 반응은 생성물 선호 또는 반응물 선호인가?

(d) $Zn^{2+}(aq)$와 $Sn(s)$ 사이의 반응에 대한 완결된 화학 반응식을 쓰시오. 이 반응은 생성물 선호 또는 반응물 선호인가?

12. 다음 주어진 원소 중 가장 좋은 환원제는?

(a) Cu (b) Zn
(c) Fe (d) Ag
(e) Cr

13. 다음 주어진 이온 중 가장 쉽게 환원되는 것은?

(a) $Cu^{2+}(aq)$ (b) $Zn^{2+}(aq)$
(c) $Fe^{2+}(aq)$ (d) $Ag^+(aq)$
(e) $Al^{3+}(aq)$

14. (a) 다음 할로젠 분자 중 산성 용액에서 가장 쉽게 환원되는 것은? F_2, Cl_2, Br_2, 또는 I_2

(b) 다음 할로젠 분자 중 산성 용액에서 $MnO_2(s)$보다 좋은 산화제는 어떤 것인가?

비표준 조건하에서의 전기화학 전지(19.5절, 예제 19.7과 19.9 참조)

15. 용해된 모든 화학종의 농도가 2.5×10^{-2} M이고 H_2의 압력은 1.0 bar인 다음 화학 반응을 이용한 볼타 전지로 얻어지는 전압을 구하시오.

$$Zn(s) + 2\ H_2O(\ell) + 2\ OH^-(aq) \rightarrow [Zn(OH)_4]^{2-}(aq) + H_2(g)$$

16. 볼타 전지의 반쪽 전지 중 하나는 농도가 0.25 M인 $AgNO_3$ 용액에 잠긴 은(Ag) 선으로 꾸며졌고, 나머지 반쪽은 농도가 0.010 M인 $Zn(NO_3)_2$에 잠긴 아연 전극으로 꾸며졌다. 이 전지의 퍼텐셜을 계산하시오.

17. 볼타 전지의 반쪽 반응 중 하나는 미지 농도의 $AgNO_3$ 용액에 잠긴 은(Ag) 선으로 꾸며졌고, 나머지 반쪽은 농도가 1.0 M인 $Zn(NO_3)_2$에 잠긴 아연 전극으로 꾸며졌다. 그리고 이 전지의 퍼텐셜을 측정하였더니 1.48 V였다. 주어진 자료에 근거하여 $Ag^+(aq)$의 농도를 계산하시오.

전기화학, 열역학과 평형(19.6절, 예제 19.9~19.10 참조)

18. 다음 주어진 반응에 대한 $\Delta_r G^\circ$과 평형상수를 구하시오.

(a) $2\ Fe^{3+}(aq) + 2\ I^-(aq) \rightleftharpoons 2\ Fe^{2+}(aq) + I_2(aq)$

(b) $I_2(aq) + 2\ Br^-(aq) \rightleftharpoons 2\ I^-(aq) + Br_2(\ell)$

19. AgBr의 K_{sp} 값을 다음 두 반쪽 반응의 표준 환원 퍼텐셜을 이용하여 구하시오(부록 M 참고).

$$AgBr(s) + e^- \rightarrow Ag(s) + Br^-(aq)$$
$$Ag^+(aq) + e^- \rightarrow Ag(s)$$

20. $[AuCl_4]^-(aq)$ 이온 형성에 대한 $K_{formation}$ 값을 다음 두 반쪽 반응의 표준 환원 퍼텐셜을 이용하여 구하시오(부록 M 참고).

$$[AuCl_4]^-(aq) + 3\ e^- \rightarrow Au(s) + 4\ Cl^-(aq)$$
$$Au^{3+}(aq) + 3\ e^- \rightarrow Au(s)$$

전기분해(19.7절, 예제 19.11 참조)

21. 용융 NaCl의 전기분해에 사용되는 장치를 그린 다음 산화전극과 환원전극을 표시하시오. 전기분해 전지에서 이온의 이동과 외부 회로를 통하여 흐르는 전자의 흐름을

추적하시오.

22. KF 수용액의 전기분해에서 O_2와 F_2 중 어느 것이 좀 더 좋은 산화전극을 이룰 수 있는가? 답을 설명하시오.

23. KBr 수용액이 2개의 비활성 백금 전극이 놓여 있는 비커에 담겨 있다. 전지가 외부 전원에 연결되면 전기 분해가 일어난다.

(a) 환원전극에서 수소(H_2) 기체와 수산화 이온(OH^-)이 생성된다. 이 전극에서 일어나는 반쪽 전지 반응식을 쓰시오.

(b) Br_2는 산화전극에서 생성되는 주요 생성물이다. 이것의 생성 반응식을 쓰시오.

전자의 개수 세기(19.8절, 예제 19.12 참조)

24. 니켈 이온(Ni^{2+})를 함유하고 있는 수용액의 전기분해로부터 환원전극에서 Ni(s) 금속이 석출되었다. 12.2분 동안 0.150 A의 전류가 흐를 경우 석출되는 Ni의 무게를 구하시오.

25. 구리 금속을 얻기 위하여 0.66 A의 전류로 $CuSO_4$(aq)를 전기분해하였다. 0.5 g의 구리를 얻기 위하여 얼마 동안 전기분해를 하여야 하는가?

26. 알루미늄과 공기 중의 산소를 이용하여 1.0 A의 전류를 생성하는 볼타 전지를 만들었다. 이 전지의 산화전극이 84 g의 알루미늄으로 구성될 때, 이 전류는 얼마나 오랫동안 생성될 수 있을까? 단, 산소는 무한대로 공급된다.

일반문제

다음 문제들은 절의 종류나 위치를 명시하지 않았다. 이 문제들은 여러 가지 개념이 조합되어 있을 수도 있다.

27. 다음 반쪽 반응에 대한 균형 식을 쓰시오.

(a) $UO_2^+(aq) \rightarrow U^{4+}(aq)$ (산성 용액)

(b) $ClO_3^-(aq) \rightarrow Cl^-(aq)$ (산성 용액)

(c) $N_2H_4(aq) \rightarrow N_2(g)$ (염기성 용액)

(d) $ClO^-(aq) \rightarrow Cl^-(aq)$ (염기성 용액)

28. Mg^{2+}(aq, 1 M)|Mg와 Ag^+(aq, 1 M)|Ag 반쪽 전지로 만들어진 볼타 전지에서 Mg 금속은 산화 되고, Ag^+ 이온은 환원된다.

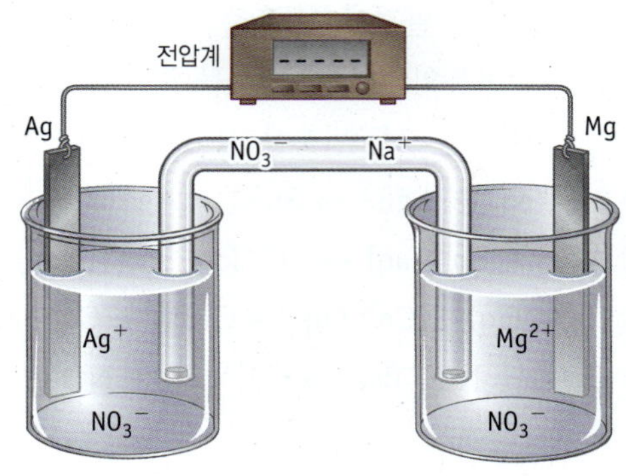

(a) 전지의 각 부분을 표시하시오.

(b) 환원전극과 산화전극에서 일어나는 반쪽 반응식을 쓰시오. 그리고 이 전지의 알짜 이온 반응식을 쓰시오.

(c) 외부 회로를 따라서 이동하는 전자의 이동을 추적하시오. 단, 염다리는 $NaNO_3$를 함유하고 있다. 이 전지가 전류를 생성하는 동안 염다리 안에 있는 Na^+ 이온과 NO_3^- 이온의 이동을 추적하시오. 이 전지에서 염다리가 필요한 이유는?

29. 일정한 전지 전압을 제공하는 볼타 전지를 꾸민다고 가정하자. Ag^+(aq, 1.0 M)|Ag(s) 반쪽 전지가 한쪽을 차지한다. (a) 1.7 V (b) 0.50 V에 가까운 전지 전압을 생성하는 여러 개의 반쪽 전지를 고안하시오. 은(Ag)이 환원전극 또는 산화전극인 전지를 꾸며 보시오.

30. 표준 환원 퍼텐셜 표를 참고하여 다음 주어진 금속 이온들을 금속으로 환원시킬 수 있는 반쪽 전지를 찾으시오. Sn^{2+}(aq), Au^+(aq), Zn^{2+}(aq), Co^{2+}(aq), Ag^+(aq), Cu^{2+}(aq). 이들 반쪽 반응을 이루는 금속 이온이나 금속들 중에서 다음 질문에 답하시오.

(a) 금속 이온들 중에서 가장 약한 산화제는?

(b) 금속 이온들 중에서 가장 강한 산화제는?

(c) 금속들 중에서 가장 강한 환원제는?

(d) 금속들 중에서 가장 약한 환원제는?

(e) Sn(s)가 Cu^{2+}(aq)를 Cu(s)로 환원시킬 수 있을까?

(f) Ag(s)가 Co^{2+}(aq)을 Co(s)로 환원시킬 수 있을까?

(g) Sn(s)에 의하여 환원될 수 있는 금속 이온들은?

(h) Ag^+(aq)에 의하여 산화될 수 있는 금속들은?

31. 4개의 볼타 전지가 꾸며졌으며, 한쪽 전지는 표준 수소 전극으로 이루어졌다. 다른 한쪽 전지는 다음과 같이 이

루어졌다.

(i) Cr^{3+}(aq, 1.0 M)|Cr(s)

(ii) Fe^{2+}(aq, 1.0 M)|Fe(s)

(iii) Cu^{2+}(aq, 1.0 M)|Cu(s)

(iv) Mg^{2+}(aq, 1.0 M)|Mg(s)

(a) 수소 전극이 환원전극으로 쓰인 전지는 어느 것인가?

(b) 가장 높은 전압과 가장 낮은 전압을 생성하는 전지는 어느 것인가?

32. Al_2O_3와 알루미늄 염이 전기분해되는 전지에서 일어나는 반응이 다음과 같다.

$$Al^{3+}(aq) + 3\ e^- \rightarrow Al(s)$$

전기분해가 5.0 V와 1.0×10^5 A로 일어난다면, 24시간 동안 생성되는 알루미늄의 질량은?

33. 다음 반쪽 반응으로 꾸며진 볼타 전지로부터 표준 조건 하에서 0.142 V의 퍼텐셜이 기록되었다.

환원전극: $Pb^{2+}(aq) + 2\ e^- \rightarrow Pb(s)$

산화전극: $PbCl_2(s) + 2\ e^- \rightarrow Pb(s) + 2\ Cl^-(aq)$

알짜: $Pb^{2+}(aq) + 2\ Cl^-(aq) \rightarrow PbCl_2(s)$

(a) 산화전극 반응에 대한 표준 환원 퍼텐셜은 얼마인가?

(b) $PbCl_2$에 대한 용해도곱 상수(K_{sp})를 계산하시오.

34. Zn(s)과 Cl_2(g)의 반응에 대한 표준 퍼텐셜이 +2.12 V 이다. 이 반응에 대한 표준 자유 에너지 변화($\Delta_r G^\circ$)는 얼마인가?

35. ~~용융~~ NaCl의 전기분해가 7.0 V와 4.0×10^4 A로 작동되는 전지로 이루어졌다. 하루 동안 생성되는 Na(s)와 Cl_2(g)의 질량을 구하시오. 그리고 이 과정에서 소비된 에너지를 kWh 단위로 구하시오(1 kWh = 3.6×10^6 J 이고 1 J = 1 C · V이다).

36. 0.44 A의 전류를 질산루테늄 용액에 통과시켰더니 금속 이온이 금속으로 환원되었다. 25.0분 뒤에 0.345 g의 Ru가 석출되었다. 루테늄 이온(Ru^{n+})의 전하는 얼마인가? 질산루테늄의 분자식은 무엇인가?

37. 진한 소금물의 전기분해로부터 염소(Cl_2) 기체가 얻어진다. 이 전기분해가 4.6 V와 3.0×10^5 A로 이루어질 경우, 24시간 동안 얻어지는 염소(Cl_2) 기체의 질량은 얼마인가?

38. $CuSO_4$(aq)를 전기분해했을 때 생성되는 물질은 Cu(s)과 O_2(g)이다. 산화전극과 환원전극에서의 반응식을 쓰시오.

39. HNO_3(aq)의 전기분해에서, 수소는 환원전극에서 생성된다. 환원 퍼텐셜 표에 따르면 NO_3^-(aq)는 H^+(aq)보다 환원되기 쉽다. 왜 NO가 아닌 H_2가 생성되는 이유를 설명하시오. 산화전극에서는 무엇이 생성되는가? 산화전극 반응의 반응식을 쓰시오.

40. 두 반쪽 전지 Pt|Fe^{3+}(aq, 0.50 M), Fe^{2+}(aq, 1.0×10^{-5} M)과 Hg^{2+}(aq, 0.020 M)|Hg로 구성되었으며 볼타 전지를 형성한다. 어느 전극이 산화전극인가? 298 K에서 볼타 전지의 퍼텐셜은 얼마인가?

41. 다음 전지의 퍼텐셜을 계산하시오.

$$Pt\ |\ H_2(P = 1\ bar)\ |\ H^+(aq,\ 1.0\ M)\ ||\ Fe^{3+}(aq,\ 1.0\ M),\ Fe^{2+}(aq,\ 1.0\ M)\ |\ Pt$$

더 낮은 pH에서 이 반응은 더 유리한가? 아니면 불리한가? 이 답을 알기 위해 $[H^+(aq)]$가 1.0×10^{-7} M에서 전지 퍼텐셜을 계산하시오.

42. 2개의 Ag^+(aq)|Ag(s) 반쪽 전지가 구성되어 있다. 하나는 $[Ag^+]$ = 1.0 M, 다른 하나는 $[Ag^+]$ = 1.0×10^{-5} M 이다. 염다리와 외부회로로 연결하였을 때, 전지 퍼텐셜이 측정된다. (이런 볼타 전지를 농담 전지라고 한다.)

(a) 이 전지를 그리고 모든 성분들을 표시하시오. 환원전극과 산화전극을 나타내고 외부회로에서 전자의 흐름을 나타내시오.

(b) 298 K에서 전지 퍼텐셜을 계산하시오.

43. 다음 반응이 298 K일 때 평형상수를 계산하고 평형이 생성물 선호 반응인지 반응물 선호 반응인지를 나타내시오.

(a) $2\ Cl^-(aq) + Br_2(\ell) \rightleftharpoons Cl_2(aq) + 2\ Br^-(aq)$

(b) $Fe^{2+}(aq) + Ag^+(aq) \rightleftharpoons Fe^{3+}(aq) + Ag(s)$

44. 표준 환원 퍼텐셜 표(부록 M)를 사용하여 298 K의 다음 반응에서 $\Delta_r G^\circ$를 계산하시오.

(a) $3\ Cu(s) + 2\ NO_3^-(aq) + 8\ H^+(aq) \rightarrow$
$3\ Cu^{2+}(aq) + 2\ NO(g) + 4\ H_2O(\ell)$

(b) $H_2O_2(aq) + 2\ Cl^-(aq) + 2\ H^+(aq) \rightarrow$
$Cl_2(g) + 2\ H_2O(\ell)$

45. 산 용액에서 유기화합물을 포함하는 다음 반응의 완결된 반응식을 쓰시오.

(a) $Ag^+(aq) + C_6H_5CHO(aq) \rightarrow$
$Ag(s) + C_6H_5CO_2H(aq)$ (산성 용액)

(b) $CH_3CH_2OH + Cr_2O_7^{2-}(aq) \rightarrow$
$CH_3CO_2H(aq) + Cr^{3+}(aq)$ (산성 용액)

46. 가격이 비싸지만 무거운 납 축전지를 대체할 수 있는 전지는 은–아연 전지이다.

$$Ag_2O(s) + Zn(s) + H_2O(\ell) \rightarrow Zn(OH)_2(s) + 2\ Ag(s)$$

전해질은 40 % KOH이고, 은–산화은 전극이 아연–수산화아연 전극으로부터 수산화 이온이 통과할 수 있는 플라스틱 판으로 분리되어 있다. 정상 작동 조건하에서, 전지 퍼텐셜이 1.59 V이다.

(a) 은–아연 전지에서 반응물 1 g당 생성되는 에너지는 얼마인가? 단, 전지는 0.10 A의 전류를 생성한다고 가정한다.

(b) 표준 납 축전지인 경우 반응 물 1 g당 생성되는 에너지는 얼마인가? 단, 전지는 0.10 A의 전류와 2.0 V의 전압을 생성한다고 가정한다.

(c) 위의 두 전지(은–아연 전지 또는 납 축전지) 중 어느 것이 더 많은 에너지를 생성하는가?

47. 망가니즈는 바다에서 화학 순환의 중요한 역할을 한다(900쪽). 산 용액에서 망가니즈를 포함하는 두 반응은 Mn^{2+}와 함께 일어나는 질산염의 환원(NO로 변화)과 MnO_2와 함께 일어나는 암모늄 이온의 산화(N_2로 변화)이다.

(a) 산 용액에서 이 반응의 완결된 반응식을 쓰시오.

(b) E°_{cell} 값을 계산하시오(필요한 반쪽 반응 퍼텐셜은 N_2가 NH_4^+로 환원될 때의 퍼텐셜이다. $E^\circ = -0.272$ V).

48. 철(II) 이온은 불균등화 반응을 거쳐 Fe(s)와 Fe(III) 이온을 만든다. 즉, 철(II) 이온은 같은 반응에서 산화도 되고 환원도 된다.

$$3\ Fe^{2+}(aq) \rightleftharpoons Fe(s) + 2\ Fe^{3+}(aq)$$

(a) 불균등화 반응에서 두 반쪽 반응은 무엇인가?

(b) (a)에서의 두 반쪽 반응에서 표준 환원 퍼텐셜을 사용하여 이 불균등화 반응이 생성물 선호인지 아닌지 증명하시오.

(c) 이 반응에서 평형상수는 얼마인가?

49. 리튬–이온 전지의 방전에 대한 반응을 쓰는 가장 간단한 방법은 다음과 같다.

$$Li(on\ carbon)(s) + CoO_2(s) \rightarrow 6\ C(s) + LiCoO_2(s)$$

(a) 전지의 2개 물질에서 코발트의 산화수는 무엇인가?

(b) 이러한 전지에서 환원전극에서 일어나는 반응은 무엇인가? 산화전극에서는?

(c) 전지 내에서 이온의 전도에 전해질이 필요하다. 리튬 화학에 대하여 알고 있는 것으로부터 전지 내의 전해질은 물에 용해될 수 있는가?

실험 관련 문제

50. 반쪽 반응 $Ni^{2+}(aq) + 2\ e^- \rightarrow Ni(s)$과 $Cd^{2+}(aq) + 2\ e^- \rightarrow Cd(s)$을 기반으로 하는 전기화학 전지를 생각해 보자.

(a) 전지를 그리고 각 구성 물질을 표기하시오(산화전극, 환원전극, 염다리).

(b) 반쪽 반응에서 반응식을 사용하여 전체 전지 반응의 완결된 알짜 이온 반응식을 쓰시오.

(c) 각 전극의 극성은 무엇인가?

(d) E°_{cell}의 값은 무엇인가?

(e) 외부 회로에서 전자 흐름의 방향은 어디인가?

(f) $NaNO_3$를 포함하고 있는 염다리가 두 반쪽 전지를 연결한다고 가정하자. Na^+의 이동 방향은 어느 쪽이고 NO_3^-의 이동 방향은 어느 쪽인가?

(g) 이 반응에서 평형상수를 구하시오.

(h) Cd^{2+}의 농도가 0.010 M까지 줄고 $[Ni^{2+}] = 1.0$ M이면 E_{cell}의 값은 무엇인가? 여전히 알짜 반응은 (b)에서의 반응과 같은가?

(i) 만약 0.050 A의 전류가 전지에서 흐른다면, 1.0 M의 용해된 화학종들이 있는 각각의 용액 1.0 L에서 그 전류는 얼마 동안 유지되겠는가?

51. '은 전량계'는 과거에 전기화학 전지에서 흐르는 전류량을 측정하는 데 사용되었다. 정확히 10분 후 전기분해 전지를 통과한 전류가 환원전극에서 은 금속을 0.089 g 만큼 침전하였다고 하자. 만약 이와 동일한 전류가 금(Ⅲ) 이온이 $[AuCl_4]^-$의 형태로 들어 있는 전지를 통과한다면, 얼마나 많은 금이 전기분해 전지의 환원전극에 침전되겠는가?

52. KI 용액을 연한 푸른색 용액 $Cu(NO_3)_2$에 방울방울 첨가한다. 용액은 갈색으로 변하고 CuI 형태로 침전된다. 반면에 KCl과 KBr이 $Cu(NO_3)_2$ 수용액에 첨가될 때 변화가 관찰되지 않는다. 다른 할로젠화물에서 다른 결과가 나온 것을 설명하기 위해 표준 환원 퍼텐셜 표를 찾아보시오. KI와 $Cu(NO_3)_2$ 용액을 섞었을 때 일어나는 반응에 대한 반응식을 쓰시오.

요약 및 개념 문제

다음 문제들은 이 장과 이전의 장들에서 나온 개념을 모두 포함하고 있다.

53. 플루오린화 유기 화합물은 제초제, 내화제, 소화기 약제 외 여러 방면에 쓰인다. 다음 반응은 용매인 액체 HF에서 전기화학적으로 진행된다.

$$CH_3SO_2F + 3\ HF \rightarrow CF_3SO_2F + 3\ H_2$$

(a) 만일 150 g의 CH_3SO_2F를 전기분해했다면 필요한 HF의 질량은 얼마인가? 그리고 각각의 분리된 생성물의 질량은 얼마인가?

(b) H_2는 전기분해 전지의 산화전극 또는 환원전극 중 어디에서 생성되는가?

(c) 전형적인 전기분해 전지는 8.0 V, 250 A에서 작동한다. 24시간 동안 전지가 소비하는 에너지는 kWh로 얼마인가?

54. 수소-산소 연료전지는 다음의 간단한 반응으로 작동한다.

$$H_2(g) + \tfrac{1}{2}\ O_2(g) \rightarrow H_2O(\ell)$$

만약 이 전지가 1.5 A의 전류를 생산하도록 설계되고 수소가 25 ℃ 200기압 탱크에 1.0 L 들어 있다면, 수소가 전부 소모될 때까지 얼마나 오래 작동할 수 있을까? (산소는 무한정 공급된다고 가정한다.)

55. 살아 있는 유기체는 음식물(대표적으로 포도당)의 산화로부터 에너지를 얻는다.

$$C_6H_{12}O_6(aq) + 6\ O_2(g) \rightarrow 6\ CO_2(g) + 6\ H_2O(\ell)$$

이 산화-환원 반응의 전자는 포도당에서 산소로 적어도 25단계를 거쳐 이동한다. 전형적인 유기체에서 하루 동안 전류의 흐름과 에너지 소비 속도를 계산하는 것은 교훈적이다(T. P. Chirpich: *Journal of Chemical Education*, Vol. 52, p. 99, 1975. 참조).

(a) 포도당 연소의 몰당 엔탈피는 −2800 kJ/mol-rxn이다. 만일 당신이 매일 2400 kcal를 섭취한다면, 포도당이 유일한 에너지 수단일 때 하루에 소비하는 포도당의 몰수는 얼마인가? 그리고 산화 과정에서 소비되는 O_2의 양은 얼마인가?

(b) 얼마나 많은 전자의 몰수가 (a)에서 계산된 양의 O_2를 환원시키기 위해 공급되어야 하는가?

(c) (b)의 답에 기반하여 몸속에서 포도당 연소로부터 흐르는 초당 전류를 계산하시오.

(d) 만일 전자 전달 연쇄 반응에서 평균 표준 퍼텐셜이 1.0 V이면, 에너지 소비는 몇 와트인가?

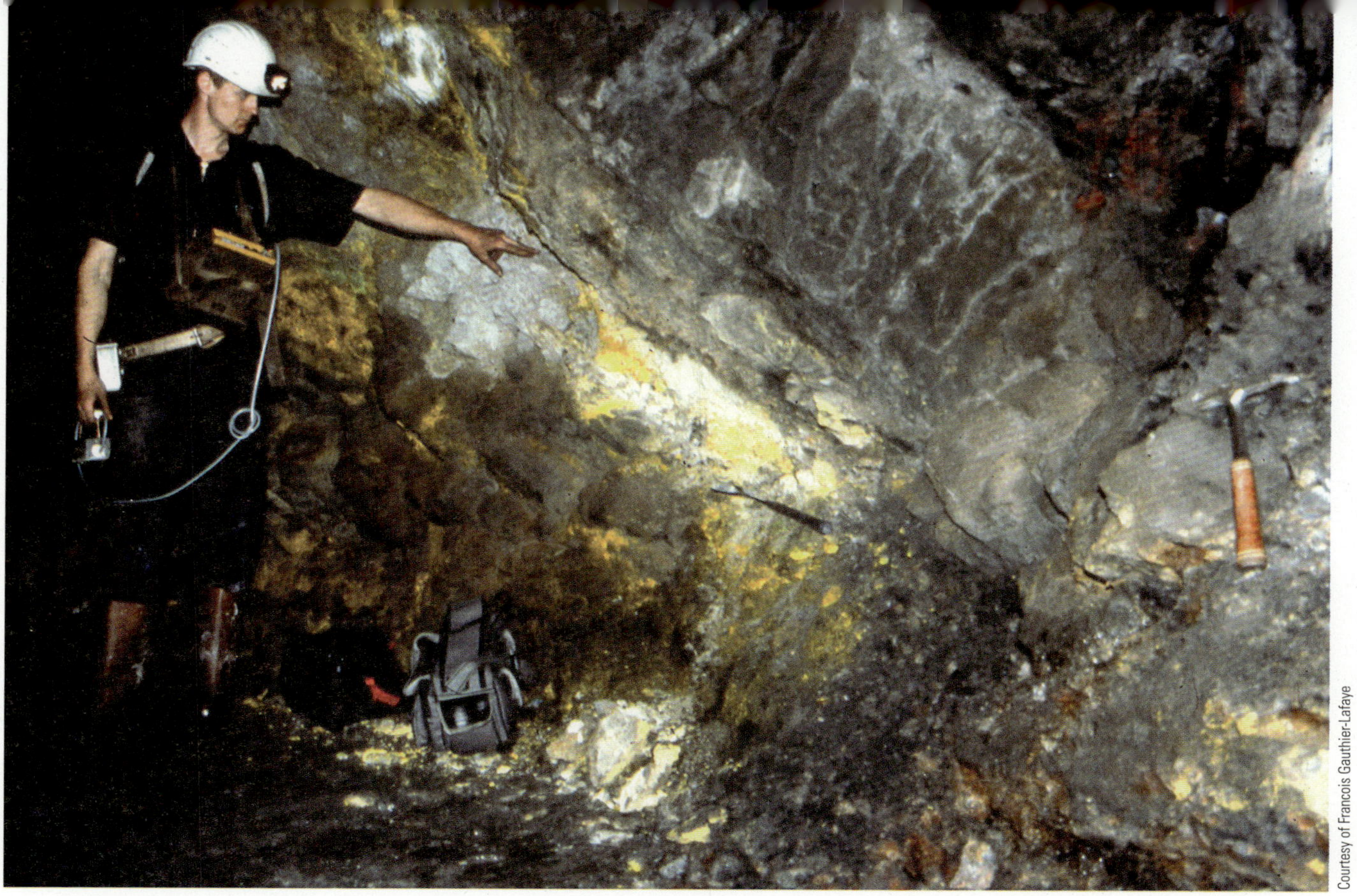

Courtesy of Francois Gauthier-Lafaye

서아프리카 가봉의 오클로 지역에 있는 자연 핵 반응기. 거의 20억 년 전에, 산화우라늄(노란색 물질)을 포함하는 자연 생성물이 백만 년의 주기로 시작하고 중단되었던 핵분열을 수행하였다.

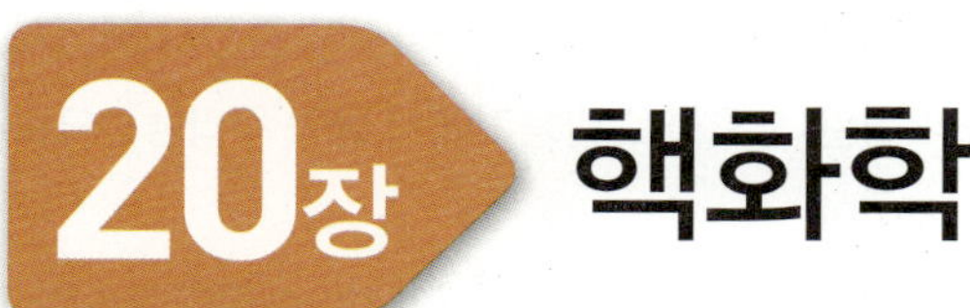

20장 핵화학

학습 개요

- 20.1 자연 방사능
- 20.2 핵반응과 방사성 붕괴
- 20.3 원자핵의 안정도
- 20.4 핵붕괴 속도
- 20.5 인공 핵반응
- 20.6 핵분열
- 20.7 핵융합
- 20.8 방사선에 대한 보건과 안전
- 20.9 핵화학의 응용

5부 ▶ 원소의 화학

최초의 핵 반응기 서아프리카에 있는 자연 상태의 핵 반응기를 이제까지 발견된 가장 위대한 자연현상 중 하나라고 일컬어지고 있다. 1972년, 프랑스의 과학자가 가봉의 오클로에 있는 광산에서 채굴한 우라늄이 이상하게도 ^{235}U이 결핍되어 있다는 것을 알았다. 우라늄은 자연에서 두 종류의 동위원소, ^{238}U(99.275 % 함량)와 ^{235}U(0.72 % 함량)로 존재한다. 가장 쉽게 핵분열이 일어나고 핵발전소의 연료로 사용되는 것이 바로 ^{235}U이다. 그러나 오클로 광산에서 발견된 우라늄은 현재 반응기에서 나타나는 소모된 연료와 유사한 동위원소의 비율을 보여주었다. 이것과 다른 증거에 기초하여, 과학자들은 오클로 광산에 있는 ^{235}U는 처음에 전체의 3 %였으며, 약 20억 년 전에 우라늄

학습 목표

다음 목표들의 핵심인 학습문제는 "학습 목표 복습"을 참조하시오.

- 핵 안정성에 대한 기준과 불안정한 핵종이 붕괴하는 과정을 이해
- 원소의 새로운 동위원소를 생성하는 데 사용하는 방법을 이해
- 안정하고 불안정한 핵종에서 양성자와 중성자의 수를 보여주는 그래프를 이해
- 핵자당 결합 에너지 대 원자 번호의 관계를 보여주는 그래프를 이해
- 방사능과 관련한 안전과 보건에 대한 주제를 이해
- 과학과 의학에서 방사성 동위원소의 이용을 이해
- 방사성 원소의 붕괴와 새로운 동위원소 합성에 대한 반응식 쓰기
- n/p 비율에 근거한 불안정한 핵의 가능한 분해 방식을 예측
- 결합 에너지와 특정 동위원소에 대한 핵자당 결합 에너지를 계산하기
- 불안정한 동위원소 분해의 1차 반응속도 방정식에 근거한 계산 수행
- 핵 붕괴 계열과 이들의 의미를 기억
- 방사선의 종류를 기억
- 핵분열과 핵융합 과정을 기억

광물에서 자연적으로 핵분열이 일어났다고 결론지었다.

하지만 아직도 의문이 남는다. 왜 이 우라늄 천연 광물에서 상당한 양의 핵분열이 일어날 수 있었는가? 왜 이 반응기는 폭발하지 않았는가? 명백히, 중성자 에너지의 조절자와 통제 메커니즘이 있어야만 했을 것이다. 현대의 핵 발전 반응기에서, 제어봉이 핵분열에서 나오는 중성자를 느리게 하여 그들이 다른 ^{235}U 핵에서 분열을 유도할 수 있다. 즉, 이것이 중성자 에너지를 조절한다. 조절자가 없다면 중성자는 날아가 버린다. 오클로 반응기에서 물이 우라늄광으로 스며들어와 조절자의 역할을 할 수도 있었을 것이다.

오클로 반응기가 폭발하지 않았던 이유는 물이 통제자로서의 역할도 했기 때문일 것이다. 분열 과정에 의해 물이 가열됨에 따라 수증기가 되었을 것이다. 이것이 분열을 중단시킨 원인이 될 수도 있지만, 더 많은 물이 스며들어와 분열이 다시 시작되었다. 과학자들은 지금, 이 자연 반응기가 약 30분 동안 가동되고 난 후 다시 가동되기 전, 수 시간 동안 중단되었을 것으로 믿는다. 이 자연 반응기는 우라늄 동위원소의 농도가 너무 낮아 반응이 진행될 수 없을 때까지 약 백만 년 동안 간헐적으로 가동되었던 증거가 있다.

과학사에서 학자들은 현대 화학이 성장한 기초 학문 영역으로 기술, 의약, 그리고 연금술이라고 인용한다. 세 가지 중에서 연금술은 1000년도 넘게 3개 대륙의 수많은 문화권에서 시도되었다. 간단히 언급해보면, 고대 연금술사의 목표는 가치 없는 것을 금으로 바꾸는 것이었다. 우리는 현재 이 목표가 화학 반응을 통해 도달할 수 없기 때문에 이러한 노력들이 쓸모없는 것으로 생각한다. 그러나 현재 우리는 핵반응을 통하여 한 원소를 다른 것으로 바꿀 수 있다는 것을 안다. 우라늄과 다른 방사성 원소들이 분해되는 것은 자연적으로 일어난다. 그리고 과학자들은 실험실에서 의도적으로 그런 반응을 시도한다. 그러나 그 목표는 더 이상 금을 만

드는 것은 아니다. 핵반응을 통해 훨씬 더 중요하고 가치 있는 생성물을 만드는 것이 가능하다.

핵화학은 다양한 주제를 다루고 있지만 원자에서 핵이 변화된다는 공통적인 현상을 포함하고 있다. 이 장에서 핵 '화학'이 주요 초점이지만, 이 주제는 과학과 현대사회의 많은 분야로 세분되고 있다. 방사성 동위원소는 의학에서 사용되고 핵 에너지는 현대사회에서 상당한 양의 에너지를 공급한다. 그리고 물론 수많은 핵무기들도 있다.

20.1 자연 방사능

19세기에 우라늄과 토륨으로부터 방출되는 방사능을 연구하던 러더퍼드(Ernest Rutherford, 1871~1937)는 "현재 최소한 두 가지 분명한 종류의 방사능이 있다. 편의상 쉽게 흡수되는 것을 **α–방사**(alpha radiation), 좀 더 투과성이 강한 것을 **β–방사**(beta radiation)라고 명명할 것이다"라고 말하였다. 전하/질량 비를 측정한 결과 α–방사는 헬륨 핵(He^{2+})으로 그리고 β–방사는 전자(e^-)로 구성되어 있다(표 20.1).

러더퍼드는 최소한 두 종류의 방사능이 있다고 확신하였다. 세 번째 형태는 후에 프랑스 과학자인 빌라드(Paul Villard, 1860~1934)에 의해서 발견되었고, 러더퍼드가 명명한 방법과 그리스 알파벳의 세 번째 철자를 써서 **γ–방사**(gamma radiation)라고 명명되었다. α–와 β–방사와는 달리 γ–방사는 전기장과 자기장에 의해 영향을 받지 않는다. 그것은 오히려 x–선과 같은 전자기장의 형태면서 더 높은 에너지를 가지고 있다.

초기 연구들은 세 가지 종류의 방사선의 투과성을 측정하였다(그림 20.1). 알파선은 투과성이 가장 적어서 몇 장의 종이나 옷감을 투과하지 못한다. 베타 입자를 차단하기 위해서는 최소한 0.5 cm 두께의 알루미늄이 필요하다. 그래서 그것들은 수 mm의 생체조직이나 뼈를 투과할 수 있다. 감마선은 대부분의 것들을 투과할 수 있다. 따라서 이것은 사람의 몸을 완전히 통과하기 때문에 이것을 차단하기 위해서는 두꺼운 납이나 콘크리트가 필요하다.

알파와 베타 입자는 높은 운동 에너지를 가지고 있다. 감마선의 에너지도 비슷하게 높다. 이 방사능과 관련된 에너지는 입자를 멈추거나 방사능을 흡수하기 위해 사용된 물질에 전달된다. 이 사실은 방사능에 의해 일어나는 피해가 흡수된 에너지와 관련이 있기 때문에 중요하다(▸20.8절).

방사능의 발견. 베크렐(Henri Becquerel)이 방사능을 발견하고 퀴리(Marie Curie)가 역청 우라늄광으로부터 라듐과 폴로늄을 분리한 내용은 2장(주요 실험들: 원자와 성분들의 성질을 어떻게 알게 되었는가?)에서 기술하였다.

일반적인 기호: α와 β. 알파와 베타 입자를 나타내는 기호는 전하를 가지고 있음을 표기하기 위해 + 또는 − 위 첨자를 쓰지 않는다.

표 20.1 알파, 베타, 그리고 감마 방사선의 특징

이름	기호	전하	질량 (g/입자)
알파	${}^4_2He$, ${}^4_2\alpha$	2+	6.65×10^{-24}
베타	${}^{0}_{-1}e$, ${}^{0}_{-1}\beta$	1−	9.11×10^{-28}
감마	γ	0	0

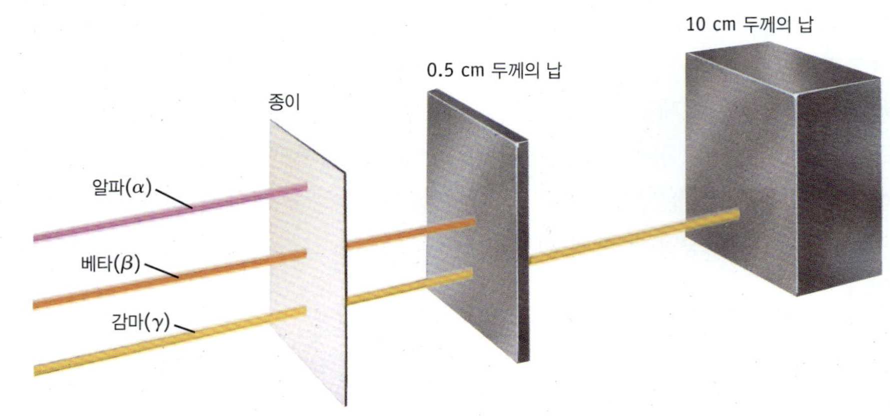

그림 20.1 알파, 베타, 그리고 감마선의 상대적인 투과능력. 높은 전하의 알파 입자는 물질과 강하게 작용하여 한 장의 종이로도 차단할 수 있다. 조금 작은 질량과 낮은 전하를 가진 베타 입자는 물질과 좀 약하게 작용한다. 그래서 조금 더 투과를 잘한다. 감마선은 대부분을 통과한다.

20.2 핵반응과 방사성 붕괴

핵반응에 대한 식

1903년에 러더퍼드와 소디(Frederick Soddy, 1877~1956)는 방사능은 한 원소의 동위원소가 다른 원소의 동위원소로 변하는 과정의 결과라고 제안하였다. 그런 과정을 **핵반응**(nuclear reaction)이라고 부른다.

핵반응에서 사용된 기호. 질량수는 위 첨자로 원자번호는 아래 첨자로 반응물과 생성물 기호 앞에 표기한다. 이것은 이런 반응식을 쉽게 완결하기에 적합하다.

라듐-226(질량수 226인 라듐의 동위원소)이 알파 입자를 내고 라돈-222로 변하는 반응을 보자. 이 반응식은 다음과 같다.

$$^{226}_{88}\text{Ra} \longrightarrow {}^{4}_{2}\alpha + {}^{222}_{86}\text{Rn}$$

핵반응에서 반응하는 입자들의 질량수의 합은 생성물의 질량수의 합과 같다. 또한 핵전하 균형을 유지하기 위해 생성물의 원자번호들의 합은 반응물의 원자번호들의 합과 같다. 이 과정은 다음과 같은 핵 반응식으로 설명된다.

	$^{226}_{88}$Ra 라듐-226	→ →	$^{4}_{2}\alpha$ α 입자	+ +	$^{222}_{86}$Rn 라돈-222
질량수: (양성자 + 중성자)	226	=	4	+	222
원자번호: (양성자)	88	=	2	+	86

알파 입자의 방출은 두 단위의 원자번호와 네 단위의 질량수가 줄어든다.

유사하게 우라늄-239로부터 베타 입자가 방출되는 경우에도 핵질량과 핵전하는 균형을 이룬다.

	$^{239}_{92}$U 우라늄-239	→ →	$^{0}_{-1}\beta$ β 입자	+ +	$^{239}_{93}$Np 넵투늄-239
질량수: (양성자 + 중성자)	239	=	0	+	239
원자번호: (양성자)	92	=	−1	+	93

베타 입자는 1−의 전하를 가진다. 생성물의 원자번호는 반응물의 원자번호보다 1

이 커짐으로써 균형을 이룬다. 질량수는 이 과정에서 변하지 않는다.

어떻게 양성자와 중성자로 구성된 원자핵이 전자를 방출할까? 이것은 복잡하지만 실제로는 중성자가 핵 안에서 양성자와 전자로 변하는 변화가 일어난다.

$$\underset{\text{중성자}}{{}^{1}_{0}\text{n}} \longrightarrow \underset{\text{전자}}{{}^{0}_{-1}\text{e}} + \underset{\text{양성자}}{{}^{1}_{1}\text{p}}$$

이 반응식에서 질량수와 전하수의 균형을 주목하시오.

대부분의 핵반응에서 동반하는 감마선의 기원은 무엇인가? 빛의 광자는 원자가 들뜬 상태에서 바닥 상태로 전이될 때 방출된다는 것을 기억하시오(◂6.3절). 감마선은 핵 에너지 준위 사이의 전이로부터 나온다. 핵반응은 가끔 들뜬 핵 상태에서 생성물 핵을 생성한다. 한 가지 선택은 과량의 에너지를 광자로 방출하고 바닥 상태로 돌아가는 것이다. 감마선의 높은 에너지는 핵 안에 존재하는 에너지 준위 사이의 에너지 차이로부터 나온다.

방사능 붕괴 계열

자연적으로 산출되는 방사성 동위원소는 붕괴하는 과정을 통해 방사능을 방출한다. 이것이 일어나면 초기 핵반응은 2차 핵반응으로 이어진다. 만약 이 과정이 반복되면 3차, 4차 핵반응이 이어진다. 실제로 이런 과정이 끝나면 비 방사성 동위원소가 생긴다. 이러한 일련의 핵반응을 **방사성 붕괴 계열**(radioactive decay series)이라 한다. 일련의 핵반응의 각 단계에서 반응하는 핵은 **모핵**, 생성되는 핵은 **딸핵**이라고 부른다.

자연 상태에서 가장 흔한 우라늄 동위원소인 우라늄−238은 네 번의 우라늄 방사성 붕괴 과정을 거친다. 이 과정은 ${}^{238}_{92}\text{U}$가 1개의 알파 입자를 내놓으면서 ${}^{234}_{90}\text{Th}$로 변하는 과정부터 시작된다. 그 다음 토륨−234는 베타 입자를 내고 ${}^{234}_{91}\text{Pa}$로 분해되고, 이것은 베타 입자를 내고 ${}^{234}_{92}\text{U}$로 변한다. 우라늄−234는 알파 입자를 방출하고 ${}^{230}_{90}\text{Th}$이 된다. 이 과정은 안정하고 비방사성 동위원소인 ${}^{206}_{82}\text{Pb}$를 형성할 때까지 계속된다. 결국, ${}^{238}_{92}\text{U}$가 ${}^{206}_{82}\text{Pb}$로 전환되는 방사성 붕괴는 8개의 알파 입자와 6개의 베타 입자를 내면서 14번의 핵반응을 진행한다. 이 과정을 그림 20.2에 원자번호와 원자질량에 대해서 도시하였다. 1개의 식은 각 단계를 나타낸다. 우라늄−238의 방사성 붕괴 반응에서 4단계에 대한 식은 다음과 같다.

1단계 $\quad {}^{238}_{92}\text{U} \rightarrow {}^{234}_{90}\text{Th} + {}^{4}_{2}\alpha$

2단계 $\quad {}^{234}_{90}\text{Th} \rightarrow {}^{234}_{91}\text{Pa} + {}^{0}_{-1}\beta$

3단계 $\quad {}^{234}_{91}\text{Pa} \rightarrow {}^{234}_{92}\text{U} + {}^{0}_{-1}\beta$

4단계 $\quad {}^{234}_{92}\text{U} \rightarrow {}^{230}_{90}\text{Th} + {}^{4}_{2}\alpha$

우라늄 광석은 방사성 붕괴 과정에서 형성된 미량의 방사성 원소를 포함한다. 1898년 마리 퀴리가 우라늄 원광으로부터 미량의 라듐과 폴로늄을 발견한 것은 핵화학 분야에서 중요한 발견이었다. 이 원소들의 동위원소들이 짧은 반감기를 가지고 있기 때문에 그 양이 매우 작다. 퀴리가 7톤의 광석으로부터 단 1 g의 라듐을 발견했

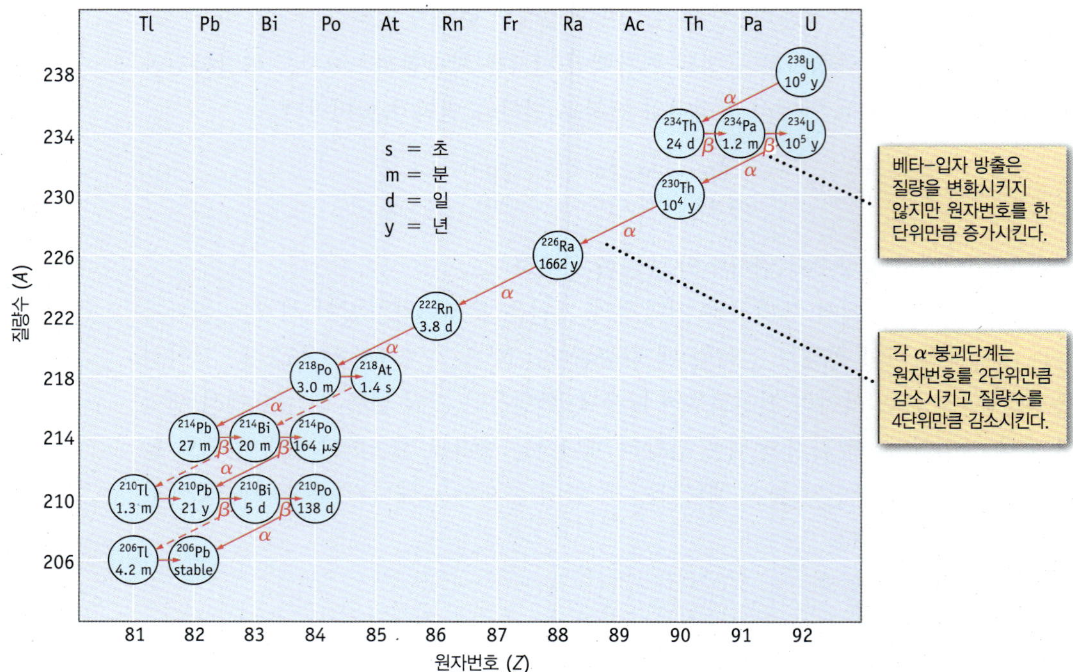

그림 20.2 **우라늄–238의 방사성 붕괴 계열.** 방사성 붕괴 계열에서 각 단계를 원자질량과 원자번호를 이용하여 도시하였다. 동위원소의 반감기는 표에 포함되어 있다. 이 계열에서의 몇 가지 동위원소는 2개의 다른 경로를 거쳐 분해된다.

다고 보고하였다. 그녀가 이 원소를 확인할 수 있을 만큼의 라듐과 폴로늄을 추출한 것은 그녀의 기술 덕분이다.

환경에 큰 피해를 주는 라돈은 우라늄–238의 방사성 붕괴 반응으로부터 나온다. 미량의 우라늄은 라돈–222가 지속적으로 만들어지는 토양과 바위에 존재한다. 라돈은 화학적으로 비활성이기 때문에 토양이나 물에서 일어나는 화학 과정을 통해 잡히지 않고, 광산으로 스며들거나 시멘트벽에 있는 작은 구멍, 지하실 바닥이나 벽, 또는 배관에 있는 균열을 통해 가정으로 스며든다. 라돈은 공기보다 밀도가 높기 때문에 아래쪽으로 모이는 성질이 있고, 제거하기 위한 어떤 조처를 취하지 않는다면 그 농도는 아래쪽부터 증가하게 된다.

사람이 호흡을 하면 직접적인 피해는 라돈으로부터 생기지 않고 그것의 분해 생성물 폴로늄으로부터 생긴다.

$$^{222}_{86}\text{Rn} \rightarrow {}^{218}_{84}\text{Po} + {}^{4}_{2}\alpha \qquad t_{1/2} = 3.82\text{일}$$

$$^{218}_{84}\text{Po} \rightarrow {}^{214}_{82}\text{Pb} + {}^{4}_{2}\alpha \qquad t_{1/2} = 3.04\text{분}$$

라돈 검출기. 이 검출기는 가정에서 라돈 기체를 검출하기 위해 사용한다. 이 검출기를 바닥에 일정시간 두었다가 존재하는 라돈의 양을 측정하기 위해 실험실에 보내진다.

라돈은 화학 반응을 진행하지 않고 인체에 흡수될 수 있는 화합물을 형성하지 않는다. 그러나 폴로늄은 화학적으로 비활성이 아니다. 폴로늄–218은 인체 조직에 머무르면서 알파 붕괴를 하면서 또 다른 방사성 동위원소인 납–214로 변화한다. 인체 조직에 알파 입자가 영향을 미치는 범위는 0.7 mm 정도로 작다. 이것은 폐의 상피 세포의 두께와 비슷하기 때문에 알파 입자의 붕괴는 폐 조직에 심각한 해를 입힌다.

실제로 미국의 모든 집에서는 일정량의 라돈 기체가 방출된다. 그래서 이것을 검출할 수 있도록 검출기를 살 수 있다. 라돈 기체가 집에서 발견되면, 벽이나 지하층의 균열을 밀봉하는 등의 조치를 취해야 한다. 라돈에 의해 생기는 위험은 낮다고 이야기할 수 있다. 라돈에 노출되어 폐암에 걸리는 가능성은 집에서 사고로 죽는 정도와 비슷하다.

예제 20.1 방사성 붕괴 계열

문제 또 다른 방사능 붕괴 계열이 $^{235}_{92}U$로부터 시작되어 $^{207}_{82}Pb$에서 끝난다.

(a) 이 과정에서 몇 개의 알파와 베타 입자가 방출되는가?

(b) 이 핵반응에서 처음 세 단계에 걸쳐 알파, 베타, 그리고 알파 입자가 순서대로 방출되었다. 각 단계에 해당하는 반응식을 쓰시오.

알고 있는 사실 시작되는 동위원소(오래 존재하는 방사성 물질)와 마지막(안정한) 동위원소가 주어져 있다. 일련의 알파와 베타 반응이 이러한 물질 사이의 연계 과정이다.

전략 먼저 원자번호와 질량수의 변화를 조사한다. 총 핵질량의 28의 감소(235−207)와 동시에 일어나는 원자번호 10의 감소(92−82)에서 요구되는 α와 β 입자의 조합을 알아야 한다. 각 반응식은 모핵과 딸핵의 기호와 발생되는 입자로 나타내어야 한다. 이 반응식에서 반응물과 생성물에 대한 원자번호와 질량수의 합은 같아야 한다.

풀이

(a) 질량은 28질량단위(235−207)만큼 감소한다. 왜냐하면 α 방출 때마다 4질량단위가 감소하기 때문에 7개의 알파 입자가 방출되어야 한다. 또한 각 α 방출에서 원자번호는 2단위 줄어든다. 7개의 알파 입자 방출로 원자번호는 14단위가 줄어야 하지만, 실제 원자번호는 10(92−82) 단위가 준다. 이는 4개의 베타 입자가 방출되었다는 것을 의미한다. 각 β 방출에서 원자번호가 1단위 증가하기 때문이다. 그러므로 이 방사성 붕괴 과정에서 7개의 알파 입자와 4개의 베타 입자가 방출되었다.

(b) 1단계 $^{235}_{92}U \rightarrow {}^{231}_{90}Th + {}^{4}_{2}\alpha$

2단계 $^{231}_{90}Th \rightarrow {}^{231}_{91}Pa + {}^{0}_{-1}\beta$

3단계 $^{231}_{91}Pa \rightarrow {}^{227}_{89}Ac + {}^{4}_{2}\alpha$

고려사항 이 과정에서는 알파 입자가 소실될 때만 질량수가 변화되기 때문에, 주어진 붕괴 계열에서 모든 질량수는 이 과정에서의 처음보다 4의 배수로 감소할 것이다. U−238로 시작하는 경우, 이 계열에서의 질량수는 238, 234, 230, ……, 206이 된다. 이 계열은 각 질량수(M)이 식 $4n + 2 = M$(여기서 n은 정수, 이 계열의 첫 번째 동위원소는 n이 59이고, 마지막은 51이 된다)을 만족하기 때문에, 때로는 $4n + 2$계열이라고 부르기도 한다. $^{235}_{92}U$로 시작되는 경우, 질량수는 235, 231, 227, ……, 207이 되어 $4n + 3$ 계열이 된다.

2개의 다른 붕괴 계열도 가능하다. 하나는 ^{232}Th으로 시작되는 $4n$계열로 자연에서 관찰된다. 다른 하나는 $4n + 1$계열로 자연에서는 관찰되지는 않는다. 이 계열에 속하는 모든 원소들은 긴 반감기를 가지지 못한다. 지구가 형성된 지 45억 년 동안, 이 계열의 모든 방사성 원소들은 완전히 붕괴되어 이 계열의 최종 생성물인 ^{209}Bi로 변했다.

유제

(a) 6개의 알파 입자와 4개의 베타 입자가 토륨–232에서 방출되었다. 이 반응의 최종 생성물은 무엇인가?

(b) 토륨–232에서 세 단계에 걸쳐 알파, 베타, 그리고 감마가 순서대로 방출되었다. 각 단계에 해당하는 식을 쓰시오.

다른 종류의 방사성 붕괴

양전자. 양전자는 앤더슨(Carl Anderson, 1905~1991)에 의해서 1932년에 발견되었다. 양전자는 **반물질**이라고 불리는 종들 중의 하나이다. 물질과 반물질이 충돌하면 에너지가 방출되면서 쌍방 소멸(mutual annihilation)이 일어난다.

대부분의 방사성 동위원소는 알파, 베타, 그리고 감마 방사를 방출한다. 그러나 인공적인 방법에 의해 또 다른 종류의 방사능 붕괴가 가능하다. 이것은 **양전자**($^{0}_{+1}\beta$, positron) **방출**과 **전자포획**(electron capture)이다.

양전자와 전자는 같은 질량을 가지지만 전하는 서로 반대이다. 양전자는 전자에 대한 반물질이다. 예를 들어 폴로늄–207에서 **양전자가 방출**되면 비스무트–207이 생성된다.

	$^{207}_{84}Po$ 폴로늄–207	→ →	$^{0}_{+1}\beta$ 양전자	+ +	$^{207}_{83}Bi$ 비스무트–207
질량수: (양성자 + 중성자)	207	=	0	+	207
원자번호: (양성자)	84	=	1	+	83

중성미자와 반중성미자. 넓은 범위의 에너지를 가지는 베타 입자들이 방출된다. 베타 붕괴에 따른 에너지 균형을 위해 다른 입자, 즉 **반중성미자**도 동시에 방출되어야 한다. 마찬가지로 중성미자의 방출은 양전자의 방출을 동반한다. 중성미자와 반중성미자를 검출하기 위한 많은 연구가 진행되고 있다. 중성미자와 반중성미자는 전하를 띠지 않고 질량도 측정할 수 없을 만큼 작은 것으로 간주되어 핵반응을 쓸 때는 포함하지 않는다.

전하균형을 이루기 위해 **양전자 붕괴는 원자번호의 감소가 동반된다.**

전자포획에서 핵외 전자는 핵에 의해 포획된다. 질량수는 변하지 않고 원자번호는 1이 감소한다(예전의 명명 체계에서는 가장 안쪽 전자껍질은 **K 껍질**이라고 불렸고, 그래서 이 전자포획을 **K 포획**이라고 했다).

	$^{7}_{4}Be$ 베릴륨–7	+ +	$^{0}_{-1}e$ 전자	→ →	$^{7}_{3}Li$ 리튬–7
질량수: (양성자 + 중성자)	7	+	0	=	7
원자번호: (양성자)	4	+	−1	=	3

요약하면, 대부분의 불안정한 핵붕괴는 네 가지 중 하나이다. 즉 알파 또는 베타 붕괴, 양전자 방출, 또는 전자포획 중의 하나이다. 감마 방사는 가끔 이런 과정들을 동반한다. 20.6절에서 다섯 번째 반응인 핵이 분열되는 것, 즉 **핵분열**에 대해 소개하겠다.

예제 20.2 핵반응

문제 다음 반응식을 완성하시오. 생성물의 원자기호, 질량수, 원자번호를 쓰시오.

(a) $^{37}_{18}Ar + ^{0}_{-1}e \rightarrow ?$　　(b) $^{11}_{6}C \rightarrow ^{11}_{5}B + ?$

(c) $^{35}_{16}S \rightarrow ^{35}_{17}Cl + ?$ (d) $^{30}_{15}P \rightarrow ^{0}_{+1}\beta + ?$

알고 있는 사실 이 핵반응에서 생성되는 2개의 생성물 중 하나와 반응물이 주어져 있다. 핵 반응식을 완결하기 위해서 질량과 전하의 계수를 모두 맞추어야 한다.

전략 이 반응에서 모르는 생성물을 생성물과 반응물의 질량수와 원자번호의 합이 동일하다는 사실에 기초하면 구할 수 있다. 생성물의 핵질량과 핵전하를 알면 알맞은 기호로 이것을 나타내면 된다.

풀이

(a) 이것은 전자포획 반응이다. 생성물의 질량은 37 + 0 = 37이고 원자번호는 18 − 1 = 17이다. 따라서 $^{37}_{17}Cl$ 이다.

(b) 방출된 화학종의 질량수는 0이고 전하는 1+이다. 즉 이것은 양전자, $^{0}_{+1}\beta$ 의 특성을 보여준다. 이 입자가 반응식에 포함되면, 원자번호의 합(6 = 5 + 1)과 질량수의 합(11)이 식의 양쪽에서 같다.

(c) 반응식에서 질량수(35)와 원자번호(16 = 17 − 1)를 맞추기 위해서는 베타 입자, $^{0}_{-1}\beta$ 가 필요하다.

(d) 생성물의 질량수는 30 그리고 원자번호는 14이다. 그러므로 $^{30}_{14}Si$ 이다.

고려사항 각 반응식에서 생성물은 안정한 동위원소이다. 다음 절에서 논의하겠지만, 안정한 생성물의 경우 양성자와 중성자의 비율이 좁은 범위를 갖는다. 자발적 핵반응은 항상 이러한 안정한 동위원소의 좁은 비율 범위에 들어가거나 근접하기 위해서 일어난다.

유제 다음 핵반응에서 빠진 화학종의 원소기호, 질량수, 그리고 원자번호를 쓰시오.

(a) $^{13}_{7}N \rightarrow ^{13}_{6}C + ?$ (b) $^{41}_{20}Ca + ^{0}_{-1}e \rightarrow ?$

(c) $^{90}_{38}Sr \rightarrow ^{90}_{39}Y + ?$ (d) $^{22}_{11}Na \rightarrow ? + ^{0}_{+1}\beta$

20.2절 확인문제

1. 라돈−222가 폴로늄−218로 변환하는 핵 반응식에 관련된 방사 종류는 다음 중 무엇인가?

(a) 알파 입자 (b) 베타 입자

(c) 양전자 방출 (d) 분열

2. 우라늄−235 방사 붕괴는 ^{207}Pb가 형성되면서 종료된다. 이 과정에서 방출된 알파 입자와 베타 입자의 수는 다음 중 무엇인가?

(a) 8 α와 4 β (b) 7 α와 4 β

(c) 7 α와 6 β (d) 6 α와 4 β

3. 다음 반응 중 베타 입자의 방출이 포함되는 반응은?

(a) $^{13}_{7}N \rightarrow ^{13}_{6}C + ?$ (b) $^{41}_{20}Ca + ^{0}_{-1}e \rightarrow ?$

(c) $^{90}_{38}Sr \rightarrow ^{90}_{39}Y + ?$ (d) $^{232}_{90}Th \rightarrow ^{228}_{88}Ra + ?$

20.3 원자핵의 안정도

원자핵의 안정도에 관한 주요 사항을 그림 20.3로부터 배울 수 있다. 이 그래프에서 가로축은 양성자의 수, 그리고 세로축은 알려진 동위원소에 대한 중성자의 수를 표시하였다. 각 원은 핵 안에 포함된 중성자와 양성자의 수에 의해 확인된 동위원소를 나타낸다. 검은 원은 254개의 안정한(비방사성) 동위원소이며, 붉은색은 알려진 방사성 동위원소를 나타낸다. 예를 들어, 수소의 세 가지 동위원소는 수소와 중수소(비방사성), 그리고 삼중수소(방사성)이다. 리튬의 경우는 질량수가 4, 5, 6, 그리고 7의 질량수를 가진 동위원소가 알려져 있다. 검은색으로 표시된 6과 7의 질량수를 가진 동위원소는 비방사성이며, 붉은색으로 표시된 2개의 동위원소는 방사성이다.

그림 20.3는 다음과 같은 원자의 안정도에 대한 정보를 준다.

- **안정띠**(band of stability)라고 불리는 좁은 범위에 안정한 동위원소를 나타내었다. 아주 작은 수의 동위원소만이 안정하다는 것을 알 수 있다.
- 오직 2개의 안정한 동위원소($^{1}_{1}H$, $^{3}_{2}He$)만이 중성자보다 많은 양성자를 가지고 있다.
- 칼슘(원자번호 = 20)까지의 안정한 동위원소들은 동일한 수의 양성자와 중성자수를 가지거나, 중성자의 수가 1~2개 더 많다.
- 칼슘 이상에서는, 중성자와 양성자의 비율이 1보다 크다. 질량이 증가함에 따라, 안정한 동위원소의 안정대는 중성자–양성자 비율이 1:1인 곳(그림 20.3에서 n/p = 1인 선)으로부터 점점 더 많이 벗어난다.

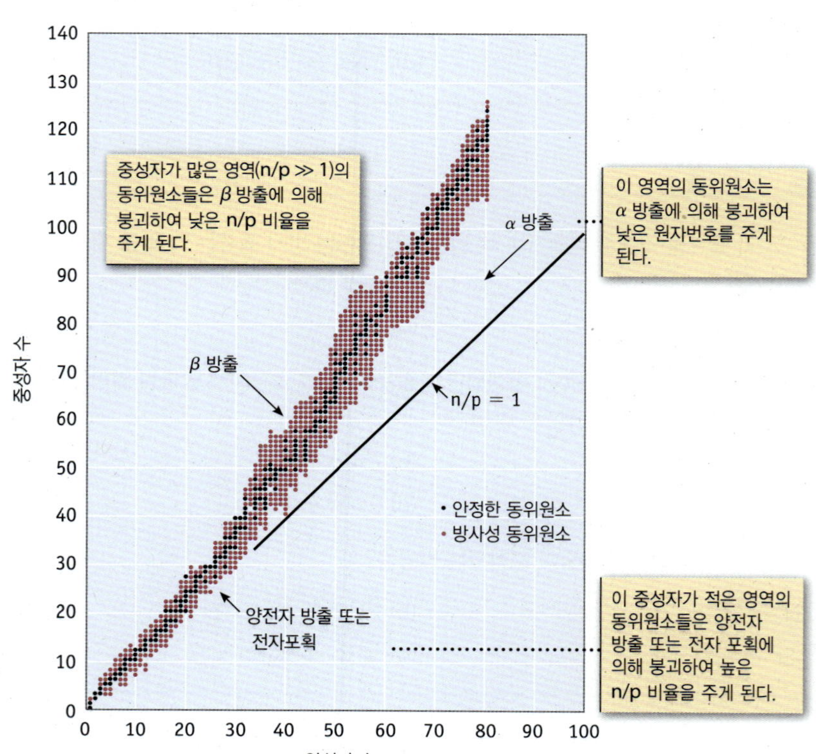

그림 20.3 안정하고 불안정한 동위원소. 수소에서 비스무트까지 안정한 동위원소(검은색 원)와 방사성 동위원소(빨간색 원)를 나타내기 위한 그래프를 중성자 수(n)와 양성자 수(p)에 대해서 도시하였다. 이 그래프는 핵의 안정성의 기준을 평가할 수 있고, 불안정한 핵의 붕괴 형태를 예측할 수 있다.

- 비스무트(83개의 양성자와 126개의 중성자)를 지나면, 모든 동위원소들이 불안정하고 방사성을 가진다. 겉보기에는 무거운 핵을 유지할 정도로 강한 핵력은 없다.
- 안정띠로부터 멀리 떨어진 동위원소는 안정띠에 가까이 있는 동위원소들에 비해 더 짧은 반감기를 가진다.
- 동위원소의 안정성은 짝수의 원자번호와 짝수의 원자량과 관계가 있다. 안정한 동위원소 중에서 148개는 짝수의 양성자와 중성자를 가지며, 53개는 짝수의 양성자와 홀수의 중성자를, 48개는 홀수의 양성자와 짝수의 중성자를 가진다. 오직 5개의 안정한 동위원소($^{2}_{1}H$, $^{6}_{3}Li$, $^{10}_{5}B$, $^{14}_{7}N$, $^{180}_{73}Ta$)만이 양성자와 중성자가 모두 홀수이다.

안정띠와 방사성 붕괴

안정의 기준을 제외하고, 중성자와 양성자 비율은 어떤 방사성 붕괴가 생기는지를 예측할 수 있게 해준다. 일반적으로 불안정한 핵의 붕괴는 안정한 중성자–양성자 비율, 즉 안정띠 쪽으로 움직인다.

- 비스무트(원자번호 = 83)를 지난 모든 원소는 불안정하다. 이런 원소로부터 안정띠에 도달하기 위해서는 원자번호가 감소되는 과정이 필요하다. 알파 입자 방출 시 원자번호 2가 줄어들기 때문에 원자번호를 낮추기 위한 효과적인 방법이다. 예를 들어, 연기 검출기에 쓰이는 아메리슘은 알파 입자 방출을 하면서 붕괴한다.

$$^{243}_{95}\mathrm{Am} \rightarrow {}^{4}_{2}\alpha + {}^{239}_{93}\mathrm{Np}$$

- 높은 중성자–양성자 비율을 가지는 동위원소는 베타 입자가 방출된다. 즉 안정띠의 위쪽에 있는 원소들이다. 베타 붕괴와 함께 원자번호는 1이 증가하고 질량수는 변화가 없다. 결과적으로 n/p 비율이 줄어든다.

$$^{60}_{27}\mathrm{Co} \rightarrow {}^{0}_{-1}\beta + {}^{60}_{28}\mathrm{Ni}$$

- 안정띠 아래에 있는 낮은 중성자–양성자 비율을 가지는 동위원소는 양전자 붕괴와 전자포획이 일어난다. 두 과정은 질량수는 변화가 없지만 원자번호가 줄어든 안정띠에 더 근접한 핵을 생성한다.

$$^{13}_{7}\mathrm{N} \rightarrow {}^{0}_{+1}\beta + {}^{13}_{6}\mathrm{C}$$
$$^{41}_{20}\mathrm{Ca} + {}^{0}_{-1}\mathrm{e} \rightarrow {}^{41}_{19}\mathrm{K}$$

예제 20.3 방사성 붕괴 형태의 예측

문제 다음 각 동위원소의 붕괴 형태를 예측하고, 붕괴 과정에 대한 식을 쓰시오.

(a) 산소-15, $^{15}_{8}O$　　(b) 우라늄-234, $^{234}_{92}U$

(c) 불소-20, $^{20}_{9}F$　　(d) 망가니즈-56, $^{56}_{25}Mn$

알고 있는 사실 4개의 방사성 동위원소에 대한 식이 주어졌다. 분해의 가능한 형태는 α, β, 또는 양전자 방출과 전자 포획이다. 선호되는 형태는 더 안정한 동위원소와 안정띠에 더 근접한 핵으로 바뀌는 것이다.

전략 살펴보아야 할 두 가지 주요 아이디어가 있다. 먼저 Z가 83보다 크면, α 붕괴가 가능성이 있다. 두 번째로 n/p 비율을 고려한다. 만약 비율이 1보다 많이 크면, β 붕괴가 가능하다. 만약 비율이 1보다 작으면, 양전자 방출 또는 전자포획이 보다 가능성이 큰 과정이다. 더 많은 정보가 없다면, 뒤의 두 붕괴 형태 중 선택하는 것은 가능성이 없다.

풀이

(a) 산소-15는 7개의 중성자와 8개의 양성자를 가지고 있다. 그래서 n/p는 1보다 작아 이것은 불안정하다. 적은 수의 중성자를 가지는 핵은 양전자 방출이나 전자포획에 의해 분해된다. 이 경우에는 ${}^{0}_{+1}\beta$ 방출되고 반응식은 다음과 같다.

$$ {}^{15}_{8}\mathrm{O} \rightarrow {}^{0}_{+1}\beta + {}^{15}_{7}\mathrm{N} $$

(b) 원자번호 83 이상인 원소는 알파 입자의 방출이 일반적이다. 우라늄-234은 다음과 같이 붕괴된다.

$$ {}^{234}_{92}\mathrm{U} \rightarrow {}^{230}_{90}\mathrm{Th} + {}^{4}_{2}\alpha $$

(c) 플루오린-20은 11개의 중성자와 9개의 양성자를 가져서 높은 n/p 비율을 가진다. 이 비율은 베타 방출 을 하면서 줄어든다.

$$ {}^{20}_{9}\mathrm{F} \rightarrow {}^{0}_{-1}\beta + {}^{20}_{10}\mathrm{Ne} $$

(d) 망가니즈의 원자질량은 54.85이다. 높은 원자번호(56)는 이 방사성 동위원소가 많은 중성자를 가지고 있고(높은 n/p 비율), 이 경우에는 베타 방출 이 될 것이다.

$$ {}^{56}_{25}\mathrm{Mn} \rightarrow {}^{0}_{-1}\beta + {}^{56}_{26}\mathrm{Fe} $$

고려사항 분해는 α, β 방출, 양전자 방출과 전자포획의 네 가지 가능한 경로가 존재한다. 붕괴 과정이 베타 방출 또는 양전자 방출(또는 전자포획)을 따른다는 것은 안정한 동위원소의 n/p 비율에 상대적인 중성자/양성자의 비율에 의해 예측된다.

유제 다음의 불안정한 동위원소에 대해 가능한 붕괴 형태에 대한 식을 쓰시오. 그리고 핵 반응식을 쓰시오.

(a) 규소-32, ${}^{32}_{14}\mathrm{Si}$
(b) 타이타늄-45, ${}^{45}_{22}\mathrm{Ti}$
(c) 플루토늄-239, ${}^{239}_{94}\mathrm{Pu}$
(d) 포타슘-42, ${}^{42}_{19}\mathrm{K}$

핵결합 에너지

한 원자핵은 83개의 양성자를 가질 수 있고, 이 경우에도 안정하다. 안정성을 위해서는 핵 결합력이 핵 안에 가깝게 밀집되어 있는 양성자 사이의 정전기적 반발력보다 더 커야만 한다. **핵결합 에너지**(nuclear binding energy, E_b)는 원자핵을 양성자와 중성자로 분리하는 데 필요한 에너지로 정의할 수 있다. 예를 들어, 중수소에 대한 핵결합 에너지는 1 mol의 중수소 원자핵(${}^{2}_{1}\mathrm{H}$)을 1 mol의 양성자와 중성자로 분해하는 데 필요한 에너지이다.

$$^{2}_{1}H \rightarrow {}^{1}_{1}p + {}^{1}_{0}n \qquad E_b = +2.15 \times 10^8 \text{ kJ/mol}$$

E_b를 양의 값으로 나타낸 것은 이 과정에서 에너지가 필요하다는 것을 의미한다. 중수소의 핵은 유리된 양성자와 핵보다 더 안정하다. 이것은 마치 수소 분자가 2개의 분리된 수소 원자보다 안정한 것과 같다. 그러나 수소와 수소의 결합 에너지가 겨우 436 KJ/mol인 것을 생각해볼 때, 1개의 양성자와 중성자를 서로 붙잡고 있는 에너지는 중수소 핵의 경우 2.15×10^8 kJ/mol로 일반적인 공유결합보다 50만 배나 크다.

핵의 결합 에너지를 더 이해하기 위하여, 실험적인 관찰과 이론을 살펴보자. 핵의 질량은 양성자와 중성자 합의 질량보다 **언제나** 작다. **질량결손**(mass defect)이라고 부르는 이 부족한 질량은 핵 입자들을 붙잡고 있는 에너지의 값과 일치한다.

중수소에 대한 질량결손은 중수소의 핵과 중수소에 존재하는 양성자와 중성자의 합에 대한 차이이다. 질량분석기(◂2.3절)는 아주 높은 정밀도로 이 입자들의 질량을 알려주고, 이것은 질량결손을 정확하게 계산할 수 있는 자료를 제공한다.

원자핵의 질량은 일반적인 참고문헌에서 찾아보기 어렵지만 원자량은 쉽게 볼 수 있다. 질량결손은 핵의 질량 대신 원자량을 사용하여 계산할 수 있다. 이 계산에서 반응물과 생성물의 핵외 전자의 질량들도 고려해야 한다. 핵외 전자수는 반응물과 생성물에서 같기 때문에 결과에 영향을 미치지는 않는다. 중수소 핵 1 mol의 경우, 질량결손은 다음과 같이 계산된다.

$^{2}_{1}H$	$\rightarrow$	$^{1}_{1}H$	+	$^{1}_{0}n$
2.01410 g/mol		1.007825 g/mol		1.008665 g/mol

$$\begin{aligned}\text{질량 결손} = \Delta m &= \text{생성물의 질량} - \text{반응물의 질량} \\ &= [1.007825 \text{ g/mol} + 1.008665 \text{ g/mol}] - 2.01410 \text{ g/mol} \\ &= 0.00239 \text{ g/mol}\end{aligned}$$

질량과 에너지의 관계는 1905년에 아인슈타인(Albert Einstein)의 특수 상대성 이론에서도 볼 수 있다. 즉, 질량과 에너지는 서로 변환할 수 있다. 아인슈타인은 에너지와 질량 관계를 정의하였다. 즉, $E = mc^2$, 에너지는 질량에 빛의 속도를 제곱한 값을 곱한 것과 같다. 원자핵의 경우, 손실된 질량(질량결손, Δm)은 핵들을 붙잡고 있는 에너지의 값과 일치한다.

$$E_b = (\Delta m)c^2 \tag{20.1}$$

만약 Δm이 kg으로 빛의 속도는 m/s로 주어진다면, E_b는 J의 단위를 가진다(1 J = 1 kg · m²/s²). 중수소($^{2}_{1}H$) 핵 1 mol이 각각 1 mol의 양성자와 중성자로 분해되면, 그때의 에너지는 다음과 같다.

$$\begin{aligned}E_b &= (2.39 \times 10^{-6} \text{ kg/mol})(2.998 \times 10^8 \text{ m/s})^2 \\ &= 2.15 \times 10^{11} \text{ J/mol } (= 2.15 \times 10^8 \text{ kJ/mol})\end{aligned}$$

다른 원소의 핵 안정도는 **핵자당 결합 에너지**(binding energy per mole of nucleons)를 사용하여 알 수 있다. [**핵자**(nucleon)는 핵입자에 주어진 일반명이다. 즉 양

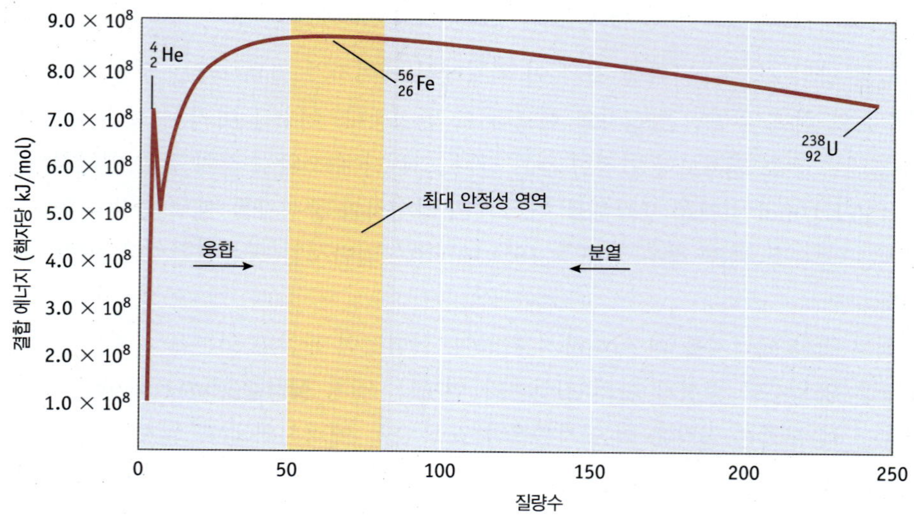

그림 20.4 핵의 상대적인 안정도. 수소와 우라늄 사이에 있는 원소의 가장 안정한 동위원소에 대한 핵자당 결합 에너지를 질량수의 함수로 도시하였다(핵분열과 핵융합은 ▶20.6, 20.7절에서 논의된다).

성자들과 중성자들을 나타낸다.] 중수소 핵은 2개의 핵자를 가진다. 따라서 1 mol의 핵자당 결합 에너지(E_b/n)는 2.15×10^8 kJ/mol을 핵자의 수 2로 나눈 값, 또는 1.08×10^8 kJ/mol 핵자이다.

$$E_b/n = \left(\frac{2.15 \times 10^8 \text{ kJ}}{\text{mol } ^2_1\text{H 핵}}\right) = \left(\frac{1 \text{ mol } ^2_1\text{H 핵}}{2 \text{ mol 핵자}}\right)$$

$$E_b/n = 1.08 \times 10^8 \text{ kJ/mol 핵자}$$

핵자당 결합 에너지는 질량이 알려진 모든 원자에 대해 계산할 수 있다. 원자의 안정도를 비교하기 위해, 핵자당 결합 에너지는 질량수의 함수로 표시하였다(그림 20.4). 핵자당 결합 에너지가 클수록, 핵의 안정도는 크다. 그림 20.4의 그래프에서 핵 안정도의 최댓값은 원자량 56에서 나타난다(즉, 주기율표의 철이다).

예제 20.4 핵결합 에너지

문제 탄소-12에 대해서 결합 에너지 E_b와 핵자당 E_b를 kJ/mol의 단위로 계산하시오.

알고 있는 사실 탄소-12의 질량은 정의에 의해 정확히 12 g/mol이다. 질량결손을 계산하기 위해서는 수소 원자($^1_1$H)와 중성자의 질량이 필요하다(각각 1.007825 g/mol, 1.008665 g/mol이다).

전략 질량결손은 탄소-12와 6 양성자, 6 중성자, 6 전자의 질량 사이의 차이이다. 양성자 1 mol과 전자 1 mol의 질량은 $^1_1$H의 몰질량을 이용하여 고려할 수 있다. 주어진 값을 이용하여 질량결손을 계산하면 된다(g/mol 단위). 결합 에너지는 식 20.1을 사용하여 질량결손으로부터 계산할 수 있다.

풀이 $^1_1$H의 질량은 1.007825 g/mol, $^1_0$n의 질량은 1.008665 g/mol이다. C-12($^{12}_6$C)는 주기율표에서 원자질량의 기준이므로 질량은 정확히 12 g/mol(12.000000 g/mol)이다.

$$\begin{aligned}\Delta m &= [(6 \times \text{질량 } {}^{1}_{1}\mathrm{H}) + (6 \times \text{질량 } {}^{1}_{0}\mathrm{n})] - \text{질량 } {}^{12}_{6}\mathrm{C} \\ &= [(6 \times 1.007825\ \mathrm{g/mol}) + (6 \times 1.008665\ \mathrm{g/mol})] - 12.000000\ \mathrm{g/mol} \\ &= 9.8940 \times 10^{-2}\ \mathrm{g/mol}\end{aligned}$$

결합 에너지는 식 20.1을 이용하여 계산할 수 있다. 그래서 질량을 kg 단위로, 빛의 속력을 m/s 단위로 계산하면 결합 에너지는 J 단위로 나타낼 수 있다.

$$\begin{aligned}E_b &= (\Delta m)c^2 \\ &= (9.8940 \times 10^{-5}\ \mathrm{kg/mol})(2.99792 \times 10^{8}\ \mathrm{m/s})^2 \\ &= 8.8923 \times 10^{12}\ \mathrm{J/mol}\ (= 8.8923 \times 10^{9}\ \mathrm{kJ/mol})\end{aligned}$$

핵자당 E_b/n은 결합 에너지를 12(핵자 수)로 나누면 얻어진다.

$$\begin{aligned}\frac{E_b}{n} &= \frac{8.8923 \times 10^{9}\ \mathrm{kJ/mol}}{12\ \mathrm{mol}\ \text{핵자/mol}} \\ &= 7.4102 \times 10^{8}\ \mathrm{kJ/mol}\ \text{핵자}\end{aligned}$$

고려사항 결합 에너지는 일반 화학 반응 에너지와 비교하면 매우 큰 양이다. 결합 에너지와 수증기를 생성하는 수소와 산소와의 발열 반응 에너지(이 경우 25 °C에서 형성된 수증기의 반응 엔탈피 $\Delta_r H^\circ$는 −242 kJ/mol이다)를 비교하기 바란다.

유제 리튬−6의 핵자당 결합 에너지를 구하시오. ${}^{6}_{3}\mathrm{Li}$의 몰질량은 6.015125 g/mol이다.

20.3절 확인문제

1. 다음 중에 가장 큰 핵자당 결합 에너지를 갖는 것은 무엇인가?
   (a) ${}^{2}_{1}\mathrm{D}$ (b) ${}^{20}_{10}\mathrm{Ne}$ (c) ${}^{56}_{26}\mathrm{Fe}$ (d) ${}^{238}_{92}\mathrm{U}$

20.4 핵붕괴 속도

반감기

방사성 동위원소를 처음 발견하면 일반적으로 그것의 반감기를 측정한다. 핵반응의 반감기($t_{1/2}$)는 1차 반응 속도식을 구할 때 사용한 것과 같은 방식으로 적용된다. (◂14.4절) 이것은 시료의 반이 생성물로 바뀌는 시간을 나타낸다(그림 20.5). 1차 반응 속도식의 경우 반감기는 시료의 양과는 무관하다.

방사성 동위원소의 반감기는 다양한 값을 가진다. 우라늄−238은 4.47×10^9년의 긴 반감기를 가지는데 이것은 거의 지구의 나이($4.5 \sim 4.6 \times 10^8$년)와 비슷하다. 대략 행성이 형성될 때 생성된 우라늄−238은 여전히 존재한다. 원자번호 112인 원소(최근에 코페르니슘으로 명명되었다)의 277 동위원소는 반대로 아주 짧은 반감기를 가지고 있으며, 반감기는 240 μs이다($1\ \mu s = 1 \times 10^{-6}$ s).

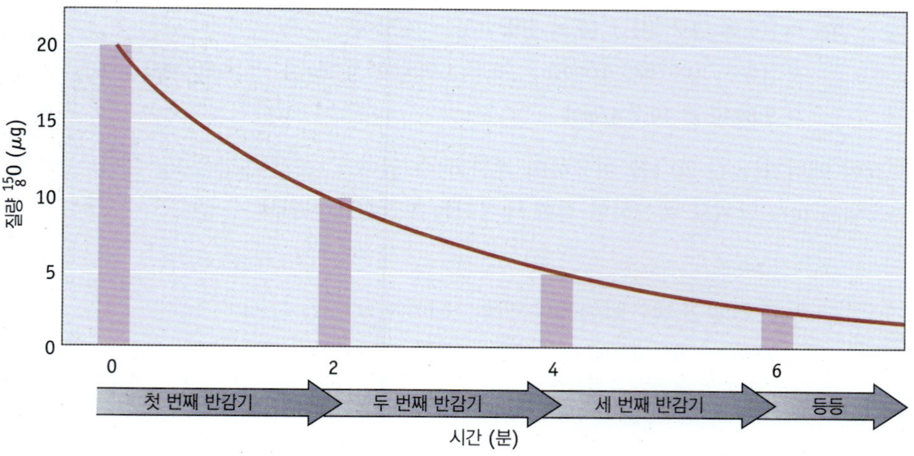

그림 20.5 산소-15 20.0 μg의 붕괴. 각각의 반감기 2.0분이 지나면 산소-15의 질량은 반씩 줄어든다(산소-15는 양전자 방출에 의해 붕괴한다).

방사성 원소가 건강에 해롭지 않을 정도가 되기까지 얼마나 걸리는가는 반감기를 통해 대략 알 수 있다. 스트론튬-90은 베타 입자를 내는 물질로 29.1년의 반감기를 가지고 있다. 공기 중에 존재하는 스트론튬-90의 대부분의 양은 1960년대와 1970년대에 수행된 핵실험에 의해 방출된 것이다. 반감기로부터 추측해볼 때, 원래 스트론튬 양의 반보다 적은 양이 아직 우리 주변에 있다. 스트론튬-90은 건강에 문제를 일으킬 수 있다. 그 이유는 칼슘과 스트론튬은 비슷한 화학적 성질을 가지고 있어서 몸속에 들어간 스트론튬은 뼈로 들어가서 칼슘의 자리를 차지하기 때문이다. 뼈 속에 있는 스트론튬이 방사한 방사능은 뼈와 관련된 암에 직접적인 원인이 된다.

예제 20.5 반감기의 이용

문제 갑상선기능항진증에 처방되는 아이오딘-131은 8.04일의 반감기를 가진다.

(a) 만약 이 동위원소 8.8 μg을 가지고 있다면 32.2일 후에 남아 있는 양은 얼마인가?

(b) 이것의 활성이 원래의 1/80이 되려면 얼마나 걸리는가?

(c) 원래 활성의 10 %로 줄어드는 데 걸리는 시간을 계산하시오.

알고 있는 사실 ^{131}I의 반감기, 8.04일이 문제에 주어져 있다.

전략 이 문제는 정성적으로 붕괴 속도를 계산할 수 있는가를 알아보는 것이다. 첫 번째 반감기 이후, 시료의 양은 반이 된다. 두 번째 반감기 이후에는 시료의 양은 다시 처음 양의 1/4로 감소한다. 이 문제를 풀기 위해서는, 경과한 반감기의 수를 계산하고, 이것을 이용하여 남아 있는 시료의 양을 계산하면 된다.

풀이

(a) 32.2일은 4회의 반감기에 해당한다(32.2/8.04 = 4). 그러므로 물질의 양은 1/16로 줄어든다[$1/2 \times 1/2 \times 1/2 \times 1/2 = (1/2)^4 = 1/16$]. 즉, 남아 있는 양은 다음과 같다.

$$8.8\ \mu g \times (1/2)^4 \text{ 또는 } 0.55\ \mu g$$

(b) 3번의 반감기 후에, 남아 있는 아이오딘-131의 양은 원래의 1/8[$= (1/2)^3$]이다. 그러므로 남아 있는 양은 다음과 같다.

$$8.8\ \mu g \times (1/2)^3 \quad 또는 \quad 1.1\ \mu g$$

(c) 3번의 반감기를 지난 후는 원래 양의 1/8(12.5 %)이 남아 있고, 4회의 반감기가 지난 후에는 1/16(6.25 %)이 남아 있다. 원래 양의 10 %까지 줄어들기 위해서는 24.15일에서 32.2일 사이가 걸린다. 이것은 반감기가 3~4회 지나는 시간이다.

고려사항 (c)에서 사용했던 근사법을 사용하는 것이 유용하다는 것을 알 수 있다. 정확한 시간은 식 20.5의 1차 속도 법칙을 사용하여 계산하여야 한다.

유제 수소의 방사성 동위원소인 삼중수소(^3_1H)는 12.3년의 반감기를 가진다.
(a) 이 동위원소 1.5 mg이 49.2년이 지난 후에는 얼마나 남아 있는가?
(b) 이것이 원래의 1/8로 줄어드는 데 걸리는 시간은 얼마인가?
(c) 원래 양의 1 %로 줄어드는 데 필요한 시간은 얼마인가?

핵붕괴의 반응속도론

핵붕괴의 속도는 시료의 **활성도**(activity, A)를 측정해서 결정한다. 활성도는 시간당 관찰되는 붕괴의 수와 관련되어 있고, 이것은 가이거-뮐러 계수기(그림 20.6)와 같은 것을 이용하여 측정된다. **활성도는 존재하는 방사성 원소의 수(N)에 비례한다.**

$$A \propto N \tag{20.2}$$

만약 방사성 핵의 붕괴 수(N)가 반으로 줄어들면, 시료의 활성도는 반만큼 작아진다. N이 두 배가 되면 활성도는 두 배가 된다. 이것은 분해속도가 N에 대해서 1차 반응이라는 것을 보여준다. 결과적으로, 방사성 붕괴를 표현하는 식은 1차 화학 반응을 기술하는 것과 같다. 즉, 단위 시간당 방사성 원소 수의 변화는 원소의 수에 비례한다(◀14.4절).

$$\frac{\Delta N}{\Delta t} = -kN \tag{20.3}$$

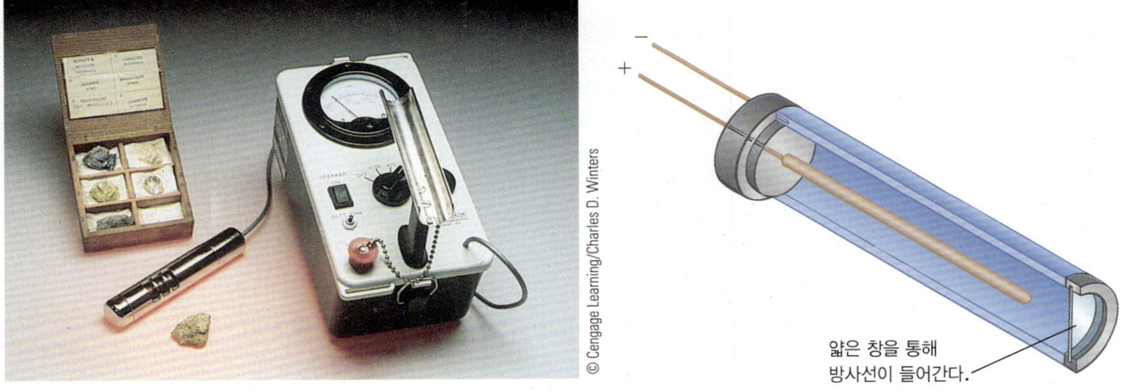

그림 20.6 **가이거-뮐러 계수기.** 전하를 띤 입자(알파 또는 베타 입자)는 기체로 채워진 관(오른쪽 그림)에 들어가면 기체를 이온화시킨다. 이 기체 이온은 전기적으로 전하를 띤 전극으로 이동하고 전류의 펄스로 기록된다. 이 전류는 증폭되어 계수기를 작동시킨다. 사진에 산화우라늄을 함유한 우라늄 원광 시료가 도시되어 있다.

이것의 적분 속도식은 다음과 같이 사용하는 자료에 따라 두 가지 방법으로 표현된다.

$$\ln\left(\frac{N}{N_0}\right) = -kt \tag{20.4}$$

또는

$$\ln\left(\frac{A}{A_0}\right) = -kt \tag{20.5}$$

여기서 N_0와 A_0는 시료의 초기 원자수와 활성도를 나타낸다. N과 A는 t초가 지난 후 원자수와 활성도이다. 즉, N/N_0는 주어진 시간(t) 후 남아 있는 원자수의 비율이고, A/A_0는 같은 시간이 지난 후 활성도의 비를 나타낸 것이다. 이 식에서 k는 관심 있는 동위원소의 반응속도상수(붕괴속도상수)이다. 반감기와 1차 반응의 반응속도식의 관계는 화학반응 속도론에서 본 것과 같다(식 14.4).

$$t_{1/2} = \frac{0.693}{k} \tag{20.6}$$

식 20.3~20.6은 여러 가지로 유용하다.

- 활성도(A) 또는 방사성 핵의 수(N)를 일정 시간(t)에 걸쳐 측정할 수 있으면 k를 계산할 수 있다. 붕괴속도상수 k는 시료의 반감기를 결정할 때 쓰인다.
- k를 안다면, 일정한 시간(t)이 흐른 뒤, 남아 있는 방사성 시료의 비(N/N_0)를 계산할 수 있다.
- k를 안다면, 일정 비율(A/A_0)로 붕괴되는 데 걸리는 시간을 알 수 있다.

예제 20.6 방사성 붕괴의 반응속도론

문제 라돈-222는 처음 알파 입자 활성도(A_0)가 7.0×10^4 dps(disintegration per second, 초당 붕괴)이다. 6.6일이 지난 후, 그것의 활성도(A)는 2.1×10^4 dps이다. 라돈-222의 반감기는 얼마인가?

알고 있는 사실 ^{222}Rn 시료의 처음 및 나중 활성도와 경과된 시간이 주어져 있다.

전략 A, A_0, t 값이 주어져 있다. 이 문제는 식 20.5를 이용하여 미지수 k를 계산할 수 있다. k가 얻어지면, 식 20.6으로부터 반감기를 계산할 수 있다.

풀이

$$\ln(2.1 \times 10^4 \text{ dps}/7.0 \times 10^4 \text{ dps}) = -k\ (6.6\text{일})$$
$$\ln(0.30) = -k(6.6\text{일})$$
$$k = 0.18\text{일}^{-1}$$

k로부터 $t_{1/2}$을 다음과 같이 얻는다.

$$t_{1/2} = 0.693/0.18\text{일}^{-1} = 3.8\text{일}$$

고려사항 활성도가 처음 값의 1/2에서 1/4 사이로 감소한 것을 알 수 있다. 경과시간 6.6일은 첫 번째 반감기와 그 다음 반감기 사이라는 것을 알려준다.

유제

(a) 인−32를 포함하고 있는 $Ca_3(PO_4)_2$는 3.35×10^3 dpm이다. 이틀이 지난 후, 활성도는 3.18×10^3 dpm이다. 인−32의 반감기를 계산하시오.

(b) 반감기가 200년인 방사능 핵폐기물은 지하에 저장된다. 처음 활성도가 6.50×10^{12} dpm인 것이 인체에 무해한 활성도인 3.00×10^3 dpm까지 줄어들기 위해서 걸리는 시간은 얼마인가?

방사성 탄소 연대측정

특별한 경우에, 물질의 나이는 방사성 동위원소의 붕괴 속도를 바탕으로 결정할 수 있다. 가장 잘 알려진 예는 C−14를 이용하여 오래된 유물들의 연대를 측정하는 것이다.

탄소는 C−12와 C−13이 각각 98.9 %와 1.1 %로 존재한다. 제3의 동위원소인 C−14는 대기 중 이산화탄소와 유기물에 $1/10^{12}$ 원자 정도로 미량으로 존재한다. 탄소−14는 반감기가 5730년인 β 방출자이다. 유기물 1 g의 탄소 시료는 분당 14번의 붕괴를 하고 방사능이 많지 않지만 그럼에도 불구하고 현대적 방법으로 검출이 가능하다.

C−14는 상층 대기에서 다음과 같은 우주 방사능의 중성자에 의해서 개시된 핵반응에 의해 생긴다.

$$^{14}_{7}N + ^{1}_{0}n \rightarrow ^{14}_{6}C + ^{1}_{1}H$$

리비(Willard Libby, 1908~1980). 리비는 1960년에 C−14를 이용한 연대측정을 개발한 공로로 노벨화학상을 받았다. 그가 사용한 기구와 그의 모습이 사진에 있다. C−14를 이용한 연대측정은 인류학 같은 분야에서 널리 사용된다.

일단 형성된 C−14는 $^{14}CO_2$로 산화된다. 이 물질은 탄소 순환계로 들어가 대기, 대양, 그리고 생명계에서 순환된다.

다음과 같은 이유 때문에 C−14를 이용하여 연대를 측정할 때 유용하다. 지구는 이산화탄소를 흡수하여 그것을 유기물로 전환한다. 이 과정에서 C−14는 생명체에 포함된다. 식물이 살아있는 한, 이 과정은 계속되고 식물체 내에 있는 C−14의 분포는 대기 중의 것과 일치한다. 식물이 죽으면, C−14는 더 이상 흡수되지 않는다. 그러나 C−14의 활성도가 줄어들면서 방사성 붕괴는 계속된다. 5730년 후에는 이 활성도는 7 dpm/g, 11,460년 후에는 3.5 dpm/g이 될 것이다. 활성도를 측정하고 C−14의 반감기를 알면 식물체가 죽은 때를 결정할 수 있다.

이런 실험적인 과정에는 몇 가지 한계가 있다. 이 과정은 대기 중의 C−14가 수백 또는 수천 년 전과 같다는 것을 전제로 한다. 그러나 이것은 꼭 그렇지만은 않다. 약 10 % 정도의 오차가 있다(그림 20.7). 더군다나, C−14를 사용하여 연대를 측정하려는 물질이 100년 이하의 것이라면 가능하지 않다. 이렇게 짧은 기간에는 C−14의 방사능 수준이 처음 값과 차이가 있을 만큼 분명하지 않기 때문이다. 대부분의 경우,

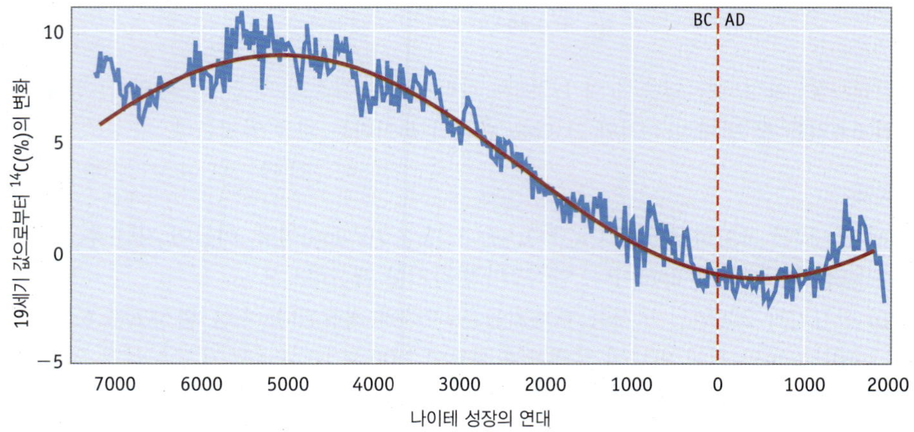

출처: Hans E. Suess, La Jolla Radiocarbon Laboratory

그림 20.7 대기 중 C-14 활성도의 변이. C-14의 양은 우주 방사능 양의 변화에 따라 변한다. 이 그래프에 표시된 1990년 이전의 그래프를 얻기 위해 과학자들은 정확히 알려진 연대를 가진 유물의 C-14 연대를 측정하였다. 이 그림의 자료는 나이테의 C-14 연대측정을 통해 얻은 것이다.

그림 20.8 냉동인간. 세계에서 가장 나이가 많은 인간이 알프스의 빙하에서 발견되었다. C-14 연대측정 기술을 이용하여 이 사람이 5300년 전 사람이라는 것을 밝혀냈다.

측정의 정확도는 ±100년 정도이다. 그리고 60,000년 이상된 대상의 연대 측정도 역시 불가능한데, 거의 10번의 반감기가 지난 후에는 방사능 활성도가 거의 0에 이른다. 그러나 100년에서 60,000년 사이에서 이 기술은 매우 중요한 정보를 제공한다(그림 20.8).

예제 20.7 방사화학적 연대측정

문제 C-14 연대측정을 시험하기 위해 아놀드(J. R. Arnold)와 리비(W. F. Libby)는 이 기술을 이미 연대가 알려진 아카시아와 사이프러스 나무 시료에 적용하여 보기로 했다(뉴욕의 메트로폴리탄 미술 박물관에서 제공된 아카시아 나무는 최초로 피라미드에 안장된 파라오인 조세르의 무덤에서 나왔다. 사이프러스 나무는 스네페루의 무덤에서 나왔다). 여섯 번의 실험을 통한 탄소의 활성도는 7.04 dpm/g이다. C-14의 활성도, A_0가 12.6 dpm/g이라고 가정한다면 이 시료의 대략적인 연대는 얼마인가?

알고 있는 사실 ^{14}C의 처음 및 나중 활성도가 주어져 있다. 1차 속도 상수를 반감기로부터 계산할 수 있다.

전략 먼저, 이것의 반감기(^{14}C의 $t_{1/2}$은 5.73×10^3년이다)로부터 탄소-14의 붕괴 속도 상수를 구한다. 그리고 식 20.5를 이용하면 된다.

풀이

$$k = 0.693/t_{1/2} = 0.693/5730\text{년}$$
$$= 1.21 \times 10^{-4}\text{년}^{-1}$$
$$\ln(A/A_0) = -kt$$
$$\ln\left(\frac{7.04\ \text{dpm/g}}{12.6\ \text{dpm/g}}\right) = (-1.21 \times 10^{-4}\text{년}^{-1})t$$
$$t = 4.8 \times 10^3\text{년}$$

이 나무는 약 4800년 되었다.

고려사항 이 문제는 탄소-14 연대측정 방법을 시험한 초기 연구 논문의 실제 자료를 사용한다. 나무의 나이는 4750 ± 250년으로 보고되었다(J. R. Arnold, W. F. Libby; *Science*, Vol. 110, p. 678, 1949. 참조).

유제 1874년에 벌채한 미국 삼나무(redwood)의 시료는 9.32 dpm/g의 C-14 활성도를 갖는다. 그것이 벌채되었을 때의 대략적인 연대를 계산하시오. 이 나이를 나무의 나이테와 비교하시오. 이 나무의 나이테는 BC 979 ± 52년부터 자라기 시작했다는 것을 보여주고 있으며, A_0의 값은 13.4 dpm/g이다.

20.4절 확인문제

1. 지구의 나이는 45억 년 정도로 판단되고 있다. 이 기간 동안 ^{232}Th은 몇 % 정도 분해되었을까? ^{232}Th의 반감기는 1.4 × 10^{10}년이다.

(a) 20 % (b) 40 % (c) 60 % (d) 80 %

2. ^{32}P의 반감기는 14.3일이다. 71.5일이 경과했을 때 시료에 남아 있는 ^{32}P의 양은 얼마인가?

(a) 1/4 (b) 1/8 (c) 1/16 (d) 1/32

20.5 인공 핵반응

지구상에 얼마나 많은 동위원소가 발견되었는가? 모든 안정한 동위원소는 자연적으로 산출된다. 긴 반감기를 가지는 몇몇 불안정한 동위원소(방사성)도 자연에서 발견된다. 가장 잘 알려진 것은 우라늄-235, 우라늄-238, 그리고 토륨-232 등이다. 짧은 반감기를 가지는 미량의 방사성 동위원소는 핵반응을 통해 지속적으로 만들어지기 때문에 존재한다. 라듐, 폴로늄, 라돈 등은 다양한 방사성 붕괴 반응을 통해 생성되고, C-14는 우주 방사능 반응에 의해 생성된다.

자연적으로 생성되는 동위원소는 현재 알려진 방사성 동위원소의 일부분에 지나지 않는다. 나머지 수천 개는 변환(transmutation)이라고 불리는 방법에 의해 인공적으로 만들어진다.

처음으로 만들어진 인공 핵반응은 90년 전에 러더퍼드에 의해 규명되었다. 금박을 알파 입자로 때려서 원자의 핵 모형을 유도한 실험(주요 실험– 원자와 성분들의 성질을 어떻게 알게 되었는가? 2장)을 상기하라. 실험 이후 다년간 러더퍼드와 그의 동료들은 알파 입자를 많은 다른 원소들과 충돌시켰다. 1919년에 이 실험 중의 한 가지는 기대하지 않은 결과를 낳았다. 질소 원자들을 알파 입자로 때렸을 때 양성자가 생성물 중에서 발견되었다. 러더퍼드는 핵반응이 일어났다고 정확하게 결론을 내렸다. 질소는 산소로 **변환**(transmutation)되었다.

$$^{4}_{2}\text{He} + ^{14}_{7}\text{N} \rightarrow ^{17}_{8}\text{O} + ^{1}_{1}\text{H}$$

그 후 십여 년 동안, 다른 원소들을 알파 입자로 충돌시켜 다른 핵반응을 발견하였

시보그(Glenn T. Seaborg, 1912~1999). 시보그는 토륨과 그 위의 원소들이 주기율표에서 란타넘 계열 아래에 놓인다는 것을 생각해냈다. 이런 통찰력 때문에 그와 맥밀란(Edwin McMillan)은 1951년에 노벨상을 공동수상했다. 21년 이상 동안, 시보그와 동료들은 10개의 초우라늄원소를 발견하였다. 이런 시보그의 업적을 기리기 위해, 106번째 원소에 '시보귬(seaborgium)'이라는 이름을 붙였다. 원소에 생존하고 있는 사람의 이름을 붙인 것은 처음 있는 일이었다.

심층 학습 새로운 원소의 발견

1936년까지 멘델레프의 예측과 후에 원자 이론을 바탕으로 화학자들은 2개를 제외하고 1~92의 원자번호를 가진 모든 원소를 확인하였다. 이런 점에서 찾아야 할 모든 새로운 원소는 인공적인 핵반응으로부터 얻을 수 있었다. 주기율표의 빈 곳은 1937년과 1942년에 각각 발견된 테크네튬(technetium)과 프로메튬(promethium)으로 채워졌으며, 이것은 92보다 작은 원자번호를 가지고 있는 것들이다. 92보다 높은 원자번호를 가진 물질을 처음으로 찾은 것은 1940년 넵투늄(neptunium)과 플루토늄(plutonium)이다.

1950년 이후, 미국(Lawrence Berkeley National Laboratory), 러시아(Joint Institute for Nuclear Research at Dubna, 모스크바 근교), 그리고 유럽(Institute for Heavy Ion Research at Darmstadt, Germany)의 연구소는 새로운 원소를 만들기 위해 경쟁하였다. 새로운 초우라늄 원소를 합성하는 것이 기본적인 방법이었다. 높은 원자번호를 가진 원소는 높은 에너지를 가지는 입자선과 충돌을 시켰다. 초기에는 중성자가 쓰였지만 나중에는 헬륨 핵, 그 다음은 ^{11}B와 ^{12}C와 같은 큰 원자핵이 사용되었다. 최근에는 칼슘, 크로뮴, 코발트, 그리고 아연과 같은 것이 사용된다. 충돌된 입자는 목표 원자와 혼합되고 아주 짧은 시간 동안 존재하는 새로운 핵을 형성한다. 새로운 원소는 특징적인 질량과 에너지를 가지는 그들의 분해 생성물을 통해 검출된다.

더 큰 입자와 더 높은 에너지를 사용함으로써 알려진 원소의 목록은 1970년대 말에는 106개가 되었다. 더 많은 원소를 찾기 위해, 러시아 과학자는 핵을 융합하는 데 필요한 정확한 에너지를 가지는 입자를 사용하였다. 이 기술은 1980년대 초 다름슈타트에서 원자번호 107, 108, 그리고 109를 가지는 원소를 그리고 그 이후에 원자번호 110, 111, 그리고 112의 원소들의 합성을 가능하게 했다. 이런 원소들의 수명은 1000분의 1초 수준이다. 예를 들어 원자번호 112인 원소로 질량수 277인 동위원소의 반감기는 240 μs이다.

그러나 새로운 원소들을 발견하기 위해서는 또 다른 획기적인 발전이 필요하였다. 과학자들은 특정한 중성자와 양성자의 마법수(magic number)를 가진 동위원소는 안정하다는 것을 알고 있다. 양성자나 중성자의 개수가 2, 8, 20, 50, 82, 126이면 이 범주에 든다. 이 마법수는 핵의 껍질을 채우는 것과 관련되는데 전자껍질을 완전히 채우는 것이 안정하다는 것과도 비슷하다. 이러한 이론은 다음 마법수가 114개의 양성자와 184의 중성자로 된다는 것을 예측하게 한다. 이러한 정보를 이용하여 1999년 초에 114번째 원소를 발견하였다. 두브나 연구진(Dubna group)은 질량수 289를 가지는 동위원소가 이례적으로 긴 반감기(20초)를 가진다는 것을 보고하였다. 이 원소는 최근 러시아 두브나의 연구소 이름을 따서 플레로븀(flerovium, Fl)으로 명명되었다.

116번 원소는 1999년에 발견되었고, 현재 캘리포니아 버클리의 연구소 이름을 따서 리버모륨(livermorium, Lv)으로 명명되었다. Lv 약 35개 원자가 얻어졌으며, 반감기가 약 60 ms인 가장 오래 존재하는 동위원소와 함께였다.

117번 원소, Uus의 발견이 러시아의 두브나에 있는 플레로프(Flerov) 연구실의 국제 연구팀에 의해 2010년 4월에 발표되었다. ^{249}Bk와 ^{48}Ca을 충돌시킴으로써 이 원소의 6개 원자를 생성하였다.

마지막으로 캘리포늄-249 원자를 칼슘-48 원자로 충돌시킴으로써 주기율표 7주기를 완성하는 118번 원소의 몇 개 원자가 2006년 발견되었다.

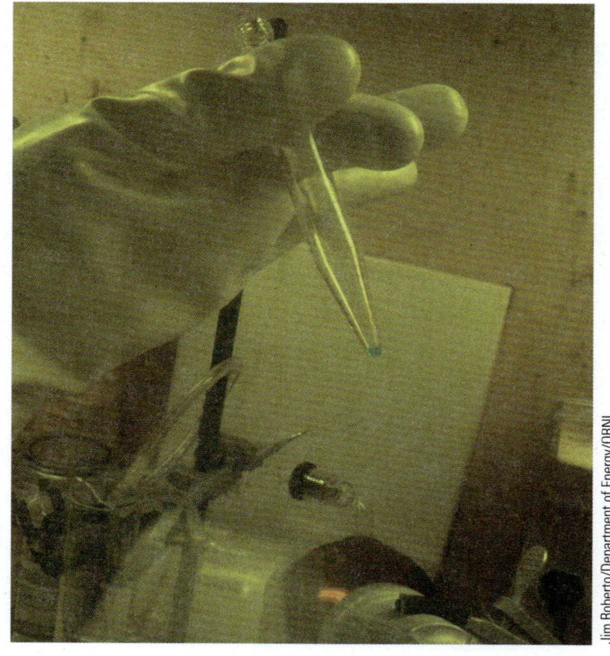
Jim Roberto/Department of Energy/ORNL

원소 117, Fl, 플레로븀의 발견. 러시아 두브나의 플레로프 연구소의 과학자들은 방사성 버클륨-249를 출발물질로 사용하여 원소 117의 두 가지 동위원소를 만들었다. 버클륨-249는 바이알의 끝에 있는 녹색 유체에 들어 있다. 이것은 오크리지 국립연구소의 연구 반응로에서 만들었다.

다. 그러나 대부분의 알파 입자는 목표 핵에서 단순히 산란되었기 때문에 진전은 느렸다. 양으로 하전된 알파 입자와 역시 양으로 하전된 원자핵 사이의 강한 반발력 때문에 충돌하는 입자는 핵과 반응할 정도로 충분히 접근할 수 없었다.

1932년에 이런 핵반응 화학을 크게 발전시킨 두 가지 진전이 있었다. 첫 번째는 발사체처럼 높은 에너지의 입자를 만들 수 있는 입자 가속기를 사용하는 것이고, 두 번째는 충돌입자로 중성자를 사용하는 것이다.

초기 핵반응에 사용된 알파 입자는 우라늄과 같이 자연적으로 발생하는 방사능 물질로부터 나온 것으로 오늘날의 기준으로 보면 아주 낮은 에너지를 가지고 있었다. 높은 에너지를 가진 입자가 필요하여 러더퍼드의 실험실에서 일하던 콕크로프트(J. D. Cockcroft, 1897~1967)와 월턴(E. T. S. Walton, 1903~1995)은 양성자에 관심을 가졌다. 양성자는 양극선관에서 수소 원자를 이온화할 때 발생하며, 이것은 높은 전압하에서 높은 에너지를 가지도록 가속될 수 있다고 알려져 있었다. 그들은 강력한 양성자가 리튬을 때려 다음과 같은 반응이 생긴다는 것을 발견하였다.

$$^{7}_{3}\text{Li} + ^{1}_{1}\text{p} \rightarrow 2\,^{4}_{2}\text{He}$$

이것이 인위적으로 높은 에너지를 가지도록 가속된 입자에 의한 핵반응의 첫 번째 예이다. 이 실험이 수행된 후, 다양한 기술이 발전하여 핵화학에서 입자 가속기를 사용하는 것은 아주 일반적이 되었다. 입자 가속기는 하전판들 사이에 위치한 전하를 띤 입자들이 높은 속도와 에너지로 가속된다는 원리로 작동한다. 이 과정의 현대적인 예들은 초우라늄 원소의 합성에서 찾아볼 수 있다. 이들 중 몇 개는 앞에서 기술한 '심층 학습; 새로운 원소의 발견'에 자세히 서술되어 있다.

충돌 입자로 중성자를 사용하는 실험은 1932년에 미국과 영국에서 동시에 수행되었다. 질소, 산소, 플루오린, 그리고 네온은 강력한 중성자와 충돌하였고, 알파 입자가 생성물들 사이에서 발견되었다. 중성자의 사용은 의미가 있었다. 왜냐하면 중성자는 전하가 없기 때문에 이 입자들은 양으로 하전된 핵자에 의해 반발되지 않는다. 즉, 반응시키기 위해 높은 에너지가 필요하지 않다.

1934년에 페르미(Enrico Fermi, 1901~1954)와 그의 동료는 중성자를 사용한 핵반응은 중성자가 낮은 에너지를 가지는 경우에 잘 일어난다는 것을 보여주었다. 낮은 에너지의 중성자는 핵에 의해서 쉽게 포획되면서 질량수가 1단위가 증가한 생성물을 내놓는다. 충돌된 입자의 낮은 에너지 때문에 생성물의 핵은 이 반응에서 깨질 만큼 충분한 에너지를 갖고 있지 않다. 새로운 핵은 들뜬 상태에서 생성되지만 감마선이 방출되면서 바닥상태로 돌아온다. 중성자가 포획되고 감마선이 방출되는 반응을 **(n, γ) 반응**이라고 부른다.

(n, γ) 반응은 약학이나 화학에서 쓰이는 많은 방사성 원소를 제공한다. 한 가지 예는 방사성 동위원소 $^{32}_{15}\text{P}$로 이것은 몸속에서 흡수되는 인을 추적하는 데 쓰인다.

$$^{31}_{15}\text{P} + ^{1}_{0}\text{n} \rightarrow ^{32}_{15}\text{P} + \gamma$$

원자번호가 92 이상인 원소를 **초우라늄 원소**(transuranium element)라고 하는데, 이것은 처음에는 (n, γ) 반응으로부터 만들어졌다. 캘리포니아 대학 버클리 분교(UC

중성자의 발견. 중성자는 1932년 채드윅(James Chadwick, 1891~1974)이 발견하기 전보다 10년 전에 존재가 예상되었었다. 채드윅은 알파 입자와 베릴륨 사이의 반응에서 중성자를 생성하였다. $^{4}_{2}\alpha + ^{9}_{4}\text{Be} \rightarrow ^{12}_{6}\text{C} + ^{1}_{0}\text{n}$.

자연계에 존재하는 초우라늄 원소. 넵투늄(neptunium), 플루토늄(plutonium) 그리고 아메리슘(americium)은 핵반응을 통해 합성되기 전에는 알려지지 않았다. 후에 이 원소들은 우라늄 광물에 미량으로 존재한다는 것이 발견되었다.

Berkeley)에 있는 과학자는 중성자로 우라늄−238을 충돌시켜 생성된 생성물을 분석하여 넵투늄−239와 플루토늄−239를 찾아냈다. 이 새로운 원소들은 우라늄−239가 베타 입자를 방사할 때 생성된다.

$$^{238}_{92}\mathrm{U} + ^{1}_{0}\mathrm{n} \rightarrow ^{239}_{92}\mathrm{U}$$

$$^{239}_{92}\mathrm{U} \rightarrow ^{239}_{93}\mathrm{Np} + ^{0}_{-1}\beta$$

$$^{239}_{93}\mathrm{Np} \rightarrow ^{239}_{94}\mathrm{Pu} + ^{0}_{-1}\beta$$

4년 후, 유사한 반응은 아메리슘−241을 생성하였고, 플루토늄−239에 2개의 중성자를 가하여 플루토늄−241을 만들었는데, 이것은 베타 입자를 방출하고 아메리슘−241로 붕괴된다.

예제 20.8 핵반응

문제 아래 핵반응의 반응식을 쓰시오.

(a) 플루오린−19는 (n, γ) 반응을 진행하면서 β를 방출하는 방사성 물질을 형성한다(두 핵반응에 대한 식을 쓰시오).

(b) 일반적인 중성자 원천은 플루토늄과 베릴륨 합금이다. 플루토늄−239는 알파 입자를 잘 방출한다. 베릴륨−9(베릴륨 중에서 유일하게 안정한 동위원소)는 플루토늄에서 방출한 알파 입자와 반응하여 중성자를 내놓는다(두 핵반응에 대한 식을 쓰시오).

알고 있는 사실 반응물과 2개의 반응물 중 하나가 각 반응식에 주어져 있다.

전략 각 반응식에 대해 질량과 전하에 대해 모두 계수가 맞도록 작성한다.

풀이

(a) $^{19}_{9}\mathrm{F} + ^{1}_{0}\mathrm{n} \rightarrow ^{20}_{9}\mathrm{F} + \gamma$

$^{20}_{9}\mathrm{F} \rightarrow ^{20}_{10}\mathrm{Ne} + ^{0}_{-1}\beta$

(b) $^{239}_{94}\mathrm{Pu} \rightarrow ^{235}_{92}\mathrm{U} + ^{4}_{2}\alpha$

$^{4}_{2}\alpha + ^{9}_{4}\mathrm{Be} \rightarrow ^{12}_{6}\mathrm{C} + ^{1}_{0}\mathrm{n}$

고려사항 모든 답은 중성자를 다룬다. (a)의 경우 주어진 반응식, (n, γ) 반응식은 수행하기 쉬운 과정을 보여준다. 실험실에서 중성자는 Pu−Be 중성자 발생기라 부르는 작은 장치에서 생성된다. 이 문제에 대한 (b)의 답은 이러한 장치에서의 핵반응을 나타내고 있다.

유제 테크네튬은 안정한 동위원소가 없는 83보다 작은 원자번호를 갖는 2개의 원소 중 하나이다(다른 원소는 프로메튬, 원소 61이다). 그럼에도 불구하고, 테크네튬은 의료 영상에 많이 사용되기 때문에 매우 중요한 원소이다. 이것은 두 단계 반응으로 생성된다. 먼저, $^{98}\mathrm{Mo}$이 (n, γ) 반응을 행하고, 그 결과 생성된 불안정한 동위원소가 $^{99}\mathrm{Tc}$로 분해된다. 이 두 반응에 대한 반응식을 쓰시오.

20.5절 확인문제

1. 다음 중 핵 반응을 시키기 위하여 충돌 입자로 거의 사용하지 않는 것은?
   (a) 양성자 (b) 중성자 (c) 전자 (d) 알파 입자

20.6 핵분열

1938년 두 명의 화학자, 한(Otto Hahn, 1879~1968)과 슈트라스만(Fritz Strassman, 1902~1980)은 중성자와 충돌한 우라늄에서 바륨을 분리하고 확인하였다. 바륨이 어떻게 생성되었을까? 이 질문에 대한 대답은 20세기의 가장 중요한 과학적 발견의 하나를 설명하는 것이다. 우라늄 핵은 **핵분열**(nuclear fission)이라고 불리는 과정을 통해 더 작은 조각으로 나뉘었다.

원자폭탄. 원자폭탄의 각 핵분열에서 3개의 중성자가 생성되고 이것은 또 3개의 분열을 일으키고 9개의 중성자를 형성한다. 이것은 다시 3번의 분열과 27개의 중성자를 만든다. 이 속도는 중성자의 개수에 의존하고 핵반응은 생성되는 중성자가 많으면 많을수록 더 빨라진다. 그 결과 짧은 시간 동안 엄청난 에너지를 방출한다.

분열의 자세한 내용은 많은 과학자의 연구를 통해 풀렸다. 그들은 우라늄-235 핵이 초기에 중성자를 흡수하여 우라늄-236을 형성하는 것을 확인하였다. 이 동위원소는 대략 140과 90의 질량수를 가지는 2개의 새로운 핵과 몇 개의 중성자를 만들기 위해 핵분열 된다(그림 20.9). 우라늄-235가 중성자들과 충돌할 때 바륨을 생성하는 핵 반응식은 다음과 같다.

$$^{235}_{92}\text{U} + ^{1}_{0}\text{n} \rightarrow ^{236}_{92}\text{U}$$

$$^{236}_{92}\text{U} \rightarrow ^{141}_{56}\text{Ba} + ^{92}_{36}\text{Kr} + 3\,^{1}_{0}\text{n}$$

마이트너(Lise Meitner, 1878~1968). 20세기 과학에 대한 마이트너의 가장 큰 공적은 핵분열 과정에 대한 설명이다. 그녀와 그녀의 조카인 프리슈(Otto Frisch)는 1939년에 출판한 논문에서 '핵분열'이라는 말을 처음으로 썼다. 원자번호 109인 원소는 그녀의 공적을 기리는 의미에서 마이트네륨(meitnerium)이라고 명명하였다. 이 원소를 발견한 팀의 팀장은 그녀는 20세기의 가장 훌륭한 여성 과학자로 인정받아야 한다고 말하였다.

핵분열에서 중요한 점은 초기에 반응을 개시하는 데 사용한 것보다 더 많은 중성자를 생성한다는 것이다. 이 경우 중성자들은 반응을 지속시킬 수 있다. 1개 이상의 중성자는 또 다른 ^{235}U 핵에 포획되고, 다음 반응을 진행하며, 더 많은 중성자를 생성한다. 이 과정은 지속적으로 진행된다. 이렇게 각 반응이 다음 반응을 일으키는 과정을 **연쇄 반응**(chain reaction)이라고 한다.

핵분열 연쇄 반응은 다음과 같이 세 단계에 걸쳐 일어난다.

1. **개시.** 연쇄 반응이 시작되기 위해 한 원자의 반응이 필요하다. ^{235}U의 반응은 중성자의 흡수에 의해 시작된다.

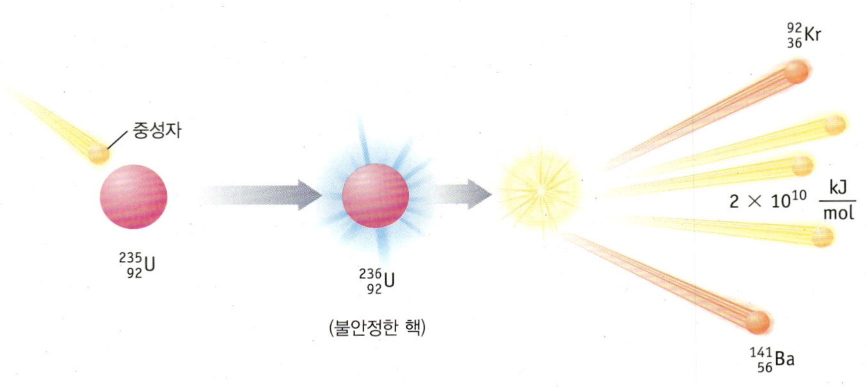

그림 20.9 핵분열. $^{235}_{92}$U에 의해서 포획된 중성자는 $^{235}_{92}$U을 생성한다. 이 동위원소는 분열을 진행하고 이것은 몇 개의 중성자와 함께 몇 개의 조각으로 분열된다. 이 중성자들은 다른 $^{235}_{92}$U에 결합되면서 더 많은 핵반응을 진행한다. 이 과정은 2×10^{10} kJ/mol의 에너지를 방출하는 엄청난 발열 반응이다.

2. **전파.** 한 과정이 반복되어 각 단계가 더 많은 생성물을 내는 과정이다. ^{236}U의 분열은 다른 우라늄 원자의 반응을 개시하는 중성자를 방출한다.
3. **종결.** 결국에는 반응이 끝난다. 종결은 반응물(^{235}U)이 모두 소비되거나, 연쇄 반응을 계속하게 하는 중성자가 ^{235}U에 포획되지 않고 시료로부터 빠져나오는 경우에 일어난다.

핵반응에서 에너지를 이용하기 위해, 핵분열이 일어나는 반응속도를 조절하는 것이 필수적이다. 이것은 사용가능한 중성자의 수를 제한하여 전파와 종결 과정이 균형을 이루게 하여 조절할 수 있다. 핵 반응기에서 중성자를 흡수하는 카드뮴 봉을 이용하면 이런 조절이 가능하다. 카드뮴 봉을 삽입하거나 제거함으로써 연쇄 반응을 전파하는 데 필요한 중성자의 수를 변화시킬 수 있고, 핵분열의 속도(에너지 발생의 속도)를 증가시키거나 감소시킬 수 있다.

우라늄–235와 플루토늄–239는 원자로에서 가장 많이 사용되는 핵분열용 동위원소이다. 천연 우라늄은 우라늄–235를 0.72 % 포함하고 있으며, 99 % 이상은 우라늄–238이다. 천연 우라늄에 포함된 0.72 %의 우라늄–235는 양이 너무 작아 연쇄 반응을 유지할 수 없다. 따라서 핵연료로 사용하는 우라늄은 이들의 농도를 증가시켜야 한다. 그렇게 하기 위한 한 가지 방법은 기체 원심분리법이다(그림 20.10). 자연 상태에서는 미량으로 존재하는 플루토늄은 핵반응을 통해 얻어진다. 이 핵 합성에 쓰이는 원료는 ^{238}U로, 이것에 중성자를 가하면 ^{239}U가 만들어지고 2개의 베타 입자를 내면서 ^{238}Pu를 형성한다.

현재 미국에는 100개가 넘는 원자력 발전소가 있고, 전 세계적으로는 400개 이상이 가동되고 있다. 이 나라들이 사용하는 전기의 20 %(전 세계의 17 %)는 핵 발전으로부터 나온다. 비록 핵 에너지에 대한 사회적 요구가 있기는 하지만 현재 미국에서 건설되고 있는 핵발전소는 없다. 구 소련의 1986년의 체르노빌 발전소 대참사와 1979년 펜실바니아의 트리마일 아일랜드(Three mile Island)의 대재앙 그리고 2011

원자 폭탄 또는 핵발전소에서 사용하는 우라늄 동위원소의 분리는 기체 원심분리기를 이용한다.

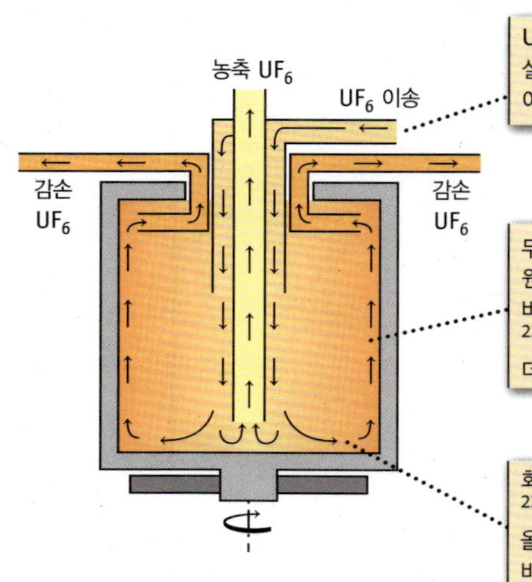

그림 20.10 동위원소 분리. (*New York Times*, page F1, March 23, 2004. 참조)

년 일본을 휩쓴 쓰나미로 인한 후쿠시마 원전 사고 등 대중들에게 안전성에 대한 우려를 불러 일으켰다. 핵발전소를 세우는 데 드는 비용($/kWh)은 천연가스 발전소보다 훨씬 비싸며, 핵 에너지에 대한 정기적인 사찰은 성가신 일이다. 각 반응기에서 1년에 20톤 정도 생산되는 고준위 핵 폐기물에 대한 처리도 골치 아픈 문제이다.

기술적인 문제뿐만 아니라 핵 에너지 생산은 심각한 지정학적인 안정성에 대한 문제가 생긴다. 반응기에서 사용되는 우라늄의 정제 과정은 핵무기로 사용할 수 있는 우라늄을 만드는 과정과 같다. 핵 반응기는 부 생성물로 플루토늄-239를 생성하기 때문에 그것을 모아 핵무기로 사용할 수 있다. 이런 문제에도 불구하고 핵분열은 많은 나라에서 에너지 생산의 중요한 부분이다. 예를 들어 프랑스 전력 생산의 약 75 %, 일본은 25 %가 핵 발전이다.

20.6절 확인문제

1. 다음의 분열 반응에서 생성되는 다른 원소는 무엇인가?

$$^{235}_{92}\text{U} + ^{1}_{0}\text{n} \rightarrow ^{141}_{55}\text{Cs} + ? + 2\ ^{1}_{0}\text{n}$$

(a) $^{93}_{37}\text{Rb}$ (b) $^{141}_{56}\text{Ba}$ (c) $^{92}_{36}\text{Kr}$

20.7 핵융합

핵융합(nuclear fusion) 반응에서, 몇 개의 작은 핵은 큰 핵을 만들기 위해 반응한다. 이 반응에서 엄청난 양의 에너지가 방출된다. 중수소와 삼중수소를 융합하면 헬륨과 중성자를 만든다.

$$^{2}_{1}\text{H} + ^{3}_{1}\text{H} \rightarrow ^{4}_{2}\text{He} + ^{1}_{0}\text{n} \qquad \Delta E = -1.7 \times 10^{9}\ \text{kJ/mol}$$

융합 반응은 태양과 별의 에너지를 제공한다. 과학자들은 융합을 활용하여 에너지를 생산하는 꿈을 꾸어 왔다. 그렇게 하기 위해서는 핵 반발력을 극복하기 위한 필요한 에너지를 가지면서 양으로 하전된 핵을 만들 수 있는 10^6에서 10^7 K에 이르는 온도가 필요하다. 핵융합에 필요한 높은 온도에서 물질은 원자나 분자로 더 이상 존재하지 못한다. 대신 물질은 핵과 전자가 결합되지 않은 **플라스마**(plasma)의 형태가 된다.

핵융합이 이루어지기 위해서는 세 가지 중요한 조건이 맞아야 한다. 첫째는 핵융합이 일어날 수 있는 높은 온도가 되어야 한다. 중수소와 삼중수소의 융합은 10^7 K 이상의 온도가 필요하다. 둘째로 플라스마가 실제 에너지를 방출할 수 있을 만큼 충분히 잡혀 있어야 한다. 셋째로 에너지가 사용할 수 있는 형태로 얻어져야 한다.

평화적인 목적으로 핵융합 반응을 이용하는 것은 아직까지 이루어지지 않았다. 그러나 이 분야는 많은 장점이 있다. 연료로 쓰이는 수소는 매우 값이 싸고, 거의 무한정으로 얻을 수 있다. 더 좋은 것은 융합에 의해 생기는 대부분의 방사성 동위원소는 짧은 반감기를 가지고 있어 오직 짧은 시간에만 문제를 일으킨다.

20.8 방사선에 대한 보건과 안전

방사선을 측정하는 단위

방사능의 수준과 용량을 측정하기 위해 몇 개의 측정 단위가 사용된다. 미국에서 일상적으로 사용하는 단위는 SI 단위계에서 사용되는 것과는 다르다.

미국에서는 방사능을 **퀴리**(curies, Ci)로 나타내며, SI 단위계에서는 **베크렐**(becquerel, Bq)이다. 두 단위는 모두 초당 붕괴수를 측정하는데 1 Ci는 3.7×10^{10} dps이고 1 Bq는 1 dps이다. 퀴리와 베크렐은 모두 여러 가지 종류의 불안정한 핵이 붕괴할 때 방사능의 양을 보고하거나, 의학적으로 보고를 해야 하는 경우에 사용된다.

자체로 방사능의 양은 방사에서 방출되는 에너지를 나타내거나 방사가 세포에 일으키는 피해의 정도를 나타내는 좋은 척도는 아니다. 이것들을 정확하게 나타내기 위해서는 두 가지의 추가적인 정보가 필요하다. 그것들은 흡수되는 에너지의 양과 세포에 피해를 일으키는 방사능의 종류이다. 살아있는 세포가 흡수하는 에너지의 양은 '**rads**'로 나타낸다. Rad는 '방사 흡수 용량(radiation absorbed dose)'의 줄임말이다. 1 rad는 세포 1 kg당 0.01 J의 에너지를 흡수한다는 것을 나타낸다. SI 단위계에서는 **gray**(Gy)를 쓴다. 1 Gy는 세포 1 kg당 1 J의 흡수를 나타낸다.

방사 단위. 뢴트겐(R)은 방사선 노출을 나타내는 고전적인 단위이다. 이것은 건조한 공기 중에서 1 cm^3에 2.08×10^9의 이온을 만드는 x-선이나 감마선의 양이라고 정의했다. 뢴트겐과 rad는 크기가 비슷한 단위이다. 뢴트겐(Wilhelm Roentgen, 1845~1923)은 처음 x-선 방사를 생성하였고 검출하였다. 111번째 원소의 이름은 그를 기려 명명되었다. 퀴리는 퀴리(Marie Curie, 1867~1934)를 기려 명명되었고, 96번 원소의 이름도 그녀를 기려 명명되었다. 베크렐은 베크렐(Henri Becquerel, 1852~1908)을 기려 명명되었고, 시버트는 스웨덴 물리학자 시버트(Rolf Sievert, 1896~1966)을 기려 명명된 것이다.

방사 종류에 따라 다양한 생물학적인 피해가 생긴다. 피해의 정도는 물질이 방사능과 얼마나 강하게 작용하는가에 달려있다. 알파 입자는 신체의 안쪽으로 뚫고 들어가지 못해 피부에 주로 피해를 준다. 그러나 알파 입자가 신체 내부에서 방출된다면 신체를 잘 뚫고 들어가는 감마선에 비해 10~20배 정도의 피해를 더 준다. 생물학적인 피해를 결정하는 데 있어 '**특성인자**(quality factor)'라는 것을 사용한다. 이 '특성인자'는 베타선과 감마선은 1, 낮은 에너지의 양성자와 중성자에 대해서는 5, 그리고 알파 입자나 높은 에너지의 양성자와 중성자에 대해서는 20으로 나타낸다.

또한 생물학적인 피해를 정량적으로 나타내기 위해 **rem**(roentgen equivalent man의 약어, 인체 조직 손상에 상응하는 방사선량)을 사용한다. Rem으로 표시된 방사선 용량은 rad로 표시된 에너지에 방사선의 종류에 따른 특성인자를 곱해서 결정한다. Rad와 rem은 일반적인 방사선 노출량에 비교해볼 때 굉장히 큰 값이다. 보통은 millirem(mrem)을 쓴다. Rem에 대한 SI 단위계는 **시버트**(sievert, Sv)로 그레이(gray)로 표시된 양에 특성인자를 곱해서 결정한다.

방사: 용량과 영향

적은 양의 방사능에 노출되는 것은 피할 수 없다. 지구는 외부로부터 들어오는 방사성 물질과 끊임없이 충돌한다. 지구에서는 ^{14}C, ^{40}K(자연적으로 발생하는 방사성 물질, 전체의 0.0117 %)과 ^{238}U과 ^{232}Th 등 자연적으로 발생하는 방사성 원소에 약간의 노출이 있다. 인공적으로 발생하는 방사성 물질(예를 들어 핵실험 같은 것)에 의한 노출도 있다. 일반적으로 사람의 경우는 치료용 방사성 동위원소에 의한 노출이 대부분이다.

미국에서 일상생활에 존재하는 방사능의 양은 1년에 200 mrem 정도이다(표 20.2).

표 20.2 자연적이거나 인공적인 원천으로부터 개인의 연간 방사능 노출

	mrem/년	백분율
자연 원천		
우주 방사	50.0	25.8
지구	47.0	24.2
건축물 물질	3.0	1.5
공기로부터의 흡수	5.0	2.6
인간 조직에서 자연적으로 발견되는 원소	21.0	10.8
소계	**126.0**	**64.9**
의학적 원천		
진단 x선	50.0	25.8
방사치료	10.0	5.2
내부 진단	1.0	0.5
소계	**61.0**	**31.5**
다른 인공 원천		
핵발전 산업	0.85	0.4
발광 시계 다이얼, TV 관	2.0	1.0
핵실험으로부터 낙진	4.0	2.1
소계	**6.9**	**3.5**
총계	**193.9**	**99.9**

그 양의 반 이상은 인위적으로 조절할 수 없는 것으로부터 나온다. 1년에 노출되는 방사능 양 중의 67~70 mrem은 인공적인 요인에 의한 것인데, 90 %는 x-ray 촬영과 같은 치료 과정에서 의해서다. 많은 핵발전소가 존재하지만 실제 그것으로부터 나오는 노출량은 0.5 %에 지나지 않는다.

노출된 방사능에 대한 생물학적 영향을 정확히 설명하기는 어렵다. 피해의 정도는 방사능의 종류와 흡수된 에너지의 양뿐만 아니라 노출된 조직과 흡수될 때의 속도 등에 의해 달라진다. 2차 세계대전 중 일본에 투하된 원자폭탄에서 생존한 사람들과 체르노빌 핵발전소 사고 당시 일하던 사람들을 연구하면서 방사능 노출에 따른 인간의 피해에 대한 많은 지식을 확보하였다. 생존자의 건강을 통한 연구로부터 한 번에 25 rem 이하의 노출은 큰 영향이 없다는 것을 알았다. 반대로 200 rem의 노출은 50 %의 사람들에게 치명적인 영향을 미친다(표 20.3).

상습적이고 적은 양의 피폭에 대한 영향을 다루는 것보다 한 번에 많은 양에 피폭될 때의 영향을 다루는 것이 더 정확하고 중요하다. 과학계에서 현재 논쟁 중인 문제는 여러 번에 걸친 작은 양의 노출이나 장기적인 노출의 영향을 어떻게 판단할 것인가이다(심층 학습: 안전한 방사능 노출이란 무엇인가? 참조).

표 20.3 한 번의 방사 용량의 영향

용량(rem)	효과
0~25	관찰되는 효과 없음
26~50	백혈구 수치에서 약간의 감소
51~100	백혈구 수치에서 상당한 감소, 조직 장해
101~200	탈모, 현기증
201~500	출혈, 궤양, 50 % 치사
500	사망

20.9 핵화학의 응용

우리는 핵발전소와 핵폭탄을 이용하여 핵화학을 고찰해 보았다. 사실 방사성 원소는 과학과 의학에서 고루 사용되고 있고 점점 중요성이 증가하고 있다. 많은 책들이 그런 응용에 대해 다루고 있기 때문에 방사능의 응용의 다양성을 살펴보기 위하여 몇 개의 예를 선택하였다.

핵의학: 의학 영상

핵화학을 이용한 진단 절차는 의학 영상에서 중요하며, 이것을 통하여 신체의 일부분의 영상을 얻어낸다. 방사성 동위원소를 이용한 영상을 구축함에 있어 주요 세 가지 성분이 있다.

심층 학습 안전한 방사능 노출이란 무엇인가?

자연적인 방사능 노출은 전혀 없는가? 단 한 번의 노출, 또는 방사능 축적이 되는 경우, 오랜 기간 동안 이루어진 적은 양의 노출 등은 모두 같은 영향을 미치는가? 일반적으로 '안전한 최대 노출량' 또는 피해를 일으키지 않는 최소한의 농도 같은 것은 존재하지 않는다. 그러나 이런 가정들은 모두 궁금증을 낳는다. 이런 문제들은 인간을 대상으로 실험할 수 없고 종간의 차이 때문에 동물을 이용한 실험에서는 정확한 답이 될 수 없다.

노출량을 제한하려는 정부의 규제에 사용하는 모형은 방사능에 노출되고 그것으로 발생하는 암, 빈혈, 그리고 면역질환 등과의 관계를 고려하는 것이다. 이런 가정하에서, 만약 $2x$ rem의 방사능 노출이 전 인구의 20 %에 영향을 미친다면 x rem은 10 %만 영향을 미칠 것으로 생각한다. 그러나 이것이 확실한가? 모든 세포는 파괴된 세포를 고치는 메커니즘을 가지고 있는데, 많은 과학자들은 이 자기-수리 메커니즘이 인체가 적은 양의 방사능 노출에는 피해가 가지 않도록 할 것으로 생각한다. 왜냐하면 그 피해는 일상적으로 발생하는 것의 일부분에 지나지 않기 때문이다. 극도로 낮은 농도에서는 자기-수리 조치가 작용할 것이라고 주장한다.

한계치는 이 분야에서 여전히 많은 배움이 필요하다. 이해관계가 매우 중요하다.

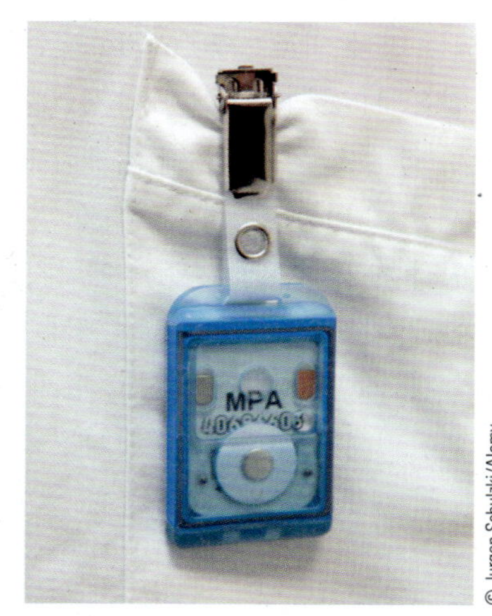

방사능 검출 배지. 방사능 물질을 다루는 과학자들이 착용하는 이 배지는 축적된 방사능 양을 측정하기 위한 것이다.

표 20.4 의학용 진단 절차에 쓰이는 방사성 동위원소

방사성 동위원소	반감기(h)	영상
^{99m}Tc	6.0	갑상선, 뇌, 신장
^{201}Tl	73.0	심장
^{123}I	13.2	갑상선
^{67}Ga	78.2	다양한 종양과 농양
^{18}F	1.8	뇌, 대사활동의 영역

- 원소나 화합물에 포함되어 처방되는 방사성 동위원소, 이것은 영상을 보고자하는 조직 내에서 축적된다.
- 포함된 방사능의 종류를 검출하는 방법
- 검출기로부터 얻어낸 정보를 조합하여 의미 있는 영상으로 만드는 컴퓨터

투여되는 방사성 동위원소의 종류와 방법은 관심을 가지는 조직에 따라 다르다. 동위원소를 포함하는 화합물은 발병한 부분에만 흡수되어야 한다. 표 20.4는 진단영상에 사용되는 일반적인 방사성 동위원소와 그들의 반감기, 그것들이 영상화할 수 있는 조직을 나타내고 있다. 표 20.4에 있는 동위원소는 감마선을 내놓는 것이며, 감마선은 알파선이나 감마선보다 인체에 덜 해롭기 때문에 이것들을 주로 사용한다.

이와 같은 진단의 85 %는 테크네슘−99m을 사용한다(심층 학습: 테크네슘−99m과 의학 영상). 'm'은 '**준안정**'하다는 것을 나타내는데, 이것은 불안정하기는 하지만 일정시간 동안 존재하는 들뜬 상태를 의미한다. 들뜬 전자적 상태에 있는 원자는 가시광선, 적외선, 그리고 자외선을 내놓는다(◂6장). 유사하게 들뜬 상태에 있는 핵은 과량의 에너지를 내놓는다. 그러나 이 경우에는 더 높은 에너지를 포함하고 감마선을 방출한다.

핵화학을 바탕으로 한 또 다른 의학적 이용은 **양전자 방사 단층 x선 촬영법**(positron emission tomography, PET)이다. PET에서 양전자를 방출하는 동위원소는 수송 화합물과 함께 환자에게 투여된다. 일단 방출이 일어나면 양전자는 물질−반물질 쌍방 소멸되기 전까지 몇 mm 이상은 이동하지 못한다.

$$^{0}_{+1}\beta + {}^{0}_{-1}e \rightarrow 2\gamma$$

2개의 방출된 감마선은 반대쪽으로 이동한다. 많은 수의 감마선이 방출되는 곳을 비교하면서 우리는 몸 안에 양전자가 위치한 곳의 위치를 파악할 수 있다.

PET에서는 가끔 ^{15}O을 쓴다. 환자는 ^{15}O를 포함하고 있는 O_2를 호흡한다. 이것은 혈액을 통해 온몸으로 퍼져 뇌나 혈액의 흐름에 대한 영상을 제공한다(그림 20.11). 양전자 방출은 아주 짧은 시간만 유지되기 때문에 PET 장치는 방사성 핵을 만들고 바로 주입할 수 있도록 사이클로트론 근처에 있어야 한다.

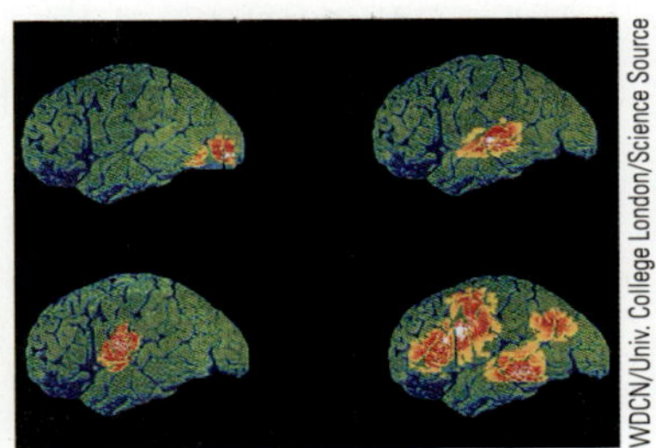

그림 20.11 뇌의 PET 주사 사진. 이 사진은 뇌의 왼편을 보여준다; 붉은색은 가장 높은 활성도의 영역을 나타낸다(맨위 왼쪽 사진). 보는 것은 뇌의 뒤쪽에 있는 후두골 외피의 시각 영역을 활성화 한다(맨위 오른쪽 사진). 듣는 것은 뇌의 상위의 관자놀이 외피에 있는 청각 영역을 활성화 한다(아래 왼쪽 사진). 말하는 것은 대뇌피질과 근육신경외피에 있는 언어영역을 활성화 시킨다(아래 오른쪽 사진). 동사를 생각하고 이것을 말하는 것은 듣기, 말하기, 관자놀이, 정수리 영역에서 높은 활성도가 나타난다.

사례 연구 테크네슘-99m과 의학 영상

테크네슘은 인공적으로 만들어진 최초의 원소이다. 그래서 희귀할 것으로 생각되지만 실제로는 그렇지 않다. 테크네슘은 실험실에서 진행할 수 있는 핵반응의 생성물이다. 결과적으로 쉽게 얻을 수 있을 뿐만 아니라 값도 싸다(g당 60달러). 이 특성 때문에 의학 진단에서 광범위하게 사용되며, 전세계에서 갑상선, 심장, 신장과 폐의 평가에 사용된다. 테크네슘-99m은 몰리브데넘-99가 베타 붕괴를 할 때 생성되며, 6.01시간의 반감기로 140-KeV의 감마선을 내놓으면서 바닥상태로 떨어진다(테크네슘-99m은 그 자체는 불안정하고 2.1×10^5년의 반감기로 안정한 Ru-99로 분해된다).

몰리브데넘-99는 천연에서 산출되는 몰리브데넘의 성분이 아니다. 이것은 몰리브데넘-98(원소의 천연 산출 시료에서 23.8 % 산출도)에서 (n, γ) 반응에서 만들어진다. U-235를 사용하는 핵발전 반응로는 이 합성에 필요한 중성자원을 제공한다. 그러나 이러한 경로에 2010년 초에 문제가 있었다. 이때 몰리브데넘을 생산하는 주 반응로(캐나다와 네덜란드 소재)가 수리를 위해 몇 달 동안 폐쇄하여만 하였다. 테크네슘은 의학 절차에서 전세계적으로 중요하기 때문에 과학자들은 새로운 원천을 살펴보기 시작하였다. 테크네슘-99m은 몰리브데넘-테크네슘 발생기를 이용하여 병원에서 얻어진다. 납으로 차단된 발생기에서 MoO_4^{2-}에 포함된 ^{99}Mo는 알루미나(Al_2O_3) 칼럼에 흡착된다. 핵반응에서 MoO_4^{2-}는 β 방출에 의해 $^{99m}TcO_4^-$로 변하고, 이것은 소금물을 이용하여 칼럼으로부터 씻어낸다. 이 과정에서 테크네슘-99m은 $^{99m}TcO_4^-$의 형태로 사용되고 다른 물질로 변환된다. 이것으로부터 만들어진 방사성 의약품은 환자에게 주사로 주입된다. 병원에서 사용하는 테크네슘-99m은 1 μg 정도면 충분하다.

테크네슘-99m은 갑상선을 영상화 하는데 사용된다. $I^-(aq)$와 $TcO_4^-(aq)$은 크기가 비슷하기 때문에 갑상선은 $I^-(aq)$과 함께 $TcO_4^-(aq)$를 흡수한다. 이 과정에서 ^{99m}Tc는 갑상선에 농축되고 그림에 나타난 것과 같은 영상을 얻게 된다.

문제

1. ^{99}Mo의 β 붕괴에 의한 ^{99}Tc 생성에 대한 반응식을 쓰시오.
2. 과테크네슘산 이온에서 Tc의 산화수는 얼마인가? 이 산화수와 일치하는 전하를 가진 Tc^{n+} 이온의 전자배치는 무엇인가? TcO_4^- 이온은 상자성인가 반자성인가?
3. 염 1.0 μg에 있는 $NaTcO_4$의 양은 얼마인가? Tc의 질량은 얼마인가?
4. 1.0 μg Tc를 가지고 있다면, 24시간 후에는 남아 있는 질량은 얼마인가?
5. ^{99}Tc는 ^{99}Ru으로 붕괴한다. 이 붕괴에서 생성되는 입자는 무엇인가?
6. Al_2O_3 칼럼에 MoO_4^{2-} 이온보다 TcO_4^- 이온이 덜 강하게 결합된 이유를 생각하여 보시오.

이 질문에 대한 답은 부록 N에 수록되어 있다.

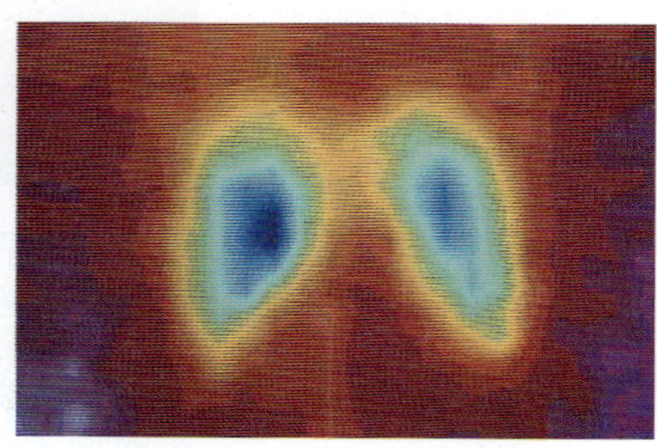

(a) 건강한 갑상선

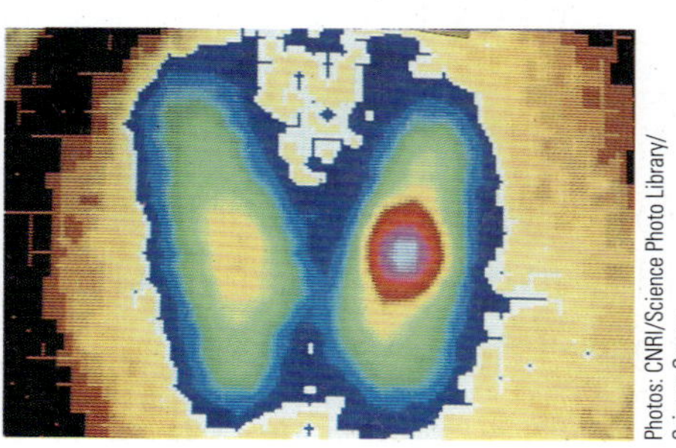

(b) 갑상선 항진증이 있는 것을 나타내고 있는 갑상선

Photos: CNRI/Science Photo Library/Science Source

테크네슘-88 갑상선 영상. ^{99m}Tc은 높은 활성을 가진 곳에 농축된다. 목 주위에 위치하고 있는 갑상선 영상은 방사선 동위원소 테크네슘-99m을 주입한 후 감마선의 방출을 영상화 한 것이다. 현재 이 사진은 컬러로 얻을 수 있다.

핵의학: 방사선 치료

대부분의 암을 치료하기 위해 몸을 투과하여 암의 위치에 집중되는 방사선을 사용한다. 코발트-60으로부터 나오는 감마선이 일반적으로 많이 사용된다. 불행하게도, 감마선의 투과 능력은 건강한 세포에 해를 끼치지 않고 암세포만 파괴하는 것은 실제로 불가능하다. 그러나 이 치료법은 허가를 받았고 효능이 잘 알려져 있다.

분석 방법: 추적자로 쓰이는 방사성 동위원소

방사성 동위원소는 인체나 환경에서 화합물의 변화를 결정하는 데 쓰인다. 이 연구는 조성물의 일부분이 방사성 동위원소를 포함하고 있는 화합물을 사용한다. 예를 들어 생물에서는 영양분의 흡수를 측정하기 위해 방사성 동위원소를 사용한다. 식물은 뿌리를 통하여 흙으로부터 인을 포함한 화합물을 흡수한다. 생물학자들은 소량의 방사성 원소 ^{32}P(14.3일의 반감기를 갖는 β 방출자)를 비료에 가하고 잎에 나타나는 방사능을 측정하여 인이 흡수되는 속도를 측정할 수 있다. 이 결과를 이용하여 과학자들은 인을 빠르게 흡수하여 열매를 잘 맺고 생산량이 많은 종을 확인할 수 있다.

살충제의 잔류량을 측정하기 위해 방사성 동위원소가 포함된 살충제를 뿌려서 실험한다. 방사성 물질의 붕괴량을 계산해보면 얼마나 많은 농약이 토양에 남고, 식물에 흡수되고, 빗물에 의해 얼마나 제거되는지에 대한 정보를 얻을 수 있다. 실험을 마치고 나면 방사성 동위원소는 짧은 반감기를 가지고 있기 때문에 며칠이나 몇 주 안에 무해한 농도까지 줄어든다.

붕소 중성자 포획 치료법(BNCT). 방사선 요법에 따른 부작용을 피하기 위해 지난 10~15년 동안 BNCT(boron neutron capture therapy)라는 새로운 형태의 치료법이 시도되었다. BNCT는 붕소의 동위원소인 B-10은 방사성이 아니라는 점에서 특이하다. B-10은 중성자를 포획하는 능력이 뛰어나서, B-11보다는 2500배, 우라늄-235보다는 8배가 뛰어나다. B-10이 중성자를 획득하면 B-11이 생성되는데, 그것은 에너지가 높아 알파 입자와 Li-7을 생성하면서 분해된다. 알파 입자는 피해를 많이 주기는 하지만 침투력이 낮아 피해 면적이 세포 1~2개에 해당하는 면적에만 국한된다.

분석 방법: 동위원소 희석법

잠시 어떤 동물의 혈액의 양을 알고 싶다고 생각해보자. 이것이 어떻게 가능할까? 확실히 혈액을 모두 모아서 부피 실린더에 넣어 부피를 측정할 수는 없다.

한 가지 방법은 **동위원소 희석법**을 사용할 수 있다. 소량의 방사성 동위원소를 혈액에 주입하고 일정시간이 지난 후 온몸에 동위원소가 퍼지도록 한다. 그 다음 일정양의 혈액을 채취하여 방사능을 측정한다. 이 계산을 이용하여 전체 혈액량을 측정할 수 있는데 다음 예제에서 설명하겠다.

예제 20.9 동위원소 희석법을 이용한 분석

문제 삼중수소 0.240 μCi를 포함한 용액 1.00 mL를 개의 혈액에 주입하였다. 동위원소가 분산되는 시간이 지난 후, 혈액 1.00 mL를 취하였다. 이 시료의 방사능 양은 4.3×10^{-4} μCi/mL이었다. 개의 전체 혈액의 부피는 얼마인가?

알고 있는 사실 진한 용액의 농도(활성도)와 부피를 알고 있으며, 묽은 용액의 농도를 측정한다. 미지의 양은 묽은 용액의 부피이다.

전략 이 문제에서, 방사성 동위원소의 양을 시료의 활성도(Ci 단위)로 주어져 있다. 용질의 총량은 0.240 μCi이고, 농도(혈액의 소량 시료로부터 측정된 것)는 4.3×10^{-4} μCi/mL이다. 미지의 양은 혈액의 부피(V)이다.

풀이 혈액은 0.240 μCi의 방사성 물질을 포함하고 있다. 방사성 물질의 농도는 0.240 μCi/mL로 표시할 수 있다. 이때 V는 전체 혈액의 양이다. 혈액 1.00 mL는 4.3×10^{-4} μCi/mL 방사능을 가지고 있다.

$$(0.240\ \mu\text{Ci/mL})(1.00\ \text{mL}) = (4.3 \times 10^{-4}\ \mu\text{Ci/mL})(V)$$

$$V = 560\ \text{mL}$$

고려사항 이 문제는 고전적 희석 문제로, $C_{dil} \times V_{dil} = C_{conc} \times V_{conc}$ 식을 이용하여 풀면 된다.

유제 $PbCrO_4$의 용해도를 측정하기 위해 납 0.0100 g을 포함하는 납 염에 방사성 ^{212}Pb의 납(II) 염 소량을 섞는다. 이 혼합물에 $PbCrO_4$로 완전히 납(II)을 침전시키기 위해, 충분한 양의 K_2CrO_4을 첨가한다. 표층 용액은 여전히 납의 추적물질을 포함하고 있으며, 이 용액 10.00 mL를 증발시켜 고체 $PbCrO_4$를 추출하여 순수한 ^{212}Pb의 염에서 방출되는 4.17×10^{-5}의 방사능을 측정하였다. $PbCrO_4$의 용해도(mol/L)를 계산하시오(C. E. Housecraft and A. G. Sharpe, *Inorganic Chemistry*, Pearson, 3rd edition, 2008, p. 84. 참조).

우주과학: 중성자 방사화 분석과 달 암석

달에 간 최초의 유인 우주선의 첫 번째 임무는 토양과 바위 시료를 채취하여 돌아오는 것이다. 그들의 임무 중 하나는 그들의 정체와 조성을 밝히는 것이다. 대부분의 분석 방법은 최소한 소량의 시료를 사용하는 화학 반응이 필요하다. 달의 바위는 그 당시 지구상에서 가장 귀하기 때문에 그런 방법으로는 분석할 수 없다.

그래서 사용하는 분석 방법 중 하나는 **중성자 방사화 분석**(neutron activation analysis)이다. 이것은 비파괴 과정으로 중성자를 시료에 가하면, 대부분의 동위원소는 들뜬 핵 상태에서 질량수 1이 높은 새로운 동위원소를 생성한다. 핵이 바닥 상태로 붕괴되면서 감마선을 방출하고 이것을 이용하여 원소를 인식하고, 감마선의 수로는 원소의 양을 알 수 있다. 이 방법으로 단 한 번의 실험으로 원소의 개수를 알아낼 수 있다(표 20.5).

표 20.5 달 암석 시료 10022의 희토류 분석(미세한 화성암)

원소	농도 (ppm)
La	26.4
Ce	68
Nd	66
Sm	21.2
Eu	2.04
Gd	25
Tb	4.7
Dy	31.2
Ho	5.5
Er	16
Yb	17.7
Lu	2.55

출처: L. A. Haskin, P. A. Helmke, and R. O. Allen; *Science*, Vol. 167, p. 487, 1970. 달 암석의 희토류의 농도는 지표암의 성분과 유사하다. 그러나 유로퓸이 거의 존재하지 않는 점만이 다르다. 1970년 1월 30일, 〈사이언스〉 지는 달 암석 분석에 대해 집중적으로 다루었다.

중성자 방사화 분석은 여러 분야에 응용된다. 이 분석 과정에서 물질은 고유한 지문 영역을 나타내므로 이것을 보고 물질의 종류를 알 수 있다. 예를 들어 어떤 예술 작품이 진품인지 모조품인지 알 수 있다. 그림의 염료가 최근 것인지 수백 년 전의 것인지를 알 수 있지만 작품에 어떤 영향도 미치지 않는다.

식품과학: 식품 방사능 조사

냉동, 통조림, 그리고 화학첨가제는 음식을 보관하는 데 도움이 되지만 어떤 곳에서는 이것들을 이용할 수 없거나 이렇게 보관된 음식이 부패하는 경우도 많다. ^{60}Co와 ^{137}Cs를 이용하여 감마선을 조사하면 음식을 오랫동안 보관할 수 있다. 상대적으로 낮은 방사능을 조사하면 박테리아, 곰팡이, 효모 등 음식을 부패하게 만드는 유기물의 성장을 억제할 수 있다. 방사능을 조사하면, 밀폐된 용기의 우유는 냉장 보관하지 않고도 세 달간 보관할 수 있다. 닭고기는 냉장 보관기간이 3일이지만, 방사능 조사를 하면 3주간 보관할 수 있다.

더 높은 준위의 방사능(1~5 Mrad, 1 Mrad = 1×10^6 rad)의 조사는 모든 유기물을 죽인다. 이 정도의 수준으로 방사능이 조사된 음식은 밀폐된 플라스틱이나 알루미늄 깡통에서는 거의 무한대로 보관할 수 있다. 방사능이 조사된 햄, 소고기, 칠면조와 절인 소고기는 우주선에 식량으로 쓰인다. 우주인들은 '동결건조 되거나 다른 형태의 음식보다 맛이 유지되기 때문에 이것이 너무 좋다'고 이야기한다.

이런 시도에 대해 반대가 없는 것은 아니다. 아직 대중들은 이런 것을 받아들이기 쉽지 않다. 흥미로운 것은 이런 방사능 조사가 음식을 보관하기 위해 사용하는 다른 방법보다 덜 해롭다는 것이다. 이런 멸균방법은 음식물이 위험한 화학물질에 노출되는 것을 줄이기 때문에 훨씬 더 안정하다. 독성 화학물질로부터 수자원을 보호하여 환경을 보전할 수 있다.

음식에 방사선을 조사하는 것은 유럽, 캐나다, 멕시코 등에서는 일반적이다. 미국에서 이 방법을 사용하는 것은 FDA와 USDA(department of agriculture)에 의해 규제되고 있다. 1997년에 FDA는 병원성 세균을 없애고 보관기간을 늘리기 위해 냉장식품과 냉장되지 않은 육류에 대해, 2000년에 USDA는 살모넬라 감염을 막기 위해 계란에 방사선을 조사하는 것을 허용하였다.

"라두라". "라두라"로 불리는 국제기호는 방사능이 조사된 생산제품(과일, 채소, 고기)의 포장에 표시되어야 한다. 보다 많은 정보를 원하면 EPA 웹사이트를 참조하시오(www.epa.gov/radiation/sources/food_irrad.html).

화학 원리 응용 | 유성의 나이

유성은 수집가들에게는 상당한 가치가 있지만 과학적으로도 흥미롭다. 유성은 일반적으로 태양계에서 가장 오래된 물질 중 하나로 여겨지고 있으나 이것은 명백한 의문도 제기하고 있다. 어떻게 유성의 나이를 결정할 수 있을까? 유성의 나이는 성분이 도망가지 못하게 고체 주형 안에 넣고 밀폐된 상태로 고체로 응축된 이후의 시간을 의미한다. 유성의 나이를 측정할 수 있는 수많은 방법이 있으며, 모두 반감기가 긴 방사성 원소의 붕괴를 포함한다.

연대 측정 방법 중 하나는 물질의 시료를 기화시켜 ^{86}Sr, ^{87}Sr, ^{87}Rb의 양을 질량분석기로 측정하는 것이다. ^{86}Sr과 ^{87}Sr은 안정한 동위원소이다. ^{87}Sr로 붕괴하는 루비듐 동위원소는 반감기가 4.88×10^{10}년이다. 측정된 ^{87}Sr의 양은 유성이 형성되었을 때에 초기에 존재하였던 ^{87}Sr($^{87}Sr_0$)의 양에 ^{87}Rb의 붕괴에 의해 생성된 양을 더한 것이다. ^{86}Sr의 양은 일정하고 다른 동위원소의 원래 양을 확인하는 데 사용된다. 3개의 측정된 양은 다음 방정식으로 연계된다(1차 속도 법칙으로부터 유도될 수 있다).

$$[^{87}Sr/^{86}Sr] = (e^{kt} - 1)\,[^{87}Rb/^{86}Sr] + [^{87}Sr_0/^{86}Sr]$$

방정식은 직선 방정식의 형태, $y = mx + b$를 가진다. 각 유성으로부터 여러 개의 시료를 분석한다. 각 동위원소의 양은 시료마다 다를 수 있지만 그래프($[^{87}Sr/^{86}Sr]$ 대 $[^{87}Rb/^{86}Sr]$)는 기울기 $m = (e^{kt} - 1)$과 y 절편 $[^{87}Sr_0/^{86}Sr]$을 가지는 직선을 주게 된다. 기호 k는 방사성 분해에 대한 속도 상수를 의미한다. 이 방법을 동시 연대 측정(isochron dating)이라 한다.

문제

1. ^{87}Rb의 방사성 분해에 대한 완결된 반응식을 쓰시오.
2. 다음 과정 중 어느 것에 의해 ^{87}Rb의 분해가 일어나는가?
   (a) 알파 방출 (b) 베타 방출
   (c) 감마 방출 (d) 전자 포획
   (e) 양전자 방출
3. ^{87}Rb의 방사성 붕괴의 속도 상수를 결정하시오.
4. 가장 나이가 많은 유성은 약 45억 년이다. 원래 ^{87}Rb의 어느 정도가 붕괴되었는가?

5. 유성의 4개 시료에 대하여 ^{86}Sr, ^{87}Sr, ^{87}Rb의 상대적 산출도를 측정하였다. 결과는 아래 표에 게재하였다. 이 자료를 이용하여 스트론튬–루비듐 동시 연대 측정 그래프를 그리고 직선의 기울기를 이용하여 유성의 나이를 결정하시오.

상대 산출도

샘플 #	^{86}Sr	^{87}Sr	^{87}Rb
1	1.000	0.819	0.839
2	1.063	0.855	0.506
3	0.950	0.824	1.929
4	1.011	0.809	0.379

6. $[^{87}Sr/^{86}Sr]$에 대한 위에 주어진 방정식을 유도하시오(힌트: $[^{87}Rb_0] = [^{87}Rb]\ e^{kt}$ 형태의 속도 방정식으로부터 시작하시오).

유성. 유성은 외부 우주에서 기원된 물질이고 지구 표면에 떨어져 확인된다. 이들은 클 수도 있고 작을 수도 있으나 지구의 대기에 진입할 때 대기에서의 마찰에 의해 높은 온도로 가열되어 빛을 띠며 화염을 형성한다. 3개의 일반 분류가 있으며, 규산염 광물인 암석유성, 대부분 철과 니켈인 철유성과 암석철 유성이다(철유성의 사진 참조, 그림 7.6).

학습 목표 복습

여러분은 이 장의 학습을 마쳤다. 이제 학습 목표를 달성했는지 점검해 보자. 특히 다음과 같은 것을 할 수 있어야 한다.

- 핵 안정성의 기준과 불안정한 핵종이 붕괴하는 과정을 이해한다(그림 20.3과 20.3절).
- 원소의 새로운 동위원소를 생성하는 데 사용하는 방법을 이해한다(20.5절).
- 안정하고 불안정한 핵종에서 양성자와 중성자의 수를 보여주는 그래프를 이해한다(20.3절과 그림 20.3).
- 핵자당 결합 에너지 대 원자번호의 관계를 보여주는 그래프를 이해한다(25.3절과 그림 20.4).
- 방사능과 관련한 안전과 보건에 대한 주제를 이해한다(20.8절).
- 과학과 의학에서 방사성 동위원소의 이용을 이해한다(20.9절).

- 방사성 원소의 붕괴와 새로운 동위원소 합성에 대한 반응식을 쓴다(20.2절).
- n/p 비율에 근거한 불안정한 핵의 가능한 분해 방식을 예측한다(20.2, 20.3절).
- 결합 에너지와 특정 동위원소에 대한 핵자당 결합 에너지를 계산한다(20.3절).

- 불안정한 동위원소 분해의 1차 반응속도 방정식에 근거한 계산을 수행한다(20.4절).

- 핵 붕괴 계열과 이들의 의미를 기억한다(20.2절).
- 방사선의 종류를 기억한다(20.1, 20.2절).
- 핵분열과 핵융합 과정을 기억한다(20.6 20.7절).

주요 식

식 20.1(939쪽) 질량(m)과 에너지(E)의 상호변환을 연계하는 방정식. 이 방정식은 핵의 결합 에너지(E_b) 계산에도 적용된다.

$$E_b = (\Delta m)c^2$$

식 20.2(943쪽) 방사성 시료의 활성도(A)는 방사성 원자의 수(N)에 정비례한다.

$$A \propto N$$

식 20.3(943쪽) 시간에 따른 방사성 원소 수의 변화는 속도상수(k, 붕괴상수)와 존재하는 원자의 수(N)의 곱과 같다.

$$\frac{\Delta N}{\Delta t} = -kN$$

식 20.4(944쪽) 초기에 존재하는 방사성 원자의 수(N_0)와 시간 t가 지난 후의 수 N에 근거한 핵붕괴의 속도 법칙

$$\ln\left(\frac{N}{N_0}\right) = -kt$$

식 20.5(944쪽) 시료의 측정된 활성(A)에 근거한 핵붕괴 속도 법칙

$$\ln\left(\frac{A}{A_0}\right) = -kt$$

식 20.6(944쪽) 핵붕괴 과정에 대한 반감기와 속도 상수 사이의 관계식

$$t_{1/2} = 0.693/k$$

Courtesy of Francois Gauthier-Lafaye

실전문제

중요한 개념

1. 핵화학의 발전에 기여한, 과학사에 있어서 중요한 발견들이 아래 나열되어 있다. 간단히 각 발견에 대하여 기술하고 이 영역의 발전에 대한 발견의 중요성을 확인하시오.
(a) 1896, 방사능의 발견
(b) 1898, 로듐과 폴로늄의 확인
(c) 1919, 최초의 인공 핵반응
(d) 1932, (n, γ) 반응
(e) 1939, 핵분열 반응

2. 핵자당 결합 에너지의 그래프가 그림 20.4에 도시되었다. 이 그래프를 그리는 데 사용된 자료를 어떻게 얻었는지를 설명하시오.

3. 핵반응이 실험실에서 어떻게 수행되었는지를 개략적으로 기술하시오. 92번 이상의 원자번호를 가지는 원소를 만들기 위해 사용된 인공 핵반응을 기술하시오.

4. 탄소–14가 고대 유물의 연대를 추산하는 데 어떻게 사용되는지를 설명하시오. 이 기술을 사용함에 있어 한계는 무엇인가?

5. 방사성 붕괴 계열은 무엇인가? 라듐과 폴로늄이 왜 우라늄 광물에서 발견되는지를 설명하시오.

핵반응(20.2절, 예제 20.1~20.2 참조)

6. 다음 핵 반응식을 완성하시오. 남아 있는 입자의 원소기호를 비롯하여 질량수와 원자번호를 쓰시오.
(a) ${}^{54}_{26}\mathrm{Fe} + {}^{4}_{2}\mathrm{He} \rightarrow 2\,{}^{1}_{0}\mathrm{n} + ?$
(b) ${}^{27}_{13}\mathrm{Al} + {}^{4}_{2}\mathrm{He} \rightarrow {}^{30}_{15}\mathrm{P} + ?$
(c) ${}^{32}_{16}\mathrm{S} + {}^{1}_{0}\mathrm{n} \rightarrow {}^{1}_{1}\mathrm{H} + ?$
(d) ${}^{96}_{42}\mathrm{Mo} + {}^{2}_{1}\mathrm{H} \rightarrow {}^{1}_{0}\mathrm{n} + ?$
(e) ${}^{98}_{42}\mathrm{Mo} + {}^{1}_{0}\mathrm{n} \rightarrow {}^{99}_{43}\mathrm{Tc} + ?$
(f) ${}^{18}_{9}\mathrm{F} \rightarrow {}^{18}_{8}\mathrm{O} + ?$

7. 다음 핵 반응식을 완성하시오. 남아 있는 입자의 원소기호, 질량수와 원자번호를 쓰시오.
(a) ${}^{111}_{47}\mathrm{Ag} \rightarrow {}^{111}_{48}\mathrm{Cd} + ?$
(b) ${}^{87}_{36}\mathrm{Kr} \rightarrow {}^{0}_{-1}\beta + ?$
(c) ${}^{231}_{91}\mathrm{Pa} \rightarrow {}^{227}_{89}\mathrm{Ac} + ?$
(d) ${}^{230}_{90}\mathrm{Th} \rightarrow {}^{4}_{2}\mathrm{He} + ?$
(e) ${}^{82}_{35}\mathrm{Br} \rightarrow {}^{82}_{36}\mathrm{Kr} + ?$
(f) $? \rightarrow {}^{24}_{12}\mathrm{Mg} + {}^{0}_{-1}\beta$

8. 우라늄–235의 방사성 붕괴는 ${}^{235}_{92}\mathrm{U}$로 시작하여 ${}^{207}_{82}\mathrm{Pb}$로 끝이 난다. 그 과정에서 다음과 같은 순서로 방사성 물질이 방출된다. α, β, α, β, α, α, α, α, β, β, α. 이 계열의 각 단계에 대한 반응식을 쓰시오.

핵 안정성과 핵붕괴(20.3절과 예제 20.3~20.4 참조)

9. 다음과 같은 핵 반응에서 방출되는 입자는 무엇인가? 각 반응에 대한 식을 쓰시오.
(a) 금–198은 수은–198로 붕괴한다.
(b) 라돈–222는 폴로늄–218로 붕괴한다.
(c) 세슘–137은 바륨–137로 붕괴한다.
(d) 인듐–110은 카드뮴–110으로 붕괴한다.

10. 다음과 같은 방사성 물질의 가능한 붕괴 형태를 예측하고, 각 생성물을 포함하는 식을 쓰시오.
(a) 브로민–80　　(b) 캘리포늄–240
(c) 코발트–61　　(d) 탄소–11

11. (a) 다음 핵 물질 중 어느 것이 ${}^{0}_{-1}\beta$ 붕괴를 하면서 붕괴되는가?

$^{3}\mathrm{H}$　$^{16}\mathrm{O}$　$^{20}\mathrm{F}$　$^{13}\mathrm{N}$

(b) 다음 핵 물질 중 어느 것이 ${}^{0}_{+1}\beta$ 붕괴를 하면서 붕괴

되는가?

^{238}U ^{19}F ^{22}Na ^{24}Na

12. 붕소는 2개의 안정한 동위원소 ^{10}B와 ^{11}B를 가지고 있다. 두 원소의 핵당 결합 에너지를 계산하시오. 필요한 질량수는 다음과 같다. $^{1}_{1}$H = 1.00783, $^{1}_{0}$n = 1.00867, $^{10}_{5}$B = 10.01294, $^{11}_{5}$B = 11.00931

13. 칼슘-40 핵자 1개당 결합 에너지를 계산하고, 그림 20.4에 있는 값과 비교하시오. 필요한 질량수는 다음과 같다. $^{1}_{1}$H = 1.00783, $^{1}_{0}$n = 1.00867, $^{40}_{20}$Ca = 39.96259

14. $^{16}_{8}$O 핵자 1몰당 결합 에너지를 계산하시오. 필요한 질량수는 다음과 같다. $^{1}_{1}$H = 1.00783, $^{1}_{0}$n = 1.00867, $^{16}_{8}$O = 15.99492

방사성 붕괴 속도(20.4절과 예제 20.5~20.7 참조)

15. ^{64}Cu가 포함되어 있는 아세트산구리(II)는 뇌암을 연구하는 데 쓰인다. 이 동위원소의 반감기는 12.7시간이다. ^{64}Cu 25.0 μg이 있었다면 63.5시간 후에 남아 있는 질량은 얼마인가?

16. 아이오딘-131은 갑상선암을 치료하는 데 쓴다.
(a) 이 동위원소는 베타 입자를 내고 붕괴한다. 이 과정의 반응식을 쓰시오.
(b) 아이오딘-131은 8.04일의 반감기를 가진다. 이 동위원소 2.4 μg을 가지고 있을 때 40.2일이 지난 후, 남아 있는 양은 얼마인가?

17. 갈륨-67(반감기=78.25시간)은 특정 암을 진단하는 데 사용한다. 만약 이 동위원소 0.015 mg을 포함한 화합물을 복용했을 때, 13일이 지난 후 몸 속에 남아 있는 양은 얼마인가? (외부로 배설된 것은 없다고 가정한다.)

18. 라돈은 일반 가정에서도 발견되어 최근 많은 관심을 가지고 있다. 라돈-222는 알파 입자를 방출하고 반감기는 3.83일이다.
(a) 이 과정을 나타내는 반응을 쓰시오.
(b) 원래 양의 20.0 %까지 줄어드는 데 걸리는 시간은 얼마인가?

19. 감마선의 발생원으로 방사성 코발트-60을 핵의학에서 광범위하게 사용하는데, 이것은 코발트-59에 중성자 포획이 되면서 생성된다. 그리고 코발트-60은 역시 베타 입자를 내는 동위원소로 강한 감마선을 내면서 베타 입자도 내놓는다. 코발트-60의 반감기는 5.27년이다.
(a) 코발트-60이 원래의 1/8로 줄어드는 데 걸리는 시간은 얼마인가?
(b) 1.0년이 지난 후 코발트-60의 활성도 비율은 얼마인가?

핵반응(20.5절과 예제 20.9 참조)

20. 아메리슘-240은 플루토늄-239를 α 입자로 충돌시켜 만들어진다. ^{240}Am 이외의 생성물은 1개의 양성자와 2개의 중성자이다. 이 과정에 대한 완결된 반응식을 쓰시오.

21. 초중량 원소 ^{287}Fl(114번 원소)는 ^{242}Pu에 ^{48}Ca 이온 살(beam)을 충돌시켜 만들었다. 3개의 중성자가 이 반응에서 방출되었다. ^{287}Fl의 합성에 대한 완결된 핵 반응식을 쓰시오.

22. 중수소 핵($^{2}_{1}$H)은 핵반응을 수행하기 위한 충돌 입자로 특히 유효하다. 다음 반응식을 완결하시오.
(a) $^{114}_{48}$Cd + $^{2}_{1}$H $\rightarrow$? + $^{1}_{1}$H
(b) $^{6}_{3}$Li + $^{2}_{1}$H $\rightarrow$? + $^{1}_{0}$n
(c) $^{40}_{20}$Ca + $^{2}_{1}$H $\rightarrow$ $^{38}_{19}$K + ?
(d) ? + $^{2}_{1}$H $\rightarrow$ $^{65}_{30}$Zn + γ

23. 붕소는 효과적인 중성자 흡수제이다. 붕소-10이 중성자와 충돌하였을 때 α 입자가 방출되었다. 이 핵반응의 완결된 반응식을 쓰시오.

일반문제

다음 문제들은 절의 종류나 위치를 명시하지 않았다. 이 문제들은 여러 가지 개념이 조합되어 있을 수도 있다.

24. 지질학적 시료의 연대 측정을 위한 기술은 반감기가 $t_{1/2}$ = 4.8 × 10^{10}년으로 오래 존재하는 방사성 동위원소 루비듐-87을 사용한다. 루비듐-87은 β 방출을 하며 붕괴하여 스트론튬-87이 된다. 만약 루비듐-87이 암석 또는 광물의 부분이면, 스트론튬-87은 암석의 결정격자 안에 잡힌 채로 남아 있을 것이다. 암석의 연대

는 암석이 고체화한 시기로 거슬러 올라가게 된다. 암석의 화학적 분석으로 ^{87}Rb와 ^{87}Sr의 양을 알았다. 이 자료로부터 남아 있는 ^{87}Rb의 비율을 계산할 수 있다. 암석질의 유성을 분석하여 ^{87}Rb가 1.8 mmol, ^{87}Sr이 1.6 mmol(^{87}Sr의 일부는 ^{87}Rb의 분해로 생성됨)이 있음을 알았다. 유성의 연대를 추산하시오(힌트: t_0에서 ^{87}Rb의 양 = ^{87}Rb mole + ^{87}Sr mole).

25. 인은 자연 상태에서 한 가지 동위원소, P−31로 산출된다. P−31의 중성자 조사는 P−32를 생성하며, 이것은 14.28일의 반감기를 가지는 베타 입자 방사체이다. 3.2×10^6 dpm의 붕괴 속도를 가지는 인−32 시료가 있을 때, 1년의 기간 동안 분당 붕괴를 시간의 함수로 그리시오.

26. 핵분열이 가능한 우라늄의 공급 부족이 일어난다면, 다른 핵물질을 사용하는 것이 가능하다. 이러한 원료로 플루토늄은 소비하는 것보다 더 많은 연료를 만들어내는 증식로에서 만들어진다. 플루토늄이 만들어지는 연속적인 반응은 다음과 같다.

(a) ^{238}U 핵은 ^{239}U를 생성하기 위해 (n, γ) 반응을 진행한다.

(b) ^{239}U은 넵튜늄(neptunium)의 동위원소를 생성하기 위해 베타 입자 붕괴($t_{1/2}$ = 23.5 min)한다.

(c) 넵튜늄 동위원소는 플루토늄 동위원소를 생성하기 위해 베타 입자 붕괴($t_{1/2}$ = 23.5 min)한다.

(d) 플루토늄 동위원소는 핵분열성이다. 이 플루토늄 동위원소가 중성자와 충돌할 때, 분열이 일어나면서 생성물로 최소한 2개의 중성자가 생기고 다른 2개의 핵을 생성한다.

각 핵반응에 대한 핵 반응식을 쓰시오.

27. 리버모륨의 합성

(a) Lv−296은 상대적으로 가벼운 원자와 큐륨−248과의 충돌로부터 만들어진다. 가벼운 입자는 무엇인가?

(b) Lv−296은 안정하지 않아 Lv−293으로 붕괴한다. 이 과정에서 방출되는 입자는 무엇인가?

실험 관련 문제

28. 미국 원주민 마을의 폐허에서 발견된 탄화된 뼈는 살아있는 생물체에서 발견되는 방사능의 72 %에 해당하는 ^{14}C/^{12}C 비율을 가지고 있다. 이 뼈 조각의 연대를 계산하시오(^{14}C의 반감기는 5.73×10^3년이다).

29. 마리 퀴리에 의해서 발견된 폴로늄의 동위원소는 폴로늄−210이다. 이 원소 시료를 핵반응에 의해서 만들었다. 초기 활성도(α 방출)는 7840 dpm이다. 시간에 따른 방사능을 측정하여 다음 표의 자료를 얻었다.

활성도 (dpm)	시간(일)
7840	0
7570	7
7300	14
5920	56
5470	72

폴로늄−210의 반감기를 결정하시오.

30. 광물의 연대는 시료에 들어 있는 ^{206}Pb와 ^{238}U의 양을 측정함으로써 결정한다. 이것은 시료의 모든 ^{206}Pb는 ^{238}U이 붕괴되어 생성된다고 가정한다. 얻어진 연대는 바위가 고체화된 때를 알려준다. ^{206}Pb와 ^{238}U의 비율이 0.33인 화성암의 나이는 얼마인가? (^{238}U의 $t_{1/2} = 4.5 \times 10^9$ year)

요약 및 개념 문제

다음 문제들은 이 장과 이전의 장들에서 나온 개념을 모두 포함하고 있다.

31. 좋은 등급의 석탄의 평균 에너지 발생량은 2.6×10^7 kJ/ton이다. ^{235}U 1 mol이 핵분열하면 2.1×10^{10} kJ의 에너지를 방출한다. ^{235}U 1파운드와 같은 에너지를 발생하기 위해 필요한 석탄의 양(톤 단위로)은 얼마가 되는지 계산하시오(부록 C의 환산계수를 사용하시오).

32. 동위원소 희석법의 원리는 많은 종류의 문제에 적용될 수 있다. 해양생물학자가 호수에서 물고기의 수를 알고 싶을 때, 1000마리의 동위원소 표지 물고기를 방류하고 호수에 균일하게 퍼질 수 있는 적절한 시간이 지난 후 5250마리를 잡았다. 이 중에서 27마리가 표지된 물고기였다. 호수에 사는 물고기는 몇 마리인가?

33. 방사성 붕괴 계열은 매우 오래 존재하는 동위원소부터

시작된다. 예를 들어 ^{238}U의 반감기는 4.5×10^9 year이다. 각 계열은 가장 높은 질량수를 가지는 오래 존재하는 어미 동위원소의 이름으로 확인된다.

(a) ^{238}U의 방사성 붕괴 계열은 이 계열에 포함된 13개의 동위원소의 질량수가 $M = 4n + 2$(M은 질량수, n은 정수)로 표시되는 식에 의해 표시되기 때문에 $4n + 2$ 계열이라고 한다. 왜 질량수가 이러한 방법으로 관련되는지를 설명하시오.

(b) 지구 지각에 있는 광석에서 확인된 2개의 방사성 동위원소 붕괴는 토륨–232와 우라늄–235 계열이다. 이 계열에 포함된 동위원소의 질량수는 간단한 정수 방정식으로 나타낼 수 있는가? 그렇다면 방정식을 쓰시오.

(c) 다음 각 방사성 동위원소가 속하는 방사능 붕괴 계열을 확인하시오. $^{226}_{88}Ra$, $^{215}_{86}At$, $^{228}_{90}Th$, $^{210}_{83}Bi$

(d) 원소의 한 계열, $4n + 1$ 계열이 지구의 지각에서는 존재하지 않는다. 이유를 추측하시오.

34. 비스무트와 우라늄 사이의 마지막 알려지지 않은 원소는 마이트너(Lise Meitner, 1878~1968)와 한(Otto Hahn, 1879~1968)에 의해 1918년에 발견되었다. 그들은 역청 우라늄을 화학적으로 추출하여 ^{231}Pa를 얻었고 그것의 농도는 약 1 ppm (part per million)이었다. 알파 방사체인 이 동위원소의 반감기는 3.27×10^4 year이다.

(a) ^{235}U, ^{238}U, 또는 ^{232}Th 붕괴 계열 중, 어떤 방사성 붕괴 계열이 ^{231}Pa를 포함하는가?

(b) 궁극적으로 이 동위원소를 형성하는 오래 존재하는 동위원소로부터 시작하는 가능한 연속된 핵반응을 제안하시오.

(c) 100 % 수율이라고 가정할 때, ^{231}Pa 1.0 g을 분리할 수 있는 광석의 양은 얼마인가?

(d) ^{231}Pa에 대한 방사성 붕괴 계열에 대한 반응식을 쓰시오.

35. 마리와 피에르 퀴리는 라듐과 폴로늄을 우라늄 광석(역청 우라늄, ^{238}U와 ^{235}U를 함유)으로부터 분리하였다. 라듐과 폴로늄의 다음 동위원소 중 어느 것이 우라늄 광석에서 발견될 수 있는가? (힌트: 2개 동위원소의 반감기와 ^{238}U와 ^{235}U로 시작되는 붕괴 계열을 고려하시오.)

동위원소	반감기
^{226}Ra	1620년
^{225}Ra	14.8일
^{228}Ra	6.7년
^{216}Po	0.15초
^{210}Po	138.4일

부록

A 로그의 사용과 이차방정식의 해법

B 일부 주요한 물리적 개념

C 축약기호와 유용한 변환계수

D 물리 상수

E 유기 화합물의 명명법에 대한 간단한 지침

F 원소의 이온화 에너지와 전자부착 엔탈피 값

G 여러 온도에서의 물의 증기압

H 25 ℃에서 약산 수용액의 이온화 상수

I 25 ℃에서 약염기 수용액의 이온화 상수

J 25 ℃에서 일부 무기 화합물의 용해도적 상수

K 25 ℃ 수용액에서 일부 착이온의 형성상수

L 열역학 함수 값

M 25 ℃ 수용액에서 표준 환원 퍼텐셜

N 해답 및 해설

A 로그의 사용과 이차방정식의 해법

개론적 화학 과정은 기초적 대수와 (1) 과학적 표기법 (2) 로그 (3) 이차방정식에 관한 지식을 요구한다. 여기서는 마지막 2개의 주제를 살펴보고자 한다.

A-1 로그

2종류의 로그가 이 책에서 사용된다. 즉 (1) 밑이 10인 상용로그(log로 축약)와 (2) 밑이 e (= 2.71828)인 자연로그(ln으로 축약)이다.

$$\log x = n, \quad \text{여기서} \quad x = 10^n$$
$$\ln x = m, \quad \text{여기서} \quad x = e^m$$

화학과 물리에서 대부분 식은 자연 또는 밑이 e인 로그로 표시되고 이 교재에서도 이러한 표기법을 따르게 된다. log와 ln 사이의 관계는 다음과 같다.

$$\ln x = 2.303 \log x$$

2가지 로그의 다른 밑에도 불구하고 이들은 같은 방법으로 사용된다. 다음의 내용은 상용로그의 사용법에 대한 기술이다.

상용로그는 수를 표시하기 위해 적용하는 10의 거듭제곱수이다. 예를 들면 100의 log는 2이다. 왜냐하면 100을 얻으려면 10에 2의 거듭제곱수를 적용하여야 하기 때문이다. 다른 예는 다음과 같다.

$$\begin{aligned}
\log 1000 &= \log(10^3) = 3 \\
\log 10 &= \log(10^1) = 1 \\
\log 1 &= \log(10^0) = 0 \\
\log 0.1 &= \log(10^{-1}) = -1 \\
\log 0.0001 &= \log(10^{-4}) = -4
\end{aligned}$$

10의 간단한 정수의 거듭제곱이 아닌 수의 상용로그를 얻으려면 log 표나 전자계산기를 사용하여야 한다. 예를 들면

$\log 2.10 = 0.322$ 이는 $10^{0.322} = 2.10$을 의미한다.
$\log 5.16 = 0.713$ 이는 $10^{0.713} = 5.16$을 의미한다.
$\log 3.125 = 0.4949$ 이는 $10^{0.4949} = 3.125$를 의미한다.

많은 계산기에서 이것을 확인하려면 수를 입력하고 'log' 키를 누르면 된다. 여러분은 여러분의 특수 계산기의 사용법을 확실히 이해해야만 한다.

여기 제시된 수의 자연로그 ln을 얻으려면 이 기능을 가진 계산기를 사용하면 된다. 각 수를 입력하고 'ln' 키를 누르면 된다.

$$\ln 2.10 = 0.742 \text{ 이는 } e^{0.742} = 2.10\text{을 의미한다.}$$
$$\ln 5.16 = 1.641 \text{ 이는 } e^{1.641} = 5.16\text{을 의미한다.}$$

10보다 크거나 1보다 작은 수의 상용로그를 로그표로 찾으려면 먼저 수를 과학적 표기법으로 표시하고 각 부분의 수의 로그를 찾아 더하면 된다. 예를 들면

$$\begin{aligned} \log 241 &= \log (2.41 \times 10^2) = \log 2.41 + \log 10^2 \\ &= 0.382 + 2 = 2.382 \\ \log 0.00573 &= \log (5.73 \times 10^{-3}) = \log 5.73 + \log 10^{-3} \\ &= 0.758 + (-3) = -2.242 \end{aligned}$$

유효숫자와 로그

가수(mantissa)는 로그 값의 수와 같은 유효숫자를 가짐을 주목하시오.

로그와 명명법
로그에서 소수점의 왼쪽의 수는 지표(characteristic)라 하고 소수점의 오른쪽 수를 가수(mantissa)라 한다.)

로그의 역 구하기

특정 수의 로그가 주어지고 이로부터 수를 구하고자 하면 수의 '로그의 역' 또는 '안티로그(antilog)'를 구하게 된다. 전자계산기를 이용하여 이 과정을 수행하는 흔히 하는 2가지 순서는 다음과 같다.

순서 A	순서 B
1. log 또는 ln의 값을 입력	1. log 또는 ln의 값을 입력
2. 2ndF 키를 누름	2. INV 키를 누름
3. 10^x 또는 e^x 키를 누름	3. log 또는 ln x의 키를 누름

다음 예를 연습함으로써 계산기로 이 조작을 적절하게 할 수 있는지를 확인하시오.

1. log 값이 5.234인 수를 찾으시오.
   $x = 10^n$이면, $\log x = n$임을 상기하시오. 이 경우 $n = 5.234$이다. 안티로그인 10^n의 값을 찾으시오. 이 경우,

   $$10^{5.234} = 10^{0.234} \times 10^5 = 1.71 \times 10^5$$

   지표(5)가 소수점을 결정함에 주목하시오. 또한 지수 형태에서 10의 거듭제곱수이다. 가수(0.234)는 수 x의 값, 이 경우 1.71을 준다.
2. log 값이 −3.456인 수를 찾으시오.

   $$10^{-3.456} = 10^{0.544} \times 10^{-4} = 3.50 \times 10^{-4}$$

   −3.456은 −4와 +0.544의 합으로 표시될 수 있음에 주목하시오.

로그를 이용한 수학적 조작

로그는 지수이므로 로그를 포함한 조작은 지수에 사용되는 동일한 규칙에 따른다. 따라서 두 수를 곱하는 것은 로그를 더하는 것으로 시행할 수 있다.

$$\log xy = \log x + \log y$$

예를 들면 563 곱하기 125는 각 로그를 더하고 결과의 안티로그를 취하면 된다.

$$\begin{aligned} \log 563 &= 2.751 \\ \log 125 &= \underline{2.097} \\ \log xy &= 4.848 \\ xy &= 10^{4.848} = 10^{0.848} \times 10^{4} = 7.05 \times 10^{4} \end{aligned}$$

한 수(x)를 다른 수(y)로 나누는 것은 각 로그를 빼는 것으로 시행할 수 있다.

$$\log \frac{x}{y} = \log x - \log y$$

예를 들어 125를 742로 나누면,

$$\begin{aligned} \log 125 &= 2.097 \\ -\log 742 &= \underline{2.870} \\ \log \frac{x}{y} &= -0.773 \end{aligned}$$

$$\frac{x}{y} = 10^{-0.773} = 10^{0.227} \times 10^{-1} = 1.68 \times 10^{-1}$$

마찬가지로 수의 거듭제곱수와 제곱근은 로그를 이용하여 계산할 수 있다.

$$\log x^{y} = y(\log x)$$

$$\log \sqrt[y]{x} = \log x^{1/y} = \frac{1}{y} \log x$$

예로서 5.23의 4승의 값을 계산하시오. 먼저 5.23의 로그를 확인하고 4를 곱한다. 결과 2.874는 답의 로그이다. 따라서 2.874의 안티로그를 구하면 된다.

$$\begin{aligned} (5.23)^4 &= ? \\ \log (5.23)^4 &= 4 \log 5.23 = 4(0.719) = 2.874 \\ (5.23)^4 &= 10^{2.874} = 748 \end{aligned}$$

다른 예로서 1.89×10^{-9}의 5제곱근을 구하시오.

$$\sqrt[5]{1.89 \times 10^{-9}} = (1.89 \times 10^{-9})^{1/5} = ?$$

$$\log(1.89 \times 10^{-9})^{1/5} = \frac{1}{5} \log(1.89 \times 10^{-9}) = \frac{1}{5}(-8.724) = -1.745$$

해답은 −1.745의 안티로그이다.

$$(1.89 \times 10^{-9})^{1/5} = 10^{-1.745} = 1.80 \times 10^{-2}$$

A-2 이차방정식

$ax^2 + bx + c = 0$의 형태인 대수 방정식을 **이차방정식**(quadratic equations)이라 한다. 계수 a, b, c는 양수 또는 음수가 될 수 있다. 방정식의 두 근은 다음과 같은 **2차식**으로 표시할 수 있다.

$$x = \frac{-b \pm \sqrt{b^2 - 4ac}}{2a}$$

예로서 $5x^2 - 3x - 2 = 0$ 방정식을 푸시오. 여기서 $a = 5$, $b = -3$, $c = -2$이다. 따라서

$$\begin{aligned} x &= \frac{3 \pm \sqrt{(-3)^2 - 4(5)(-2)}}{2(5)} \\ &= \frac{3 \pm \sqrt{9 - (-40)}}{10} = \frac{3 \pm \sqrt{49}}{10} = \frac{3 \pm 7}{10} \\ &= 1\text{과 } -0.4 \end{aligned}$$

어떤 근이 정확한 답인 것을 여러분은 어떻게 알 수 있는가? 수학적으로 근은 둘 다 가능하지만 화학 문제에서 각 경우에 있어 어느 근이 물리적 의미를 가지는지를 결정해야 한다. 그러나 이 과정에서는 음수 값은 의미가 없다는 것이 **보통** 참이다.

근의 공식으로 풀게 되면 항상 원래 방정식에 대입하여 값을 확인해야 한다. 앞의 예에서 $5(1)^2 - 3(1) - 2 = 0$이고 $5(-0.4)^2 - 3(-0.4) - 2 = 0$임을 알 수 있다.

이차방정식을 만나게 될 가장 가능성이 있는 부분은 화학 평형에 관련된 장들, 특히 15장에서 17장까지이다. 여기서 다음과 같은 방정식을 푸는 상황에 대면하게 될 것이다.

$$1.8 \times 10^{-4} = \frac{x^2}{0.0010 - x}$$

이 방정식은 이차식을 이용하여 ($x = 3.4 \times 10^{-4}$를 얻도록) 풀 수 있다. 그러나 간편하게 하기 위하여 **연속 근사법**(method of successive approximations)을 사용할 수 있다. 여기서 x에 대한 적절한 가정을 함으로써 시작할 수 있다. 이 근삿값은 원래 방정식에 대입하고 보다 정확한 x 값을 주도록 풀 수 있다. 답이 특정한 x 값에 수렴할 때까지 이 과정을 계속할 수 있다. 즉 2가지 연속적인 가정으로부터 얻어진 x 값이 같아질 때까지 계속한다.

1단계 먼저 x가 매우 작아서 $(0.0010 - x) \approx 0.0010$이라 가정한다. 이것은 다음을 의미한다.

$$\begin{aligned} x^2 &= 1.8 \times 10^{-4}\ (0.0010) \\ x &= 4.2 \times 10^{-4}\ (\text{유효숫자 2자리}) \end{aligned}$$

2단계 1단계의 x 값을 원래 방정식의 분모에 대입하고 x에 대하여 다시 풀면,

$$\begin{aligned} x^2 &= 1.8 \times 10^{-4}\ (0.0010 - 0.00042) \\ x &= 3.2 \times 10^{-4} \end{aligned}$$

3단계 2단계에서 얻은 x 값을 이용하여 2단계를 되풀이하면

$$x = \sqrt{1.8 \times 10^{-4}(0.0010 - 0.00032)} = 3.5 \times 10^{-4}$$

4단계 먼저 단계에서 얻은 x 값을 이용하여 계산을 되풀이하는 것을 계속하면,

$$x = \sqrt{1.8 \times 10^{-4}(0.0010 - 0.00035)} = 3.4 \times 10^{-4}$$

5단계 $x = \sqrt{1.8 \times 10^{-4}(0.0010 - 0.00034)} = 3.4 \times 10^{-4}$

여기서 4단계 이후에 계속하면 x 값이 동일하게 되며, 이는 타당한 답에 도달하였음을 의미한다(근의 공식에서 얻은 것과 같다).

여기서 연속 근사법을 사용하는 것에 대하여 마지막으로 생각하여 보자. 먼저, 어떤 경우에는 이 방법은 적용되지 않는다. 연속적인 단계로 무작위하거나 정확한 값에서 발산하는 답을 줄 수도 있다. 15장에서 17장까지에서 $K = x^2/(C - x)$와 같은 형태의 이차방정식과 만날 수 있다. 연속 근사법은 $K < 4C$(처음에 $x = 0$, 즉 $K \approx x^2/C$로 시작한다고 가정하자)인 경우에 적용된다. 이것은 약산과 약염기(16장과 17장의 주제)의 경우 항상 적용된다. 그러나 K가 매우 클 수 있는 기체 평형을 포함하는 문제에서는 적용되지 **않을** 수 있다.

두 번째는 방정식 $K = x^2/(C - x)$의 K 값이 2개의 유효숫자 정도밖에는 알려지지 않고 있다. 따라서 우리는 2개의 답이 유효숫자 2자리 내에서 같을 때까지만 연속적인 단계를 시행하는 것을 정당화할 수 있다.

마지막으로 이차방정식을 푸는 이 방법을 16장과 17장의 문제들로 제한할 것을 추천한다. 만약 계산기가 내재된 함수가 있다면 연속 근사법은 보다 쉽고 빠르게 수행될 수 있다.

B* 일부 주요한 물리적 개념

B-1 물질

일정한 속도를 유지하려는 경향을 **관성**(inertia)이라 한다. 따라서 상쇄되지 않은 힘을 가하지 않는다면 정지된 물체는 정지한 상태에 머무르고자 하고, 운동하는 물체는 일정한 속도의 운동을 유지하고자 한다. 물질은 관성을 나타내는 물체이고 물질의 양은 질량으로 표시한다.

B-2 운동

운동은 공간상의 장소 또는 위치 변화이다. 물체는 다음의 운동 방식을 가질 수 있다.

- 물체의 질량 중심이 장소의 변화가 일어날 때 병진(translation) 운동이 일어난다. 예: 고속도로를 움직이는 자동차
- 움직이는 물체가 질량의 중심을 지나는 축 주위로 원형으로 움직일 때 회전(rotation) 운동이 일어난다. 예: 돌아가는 뚜껑, 회전하는 분자
- 진동(vibration) 운동은 주기적인 변형이 일어나고 원형(original shape)이 회복되는 것이다. 예: 때려서 조율하는 음차(struck tuning fork), 진동하는 분자

B-3 힘과 무게

힘은 물체의 속력을 변화시키는 것을 말하며 다음과 같이 정의된다.

$$\text{힘} = \text{질량} \times \text{가속도}$$

힘의 SI 단위는 **뉴턴**(N)이며, 차원(dimensions)은 킬로그램에 미터를 곱하고 초의 제곱으로 나눈 것($kg \cdot m/s^2$)이다. 뉴턴은 따라서 1 kg의 질량의 속력을 1 s 안에 1 m/s 변화시킬 때 필요한 힘이다.

지구의 중력은 모든 곳에서 동일하지는 않기 때문에 주어진 질량에 대응하는 무게(힘)는 일정하지 않다. 그러나 지구의 특정한 지점에서 중력은 일정하고 따라서 무게는 질량에 비례하게 된다. 저울이 주어진 시료('미지 시료')가 다른 시료(눈금을 읽는다든지 균형을 잡는 데 사용한 상대추의 총계에 의하든 얻어진 '무게')와 같은 무게를 가졌음을 나타낼 때 2개의 질량은 동일하다고 한다. 따라서 저울은 중력의 힘에 있어 약간의 변이에 상관없이 물체의 질량을 측정하는 유용한 기구이다.

---

*출처: F. Brescia, J. Arents, H. Meislich, et al.: *General Chemistry*, 5th ed. Philadelphia: Harcourt Brace, 1988.

표 1 압력 변환

에서	로	변환계수 (다음을 곱함)
기압	mmHg	760 mmHg/atm (정확한 수치)
기압	lb/in^2	14.6960 $lb/(in^2 \cdot atm)$
기압	kPa	101.325 kPa/atm
bar	Pa	10^5 Pa/bar (정확한 수치)
bar	lb/in^2	14.5038 $lb/(in^2 \cdot bar)$
mmHg	torr	1 torr/mmHg (정확한 수치)

B-4 압력*

압력은 단위 넓이당 힘이다. SI 단위인 **파스칼**(Pa)은 다음과 같이 정의된다.

$$1 \text{ pascal} = \frac{1 \text{ newton}}{\text{m}^2} = \frac{1 \text{ kg}\cdot\text{m/s}^2}{\text{m}^2} = \frac{1 \text{ kg}}{\text{m}\cdot\text{s}^2}$$

국제단위계는 10^5 Pa와 표준 대기압에 근접한 바(bar)도 인정하고 있다(표 1).

화학자들은 압력을 액체, 특히 수은과 물 기둥의 높이로 표현하기도 한다. 이러한 사용은 주어진 액체의 주어진 기둥에 의해 나타내는 압력이 일정하지 않고 온도(액체의 밀도에 영향을 줌)와 장소(중력에 의해 나타나는 힘의 크기에 영향을 줌)에 의존하기 때문에 완전히 만족스럽지는 않다. 이러한 단위는 따라서 SI의 일원은 아니고 현재 사용이 권장되지는 않는다. 그러나 과거 단위도 아직 책자에서 사용되고 있고, 화학자는 이것에 익숙해져야 한다.

액체 또는 기체의 압력은 깊이(또는 높이)에 의존하며 모든 방향으로 동일하게 적용된다. 해수면에서 지구 대기에 의해 발휘되는 압력은 약 0.76 m(76 cm, 760 mm)의 수은 기둥을 받칠 수 있다.

1표준 대기(standard atmosphere, atm)은 0 ℃와 표준 중력(9.80665 m/s^2)에서 정확히 76 cm의 수은(밀도, 13.5951 g/cm^3)에 의해 나타나는 압력이다. **1 bar**는 0.9869 atm과 같다. **1 torr**는 0 ℃와 표준 중력에서 정확히 1 mm의 수은에 의해 나타나는 압력이다.

B-5 에너지와 일률

에너지의 SI 단위는 힘의 단위에 길이를 곱한 것, 즉 $kg \cdot m/s^2$에 m를 곱한 $kg \cdot m^2/s^2$이다. 이 단위를 **주울**(J)이라 부른다. 주울은 따라서 1 N의 힘이 1 m의 거리에 작용할 때 행한 일이다.

일은 전기장에서 전기적 전하를 움직여서 행할 수도 있다. 움직이는 전하가 1 C이고 처음과 나중 위치 사이의 전위차가 1 V일 때, 일은 1 J이다. 따라서

$$1 \text{ joule} = 1 \text{ coulomb volt (CV)}$$

표 2 에너지 변환

에서	로	변환계수 (다음을 곱함)
칼로리 (cal)	주울(joule)	4.184 J/cal (정확한 수치)
킬로칼로리 (kcal)	cal	10^3 cal/kcal (정확한 수치)
킬로칼로리	주울	4.184×10^3 J/kcal (정확한 수치)
리터 기압 (L · atm)	주울	101.325 J/L · atm
전자볼트 (eV)	주울	1.60218×10^{-19} J/eV
전자볼트/입자	kilojoules per mole	96.485 kJ · particle/eV · mol
쿨롱 볼트 (CV)	주울	1 CV/J (정확한 수치)
킬로와트-시 (kW-h)	kcal	860.4 kcal/kW-h
킬로와트-시	주울	3.6×10^6 J/kW-h (정확한 수치)
영국열단위 (BTU)	calorie	252 cal/BTU

이다.

또 다른 전기적 일의 단위는 국제단위계의 일원은 아니지만 아직도 사용되는 것이 **전자볼트**(electron volt, eV)이고 1개 전자가 1 V의 전위차를 거슬러 움직이는 데 필요한 일이다. (이것은 1 V의 전위차로 가속되는 전자에 의해 얻어지는 운동 에너지이기도 하다.) 전자의 전하는 1.602×10^{-19} C이므로 다음의 결과를 얻게 된다.

$$1 \text{ eV} = 1.602 \times 10^{-19} \text{ CV} \times \frac{1 \text{ J}}{1 \text{ CV}} = 1.602 \times 10^{-19} \text{ J}$$

만약 이 값에 아보가드로 수를 곱하면 1 V의 전위차에 의해 생성된 장에서 1 mol의 전자 전하(1패러데이)를 움직이는 데 관여하는 에너지를 얻을 수 있다.

$$1 \frac{\text{eV}}{\text{particle}} = \frac{1.602 \times 10^{-19} \text{ J}}{\text{particle}} \times \frac{6.022 \times 10^{23} \text{ particles}}{\text{mol}} \cdot \frac{1 \text{ kJ}}{1000 \text{ J}} = 96.49 \text{ kJ/mol}$$

일률(power)은 단위 시간에 공급된 에너지의 양이다. SI 단위는 와트(W)이며 1 J/s 이다. 1 kW는 1000 W이다. 따라서 와트-시 또는 킬로와트-시는 에너지의 단위이다(표 2). 예를 들면 1000 W-h 또는 1 kW-h는 다음과 같다.

$$1.0 \times 10^3 \text{ W} \cdot \text{h} \times \frac{1 \text{ J}}{1 \text{ W} \cdot \text{s}} \times \frac{3.6 \times 10^3 \text{ s}}{1 \text{ h}} = 3.6 \times 10^6 \text{ J}$$

C 축약기호와 유용한 변환계수

표 3 일부 흔한 축약기호와 표준 기호

용어	축약기호	용어	축약기호
활성화 에너지	E_a	평형상수	K
암페어	A	농도 기준	K_c
수용액	aq	압력 기준	K_p
기압, 압력 단위	atm	이온화, 약산	K_a
원자 질량 단위	u	이온화, 약염기	K_b
아보가드로 수	N	용해도적	K_{sp}
bar, 압력 단위	bar	형성상수	K_f
체심입방	bcc	에틸렌다이아민	en
보어 반지름	a_0	면심입방	fcc
끓는점	bp	패러데이 상수	F
섭씨온도	°C	기체 상수	R
이온의 전하 수	z	깁스 자유 에너지	G
쿨롱, 전자의 전하	C	표준 자유 에너지	$G°$
퀴리, 방사능	Ci	표준 생성 자유 에너지	$\Delta_f G°$
초당 파수, 헤르츠	Hz	표준 반응 자유 에너지 변화	$\Delta_r G°$
디바이, 전기 쌍극자 단위	D	반감기	$t_{1/2}$
전자	e^-	열	q
전자볼트	eV	헤르츠	Hz
전기음성도	χ	시간	h
에너지	E	주울	J
엔탈피	H	켈빈	K
표준 엔탈피	$H°$	킬로칼로리	kcal
표준 생성 엔탈피	$\Delta_f H°$	액체	ℓ
표준 반응 엔탈피	$\Delta_r H°$	로그, 밑이 10	log
엔트로피	S	로그, 밑이 e	ln
표준 엔트로피	$S°$	수은 mm, 압력 단위	mmHg
반응 엔트로피 변화	$\Delta_r S°$	분	min
몰농도	M	압력	P
몰질량	M	양성자 수	Z
몰	mol	반응 속도상수	k
삼투압	Π	표준 온도와 압력	STP
파스칼, 압력 단위	Pa	온도	T
플랑크 상수	h	볼트	V
파운드	lb	와트	W
원시입방(단위세포)	pc	파장	λ

C-1 SI 단위계의 기본 단위

미터 단위계는 1790년 프랑스 국회에서 시작되었고 많은 수정이 있었다. 미터 단위계의 확장인 국제단위계는 1960년 무게와 측정에 관한 11회 총회(11th General Conference of Weights and Measures)에서 채택되었다. 이 체계는 특별한 물리량을 나타내는 7개의 기본 단위로부터 만들어졌다(표 4).

표 4 SI 기본 단위

물리량	단위의 명칭	기호
길이	미터	m
질량	킬로그램	kg
시간	초	s
온도	켈빈	K
물질의 양	몰	mol
전류	암페어	A
광도	칸델라	cd

표 4에 게재된 처음의 5개 단위는 일반 화학에서 특히 유용하고 다음과 같이 정의되어 있다.

1. **미터**는 1960년에 크립톤-86의 방출 스펙트럼에 특정 파의 파장의 1,650,763.73배로 정의되었다.
2. **킬로그램**은 프랑스 세브르의 국제도량형국(International Bureau of Weights and Measures ate Sèvres, France)에 보관되어 있는 백금–이리듐 원기의 질량을 나타내고 있다.
3. **초**는 1967년 세슘-133의 마이크로 스펙트럼 중심의 파가 9,192,631,770번의 주기가 지속되는 시간으로 재정의 되었다.
4. **켈빈**은 절대 0도와 물의 삼중점 사이의 온도 간격의 1/273.16이다.
5. **몰**은 탄소-12의 정확히 0.012 kg(^{12}C 원자 12 g)에 있는 원자의 수와 같은 물질의 양이다.

C-2 전통적인 미터 단위와 SI 단위에서 사용하는 접두사

미터와 SI 단위의 십진 분율과 배수는 표 5에 게재된 접두사를 사용하여 표기하고 있다. 일반 화학에서 가장 흔히 사용하는 접두사는 이탤릭체로 표시하였다.

표 5 전통적인 미터와 SI 접두사

비율	접두사	기호	비율	접두사	기호
10^{12}	테라	T	10^{-1}	데시	d
10^{9}	기가	G	10^{-2}	센티	c
10^{6}	메가	M	10^{-3}	밀리	m
10^{3}	킬로	k	10^{-6}	마이크로	μ
10^{2}	헥토	h	10^{-9}	나노	n
10^{1}	데카	da	10^{-12}	피코	p
			10^{-15}	펨토	f
			10^{-18}	아토	a

C-3 SI 유도단위

국제단위계에서 모든 물리량은 표 4에 게재된 기본 단위의 적절한 조합으로 나타낼 수 있다. 일반 화학에서 흔히 사용되는 유도 단위의 표가 표 6에 주어져 있다.

표 6 SI 유도단위

물리량	단위의 명칭	기호	정의
넓이	제곱미터	m^2	
부피	세제곱미터	m^3	
밀도	세제곱미터당 킬로그램	kg/m^3	
힘	뉴턴	N	$kg \cdot m/s^2$
압력	파스칼	Pa	N/m^2
에너지	주울	J	$kg \cdot m^2/s^2$
전기 전하	쿨롱	C	$A \cdot s$
전기 전위차	볼트	V	$J/(A \cdot s)$

표 7 질량과 무게의 흔한 단위

1 파운드 = 453.39 그램
1 킬로그램 = 1000 그램 = 2.205 파운드
1 그램 = 1000 밀리그램
1 그램 = 6.022×10^{23} 원자 질량 단위
1 원자 질량 단위 = 1.6605×10^{-24} 그램
1 쇼트 톤(short ton) = 2000 파운드 = 907.2 킬로그램
1 롱 톤(long ton) = 2240 파운드
1 메트릭 톤(metric tonne) = 1000 킬로그램 = 2205 파운드

표 8 길이의 흔한 단위

1 인치 = 2.54 센티미터 (정확한 수치)
1 마일 = 5280 피트 = 1.609 킬로미터
1 야드 = 36 인치 = 0.9144 미터
1 미터 = 100 센티미터 = 39.37 인치 = 3.281 피트 = 1.094 야드
1 킬로미터 = 1000 미터 = 1094 야드 = 0.6215 마일
1 옹스트롬 = 1.0×10^{-8} 센티미터 = 0.10 나노미터 = 100 피코미터 = 1.0×10^{-10} 미터 = 3.937×10^{-9} 인치

표 9 부피의 흔한 단위

1 쿼트 = 0.9463 리터 **1 리터 = 1.0567 쿼트**
1 리터 = 1 세제곱 데시미터 = 1000 세제곱 센티미터 = 0.001 세제곱 미터
1 밀리리터 = 1 세제곱 센티미터 = 0.001 리터 = 1.056×10^{-3} 쿼트
1 세제곱 피트 = 28.316 리터 = 29.924 쿼트 = 7.481 갤런

D 물리 상수

표 10 물리 상수

양	기호	관습 단위	SI 단위
중력 가속도	g	980.6 cm/s^2	9.806 m/s^2
원자 질량 단위(^{12}C 원자 질량의 1/12)	u	1.6605×10^{-24} g	1.6605×10^{-27} kg
아보가드로(Avogadro) 수	N	$6.02214129 \times 10^{23}$ particles/mol	$6.02214129 \times 10^{23}$ particles/mol
보어(Bohr) 반지름	a_0	0.052918 nm 5.2918×10^{-9} cm	5.2918×10^{-11} m
볼츠만(Boltzmann) 상수	k	1.3807×10^{-16} erg/K	1.3807×10^{-23} J/K
전자의 전하 대 질량 비	e/m	1.7588×10^{8} C/g	1.7588×10^{11} C/kg
전자 정지 질량	m_e	9.1094×10^{-28} g 0.00054858 u	9.1094×10^{-31} kg
전자 전하	e	1.6022×10^{-19} C 4.8033×10^{-10} esu	1.6022×10^{-19} C
패러데이(Faraday) 상수	F	96,485 C/mol e$^-$ 23.06 kcal/V · mol e$^-$	96,485 C/mol e$^-$ 96,485 J/V · mol e$^-$
기체 상수	R	$0.082057 \dfrac{\text{L}\cdot\text{atm}}{\text{mol}\cdot\text{K}}$ $1.987 \dfrac{\text{cal}}{\text{mol}\cdot\text{K}}$	$8.3145 \dfrac{\text{Pa}\cdot\text{dm}^3}{\text{mol}\cdot\text{K}}$ 8.3145 J/mol · K
몰 부피(STP)	V_m	22.414 L/mol	22.414×10^{-3} m^3/mol 22.414 dm^3/mol
중성자 정지 질량	m_n	1.67493×10^{-24} g 1.008665 u	1.67493×10^{-27} kg
플랑크(Planck) 상수	h	6.6261×10^{-27} erg · s	$6.6260693 \times 10^{-34}$ J · s
양성자 정지 질량	m_p	1.6726×10^{-24} g 1.007276 u	1.6726×10^{-27} kg
뤼드베리(Rydberg) 상수	R Rhc	—	1.0974×10^{7} m^{-1} 2.1799×10^{-18} J
광속(진공)	c	2.9979×10^{10} cm/s (186,282 miles/s)	2.9979×10^{8} m/s
$\pi = 3.1416$			
$e = 2.7183$			
$\ln X = 2.303 \log X$			

표 11 25 ℃에서 일부 흔한 물질의 비열과 열용량

물질	비열 (J/g · K)	몰 열용량 (J/mol · K)
Al(s)	0.897	24.2
Ca(s)	0.646	25.9
Cu(s)	0.385	24.5
Fe(s)	0.449	25.1
Hg(ℓ)	0.140	28.0
H_2O(s), 얼음	2.06	37.1
H_2O(ℓ), 물	4.184	75.4
H_2O(g), 수증기	1.86	33.6
C_6H_6(ℓ), 벤젠	1.74	136
C_6H_6(g), 벤젠	1.06	82.4
C_2H_5OH(ℓ), 에탄올	2.44	112.3
C_2H_5OH(g), 에탄올	1.41	65.4
$(C_2H_5)_2O$(ℓ), 다이에틸에테르	2.33	172.6
$(C_2H_5)_2O$(g), 다이에틸에테르	1.61	119.5

표 12 몇 가지 물질의 변환 열과 변환 온도

		융융열			기화열	
물질	MP (℃)	J/g	kJ/mol	BP (℃)	J/g	kJ/mol
원소*						
Al	660	395	10.7	2518	12083	294
Ca	842	212	8.5	1484	3767	155
Cu	1085	209	13.3	2567	4720	300
Fe	1535	267	13.8	2861	6088	340
Hg	−38.8	11	2.29	357	295	59.1
화합물						
H_2O	0.00	333	6.01	100.0	2260	40.7
CH_4	−182.5	58.6	0.94	−161.5	511	8.2
C_2H_5OH	−114	109	5.02	78.3	838	38.6
C_6H_6	5.48	127.4	9.95	80.0	393	30.7
$(C_2H_5)_2O$	−116.3	98.1	7.27	34.6	357	26.5

*원소의 자료는 J. A. Dean: *Lange's Handbook of Chemistry*, 15th ed. New York: McGraw-Hill Publishers, 1999에서 발췌.

E 유기 화합물의 명명법에 대한 간단한 지침

각 유기 화합물에 독특한 이름을 부여하는 체계적인 기법을 고안하는 것은 쉽지 않은 작업이지만 해야만 하는 작업이다. IUPAC(International Union of Pure and Applied Chemistry)에 의해서 유기 화합물을 명명하는 일련의 규칙이 개발되었다. IUPAC 명명법은 화학자가 구조에 근거하여 어떠한 화합물의 이름을 쓰거나 이름으로부터 화학식과 구조를 확인하는 것이 가능하게 한다. 이 책에서는 화합물의 명명에 있어 IUPAC 명명 방법을 일반적으로 사용할 것이다.

계통명에 더하여 많은 화합물들은 관용명을 가지고 있다. 관용명은 명명 규칙이 개발되기 전부터 존재하였고 아직도 계속하여 사용되고 있다. 일부 화합물에서 이들 이름이 너무도 잘 각인되어 대부분의 경우에 사용되고 있다. 이러한 화합물 중의 하나는 아세트산이며, 이것의 계통명인 에탄산이 아니라 이 이름이 거의 모든 경우에 사용되고 있다.

유기 화합물의 계통명을 붙이는 일반 순서는 탄화수소의 명명법으로부터 시작된다. 다른 유기 화합물은 탄화수소의 유도체로 명명되는 것이다. 간단한 유기 화합물의 명명법 규칙은 다음 절에 기재되어 있다.

E-1 탄화수소

알케인

알케인의 이름은 '–에인(ane)'으로 끝난다. 특정한 알케인의 명명에 있어서 이름의 어근은 화합물에서 가장 긴 탄소 사슬을 나타내고 있다. 이 탄소 사슬에 붙어 있는 특정한 치환기는 이름과 위치로 확인할 수 있다.

탄소 사슬이 1에서 10개인 알케인이 있는데, 처음 4개 탄화수소 뒤에 이름들(펜테인, 헥세인, 헵테인, 옥테인, 노네인, 데케인)은 그리스와 라틴 수로부터 유래되었고 보다 많은 사슬의 알케인에 대해서도 이러한 규칙적인 이름들이 계속된다. 치환된 알케인의 경우에는 탄화수소 사슬의 치환기는 이름과 치환 위치로 확인되어야 하며, 이러한 정보는 이름의 어근 앞에 기재되어야 한다. 위치는 치환기가 부착된 탄소 원자를 지칭하는 수로 표시된다. (사슬에서 탄소 원자의 숫자 매김은 치환기가 가장 작은 수를 가지도록 탄소 사슬의 끝에서 시작되어야 한다.)

탄화수소 치환기의 이름은 탄화수소의 이름으로부터 유도된다. 메테인에서 수소 하나를 제거하고 유도된 $—CH_3$ 작용기는 **메틸기**라 부르고, $—C_2H_5$기는 **에틸기**이다. 명명법 체계는 —Cl(클로로), $—NO_2$(나이트로), —CN(사이아노), —D(듀테리오) 등과 같은 다른 치환기를 가진 탄화수소의 유도체에게도 쉽게 확장될 수 있다(표 13). 만약

표 13 흔한 치환기 이름

화학식	이름	화학식	이름
$—CH_3$	메틸	—D	듀테리오
$—C_2H_5$	에틸	—Cl	클로로
$—CH_2CH_2CH_3$	프로필 (*n*−프로필)	—Br	브로모
$—CH(CH_3)_2$	1−메틸에틸 (아이소프로필)	—F	플루오로
$—CH{=}CH_2$	에텐닐 (비닐)	—CN	사이아노
$—C_6H_5$	페닐	$—NO_2$	나이트로
—OH	하이드록소		
$—NH_2$	아미노		

2개 이상의 같은 치환기가 있으면, 접두사 '다이(di-)', '트라이(tri-)', '테트라(tetra-)'가 추가된다. 다른 치환기가 존재할 때에는 일반적으로 알파벳순으로 기재하게 된다.

예:

$$\begin{array}{c} \quad\quad CH_3 \quad\; C_2H_5 \\ \quad\quad | \quad\quad\;\; | \\ CH_3CH_2CHCH_2CHCH_2CH_3 \end{array}$$

단계	포함될 정보	이름에 대한 기여
1	알케인의 일종	'−에인'으로 끝나는 이름
2	가장 긴 사슬이 7개 탄소	**헵테인**으로 명명
3	$—CH_3$ 기가 탄소 3에 위치	3−**메틸**
4	$—C_2H_5$ 기가 탄소 5에 위치	5−**메틸**
이름:	5−에틸−3−메틸헵테인	

사이클로알케인은 고리의 크기에 근거하여 명명되었고 앞에 '사이클로−'라는 접두사를 추가한다. 예를 들면 탄소 6개의 고리를 가진 사이클로알케인은 **사이클로헥세인**이라 부른다.

알켄

알켄은 '−엔'으로 끝나는 이름을 가진다. 알켄의 이름은 탄소 사슬의 길이와 이중 결합의 위치(그리고 적절한 경우 시스 또는 트랜스와 같은 공간 배치)를 명시하여야 한다. 알케인의 경우와 같이 치환기의 종류와 위치가 주어져야 한다. 탄소 사슬은 이중 결합이 최소의 번호를 가지도록 끝에서부터 번호를 매긴다.

2개의 이중 결합을 가지는 화합물을 **다이엔**이라 하고 마찬가지로 명명한다. 즉 이중 결합의 위치와 치환기의 이름과 위치를 명시하여야 한다.

예를 들면 화합물 $H_2C{=}C(CH_3)CH(CH_3)CH_2CH_3$는 이중 결합을 탄소 원자 1과 2 사이에 가지고 탄소 원자 2와 3에 메틸기를 가진 5개 탄소로 된 사슬이 있다. 따라서 IUPAC 명명법을 이용한 이름은 **2,3-다이메틸-1-펜텐**이다. 시스 공간 배치를 가진 화합물 $CH_3CH{=}CHCCl_3$는 **1,1,1-트라이클로로-시스-2-뷰텐**이다. 화합물 $H_2C{=}C(Cl)CH{=}CH_2$는 **2-클로로-1,3-뷰타다이엔**이다.

알카인

알카인의 명명은 알켄의 명명과 비슷하다. 다만 시스–트랜스 이성질 현상은 표시 인자가 아니다. 이름의 '–아인'이라는 어미는 화합물을 알카인으로 확인할 수 있다.

벤젠 유도체

6개로 구성된 고리의 탄소 원자는 1부터 6까지 번호를 붙이고 치환기의 이름과 위치가 주어진다. 여기 도시된 2개의 예는 **1–에틸–3–메틸벤젠**과 **1,4–다이아미노벤젠**이다.

CH_3 C_2H_5

1-에틸-3-메틸벤젠

NH_2 NH_2

1,4-다이아미노벤젠

E-2 탄화수소의 유도체

알코올, 알데하이드, 케톤, 산의 이름은 다음과 같이 화합물의 종류를 표시하기 위한 적절한 어미를 가진 탄화수소의 이름에 근거하고 있다.

- **알코올**: 탄화수소의 이름의 마지막에 '–올'을 넣고 탄소 원자의 수로 —OH 작용기의 위치를 표시한다. 예를 들면 $CH_3CH_2CHOHCH_3$는 4개 탄소를 가진 뷰테인의 유도체로 명명한다. —OH기가 2번째 탄소에 부착되어 있으므로 **2-뷰탄올**이 된다.
- **알데하이드**: 탄화수소의 이름의 마지막에 '–알'을 넣는다. 알데하이드의 탄소 원자는 정의에 따라 탄화수소 사슬의 탄소 1이 된다. 예를 들면 화합물 $CH_3CH(CH_3)CH_2CH_2CHO$는 탄소 1에 알데하이드 작용기와 위치 4에 메틸기를 가진 5개 탄소 사슬이므로 이름은 **4-메틸펜탄알**이 된다.
- **케톤**: 탄화수소의 이름 마지막에 '–온'을 넣는다. 케톤 작용기(카보닐기)의 위치는 탄소 원자의 번호로 표시한다. 예를 들면 화합물 $CH_3COCH_2CH(C_2H_5)CH_2CH_3$는 2 위치에 카보닐기와 4 위치에 에틸기를 가진 6개 탄소 사슬이므로 이름은 **4-에틸-2-헥산온**이다.
- **카복실산(유기산)**: 탄화수소의 이름 마지막에 '–산'을 넣는다. 가장 긴 사슬의 탄소 원자 번호는 카복실기의 탄소 원자로부터 시작하여 얻는다. 예를 들면 트랜스-$CH_3CH{=}CHCH_2CO_2H$는 트랜스-3-펜텐의 유도체로 취급하여 **트랜스-3-펜텐산**으로 명명한다.

에스테르는 합성을 위한 반응물인 알코올과 산의 유도체로서 명명한다. 에스테르의 이름은 RCO_2R'의 화학식을 RCO_2—와 —R′같이 2부분으로 나누어 얻어진다. —R′ 부분은 알코올에서 얻어진 것이고 탄화수소 작용기의 이름으로 표시한다. 예를 들면 에탄올의 유도체는 **에틸** 에스테르라 부른다. 화합물의 산 부분은 산의 이름으로 표시하고 알코올 부분의 이름 앞에 쓴다. 화합물 $CH_3CH_2CO_2CH_3$는 **프로판산 메틸**로 명명된다.

카복실산에서 산성 양성자를 잃고 얻어진 음이온은 같은 방법으로 명명하게 됨을 주목하시오. 따라서 $CH_3CH_2CO_2^-$는 **프로판산 음이온**이고 이 음이온의 소듐 염, $Na(CH_3CH_2CO_2)$은 **프로판산 소듐**이 된다.

F 원소의 이온화 에너지와 전자부착 엔탈피 값

일부 원소의 제1 이온화 에너지 (kJ/mol)

1A (1)	2A (2)	3B (3)	4B (4)	5B (5)	6B (6)	7B (7)	8B (8,9,10)			1B (11)	2B (12)	3A (13)	4A (14)	5A (15)	6A (16)	7A (17)	8 (18)
H 1312																	He 2371
Li 520	Be 899											B 801	C 1086	N 1402	O 1314	F 1681	Ne 2081
Na 496	Mg 738											Al 578	Si 786	P 1012	S 1000	Cl 1251	Ar 1521
K 419	Ca 599	Sc 631	Ti 658	V 650	Cr 652	Mn 717	Fe 759	Co 758	Ni 757	Cu 745	Zn 906	Ga 579	Ge 762	As 947	Se 941	Br 1140	Kr 1351
Rb 403	Sr 550	Y 617	Zr 661	Nb 664	Mo 685	Tc 702	Ru 711	Rh 720	Pd 804	Ag 731	Cd 868	In 558	Sn 709	Sb 834	Te 869	I 1008	Xe 1170
Cs 377	Ba 503	La 538	Hf 681	Ta 761	W 770	Re 760	Os 840	Ir 880	Pt 870	Au 890	Hg 1007	Tl 589	Pb 715	Bi 703	Po 812	At 890	Rn 1037

표 14 일부 원소의 전자부착 엔탈피 값 (kJ/mol)*

H −72.77						
Li −59.63	Be 0†	B −26.7	C −121.85	N 0	O −140.98	F −328.0
Na −52.87	Mg 0	Al −42.6	Si −133.6	P −72.07	S −200.41	Cl −349.0
K −48.39	Ca 0	Ga −30	Ge −120	As −78	Se −194.97	Br −324.7
Rb −46.89	Sr 0	In −30	Sn −120	Sb −103	Te −190.16	I −295.16
Cs −45.51	Ba 0	Tl −20	Pb −35.1	Bi −91.3	Po −180	At −270

*H. Hotop, W. C. Lineberger: *Journal of Physical Chemistry, Reference Data*, vol. 14, p. 731, 1985에서 발췌한 자료에서 유도되었음. (이 논문에는 전이금속의 자료도 포함되어 있음) 일부 값은 소수점 아래 2자리 이상을 가지고 있는 것으로 알려졌다. http://en.wikipedia.org/wiki/Electron_affinity_(data_page) 참조.

† 0의 전자부착 엔탈피 값을 가지는 원소는 기체상에서 원소의 안정한 음이온 A^-가 존재하지 않음을 의미한다.

G 여러 온도에서의 물의 증기압

표 15 여러 온도에서 물의 증기압

온도(°C)	증기압 (torr)	온도(°C)	증기압 (torr)	온도(°C)	증기압 (torr)	온도(°C)	증기압 (torr)
−10	2.1	21	18.7	51	97.2	81	369.7
−9	2.3	22	19.8	52	102.1	82	384.9
−8	2.5	23	21.1	53	107.2	83	400.6
−7	2.7	24	22.4	54	112.5	84	416.8
−6	2.9	25	23.8	55	118.0	85	433.6
−5	3.2	26	25.2	56	123.8	86	450.9
−4	3.4	27	26.7	57	129.8	87	468.7
−3	3.7	28	28.3	58	136.1	88	487.1
−2	4.0	29	30.0	59	142.6	89	506.1
−1	4.3	30	31.8	60	149.4	90	525.8
0	4.6	31	33.7	61	156.4	91	546.1
1	4.9	32	35.7	62	163.8	92	567.0
2	5.3	33	37.7	63	171.4	93	588.6
3	5.7	34	39.9	64	179.3	94	610.9
4	6.1	35	42.2	65	187.5	95	633.9
5	6.5	36	44.6	66	196.1	96	657.6
6	7.0	37	47.1	67	205.0	97	682.1
7	7.5	38	49.7	68	214.2	98	707.3
8	8.0	39	52.4	69	223.7	99	733.2
9	8.6	40	55.3	70	233.7	100	760.0
10	9.2	41	58.3	71	243.9	101	787.6
11	9.8	42	61.5	72	254.6	102	815.9
12	10.5	43	64.8	73	265.7	103	845.1
13	11.2	44	68.3	74	277.2	104	875.1
14	12.0	45	71.9	75	289.1	105	906.1
15	12.8	46	75.7	76	301.4	106	937.9
16	13.6	47	79.6	77	314.1	107	970.6
17	14.5	48	83.7	78	327.3	108	1004.4
18	15.5	49	88.0	79	341.0	109	1038.9
19	16.5	50	92.5	80	355.1	110	1074.6
20	17.5						

H 25 ℃에서 약산 수용액의 이온화 상수

표 16 25 ℃에서 약산 수용액의 이온화 상수

산	화학식과 이온화 반응식	K_a
아세트산	$CH_3CO_2H \rightleftharpoons H^+ + CH_3CO_2^-$	1.8×10^{-5}
비소산	$H_3AsO_4 \rightleftharpoons H^+ + H_2AsO_4^-$ $H_2AsO_4^- \rightleftharpoons H^+ + HAsO_4^{2-}$ $HAsO_4^{2-} \rightleftharpoons H^+ + AsO_4^{3-}$	$K_1 = 5.8 \times 10^{-3}$ $K_2 = 1.1 \times 10^{-7}$ $K_3 = 3.2 \times 10^{-12}$
아비소산	$H_3AsO_3 \rightleftharpoons H^+ + H_2AsO_3^-$ $H_2AsO_3^- \rightleftharpoons H^+ + HAsO_3^{2-}$	$K_1 = 6.0 \times 10^{-10}$ $K_2 = 3.0 \times 10^{-14}$
벤조산	$C_6H_5CO_2H \rightleftharpoons H^+ + C_6H_5CO_2^-$	6.3×10^{-5}
보론산	$H_3BO_3 \rightleftharpoons H^+ + H_2BO_3^-$ $H_2BO_3^- \rightleftharpoons H^+ + HBO_3^{2-}$ $HBO_3^{2-} \rightleftharpoons H^+ + BO_3^{3-}$	$K_1 = 7.3 \times 10^{-10}$ $K_2 = 1.8 \times 10^{-13}$ $K_3 = 1.6 \times 10^{-14}$
탄산	$H_2CO_3 \rightleftharpoons H^+ + HCO_3^-$ $HCO_3^- \rightleftharpoons H^+ + CO_3^{2-}$	$K_1 = 4.2 \times 10^{-7}$ $K_2 = 4.8 \times 10^{-11}$
시트산	$H_3C_6H_5O_7 \rightleftharpoons H^+ + H_2C_6H_5O_7^-$ $H_2C_6H_5O_7^- \rightleftharpoons H^+ + HC_6H_5O_7^{2-}$ $HC_6H_5O_7^{2-} \rightleftharpoons H^+ + C_6H_5O_7^{3-}$	$K_1 = 7.4 \times 10^{-3}$ $K_2 = 1.7 \times 10^{-5}$ $K_3 = 4.0 \times 10^{-7}$
사이안산	$HOCN \rightleftharpoons H^+ + OCN^-$	3.5×10^{-4}
폼산	$HCO_2H \rightleftharpoons H^+ + HCO_2^-$	1.8×10^{-4}
아조화수소산	$HN_3 \rightleftharpoons H^+ + N_3^-$	1.9×10^{-5}
시안화수소산	$HCN \rightleftharpoons H^+ + CN^-$	4.0×10^{-10}
플루오린화수소산	$HF \rightleftharpoons H^+ + F^-$	7.2×10^{-4}
과산화수소	$H_2O_2 \rightleftharpoons H^+ + HO_2^-$	2.4×10^{-12}
황화수소산	$H_2S \rightleftharpoons H^+ + HS^-$ $HS^- \rightleftharpoons H^+ + S^{2-}$	$K_1 = 1 \times 10^{-7}$ $K_2 = 1 \times 10^{-19}$
차아브로민산	$HOBr \rightleftharpoons H^+ + OBr^-$	2.5×10^{-9}
차아염소산	$HOCl \rightleftharpoons H^+ + OCl^-$	3.5×10^{-8}
아질산	$HNO_2 \rightleftharpoons H^+ + NO_2^-$	4.5×10^{-4}
옥살산	$H_2C_2O_4 \rightleftharpoons H^+ + HC_2O_4^-$ $HC_2O_4^- \rightleftharpoons H^+ + C_2O_4^{2-}$	$K_1 = 5.9 \times 10^{-2}$ $K_2 = 6.4 \times 10^{-5}$
페놀	$C_6H_5OH \rightleftharpoons H^+ + C_6H_5O^-$	1.3×10^{-10}
인산	$H_3PO_4 \rightleftharpoons H^+ + H_2PO_4^-$ $H_2PO_4^- \rightleftharpoons H^+ + HPO_4^{2-}$ $HPO_4^{2-} \rightleftharpoons H^+ + PO_4^{3-}$	$K_1 = 7.5 \times 10^{-3}$ $K_2 = 6.2 \times 10^{-8}$ $K_3 = 3.6 \times 10^{-13}$

표 16 25 ℃에서 약산 수용액의 이온화 상수

산	화학식과 이온화 반응식	K_a
아인산	$H_3PO_3 \rightleftharpoons H^+ + H_2PO_3^-$ $H_2PO_3^- \rightleftharpoons H^+ + HPO_3^{2-}$	$K_1 = 1.6 \times 10^{-2}$ $K_2 = 7.0 \times 10^{-7}$
셀렌산	$H_2SeO_4 \rightleftharpoons H^+ + HSeO_4^-$ $HSeO_4^- \rightleftharpoons H^+ + SeO_4^{2-}$	K_1 = very large $K_2 = 1.2 \times 10^{-2}$
아셀렌산	$H_2SeO_3 \rightleftharpoons H^+ + HSeO_3^-$ $HSeO_3^- \rightleftharpoons H^+ + SeO_3^{2-}$	$K_1 = 2.7 \times 10^{-3}$ $K_2 = 2.5 \times 10^{-7}$
황산	$H_2SO_4 \rightleftharpoons H^+ + HSO_4^-$ $HSO_4^- \rightleftharpoons H^+ + SO_4^{2-}$	K_1 = very large $K_2 = 1.2 \times 10^{-2}$
아황산	$H_2SO_3 \rightleftharpoons H^+ + HSO_3^-$ $HSO_3^- \rightleftharpoons H^+ + SO_3^{2-}$	$K_1 = 1.2 \times 10^{-2}$ $K_2 = 6.2 \times 10^{-8}$
아텔루륨산	$H_2TeO_3 \rightleftharpoons H^+ + HTeO_3^-$ $HTeO_3^- \rightleftharpoons H^+ + TeO_3^{2-}$	$K_1 = 2 \times 10^{-3}$ $K_2 = 1 \times 10^{-8}$

I 25 ℃에서 약염기 수용액의 이온화 상수

표 17 25 ℃에서 약염기 수용액의 이온화 상수

염기	화학식과 이온화 반응식	K_b
암모니아	$NH_3 + H_2O \rightleftharpoons NH_4^+ + OH^-$	1.8×10^{-5}
아닐린	$C_6H_5NH_2 + H_2O \rightleftharpoons C_6H_5NH_3^+ + OH^-$	4.0×10^{-10}
다이메틸아민	$(CH_3)_2NH + H_2O \rightleftharpoons (CH_3)_2NH_2^+ + OH^-$	7.4×10^{-4}
에틸아민	$C_2H_5NH_2 + H_2O \rightleftharpoons C_2H_5NH_3^+ + OH^-$	4.3×10^{-4}
에틸렌다이아민	$H_2NCH_2CH_2NH_2 + H_2O \rightleftharpoons H_2NCH_2CH_2NH_3^+ + OH^-$ $H_2NCH_2CH_2NH_3^+ + H_2O \rightleftharpoons H_3NCH_2CH_2NH_3^{2+} + OH^-$	$K_1 = 8.5 \times 10^{-5}$ $K_2 = 2.7 \times 10^{-8}$
하이드라진	$N_2H_4 + H_2O \rightleftharpoons N_2H_5^+ + OH^-$ $N_2H_5^+ + H_2O \rightleftharpoons N_2H_6^{2+} + OH^-$	$K_1 = 8.5 \times 10^{-7}$ $K_2 = 8.9 \times 10^{-16}$
하이드록실아민	$NH_2OH + H_2O \rightleftharpoons NH_3OH^+ + OH^-$	6.6×10^{-9}
메틸아민	$CH_3NH_2 + H_2O \rightleftharpoons CH_3NH_3^+ + OH^-$	5.0×10^{-4}
피리딘	$C_5H_5N + H_2O \rightleftharpoons C_5H_5NH^+ + OH^-$	1.5×10^{-9}
트라이메틸아민	$(CH_3)_3N + H_2O \rightleftharpoons (CH_3)_3NH^+ + OH^-$	7.4×10^{-5}

J 25 ℃에서 일부 무기 화합물의 용해도적 상수

표 18A 25 ℃에서 용해도적 상수

양이온	화합물	K_{sp}
Ba^{2+}	*$BaCrO_4$	1.2×10^{-10}
	$BaCO_3$	2.6×10^{-9}
	BaF_2	1.8×10^{-7}
	*$BaSO_4$	1.1×10^{-10}
Ca^{2+}	$CaCO_3$ (calcite)	3.4×10^{-9}
	*CaF_2	5.3×10^{-11}
	*$Ca(OH)_2$	5.5×10^{-5}
	$CaSO_4$	4.9×10^{-5}
Cu^{+}, Cu^{2+}	$CuBr$	6.3×10^{-9}
	CuI	1.3×10^{-12}
	$Cu(OH)_2$	2.2×10^{-20}
	$CuSCN$	1.8×10^{-13}
Au^{+}	$AuCl$	2.0×10^{-13}
Fe^{2+}	$FeCO_3$	3.1×10^{-11}
	$Fe(OH)_2$	4.9×10^{-17}
Pb^{2+}	$PbBr_2$	6.6×10^{-6}
	$PbCO_3$	7.4×10^{-14}
	$PbCl_2$	1.7×10^{-5}
	$PbCrO_4$	2.8×10^{-13}
	PbF_2	3.3×10^{-8}
	PbI_2	9.8×10^{-9}
	$Pb(OH)_2$	1.4×10^{-15}
	$PbSO_4$	2.5×10^{-8}
Mg^{2+}	$MgCO_3$	6.8×10^{-6}
	MgF_2	5.2×10^{-11}
	$Mg(OH)_2$	5.6×10^{-12}
Mn^{2+}	$MnCO_3$	2.3×10^{-11}
	*$Mn(OH)_2$	1.9×10^{-13}
Hg_2^{2+}	*Hg_2Br_2	6.4×10^{-23}
	Hg_2Cl_2	1.4×10^{-18}
	*Hg_2I_2	2.9×10^{-29}
	Hg_2SO_4	6.5×10^{-7}
Ni^{2+}	$NiCO_3$	1.4×10^{-7}
	$Ni(OH)_2$	5.5×10^{-16}
Ag^{+}	*$AgBr$	5.4×10^{-13}
	*$AgBrO_3$	5.4×10^{-5}
	$AgCH_3CO_2$	1.9×10^{-3}
	$AgCN$	6.0×10^{-17}
	Ag_2CO_3	8.5×10^{-12}
	*$Ag_2C_2O_4$	5.4×10^{-12}
	*$AgCl$	1.8×10^{-10}
	Ag_2CrO_4	1.1×10^{-12}
	*AgI	8.5×10^{-17}
	$AgSCN$	1.0×10^{-12}
	*Ag_2SO_4	1.2×10^{-5}
Sr^{2+}	$SrCO_3$	5.6×10^{-10}
	SrF_2	4.3×10^{-9}
	$SrSO_4$	3.4×10^{-7}
Tl^{+}	$TlBr$	3.7×10^{-6}
	$TlCl$	1.9×10^{-4}
	TlI	5.5×10^{-8}
Zn^{2+}	$Zn(OH)_2$	3×10^{-17}
	$Zn(CN)_2$	8.0×10^{-12}

이 표에 보고된 값은 J. A. Dean: *Lange's Handbook of Chemistry*, 15th ed. New York: McGraw-Hill Publishers, 1999. 값은 유효숫자 2자리를 갖도록 반올림하였다.

*이 K_{sp} 값으로부터 계산된 용해도는 2배수 안에서 실제 용해도와 일치할 것이다. 실제 용해도 값은 R. W. Clark, J. M. Bonicamp: *Journal of Chemical Education*, Vol. 75, p. 1182, 1998에 주어져 있다.

표 18B 25 ℃에서 일부 황화금속의 Kspa 값*

물질	K_{spa}	물질	K_{spa}	물질	K_{spa}
HgS (red)	4×10^{-54}	PbS	3×10^{-28}	SnS	1×10^{-26}
HgS (black)	2×10^{-53}	CdS	8×10^{-28}	FeS	6×10^{-19}
CuS	6×10^{-37}				

*황화금속의 평형상수 값 K_{spa}는 평형 $MS(s) + H_2O(\ell) \rightleftharpoons M^{2+}(aq) + OH^-(aq) + HS^-(aq)$에 대한 것이다. R. J. Myers, *Journal of Chemical Education*, Vol. 63, p. 687, 1986을 참조하시오.

K 25 ℃ 수용액에서 일부 착이온의 형성상수

표 19 25 ℃ 수용액에서 일부 착이온의 형성상수*

평형 형성	*K*
$Ag^+ + 2\ Br^- \rightleftharpoons [AgBr_2]^-$	2.1×10^7
$Ag^+ + 2\ Cl^- \rightleftharpoons [AgCl_2]^-$	1.1×10^5
$Ag^+ + 2\ CN^- \rightleftharpoons [Ag(CN)_2]^-$	1.3×10^{21}
$Ag^+ + 2\ S_2O_3^{2-} \rightleftharpoons [Ag(S_2O_3)_2]^{3-}$	2.9×10^{13}
$Ag^+ + 2\ NH_3 \rightleftharpoons [Ag(NH_3)_2]^+$	1.1×10^7
$Al^{3+} + 6\ F^- \rightleftharpoons [AlF_6]^{3-}$	6.9×10^{19}
$Al^{3+} + 4\ OH^- \rightleftharpoons [Al(OH)_4]^-$	1.1×10^{33}
$Au^+ + 2\ CN^- \rightleftharpoons [Au(CN)_2]^-$	2.0×10^{38}
$Cd^{2+} + 4\ CN^- \rightleftharpoons [Cd(CN)_4]^{2-}$	6.0×10^{18}
$Cd^{2+} + 4\ NH_3 \rightleftharpoons [Cd(NH_3)_4]^{2+}$	1.3×10^7
$Co^{2+} + 6\ NH_3 \rightleftharpoons [Co(NH_3)_6]^{2+}$	1.3×10^5
$Cu^+ + 2\ CN^- \rightleftharpoons [Cu(CN)_2]^-$	1.0×10^{24}
$Cu^+ + 2\ Cl^- \rightleftharpoons [CuCl_2]^-$	3.2×10^5
$Cu^{2+} + 4\ NH_3 \rightleftharpoons [Cu(NH_3)_4]^{2+}$	2.1×10^{13}
$Fe^{2+} + 6\ CN^- \rightleftharpoons [Fe(CN)_6]^{4-}$	1.0×10^{35}
$Hg^{2+} + 4\ Cl^- \rightleftharpoons [HgCl_4]^{2-}$	1.2×10^{15}
$Ni^{2+} + 4\ CN^- \rightleftharpoons [Ni(CN)_4]^{2-}$	2.0×10^{31}
$Ni^{2+} + 6\ NH_3 \rightleftharpoons [Ni(NH_3)_6]^{2+}$	5.5×10^8
$Zn^{2+} + 4\ OH^- \rightleftharpoons [Zn(OH)_4]^{2-}$	4.6×10^{17}
$Zn^{2+} + 4\ NH_3 \rightleftharpoons [Zn(NH_3)_4]^{2+}$	2.9×10^9

*이 표에서 보고된 자료는 J. A. Dean: *Lange's Handbook of Chemistry*, 15th ed. New York: McGraw-Hill Publishers, 1999에서 발췌한 것이다.

L 열역학 함수 값

표 20 열역학 함수 값*

화학종	$\Delta_f H°$(298.15 K) (kJ/mol)	$S°$(298.15 K) (J/K · mol)	$\Delta_f G°$(298.15 K) (kJ/mol)
알루미늄			
Al(s)	0	28.3	0
$AlCl_3$(s)	−705.63	109.29	−630.0
Al_2O_3(s)	−1675.7	50.92	−1582.3
바륨			
$BaCl_2$(s)	−858.6	123.68	−810.4
$BaCO_3$(s)	−1213	112.1	−1134.41
BaO(s)	−548.1	72.05	−520.38
$BaSO_4$(s)	−1473.2	132.2	−1362.2
베릴륨			
Be(s)	0	9.5	0
$Be(OH)_2$(s)	−902.5	51.9	−815.0
보론			
BCl_3(g)	−402.96	290.17	−387.95
브로민			
Br(g)	111.884	175.022	82.396
$Br_2(\ell)$	0	152.2	0
Br_2(g)	30.91	245.47	3.12
BrF_3(g)	−255.60	292.53	−229.43
HBr(g)	−36.29	198.70	−53.45
칼슘			
Ca(s)	0	41.59	0
Ca(g)	178.2	158.884	144.3
Ca^{2+}(g)	1925.90	—	—
CaC_2(s)	−59.8	70.	−64.93
$CaCO_3$(s, calcite)	−1207.6	91.7	−1129.16
$CaCl_2$(s)	−795.8	104.6	−748.1
CaF_2(s)	−1219.6	68.87	−1167.3
CaH_2(s)	−186.2	42	−147.2
CaO(s)	−635.09	38.2	−603.42
CaS(s)	−482.4	56.5	−477.4
$Ca(OH)_2$(s)	−986.09	83.39	−898.43

*Most thermodynamic data are taken from the NIST Chemistry WebBook at http://webbook.nist.gov.

표 20 열역학 함수 값(계속)

화학종	$\Delta_f H°$(298.15 K) (kJ/mol)	$S°$(298.15 K) (J/K · mol)	$\Delta_f G°$(298.15 K) (kJ/mol)
$Ca(OH)_2$(aq)	−1002.82	—	−868.07
$CaSO_4$(s)	−1434.52	106.5	−1322.02
탄소			
C(s, graphite)	0	5.6	0
C(s, diamond)	1.8	2.377	2.900
C(g)	716.67	158.1	671.2
CCl_4(ℓ)	−128.4	214.39	−57.63
CCl_4(g)	−95.98	309.65	−53.61
$CHCl_3$(ℓ)	−134.47	201.7	−73.66
$CHCl_3$(g)	−103.18	295.61	−70.4
CH_4(g, methane)	−74.87	186.26	−50.8
C_2H_2(g, ethyne)	226.73	200.94	209.20
C_2H_4(g, ethene)	52.47	219.36	68.35
C_2H_6(g, ethane)	−83.85	229.2	−31.89
C_3H_8(g, propane)	−104.7	270.3	−24.4
C_6H_6(ℓ, benzene)	48.95	173.26	124.21
CH_3OH(ℓ, methanol)	−238.4	127.19	−166.14
CH_3OH(g, methanol)	−201.0	239.7	−162.5
C_2H_5OH(ℓ, ethanol)	−277.0	160.7	−174.7
C_2H_5OH(g, ethanol)	−235.3	282.70	−168.49
CO(g)	−110.525	197.674	−137.168
CO_2(g)	−393.509	213.74	−394.359
CS_2(ℓ)	89.41	151	65.2
CS_2(g)	116.7	237.8	66.61
$COCl_2$(g)	−218.8	283.53	−204.6
세슘			
Cs(s)	0	85.23	0
Cs^+(g)	457.964	—	—
CsCl(s)	−443.04	101.17	−414.53
염소			
Cl(g)	121.3	165.19	105.3
Cl^-(g)	−233.13	—	—
Cl_2(g)	0	223.08	0
HCl(g)	−92.31	186.2	−95.09
HCl(aq)	−167.159	56.5	−131.26
크로뮴			
Cr(s)	0	23.62	0
Cr_2O_3(s)	−1134.7	80.65	−1052.95
$CrCl_3$(s)	−556.5	123.0	−486.1

표 20 열역학 함수 값(계속)

화학종	$\Delta_f H°$(298.15 K) (kJ/mol)	$S°$(298.15 K) (J/K · mol)	$\Delta_f G°$(298.15 K) (kJ/mol)
구리			
$Cu(s)$	0	33.17	0
$CuO(s)$	−156.06	42.59	−128.3
$CuCl_2(s)$	−220.1	108.07	−175.7
$CuSO_4(s)$	−769.98	109.05	−660.75
플루오린			
$F_2(g)$	0	202.8	0
$F(g)$	78.99	158.754	61.91
$F^-(g)$	−255.39	—	—
$F^-(aq)$	−332.63	—	−278.79
$HF(g)$	−273.3	173.779	−273.2
$HF(aq)$	−332.63	88.7	−278.79
수소			
$H_2(g)$	0	130.7	0
$H(g)$	217.965	114.713	203.247
$H^+(g)$	1536.202	—	—
$H_2O(\ell)$	−285.83	69.95	−237.15
$H_2O(g)$	−241.83	188.84	−228.59
$H_2O_2(\ell)$	−187.78	109.6	−120.35
아이오딘			
$I_2(s)$	0	116.135	0
$I_2(g)$	62.438	260.69	19.327
$I(g)$	106.838	180.791	70.250
$I^-(g)$	−197	—	—
$ICl(g)$	17.51	247.56	−5.73
철			
$Fe(s)$	0	27.78	0
$FeO(s)$	−272	—	—
Fe_2O_3(s, hematite)	−825.5	87.40	−742.2
Fe_3O_4(s, magnetite)	−1118.4	146.4	−1015.4
$FeCl_2(s)$	−341.79	117.95	−302.30
$FeCl_3(s)$	−399.49	142.3	−344.00
FeS_2(s, pyrite)	−178.2	52.93	−166.9
$Fe(CO)_5(\ell)$	−774.0	338.1	−705.3
납			
$Pb(s)$	0	64.81	0
$PbCl_2(s)$	−359.41	136.0	−314.10
PbO(s, yellow)	−219	66.5	−196
$PbO_2(s)$	−277.4	68.6	−217.39
$PbS(s)$	−100.4	91.2	−98.7

표 20 열역학 함수 값(계속)

화학종	$\Delta_f H°$(298.15 K) (kJ/mol)	$S°$(298.15 K) (J/K · mol)	$\Delta_f G°$(298.15 K) (kJ/mol)
리튬			
Li(s)	0	29.12	0
Li^+(g)	685.783	—	—
LiOH(s)	−484.93	42.81	−438.96
LiOH(aq)	−508.48	2.80	−450.58
LiCl(s)	−408.701	59.33	−384.37
마그네슘			
Mg(s)	0	32.67	0
$MgCl_2$(s)	−641.62	89.62	−592.09
$MgCO_3$(s)	−1111.69	65.84	−1028.2
MgO(s)	−601.24	26.85	−568.93
$Mg(OH)_2$(s)	−924.54	63.18	−833.51
MgS(s)	−346.0	50.33	−341.8
수은			
Hg(ℓ)	0	76.02	0
$HgCl_2$(s)	−224.3	146.0	−178.6
HgO(s, red)	−90.83	70.29	−58.539
HgS(s, red)	−58.2	82.4	−50.6
니켈			
Ni(s)	0	29.87	0
NiO(s)	−239.7	37.99	−211.7
$NiCl_2$(s)	−305.332	97.65	−259.032
질소			
N_2(g)	0	191.56	0
N(g)	472.704	153.298	455.563
NH_3(g)	−45.90	192.77	−16.37
N_2H_4(ℓ)	50.63	121.52	149.45
NH_4Cl(s)	−314.55	94.85	−203.08
NH_4Cl(aq)	−299.66	169.9	−210.57
NH_4NO_3(s)	−365.56	151.08	−183.84
NH_4NO_3(aq)	−339.87	259.8	−190.57
NO(g)	90.29	210.76	86.58
NO_2(g)	33.1	240.04	51.23
N_2O(g)	82.05	219.85	104.20
N_2O_4(g)	9.08	304.38	97.73
NOCl(g)	51.71	261.8	66.08
HNO_3(ℓ)	−174.10	155.60	−80.71
HNO_3(g)	−135.06	266.38	−74.72
HNO_3(aq)	−207.36	146.4	−111.25

표 20 열역학 함수 값(계속)

화학종	$\Delta_f H°$(298.15 K) (kJ/mol)	$S°$(298.15 K) (J/K · mol)	$\Delta_f G°$(298.15 K) (kJ/mol)
산소			
O_2(g)	0	205.07	0
O(g)	249.170	161.055	231.731
O_3(g)	142.67	238.92	163.2
인			
P_4(s, white)	0	41.1	0
P_4(s, red)	−17.6	22.80	−12.1
P(g)	314.64	163.193	278.25
PH_3(g)	5.47	210.24	6.64
PCl_3(g)	−287.0	311.78	−267.8
P_4O_{10}(s)	−2984.0	228.86	−2697.7
H_3PO_4(ℓ)	−1279.0	110.5	−1119.1
포타슘			
K(s)	0	64.63	0
KCl(s)	−436.68	82.56	−408.77
$KClO_3$(s)	−397.73	143.1	−296.25
KI(s)	−327.90	106.32	−324.892
KOH(s)	−424.72	78.9	−378.92
KOH(aq)	−482.37	91.6	−440.50
규소			
Si(s)	0	18.82	0
$SiBr_4$(ℓ)	−457.3	277.8	−443.9
SiC(s)	−65.3	16.61	−62.8
$SiCl_4$(g)	−662.75	330.86	−622.76
SiH_4(g)	34.31	204.65	56.84
SiF_4(g)	−1614.94	282.49	−1572.65
SiO_2(s, quartz)	−910.86	41.46	−856.97
은			
Ag(s)	0	42.55	0
Ag_2O(s)	−31.1	121.3	−11.32
AgCl(s)	−127.01	96.25	−109.76
$AgNO_3$(s)	−124.39	140.92	−33.41
소듐			
Na(s)	0	51.21	0
Na(g)	107.3	153.765	76.83
Na^+(g)	609.358	—	—
NaBr(s)	−361.02	86.82	−348.983
NaCl(s)	−411.12	72.11	−384.04
NaCl(g)	−181.42	229.79	−201.33

표 20 열역학 함수 값(계속)

화학종	$\Delta_f H°$(298.15 K) (kJ/mol)	$S°$(298.15 K) (J/K · mol)	$\Delta_f G°$(298.15 K) (kJ/mol)
소듐(계속)			
NaCl(aq)	−407.27	115.5	−393.133
NaOH(s)	−425.93	64.46	−379.75
NaOH(aq)	−469.15	48.1	−418.09
Na_2CO_3(s)	−1130.77	134.79	−1048.08
황			
S(s, rhombic)	0	32.1	0
S(g)	278.98	167.83	236.51
S_2Cl_2(g)	−18.4	331.5	−31.8
SF_6(g)	−1209	291.82	−1105.3
H_2S(g)	−20.63	205.79	−33.56
SO_2(g)	−296.84	248.21	−300.13
SO_3(g)	−395.77	256.77	−371.04
$SOCl_2$(g)	−212.5	309.77	−198.3
H_2SO_4(ℓ)	−814	156.9	−689.96
H_2SO_4(aq)	−909.27	20.1	−744.53
주석			
Sn(s, white)	0	51.08	0
Sn(s, gray)	−2.09	44.14	0.13
$SnCl_4$(ℓ)	−511.3	258.6	−440.15
$SnCl_4$(g)	−471.5	365.8	−432.31
SnO_2(s)	−577.63	49.04	−515.88
타이타늄			
Ti(s)	0	30.72	0
$TiCl_4$(ℓ)	−804.2	252.34	−737.2
$TiCl_4$(g)	−763.16	354.84	−726.7
TiO_2(s)	−939.7	49.92	−884.5
아연			
Zn(s)	0	41.63	0
$ZnCl_2$(s)	−415.05	111.46	−369.398
ZnO(s)	−348.28	43.64	−318.30
ZnS(s, sphalerite)	−205.98	57.7	−201.29

M 25 ℃ 수용액에서 표준 환원 퍼텐셜

표 21 25 ℃ 수용액에서 표준 환원 퍼텐셜

산 용액	표준 환원 퍼텐셜 $E°$ (volts)
$F_2(g) + 2\ e^- \longrightarrow 2\ F^-(aq)$	2.87
$Co^{3+}(aq) + e^- \longrightarrow Co^{2+}(aq)$	1.82
$Pb^{4+}(aq) + 2\ e^- \longrightarrow Pb^{2+}(aq)$	1.8
$H_2O_2(aq) + 2\ H^+(aq) + 2\ e^- \longrightarrow 2\ H_2O$	1.77
$NiO_2(s) + 4\ H^+(aq) + 2\ e^- \longrightarrow Ni^{2+}(aq) + 2\ H_2O$	1.7
$PbO_2(s) + SO_4^{2-}(aq) + 4\ H^+(aq) + 2\ e^- \longrightarrow PbSO_4(s) + 2\ H_2O$	1.685
$Au^+(aq) + e^- \longrightarrow Au(s)$	1.68
$2\ HClO(aq) + 2\ H^+(aq) + 2\ e^- \longrightarrow Cl_2(g) + 2\ H_2O$	1.63
$Ce^{4+}(aq) + e^- \longrightarrow Ce^{3+}(aq)$	1.61
$NaBiO_3(s) + 6\ H^+(aq) + 2\ e^- \longrightarrow Bi^{3+}(aq) + Na^+(aq) + 3\ H_2O$	≈1.6
$MnO_4^-(aq) + 8\ H^+(aq) + 5\ e^- \longrightarrow Mn^{2+}(aq) + 4\ H_2O$	1.51
$Au^{3+}(aq) + 3\ e^- \longrightarrow Au(s)$	1.50
$ClO_3^-(aq) + 6\ H^+(aq) + 5\ e^- \longrightarrow \frac{1}{2}Cl_2(g) + 3\ H_2O$	1.47
$BrO_3^-(aq) + 6\ H^+(aq) + 6\ e^- \longrightarrow Br^-(aq) + 3\ H_2O$	1.44
$Cl_2(g) + 2\ e^- \longrightarrow 2\ Cl^-(aq)$	1.36
$Cr_2O_7^{2-}(aq) + 14\ H^+(aq) + 6\ e^- \longrightarrow 2\ Cr^{3+}(aq) + 7\ H_2O$	1.33
$N_2H_5^+(aq) + 3\ H^+(aq) + 2\ e^- \longrightarrow 2\ NH_4^+(aq)$	1.24
$MnO_2(s) + 4\ H^+(aq) + 2\ e^- \longrightarrow Mn^{2+}(aq) + 2\ H_2O$	1.23
$O_2(g) + 4\ H^+(aq) + 4\ e^- \longrightarrow 2\ H_2O$	1.229
$Pt^{2+}(aq) + 2\ e^- \longrightarrow Pt(s)$	1.2
$IO_3^-(aq) + 6\ H^+(aq) + 5\ e^- \longrightarrow \frac{1}{2}I_2(aq) + 3\ H_2O$	1.195
$ClO_4^-(aq) + 2\ H^+(aq) + 2\ e^- \longrightarrow ClO_3^-(aq) + H_2O$	1.19
$Br_2(\ell) + 2\ e^- \longrightarrow 2\ Br^-(aq)$	1.08
$AuCl_4^-(aq) + 3\ e^- \longrightarrow Au(s) + 4\ Cl^-(aq)$	1.00
$Pd^{2+}(aq) + 2\ e^- \longrightarrow Pd(s)$	0.987

표 21 25 ℃ 수용액에서 표준 환원 퍼텐셜(계속)

산 용액	표준 환원 퍼텐셜 $E°$ (volts)
$NO_3^-(aq) + 4\ H^+(aq) + 3\ e^- \longrightarrow NO(g) + 2\ H_2O$	0.96
$NO_3^-(aq) + 3\ H^+(aq) + 2\ e^- \longrightarrow HNO_2(aq) + H_2O$	0.94
$2\ Hg^{2+}(aq) + 2\ e^- \longrightarrow Hg_2^{2+}(aq)$	0.920
$Hg^{2+}(aq) + 2\ e^- \longrightarrow Hg(\ell)$	0.855
$Ag^+(aq) + e^- \longrightarrow Ag(s)$	0.7994
$Hg_2^{2+}(aq) + 2\ e^- \longrightarrow 2\ Hg(\ell)$	0.789
$Fe^{3+}(aq) + e^- \longrightarrow Fe^{2+}(aq)$	0.771
$SbCl_6^-(aq) + 2\ e^- \longrightarrow SbCl_4^-(aq) + 2\ Cl^-(aq)$	0.75
$[PtCl_4]^{2-}(aq) + 2\ e^- \longrightarrow Pt(s) + 4\ Cl^-(aq)$	0.73
$O_2(g) + 2\ H^+(aq) + 2\ e^- \longrightarrow H_2O_2(aq)$	0.682
$[PtCl_6]^{2-}(aq) + 2\ e^- \longrightarrow [PtCl_4]^{2-}(aq) + 2\ Cl^-(aq)$	0.68
$I_2(aq) + 2\ e^- \longrightarrow 2\ I^-(aq)$	0.621
$H_3AsO_4(aq) + 2\ H^+(aq) + 2\ e^- \longrightarrow H_3AsO_3(aq) + H_2O$	0.58
$I_2(s) + 2\ e^- \longrightarrow 2\ I^-(aq)$	0.535
$TeO_2(s) + 4\ H^+(aq) + 4\ e^- \longrightarrow Te(s) + 2\ H_2O$	0.529
$Cu^+(aq) + e^- \longrightarrow Cu(s)$	0.521
$[RhCl_6]^{3-}(aq) + 3\ e^- \longrightarrow Rh(s) + 6\ Cl^-(aq)$	0.44
$Cu^{2+}(aq) + 2\ e^- \longrightarrow Cu(s)$	0.337
$Hg_2Cl_2(s) + 2\ e^- \longrightarrow 2\ Hg(\ell) + 2\ Cl^-(aq)$	0.27
$AgCl(s) + e^- \longrightarrow Ag(s) + Cl^-(aq)$	0.222
$SO_4^{2-}(aq) + 4\ H^+(aq) + 2\ e^- \longrightarrow SO_2(g) + 2\ H_2O$	0.20
$SO_4^{2-}(aq) + 4\ H^+(aq) + 2\ e^- \longrightarrow H_2SO_3(aq) + H_2O$	0.17
$Cu^{2+}(aq) + e^- \longrightarrow Cu^+(aq)$	0.153
$Sn^{4+}(aq) + 2\ e^- \longrightarrow Sn^{2+}(aq)$	0.15
$S(s) + 2\ H^+ + 2\ e^- \longrightarrow H_2S(aq)$	0.14
$AgBr(s) + e^- \longrightarrow Ag(s) + Br^-(aq)$	0.0713
$2\ H^+(aq) + 2\ e^- \longrightarrow H_2(g)$(reference electrode)	0.0000
$N_2O(g) + 6\ H^+(aq) + H_2O + 4\ e^- \longrightarrow 2\ NH_3OH^+(aq)$	−0.05
$Pb^{2+}(aq) + 2\ e^- \longrightarrow Pb(s)$	−0.126
$Sn^{2+}(aq) + 2\ e^- \longrightarrow Sn(s)$	−0.14
$AgI(s) + e^- \longrightarrow Ag(s) + I^-(aq)$	−0.15

표 21 25 ℃ 수용액에서 표준 환원 퍼텐셜(계속)

산 용액	표준 환원 퍼텐셜 $E°$ (volts)
$[SnF_6]^{2-}(aq) + 4\ e^- \longrightarrow Sn(s) + 6\ F^-(aq)$	−0.25
$Ni^{2+}(aq) + 2\ e^- \longrightarrow Ni(s)$	−0.25
$Co^{2+}(aq) + 2\ e^- \longrightarrow Co(s)$	−0.28
$Tl^+(aq) + e^- \longrightarrow Tl(s)$	−0.34
$PbSO_4(s) + 2\ e^- \longrightarrow Pb(s) + SO_4^{2-}(aq)$	−0.356
$Se(s) + 2\ H^+(aq) + 2\ e^- \longrightarrow H_2Se(aq)$	−0.40
$Cd^{2+}(aq) + 2\ e^- \longrightarrow Cd(s)$	−0.403
$Cr^{3+}(aq) + e^- \longrightarrow Cr^{2+}(aq)$	−0.41
$Fe^{2+}(aq) + 2\ e^- \longrightarrow Fe(s)$	−0.44
$2\ CO_2(g) + 2\ H^+(aq) + 2\ e^- \longrightarrow H_2C_2O_4(aq)$	−0.49
$Ga^{3+}(aq) + 3\ e^- \longrightarrow Ga(s)$	−0.53
$HgS(s) + 2\ H^+(aq) + 2\ e^- \longrightarrow Hg(\ell) + H_2S(g)$	−0.72
$Cr^{3+}(aq) + 3\ e^- \longrightarrow Cr(s)$	−0.74
$Zn^{2+}(aq) + 2\ e^- \longrightarrow Zn(s)$	−0.763
$Cr^{2+}(aq) + 2\ e^- \longrightarrow Cr(s)$	−0.91
$FeS(s) + 2\ e^- \longrightarrow Fe(s) + S^{2-}(aq)$	−1.01
$Mn^{2+}(aq) + 2\ e^- \longrightarrow Mn(s)$	−1.18
$V^{2+}(aq) + 2\ e^- \longrightarrow V(s)$	−1.18
$CdS(s) + 2\ e^- \longrightarrow Cd(s) + S^{2-}(aq)$	−1.21
$ZnS(s) + 2\ e^- \longrightarrow Zn(s) + S^{2-}(aq)$	−1.44
$Zr^{4+}(aq) + 4\ e^- \longrightarrow Zr(s)$	−1.53
$Al^{3+}(aq) + 3\ e^- \longrightarrow Al(s)$	−1.66
$Mg^{2+}(aq) + 2\ e^- \longrightarrow Mg(s)$	−2.37
$Na^+(aq) + e^- \longrightarrow Na(s)$	−2.714
$Ca^{2+}(aq) + 2\ e^- \longrightarrow Ca(s)$	−2.87
$Sr^{2+}(aq) + 2\ e^- \longrightarrow Sr(s)$	−2.89
$Ba^{2+}(aq) + 2\ e^- \longrightarrow Ba(s)$	−2.90
$Rb^+(aq) + e^- \longrightarrow Rb(s)$	−2.925
$K^+(aq) + e^- \longrightarrow K(s)$	−2.925
$Li^+(aq) + e^- \longrightarrow Li(s)$	−3.045

표 21 25 ℃ 수용액에서 표준 환원 퍼텐셜(계속)

염기 용액	표준 환원 퍼텐셜 $E°$ (volts)
$ClO^-(aq) + H_2O + 2\ e^- \longrightarrow Cl^-(aq) + 2\ OH^-(aq)$	0.89
$OOH^-(aq) + H_2O + 2\ e^- \longrightarrow 3\ OH^-(aq)$	0.88
$2\ NH_2OH(aq) + 2\ e^- \longrightarrow N_2H_4(aq) + 2\ OH^-(aq)$	0.74
$ClO_3^-(aq) + 3\ H_2O + 6\ e^- \longrightarrow Cl^-(aq) + 6\ OH^-(aq)$	0.62
$MnO_4^-(aq) + 2\ H_2O + 3\ e^- \longrightarrow MnO_2(s) + 4\ OH^-(aq)$	0.588
$MnO_4^-(aq) + e^- \longrightarrow MnO_4^{2-}(aq)$	0.564
$NiO_2(s) + 2\ H_2O + 2\ e^- \longrightarrow Ni(OH)_2(s) + 2\ OH^-(aq)$	0.49
$Ag_2CrO_4(s) + 2\ e^- \longrightarrow 2\ Ag(s) + CrO_4^{2-}(aq)$	0.446
$O_2(g) + 2\ H_2O + 4\ e^- \longrightarrow 4\ OH^-(aq)$	0.40
$ClO_4^-(aq) + H_2O + 2\ e^- \longrightarrow ClO_3^-(aq) + 2\ OH^-(aq)$	0.36
$Ag_2O(s) + H_2O + 2\ e^- \longrightarrow 2\ Ag(s) + 2\ OH^-(aq)$	0.34
$2\ NO_2^-(aq) + 3\ H_2O + 4\ e^- \longrightarrow N_2O(g) + 6\ OH^-(aq)$	0.15
$N_2H_4(aq) + 2\ H_2O + 2\ e^- \longrightarrow 2\ NH_3(aq) + 2\ OH^-(aq)$	0.10
$[Co(NH_3)_6]^{3+}(aq) + e^- \longrightarrow [Co(NH_3)_6]^{2+}(aq)$	0.10
$HgO(s) + H_2O + 2\ e^- \longrightarrow Hg(\ell) + 2\ OH^-(aq)$	0.0984
$O_2(g) + H_2O + 2\ e^- \longrightarrow OOH^-(aq) + OH^-(aq)$	0.076
$NO_3^-(aq) + H_2O + 2\ e^- \longrightarrow NO_2^-(aq) + 2\ OH^-(aq)$	0.01
$MnO_2(s) + 2\ H_2O + 2\ e^- \longrightarrow Mn(OH)_2(s) + 2\ OH^-(aq)$	−0.05
$CrO_4^{2-}(aq) + 4\ H_2O + 3\ e^- \longrightarrow Cr(OH)_3(s) + 5\ OH^-(aq)$	−0.12
$Cu(OH)_2(s) + 2\ e^- \longrightarrow Cu(s) + 2\ OH^-(aq)$	−0.36
$S(s) + 2\ e^- \longrightarrow S^{2-}(aq)$	−0.48
$Fe(OH)_3(s) + e^- \longrightarrow Fe(OH)_2(s) + OH^-(aq)$	−0.56
$2\ H_2O + 2\ e^- \longrightarrow H_2(g) + 2\ OH^-(aq)$	−0.8277
$2\ NO_3^-(aq) + 2\ H_2O + 2\ e^- \longrightarrow N_2O_4(g) + 4\ OH^-(aq)$	−0.85
$Fe(OH)_2(s) + 2\ e^- \longrightarrow Fe(s) + 2\ OH^-(aq)$	−0.877
$SO_4^{2-}(aq) + H_2O + 2\ e^- \longrightarrow SO_3^{2-}(aq) + 2\ OH^-(aq)$	−0.93
$N_2(g) + 4\ H_2O + 4\ e^- \longrightarrow N_2H_4(aq) + 4\ OH^-(aq)$	−1.15
$[Zn(OH)_4]^{2-}(aq) + 2\ e^- \longrightarrow Zn(s) + 4\ OH^-(aq)$	−1.22
$Zn(OH)_2(s) + 2\ e^- \longrightarrow Zn(s) + 2\ OH^-(aq)$	−1.245
$[Zn(CN)_4]^{2-}(aq) + 2\ e^- \longrightarrow Zn(s) + 4\ CN^-(aq)$	−1.26
$Cr(OH)_3(s) + 3\ e^- \longrightarrow Cr(s) + 3\ OH^-(aq)$	−1.30
$SiO_3^{2-}(aq) + 3\ H_2O + 4\ e^- \longrightarrow Si(s) + 6\ OH^-(aq)$	−1.70

N 해답 및 해설

Chapter 1

사례 연구

CO_2 in the Oceans

1. Carbon dioxide
2. Calcium: Ca; copper: Cu; manganese: Mn; iron: Fe
3. Most dense: copper, least dense: calcium
4. Elements: calcium, carbon, oxygen
   Compound name: calcium carbonate

유제

1.1 $x = 3.9 \times 10^5$. The difference between 110.7 and 64 is 47. Dividing 47 by 0.056 and 0.00216 gives an answer with two significant figures.

확인문제

1.3절

1. (a) dry ice (solid CO_2)
2. (c) Can be separated into two other pure substances by physical means.

1.4절

1. (b) Na
2. (d) silicon

1.5절

1. (d) water
2. (c) potassium

1.6절

1. (c) gasoline burns in air
2. (b) polypropylene < water < soda bottle plastic
3. (d) volume = 13.6 cm^3

1.7절

1. (b) The campfire wood burns.

1.8절

1. (d) 1.0 g of water vapor at 100 °C
2. (a) A mixture of H_2 and O_2 has lower chemical potential energy than H_2O.

1.9절

1. (c) 3
2. (a) 1
3. (b) 10.32 g
4. (c) 0.65 cm^2

학습문제

1. (a) C, carbon (b) K, potassium
   (c) Cl, chlorine (d) P, phosphorus
   (e) Mg, magnesium (f) Ni, nickel
2. (a) Ba, barium
   (b) Ti, titanium
   (c) Cr, chromium
   (d) Pb, lead
   (e) As, arsenic
   (f) Zn, zinc
3. (a) Na (element) and NaCl (compound)
   (b) Sugar (compound) and carbon (element)
   (c) Gold (element) and gold chloride (compound)
4. (a) Physical property
   (b) Chemical property
   (c) Chemical property
   (d) Physical property
   (e) Physical property
   (f) Physical property
5. (a) Physical (colorless liquid) and chemical (burns in air)
   (b) Physical (shiny metal, orange-red) and chemical (reacts with bromine)
6. (a) Kinetic energy
   (b) Potential energy
   (c) Potential energy
   (d) Potential energy
7. (a) Qualitative: blue-green color, solid physical state
   Quantitative: density = 2.65 g/cm^3 and mass = 2.5 g
   (b) Density, physical state, and color are intensive properties, whereas mass is an extensive property.
   (c) Volume = 0.94 cm^3
8. Observation c is a chemical property.
9. (a) Calcium, Ca; fluorine, F
   (b) The crystals are cubic in shape because the atoms are arranged in cubic structures.
10. The water can be removed by boiling the solution until all

of the water evaporates. The solid that remains is salt, NaCl.

11. Physical changes: a, b, d
Chemical changes: c

12. The macroscopic view is the photograph of NaCl, and the particulate view is the drawing of the ions in a cubic arrangement. The structure of the compound at the particulate level determines the properties that are observed at the macroscopic level.

13. The density of the plastic is less than that of CCl_4, so the plastic will float on the liquid CCl_4. Aluminum is more dense than CCl_4, so aluminum will sink when placed in CCl_4.

14. (a) Mixture (b) Mixture
(c) Element (d) Compound

15. The three liquids will form three separate layers with hexane on the top, water in the middle, and perfluorohexane on the bottom. The HDPE will float at the interface of the hexane and water layers. The PVC will float at the interface of the water and perfluorohexane layers. The Teflon will sink to the bottom of the cylinder.

16. HDPE will float in ethylene glycol, water, acetic acid, and glycerol.

17. Milk is mostly water. When water freezes its density decreases, so for a given mass of water, the volume increases considerably. The increased volume means that the frozen water expands out of the bottle.

18. If too much sugar is excreted, the density of the urine would be higher than normal. If too much water is excreted, the density would be lower than normal.

19. (a) Solid potassium metal reacts with liquid water to produce gaseous hydrogen and a homogeneous mixture (solution) of potassium hydroxide in liquid water.
(b) The reaction is a chemical change.
(c) The reactants are potassium and water. The products are hydrogen gas and a water (aqueous) solution of potassium hydroxide. Heat and light are also evolved.
(d) Among the qualitative observations are (i) the reaction is violent, and (ii) heat and light (a purple flame) are produced.

20. The balloons containing helium and neon will float in air.

21. Physical change

22. (a) Gold = Au, silver = Ag, and copper = Cu
(b) T (K) = (1 K/1 °C)(1064 °C + 273 °C) = 1337 K
(c) No, gold is not the most dense element. Iridium Ir, is slightly more dense (22.65 g/cm^3).
(d) Mass gold = 0.75 × 5.58 g = 4.2 g
(e) Mass loss = (6.15 mg/ring)(1 g/1000 mg) (5.6 × 10^7 rings) = 3.4 × 10^5 g

Value lost = (3.4 × 10^5 g)(1 troy oz/31.1 g) ($1620/1 troy oz) = $1.8 × 10^7 (or 18 million dollars)

Chapter 2

사례 연구

Using Isotopes: Ötzi, the Iceman of the Alps

1. ^{18}O: 18 − 8 = 10 neutrons
^{204}Pb: 204 − 82 = 122 neutrons
^{206}Pb: 206 − 82 = 124 neutrons

2. 15.9993 u

Arsenic, Medicine, and the Formula of Compound 606

1. Amount As: 19.024 g As × (1 mol As/74.9216 g As) = 0.25392 mol As

Amount Cu: 48.407 g Cu × (1 mol Cu/63.546 g Cu) = 0.76176 mol Cu

Amount S: 32.569 g S × (1 mol S/32.066 g S) = 1.0157 mol S

Mole ratio Cu/As: 0.76176 mol Cu/0.25392 mol As = 3.0000 mol Cu/1 mol As

Mole ratio S/As: 1.0157 mol S/0.25392 mol As = 4.0001 mol S/1 mol As

Empirical formula: Cu_3AsS_4

2. Amount C: 39.37 g C × (1 mol C/12.011 g C) = 3.278 mol C

Amount H: 3.304 g H × (1 mol H/1.0079 g H) = 3.278 mol H

Amount O: 8.741 g O × (1 mol O/15.999 g O) = 0.5463 mol O

Amount N: 7.652 g N × (1 mol N/14.007 g N) = 0.5463 mol N

Amount As: 40.932 g As × (1 mol As/74.9216 g As) = 0.54633 mol As

Mole ratio C/O and H/O: 3.278 mol C/0.5463 mol O = 6.000 mol C/1 mol O. A similar calculation yields 6.000 mol H/1 mol O.

Mole ratio N/O and As/O: 0.5463 mol N/0.5463 mol O = 1.000 mol N/1 mol O. A similar calculation yields 1.000 mol As/1 mol O.

Empirical formula: C_6H_6AsNO
Molar mass of C_6H_6AsNO: 183.0 g/mol

Compound 1: 549/183.0 = 3.00; therefore, the molecular formula is $C_{18}H_{18}As_3N_3O_3$.

Compound 2: 915/183.0 = 5.00; therefore, the molecular formula is $C_{30}H_{30}As_5N_5O_5$.

유제

2.1 (1) Mass number with 26 protons and 30 neutrons is 56
(2) (59.930788 u)(1.661×10^{-24} g/u) = 9.955×10^{-23} g
(3) ^{64}Zn has 30 protons, 30 electrons, and (64 − 30) = 34 neutrons.

2.2 Use Equation 2.2 for the calculation.
Atomic mass = (34.96885)(75.77/100) + (36.96590)(24.23/100) = 35.45. (Accuracy is limited by the value of the percent abundance to four significant figures.)

2.3 Use Equation 2.2 for the calculation. Let x = percent abundance of ^{20}Ne and y = percent abundance of ^{22}Ne.
20.1797 u = (x/100)(19.992435 u) + (0.27/100)(20.993843 u) + (y/100)(21.991383 u)
Because all the percent abundances must sum to 100 %, $y = 100 - x - 0.27 = 99.73 - x$.
20.1797 u = (x/100)(19.992435 u) + (0.27/100)(20.993843 u) + [(99.73 − x)/100](21.991383 u)
x = 90.5; therefore the percent abundance of ^{20}Ne = 90.5 % and the percent abundance of ^{22}Ne = 9.2 %.

2.4 (a) (1) NaF: 1 Na^+ and 1 F^- ion.
(2) $Cu(NO_3)_2$: 1 Cu^{2+} and 2 NO_3^- ions.
(3) $NaCH_3CO_2$: 1 Na^+ and 1 $CH_3CO_2^-$ ion.

2.5 (a) Na_2S, Na_3PO_4, BaS, $Ba_3(PO_4)_2$
(b) $FeCl_2$, $FeCl_3$

2.6 (2.6×10^{24} atoms)(1 mol/6.022×10^{23}atoms)(197.0 g Au/1 mol) = 850 g Au
Volume = (850 g Au)(1.00 cm^3/19.32 g) = 44 cm^3

2.7 Molar mass $H_3C_6H_5O_7$ = 8(1.01) + 6(12.01) + 7(16.00) = 192.14 g/mol
(454 g $H_3C_6H_5O_7$)(1 mol $H_3C_6H_5O_7$/192.14 g $H_3C_6H_5O_7$) = 2.36 mol $H_3C_6H_5O_7$
(2.36 mol $H_3C_6H_5O_7$)(6.022×10^{23} molecules/1 mol) = 1.42×10^{24} molecules $H_3C_6H_5O_7$
(1.42×10^{24} molecules $H_3C_6H_5O_7$)(6 atoms C/1 molecule $H_3C_6H_5O_7$) = 8.54×10^{24} atoms C

2.8 (1) 1.00 mol $(NH_4)_2CO_3$ (molar mass 96.09 g/mol) has 28.0 g of N (29.1 %), 8.06 g of H (8.39 %), 12.0 g of C (12.5 %), and 48.0 g of O (50.0 %)
(2) 454 g C_8H_{18} (1 mol C_8H_{18}/114.2 g)(8 mol C/1 mol C_8H_{18})(12.01 g C/1 mol C)= 382 g C

2.9 (1) C_5H_4
(2) $C_2H_4O_2$
(3) (88.17 g C)(1 mol C/12.011 g C) = 7.341 mol C
(11.83 g H)(1 mol H/1.008 g H) = 11.74 mol H
11.74 mol H/7.341 mol C = 1.6 mol H/1 mol C = (8/5); (mol H/1 mol C) = 8 mol H/5 mol C
The empirical formula is C_5H_8. The molar mass, 68.11 g/mol, closely matches this formula, so C_5H_8 is also the molecular formula.
(4) (78.90 g C)(1 mol C/12.011 g C) = 6.569 mol C
(10.59 g H)(1 mol H/1.008 g H) = 10.51 mol H
(10.51 g O)(1 mol O/16.00 g O) = 0.6569 mol O
10.51 mol H/0.6569 mol O = 16 mol H/1 mol O
6.569 mol C/0.6569 mol O = 10 mol C/1 mol O
The empirical formula is $C_{10}H_{16}O$.

2.10 (1.25 g Ga)(1 mol Ga/69.72 g Ga) = 0.0179 mol Ga
1.68 g product − 1.25 g Ga = 0.43 g O
(0.43 g O)(1 mol O/16.00 g O) = 0.027 mol O
Mole ratio = 0.027 mol O/0.0179 mol Ga = 1.5 mol O/1.0 mol Ga = 3.0 mol O/2.0 mol Ga
Empirical formula = Ga_2O_3

2.11 Mass of water lost on heating is 0.235 g − 0.128 g = 0.107 g; 0.128 g $NiCl_2$ remain
(0.107 g H_2O)(1 mol H_2O/18.016 g H_2O) = 0.00594 mol H_2O
(0.128 g $NiCl_2$)(1 mol $NiCl_2$/129.6 g $NiCl_2$) = 0.000988 mol $NiCl_2$
Mole ratio = 0.00594 mol H_2O/0.000988 mol $NiCl_2$ = 6.01: Therefore x = 6
The formula for the hydrate is $NiCl_2 \cdot 6\ H_2O$.

확인문제

2.2절

1. (b) 30 neutrons
2. (c) Na

2.3절

1. (d) $^{109}_{47}$Ag, 48.161 %
2. (a) 99.60%

2.4절

1. (a) ^{63}Cu
2. (b) 40 %
3. (b) Pb

2.5절

1. (a) Ge
2. (a) Si
3. (c) O
4. (c) allotropes

2.6절

1. (b) $C_3H_7NO_2S$

2.7절

1. (b) 2+

2. (a) loses 3 electrons
3. (b) ammonium sulfide
4. (a) $Ba(CH_3CO_2)_2$
5. (a) vanadium(Ⅲ) oxide
6. (a) MgO

2.8절

1. (a) O_2F_2
2. (b) nitrogen pentaoxide, N_2O_5
3. (c) dinitrogen tetrafluoride
4. (b) tetraphosphorus decaoxide

2.9절

1. (c) 164.09 g/mol
2. (b) 4.0 g H_2
3. (c) 0.40 mol Ca
4. (d) 30 g HF
5. (a) 6.0×10^{23} atoms O

2.10절

1. (d) butane, C_4H_{10}
2. (b) $C_6H_{12}O_6$
3. (b) C_5H_6O, $C_{10}H_{12}O_2$
4. (d) $MgSO_4 \cdot 3\ H_2O$

화학 원리 응용

1. 162.18 cm^3
3. % Abundance $^{40}Ar = 99.600$ %
   Atomic mass of $^{40}Ar = 39.963$ u

학습문제

1. Atoms contain the following fundamental particles: protons (+1 charge), neutrons (zero charge), and electrons (−1 charge). Protons and neutrons are in the nucleus of an atom. Electrons are the least massive of the three particles.
2. (a) $^{27}_{12}Mg$
   (b) $^{48}_{22}Ti$
   (c) $^{62}_{30}Zn$
3.

Element	Electrons	Protons	Neutrons
^{24}Mg	12	12	12
^{119}Sn	50	50	69
^{232}Th	90	90	142
^{13}C	6	6	7
^{63}Cu	29	29	34
^{205}Bi	83	83	122

4. mass p/mass e = 1.672622×10^{-24} g/9.109383×10^{-28} g = 1836.15. The proton is more than 1800 times heavier than the electron. Thomson's estimate was off by a factor of 2.
5. Gamma rays (γ) have no charge and so are unaffected by the electric field. Alpha particles (α) are positively charged and attracted to the negative plate, and beta particles (β) are negatively charged and attracted to the positive plate. Beta particles are more affected by the electric field because they are lighter than alpha particles. (Alpha particles are He^+ ions, whereas beta particles are electrons.)
6. $^{16}O/^{12}C = 1.3329$
7. $^{57}_{27}Co$, $^{58}_{27}Co$, $^{60}_{27}Co$
8. Protium: one proton, one electron
   Deuterium: one proton, one neutron, one electron
   Tritium: one proton, two neutrons, one electron
9. ^{205}Tl is more abundant than ^{203}Tl. The atomic mass of thallium is closer to 205 than to 203.
10. (0.0750)(6.015121) + (0.9250)(7.016003) = 6.94
11. ^{69}Ga, 60.12 %; ^{71}Ga, 39.88 %
12.

	Symbol	Atomic No.	Atomic Mass	Group	Period	
Titanium	Ti	22	47.867	4B(IUPAC 4)	4	Metal
Thallium	Tl	81	204.3833	3A(IUPAC 13)	6	Metal

13. Eight elements: periods 2 and 3. 18 elements: periods 4 and 5. 32 elements: periods 6 and 7.
14. (a) Nonmetals: C, Cl
    (b) Main group elements: C, Ca, Cl, Cs
    (c) Lanthanides: Ce
    (d) Transition elements: Cr, Co, Cd, Ce, Cm, Cu, Cf
    (e) Actinides: Cm, Cf
    (f) Gases: Cl
15. Metals: Na, Ni, Np
    Metalloids: None in this list
    Nonmetals: N, Ne
16. Molecular formula: HNO_3.
    Structural formula:

    H–O–N(=O)–O

    The structure around the N atom is flat. The O atoms are arranged around the N atoms at the corners of a triangle. The hydrogen atom is connected to one of the oxygen atoms.
17. (a) Mg^{2+}
    (b) Zn^{2+}
    (c) Ni^{2+}

(d) Ga^{3+}

18. (a) Ba^{2+}
(b) Ti^{4+}
(c) PO_4^{3-}
(d) HCO_3^-
(e) S^{2-}
(f) ClO_4^-
(g) Co^{2+}
(h) SO_4^{2-}

19. K loses one electron per atom to form a K^+ ion. It has the same number of electrons as an Ar atom.

20. Ba^{2+} and Br^- ions. The compound's formula is $BaBr_2$.

21. (a) Two K^+ ions and one S^{2-} ion
(b) One Co^{2+} ion and one SO_4^{2-} ion
(c) One K^+ ion and one MnO_4^- ion
(d) Three NH_4^+ ions and one PO_4^{3-} ion
(e) One Ca^{2+} ion and two ClO^- ions
(f) One Na^+ ion and one $CH_3CO_2^-$ ion

22. Co^{2+} gives CoO and Co^{3+} gives Co_2O_3.

23. (a) $AlCl_2$ should be $AlCl_3$ (based on an Al^{3+} ion and three Cl^- ions).
(b) KF_2 should be KF (based on a K^+ ion and an F^- ion).
(c) Ga_2O_3 is correct.
(d) MgS is correct.

24. (a) Potassium sulfide
(b) Cobalt(II) sulfate
(c) Ammonium phosphate
(d) Calcium hypochlorite

25. (a) $(NH_4)_2CO_3$
(b) CaI_2
(c) $CuBr_2$
(d) $AlPO_4$
(e) $AgCH_3CO_2$

26. Compounds with Na^+: Na_2CO_3 (sodium carbonate) and NaI (sodium iodide). Compounds with Ba^{2+}: $BaCO_3$ (barium carbonate) and BaI_2 (barium iodide).

27. The force of attraction is stronger in NaF than in NaI because the distance between ion centers is smaller in NaF (235 pm) than in NaI (322 pm).

28. (a) Nitrogen trifluoride
(b) Hydrogen iodide
(c) Boron triiodide
(d) Phosphorus pentafluoride

29. (a) SCl_2
(b) N_2O_5
(c) $SiCl_4$
(d) B_2O_3

30. (a) 67 g Al
(b) 0.0698 g Fe
(c) 0.60 g Ca
(d) 1.32×10^4 g Ne

31. (a) 1.9998 mol Cu
(b) 0.0017 mol Li
(c) 2.1×10^{-5} mol Am
(d) 0.250 mol Al

32. Of these elements, He has the smallest molar mass, and Fe has the largest molar mass. Therefore, 1.0 g of He has the largest number of atoms in these samples, and 1.0 g of Fe has the smallest number of atoms.

33. 0.020 mol H $<$ 0.0597 mol P $<$ 0.0996 mol Ca $<$ 0.259 mol O

34. (a) 159.7 g/mol
(b) 117.2 g/mol
(c) 176.1 g/mol

35. (a) 1.53 g
(b) 4.60 g
(c) 4.60 g
(d) 1.48 g

36. (a) 86.60 % Pb and 13.40 % S
(b) 81.71 % C and 18.29 % H
(c) 79.96 % C, 9.394 % H, and 10.65 % O

37. (a) CH, 26.0 g/mol; C_2H_2
(b) CHO, 116.1 g/mol; $C_4H_4O_4$
(c) CH_2, 112.2 g/mol, C_8H_{16}

38. Empirical formula, C_3H_4; molecular formula, C_9H_{12}

39. Empirical and molecular formulas are both $C_8H_8O_3$

40. XeF_2

41. $MgSO_4 \cdot 2\ H_2O$

42.

Symbol	^{58}Ni	^{33}S	^{20}Ne	^{55}Mn
Protons	28	16	10	25
Neutrons	30	17	10	30
Electrons	28	16	10	25
Name	Nickel	Sulfur	Neon	Manganese

43.

S	N
B	I

44. (a) 1.0552×10^{-22} g for 1 Cu atom
(b) 6.3×10^{-22} dollars for 1 Cu atom

45. (a) Strontium
(b) Zirconium
(c) Carbon
(d) Arsenic

(e) Iodine
(f) Magnesium
(g) Krypton
(h) Sulfur
(i) Germanium or arsenic

46. (a) 0.25 mol U
(b) 0.50 mol Na
(c) 10 atoms of Fe

47. 40.157 g H_2 (b) < 103.0 g C (c) < 182 g Al (f) < 210 g Si (d) < 212.0 g Na (e) < 351 g Fe (a) < 650 g Cl_2 (g)

48. (a) Atomic mass of O = 15.873 u; Avogadro's number = 5.9802×10^{23} particles per mole
(b) Atomic mass of H = 1.00798 u; Avogadro's number = 6.0279×10^{23} particles per mole

49. $(NH_4)_2CO_3$, $(NH_4)_2SO_4$, $NiCO_3$, $NiSO_4$

50. All of these compounds have one atom of some element plus three Cl atoms. The highest mass percent of chlorine will occur in the compound having the lightest central element. Here, that element is B, so BCl_3 should have the highest mass percent of Cl (90.77 %).

51. The molar mass of adenine ($C_5H_5N_5$) is 135.13 g/mol. 3.0×10^{23} molecules represents 67 g. Thus, 3.0×10^{23} molecules of adenine has a larger mass than 40.0 g of the compound.

52. 1.7×10^{21} molecules of water

53. 245.75 g/mol. Mass percent: 25.86% Cu, 22.80% N, 5.742% H, 13.05% S, and 32.55% O. In 10.5 g of compound there are 2.72 g Cu and 0.770 g H_2O.

54. Empirical formula of malic acid: $C_4H_6O_5$

55. $Fe_2(CO)_9$

56. (a) $C_7H_5NO_3S$

(b) 6.82×10^{-4} mol saccharin
(c) 21.9 mg S

57. (a) NaClO, ionic
(b) BI_3
(c) $Al(ClO_4)_3$, ionic
(d) $Ca(CH_3CO_2)_2$, ionic
(e) $KMnO_4$, ionic
(f) $(NH_4)_2SO_3$, ionic
(g) KH_2PO_4, ionic
(h) S_2Cl_2
(i) ClF_3
(j) PF_3

58. (a) Empirical formula = molecular formula = CF_2O_2
(b) Empirical formula = C_5H_4; molecular formula = $C_{10}H_8$

59. Empirical formula and molecular formula = $C_5H_{14}N_2$

60. $C_9H_7MnO_3$

61. 68.42% Cr; 1.2×10^3 kg Cr_2O_3

62. Empirical formula = ICl_3; molecular formula = I_2Cl_6

63. 7.35 kg of iron

64. (d) Na_2MoO_4

65. 5.52×10^{-4} mol $C_{21}H_{15}Bi_3O_{12}$; 0.346 g Bi

66. The molar mass of the compound is 154 g/mol. The unknown element is carbon.

67. $n = 2.19 \times 10^3$

68. (a) 2.3×10^{14} g/cm^3
(b) 3.34×10^{-3} g/cm^3
(c) The nucleus is much more dense than the space occupied by the electrons.

69. (a) 0.0130 mol Ni
(b) NiF_2
(c) Nickel(II) fluoride

70. Volume = 3.0 cm^3; length of side = 1.4 cm

71. (a) $m/Z = 50$ is $^{12}C^1H_3{}^{35}Cl^+$; $m/Z = 52$ is $^{12}C^1H_3{}^{37}Cl^+$
The height of the line at $m/Z = 52$ is about 1/3 the height of the line at $m/Z = 50$ because the abundance of ^{37}Cl is about 1/3 that of ^{35}Cl.
(b) $^{13}C^1H_3{}^{35}Cl^+$ (a small portion of this peak is also due to $^{12}C^2H^1H_2{}^{35}Cl^+$)

72. Formula is $MgSO_4 \cdot 7\,H_2O$

73. SnI_4

74. (c) The calculated mole ratio is 0.78 mol H_2O per mol $CaCl_2$. The student should heat the crucible again and then reweigh it. More water might be driven off.

75. Required data: density of iron (d), molar mass of iron (b), Avogadro's number (c)

$$1.00\ \text{cm}^3\left(\frac{7.87\ \text{g}}{1\ \text{cm}^3}\right)\left(\frac{1\ \text{mol}}{55.85\ \text{g}}\right)\left(\frac{6.022\times10^{23}\ \text{atoms}}{1\ \text{mol}}\right) = 8.49\times10^{22}\ \text{atoms Fe}$$

76. (a) Barium would be more reactive than calcium, so a more vigorous evolution of hydrogen should occur.
(b) Reactivity increases on descending the periodic table, at least for Groups 1A and 2A.

Chapter 3

사례 연구

Killing Bacteria with Silver

1. 100×10^{15} Ag^+ ions (1 mol/6.022×10^{23} ions) = 2×10^{-7} mol Ag^+

2. 2×10^{-7} mol Ag^+ (107.9 g Ag^+/1 mol Ag^+) = 2×10^{-5} g Ag^+ ions

유제

3.1 (a) $2\ C_4H_{10}(g) + 13\ O_2(g) \rightarrow 8\ CO_2(g) + 10\ H_2O(g)$
(b) $2\ C_3H_7BO_3(\ell) + 8\ O_2(g) \rightarrow 6\ CO_2(g) + 7\ H_2O(g) + B_2O_3(g)$

3.2 (a) $LiNO_3$ is soluble and gives $Li^+(aq)$ and $NO_3^-(aq)$ ions.
(b) $CaCl_2$ is soluble and gives $Ca^{2+}(aq)$ and $Cl^-(aq)$ ions.
(c) CuO is not water soluble.
(d) $NaCH_3CO_2$ is soluble and gives $Na^+(aq)$ and $CH_3CO_2^-(aq)$ ions.

3.3 (a) $Na_2CO_3(aq) + CuCl_2(aq) \rightarrow 2\ NaCl(aq) + CuCO_3(s)$
(b) No reaction; no insoluble compound is produced.
(c) $NiCl_2(aq) + 2\ KOH(aq) \rightarrow Ni(OH)_2(s) + 2\ KCl(aq)$

3.4 (a) $3\ CaCl_2(aq) + 2\ Na_3PO_4(aq) \rightarrow Ca_3(PO_4)_2(s) + 6\ NaCl(aq)$
$3\ Ca^{2+}(aq) + 2\ PO_4^{3-}(aq) \rightarrow Ca_3(PO_4)_2(s)$
(b) $FeCl_3(aq) + 3\ KOH(aq) \rightarrow Fe(OH)_3(s) + 3\ KCl(aq)$
$Fe^{3+}(aq) + 3\ OH^-(aq) \rightarrow Fe(OH)_3(s)$
(c) $Pb(NO_3)_2(aq) + 2\ KCl(aq) \rightarrow PbCl_2(s) + 2\ KNO_3(aq)$
$Pb^{2+}(aq) + 2\ Cl^-(aq) \rightarrow PbCl_2(s)$

3.5 (a) $H_3PO_4(aq) + H_2O(\ell) \rightarrow H_3O^+(aq) + H_2PO_4^-(aq)$
(b) Acting as an acid:
$H_2PO_4^-(aq) + H_2O(\ell) \rightleftharpoons HPO_4^{2-}(aq) + H_3O^+(\ell)$
Acting as a base:
$H_2PO_4^-(aq) + H_2O(\ell) \rightleftharpoons H_3PO_4(aq) + OH^-(aq)$
Because $H_2PO_4^-(aq)$ can react as a Brønsted acid and as a base, it is said to be amphiprotic.

3.6 $Mg(OH)_2(s) + 2\ HCl(aq) \rightarrow MgCl_2(aq) + 2\ H_2O(\ell)$
Net ionic equation:
$Mg(OH)_2(s) + 2\ H_3O^+(aq) \rightarrow Mg^{2+}(aq) + 4\ H_2O(\ell)$

3.7 $BaCO_3(s) + 2\ HNO_3(aq) \rightarrow Ba(NO_3)_2(aq) + CO_2(g) + H_2O(\ell)$
Barium carbonate and nitric acid produce barium nitrate, carbon dioxide, and water.

3.8 (a) Fe in Fe_2O_3, +3; (b) S in H_2SO_4, +6; (c) C in CO_3^{2-}, +4; (d) N in NO_2^+, +5

3.9 Dichromate ion is the oxidizing agent and is reduced. (Cr with a +6 oxidation number is reduced to Cr^{3+} with a +3 oxidation number.) Ethanol is the reducing agent and is oxidized. (The C atoms in ethanol have an oxidation number of −2. The oxidation number is 0 in acetic acid.)

3.10 (a) Gas-forming reaction:
$CuCO_3(s) + H_2SO_4(aq) \rightarrow CuSO_4(aq) + H_2O(\ell) + CO_2(g)$
Net ionic equation:
$CuCO_3(s) + 2\ H_3O+(aq) \rightarrow Cu^{2+}(aq) + 3\ H_2O(\ell) + CO_2(g)$
(b) Oxidation–reduction: $4\ Ga(s) + 3\ O_2(g) \rightarrow 2\ Ga_2O_3(s)$
(c) Acid–base reaction:
$Ba(OH)_2(aq) + 2\ HNO_3(aq) \rightarrow Ba(NO_3)_2(aq) + 2\ H_2O(\ell)$
Net ionic equation:
$OH^-(aq) + H_3O^+(aq) \rightarrow 2\ H_2O(\ell)$
(d) Precipitation reaction:
$CuCl_2(aq) + (NH_4)_2S(aq) \rightarrow CuS(s) + 2\ NH_4Cl(aq)$
Net ionic equation:
$Cu^{2+}(aq) + S^{2-}(aq) \rightarrow CuS(s)$

확인문제

3.1절

1. (b) 2, 3, 1

2. (c) 12,000

3.2절

1. (b) 9 O_2, 8 H_2O

3.3절

1. (d) All chemical reactions are product-favored at equilibrium.

3.4절

1. (a) $Ba(NO_3)_2$

2. (b) Ca^{2+} and 2 NO_3^-

3. (b) acetic acid

3.5절

1. (d) 1, 2, 3, and 4

2. (c) $2\ Ag^+(aq) + CO_3^{2-}(aq) \rightarrow Ag_2CO_3(s)$

3.6절

1. (d) H_2SO_4

2. (d) PO_4^{3-}

3. (c) $CH_3CO_2H(aq) + OH^-(aq) \rightarrow H_2O(\ell) + CH_3CO_2^-(aq)$

4. (b) BaO

3.7절

1. (b) Na_2CO_3

3.8절

1. (c) +6
2. (c) 2 and 4
3. (c) $KMnO_4$

3.9절

1. (c) acid–base and precipitation

화학 원리 응용

1. In this case, because you know that Cu has an implied subscript of 1, divide the number of moles of each element determined by the number of moles of Cu.

   $x = 0.15$; Formula = $La_{1.85}Ba_{0.15}CuO_4$

3. One formula unit of the compound contains two Cu^{2+} ions and one Cu^{3+} ion.

5. 0.011 g O_2

학습문제

1. (a) $2\ Al(s) + Fe_2O_3(s) \rightarrow 2\ Fe(\ell) + Al_2O_3(s)$
   So much energy is released as heat in this reaction that the iron formed is in the liquid state.
   (b) $C(s) + H_2O(g) \rightarrow CO(g) + H_2(g)$
   (c) $SiCl_4(\ell) + 2\ Mg(s) \rightarrow Si(s) + 2\ MgCl_2(s)$

2. (a) $4\ Cr(s) + 3\ O_2(g) \rightarrow 2\ Cr_2O_3(s)$
   (b) $Cu_2S(s) + O_2(g) \rightarrow 2\ Cu(s) + SO_2(g)$
   (c) $C_6H_5CH_3(\ell) + 9\ O_2(g) \rightarrow 4\ H_2O(\ell) + 7\ CO_2(g)$

3. (a) $Fe_2O_3(s) + 3\ Mg(s) \rightarrow 3\ MgO(s) + 2\ Fe(s)$
   Reactants = iron(III) oxide, magnesium
   Products = magnesium oxide, iron
   (b) $AlCl_3(s) + 3\ NaOH(aq) \rightarrow Al(OH)_3(s) + 3\ NaCl(aq)$
   Reactants = aluminum chloride, sodium hydroxide
   Products = aluminum hydroxide, sodium chloride
   (c) $2\ NaNO_3(s) + H_2SO_4(aq) \rightarrow Na_2SO_4(s) + 2\ HNO_3(aq)$
   Reactants = sodium nitrate, sulfuric acid
   Products = sodium sulfate, nitric acid
   (d) $NiCO_3(s) + 2\ HNO_3(aq) \rightarrow Ni(NO_3)_2(aq) + CO_2(g) + H_2O(\ell)$
   Reactants = nickel(II) carbonate, nitric acid
   Products = nickel(II) nitrate, carbon dioxide, water

4. The reaction involving HCl is more product-favored at equilibrium.

5. Electrolytes are compounds whose aqueous solutions conduct electricity. Given an aqueous solution containing a strong electrolyte and another aqueous solution containing a weak electrolyte at the same concentration, the solution containing the strong electrolyte (such as NaCl) will conduct electricity much better than the one containing the weak electrolyte(such as acetic acid).

6. (a) $CuCl_2$
   (b) $AgNO_3$
   (c) All are water-soluble.

7. (a) K^+ and OH^- ions
   (b) K^+ and SO_4^{2-} ions
   (c) Li^+ and NO_3^- ions
   (d) NH_4^+ and SO_4^{2-} ions

8. (a) Soluble, Na^+ and CO_3^{2-} ions
   (b) Soluble, Cu^{2+} and SO_4^{2-} ions
   (c) Insoluble
   (d) Soluble, Ba^{2+} and Br^- ions

9. $CdCl_2(aq) + 2\ NaOH(aq) \rightarrow Cd(OH)_2(s) + 2\ NaCl(aq)$
   $Cd^{2+}(aq) + 2\ OH^-(aq) \rightarrow Cd(OH)_2(s)$

10. (a) $NiCl_2(aq) + (NH_4)_2S(aq) \rightarrow NiS(s) + 2\ NH_4Cl(aq)$
    $Ni^{2+}(aq) + S^{2-}(aq) \rightarrow NiS(s)$
    (b) $3\ Mn(NO_3)_2(aq) + 2\ Na_3PO_4(aq) \rightarrow Mn_3(PO_4)_2(s) + 6\ NaNO_3(aq)$
    $3\ Mn^{2+}(aq) + 2\ PO_4^{3-}(aq) \rightarrow Mn_3(PO_4)_2(s)$

11. $HNO_3(aq) + H_2O(\ell) \rightarrow H_3O^+(aq) + NO_3^-(aq)$

12. $H_2C_2O_4(aq) + H_2O(\ell) \rightarrow H_3O^+(aq) + HC_2O_4^-(aq)$
    $HC_2O_4^-(aq) + H_2O(\ell) \rightarrow H_3O^+(aq) + C_2O_4^{2-}(aq)$

13. $MgO(s) + H_2O(\ell) \rightarrow Mg(OH)_2(s)$

14. (a) Acetic acid reacts with magnesium hydroxide to give magnesium acetate and water.
    $2\ CH_3CO_2H(aq) + Mg(OH)_2(s) \rightarrow Mg(CH_3CO_2)_2(aq) + 2\ H_2O(\ell)$
    (b) Perchloric acid reacts with ammonia to give ammonium perchlorate
    $HClO_4(aq) + NH_3(aq) \rightarrow NH_4ClO_4(aq)$

15. $Ba(OH)_2(aq) + 2\ HNO_3(aq) \rightarrow Ba(NO_3)_2(aq) + 2\ H_2O(\ell)$

16. $HNO_3(aq) + H_2O(\ell) \rightleftharpoons H_3O^+(aq) + NO_3^-(aq)$
    Brønsted acids: $HNO_3(aq)$ and $H_3O^+(aq)$
    Brønsted bases: $H_2O(\ell)$ and $NO_3^-(aq)$
    HNO_3 is a strong acid; therefore, this reaction is product-favored at equilibrium.

17. $H_2O(\ell) + HBr(aq) \rightleftharpoons H_3O^+(aq) + Br^-(aq)$
    Water accepts H^+ from HBr(aq)
    $H_2O(\ell) + NH_3(aq) \rightleftharpoons OH^-(aq) + NH_4^+(aq)$
    Water donates H^+ to $NH_3(aq)$

18. (a) $(NH_4)_2CO_3(aq) + Cu(NO_3)_2(aq) \rightarrow CuCO_3(s) + 2\ NH_4NO_3(aq)$
    $CO_3^{2-}(aq) + Cu^{2+}(aq) \rightarrow CuCO_3(s)$
    (b) $Pb(OH)_2(s) + 2\ HCl(aq) \rightarrow PbCl_2(s) + 2\ H_2O(\ell)$
    $Pb(OH)_2(s) + 2\ H_3O^+(aq) + 2\ Cl^-(aq) \rightarrow PbCl_2(s) + 4\ H_2O(\ell)$

(c) $BaCO_3(s) + 2\ HCl(aq) \rightarrow BaCl_2(aq) + H_2O(\ell) + CO_2(g)$

$BaCO_3(s) + 2\ H_3O^+(aq) \rightarrow Ba^{2+}(aq) + 3\ H_2O(\ell) + CO_2(g)$

(d) $2\ CH_3CO_2H(aq) + Ni(OH)_2(s) \rightarrow Ni(CH_3CO_2)_2(aq) + 2\ H_2O(\ell)$

$2\ CH_3CO_2H(aq) + Ni(OH)_2(s) \rightarrow Ni^{2+}(aq) + 2\ CH_3CO_2^-(aq) + 2\ H_2O(\ell)$

19. (a) $AgNO_3(aq) + KI(aq) \rightarrow AgI(s) + KNO_3(aq)$

$Ag^+(aq) + I^-(aq) \rightarrow AgI(s)$

(b) $Ba(OH)_2(aq) + 2\ HNO_3(aq) \rightarrow Ba(NO_3)_2(aq) + 2\ H_2O(\ell)$

$OH^-(aq) + H_3O^+(aq) \rightarrow 2\ H_2O(\ell)$

(c) $2\ Na_3PO_4(aq) + 3\ Ni(NO_3)_2(aq) \rightarrow Ni_3(PO_4)_2(s) + 6\ NaNO_3(aq)$

$2\ PO_4^{3-}(aq) + 3\ Ni^{2+}(aq) \rightarrow Ni_3(PO_4)_2(s)$

20. (a) $HNO_2(aq) + OH^-(aq) \rightarrow NO_2^-(aq) + H_2O(\ell)$

(b) $Ca(OH)_2(s) + 2\ H_3O^+(aq) \rightarrow Ca^{2+}(aq) + 4\ H_2O(\ell)$

21. $FeCO_3(s) + 2\ HNO_3(aq) \rightarrow Fe(NO_3)_2(aq) + CO_2(g) + H_2O(\ell)$

Iron(II) carbonate reacts with nitric acid to give iron(II) nitrate, carbon dioxide, and water.

22. $(NH_4)_2S(aq) + 2\ HBr(aq) \rightarrow 2\ NH_4Br(aq) + H_2S(g)$

Ammonium sulfide reacts with hydrobromic acid to give ammonium bromide and hydrogen sulfide.

23. (a) Br = +5 and O = −2

(b) C = +3 each and O = −2

(c) F = −1

(d) Ca = +2 and H = −1

(e) H = +1, Si = +4, and O = −2

(f) H = +1, S = +6, and O = −2

24. (a) Oxidation–reduction

Zn is oxidized from 0 to +2, and N in NO_3^- is reduced from +5 to +4 in NO_2.

(b) Acid–base reaction

(c) Oxidation–reduction

Calcium is oxidized from 0 to +2 in $Ca(OH)_2$, and H is reduced from +1 in H_2O to 0 in H_2.

25. (a) O_2 is the oxidizing agent (as it always is), so C_2H_4 is the reducing agent. In this process, C_2H_4 is oxidized, and O_2 is reduced.

(b) Si is oxidized from 0 in Si to +4 in $SiCl_4$. Cl_2 is reduced from 0 in Cl_2 to −1 in Cl^-. Si is the reducing agent, and Cl_2 is the oxidizing agent.

26. (a) Acid–base

$Ba(OH)_2(aq) + 2\ HCl(aq) \rightarrow BaCl_2(aq) + 2\ H_2O(\ell)$

(b) Gas-forming

$2\ HNO_3(aq) + CoCO_3(s) \rightarrow Co(NO_3)_2(aq) + H_2O(\ell) + CO_2(g)$

(c) Precipitation

$2\ Na_3PO_4(aq) + 3\ Cu(NO_3)_2(aq) \rightarrow Cu_3(PO_4)_2(s) + 6\ NaNO_3(aq)$

27. (a) Precipitation

$MnCl_2(aq) + Na_2S(aq) \rightarrow MnS(s) + 2\ NaCl(aq)$

$Mn^{2+}(aq) + S^{2-}(aq) \rightarrow MnS(s)$

(b) Precipitation

$K_2CO_3(aq) + ZnCl_2(aq) \rightarrow ZnCO_3(s) + 2\ KCl(aq)$

$CO_3^{2-}(aq) + Zn^{2+}(aq) \rightarrow ZnCO_3(s)$

28. (a) $CuCl_2(aq) + H_2S(aq) \rightarrow CuS(s) + 2\ HCl(aq)$; precipitation

(b) $H_3PO_4(aq) + 3\ KOH(aq) \rightarrow 3\ H_2O(\ell) + K_3PO_4(aq)$ acid–base

(c) $Ca(s) + 2\ HBr(aq) \rightarrow H_2(g) + CaBr_2(aq)$ oxidation–reduction and gas-forming

(d) $MgCl_2(aq) + 2\ NaOH(aq) \rightarrow Mg(OH)_2(s) + 2\ NaCl(aq)$ precipitation

29. (a) $Ca(OH)_2(s) + 2\ HBr(aq) \rightarrow 2\ H_2O(\ell) + CaBr_2(aq)$

(b) $MgCO_3(s) + 2\ HNO_3(aq) \rightarrow Mg(NO_3)_2(aq) + CO_2(g) + H_2O(\ell)$

(c) $BaCl_2(aq) + Na_2SO_4(aq) \rightarrow BaSO_4(s) + 2\ NaCl(aq)$

(d) $NH_3(g) + H_2O(\ell) \rightarrow NH_4^+(aq) + OH^-(aq)$

30. (a) $CO_2(g) + 2\ NH_3(g) \rightarrow NH_2CONH_2(s) + H_2O(\ell)$

(b) $UO_2(s) + 4\ HF(aq) \rightarrow UF_4(s) + 2\ H_2O(\ell)$

$UF_4(s) + F_2(g) \rightarrow UF_6(s)$

(c) $TiO_2(s) + 2\ Cl_2(g) + 2\ C(s) \rightarrow TiCl_4(\ell) + 2\ CO(g)$

$TiCl_4(\ell) + 2\ Mg(s) \rightarrow Ti(s) + 2\ MgCl_2(s)$

31. (a) NaBr, KBr, or other alkali metal bromides; Group 2A bromides; other metal bromides except AgBr, Hg_2Br_2, and $PbBr_2$

(b) $Al(OH)_3$ and transition metal hydroxides

(c) Alkaline earth carbonates ($CaCO_3$) or transition metal carbonates($NiCO_3$)

(d) Metal nitrates are generally water-soluble [e.g., $NaNO_3$, $Ni(NO_3)_2$].

(e) CH_3CO_2H, other acids containing the $—CO_2H$ group

32. Water soluble: $Cu(NO_3)_2$, $CuCl_2$. Water insoluble: $CuCO_3$, $Cu_3(PO_4)_2$

33. $2\ H_3O^+(aq) + Mg(OH)_2(s) \rightarrow 4\ H_2O(\ell) + Mg^{2+}(aq)$

Spectator ion, NO_3^-. Acid–base reaction.

34. (a) Cl_2 is reduced (to Cl^-) and Br^- is oxidized(to Br_2).

(b) Cl_2 is the oxidizing agent and Br^- is the reducing agent.

35. (a) $MgCO_3(s) + 2\ H_3O^+(aq) \rightarrow CO_2(g) + Mg^{2+}(aq) + 3\ H_2O(\ell)$

Chloride ion (Cl^-) is the spectator ion.

(b) Gas-forming reaction

36. (a) H_2O, NH_3, NH_4^+, and OH^- (and a trace of H_3O^+)weak Brønsted base

(b) H_2O, CH_3CO_2H, $CH_3CO_2^-$, and H_3O^+ (and a trace of OH^-) weak Brønsted acid

(c) H_2O, Na^+, and OH^- (and a trace of H_3O^+)
strong Brønsted base

(d) H_2O, H_3O^+, and Br^- (and a trace of OH^-)
strong Brønsted acid

37. (a) $K_2CO_3(aq) + 2\ HClO_4(aq) \rightarrow 2\ KClO_4(aq) + CO_2(g) + H_2O(\ell)$

gas-forming

Potassium carbonate and perchloric acid react to form potassium perchlorate, carbon dioxide, and water.

$CO_3^{2-}(aq) + 2\ H_3O^+(aq) \rightarrow CO_2(g) + 3\ H_2O(\ell)$

(b) $FeCl_2(aq) + (NH_4)_2S(aq) \rightarrow FeS(s) + 2\ NH_4Cl(aq)$

precipitation

Iron(II) chloride and ammonium sulfide react to form iron(II) sulfide and ammonium chloride.

$Fe^{2+}(aq) + S^{2-}(aq) \rightarrow FeS(s)$

(c) $Fe(NO_3)_2(aq) + Na_2CO_3(aq) \rightarrow FeCO_3(s) + 2\ NaNO_3(aq)$

precipitation

Iron(II) nitrate and sodium carbonate react to form iron(II) carbonate and sodium nitrate

$Fe^{2+}(aq) + CO_3^{2-}(aq) \rightarrow FeCO_3(s)$

(d) $3\ NaOH(aq) + FeCl_3(aq) \rightarrow 3\ NaCl(aq) + Fe(OH)_3(s)$

precipitation

Sodium hydroxide and iron(III) chloride react to form sodium chloride and iron(III) hydroxide.

$3\ OH^-(aq) + Fe^{3+}(aq) \rightarrow Fe(OH)_3(s)$

38. (a) NaOH
(b) $MgCl_2$
(c) KI
(d) NH_4Cl

39. (a) NH_3
(b) CH_3CO_2H, HF

40. $2\ H_3O^+(aq) + S^{2-}(aq) \rightarrow H_2S(g) + 2\ H_2O(\ell)$

$H_2S(g) + Pb^{2+}(aq) + 2\ H_2O(\ell) \rightarrow PbS(s) + 2\ H_3O^+(aq)$

41. (a) Reactants: Na(+1), I(−1), H(+1), S(+6), O(−2), Mn(+4)

Products: Na(+1), S(+6), O(−2), Mn(+2), I(0), H(+1)

(b) The oxidizing agent is MnO_2, and NaI is oxidized. The reducing agent is NaI, and MnO_2 is reduced.

(c) Based on the picture, the reaction is productfavored.

(d) Sodium iodide, sulfuric acid, and manganese(IV) oxide react to form sodium sulfate, manganese(II) sulfate, iodine, and water.

42. Among the reactions that could be used are the following:

$MgCO_3(s) + 2\ HCl(aq) \rightarrow MgCl_2(aq) + CO_2(g) + H_2O(\ell)$

$MgS(s) + 2\ HCl(aq) \rightarrow MgCl_2(aq) + H_2S(g)$

$MgSO_3(s) + 2\ HCl(aq) \rightarrow MgCl_2(aq) + SO_2(g) + H_2O(\ell)$

In each case, the resulting solution could be evaporated to obtain the desired magnesium chloride.

43. The Ag^+ was reduced (to silver metal), and the glucose was oxidized (to $C_6H_{12}O_7$). The Ag^+ is the oxidizing agent, and the glucose is the reducing agent.

44. Weak electrolyte test: Compare the conductivity of a solution of lactic acid and that of an equal concentration of a strong acid. The conductivity of the lactic acid solution should be significantly less.

Reversible reaction: The fact that lactic acid is an electrolyte indicates that the reaction proceeds in the forward direction. To test whether the ionization is reversible, one could prepare a solution containing as much lactic acid as it will hold and then add a strong acid (to provide H_3O^+). If the reaction proceeds in the reverse direction, this will cause some lactic acid to precipitate.

45. (a) Several precipitation reactions are possible:

i. $BaCl_2(aq) + H_2SO_4(aq) \rightarrow BaSO_4(s) + 2\ HCl(aq)$

ii. $BaCl_2(aq) + Na_2SO_4(aq) \rightarrow BaSO_4(s) + 2\ NaCl(aq)$

iii. $Ba(OH)_2(aq) + H_2SO_4(aq) \rightarrow BaSO_4(s) + 2\ H_2O(\ell)$

(b) Gas-forming reaction:

$BaCO_3(s) + H_2SO_4(aq) \rightarrow BaSO_4(s) + CO_2(g) + H_2O(\ell)$

46. $NiC_8H_{14}N_4O_4$

47. (a) Reactants: As: +3; S: −2; N: +5

Products: As: +5; S: 0; N: +2

(b) Ag_3AsO_4

Chapter 4

사례 연구

Green Chemistry and Atom Economy

Reactant molecules contain 5 C, 10 H, 3 O. Combined molar mass = 118.1 g/mol

Desired product (methyl methacrylate) contains 5 C, 8 H, 2 O. Molar mass = 100.1 g/mol

% Atom economy = (100.1/118.1) × 100 = 84.75%

How Much Salt Is There in Seawater?

1. Step 1: Calculate the amount of Cl^- in the diluted solution from titration data.

Mol Cl^- in 50 mL of dilute solution = mol Ag^+ = (0.100 mol/L)(0.02625 L) = 2.63×10^{-3} mol Cl^-

Step 2: Calculate the concentration of Cl^- in the dilute solution.

Concentration of Cl^- in dilute solution = 2.63×10^{-3} mol/0.0500 L = 5.25×10^{-2} M

Step 3: Calculate the concentration of Cl^- in seawater. Seawater was initially diluted to one hundredth its original concentration. Thus, the concentration of Cl^- in seawater (undiluted) = 5.25 M

Forensic Chemistry: Titrations and Food Tampering

1. Step 1: Calculate the amount of I_2 in solution from titration data.
Amount I_2 = (0.0425 mol $S_2O_3^{2-}$/L)(0.0253 L)
(1 mol I_2/2 mol $S_2O_3^{2-}$) = 5.38×10^{-4} mol I_2
Step 2: Calculate the amount of NaClO present based on the amount of I_2 formed, and from that value calculate the mass of NaClO.
Mass NaClO = 5.38×10^{-4} mol I_2 (1 mol HClO/1 mol I_2)
(1 mol NaClO/1 mol HClO)(74.44 g NaClO/1 mol NaClO)
= 0.0400 g NaClO

유제

4.1 (454 g C_3H_8)(1 mol C_3H_8/44.10 g C_3H_8) = 10.3 mol C_3H_8

10.3 mol C_3H_8 (5 mol O_2/1 mol C_3H_8)
(32.00 g O_2/1 mol O_2) = 1650 g O_2

(10.3 mol C_3H_8)(3 mol CO_2/1 mol C_3H_8)
(44.01 g CO_2/1 mol CO_2) = 1360 g CO_2

(10.3 mol C_3H_8)(4 mol H_2O/1 mol C_3H_8)
(18.02 g H_2O/1 mol H_2O) = 742 g H_2O

4.2 (a) Amount Al = (50.0 g Al)(1 mol Al/26.98 g Al) = 1.85 mol Al

Amount Fe_2O_3 = (50.0 g Fe_2O_3)(1 mol Fe_2O_3/159.7 g Fe_2O_3) = 0.313 mol Fe_2O_3

Mol Al/mol Fe_2O_3 = 1.85/0.313 = 5.92

This is more than the 2 : 1 ratio required, so the limiting reactant is Fe_2O_3.

(b) Mass Fe = (0.313 mol Fe_2O_3)(2 mol Fe/1 mol Fe_2O_3) (55.85 g Fe/1 mol Fe) = 35.0 g Fe

4.3 (0.143 g O_2)(1 mol O_2/32.00 g O_2)(3 mol TiO_2/3 mol O_2)(79.87 g TiO_2/1 mol TiO_2) = 0.357 g TiO_2
Percent TiO_2 in sample = (0.357 g/2.367 g)(100 %)
= 15.1 %

4.4 (1.612 g CO_2)(1 mol CO_2/44.010 g CO_2)(1 mol C/1 mol CO_2) = 0.03663 mol C

(0.7425 g H_2O)(1 mol H_2O/18.015 g H_2O)(2 mol H/1 mol H_2O) = 0.08243 mol H

0.08243 mol H/0.03663 mol = 2.250 H/1 C = 9 H/4 C

The empirical formula is C_4H_9, which has a molar mass of 57 g/mol. This is one half of the measured value of molar mass, so the molecular formula is C_8H_{18}.

4.5 (0.240 g CO_2)(1 mol CO_2/44.01 g CO_2) (1 mol C/1 mol CO_2)(12.01 g C/1 mol C) = 0.06549 g C

(0.0982 g H_2O)(1 mol H_2O/18.02 g H_2O)(2 mol H/1 mol H_2O)(1.008 g H/1 mol H) = 0.01099 g H

Mass O (by difference) =
0.1342 g − 0.06549 g − 0.01099 g = 0.0577 g

Amount C = 0.06549 g(1 mol C/12.01 g C)
= 0.00545 mol C

Amount H = 0.01099 g H(1 mol H/1.008 g H)
= 0.01090 mol H

Amount O = 0.0577 g O(1 mol O/16.00 g O)
= 0.00361 mol O

To find a whole-number ratio, divide each value by 0.00361; this gives 1.51 mol C : 3.02 mol H : 1 mol O. Multiply each value by 2, and round off to 3 mol C : 6 mol H : 2 mol O. The empirical formula is $C_3H_6O_2$; given the molar mass of 74.1, this is also the molecular formula.

4.6 (26.3 g)(1 mol $NaHCO_3$/84.01 g $NaHCO_3$) = 0.313 mol $NaHCO_3$
0.313 mol $NaHCO_3$/0.200 L = 1.57 M
Ion concentrations: $[Na^+]$ = $[HCO_3^-]$ = 1.57 M

4.7 (2.00 M)(V_{conc}) = (1.00 M)(0.250 L); V_{conc} = 0.125 L
To prepare the solution, measure accurately 125 mL of 2.00 M NaOH into a 250-mL volumetric flask, and add water to give a total volume of 250 mL.

4.8 (a) pH = −log (2.6×10^{-2}) = 1.59
(b) −log $[H^+]$ = 3.80; $[H^+]$ = 1.6×10^{-4} M

4.9 HCl is the limiting reagent.
(0.350 mol HCl/1 L)(0.0750 L)(1 mol CO_2/2 mol HCl)
(44.01 g CO_2/1 mol CO_2) = 0.578 g CO_2

4.10 (0.953 mol NaOH/1 L)(0.02833 L NaOH)
= 0.0270 mol NaOH
(0.0270 mol NaOH)(1 mol CH_3CO_2H/1 mol NaOH)
= 0.0270 mol CH_3CO_2H
(0.0270 mol CH_3CO_2H)(60.05 g/mol)
= 1.62 g CH_3CO_2H
0.0270 mol CH_3CO_2H/0.0250 L = 1.08 M

4.11 (0.100 mol HCl/1 L)(0.02967 L) = 0.00297 mol HCl
(0.00297 mol HCl)(1 mol NaOH/1 mol HCl)
= 0.00297 mol NaOH
0.00297 mol NaOH/0.02500 L = 0.119 M NaOH

4.12 Moles acid = moles base = (0.323 mol/L)(0.03008 L)
= 9.716×10^{-3} mol
Molar mass = 0.856 g acid/9.716×10^{-3} mol acid
= 88.1 g/mol

4.13 (0.196 mol $Na_2S_2O_3$/1 L)(0.02030 L)
= 0.00398 mol $Na_2S_2O_3$

(0.00398 mol $Na_2S_2O_3$)(1 mol I_2/2 mol $Na_2S_2O_3$)
= 0.00199 mol I_2
0.00199 mol I_2 is in excess and was not used in the reaction with ascorbic acid.

I_2 originally added = (0.0520 mol I_2/1 L)(0.05000 L)

$= 0.00260 \text{ mol } I_2$

I_2 used in reaction with ascorbic acid
$= 0.00260 \text{ mol} - 0.00199 \text{ mol} = 6.1 \times 10^{-4} \text{ mol } I_2$

$(6.1 \times 10^{-4} \text{ mol } I_2)(1 \text{ mol } C_6H_8O_6/1 \text{ mol } I_2)$
$(176.1 \text{ g}/1 \text{ mol}) = 0.11 \text{ g } C_6H_8O_6$

4.14 A Beer's Law plot of the calibration data was constructed by plotting concentration of Cu^{2+} along the x-axis and the absorbance along the y-axis. The equation for the best-fit line is $y = 13.0x + 0.011$.
Substituting the absorbance for the solution of unknown concentration yields

$0.418 = 13.0x + 0.011$

$x = 0.0315$

Thus the concentration of Cu^{2+} in the solution of unknown concentration is 0.0315 M.

확인문제

4.1절

1. (b) 0.60 moles Cl_2
2. (a) 0.60 g Mg

4.2절

1. (b) O_2

4.3절

1. (c) 41.8 g
2. (c) 32.5%

4.4절

1. (c) C_4H_4O

4.5절

1. (c) 0.080 M
2. (b) 0.010 M
3. (c) 12.7 mL

4.6절

1. (a) 0.10 M HCl
2. (c) 1.301
3. (a) 2.9×10^{-11} M

4.7절

1. (a) acidic
2. (a) 80.0 mL

4.8절

1. (b) A is reduced to half the original value.
2. (a) 0.169 M

화학 원리 응용

1. $NaHCO_3$, $KHCO_3$, and $CaCO_3$
3. (a) $Mg(OH)_2(s) + 2 \text{ HCl(aq)} \rightarrow MgCl_2(aq) + 2 H_2O(\ell)$
   (b) 110. mg $Mg(OH)_2$
5. Rolaids neutralizes the greatest quantity of acid.

학습문제

1. 6.0 mol Al and 335 g Fe
2. 22.7 g Br_2; 25.3 g Al_2Br_6
3. (a) CO_2, carbon dioxide, and H_2O, water
   (b) $CH_4(g) + 2 O_2(g) \rightarrow CO_2(g) + 2 H_2O(\ell)$
   (c) 102 g O_2
   (d) 128 g products
4.

Equation	$2 PbS(s)$ +	$3 O_2(g)$ →	$2 PbO(s)$ +	$2 SO_2(g)$
Initial (mol)	2.50	3.75	0	0
Change (mol)	−2.50	$-\frac{3}{2}(2.50) = -3.75$	$+\frac{2}{2}(2.50) = +2.50$	$+\frac{2}{2}(2.50) = +2.50$
Final (mol)	0	0	2.50	2.50

The amounts table shows that 2.50 mol of PbS requires $\frac{3}{2}(2.50) = 3.75$ mol of O_2 and produces 2.50 mol of PbO and 2.50 mol of SO_2.

5. (a) Balanced equation: $4 Cr(s) + 3 O_2(g) \rightarrow 2 Cr_2O_3(s)$
   (b) 0.175 g of Cr is equivalent to 0.00337 mol

Equation	$4 Cr(s)$ +	$3 O_2(g)$ →	$2 Cr_2O_3(s)$
Initial (mol)	0.00337	0.00252 mol	0
Change (mol)	−0.00337	$-\frac{3}{4}(0.00337) = -0.00252$	$\frac{2}{4}(0.00337) = +0.00168$
Final (mol)	0	0	0.00168

The 0.00168 mol Cr_2O_3 produced corresponds to 0.256 g Cr_2O_3.
   (c) 0.081 g O_2

6. 0.11 mol of Na_2SO_4 and 0.62 mol of C are mixed. Sodium sulfate is the limiting reactant. Therefore, 0.11 mol of Na_2S is formed, or 8.2 g.
7. (a) F_2 is the limiting reactant.
   (b) 12 mol SF_6
8. (a) CH_4 is the limiting reactant.
   (b) 375 g H_2
   (c) Excess H_2O = 1390 g
9. (a) Fe_2O_3 is the limiting reactant.
   (b) 6.99 g Fe produced
   (c) 16.6 g of aluminum remains

(d) Amounts table

Equation	$Fe_2O_3(s)$	+ 2 Al(s)	→ 2 Fe(ℓ)	+ $Al_2O_3(g)$
Initial (mol)	0.0626	0.741	0	0
Change (mol)	−0.0626	−0.125	+0.125	+0.0626
Final (mol)	0	0.616	0.125	0.0626

10. (332 g CH_3OH/407 g)100% = 81.6%

11. (a) 14.3 g $Cu(NH_3)_4SO_4$
(b) 88.3% yield

12. 110 g CH_4 required

13. 91.9% $CuSO_4 \cdot 5\ H_2O$

14. 84.3% $CaCO_3$

15. 13.8% NiS

16. Empirical formula = CH

17. Empirical formula = C_5H_4;
molecular formula = $C_{10}H_8$

18. (a) CH_3O (b) $C_2H_6O_2$

19. $Ni(CO)_4$

20. $[Na_2CO_3]$ = 0.254 M; $[Na^+]$ = 0.508 M;
$[CO_3^{2-}]$ = 0.254 M

21. 0.494 g $KMnO_4$

22. 5.08×10^3 mL

23. (a) 0.50 M NH_4^+ and 0.25 M SO_4^{2-}
(b) 0.246 M Na^+ and 0.123 M CO_3^{2-}
(c) 0.056 M H_3O^+ and 0.056 M NO_3^-

24. A mass of 1.06 g of Na_2CO_3 is required. After weighing out this quantity of Na_2CO_3, transfer it to a 500.-mL volumetric flask. Rinse any solid from the neck of the flask while filling the flask with distilled water. Dissolve the solute in water. Add water until the bottom of the meniscus of the water is at the top of the scribed mark on the neck of the flask.
Thoroughly mix the solution.

25. 0.0750 M

26. Method (a) is correct. Method (b) gives an acid concentration of 0.15 M.

27. 0.00340 M

28. $[H_3O^+] = 10^{-pH} = 4.0 \times 10^{-4}$ M; the solution is acidic.

29. HNO_3 is a strong acid, so $[H_3O^+]$ = 0.0013 M.
pH = 2.89.

30.

	pH	$[H_3O^+]$	Acidic/Basic
(a)	1.00	0.10 M	Acidic
(b)	10.50	3.2×10^{-11} M	Basic
(c)	4.89	1.3×10^{-5} M	Acidic
(d)	7.64	2.3×10^{-8} M	Basic

31. 268 mL

32. 210 g NaOH and 190 g Cl_2

33. 174 mL of $Na_2S_2O_3$ solution

34. 1.50×10^3 mL of $Pb(NO_3)_2$ solution

35. 44.6 mL

36. 1.052 M HCl

37. 104 g/mol

38. 12.8% Fe

39.

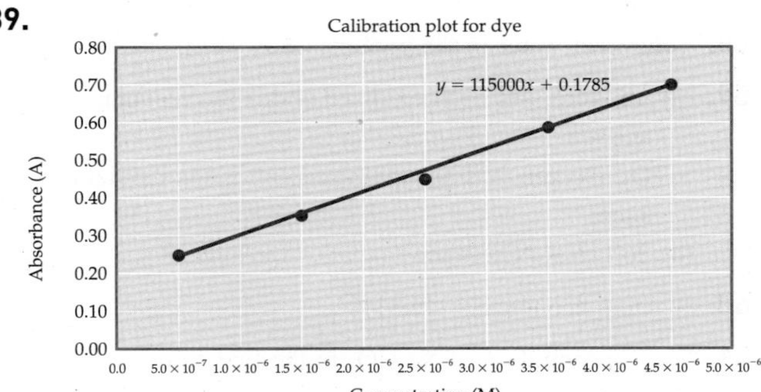

(a) Slope = $1.2 \times 10^5\ M^{-1}$; y-intercept = 0.18 M
(b) 3.0×10^{-6} M

40. (a) Products = $CO_2(g)$ and $H_2O(g)$
(b) $2\ C_6H_6(\ell) + 15\ O_2(g) \rightarrow 12\ CO_2(g) + 6\ H_2O(g)$
(c) 49.28 g O_2
(d) 65.32 g products (= sum of C_6H_6 mass and O_2 mass)

41. 0.28 g arginine, 0.21 g ornithine

42. (a) Titanium(IV) chloride, water, titanium(IV) oxide, hydrogen chloride
(b) 4.60 g H_2O
(c) 10.2 TiO_2, 18.6 g HCl

43. 85.33 g NaN_3

44. Mass percent saccharin = 75.92%

45. SiH_4

46. C_3H_2O

47. 1.85 kg H_2SO_4

48. The calculated molar mass of the metal is 1.2×10^2 g/mol. The metal is probably tin (118.67 g/mol).

49. 479 kg Cl_2

50. 66.5 kg CaO

51. 1.27 g C_4H_8 (44.4%) and 1.59 g C_4H_{10} (55.6%)

52. 62.2% Cu_2S and 26.8% CuS

53. 15.0 g of $NaHCO_3$ require 1190 mL of 0.15 M acetic acid. Therefore, acetic acid is the limiting reactant. (Conversely, 125 mL of 0.15 M acetic acid requires only 1.58 g of $NaHCO_3$.) 1.54 g of $NaCH_3CO_2$ produced.

54. 3.13 g $Na_2S_2O_3$, 96.8%

55. (a) pH = 0.979
(b) $[H_3O^+]$ = 0.0028 M; the solution is acidic.
(c) $[H_3O^+] = 2.1 \times 10^{-10}$ M; the solution is basic.
(d) The new solution's concentration is 0.102 M HCl; the pH = 0.990

56. The concentration of hydrochloric acid is 2.92 M; the pH is −0.465

57. 1.56 g of $CaCO_3$ required; 1.00 g $CaCO_3$ remain; 1.73 g $CaCl_2$ produced.

58. Volume of water in the pool = 7.6×10^4 L

59. (a) Au, gold, has been oxidized and is the reducing agent.
O_2, oxygen, has been reduced and is the oxidizing agent.
(b) 26 L NaCN solution

60. % Atom economy = 49.81%

61. The concentration of Na_2CO_3 in the first solution prepared is 0.0275 M, in the second solution prepared the concentration of Na_2CO_3 is 0.00110 M.

62. (a) $Ag^+(aq) + Cl^-(aq) \rightarrow AgCl(s)$
(b) Balanced equation:
$2\ AgNO_3(aq) + K_2CrO_4(aq) \rightarrow 2\ KNO_3(aq) + Ag_2CrO_4(s)$
Net ionic equation:
$2\ Ag^+(aq) + CrO_4^{2-}(aq) \rightarrow Ag_2CrO_4(s)$
(c) $[Cl^-] = 5.30 \times 10^{-4}$ mol/L = 18.8 mg/L

63. (a) First reaction: oxidizing agent = Cu^{2+} and reducing agent = I^-. Second reaction: oxidizing agent = I_3^- and reducing agent = $S_2O_3^{2-}$.
(b) 67.3% copper

64. $x = 6$; $Cr(NH_3)_6Cl_3$.

65. 11.48% 2,4-D

66. 3.3 mol H_2O/mol $CaCl_2$

67. (a) Slope = 2.06×10^5; y-intercept = 0.024
(b) 1.20×10^{-4} g/L
(c) 0.413 mg PO_4^{3-}

68. The total mass of the beakers and products after reaction is equal to the total mass before the reaction (167.170 g) because no gases were produced in the reaction and there is conservation of mass in chemical reactions.

69. The balanced chemical equation indicates that the stoichiometric ratio of HCl to Zn is 2 mol HCl/1 mol Zn. In each reaction, there is 0.100 mol of HCl present. In reaction 1, there is 0.107 mol of Zn present. This gives a 0.93 mol HCl/mol Zn ratio, indicating that HCl is the limiting reactant. In reaction 2, there is 0.050 mol of Zn, giving a 2.0 mol HCl/mol Zn ratio. This indicates that the two reactants are present in exactly the correct stoichiometric ratio. In reaction 3, there is 0.020 mol of Zn, giving a 5.0 mol HCl/mol Zn ratio. This indicates that the HCl is present in excess and that the zinc is the limiting reactant.

70. If both students base their calculations on the amount of HCl solution pipeted into the flask (20 mL), then the second student's result will be (e), the same as the first student's. However, if the HCl concentration is calculated using the diluted solution volume, student 1 will use a volume of 40 mL, and student 2 will use a volume of 80 mL in the calculation. The second student's result will be (c), half that of the first student's.

71. (a) % Atom economy = 44.15%
(b) Theoretical yield of maleic anhydride = 1.26×10^3 g; % yield = 77.4%
The theoretical yield of carbon dioxide from 1.00 kg of benzene is 1.13 kg.

Chapter 5

사례 연구

The Fuel Controversy—Alcohol and Gasoline

In the following, we assume water vapor, $H_2O(g)$, is formed upon oxidation.

1. Burning ethanol: $C_2H_5OH(\ell) + 3\ O_2(g) \rightarrow 2\ CO_2(g) + 3\ H_2O(g)$

$\Delta_r H^\circ$ = (2 mol CO_2/mol-rxn)[$\Delta_f H^\circ(CO_2)$] + (3 mol H_2O/mol-rxn)[$\Delta_f H^\circ(H_2O)$] − (1 mol C_2H_5OH/mol-rxn)[$\Delta_f H^\circ(C_2H_5OH)$]

$\Delta_r H^\circ$ = (2 mol CO_2/mol-rxn)[−393.5 kJ/mol O_2] + (3 mol H_2O/mol-rxn)[−241.8 kJ/mol H_2O] − (1 mol C_2H_5OH/mol-rxn)[−277.0 kJ/mol C_2H_5OH)] = −1235.4 kJ/mol-rxn

1 mol ethanol per 1 mol-rxn; therefore, q per mol is −1235.4 kJ/mol

q per gram:
(−1235.4 kJ/mol)(1 mol C_2H_5OH/46.07 g C_2H_5OH) = −26.82 kJ/g C_2H_5OH

Burning octane: $C_8H_{18}(\ell) + 12.5\ O_2(g) \rightarrow 8\ CO_2(g) + 9\ H_2O(g)$

$\Delta_r H^\circ$ = (8 mol CO_2/mol-rxn)[$\Delta_f H^\circ(CO_2)$] + (9 mol H_2O/mol-rxn)[$\Delta_f H^\circ(H_2O)$] − (1 mol C_8H_{18}/mol-rxn)[$\Delta_f H^\circ(C_8H_{18})$]

$\Delta_r H^\circ$ = (8 mol CO_2/mol-rxn)[−393.5 kJ/mol CO_2] + (9 mol H_2O/mol-rxn)[−241.8 kJ/mol H_2O] − (1 mol C_8H_{18}/mol-rxn)[−250.1 kJ/mol C_8H_{18})] = −5074.1 kJ/mol-rxn

1 mol octane per mol-rxn; therefore, q per mol octane is −5074.1 kJ/mol

q per gram: -5074.1 kJ/1 mol C_8H_{18} (1 mol C_8H_{18}/114.2 g C_8H_{18}) = -44.43 kJ/g C_8H_{18}
Octane provides more energy per gram than ethanol.

2. For ethanol, per liter: $q = (-26.82$ kJ/g)(785 g/L) $= -2.11 \times 10^4$ kJ/L

For octane, per liter: $q = (-44.43$ kJ/g)(699 g/L) $= -3.11 \times 10^4$ kJ/L

Octane produces almost 50% more energy per liter of fuel.

3. Mass of CO_2 per liter of ethanol = 1.000 L (785 g C_2H_5OH/L)(1 mol C_2H_5OH/46.07 g C_2H_5OH) (2 mol CO_2/1 mol C_2H_5OH)(44.01 g CO_2/1 mol CO_2) $= 1.50 \times 10^3$ g CO_2
Mass of CO_2 per liter of octane = 1.000 L (699 g C_8H_{18}/L)(1 mol C_8H_{18} /114.2 g C_8H_{18}) (8 mol CO_2/1 mol C_8H_{18})(44.01 g CO_2/1 mol CO_2) $= 2.16 \times 10^3$ g CO_2

4. Volume of ethanol needed to obtain 3.11×10^4 kJ of energy from oxidation: $(2.11 \times 10^4$ kJ/L $C_2H_5OH)(x) = 3.11 \times 10^4$ kJ (where x is volume of ethanol)

Volume of ethanol $= x = 1.47$ L

Mass of CO_2 produced by burning 1.47 L of ethanol = $(1.50 \times 10^3$ g CO_2/L $C_2H_5OH)(1.47$ L $C_2H_5OH) = 2.22 \times 10^3$ g CO_2

To obtain the same amount of energy, slightly more CO_2 is produced by burning ethanol than by burning octane.

5. Your car will travel about 50% farther on a liter of octane, and it will produce slightly less CO_2 emissions, than if you burned 1.0 L of ethanol.

유제

5.1 $C = 59.8$ J/[(25.0 g)(1.00 K)] = 2.39 J/g · K

5.2 (15.5 g)(C_{metal})(18.9 °C − 100.0 °C) + (55.5 g) (4.184 J/g · K)(18.9 °C − 16.5 °C) = 0
$C_{metal} = 0.44$ J/g · K

5.3 1.00 L (1000 mL/1 L)(0.7849 g/cm^3) = 785 g
Heat liquid from 25.0 °C to 78.3 °C.
ΔT = 78.3 °C − 25.0 °C = 53.3 °C = 53.3 K
q = (2.44 J/g · K)(785 g)(53.3 K) $= 1.02 \times 10^5$ J = 102 kJ
Boil the liquid.
q = 38.56 kJ/mol (785 g)(1 mol/46.08 g) = 657 kJ
Total = 102 kJ + 657 kJ = 759 kJ

5.4 Energy transferred as heat from tea + energy as heat expended to melt ice = 0.
(250 g)(4.2 J/g · K)(273.2 K − 291.4 K) + x g (333 J/g) = 0
x = 57 g
57 g of ice melts with energy supplied by cooling 250 g of tea from 18.2 °C (291.4 K) to 0 °C (273.2 K).
Mass of ice remaining = mass of ice initially − mass of ice melted
Mass of ice remaining = 75 g − 57 g = 18 g

5.5 The volume change is (−0.65 L)(1 m^3/1000 L) $= -6.5 \times 10^{-4}$ m^3. Work, $w_p = -P\Delta V = -(1.01 \times 10^5$ kg/m · s^2)$(-6.5 \times 10^{-4}$ m^3) = 66 J (work done on the system by the surroundings). Heat (485 J) is transferred from system; q_p for system = −485 J.
$\Delta U = q_p + w_p$ = −485 J + 66 J = −419 J

5.6 (15.0 g C_2H_6)(1 mol C_2H_6/30.07 g C_2H_6) = 0.499 mol C_2H_6
$\Delta H°$ = 0.499 mol C_2H_6(1 mol-rxn/2 mol C_2H_6) (−2857.3 kJ/mol-rxn) = −713 kJ

5.7 Mass of final solution = 400. g
ΔT = 27.78 °C − 25.10 °C = 2.68 °C = 2.68 K
Amount of HCl used = amount of NaOH used = $C \times V$ = (0.400 mol/L) × 0.200 L = 0.0800 mol
Energy transferred as heat by acid–base reaction + energy gained as heat to warm solution = 0
q_{rxn} + (4.20 J/g · K)(400. g)(2.68 K) = 0
$q_{rxn} = -4.50 \times 10^3$ J
This represents the energy transferred as heat in the reaction of 0.0800 mol HCl.
Energy transferred as heat per mole = $\Delta_r H$ = −4.50 kJ/0.0800 mol HCl = −56.3 kJ/mol HCl

5.8 (a) Energy evolved as heat in reaction + energy as heat absorbed by H_2O + energy as heat absorbed by bomb = 0
q_{rxn} + $(1.50 \times 10^3$ g)(4.20 J/g · K)(27.32 °C − 25.00 °C) + (837 J/K)(27.32 °C − 25.00 °C) = 0
q_{rxn} = −16,600 J (energy as heat evolved in burning 1.0 g sucrose)
(b) Energy evolved as heat per mole = (−16.6 kJ/g sucrose)(342.3 g sucrose/1 mol sucrose) = −5670 kJ/mol sucrose

5.9 $C(s) + O_2(g) \rightarrow CO_2(g)$ $\quad \Delta_r H_1° = -393.5$ kJ
$2\,[S(s) + O_2(g) \rightarrow SO_2(g)]$
$\Delta_r H° = 2\,\Delta_r H_2° = 2(-296.8) = -593.6$ kJ
$CO_2(g) + 2\,SO_2(g) \rightarrow CS_2(g) + 3\,O_2(g)$
$\Delta_r H° = -\Delta_r H_3° = +1103.9$ kJ
Net: $C(s) + 2\,S(s) \rightarrow CS_2(g)$
$\Delta_r H°_{net} = -393.5$ kJ + −593.6 kJ + 1103.9 kJ = +116.8 kJ

5.10 $\Delta_r H°$ = (6 mol CO_2/mol-rxn)$\Delta_f H°[CO_2(g)]$ + (3 mol H_2O/mol-rxn)$\Delta_f H°[H_2O(\ell)]$ − {(1 mol C_6H_6/1 mol-rxn)$\Delta_f H°[C_6H_6(\ell)]$ + ($^{15}\!/_2$ mol O_2/mol-rxn) $\Delta_f H°[O_2(g)]$}
= (6 mol/mol-rxn)(−393.5 kJ/mol)
+ (3 mol/mol-rxn)(−285.8 J/mol)
− (1 mol/mol-rxn)(+49.0 kJ/mol) − 0

$= -3267.4$ kJ/mol-rxn

확인문제

5.1절

1. (a) melting of ice at 0 °C
2. (b) $q < 0$

5.2절

1. (a) warming 2.0 g of copper by 10 °C
2. (c) 20 g of water at 20 °C + 10 g of water at 30 °C

5.3절

1. (a) Raising the temperature of 100 g of water by 1.0 °C
2. (b) All of the ice melts; liquid water is at a temperature between 0 °C and 10 °C.

5.4절

1. (b) 2 and 4
2. (c) $2\ C(s) + O_2(g) \rightarrow 2\ CO(g)$

5.5절

1. (c) 90.8 kJ
2. (b) −425 kJ

5.6절

1. (b) endothermic
2. (b) The calculated value of $\Delta_{solution}H°$ will be too small.

5.7절

1. (d) $Al(s) + 3/2\ Cl_2(g) \rightarrow AlCl_3(s)$
2. (c) $1/2\ \Delta_rH_1° - \Delta_rH_2° + 1/2\ \Delta_rH_3°$

화학 원리 응용

1. (a) $\Delta_rH° = -567.9$ kJ/mol-rxn
   (b) $\Delta H° = -2.10$ kJ
3. (a) $4\ C_3H_5N_3O_9(\ell) \rightarrow 12\ CO_2(g) + 6\ N_2(g) + 10\ H_2O(g) + O_2(g)$
   (b) $\Delta_fH° = -3.70 \times 10^2$ kJ/mol

학습문제

1. The system is the part of the universe being studied. The surroundings are everything else in the universe that can exchange matter and/or energy with the system. A system and its surroundings are said to be in thermal equilibrium if they can exchange energy with each other but are at the same temperature; therefore, there is no net transfer of energy as heat from one to the other.
2. (a) Exothermic (b) Endothermic
   (c) Endothermic (d) Endothermic
3. 0.140 J/g·K
4. 2.44 kJ
5. 32.8 °C
6. 20.7 °C
7. $T_{initial} = 37.4$ °C
8. 0.40 J/g·K
9. 330 kJ
10. 49.3 kJ
11. 273 J
12. 9.97×10^5 J
13. $w = P\Delta V = 126$ J
14. $\Delta V = 4.42$ L
15. $\Delta U = 433$ J
16. $V_{final} = 2.6$ L
17. Reaction is exothermic because $\Delta_rH°$ is negative. The heat evolved is 2.38 kJ.
18. -3.3×10^4 kJ
19. $\Delta H = -56$ kJ/mol CsOH
20. 0.52 J/g·K
21. $\Delta_rH = +23$ kJ/mol-rxn
22. −297 kJ/mol SO_2
23. -3.09×10^3 kJ/mol $C_6H_5CO_2H$
24. 0.236 J/g·K
25. (a) $\Delta_rH° = -126$ kJ/mol-rxn
    (b)

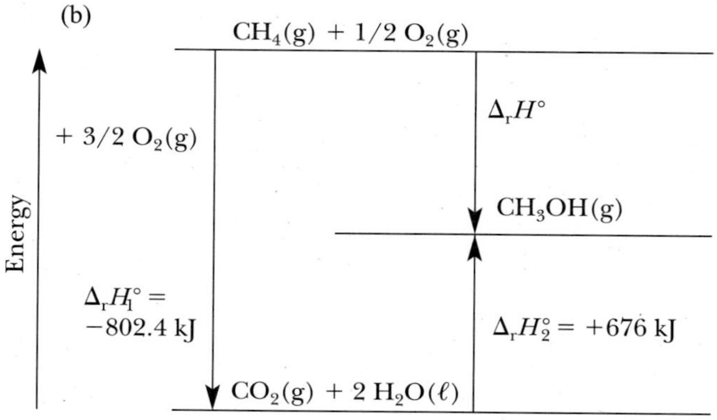

$CH_4(g) + 1/2\ O_2(g)$
$+ 3/2\ O_2(g)$
$\Delta_rH°$
$CH_3OH(g)$
Energy
$\Delta_rH_1° = -802.4$ kJ
$\Delta_rH_2° = +676$ kJ
$CO_2(g) + 2\ H_2O(\ell)$

26. $\Delta_rH° = +90.3$ kJ/mol-rxn
27. $C(s) + 2\ H_2(g) + 1/2\ O_2(g) \rightarrow CH_3OH(\ell)$
    $\Delta_fH° = -238.4$ kJ/mol
28. (a) $2\ Cr(s) + 3/2\ O_2(g) \rightarrow Cr_2O_3(s)$
    $\Delta_fH° = -1134.7$ kJ/mol
    (b) 2.4 g is equivalent to 0.046 mol of Cr. This will produce 26 kJ of energy transferred as heat.

29. (a) $\Delta H° = -24$ kJ for 1.0 g of phosphorus
(b) $\Delta H° = -18$ kJ for 0.20 mol NO
(c) $\Delta H° = -16.9$ kJ for the formation of 2.40 g of NaCl(s)
(d) $\Delta H° = -1.8 \times 10^3$ kJ for the oxidation of 250 g of iron

30. (a) $\Delta_r H° = -906.2$ kJ
(b) The heat evolved is 133 kJ for the oxidation of 10.0 g of NH_3

31. (a) $\Delta_r H° = +161.6$ kJ/mol-rxn; the reaction is endothermic.
(b)

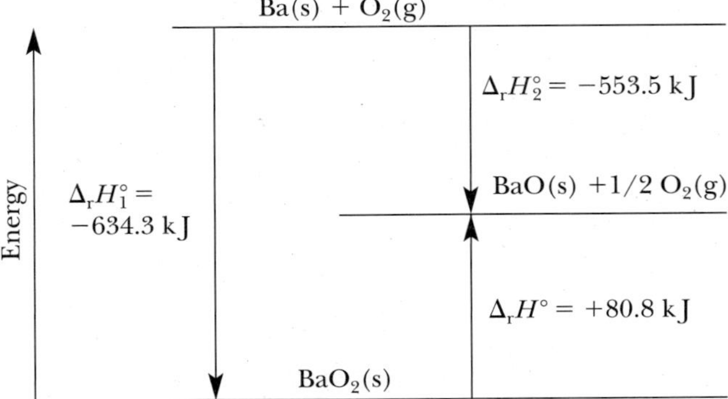

32. $\Delta_f H° = +77.7$ kJ/mol for naphthalene

33. (a) Exothermic: a process in which energy is transferred as heat from a system to its surroundings. (The combustion of methane is exothermic.)
Endothermic: a process in which energy is transferred as heat from the surroundings to the system. (Ice melting is endothermic.)
(b) System: the object or collection of objects being studied. (A chemical reaction—the system—taking place inside a calorimeter—the surroundings.)
Surroundings: everything outside the system that can exchange mass or energy with the system. (The calorimeter and everything outside the calorimeter comprise the surroundings.)
(c) Specific heat capacity: the quantity of energy that must be transferred as heat to raise the temperature of 1 gram of a substance 1 kelvin. (The specific heat capacity of water is 4.184 J/g · K.)
(d) State function: a quantity that is characterized by changes that do not depend on the path chosen to go from the initial state to the final state. (Enthalpy and internal energy are state functions.)
(e) Standard state: the most stable form of a substance in the physical state that exists at a pressure of 1 bar and at a specified temperature. (The standard state of carbon at 25 °C is graphite.)
(f) Enthalpy change, ΔH: the energy transferred as heat at constant pressure. (The enthalpy change for melting ice at 0 °C is 6.00 kJ/mol.)
(g) Standard enthalpy of formation: the enthalpy change for the formation of 1 mol of a compound in its standard state directly from the component elements in their standard states. ($\Delta_f H°$ for liquid water is -285.83 kJ/mol.)

34. (a) System: reaction between methane and oxygen
Surroundings: the furnace and the rest of the universe.
Energy is transferred as heat from the system to the surroundings
(b) System: water drops
Surroundings: skin and the rest of the universe
Energy is transferred as heat from the surroundings to the system
(c) System: water
Surroundings: freezer and the rest of the universe
Energy is transferred as heat from the system to the surroundings
(d) System: reaction of aluminum and iron(III) oxide
Surroundings: flask, laboratory bench, and rest of the universe
Energy is transferred as heat from the system to the surroundings.

35. Standard state of oxygen is gas, O_2(g).
$O_2(g) \rightarrow 2\ O(g)$, $\Delta_r H° = +498.34$ kJ/mol-rxn, endothermic
$3/2\ O_2(g) \rightarrow O_3(g)$, $\Delta_r H° = +142.67$ kJ/mol-rxn

36. (a) Energy is transferred as heat from the surroundings to the system and as work done by the system.
(b) Energy is transferred as heat from the surroundings to the system and as work done by the system.

37. $\Delta H° = -0.627$ kJ

38. $C_{Ag} = 0.24$ J/g · K

39. Mass of ice melted = 75.4 g

40. Final temperature = 278 K (5 °C)

41. (a) When summed, the following equations give the balanced equation for the formation of B_2H_6(g) from the elements.

Reaction	
$2\ B(s) + 3/2\ O_2(g) \rightarrow B_2O_3(s)$	$\Delta_r H° = -1271.9$ kJ
$3\ H_2(g) + 3/2\ O_2(g) \rightarrow 3\ H_2O(g)$	$\Delta_r H° = -725.4$ kJ
$B_2O_3(s) + 3\ H_2O(g) \rightarrow B_2H_6(g) + 3\ O_2(g)$	$\Delta_r H° = +2032.9$ kJ
$2\ B(s) + 3\ H_2(g) \rightarrow B_2H_6(g)$	$\Delta_r H° = +35.6$ kJ

(b) The enthalpy of formation of B_2H_6(g) is +35.6 kJ/mol.
(c)

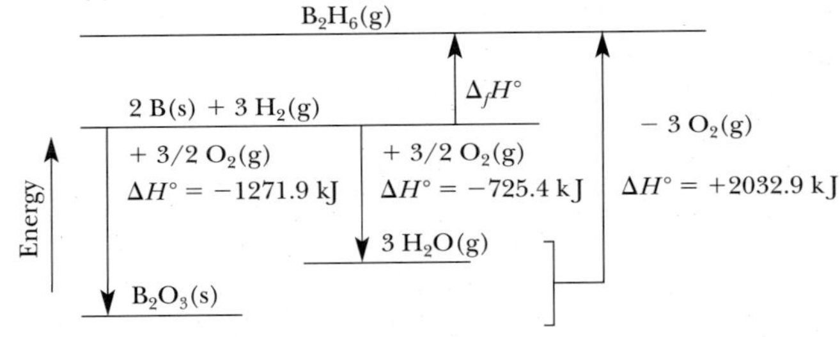

(d) The formation of $B_2H_6(g)$ is endothermic.

42. (a) $\Delta_rH° = +131.31$ kJ
(b) Endothermic
(c) 1.0932×10^7 kJ

43. Assuming $CO_2(g)$ and $H_2O(\ell)$ are the products of combustion:
$\Delta_rH°$ for isooctane is -5461.3 kJ/mol or -47.81 kJ per gram.
$\Delta_rH°$ for liquid methanol is -726.77 kJ/mol or -22.682 kJ per gram.

44. (a) Adding the equations as they are given in the question results in the desired equation for the formation of $SrCO_3(s)$. The calculated $\Delta_rH° = -1220.$ kJ/mol.
(b)

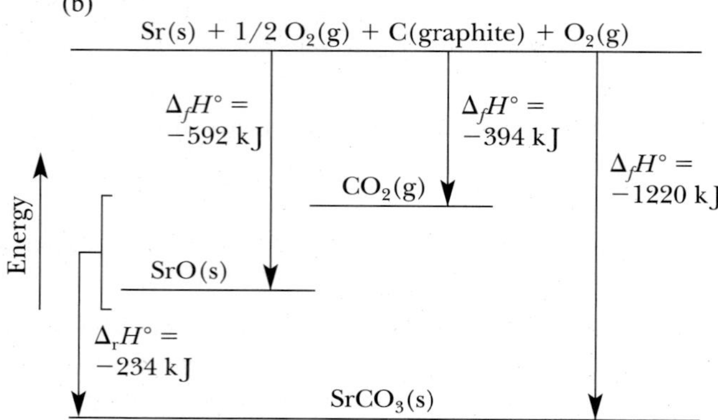

45. $\Delta_rH° = -305.3$ kJ

46. This calculation assumes water vapor, $H_2O(g)$, is formed upon oxidation.
Balanced Equation: $C_2H_5OH(\ell) + 3\ O_2(g) \rightarrow 2\ CO_2(g) + 3\ H_2O(g)$
$\Delta_rH° = (2\text{ mol }CO_2/1\text{ mol-rxn})[\Delta_fH°\ CO_2(g)] + (3\text{ mol }H_2O/1\text{ mol-rxn})[\Delta_fH°\ H_2O(g)] - \{(1\text{ mol }C_2H_5OH/1\text{ mol-rxn})[\Delta_fH°\ C_2H_5OH(\ell)] + (3\text{ mol }O_2/1\text{ mol-rxn})[\Delta_fH°\ O_2(g)]\}$
$\Delta_rH° = (2\text{ mol }CO_2/1\text{ mol-rxn})[-393.5\text{ kJ/mol }CO_2] + (3\text{ mol }H_2O/1\text{ mol-rxn})[-241.8\text{ kJ/mol }H_2O] - \{(1\text{ mol }C_2H_5OH/1\text{ mol-rxn})[-277.0\text{ kJ/mol }C_2H_5OH] + (3\text{ mol }O_2/1\text{ mol-rxn})[0\text{ kJ/mol }O_2]\}$
$= -1235.4$ kJ/mol-rxn
100. g C_2H_5OH (1 mol C_2H_5OH/46.07 g C_2H_5OH) (1 mol-rxn/1 mol C_2H_5OH)(-1235.4 kJ/mol-rxn) $= -2680$ kJ

47. $C_{Pb} = 0.121$ J/g · K

48. $\Delta_rH = -69$ kJ/mol AgCl

49. 36.0 kJ evolved per mol of NH_4NO_3

50. The standard enthalpy change, $\Delta_rH°$, is -352.88 kJ. The quantity of magnesium needed is 0.43 g.

51. (a) Exothermic (b) Exothermic

52. The enthalpy change for each of the following three reactions is known or can be measured by calorimetry. The three equations sum to give the enthalpy of formation of $CaSO_4(s)$.

$Ca(s) + 1/2\ O_2(g) \rightarrow CaO(s)$ $\quad \Delta_rH° = \Delta_fH° = -635.09$ kJ
$1/8\ S_8(s) + 3/2\ O_2(g) \rightarrow SO_3(g)$ $\quad \Delta_rH° = \Delta_fH° = -395.77$ kJ
$CaO(s) + SO_3(g) \rightarrow CaSO_4(s)$ $\quad \Delta_rH° = -402.7$ kJ
$Ca(s) + 1/8\ S_8(s) + 2\ O_2(g) \rightarrow CaSO_4(s)$ $\quad \Delta_rH° = \Delta_fH° = -1433.6$ kJ

53.

Metal	Molar Heat Capacity (J/mol · K)
Al	24.2
Fe	25.1
Cu	24.5
Au	25.4

All the metals have a molar heat capacity of 24.8 ± 0.5 J/mol · K. Therefore, assuming the molar heat capacity of Ag is 24.8 J/mol · K, its specific heat capacity is 0.230 J/g · K. This is very close to the experimental value of 0.236 J/g · K.

54. 120 g of CH_4 required (assuming $H_2O(g)$ as product)

55. 1.6×10^{11} kJ released to the surroundings. This is equivalent to 3.8×10^4 tons of dynamite.

56. (a)

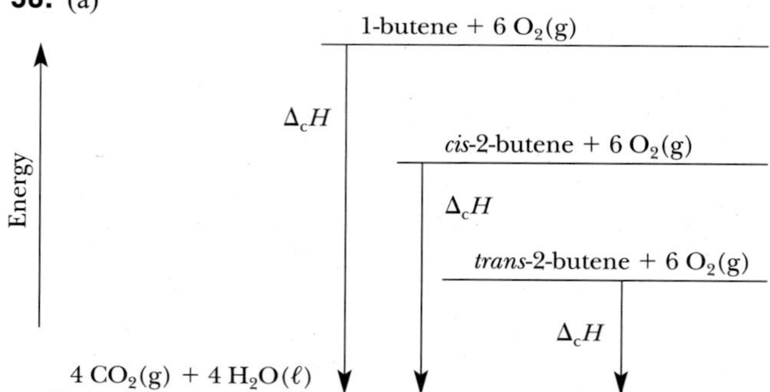

(b) *cis*-2-butene: $\Delta_fH° = -7.6$ kJ/mol
trans-2-butene: $\Delta_fH° = -10.8$ kJ/mol
1-butene: $\Delta_fH° = -0.6$ kJ/mol

(c)

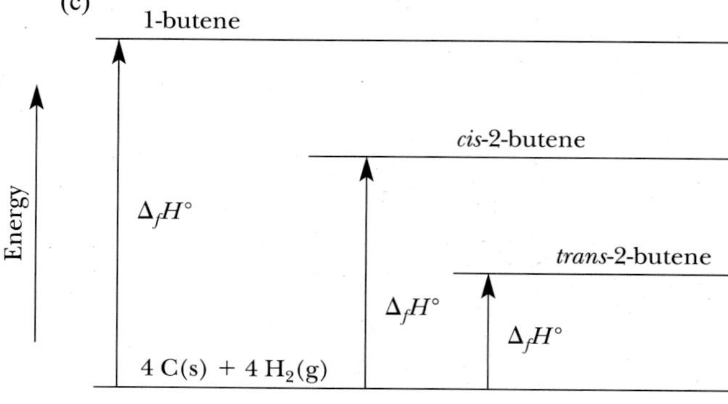

(d) −3.4 kJ/mol-rxn

57. (a) −726 kJ/mol Mg
(b) 25.0 °C

58. (a) Methane
(b) Methane
(c) −279 kJ
(d) $CH_4(g) + 1/2\ O_2(g) \rightarrow CH_3OH(\ell)$

59. (a) Metal heated = 100.0 g of Al; metal cooled = 50.0 g of Au; final temperature = 26 °C
(b) Metal heated = 50.0 g of Zn; metal cooled = 50.0 g of Al; final temperature = 21 °C

60. $w = -(1.0\ \text{L} \cdot \text{atm})(0.36\ \text{L} - 0\ \text{L}) = -0.36\ \text{L atm} = -36\ \text{J}$
Thus, 36 J of work is done by the system on the surroundings.

Chapter 6

사례 연구

What Makes the Colors in Fireworks?

1. Yellow light is from the 589 and 590 nm emissions.

2. Primary emission for Sr is red. This has a longer wave length than yellow light.

3. $4\ Mg(s) + KClO_4(s) \rightarrow KCl(s) + 4\ MgO(s)$

유제

6.1 (a) Highest frequency, violet; lowest frequency, red
(b) The wavelength of radiation in a microwave oven is shorter than the FM radio wavelength.
(c) The wavelength of x-rays is shorter than the wavelength of ultraviolet light.
(d) $\lambda = 5.10 \times 10^{-7}$ m
$\nu = c/\lambda = (2.998 \times 10^8\ \text{m/s}^{-1})/(5.10 \times 10^{-7}\ \text{m}) = 5.88 \times 10^{14}\ \text{s}^{-1}$

6.2 $\nu = c/\lambda = (2.998 \times 10^8\ \text{m/s})/(4.05 \times 10^{-7}\ \text{m}) = 7.40 \times 10^{14}\ \text{s}^{-1}$
$E = N_A h\nu = (6.022 \times 10^{23}\ \text{photons/mole})(6.626 \times 10^{-34}\ \text{J s/photon})(7.40 \times 10^{14}\ \text{s}^{-1})$
$E = 295{,}000$ J/mol (= 295 kJ/mol)

6.3 (a) E (per atom) $= -Rhc/n^2$
$= (-2.179 \times 10^{-18})/(3^2)$ J/atom
$= -2.421 \times 10^{-19}$ J/atom
(b) E (per mol) $= (-2.421 \times 10^{-19}$ J/atom$)(6.022 \times 10^{23}$ atoms/mol$)(1\ \text{kJ}/10^3\ \text{J})$
$= -145.8$ kJ/mol

6.4 The least energetic line is from the electron transition from $n = 2$ to $n = 1$.
$\Delta E = -Rhc[1/1^2 - 1/2^2]$
$= -(2.179 \times 10^{-18}\ \text{J/atom})(3/4)$
$= -1.634 \times 10^{-18}$ J/atom
The photon emitted thus has $E_{photon} = 1.634 \times 10^{-18}$ J
$\nu = E_{photon}/h$
$= (1.634 \times 10^{-18}\ \text{J})/(6.626 \times 10^{-34}\ \text{J} \cdot \text{s})$
$= 2.466 \times 10^{15}\ \text{s}^{-1}$
$\lambda = c/\nu = (2.998 \times 10^8\ \text{m/s}^{-1})/(2.466 \times 10^{15}\ \text{s}^{-1})$
$= 1.216 \times 10^{-7}$ m (or 121.6 nm)

6.5 First, calculate the velocity of the neutron:
$v = [2E/m]^{1/2} = [2(6.21 \times 10^{-21}\ \text{kg} \cdot \text{m}^2\ \text{s}^{-2})/(1.675 \times 10^{-27}\ \text{kg})]^{1/2}$
$= 2720\ \text{m} \cdot \text{s}^{-1}$
Use this value in the de Broglie equation:
$\lambda = h/mv = (6.626 \times 10^{-34}\ \text{kg} \cdot \text{m}^2\ \text{s}^{-2} \cdot \text{s})/(1.675 \times 10^{-27}\ \text{kg})(2720\ \text{m s}^{-1})$
$= 1.45 \times 10^{-10}\ \text{m} = 0.145$ nm

확인문제

6.1절

1. (d) microwaves from a microwave oven

2. (c) 3.27 m

6.2절

1. (a) 3.9×10^5 J/mol

2. (a) UVB

6.3절

1. (d) from $n = 6$ to $n = 2$

2. (b) from $n = 4$ to $n = 2$

6.4절

1. (b) Wavelength will be shorter.

6.5절

1. (b) $4p$

2. (d) 16

3. (c) n and ℓ

6.6절

1. (d) $3f$

2. (b) $n = 4$, $\ell = 1$, $m_\ell = 0$

3. (c) 2

6.7절

1. (d) $n = 1$, $\ell = 0$, $m_\ell = 0$, $m_s = -1/2$

화학 원리 응용

1. $\nu = 5.102 \times 10^{14}\ s^{-1}$

3. For $\lambda = 589.00$ nm, $E = 3.3726 \times 10^{-19}$ J
For $\lambda = 589.59$ nm, $E = 3.3692 \times 10^{-19}$ J
$\Delta E = 3.4 \times 10^{-22}$ J

5. Line F corresponds to a wavelength of 486 nm. Based on Figure 6.10, this line arises from the electron in hydrogen moving from $n = 4$ to $n = 2$.

학습문제

1. (a) Microwaves
(b) Red light
(c) Infrared

2. (a) Green light has a higher frequency than amber light
(b) $5.04 \times 10^{14}\ s^{-1}$

3. Frequency $= 6.0 \times 10^{14}\ s^{-1}$; energy per photon $=$ 4.0×10^{-19} J; energy per mol of photons $= 2.4 \times 10^{5}$ J

4. Frequency $= 7.5676 \times 10^{14}\ s^{-1}$; energy per photon $=$ 5.0144×10^{-19} J; 301.97 kJ/mol of photons

5. In order of increasing energy: FM station $<$ microwaves $<$ yellow light $<$ x-rays

6. Light with a wavelength as long as 600 nm would be sufficient. This is in the visible region.

7. (a) The light of shortest wavelength has a wavelength of 253.652 nm.
(b) Frequency $= 1.18190 \times 10^{15}\ s^{-1}$. Energy per photon $= 7.83139 \times 10^{-19}$ J/photon.
(c) The lines at 404 nm (violet) and 436 nm (blue) are in the visible region of the spectrum.

8. The color is violet. $n_{initial} = 6$ and $n_{final} = 2$

9. (a) 10 lines possible
(b) Highest frequency (highest energy), $n = 5$ to $n = 1$
(c) Longest wavelength (lowest energy), $n = 5$ to $n = 4$

10. (a) $n = 3$ to $n = 2$
(b) $n = 4$ to $n = 1$. The energy levels are progressively closer at higher levels, so the energy difference from $n = 4$ to $n = 1$ is greater than from $n = 5$ to $n = 2$.

11. Wavelength $= 102.6$ nm and frequency $=$ $2.923 \times 10^{15}\ s^{-1}$. Light with these properties is in the ultraviolet region.

12. Wavelength $= 0.29$ nm

13. The wavelength is 4.8×10^{-25} nm. (Calculated from $\lambda = h/m \cdot v$, where m is the ball's mass in kg and v is the velocity.) To have a wavelength of 5.6×10^{-3} nm, the ball would have to travel at 2.6×10^{-21} m/s.

14. (a) $n = 4$, $\ell = 0, 1, 2, 3$
(b) When $\ell = 2$, $m_\ell = -2, -1, 0, 1, 2$
(c) For a 4s orbital, $n = 4$, $\ell = 0$, and $m_\ell = 0$
(d) For a 4f orbital, $n = 4$, $\ell = 3$, and $m_\ell = -3, -2, -1, 0, 1, 2, 3$

15. Set 1: $n = 4$, $\ell = 1$, and $m_\ell = -1$
Set 2: $n = 4$, $\ell = 1$, and $m_\ell = 0$
Set 3: $n = 4$, $\ell = 1$, and $m_\ell = +1$

16. Four subshells. (The number of subshells in a shell is always equal to n.)

17. (a) ℓ must have a value no greater than $n - 1$.
(b) When $\ell = 0$, m_ℓ can only equal 0.
(c) When $\ell = 0$, m_ℓ can only equal 0.

18. (a) None. The quantum number set is not possible. When $\ell = 0$, m_ℓ can only equal 0.
(b) 3 orbitals
(c) 11 orbitals
(d) 1 orbital

19. (a) $m_s = 0$ is not possible. ms may only have values of $\pm 1/2$.
One possible set of quantum numbers: $n = 4$, $\ell = 2$, $m_\ell = 0$, $m_s = +1/2$
(b) m_ℓ cannot equal -3 in this case. If $\ell = 1$, m_ℓ can only be -1, 0, or 1.
One possible set of quantum numbers: $n = 3$, $\ell = 1$, $m_\ell = -1$, $m_s = -1/2$
(c) $\ell = 3$ is not possible in this case. The maximum value of ℓ is $n - 1$.
One possible set of quantum numbers: $n = 3$, $\ell = 2$, $m_\ell = -1$, $m_s = +1/2$

20. 2d and 3f orbitals cannot exist. The $n = 2$ shell consists only of s and p subshells. The $n = 3$ shell consists only of s, p, and d subshells.

21. (a) For 2p: $n = 2$, $\ell = 1$, and $m_\ell = -1$, 0, or $+1$
(b) For 3d: $n = 3$, $\ell = 2$, and $m_\ell = -2, -1, 0, +1$, or $+2$
(c) For 4f: $n = 4$, $\ell = 3$, and $m_\ell = -3, -2, -1, 0, +1, +2$, or $+3$

22. (d) 4d

23. (a) 2s has 0 nodal surfaces that pass through the nucleus ($\ell = 0$).
(b) 5d has 2 nodal surfaces that pass through the nucleus ($\ell = 2$).
(c) 5f has three nodal surfaces that pass through the nucleus ($\ell = 3$).

24. (a) Correct
(b) Incorrect. The intensity of a light beam is independent of frequency and is related to the number of photons of light with a certain energy.
(c) Correct

25. Considering only angular nodes (nodal surfaces that pass through the nucleus):
s orbital 0 nodal surfaces through the nucleus
p orbitals 1 nodal surface or plane passing through the nucleus
d orbitals 2 nodal surfaces or planes passing through the nucleus
f orbitals 3 nodal surfaces or planes passing through the nucleus

26.

ℓ Value	Orbital Type
3	*f*
0	*s*
1	*p*
2	*d*

27. Considering only angular nodes (nodal surfaces that pass through the nucleus):

Orbital Type	Number of Orbitals in a Given Subshell	Number of Nodal Surfaces
s	1	0
p	3	1
d	5	2
f	7	3

28. (a) Green light
(b) Red light has a wavelength of 680 nm, and green light has a wavelength of 500 nm.
(c) Green light has a higher frequency than red light.

29. (a) Wavelength = 0.35 m
(b) Energy = 0.34 J/mol
(c) Violet light (with λ = 420 nm) has an energy of 280 kJ/mol of photons.
(d) Violet light has an energy (per mol of photons) that is 840,000 times greater than a mole of photons from a cell phone.

30. The ionization energy for He^+ is 5248 kJ/mol. This is four times the ionization energy for the H atom.

31. $1s < 2s = 2p < 3s = 3p = 3d < 4s$
In the H atom orbitals in the same shell (e.g., 2*s* and 2*p*) have the same energy.

32. Frequency = 2.836×10^{20} s^{-1} and wavelength = 1.057×10^{-12} m

33. 260 s or 4.3 min

34. (a) Size and energy
(b) ℓ
(c) More
(d) 7 (when $\ell = 3$ these are *f* orbitals)
(e) One orbital
(f) (Left to right) *d*, *s*, and *p*
(g) $\ell = 0, 1, 2, 3, 4$
(h) 16 orbitals (1 *s* orbital, 3 *p* orbitals, 5 *d* orbitals, and 7 *f* orbitals) (= n^2)

35. Energy = 4.576×10^{-19} J
Frequency = 6.906×10^{14} s^{-1}
Wavelength = 434.1 nm

36. The pickle glows because it was made by soaking a cucumber in brine, a concentrated solution of NaCl. The sodium atoms in the pickle are excited by the electric current and release energy as yellow light as they return to the ground state. Excited sodium atoms are the source of the yellow light you see in fireworks and in certain kinds of street lighting.

37. (a) λ = 0.0005 cm = 5 μm
(b) The left side is the higher energy side, and the right side is the lower energy side.
(c) The interaction with O—H requires more energy.

38. (c)

39. An experiment can be done that shows that the electron can behave as a particle, and another experiment can be done to show that it has wave properties. (However, no single experiment shows both properties of the electron.) The modern view of atomic structure is based on the wave properties of the electron.

40. (a) and (b)

41. Radiation with a wavelength of 93.8 nm is sufficient to raise the electron to the $n = 6$ quantum level (see Figure 6.10). There should be 15 emission lines involving transitions from $n = 6$ to lower energy levels. (There are five lines for transitions from $n = 6$ to lower levels, four lines for $n = 5$ to lower levels, three for $n = 4$ to lower levels, two lines for $n = 3$ to lower levels, and one line for $n = 2$ to $n = 1$.) Wavelengths for many of the lines are given in Figure 6.10.
For example, there will be an emission involving an electron moving from $n = 6$ to $n = 2$ with a wavelength of 410.2 nm.

42. (a) Group 7B (IUPAC Group 7); Period 5
(b) $n = 5$, $\ell = 0$, $m_\ell = 0$, $m_s = +1/2$
(c) $\lambda = 8.79 \times 10^{-12}$ m; $\nu = 3.41 \times 10^{19}$ s^{-1}
(d) (i) $HTcO_4$(aq) + NaOH(aq) →
$H_2O(\ell)$ + $NaTcO_4$(aq)
(ii) 8.5×10^{-3} g $NaTcO_4$ produced;
1.8×10^{-3} g NaOH needed
(e) 0.28 mg $NaTcO_4$; 0.00015 M

Chapter 7

사례 연구

Metals in Biochemistry and Medicine

1. Fe: [Ar]$3d^6 4s^2$; Fe^{2+}: [Ar]$3d^6$; Fe^{3+}: [Ar]$3d^5$

2. Both iron ions are paramagnetic.
3. The slightly larger size of Cu compared to Fe is related to greater electron–electron repulsions.
4. Fe^{2+} is larger than Fe^{3+} and will fit less well into the structure. As a result, some distortion of the ring structure from planarity occurs.

유제

7.1 (a) chlorine (Cl)
(b) $1s^2 2s^2 2p^6 3s^2 3p^3$

[Ne] 3s: [↑↓] 3p: [↑][↑][↑]

7.2 Calcium has two valence electrons in the 4s subshell. Quantum numbers for these two electrons are $n = 4$, $\ell = 0$, $m_\ell = 0$, and $m_s = \pm 1/2$

7.3 Obtain the answers from Table 7.3.

7.4
V^{2+} [Ar] 3d: [↑][↑][↑][ ][ ] 4s: [ ]

V^{3+} [Ar] 3d: [↑][↑][ ][ ][ ] 4s: [ ]

Co^{3+} [Ar] 3d: [↑↓][↑][↑][↑][↑] 4s: [ ]

All three ions are paramagnetic with three, two, and four unpaired electrons, respectively.

7.5 (a) Increasing atomic radius: C < B < Al
(b) Increasing ionization energy: Al < B < C
(c) Carbon is predicted to have the more negative electron attachment enthalpy.

확인문제

7.1절

1. (d) 98
2. (b) $n = 3$, $\ell = 2$, $m_\ell = -1$, and $m_s = -1/2$

7.2절

1. (a) the 4s orbital fills before the 4p orbitals

7.3절

1. (c) $3d^{10}4s^2 4p^4$
2. (c) Ni

7.4절

1. (d) Fe^{2+}
2. (c) Co^{3+}
3. (a) Cr

7.5절

1. (d) $S^{2-} > Cl^- > K^+$
2. (c) N highest, Si lowest

7.6절

1. (a) MgCl
2. (d) S^{3-}

화학 원리 응용

1. (a) Sm^{3+}: $[Xe]4f^5$
   (b) $4\ Sm(s) + 3\ O_2(g) \rightarrow 2\ Sm_2O_3(s)$
3. (a) [Xe] 4f: [↑][↑][↑][↑][↑][↑][↑] 5d: [↑][ ][ ][ ][ ] 6s: [↑↓]
   (b) The most common oxidation state is +3, corresponding to the loss of the two 6s and one 5d electrons. The electron configuration of Gd^{3+} is $[Xe]4f^7$.
5. $\nu = 4.90 \times 10^{14}\ s^{-1}$; $E = 3.25 \times 10^{-19}$ J/photon

학습문제

1. (a) Phosphorus: $1s^2 2s^2 2p^6 3s^2 3p^3$
   1s: [↑↓] 2s: [↑↓] 2p: [↑↓][↑↓][↑↓] 3s: [↑↓] 3p: [↑][↑][↑]
   The element is in the third period in Group 5A. Therefore, it has five electrons in the third shell.
   (b) Chlorine: $1s^2 2s^2 2p^6 3s^2 3p^5$
   1s: [↑↓] 2s: [↑↓] 2p: [↑↓][↑↓][↑↓] 3s: [↑↓] 3p: [↑↓][↑↓][↑]
   The element is in the third period and in Group 7A. Therefore, it has seven electrons in the third shell.
2. (a) Chromium: $1s^2 2s^2 2p^6 3s^2 3p^6 3d^5 4s^1$
   (b) Iron: $1s^2 2s^2 2p^6 3s^2 3p^6 3d^6 4s^2$
3. (a) Arsenic: $1s^2 2s^2 2p^6 3s^2 3p^6 3d^{10} 4s^2 4p^3$; $[Ar]3d^{10}4s^2 4p^3$
   (b) Krypton: $1s^2 2s^2 2p^6 3s^2 3p^6 3d^{10} 4s^2 4p^6$; $[Ar]3d^{10}4s^2 4p^6 = [Kr]$
4. (a) Tantalum: This is the third element in the transition series in the sixth period. Therefore, it has a core equivalent to Xe plus two 6s electrons, 14 4f electrons, and three electrons in 5d: $[Xe]4f^{14}5d^3 6s^2$
   (b) Platinum: This is the eighth element in the transition series in the sixth period. Therefore, it is predicted to have a core equivalent to Xe plus two 6s electrons, 14 4f electrons, and eight electrons in 5d: $[Xe]4f^{14}5d^8 6s^2$. In reality, its actual configuration (Table 7.3) is $[Xe]4f^{14}5d^9 6s^1$.
5. Americium: $[Rn]5f^7 7s^2$ (see Table 7.3)

6. (a) 2

(b) 1

(c) None (because ℓ cannot equal n)

7. Magnesium: $1s^2 2s^2 2p^6 3s^2$

[Ne] [↑↓]

3s

Quantum numbers for the two electrons in the 3s orbital:

$n = 3, \ell = 0, m_\ell = 0$, and $m_s = +1/2$

$n = 3, \ell = 0, m_\ell = 0$, and $m_s = -1/2$

8. Gallium: $1s^2 2s^2 2p^6 3s^2 3p^6 3d^{10} 4s^2 4p^1$

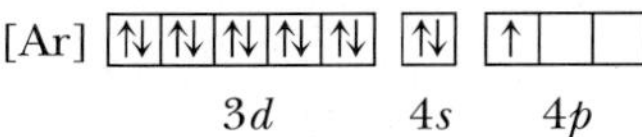

Quantum numbers for the 4p electron:

$n = 4, \ell = 1, m_\ell = -1, 0$, or $+1$, and $m_s = +\frac{1}{2}$ or $-\frac{1}{2}$

9. (a) Mg^{2+} ion

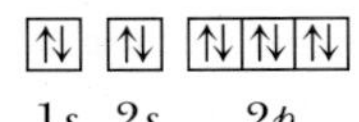

(b) K^+ ion

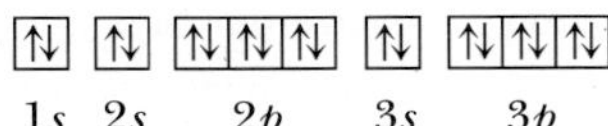

(c) Cl^- ion (Note that both Cl^- and K^+ have the same configuration; both are equivalent to Ar.)

[↑↓] [↑↓] [↑↓|↑↓|↑↓] [↑↓] [↑↓|↑↓|↑↓]

1s 2s 2p 3s 3p

(d) O^{2-} ion

[↑↓] [↑↓] [↑↓|↑↓|↑↓]

1s 2s 2p

10. (a) V (paramagnetic; three unpaired electrons)

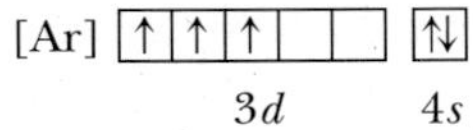

(b) V^{2+} ion (paramagnetic, three unpaired electrons)

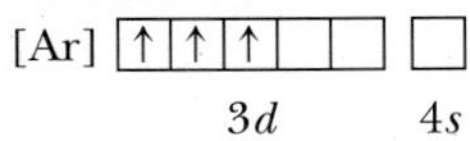

(c) V^{5+} ion. This ion has an electron configuration equivalent to argon, [Ar]. It is diamagnetic with no unpaired electrons.

11. (a) Manganese

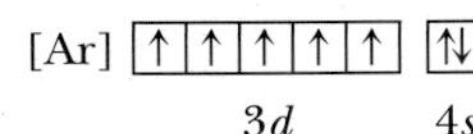

(b) Mn^{4+}

[Ar] [↑|↑|↑| |] [ ]

3d 4s

(c) The 4+ ion is paramagnetic to the extent of three unpaired electrons.

(d) 3

12. Increasing size: C < B < Al < Na < K

13. (a) Cl^-

(b) Al

(c) In

14. (c)

15. (a) Largest radius, Na

(b) Most negative electron attachment enthalpy: O

(c) Ionization energy: Na < Mg < P < O

16. (a) Increasing ionization energy: S < O < F. S is less than O because the IE decreases down a group. F is greater than O because IE generally increases across a period.

(b) Largest IE: O. IE decreases down a group.

(c) Most negative electron attachment enthalpy: Cl. Electron attachment enthalpy generally becomes more negative across the periodic table and on ascending a group.

(d) Largest size: O^{2-}. Negative ions are larger than their corresponding neutral atoms. F^- is thus larger than F. O^{2-} and F^- are isoelectronic, but the O^{2-} ion has only eight protons in its nucleus to attract the 10 electrons, whereas the F^- has nine protons, making the O^{2-} ion larger.

17. (a) Li (b) K (c) Sc

18. Identify orbitals that contain electrons: In H and He only the 1s orbital is occupied; in Li electrons are present in the 1s and 2s orbitals. The intensities of peaks in the Li PES are 1 (for the 2s electron) and 2 (for the 1s electrons).

19. (a) Cr configuration: $[Ar]3d^5 4s^1$

Cr^{3+} configuration: $[Ar]3d^3$

(b) Both Cr^{2+} and Cr^{3+} are paramagnetic

(c) The radii are similar (radius for Al^{3+} = 57 nm), which is the reason that Cr^{3+} ions are sometimes found in solid Al_2O_3 in place of Al^{3+}.

20. Uranium configuration: $[Rn]5f^3 6d^1 7s^2$

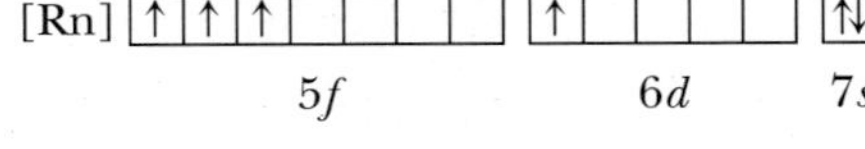

Uranium(IV) ion, U^{4+}: $[Rn]5f^2$

[Rn] [↑|↑| | | | |] [| | | |] [ ]

5f 6d 7s

Both U and U^{4+} are paramagnetic.

21. (a) Atomic number = 20

(b) Total number of s electrons = 8

(c) Total number of p electrons = 12

(d) Total number of d electrons = 0

(e) The element is Ca, calcium, a metal.

22. (a) Valid. Possible elements are Li and Be.
(b) Not valid. The maximum value of ℓ is $(n - 1)$.
(c) Valid. Possible elements are B through Ne.
(d) Valid. Possible elements are Y through Cd.

23. (a) Neodymium, Nd: $[Xe]4f^4 6s^2$ (Table 7.3)

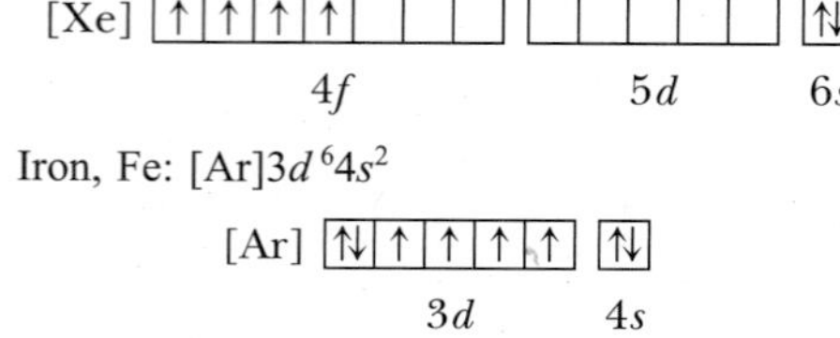

Iron, Fe: $[Ar]3d^6 4s^2$

Boron, B: $[He]2s^2 2p^1$

(b) All three elements have unpaired electrons and so should be paramagnetic.
(c) Neodymium(III) ion, Nd^{3+}: $[Xe]4f^3$

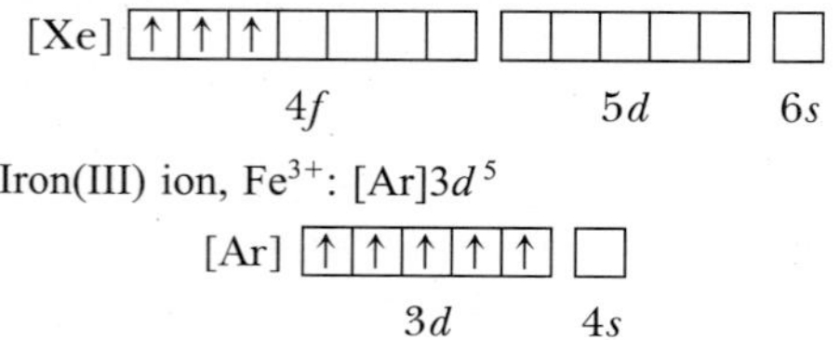

Iron(III) ion, Fe^{3+}: $[Ar]3d^5$

Both neodymium(III) and iron(III) have unpaired electrons and are paramagnetic.

24. K < Ca < Si < P

25. (a) Metal
(b) B
(c) A
(d) A
(e) Rb_2Se

26. In^{4+}: Indium has three outer shell electrons and so is unlikely to form a 4^+ ion.
Fe^{6+}: Although iron has eight electrons in its $3d$ and $4s$ orbitals, ions with a 6^+ charge are highly unlikely. The ionization energy is too large.
Sn^{5+}: Tin has four outer shell electrons and so is unlikely to form a 5^+ ion.

27. (a) Se
(b) Br^-
(c) Na
(d) N
(e) N^{3-}

28. (a) Na
(b) C
(c) Na < Al < B < C

29. (a) Cobalt
(b) Paramagnetic
(c) Four unpaired electrons

30. (a) metal
(b) B
(c) A
(d) B
(e) A
(f) AB_2 or SrI_2

31. (a) 0.421 g
(b) Paramagnetic; two unpaired electrons
(c) 99.8 mg; the nickel powder is paramagnetic and will stick to a magnet.

32. Li has three electrons ($1s^2 2s^1$) and Li^+ has only two electrons ($1s^2$). The ion is smaller than the atom because there are only two electrons to be held by three protons in the ion. Also, an electron in a larger orbital has been removed. Fluorine atoms have nine electrons and nine protons ($1s^2 2s^2 2p^5$). The anion, F^-, has one additional electron, which means that 10 electrons must be held by only nine protons, and so the ion is larger than the atom.

33. (a) The electron removed from Al is in the $3p$ orbital, which has a less negative energy than the $3s$ orbital from which the electron is removed in Mg. See the plot of orbital energies in *A Closer Look: Orbital Energies, Z*, and Electron Configurations,* page 262.
(b) The electron removed from S is one of a pair. Electron-electron repulsion lowers the energy required to remove the electron. (The $3p$ electrons of P are not paired.)

34. The most stable configuration is (d) (parallel spins in different orbitals, according to Hund's rule.) Configuration (b) is less stable than (c) due to repulsion of the two electrons in the same orbital. Configuration (a) is not an acceptable possibility; two electrons cannot have the same set of quantum numbers.

35. K $(1s^2 2s^2 2p^6 3s^2 3p^6 4s^1) \rightarrow K^+(1s^2 2s^2 2p^6 3s^2 3p^6)$
$K^+ (1s^2 2s^2 2p^6 3s^2 3p^6) \rightarrow K^{2+}(1s^2 2s^2 2p^6 3s^2 3p^5)$
The first ionization is for the removal of an electron from the valence shell of electrons. The second electron, however, is removed from the $3p$ subshell. This subshell is significantly lower in energy than the $4s$ subshell, and considerably more energy is required to remove this second electron.

36. (a) In going from one element to the next across the period, the effective nuclear charge increases slightly and the attraction between the nucleus and the electrons increases.
(b) The size of fourth period transition elements,

for example, is a reflection of the size of the 4*s* orbital. As *d* electrons are added across the series, protons are added to the nucleus. Adding protons should lead to a decreased atom size, but the effect of the protons is balanced by repulsions of the 3*d* electrons and 4*s* electrons, and the atom size is changed little.

37. Among the arguments for a compound composed of Mg^{2+} and O^{2-} are the following:
(a) Chemical experience suggests that all Group 2A elements form 2^+ cations, and that oxygen is typically the O^{2-} ion in its compounds.
(b) Other alkaline earth elements form oxides such as BeO, CaO, and BaO.
A possible experiment is to measure the melting point of the compound. An ionic compound such as NaF (with ions having 1^+ and 1^- charges) melts at 990 °C, whereas a compound analogous to MgO, CaO, melts at a much higher temperature (2580 °C).

38. (a) The effective nuclear charge increases, causing the valence orbital energies to become more negative on moving across the period.
(b) As the valence orbital energies become more negative, it is increasingly difficult to remove an electron from the atom, and the IE increases. Toward the end of the period, the orbital energies have become so negative that removing an electron requires significant energy. Instead, the effective nuclear charge has reached the point that the atom forms a negative ion, in line with the more negative electron attachment enthalpy for elements on the right side of the periodic table.
(c) The valence orbital energies are in the order:
Li (−520.0 kJ) < Be (−899.3 kJ) >
B (−800.8 kJ) < C (−1029 kJ)
This means it is more difficult to remove an electron from Be than from either Li or B. The energy is more negative for C than for B, so it is more difficult to remove an electron from C than from B.

39. The size declines across this series of elements while their mass increases. Thus, the mass per volume, the density, increases.

40. (a) Element 113: $[Rn]5f^{14}6d^{10}7s^27p^1$
Element 115: $[Rn]5f^{14}6d^{10}7s^27p^3$
(b) Element 113 is in Group 3A (with elements such as boron and aluminum), and element 115 is in Group 5A (with elements such as nitrogen and phosphorus).
(c) Americium ($Z = 95$) + argon ($Z = 18$) = element 113

41. (a) Sulfur electron configuration

[↑↓] [↑↓] [↑↓|↑↓|↑↓] [↑↓] [↑↓|↑|↑]
1*s* 2*s* 2*p* 3*s* 3*p*

(b) One possible set of quantum numbers for a 3*p* electron is:
$n = 3$, $\ell = 1$, $m_\ell = 1$, and $m_s = +1/2$
(c) S has the smallest ionization energy and O has the smallest radius.
(d) S is smaller than the S^{2-} ion.
(e) 584 g SCl_2
(f) 10.0 g of SCl_2 is the limiting reactant, and 11.6 g of $SOCl_2$ can be produced.
(g) $\Delta_f H°[SCl_2(g)] = -17.6$ kJ/mol

42. (a) Z* for F is 5.20; Z* for Ne is 5.85. The effective nuclear charge increases from O to F to Ne. As the effective nuclear charge increases, the atomic radius decreases, and the first ionization energy increases.
(b) Z* for a 3*d* electron in Mn is 5.6; for a 4*s* electron it is only 3.6. The effective nuclear charge experienced by a 4*s* electron is much smaller than that experienced by a 3*d* electron. A 4*s* electron in Mn is thus more easily removed.

Chapter 8

사례 연구

Free Radicals, Atmospheric Chemistry, and Hair Dyes

1. 18 valence electrons

H—Ö—N̈=Ö

All atoms have a formal charge of zero. There are no equivalent resonance structures.

2. 30 valence electrons

Formal charge = −1

[O=C(—O:)—O—O—H]⁻ ⟷ [:O—C(=O:)—O—O—H]⁻

Formal charge = −1

All atoms have zero formal charge except for those indicated.

Ibuprofen, a Study in Green Chemistry

1. The Lewis structures for the key portions of the molecules where the reaction takes place are the following:

—CH—O—H + :C≡O: → —CH—C(=O)—O—H

Bonds broken: 1 C—O and 1 C≡O

(1 mol C—O/1 mol-rxn)(358 kJ/mol C—O) +
(1 mol C≡O/1 mol-rxn)(1046 kJ/mol C≡O) =
1404 kJ/mol-rxn
Bonds formed: 1 C—C, 1 C═O, and 1 C—O
(1 mol C—C/1 mol-rxn)(346 kJ/mol C—C) +
(1 mol C═O/1 mol-rxn)(745 kJ/mol C═O) +
(1 mol C—O/1 mol-rxn)(358 kJ/mol C—O) =
1449 kJ/mol-rxn
$\Delta_r H° \approx$ 1404 kJ/mol-rxn − 1449 kJ/mol-rxn =
−45 kJ/mol-rxn
The reaction is thus predicted to be exothermic.

2. All of the atoms in ibuprofen have a formal charge of zero.
3. The most polar bond in the molecule is the O—H bond.
4. The molecule is not symmetrical and so is polar.
5. The shortest bond in the molecule is the O—H bond.
6. The C═O bond has the highest bond order. The C═C bonds in the ring have an order of 1.5.
7. Yes, there are 120° bond angles present: the bond angles around the C atoms in the ring and those around the C atom in the —CO_2H group are all 120°. There are no 180° angles in this molecule.
8. There is one acid group in ibuprofen (—CO_2H), therefore 1 mol of ibuprofen will react with 1 mol of NaOH.
200. mg ibuprofen (1 g/1000 mg)(1 mol ibuprofen/206.3 g ibuprofen)(1 mol NaOH/1 mol ibuprofen)(1 L/0.0259 mol NaOH)(1000 mL/1 L) = 37.4 mL
Therefore 37.4 mL of the NaOH solution would be required.

유제

8.1

H_3C—$\ddot{C}l$: , H—$\ddot{O}$—H, H—$\ddot{O}$—$\ddot{O}$—H, H—$\ddot{N}$—H (with H), H—$\ddot{N}$—$\ddot{O}$—H (with H)

8.2 :C≡O:

8.3 $[NH_4]^+$ $[:N≡O:]^+$ $[SO_4]^{2-}$

8.4

methanol hydroxylamine

8.5 (a) CN^- : formal charge on C is −1; formal charge on N is 0.
(b) SO_3^{2-}: formal charge on S is +1; formal charge on each O is −1.

8.6 Resonance structures for the HCO_3^- ion:

$[O=C(-OH)-O]^- \longleftrightarrow [O-C(-OH)=O]^-$

(a) No. Three resonance structures are needed in the description of CO_3^{2-}; only two are needed to describe HCO_3^-.
(b) In each resonance structure: carbon's formal charge is 0; the oxygen of the —OH group and the double-bonded oxygen have a formal charge of zero; the singly bonded oxygen has a formal charge of −1. The average formal charge on the latter two oxygen atoms is −½. In the carbonate ion, each of the three oxygen atoms has an average formal charge of −⅔.
(c) H^+ would be expected to add to one of the oxygens with a negative formal charge; that is, one of the oxygens with formal charge of −½ in this structure.

8.7 $[:\ddot{F}-\ddot{C}l-\ddot{F}:]^+$ ClF_2^+, 2 bond pairs and 2 lone pairs.
$[:\ddot{F}-\ddot{C}l-\ddot{F}:]^-$ ClF_2^-, 2 bond pairs and 3 lone pairs.

8.8 Tetrahedral geometry around carbon. The Cl—C—Cl bond angle will be close to 109.5°.

8.9 For each species, the electron-pair geometry and the molecular shape are the same. BF_3: trigonal-planar; BF_4^-: tetrahedral. Adding F^- to BF_3 adds an electron pair to the central atom and changes the shape.

8.10 The electron-pair geometry around I is trigonalbipyramidal.
The molecular geometry of the ion is linear.

$[ICl_2]^-$

8.11 (a) In PO_4^{3-}, there is tetrahedral electron-pair geometry. The molecular geometry is also tetrahedral.

$[PO_4]^{3-}$

(b) In SO_3^{2-}, there is tetrahedral electron-pair geometry. The molecular geometry is trigonal-pyramidal.

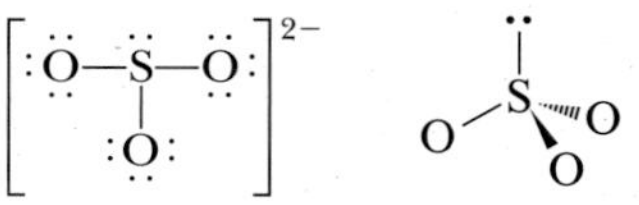

$$\left[:\ddot{O}-\ddot{S}(-\ddot{O}:)-\ddot{O}:\right]^{2-}$$

(c) In IF_5, there is octahedral electron-pair geometry. The molecular geometry is square-pyramidal.

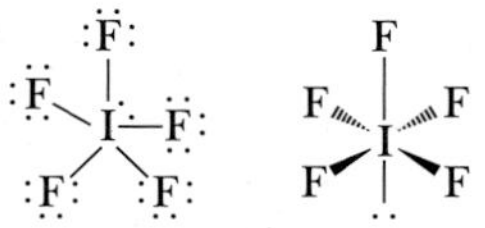

8.12 (a) The H atom is the positive pole in each case. H—F ($\Delta\chi = 1.8$) is more polar than H—I ($\Delta\chi = 0.5$).

(b) The B atom is the positive pole in each case. B—F ($\Delta\chi = 2.0$) is more polar than B—C ($\Delta\chi = 0.5$).

(c) C—Si ($\Delta\chi = 0.6$) is more polar than C—S ($\Delta\chi = 0.1$). In C—Si, C is the negative pole, and Si is the positive pole. In C—S, S is the negative pole, and C the positive pole.

8.13 16 valence electrons

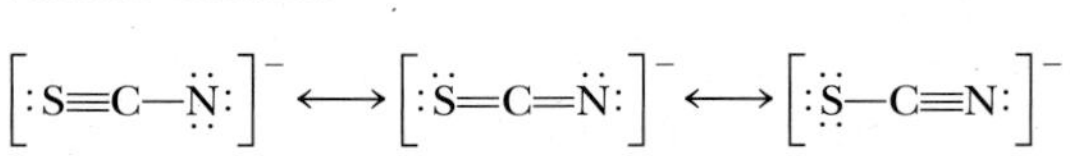

$$[:S\equiv C-\ddot{N}:]^- \longleftrightarrow [:\ddot{S}=C=\ddot{N}:]^- \longleftrightarrow [:\ddot{S}-C\equiv N:]^-$$

Formal charges +1 0 2−   0 0 −1   −1 0 0

Formal charge considerations favor the middle structure because it has less formal charge than the left structure and, unlike the right structure, it has the negative formal charge on the most electronegative atom in the ion.

Bond polarity: For the C—N bond, $\Delta\chi = 0.5$, so this bond is polar and should have a partially positive C and a partially negative N. For the C—S bond, $\Delta\chi = 0.1$, so this bond should be only slightly polar with a partially positive C and a partially negative S.

Comparison of formal charge and bond polarity: The bonding in SCN^- will be closest to the middle resonance structure with a smaller contribution of the resonance structure on the right. From this we conclude that both N and S will have a negative formal charge, with N having the more negative value. The polarities of the C—N and C—S bonds match this description, with N and S being the negative end of each polar bond.

8.14 (a) $BFCl_2$, polar, negative side is the F atom because F is the most electronegative atom in the molecule.

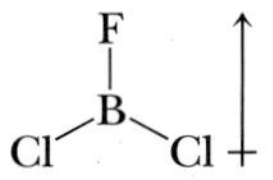

(b) NH_2Cl, polar, negative side is the Cl atom.

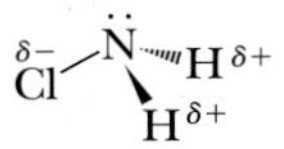

(c) SCl_2, polar, Cl atoms are on the negative side.

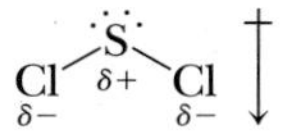

8.15 (a)

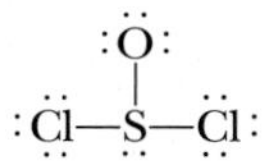

Formal charges: S = +1, O = −1, Cl = 0

(b) Geometry: trigonal-pyramidal. The molecule is polar. The positive charge is on sulfur, the negative charge on oxygen.

8.16 $CH_4(g) + 2\ O_2(g) \rightarrow CO_2(g) + 2\ H_2O(g)$

Break 4 C—H bonds and 2 O═O bonds:

(4 mol)(413 kJ/mol) + (2 mol)(498 kJ/mol) = 2648 kJ

Make 2 C═O bonds and 4 H—O bonds:

(2 mol)(803 kJ/mol) + (4 mol)(463 kJ/mol) = 3458 kJ

$\Delta_r H° = 2648\ \text{kJ} - 3458\ \text{kJ} = -810\ \text{kJ/mol-rxn}$

(value calculated using enthalpies of formation = −802 kJ/mol-rxn)

확인문제

8.2절

1. (a) Sulfur has three single bonds to oxygen and a lone pair.
2. (c) O_3
3. (b) OCN^-
4. (b) Lewis structure shown has 5 bonds to each C atom.

8.3절

1. (c) +1

8.4절

1. (c) NO_2^+
2. (b) Formal charge on N is +1, formal charge on each oxygen is 0.

8.5절

1. (b) SF_4, SF_5^+, SF_6
2. (d) 3

8.6절

1. (a) PCl_3
2. (c) square pyramidal
3. (c) 120°
4. (a) linear, 180° angle

8.7절

1. (d) Al—Cl

2. (c) The I—Cl bond is polar with I being the positive end.

3. (a) :N≡N—Ö:

8.8절

1. (a) HF

2. (a) BCl_3

8.9절

1. (d) H_2NOH

2. (a) CN^-

3. (b) −206 kJ/mol-rxn

화학 원리 응용

1. Using average bond dissociation enthalpies:
$\chi_{Cl} - \chi_H = 0.98$
According to Figure 8.10, $\chi_{Cl} - \chi_H = 1.0$

3. $\chi_S = 2.55$

학습문제

1. (a) Group 6A, six valence electrons
(b) Group 3A, three valence electrons
(c) Group 1A, one valence electron
(d) Group 2A, two valence electrons
(e) Group 7A, seven valence electrons
(f) Group 6A, six valence electrons

2. Group 4A, four bonds
Group 5A, three bonds (for a neutral compound)
Group 6A, two bonds (for a neutral compound)
Group 7A, one (for a neutral compound)

3. (a) NF_3, 26 valence electrons

:F̈—N̈—F̈:
|
:F̤:

(b) ClO_3^-, 26 valence electrons

[:Ö—C̈l—Ö: | :Ö:]⁻

(c) HOBr, 14 valence electrons

H—Ö—B̈r:

(d) SO_3^{2-}, 26 valence electrons

[:Ö—S̈—Ö: | :Ö:]²⁻

4. (a) $CHClF_2$, 26 valence electrons

H
|
:C̈l—C—F̈:
|
:F̤:

(b) CH_3CO_2H, 24 valence electrons

H :O:
| ‖
H—C—C—Ö—H
|
H

(c) CH_3CN, 16 valence electrons

H
|
H—C—C≡N:
|
H

(d) H_2CCCH_2, 16 valence electrons

H H
| |
H—C=C=C—H

5. (a) SO_2, 18 valence electrons

:Ö—S̈=Ö ⟷ Ö=S̈—Ö:

(b) HNO_2, 18 valence electrons

H—Ö—N̈=Ö

(c) SCN^-, 16 valence electrons

[S̈=C=N̈]⁻ ⟷ [:S≡C—N̈:]⁻ ⟷ [:S̈—C≡N]⁻

6. (a) BrF_3, 28 valence electrons

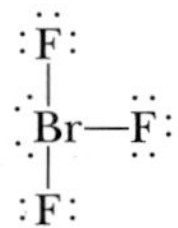

(b) I_3^-, 22 valence electrons

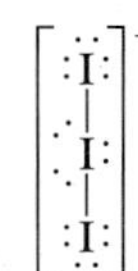

(c) XeO_2F_2, 34 valence electrons

:F̈:
|
:Ö—Xe—Ö:
|
:F̤:

(d) XeF_3^+, 28 valence electrons

:F̈:
|
Xe—F̈:
|
:F̤:

7. (a) N = 0; H = 0
(b) P = +1; O = −1
(c) B = −1; H = 0
(d) All are zero.

8. (a) N = +1; O = 0
(b) The central N is 0. The singly bonded O atom is −1, and the doubly bonded O atom is 0.

[:Ö—N̈=Ö]⁻ ⟷ [Ö=N̈—Ö:]⁻

(c) N and F are both 0.
(d) The central N atom is +1, one of the O atoms is −1, and the other two O atoms and the H atom are all 0.

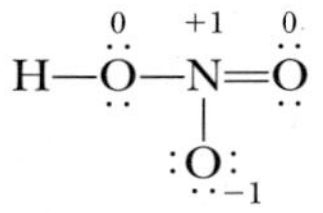

H—O—N=O (formal charges: O 0, N +1, O 0; :O: −1)

9. (a) Electron-pair geometry around N is tetrahedral. Molecular geometry is trigonal-pyramidal.

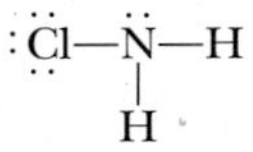

:Cl—N—H (with H on N)

(b) Electron-pair geometry around O is tetrahedral. Molecular geometry is bent.

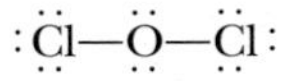

:Cl—O—Cl:

(c) Electron-pair geometry around C is linear. Molecular geometry is linear.

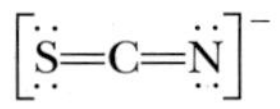

[S=C=N]⁻

(d) Electron-pair geometry around O is tetrahedral. The molecular geometry is bent.

H—O—F:

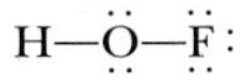

10. (a) Electron-pair geometry around C is linear. Molecular geometry is linear.

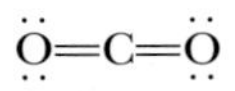

O=C=O

(b) Electron-pair geometry around N is trigonalplanar. Molecular geometry is bent.

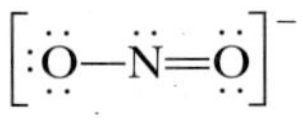

[:O—N=O]⁻

(c) Electron-pair geometry around O is trigonalplanar. Molecular geometry is bent.

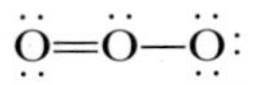

O=O—O:

(d) Electron-pair geometry around Cl atom is tetrahedral. Molecular geometry is bent.

[:O—Cl—O:]⁻

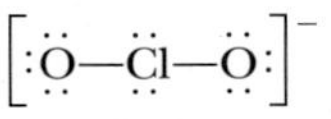

All have two atoms attached to the central atom. As the bond and lone pairs vary, the electron-pair geometries vary from linear to tetrahedral, and the molecular geometries vary from linear to bent.

11. (a) Electron-pair geometry around Cl is trigonalbipyramidal. Molecular geometry is linear.

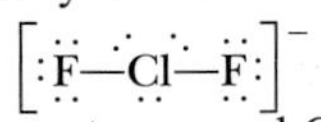

[:F—Cl—F:]⁻

(b) Electron-pair geometry around Cl is trigonalbipyramidal. Molecular geometry is T-shaped.

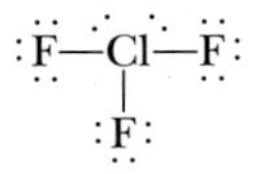

:F—Cl—F: (with :F: on Cl)

(c) Electron-pair geometry around Cl is octahedral. Molecular geometry is square-planar.

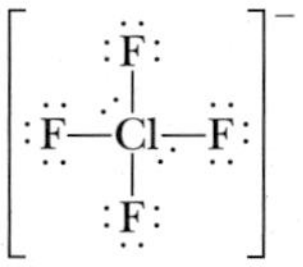

[:F:, :F—Cl—F:, :F:]⁻

(d) Electron-pair geometry around Cl is octahedral. Molecular geometry is a square-pyramidal.

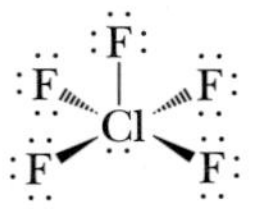

:F:, :F, F:, Cl, :F, F:

12. (a) Ideal O—S—O angle = 120°
(b) 120°
(c) 120°
(d) H—C—H = 109° and C—C—N angle = 180°

13. 1 = 120°; 2 = 109°; 3 = 120°; 4 = 109°; 5 = 109°
The chain cannot be linear because the first two carbon atoms in the chain have bond angles of 109° and the final one has a bond angle of 120°. These bond angles do not lead to a linear chain.

14.

$\longrightarrow$ C—O ($+\delta$ $-\delta$) $\longrightarrow$ C—N ($+\delta$ $-\delta$)
CO is more polar

$\longrightarrow$ P—Cl ($+\delta$ $-\delta$) $\longrightarrow$ P—Br ($+\delta$ $-\delta$)
PCl is more polar

$\longrightarrow$ B—O ($+\delta$ $-\delta$) $\longrightarrow$ B—S ($+\delta$ $-\delta$)
BO is more polar

$\longrightarrow$ B—F ($+\delta$ $-\delta$) $\longrightarrow$ B—I ($+\delta$ $-\delta$)
BF is more polar

15. (a) CH and CO bonds are polar.
(b) The CO bond is most polar, and O is the most negative atom.

16. (a) OH^-: The formal charge on O is −1 and on H it is 0.
(b) BH_4^-: Even though the formal charge on B is −1 and on H is 0, H is slightly more electronegative than B. The four H atoms are therefore more likely to bear the −1 charge of the ion.
The BH bonds are polar with the H atom the negative end.
(c) The CH and CO bonds are all polar (but the C—C bond is not). The negative charge in the CO bonds lies on the O atoms.

17. Structure C is most reasonable. The charges are as small as possible, and the negative charge resides on the more electronegative atom.

$$\overset{-2}{:\ddot{N}}-\overset{+1}{N}\equiv\overset{+1}{O}: \longleftrightarrow \overset{-1}{\ddot{N}}=\overset{+1}{N}=\overset{0}{\ddot{O}} \longleftrightarrow \overset{0}{:N}\equiv\overset{+1}{N}-\overset{-1}{\ddot{O}}:$$

A B C

18. Lewis structures:

$$\left[\ddot{O}=C(-\ddot{O}-H)(-:\ddot{O}:)\right]^- \longleftrightarrow \left[:\ddot{O}-C(-\ddot{O}-H)(=:\ddot{O}:)\right]^-$$

$$\ddot{O}=N(-\ddot{O}-H)(-:\ddot{O}:) \longleftrightarrow :\ddot{O}-N(-\ddot{O}-H)(=:\ddot{O}:)$$

(a) These species are isoelectronic.

(b) Each has two major resonance structures.

(c) In HCO_3^-, the H, C, and O attached to the H all have a formal charge of 0. Each of the other oxygen atoms has a formal charge of $-1/2$. In HNO_3, the same formal charges are present as in HCO_3^- except that the central N has a formal charge of $+1$.

(d) HNO_3 is much more acidic than HCO_3^-. This is due, in part, to simple electrostatics. It is much easier to remove a positively charge species (H^+) from a neutral species (HNO_3) than from a negatively charged one (HCO_3^-).

19. (a) $\left[\overset{-1}{:\ddot{O}}-\overset{0}{\ddot{N}}=\overset{0}{\ddot{O}}\right]^- \longleftrightarrow \left[\overset{0}{\ddot{O}}=\overset{0}{\ddot{N}}-\overset{-1}{\ddot{O}:}\right]^-$

(b) If an H^+ ion were to attack NO_2^-, it would attach to an O atom because the O atoms bear the negative charge in this ion.

(c) $H-\ddot{O}-\ddot{N}=\ddot{O}: \longleftrightarrow :\ddot{O}-\ddot{N}=\ddot{O}-H$

The structure on the left is strongly favored because all of the atoms have zero formal charge, whereas the structure on the right has a -1 formal charge on one oxygen (*left*) and a $+1$ formal charge on the other (*right*).

20. (i) The most polar bonds are in H_2O (because O and H have the largest difference in electronegativity).

(ii) Not polar: CO_2 and CCl_4

(iii) The F atom is more negatively charged.

21. (a) $BeCl_2$, nonpolar linear molecule

(b) HBF_2, polar trigonal-planar molecule with F atoms on the negative end of the dipole and the H atom on the positive end.

(c) CH_3Cl, polar tetrahedral molecule. The Cl atom is on the negative end of the dipole and the three H atoms are on the positive side of the molecule.

(d) SO_3, a nonpolar trigonal-planar molecule

22. (a) Two C—H bonds, bond order is 1; 1 C═O bond, bond order is 2.

(b) Three S—O single bonds, bond order is 1.

(c) Two nitrogen–oxygen double bonds, bond order is 2.

(d) One N═O double bond, bond order is 2; one N—Cl bond, bond order is 1.

23. (a) B—Cl

(b) C—O

(c) P—O

(d) C═O

24. NO bond orders: 2 in NO_2^+, 1.5 in NO_2^-; 1.33 in NO_3^-. The NO bond is longest in NO_3^- and shortest in NO_2^+.

25. The CO bond in carbon monoxide is a triple bond, so it is both shorter and stronger than the CO double bond in H_2CO.

26. Using bond dissociation enthalpy data, $\Delta_r H° \approx -44$ kJ/mol-rxn. Using $\Delta_f H°$ data, $\Delta_r H° = -45.9$ kJ/mol-rxn.

27. $\Delta_r H = -126$ kJ

28. O—F bond dissociation energy = 192 kJ/mol

29.

Element	Number of Valence Electrons
Li	1
Ti	4
Zn	2
Si	4
Cl	7

30. SeF_4, BrF_4^-, XeF_4

31. $\left[H-C(=:\ddot{O}:)-\ddot{O}:\right]^- \longleftrightarrow \left[H-C(-:\ddot{O}:)=\ddot{O}\right]^-$

Bond order = 3/2

32. To estimate the enthalpy change, we need bond dissociation enthalpies for the following bonds: O═O, H—H, and H—O.
ΔH to break bonds ≈ 498 kJ (for O═O) + 2 × 436 kJ (for H—H) = +1370 kJ
ΔH evolved when bonds are made ≈ 4 × 463 kJ (for O—H) = −1852 kJ
$\Delta_r H \approx -482$ kJ

33. All the species in the series have 16 valence electrons and all are linear.

(a) $\ddot{O}=C=\ddot{O} \longleftrightarrow :\ddot{O}-C\equiv O: \longleftrightarrow :O\equiv C-\ddot{O}:$

(b)

$$\left[\ddot{N}=N=\ddot{N}\right]^- \longleftrightarrow \left[:\ddot{N}-N\equiv N:\right]^- \longleftrightarrow \left[:N\equiv N-\ddot{N}:\right]^-$$

(c)

$$\left[\ddot{O}=C=\ddot{N}\right]^- \longleftrightarrow \left[:\ddot{O}-C\equiv N:\right]^- \longleftrightarrow \left[:O\equiv C-\ddot{N}:\right]^-$$

34. The N—O bonds in NO_2^- have a bond order of 1.5, whereas in NO_2^+ the bond order is 2. The shorter bonds (110 pm) are the NO bonds with the higher bond order (in NO_2^+), whereas the longer bonds (124 pm) in NO_2^- have a lower bond order.

35. The F—Cl—F bond angle in ClF_2^+, which has a tetrahedral electron-pair geometry, is approximately 109°.

$[:\ddot{F}-\ddot{Cl}-\ddot{F}:]^+$

The ClF_2^- ion has a trigonal-bipyramidal electronpair geometry with F atoms in the axial positions and the lone pairs in the equatorial positions. Therefore, the F—C—F angle is 180°.

$[:\ddot{F}-\ddot{Cl}-\ddot{F}:]^-$

The anion ClF_2^- has the greater bond angle.

36. An H^+ ion will attach to an O atom of SO_3^{2-} and not to the S atom. The O atoms each have a formal charge of −1, whereas the S atom formal charge is +1.

$[:\ddot{O}-\ddot{S}(-\ddot{O}:)-\ddot{O}:]^{2-}$

37. (a) Calculation from bond dissociation enthalpies: $\Delta_r H° = -1070$ kJ/mol-rxn; $\Delta H° = -535$ kJ/mol CH_3OH

(b) Calculation from thermochemical data: $\Delta_r H° = -1352.3$ kJ/mol-rxn; $\Delta H° = -676$ kJ/mol CH_3OH

38. (a)

$[:C{\equiv}N-\ddot{O}:]^- \longleftrightarrow [\ddot{C}{=}N{=}\ddot{O}]^- \longleftrightarrow [:\ddot{C}-N{\equiv}O:]^-$

(formal charges: −1 +1 −1; −2 +1 0; −3 +1 +1)

(b) The first resonance structure is the most reasonable because oxygen, the most electronegative atom, has a negative formal charge, and the unfavorable negative charge on the least electronegative atom, carbon, is smallest.

(c) This species is so unstable because carbon, the least electronegative element in the ion, has a negative formal charge. In addition, all three resonance structures have an unfavorable charge distribution.

39.

(Structures: XeF_2 with F axial, lone pairs equatorial at 120°; ClF_3 with F axial and one F equatorial, lone pairs at 120°)

(a) XeF_2 has three lone pairs around the Xe atom. The electron-pair geometry is trigonal-bipyramidal. Because lone pairs require more space than bond pairs, it is better to place the lone pairs in the equator of the bipyramid where the angles between them are 120°.

(b) Like XeF_2, ClF_3 has a trigonal-bipyramidal electron-pair geometry, but with only two lone pairs around the Cl. These are again placed in the equatorial plane where the angle between them is 120°.

40. (a) Angle 1 = 109°; angle 2 = 120°; angle 3 = 109°; angle 4 = 109°; and angle 5 = 109°

(b) The O—H bond is the most polar bond.

41. $\Delta_r H = +146\ \text{kJ} = 2\,(\Delta H_{C-N}) + \Delta H_{C=O} - [\Delta H_{N-N} + \Delta H_{C\equiv O}]$

42. (a) Two C—H bonds and one O═O are broken and two O—C bonds and two H—O bonds are made in the reaction. $\Delta_r H = -318$ kJ. The reaction is exothermic.

(b) Both hydroxyacetone and acetone are polar.

(c) The O—H hydrogen atoms are the most positive in dihydroxyacetone.

43. (a) The C═C bond is stronger than the C—C bond.

(b) The C—C single bond is longer than the C═C double bond.

(c) Ethylene is nonpolar, whereas acrolein is polar.

(d) The reaction is exothermic ($\Delta_r H = -45$ kJ).

44. $\Delta_r H = -211$ kJ

45. Methanol is a polar solvent. Methanol contains two bonds of significant polarity, the C—O bond and the O—H bond. The C—O—H atoms are in a bent configuration, leading to a polar molecule. Toluene contains only carbon and hydrogen atoms, which have similar electronegativites and which are arranged in tetrahedral or trigonal planar geometries, leading to a molecule that is largely nonpolar.

46. (a)

$H_3C-\ddot{S}-CH_3$ (each C bonded to three H)

The bond angles are all approximately 109°.

(b) The sulfur atom should have a slight partial negative charge, and the carbons should have slight partial positive charges. The molecule has a bent shape and is polar.

(c) 1.6×10^{18} molecules

47. (a) $P_4 + 6\ Cl_2 \rightarrow 4\ PCl_3$

(b) $\Delta_r H = -1206.9$ kJ/mol-rxn

(c) Bonds broken: 6 mol P—P, 6 mol Cl—Cl

Bonds formed: 12 mol P—Cl

$\Delta H_{P-Cl} = 322$ kJ/mol; the value in Table 8.9 is 326 kJ/mol

48. (a) Odd electron molecules: BrO (13 electrons)

(b) $Br_2(g) \rightarrow 2\ Br(g)$ $\Delta_r H = +193$ kJ

$2\ Br(g) + O_2(g) \rightarrow 2\ BrO(g)$ $\Delta_r H = +96$ kJ

$BrO(g) + H_2O(g) \rightarrow HOBr(g) + OH(g)$ $\Delta_r H = 0$ kJ

(c) $\Delta_f H\,[HOBr(g)] = -101$ kJ/mol

(d) The reactions in part (b) are endothermic (or thermal-neutral for the third reaction), and the enthalpy of formation in part (c) is exothermic.

Chapter 9

사례 연구

Green Chemistry, Safe Dyes, and Molecular Orbitals

1. C_8H_4BrNO
2. The energy per photon is inversely proportional to wavelength. The light absorbed by butter yellow has a smaller wavelength than that absorbed by nitrated butter yellow; therefore, butter yellow absorbs higher energy light than does nitrated butter yellow.
3. Tyrian purple: 9
   Nitrated butter yellow: 8

유제

9.1 The carbon and nitrogen atoms in CH_3NH_2 are sp^3 hybridized. The C—H bonds arise from overlap of carbon sp^3 orbitals and hydrogen 1*s* orbitals. The bond between C and N is formed by overlap of sp^3 orbitals from these atoms. Overlap of nitrogen sp^3 and hydrogen 1*s* orbitals gives the two N—H bonds, and there is a lone pair in the remaining sp^3 orbital on nitrogen.

9.2 (a) sp^3
(b) (from left to right) sp^2, sp^2, sp^3
(c) sp^2

9.3 The two CH_3 carbon atoms are sp^3 hybridized, and the center carbon atom is sp^2 hybridized. For each of the carbon atoms in the methyl groups, the sp^3 orbitals overlap with hydrogen 1*s* orbitals to form the three C—H bonds, and the fourth sp^3 orbital overlaps with an sp^2 orbital on the central carbon atom, forming a carbon–carbon sigma bond. Overlap of an sp^2 orbital on the central carbon and an oxygen sp^2 orbital gives the sigma bond between these elements. The π bond between carbon and oxygen arises by overlap of a *p* orbital from each element.

9.4 H_2^+: $(\sigma_{1s})^1$ The ion has a bond order of ½ and is expected to exist. A bond order of ½ is predicted for He_2^+ and H_2^-, both of which are predicted to have electron configurations $(\sigma_{1s})^2(\sigma^*_{1s})^1$.

9.5 Li_2^- is predicted to have an electron configuration $(\sigma_{1s})^2(\sigma^*_{1s})^2(\sigma_{2s})^2(\sigma^*_{2s})^1$ and a bond order of ½, the positive value implying that the ion might exist.

9.6 O_2^+: [core electrons] $(\sigma_{2s})^2(\sigma^*_{2s})^2(\sigma_{2p})^2(\pi_{2p})^4(\pi^*_{2p})^1$. The bond order is 2.5. The ion is paramagnetic with one unpaired electron.

확인문제

9.2절

1. (c) sp^3
2. (c) N is sp^2 in NO_2^-
3. (d) *p* on atom A with *p* on atom B
4. (b) The nitrogens are attached by one σ and two π bonds.

9.3절

1. (b) 2.5
2. (b) π^*_{2p}
3. (c) C_2
4. (a) O_2^+

화학 원리 응용

1. Metal
3. σ_{2p}
5. The 15.6 eV and 16.7 eV ejected electrons came from bonding orbitals. Removing an electron from a bonding orbital weakens the bond and thus results in a longer bond length. The 18.6 eV ejected electron comes from an antibonding orbital.

학습문제

1. The electron-pair and molecular geometry of $CHCl_3$ are both tetrahedral. Each C—Cl bond is formed by the overlap of an sp^3 hybrid orbital on the C atom with a 3*p* orbital on a Cl atom to form a sigma bond. A C—H sigma bond is formed by the overlap of an sp^3 hybrid orbital on the C atom with an H atom 1*s* orbital.

   :C̈l:
   H—C—C̈l:
   :C̈l:

2. H—N̈—Ö—H
   H

   Both the N and the O are sp^3 hybridized. One of the sp^3 orbitals on the N overlaps with one of the sp^3 hybrid orbitals on the O.

3. :O:
   ‖
   :F̈—C—F̈:

   The electron-pair and molecular geometries are both trigonal-planar. The carbon atom is sp^2 hybridized. The σ bond between the C and O is formed by the overlap of an sp^2 hybrid orbital on C with an sp^2 hybrid orbital on O. The π bond is formed by the overlap of a 2*p* orbital on

C with a $2p$ orbital on O.

4.

	Electron-Pair Geometry	Molecular Geometry	Hybrid Orbital Set
(a)	Trigonal-planar	Trigonal-planar	sp^2
(b)	Linear	Linear	sp
(c)	Tetrahedral	Tetrahedral	sp^3
(d)	Trigonal-planar	Trigonal-planar	sp^2

5. (a) C, sp^3; O, sp^3
(b) CH_3, sp^3; middle C, sp^2; CH_2, sp^2
(c) CH_2, sp^3; CO_2H, sp^2; N, sp^3

6. There are 32 valence electrons in both HPO_2F_2 and its anion. Both have a tetrahedral molecular geometry, so the P atom in both is sp^3 hybridized.

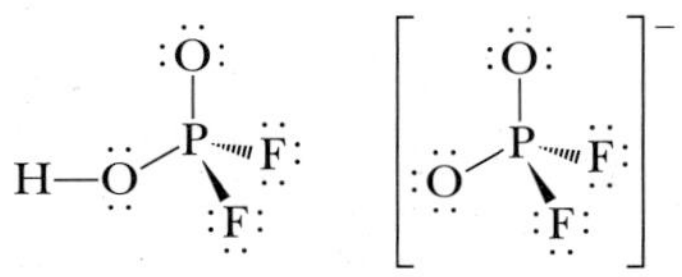

7. The C atom is sp^2 hybridized. Two of the sp^2 hybrid orbitals are used to form C—Cl σ bonds, and the third is used to form the C—O σ bond. The p orbital not used in the C atom hybrid orbitals is used to form the CO pi bond.

8. The electron-pair geometry around S is tetrahedral, and the molecular geometry is trigonal-pyramidal. The S atom is sp^3 hybridized.

9.

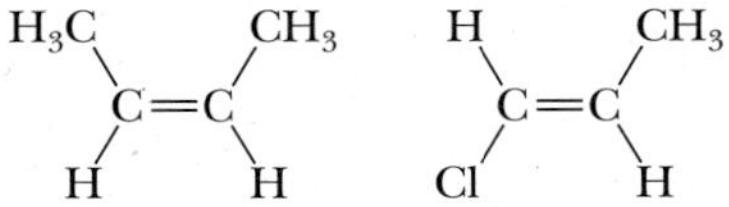

cis isomer   trans isomer

10. H_2^+ ion: $(\sigma_{1s})^1$. Bond order is 0.5. The bond in H_2^+ is weaker than in H_2 (bond order = 1).

11. MO diagram for C_2^{2-} ion

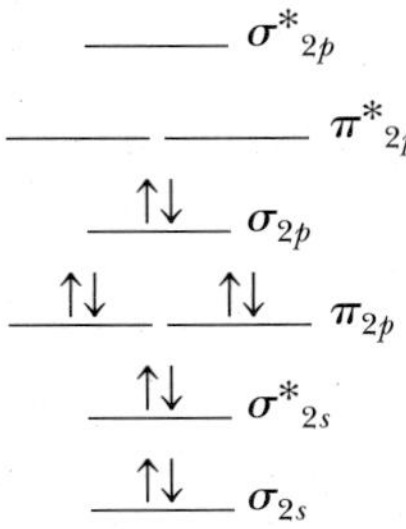

σ^*_{2p}
π^*_{2p}
↑↓ σ_{2p}
↑↓ ↑↓ π_{2p}
↑↓ σ^*_{2s}
↑↓ σ_{2s}

The ion has 10 valence electrons (isoelectronic with N_2). There are one net σ bond and two net π bonds, for a bond order of 3. The bond order increases by 1 on going from C_2 to C_2^{2-}. The ion is not paramagnetic.

12. O_2: (core electrons)$(\sigma_{2s})^2(\sigma^*_{2s})^2(\sigma_{2p})^2(\pi_{2p})_4(\pi^*_{2p})^2$

O_2^{2-}: (core electrons)$(\sigma_{2s})^2(\sigma^*_{2s})^2(\sigma_{2p})^2(\pi_{2p})^4(\pi^*_{2p})^4$
(a) O_2 is paramagnetic; O_2^{2-} is diamagnetic.
(b) O_2 has one net σ bond and one net π bond. O_2^{2-} has one net σ bond.
(c) O_2 bond order = 2; O_2^{2-} bond order = 1
(d) The bond length in O_2 is shorter than that in O_2^{2-}.

13. Shortest, N_2; longest, Li_2

14. (a) ClO has 13 valence electrons
$[\text{core}](\sigma_s)^2(\sigma^*_s)^2(\pi_p)^4(\sigma_p)^2(\pi^*_p)^3$
(b) π^*_p
(c) Paramagnetic
(d) There are net 1 σ bond and 0.5 π bonds; bond order is 1.5.

15.

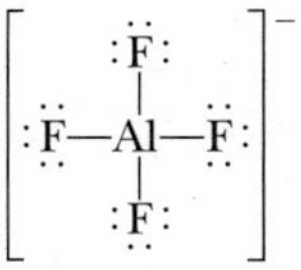

The electron pair and molecular geometries are both tetrahedral. The Al atom is sp^3 hybridized, so the Al—F bonds are formed by overlap of an Al sp^3 orbital with a p orbital on each F atom. The formal charge on each of the fluorines is 0, and that on the Al is −1. This is not a reasonable charge distribution because the less electronegative atom, aluminum, has the negative charge.

16. $[:\ddot{O}-\ddot{N}=\ddot{O}]^- \longleftrightarrow [\ddot{O}=\ddot{N}-\ddot{O}:]^-$

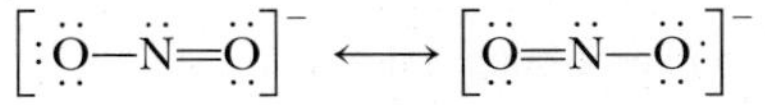

The electron-pair geometry is trigonal-planar. The molecular geometry is bent (or angular). The O—N—O angle will be about 120°, the average N—O bond order is 3/2, and the N atom is sp^2 hybridized.

17. The resonance structures of N_2O, with formal charges, are shown here.

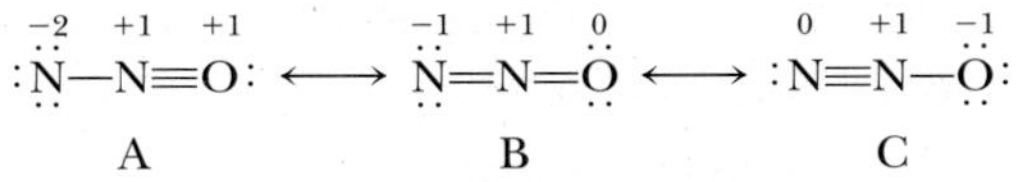

A	B	C
−2 +1 +1	−1 +1 0	0 +1 −1
:N̤—N≡O:	N=N=O	:N≡N—O:

The central N atom is sp hybridized in all structures. The two sp hybrid orbitals on the central N atom are used to form N—N and N—O σ bonds. The two p orbitals not used in the N atom hybridization are used to form the required π bonds.

18. (a) All three have the formula C_2H_4O. (These are isomers because they have the same formula. However, they have different structures.)
(b) *Ethylene oxide:* Both C atoms are sp^3 hybridized. *Acetaldehyde:* The CH_3 carbon atom has sp^3 hybridization, and the other C atom is sp^2 hybridized. *Vinyl alcohol:* Both C atoms are sp_2 hybridized.
(c) *Ethylene oxide:* 109°
Acetaldehyde: 109°

Vinyl alcohol: 120°

(d) All are polar.

(e) Acetaldehyde has the strongest CO bond, and vinyl alcohol has the strongest C—C bond.

19. (a) CH_3 carbon atom: sp^3
C=N carbon atom: sp^2
N atom: sp^2

(b) C—N—O bond angle = 120°

20. (a) C(1) = sp^2; O(2) = sp^3; N(3) = sp^3; C(4) = sp^3; P(5) = sp^3

(b) Angle A = 120°; angle B = 109°; angle C = 109°; angle D = 109°

(c) The P—O and O—H bonds are most polar ($\Delta\chi$ = 1.3).

21. (a) C=O bond is most polar.

(b) 18 σ bonds and five π bonds

(c)

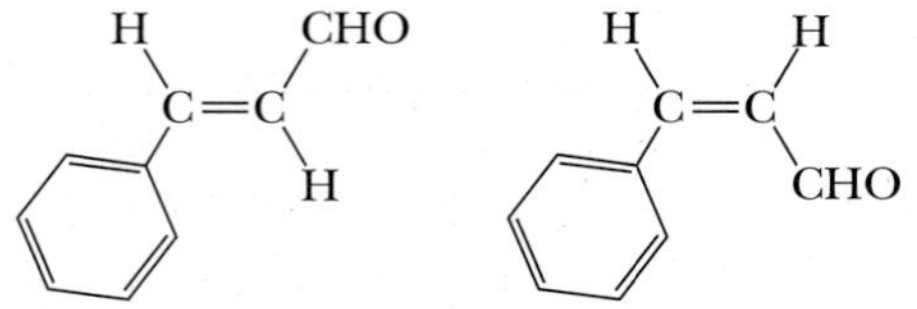

H(C₆H₅)C=C(H)CHO — *trans* isomer; H(C₆H₅)C=C(H)(CHO) — *cis* isomer

trans isomer *cis* isomer

(d) All C atoms are sp^2 hybridized.

(e) All bond angles are 120°.

22. (a) The peroxide ion has a bond order of 1.

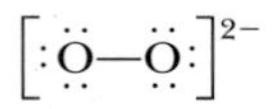

$$[:\ddot{O}-\ddot{O}:]^{2-}$$

(b) [Core electrons]$(\sigma_{2s})^2(\sigma^*_{2s})^2(\sigma_{2p})^2(\pi_{2p})^4(\pi^*_{2p})^4$
This configuration also leads to a bond order of 1.

(c) Both theories lead to a diamagnetic ion with a bond order of 1.

23. Paramagnetic diatomic molecules: B_2 and O_2
Bond order of 1: Li_2, B_2, F_2; bond order of 2: C_2 and O_2; highest bond order: N_2

24. CN has nine valence electrons.

[core electrons]$(\sigma_{2s})^2(\sigma^*_{2s})^2(\pi_{2p})^4(\sigma_{2p})^1$

(a) HOMO, σ_{2p}

(b, c) Bond order = 2.5 (0.5 σ bond and 2 π bonds)

(d) Paramagnetic

25. (a) All C atoms are sp^3 hybridized.

(b) About 109°

(c) Polar

(d) The six-membered ring cannot be planar, owing to the tetrahedral C atoms of the ring. The bond angles are all 109°.

26. (a) The geometry about the boron atom is trigonalplanar in BF_3 but tetrahedral in $H_3N—BF_3$.

(b) Boron is sp^2 hybridized in BF_3 but sp^3 hybridized in $H_3N—BF_3$.

(c) The ammonia molecule is polar with the N atom partially negative. While the BF_3 molecule is nonpolar overall, each of the B—F bonds is polarized such that the B has a partial positive charge. The partially negative N in NH_3 is attracted to the partially positive B in BF_3.

(d) One of the lone pairs on the oxygen of H_2O can form a coordinate covalent bond with the B in BF_3. The resulting compound would be (the lone pairs on the F's not shown):

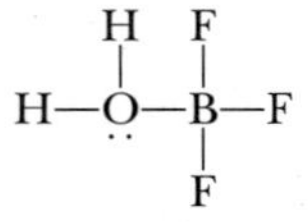

H—O(H)—B(F)(F)—F

27. (a) NH_2^-: electron-pair geometry = tetrahedral, molecular geometry = bent, hybridization of N = sp^3
SO_3: electron-pair geometry = molecular geometry = trigonal-planar, hybridization of S = sp^2

(b)

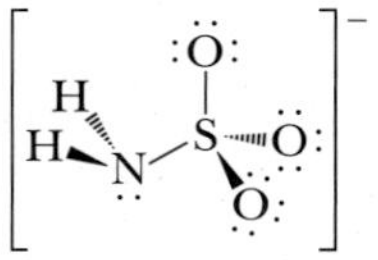

$[H_2\ddot{N}—S(:\ddot{O}:)_3]^-$

The bond angles around the N and the S are all approximately 109°.

(c) The N does not undergo any change in its hybridization; the S changes from sp^2 to sp^3.

(d) The SO_3 is the acceptor of an electron pair in this reaction. The electrostatic potential map confirms this to be reasonable because the sulfur has a partial positive charge.

28.

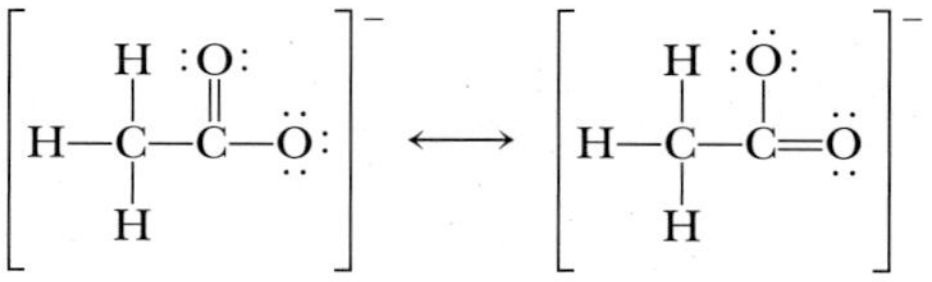

$[H—C(H)(H)—C(=\ddot{O}:)—\ddot{O}:]^- \longleftrightarrow [H—C(H)(H)—C(—\ddot{O}:)=\ddot{O}]^-$

Hybridization of C in $—CO_2^-$ is sp^2
C—C bond: overlap of sp^2 hybrid orbital on the carbon of $—CO_2^-$ with sp^3 hybrid orbital on the other C.
C—O σ bond of C=O double bond: overlap of sp^2 hybrid orbital on C with sp^2 hybrid orbital on O
C—O π bond of C=O double bond: overlap of p orbital on C with p orbital on O
C—O single bond: The Lewis structure by itself would make it appear this bond is formed by the overlap of an sp^2 hybrid orbital on C with an sp^3 hybrid orbital on O. In the resonance hybrid, however, this oxygen would also have sp^2 hybridization.

29. $\ddot{O}=\ddot{S}—\ddot{O}: \longleftrightarrow :\ddot{O}—\ddot{S}=\ddot{O}$

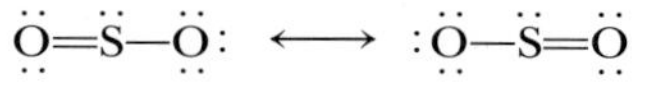

MO theory pictures one net σ bond for each S—O linkage plus a contribution from π bonding. The π bonding in this molecule will be similar to that in O_3 discussed in the text. There will be two electrons in a π bonding MO and two electrons in a π nonbonding MO. This gives an overall bond order of 1 for the π bonding in the entire molecule and therefore a net π bond order of 0.5 for each S—O linkage.

The total bond order for each S—O linkage is therefore 1.5 (1 from σ bonding, 0.5 from π bonding).

30. A C atom may form, at most, four hybrid orbitals (sp^3). The minimum number is two, for example, the sp hybrid orbitals used by carbon in CO. Carbon has only four valence orbitals, so it cannot form more than four hybrid orbitals.

31. (a) C, sp^2; N (predicted based on Lewis structure), sp^3

(b) The amide or peptide link has two resonance structures (shown here with formal charges on the O and N atoms). Structure B is less favorable, owing to the separation of charge.

:Ö:⁰ ‖ R—C—N̈⁰(—H)(—R) A ⟷ :Ö:⁻ | R—C=N⁺(—H)(—R) B

(c) The fact that the amide link is planar indicates that structure B has some importance and that the N of the peptide linkage is sp^2 hybridized.
The principal sites of positive charge are the nitrogen in the amide linkage and the hydrogen of the —O—H group. The principal regions of negative charge are oxygen atoms and the nitrogen of the free —NH_2 group.

32. MO theory is better to use when explaining or understanding the effect of adding energy to molecules. A molecule can absorb energy and an electron can thus be promoted to a higher level. Using MO theory, one can see how this can occur. Additionally, MO theory is a better model to use to predict whether a molecule is paramagnetic.

33. Lowest energy = orbital C < orbital B < orbital A = highest energy

34. B surrounded by three electron pairs: electron-pair geometry = molecular geometry = trigonal planar; hybridization = sp^2; formal charge = 0
B surrounded by four electron pairs; electron-pair geometry = molecular geometry = tetrahedral; hybridization= sp^3; formal charge = −1

35. HF has a bond order of 1. HF_2^- has a bond order of 1 for the entire three-center-four-electron bond and thus a 0.5 bond order per H—F linkage. It should therefore be easier to break the bond in HF_2^-, leading to a smaller bond enthalpy for HF_2^- than for HF.

36. (a) empirical formula = Br_2O

:B̈r—Ö—B̈r:

The O should have sp^3 hybrid orbitals.

(b) 13 valence electrons; $(\sigma_s)^2(\sigma^*_s)^2(\pi_p)^4(\sigma_p)^2(\pi^*_p)^3$
HOMO = π^*_p

37. (a) Bonds broken: two N—H bonds, one N—H bond in each N in urea; two C—O bonds in malonic acid (at each end of the molecule). Bonds made: two N—C bond in barbituric acid; two O—H bonds, one in each molecule of H_2O (the other product of this reaction). Estimated enthalpy change calculated from average bond energies: 38 kJ evolved, exothermic.

(b) $H_2NCONH_2 + HO_2CCH_2CO_2H \rightarrow C_4H_4N_2O_3 + 2\ H_2O$

(c) 109.5° angles in bonds to C in the CH_2 group; all other angles will be close to 120°

(d) The C and N atoms in the ring are sp^2 hybridized except for the C atom of the CH_2 group where the C atom is sp^3 hybridized.

(e) C=O group, as the difference in electronegativity is greatest between C and O.

(f) yes, it is polar.

Chapter 10

사례 연구

The Methane Mystery

1. Ratio $[CO_2]/[CH_4]$ = 390 ppm/0.1774 ppm = 2.2×10^3

2. Both C and P have tetrahedral geometry and sp^3 hybridization.

3. Oxidation number of P is +5

4. (a) mole fraction of CH_4 in air = 1.774×10^{-7} mol
(There is 1.774×10^{-7} mol of CH_4 in 1 mol of air.)
Vol of air =
$(1.00\ km^3)(10^9\ m^3/km^3)(10^6\ cm^3/m^3)(1L/10^3\ cm)$ = 1.00×10^{12} L
Moles gases in 1 km³ of air: $n = PV/RT$ = (1.00 atm) $(1.00 \times 10^{12}\ L)/[(0.08205\ L\ atm/mol\ K)(298\ K)]$ = 4.09×10^{10} mol gases
Amt CH_4 = $(1.774 \times 10^{-7}\ mol\ CH_4/mol)$ $(4.09 \times 10^{10}\ mol)$ = $7.26 \times 10^3\ mol\ CH_4/km^3$
Molecules CH_4 in 1 km³ of air =
$(7.26 \times 10^3\ mol\ CH_4)(6.022 \times 10^{23}\ molecules/mol)$ = 4.37×10^{27} molecules CH_4

(b) $(7.26 \times 10^3\ mol\ CH_3PO_3H^-)(95.0\ g/mol)$ = 6.90×10^5 g

유제

10.1 0.29 atm(760 mm Hg/1 atm) = 220 mm Hg
0.29 atm(1.01325 bar/1 atm) = 0.29 bar
0.29 bar(10^5 Pa/1 bar)(1 kPa/10^3 Pa) = 29 kPa

10.2 $V_2 = P_1V_1/P_2$ = (745 mmHg)(65.0 L)/[0.70(745 mmHg)] = 93 L

10.3 V_1 = 45 L and T_1 = 298 K; V_2 = ? and T_2 = 263 K
$V_2 = V_1(T_2/T_1)$ = (45 L)(263 K/298 K) = 40. L

10.4 $V_2 = V_1(P_1/P_2)(T_2/T_1)$
= (22 L)(150 atm/0.993 atm)(295 K/304 K)
= 3200 L
At 5.0 L per balloon, there is sufficient He to fill 640 balloons.

10.5 44.8 L of O_2(g) is required; 44.8 L of H_2O(g) and 22.4 L of CO_2(g) are produced.

10.6 $PV = nRT$
(750/760 atm)(V) = (1300 mol)(0.08206 L · atm/mol · K)(296 K)
$V = 3.2 \times 10^4$ L

10.7 According to Equation 10.5, density is inversely proportional to T (K).
d (at 55° C) = (1.18 g/L)(298 K/328 K) = 1.07 g/L

10.8 $PV = (m/M)RT$; $M = mRT/PV$
M = (0.105 g)(0.08206 L · atm/mol · K)(296.2 K)/[(561/760) atm (0.125 L)] = 27.8 g/mol

10.9 2 Na(s) + 2 H_2O(ℓ) → 2 NaOH(aq) + H_2(g)
Amount H_2 = (15.0 g Na)(1 mol Na/22.99 g Na)(1 mol H_2/2 mol Na) = 0.326 mol
Volume of H_2 = $V = nRT/P$ = (0.326 mol)(0.08206 L atm/mol K)(298.2 K)/1.10 atm = 7.25 L

10.10 $P_{halothane}$ (5.00 L) = (0.0760 mol)(0.08206 L · atm/mol · K) (298.2 K)
$P_{halothane}$ = 0.372 atm (or 283 mmHg)
P_{oxygen} (5.00 L) = (0.734 mol)(0.08206 L · atm/mol · K)(298.2 K)
P_{oxygen} = 3.59 atm (or 2730 mmHg)
$P_{total} = P_{halothane} + P_{oxygen}$ = 283 mmHg + 2730 mmHg = 3010 mmHg

10.11 For He: Use Equation 11.9, with $M = 4.00 \times 10^{-3}$ kg/mol, T = 298 K, and R = 8.314 J/mol · K to calculate the rms speed of 1360 m/s. A similar calculation for N_2, with $M = 28.01 \times 10^{-3}$ kg/mol, gives an rms speed of 515 m/s.

10.12 The molar mass of CH_4 is 16.0 g/mol.

$$\frac{\text{Rate for } CH_4}{\text{Rate for unknown}} = \frac{n \text{ molecules/1.50 min}}{n \text{ molecules/4.73 min}} = \sqrt{\frac{M_{unknown}}{16.0}}$$

$M_{unknown}$ = 159 g/mol

확인문제

10.1절

1. (b) 16 kPa
2. (b) 7.8 m

10.2절

1. (b) 463 mL
2. (d) 120. °C
3. (d) none of the above (pressure = 0.458 atm)

10.3절

1. (e) Xe
2. (b) B
3. (b) D

10.4절

1. (d) 0.88 g
2. (a) 0.18 mol

10.5절

1. (c) 40. mm Hg C_2H_2 and 100. mm Hg O_2

10.6절

1. (d) 329 m/s
2. (a) A = Xe, B = O_2, C = Ne, D = He

10.7절

1. (c) rms for HCl/rms for NH_3 = 0.68

10.8절

1. (a) 18.0 atm

화학 원리 응용

1. 0.164 g/L
3. Mass of passengers + ballast = 5.75×10^5 g = 575 kg

학습문제

1. (a) 0.58 atm
(b) 0.59 bar
(c) 59 kPa
2. (a) 0.754 bar
(b) 650 kPa
(c) 934 kPa
3. 2.70×10^2 mm Hg
4. 3.7 L

5. 250 mm Hg

6. 3.2×10^2 mm Hg

7. 9.72 atm

8. (a) 75 mL O_2
(b) 150 mL NO_2

9. 0.919 atm

10. $V = 2.9$ L

11. 1.9×10^6 g He

12. 3.7×10^{-4} g/L

13. 34.0 g/mol

14. 57.5 g/mol

15. Molar mass = 74.9 g/mol; B_6H_{10}

16. 0.039 mol H_2; 0.096 atm; 73 mm Hg

17. 170 g NaN_3

18. 1.7 atm O_2

19. 4.1 atm H_2; 1.6 atm Ar; total pressure = 5.7 atm

20. (a) 0.30 mol halothane/1 mol O_2
(b) 3.0×10^2 g halothane

21. (a) CO_2 has the higher kinetic energy.
(b) The root mean square speed of the H_2 molecules is greater than the root mean square speed of the CO_2 molecules.
(c) The number of CO_2 molecules is greater than the number of H_2 molecules [$n(CO_2) = 1.8n(H_2)$].
(d) The mass of CO_2 is greater than the mass of H_2.

22. Average speed of CO_2 molecules = 3.65×10^4 cm/s

23. Average speed increases (and molar mass decreases) in the order $CH_2F_2 < Ar < N_2 < CH_4$.

24. (a) F_2 (38 g/mol) effuses faster than CO_2 (44 g/mol).
(b) N_2 (28 g/mol) effuses faster than O_2 (32 g/mol).
(c) C_2H_4 (28.1 g/mol) effuses faster than C_2H_6 (30.1 g/mol).
(d) $CFCl_3$ (137 g/mol) effuses faster than $C_2Cl_2F_4$ (171 g/mol).

25. 36 g/mol

26. (c) High pressure and low temperature (T near condensation point)

27. P from the van der Waals equation = 26.0 atm
P from the ideal gas law = 30.6 atm

28. (a) As an ideal gas, $P = 162$ atm. Using the van der Waals equation, $P = 111.10$ atm.
(b) $a(n/V^2)$

29. (a) Standard atmosphere: 1 atm; 760 mm Hg; 101.325 kPa; 1.013 bar
(b) N_2 partial pressure: 0.780 atm; 593 mm Hg; 79.1 kPa; 0.791 bar
(c) H_2 pressure: 131 atm; 9.98×10^4 mm Hg; 1.33×10^4 kPa; 133 bar
(d) Air: 0.333 atm; 253 mm Hg; 33.7 kPa; 0.337 bar

30. $T = 290.$ K or 17 °C

31. $2\ C_4H_9SH(g) + 15\ O_2(g) \rightarrow 8\ CO_2(g) + 10\ H_2O(g) + 2\ SO_2(g)$
Total pressure = 37.3 mm Hg. Partial pressures: CO_2 = 14.9 mm Hg, H_2O = 18.6 mm Hg, and SO_2 = 3.73 mm Hg.

32. 4 mol

33. $V = 44.8$ L O_2

34. Ni is the limiting reactant; 1.31 g $Ni(CO)_4$

35. (a, b) Sample 4 (He) has the largest number of molecules and sample 3 (H_2 at 27 °C and 760 mm Hg) has the fewest number of molecules.
(c) Sample 2 (Ar)

36. 8.54 g $Fe(CO)_5$

37. S_2F_{10}

38. (a) 28.7 g/mol $\simeq$ 29 g/mol
(b) X of O_2 = 0.17 and X of N_2 = 0.83

39. Molar mass = 86.4 g/mol. The gas is probably ClO_2F.

40. Calculate molar mass (44 g/mol). Gas is probably CO_2.

41. (d) is not correct. The rate of effusion is really inversely proportional to the square root of a gas's molar mass.

42. 1.3×10^2 g/mol

43. n(He) = 0.0128 mol

44. Weight percent $KClO_3$ = 69.1%

45. (a) $NO_2 < O_2 < NO$
(b) $P(O_2)$ = 75 mm Hg
(c) $P(NO_2)$ = 150 mm Hg

46. $P(NH_3)$ = 69 mm Hg and $P(F_2)$ = 51 mm Hg
Pressure after reaction = 17 mm Hg

47. At 20 °C, there is 7.8×10^{-3} g H_2O/L. At 0 °C, there is 4.6×10^{-3} g H_2O/L.

48. The mixture contains 0.22 g CO_2 and 0.77 g CO.
$P(CO_2)$ = 0.22 atm; $P(O_2)$ = 0.12 atm; P(CO) = 1.22 atm

49. The formula of the iron compound is $Fe(CO)_5$.

50. (a) $P(B_2H_6)$ = 0.0160 atm
(b) $P(H_2)$ = 0.0320 atm, so P_{total} = 0.0480 atm

51. Amount of Na_2CO_3 = 0.00424 mol
Amount of $NaHCO_3$ = 0.00951 mol
Amount of CO_2 produced = 0.0138 mol
Volume of CO_2 produced = 0.343 L

52. Decomposition of 1 mol of $Cu(NO_3)_2$ should give

2 mol NO_2 and ½ mol of O_2. Total actual amount = 4.72×10^{-3} mol of gas.
(a) Average molar mass = 41.3 g/mol
(b) Mole fractions: $X(NO_2) = 0.666$ and $X(O_2) = 0.334$
(c) Amount of each gas: 3.13×10^{-3} mol NO_2 and 1.57×10^{-3} mol O_2. The ratio of these amounts is 1.99 mol NO_2/mol O_2. This is different from the 4 mol NO_2/mol O_2 ratio expected from the reaction.
(d) If some NO_2 molecules combine to form N_2O_4, the apparent mole fraction of NO_2 would be smaller than expected (= 0.8). As this is the case, it is apparent that some N_2O_4 has been formed (as is observed in the experiment).

53. (a) M = 138 g/mol; the unknown compound is P_2F_4.
(b) $M = 1.4 \times 10^2$ g/mol; this is consistent with the result obtained in part (a).

54. (a) 10.0 g of O_2 represents more molecules than 10.0 g of CO_2. Therefore, O_2 has the greater partial pressure.
(b) The average speed of the O_2 molecules is greater than the average speed of the CO_2 molecules.
(c) The gases are at the same temperature and so have the same average kinetic energy.

55. (a) $P(C_2H_2) > P(CO)$
(b) There are more molecules in the C_2H_2 container than in the CO container.

56. (a) Not a gas. A gas would expand to an infinite volume.
(b) Not a gas. A density of 8.2 g/mL is typical of a solid.
(c) Insufficient information
(d) Gas

57. (a) There are more molecules of H_2 than atoms of He.
(b) The mass of He is greater than the mass of H_2.

58. The speed of gas molecules is related to the square root of the absolute temperature, so a doubling of the temperature will lead to an increase of about $(2)^{1/2}$ or 1.4.

Chapter 11

사례 연구

A Pet Food Catastrophe

1. % N in melamine = 84/126 × 100 = 67%
% N in cyanuric acid = 42/129 × 100 = 33%
Both of these compounds have a greater percentage of nitrogen than the average protein.

2. 454 g sample (0.14 g melamine/1,000,000 g sample) = 6.4×10^{-5} g melamine = 0.064 mg melamine = 64 μg melamine

유제

11.1 Because F^- is the smaller ion, water molecules can approach more closely and interact more strongly. Thus, F^- should have the more negative enthalpy of hydration.

11.2

```
          H
         /
H3C—O
        :
         H—O
              \
               CH3
```

Hydrogen bonding in methanol entails the attraction of the hydrogen atom bearing a partial positive charge (δ^+) on one molecule to the oxygen atom bearing a partial negative charge (δ^-) on a second molecule. The strong attractive force of hydrogen bonding will cause the boiling point and the enthalpy of vaporization of methanol to be quite high.

11.3 Water is a polar solvent, while hexane and CCl_4 are nonpolar. London dispersion forces are the primary forces of attraction between all pairs of dissimilar solvents. For mixtures of water with the other solvents, dipole–induced dipole forces will also be important.

11.4 (a) O_2: induced dipole–induced dipole forces only.
(b) CH_3OH: strong hydrogen bonding (dipole–dipole forces) as well as induced dipole– induced dipole forces.
(c) Forces between water molecules: strong hydrogen bonding and induced dipole–induced dipole forces. Between N_2 and H_2O: dipole-induced dipole forces and induced dipole–induced dipole forces.

11.5 $(1.00 \times 10^3 \text{ g})(1 \text{ mol}/32.04 \text{ g})(35.2 \text{ kJ/mol}) = 1.10 \times 10^3$ kJ

11.6 (a) At 40 °C, the vapor pressure of ethanol is about 120 mmHg.
(b) The equilibrium vapor pressure of ethanol at 60 °C is about 320 mmHg. At 60 °C and 600 mmHg, ethanol is a liquid. If vapor is present, it will condense to a liquid.

확인문제

11.2절

1. (b) $AlCl_3$

11.3절

1. (b) CH_3OH

2. (a) H_2O

11.4절

1. (d) I_2

2. (d) octane, C_8H_{18}

11.5절

1. (a) dispersion

11.6절

1. (b) All the water evaporates.
2. (a) 29.0 kJ/mol
3. (d) shorter, higher

화학 원리 응용

1. (a) The 1,5-pentanediol is most attracted to the mobile phase. The primary attractive force is hydrogen bonding. Dipole–dipole forces and dispersion forces are also present.
   (b) The propyl ethyl ether is most attracted to the stationary phase by dispersion forces but there are also some dipole–induced dipole interactions.
   (c) The molecules will elute in the following order (first to last): 1,5-pentanediol, 1-pentanol, and propyl ethyl ether.

학습문제

1. (a) Dipole–dipole interactions (and hydrogen bonds)
   (b) Induced dipole–induced dipole forces
   (c) Dipole–dipole interactions (and hydrogen bonds)
2. (a) Induced dipole–induced dipole forces
   (b) Induced dipole–induced dipole forces
   (c) Dipole–dipole forces
   (d) Dipole–dipole forces (and hydrogen bonding)
3. (a), (b), and (c). The boiling points of these liquids are: Ne (−246 °C), CO (−192 °C), CH_4 (−162 °C), and CCl_4 (77 °C).
4. (c) HF; (d) acetic acid; (f) CH_3OH
5. (a) LiCl. The Li^+ ion is smaller than Cs^+ (Figure 7.12), which makes the ion–ion forces of attraction stronger in LiCl.
   (b) $Mg(NO_3)_2$. The Mg^{2+} ion is smaller than the Na^+ ion (Figure 7.11), and the magnesium ion has a 2+ charge (as opposed to 1+ for sodium). Both of these effects lead to stronger ion–ion forces of attraction in magnesium nitrate.
   (c) $NiCl_2$. The nickel(II) ion has a larger charge than Rb^+ and is considerably smaller. Both effects mean that there are stronger ion–ion forces of attraction in nickel(II) chloride.
6. $q = +90.1$ kJ
7. (a) Water vapor pressure is about 150 mm Hg at 60 °C. (Appendix G gives a value of 149.4 mm Hg at 60 °C.)
   (b) 600 mm Hg at about 93 °C
   (c) At 70 °C, ethanol has a vapor pressure of about 520 mm Hg, whereas that of water is about 225 mm Hg.
8. At 30 °C, the vapor pressure of ether is about 590 mm Hg. (This pressure requires 0.23 g of ether in the vapor phase at the given conditions, so there is sufficient ether in the flask.) At 0 °C, the vapor pressure is about 160 mm Hg, so some ether condenses when the temperature declines.
9. (a) O_2 (−183 °C) (bp of N_2 = −196 °C)
   (b) SO_2 (−10 °C) (CO_2 sublimes at −78 °C)
   (c) HF (+19.7 °C) (HI, −35.6 °C)
   (d) GeH_4 (−90.0 °C) (SiH_4, −111.8 °C)
10. (a) CS_2, about 620 mm Hg; CH_3NO_2, about 80 mm Hg
    (b) CS_2, induced dipole–induced dipole forces; CH_3NO_2, dipole–dipole forces
    (c) CS_2, about 46 °C; CH_3NO_2, about 100 °C
    (d) About 39 °C
    (e) About 95 °C
11. (a) 80.1 °C
    (b) At about 48 °C, the liquid has a vapor pressure of 250 mm Hg. The vapor pressure is 650 mm Hg at 75 °C.
    (c) 33.5 kJ/mol (from slope of plot)
12. No, CO cannot be liquefied at room temperature because the critical temperature is lower than room temperature.
13. The layer of molecules on the surface of a liquid is harder to break through than the bulk liquid. The energy needed to break through this skin is the surface tension. An application of surface tension is that it is possible to float a paperclip on the surface of water, but if the paperclip breaks through the surface, it will sink. Surface tension results from intermolecular forces because molecules in the interior of a liquid interact through intermolecular forces with molecules all around them, but molecules on the surface have intermolecular forces only with molecules at or below the surface layer and thus feel a net inward force of attraction.
14. This phenomenon results from capillary action. The water is attracted to —OH groups in the paper. As a result of these adhesive forces, some water molecules begin to move up the paper. Other water molecules remain in contact with these water molecules by means of cohesive forces. A stream of water molecules thus moves up the paper.
15. (a) Induced dipole-induced dipole
    (b) Induced dipole-induced dipole, dipole-dipole
    (c) Induced dipole-induced dipole, dipole-dipole, hydrogen bonding.
16. Li^+ ions are smaller than Cs^+ ions (78 pm and 165 pm, respectively; see Figure 7.11). Thus, there will be a stronger

attractive force between Li^+ ion and water molecules than between Cs^+ ions and water molecules.

17. (a) 350 mm Hg
(b) Ethanol (lower vapor pressure at every temperature)
(c) 84 °C
(d) CS_2, 46 °C; C_2H_5OH, 78 °C; C_7H_{16}, 99 °C
(e) CS_2, gas; C_2H_5OH, gas; C_7H_{16}, liquid

18. Molar enthalpy of vaporization increases with increasing intermolecular forces: C_2H_6 (14.69 kJ/mol; induced dipole) < HCl (16.15 kJ/mol; dipole) < CH_3OH (35.21 kJ/mol, hydrogen bonds). (The molar enthalpies of vaporization here are given at the boiling point of the liquid.)

19. 5.49×10^{19} atoms/m^3

20. (a) 70.3 °C
(b)

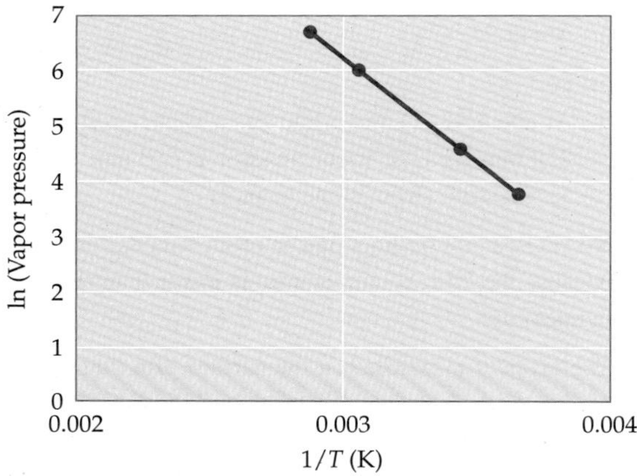

Using the equation for the straight line in the plot
$\ln P = -3885\ (1/T) + 17.949$
we calculate that T = 311.6 K (39.5 °C) when P = 250 mm Hg. When P = 650 mm Hg, T = 338.7 K (65.5 °C).

(c) Calculated $\Delta_{vap}H$ = 32.3 kJ/mol

21. (a) When the can is inverted in cold water, the water vapor pressure in the can, which was approximately 760 mm Hg, drops rapidly—say, to 9 mm Hg at 10 °C. This creates a partial vacuum in the can, and the can is crushed because of the difference in pressure inside the can and the pressure of the atmosphere pressing down on the outside of the can.
(b)

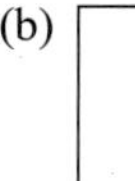
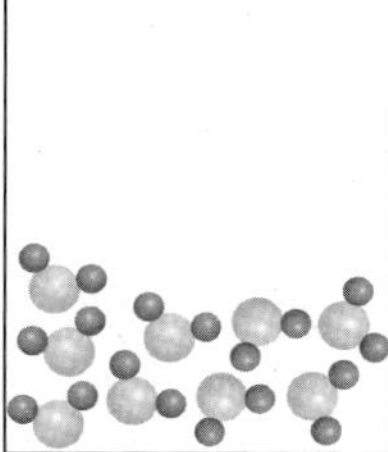
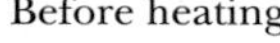
Before heating

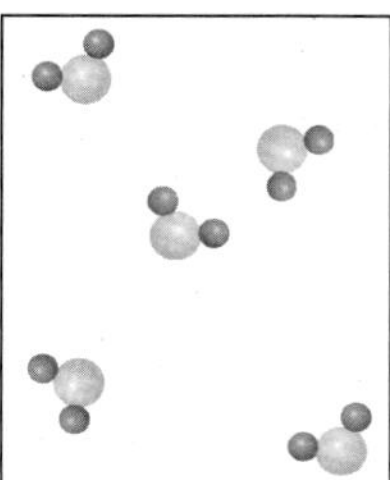
After heating

22. Acetone and water can interact by hydrogen bonding.

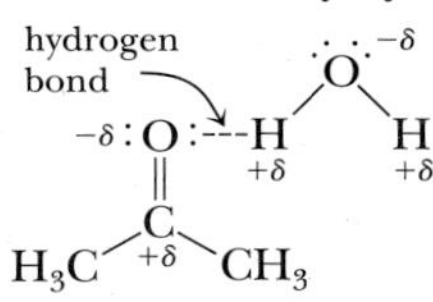

23. Ethylene glycol's viscosity will be greater than ethanol's, owing to the greater hydrogen-bonding capacity of glycol.

24. (a) Water has two OH bonds and two lone pairs, whereas the O atom of ethanol has only one OH bond (and two lone pairs). More extensive hydrogen bonding is likely for water.
(b) Water and ethanol interact extensively through hydrogen bonding, so the volume is expected to be slightly smaller than the sum of the two volumes.

25. Two pieces of evidence for $H_2O(\ell)$ having considerable intermolecular attractive forces:
(a) Based on the boiling points of the Group 6A hydrides (Figure 11.4), the boiling point of water should be approximately −80 °C. The actual boiling point of 100 °C reflects the significant hydrogen bonding that occurs.
(b) Liquid water has a specific heat capacity that is higher than almost any other liquid. This reflects the fact that a relatively larger amount of energy is necessary to overcome intermolecular forces and raise the temperature of the liquid.

26. (a) HI, hydrogen iodide
(b) The large iodine atom in HI leads to a significant polarizability for the molecule and thus to a large dispersion force.
(c) The dipole moment of HCl (1.07 D, Table 8.6) is larger than for HI (0.38 D).
(d) HI. See part (b).

27. A gas can be liquefied at or below its critical temperature. The critical temperature for CF_4 (−45.7 °C) is below room temperature (25 °C), so it cannot be liquefied at room temperature.

28. Hydrogen bonding is most likely at the O—H group at the "right" end of the molecule, and at the C=O and N—H groups in the amide group (—NH—CO—).

29. Boiling point, enthalpy of vaporization, volatility, surface tension

30. The more branching in the hydrocarbons, the lower the boiling point. This implies weaker induced dipole–induced dipole forces. Greater branching results in a more compact shape with less surface area available for contact and therefore smaller induced dipole–induced dipole forces.

31. $F_2 < Cl_2 < Br_2 < I_2$

He < Ne < Ar < Kr < Xe
Molar mass and boiling point correlate with these orders.

32. The boiling point of the water in the pressure cooker is 121 °C.

33. Using the equation of the line from Question 11.64, $P = 9.8$ atm.

34. (a) There will be water in the tube in equilibrium with its vapor, but almost all of the water will be present as liquid water.
(b) 760. mm Hg
(c) 10.4 cm^3
(d) 0.0233 g H_2O

Chapter 12

사례 연구

Lithium and "Green Cars"

1. 73,000,000 metric tons Li_2CO_3 (13.88 metric tons Li/ 73.89 metric tons Li_2CO_3) = 1.4×10^7 metric tons Li (= 14 million metric tons Li)

2. The unit cell for lithium metal is body-centered cubic. (There are atoms at each of the corners of a cube and one atom embedded in the middle of the cube.)

3. 351 pm (1 m/10^{12} pm)(100 cm/1 m) = 3.51×10^{-8} cm
V of unit cell = $(3.51 \times 10^{-8}\ \text{cm})^3 = 4.32 \times 10^{-23}\ \text{cm}^3$
Mass of unit cell = 6.941 g Li/mol (1 mol/ 6.022×10^{23} atoms)(2 atoms/unit cell) = 2.305×10^{-23} g/unit cell
Density = mass/volume = 2.305×10^{-23} g/4.32×10^{-23} cm^3 = 0.533 g/cm^3

4. One method is to carry out the following gas-forming reaction:
$Li_2CO_3(aq) + 2\ HCl(aq) \rightarrow 2\ LiCl(aq) + H_2O(\ell) + CO_2(g)$

Nanotubes and Graphene—The Hottest New Network Solids

1. We want to know the distance x in the diagram of the hexagon. You know the interior angles in a hexagon are all 120°. To find x, we can find the distance y in the figure and then double it ($x = 2y$). The angle bounded by the side of the hexagon and y is 30°, and, from geometry, cos 30° = y/(hexagon side) so y = (cos 30°)(139 pm) = (0.866)(139 pm) = 120. pm. Finally, x = 241 pm.

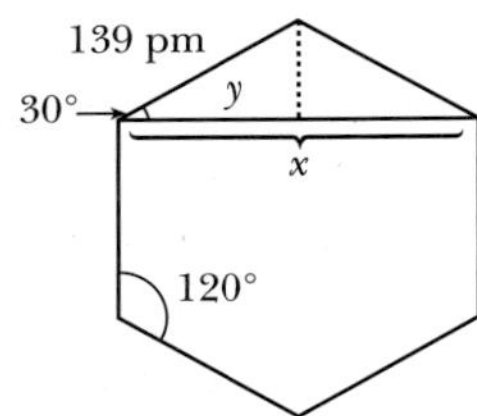

2. 1.0 μm (1 m/10^6 μm)(10^{12} pm/1 m)(1 C_6-ring/241 pm) = 4.1×10^3 C_6-rings

3. The thickness would be approximately 150 pm. This corresponds to the diameter of a carbon atom, found by multiplying the radius of a carbon atom (given in Figure 7.7) by 2 and rounding off to two significant figures.

유제

12.1 (a) The strategy to solve this problem is given in Example 12.1.
Step 1. Mass of the unit cell
= (197.0 g/mol)(1 mol/6.022×10^{23} atom) (4 atoms/unit cell)
= 1.309×10^{-21} g/unit cell
Step 2. Volume of unit cell
= (1.309×10^{-21} g/unit cell)(1 cm^3/19.32 g)
= 6.773×10^{-23} cm^3/unit cell
Step 3. Length of side of unit cell
= $[6.773 \times 10^{-23}\ \text{cm}^3/\text{unit cell}]^{1/3}$
= 4.076×10^{-8} cm
Step 4. Calculate the radius from the edge dimension.
Diagonal distance = 4.076×10^{-8} cm ($2^{1/2}$) = 4 (r_{Au})
$r_{Au} = 1.441 \times 10^{-8}$ cm (= 144.1 pm)

(b) To verify a body-centered cubic structure, calculate the mass contained in the unit cell. If the structure is bcc, then the mass will be the mass of 2 Fe atoms. (Other possibilities: fcc − mass of 4 Fe; primitive cubic − mass of 1 Fe atom.) This calculation uses the four steps from the previous exercise in reverse order.
Step 1. Use radius of Fe to calculate cell dimensions. In a body-centered cube, atoms touch across the diagonal of the cube.
Diagonal distance = side dimension ($\sqrt{3}$) = 4 r_{Fe}
Side dimension of cube =
4 (1.26×10^{-8} cm)/($\sqrt{3}$) = 2.910×10^{-8} cm
Step 2. Calculate unit cell volume
Unit cell volume = $(2.910 \times 10^{-8}\ \text{cm})^3$ = 2.464×10^{-23} cm^3
Step 3. Combine unit cell volume and density to find the mass of the unit cell.
Mass of unit cell = 2.464×10^{-23} cm^3 (7.8740 g/cm^3) = 1.940×10^{-22} g
Step 4. Calculate the mass of 2 Fe atoms, and compare this to the answer from step 3.
Mass of 2 Fe atoms =
55.85 g/mol (1 mol/6.022×10^{23} atoms)(2 atoms)
= 1.85×10^{-22} g.
This is a fairly good match, and clearly much better than the two other possibilities, primitive and fcc.

12.2 M_2X. In a face-centered cubic unit cell, there are four anions and eight tetrahedral holes in which to place metal ions. All of the tetrahedral holes are inside the unit cell, so the ratio of atoms in the unit cell is 2:1.

12.3 We need to calculate the mass and volume of the unit cell from the information given. The density of KCl will then be mass/volume. Select units so the density is calculated as g/cm^3.
Step 1. Mass: The unit cell contains 4 K^+ ions and 4 Cl^- ions
Unit cell mass = (39.10 g/mol)(1 mol/6.022 × 10^{23} K^+ ions)(4 K^+ ions) + (35.45 g/mol)(1 mol/6.022 × 10^{23} Cl^- ions)(4 Cl^- ions) = 2.597 × 10^{-22} g + 2.355 × 10^{-22} g = 4.952 × 10^{-22} g
Step 2. Volume: Assuming K^+ and Cl^- ions touch along one edge of the cube, the side dimension = $2\,r_{K^+} + 2\,r_{Cl^-}$. The volume of the cube is the cube of this value. (Convert the ionic radius from pm to cm.)
$V = [2(1.33 \times 10^{-8}\text{ cm}) + 2(1.81 \times 10^{-8}\text{ cm})]^3 = 2.477 \times 10^{-22}\text{ cm}^3$
Step 3. Density = mass/volume = $4.952 \times 10^{-22}\text{ g}/2.477 \times 10^{-22}\text{ cm}^3) = 2.00\text{ g/cm}^3$

확인문제

12.1절

1. (b) body-centered cubic
2. (a) 0.858 g/cm^3

12.2절

1. (c) face-centered cubic
2. (c) 3.21 g/cm^3

12.3절

1. (d) NaF
2. (c) $Na^+(g) + Cl^-(g) \rightarrow NaCl(s)$
3. (c) −702 kJ/mol

12.4절

1. (a) 1800 nm, infrared

12.5절

1. (c) buckyballs (C_{60})
2. (b) an amorphous solid

12.6절

1. (a) NaCl
2. (b) 15 g

12.7절

1. (d) Supercritical CO_2 can be obtained at 25 °C if a high enough pressure is applied.

화학 원리 응용

1. β-Tin has four atoms in the unit cell. α-Tin has eight atoms in the unit cell.
3. The length of each side is 649.0 pm.

학습문제

1. Two possible unit cells are illustrated here. The simplest formula is AB_8.

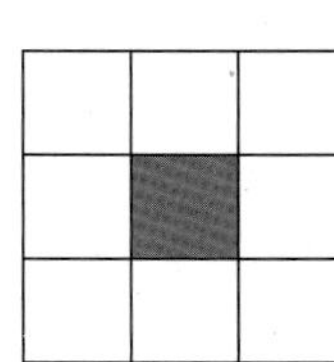
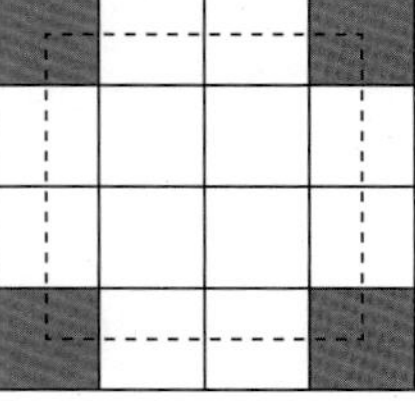

2. Ca^{2+} ions at eight corners = 1 net Ca^{2+} ion
O^{2-} ions in six faces = 3 net O^{2-} ions
Ti^{4+} ion in center of unit cell = 1 net Ti^{4+} ion
Formula = $CaTiO_3$
3. (a) There are eight O^{2-} ions at the corners and one in the center for a net of two O^{2-} ions per unit cell. There are four Cu ions in the interior in tetrahedral holes. The ratio of ions is Cu_2O.
(b) The oxidation number of copper must be +1.
4. Calcium atom radius = 197 pm
5. There are three ways the edge dimensions can be calculated:
(a) Calculate mass of unit cell (= 1.103 × 10^{-21} g/uc)
Calculate volume of unit cell from mass (= 3.53 × 10^{-22} cm^3/uc)
Calculate edge length from volume (= 707 pm)
(b) Assume I^- ions touch along the cell diagonal (◀ Check Your Understanding 12.1) and use I^- radius to find the edge length. Radius I^- = 220 pm
Edge = 4(220 pm)/$2^{1/2}$ = 622 pm
(c) Assume the I^- and K^+ ions touch along the cell edge (page 449)
Edge = 2 × I^- radius + 2 × K^+ radius = 706 pm
Methods (a) and (c) agree. It is apparent that the sizes of the ions are such that the I^- ions cannot touch along the cell diagonal.
6. Increasing lattice energy: RbI < LiI < LiF < CaO
7. As the ion–ion distance decreases, the force of attraction between ions increases. This should make the lattice more

stable, and more energy should be required to melt the compound.

8. $\Delta_f H° = -607$ kJ/mol

9. The 1000 $2s$ orbitals will combine to form 1000 molecular orbitals. In the lowest energy state, 500 of these will be populated by pairs of electrons, and 500 will be empty.

10. In metals, thermal energy causes some electrons to occupy higher-energy orbitals in the band of molecular orbitals. For each electron promoted, two singly occupied levels result: a negative electron above the Fermi level and a positive hole below the Fermi level. Electrical conductivity results because in the presence of an electric field, these negative electrons will move toward the positive side of the field and the positive holes will move toward the negative side.

11. In carbon the band gap is too large for electrons to move up in energy from the valence band to the conduction band, whereas in silicon the band gap is small enough to permit this.

12. An intrinsic semiconductor (such as Si or Ge) is one that naturally can have electrons move across the band gap, whereas an extrinsic semiconductor (such as Ge with added As) requires the addition of dopants in order for it to conduct.

13. (a) Eight C atoms per unit cell. There are eight corners (= 1 net C atom), six faces (= 3 net C atoms), and four internal C atoms
(b) Face-centered cubic (fcc) with C atoms in the tetrahedral holes

14. Type of solid: particles, forces of attraction
(a) Metallic: metal atoms, metallic bonding
(b) Ionic: ions, ion–ion interactions
(c) Molecular: molecules, covalent bonds within the molecules and intermolecular forces between the molecules
(d) Network: extended network of covalently bonded atoms, covalent bonds
(e) Amorphous: covalently bonded networks with no long-range regularity, covalent bonds

15. Substance: type of solid, particles, forces, property
(a) Gallium arsenide: network, covalently bonded atoms, covalent bonds, semiconductor
(b) Polystyrene: amorphous, covalent bonds within the polymer molecules and dispersion forces between the polymer molecules, thermal insulator
(c) Silicon carbide: network, covalently bonded atoms, covalent bonds, very hard material
(d) Perovskite: ionic, Ca^{2+} and TiO_3^{2-} ions, ion–ion interactions, high melting point

16. q (for fusion) $= -1.97$ kJ; q (for melting) $= +1.97$ kJ

17. (a) The density of liquid CO_2 is less than that of solid CO_2.
(b) CO_2 is a gas at 5 atm and 0 °C.
(c) Critical temperature = 31 °C, so CO_2 cannot be liquefied at 45 °C.

18. q (to heat the liquid) $= 9.4 \times 10^2$ kJ
q (to vaporize NH_3) $= 1.6 \times 10^4$ kJ
q (to heat the vapor) $= 8.8 \times 10^2$ kJ
$q_{total} = 1.8 \times 10^4$ kJ

19. O_2 phase diagram. (i) Note the slight positive slope of the solid–liquid equilibrium line. It indicates that the density of solid O_2 is greater than that of liquid O_2.
(ii) Using the diagram here, the vapor pressure of O_2 at 77 K is between 150 and 200 mm Hg.

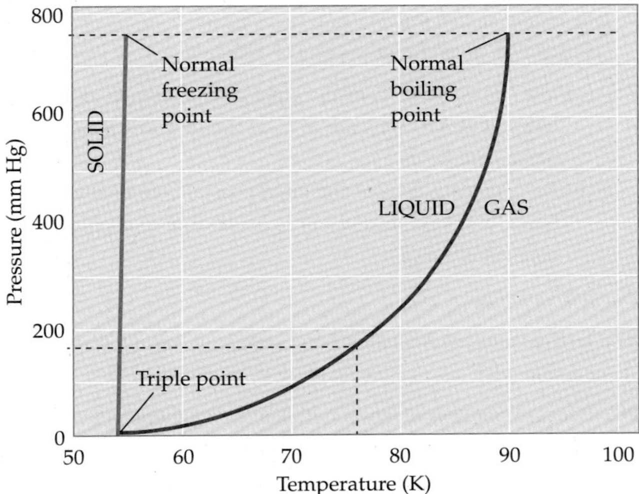

20. Radius of silver = 145 pm

21. 1.356×10^{-8} cm (literature value is 1.357×10^{-8} cm)

22. Mass of 1 CaF_2 unit calculated from crystal data = 1.2963×10^{-22} g. Divide molar mass of CaF_2 (78.077 g/mol) by mass of 1 CaF_2 to obtain Avogadro's number. Calculated value = 6.0230×10^{23} CaF_2/mol.

23. Diagram A leads to a surface coverage of 78.5%. Diagram B leads to 90.7% coverage.

24. (a) The lattice can be described as an fcc lattice of Si atoms.
(b) Si atoms are located in one half of the tetrahedral holes.
(c) There are eight Si atoms in the unit cell.
(d) Mass of unit cell = 3.731×10^{-22} g
Volume of unit cell = 1.602×10^{-22} cm^3
Density = 2.329 g/cm^3 (which is the same as the literature value)
(e) In the Si unit cell we cannot assume the atoms touch along the edge or along the face diagonal. Instead, we know that the Si atoms in the tetrahedral holes are bonded to the Si atoms at the corner.

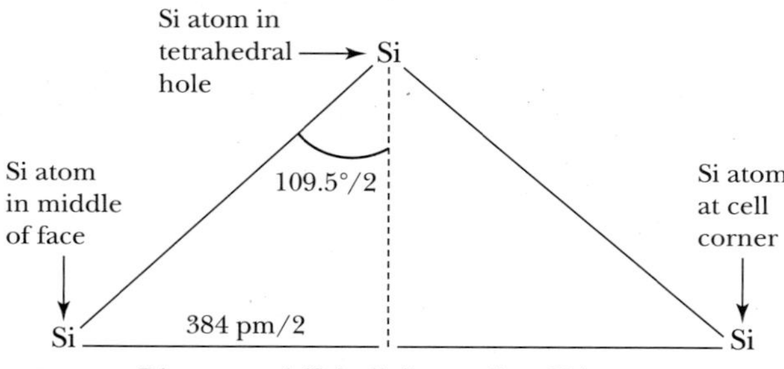

Distance across cell face diagonal = 768 pm
Sin (109.5°/2) = 0.817 = (384 pm/2)/(Si-Si distance)
Distance from Si in tetrahedral hole to face or corner
Si = 235 pm
Si radius = 118 pm
Figure 7.5 gives Si radius as 117 pm

25. (a) Mg^{2+} ions are in ⅛ of the eight possible tetrahedral holes, and Al^{3+} ions are in ½ of the four available octahedral holes.
(b) Fe^{2+} ions are in ⅛ of the eight possible tetrahedral holes, and Cr^{3+} ions are in ½ of the four available octahedral holes.

26. 8.5×10^2 nm

27. Germanium has a smaller band gap, so it has a higher conductivity.

28. Because boron is electron deficient in comparison to carbon, this is a p-type semiconductor.

29. Lead sulfide has the same structure as sodium chloride, not the same structure as ZnS. There are four Pb^{2+} ions and four S^{2-} ions per unit cell, a 1:1 ratio that matches the compound formula.

30. 4 formula units/unit cell; mass of unit cell = 7.904×10^{-22} g
Dimension of one side of unit cell = $2r(K^+) + 2r(Br^-)$ $= 6.58 \times 10^{-8}$ cm; so volume of the unit cell = side^3 $= 2.85 \times 10^{-22}$ cm^3
Density = 7.902×10^{-22} g/2.85×10^{-22} cm^3 = 2.77 g/cm^3

31. (a) $BBr_3(g) + PBr_3(g) + 3\ H_2(g) \rightarrow BP(s) + 6\ HBr(g)$
(b) If B atoms are in an fcc lattice, then the P atoms must be in ½ of the tetrahedral holes. (In this way it resembles Si in Question 24.)
(c) Unit cell volume = 1.092×10^{-22} cm^3
Unit cell mass = 2.775×10^{-22} g
Density = 2.54 g/cm^3
(d) The solution to this problem is identical to Question 24. In the BP lattice, the cell face diagonal is 676 pm. Therefore, the calculated BP distance is 207 pm.

32. Assuming the spheres are packed in an identical way, the water levels are the same. A face-centered cubic lattice, for example, uses 74% of the available space, regardless of the sphere size.

33. Step 1. There are four atoms within a ccp unit cell. Calculate the volume of these four atoms (V of a sphere = $(4/3)\pi r^3$).
Step 2. Calculate the total volume of the unit cell (V_{cell} = side^3).
Step 3. Percent occupancy = $(V_{atoms}/V_{cell})100\%$

34. (a) Two triple points. One with diamond, graphite and liquid C; the second with liquid C, graphite, and carbon vapor.
(b) no
(c) diamond
(d) Graphite is the stable form of carbon at room temperature and 1 atmosphere of pressure.

Chapter 13

사례 연구

Henry's Law and Exploding Lakes

1. $PV = nRT$
4.0 atm(0.025 L) = n(0.08206 L · atm/mol · K)(298 K);
$n = 4.1 \times 10^{-3}$ mol

2. $P_1V_1 = P_2V_2$
4.0 atm(0.025 L) = 3.7×10^{-4} atm (V_2); V_2 = 270 L
The gas expanded by a factor of 11,000 (= 270 L/0.025 L).

3. Solubility of $CO_2 = k_H P_g$ = 0.034 mol/kg · bar (3.7×10^{-4} bar) = 1.3×10^{-5} mol/kg

4. Before opening: Solubility of CO_2 before opening = $k_H P_g$ = 0.034 mol/kg · bar (4.0 bar) = 0.14 mol/kg
Assume the density of the solution is 1.0 g/cm^3, therefore 1.0 L corresponds to 1.0 kg. The amount of CO_2 dissolved is 0.14 mol.
After opening: Solubility of CO_2 = 1.3×10^{-5} mol/kg as calculated in part 3 above. The amount of CO_2 in 1.0 kg is 1.3×10^{-5} mol.
Mass of CO_2 released = (0.14 mol CO_2 − 1.3×10^{-5} mol CO_2)(44.01 g CO_2/1 mol CO_2) = 6.0 g CO_2

유제

13.1 (a) 10.0 g sucrose = 0.0292 mol; 250. g H_2O = 13.9 mol
$X_{sucrose}$ = (0.0292 mol)/(0.0292 mol + 13.9 mol) = 0.00210
$c_{sucrose}$ = (0.0292 mol sucrose)/(0.250 kg solvent) = 0.117 m
Weight % sucrose = (10.0 g sucrose/260 g soln)(100 %) = 3.85 %
(b) 1.08×10^4 ppm = 1.08×10^4 mg Na^+ per

1000 g soln = (1.08×10^4 mg Na^+/1000 g soln)
(1050 g soln/1 L) = 1.13×10^4 mg Na^+/L
= 11.3 g Na^+/L
(11.3 g Na^+/L)(58.44 g NaCl/23.0 g Na^+) = 28.8 g NaCl/L

13.2 $\Delta_{soln}H° = \Delta_f H°[NaOH(aq)] - \Delta_f H°[NaOH(s)]$
$= -469.2$ kJ/mol $- (-425.9$ kJ/mol)
$= -43.3$ kJ/mol

13.3 Solubility of $CO_2 = k_H P_g = 0.034$ mol/kg · bar × 0.33 bar = 1.1×10^{-2} mol/kg

13.4 The solution contains sucrose [(10.0 g)(1 mol/342.3 g) = 0.0292 mol] in water [(225 g)(1 mol/18.02 g) = 12.5 mol].
X_{water} = (12.5 mol H_2O)/(12.5 mol + 0.0292 mol)
= 0.998
$P_{water} = X_{water}P°_{water}$ = 0.998(149.4 mmHg)
= 149 mmHg

13.5 $c_{glycol} = \Delta T_{bp}/K_{bp}$ = 1.0 °C/(0.512 °C/m)
= 2.0 m = 2.0 mol/kg
$mass_{glycol}$ = (2.0 mol/kg)(0.125 kg)(62.07 g/mol) = 15 g

13.6 c_{glycol} = (525 g)(1 mol/62.07 g)/(3.00 kg) = 2.82 m
$\Delta T_{fp} = K_{fp} \times m$ = (−1.86 °C/m)(2.82 m) = −5.24 °C
You will be protected only to about −5 °C and not to −25 °C.

13.7 c (mol/L) = 0.033 g bradykinin (1 mol bradykinin/1060 g bradykinin)/0.0500 L = 6.2×10^{-4} M
$\Pi = cRT = (6.2 \times 10^{-4}$ mol/L)
(0.082057 L·atm/mol·K)(293 K) = 0.015 atm

13.8 ΔT_{fp} = 5.265 °C − 5.50 °C = −0.24 °C
$\Delta T_{fp} = K_{fp} \times m_{solute}$
m_{solute} = −0.24 °C/−5.12 °C/m = 0.046 mol/kg
m_{solute} = (0.046 mol solute/kg benzene)
(0.02346 kg benzene) = 0.0011 mol solute
M = 0.448 g/0.0011 mol = 4.2×10^2 g/mol
M(compound)/M(empirical formula)
= 4.2×10^2 g/mol/104.1 g/mol = 4.0
Molecular formula = $(C_2H_5)_8Al_4F_4$

13.9 c (mol/L) = Π/RT = [(1.86 mmHg)(1 atm/760 mmHg)]/[(0.08206 L · atm/mol · K)(298 K)] = 1.00×10^{-4} M
(1.00×10^{-4} mol/L)(0.100 L) = 1.00×10^{-5} mol
Molar mass = 1.40 g/1.00×10^{-5} mol
= 1.4×10^5 g/mol
(Assuming the polymer is composed of CH_2 units, the polymer is about 10,000 units long.)

13.10 c_{NaCl} = (25.0 g NaCl)(1 mol/58.44 g)/(0.525 kg)
= 0.815 m
$\Delta T_{fp} = K_{fp} \times m \times i$ = (−1.86 °C/m)(0.815 m)(1.85)
= −2.80 °C

확인문제

13.1절

1. (b) 0.063
(b) 3.7

2. (b) 0.88 mol/kg

13.2절

1. (c) −23.55 kJ/mol

13.3절

1. (b) 0.097 mol

13.4절

1. (b) Na_2SO_4 < sugar < KBr < $C_2H_4(OH)_2$

2. (d) naphthalene, $C_{10}H_8$

3. (c) 1.0 g propylene glycol, $C_3H_6(OH)_2$

4. (c) 122 g/mol

13.5절

1. (b) 40 million atoms.

화학 원리 응용

1. X(hexane) = 0.59

3. Mass percent (hexane) = 18%

학습문제

1. (a) Concentration (m) = 0.0434 m
(b) Mole fraction of acid = 0.000781
(c) Weight percent of acid = 0.509%

2. NaI: 0.15 m; 2.2%; $X = 2.7 \times 10^{-3}$
CH_3CH_2OH: 1.1 m; 5.0%; X = 0.020
$C_{12}H_{22}O_{11}$: 0.15 m; 4.9%; $X = 2.7 \times 10^{-3}$

3. 2.65 g Na_2CO_3; $X(Na_2CO_3) = 3.59 \times 10^{-3}$

4. 220 g glycerol; 5.7 m

5. 16.2 m; 37.1%

6. Molality = 2.6×10^{-5} m (assuming that 1 kg of seawater is equivalent to 1 kg of solvent)

7. (b) and (c)

8. $\Delta_{soln}H°$ for LiCl = −36.9 kJ/mol. This is an exothermic enthalpy of solution, as compared with the very slightly endothermic value for NaCl.

9. Above about 40 °C the solubility increases with temperature; therefore, add more NaCl and raise the temperature.

10. 2×10^{-3} g O_2

11. 1100 mm Hg or 1.5 bar

12. (a) $S = 2.0 \times 10^{-3}$ mol/kg
(b) Raising the pressure to 1.7 atm will result in an increased concentration of dissolved O_2; lowering the pressure to 1.0 atm will lead to a lower concentration of dissolved O_2.

13. 35.0 mm Hg

14. $X(H_2O) = 0.869$; 16.7 mol glycol; 1040 g glycol

15. Calculated boiling point = 84.2 °C

16. $\Delta T_{bp} = 0.808$ °C; solution boiling point = 62.51 °C

17. Molality = 8.60 *m*; 28.4%

18. Molality = 0.195 *m*; ΔT_{fp} = fp = −0.362 °C

19. (a) $\Delta T_{fp} = -0.348$ °C; fp = −0.348 °C
(b) $\Delta T_{bp} = +0.0959$ °C; bp = 100.0959 °C
(c) $\Pi = 4.58$ atm

The osmotic pressure is large and can be measured with a small experimental error.

20. Molar mass = 6.0×10^3 g/mol

21. Molar mass = 360 g/mol; $C_{20}H_{16}Fe_2$

22. Molar mass = 150 g/mol

23. Molar mass = 170 g/mol

24. Freezing point = −24.6 °C

25. 0.08 *m* $CaCl_2$ < 0.1 *m* NaCl < 0.04 *m* Na_2SO_4 < 0.1 sugar

26. (a) $BaCl_2(aq) + Na_2SO_4(aq) \rightarrow BaSO_4(s) + 2\ NaCl(aq)$
(b) Initially, the $BaSO_4$ particles form a colloidal suspension.
(c) Over time, the particles of $BaSO_4(s)$ grow and precipitate.

27. Molar mass = 110 g/mol

28. (a) Increase in vapor pressure of water
0.20 *m* Na_2SO_4 < 0.50 *m* sugar < 0.20 *m* KBr < 0.35 *m* ethylene glycol
(b) Increase in boiling point
0.35 *m* ethylene glycol < 0.20 *m* KBr < 0.50 *m* sugar < 0.20 *m* Na_2SO_4

29. (a) 0.456 mol DMG and 11.4 mol ethanol; $X(DMG) = 0.0385$
(b) 0.869 *m*
(c) VP ethanol over the solution at 78.4 °C = 730.7 mm Hg
(d) bp = 79.5 °C

30. For ammonia: 23 *m*; $X(NH_3) = 0.29$; 28%

31. 0.592 g Na_2SO_4

32. (a) 0.20 *m* KBr; (b) 0.10 *m* Na_2CO_3

33. Freezing point = −11 °C

34. 4.0×10^2 g/mol

35. 4.7×10^{-4} mol/kg

36. (a) Molar mass = 4.9×10^4 g/mol
(b) $\Delta T_{fp} = -3.8 \times 10^{-4}$ °C

37. $\Delta_{soln}H°\ [Li_2SO_4] = -28.0$ kJ/mol
$\Delta_{soln}H°\ [LiCl] = -36.9$ kJ/mol
$\Delta_{soln}H°\ [K_2SO_4] = +23.7$ kJ/mol
$\Delta_{soln}H°\ [KCl] = +17.2$ kJ/mol

Both lithium compounds have exothermic enthalpies of solution, whereas both potassium compounds have endothermic values. Consistent with this is the fact that lithium salts (LiCl) are often more water-soluble than potassium salts (KCl) (see Figure 13.11).

38. X(benzene in solution) = 0.67 and X(toluene in solution) = 0.33

$P_{total} = P_{toluene} + P_{benzene} = 7.3$ mm Hg + 50. mm Hg = 57 mm Hg

$$X(\text{toluene in vapor}) = \frac{7.3\text{ mm Hg}}{57\text{ mm Hg}} = 0.13$$

$$X(\text{benzene in vapor}) = \frac{50.\text{ mm Hg}}{57\text{ mm Hg}} = 0.87$$

39. $i = 1.7$. That is, there is 1.7 mol of ions in solution per mole of compound.

40. (a) Calculate the number of moles of ions in 10^6 g H_2O: 550. mol Cl^-; 470. mol Na^+; 53.1 mol Mg^{2+}; 9.42 mol SO_4^{2-}; 10.3 mol Ca^{2+}; 9.72 mol K^+; 0.84 mol Br^-. Total moles of ions = 1.103×10^3 per 10^6 g water. This gives ΔT_{fp} of −2.05 °C.
(b) $\Pi = 27.0$ atm. This means that a minimum pressure of 27 atm would have to be used in a reverse osmosis device.

41. (a) $i = 2.06$
(b) There are approximately two particles in solution, so $H^+ + HSO_4^-$ best represents H_2SO_4 in aqueous solution.

42. Mass of N_2O = 0.53 g; concentration = 1.1×10^3 ppm

43. The best method would be to shine a laser through the liquid and look for the Tyndall effect. Some other properties of colloids that could be utilized are that the dispersed material in a colloid will either not crystallize or crystallize only with difficulty and will either not diffuse across a membrane or do so much more slowly than a true solute.

44. The calculated molality at the freezing point of benzene is 0.47 *m*, whereas it is 0.99 *m* at the boiling point. A higher molality at the higher temperature indicates more molecules are dissolved. Therefore, assuming benzoic acid forms dimers like acetic acid (page 413), dimer formation is more prevalent at the lower temperature. In this process two molecules become one entity, lowering the number of separate species in solution and lowering the molality.

45. Molar mass in benzene = 1.20×10^2 g/mol; molar mass in water = 62.4 g/mol. The actual molar mass of acetic acid is 60.1 g/mol. In benzene, the molecules of acetic acid form "dimers." That is, two molecules form a single unit through hydrogen bonding (see page 413).

46. The empirical formula, calculated from the percent composition data, is $C_7H_6N_2$. The calculated molar mass of the compound is 118 g/mol, which agrees with the molar mass calculated from the vapor pressure data.

47. The strength of the interactions is related to the size of the ion. Thus, Be^{2+} is most strongly hydrated, and Ca^{2+} is least strongly hydrated.

48. Colligative properties depend on the number of ions or molecules in solution. Each mole of $CaCl_2$ provides 1.5 times as many ions as each mole of NaCl.

49. Benzene is a nonpolar solvent. Thus, ionic substances such as $NaNO_3$ and NH_4Cl will certainly not dissolve. However, naphthalene is also nonpolar and resembles benzene in its structure; it should dissolve very well. (A chemical handbook gives a solubility of 33 g naphthalene per 100 g benzene.) Diethyl ether is weakly polar but is miscible to some extent with benzene. Water is a polar solvent. The ionic compounds, $NaNO_3$ and NH_4Cl, are both soluble in water ($NaNO_3$ solubility (at 25 °C) = 91 g per 100 g water; NH_4Cl solubility (at 25 °C) = 40 g per 100 g water. The slightly polar compound diethyl ether is soluble to a small extent in water (about 6 g per 100 g water at 25 °C). Nonpolar naphthalene is not soluble in water (solubility at 25 °C = 0.003 g per 100 g water).

50. The C—C and C—H bonds in hydrocarbons are nonpolar or weakly polar and tend to make such dispersions hydrophobic (water-hating). The C—O and O—H bonds in starch present opportunities for hydrogen bonding with water. Hence, starch is expected to be more hydrophilic.

51. [NaCl] = 1.0 M and [KNO_3] = 0.88 M. The KNO_3 solution has a higher solvent concentration, so solvent will flow from the KNO_3 solution to the NaCl solution.

52. (a) $X(C_2H_5OH) = 0.051$; $X(H_2O) = 0.949$
(b) $P(C_2H_5OH)$ over mixture = 38 mm Hg;
$P°(H_2O)$ calculated by linear interpolation using the vapor pressures at 78 °C and 79 °C = 334.2 mm Hg;
$P(H_2O)$ over mixture = 317 mm Hg
(c) $X(C_2H_5OH) = 0.11$; $X(H_2O) = 0.89$
(d) The mole fraction of ethanol increased from 0.051 to 0.11, a factor of 2.2 times.
Weight percent of C_2H_5OH = 24%

53. The molality of the 5.00% NaCl solution is 0.901 *m*. Assuming no dissociation, this leads to ΔT_{fp}(calculated) = −1.68 °C and i = 1.82. The molality of the 5.00% Na_2SO_4 solution is 0.371 *m*, ΔT_{fp}(calculated) = −0.689 °C, and i = 1.97. These values are consistent with the trends seen in Table 13.4. As the concentration of the ionic solute increases, the value of i continues to decrease for both solutes, and rate of decrease is falling for both solutes. In the case of NaCl, this value is leveling off quite a bit. In the case of Na_2SO_4, it is continuing to decrease by significant amounts. Interestingly, the value of i for Na_2SO_4 has now fallen below 2 and is getting closer to that for NaCl.

54. This does not lend credence to this story. The reported lowest temperature for a NaCl solution corresponds to a temperature of 2.372 °F. The temperature of 0 °F is still below this.

Chapter 14

사례 연구

Enzymes—Nature's Catalysts

1. To decompose an equivalent amount of H_2O_2 catalytically would take 1.0×10^{-7} years; this is equivalent to 3.2 seconds.

2.

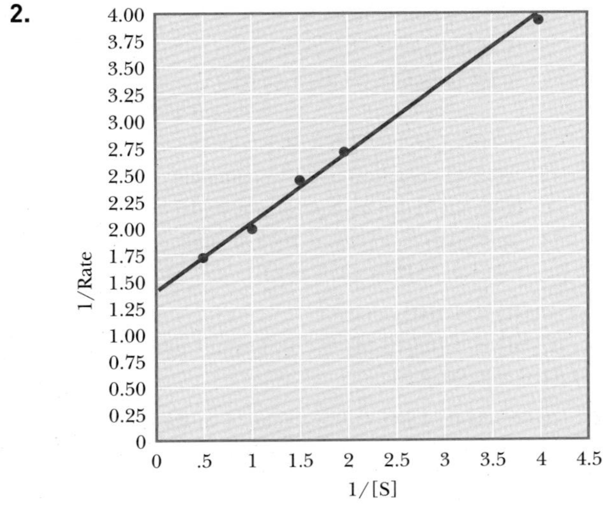

[S]	1/[S]	Rate	1/Rate
2.50	0.400	0.588	1.70
1.00	1.00	0.500	2.00
0.714	1.40	0.417	2.40
0.526	1.90	0.370	2.70
0.250	4.00	0.256	3.91

From the graph, we obtain a value of 1/Rate = 1.47

when $1/[S] = 0$. From this, $R_{max} = 0.68$ mmol/min.

유제

14.1 For the first 2 hours:
$-\Delta[\text{sucrose}]/\Delta t = -[(0.033 - 0.050)\ \text{mol/L}]/(2.0\ \text{h})$
$= 0.0085\ \text{mol/L} \cdot \text{h}$
For the last 2 hours:
$-\Delta[\text{sucrose}]/\Delta t = -[(0.010 - 0.015)\ \text{mol/L}]/(2.0\ \text{h})$
$= 0.003\ \text{mol/L} \cdot \text{h}$
Instantaneous rate at 4 hours = 0.0045 mol/L · h.
(Calculated from the slope of a line tangent to the curve at the defined concentration.)

14.2 $-\frac{1}{2}(\Delta[\text{NOCl}]/\Delta t) = \frac{1}{2}(\Delta[\text{NO}]/\Delta t) = \Delta[\text{Cl}_2]/\Delta t$

14.3 Compare experiments 1 and 2: Doubling $[O_2]$ causes the rate to double, so the rate is first order in $[O_2]$. Compare experiments 2 and 4: Doubling [NO] causes the rate to increase by a factor of 4, so the rate is second order in [NO]. Thus, the rate law is
Rate $= -(\Delta[\text{NO}]/\Delta t) = k[\text{NO}]^2[\text{O}_2]$
Using the data in experiment 1 to determine k:
$0.028\ \text{mol/L} \cdot \text{s} = k[0.020\ \text{mol/L}]^2[0.010\ \text{mol/L}]$
$k = 7.0 \times 10^3\ \text{L}^2/\text{mol}^2 \cdot \text{s}$

14.4 Rate $= k[\text{Pt(NH}_3)_2\text{Cl}_2] = (0.27\ \text{h}^{-1})(0.020\ \text{mol/L})$
$= 0.0054\ \text{mol/L} \cdot \text{h}$

14.5 $\ln([\text{sucrose}]/[\text{sucrose}]_o) = -kt$
$\ln([\text{sucrose}]/[0.010]) = -(0.21\ \text{h}^{-1})(5.0\ \text{h})$
[sucrose] = 0.0035 mol/L

14.6 (a) The fraction remaining is
$[\text{CH}_3\text{N}_2\text{CH}_3]/[\text{CH}_3\text{N}_2\text{CH}_3]_o$.
$\ln([\text{CH}_3\text{N}_2\text{CH}_3]/[\text{CH}_3\text{N}_2\text{CH}_3]_o)$
$= -(3.6 \times 10^{-4}\ \text{s}^{-1})(150\ \text{s})$
$[\text{CH}_3\text{N}_2\text{CH}_3]/[\text{CH}_3\text{N}_2\text{CH}_3]_o = 0.95$
(b) After the reaction is 99 % complete
$[\text{CH}_3\text{N}_2\text{CH}_3]/[\text{CH}_3\text{N}_2\text{CH}_3]_o = 0.010$
$\ln(0.010) = -(3.6 \times 10^{-4}\ \text{s}^{-1})(t)$
$t = 1.3 \times 10^4$ s (210 min)

14.7 $1/[\text{HI}] - 1/[\text{HI}]_o = kt$
$1/[\text{HI}] - 1/[0.010\ \text{M}] = (30.\ \text{L/mol} \cdot \text{min})(12\ \text{min})$
[HI] = 0.0022 M

14.8 (0.060 M/0.24 M) = 0.25; thus $\frac{1}{4}$ of the original material remains and two half-lives have transpired.
$t_{1/2} = 141$ min.
$k = \ln 2/t_{1/2} = (\ln 2)/141\ \text{min} = 4.92 \times 10^{-3}\ \text{min}^{-1}$
Initial rate $= k[\text{H}_2\text{O}_2]_0$
$= 4.92 \times 10^{-3}\ \text{min}^{-1}\ (0.24\ \text{mol/L})$
$= 1.2 \times 10^{-3}\ \text{mol/L} \cdot \text{min}$

14.9 (a) For ^{241}Am, $t_{1/2} = 0.693/k = 0.693/(0.0016\ \text{y}^{-1})$
$= 430$ y
For ^{125}I, $t_{1/2} = 0.693/(0.011\ \text{d}^{-1}) = 63$ d
(b) ^{125}I decays much faster.
(c) $\ln[(n)/(1.6 \times 10^{15}\ \text{atoms})] = -(0.011\ \text{d}^{-1})(2.0\ \text{d})$
$n/1.6 \times 10^{15}$ atoms = 0.978; $n = 1.57 \times 10^{15}$ atoms
Since the answer should have two significant figures, we should round this off to 1.6×10^{15} atoms. The approximately 2 % that has decayed is not discernable within the limits of accuracy of the data presented.

14.10 An Arrhenius plot was constructed by plotting ln k on the y-axis and $1/T$ on the x-axis. Using Microsoft Excel, the equation of the best-fit line is $y = -22336x + 27.304$.
$E_a = -R \cdot (\text{slope}) = -(0.0083145\ \text{kJ/mol} \cdot \text{K})$
$(-22336\ \text{K}) = 1.9 \times 10^2\ \text{kJ/mol}$

14.11 $\ln(k_2/k_1) = (-E_a/R)(1/T_2 - 1/T_1)$
$\ln[(1.00 \times 10^4)/(4.5 \times 10^3)]$
$= -(E_a/8.3145 \times 10^{-3}\ \text{kJ/mol} \cdot \text{K})(1/283\ \text{K} - 1/274\ \text{K})$
$E_a = 57$ kJ/mol

14.12 All three steps are bimolecular.
For step 3: Rate $= k[\text{N}_2\text{O}][\text{H}_2]$.
There are two intermediates, N_2O_2(g) and N_2O(g).
When the three equations are added, N_2O_2 (a product in the first step and a reactant in the second step) and N_2O (a product in the second step and a reactant in the third step) cancel, leaving the net equation:
$2\ \text{NO(g)} + 2\ \text{H}_2\text{(g)} \rightarrow \text{N}_2\text{(g)} + 2\ \text{H}_2\text{O(g)}$.

14.13 (a) $2\ \text{NH}_3\text{(aq)} + \text{OCl}^-\text{(aq)} \rightarrow$
$\text{N}_2\text{H}_4\text{(aq)} + \text{Cl}^-\text{(aq)} + \text{H}_2\text{O}(\ell)$
(b) The second step is the rate-determining step.
(c) Rate $= k[\text{NH}_2\text{Cl}][\text{NH}_3]$
(d) NH_2Cl, $N_2H_5^+$, and OH^- are intermediates.

14.14 Overall reaction: $2\ \text{NO}_2\text{Cl(g)} \rightarrow 2\ \text{NO}_2\text{(g)} + \text{Cl}_2\text{(g)}$
Rate $= k'[\text{NO}_2\text{Cl}]^2/[\text{NO}_2]$ (where $k' = k_1k_2/k_{-1}$)
Increasing $[NO_2]$ causes the reaction rate to decrease.

확인문제

14.1절

1. (b) The rate of disappearance of NO(g) is twice the rate of disappearance of O_2(g).
2. (c) 0.6×10^{-5} mol/L · min

14.2절

1. (b) decreasing the concentration of one of the reactants.

14.3절

1. (b) 1.24×10^{-5} mol/L · s

14.4절

1. (b) between 6 and 7
2. (d) A graph of $\ln[\text{SO}_2\text{Cl}_2]$ vs. time gives a straight line.
3. (b) second order

14.5절

1. (c) ln k vs. 1/T
2. (b) A higher proportion of reactant molecules exceeds the activation energy.

14.6절

1. (b) This reaction might occur in a single elementary step.
2. (c) Rate = $k[A]^2[B]$

화학 원리 응용

1. (a) 207 kJ/mol photons
   (b) 792 nm
3. The probability of three particles colliding simultaneously with the correct geometry for a successful reaction is low.

학습문제

1. (a) $-\frac{1}{2}\frac{\Delta[O_3]}{\Delta t} = \frac{1}{3}\frac{\Delta[O_2]}{\Delta t}$
   (b) $-\frac{1}{2}\frac{\Delta[HOF]}{\Delta t} = \frac{1}{2}\frac{\Delta[HF]}{\Delta t} = \frac{\Delta[O_2]}{\Delta t}$
2. $\frac{1}{3}\frac{\Delta[O_2]}{\Delta t} = -\frac{1}{2}\frac{\Delta[O_3]}{\Delta t}$ or $\frac{\Delta[O_3]}{\Delta t} = -\frac{2}{3}\frac{\Delta[O_2]}{\Delta t}$
   so $\Delta[O_3]/\Delta t = -1.0 \times 10^{-3}$ mol/L · s.
3. (a) The graph of [B] (product concentration) versus time shows [B] increasing from zero. The line is curved, indicating the rate changes with time; thus the rate depends on concentration. Rates for the four 10–s intervals are as follows: 0–10 s, 0.0326 mol/L · s; from 10–20 s, 0.0246 mol/L · s; 20–30 s, 0.0178 mol/L · s; 30–40 s, 0.0140 mol/L · s.
   (b) $-\frac{\Delta[A]}{\Delta t} = \frac{1}{2}\frac{\Delta[B]}{\Delta t}$ throughout the reaction
   In the interval 10–20 s, $\frac{\Delta[A]}{\Delta t} = -0.0123\ \frac{\text{mol}}{\text{L} \cdot \text{s}}$
   (c) Instantaneous rate when [B] = 0.750 mol/L =
   $$\frac{\Delta[B]}{\Delta t} = 0.0163\ \frac{\text{mol}}{\text{L} \cdot \text{s}}$$
4. The reaction is second order in A, first order in B, and third order overall.
5. (a) Rate = $k[NO_2][O_3]$
   (b) If $[NO_2]$ is tripled, the rate triples.
   (c) If $[O_3]$ is halved, the rate is halved.
6. (a) The reaction is second order in [NO] and first order in $[O_2]$.
   (b) Rate = $\frac{-\Delta[NO]}{\Delta t} = k[NO]^2[O_2]$
   (c) k = 25 L^2/mol^2 · s
   (d) Rate = 2.8×10^{-5} mol/L · s
   (e) When $-\Delta[NO]/\Delta t = 1.0 \times 10^{-4}$ mol/L · s, $\Delta[O_2]/\Delta t = 5.0 \times 10^{-5}$ mol/L · s and $\Delta[NO_2]/\Delta t = 1.0 \times 10^{-4}$ mol/L · s.
7. (a) Rate = $-\Delta[NO]/\Delta t = k[NO]^2[O_2]$
   (b) 50. L^2/mol^2 · h
   (c) Rate = 8.4×10^{-9} mol/L · h
8. $k = 3.73 \times 10^{-3}\ min^{-1}$
9. 5.0×10^2 min
10. (a) 153 min
    (b) 1790 min
11. 140 s
12. 6.3 s
13. (a) $t_{1/2} = 1.0 \times 10^4$ s (b) 34,000 s
14. 1.0×10^3 min
15. Fraction of ^{64}Cu remaining = 0.030
16. The straight line obtained in a graph of $\ln[N_2O]$ versus time indicates a first-order reaction.
    k = (−slope) = 0.0128 min^{-1}
    The rate when $[N_2O]$ = 0.035 mol/L is 4.5×10^{-4} mol/L · min.
17. The graph of $1/[NO_2]$ versus time gives a straight line, indicating the reaction is second order with respect to $[NO_2]$ (see Table 14.1 on page 629). The slope of the line is k, so k = 1.1 L/mol · s.
18. $-\Delta[C_2F_4]/\Delta t = k[C_2F_4]^2 = (0.04\ \text{L/mol} \cdot \text{s})[C_2F_4]^2$
19. Activation energy = 102 kJ/mol
20. $k = 0.3\ s^{-1}$
21.

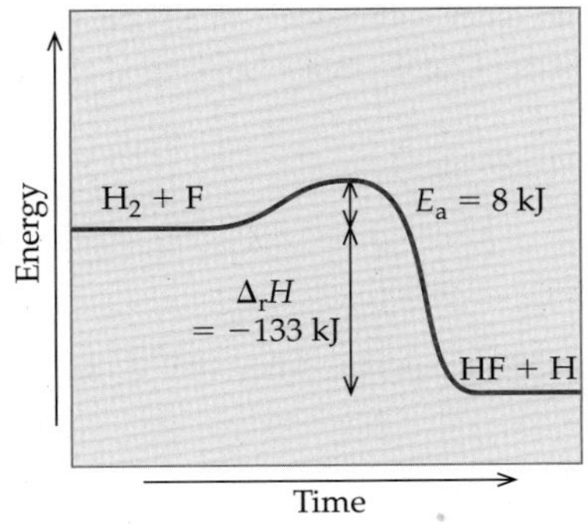

Energy
H_2 + F
E_a = 8 kJ
$\Delta_r H$ = −133 kJ
HF + H
Time

22. (a) Rate = $k[NO_3][NO]$
    (b) Rate = $k[Cl][H_2]$
    (c) Rate = $k[(CH_3)_3CBr]$
23. (a) The second step; (b) Rate = $k[O_3][O]$
24. (a) NO_2 is a reactant in the first step and a product in the second step. CO is a reactant in the second step. NO_3 is an intermediate, and CO_2 is a product. NO is a product.
    (b) Reaction coordinate diagram

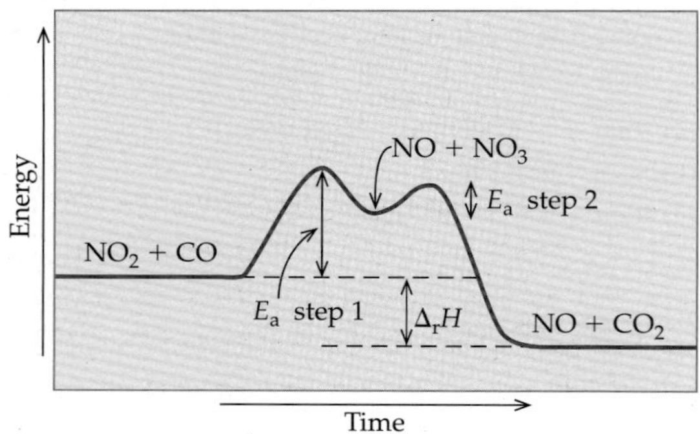

25. Doubling the concentration of A will increase the rate by a factor of 4 because the concentration of A appears in the rate law as $[A]^2$. Halving the concentration of B will halve the rate The net result is that the rate of the reaction will double.

26. After measuring pH as a function of time, one could then calculate pOH and then $[OH^-]$. Finally, a plot of $1/[OH^-]$ versus time would give a straight line with a slope equal to k.

27. 72 s represents two half-lives, so $t_{1/2} = 36$ s.

28. (a) A plot of $1/[C_2F_4]$ versus time indicates the reaction is second order with respect to $[C_2F_4]$. The rate law is Rate $= k[C_2F_4]^2$.
(b) The rate constant (= slope of the line) is about 0.045 L/mol · s. (The graph does not allow a very accurate calculation.)
(c) Using $k = 0.045$ L/mol · s, the concentration after 600 s is 0.03 M (to one significant figure).
(d) Time = 2000 s [using k from part (b)].

29. (a) A plot of $1/[NH_4NCO]$ versus time is linear, so the reaction is second order with respect to NH_4NCO.
(b) Slope $= k = 0.0109$ L/mol · min.
(c) $t_{1/2} = 200.$ min
(d) $[NH_4NCO] = 0.0997$ mol/L

30. Mechanism 2

31. $k = 0.0176\ h^{-1}$ and $t_{1/2} = 39.3$ h

32. (a) After 125 min, 0.250 g remains. After 145, 0.144 g remains.
(b) Time = 43.9 min
(c) Fraction remaining = 0.016

33. Plotting 1/concentration versus the time gives a reasonably good linear correlation. The reaction is second order.

34. The rate equation for the slow step is Rate $= k[O_3][O]$. The equilibrium constant, K, for step 1 is $K = [O_2][O]/[O_3]$. Solving this for [O], we have $[O] = K[O_3]/[O_2]$. Substituting the expression for [O] into the rate equation we find Rate $= k[O_3]\{K[O_3]/[O_2]\} = kK[O_3]^2/[O_2]$

35. The slope of the ln k versus $1/T$ plot is -6370. From slope $= -E_a/R$, we derive $E_a = 53.0$ kJ/mol.

36. Step 2 is the rate-determining step, and N_2O_2 is an intermediate. Rate $= -\frac{1}{2}\,\Delta[NO]/\Delta t = k[NO]^2[O_2]$

37. (a) $k = 3.41$ L/mol · min
(b) The rate constant (k') for the rewritten equation is $\frac{1}{2}$ the value of the rate constant, k, for the original equation. The rate equation for the original equation is $-\Delta[NO_2]/\Delta t = k[NO_2]$. For the rewritten equation the rate equation is $-(\frac{1}{2})\Delta[NO_2]/\Delta t = k'[NO_2]$ or $-\Delta[NO_2]/\Delta t = 2k'[NO_2]$. Therefore, $k = 2k'$ or $k' = (\frac{1}{2})k$.

38. Estimated time at 90 °C = 4.76 min

39. After 30 min (one half-life), $P_{HOF} = 50.0$ mm Hg and $P_{total} = 125.0$ mm Hg. After 45 min, $P_{HOF} = 35.4$ mm Hg and $P_{total} = 132$ mm Hg.

40. (a) Reaction is first order in NO_2NH_2 and -1 for H_3O^+. In a buffered solution, $[H_3O]^+$ is constant, so the reaction has an apparent order of 1.
(b, c) Mechanism 3
In step 1, $K = k_4/k_4' = [NO_2NH^-][H_3O^+]/[NO_2NH_2]$
Rearrange this and substitute into the rate law for the slow step.
Rate $= k_5[NO_2NH^-] = k_5K[NO_2NH_2]/[H_3O^+]$
This is the same as the experimental rate law, where the overall rate constant $k = k_5K$.
(d) Addition of OH^- ions will shift the equilibrium in step 1 (by reacting with H_3O^+) to produce a larger concentration of NO_2NH^-, the reactant in the rate-determining step, thus the reaction rate will increase.

41. (a) Average rate for $t = 0$ to $t = 15$ is about 4.7×10^{-5} M/s. For $t = 100$ s to 125 s, the average rate is about 1.6×10^{-5} M/s. The rate slows because the rate of the reaction is dependent on the concentration of reactant and this concentration is declining with time.
(b) Instantaneous rate at 50 s is about 2.7×10^{-5} M/s.
(c) A plot of ln (concentration) versus time is a straight line with an equation of $y = -0.010x - 5.30$. This indicates the reaction is a first-order reaction;
Rate $= k$[phenolphthalein]. The slope, which is equal to $-k$, is -0.010, so $k = 0.010\ s^{-1}$.
(d) From the data the half-life is 69.3 s, and the same value comes from the relation $t_{1/2} = \ln 2/k$.

42. A plot of 1/Rate versus 1/[S] gives the equation
1/Rate $= 94\,(1/[S]) + 7.6 \times 10^4$
so Rate$_{max} = 1/(7.6 \times 10^4) = 1.3 \times 10^{-5}$ M min^{-1}.

43. (a) The reaction is first order in $[ClO^-]$ (experiments 1 and 3), first order in $[I^-]$ (experiments 2 and 3), and -1 order in $[OH^-]$ (experiments 3 and 4).
Therefore, Rate $= k[ClO^-][I^-]/[OH^-]$
(b) Step 2 is the rate determining step. For this step, rate $= k[I^-][HOCl]$. From the first step,

K_{eq} = [HOCl][OH^-]/[ClO^-], so [HOCl] = K_{eq} [ClO^-]/[OH^-]; substituting for [HOCl] in the rate equation for the second step gives the observed rate law.

44. The finely divided rhodium metal will have a significantly greater surface area than the small block of metal. This leads to a large increase in the number of reaction sites and vastly increases the reaction rate.

45. (a) False. The reaction may occur in a single step but this does not have to be true.
(b) True
(c) False. Raising the temperature increases the value of k.
(d) False. Temperature has no effect on the value of E_a.
(e) False. If the concentrations of both reactants are doubled, the rate will increase by a factor of 4.
(f) True

46. (a) True
(b) True
(c) False. As a reaction proceeds, the reactant concentration decreases and the rate decreases.
(d) False. It is possible to have a one-step mechanism for a third-order reaction if the slow, rate-determining step is termolecular.

47. (a) Decrease (d) No change
(b) Increase (e) No change
(c) No change (f) No change

48. (a) There are three mechanistic steps.
(b) The overall reaction is exothermic.

Chapter 15

사례 연구

Applying Equilibrium Concepts—The Haber–Bosch Ammonia Process

1. (a) Oxidize part of the NH_3 to HNO_3, then react NH_3 and HNO_3 (an acid–base reaction) to form NH_4NO_3.
$4\ NH_3 + 7\ O_2 \rightarrow 4\ NO_2 + 6\ H_2O$
$2\ NO_2 + H_2O \rightarrow HNO_3 + HNO_2$
$HNO_3 + NH_3 \rightarrow NH_4NO_3$
(b) $\Delta_r H°$ = (1 mol $(NH_2)_2CO$/mol-rxn) [$\Delta_f H°\{(NH_2)_2CO\}$] + (1 mol H_2O/mol-rxn) [$\Delta_f H°(H_2O)$] − (2 mol NH_3/mol-rxn)[$\Delta_f H°(NH_3)$] − (1 mol CO_2/mol-rxn)[$\Delta_f H°(CO_2)$]
$\Delta_r H°$ = (1 mol $(NH_2)_2CO$/mol-rxn)(−333.1 kJ/mol) + (1 mol H_2O/mol-rxn)(−241.8 kJ/mol) − (2 mol NH_3/mol-rxn)(−45.90 kJ/mol) − (1 mol CO_2/mol-rxn)(−393.5 kJ/mol)
$\Delta_r H°$ = −89.6 kJ/mol-rxn.

The reaction as written is exothermic, so the equilibrium will be more favorable for product formation at a low temperature. The reaction converts three moles of gaseous reactants to one mole of gaseous products; thus, high pressure will be more favorable to product formation.

2. (a) For $CH_4(g) + H_2O(g) \rightarrow CO(g) + 3\ H_2(g)$
$\Delta_r H°$ = (1 mol CO/mol-rxn)[$\Delta_f H°$(CO)] − (1 mol CH_4/mol-rxn)[$\Delta_f H°(CH_4)$] − (1 mol H_2O/mol-rxn)[$\Delta_f H°(H_2O)$]
$\Delta_r H°$ = (1 mol CO/mol-rxn)(−110.5 kJ/mol) − (1 mol CH_4/mol-rxn)(−74.87 kJ/mol) − (1 mol H_2O/mol-rxn)(−241.8 kJ/mol) = 206.2 kJ/mol-rxn (endothermic)
For $CO(g) + H_2O(g) \rightarrow CO_2(g) + H_2(g)$
$\Delta_r H°$ = (1 mol CO_2/mol-rxn)[$\Delta_f H°(CO_2)$] − (1 mol CO/mol-rxn)[$\Delta_f H°$(CO)] − (1 mol H_2O/mol-rxn)[$\Delta_f H°(H_2O)$]
$\Delta_r H°$ = (1 mol CO_2/mol-rxn)(−393.5 kJ/mol) − (1 mol CO/mol-rxn)(−110.5 kJ/mol) − (1 mol H_2O/mol-rxn)(−241.8 kJ/mol) = −41.2 kJ/mol-rxn (exothermic)
(b) (15 billion kg = 1.5×10^{13} g)
Add the two equations:
$CH_4(g) + 2\ H_2O(g) \rightarrow CO_2(g) + 4\ H_2(g)$
CH_4 required = (1.5×10^{13} g NH_3) (1 mol NH_3/17.03 g NH_3)(3 mol H_2/2 mol NH_3) (1 mol CH_4/4 mol H_2)(16.04 g CH_4/1 mol CH_4) = 5.3×10^{12} g CH_4
CO_2 formed = (1.5×10^{13} g NH_3) (1 mol NH_3/17.03 g NH_3)(3 mol H_2/2 mol NH_3) (1 mol CO_2/4 mol H_2)(44.01 g CO_2/1 mol CO_2) = 1.5×10^{13} g CO_2

유제

15.1 (a) $K = [CO]^2/[CO_2]$
(b) $K = [Cu^{2+}][NH_3]^4/[Cu(NH_3)_4{}^{2+}]$
(c) $K = [H_3O^+][CH_3CO_2{}^-]/[CH_3CO_2H]$

15.2 (a) Q = [0.00218]/[0.00097] = 2.2. The system is not at equilibrium; $Q < K$. To reach equilibrium, [isobutane] will increase and [butane] will decrease.
(b) Q = [0.00260]/[0.00075] = 3.5. The system is not at equilibrium; $Q > K$. To reach equilibrium, [butane] will increase and [isobutane] will decrease.

15.3 (a)

Equation	$C_6H_{10}I_2$ ⇌	C_6H_{10} +	I_2
Initial (M)	0.050	0	0
Change (M)	−0.035	+0.035	+0.035
Equilibrium (M)	0.015	0.035	0.035

(b) K = (0.035) (0.035)/(0.015) = 0.082

15.4

Equation	H_2	+ I_2	$\rightleftharpoons$ 2 HI
Initial (M)	6.00×10^{-3}	6.00×10^{-3}	0
Change (M)	$-x$	$-x$	$+2x$
Equilibrium (M)	$0.00600 - x$	$0.00600 - x$	$+2x$

$$K_c = 33 = \frac{(2x)^2}{(0.00600 - x)^2}$$

$x = 0.0045$ M, so $[H_2] = [I_2] = 0.0015$ M and $[HI] = 0.0090$ M.

15.5

Equation	$PCl_5(g)$ $\rightleftharpoons$	$PCl_3(g)$ +	$Cl_2(g)$
Initial (M)	0.1000	0	0
Change (M)	$-x$	$+x$	$+x$
Equilibrium (M)	$0.1000 - x$	x	x

$K_c = [PCl_3][Cl_2]/[PCl_5]$

$33.3 = x^2/0.1000 - x$

We cannot use the simplifying assumption in this case (K is > 1 and $100 \cdot K > 0.1000$), so we must solve using the quadratic formula.

$x^2 + 33.3x - 3.33 = 0$

Using the quadratic formula, $x = 0.0997$ (the other root, $x = -33.4$, is not possible because it leads to negative concentrations).

$[PCl_3] = [Cl_2] = 0.0997$ M

$[PCl_5] = 0.1000 \text{ M} - 0.0997 \text{ M} = 0.0003$ M

15.6 (a) $K' = K^2 = (2.5 \times 10^{-29})^2 = 6.3 \times 10^{-58}$

(b) $K'' = 1/K^2 = 1/(6.3 \times 10^{-58}) = 1.6 \times 10^{57}$

15.7

Equation	Butane $\rightleftharpoons$	Isobutane
Initial (M)	0.020	0.050
After adding more isobutane (M)	0.020	0.050 + 0.020
Change (M)	$+x$	$-x$
Equilibrium (M)	$0.020 + x$	$0.070 - x$

$K = (0.070 - x)/(0.020 + x)$

Solving for x gives $x = 0.0057$ M. Therefore, [isobutane] $= 0.070 - 0.0057 = 0.064$ M and [butane] $= 0.020 + 0.0057 = 0.026$ M.

확인문제

15.1절

1. (c) The forward and reverse reactions occur at an equal rate.

15.2절

1. (b) $K = [SO_2]^2[O_2]/[SO_3]^2$

2. (b) No, it is not at equilibrium, and the reaction proceeds further to the right.

15.3절

1. (b) 6.1×10^{-4}

15.4절

1. (b) 0.011 M

15.5절

1. (c) $K_p = 2.7 \times 10^{33}$

15.6절

1. (b) shift right

2. (a) shift left

3. (a) exothermic

화학 원리 응용

1. (a) Concentration (molality) $= -0.542$ °C/-5.12 °C/m = 0.106 mol dimer/kg benzene

Amount dimer = (0.106 mol dimer/kg benzene) (0.0100 kg benzene) $= 1.06 \times 10^{-3}$ mol dimer

Molar mass of dimer $= 0.503 \text{ g}/1.06 \times 10^{-3}$ mol = 475 g/mol

(b) Each molecule of the dimer that decomposes produces two monomer particles, increasing the total number of moles of particles in solution. When the mass of the dimer is divided by the moles of particles, the calculated molar mass is too low.

3. [Monomer] = 0.0045 M, [dimer] = 0.0503 M

5. (b) Triphenylmethyl radical

학습문제

1. (a) $K_c = \dfrac{[H_2O]^2[O_2]}{[H_2O_2]^2}$

(b) $K_c = \dfrac{[CO_2]}{[CO][O_2]^{1/2}}$

(c) $K_c = \dfrac{[CO]^2}{[CO_2]}$

(d) $K_c = \dfrac{[CO_2]}{[CO]}$

2. $Q = (2.0 \times 10^{-8})^2/(0.020) = 2.0 \times 10^{-14}$

$Q < K_c$, so the reaction proceeds to the right.

3. $Q = 1.0 \times 10^3$, so $Q > K_c$ and the reaction is not at equilibrium. It proceeds to the left to convert products to reactants.

4. $K_c = 1.2$

5. (a) $K_c = 0.025$

(b) $K_c = 0.025$

(c) The amount of solid does not affect the equilibrium.

6. (a) $[COCl_2] = 0.00308$ M; $[CO] = 0.0071$ M

(b) $K_c = 140$

7. [isobutane] = 0.024 M; [butane] = 0.010 M

8. $[I_2] = 6.14 \times 10^{-3}$ M; $[I] = 4.79 \times 10^{-3}$ M

9. $[COBr_2] = 0.0026$ M; $[CO] = [Br_2] = 0.0224$ M
89.6% of the $COBr_2$ has decomposed.

10. (b)

11. (e) $K_2 = 1/(K_1)^2$

12. $K_c = 13.7$

13. (a) $K_c = K_p/(RT)^{\Delta n} = 0.16/[(0.08205)(298)] = 6.5 \times 10^{-3}$
(b) $\Delta n = 0$, therefore $K_c = K_p = 1.05$

14. (a) Equilibrium shifts to the right
(b) Equilibrium shifts to the left
(c) Equilibrium shifts to the right
(d) Equilibrium shifts to the left

15. Equilibrium concentrations are the same under both circumstances: [butane] = 1.1 M and [isobutane] = 2.9 M.

16. $K = 3.9 \times 10^{-4}$

17. For decomposition of $COCl_2$, $K_c = 1/(K_c$ for $COCl_2$ formation$) = 1/(6.5 \times 10^{11}) = 1.5 \times 10^{-12}$

18. $K_c = 3.9$

19. Q is less than K_c, so the system shifts to form more isobutane.
At equilibrium, [butane] = 0.86 M and [isobutane] = 2.14 M.

20. The second equation has been reversed and multiplied by 2.
(c) $K_2 = 1/K_1^2$

21. (a) No change
(b) Shifts left
(c) No change
(d) Shifts right
(e) Shifts right

22. (a) The equilibrium will shift to the left on adding more Cl_2.
(b) K_c is calculated (from the quantities of reactants and products at equilibrium) to be 0.00470. After Cl_2 is added, the concentrations are: $[PCl_5] = 0.00199$ M, $[PCl_3] = 0.00231$ M, and $[Cl_2] = 0.00403$ M.

23. $K_p = 0.215$

24. (a) Fraction dissociated = 0.15
(b) Fraction dissociated = 0.189. If the pressure decreases, the equilibrium shifts to the right, increasing the fraction of N_2O_4 dissociated.

25. $[NH_3] = 0.67$ M; $[N_2] = 0.57$ M; $[H_2] = 1.7$ M; $P_{total} = 180$ atm

26. (a) $[NH_3] = [H_2S] = 0.013$ M
(b) $[NH_3] = 0.027$ M and $[H_2S] = 0.0067$ M

27. $P(NO_2) = 0.066$ atm and $P(N_2O_4) = 0.066$ atm; $P(\text{total}) = 0.16$ atm

28. (a) $K_p = K_c = 56$. Because 2 mol of reactant gases gives 2 mol of product gases, Δn does not change and $K_p = K_c$ (◀ page 673).
(b) Total pressure before reaction is 0.52 atm. After reaction the total pressure is the same because the amount of gas present has not changed.
(c) After reaction, at equilibrium, $P(H_2) = P(I_2) = 0.052$ atm and $P(HI) = 0.42$ atm.

29. $P(CO) = 0.0010$ atm

30. 3.9×10^{17} O atoms

31. Glycerin concentration should be 1.7 M

32. (a) $K_p = 0.20$
(b) When initial $[N_2O_4] = 1.00$ atm, the equilibrium pressures are $[N_2O_4] = 0.80$ atm and $[NO_2] = 0.40$ atm. When initial $[N_2O_4] = 0.10$ atm, the equilibrium pressures are $[N_2O_4] = 0.050$ atm and $[NO_2] = 0.10$ atm. The percent dissociation is now 50.%. This is in accord with Le Chatelier's principle: If the initial pressure of the reactant is smaller, the equilibrium shifts to the right, increasing the fraction of the reactant dissociated. [This might be clearer if you imagine beginning with the equilibrium system in the case when the initial pressure of N_2O_4 was 1.00 atm and then increasing the volume tenfold (obtaining the same equilibrium system as starting with 0.10 atm N_2O_4). Le Chatelier's principle predicts a shift in the direction that has a greater number of gas molecules. See also Question 23.]

33. (a) The flask containing $(H_3N)B(CH_3)_3$ will have the largest partial pressure of $B(CH_3)_3$.
(b) $P[B(CH_3)_3] = P(NH_3) = 0.23$ and $P[(H_3N)B(CH_3)_3] = 0.012$ atm
$P_{total} = 0.48$ atm
Percent dissociation = 95%

34. (a) As more KSCN is added, Le Chatelier's principle predicts more of the red complex ion $[Fe(H_2O)_5(SCN)]^+$ will form.
(b) Adding Ag^+ ions leads to a precipitate of AgSCN, thus removing SCN^- ions from solution. The equilibrium shifts left, dropping the concentration of the red complex ion.

35. (a) False. The magnitude of K is always dependent on temperature.
(b) True
(c) False. The equilibrium constant for a reaction is the reciprocal of the value of K for its reverse.
(d) True
(e) False. $\Delta n = 1$, so $K_p = K_c(RT)$

36. (a) Product-favored, $K >> 1$
(b) Reactant-favored, $K << 1$
(c) Product-favored, $K >> 1$

37. Begin with an equilibrium system containing $^{14}N_2$, H_2, and

$^{14}NH_3$. Introduce some $^{15}N_2$ and allow the system to equilibrate. The presence of $^{15}NH_3$ indicates that the forward reaction has occurred. In addition, the presence of $^{15}N^{14}N$ indicates that the reverse reaction has occurred. Further evidence of the reverse reaction occurring could be obtained by carrying out another trial in which $^{15}NH_3$ is added to the initial equilibrium mixture. The presence of $^{15}N^{14}N$ or $^{15}N_2$ indicates that the reverse reaction is occurring. (A similar set of experiments could be run using ^2H instead of ^{15}N.)

38. $K_p = 3.2 \times 10^{-7}$

Chapter 16

사례 연구

Would You Like Some Belladonna Juice in Your Drink?

1. (100. mg $C_{17}H_{23}NO_3$)(1 g/1000 mg)(1 mol $C_{17}H_{23}NO_3$/289.4 g $C_{17}H_{23}NO_3$) = 3.46×10^{-4} mol $C_{17}H_{23}NO_3$

2. The proton will attach to the N.

3. The pK_a of protonated atropine (4.35) is less than that of the ammonium (pK_a = 9.26), methylammonium (pK_a = 10.70), and anilinium (pK_a = 4.60) ions.

유제

16.1 $[H_3O^+] = 4.0 \times 10^{-3}$ M; $[OH^-] = K_w/[H_3O^+]$ $= 2.5 \times 10^{-12}$ M

16.2 (a) pH = 7
(b) pH < 7 (NH_4^+ is an acid)
(c) pH < 7 $[Al(H_2O)_6]^{3+}$ is an acid
(d) pH > 7 (HPO_4^{2-} is a stronger base than it is an acid)

16.3 (a) NH_4^+ is a stronger acid than HCO_3^-. CO_3^{2-}, the conjugate base of HCO_3^-, is a stronger base than NH_3, the conjugate base of NH_4^+.
(b) Reactant-favored; the reactants are the weaker acid and base.
(c) Reactant-favored; the reactants are the weaker acid and base, so reaction lies to the left.

16.4 From the pH, we can calculate $[H_3O^+] = 1.9 \times 10^{-3}$ M. Also, [butanoate$^-$] = $[H_3O^+] = 1.9 \times 10^{-3}$ M.
Use these values along with [butanoic acid] to calculate K_a.
$K_a = [1.9 \times 10^{-3}]\,[1.9 \times 10^{-3}]/(0.055 - 1.9 \times 10^{-3})$
$= 6.8 \times 10^{-5}$

16.5 $K_a = 1.8 \times 10^{-5} = [x][x]/(0.10 - x)$
$x = [H_3O^+] = [CH_3CO_2^-] = 1.3 \times 10^{-3}$ M;
$[CH_3CO_2H] = 0.099$ M; pH = 2.87

16.6 $HF(aq) + H_2O(\ell) \rightleftharpoons H_3O^+(aq) + F^-(aq)$
$K_a = 7.2 \times 10^{-4} = [x][x]/(0.00150 - x)$
The x in the denominator cannot be dropped. This equation must be solved with the quadratic formula or by successive approximations. Because this problem follows the section dealing with the method of successive approximations, that method will be used here.
$7.2 \times 10^{-4} = x^2/(0.00150)$; $x = 1.0 \times 10^{-3}$
$7.2 \times 10^{-4} = x^2/(0.00150 - 1.0 \times 10^{-3})$;
$x = 6.0 \times 10^{-4}$
$7.2 \times 10^{-4} = x^2/(0.00150 - 6.0 \times 10^{-4})$;
$x = 8.0 \times 10^{-4}$
$7.2 \times 10^{-4} = x^2/(0.00150 - 8.0 \times 10^{-4})$;
$x = 7.1 \times 10^{-4}$
$7.2 \times 10^{-4} = x^2/(0.00150 - 7.1 \times 10^{-4})$;
$x = 7.5 \times 10^{-4}$
$7.2 \times 10^{-4} = x^2/(0.00150 - 7.5 \times 10^{-4})$;
$x = 7.3 \times 10^{-4}$
$7.2 \times 10^{-4} = x^2/(0.00150 - 7.3 \times 10^{-4})$;
$x = 7.4 \times 10^{-4}$
$7.2 \times 10^{-4} = x^2/(0.00150 - 7.4 \times 10^{-4})$;
$x = 7.4 \times 10^{-4}$
The result has converged to two significant figures.
$[H_3O^+] = [F^-] = 7.4 \times 10^{-4}$ M
$[HF] = 0.00150\text{ M} - 7.4 \times 10^{-4}\text{ M} = 7.6 \times 10^{-4}$ M
pH = 3.13

16.7 $OCl^-(aq) + H_2O(\ell) \rightleftharpoons HOCl(aq) + OH^-(aq)$
$K_b = 2.9 \times 10^{-7} = [x][x]/(0.015 - x)$
$x = [OH^-] = [HOCl] = 6.6 \times 10^{-5}$ M
pOH = 4.18; pH = 9.82

16.8 Equivalent amounts of acid and base react to form water, $CH_3CO_2^-$ and Na^+. Acetate ion hydrolyzes to a small extent, giving CH_3CO_2H and OH^-. We need to determine $[CH_3CO_2^-]$ and then solve a weak base equilibrium problem to determine $[OH^-]$.
Amount $CH_3CO_2^-$ = moles base = 0.12 mol/L × 0.015 L
$= 1.8 \times 10^{-3}$ mol
Total volume = 0.030 L, so $[CH_3CO_2^-]$ =
$(1.8 \times 10^{-3}$ mol)/0.030 L = 0.060 M
$CH_3CO_2^-(aq) + H_2O(\ell) \rightleftharpoons CH_3CO_2H(aq) + OH^-(aq)$
$K_b = 5.6 \times 10^{-10} = [x][x]/(0.060 - x)$
$x = [OH^-] = [CH_3CO_2H] = 5.8 \times 10^{-6}$ M
pOH = 5.24; pH = 8.76

16.9 $H_2C_2O_4(aq) + H_2O(\ell) \rightleftharpoons H_3O^+(aq) + HC_2O_4^-(aq)$
$K_{a1} = 5.9 \times 10^{-2} = [x][x]/(0.10 - x)$
The x in the denominator cannot be dropped. This equation must be solved with the quadratic formula or by successive approximations.
$x = [H_3O^+] = [HC_2O_4^-] = 5.3 \times 10^{-2}$ M
pH = 1.28
$K_{a2} = [H_3O^+][C_2O_4^{2-}]/[HC_2O_4^-]$; because $[H_3O^+]$ $= [HC_2O_4^-]$
$[C_2O_4^{2-}] = K_{a2} = 6.4 \times 10^{-5}$ M

확인문제

16.1절

1. (c) amphiprotic
2. (b) base
3. (b) acid = HNO_3 and conjugate base = NO_3^-
   (a) base = NH_3 and conjugate acid = NH_4^+
4. (c) HF/F^- and $CH_3CO_2H/CH_3CO_2^-$

16.2절

1. (b) 11.08
2. (a) 4.8×10^{-5} M
3. (d) 1.4×10^{-4} M

16.3절

1. (a) HF
2. (c) HCN
3. (a) $C_6H_5CO_2H$
4. (b) 9.25
5. (c) 10.15

16.4절

1. (b) decrease
2. (a) increase

16.5절

1. (b) product-favored
2. (b) right

16.6절

1. (a) acidic
2. (a) acidic
3. (b) basic

16.7절

1. (b) 6.3×10^{-6} M
2. (a) 2.3×10^{-5}
3. (b) pH = 8.37, $[Na^+]$ = 0.10 M, $[CHO_2^-]$ = 0.10 M, $[OH^-] = 2.4 \times 10^{-6}$ M
4. (c) greater than 7

16.8절

1. (c) 10.16

16.9절

1. (a) H_2SeO_4
2. (b) $[Fe(H_2O)_6]^{3+}$
3. (a) HOCl

16.10절

1. (b) BCl_3
2. (c) Brønsted base and (d) Lewis base

화학 원리 응용

1. $HClO_4$ ($K = 5 \times 10^{-6}$) > H_2SO_4 ($K = 2 \times 10^{-7}$) > HCl ($K = 2 \times 10^{-9}$)

3. $NH_2^-(aq) + H_2O(\ell) \rightleftharpoons NH_3(aq) + OH^-(aq)$
   The reaction is product-favored at equilibrium.

5. (a) $2\ NH_3 \rightleftharpoons NH_4^+ + NH_2^-$
   (b) The strongest acid is NH_4^+; the strongest base is NH_2^-.
   (c) HCl is a stronger acid than NH_4^+, so HCl will be completely ionized. The solution will be a strong conductor.
   (d) $O^{2-} + NH_3 \rightleftharpoons OH^- + NH_2^-$
   The reaction is product-favored at equilibrium.

학습문제

1. (a) CN^-, cyanide ion
   (b) SO_4^{2-}, sulfate ion
   (c) F^-, fluoride ion

2. (a) $H_3O^+(aq) + NO_3^-(aq)$; $H_3O^+(aq)$ is the conjugate acid of H_2O, and $NO_3^-(aq)$ is the conjugate base of HNO_3.
   (b) $H_3O^+(aq) + SO_4^{2-}(aq)$; $H_3O^+(aq)$ is the conjugate acid of H_2O, and $SO_4^{2-}(aq)$ is the conjugate base of HSO_4^-.
   (c) H_2O + HF; H_2O is the conjugate base of H_3O^+, and HF is the conjugate acid of F^-.

3. Brønsted acid: $HC_2O_4^-(aq) + H_2O(\ell) \rightleftharpoons H_3O^+(aq) + C_2O_4^{2-}(aq)$
   Brønsted base: $HC_2O_4^-(aq) + H_2O(\ell) \rightleftharpoons H_2C_2O_4(aq) + OH^-(aq)$

4.

	Acid (A)	Base (B)	Conjugate Base of A	Conjugate Acid of B
(a)	HCO_2H	H_2O	HCO_2^-	H_3O^+
(b)	H_2S	NH_3	HS^-	NH_4^+
(c)	HSO_4^-	OH^-	SO_4^{2-}	H_2O

5. $[H_3O^+] = 1.8 \times 10^{-4}$ M; acidic

6. HCl is a strong acid, so $[H_3O^+]$ = concentration of the acid.
   $[H_3O^+]$ = 0.0075 M and $[OH^-] = 1.3 \times 10^{-12}$ M.
   pH = 2.12.

7. $Ba(OH)_2$ is a strong base, so $[OH^-] = 2 \times$ concentration of the base.
$[OH^-] = 3.0 \times 10^{-3}$ M; pOH = 2.52; and pH = 11.48

8. (a) The strongest acid is HCO_2H (largest K_a) and the weakest acid is C_6H_5OH (smallest K_a).
(b) The strongest acid (HCO_2H) has the weakest conjugate base.
(c) The weakest acid (C_6H_5OH) has the strongest conjugate base.

9. (c) HClO, the weakest acid in this list (Table 16.2), has the strongest conjugate base.

10. (a) HCO_3^-. Decide based on the base strength (Table 16.2). The strongest base of the three listed examples has the weakest conjugate acid.

11. $CO_3^{2-}(aq) + H_2O(\ell) \rightleftharpoons HCO_3^-(aq) + OH^-(aq)$

12. Highest pH, Na_2S; lowest pH, $AlCl_3$ (which gives the weak acid $[Al(H_2O)_6]^{3+}$ in solution)

13. $pK_a = 4.19$

14. $K_a = 3.0 \times 10^{-10}$; in Table 16.2, this acid falls between hexaaquairon(II) ion and the hydrogen carbonate ion.

15. 2-Chlorobenzoic acid is the stronger acid; it has the smaller pK_a value.

16. $K_b = 7.1 \times 10^{-12}$

17. $K_b = 6.3 \times 10^{-5}$

18. $CH_3CO_2H(aq) + HCO_3^-(aq) \rightleftharpoons CH_3CO_2^-(aq) + H_2CO_3(aq)$

Equilibrium lies predominantly to the right because CH_3CO_2H is a stronger acid than H_2CO_3.

19. (a) Left; NH_3 and HBr are the stronger base and acid, respectively.
(b) Left; PO_4^{3-} and CH_3CO_2H are the stronger base and acid, respectively.
(c) Right; $[Fe(H_2O)_6]^{3+}$ and HCO_3^- are the stronger acid and base, respectively.

20. (a) $OH^-(aq) + HPO_4^{2-}(aq) \rightleftharpoons H_2O(\ell) + PO_4^{3-}(aq)$
(b) OH^- is a stronger base than PO_4^{3-}, so the equilibrium will lie to the right.

21. (a) $CH_3CO_2H(aq) + HPO_4^{2-}(aq) \rightleftharpoons CH_3CO_2^-(aq) + H_2PO_4^-(aq)$
(b) CH_3CO_2H is a stronger acid than $H_2PO_4^-$, so the equilibrium will lie to the right.

22. (a) 2.1×10^{-3} M; (b) $K_a = 3.5 \times 10^{-4}$

23. $K_b = 6.6 \times 10^{-9}$

24. (a) $[H_3O^+] = 1.6 \times 10^{-4}$ M
(b) Moderately weak; $K_a = 1.1 \times 10^{-5}$

25. $[CH_3CO_2^-] = [H_3O^+] = 1.9 \times 10^{-3}$ M and $[CH_3CO_2H] = 0.20$ M

26. $[H_3O^+] = [CN^-] = 3.2 \times 10^{-6}$ M; [HCN] = 0.025 M; pH = 5.50

27. $[NH_4^+] = [OH^-] = 1.6 \times 10^{-3}$ M; $[NH_3] = 0.15$ M; pH = 11.22

28. $[OH^-] = 0.010$ M; pH = 12.01; pOH = 1.99

29. pH = 3.25

30. $[H_3O^+] = 1.1 \times 10^{-5}$ M; pH = 4.98

31. $[HCN] = [OH^-] = 3.3 \times 10^{-3}$ M; $[H_3O^+] = 3.0 \times 10^{-12}$ M; $[Na^+] = 0.441$ M

32. $[H_3O^+] = 1.5 \times 10^{-9}$ M; pH = 8.81

33. (a) The reaction produces acetate ion, the conjugate base of acetic acid. The solution is weakly basic. pH is greater than 7.
(b) The reaction produces NH_4^+, the conjugate acid of NH_3. The solution is weakly acidic. pH is less than 7.
(c) The reaction mixes equal molar amounts of strong base and strong acid. The solution will be neutral. pH will be 7.

34. $H_2C_2O_4(aq) + H_2O(\ell) \rightleftharpoons HC_2O_4^-(aq) + H_3O^+(aq)$
$HC_2O_4^-(aq) + H_2O(\ell) \rightleftharpoons C_2O_4^{2-}(aq) + H_3O^+(aq)$

35. $H_2C_2O_4(aq) + H_2O(\ell) \rightleftharpoons HC_2O_4^-(aq) + H_3O^+(aq)$ $K_{a1} = 5.2 \times 10^{-2}$
$HC_2O_4^-(aq) + H_2O(\ell) \rightleftharpoons H_2C_2O_4(aq) + OH^-(aq)$ $K_{b2} = 1.9 \times 10^{-13}$
Sum: $2\ H_2O(\ell) \rightleftharpoons H_3O^+(aq) + OH^-(aq)$
$K_w = K_{a1} \times K_{b2} = 1.0 \times 10^{-14}$

36. (a) pH = 1.17; (b) $[SO_3^{2-}] = 6.2 \times 10^{-8}$ M

37. (a) $[OH^-] = [N_2H_5^+] = 9.2 \times 10^{-5}$ M; $[N_2H_6^{2+}] = 8.9 \times 10^{-16}$ M
(b) pH = 9.96

38. HOCN should be a stronger acid than HCN because the H atom in HOCN is attached to the more electronegative O atom. The electron attachment enthalpy of OCN is thus more negative than that of CN, which stabilizes the conjugate base that forms and makes the ionization of HOCN more product-favored.

39. The S atom is surrounded by four highly electronegative O atoms. These help stabilize the conjugate base that needs to form so that the negative charge is more readily accepted.

40. (a) Lewis base
(b) Lewis acid
(c) Lewis base (owing to lone pair of electrons on the N atom)

41. CO is a Lewis base in its reactions with transition metal atoms. It donates a lone pair of electrons on the C atom.

42. pH = 2.671

43. Both $Ba(OH)_2$ and $Sr(OH)_2$ dissolve completely in water to provide M^{2+} and OH^- ions. 2.50 g $Sr(OH)_2$ in 1.00 L of water gives $[Sr^{2+}] = 0.021$ M and $[OH^-] = 0.041$ M. The concentration of OH^- is reflected in a pH of 12.61.

44. $H_2S(aq) + CH_3CO_2^-(aq) \rightleftharpoons CH_3CO_2H(aq) + HS^-(aq)$
The equilibrium lies to the left and favors the reactants.

45. $[X^-] = [H_3O^+] = 3.0 \times 10^{-3}$ M; $[HX] = 0.007$ M;
pH = 2.52

46. $K_a = 1.4 \times 10^{-5}$; $pK_a = 4.86$

47. pH = 5.84

48. (a) Ethylamine is a stronger base than ethanolamine.
(b) For ethylamine, the pH of the solution is 11.82.

49. pH = 7.66

50. Acidic: $NaHSO_4$, NH_4Br, $FeCl_3$
Neutral: $KClO_4$, $NaNO_3$, LiBr
Basic: Na_2CO_3, $(NH_4)_2S$, Na_2HPO_4
Highest pH: $(NH_4)_2S$, lowest pH: $NaHSO_4$

51. $K_{net} = K_{a1} \times K_{a2} = 3.8 \times 10^{-6}$

52. For the reaction $HCO_2H(aq) + OH^-(aq) \rightarrow H_2O(\ell) + HCO_2^-(aq)$,
$K_{net} = K_a$ (for HCO_2H) $\times [1/K_w] = 1.8 \times 10^{10}$

53. To double the percent ionization, you must dilute 100 mL of solution to 400 mL.

54. $H_2O > H_2C_2O_4 > HC_2O_4^- = H_3O^+ > C_2O_4^{2-} > OH^-$

55. Measure the pH of 0.1 M solutions of the three bases. The solution containing the strongest base will have the highest pH. The solution having the weakest base will have the lowest pH.

56. The possible cation–anion combinations are NaCl(neutral), NaOH (basic), NH_4Cl (acidic), NH_4OH (basic), HCl (acidic), and H_2O (neutral).
A = H^+ solution; B = NH_4^+ solution; C = Na^+ solution;
Y = Cl^- solution; Z = OH^- solution

57. $K_a = 3.0 \times 10^{-5}$

58. (a) Aniline is both a Bronsted and a Lewis base. As a proton acceptor it gives $C_6H_5NH_3^+$. The N atom can also donate an electron pair to give a Lewis acid–base adduct, $F_3B \leftarrow NH_2C_6H_5$.
(b) pH = 7.97

59. Water can both accept a proton (a Bronsted base) and donate a lone pair (a Lewis base). Water can also donate a proton (Bronsted acid), but it cannot accept a pair of electrons (and act as a Lewis acid).

60. (a) HOCl is the strongest acid (smallest pK_a and largest K_a), and HOI is the weakest acid.
(b) Cl is more electronegative than Br or I, so the OCl^- anion is more stable than the other two oxoanions.

61. (a) $HClO_4 + H_2SO_4 \rightleftharpoons ClO_4^- + H_3SO_4^+$
(b) The O atoms on sulfuric acid have lone pairs of electrons that can be used to bind to an H^+ ion.

:Ö:
H—Ö—S—Ö—H
:O:

62. (a) $[:\ddot{I}—\ddot{I}—\ddot{I}:]^-$
(b) $I^-(aq)$ [Lewis base] + $I_2(aq)$ [Lewis acid] $\rightarrow I_3^-(aq)$

63. (a) For the weak acid HA, the concentrations at equilibrium are $[HA] = C_0 - \alpha C_0$, $[H_3O^+] = [A^-] = \alpha C_0$.
Putting these into the usual expression for K_a we have $K_a = \alpha^2 C_0/(1-\alpha)$.
(b) For 0.10 M NH_4^+, $\alpha = 7.5 \times 10^{-5}$ (reflecting the fact that NH_4^+ is a much weaker acid than acetic acid).

64. (a) Add the three equations.

$$NH_4^+(aq) + H_2O(\ell) \rightleftharpoons NH_3(aq) + H_3O^+(aq) \quad K_1 = K_w/K_b$$
$$CN^-(aq) + H_2O(\ell) \rightleftharpoons HCN(aq) + OH^-(aq) \quad K_2 = K_w/K_a$$
$$H_3O^+(aq) + OH^-(aq) \rightleftharpoons 2\,H_2O(\ell) \quad K_3 = 1/K_w$$
$$NH_4^+(aq) + CN^-(aq) \rightleftharpoons NH_3(aq) + HCN(aq) \quad K_{net} = K_1K_2K_3 = K_w/K_aK_b$$

(b) The salts NH_4CN, $NH_4CH_3CO_2$, and NH_4F have K_{net} values of 1.4, 3.1×10^{-5}, and 7.7×10^{-7}, respectively. Only in the case of NH_4CN is the base (the cyanide ion) strong enough to remove a proton from the ammonium ion and produce a significant concentration of products.
(c) NH_4CN: basic, K_b of $CN^- > K_a$ of NH_4^+
$NH_4CH_3CO_2$: neutral, K_b of $CH_3CO_2^- = K_a$ of NH_4^+
NH_4F: acidic, K_b of F^- is less than K_a of NH_4^+

Chapter 17

사례 연구

Take a Deep Breath

1. $pH = pK_a + \log[HPO_4^{2-}]/[H_2PO_4^-]$
$7.4 = 7.20 + \log[HPO_4^{2-}]/[H_2PO_4^-]$
$[HPO_4^{2-}]/[H_2PO_4^-] = 1.6$

2. Assign $x = [HPO_4^{2-}]$, then $[H_2PO_4^-] = (0.020 - x)$
$1.6 = x/(0.020 - x)$; $x = 0.012$
$[HPO_4^{2-}] = x = 0.012$ mol/L
$[H_2PO_4^-] = 0.020 - x = 0.008$ mol/L

유제

17.1 pH of 0.30 M HCO_2H:
$K_a = [H_3O^+][HCO_2^-]/[HCO_2H]$
$1.8 \times 10^{-4} = [x][x]/[0.30 - x]$

$x = 7.3 \times 10^{-3}$ M; pH = 2.13
pH of 0.30 M formic acid + 0.10 M $NaHCO_2$
$K_a = [H_3O^+][HCO_2^-]/[HCO_2H]$
$1.8 \times 10^{-4} = [x][0.10 + x]/(0.30 - x)$
$x = 5.4 \times 10^{-4}$ M; pH = 3.27

17.2

Equation	$HCO_2H + H_2O \rightleftharpoons$	H_3O^+	$+ HCO_2^-$
Initial (M)	0.50	0	0.70
Change (M)	$-x$	$+x$	$+x$
Equilibrium (M)	$0.50 - x$	x	$0.70 + x$

$K_a = 1.8 \times 10^{-4} = (x)(0.70 + x)/(0.50 - x)$
The value of x will be insignificant compared to 0.50 M and 0.70 M.
$1.8 \times 10^{-4} = (x)(0.70)/(0.50)$
$x = [H_3O^+] = 1.3 \times 10^{-4}$ M
$pH = -\log[H_3O^+] = 3.89$

17.3 (15.0 g $NaHCO_3$)(1 mol/84.01 g) = 0.179 mol $NaHCO_3$, and (18.0 g Na_2CO_3)(1 mol/106.0 g) = 0.170 mol Na_2CO_3
$pH = pK_a + \log\{[\text{base}]/[\text{acid}]\}$
$pH = -\log(4.8 \times 10^{-11}) + \log\{[0.170]/[0.179]\}$
pH = 10.32 − 0.02 = 10.30

17.4 $pH = pK_a + \log\{[\text{base}]/[\text{acid}]\}$
$5.00 = -\log(1.8 \times 10^{-5}) + \log\{[\text{base}]/[\text{acid}]\}$
$5.00 = 4.74 + \log\{[\text{base}]/[\text{acid}]\}$
[base]/[acid] = 1.8
To prepare this buffer solution, the ratio [base]/[acid] must equal 1.8. For example, you can dissolve 1.8 mol (148 g) of $NaCH_3CO_2$ and 1.0 mol (60.05 g) of CH_3CO_2H in enough water to make 1.0 L of solution.

17.5 Initial pH (before adding acid):
$pH = pK_a + \log\{[\text{base}]/[\text{acid}]\}$
$= -\log(1.8 \times 10^{-4}) + \log\{[0.70]/[0.50]\}$
= 3.74 + 0.15 = 3.89
After adding acid, the added HCl will react with the weak base (formate ion) and form more formic acid. The net effect is to change the ratio of [base]/[acid] in the buffer solution.
Initial amount HCO_2H = 0.50 mol/L × 0.500 L
= 0.25 mol
Initial amount HCO_2^- = 0.70 mol/L × 0.50 L
= 0.35 mol
Amount HCl added = 1.0 mol/L × 0.010 L
= 0.010 mol
Amount HCO_2H after HCl addition = 0.25 mol + 0.010 mol = 0.26 mol
Amount HCO_2^- after HCl addition = 0.35 mol − 0.010 mol = 0.34 mol
$pH = pK_a + \log\{[\text{base}]/[\text{acid}]\}$
$pH = -\log(1.8 \times 10^{-4}) + \log\{[0.34]/[0.26]\}$
pH = 3.74 + 0.12 = 3.86

17.6 35.0 mL base will partially neutralize the acid.
Initial amount CH_3CO_2H =
(0.100 mol/L)(0.1000 L) = 0.0100 mol
Amount NaOH added
= (0.100 mol/L)(0.0350 L) = 0.00350 mol
Amount CH_3CO_2H after reaction
= 0.0100 − 0.00350 = 0.0065 mol
Amount $CH_3CO_2^-$ after reaction = 0.0035 mol
$[CH_3CO_2H]$ after reaction = 0.0065 mol/0.1350 L
= 0.048 M
$[CH_3CO_2^-]$ after reaction = 0.00350 mol/0.1350 L
= 0.0259 M
$K_a = [H_3O^+][CH_3CO_2^-]/[CH_3CO_2H]$
$1.8 \times 10^{-5} = [x][0.0259 + x]/[0.048 - x]$
$x = [H_3O^+] = 3.3 \times 10^{-5}$ M; pH = 4.48

17.7 75.0 mL acid will partially neutralize the base.
Initial amount NH_3 = (0.100 mol/L)(0.1000 L)
= 0.0100 mol
Amount HCl added = (0.100 mol/L)(0.0750 L)
= 0.00750 mol
Amount NH_3 after reaction = 0.0100 − 0.00750
= 0.0025 mol
Amount NH_4^+ after reaction = 0.00750 mol
Solve using the Henderson–Hasselbach equation; use K_a for the weak acid NH_4^+:
$pH = pK_a + \log\{[\text{base}]/[\text{acid}]\}$
$pH = -\log(5.6 \times 10^{-10}) + \log\{[0.0025]/[0.00750]\}$
pH = 9.25 − 0.48 = 8.77

17.8 $BaF_2(s) \rightleftharpoons Ba^{2+}(aq) + 2\ F^-(aq)$
$[F^-] = 2[Ba^{2+}] = 2(3.6 \times 10^{-3}\ M) = 7.2 \times 10^{-3}$ M
$K_{sp} = [Ba^{2+}][F^-]^2 = (3.6 \times 10^{-3})(7.2 \times 10^{-3})^2$
$= 1.9 \times 10^{-7}$

17.9 $AgCN(s) \rightleftharpoons Ag^+(aq) + CN^-(aq)$
$K_{sp} = [Ag^+][CN^-]$
Let x = solubility of AgCN in mol/L
$6.0 \times 10^{-17} = x^2$
$x = 7.7 \times 10^{-9}$ mol/L
$(7.7 \times 10^{-9}$ mol AgCN/L)(133.9 g AgCN/1 mol AgCN)
$= 1.0 \times 10^{-6}$ g/L

17.10 $Ca(OH)_2(s) \rightleftharpoons Ca^{2+}(aq) + 2\ OH^-(aq)$
$K_{sp} = [Ca^{2+}][OH^-]^2$; $K_{sp} = 5.5 \times 10^{-5}$
$5.5 \times 10^{-5} = [x][2x]^2$ (where x = solubility in mol/L)
$x = 2.4 \times 10^{-2}$ mol/L
Solubility in g/L = $(2.4 \times 10^{-2}$ mol/L)(74.1 g/mol) = 1.8 g/L

17.11 (a) In pure water:
$K_{sp} = [Ba^{2+}][SO_4^{2-}]$; $1.1 \times 10^{-10} = [x][x]$;
$x = 1.0 \times 10^{-5}$ mol/L
(b) In 0.010 M $Ba(NO_3)_2$, which furnishes 0.010 M Ba^{2+} in solution:

$K_{sp} = [Ba^{2+}][SO_4^{2-}]$
$1.1 \times 10^{-10} = [0.010 + x][x]$
$x = 1.1 \times 10^{-8}$ mol/L

17.12 (a) In pure water:
$K_{sp} = [Zn^{2+}][CN^-]^2$; $8.0 \times 10^{-12} = [x][2x]^2 = 4x^3$
Solubility $= x = 1.3 \times 10^{-4}$ mol/L
(b) In 0.10 M $Zn(NO_3)_2$, which furnishes 0.10 M Zn^{2+} in solution:
$K_{sp} = [Zn^{2+}][CN^-]^2$; $8.0 \times 10^{-12} = [0.10 + x][2x]^2$
Solubility $= x = 4.5 \times 10^{-6}$ mol/L

17.13 When $[Pb^{2+}] = 1.1 \times 10^{-3}$ M, $[I^-] = 2.2 \times 10^{-3}$ M.
$Q = [Pb^{2+}][I^-]^2 = [1.1 \times 10^{-3}][2.2 \times 10^{-3}]^2$
$= 5.3 \times 10^{-9}$
This value is less than K_{sp}, which means that the system has not yet reached equilibrium and more PbI_2 will dissolve.

17.14 $K_{sp} = [Pb^{2+}][I^-]^2$. Let x be the concentration of I^- required at equilibrium.
$9.8 \times 10^{-9} = [0.050][x]^2$
$x = [I^-] = 4.4 \times 10^{-5}$ mol/L. A concentration greater than this value will result in precipitation of PbI_2.
Let x be the concentration of Pb^{2+} in solution, in equilibrium with 0.0015 M I^-.
$9.8 \times 10^{-9} = [x][1.5 \times 10^{-3}]^2$
$x = [Pb^{2+}] = 4.4 \times 10^{-3}$ M

17.15 First, determine the concentrations of Ag^+ and Cl^-; then calculate Q, and see whether it is greater than or less than K_{sp}. Concentrations are calculated using the final volume, 105.0 mL, in the equation $C_{dil} \times V_{dil} = C_{conc} \times V_{conc}$.
$[Ag^+](0.1050\ L) = (0.0010\ mol/L)(0.1000\ L)$
$[Ag^+] = 9.5 \times 10^{-4}$ M
$[Cl^-](0.1050\ L) = (0.025\ M)(0.0050\ L)$
$[Cl^-] = 1.2 \times 10^{-3}$ M
$Q = [Ag^+][Cl^-] = [9.5 \times 10^{-4}][1.2 \times 10^{-3}]$
$= 1.1 \times 10^{-6}$
Because $Q > K_{sp}$, precipitation occurs.

17.16

Equation	$[Ag(NH_3)_2]^+ \rightleftharpoons$	Ag^+ +	$2\ NH_3$
Initial (M)	0.0050	0	1.00 − 2(0.0050)
Change	$-x$	$+x$	$+2x$
Equilibrium (M)	$0.0050 - x$	x	$0.99 + 2x$

$K = 1/K_f = 1/1.1 \times 10^7 = [x][0.99]^2/0.0050$
$x = [Ag^+] = 4.6 \times 10^{-10}$ mol/L

17.17 $Cu(OH)_2(s) \rightleftharpoons Cu^{2+}(aq) + 2\ OH^-(aq)$
$K_{sp} = [Cu^{2+}][OH^-]^2$
$Cu^{2+}(aq) + 4\ NH_3(aq) \rightleftharpoons [Cu(NH_3)_4]^{2+}(aq)$
$K_{form} = [Cu(NH_3)_4{}^{2+}]/[Cu^{2+}][NH_3]^4$
Net: $Cu(OH)_2(s) + 4\ NH_3(aq) \rightleftharpoons$
$Cu(NH_3)_4{}^{2+}(aq) + 2\ OH^-(aq)$
$K_{net} = K_{sp} \times K_f = (2.2 \times 10^{-20})(2.1 \times 10^{13})$
$= 4.6 \times 10^{-7}$

확인문제

17.1절

1. (b) 5.05

17.2절

1. (a) 0.20 M KCH_3CO_2 and 0.10 M CH_3CO_2H
2. (d) 18 mL
3. (b) 9.25
4. (c) 1/1.8

17.3절

1. (b) 1.48
2. (d) 11.29
3. (c) methyl red

17.4절

1. (b) $K_{sp} = [Ag_+]^2[CO_3^{2-}]$
2. (a) AgCl
   (b) $Ca(OH)_2$
   (c) $Ca(OH)_2$
3. (b) 1.6×10^{-4} M
4. (a) 1.0×10^{-7} M
5. (a) $FeCO_3$

17.5절

1. (b) no

17.6절

1. (b) 1.9×10^{-36} M

17.7절

1. (c) 1.1×10^5

화학 원리 응용

1. 2.9×10^2 mL

3. $[Au^+] = 1.1 \times 10^{-38}$ M. Yes, the conclusion is reasonable; less than one free Au^+ ion is present per liter of solution.

5. $2\ NaAu(CN)_2(aq) + Zn(s) \rightarrow 2\ Au(s) + Na_2Zn(CN)_4(aq)$

학습문제

1. (a) Decrease pH; (b) increase pH; (c) no change in pH
2. pH = 9.25
3. pH = 4.38
4. pH = 9.12; pH of buffer is lower than the pH of the

original solution of NH_3 (pH = 11.17).

5. 4.7 g

6. pH = 4.92

7. $[CH_3CO_2H]/[CH_3CO_2^-] = 0.56$

8. (a) pH = 3.59; (b) $[HCO_2H]/[HCO_2^-] = 0.45$

9. (b) $NH_3 + NH_4Cl$

10. The buffer must have a ratio of 0.51 mol NaH_2PO_4 to 1 mol Na_2HPO_4. For example, dissolve 0.51 mol NaH_2PO_4 (61 g) and 1.0 mol Na_2HPO_4 (140 g) in some amount of water.

11. 46 mL of 1.0 M NaOH

12. (a) pH = 4.95; (b) pH = 5.05

13. (a) pH = 9.55; (b) pH = 9.50

14. (a) Original pH = 5.62
(b) $[Na^+] = 0.0323$ M, $[OH^-] = 1.5 \times 10^{-3}$ M, $[H_3O^+] = 6.5 \times 10^{-12}$ M, and $[C_6H_5O^-] = 0.0308$ M
(c) pH = 11.19

15. (a) Original NH_3 concentration = 0.0154 M
(b) At the equivalence point $[H_3O^+] = 1.9 \times 10^{-6}$ M, $[OH^-] = 5.3 \times 10^{-9}$ M, $[NH_4^+] = 6.25 \times 10^{-3}$ M.
(c) pH at equivalence point = 5.73

16. The titration curve begins at pH = 13.00 and drops slowly as HCl is added. Just before the equivalence point (when 30.0 mL of acid has been added), the curve falls steeply. The pH at the equivalence point is exactly 7. Just after the equivalence point, the curve flattens again and begins to approach the final pH of just over 1.0. The total volume at the equivalence point is 60.0 mL.

17. (a) Starting pH = 11.12
(b) pH at equivalence point = 5.28
(c) pH at midpoint (half-neutralization point) = 9.25
(d) Methyl red, bromcresol green
(e)

Acid (mL)	Added pH
5.00	9.85
15.0	9.08
20.0	8.65
22.0	8.39
30.0	2.04

18. See Figure 17.10 on page 790.
(a) Thymol blue or bromphenol blue
(b) Phenolphthalein
(c) Methyl red; thymol blue

19. (a) Silver chloride, AgCl; lead(II) chloride, $PbCl_2$
(b) Zinc carbonate, $ZnCO_3$; zinc sulfide, ZnS
(c) Iron(II) carbonate, $FeCO_3$; iron(II) oxalate, FeC_2O_4

20. (a) and (b) are soluble, (c) and (d) are insoluble.

21. (a) $AgCN(s) \rightarrow Ag^+(aq) + CN^-(aq)$, $K_{sp} = [Ag^+][CN^-]$
(b) $NiCO_3(s) \rightarrow Ni^{2+}(aq) + CO_3^{2-}(aq)$, $K_{sp} = [Ni^{2+}][CO_3^{2-}]$
(c) $AuBr_3(s) \rightarrow Au^{3+}(aq) + 3\ Br^-(aq)$, $K_{sp} = [Au^{3+}][Br^-]^3$

22. $K_{sp} = (1.9 \times 10^{-3})^2 = 3.6 \times 10^{-6}$

23. $K_{sp} = 4.37 \times 10^{-9}$

24. $K_{sp} = 1.4 \times 10^{-15}$

25. (a) 9.2×10^{-9} M; (b) 2.2×10^{-6} g/L

26. (a) 2.4×10^{-4} M; (b) 0.018 g/L

27. Only 2.1×10^{-4} g dissolves.

28. (a) $PbCl_2$; (b) FeS; (c) $Fe(OH)_2$

29. Solubility in pure water = 1.0×10^{-6} mol/L; solubility in 0.010 M SCN^- = 1.0×10^{-10} mol/L

30. (a) Solubility in pure water = 2.2×10^{-6} mg/mL
(b) Solubility in 0.020 M $AgNO_3$ = 1.0×10^{-12} mg/mL

31. $[Fe^{2+}] = 4.9 \times 10^{-3}$ M

32. (a) PbS
(b) Ag_2CO_3
(c) $Al(OH)_3$

33. $Q < K_{sp}$, so no precipitate forms.

34. $Q > K_{sp}$; $Zn(OH)_2$ will precipitate.

35. $[OH^-]$ must exceed 1.0×10^{-5} M.

36. Using K_{sp} for $Zn(OH)_2$ and K_f for $[Zn(OH)_4]^{2-}$, K_{net} for $Zn(OH)_2(s) + 2\ OH^-(aq) \rightleftharpoons [Zn(OH)_4]^{2-}(aq)$ is 1×10^1. This indicates that the reaction is definitely product-favored.

37. K_{net} for $AgCl(s) + 2\ NH_3(aq) \rightleftharpoons [Ag(NH_3)_2]^+(aq) + Cl^-(aq)$is 2.0×10^{-3}. When all the AgCl dissolves, $[Ag(NH_3)_2^+] = [Cl^-] = 0.050$ M. To achieve these concentrations, $[NH_3]$ must be 1.12 M. Therefore, the amount of NH_3 added must be 2×0.050 mol/L (to react with the AgCl) plus 1.12 mol/L (to achieve the proper equilibrium concentration). The total is 1.22 mol/L NH_3.

38. (a) Solubility in pure water = 1.3×10^{-5} mol/L or 0.0019 g/L.
(b) K_{net} for $AgCl(s) + 2\ NH_3(aq) \rightleftharpoons [Ag(NH_3)_2]^+(aq) + Cl^-(aq)$ is 2.0×10^{-3}.
When using 1.0 M NH_3, the concentrations of species in solution are $[Ag(NH_3)_2]^+ = [Cl^-] = 0.041$ M and so $[NH_3] = 1.0 - 2(0.041)$ M or about 0.9 M.
The amount of AgCl dissolved is 0.041 mol/L or 5.88 g/L.

39. (a) $NaBr(aq) + AgNO_3(aq) \rightarrow NaNO_3(aq) + AgBr(s)$
(b) $2\ KCl(aq) + Pb(NO_3)_2(aq) \rightarrow 2\ KNO_3(aq) + PbCl_2(s)$

40. $Q > K_{sp}$, so $BaSO_4$ precipitates.

41. $[H_3O^+] = 1.9 \times 10^{-10}$ M; pH = 9.73

42. $BaCO_3 < Ag_2CO_3 < Na_2CO_3$

43. Original pH = 8.62; dilution will not affect the pH.

44. (a) 0.100 M acetic acid has a pH of 2.87. Adding sodium acetate slowly raises the pH.
(b) Adding $NaNO_3$ to 0.100 M HNO_3 has no effect on the pH.
(c) In part (a), adding the conjugate base of a weak acid creates a buffer solution. In part (b), HNO_3 is a strong acid, but its conjugate base (NO_3^-) is so weak that the base has no effect on the complete ionization of the acid.

45. (a) pH = 4.13
(b) 0.6 g of $C_6H_5CO_2H$
(c) 8.2 mL of 2.0 M HCl should be added

46. $K = 2.1 \times 10^6$; yes, AgI forms

47. (a) 0.030 L (30. mL)
(b) 0.48 g CaC_2O_4

48. (a) $[F^-] = 1.3 \times 10^{-3}$ M
(b) $[Ca^{2+}] = 2.9 \times 10^{-5}$ M

49. (a) $PbSO_4$ will precipitate first.
(b) $[Pb^{2+}] = 5.1 \times 10^{-6}$ M

50. When $[CO_3^{2-}] = 0.050$ M, $[Ca^{2+}] = 6.8 \times 10^{-8}$ M. This means only 6.8×10^{-4}% of the ions remain, or that essentially all of the calcium ions have been removed.

51. (a) Add H_2SO_4, precipitating $BaSO_4$ and leaving $Na^+(aq)$ in solution.
(b) Add HCl or another source of chloride ion. $PbCl_2$ will precipitate, but $NiCl_2$ is water-soluble.

52. (a) $BaSO_4$ will precipitate first.
(b) $[Ba^{2+}] = 1.8 \times 10^{-7}$ M

53. (a) pH = 2.81
(b) pH at equivalence point = 8.72
(c) pH at the midpoint = pK_a = 4.62
(d) Phenolphthalein
(e) After 10.0 mL, pH = 4.39.
After 20.0 mL, pH = 5.07.
After 30.0 mL, pH = 11.84.
(f) A plot of pH versus volume of NaOH added would begin at a pH of 2.81, rise slightly to the midpoint at pH = 4.62, and then begin to rise more steeply as the equivalence point is approached (when the volume of NaOH added is 27.0 mL). The pH rises vertically through the equivalence point, and then begins to level off above a pH of about 11.0.

54. The K_b value for ethylamine (4.27×10^{-4}) is found in Appendix I.
(a) pH = 11.89
(b) Midpoint pH = 10.63
(c) pH = 10.15
(d) pH = 5.93 at the equivalence point
(e) pH = 2.13
(f) Titration curve

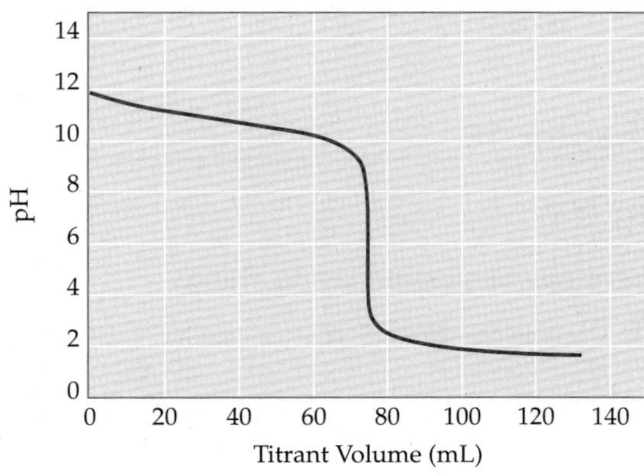

(g) Alizarin or bromcresol purple (see Figure 17.10)

55. 110 mL NaOH

56. Add dilute HCl, say 1 M HCl, to a solution of the salts. Both AgCl and $PbCl_2$ will precipitate, but Cu^{2+} ions will stay in solution (as $CuCl_2$ is water-soluble).
Decant off the copper-containing solution to leave a precipitate of white AgCl and $PbCl_2$. Lead(II) chloride ($K_{sp} = 1.7 \times 10^{-5}$) is much more soluble than AgCl ($K_{sp} = 1.8 \times 10^{-10}$). Warming the precipitates in water will dissolve the $PbCl_2$ and leave the AgCl as a white solid.

57. $Cu(OH)_2$ will dissolve in a nonoxidizing acid such as HCl, whereas CuS will not.

58. When Ag_3PO_4 dissolves slightly, it produces a small concentration of the phosphate ion, PO_4^{3-}. This ion is a strong base and hydrolyzes to HPO_4^{2-}. As this reaction removes the PO_4^{3-} ion from equilibrium with Ag_3PO_4, the equilibrium shifts to the right, producing more PO_4^{3-} and Ag^+ ions. Thus, Ag_3PO_4 dissolves to a greater extent than might be calculated from a K_{sp} value (unless the K_{sp} value was actually determined experimentally).

59. (a) Base is added to increase the pH. The added base reacts with acetic acid to form more acetate ions in the mixture. Thus, the fraction of acid declines and the fraction of conjugate base rises (i.e., the ratio $[CH_3CO_2H]/[CH_3CO_2^-]$ decreases) as the pH rises.
(b) At pH = 4, acid predominates (85% acid and 15% acetate ions). At pH = 6, acetate ions predominate (95% acetate ions and 5% acid).
(c) At the point the lines cross, $[CH_3CO_2H] = [CH_3CO_2^-]$. At this point pH = pK_a, so pK_a for acetic acid is 4.74.

60. (a) C—C—C angle, 120°; O—C=O, 120°; C—O—H, 109°; C—C—H, 120°
(b) Both the ring C atoms and the C in CO_2H are sp^2 hybridized.
(c) $K_a = 1 \times 10^{-3}$
(d) 10%
(e) pH at half-way point = pK_a = 3.0; pH at equivalence

point = 7.3

Chapter 18

사례 연구

Thermodynamics and Living Things

1. Creatine phosphate + $H_2O \rightarrow$ creatine + HP_i

$\Delta_rG° = -43.3$ kJ/mol

Adenosine + $HP_i \rightarrow$ adenosine monophosphate + H_2O

$\Delta_rG° = +9.2$ kJ/mol

Net reaction (sum of the two reactions):

Creatine phosphate + adenosine $\rightarrow$ creatine + adenosine monophosphate

For this, $\Delta_rG° = -43.3$ kJ/mol + 9.2 kJ/mol = −34.1 kJ/mol. The negative value indicates that the transfer of phosphate from creatine phosphate to adenosine is product-favored.

2. $\Delta_rG°' = \Delta_rG° + RT \ln[C][H_3O^+]/[A][B] = \Delta_rG° + (8.31 \times 10^{-3}\text{ kJ/mol}\cdot\text{K})(298\text{ K}) \ln[1][1 \times 10^{-7}]/[1][1]$

$\Delta_rG°' = \Delta_rG° - 39.9$ kJ/mol

유제

18.1 (a) O_3; larger molecules generally have higher entropies than smaller molecules.

(b) $SnCl_4$(g); gases have higher entropies than liquids.

18.2 (a) $\Delta_rS° = \Sigma nS°(\text{products}) - \Sigma nS°(\text{reactants})$

$\Delta_rS° = (1\text{ mol/mol-rxn})\ S°[NH_4Cl(aq)] - (1\text{ mol/mol-rxn})\ S°[NH_4Cl(s)]$

$\Delta_rS° = (1\text{ mol/mol-rxn})(169.9\text{ J/mol}\cdot\text{K}) - (1\text{ mol/mol-rxn})(94.85\text{ J/mol}\cdot\text{K})$

$= 75.1\text{ J/K}\cdot\text{mol-rxn}$

A gain in entropy for the formation of a mixture (solution) is expected.

(b) $\Delta_rS° = (2\text{ mol }CO_2\text{/mol-rxn})\ S°(CO_2) + (3\text{ mol }H_2O\text{/mol-rxn})\ S°(H_2O) - [(1\text{ mol }C_2H_5OH\text{/mol-rxn})\ S°(C_2H_5OH) + (3\text{ mol }O_2\text{/mol-rxn})\ S°(O_2)]$

$\Delta_rS° = (2\text{ mol/mol-rxn})(213.74\text{ J/mol}\cdot\text{K}) + (3\text{ mol/mol-rxn})(188.84\text{ J/mol}\cdot\text{K}) - [(1\text{ mol/mol-rxn})(282.70\text{ J/mol}\cdot\text{K}) + (3\text{ mol/mol-rxn})(205.07\text{ J/mol}\cdot\text{K})]$

$\Delta_rS° = +96.09\text{ J/K}\cdot\text{mol-rxn}$

An increase in entropy is expected because there is a increase in the number of moles of gases.

18.3 $\Delta S°(\text{system}) = \Delta_rS° = \Sigma nS°(\text{products}) - \Sigma nS°(\text{reactants})$

$\Delta_rS° = (2\text{ mol HCl/mol-rxn})\ S°[HCl(g)] - \{(1\text{ mol }H_2\text{/mol-rxn})\ S°[H_2(g)] + (1\text{ mol }Cl_2\text{/mol-rxn})\ S°[Cl_2(g)]\}$

$= (2\text{ mol HCl/mol-rxn})(186.2\text{ J/K}\cdot\text{mol HCl}) - \{(1\text{ mol }H_2\text{/mol-rxn})(130.7\text{ J/K}\cdot\text{mol }H_2) + (1\text{ mol }Cl_2\text{/mol-rxn})(223.08\text{ J/K}\cdot\text{mol }Cl_2(g)\}$

$= 18.6\text{ J/K}\cdot\text{mol-rxn}$

$\Delta_rH° = \Sigma n\Delta_fH°(\text{products}) - \Sigma n\Delta_fH°(\text{reactants})$

$\Delta_rH° = (2\text{ mol HCl/mol-rxn})\ \Delta_fH°[HCl(g)] - \{(1\text{ mol }H_2\text{/mol-rxn})\ \Delta_fH°[H_2(g)] + (1\text{ mol }Cl_2\text{/mol-rxn})\ \Delta_fH°[Cl_2(g)]\}$

$= (2\text{ mol HCl/mol-rxn})(-92.31\text{ kJ/mol HCl}) - \{(1\text{ mol }H_2\text{/mol-rxn})(0\text{ kJ/mol }H_2) + (1\text{ mol }Cl_2\text{/mol-rxn})\ (0\text{ kJ/mol }Cl_2(g)\}$

$= -184.62\text{ kJ/mol-rxn}$

Both $\Delta_rH°$ (< 0) and $\Delta_rS°$ (> 0) are favorable, so this reaction is predicted to be spontaneous under standard conditions.

$\Delta S°(\text{surroundings}) = -\Delta_rH°/T$

$= -(-184.62\text{ kJ/mol-rxn})/298.15\text{ K}$

$= 0.61922\text{ kJ/K}\cdot\text{mol-rxn} = 619.22\text{ J/K}\cdot\text{mol-rxn}$

$\Delta S°(\text{universe}) = \Delta S°(\text{system}) + \Delta S°(\text{surroundings})$

$= 18.6\text{ J/K}\cdot\text{mol-rxn} + 619.22\text{ J/K}\cdot\text{mol-rxn}$

$= 637.8\text{ J/K}\cdot\text{mol-rxn}$

$\Delta S°(\text{universe}) > 0$, so the reaction is spontaneous under standard conditions.

18.4 For the reaction $N_2(g) + 3\ H_2(g) \rightarrow 2\ NH_3(g)$:

$\Delta_rH° = (2\text{ mol/mol-rxn})\ \Delta_fH°$ for $NH_3(g)$

$= (2\text{ mol/mol-rxn})(-45.90\text{ kJ/mol})$

$= -91.80\text{ kJ/mol-rxn}$

$\Delta_rS° = (2\text{ mol/mol-rxn})\ S°(NH_3) - [(1\text{ mol/mol-rxn})\ S°(N_2) + (3\text{ mol/mol-rxn})\ S°(H_2)]$

$\Delta_rS° = (2\text{ mol/mol-rxn})(192.77\text{ J/ mol}\cdot\text{K}) - [(1\text{ mol/mol-rxn})(191.56\text{ J/mol}\cdot\text{K}) + (3\text{ mol/mol-rxn})(130.7\text{ J/mol}\cdot\text{K})]$

$\Delta_rS° = -198.1\text{ J/K}\cdot\text{mol-rxn}$ ($= -0.1981\text{ kJ/K}\cdot\text{mol-rxn}$)

$\Delta_rG° = \Delta_rH° - T\Delta_rS°$

$= -91.80\text{ kJ/mol-rxn} - (298\text{ K})(-0.1981\text{ kJ/K}\cdot\text{mol-rxn})$

$\Delta_rG° = -32.8\text{ kJ/mol-rxn}$

18.5 $SO_2(g) + \frac{1}{2}\ O_2(g) \rightarrow SO_3(g)$

$\Delta_rG° = \Sigma n\Delta_fG°(\text{products}) - \Sigma n\Delta_fG°(\text{reactants})$

$\Delta_rG° = (1\text{ mol/mol-rxn})\Delta_fG°[SO_3(g)] - \{(1\text{ mol/mol-rxn})\Delta_fG°[SO_2(g)] + (0.5\text{ mol/mol-rxn})\Delta_fG°[O_2(g)]\}$

$\Delta_rG° = -371.04\text{ kJ/mol-rxn} - (-300.13\text{ kJ/mol-rxn} + 0\text{ kJ/mol-rxn})$

$= -70.91\text{ kJ/mol-rxn}$

18.6 $HgO(s) \rightarrow Hg(\ell) + \frac{1}{2}\ O_2(g)$; determine the temperature at which $\Delta_rG° = \Delta_rH° - T\Delta_rS° = 0$.

T is the unknown in this problem.

$\Delta_rH° = [-\Delta_fH°$ for $HgO(s)] = 90.83\text{ kJ/mol-rxn}$

$\Delta_rS° = S°[Hg(\ell)] + \frac{1}{2}\ S°(O_2) - S°[HgO(s)]$

$\Delta_rS° = (1\text{ mol/mol-rxn})(76.02\text{ J/mol}\cdot\text{K}) + [(0.5\text{ mol/mol-rxn})(205.07\text{ J/mol}\cdot\text{K}) - (1\text{ mol/mol-rxn})(70.29\text{ J/mol}\cdot\text{K})]$

$= 108.27\text{ J/K}\cdot\text{mol-rxn}$

$\Delta_rH° - T(\Delta_rS°) = 0 = 90{,}830\text{ J/mol-rxn}$

$- T(108.27\text{ J/K}\cdot\text{mol-rxn})$

$T = 839\text{ K }(566\text{ °C})$

18.7 $CaCO_3(s) \rightleftharpoons CaO(s) + CO_2(g)$

$\Delta_r G° = \Sigma n\Delta_f G°(\text{products}) - \Sigma n\Delta_f G°(\text{reactants})$

$\Delta_r G° = \Delta_f G°(CaO) + \Delta_f G°(CO_2) - \Delta_f G°(CaCO_3)$

$\Delta_r G° = (1\text{ mol CaO/mol-rxn})(-603.42\text{ kJ/mol CaO})$
$+ (1\text{ mol }CO_2\text{/mol-rxn})(-394.359\text{ kJ/mol }CO_2)$
$- (1\text{ mol }CaCO_3\text{/mol-rxn})(-1129.16\text{ kJ/mol }CaCO_3)$

$\Delta_r G° = 131.38\text{ kJ/mol-rxn}$

$\Delta_r G° = -RT\ln K$

131,380 J/mol-rxn
$= -(8.3145\text{ J/mol-rxn}\cdot\text{K})(298.15\text{ K})(\ln K)$

$K_p = 9.62 \times 10^{-24}$

18.8 $C(s) + CO_2(g) \rightleftharpoons 2\,CO(g)$

$\Delta_r G° = \Sigma n\Delta_f G°(\text{products}) - \Sigma n\Delta_f G°(\text{reactants})$

$\Delta_r G° = 2\Delta_f G°(CO) - \Delta_f G°(CO_2)$

$\Delta_r G° = (2\text{ mol/mol-rxn})(-137.17\text{ kJ/mol})$
$- (1\text{ mol/mol-rxn})(-394.36\text{ kJ/mol})$

$\Delta_r G° = 120.02\text{ kJ/mol-rxn}$

$\Delta_r G° = -RT\ln K$

120,020 J/mol-rxn
$= -(8.3145\text{ J/mol-rxn}\cdot\text{K})(298.15\text{ K})(\ln K)$

$K = 9.41 \times 10^{-22}$

확인문제

18.1절

1. (b) toward equilibrium
2. (b) false
3. (b) sometimes spontaneous

18.2절

1. (c) > 0
2. (c) dispersed
3. (b) 3.19 J/K

18.3절

1. (b) increases
2. (c) 2.5×10^{-23} J/K

18.4절

1. (c) $NaCl(s) < H_2O(\ell) < NH_3(g)$
2. (c) $\Delta_r S° > 0$
3. (a) −326.6 J/K · mol-rxn

18.5절

1. (b) −121.6 J/K · mol-rxn
2. (d) 1320 J/K · mol-rxn
3. (b) at higher temperatures

18.6절

1. (d) less, less
2. (a) product-favored at equilibrium

18.7절

1. (c) −2155 kJ/mol-rxn
2. (a) −225 kJ/mol-rxn
3. (c) 23 kJ/mol-rxn

화학 원리 응용

1. C(diamond) → C(graphite)
   (a) $\Delta_r G° = -2.900$ kJ/mol-rxn; $K = 3.22$
   (b) $\Delta_r H° = -1.8$ kJ/mol-rxn; $\Delta_r S° = 3.2$ J/K · mol-rxn $= 0.0032$ kJ/K · mol; $\Delta_r G° = -5.0$ kJ/mol-rxn; $K = 1.8$
   Though still favoring graphite, the equilibrium has shifted more toward diamond.
   (c) Greater pressures favor the formation of diamond, which is more dense than graphite.
   (d) The rate of reaction is negligibly slow at room temperature.

학습문제

1. (a) For a given substance at a given temperature, a gas always has a greater entropy than the liquid. Matter and energy are more dispersed.
   (b) Liquid water at 50 °C
   (c) Ruby
   (d) One mole of N_2 at 1 bar
2. (a) $\Delta_r S° = +12.7$ J/K · mol-rxn. Entropy increases.
   (b) $\Delta_r S° = -102.56$ J/K · mol-rxn. Significant decrease in entropy.
   (c) $\Delta_r S° = +93.3$ J/K · mol-rxn. Entropy increases.
   (d) $\Delta_r S° = -129.7$ J/K · mol-rxn. The solution has a smaller entropy (with H^+ forming H_3O^+ and hydrogen bonding occurring) than HCl in the gaseous state.
3. (a) $\Delta_r S° = +9.3$ J/K · mol-rxn
   (b) $\Delta_r S° = -294.0$ J/K · mol-rxn
4. (a) $\Delta_r S° = -507.3$ J/K · mol-rxn; entropy declines as a gaseous reactant is incorporated in a solid compound.
   (b) $\Delta_r S° = +313.25$ J/K · mol-rxn; entropy increases as five molecules (three of them in the gas phase) form six molecules of products (all gases).
5. $\Delta S°(\text{system}) = -134.2$ J/K · mol-rxn; $\Delta H°(\text{system}) = -662.75$ kJ/mol-rxn; $\Delta S°(\text{surroundings}) = +2222.9$ J/K · mol-rxn; $\Delta S°(\text{universe}) = +2088.8$ J/K · mol-rxn.

The reaction is spontaneous under standard conditions.

6. $\Delta S°$(system) = +163.3 J/K · mol-rxn; $\Delta H°$(system) = +285.83 kJ/mol-rxn; $\Delta S°$(surroundings) = −958.68 J/K · mol-rxn; $\Delta S°$(universe) = −795.4 J/K · mol-rxn
The reaction is not spontaneous because the overall entropy change in the universe is negative. The reaction is disfavored by energy dispersal.

7. (a) Type 2. The reaction is enthalpy-favored but entropy-disfavored. It is more favorable at low temperatures.
(b) Type 4. This endothermic reaction is not favored by the enthalpy change nor is it favored by the entropy change. It is not spontaneous under standard conditions at any temperature.

8. (a) $\Delta_r H°$ = −438 kJ/mol-rxn; $\Delta_r S°$ = −201.7 J/K · mol-rxn; $\Delta_r G°$ = −378 kJ/mol-rxn.
The reaction is product-favored at equilibrium and is enthalpy-driven.
(b) $\Delta_r H°$ = −86.61 kJ/mol-rxn; $\Delta_r S°$ = −79.4 J/K · mol-rxn; $\Delta_r G°$ = −62.9 kJ/mol-rxn.
The reaction is product-favored at equilibrium.
The enthalpy change favors the reaction.

9. (a) $\Delta_r H°$ = +116.7 kJ/mol-rxn;
$\Delta_r S°$ = +168.0 J/K · mol-rxn;
$\Delta_f G°$ = +66.6 kJ/mol
(b) $\Delta_r H°$ = −425.93 kJ/mol-rxn;
$\Delta_r S°$ = −154.6 J/K · mol-rxn;
$\Delta_f G°$ = −379.82 kJ/mol
(c) $\Delta_r H°$ = +17.51 kJ/mol-rxn;
$\Delta_r S°$ = +77.95 J/K · mol-rxn;
$\Delta_f G°$ = −5.73 kJ/mol
The reactions in (b) and (c) are predicted to be product-favored under standard conditions.

10. (a) $\Delta_r G°$ = −817.54 kJ/mol-rxn; product-favored
(b) $\Delta_r G°$ = +256.6 kJ/mol-rxn; reactant-favored
(c) $\Delta_r G°$ = −1101.14 kJ/mol-rxn; product-favored

11. $\Delta_f G°$ [$BaCO_3$(s)] = −1134.4 kJ/mol

12. (a) $\Delta_r H°$ = +66.2 kJ/mol-rxn;
$\Delta_r S°$ = −121.62 J/K · mol-rxn;
$\Delta_r G°$ = +102.5 kJ/mol-rxn
Both the enthalpy and the entropy changes are unfavorable. There is no temperature at which the reaction will be product-favored at equilibrium.
This is a case like that in the right panel in Figure 18.11 and is a Type 4 reaction (Table 18.1). As the temperature increases, the reaction becomes even more reactant-favored (the value of $\Delta_r G°$ becomes more positive).
(b) $\Delta_r H°$ = −221.05 kJ/mol-rxn;
$\Delta_r S°$ = +179.1 J/K · mol-rxn;
$\Delta_r G°$ = −274.45 kJ/mol-rxn
The reaction is favored by both enthalpy and entropy and is product-favored at all temperatures.
This is a case like that in the left panel in Figure 18.11 and is a Type 1 reaction. As the temperature increases, the reaction becomes even more product-favored (the value of $\Delta_r G°$ becomes more negative).
(c) $\Delta_r H°$ = −179.0 kJ/mol-rxn;
$\Delta_r S°$ = −160.2 J/K · mol-rxn;
$\Delta_r G°$ = −131.23 kJ/mol-rxn
The reaction is favored by the enthalpy change but disfavored by the entropy change. The reaction becomes less product-favored as the temperature increases; it is a case like the red line in the middle panel of Figure 18.11.
(d) $\Delta_r H°$ = +822.2 kJ/mol-rxn;
$\Delta_r S°$ = +181.28 J/K · mol-rxn;
$\Delta_r G°$ = +768.19 kJ/mol-rxn
The reaction is not favored by the enthalpy change but favored by the entropy change. The reaction becomes more product-favored as the temperature increases; it is a case like the blue line in the middle panel of Figure 18.11.

13. (a) $\Delta_r S°$ = +174.75 J/K · mol-rxn;
$\Delta_r H°$ = +116.94 kJ/mol-rxn
(b) $\Delta_r G°$ = +64.84 kJ/mol-rxn. The reaction is not product-favored under standard conditions at 298.15 K.
(c) As the temperature increases, $\Delta_r S°$ becomes more important, so $\Delta_r G°$ can become negative at a sufficiently high temperature and the reaction is product-favored.

14. $K_p = 6.8 \times 10^{-16}$. Note that K_p is very small and that $\Delta G°$ is positive. Both indicate a process that is reactant-favored at equilibrium.

15. $\Delta_r G°$ = −100.24 kJ/mol-rxn and $K_p = 3.6 \times 10^{17}$.
Both the free energy change and K indicate a process that is product-favored at equilibrium.

16. (a) $\Delta_r G°$ = −32.74 kJ/mol-rxn. The reaction is product-favored at equilibrium.
(b) $\Delta_r G$ = −21.33 kJ/mol-rxn. The reaction is spontaneous in the forward direction.

17. (a) HBr(g)
(b) NH_4Cl(aq)
(c) C_2H_4(g)
(d) NaCl(g)

18. $\Delta_r G°$ = −98.9 kJ/mol-rxn. The reaction is productfavored at equilibrium. It is enthalpy-driven.

19. $\Delta_r H°$ = −1428.66 kJ/mol-rxn;
$\Delta_r S°$ = +47.1 J/K · mol-rxn;
$\Delta S°$(universe) = +4840 J/K · mol-rxn.
Combustion reactions are spontaneous, and this is confirmed by the sign of $\Delta S°$(universe).

20. (a) The reaction occurs spontaneously and is product-favored. Therefore, $\Delta S°$(universe) is positive and $\Delta_r G°$ is negative. The reaction is likely to be exothermic, so $\Delta_r H°$ is negative, and $\Delta S°$(surroundings) is positive. $\Delta S°$(system) is expected to be negative because two moles of gas form one mole of solid. The calculated values are as follows:

$\Delta S°$(system) $= -284.1$ J/K · mol-rxn

$\Delta_r H° = -176.34$ kJ/mol-rxn

$\Delta S°$(surroundings) $= +591.45$ J/K · mol-rxn

$\Delta S°$(universe) $= +307.4$ J/K · mol-rxn

$\Delta_r G° = -91.64$ kJ/mol-rxn

(b) $K_p = 1.1 \times 10^{16}$

21. $K_p = 1.3 \times 10^{29}$ at 298 K ($\Delta G° = -166.1$ kJ/mol-rxn). The reaction is already extremely product-favored at 298 K. A higher temperature would make the reaction less product-favored because $\Delta_r S°$ has a negative value (-242.3 J/K · mol-rxn).

22. At the boiling point, $\Delta G° = 0 = \Delta H° - T\Delta S°$. Here $\Delta S° = \Delta H°/T = 112$ J/K · mol-rxn at 351.15 K.

23. $\Delta_r S°$ is $+137.2$ J/K · mol-rxn. A positive entropy change means that raising the temperature will increase the product favorability of the reaction (because $T\Delta S°$ will become more negative).

24. The reaction is exothermic, so $\Delta_r H°$ should be negative. Also, a gas and an aqueous solution are formed, so $\Delta_r S°$ should be positive. The calculated values are $\Delta_r H° = -183.32$ kJ/mol-rxn (with a negative sign as expected) and $\Delta_r S° = -7.7$ J/K · mol-rxn.

The entropy change is slightly negative, not positive as predicted. The reason for this is the negative entropy change upon dissolving NaOH. Apparently the OH^- ions in water hydrogen-bond with water molecules, an effect that also leads to a small, negative entropy change.

25. $\Delta_r H° = +126.03$ kJ/mol-rxn; $\Delta_r S° = +78.2$ J/K · mol-rxn; and $\Delta_r G° = +103$ kJ/mol-rxn.
The reaction is not product-favored at equilibrium.

26. $\Delta_r G°$ from K value $= 4.87$ kJ/mol-rxn
$\Delta_r G°$ from free energies of formation $= 4.73$ kJ/mol-rxn

27. $\Delta_r G° = -2.27$ kJ/mol-rxn

28. (a) $\Delta_r G° = +141.82$ kJ/mol-rxn, so the reaction is not product-favored at equilibrium.

(b) $\Delta_r H° = +197.86$ kJ/mol-rxn;
$\Delta_r S° = +187.95$ J/K · mol-rxn
$T = \Delta_r H°/\Delta_r S° = 1052.7$ K or 779.6 °C

(c) $\Delta_r G°$ at 1500 °C (1773 K) $= -135.4$ kJ/mol-rxn
K_p at 1500 °C $= 1 \times 10^4$

29. $\Delta_r S° = -459.0$ J/K · mol-rxn;
$\Delta_r H° = -793$ kJ/mol-rxn; $\Delta_r G° = -657$ kJ/mol-rxn
The reaction is product-favored at equilibrium.
It is enthalpy-driven.

30. (a) $\Delta_r G°$ at 80.0 °C $= +0.14$ kJ/mol-rxn
$\Delta_r G°$ at 110.0 °C $= -0.12$ kJ/mol-rxn
Rhombic sulfur is more stable than monoclinic sulfur at 80 °C, but the reverse is true at 110 °C.

(b) $T = 370$ K or about 96 °C. This is the temperature at which the two forms are at equilibrium under standard conditions.

31. $\Delta_r G°$ at 298 K $= 22.64$ kJ/mol; reaction is not product-favored at equilibrium. It does become productfavored above 469 K (196 °C).

32. $\Delta_f G°$ [HI(g)] $= -10.9$ kJ/mol

33. (a) $\Delta_r G° = +194.8$ kJ/mol-rxn and $K = 6.7 \times 10^{-11}$

(b) The reaction is reactant-favored at equilibrium at 727 °C.

(c) Keep the pressure of CO as low as possible (by removing it during the course of the reaction).

34. $K_p = P_{Hg(g)}$ at any temperature
$K_p = 1$ at 620.3 K or 347.2 °C when $P_{Hg(g)} = 1.000$ bar
T when $P_{Hg(g)} = (1/760)$ bar is 398.3 K or 125.2 °C.

35. (a) True

(b) False. Whether an exothermic system is spontaneous also depends on the entropy change for the system.

(c) False. Reactions with $+\Delta_r H°$ and $+\Delta_r S°$ are product-favored at higher temperatures.

(d) True

36. Dissolving a solid such as NaCl in water is a productfavored process. Thus, $\Delta G° < 0$. If $\Delta H° = 0$, then the only way the free energy change can be negative is if $\Delta S°$ is positive. Generally the entropy change is the important factor in forming a solution.

37. $2\ C_2H_6(g) + 7\ O_2(g) \rightarrow 4\ CO_2(g) + 6\ H_2O(g)$

(a) Not only is this an exothermic combustion reaction, but there is also an increase in the number of molecules of gases from reactants to products.
Therefore, we would predict a positive value for $\Delta S°$ for both the system and the surroundings and thus for the universe as well.

(b) The exothermic reaction has $\Delta_r H° < 0$. Combined with a positive $\Delta S°$(system), the value of $\Delta_r G°$ is negative.

(c) The value of K_p is likely to be much greater than 1. Further, because $\Delta S°$(system) is positive, the value of K_p will be even larger at a higher temperature.
(See the left panel of Figure 18.11.)

38. Reaction 1: $\Delta_r S°_1 = -80.7$ J/K · mol-rxn
Reaction 2: $\Delta_r S°_2 = -161.60$ J/K · mol-rxn
Reaction 3: $\Delta_r S°_3 = -242.3$ J/K · mol-rxn
$\Delta_r S°_1 + \Delta_r S°_2 = \Delta_r S°_3$; entropy is a state function.

39. (a) $\Delta_r H° = -352.88$ kJ/mol-rxn and $\Delta_r S° =$

+21.31 J/K · mol-rxn. Therefore, at 298 K, $\Delta_r G° = -359.23$ kJ/mol-rxn.
(b) 4.8 g of Mg is required.

40. (a) $N_2H_4(\ell) + O_2(g) \rightarrow 2\ H_2O(\ell) + N_2(g)$
O_2 is the oxidizing agent and N_2H_4 is the reducing agent.
(b) $\Delta_r H° = -622.29$ kJ/mol-rxn and $\Delta_r S° =$ +4.87 J/K · mol-rxn. Therefore, at 298 K, $\Delta_r G° = -623.74$ kJ/mol-rxn.
(c) 0.0027 K
(d) 7.5 mol O_2
(e) 4.8×10^3 g solution
(f) 7.5 mol $N_2(g)$ occupies 170 L at 273 K and 1.0 atm of pressure.

41. Iodine dissolves readily, so the process is productfavored and $\Delta G°$ must be less than zero. Because $\Delta H° = 0$, the process is entropy-driven.

42. $CH_3OH(g) \rightarrow C(s, graphite) + 2\ H_2(g) + 1/2\ O_2(g)$
(a) The reaction becomes more product-favored at equilibrium as temperature increases.
(b) There is no temperature between 400 K and 1000 K at which the decomposition is productfavored at equilibrium.

43. (a) For the electrolysis of water: $\Delta_r G° = 474.3$ kJ.
For the formation from methane: $\Delta_r G° = 142.2$ kJ.
(b) For the electrolysis of water:
$\Delta_r G° = 237.2$ kJ/mol H_2
For the formation from methane:
$\Delta_r G° = 47.4$ kJ/mol H_2
(c) The free energy change for the formation of H_2 from methane is clearly less than that to obtain H_2 from water electrolysis.

44. (a, b)

Temperature (K)	$\Delta_r G°$ (kJ/mol)	K
298.0 K	−32.74	5.5×10^5
800.0 K	+72.9	2×10^{-5}
1300. K	+184.0	4.0×10^{-8}

(c) The largest mole fraction of NH_3 in an equilibrium mixture will be at 298 K.

Chapter 19

사례 연구

Manganese in the Oceans

1. Cathode reaction: $Mn^{3+} + e^- \rightarrow Mn^{2+}$
Anode reaction: $Mn^{3+} + 2\ H_2O \rightarrow MnO_2 + 4\ H^+ + e^-$
Net reaction: $2\ Mn^{3+} + 2\ H_2O \rightarrow MnO_2 + Mn^{2+} + 4\ H^+$
$E°_{cell} = E°(\text{cathode}) - E°(\text{anode}) =$
$1.50\ V - 0.95\ V = 0.55\ V$
The cell potential associated with this disproportionation is positive, indicating a product-favored reaction at equilibrium.

2. (a) $MnO_2 + HS^- + 3\ H^+ \rightarrow Mn^{2+} + S + 2\ H_2O$
(b) $2\ Mn^{2+} + O_2 + 2\ H_2O \rightarrow 2\ MnO_2 + 4\ H^+$

3. Cathode reaction: $O_2 + 4\ H^+ + 4\ e^- \rightarrow 2\ H_2O$ ($E° = 1.229$ V)
Anode reaction: $Mn^{2+} + 2\ H_2O \rightarrow MnO_2 + 4\ H^+ + 2\ e^-$ ($E° = 1.23$ V, from Appendix M)
$E°_{cell} = E°(\text{cathode}) - E°(\text{anode}) = 1.229\ V - 1.23\ V = 0\ V.$

유제

19.1 Oxidation half-reaction: $Al(s) \rightarrow Al^{3+}(aq) + 3\ e^-$
Reduction half-reaction: $2\ H^+(aq) + 2\ e^- \rightarrow H_2(g)$
Overall reaction: $2\ Al(s) + 6\ H^+(aq) \rightarrow 2\ Al^{3+}(aq) + 3\ H_2(g)$
Al is the reducing agent and is oxidized; $H^+(aq)$ is the oxidizing agent and is reduced.

19.2 (1) $2\ VO^{2+}(aq) + Zn(s) + 4\ H^+(aq) \rightarrow Zn^{2+}(aq) + 2\ V^{3+}(aq) + 2\ H_2O(\ell)$
$2\ V^{3+}(aq) + Zn(s) \rightarrow 2\ V^{2+}(aq) + Zn^{2+}(aq)$
(2) Oxidation (Fe^{2+}, the reducing agent, is oxidized):
$Fe^{2+}(aq) \rightarrow Fe^{3+}(aq) + e^-$
Reduction (MnO_4^-, the oxidizing agent, is reduced)
$MnO_4^-(aq) + 8\ H^+(aq) + 5\ e^- \rightarrow Mn^{2+}(aq) + 4\ H_2O(\ell)$
Overall reaction:
$MnO_4^-(aq) + 8\ H^+(aq) + 5\ Fe^{2+}(aq) \rightarrow Mn^{2+}(aq) + 5\ Fe^{3+}(aq) + 4\ H_2O(\ell)$

19.3 (a) Oxidation half-reaction:
$Al(s) + 3\ OH^-(aq) \rightarrow Al(OH)_3(s) + 3\ e^-$
Reduction half-reaction:
$S(s) + H_2O(\ell) + 2\ e^- \rightarrow HS^-(aq) + OH^-(aq)$
Overall reaction:
$2\ Al(s) + 3\ S(s) + 3\ H_2O(\ell) + 3\ OH^-(aq) \rightarrow 2\ Al(OH)_3(s) + 3\ HS^-(aq)$
(b) Aluminum is the reducing agent and is oxidized; sulfur is the oxidizing agent and is reduced.

19.4 Construct two half-cells, the first with a silver electrode and a solution containing $Ag^+(aq)$, and the second with a nickel electrode and a solution containing $Ni^{2+}(aq)$. Connect the two half-cells with a salt bridge. When the electrodes are connected through an external circuit, electrons will flow from the anode (the nickel electrode) to the cathode (the silver electrode). The overall cell reaction is $Ni(s) + 2\ Ag^+(aq) \rightarrow Ni^{2+}(aq) + 2\ Ag(s)$. To maintain electrical neutrality in the two half-cells, negative ions will flow from the Ag | Ag^+ half-cell to the Ni | Ni^{2+} half-cell, and positive ions will flow in the opposite direction.

19.5 $Zn(s)\ |\ Zn^{2+}(aq)\ ||\ SO_4^{2-}\ |\ PbSO4(s)\ |\ Pb(s)$

19.6 (a) Using Appendix M, the order determined for these metals from least strong reducing agent to strongest reducing agent is Hg < Pb < Sn. (The further down the table, the stronger the metal is as a reducing agent.)

(b) F_2, Cl_2, and Br_2 all can oxidize mercury to mercury(II); Hg is located "southeast" of them on the table. I_2 cannot oxidize mercury to mercury(II); mercury is located "northeast" rather than "southeast" of it.

19.7 Overall reaction: $2\ Al(s) + 3\ Fe^{2+}(aq) \rightarrow 2\ Al^{3+}(aq) + 3\ Fe(s)$

($E°_{cell} = 1.22$ V, $n = 6$)

$E_{cell} = E°_{cell} - (0.0257/n)\ \ln \{[Al^{3+}]^2/[Fe^{2+}]^3\}$
$= 1.22 - (0.0257/6)\ \ln \{[0.025]^2/[0.50]^3\}$
$= 1.22\ V - (-0.023)\ V = 1.24\ V$

19.8 Overall reaction: $Fe(s) + 2\ H^+(aq) \rightarrow Fe^{2+}(aq) + H_2(g)$

($E°_{cell} = 0.44$ V, $n = 2$)

$E_{cell} = E°_{cell} - (0.0257/n)\ \ln \{[Fe^{2+}]P_{H_2}/[H^+]^2\}$
$= 0.44 - (0.0257/2)\ \ln \{[0.024]1.0/[0.056]^2\}$
$= 0.44\ V - 0.026\ V = 0.41\ V$

19.9 $\Delta_r G° = -nFE°$
$= -(2\ mol\ e^-)(96{,}500\ C/mol\ e^-)(-0.76\ V)(1\ J/1\ C \cdot V)$
$= 146680\ J = 150\ kJ$

The negative value of $E°$ and the positive value of $\Delta G°$ both indicate a reactant-favored reaction.

19.10 $E°_{cell} = E°_{cathode} - E°_{anode} = 0.799\ V - 0.855\ V$
$= -0.056\ V;\ n = 2$
$E° = (0.0257/n)\ \ln K$
$-0.056 = (0.0257/2)\ \ln K$
$K = 0.013$

19.11 Cathode: $2\ H_2O(\ell) + 2\ e^- \rightarrow 2\ OH^-(aq) + H_2(g)$
$E°_{cathode} = -0.83$ V
Anode: $4\ OH^-(aq) \rightarrow O_2(g) + 2\ H_2O(\ell) + 4\ e^-$
$E°_{anode} = 0.40$ V
Overall: $2\ H_2O(\ell) \rightarrow 2\ H_2(g) + O_2(g)$
$E°_{cell} = E°_{cathode} - E°_{anode} = -0.83\ V - 0.40\ V$
$= -1.23\ V$

The minimum voltage needed to cause this reaction to occur is 1.23 V.

19.12 (1) O_2 is formed at the anode, by the reaction
$2\ H_2O(\ell) \rightarrow 4\ H^+(aq) + O_2(g) + 4\ e^-$.
$(0.445\ A)(45\ min)(60\ s/min)(1\ C/1\ A \cdot s)$
$(1\ mol\ e^-/96{,}500\ C)(1\ mol\ O_2/4\ mol\ e^-)$
$(32\ g\ O_2/1\ mol\ O_2) = 0.10\ g\ O_2$

(2) The cathode reaction (electrolysis of molten NaCl) is
$Na^+(melt) + e^- \rightarrow Na(\ell)$.
$(25 \times 10^3\ A)(60\ min)(60\ s/min)(1\ C/1\ A \cdot s)$
$(1\ mol\ e^-/96{,}500\ C)(1\ mol\ Na/mol\ e^-)$
$(23\ g\ Na/1\ mol\ Na) = 21{,}450\ g\ Na = 21\ kg$

확인문제

19.1절

1. (a) CuS
2. (d) $4\ H^+ + 3\ e^- + NO_3^- \rightarrow NO + 2\ H_2O$
3. (b) $12\ OH^- + Br_2 \rightarrow 2\ BrO_3^- + 6\ H_2O + 10\ e^-$

19.2절

1. (b) Electrons transfer from Cd to Ni.
2. (a) Cd is the anode and is negative.
3. (b) NO_3^- ions move from the Ni half-cell to the Cd half-cell, and K^+ ions move from the Cd half-cell to the Ni half-cell.

19.3절

1. (b) Lead(IV) oxide is reduced.
2. (b) Sulfuric acid is consumed.

19.4절

1. (a) 1.562 V
2. (d) Mg
3. (a) ii and iv

19.5절

1. (a) 0.47 V

19.6절

1. (b) 6.3×10^{16}

19.7절

1. (d) Ag^+

19.8절

1. (d) 1450 seconds

화학 원리 응용

1. An insulator will prevent the flow of electrons from the zinc to copper, preventing zinc from keeping the copper reduced.
3. (e) chromium
5. (a) $Cu(OH)_2(s) + 2\ e^- \rightarrow Cu(s) + 2\ OH^-(aq)$
   (b) $Zn(s) + 2\ OH^-(aq) \rightarrow Zn(OH)_2(s) + 2\ e^-$
   (c) $Cu(OH)_2(s) + Zn(s) \rightarrow Cu(s) + Zn(OH)_2(s)$
   (d) $E = 0.89$ V

학습문제

1. (a) $Cr(s) \rightarrow Cr^{3+}(aq) + 3\ e^-$
Cr is a reducing agent; this is an oxidation reaction.
(b) $AsH_3(g) \rightarrow As(s) + 3\ H^+(aq) + 3\ e^-$
AsH_3 is a reducing agent; this is an oxidation reaction.
(c) $VO_3^-(aq) + 6\ H^+(aq) + 3\ e^- \rightarrow V^{2+}(aq) + 3\ H_2O(\ell)$
$VO_3^-(aq)$ is an oxidizing agent; this is a reduction reaction.
(d) $2\ Ag(s) + 2\ OH^-(aq) \rightarrow Ag_2O(s) + H_2O(\ell) + 2e^-$
Silver is a reducing agent; this is an oxidation reaction.

2. (a) $Ag(s) \rightarrow Ag^+(aq) + e^-$
$e^- + NO_3^-(aq) + 2\ H^+(aq) \rightarrow NO_2(g) + H_2O(\ell)$
$Ag(s) + NO_3^-(aq) + 2\ H^+(aq) \rightarrow Ag^+(aq) + NO_2(g) + H_2O(\ell)$
(b) $2[MnO_4^-(aq) + 8\ H^+(aq) + 5\ e^- \rightarrow Mn^{2+}(aq) + 4\ H_2O(\ell)]$
$5[HSO_3^-(aq) + H_2O(\ell) \rightarrow SO_4^{2-}(aq) + 3\ H^+(aq) + 2\ e^-]$
$2\ MnO_4^-(aq) + H^+(aq) + 5\ HSO_3^-(aq) \rightarrow 2\ Mn^{2+}(aq) + 3\ H_2O(\ell) + 5\ SO_4^{2-}(aq)$
(c) $4[Zn(s) \rightarrow Zn^{2+}(aq) + 2\ e^-]$
$2\ NO_3^-(aq) + 10\ H^+(aq) + 8\ e^- \rightarrow N_2O(g) + 5\ H_2O(\ell)$
$4\ Zn(s) + 2\ NO_3^-(aq) + 10\ H^+(aq) \rightarrow 4\ Zn^{2+}(aq) + N_2O(g) + 5\ H_2O(\ell)$
(d) $Cr(s) \rightarrow Cr^{3+}(aq) + 3\ e^-$
$3\ e^- + NO_3^-(aq) + 4\ H^+(aq) \rightarrow NO(g) + 2\ H_2O(\ell)$
$Cr(s) + NO_3^-(aq) + 4\ H^+(aq) \rightarrow Cr^{3+}(aq) + NO(g) + 2\ H_2O(\ell)$

3. (a) $2[Al(s) + 4\ OH^-(aq) \rightarrow Al(OH)_4^-(aq) + 3\ e^-]$
$3[2\ H_2O(\ell) + 2\ e^- \rightarrow H_2(g) + 2\ OH^-(aq)]$
$2\ Al(s) + 2\ OH^-(aq) + 6\ H_2O(\ell) \rightarrow 2\ Al(OH)_4^-(aq) + 3\ H_2(g)$
(b) $2[CrO_4^{2-}(aq) + 4\ H_2O(\ell) + 3\ e^- \rightarrow Cr(OH)_3(s) + 5\ OH^-(aq)]$
$3[SO_3^{2-}(aq) + 2\ OH^-(aq) \rightarrow SO_4^{2-}(aq) + H_2O(\ell) + 2\ e^-]$
$2\ CrO_4^{2-}(aq) + 3\ SO_3^{2-}(aq) + 5\ H_2O(\ell) \rightarrow 2\ Cr(OH)_3(s) + 3\ SO_4^{2-}(aq) + 4\ OH^-(aq)$
(c) $Zn(s) + 4\ OH^-(aq) \rightarrow [Zn(OH)_4]^{2-}(aq) + 2\ e^-$
$Cu(OH)_2(s) + 2\ e^- \rightarrow Cu(s) + 2\ OH^-(aq)$
$Zn(s) + 2\ OH^-(aq) + Cu(OH)_2(s) \rightarrow [Zn(OH)_4]^{2-}(aq) + Cu(s)$
(d) $3[HS^-(aq) + OH^-(aq) \rightarrow S(s) + H_2O(\ell) + 2\ e^-]$
$ClO_3^-(aq) + 3\ H_2O(\ell) + 6\ e^- \rightarrow Cl^-(aq) + 6\ OH^-(aq)$
$3\ HS^-(aq) + ClO_3^-(aq) \rightarrow 3\ S(s) + Cl^-(aq) + 3\ OH^-(aq)$

4. Electrons flow from the Cr electrode to the Fe electrode. Negative ions move via the salt bridge from the Fe/Fe^{2+} half-cell to the Cr/Cr^{3+} half-cell (and positive ions move in the opposite direction).
Anode (oxidation): $Cr(s) \rightarrow Cr^{3+}(aq) + 3\ e^-$
Cathode (reduction): $Fe^{2+}(aq) + 2\ e^- \rightarrow Fe(s)$

5. (a) Oxidation: $Fe(s) \rightarrow Fe^{2+}(aq) + 2\ e^-$
Reduction: $O_2(g) + 4\ H^+(aq) + 4\ e^- \rightarrow 2\ H_2O(\ell)$
Overall: $2\ Fe(s) + O_2(g) + 4\ H^+(aq) \rightarrow 2\ Fe^{2+}(aq) + 2\ H_2O(\ell)$
(b) Anode, oxidation: $Fe(s) \rightarrow Fe^{2+}(aq) + 2\ e^-$
Cathode, reduction: $O_2(g) + 4\ H^+(aq) + 4\ e^- \rightarrow 2\ H_2O(\ell)$
(c) Electrons flow from the negative anode (Fe) to the positive cathode (site of the O_2 half-reaction). Negative ions move through the salt bridge from the cathode compartment in which the O_2 reduction occurs to the anode compartment in which Fe oxidation occurs (and positive ions move in the opposite direction).

6. (a) Reduction of Fe^{3+} ions by copper.
Reduction: $Fe^{3+}(aq) + e^- \rightarrow Fe^{2+}(aq)$
Oxidation: $Cu(s) \rightarrow Cu^{2+}(aq) + 2\ e^-$
Overall: $2\ Fe^{3+}(aq) + Cu(s) \rightarrow 2\ Fe^{2+}(aq) + Cu^{2+}(aq)$
(b) Reduction of Fe^{3+} ions by lead
Reduction: $Fe^{3+}(aq) + e^- \rightarrow Fe^{2+}(aq)$
Oxidation: $Pb(s) + SO_4^{2-}(aq) \rightarrow PbSO_4(s) + 2\ e^-$
Overall: $Pb(s) + SO_4^{2-}(aq) + 2\ Fe^{3+}(aq) \rightarrow PbSO_4(s) + 2\ Fe^{2+}(aq)$

7. $Cu(s)|Cu^{2+}(aq)||Cl^-(aq)|Cl_2(g)|Pt$

8. (a) All are primary batteries, not rechargeable.
(b) Dry cells and alkaline batteries have Zn anodes and are primary batteries. Ni-Cd batteries have a cadmium anode and are rechargeable.
(c) Dry cells have an acidic environment, whereas the environment is alkaline for alkaline and Ni-Cd cells.

9. (a) $E°_{cell} = -1.298$ V; not product-favored
(b) $E°_{cell} = -0.51$ V; not product-favored
(c) $E°_{cell} = -1.023$ V; not product-favored
(d) $E°_{cell} = +0.028$ V; product-favored

10. (a) $Sn^{2+}(aq) + 2\ Ag(s) \rightarrow Sn(s) + 2\ Ag^+(aq)$
$E°_{cell} = -0.94$ V; not product-favored
(b) $3\ Sn^{4+}(aq) + 2\ Al(s) \rightarrow 3\ Sn^{2+}(aq) + 2\ Al^{3+}(aq)$
$E°_{cell} = +1.81$ V; product-favored
(c) $2\ ClO_3^-(aq) + 10\ Ce^{3+}(aq) + 12\ H^+(aq) \rightarrow Cl_2(aq) + 10\ Ce^{4+}(aq) + 6\ H_2O(\ell)$
$E°_{cell} = -0.14$ V; not product-favored
(d) $3\ Cu(s) + 2\ NO_3^-(aq) + 8\ H^+(aq) \rightarrow 3\ Cu^{2+}(aq) + 2\ NO(g) + 4\ H_2O(\ell)$
$E°_{cell} = +0.62$ V; product-favored

11. (a) Al
(b) Zn and Al

(c) $Fe^{2+}(aq) + Sn(s) \rightarrow Fe(s) + Sn^{2+}(aq)$;
reactant-favored at equilibrium

(d) $Zn^{2+}(aq) + Sn(s) \rightarrow Zn(s) + Sn^{2+}(aq)$;
reactant-favored at equilibrium

12. Best reducing agent, Cr(s) (Use Appendix M.)

13. Ag^+

14. See Example 19.6
(a) F_2, most readily reduced
(b) F_2 and Cl_2

15. $E°_{cell} = +0.3923$ V. When $[Zn(OH)_4{}^{2-}] = [OH^-] = 0.025$ M and $P(H_2) = 1.0$ bar, $E_{cell} = 0.345$ V.

16. $E°_{cell} = +1.563$ V and $E_{cell} = +1.58$ V

17. $E°_{cell} = +1.563$ V. When $E_{cell} = 1.48$ V, $n = 2$, and $[Zn^{2+}] = 1.0$ M, the concentration of $Ag^+ = 0.040$ M.

18. (a) $\Delta_r G° = -29.0$ kJ; $K = 1 \times 10^5$
(b) $\Delta_r G° = +89$ kJ; $K = 3 \times 10^{-16}$

19. $E°_{cell}$ for $AgBr(s) \rightarrow Ag^+(aq) + Br^-(aq)$ is -0.7281.
$K_{sp} = 4.9 \times 10^{-13}$

20. $K_{formation} = 2 \times 10^{25}$

21. See Figure 19.19. Electrons from the battery or other source enter the cathode where they are transferred to Na^+ ions, reducing the ions to Na metal. Chloride ions move toward the positively charged anode where an electron is transferred from each Cl^- ion, and Cl_2 gas is formed.

22. O_2 from the oxidation of water is more likely than F_2. See Example 19.11.

23. See Example 19.11.
(a) Cathode: $2\ H_2O(\ell) + 2\ e^- \rightarrow H_2(g) + 2\ OH^-(aq)$
(b) Anode: $2\ Br^-(aq) \rightarrow Br_2(\ell) + 2\ e^-$

24. Mass of Ni = 0.0334 g

25. Time = 2300 s or 38 min

26. Time = 250 h

27. (a) $UO_2{}^+(aq) + 4\ H^+(aq) + e^- \rightarrow U^{4+}(aq) + 2\ H_2O(\ell)$
(b) $ClO_3{}^-(aq) + 6\ H^+(aq) + 6\ e^- \rightarrow Cl^-(aq) + 3\ H_2O(\ell)$
(c) $N_2H_4(aq) + 4\ OH^-(aq) \rightarrow N_2(g) + 4\ H_2O(\ell) + 4\ e^-$
(d) $ClO^-(aq) + H_2O(\ell) + 2\ e^- \rightarrow Cl^-(aq) + 2\ OH^-(aq)$

28. (a, c) The electrode at the right is a magnesium anode. (Magnesium metal supplies electrons and is oxidized to Mg^{2+} ions.) Electrons pass through the wire to the silver cathode, where Ag^+ ions are reduced to silver metal. Nitrate ions move via the salt bridge from the $AgNO_3$ solution to the $Mg(NO_3)_2$ solution (and Na^+ ions move in the opposite direction). A salt bridge is needed to maintain electrical neutrality in each half-cell and to complete the electrical circuit.
(b) Anode: $Mg(s) \rightarrow Mg^{2+}(aq) + 2\ e^-$
Cathode: $Ag^+(aq) + e^- \rightarrow Ag(s)$
Net reaction: $Mg(s) + 2\ Ag^+(aq) \rightarrow Mg^{2+}(aq) + 2\ Ag(s)$

29. (a) For 1.7 V:
Use chromium as the anode to reduce $Ag^+(aq)$ to Ag(s) at the cathode. The cell potential is +1.71 V.
(b) For 0.5 V:
(i) Use copper as the anode to reduce silver ions to silver metal at the cathode. The cell potential is +0.46 V.
(ii) Use silver as the anode to reduce chlorine to chloride ions. The cell potential would be +0.56 V. (In practice, this setup is not likely to work well because the product would be insoluble silver chloride.)

30. (a) $Zn^{2+}(aq)$ (c) Zn(s)
(b) $Au^+(aq)$ (d) Au(s)
(e) Yes, Sn(s) will reduce Cu^{2+}.
(f) No, Ag(s) can only reduce $Au^+(aq)$.
(g) Cu^{2+}, Ag^+ and Au^+
(h) $Ag^+(aq)$ can oxidize Cu, Sn, Co, and Zn.

31. (a) The cathode is the site of reduction, so the halfreaction must be $2\ H^+(aq) + 2\ e^- \rightarrow H_2(g)$.
This is the case with the following half-reactions: $Cr^{3+}(aq) \rightarrow Cr(s)$, $Fe^{2+}(aq) \rightarrow Fe(s)$, and $Mg^{2+}(aq) \rightarrow Mg(s)$.
(b) Choosing from the half-cells in part (a), the reaction of Mg(s) and $H^+(aq)$ would produce the most positive potential (2.37 V), and the reaction of H_2 with Cu^{2+} would produce the least positive potential (+0.337 V).

32. 8.1×10^5 g Al

33. (a) $E°_{anode} = -0.268$ V
(b) $K_{sp} = 2 \times 10^{-5}$

34. $\Delta_r G° = -409$ kJ

35. 6700 kWh; 820 kg Na; 1300 kg Cl_2

36. Ru^{2+}, $Ru(NO_3)_2$

37. 9.5×10^6 g Cl_2 per day

38. Anode: $2\ H_2O(\ell) \rightarrow O_2(g) + 4\ H^+(aq) + 4\ e^-$
Cathode: $Cu^{2+}(aq) + 2\ e^- \rightarrow Cu(s)$

39. The rate of the reaction with H_2O is more rapid than the rate of the reaction with $NO_3{}^-$.
Products formed at anode: $O_2(g)$ and $H^+(aq)$
Anode half-reaction: $2\ H_2O(\ell) \rightarrow O_2(g) + 4\ H^+(aq) + 4\ e^-$

40. Under standard conditions, the spontaneous reaction is $Hg^{2+}(aq) + 2\ Fe^{2+}(aq) \rightarrow Hg(\ell) + 2\ Fe^{3+}(aq)$ with $E° = 0.084$ V.
Under the conditions present, $E = -0.244$ V. The reaction is not spontaneous in the same direction as under standard conditions but in the opposite direction:
$Hg(\ell) + 2\ Fe^{3+}(aq) \rightarrow Hg^{2+}(aq) + 2\ Fe^{2+}(aq)$.

Under these conditions, the anode for the spontaneous reaction is the $Hg(\ell)|Hg^{2+}(aq, 0.020\ M)$ electrode and the measured voltage will be 0.244 V.

41. $E° = 0.771$ V. When $[H^+] = 1.0 \times 10^{-7}$ M, $E = 1.185$ V. The reaction is more favorable at a lower $[H^+]$ (higher pH). The reaction is thus less favorable at lower pH.

42. (a) See Figure 19.5
In this case, both electrodes are made of silver metal. On one side, the solution contains 1.0×10^{-5} M Ag^+ and on the other the solution contains 1.0 M Ag^+. The cathode is the electrode on the side that has the 1.0 M Ag^+ solution [half-reaction: $Ag^+(aq) + e^- \rightarrow Ag(s)$], and the anode is the electrode on the side that has the 1.0×10^{-5} M Ag^+ solution [half-reaction: $Ag(s) \rightarrow Ag^+(aq) + e^-$]. Connecting the two electrodes is a wire. Electrons flow through the wire from the anode to the cathode. A salt bridge also connects the two compartments.
(b) $E = 0.30$ V

43. (a) $K = 3.4 \times 10^{-10}$; reactant-favored at equilibrium
(b) $K = 3.0$; product-favored at equilibrium

44. (a) $\Delta_r G° = -3.6 \times 10^2$ kJ/mol-rxn
(b) $\Delta_r G° = -79$ kJ/mol-rxn

45. (a) $2[Ag^+(aq) + e^- \rightarrow Ag(s)]$
$C_6H_5CHO(aq) + H_2O(\ell) \rightarrow C_6H_5CO_2H(aq) + 2\ H^+(aq) + 2\ e^-$
$2Ag^+(aq) + C_6H_5CHO(aq) + H_2O(\ell) \rightarrow C_6H_5CO_2H(aq) + 2\ H^+(aq) + 2\ Ag(s)$
(b) $3[CH_3CH_2OH(aq) + H_2O(\ell) \rightarrow CH_3CO_2H(aq) + 4\ H^+(aq) + 4\ e^-]$
$2[Cr_2O_7^{2-}(aq) + 14\ H^+(aq) + 6\ e^- \rightarrow 2\ Cr^{3+}(aq) + 7\ H_2O(\ell)]$
$3\ CH_3CH_2OH(aq) + 2\ Cr_2O_7^{2-}(aq) + 16\ H^+(aq) \rightarrow 3\ CH_3CO_2H(aq) + 4\ Cr^{3+}(aq) + 11\ H_2O(\ell)$

46. (a) 0.974 kJ/g
(b) 0.60 kJ/g
(c) The silver-zinc battery produces more energy per gram of reactants.

47. (a) $2\ NO_3^-(aq) + 3\ Mn^{2+}(aq) + 2\ H_2O(\ell) \rightarrow 2\ NO(g) + 3\ MnO_2(s) + 4\ H^+(aq)$
$3\ MnO_2(s) + 4\ H^+(aq) + 2\ NH_4^+(aq) \rightarrow N_2(g) + 3\ Mn^{2+}(aq) + 6\ H_2O(\ell)$
(b) $E°$ for reduction of NO_3^- with Mn^{2+} is -0.27 V.
$E°$ for oxidation of NH_4^+ with MnO_2 is $+1.50$ V.

48. (a) $Fe^{2+}(aq) + 2\ e^- \rightarrow Fe(s)$
$2[Fe^{2+}(aq) \rightarrow Fe^{3+}(aq) + e^-]$
$3\ Fe^{2+}(aq) \rightarrow Fe(s) + 2\ Fe^{3+}(aq)$
(b) $E°_{cell} = -1.21$ V; not product-favored

(c) $K = 1 \times 10^{-41}$

49. (a) $+4$ in CoO_2 and $+3$ in $LiCoO_2$
(b) Cathode reaction:
$CoO_2(s) + Li^+(Solv) + e^- \rightarrow LiCoO_2(s)$
Anode reaction: $Li(\text{on carbon}) \rightarrow Li^+(solv) + e^-$
(c) No, because Li, an alkali metal, would react directly with water (giving H_2 and LiOH)

50. (a)

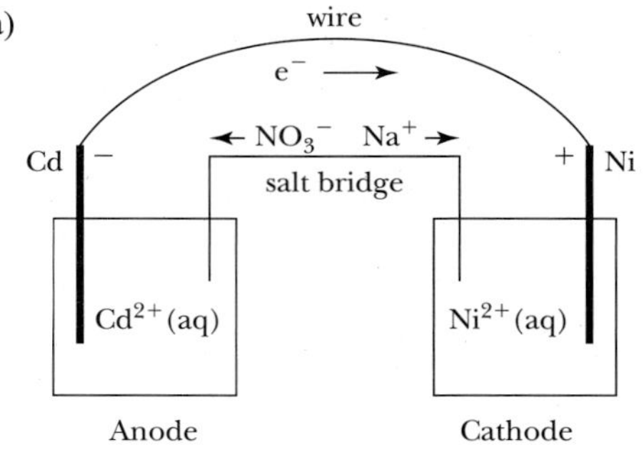

wire
e^- →
← NO_3^- Na^+ →
Cd −
salt bridge
+ Ni
$Cd^{2+}(aq)$
$Ni^{2+}(aq)$
Anode
Cathode

(b) Anode: $Cd(s) \rightarrow Cd^{2+}(aq) + 2\ e^-$
Cathode: $Ni^{2+}(aq) + 2\ e^- \rightarrow Ni(s)$
Net: $Cd(s) + Ni^{2+}(aq) \rightarrow Cd^{2+}(aq) + Ni(s)$
(c) The anode is negative and the cathode is positive.
(d) $E°_{cell} = E°_{cathode} - E°_{anode} = (-0.25\ V) - (-0.40\ V) = +0.15\ V$
(e) Electrons flow from anode (Cd) to cathode (Ni).
(f) Positive ions move from the anode compartment to the cathode compartment. Anions move in the opposite direction.
(g) $K = 1 \times 10^5$
(h) $E_{cell} = 0.21$ V; yes, the net reaction is still the same.
(i) 480 h

51. 0.054 g Au

52. I^- is the strongest reducing agent of the three halide ions. Iodide ion reduces Cu^{2+} to Cu^+, forming insoluble CuI(s).
$2\ Cu^{2+}(aq) + 4\ I^-(aq) \rightarrow 2\ CuI(s) + I_2(aq)$

53. (a) 92 g HF required; 230 g CF_3SO_2F and 9.3 g H_2 isolated
(b) H_2 is produced at the cathode.
(c) 48 kWh

54. 290 h

55. (a) 3.6 mol glucose and 22 mol O_2
(b) 86 mol electrons
(c) 96 amps
(d) 96 watts

Chapter 20

사례 연구

Technetium–99m and Medical Imaging

1. ${}^{99}_{42}Mo \rightarrow {}^{99}_{43}Tc + {}^{0}_{-1}\beta$

2. Oxidation number = 7
Tc^{7+} electron configuration = [Kr]
Diamagnetic

3. Amount $NaTcO_4$ = (1.0 μg)(1 g/10^6 μg)(1 mol/184.9 g) = 5.4×10^{-9} mol
Mass Tc = (5.4×10^{-9} mol $NaTcO_4$)
(1 mol Tc/mol $NaTcO_4$)(97.9 g Tc/mol) = 5.3×10^{-7} g Tc

4. 24 hours is 4 half-lives for ^{99m}Tc. Thus, mass remaining is 1/16th of 1.0 μg, or 0.063 μg.

5. Beta particle

6. The attractive forces binding an anion to the column are related to the anion charge. The anion MoO_4^{2-} has a higher charge than TcO_4^-.

유제

20.1 (a) Emission of six α particles leads to a decrease of 24 in the mass number and a decrease of 12 in the atomic number. Emission of four β particles increases the atomic number by 4 but doesn't affect the mass. The final product of this process has a mass number of 232 − 24 = 208 and an atomic number of 90 − 12 + 4 = 82, identifying it as $^{208}_{82}Pb$.
(b) Step 1: $^{232}_{90}Th \rightarrow ^{228}_{88}Ra + ^{4}_{2}\alpha$
Step 2: $^{228}_{88}Ra \rightarrow ^{228}_{89}Ac + ^{0}_{-1}\beta$
Step 3: $^{228}_{89}Ac \rightarrow ^{228}_{90}Th + ^{0}_{-1}\beta$

20.2 (a) $^{0}_{+1}\beta$ (b) $^{41}_{19}K$ (c) $^{0}_{-1}\beta$ (d) $^{22}_{10}Ne$

20.3 (a) $^{32}_{14}Si \rightarrow ^{32}_{15}P + ^{0}_{-1}\beta$
(b) $^{45}_{22}Ti \rightarrow ^{45}_{21}Sc + ^{0}_{+1}\beta$ or
$^{45}_{22}Ti + ^{0}_{-1}e \rightarrow ^{45}_{21}Sc$
(c) $^{239}_{94}Pu \rightarrow \alpha + ^{235}_{92}U$
(d) $^{42}_{19}K \rightarrow ^{42}_{20}Ca + ^{0}_{-1}\beta$

20.4 Δm = 0.03435 g/mol
$\Delta E = (3.435 \times 10^{-5}$ kg/mol)$(2.998 \times 10^8$ m/s$)^2$
$= 3.087 \times 10^{12}$ J/mol (= 3.087×10^9 kJ/mol)
$E_b = 5.146 \times 10^8$ kJ/mol nucleons

20.5 (a) 49.2 years is exactly four half-lives; quantity remaining = 1.5 mg$(1/2)^4$ = 0.094 mg
(b) Three half-lives, 36.9 years
(c) 1% is between six half-lives, 73.8 years (1/64 remains), and seven half-lives, 86.1 years (1/128 remains). [Using the integrated first-order rate equation with $[R]/[R]_0 = 0.010$ and $k = (\ln 2)/t_{1/2} = 0.0564$ y^{-1}, the amount of time is calculated to be 81.7 years.]

20.6 (a) $\ln([A]/[A_o]) = -kt$
$\ln([3.18 \times 10^3]/[3.35 \times 10^3]) = -k(2.00$ d)
$k = 0.0260$ d^{-1}
$t_{1/2} = 0.693/k = 0.693/(0.0260$ d$^{-1}) = 26.7$ d
(b) $k = 0.693/t_{1/2} = 0.693/200$ y $= 3.47 \times 10^{-3}$ y^{-1}
$\ln([A]/[A_o]) = -kt$
$\ln([3.00 \times 10^3]/[6.50 \times 10^{12}]) = -(3.47 \times 10^{-3}$ y$^{-1})t$
$\ln(4.62 \times 10^{-10}) = -(3.47 \times 10^{-3}$ y$^{-1})t$
$t = 6190$ y

20.7 $\ln([A]/[A_o]) = -kt$
$\ln([9.32]/[13.4]) = -(1.21 \times 10^{-4}$ y$^{-1})t$
$t = 3.00 \times 10^3$ y
This compares quite well with the estimated date.

20.8 $^{98}_{42}Mo + ^{1}_{0}n \rightarrow ^{99}_{42}Mo + \gamma$
$^{99}_{42}Mo \rightarrow ^{99}_{43}Tc + ^{0}_{-1}\beta$

20.9 $4.17 \times 10^{-5}(0.0100$ g $Pb^{2+}) = 4.17 \times 10^{-7}$ g Pb^{2+}
Solubility = [4.17×10^{-7} g Pb^{2+} (1 mol Pb^{2+}/207.2 g Pb)(1 mol $PbCrO_4$/1 mol Pb^{2+})]/0.01000 L = 2.01×10^{-7} mol $PbCrO_4$/L

확인문제

20.2절

1. (a) alpha radiation

2. (b) 7 α and 4 β

3. (c) $^{90}_{38}Sr \rightarrow ^{90}_{39}Y + \beta$

20.3절

1. (c) $^{56}_{26}Fe$

20.4절

1. (a) 20 %

2. (d) 1/32

20.5절

1. (c) electrons

20.6절

1. (a) $^{93}_{37}Rb$

화학 원리 응용

1. $^{87}_{37}Rb \rightarrow ^{87}_{38}Sr + ^{0}_{-1}\beta$

3. $k = 1.42 \times 10^{-11}$ y^{-1}

5. Age of meteorite = 2.80×10^9 y

학습문제

1. Each answer is in the format: person(s); experiment; significance.
(a) Becquerel; potassium uranyl sulfate caused an image to appear on a photographic plate; this opened up a new area of study.
(b) Marie and Pierre Curie; separated these elements from pitchblende; discovery of new elements based on

radioactivity.

(c) Rutherford; bombarded ^{14}N with α particles and found protons and ^{17}O among products; humancaused transmutation of one element into another.

(d) Fermi; absorption of a neutron by a nucleus with subsequent release of a γ ray; production of more nuclei and the use of this process to produce many of the radioisotopes used in medicine.

(e) Hahn and Strassman, experiment explained by Meitner; bombarded a sample of uranium with neutrons and detected barium in products; nuclear fission is used in atomic bombs and in nuclear energy plants.

2. Binding energy per nucleon is determined by first alculating the mass defect for an isotope, converting the mass defect to binding energy (using $E = mc^2$) and then dividing the binding energy by the mass number of the nucleus.

3. Nuclear reactions are carried out in a laboratory by hitting a nucleus with a particle. Various particles have been used: α particles, protons, neutrons, and the nuclei of other atoms. In producing transuranium elements, this last method is used; the particles are usually accelerated to high energy in a particle accelerator.

4. While an organism lives, the percentage of carbon that is ^{14}C in the organism will equal the percentage in the atmosphere. When the organism dies, it no longer replenishes the ^{14}C. By measuring the activity of ^{14}C in the organism, comparing it to the ambient ^{14}C activity, and using first-order kinetics, it is possible to determine how long ago the organism stopped taking in ^{14}C (died). Limitations: (1) The method assumes that the amount of ^{14}C in the atmosphere has remained constant, whereas it has varied by as much as 10%. (2) ^{14}C dating cannot be used to date an object less than 100 or more than about 40,000 years old. (3) The accuracy of ^{14}C dating is about ±100 years.

5. A radioactive decay series occurs when a radioactive isotope decays to form another radioactive isotope. The series continues until a nonradioactive isotope is formed. Uranium ore contains radium and polonium because these elements are formed in the radioactive decay series of uranium.

6. (a) $^{56}_{28}Ni$; (b) $^{1}_{0}n$; (c) $^{32}_{15}P$; (d) $^{97}_{43}Tc$; (e) $^{0}_{-1}\beta$
(f) $^{0}_{1}e$ (positron)

7. (a) $^{0}_{-1}\beta$; (b) $^{87}_{37}Rb$; (c) $^{4}_{2}\alpha$; (d) $^{226}_{88}Ra$; (e) $^{0}_{-1}\beta$; (f) $^{24}_{11}Na$

8. $^{235}_{92}U \rightarrow ^{231}_{90}Th + ^{4}_{2}\alpha$
$^{231}_{90}Th \rightarrow ^{231}_{91}Pa + ^{0}_{-1}\beta$
$^{231}_{91}Pa \rightarrow ^{227}_{89}Ac + ^{4}_{2}\alpha$
$^{227}_{89}Ac \rightarrow ^{227}_{90}Th + ^{0}_{-1}\beta$
$^{227}_{90}Th \rightarrow ^{223}_{88}Ra + ^{4}_{2}\alpha$
$^{223}_{88}Ra \rightarrow ^{219}_{86}Rn + ^{4}_{2}\alpha$
$^{219}_{86}Rn \rightarrow ^{215}_{84}Po + ^{4}_{2}\alpha$
$^{215}_{84}Po \rightarrow ^{211}_{82}Pb + ^{4}_{2}\alpha$
$^{211}_{82}Pb \rightarrow ^{211}_{83}Bi + ^{0}_{-1}\beta$
$^{211}_{83}Bi \rightarrow ^{211}_{84}Po + ^{0}_{-1}\beta$
$^{211}_{84}Po \rightarrow ^{207}_{82}Pb + ^{4}_{2}\alpha$

9. (a) $^{198}_{79}Au \rightarrow ^{198}_{80}Hg + ^{0}_{-1}\beta$
(b) $^{222}_{86}Rn \rightarrow ^{218}_{84}Po + ^{4}_{2}\alpha$
(c) $^{137}_{55}Cs \rightarrow ^{137}_{56}Ba + ^{0}_{-1}\beta$
(d) $^{110}_{49}In \rightarrow ^{110}_{48}Cd + ^{0}_{1}e$

10. (a) $^{80}_{35}Br$ has a high neutron/proton ratio of 45/35. Beta decay will allow the ratio to decrease: $^{80}_{35}Br \rightarrow ^{80}_{36}Kr + ^{0}_{-1}\beta$.
(b) Alpha decay is likely: $^{240}_{98}Cf \rightarrow ^{236}_{96}Cm + ^{4}_{2}\alpha$
(c) Cobalt-61 has a high *n/p* ratio, so beta decay is likely: $^{61}_{27}Co \rightarrow ^{61}_{28}Kr + ^{0}_{-1}\beta$
(d) Carbon-11 has only five neutrons, so K-capture or positron emission may occur:
$^{11}_{6}C + ^{0}_{-1}e \rightarrow ^{11}_{5}B$
$^{11}_{6}C \rightarrow ^{11}_{5}B + ^{0}_{1}e$

11. Generally beta decay will occur when the *n/p* ratio is high, whereas positron emission will occur when the *n/p* ratio is low.
(a) Beta decay: $^{20}_{9}F \rightarrow ^{20}_{10}Ne + ^{0}_{-1}\beta$
$^{3}_{1}H \rightarrow ^{3}_{2}He + ^{0}_{-1}\beta$
(b) Positron emission
$^{22}_{11}Na \rightarrow ^{22}_{10}Ne + ^{0}_{1}\beta$

12. Binding energy per mole of nucleons for $^{11}B = 6.70 \times 10^8$ kJ
Binding energy per mole of nucleons for $^{10}B = 6.26 \times 10^8$ kJ

13. 8.256×10^8 kJ/mol nucleons

14. 7.700×10^8 kJ/mol nucleons

15. 0.781 micrograms

16. (a) $^{131}_{53}I \rightarrow ^{131}_{54}Xe + ^{0}_{-1}\beta$
(b) 0.075 micrograms

17. 9.5×10^{-4} mg

18. (a) $^{222}_{86}Rn \rightarrow ^{218}_{84}Po + ^{4}_{2}\alpha$
(b) Time = 8.87 d

19. (a) 15.8 y; (b) 88 %

20. $^{239}_{94}Pu + ^{4}_{2}\alpha \rightarrow ^{240}_{95}Am + ^{1}_{1}H + 2\,^{1}_{0}n$

21. $^{48}_{20}Ca + ^{242}_{94}Pu \rightarrow ^{287}_{114}Fl + 3\,^{1}_{0}n$

22. (a) $^{115}_{48}Cd$; (b) $^{7}_{4}Be$; (c) $^{4}_{2}\alpha$; (d) $^{63}_{29}Cu$

23. $^{10}_{5}B + ^{1}_{0}n \rightarrow ^{7}_{3}Li + ^{4}_{2}\alpha$

24. Time = 4.4×10^{10} y

25. If $t_{1/2}$ = 14.28 d, then $k = 4.854 \times 10^{-2}\ d^{-1}$. If the original disintegration rate is 3.2×10^6 dpm, then (from the integrated first order rate equation), the rate after 365 d is 0.065 dpm. The plot will resemble Figure 25.5.

26. (a) $^{238}_{92}U + ^{1}_{0}n \rightarrow ^{239}_{92}U + \gamma$

(b) $^{239}_{92}U \rightarrow ^{239}_{93}Np + ^{0}_{-1}\beta$

(c) $^{239}_{93}Np \rightarrow ^{239}_{94}Pu + ^{0}_{-1}\beta$

(d) $^{239}_{94}Pu + ^{1}_{0}n \rightarrow 2\ ^{1}_{0}n$ + energy + other nuclei

27. (a) Calcium-48. Possible reaction is

$^{248}_{96}Cm + ^{48}_{20}Ca \rightarrow ^{296}_{116}Lv$

(b) Three neutrons

28. About 2700 years old

29. Plot ln(activity) versus time. The slope of the plot is $-k$, the rate constant for decay. Here, $k = 0.0050\ d^{-1}$, so $t_{1/2} = 140$ d.

30. Time $= 1.9 \times 10^9$ y

31. Energy obtained from 1.000 lb (452.6 g) of $^{235}U = 4.1 \times 10^{10}$ kJ

Mass of coal required $= 1.6 \times 10^3$ ton (or about 3 million pounds of coal)

32. The percentage of tagged fish in the lake is (27/5250)100% = 0.51%. Therefore, 1000 tagged fish is 0.51% of the total or approximately 190,000 fish.

33. (a) The mass decreases by 4 units (with an $^{4}_{2}\alpha$ emission) or is unchanged (with a $^{0}_{-1}\beta$ emission), so the only masses possible are 4 units apart.

(b) ^{232}Th series, $m = 4n$; ^{235}U series $m = 4n + 3$

(c) ^{226}Ra and ^{210}Bi, $4n + 2$ series; ^{215}At, $4n + 3$ series; ^{228}Th, $4n$ series

(d) Each series is headed by a long-lived isotope (in the order of 10^9 years, the age of the Earth). The $4n + 1$ series is missing because there is no longlived isotope in this series. Over geologic time, all the members of this series have decayed completely.

34. (a) ^{231}Pa isotope belongs to the ^{235}U decay series (see Question 33b).

(b) $^{235}_{92}U \rightarrow ^{231}_{90}Th + ^{4}_{2}\alpha$

$^{231}_{90}Th \rightarrow ^{231}_{91}Pa + ^{0}_{-1}\beta$

(c) Pa-231 is present to the extent of 1 part per million. Therefore, 1 million grams of pitchblende need to be used to obtain 1 g of Pa-231.

(d) $^{231}_{91}Pa \rightarrow ^{227}_{89}Ac + ^{4}_{2}\alpha$

35. Pitchblende contains $^{238}_{92}U$ and $^{235}_{92}U$. Thus, both radium and polonium isotopes must belong to either the $4n + 2$ or $4n + 3$ decay series. Furthermore, the isotopes must have sufficiently long half-lives in order to survive the separation and isolation process. These criteria are satisfied by ^{226}Ra and ^{210}Po.

찾아보기

ㅈ

기 타

일반화학 번역 및 교정에 참여하신 분 (가나다 순)

강창희, 계영식, 곽지훈, 권오윤, 김덕수, 김동수, 김동욱, 김미경, 김상준, 김선경, 김원형, 김옥희, 김용성, 김종택, 김환건, 박양기, 박현재, 박희구, 백경구, 백승욱, 변부형, 변종철, 변홍식, 송시욱, 송재희, 신은주, 심상덕, 유정아, 윤신숙, 윤석진, 이남택, 이남호, 이동국, 이병환, 이석준, 이선주, 이익모, 이재관, 장기석, 장효원, 전상일, 정근홍, 정덕상, 정우영, 정진승, 조은범, 최대옥, 최상원, 최석정, 최원호, 최재성, 표명호, 하동수, 한성빈, 현창구, 홍병표, 홍성연, 황성규

일 반 화 학

2021년 3월 1일 인쇄
2021년 3월 5일 발행

원 저 자 ● KOTZ 외
대표역자 ● 일반화학 교재편찬위원회
발 행 인 ● 조 승 식
발 행 처 ● (주) 도서출판 북스힐
서울시 강북구 한천로 153길 17
등 록 ● 제 22-457 호

TEL (02) 994-0071
FAX (02) 994-0073

www.bookshill.com
bookshill@bookshill.com

잘못된 책은 교환해 드립니다.

값 48,000원

ISBN 979-11-5971-047-6

PHYSICAL AND CHEMICAL CONSTANTS

Avogadro's number	$N_A = 6.02214129 \times 10^{23}$/mol
Electronic charge	$e = 1.60217657 \times 10^{-19}$ C
Faraday's constant	$F = 9.6485337 \times 10^{4}$ C/mol electrons
Gas constant	$R = 8.314462$ J/K · mol
	$= 0.082057$ L · atm/K · mol
π	$\pi = 3.1415926536$
Planck's constant	$h = 6.6260696 \times 10^{-34}$ J · s
Speed of light (in a vacuum)	$c = 2.99792458 \times 10^{8}$ m/s

USEFUL CONVERSION FACTORS AND RELATIONSHIPS

Length

SI unit: Meter (m)

1 kilometer = 1000 meters
= 0.62137 mile
1 meter = 100 centimeters
1 centimeter = 10 millimeters
1 nanometer = 1.00×10^{-9} meter
1 picometer = 1.00×10^{-12} meter
1 inch = 2.54 centimeter (exactly)
1 Ångstrom = 1.00×10^{-10} meter

Mass

SI unit: Kilogram (kg)

1 kilogram = 1000 grams
1 gram = 1000 milligrams
1 pound = 453.59237 grams = 16 ounces
1 ton = 2000 pounds

Volume

SI unit: Cubic meter (m^3)

1 liter (L) = 1.00×10^{-3} m^3
= 1000 cm^3
= 1.056710 quarts
1 gallon = 4.00 quarts

Energy

SI unit: Joule (J)

1 joule = 1 kg · m^2/s^2
= 0.23901 calorie
= 1 C × 1 V
1 calorie = 4.184 joules

Pressure

SI unit: Pascal (Pa)

1 pascal = 1 N/m^2
= 1 kg/m · s^2
1 atmosphere = 101.325 kilopascals
= 760 mm Hg = 760 torr
= 14.70 lb/in^2
= 1.01325 bar
1 bar = 10^5 Pa (exactly)

Temperature

SI unit: kelvin (K)

0 K = −273.15 °C
K = °C + 273.15°C
? °C = (5 °C/9 °F)(°F − 32 °F)
? °F = (9 °F/5 °C)(°C) + 32 °F

LOCATION OF USEFUL TABLES AND FIGURES

Atomic and Molecular Properties

Atomic electron configurations	Table 7.3
Atomic radii	Figures 7.5, 7.8
Bond dissociation enthalpies	Table 8.8
Bond lengths	Table 8.7
Electron attachment enthalpy	Figure 7.10, Appendix F
Electronegativity	Figure 8.10
Elements and their unit cells	Figure 12.5
Hybrid orbitals	Figure 9.3
Ionic radii	Figure 7.11
Ionization energies	Figure 7.9, Table 7.5, Appendix F

Thermodynamic Properties

Enthalpy, free energy, entropy	Appendix L
Lattice energies	Table 12.1
Specific heat capacities	Figure 5.4, Appendix D

Acids, Bases, and Salts

Acid and base properties of some ions in aqueous solution	Table 16.3
Common acids and bases	Table 3.1
Formation constants	Appendix K
Ionization constants for weak acids and bases	Table 16.2, Appendix H, I
Names and composition of polyatomic ions	Table 2.4
Solubility guidelines	Figure 3.10
Solubility constants	Appendix J

Miscellaneous

Charges on common monoatomic cations and anions	Figure 2.18
Melting points and enthalpies of fusion of some elements and compounds	Table 12.3
Oxidizing and reducing agents	Table 3.3
Polymers	Table 23.12
Selected alkanes	Table 23.2
Standard reduction potentials	Table 19.1, Appendix M
Structures and properties of various types of solid substances	Table 12.2

STANDARD ATOMIC WEIGHTS OF THE ELEMENTS 2009 Based on relative atomic mass of $^{12}C = 12$, where ^{12}C is a neutral atom in its nuclear and electronic ground state.†

Name	Symbol	Atomic Number	Atomic Weight	Name	Symbol	Atomic Number	Atomic Weight
Actinium*	Ac	89	(227)	Mendelevium*	Md	101	(258)
Aluminum	Al	13	26.9815386(8)	Mercury	Hg	80	200.59(2)
Americium*	Am	95	(243)	Molybdenum	Mo	42	95.96(2)
Antimony	Sb	51	121.760(1)	Neodymium	Nd	60	144.242(3)
Argon	Ar	18	39.948(1)	Neon	Ne	10	20.1797(6)
Arsenic	As	33	74.92160(2)	Neptunium*	Np	93	(237)
Astatine*	At	85	(210)	Nickel	Ni	28	58.6934(4)
Barium	Ba	56	137.327(7)	Niobium	Nb	41	92.90638(2)
Berkelium*	Bk	97	(247)	Nitrogen	N	7	14.0067(2)
Beryllium	Be	4	9.012182(3)	Nobelium*	No	102	(259)
Bismuth	Bi	83	208.98040(1)	Osmium	Os	76	190.23(3)
Bohrium	Bh	107	(270)	Oxygen	O	8	15.9994(3)
Boron	B	5	10.811(7)	Palladium	Pd	46	106.42(1)
Bromine	Br	35	79.904(1)	Phosphorus	P	15	30.973762(2)
Cadmium	Cd	48	112.411(8)	Platinum	Pt	78	195.084(9)
Cesium	Cs	55	132.9054519(2)	Plutonium*	Pu	94	(244)
Calcium	Ca	20	40.078(4)	Polonium*	Po	84	(209)
Californium*	Cf	98	(251)	Potassium	K	19	39.0983(1)
Carbon	C	6	12.0107(8)	Praseodymium	Pr	59	140.90765(2)
Cerium	Ce	58	140.116(1)	Promethium*	Pm	61	(145)
Chlorine	Cl	17	35.453(2)	Protactinium*	Pa	91	231.03588(2)
Chromium	Cr	24	51.9961(6)	Radium*	Ra	88	(226)
Cobalt	Co	27	58.933195(5)	Radon*	Rn	86	(222)
Copernicium	Cn	112	(285)	Rhenium	Re	75	186.207(1)
Copper	Cu	29	63.546(3)	Rhodium	Rh	45	102.90550(2)
Curium*	Cm	96	(247)	Roentgenium	Rg	111	(280)
Darmstadtium	Ds	110	(281)	Rubidium	Rb	37	85.4678(3)
Dubnium	Db	105	(268)	Ruthenium	Ru	44	101.07(2)
Dysprosium	Dy	66	162.500(1)	Rutherfordium	Rf	104	(265)
Einsteinium*	Es	99	(252)	Samarium	Sm	62	150.36(2)
Erbium	Er	68	167.259(3)	Scandium	Sc	21	44.955912(6)
Europium	Eu	63	151.964(1)	Seaborgium	Sg	106	(271)
Fermium*	Fm	100	(257)	Selenium	Se	34	78.96(3)
Flerovium	Fl	114	(289)	Silicon	Si	14	28.0855(3)
Fluorine	F	9	18.9984032(5)	Silver	Ag	47	107.8682(2)
Francium*	Fr	87	(223)	Sodium	Na	11	22.98976928(2)
Gadolinium	Gd	64	157.25(3)	Strontium	Sr	38	87.62(1)
Gallium	Ga	31	69.723(1)	Sulfur	S	16	32.065(5)
Germanium	Ge	32	72.63(1)	Tantalum	Ta	73	180.94788(2)
Gold	Au	79	196.966569(4)	Technetium*	Tc	43	(98)
Hafnium	Hf	72	178.49(2)	Tellurium	Te	52	127.60(3)
Hassium	Hs	108	(277)	Terbium	Tb	65	158.92535(2)
Helium	He	2	4.002602(2)	Thallium	Tl	81	204.3833(2)
Holmium	Ho	67	164.93032(2)	Thorium*	Th	90	232.03806(2)
Hydrogen	H	1	1.00794(7)	Thulium	Tm	69	168.93421(2)
Indium	In	49	114.818(3)	Tin	Sn	50	118.710(7)
Iodine	I	53	126.90447(3)	Titanium	Ti	22	47.867(1)
Iridium	Ir	77	192.217(3)	Tungsten	W	74	183.84(1)
Iron	Fe	26	55.845(2)	Ununoctium	Uuo	118	(294)
Krypton	Kr	36	83.798(2)	Ununpentium	Uup	115	(288)
Lanthanum	La	57	138.90547(7)	Ununseptium	Uus	117	(294)
Lawrencium*	Lr	103	(262)	Ununtrium	Uut	113	(284)
Lead	Pb	82	207.2(1)	Uranium*	U	92	238.02891(3)
Lithium	Li	3	6.941(2)	Vanadium	V	23	50.9415(1)
Livermorium	Lv	116	(292)	Xenon	Xe	54	131.293(6)
Lutetium	Lu	71	174.9668(1)	Ytterbium	Yb	70	173.054(5)
Magnesium	Mg	12	24.3050(6)	Yttrium	Y	39	88.90585(2)
Manganese	Mn	25	54.938045(5)	Zinc	Zn	30	65.38(2)
Meitnerium	Mt	109	(276)	Zirconium	Zr	40	91.224(2)

†The atomic weights of many elements can vary depending on the origin and treatment of the sample. This is particularly true for Li; commercially available lithium-containing materials have Li atomic weights in the range of 6.939 and 6.996. The uncertainties in atomic weight values are given in parentheses following the last significant figure to which they are attributed.

*Elements with no stable nuclide; the value given in parentheses is the atomic mass number of the isotope of longest known half-life. However, three such elements (Th, Pa, and U) have a characteristic terrestrial isotopic composition, and the atomic weight is tabulated for these. **http://www.chem.qmw.ac.uk/iupac/AtWt/**